首钢国际工程公司成立揭牌仪式

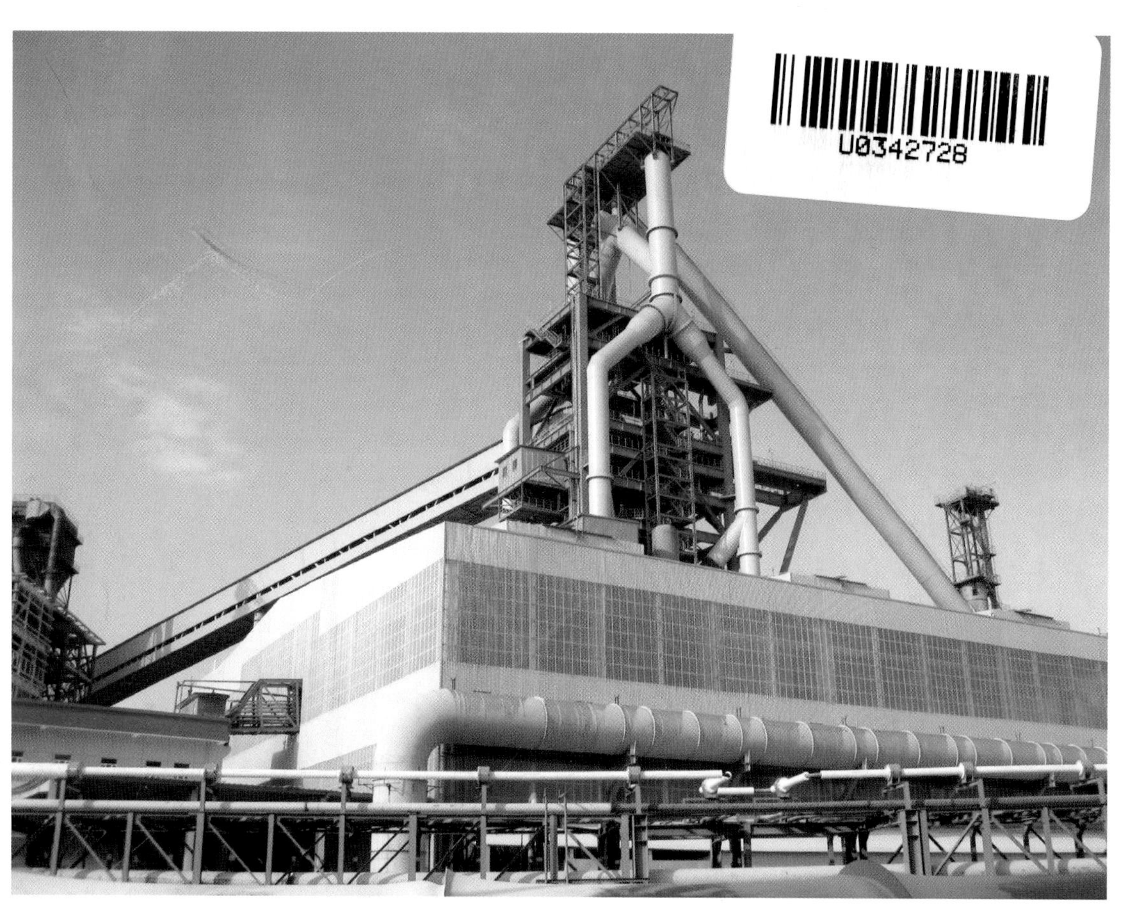

首钢国际工程公司设计的首钢迁钢4000m^{3}高炉

务商

ER FROM ORE TO STEEL

Iron-making

炼钢　Steel-making

轧钢　Steel-rolling

程工程技术服务商

焦化 Coking

烧结 Sintering

球团 Pelletizing

炼铁

首钢国际工程公司设计的京唐钢铁厂5500m^{3}高炉

首钢国际工程公司设计的京唐钢铁厂550m^{2}烧结机

首钢国际工程公司设计的川威年产140万吨6m捣固式焦炉

首钢国际工程公司设计的首钢迁钢210t转炉

E OF STEEL
来
总体设计的首钢京唐钢铁厂
Shougang Jingtang Iron and Steel Plant, overall designed by BSIET
◆ 我国一次性建设规模最大、运行系统最全、装备水平最高、工艺技术最先进、生产流程最高效、节能减排和环境保护效果最好的钢铁项目
Iron and steel project in China with largest scale in one construction, most complete operating system, highest equipment level, most advanced technology, highest efficient process, best result of energy saving, reduction of emission and environmental protection
◆ 我国第一个利用天然深水港条件、通过围海造地靠海建设的大型钢铁联合企业
The first large scale iron and steel complex in China which utilizes the condition of natural deep harbour and is constructed by the coast and marine reclamation land
◆ 我国第一个运用动态有序的精准设计体系建设的新一代钢铁厂
The first new generation iron and steel plant in China constructed by dynamic orderly precision design system
◆ 我国第一个集中应用大型装备和国内外先进技术建设的钢铁厂
The first iron and steel plant in China to densely use large equipment and advanced technologies at home and abroad
◆ 具有21世纪国际先进水平的精品板材生产基地、循环经济和自主创新的示范基地
A production base for prime plate with international level, a demonstration plant for independent innovation and circulating economy demonstration base

唐钢铁厂引领绿色钢铁未来

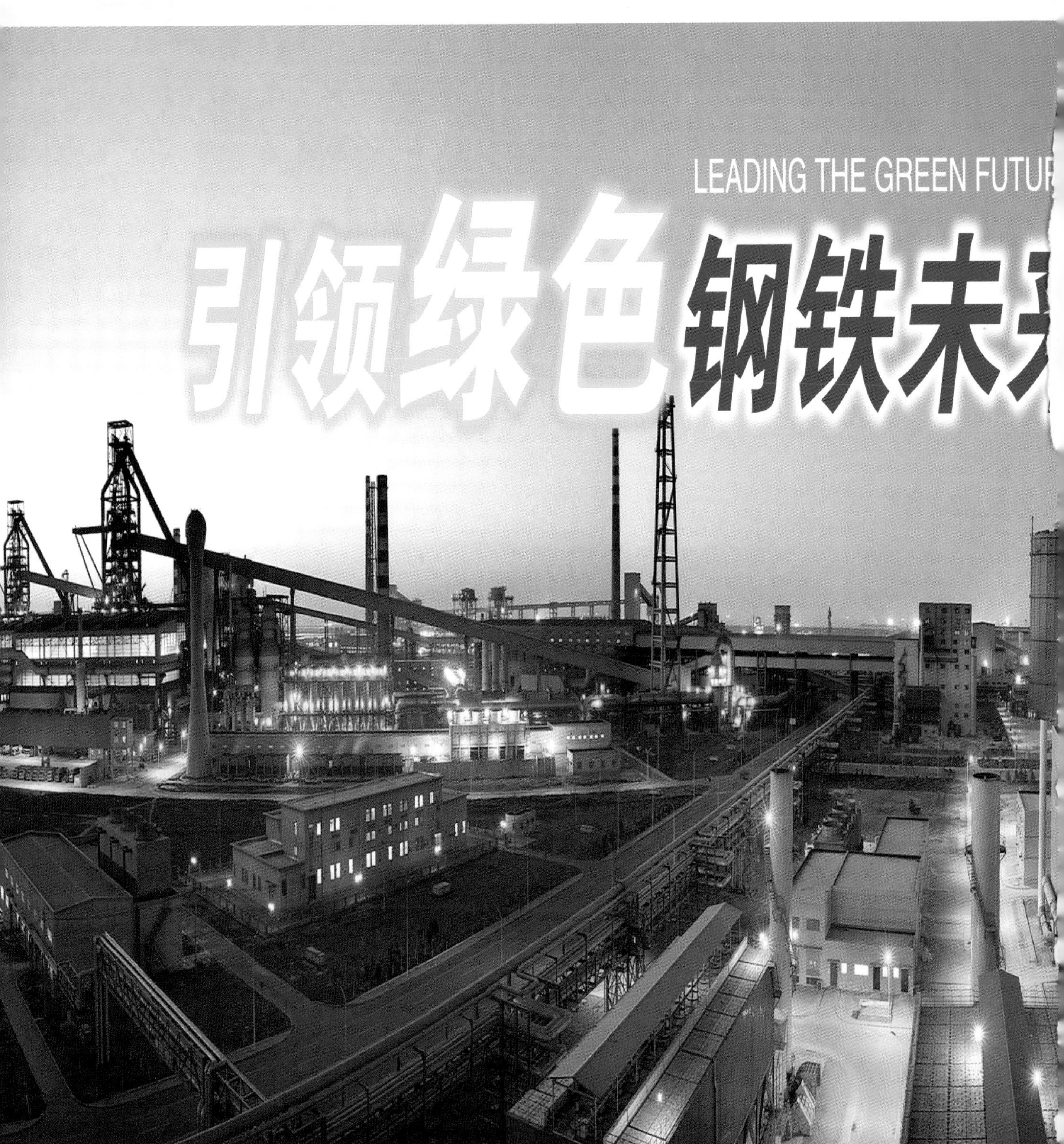
LEADING THE GREEN FUTUR
引领绿色钢铁未

首钢国际工程公司总体设计的首钢京

首钢国际工程公司设计的昆明80万吨棒材生产线

首钢国际工程公司设计的首钢一线材轧机关键设备国产化

首钢国际工程公司设计的首秦4300mm中板轧机生产线

首钢国际工程公司设计的京唐钢铁厂2250mm热轧生产线

首钢国际工程公司设计的京唐钢铁厂 2250mm 热轧加热炉

首钢国际工程公司设计的京唐钢铁厂 4×1.25 万 m^3/d 低温多效海水淡化装置

首钢国际工程公司主要资质

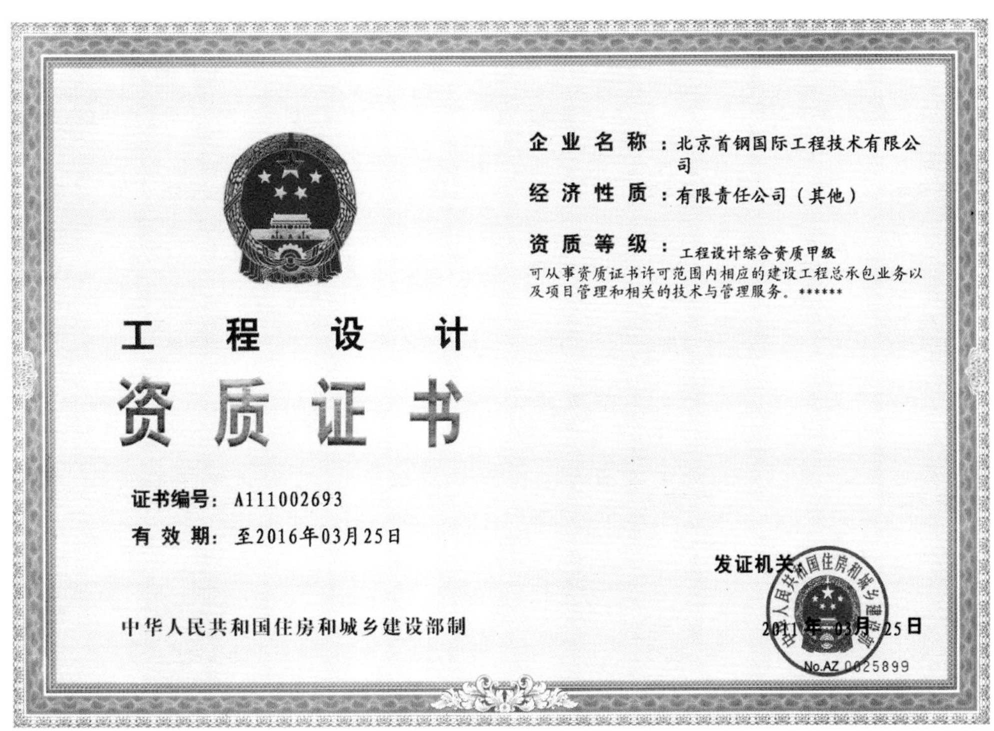
企业名称：北京首钢国际工程技术有限公司

经济性质：有限责任公司（其他）

资质等级：工程设计综合资质甲级

可从事资质证书许可范围内相应的建设工程总承包业务以及项目管理和相关的技术与管理服务。******

工程设计

资质证书

证书编号：A111002693

有效期：至2016年03月25日

发证机关

2011年03月25日

中华人民共和国住房和城乡建设部制

No.AZ 0025899

经中华人民共和国住房和城乡建设部批准获工程设计综合资质甲级

高新技术企业

证书

企业名称：北京首钢国际工程技术有限公司

证书编号：GR201111001110

发证时间：2011年11月21日

有效期：三年

批准机关：

北京市科学技术委员会 市科委

北京市财政局 市财政局

北京市国家税务局 市国税局

北京市地方税务局 市地税局

经中华人民共和国科技部批准认定为国家高新技术企业

首钢国际工程公司部分获奖项目

荣誉证书

北京市科学技术奖

为表彰在推动科学技术进步、对首都经济建设和社会发展作出贡献的集体和个人，特颁此证，以资鼓励。

获奖项目：首钢京唐钢铁厂工程技术创新

获奖等级：壹等奖

获奖单位：首钢总公司、中国钢研科技集团有限公司、首钢京唐钢铁联合有限责任公司、北京首钢国际工程技术有限公司、北京首钢建设集团有限公司、北京首钢自动化信息技术有限公司、北京首钢机电有限公司

北京市人民政府

二〇一一年十一月

NO. 2010材-1-002

中国钢铁工业协会　中国金属学会

冶金科学技术奖

为表彰对推动中国冶金行业科技进步做出突出贡献的中国公民和组织，特颁此证，以资鼓励。

获奖项目： 首钢高炉高风温技术研究

获奖单位： 北京首钢国际工程技术有限公司

获奖等级： 壹等奖

获奖时间： 贰零壹壹年

2011 年 9 月

No: 2011-200-1-4

中国钢铁工业协会　中国金属学会

冶金科学技术奖

为表彰对推动中国冶金行业科技进步做出突出贡献的中国公民和组织，特颁此证，以资鼓励。

获奖项目： 首钢京唐5500m³高炉煤气全干法脉冲布袋除尘技术

获奖单位： 北京首钢国际工程技术有限公司

获奖等级： 贰等奖

获奖时间： 贰零壹壹年

2011 年 9 月

No: 2011-207-2-1

首钢国际工程公司部分获奖项目

荣誉证书

北京市科学技术奖

为表彰在推动科学技术进步、对首都经济建设和社会发展作出贡献的集体和个人，特颁此证，以资鼓励。

获奖项目：首钢迁钢新建板材工程工艺技术装备自主集成创新

获奖等级：壹等奖

获奖单位：首钢总公司、北京首钢国际工程技术有限公司、首钢迁安钢铁有限责任公司

北京市人民政府

二〇〇八年十二月

NO. 2007工-1-001

中国钢铁工业协会　中国金属学会

冶金科学技术奖

证书

为表彰对推动中国冶金行业科技进步做出突出贡献的中国公民和组织，特颁此证，以资鼓励。

获奖项目： 2×500㎡烧结厂工艺及设备创新设计与应用

获奖单位： 北京首钢国际工程技术有限公司

获奖等级： 壹等奖

获奖时间： 贰零壹壹年

2011 年 9 月

No: 2011-206-1-1

中国钢铁工业协会　中国金属学会

冶金科学技术奖

证书

为表彰对推动中国冶金行业科技进步做出突出贡献的中国公民和组织，特颁此证，以资鼓励。

获奖项目： 首秦现代化钢铁厂新技术集成与自主创新

获奖单位： 北京首钢设计院

获奖等级： 贰等奖

获奖时间： 贰零零陆年

2006 年 8 月

No: 2006-123-2-1

首钢国际工程公司先进的技术手段

高炉全系统三维设计

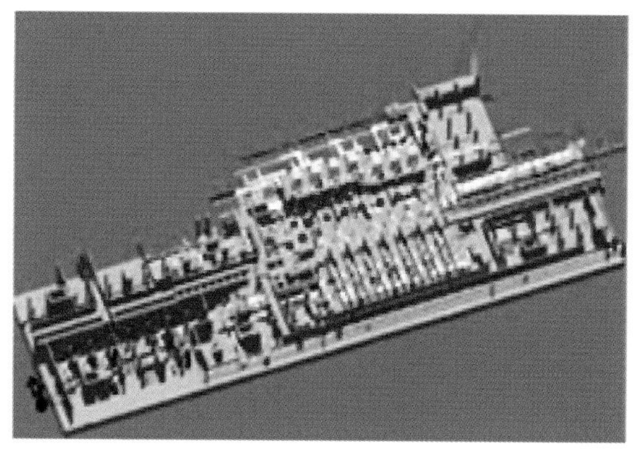

轧钢工程三维管网设计

干熄焦系统干熄槽三维设计

210t RH精炼炉三维设计

烧结厂三维设计

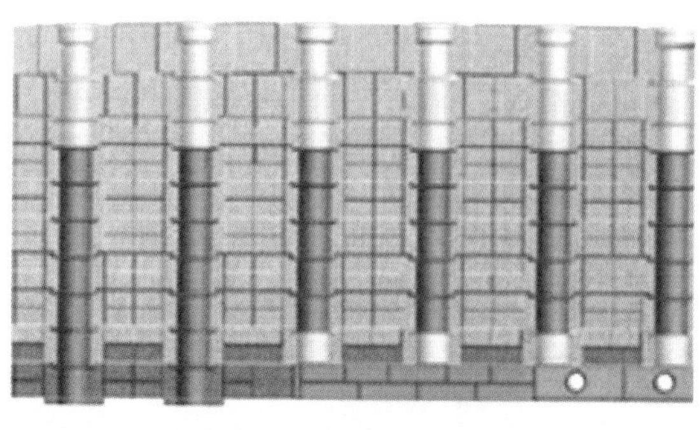

焦炉炉体三维设计

首钢国际工程公司先进的技术手段

地下管网三维设计

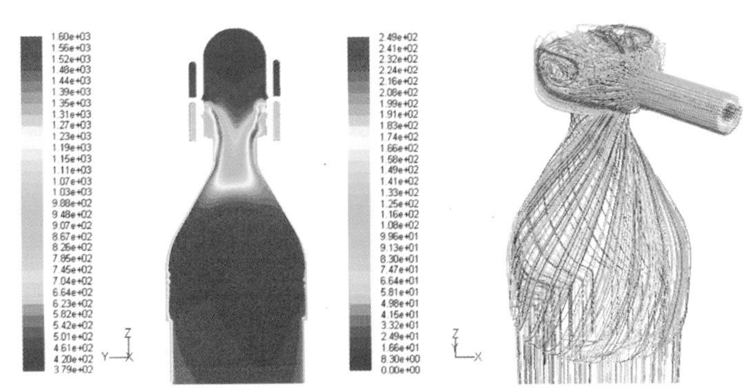

热风炉温度场、流场等计算

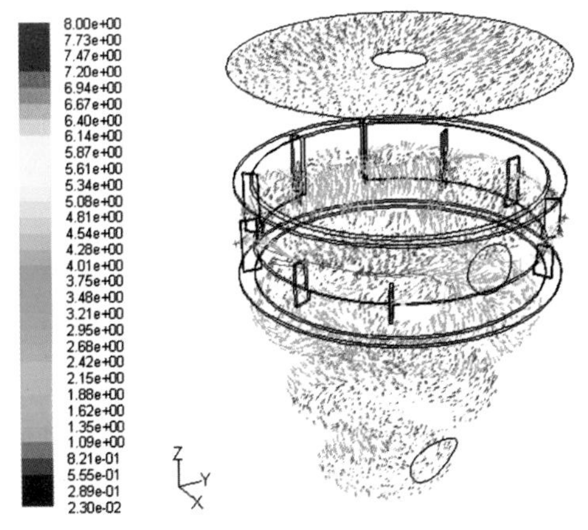

干法除尘流场仿真计算

热风炉燃烧计算程序

热风炉燃料成分和热值	成分	高炉煤气%	转炉煤气%	焦炉煤气%	混和煤气%
	小计	100	100	100	100
	CO_2	19.9500	16.75	1.8	19.95
	CO	20.3300	55.46	6.2	20.33
	N_2	51.5375	20.84	5	51.54
	H_2	2.7075		56	2.71
	CH_4	0.4750		25	0.48
	C_2H_4	0.0000		3	0.00
	H_2S	0.0000			0.00
	H_2O	5.0000	6.95	3	5.00
	混合比例%	100	0	0	100
	煤气热值	724.30	千卡/Nm^3，折合	3030	KJ/Nm^3

参数	数值	单位
鼓风富氧(%)	3	
助燃空气过剩系数：	1.1	
高炉煤气预热到(℃)	215	
助燃空气预热到(℃)	570	
拱顶比理论温度低℃	42	
热风温度	1320	
冷风温度(℃)	230	
废气平均温度℃	350	
高炉冷风流量	9300	Nm^3/min
送风时间	45	min
换炉时间	12	min
燃烧时间	78	min
冷风压力	0.53	MPa
冷风湿度	14	g/Nm^3
操作制度	2	烧
	1	送
热烟气温度	1420	℃

气体流量	名称	介质平均总流量	单炉瞬时流量	介质瞬时总流量	单位
	煤气	299244	172641	345282	Nm^3/h
	空气	195444	112756	225512	Nm^3/h
	烟气	460592	265726	531452	Nm^3/h

能源	项目	数值	单位	
	燃料带入	1148.624	GJ/h	单位煤气需空气
	热风带走	903.239	GJ/h	0.653
	烟气带走	239.178	GJ/h	单位鼓风需煤气
	炉体效率	78.637	%	0.536

A输出 B输出 C输出 D输出 算 吧

自主开发的热风炉燃烧计算程序

利用软件建模模拟产品加热过程

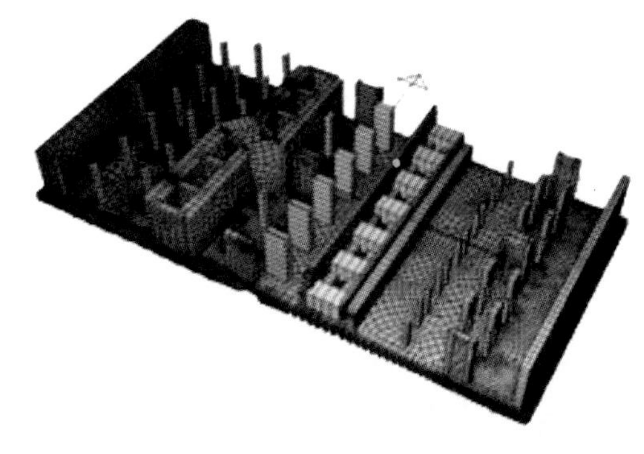

大型热轧箱型设备基础有限元计算

首钢国际工程公司工程实验室

热风炉冷态实验室

热风炉热态实验室

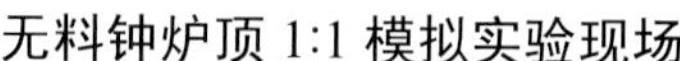

无料钟炉顶 1:1 模拟实验现场

球团工艺实验室

冶金工程设计研究与创新

——北京首钢国际工程技术有限公司成立四十周年
暨改制五周年科技论文集
（1973～2013）

冶金与材料工程

北京首钢国际工程技术有限公司　编

北　京
冶　金　工　业　出　版　社
2013

内 容 简 介

《冶金工程设计研究与创新》对北京首钢国际工程技术有限公司四十年来坚持“科技引领、创新驱动”的发展理念，开展技术创新、方法创新工程设计的实践历程，进行了回顾与总结。书中重点精选了首钢国际工程公司近十年撰写的有代表性的技术论文，重点总结了各专业技术的历史、现状及发展。

本书介绍冶金与材料工程方面工艺及设备关键技术的研究与创新成果，包括炼铁工程技术、炼钢工程技术、轧钢工程技术、烧结球团工程技术、焦化工程技术等部分。能源环境、建筑结构等综合工程方面同时另册出版。

本书可供从事工程设计、工程咨询、钢铁企业技术改造和生产运行工作的相关人员阅读参考，也可为高等院校的教学人员、科研院所的研发人员提供参考。

图书在版编目(CIP)数据

冶金工程设计研究与创新：北京首钢国际工程技术有限公司成立四十周年暨改制五周年科技论文集. 冶金与材料工程/北京首钢国际工程技术有限公司编. —北京：冶金工业出版社，2013.2

ISBN 978-7-5024-6200-0

Ⅰ.①冶… Ⅱ.①北… Ⅲ.①冶金工业—设计—文集 ②冶金—材料—文集 Ⅳ.①TF-53

中国版本图书馆 CIP 数据核字 (2013) 第 038600 号

出 版 人 谭学余

地　　址 北京北河沿大街嵩祝院北巷 39 号，邮编 100009

电　　话 (010) 64027926 电子信箱 yjcbs@cnmip.com.cn

责任编辑 刘小峰 曾 媛 美术编辑 彭子赫 版式设计 孙跃红

责任校对 王永欣 责任印制 牛晓波

ISBN 978-7-5024-6200-0

冶金工业出版社出版发行；各地新华书店经销；北京百善印刷厂印刷

2013 年 2 月第 1 版，2013 年 2 月第 1 次印刷

210mm×297mm；72.25 印张；8 彩页；2366 千字；1128 页

360.00 元

冶金工业出版社投稿电话：(010)64027932 投稿信箱：tougao@cnmip.com.cn

冶金工业出版社发行部 电话：(010)64044283 传真：(010)64027893

冶金书店 地址：北京东四西大街 46 号(100010) 电话：(010)65289081(兼传真)

（本书如有印装质量问题，本社发行部负责退换）

《冶金工程设计研究与创新》

编辑委员会

《冶金工程设计研究与创新》

编 写 人 员

主　编：张福明

副主编：颉建新

主要编写人员（以姓氏笔画为序）：

王树娟　韦富强　田淑霞　朱灿朋　孙德英　刘　巍　刘芦陶　刘宏文

刘彭涛　李　玮　李文武　张　征　张艾峰　张汇川　张春琍　张彦滨

张福明　张德国　陈迪安　周玉磊　胡祖瑞　盛开锋　常　亮　崔幸超

颉建新　韩渝京

序

改革开放以来，我国钢铁工业取得了长足发展，为国民经济持续、稳定、快速发展做出了重要贡献，但目前也面临着能源、资源约束不断强化，土地、环境压力日益增大和原、燃料价格、产品价格体系的急剧变化等许多新的矛盾和问题，转变发展方式和走可持续发展道路已成为我国钢铁工业重大而又紧迫的任务。科技创新是驱动钢铁工业科学发展的重要力量。优化工艺流程技术，构建“高效率、低成本、清洁化、高效益”的生产体系，推动信息化、工业化的高度融合，通过不断研发“高性能、长寿命、易加工、绿色化”的先进钢铁材料，推进钢铁产品升级换代，是钢铁工业创新驱动发展的着力点。

首钢国际工程公司是伴随着中国钢铁工业和首钢的发展而壮大的综合性设计咨询和工程服务的企业，首钢国际工程公司在 20 世纪 70~80 年代就建设了我国第一个无料钟炉顶、富氧喷煤、铜冷却壁、高温长寿热风炉的大型高炉和第一个氧气顶吹转炉炼钢厂；进入 21 世纪以来，又成功地参与设计、建设了首钢迁钢、首钢首秦和首钢京唐钢铁厂，构建了我国新一代钢铁制造流程工程化技术集成的实践平台，建设了以重化工为核心的循环经济创新示范基地、科学发展的示范工厂。几十年来，首钢国际工程公司坚持“科技引领、创新驱动”的发展理念，积极探索和实践“以理念创新为指导、技术创新为基础、方法创新为支撑”的自主创新模式，取得了数百项拥有自主知识产权的科技成果，为推进我国钢铁工业科技进步做出了重要的贡献。

首钢国际工程公司自 1973 年成立，至今已经走过了四十年的奋斗历程，在迎来她四十华诞之际，编撰出版的《冶金工程设计研究与创新》一书，是对首钢国际工程公司四十年工程设计取得成就的回顾和总结，相信该书对工程设计、工程咨询、钢铁厂的技术改造和生产运行会有所帮助或启发，也可以为高等院校的教学、科研院所的研发工作提供参考。

中国工程院院士 殷瑞钰

2013 年 2 月 6 日于北京

科技引领　创新驱动

——铸就首钢国际工程公司四十年发展辉煌

1973 年 2 月，北京首钢国际工程技术有限公司前身——首钢设计院成立，2008 年 2 月，北京首钢设计院完成改制，北京首钢国际工程技术有限公司正式成立。2011 年 3 月，首钢国际工程公司获得国家住房和城乡建设部颁发的最高工程设计资质——工程设计综合资质甲级，成为北京市首家获此资质的设计单位，2011 年 11 月获得国家高新技术企业认定。

四十年栉风沐雨、沧桑巨变，中国钢铁工业发生了翻天覆地的变化，中国钢铁产量连续 16 年居世界之首，成为世界钢铁大国。四十年间，首钢走过了从小到大、从大到强的创新发展历程，钢产量由 179 万吨/年增加到 3000 万吨/年，为中国钢铁工业和首都经济社会发展做出了巨大贡献。

伴随着首钢的发展壮大，首钢国际工程公司走过四十年风雨历程，设计建设了北京地区、首秦、迁钢、京唐等钢铁生产基地，基于循环经济理念建设的首钢京唐工程项目成为新一代可循环钢铁制造流程示范工程，引领了中国钢铁工业科学发展和技术进步的方向。四十年间，首钢国际工程公司在首钢科技创新、技术进步、产业升级、搬迁调整、战略发展过程中，承担了重要的历史使命和责任，完成了数百项科技创新、技术改造、工程设计和工程建设工作，成为首钢科技创新发展的引领者和开拓者。

抚今追昔，透过首钢国际工程公司四十年自强不息、拼搏奋进、励精图治、敢为人先的创新发展历程，可以清晰地认识到，科技引领、创新驱动是企业提升竞争力和实现可持续发展的不竭动力。

一、自力更生、艰苦创业——奠定坚实基础

首钢 1919 年建厂，经历了解放前 30 年，解放后 30 年，改革开放 30 年，走过了从无到有、从小到大、从大到强的非凡发展之路，目前已发展成为在国内外具有广泛影响力的特大型国有企业集团。

新中国成立后，首钢奋发图强、艰苦创业，1964 年设计建设的我国第一座 30t 氧气顶吹转炉，结束了首钢有铁无钢的历史，开创了我国氧气顶吹转炉炼钢技术的先河，成为中国钢铁工业科技进步的里程碑。随后，建成了集采矿、烧结、焦化、炼铁、炼钢、轧钢为一体的钢铁联合企业，成为全国十大钢铁生产基地之一，为新中国经济社会建设和发展发挥了重要作用。20 世纪 60 年代，为节约焦炭、降低炼铁成本，首钢率先开展高炉喷煤工业试验，在当时的技术条件下，自主开发、设计、建设了高炉喷煤制粉装置。1964 年 4 月，首钢 1 号高炉（576m^3）喷煤装置投产，实现了一次试车成功，攻克了煤粉爆炸关键技术难题，在国内率先实现了高炉喷煤工业化应用。1966 年首钢 1 号高炉煤比达到 279kg/t，创造了当时高炉喷煤的世界纪录，首钢高炉喷煤技术达到当时国际领先水平，得到了欧美、日本等钢铁工业发达国家的高度认同。20 世纪 80 年代，首钢高炉喷煤技术还输出到欧美等国家和地区。

1973 年 2 月，为适应首钢的快速发展，首都钢铁公司设计处与北京冶金设计公司合并，成立了首都钢铁公司设计院，一个以钢铁企业为依托的企业设计院由此诞生，在首钢扩大产能、科技进步、技术改造、产业升级中发挥了无可替代的重要作用，先后承担了首钢采矿、选矿、烧结、炼铁、炼钢、轧钢等所有工程设计任务，从最初的技术改造、设计完善到单体工程设计，老一代工程技术人员用铅笔、算盘、计算尺、丁字尺等设计工具，在图板上描绘着首钢发展的宏图，无私地奉献着青春和智慧。

1. 自主创新、设计首钢 2 号高炉

20 世纪 70 年代末期，中国改革开放，首钢奋勇争先。之后 30 年，既是首钢快速发展的重要时期，也是首钢设计院快速发展壮大的重要时期。为了提高钢铁产量，实现快速发展，1978 年，首钢决定对 2 号高炉（516m^3）进行扩容大修改造，首钢设计院承担全部工程设计任务。1979 年 12 月，新 2 号高炉建成投产，高炉有效容积扩大到 1327m^3，采用了自主设计开发的无料钟炉顶、顶燃式热风炉、胶带机上料、喷煤、电动炉前设备、矩阵可编程计算机控制等 37 项国内外先进的新技术。该工程 1985 年荣获国家科技进步一等奖。首钢 2 号高炉是中国第一座采用无料钟炉顶设备的大型高炉，是世界上第一座将顶燃式热风炉实现成功工业生产的大型高炉，已成为中国高炉炼铁技术发展史上具有重要意义的里程碑。

首钢 2 号高炉设计建设，依靠自主创新、设计、制造，并全面实现国产化。高炉无料钟炉顶设备开发之初，国外技术壁垒、技术封锁，工程设计人员凭借对国外先进技术的敏锐洞察，从国外外文期刊上收集有关无料钟炉顶设备的少许资料和照片，设计开发了中国第一个无料钟炉顶设备，将首钢自主开发的蜗轮蜗杆传动技术应用于无料钟炉顶设备，应用杠杆原理实现了布料溜槽的悬挂与固定，设计开发了布料溜槽旋转齿轮箱、C型布料溜槽、换向装料漏斗、中心喉管、下密封阀箱等关键设备，成为具有首钢特色的无料钟炉顶技术，并成功应用于2号高炉。80年代，无料钟炉顶技术发明人莱吉尔来首钢参观，仔细核查首钢发明的无料钟炉顶设备，由衷地称赞首钢在自主创新、开发无料钟炉顶设备方面所取得的成就。

20世纪70年代末期，随着高炉生产技术进步，高炉风温由不足800~900℃逐渐提高到1200~1250℃，传统的内燃式热风炉技术缺陷日渐凸显，热风炉寿命大幅度缩短，成为制约提高风温和高炉生产的关键环节。为克服内燃式和外燃式热风炉的诸多技术缺陷，首钢从70年代初期开始研究顶燃式热风炉技术，首钢设计院参与研发，并承担全部工程设计任务。1970年，首钢在23m^{3}的实验高炉上设计开发了3座不同类型的小型顶燃式热风炉进行工业试验。试验和生产实践表明，顶燃式热风炉完全可以满足高炉高风温的要求，燃烧期拱顶温度在1400~1450℃，烟气温度可以控制在450℃以下，送风温度长期保持在1180~1230℃，最高风温达到了1275℃。尽管顶燃式热风炉小型工业化试验获得成功，但要推广应用到1000m^{3}的大型高炉上仍需攻克众多技术难关，特别是要开发出适用于大型顶燃式热风炉的大能量短焰燃烧器，要保证煤气在热风炉拱顶有限的空间内完全燃烧，这是顶燃式热风炉技术的成败关键。另外，工艺布置、管道设置、孔口设计、检修更换等诸多技术难题都是制约顶燃式热风炉实现大型化的关键环节。在2号高炉设计中，基于小型顶燃式热风炉设计开发、工业试验、生产实践所取得的成功经验，根据大型顶燃式热风炉特点，进行了卓有成效的科技创新。4座顶燃式热风炉采用矩形布置工艺，设置了用于混风的中心竖管替代了外燃式热风炉的混风室，采用合理的工艺参数和设计结构，应用自主开发的基于气流切割、交叉混合的大能量短焰燃烧器，使顶燃式热风炉技术在大型高炉上得到成功应用。

2. 消化吸收国外技术，自主设计首钢第二炼钢厂

首钢设计院承担的首钢第二炼钢厂工程，1987年投产，主要技术装备包括：2座210t转炉，2座吹氩站，具有吹氩、调温、合金微调、喂丝功能；2台8流小方坯连铸机，浇铸断面为120mm×120mm，1台2流板坯连铸机，浇铸断面为220mm×1400mm、220mm×1540mm，2条模铸线；1994年9月3号转炉建成投产，形成“三吹二”模式，1993年至1996年，又先后投产3台8流方坯连铸机，浇铸断面为120mm×120mm、140mm×140mm，增建1台吹氩站。1995年产钢342.874万吨，连铸比93.74%，1996年1~7月实际产钢201.97万吨，连铸比92%，1996年7月第5台方坯连铸机投产，连铸生产能力与转炉炼钢生产量基本匹配，1996年8月，转炉配小方坯开始实现全连铸生产，1996年8

月至 1997 年 10 月生产连铸坯 435.25 万吨，连铸比 100%，方坯产量占 81.01%，主要生产钢种有低合金钢、普通碳素钢、优质碳素结构钢、合金焊丝钢等。其多项技术经济指标达到国内先进水平，取得了显著经济效益，成为当时国内最大的全连铸生产厂，也成为引进消化吸收国外先进技术的典型工程。

3. 继承创新，系统集成，全面完成首钢技术升级任务

20 世纪 90 年代初，首钢为了尽早实现年产钢铁 800 万吨的目标，对炼铁、炼钢等钢铁生产流程系统进行了大规模的新建、扩建和技术改造，由首钢设计院承担全部工程设计。1990 年 6 月，进行 2 号高炉（1327m^3）扩容大修、改造方案设计、初步设计和施工图设计。于 1991 年 5 月投产，容积由原来的 1327m^3 扩大到 1726m^3，采用 23 项具有国内外先进水平的新技术、新工艺、新设备和新材料，达到 90 年代国际先进水平。

为提高高炉产量、强化高炉生产、促进高炉顺行，研究开发矮胖型高炉内型，2 号高炉高径比（高炉有效高度与炉腰直径之比）达到 2.495，是当时国内外同级别高炉中最为矮胖的高炉之一，为研究矮胖型高炉生产实践进行了有益的技术探索并积累了经验。同时为延长高炉寿命，实现高效长寿，2 号高炉采用了软水密闭循环冷却技术，炉腹至炉身下部高热负荷区采用了双排水管球墨铸铁冷却壁，炉缸炉底率先采用由美国引进热压小块炭砖 NMA。

通过对无料钟炉顶设备进行大型化研究与创新，料罐容积由 20m^3 扩大到 30m^3，中心喉管、布料溜槽等采用新型耐磨材料，开发了具备多环布料功能的料流调节控制系统，满足高炉炉料分布控制要求。通过对顶燃式热风炉进行设计优化和技术创新，采用了加热面积更大的 7 孔格子砖，高温区域采用莫来石—硅线石格子砖，使热风炉加热面积在炉壳不更换的条件下提高了 13.8%，开发了顶燃式热风炉大功率短焰燃烧器，热风炉孔口采用组合砖技术，技术水平进一步提高。

为减少高炉出铁场占地、实现紧凑型工艺布置，自主设计和建造了我国第一个投入工业生产应用的圆形出铁场。自主设计、制造了当时国内外最大吨位的环形桥式起重机（30/5t），可以在圆形出铁场内实现全方位作业；自主设计开发了液压泥炮、液压开口机、吊盖机、铁水摆动流槽等出铁场机械设备，使出铁场操作达到机械化水平。

首钢 2 号高炉大修改造投产后，4 号、3 号和 1 号高炉也先后进行了扩容大修改造，首钢设计院承担全部工程设计任务，分别于 1992 年 5 月、1993 年 6 月和 1994 年 8 月投产，高炉容积分别扩大到 2100m^3、2536m^3 和 2536m^3，首钢 4 座高炉总容积由原来的 4139m^3 扩大到 8898m^3，高炉总容积扩大了一倍以上。在高炉实现大型化的同时，通过设计研究和技术创新，在高炉上料、炉料分布控制、长寿、高风温、富氧喷煤等关键工艺单元，创新开发了无中继站直接上料、大型无料钟炉顶设备及多环布料技术、高炉综合长寿技术、大型顶燃式热风炉、圆形出铁场及炉前设备、长距离输煤、多管路喷煤等 20 余项炼铁新技术。

在首钢炼铁系统扩大产能、技术升级的同时，为提高炼钢产能，1991 年 7 月建设首钢三炼钢厂，首钢设计院承担全部工程设计任务。结合当时国内外炼钢连铸技术发展状况和首钢二炼钢厂的设计建设及生产实践，制定了铁水预处理、转炉冶炼、钢水精炼、连铸“四位一体”的工艺技术路线，生产规模为 300 万吨/年。设计建设 3 座 80t 转炉、4 台 8 流方坯连铸机和 1 台单流板坯连铸机，采用全连铸生产模式；在国内首次采用 100t 级中型转炉与 8 流方坯连铸机的配套设计，借鉴首钢大型转炉配 8 流方坯连铸机及对直弧形方坯铸机的生产经验，对直弧形 8 流方坯连铸机进行了创新设计，投产后生产水平、铸坯质量等达到国内先进水平，标志着首钢在大型冶金成套设备的设计制造方面上升到新的水平；为实现炼钢—连铸—轧钢的高效化生产和流程紧凑化，利用辊道将方坯和板坯直接输送到第三线材厂和中厚板厂，通过机械化运输方式实现了连铸与轧钢工序之间的紧凑型工艺界面衔接。

在首钢轧钢生产系统改建、扩建过程中，首钢设计院承担全部工程设计任务，先后完成了首钢二线材厂、中板厂、三线材厂、型材厂工程项目，主要装备虽以引进国外二手设备为主，但工艺及装备技术达到了国内领先水平，通过消化、吸收国外设备图纸资料，在设计中配套完善，测绘研究等，克服重重困难，逐渐积累起线棒材轧钢工艺及装备技术。1986 年小型切分主交导槽等技术开发获冶金科技成果二等奖和北京市科技进步一等奖，1987 年首钢第二线材厂工程设计获北京市第三次优秀设计三等奖，1991 年首钢二线材后部工序改造措施获北京市第五次优秀设计二等奖。完成的首钢第三线材厂工程项目，主要技术装备包括：热送热装生产线、大型步进式加热炉、13 架粗中轧机、4 条高速生产线和钩式运输机、液压自动压实机、打捆机、称量装置、卸卷机等。生产过程全部采用计算机控制，成品轧制速度达到 80m/s，是当时国内规模最大、年产量最高、工艺技术先进、自动化控制达到国际水平的现代化工厂，1995 年获冶金部第七届优秀设计二等奖。

在首钢焦化生产系统改建、扩建过程中，首钢设计院承担全部工程设计任务。1990 年完成首钢原 4×25 孔、索尔维废热式、2.5m 1 号焦炉拆除及新建 4×50 孔、6.0m 顶装式焦炉工程设计，与德国斯蒂尔—奥托公司合作，采用德国 6.7m 顶装式焦炉四大机车装备技术及焦炉焦侧除尘技术，自行设计、消化移植到 6.0m 顶装式焦炉上；采用的螺旋给料装煤车和焦炉焦侧除尘是国内领先技术，对中国焦化厂重点治理焦炉的烟尘污染起了积极的推动作用。完成首钢3号焦炉原地大修工程，由4×71孔、煤气侧入式、4.0m焦炉改造为4×61孔、4.3m下喷式58-Ⅱ型焦炉，吸取6.0m顶装式焦炉成功经验，消化吸收德国6.7m顶装式焦炉四大机车装备技术和焦炉焦侧除尘技术，并成功应用于生产。该项目1993年获北京市第六届优秀设计一等奖。1998年，完成首钢焦化厂4×50孔、6.0m顶装式1号焦炉建设，配套建设一套处理能力65t/h的干熄焦工程设计，在国内首次应用干熄焦技术获得成功。

4. 科技创新综合实力显著增强

在首钢扩大再生产向1000万吨/年迈进的过程中，首钢国际工程公司前身首钢设计院承担了全部工程设计，人员规模、技术能力进一步发展壮大；1973年建院到1983年起步阶段，主要从事首钢内部设计管理和技术改造项目；1983年首钢在全国大型企业中率先实行承包制，基建规模空前扩大，首钢设计院进入了快速发展期，设计队伍迅速壮大，到1995年底，先后完成了新建、扩建、技术改造、环保、能源、民建等工程项目3714个，积累了丰富的经验，培育了一批工程技术人才，创造了数百项国内领先技术。

伴随着首钢的发展，首钢国际工程公司前身首钢设计院建立了冶金工厂设计门类齐全的主工艺专业和相关公辅专业，具备了钢铁制造流程单工序、单装置的工程设计能力，初步具备了钢铁制造全流程的工程设计能力；采用了制图仪手工绘图，初步在小范围开始推广应用计算机二维绘图，设计方法和效率有了一定提高。

至1995年，申请专利总计25项，其中，申请国家发明专利5项、国家实用新型专利20项；从1978年“75吨吊车电子称系统”获全国科技大会奖开始，至1995年，获省部级以上科技成果奖总计101项，其中，获国家级科技成果奖16项，省部级科技成果奖85项；1988年《设计通讯》创刊，至1995年，总计出版发行32期，结合工程设计进行系统总结，科技创新综合实力有了较大提高。

二、**科技引领、创新驱动**——科技创新综合实力全面提升

1996年至今，伴随着首钢从高速扩张转为维持简单再生产，再到北京申办奥运成功，首钢全面实施“搬迁调整、一业多地”发展战略；首钢设计院也经历了艰难调整期、探索发展期、快速提升期、改制转型期四个阶段，从主要围绕首钢内部市场，到不仅围绕首钢内部市场，同时面向国内和国外市场，再到实施“走出去”战略，在完成好首钢内部项目的基础上，全面面向国内、国外市场，科技创新综合实力得到全面提升。

1. 首秦工程——冶金工程的艺术品

承担的首秦工程项目，主要装备有：2台150m^{2}烧结机、1条200万吨/年链箅机—回

转窑球团生产线、1 座 1200m^3 高炉、1 座 1780m^3 高炉、3 座 100t 转炉、3 台单流高效板坯连铸机、1 套 4300mm 宽厚板轧机等，建设规模：钢 260 万吨/年、宽厚板 180 万吨/年。

自主创新、集成创新设计的先进技术包括：

（1）研究设计全密封互联网络式原料场、整体式全封闭多功能联合料仓、一站式多功能全封闭原料集散中心工艺技术，彻底消除了粉尘无组织排放，占地面积大幅减少，降低上亿元投资及生产运营成本，减少能耗、物耗和保护生态环境；

（2）创新设计集约型烧结工艺系统，降低能耗，减少污染并大幅降低建设和生产成本；

（3）创新设计大高炉煤气全干法低压脉冲布袋除尘及干式煤气余压发电工艺技术，在国内大型高炉首次应用，使我国大型高炉在节能、环保方面向前迈进一大步；

（4）研究设计助燃空气预热与高风温无燃烧室顶燃式热风炉结合技术，高炉风温更高；

（5）研究设计螺旋法水渣处理工艺技术，渣处理效果、环保效果更好；

（6）研究设计高炉炉体冷却全软水分段控制工艺技术，可适应高炉不同部位冷却强度要求，节水效果更好；

（7）研发在线脱硫扒渣一体化工艺技术，可加快工艺节奏，提高生产效率；

（8）研发转炉干式蒸汽密封技术，可进一步减少水耗；

（9）研发钢包全程吹氩搅拌技术，可提高冶炼洁净度、使钢种冶炼品质更高；

（10）研究设计多功能铁水倒罐、脱硫扒渣运输专利技术配合铁水倒罐站及脱硫站一体化工艺技术，缩短了铁水倒罐与脱硫扒渣时间，减少了温降和铁损，减少了工厂占地面积；

（11）研发集成化给排水系统工艺技术，实现钢铁厂水重复利用率达到 97%以上，吨钢新水消耗 2.11m^3，所有废水处理后全部回用，基本达到全厂废水“零”排放的世界先进水平；

（12）研发钢铁厂循环水源热泵空调系统技术，可有效利用钢铁厂余热、提高经济效益。

首秦工程项目被国外专家誉为冶金工程的艺术品，获省部级科技成果 10 项，其中，首秦现代化钢铁厂新技术集成与自主创新获北京市科技进步二等奖和冶金科技进步二等奖、首秦金属材料有限公司联合钢厂工程设计获全国优秀设计铜奖、首秦 4300mm 宽厚板轧机工程设计获全国优秀设计银奖。

2. 新建板材生产基地——首钢迁钢工程

承担的首钢迁钢工程项目，主要装备有：6 座 55 孔 6m 焦炉、3 套 15MW 干熄焦发电、1 台 360m^2 烧结机、2 条 320 万吨/年链箅机—回转窑球团生产线、2 座 2650m^3 高炉、1 座 4000m^3 高炉、5 座 210t 转炉、2 台 8 流方坯连铸机、4 台 2 流板坯连铸机、1 套 2160mm 热连轧机组、1 套 1580mm 热连轧机组、1 套 1450mm 酸洗冷轧联合机组、4 套 20 辊可逆冷轧机组及配套的退火机组、3 座活性石灰套筒窑、5 套制氧机组等配套设施。建设规模：钢坯 800 万吨/年，钢材 800 万吨/年。

自主创新、集成创新设计的先进技术包括：

（1）集成创新高炉折返紧凑式无集中称量站直接上料新工艺，可减少炉料倒运、降低炉料破损率；

（2）自主创新大型高炉国产无料钟炉顶及长寿布料溜槽系统、密封溜槽水冷系统、计算机模型控制布料技术，可进一步提高炉顶设备寿命和高炉布料精准度；

（3）自主研究开发一系列高炉长寿高效综合技术，采用了长寿高炉的数字化仿真设计技术，高炉设计寿命 15 年以上；

（4）优化圆形出铁场设计，提高炉前机械化水平；

（5）集成创新高风温长寿技术，进一步提高热风炉寿命，提高风温；

（6）优化螺旋法渣处理工艺，渣处理效果、环保效果更好；

（7）自主创新的紧凑型长距离高炉喷煤技术，系统布置更紧凑，降低投资和能耗；

（8）自主设计研发的大型高炉煤气干法除尘技术，提高节能效果；

（9）自行设计、开发大型炼钢装备技术，以 210t 大型转炉设备为代表，自主开发、集成了一系列炼钢设备；

（10）合作开发副枪自动化炼钢技术，优化集成双工位 LF 炉、多功能 RH 精炼装置和具有国际领先水平的板坯连铸机，实现了全自动化炼钢、全自动化浇钢、浇注平台无人值守，产品质量达到或接近国际先进水平；

（11）集成创新多功能废钢准备和运输工艺与设备，加快生产节奏，提高生产效率；

（12）2160mm 热连轧机成功集成应用可逆式 R1、R2 轧机、无芯移送附带保温装置的热卷箱等技术，提高了精轧机轧制稳定性，提高了轧制精度，降低了精轧机主传动装机容量，缩短了轧线长度，提高了金属收得率，降低了冷却水消耗，提高了钢带的表面质量；

（13）国内首次自主完成大型热连轧箱型设备基础设计，解决了超大型混凝土地下结构计算和设计问题，建立了一套完整的计算模型，有效地解决了地下混凝土结构的渗漏问题，成功地解决了设备基础总沉降量和差异沉降量的控制问题，达到国际先进水平。

首钢迁钢工程项目获省部级科技成果 16 项，其中，首钢迁钢新建板材工程工艺技术装备自主集成创新获北京市科技进步一等奖、首钢迁钢 210t 转炉炼钢自动化成套技术获冶金科技进步一等奖、首钢迁钢 400 万吨/年钢铁厂炼铁及炼钢一期工程设计获全国优秀设计铜奖、首钢迁钢 400 万吨/年钢铁厂炼铁及炼钢二期工程设计获全国优秀设计银奖。

3. 首钢京唐工程——新一代可循环钢铁制造流程示范工程

承担的首钢京唐工程项目是我国目前钢铁项目中一次性建设规模最大、运行系统最全、装备水平最高、工艺技术最先进、生产流程最高效、节能减排和环境保护效果最好的项目。一期建设规模 970 万吨/年钢，为汽车、机电、石油、家电、建筑及结构、机械制造等行业提供热轧、冷轧、热镀锌、彩涂等高端精品板材产品。

首钢国际工程公司作为京唐项目的总体设计单位，完成了从战略论证、建厂选址、规划布局和总体建设方案的编制到项目内、外部条件的落实以及相互关系的协调等前期工作，并在总体负责设计组织和方案优化的同时，完成了 500m^2 烧结机、年产 400 万吨带式焙烧机球团生产线、5500m^3 高炉、2250mm 和 1580mm 热轧、全厂公辅及总图运输系统的设计工作，占工程总体设计任务量的百分之六十以上。

京唐项目试投产以来，生产稳定顺行，各项指标在短期内均基本达到设计要求，充分体现了“科技含量高、经济效益好、资源消耗低、环境污染少、人力资源得到充分发挥”的新型工业化道路的要求。自主创新、集成、设计的先进技术包括：

（1）装备大型、技术先进。采用了目前中国最大、国际上为数不多的一系列大型装备，包括 7.63m 焦炉、260t/h 干熄焦、500m^2 烧结机、5500m^3 高炉、300t 转炉、2150mm 板坯连铸机、2250mm 热带轧机、2230mm 冷带轧机等，这些大型装备构成了高效率、低成本的生产运行系统。

采用了当今国内外先进技术 220 余项，采用新工艺、新技术、新设备、新材料进行系统集成，体现了 21 世纪钢铁工业科技发展新水平。

（2）自主创新、国产化高。走“立足原始创新、推进集成创新、强化引进吸收再创新”的自主创新道路。在确保技术先进的前提下，最大限度地提高设备国产化比重和冶金装备制造水平。该项目总体设备国产化率占总重量的 90%以上，占总价值的 61%以上。

（3）布局紧凑、流程优化。以构建新一代钢铁制造流程为目标，总图布置实现最大限度地紧凑、高效、顺畅、美观，实现物质流、能源流和信息流的“三流合一”，实现工序间物料运输无折返、无迂回、不落地和不重复。

原料场和成品库紧靠码头布置，实现了原料和成品最短距离的接卸和发运；高炉到炼钢的运输距离只有 900m；炼钢到热轧实现了工艺零距离衔接；1580mm 热轧成品库紧靠 1700mm 冷轧原料库，实现了流程的紧凑型布局；吨钢占地为 $0.9m^2$，达到国际先进水平。

（4）循环经济、环境友好。实现了企业内外部物质、能量的循环。在内部，充分利用生产过程中的余热、余压、余汽、废水、含铁物质和固体废弃物等，基本实现废水、固废零排放，铁元素资源 100%回收利用，各项技术经济指标均达到国际先进水平。在外部，每年可提供 1800 万吨浓盐水用于制盐，330 万吨高炉水渣、转炉钢渣、粉煤灰等用于建筑原料；同时回收处理消化大量废塑料等社会废弃物。

首钢京唐工程项目成为新一代可循环钢铁制造流程示范工程，已获得省部级科技成果 53 项，其中，获冶金行业和北京市科技进步奖 15 项、冶金行业全国优秀工程设计 19 项、获中国企业新纪录 12 项、首钢京唐钢铁联合有限责任公司一期原料及冶炼（烧结、焦化、炼铁、炼钢）工程获国家优质工程金质奖、首钢京唐钢铁厂 1 号 $5500m^3$ 高炉工程设计获全国优秀设计金奖。

4. 建立“从工厂化设计向实现产品功能性设计转变”的技术研发新理念

首钢国际工程公司通过研究国际一流工程公司发展规律认识到，传统的工厂化设计在工程技术领域的竞争力将减弱，提出“从工厂化设计向实现产品功能性设计转变”的技术研发新理念，引导企业发展从规模的扩张到核心竞争力提升转变。“实现产品功能性设计转变”要求技术人员在设计过程中，要更加关注通过生产工艺技术的优化来提高产品性能和质量，要更加关注通过关键生产设备的创新和国产化来降低工程投资和生产成本，要更加关注通过生产流程的优化来实现产品的节能环保。

按照“实现产品功能性设计转变”的技术创新理念，首钢国际工程公司 2008 年专门成立了设备开发成套部，建立了热风炉、无料钟炉顶、烧结球团、自动化等工程实验室，形成了公司、专业室两级课题研发体系，并与科研单位、高校广泛开展技术合作，先后成功开发了无料钟炉顶、干法除尘、顶燃式热风炉、海水淡化、6.0m 捣固式焦炉等领先的专利技术并成功应用。2012 年 6 月，公司研发的双排式热轧钢卷托盘运输专有技术成功签约韩国浦项热轧工程，用一流的技术敲开了国际一流企业的大门，并主编、参编了高炉煤气全干法除尘、烧结余热回收利用、海水淡化和干熄焦等国家级设计标准。

5. 科技创新综合实力得到全面提升

从 1996 年 5 月开始，首钢设计院分立为具有独立法人资格的首钢全资子公司；2003 年 9 月，与日本新日铁公司合资组建北京中日联节能环保工程技术有限公司；2003 年 11 月，与比利时 CMI 公司合资组建北京考克利尔冶金工程技术有限公司；2007 年 1 月，整体辅业改制工作全面启动；2008 年 2 月，北京首钢设计院完成辅业改制，正式成立北京首钢国际工程技术有限公司，注册资本 1.5 亿元；2009 年 12 月，重组贵州水钢设计院，成立贵州首钢国际工程公司；2010 年 11 月，重组山西长钢设计院，成立山西首钢国际工程公司；2011 年 3 月 25 日，经中华人民共和国住房和城乡建设部批准获工程设计综合资质甲级；2011 年 11 月 21 日，经中华人民共和国科技部批准，认定为国家高新技术企业。

伴随着首钢实施“搬迁调整、一业多地”发展战略，首钢国际工程公司科技创新综合实力从逐步提高到全面提升；冶金工厂设计相关专业门类的主工艺专业、公辅专业不断完善；钢铁制造流程单工序、单装置、钢铁制造全流程的工程设计综合能力达到国内先进水平、部分领域达到领先水平；运用现代钢铁制造流程工程设计理念开展冶金工程设计，首钢京唐工程成为新一代可循环钢铁制造流程示范工程；设计方法从全面推广应用计算机二维设计绘图，到逐步推广应用计算机三维设计绘图，并结合工程项目、研究开发课题有重点地开展三维动态模拟仿真设计，设计方法和效率不断提高。

从 1996 年至 2008 年改制前，申请专利总计 88 项，其中，申请国家发明专利 20 项、国家实用新型专利 68 项；获省部级以上科技成果奖总计 109 项，其中，获国家级科技成果奖 9 项、省部级科技成果奖 100 项；《设计通讯》又出版发行总计 26 期；从 2003 年开始，科研项目作为科技开发课题立项，实施课题负责制，科技开发项目管理体制逐步走入正轨，至 2007 年总计有 188 项课题立项，攻克了一批冶金行业关键技术难题，科技创新综合实力又有了更大的提高。

2008 年改制后至今，申请专利总计 172 项，其中，申请国家发明专利 65 项、国家实用新型专利 107 项，发明专利数量占总数量 38%，专利申请数量和质量得到进一步提高；获省部级以上科技成果奖总计 120 项，其中，获国家级科技成果奖 8 项、省部级科技成果奖 112 项，科技成果推广应用取得显著成效；改制后《设计通讯》更名为《工程与技术》，期刊质量和行业影响力进一步提高，又新出版发行总计 10 期；2008 年至今，总计又有 197 项课题立项，科研项目继续作为科技开发课题立项，实施课题负责制，进一步完善科技开发项目管理体制，2010 年完成“十二五”技术开发支撑战略规划，科技开发项目有了更加明确的方向和目标，又攻克了一批冶金行业关键共性技术难题，科技创新综合实力得到全面提升。

三、科技引领、创新驱动——铸就更大的辉煌

回首四十多年的历程，首钢国际工程公司全体员工始终以一种“开放、创新、求实、自强”的精神，求生存、谋发展，不仅从以首钢内部项目为主到走向外部市场，而且开始在国际市场上崭露头角；不仅实现了技术水平的全面提升，而且在业内率先开展工程总承

包；不仅为企业的未来奠定良好的基石，而且为员工的发展提供了广阔的舞台，培养了一批冶金行业专家级人才。与SMS、西门子、VAI、达涅利公司等多家世界知名公司保持着良好的合作关系，并多次开展大型工程联合设计。

四十年磨一剑，四十年铸辉煌。首钢国际工程公司熔炼了“开放、创新、求实、自强”的企业精神，逐渐实现了由简单的修、配、改设计向工程公司的转变和跨越，发展为集技术咨询、工程设计、工程总承包、工程监理于一体，经营范围涉及冶金、民用建筑、市政、环保、电力等领域，可承担国内外大、中型钢铁联合企业设计和工程总承包。具有涉外经营权和对外承包工程经营资格。社会影响力、认知度全面提升，连续多年获北京市“守信企业”称号，先后获得全国建筑业企业工程总承包先进企业、全国优秀勘察设计院、中国企业新纪录优秀创造单位、全国冶金建设优秀企业等殊荣。取得国家住房和城乡建设部颁发的工程设计综合资质甲级，取得国家科技部高新技术企业认定。

展望未来，信心满怀，“创新只有起点、创新没有止境”！首钢国际工程公司将秉承科技引领、创新驱动——铸就更大的辉煌。

1. 主业做强做大，成为国际一流的冶金工程公司

“源自百年首钢，服务世界钢铁”。首钢国际工程公司以“提升钢铁企业品质、推进冶金技术进步”为使命；奉行“开放、创新、求实、自强”的企业精神和“以人为本、以诚取信”的经营理念；践行“敢于承诺、兑现承诺，为用户提供增值”的服务理念。

积极参与社会公益事业，践行企业公民的责任与义务；实现企业与员工共荣、与客户共赢、与社会和谐共存，引领绿色钢铁未来。

科技管理以“完善创新体系、提升创新能力、满足用户需求、追求技术领先、实现跨越发展”为指导方针；科技开发项目以“先进性与实用性并举、技术开发与技术储备并行、技术开发与成果转化并重”为原则，以工程项目和市场需求引导科技开发项目立项，以科技开发项目研究提升工程项目的技术水平和市场竞争力，实现冶金行业关键技术和共性技术的突破；秉承科技引领、创新驱动，打造首钢国际工程公司成为国际一流的冶金工程公司。

2. 兼顾多元化发展，成为综合实力强、国际影响力大的国际型工程公司

（1）首钢国际工程公司总体发展目标是成为投资多元化、经营国际化、管理科学化，综合能力强、国际影响力大的国际型工程公司；

（2）发展节能环保技术，如冶金煤气干法除尘技术、海水淡化技术、固体废弃物处理技术、工业建筑节能环保技术等；

（3）发展园区规划设计，如新首钢高端产业综合服务区规划实施方案的研究与应用等；

（4）发展居住建筑和公共建筑设计，如体育建筑设计、办公建筑设计、居住建筑设计、钢结构建筑设计等；

（5）北京设计产业示范基地公共技术平台建设——钢铁工业工程设计实验平台建设；

（6）构建以政府为主导、市场为导向、企业为主体、“产、学、研、用”有机结合的技术创新体系，实现系统创新、协同创新。推动企业技术中心、工程研究中心、工程技术研究中心、重点实验室、博士后流动站的建设。

随着经济全球化的形成，未来任何产品的竞争，虽然最终是通过产品的质量、性能、成本、服务等因素表现出来，但追溯其根源，将会深层次地延伸到产品的设计层面，任何产品决定其竞争力的质量、性能、成本、服务等要素都是通过产品的设计来体现，也就是说设计是产品竞争力的起点。工程系统主要包括价值、科学、技术、管理四方面基本要素，工程设计创新是技术要素和非技术要素的集成创新！其综合创新要求程度更高。

因此，在未来的市场竞争中，设计是决定产品竞争力的根源要素。

我们关注项目工程设计对项目成败的决定性意义，我们更关注设计工作对一个企业、一个行业、一个国家未来发展的战略作用和意义。

设计面向未来！

设计引领未来！

战略设计引领战略未来！

《冶金工程设计研究与创新》一书是首钢国际工程公司四十年技术实践与理想追求的真实写照，通过对首钢国际工程公司冶金工程设计系统的回顾与总结，折射出了首钢国际工程公司全体员工“开放、创新、求实、自强”的精神，体现了首钢国际工程公司全体员工为中国冶金工程设计事业挥洒汗水、倾注心血、无私奉献的高尚品格。

谨以此书献给首钢国际工程公司四十华诞！

感谢首钢总公司、各相关协作单位及领导给予首钢国际工程公司的大力支持！

感谢老一代冶金工程技术人员对首钢国际工程公司冶金工程事业的无私奉献！

感谢各界朋友对首钢国际工程公司的支持与帮助！

向耕耘奉献的首钢国际工程公司全体员工致敬！

北京首钢国际工程技术有限公司董事长、总经理：何巍

目　录

序………殷瑞钰

科技引领　创新驱动——铸就首钢国际工程公司四十年发展辉煌…………………………何　巍

炼铁工程技术

炼铁工程技术综述………………………………………………………………………………(3)

首钢国际工程公司炼铁专业技术历史发展、现状与展望…………………毛庆武　胡祖瑞　(3)

顶燃式热风炉的技术发展与进步……………………………………………………………李　欣　(9)

首钢国际制粉喷煤系统技术发展……………………………………………………………孟祥龙　(13)

现代大型高炉关键技术的研究与创新……………………………………………………张福明　(18)

迁钢1号高炉新技术的设计与应用……………………毛庆武　张福明　张　建　黄　晋　姚　轼　(23)

宣钢3号（$2000m^3$）高炉工程设计中的技术应用……………………………………………………

…………………………………………………………唐安萍　毛庆武　邢华清　张洪海　裴生谦　(28)

迁钢2号高炉工艺优化与技术创新……………………毛庆武　张福明　姚　轼　钱世崇　倪　苹　(34)

迁钢$4000m^3$高炉采用的新技术…………………………姚　轼　毛庆武　倪　苹　徐　辉　(40)

首钢2号高炉采用新技术大修改造的设计……………………………………………………曾纪奋　(44)

采用先进技术进行高炉大修改造……………………………………………黄　晋　曾纪奋　王　立　(47)

津巴布韦钢铁公司4号高炉修复工程…………………………………………黄　晋　唐振炎　毛庆武　(51)

高炉长寿技术…………………………………………………………………………………………(57)

首钢京唐钢铁厂5500 m^3特大型高炉高效长寿综合技术的设计研究……………………………

…………………………………………钱世崇　张福明　毛庆武　王　涛　张卫东　宋静林　(57)

首钢高炉高效长寿技术设计与应用实践…………………………毛庆武　张福明　姚　轼　钱世崇　(63)

首钢2号高炉长寿技术设计…………………………………………张福明　毛庆武　姚　轼　钱世崇　(69)

首钢迁钢1号高炉长寿设计的思想和理念……………………钱世崇　张福明　张　建　程树森　(74)

首秦2号$1780m^3$高炉高效长寿技术应用…………………………………………唐安萍　毛庆武　(79)

高炉热风炉技术………………………………………………………………………………………(84)

高效长寿顶燃式热风炉燃烧技术研究……………………………张福明　胡祖瑞　程树森　毛庆武　(84)

首钢高炉高风温技术进步……………………………毛庆武　张福明　张　建　倪　苹　梅丛华　(89)

特大型高炉热风炉技术的比较分析……钱世崇　张福明　李　欣　银光宇　毛庆武　胡祖瑞　(94)

首钢京唐$5500m^3$高炉BSK顶燃式热风炉设计研究……………………………………………

………………………………………张福明　梅丛华　银光宇　毛庆武　钱世崇　胡祖瑞　(101)

顶燃式热风炉高温低氧燃烧技术…………………………………………张福明　胡祖瑞　程树森　(108)

新型顶燃式热风炉热态实验研究………………………………………………………………………

……张福明　毛庆武　李　欣　胡祖瑞　李建涛　孙庚辰　程树森 (115)
特大型高炉高风温新型顶燃式热风炉设计与研究……
……毛庆武　张福明　张建良　梅丛华　李　欣　银光宇 (121)
首钢京唐 5500m³ 高炉 BSK 顶燃式热风炉燃烧器分项冷态测试研究……
……李　欣　张福明　毛庆武　钱世崇　银光宇　倪　苹 (127)
顶燃式与内燃式热风炉燃烧过程物理量均匀性的定量比较……
……张福明　胡祖瑞　程树森　毛庆武　钱世崇 (131)
京唐 5500m³ 高炉热风炉系统长寿型两级双预热系统设计……
……梅丛华　张福明　毛庆武　银光宇　倪　苹 (136)
首钢京唐钢铁厂 5500m³ 高炉 BSK 顶燃式热风炉燃烧器冷态流场模拟……
……李　欣　张福明　毛庆武　梅丛华　钱世崇　银光宇 (140)
高风温技术在迁钢 4000m³ 高炉上的研究与应用……倪　苹 (145)
霍戈文内燃式热风炉传输现象……胡祖瑞　程树森　张福明 (149)
高炉热风炉高温预热工艺设计与应用……毛庆武　张福明　黄　晋　张　建　倪　苹 (157)
首钢京唐 5500m³ 高炉新型顶燃式热风炉热平衡计算与分析……
……毛庆武　张福明　胡祖瑞　张建良　梅丛华　银光宇　李　欣 (161)

高炉炉顶技术 …… (168)

首钢无料钟炉顶技术的发展及特点……苏　维　张　建 (168)
首钢型无料钟炉顶布料装置技术创新……苏　维　张　建 (171)
高炉无料钟炉顶耐磨衬板技术研究……张　建　苏　维　冯魁彦　张春义 (177)
首钢京唐 5500m³ 高炉炉顶 1:1 布料试验研究……张　建　苏　维　闫树武 (182)
高炉无料钟炉顶均排压系统旋风除尘器漏气分析及优化设计……
……蒋治浩　苏　维　张　建　董志宝　李俊青 (188)
高炉水冷气密箱及布料溜槽系统运动仿真……闫树武　张　建　苏　维 (194)
首钢大型无料钟炉顶布料试验分析……闫树武　苏　维　张　建　王　涛　张卫东 (197)

高炉煤气干法除尘技术 …… (202)

高炉煤气干法袋式除尘的研发历程与展望——记一项新技术的改革、发展与创新……
……高鲁平　张福明　张　建　毛庆武　郑传和　章启夫 (202)
大型高炉煤气干式布袋除尘技术研究……张福明 (207)
京唐 5500m³ 特大型高炉煤气干法袋式除尘系统设计和生产应用……
……章启夫　张福明　毛庆武　陈玉敏　侯　建 (213)
高炉煤气干法除尘灰的处理……高鲁平　侯　建 (217)
高炉干法除尘设置荒煤气事故放散的探讨……陈玉敏　郑传和　章启夫　侯　建 (222)
高炉煤气干法除尘节能新途径……高鲁平　张卫东 (226)
高炉煤气干法除尘过滤风速的选择……高鲁平 (230)
高炉煤气干法袋式除尘的两种类型比较……高鲁平 (234)
迁钢大型高炉煤气干法袋式除尘生产实践……
……章启夫　赵久梁　朱伟明　王勇建　程　华　姜文豪 (239)

炼铁工程其他技术 …… (244)

特大型高炉料仓和无中继站上料系统设计创新 …… 唐安萍 张福明 张 建 王 涛 张卫东 宋静林 (244)

转底炉循环利用钢铁厂含锌尘泥技术分析 …… 曹朝真 毛庆武 姚 轼 张福明 (247)

高炉炉身煤气取样机设备设计与应用 …… 时寿增 (255)

采用焦炉煤气生产直接还原铁关键技术的分析与研究 …… 曹朝真 张福明 毛庆武 徐 辉 (258)

首钢高炉新型铁水摆动流槽的设计与发展 …… 时寿增 姚 轼 (263)

特大型高炉风口及送风装置设计研究与应用 …… 时寿增 (270)

首钢京唐钢铁厂特大型高炉炉体系统炉喉钢砖制造和安装设计 …… 时寿增 (274)

首钢京唐钢铁厂特大型高炉热风围管吊挂及拉紧装置设计 …… 时寿增 (277)

首钢高炉喷煤新工艺 …… 孙 国 (280)

高炉喷吹煤粉技术的新应用及分析 …… 李翠芝 姚 轼 王维乔 (284)

大型高炉喷煤工艺设计及应用实践 …… 孟祥龙 张福明 李 林 (292)

炼钢工程技术

炼钢工程技术综述 …… (299)

首钢国际工程公司炼钢专业技术历史回顾、现状与展望 …… 崔幸超 张国栋 张德国 (299)

欧洲转炉干法除尘应用考察 …… 张德国 魏 钢 张宇思 (306)

首钢京唐钢铁厂新一代工艺流程与应用实践 …… 张福明 崔幸超 张德国 韩丽敏 (314)

大型转炉煤气干法除尘技术研究与应用 …… 张福明 张德国 张凌义 韩渝京 程树森 闫占辉 (321)

首秦炼钢系统技术集成与创新 …… 魏永义 (330)

电炉炼钢技术综述 …… 武国平 张国栋 张德国 宋 宇 (334)

首钢国际工程公司炼钢设计室铁水预处理及炉外精炼技术研发综述 …… 黄 云 张国栋 张德国 (340)

首钢石灰生产技术的发展历程与展望 …… 周 宏 张 涛 刘帅军 (347)

铁水预处理技术 …… (360)

首贵特钢项目铁-钢界面“一罐到底”铁水运输工艺设计研究 …… 杨楚荣 (360)

铁水罐喷吹脱磷工艺在邢钢不锈钢厂的应用 …… 黄 云 张国栋 张德国 刘军民 (364)

邢钢铁水喷吹颗粒镁脱硫工艺的选择与应用 …… 黄 云 郭 戍 (368)

铁水在线脱硫捞渣技术的实践与应用 …… 翟军乔 张凌义 张德国 张国栋 边少飞 (374)

首钢二炼钢厂铁水脱硫扒渣工程工艺的比较与选择 …… 张德国 (378)

转炉及电炉炼钢技术 …… (383)

150t 电炉热装直接还原铁工艺设计研究 …… 武国平 宋 宇 (383)

60t 康斯迪电炉烟气余热回收装置及应用 …… 武国平 方 颖 宋 宇 (389)

300t 转炉倾翻力矩有限元分析、计算与耳轴位置确定的研究 …… 蒋治浩 (393)

京唐“三脱转炉”采用干法除尘工艺的可行性分析 …… 张德国 何 巍 魏 钢 张雨思 (399)

利用人工神经网络系统预报钢水温度 …… 黄 云 董履仁 齐振亚 (403)

迁钢炼钢厂一期工程 210t 转炉设计……李　健　刘彭涛 (407)
大型转炉副枪设计开发与研究……何　巍　张德国　南晓东 (414)
首秦转炉自动化炼钢炉气分析和副枪技术的集成创新与应用……杨楚荣　危尚好 (419)
迁钢第二炼钢厂 210t 转炉汽化冷却烟道设备设计与创新……王　玲 (423)
LD 转炉烟道活动罩裙干式密封技术的设计与应用……王　玲　赵炳国 (428)
蓄热式燃烧技术在首钢二炼钢的应用……张德国　秦　文　夏俊华　王　悦 (432)
包钢淘汰平炉建转炉工程炼钢工艺设计的创新与总结……潘忠勤 (436)

精炼技术……(443)

首秦 100t 双工位 RH 真空精炼技术集成与创新……黄　云 (443)
邢钢 80t LF 钢包精炼炉的工程设计……武国平　秦友照 (448)
首钢迁安钢铁厂 1 号 RH 真空精炼炉设计与投产……黄　云　冯术勋　张德国 (455)
大型 LF 钢包精炼炉自主集成与实践……杨楚荣 (461)
首钢第二炼钢厂 210t LF 炉工艺与设备……黄　云 (465)

连铸技术……(470)

板坯连铸二冷动态控制模型的研究与应用……王先勇　沈厚发　刘彭涛　陈　立　王夏书 (470)
首秦板坯连铸技术的研究与应用……董新秀 (476)
钢包倾动力矩计算与分析……蒋治浩　王　玲 (481)
首钢第二炼钢厂板坯连铸机结晶器铜板温度的分析研究……蒋治浩 (485)
连铸坯连续矫直理论的计算与应用……施　殷　崔幸超　章　敏 (494)
首钢迁钢板坯火焰清理系统设备设计……李　健　宫江容　刘彭涛 (498)
板坯精整清理机液压系统……周　鑫 (503)
石钢连铸坯热送热装工艺及设备的研究与开发……颉建新 (507)
石钢连铸方坯热送热装系统翻钢装置的设计、研究开发与应用……颉建新 (511)

石灰窑技术等……(516)

首钢迁钢 600t/d 活性石灰套筒窑技术开发与应用……周　宏　刘晓东　张　涛　徐　伟 (516)
关于活性石灰生产工艺装备选择的探讨……周　宏　李文震 (522)
关于套筒窑砌筑设计的几点改进……张德国　王　欣　周　宏 (530)
迁钢钢渣二次处理系统的工程设计……许立谦　张国栋　张德国　王　欣　罗顺云 (536)

轧钢工程技术

轧钢工程技术综述……(541)

首钢国际工程公司轧钢专业技术历史回顾、现状与展望……刘宏文 (541)
首钢国际工程公司线棒材轧钢技术历史回顾、现状与展望……张　征　刘宏文 (544)
首钢国际工程公司中厚板轧钢技术历史回顾、现状与展望……王丙丽 (553)
首钢国际工程公司热轧宽带钢轧钢技术历史回顾、现状与展望……李宏雷　刘宏文 (558)

线棒材轧钢技术……(566)

首钢国际工程公司线棒材装备技术综述……张永晓　张　建　张富华　邵　峰　张乐峰 (566)

首钢水城钢铁公司新建高强度棒材生产线工艺设计特点…………………………郑志鹏 何 磊 (576)
长钢精品螺纹棒材生产工艺及设备的研究与应用…………王 烈 宋金虎 吴明安 侯 栋 (582)
铁路专用钢材——十字型钢的研制……………………………………………………林健椿 (587)
线、棒材厂粗中轧机联合减速机设计特点…………………………………………………韦富强 (591)
宣钢高速线材精轧机组设备的设计、研究、开发与应用……………………………………常 亮 (596)
钢丝类打捆机线结特性分析……………………………………………李 亮 陈 工 闫晓强 (601)
中厚板钢坯转盘辊道设备研究与应用……………………………………………邵 峰 常 亮 (605)
棒材生产线冷床区液压系统简介…………………………………………………………杨守志 (609)
节能型棒材平立转换轧机回转缸液压阀台的研究、开发与应用……………………………
……………………………………………………………郝志杰 张彦滨 杨守志 马 松 (612)
高速线材厂油气润滑系统设计、安装与调试………………………………………………秦艳梅 (617)
棒材液压同步控制浅析……………………………………………………………………田秀平 (621)
棒材加热炉液压系统调试简介………………………………………………………………杨守志 (625)

中厚板轧钢技术…………………………………………………………………………… (629)

滚切式定尺剪液压系统在宽厚板工程中的应用……………………………………………侯宏宙 (629)
新钢中厚板厂技术改造工程特点浅析………………………………………王 烈 王丙丽 周 宇 (636)
4300mm 宽厚板厂工艺设计与分析…………………………………………王丙丽 王 烈 周 宇 (640)
中厚板轧机的选型……………………………………………………………………………陈 瑛 (645)
首钢中厚板 3340mm 四辊可逆轧机技术改造——液压压下及厚度自动控制…………………
……………………………………………………………………………………郭天锡 秦艳梅 (651)

热轧宽带钢轧钢技术…………………………………………………………………………… (656)

首钢京唐 2250mm 热轧采用的先进技术………………………………………………张福明 颉建新 (656)
首钢迁钢热轧带钢 25 万吨/年横切机组圆盘剪的设计、研究、开发与应用…………………
……………………………………………………………………………杨建立 林永明 姜巍青 (662)
首钢迁钢 25 万吨/年横切机组粗矫直机的设计、研究、开发与应用…………………………
……………………………………………………………………………姜巍青 张富华 赵 亮 (666)
首钢迁钢 25 万吨/年热轧带钢横切机组设计与应用…………………………姜巍青 常 亮 赵 亮 (672)
热轧带钢粗轧高压水除鳞系统数值计算……………………………………………………韩清刚 (677)
浅析稀油润滑系统油温控制…………………………………………………………………韩清刚 (682)
首钢京唐钢铁厂 1580mm 热轧工程设计简介………………………………………………刘文田 (686)
首钢京唐钢铁厂 2250mm 热轧工程精轧机换辊装置行程加长改造的研究与应用………颉建新 (690)
托盘式钢卷运输的冶金流程工程学分析及其应用……………………………………韦富强 徐 冬 (694)
新型热轧钢卷运输系统研究…………………………………………………………………韦富强 (698)
首钢京唐钢铁公司 2250 mm 热轧工程双排式托盘运输系统的技术创新……………………
……………………………………………………韦富强 刘天柱 李洪波 潘 彪 刘树清 (705)
首钢京唐 30 万吨/年热轧带钢横切机组工艺及设备的研究与系统集成………赵彦明 韦富强 (709)
托盘式(双排)热轧钢卷运输线液压系统设计理念……………………………………………秦艳梅 (713)

连续热轧带钢生产线地下室综合管网设计……张　雪　于沈亮　张彦滨　秦艳梅　李　磊 (717)
高压水除鳞系统中的喷嘴选择……张　雪　于沈亮　张彦滨　张　艳　杨　鑫 (722)

轧钢工程其他技术……(729)
浅析迁钢非接触B型车液压系统……杨守志　张彦滨　郝志杰 (729)
首钢冷轧薄板有限公司酸轧机组离线检查站改造设计……陈正安　林永明　赵　亮 (732)
重载非接触式供电运输车的研究与开发……杨建立　韦富强 (736)
关于冷轧产品质量对原料及上下游工序要求的初步探讨…何云飞　何　磊　李　普　侯俊达 (740)
UCM系列和CVC系列六辊冷轧机特点的初步分析……何云飞　何　磊　侯俊达　孟祥军 (745)
推拉式酸洗线设计参数分析……朱海军 (750)
首钢6H3C单机架可逆式薄板冷轧机组技术特点……韦富强　李　普 (754)
油气润滑技术及其在首钢冷轧机轧辊轴承上的应用……韦富强　侯俊达　佟　强 (758)
液压润滑系统安装、冲洗、调试的施工管理……秦艳梅 (763)
气动伺服机构的研究与分析……胡克键 (770)
三段式低污染度稀油润滑油箱……胡克键　曾立楚　张彦滨 (774)
新型可控油脂润滑系统……杨守志　王东升　张彦滨 (778)
活塞式蓄能器在高炉炉顶液压系统中的应用……侯宏宙　宋月芳 (781)

烧结球团工程技术

烧结球团工程技术综述……(787)
首钢国际工程公司烧结专业技术历史回顾、现状与展望……李长兴 (787)
首钢国际工程公司球团专业技术历史回顾、现状与展望……李长兴　王纪英 (792)
当代大型烧结的技术进步……王代军 (796)
球团生产工艺和球团技术发展展望……王纪英 (805)
我国带式焙烧机技术发展研究与实践……利　敏　王纪英　李　祥 (809)
高炉炉料结构与优质原料分析……王代军 (815)
首钢粒化高炉矿渣粉生产工艺技术综述……崔乾民　李长兴 (821)

烧结技术……(826)
新钢115m²烧结机工程工艺设计……姜凤春 (826)
承钢公司烧结厂4号烧结机项目工程设计……姜凤春 (833)
首秦一期工程烧结系统工艺设计特点……李文武 (837)
试论机上冷却烧结工艺与烧结节能……姜凤春 (840)
首钢京唐钢铁厂500m²烧结机设备大型化技术应用……利　敏 (843)
首钢京唐500m²烧结机厚料层烧结生产实践……王代军 (846)
四川德胜烧结工程工艺特点和设备安装施工要点……贺万才 (850)
首钢京唐550m²烧结成品整粒工艺特点及应用……安　钢　李文武 (855)
首钢京唐烧结厂降低生产工序能耗的实践……贺万才 (859)
2×500m²烧结机的设计特点及生产实践……李文武 (865)

四川德胜烧结工程设计及提高烧结矿强度生产实践……………………………………………………王代军 (870)

球团技术 …………………………………………………………………………………………………… (876)

链箅机—回转窑球团工艺的开发与应用 ………………………………徐亚军　李长兴　王纪英 (876)

大型回转窑的自主开发及应用 ………………………………………………………………………利　敏 (881)

240 万吨/年球团厂铁精矿干燥系统的设计 ……………………………………………张卫华　陈伟田 (884)

宣钢 100 万吨/年球团大修改造工程……………………………………………………………………贺万才 (889)

首秦龙汇 200 万吨/年球团工程工艺技术研究与实践……………………………………………………李文武 (893)

链箅机布料系统均匀布料研究 ………………………………………………………………………王代军 (897)

带式焙烧机球团技术在首钢京唐钢铁厂中的创新应用………………………………………韩志国　张卫华 (903)

多段式 ADI 硬齿面大齿圈在链箅机—回转窑焙烧球团工艺上的应用……………………………………
……………………………………………………………………………陶文武　朱璠璠　刘宗洲 (906)

原料场技术 ………………………………………………………………………………………………… (912)

核子皮带秤在迁安中化煤化工公司焦化自动配煤系统中的应用 ……………………………………崔乾民 (912)

原料场防风抑尘网的设置 ……………………………………………………………………崔乾民　杨晓明 (915)

首钢迁钢高炉喷吹煤料场工艺及环保设计特点 ………………………………………………崔乾民　方　建 (919)

大型钢板库在首钢高炉矿渣粉生产线中的应用 …………………………………崔乾民　王　欣　徐栋梁 (925)

烧结球团工程其他技术 ……………………………………………………………………………… (929)

热管技术在机冷烧结机上的应用……………………………………………………田淑霞　刘　庸　徐亚军 (929)

首钢烧结厂烟道气的余热利用 ………………………………………………………………………刘　庸 (932)

内翅片管式换热器……………………………………………………………………………………刘　庸　徐亚军 (935)

冶金除尘灰泥综合利用可行性研究…………………………………………………………………………贺万才 (938)

烧结模拟烟气活性半焦脱硫研究……………………………………………………………………………王代军 (941)

首钢京唐钢铁厂转炉除尘灰冷固球团返回转炉循环利用 ……………………王　欣　崔乾民　徐栋梁 (946)

首钢京唐 $550m^2$ 烧结工程除尘灰采用密相气力输送技术的研究与应用……………………………王晓青 (951)

焦化工程技术

焦化工程技术综述……………………………………………………………………………………… (961)

首钢国际工程公司焦化专业技术历史回顾、现状与展望………………………………………李顺弟　郭庆祥 (961)

焦化工程专项技术…………………………………………………………………………………… (972)

SG60 型焦炉炉墙减薄理论研究 …………………………………………………………………………秦　瑾 (972)

焦炉炭化室传热过程的 CFD 模拟研究 ………………………………………………………………田宝龙 (977)

发展薄炉墙焦炉的研讨……………………………………………………………叶小虎　鲁　彦　秦　瑾 (983)

大型捣固炼焦烟尘治理技术的进步与发展 ………………………………………………彭镇委　田淑霞 (987)

6m 捣固焦炉护炉铁件结构研究与应力计算 ……………………………………苏经广　陈　镇　田淑霞 (994)

富油负压脱苯工艺综合效益分析…………………………………………………………………………朱灿朋 (1002)

节能环保型 6m 顶装焦炉技术在首钢迁钢焦化工程中的设计与应用……田淑霞 (1006)
现代技术在 SG4350D 型捣固焦炉设计中的应用……吴英军　智联瑞 (1010)
4.3 m 捣固焦炉机械设备与烟尘治理的设计改进……田淑霞 (1014)
空冷悬挂式弹簧炉门在捣固焦炉的应用……贾　勃　智联瑞 (1020)
首钢焦化厂采用煤调湿技术的可行性探讨……滕　崑　巫　蕊 (1024)
AS 工艺在首钢超负荷运行中的问题分析……闫　华　田京生　王　奇 (1028)
硫铵生产工艺的探讨……朱灿朋 (1032)
首钢焦化厂新建 AS 工程总结及技术改进浅析……闫　华 (1035)
顶装式焦炉装煤车装煤工艺及设备的研究与应用……颉建新 (1042)
首钢干法熄焦设计报告……滕　崑 (1046)
首钢焦化厂 1 号焦炉干熄站最终规模的确定……滕　崑　张松文 (1055)
首钢 4 号焦炉 58-Ⅱ型废气瓣的安装与 5 号焦炉废气瓣的选型……智联瑞 (1059)
首钢 3 号焦炉大修工程设计简介……董双良 (1070)
焦侧除尘装置在首钢焦炉上的应用……智联瑞 (1074)
焦炉矮上升管电动导烟管小车……田淑霞 (1081)
焦炉装煤烟尘治理方法评介……滕　崑 (1084)
首钢新 1 号焦炉保护板断裂分析……刘永言　贾　勃　胡晓祥 (1090)
6m 焦炉液压交换机选型及废气拉条拉力验算……田淑霞 (1095)
高效填料洗苯塔的工艺选型计算……耿　泉 (1099)
全密封可逆移动配仓胶带运输机简介……田淑霞 (1106)
焦炉大修　百年大计……智联瑞　鲁　彦 (1109)

附录

附录 1　北京首钢国际工程技术有限公司发展历程…… (1117)
附录 2　北京首钢国际工程技术有限公司简介…… (1118)
附录 3　北京首钢国际工程技术有限公司科技成果一览表…… (1119)
后　记…… (1128)

炼铁工程技术

- 炼铁工程技术综述
- 高炉长寿技术
- 高炉热风炉技术
- 高炉炉顶技术
- 高炉煤气干法除尘技术
- 炼铁工程其他技术

➤ 炼铁工程技术综述

首钢国际工程公司炼铁专业技术历史发展、现状与展望

毛庆武　胡祖瑞

（北京首钢国际工程技术有限公司，北京 100043）

摘　要： 北京首钢国际工程技术有限公司炼铁专业一直是公司的龙头专业，本文总结了首钢炼铁的发展历史以及炼铁专业的发展演变与成长历程，对四十年来首钢国际公司炼铁专业的辉煌业绩进行了回顾，对高炉煤气干法除尘和顶燃式热风炉等主要技术的创新进行了总结，最后对炼铁专业的未来进行了展望。

关键词： 炼铁专业；发展历程；辉煌业绩；技术创新

1 引言

北京首钢国际工程技术有限公司炼铁专业一直是公司的龙头专业，成立四十年来，一直秉承源自百年首钢，服务世界钢铁的理念，坚持自主创新、以人为本的设计思想，不断发展壮大，创造了多项世界顶尖水平的新技术，出色完成了大量国家重点工程，为首钢以及中国炼铁工程的发展做出了卓越的贡献。

2 炼铁专业的历史沿革与发展概况

首钢始建于 1919 年 9 月，炼铁厂自 1919 年建厂到今天已经走过整整 93 个年头。建厂之初到新中国成立，历经军阀混战、日寇占领和国民党发动内战，期间累计产铁仅为 28.614 万吨，被炼铁人称为风雨飘摇的 30 年。新中国成立后，首钢迅速恢复生产，到 1978 年改革开放前的计划经济时代，时间跨度 29 年，首钢炼铁伴随着民族钢铁工业的成长，历经曲折，在坎坷中发展壮大，先后建成了 5 号和 4 号高炉，共产生铁 2837 万吨。1978 年首钢钢产量达到 179 万吨，销售收入 14.43 亿元，成为全国十大钢铁生产基地之一。1979 年至今，首钢作为国家第一批改革试点单位，从率先实行承包制，到建立现代企业制度的改革，再到实施战略性搬迁调整，2012 年首钢形成了 3000 万吨级企业集团，产业结构、产品结构、产业布局和工艺装备跨入世界先进水平行列。

首钢国际炼铁专业的发展与首钢的发展是密不可分的，炼铁专业的历史是 1973 年伴随首钢设计院的正式成立开始的。与首钢国际工程公司的发展一样，炼铁专业的发展主要经历了整合创业期、发展壮大期、调整提升期和改制转型期四个阶段。

整合创业期：首钢 2 号高炉易地大修改造设计项目是炼铁专业成立后的第一个系统完整的新项目。炼铁专业成立初期，技术力量和设计工具都非常有限。沐浴着改革开放的春风，凭借勇于开拓、艰苦奋斗的精神，最终高水准地完成了设计任务。首钢 2 号高炉改造完成后高炉容积为 1327m^3，1979 年 12 月 15 日竣工投产，成为中国第一座现代化的高炉，采用了无钟炉顶、顶燃式热风炉、矩阵可编程计算机、电动炉前设备等 37 项国内外先进技术，这是当时中国第一座无钟炉顶高炉，也是当时世界 1000m^3 以上首次采用顶燃式热风炉的高炉，打破了内燃式和外燃式热风炉的统治局面，对热风炉的发展具有划时代的意义。首钢新二高炉先进技术获 1985 年国家科技进步一等奖。

发展壮大期：20 世纪 90 年代初，首钢厂区 4 座高炉相继完成大修改造。期间炼铁专业充分展现了勇于创新、精益求精的精神，首创了大量新技术，开创了一个又一个中国乃至世界炼铁的新篇章。厂区 4 座高炉凝聚了太多炼铁设计人员的心血和汗水。在此期间，许多基础理论和现场经验得到沉淀，炼铁专业也得到发展壮大。服务领域逐步实现从首钢拓展到国内，并延伸到印度、津巴布韦等国际市场。

调整提升期：2003 年开始，首钢开始实施战略性结构调整，面临着没有先例的特大型钢铁企业搬迁调整的艰巨任务，炼铁专业担负起前所未有的挑战性的设计任务，全身心地投入到了首钢“一业多地”的建设发展中。面对挑战，炼铁专业充分展现了持续改进、勇于开拓、不断创新的精神，并逐渐用科学理论指导

设计，用实验指导设计、优化设计。因此，在首秦、迁钢、曹妃甸高炉工程中，首创了大量世界第一的新技术，引起了世界的关注。投产后，世界先进的运行指标让所有中国炼铁工作者感到骄傲与自豪。首秦、迁钢、曹妃甸三个钢铁基地的建成投产，标志着首钢战略性搬迁调整基本完成。随之而来的是一个又一个举足轻重的奖项，这些是对每一名员工勤奋与智慧的肯定。

改制转型期：2008 年北京首钢设计院改制为北京首钢国际工程技术有限公司。改制后，炼铁专业以更广阔的视角面向市场，经营方式从设计为主转变为以工程总承包为主的工程公司。在完成京唐公司 2 号 5500m^3 高炉、迁钢 3 号 4000m^3 高炉、宝业公司 1 号与 2 号 3200m^3 高炉及涟钢新 3 号 2800m^3 高炉设计的同时，承揽了印度 BIL 公司 1 号 1780m^3 高炉、宣钢 8 号 2000m^3 高炉改造项目、山西文水 1 号 1380m^3 高炉、通钢新 2 号 2680m^3 高炉热风炉、京唐 1 号与 2 号 5500m^3 高炉干法除尘、宣钢 1 号与 2 号 2500m^3 高炉干法除尘等一系列总承包 EPC 项目，都展现出炼铁专业的服务范围已经从以首钢为主的企业院开始向全面面向国内外市场的转变。

3 辉煌业绩回顾

3.1 首钢厂区各具特色的 4 座高炉

20 世纪 90 年代初，首钢厂区 4 座高炉相继大修改造，炼铁专业老一辈工作者将众多先进的设计技术与理念融入其中，使这 4 座高炉无论在生产效率还是在高炉长寿方面都超越时代的水准。

首钢 1 号高炉 1993 年原地扩容大修，高炉炉容 2536m^3，于 1994 年 8 月 9 日建成投产，一直稳定工作。采用了新型无料钟炉顶设备及多环布料技术、热压炭砖—陶瓷杯组合炉缸内衬技术、大型顶燃式热风炉、圆形出铁场等 20 多项新技术。首钢 1 号高炉获 1997 年冶金部优秀设计一等奖，首钢 1 号高炉热压炭砖—陶瓷杯组合炉缸内衬技术设计与应用获 2000 年北京市科技进步二等奖。为响应北京市建设绿色北京的号召，首钢 1 号高炉于 2010 年底停产，停产时高炉炉况良好，其单位炉容产铁量现已达到 13328t/m^3，高炉一代炉役 16.4 年。

首钢 2 号高炉第七代炉役从 1991 年 5 月 15 日开炉，2 号高炉技术改造设计时，开发了高温预热及高风温长寿热风炉技术、高炉高效长寿综合技术、高炉人工智能专家系统、铜冷却壁技术、矿丁及焦丁回收技术等，高炉容积由 1726m^3 扩容到 1780m^3。经过 58 天技术改造，第八代炉役于 2002 年 5 月 23 日开炉，在顺利达产的基础上，焦炭负荷逐步加重，风温不断提高，达到高炉风温 1250℃、焦比 290kg/t、煤比 170kg/t、利用系数 2.7t/(m^3·d)以上的国内领先水平。本次技术改造设计荣获 2004 年度全国优秀工程设计铜质奖、2003 年度冶金优秀工程设计一等奖及首钢科技进步一等奖；铜冷却壁技术获北京市科技进步一等奖；高炉热风炉高温预热工艺及装置开发与应用获北京市科技进步三等奖，这项技术对高炉系统低热值煤气的高效利用以及节能减排都有着非常重要的意义。首钢 2 号高炉于 2008 年因北京奥运会停炉。

首钢 3 号高炉于 1992 年高炉移地大修，高炉容积 2536m^3，于 1993 年 6 月 2 日建成投产，一直稳定工作。采用了无中继站高炉上料新工艺、新型无料钟炉顶设备及多环布料技术、热压炭砖—陶瓷垫综合炉缸内衬技术、大型顶燃式热风炉、顶燃式热风炉大功率短焰燃烧器、圆形出铁场、SGK-1 遥控全液压开铁口机及自动化控制等 20 多项新技术。1995 年获得冶金部优秀设计一等奖及北京市优秀设计一等奖，1996 年获得全国优秀设计银质奖，8 项通过部级科技成果鉴定，获部、市级科技成果奖 5 项。与 1 号高炉相同，为响应北京市建设绿色北京的政策，首钢 3 号高炉于 2010 年底停产，停产时高炉运行状况良好，首钢 3 号高炉单位炉容产铁量现已达到 13991t/m^3，高炉一代炉役达 17.6 年，众多炼铁专家一致认为，如果继续生产，首钢 3 号高炉的寿命一定能突破 20 年。

首钢 4 号高炉于 1991 年原地扩容大修，经过 60 天的大修改造，炉容由 1200m^3 扩大到 2100m^3，于 1992 年 5 月 15 日建成投产，1992 年首钢炼铁第一次拥有了容积超过 2000m^3 的现代化大型高炉。为了缩短大修工期，首钢 4 号高炉采用整体推移的施工方案，高度 32.5m，重量达 3700t 的高炉在 4 个液压缸的推动下缓缓移动，推移 8h 后移到炉基中心，这是中国首次采用整体推移新技术安装高炉，是冶金建设史上的一个创举。为响应 2008 年北京清洁奥运的指示，首钢厂区进行压产，4 号高炉于 2007 年 12 月 31 日停炉，单位炉容一代炉役产铁量达 12560t/m^3，高炉一代炉役 15.7 年，是当时中国最长寿的高炉，也是一代炉役产铁量最大的高炉，停炉时，高炉状况依然良好。首钢 4 号高炉无料钟炉顶多环布料及多位往复布料研究获北京市科技进步一等奖。

3.2 首秦高炉

首秦公司位于河北省秦皇岛市，首秦 1 号、2 号高炉分别于 2004 年 6 月 7 日和 2006 年 5 月 31 日投产。首秦 1 号高炉工程设计获 2005 年冶金行业优秀设计一等奖及全国优秀工程设计铜奖，首秦现代化钢铁厂新技术集成与自主创新获 2006 年冶金行业科技进步二等奖。首秦 2 号高炉工程设计获 2007 年冶金行业优秀设计一等奖。

首秦 1 号及 2 号高炉炉容分别为 $1200m^3$、$1780m^3$。首秦两座高炉均采用了联合料仓及无中继站上料新技术；新型无料钟炉顶设备及多环布料技术；高效矮胖炉型；热压炭砖—陶瓷垫组合炉缸内衬长寿技术；分段软水密闭循环冷却技术；砖壁一体薄壁炉衬技术；助燃空气高温预热技术及卡鲁金顶燃式热风炉技术；矩形平坦化出铁场；SGK 型全液压开口机；矮式液压泥炮；搅笼法渣处理技术等 20 多项新技术。尤其是首秦 1 号高炉煤气低压脉冲布袋除尘技术首次在 $1000m^3$ 以上高炉获得成功，开创了国内外大型高炉应用高炉煤气全干法除尘的先河，迅速推动了此项技术在冶金行业的快速发展。

3.3 迁钢高炉

首钢迁钢公司位于河北省迁安市，现役高炉共 3 座。

迁钢 1 号高炉（2650 m^3）于 2004 年 10 月 8 日建成投产，迁钢 1 号高炉设计中采用了国内外先进、可靠、实用的新技术、新工艺、新设备及新材料，迁钢 1 号高炉采用了无中继站上料新技术；新型无料钟炉顶及水冷气密箱、多环布料技术、高效矮胖炉型、热压炭砖—陶瓷垫组合炉缸内衬长寿技术、铜冷却壁技术、圆形出铁场、 SGK 型全液压开口机、SGXP-400 矮式液压泥炮、大型高风温改进型内燃式热风炉技术、搅笼法渣处理技术及紧凑型长距离制粉串罐喷煤技术等 20 多项新技术。迁钢 1 号高炉工程设计获 2006 年冶金行业优秀设计一等奖及全国优秀工程设计铜奖。

迁钢 2 号高炉（2650 m^3）于 2007 年 1 月 4 日建成投产，实现了首钢搬迁转移 400 万吨钢生产能力的总体目标。迁钢 2 号高炉继承了迁钢 1 号高炉的设计优点，并在迁钢 1 号高炉新技术应用的基础上，对工艺技术与装备技术进一步优化与创新，使之更高效、节能和环保，并且更符合钢铁产业政策的发展方向。采用了新型顶燃式热风炉助燃空气高温预热及大型高风温改进型内燃式热风炉耦合技术、紧凑型长距离制粉并列罐喷煤技术及大型高炉煤气低压脉冲布袋除尘技术。迁钢 2 号高炉高炉煤气脉冲布袋除尘工艺技术获第十二批中国企业新纪录，迁钢 2 号高炉工程设计获 2008 年冶金行业优秀设计一等奖，新型顶燃式热风炉燃烧技术研究获北京市科技进步二等奖。

根据总公司“十一五”期间的总体规划，结合迁钢地区的总体规划发展，考虑到首钢北京地区 2008 年后产能压缩，为合理利用资源，盘活资产，满足北京地区生产能力向外转移的需要，进一步发展迁钢的生产潜力，配合首钢的结构调整，创造更大的经济效益，实现年产 850 万吨钢，与其相配套的铁水生产规模为年产 780 万吨的目标，首钢国际完成了具有自主知识产权的迁钢钢铁厂 $4000m^3$ 大型高炉工程设计，迁钢 3 号高炉于 2010 年 1 月 8 日竣工投产，经过生产检验，高炉运行情况良好、生产稳定顺行，月平均煤比已达到 180kg/t 以上，焦比下降到 278kg/t 以下，月平均热风温度 1280℃，已取得良好的业绩。迁钢 3 号高炉在国内首次采用自主创新独立的炉体分段软水冷却技术，满足了炉体不同部位对冷却强度的要求；在钢铁厂首次采用管式胶带机长距离输煤技术，节省了占地空间及投资，有利于改善环境；首次在大型高炉上采用国产最大的全静叶可调轴流式高炉鼓风机、国产最大的全干式高炉煤气余压透平（TRT），满足了高炉高效、大风量、高压操作、充分回收和利用余热余压，实现了节能降耗的要求；迁钢 3 号高炉集成了大型高炉总图布置及流程优化技术、精料技术、无集中称量站直接上料工艺、首钢第四代并罐无料钟炉顶装料设备、高炉人工智能专家系统、高风温技术、热风炉人工智能专家控制系统、出铁场平坦化与机械化及自动化技术、4 套螺旋法串联加并联工艺、富氧大喷煤技术、重力除尘与旋风除尘耦合技术、高炉煤气系统综合防腐技术、节能和节水等环保技术等 20 多项新技术，为大型高炉的稳定运行创造了条件。首钢迁钢 3 号 $4000m^3$ 高炉工程设计项目获 2011 年度全国冶金行业优秀工程设计一等奖；迁钢 3 号 4000 m^3 高炉煤气干法除尘系统获 2012 年优秀工程总承包项目一等奖。

3.4 首钢京唐高炉

2005 年 2 月 18 日，国家发展和改革委员会[2005]273 号文“关于首钢实施搬迁、结构调整和环境治理方案的批复”，批复首钢“按照循环经济的理念，结合首钢搬迁和唐山地区钢铁工业调整，在曹妃甸建设一个具有国际先进水平的钢铁联合企业”。

首钢京唐钢铁厂按照循环经济和绿色制造模式，建设一个科技含量高、经济效益好、资源消耗低、环境污染少、废弃物零排放、人力资源优势得到充分发挥的新型工厂，实现产品、技术、效益、环境协调发展，把钢铁厂建设成为具有当今国际先进水平的节能、环保、生态、高效型钢铁精品生产基地。

首钢京唐钢铁联合有限责任公司 $5500m^3$ 特大

型高炉的设计给炼铁专业提供了一次赶超世界先进水平的历史机遇，也给我们提供了一次展示才华的舞台，这也在我国冶金历史上具有划时代的意义。在该项目的设计、研究和实施过程中，充分利用首钢多年积累形成的自主研究开发技术成果，并在此基础上进行优化创新，形成具有创新性的优势技术；同时紧密追踪国际冶金前沿技术和发展趋势，自主集成一系列具有当今国际先进水平的新技术、新工艺、新装备，以满足项目的总体定位和要求。

本项目结合首钢京唐钢铁公司工程设计建设，大力开展工艺技术和装备技术的开发和创新，形成了一整套拥有自主知识产权的现代冶金技术和装备，实现了多项重大冶金技术和装备自主创新。京唐 5500m^3 特大型高炉设计时采用了无集中称量站直接上料工艺、矿石与焦炭分级入炉技术、矿丁与焦丁回收技术、设计研制国产特大型高炉无料钟炉顶设备、高炉高效综合长寿技术、纯水密闭循环冷却技术、炉前出铁场平坦化与机械化技术、大型可靠的炉前自动化设备、“一包到底”铁水运输技术、BSK 顶燃式热风炉技术、热风炉烟气余热回收技术、环保型螺旋法渣处理技术、富氧喷煤技术、浓相直接喷吹技术、粗煤气高效旋流除尘技术、高炉煤气全干法除尘技术、大型高炉鼓风机和 TRT 发电技术、完善的检测和高炉人工智能专家系统、炼铁节能节水技术及清洁生产技术等 68 项新技术。

京唐 1 号高炉于 2009 年 5 月 21 日送风投产，京唐 2 号高炉于 2010 年 6 月 26 日送风投产。京唐 1 号高炉投产后生产稳定顺行，各项生产技术指标不断提升，高炉最高日产量达到 14245t/d，月平均利用系数达到 2.37t/（m^3·d），燃料比 480kg/t，焦比 269kg/t，煤比 175kg/t，风温 1300℃，达到了预期的设计水平。为不断优化高炉操作，逐步提高风温，2009 年 12 月 13 日，高炉风温突破 1300℃，2009 年 12 月平均风温达到 1281℃；2010 年 3 月平均风温达到 1300℃。在实现燃烧单一高炉煤气条件下，高炉风温持续稳定达到 1300℃的设计指标，创造了特大型高炉高风温生产实践的新纪录，达到了国内外 5000m^3 以上特大型高炉高风温操作的先进水平。

首钢京唐 1 号 5500m^3 高炉工程设计项目获 2011 年度全国优秀工程设计金奖，获 2010 年度全国冶金行业优秀工程设计一等奖；首钢京唐 5500m^3 高炉煤气全干法脉冲布袋除尘技术开发与设计研究获 2011 年冶金行业及北京市科学技术二等奖；首钢京唐 2 号 5500m^3 高炉工程设计项目获 2012 年度全国冶金行业优秀工程设计一等奖；首钢京唐 1 号 5500m^3 高炉创国内设计及投产最大高炉炉容新纪录、BSK 顶燃式热风炉应用于 5500m^3 特大型高炉为世界首创、煤气全干法除尘项目创最早建成投产 5500m^3 以上高炉世界纪录及 2 座 5500m^3 高炉共用一座联合料仓的新工艺为世界首创，以上 4 项获第十四批中国企业新纪录。

4 主要技术创新

4.1 高炉煤气干法除尘技术

高炉煤气干法除尘技术具有很大优势，目前成功用于大型和特大型高炉，效果良好，已作为高炉煤气净化主流技术在全国推广。这项技术也引起国外同行关注，技术输出呈现良好势头。

这是一项我国独立开发，具有完全自主产权的全新技术。由于起步早、方向正确、坚持长期开发、不断创新，因此最终获得成功。这项技术设备简单、工艺并不复杂，却包容了很多高新技术和极为丰富的经验与创新点，内涵深厚。

北京首钢国际工程技术有限公司（原首钢设计院）长期致力于高炉煤气全干法袋式除尘技术的研究和应用工作，不但得到了广大客户的认可，还得到了政府和中国钢铁工业协会的大力支持。首钢国际工程公司开展的“长寿集约型冶金煤气全干法除尘工艺技术开发课题”，获得了国家科技部“十一五”重点科技支撑计划支持。国家住房和城乡建设部批准了由首钢国际工程公司主编的《高炉煤气干法袋式除尘设计规范》国家标准，编号为 GB 50505—2009，该标准自 2009 年 12 月 1 日起实施。该项国家标准的发布实施，奠定了首钢国际工程公司在国内高炉煤气全干法除尘技术研究应用领域的领先地位，进一步提高了首钢国际工程公司的核心竞争力。

高炉煤气全干法除尘技术作为一项新技术，仍然需要不断创新和改进。该项目技术团队将认真做好技术跟踪和调研工作，继续发扬创新精神，使该项技术不断创新发展，为钢铁行业节能减排发挥更大的作用。

4.2 顶燃式热风炉

首钢顶燃式热风炉于 20 世纪 60 年代开始研究，20 世纪 70 年代，以首钢为代表的我国炼铁工作者成功开发了顶燃式热风炉，并于 20 世纪 70 年代末在首钢 2 号高炉（1327m^3）上成功应用，这是世界上第一座大型顶燃热风炉，是首钢拥有自主知识产权的热风炉技术，目前已在 2500m^3 高炉上使用，同内燃式、外燃式热风炉相比，具有众多优点。

但首钢顶燃式热风炉在生产中也暴露出一些问

题，北京首钢国际工程技术有限公司在 20 世纪 70 年代成功设计应用首钢顶燃式热风炉后，一直致力于顶燃式热风炉的技术改进和研发工作，有着丰富的顶燃式热风炉设计经验。

2003 年，根据首钢搬迁调整的总体规划，在秦皇岛建设两座高炉，1 号高炉炉容 1200m^3，2 号高炉 1780m^3。在热风炉形式的选择上，为达到首钢顶燃式热风炉的升级换代，实现热风炉技术创新，创造性地利用两座小型顶燃式热风炉对助燃空气进行高温预热，成功实现了单烧高炉煤气获得稳定的 1250℃高风温的目标。

针对首钢京唐 5500m^3 特大型高炉总体设计要求，通过对不同形式的热风炉进行综合比较，多方听取专家学者的意见建议，并多次技术论证，得出结论认为，依托首钢在顶燃式热风炉设计使用上的丰富经验，积极吸收国内外先进技术，在 5500m^3 特大型高炉上设计新型顶燃式热风炉是完全可行的。

炼铁专业对新型顶燃式热风炉建立了三维模型，对燃烧器结构形式进行了优化，合理设置助燃空气和煤气的烧嘴布置，使燃烧产生的高温烟气形成均匀有序的旋流流场，使蓄热室被均匀加热，提高其利用率，实现高效换热。

为研究掌握不同喷口形式对热风炉内部流场分部的影响规律，根据相似定律，搭建了新型顶燃式热风炉冷态实验模型，通过测定不同喷口处的气体流速，检验气体分配的均匀性；通过测量冷态模型内部的速度、压力、温度，对数值模拟的计算结果进行验证；通过调整空煤气的喷口形式和角度，结合实验和计算机模拟，找出适用于实际热风炉的规律；根据测定的压力损失，推算实际热风炉的压力损失。

热风炉燃烧器热态模拟试验是针对新型顶燃式热风炉设计搭建的热态实验平台。按照实际热风炉的工艺流程，建设两座高效旋流扩散式顶燃热风炉，采取一烧一送的工作制度。热风炉的燃烧室和蓄热室内布置了若干热电偶，可详细掌握不同部位、不同工作状态下的温度变化情况，结合压力检测和烟气成分检测，分析得出炉内流场分布状况和燃烧状况等。热态实验台的搭建，为深入研究顶燃式热风炉燃烧器，开发检验新型格子砖，研究掌握格子砖燃烧/送风期的吸热/放热规律等创造了条件。

京唐新型顶燃式热风炉完成施工后，在首钢京唐钢铁联合有限责任公司炼铁部的配合下，北京首钢国际工程技术有限公司组织专人对新型顶燃式热风炉进行了冷态测试。

京唐 1 号高炉于 2009 年 5 月 21 日投产后，有计划地逐步提高风温，2009 年 12 月 13 日，京唐 1 号高炉热风温度达到 1300℃，成为世界上首座实现 1300℃高风温的特大型高炉。2010 年 3 月达到全月平均风温 1300℃、利用系数 2.37 t/(m^3·d)、入炉焦比 269.5kg/t 及煤比 175 kg/t 的好成绩。新型顶燃式热风炉和高温空气预热技术首次应用于 5000m^3 以上级别的特大型高炉，单烧高炉煤气实现 1300℃风温，不仅在国内，在世界范围也处于领先水平，取得了显著的经济效益、社会效益及环保效益。

5 展望

首钢国际拥有丰富的高炉设计与总承包建设工程业绩，设计和建设了规模从小型高炉到 5500m^3 特大型高炉，自主设计了中国第一座 5500m^3 特大型高炉，在长期的设计实践与技术研究中，形成了一系列自主开发的优势技术。

为进一步提高炼铁专业的技术竞争力，需要继续加大课题开发和技术创新的力度，重点解决炼铁工艺中现存的重点、难点问题。对于目前处于国际领先水平的技术要继续保持其领先地位，对于技术相对滞后的，要争取技术突破，迎头赶上。从而实现炼铁专业各大系统在国内乃至国际均位于领先水平。通过打造国内精品工程，充分展现技术先进、精细设计的技术优势，以提高国内市场份额，并逐步开发海外市场。

为进一步实现高炉生产工艺的节能减排和循环经济，在保证高炉高效生产的前提下，首钢国际炼铁专业一直持续不断地进行副产品综合利用、余热回收、节能、节水、环保综合技术的开发，以不断创新的精神，引领高炉炼铁技术的发展。

高炉炼铁工艺技术，主要依赖于焦炭，焦炭生产需要优质的主焦煤和肥煤。按我国现有焦煤资源及炼铁产能测算，主焦煤和肥煤将处于供求紧张状态，高炉炼铁生产将仅能维持到本世纪末，研究和开发非高炉炼铁技术已引起炼铁工作者的高度重视，因此非高炉炼铁技术也是 21 世纪冶金领域中国家鼓励发展的重大前沿技术。首钢国际炼铁专业一直跟踪和进行熔融还原和直接还原炼铁技术的研究开发，进行了 HYL—Ⅲ采用焦炉煤气直接还原炼铁工艺、转底炉处理钢铁企业含铁尘泥和复合矿的直接还原工艺和 Hismelt 熔融还原技术的开发研究，已取得初步成果，完成了河北省首钢迁安钢铁有限责任公司粉尘治理转底炉工程初步设计，已签定山东墨龙熔融还原炼铁项目 SRV 熔融还原炉项目设计合同，正开展基础设计；通过以上项目的设计，消化吸收国外先进技术，并完成自主创新的研究，以实现非高炉炼铁技术的突破和可持续发展，并在未来实现国内非高炉炼铁领域绝对的技术优势。

6 结束语

四十年来，北京首钢国际工程技术有限公司和炼铁设计室经过一代代设计人的奋斗与拼搏，在技术上不断改进创新，在业务上不断拓展壮大，创造了许多对世界炼铁界具有划时代意义的成绩。但对于炼铁专业来说，一切成绩都已属于过去，我们更应该以宽广的视野，进取的心态，扎实的工作，在公司领导下坚持贯彻“三创”精神，夯实“三化”基础，为炼铁设计室和北京首钢国际工程公司的发展贡献力量。

顶燃式热风炉的技术发展与进步

李　欣

(北京首钢国际工程技术有限公司，北京 100043)

摘　要：高风温是现代高炉炼铁的重要技术特征，提高风温可以有效地降低燃料消耗，增加喷煤量、降低焦比、提高高炉能源利用效率，对提高钢铁工业市场竞争力具有至关重要的作用。本文介绍了首钢首钢顶燃式热风炉的发展演变与应用业绩，对比了内燃式热风炉显现的优势，并对新型顶燃式热风炉的技术发展、改进做了详细叙述，新型顶燃式热风炉在京唐 5500m^3 特大型高炉的成功应用，创造了重大的经济效益和社会效益，展现了首钢国际的技术实力。本文最后对炼铁热风炉系统的前景进行了展望。

关键词：顶燃式热风炉；发展进步；高风温；技术创新

1　引言

热风炉系统作为高炉炼铁技术中的重要一环，其主要功能是为高炉提供高温高压的热风，以满足高炉的冶炼需要。高风温是现代高炉炼铁的重要技术特征，提高风温可以有效地降低燃料消耗，增加喷煤量、降低焦比、提高高炉能源利用效率，对提高钢铁工业市场竞争力具有至关重要的作用。因此，提高风温势在必行，是面向 21 世纪的新型高效化炼铁工业的重点开发技术。

顶燃式热风炉是由我国开发成功的一种新型高效长寿热风炉，在各型高炉上得到了成功应用，取得了显著的经济效益和社会效益，我国大型顶燃式热风炉的设计研究、综合技术开发和应用实践已处于世界领先水平。

2　首钢顶燃式热风炉

20 世纪 50 年代，我国采用的热风炉以传统的内燃式热风炉为主，由于其先天的技术结构缺陷，严重制约了风温的提高。20 世纪 60 年代出现了外燃式热风炉，将燃烧室和蓄热室分开，克服了传统内燃式热风炉的不足，风温得以提高，寿命有所延长，但占地大，投资高，气流分布不均，因此，人们开始回头研究改进型内燃式热风炉。20 世纪 70 年代出现的霍戈文式改进型内燃热风炉，采用陶瓷燃烧器，优化了隔墙和拱顶结构，克服了旧有内燃式热风炉的结构缺陷，实现了较高的风温水平，但气流分布不均匀却是其始终无法解决的难题，这也限制了该炉型进一步向大型高炉推广。

顶燃式热风炉最早出现在化工系统，在炼铁工业却并未得到重视。20 世纪 20 年代，Hartmann 提出了顶燃式热风炉的设想，但未得到重视。到 60 年代时，国外对顶燃式热风炉的研究仍处于设想和专利阶段，我国已开始在小高炉上进行工业实验。

1970 年，首钢实验高炉（23m^3）设计了三种不同结构形式的顶燃式热风炉，进行对比实验，在取得使用经验后，于 1974 年在济南铁厂 100m^3 高炉大修设计中推广使用，取得了较好的使用效果。1978 年首钢 2 号高炉（1327m^3）设计时，在高润芝副总工程师的大力倡导下，大胆设计采用了顶燃式热风炉，并于 1979 年建成投产，在世界炼铁行业引起震动，被认为是顶燃式热风炉的首次成功开发应用。

首钢实验高炉（23m^3）原有 3 座内燃式石球热风炉，由于床层阻力大，寿命很短，使用一年后就被迫大修。为探索合理的高风温热风炉结构，在 1970 年大修设计中，对各种结构形式的热风炉进行对比分析后，决定跳过当时国内正普遍进行研究的外燃式热风炉方案，采取顶燃式热风炉，并设计了三种不同结构形式的顶燃式热风炉进行对比实验，寻找最合理的结构形式。

1974 年济南铁厂 1 号高炉大修，原有 3 座内燃式热风炉，炉壳直径小，热风炉间距也比较小。采用了顶燃式热风炉后，在缩小砌筑内径，降低格子砖高度，采用相同格子砖的前提下，蓄热面积比之前还增加了 17%，满足了高炉扩容的要求。该高炉于 1975 年 12 月投产，首钢顶燃式热风炉迈出了从实验到生产应用的坚实的第一步。

首钢 2 号高炉原设计采用新日铁式外燃热风

炉，在对外燃热风炉和顶燃热风炉进行充分对比之后，毅然放弃了外燃式方案，重新设计成顶燃式热风炉，初步估算比原设计节约钢材 200t，耐火材料 2000t。

首钢顶燃式热风炉采用对称矩形布置形式，在中心布置热风竖管，不需要支柱，节省了大量钢材，结构的稳定性和抗震性得到较好的解决。炉体结构采用将拱顶和大墙脱开的结构。燃烧器采用大功率短焰燃烧器。投产后，高炉风温稳定在 1150℃左右，热风炉系统工作可靠，寿命长，1 号热风炉更是正常工作长达 22 年之久。

首钢顶燃式热风炉自从问世至今已有 30 余年的发展历程，日趋成熟。生产实践证实，顶燃式热风炉完全可以在 2500m^3 级以上大型高炉上应用，而且具有显著的技术优势，表 1 是首钢顶燃式热风炉在大型高炉上的使用业绩。

表 1　首钢顶燃式热风炉业绩表

厂名	炉号	高炉容积/m^3	布置形式	顶燃式热风炉数目/座	投产时间
首钢	2	1327	矩形	4	1979.12
首钢	2	1726	矩形	4	1991.5
首钢	4	2100	正方形	4	1992.5
首钢	3	2536	正方形	4	1993.6
首钢	1	2536	正方形	4	1994.8
邯钢	4	917	一列式	3	1997.7

首钢顶燃式热风炉是以首钢为代表的，由我国炼铁工作者自主研发并设计应用的热风炉炉型，具有完全自主知识产权。同内燃式、外燃式热风炉相比，具有如下特点：

（1）同内燃式热风炉相比，取消了燃烧室和挡火墙，从根本上消除了内燃式热风炉的致命弱点。扩大了蓄热室容积，在相同热风炉容量条件下，蓄热面积增加 25%~30%。

（2）同内燃式、外燃式热风炉相比，结构稳定性增强。钢壳结构均匀对称，气流分布均匀，传热对称均匀性提高。

（3）顶燃式热风炉采用大功率短焰燃烧器，直接安装在拱顶部位燃烧，使高温热量集中在拱顶部位，热损失减少，有利于提高拱顶温度。

（4）热效率提高。顶燃式热风炉燃烧期，高温烟气由上向下流动，烟气在流动过程中向蓄热室传热，在高度方向上形成了均匀稳定的温度场分布；热风炉送风期，冷风由下向上流动，温度由低变高，这是一种典型的逆向强化换热过程，提高了热效率。通过对首钢 2 号高炉实测表明，热风炉热效率为 81%。

（5）耐火材料工作稳定性提高，热风炉寿命延长。顶燃式热风炉改善了耐火材料的工作条件，使温度均匀分布并与耐火材料工作条件相适应，延长了炉体寿命。

（6）布置紧凑，占地面积小，节约钢结构和耐火材料。实践表明，在相同高炉容积条件下，顶燃式热风炉比外燃式热风炉节约钢材约 30%，节约耐火材料 15%，节约投资 20%，特别适合我国钢铁企业现有高炉原地扩容大修改造采用。

3　新型顶燃式热风炉技术发展

2003 年，根据首钢搬迁调整的总体规划，在秦皇岛建设两座高炉，1 号高炉炉容 1200m^3，2 号高炉 1780m^3。在热风炉形式的选择上，为达到首钢顶燃式热风炉的升级换代，实现热风炉技术创新，首钢国际工程公司同俄罗斯卡鲁金公司深入合作，设计投产了新型顶燃式热风炉，同时创造性地利用两座小型顶燃式热风炉对助燃空气进行高温预热，成功实现了单烧高炉煤气获得稳定的1250℃高风温的目标。

首钢京唐钢铁厂工程是国家“十一五”规划的重大工程，是我国在 21 世纪建设的具有国际先进水平的新一代钢铁厂，是调整钢铁产业结构、提高冶金科技装备水平、实施循环经济和自主创新的国家示范工程。项目建设 2 座具有 21 世纪国际领先水平的 5500m^3 特大型高炉，要求风温≥1300℃。这是我国首次设计建设 5000m^3 以上高炉，当时国内最大高炉容积为 4350m^3，国外也仅有 13 座 5000m^3 以上高炉。首钢京唐 5500m^3 高炉的设计理念是“高效、低耗、优质、长寿、清洁”，以“以我为主、自主研发、自主创新、开放合作、集成优化”为设计思路，要求总图布置紧凑合理，工艺流程短捷顺畅。

通过对不同形式的热风炉进行综合比较，多方听取专家学者的意见建议，认为顶燃式热风炉是非常有发展前景的。技术论证的结论认为，依托首钢在顶燃式热风炉设计使用上的丰富经验，积极吸收国内外先进技术，在 5500m^3 特大型高炉上设计投产顶燃式热风炉是完全可行的，但要有效确保燃烧器的使用寿命，实现热风炉高温烟气的均匀分布，最大限度地提高蓄热室的使用效率。

通过艰苦的技术攻关，充分吸收借鉴首钢多年积累的顶燃式热风炉设计使用经验，同时对首秦1、2号高炉配套热风炉在生产中出现的问题进行分析总结，优化炉型结构，最终设计开发出了特大型超高风温顶燃式热风炉，并将该技术成功应用于5500m^{3}级特大型高炉上。

首钢京唐5500m^{3}特大型高炉新型顶燃式热风炉在国际特大型高炉上已创造多个第一：（1）其炉壳最大直径达13.5m，高度约为50m；单座热风炉所需格子砖重量达2550t。（2）单个燃烧器的煤气流量达20×10^{4}Nm^3/h，助燃空气流量达14×10^{4}Nm^3/h，烟气产生量达32×10^{4}Nm^3/h。（3）单座热风炉换热量达565GJ，燃烧器功率达157MW，是冶金行业最大的热工设备。（4）热风管道热风温度达1320℃、热风压力为0.55MPa，由钢壳和耐火材料组成的热风管道直径达3.2m，高温高压热风产生的盲板力高达480t。

特大型超高风温顶燃式热风炉在首钢京唐特大高炉的研发应用，取得了多项技术创新：

（1）在国际上首次将顶燃式热风炉应用在5000m^{3}级的特大型高炉上，攻克了单烧高炉煤气实现1300℃超高风温的国际性关键重大技术难题，系统地解决了超高风温的获得、超高风温热风输送和超高风温使用等关键技术难题，形成完全拥有自主知识产权的整套技术成果。

（2）在国内外首次集成理论研究、冷态/热态试验、工业冷态测试等现代研究方法，集成运用三维设计、数值仿真优化、有限元分析、位移分析等先进设计研究手段，开发并应用特大型高炉新型顶燃式热风炉燃烧器，实现核心关键技术重大突破；成功开发应用高温高压管系无过热低应力关键技术；优化创新工艺流程，开发了热风炉非对称矩形工艺布置。

自主研发特大型高炉新型顶燃式热风炉大功率旋流扩散燃烧器，成功应用于首钢京唐2座5500m^{3}特大型高炉，稳定实现1300℃超高风温，突破国外技术垄断和壁垒。

系统研究了热风炉传输原理与工艺流程，建立热风炉三维计算模型，运用计算流体力学仿真优化技术，系统解析研究了热风炉燃烧、气体流动和传热过程，全面分析热风炉炉内流场、温度场、速度场、浓度场、压力场分布状况，奠定优化工程设计基础。

以流体力学相似原理为基础，建立热风炉冷态—热态联合试验平台，模拟研究了特大型高炉新型顶燃式热风炉工作机理和传输过程，热风炉热态试验平台为国内首创。

完成首钢京唐5500m^{3}特大型高炉新型顶燃式热风炉完整的冷态测试研究，重点对燃烧器、燃烧室、蓄热室、鼓风室等关键单元进行了流场、速度场和压力场实测，获得热风炉工业化应用的关键数据，深入验证了热风炉传输过程的工艺规律，特大型高炉顶燃式热风炉冷态测试研究为国际首例。

采用自行开发的管道系统受力计算软件和有限元分析，对热风炉高温高压管系进行力学解析，提出热风炉管道系统无过热低应力设计理论，优化管系设计，降低管道温差热应力和热膨胀，实现热风炉管系在超高风温工况下可靠工作。

自主研发热风炉燃烧传热计算软件、耐火材料优选计算程序、热风炉阻力损失计算软件和管道受力分析软件，形成完整的热风炉系列设计软件。

（3）在国际上首次将助燃空气高温预热技术应用于特大型高炉，在单烧低热值高炉煤气条件下可稳定获得1300℃超高风温，实现低品质能源的高效转换和高效利用。

回收利用热风炉烟气余热预热煤气和助燃空气，采用助燃空气高温预热和煤气低温预热组合工艺流程，在5500m^{3}特大型高炉单烧低热值高炉煤气条件下，稳定实现1300℃超高风温，攻克全烧低热值煤气获得超高风温的国际性重大技术难题，取得重大技术创新，开创高效利用低品质能源新途径。

开发多用途助燃空气高温预热工艺，实现单一工艺流程的功能多样化，可为新建或大修的高炉提供超高风温，减少因减产造成的经济损失。

（4）基于对高温低氧燃烧技术的深入研究，提出高温低氧热风炉技术理论，开发了高温低氧热风炉燃烧器与高温低氧热风炉技术，使热风炉风温进一步提高，CO_2和NO_x排放大幅降低，创新引领了现代热风炉高温、高效、长寿、低碳、低排放的技术发展。

自主研发顶燃式、内燃式和外燃式热风炉用高温低氧燃烧器，该系列燃烧器首次针对内燃式、顶燃式、外燃式热风炉的结构特点，创新应用高温预热和分级燃烧技术，控制不同燃烧区域热力学条件，实现超高风温的同时严格控制NO_x生成量。

自主研发环保型高温低氧热风炉工艺流程，创造性地将高温低氧燃烧理念运用于高炉热风炉技术领域，高效回收烟气余热，高温预热助燃空气，大幅减少NO_x生成量。

首钢京唐1号高炉于2009年5月21日送风投

产，高炉投产后生产稳定顺行，各项生产技术指标不断提升，高炉最高日产量达到 14245t/d，高炉月平均利用系数达到 2.37t/(m^3·d)，燃料比 480kg/t，焦比 269kg/t，煤比 175kg/t，风温 1300℃。2009 年 12 月 13 日，风温突破 1300℃，2009 年 12 月平均风温达到 1281℃；2010 年 3 月平均风温达到 1300℃。实现了燃烧单一高炉煤气条件下，高炉风温持续稳定达到 1300℃的设计指标，达到了 5000m^3 以上特大型高炉高风温国际领先水平，创造了重大的经济效益和社会效益。

4 前景展望

大型顶燃式热风炉是我国开发成功的一种高风温长寿热风炉，问世至今取得了显著的经济效益和社会效益。经过 30 余年的发展演变，顶燃式热风炉实现了大型化、高效化、长寿化，取得了令人瞩目的技术成就。顶燃式热风炉的成功应用是我国对世界炼铁工业的一个重要贡献。实践表明，顶燃式热风炉具有显著的技术优势，特别适合我国钢铁企业现有高炉扩容改造采用，今后应继续开发、研究、优化、完善顶燃式热风炉技术。

随着公司实力的不断壮大，炼铁室积极进取，不单在设计领域深入研究，保持技术先进性，还主动扩展业务范围，承揽了通钢新 2 号高炉的热风炉总包工程，成为炼铁室的又一个技术亮点。

炼铁室目前从事热风炉方面工作的约有 15 人，大家各有所长，在燃烧计算、管系布置、流场分析、耐火材料设计、设备选型、采购订货、施工管理等各个方面发挥着重要作用。

炼铁室在热风炉技术领域已掌握十多项专利技术和专有技术，其中发明专利 5 项，专利和专有技术涵盖了工艺流程、布置形式、预热方式、燃烧器结构等多项内容，形成了完整的热风炉技术体系，有能力为用户提供需求各异的热风炉解决方案。

首钢国际制粉喷煤系统技术发展

孟祥龙

（北京首钢国际工程技术有限公司，北京 100043）

摘　要：首钢国际工程公司在高炉炼铁制粉喷煤系统设计上有近 50 年的历史，如今已具有较为先进的设计理念，并形成一整套的先进工艺设计方法。本文对我公司在制粉喷煤系统设计的历史沿革、技术优势、典型业绩等方面进行了介绍，并对目前本行业的形势和本行业的发展趋势进行了分析和展望。

关键词：喷煤；业绩；技术优势

1　引言

高炉喷煤是现代高炉的重要技术特征。自 1840 年法国马恩省炼铁厂喷吹木炭屑开始，经历了百余年的不断试验研究和完善提高，世界上喷吹煤粉的高炉占到 80%以上。由于炼铁工序能耗占钢铁工业总能耗的 70%左右，生铁成本占钢铁最终成本的 50%左右，因此降低生铁能耗和成本，对提高钢铁工业市场竞争力具有至关重要的作用。高炉喷煤是降低生铁能耗和成本最有效的技术措施，可以带动炼铁技术的全面提高。高炉喷煤不仅可以代替昂贵的焦炭，节约宝贵的炼焦煤资源，降低炼焦所产生的环境污染；同时还可以促进高炉稳定顺行，强化高炉冶炼，因此受到世界各国的普遍重视。

如今，高炉喷煤是现代高炉炼铁生产广泛采用的技术之一，喷吹煤粉从当年简单的以煤代焦和提供热量的思路出发，到如今已经成为调剂炉况热制度、改善炉缸工作状态、降低燃料消耗以及节能减排等方面的重要技术措施。

2　历史沿革

我国高炉喷煤技术开发和应用起步较早，早在 20 世纪 60 年代就开始了高炉喷煤技术的开发和应用研究。首钢是我国高炉喷煤技术的开创者和先行者之一，经验丰富，历史悠久，实践效果显著，在国内外享有很高声誉。1963 年首钢开始对喷煤技术进行了系统的研究与试验，1964 年首钢在全国率先开始了高炉喷煤工业化试验，1966 年在全公司高炉上推广，当年全厂平均喷煤量达 159kg/t，其中首钢 1 号高炉最高月平均喷煤量达到 279kg/t，创造了当时的世界纪录。

发展至 20 世纪 90 年代末，首钢高炉制粉喷煤工艺全部为集中制粉、间接喷吹，喷吹煤种为单一无烟煤。制粉采用球磨机→粗粉分离器→细粉分离器→排粉风机→多管除尘器→布袋除尘器→风机传统的生产工艺，喷吹工艺为串联罐多管路喷吹。传统的制粉喷煤工艺和技术已成为首钢高炉提高喷煤量的主要限制性环节和技术障碍。

20 世纪 90 年代末期，首钢建设了一套新的高炉制粉喷煤系统，该系统开始采用中速磨作为主要设备，以直接喷吹的模式，对 2 号、3 号高炉进行喷吹，但喷吹工艺为双系列串联罐组、总管加分配器。2 号高炉喷煤总管总长 452m，3 号高炉喷煤总管总长 358m，完全采用国产化技术和设备，采用紧凑型短流程工艺，实现了煤粉长距离直接喷吹。

21 世纪初，北京申奥成功，随即迎来了首钢产业结构调整的重大机遇与挑战，一业四地的战略实施也拉开序幕。在首秦、迁钢、京唐各地高炉炼铁工程过程中，配套的制粉喷煤系统不断完善创新，达到国内同行业先进水平，特别是在迁钢 3 号高炉与京唐 1 号、2 号高炉的制粉喷煤系统的设计过程中，引进了荷兰 DANIELI 和德国 KUTTNER 公司的优势技术，与多年的自主设计经验相结合，使制粉喷煤系统的设计达到了国际领先。如今，并罐直接喷吹模式已经大范围应用，同时长距离浓相输送、全自动无人值守控制、均匀喷吹等先进技术已广泛运用。制粉喷煤系统的技术革新详见表 1。

经过多年工程实践，首钢国际工程公司在制粉喷煤系统的设计上已形成自有的一套体系，在高炉大型化已经成为趋势的情况下，喷煤工艺各环节能够满足高炉大型化的需求，其中设备装备水平、煤粉流态化处理、长距离浓相输送以及风口均匀喷吹技术等方面已经逐渐成熟，同时也积累了很多业绩。首钢国际制粉喷煤部分业绩见表2。

表1　制粉喷煤系统的技术革新

年份	技术革新
1963	首钢进行了系统的研究与试验，1964年在高炉生产上应用
1966	在首钢公司高炉上推广，年平均喷煤量达159kg/t，创造了当时的世界纪录
1994	在首钢公司1036~2536m^{3}五座高炉上应用，采用集中制粉，间接喷吹，串联罐多管路喷煤
2000	首钢进行重大技术改进，采用中速磨煤机制粉，布袋一级收粉，双系列串联罐直接喷吹 在首钢公司两座（1780m^3、2536m^3）高炉上应用，达到国际先进水平
2004	首钢国际工程公司设计湘钢1800m^{3}高炉，采用中速磨制粉，并列罐间接喷吹
2007	首钢国际工程公司设计迁钢2号2650m^{3}高炉，采用并列罐直接喷吹，全自动喷煤
2009	首钢国际工程公司设计京唐1号5500m^{3}高炉，采用并列罐直接喷吹，浓相输送，全自动喷煤
2010	首钢国际工程公司设计迁钢3号4000m^{3}高炉，采用并列罐直接喷吹，全自动喷煤
2010	首钢国际工程公司设计京唐2号5500m^{3}高炉，采用并列罐直接喷吹，浓相输送，全自动喷煤

表2　首钢国际制粉喷煤部分业绩

序号	项目名称	高炉容积	喷煤工艺	投产时间
1	首钢4号高炉大修改造	2100m^3	双系列串联罐间接喷吹	1992
2	首钢3号高炉移地大修	2536m^3	三系列串联罐间接喷吹	1993
3	首钢1号高炉	2536m^3	三系列串联罐间接喷吹	1994
4	首钢2号、3号高炉喷煤工程	1780 m^3 2536m^3	双系列串联罐直接喷吹	2000
5	湘潭钢铁公司4号高炉工程	1800m^3	并列罐间接喷吹	2004
6	首秦1号高炉工程	1200m^3	双系列串联罐直接喷吹	2004
7	迁钢1号高炉工程	2650m^3	双系列串联罐直接喷吹	2004
8	迁钢2号高炉工程	2650m^3	并列罐直接喷吹	2007
9	太钢3号高炉工程	1800m^3	并列罐间接喷吹	2007
10	宣钢1号、2号高炉工程	2×2500m^3	并列罐直接喷吹	2008
11	京唐1号高炉工程	5500m^3	并列罐直接喷吹	2009
12	京唐2号高炉工程	5500m^3	并列罐直接喷吹	2010
13	迁钢3号高炉工程	4000m^3	并列罐直接喷吹	2010
14	宣钢8号高炉大修改造工程	2000m^3	并列罐直接喷吹	2011
15	华菱涟钢新3号高炉	2800m^3	并列罐直接喷吹	2013

3　制粉喷吹模式的改进

国内外高炉制粉喷煤工艺，按工艺流程和布置方式可分为直接喷吹和间接喷吹。直接喷吹是将制粉、喷煤合并在一个构筑物内，制粉系统的煤粉仓就是喷煤系统的煤粉仓，喷煤装置设在煤粉仓下，采用串联罐组或并联罐组将煤粉经高炉风口喷入炉内。间接喷吹是制粉系统与喷煤系统分开建设，煤粉经罐车或仓式泵输送到喷煤系统，经喷煤系统的煤粉收集装置收集在喷煤系统的煤粉仓或储煤罐内，再经过喷煤系统喷入高炉。直接喷吹和间接喷吹具有各自的特点，直接喷吹将制粉、喷煤合并在一起，减少了煤粉输送的环节，简化了工艺流程，降低工程投资，而且对于喷吹易燃易爆的烟煤，可以降低不安全因素。我国大多数高炉采用间接喷吹工艺，这种工艺适用于高炉数目多且高炉附近场地狭窄的企业，但存在着投资高、工艺环节复杂、动力消耗大的缺点。

20世纪90年代末之前，首钢一直采用传统的制粉喷煤技术，即“集中制粉、间接喷吹”工艺。整个工艺流程分为三个部分，即煤粉制备、煤粉输送、煤粉喷吹。煤粉制备工艺流程是：原煤在原煤场存储、混匀后，经抓斗吊、胶带机运送到原煤仓，用电动给料机送入球磨机，经粗粉分离器、细粉分离器，合格煤粉通过螺旋输送机运往煤粉仓，不合格的粗粉返回球磨机。在排粉风机的作用下，有10%的煤粉随尾气进入多管除尘器、布袋除尘器过滤，煤粉经螺旋输送机送至煤粉仓，尾气净化后排入大气。球磨机的干燥气由干燥气发生炉烟气混入冷空气产生。当时首钢的煤粉制备系统采用集中型，由3个集中制粉车间承担所有高炉的煤粉制备和输送。煤粉输送装置采用“充气罐式发送器”,即仓式泵。每座高炉设有 2~3 台仓式泵，轮流交替工作进行煤粉的连续输送。在煤粉喷吹环节，“双重罐、多管路、高压喷吹”一直是首钢传统高炉喷煤技术的特点。每座高炉附近设有一座喷煤塔，由两个独立的系列组成。每个系列由上、下两个重叠罐构成，上罐为储煤罐，接受远距离输送来的煤粉；下罐为喷煤罐，煤粉在压力和喷送器共同作用下，通过喷煤支管、喷枪，从风口喷入高炉。20 世纪 90 年代初期，首钢 1、3 号高炉新技术扩容大修改造时，为满足大型高炉喷煤的需要，在“双系列、双罐串联、多管路喷吹”技术的基础上，又设计开发了“三系列、三罐串联、多管路喷吹”的喷煤工艺。

直到 20 世纪 90 年代末期，国内各大钢铁企业进行成本控制，由原来喷吹无烟煤到喷吹无烟煤和烟煤的混合煤或者全部喷吹烟煤，对喷煤系统的安全性提出更高的要求，特别是制粉环节的球磨机，由于其密封性能较差，空气极易进入制粉系统而带来安全隐患，且磨制效率已不能满足高炉不断大型化的生产要求，首钢国际工程公司炼铁室在充分考察国内外相关行业的实践情况，同时参考电力行业磨煤制粉工艺，积极开发以立式中速磨煤机为核心的新一代煤粉制备工艺。

1999 年，首钢总公司根据炼铁系统发展规划的要求，决定建设一套新的高炉制粉喷煤系统。在不到一年的时间里，完成了整个工程的设计和施工，并于 2000 年 11 月顺利投产。新的制粉喷煤系统采用长距离直接喷煤工艺，制粉系统采用 2 台中速磨作为主要设备，每台生产能力为 40t/h（实际出力），制粉总能力为 80t/h。两套总管—分配器喷吹系统分别对 2 号高炉（1726m^3）、3 号高炉（2536m^3）进行直接喷吹，喷吹工艺为双系列串联罐组、总管—分配器。同时在设计中充分考虑了生产环境的要求，首钢地处首都，环境保护和清洁化生产是新技术改造的重点内容。本项目对制粉、喷煤可能出现的粉尘污染进行了重点研究，采用高效脉冲布袋除尘器作为煤粉收集装置，取代了传统设计的粗粉分离器、细粉分离器、旋风除尘器等低效率的除尘设备，优化了工艺流程，抑制了粉尘的外排。采用高效布袋除尘器以后，外排粉尘浓度可降低至 30mg/m^3，达到国家Ⅰ级排放标准。同时对生产过程中的废气、废水、噪声都采取了综合治理，均达到了国家标准的要求。2 号高炉喷煤总管总长 452m，3 号高炉喷煤总管总长 358m。喷煤能力按每个高炉煤比 200kg/t设计，喷吹煤种为烟煤。其中 2 号高炉喷煤总管长度达到的 452m，被列入第九批《中国企业新纪录》。该项工程经有关专家鉴定，达到国际先进水平。

进入 21 世纪后，钢铁行业迎来了黄金发展的十年，高炉不断的大型化，对其配套的各个系统都提出了更高的要求。原有的串罐喷吹模式由于其投资高、计量不精确、喷吹能力有限等因素的限制，已不再适合。首钢国际工程公司适应发展要求，对国内外先进技术进行对比研究，积极开发并罐式喷吹模式，并成功应用于 2006 年投产的迁钢 2 号高炉制粉喷煤系统中，效果良好，并在随后进行的迁钢 3 号高炉，京唐 1 号、2 号高炉等工程上延续运用。

4　大型高炉喷煤系统的应用

在首钢搬迁调整的过程中，高炉大型化的趋势十分明显，2010 年 1 月投产的迁钢 3 号高炉其有效容积为 4000m^3，2010 年 5 月投产的京唐 1 号高炉其有效容积更是达到了 5500m^3，创造了多项世界之最。在喷煤系统的设计过程中，分别引进了荷兰 DANIELI 和德国 KUTTNER 公司的先进技术，与公司多年的经验相结合，整套工艺运行可靠，为高炉顺利投产做出了贡献。DANIELI 和 KUTTNER 公司具有多年高炉喷煤系统的设计经验，一些先进的设计理念也被运用到这两个工程中，与其合作设计对提升公司在喷煤系统的设计水平方面具有一定作用。

迁钢 3 号高炉日产铁量 9600t，设计喷煤比 190kg/t。喷煤制粉工艺设备能力达到 250kg/t，按照喷吹烟煤和无烟煤混合煤设计，采用中速磨制粉、一级大布袋收粉、并罐直接喷吹、单主管单分配器工艺；京唐 1 号高炉日产铁量 12650t，设计喷煤比 220kg/t，配套喷煤制粉工艺设备能力 250kg/t，按照喷吹烟煤和无烟煤混合煤设计，采用中速磨制粉、一级大布袋收粉、并罐直接喷吹、双主管双分配器工艺。

两套喷煤系统中，煤粉仓和喷吹罐的能力与高炉紧密匹配，并根据原煤条件对煤粉在压力容器中的储存时间进行调整，同时对喷吹罐工作周期进行精准设计，提倡节约能源的同时，对实际操作也具有指导意义；针对煤粉仓及喷吹罐的不同特点，分别采用流态化板和流态化罐及点式流化器等不同装置，保证煤粉顺利输送；气力输送系统采用不同结构的二次补气器，将输送煤粉的速度控制在临界流态化速度和悬浮速度之间，为实现浓相输送奠定基础；为保证煤粉均匀分配，采用“瓶式”和“碗式”两种分配器，并且对喷煤支管进行缠绕设计，实现各喷煤支管等阻损达到均匀分配的目的。

图 1 所示为迁钢 3 号高炉与京唐 1 号高炉喷煤系统的流程简图。

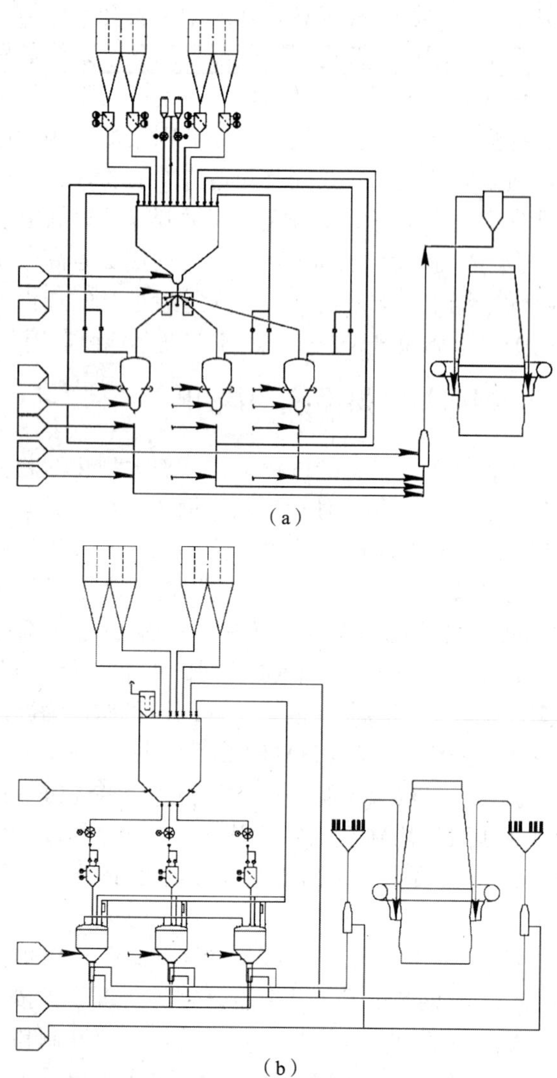

图 1　迁钢 3 号高炉和京唐 1 号高炉喷煤系统流程简图
（a）迁钢 3 号高炉喷煤系统；（b）京唐 1 号高炉喷煤系统

除了喷煤系统流程设计和装备水平上的优化以外，全自动喷吹也被成功开发并应用，使公司自动化设计与工艺设计成功整合。在此之前，我国国内大多钢铁企业的喷煤量是靠岗位工人自己计算，凭操作经验手动调整风量、罐压、阀门等，受人为因素影响较大。全自动喷吹可使储煤场，制粉系统，喷吹系统等过程实现 PLC 自动控制，不但减少人为主观不确定性和不完全准确性的影响，缓和手工计算与操作和喷煤对炉况影响的滞后性之间的矛盾，还可以大大减少误操作造成的损失，更能进一步减少在岗人员的数量，使得喷煤系统在时间和空间上都大幅度提高了生产效率。

全自动喷吹以中速磨为核心，进行连锁控制，同时实现了对下煤量、煤温、喷煤量、充压稳压自动调节及自动倒罐。在自动控制及计量和调节精度方面，按照高炉要求自动调节，喷煤量计量精度可以控制在 1%误差范围内，各风口喷吹煤粉的均匀性控制在 4%的误差范围内。与以往手工计算调节控制相比，更加精确合理。

与此同时，积极开发喷煤系统的三维设计方案，引入 PlantSpace 三维工厂设计软件。PlantSpace 是 Bentley 公司开发的以 Microstation 为操作平台，以原 Jocobus 公司面向对象的 JSpace Class 为技术核心，集智能化建模、碰撞检查、出图及报表、全厂漫游等功能于一体的三维工厂设计软件。将三维软件应用到喷煤系统设计中，从建立数据库到建立非标设备模型，同时建立土建结构模型，完成管道布置，最后进行各模型组装，不但实现模拟工厂浏览，而且完成了模型间的碰撞检查，并最终生成二维施工图来直接指导现场施工安装。

与 DANIELI 公司和 KUTTNER 公司的设计合作，使得首钢国际工程公司在喷煤系统的设计领域达到了世界先进水平，不但提升了自身实力，而且增加了行业竞争力，是公司喷煤系统设计水平不断提升过程中的一个重要里程碑。

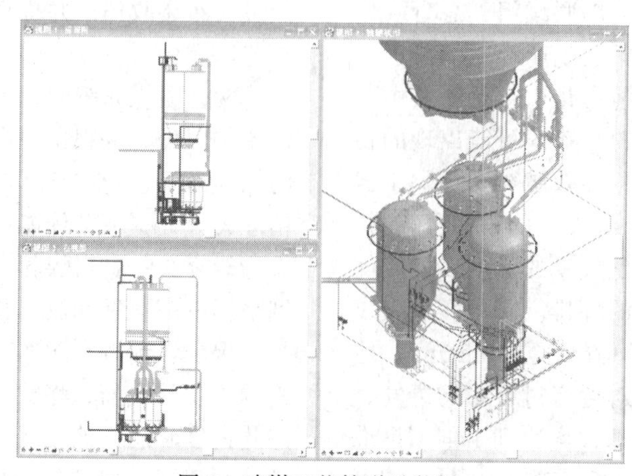

图 2　喷煤工艺管道总装图

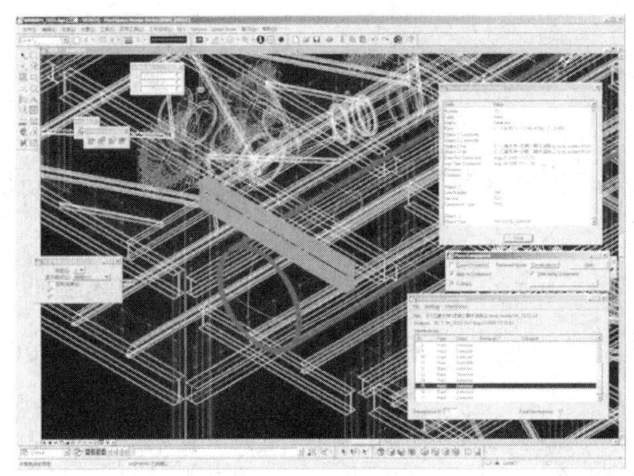

图 3　碰撞检查示意图

5　结语

经过数十年的磨练，首钢国际工程公司炼铁室在制粉喷煤设计领域积累了丰富的经验，通过自身不断成长，吸收国际先进理念，已经接近国际先进水平，在国内同行业间处于领先水平。在国际化竞争不断白热化的今天，我们不断坚持，不断进取，不断适应，随时准备好迎接未来更大的挑战。

现代大型高炉关键技术的研究与创新

张福明

（北京首钢国际工程技术有限公司，北京 100043）

摘　要：近年来，我国高炉大型化发展进程加快，高炉工艺技术装备水平迅速提升。一系列我国自主集成创新的工艺、技术和装备在新建的大型高炉上得到应用，取得了显著的应用效果。自行设计研制的大型高炉无料钟炉顶设备经过 20 余年的发展创新，在设备可靠性、使用寿命等方面达到国际先进水平；自主开发的高炉煤气全干式布袋脉冲除尘工艺，在系统优化设计、煤气温度控制、除尘灰气力输送等方面取得技术突破；集成创新的高效长寿高风温技术，通过开发应用助燃空气高温预热技术、提高热风炉传热效率、热风炉系统结构优化等措施，在使用高炉煤气燃烧的条件下，风温达到 1250℃。

关键词：高炉；炼铁；无料钟炉顶；热风炉；干式布袋除尘

1　引言

从 20 世纪 70 年代开始，以日本、欧洲为代表的工业发达国家，将计算机信息化技术和一系列现代科技成果应用于高炉炼铁生产，开发了许多新型的高炉炼铁工艺和装备技术，使现代高炉在大型化、高效化、自动化、长寿化等方面取得巨大进展。在现代炼铁工艺中，高炉工艺具有生产规模大、效率高、成本低、能源利用充分、工艺技术成熟等诸多优点，在未来的炼铁工业发展进程中，仍将具有重要的主导地位。现代高炉生产要实现“高效、低耗、优质、长寿、清洁”的目标，要进一步提高劳动生产率，节约资源和能源的消耗，实现清洁生产和绿色制造。

近 10 多年来，我国生铁产量一直居世界首位，2007 年我国生铁产量已达到 4.69 亿吨，占世界总产量的 49.59%，成为名副其实的产铁大国。与此同时，我国高炉炼铁技术装备水平迅速提升，在系统流程总体设计、核心工艺技术、设备制造技术、数字化控制技术、生产技术及工程集成能力等方面取得重大进展，大型高炉关键技术自主创新取得显著成效。目前我国已经可以自行设计建设 5500m^3 级现代化超大型高炉，并在单元技术开发、系统技术集成方面形成突破，形成了具有创新性的高炉炼铁工艺和技术，这将有力推动我国由钢铁大国向钢铁强国的迈进。

2　大型高炉无料钟炉顶设备研究开发

采用无料钟炉顶装料设备是现代化高炉的重要技术特征。自 20 世纪 70 年代德国蒂森公司汉博恩厂 4 号高炉（1445m^3）采用无料钟炉顶以后，无料钟炉顶呈现出巨大的技术优势，引起了全世界炼铁工作者的重视，并得到了迅速的推广。

首钢是国内最早研究并成功应用无料钟炉顶设备的单位，1979 年首钢 2 号高炉（1327m^3）采用了首钢自主开发研制的无料钟炉顶设备，这是我国大型高炉首次应用无料钟炉顶设备。随着高炉炼铁技术进步，对高炉炉顶装料设备提出了更高、更严格的要求，从而推动了高炉炉顶装料设备的发展。

首钢自行开发研制的无料钟炉顶设备，经历了 20 多年的创新和发展历程，结合大型高炉生产技术的发展，在已有技术的基础上不断优化创新，突破了国外公司技术垄断，打破了 2000m^3 级以上大型高炉无料钟炉顶设备依赖进口的格局，攻克了大型高炉无料钟炉顶布料装置、齿轮箱冷却、设备工作可靠性及设备使用寿命等关键技术难题，形成了多项具有自主知识产权的专有技术，成功开发了第四代首钢型无料钟炉顶设备，成为我国自主设计制造、全部实现国产化并具有核心竞争力的关键技术装备。

2.1　开发创新齿轮箱冷却技术

布料溜槽传动齿轮箱，是无料钟炉顶设备中用于驱动、控制布料溜槽进行旋转和倾动，并完成布料功能的关键设备。其性能的优劣对于高炉稳定持续生产具有直接的影响。传统的齿轮箱是通过向齿轮箱内注入氮气进行冷却的，同时，由于氮气的压力高于炉顶煤气压力，使得含有大量粉尘的炉顶煤气不能进入齿轮箱，从而达到密封的目的。这种用氮气冷却并密封的方式被称为“气冷气封”，因此溜槽传动齿轮箱又被称为气密箱。由于 2500m^3 级以上高炉的齿轮箱的氮气消耗量都在 5000m^3/h 以上，这样不仅消耗大量氮气，增加了设备运行费用，消耗了大量的能源，同时还造成高炉煤气质量的下降。因此，在保证布料器功能的前提下，彻底解决齿轮箱的气冷气封的问题是无料钟炉顶设备的发展方向。

首钢开发的第三代无料钟炉顶设备的齿轮箱已采用水冷结构，当时采用盘管冷却结构的间接冷却方式，此种冷却结构冷却范围较小，由于盘管长度较长，管道阻损较大，水速不易提高，而且如果冷却水水量增加较多时有可能出现冷却水溢漏现象，这种冷却系统对冷却水水质要求很高，因为一旦冷却水水质恶化，易出现结垢现象，水速变慢，冷却效果变差，而且管道很难疏通。

研究开发了新型齿轮箱水冷结构，将间接冷却方式改为直接冷却方式，同时将冷却范围扩大，提高了冷却效率。冷却水量可以提高到 25t/h 以上且不会发生冷却水溢漏，由于冷却效率提高，实际生产使用时冷却水量仅需 8t/h。

采用新型齿轮箱水冷结构，具有两个显著的优点，一是氮气消耗明显减少，氮气用量降低至 500m^3/h，提高了高炉煤气质量；二是改进后的齿轮箱对炉况异常造成的炉顶温度过高的情况具有很强的适应能力。国内外同类设备最高使用温度不超过 600℃，否则会出现旋转支撑卡阻现象，生产实践证实，采用新型直接冷却结构的高炉的齿轮箱在炉顶温度达到 800℃的极端情况下仍能正常工作。

研究开发了齿轮箱开路工业新水冷却系统，从根本上确保了冷却水水质，同时降低了冷却水温度，为齿轮箱冷却系统正常工作提供了可靠的保障。冷却系统采用了 U 形水封技术，与国外闭路冷却技术相比系统简化、流程紧凑，设备运行更加可靠，调节控制灵活，设备维护量少，节约了投资。

改进了齿轮箱的密封结构使气封用氮气耗量降低到 500m^3/h 以下，比进口设备的氮气消耗降低了 50%以上，降低了运行成本。

2.2 研究优化炉料分布控制技术

采用现代化计算模型，自主开发了无料钟炉顶布料料流轨迹计算软件和分析模型，使我国在大型高炉无料钟炉顶设备研究和布料技术领域进一步提升，修正了炉顶调节阀料流控制曲线和布料溜槽布料控制曲线，通过无料钟炉顶设备模拟布料试验进行验证，满足了高炉生产的各种布料方式的要求，使首钢型无料钟炉顶设备的炉料分布与控制技术达到国际先进水平。

2.3 提高装备制造技术

设计研究中运用先进的三维设计手段和有限元应力分析方法，对无料钟炉顶设备的结构进行了优化改进，成功解决了个别零部件使用寿命短、齿轮箱漏水、布料溜槽脱落、布料器卡阻等一些故障和缺陷，使国产无料钟炉顶设备主要性能和质量达到国际先进水平。

在全面分析国内外无料钟炉顶设备故障原因的基础上，对炉顶设备结构、使用维护方式、使用条件等进行了综合研究和创新。3年多的生产实践证实，这些技术措施取得了显著的效果，提高了设备运行的可靠性，易损件的寿命大幅度提高：

（1）开发了布料溜槽悬挂锁紧装置，彻底解决了无料钟炉顶布料溜槽脱落的问题，杜绝了布料溜槽脱落的发生，避免了因溜槽脱落而发生的高炉休风的现象，提高了高炉作业率。

（2）加大齿轮箱内回转轴承轴向及径向间隙，加大旋转圆筒与下水槽之间的径向间隙，使齿轮箱耐高温能力大大提高。高炉十字测温中心温度达到 800℃时，布料溜槽也未发生停转。

（3）布料溜槽的控制精度达到了 0.3°，达到引进设备的控制水平。

（4）改进了布料溜槽及换向溜槽的结构及其衬板材质，采用镶嵌硬质合金衬板及独特的制造工艺，使用寿命达到产铁量 300 万吨以上，布料溜槽的使用寿命由过去的 12 个月提高到了 20 个月，换向溜槽的使用寿命由过去的 3 个月提高到了 24 个月，上述溜槽寿命与进口设备相比寿命提高了两倍以上。由于减少了布料溜槽及换向溜槽的更换次数，提高了高炉作业率。

目前我国大型高炉无料钟炉顶设备已经全面实现设备国产化，在 2650m^3 高炉上得到成功应用，无料钟炉顶设备布料控制精度、设备使用寿命、工作可靠性等主要技术性能达到国际先进水平。表 1 是国产无料钟炉顶设备与引进设备的主要技术性能。

表 1　无料钟炉顶设备主要技术性能

设备性能		首钢迁钢 1 号高炉	国内 A 高炉	国内 B 高炉	国内 C 高炉
高炉容积/m^3		2650	2545	2580	3200
炉顶压力/MPa		0.25	0.25	0.2（最大 0.25）	0.25
料罐布置形式		并联	串联	串联	并联
料罐容积/m^3		55	55	55	70
炉顶温度/℃		150~250，最大 800，持续时间 30min	150~250，最大 600，持续时间 30min	200，最高 500，持续时间 30min	200，最高 500，持续时间 30min
设备耐压能力/MPa		0.25±10%	0.25±10%	0.25±10%	0.25±10%
最大装料批数/批·h^{-1}		12	9.75	9	9
料流调节阀精度/(°)		位置传感器 0.1 定位精度±0.3	位置传感器 0.1 定位精度±0.3	位置传感器 0.1 定位精度±0.3	位置传感器 0.1 定位精度±0.3
料流调节阀下料速度/ $m^3·s^{-1}$		0.8，焦炭最大尺寸 80mm	0.7，焦炭最大尺寸 80mm	0.7，焦炭最大尺寸 80mm	0.7，焦炭最大尺寸 80mm
布料溜槽长度/m		3.5	4	4	4
布料溜槽转速/r·min^{-1}		10	8	8	8
布料溜槽倾动范围/(°)		5~70	2~70	2~70	2~70
布料方式	手动	定点、扇形、环形、螺旋布料	定点、扇形、环形、螺旋布料	定点、扇形、环形、螺旋布料	定点、扇形、环形、螺旋布料
	自动	环形、螺旋布料	环形、螺旋布料	环形、螺旋布料	环形、螺旋布料
布料溜槽使用寿命		300 万吨铁	180 万吨铁	180 万吨铁	210 万吨铁
备注		自主开发研制，全部实现国产化	国外技术，主体设备进口，零部件国内集成	国外技术，主体设备进口，零部件国内集成	国外技术，主体设备进口，零部件国内集成

3　大型高炉煤气全干式布袋除尘技术

高炉煤气干式除尘技术是 21 世纪高炉实现节能减排、清洁生产的重要技术创新，不仅可以显著降低炼铁生产过程的新水消耗，而且可以提高二次能源的利用效率、减少环境污染。高炉煤气干式布袋除尘可以使高炉煤气含尘量降低到 5mg/m^3 以下，煤气温度提高约 100℃且不含机械水，煤气热值提高约 210kJ/m^3，提高炉顶煤气余压发电量 35%以上，因此高炉煤气采用干式布袋除尘技术已成为当今高炉炼铁技术的发展方向。

高炉煤气干式布袋除尘技术已有 30 多年的发展历程。20 世纪 90 年代我国总结了高炉煤气干式布袋除尘技术开发经验和应用实践，自主开发了高炉煤气低压脉冲布袋除尘技术，在我国 300m^3 级高炉上得到成功应用，使高炉煤气干式布袋除尘技术发生了质的跨跃。经过几年的发展，该项技术在新建的 1000m^3 以下的高炉上迅速得到推广应用，目前已成功应用在多座 2500~3200m^3 级高炉。

目前我国自主开发的大型高炉煤气干式布袋除尘技术已经获得成功，并具有完全自主的知识产权。自主设计开发大型高炉煤气全干式大箱体低压脉冲布袋除尘技术，完全取消了备用的煤气湿式除尘系统。研究开发了煤气温度控制、除尘灰浓相气力输送、管道系统防腐等核心技术，使我国在大型高炉煤气全干式除尘技术达到国际先进水平。

首钢迁钢 2 号高炉（2650m^3）于 2007 年 1 月建成投产，是当时我国采用高炉煤气全干式布袋除尘技术最大的高炉。

3.1　优化集成工艺流程和系统配置

通过研究分析国内外高炉煤气干式布袋除尘技术应用实践，对加压煤气反吹除尘技术和低压脉冲除尘技术进行了系统的对比研究，设计开发了高炉煤气全干式低压脉冲布袋除尘工艺。设计采用 14 个直径为 4600mm 的除尘箱体，箱体为双列布置方式，两列箱体中间设置荒煤气和净煤气管道，煤气管道按等流速原理设计，使进入各箱体的煤气量均匀，整个系统工艺布置紧凑、流程短捷顺畅、设备检修维护便利。

采用低滤速设计理念，确保系统运行安全可靠。每个箱体设滤袋 250 条，滤袋规格 ϕ160×7000 mm，单箱过滤面积 880m^2，总过滤面积 12320m^2。设计中加大了滤袋的直径和长度，高径比降低，滤袋结构尺寸更加合理；扩大了箱体直径，使除尘单元的处理能力提高，减少了箱体数量、建设投资和占地面积。过滤面积的设定兼顾了正常生产和事故状态的应急措施，并留有一定的富裕能力，确保安全生产而又不过分备用。表 2 是迁钢 2 号高炉煤气全干式布袋除尘主要工艺技术参数。

表 2　迁钢 2 号高炉煤气全干式除尘工艺技术参数

项　　目	参　　数
高炉容积/m^3	2650
煤气量/$m^3 \cdot h^{-1}$	50×10^4 (最大)
炉顶压力/MPa	0.25
煤气温度/℃	165
箱体数量/个	14
箱体直径/mm	4600
滤袋条数/个	250
滤袋规格$\phi \times L$/mm	160×7000
总过滤面积/m^2	12320
单箱过滤面积/m^2	880
标况滤速/$m \cdot min^{-1}$	0.68
工况滤速/$m \cdot min^{-1}$	0.31
净煤气含尘量/$mg \cdot m^{-3}$	≤5

3.2　煤气温度控制技术

煤气温度控制是布袋除尘技术的关键要素，正常状态下，煤气温度应控制在 80～220℃，煤气温度过高、过低都会影响系统的正常运行。采用煤气布袋除尘技术的高炉，生产操作要更加重视炉顶温度的调节控制。炉顶温度升高时要采取炉顶雾化喷水降温措施，同时在高炉在荒煤气管道上设置热管换热器，用水作为冷却介质，将高温煤气的热量通过热管传递，使水汽化吸收煤气热量，可以有效地解决煤气高温控制的技术难题。

煤气低温控制要采取提高入炉原燃料质量、加强炉体冷却设备的监控、合理控制炉顶温度、荒煤气管道保温等技术措施，在高炉开炉、复风时要采取有效措施，降低煤气中的含水量，使煤气温度控制在露点以上。目前煤气低温状态的高效快速加热技术正在研究开发，从而使煤气高温、低温的异常状况都能够得到有效的控制。

3.3　煤气含尘量在线监测技术

煤气含尘量在线监测装置是监控高炉煤气布袋除尘系统运行的重要检测设备，也是保证炉顶煤气余压发电系统和热风炉系统长期稳定运行的重要设备之一，因此对煤气含尘量在线监测装置的研究开发是一个重要的技术课题。

研究开发的高炉煤气含尘量在线监测系统采用电荷感应原理。在流动粉体中，颗粒与颗粒，颗粒与管壁，颗粒与布袋之间因摩擦、碰撞产生静电荷，形成静电场，其静电场的变化即可反映粉尘含量的变化。煤气含尘量在线监测系统就是通过测量静电荷的变化，来判断布袋除尘系统的运行是否正常。当布袋破损时，管道中气、固两相流粉尘含量增加，同时静电荷量强度增大，插入箱体输出管道中的传感器可以及时检测到电荷量值并输出到变送器，实现煤气含尘量的自动监测。

迁钢 2 号高炉煤气干法除尘含尘量在线监测装置的传感器表面采用特殊涂敷材料，避免了由于高炉煤气中含水导致传感器表面黏结灰尘，从而提高了该装置的检测精度和稳定性，解决大型高炉煤气干式除尘含尘量在线监测的技术难题。

3.4　煤气管道系统防腐技术

采用高炉煤气干式除尘技术，煤气中的氯离子含量大大高于湿式清洗系统，这主要是由于高炉原燃料中的卤化物，在高炉冶炼过程中形成气态的 HCl，当煤气温度达到露点时，气态 HCl 与凝结水结合，形成盐酸。通过检验分析煤气凝结水发现，其 pH 值低于 7，有时甚至达到 2~3，呈强酸性，对煤气管道和波纹补偿器具有强腐蚀性,造成煤气管道系统异常腐蚀。

为了防止煤气管道系统的异常腐蚀，对煤气管道波纹补偿器材质、结构进行了攻关，材质由 316L 改进为 800 系列，提高了防腐性能；煤气管道内壁采用防腐涂料处理；在净煤气管道上设置了喷洒碱液或喷水系统等技术措施，经过 2 年的生产实践取得了显著效果。

3.5　除尘灰浓相气力输送技术

自主研究开发除尘灰浓相输送技术，利用氮气或净化后的煤气作为载气输送除尘灰，解决了传统的机械输灰工艺一系列技术缺陷，优化了工艺流程，降低了能源消耗，减少了二次污染，攻克了输灰管道磨损等技术难题。

3.6　采用加压煤气作为工作气体

为了提高布袋除尘器工作可靠性，降低气源故障带来的运行风险，降低氮气消耗和生产成本，采用净煤气加压装置，将加压净煤气作为脉冲气源和输灰载气。设置集中的灰仓储存除尘灰，灰仓上设置布袋除尘系统，回收输灰煤气，这样可以适应不同能源介质条件的高炉应用，而且提高了系统工作的可靠性。

4 高效长寿高风温技术

4.1 研究开发助燃空气高温预热技术

采用全烧高炉煤气实现高风温是世界性的技术难题，日本、欧洲及我国宝钢的高炉风温达到1250℃，均掺烧了部分高热值煤气。由于我国钢铁企业高热值煤气匮乏，大多数热风炉只能燃烧低热值的高炉煤气，为了实现1250℃高风温，开发了助燃空气高温预热技术。

助燃空气高温预热工艺的技术原理是：设置两座助燃空气高温预热炉，通过燃烧低热值的高炉煤气将预热炉加热后，再用来预热热风炉使用的助燃空气。预热炉燃烧温度在1000℃以上，助燃空气可以被预热到 600℃以上。由于提高了助燃空气的物理热，热风炉的拱顶温度也相应提高，从而可以有效地提高送风温度。

本项技术使热风炉在全烧高炉煤气的条件下，实现了1250℃高风温，其主要技术特点是：（1）国内外首次采用首钢自主开发的顶燃式热风炉作为助燃空气高温预热炉，充分发挥了顶燃热风炉投资省、占地少及炉体结构合理的技术优势；（2）采用助燃空气高温预热技术与利用热风炉烟气余热预热高炉煤气有机结合的双预热工艺技术；（3）采用首钢自主开发研制的顶燃式陶瓷燃烧器，可以适应煤气和助燃空气预热与不预热的多种工况条件，具有燃烧功率大、燃烧效率高、燃烧稳定、使用寿命长的特点；（4）助燃空气高温预热炉设计结构合理，工艺技术成熟可靠，温度调节简便灵活，预热助燃空气温度稳定。

4.2 集成创新高风温热风炉技术

4.2.1 设计开发高效格子砖，提高热风炉传热效率

为了提高热风炉传热效率，加大格子砖的加热面积是提高换热能力的重要技术措施。通过优化格子砖结构，缩小格子砖孔径，加大了 1m^{3}格子砖的加热面积，提高了格子砖的传热效率和热工性能。在首钢迁钢2号高炉内燃式热风炉上采用了直径为30mm、加热面积为 47.08m^2/m^3 的高效格子砖。格子砖加热面积提高了 24%，蓄热室高度比同类型热风炉降低了约6m，同时可以减小热风炉直径，降低热风炉整体高度，节约工程投资约10%。

4.2.2 热风炉系统结构设计优化

针对目前国内外热风炉系统的设计和技术缺陷，进行了设计优化和创新：（1）热风炉系统采用紧凑型工艺布局，热风炉靠近高炉布置，缩短热风总管长度，降低热风总管的热损失，为提高风温创造了有利条件，降低了工程投资；（2）在设计中对热风炉的高温、高压管道进行了系统的设计优化，通过管系受力计算，合理设置波纹补偿器和拉杆，实现管道系统低应力设计，满足了高风温的使用要求；（3）为防止晶间应力腐蚀的发生，热风炉高温区炉壳内壁采用环氧涂层和喷涂防喷酸涂料，热风炉炉壳采用细晶粒耐龟裂钢板，炉壳采用低应力设计，减少或消除炉壳焊接应力；（4）对热风总管的砌筑结构进行创新，水平管路与垂直管路连接处采用各自独立的砌砖，使两者之间的膨胀不互相干扰，解决了因孔口砖衬膨胀造成的窜风难题，满足了送风温度高于1250℃的使用要求。

迁钢2号高炉投产以来操作稳定顺行，在全烧高炉煤气的条件下，月平均热风温度达到1257℃，年平均风温已达到1220℃，标志着高风温综合技术已经达到了国际先进水平。

5 结语

我国大型高炉工艺技术装备水平不断提升，结合我国国情和高炉炼铁技术发展方向，在高炉关键技术的研究开发方面已经取得技术突破。自行设计研制的大型高炉无料钟炉顶设备在设备可靠性、使用寿命等方面达到国际先进水平；自主开发的高炉煤气全干式布袋脉冲除尘工艺，在系统优化设计、煤气温度控制、除尘灰气力输送、管道防腐等方面取得技术突破；自主集成创新的高效长寿高风温技术，通过开发应用助燃空气高温预热技术、提高热风炉传热效率、热风炉系统结构优化等措施，在使用高炉煤气燃烧的条件下，风温已达到1250℃以上。

致谢

衷心感谢为现代大型高炉关键技术创新做出突出贡献的北京首钢国际工程技术有限公司苏维、张建、毛庆武、姚轼、高鲁平、倪苹、钱世崇、郑传和、李勇、梅丛华、韩渝京等专家以及在设计研究一线为此辛勤工作的同事们！感谢任绍峰为本文提供了部分资料。

（原文发表于《钢铁》2009年第4期）

迁钢 1 号高炉新技术的设计与应用

毛庆武　张福明　张　建　黄　晋　姚　轼

（北京首钢国际工程技术有限公司，北京 100043）

摘　要：迁钢 1 号高炉于 2004 年 10 月 8 日建成投产，高炉有效容积 $2650m^3$。根据实施首钢搬迁转移 400 万吨钢生产能力方案的总体部署，首钢迁钢炼铁工程分成两期建成，一期、二期工程各建设一座 $2650m^3$ 高炉，最终形成一、二期年产生铁合计 445 万吨生产规模。迁钢 1 号高炉设计中以“长寿、高效、低耗、清洁”作为设计原则，在精料、长寿、高风温、喷煤、清洁生产等方面，积极采用当今国内外高炉炼铁先进技术，使高炉整体技术装备达到国内外同级别高炉的先进水平。

关键词：高炉；设计；新技术；应用

1　引言

2003 年首钢总公司为贯彻落实国务院、北京市关于首钢产业结构调整、技术升级，服务首都经济的要求，围绕首钢“十五”发展战略规划和首钢第十五届职工代表大会提出的“面向新世纪，建设新首钢”的发展目标，在钢铁生产落实“升级、转移、压产、环保”任务的同时，积极推进战略性结构调整和配套，运用高新技术改造传统钢铁产业，走新型工业化道路，提高企业的核心竞争力。

2003 年 5 月，首钢总公司按照产品结构调整总体实施规划，部署实施首钢搬迁转移 400 万吨钢生产能力的方案——建设首钢迁钢工程，包括炼铁、炼钢、热轧及配套公辅设施。

首钢迁钢炼铁工程分成两期建成，一期工程建设一座 $2650m^3$ 高炉（1 号高炉），二期工程再建一座 $2650m^3$ 高炉（2 号高炉），最终形成一、二期年产生铁合计 445 万吨生产规模。

首钢迁钢 1 号高炉于 2004 年 10 月 8 日建成投产，高炉有效容积 $2650m^3$。高炉设计中以“长寿、高效、低耗、清洁”作为设计思想和指导方针，采用了多项国内外先进技术和工艺，提高高炉整体技术装备水平。高炉上料系统设焦丁回收系统。采用首钢开发研制的水冷并罐式无料钟炉顶设备。高炉本体设计寿命 15 年以上，采用软水密闭循环冷却系统；炉腹、炉腰及炉身下部采用 3 段国产铜冷却壁；高炉炉缸、炉底内衬采用美国 UCAR 公司的热压炭砖和法国 SAVOIE 公司的大型风口组合砖。采用首钢设计研制的矮式液压泥炮及液压开口机。为提高热风温度，采用 3 座达涅利—康立斯（DCE）公司的改进型内燃热风炉，采用分离式热管换热器进行预热助燃空气和高炉煤气，在掺烧极少量焦炉煤气的条件下，使风温达到 1250℃。高炉喷煤采用中速磨制粉、总管—分配器长距离直接喷吹工艺。采用螺旋法水渣处理工艺及长寿渣沟。高炉煤气清洗采用串联文氏管湿法煤气清洗工艺，并采用压差发电技术。采用节水节能技术。采用电动大型静叶可调轴流鼓风机。为提高高炉自动化控制水平，实现高效化生产，设计完善的高炉温度、压力、流量的检测，并预留人工智能专家冶炼系统接口。为实现清洁化生产，降低环境污染，对高炉上料、炉前等系统优化了除尘系统设计。

2　设计基本原则及设计指导思想

迁钢 1 号高炉设计中采用国内外先进、可靠、实用的新技术、新工艺、新设备及新材料，以我国和首钢高炉的设计与生产实践为基础，使新技术应用后的高炉整体技术装备具有国内领先水平。在满足工艺流程短捷、顺畅、合理的情况下，使总图布置紧凑合理，占地面积尽可能减小。在尽量节约投资的条件下，引进部分国外先进、国内目前尚不能生产的关键部位的耐火材料和自动化控制系统和设备，使高炉寿命在不中修的条件下，达到一代炉龄 15 年以上。迁钢 1 号高炉设计以“长寿、高效、低耗、清洁”作为指导思想和方针，积极采用长寿、精料、高风温、大喷煤、适量富氧等先进技术和工艺，实现高炉长寿化、高效化、现代化、自动化、清洁化。

3 主要设计指标

高炉有效容积 2650m³，年平均利用系数 2.365t/(m³·d)，燃料比 495kg/t，焦比 335kg/t，煤比 160kg/t，综合焦比 463kg/t，综合入炉矿品位≥59%，熟料率≥85%，热风温度 1250℃，炉顶压力 0.2~0.25MPa，高炉寿命一代炉龄无中修达到 15 年。

4 迁钢 1 号高炉设计中所采用的新技术

4.1 精料技术

本系统采用传统原料场和高炉料仓合并建设的联合料仓、无中继站胶带上料工艺，料仓为双列布置，烧结矿直接入称量罐的工艺布置形式。烧结矿、球团矿、块矿、焦炭在仓下分散筛分，分散称量；杂矿仓下只设称量斗，分散称量。称量后的所有物料均通过 N1-2 及 N1-1 主胶带机送往炉顶装料设备。烧结矿、焦炭采用 24 台高效振动筛，强化仓下炉料的筛分，提高处理能力和筛分效率，使<5mm 的入炉烧结矿控制在 5%以内。增加了焦丁回收装置，回收 10~25mm 的焦丁，与矿石混装入炉，提高高炉透气性，降低焦比。

4.2 炉料分布控制技术

采用首钢自行开发研制的水冷气封并罐式无料钟炉顶设备，布料溜槽的悬挂装置采用了新型的锁紧装置，彻底杜绝了溜槽脱落的发生，避免了因溜槽脱落而发生的高炉休风的现象，提高了高炉作业率。设料流调节阀，在自动控制下实现环形（多环）和螺旋布料的功能，在控制室人工控制下完成环形、点状和扇形布料。可以根据炉况变化，及时调整布料制度，抑制边缘煤气流的过分发展，保护炉衬和冷却器。采用多环布料技术可以提高高炉煤气利用率，降低焦比，延长高炉寿命。传动齿轮箱采用新型水冷结构，冷却水量提高到 10t/h 以上，使氮气消耗量降低到约 500Nm³/h，提高冷却效率，延长设备使用寿命，改善煤气质量，提高煤气发热值。

4.3 高炉长寿技术

（1）高炉内型。在总结国内外同类容积高炉内型尺寸的基础上，根据迁安矿山地区的原燃料条件和操作条件，以适应高炉强化生产的要求，设计合理的矮胖炉型。设计中对高炉炉型进行了优化，加深了死铁层深度，以减轻铁水环流对炉缸内衬的冲刷侵蚀；适当加大了炉缸高度和炉缸直径，以满足高炉大喷煤操作和高效化生产的要求；降低了炉腹角、炉身角和高径比，使炉腹煤气顺畅上升，改善料柱透气性，稳定炉料和煤气流的合理分布，抑制高温煤气流对炉腹至炉身下部的热冲击，减轻炉料对内衬和冷却器的机械磨损。国内几座 2500m³ 级高炉内型尺寸比较见表 1。

表 1 国内几座 2500m³ 级高炉内型尺寸比较

项 目	单位	迁钢 1 号高炉	首钢 1、3 号高炉	鞍钢 7 号高炉	上钢一厂 2 号高炉	唐钢 3 号高炉	武钢 4 号高炉	本钢 5 号高炉
有效容积 V_u	m³	2650	2536	2580	2500	2560	2516	2600
炉缸直径 d	mm	11500	11560	11500	11100	11000	11200	11000
炉腰直径 D	mm	12700	13000	13000	12200	12200	12200	12000
炉喉直径 d_1	mm	8100	8200	8200	8200	8300	8200	8300
死铁层高度 h_0	mm	2100	2200	2004	2300	2200	2004	1603
炉缸高度 h_1	mm	4200	4200	4100	4100	4600	4500	4300
炉腹高度 h_2	mm	3400	3400	3600	3600	3400	3400	3600
炉腰高度 h_3	mm	2400	2900	2000	2000	1800	1900	2000
炉身高度 h_4	mm	16600	13500	17500	17400	17500	17400	17000
炉喉高度 h_5	mm	2200	1800	2300	2000	2000	2300	2000
有效高度 H_u	mm	28800	25800	29500	29100	29300	29500	28900
炉腹角 α		79°59′31″	78°02′36″	78°13′54″	81°18′49″	79°59′31″	81°38′02″	75°57′49″
炉身角 β		82°06′42″	79°55′09″	82°11′27″	83°26′34″	83°38′30″	83°26′34″	82°17′42″
风口数	个	30	30	30	30	30	28	28
铁口数	个	3	3	3	3	3	2	3
渣口数	个	无	无	无	无	无	无	无
风口间距	mm	1204	1211	1204	1162	1152	1257	1234
H_u/D		2.268	1.985	2.269	2.385	2.402	2.418	2.258
V_u/A		25.78	24.16	27.04	26.46	27.12	26.32	28.08
d_1^2/d^2		0.496	0.503	0.508	0.546	0.570	0.536	0.555
D_1^2/d^2		1.22	1.265	1.278	1.208	1.230	1.187	1.354

（2）根据首钢多年的设计和生产实践，在炉缸、炉底交界处至铁口中心线以上，引进美国UCAR公司的热压小块炭砖，适当减薄炉缸内衬厚度，提高冷却系统的能力。在炉底采用国产优质的莫来石质陶瓷垫；风口采用法国SAVOIE公司产的大型组合砖。满铺炉底采用国产大型微孔炭砖和国产高导热大块半石墨质高炉炭砖；炉底采用软水冷却。

（3）高炉炉腹以上冷却壁采用软水密闭循环冷却系统，以延长冷却器的使用寿命。

（4）在炉腹、炉腰、炉身下部采用3段铜冷却壁，材质为TU_2轧制铜板，冷却通道钻孔成型，铜冷却壁厚度125mm，铜冷却壁沟槽内镶填SiC捣料。以提高冷却效率，这是一种新型无过热长寿冷却壁。

（5）在炉身中上部采用高效单排管冷却壁，冷却壁本体厚度250mm，材质为球墨铸铁QT400-20。冷却壁沟槽内镶填SiC捣料，以提高冷却壁的挂渣性能。

（6）在炉身上部至炉喉钢砖下沿，增加1段"C"形球墨铸铁水冷壁，水冷壁直接与炉料接触，取消了耐火材料内衬。

（7）炉腹、炉腰、炉身下部区域采用Si_3N_4-SiC砖和高密度黏土砖组合砌筑，砖衬总厚度400mm；炉身中上部采用高密度黏土砖。

（8）采用最新开发设计的送风装置，以适应1250℃高风温的要求。加强了送风组件的密封，对送风支管结构进行了改进和优化。

（9）采用新型十字测温装置，在线监测炉内煤气流的分布和温度变化，配合多环布料技术，使高炉操作稳定顺行，提高煤气利用率，延长高炉寿命。炉体系统设计完善的高炉温度、压力、流量的检测，以加强高炉各系统的监视，为操作人员提供准确可靠的参数和信息，并预留人工智能专家冶炼系统接口及界面。

4.4 提高炉前机械化水平

（1）采用圆形出铁场，其最大外径为77.9m，铁口标高为10.2m，渣铁沟内衬采用浇注料，主沟采用储铁式结构。出铁场设有公路引桥，出铁场平坦化布置，便于炉前机械操作及运输。出铁场内设2台30t/5t环行起重机，L_K=20.6m，轨面标高为∇21.95m，用于出铁场内的日常生产操作及检修时使用。

（2）采用首钢自行开发研制的矮式液压泥炮，采用新型炮嘴组合机构，进一步提高炮嘴寿命。

（3）采用首钢自行开发研制的新一代多功能全液压开口机。

4.5 热风炉高风温技术

采用3座达涅利—康立斯（DCE）公司的改进型内燃式热风炉，一列式布置。利用热风炉烟气余热预热助燃空气和高炉煤气，同时掺加极少量焦炉煤气，使风温达到1250℃以上，为提高喷煤量降低焦比创造条件。热风炉主要阀门采用软水密闭循环冷却，以提高冷却强度，延长阀门寿命，节约能源。首钢采用的高风温内燃式热风炉主要技术性能参数见表2。

表2 首钢高风温热风炉主要技术性能

项　目	首钢2号高炉	迁钢1号高炉
高炉容积/m^3	1780	2650
热风炉数量/座	3	3
热风炉操作方式	两烧一送	两烧一送
送风时间/min	45	45
燃烧时间/min	80	75
换炉时间/min	10	15
设计风温/℃	1250	1250
拱顶温度/℃	1420	1400
加热风量/$m^3 \cdot min^{-1}$	4200	5500
炉壳内径/m	9.2	10.2
热风炉总高度/m	41.59	41.66
蓄热室断面积/m^2	35.8	44
燃烧室断面积/m^2	9.7	10.9
每座热风炉总蓄热面积/m^2	48879	64839
单位高炉容积的加热面积/$m^2 \cdot m^{-3}$	82.38	73.4
格子砖高度/m	32.4	31.3
燃烧器长度/m	3.4	4.4

4.6 紧凑型长距离制粉喷煤技术工艺

迁钢1号高炉的喷煤工艺采用了紧凑型长距离制粉喷煤技术，采用直接喷吹工艺，将制粉和喷吹合建在一个厂房内。新的喷煤工艺综合了国内外高炉喷煤的先进技术，具有如下优点：

（1）采用直接喷煤工艺，简化了喷煤流程，喷吹烟煤时更为安全。

（2）采用封闭式干燥炉，减少了系统的漏风率，降低了系统的氧含量，在喷吹烟煤时更为安全。

（3）采用中速磨煤机制粉，降低了制粉的运行费用，从而减少了煤粉的生产成本。

（4）采用高效低压脉冲煤粉收集器一级收粉工

艺，既简化了流程，提高了煤粉收集效率，而且使排尘浓度大大降低，废气出口浓度≤30mg/Nm^3，减少了环境污染。

（5）储煤罐与喷煤罐之间设置了压力平衡式波纹补偿器，提高了连续喷煤过程中的计量精度，实现了喷煤全过程的连续计量。

（6）采用自动可调煤粉给料机和高精度煤粉分配器，以流化喷吹为前提，实现时间过程的均匀喷吹，消除了脉动煤流。

（7）自动化控制水平较高，实现了喷煤倒罐自动控制和调节。

4.7 螺旋法水渣处理工艺及长寿渣沟

（1）螺旋法水渣工艺为机械脱水工艺的一种方法。由于螺旋法水渣工艺关键设备只有一台螺旋机，所以其维护检修较为方便，需要检修较多的是两个轴承，设计时考虑了方便的检修措施。采用了在水渣储水池上加设小平流池的工艺，设置抓渣吊车，将沉淀下来的细渣进行清除，降低了冲渣水中的细渣含量，减轻其对管道的磨损和冲渣喷嘴的堵塞现象，同时降低了储水池中沉淀物的堆积速度，为系统正常运转创造了必要的条件。螺旋法水渣工艺较传统的渣池节省占地面积，能耗低，运行费用低；工艺流程简单，布置较灵活。

（2）为了提高水渣沟衬板的使用寿命，减少检修维护量，在设计中采用新型的复合衬板代替普通的耐磨铸铁衬板。新型复合衬板是在普通 Q235-A 钢板的表面采用等离子喷焊工艺喷焊 Ni60+WC 工作层，钢板厚度为 25mm，耐磨层厚度为 8mm。新型复合衬板硬度极高（硬度可以达到 HRC70~80），使用寿命可以达到 18 个月，是普通耐磨铸铁衬板使用寿命的 3 倍以上。

4.8 湿式煤气除尘及压差发电（TRT）技术

煤气净化采用湿式双文煤气清洗系统；考虑干法除尘工艺先进性，是国内外高炉煤气净化的发展方向，在总图布置上预留干法布袋除尘设施占地。高炉煤气清洗设施采用湿式双文除尘并加精脱水工艺，系统由一级文氏管、一文脱水器、二级文氏管、二文脱水器、减压阀组、灰泥捕集器及给排水管道等组成。

炉顶压差发电（TRT）设施是冶金行业重要的节能和环保设施，它可以提供高炉鼓风站所需电能的 1/3，同时减少了由于减压阀组所引起的噪声，减少了对大气的污染，并提高了能源的综合利用率。

4.9 节水技术

新建联合泵站，设常压水供水系统，高压水供水系统、软水密闭循环系统、高炉鼓风机净循环系统、水冲渣浊循环系统、煤气洗涤水浊循环系统及高炉安全供水系统等。高炉采用软水密闭循环冷却，热风炉高温阀门采用软水密闭循环冷却；煤气清洗和水力冲渣的水循环使用。通过以上节水措施，可以实现炼铁生产过程用水“零”排放，水循环利用率为 97.38%，吨铁耗用新水≤0.71m^3/t。

4.10 大型电动轴流鼓风机及交变频启动控制技术

高炉鼓风机站内设置一台 AV100-19 全静叶可调电动轴流式压缩机及其配套辅机，并预留 2 台鼓风机的位置。鼓风机设计流量 7000Nm^3/min、风压 0.43MPa，完全能够满足定风量、定风压操作的要求。鼓风机采用交变频启动控制技术，具有效率高、操作迅速、运行简便、结构紧凑、调节性能好的特点。

4.11 大型高炉自动化控制技术

高炉自动化实现电气、仪表和控制三电一体化，设计完善的高炉温度、压力、流量的检测，设置基础自动化和过程自动化两级自动化控制。基础自动化主要采用 QUANTUM 可编程逻辑控制器及工业微机来完成高炉冶炼过程的数据采集以及各种控制和操作等。过程自动化主要完成高炉冶炼过程的监控、数据处理、生产管理及生产报表的打印等功能。取消了常规仪表、操作台和模拟屏，并预留人工智能专家系统的接口和界面。

4.12 清洁生产技术

上料及炉前系统的除尘技术的应用，实现了高炉清洁化生产，改善了劳动条件，有利于环保。设计了供料、料仓、炉前等系统的除尘装置；为减小二次扬尘，重力除尘器卸灰采用加湿卸灰机；在所有风机的进风口和放散阀处，均设置了消音器，降低噪声污染。在铁口区域侧吸的基础上增设顶吸装置，有效地解决了开、堵铁口时的烟尘外逸问题。

5 生产实践与应用

迁钢 1 号高炉工程于 2003 年 12 月完成施工图设计，2004 年 10 月 8 日竣工投产。1 号高炉开炉顺利，运行良好、生产稳定顺行，经过 1 年多的生产运行，迁钢 1 号高炉取得了良好的实绩。与国内几座 2500m^3 级高炉主要技术经济指标对比见表 3。

表 3 国内几座 2500m³ 级高炉主要技术经济指标对比

项 目	迁钢 1 号高炉 设计指标	迁钢 1 号高炉 2005 年 9 月	迁钢 1 号高炉 2005 年	首钢 3 号高炉 2005 年	鞍钢 7 号高炉 2004 年	本钢 5 号高炉 2004 年	武钢 4 号高炉 2004 年	上钢一厂 2 号高炉 2004 年
利用系数/t·(m³·d)⁻¹	2.162~2.5	2.52	2.30	2.312	2.102	2.129	2.123	2.446
入炉矿品位/%	59	59.02	59.02	59.27	59.29	57.73	58.50	59.43
熟料率/%	90	92.35	90.3	87.69	96.83	98.64	84.29	90.52
入炉焦比/kg·t⁻¹	335	334.02	375.0	362.9	418	444	376	363
煤比/kg·t⁻¹	160	123.35	111.35	119.3	90	102	144	115
焦丁/kg·t⁻¹		33.18	34.80	22.4				
综合焦比/kg·t⁻¹	463	474.9	499.8	492.7				
燃料比/kg·t⁻¹	490	490.55	521.16	504.6	508	546	520	
综合冶炼强度/t·(m³·d)⁻¹	0.984~1.158	1.197	1.16	1.158				
富氧率/%	0	0.1	0.20	0.31	0			
风温/℃	1200~1250	1212	1141	1111	1133	1047	1138	1154
风压/MPa	0.37	0.368	0.359	0.327				
顶压/MPa	0.2	0.196	0.193	0.197	0.147	0.156	0.190	0.185
顶温/℃	150~200	226	226	207				
渣量/kg·t⁻¹	290	326.82	306.4	324	317	379	298	285
煤气利用率/%	50	50.07	48.12	43.09				
[Si]/%	0.35	0.33	0.35	0.499	0.65	0.49	0.56	0.39
[S]/%	0.025	0.028	0.025	0.024	0.020	0.032	0.021	0.021
休风率/%		0.28	1.1	1.716	1.993	2.260	2.994	3.090
工序能耗，标煤/t	430	456.35	473.6					

6 结语

高炉精料及焦丁回收技术、炉料分布与控制技术、高炉高效长寿综合技术、高效铜冷却壁技术、软水密闭循环冷却技术、热风炉余热回收及高风温长寿热风炉技术、紧凑型长距离制粉喷煤技术、大高炉风机交变频启动控制技术、炉顶压差发电（TRT）技术、首钢先进的并罐无钟炉顶装料设备及炉前现代化设备等综合技术在迁钢 1 号高炉上应用，提高了 1 号高炉整体技术装备水平，经过 1 年的生产实践表明迁钢 1 号高炉的设计是合理的，技术水平已达到国内领先水平。

（原文发表于《炼铁》2006 年第 5 期）

宣钢3号（2000m³）高炉工程设计中的技术应用

唐安萍[1] 毛庆武[1] 邢华清[2] 张洪海[2] 裴生谦[2]

(1. 北京首钢国际工程技术有限公司，北京 100043；
2. 河北钢铁集团宣钢公司，宣化 075000)

摘 要：宣钢3号（2000m³）高炉2011年6月10号送风投产，以“高效、低耗、长寿、优质、清洁”为目标，结合BSIET多年来服务首钢生产实践和设计优势，设计中采用了多项国内首创、具有国际领先水平的先进技术，主要技术经济指标、节能降耗、清洁化生产等方面均达到国内先进水平，同时在淘汰落后、升级改造工程的设计中还采用高炉步进式整体推移、热风炉原地、在线改造和切换、热风炉快速烘炉、TRT与减压阀组串联布置等多项适用于改造工程的BSIET专有技术，创造了高炉整体推移量4900t、热风炉快速烘炉12天等多项纪录，为其他老厂区高炉整体技术装备水平的升级改造提供有力的技术支撑和借鉴。

关键词：高炉；设计；升级改造；技术应用

Technology Application in the Design of No.3 （2000m³）Blast Furnace of Xuanhua Iron and Steel Ltd.

Tang Anping[1] Mao Qingwu[1] Xing Huaqing[2] Zhang Honghai[2] Pei Shengqian[2]

(1. Beijing Shougang International Engineering Technology Co., Ltd., Beijing 100043;
2. Xuangang Ironmaking Plant of Hebei Iron and Steel Group Co., Ltd., Xuanhua 075000)

Abstract：No.3 blast furnace of Xuanhua Iron and Steel Ltd. went into production on 10th June 2011. A number of national initiative or international leading level advanced technologies were adopted in the design with high efficiency, low consumption long-life, high-quality and clean as the goal and combined with many years services production practices of Shougang and design advantages of BSIET. The main technical and economic indicators, energy saving, clean production have reached the domestic advanced level, at the same time the BSIET proprietary technologies applicable to modification engineering such as whole blast furnace step type traction, hot blast stoves in situ and on-line modification and switching, hot blast stoves fast drying, TRT and relief valve group arranged in series and so on are adopted in the designing of elimination of backward, upgrading and reconstruction projects. The records of 4900t whole step type traction of blast furnace and hot blast stoves fast drying etc. are created in this project which provide strong technical support and reference for the overall blast furnace technological and equipment upgrades of other old factories.

Key words：blast furnace; design; applicable to modification; technology application

1 引言

宣钢3号高炉工程是根据宣钢800万吨发展规划，围绕“集团化、精品化、清洁化、高效化”的发展战略，充分利用河北钢铁集团及周边地区资源丰富的优势，按现有设备、设施最大限度利用旧的设计原则，以本次大修改造为契机进一步优化产品结构调整和工艺优化，将原8号高炉通过整体推移的方法原地扩容改造为2000m³高炉，达到年产钢161万吨规模。

2 主要设计指标

宣钢3号高炉设计主要技术经济指标见表1。

图 1　宣钢 3 号高炉炉体整体推移现场

图 2　宣钢 3 号高炉投产后实景

表 1　宣钢 3 号高炉设计主要技术经济指标

项　目	设计指标	设备能力	备　注
高炉有效容积/ m^3	2000		
高炉年工作日/ d	350		
利用系数/$t·(m^3·d)^{-1}$	2.3	2.5	
日产铁量/ $t·d^{-1}$	4600	最大 5000	
焦比/ $kg·t^{-1}$	380		含焦丁 20 kg/t
煤比/ $kg·t^{-1}$	200	250	
燃料比/ $kg·t^{-1}$	580		
综合冶炼强度/ $t·(m^3·d)^{-1}$	1.242	1.350	
熟料率/ %	92		
渣比/ $kg·t^{-1}$	400		
炉顶压力/ MPa	0.23	0.25	
热风温度/℃	≥1200	1250	100%高炉煤气
富氧率/ %	2	4	
高炉炉尘/ $kg·t^{-1}$	20		
高炉煤气量/ $Nm^3·t^{-1}$	1735		富氧 2%时
年产铁量/万吨	161		
综合入炉品位/ %	≥58		

3　工程设计中的技术应用

与同级别新建高炉设计相比，由于受到老厂区总图布置、最大限度利旧、停产时间短、投资环境等诸多条件的限制，因此本工程设计特点和难点不仅是体现在采用先进技术、设计指标达到国内先进水平、节能降耗、清洁化生产等方面，更重要的是体现在淘汰落后、升级改造工程的设计难度方面。在设计中发挥 BSIET 长期服务于首钢、承担过多项改造工程的技术优势，结合宣钢炼铁厂的生产情况、听取宣钢技术专家的意见，除采用成熟的先进技术外，还大胆采用高炉步进式整体推移、热风炉原地、在线改造和切换、热风炉快速烘炉、TRT 与减压阀组串联布置等多项适用于改造工程的专有技术，创造了高炉整体推移量 4900t、热风炉快速烘炉 12 天等多项纪录，为其他老厂区高炉整体技术装备水平的升级改造提供有力的技术支撑和借鉴。

3.1　高炉精料、炉料分布控制技术

精料和合理布料是高炉生产操作的关键，原燃料储运、上料和装料系统工艺以提高原燃料利用率、提高操作灵活性为核心，设计采用并罐无料钟炉顶装料设备、上料主胶带机直接上料以减少物料的倒运次数和倒运中的破碎量；烧结矿、焦炭在矿焦槽内分散筛分、分散称量；升级改造设计：选用高效环保型振动筛、主胶带机提速改造增加运输量、称量斗扩容改造；淘汰落后的设计：称量斗机械式称量装置改为电子秤压头，配置称量补偿系统提高称量精度；节能降耗措施：增加球团、块矿、杂矿槽下增加筛分、焦丁回收系统、矿丁回收系统；加强环保措施：新增高效的低压脉冲布袋除尘、采用有效的捕集措施。据发稿前统计数据显示：宣钢 2012

年4月月均矿丁入炉量为：600kg/批料（约折合18.7 kg/t Fe），月均焦丁入炉量为：34.5 kg/t Fe。

3.2 并罐无料钟炉顶系统升级改造的技术应用

（1）整体技术装配水平的升级改造。无料钟炉顶的设备升级改造设计中面临高炉上料主胶带机头轮标高受限、炉顶钢圈标高受限、炉顶结构框架和平台利旧又要满足料罐扩容、设备升级的要求的多重设计难点，通过炉顶旧结构框架和平台改造，取消原有炉顶给料小车改为换向溜槽结构，有效地降低了设备高度，实现炉顶设备能力和料罐扩容的工艺要求；采取淘汰落后、节能降耗的技术改造措施：改造原有炉顶布料器的冷却方式是煤气冷却，并设专用的煤气加压站，改造后，炉顶布料器采用水冷、氮气密封的方式，不仅可以确保布料器温度小于70℃，提高设备运行的稳定性、可靠性，又可以减少氮气消耗量；采用在线改造的技术：利用高炉定检休风的时间将炉顶布料器冷却介质由煤气改为氮气冷却，用来维持炉役后期6个月的生产，在线改造设计方案的不仅仅是取消煤气加压站完成设备升级和节能降耗改造，还可以优化工艺总图布置和工艺流程，使干法除尘系统与高炉、TRT设施及原有厂区动力管网的工艺连接更顺畅合理。

（2）改造技术创新点：采用在线改造的技术淘汰炉顶布料器全煤气冷却设施、升级改造为水冷、氮气密封冷却方式。宣钢炼铁厂利用定检休风时间顺利完成在线改造的施工，改造后运行正常。

3.3 高炉高效长寿综合技术

（1）对高炉炉体而言高炉高效长寿的关键是高炉炉型、内衬结构、冷却系统、自动化检测的优化设计和有机结合[1,2]，高炉炉缸、炉底的寿命是决定高炉一代寿命的关键[3,5]，为实现一代炉役寿命15年，炉底炉缸“象脚状”侵蚀区域、铁口区域、风口区域采用国产优质耐火材料；炉缸、炉底区域采用国产优质大块炭砖+陶瓷杯复合炉衬+水冷炉底的结构，炉底厚度2800mm；高炉炉腹至炉身下部是高炉异常破损的薄弱区域，为强化该区域的冷却，在炉腹、炉腰、炉身下部采用3段国产新型铜冷却壁，铜冷却壁厚度115mm，3段铜冷却壁的总高度8100mm，铜冷却壁沟槽内采用专用喷涂料；炉体采用全冷却结构取消无冷区；软水密闭循环冷却技术；采用固定测温、炉顶高温摄像、炉身静压（压差）检测、水温差在线分析、贯流式长寿风口等先进设备和检测技术。

BSIET一直非常重视对高炉炉型的研究和探索，通过研究总结高炉破损机理和高炉反应机理[6~8]，结合宣钢高炉生产运行实践和宣钢同级别高炉的生产操作经验，根据国内外高炉炉型设计发展趋势，采用了优化的炉型设计。

表2 宣钢3号高炉炉型

项 目	单位	参 数	项 目	单位	参 数
有效容积 V_u	m^3	2083	炉腹角 α	(°)	78.7775
炉缸直径 d	mm	10450	炉身角 β	(°)	82.7784
炉腰直径 D	mm	11700	A	m^2	85.77
炉喉直径 d_1	mm	8000	V_u/A		24.29
死铁层高度 h_0	mm	2200	铁口数	个	2
炉缸高度 h_1	mm	4200	风口数	个	27
炉腹高度 h_2	mm	3150	渣口数	个	0
炉腰高度 h_3	mm	1800	风口间距	mm	1216
炉身高度 h_4	mm	14600	H_u/D		2.201
炉喉高度 h_5	mm	2000	V_1/V_u	%	17.29
有效高度 H_u	mm	25750	投产日期		2011.06.10

（2）改造设计中采用高炉整体步进式滑移技术。

设计推移能力：5166t，实际总推移量约为4900t，推移距离37.78m，推移炉壳外径ϕ13.136m，推移总高度为35.03m；到位后炉体中心与炉基中心的偏差：南北±5mm、东西±5mm，采用先进的设计体系，对推移侧高炉框架梁打开、恢复的结构稳定性和变形量计算，确定打开的范围、顺序、施工过程中的监测和安全保护措施及推移到位后框架梁和平台恢复设计方案。改造技术创新点：采用高炉整体步进式滑移技术，创造总推移量约为4900t，推移距离37.78m先进水平。

3.4 热风炉高风温、长寿技术

（1）设计采用3座高风温、高效顶燃式热风炉，设置烟气余热回收装置采用助燃空气高温预热和热管式煤气换热器低温预热的双预热技术，采用交错并联的送风制度、自动燃烧控制技术和换炉自动控制技术。全烧高炉煤气实现1250℃的送风温度；采用优质耐火材料（高温区采用硅砖）、高效旋流扩散燃烧器（BSIET 专利技术）及合理的热风炉炉体结构，以实现热风炉寿命达到30年的目标。

（2）改造设计中采用热风炉原地、逐一在线改造、先建后拆、在线切入的技术，完成原有4座内燃式热风炉原地改造为3座新型顶燃式热风炉的目标；采用特殊烘炉工艺缩短烘炉时间，硅砖热风炉的烘炉时间从30~45天安全地缩短到12天，同时也节约了大量的烘炉燃料和能源消耗；采用烘炉烧嘴的控制技术成功的实现了硅砖热风炉的快速烘炉、凉炉、二次烘炉；自动化L1系统在热风炉在线逐一改造施工期间采用两套控制系统共同作业的改造技术，最终实现了新旧系统的平稳过渡。改造技术创新点和专有技术：热风炉逐一在线改造、先建后拆、在线切入技术，特殊烘炉工艺，烘炉烧嘴的控制技术。

3.5 炉前出铁场平坦化、机械化

设计采用矩形双出铁场布置；采用平坦化出铁场、储铁式主沟；液压泥炮与液压开口机在铁口两侧布置；设置2个铁口，铁口间夹角162°，以最大限度地实现炉前操作机械化、自动化，实现泥炮与开口机远程遥控控制。高效炉前除尘设大、小两套系统，提高炉前作业环境的环保水平。

3.6 富氧大喷煤技术、烟气余热回收技术

喷吹煤种为烟煤或混煤，喷煤量为200kg/t，设计能力为250kg/t。采用大型中速磨煤机制粉、封闭式混风炉干燥、高效布袋一级收粉、双罐并列喷吹、浓相输送技术；采用热风炉废气与高温烟气混合作为干燥剂用于干燥煤粉，实现废气余热再利用；采用高精度煤粉分配器技术；采用完善的温度、压力、压差、流量、料位、称量等自动化检测技术；采用喷煤总管流量检测、喷煤支管喷吹状态在线监测、中速磨入口氧浓度在线监测、煤粉收集器出口氧浓度在线监测技术。

3.7 煤气净化全干法除尘技术与粗煤气加高效旋流除尘技术

（1）高炉粗煤气采用重力除尘加旋流除尘双系统，整体除尘效率达85%，以减少高炉煤气中含尘量，减少其后部的干法除尘系统管道中的积灰及阀门的磨损，减少设备检修、维护工作量，提高干法除尘的运行可靠性。高炉煤气除尘采用全干式低压脉冲布袋除尘技术，高炉净煤气含尘量小于5mg/m^{3}除尘实现节水、节能和环保。

（2）高炉煤气净化全干法除尘粉尘浓度在线监测技术。

采用根据基本静电荷测量原理研发的高炉煤气净化全干法除尘粉尘浓度在线监测技术。

3.8 采用全静叶可调轴流式大型高炉鼓风机和高炉余压发电（TRT）技术

（1）按宣钢公司800万吨发展规划，本次高炉扩容鼓风机利用老区鼓风机站内原有备用高炉鼓风机AV80-16全静叶可调轴流压缩机供风。

（2）采用TRT系统与高炉煤气减压阀组串联布置的技术，串联布置特点如下：串联布置可以实现TRT装置低压启动；串联布置增强了顶压控制的安全性；串联布置可实现煤气的全能量回收；串联布置可以实现TRT装置的低压运行。

3.9 采用完善的自动化检测与控制技术

生产过程全部采用计算机进行集中控制和调节，主要生产环节采用工业电视监控和管理；采用水温差在线监测系统以满足现代化高炉生产操作的要求。

3.10 环境保护与清洁化生产

为实现生产岗位和大气环境的清洁化，对高炉出铁场、料仓及胶带机转卸料点等处在生产过程中产生的烟尘或粉尘，采取有效的密封及捕集措施并选用高效的脉冲布袋除尘设备进行处理，达标后排放。经治理后，岗位含尘浓度≤8mg/Nm^3，烟囱排放浓度≤30mg/Nm^3。

（1）炉前除尘设置大、小二套除尘系统，大系统主要承担出铁口侧吸、撇渣器、铁沟、渣沟、摆动流槽等处的除尘，为调节大系统除尘运行工况，节约能源，除尘风机采用变频调速技术。小系统主要承担出铁口顶吸、炉顶上料等处的除尘，大、小系统均选用高效的脉冲布袋除尘设备，两套除尘设施并排布置，共用一套输灰系统。

（2）料仓除尘系统主要负责治理料仓仓上、振动筛、称量罐和皮带转运站等处在物料转运时产生的粉尘。料仓各除尘点均设手动风量调节阀，作为系统调节及平衡风量使用。

（3）采用可靠的尘源部位密封措施，减少粉尘外溢，改善工作环境。

出铁口两侧设侧吸收尘罩，顶部设顶吸罩；铁沟、渣沟沟面设密封罩及吸尘罩；撇渣器设整体密

闭罩及吸尘罩；摆动溜槽上方设整体收尘大罩，罩上方及两侧设吸尘罩。

矿焦槽上的移动卸料车卸料处设移动收尘装置；振动筛做整体密封罩及吸尘罩；给料机和称量罐设防尘密封罩及吸尘罩；胶带机受料点设双层密封及吸尘罩，胶带机卸料点做密封罩及吸尘罩。

4 高炉投产后的主要技术经济指标

高炉投产后的主要经济指标见表3、图3、图4、图5。

表3 宣钢3号高炉投产后的主要技术经济指标与设计指标对比表

项 目	设计指标	最好生产指标(2011年9月均)
高炉有效容积/ m^3	2000	2000
利用系数/$t\cdot(m^3\cdot d)^{-1}$	2.3	2.39
焦比/ $kg\cdot t^{-1}$	360	379
煤比/ $kg\cdot t^{-1}$	200	150
焦丁/ $kg\cdot t^{-1}$	20	39
燃料比/ $kg\cdot t^{-1}$	580	568
熟料率/%	92	99
入炉矿品位/%	> 58	57.5
炉顶压力/ MPa	0.23	0.225
热风温度/℃	1250	1164
富氧率/%	3.0	3.0

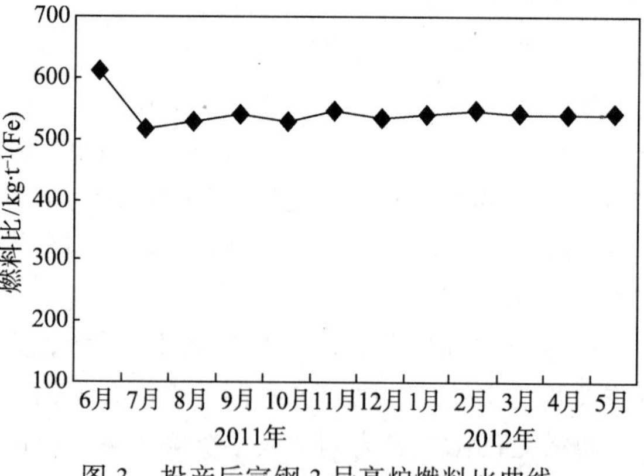

图3 投产后宣钢3号高炉燃料比曲线

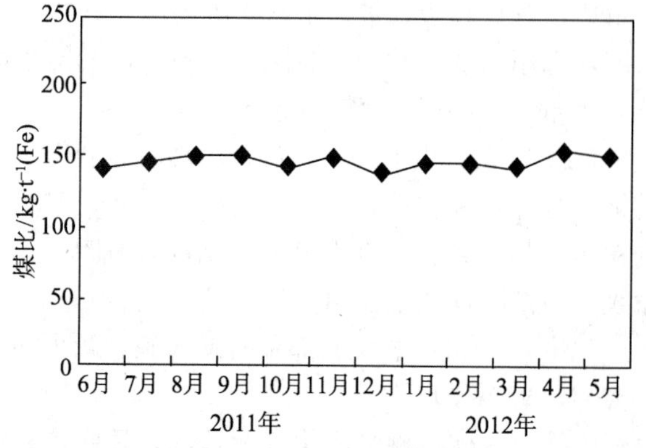

图4 投产后宣钢3号高炉煤比曲线

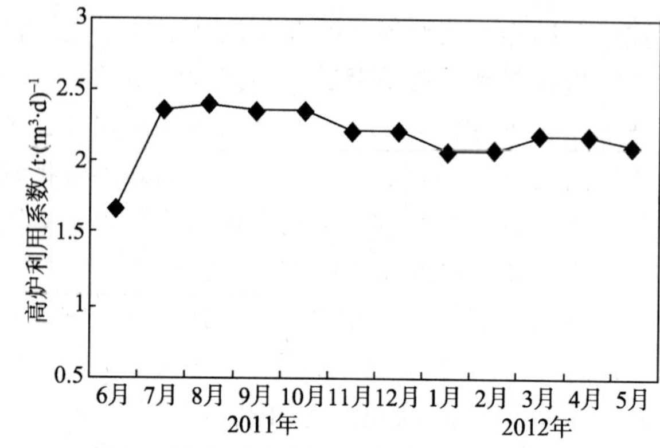

图5 投产后宣钢3号高炉利用系数曲线

高炉投产后的性能指标统计说明：

（1）2011年6月10日10:00开始送风，6月份的产量6月11~30日的平均指标；

（2）2011年7月22日宣钢意外停电9h，22、23号产量未计入统计；

（3）2011年11月21日定修；

（4）2011年11月至2012年2月期间根据市场环境的变化限产，使用AV71-15（3号高炉为AV80-16）风机供风，产量受到一定影响。

5 经济效益分析

（1）采用了热风炉余热回收及高风温长寿热风炉技术后，2011年下半年平均热风温度已达到1179℃，比改造前内燃式热风炉平均风温提高了80~100℃。

（2）投产后近一年以来的生产实践表明，焦丁回收系统运行效果较好，截稿前2012年5月月均回收焦丁34.5kg/t。

（3）投产后近一年以来的生产实践表明，矿丁回收系统运行效果较好，矿丁入炉量为：600kg/批料，折合18.7 kg/t Fe。

（4）球团、块矿、杂矿均增加槽下筛分，降低入炉料粉末，按返矿率5%计算，可减少入炉粉尘量为：26.7 kg/t，即降低入炉料的粉尘率约为1.3%。据统计，入炉料的粉末每降低1%，可使高炉利用系数提高0.4%~1.0%，入炉焦比降低0.5%。

（5）采用4座内燃式热风炉不可能实现原地、在线扩容改造的目的。设计采用3座新型顶燃式热风炉，不仅无需扩大现有热风炉的占地面积，而且成功实现了原地、在线改造、热风炉框架结构利旧的目标，充分发挥了顶燃式热风炉的技术优势，节约了一次性建设投资。

通过采用国内外先进集成技术、设备升级改造、应用节能降耗措施，使宣钢高炉做到了高效率和高效益，降低了生产成本。热风炉原地、在线改造还节约了一次性建设投资，并具有显著的社会经济效益和环境效益。

6 总结

本工程的设计不仅是体现在采用先进技术、设计指标达到国内先进水平、节能降耗、清洁化生产等方面，更重要的是发挥 BSIET 长期服务于首钢、承担过多项改造工程的技术优势，结合宣钢炼铁厂多年的生产操作经验，采用了多项适用于改造工程的 BSIET 专有技术，为其他老厂区高炉整体技术装备水平的升级改造提供有力的技术支撑，对落实钢铁产业“按照控制总量、淘汰落后、加快重组、提升水平”政策、促进冶金行业的发展具有重要意义。

参考文献

[1] 张福明. 我国大型高炉长寿技术发展现状[C]. 2004 全国炼铁生产技术暨炼铁年会论文集, 2004: 566~570.

[2] 张寿荣. 延长高炉寿命是系统工程高炉长寿技术是综合技术[J]. 炼铁, 2002(1): 1~4.

[3] 傅世敏. 高炉炉缸铁水环流与内衬侵蚀[J]. 炼铁, 1995(4): 8~11.

[4] 傅世敏.大型高炉合适炉缸高度的探讨[J]. 钢铁, 1994(12): 7~10.

[5] 傅世敏, 周国凡, 等. 高炉炉缸结构与寿命[J]. 炼铁, 1997(6): 32~34.

[6] 宋木森, 邹明金, 等. 武钢 4 号高炉炉底炉缸破损调查分析[J]. 炼铁, 2001(2): 7~10.

[7] 曹传根, 周渝生, 等. 宝钢 3 号高炉冷却壁破损的原因及防止对策[J]. 炼铁, 2000(2): 1~5.

[8] 黄晓煜, 孙金铎. 鞍钢 7 号高炉炉身破损原因剖析[J]. 炼铁, 2001(6): 1~4.

迁钢2号高炉工艺优化与技术创新

毛庆武　张福明　姚　轼　钱世崇　倪　苹

（北京首钢国际工程技术有限公司，北京 100043）

摘　要：迁钢1号高炉（2650m^3）于2004年10月8日建成投产，迁钢2号高炉（2650m^3）于2007年1月4日建成投产，实现了首钢搬迁转移400 万吨钢生产能力的总体目标。迁钢2号高炉继承了迁钢1号高炉的设计优点，并在迁钢1号高炉新技术应用的基础上，对工艺技术与装备技术进一步优化与创新，使之更高效、节能和环保，并且更符合钢铁产业政策的发展方向。

关键词：高炉；技术优化；创新

Process Optimization and Technical Innovation of Qiangang No.2 BF

Mao Qingwu　Zhang Fuming　Yao Shi　Qian Shichong　Ni Ping

(Beijing Shougang International Engineering Technology Co., Ltd., Beijing 100043)

Abstract: Qiangang No.1 BF (2650m^3) was completed on Oct. 8th, 2004, and Qiangang No.2 BF (2650m^3) was completed on January 4th, 2007, which means that the target of 4 million tons capacity for Shougang relocation was achieved. Qiangang No.2 BF inherits the design features of Qiangang No.1 BF. We made further optimization and innovation for the technology and equipment towards more efficient, more energy saving and more environmental friendly. Qiangang No.2 BF can meet better the orientation of iron and steel industry policy.

Key words: blast furnace; technology optimization; innovation

1　引言

为了落实北京城市总体规划，适应北京作为全国政治中心、文化中心的城市定位，满足举办2008年奥运会对环境的要求，实现首都北京的“新北京、新奥运”的目标，实现首钢战略性结构调整，加快产品升级换代，首钢搬迁转移400万吨钢生产能力，在河北省迁安市建设首钢新的钢铁基地。

首钢迁钢炼铁工程分成两期建成，一期工程建设一座2650 m^{3}高炉（1号高炉），二期工程再建一座2650 m^{3}高炉（2号高炉），最终形成一、二期年产生铁合计445万吨生产规模。

首钢迁钢1号高炉于2004年10月8日建成投产，迁钢2号高炉于2007年1月4日建成投产，实现了首钢搬迁转移400 万吨钢生产能力的总体目标。

2　设计指导思想

迁钢项目的建设，不是简单的生产能力转移，也不是搬迁首钢现有的生产设施，而是坚持高起点，根据国内外现代化钢铁厂的技术发展趋势，按照冶金流程工程学的原理，遵循循环经济的设计理念，采用优化的工艺流程、合理的生产布局，以自主创新、集成优化为重点，积极研究开发、集成应用国内外先进工艺技术，提高整体技术装备水平，加快实现首钢工艺升级、产品换代。

高炉设计中以“长寿、高效、低耗、清洁”作为设计思想和指导方针，研究开发并集成应用了数十项国内外先进技术、装备和工艺，高炉整体技术装备水平和技术经济指标得到全面提高。迁钢2号高炉继承了迁钢1号高炉的设计优点，并在迁钢1号高炉新技术应用的基础上，对工艺技术与装备技术进一步优化，使之更高效、节能和环保，并且更符合钢铁产业政策的发展方向。

3 主要设计指标

高炉有效容积 2650 m^3，年平均利用系数 2.365 t/(m^3·d)，燃料比 495 kg/t，焦比 305kg/t，煤比 190 kg/t，燃料比 495 kg/t，综合入炉矿品位≥59%，熟料率≥85%，热风温度 1250℃，炉顶压力 0.2~0.25 MPa，高炉寿命一代炉龄无中修达到 15 年以上。

4 迁钢 2 号高炉工艺优化与技术创新

迁钢 2 号高炉上料系统采用无集中称量站直接上料新工艺，设置焦丁回收系统；采用首钢自主开发研制的水冷并罐式无料钟炉顶设备；研究开发一系列高炉长寿高效综合技术，高炉设计寿命 15 年以上，采用软水密闭循环冷却系统，炉腹、炉腰及炉身下部采用新型高效国产铜冷却壁，高炉炉缸炉底采用新型高导热炭砖——陶瓷垫综合炉底结构，炉缸内衬关键部位采用美国 UCAR 公司的热压炭砖和法国 SAVOIE 公司的大型风口组合砖；采用首钢自行设计研制的矮式液压泥炮及全液压开口机；为提高热风温度，以我为主、集成创新高风温技术，采用自主创新的 2 座新型顶燃热风炉作为助燃空气高温预热炉，在全烧高炉煤气的条件下，使风温达到 1250℃以上；高炉喷煤采用中速磨制粉、并列罐及总管—分配器长距离直接喷煤工艺；自主创新采用改进型螺旋法渣处理工艺及长寿渣沟；高炉煤气清洗采用低压脉冲布袋干法除尘工艺，并配置压差发电装置；采用节水节能技术，自主创新高炉循环工业水——软水综合冷却系统，成功开发循环工业水串接作为软水密闭循环系统板式换热器的冷媒水新工艺；采用国产电动大型静叶可调轴流鼓风机；为提高高炉自动化控制水平，实现高效化生产，设计完善的高炉温度、压力、流量的检测，并具备人工智能专家冶炼系统接口；为实现清洁化生产，降低环境污染，优化了高炉上料、炉前除尘系统设计。

4.1 高炉无集中称量站直接上料工艺

精料是高炉生产的基础，高炉原燃料的供应、储存、处理和运输是高炉炼铁工艺的重要环节，对于实现高炉精料具有重要的作用。本项目对高炉料仓设置方式和上料工艺进行了优化创新，采用无集中称量站直接上料新工艺。高炉料仓呈一线形单列布置，矿石、焦炭料仓集成为一体，采用抛物线料仓。各种物料经仓下分散筛分、分散称量后通过主胶带直接运送到高炉。这种上料工艺布置灵活紧凑，物流短捷顺畅，赶料能力大，操作方便，设备备用能力强，提高了上料系统工作的可靠性，减少了物料集中称量环节，减少了物料的转运和重复计量，降低了物料二次破碎，减少入炉粉末，提高精料水平，降低了环境污染。

上料主胶带机带宽 B=1600 mm，带速 v=2.0m/s，称量后的所有物料均通过 N2-2 及 N2-1 主胶带机送往炉顶装料设备。烧结矿、焦炭采用 24 台高效振动筛，强化仓下炉料的筛分，提高处理能力和筛分效率，使<5mm 的入炉烧结矿控制在 5%以内。设置了焦丁回收装置，回收 10~25 mm 的焦丁，与矿石混装入炉，这样，既改善了料柱的通透性，提高了煤气利用率，又达到增产、节焦、降低成本、节约能源的作用。

4.2 设计研制国产大型高炉无料钟炉顶设备

本项目中采用了首钢自主设计研制的国产第四代并罐无钟炉顶装料设备，料罐有效容积 55 m^3×2，上、下密阀规格为 DN1100，溜槽工作角度 5°~50°，中心喉管直径ϕ700。

采用了水冷布料溜槽传动齿轮箱及开路工业新水冷却系统，研究开发了新的水冷结构，将间接冷却方式改为直接冷却方式，同时将冷却范围扩大，提高了冷却效率。冷却水量可以提高到 25t/h 以上且不会出现冷却水溢出现象，由于冷却效率提高，实际生产使用时冷却水量仅需 8t/h。同时，氮气消耗明显减少，氮气用量降低至 500 m^3/h，高炉煤气品质有了提高；而且改进后的气密箱对炉况异常造成的炉顶温度过高的情况有很强的适应能力，实践证明，高炉的气密箱在炉顶温度短时达到 800℃的极端情况下仍能正常工作。

布料溜槽的悬挂装置采用了新型的锁紧装置，彻底杜绝了溜槽脱落的发生，避免了因溜槽脱落而发生的高炉休风的现象，提高了高炉作业率。改进了布料溜槽及换向溜槽的结构及其衬板材质，布料溜槽的使用寿命由过去的 12 个月提高到了 20 个月，换向溜槽的使用寿命由过去的 3 个月提高到了 24 个月，减少了布料溜槽及换向溜槽的更换次数，提高了高炉作业率。设置料流调节阀，在自动控制下实现环行（多环）和螺旋布料的功能，在控制室人工控制下完成环形、点状和扇形布料。

4.3 高炉长寿高效综合技术

本项目设计中，总结分析了国内外大型高炉长寿经验，遵循高效、长寿并举的原则，高炉一代炉役设计寿命 15~20 年，一代炉役平均利用系数大于

2.3t/(m^3·d)，一代炉役单位有效容积产铁量达到11000~15000 t/m^3。

高炉高效长寿设计的关键是高炉内型、内衬结构、冷却体系、自动化检测的有机结合。生产实践表明，目前高炉炉缸、炉底和炉腹、炉腰、炉身下部是高炉长寿的两个限制性环节，在设计中攻克这两个部位的短寿难题，将为高炉长寿奠定坚实的基础。迁钢 1 号高炉炉体设计研究紧密围绕上述几个方面，通过炉型设计优化，选择合理矮胖炉型；为高炉生产稳定顺行、高效长寿创造有利条件；通过炉缸炉底的侵蚀机理分析研究和计算机数值模拟计算，炉缸炉底部位采用"优质高导热炭砖—陶瓷垫"新型综合炉底内衬结构；通过对炉体传热学计算分析和对铜冷却壁的温度场、应力场数值模拟分析研究，炉腹至炉身区域采用软水密闭循环冷却技术、铜冷却壁技术、优质耐火材料薄壁炉衬技术，并实现了合理配置；有针对性地设计炉体自动化检测系统，加强砖衬侵蚀与冷却系统的检测监控。通过这些现代高炉长寿技术的综合应用，完全可以满足高炉寿命达到 15 年以上的要求。

（1）高炉内型。在总结国内外同类容积高炉内型尺寸的基础上，根据迁安矿山地区的原燃料条件和操作条件，以适应高炉强化生产的要求，设计合理的矮胖炉型。设计中对高炉炉型进行了优化，加深死铁层深度，是抑制炉缸"象脚状"异常侵蚀的有效措施。死铁层加深以后，避免了死料柱直接沉降在炉底上，加大了死料柱与炉底之间的铁流通道，提高了炉缸透液性，减轻了铁水环流，延长了炉缸炉底寿命，死铁层深度一般为炉缸直径的17%~20%；适当加高炉缸高度，不仅有利于煤粉在风口前的燃烧，而且还可以增加炉缸容积，以满足高效化生产条件下的渣铁存储，减少在强化冶炼条件下出现的炉缸"憋风"的可能性，高炉炉缸容积约为有效容积的 16%~18%；适当加深铁口深度，对于抑制铁口区周围炉缸内衬的侵蚀具有显著作用，可以减轻出铁时在铁口区附近形成的铁水涡流，延长铁口区炉缸内衬的寿命，铁口深度一般为炉缸半径的 45%左右；降低了炉腹角、炉身角和高径比，使炉腹煤气顺畅上升，改善料柱透气性，稳定炉料和煤气流的合理分布，抑制高温煤气流对炉腹至炉身下部的热冲击，减轻炉料对内衬和冷却器的机械磨损。

（2）根据首钢多年的设计和生产实践，迁钢 2 号高炉炉缸炉底采用新型高导热炭砖—陶瓷垫综合炉底内衬结构。炉缸、炉底交界处即"象脚状"异常侵蚀区，部分引进国内目前尚不能生产的优质耐火材料，如美国 UCAR 公司的高导热、抗铁水渗透性优异的小块热压炭块 NMA、NMD；风口采用法国 SOVIE 的大块风口组合砖。炉底满铺 2 层国产高导热大块炭砖 + 2 层国产优质微孔大块炭砖；炉底采用 3 层国产陶瓷垫塑性相刚玉莫来石质陶瓷垫；炉缸壁上部风口组合砖下部为 1 层环形炭砖，采用国产优质微孔大块炭砖。炉底采用软水冷却。

（3）高炉炉腹以上冷却壁采用软水密闭循环冷却系统，以延长冷却器的使用寿命。软水采用"水—水冷却板式换热器"进行冷却，冷媒水为炉缸循环工业水的回水。同目前广泛采用的软水空冷器技术相比，软水供水温度降低了 10℃，大幅度提高了软水的冷却能力。为了实现软水密闭循环供水温度≤45℃，设计采用水—水冷却板式换热器冷却方式，利用高炉炉缸的循环工业水冷却温升不高的特点，自主集成创新，将高炉循环工业水回水在上塔冷却之前，串级作为软水密闭循环冷却系统板式换热器的冷媒水。通过对循环工业水上塔泵扬程及冷却塔进水温度的适当调整，不但保证了软水密闭循环系统供水及冷媒水系统水量及供水温度要求，而且节省了一套冷媒净环水系统，充分节约水资源，做到了"一水多用，串级冷却"。自主集成创新的高炉循环工业水—软水综合冷却系统，将循环工业水串接作为软水密闭循环系统板式换热器的冷媒水新工艺，在国内外高炉上尚属首次应用。其工艺流程安全可靠、技术先进合理、维护管理简便、运行费用低、占地面积少、建设投资省，其技术经济指标与传统冷却工艺相比最优，符合节水、节能、环保的要求，降低了水资源消耗，取得了良好的生产效果。

（4）在炉腹、炉腰、炉身下部采用 3 段铜冷却壁，材质为 TU_2 轧制铜板，冷却通道采用复合扁孔，钻孔成型，铜冷却壁厚度 125 mm，铜冷却壁沟槽内镶填 SiC 捣料，提高了冷却效率，这是我国自主开发的新一代"无过热"长寿铜冷却壁。

（5）在炉身中上部采用高效单排管冷却壁，冷却壁本体厚度 250 mm，材质为球墨铸铁 QT400-20。冷却壁沟槽内镶填 SiC 捣料，以提高冷却壁的挂渣性能。

（6）在炉身上部至炉喉钢砖下沿，增加 1 段"C"型球墨铸铁水冷壁，水冷壁直接与炉料接触，取消了耐火材料内衬。

（7）炉腹、炉腰、炉身下部区域采用 Si_3N_4-SiC 砖和高密度黏土砖组合砌筑，砖衬总厚度 400mm；炉身中上部采用高密度黏土砖。

（8）采用最新开发设计的送风装置，以适应1250℃高风温的要求。加强了送风组件的密封，对送风支管结构进行了改进和优化。

（9）采用新型十字测温装置，在线监测炉内煤气流的分布和温度变化，配合多环布料技术，使高炉操作稳定顺行，提高煤气利用率，延长高炉寿命。炉体系统设计完善的高炉温度、压力、流量的检测，以加强高炉各系统的监视，为操作人员提供准确可靠的参数和信息，并具备人工智能专家冶炼系统接口及界面。

4.4 优化圆形出铁场设计，提高炉前机械化水平

（1）采用圆形出铁场，其最大外径为 77.9m，出铁场内 4 根炉体框架柱呈正方形布置，其间距为 20m×20m。框架柱间分别布置 3 个铁口，不设渣口，铁口标高为 10.2m，渣铁沟内衬采用浇注料，主沟采用储铁式结构。圆形出铁场外环上方设置标高为 12.8m 的环行车道；环行车道在未设铁口的区域设连通平台与风口平台相接。环行车道为钢筋混凝土板加钢支柱结构。公路引桥与环行车道连通，汽车可以直接开到风口平台及高炉主控室，方便了炉前的物料运输。

（2）采用自主设计研制的环行吊车。出铁场内设 2 台 30t/5t 环行起重机，L_K=20.6m，轨面标高为∇21.95m，环行吊车可在出铁场 360°范围内工作，满足出铁场内的日常生产操作及检修。环行吊车为首钢自主设计研制的专利设备，全部实现国产化。

（3）采用首钢自行开发研制的矮式液压泥炮，采用新型炮嘴组合机构，进一步提高炮嘴寿命。

（4）采用首钢自行开发研制的新一代多功能全液压开口机。

4.5 热风炉高温预热及高风温技术

在迁钢二期工程中，由于品种钢的开发及轧钢规模的形成，根据厂区煤气平衡，高热值的煤气（焦炉煤气和转炉煤气）主要用于轧钢厂，而且存在高热值的煤气供应紧张的情况，迁钢 2 号高炉的热风炉已不具备使用富化煤气的条件。而且随着高炉的装备水平及操作水平的日益提高，高炉原料条件的进一步改善，高炉煤气利用率的提高，高炉煤气发热值会越来越低。因此，热风炉系统必须通过采用高温预热炉预热助燃空气技术，充分利用低热值、低成本的高炉煤气和采用热风炉烟气余热预热高炉煤气技术，在全烧高炉煤气的条件下使热风温度达到 1250℃以上，从而达到高效、节能、降低焦比的目的。

本次热风炉系统采用 3 座达涅利—康立斯（DCE）公司的改进型高风温内燃式热风炉，助燃空气高温预热系统配置的 2 座高温预热炉，采用首钢自主研发的高温预热工艺，预热炉采用首钢自主研发的新型顶燃式热风炉，并配备一座混风炉，对内燃式热风炉的助燃空气进行混风调节，使预热温度达到 520~600℃。同时，利用热风炉烟气余热，通过分离式热管换热器对热风炉用高炉煤气进行预热。预热后，高炉煤气温度可达 180℃。分离式热管换热器的烟气、煤气 2 个箱体分散布置，通过外联管传输水媒质换热介质。

新建 3 座达涅利—康立斯（DCE）公司的改进型高风温内燃式热风炉呈一列式布置。内燃式热风炉及高温预热炉的主要技术参数，见表 1。

表 1　内燃式热风炉及高温预热炉的主要技术参数

项　目	内燃式热风炉	高温预热炉 (新型顶燃式热风炉)
热风炉数量/座	3	2
热风炉操作方式	两烧一送	一烧一送
送风时间/min	45	60
燃烧时间/min	75	45
换炉时间/min	15	15
设计风温/℃	1250	—
拱顶温度/℃	1400	1300
加热风量/$m^3 \cdot min^{-1}$	5500	1460
炉壳内径/m	10.2	7.8
热风炉总高度/m	41.66	33.4
蓄热室断面积/m^2	44	34.11
燃烧室断面积/m^2	10.9	—
每座热风炉总蓄热面积/m^2	64839	24040
单位高炉容积的加热面积/$m^2 \cdot m^{-3}$	73.4	—
格子砖高度/m	31.3	15
燃烧器长度/m	4.4	环形燃烧器

设计开发了 7 孔高效格子砖，以提高热风炉换热效率，格子砖直径为 ϕ30mm、加热面积为 47.08m^2/m^3。同时，为满足出铁场环行吊车的 360°作业，跨出铁场的热风总管采用“∏”形结构，采用了 2 组恒力吊架，而且对热风总管的“∏”形管路的砌筑结构进行改进，水平管路与垂直管路交接的孔口处采用各自独立的砌砖层，使两者之间的膨胀不互相干扰，解决了因孔口砖层膨胀造成的窜风现象，满足了送风温度高于 1250℃的使用要求。混风器的进风小支管由 8 个改为 4 个，加厚了小支管的耐火材料内衬，并将耐火衬由单一浇注料改为轻质砖加红柱石浇注料结构，提高了耐火衬的保温效果，也提高了混风器的工作可靠性。

4.6 中速磨制粉、并列罐及总管—分配器长距离直接喷煤工艺

迁钢 2 号高炉采用中速磨制粉、并列罐及总管—分配器长距离直接喷煤工艺，喷吹系统引进达涅利—康力斯公司的并罐喷吹技术。

喷吹系统设有 2 个并列布置的喷吹罐，采用单管路喷吹总管、混合器、分配器、喷吹支管和喷枪的工艺。工艺流程紧凑，制粉、喷煤建在同一场地。喷吹罐并联布置在煤粉仓下，各罐轮流交替向高炉喷煤，自动化控制水平较高，喷煤量完全由 PLC 控制和调节，实现系统自动喷吹。通过计算机模拟实现喷吹支管布置等长度、等阻力损失设计，只使用一个置于炉顶平台的分配器，保证向每个风口均匀和自动喷吹煤粉，煤粉在各风口的分配精度高，分配误差约 4%。采用风口防堵探测器，自动监测、控制和调节每个风口的煤粉喷吹情况，如果风口探测器发现风口有煤粉堆积，则该风口喷煤枪自动停喷。待风口的燃烧条件改善后，该喷枪可自动恢复喷煤。在一个和若干个喷枪临时停止喷煤时，其他喷枪可以通过煤粉分配器自动均匀分配煤粉，以简单可靠的系统，实现均匀喷吹，而不需要任何调节阀和单独的软件来调节煤粉的分配。

并罐喷吹系统的防火、防爆、流化、充压均使用氮气，充分保证系统运行安全，喷吹气源为无油无水压缩空气。

4.7 改进型螺旋法水渣处理工艺

螺旋法水渣工艺为机械脱水工艺的一种方法。由于螺旋法水渣工艺关键设备只有一台螺旋机，所以其维护检修较为方便，需要检修较多的是两个轴承，设计时考虑了方便的检修措施，设计中采用了在水渣储水池上加设小平流池的工艺。平流池是由三段依次升高的隔墙组成，利用平流池的特殊结构，可减缓冲渣水的流速，充分沉淀冲渣水中的细渣，能够对细渣含量低于 50mg/L 的水质进行二次过滤，同时在平流池上配套安装一台 3t 抓斗吊车，及时将沉淀在平流池内的细渣抓出。通过这个小平流池的预沉降作用，有效去除部分细渣，降低了冲渣水中的细渣含量，减轻其对管道的磨损和冲渣喷嘴的堵塞现象，同时降低了储水池中沉淀物的堆积速度，延长了储水池的使用周期，为系统正常运转创造了必要的条件。采用了在水渣储水池上加设小平流池的工艺，设置抓渣吊车，将沉淀下来的细渣进行清除，降低了冲渣水中的细渣含量，减轻其对管道的磨损和冲渣喷嘴的堵塞现象，同时降低了储水池中沉淀物的堆积速度，为系统正常运转创造了必要的条件。螺旋法水渣工艺较传统的渣池节省占地面积，能耗低，运行费用低；工艺流程简单，布置较灵活。

为了提高水渣沟衬板的使用寿命，减少检修维护量，在设计中采用新型的复合衬板代替普通的耐磨铸铁衬板。新型复合衬板是在普通 Q235-A 钢板的表面采用等离子喷焊工艺喷焊 Ni60+WC 工作层，钢板厚度为 25mm，耐磨层厚度为 8mm。新型复合衬板硬度极高（硬度可以达到 HRC70~80），使用寿命可以达到 36 个月，是普通耐磨铸铁衬板使用寿命的 3 倍以上。

4.8 高炉煤气干法除尘技术

迁钢 2 号高炉高炉煤气清洗采用低压脉冲布袋干法除尘工艺，2007 年 1 月 4 日投产，是当时国内投产使用高炉煤气干法除尘的最大高炉。迁钢 2 号高炉干法除尘根据现有情况进行了改进与提高，采用了多项新技术，推动了高炉煤气干法除尘技术新的发展。

（1）迁钢 2 号高炉干法除尘系统主要技术参数见表 2。

表 2　干法除尘系统主要技术参数

项　目	设 计 值	项　目	设 计 值
高炉容积/m^3	2650	滤袋条数/个	250
煤气量/m^3·h^{-1}	50 × 10^4(最大)	滤袋规格ϕ×L/mm	160×7000
炉顶压力/MPa	0.2~0.25	总过滤面积/m^2	12250
煤气温度/℃	165	单箱过滤面积/m^2	875
箱体数/个	14	工况滤速/m·min^{-1}	0.73（7 个）/0.51（10 个）
箱体直径/ mm	4600	出口含尘/mg·m^{-3}	≤5

（2）合理的工艺流程和配置。此次采用了ϕ4600 mm 直径的箱体 14 个，双排布置。过滤面积考虑了正常生产和紧急事故下的应急措施，确保安全生产而又不过分备用。

（3）设前置大容量热管换热器。在干法除尘之前设热管换热器。使用达到预期效果，成了煤气降

温的可靠手段。比起现有的管式换热器传热效率高，降温效果好，体积小，占地少。

（4）气力输灰浓相输送技术试验。气力输灰输送距离长，运输量大，密闭性好。首秦高炉采用后运行良好。此次在迁钢高炉进一步改进采用浓相输送技术，将减少能源消耗、减少输灰管的磨损，将气力输灰提高到一个新水平。

（5）增设稳压气源。为了保证除尘器工作可靠性，降低气源事故带来的停产风险和减少氮气消耗，降低成本，设计了净煤气加压装置，将净煤气加压作为脉冲气源和输灰气源使用，提高了生产的可靠性。

（6）新规格滤袋试用。传统滤袋尺寸较小，迁钢 2 号高炉加大了滤袋直径，高径比降低，使之更加合理。在此之前做了相关调查研究，并且和厂家一起进行了实验室试验。投产以来效果良好。

（7）增加了防腐蚀措施。目前国内高炉干法除尘运行情况显示煤气腐蚀性显著增加，为此在迁钢 2 号高炉设计与施工中对不锈钢波纹膨胀器材质作了改进，从 316L 材质改成 800 系列材质，增加其防腐性能，同时对管路内壁进行了防腐涂料处理。

4.9 压差发电（TRT）技术

炉顶压差发电（TRT）设施是冶金行业重要的节能和环保设施，它可以提供高炉鼓风站所需电能的 1/3，同时减少了由于减压阀组所引起的噪声，减少了对大气的污染，并提高了能源的综合利用率。根据首钢厂区 1 号、3 号 高炉 TRT 装置运行的实际参数，干式 TRT 装置可以提高 30%的发电量，是目前 TRT 技术的发展方向。首钢迁钢 2 号高炉 TRT 装置煤气透平机输出轴功率为 12000kW，配套发电机的设计功率 12000kW，最大功率为 14000kW。

5 生产实践与应用

迁钢 2 号高炉工程于 2007 年 1 月 4 日竣工投产。2 号高炉开炉顺利，运行良好、生产稳定顺行，经过 1 年多的生产运行，迁钢 2 号高炉取得了良好的实绩。迁钢高炉 2007 年主要技术经济指标，见表 3。

表 3 迁钢高炉 2007 年主要技术经济指标

项 目	指 标		项 目	指 标	
	1 号	2 号		1 号	2 号
高炉有效容积/m^3	2650	2650	渣比/$kg \cdot t^{-1}$	294	300
利用系数/ $t \cdot (m^3 \cdot d)^{-1}$	2.416	2.461	富氧率/%	2.36	2.37
焦比/$kg \cdot t^{-1}$	302.9	308.9	送风压力/MPa	0.355	0.359
煤比/$kg \cdot t^{-1}$	156	142.5	风温/℃	1228	1214
焦丁/$kg \cdot t^{-1}$	29.8	35.8	顶压/MPa	0.194	0.195
燃料比/$kg \cdot t^{-1}$	488.7	487.2	产量/ t	233.7×10^4	235.4×10^4
焦炉煤气用量/$m^3 \cdot t^{-1}$	29.8	0	高炉煤气用量/$m^3 \cdot t^{-1}$	467	656

6 总结

迁钢 2 号高炉工艺优化与创新，提高了 2 号高炉整体技术装备水平，经过 1 年的生产实践表明，迁钢 2 号高炉的设计是合理的，技术创新是成功的。特别是高炉煤气干法除尘技术及助燃空气高温预热技术的应用，高效利用低热值高炉煤气，在全烧高炉煤气的条件下实现了高风温的目标，具有显著的经济效益和环保效益。

迁钢 1 号及 2 号高炉炉容均为 2650m^3，迁钢 1 号采用富化焦炉煤气及助燃空气低温预热工艺，迁钢 2 号采用助燃空气高温预热及高炉煤气低温预热工艺，风温、燃料比、利用系数等基本相同。不考虑水电成本及高炉煤气放散等因素，按首钢焦炉煤气 0.442 元/m^3，高炉煤气 0.03 元/m^3 计算，迁钢 1 号燃气成本为 27.18 元/t,迁钢 2 号燃气成本为 19.68 元/t，按年产铁水 230 万吨计算，采用了助燃空气高温预热技术后直接经济效益为：1725 万元/年。2 年可收回建 2 座高温预热炉及附属设施的投资。

参考文献

[1] 毛庆武，张福明，等.高炉热风炉高温预热工艺设计与应用[C]. 2005 中国钢铁年会论文集. 北京：冶金工业出版社, 2005: 449~453.

[2] 钱世崇，程素森，张福明，等. 首钢迁钢 1 号高炉长寿设计[J]. 炼铁, 2005(1): 6~9.

（原文发表于《工程与技术》2008 年第 1 期）

迁钢4000m³高炉采用的新技术

姚　轼　毛庆武　倪　苹　徐　辉

（北京首钢国际工程技术有限公司，北京 100043）

摘　要：首钢迁钢炼铁厂4000m³高炉设计中集成采用了当今国际炼铁技术领域的20多项先进技术，高炉整体技术装备达到了国内先进水平。本文介绍了首钢迁钢炼铁厂4000m³高炉设计特点和采用的先进技术。

关键词：高炉；炼铁；无料钟炉顶；高炉专家系统

Application of New Technology on 4000 m³ Blast Furnace of Qiangang

Yao Shi　Mao Qingwu　Ni Ping　Xu Hui

(Beijing Shougang International Engineering Technology Co.,Ltd., Beijing 100043)

Abstract: More than twenty advanced technologies in today international iron-making field were applied in the design of 4000m³ blast furnace of iron-making plant of Qiangang and the integral technology and equipment reached the national advanced level. The characteristics of designing and advanced technologies which were applied on 4000m³ blast furnace of iron-making plant of Qiangang were introduced in this paper.

Key words: blast furnace; iron-making; no bell top equipments; expert system of blast furnace

1　引言

首钢迁钢 4000m³ 高炉是根据首钢总公司“十一五”期间的总体规划，结合迁钢地区的发展规划，满足北京地区生产能力向外转移的需要，进一步扩大迁钢的生产能力的项目。在设计中分析研究了4000m³大型高炉的设计、技术装备特点，全面实施自主创新，自主设计开发了无料钟炉顶、高炉专家系统、煤气全干法布袋除尘、螺旋法渣处理工艺等一系列具有创新性的先进技术和工艺装备。

首钢迁钢1号高炉于2004年10月8日建成投产，迁钢2号高炉于2007年1月4日建成投产，实现了首钢搬迁转移400 万吨钢生产能力的总体目标。

2　设计理念与主要技术指标

2.1　设计理念

高炉设计中以“高效、低耗、优质、长寿、环保”为设计理念，采用先进实用、成熟可靠、高效长寿、节能环保的工艺技术装备，在全面总结首钢大型高炉设计和生产经验，借鉴国内外4000m³大型高炉的实践的基础上，结合首钢迁钢的实际情况及规划要求，自主设计、自主研制、集成优化了一系列具有先进水平的工艺技术和装备。

总图布置紧凑，工艺流程顺畅，充分考虑了各个单元工序的系统性和整体性，使生产运行达到协调统一。采用完善的自动化检测和控制系统，实现高炉生产的全自动化控制。

2.2　主要技术指标

根据首钢高炉生产操作的特点，并结合首钢迁钢的原燃料条件和技术装备水平，确定了4000m³高炉的设计指标，高炉设计主要技术经济指标见表1。

表1　高炉主要技术经济指标

序号	指　标	设计值
1	高炉有效容积/m³	4000
2	利用系数/t·(m³·d)⁻¹	2.4
3	焦比/kg·t⁻¹	295
4	煤比/kg·t⁻¹	190
5	焦丁/kg·t⁻¹	10

续表 1

序号	指　标	设计值
6	燃料比/$kg \cdot t^{-1}$	495
7	熟料率/%	85
8	入炉矿品位/%	> 59
9	富氧率/%	3.5
10	送风温度/℃	1280
11	渣量/$kg \cdot t^{-1}$	< 290
12	一代炉龄/a	20

3 高炉精料和炉料分布控制技术

精料和合理布料是高炉生产操作的关键，首钢迁钢 4000m^3 高炉的原燃料储运、上料和装料系统工艺设计以实现烧结矿分级入炉和中心加焦、提高原燃料利用率、提高操作灵活性为核心，以达到入炉原料高、稳、匀、净精料为目的。采用并罐无料钟炉顶装料设备和无中继站上料工艺，上料主胶带机直接上料，不设中间称量罐，以减少物料的倒运次数，减少物料倒运粉碎；采用无料钟炉顶设备多环布料、扇形布料、定点布料、往复式布料功能实现炉料分布控制；采用烧结矿焦炭分散筛分、分散称量实现烧结矿分级入炉工艺；设置焦丁回收系统以提高原燃料利用率。采用烧结矿、焦炭在线取样分析技术及时跟踪分析和控制入炉原燃料粒度。

首钢并罐式无料钟设备是首钢国际工程公司自主研制开发的，完全具有自主知识产权，大幅度地降低了设备投资，满足了高炉高效、精准、可靠、长寿及降低维护量的生产要求。无料钟炉顶设备的主要性能见表 2。

表 2　无料钟炉顶设备主要参数

序号	项　目	设计参数
1	料罐有效容积/m^3	2×75
2	料罐设计压力/MPa	0.30
3	上密封阀直径/mm	ϕ1100
4	下密封阀直径/mm	ϕ1100
5	料流调节阀直径/mm	ϕ1000
6	料流调节阀排料能力/$m^3 \cdot s^{-1}$	0.7
7	中心喉管直径/mm	ϕ730
8	α、β 精度	控制精度±0.3°；计量精度 0.1°
9	布料溜槽长度/mm	4200

4 高炉高效长寿技术

高炉本体是整个炼铁工序的核心，首钢迁钢 4000m^3 高炉设计以高效、长寿、低耗、稳定顺行为宗旨，高炉一代炉役设计寿命 20 年，一代炉役单位炉容产量达到 17000t/m^3，焦比 305 kg/t、煤比 190 kg/t、燃料比小于 495 kg/t，技术经济指标居国内先进水平。设计采用合理"矮胖炉型"技术路线，充分发挥下部调剂功能，有效控制炉腹煤气分布，以实现中心活跃、边缘煤气适当抑制的合理煤气分布，提高喷煤比和煤气利用率，达到高效顺行低耗的生产目的。高炉有效容积 4000m^3，炉缸直径 13.5m，炉腰直径 14.9m，死铁层深 2.9m，炉缸高度 5.1m，有效高度 31.4m，$H_u/D = 2.11$，设 4 个铁口，36 个风口。

高炉本体结构采用无过热冷却体系 + 无应力砌体结构技术相结合，炉缸炉底采用高导优质炭砖 + 陶瓷垫综合炉缸炉底技术，炉底炉缸"象脚状"侵蚀区域、铁口区域、炉腹、炉腰、炉身下部采用铜冷却壁技术，炉体采用全冷却结构（包括炉喉钢砖），高炉冷却采用分段式软水密闭循环冷却技术。

炉缸、炉底区域的温度在线检测，共计 544 点。炉体冷却壁的壁体温度检测，共 562 点，其中炉缸铜冷却壁设有 120 点温度检测。炉腰、炉身下部设 4 层炉体静压力检测装置，共 16 点。炉喉设固定测温装置，共设 25 个测温点。炉喉钢砖表面设一层温度在线检测，共 10 点。其他在线检测点：热风温度及压力检测；入炉风量检测；软水冷却系统温度、压力、流量检测；工业水冷却系统温度、压力、流量检测等。在其他系统设置的检测：原料成分检测；铁水成分检测；喷吹物成分检测；高炉煤气成分连续检测；喷煤量；铁水温度连续检测；出铁重量连续检测；炉顶煤气温度及压力检测；空气湿度检测；冷风中氧含量检测；焦炭灰分及瓦斯灰成分检测等。上述检测点的设置为高炉专家系统提供了基础数据的保障。

5 热风炉高风温、长寿技术

采用4座改造型内燃式高风温、高效、长寿热风炉，采用的高效、先进、节能环保的高温助燃空气预热系统（首钢专利技术）和烟气余热回收煤气预热系统；设置合理，安全、可靠的高风温输送系统（热风管道系统）。单烧高炉煤气实现最高1280℃的设计风温。采用交错并联的送风制度。

在热风炉工艺及操作上应用和开发的高风温技术包括：

（1）研究了热风炉燃烧器在多种工况下的燃烧机理，实现了燃烧器的最佳工作效率；

（2）应用了新型高效格子砖，格孔直径ϕ30mm，蓄热面积达到51.58m^2/m^3,提高了热风炉的蓄热能力和适应高温、短周期的工作能力；

（3）开发了高风温热风炉控制专家系统：包括蓄热室传热及热量蓄积模型、拱顶温度监测及控制模型、废气温度监测及控制模型、双预热控制模型、最佳燃烧状态控制专家系统等。

根据上述研究自主开发了自动烧炉和新型热风炉自动燃烧技术，实现了热风炉优化操作。内燃式热风炉的设计参数见表3。

表3　热风炉主要设计参数

序号	项　目	参　数
1	热风炉炉壳内径/mm	ϕ10600
2	热风炉总高度/mm	49100
3	热风炉高径比	4.63
4	热风炉蓄热室断面积/m^2	39.1
5	热风炉燃烧室断面积/m^2	19.3
6	每座热风炉总蓄热面积/m^2	74300
7	每m^{3}高炉容积具有的加热面积/m^2·m^{-3}.	74.3
8	每m^3/min高炉鼓风的加热面积/ m^2	36.2（按风量8200Nm^3/min计算）

6 炉前出铁场平坦化、机械化

设计采用矩形平坦化双出铁场和出铁场公路引桥，采用泥炮与开口机和主跨桥吊远程遥控控制技术，液压泥炮与液压开口机采用同侧布置，铁口间夹角为90º，最大限度地实现炉前操作机械化、自动化。设采用储铁式主沟，延长主沟寿命和实现渣铁有效分离；采用全封闭一次、二次高效除尘，改善了炉前作业环境。设置有两台换风口机减轻了炉前工的劳动强度。

7 环保型螺旋法渣处理系统

采用全国产环保型螺旋炉渣处理技术，实现蒸汽全回收，冲渣水循环使用，减少二氧化硫、硫化氢排放量和水量消耗，渣中含水小于12%。设计按熔渣全部水淬粒化，干渣仅作为事故备用，有利于环保和水渣综合利用。水渣用作生产水泥或进行水渣超细磨。

采用4套螺旋法串联加并联方式，在水渣沟上设有专用切断阀，解决了单套螺旋法设备无法单独检修的问题，同时在过滤器至平流池之间的分配渠加设了12个切断阀门，可以保证两个平流池及沉淀池均可实现离线清理，提高了整个水渣系统作业率，消除了因水渣系统检修对高炉作业率的影响。

8 管式胶带机长距离输煤技术

采用无公害管状胶带机输送原煤，避免了因物料的撒落而污染外部环境也避免了外部环境对物料的污染。

实现立体螺旋状弯曲布置，可由一条管带机取代一个普通胶带输送机系统，节省多个转运站和多台驱动装置的成本，减少了设备故障点。

由于形成圆管输送，在输送量相同的情况下，管带机圆管部分的横断面宽度只有普通输送机的1/2左右，在长距离输送的情况下，可节省空间尺寸，大大降低通廊费用。

管式胶带机长距离运输原煤在钢铁企业中是首次开发应用，自投产以来运行情况良好，能满足生产要求，达到了国内同行业的先进水平。

管式胶带机参数：ϕ350mm；B=1350mm；Q=600t/h；v=3.15m/s；水平投影长约950m；H=47m。

9 富氧大喷煤技术、烟气余热回收技术

采用富氧大喷煤技术，喷煤系统设计采用3并罐、喷吹总管加分配器的直接喷吹工艺，采用连续计量、测堵分析和喷吹自动化控制技术，实现均匀喷煤、全过程自动喷吹技术。喷煤量为190kg/t，设计能力为250kg/t，富氧3.5%~5.5%。制粉系统采用

大型中速磨制粉和一级布袋煤粉收集短流程工艺，采用热风炉烟气余热干燥煤粉技术，实现废气余热再利用。

主要设备参数：中速磨 2×75t，原煤仓 2×800m^3，煤粉仓 1025m^3，喷煤罐 3×93m^3。

10 粗煤气高效旋流除尘技术及煤气干法除尘技术

高炉粗煤气采用重力除尘加旋流除尘双系统，整体除尘效率达 85%，以减少高炉煤气中含尘量，减少其后部的干法除尘系统管道中的积灰及阀门的磨损，减少设备检修、维护工作量，提高干法除尘的运行可靠性。高炉煤气净化除尘完全自主设计，采用全干式低压脉冲布袋除尘技术，净煤气含尘量在 5mg/m^3 以下，基本无耗水，TRT 发电提高 30%，吨铁发电达到 40kW·h/tFe。实现节水、节能、提高 TRT 发电出力和环保。干法除尘系统设计参数见表 4。

表 4 干法除尘系统设计参数表

序号	项 目	数 值
1	煤气量/m^3·h^{-1}	58 × 10^4（最大 68×10^4）
2	炉顶压力/MPa	0.25~0.28
3	操作温度/℃	100 ~200
4	箱体数/个	13
5	箱体直径/mm	ϕ6200
6	滤袋规格 $\phi \times L$/mm	160×7000
7	总面积/m^2	18707
8	面积/m^2·箱$^{-1}$	1439
9	净煤气含尘量/mg·m^{-3}	≤5

11 自动化控制与人工智能专家系统

完善的自动化检测与控制系统。生产过程全部采用计算机进行集中控制和调节， PLC-HMI 主控中心集中控制，主要生产环节采用工业电视监控和管理。通过 ERP + MES + L2+L1 四级自动化网络系统，实现生产控制、管理的信息交换、存储和处理，实现工厂控制数字化。采用人工智能高炉冶炼专家系统以满足现代化高炉高效生产操作的要求。专家系统人机界面包括九大类：专家系统、数学模型、数据输入、参数修改、趋势显示、系统维护、报警系统、管理系统、帮助信息等。

（1）主要模块有：炉料质量控制、炉况预报与控制、炉型管理；

（2）主要模型有：配料计算模型、炉料分布模型、物料平衡模型、热平衡模型、渣铁平衡模型、炉缸侵蚀模型、炉身热负荷模型、铁水温度预测模型、炉身冶炼过程模拟模型、数据有效性判断模型。

12 迁钢投产后的生产实践

迁钢 4000m^3 高炉于 2010 年 1 月 8 日投产，投产后高炉的主要技术经济指标稳步提高。到 6 月底已实现最高日风温 1281℃，并于 7 月和 8 月连续 2 月实现月均 1280℃风温，日均最高风温达到 1294 ℃。8 月份打出月均焦比 277.7 kg/t，煤比 180.3 kg/t 先进指标。其投产后的生产指标见表 5。

表 5 迁钢 4000m^3 高炉投产后（2010 年 1 月至 10 月）的主要生产技术指标

项 目	1 月	2 月	3 月	4 月	5 月	6 月	7 月	8 月	9 月	10 月
利用系数/t·(m^3·d)$^{-1}$	0.82	1.51	1.95	2.24	2.33	2.25	2.42	2.42	2.3	2.41
焦比/kg·t^{-1}	645.1	454.37	358.70	349.71	318.72	308.15	299.58	287.21	287.01	282.86
煤比/kg·t^{-1}	0	75.48	134.42	127.60	161.20	160.24	167.81	172.82	176.29	185.03
燃料比/kg·t^{-1}	553.25	568.47	527.12	494.35	521.02	503.31	498.96	496.28	494.88	502.98
风温/℃	824	1018	1163	1219	1258	1266	1271	1280	1251	1258

13 结语

经过 1 年多的生产实践表明，迁钢 4000m^3 高炉的设计和新技术的集成是合理的，技术水平已达到国内领先水平。迁钢 4000m^3 高炉新技术的综合应用，使高炉生产技术经济指标、自动化水平及清洁化生产等方面均有很大的提高，具有显著的经济效益、社会效益和环境效益。

（原文发表于《2011 中国钢铁年会论文集》）

首钢2号高炉采用新技术大修改造的设计

曾纪奋

（北京首钢国际工程技术有限公司，北京 100043）

1 引言

首钢2号高炉采用新技术改造工程的一个特点是技术新、投入少、产出快、效益高；另一特点是依靠和充分发挥技术人员的聪明才智，自行设计、制造、安装和调试，达到了国内外先进水平，成功地创出了一条依靠科技进步，自力更生实现高炉大修改造的新路子。

这项改造工程于1990年6月开始方案设计，年底完成施工图设计。高炉从停炉到1991年5月15日出铁水，建设周期只用了55天。投产后15天高炉利用系数就达到2.11t/(m^3·d)，8月稳定在2.8t/(m^3·d)，10月21日铁水日产量突破5000t，达到5190t，高炉利用系数为3.0t/(m^3·d)，它已大大超过了1990年国内重点钢铁企业平均高炉利用系数为1.7t/(m^3·d)的水平。这样，这座采用新技术大修改造的1726m^3高炉的铁水产量已接近3000m^3高炉一般冶炼强度的生产水平。

原2号高炉为移地大修，在1979年12月15日建成投产。当时高炉的有效容积由516m^3扩大到1327m^3，并采用了自行开发设计的具有国内外先进水平的高炉无料钟炉顶、顶燃式热风炉、喷吹煤粉等30余项新技术，1985年获得国家科技进步一等奖。这一代炉役中高炉共生产铁水1071万吨。在首钢改革的12年中作为首钢功勋高炉发挥了巨大作用。

此次2号高炉大修是实现首钢“八五”规划的关键，从指导思想上确立了一定要贯彻我国十年规划和“八五”计划的总体要求，自力更生、全面采用实践中逐步发展和积累的新技术，使2号高炉在原有基础上成为当代技术装备最先进最完备的高炉。大修改造后的2号高炉容积由1327m^3又扩大到1726m^3，并在原有新技术基础上又采用了23项具有国内外先进水平的新技术，其中有3项已申请国家专利技术，体现了首钢设计技术人员解放思想、敢于瞄准国际一流技术的精神。

2 总结首钢生产实践，采用首钢自己开发的矮胖型合理炉型

高炉炉型合理与否，对炼铁生产技术经济指标有着极其重要的影响。首钢公司在贯彻“大风、高温、精料、顺行”的强化冶炼方针的同时，于1957年就开始进行高炉合理炉型的探索与生产实践，逐渐认识到矮胖高炉炉型几个有利因素：降低压差、接受大风，有利强化冶炼；炉料有效重力增大，有利顺行；可采用多风口，有利富氧和煤粉喷吹，对原料适应性强，有利于对现有高炉挖潜改造。首钢终于探索到“矮胖高炉炉型有高产、低耗”这一客观规律，并开发了矮胖高炉炉型新技术，使高炉的H_u/D(即高炉有效高度与炉腰直径之比)达到国内外同类炉容的高炉最低值见表1。

此次2号高炉大修在高炉原有高度没有增加的情况下，扩大炉腰和炉缸直径，增加炉缸高度，使高炉的H_u/D达到国内外同等容积高炉的最低值。高炉有两个铁口，一个渣口，风口由22个增加到26个，高炉利用系数按3.0t/(m^3·d)设计(一般为2.0~2.5t/(m^3·d))，投产后高炉日铁水产量由原来3000多吨增加到5000t以上。

表1 首钢不同炉型高炉主要技术经济指标的比较

炉别	时间	V_u/m^3	H_u/D	利用系数 /t·(m^3·d)$^{-1}$	综合冶炼强度 /t·(m^3·d)$^{-1}$	校正焦比 /kg·t^{-1}	校正综合焦比 /kg·t^{-1}	风量 /m^3·min^{-1}	风压 /MPa	顶压 /MPa
1号	1990年下半年	576	2.51	3.199	1.514	391.9	471.7	1412	0.160	0.079
4号	1990年下半年	1200	2.80	2.618	1.402	404.4	506.2	2742	0.245	0.124
3号	1990年下半年	1036	2.91	2.417	1.347	438.1	528	2172	0.250	0.117

3　不断完善和提高首钢专有先进技术

为了进一步适应高炉高冶炼强度及扩容以后的高产稳产的需要，对原专有先进技术如高炉无料钟炉顶、顶燃式热风炉、喷吹煤粉等，进行了提高功能方面的技术改造。

3.1　高炉无料钟炉顶装料装置

料罐容积由 $20m^3$ 扩大为 $30m^3$，以适应高炉最大矿批提高到 51t 的需要。中心喉管及布料溜槽采用新耐磨材质。上料控制采用新一代 PC984 控制机，同时提高料流自动调节的功能，为炉内合理布料提供更灵活手段。

3.2　顶燃式热风炉

为满足扩容后高冶炼强度的要求，在保持原热风炉炉壳不变的基础上，采用优质隔热耐火材料，减薄炉墙厚度，将原有五孔格子砖更换为七孔蜂窝砖等，使热风炉蓄热面积提高 13.8%；为稳定风温、延长热风炉寿命，将高温硅砖改为热容量大的莫来石—硅线石砖，热容量提高 1.4 倍（陶瓷燃烧器增大燃烧能力 1.5 倍）。此外还采用了新型梅花形炉箅子，真空离心成型组合砖等新技术、新材质。上述措施使顶燃式热风炉技术推上一个新水平。

3.3　强化喷吹煤粉技术

主要扩大输煤粉供应能力，提高喷煤量，进一步降低焦比，将煤比提高到 150kg／t 铁，同时开发多煤种喷吹技术。

4　采用新冷却工艺和设备，新砌筑结构和材质，大力提高一代高炉寿命

生产实践证明，决定高炉寿命长短的核心是冷却工艺和设备以及炉衬质量。此次高炉大修采用了几项重大的技术措施。

4.1　采用国际先进的软水闭路循环冷却系统与新型冷却壁

原采用工业水冷却，造成冷却壁水管内结垢，影响冷却效果，甚至导致冷却壁的大量损坏，使高炉不得不停炉进行大中修。采用软水闭路循环冷却新工艺，解决了这一问题。

在冷却壁结构与材质方面，采用了国际上第三代先进的双排水管冷却壁，材质也改为铁素体基的球墨铸铁，冷却壁进水管采用波纹膨胀器与炉皮连接，这些技术措施保护了高炉炉衬，大大延长高炉的寿命。

4.2　采用新型炉底结构和长寿材质的炉衬

为了提高一代炉役的寿命，在炉缸和炉底受侵蚀最严重的部位，采用高抗铁水渗透性、高导热性、高密度的热压小块炭砖，不仅提高使用寿命，而且废掉劳动强度高的碳捣工序。当炉底砌筑 1000 多块炭砖时，砌筑的水平度正负差仅为 1.5mm，超过国家标准水平度正负差不超 2.5mm 的规定，从而提高了筑炉质量和速度。在结构上又将炉底耐火材料的咬砌，改成阶梯状的“陶瓷杯”新型结构，以提高抗铁水冲刷能力，减轻炉衬侵蚀。同时在炉腹和炉身下部砖衬也采用新材质——氮化硅结合碳化硅砖。

2 号高炉炉体采用了上述新结构和新材质的炉衬，炉体寿命预期可达十年不中修。

5　具有首钢特点的圆形出铁场和首钢自行设计、制造的高炉大吨位环行吊车

2 号高炉圆形出铁场是结合首钢高炉特点，自行设计和建造的我国第一座投入工业生产的圆形出铁场。它具有操作面积大(直径 66.7m)，汽车可以通过引桥直接开到炉台并可绕炉台环行的优点，这为运输生产用料、备品备件、检修机具等，提供了方便条件。在生产工艺方面，它又有利于两个铁口的合理布置，减少炉内铁水的冲刷和缩短渣铁沟长度。圆形出铁场上方有环形气楼，也大大改善了炉前的通风、采光和除尘条件。

出铁场还设置了首钢自行设计、制造的国内外高炉最大吨位的环行桥式吊车(30/5t)，可以在圆形出铁场内进行全方位作业。环行吊车与新型高效开铁口机、矮式液压泥炮、堵渣机、吊沟盖机、摆动沟嘴以及 260t 鱼雷铁水罐车等机械配合使用，大大减轻炉前操作工和检修工的劳动强度，使我国高炉出铁场和炉前机械化装备进入又一个新的水平。

6　大力降低能源消耗、净化环境

能源与环保是关系到企业的生存关键，2 号高炉大修采取了以下的措施：

（1）采用软水闭路循环冷却新工艺，高炉补水量由原来 5%降低到 0.1%~0.3%，可节水 20% ，同时节省供水电耗 30%。

（2）采用干法煤气除尘新工艺，降低能耗，增

加发电量，改善环保条件。

我国高炉煤气清洗过去一直采用湿法除尘，要消耗大量的水和循环供水的电能，同时污水及污泥处理不仅也要消耗大量电能，又要污染环境。20 世纪 80 年代出现高炉干法除尘，但在我国基本只在 300m^3 左右高炉上应用，而在大型高炉上采用自行设计的干法布袋除尘代替湿法除尘尚属首次。干法除尘是用特殊耐高温的材料制成的布袋来过滤高炉煤气中的粉尘。干法与湿法相比较，减少了 1200t/h 的循环水量，节省供水动力消耗，同时因煤气中含水及含尘量大大降低而提高了煤气的发热值；而 160℃高温煤气进入透平发电机组又可增加高炉煤气余压发电能力 30%，增加回收电能近 1000kW·h 以上。干法除尘另一个大优点就是消除了高炉庞大的污水、污泥处理系统，降低动力电耗及投资，又大大改善了环保条件。

（3）采用清烟除尘措施，改善环保条件。圆形出铁场顶部有环形气楼，加上炉前设有清烟除尘和水力冲渣等技术措施，使高炉大大改善了操作环境，减少了大气污染。

7 不断提高自动化控制水平

为了进一步实现高炉各个生产环节的自动、高速、最佳检测和控制，设计了最先进的计算机通讯网络技术(即 MODBUS PLUS 网络)，沟通与覆盖整个高炉各个生产环节的控制系统，实现大型的人机对话在线控制。控制机采用更先进的 PC–984 替换原来的 PC–584 控制机，同时为满足新增控制项目的需要，将原 N–90 控制机更换为构成一完整系统的麦康 (MICOW)系统。在高炉检测方面，增加了煤气快速自动分析、炉身压力与温度监测、炉喉十字测温、炉缸及炉底的炉衬温度监测等，总共增加 1000 多检测点，为建立能实现炉况动态控制的高炉数学模型和智能系统奠定了基础。

8 结束语

首钢 2 号高炉的大修改造，闯出了一条依靠自力更生、依靠科技进步，进行改造挖潜的路子。2 号高炉利用大修机会，只采用合理的炉型就可扩大炉容 399m^3，使生铁日产量增加 1000 多吨，仅这一项所创的效益，一年内就可回收大修改造的投资，同时新技术的优势又保证了高炉的高产稳产，高炉利用系数达到国际最先进的指标。

根据 1990 年底统计，我国 18 个重点钢铁企业有高炉 69 座，总有效容积 64035m^3，其中 550~1600m^3 高炉 39 座，占总容积的 66.35% 。如果在“八五”或更长一段时间里对这 39 座高炉进行扩容 20%左右的技术改造，高炉利用系数由 1990 年平均 1.7t/（m^3·d）提高到 2.5t/（m^3·d），届时我国就可利用大修的投资少、时间短的有利条件，不再建新的高炉就可每年增加 1954 万吨生铁，效益是十分可观的。

总之，通过这个工程我们可以得出大修工程应突破以往原样大修的框框，要依靠技术进步，结合厂情，自力更生进行技术改造，在提高技术水平的同时又要进行内涵扩大再生产，做到技术新、投入少、产出快、效益高。这是提高企业经济效益的根本途径。

（原文发表于《冶金设备》1992 年第 2 期）

采用先进技术进行高炉大修改造

黄　晋　曾纪奋　王　立

(北京首钢国际工程技术有限公司，北京 100043)

1　引言

首钢原2号高炉是1979年12月15日移地大修后建成投产的，当时高炉有效容积由516m^{3}扩大到1327m^3，并采用了国内外30余项先进技术，其中包括我们自行开发设计、具有国际先进水平的顶燃式热风炉、无料钟炉顶、高炉喷吹煤粉等同行业一流技术。首次在国内采用了高炉炉顶皮带上料、炉前机械化及消烟除尘、炉顶煤气余压发电、高炉和热风炉可编程序控制器自控系统等国际水平的先进技术。为了进一步提高2号高炉的自控水平，1984年我们又进行了自动化控制系统的技术改造，在国内高炉上首先采用了PC-584、N-90电子计算机和触摸式智能终端(MODVUE)上位机自控系统。

2号高炉经过全面技术改造，投产后指标先进，1981年创出月利用系数2.371 t/(m^3·d)的水平，1990年又提高到2.425 t/(m^3·d)；焦比降低，1985年创出月焦比361kg/t铁的好水平。从投产到1991年3月21日再次停炉大修改造，共生产生铁1071万吨，在首钢改革的12年中，2号高炉作为首钢的功勋高炉发挥了巨大的作用。

在2号高炉进入一代炉役的末期后，需要再次进行大修。2号高炉已经是先进水平了，这次大修是照原样大修，还是在大修中进一步技术改造?首钢党委、厂党委经过和广大工程技术人员广泛研究，从指导思想上确立了这次大修一定要贯彻我国十年规划和实现“八五”计划的总体要求，全面采用在实践中逐步发展积累的新技术，使2号高炉在原有的基础上，成为当代技术装备最先进、最完备的高炉。

2号高炉大修改造的设计思想主要是以下几点：

坚持人民为本、承包为本，按照“八五”计划的目标，以“做天下主人，创世界第一”的精神，设计出炼铁行业一流工艺、装备水平的现代化高炉。

高炉设计必须尽可能地采用新技术，在高炉支柱不外移、上料系统不变、有效高度不增加、选定风机等的条件下，适当扩大有效容积，以便投产后增加生铁的产量。

从厂情、国情出发，发扬自力更生精神，控制与节约投资，做到投入少、产出多、效益高、投资回收快。

采用的技术，首先立足于应用首钢自己开发和在生产实践中积累发展的新技术，如矮胖炉型及顶燃式热风炉等，在设计上进一步提高和创新，同时吸收国内外炼铁的先进技术为我所用，但不照抄照搬，更不靠“花大钱去买”。

高炉大修改造设计，贯彻高炉生产的“大风、高温、精料、顺行”的方针，首先是提高高炉生产的综合效率，立足于采用高冶炼强度，达到高利用系数；同时采取降低焦比、能耗和提高寿命等措施。

在这次2号高炉大修改造设计中，综合采用了矮胖炉型等23项新技术，在提高高炉冶炼强度、提高机械化和自动化水平、延长炉体寿命、改善环境、节约能源等方面，都达到国际一流水平。

2　采用首钢自己开发的矮胖型高炉内型新技术

高炉的内型由炉缸、炉腹、炉腰、炉身、炉喉和死铁层六个部分容积组成。其各个部分的结构、尺寸是否合理，不仅对高炉生产及其技术经济指标影响很大，而且是强化炼铁生产走上新台阶的一个关键问题。随着钢铁工业发展，高炉的有效容积不断向大型化发展。早期高炉容积一般只在1000m^{3}以内，到20世纪初出现了1000~2000m^{3}高炉。炉容增加，相关的有效高度也增加，随之要求焦炭强度也相应提高，H_u/D(有效高度与炉腰直径之比值)一般在3.5~4。高炉高度增加低于炉容增加的比率，主要是受制于焦炭强度。到20世纪50~60年代出现3000~5000m^{3}高炉以后，焦炭强度首先限制了高炉高度的增高。40~50年代以来，国内外一些炼铁工作者为寻求合理炉型的高度，对高炉内的氧化还原过程及机理；对高炉内的物流与气流行为及物理过程进行了大量的研究与测试工作。焦炭强度制约和测试、研究结果表明，过高的料柱是没有必要的，这两个因素使较大型高炉的炉型走向矮胖。我公司结合设备、炉料等条件，在实行“大风、高温、精料、顺行”操作方针的长期生产实践中，开发出矮胖高炉技术并且用于生产取得明显成效。这次 2 号高炉大修改造，进一步采用了矮胖高炉炉型。

首钢早在 50 年代便开始矮胖高炉技术的开发工作。1957 年，为了改善炉况，使之顺行、高产，我们在 2 号高炉试验了降低高炉的实际使用高度，采用 4m 深料线的缩短料柱作业，1958 年首先建成容积为 20m^3 及 50m^3 的矮胖高炉。经过两年多的强化生产试验，表明矮胖炉型在保证炉况顺行和提高冶炼强度方面，效果较为显著。

在上述试验的基础上，1961 年我们利用高炉大修的机会，对 1 号高炉炉型做了一次变革性工业试验：明显地扩大了横截面尺寸和降低了高度，其中不仅扩大了炉缸直径，而且增加了炉缸高度；炉腰、炉喉分别相应扩大了直径、降低了高度；炉身高度降低得较多，有效高度降低了 5m，有效高度(H_u) 与炉腰直径(D)的比值由 4.25 降低到 2.61，风口由 8 个增加到 15 个，铁口由 1 个增加到 2 个，有效容积由 413m^3 增加到 576m^3。这样改造后有利于接受较大风量操作，提高了冶炼强度和利用系数。1966 年月平均利用系数 2.55t/(m^3·d)，创出 20 世纪 60 年代同行业的先进水平。1979 年利用系数达到 3.0t / (m^3·d)， 其后又创出 3.7t/(m^3·d)以上的好水平。

继 1 号高炉大修改造为矮胖型高炉之后，1 号高炉的实践经验运用到首钢 2、3、4 号高炉上，也同样取得了较好的生产效果。首钢在实践中发展了矮胖高炉技术，积累了科学的经验，这对新建或大修改造高炉，尤其是结合国情，对我国当前占生铁产量比重较大的 1000 ~2000m^3 高炉的大修改造，有着十分重要的参考价值。

3 继续完善和提高了首钢专有先进技术

一是无料钟炉顶装料设备的功能得到进一步提高。为了满足高炉强化生产需要，对原有的无料钟炉顶装料设备进行了改进与提高，将炉顶料罐有效容积由 20m^3 扩大到 30m^3，以适应最大料批提高到 51t、最大焦批提高到 12t 的需要；中心喉管和布料溜槽采用新的耐磨材料，以延长其使用寿命；上料控制系统改用新一代的 PC–984 计算机自控系统，尤其是增加了液压比例调节阀配合自动称量系统，实现了料流自动调节，从而使无料钟炉顶为高炉强化、合理布料提供了新的内容和手动，使首钢的无料钟炉顶技术更加完善。

二是进一步推进了首钢首创的大型顶燃式热风炉技术。这次 2 号高炉大修改造中，用少量的资金，将原有顶燃式热风炉改造成高效顶燃式热风炉。在保持原热风炉炉壳不变的基础上，采用优质隔热耐火材料，减薄炉墙厚度等措施，使热风炉蓄热室断面积由 23.16m^2 扩大到 26.35m^2 ，提高了 13.8%；将原有的五孔格子砖更换为七孔蜂窝砖，增加了热风炉的蓄热面积。这些措施不仅使热风炉的热交换能力大大提高，而且减少了改造工程量和工程费用。高温衬砖由硅砖改为热容量大的莫来石—硅线石砖，它的热容量是硅砖的 1.4 倍，对稳定风温和延长热风炉寿命起着重要作用。为适应七孔蜂窝砖蓄热和热交换的需要，还设计制造了先进的梅花形炉箅子。由于高炉大修后扩容和强化，燃烧热风炉用的助燃空气和煤气量大量增加，为此对顶燃式热风炉的关键设备——陶瓷燃烧器进行改造，使其燃烧能力由 10000m^3/h 增大到 15000m^3/h，这不仅满足热风炉强化燃烧需要，而且还为今后建设更大型顶燃式热风炉提供了经验。大修中采用了先进工艺水平的真空离心成型组合砖技术，保证了热风炉上最易损坏的各孔、口和热风管道的施工质量，消除了热风炉各孔、口耐火砖衬脱落而被迫停风检修的现象，延长了热风炉及热风管道砖衬的使用寿命。上述措施将顶燃热风炉技术推上一个新水平。

三是强化了炼铁高喷吹率(煤比)的喷吹煤粉技术。首钢高炉喷吹煤粉技术的历史、水平和喷吹率等指标，一直处于同类型高炉的先进水平。为了满足高炉强化冶炼和降低焦比的需要，曾加大了喷煤能力，增大喷煤量，再加上富氧操作，煤比提高到 150kg / t 铁以上，综合冶炼强度大于 1.25t/(m^3·d)，使焦比、燃料比分别降到 385kg/t 铁、535kg/t 铁以下的先进水平。喷煤系统还开发和设置了可以进行多煤种(如烟煤)喷吹的条件。这次 2 号高炉大修改造时，对喷煤系统又进一步技术改造，加大制粉系统的能力，输粉系统增加了一条输煤管线，储煤罐容积由 20m^3 增加到 31m^3，喷煤罐容积由 27m^3 增加到 40m^3。以上措施对贯彻“大风、高温、精料、顺行” 的操作方针，强化高炉冶炼， 特别是对采用大煤比操作提供了可靠的保证，继续为发展喷吹煤粉技术做出新的贡献。

4 自力更生采用国内外一流水平的新技术使高炉生产再上新水平

2 号高炉大修改造中，我们在发展原有技术的基础上，瞄准国际一流技术水平，依靠自己的力量，大力采用和开发了一系列当今世界一流水平的新技术，以进一步提高高炉寿命，提高机械化和自动化水平，强化高炉生产。

4.1 采用软水循环冷却新工艺与新型冷却壁

生产实践证明决定高炉寿命长短的核心是冷却工艺和炉衬质量。

这次 2 号高炉采用了国际上先进的软水闭路循环冷却系统新工艺。软水冷却避免了原来用工业水冷却造成冷却壁的水管内结垢而降低冷却效果，在热负荷过大时导致冷却壁损坏的状况。提高了冷却壁的冷却强度、冷却效果和寿命，从而保护了炉衬，延长了高炉寿命。

针对软水冷却技术和适宜的高水速，对高炉冷却壁的结构形式及材质进行了改进，采用了国际上第三代先进工艺的双排水管新型结构冷却壁，其材质为铁素体基的球墨铸铁。冷却壁的进、出水管采用波纹膨胀器与炉壳连接。在冷却壁的设计、制造、安装过程中，采取了有效的改进措施，确保冷却壁的施工质量。

采用软水冷却工艺不仅能提高冷却壁寿命和高炉寿命，而且降低能耗。2 号高炉改软水冷却后，补水量由 5%降到 0.1%，节水 20%，节约供水系统电耗 30%。

4.2 采用新型炉底结构和长寿材质炉衬

炉衬材质及其筑炉质量是决定高炉寿命长短的另一个核心问题。特别是高炉下部炉衬对高炉寿命尤为重要。

这次 2 号高炉大修技术改造，为了能够提高一代炉役的寿命，在炉缸和炉底受侵蚀最严重的部位改进了砖衬材质，采用了高抗铁水渗透性和高导热性、高密度的热压小块炭砖，它不仅提高炉缸、炉底的使用寿命，而且无须旧设计结构中用碳捣料施工的工序，从而提高了筑炉的速度与质量。

大修中在结构上将炉底耐火材料的咬砌改成阶梯状的“陶瓷杯”结构的综合炉底，提高了炉底、炉缸抗铁水冲刷的能力，减轻炉衬侵蚀，从而提高了炉底和炉缸的工作寿命。

大修时还对炉腹至炉身下部砖衬，采用抗高温气流冲刷、耐磨损、耐侵蚀、抗碱金属腐蚀、高导热性、低膨胀系数的氮化硅结合碳化硅砖，以便提高炉衬寿命。

施工时采用了有效的筑炉措施和方法，使砌砖的质量得到保证。炉底砌筑 1000 余块炭砖，砌筑的水平立正负差仅为 1.5mm，达到国家标准水平正负差不超过 2.5mm 的规定。

运用上述这些国际上新技术，在高冶炼强度的条件下，使延长炉衬寿命具备了重要的物质条件。

4.3 采用首钢特点的圆形出铁场

为使炉前、出铁场机械化水平得到进一步提高，这次 2 号高炉大修改造中，采用了自行设计、制造和施工的、具有首钢特点的圆形出铁场。将 2 号高炉原有的南、北两侧矩形出铁场改为圆形出铁场后，汽车可以通过引桥直接开到炉台，为运输生产用料、备品备件、检修机具等提供了方便条件。圆形出铁场内设置了环形吊车，这是国内首次自行设计、制造的，它可在出铁场的 95%面积内作业。为解决环形吊车的环行运行，采用国内首创的环形吊车内环和外环同步角速度运行新技术。

圆形出铁场操作面积大，机械化水平高，加上环形吊车和出铁场设置的矮身液压泥炮、堵渣机、摆动沟嘴等设备，大大提高了炉前机械化水平，大大减轻了炉前操作和检修工作时的劳动强度，并且操作方便。出铁场上部设有环形气楼，改善了炉前的通风、采光和除尘条件，再加上炉前的消烟除尘设施，进一步改善了炉前的环保条件。

在结构设计方面，设计了具有首钢特色的无副梁吊车梁、组合结构，并采用空间整体计算机设计，使其结构合理，节省了大量钢材。

首钢自行设计的圆形出铁场与国外的相比，其直径小(66.7m)、柱子少(16 根)；依工艺需要和现场条件，出铁场柱子分为两层，标高 8m 以下采用 18 根钢管混凝土柱、8m 以上采用 16 根钠柱；设计上充分考虑到在停炉之前可以进行施工，这样，大大缩短了高炉停炉大修的施工工期。

3 号炉圆形出铁场，是首钢人自行设计和建造的我国第一座投入工业生产的高炉圆形出铁场，它和首钢设计并制造的新型高效开口机，国内设计、由首钢自行制造的 260t 鱼雷混铁车配合使用，使出铁场和铁前机械化装备进入又一个新的水平。

4.4 采用了干法煤气除尘新工艺

采用自行设计的干法煤气除尘配合炉顶煤气余压发电，改善了煤气质量及环保条件，降低了动力消耗，回收了电能。

传统的高炉煤气除尘是采用湿法洗涤工艺，即用工业水将煤气中的粉尘去除，这样不仅消耗大量的水及供水的电耗，而且还带来处理大量污水、污泥等一系列问题。这次 2 号高炉大修改造采用的干法煤气除尘新技术，是用特殊材质制成的布袋将高炉煤气中的粉尘过滤掉。其优点是，节省大量的供水动力消耗，消除了洗涤煤气产生的污水、污泥及对环境的污染。干法煤气除尘较湿法除尘减少了1200t／h的循环水量、节约800kW·h的供水电耗。

由于经过干法除尘的高炉煤气所含水分比湿法除尘的低，提高了煤气的热值，有利于热风炉燃烧。此外，经过干法除尘煤气的温度比湿法除尘的高，可增加余压发电能力30%。高炉炉顶煤气余压发电量为5700kW·h，余压发电而回收的能量相当于高炉鼓风机能耗的三分之一。

干法煤气除尘工艺提高煤气质量、降低能耗、回收能源、减少环境污染。

4.5 新型计算机自动控制系统

采用新型计算机自控系统与监测技术，提高了高炉生产的自动化水平。

1984年，2号高炉采用了当时先进的带有触模式智能终端的PC–584和N–90控制机的计算机自控系统，高炉操作的主控室取消了传统的二次仪表盘、模拟盘与操作台，实现了人机对话操作，保证了高炉生产水平不断提高，开始了我国炼铁生产自动控制的新时期。

这次2号高炉大修改造，为了进一步实现高炉各主要生产环节自动、高速、最佳检测控制，提高高炉的检测水平和控制水平，并为建立能实现炉况动态控制的高炉数学模型和智能系统奠定基础，采取了一系列技术更新改造措施。在大修中采用了计算机通讯网络(即MODBUS PLUS网络)沟通与覆盖了2号高炉各个生产环节的控制系统，实现了大型的人机对话接口在线控制。计算机通讯网络高速地交换各种控制信息，实现了对高炉的最佳在线控制。加上热备系统投入使用，可以保证在控制系统出现故障时，自动切换到备用机上，保证了自控系统的连接运行。

这次高炉大修改造后，控制机由更先进、具有更强功能和更可靠的PC–984控制机代替了PC–584控制机。同时为满足新增加控制项目的需要，将原N–90控制机系统更换为构成一个完整控制系统的麦康(MICON)系统。到此，2号高炉所有检测项目及内容都可在首钢自行制造的麦康计算机控制系统进行监控。

此外，在这次2号高炉大修改造中，在煤气自动快速分析、炉身温度压力监测、炉喉十字测温、炉缸炉底的炉衬测温等方面增加了大量监测点，即已增加到2430个监测点，从而大大提高了高炉的自动监测水平。

首钢2号高炉大修改造后，采用的新一代计算机自动控制与监测系统，使国内高炉自控技术已处于世界20世纪80年代末的先进水平。

2号高炉于1991年5月15日开炉，投产后主要技术经济指标，比其上一代炉役期间的指标有较大幅度的提高，开炉后15天利用系数达到2.11 t/(m^3·d)，第24天达到2.52 t/(m^3·d)，第4天达到2.623 t/(m^3·d)，第88天达到2.73 t/(m^3·d)，第93天达到2.74t/(m^3·d)，第98天达到2.82，第104天达到2.885t/(m^3·d)。此系数大大高于1990年国内重点钢铁企业高炉平均利用系数1.7 t/(m^3·d)的水平。

（原文发表于《设计通讯》1992年第1期）

津巴布韦钢铁公司4号高炉修复工程

黄　晋　唐振炎　毛庆武

(北京首钢国际工程技术有限公司，北京 100043)

摘　要：北京首钢设计院依托首钢集团，在努力开发国内市场的同时，大力开拓国外市场，特别是非洲、南美洲和东南亚的冶金工程及其他工程。首钢承建的津巴布韦钢铁公司4号高炉修复工程就是首钢开拓海外市场强有力的例证。本文详细介绍了本次高炉改造工程改造前各系统的运行现状和能力，以及改造所采用的合理方案和新技术。投产运行状况良好，得到了业主的肯定，为增进两国的友谊和关系发展做出了贡献，同时为首钢承揽海外大型工程项目、开拓海外市场积累了经验，增强了信心。

关键词：津巴布韦钢铁公司；高炉修复

1　引言

2002年是我国加入世界贸易组织（WTO）的第一年，也是全国勘察设计体制改革的关键年。面对加入 WTO 后的机遇与挑战，各勘察设计单位都在探讨加入 WTO 后与国际接轨的具体做法、应对措施及生产经营模式，使单一功能的设计院转变为EPC全功能工程公司，以适应加入WTO的新形势。

北京首钢设计院依托首钢集团，具有咨询、设计、制造、施工、安装、培训、达产的综合技术优势，在努力开发国内市场的同时，大力开拓国外市场，特别是非洲、南美洲和东南亚的冶金工程及其他工程。通过贯彻走出去的发展战略，在复杂多变的国际市场中经受了考验，也取得了显著成绩，首钢承建的津巴布韦钢铁公司(以下简称津钢)4 号高炉修复工程就是首钢开拓海外市场强有力的例证。

2　津钢4号高炉修复工程概况

津钢是津巴布韦国家最大的企业，也是唯一的钢铁联合企业。津钢拥有铁矿、石灰石矿、焦化、烧结、炼铁、炼钢、轧钢及相配套的辅助设施，具有年产100万吨钢的综合生产能力。

津钢 4 号高炉原工作容积 1360m^3,由奥钢联承建并于 1975 年出铁。1985 年曾进行过一次检修，开炉后在1993年3月由于大料钟拉杆断裂，大料钟落入炉内的事故，造成高炉停产。

从1993年开始，津钢与首钢就4号高炉修复的合作进行了多次会谈。1996年5月，中国国家主席江泽民访问津巴布韦，经双方政府会谈将津钢4号高炉修复列为中国的援建项目。1996 年 5 月，穆加贝总统和江泽民主席亲自参加仪式，由津钢执行总裁穆桑嘎和首钢集团总经理罗冰生共同签署了津钢 4 号高炉修复工程项目的合作意向书。1997年 5 月，津钢与首钢正式签署了此项目的工程合同。合同规定，津钢4号高炉修复工程总投资5000万美元，其中1500万美元由津钢自筹，其余3500万美元由中国进出口银行提供买方贷款，由首钢承担包括设计、供货、施工、调试、人员培训、生产操作指导等各项任务在内的总承包交钥匙工程，建设期18个月。

3　高炉修复前的生产情况

3.1　原燃料供应

津钢有自己的铁矿供高炉直接入炉的块矿和烧结厂用的粉矿。烧结厂有 200m^2 和 50 m^2 烧结机各一台。可满足炼铁厂的用量要求。高炉用的焦炭由焦化厂的2座焦炉供给。石灰石由自己的石灰石矿供给。

3.2　上料

矿槽在高炉中心线两侧，有10个焦仓、4个矿石仓、2个烧结矿仓、4个石灰石仓、2个杂矿仓。槽上有输送焦炭、铁矿石、石灰石及杂矿的胶带机共4条。

焦炭、铁矿石和烧结矿均在槽下筛分，原料经电动给料机送入振动筛，合格料经槽下各自的胶带机运往料车坑 24m³ 称量斗内。料车坑称量斗在高炉中心线左右各 1 个。返矿和返焦通过胶带机运至返矿仓和碎焦仓储存，再用汽车运往原料场。

石灰石和杂矿经仓下的称量斗称量后，再经仓下胶带机运至料车坑内的称量斗。

高炉采用斜桥、料车上料，料车容积 11.7m³，料车主卷扬机最大提升力 15t，最大提升速度 2.5m/s。斜桥原设计刚性不够，变形严重，已多次加固，需进行更换。

3.3 炉顶装料

炉顶装料设备为带有空转布料器的双钟炉顶。大、小钟开启由卷扬机室内的气缸驱动。炉喉设有气动可调炉喉板，但由于生产中不好用而废弃。炉顶设有 25t/5t 检修吊车。

炉顶的探尺、均压放散阀、炉顶放散阀、炉顶打水装置等在生产中有一定的问题，均在修复工程中更换。

3.4 炉体

高炉为自立式结构，炉体框架柱距为 13.6m×13.6m，基本完好，但各层平台破损严重。原高炉的内衬及冷却板已全部拆除，炉壳破损严重需全部更换。相应的风口和渣口各套需全部更换，风口送风组件可利旧。热风围管及内衬基本完好，内衬需局部修补。

3.5 出铁场

高炉设 1 个出铁口，主铁沟与出铁场中心线呈 20°夹角布置，出铁场设 1 台 25t/5t 桥吊。在出铁场副跨设两台气动摆动溜槽，两条窄轨铁路，用 65t 铁水罐运送铁水。

高炉设 2 个渣口，上、下渣均冲水渣，并设有 3 个干渣坑。

高炉采用 1 台电动回转、液压打泥的泥炮，泥炮可保留使用，但原堵渣机和开口机不好用，需进行更换。

3.6 渣处理

上、下渣均冲制成水渣，经水渣沟送入水渣池，沉淀后用抓斗抓到池边的渣仓内，再用胶带机运往外部堆放，用汽车外运。水池内设 3 道挡渣墙，水从挡渣墙下部流过进入水渣泵房吸水井内，再用泵加压后炉前冲渣。泵房及水泵因能力不够要全部更新，渣池需进行修复。

3.7 热风炉

高炉配置 3 座地德式热风炉，设计风温 1200℃，实际生产使用温度 900℃。热风炉已使用 20 余年未检修过，炉壳局部腐蚀严重。热风炉拱顶、大墙及格子砖上部的砖衬破损严重，燃烧室内的工作层和陶瓷燃烧器已全部损坏，格子砖堵孔也十分严重。

热风总管的内衬基本完好，但在三叉口部位需要局部修补，热风炉地下烟道需局部修补。

热风炉系统各设备包括风机和各阀门检修后利旧。

3.8 粗煤气和煤气清洗

受原高炉炉壳变形的影响，支持在炉壳上的煤气导出管、上升管倾斜变形，必须予以矫正。下降管和重力除尘器接口处变形严重需处理。

重力除尘器内部芯管损坏严重，下部的卸灰装置全部损坏。

煤气清洗采用的洗涤塔破损严重且除尘效果低，需要全部更换。

3.9 高炉鼓风机

高炉配置 2 台由苏尔寿公司生产的轴流式电动鼓风机，型号 VAS7113，风量 3000Nm³/min，风压 0.3MPa，电动机功率 12000kW。风机叶片磨损严重并有裂纹，需更换，风机的电气、控制及供水、供油系统需进行检修。

4 高炉修复工程

4.1 修复工程的原则

（1）本次修复工程的工作量大，而投资受到限制。为控制投资，本工程并不追求过多的采用新技术、新设备，而是用可靠的技术和设备保证高炉的修复质量和投产后取得良好的技术经济指标。

（2）充分利用津钢旧有设备设施修复后使用。

（3）增加的新设备和新材料包括钢材、耐火材料、电缆、机电材料全部使用中国产品，非标设备均由首钢制造。

（4）充分利用当地工人费用低的条件降低工程费用，除技术难度高的机电安装、钢结构焊接、耐火砖砌筑完全由首钢工人施工外，其余部分工程由首钢技术人员指导当地工人施工。

（5）大的施工机械，尽可能通过当地的中国公司租赁解决，免去远涉重洋由国内运输。

（6）对津钢的操作工人，事先均在中国进行培训后再上岗，让津钢工人都较好的掌握操作技术。

（7）本工程增加采用了如下新技术：在高炉炉喉增加了煤气固定测温装置和全液压煤气取样机；高炉炉腹以上采用了冷却壁和软水循环冷却；炉底砖衬使用了炭砖，并增加了软水循环冷却；炉腹、炉腰和炉身下部采用了铝炭砖和半石墨炭碳化硅砖等新材料；增设了料仓除尘装置；高炉和热风炉各部位的控制系统均采用了计算机系统控制。

4.2 上料

（1）高炉修复后，烧结矿的用量要提高到85%，为此要对仓上胶带机进行适当调整和改造，以增加烧结矿的运矿能力。对矿仓的分配进行调整和改造。

（2）改进称量系统的准确性。原系统是矿石和焦炭共同用料车坑内的两个24m³称量斗，造成焦炭称量误差大。为此在料车坑内增加两个称量斗，使焦炭和矿石各自使用自己的称量斗分开称量，保证了称量的准确性。为适应这一新工艺，对槽下的12条胶带机作了相应改造并增加了两条皮带机。

（3）更换了新斜桥。

（4）卷扬机室：保留了原有的主卷扬机和大、小钟的气缸驱动装置；主卷扬直流电机的供电和调速装置更新，采用西门子公司的数字直流调速装置；将两台新探尺和卷扬系统放在炉顶；卷扬室内增加了两套炉顶均压及放散阀卷扬机。

4.3 炉顶装料

保留原有的装料形式，更新一套首钢制造的新设备。包括炉顶钢圈、大小料钟、大小钟斗、空转布料器、固定受料斗、大小钟拉杆及平衡装置、润滑站、炉顶喷水降温装置等全部更换。

大、小料钟均为双折角式，大钟直径4800mm、行程1000mm；小钟直径2000mm、行程600mm，大小料钟的密合处堆焊硬质合金；大钟斗40m³，小钟斗8.5m³。

空转布料器在密封性、刚性、运动平稳性等方面做了较大改进，采用7.5kW交流电动机驱动，转速为2.77r/min。

更换了新的均压放散系统，两个ϕ250mm均压阀和两个ϕ400mm放散阀均采用电动卷扬机操纵，均压采用洗涤塔半净煤气。

采用了两台新型链式探尺，探尺为设备与电动卷扬机合为一体的紧凑式结构，用直流电机和数字直流调速装置控制。

新的炉顶降温装置可有效控制炉顶温度，保护炉顶设备。当炉顶温度达到300℃时，自动报警，并自动向炉内蒸汽雾化喷水，降至250℃时，自动停水。

4.4 高炉炉体

高炉的基础、框架和平台支架、热风围管可以利旧，高炉的各部位标高均保持不变。

（1）高炉炉型：高炉的新设计炉型有效容积为1500 m³、工作容积1339 m³，保留原有的20个风口、2个渣口、1个铁口不变。炉型尺寸见表1。

表1 高炉炉型尺寸 (mm)

炉型尺寸	数　值
炉缸直径 d	8700
炉腰直径 D	10000
炉喉直径 d_1	6800
死铁层高度 h_0	1540
炉缸高度 h_1	3300
炉腹高度 h_2	3400
炉腰高度 h_3	1900
炉身高度 h_4	15040
炉喉高度 h_5	2136
风口高度 h_f	2703
高低渣口高度 h_z	1515/1415
炉腹角 α	79°10′37″
炉身角 β	83°55′39″
有效高度 H_u	25776
高径比 H_u/D	2.578

（2）高炉内衬砌筑：高炉炉底板上增设了水冷管，在水冷管找平层上铺满1层半石墨质炭块，3层低气孔率自焙炭砖，再上为2层复合棕刚玉砖，炉底总厚度2408mm。炉缸周围设10层环形微孔炭块，每层厚400mm。铁口采用微孔炭砖，渣口区域采用铝炭碳化硅质组合砖；风口区域采用碳化硅质刚玉莫来石组合砖。炉腹采用烧成微孔炭砖；炉腰及炉身下部采用半石墨炭碳化硅砖；炉身中部采用高密度黏土砖；炉身上部采用高铝砖。炉头钢壳内喷涂100mm喷涂料。为防护烘炉及开炉初期炭素质材料被氧化，从炉缸到炉身下部砌了1层黏土质保护砖。

（3）高炉冷却结构：高炉炉腹到炉身上部新设计了9段冷却壁及软水密闭循环冷却水系统。冷却壁材质为球墨铸铁，内表面的凹槽内捣碳化硅质炭素料。炉腰及炉身的7段冷却壁设有凸台用以托住前面的砖衬。

炉缸以下的炉壳仍采用原来的喷水冷却，水量为850m³/h，高炉炉底新增加的水冷管采用软水密闭循环冷却，水量为300m³/h。

风口、渣口及热风炉的各阀门仍采用原有的软水密闭循环冷却，水量为850m³/h，大修中新更换了

8组空冷器管束。

新增加的炉喉固定测温装置及全液压煤气取样机也采用软水密闭循环冷却，它们和高炉冷却壁共有1套循环系统，总水量2000m³/h。由于高炉新增加了2300m³/h软水用量，为此增加了新的供水泵房、供排水管道和空冷器装置。

高炉冷却系统的安全生产考虑了炉腹到炉身上部的炉壳喷水系统，在炉役后期冷却壁大量损坏时使用。在炉体的软水供水泵房、风渣口和热风阀的软水供水泵房均设置了柴油泵在停电时可自动投入运行，保持软水的循环。另外厂区还设有高位水池，在停电时可向高炉供水。

（4）炉体的附属设备：炉喉采用条形铸钢钢瓦，取消了原有废弃不用的可调炉喉板。在炉喉新安装了两套固定测温装置，可以沿炉喉直径连续测出料面上的煤气温度分布。

在炉喉的下部，利用津钢库存设备，安装了一台全液压煤气取样机。高炉的风口各套和送风组件，尽可能利用津钢现有设备，但对送风支管上的波纹伸缩器作了更新和改进。高炉的渣口各套重新设计了三个铜质水冷套，代替了原有的两个水冷套，安全性有了很大的提高。

4.5 风口平台及出铁场

（1）将铁口中心线与出铁场中心线的夹角由原来的20°调整为0°，这样可以使整个出铁场布置更合理。此项变动引起了较大工程量，使出铁场土建结构也做了变动，局部的混凝土板下降0.5m，并在下面增加混凝土支柱以承受荷载的变化，相应地重新布置了渣铁沟，以保证更好的出渣出铁，并改善了工人的操作条件。新的渣铁沟的改造层采用了中国产的捣打料，比津钢原有的炭素料可大大延长寿命，减轻工人劳动量。

（2）泥炮仍保留津钢原有的电动回转、液压打泥泥炮，新做基础、重新安装。开口机采用首钢生产的全液压开口机。堵渣口更换了两台电动堵渣机。

（3）对出铁场的出铁偏跨进行了改造，安装两台首钢制造的电动铁水摆动溜槽；增加了吊车梁，安装了1台20t/5t桥式吊车，用于摆动溜槽的更换和检修。

（4）出铁场旧屋面、墙面、地面全部拆除更新，厂房换了新的压型钢板，檩条也局部更换。工人休息室进行了翻修并增加了新的休息室和办公室。

4.6 炉渣处理

（1）为了增加冲水能力，拆除旧冲渣泵站新建泵站，选用耐磨耐高温渣浆泵3台，每台水量为800m³/h，冲上渣用一台，冲下渣用两台。

（2）更换了新型冲渣喷嘴，更换了冲渣沟钢槽和内部铸铁衬板。

（3）对沉淀池进行了修复并加高了池壁1m，池内的滤渣隔板全部拆除更换。

（4）干渣坑挡墙全部检修并在表面加钢轨保护，钢轨间距700mm。

4.7 热风炉

热风炉系统基本按地德公司的原设计进行修复。对腐蚀严重的局部钢壳进行了焊补，对损坏的内衬，按原设计的要求，并根据炉内工作条件，用中国的耐火材料进行更换。热风炉的金属结构全部进行了除锈和刷漆。

（1）3座热风炉燃烧室的工作层、次工作层内衬材质分别为硅砖、高铝砖和黏土砖，本次用相同材质的砖全部更换。

（2）3座热风炉燃烧室内的陶瓷燃烧器全部拆除更换，空气分流板的材质改用中国生产的高铝堇青石砖以提高其抗热震性。

（3）3座热风炉蓄热室上部4m大墙砖及上部4m格子砖全部更换。并对各炉的格子砖进行了通孔和透空检查，透空率均达80%以上，满足了生产要求。

（4）3座热风炉的拱顶砖衬全部更换。拱顶内衬结构自炉壳向内依次为：铝箔、硅钙板、耐火纤维毡、轻质高铝砖、外侧轻质高铝砖拱顶、内侧硅砖拱顶，总厚度723mm，本次按原设计、原材质全部更新。

（5）对热风总管内衬，倒流休风管内衬、烟道内衬的损坏部位进行了修复。

（6）热风炉的设备包括各阀门、吊车、鼓风机等全部修复利旧。对燃烧系统提供了3套新的燃烧器点火器和1套煤气热值分析仪。

4.8 高炉粗煤气

（1）原有煤气上升管严重倾斜250~300mm，本次将其整体扶正。改进了上升管的支撑结构，将上升管的荷载传递到平台上，不再支撑在炉头上，免去了高炉膨胀、变形对它的影响。在4根导出管上分别增设1组波纹膨胀器，吸收高炉的热膨胀位移。

（2）更换上升、下降管内的喷涂料，更换了上升管顶部的两台$\phi650$炉顶放散阀和卷扬机。

（3）重力除尘器修复利旧，更换并延长了内部的喇叭管，以提高除尘效率。拆掉了下降管与重力除尘器的接口的波纹膨胀器和眼镜阀。在重力除尘器和洗涤塔之间增设了一根ϕ3.2m 竖管，上部安装ϕ2460mm 遮断阀，可在高炉停风时将重力除尘器与洗气系统切断。

（4）重力除尘器的卸灰系统进行了改造，下设两个卸灰口，正常生产时用ϕ350mm 电动球阀和 FS-100 粉尘加湿机卸灰；事故时由旁通管的手动ϕ350mm 球阀卸灰。煤气灰用汽车运输。

4.9 煤气清洗

（1）拆除了旧有的洗涤塔，新建 1 套洗涤塔和文氏管的洗气系统，可处理煤气量 $20\times10^4m^3/h$。净煤气含尘量$<10mg/m^3$。

洗涤塔直径ϕ7.5m，高 39m，内设 3 层水喷嘴，水量 $850m^3/h$。文氏管 3 根，其中 1 根为可调喉口，总喷水量 135 m^3/h。

（2）在煤气管道上增设减压阀组，用以控制和稳定高炉炉顶压力，阀组由 3 个ϕ800mm 电动蝶阀和 1 个ϕ400mm 电动调节蝶阀组成。

（3）在煤气进管网前增加 1 个气水分离器，直径ϕ6m、高 26m，与管网之间设有 U 型水封和切断蝶阀。

4.10 料仓除尘

为了改善环境，对高炉料仓的仓下系统增设除尘装置，对仓下的给料机、振动筛、称量斗、胶带机等处共 61 个扬尘点进行除尘。除尘采用布袋除尘器，除尘风量 $65\times10^4m^3/h$，过滤面积 $12360m^2$。引风机吸风压力 5500Pa，电机功率 1600kW，电机与引风机之间装有液力偶合器。

4.11 高炉给排水

（1）新建 1 座软水循环泵站，供应高炉炉体立冷壁用水 2000t/h、炉底水冷管用水 300t/h。循环水降温采用带轴流风机的立式空冷器 18 台。为节省占地，空冷器全部放在泵房的屋顶。

（2）对津钢原有的供水泵站进行了改造。增加了炉役后期炉壳喷水用的供水泵及管道；高炉炉顶打水的水泵更换新泵；高炉煤气洗气的供水泵更换新泵及管道，增加供水量保证洗气质量。

（3）新建了高炉冲渣水泵房。

4.12 供配电

本次高炉修复后，设备装机容量增加了 5485kW。为新增负荷建了一座 3.3kV 变配电室和两个 380V 低压配电室及相应电气设施。对原有的供配电设施、配电柜设备及电缆进行了修复，并部分进行了更新。同时修复了高炉区域原有的照明设施，并新增了一部分照明设施。

4.13 自动化控制

将高炉旧有的控制系统淘汰，改为计算机系统控制。采用美国 AEG 公司 QUANTUM 控制系统，实现对高炉上料，炉顶设备、高炉本体、热风炉、煤气清洗、给排水系统的计算机控制，完成工艺过程的自动联锁、报警及各工艺参数的显示及自动调节。

计算机控制系统采用在高炉主控室集中监视和操作、分散进行控制的方法，分设 I/O 站，用 CRT 进行人机对话和操作，并具备与管理网络联机功能。检测仪表及操作机构采用先进可靠的设备，确保系统整体运行正常。

为了观察高炉料车上料、装料设备动作情况，在炉顶设两台摄像机；在出铁场设置三台摄像机观察出铁口、出渣口设备动作和生产运行情况；并在高炉主控室用大屏幕电视机显示。

4.14 高炉鼓风机

津钢的 2 台轴流电动鼓风机由苏尔寿公司在二十多年前供货的，这次仍由首钢委托瑞士和南非的苏尔寿公司进行修复。主电机进行了检查并拆开进行了清洗。风机则更换了新转子叶片、叶片承缸、调节缸、环形控制枢纽及进出口扩压器等。风机的防喘震保护调节系统也更换了新的放风阀和控制装置。对风机的供水、供电、润滑系统进行了检修。

修复后的风机出风量和压力比原来的略有提高，风量由 $3000m^3/min$ 提高到 3100 m^3/min，风压由 0.3MPa 提高到 0.32MPa，为高炉生产创造了有利的条件。

5 高炉修复后的生产情况

首钢与津钢经过 18 个月的共同施工，密切合作，4 号高炉于 1999 年 7 月 17 日投产并顺利出铁。8 月 2 日举行了津巴布韦总统穆加贝参加的隆重剪彩仪式。

按照合同规定，津钢只能提供质量水平较低的原料：

烧结矿：全铁含量 46%，碱度 CaO/SiO_2 为 1.8，Al_2O_3 含量高达 3.0%。

焦炭：灰分 13%，含硫 1.2%，强度 $M_{40}\geq78\%$，$M_{10}\leq12\%$，焦炭含硫高而且耐磨强度差。

在上述原料条件下，要求首钢完成的高炉指标是利用系数 $1.35t/(m^3\cdot d)$，焦比<650kg/t，生产还是有一定难度的。但高炉投产后，生产相当顺利，高

炉各系统的设备运转正常。高炉生产一个月后，焦比已经逐步降到 585kg/t，高炉的日产量已经达到 2000t，但由于津钢的炼钢生产能力制约了高炉的强化生产，限制了高炉产铁量的进一步提高。津钢表示对 4 号高炉修复工程和高炉投产后的运行表示满意，已经按合同全面验收。

6 结束语

津钢 4 号高炉修复工程是首钢承担的最大的国外工程，它集中体现了首钢集团在设计、设备制造、施工安装、调试、达产、生产护航、人员培训等方面一条龙服务的综合优势，以优良的工程质量、工程顺利投产后的良好经济效益取得了津钢的信任和赞誉，为增进两国的友谊和关系发展做出了贡献。同时为首钢承揽海外大型工程项目、开拓海外市场积累了经验，增强了信心。首钢在承建津钢 4 号高炉项目的基础上，在津巴布韦首都哈拉雷设立经贸机构，向整个非洲发展业务。

（原文发表于《设计通讯》2000 年第 1 期）

➤ 高炉长寿技术

首钢京唐钢铁厂 5500 m³ 特大型高炉高效长寿综合技术的设计研究

钱世崇[1] 张福明[1] 毛庆武[1] 王 涛[2] 张卫东[2] 宋静林[2]

(1. 北京首钢国际工程技术有限公司，北京 100043;
2. 首钢京唐钢铁联合有限责任公司，唐山 063200)

摘 要：高炉炼铁技术的发展与进步集中体现于高炉高效与长寿两方面的综合竞争力。在更加注重社会责任与可持续发展的氛围下，高效不是简单的生产强化，更要重视其经济效益、环境效益和社会效益；长寿不是简单的高炉使用寿命长，更要重视其技术领先性、可持续发展的生存能力。基于对高炉高效长寿概念的全新理解，在首钢京唐钢铁厂 5500m³ 特大型高炉的设计过程中，紧密围绕高效技术与长寿技术，不断开展高炉精料布料、高炉本体优化、高风温、煤气净化等高炉炼铁先进技术的研究，取得一系列设计创新成果，其成果在首钢京唐钢铁厂 5500m³ 特大型高炉的生产实践中得到成功应用。

关键词：特大型高炉；高效；长寿

Design and Research of Shougang Jingtang 5500m³ Blast Furnace in Integrated Technology of High Efficiency and Long Life

Qian Shichong[1] Zhang Fuming[1] Mao Qingwu[1] Wang Tao[2]
Zhang Weidong[2] Song Jinglin[2]

(1. Beijing Shougang International Engineering Technology Co., Ltd., Beijing 100043;
2. Shougang Jingtang Iron and Steel United Co., Ltd., Tangshan 063200)

Abstract: The development and progress of blast furnace ironmaking are embodied in comprehensive competition of high efficiency and long life of blast furnace. In the atmosphere of paying more attention to social responsibility and sustainable development, high efficiency is not simply to strengthen production, but also should pay attention to their economic, environmental and social benefits; long life is not a simple long service life of blast furnace, but also should pay attention to its technology leading, the viability of sustainable development. Based on the a new understanding in long life and efficient of blast furnace, in the design process of Shougang Jingtang 5500m³ large blast furnace, focusing on high efficiency and long life techniques, continuously develop the research of advanced technique of blast furnace ironmaking on burden distribution of blast furnace, beneficiating burden material, optimization of blast furnace body, high air temperature, purifying blast furnace gas, and acquire a series of design innovations. The results has been successfully applied in the production practice of Shougang Jingtang 5500m³ large blast furnace.

Key words: large blast furnace; high efficiency; long life

基金项目：国家"十一五"科技支撑计划：新一代可循环钢铁流程工艺技术——长寿高效集约型冶金煤气干法除尘技术的开发（2006BAE03A10）。

1 引言

根据北京市城市总体规划，为解决北京环境保护问题，推进环渤海地区钢铁工业结构调整，提高我国钢铁工业的国际竞争力，党中央、国务院做出首钢搬迁调整的重大决策。2005 年 2 月 18 日国家发展和改革委员会以发改工业（2005）273 号文"关于首钢实施搬迁、结构调整和环境治理方案的批复"，批复首钢按照循环经济的理念，结合唐山地区钢铁工业调整，在曹妃甸建设一个具有国际先进水平的钢铁联合企业。为落实国家发展改革委员会批复和北京市城市总体规划，新建的曹妃甸钢铁联合企业要以"三高四个一流"为指导，全面贯彻落实科学发展观，按照构建社会主义和谐社会要求进一步做好首钢搬迁调整工作，建设好曹妃甸钢铁基地。设计和建设要高标准、高起点、高要求，采用国际先进工艺装备，努力把首钢京唐钢铁厂建设成为"产品一流、技术一流、环境一流、效益一流"的新型钢铁厂，按照循环经济的理念，建设生态型现代化钢铁厂，基本实现污水及固体废弃物接近零排放，余能充分利用，吨钢能耗、水耗等技术经济指标达到国际先进水平，能向社会提供高附加值钢材。成为具有国际竞争力的钢铁精品生产基地，成为既能减排又能发展循环经济的标志性工程。

2 世界特大型高炉技术特点

目前世界上正常运行的 5500m^3 级高炉有 10 座以上，世界 5500m^3 级高炉技术装备比较见表 1，首钢京唐钢铁厂 1 号 5500m^3 高炉设计技术参数与生产指标比较见表 2。

表 1 世界 5500m^3 级高炉技术装备比较

序号	国家	公司/炉号	有效容积/m^3	投产时间	炉缸直径/m	风口数	铁口数	热风炉	炉顶形式	煤气净化	渣处理形式
1	中国	沙钢 2 号	5800	2009.9	15.2	40	3	PW-DME	PW 并罐	环缝湿法	PW/INBA
2	日本	NSC 大分 1 号	5775	2009.8		42	5	NSC 式	PW 并罐	环缝	
3	日本	NSC 大分 2 号	5775	2004.5	14.9	42	5	NSC 式	NSC 钟阀式	干＋湿	改进 RASA
4	俄罗斯	切列波维茨 5 号	5580	1996.6	15.1	40	4	地德外燃	PW 并罐	塔文湿法	俄式水淬法
5	中国	首钢京唐 1 号	5576	2009.5	15.5	42	4	BSK 顶燃式	首钢并罐	全干式	国产螺旋法
6	中国	首钢京唐 2 号	5576	具备投产条件	15.5	42	4	BSK 顶燃式	首钢并罐	全干式	国产螺旋法
7	日本	NSC 君津 4 号	5555	2003.5	14.5	42	4	NSC 式	串罐	湿法	PW/INBA
8	德国	施韦尔根 2 号	5513	1993.1	14.9	42	4	地德外燃	PW 并罐	环缝湿法	PW/INBA
9	日本	JFE 福山 5 号	5500	2005.3				NSC 式	PW 并罐	环缝湿法	
10	韩国	浦项光阳 3 号	5500	2009.7	15.6	42	4	VAI 式外燃	PW 并罐	VAI 环缝	VAI 搅笼

注：首钢京唐钢铁厂 1 号 5500m^3 高炉 2010 年 3 月 7 日日产量达到 14229t/d。

表 2 首钢京唐钢铁厂 5500m^3 高炉设计技术参数及生产技术指标

指 标	有效容积/m^3	设计寿命	利用系数/t·(m^3·d)$^{-1}$	日产量/t·d^{-1}	焦比/kg·t^{-1}	焦丁/kg·t^{-1}	煤比/kg·t^{-1}	燃料比/kg·t^{-1}	风温/℃
设计指标	5576	25 年	2.3	12650	290		200	490	1250~1300
2010 年 1~3 月生产指标	5576		2.4~2.50	13200~13750	270~280	25~30	170~180	475~485	1280~1305

3 首钢京唐钢铁厂 5500m^3 特大型高炉高效长寿综合技术特点

首钢京唐钢铁厂 5500m^3 高炉采用了当今国际炼铁技术领域的十大类 68 项先进技术，其经济效益、环境效益、社会效益、技术领先性及可持续发展性，体现在以下几个方面。

3.1 高炉精料和炉料分布控制技术

精料和合理布料是高炉生产操作的关键，首钢京唐钢铁厂 5500 m^3 高炉的原燃料储运、上料和装料系统工艺设计以实现分级入炉和中心加焦、提高原燃料利用率、提高操作灵活性为核心，以达到入炉原料高、稳、匀、净精料为目的。采用并罐无料钟炉顶装料设备和无中继站上料工艺，上料主胶带机直接上料，不设中间称量罐，以减少物料的倒运次数，减少物料倒运粉碎；采用无料钟炉顶设备多环布料、扇形布料、定点布料、往复式布料功能实现炉料分布控制；采用烧结矿焦炭分散筛分、分散称量实现烧结矿大、中、小分级入炉和焦炭分级入炉工艺；设置矿丁、焦丁回收系统以提高原燃料利用率。采用烧结矿、焦炭在线取样分析技术及时跟踪分析和控制入炉原燃料粒度。

3.2 高炉高效长寿技术

高炉本体是整个炼铁、整个钢铁厂的核心，首钢京唐钢铁厂 5500 m^3 高炉设计以高效、长寿、低耗、稳定顺行为宗旨，高炉一代炉役设计寿命 25 年，一代炉役单位炉容达到 20000t/m^3，焦比 290 kg/t、煤比 200 kg/t、燃料比小于 490 kg/t，技术经济指标居世界前列。设计采用合理"矮胖炉型"技术路线，充分发挥下部调剂功能，有效控制炉腹煤气分布，以实现中心活跃、边缘煤气适当抑制的合理煤气分布，提高喷煤比和煤气利用率，达到高效顺行低耗的生产目的。高炉本体结构采用"无过热冷却体系 + 无应力砌体结构"技术相结合，炉缸炉底采用高导优质炭砖 + 陶瓷垫综合炉缸炉底技术，炉底炉缸"象脚状"侵蚀区域、铁口区域、炉腹、炉腰、炉身下部采用铜冷却壁技术，炉体采用全冷却结构（包括炉喉钢砖），炉腹以上采用砖壁一体化炉衬结构技术，高炉冷却采用纯水密闭循环冷却技术。同时采用水冷固定测温、炉顶高温摄像、炉身静压（压差）测量、炉底在线测温监控、贯流式长寿风口等先进设备和检测技术实时跟踪分析高炉侵蚀运行情况，为高炉专家系统提供基础保障。

3.3 热风炉高风温、长寿技术

采用 4 座具有自主知识产权的 BSK 顶燃式高风温、长寿热风炉，设计风温 1300℃，设置烟气余热回收装置用于预热助燃空气及高炉煤气，单烧高炉煤气实现最高拱顶温度 1420℃和 1300℃的设计风温。采用交错并联的送风制度，自动燃烧控制技术和换炉自动控制技术，采用优质耐火材料（高温区采用硅砖）和合理热风炉炉体结构，以实现热风炉寿命达到 30 年以上为目标。

3.4 炉前出铁场平坦化、机械化、"一包到底"铁水运输

设计采用矩形平坦化双出铁场和出铁场公路引桥，采用大型铁水包车运送铁水的"一包到底"技术。采用泥炮与开口机和天车远程遥控控制技术，液压泥炮与液压开口机采用同侧布置，增大铁口间夹角，以最大限度实现炉前操作机械化、自动化操作。设计采用风冷储铁式主沟，延长主沟寿命和渣铁有效分离；采用全封闭一次、二次高效除尘，改善炉前作业环境。

3.5 环保型螺旋法渣处理系统

采用全国产环保型螺旋炉渣处理技术，实现蒸汽全回收，冲渣水循环使用，减少二氧化硫、硫化氢排放量和水量消耗，渣中含水量小于 12%。设计按熔渣全部水淬粒化，干渣仅作为事故备用，有利于环保和水渣综合利用。水渣用作生产水泥或进行水渣超细磨。

3.6 富氧大喷煤技术、烟气余热回收技术

采用氧煤枪富氧浓相喷吹技术，喷煤系统设计采用 3 并罐、喷吹总管加分配器的直接喷吹工艺，采用连续计量、测堵分析和喷吹自动化控制技术，实现均匀喷煤、全过程自动喷吹技术。喷煤量为 200kg/t，设计能力为 250kg/t，富氧 3.5%~5.5%。制粉系统采用大型中速磨制粉和一级布袋煤粉收集短流程工艺，采用热风炉烟气余热干燥煤粉技术，实现废气余热再利用。

3.7 煤气干法除尘技术与粗煤气高效旋流除尘技术

高炉粗煤气采用高效旋流除尘系统，除尘效率达 85%，除尘灰的排放和运输采用密闭罐车运输工艺，直接运送至烧结厂配料仓，减少二次粉尘污染。高炉煤气净化除尘完全自主设计，采用全干式低压脉冲布袋除尘技术，净煤气含尘量在 5mg/ m^3 以下，基本无耗水，TRT 发电提高 30%，吨铁发电 45kW·h。实现节水、节能、提高 TRT 发电出力和环保。

3.8 采用通风除尘、降噪和节水等环保技术

采用完备的通风除尘、降噪和节水等环保技术设施。实现炼铁生产过程粉尘全部回收利用，利用污水处理后的中水作为渣处理系统的补充水，提高水的循环使用率。除尘灰集中收集，全部回收使用，充分回收和利用资源，降低资源消耗。除尘灰输送采用低速密相气力输送新技术，节省能源，保障工厂清洁环境，粉尘排放控制在≤20mg/m^3，热风炉喷煤烟气 SO_2≤10mg/Nm^3。生产废水无外排。

3.9 大型高炉鼓风机和 TRT 发电技术

采用全静叶可调轴流式大型高炉鼓风机和脱湿鼓风技术，满足高炉定风量、定风压、稳定湿度的操作要求；采用高炉煤气余压发电技术（TRT），充分回收和利用余热余压，实现节能降耗。

3.10 自动化控制与人工智能专家系统技术

全厂采用四级网络控制，炼铁采用完善的自动化检测与控制系统，生产过程全部采用计算机进行集中控制和调节，主要生产环节采用工业电视监控

和管理。采用人工智能高炉冶炼专家系统以满足现代化高炉高效生产操作的要求。

4 高炉高效长寿技术的研究与设计应用

首钢京唐钢铁厂 5500 m^3 特大型高炉采用了多项创新技术，首钢国际工程公司紧密围绕生产操作，与生产操作一线和科研院校紧密合作，取得多项研究成果，在 5500 m^3 特大型高炉上得到设计应用，成功地付诸实践。

4.1 高炉炉料分布与煤气流控制研究

主要进行炉料粒度、炉料分布、焦炭负荷、中心加焦对煤气在上升过程中的流动路径、料柱局部透气性差、中下部煤气流分布(软熔带、回旋区)对上部煤气分布影响的分析研究，进行炉型、炉料粒度和布料设计的分析和优化。煤气流流速数值模拟分布图和不同炉料分布与煤气流分布关系分别如图 1 和图 2 所示。

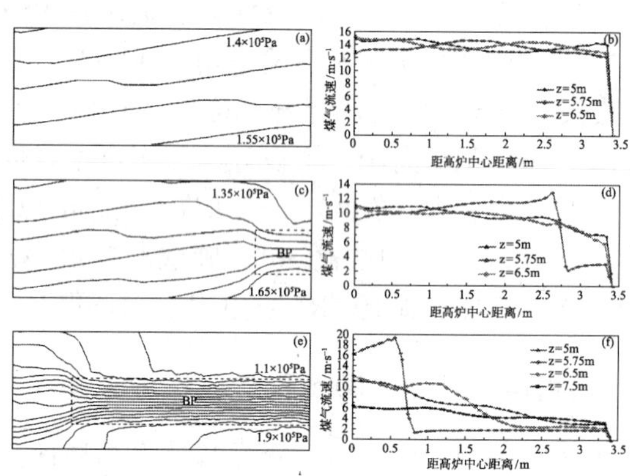

图 1 煤气流流速数值模拟分布

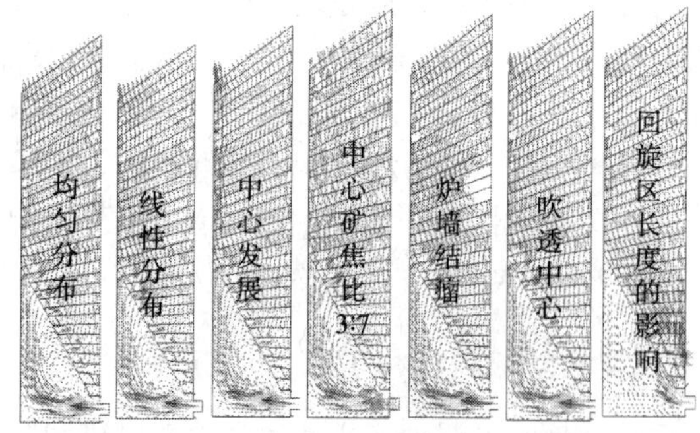

图 2 不同炉料分布与煤气流分布关系

4.2 高炉出铁过程流动分析与控制

主要进行高炉炉缸炉底无焦空间层对炉缸内铁水的环流影响、铁水形成水平环流和壁面垂直流状态、炉缸角部流速、流动黏性切应力、铁口局部区域的流场分析研究，通过定性比较，进行炉型、炉缸结构、铁口夹角、铁口结构、死铁层高度设计的分析优化。炉缸炉底黏性切应力影响和死铁层“沉坐”、“浮起”对炉缸流场影响分别如图 3 和图 4 所示。

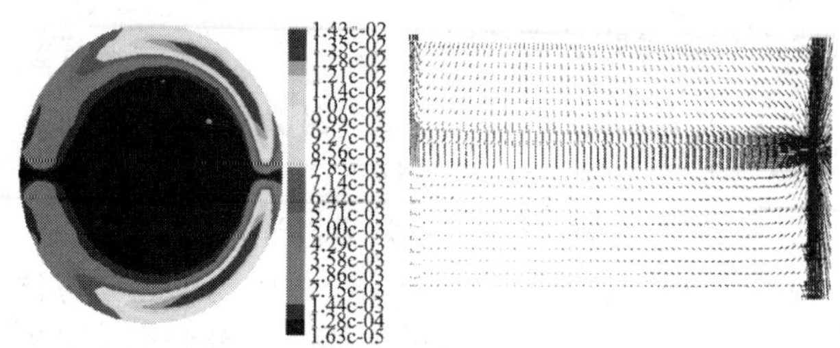

图 3 炉缸炉底黏性切应力影响

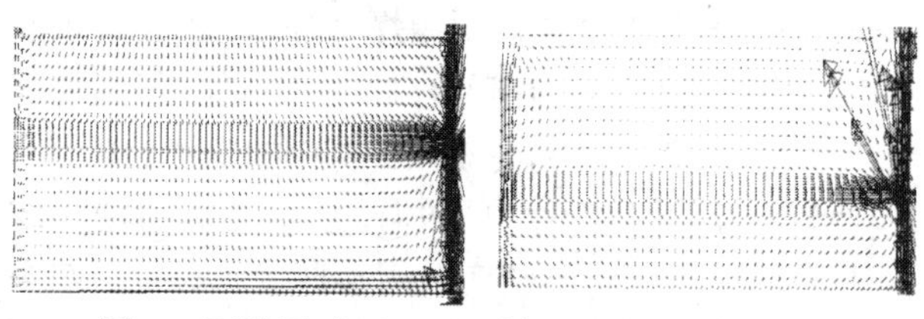

图 4 死铁层“沉坐”、“浮起”对炉缸流场影响

4.3 高炉炉墙的热负荷分析研究

主要进行特大型高炉炉缸炉底、炉腹以上各区域的热负荷、温度场数值模拟分析计算，形成分析软件，自动建立炉墙热负荷数学模型，分析不同炉墙结构条件下和不同冷却参数条件下炉墙热负荷温度场，通过定性比较分析，进行炉型、高炉本体砌体结构和冷却配置的设计优化。炉墙的热负荷分析软件和炉缸炉底温度场分析图分别如图 5 和图 6 所示。

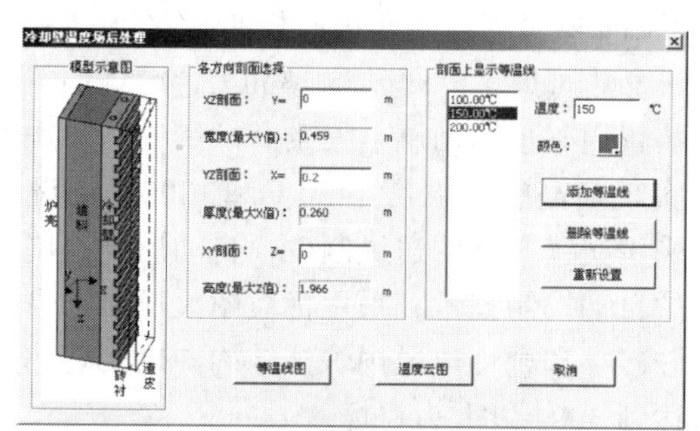

图 5 炉墙的热负荷分析软件

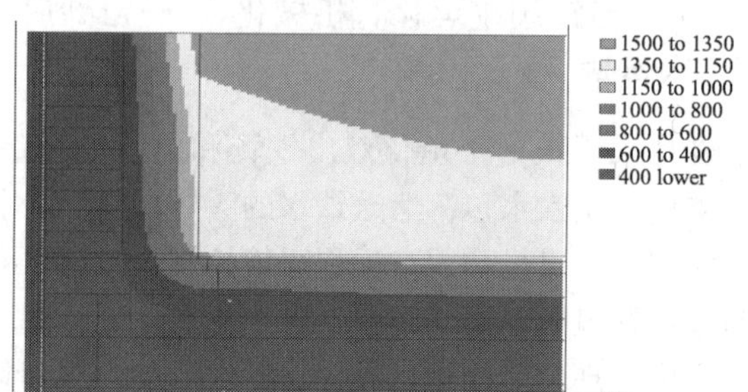

图 6 炉缸炉底温度场分析

4.4 冷却壁的温度场应力场分析研究

主要进行安装方式对冷却壁的热应力分布影响、温度对冷却壁应力影响、冷却壁定位销和固定

螺栓设置对冷却壁应力影响、冷却壁冷却水管设计、燕尾槽、镶砖结构对冷却壁温度场应力场的影响，通过分析比较优化冷却壁设计。冷却壁的温度场、应力场数值模拟分析如图7所示。

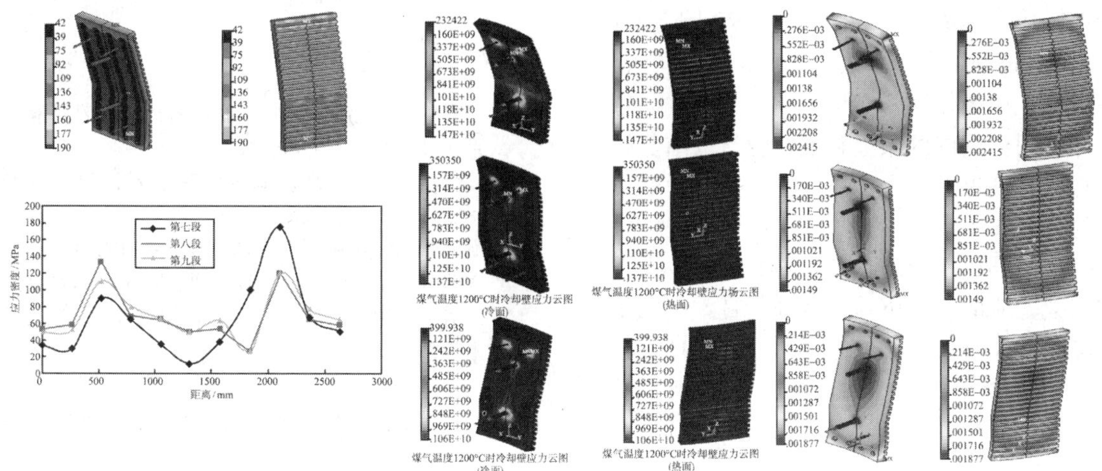

图7 冷却壁的温度场、应力场数值模拟分析

4.5 高炉炉壳应力场分析研究

高炉炉壳设计是高炉设计的重要组成部分，特别是5500m^{3}高炉，在高炉压力、炉料负荷整个炉壳承载体系大幅增加的情况下，同时考虑炉壳板材料规格性能的情况下，必须做到量化设计，通过开展炉壳有限元结构应力、热应力分析研究，达到炉壳精准化设计。炉壳风口区域应力场数值模拟分析和炉壳铁口区域应力场数值模拟分析分别见图8和图9。

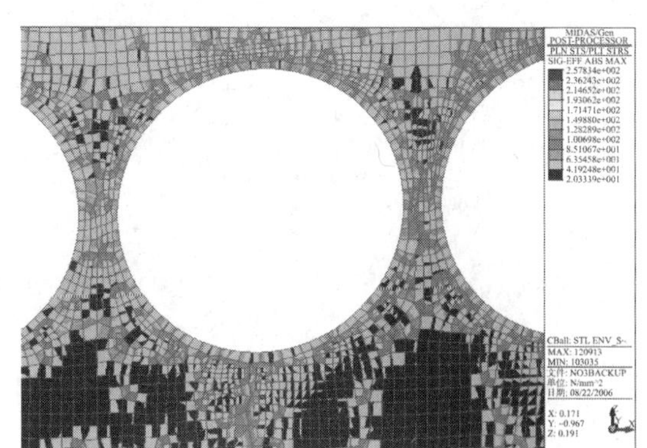

图8 炉壳风口区域应力场数值模拟分析

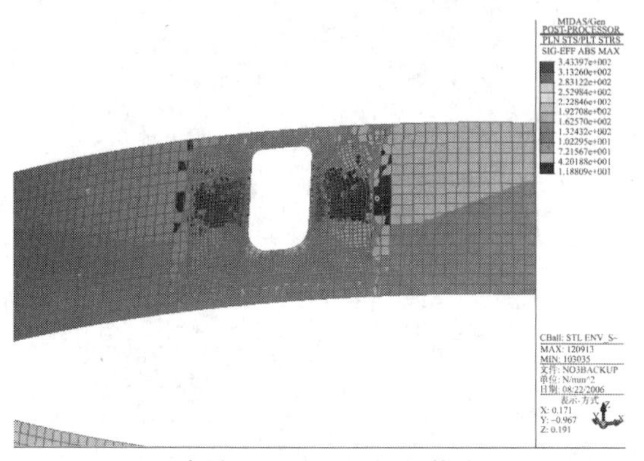

图9 炉壳铁口区域应力场数值模拟分析

4.6 高炉三维仿真设计

工程设计要建立美感，要严格细节量化，特别是管系设计要统筹施工建设，管系长度量化节约化，同时避免碰撞，减少不必要的施工损耗，在多管系区域以及设备布置密集的复杂区域开展三维仿真设计，做到布置顺畅、精准量化、视觉美化。管线管束三维工厂设计和三维工厂模型设计与总体布置规划分别如图10和图11所示。

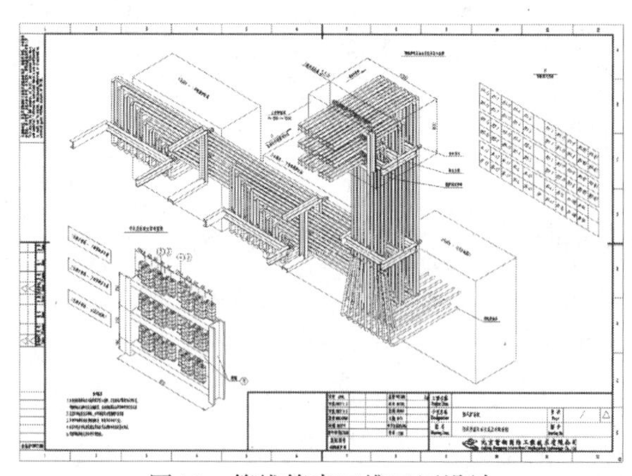

图10 管线管束三维工厂设计

图11 三维工厂模型设计与总体布置规划

5 结语

首钢京唐钢铁厂高炉工程由首钢国际工程公司自主设计完成，并成功投入生产，全面达到设计指标。高炉高效长寿综合技术成功应用是设计与大学、科研院所、生产操作紧密合作的结果，是我国炼铁专家、炼铁同仁共同的愿望和集体智慧的结晶，在此衷心感谢炼铁界老专家及我国炼铁同仁长期以来对我们的关心和支持。

根据我国“十一五”钢铁产业调整政策，纵观发达国家钢铁工业的发展历程，特别是日本钢铁工业的发展经验，大型、高效、低耗、长寿、环保是将来高炉炼铁技术发展的主流，我国也相继建设5000m^{3}以上高炉，5500m^{3}高炉高效长寿综合技术具有广阔的应用前景。

参考文献

[1] 程素森，杨天钧. 影响高炉炉墙热负荷的因素分析[J].北京科技大学学报，2002,4.

[2] 钱世崇. 特大型高炉铜冷却壁优化设计[D].北京科技大学硕士学位论文，2006.

[3] 项钟庸，王筱留，等. 高炉设计——炼铁工艺设计理论与实践[M]. 北京：冶金工业出版社，2007: 485~487.

[4] 朱清天. 高炉内煤气流分布的研究[D].北京科技大学硕士学位论文，2007.

（原文发表于《工程与技术》2010年第1期）

首钢高炉高效长寿技术设计与应用实践

毛庆武　张福明　姚　轼　钱世崇

(北京首钢国际工程技术有限公司,北京 100043)

摘　要：本文论述了首钢高炉采用的多项高效长寿技术及取得的应用效果，对高炉内型、炉缸内衬结构、冷却体系、自动化检测、生产操作管理等技术进行了评述。

关键词：高炉；高效；长寿；设计；应用实践

Design and Production Practice of High Efficiency and Long-campaign Life Technology for Shougang's BF

Mao Qingwu　Zhang Fuming　Yao Shi　Qian Shichong

(Beijing Shougang International Engineering Technology Co., Ltd., Beijing 100043)

Abstract: Several high efficient, long-campaign life techniques and their effects have been discussed in this article that have been used in Shougang's BF, comments have been given to main blast furnace techniques such as proper inner profile, hearth refractory structure, cooling system, instruments and automation, operation and managements.

Key words: BF; high efficiency; long-campaign life; design; production practice

1　引言

20 世纪 90 年代初，首钢总公司为充分发挥企业自身的潜力，将首钢建成大型钢铁联合企业，相继对 2 号高炉、4 号高炉、3 号高炉及 1 号高炉进行扩容和现代化新技术改造。随着北京奥运会的召开及首钢搬迁转移、战略性结构调整的需要，首钢 2 号及 4 号高炉于 2008 年停产，首钢 1 号及 3 号高炉分别于 2010 年 12 月 18 日及 19 日停产。首钢 1 号及 3 号高炉至停产时，高炉运行状况良好，1 号高炉、3 号高炉及 4 号高炉炉龄分别达到 16.4 年、17.6 年及 15.6 年，一代炉役单位立方米炉容产铁量分别为 13328t、13991t 及 12560t，达到国内外高炉高效长寿的先进行列。

2　首钢高炉高效长寿技术设计

高炉高效长寿设计的关键是高炉内型、内衬结构、冷却体系、自动化检测的有机结合[1, 2]。生产实践表明，目前高炉炉缸、炉底和炉腹、炉腰、炉身下部是高炉长寿的两个限制性环节，在设计中攻克这两个部位的短寿难题，将为高炉长寿奠定坚实的基础。首钢高炉炉体设计紧密围绕上述几个方面，通过炉型设计优化，选择矮胖炉型；为高炉生产稳定顺行、高效长寿创造有利条件；通过炉缸炉底的侵蚀机理分析研究，炉缸炉底部位采用"优质高导热炭砖—陶瓷杯"及"优质高导热炭砖—陶瓷垫"新型综合炉底内衬结构；炉腹至炉身区域采用软水密闭循环冷却技术、双排管铸铁冷却壁技术、倒扣冷却壁（C 形冷却壁）技术，并实现了合理配置；有针对性地设计炉体自动化检测系统，加强砖衬侵蚀与冷却系统的检测、监控。通过这些现代高炉长寿技术的综合应用，以实现高炉高效长寿的要求。

2.1　首钢高炉矮胖炉型设计

我国炼铁工作者历来重视高炉炉型设计，通过研究总结高炉破损机理和高炉反应机理[3~5]，优化高炉炉型设计的基本理念已经形成。

在总结当时国内外同类容积高炉内型尺寸的基础上，根据首钢的原燃料条件和操作条件，以适应高炉强化生产的要求，设计了矮胖炉型。首钢1号及3号高炉炉容、炉型相同，均为2536m³，高径比均为1.985，是当时同类级别高炉高径比最小的高炉，引起了国内外炼铁工作者的广泛关注和大讨论，引领了高炉矮胖炉型的发展，也为高炉矮胖炉型的设计奠定了坚实的基础。

实践证实，高炉炉缸炉底"象脚状"异常侵蚀的形成，主要是由于铁水渗透到炭砖中，使炭砖脆化变质，再加之炉缸内铁水环流的冲刷作用而形成的。加深死铁层深度，是抑制炉缸"象脚状"异常侵蚀的有效措施。死铁层加深以后，避免了死料柱直接沉降在炉底上，加大了死料柱与炉底之间的铁流通道，提高了炉缸透液性，减轻了铁水环流，延长了炉缸炉底寿命。理论研究和实践表明，死铁层深度一般为炉缸直径的20%左右。

高炉在大喷煤操作条件下，炉缸风口回旋区结构将发生变化。适当加高炉缸高度，不仅有利于煤粉在风口前的燃烧，而且还可以增加炉缸容积，以满足高效化生产条件下的渣铁存储，减少在强化冶炼条件下出现的炉缸"憋风"的可能性。近年我国已建成或在建的大型高炉都有炉缸高度增加的趋势，适宜的高炉炉缸容积应为有效容积的16%~18%。

铁口是高炉渣铁排放的通道，铁口区的维护十分重要。研究表明，适当加深铁口深度，对于抑制铁口区周围炉缸内衬的侵蚀具有显著作用，铁口深度一般为炉缸半径的45%左右。这样可以减轻出铁时在铁口区附近形成的铁水涡流，延长铁口区炉缸内衬的寿命。

降低炉腹角有利于炉腹煤气的顺畅排升，从而减小炉腹热流冲击，而且还有助于在炉腹区域形成比较稳定的保护性渣皮，保护冷却器长期工作。现代大型高炉的炉腹角一般在80°以内，国内E号高炉（2600m³）炉腹角已降低到75°57′49″。国内几座2500m³级高炉内型尺寸比较见表1。

表1　国内几座2500m³级高炉内型尺寸比较

项　目	首钢 1、3号高炉	迁钢 1、2号高炉	国内 A号高炉	国内 B号高炉	国内 C号高炉	国内 D号高炉	国内 E号高炉
有效容积 V_u/m³	2536	2650	2580	2500	2560	2516	2600
炉缸直径 d/m	11560	11500	11500	11400	11000	11200	11000
炉腰直径 D/m	13000	12700	13000	12750	12200	12200	12800
炉喉直径 d_1/m	8200	8100	8200	8100	8300	8200	8200
死铁层高度 h_0/m	2200	2100	2004	2500	2200	2004	1900
炉缸高度 h_1/m	4200	4200	4100	4500	4600	4500	4300
炉腹高度 h_2/m	3400	3400	3600	3400	3400	3400	3600
炉腰高度 h_3/m	2900	2400	2000	1800	1800	1900	2000
炉身高度 h_4/m	13500	16600	17500	17000	17500	17400	17000
炉喉高度 h_5/m	1800	2200	2300	2000	2000	2300	2000
有效高度 H_u/m	25800	28800	29500	28700	29300	29500	28900
炉腹角 α	78°02′36″	79°59′31″	78°13′54″	78°46′15″	79°59′31″	81°38′02″	75°57′49″
炉身角 β	79°55′09″	82°06′42″	82°11′27″	82°12′44″	83°38′30″	83°26′34″	82°17′42″
风口数/个	30	30	30	30	30	28	28
铁口数/个	3	3	3	3	3	2	3
渣口数/个	无	无	无	无	无	无	无
风口间距/m	1211	1204	1204	1194	1152	1257	1234
H_u/D	1.985	2.268	2.269	2.251	2.402	2.418	2.258
V_1/V_u/%	17.38	16.29	15.16	17.29	16.96	17.10	15.31

2.2　炉缸炉底内衬结构设计

实践证实，高炉炉缸、炉底的寿命是决定高炉一代寿命的关键[6~8]，受到国内外炼铁工作者的高度重视。

从20世纪60年代起，首钢高炉开始采用炭砖—高铝砖综合炉底技术，使用情况一直较好。随着炼铁技术的发展，到20世纪80年代中期以后，高炉冶炼强度提高，炉缸、炉底问题变得突出，通过对10多次高炉停炉实测结果的研究分析[9]，总结得出了首钢高炉炉缸、炉底内衬的侵蚀是典型的"象脚状"异常侵蚀和炉缸环裂。象脚状异常侵蚀最严重的部位发生在炉缸、炉底交界处，对应炉缸第2段冷却壁的位置，实测发现侵蚀最严重的区域距冷却壁不足100mm。残余炭砖和高铝砖表面黏结有凝固的渣、铁及Ti(C、N)等高熔点凝结物。炉缸壁环形炭砖均出现环裂现象，裂缝 80~200mm，裂缝中渗有凝固的渣、铁。

结合首钢高炉的原、燃料条件和操作条件，研究分析了首钢高炉炉缸、炉底内衬侵蚀机理，主要如下：（1）铁水对炭砖的渗透侵蚀；（2）铁水环流的机械冲刷；（3）熔融渣铁及 ZnO、Na_2O、K_2O 等碱金属对炭砖的熔蚀和化学侵蚀；（4）热应力对炭砖的破坏；（5）CO_2、H_2O 等氧化性气体对炭砖的氧化破坏。

长寿炉缸炉底的关键是必须采用高质量的炭砖并辅之合理的冷却[10, 11]。通过技术引进和消化吸收，我国大型高炉炉缸炉底内衬设计结构和耐火材料应用已达到国际先进水平。

以美国 UCAR 公司为代表的“导热法”（热压炭砖法）炉缸设计体系已在本钢、首钢、宝钢、包钢、湘钢、鞍钢等企业的大型高炉上得到成功应用；以法国 SAVOIE 公司为代表的“耐火材料法”（陶瓷杯法）炉缸设计体系在首钢、梅山、鞍钢、沙钢、宣钢等企业的大型高炉上也得到了推广应用；进口大块炭砖——综合炉底技术在宝钢、武钢、首钢京唐等企业的大型高炉上也取得了长寿实绩。“导热法”和“耐火材料法”这两种看来似乎截然不同的设计体系，其技术原理的实质却是一致的，即通过控制 1150℃等温线在炉缸炉底的分布，使炭砖尽量避开 800～1100℃脆变温度区间。导热法采用高导热、抗铁水渗透性能优异的热压小块炭砖 NMA，通过合理的冷却，使炭砖热面能够形成一层保护性渣皮或铁壳，并将 1150℃等温线阻滞在其中，使炭砖得到有效地保护，免受铁水渗透、冲刷等破坏。陶瓷杯法则是在大块炭砖的热面采用低导热的陶瓷质材料，形成一个杯状的陶瓷内衬，即所谓“陶瓷杯”，其目的是将 1150℃等温线控制在陶瓷层中。这两种技术体系都必须采用具有高导热性且抗铁水渗透性能优异的炭砖。

首钢 2 号(1726m³)、3 号(2536m³)、4 号(2100m³)高炉是“炭质炉缸+综合炉底”结构（图 1），首钢 1 号高炉(2536m³)是“陶瓷杯复合炉缸、炉底”结构（图 2），炉缸、炉底交界处即“象脚状”异常侵蚀区，均部分引进了美国 UCAR 公司的小块热压炭块 NMA。这两种结构在首钢均得到成功应用，已取得了长寿业绩，首钢北京地区高炉炉龄统计详见表 2，特别是首钢 1 号和 3 号高炉炉容、炉型相同，在其他因素基本相同的条件下其炉龄基本是并驾齐驱，这也充分说明了当今炉缸炉底结构这两种技术主流模式基本成熟。

首钢高炉炉底陶瓷垫与炭砖的总厚度为 2800mm。风口、铁口区域设计采用刚玉莫来石组合砖，提高其稳定性和整体性。

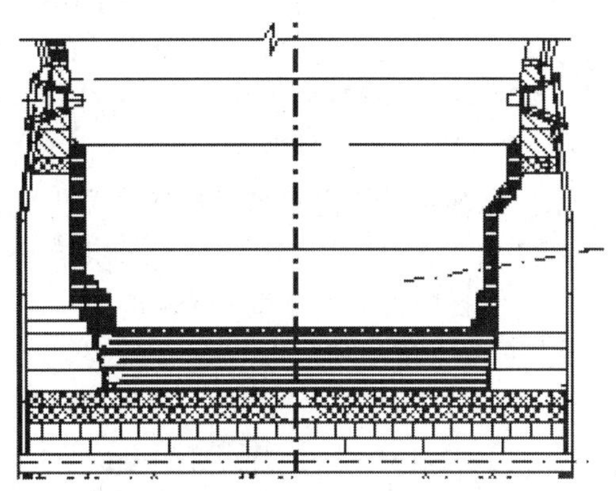

图 1 “炭质炉缸+综合炉底”结构

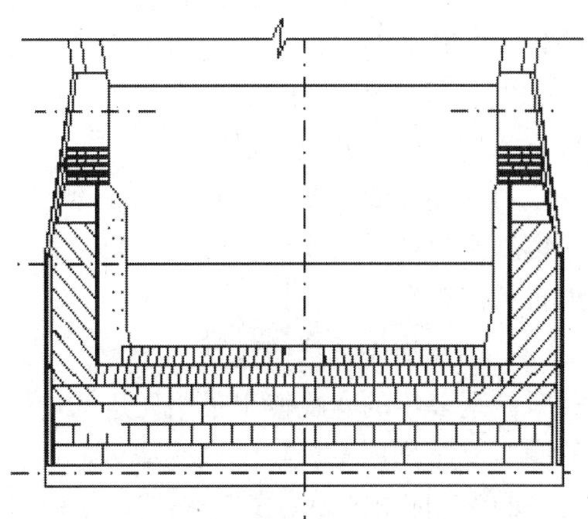

图 2 “炭质+陶瓷杯复合炉缸炉底”结构

2.3 高效长寿冷却技术的设计

2.3.1 高炉冷却设备设计

20 世纪 90 年代，高炉冷却主要有以下几种方式：（1）炉腹至炉身下部全部采用铜冷却板；（2）采用全部冷却壁；（3）采用冷却壁与冷却板的组合方式。为使高炉寿命达到 10~15 年，首钢高炉全部采用冷却壁结构，在选择高炉各部位的冷却壁形式时考虑了以下因素：

表 2 首钢北京地区高炉炉龄统计

炉 号	高炉容积/m³	开炉～停炉日期	炉 龄	备 注
首钢 1 号	2536	1994.8～2010.12	16 年 5 个月	因北京市环保搬迁停炉
首钢 2 号	1726	1991.5～2002.3	10 年 10 个月	
首钢 3 号	2536	1993.6～2010.12	17 年 7 个月	因北京市环保搬迁停炉
首钢 4 号	2100	1992.5～2008.1	15 年 8 个月	因奥运会停炉

（1）炉缸、炉底区域。此部位的热负荷虽然较高，但比炉腹以上区域的热负荷要小，并且温度波动较小，在整个炉役中冷却壁前的炭砖衬能很好地保存下来，使冷却壁免受渣铁的侵蚀，因此在炉底、炉缸部位（包括风口带）均采用导热系数较高的灰铸铁（HT200）光面冷却壁，共设5段光面冷却壁。

（2）高炉中部。这一区域跨越了炉腹、炉腰及炉身下部，是历来冷却壁破损最严重的部位。由于砖衬（渣皮）不能长期稳定地保存下来，冷却壁表面直接暴露在炉内，受到剧烈的热负荷作用和冲击、渣铁侵蚀、强烈的煤气流冲刷和炉料的机械磨损等，所以要求此区域的冷却壁有较高的热力学性能及较强的冷却能力。设计时采用了第三代双排管捣料型冷却壁，壁体材质为球墨铸铁（QT400-18），共设6段，炉腰及炉身下部冷却壁带凸台。2号高炉在2002年技术改造时第一次设计采用了3段国产铜冷却壁。

（3）高炉中上部。此区域的冷却壁寿命主要受炉料的磨损、煤气流的冲刷及碱金属的化学侵蚀，并承受较高的热负荷，所以设计时采用了镶砖型带凸台冷却壁，壁体材质为球墨铸铁（QT400-18），镶砖材质为黏土砖，共设4段冷却壁。

（4）在炉身上部至炉喉钢砖下沿，增加1段C形球墨铸铁水冷壁，水冷壁直接与炉料接触，取消了耐火材料内衬。

2.3.2　高炉冷却系统的设计

根据首钢多年的实践得出采用先进的炉缸炉底结构的同时要特别注意炉缸炉底冷却，加强检测与监控。关键部位选用高导耐侵蚀的优质炭砖的同时，并进行强化冷却，所以在冷却水量上要节约而不要制约，在冷却流量的设计能力上要考虑充分的调节能力，冷却流量控制应根据生产实践的实际情况实施，从而达到节能降耗的目的，而不能在设计能力上以冷却水量小，说明设计先进，从而导致能力不足，在检测到炉缸炉底温度或热负荷异常时诸多措施难以实施。

首钢高炉炉底水冷管、炉缸冷却壁(1~5段)、C形冷却壁、风口设备采用工业净水循环冷却，其中炉底水冷管，第1、4、5段冷却壁，风口大套采用常压工业水冷却，水压为0.60MPa（高炉±0.000m平面）；第2、3段冷却壁位于炉缸、炉底交界处即“象脚状”异常侵蚀区，故在此处进行强化冷却，采用中压工业净水循环冷却，压力为1.2MPa(高炉±0.000m平面)。风口中、小套采用高压工业净水循环冷却，压力为1.7MPa（高炉±0.000m平面）。炉腹以上冷却壁（C形冷却壁除外）采用软水密闭循环冷却（3号高炉除外）。

2.4　自动化检测与控制

自动化检测是高炉长寿不可缺少的技术措施。炉缸炉底温度在线监测已成为监控炉缸炉底侵蚀状态的重要手段，也是建立炉缸炉底内衬侵蚀数学模型所必要的条件。炉腹、炉腰、炉身下部区域，温度、压力的检测为高炉操作者随时掌握炉况提供了有效的参考。通过对冷却水流量、温度、压力的检测，可以计算得出热流强度、热负荷等参数，而且还可以监控冷却系统的运行状况。炉喉固定测温、炉顶摄像、煤气在线自动分析、炉衬测厚等技术的应用使高炉长寿又得到了进一步的保障。首钢2号高炉在2002年技术改造时，引进了人工智能高炉冶炼专家系统，为延长高炉寿命创造了有利条件。

3　首钢高炉高效长寿的生产管理

高炉的高效长寿离不开高炉冶炼技术的进步、高炉高效长寿技术的研究与应用和生产操作的科学管理。

3.1　加强高炉的日常监测

3.1.1　炉缸水温差自动监测

实现实时采集监测炉缸冷却水温差与热流强度变化，才能对炉缸工作状态进行正确判断，并据此做出相应的高炉上下部调剂、护炉措施及产量调节，以保证生产的顺利进行，延长高炉的使用寿命，达到长寿和高效的统一。

为实现实时采集监控炉缸第2段及第3段、铁口区域冷却壁水温差与热流强度变化，满足实时监控高炉炉缸运行状况的需要，开发在线冷却壁水温采集模块、数据处理模块及通讯模块，建立炉缸冷却壁水温差在线采集通讯系统，实时采集冷却壁水温，计算炉缸冷却壁的温差及热流强度，创建生产过程中冷却壁温差、炉缸热负荷的数据库，具备查看炉缸冷却水温差随时间变化曲线、查看炉缸热负荷随冷却壁变化的柱状图、炉缸热负荷圆周分布图、炉缸热负荷详细报表等功能，并实现炉缸热负荷超限的实时报警提示，为生产过程中高炉炉内状况和操作提供参考及指导。

3.1.2　软水冷却系统检测与控制

除首钢3号高炉炉腹以上冷却系统分为2段：即第6~12段冷却壁工业水冷却系统和第13~15段冷却壁软水密闭循环冷却系统外，首钢1号、2号及4号高炉炉腹以上冷却均为软水密闭循环冷却。

在软水供回水管路上均设有流量、压力、温度检测装置；冷却壁的每根回水支管上均设有压力表；炉体圆周冷却壁支管上间隔均布支管温度检测，以计算冷却壁的平均热负荷。膨胀罐上设有压力过低报警、水位过低报警及补水压力过低报警装置。以上检测数据除在水泵房有显示、记录外，还送入高炉主控室计算机，实现显示、存储、记录、报警和打印等功能。

软水系统的控制和调节，膨胀罐上的氮气稳压系统和补水系统均为自动控制。

3.1.3 高炉专家系统

高炉专家系统拥有功能强大的数据库，利用检测设备直接测量及专家系统自动生成的数据，专家系统能够描绘高炉各项冶炼参数的变化趋势，尤其体现在十字测温、煤气成分、炉衬温度、冷却壁壁后温度的变化趋势等方面，专家系统提供高炉冶炼参数的变化趋势，用于分析判断炉况的变化，优化经济技术指标。

3.2 加强高炉的日常维护

3.2.1 炉缸工作状态控制

高炉顺行稳定生产要求炉缸工作活跃，中心死料堆具有足够的透气性和透液性，炉缸环流减弱。若炉缸中心死料堆透气性和透液性差，铁水积聚在炉缸边缘，在出铁时易形成铁水环流导致炉缸内衬局部出现侵蚀，引发炉缸局部过热及炉缸烧出等事故。炉缸中心死料堆透气性和透液性差，大量渣铁滞留在死料堆中导致炉缸初始煤气难于渗透到中心，破坏炉内煤气分布，影响高炉炉内顺行及炉体长寿。因此，要采取活跃炉缸中心死料堆的措施，保持适当的炉缸炉底及侧壁温度，维持活跃的炉缸工作状态。

炉缸侧壁温度、炉缸炉底温度反应了炉缸内的温度场变化，随产量的提高，炉缸侧壁温度和炉底温度都呈升高趋势，随煤比的提高，炉缸侧壁温度呈升高趋势而炉底温度则呈下降趋势。炉缸工作活跃指数是监测炉缸工作状态的重要参数，为高炉长期高煤比生产下的冶炼参数调整提供依据，以达到高炉的顺行稳定生产。

提高原燃料质量，在高炉下部保持足够、稳定的鼓风动能的基础上，上部装料制度控制中心与边缘煤气的合理分配从而达到高炉顺行，这些措施有利于提高炉缸工作状态活跃性。通过对炉缸工作活跃指数的监测，及时调整各项高炉冶炼参数，保持指数在正常范围内，实现了高炉在高煤比下的顺稳生产，且炉缸侧壁温度保持在较低水平，实现了炉缸的长寿。

另外，炉缸压浆技术已成为现阶段延长高炉炉缸及铁口区域寿命的重要技术措施。出铁口区域一直是高炉压入维护的重点，是高炉寿命的薄弱环节。出铁口区域的砖衬往往受到来自泥炮、开口机对砖衬的反复冲击，砖衬易出现裂纹，形成高温煤气泄漏通道，需要进行铁口区域的压入维护，否则，不仅影响炉前工作的组织，而且造成铁口堵口困难等，也影响高炉顺行操作和高炉整体使用寿命。炉缸压浆技术的采用应着重注意不要损坏冷却壁及砖衬，在进行灌浆孔开孔时，注意避开冷却壁，防止损坏冷却壁本身；同时在压入过程中，掌握好入口压力和压入节奏，防止过高的压力冲击高炉炉缸砖衬（尤其是中后期高炉）。

3.2.2 煤气分布控制

合理煤气分布涉及高炉稳定顺行、节能降耗、长寿等问题，首钢高炉合理煤气分布目标：一是炉况的稳定顺行；二是煤气利用的提高、燃料比的降低，代表性的煤气分布形态为“中心煤气开、边缘煤气稳定”，中心煤气的“开”表现中心火柱窄而强，炉况顺行好，煤气利用率高、燃料比低，炉缸工作活跃。边缘煤气流的过分发展，不但会造成炉体热负荷升高，影响高炉长寿，而且煤气利用率变差，能量消耗高，影响高炉长期稳定顺行；边缘煤气流的稳定，有利于冷却壁的保护和渣铁保护层的稳定，中心煤气流对煤气利用、能量消耗、强化冶炼产生影响，也对边缘煤气流的稳定产生直接影响。高炉合理煤气分布的目标是实现高炉的稳定顺行，在此基础上提高煤气利用率，实现高炉炼铁的节能降耗，实现高炉的高效长寿。

3.2.3 操作炉型管理

高炉操作炉型管理涉及到炉型设计、冷却设备配置、耐火材料使用等设计因素，原料管理、炉体冷却、煤气分布、出铁管理、工长操作等使用因素，是高炉技术管理的综合体现，操作炉型是否能够长期稳定、合理也是高炉长寿的基础。高炉操作炉型管理应作为最重要的高炉生产日常管理制度，及时、准确了解高炉炉型的变化，量化分析得到的炉型变化信息，以判断、解决引起炉型变化的因素，维持正常的高炉操作炉型。

为减缓炉体的破损，首钢应用了高炉炉内遥控喷补造衬技术，喷补形成一个符合高炉冶炼规律的近似操作炉型，有利于维护炉墙冷却壁的使用寿命，延长高炉风口以上区域寿命，为高炉炉内煤气合理分布创造可靠的外围环境。

3.2.4 炉前作业管理

高炉强化冶炼后，渣铁能否及时出净已成为高炉稳定、顺行的关键。出渣、出铁不及时易造成死焦堆中的渣铁渗透困难，破坏炉缸初始煤气分布，影响高炉操作炉型。铁口维护则直接影响铁口区域的操作炉型维护，铁口深度连续过浅，铁口区域炭砖易造成严重侵蚀，影响高炉炉缸的长寿。

量化分析高炉的出铁间隔、出铁时间、见渣时间、出铁量、铁口深度、打泥量，积极提高炉前操作水平，确保高炉不憋风，减少铁口冒泥，稳定铁口深度，提高炉前作业的稳定性。炮泥质量对出铁影响较大，要稳定炮泥质量，开发适应不同炉况和冶炼强度的炮泥，充分利用无水炮泥强度高、抗渣铁侵蚀性能好的特点，采用出铁次数少、出铁时间长、出铁间隔短的出铁方式是高炉炉前作业的趋势。

3.2.5 加钛护炉技术

现代高炉强化冶炼程度较高，尤其是处于炉役末期的高炉，含钛料的加入应成为炉缸维护的日常措施，长期连续加入含钛料，控制适宜的 TiO_2 加入量，这样一方面可在炉缸内部形成黏度较高的保护层，减缓铁水对炉缸的冲刷侵蚀，另一方面可在炉缸侵蚀处及时形成 TiC、TiN 及 Ti(C, N)的聚集物，避免炉缸内部发生连续性侵蚀高熔点的 TiC、TiN 及 Ti（C, N）在炉缸生成、发育和集结，与铁水及铁水中析出的石墨等形成黏稠状物质，凝结在离冷却壁较近的被侵蚀严重的炉缸砖缝和内衬表面，进而对炉缸内衬起到保护作用。使用含钛料护炉时，炉渣中 TiC、TiN 在炉缸温度范围内不能熔化，以固态微粒悬于渣中，使炉渣流动能力恶化，TiC 和 TiN 越多，炉渣越黏，严重时失去流动性。首钢高炉在使用含钛料护炉时，合理控制入炉 TiO_2 加入量，合理利用炉缸温度梯度，可以较好的解决高炉炉缸维护与强化冶炼的矛盾。

4 生产实践与应用

首钢注重高炉高效长寿的设计研究与生产操作的科学管理，实现了高炉高效长寿的目标。2010 年，是首钢搬迁转移、战略性结构调整的最后一年，首钢 1 号及 3 号高炉（$2536m^3$）在炉役后期仍然保持安全稳定的生产，取得了较好的技术经济指标。表 3 为首钢 1 号及 3 号高炉 2010 年主要技术经济指标。

表 3 首钢 1 号及 3 号高炉 2010 年主要技术经济指标

项 目	产量/t	利用系数 $/t\cdot(m^3\cdot d)^{-1}$	焦比 $/kg\cdot t^{-1}$	煤比 $/kg\cdot t^{-1}$	燃料比 $/kg\cdot t^{-1}$	富氧 /%	休风率/%	热风温度/℃	综合品位/%
1 号高炉	2093035	2.338	340.4	144.9	505.2	1.12	2.11	1136	58.79
3 号高炉	2026395	2.277	358.1	124.2	499.9	0.68	1.86	1076	58.85

5 结语

首钢高炉高效长寿技术水平虽有长足的提高，但与国际领先水平相比还有一定的差距，要真正达到世界领先水平仍需要继续努力。近年来，由于高炉强化冶炼，我国一些大型高炉出现炉缸烧出的情况，应引起炼铁工作者的高度重视。结合首钢及国内钢厂的实情，加强高炉高效长寿的设计研究与生产操作的科学管理，开发高炉高效长寿新技术，实现高炉高效长寿仍然是炼铁工作者重点研究的课题。当前，我国新建或大修改造的大型高炉，遵循高效、长寿并举的原则，高炉一代炉役设计寿命 15~25 年，一代炉役平均利用系数大于 $2.2t/(m^3\cdot d)$，一代炉役单位有效容积产铁量达到 $12000\sim20000t/m^3$，相信在不久的将来，我国大型高炉长寿实绩将达到国际领先水平。

参考文献

[1] 张福明．我国大型高炉长寿技术发展现状[C]. 2004 全国炼铁生产技术暨炼铁年会论文集, 2004: 566~570.

[2] 张寿荣．延长高炉寿命是系统工程 高炉长寿技术是综合技术[J]. 炼铁, 2002(1): 1~4.

[3] 宋木森，邹明金，等．武钢 4 号高炉炉底炉缸破损调查分析[J]. 炼铁, 2001(2): 7~10.

[4] 曹传根，周渝生，等．宝钢 3 号高炉冷却壁破损的原因及防止对策[J]. 炼铁, 2000(2): 1~5.

[5] 黄晓煜，孙金铎．鞍钢 7 号高炉炉身破损原因剖析[J]. 炼铁, 2001(6): 1~4.

[6] 傅世敏．高炉炉缸铁水环流与内衬侵蚀[J]. 炼铁, 1995 (4): 8~11.

[7] 傅世敏．大型高炉合适炉缸高度的探讨[J]. 钢铁, 1994 (12): 7~10.

[8] 傅世敏，周国凡，等．高炉炉缸结构与寿命[J]. 炼铁, 1997(6): 32~34.

[9] 单洎华，王颖生，等．通过 2 号高炉破损调研探索首钢高炉长寿途径, 2003 中国钢铁年会论文集[C]. 北京：冶金工业出版社, 2003: 491~496.

[10] 钱世崇，程素森，张福明，等．首钢迁钢 1 号高炉长寿设计[J]. 炼铁, 2005(1): 6~9.

[11] 毛庆武，张福明，张建，等．迁钢 1 号高炉采用的新技术[J]. 炼铁, 2006(5): 5~9.

（原文发表于《炼铁》2011 年第 5 期）

首钢2号高炉长寿技术设计

张福明　毛庆武　姚　轼　钱世崇

(北京首钢国际工程技术有限公司,北京 100043)

摘　要：首钢2号高炉有效容积1726m^3，于1991年5月15日扩容大修改造后投产。2002年3月该高炉停炉进行现代化新技术改造，于2003年5月23日送风投产。在首钢2号高炉长寿技术设计中采用了软水密闭循环冷却、铜冷却壁、热压炭砖、陶瓷垫等一系列高炉长寿技术，经过3年的生产实践，取得了显著的效果。

关键词：高炉；长寿；铜冷却壁；软水密闭循环冷却；设计

Design of Long Campaign Life Technology for Shougang's No.2 BF

Zhang Fuming　Mao Qingwu　Yao Shi　Qian Shichong

(Beijing Shougang International Engineering Technology Co., Ltd., Beijing 100043)

Abstract: Shougang's No.2 blast furnace with the effective volume 1726 m^3 was blown in at May 15, 1991 after revamped with enlarging effective volume . This blast furnace was equipped with modern technology after blow down in Mar. 2002 and blow in at May 23, 2003. A series of long campaign life technologies, such as soften water closed circulation cooling system, copper stave, hot pressed UCAR carbon bricks, ceramic pad was adopted, which made the blast furnace attain prominent achievement in the past 3 years.

Key words: blast furnace; long campaign life; copper cooling staves; soften water closed circulating cooling; design

1　引言

首钢2号高炉有效容积1726m^3，于1991年5月15日扩容大修改造后送风投产。该高炉采用了并罐式无料钟炉顶、大型顶燃式热风炉、软水密闭循环冷却技术、第三代冷却壁及热压炭砖等技术。2002年3月6日2号高炉停炉进行现代化新技术大修改造，本代炉龄10年9个月，累计产铁达到1428.7万吨，平均利用系数为2.122t/(m^3·d)，单位容积产铁量为8277t/m^3。炉役期间该高炉进行了两次中修，同国内外长寿高炉先进水平相比仍存在着差距[1]。

2号高炉2002年大修技术改造时，以“长寿、高效、低耗、清洁”为设计指导思想，积极采用现代高炉长寿综合技术，在不中修的条件下，高炉寿命要达到15年以上。本次高炉新技术大修改造对上料、炉顶、出铁场、渣处理等系统进行了更新和完善，采用了高风温内燃式热风炉、铜冷却壁、人工智能高炉专家系统、热压炭砖等多项先进技术。

2　高炉长寿设计理念

结合2号高炉10余年的生产实践和炉体维护过程中所暴露出的问题，对高炉长寿设计进行了研究和分析。生产实践表明，高炉炉缸、炉底和炉腹、炉腰、炉身下部是造成高炉短寿的两个关键部位。特别是炉腰和炉身下部，10年间曾两次对该区域破损的冷却壁进行了更换和修复，因此有效地延长炉腹至炉身下部区域冷却壁的寿命无疑是保障高炉长寿的重要基础。为达到一代炉龄10年以上的设计目标，确定了2号高炉长寿设计的理念。通过优化炉型，以确保高炉生产稳定、顺行、长寿；炉腹至炉身区域采用软水密闭循环冷却技术、铜冷却壁和优质耐火材料；炉缸、炉底部位采用优质高导热炭砖、合理的内衬结构和冷却系统；加强炉体自动化在线监测，为高炉操作提供准确的信息和参数。图1所示为首钢2号高炉长寿炉体设计结构。

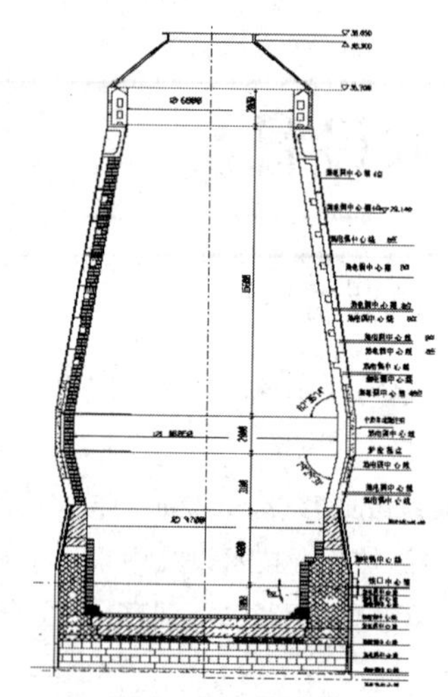

图1 首钢2号高炉炉体设计结构

3 优化高炉炉型

首钢历来重视高炉炉型的研究和探索。根据2号高炉生产运行实践和国内外高炉炉型设计发展趋势，设计中对高炉炉型进行了优化。加深了死铁层深度，以减轻铁水环流对炉缸内衬的冲刷侵蚀；适当加大了炉缸高度和炉缸直径，以满足高炉大喷煤操作和高效化生产的要求；降低了炉腹角、炉身角和高径比，使炉腹煤气顺畅上升，改善料柱透气性，稳定炉料和煤气流的合理分布，抑制高温煤气流对炉腹至炉身下部的热冲击，减轻炉料对内衬和冷却器的机械磨损。2号高炉大修后的炉型主要参数为：有效容积1780m³，炉缸直径9.7m，炉腰直径10.85m，死铁层深度1.8m，炉缸高度4.0m，有效高度26.7m，炉腹角79°29′31″，炉身角82°36′14″，高径比2.461。

4 高炉炉缸内衬结构

实践证实，炉缸、炉底是决定高炉一代寿命的关键部位。合理的炉缸内衬结构、高质量的炭砖和有效的冷却是延长炉缸、炉底寿命的有效措施。用于炉缸、炉底的炭砖，必须具有优异的导热性、抗铁水渗透性和优良的耐碱性。通过研究分析国内外大型高炉长寿技术发展趋势，结合首钢大型高炉生产特点和长寿实践，炉缸、炉底采用了热压炭砖—陶瓷垫结构。

炉底设5层满铺炭砖，第1~4层为国产半石墨质大块炭砖，第5层周边（靠近冷却壁）为热压炭砖NMA，中间区域为国产微孔大块炭砖。综合炉底第6、7层中间部位为进口陶瓷垫，每层厚度为500mm，周边为热压炭砖NMA。炉底总厚度为2800mm。

炉缸、炉底交界处至铁口中心线以上1528mm的炉缸壁全部为热压炭砖，靠近冷却壁为NMD砖，其内为NMA砖。热压炭砖之上设一层国产炉缸环形大块炭砖，其上是进口陶瓷质风口组合砖。炉缸壁垂直段热压炭砖厚度为1143mm，热压炭砖总高度为4676mm。表1是首钢2号高炉炭砖的理化性能和传热学参数。

表1 首钢2号高炉炉体炭砖理化性能和传热学参数

理化性能		炭砖种类			
		国产半石墨质高炉炭砖	国产微孔炭砖	NMA	NMD
灰分/%		≤7	≤20	≤12	≤9
体积密度/g·cm^{-3}		≥1.60	≥1.60	≥1.61	≥1.82
显气孔率/%		≤18	≤16	≤18	≤16
常温耐压强度/MPa		≥31	≥36	≥33	≥30
抗折强度/MPa		≥8.0	≥9.0		
耐碱性		U	U或LC		
氧化率/%		≤20	≤14		
透气度/mDa		≤70	≤9	≤11	≤5
导热系数/W·(m·K)$^{-1}$	室温	≥6	≥6	≥20	≥60
	300℃	—	≥9	≥14	≥42
	600℃	≥14	≥14	≥14	≥38
平均孔半径/μm		—	≤0.5		
<1μm孔容积率/%		—	≥70		
真密度/g·cm^{-3}		≥1.9	≥1.9		
铁水熔蚀指数/%		≤2	≤28		

5 炉体冷却结构

5.1 炉体冷却结构

高炉炉体全部采用冷却壁，共设17段冷却壁。炉缸第1~5段为光面冷却壁，厚度为120mm，材质为灰铸铁。炉腹下部（第6段）为双排管冷却壁，厚度为340mm，材质为球墨铸铁。炉腹上部、炉腰、炉身下部（第7、8、9段）为国产铜冷却壁，炉身下部（第 10、11 段）为双排管凸台冷却壁，壁体厚度为 340mm，材质为球墨铸铁。炉身中、上部（第 12~16 段）为单排管凸台冷却壁，壁体厚度为 265mm，材质为球墨铸铁。炉身上部、炉喉钢砖以下设一段 C 形水冷壁（第 17 段），水冷壁为光面结构，材质为球墨铸铁，水冷壁的热面不设砖衬。2 号高炉炉体冷却壁主要技术性能见表 2。

表 2 首钢 2 号高炉炉体冷却壁主要技术性能

应用部位	结构形式	冷却壁材质	壁体厚度/mm
炉缸、炉底（第 1~4 段）	光面冷却壁	灰铸铁（HT-200）	120
风口区（第 5 段）	光面冷却壁	灰铸铁（HT-200）	120
炉腹下部（第 6 段）	双排管冷却壁	球墨铸铁（QT400-20）	340
炉腹上部（第 7 段）	国产铜冷却壁	无氧铜（TU_2）	140
炉腰和炉身下部（第 8、9 段）	国产铜冷却壁	无氧铜（TU_2）	140
炉身下部（第 10、11 段）	双排管中部凸台冷却壁	球墨铸铁（QT400-20）	340
炉身中部（第 12~15 段）	单排管中部凸台冷却壁	球墨铸铁（QT400-18）	265
炉身上部（第 16 段）	单排管上部凸台冷却壁	球墨铸铁（QT400-18）	265
炉身上部（第 17 段）	C 形光面冷却壁	球墨铸铁（QT400-18）	170

5.2 铜冷却壁

铜冷却壁具有高导热性、抗热震性、耐高热流冲击和长寿命等优越性能，在国外大型高炉的炉腹、炉腰和炉身下部区域得到成功应用，为延长高炉寿命起到了重要作用。

2000 年 1 月，首钢和广东汕头华兴冶金备件厂有限公司合作，开发研制出 2 块铜冷却壁，并安装在首钢 2 号高炉上试验，取得了明显的效果。本次 2 号高炉技术改造中，在炉腹上部、炉腰、炉身下部采用了 3 段国产铜冷却壁，共 120 块。这是我国高炉首次工业化应用国产铜冷却壁[2]。

2 号高炉铜冷却壁采用轧制无氧铜板（TU_2）直接钻孔而形成冷却通道，提高了冷却壁的传热速率和效率，依靠铜的高导热性，使铜冷却壁本体保持较低的工作温度，促使铜冷却壁热面能够形成稳定的保护性“渣皮”，利用保护性渣皮代衬工作，这是铜冷却壁技术的基本设计思想。铜冷却壁的设计，经过传热计算，确定了冷却壁的外形尺寸、冷却通道数量、冷却通道直径、冷却通道间距、壁体厚度及燕尾槽尺寸等技术参数。铜冷却壁的设计至关重要，既要满足传热的要求，又要兼顾机械加工制造的可行性，还要优化设计，降低铜冷却壁造价。铜冷却壁主要技术参数见表 3。

表 3 首钢 2 号高炉铜冷却壁主要技术参数

项目	第 7 段	第 8 段	第 9 段
冷却壁高度/mm	1420	1970	1700
冷却壁厚度/mm	140	140	140
燕尾槽深度/mm	37	37	37
冷却通道直径/mm	48	48	48
镶填料面积比	0.442	0.471	0.474

6 软水密闭循环冷却技术

高炉冷却系统对高炉正常生产和长寿至关重要。软水密闭循环冷却技术使冷却水质量得到极大改善，解决了冷却水管结垢的致命问题，为高效冷却器充分发挥作用提供了技术保障。该系统运行安全可靠，动力消耗低，补水量小，维护简便。

本次 2 号高炉技术改造对原有的软水密闭循环冷却系统进行了改进和完善。炉腹、炉腰和炉身区域的冷却壁（第 6~16 段）冷却壁采用软水密闭循环冷却。软水循环量由原来的 $2450m^3/h$ 增加到 $3410m^3/h$，设计供水温度 50℃，水压 0.6MPa。高炉软水密闭循环冷却系统主要传热学参数见表 4。

表 4 首钢 2 号高炉软水密闭循环冷却系统传热学参数

冷却系统	最大热流强度 $/kW \cdot m^{-2}$	传热面积 $/m^2$	系统热负荷 /MW	循环冷却水速 $/m \cdot s^{-1}$	冷却水流量 $/m^3 \cdot h^{-1}$	系统水温差/℃
冷却壁前排管系统	46.52	491.01	19.65	1.83	1910	8.85
冷却壁后排管系统	17.45	141.51	2.20	1.50	300	6.29
冷却壁凸台Ⅰ系统	69.78	70.98	4.24	2.30	600	6.07
冷却壁凸台Ⅱ系统	63.97	73.87	3.98	2.30	600	5.71
合计		777.37	30.07		3410	7.58

本次 2 号高炉技术改造，软水密闭循环冷却系统进行了以下改进：（1）更换了 3 台水泵，正常生产时两用一备。其他辅助设施如柴油机事故泵、补水泵等基本完好，仅进行日常检修。（2）对原有 12 台空冷器进行更换，并增加了 6 台空冷器以提高冷却效率，提高系统工作可靠性。（3）对原系统的脱气、排气功能进行了完善，冷却支管布置采取自下而上串联，消除了冷却支管的水平或向下的折返，优化了管路布置，提高排气功能。重新设计了脱气罐、膨胀罐和稳压罐，提高整个系统的工作可靠性。（4）炉腹、炉腰、炉身下部区域的冷却壁（第 6~11 段）进出水管采用金属软管连接，减小冷却支管的阻力损失，使系统水量分配更加均匀。（5）根据冷却壁的工作特点和热负荷分布，强化了凸台管和前排管的冷却。将整个系统分为前排管、凸台管、后排管 3 个子系统。前排管和凸台管分别设 2 个供水环管，后排管设一个独立的供水环管，这种单独供水模式可以使冷却壁的各部位得到有效地冷却，系统工作也更加稳定可靠。图 2 所示为 2 号高炉软水密闭循环冷却系统工艺流程图。

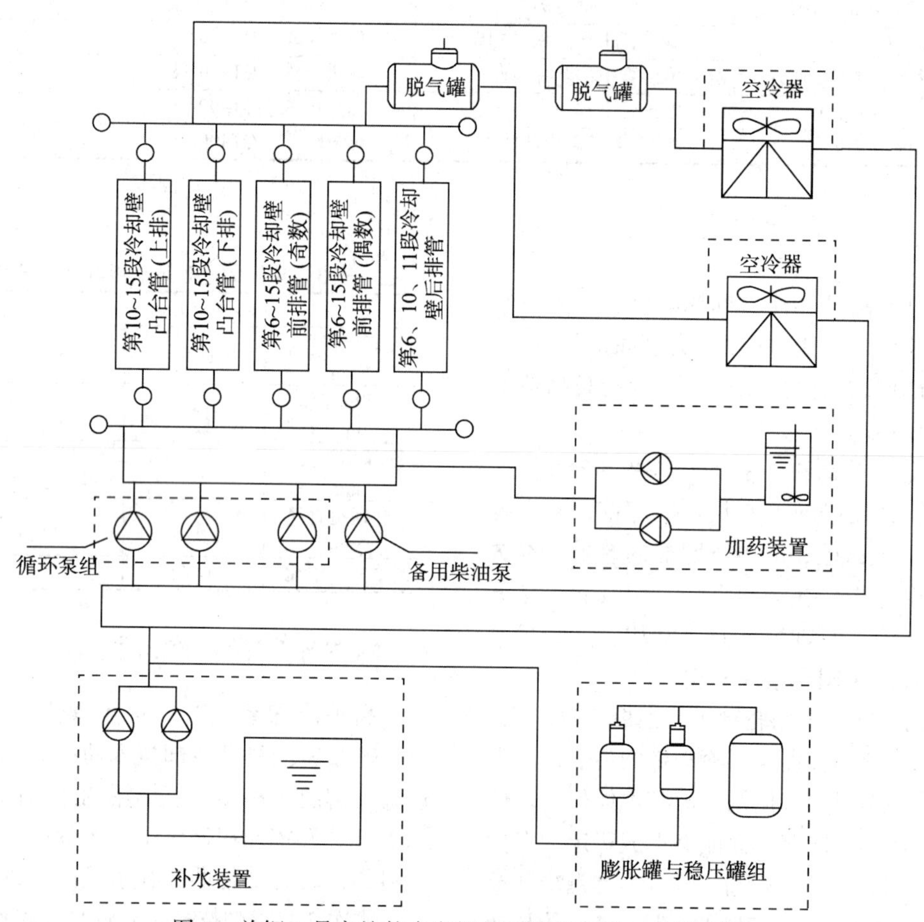

图 2　首钢 2 号高炉软水密闭循环冷却系统工艺流程图

7　自动化检测与控制系统

自动化检测是高炉长寿不可缺少的技术措施。炉缸、炉底区域的温度在线检测是监控炉缸、炉底工作状况的重要手段。高炉炉底设 2 层热电偶，每层 25 个测点；炉缸壁共设 7 层热电偶，共计 92 个测点。通过热电偶的在线测温，可以随时掌握炉缸、炉底的工作状况，及时采取有效措施，抑制炉缸、炉底异常侵蚀过早出现。高炉炉腹至炉身部位共设 15 层热电偶，共计 224 个测点，用于检测冷却壁和砖衬温度。炉腰、炉身部位设 3 层炉体静压力检测装置，每层设 4 个测压点。根据炉体静压力检测值，得出炉内煤气分布状况，从而推断软熔带的位置和形状，随时掌握高炉工作状况。

炉喉设固定测温装置，共设 21 个测温点，可以在线检测炉喉煤气分布状况，从而推断煤气分布状态、炉料分布状况和煤气利用情况。炉顶设 2 台高温摄像仪，可以直观地观察布料情况和料面形状，为炉料分布控制提供有效信息。采用高炉煤气在线分析装置，可以在线分析煤气成分，计算得出煤气热值、煤气利用率等参数，为高炉操作和专家冶炼系统提供可靠数据。引进了芬兰罗德洛基公司人工智能高炉冶炼专家系统，为高炉操作提供预测和指导。该专家系统由技术计算、布料计算模型、炉缸仿真模型、炉缸侵蚀模型、炉身仿真模型、神经系统等系统组成。

为保证高炉冷却系统工作的可靠性，软水供回水支管、总管共设33个温度检测点，软水供回水支管、总管及补水泵出口共设14个压力检测点，稳压罐和膨胀罐设3点压力检测，膨胀罐设4点水位检测，供回水支管和总管共设20个流量检测点。

8 结语

首钢2号高炉于2002年3月6日停炉进行大修技术改造，经过78天的紧张施工，于当年5月23日送风投产，高炉开炉至今已经稳定生产3年。高炉各项技术经济指标不断提升，创造了国内同级别高炉的领先水平。在2002年10月，高炉月平均利用系数2.502t/(m^3·d)、焦比296.9kg/t、煤比169.8 kg/t、焦丁14.3 kg/t、燃料比481kg/t、风温1220℃。设计中所采用的高炉长寿技术发挥了显著作用，至今炉体工作状况稳定正常，实现了“高效、低耗、长寿、清洁”的设计目标。

参考文献

[1] 单洎华. 通过 2 号高炉破损调研探索首钢高炉长寿途径[C]. 2003 中国钢铁年会论文集，中国金属学会，北京：冶金工业出版社, 2003: 491~496.

[2] 张福明，黄晋，姚轼，等. 铜冷却壁的设计研究与应用[C]. 铜冷却壁技术研讨会论文集，中国金属学会、国际铜业协会（中国）. 北京, 2003: 39~42.

（原文发表于《设计通讯》2005年第2期）

首钢迁钢1号高炉长寿设计的思想和理念

钱世崇[1]　张福明[1]　张　建[1]　程树森[2]

(1. 北京首钢国际工程技术有限公司，北京 100043；
2. 北京科技大学冶金与生态工程学院，北京 100083)

摘　要：通过讨论炉缸炉底长寿技术的发展历程，总结首钢高炉长寿经验，提出高炉炉缸炉底长寿设计的思想和理念——控制炉缸炉底的象脚状侵蚀，避开炉缸的过度侵蚀，使炉缸炉底侵蚀向锅底状侵蚀的方向发展。本文详细介绍了首钢迁钢1号高炉本体炉缸炉底的设计和设计思想，经过数学物理模型计算，阐明长寿设计理念和理论计算的统一，并在首钢迁钢1号高炉本体设计中得到应用。高炉的长寿设计是内衬结构、冷却体系、检测自动化的结合，长寿设计尤为关键，科学的设计是高炉长寿的基础。

关键词：高炉；长寿；本体设计

1　引言

随着炼铁技术的发展，高炉在向大型、高效、长寿、低耗、清洁的方向发展，高炉的高效长寿技术发展较为突出,新建高炉或大修改造的高炉均积极采用高炉长寿技术，如陶瓷杯技术、UACR炭砖、铜冷却壁、软水密闭循环、高炉人工智能专家系统等。20世纪90年代末,发达国家如日本西欧等国的高炉长寿达10～15年（无中修）,最近新建或改造的高炉其设计寿命在15年以上,并提出了20年的目标,以日本川崎钢铁公司千叶6号高炉和水岛2号高炉(2857m^3)为代表，千叶6号高炉其炉龄已高达23年以上，一代炉龄产铁量达到13388t/m^3，创造了高炉长寿的世界纪录。水岛2号高炉(2857m^3)其1979年开炉至今仍在运行，正创造高炉新的长寿纪录。我国在高炉长寿方面同样不甘落后，较过去也有新的突破，大型高炉基本能达到10~12年（无中修），作的好的钢铁企业有：宝钢、首钢、武钢、攀钢等。如宝钢1号高炉一代（1985~1996年）、攀钢1号高炉达到近14年，见表1。高炉长寿是一项系统工程，是当今世界炼铁技术进步的重要标志之一，从影响高炉长寿的工作区域来看，一般认为，高炉长寿有两个限制性环节，一个是炉缸炉底寿命，另一个是炉腹炉腰及炉身下部寿命。如果能解决这两个环节的长寿问题就基本能实现高炉长寿的目标。从不同工作层面解决这两个环节的长寿问题须考虑如下几方面：（1）高炉设计；（2）高炉施工；（3）生产操作；（4）原料供给；（5）监测维护；（6）末期护炉等。各方面不可或缺，而高炉设计尤为关键，没有科学的设计其他就无从谈起。科学的设计是高炉长寿的基础。

表1　国内部分高炉炉龄统计

厂名炉号	容积/m^3	开炉~停炉日期	炉龄/年	备注
宝钢1号	4063	1985.9~1996.4	10.6	大修
宝钢2号	4063	1991~至今	13	生产中
武钢5号	3200	1991~至今	13	生产中
首钢1号	2536	1994.6~至今	10	生产中
首钢2号	1726	1991.5~2002.3	10.9	大修
首钢3号	2536	1993.6~至今	11	生产中
首钢4号	2100	1992.3~至今	12	生产中
攀钢1号	1200	1990.6~至今	14	

2　高炉炉缸炉底长寿技术理念与设计

2.1　高炉炉缸炉底长寿技术理念

炉缸炉底长寿技术的发展经历了一个漫长的阶段，从结构和材料两方面来分析，炉缸炉底结构有不同的划分方式我理解大致有三种：侵蚀角度划分、传热学角度划分、材料结构划分。从侵蚀角度划分有相对永久型和缓蚀型两种形式；从传热学角度划分有相对绝热型和导热型两种形式；从材料结构划分有白色型和黑色型两种形式；经过广大炼铁工作者多年的实践和探索，炉底结构基本经历了从缓蚀型到永久型的发展；单纯的绝热和导热到绝热与导热的结合的发展；单纯的白色和黑色到白色与黑色相结合的发展模式。综合炉底和全碳炉底又是“现代耐火材料法”和“导热法”的杰出代表。综合炉底是当前炉底结构的主流；整个炉缸炉底结构的主流模式是“炭质炉缸+综合炉底”结构（图 1）和“炭质+陶瓷杯复合炉缸、炉底”结构（图 2）两种技术体系。在首钢，高炉炉缸、炉底结构形成典范，首钢 1 号高炉(2560m^3)是“陶瓷杯复合炉缸、炉底”结构，首钢 2 号(1726m^3)、3 号(2560m^3)、4 号(2100m^3)高炉是“炭质炉缸+综合炉底”结构。这两种结构在首钢得到成功应用，均已取得了 10 年以上（无中修）的长寿成绩（表 1），并还在生产不断创造新高，特别是首钢 1 号和 3 号高炉炉容炉型相同，在其他因素基本相同的条件下其炉龄基本是并驾齐驱，这也充分说明了当今炉缸炉底结构这两种技术主流模式基本成熟。

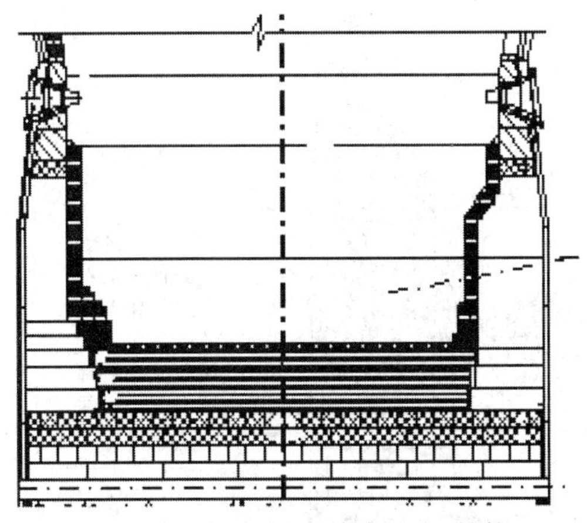
图 1 “炭质炉缸+综合炉底”结构

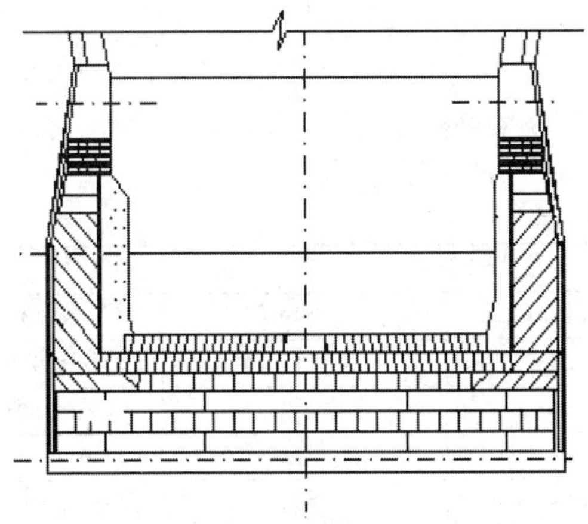
图 2 “炭质+陶瓷杯复合炉缸、炉底”结构

根据首钢多年的实践得出采用先进的炉缸炉底结构的同时要特别注意炉缸炉底炭砖的选用，强化炉缸炉底冷却，加强检测监控。关键部位选用高导耐侵蚀的优质炭砖其言外之意就是强化冷却，所以在冷却水量上要节约而不要制约，在冷却流量的设计能力上要考虑充分的调节能力，冷却流量控制应根据生产实践的实际情况实施，从而达到节能降耗的目的，而不能在设计能力上过分炫耀冷却水量小，说明设计先进，从而导致调节能力不足，在检测到炉缸炉底温度或热负荷异常时诸多措施难以实施。

在炉缸与炉底侵蚀中最危险的是炉缸与炉底交界处侵蚀，这已形成共识，该区域同样受冲刷、化学侵蚀、铁水渗透熔蚀、热应力等侵蚀，其薄弱在于较其他区域受最大最复杂的热应力作用（同时受来自于炉缸炉底上下纵向和炉底材料膨胀形成的径向应力），其侵蚀表现为通常所说的象脚状侵蚀或蒜头状侵蚀，造成危险的炉缸过度侵蚀。而炉底相对较厚，首钢炉底厚一般在 2800~3000mm 左右，因此在设计时要刻意控制炉缸炉底的象脚状侵蚀或蒜头状侵蚀，避开炉缸的过度侵蚀，使炉缸炉底侵蚀向锅底状侵蚀的方向发展。故设计使用高导优质炭砖同时特别要加强该区域的冷却，充分发挥高导优质炭砖的作用。

在考虑炉缸与炉底整体结构和冷却的基础上要注意计器检测的工艺布置设计，计器检测是炉缸炉底的眼睛，生产中通过此来判断炉缸炉底的侵蚀情况和制定冷却制度，在炉缸炉底合理布置热电偶计器检测，对侵蚀程度实现正确有效的判断，为及时护炉、调节冷却制度提供依据，为安全生产提供保障。

通过上述讨论，我们的高炉长寿设计技术思想是以长寿为宗旨，采用合理的缸炉底整体结构，在象脚状或蒜头状侵蚀区强化冷却，将侵蚀线向内推移远离炉缸外壳，避开炉缸的过度侵蚀，使炉缸炉底侵蚀向锅底状侵蚀的方向发展，在炉缸炉底形成相对稳定的渣铁冻结层。同时合理布置热电偶计器检测实现有效判断。

2.2 首钢迁钢 1 号高炉炉缸炉底的设计

根据矿山地区的原燃料条件和操作条件，高炉炉型按高效、低耗、长寿的矮胖炉型设计，以适应高炉强化生产的要求。高炉内型见表 2。高炉设计寿命在不中修的条件下，达到一代炉龄 15 年。为实现 15 年不中修的长寿目标，首钢迁钢 1 号高炉炉缸炉底的设计是以上述高炉长寿技术理念为指导。

表 2 高炉内型

项 目	炉 型
有效容积 V_u/m^3	2650
炉缸直径 d/mm	11500
炉腰直径 D/mm	12700
炉喉直径 d_1/mm	8100
死铁层高度 h_0/mm	2100
炉缸高度 h_1/mm	4200
炉腹高度 h_2/mm	3400
炉腰高度 h_3/mm	2400

续表 2

项　目	炉　型
炉身高度 h_4/mm	16600
炉喉高度 h_5/mm	2200
有效高度 H_u/mm	28800
炉腹角 α	79°51′31″
炉身角 β	82°06′42″
风口数/个	30
铁口数/个	3
H_u/D	2.268

2.2.1　高炉炉缸、炉底内衬结构设计

首钢迁钢 1 号高炉炉缸、炉底的内衬结构是“高导热炭砖+综合炉底”结构。立足于国内，选用优质耐火材料。炉缸、炉底交界处即“象脚状”异常侵蚀区，引进部分国内目前尚不能生产的国外先进的耐火材料——美国 UCAR 公司的高导热、高抗铁水渗透性 NMA 和 NMD 热压炭块，风口和铁口区域分别采用国内尚不能生产的法国 SOVIE 的大块风口组合砖和美国 UCAR 公司的 NMA + NMD 铁口组合结构。炉底满铺 2 层国产高导热大块炭砖+2 层国产优质微孔大块炭砖，炉缸上部风口组合砖下部 1 层环形炭砖采用国产优质微孔大块炭砖。炉缸、炉底内衬结构如图 3 所示，主要耐火材料理化性能详见表 3、表 4。

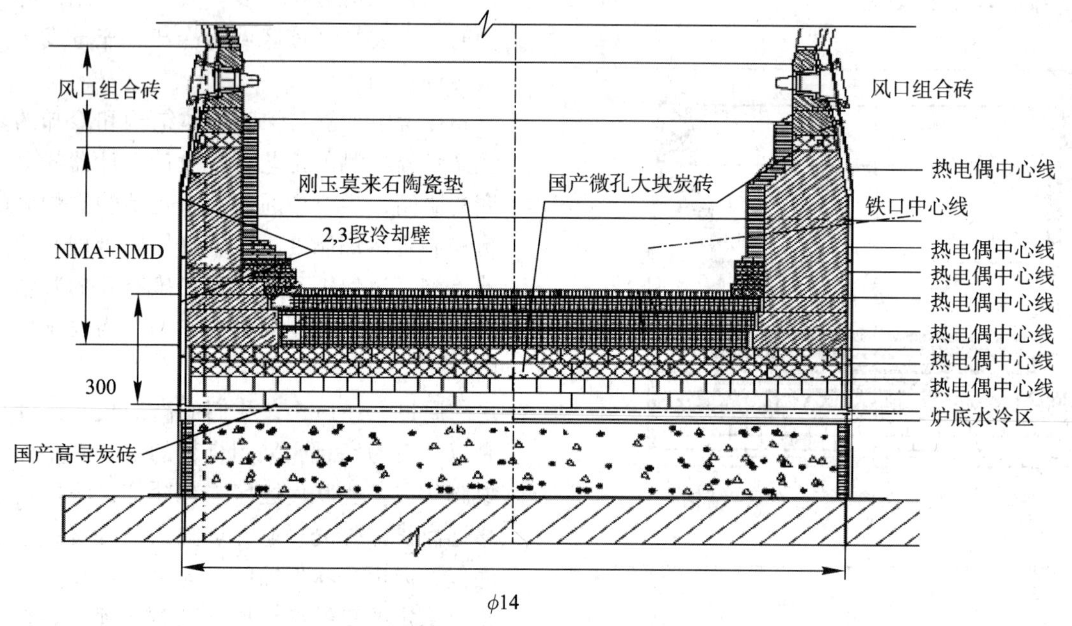

图 3　首钢迁钢 1 号高炉炉缸炉底内衬结构图

表 3　炭质材料理化性能

序号	性能指标		单位	炭砖品种			
				高导高炉炭砖	微孔炭砖	NMA	NMD
1	灰分		%	≤7	≤20	≤12	≤9
2	体积密度		g/cm³	≥1.6	≥1.6	≥1.61	≥1.82
3	显气孔率		%	≤18	≤16	≤18	≤16
4	常温耐压强度		MPa	≥31	≥36	≥33	≥30
5	抗折强度		MPa	≥8.0	≥9		
6	耐碱性			U(优)	U 或 LC		
7	氧化率		%	≤20	≤14		
8	透气度		mDa	≤70	≤9	≤11	≤5
9	导热系数	室温	W/(m·K)	≥25	≥6	≥20	≥60
		300℃		—	≥9	≥14	≥42
		600℃		≥30	≥14	≥14	≥38
10	平均孔半径		μm	—	≤0.5		
11	<1μm 孔容积		%	—	≥70		
12	真密度		g/cm³	≥1.9	≥1.9		
13	铁水熔蚀指数		%	≤2	≤28		

表 4　刚玉莫来石陶瓷垫理化性能

项目	Al_2O_3	Fe_2O_3	体积密度	耐火度	常温耐压强度	(0.2MPa 变化 0.6%)荷重软化温度	重烧线变化率 1500℃×3h	1000℃下导热系数	热膨胀系数	抗碱性	铁水熔蚀指数	抗渣侵蚀指数
单位	%	%	g/cm^3	℃	MPa	℃	%	W/（m·K）	K		%	%
刚玉莫来石陶瓷垫	≥80	≤0.5	>2.9	>1790	>100	>1700	0~+0.1	<2.7	$<5\times10^{-6}$	优	<1	<8

2.2.2　高炉炉缸、炉底冷却设计

炉底采用软水冷却水量为 $500m^3/h$，水压为 0.65MPa（高炉±0.000 平面）；炉缸采用光面冷却壁冷却，材质为灰铸铁 HT200；炉底、炉缸冷却壁(1~5 段)、风口设备采用工业净水循环冷却,其中第 1、4、5 段冷却壁、风口大套采用常压工业水冷却，水量为 1500t/h，水压为 0.60MPa（高炉±0.000 平面）；为强化冷却能力，第 2、3 段冷却壁采用中压工业净水循环冷却水量为 3250t/h，压力为 1.2MPa（高炉±0.000 平面）。风口中、小套采用高压工业净水循环冷却，水量为 1650t/h，压力为 1.7MPa（高炉±0.000 平面）。第 2、3 段冷却壁位于炉缸、炉底交界处即“象脚状”异常侵蚀区，故在此处强化冷却能力采用中压工业净水循环冷却。

2.2.3　高炉炉缸、炉底自动化检测

按高炉冶炼人工智能专家系统的要求设计布置高炉温度、压力、流量、自动化检测装置，将来可为高炉冶炼人工智能专家系统和生产提供准确可靠的参数和信息。炉缸炉底共设计温度检测 209 点，在铁口区域和“象脚状”异常侵蚀区增设温度检测，作了更周密的布置。炉底炉缸及风口设备的冷却设计了冷却水流量温度的检测。

3　高炉炉缸炉底的理论计算分析

国内外对炉缸炉底传热数学模型的研究和计算较多，主要有二维、三维的稳态和非稳态导热过程，有考虑炉缸凝固潜热的，也有不考虑炉缸凝固潜热的，本文基于三维的非稳态包括凝固潜热的炉缸炉底传热数学模型，考虑高炉的具体情况及其对称性，对炉缸炉底温度场进行数值模拟，建立二维稳态包括凝固潜热的炉缸炉底传热数学模型。

3.1　物理模型建立

按照首钢迁钢 1 号高炉炉缸炉底内衬结构和冷却设计建立温度场物理模型，计算物理模型如图 4 所示；柱坐标系微元控制体示意图如图 5 所示。

3.2　数学模型建立

包括凝固潜热的二维非稳态炉缸炉底传热控制微分方程为：

$$\frac{\partial}{\partial\tau}(\rho H)=\frac{1}{\gamma}\frac{\partial}{\partial\gamma}\left(\kappa\gamma\frac{\partial T}{\partial\gamma}\right)+\frac{\partial}{\partial Z}\left(\kappa\frac{\partial T}{\partial Z}\right)$$

式中，ρ 为密度，kg/m^3；τ 为时间，s；H 为热焓，kJ/kg；γ 为径向长度，m；κ 为导热系数，W/(m·℃)；T 为温度，K。

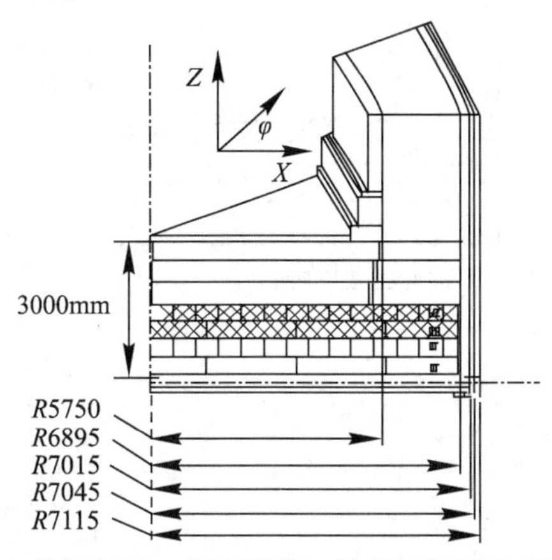

图 4　首钢迁钢 1 号高炉炉缸炉底温度场物理模型

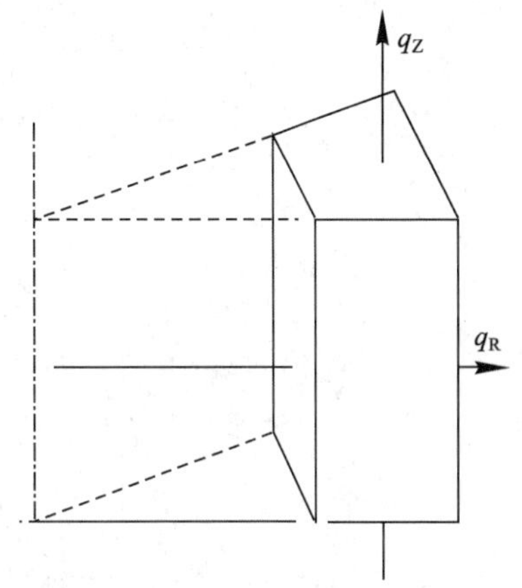

图 5　柱坐标系微元控制体示意图（q_Z 和 q_R 分别表示 Z 轴向和 R 径向热流）

3.3　计算结果分析

从强化冷却和无强化冷却炉缸炉底等温线的分布图(图 6、图 7)的比较可以看出，在炉缸炉底使用高导优质的 NMA+NMD 炭砖，并且在第 2、3 段冷却壁采用中压工业净水循环强化冷却后，起到明显效果，1150℃等温线明显向炉内推移，抑制炉缸炉底的象脚状侵蚀，并形成了锅底状侵蚀线的趋势。

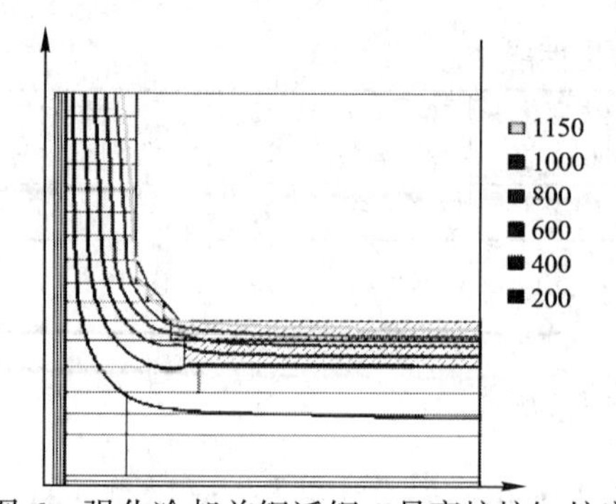

图 6　强化冷却首钢迁钢 1 号高炉炉缸炉底等温线的分布图

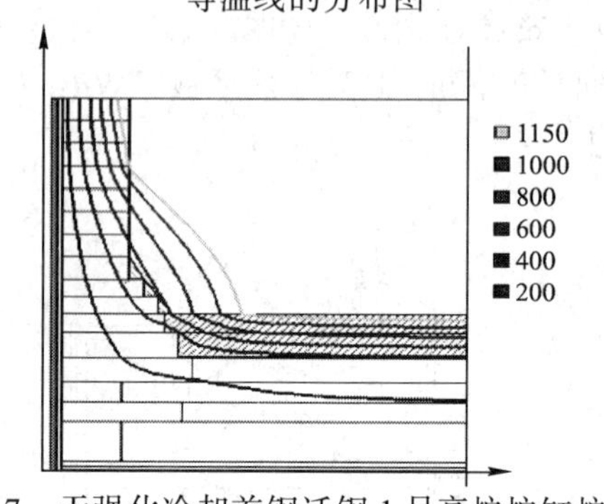

图 7　无强化冷却首钢迁钢 1 号高炉炉缸炉底等温线的分布图

4　结语

首钢迁钢 1 号高炉炉缸炉底的设计全面贯彻了上述长寿设计技术理念。经过数学物理模型计算，说明长寿设计理念和理论计算在首钢迁钢 1 号高炉本体设计过程中得到统一。当然高炉长寿是一项系统工程，在先进设计的基础上还需要高标准的施工质量、良好的原燃料条件、高水平的操作维护和护炉技术、不断完善的自动化检测与控制，建立有效的炉缸炉底侵蚀预测系统等各方面共同努力。

参考文献

[1] 程素森，等. 长寿高炉炉缸炉底设计[C]. 2003 中国钢铁年会论文集, 2003: 548~552.

[2] 杨天钧，程素森，吴启常. 面向 21 世纪高效长寿高炉[J]. 钢铁, 1999, 34(增刊).

[3] 刘云彩. 首钢高炉寿命分析[J]. 首钢科技，1988: 472~477.

[4] 程素森. 高炉炉身下部炉缸炉底冷却系统的传热学计算[J]. 钢铁研究学报, 2004, 16(5): 8~12.

（原文发表于《炼铁》2005 年第 1 期）

首秦2号1780m³高炉高效长寿技术应用

唐安萍　毛庆武

(北京首钢国际工程技术有限公司,北京 100043)

摘　要：首秦2号（1780m³）高炉2006年5月点火投产，以“高效、低耗、长寿、优质、清洁”为目标，结合首钢多年的生产实践，大胆创新，在高炉炉型、内衬结构、冷却系统、自动化检测的优化设计采用了多项国内首创的具有国际国内领先水平的高炉高效长寿技术，主要技术经济指标、整体技术装备水平和自动化程度达到国内同级别高炉的先进水平。

关键词：高炉；高效；长寿；技术应用

1　引言

根据首钢总公司的战略性结构调整发展规划，为满足秦皇岛首钢板材有限公司宽厚板生产工艺配套的需求，首钢总公司决定在秦皇岛市抚宁县杜庄乡建设年产量258万吨的钢铁厂，炼铁车间分期建设两座高炉。

图1　首秦1号高炉实景

图2　首秦2号高炉实景

首秦两座高炉设计，先后获得全国优秀设计铜奖、冶金行业部级优秀工程设计一等奖、北京科技进步二等奖及冶金科技进步二等奖，被誉为“冶金艺术品”。首秦1号高炉于2004年6月7日投产；2号高炉于2006年5月31日投产，工程设计中采用了国内外先进、成熟、可靠、实用的新技术、新工艺、新设备及新材料，使高炉主要技术经济指标、整体技术装备水平和自动化程度达到国内同级别高炉的先进水平。本文着重阐述首秦2号高炉炉体长寿技术的应用。

2　主要设计指标

首秦2号高炉设计主要技术经济指标见表1。

表1　首秦2号高炉设计主要技术经济指标

项　目	设计指标	设备能力	备注
高炉有效容积/ m³	1780		
高炉年工作日/ d	355		
利用系数/ t·(m³·d)⁻¹	2.5	3.0	
日产铁量/t·d⁻¹	4450	最大5340	
焦比/ kg·t⁻¹	330		
煤比/ kg·t⁻¹	180	200	
燃料比/ kg·t⁻¹	510		
综合焦比/ kg·t⁻¹	474		
综合冶炼强度/ t·(m³·d)⁻¹	1.185	1.422	
熟料率/%	90		
渣比/ kg·t⁻¹	320		
炉顶压力/ MPa	0.2	0.25	
热风温度/℃	≥1200	最大1250	
富氧率/%	1.5~3	3	
高炉炉尘/ kg·t⁻¹	18		
高炉煤气量/ Nm³·t⁻¹	1600~1745		不富氧时
年产铁量/t·a⁻¹	157.975×10^4	179.2×10^4	
综合入炉品位/%	≥59		

3 高炉炉体高效长寿技术的应用

高炉高效长寿是系统工程、是综合技术。就高炉炉体而言高炉高效长寿的关键是高炉炉型、内衬结构、冷却系统、自动化检测的优化设计和有机结合[1, 2]。

3.1 优化高炉炉型设计

我国炼铁工作者历来重视高炉炉型设计，通过研究总结高炉破损机理和高炉反应机理[3~5]，优化高炉炉型设计的基本理念已经形成。在总结当时国内外同类容积高炉内型尺寸的基础上，根据首钢的原燃料条件和操作条件，以及高炉强化生产的要求，设计了优化的炉型,该炉型与首钢 2 号高炉炉容、炉型相同，仅风口数不同。

（1）适当加深死铁层深度。高炉炉缸炉底“象脚状”异常侵蚀的形成，主要是由于铁水渗透到炭砖中，使炭砖脆化变质，再加之炉缸内铁水环流的冲刷作用而形成的。加深死铁层深度，是抑制炉缸“象脚状”异常侵蚀的有效措施。死铁层加深以后，避免了死料柱直接沉降在炉底上，加大了死料柱与炉底之间的铁流通道，提高了炉缸透液性，减轻了铁水环流，延长了炉缸炉底寿命。理论研究和实践表明，死铁层深度一般为炉缸直径的 20%左右。

（2）适宜的炉缸容积。高炉在大喷煤操作条件下，炉缸风口回旋区结构将发生变化。适当加高炉缸高度，不仅有利于煤粉在风口前的燃烧，而且还可以增加炉缸容积，以满足高效化生产条件下的渣铁存储，减少在强化冶炼条件下出现的炉缸“憋风”的可能性。近年我国已建成或在建的大型高炉都有炉缸高度增加的趋势，适宜的高炉炉缸容积应为有效容积的 16%～18%。

（3）适当加深铁口深度。对于抑制铁口区周围炉缸内衬的侵蚀具有显著作用，铁口深度一般为炉缸半径的 45%左右。这样可以减轻出铁时在铁口区附近形成的铁水涡流，延长铁口区炉缸内衬的寿命。

（4）合理的炉腹角。降低炉腹角有利于炉腹煤气的顺畅排升，从而减小炉腹热流冲击，而且还有助于在炉腹区域形成比较稳定的保护性渣皮，保护冷却器长期工作。现代大型高炉的炉腹角一般在 80°以内。首秦 2 号高炉炉型见表 2。

表 2 首秦 2 号高炉炉型

项 目	参 数	项 目	参 数
有效容积 V_u / m³	1781.42	炉腹角 α /(°)	79.4920
炉缸直径 d /mm	9700	炉身角 β /(°)	82.6039
炉腰直径 D /mm	10850	A/m²	73.90
炉喉直径 d_1/mm	6800	V_u/A	24.11
死铁层高度 h_0 /mm	1800	铁口数/个	2
炉缸高度 h_1 /mm	4000	风口数/个	26
炉腹高度 h_2 /mm	3100	渣口数/个	0
炉腰高度 h_3 /mm	2000	风口间距/ mm	1172
炉身高度 h_4 /mm	15600	H_u/D	2.461
炉喉高度 h_5 /mm	2000	V_1/ V_u /%	16.59
有效高度 H_u /mm	26700	投产日期	2006.5.31

3.2 高炉内衬结构设计

3.2.1 结合首钢生产实践在炉缸炉底结构设计方面已形成两个技术体系

高炉炉缸、炉底的寿命是决定高炉一代寿命的关键[6~8]，受到国内外炼铁工作者的高度重视。从 20 世纪 60 年代起，首钢通过对 10 多次高炉停炉实测结果的研究分析，总结出首钢高炉炉缸、炉底内衬的侵蚀的原因是典型的“象脚状”异常侵蚀和炉缸环裂。象脚状异常侵蚀最严重的部位发生在炉缸、炉底交界处，对应炉缸第 2 段冷却壁的位置，实测发现侵蚀最严重的区域残余耐火材料距冷却壁不足 100mm。残余炭砖和高铝砖表面黏结有凝固的渣、铁及 Ti(C、N)等高熔点凝结物。炉缸壁环形炭砖均出现环裂现象，裂缝 80~200mm，裂缝中渗有凝固的渣、铁。

结合首钢高炉的原、燃料条件和操作条件，首钢高炉炉缸、炉底内衬侵蚀机理，可归纳为以下几个方面：（1）铁水对炭砖的渗透侵蚀；（2）铁水环流的机械冲刷；（3）熔融渣铁及 ZnO、Na_2O、K_2O 等碱金属对炭砖的熔蚀和化学侵蚀；（4）热应力对炭砖的破坏；（5）CO_2、H_2O 等氧化性气体对炭砖的氧化破坏。同时，通过技术引进和消化吸收，高炉炉缸炉底内衬结构设计和耐火材料应用已逐步形成两个技术体系。

以美国 UCAR 公司为代表的“导热法”（热压炭

砖法）炉缸设计体系已在本钢、首钢、宝钢、包钢、湘钢、鞍钢等企业的大型高炉上得到成功应用；以法国 SAVOIE 公司为代表的“耐火材料法”（陶瓷杯法）炉缸设计体系在首钢、梅山、鞍钢、沙钢、宣钢等企业的大型高炉上也得到了推广应用；进口大块炭砖—综合炉底技术在宝钢、武钢、首钢京唐等企业的大型高炉上也取得了长寿实绩。“导热法”和“耐火材料法”这两种看来似乎截然不同的设计体系，其技术原理的实质却是一致的，即通过控制 1150℃等温线在炉缸炉底的分布，使炭砖尽量避开 800~1100℃脆变温度区间。导热法采用高导热、抗铁水渗透性能优异的热压小块炭砖 NMA，通过合理的冷却，使炭砖热面能够形成一层保护性渣皮或铁壳，并将 1150℃等温线阻滞在其中，使炭砖得到有效地保护，免受铁水渗透、冲刷等破坏。陶瓷杯法则是在大块炭砖的热面采用低导热的陶瓷质材料，形成一个杯状的陶瓷内衬，即所谓“陶瓷杯”，其目的是将 1150℃等温线控制在陶瓷层中，使炭砖得到有效地保护，免受铁水渗透、冲刷等破坏。这两个技术体系都必须采用具有高导热性且抗铁水渗透性能优异的炭砖。两个体系在首钢均得到成功应用并已取得了长寿业绩，最具说服力的就是首钢 1 号（炉龄 16 年 5 个月）和 3 号高炉（炉龄 17 年 7 个月），两座高炉的炉容、炉型相同：首钢 3 号($2536m^3$)高炉是“炭质炉缸+综合炉底”结构，首钢 1 号高炉($2536m^3$)是“陶瓷杯复合炉缸、炉底”结构，炉缸、炉底交界处即“象脚状”异常侵蚀区，部分引进了美国 UCAR 公司的小块热压炭块 NMA。在原燃料条件等其他因素基本相同的条件下两座高炉炉龄基本是并驾齐驱的，这也充分说明了炉缸炉底结构设计的两个技术体系的主流模式已基本成熟。

随着炉缸、炉底传热机理及侵蚀模型的深入研究，目前，国内外设计的高炉炉底和炉缸壁厚度都呈减薄趋势，个别大型高炉的炉底厚度已经减薄到 2400mm。

3.2.2　首秦 2 号高炉炉缸炉底结构设计

在我公司炉缸炉底结构设计的两个技术体系的基础上，首秦公司 2 号高炉（$1780m^3$）采用了美国 UCAR 公司的小块热压炭块 NMA 和 NMD—Mini 陶瓷杯（半杯式）组合炉缸内衬技术，是在首钢“炭质炉缸+综合炉底”结构基础上的又一次创新。炉底 1 至 2 层满铺两层半石墨炭高炉炭块，炉底 3 至 4 层满铺两层微孔炭砖，第 4 层炉底微孔炭砖以上采用 Mini 陶瓷杯（半杯式陶瓷杯）结构，Mini 陶瓷杯材质为国内优质的刚玉莫来石砖；炉缸、炉底交界处即“象脚状”异常侵蚀区、炉缸环形炭砖采用美国 UCAR 公司的小块热压炭块 NMA 和 NMD 砌筑，炉缸炭砖壁厚度为 1143mm，高度 4616mm，炭砖内侧采用 Mini 陶瓷杯（半杯式陶瓷杯）结构，Mini 陶瓷杯杯底厚度 1200mm，杯壁高度 1096mm，杯壁厚度 600~200mm 渐变，在“象脚状”异常侵蚀区形成“锅底状”保护区，有效阻止或减缓“象脚状”的异常侵蚀。

风口区域设计采用了稳定性和整体性好的法国大块灰刚玉 RL89MNC(L)组合砖结构。

首秦 2 号高炉炉底 Mini 陶瓷杯杯底与炭砖的总厚度为 2800mm。

首秦 2 号高炉炉缸炉底砌筑结构图如图 3 所示。

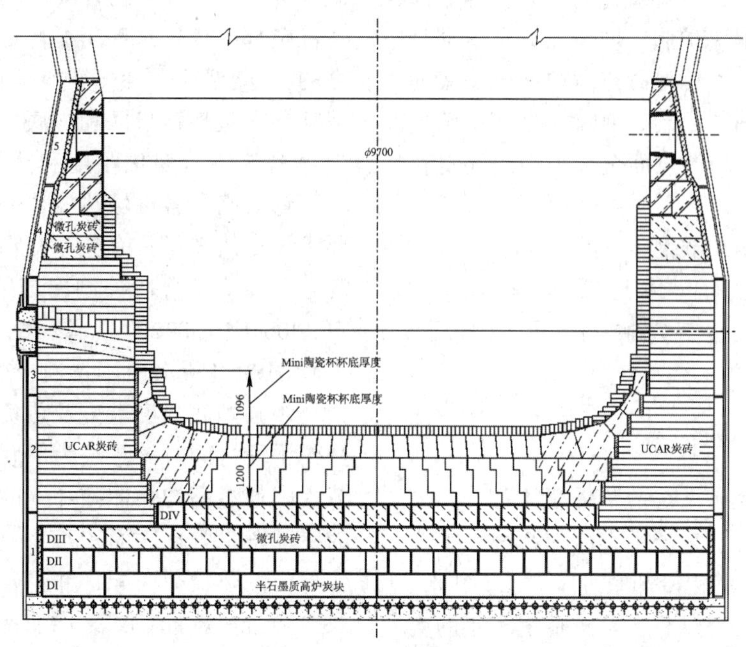

图 3　首秦 2 号高炉炉缸炉底砌筑结构图

3.3 首秦 2 号高炉冷却设备设计

首秦 2 号高炉采用全冷却壁结构，在选择高炉各部位的冷却壁形式时考虑了以下因素：

（1）炉缸、炉底区域。此部位的热负荷虽然较高，但比炉腹以上区域的热负荷要小，并且温度波动较小，在整个炉役中冷却壁前的炭砖衬能很好地保存下来，使冷却壁免受渣铁的侵蚀，因此在炉底、炉缸部位及风口带均采用导热系数较高的灰铸铁（HT200）光面冷却壁，共设 5 段光面冷却壁。

（2）高炉中部。这一区域跨越了炉腹、炉腰及炉身下部，是历来冷却壁破损最严重的部位。由于砖衬（渣皮）不能长期稳定地保存下来，冷却壁表面直接暴露在炉内，受到剧烈的热负荷作用和冲击、渣铁侵蚀、强烈的煤气流冲刷和炉料的机械磨损等，所以要求此区域的冷却壁有较高的热力学性能及较强的冷却能力。首钢 2 号高炉在 2002 技术改造时第一次设计采用了 3 段国产铜冷却壁并获得成功。首秦 2 号高炉设计时在炉腹、炉腰及炉身下部区域第 6~8 段采用了带燕尾槽的捣料型铜冷却壁，3 段铜冷却壁的总垂直高度 7215mm。

（3）高炉中上部。此区域的冷却壁寿命主要受炉料的磨损、煤气流的冲刷及碱金属的化学侵蚀，并承受较高的热负荷，所以设计时采用了镶砖冷却壁，壁体材质为球墨铸铁（QT400-20），炉身中下部第 9~11 段镶砖材质为 Si_3N_4-SiC 砖，炉身中上部第 12~15 段镶砖材质为磷酸浸渍的黏土砖，共设 7 段镶砖冷却壁。

采用镶砖冷却壁是按照现代高炉长寿设计的基本理念，对高炉内衬和冷却壁进行优化组合，形成砖壁一体化结构，解决炉腹、炉腰和炉身下部高热负荷区的短寿问题，使其寿命与高炉炉缸炉底的寿命同步。冷却壁取消了凸台，消除了冷却壁破损最薄弱的部位，而且冷却壁热面全部采用耐火材料保护。

（4）在炉身上部至炉喉钢砖下沿，增加 1 段 C 形球墨铸铁水冷壁，壁体材质为球墨铸铁（QT400-18）水冷壁直接与炉料接触，取消了无冷区。

3.4 高炉冷却系统的设计

3.4.1 首钢高炉冷却系统的传统模式

高炉冷却系统经历了直流供水冷却系统、工业水开路循环冷却系统、汽化冷却系统及软水（纯水）密闭循环冷却系统的发展过程。基于首钢多年的实践经验来看，采用先进的炉缸炉底结构的同时还要强化炉缸炉底的冷却，加强检测与监控。关键部位选用高导耐侵蚀的优质炭砖的同时，进行强化冷却是关键，所以在冷却水量上要节约而不要制约，在冷却水量的设计能力上要考虑充分的调节能力，冷却水量控制应根据生产实践的实际情况实施，从而达到节能降耗的目的，而不能在设计能力上以冷却水量小，作为衡量设计先进与否的指标，从而导致冷却水量不足，在检测到炉缸炉底温度上升或热负荷异常时诸多措施难以实施。

首钢高炉冷却系统的传统模式只是炉腹以上冷却壁局部采用了软水冷却，其余冷却设备还是工业水冷却；炉底水冷管、炉缸冷却壁(1~5 段)、C 形冷却壁、风口设备采用工业净水循环冷却，其中炉底水冷管，第 1、4、5 段冷却壁，风口大套采用常压工业水冷却，水压为 0.60MPa（高炉±0.000m 平面）；第 2、3 段冷却壁位于炉缸、炉底交界处即“象脚状”异常侵蚀区，故在此处进行强化冷却，采用中压工业净水循环冷却，压力为 1.2MPa（高炉±0.000m 平面）。风口中、小套采用高压工业净水循环冷却，压力为 1.7MPa（高炉±0.000m 平面）。炉腹以上冷却壁（C 形冷却壁除外）采用软水密闭循环冷却（3 号高炉除外）。

目前，软水密闭循环冷却系统在大中型高炉上得到广泛的应用，主要是软水冷却系统具有冷却可靠、节水节能及系统稳定的优点。

3.4.2 首秦 2 号高炉采用具有独立知识产权的全软水冷却系统

通过首钢高炉近 10 年的应用实践以及 2004 年 6 月 7 日点火投产的首秦 1 号高炉来看，高炉冷却系统全部采用软水密闭循环冷却是安全的、也是可靠的。由于高炉炉底、炉缸区域的热负荷波动不大，但却处在包括铁口区和炉底侵蚀突出部位；而高炉中部是热负荷变化幅度和热负荷冲击都很大的区域。针对高炉各区域热负荷的工艺特点和生产操作要求设计研发了具有独立知识产权的全软水冷却系统——《高炉分段控制冷却装置》（发明专利号：ZL2006 1 0138326.6）。该软水系统为中上部冷却壁水管的烧损断水而不影响下部区域冷却壁冷却水量、炉缸炉底温度上升及热负荷异常等情况提供了操作手段。同时该系统为串联分段冷却方式节能、节水。通过高炉炉体冷却壁的分段冷却，选择合理的冷却壁水管比表面积及水速，使循环水量与炉体各部位的热负荷匹配，并且合理布置软水系统管路及检测监控装置（仪表），使冷却壁软水系统冷却均匀、运行可靠稳定，确保高炉长寿。

3.5 自动化检测与控制

自动化检测是高炉长寿不可缺少的技术保障。炉缸炉底温度在线监测已成为监控炉缸炉底侵蚀状态的重要手段，也是建立炉缸炉底内衬侵蚀数学模型所必要的条件。炉腹、炉腰、炉身下部区域，温度、压力的检测为高炉操作者随时掌握炉况提供了有效的参考。通过对冷却水流量、温度、压力的检测，可以计算得出热流强度、热负荷等参数，而且还可以监控冷却系统的运行状况。炉喉固定测温、炉顶摄像、煤气在线自动分析、炉衬测厚等技术的应用使高炉长寿又得到了进一步的保障。

4 应用实践

首秦高炉炉体高效长寿技术是首钢国际结合首钢多年的生产实践经验，集优化的炉型设计、可靠的高炉内衬设计、全覆盖冷却壁设计和具有独立知识产权的全软水串联分段冷却系统、自动化检测与控制等成熟技术于一体，符合“减量化”的设计理念，是今后大、中型高炉炉体高效长寿设计的趋势。目前，首秦 2 号经过 6 年的生产操作，炉体各项温度检测均在合理范围，高炉运行稳定。首秦 2 号高炉近半年主要生产指标见表 3。

表 3 首秦 2 号高炉近半年主要生产指标

指　标	产量/t	利用系数/ $t\cdot(m^3\cdot d)^{-1}$	焦比/ $kg\cdot t^{-1}$	煤比/ $kg\cdot t^{-1}$	燃料比/ $kg\cdot t^{-1}$	一级品率/%	风温/℃
2010 年 9 月	137674	2.578	319.85	149.98	497.66	90.20	1240
2010 年 10 月	130704	2.369	343.65	132.03	502.98	84.65	1202
2010 年 11 月	143650	2.690	325.73	157.23	506.98	91.80	1238
2010 年 12 月	148040	2.683	325.89	149.59	505.26	93.75	1240
2011 年 1 月	140952	2.55	329.14	148.51	499.41	92.24	1231
2011 年 2 月	133934	2.69	324.88	155.26	506.30	92.47	1243
月平均	139159	2.59	328.19	148.76	503.10	90.85	1232
设计指标	13165	2.5	330	180	510		1200~1250

5 结语

我国正处于工业化中期，对钢铁材料的需求量不断增加，在“十五”期间 ，我国钢铁工业保持着年均 30%以上的增幅，“十一五”期间仍将持续保持高速增长，随着国家“十一五”规划《纲要》中钢铁产业政策的落实，炼铁工业也将加快结构调整，提高技术含量和产业集中度。高炉大型、高效、低耗、长寿、环保是高炉发展的必然趋势，首秦的生产实践表明，各项指标已经达到国内外的先进水平，高炉炉体高效长寿技术的应用是可靠的、成熟的，高炉高效长寿技术的应用前景非常广阔。

实现高炉长寿技术是一项系统工程，是一门综合技术。首钢高炉高效长寿技术水平虽有长足的提高，但与国际领先水平相比还有一定的差距，要真正达到世界领先水平仍需要继续努力。相信在不久的将来，我国大型高炉长寿业绩将达到国际领先水平。

参考文献

[1] 张福明. 我国大型高炉长寿技术发展现状[C]. 2004 全国炼铁生产技术暨炼铁年会论文集, 2004: 566~570.
[2] 张寿荣. 延长高炉寿命是系统工程高炉长寿技术是综合技术[J]. 炼铁, 2002(1): 1~4.
[3] 宋木森, 邹明金, 等. 武钢 4 号高炉炉底炉缸破损调查分析[J]. 炼铁, 2001 (2): 7~10.
[4] 曹传根, 周渝生, 等. 宝钢 3 号高炉冷却壁破损的原因及防止对策[J]. 炼铁, 2000(2): 1~5.
[5] 黄晓煜, 孙金铎. 鞍钢 7 号高炉炉身破损原因剖析[J]. 炼铁, 2001(6): 1~4.
[6] 傅世敏. 高炉炉缸铁水环流与内衬侵蚀[J]. 炼铁, 1995 (4): 8~11.
[7] 傅世敏. 大型高炉合适炉缸高度的探讨[J]. 钢铁, 1994 (12): 7~10.
[8] 傅世敏, 周国凡, 等. 高炉炉缸结构与寿命[J]. 炼铁, 1997(6): 32~34.

（原文发表于《2012 炼铁学术年会文集》）

高效长寿顶燃式热风炉燃烧技术研究

张福明[1] 胡祖瑞[1] 程树森[2] 毛庆武[1]

（1. 北京首钢国际工程技术有限公司，北京 100043；
2. 北京科技大学冶金与生态工程学院，北京 100083）

摘　要：本文结合首钢京唐 5500 m^3 特大型高炉顶燃式热风炉，论述了顶燃式热风炉的技术优势和燃烧器燃烧的技术特征，并利用数学仿真重点研究了顶燃式热风炉燃烧器燃烧机理，解析了顶燃式热风炉燃烧室内的燃烧过程，分析了炉内的速度、温度以及浓度分布。通过对燃烧器结构的改进优化，改善了燃烧室内的燃烧状况。

关键词：顶燃式热风炉；燃烧器；燃烧机理；优化设计

Research of Combustion Technology on High Efficiency and Long Campaign Life Top Combustion Hot Blast Stove

Zhang Fuming[1] Hu Zurui[1] Cheng Shusen[2] Mao Qingwu[1]

(1. Beijing Shougang International Engineering Technology Co., Ltd., Beijing 100043;
2. University of Science and Technology Beijing, Beijing 100083)

Abstract: The technology advantage and characteristics are introduced in this paper with the oversized top combustion hot blast stove equipped in Shougang Jingtang 5500m^3 BF. The Combustion Mechanism of burners are analyzed by numerical methods, which discussed the combustion process in the top combustion stove as well as the velocity, temperature and concentration distribution. The combustion status is improved by optimize the construction of burner.

Key words: dome combustion hot blast stove; burner; combustion mechanism; optimize design

1 引言

顶燃式热风炉是一种针对于内燃式和外燃式热风炉的不足而发展起来的新型热风炉结构。其结构特点是取消了燃烧室，将燃烧器直接布置在热风炉的拱顶，以拱顶空间作为燃烧室[1]。其结构设计充分吸收了内燃式、外燃式热风炉的技术优点。与内燃式、外燃式热风炉相比，顶燃式热风炉具有如下特点：（1）取消了燃烧室和隔墙，扩大了蓄热室容积，在相同的容量条件下，蓄热面积增加 25%~30% [2]。（2）结构稳定性增强。（3）采用大功率短焰燃烧器，直接安装在拱顶部位燃烧，使高温热量集中在拱顶部位，热损失减少，有利于提高拱顶温度。（4）其工作过程是一种典型的逆向强化换热过程，提高了热效率。（5）耐火材料稳定性提高，热风炉寿命延长。（6）布置紧凑，占地面积小，节约钢材和耐火材料。

2 顶燃式热风炉燃烧机理和燃烧特性

顶燃式热风炉将环形预燃室置于炉顶，在预燃室下部布置了几十个小口径陶瓷燃烧器，环形空气和煤气通道以及陶瓷烧嘴布置在燃烧室的壳体内。煤气和助燃空气以一定切向角度由喷嘴喷出，混合

基金项目：本研究得到国家科技支撑计划项目的支持：2006BAE03A10。

气体在燃烧室内旋转燃烧，使煤气和助燃空气混合均匀。从喉口到扩张段，横截面积突然增大，使得该区域出现较大的回流，该回流区的产生是顶燃式热风炉的关键技术所在。回流的存在一方面能够起到稳定火焰的作用，使得新补充的煤气和空气始终能和高温气体接触，连续燃烧；另一方面扩张段中心的回流切断了火焰的中心发展，而使火焰沿着锥角空间扩张，从而缩短了火焰长度，使火焰不会对蓄热室格子砖产生冲击。生产实践表明，燃烧室内煤气能实现完全燃烧，而且在所有工作制度下都不会出现脉动燃烧现象，由于燃烧火焰不直接接触耐火材料砌体，砌体不会出现局部过热现象。

燃烧室布置在蓄热室上部，与蓄热室在同一中心轴线上，可保证烟气均匀进入格子砖，据测定其不均匀度为±3%~5%，大大提高了热风炉蓄热室的利用率，并使得温度沿拱顶、格子砖、内衬和炉壳均匀分布，减少了温差热应力，提高了热风炉的寿命。

3 首钢京唐钢铁厂1号高炉顶燃式热风炉燃烧数学仿真计算

由于热风炉炉内温度高达1200℃以上，燃烧器结构复杂，很难用实际测量的方法获悉内部的速度、温度以及浓度分布状况，因此目前国内外对热风炉炉内燃烧过程的研究普遍采用仿真计算的方法。数值模拟仿真计算[3]是通过建立数学模型把实际的物理、化学过程简单化、数学公式化，根据过程的特点用数学方程加以描述。这种方法的特点是：准确可靠，灵活多变，速度快，费用少。仿真计算能够避免现场实测的困难及物理模型和原型不尽相似的缺陷，提供更为接近实际的计算数据；能够较容易的改变模型结构和操作条件对实际过程进行深入研究，在较短时间内得到大量信息；不需要购买成套的实验设备，能在短期得到理想的计算结果。因此数值模拟仿真计算在现代燃烧技术方面具有极大的优越性和发展前景。随着现代计算机技术的高速发展，计算机仿真模拟的优势也越来越明显。

3.1 物理模型

本文针对首钢京唐钢铁厂 1 号高炉所配置的BSK型顶燃式热风炉进行建模、计算和分析。该模型由煤气管道、空气管道、煤气环道、空气环道、半球形炉顶、喷嘴、燃烧室和蓄热室等部分组成。

图1所示为BSK顶燃式热风炉的示意图，从喉口以下均为圆形截面。燃烧室的直径和高度分别为10.244 m、6.362 m，蓄热室高度为21.6 m。

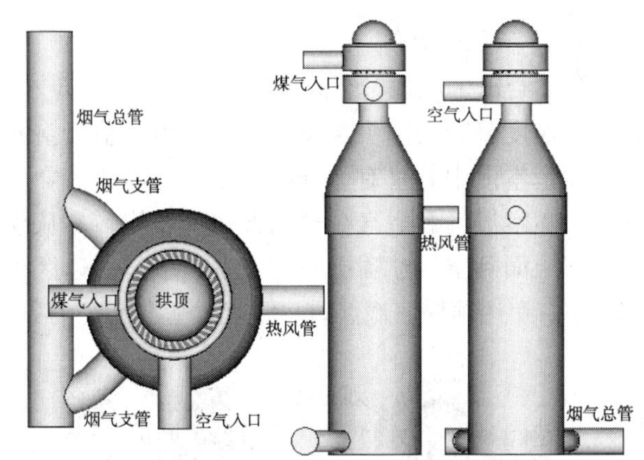

图1 BSK顶燃式热风炉示意图

3.2 边界条件

首钢京唐5500 m³高炉BSK顶燃式热风炉正式投入运行之后，对其三个阶段的运行参数进行了采样分析和计算。表1和表2分别是三个时间高炉煤气的成分和相关操作参数的采样表。从表1可以看出，随着生产的进行，高炉煤气利用率提高，进入热风炉燃烧的煤气热值降低。该热风炉采用了助燃空气和煤气双预热技术，其煤气和空气管道入口处两种气体的相关参数见表2。

表1 煤气成分采样

日 期	CO	CO_2	N_2	CH_4	H_2
2009.6.20	23.23	19.59	53.93	0.4	2.85
2009.7.30	21.80	18.93	56.32	0.02	2.93
2009.9.24	20.87	23.2	52.02	0.05	3.86

选取表2中9月24日的数据给出数学模型所对应的边界条件，煤气和空气入口均为质量流量边界，空气入口的质量流量为50.36 kg/s，湍流强度为10%，入口温度839K，平均混合分数和平均混合分数均方差都为0；煤气入口的质量流量为70.72 kg/s，湍流强度为10%，入口温度为441K，平均混合分数为1，平均混合分数均方差为0。出口为压力出口边界，设定压强为大气压即表压为0，设定回流湍流强度10%，平均混合分数和平均混合分数均方差都为0。对于壁面边界，壁面为非滑移边界，传热采用第二类边界条件且壁面绝热。流体密度采用PDF混合物模型给出，比热容采用混合定律给出。辐射模型采用P1模型。

表 2 顶燃式热风炉操作参数

日 期	2009.6.20	2009.7.30	2009.9.24
煤气入口流量/$Nm^3 \cdot h^{-1}$	187163	133352	190000
煤气入口温度/℃	27	163	168
煤气入口压力/kPa	8.5	2.09	4.34
理论需要空气量/$Nm^3 \cdot h^{-1}$	123340	78811	112860
空气入口流量/$Nm^3 \cdot h^{-1}$	150000	101779	140534
空气入口温度/℃	373	360	566
空气入口压力/kPa	12.5	12.6	10.7
拱顶温度实测值/℃	1280	1360	1390
拱顶温度仿真计算值/℃	1293	1345	1400

3.3 计算结果及分析

3.3.1 速度分布

图 2 给出了燃烧室空间 $Y=0$(左)和 $X=0$(右)截面的速度分布云图。从图中可以看出，整个空间内速度基本沿中心呈对称分布。随着高度的下降，整个预燃室煤气和空气在径向方向逐渐均匀，从煤气喷嘴层面到空气喷嘴层面燃烧室的中心低速区逐渐减小，到达预燃室底部时，低速区基本已经消失。

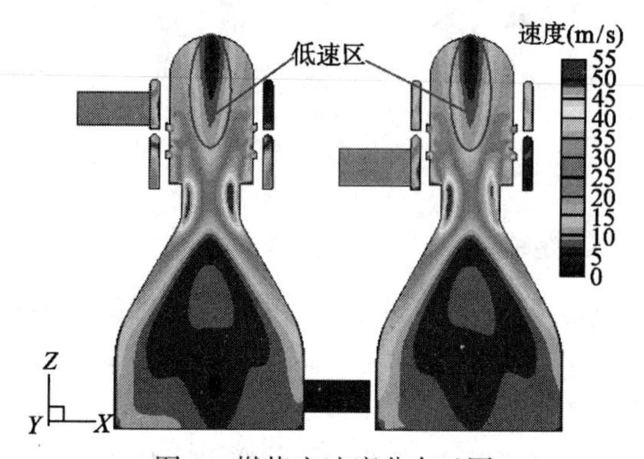

图 2 燃烧室速度分布云图

在喉口区域由于气体运动空间大幅度压缩，靠近炉墙的气体速度迅速升高，中心位置的速度大小基本不变。靠近炉墙处气体速度很大，而且旋流非常强烈，对炉墙造成了强烈的冲刷，因此喉口处的炉墙在设计时需考虑到这一因素。

另外，从图 2 中还能看到，当气体通过喉口以下的扩张段时，气体速度迅速减小，而且依然保持中心速度低，边缘速度高的分布规律，而且扩张段中心存在一个较大的低速区。图 3 是扩张段至燃烧室底部的速度矢量图，从图中明显看出由于从喉口到扩张段，横截面积突然增大，使得在该区域出现了一个较大的回流区，这个回流的产生是 BSK 顶燃式热风炉的关键技术所在。一方面回流的存在能够起到稳定火焰的作用，使得新补充的煤气和空气始终能和高温气体接触；另一方面扩张段中心的回流切断了火焰的中心发展，而使火焰沿着锥角空间扩张，从而缩短了火焰长度，使火焰不会对蓄热室格子砖产生冲击。当气体通过扩张段到达燃烧室底部时，竖直向下的速度基本占主导，这有利于高温烟气的热量利用。燃烧室底部中心与边缘的速度差异缩小，均匀性较好。

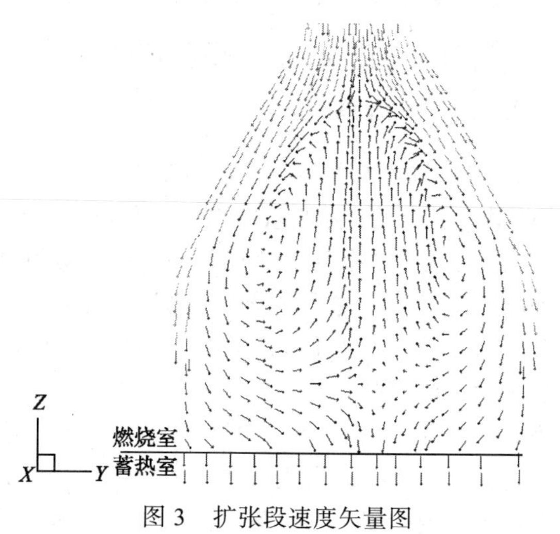

图 3 扩张段速度矢量图

3.3.2 浓度分布

从图 4 可以看出，预燃室上部包括半球拱顶内均被煤气充满，一氧化碳浓度和煤气入口浓度一致。在预燃室下部，助燃空气从两层空气喷口喷出，包裹煤气，并依靠旋流作用切割煤气燃烧。由流场计算结果与分析可知，此处气流速度中等，混合强度一般，因此预燃室下部中心区域的一氧化碳浓度依然很高。

在喉口区域由于靠近炉墙处的速度大于中心区域，即外围空气的速度远大于中心煤气速度，因此在喉口处，空气以较大速度切割中心煤气，发生强烈混合和燃烧，从图中也能看到在喉口处一氧化碳浓度急剧下降。在扩张段混合空间的增大使得煤气和助燃空气进一步混合、燃烧，扩张段中心的回流也切断了煤气的中心流动，使煤气向边缘流动，更好地与空气混合。图4左图中$Y=0$平面扩张段底部，一氧化碳浓度分布略微不对称，右侧一氧化碳浓度要稍高于左侧，主要原因是上部各喷嘴流量不均匀，本文将在第四部分对喷嘴结构进行优化。总体来说浓度分布较为合理，煤气燃烧充分。

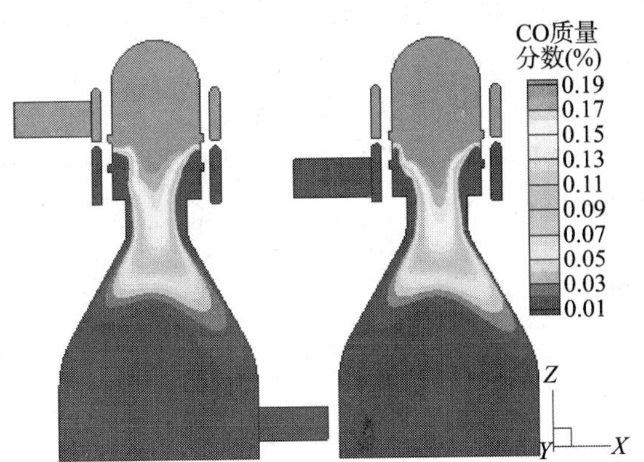

图 4　燃烧室浓度分布

3.3.3　温度分布与火焰形状

燃烧室的温度分布与浓度分布密切相关，对于图 4 中一氧化碳浓度很高的区域，由于没有发生燃烧，温度很低。例如预燃室上部包括半球拱顶和预燃室下部的中心区域。

喉口区域由于煤气和助燃空气发生了较为强烈的混合和燃烧，因此从喉口处温度便迅速升高，甚至中心区域的煤气也从原来的 215℃逐渐被加热到600℃。

扩张段向下，更多的煤气发生燃烧反应，炉内温度迅速升高，在扩张段底部温度基本趋于稳定。图 5 所示为燃烧室底部的温度分布云图，由于燃烧充分，燃烧室底部均处于 1350℃以上的高温状态，另外一氧化碳浓度存在轻微的不均匀，使得左右两侧温度不是完全均匀，通过对底部截面温度进行面积分计算，求得底部截面的平均温度为 1449.7℃，整体温度分布状况良好。

根据燃烧 k-ε-g[4]模型，需引入混合分数的概念对温度场和浓度分布进行求解。顶燃式热风炉的燃烧是非预混燃烧，非预混燃烧可以看作简单化学系统，温度与混合分数呈线性关系。计算得出当平均混合分数 $f<0.648$ 时，温度随着平均混合分数的增大线性递增；当 $f>0.648$ 时，温度随着平均混合分数的增大线性递减，仅当 $f=0.648$ 时，温度达到最大的 1487℃，$f=0.648$ 对应的区域即为火焰面。图 5 中紫色线条即表示火焰面轮廓线。

火焰面的形状与炉内煤气和助燃空气的混合、燃烧情况、温度场、浓度分布都是相吻合的。在预燃室的下部，火焰面反映出煤气与助燃空气的交界面，由于该处产生的少量高温烟气将周围的助燃空气和煤气加热了近 200℃，因此此处温度大约为1250℃。在扩张段底部沿火焰面高度方向从上向下，气体温度呈一定温度梯度逐渐上升；靠近热风出口附近，一氧化碳浓度高于燃烧室另一侧，因此火焰向热风出口侧发生了轻微偏斜，火焰面以下温度基本保持稳定。

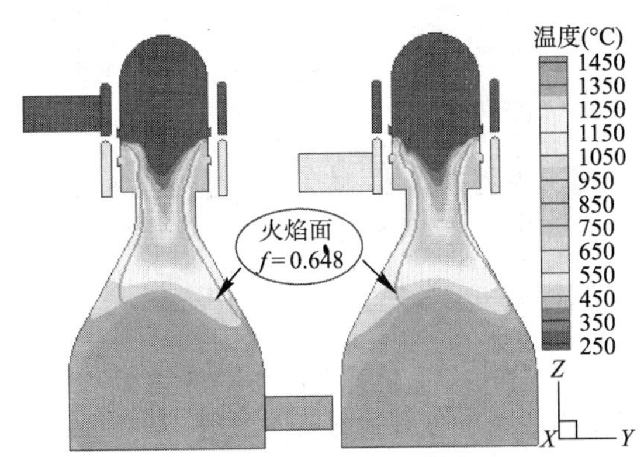

图 5　燃烧室温度分布和火焰面形状

4　燃烧器结构的设计优化

燃烧室底部煤气浓度和烟气温度分布不均匀主要是燃烧器空气喷嘴流量不均匀导致的，根据相关文献对类似问题的研究[5]可知，调节空气喷嘴的截面积能够调节空气的流量，在调整个别喷嘴的情况下，气体质量流量会随着喷嘴截面积的增大而增大。

图 6(a)中所示为优化前空气第一层喷嘴一氧化碳浓度分布，根据其浓度分布情况分析，需要减小第三象限助燃空气的流量，增大第二象限助燃空气的流量。各喷嘴大小在设计时完全一样，宽度均为160 mm，现将第三象限顺时针方向的第 2~4 个喷嘴宽度由 160 mm 减小到 140 mm，将第二象限顺时针方向的第 3~5 个喷嘴宽度由 160 mm 增大到 180 mm。优化后的结果如图 6(b)所示。整个截面四个象限上空煤气基本呈对称分布，混合的均匀性得到大幅度提高。

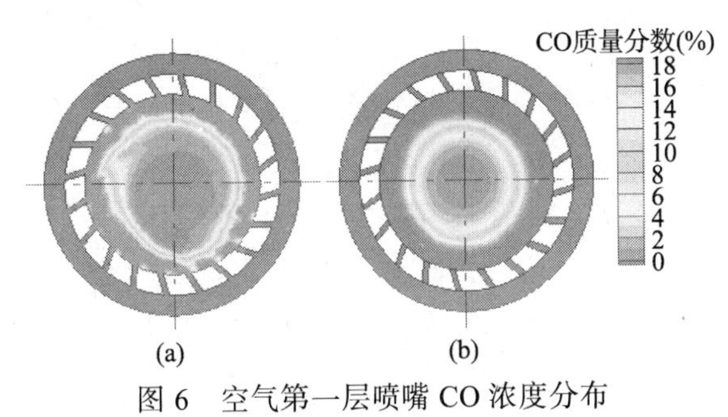

图 6　空气第一层喷嘴 CO 浓度分布
(a) 优化前；(b) 优化后

图 7 所示为优化后燃烧室温度分布和火焰形状，对比图 5 中优化之前的温度场和火焰形状，不仅火焰偏斜的现象得到改善，而且扩张段以下的温

度分布变得更加均匀。

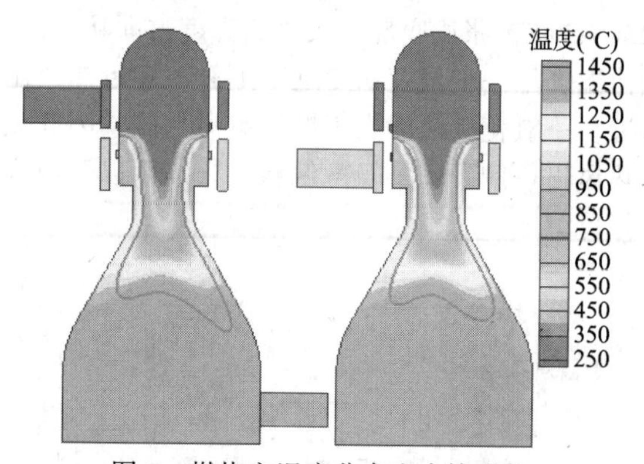

图 7　燃烧室温度分布和火焰形状

5　结论

（1）首钢京唐 1 号高炉 BSK 型顶燃式热风炉燃烧室内的速度分布情况较为合理，喉口处的高速气流加速了空煤气的混合，扩张段中心的回流区域对稳焰和缩短火焰长度起到了重要作用，蓄热室表面边缘速度略高于中心，整齐均匀性良好。

（2）空气从喷嘴喷出后以较大速度切割中心煤气，发生混合、燃烧。虽然热风出口一侧一氧化碳浓度要略高于另一侧，但总体来说浓度分布较为合理，煤气燃烧充分。

（3）燃烧室底部均处于 1350℃以上的高温状态，一氧化碳浓度轻微的不均匀性，使得左右两侧温度不是完全均匀，通过对底部截面温度进行面积分计算，求得底部截面的平均温度为 1449.7℃，整体温度分布状况良好。火焰面向热风出口轻微偏斜，基本达到短焰扩散燃烧的目的。

（4）通过燃烧器喷嘴结构优化能大幅提高空煤气混合的均匀性，改善燃烧室内浓度、温度分布以及火焰形状。

参考文献

[1] 项钟庸，郭庆第．蓄热式热风炉[M]．北京：冶金工业出版社，1988: 1~11, 210~233.

[2] 张福明．大型顶燃式热风炉的进步[J]．炼铁，2002, 21(5): 5~10.

[3] Li Baokuan. Metallurgical application of advanced fluid dynamics[M]. Beijing:Metallurgical Industry Press. 2004: 1~6.

[4] 王应时，范维澄，周力行，等．燃烧过程数值计算[M]．北京：科学出版社，1986, (1): 72.

[5] 吴狄峰，程树森，赵宏博，等．关于高炉风口面积调节方法的探讨[J]．中国冶金，2007, (12): 55~59.

（原文发表于《工程与技术》2010 年第 2 期）

首钢高炉高风温技术进步

毛庆武　张福明　张　建　倪　苹　梅丛华

(北京首钢国际工程技术有限公司,北京 100043)

摘　要：本文论述了近几年首钢高炉热风炉采用的多项提高风温的技术措施及取得的应用效果，即热风温度逐年升高，2006 年平均达到 1158℃，创出了历史最好水平。2002 年后，首钢技术改造或新建高炉的热风温度均实现大于 1200℃的目标。

关键词：高炉；热风炉；高风温；技术进步

Technological Progress of High Temperature Blast for Shougang's BF

Mao Qingwu　Zhang Fuming　Zhang Jian　Ni Ping　Mei Conghua

(Beijing Shougang International Engineering Technology Co., Ltd., Beijing 100043)

Abstract: This essay introduces several technical measures, which were applied in Shougang's blast furnaces to increase blast temperature in recent years. With these measures, remarkable application benefit has been achieved and the hot blast temperature rose year by year. In 2006, the yearly average hot blast temperature reached 1158℃, the best record in the history. For all the technically renovated or newly built blast furnaces of Shougang Group, their hot blast temperature has exceeded 1200℃ since 2002.

Key words: BF; hot blast stove; high temperature blast; technical progress

1　引言

高风温是现代高炉的重要技术特征。提高风温是增加喷煤量、降低焦比、降低生产成本的主要技术措施。近几年，首钢高炉的热风温度逐年升高，2006 年平均达到 1158℃，创出了历史最好水平。2002 年后，首钢技术改造或新建高炉的热风温度均实现大于 1200℃的目标。

2　首钢高炉提高风温的主要技术措施

热风炉是为高炉加热鼓风的设备，是现代高炉不可缺少的重要组成部分。提高风温可以通过提高煤气热值、优化热风炉及送风管道结构、预热煤气和助燃空气、改善热风炉操作等技术措施来实现。理论研究和生产实践表明，采用优化的热风炉结构及热风管道结构、提高热风炉热效率、延长热风炉寿命是提高风温的有效途径。

为了提高热风温度，目前首钢采用了多项提高高炉风温的技术措施。

2.1　高风温热风炉的结构优化

20 世纪 50 年代，我国高炉主要采用传统的内燃式热风炉。传统的内燃式热风炉存在着诸多技术缺陷，这些缺陷随着风温的提高而暴露得更加明显。为克服传统内燃式热风炉的技术缺陷，20 世纪 60 年代，出现了外燃式热风炉，将燃烧室与蓄热室分开，显著地提高了风温，延长了热风炉寿命。20 世纪 70 年代，荷兰霍戈文公司（现达涅利公司）对传统的内燃式热风炉进行优化和改进，开发了改造型内燃式热风炉，在欧美等国得到应用，获得了成功[1]。与此同时，20 世纪 70 年代，以首钢为代表的我国炼铁工作者开发成功了顶燃式热风炉，并于 70 年代末在首钢 2 号高炉（1327 m^3）上成功应用。自 20 世纪 90 年代 KALUGIN 顶燃式热风炉（小拱顶）投入运行，迄今为止在世界上已有 80 多座 KALUGIN 顶燃式热风炉投入使用。

首钢顶燃式热风炉自从问世至今已有30多年的发展历程，由于顶燃式热风炉具有结构稳定性好、气流分布均匀、布置紧凑、占地面积小、投资省、热效率高、寿命长等优势，已在国内几十座高炉上应用。首钢2号高炉(1327 m^3)第5代顶燃式热风炉自1979年12月投产以来，其中1号热风炉已正常工作22年3个月，曾取得月平均风温≥1200℃的业绩。生产实践证实，首钢顶燃式热风炉是一种长寿型的热风炉，完全可以满足两代高炉炉龄寿命的要求。然而，由于首钢高炉煤气含水量高，煤气质量差，致使首钢顶燃式热风炉燃烧口出现过早破损，平均寿命在4~5年[2]；而且采用的大功率短焰燃烧器在适应助燃空气高温预热（助燃空气预热温度≥600℃）方面还存在一些技术难题。首钢于2002年2号高炉(1780 m^3)技术改造时，采用了3座Corus高风温内燃式热风炉，利用原有的首钢顶燃式热风炉对助燃空气进行高温预热，在全烧高炉煤气的条件下使热风温度达到1250℃[3]。而后，在首钢迁钢的1号及2号高炉也采用了Corus高风温内燃式热风炉，并在首秦公司1号及2号高炉尝试应用了KALUGIN顶燃式热风炉。表1是首钢热风炉的应用实绩，表2为首钢高风温热风炉主要技术性能参数。

表1 首钢热风炉应用实绩

名 称	高炉容积/m^3	布置形式	热风炉座数/座	热风炉燃料	预热方式	投产时间
首钢1号高炉	2536	正方形	4	高炉煤气+2%焦炉煤气	助燃空气低温预热	1994.8
首钢2号高炉	1780	一列式	3	高炉煤气	助燃空气高温预热+煤气低温预热	2002.5
首钢3号高炉	2536	正方形	4	高炉煤气+1.5%焦炉煤气	助燃空气及煤气低温双预热	1993.6
首钢4号高炉	2100	正方形	4	高炉煤气+2%焦炉煤气	无	1992.5
迁钢1号高炉	2650	一列式	3	高炉煤气+5%焦炉煤气	助燃空气低温预热	2004.10
迁钢2号高炉	2650	一列式	3	高炉煤气（干法除尘）	助燃空气高温预热+煤气低温预热	2007.1
首秦1号高炉	1200	一列式	3	高炉煤气（干法除尘）	助燃空气高温预热+煤气低温预热	2004.6
首秦2号高炉	1780	一列式	3	高炉煤气（干法除尘）	助燃空气高温预热	2006.5

表2 首钢高风温热风炉主要技术性能

项 目	首钢2号高炉	迁钢1号及2号高炉	首秦1号高炉	首秦2号高炉
高炉容积/m^3	1780	2650	1200	1780
热风炉型式	Corus内燃式	Corus内燃式	KALUGIN顶燃式	KALUGIN顶燃式
热风炉数量/座	3	3	3	3
热风炉操作方式	两烧一送	两烧一送	两烧一送	两烧一送
送风时间/min	45	45	45	45
燃烧时间/min	80	75	80	80
换炉时间/min	10	15	10	10
设计风温/℃	1250	1250	1250	1250
拱顶温度/℃	1420	1400	1400	1380
设计加热风量/$m^3 \cdot min^{-1}$	4200	5500	2800	4450
炉壳内径/m	9.2	10.2	8.55	9.63
热风炉总高度/m	41.59	41.66	36.05	43.6
蓄热室断面积/m^2	35.8	44	44.6	58.4
燃烧室断面积/m^2	9.7	10.9	—	—
每座热风炉总蓄热面积/m^2	48879	64839	35108	61559
单位高炉容积的加热面积/$m^2 \cdot m^{-3}$	82.38	73.4	87.77	103.75
单位风量的加热面积/m^2	34.91	35.37	37.62	41.50
格子砖高度/m	32.4	31.3	16.4	21.96
燃烧器长度/m	3.4	4.4	—	—

2.2 热风炉的座数

根据实践，现代大型高炉配置 3~4 座热风炉比较合理。大型高炉如果配置 4 座热风炉，可以实现交错并联送风，可提高风温 20~40℃，在炉役的中后期，还可以在一座热风炉出现故障检修的情况下，采用 3 座热风炉工作，使高炉生产不致出现过大的波动。目前国内外许多大型高炉都采用了 4 座热风炉；但采用 3 座热风炉可以大幅度降低建设投资，减少占地面积，具有非常大的吸引力。随着设计和安装大直径热风炉条件的改进，热风炉设计日趋合理，热风炉使用的耐火材料质量更高，设备更经久耐用，控制系统也日益成熟可靠，形成了多种多样的热风炉高风温和长寿技术，使得热风炉操作可以更加平稳可靠，从而不致成为影响高炉稳定操作的限制性环节。以此为基础，现代热风炉的发展趋势是减少热风炉座数，延长热风炉寿命，强化燃烧能力，缩短送风时间，减少蓄热面积，回收废气热量，提高总热效率。另外尽量缩短送风时间的操作方式也得到重视，首钢新设计高炉的热风炉送风时间均被确定为 45 分钟。基于这种设计理念和完备的技术支撑，首钢近几年投产的 5 座高炉热风炉的数量已经由 4 座减少为 3 座，热风炉的操作模式一般为“两烧一送”，风温的调节控制依靠混风实现。

2.3 设计开发高效格子砖，提高热风炉换热效率

现代高炉采用蓄热式热风炉，其工作原理是先燃烧煤气，用产生的烟气加热蓄热室的格子砖，再将冷风通过炽热的格子砖进行加热。将热风炉轮流交替的进行燃烧和送风，使高炉连续的获得高温热风。因此提高热风炉传热效率对提高风温有着重要意义。

为了提高热风炉传热效率，热风炉格子砖必须具有优异的热工性能，在设计中采用高效格子砖，加大 1 m^3 格子砖的加热面积是提高换热能力的重要技术措施。

近年来，随着热风炉操作制度的改进，首钢在应用高效格子砖方面进行了尝试。通过对格子砖结构进行优化，缩小了格子砖孔径，将孔径由 45 mm 减小到 30 mm 以下后，加大了 1 m^3 格子砖的加热面积，使之由 38.38 m^2/m^3 提高到 47.08 m^2/m^3 以上，从而提高了格子砖的换热效率和热工性能。首秦公司高炉的助燃空气高温预热炉采用 37 孔格子砖，格子砖孔径 20 mm，加热面积达到 64 m^2/m^3，极大地提高了预热炉的加热面积，并减少了投资。表 3 为首钢高炉热风炉格子砖的主要性能参数。

表 3 首钢高炉热风炉格子砖的主要性能参数

项目	首钢高炉 7 孔格子砖	首钢高炉 7 孔格子砖	迁钢高炉 7 孔格子砖	首秦高炉 19 孔格子砖	首秦高炉 37 孔格子砖
加热面积/$m^2 \cdot m^{-3}$	36.36	38.38	47.08	48	64
活面积/$m^2 \cdot m^{-2}$	0.409	0.456	0.33	0.38	0.33
填充系数/$m^2 \cdot m^{-3}$	0.591	0.544	0.67	0.62	0.67
当量直径/mm	$\phi 45$	$\phi 47.5$	$\phi 30$	$\phi 30$	$\phi 20$
当量厚度/mm	32.5	28.4	28.5	25.8	20.9

首钢高炉热风炉的格子砖上、下接触面设有 3 个对应均布的凸台和凹槽，使上、下层格子砖能够咬合定位，消除了格子砖的水平位移和旋转，使格子砖结构稳定，并且更能满足高温工作条件的要求。

2.4 热风炉耐火材料的优化

热风炉耐火材料内衬在高温、高压环境下的工作条件十分恶劣。为了使热风炉满足高风温的要求，延长其使用寿命，首钢对热风炉结构、耐火材料质量以及砌体的设计都进行了优化。根据热风炉各部位的工作温度、结构特点、受力情况及化学侵蚀的特点，分别选用不同性能的耐火材料，实现热风炉耐火材料的优化选择。热风炉高温区由采用低蠕变高铝砖改为采用高温性能好、价格相对便宜的硅砖；热风管道工作层的耐火砖由普通高铝砖改为蠕变小，比重相对较轻，高温稳定性好的红柱石砖；膨胀缝采用耐高温 1420℃的陶瓷纤维材料，可以长期稳定地吸收耐火衬的膨胀。

热风炉的热风出口、三岔口、人孔、点火孔、窥视孔等易损坏部位均采用组合砖结构，以提高砌体的整体稳定性。热风出口由单独的环形组合砖构成，砖之间采用双凹凸榫槽进行加强，并在组合砖上部设有半环特殊的拱桥砖，以减轻上部大墙对组合砖产生的压应力。热风支管、热风总管、热风环管内的工作层，均采用带凹凸榫槽的红柱石组合砖结构以提高砌体的整体稳定性。对于高热风温管道，波纹补偿器处的耐火衬膨胀缝宽度一般在 50 mm 以上，为此，在缝口处增加了一环镶嵌式保护砖，可

有效防止缝中填充的陶瓷纤维材料被气流冲掉，解决了管道窜风、发红现象。

2.5 炉箅子及支柱

首钢新建热风炉的炉箅子及支柱的材质，采用了耐高温的 $RQTSi_4Mo$ 或 GG250 材料，使热风炉烟气温度提高到 450~500℃，从而提高助燃空气及高炉煤气的预热温度，因此是提高热风温度的有效措施。

2.6 热风管道的设计优化

加强热风炉热风管系的受力分析与计算，对热风管路进行优化设计，使之适应≥1250℃送风温度也是提高风温的重要措施。对承受高风温、高压管道的波纹补偿器以及管道支架的设置应进行详细的受力分析，特别是对承受高温热膨胀位移和高压产生的压力位移的管道，在设计中要给予充分地重视。通过采用多项改进措施，如：合理设置不同结构的波纹补偿器，特别是将热风支管的波纹补偿器位置改在热风阀和热风总管之间，并且在热风总管端头设置压力平衡式波纹补偿器，以及对管道支架进行优化选择，为热风管道的稳定工作提供可靠的保证。

2.7 提高助燃空气、煤气温度及煤气热值的技术措施

燃烧理论和生产实践已证实，提高煤气热值是提高风温的有效措施。长期以来，首钢高炉热风炉一直缺乏高热值煤气燃料，而高炉煤气又随高炉燃料比的降低而日趋贫化，煤气热值逐年降低。为实现高风温，首钢采取了一系列针对性技术措施。

（1）采用煤气、助燃空气低温预热技术。利用烟气余热，通过热管换热器对热风炉用助燃空气和煤气进行预热，当预热温度达到约 200℃时，可以提高热风炉的理论燃烧温度和拱顶温度。首钢 3 号高炉采用煤气、助燃空气双预热技术以后，风温提高了 50~70℃。

（2）采用高炉煤气低温预热及助燃空气高温预热技术。利用热风炉烟气余热，通过分离式热管换热器将热风炉用高炉煤气预热到 200~250℃；利用助燃空气预热炉将助燃空气预热到 600℃以上。采用此项技术后，首钢 2 号高炉、迁钢 2 号高炉及首秦公司 1 号、2 号高炉在全烧高炉煤气的条件下,月平均热风温度达到了 1250℃。

（3）采用高炉煤气旋流脱水器。该设备能有效降低高炉煤气含水量，提高煤气热值，从而提高风温。由于首钢大型高炉煤气清洗系统处理能力不足，造成煤气温度高、饱和水和机械水含量高，使煤气热值严重降低。首钢 1 号、2 号、3 号高炉在煤气管道上加设了旋流脱水装置，降低了煤气含水量。实测表明这项技术的实施，可提高风温 15~20℃。

（4）采用高炉煤气干法除尘技术。采用高炉煤气干法除尘,可显著减少高炉煤气中含水量。在同等条件下，高炉煤气热值可提高约 200 kJ/m^3。迁钢 2 号高炉及首秦公司 1 号、2 号高炉均采用了高炉煤气干法除尘技术。

2.8 冷风及烟气匹配技术

在首钢 1 号、3 号、4 号高炉热风炉及首秦公司 1 号、2 号高炉热风炉上均采用了冷风及烟气匹配技术，通过改善热风炉下部气场分布，使热风炉直径方向格子砖孔中气流速度梯度均匀分布，提高了热风炉热效率，可综合提高风温 20~25℃[4]。

2.9 热风炉结构数字仿真技术

利用热风炉结构数字仿真技术,仿真比较不同设计结构下的燃烧器结构及布置形式、拱顶形式，研究与之对应的燃烧情况，从而确定热风炉合理的结构和布置。

通过建立热风炉设计结构的气体流体力学、传热学和传质的模型，综合研究了不同设计结构下的气流分布、温度场分布和 CO 分布对于热风炉寿命、节能和高风温等的影响。

另外完善自动化检测设施，提高流量、压力、温度、煤气热值及烟气成分等参数的在线检测精度，提高热风炉阀门的可靠性，在系统进行蓄热室传热分析与计算，及充分研究燃烧的仿真模型基础上，实现自动燃烧和换炉自动化操作，是高风温热风炉提高工作稳定性的重要技术措施。图 1 所示为热风炉蓄热室温度分布曲线，图 2 所示为热风炉燃烧仿真模型。

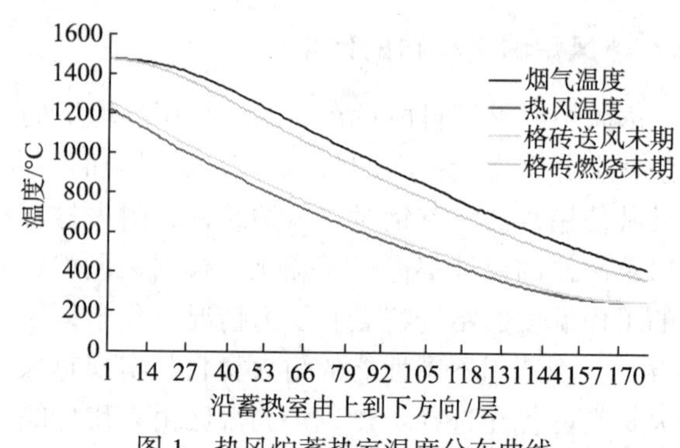

图 1 热风炉蓄热室温度分布曲线

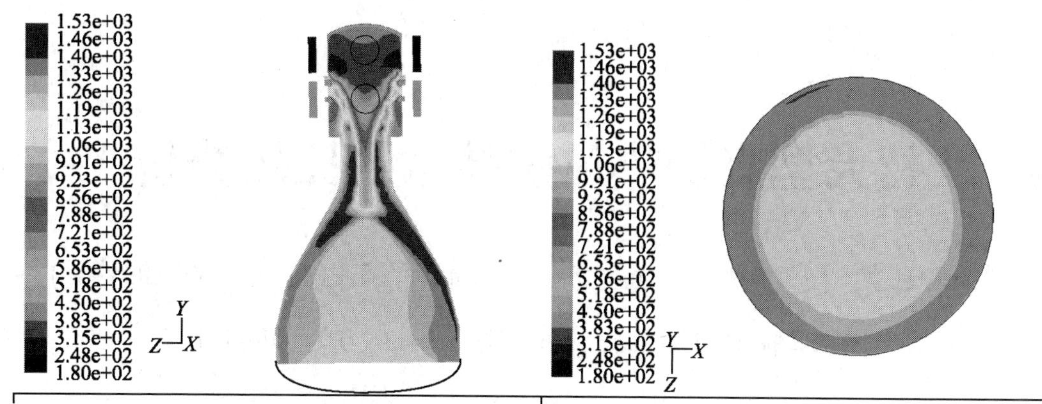

图 2　热风炉燃烧仿真模型

3　生产实践与应用

高风温冶炼是推动高炉强化、节能降耗的重要手段之一。近几年来，首钢公司三地区的高炉积极组织技术攻关，改进设备、工艺和操作，提高原燃料质量，为接受高风温创造了条件。全面提高风温水平后，达到了增加喷煤量、降低焦比、降低生产成本的目的。

2005 年下半年开始，首钢高炉使用热风温度进入新局面，高炉风温普遍达到 1100℃以上，特别是进入 2006 年 5 月份以来，首钢 2 号高炉、迁钢 1 号及 2 号高炉、首秦公司 1 号及 2 号高炉风温已经达到 1200℃以上，达到国内先进水平。表 4 为首钢高炉 2006 年主要技术经济指标。

表 4　首钢高炉 2006 年主要技术经济指标

项　目	首钢 1 号高炉	首钢 2 号高炉	首钢 3 号高炉	首钢 4 号高炉	迁钢 1 号高炉	首秦 1 号高炉	首秦 2 号高炉	迁钢 2 号高炉(2007.3)
高炉容积/m^3	2536	1780	2536	2100	2650	1200	1780	2650
利用系数/$t\cdot(m^3\cdot d)^{-1}$	2.37	2.492	2.37	2.37	2.46	2.31	2.3	2.548
热风温度/℃	1147	1184	1125	1122	1214	1227	1228	1236
焦比/$kg\cdot t^{-1}$	329.4	321.7	340.2	347.4	321.06	296.1	312.8	299.87
煤比/$kg\cdot t^{-1}$	140.9	151.8	141.8	136.1	143.18	183.5	163	140.13
燃料比/$kg\cdot t^{-1}$	489.2	487	501.4	500.1	490.0	492	493.8	478.48
休风率/%	1.518	2.499	0.676	1.701	1.36	—	—	0

4　结语

首钢高炉风温水平虽有长足的提高，但与国际先进水平相比还有较大差距，要真正达到 1250℃以上高风温仍需要继续努力。近年来，我国热风炉结构型式向多样化发展，内燃式、外燃式和顶燃式多种结构型式的高风温热风炉并存发展，通过技术引进，使我国热风炉技术装备水平已有显著提高。结合首钢及国内钢铁厂的实情，开发新型高风温热风炉技术，高效利用低热值高炉煤气实现高风温仍然是炼铁工作者重点研究的课题。

参考文献

[1] 张福明，毛庆武，倪苹. 我国大型顶燃式热风炉技术进步[J]. 设计通讯, 2002(2): 20~27.

[2] 赵民革，胡雄光，荣俊生，郭家林. 首钢顶燃式热风炉燃烧口破损调查及对策[C]. 2000 年炼铁生产技术工作会议暨炼铁年会文集, 2000(6): 371.

[3] 毛庆武，张福明，等. 高炉热风炉高温预热工艺设计与应用[C]. 2005 中国钢铁年会论文集，北京：冶金工业出版社, 2005: 449~453.

[4] 钱凯，胡雄光，韩庆. 首钢顶燃式热风炉冷风及烟气匹配技术研究[C]. 第五届北京冶金青年优秀科技论文集, 1999(10): 8.

（原文发表于《设计通讯》2007 年第 2 期）

特大型高炉热风炉技术的比较分析

钱世崇　张福明　李　欣　银光宇　毛庆武　胡祖瑞

(北京首钢国际工程技术有限公司，北京 100043)

摘　要：本文主要针对 5000m^3 级别大型高炉的高风温热风炉技术进行技术比较分析，选择 5000m^3 级别大型高炉的设计实例，在风温、风量、燃烧介质等热风炉设计参数相同的同口径条件下，对 Didier 外燃式热风炉和顶燃式热风炉进行本体表面积和表面积散热比较，同时通过数值模拟分析，比较这两种热风炉的高温烟气速度分布、高温烟气流场分布、格子砖顶面温度分布，为大型高炉热风炉形式的合理选择提供建设性建议。通过比较分析，顶燃式热风炉技术是目前高风温热风炉技术发展的趋势，顶燃式热风炉的本体结构技术、流场热传输技术较其他形式热风炉具有明显优点，对于大型高炉采用顶燃式热风炉技术可以取得可观经济效益。

关键词：大型高炉；热风炉；技术分析

Technology Comparison on Hot Blast Stove of the Ultra-large Blast Furnace

Qian Shichong　Zhang Fuming　Li Xin　Yin Guangyu　Mao Qingwu　Hu Zurui

(Beijing Shougang International Engineering Technology Co., Ltd., Beijing 100043)

Abstract: In this paper, the author compares and analyzes the technology of hot blast stove for 5000m^3 grade blast furnace, selects a design example of 5000m^3 grade blast furnace, compares the body surface area and surface area heat dissipation of Didier external-combustion stove and top-combustion stove at the same conditions of design parameters such as the blast temperature, blast volume, combustion gas etc. Through simulation analysis, the high temperature flue gas velocity distribution, high temperature gas flow field distribution and checker brick top surface temperature distribution for Didier external-combustion stove and top-combustion stove is compared, in order to provide constructive suggestions for reasonable selection of hot blast stove technology. Through comparative analysis, top-combustion stove represents the development trend of the high temperature hot blast stove technology, top-combustion stove has obvious advantages in the body structure technology and the flow field heat transferring technology over other types of hot blast stove. The application of top-combustion stove on large scale blast furnace can achieve significant economic benefits.

Key words: large blast furnace; hot blast stove; technology comparison

1　引言

近二十年来,世界高炉炼铁技术在大型、高效、长寿、低耗、环保取得较大的进步，在高炉长寿、高风温、富氧喷煤等单项技术的进步突出。高炉寿命同比提高 10 年，提出 25 年目标；热风炉高风温提高 100℃，达到 1250℃，提出 1300℃目标；燃料比降低到 550kg/t 以下，提出了 490kg/t 以下的目标；煤比达到 150kg/t 以上，提出 200kg/t 目标。所有技术的进步均体现在能耗和效率两个方面，这两个方面与高炉大型化发展密不可分，高炉大型化是世界高炉炼铁技术发展的必然趋势，我国高炉大型化实际应该追述到 1985 年 9 月宝钢的投产开始，然而真正走大型化道路应该是从 2004 年。不完全统计，我国高炉至 2011 年 3 月底我国在役和正在建设的 4000m^3 以上高炉累计 18~20 座，其中

5000m³ 以上高炉 3~4 座，我国高炉大型化发展，特别是向 4000 m³ 以上高炉的发展，进入了钢铁企业结构优化的新的发展阶段，与此同时大型高炉的热风炉技术选择也成为炼铁工作者关注的热点。目前 4000m³ 级别高炉热风炉技术有内燃式、外燃式、顶燃式三种型式。5000m³ 级别高炉热风炉技术有外燃式和顶燃式两种形式。5000m³ 级别以上高炉热风炉技术统计见表 1。

表 1　5000m³ 级别以上高炉热风炉技术统计

国家	公司/炉号(代)	有效容积/m³	投产时间	炉缸直径/m	热风炉形式	座数	设计风量/m³·min⁻¹
乌克兰	克里沃罗格 9 号(3 代)	5026	2003.11	14.7	Didier 外燃	4	1300
俄罗斯	切列波维茨 5 号(3 代)	5580	2005.09	15.1	Didier 外燃	4	1300
德国	施韦尔根 2 号(1 代)	5513	1993.01	14.9	Didier 外燃	3	1250
日本	NSC 君津 4 号(3 代)	5555	2003.05.08	14.5	NSC 式外燃	4	1250
日本	君津 2 号(代)	5245	2004.05		NSC 式外燃	4	1250
日本	NSC 大分 1 号(4 代)	5775	2009.08.02	14.9	NSC 式外燃	4	1250
日本	NSC 大分 2 号(3 代)	5775	2004.05.15	14.9	NSC 式外燃	4	1250
日本	NSC 名古屋 1 号(3 代)	5443	2007.04.25	14.5	NSC 式外燃	4	1250
日本	住金鹿岛 1 号(2 代)	5370	2004.09.03	15	Koppers 外燃	4	1250
日本	神户加古川 2 号(2 代)	5400	2007.05.29	不详	不详	4	1250
日本	JFE 千叶 6 号(2 代)	5153	1998.05	15	不详	4	1250
日本	JFE 京滨 2 号(2 代)	5000	2004.03.24	不详	不详	4	1250
日本	JFE 仓敷 4 号(3 代)	5005	2002.01.08	14.4	不详	4	1250
日本	JFE 福山 4 号(4 代)	5000	2006.05.05	14.0	不详	4	1250
日本	JFE 福山 5 号(代)	5500	2005.03	不详	不详	4	1250
中国	首钢京唐 1 号(1 代)	5576	2009.05	15.5	BSK 顶燃式	4	1300
中国	首钢京唐 2 号(1 代)	5576	2010.06	15.5	BSK 顶燃式	4	1300
中国	江苏沙钢 2 号(1 代)	5800	2010.10.21	15.3	DME 外燃	3	1250
韩国	浦项光阳 4 号(代)	5500	2009.10.28	15.6	Koppers 外燃	4	1250
韩国	现代唐津厂 1 号(1 代)	5250	2010.04	14.8	DME 外燃	3	1280
韩国	现代唐津厂 2 号(1 代)	5250	2011	14.8	DME 外燃	3	1280

2　外燃式、顶燃式热风炉本体结构比较

外燃式热风炉有地德式（Didier）、柯柏式(Koppers)、马琴式（Martin and Pagenstecher）、新日铁式(NSC)外燃式和 DME 外燃式。外燃式热风炉的构思是在 1910 年由达尔(F. Dahl)提出并申请专利，1928 年首先在美国卡尔尼基钢铁公司建成，1938 年 Koppers 又提出专利，柯柏式 1950 年用于高炉，其特点是燃烧室拱顶和蓄热室拱顶由各自不同半径的半球形砌体构成；1959 年出现了地德式（Didier）外燃热风炉，其特点是拱顶由近似半个卵形拱顶连接（图 1（c））。1965 年德国蒂森（Thyssen）公司使用了马琴式（Martin and Pagenst）外燃热风炉，其特点是蓄热室顶部具有圆锥形的缩口，使蓄热室拱顶与燃烧室拱顶由两个半径相同的 1／4 球形和大半个圆柱体所组成（图 1（b））；新日铁式（NSC）外燃热风炉，于 20 世纪 60 年代末综合了柯柏式和马琴式外燃热风炉的特点，首先在日本八幡制铁所洞同高炉上使用，其特点是蓄热室顶部也具有圆锥形的缩口，使蓄热室顶部直径与燃烧室直径相同，拱顶由两个半径相同的半球形拱顶和一个圆柱体的联络管所组成（图 1（a））；DME 外燃式是在地德式（Didier）的基础上进行燃烧器和燃烧室支撑结构的改进，其特点与（Didier）外燃热风炉基本相同。发展演变到现在，外燃式热风炉主要有地德式和新日铁式两种类型。

顶燃式热风炉早在 20 世纪 20 年代哈特曼(Hartmann)就提出了设想，但未受到人们重视，从 70 年代开始在中国的中小型高炉上应用，1979 年首钢 2 号高炉(1327m³)使用了顶燃式热风炉，开创了大型高炉使用顶燃式热风炉的先河，其特点是采用锥形与球形结合的拱顶结构，拱顶就作为燃烧室，拱顶砌体受力均匀，上部拱顶的直径较小，而下部又不承受推力，具有很好的稳定性，拱顶和管道出入口均采用异型砖砌筑，以提高砌体的整体性。

目前应用于 5000m³ 级别高炉的热风炉结构形式主要有两种：顶燃式、外燃式。针对这两种热风炉的典型形式进行比较，见表 2。

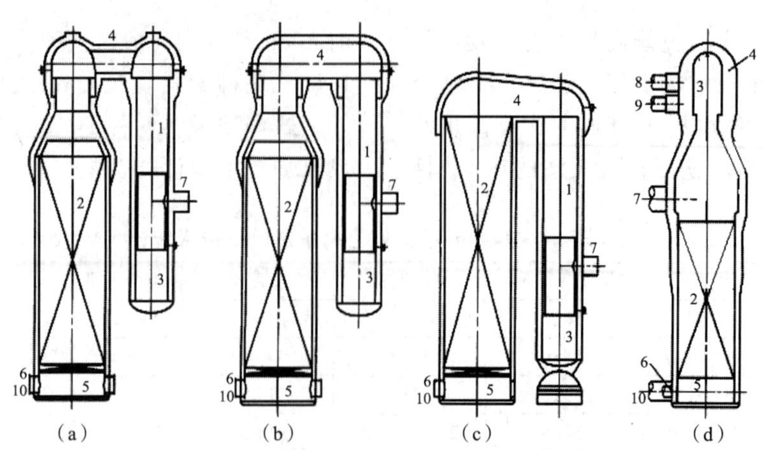

图1　外燃式、顶燃式热风炉结构示意图
（a）新日铁外燃式；（b）马琴外燃式；（c）地德外燃式；（d）顶燃式
1—燃烧室；2—蓄热室；3—燃烧器；4—拱顶；5—炉箅子及支柱；6—冷风入口；7—热风出口；8—煤气入口；9—助燃空气入口；10—烟气出口

表2　顶燃式与外燃式热风炉的比较

型号	NSC 外燃式	Didier 外燃式	顶　燃　式
布置	只能一列式	只能一列式	布置灵活，一列式、矩形、菱形
拱顶特点比较	拱顶由两个半径相同半球顶和一个圆柱形连接管组成，连接管上设有膨胀补偿器。拱顶对称，尺寸小，结构稳定性良好	拱顶由两个不同半径的接近 1/4 球体和半个截头圆锥组成。整个拱顶呈半卵形整体结构。拱顶尺寸大，结构复杂，不对称，稳定性差	燃烧室在热风炉顶部，弥补内燃式和外燃式不足，燃烧和蓄热有机统一的结构形式，拱顶直径小，结构完全对称，稳定性很好
燃烧器比较	三孔套筒式燃烧器，燃烧稳定；但火焰相对长，结构复杂对阀门等设备要求严格，易产生脉动。有火井，寿命可达15年	栅格式燃烧器，燃烧稳定，火焰短，空气过剩系数小；但结构复杂，空煤气预热温度要求大致相等，空煤气预热条件具有局限性，对燃烧室掉砖掉物敏感，热风阀漏水易造成损坏。有火井，寿命可达15年	顶燃式热风炉的陶瓷燃烧器设置在热风炉拱顶部位，旋流扩散环形燃烧器，环形多孔，气流出口呈旋流喷射，煤气和空气在进入蓄热室之前充分燃烧，火焰短，空气过剩系数小，具有广泛的工况适应性；适应各种空煤气预热条件。无火井，寿命可达25年
气流分布	较　好	较　差	非　常　好
优势与存在的问题	结构稳定性较好；拱顶温度高，外形较高，占地面积大，砖形复杂，拱顶联络管的砌砖和波纹补偿器问题，混风室与燃烧器之间联通管出现问题，晶间应力腐蚀问题。以上问题难以解决	外形低。拱顶结构庞大稳定性较差，占地面积大，砖形复杂。拱顶温度高，晶间应力腐蚀问题；对煤气和助燃空气温度差敏感性问题；对燃烧室掉砖和热风阀漏水易造成燃烧器损坏问题。以上问题难以解决	结构均匀对称。消除本体结构和传热的不对称性。布置灵活多样，紧凑合理占地面积小，节约钢材和耐火材料，燃烧后的高温烟气分布好，能够提高格子砖的利用率。由于其燃烧器的结构特点，热风炉的最高温度并不是出现在拱顶的最高处，而是在格子砖上表面，从而有效地降低了拱顶的温度，使拱顶更加稳定，拱顶温度一般不会超过 1100℃，可有效地减轻拱顶炉壳产生晶间应力腐蚀。热风炉本体无明显的技术缺陷。不足在于燃烧器位置高，带来管系设计复杂，但设计能够解决

3　5000m³级别高炉热风炉同口径比较分析

3.1　热风炉基本设计参数

燃式热风炉基本设计参数见表3。

3.2　同口径条件下热风炉基本结构设计参数

同口径条件下热风炉基本结构设计参数见表4。

3.3　外燃烧和顶燃式热风炉表面热损失比较

同口径条件下，根据热风炉基本结构设计参数相比，按照热风炉不同区域、不同砖衬厚度计算炉壳表面温度。

3.3.1　顶燃式热风炉表面热损失计算

顶燃式热风炉表面热损失计算见表5。

3.3.2　外燃式热风炉表面热损失计算

外燃式热风炉表面热损失计算见表6。

3.4　比较讨论

从上述同口径热风炉本体炉壳散热比较，可以显示:（1）外燃热风炉本体炉壳散热量较顶燃式热风炉高 45.62%。（2）因本体表面热损失，风温影响相差10℃。（3）按照每提高风温 100℃降低焦比 15kg 计算，提高 10℃降低焦比 1.5kg，两座高炉 900 万吨，年节约成本 2430 万元（焦炭价格按照 1800 元/吨计算）。

表 3　燃式热风炉基本设计参数表

名　称	三座工作（一座检修）	四座热风炉工作
热风炉操作制度	单炉送风 2 烧 1 送	冷交叉并联 2 烧 2 送
鼓风流量（设计）/$Nm^3 \cdot min^{-1}$	正常 8270	
热风温度（围管处）/℃	1250	1300
风压（工作）/MPa	0.53	
冷风温度/℃	240，最大 250	
冷风湿度/$g \cdot Nm^{-3}$	10~40	
热风炉拱顶温度（操作）/℃	1420	
送风时间/min	30	60
换炉时间/min	10	
燃烧时间/min	50	50
助燃空气预热温度、煤气预热温度/℃	设计能力 200℃（按照 180℃计算）	
格孔直径（格子砖形式）/mm	30（19 孔格子砖）	
格子砖蓄热面积/$m^2 \cdot m^{-3}$	48.6	
热风炉烟气温度（最高/平均）/℃	400/325	
热风炉炉壳工作温度/℃	80~120	
单位鼓风蓄热面积/$m^2 \cdot m^{-3}$	41.19	
单位鼓风格子砖重量/$t \cdot m^{-3}$	1.06	

表 4　热风炉基本结构设计参数表

顶燃式热风炉结构参数			地德外燃式热风炉结构参数		
热风炉总高度	m	约 51.5	热风炉总高度	m	约 40.790
热风炉直径	mm	10350/10900/11920	蓄热室直径/燃烧室直径	mm	9500/5900
蓄热室截面面积	m^2	67.9	蓄热室截面积/燃烧室截面积	m^2	57.3/15.77
格子砖高度	m	24.84	格子砖高度	m	31.44
格子砖总重量	t	2120	格子砖总重量	t	2182

表 5　顶燃式热风炉表面积与表面热损失计算表

一座顶燃式热风炉外壳表面积							
区　域	直径/m	高度/m	面积/m^2	壳体/℃	环境/℃	Δt/℃	炉壳散热总热损失/W
燃烧室顶部	7.88	3.10	79.38	52.00	25.00	27.00	33413.42
燃烧室	7.88	9.66	234.63	59.00	25.00	34.00	124367.98
拱顶锥段	7.04/11.92	5.82	201.14	85.00	25.00	60.00	188146.36
拱锥直段	11.92	5.10	190.98	81.00	25.00	56.00	166733.18
蓄热室上部	11.92	1.56	58.42	78.00	25.00	53.00	48270.69
蓄热室中部	11.92	2.86	104.14	75.00	25.00	50.00	81177.13
蓄热室中部	10.90	7.39	252.54	75.00	25.00	50.00	196854.93
蓄热室下部	10.35	12.00	390.14	48.00	25.00	23.00	139892.50
烟气室	10.35	3.35	108.28	44.00	25.00	19.00	32073.62
合计		50.84	1619.65				1010929.81
$\alpha_{对}$ /$W \cdot (m \cdot ℃)^{-1}$	15.59	大气流动情况复杂，计算按照大气流速为 4m/s 时的综合经验值					
炉壳散热热损失流量/$kJ \cdot h^{-1}$	3639347.31						
四座炉壳总热损失流量/$kJ \cdot h^{-1}$	14557389.24						
热风带出的热量/$kJ \cdot m^{-3}$	1864.62						
热风流量/$m^3 \cdot h^{-1}$	456000.00						
四座炉壳总热损比率/%	1.71						
设计风温水平/℃	1300.00						
影响风温/℃	22.26						

表 6 Didier 外燃式热风炉表面积与表面热损失计算表

一座外燃式热风炉外壳表面积							
区 域	直径/m	高度/m	面积/m²	壳体/℃	环境/℃	Δt/℃	炉壳散热总热损失/W
燃烧室顶部	3.57	3.70	293.94	85.00	25.00	60.00	274951.48
拱顶过渡直段	3.57/5.32	8.25		85.00	25.00	60.00	
蓄热室拱顶	5.32	5.36		85.00	25.00	60.00	
燃烧室火井上部	5.90	15.50	540.22	78.00	25.00	53.00	178545.71
燃烧室火井中部	5.90	8.50		75.00	25.00	50.00	168439.35
燃烧室火井下部	5.90	6.70		59.00	25.00	34.00	57269.38
燃烧室火井底部	5.90	1.30	62.90	52.00	25.00	27.00	26476.50
蓄热室上部	9.50	16.00	1136.91	81.00	25.00	56.00	422481.68
蓄热室中部	9.50	9.12		75.00	25.00	50.00	215013.00
蓄热室下部	9.50	9.12		48.00	25.00	23.00	98905.98
烟气室	9.50	3.35		44.00	25.00	19.00	30012.23
合计		86.9	2033.97				1472095.31
$\alpha_{对}$ /W·(m·℃)$^{-1}$	15.59	大气流动情况复杂，计算按照大气流速为 4m/s 时的综合经验值					
炉壳散热热损失流量/kJ·h^{-1}		5299543.10					
四座炉壳总热损失流量/kJ·h^{-1}		21198172.40					
热风带出的热量/kJ·m^{-3}		1864.62					
热风流量/m^3·h^{-1}		456000.00					
四座炉壳总热损比率/%		2.49					
设计风温水平/℃		1300.00					
影响风温/℃		32.41					

4 外燃式和顶燃式热风炉数值模拟计算定性比较分析

4.1 顶燃式热风炉与外燃式热风炉模型建立

本文针对上述同口径设计参数，根据设计所配置的不同热风炉形式的结构参数进行建模、计算和分析。该模型由煤气管道、空气管道、煤气环道、空气环道、半球形炉顶、喷嘴、燃烧室和蓄热室等部分组成，图 2 所示为外燃式和顶燃式热风炉模型与网格划分示意图，表 4 是热风炉基本结构设计参数表。

两种热风炉在燃烧方式上都可看作是非预混燃烧，因此在数学模型的选择上是类似的。实际中的燃烧过程是湍流和化学反应相互作用的结果，解决这一过程目前最常用的数学模型是 k-e-g 模型。边界条件，煤气和空气入口均为质量流量边界，壁面设置为非滑移边界，传热采用第二类边界条件且壁面绝热。流体密度采用 PDF（概率密度函数）混合物模型给出，比热容采用混合定律给出。辐射模型为 Discrete Ordinates 模型。关于数模的详细参数在此做详细叙述。

4.2 顶燃式热风炉与外燃式热风炉速度分布比较

比较顶燃式热风炉与外燃式热风炉的速度分布

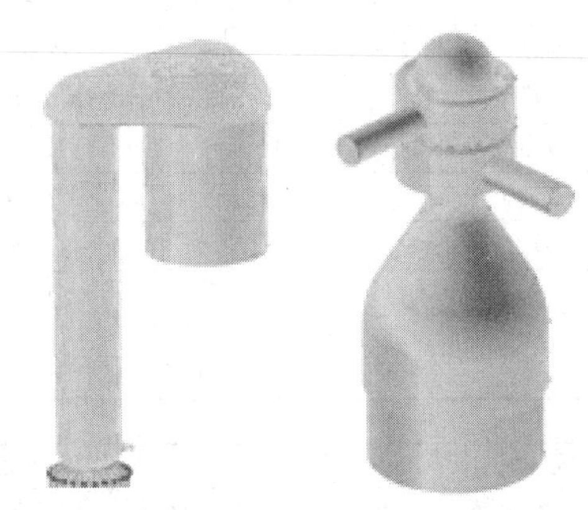

图 2 外燃式和顶燃式热风炉模型与网格划分

图可清楚的发现（图 3），顶燃式热风炉炉内的速度以热风炉中心线为中心，呈对称分布，这就保证了进入格子砖的烟气是均匀的，进而保证格子砖可均匀受热。而外燃式热风炉燃烧产生的高温烟气无法以中心对称的方式进入格子砖，也就无法使同一平面的格子砖被均匀加热，降低了格子砖的利用效率。

4.3 顶燃式热风炉与 Didier 外燃热风炉格子砖表面温度分布比较

比较顶燃式热风炉与外燃式热风炉的格子砖表面温度分布图可发现（图 4），顶燃式热风炉格子砖表面温度分布均匀，最大温差小于 50℃。而外燃式热风炉格子砖表面温度温差非常大，受燃烧效果和空间结构影响，最大温差 > 200℃。

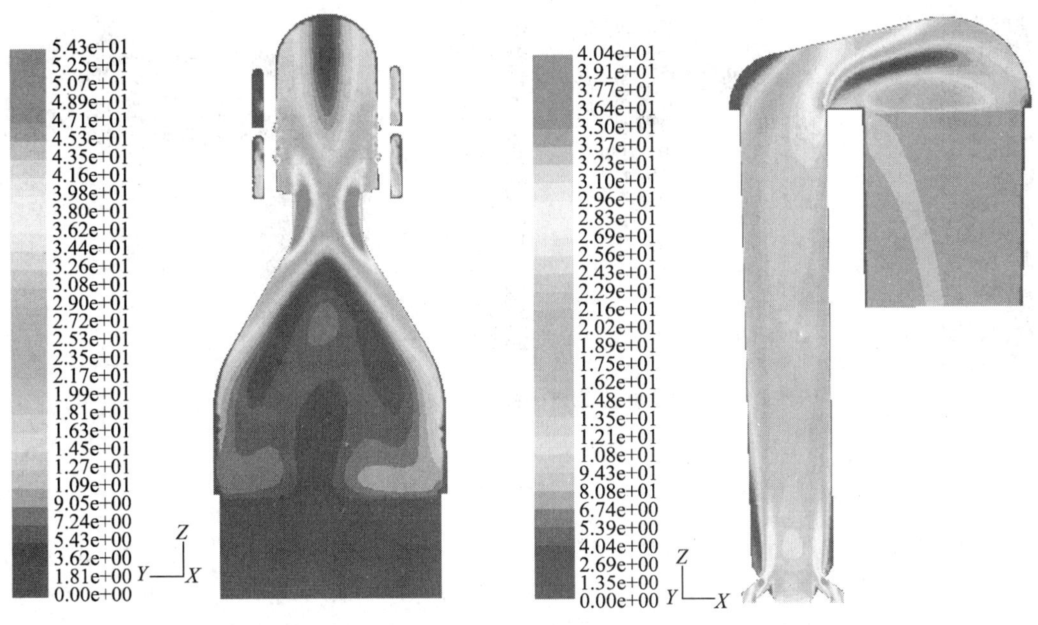

图 3　顶燃式热风炉和外燃式热风炉速度场分布比较

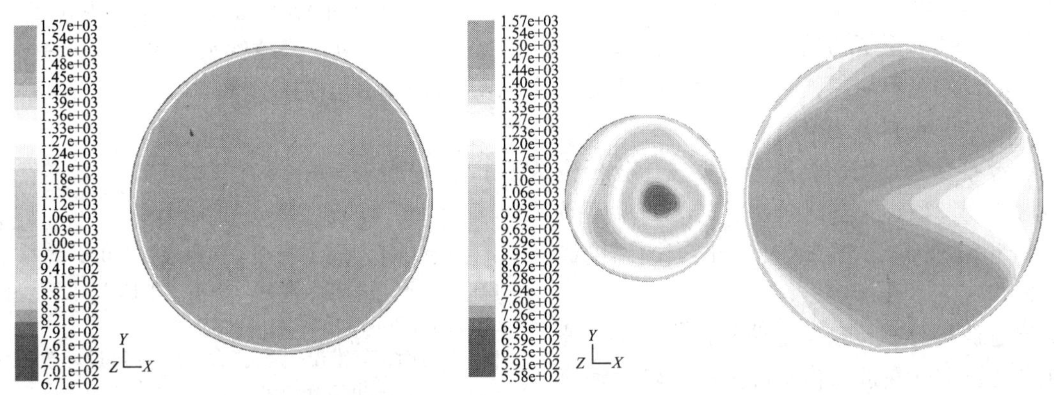

图 4　顶燃式和外燃式格子砖表面温度分布比较

4.4 顶燃热风炉与外燃热风炉流场比较

比较顶燃式热风炉与外燃式热风炉的流场分布和速度矢量场分布（图 5、图 6）可看出，顶燃式热风炉流场均匀有序，以热风炉中心线为中心，均匀的旋流向下进入格子砖，确保格子砖受热均匀，热效率高。

而外燃式热风炉受空间结构的影响，高温烟气无法均匀进入格子砖，在进入格子砖之前有较大涡流存在，严重影响气流分配均匀性，进而影响热风炉的使用效率和结构稳定性。

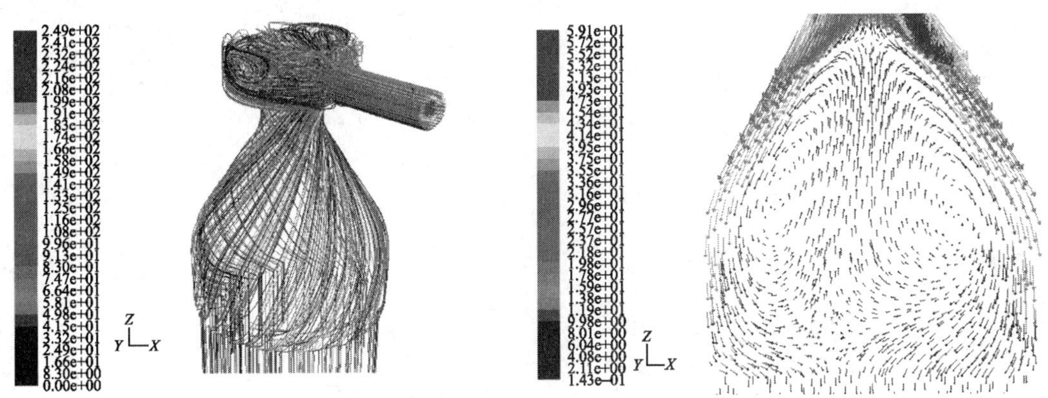

图 5　顶燃式热风炉流场与速度矢量分布

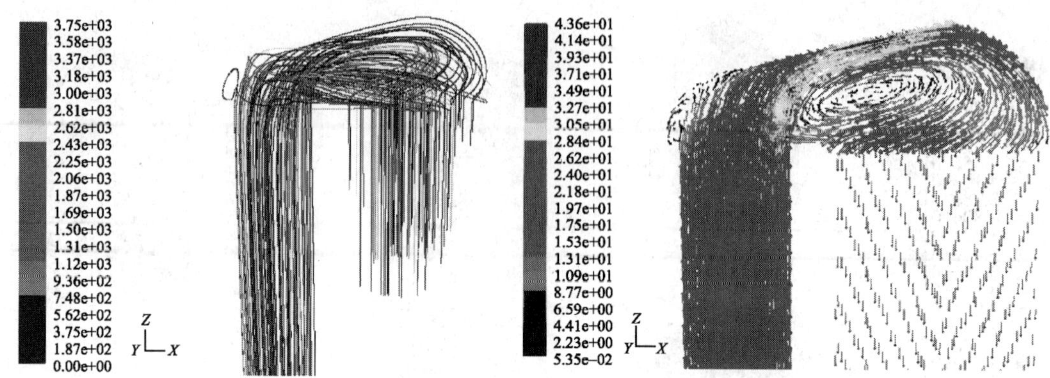

图 6　外燃式热风炉流场与速度矢量分布

4.5　比较讨论

通过建立模型和数值仿真计算定性分析，我们可以看出：

（1）通过气流速度场分布比较，分析格子砖加热效率。顶燃式热风炉燃烧产生的高温烟气的速度场对称分布，高温烟气分布均匀。外燃式热风炉燃烧产生的高温烟气的速度场呈完全不对称分布，同一平面的格子砖加热不均匀，顶燃式热风炉相对外燃式热风炉的格子砖利用效率高。

（2）通过蓄热室顶表面温度分布比较，分析格子砖加热均匀度。顶燃式热风炉格子砖表面温度最大温差小于 50℃。外燃式热风炉格子砖表面温度最大温差 > 200℃。

（3）通过流场分布比较，定性分析热效率。外燃式热风炉高温烟气在进入格子砖之前有较大涡流存在，严重影响气流分配均匀性，与顶燃式热风炉比较热风炉的热效率低和结构稳定性差。

5　结论

顶燃式热风炉技术是目前高风温热风炉技术发展的趋势，顶燃式热风炉的本体结构技术、流场热传输技术较其他形式热风炉具有明显优点，对于大型高炉采用顶燃式热风炉技术可以取得可观经济效益，仅热风炉本体炉壳散热比较，两座 5000m^3 级别高炉，年产 900 万吨铁水，采用顶燃式热风炉年节约成本 2430 万元左右。

参考文献

[1] 项钟庸，王筱留，等. 高炉设计——炼铁工艺设计理论与实践[M]. 北京：冶金工业出版社, 2009: 462.

[2] 周传典. 高炉炼铁生产技术手册[M]. 北京：冶金工业出版社, 2003: 358.

[3] 王应时，范维澄，周力行，等. 燃烧过程数值计算[M].北京：科学出版社, 1986: 72.

[4] 郭敏雷. 顶燃式热风炉传热及气体燃烧的数值模拟[D]. 北京科技大学学位论文, 2008.

（原文发表于《钢铁》2010 年第 10 期）

首钢京唐 5500m³ 高炉 BSK 顶燃式热风炉设计研究

张福明　梅丛华　银光宇　毛庆武　钱世崇　胡祖瑞

(北京首钢国际工程技术有限公司，北京 100043)

摘　要：本文介绍了首钢京唐钢铁厂 5500m³ 高炉 BSK 顶燃式热风炉的设计创新。优化集成了特大型顶燃式热风炉工艺；研究开发了助燃空气两级高温预热技术和顶燃式热风炉高效陶瓷燃烧器。根据顶燃式热风炉特性设计了合理的拱顶和陶瓷燃烧器结构；采用高效格子砖，优化了蓄热室的热工参数与结构，确定了合理的热风炉蓄热面积。优化热风炉炉体内衬设计；采用了有效的防止热风炉炉壳晶间应力腐蚀的技术措施。根据蓄热室传热计算，合理配置了热风炉炉体耐火材料，提高了耐火材料技术性能。优化热风管道系统耐火材料结构设计，使热风管道系统合理化并满足 1300℃高风温的要求。高炉投产后热风温达到设计水平，实现月平均风温 1300℃。

关键词：高炉；顶燃式热风炉；高风温；陶瓷燃烧器

Design Study on BSK Dome Combustion Hot Blast Stove of Shougang Jingtang 5500m³ Blast Furnace

Zhang Fuming　Mei Conghua　Yin Guangyu　Mao Qingwu
Qian Shichong　Hu Zurui

(Beijing Shougang International Engineering Technology Co., Ltd., Beijing 100043)

Abstract: This paper introduces the technical innovation of Shougang Jingtang Steel Plant 5500m³ blast furnace BSK dome combustion hot stove. Ultra large dome combustion hot blast stove optimum technical process is integrated; high temperature 2 stage preheating technology of combustion air and dome combustion hot stove high-efficiency ceramic burner are developed; according to the characteristics of dome combustion hot blast stove, the rational structure of dome and ceramic burner are designed; high efficiency checker brick is adopted, the thermal specification and structure of regenerator are optimized; reasonable hot blast stove checker heating surface is determined. Hot blast stove proper lining design is optimized; the effective technical measures for hot blast stove shell inter-crystalline stress corrosion prevention is applied. According to the thermal conduction calculation of regenerator suitable hot blast stove refractory is configured; the refractory technical performance is improved additionally. Refractory structure design of hot blast pipe system is improved in order to meet the requirement of 1300℃ blast temperature. Blast temperature of design level is reached to 1300℃ monthly after blast furnace blow in.

Key words: blast furnace; dome combustion hot blast stove; high blast temperature; ceramic burner

1　引言

首钢京唐钢铁厂是中国在 21 世纪建设的具有国际先进水平的新一代钢铁厂。钢铁厂建设 2 座 5500 m³ 高炉，年产生铁 898.15 万吨。这是中国首次建设 5000m³ 以上的特大型高炉，在全面分析研究了国际 5000m³ 以上的特大型高炉技术的基础上，积极推进自主创新，自主设计开发了无料钟炉顶设备、煤气全干法布袋除尘工艺、高炉高效长寿综合技术、顶燃式热风炉、螺旋法渣处理工艺等一系列具有重大创新的先进技术和工艺装备。

高风温是现代高炉炼铁的重要技术特征。提高风温可以有效地降低燃料消耗，提高高炉能量利用效率。设计中对改造型内燃式、外燃式、顶燃式三种结构形式的热风炉技术进行了研究分析，在首钢顶燃式热风炉技术和卡鲁金式顶燃式热风炉技术的基础上，综合两种技术的优势，设计开发了 BSK（Beijing Shougang Kalugin）型顶燃式热风炉技术，将顶燃式热风炉技术首次应用在 5000m^3 级特大型高炉上。

2 热风炉工艺技术研究

2.1 优化集成顶燃式热风炉工艺技术

高炉设计中对当时世界上已建成投产的 13 座 5000m^3 以上的特大型高炉工艺技术装备和生产运行状况进行了综合研究分析。国内外 4000m^3 级的大型高炉主要采用外燃式热风炉，仅有个别高炉采用内燃式热风炉；5000m^3 以上的特大型高炉全部采用外燃式热风炉；全世界 4000m^3 以上的高炉尚无采用顶燃式热风炉的应用先例。

顶燃式热风炉将燃烧器置于拱顶部位，利用热风炉的拱顶空间进行燃烧，取消了独立设置的燃烧室，其结构对称、温度区间分明、热效率高、占地少，是一种高效节能长寿型热风炉，是热风炉技术的发展方向。

20 世纪 70 年代，首钢开始研究开发顶燃式热风炉技术。最初在 23m^3 的试验高炉上进行顶燃式热风炉工业化试验并获得成功，70 年代末期，将顶燃式热风炉技术应用在首钢 2 号高炉（1327m^3），在世界上首次实现了大型高炉顶燃式热风炉的工业化应用。90 年代初期，首钢又将顶燃式热风炉技术相继推广应用到首钢 2 号（1726m^3）、4 号（2100m^3）、3 号（2536m^3）、1 号（2536m^3）高炉上。历经 30 多年的持续研究创新，顶燃式热风炉技术已成为首钢具有完全自主知识产权的原始创新技术，在生产实践中取得了显著的技术经济效益[1]。

20 世纪 80 年代，前苏联冶金热工研究院开发了一种顶燃式热风炉，于 1982 年在下塔吉尔冶金公司的 1513m^3 高炉上建成应用。在这种顶燃式热风炉获得成功应用的基础上，该技术的创造者卡鲁金对这种顶燃式热风炉拱顶和燃烧器结构进行了技术改进和优化，形成了小拱顶结构的顶燃式热风炉，并将其命名为卡鲁金型顶燃式热风炉，这种卡鲁金型顶燃式热风炉技术在俄罗斯和乌克兰 10 余座 1386~3200m^3 高炉上得到应用[2]。

首钢京唐 5500m^3 高炉设计研究中，将首钢顶燃式热风炉技术和卡鲁金顶燃式热风炉技术体系结合一体，集成两种技术的优势，进一步优化创新，设计开发了适用于特大型高炉的 BSK（Beijing Shougang Kalugin）顶燃式热风炉技术，在国际上首次将顶燃式热风炉技术应用在 5000m^3 级特大型高炉上。

BSK 顶燃式热风炉兼具首钢型和卡鲁金型顶燃式热风炉的技术优势，其主要技术特征是：（1）顶燃式热风炉的环形陶瓷燃烧器设置在热风炉拱顶部位，具有广泛的工况适应性。可以满足煤气和助燃空气多工况条件的运行，而且燃烧功率大、燃烧效率高、使用寿命较长。环形陶瓷燃烧器采用了特殊的旋流扩散燃烧技术，保证了空气和煤气的充分混合和燃烧，提高了理论燃烧温度和拱顶温度。（2）利用拱顶空间作为燃烧室，取消了独立的燃烧室结构，加强了炉体结构的热稳定性。陶瓷燃烧器设在拱顶部位，高温烟气在旋流状态下分布均匀，有效地提高了高温烟气在蓄热室格子砖表面的均匀性和传热效率。（3）蓄热室采用高效格子砖，适当缩小格子砖孔径，提高格子砖的加热面积，提高了热风炉传热效率。（4）利用热风炉烟气余热预热煤气和助燃空气，助燃空气再经预热炉预热至 520℃以上，在采用单一高炉煤气作为燃料的条件下，可以使风温达到 1300℃。（5）热风炉高温、高压管路系统采用低应力设计理念，通过管道体系和耐火材料结构优化设计，可以实现 1300℃高温热风的稳定输送[3]。

首钢京唐 5500m^3 高炉配置了 4 座 BSK 型顶燃式高风温长寿热风炉，设计风温为 1300℃，拱顶温度为 1420℃，热风炉高温区采用硅砖，设计寿命 25 年以上[4]。热风炉燃料为单一高炉煤气，采用烟气余热回收装置预热煤气和助燃空气，配置 2 座小型顶燃式热风炉单独预热助燃空气，可以使助燃空气温度达到 520℃以上。热风炉高温阀门采用纯水密闭循环冷却，热风炉系统燃烧、送风、换炉实现自动控制。4 座热风炉正常工作时，采用两烧两送交错并联送风模式，在使用高炉煤气作为燃料的条件下，风温可以达到 1300℃；在三烧一送和两烧一送的工况条件下，风温也可以达到 1250℃。BSK 顶燃式热风炉的主要技术性能见表 1。

2.2 设计开发助燃空气高温预热技术

为使热风炉在燃烧单一高炉煤气条件下实现 1300℃高风温，系统研究了提高热风炉理论燃烧温度、拱顶温度和热风温度的综合技术措施，在首钢助燃空气高温预热技术的基础上[5]，设计开发了高效长寿型煤气、助燃空气两级预热技术[6]。

表 1　BSK 顶燃式热风炉主要技术参数

项　　目	数　　值
热风炉座数/座	4
热风炉高度/m	49.22
热风炉直径/m	12.50
单座热风炉格子砖加热面积/m^2	95885
单位体积格子砖加热面积/$m^2 \cdot m^{-3}$	48
格子砖孔径/mm	30
格子砖高度/m	21.48
蓄热室截面积/m^2	93.21
送风温度/℃	1300
拱顶温度/℃	1420（格子砖上部最高温度 1450）
拱顶耐火材料设计温度/℃	1550
烟气温度/℃	最大 450，正常平均 368
助燃空气预热温度/℃	520~600
煤气预热温度/℃	约 215
冷风温度/℃	235
冷风风量/$Nm^3 \cdot min^{-1}$	9300
冷风压力/MPa	0.54
送风时间/min	60
燃烧时间/min	48
换炉时间/min	12
单位鼓风蓄热面积/$m^2 \cdot m^{-3}$	41.24
单座热风炉格子砖重量/t	2550
单位鼓风格子砖重量/$t \cdot m^{-3} \cdot min$	1.097
单位高炉容积蓄热面积/$m^2 \cdot m^{-3}$	67.73

其主要技术原理是：采用分离式热管换热器，回收热风炉烟气余热预热煤气和助燃空气，经过预热后的煤气和助燃空气温度可以达到 200℃左右，此过程被称为一级双预热；设置 2 座蓄热式助燃空气高温预热炉，用于预热助燃空气将其温度提高到520℃以上。助燃空气预热炉采用的煤气和助燃空气均经过热管换热器一级预热，预热炉拱顶温度可以达到 1300℃，2 座预热炉交替工作，用来加热热风炉燃烧使用的一部分助燃空气，助燃空气经过预热炉加热后温度可达 1200℃，再通过与一级预热后的助燃空气混合，使混合后的助燃空气温度控制在520~600℃，此过程称为二级预热。这种工艺是一种自循环预热流程，显著地提高了助燃空气、煤气的物理热，可以使热风炉拱顶温度提高到 1420℃甚至更高，从而可以有效地提高送风温度，热风炉系统总体热效率得到显著提高。

3　燃烧室结构优化研究

3.1　优化拱顶设计结构

拱顶是顶燃式热风炉的关键部位，拱顶结构设计的难点是要将陶瓷燃烧器和拱顶结构结合为一体，解决拱顶在热风炉燃烧、换炉、送风交替工作条件下的结构稳定性问题。BSK 顶燃式热风炉炉体采用将拱顶和大墙砖衬脱开的自由膨胀结构，拱顶砖衬独立支撑在拱顶炉壳的托砖圈上。拱顶砖衬和大墙砖衬之间设有用陶瓷纤维填充的迷宫式滑移膨胀缝，可以吸收大墙受热产生的膨胀位移，使大墙与拱顶可以自由胀缩。这种自由滑动的设计结构增强了拱顶的稳定性，降低了拱顶及拱顶各孔口部位砖衬的热膨胀量，消除了各孔口砖衬由于热膨胀产生裂缝而造成的漏风和窜风。

3.2　环形陶瓷燃烧器结构

BSK 顶燃式热风炉采用锥形拱顶，在拱顶的顶部中心区域设置环形陶瓷燃烧器。环形陶瓷燃烧器由煤气环道、助燃空气环道、煤气喷口、助燃空气喷口和预混室组成。环形陶瓷燃烧器与拱顶砌体采用相互独立的砌筑结构，环形陶瓷燃烧器的砌体由拱顶炉壳独立支撑，与拱顶砖衬砌体完全脱开，采用迷宫式密封结构，防止热膨胀应力破坏砖衬。陶瓷燃烧器采用高温综合性能优良的红柱石砖。图 1所示为环形陶瓷燃烧设计结构。

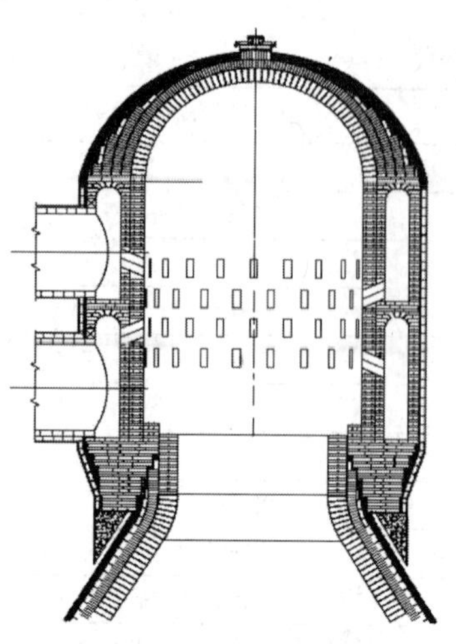

图 1　BSK 顶燃式热风炉环形陶瓷燃烧器设计结构

3.3　陶瓷燃烧器几何结构优化

拱顶是顶燃式热风炉的燃烧空间，为充分利用拱顶空间，使煤气燃烧完全，并使高温烟气在蓄热室格子砖内均匀分布，采用了旋流扩散燃烧技术。环形陶瓷燃烧器的煤气、助燃空气喷口沿圆周切线方向布置，2 环煤气喷口设置在燃烧器的上部并呈向下的倾角，2 环助燃空气喷口设置在燃烧器的下部并呈向上的倾角，使喷出的气流以一定的速度在预混室内交叉混合并向下旋流，强化了煤气与助燃空气的扩散混合，以实现煤气完全燃烧。为实现烟气的均匀分布，设计了合理的环形陶瓷燃烧器预混室与锥形拱顶的几何结构，通过烟气流在拱顶空间内的收缩、扩张、旋流、回流而实现煤气的完全燃烧和高温烟气的均匀分布[7]。

4　蓄热室结构设计优化

4.1　确定合理的热风炉工艺参数

BSK 顶燃式热风炉设计中，根据设定的入炉风量、风温、煤气条件、助燃空气条件等初始条件和边界条件，建立了热风炉燃烧计算和传热计算数学模型，经过传热计算确定蓄热室格子砖的高度和材质，设计了经济合理的蓄热面积。为抑制热风炉炉壳的晶间应力腐蚀和 NO_x 的排放，送风温度 1300℃时，热风炉拱顶温度控制在 1420℃，设定拱顶温度与风温差值为 120℃。由于设计开发了热风炉烟气余热回收利用工艺，改进了热风炉炉箅子和支柱的材质，提高了技术性能，在炉箅子和支柱允许工作温度下，烟气最高温度设定为 450℃，平均温度为 368℃，为热风炉操作提高烟气温度创造了条件。

4.2　优化配置热风炉数量

由于在国内外首次将顶燃式热风炉应用于 5000m³ 以上特大型高炉，以热风炉系统稳定可靠运行为前提，设计配置了 4 座热风炉，采用交错并联送风模式，为提高风温创造了有利条件。国外生产实践证实，4 座热风炉采用交错并联工作制度时，可以提高风温 30℃[8]。为实现送风温度达到 1300℃以上，结合不同的热风炉工作模式，设定了合理的热风炉工作周期，适当增加换炉次数，缩短送风时间，可以降低热风炉的蓄热量，在设定格子砖温度和温差的条件下减小蓄热室容积。在 4 座热风炉采用交错并联送风时，燃烧时间为 60min，送风时间为 48min，换炉时间为 12min。

4.3　采用高效格子砖，优化蓄热室热工参数

经过研究计算和设计优化，每座热风炉蓄热面积为 95885m²，蓄热室断面积为 93.21m²，格子砖高度 21.48m，每座热风炉格子砖重量 2550t，单位高炉有效容积加热面积为 67.73m²/m³，单位时间鼓风的加热面积为 41.24m² /（m³·min），热风炉总高度为 49.22m，炉壳最大内径为 12.5m，蓄热室格子砖砌体直径为 10.894m。

为了优化热风炉蓄热室的蓄热、加热性能，采用了直径为 30mm 的 19 孔高效格子砖，其加热面积为 48m²/m³，有效地实现了蓄热室断面的气流均匀分布，缩小了热风炉直径和外形尺寸，炉体结构简化，避免了大直径拱顶结构，提高了拱顶的结构稳定性和寿命。有效地提高了格子砖蓄热、加热能力，为实现稳定的高风温创造了条件。

BSK 热风炉设计中，由于优化了格子砖的热工参数和设计结构，格子砖加热面积比常规格子砖提高了 24%，大幅度提高了热风炉换热效率，蓄热室格子砖高度比 4000m³ 高炉外燃式热风炉降低了 13.5 m，同时减少了热风炉直径，降低了热风炉整体高度，节约了工程建设投资。表 2 是高效格子砖的主要热工性能。

4.4　蓄热室格子砖的优化配置

BSK 顶燃式热风炉设计中，经过热风炉燃烧末期蓄热室温度场计算分析，得出蓄热室在高度方向的温度分布，根据传热计算结果和耐火材料的传热特性，对格子砖配置进行了设计优化，合理设置不同材质格子砖的使用区域。

顶燃式热风炉不同高度部位因所处的温度区间不同，所采用的格子砖材质也不同，由上至下依次为硅质、红柱石质、低蠕变黏土质、高密度黏土质。高温区采用抗高温蠕变性能优异的硅砖，中温区采

用红柱石砖和低蠕变黏土砖，低温区采用高密度黏土砖。这种耐火材料的优化配置与顶燃式热风炉传热特性相适应，可提高耐火材料经济合理的功能性，降低工程投资。

表 2　高效格子砖的主要热工性能

项　目	首钢京唐高炉 19 孔格子砖	迁钢高炉 7 孔格子砖	宝钢高炉 7 孔格子砖	德国 7 孔格子砖Ⅰ	德国 7 孔格子砖Ⅱ
格子砖加热面积/$m^2 \cdot m^{-3}$	48	47.08	38.06	39.7	46.2
格子砖活面积/$m^2 \cdot m^{-3}$	0.36	0.33	0.409	0.298	0.405
填充系数/$m^2 \cdot m^{-3}$	0.641	0.67	0.591	0.7025	0.595
格子砖流体直径/mm	30	30	43	30	35
格子砖当量厚度/mm	34.6	28.5	31	35.4	25.8

在蓄热室高度方向根据蓄热室温度分布、工作环境和耐火材料特性，从上至下共设 5 段不同材质的格子砖。蓄热室高温区采用高温体积稳定性、抗蠕变性和耐侵蚀性优异的硅砖。高温区采用硅砖，其工作温度区间控制在 800~1420℃，可有效防止硅砖的温度剧烈变化而引起的相变破损；第 2 段为红柱石砖；第 3 段为低蠕变黏土砖；第 2 段、第 3 段格子砖处于蓄热室高温区和低温区的过渡区间，温度变化比较敏感，因此采用抗热震性能优良的红柱石砖和低蠕变黏土砖；第 4 段处于蓄热室低温区，采用高密度黏土砖，以提高热风炉蓄热量；第 5 段采用抗压强度高、抗蠕变性能和抗热震性能优良的低蠕变黏土砖。

4.5　耐火材料内衬结构设计优化

设计研究中对热风炉用耐火材料及砌筑结构进行了综合分析。采用高温性能、高温结构强度、高温体积稳定性、热稳定性、耐侵蚀性优异的优质耐火材料，研究了耐火材料的结构整体性能和结构设计，运用低应力设计体系，采取有效措施消除或降低耐火材料体系的热应力、机械应力、相变应力和压应力。

根据热风炉各部位的工作温度、结构特点、受力情况及化学侵蚀的特点，分别选用不同性能的耐火材料，实现热风炉耐火材料功能性优化选择。

4.5.1　拱顶大墙结构

拱顶砖衬采用 4 层不同材质的耐火材料。由内向外分别为硅砖、轻质硅砖、轻质隔热砖、陶瓷纤维毡和硅钙板。为了防止拱顶区域炉壳发生晶间应力裂纹腐蚀，炉壳内表面涂刷防晶间应力腐蚀涂料，并喷涂耐酸喷涂料，防止含酸气体冷凝积聚腐蚀炉壳，抑制晶间应力腐蚀的发生，热风炉炉壳外部不设保温结构。

4.5.2　蓄热室大墙结构

蓄热室顶部与拱顶之间采用相互独立的砌筑结构，使拱顶与热风炉炉体上部砌体完全脱离。沿蓄热室筒体砖衬高度方向分为 3 段，上段由内向外分别采用硅砖、轻质硅砖、轻质黏土隔热砖、耐火纤维毡、硅钙板；中段为过渡段；下段由内向外分别采用黏土砖、轻质黏土隔热砖、耐火纤维毡、硅钙板。

5　热风管道内衬结构优化设计

5.1　热风管道

热风总管、热风支管、热风围管采用低蠕变莫来石砖和隔热砖组合砌筑结构。管壳内表面喷涂 2 层不定型耐火材料，上部砖衬与喷涂料之间设置一层陶瓷纤维棉。热风总管和热风支管采用低蠕变莫来石砖和 2 层隔热砖砌筑结构，管壳内表面喷涂 2 层不定型耐火材料，上部砖衬与喷涂料之间设置一层陶瓷纤维棉。为延长热风总管和支管的使用寿命，在热风管道钢壳内表面喷涂一层防晶间应力腐蚀的耐酸涂料。

5.2　孔口组合砖结构

热风炉各孔口的工作条件十分恶劣，强化热风炉燃烧和换热过程，耐火材料要承受高温、高压的作用，孔口耐火材料还要承受气流收缩、扩张、转向运动所产生的冲击和振动作用。热风炉各孔口在多种工况的恶劣条件下工作，是制约热风炉长寿和提高风温的薄弱环节。热风出口采用独立的环形组合砖构成，组合砖之间采用双凹凸榫槽结构进行加强，并在组合砖上部设有半环特殊的拱桥砖，以减轻上部大墙砖衬对组合砖产生的压应力。热风炉的热风出口、热风管道上的三岔口等部位均采用组合砖砌筑。

热风支管、热风总管、热风环管内衬的工作层的砖衬采用蠕变低、体积密度相对较低、高温稳定性优良的红柱石砖。

5.3 波纹补偿器内衬结构

根据对高温、高压热风管道热膨胀的计算结果，将波纹补偿器处的耐火材料砌体膨胀缝宽度设置在50 mm以上，采用迷宫式密封结构，将热风管道的工作层和隔热层砖衬设计成相对独立的自由体系，采用限制性的定向膨胀结构，同一层砖衬允许轴向滑移，通过合理设置膨胀缝吸收砖衬的热膨胀。在工作层砖衬膨胀缝开口处设置了一环镶嵌式保护砖，可有效防止膨胀缝中填充的陶瓷纤维材料被气流冲掉，解决了热风管道窜风、发红的问题。

6 生产应用实践

首钢京唐1号于2009年5月21日送风投产，高炉投产后生产稳定顺行，各项生产技术指标不断提升，高炉最高日产量达到14245t/d，月平均利用系数达到2.37t/（m^3·d），燃料比480kg/t，焦比269kg/t，煤比175kg/t，风温1300℃，达到了预期的设计水平。为充分发挥BSK顶燃式热风炉的技术优势，不断优化高炉操作，逐步提高风温。2009年12月13日，高炉风温突破1300℃，2009年12月全月平均风温达到1281℃；2010年1月受焦炭质量影响，高炉风温有所降低，全月平均1259℃；2月中旬以后，随着焦炭质量的改善，高炉风温逐步攀升，恢复到1305℃，2月全月平均风温达到1277℃；3月全月平均风温达到1300℃。实现了全高炉煤气条件下，高炉风温持续稳定达到1300℃的设计指标，开创了特大型高炉高风温生产实践的新纪录，达到了国内外5000m^3以上特大型高炉高风温操作的领先水平。表3是首钢京唐1号高炉投产后一年的主要生产技术指标。

表3 首钢京唐1号高炉主要生产技术指标

日期(年-月)	平均日产量 /t·d^{-1}	利用系数 /t·(m^3·d)$^{-1}$	焦比 /kg·t^{-1}	煤比 /kg·t^{-1}	燃料比 /kg·t^{-1}	风温 /℃	工序能耗 /kgce·t^{-1}
2009-5	4840	0.88	551	83	634	914	799
2009-6	7425	1.35	503	62	565	998	538
2009-7	8525	1.55	483	49	532	1063	461
2009-8	11000	2.01	372	94	481	1166	409
2009-9	11660	2.12	354	101	483	1212	419
2009-10	12210	2.22	340	117	488	1262	414
2009-11	12500	2.27	299	145	484	1276	406
2009-12	12694	2.31	288	149	479	1281	393
2010-1	12657	2.30	307	137	482	1259	388
2010-2	12847	2.34	287	161	482	1277	375
2010-3	13035	2.37	269	175	480	1300	373
2010-4	12147	2.21	289	156	482	1275	381

7 结论

（1）首钢京唐1号高炉投产后，在燃烧单一高炉煤气条件下，月平均风温突破1300℃，开创了特大型高炉高风温生产实践的新纪录，达到了国内外5000m^3以上特大型高炉高风温操作的领先水平。

（2）根据热风炉燃烧、气体流动、传输过程的理论研究，优化了热风炉燃烧器、燃烧室、蓄热室、炉体耐火材料内衬和管道结构设计，有效提高了热风炉的加热能力和工作效率，自主设计、研究开发了多项热风炉高效长寿技术。

（3）优化热风炉拱顶和环形陶瓷器设计结构，将热风炉拱顶和陶瓷燃烧器作为整体进行设计优化。采用自由膨胀的无应力设计体系，延长拱顶和陶瓷燃烧器使用寿命。对热风炉的高温、高压管道进行了系统的设计优化，通过管系受力计算，合理设置波纹补偿器、拉杆和管道支架，实现了管道系统低应力设计，满足了高温热风稳定输送的要求。

（4）为了有效抑制热风炉炉壳晶间应力腐蚀，热风炉高温区炉壳和热风管道内壁采取喷涂防酸涂料的综合防护措施。优化了热风管道的内衬设计结构，水平管道与垂直管道连接处采用各自独立的组合砖结构，使两者之间的热膨胀不互相干涉，解决了孔口砖衬热膨胀不均造成管道窜风的技术难题，满足了1300℃高风温的送风要求。

参考文献

[1] 张福明. 我国大型顶燃式热风炉技术进步[J]. 炼铁，2002，21(5)：5~10.

[2] Iakov Kalugin. High temperature shaftless hot air stove with long service life for blast furnace[C]. AISTech 2007 Proceedings-Volume I. Chicago: AIST, 2007: 405~411.
[3] 张福明，钱世崇，张建，等. 首钢京唐 5500m^3 高炉采用的新技术[J]. 钢铁，2011，46(2)：12~17.
[4] Zhang Fuming, Qian Shichong, Zhang Jian, et al. Design of 5500m^3 blast furnace at Shougang Jingtang[J]. Journal of Iron and Steel Research International, 2009, 16(Supplement2): 1029~1034.
[5] 张福明. 现代大型高炉关键技术的研究与创新[J]. 钢铁, 2009, 44(4): 1~5.
[6] 梅丛华, 张卫东, 张福明, 等. 一种高风温长寿型两级双预热装置：中国, ZL200920172956.4[P]. 2010-07-14.
[7] 张福明. 长寿高效热风炉的传输理论与设计研究[D]. 北京：北京科技大学，2010: 171~187.
[8] Peter Whitfield. The advantages and disadvantages of incorporating a fourth stove within an existing blast furnace stove system[C]. AISTech 2007 Proceedings Volume I. A Publication of the Association for Iron and Steel Technology, 2007: 393~403.

（原文发表于《中国冶金》2012 年第 3 期）

顶燃式热风炉高温低氧燃烧技术

张福明[1] 胡祖瑞[1] 程树森[2]

(1. 北京首钢国际工程技术有限公司，北京 100043;
2. 北京科技大学冶金与生态工程学院，北京 100083)

摘　要：NO_x是制约热风炉实现高风温长寿的主要技术障碍。为有效抑制和降低热风炉燃烧过程生成的NO_x，研究分析了NO_x的生成机理，运用热力型NO_x生成模型，计算了热风炉燃烧过程NO_x生成速率和生成量。开发设计了基于高温低氧燃烧技术（HTAC）的新型顶燃式热风炉，采用CFD仿真模型，对比研究了常规热风炉和高温低氧热风炉的燃烧过程和特性。计算得出两种热风炉的温度场分布和火焰形状、浓度场分布以及NO_x的浓度分布。研究结果表明，高温低氧热风炉温度场分布均匀，在相同拱顶温度下，NO_x生成量仅为80ppm，比常规热风炉降低约76%。高温低氧热风炉可以获得更高的风温并可以有效降低NO_x排放，实现热风炉高效长寿和节能减排。

关键词：顶燃式热风炉；高温低氧燃烧；高风温；低NO_x

Study on High Temperature Air Combustion of Dome Combustion Hot Blast Stove

Zhang Fuming[1] Hu Zurui[1] Cheng Shusen[2]

(1. Beijing Shougang International Engineering Technology Co., Ltd., Beijing 100043;
2. University of Science and Technology Beijing, Beijing 100083)

Abstract: NO_x is the major technical barrier to increase hot blast temperature and prolong campaign life of hot blast stove at present. In order to restrain the amount of NO_x formation during combustion process in the hot blast stove, the article studies and analyses the generation mechanism of NO_x production, and calculates NO_x generation rate and amount in hot blast stove by means of thermodynamic generation model. A new dome combustion stove is developed based on high temperature air combustion (HTAC) technology. A comparison on the combustion process and characteristic of conventional hot blast stove and HTAC hot blast stove is performed by application of CFD simulation model. Temperature and concentration field distribution, flame shape and NO_x concentration distribution of two kinds of stove is calculated. The result shows quite symmetrical HTAC stove temperature field distribution. Under the same dome temperature, NO_x generation is 80ppm only, reduced by approx. 76% in comparison with conventional stove. HTAC hot blast stove can get higher temperature and decrease NO_x emission efficiently, as well as realize long campaign life of hot blast stove and energy-saving emission reduction.

Key words: dome combustion hot blast stove; high temperature air combustion; high hot blast temperature; low NO_x

1 引言

随着炼铁工业的技术发展，提高风温已成为现代高炉的重要技术特征。在高炉炼铁工艺中采用热风炉加热鼓风已有近200年历史，最早经过热风炉加热后的鼓风温度只有149℃，随着技术的不断进步，目前高炉风温已达1250~1300℃。提高风温可以大幅度降低高炉燃料消耗，节约焦炭，提高喷煤量，促进高炉生产稳定顺行，还可以充分利用低热值高炉煤气，提高能源利用效率，减少煤气放散和 CO_2 排放，节约能源，保护环境。因此，高风温是现代高炉实现强化冶炼、高效低耗、节能减排的重要技术措施。现代热风炉要达到 1250℃以上的高风温，使用寿命要大于 30 年，同时要降低 CO_2、NO_x 等污染物的排放，实现热风炉长寿、高效、高风温、低排放。

高炉热风炉按结构型式分为内燃式、外燃式和顶燃式。顶燃式热风炉是 20 世纪 70 年代针对内燃式和外燃式热风炉的技术缺陷而创新发展的一种新型热风炉结构。顶燃式热风炉的特点是利用热风炉的拱顶空间作为燃烧室，取消了热风炉内部或外部独立设置的燃烧室。1978 年，首钢 2 号高炉（1327m^3）率先采用了顶燃式热风炉，这是世界上第一座大型顶燃式热风炉实现工业化应用[1]。这种热风炉具有结构对称，温度区间分布合理，占地面积小，工程投资低等优点。但传统的顶燃式热风炉受燃烧空间的影响，容易造成拱顶局部高温，使燃烧室温度变化剧烈且温度分布不均匀，降低热风炉的传热效果和使用寿命。目前，现有 3 种结构型式的热风炉均为常规热风炉，无论采用何种结构型式的燃烧器，其燃烧原理和特性并无本质性差别。研究表明，热风炉拱顶温度达到 1400℃以上时，NO_x 大量生成，燃烧产物中的 NO_x 含量急剧升高，燃烧产物中的水蒸气在温度降低到露点以下时冷凝成液态水，NO_x 与冷凝水结合形成酸性腐蚀性介质，对热风炉炉壳钢板产生晶间应力腐蚀。因此现有的常规热风炉一般将拱顶温度控制在 1420℃以下，旨在降低 NO_x 的含量从而抑制炉壳晶间应力腐蚀，但由此却限制了风温的进一步提高。因此设计开发出一种改变常规热风炉燃烧过程，进一步提高风温，同时降低 CO_2、NO_x 排放的高风温高效长寿热风炉已成为攻克上述技术缺陷的必然。

2　热风炉燃烧过程 NO_x 的形成机理

燃料燃烧过程中生成的氮的氧化物总称为 NO_x，NO_x 主要包括 N_2O、NO、NO_2、N_2O_3、NO_3 和 N_2O_4、N_2O_5 等，燃烧生成的 NO_x 主要是 NO 和少量的 NO_2。NO_x 对人体、动物和植物都具有极大的危害，还会导致光化学雾、酸雨和臭氧损耗，对自然生态环境产生破坏作用，因此工业生产和燃料燃烧中要尽量减少 NO_x 的排放。

NO_x 在燃烧过程的生成量受燃烧方式、空气混合比、燃烧温度等燃烧条件的影响很大。NO_x 按其起源和生成途径可以分为热力型 NO_x、快速型 NO_x 和燃料型 NO_x。热力型 NO_x 是通过氧化燃烧空气中的 N_2 而形成的；快速型 NO_x 是通过在火焰前锋面的快速反应形成的；而燃料型 NO_x 是通过氧化燃料中的 N 而形成的。高炉热风炉在燃烧高炉煤气条件下，由于高炉煤气中含氮化合物很少，燃料型 NO_x 生成极少，因此主要以生成热力型 NO_x 为主。

2.1　热力型 NO_x 的形成机理

热力型 NO_x 的形成是由一组高度依赖于温度的化学反应决定的，这也被称为广义的捷尔道维奇（Zeldovich）生成机理，该理论认为在 O_2-N_2-NO 系统中由氮分子形成的热力型 NO_x 的主要反应如下：

$$O + N_2 \xrightarrow{K_1} N + NO \quad (1)$$

$$O_2 + N \xrightarrow{K_2} O + NO \quad (2)$$

$$N + OH \xrightarrow{K_3} H + NO \quad (3)$$

反应（1）和反应（2）被称为捷尔道维奇生成机理，当燃烧过程存在有水蒸气时，燃烧产物中有 OH 存在，此时 NO 也可以按反应（3）生成，因此被称为广义的捷尔道维奇生成机理。热力型 NO_x 生成的特点是生成反应比燃烧反应慢，主要是在火焰前锋的高温区间内生成 NO_x。

大量研究结果表明[2~4]，NO 的生成是在燃烧带之后靠近最高温度区间的燃烧产物中进行的，目前的研究结果也指出在燃烧带之中也有 NO 的生成反应进行。NO 的浓度与燃烧产物的温度有关，而且生成 NO 浓度最高的区域处于温度最高的区间，无论燃烧反应是否结束还是正在进行。研究还发现，NO 的生成并不是瞬间完成的，燃烧产物在燃烧室停留时间越长，烟气中的 NO 浓度就越高，因此增加气流速度可以使 NO 浓度降低。总之，NO_x 的生成主要与火焰的最高温度、N_2 和 O_2 的浓度以及气体在高温区的停留时间等因素有关。

2.2　热力型 NO_x 的反应速率

热力型 NO_x 中 NO 的含量在 95%左右，仅在局部有少量 NO 被氧化成 NO_2。在热风炉燃烧的条件下，NO 生成反应尚未达到化学平衡，反应基本上服从阿累尼乌斯定律，经 Zeldovich 通过试验及推导，NO 的形成速率可表示为：

$$\frac{d[NO]}{dt} = 3\times10^4[N_2][O_2]^{1.5}\times\exp[-542000/(RT)] \quad (4)$$

式中，[NO]，[N_2]，[O_2]分别是 NO，N_2，O_2 的浓度，mol/cm^3；T 是反应温度，K；t 是时间，s。

由式（4）可以看出，NO的生产量将随烟气在高温区内的停留时间延长而增加。氧浓度也直接影响NO的生成量，氧浓度越高则NO的生成量也就越多。温度的升高也将提高NO的生成量，研究表明在热风炉中当温度高于1400℃时，NO的生产量随火焰温度的升高急剧增加，此时温度对NO的生成具有决定性影响。

由反应式（1）~（3）可推导NO的生成净速率如式（5）所示，式（5）相对式（4）考虑了中间产物的反应过程以及逆反应对NO浓度的影响，因此对于计算NO生成量而言更为准确。

$$\frac{\mathrm{d[NO]}}{\mathrm{d}t}=k_1[\mathrm{O}][\mathrm{N_2}]+k_2[\mathrm{N}][\mathrm{O_2}]+k_3[\mathrm{N}][\mathrm{OH}]-k_{-1}[\mathrm{NO}][\mathrm{N}]-k_{-2}[\mathrm{NO}][\mathrm{O}]-k_{-3}[\mathrm{NO}][\mathrm{H}] \quad (5)$$

式中，[NO]，[O]，$[N_2]$，[N]，$[O_2]$，[OH]分别是NO，O，N_2，N，O_2，OH的浓度，$\mathrm{gmol/m^3}$；k_1，k_2，k_3为正反应的速率常数，$\mathrm{m^3/(gmol\cdot s)}$；$k_{-1}$，$k_{-2}$，$k_{-3}$为相应的逆反应的速率常数，$\mathrm{m^3/(gmol\cdot s)}$。

反应（1）至反应（3）的速率常数已经在大量的实验研究中测得[5]，从这些研究中得出的数据已经经过Hanson和Salimian等人的精确评估。在热力型NO_x生成模型中，式（5）中的速率系数表达式分别为$k_1=1.8\times10^8\mathrm{e}^{-38370/T}$，$k_{-1}=3.8\times10^7\mathrm{e}^{-425/T}$，$k_2=1.8\times10^4T\mathrm{e}^{-4680/T}$，$k_{-2}=3.8\times10^3T\mathrm{e}^{-20820/T}$，$k_3=7.1\times10^7\mathrm{e}^{-450/T}$，$k_{-3}=1.7\times10^8\mathrm{e}^{-24560/T}$。

2.3 抑制热力型NO_x生成的措施

抑制热力型NO_x的燃烧技术包括低氧燃烧法、分段燃烧法和烟气再循环法等。这些方法的基本原理都为偏离化学当量燃烧法，即在局部的燃烧区域内使化学当量比不在燃烧反应化学当量比范围，从而抑制NO_x的生成。

特恩斯[6]用NO_x计算模型计算了稀释燃烧空气对降低NO_x生成速率的影响。在碳氢化合物的燃烧温度达到1995℃的燃烧条件下，计算得出NO_x生成速率为：

$$\mathrm{d}C_{\mathrm{NO}_x}/\mathrm{d}t=19750\ \mathrm{ppm/s}$$

在采用N_2稀释燃烧用空气后，NO_x的生成速率降低到：

$$\mathrm{d}C_{\mathrm{NO}_x}/\mathrm{d}t=388\ \mathrm{ppm/s}$$

采用N_2稀释空气后，NO_x生成量降低了近50倍，因此用惰性气体或不可燃气体稀释燃烧用空气中的氧浓度，可以抑制NO_x的生成，大幅度降低NO_x的浓度。这一研究结果表明，在低氧环境下燃烧可以有效抑制NO_x的生成，也是高温低氧热风炉开发研究的理论基础。

3 高温低氧热风炉的设计开发

3.1 高温空气燃烧技术（HTAC）

高温空气燃烧技术（High Temperature Air Combustion, HTAC）[7~9]是20世纪90年代开发成功的一项燃料燃烧领域中的新技术。HTAC包括两项基本技术措施：一是燃烧产物显热最大限度回收或称极限回收；二是燃料在低氧气氛下燃烧。燃料在高温条件下和低氧空气中燃烧，燃烧过程和体系内的热工条件与常规的燃烧过程（空气为常温或低于600℃以下，含氧量不小于21%）具有显著的差异。这项技术为当今以燃烧为基础的能源转换技术带来变革性的发展，具有高效烟气余热回收和高预热空气温度、低NO_x排放等多重技术优越性，被认为是21世纪核心工业技术之一。

目前高温低氧燃烧技术已开始在轧钢加热炉上逐渐采用，但还从未在高炉热风炉上得到应用。基于以上高温低氧燃烧理论，将高温低氧燃烧技术运用于高炉热风炉燃烧过程，将燃烧产生的烟气与高温预热后的助燃空气混合，从而降低氧气浓度，实现热风炉高温低氧燃烧。

3.2 高温低氧顶燃式热风炉结构开发

高温空气燃烧技术的基本原理是使煤气在高温低氧体积浓度气氛中燃烧。目前采用助燃空气高温预热技术，已经能将助燃空气温度预热到800℃以上；通过采用煤气分级燃烧和高速气流卷吸燃烧产物，稀释反应区氧的体积浓度，获得氧浓度低于15%（体积）的低氧气氛。煤气在这种高温低氧气氛中，形成与传统燃烧过程完全不同的热力学条件，在与低氧气体作延缓状燃烧下释放热能，消除了传统燃烧过程中出现的局部高温高氧区。

热风炉高温低氧燃烧方式一方面使燃烧室内的温度整体升高且分布更加均匀，使煤气消耗显著降低，降低煤气消耗也就意味着相应减少了CO_2等温室气体的排放；另一方面还有效抑制了热力型NO_x的生成。热力型NO_x的生成速度主要与燃烧过程中的火焰最高温度及氮、氧的浓度有关，其中温度是影响热力型NO_x的主要因素。在高温空气燃烧条件下，尽管热风炉内平均温度升高，但由于消除了传统燃烧的局部高温区；同时在热风炉内高温烟气与助燃空气旋流混合，降低了气氛中氮、氧的浓度；另外在热风炉内气流速度高、燃烧速度快，因此NO_x排放浓度则大幅度降低。

图 1 所示为顶燃式高温低氧热风炉的基本结构图[10]。置于拱顶燃烧室的高温低氧燃烧器设有 4 层或以上的环状煤气、空气环道，每层环道上设有一定数量的喷口。煤气和空气经喷口喷出，进入燃烧室内进行燃烧。由上至下各层喷口依次为：第一层为煤气喷口，第二层为空气喷口，第三层为空气喷口，第四层为煤气喷口。由于煤气、空气入口位置对煤气、空气喷口气流分配的均匀性影响较大，因此各煤气、空气喷口尺寸、间距根据煤气、空气入口管的数量和位置呈渐变分布或对称分布。

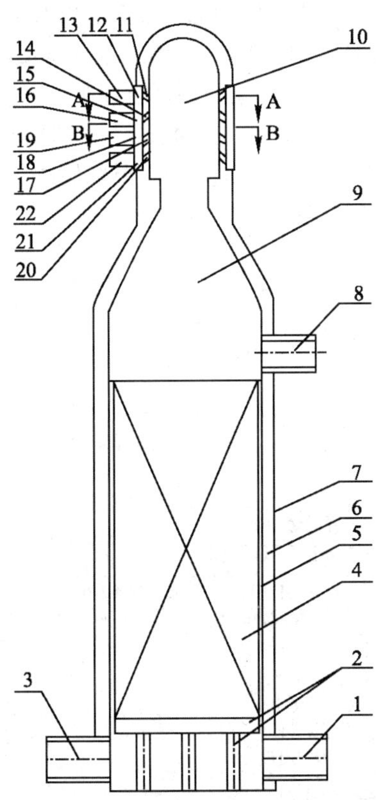

图 1 高温低氧顶燃式热风炉的基本结构图

1—冷风入口；2—炉箅子及支柱；3—烟气出口；4—格子砖；5—蓄热室；6—炉衬；7—炉壳；8—热风出口；9—燃烧室；10—高温低氧燃烧器；11—第一层煤气喷口；12—第一层煤气环道；13—第一层煤气入口；14—第一层空气喷口；15—第一层空气环道；16—第一层空气入口；17—第二层空气喷口；18—第二层空气环道；19—第二层空气入口；20—第二层煤气喷口；21—第二层煤气环道；22—第二层煤气入口

第一层煤气喷口喷出的煤气与第二层空气喷口喷出的空气在旋流扩散的条件下混合后燃烧，形成高温烟气向燃烧室下部流动；由第三层空气喷口喷出的空气与燃烧室内向下流动的高温烟气混合后，其温度可达到 800~1000℃，氧浓度低于 15%，形成高温低氧的助燃空气，在燃烧室内向下旋转流动；由第四层煤气喷口喷出的煤气在燃烧室内高温低氧的气氛中燃烧，燃烧过程成为扩散控制反应，不再存在传统燃烧过程中出现的局部高温高氮区域，NO_x 的生成受到抑制。同时低氧状态下燃烧的火焰体积增大，在整个燃烧室内形成温度分布均匀的高温强辐射黑体，传热效率显著提高，NO_x 排放大幅度降低，还可节约 25% 的燃料消耗，相应可降低 CO_2 排放。

4 高温低氧热风炉的燃烧特性

为研究高温低氧顶燃式热风炉的燃烧特性，建立了常规顶燃式热风炉与高温低氧顶燃式热风炉的物理模型以及湍流燃烧的数学模型，通过 CFD 仿真计算解析研究了两种热风炉燃烧室内的温度分布、浓度分布以及 NO_x 的生成量。

4.1 温度场与火焰形状

图 2、图 3 所示为常规热风炉和高温低氧热风炉在理论燃烧温度均为 1510℃时，燃烧室内温度场和火焰形状的对比情况。其中图 2（a）和图 3（a）为常规顶燃式热风炉，图 2（b）图图 3（b）为高温低氧顶燃式热风炉。图 2 为 $X=0$ 和 $Y=0$ 两个中心截面的温度场和火焰形状的对比情况，图中高温低氧热风炉燃烧室喉口段以下均处于 1450℃以上的高温，与常规热风炉相比，由于燃烧效率的提高使得相同位置温度更高，而且几乎没有局部的高温区；图中实线代表火焰形状，对比发现高温低氧热风炉火焰形状更短，所包括的燃烧室空间更大，在几乎整个燃烧室内形成弥散性火焰，使得温度分布均匀。从图 3 中也清晰地看到，燃烧室中下部相同截面位置，高温低氧热风炉的温度要高于常规热风炉，而且温度分布更加均匀[11]。

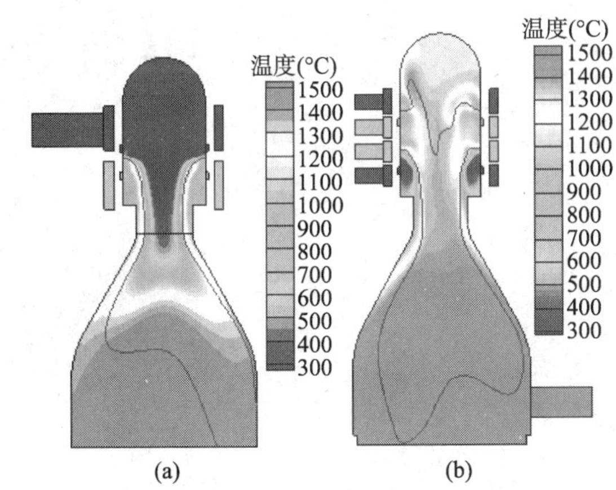

图 2 中心截面温度分布和火焰形状对比

热风炉燃烧室底部即蓄热室格子砖上表面温度分布的均匀性对于热风炉而言非常重要，温度均匀分布的烟气能提高蓄热室格子砖的传热热效率、延长格子砖寿命。图 4 是两种热风炉燃烧室底部径向温度比较，显而易见高温低氧燃烧器最高温度与最低温度的差值减小，而且温度分布的均匀性得到明显提高。计算结果表明，常规热风炉的温度均匀度分别为 M_0=98.28%，M_1=99.56%。

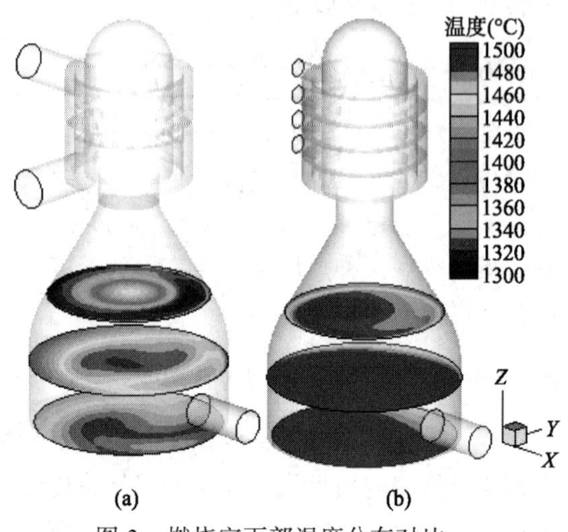

图 3　燃烧室下部温度分布对比

4.2　浓度分布

图 5 是两种热风炉中心截面 CO 的浓度分布，图 5（a）为常规顶燃式热风炉，图 5（b）为高温低氧顶燃式热风炉。对比发现高温低氧热风炉燃烧室下部 CO 浓度明显降低，表明燃烧反应进行得更加充分。常规顶燃式热风炉在球顶空间内形成大片死区，大量煤气充斥在球顶空间内，该部分煤气不仅不能燃烧，而且在热风炉的换炉过程中，还需要消耗大量氮气进行吹扫，以防止送风期发生爆炸。采用高温低氧燃烧器以后，球顶空间的死区得到了有效利用，CO 浓度明显降低，换炉过程所消耗的氮气也相应大幅度减少。图 6 是燃烧室底部 CO 和 O_2 的浓度比较。可以明显地发现燃烧室底部 O_2 和 CO 的浓度均比常规热风炉同时降低，这表明高温低氧环境下，CO 能更加充分地与 O_2 混合燃烧，从而提高了燃烧效率，降低了 CO 的消耗。

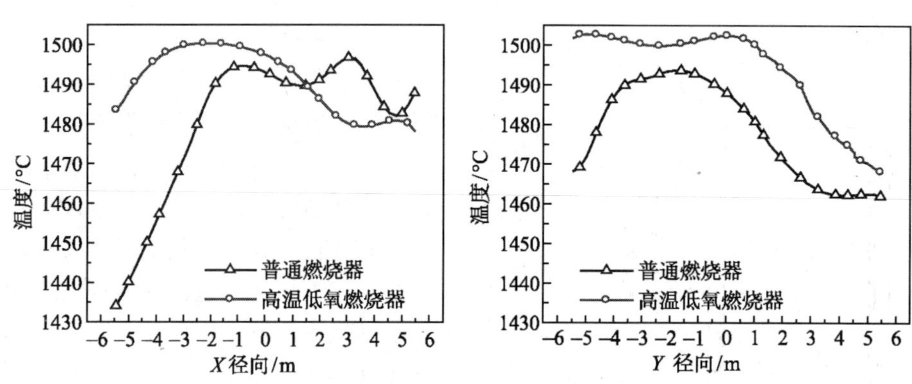

图 4　燃烧室底部径向温度对比

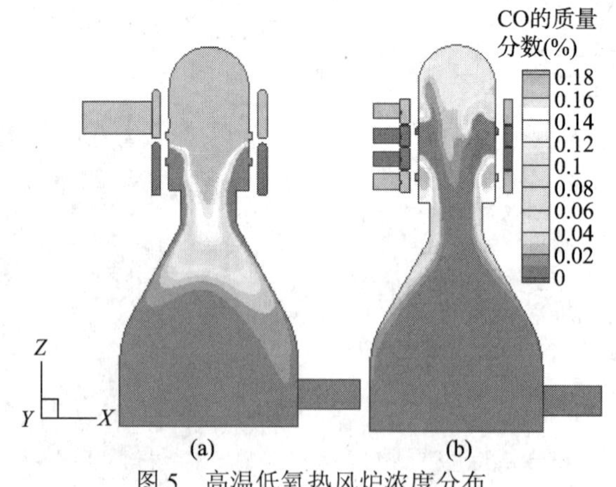

图 5　高温低氧热风炉浓度分布

4.3　NO_x 生成量

图 7 所示为两种热风炉中心截面 NO_x 的浓度分布，图 7（a）为常规热风炉，图 7（b）为高温低氧热风炉；图 8 所示为燃烧室底部径向上的 NO_x 浓度。从两图的对比中均可以看出，采用高温低氧燃烧器时，热风炉内最高 NO_x 浓度从 330ppm 左右降低到约 80ppm，降低了约 76%，结果表明高温低氧燃烧技术显著抑制了 NO_x 在高温条件下的急剧生成。这在很大程度上可以降低燃烧期 NO_x 的排放，同时 NO_x 浓度的降低可以减少 NO_x 在炉壳处与冷凝水结合形成酸性水溶液，从而有效抑制热风炉炉壳出现晶间应力腐蚀，延长热风炉的使用寿命。这也充分证实，高温低氧燃烧可以在控制 NO_x 生成的条件下

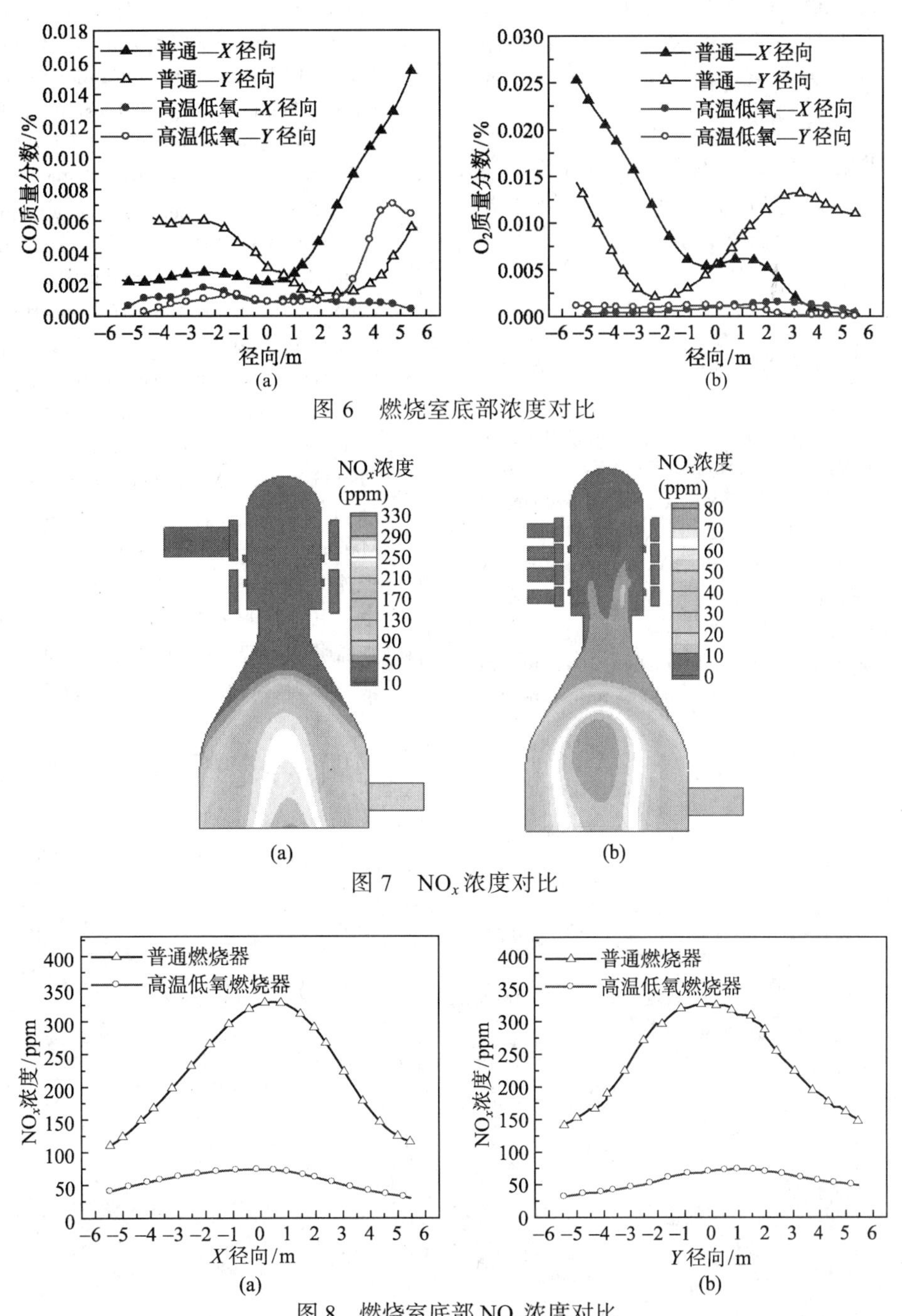

图 6　燃烧室底部浓度对比

图 7　NO_x 浓度对比

图 8　燃烧室底部 NO_x 浓度对比

使热风炉获得更高的拱顶温度，为进一步提高风温创造了条件。

5　结论

（1）在高炉热风炉高温燃烧过程中，NO_x 的生成机制服从广义的捷尔道维奇生成机理，以热力型 NO_x 的生成为主。当热风炉拱顶温度达到 1400℃以上时，NO_x 大量生成，与冷凝水结合后形成腐蚀性介质，造成热风炉炉壳晶间应力腐蚀，限制了热风温度的提高、缩短了热风炉使用寿命。

（2）基于高温空气燃烧技术（HTAC）设计开发了高温低氧顶燃式热风炉，采用助燃空气高温预热技术，可以将助燃空气温度预热到 800℃以上；通过采用煤气分级燃烧和高速气流卷吸燃烧产物的技术措施，稀释反应区氧的体积浓度，获得氧浓度低于 15% (体积)的低氧气氛，从而创造高温低氧燃烧环境，实现高温空气燃烧技术在高炉热风炉中的应用。

（3）通过对常规顶燃式热风炉与高温低氧顶燃式热风炉的仿真计算研究分析了高温低氧顶燃式热风炉的燃烧特性。研究结果表明：高温低氧热风炉在高温低氧环境下，CO 能够更充分的与 O_2 混合燃烧，提高燃烧效率，获得更高的燃烧温度且温度分布更为均匀合理。这表明在实现相同风温的条件下，将节约 CO 的消耗，相应的减少 CO_2 排放。

（4）高温低氧热风炉能够显著抑制 NO_x 在高温条件下的急剧生成，这在很大程度上能够有效降低热风炉在燃烧期内 NO_x 的排放，有效抑制热风炉炉壳出现晶间应力腐蚀，延长热风炉的使用寿命。而且高温低氧燃烧可以使热风炉获得更高的拱顶温度，为进一步提高风温创造了有利条件。

参考文献

[1] 张福明. 我国大型顶燃式热风炉技术进步[J]. 炼铁，2002,21(5):5~10.

[2] Zhang Xiaohui, Sun Rui, Sun Shaozeng,et al. Effects of stereo-staged combustion technique on NO_x emmision charactisctics[J]. Chinese Journal of Mechanical Engineering,2009,45(2):199~205.

[3] Xie Chongming. NO_x formation mechanism in the process of combustion and its control technology[J]. Guangzhou Chemical Industry, 2009, 37(3):161~164.

[4] Xia Xiaoxia, Wang Zhiqi, Xu Shunsheng. Numerical simulation on influence factors of NO_x emissions for pulverized coal boiler[J]. Journal of Central South University(Science and Technology), 2010, 41(5):2046~2052.

[5] Howse J W, Hansen G A, Cagliostro D J, et al. Solving a thermal regenerator model using implicit[M]. Newton–Krylov Methods. Numerical Heat Transfer in Press，2000.

[6] Sobisiak A . Performance characteristic of the novel low-NO_x CGRI burner for use with high air preheat[J]. Combustion and Flame, 1998(115)：93~125.

[7] Flamme M. Low NO_x combustion technologies for high temperature applications[J] . Energy Conversion and Management, 2001(42): 1919~1935.

[8] Hongsheng G. Numerical study of NO_x emission in high temperature air combustion[J]. JSME International Journal Series B: 1998, 41(2): 134~221.

[9] Choi G, Katsuki M. Advanced low NO_x combustion using highly preheated air[J]. Energy Conversion and Management, 2001(42): 639~652.

[10] 张福明，程树森，胡祖瑞，等. 高温低氧顶燃式热风炉[P]. 中国专利: ZL201020102450.9, 2010-11-17.

[11] 张福明. 长寿高效热风炉的传输理论与设计研究[D]. 北京：北京科技大学, 2010:141~156.

（原文发表于《钢铁》2012 年第 8 期）

新型顶燃式热风炉热态实验研究

张福明[1]　毛庆武[1]　李　欣[1]　胡祖瑞[1]　李建涛[2]
孙庚辰[2]　程树森[3]

(1. 北京首钢国际工程技术有限公司炼铁室，北京 100043；
2. 郑州安耐克实业有限公司，郑州 452370；
3. 北京科技大学冶金与生态工程学院，北京 100083)

摘　要：为深入研究顶燃式热风炉燃烧器和蓄热室的工作特性，搭建两座顶燃式热风炉热态实验炉。两座热风炉采用不同孔径的格子砖，在每座热风炉燃烧室和蓄热室内都布置了若干热电偶，通过完整的燃烧-送风实验，得到了燃烧期和送风期两种格子砖的温度分布以及燃烧室内的温度分布。

关键词：热风炉；燃烧器；蓄热室；实验；CFD

Thermal State Experiment and Research of New Type Top Combustion Hot Blast Stove

Zhang Fuming[1]　Mao Qingwu[1]　Li Xin[1]　Hu Zurui[1]　Li Jiantao[2]
Sun Gengchen[2]　Cheng Shusen[3]

(1. Beijing Shougang International Engineering Technology Co., Ltd., Beijing 100043;
2. Zhengzhou ANNEC Industrial Co., Ltd., Zhengzhou 452370;
3. University of Science and Technology Beijing, Beijing 100083)

Abstract: Two top combustion hot blast stove have been constructed for researching character of top combustion hot blast stove burner and checker chamber. Different checker brick were used between two hot blast stove. A number of thermocouples were installed in combustion chamber and checker chamber of each hot blast stove, and we could get the temperature distribution of checker chamber and combustion chamber in combustion period and blast period after whole combustion-blast experiment.

Key words: hot blast stove; burner; checker chamber; experiment; CFD

1　引言

热风炉作为高炉炼铁技术的重要组成部分，是降低工序能耗、创建资源节约型企业的重要手段。热风炉应尽量提高热效率，降低燃料消耗，提高热风温度[1]。目前热风炉的结构形式主要包括外燃式热风炉、内燃式热风炉及顶燃式热风炉。

顶燃式热风炉又称无燃烧室式热风炉，其最主要的特点是将燃烧器直接安装于热风炉的顶部，与内燃式、外燃式热风炉相比，顶燃式热风炉的主要优点是：热风炉炉壳结构对称，稳定性强；拱顶砌体与大墙隔开，拱顶直径小，结构热稳定性好；占地面积小，节约钢结构和耐火材料；布置形式灵活多样，紧凑合理等[2,3]。

热风炉的核心装置是燃烧器，热交换元件是由格子砖构成的蓄热室。对于热风炉燃烧器和蓄热室的研究主要有计算模拟、冷态测试、冷态实验、热态实验等方法，其中热态实验的特点是实验平台复杂，成本高，难度大，但同时得到的数据也是最接近实际工况的，为了深入研究顶燃式热风炉燃烧器和蓄热室的工作特性，掌握第一手数据，北京首钢国际工程技术有限公司联合河南郑州安耐克实业有限公司和北京科技大学，共同搭建了顶燃式热风炉热态实验平台，通过多次燃烧及送风实验，结合计算机模拟计算得到的数据，分析总结了顶燃式热风炉燃烧器和蓄热室的工作特性。

2 实验目的

搭建两座新型顶燃式热风炉热态实验炉，工作制度为一烧一送，交替进行燃烧/送风。两座实验炉采用不同孔径的格子砖，每座实验炉内部都布置一定数量的热电偶，通过采集燃烧室和蓄热室内的热电偶数据，得到燃烧期内燃烧室的流场分布和蓄热室的温度分布，以及送风期内蓄热室的温度分布，分析得到燃烧器的工作特性及蓄热室的蓄热/放热规律。

3 实验炉参数

顶燃式热风炉热态实验炉设计参数见表 1。

表 1 顶燃式热风炉热态实验炉设计参数

项　目	数　值
热风炉座数/座	2
操作制度	一烧一送
送风时间/min	40
燃烧时间/min	30
换炉时间/min	10
热风炉燃料	发生炉煤气
热风炉高度/m	11.300
热风炉直径/mm	1980 / 1790
格子砖加热面积/m^2	384 / 299
格子砖孔径/mm	20 / 30
格子砖高度/m	6.0
蓄热室截面积/m^2	1.039
拱顶温度/℃	1420(格子砖顶部最高温度 1450)
烟气温度/℃	最大 300，正常平均 150
冷风温度/℃	25

两座实验炉高度、直径及蓄热室高度、蓄热室直径均相同，但 1 号实验炉采用了ϕ20mm 的 37 孔格子砖，2 号实验炉采用了ϕ30mm 的 19 孔格子砖。蓄热室构成方面，两座实验炉都是上部为低蠕变高铝质格子砖，高 3m，下部为黏土质格子砖，高 3m。两座实验炉的燃烧器形式相同，燃烧方式均为扩散式燃烧。图 1 所示为顶燃式热风炉热态实验炉现场照片。

4 实验设备

实验炉的主要设备包括助燃风机、煤气加压机、阀门等。

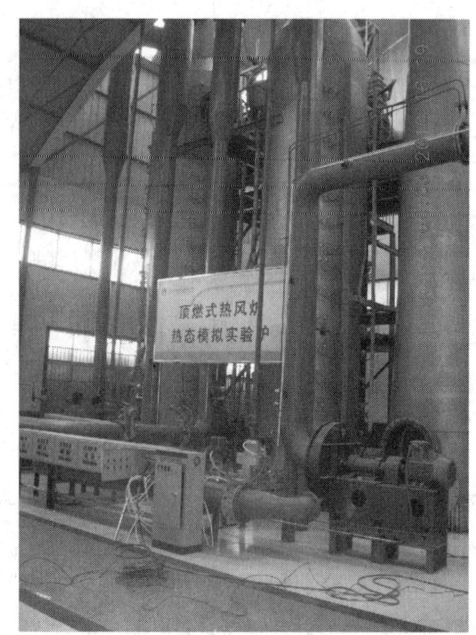

图 1 顶燃式热风炉热态实验炉

4.1 助燃风机

设置一台助燃风机，为实验炉提供冷风、燃烧用助燃空气及混风用冷空气，风机风量约为 8300m^3，风压约为 7000Pa。

4.2 煤气加压机

实验炉采用的燃料为发生炉煤气，由于从煤气发生炉过来的煤气压力较低，因此设置一台煤气加压机，使煤气压力能够满足实验炉的工作要求。煤气加压机的风量为 1300m^3/h，风压为 5000Pa。

4.3 阀门

阀门形式：热风阀、混风阀、煤气放散阀等阀门为闸阀，其余阀门为蝶阀。

阀门驱动形式：烟道阀为手动阀门，其余阀门为电动阀门。

4.4 自动化检测与控制设备

每座实验炉的燃烧室布置 5 支高温热电偶用于检测燃烧室内的温度分布，蓄热室内布置 140 支热电偶用于检测蓄热室内沿圆周和高度方向的温度分布。煤气支管、助燃空气支管、热风支管、烟气管道等均布置有温度、压力检测点。

电动阀门均设置有阀门控制箱，电动调节阀的阀门开度在控制室控制，配置四台 64 通道的无纸记录仪，用于记录所有的温度、压力及流量等参数。另外，在两台热风阀内也布置了若干热电偶，用于检测热风阀内的温度分布情况，检测到的温度数据直接进入计算机。

图 2 所示为顶燃式热风炉热态实验炉热电偶布置图，图 3 所示为顶燃式热风炉热态实验炉的控制画面。

5 实验结果

顶燃式热风炉热态实验炉于 2010 年 4 月完成施工建设和设备调试，并于 2010 年 4 月和 6 月进行了热态实验，两座实验炉均完成若干次完整的燃烧-送风实验，并取得了完整的燃烧室和蓄热室内的温度分布数据。

图 2 顶燃式热风炉热态实验炉热电偶布置

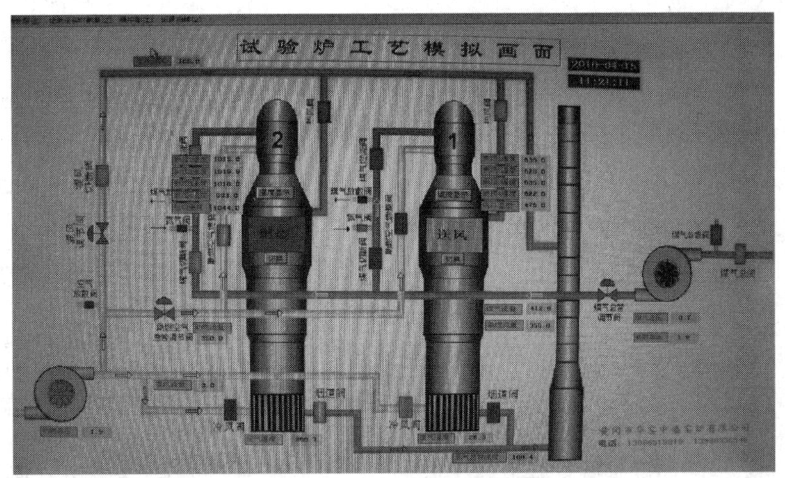

图 3 顶燃式热风炉热态实验炉控制画面

5.1 燃烧期蓄热室内部温度分布

1 号实验炉的两次燃烧初期、末期的蓄热室温度分布如图 4 和图 5 所示。

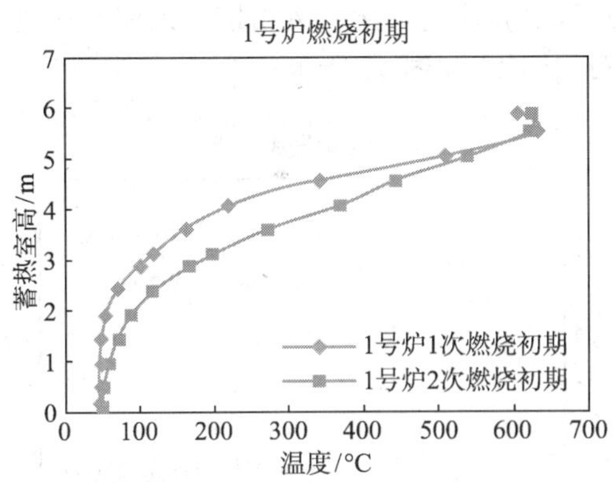

图 4 1 号实验炉燃烧初期蓄热室温度分布

1 号炉采用ϕ20mm 的 37 孔格子砖，由图 4 可知，燃烧初期，蓄热室以 3m 高为界，上部温度随着高度增加迅速变大，温差达 150℃/m，而下部温度基本一致，温差只有 25℃/m，黏土格子砖基本没有储存热量。

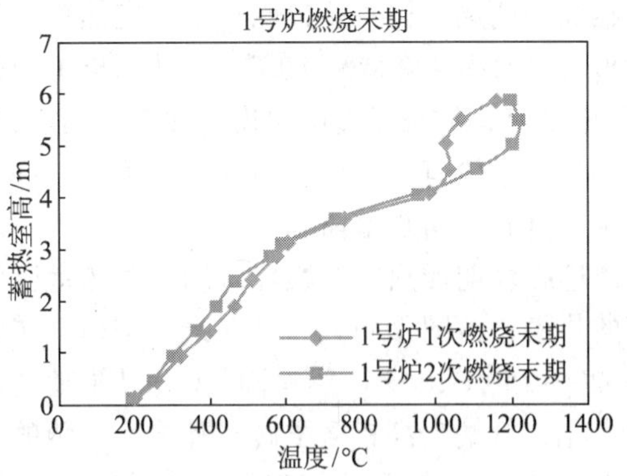

图 5 1 号实验炉燃烧末期蓄热室温度分布

经过燃烧期加热，到燃烧末期，蓄热室已储存足够的热量，由图 5 可知，此时低蠕变高铝格子砖储存热量基本饱和，上半部分（1.5m 高）的低蠕变高铝格子砖的温度都在 1050℃以上，下半部分（1.5m 高）的低蠕变高铝格子砖随着高度降低温度线性降低，黏土质格子砖的温度也随着高度降低线性降低，但温度变化率小于低蠕变高铝砖的温度变化率。

2 号实验炉的两次燃烧初期、末期的蓄热室温度分布如图 6 和图 7 所示。

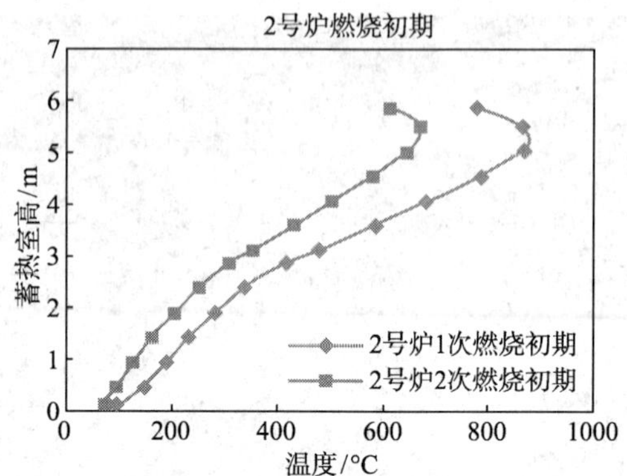

图 6　2 号实验炉燃烧初期蓄热室温度分布

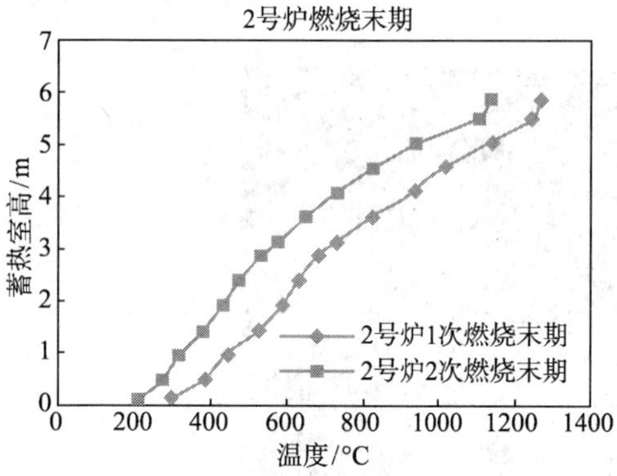

图 7　2 号实验炉燃烧末期蓄热室温度分布

2 号炉采用ϕ30mm 的 19 孔格子砖，由图 6 可知，燃烧初期，蓄热室温度基本随高度呈线性降低，只是低蠕变高铝格子砖与黏土格子砖的温度变化率不同。

燃烧初期黏土格子砖也储存了一定热量，温度由 300~400℃逐渐降低至 80℃，2 号炉与 1 号炉相比，低蠕变高铝质格子砖的温度变化率也明显减小，说明初始热量没有集中在上面 1/4 高度内，而是较为均匀的分布在蓄热室内。

经过燃烧期加热，到燃烧末期，蓄热室已储存足够的热量，由图 7 可知，此时最下部格子砖温度已达 200~250℃，整个蓄热室的温度基本随高度呈线性变化，低蠕变高铝格子砖与黏土格子砖的温度变化率接近，说明热量比较容易被带到蓄热室下部，即 19 孔格子砖更容易达到热饱和。

5.2　送风期蓄热室内部温度分布

1 号实验炉的两次送风初期、末期的蓄热室温度分布如图 8 和图 9 所示。

1 号炉采用ϕ20mm 的 37 孔格子砖，燃烧期蓄热室储存足够热量后，实验炉开始转入送风期，因此送风初期蓄热室温度分布与燃烧末期相同，由图 8 可知，上半部分（1.5m 高）的低蠕变高铝格子砖的温度都在 1050℃以上，下半部分（1.5m 高）的低蠕变高铝格子砖随着高度降低温度线性降低，黏土质格子砖的温度也随着高度降低呈线性降低，但温度变化率小于低蠕变高铝砖的温度变化率。

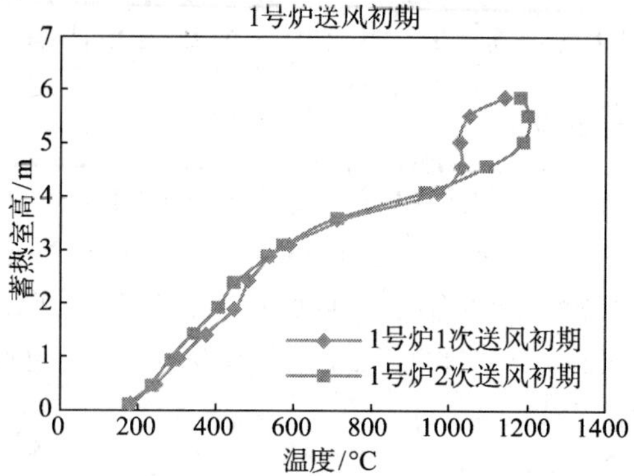

图 8　1 号实验炉送风初期蓄热室温度分布

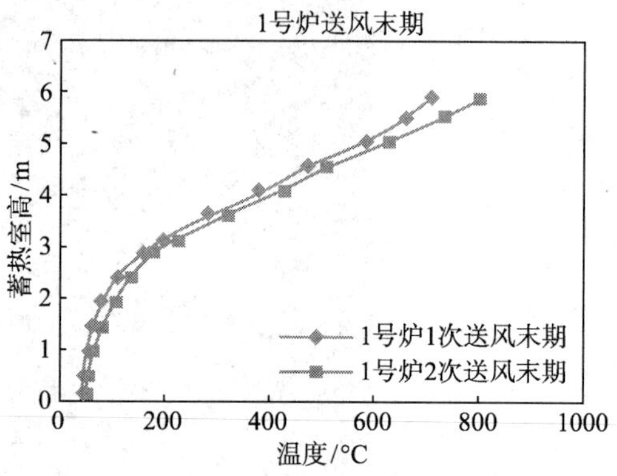

图 9　1 号实验炉送风末期蓄热室温度分布

到送风末期，最上层格子砖温度已降至 750℃左右，低蠕变高铝格子砖温度随高度线性降低，变化率与送风初期相近，但下部黏土质格子砖温度迅速降低，温差减小，说明储存在黏土质格子砖中的热量基本都被冷空气带走。

2 号实验炉的两次送风初期、末期的蓄热室温度分布如图 10 和图 11 所示。

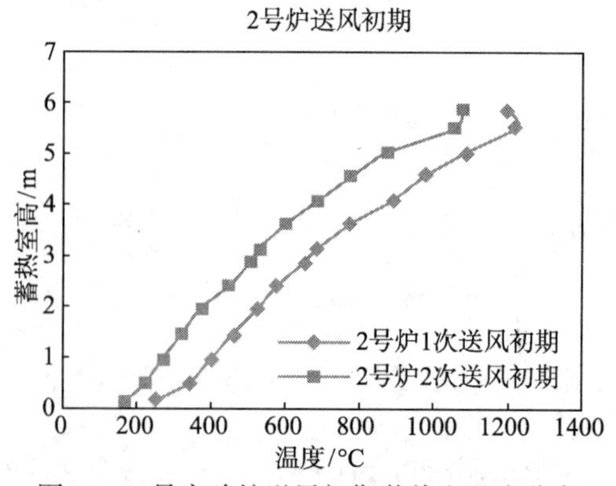

图 10　2 号实验炉送风初期蓄热室温度分布

2 号炉采用ϕ30mm 的 19 孔格子砖，同样的，送风初期蓄热室温度分布与燃烧末期相同，由图 10 可知，送风初期，蓄热室温度基本随高度呈线性降低。

与 1 号炉相比，2 号炉低蠕变高铝质格子砖的温度变化率明显增大，说明初始热量没有集中在上面 1/4 高度内，而是较为均匀的分布在蓄热室内，但整体储存的热量比 1 号炉少。

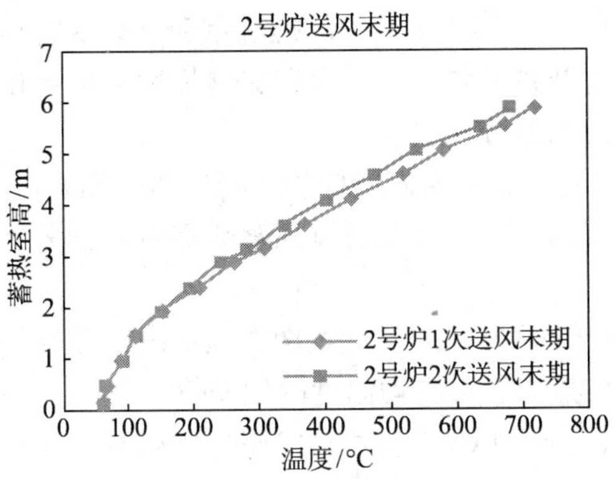

图 11　2 号实验炉送风末期蓄热室温度分布

2 号炉送风末期的蓄热室温度分布与 1 号炉相似，到送风末期，最上层格子砖温度已降至 700℃左右，低蠕变高铝格子砖温度随高度线性降低，变化率大于送风初期。下部黏土质格子砖温度迅速降低，温差减小，但整体温度高于 1 号炉送风末期黏土质格子砖温度，这是由于 1 号炉送风时间较长，下部格子砖热量被带走得更多。

5.3　燃烧室内部温度分布

顶燃式热风炉热态实验炉采用新型燃烧器，为了检验燃烧器的流场分布状况，在 1、2 号炉的燃烧室内沿圆周方向各均匀布置了 4 支高温热电偶，如图 12 所示。

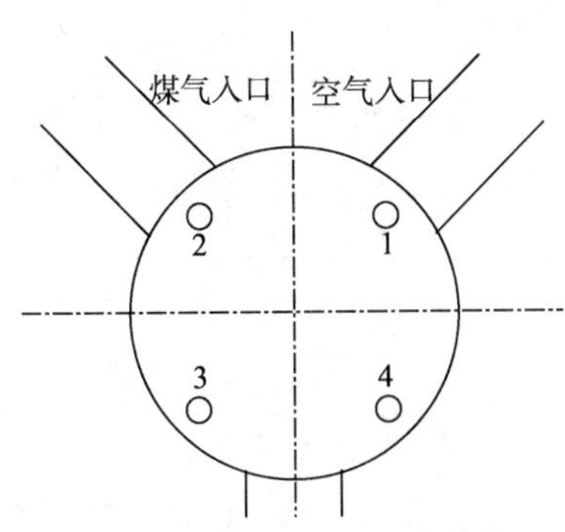

图 12　燃烧室测点温度分布

1 号炉与 2 号炉的燃烧器的形式相同，图 13 所示为 1 号炉两次燃烧的不同阶段的燃烧室测点温度分布，图 14 所示为 2 号炉两次燃烧的不同阶段的燃烧室测点温度分布。

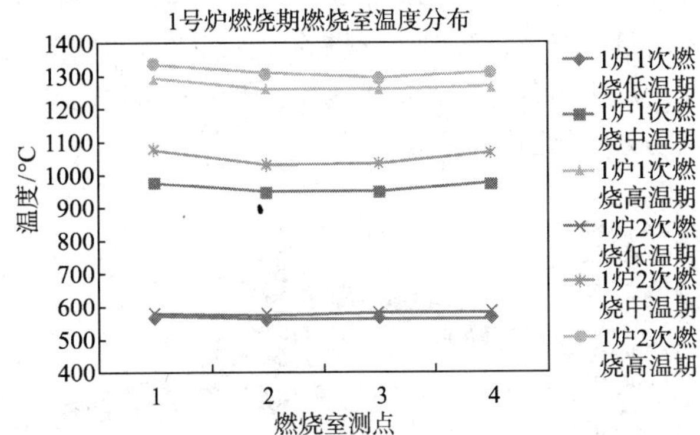

图 13　1 号实验炉燃烧期燃烧室温度分布

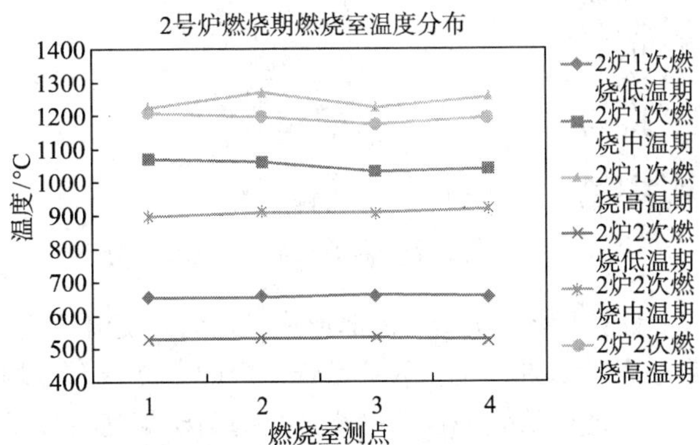

图 14　2 号实验炉燃烧期燃烧室温度分布

由图 13、图 14 可知，在燃烧期的低温、中温及高温三个阶段，燃烧室四个方向的温度基本均匀，引入统计学中的变异系数，各点温度与平均温度之间的偏差值，定义如下：

$$t = \frac{1}{\bar{t}}\sqrt{\frac{1}{n}\sum_{i=1}^{n}\left(t_i - \bar{t}\right)^2}$$

式中，t 为温度的变异系数，值越大，与平均温度的偏差越大，说明各测点温度相差大，均匀性差；

$\bar{t}$ 为各点平均温度，℃；t_i 为测点 i 的温度值，℃；n 为测点数目。

计算得到 1 号炉和 2 号炉燃烧期各阶段的温度变异值见表 2。

计算可知，燃烧期各阶段的温度变异系数小于 0.016，说明燃烧室各方向的温度与平均温度相比偏差很小，温度分布均匀。

表 2　1 号、2 号炉燃烧期燃烧室温度变异值

项　目	1 号炉 1 次燃烧	1 号炉 2 次燃烧	2 号炉 1 次燃烧	2 号炉 2 次燃烧
低温阶段	0.0034	0.0060	0.0022	0.0057
中温阶段	0.0134	0.0178	0.0145	0.009
高温阶段	0.0098	0.0109	0.0153	0.0109

6 实验炉数值模拟

利用 CFD 软件，对顶燃式热风炉热态实验炉的流场进行计算分析，建立物理模型，网格划分，引入动量、能量、辐射、燃烧等方程组，按照实验工况设定边界条件，经迭代计算，得到实验炉内部的流场分布如图 15 所示。

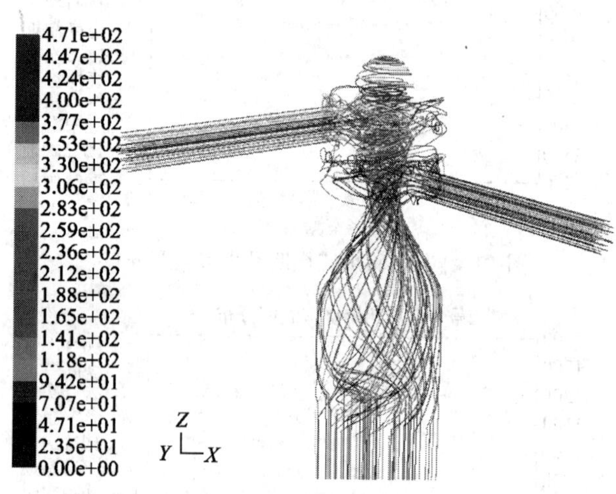

图 15 计算得到的实验炉燃烧室内部流场分布

计算显示，实验炉内部形成了均匀的旋流流场，热态实验结果证明实验炉燃烧室内的温度分布是均匀的，这也从侧面证明燃烧产生的高温烟气流场是均匀有序的。

7 结语

（1）设计搭建了两座顶燃式热风炉热态实验炉，工艺流程与生产用热风炉相同，两座实验炉采用不同形式的格子砖。

（2）在每座实验炉的燃烧室和蓄热室内都布置了一定数量的热电偶，可以完整描述燃烧室和蓄热室内的温度分布状况。

（3）通过对两座实验炉运行完整的燃烧-送风周期，得到了燃烧期和送风期蓄热室内的温度变化规律。

（4）两座实验炉燃烧期燃烧室内的温度分布均匀，各点温度与平均温度的偏差值很小。

（5）利用 CFD 技术对实验炉燃烧器进行分析计算，得到了均匀有序的高温烟气流场，结合实验结果，证明燃烧期实验炉内部的流场和温度场是均匀有序的。

参考文献

[1] 项钟庸，王筱留，等.高炉设计——炼铁工艺设计理论与实践.北京：冶金工业出版社，2007: 11，461.

[2] 黄晋，林起礽. 首钢大型顶燃式热风炉设计[J].首钢科技，1992(2): 189.

[3] 张福明，毛庆武，等.我国大型顶燃式热风炉技术进步[J].设计通讯，2002，2: 20~27.

（原文发表于《2011 高炉热风炉科技论坛论文集》）

特大型高炉高风温新型顶燃式热风炉设计与研究

毛庆武[1]　张福明[1]　张建良[2]　梅丛华[1]　李　欣[1]　银光宇[1]

(1. 北京首钢国际工程技术有限公司，北京 100043；
2. 北京科技大学冶金与生态工程学院，北京 100083)

摘　要：本文论述了首钢京唐 5500 m^3 特大型高风温新型顶燃式热风炉的技术特征，强调对特大型高炉高风温新型顶燃热风炉每个环节的设计都必须运用现代科学的技术手段，进行科学理论的分析计算、仿真模拟、实验室冷态试验、热态模拟试验、现场测试等研究，以确保特大型高炉高风温新型顶燃式热风炉设计的优化。

关键词：新型顶燃式热风炉；高风温；设计与研究

Design and Research of High Blast Temperature and New Top Combustion Hot Blast Stove on Super-scale BF

Mao Qingwu[1]　Zhang Fuming[1]　Zhang Jianliang[2]
Mei Conghua[1]　Li Xin[1]　Yin Guangyu[1]

(1. Beijing Shougang International Engineering Technology Co., Ltd., Beijing 100043;
2. University of Science and Technology Beijing, Beijing 100083)

Abstract: This article describes the technical features of the new top combustion hot blast stove of the Shougang Jingtang super-huge 5500m^3 Blast Furnace with high blast temperature, emphasizing that every segment of the New Top Combustion Hot Blast Stove design should apply technical methods of modern science, including analysis and calculations of scientific theories, analog simulations, laboratory cold tests, hot test simulations, field testing and so on, to ensure the optimization of the design of new top combustion hot blast stove of large blast furnace with high blast temperature.

Key words: new top combustion hot blast stove; high blast temperature; design and research

1　引言

高炉炼铁使用高风温是当今世界炼铁技术发展的方向。高风温是强化高炉冶炼、降低焦比、增加产量的有效措施。提高 100℃风温，可以节约焦炭 15~20 kg/t，同时增产 3%~5%，并且为高炉的大喷煤比操作创造条件。在全球炼焦煤资源日益紧张的今天，最大限度地提高喷煤比是现代化大高炉能够与非高炉炼铁工艺抗衡的关键。

近年来，我国高炉风温水平不断提高，但要真正达到年平均 1250℃以上高风温尚有差距。目前，我国热风炉结构型式向多样化发展，内燃式、外燃式和顶燃式多种结构型式的高风温热风炉并存发展，并且通过技术引进，使我国热风炉技术装备水平已有显著提高。结合国内钢铁厂的实情，自主开发新型高风温热风炉技术，完全高效利用低热值高炉煤气实现 1300℃以上高风温仍然是炼铁工作者重点研究的课题。

2　特大型高炉 BSK 高风温新型顶燃热风炉设计与研究

要实现 1300℃以上高风温，必须具有：（1）高温、高效、长寿的热风炉综合技术；（2）满足高风温的送风体系；（3）高炉具有接受高风温的冶炼条件。实现高风温不但是设计理念的更新，而且要有科学理论的分析计算、仿真模拟、实验室冷态试验、热态模拟试验、现场测试等科学的研究方法，以理论指导设计。

2.1 热风炉型式的选择

除京唐5500m³特大型高炉采用BSK顶燃式热风炉外，现有5000m³以上高炉均采用外燃式热风炉。目前，在4000m³以下高炉国内外先进的热风炉结构形式主要有3种：内燃式（改进型）、顶燃式、外燃式。《高炉炼铁生产技术手册》中指出："顶燃式热风炉是很有前途的，它是高炉热风炉的发展方向"。

顶燃式热风炉与外燃式及内燃式相比，其主要优势有：（1）炉内无蓄热死角，在相同炉内容量时，蓄热面积可增加25%～30%；（2）炉内结构对称，流场分布均匀，消除了因结构导致的格子砖蓄热不均现象；（3）由于是稳定对称结构，因此炉型简单，结构强度好，受力均匀；（4）燃烧器布置在热风炉顶部，减少了热损失，有利于提高拱顶温度；（5）热风炉布置紧凑，占地小，节约钢材和耐火材料。

顶燃式热风炉虽然优势明显，但也有若干难题需要解决：（1）需要性能良好的高效燃烧器，要求在拱顶的有限空间内完全燃烧，同时生成均匀的流场，无偏流存在；（2）拱顶要经受强烈的温度波动，对耐火材料的性能和砌筑方式都有严格要求；（3）受热风炉膨胀的影响，管系受力和膨胀位移较复杂，对管系设计和受力计算要求高。

承担京唐5500m³特大型高炉的设计，对北京首钢国际工程技术有限公司既是机遇，也是挑战。在京唐5500m³特大型高炉的热风炉选型问题上，也在反复思考：是为了保稳选择其他形式热风炉，还是勇于接受挑战，采用技术前景更好的顶燃式热风炉？在首钢总公司领导和京唐公司领导的支持下，在首钢顶燃热风炉技术和"卡鲁金式"顶燃热风炉技术的基础上，综合两种技术的优势，进一步优化改进，以理论为依据，并辅以流场模型分析和冷态、热态模型试验，设计开发了BSK（Beijing Shougang Kalugin）新型顶燃式热风炉技术，将顶燃式热风炉技术首次应用在5000m³级特大型高炉上。

2.2 BSK新型顶燃热风炉座数的确定

实践证实，现代特大型高炉应配置3~4座热风炉比较合理。特大型高炉如果配置4座热风炉，可以实现交错并联送风，提高风温20~40℃。在炉役的中后期，还可以在一座热风炉出现故障检修的情况下，3座热风炉工作，使高炉生产不致出现过大的波动。综合国内外5000m³级以上高炉热风炉生产操作的经验和教训，为了保证高炉能够长期高效稳定的生产，京唐5500 m³高炉按4座BSK新型顶燃热风炉设计。

2.3 BSK新型顶燃热风炉及高温预热炉的主要技术参数

京唐5500m³大高炉配置四座BSK新型顶燃热风炉。采用交错并联的送风制度，燃料为100%高炉煤气，设计最高风温1310℃，最高拱顶温度1450℃，高温区采用硅砖。BSK新型顶燃热风炉及高温预热炉的主要技术参数见表1。

表1 BSK新型顶燃热风炉及高温预热炉的主要技术参数

项　　目	BSK新型顶燃热风炉	高温预热炉(BSK新型顶燃式热风炉)
热风炉数量/座	4	2
热风炉操作方式	两烧两送	一烧一送
送风时间/min	60	60
燃烧时间/min	48	48
换炉时间/min	12	12
设计风温/℃	1300	—
拱顶温度/℃	1450	1315
加热风量/m³·min⁻¹	9300	1820
炉壳内径/m	11.95	8.44
热风炉总高度/m	49.7	31.31
蓄热室断面积/m²	93.21	44.6
格子砖孔径/mm	30	20
单位格子砖的加热面积/m²·m⁻³	48	64
每座热风炉总蓄热面积/m²	95885	30827
单位高炉容积的加热面积/ m²·m⁻³	69.7	—
格子砖高度/m	21.48	10.8
燃烧器型式	环形燃烧器	环形燃烧器

2.4 热风炉系统三维设计

热风炉布置形式可以是一列式布置，也可采用矩形布置（或正方形布置等），主要应结合高炉区域总图布置特点，采用相应的布置形式，达到减少占地面积，各种介质的管道减短，热风炉框架所需钢材量减少等。

由于顶燃式热风炉燃烧器布置在炉顶，管道及阀门等安装位置较高，受热风炉膨胀的影响，管系受力和膨胀位移较复杂，对管系设计和受力计算要求高。特别是热风炉区域管系设计要统筹考虑受力合理、管系长度减量化、便于操作与检修、易于施工，同时避免碰撞，在复杂的热风炉区域采用三维设计，可以做到布置顺畅、精准量化、构筑物美观。热风炉系统三维工厂设计图如图1所示。

图1 热风炉系统三维工厂设计图

2.5 长寿型两级双预热技术

目前，钢铁企业缺乏高热值煤气，而高炉煤气又随燃料比的降低而日趋贫化。根据首钢的实践经验和目前国内外的使用业绩，5500m^{3}高炉上采用了2级空气预热形式和煤气1级预热方式，不仅为使用100%高炉煤气获得1300℃高风温创造条件，而且使烟气余热获得充分的利用。利用烟气余热，采用热管换热器先将助燃空气、高炉煤气预热到约200℃；再采用两座小型热风炉作为助燃空气预热炉，将助燃空气预热到450~600℃；在单一高炉煤气的情况下也能获得1300℃高风温。助燃空气高温预热工艺在首钢率先获得成功，并且得到推广应用。该工艺的特点是高温预热系统工作可靠，可以与热风炉本体寿命同步，实现低热值高炉煤气的高效利用。热风炉系统长寿型两级双预热技术工艺流程如图2所示。

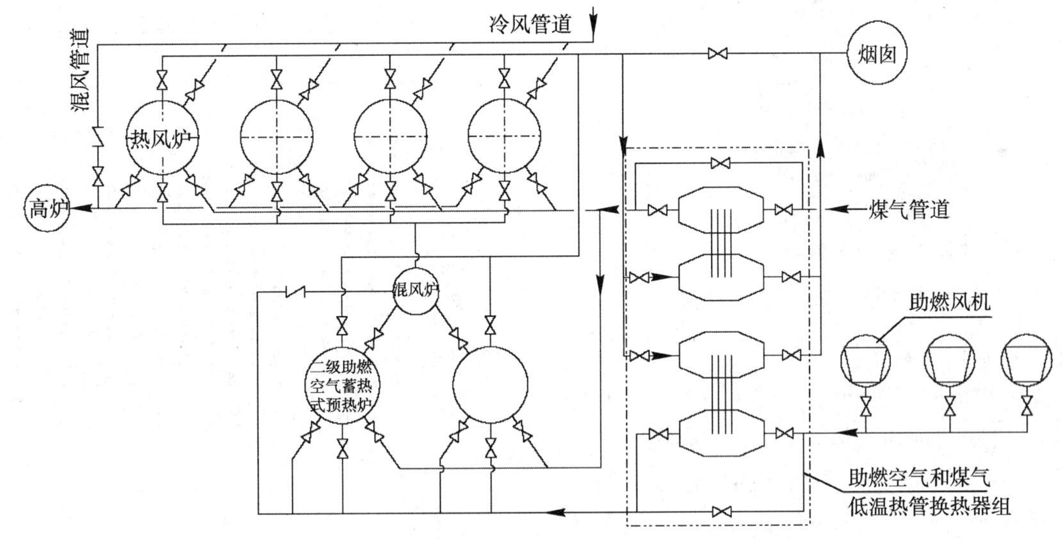

图2 热风炉系统长寿型两级双预热技术流程图

2.6 热风炉燃烧器

顶燃式热风炉燃烧器就像人的心脏，对热风炉的寿命和使用效果有着重要意义。对特大型顶燃式热风炉，要求好的燃烧器，能够使空气和煤气在进入蓄热室前充分混合燃烧，并形成均匀有序的高温烟气流场，均匀而充分的加热整个蓄热室，提高蓄热室的使用效率。

首钢国际与俄罗斯卡鲁金公司合作开发的，用于京唐5500m^{3}大高炉的BSK新型顶燃式热风炉燃烧器是陶瓷燃烧器，完全适应助燃空气预热至600℃高温工况。该燃烧器采用扩散式燃烧方式，空煤气流量的适应范围宽，混合充分均匀，在进入格子砖之前已燃烧完全，有效避免局部高温区，从而减少NO_x等污染物的排放。燃烧生成的高温烟气流场均匀有序，烟气流场均匀有序等优点。经过首钢国际的仿真计算和冷态测试，证实炉内流场分布符合设计要求。

目前，对燃烧器的性能研究主要有三种方法，包括实物测量法、模型实验法和数值模拟计算法。实物测量法就是对热风炉燃烧器进行冷态测试和热态实测。

2.6.1 BSK 新型顶燃式热风炉燃烧器冷态流场模拟

首钢京唐钢铁公司 5500m^3 超大型高炉配置了 BSK 新型顶燃式热风炉，为进一步研究燃烧器工作特性，充分掌握热风炉内流场分布状况，利用 CFD 技术对燃烧器冷态工况进行模拟计算。先后计算了空气喷口单独工作时的冷态流场，煤气喷口单独工作时的冷态流场，并都得到了收敛的结果。计算表明，空、煤气喷口速度分布比较均匀，都形成了均匀的旋流流场，为燃烧形成均匀的温度场创造了条件。BSK 新型顶燃式热风炉炉内流场分布见图 3。

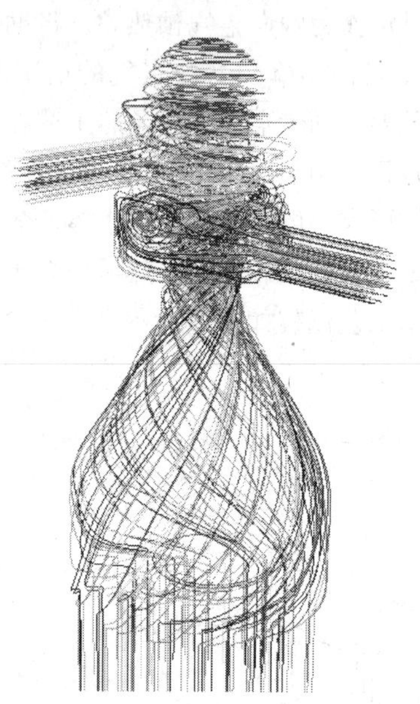

图 3 BSK 新型顶燃式热风炉炉内流场分布

2.6.2 冷态测试研究

由于首次在首钢京唐钢铁厂 5500 m^3 特大型高炉上应用 BSK 新型顶燃式热风炉。为充分掌握热风炉内流场分布状况，检验评价燃烧器气体分配均匀程度，北京首钢国际工程技术有限公司与首钢京唐钢铁公司炼铁作业部联合对京唐 5500 m^3 高炉配置的 BSK 新型顶燃式热风炉进行了冷态测试。进行了单测空气喷口、单测煤气喷口的测试工作，通过对测试数据进行分析研究，整理出空、煤气喷口的速度分布规律，经统计计算，证明燃烧器的整体喷口速度分布是比较均匀的，达到了热风炉燃烧器的性能要求。

通过测试冷态工况下空气喷口和煤气喷口单独工作时各喷口的流速分布，描绘出空气上、下环，煤气上、下环的喷口速度变化图，同时引进统计学中的变异系数，以研究分析每环喷口速度分布与平均值的偏差程度，检验评价燃烧器气体分配均匀程度。空气上、下环的喷口速度分布如图 4、图 5 所示，煤气上、下环的喷口速度分布如图 6、图 7 所示。

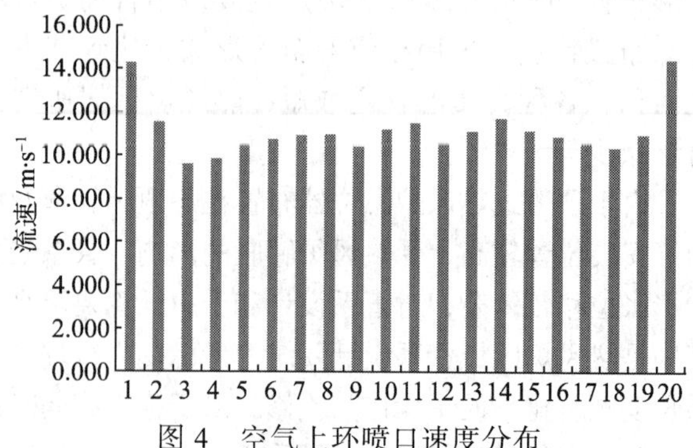

图 4 空气上环喷口速度分布

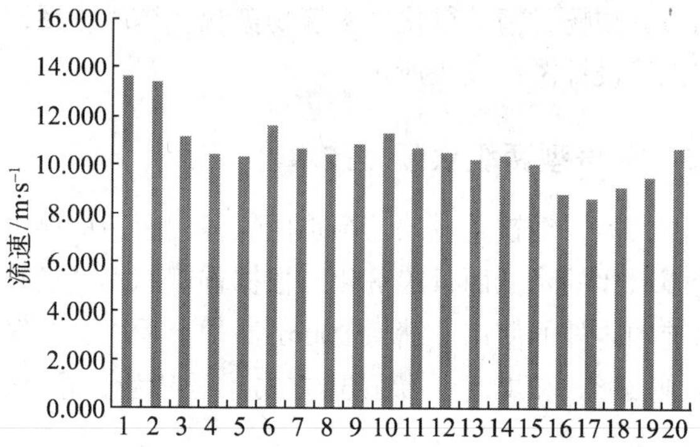

图 5 空气下环喷口速度分布

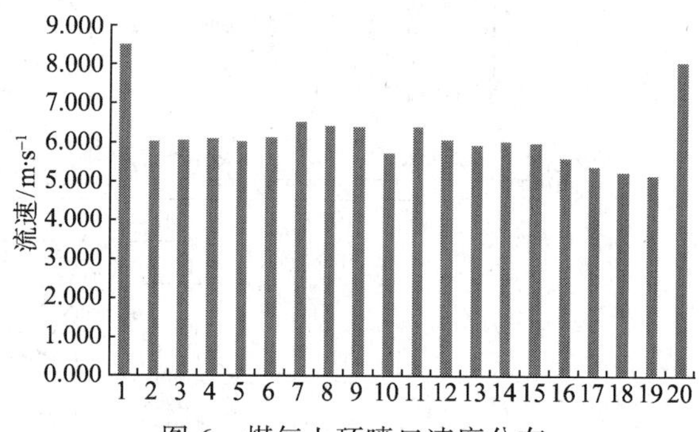

图 6 煤气上环喷口速度分布

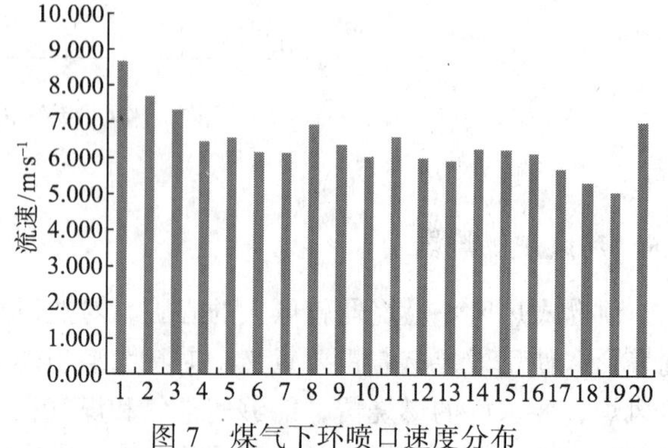

图 7 煤气下环喷口速度分布

2.6.3 热风炉冷态试验

热风炉燃烧器冷态模拟试验是针对高效旋流扩散式顶燃热风炉设计搭建的冷态实验平台。冷态模拟试验的目的主要有：（1）通过对冷态模型内部的速度、压力、温度等进行测量，与流场模拟结果进行比较，验证流场模拟结果。（2）根据相似原理，通过调整空、煤气流量，保证冷态模型的流场进入第二自模区，欧拉数基本不变，根据测定的压力损失，推算实际京唐 BSK 热风炉的压力损失，并与流场模拟结果比较验证。（3）通过测定不同喷口处的气体流速，检验气体分配的均匀性。（4）通过调整空煤气喷口形式和角度，结合试验和流场模拟，找出规律，推算实际尺寸热风炉的相应规律，并利用流场模拟计算进行验证。热风炉冷态模型如图 8 所示。

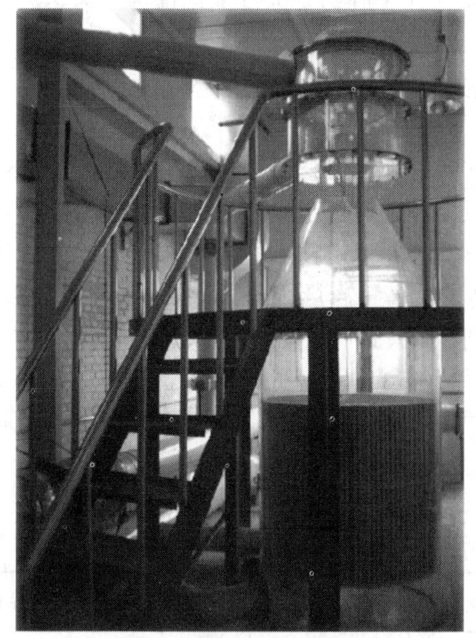

图 8　热风炉冷态模型

2.6.4　热风炉热态模拟实验

热风炉燃烧器热态模拟试验是针对高效旋流扩散式顶燃热风炉设计搭建的热态实验平台。按照实际热风炉的工艺流程，建设两座高效旋流扩散式顶燃热风炉，采取一烧一送的工作制度。热风炉的燃烧室和蓄热室内布置了若干热电偶，可详细掌握不同部位，不同工作状态下的温度变化情况，结合压力检测和烟气成分检测，分析得出炉内流场分布状况和燃烧状况等。热态实验台的搭建，为深入研究顶燃式热风炉燃烧器，开发检验新型格子砖，研究掌握格子砖燃烧/送风期的吸热/放热规律等创造了条件。该热态实验平台由北京首钢国际工程技术有限公司、郑州安耐克实业有限公司和北京科技大学共同设计搭建完成。热风炉热态实验炉如图 9 所示。

2.7　高效长寿热风炉格子砖传热研究

系统地进行了顶燃式热风炉蓄热室传热分析与计算，研究顶燃式热风炉传热理论，重点解析了格子砖的传热过程。通过建立蓄热室二维传热计算数学模型，对不同砖型的情况进行计算。采用高效格子砖，提高换热面积，采用格孔直径 20 mm 及 30 mm 的格子砖。热风炉蓄热室温度分布曲线如图 10 所示。

图 9　热风炉热态实验炉

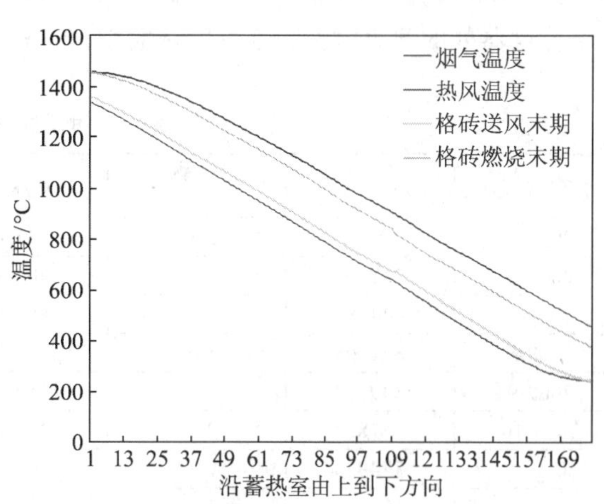

图 10　热风炉蓄热室温度分布曲线

2.8　热风炉炉壳防高温晶界应力腐蚀研究

晶界应力腐蚀问题普遍存在于高风温热风炉系统。其主要原因是拱顶温度达到 1400℃以上时，氮氧化物迅速增加，与炉壳上的冷凝水作用生成腐蚀性酸液，腐蚀液从炉壳存在应力的地方沿着晶格深部侵入、扩展而至破裂。热风炉工作时产生的脉冲应力和疲劳应力又促进了腐蚀破裂进程。

在京唐 BSK 新型顶燃式热风炉的设计过程中，加强高温区炉壳防晶间应力腐蚀的设计，采用耐腐蚀钢板，在热风炉炉壳里侧刷 YJ-250 防腐涂料，在防腐涂料上再喷涂一层耐酸喷涂料。另一方面，将热风炉拱顶最大设计温度控制在1450℃以内，正常操作温度控制在1420℃以内，保证热风炉始终在安全温度内运行，控制氮氧化物生成，从源头防止晶界应力腐蚀。

2.9 热风炉耐火材料设计的优化

热风炉耐火材料内衬在高温、高压环境下的工作条件十分恶劣。为了使热风炉满足高风温的要求，延长其使用寿命，对热风炉结构、耐火材料质量以及砌体的设计都进行了优化。根据热风炉各部位的工作温度、结构特点、受力情况及化学侵蚀的特点，分别选用不同性能的耐火材料，实现热风炉耐火材料的优化选择。热风炉高温区采用高温性能好、价格相对便宜的硅砖；热风管道工作层的耐火砖采用蠕变小，比重相对较轻，高温稳定性好的红柱石砖；膨胀缝采用耐高温1420℃的陶瓷纤维材料，可以长期稳定地吸收耐火衬的膨胀。

热风炉的热风出口、三岔口、人孔、点火孔、窥视孔等易损坏部位均采用组合砖结构，以提高砌体的整体稳定性。热风支管、热风总管、热风环管内的工作层，均采用带凹凸榫槽的红柱石组合砖结构以提高砌体的整体稳定性。对于高热风温管道，波纹补偿器处的耐火衬膨胀缝宽度一般在50 mm以上，为此，在缝口处设置一环迷宫式红柱石耐火砖，可有效防止缝中填充的陶瓷纤维材料被气流冲掉，解决了管道窜风、发红现象。

2.10 热风管道的设计研究

加强热风炉管系的受力分析与计算，应充分考虑操作温度、工作压力及环境温度引起的管道位移，优化热风管路的设计，以适应1300℃以上的送风温度。合理设置不同结构的波纹补偿器，特别是将热风支管的波纹补偿器位置改在热风阀和热风总管之间，并且在热风总管端头设置压力平衡式波纹补偿器，以及对管道支架进行优化选择，为热风管道的稳定工作提供可靠的保证。

3 生产实践与应用

首钢京唐钢铁公司1号高炉于2009年5月21日送风投产，经过近一年的生产实践，高炉生产稳定顺行，各项生产技术指标不断提升，2010年3月7日高炉最高日产量达到14229 t/d，月平均利用系数达到2.3 t/(m^3·d)，燃料比480 kg/t，焦比270 kg/t，煤比170 kg/t，风温1300℃，达到了国际5000 m^3级高炉生产的领先水平。表2是首钢京唐1号高炉投产后的主要生产技术指标。

表2　首钢京唐1号高炉主要生产技术指标

时间(年–月)	月产量/t	利用系数 /t·(m³·d)⁻¹	焦比/kg·t⁻¹	煤比/kg·t⁻¹	燃料比/kg·t⁻¹	风温/℃	综合品位/%
2009-5	45146	0.85	551.1	83.3	634.4	914	58.70
2009-6	222768	1.39	502.9	62.4	565.3	998	58.65
2009-7	344986	1.45	483.1	49.2	532.3	1063	58.41
2009-8	332108	1.95	372.1	93.7	481.4	1166	58.52
2009-9	349318	2.12	354.4	101.3	483.1	1212	58.63
2009-10	377822	2.22	340.4	117.2	488.7	1260	58.72
2009-11	374940	2.27	299.5	144.6	484.3	1276	59.13
2009-12	393361	2.31	288.3	148.7	479.5	1281	58.94
2010-1	392380	2.30	307.2	137.4	482.8	1259	59.02
2010-2	359712	2.34	286.6	160.7	481.6	1287	59.96
2010-3	403939	2.37	269.6	174.6	480.9	1300	60.00
2010-4	364398	2.21	289.4	155.9	480.2	1275	59.66

4 致谢

参加此项设计与研究工作的还有钱世崇、韩向东、倪苹等人，衷心感谢对此项设计与研究工作给予大力支持的首钢京唐钢铁公司领导王毅、王涛、张卫东、张保顺、宋静林、任立军、沈海波等同志，感谢首钢京唐钢铁公司炼铁部热风炉技师苏殿昌和唐志强等其他人员的大力配合。

（原文发表于《炼铁》2010年第10期）

首钢京唐 5500m^3 高炉 BSK 顶燃式热风炉燃烧器分项冷态测试研究

李　欣　张福明　毛庆武　钱世崇　银光宇　倪　苹

(北京首钢国际工程技术有限公司，北京 100043)

摘　要：首钢京唐钢铁厂 5500m^3 高炉集中采用了一系列当今国际先进的综合技术，首次在 5500m^3 超大型高炉上成功应用 BSK 新型顶燃式热风炉。为充分掌握热风炉内流场分布状况，检验评价燃烧器气体分配均匀程度，北京首钢国际工程技术有限公司与首钢京唐钢铁公司炼铁作业部联合对京唐 5500m^3 高炉配置的 BSK 新型顶燃式热风炉进行了冷态测试。本文总结了单测空气喷口，单测煤气喷口的测试工作，通过对测试数据进行分析研究，整理出空、煤气喷口的速度分布规律，经统计计算，证明燃烧器的整体喷口速度分布是比较均匀的，达到了热风炉燃烧器的性能要求。

关键词：大型高炉；热风炉；燃烧器；测试；流场

Separate Cold-state Testing and Research of BSK Top Combustion Hot Air Stove Burner of Shougang Jingtang 5500m^3 Blast Furnace

Li Xin　Zhang Fuming　Mao Qingwu　Qian Shichong　Yin Guangyu　Ni Ping

(Beijing Shougang International Engineering Technology Co., Ltd., Beijing 100043)

Abstract: A series of internationally advanced technologies have been adopted in the 5500 m^3 blast furnace of Shougang Jingtang Iron and Steel Corporation, including the successful installation of the new model BSK top combustion hot air stove in the ultra-large 5500 m^3 blast furnace ever for the first time. In order to acquire a thorough understanding of the flow field distribution in the hot air stove and verify and evaluate the distribution evenness of gases in the burner, Beijing Shougang International Engineering Technology Co., Ltd., together with Ironmaking Department of Shougang Jingtang Iron and Steel Corporation, have conducted a cold-state testing to the BSK top combustion hot air stove of the 5500 m^3 blast furnace of Jingtang. In the paper a summary of the single testing of the air port and that of the gas port is made, and the testing data are analyzed and studied to arrive at the velocity distribution pattern of the air port and the gas port. The statistics and calculation results show that the overall port velocity distribution of the burner is fairly even and reaches the performance requirements of hot air stove burner.

Key words: large blast furnace; hot air stove; burner; test; flow field

1　引言

由北京首钢国际工程技术有限公司设计的首钢京唐 5500m^3 超大型高炉，集中采用了精料、炉料分布控制、高风温、富氧大喷煤、长寿、环保等一系列当今国际先进的综合技术，实现了高炉的“大型化、高效化、长寿化、清洁化”。该项目集中采用了 60 余项自主研发设计的新技术、新工艺，实现了特大型高炉的工艺技术装备创新。首次在 5500m^3 超大型高炉上成功应用自主设计研制并全面实现国产化的并罐式无料钟炉顶设备；首次在 5500m^3 超大型高炉上成功应用高炉煤气全干法除尘技术；首次在

5500m³ 超大型高炉上成功应用 BSK 顶燃式热风炉技术等。

顶燃式热风炉又称无燃烧室热风炉，将燃烧器直接安装于热风炉的顶部。此前，4000m³ 以上的高炉配置的热风炉一般为外燃式或内燃式，顶燃式热风炉从未应用于 4000m³ 以上的高炉。随着顶燃式热风炉技术日渐成熟，它在经济和技术上的优势也逐渐体现出来。与内燃式、外燃式热风炉相比，顶燃式热风炉的主要优点是：热风炉炉壳结构对称，稳定性强；拱顶砌体与大墙隔开，拱顶直径小，结构热稳定性好；高温烟气流场分布均匀，蓄热室的利用率高；占地面积小，节约钢结构和耐火材料；布置形式灵活多样，紧凑合理等[1,2]。经综合研究论证和多方案对比，最终决定为首钢京唐 5500m³ 超大型高炉配置 4 座 BSK 新型顶燃式热风炉。

热风炉燃烧器作为热风炉的核心装置，是实现合理组织煤气燃烧的关键部件，它的技术性能、工作状况直接影响热风温度和热效率。顶燃式热风炉的最大特点是燃烧器置于热风炉顶部，空气和煤气自顶部进入热风炉，经燃烧器燃烧后产生的高温烟气向下进入蓄热室，为其提供热量。燃烧器的气体分配状况决定了燃料燃烧是否完全和烟气流场分布是否均匀，因此燃烧器结构的设计合理性非常重要。

2 测试方法与目的

目前，对燃烧器的性能研究主要有三种方法，包括实物测量法、模型实验法和数值模拟计算法。实物测量法就是对热风炉燃烧器进行冷态测试和热态实测[3]。这种方法首先要求现场具备测量条件，包括测试对象已安装调试到位，准备好满足测试要求的测试设备，同时测试不能影响正常生产。虽然实物测量法测量难度大，但得到的数据最直观准确，能够直接反映出燃烧器的工作状态。

顶燃式热风炉燃烧器的空、煤气分配状况是燃料燃烧是否充分和高温烟气流场是否均匀有序的重要影响因素。对顶燃式热风炉燃烧器进行热态实测难度极大，尤其是测量速度分布，要求测量仪表耐 1400℃以上的高温，并且不能干扰正常生产。而冷态测试要求的介质温度低，测试人员可直接在炉内进行测试，得到的数据真实反映出各喷口的气流分配状况。另外冷态测试可在投产之前进行，不会影响正常生产。

通过测试冷态工况下空气喷口和煤气喷口单独工作时各喷口的流速分布，描绘出空气上、下环，煤气上、下环的喷口速度变化图，同时引进统计学中的变异系数，以研究分析每环喷口速度分布与平均值的偏差程度，检验评价燃烧器气体分配均匀程度。

3 测试准备

冷态测试主要测试热风炉燃烧器煤气、空气喷口的气体流速，分析评价气流速度的均匀性。选用叶轮式风速仪，测速范围为 0~45m/s。还准备了高空安全带、安全绳、防尘面罩等劳保用具，对讲机等通讯用具及数码相机等记录用具。

测试前，热风炉内已完成砌筑，施工用支架已拆除，因此需搭建测试用临时支架，并在空、煤气喷口处设置临时平台，供测试使用。在首钢京唐钢铁公司炼铁作业部的大力协助下，测试现场的各项准备工作有序进行，完成了热风炉助燃风机和相关阀门等设备的安装调试，管道内部清理及封堵人孔等，确保了测试工作的顺利进行。

为准确得出空、煤气每环喷口的速度分布，测试前对每个喷口编号，将测试结果与设计图一对照，即可得出各喷口的速度分布规律。图 1 所示为首钢京唐 BSK 顶燃式热风炉燃烧器结构图，图 2 所示为燃烧器煤气、空气喷口编号图。

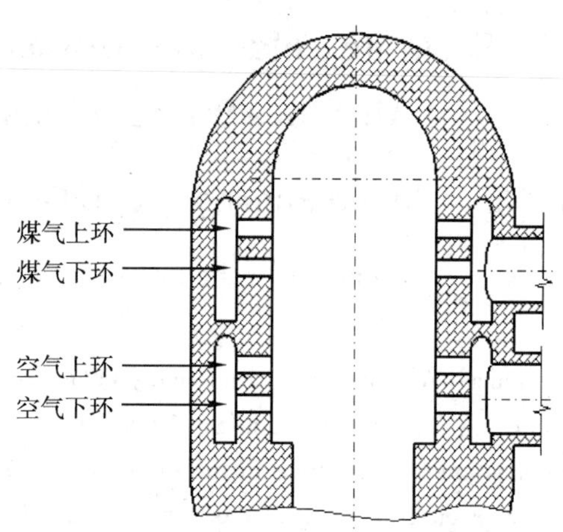

图 1 BSK 顶燃式热风炉燃烧器示意图

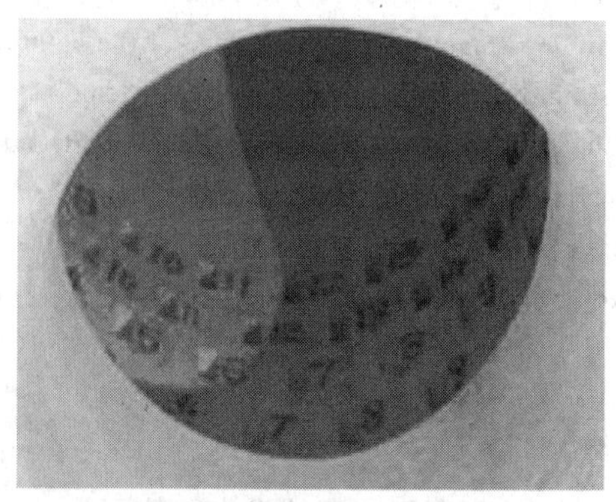

图 2 喷口编号示意图

4 空气喷口单工作状态冷态测试

首先测试空气喷口单工作状态下流速分布，介质为常温空气，开启一台助燃风机，空气流量约为54000m³/h，压力3200Pa，温度约20℃，全部经空气喷口进入热风炉，利用叶轮式风速仪，对每个喷口的不同位置进行测试，取其平均值。空气上、下环的喷口速度分布如图3、图4所示。

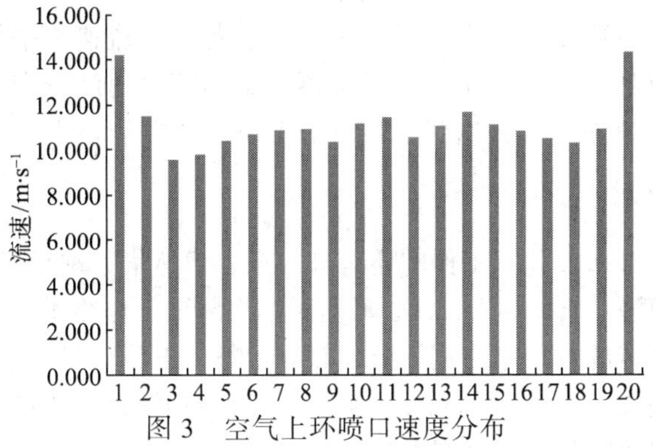

图3　空气上环喷口速度分布

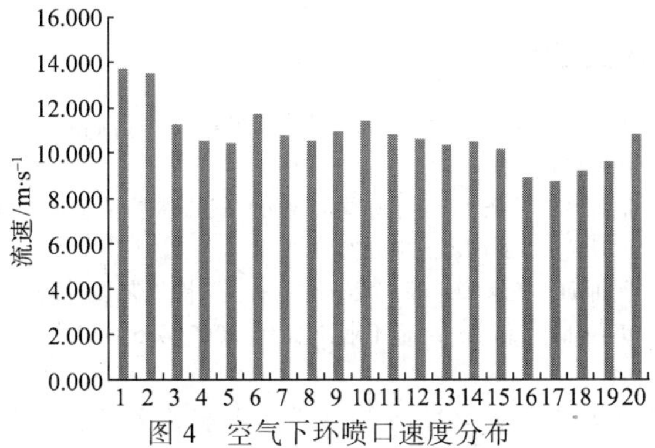

图4　空气下环喷口速度分布

空气上环的最高速度出现在正对空气支管上方的两个喷口1和20，空气支管对面的喷口10和11速度也较高，但整体而言，喷口2~19的速度分布较为均匀，相差不大。

空气下环的最高速度出现在喷口1、2处，在喷口位置和旋转方向两个因素的综合影响下，这两个喷口的气流阻力最小。喷口3~15的速度基本维持在10~12m/s之间，分布比较均匀。受喷口位置和旋转方向的影响，喷口16~19的速度相对较小，但也在9m/s左右。喷口20的旋转方向虽与气体流向相反，但因靠近空气支管，速度也在11m/s左右。

空气上环基本是以空气支管中心线为界，呈对称分布；空气下环则呈非对称分布，但整体的速度分布都较为均匀。

引入统计学中的变异系数，计算各喷口流速与平均速度之间的偏差值，定义如下：

$$\mu=\frac{1}{v}\sqrt{\frac{1}{n}\sum_{i=1}^{n}\left(v_i-\overline{v}\right)^2}$$

式中　μ——速度的变异系数，值越大，与平均速度的偏差越大，说明各喷口速度相差大，分布均匀性越差；

$\overline{v}$——喷口平均速度，m/s；

v_i——喷口 i 的速度值，m/s；

n——喷口数目。

将空气上、下环各喷口速度代入，计算得出：

空气上环，μ=0.105；

空气下环，μ=0.114。

空气上、下环的喷口速度变异系数都较小，说明虽然都有1~2个喷口速度偏高，但整体分布还是比较均匀的。

5　煤气喷口单工作状态冷态测试

测试煤气喷口单工作状态下流速分布，介质为常温空气，利用相邻热风炉将空气从空气管道接入煤气管道。同样开启一台助燃风机，空气流量为54000m³/h，压力为3200Pa，温度约20℃，全部经煤气喷口进入热风炉。利用叶轮式风速仪，对每个喷口的不同位置进行测试，取其平均值。煤气上、下环的喷口速度分布如图5、图6所示。

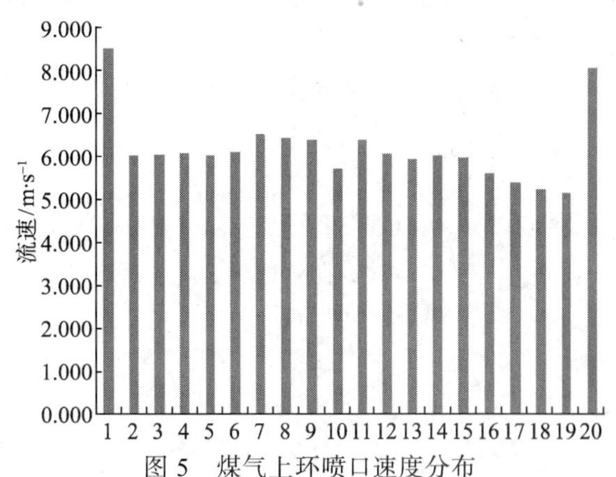

图5　煤气上环喷口速度分布

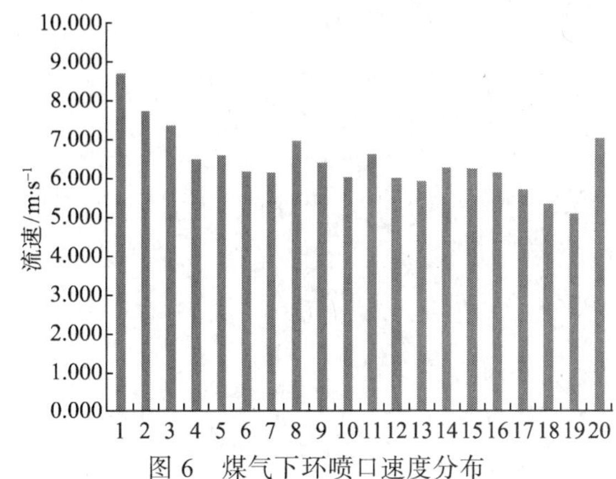

图6　煤气下环喷口速度分布

虽然测试风量与单测空气喷口的风量相同，但气体管道路径长，泄漏和阻力损失大，因此煤气喷口速度整体偏低。

煤气上环的最高速度出现在正对煤气支管的两个喷口 1 和 20，大于 8m/s；喷口 2~19 的速度基本稳定在 5.5~6.5m/s 之间，分布比较均匀。

煤气下环的喷口 1 速度最大，它最靠近煤气支管，且气流阻力小。喷口 2、3 逐渐远离煤气支管，速度逐渐降低。喷口 4~20 的速度基本稳定在 5.5~6.5m/s 之间，分布比较均匀。

同样引入统计学中的变异系数，计算各喷口流速与平均速度之间的偏差值，将煤气上、下环各喷口速度代入，计算得出：

煤气上环，μ=0.127；

煤气下环，μ=0.123。

煤气上、下环的喷口速度变异系数都较小，说明虽然都有 2~3 个喷口速度偏高，但整体分布还是比较均匀的。

6 结论

（1）对首钢京唐钢铁公司 5500m^3 超大型高炉配套 BSK 顶燃式热风炉燃烧器进行了空、煤气喷口单工作状态冷态测试，取得了完整的燃烧器喷口速度分布数据；

（2）空气上环以空气支管中心线为界，呈对称分布；空气下环呈非对称分布，除个别喷口外，整体速度分布均匀；

（3）煤气上环以煤气支管中心线为界，基本呈对称分布；煤气下环呈非对称分布，除个别喷口外，整体速度分布均匀；

（4）经计算，空气上、下环，煤气上、下环的喷口速度分布变异系数小，说明各喷口流速与平均速度相比偏差小，该燃烧器的整体喷口速度分布是比较均匀的，达到了热风炉燃烧器的性能要求。

致谢

参加此项工作的还有韩向东、梅丛华、戴建华、曹源、李林等人，衷心感谢对本次测试工作给予大力支持的首钢京唐钢铁公司领导王毅、王涛、张卫东、周雁、宋静林等同志，感谢首钢京唐钢铁公司炼铁部热风炉技师苏殿昌和其他操作人员的大力配合。

参考文献

[1] 黄晋，林起初.首钢大型顶燃式热风炉设计[J].首钢科技，1992(2): 189.

[2] 张福明，毛庆武，等.我国大型顶燃式热风炉技术进步[J].设计通讯, 2002, 2: 20~27.

[3] 项钟庸，王筱留，等. 高炉设计——炼铁工艺设计理论与实践[M]. 北京：冶金工业出版社, 2007: 485~487.

（原文发表于《2010 炼铁学术年会论文集》）

顶燃式与内燃式热风炉燃烧过程物理量均匀性的定量比较

张福明[1] 胡祖瑞[1] 程树森[2] 毛庆武[1] 钱世崇[1]

(1. 北京首钢国际工程技术有限公司，北京 100043；
2. 北京科技大学冶金与生态工程学院，北京 100083)

摘 要：本文利用 CFD 仿真计算软件，对霍戈文内燃式热风炉和首钢京唐 BSK 顶燃式热风炉燃烧室的流场、温度场进行了计算，对二者蓄热室上表面速度、温度分布以及热量的均匀性进行了定量比较，结果表明：BSK 顶燃式热风炉流场的均匀性要远大于霍戈文内燃式，温度场方面 BSK 顶燃式热风炉和霍戈文内燃式热风炉的均匀性都很高，前者略大于后者，热量均匀性基本由速度决定，BSK 顶燃式要优于霍戈文内燃式。

关键词：热风炉；燃烧过程；均匀性；定量比较

Quantitative Comparison on Uniformity of Combustion Physical Quantity in Top and Inner Combustion Hot Blast Stove

Zhang Fuming[1] Hu Zurui[1] Cheng Shusen[2]
Mao Qingwu[1] Qian Shichong[1]

(1. Beijing Shougang International Engineering Technology Co., Ltd., Beijing 100043;
2. University of Science and Technology Beijing, Beijing 100083)

Abstract: In this paper, CFD software is used to calculate the flow field and temperature field of the Hoogoven inner combustion hot blast stove and Shougang BSK top combustion hot blast stove. The quantitative comparison is carried out on the surface velocity, temperature distribution and heat of regenerator between them. The result shows the flow field uniformity of the BSK is better than the Hoogoven one. Although they both have high uniformity on temperature field, the former one is higher than the latter one, the heat uniformity is decided by the velocity, the former is also better than the latter.

Key words: hot blast stove; combustion; uniformity; quantitative comparison

1 引言

20 世纪 50 年代，我国高炉主要采用传统的内燃式热风炉。这种热风炉存在着诸多技术缺陷，且随着风温的提高而暴露得更加明显。为克服传统内燃式热风炉的技术缺陷，20 世纪 70 年代，荷兰霍戈文公司（现为康利斯公司）对传统的内燃式热风炉进行优化和改进，开发了改造型内燃式热风炉，在欧美等地区得到应用并获得成功。

20 世纪 70 年代末，首钢自行设计开发的顶燃式热风炉在首钢 2 号高炉（1780m^3）上得到成功应用，开创了大型高炉采用顶燃式热风炉的技术先例[1]。90 年代俄罗斯卡鲁金（KALUGIN）顶燃式热风炉（小拱顶结构）投入运行，进一步推动了顶燃式热风炉的

基金项目：本研究得到国家科技支撑计划项目“新一代可循环钢铁流程工艺技术——长寿集约型冶金煤气干法除尘技术的开发”（2006BAE03A10）的支持。

大型化进程。顶燃式热风炉由于具有结构稳定性好、气流分布均匀、布置紧凑、占地面积小、投资省、热效率高、寿命长等优势，已在国内外 100 多座高炉上应用。北京首钢国际工程技术有限公司与卡鲁金公司合作，首次在首钢京唐 5500m^3 超大型高炉上成功应用了 BSK 顶燃式热风炉技术。

本文选取了内燃式和顶燃式热风炉作为研究对象，对热风炉内的流动、传热和燃烧现象运用数学仿真的方法进行了分析对比。其中内燃式热风炉选取的是原首钢 2 号高炉采用的霍戈文内燃式热风炉，顶燃式热风炉选取的是首钢京唐 5500 m^3 高炉 BSK 顶燃式热风炉。

2 物理模型和数学模型

2.1 物理模型

图 1 所示为霍戈文内燃式热风炉的示意图，采用的是眼睛形燃烧室，其蓄热室上表面为月亮形，主要的结构尺寸有：热风炉的总高度为 41.6 m，燃烧室断面积 9.7 m^2，蓄热室断面积 35.8 m^2。图 2 所示为 BSK 顶燃式热风炉的示意图，从喉口以下均为圆形截面。燃烧室的直径和高度分别为 10.244 m、6.362 m，蓄热室高度为 21.6 m。

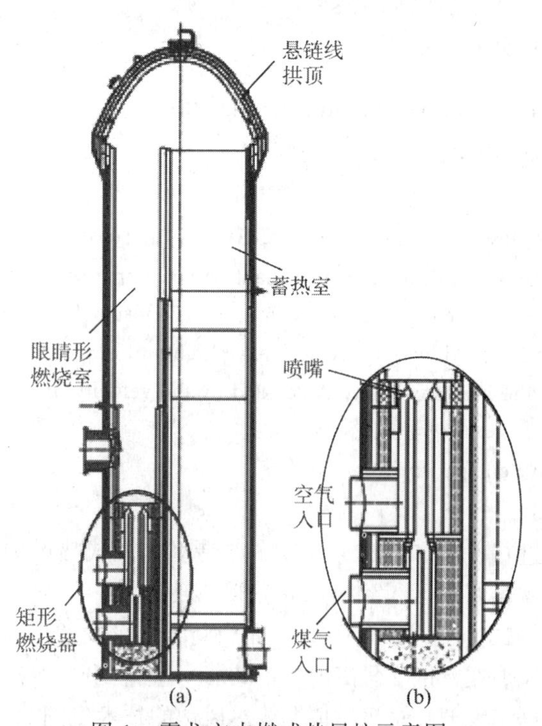

图 1 霍戈文内燃式热风炉示意图

其中内燃式采用的是眼睛形燃烧室，其蓄热室上表面为月亮形，而顶燃式热风炉喉口以下均为圆形截面。

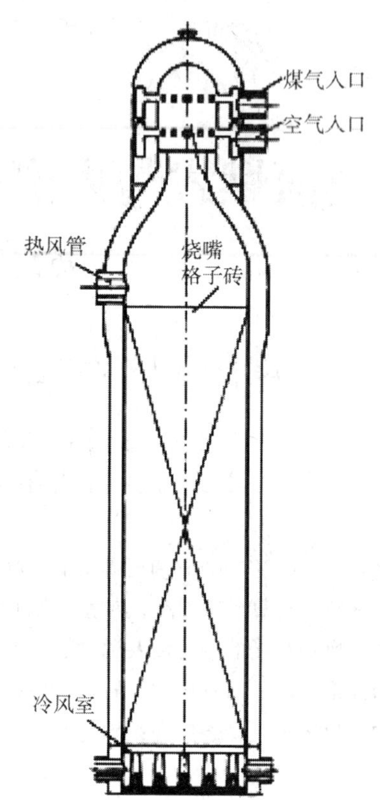

图 2 BSK 顶燃式热风炉示意图

2.2 数学模型

两种热风炉在燃烧方式上都可看作是非预混燃烧，因此在数学模型的选择上是类似的。实际中的燃烧过程是湍流和化学反应相互作用的结果，解决这一过程目前最常用的数学模型是 k-ε-g 模型。综合来说该模型将混合过程的控制作用和脉动的影响有机地统一，主要包括五个要点[2]，在这里不做详细叙述。

2.3 边界条件

霍戈文内燃式热风炉燃烧所用高炉煤气成分见表1。采用助燃空气和煤气预热技术，其煤气和空气管道入口处两种气体的相关参数如表 2 所示。BSK 顶燃式热风炉燃烧所用高炉煤气成分见表3，其煤气和空气管道入口处两种气体的相关参数如表4 所示。

表 1 内燃式热风炉燃烧所用高炉煤气成分

组分	CO	CO_2	N_2	CH_4	H_2	H_2O
体积分数/%	20.33	16.63	50.46	0.44	1.16	10.98

表 2 助燃空气和煤气相关参数

气体	流量/$Nm^3 \cdot h^{-1}$	质量流量/$kg \cdot s^{-1}$	预热温度/℃
空气	56190	20.14	600
煤气	73840	26.66	200

表 3　顶燃式热风炉燃烧所用高炉煤气成分

组分	H_2	CH_4	CO	N_2	CO_2	H_2O
体积分数/%	2.95	0.37	20.24	50.28	21.16	5

表 4　助燃空气和煤气相关参数

气体	流量/$Nm^3 \cdot h^{-1}$	质量流量/$kg \cdot s^{-1}$	预热温度/℃
空气	118205	42.357	570
煤气	182952	68.10	215

表 1~表 4 中的数据均为设计值，实际生产中的数据与其略有偏差。根据表中的数据给出数学模型所对应的边界条件，煤气和空气入口均为质量流量边界，湍流强度为 10%。空气的平均混合分数和平均混合分数均方差为 0；煤气的平均混合分数为 1，平均混合分数均方差为 0。出口设为压力出口边界，压强为一个大气压即表压为 0，设定回流湍流强度为 10%，平均混合分数和平均混合分数均方差均为 0。壁面设置为非滑移边界，传热采用第二类边界条件且壁面绝热。流体密度采用 PDF（概率密度函数）混合物模型给出，比热容采用混合定律给出。辐射模型为 Discrete Ordinates 模型。

3　拱顶速度均匀性的比较

拱顶出口，即蓄热室上表面烟气分布均匀程度是热风炉的一个非常重要的指标，直接影响热风炉的热效率和热风温度。烟气在燃烧室出口横截面上的分布均匀程度用 M_p[4]值表示。气体分布越均匀，M_p 值越大，在理想均匀的条件下，M_p 值为 100%。

$$M_p = \frac{\bar{v} - \sum_{i=1}^{n} |v_i - \bar{v}|/n}{\bar{v}} \times 100\% \qquad (1)$$

式中，$\bar{v}$ 为蓄热室上表面平均速度，m/s；v_i 为取样点的速度，m/s；n 为取样点的数量。

3.1　内燃式热风炉蓄热室上表面烟气速度分布均匀度

根据式(1)对蓄热室上表面选择了取样点，图 3 所示为内燃式热风炉蓄热室上表面速度云图以及取样点分布图。由于截面上的速度基本沿中心轴线上下对称，因此只在中心轴线的上部选择了 8 条取样线，编号分别从 A~H，每条取样线上从下往上均匀选取了 5 个取样点。表 5 是各取样点的速度大小，单位为 m/s。

根据表 5 中的数据计算出蓄热室上表面的平均速度为 $\bar{v}$=8.41 m/s。

由式（1）计算出速度分布的均匀度为：

$$M_p = \frac{\bar{v} - \sum_{i=1}^{n} |v_i - \bar{v}|/n}{\bar{v}} \times 100\% = 48.98\%$$

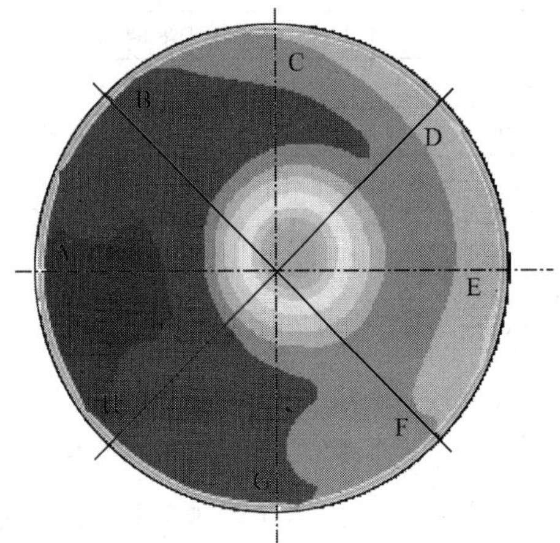

图 3　内燃式热风炉速度取样点示意图

表 5　内燃式热风炉各取样点的速度

A	B	C	D	E	F	G	H
3.52	2.09	3.72	6.93	9.94	11.90	13.00	13.65
3.33	4.03	4.23	7.50	10.27	12.20	14.35	13.77
2.88	3.61	4.52	8.27	10.89	12.89	13.47	13.81
4.09	0.85	3.67	5.97	11.39	13.61	13.85	13.92
3.89	2.02	3.76	3.48	10.68	13.78	14.15	13.62

3.2　顶燃式热风炉蓄热室上表面烟气速度分布均匀度

图 4 所示为顶燃式热风炉蓄热室上表面的速度云图以及取样点分布图，截面各方向的速度分布基本都不对称，因此将 X 正向水平轴线每旋转 45°选取一条取样线，总共 8 条取样线，编号也是从 A~H，在每条取样线上从中心向边缘均匀选取 5 个取样点。表 6 是各取样点的速度大小，单位为 m/s。

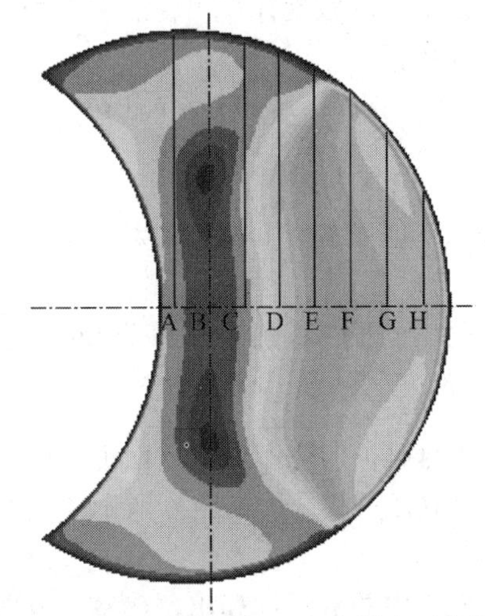

图 4　顶燃式热风炉速度取样点示意图

表 6 顶燃式热风炉各取样点的速度

A	B	C	D	E	F	G	H
6.66	6.32	5.84	5.57	5.84	6.28	6.65	6.83
8.63	9.18	7.00	6.98	6.76	7.91	8.28	8.6
9.42	9.21	8.75	8.65	8.59	8.64	8.92	9.26
9.44	8.01	8.87	8.63	8.49	8.48	8.83	9.29
9.48	9.04	8.46	8.18	8.13	8.43	8.92	9.35

根据表 6 中的数据计算出蓄热室上表面的平均速度为 $\overline{v}$=8.12 m/s。

由式(1)计算出速度分布的均匀度为：

$$M_p = \frac{\overline{v} - \sum_{i=1}^{n} \left| v_i - \overline{v} \right| / n}{\overline{v}} \times 100\% = 88.35\%$$

根据计算结果，内燃式蓄热室上表面的速度均匀度为 M_p = 48.98%，顶燃式的均匀度为 M_p = 88.35%，可以明显比较出 BSK 型顶燃式热风炉在蓄热室上表面的速度分布要优于霍戈文内燃式。

4 拱顶温度均匀性的比较

蓄热室上表面温度分布的均匀程度也是热风炉的一个非常重要的指标。高温烟气均匀地进入蓄热室格子砖，能使格子砖被高效利用，有利于提高格子砖热效率和延长格子砖寿命。为研究其均匀性，参照 M_p 值的定义，特定义参数 M_t 值，其定义式与上述 M_p 形式相同，只是将平均速度和实际速度转变为平均温度和实际温度。

$$M_t = \frac{\overline{T} - \sum_{i=1}^{n} \left| T_i - \overline{T} \right| / n}{\overline{T}} \times 100\% \tag{2}$$

式中，$\overline{T}$ 为蓄热室上表面平均温度，℃；T_i 为取样点的温度，℃；n 为取样点的数量。

4.1 内燃式热风炉蓄热室上表面烟气温度分布均匀度

烟气温度的取样点与速度取样点相同，如图 5 所示，表 7 是各取样点的温度。

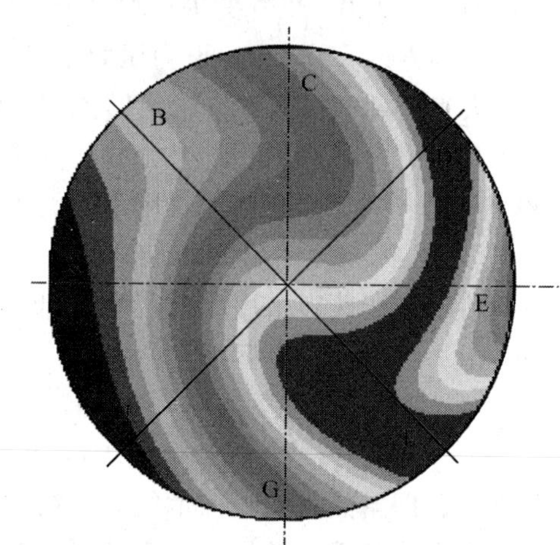

图 5 内燃式热风炉温度取样点示意图

表 7 内燃式热风炉各取样点的温度

A	B	C	D	E	F	G	H
1432.11	1424.07	1405.77	1379.15	1371.45	1382.54	1391.18	1392.71
1443.04	1446.11	1447.88	1426.23	1407.33	1404.44	1406.48	1402.95
1443.5	1444.83	1451.59	1467.13	1465.68	1448.64	1436.85	1421.56
1441.49	1442.25	1445.53	1462.51	1480.12	1479.6	1465.69	1441.3
1440.67	1441.34	1443.22	1453.18	1464.23	1374.19	1474.88	1458.13

根据表 7 中的数据计算出蓄热室上表面的平均温度为 $\overline{T}$=1433.8℃。

由式（2）计算出温度分布的均匀度为：

$$M_t = \frac{\overline{T} - \sum_{i=1}^{n} \left| T_i - \overline{T} \right| / n}{\overline{T}} \times 100\% = 98.31\%$$

4.2 顶燃式热风炉蓄热室上表面烟气温度分布均匀度

顶燃式热风炉燃烧室出口截面烟气温度的取样点与其速度取样点相同，如图 6 所示，表 8 是各取样点的温度。

根据表 8 中的数据计算出蓄热室上表面的平均温度为 $\overline{T}$=1449.7℃。

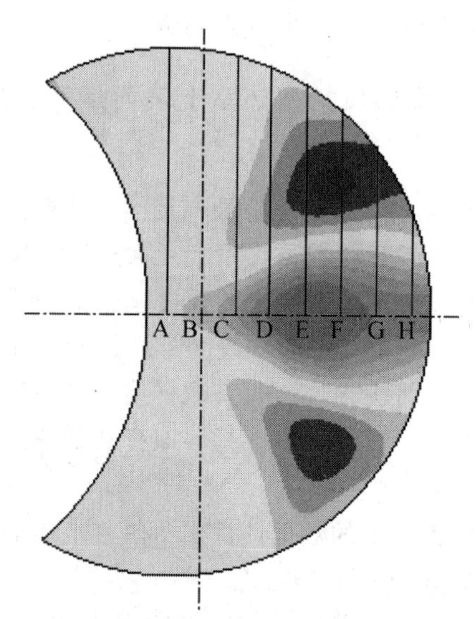

图 6 顶燃式热风炉温度取样点示意图

表 8　顶燃式热风炉各取样点的温度

A	B	C	D	E	F	G	H
1455.53	1453.22	1450.01	1453.53	1459.43	1467.35	1469.71	1465.12
1438.63	1438.88	1439.33	1448.05	1461.4	1477.08	1476.61	1460.11
1421.93	1425.9	1433.71	1451.64	1473.97	1480.35	1472.37	1440.22
1407.16	1418.11	1437.68	1469.28	1472.77	1475.72	1454.9	1420.18
1400.34	1416.39	1447.06	1484.16	1446.79	1483.93	1437.72	1403.79

由式（2）计算出温度分布的均匀度为：

$$M_t = \frac{\overline{T} - \sum_{i=1}^{n}\left|T_i - \overline{T}\right|/n}{\overline{T}} \times 100\% = 98.71\%$$

5　进入格子砖的热量均匀性的比较

$$Q = c_p \rho A v T \qquad (3)$$

式（3）是进入格子砖单个格孔的热量计算表达式。式中，Q 是热量，J；c_p 是烟气比热容，J/(mol·K)；ρ 是密度，kg/m^3；A 是单个格子砖格孔面积，m^2；v 是气体速度，m/s；T 是烟气温度，K。

由于两种热风炉温度均匀度都较高，因此 c_p，ρ，T 均非常相近，进入格子砖单个格孔的热量 Q 以及其热量均匀性可看作只由速度 v 决定，因此顶燃式热风炉在蓄热室上表面的热量均匀性要优于内燃式热风炉。

6　结论

（1）霍戈文内燃式热风炉蓄热室上表面的速度均匀度为 M_p = 48.98%，BSK 顶燃式热风炉的均匀度为 M_p = 88.35%，可以明显比较出 BSK 顶燃式热风炉在蓄热室上表面的速度分布要优于霍戈文内燃式。

（2）霍戈文内燃式热风炉蓄热室上表面的温度均匀度为 M_t = 98.31%，BSK 顶燃式的均匀度为 M_t = 98.71%，可以看出两种热风炉在蓄热室上表面的温度均匀性都比较高，但 BSK 型顶燃式热风炉仍略优于霍戈文内燃式热风炉。

（3）从进入格子砖热量的均匀性来看，BSK 型顶燃式热风炉都要优于霍戈文内燃式热风炉。

参考文献

[1] 张福明. 大型顶燃式热风炉的技术进步[J]. 炼铁，2002, 21(5): 5~10.

[2] 王应时，范维澄，周力行，等. 燃烧过程数值计算[M]. 北京：科学出版社, 1986, (1): 72.

[3] 郭敏雷. 顶燃式热风炉传热及气体燃烧的数值模拟[D]. 北京科技大学学位论文, 2008.

[4] 陈冠军，胡雄光，钱凯，等. 新型顶燃式热风炉燃烧技术的研究[J]. 钢铁, 2009, (1): 79.

（原文发表于《2010 炼铁学术年会论文集》）

京唐 5500m³高炉热风炉系统长寿型两级双预热系统设计

梅丛华　张福明　毛庆武　银光宇　倪　苹
（北京首钢国际工程技术有限公司，北京 100043）

摘　要：本文对首钢京唐钢铁厂 5500m³ 高炉热风炉系统长寿型两级双预热系统进行了阐述，该系统的设计和实施满足了热风炉系统在采用单一高炉煤气的情况下，能够实现 1300℃风温。整个系统既能高效使用低热值的高炉煤气，又能够长期可靠运行，为高炉可靠、经济、环保地运行打下了坚实的基础。

关键词：热风炉；两级双预热；高风温；热效率；长寿

1　引言

从全世界范围来看，大家都在努力提高热风温度，从而为提高喷煤量，节约宝贵的焦炭而创造条件。热风温度在 1150℃以上时，提高 100℃风温，可以节约焦炭 8~15kg/tFe[1]。少数钢铁企业由于拥有多余的高热值煤气（焦炉煤气或转炉煤气），故获得 1250℃及以上高风温比较容易实现。但是由于各钢铁厂高热值煤气越来越紧张，这就迫使人们考虑在采用单一高炉煤气的情况下如何获得 1250℃以上的风温（对于大型高炉要求 1300℃及以上的风温）。目前国内许多钢铁厂在这方面做了大量的工作，涌现出了各种各样的工艺流程。实践证明，各种各样的工艺流程，都有其特点，为推动热风炉风温水平的提高做出了一定的贡献。但是仔细分析目前各厂采用的工艺流程，又或多或少的存在一定的缺陷。在新设计的热风炉或者旧热风炉改造时，应该仔细研究，从而推动我国热风炉高风温技术的进一步发展。

目前我国高炉热风炉系统为了获得高风温所采取的措施中存在如下一些缺陷：

（1）热风温度偏低。对于仅采用低温热管换热器而预热高炉煤气和助燃空气的热风炉系统，在采用单一高炉煤气的情况下，其风温水平一般不会超过 1200℃，故这种工艺流程已经不能满足高风温的要求。

（2）预热系统的寿命不能与热风炉本体同步，且在大型高炉热风炉系统上应用有一些缺陷。为了达到 1250℃热风温度，目前国内普遍采用的是附加燃烧炉加中温换热器的组合方式，将助燃空气和煤气预热到较高温度，从而满足 1250℃的高风温。中温换热器主要有两种类型，一种为扰流子中温管式换热器（烟气温度一般不超过 600℃），另外一种为强制油循环中温管式换热器（此流程目前在台湾中钢采用，使用较少）。前者由于工艺特点及制造水平限制，目前运行结果表明不能和高炉寿命同步，更不能和热风炉寿命同步，其使用寿命约为 10 年左右；当高炉大型化以后，这种换热器的体积也变得非常庞大，节省投资的优势不明显；而且一般只能将煤气和空气预热到 300℃，风温最高一般只能达到 1250℃而无法达到 1300℃及以上，且一旦系统出现故障，对热风温度的影响较大。由于没有充分回收热风炉废烟气余热，故系统尚有一定改进余地。

目前国内一些高炉上使用了高风温组合换热系统。该系统从原理上讲是对附加燃烧炉加中温换热器的组合方式的一种改进，提高了整个热风炉的热效率，充分回收了热风炉废烟气余热，且热风炉助燃空气采用了两级预热。该系统关键部件为空气二级扰流子换热器，如何提高其使用寿命是该工艺需要重点解决的问题。

（3）对热风炉系统总体热效率重视不够。首钢 2 号高炉率先利用旧的热风炉，加以适当的改造，用来预热助燃空气，以获得 600℃的助燃空气。国内很多高炉也采用了类似的系统，从而获得 1250℃的风温。但是在采用这样的系统时，往往对热风炉系统的总体热效率重视不够。在国内已经投产的高炉的热风炉系统中，在配置蓄热式热风炉预热助燃空气的情况下，一般只配置助燃空气低温热管或者煤气低温热管换热器，而不是两者同时配置。这样做的缺点有两条：一是根据热风炉系统的热平衡计算，在只配置一种介质低温预热的情况，将导致大量烟气余热排向大气，不仅导致环境的恶化，也降低了整个热风炉系统的总体热效率，一些观点认为，由于现在的高炉都在提高喷煤比，故喷煤系统需要一部分热风炉烟气用来制粉。但是通过整个喷煤系统和热风炉系统烟气平衡的计算，喷煤制粉系统需要的热风炉烟气量占热风炉系统的烟气只是很小一部分，根本无法全部消化。还有一部分人认为，部分没有换热的热风炉烟气可以直接用来制粉，取消制粉系统的烟气炉。实践证明这样的系统存在一些缺陷，因而未得到钢铁厂的普遍采用（只有个别钢铁厂采用，国内某钢铁厂采用的条件，是热风炉距制粉距离较近）。二是目前普遍的做法是只进行空气的低温热管换热，而不进行煤气的低温热管换热。这样做其实并不好，因为，为了环保和节能，各钢铁厂目前普遍采用了高炉煤气干法除尘系统，不仅在中型高炉上得到了大量使用，而且在国内大型高炉上（3200~5500m^3）也获得了应用。在实践过程中发现，采用干法除尘系统煤气的低温冷凝液具有很强的酸腐蚀性，在许多钢铁厂出现了管道和设备的点腐蚀。而进行煤气的低温热管换热，既提高了热风炉系统总的热效率，又减少甚至消除了煤气的低温冷凝，从而为热风炉系统的长期安全生产创造了条件。

2 首钢京唐钢铁厂 5500m^3 高炉热风炉系统长寿型两级双预热系统设计

综合国内各种预热工艺流程的优缺点，并且结合首钢在该领域积累的大量工程实践，在首钢京唐钢铁厂 5500m^3 高炉热风炉预热系统设计中，采用了具有我公司自主知识产权的长寿型两级双预热系统。

2.1 工艺流程

热风炉系统长寿型两级双预热系统设工艺流程如图 1 所示。二级助燃空气蓄热式预热炉的助燃空气和煤气分别通过其助燃空气燃烧阀和煤气燃烧阀进入预热炉混合燃烧，完成对二级助燃空气蓄热式预热炉蓄热。二级助燃空气蓄热式预热炉蓄热完成后，将其切换到送风状态，这时来自低温空气总管的空气（约 190℃）通过二级助燃空气蓄热式预热炉冷风管道和冷空气阀进入二级助燃空气蓄热式预热炉，与其内的格子砖换热后，产生的高温空气经过热空气阀进入混风炉，与流经冷空气混风管道和冷空气混风阀进入混风炉的低温空气（约 190℃）混合，产生的中温助燃空气（450~700℃）通过中温助燃空气管道输送到热风炉，用于热风炉的燃烧。

来自管网的高炉煤气（包括所有的热风炉和二级助燃空气蓄热式预热炉燃烧需要的所有高炉煤气），经过煤气低温热管换热器预热到约 200℃后，然后通过两根煤气管道分别输送到二级助燃空气蓄热式预热炉和热风炉，与各自的助燃空气混合燃烧，完成各自的燃烧过程。

二级助燃空气蓄热式预热炉和热风炉各自燃烧产生的高温烟气，其热量被各自蓄热室的格子砖吸收后，通过各自烟道阀的废烟气最高温度被控制在 450℃，然后通过各自的烟气管道汇总到烟气换热器入口，这样所有的废烟气都尽可能参与助燃空气和煤气的低温换热。完成换热后的废烟气最终通过共用烟囱排入大气。

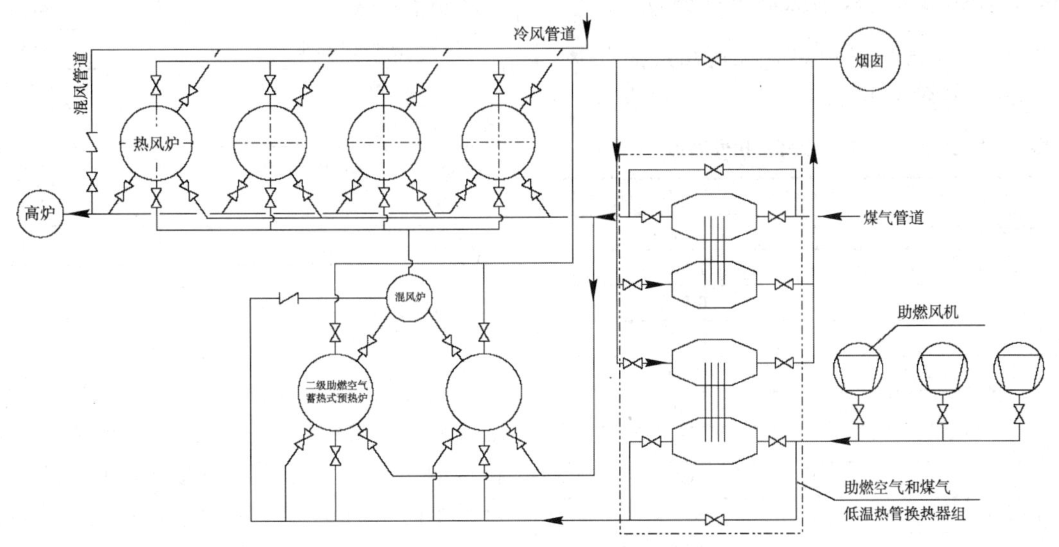

图 1 热风炉系统高风温的长寿型两级双预热系统流程图

2.2 工艺流程的特点

在配置二级助燃空气蓄热式预热炉预热助燃空气的情况下，同时配置助燃空气低温热管和煤气低温热管换热器，且二级助燃空气蓄热式预热炉用助燃空气也利用废烟气预热，大大提高了整个热风炉系统的热效率，整个预热系统的使用寿命与热风炉本体同步，满足了现代高炉长期高风温稳定运行的要求。国内现有的预热系统追求的只是最高1250℃的风温水平，而本工艺流程满足了1300℃及以上的风温水平要求。煤气采用低温热管换热器进行预热的目的，不仅利用废烟气的余热，提高热风炉系统总的热效率，而且根据目前国内的生产实践，煤气采用低温热管换热器进行预热后，其温度大大超过煤气结露温度，消除煤气低温冷凝，减少了煤气管道的酸腐蚀，从而为热风炉系统的长期安全生产创造了条件。

热风炉和二级助燃空气蓄热式预热炉所需要的所有助燃空气都由集中助燃风机提供，而不是将两者分开，使设备功能集中，减少了设备的台数，简化了工艺流程，为热风炉和二级助燃空气蓄热式预热炉所有助燃空气都经过助燃空气低温热管换热器创造了条件。

在煤气和空气低温热管换热器长期使用以后换热效率变低而需要重新充填换热介质时，热风炉系统仍然能够稳定地为高炉提供1250℃的热风温度。

而这种预热系统的配置，反过来又为热风炉本体的优化设计创造了条件。由于采用了这种完善的预热系统，热风炉的废气温度可以提高到 450℃，可以有效提高热风温度，减少热风炉本体的格子砖使用量，热风炉本体的建设投资可以降低5%。

2.3 煤气低温热管换热器和助燃空气低温热管换热器配置

煤气低温热管换热器和助燃空气低温热管换热器的设计参数见表1。

表1 煤气和助燃空气低温热管换热器设计参数表

名　称	烟　气	煤气低温热管换热器	助燃空气低温热管换热器
流量/$Nm^3 \cdot h^{-1}$	700000	505349	319000
进口温度/℃	350	45	20
出口温度/℃	约165	215	200
流动阻力/Pa	≤500	≤550	≤600
最高管内蒸汽温度/℃		260	248
换热面积/m^2		6811+14224(热侧)	
回收热量/kW		21461+35373=56834	

由于低温换热器区域管道直径较大，低温换热系统的各种阀门均选择了液动阀门，并且具有调节功能，简化了阀门选型和工艺操作的需要。

2.4 二级助燃空气蓄热式预热炉设计参数

二级助燃空气蓄热式预热炉采用顶燃式热风炉，其工艺设计参数见表2。

表2 二级助燃空气蓄热式预热炉参数表

名　称	参　数
空气蓄热式预热炉座数/座	2
周期/h	1.50
送风时间/h	0.75
拱顶温度/℃	1315
热空气温度/℃	1200
空气入口温度/℃	190
助燃空气温度/℃	190
煤气温度/℃	190
废烟气平均温度/℃	340
废烟气最高温度/℃	450

续表2

名　称	参　数
介质消耗量	
加热空气量/$Nm^3 \cdot h^{-1}$	129149
煤气消耗量/$Nm^3 \cdot h^{-1}$	99083
助燃空气消耗量/$Nm^3 \cdot h^{-1}$	68888
烟气量/$Nm^3 \cdot h^{-1}$	161866
格子砖重量/t	768.8
加热面积（一座预热炉）/m^2	35865
煤气热值/$kcal \cdot m^{-3}$	720
热效率/%	76.40

3 结语

在首钢京唐钢铁厂 5500m^3 高炉热风炉预热系统设计中，总结了国内相关工艺流程的优缺点，结合首钢的工程实践，提出了长寿型两级双预热系统。该系统已于2009年5月投入运行，从运行情况看，系统能够满足在使用单一高炉煤气的情况下，获得

1300℃的热风温度，目前高炉风温月平均水平已经达到1300℃，技术优势已初步呈现出来。长寿型两级双预热系统优点体现在：

（1）提高热风炉烟气温度，缩小热风炉尺寸，从而减少热风炉本体投资；

（2）助燃空气采用二级预热，即助燃空气预热由一级热管换热器和二级蓄热式预热炉组合而成；煤气采用热管换热器；

（3）获得了较高的助燃空气温度和适当的煤气预热温度，从而在使用单一高炉煤气的情况下获得1300℃以上的热风温度；

（4）在获得1300℃以上的热风温度的情况下，整个热风炉系统的热效率仍保持在很高的水平；

（5）助燃空气二级预热采用蓄热式热风炉，与热风炉本体寿命保持同步；

（6）在助燃空气和煤气低温预热系统失效而进行检修时，仍然能够获得较高的热风温度，从而保证高炉始终在高风温水平下操作。

参考文献

[1] 项钟庸，王筱留，等. 高炉设计——炼铁工艺设计理论与实践[M]. 北京：冶金工业出版社，2007.

（原文发表于《2011高炉热风炉科技论坛论文集》）

首钢京唐钢铁厂 5500m³ 高炉 BSK 顶燃式热风炉燃烧器冷态流场模拟

李 欣 张福明 毛庆武 梅丛华 钱世崇 银光宇

（北京首钢国际工程技术有限公司，北京 100043）

摘 要：首钢京唐钢铁厂 5500m³ 超大型高炉配置了 BSK 新型顶燃式热风炉，为进一步研究燃烧器工作特性，充分掌握热风炉内流场分布状况，利用 CFD 技术对燃烧器冷态工况进行模拟计算。先后计算了空气喷口单独工作时的冷态流场，煤气喷口单独工作时的冷态流场，并都得到了收敛的结果。计算表明，空气、煤气喷口速度分布比较均匀，都形成了均匀的旋流流场，为燃烧形成均匀的温度场创造了条件。

关键词：大型高炉；热风炉；燃烧器；流场；CFD

Cold-state Fluid Simulation of the Burner of BSK Top Combustion Hot Air Stove of Shougang Jingtang 5500m³ Blast Furnace

Li Xin Zhang Fuming Mao Qingwu Mei Conghua
Qian Shichong Yin Guangyu

(Beijing Shougang International Engineering Technology Co., Ltd., Beijing 100043)

Abstract: The blast furnace with a capacity of 5500 m³ of Ironmaking Department of Shougang Jingtang Iron and Steel Corporation are installed with the new model BSK top combustion hot air stove. In order to acquire a thorough understanding of the flow field distribution in the hot air stove and verify the flow field simulation results from computer calculation, Beijing Shougang International Engineering Technology Company, together with Ironmaking Department of Shougang Jingtang Iron and Steel Corporation, have conducted a cold-state testing to the BSK top combustion hot air stove of the No. 2 blast furnace. In the paper a summary of a part of the cold-state testing results of the hot air stove is made, and the results are analyzed and compared with the flow field simulation computation results. The conclusion is that there is a basic conformity between the velocity distribution tendency of the air port and gas port of the burner and that obtained from flow field simulation computation result.

Key words: large blast furnace; hot air stove; burner; flow field; CFD

1 引言

顶燃式热风炉又称无燃烧室热风炉，其最大特点是将燃烧器直接安装于热风炉的顶部。首钢京唐钢铁厂 5500m³ 超大型高炉投产之前，顶燃式热风炉从未应用于 4000m³ 以上的大型高炉。近年来，随着顶燃式热风炉技术的不断成熟，它在经济和技术上的优势也逐渐体现出来。与内燃式、外燃式热风炉相比，顶燃式热风炉的主要优点是：热风炉炉壳结构对称，稳定性强；拱顶砌体与大墙隔开，拱顶直径小，结构热稳定性好；高温烟气流场分布均匀，蓄热室的利用率高；占地面积小，节约钢结构和耐

基金项目：国家“十一五”科技支撑计划：新一代可循环钢铁流程工艺技术——长寿高效集约型冶金煤气干法除尘技术的开发（2006BAE03A10）。

火材料；布置形式灵活多样，紧凑合理等[1, 2]。

首钢京唐钢铁厂 5500m^3 超大型高炉配置了BSK 新型顶燃式热风炉，热风炉燃烧器作为它的核心装置，是实现合理组织煤气燃烧的关键部件，它的技术性能、工作状况直接影响热风温度和热效率。为深入研究该燃烧器的工作性能，掌握热风炉内流场分布规律，北京首钢国际工程技术有限公司通过多种手段进行检测和计算，包括与首钢京唐钢铁联合有限责任公司炼铁部合作开展 BSK 顶燃式热风炉冷态测试，与科研机构合作进行 BSK 顶燃式热风炉流场计算等。

2 CFD 技术

CFD（Computational Fluid Dynamics）即计算流体力学，是一种研究流体流动等物理现象的现代技术，集计算数学、计算物理、计算机软硬件技术为一体，是一门发展迅速的新兴学科。

流体运动状态可用一组数学物理方程组（Navier-Stokes 方程[3, 4]）精确描述，但由于方程的高度非线性和多尺度效应，导致求解非常困难，即便是数值解也难以获得。从 20 世纪 80 年代开始，随着高精度算法的不断应用和计算机技术的迅速发展，现代 CFD 技术已能对层流、湍流、燃烧、辐射、多向流等各种流体的物理化学运动进行较精确的数值模拟。

利用 CFD 技术进行模拟计算，可直观地分析流体流动过程中产生的各种物理化学现象，对可能发生的结果进行预测，同时可方便的对结构尺寸等参数进行修改，优化设计方案。CFD 技术可为实验和生产提供指导，节省大量的人力、物力、财力和时间。随着计算机软硬件技术的发展和数值计算方法的日趋成熟，商用 CFD 软件被越来越广泛的应用于科研、设计及生产等领域，将广大研究人员从深奥的方程和复杂的程序中解放出来，把更多精力放在技术改进和产品优化上，大大提高了工作效率[5]。

3 数学模型

3.1 物理模型及网格划分

根据首钢京唐钢铁厂 5500m^3 高炉配置的 BSK 顶燃式热风炉的结构尺寸建立物理模型，包括助燃空气组、煤气组、预混室、喉口、燃烧室及格子砖等几部分，整体热风炉模型采用混合网格进行划分。图 1 所示为 BSK 顶燃式热风炉物理模型，图 2 所示为 BSK 顶燃式热风炉模型的网格划分。

图 1 BSK 顶燃式热风炉物理模型

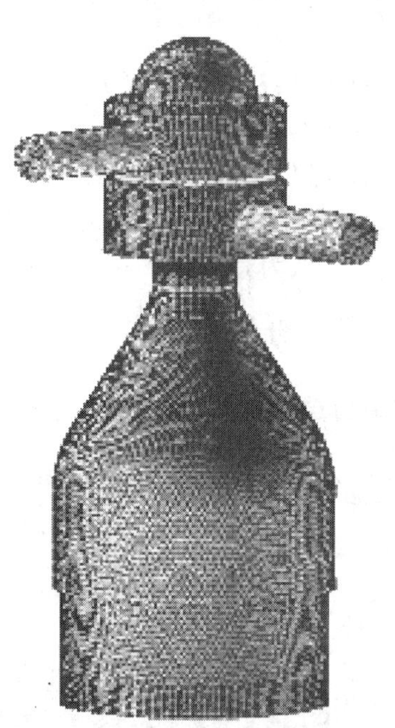

图 2 BSK 顶燃式热风炉网格划分

3.2 控制方程组

计算目的是掌握炉内冷态流场分布，不考虑热量变化。介质为空气，视为不可压缩流体，控制方程组如下。

连续方程：$\dfrac{\partial U_i}{\partial X_i}=0$

动量方程：

$$\frac{\partial U_i U_j}{\partial X_j}=\frac{\partial}{\partial X_j}\left(\frac{P}{\rho}+\frac{2}{3}k\right)+\frac{\partial}{\partial X_j}\left[\mu_t\left(\frac{\partial U_i}{\partial X_j}+\frac{\partial U_j}{\partial X_i}\right)\right]-\frac{\partial U_i}{\partial t}$$

湍动能方程：

$$\frac{\partial k}{\partial t}+\frac{\partial kU_j}{\partial X_j}=\frac{\partial}{\partial X_j}\left(\frac{\mu_t}{\sigma_k}\frac{\partial k}{\partial X_j}\right)+\mu_t S-\varepsilon$$

湍动能耗散率方程：

$$\frac{\partial \varepsilon}{\partial t}+\frac{\partial \varepsilon U_j}{\partial X_j}=\frac{\partial}{\partial X_j}\left(\frac{\mu_t}{\sigma_\varepsilon}\frac{\partial \varepsilon}{\partial X_j}\right)+\left(C_1\mu_t S-C_2\varepsilon\right)\frac{\varepsilon}{k}$$

式中　i——i=1、2、3；

k——湍动能；

ε——湍动能耗散率；

ρ——密度；

μ_t——黏度，$\mu_t=\rho C_\mu \frac{k^2}{\varepsilon}$；

C_1，C_2，C_μ，σ_k，σ_ε——模型常量：C_1=1.44，C_2=1.92，C_μ=0.09，σ_k=1.0，σ_ε=1.3。

3.3 边界条件

（1）进口条件：进口为定常质量流量边界条件，选择合适的湍流参数。

（2）出口条件：采用压力出口边界条件。

（3）壁面条件：热风炉壁面为固定壁面，无滑移，无内热源，认为其绝热。

4 计算结果与分析

4.1 空气喷口单独工作时冷态流场模拟

计算介质为空气，空气支管入口为入口边界，蓄热室下部为出口边界，空气经空气支管进入燃烧器，再进入热风炉内，由蓄热室下部排出。计算条件见表1。

表1　空气喷口冷态流场计算条件

介质	流量/Nm^3·h^{-1}	压力/Pa	密度/kg·m^{-3}
空气	104000	3000	1.21

经迭代计算，得到收敛的结果。图3所示为计算得到的空气上环喷口速度分布云图，图4所示为空气各喷口速度分布柱状图。

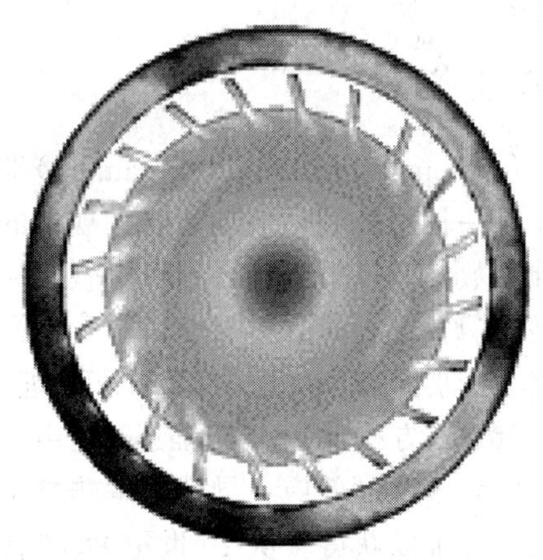

图3　空气上环喷口速度分布云图

分析计算结果可知，空气上环速度分布以空气支管中心线为中心基本呈对称分布，最高速度出现在正对助燃空气支管的喷口1和20，空气支管对面的喷口8~14的速度也较高。

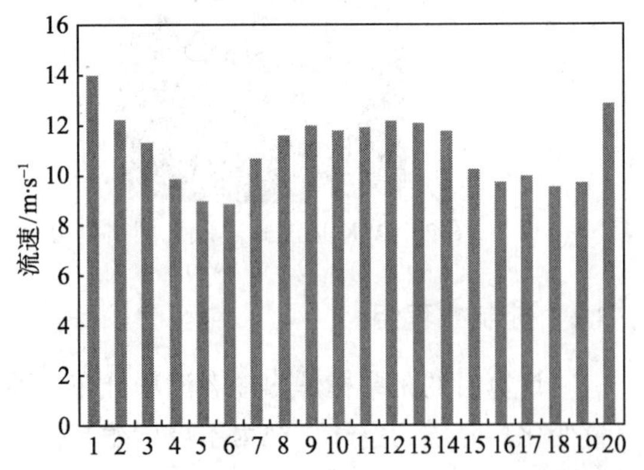

图4　空气喷口速度分布柱状图

空气下环呈非对称分布，最高速度出现在喷口1、2处，这两个喷口正对助燃空气支管，旋转方向与空气流向一致，阻力最小。喷口3~6的速度逐渐减小，在惯性作用下，气流向助燃空气支管对面的喷口汇集。喷口7~14的速度较大，喷口20虽正对助燃空气支管，但喷口旋转方向与气流方向相反，因此比喷口1、2的速度小。

引入统计学中的变异系数，计算各喷口流速与平均速度之间的偏差值，定义如下：

$$\mu=\frac{1}{\bar{v}}\sqrt{\frac{1}{n}\sum_{i=1}^{n}\left(v_1-\bar{v}\right)^2}$$

式中　μ——速度的变异系数，值越大，与平均速度的偏差越大，均匀性越低；

$\overline{v}$——平均速度，m/s；

v_i——测点 i 的速度值，m/s；

n——测点数目。

计算得出：

空气上环，$\mu = 0.124$；

空气下环，$\mu = 0.141$。

整体而言，配气均匀性较好，上环比下环更加均匀。计算得到空气喷口形成的冷态流场如图 5 所示。

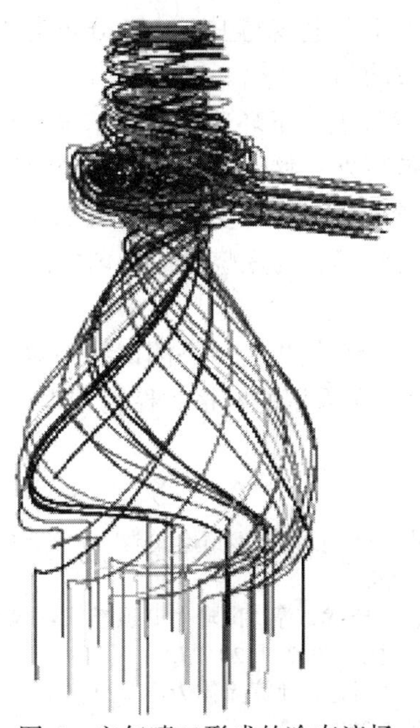

图 5　空气喷口形成的冷态流场

由空气喷口喷出的气体在热风炉炉内形成了均匀的旋流流场，为燃烧后形成均匀的温度场创造了条件。

4.2　煤气喷口单独工作时冷态流场模拟

计算介质为空气，煤气支管入口为入口边界，蓄热室下部为出口边界，空气经煤气支管进入燃烧器，再进入热风炉内，由蓄热室下部排出。计算条件见表 2。

表 2　煤气喷口冷态流场计算条件

介质	流量/$Nm^3 \cdot h^{-1}$	压力/Pa	密度/$kg \cdot m^{-3}$
空气	61000	3000	1.21

经迭代计算，得到收敛的结果。图 6 所示为计算得到的煤气下环喷口速度分布云图，图 7 所示为煤气各喷口速度分布柱状图。

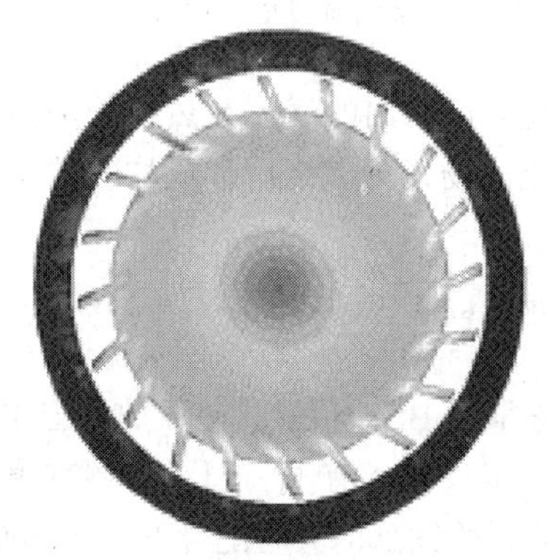

图 6　煤气下环喷口速度分布云图

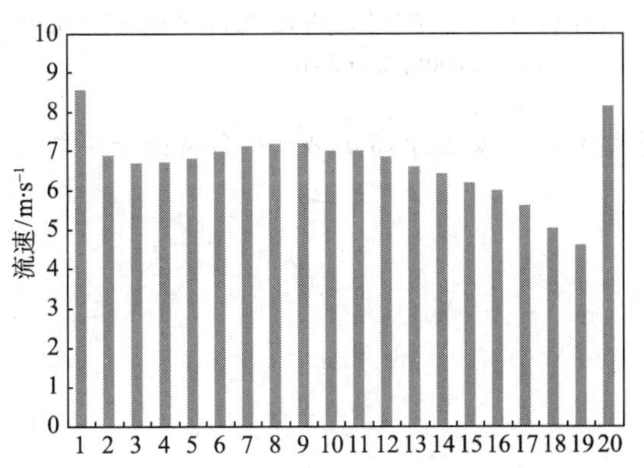

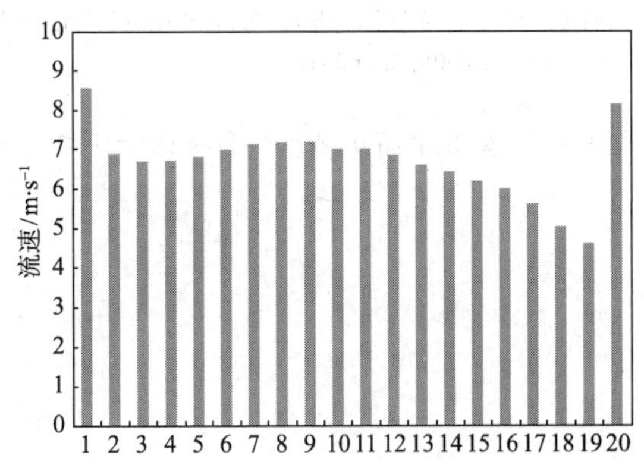

图 7　煤气喷口速度分布柱状图

分析计算结果可知，煤气上环的喷口 1 和 2 都正对煤气支管，速度最大；喷口 2~11 的偏转方向与气体流向保持一致，速度分布较为均匀；喷口 12~19 的偏转方向与气体流向相反，速度逐渐减小。

煤气下环中，喷口 1 正对煤气支管，偏转方向与气体流向一致，速度最大；喷口 2~19 的速度分布趋势与上环相似，速度区间也基本一致；喷口 20 虽正对煤气支管，但偏转方向与气体流向相反，因此速度并不高。

比较煤气上下环，除喷口 20 的速度相差较大外，整体速度分布基本一致。

计算仿真结果的喷口速度变异系数：

煤气上环，$\mu = 0.132$；

煤气下环，$\mu = 0.135$。

整体速度分布较为均匀，上下环的均匀性基本一致。计算得到煤气喷口形成的冷态流场如图 8 所示。

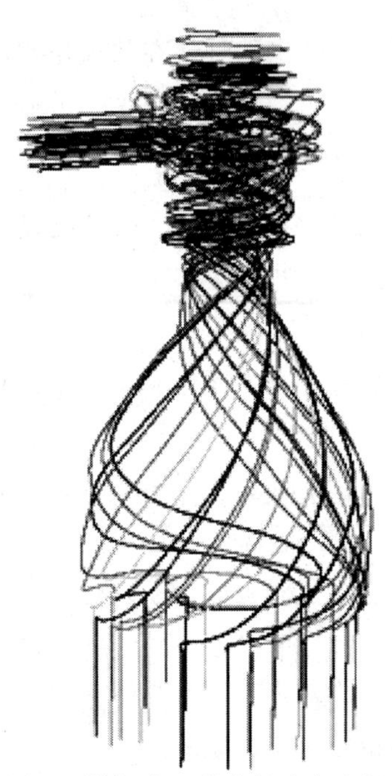

图 8　煤气喷口形成的冷态流场

由煤气喷口喷出的气体在热风炉炉内也形成了均匀的旋流流场，为燃烧后形成均匀的温度场创造了条件。

5　冷态测试

为充分掌握 BSK 顶燃式热风炉的工作特性，北京首钢国际工程技术有限公司在首钢京唐钢铁联合有限责任公司炼铁部的大力配合下，于 2009 年对首钢京唐钢铁厂 5500m^3 超大型高炉配置的 BSK 顶燃式热风炉进行了冷态测试。将测试结果整理后与冷态计算结果相对比，二者的空、煤气喷口速度分布基本一致，证明计算采用的网格和控制方程组是合理的。

6　结语

（1）以首钢京唐钢铁厂 5500m^3 超大型高炉配置的 BSK 新型顶燃式热风炉为研究对象，建立物理模型，划分网格，引入湍流计算控制方程组，设置合理的边界条件，先后计算了空气喷口单独工作时的冷态流场分布和煤气喷口单独工作时的冷态流场分布，都得到了收敛结果。

（2）空气上环以空气支管中心线为中心基本呈对称分布，下环速度与上环速度分布类似，整体速度分布比较均匀。

（3）煤气上、下环速度分布基本一致，除个别喷口速度偏高外，整体速度分布比较均匀。

（4）冷态条件下，空气、煤气都在炉内形成了均匀的旋流流场，为燃烧形成均匀的温度场创造了条件。

（5）将计算结果与冷态测试结果对比，二者较为一致，说明所采用的网格和控制方程组是合理的。

参考文献

[1] 黄晋，林起初. 首钢大型顶燃式热风炉设计[J].首钢科技，1992, 2: 189.

[2] 张福明，毛庆武，等. 我国大型顶燃式热风炉技术进步[J]. 设计通讯, 2002, 2: 20~27.

[3] 苏铭德，黄素逸. 计算流体力学基础[M]. 北京：清华大学出版社, 1997.

[4] 吴望一. 流体力学[M]. 北京：北京大学出版社, 2005.

[5] 翟建华. 计算流体力学(CFD)的通用软件[J]. 河北科技大学学报, 2005, 2: 160~165.

（原文发表于《2011 高炉热风炉科技论坛论文集》）

高风温技术在迁钢4000m³高炉上的研究与应用

倪　苹

(北京首钢国际工程技术有限公司，北京 100043)

摘　要：首钢对高风温技术的研究不断取得新突破，并使首钢在高风温技术上始终处于行业领先地位。首钢高风温技术具有先进、节能等优势，2010 年投产的首钢迁钢 4000m³ 高炉，在热风炉的设计上完全体现了高风温的指导思想，设计和实际风温达到 1280℃以上，节能环保效益显著。

关键词：高炉；热风炉；高风温；高风温输送；节能

Study and Application of High Temperature Hot Blast Technology on Qiangang 4000m³ Blast Furnace

Ni Ping

(Beijing Shougang International Engineering Technology Co., Ltd., Beijing 100043)

Abstract: It makes Shougang keep ahead on high temperature hot blast technology always in industry that study and making new progress continuously on high temperature hot blast technology. High temperature hot blast new technology of Shougang has the advantages of advanced and energy saving and so on. The guide thinking of high temperature hot blast was incarnated fully in the procedure of designing of hot blast stove of Qiangang 4000m³ blast furnace which was went into production in 2010 and the designing and actual temperature of hot blast both higher than 1280℃ and the benefit of environmental protection and energy saving is obvious.

Key words: blast furnace; hot blast stove; high temperature hot blast ; high temperature hot blast conveying; energy saving

1　引言

首钢一贯重视在高炉上研究和应用各种先进、节能的新技术，其中在高风温技术的研究上不断取得新的突破，并在推广和应用方面始终走在行业前列。

由首钢研究开发的高温预热助燃空气新技术2002 年在首钢 2 号高炉应用后，通过将助燃空气预热到 600℃和煤气预热到 180℃，使高炉稳定地获得了 1250℃风温，在国内处于领先水平。这项技术提出了一种全新的高炉高风温理念，就是在没有高热值煤气富化条件下，高炉也可以长期、稳定地使用1250℃或更高的风温。

自此以后，首钢继续坚持对高风温技术的改进和创新，研发经历了模型试验研究、工艺参数积累和调整、结构和材料的优化，始终坚持在不同规模的高炉的不同类型热风炉上进行推广和应用，取得的节能环保效益获得了业内一致好评。

迁钢 4000m³ 高炉是在 2007 年开始设计，于 2010 年 1 月投产。高炉设计阶段适逢国家“十一五”建设第二年。国家在“十一五” 规划中提出将节能降耗指标列为国民经济和社会发展的主要目标，要求“十一五”期间每年节能降耗 4%左右。在此目标下钢铁工业作为高能耗、高污染产业必须将产业的技术升级改造以实现节能减排，可持续发展作为主要任务来完成。因此，迁钢 4000m³ 高炉的设计理念被确定为“高效、低耗、优质、长寿、清洁、安全”，通过积极采用各项先进技术和工艺，实现高炉“大型化、高效化、现代化、长寿化、清洁化”生产；在热风炉系统的技术设计上则充分体现了高风温的指导思想。

迁钢 4000m^3 高炉热风炉系统主要由 4 座高温改造型内燃式热风炉和 2 座新型顶燃式小热风炉（预热炉）构成。设计平均风温 1280℃，焦比 305kg/t，煤比 190kg/t，热风炉寿命达到 30 年以上。

高风温系统的先进技术集成主要体现在以下几方面：高温、高效、长寿的热风炉；在全烧高炉煤气条件下实现平均风温 1280℃，采用的高效、先进、节能环保的高温助燃空气预热系统（首钢专利技术）和烟气余热回收煤气预热技术；设置合理，安全、可靠的高风温输送系统（热风管道系统）。

2 高炉高风温技术主要技术特点

2.1 高温、高效、长寿的热风炉

迁钢 4000m^3 高炉配置 4 座高温改进型内燃式热风炉，其主要技术特点是：

（1）采用矩形陶瓷燃烧器，煤气与助燃空气经细流分割后能充分混合，调节性能好，燃烧稳定，强度大，效率高。燃烧出的热烟气经拱顶反向后，能均匀地在蓄热室分布。

（2）热风炉拱顶为悬链线形，内衬结构受力合理稳定。在球顶硅砖设计中采用了提高整体稳定性的板块式结构和关节砖，可有效解决拱顶在膨胀、收缩时的不稳定现象，使拱顶耐火衬的设计温度达到 1480℃。拱顶与大墙脱开，使大墙耐火砖能独立膨胀或收缩，消除了大墙不均匀膨胀对拱顶的影响。

（3）燃烧室与蓄热室的隔墙为独立结构，与大墙之间不咬砌。隔墙与大墙之间设置滑动缝和膨胀缝，两者之间可以自由滑动和膨胀。隔墙下部设置隔热砖，以减少隔墙的温度梯度和热应力，防止隔墙开裂短路。隔墙局部镶嵌耐热不锈钢板，防止窜风。

2.2 在热风炉工艺及操作上应用和开发的高风温技术

（1）研究了热风炉燃烧器在多种工况下的燃烧机理，实现了燃烧器的最佳工作效率；

（2）应用了新型高效格子砖，格孔直径ϕ30mm，蓄热面积达到 51.58m^2/m^3,提高了热风炉的蓄热能力和适应高温、短周期的工作能力；

（3）开发了高风温热风炉控制专家系统，包括蓄热室传热及热量蓄积模型、拱顶温度监测及控制模型、废气温度监测及控制模型、双预热控制模型、最佳燃烧状态控制专家系统等；

（4）首钢迁钢公司根据上述研究自主开发了自动烧炉和新型热风炉自动燃烧技术，实现了热风炉优化操作。

2.3 低热值煤气高效利用实现风温 1280℃

由于迁钢的高热值煤气(焦炉煤气、转炉煤气)资源紧缺，用于热风炉的燃料只能是单一高炉煤气。根据迁钢 4000m^3 高炉设计的操作水平，煤气利用率将尽可能提高，使高炉煤气热值会降低到 3100kJ/m^3 以下，热风炉的理论燃烧温度将低于 1300℃。要达到设计风温，理论燃烧温度则应高于 1455℃；另外根据环保要求，应充分利用低热值的高炉煤气，以减少或完全不排放多余的高炉煤气。这些限制性条件为热风炉系统设计提出了必须解决的课题。

针对迁钢的实际情况，设计采用了由首钢国际工程公司开发的一种高风温长寿型两级双预热装置专利技术[1]，可为热风炉提供 600~700℃的高温助燃空气。这项高温空气预热系统的核心组件顶燃式热风炉（预热炉）采用了首钢国际工程公司研发的专利技术[2]：顶燃式热风炉高效旋流扩散式燃烧器。预热系统主体由 2 座顶燃式热风炉和 1 座混风炉组成。内燃式热风炉的助燃空气量中预计有 53%进入预热炉，预热到 1100℃；然后在混风炉中与未预热的 47%的冷助燃空气混合，将温度调整到 600~700℃，送到内燃式热风炉使用。BSK 新型顶燃式热风炉作为预热炉使用，具有寿命长（超过 30 年），工作及换热能力稳定，不会出现日久失效的问题等突出优点，如图 1 所示。

为了更有效地提升热风炉的热效率，配套设计了热风炉烟气余热回收煤气低温预热系统，采用分离式热管换热器预热高炉煤气。在空气预热到 650℃和煤气预热到 180℃时，可将热风炉的拱顶温度提高到 1430℃以上，使热风温度稳定达到 1280℃。

2.4 高风温下的热风输送管道系统

迁钢 4000m^3 高炉热风管道属于高温、高压和大直径、长路由管道。在高炉大型化后，随着热风温度和压力的提高，热风安全输送问题日益突出，合理进行管道设置和设计已成为高炉能否使用高风温的重要限制性环节。为此在总结以往热风管道出现的各种问题，分析了热风管道在温度、压力、环境等变化时的工作状况后，对管道设计进行了系统优化，重点采用了以下维护稳定和长寿的措施：

（1）选择合适的耐火材料，特别是使用高温蠕变率低的红柱石砖，提高了管道内衬耐温及耐压能力。适当增加了砖层厚度，使砖型楔度增大，提高砌筑结构稳定性。采用新型轻质保温材料，减少管

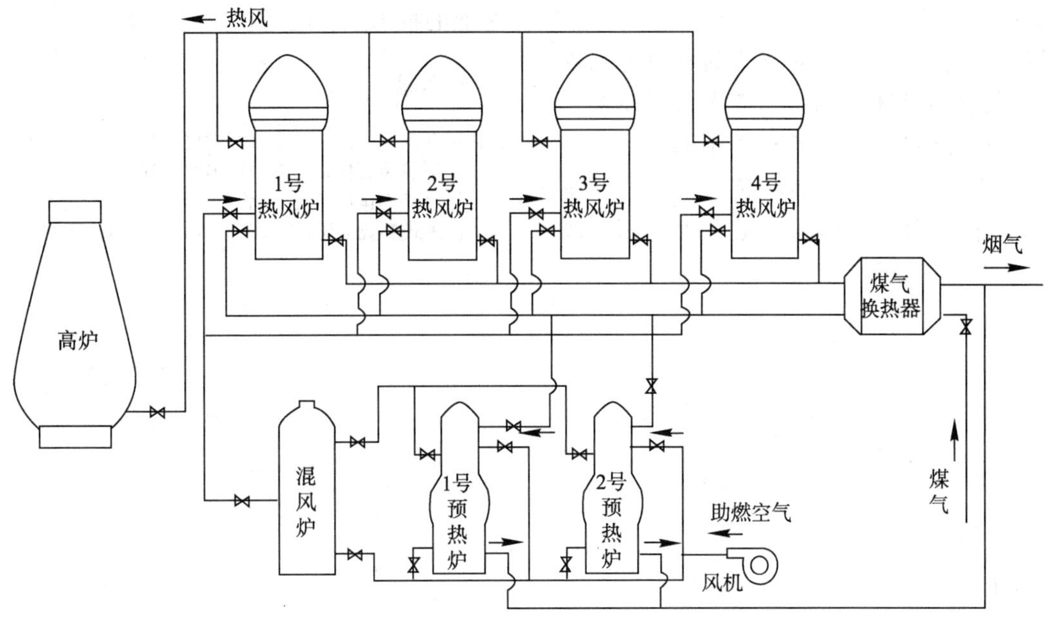

图 1　迁钢 4000m^3 高炉热风炉高温空气预热系统流程图

道散热损失和输送中的温降，并将钢壳温度保持在 150℃以下。

（2）设置合理的膨胀缝，膨胀缝中填充耐温 1400℃的优质陶瓷纤维材料，可长期吸收耐火材料体积变化。

（3）利用三维设计对热风管道的组合砌体进行结构优化，管道三岔口及各出入口均采用组合砖结构。管道上部 120°范围内的砌砖均设置互锁砖结构。

（4）根据有限元计算，设置合理的波纹补偿器和支座，吸收管道钢结构的热胀冷缩并使管道保持平衡稳定。在波纹补偿器膨胀缝处，耐火砖采取特殊的导流砖结构保护缝内耐火纤维材料。

（5）热风总管设置全程大拉杆，防止管道受压后的盲板力对钢结构造成破坏。热风总管端头设置补偿器，用来吸收大拉杆因温度、压力、大气温度等影响造成的长度变化。热风支管设置大拉杆或者水平拉梁，使热风支管、热风总管与热风炉炉壳实现连接，形成稳定和安全的整体受力体系，保证热风管道不会产生过大位移。

（6）采用耐高温节水型热风阀，重点解决了高温热风阀的冷却用水量较大的问题。在提高冷却效率，降低水耗情况下延长了热风阀使用寿命，从而实现节能并降低生产运行成本。

（7）针对热风管道的关键部位（如管道膨胀节处）因温度和压力变化产生的位移，设置在线实时监测和数据无线传输，确保运行安全。

3　热风炉的经济和社会效益说明

迁钢 4000m^3 高炉于 2010 年 1 月投产后，到当年 6 月底已实现最高日风温 1281℃，并于 2010 年 7 月和 8 月连续 2 个月实现月平均 1280℃风温，日平均最高风温达到 1294℃；并且在 7 月、8 月实现月平均焦比 282.2 kg/t 和 277.7 kg/t 等好成绩。

2010 年扣除前 4 个月（投产初期）的生产指标，迁钢 4000m^3 高炉年平均指标为：平均风温 1260℃，平均焦比 283.7kg/t，平均煤比 181.2kg/t。与 2009 年全国重点钢铁企业年平均风温 1158℃相比，风温高出了 102℃，而且提前圆满地完成了节能指标。

提高风温不仅节约了焦炭，可有效减少生产焦炭产生的 CO_2 排放，实现高炉低碳炼铁和节能减排目标；还改善了迁钢的环保水平，为可持续发展创造了条件。

我国钢铁企业目前虽然总体产能已达到国际最大规模，但技术水平落后，生产效率低下，产品质量和价格与发达国家相比处于劣势的情况仍然非常突出。迁钢 4000m^3 高炉热风炉采用的高风温节能技术，不仅说明我国的高炉技术和装备达到国际领先水平，也对提升我国钢铁行业技术创新能力做出了重要贡献。

4　高风温技术的应用前景

迁钢 4000m^3 高炉热风炉的高温及低温复合预热工艺及一系列高风温技术已形成了具有首钢自主知识产权的技术创新和工艺突破。这项技术可有效解决国内炼铁行业普遍存在的高热值煤气短缺造成的高炉风温难以提高，低热值煤气富裕排放引起的能源浪费和环境污染问题。使不同规模的高炉均可以安全、稳定、高效、长寿地获得 1250℃风温，及至使用更高的风温。

由首钢研发的一系列高炉高风温技术以可有效节约生产成本，稳定提供高风温，工艺流程简单，节能环保等多项优势。首钢迁钢4000m^{3}高炉热风炉在设计和生产上取得的优异成绩，对今后国内新建和技改高炉有非常好的示范效应，也将对全国钢铁企业的技术进步起到积极的推动作用。

参考文献

[1] 北京首钢国际工程技术有限公司. 一种高风温长寿型两级双预热装置[P].ZL 2009 2 0172956.4，2010年7月14日.
[2] 北京首钢国际工程技术有限公司. 顶燃式热风炉高效旋流扩散式燃烧器[P].ZL 2008 2 0109855.8，2009年7月8日.

霍戈文内燃式热风炉传输现象

胡祖瑞[1] 程树森[2] 张福明[1]

(1.北京首钢国际工程技术有限公司,北京 100043;
2.北京科技大学冶金与生态工程学院,北京 100083)

摘 要：本文利用 CFD 仿真对首钢 1780m^3 霍戈文内燃式热风炉进行了数值模拟研究，主要研究了空气和煤气混合前在矩形燃烧器中的流动、混合气体在燃烧室的燃烧、浓度分布、温度分布、火焰形状以及拱顶的速度分布和温度分布。结果表明：空气喷嘴出口界面和煤气出口截面的流场都存在一定程度的不均匀性；沿燃烧室宽度方向，火焰高度变化剧烈；拱顶出口截面残余极少量的一氧化碳，蓄热室表面，烟气速度分布不均，最高温差也很大。

关键词：霍戈文内燃式热风炉；流动；传热；燃烧；数值模拟

Research of Transfer Phenomenon about Hoogovens Internal Hot Blast Stove

Hu Zurui[1] Cheng Shusen[2] Zhang Fuming[1]

(1. Beijing Shougang International Engineering Technology Co., Ltd., Beijing 100043;
2. University of Science and Technology Beijing, Beijing 100083)

Abstract: In this paper, make a simulate research on the 1780 m^3 Hoogovens internal hot blast stove in Shougang using the CFD method. The main research contains the flow status of air and gas in the rectangular burners before mixing, combustion status of mixture gas, concentration distribution, temperature distribution in combustion chamber, flame shape and the velocity and temperature distribution in the dome. The result shows that there is heterogeneity about flow filed in air nozzle outlet and gas outlet. Along the width direction of combustion chamber, the flame height change greatly. A little carbon monoxide remains in outlet of dome, and on the surface of checker chamber, the velocity distribution of smoke is not uniform and the maximum temperature difference is also very high.

Key words: Hoogovens internal hot blast stove; flow; heat transfer; combustion; numerical simulation

1 引言

热风炉是高炉炼铁生产中的重要设备，在炼铁过程中，提高热风炉送风温度，是降低焦比、增加生铁产量以及降低生铁成本的有效措施，也是提高高炉喷吹燃料的重要条件。因此提高热风温度是目前热风炉研究的焦点问题。提高风温的主要措施包括两点：一是提高理论燃烧温度，通过降低空气过剩系数，对空、煤气进行预热可以达到理想的理论燃烧温度。二是降低理论燃烧温度与风温的差值，这需要在热风炉的结构上进行优化，提高蓄热室的蓄热面积的同时，使燃烧室出口截面获得均匀的速度分布和温度分布。另外热风炉炉内的最高温度在1400℃以上，因此合理的火焰形状和温度分布是热

基金项目：本研究得到国家自然科学基金和“十一五”支撑计划基金的支持：1.国家自然科学基金：60872147； 2.国家“十一五”科技支撑计划基金：巨型高炉长寿技术：超大型高炉数学模型及专家系统。

风炉长寿的关键因素。

郭敏雷、程树森等人之前对燃烧期[1]和送风期[2]格子砖温度分布进行了计算研究，但对燃烧器、燃烧室以及拱顶部分的研究却没有涉及。胡日君、程树森对考贝式热风炉拱顶空间烟气分布进行过数值模拟[3]，计算主要建立在拱顶入口截面速度分布均匀的假设之上，与实际情况有一定的偏差。本文中的流场计算从空气和煤气入口开始，与实际更加接近，计算更加准确，加之霍戈文式热风炉独特的悬链线式拱顶，都是对拱顶烟气分布研究的补充和完善。张胤、贺友多等人分别对栅格式和套筒式陶瓷燃烧器的燃烧过程进行了模拟研究[4, 5]，对矩形陶瓷燃烧器的计算没有涉及。而且主要研究的位置局限于燃烧室，对空气和煤气混合前在各自通道内的流动状况、出口截面的速度分布情况未做分析。

本文针对首钢 1780m^3 高炉所配置的霍戈文内燃式热风炉，用计算流体力学的方法，采用稳态计算，对其燃烧期中后期达到稳定后的速度分布、温度分布以及火焰形状进行了数值模拟研究，并对提高风温和延长热风炉寿命给出了些许建议。

2 物理模型

内燃式热风炉是目前国内使用最多的热风炉，首钢 1780 m^3 高炉所配置的霍戈文内燃式热风炉在传统的内燃式热风炉的基础上进行了改进。其中特有的结构包括：(1) 矩形陶瓷燃烧器与眼睛形火井；(2) 全脱开悬链线形拱顶与关节砖的设计；(3) 板块式结构与分层自立式结构；(4) 自密闭锁砖结构等。该热风炉主要的结构尺寸有：热风炉的总高度为 41.6 m，燃烧室断面积 9.7 m^2，蓄热室断面积 35.8m^2，煤气和空气管道的直径分别为 1.7 m、1.8 m；煤气管道底部有一尺寸为 4000×3060×150 mm^3 的导流板。空气喷嘴的出口截面为 336×100 mm^2 的矩形，与竖直方向的夹角为 37.275°；左右两侧每侧有喷嘴 22 个，共 44 个，每个喷嘴之间间隔 100 mm；眼睛形燃烧室的圆弧半径为 4.2 m.，高度为 23.507 m；拱顶底面半径为 4.621 m。

3 数学模型及边界条件

3.1 数学模型

首钢 1780 m^3 高炉所配置的霍戈文内燃式热风炉，助燃空气和煤气分别从两个入口进入热风炉中混合燃烧，属于非预混燃烧，解决这一过程目前最常用的数学模型是 $k-\varepsilon-g$ 模型。综合来说该模型将混合过程的控制作用和脉动的影响有机地统一，主要包括五个要点[6]，在这里不做详细叙述。

3.2 边界条件

该热风炉对应的高炉设计风量为 4200 Nm^3/min，燃烧所用高炉煤气成分见表 1。

表 1 高炉煤气成分

Table 1 Gas component of blast furnace

组分	CO	CO_2	N_2	CH_4	H_2	H_2O
体积分数/%	20.33	16.63	50.46	0.44	1.16	10.98
密度/kg·m^{-3}	1.25	1.97	1.2507	0.714	0.0899	0.81
质量分数/%	19.46	25.09	48.33	0.24	0.08	6.80

该热风炉采用助燃空气和煤气预热技术，其煤气和空气管道入口处两种气体的相关参数见表 2。

表 2 空气和煤气相关参数

Table 2 Parameter of air and gas

气体	流量/Nm^3·h^{-1}	质量流量/kg·s^{-1}	预热温度/℃
空气	56190	20.14	600
煤气	73840	26.66	200

表 1 和表 2 中的数据均为设计值，实际生产中的数据与其略有偏差。根据表 2 中的数据给出数学模型所对应的边界条件，煤气和空气入口均为质量流量边界，空气入口的质量流量为 20.14 kg/s，湍流强度为 10%，温度 600℃，平均混合分数和平均混合分数均方差都为 0；煤气入口的质量流量为 26.66kg/s，湍流强度为 10%，温度 200℃，平均混合分数为 1，平均混合分数均方差为 0。出口设为压力出口边界，压强为一个大气压即表压为 0，设定回流湍流强度为 10%，平均混合分数和平均混合分数均方差均为 0。壁面设置为非滑移边界，传热采用第二类边界条件且壁面绝热。流体密度采用 PDF（概率密度函数）混合物模型给出，比热容采用混合定律给出。辐射模型为 Discrete Ordinates 模型[7]。

4 计算结果及分析

应用 CFD 仿真计算软件，对该热风炉燃烧室内气体的湍流扩散燃烧过程进行了深入而且系统的研究，得到了煤气和助燃空气混合前，在各自通道内的速度分布情况，以及燃烧室和拱顶烟气的速度场、温度场、浓度分布和火焰的形状，对热风炉的设计以及改进提供了重要的依据。

4.1 煤气在矩形燃烧器中的流动状况

图 1 所示为矩形燃烧器的示意图，煤气通道的中心位置有一块长 4m，宽 0.15m，高 3m 的挡墙。挡墙上端是一小段收缩段，煤气通道的面积由 3.3 m^2 收缩

到 1.98 m^2。煤气从下部入口进入燃烧器，图 2 所示分别给出了煤气入口中心截面，空气入口中心截面和空气喷嘴底部截面的速度云图。从图中可以看出，煤气的速度基本沿入口中心线呈对称分布，随着高度的增加，横截面的速度分布总体趋于均匀化。图 3 和图 4 所示分别为煤气出口截面 *Y* 方向和 *X* 方向上速度变化曲线图。从图 3 可以看出，*Y* 方向上壁面附近的速度明显高于中间的速度。其原因可从图 5 分析得出，煤气遇到挡墙后向各个方向放射状运动，挡墙两个角部的速度要明显高于中间位置的速度，这样的情形一直保持到煤气与空气混合，因此会出现图 5 所示的速度分布。从图 4 中可以看到靠近中心位置时($y = 0$)，入口一侧的速度要明显高于入口对侧的速度；而靠近壁面处($y = -2.1$ m)，入口一侧和入口对侧的速度差异则很小。

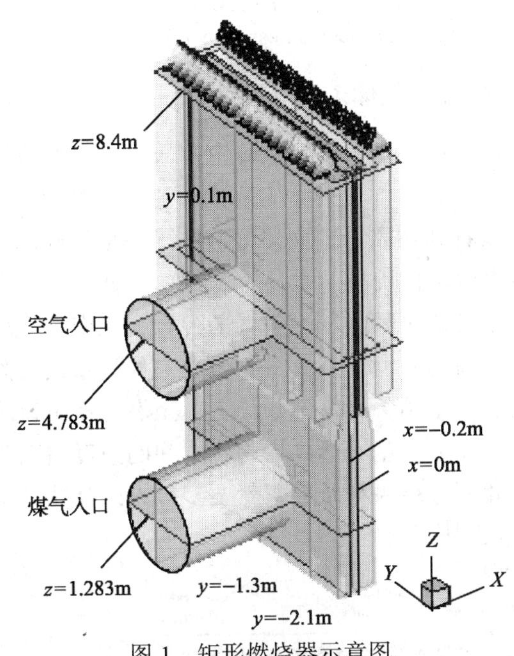

图 1 矩形燃烧器示意图

Fig.1 Schematic diagram of rectangular burner

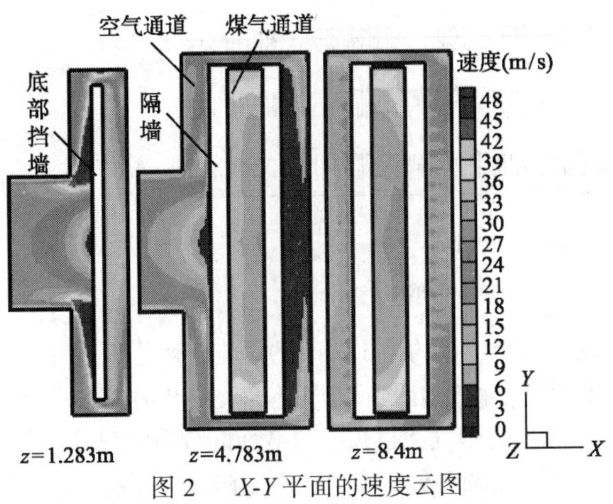

图 2 *X-Y* 平面的速度云图

Fig.2 Velocity contours in surface *X-Y*

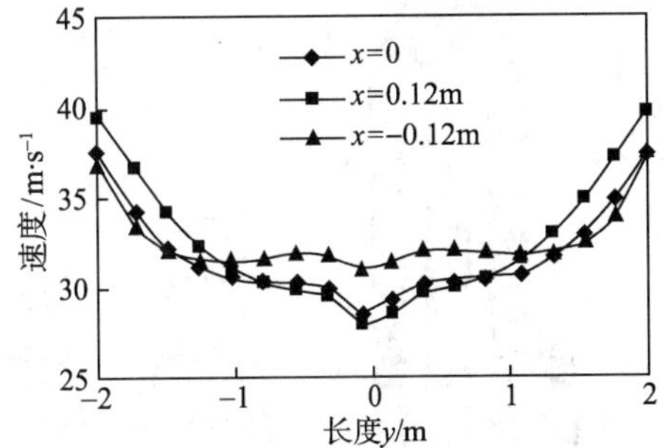

图 3 煤气出口截面 *Y* 方向的速度变化

Fig.3 Velocity of gas outlet in direction *Y*

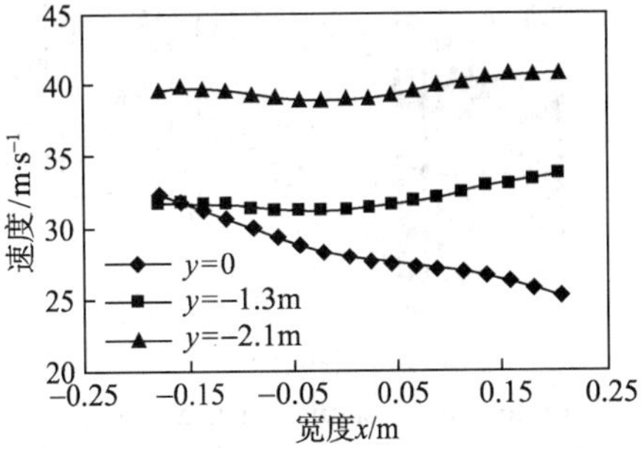

图 4 煤气出口截面 *X* 方向的速度变化

Fig.4 Velocity of gas outlet in direction *X*

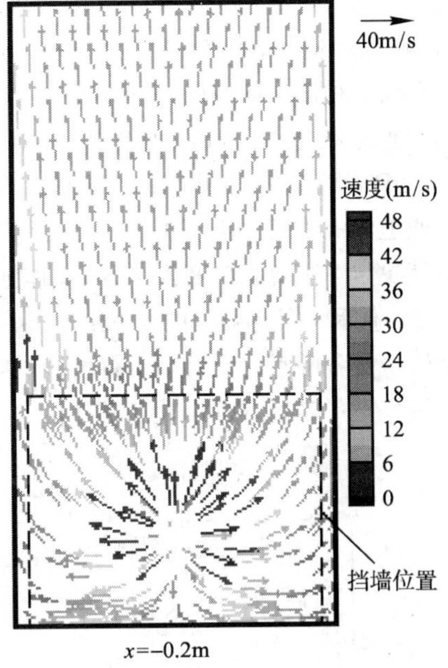

图 5 *X*=−0.2m 平面的速度矢量图

Fig.5 Velocity vectors in surface *X* =−0.2m

图 6 将 $Y = 0$ 和 $Y = -1.3$ m 平面收缩段附近的速度矢量图进行了对比：在 $Y = 0.1$ m 平面，入口管道和挡墙的拐角处速度很大，随之通过收缩段后，靠近左端壁面的速度要远大于右端壁面的速度；而随着离中心距离的增加，对于 $Y = -1.3$ m 平面，收缩段上部左右两端壁面的速度差异则明显缩小。因此挡墙的结构，收缩段角度和高度以及煤气通道的高度存在一定的不合理性，导致了在煤气出口截面存在着一定程度的不均匀性。

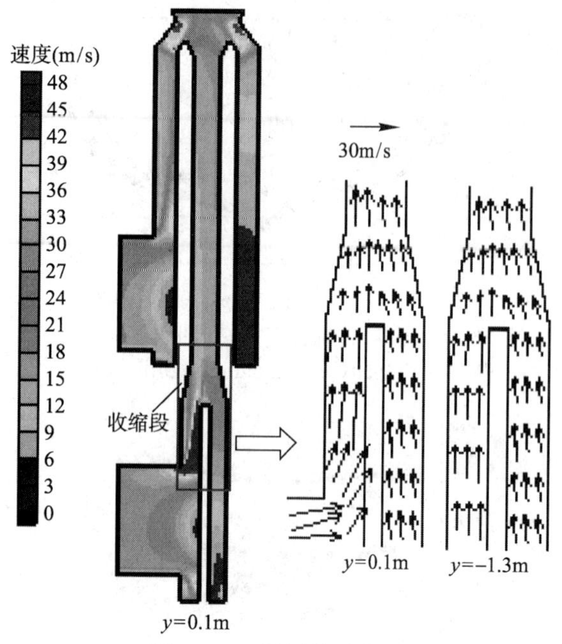

图 6　X-Z 平面流动状况

Fig.6　Flow status in surface X-Z

称，因此只给出了一半喷嘴的结果，编号从边缘到中心依次增大。结果显示：空气入口一侧的喷嘴流量全部大于平均流量，边缘附近的流量大于中心流量；而入口对侧的喷嘴除中心一个喷嘴等于平均流量外，其余全小于平均流量，而且靠近壁面的两个喷嘴流量远低于平均流量。由此看来，空气通道的高度还需要略微增大，使得每个空气喷嘴的流量尽可能均匀。

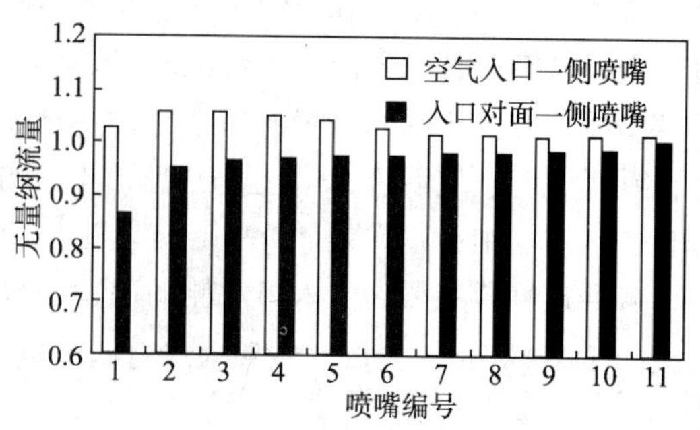

图 7　各喷嘴的无量纲流量

Fig.7　Dimensionless flow rate of nozzles

4.2　空气在矩形燃烧器中的流动状况

空气从上部入口进入燃烧器后沿“回”形通道运动。图 2 中右侧的两张图说明整个空气通道内的速度基本沿入口中心线呈对称分布。在入口平面 $z = 4.783$ m 处，入口一侧的速度要远大于入口对侧的速度，随着高度的增加，在空气喷嘴底部，两侧的速度已基本达到均匀。因此空气通道的高度直接决定了各截面两侧速度的均匀性，也就决定了喷嘴出口截面速度的均匀性。图 7 给出了入口一侧和对侧各喷嘴的无量纲流量柱状图，其中无量纲流量是各喷嘴的流量与所有喷嘴平均流量的比值。实际每侧有 22 个喷嘴，由于流场沿 X-Z 平面对称，因此只给出了一半喷嘴的结果。

4.3　燃烧室气体流动状况

图 8 所示为眼睛形燃烧室 $Y = 0$ 平面的速度矢量图。图 8（a）是燃烧室底部的流场矢量图，从图中可以看到在靠近壁面位置形成了一个回旋区，这是由燃烧器的流体流动特性造成的，回旋区的存在有利于燃烧过程煤气与空气的混合，稳定燃烧以及烟气平稳的向上运动。图 8（b）是燃烧室出口附近的流场矢量图，当烟气平稳上升至燃烧室出口附近时，气体分布基本达到均匀，中间的速度略高于两边，此部分结果与张胤，贺友多等人的计算结果十分一致[4,8]。

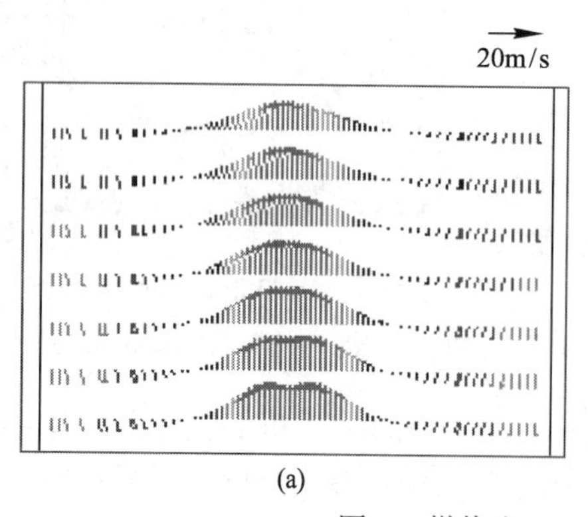

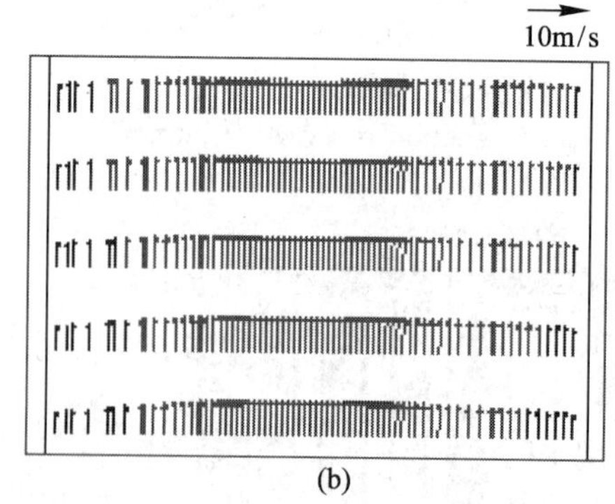

图 8　燃烧室 $Y = 0$ 平面的速度矢量图

Fig.8　Velocity vectors in combustion chamber surface Y=0

4.4　拱顶速度分布

气体经过燃烧室后达到拱顶，通过拱顶中心 X-Z 截面的速度云图和流线图如图 9（b）所示，云图标示了速度的大小，流线图标示了速度的方向。拱顶下部形成了一个半径约为 1.2 m 的涡流，使得该处气体的速度很小，而靠近壁面处气体速度则相对较大。图 9（b）所示为烟气在拱顶出口截面的分布状况：速度分布基本沿 X 轴对称分布，但由于涡流的存在，右半部分烟气的速度要明显大于左半部分的烟气速度。这种

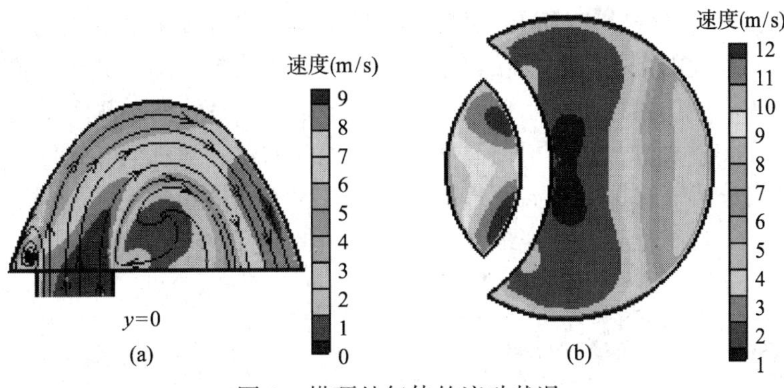

图 9 拱顶处气体的流动状况

Fig.9 Gas flow status in dome

速度的不均匀性是由拱顶的结构特点所决定的，虽然悬链线拱顶相对圆球形拱顶能减小这种不均匀性[3,9]，但想要完全消除还需在结构上进行改进。

4.5 燃烧室温度分布和火焰形状分析

图 10 所示为截止至拱顶底部出口，X-Z 平面和 Y-Z 平面的温度分布云图和火焰形状。由当量混合分数[5]可以得到如图中蓝色曲线所示的平均火焰面形状[10]。煤气和助燃空气在眼睛形燃烧室混合并发生剧烈燃烧，放出大量热量。如图 10（a），$X=0$ 平面内温度分布和火焰形状基本关于 $Y=0$ 平面对称，火焰面呈现中间低，两边高的状态，这与燃烧室气体流动状态密切相关，图 8 中眼睛形燃烧室中心位置（即 $Y=0$ 平面）形成的回流，使得通过中心区域总的煤气量要小于边缘，因此中心火焰短于两侧。对于温度分布情况，由于火焰内部的主要成分是煤气，没有得到充分燃烧，因此温度较低；而在火焰表面附近，煤气充分燃烧，达到最高温度 1440℃，这与该热风炉所设计达到的峰温相吻合。另外需要说明的是，由于眼睛形燃烧室在划分六面体网格时出现不对称的状况，从而导致计算结果不是完全关于 $Y=0$ 对称，因此在不规则图形网格划分方面需要做细致的优化。图 10（b）、图 10（c）、图 10（d）选取了最短火焰和最长火焰位置的 X-Z 平面温度分布云图和火焰形状。各平面火焰宽度基本一致，与煤气通道出口的宽度很接近；最短的火焰长度为 8 m 左右，最长的火焰长度为 28 m 左右，而且已经伸入到了拱顶部分。对于拱顶的温度分布，$Y=0$ 平面处，温度分布与速度分布情况刚好相反，在涡流位置，由于与周围发生较少热交换导致温度热量积累，温度比靠近壁面处高出很多；相对 $Y=0$ 平面，$Y=-1.5$ m 和 $Y=1.5$ m 平面的平均温度显然要高出很多。

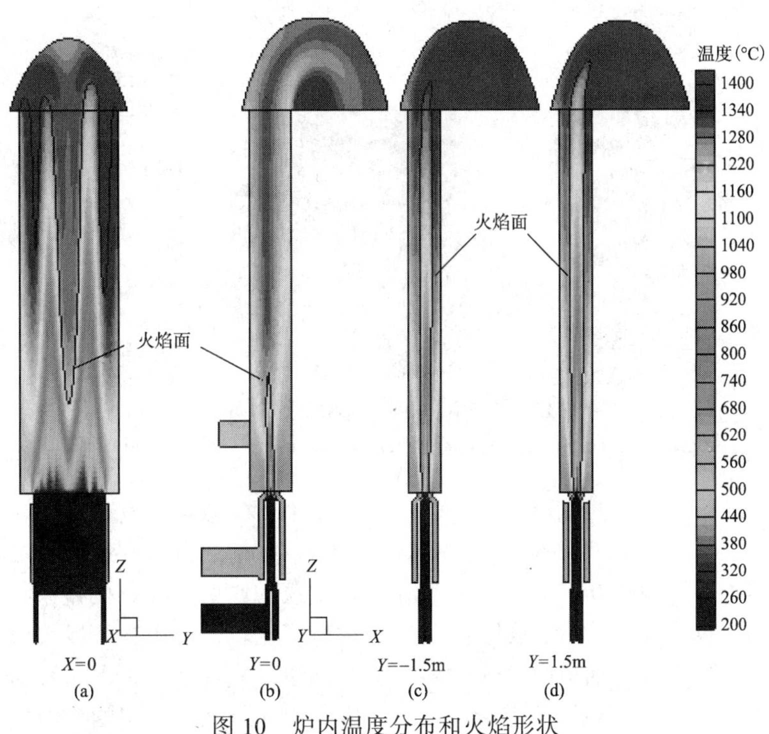

图 10 炉内温度分布和火焰形状

Fig.10 Temperature distribution and flame shape in hot blast stove

图11左侧所示为眼睛形燃烧室横截面上，温度随高度变化的云图。随着高度的增加，温度在整个横截面上变得均匀。图11右边给出了拱顶出口截面的温度分布，温度分布沿 X 轴对称分布；根据温度的大小能将整个出口截面分成五块区域，温度最低的区域集中在 X 轴附近，靠近壁面处；温度最高的区域集中在温度最低区域的上下两侧；剩下的区域温度较为均匀，而且介于最高温度区域和最低温度区域之间。另外整个截面的最大温差在250℃左右，如此大的温差对提高热风温度和蓄热室的热效率都会产生不利的影响。因此很有必要对燃烧室和拱顶的结构进行改进。

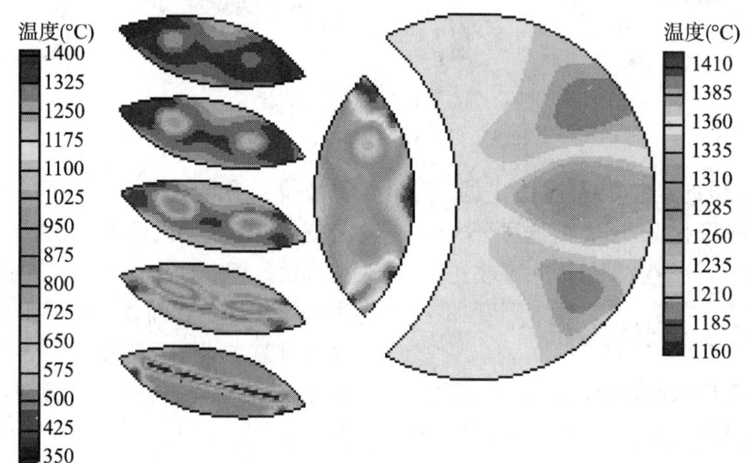

图11　燃烧室和拱顶出口截面温度分布

Fig.11　Temperature distribution in combustion chamber and outlet of dome

4.6　燃烧室和拱顶浓度分布

图12左侧所示为燃烧室高度方向CO的质量分数随高度变化的云图，在燃烧室底部，煤气通道出口对应的位置CO的质量分数很高；随着高度的增加，CO浓度逐渐减小，而且CO浓度高的区域主要集中在眼睛形燃烧室的角部，这与燃烧室的温度分布和火焰形状也能很好的对应上；同时可以看到在燃烧室出口处仍然有CO剩余。但随着煤气和助燃空气在拱顶左侧的继续反应，会看到如图12右侧所示的拱顶CO浓度分布云图，在拱顶右侧以及拱顶出口附近CO的质量分数已基本接近于零，避免了CO进入格子砖燃烧。

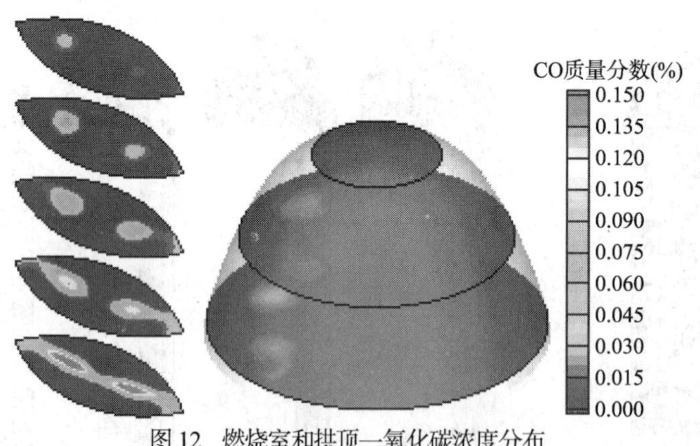

图12　燃烧室和拱顶一氧化碳浓度分布

Fig.12　Carbon monoxide distribution in combustion chamber and dome

5　计算结果的验证

对首钢霍戈文内燃式热风炉2008年8月11日的生产数据进行了采样计算，具体工况参数见表3。实际生产中对拱顶处的平均温度和烟道中CO的残余量保持实时监测，通过计算拱顶截面所有结点温度和CO浓度的平均值得到相应的平均值，由于蓄热室中CO浓度不发生变化，因此拱顶截面CO的平均浓度与烟道中一致。图13和图14将5种工况下拱顶平均温度、CO的残余浓度的监测值和计算值进行了比较，从图中可以看出通过数值模拟计算出的结果与实际测量值非常接近，最大误差在1%以内。因此能证明采用的数学模型比较准确，计算结果对指导生产有很大的实际意义，对下一步内燃式热风炉的改进工作研究奠定了基础。

表 3 中的空气过剩系数定义为实际助燃空气流量与理论所需量的比值，即 $\alpha = V_1 / V_0$。

其中单位时间煤气完全燃烧所需要空气量的理论值计算如下：

$$V_0 = V_{gas} \times \left(CO\% \times 0.5 + CH_4\% \times 2 + H_2\% \times 0.5 \right) / 21\%$$

表 3　空气和煤气相关参数

Table 3　Parameter of air and gas

工况	1	2	3	4	5
空气流量 /$Nm^3 \cdot h^{-1}$	43574	41584	42472	41810	46248
煤气流量 /$Nm^3 \cdot h^{-1}$	64918	63356	65759	66012	73934
空气温度/℃	507	498	500	501	500
煤气温度/℃	180	180	180	180	180
空气过剩系数	1.212	1.1856	1.167	1.144	1.130

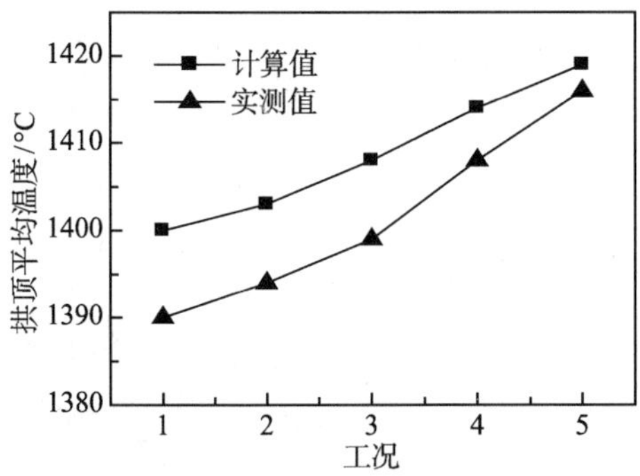

图 13　不同工况下拱顶的平均温度

Fig.13　Mean temperature of dome

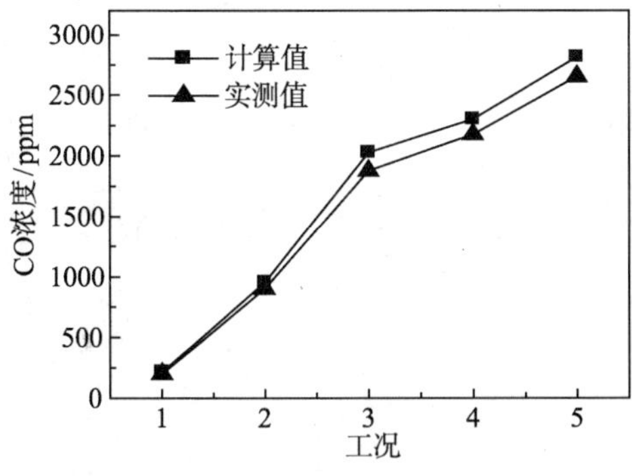

图 14　不同工况下一氧化碳残余量

Fig.14　Remnant amount of carbon monoxide

从图 13 和图 14 中不难发现，随着空气过剩系数的减小，拱顶温度升高，CO 残余量增大。当空气与煤气恰好完全燃烧时，烟气能达到的温度最高，而当空气过量之后，烟气温度则会随着空气量的增大而减小。由于燃烧器的结构复杂，需要有一定量的空气过剩来保证煤气的充分燃烧，同时为了尽可能的提高烟气温度，空气过剩系数一般在 1.1~1.3 之间。

6　结论

（1）煤气通道出口处的速度分布情况为：Y 方向上中间的速度明显低于壁面附近的速度；X 方向上，靠近中心位置处入口一侧的速度要明显大于入口对侧的速度，而越靠近壁面，入口侧和入口对侧的速度差异则越小。挡墙结构，收缩段高度和角度以及煤气通道的高度存在一定的不合理性。

（2）空气通道各喷嘴的流量分布情况为：空气入口一侧的喷嘴流量全部大于平均流量，边缘附近的流量大于中心流量；而入口对侧的喷嘴除中心一个喷嘴等于平均流量外，其余全小于平均流量，而且靠近壁面的两个喷嘴流量远低于平均流量。因此空气通道的高度还需要略微增大，使得每个空气喷嘴的流量尽可能均匀。

（3）燃烧室的流场状况为：燃烧室底部靠近壁面位置形成了一个回旋区，有利于燃烧过程煤气与空气的混合和稳定燃烧。燃烧室出口附近，中间的速度略高于两边，基本达到均匀。

（4）拱顶的流场状况为：在拱顶空间一半高度靠近壁面的位置形成了两个对称的涡流，距离燃烧室中心约 2m 的区域形成了半径约为 1.2m 的涡流。在拱顶出口截面，从靠近右侧壁面到隔墙，烟气速度迅速减小。整个截面的速度分布很不均匀，因此拱顶的结构还有待改进。

（5）煤气和助燃空气燃烧较为充分，风温的计算值与设计值基本吻合，燃烧室出口截面基本没有 CO 剩余，但温度分布较为不均匀，火焰长度在纵切面上波动很大，局部火焰长度太长，对拱顶耐火材料造成较大危害。其主要原因是由于煤气和空气通道出口处的速度分布不够合理。

参考文献

[1] Guo M L, Chen S S, Zhang F M, et al. Elementary study of effect factors of temperature distribution of checkers during “on gas” cycle in hot blast stove[C] // *Proceedings of China Iron & Steel Annual Meeting*. Chengdu, 2007: 89.

[2] Guo M L, Chen S S, Zhang F M, et al. Calculation of temperature distribution in checkers during “on blast” cycle in hot blast stove[C]. *J Iron and Steel*, 2008, (6):15.

[3] Hu R J, Chen S S. Numerical simulation of hot gas velocity distribution in the top dome of internal hot blast stove[J]. *J Univ Sci Technol Beijing*, 2006, (4): 71.

[4] Zhang Y, He Y D, Huang X Y, et al. Study on mathematical model of combustion process of new grid-type ceramic burners[J]. *J Journal of Baotou University of Iron and Steel Technology*, 2001, (2): 101.

[5] Zhang Y, He Y D, Li S Q, et al. Effect of preheating on combustion of ceramic burners[J]. *J Journal of*

Combustion Science and Technology, 2001, (3): 267.

[6] Wang Y S, Fan W C, Zhou L X, et al. *Mathematic Calculation of Combustion* [M]. Beijing: Science Press. 1986,(1):72.

[7] Chen G J, Hu X G, Qian K, et al. Study of combustion technology of new top combustion BF stove[J]. *J Iron and Steel*, 2009, (1):79.

[8] Chen Y S, He Y D, He Z, et al. Simulation study on flow field of eye-shape combustion room in blast furnace stoves[J]. *J Journal of Baotou University of Iron and Steel Technology*, 2006, (6):102.

[9] Tang X Z. The application of inner burning type high temperature long life[J]. *J Industrial Heating*, 2007, (5): 47.

[10] Hu Z R, Chen S S, Guo X B, et al. Transfer phenomenon study of Xuan Steel whirl top combustion hot blast stove [C]. *The 13th Metallurgical Reaction Engineering Meeting*, Baotou, 2009: 243.

（原文发表于《北京科技大学学报》2010年第8期）

高炉热风炉高温预热工艺设计与应用

毛庆武　张福明　黄　晋　张　建　倪　苹

(北京首钢国际工程技术有限公司,北京 100043)

摘　要：首钢 2 号高炉技术改造设计采用了高温预热及高风温长寿热风炉技术。助燃空气高温预热炉及煤气热管换热器投入使用后的第一个月，助燃空气预热到 630℃，高炉煤气预热到 200℃，高炉月平均利用系数 2.502t/(m^3·d)、焦比 296.9kg/t、煤比 169.8 kg/t、焦丁 14.3 kg/t、燃料比 481kg/t、风温 1220℃。实现了“高效、低耗、长寿、优质、清洁”的设计目标。

关键词：高炉；热风炉；高温预热；高风温

Design and Application of High Temperature Preheating Process for Hot Blast Stove of BF

Mao Qingwu　Zhang Fuming　Huang Jin　Zhang Jian　Ni Ping

(Beijing Shougang International Engineering Technology Co., Ltd., Beijing 100043)

Abstract: The technology of high temperature preheating and high temperature and long campaign life hot blast stove had been adopted during the Shougang's No.2 BF technology rebuild design. The one month after high temperature preheating combustion air stove and gas preheating equipment were used, combustion air was heated to 630℃,BF gas was heated to 200℃,monthly average productivity 2.502t/(m^3·d),coke ratio 296.9kg/t, coal ratio 169.8kg/t, coke nut ratio 14.3kg/t, fuel ratio 481kg/t, blast temperature 1220℃. Achieved design target of “high efficiency, low consumption, long campaign life, high quality, cleaning”.

Key words: BF; hot blast stove; high temperature preheating; high temperature blast

1　引言

随着高炉大型化和高效化，高炉炼铁技术正向高效、长寿、高风温、大喷煤量方向发展。提高风温、增大高炉喷煤量是降低生铁能耗和成本最有效的技术措施，可以带动炼铁技术的全面提高，不仅可以代替昂贵的焦炭，节约宝贵的炼焦煤资源，降低炼焦所产生的环境污染；同时还可以促进高炉稳定顺行，强化高炉冶炼，因此受到世界各国的普遍重视。

2　国内外高炉提高风温的技术措施

热风炉是为高炉加热鼓风的设备，是现代高炉不可缺少的重要组成部分。在高炉实际生产中提高风温所受到的限制因素主要是热风炉承受高风温的能力及燃料的发热值。由于炼铁技术和工艺的不断发展，热风炉的结构型式和使用的耐火材料等项技术日臻完善，热风炉已能承受 1250℃或更高的风温[1]。

为了提高热风温度，目前在热风炉上采用了多项提高风温的技术。基本有以下几种。

2.1　采用富化煤气技术

国外热风炉基本上采用了富化高炉煤气的措施，常用的富化气为焦炉煤气（也有用转炉煤气及天然气等进行富化）。

2.2　利用换热器对煤气、助燃空气进行预热的技术

这是目前普遍采用的技术。换热器的型式主要

有回转式换热器、固定板式换热器、热管换热器及管式换热器等。热管换热器的热管内热循环媒质主要为纯水、热媒油等。目前国内大多数厂家采用以纯水为热循环媒质的热管换热器。

2.3 热风炉自身预热技术

这项技术是通过设置四座热风炉和配套的管道、阀门等设施，利用其中一座热风炉送风后的余热预热助燃空气，供给其他热风炉燃烧用，采用"两烧一送一预热"的工作制度。

2.4 助燃空气高温预热技术

助燃空气高温预热技术是在总结现有用于提高热风温度的各项技术的基础上，从而提出一种能够满足热风温度大于1250℃的需要，工艺简单，工作可靠，适应各种型式的热风炉使用的助燃空气高温预热装置。

助燃空气高温预热的工艺原理是：设置两座助燃空气高温预热炉，通过燃烧低热值的高炉煤气将预热炉加热后，再用来预热热风炉使用的助燃空气。预热炉燃烧温度在1000℃以上，助燃空气可以被预热到600℃以上。由于供热风炉使用的助燃空气的物理热被显著提高，热风炉的加热能力也被相应提高。同时利用热风炉烟气余热预热高炉煤气到200℃，使采用全烧高炉煤气的热风炉风温达到1250℃以上。助燃空气高温预热工艺流程图如图1所示。

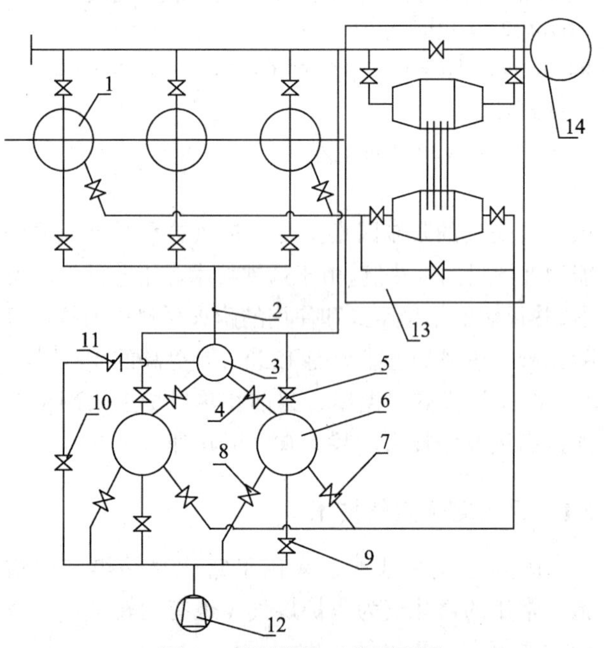

图1 高温预热工艺流程图

1—热风炉；2—温度检测点；3—混合室；4—热助燃空气切断阀；5—烟气切断阀；6—助燃空气高温预热炉；7—煤气切断阀；8—空气切断阀；9—冷助燃空气切断阀；10—助燃空气旁通阀；11—助燃空气调节阀；12—助燃风机；13—煤气预热器；14—烟囱

助燃空气高温预热装置具有温度调节简便灵活；操作成熟，可靠；提供的高温预热助燃空气温度稳定，可达到600℃以上，具备通用的余热预热设备无法达到300℃以上预热温度的优点。而且助燃空气高温预热装置可以是各种型式的热风炉或加热炉，在高炉扩容大修改造时，其原有热风炉可改造成助燃空气高温预热炉，助燃空气高温预热装置的使用寿命可达到高炉热风炉的使用寿命。同时，能广泛适应高炉各种生产状况的操作需要。

3 工艺开发与设计

3.1 工艺技术方案的确定

2000年，根据首钢总公司的发展规划，决定于2002年对首钢2号高炉进行一次现代化新技术改造，要求热风温度达到1250℃。首钢2号高炉的热风炉系统为1979年建成的4座顶燃式热风炉，已经使用了20多年，也经历了两代高炉炉役，无论是从炉壳结构强度、拱顶内衬、管道设备均已无法适应现代高炉使用风温1250℃、高炉一代炉役大于15年（无中修）的要求。因此，热风炉系统必须进行新建或大修改造，才能实现热风温度1250℃的要求。如果在原地进行大修改造，将对高炉的正常生产产生影响，延长高炉停炉后大修工期，而且受场地限制，很难进行彻底完善的大修改造；而采用原有顶燃式热风炉高温预热助燃空气，要求的拱顶温度和压力不高，可以安全稳定的生产；新建热风炉必须满足全烧高炉煤气的条件，既要适应助燃空气高温预热及高炉煤气低温预热，又要适应助燃空气及高炉煤气不预热的条件，同时要求高的换热效率及较小的占地面积。基于以上原因，结合2号高炉的现场情况，决定在首钢2号高炉停炉前，先在南面场地上新建3座霍戈文改造型高风温内燃式热风炉，并相应配套建设助燃风机、煤气热管换热器、烟囱等设施；高炉停炉后，4座顶燃式热风炉拆除2座（1号及2号），改造2座热风炉（3号及4号）作为高温预热助燃空气的预热炉，达到合理利用原有设施、减少投资的目的。通过采用助燃空气高温预热技术，在全烧高炉煤气的条件下使热风温度达到1250℃。

3.2 新建热风炉系统工艺设计

新建3座霍戈文改造型高风温内燃式热风炉呈一列式布置。热风炉主要技术参数及不同条件下的计算结果比较详见表1及表2。

表 1　热风炉主要技术参数

项　目	设计值	项　目	设计值
热风炉炉壳内径/mm	ϕ9200/ϕ10468	每座热风炉总蓄热面积/m^2	48879
热风炉总高度/mm	41590	燃烧器长度/m	3.4
热风炉高径比	4.521	每 m^3 高炉容积具有的加热面积/$m^2 \cdot m^{-3}$	82.38
热风炉蓄热室断面积/m^2	35.8	每 m^3/min 高炉鼓风的加热面积 $m^2 \cdot (m^3/min)^{-1}$	34.9（按风量 4200m^3/min）
热风炉燃烧室断面积/m^2	9.7		

表 2　计算结果比较

序号	项　目	高温预热	煤气富化	煤气预热	不预热
1	热风炉座数/座	3	3	3	3
2	风量/$Nm^3 \cdot min^{-1}$	4200	4200	4200	4200
3	热风温度/℃	1250	1250	1150	1050
4	拱顶温度/℃	1420	1420	1310	1220
5	火焰温度/℃	1442	1442	1325	1235
6	湿度/$g \cdot Nm^{-3}$	14	14	14	14
7	焦炉煤气用量/%	0	11.4	0	0
8	送风时间/min	45	45	45	45
9	燃烧时间/min	80	80	80	80
10	格子砖高度/m	32.4	32.4	32.4	32.4
11	助燃空气温度/℃	600	20	20	20
12	高炉煤气温度/℃	200	45	200	45
13	高炉煤气中含水/%	10.98	10.98	10.98	10.98
14	高炉煤气热值/$kJ \cdot m^{-3}$	3368	3130	3368	3130
15	冷风温度/℃	170	170	170	170
16	烟气操作温度/℃	398	398	383	330
17	烟气最高温度/℃	398	398	400	400
18	一座热风炉煤气最大流量/$Nm^3 \cdot h^{-1}$	73840	61231	79160	75340
19	一座热风炉助燃空气最大流量/$Nm^3 \cdot h^{-1}$	56190	71070	51770	49870
20	一座热风炉烟气最大流量/$Nm^3 \cdot h^{-1}$	121400	123700	121700	116420

3.3　热风炉预热工艺设计

热风炉的预热系统设计了低温预热及高温预热两套系统，通过预热高炉煤气及助燃空气，在全烧高炉煤气的条件下,使热风温度达到 1250℃。

3.3.1　低温预热工艺设计

利用热风炉烟气余热，通过分离式热管换热器对热风炉用高炉煤气进行预热。预热后，高炉煤气温度可达 200~250℃。分离式热管换热器的烟气、煤气 2 个箱体分散布置，通过外联管传输水媒质换热介质。

3.3.2　高温预热工艺设计

2 号高炉原有 4 座首钢式顶燃热风炉于 1979 年建成投产，在 1991 年 2 号高炉大修时，高炉扩容为 1726m^3，仅更换了 3 座热风炉的内衬、格子砖、燃烧器、部分工艺管道及设备，其中 1 号热风炉的格子砖仍为 5 孔格子砖。此次 2 号高炉技术改造，充分发挥顶燃热风炉具有投资省，占地面积少，耐火材料结构合理的技术优势，以节省投资、缩短建设工期、满足工艺要求为目的，仍然采用顶燃热风炉作为助燃空气高温预热炉，充分利用了 4 座热风炉矩形布置的优势[2]，重点进行了助燃空气高温预热工艺的改造设计，主要有以下方面：（1）拆除已经运行 23 年多的 1 号和 2 号两座旧顶燃热风炉，利旧改造 3 号、4 号顶燃热风炉作为高温预热助燃空气的预热炉。（2）原有热风竖管作为预热炉的混风室，原有倒流休风管改为冷助燃空气入口，原热风出口改造为热助燃空气出口。（3）降低原 3 号、4 号顶燃热风炉的标高，设计合理的高径比，热风炉中下部（标高 22.800m 以下）的内衬及格子砖利旧，保护性拆除热风炉中上部 10.098m 炉壳、内衬及格子砖。拆下的格子砖进行筛选，重新砌筑。热风炉内衬及格子砖材质设计上部为低蠕变高铝质、中部为高铝质、下部为黏土质。（4）按照助燃空气≥600℃进行设计计算燃烧器的能力，每座热风炉由 4 套燃烧器改为 2 套燃烧器，在减少设备数量的同时，保证加热燃烧的均匀性。（5）在原综合楼一层新建 2 台预热炉用助燃风机。改造后的助燃空气高温预热炉技术参数详见表 3。

表 3　改造后的助燃空气高温预热炉技术参数

项　目	设计值	项　目	设计值
热风炉炉壳内径/mm	ϕ7000	蓄热室格子砖段数/段	3
蓄热室直径/mm	ϕ5792	热风炉座数/座	2
热风炉总高度/mm	38882	每个燃烧器能力/$m^3 \cdot h^{-1}$	21000
热风炉高径比	5.555	热助燃空气温度/℃	≥600
热风炉蓄热室断面积/m^2	26.35	拱顶温度/℃	1200
每座热风炉总蓄热面积/m^2	26691	烟道温度/℃	300

4　生产实践与应用

首钢 2 号高炉于 2002 年 5 月 23 日点火投产，助燃空气高温预热炉于 2002 年 9 月 8 日投入运行。助燃空气高温预热炉及煤气热管换热器投入使用后，运行良好，达到了设计要求。预热炉及煤气热管换热器的投入运行后的高炉技术经济指标详见表 4。

表 4　首钢 2 号高炉 2002 年 10 月主要技术经济指标

项　目	指标	项　目	指标
高炉有效容积/m^3	1780	渣量/$kg \cdot t^{-1}$	292
利用系数/$t \cdot (m^3 \cdot d)^{-1}$	2.502	入炉风量/$Nm^3 \cdot t^{-1}$	1108
焦比/$kg \cdot t^{-1}$	296.9	富氧率/%	0.3
煤比/$kg \cdot t^{-1}$	169.8	送风压力/MPa	0.304
焦丁/$kg \cdot t^{-1}$	14.3	风温/℃	1220
燃料比/$kg \cdot t^{-1}$	481	顶温/℃	204
综合焦比/$kg \cdot t^{-1}$	444.2	顶压/MPa	0.166
综合冶炼强度/$t \cdot (m^3 \cdot d)^{-1}$	1.111	热助燃空气温度/℃	630

续表 4

项　目	指标	项　目	指标
综合入炉矿品位/%	59.79	高炉煤气预热温度/℃	200
熟料率/%	89.26	热风炉拱顶温度/℃	1370

通过 2 号高炉的生产实践证明，只燃烧低热值的高炉煤气，再好的热风炉也无法获得高风温，对助燃空气和煤气进行预热是获得高风温的有效手段和途径。由于首钢 2 号高炉（1780m^3）助燃空气高温预热技术的成功应用，因此在首秦 1 号高炉（1200m^3）也采用了助燃空气高温预热技术，而且将应用于首秦 2 号高炉（1780m^3）及迁钢 2 号高炉（2650m^3）。

5　结语

大型高炉助燃空气高温预热技术工艺开发与设计在首钢 2 号高炉上得到了成功应用，该工程投产后解决了首钢风温不足的矛盾，2 号高炉最高煤比达到 190kg/t,煤比得到了大幅度地提高，在没有富氧的条件下，最高月平均煤比达到了 169.8kg/t。该项工程投产后，节约了焦炭等资源消耗，实现了清洁化生产，改善了劳动条件，取得了显著的经济效益、社会效益和环境效益。

大型高炉助燃空气高温预热技术的建成投产，为首钢进一步提高风温及喷煤量，扩大喷吹煤种，创造了必要的先决条件。助燃空气高温预热完全采用国产化技术和设备，对我国高炉助燃空气高温预热技术改造提供了有益的借鉴和参考。

参考文献

[1] 吴启常，张建良，苍大强. 我国热风炉的现状及提高风温的对策[J]. 炼铁, 2002(5): 1~4.

[2] 黄东辉，韩向东. 首钢 2 号高炉利用旧热风炉预热助燃空气的实践[J]. 炼铁, 2004(2): 15~18.

（原文发表于《设计通讯》2005 年第 2 期）

首钢京唐 5500m³ 高炉新型顶燃式热风炉热平衡计算与分析

毛庆武[1]　张福明[1]　胡祖瑞[1]　张建良[2]　梅丛华[1]　银光宇[1]　李　欣[1]

(1. 北京首钢国际工程技术有限公司，北京 100043；
2. 北京科技大学冶金与生态工程学院，北京 100083)

摘　要：本文详细剖析了京唐 5500m³ 高炉热风炉系统采用的两级双预热工艺的特点与优势，对设计条件下低温双预热和两级双预热工艺进行了定量理论计算，并对结果进行了对比分析。结果表明：两级双预热与低温双预热工艺相比，前者比后者多消耗高炉煤气 34313Nm³/h，但提高风温 100℃，每吨铁节省焦炭 15 kg，每年节省焦炭 13.47 万吨。热风炉系统的整体热效率基本相同，前者仅比后者低 0.29%。通过对首钢京唐钢铁厂热风炉系统的热效率实际测试，计算了热风炉本体、预热炉、热风炉系统的热效率。

关键词：热风炉；两级双预热；低温双预热；热平衡；热效率

Heat Balance Calculation and Analysis on New-style Dome Combustion Hot Stove of Shougang Jingtang 5500m³ BF

Mao Qingwu[1]　Zhang Fuming[1]　Hu Zurui[1]　Zhang Jianliang[2]　Mei Conghua[1]
Yin Guangyu[1]　Li Xin[1]

(1. Beijing Shougang International Engineering Technology Co., Ltd., Beijing 100043;
2. University of Science and Technology Beijing, Beijing 100083)

Abstract: In this paper, a detailed analysis is made in terms of the features and advantages of the two-stage double-perheating technology adopted in the hot blast furnace system in Jingtang's 5500m³ blast furnace. A quantitive theoretical calculation is made in the low-temperature double-preheating technology and the two-stage double preheating under designed conditions; a contrastive analysis of the results is made, and the conclusion is: compared with low-temperature double-preheating, the two-stage double-preheating technology consumes more BFG at a level of 34313Nm³/h, but hot blast temperature increased 100℃, it saves 15 kg of coke for the output of per ton iron, thus the coke saved annually is 134, 700 t. The integral thermal efficiency in hot blast furnace with two-stage double-preheating technology and that in hot blast furnace with low-temperature double-preheating technology are basically the same, with the former being only 0.29% lower than the latter. The actual thermal efficiency in the hot blast furnace system in Shougang Jingtang Iron & Steel Plant is tested, on the basis of which the heat efficiencies of the proper stove body, the preheating stove and the hot blast furnace system are calculated.

Key words: hot blast furnace; two-stage double-preheating; low-temperature double-preheating; heat balance; thermal efficieny

1　引言

首钢京唐钢铁厂是中国在 21 世纪建设的具有国际先进水平的新一代钢铁厂。钢铁厂建设 2 座 5500 m³ 高炉，年产生铁 898.15 万吨/年。这是中国首次建设 5000 m³ 以上的特大型高炉，在全面分析研究了国际 5000 m^3 以上的特大型高炉技术的基础上，积极推进自主创新，自主设计开发了无料钟炉顶设备、煤气全干法布袋除尘工艺、高炉高效长寿综合技术、新型顶燃式热风炉等一系列具有重大创新的先进技术和工艺装备。

热风炉系统是炼铁工艺中一个非常重要的环节，热风炉废气中含有大量的热能，充分利用热风炉废气余热，可提高热风炉系统的热效率，降低高炉的能耗。目前国内热风炉上已广泛采用烟气余热回收技术，其工艺流程和采用的设备较为多样化。首钢京唐钢铁厂新型顶燃热风炉采用了具有自主知识产权的长寿型两级双预热系统。在使用单一高炉煤气的条件下，获得了 1300℃的热风温度。高风温节省焦炭带来的经济效益和环境效益是显而易见的，然而附加的两座小型顶燃式热风炉势必会增大热风炉系统消耗的煤气量，增加系统的热损失，降低系统的热效率。本论文将对长寿型两级双预热系统进行全面、深入、系统的总结分析，综合评判整个热风炉系统的能量利用和消耗情况。这对于今后高风温的实现和运用，预热方式的选择都有着十分重要的指导意义，对于降低炼铁成本和整个高炉系统综合能耗，实现循环经济与节能减排有着不可小视的作用。

2 长寿型两级双预热系统工艺技术特点

在首钢京唐钢铁厂 5500m^3 高炉新型顶燃式热风炉预热系统设计中，采用了具有自主知识产权的长寿型两级双预热系统[1]。高炉煤气经布袋除尘工艺净化后，煤气温度约为 80～200℃，经过 TRT 装置透平发电后，煤气温度约为 40～60℃，经过分离式热管换热器后，煤气温度可以预热到 180～200℃。助燃空气采用二级预热工艺，一级预热采用分离式热管装置，利用热风炉烟气余热将助燃空气温度由 30～40℃提高到约 200℃，一部分助燃空气经过高温预热炉将温度加热到 1100℃，在助燃空气混风室将温度为 1100℃的高温助燃空气与温度为 200℃的低温助燃空气混合，形成温度为 550～600℃的助燃空气供热风炉使用。热风炉系统长寿型两级双预热系统工艺流程如图 1[2]所示。

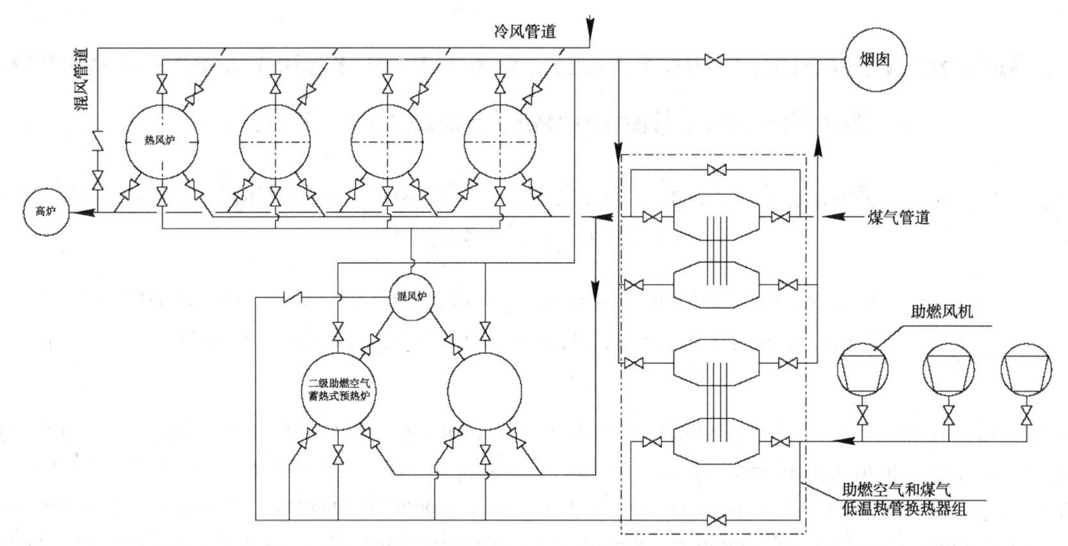

图 1 热风炉系统高风温的长寿型两级双预热系统流程图

高效长寿煤气与空气两级预热工艺的技术特点主要体现在：

（1）获得了较高的助燃空气温度和适当的煤气预热温度，从而在使用单一高炉煤气的情况下获得 1300℃及以上的热风温度；

（2）助燃空气采用二级预热，即助燃空气预热由一级热管换热器和二级蓄热式预热炉组合而成，煤气采用热管换热器预热；

（3）可以提高热风炉烟气温度，缩小热风炉结构尺寸，从而减少热风炉本体投资；

（4）在获得 1300℃及以上的热风温度的情况下，整个热风炉系统的热效率仍保持在很高的水平；

（5）助燃空气二级预热采用蓄热式热风炉，与热风炉本体寿命保持同步；

（6）在助燃空气和煤气低温预热系统失效而进行检修时，仍然能够获得较高的热风温度，从而保证高炉始终在高风温水平下操作。

3 长寿型两级双预热系统的理论计算

3.1 计算条件

首钢京唐公司炼铁工程 1 号 5500m^3 高炉于

2009 年 5 月 21 日竣工投产，2 号 5500m^3 高炉于 2010 年 6 月 26 日竣工投产，热风炉系统均由 4 座新型顶燃式热风炉，2 座新型顶燃式预热炉，1 座混风炉及其他附属设备组成，设计风温 1300℃，采用两烧两送、交错并联的工作制度。热风炉系统利用低温热管换热器回收烟气余热，同时对高炉煤气和助燃空气进行低温双预热，利用预热炉将助燃空气高温预热，保证单烧高炉煤气即可为高炉稳定提供 1300℃ 的高温热风。表 1 是高炉煤气成分的设计值，经计算高炉煤气的低发热值 Q_{DW}=3008 kJ/Nm^3 煤气。表 2 为低温热管换热器的设计参数，表 3 为热风炉本体及预热炉的主要设计参数。

表 1　高炉煤气成分（设计值）

组分	CO	CO_2	CH_4	H_2	N_2	H_2O
体积分数/%	20.24	21.26	0.37	2.95	50.28	5

表 2　热管换热器的设计参数

烟气温度/℃		煤气温度/℃		空气温度/℃	
烟气入口	350	煤气入口	45	空气入口	30
空气侧烟气出口	155	煤气出口	215	空气出口	205
煤气侧烟气出口	155				

表 3　热风炉本体及预热炉主要设计参数

项　目	两级双预热		低温双预热	备　注
	热风炉	预热炉	热风炉	
座数/座	4	2	4	
环境温度/℃	11.3	11.3	11.3	年平均
热风（热空气）温度/℃	1307	575	1207	混风后平均温度
拱顶温度/℃	1450	1250	1350	
废气平均温度/℃	350	350	350	
助燃空气温度/℃	560	200	200	热风炉及预热炉入口处
煤气温度/℃	210	210	210	热风炉及预热炉入口处
冷风（冷空气）温度/℃	235	30	235	
冷风风量/Nm^3·min^{-1}	9300	—	9300	2 座热风炉
送风时间/min	60	45	60	
燃烧时间/min	48	35	48	
换炉时间/min	12	10	12	

设空气过剩系数 α=1.1，考虑顶燃式热风炉的实际燃烧温度比理论燃烧温度低大约 25℃；由于采用高炉煤气干法除尘，忽略煤气中机械水含量，仅考虑未饱和的水蒸气含量，不考虑煤气机械水吸热量；忽略化学不完全燃烧损失的热量。经燃烧计算得出两级双预热工艺条件下，热风炉和预热炉的本体热效率分别为 77.01%、74.84%；低温双预热工艺条件下热风炉本体热效率为 74.84%，空煤气消耗量的具体数值见表 4 [3]。

表 4　热风炉和预热炉煤气消耗量

项　目	两级双预热			低温双预热
	热风炉	预热炉	合计	热风炉
煤气平均流量/Nm^3·h^{-1}	299646	38443	338089	303776
助燃空气平均流量/Nm^3·h^{-1}	193572	24834	218406	196240

进入热风炉系统的空煤气温度均按进入换热器之前的温度计算，空煤气流量为热风炉与预热炉流量之和。烟气温度按经过换热器换热之后排入大气的温度计算，详细计算条件见表 5。计算中综合给热系数 K 取 56 kJ/(m^2·h·℃)，热风炉炉壳表面的平均设计温度为 70℃，每座热风炉的炉壳表面积约为 1885m^2；预热炉炉壳表面的平均设计温度为 60℃，每座预热炉的炉壳表面积约为 835m^2。

表 5　两级双预热工艺热风炉系统热平衡计算条件

项　目	两级双预热	低温双预热
环境温度/℃	11.3	11.3
助燃空气温度/℃	30	30
煤气温度/℃	45	45
煤气平均流量/Nm^3·h^{-1}	338089	303776
助燃空气平均流量/Nm^3·h^{-1}	218406	196240
废气温度/℃	155	155
冷风温度/℃	235	235
冷风风量/Nm^3·min^{-1}	9300	9300
送风温度/℃	1300	1200

3.2　结果比较

采用热管换热器利用烟气余热对煤气和助燃空气进行低温双预热，再对助燃空气进行高温预热的情况下，两级高温双预热热风炉系统热平衡计算结果见表 6。仅采用热管换热器利用烟气余热对煤气和助燃空气进行低温双预热的情况下，热风炉系统热平衡计算结果见表 7。

$$\eta=100\times(Q_1'-Q_4)/(\Sigma Q-Q_4) \quad (1)$$

表 6 两级高温双预热工艺热风炉系统热平衡表

输入热量			输出热量		
项目	kJ/m³	%	项目	kJ/m³	%
燃料的化学热量 Q_1	1822.53	84.60	热风带出的热量 Q_1'	1852.09	85.97
燃料的物理热量 Q_2	28.33	1.32	烟气带出的热量 Q_2'	195.76	9.09
助燃空气的物理热量 Q_3	9.54	0.44	炉壳表面散热量 Q_3'	52.58	2.44
冷风带入的物理热量 Q_4	293.84	13.64	管道表面散热量 Q_4'	71.23	3.31
			阀门冷却水吸热量 Q_5'	17.71	0.82
			热平衡差值 ΔQ	−35.13	−1.63
收入总和 ΣQ	2154.24	100.00	支出总和 ΣQ	2154.24	100.00

表 7 低温双预热工艺热风炉系统热平衡表

输入热量			输出热量		
项目	kJ/m³	%	项目	kJ/m³	%
燃料的化学热量 Q_1	1637.56	83.32	热风带出的热量 Q_1'	1698.89	86.44
燃料的物理热量 Q_2	25.46	1.29	烟气带出的热量 Q_2'	175.89	8.95
助燃空气的物理热量 Q_3	8.57	0.44	炉壳表面散热量 Q_3'	44.42	2.26
冷风带入的物理热量 Q_4	293.84	14.95	管道表面散热量 Q_4'	57.12	2.91
			阀门冷却水吸热量 Q_5'	8.51	0.43
			热平衡差值 ΔQ	−19.40	−0.99
收入总和 ΣQ	1965.43	100.00	支出总和 ΣQ	1965.43	100.00

低温双预热时，热风炉本体热效率为 74.84%，系统热效率由式（1）计算为 84.05%。由于两种工艺废气温度基本相同，两级双预热工艺的热风温度高于低温双预热，因此热风炉的本体热效率要略高；计算结果表明：热风炉本体热效率为 77.01%，预热炉本体热效率为 74.84%，全系统热效率为 83.76%。

比较两种工艺的热平衡计算，结果见表 8，不难发现以下结果：

（1）热风炉本体的热效率。由于两种工艺废气温度基本相同，两级双预热工艺的热风温度高于低温双预热，因此热风炉的本体热效率要略高。计算得出两级双预热工艺热风炉本体热效率为 77.01%，低温双预热工艺热风炉本体热效率为 74.84%，前者比后者高出 2.17%。

（2）炉壳散热。两级双预热工艺炉壳散热包括热风炉和预热炉两部分，热风炉炉壳表面的平均设计温度为 70℃，每座热风炉的炉壳表面积约为 1885m²；预热炉炉壳表面的平均设计温度为 60℃，每座预热炉的炉壳表面积约为 835m²。计算可知：两级双预热工艺热风炉系统的炉壳散热为 52.58 kJ/Nm³ 鼓风，低温双预热工艺炉壳散热 44.42 kJ/Nm³ 鼓风，前者比后者高出 8.16 kJ/Nm³ 鼓风。

（3）管道散热。两级双预热工艺相较低温双预热工艺，需要设计高温热助燃空气管道，高温热助燃空气管道的平均设计温度为 90℃，表面积约为 1801m²，低温热助燃空气管道表面积约为 1570m²，低温热助燃空气管道采用岩棉毡进行外保温，表面平均设计温度为 35℃。低温双预热工艺，低温热助燃空气管道表面积约为 1585m²，均采用外保温，表面平均设计温度为 35℃。计算可知：两级双预热工艺系统的管道散热量为 71.23 kJ/Nm³ 鼓风，低温双预热时系统的管道散热量为 57.12 kJ/Nm³ 鼓风，前者比后者高出 14.11 kJ/Nm³ 鼓风。

（4）冷却水。由于两级双预热工艺预热炉热风阀及热风炉的高温助燃空气燃烧阀需冷却，冷却水量比低温双预热大，两级双预热工艺系统的冷却水散热量为 17.71kJ/Nm³ 鼓风，低温双预热工艺系统的冷却水散热量为 8.51kJ/Nm³ 鼓风。

（5）热风炉系统的热效率。综合来看，两级高温双预热工艺提高了 100℃风温，降低焦比 15kg/t，但较低温预热工艺多消耗了 34313 Nm³/h 煤气，整个热风炉系统的热效率降低了 0.29%。

表 8 两种工艺对比情况

工艺	风温 /℃	煤气流量 /Nm³·h⁻¹	空气流量 /Nm³·h⁻¹	焦比 /kg·t⁻¹	本体热效率/%	系统热效率/%
高温双预热	1300	338089	218406	290	77.01	83.76
低温双预热	1200	303776	196240	305	74.84	84.05
差值	100	34313	22166	−15	2.17	−0.29

4 现场实测的热效率

2010年10月14日，对首钢京唐2号高炉的热风炉系统进行了热效率的现场实测，测试时环境温度约20℃，2号高炉的平均煤气成分见表9，高炉煤气的低发热值为：

$$Q_{DW}=126.36CO+107.85H_2+358.81CH_4=2905.5(kJ/Nm^3)$$

表9 煤气成分

组分	CO	CO_2	CH_4	H_2	N_2	H_2O
体积分数/%	20.86	20.90	0.03	2.40	50.81	5

对热风炉系统四种工作状态下助燃空气和煤气流量进行了统计，并根据各状态所占的时间比例得出整个热风炉系统平均的助燃空气与煤气流量，见表10。

每隔2~3分钟对2号高炉热风炉换热系统的气体温度进行了数据采集，得到换热器各气体平均温度，如表11所示。

京唐2号高炉热风炉系统热平衡计算用原始数据见表12，其中助燃空气和煤气流量根据表10中的数据取得。送风时间和燃烧时间为4座热风炉一天的平均值，其他数据均从现场监控画面取得。

经计算，热风炉本体、预热炉、热风炉系统的热平衡表分别见表13、表14、表15。

表10 整个热风炉系统平均的助燃空气与煤气流量

工作状态	助燃空气流量/$Nm^3·h^{-1}$		助燃空气温度/℃	煤气流量/$Nm^3·h^{-1}$		所占时间比例%
	热风炉	预热炉	热风炉	热风炉	预热炉	
1	261713	34717	570	354495	61000	45.58
2	280501	0	570	400599	0	9.46
3	144353	39550	570	216141	70682	37.38
4	123167	0	570	214306	0	7.58
平均	209119	35199	570	296513	51966	

表11 换热器气体温度参数

烟气温度/℃		煤气温度/℃		空气温度/℃	
烟气入口	324.2	煤气入口	48.9	空气入口	31.6
空气侧烟气出口	180.4	煤气出口	175.6	空气出口	169.2
煤气侧烟气出口	184.0				

表12 京唐2号高炉热风炉系统热平衡计算用原始数据

冷风流量/$Nm^3·min^{-1}$	冷风温度/℃	环境温度/℃	热风温度/℃	烟气温度/℃	燃烧时间/h	送风时间/h	换炉时间/h	周期时间/h	综合给热系数/$kJ·(m^2·h·℃)^{-1}$	冷却水流量/$Nm^3·h^{-1}$	冷却水温差/℃
8646	221.2	20	1298.2	324.2	1.28	1.7	0.42	3.4	56	1081	2

单座热风炉		单座预热炉		冷风支管		冷风总管		热风支管	
表面积/m^2	炉壳温度/℃	表面积/m^2	温度/℃	表面积/m^2	温度/℃	表面积/m^2	温度/℃	表面积/m^2	温度/℃
1885	72.1	835	58.4	475	86.5	820.6	45.9	433	84.1

热风总管		预热炉烟气支管		热风炉烟气支管		烟气总管		煤气支管	
表面积/m^2	温度/℃	表面积/m^2	温度/℃	表面积/m^2	温度/℃	表面积/m^2	温度/℃	表面积/m^2	温度/℃
973	111.8	247	85	1047	106	1141	100.5	1346.9	40.2

煤气总管		热助燃空气支管		热助燃空气总管		预热炉空气支管		冷空气管道	
表面积/m^2	温度/℃	表面积/m^2	温度/℃	表面积/m^2	温度/℃	表面积/m^2	温度/℃	表面积/m^2	温度/℃
1877.7	30.5	1373	99.5	428	88.2	674	32.7	896	27.7

表13 热风炉本体热平衡表

输入热量			输出热量		
项目	kJ/m^3	%	项目	kJ/m^3	%
燃料的化学热量 Q_1	1660.73	70.63	热风带出的热量 Q_1'	1838.16	78.17
燃料的物理热量 Q_2	126.45	5.38	烟气带出的热量 Q_2'	409.33	17.41
助燃空气的物理热量 Q_3	300.38	12.77	炉壳表面散热量 Q_3'	42.41	1.80
冷风带入的物理热量 Q_4	263.89	11.22	冷风管道表面散热量 Q_4'	5.70	0.24
			热风管道表面散热量 Q_5'	12.64	0.54
			阀门冷却水吸热量 Q_6'	12.27	0.52
			热平衡差值 ΔQ	30.94	1.32
收入总和 ΣQ	2351.45	100	支出总和 ΣQ	2351.45	100

表 14　预热炉热平衡表

输入热量			输出热量		
项　目	kJ/m³	%	项　目	kJ/m³	%
燃料的化学热量 Q_1	709.46	71.57	热空气带出的热量 Q'_1	759.26	76.60
燃料的物理热量 Q_2	54.02	5.45	烟气带出的热量 Q'_2	151.83	15.32
助燃空气的物理热量 Q_3	32.32	3.26	炉壳表面散热量 Q'_3	17.17	1.73
冷空气的物理热量 Q_4	195.42	19.72	冷空气管道表面散热量 Q'_4	3.17	0.32
			热空气管道表面散热量 Q'_5	1.71	0.17
			阀门冷却水吸热量 Q'_6	8.49	0.86
			热平衡差值 ΔQ	49.59	5.00
收入总和 ΣQ	991.22	100	支出总和 ΣQ	991.22	100

表 15　热风炉系统热平衡计算表

输入热量			输出热量		
项　目	kJ/m³	%	项　目	kJ/m³	%
燃料的化学热量 Q_1	1946.72	86.72	热风带出的热量 Q'_1	1838.16	81.88
燃料的物理热量 Q_2	26.95	1.20	烟气带出的热量 Q'_2	248.70	11.08
助燃空气的物理热量 Q_3	7.11	0.32	炉壳表面散热量 Q'_3	49.33	2.20
冷风带入的物理热量 Q_4	264.14	11.76	管道表面散热量 Q'_4	86.64	3.86
			阀门冷却水吸热量 Q'_5	17.45	0.78
			热平衡差值 ΔQ	4.64	0.20
收入总和 ΣQ	2244.92	100.00	支出总和 ΣQ	2244.92	100.00

由表 13、表 14、表 15 热平衡表计算得出热风炉的本体热效率为 $\eta = 76.29\%$，预热炉的热效率为 $\eta = 71.47\%$，热风炉的系统热效率为 $\eta = 79.46\%$，与理论计算值 83.76%相比，系统热效率降低 4.3%，分析实际测试与理论计算结果差别的原因有如下几点：

（1）两级双预热理论计算的煤气成分的热值 Q_{DW} 为 3008 kJ/Nm³，单位高炉鼓风消耗的煤气量 0.606 Nm³/Nm³ 鼓风；现场实测的煤气成分的热值 Q_{DW} 仅为 2905.5 kJ/Nm³，单位高炉鼓风消耗的煤气量为 0.670 Nm³/Nm³ 鼓风，从而引起单位高炉鼓风的烟气量增加。

（2）根据理论计算，空气过剩系数相同的情况下，煤气热值低，则空燃比低。两级双预热理论计算的空燃比为 0.646，经现场实测的高炉煤气及助燃空气量得出，热风炉的空燃比为 0.7053，预热炉的空燃比为 0.677，因此实际操作中空燃比过高，引起单位高炉鼓风的煤气量、助燃空气量及烟气量增加。

（3）现场检测当日，烟气换热器旁通阀有一定的开度，部分高温烟气未经烟气换热器直接排到烟囱，引起排向热风炉系统的排烟温度由理论计算的 155℃升高到 182.2℃，实测计算单位高炉鼓风烟气带走的热量为 248.70 kJ/Nm³ 鼓风，比理论计算值高出 52.94 kJ/Nm³ 鼓风。

（4）现场实测过程使用红外测温枪对炉壳及管道表面的温度进行测量，实测值与设计参数存在一定的差别，实测散热量为 135.97 kJ/Nm³ 鼓风，比设计值高出 12.16 kJ/Nm³ 鼓风。

（5）热风炉换炉时间长，设计换炉时间 12min，实际实测换炉时间 25min，散热损失增大。

5　结语

（1）首钢京唐 2 座 5500m³ 高炉分别于 2009 年 5 月和 2010 年 6 月相继投产。在燃烧高炉煤气条件下，高炉月平均风温突破 1300℃，开创了特大型高炉高风温生产实践的新纪录，达到了国内外 5000m³ 以上特大型高炉高风温操作的领先水平。

（2）长寿型两级双预热工艺能有效利用低品质能源，使高炉长期稳定的在高风温水平下操作。

（3）长寿型两级双预热工艺与低温预热工艺相比：提高风温 100℃，降低焦比 15kg/t，仅仅多消耗煤气 34313 Nm³/h，整个热风炉系统的热效率降低了 0.29%。

（4）实际热平衡测试结果表明：热风炉的本体热效率为 $\eta = 76.29\%$，预热炉的热效率为 $\eta=71.47\%$，热风炉的系统热效率为 $\eta = 79.46\%$，比理论计算值低 4.3%。实际操作中煤气热值降低、空燃比过高、烟气旁通阀的开启以及测量误差均会导致实测值比理论计算低。总的来看，误差值在可以接受的范围内。

（5）通过理论计算及实测的计算分析，在优化热风炉系统的设计及操作的基础上，热风炉系统的热效率还有进一步提高的空间，实现节能减排。

参考文献

[1] 毛庆武, 张福明, 张建良, 等.特大型高炉高风温新型顶燃式热风炉设计与研究[J]. 炼铁, 2010, 29(4): 1~6.

[2] 梅丛华, 张福明, 毛庆武, 等. 首钢京唐钢铁厂 5500m^3 高炉热风炉系统长寿型两级双预热系统设计[C]. 高炉设备设计学术委员会 2010 研讨会论文集: 188~192.

[3] 毛庆武. 京唐钢铁厂热风炉系统两级双预热工艺的综合研究[D]. 北京:北京科技大学, 2011: 20~22.

（原文发表于《2012 炼铁学术年会论文集》）

➤ 高炉炉顶技术

首钢无料钟炉顶技术的发展及特点

苏 维 张 建

(北京首钢国际工程技术有限公司，北京 100043)

1 引言

1979 年 12 月首钢新 2 号高炉（$1327m^3$）点火投产。在这座新投产的高炉上使用了 37 项新技术，其中并罐式无料钟炉顶技术为国内首创，而首创者就是北京首钢国际工程技术有限公司（原首钢设计院，简称首钢国际）。首钢无料钟炉顶在高炉上的应用仅比世界上第一套高炉无料钟炉顶的应用晚 7 年，其总体技术水平与当时国际先进水平相当，只是成熟度和可靠性稍有差距。从 1979 年至今，首钢国际对首钢无料钟炉顶技术的改进和创新始终没有停止，先后获得 8 项专利，掌握多项技术诀窍。首钢无料钟炉顶的核心技术始终与世界上该领域的先进技术同步发展并达到了同等水平，有些关键技术已经超越世界先进水平。首钢国际先后为国内外十多座高炉提供无料钟炉顶全套技术，应用范围从 $600m^3$ 高炉到 $5500m^3$ 高炉，这标志着首钢国际在无料钟炉顶研发、设计、制造、设备成套等方面处于国内领先地位，达到国际先进水平。

2 首钢并罐式无料钟炉顶技术研究背景

首钢 1979 年依靠自己的科研、设计及制造力量在国内首先研制开发成功高炉无料钟炉顶技术，并于当年 12 月成功用于炉容为 $1327m^3$ 的首钢新 2 号高炉，开创了国内无料钟炉顶技术的先河。首套无料钟炉顶的研发经历了 1:6.5 模型试验研究、工艺参数确定、设备设计、设备制造等过程，历时 3 年时间，首钢第一代无料钟炉顶研制获得成功。1990 年历经 11 年实际生产考验，首钢型第一代无料钟炉顶曾获国家科技进步一等奖。

1992 年，首钢 4 号高炉扩容到 $2100m^3$。为满足 $2000m^3$ 以上大型高炉生产要求，首钢国际研发了首钢第二代无料钟炉顶。首钢第二代无料钟炉顶比第一代无料钟炉顶在装料能力上有了大幅度提高，可满足 2000 ~ $3200m^3$ 高炉的生产要求。第二代无料钟炉顶的核心技术仍然沿用第一代无料钟炉顶使用的由首钢国际自主研发的技术。在此基础上首钢国际又自主开发了无料钟炉顶多环布料技术。这项技术的开发成功突破了国外某公司在世界范围内的技术垄断，结束了国产无料钟炉顶只能进行单环布料的历史，也使首钢无料钟炉顶技术的整体水平接近当时的国际先进水平。首钢国际自主开发的无料钟炉顶多环布料技术获北京市科技进步一等奖。

20 世纪 80 年代末无料钟炉顶技术又出现了几项重大改进，气密箱（也称布料溜槽传动齿轮箱）由氮气冷却改为水冷却是其中重要内容。水冷气密箱技术的应用大大降低了氮气消耗量，降低了设备运行费用。同时降低了氮气对高炉煤气的贫化作用，有助于提高高炉煤气热值，提高热风炉风温。首钢国际及时跟踪了这一新技术的发展，于 1994 年自主开发设计了水冷气密箱。1998 年至 2001 年这项新技术分别用于唐钢和首钢共 4 座 $2500m^3$ 高炉。之后又对设备的结构、使用方法、使用条件等进行了全面改进，研发成功用水膜式水冷板冷却的高效水冷气密箱。与传统盘管式水冷板的间接冷却方式不同，水膜式水冷板采用水与受热面直接接触和冷却水对受热面完全覆盖的冷却方式。因此水膜式水冷板的冷却效率比盘管式水冷板成倍提高。另外，水膜式水冷板有更宽的水流断面，因此过水能力、防漏防堵能力远高于盘管式水冷板。2004 年首钢国际将高效水冷气密箱、布料溜槽锁紧装置、高耐磨性衬板、复合密封式行星差动减速机等多项创新成果集成后开发出第三代首钢型无料钟炉顶并在首钢迁钢公司 1 号高炉（$2650m^3$）投入使用。五年来这套无料钟炉顶的各项技术指标均达到了国内外同类设备的先进水平，其中水冷气密箱的抗高温能力、布料溜槽和中心喉管耐磨衬板的使用寿命均达到了世界领先水平。首钢第三代无料钟炉顶技术获全国冶金行业技术进步三等奖。

2006 年首钢国际启动了曹妃甸首钢京唐钢铁公司炼铁部 5500m^3 高炉无料钟炉顶设备设计开发项目。在设计研发过程中开发团队围绕设备重型化、布料控制的精确化、设备运行可靠性高这三方面开展技术攻关，主要技术指标直指当今国际最高水平。经过研发团队的共同努力技术攻关获得成功。2007 年底由首钢国际设计开发并负责总承包的国内第一套具有自主知识产权、完全国产化的无料钟炉顶设备在制造厂完成单体设备试车。2008 年 4 月用这套设备进行了 1:1 模拟布料试验，获得了重要的生产操作数据。2008 年 8 月设备安装完毕。2009 年 5 月 20 日第四代首钢型并罐无料钟炉顶在首钢京唐钢铁公司 1 号高炉投入使用。

3 首钢型并罐无料钟炉顶技术特点

3.1 所有核心技术自主研发

首钢国际从 1979 年研制成功国内第一套无料钟炉顶到 2008 年开发成功国内第一套 5500m^3 高炉无料钟炉顶，近三十年时间，在高炉无料钟炉顶技术发展过程中始终坚持以我为主的方向，所有核心技术都是自主研发的。这些核心技术包括：

（1） 无料钟炉顶技术，如主要结构参数（溜槽长度、中心喉管直径等）计算方法，物料状态（速度、流量、轨迹）分析计算方法及仿真模型，布料溜槽传动系统运动学动力学分析计算，布料溜槽水冷齿轮箱冷却计算，关键零部件的三维模型设计及有限元计算。

（2）布料控制技术，如多环布料技术，布料溜槽、料流调节阀位置控制技术、布料偏析控制和纠正技术。

（3）设备可靠性技术，如高效水冷气密箱，高效重载布料溜槽倾动减速机，行星差动减速机（也称上部减速机）及其复合密封，长寿命耐磨性衬板。

（4）无料钟炉顶检修技术，如布料溜槽机械化更换装置，用于更换上密封阀密封圈的快装平台，易损耐磨件快速更换和修补方法。

3.2 关键设备和零部件国产化率达到 100%

就国内装备制造水平和能力而言，制造全套无料钟炉顶设备并不是很难的事。从 1979 年至今，30 年来首钢使用的无料钟炉顶设备都是自己制造的。然而由于一些关键设备和零部件的使用寿命短和可靠性差，影响了国产化无料钟炉顶的整体技术水平和信誉。为提高关键设备和零部件的使用性能，我们进行了长期的技术改造、技术攻关和技术创新，使关键设备和零部件的质量和性能达到甚至超过了进口同类设备的水平，使用情况如下：

（1）回转支承，用于首钢五座 2500m^3 高炉炉顶气密箱，最长的使用时间已经超过 8 年；

（2）复合密封件，用于气密箱，使用寿命超过 5 年；

（3）镶嵌硬质合金衬板用于布料溜槽，取得了过料 600 万吨的优异成绩；

（4）镶嵌硬质合金衬板用于 2500m^3 高炉并罐式无料钟炉顶的中心喉管使用时间超过 4 年；

（5）新型水冷气密箱使用 5 年不漏水、不阻塞、冷却效率不降低。

3.3 高标准的技术性能指标和可靠性

首钢国际一直致力于提高无料钟炉顶技术水平，为用户提供可靠的无料钟炉顶技术，主要技术水平如下：

（1）能实现高炉操作所需的任何形式布料（螺旋、单环、多环、扇形、定点、时间法、重量法）。

（2）布料控制精度：α 角（布料溜槽倾角）显示精度 0.01°定位精度 $< \pm 0.2°$，γ 角（料流调节阀开度）显示精度 0.01°，定位精度 $< \pm 0.2°$，料罐称重精度 0.5%。

（3）设备最大装料能力：满足 5500m^3 及以上高炉生产要求。

（4）水冷气密箱（含布料溜槽倾动减速机、行星差动减速机）使用寿命：正常使用条件下 8 年。

（5）气密箱适应高温能力：长期，炉顶平均温度 200 ~ 250℃，炉喉十字测温中心点温度 500 ~ 600 ℃；短期，炉顶平均温度 300 ~ 400℃，炉喉十字测温中心点温度 700 ~ 800℃。

（6）对物料冲击区的保护：使用高耐磨性镶嵌硬质合金或镶嵌铸造硬质合金衬板，使用寿命比传统高铬铸铁衬板提高 2 ~ 5 倍。

4 首钢型无料钟炉顶技术经济效益和社会效益

首钢国际对首钢型无料钟炉顶技术拥有完全自主知识产权，除极少数传感器和小型轴承选用国外产品，所有设备均在国内制造，另外首钢型无料钟炉顶技术性能和可靠性与国外进口设备相当。因此首钢型无料钟炉顶比国外进口无料钟炉顶有巨大的价格优势和更高的性能价格比。首钢型无料钟炉顶的价格只相当同类国外进口设备的 1/3。对与

2000~3200m^3 高炉，使用首钢型无料钟炉顶比使用国外进口设备可节省投资 2500 万元人民币，对于 3200m^3 以上高炉可节省投资 6000 ~ 8000 万元人民币。若考虑设备使用后备件使用成本，首钢型无料钟炉顶的经济效益更为可观。

首钢国际为国内外高炉提供过 18 套无料钟炉顶设备，其中投产 16 套，在建 2 套。高炉应用范围：650 ~ 5500m^3。首钢型无料钟炉顶在实际生产中已使用 30 年，经历了各种恶劣工况条件的考验，高炉生产指标一直位居全国前列，充分证明首钢型无料钟炉顶设备具有技术性能良好、运行可靠、耐用等特点。

5　结语

从国内首创开始至今的三十多年，经过北京首钢国际工程技术有限公司几代技术专家们对无料钟炉顶技术孜孜以求的不懈努力，首钢无料钟炉顶技术始终紧跟国际先进水平。首钢国际工程公司的技术研发团队采用三维建模、三维设计、运动—动力学计算机仿真、有限元计算和流场分析等国际先进的三维数字化精准设计方法，已掌握具有国际领先水平的无料钟综合技术，通过京唐高炉实践验证，实现了我国冶金关键装备技术的重大突破（图 1、图 2）。

首钢国际的技术团队正以“诚信成就事业，创新拓展未来”的企业理念，以先进的首钢无料钟技术竭诚为社会各界提供最优质的服务，为开创我国冶金技术的新的飞跃发展做出更大的贡献。

图 1　设备三维图

图 2　京唐高炉炉顶雄姿

（原文发表于《2011 高炉热风炉科技论坛论文集》）

首钢型无料钟炉顶布料装置技术创新

苏 维 张 建

(北京首钢国际工程技术有限公司，北京 100043)

摘 要：本文介绍了首钢无料钟炉顶的发展和现状。分析了国内布料装置常见问题。详细阐述了首钢无料钟炉顶布料装置的技术创新点，包括布料溜槽锁紧装置研制、新型水冷齿轮箱结构设计开发、长寿命耐磨衬板研究及这些创新技术的应用情况。新一代首钢Ⅲ型无料钟炉顶布料装置经过生产实践验证，技术性能达到国际领先水平，实现了高炉关键装备自主创新的重大突破。

关键词：高炉；无料钟炉顶；布料装置；技术创新

Technical Innovation of Shougang Type Bell-less Top Burden Distribution Equipment

Su Wei Zhang Jian

(Beijing Shougang International Engineering Technology Co., Ltd., Beijing 100043)

Abstract: This paper introduces development and status of Shougang type bell-less top equipment for blast furnace, analyzes frequent issues of charging device at home. This paper expatiates of the technical innovations in detail of Shougang bell-less top burden distribution equipment, including research of burden distribution chute locking device, structural design and development of newly water cooling gear box, research of long life wear-resisting lining and application status of these innovation. The new generation of Shougang Ⅲ type bell-less top burden distribution device has proven by production practice that technical performance has been attained to international leadership level, and important breakthrough of independent innovation in BF critical equipment has been realized.

Key words: blast furnace; bell-less top; burden distributing device; technical innovation

1 引言

随着冶金装备技术的发展，当代大中型高炉炉顶装料系统均采用无料钟炉顶装料设备，以实现高炉高压操作和对上部调剂的要求。并罐式无料钟炉顶装料设备正式用于高炉生产是在 1972 年，从此以后全世界有几百座高炉使用了这种炉顶装料设备。首钢 1979 年依靠自己的科研、设计及制造力量在国内首先研制开发成功高炉无料钟炉顶技术，并于当年 12 月成功用于炉容为 1327m^3 的首钢 2 号高炉，开创了国内无料钟炉顶技术的先河。无料钟炉顶核心设备布料装置（齿轮箱）采用氮气冷却，正常情况下的用氮量是 5500~6000m^3/h，事故状态（炉顶温度过高）为 8000~10000m^3/h。后结合生产实践中不断的完善，形成首钢Ⅰ型无料钟炉顶装备技术。

首钢设计院 1998 年开发设计出第一台水冷齿轮箱，并成功用于唐钢 2560m^3 高炉。采用水冷齿轮箱的目的就是用水替代冷却齿轮箱的氮气从而降低布料溜槽的能耗，降低氮气对高炉煤气的贫化，提高高炉煤气热值，提高设备运行可靠性。1999 年首钢设计院根据总公司平衡全厂氮气用量的指示，为炼铁厂 4 号高炉设计制造了第一台水冷齿轮箱，之后又在 1 号高炉、3 号高炉使用了相同的水冷齿轮箱，目的是大幅度降低首钢各高炉的氮气耗量，缓解总公司氮气用量紧张的局面。形成首钢Ⅱ型无料钟炉顶装备技术。

2001 年首钢设计院针对国内外各式无料钟炉顶设备在生产中暴露出的问题进行研究，组织技术团队进行全面的技术公关和创新，开发出镶嵌硬质合金耐磨衬板、磁力油封式行星差动减速器、布料溜槽锁紧装置、水冷齿轮箱回水流量检测装置、新型水冷齿轮箱装置等一大批在生产中使用非常有效的技术诀窍，成功应用到首钢迁钢高炉上，经过生产实践验证技术水平达到国际领先，形成首钢Ⅲ型无料钟炉顶装备技术。

在首钢京唐 5500m^3 特大型高炉上，经过优化和完善的首钢型无料钟炉顶装备拥有完全自主知识产权，实现了高炉关键装备自主创新的重大突破。

2 问题调研

生产实践证实，三十年来首钢Ⅰ、Ⅱ型无料钟炉顶设备能满足高炉生产的各种操作要求，如高压操作，多环布料等，经历了炉顶恶劣工况条件的考验。但不可否认在使用中也出现过一些故障，有的对高炉生产造成了较大影响，典型故障表现为布料溜槽脱落、水冷齿轮箱漏水、耐磨衬板使用寿命短。

国内其他钢铁厂的无料钟炉顶布料器在使用中也发生过比较严重的故障，故障类型与首钢的类似。表 1 列出几次典型故障及对故障原因的分析。

据了解，B 厂 2800m^3 高炉的进口布料器因为下水槽开裂而不能继续使用，若要修复费用十分昂贵；X 厂 2003 年投产的 4 号高炉（1800m^3）使用国产布料器，开炉仅 20 多天布料溜槽倾动减速机就卡死不转，不得已只能更换布料器。其缺陷和问题主要表现为抗高温能力差，冷却板水管易堵等。

W 厂进口布料器 1991 年 11 月投产到 1994 年 7 月才两年半时间，水冷板几乎全部堵死，必须在检修时定期更换水冷板才能维持布料器的正常运行。如果用无重要零部件更换情况下的使用时间来定义设备的使用寿命，这台经常要更换关键零件的布料器的使用寿命应是两年半。

表 1 无料钟炉顶布料器典型故障及原因[1~4]

序号	高 炉	炉容/m^3	布料器产地	故障类型	发生故障时间	故障原因
1	W 厂 5 号高炉	3200	进口	顶温达到 250℃布料溜槽停转	2004.5	顶温较高，水冷系统冷却效率低
2	A 厂 10、11、7 号高炉	2580	进口	齿轮箱内上下水槽漏水	1992 至今	齿轮箱内冷却板水管堵死
3	P 厂 4 号高炉	1360	国产	布料溜槽停转,冷却水漏进高炉,氮气量高达 10000m^3/h	2005.11~2006.4	顶温高,冷板水管堵死
4	W 厂 6 座高炉	2500~3200	进口 国产	冷却水漏进高炉	1994.5~2004.7	冷却水板烧裂、冷却水管被堵死
5	H 厂高炉	1080	国产	冷却水漏进高炉	2002.8	下水槽被润滑脂堵死

3 首钢型无料钟炉顶布料装置技术创新

结合过去的经验，瞄准国际先进技术水平，我们在首钢Ⅲ型无料钟炉顶装备技术的设计开发中对设备的结构、使用方法、使用条件等进行了全面改进，开发出一大批在生产中使用非常有效的技术诀窍，如镶嵌硬质合金耐磨衬板、磁力油封式行星差动减速器、水冷齿轮箱回水流量检测装置、布料溜槽锁紧装置、新型水冷齿轮箱等，大大提高了设备运行的可靠性。

3.1 布料溜槽锁紧装置研制

首钢型（Ⅰ、Ⅱ型）无料钟炉顶布料溜槽以非常简单的方式与驱动它的驱动臂连接，布料溜槽靠其自身重力产生的力矩即可卡在驱动臂内侧卡块和驱动臂下部的布料溜槽支承轴之间，与 PW 型布料溜槽采用鹅颈头加销轴形式相比，首钢型溜槽的安装和拆卸都很方便。但首钢型溜槽与动臂之间的连接存在两个自由度，一旦发生高炉悬料或崩料情况，布料溜槽将受到向上的托举力而抵消重力，会容易脱离驱动臂和支承轴掉入炉内。

为防止布料溜槽脱落，我们发明了一种锁紧装置，在布料溜槽底部沿布料溜槽的纵向安装一个圆柱形顶杆。该顶杆一端制成楔形，另一端有一个开有螺孔的固定板，该固定板可将顶杆固定在布料溜槽上；在布料溜槽底部设置一个中心开有孔的导向板，该导向板是一个只允许顶杆沿布料溜槽纵向移动的滑动支承。顶杆穿过导向板其楔形端顶住布料溜槽支承轴的一侧，其另一端的固定板与布料溜槽固定，顶杆的楔形端约束了布料溜槽沿其纵向的一个方向的运动；布料溜槽支承轴的另一侧是已经预制在布料溜槽底部的弧面挡块，该弧面挡块约束布料溜槽沿其纵向的另一个方向的运动；此外上述弧面挡块与顶杆楔形端之间有一缺口，该缺口的间距小于布料溜槽支承轴直径，布料溜槽支承轴无法从二者之间脱出。这样布料溜槽在布料溜槽支承轴圆周上的任意方向都无法与布料溜槽支承轴脱离。而布料溜槽工作时绕支承轴回转自由度得以保留，以保证事故发生时布料装置设备不损坏。同时又可以很方便地拆下顶杆实现布料溜槽的安装和拆卸，结构简单、投资极低[5]。

3.2 新型水冷齿轮箱设计开发

首钢Ⅱ型（第一代水冷）齿轮箱采用了首钢Ⅰ型齿轮箱盘管式水冷板技术，具体方法是将盘管式水冷板安装到齿轮箱内的转动部件上以增加冷却面积。但盘管式水冷板有两个缺陷，第一是齿轮箱内冷却板过水能力低，在有少量密封氮气通入齿轮箱的情况下通水能力只有 6 m^3/h，如果大量氮气（超过 3000m^3/h）进入齿轮箱，则通水能力只有 3 m^3/h；第二是冷却效率低，特别是在炉顶温度比较高时只用水冷却很难控制住齿轮箱内的温度，不得已只能多加氮气帮助冷却，氮气加多了又影响通水能力形成恶性循环。这两个缺点与水冷齿轮箱内冷却板结构形式有直接关系，下面通过图 1 加以说明。

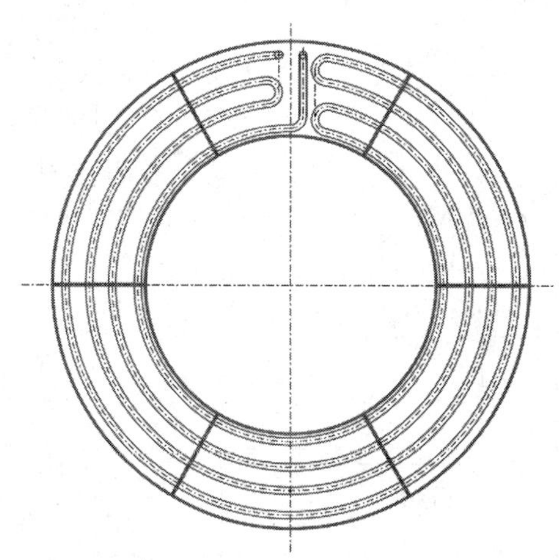

图 1　水冷齿轮箱内冷却板结构

齿轮箱内共有若干块水冷板分别铺设在受热件的水平面和垂直面上，水冷板是由钢管煨制的蛇形管及在管与管之间填充的导热材料组成。不难看出这种蛇形管结构由于管路长弯头多流体阻力非常大，如果有氮气进入管内流体阻力会更大，因此限制了冷却水的通过能力；同样不难看出由于蛇形管管与管之间有很大间隙，间隙面积占了受热件受热面积的 50%以上，这部分受热面上的热量一部分通过管与管间填充的导热材料传给管内冷却水，一部分直接进入齿轮箱内，冷却水只有部分冷却作用，因此蛇形管式水冷板的冷却效率不高，冷却水的控温能力有限。

为改变这种状况我们对第一代水冷齿轮箱的冷却结构进行了彻底改造，开发出水膜式新型水冷板。下面通过图 2 对新型冷却板的技术创新点加以说明。

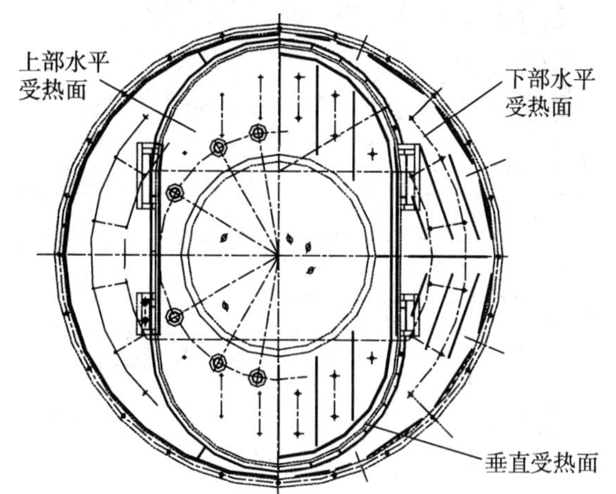

图 2　水冷齿轮箱受热面的分布情况

新型水冷板有水平式和垂直式两种，分别安装在齿轮箱的水平受热面和垂直受热面上；几个冷却板相互贯通，冷却水由冷却板上部流入，从冷却板下部流出，水在流动过程中冷却齿轮箱受热面并将吸收的热量排出齿轮箱。新型水冷板的技术创新有四点：

（1）冷却水对受热面直接冷却；

（2）水冷板覆盖了全部受热面积，没有冷却死区；

（3）水冷板内的水膜厚度和水流速可以控制，冷却水的控温能力大大提高；

（4）水冷板内部流道宽，路程短、弯路少，大大降低了流体阻力。

对比第一代水冷齿轮箱，新型水冷齿轮箱的性能有如下突出特点：

（1）由于冷却面积增加和流动水膜的形成，冷却效率提高了 1 倍。经有限元计算，首钢Ⅲ型齿轮箱具有优异的冷却效果。由于冷却效率提高，实际生产使用时冷却水量仅需 6~8t/h、氮气量 500m^3/h 即可。图 3 所示为齿轮箱冷却水流场分布，图 4 所示为冷却水量与齿轮箱温度关系。

（2）由于冷却水流道宽、路程短、弯路少，水冷板的过水能力提高了 1.5 倍。首钢Ⅱ型齿轮箱热负荷试车时过水能力 18～20t/h，迁钢高炉采用的首钢Ⅲ型齿轮箱热负荷试车时，水泵达到满量程 28t/h 未出现溢水情况。

（3）采用开路工业新水冷却系统，从根本上确保了冷却水水质，可以防止水中杂质堵塞冷却水道，提高冷却强度。同时降低了冷却水温度，为齿轮箱

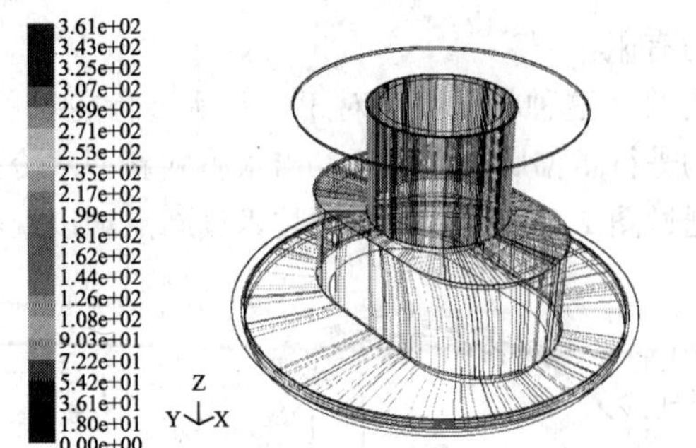

图 3　冷却水流场分布

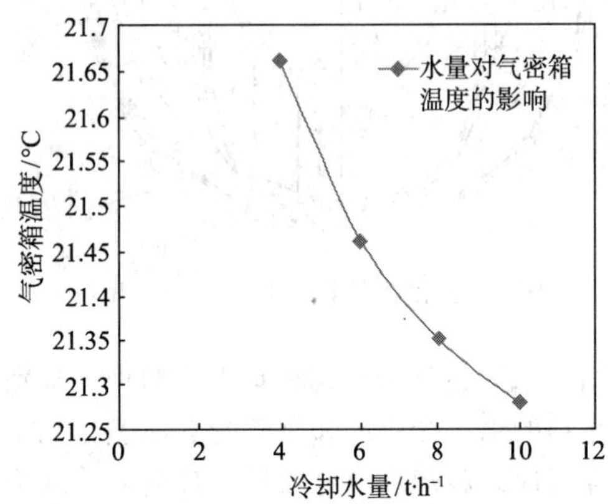

图 4　冷却水量与齿轮箱温度关系

水冷系统正常工作提供了可靠的保障。水冷系统采用了U形水封技术，增设了可靠的进出水流量检测装置，并将流量信号引入主控室监视器上，可以直观判断是否出现向炉内漏水情况，避免造成高炉生产操作事故。同国外闭路冷却系统技术相比系统简化，设备运行可靠，调节控制灵活，免维护，节约投资。

图5所示为国外高炉炉顶齿轮箱水冷系统流程图，图6所示为首钢炉顶齿轮箱水冷系统流程图。

新型水冷齿轮箱的开发成功，使布料装置抗高温能力大大提高。迁钢一高炉炉顶十字测温中心温度达到800℃，布料溜槽也没有发生停转。这个温度已大大超过国外炉顶短时最高温度不超过 600℃的限定条件。同时新型齿轮箱成功解决了漏水、布料溜槽脱落、卡阻等问题；通过选用高质量的润滑脂和合理的润滑制度大大提高了齿轮箱国产回转轴承的使用寿命，从而也提高了齿轮箱的使用寿命；通过改善冷却水水质，提高了齿轮箱水冷系统的运行可靠性。首钢Ⅲ型齿轮箱的过水能力经过5年生产运行没有任何降低，也未进行过任何更换和修理，使用性能非常好，仍可长期使用，其使用寿命已达到国际领先水平。

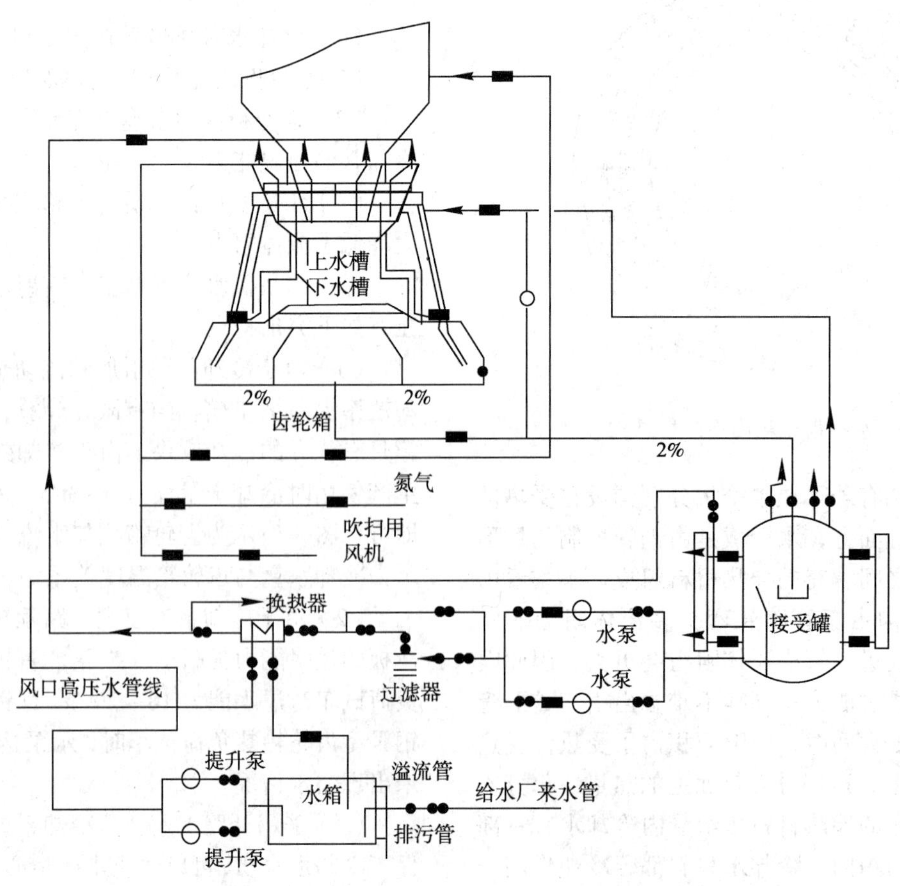

图 5　国外高炉炉顶齿轮箱水冷系统流程图

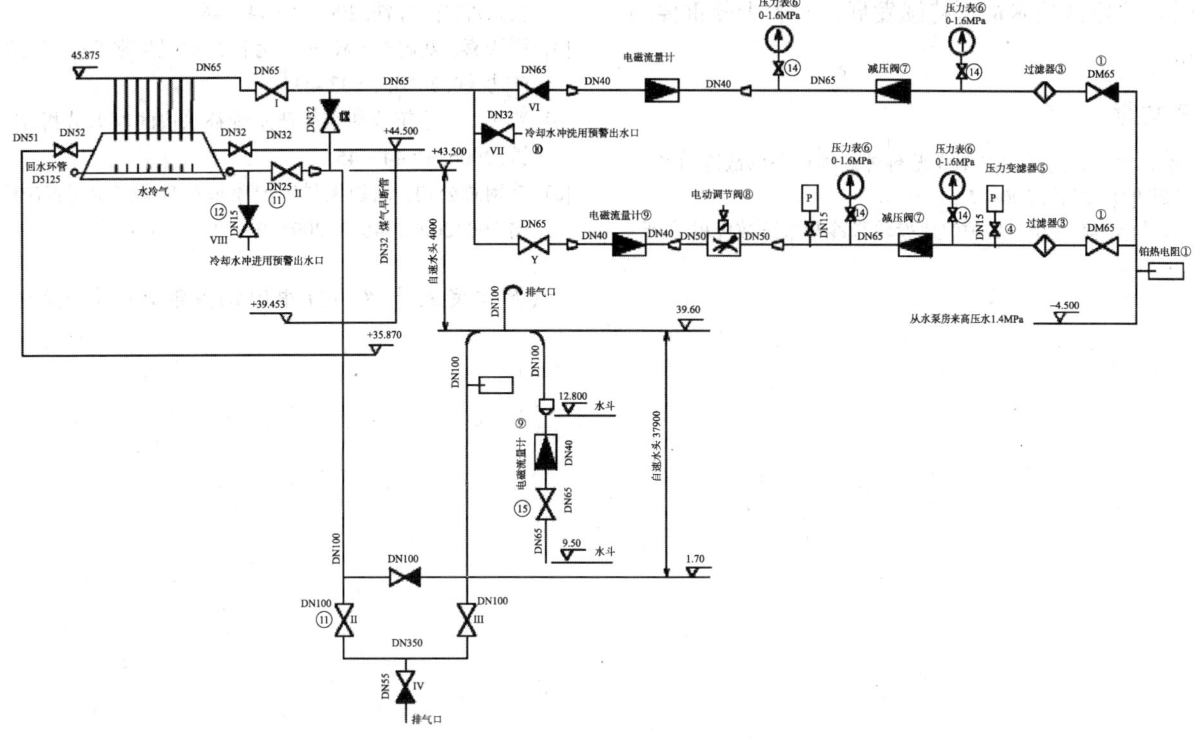

图 6　首钢炉顶齿轮箱水冷系统流程图

3.3　长寿命耐磨衬板研究

2650m³ 大型高炉每日通过炉顶设备装入炉内的原燃料高达 1.3 万吨以上，其中以琢磨性很强的烧结矿和焦炭为主，将对设备造成极大的冲刷和磨损。在炉顶设备物料受料点和料流冲磨处采用长寿命耐磨材料衬板，减少设备检修时间是业内研究的关键。

无料钟炉顶设备中主要承受物料冲刷磨损的部位有：换向溜槽、料罐底部、八角溜槽、料流调节阀、中心喉管、布料溜槽等。在这些部位必须加装耐磨衬板，衬板的耐磨性直接关系到炉顶设备的可靠性，影响高炉稳定生产周期。目前国内外普遍采用的炉顶耐磨衬板主要有：高锰铸钢衬板、高铬铸铁衬板、堆焊硬质合金衬板、镶嵌硬质合金衬板等。总体上看，高炉炉顶设备中耐磨衬板的使用寿命是炉顶设备正常使用的一个关键因素。以上衬板在 2500m³ 级高炉上使用寿命约 3～6 月，即使进口昂贵的耐磨衬板，寿命也就 8～10 月。

我们研制了硬质合金整体钎焊衬板：接触物料内表面钎焊着环状分布的硬质合金块，基体采用韧性材料使衬套具备抗冲击能力，硬质合金块硬度高达 HRA87～90，这种衬板具有耐高温、抗冲击、高强度、高硬度、高耐磨的特点。迁钢高炉布料溜槽衬板的使用寿命从 10 个月提高到 22 个月，过料量超过 600 万吨，达到国际领先水平。

硬质合金整体钎焊衬板只能制作成圆弧形，用于换向溜槽、中心喉管、布料溜槽上取得了很好的效果。但料罐、调节阀等处非圆柱形异形衬板还需采用其他方式处理。我们研制了铸造硬质合金嵌铸衬板：均匀分布的硬质合金块直接镶嵌铸造在基体材料内，硬质合金的覆盖率高达 80%；精心调配的基体材料具有硬度和韧性的最佳搭配；合金块与基体之间连接浑然一体。铸造硬质合金嵌铸衬板同样具有耐高温、抗冲击、高强度、高硬度、高耐磨的特点，与硬质合金整体钎焊衬板配合使用，使首钢Ⅲ型无料钟炉顶设备易磨损部位的寿命得以大幅度提高。

4　结语

新一代首钢Ⅲ型无料钟炉顶装备技术是北京首钢国际工程技术有限公司（原北京首钢设计院）的技术人员自主开发的新技术。经过生产实践验证，首钢Ⅲ型无料钟炉顶布料溜槽传动齿轮箱高效水冷技术、长寿命耐磨材料技术达到国际领先水平，对迁钢高炉稳定高效生产创造了很好条件，并取得了显著的经济效益、社会效益和环境效益。

首钢Ⅲ型无料钟炉顶装备技术的成功应用实践，为研制特大型高炉无料钟装备打下了坚实的基础，实现了高炉关键装备自主创新的重大突破，为我国高炉炼铁技术的可持续发展，有着十分重要的作用。

参考文献

[1] 董志勇. 海鑫高炉串罐式无料钟炉顶设备的故障分析与维护[J]. 炼铁, 2004, 5 : 13 ~ 16.

[2] 潘幼清, 姜文革. 高炉炉顶齿轮箱冷却系统故障的诊断及处理[J]. 炼铁, 2005, 4 : 44 ~ 46.

[3] 张庆喜, 刘超志. 武钢 5 号高炉炉况失常的分析与处理[J].炼铁, 2006, 1 : 33 ~ 35.

[4] 蔡飞. 齿轮箱冷却水循环系统补水快的原因分析[J]. 炼铁, 2006, 2 : 44 ~ 45.

[5] 首钢总公司. 高炉无料钟炉顶布料溜槽锁紧装置[P]. 中国 200420049546. 8, 2005. 05. 11.

（原文发表于《2009 中国钢铁年会论文集》）

高炉无料钟炉顶耐磨衬板技术研究

张　建[1]　苏　维[1]　冯魁彦[2]　张春义[3]

(1. 北京首钢国际工程技术有限公司，北京 100043；
2. 唐山天工冶金设备制造有限公司，唐山 064012；
3. 首钢迁安钢铁有限责任公司，迁安 064404)

摘　要：本文介绍了衬板对无料钟炉顶设备使用的影响。大型高炉炉顶设备对耐磨衬板有着非常苛刻的要求，通过对已经使用的各种材料作对比，硬质合金耐磨衬板是比较理想的耐磨材料。研究进一步提高硬质合金耐磨衬板的抗冲击性、耐磨性、耐高温性。开发出更为适用的镶嵌硬质合金耐磨衬板和镶铸硬质合金衬板，投入生产使用后，大大减少了衬板检修次数和维护量，为高炉实现稳产高产创造了很好条件。

关键词：高炉；无料钟炉顶；耐磨衬板

Technical Research of Wear-resisting Lining of Blast Furnace Bell-less Top

Zhang Jian[1]　Su Wei[1]　Feng Kuiyan[2]　Zhang Chunyi[3]

(1. Beijing Shougang International Engineering Technology Co., Ltd., Beijing 100043;
2. Tangshan Tiangong Metallurgy Equipment Manufacture Co., Ltd., Tangshan 064012;
3. Shougang Qian'an Iron and Steel Co., Ltd., Qian'an 064404)

Abstract: This paper introduces influence of application of bell-less top equipment by lining plate. Large scale blast furnace top equipment has very rigorous requirement to wear-resisting lining. Comparison of various materials applied has proved that hard alloy wear-resisting lining plate is a perfect wear-resistant material. Further study is carried to improve impact resistance, wear resistance and high temperature resistance of hard alloy wear-resisting lining plate. More applicable embedded hard alloy wear-resisting lining plate as well as cast-in hard alloy lining plate has been developed. After they are put into production and application, repair times and maintenance quantity are reduced greatly, moreover, better conditions are created for realization of high and steady production of blast furnace.

Key words: blast furnace; bell-less top; wear-resisting lining

1　引言

随着冶金装备技术的发展，当代大中型高炉冶炼强度不断提高，炉顶装料设备衬板损坏问题对高炉生产造成的影响日显突出。2000m^{3}以上大型高炉每日通过炉顶设备装入炉内的原燃料高达 1 万吨以上，特大型高炉每日装料量超过 2 万吨，其中以琢磨性很强的烧结矿和焦炭为主，将对设备造成极大的冲刷和磨损。因此每次高炉检修的重点都要对换向溜槽、料罐、中间斗、布料溜槽等处的衬板进行维护修理或更换，不仅施工难度大，劳动强度高，还延长高炉检修时间，影响生产。在炉顶设备物料受料点和料流冲磨处采用长寿命耐磨材料衬板，减少设备检修时间是业内研究的关键。

为解决这一问题，我们对衬板的工况条件、使用效果和技术因素进行了系统分析，对衬板磨损严重的部位进行实验性改造，通过对衬板材质成分研究分析和制造工艺创新，开发出镶嵌硬质合金耐磨衬板和镶铸硬质合金衬板。投入生产使用后，大大减少了衬板检修次数和维护量，为高炉实现稳产高产创造了很好条件。

2 高炉耐磨衬板的性能要求

研究表明，材料硬度与磨料硬度之比，对磨料磨损性能有着很大的影响：当磨料硬度 H_a 显著高于被磨材料硬度 H_m 时，磨损最剧烈，为硬磨料磨损；相反，属于软磨料磨损，磨损极轻微，仅为 HV 1000～1100。即在非固定磨料磨损情况下，当 $H_m/H_a \geqslant 0.5 \sim 0.6$ 时，钢的耐磨性有很大提高。图 1 所示为材料硬度与磨料硬度之比与耐磨性的关系[1]。

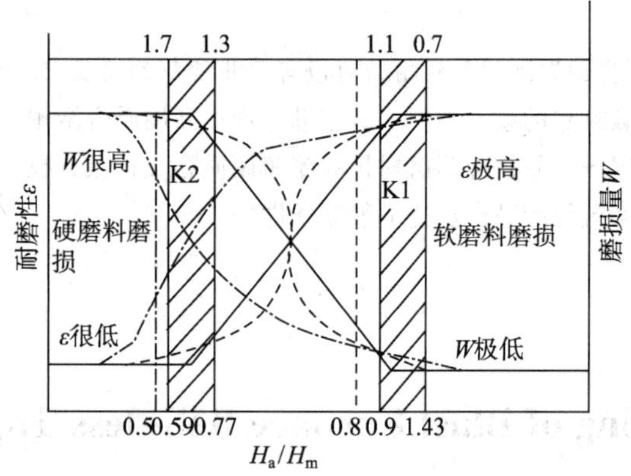

图 1 材料硬度与磨料硬度之比与耐磨性的关系

一般炉料的硬度约 HV 800，高炉衬板的硬度应在 HRC50 以上。显微组织对耐磨料磨损性能有影响，不同类型的组织其耐磨性不同，而且多组元复合组织比单一组元和单项组织耐磨。图 2 所示为钢中不同类型组织在不同硬度水平时的相对耐磨性[2]。

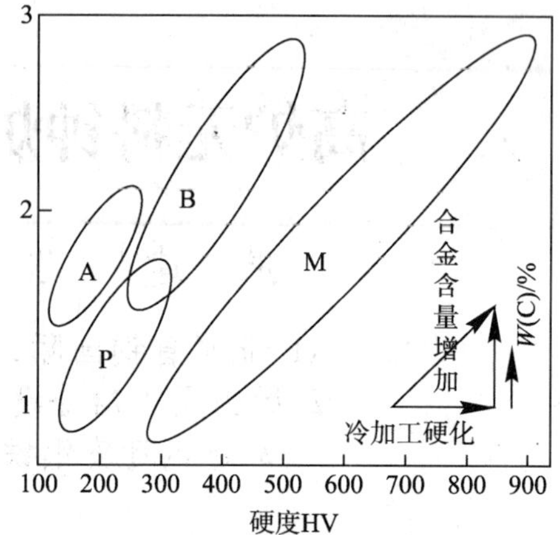

图 2 钢中不同类型组织在不同硬度水平时的相对耐磨性

大型高炉的中心喉管和布料溜槽，处在高温环境中，正常温度 250℃，短时温度 600~700℃，而流过耐磨件的物料近似室温，磨料硬度不变，而耐磨件的温度达 600~700℃。也就是说耐磨件在 700℃时的硬度须达到 HRC50 以上。高炉物料通常有 20~40 mm 的粒度，主上料皮带一般有 2 ~3m/s 的速度，至受料到卸料有 3m 以上的落差。耐磨衬板必须能够承受粒度 40mm 、速度 4m/s,磨蚀性非常强烈的物料的连续冲击。有数据表明白口铸铁、灰口铸铁、球墨铸铁、合金铸铁都有碎裂失效的记录。通常将耐磨衬板的冲击韧度 α_k 控制在 $\alpha_{kn} \geqslant 10J/cm^2$ 以上，$J_B \geqslant 200N/mm^2$。

焦炭和烧结矿对不同材料的磨损量见表 1[3]。

表 1 焦炭和烧结矿对不同材料的磨损量

材 料	磨损系数①		
	滑动磨损（焦炭）	滑动磨损（烧结矿）	中等冲击磨损（烧结矿）
高铬铸铁（3C-25Cr）	0.231	0.115	0.158
高锰钢（13%Mn）	0.476		0.536
铸造氧化铝		0.221	0.323
轧制钢（0.4%C，HRC44）	0.460	0.952	
轧制钢（0.2%C，HRC36）	0.525	0.382	
轧制钢（0.15%C，HRC34）	0.665	1.336	0.750
EN.8 钢（标准）	1.000	1.000	1.000

① 以 EN.8 钢的耐磨量为 1，数字越小，耐磨性越高。

在炉顶工况条件下，设备磨损的主要机理是物料对金属材料的磨料磨损。从理论上分析，决定衬板抗磨性的主要因素是材料的力学性能，包括硬度、断裂韧性、弹性模量、真实剪切抗力、抗拉强度等。其中材料的表面硬度对磨损的影响最大，一般金属材料相对耐磨料磨损性与硬度成正比。材料硬度与相对耐磨性间的关系如图 3 所示[3]。

3 目前国内高炉耐磨衬板的状况

无料钟炉顶设备中主要承受物料冲刷磨损的部位有：换向溜槽、料罐底部、八角溜槽、料流调节阀、中心喉管、布料溜槽等。在这些部位必须加装耐磨衬板，衬板的耐磨性直接关系到炉顶设备的可靠性，影响高炉稳定生产周期。

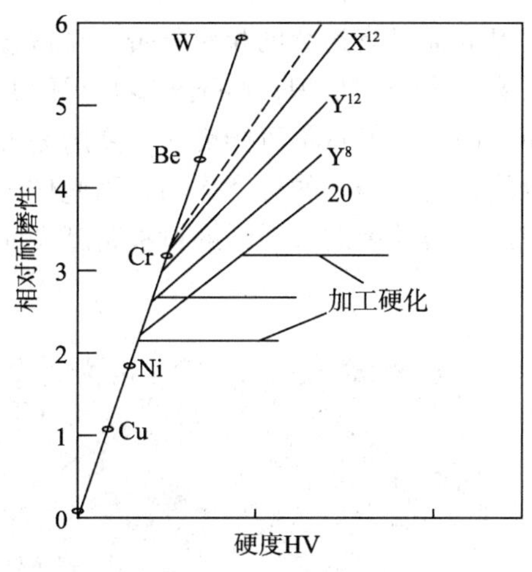

图 3　材料硬度与相对耐磨性间的关系

目前国内外普遍采用的炉顶耐磨衬板主要有：高锰铸钢衬板、高铬铸铁衬板、堆焊硬质合金衬板、镶嵌硬质合金衬板等。几种典型衬板材料化学成分和特性见表 2~表 5[4]。

铸钢 ZGCr9Si2 堆焊 7 号高铬合金衬板硬度为 HRC45（600℃）。

总体上看，高炉炉顶设备中耐磨衬板的使用寿命是炉顶设备正常使用的一个关键因素。以上衬板在 2500m^3 级高炉上使用寿命约 3~6 个月，即使进口昂贵的耐磨衬板，寿命也就 8~10 个月。2001 年首钢试用进口耐磨陶瓷衬板，换向溜槽处寿命 4 个月，布料溜槽处寿命 6 个月。

表 2　G-X300CrMo15.3 衬板材质化学成分

元素	C	Si	Mn	P	S	Cr	Mo
含量/%	2.2~2.8	<1.0	<1.0	<0.025	<0.025	>14	2.2~2.5

注：退火后硬度 HRC<45，淬火后硬度为 HRC57~60。抗折强度 1130 N/mm^2，屈服点 830 N/mm^2，硬度 HB320~350。

表 3　鞍钢用溜槽衬板材质化学成分

元素	C	Ni	Mn	P	S	Cr	Mo
含量/%	<0.21	0.3	>0.7	<0.015	<0.005	>1.3	0.2

注：最高硬度 HB400，最低硬度 HB340。

表 4　鞍钢料罐用 PW 进口圆周段衬板材质化学成分

元素	C	Mn	Si	Cr	Mo	Ni
含量/%	0.21	1.5	0.35	1.5	0.2	0.8

表 5　鞍钢溜槽喉管用 PW 进口衬板堆焊硬质合金化学成分

元素	C	Cr	Mo	W	Nb	V
含量/%	5.5	22.0	7.0	2.0	7.0	1.0

4　硬质合金耐磨衬板在首钢迁钢的试用

材料的硬度与断裂韧性，是一对矛盾的关系，硬度越高，韧性越低，即材料越脆。作为整体衬板来说，还需要具有一定韧性才能抵抗物料的冲击。为此，有关单位研制了镶嵌硬质合金耐磨衬板：接触物料内表面钎焊着环状分布的硬质合金块，基体采用韧性材料，使衬套具备抗冲击能力，硬质合金块硬度高达 HRA87~90，这种衬板具有耐高温、抗冲击、高强度、高硬度、高耐磨的特点。

第一代衬板的表面，存在多条横向连续软带，其破坏往往是连续软带基体磨损，导致硬质合金块脱落而失效，影响整个耐磨衬板的使用寿命。通过优化硬质合金块的布置，有效保护基体材料，迁钢高炉布料溜槽衬板的使用寿命从 10 个月提高到 22 个月，过料量超过 600 万吨，达到国际领先水平。

镶嵌硬质合金耐磨衬板，只能制作成圆弧形，用于换向溜槽、中心喉管、布料溜槽上，取得了很好的效果。但料罐、调节阀等处非圆柱形异形衬板，还需要采用其他方式处理，有关单位又研制了镶铸硬质合金耐磨衬板：均匀分布的硬质合金块，直接镶嵌铸造在基体材料内，硬质合金的覆盖率高达 80%；精心调配的基体材料具有硬度和韧性的最佳搭配，合金块与基体之间连接浑然一体。铸造硬质合金嵌铸衬板，同样具有耐高温、抗冲击、高强度、高硬度、高耐磨的特点，与硬质合金整体钎焊衬板配合使用，使首钢无料钟炉顶设备磨损部位的寿命得以大幅度提高。

5　镶嵌硬质合金耐磨衬板的性能特点

镶嵌硬质合金耐磨衬板，在接触物料的内表面钎焊着平行带状分布的硬质合金块，硬质合金块硬度高达 HRA86~90，即使在高温中工作也能保证其耐磨性。物料在流动过程中，必须流经一道又一道的合金，可以通过调整合金分布方式，消除块间缝隙的不利影响。镶嵌硬质合金耐磨衬板耐磨表面情况如图 4 所示。

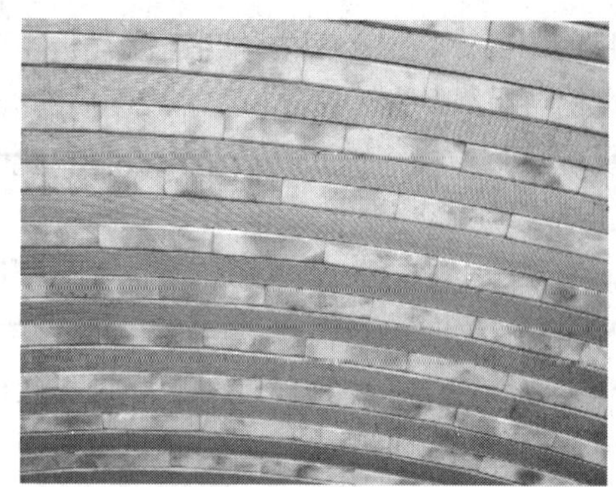

图 4　镶嵌硬质合金耐磨衬板耐磨表面

在供应不成问题的钨钴硬质合金系列中，可以选用硬度和韧性都比较适中的材料。考虑物料粒度、硬度、落差、冲击角，可以优化选择合金间距和合金高度，保证较大的冲击力有两个以上的合金块承受。衬板本体采用热强度较高的韧性材料，使衬板具备耐高温和抗冲击能力。硬质合金块能否牢固地焊接在衬板本体上，是成败的关键，必须有效控制镶嵌过程，绝对不能使用电焊、气焊等急冷急热的方法。研究证明：采用自动控制整体钎焊炉，能够有效控制钎焊缝隙、钎焊通道、钎料焊剂、加热保温过程的温度—时间曲线；这种方法可以保证硬质合金块与基体材料间 98%的面积密切焊接，结合强度不低于 220 N/mm^2。镶嵌硬质合金衬板基体材料，通常选用低碳合金钢，因此在安装前根据需要可以加工出沟槽、螺纹、沉孔等，也可以根据需要在背面或者周边施焊。这就极大地方便了安装和维护。

6　镶铸硬质合金耐磨衬板的性能特点

镶铸硬质合金衬板各向同性，可以承受来自任何方向的磨料冲刷。“牙硬，牙龈也要硬”。因为在制造过程中，不需要机械加工，基体材料的硬度可以不低于 HRC 50。超高硬度特殊形状的硬质合金块，已经与基体材料冶金熔合，镶嵌强度不低于基体材料。耐磨表面没有连续的相对软带。镶铸技术充分考虑了磨料磨损的机理，将不外露的“牙龈”支撑零星分布。因磨削能量不可能突然改变磨削方向，从而充分发挥硬质合金的抗磨作用，因此使用寿命大幅度提高。镶铸硬质合金耐磨衬板耐磨表面情况见图 5。

图 5　镶铸硬质合金耐磨衬板耐磨表面

镶铸硬质合金耐磨衬板组成材料的最低熔点不小于 1400℃，因此能够适应更高的工作温度。因为硬质合金表面已经与基体材料实现冶金熔合，镶嵌铸造硬质合金耐磨衬板的刚性，不低于同等尺寸的普通钢板，而零星分布的硬质合金块又不会影响衬板的柔韧性，特别适用于工况恶劣的落料点。

衬板背面可加工。镶铸硬质合金衬板根据需要可以预埋低碳钢件，因此在安装前，根据需要可以加工出沟槽、螺纹、沉孔等，也可以根据需要在背面或者周边施焊。

镶铸硬质合金衬板制造周期很短。镶铸硬质合金衬板制作工序少，只需要制造模具和合金支架，耐磨合金块已经标准化，形状不是太复杂的衬板只需要 7 天即可制作完成。

7　硬质合金耐磨衬板在高炉上的应用实例

硬质合金耐磨衬板在高炉上的应用实例见表 6。

表 6　硬质合金耐磨衬板应用实例

使用单位	迁钢	首秦	津西	华西	唐钢	松汀	迁钢
高炉容积/m^3	2650	1800	450	450	3200	450	2650
料罐形式	并罐	并罐	并罐	串罐	并罐	串罐	并罐
安装部位	布料溜槽	布料溜槽	布料溜槽	布料溜槽	布料溜槽	布料溜槽	换向溜槽
结构形式	镶嵌	镶嵌	镶嵌	镶嵌	镶嵌	镶铸	镶铸
工作温度/℃	200~500	200~500	200~700	200~700	200~500	200~700	常温
冲击落差/m	3	3	4	4	3	4	3
冲击夹角	≤40°	≤40°	≤40°	≤70°	≤40°	≤60°	≤40°
过料总量/万吨	660	570	260	200	660	220	700
使用寿命/月	22	24	24	18	22	20	24

8 结语

大型高炉的料流设备对耐磨衬板有着非常苛刻的要求，通过对已经使用的各种材料作对比，硬质合金耐磨衬板是比较理想的耐磨材料。硬质合金耐磨衬板用在中小型高炉上，使用寿命能提高 4~6 倍，硬质合金耐磨衬板更加适合高炉大型化。进一步研究提高硬质合金耐磨衬板的抗冲击性、耐磨性及耐高温性的技术措施，开发更为适用的硬质合金耐磨衬板,对提高我国高炉炼铁技术有着十分重要的意义。

参考文献

[1] 陈华辉，邢建东，李卫. 耐磨材料应用手册[M]. 北京 : 机械工业出版社, 2006.

[2] 樊东黎，徐跃明，佟晓辉. 热处理工程师手册[M]. 北京 : 机械工业出版社, 2006.

[3] 张清. 金属磨损和金属耐磨材料手册[M]. 北京 : 冶金工业出版社, 1991.

[4] 周传典. 高炉炼铁生产技术手册[M]. 北京 : 冶金工业出版社, 2003.

[5] 冯魁彦. 一种嵌铸硬质合金耐磨衬板及其制造方法[P]. 中国 ZL200610170676, 2006. 12. 28.

（原文发表于《2009 中国钢铁年会论文集》）

首钢京唐 5500m^3 高炉炉顶 1:1 布料试验研究

张　建　苏　维　闫树武

(北京首钢国际工程技术有限公司，北京 100043)

摘　要：首钢京唐 5500m^3 高炉是我国第一座特大型高炉，其关键设备无料钟炉顶由首钢国际工程公司自主研发。为了更好地探索大型高炉的布料规律，检验设备技术指标和制造质量，笔者组织了高炉炉顶模拟生产情况的 1:1 布料试验。试验采用激光网格和图像采集的方法得到了料流轨迹的实测数据。试验结果验证了首钢炉顶技术的可靠性，有力支撑高炉实际生产操作需求，为京唐高炉生产技术指标达到国际领先水平打下了坚实的基础。

关键词：5500m^3 高炉；无料钟炉顶；布料试验

Experiment Research of Shougang Jingtang 5500m^3 Blast Furnace 1:1 Burden Distribution

Zhang Jian　Su Wei　Yan Shuwu

(Beijing Shougang International Engineering Technology Co., Ltd., Beijing 100043)

Abstract: Shougang Jingtang 5500m^3 Blast Furnace is an extra large scale blast furnace. Its critical equipment, bell-less top, is independently researched and developed by Beijing Shougang International Engineering Co., Ltd. In order to seek for or improve better material distribution rule, technical index of equipment test and manufacture quality on large scale blast furnace, the author organized a 1:1 burden distribution experiment simulated of blast furnace top. The test adopts laser network and image collection mode to obtain real measurement data of burden flow track. The test results show reliability of Shougang Top Technology. This gives strong support to BF practical production operation demand, and lays stable foundation to Jingtang blast furnace production and technology indexes for achievement of international advanced level.

Key words: 5500m^3 blast furnace; bell-less top; burden distribution test

1　引言

首钢京唐钢铁联合有限责任公司炼铁厂 5500m^3 高炉是国内首座世界前 5 位的特大型高炉，并罐无料钟炉顶设备为北京首钢国际工程技术有限公司自主开发设计的全新设备，真正实现了高炉关键技术的自主创新。

为了检验设备运行的可靠性、设备技术指标和制造质量，以及研究炉顶设备的布料规律，确定设备投产后所需要的各种控制和操作参数，为高炉顺利投产做好准备，北京首钢国际工程技术有限公司联合首钢京唐钢铁联合有限责任公司、北京神网创新科技有限公司和北京科技大学作了 1:1 的布料试验研究。5500m^3 高炉 1:1 的布料试验在世界冶金领域是第一次。本次试验成果为进一步研究 5500m^3 高炉布料规律提供了重要依据，是首钢高炉布料技术向世界先进水平前进的努力，并将对无钟布料技术的发展做出新的贡献。

2　试验方案

1:1 试验是指利用已制作完成的无料钟炉顶设备按实际使用状态组装起来，模拟高炉生产情况进行冷态装料和布料试验。

2.1 试验装料设备和系统组成

设备分为五个主要部分：上料胶带机、料罐、阀箱（包括下密封阀、料流调节阀）、中间漏斗（包括波纹伸缩器）、布料装置。

系统分为三个主要系统：液压系统、干油润滑系统、稀油润滑系统。

试验布置方案及现场情况如图1所示。

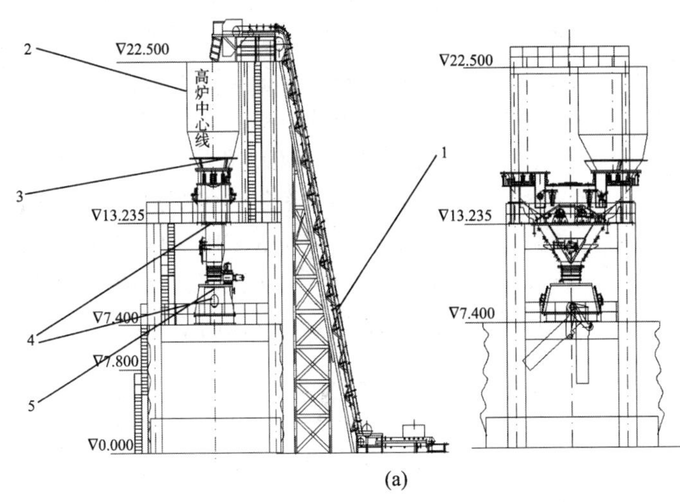

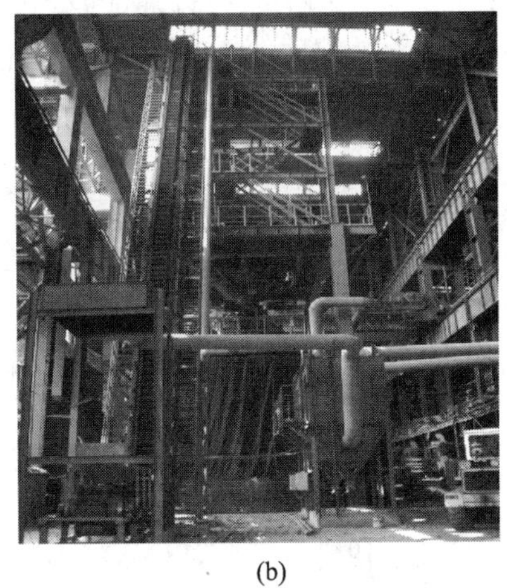

图1 试验布置方案及现场情况

（a）试验布置方案；（b）现场情况

1—上料胶带机；2—料罐；3—阀箱；4—中间漏斗；5—布料装置

2.2 试验炉顶系统主要技术参数及设备参数

上料方式：大倾角胶带机上料

基本装料制度：C/O

布料方式：采用时间控制和重量控制布料方式。实现多环布料、扇形布料、定点布料

正常装料批重选择为：焦炭 22 t/ch；矿批 122 t/ch

试验料罐有效容积：70m^3

下密封阀直径：ϕ1100

料流调节阀直径：ϕ1000

料流调节阀排料能力：0.8 m^3/s

中心喉管直径：ϕ730

α、γ 角精度：控制精度±0.3°，计量精度±0.1°

布料溜槽：

长度：L=4500mm

旋转速度：0~8.5 s/r

倾动速度：0~1.6°/s

倾动范围：2°~53°

2.3 装料程序控制方式

（1）计算机键盘手动操作：操作人员在上位机上对单体设备用键盘进行操作。

（2）机旁手动操作：主要用于维修，调试，作为机旁单独运转，在现场控制箱进行人工控制，操作人员应对被操作设备的各种状况通过判断，充分确认后再操作。

（3）自动控制：设备根据计算机规定的运转顺序连锁及设定值进行自动运转。

3 试验目的、方法及研究内容

试验目的：本次试验不仅检验了5500m^{3}高炉并罐无料钟炉顶设备运行状况，确定无料钟炉顶设备投产后所需要的各种控制和操作参数，还使操作人员在高炉试车及开炉前熟悉了此特大型无料钟炉顶设备性能，并基本掌握了设备的操作和控制方法。

试验方法：本次试验采用激光网格和图像采集测定布料规律的新方法[1]，对5500m^{3}高炉并罐无料钟炉顶设备分别布焦炭和烧结矿时的料流轨迹进行了测定。此外，本次试验检验了设备的多环布料效果，并请专业测绘人员进行了测量和记录。

试验研究内容：

（1）焦炭排料流量与料流调节阀开度关系（FCG曲线）研究；

（2）烧结矿排料流量与料流调节阀开度关系（FCG曲线）研究；

（3）在不同溜槽倾角时焦炭料流轨迹研究；

（4）在不同溜槽倾角时烧结矿料流轨迹研究；

（5）溜槽定点、单环（正、反转）和多环布料效果试验及料面形状研究。

4 试验及测量结果

首钢京唐 5500m³ 高炉并罐式无料钟炉顶设备布料测量试验工作从2008年3月13日开始，至2008年4月18日结束。根据布料测量研究方案的要求，测量了焦炭、矿石的FCG曲线及不同溜槽倾角时焦炭、矿石的料流轨迹，同时也测量和记录了每批料布完后的料面形状。

4.1 排料流量与料流调节阀开度关系（FCG 曲线）测定

本次试验在测定料流轨迹的同时，做了排料流量与料流调节阀开度关系（FCG曲线）的测定。焦炭和烧结矿排料流量和料流调节阀的关系 FCG 曲线如图 2 所示。

4.2 料流轨迹测定

焦炭和烧结矿料流轨迹测定是本次试验的一项重要内容。测量的结果作为指导 5500m³ 高炉并罐式无料钟炉顶设备布料操作的重要参考依据。

本次试验料流轨迹测定工作采用了由北京神网创新科技有限公司在北京科技大学高征铠教授的指导下开发的激光网格和图像采集测定布料规律的新方法[1]，以激光网格为背景，用摄像和录像的方法获取炉料通过激光网格的图像，用来测量焦炭、矿石的料流轨迹。此次试验设计网格图如图 3 所示，现场效果情况如图 4 所示。

排料流量与料流调节阀开度关系FCF曲线——焦炭

$Q=0.016\gamma-0.25$

料流速度Q/m³·s⁻¹

料流调节阀开度γ/(°)

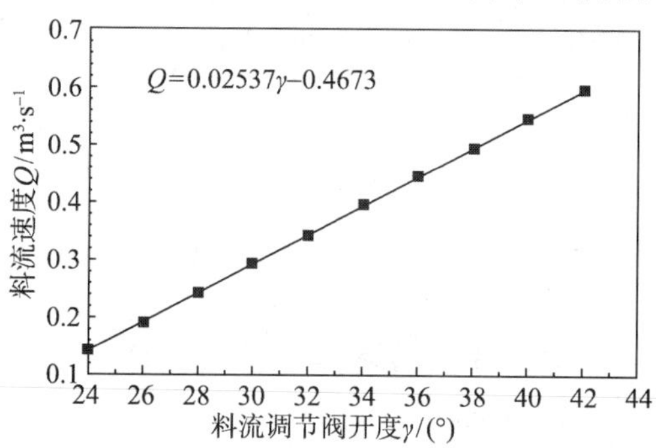

图 2　焦炭、烧结矿 FCG 曲线

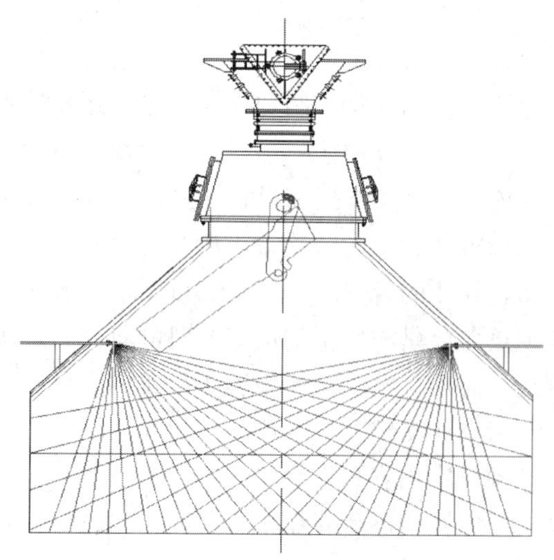

图 3　激光网格设计图

图 5 所示为摄像机摄录下的激光网格图像及料流轨迹图像。在装料时，以激光网格为背景摄录料流轨迹的图像并把图像录制存储，对图像进行分析和数据处理得到料流轨迹的数据。

用计算机对料流轨迹图像进行处理，得到焦炭和矿石料流轨迹曲线如图 6、图 7 所示。图中表格数据为各溜槽角度对应的料流轨迹。料流轨迹的测量数据见表 1 和表 2。

图 4　现场激光网格效果

由以上得到的焦炭和烧结矿在各料线的溜槽倾角与炉料落点关系数据，可计算得到各料线 11 个等面积圆环中心对应溜槽倾角。表 3、表 4 为计算得到的布料溜槽角度。

4.3 料面形状测量

料面形状测量数据将为检验设备单环、多环布料的效果和总结研究炉料偏析的规律提供重要资料。记录的炉料堆尖位置也将作为验证料流轨迹落点的一个依据。本次试验料面形状由北京首钢国际工程技术有限公司测绘事业部的专业测量队伍，采用独立坐标、高程系统，宾得 PTS-V2 型全站仪极坐标方法进行测量。

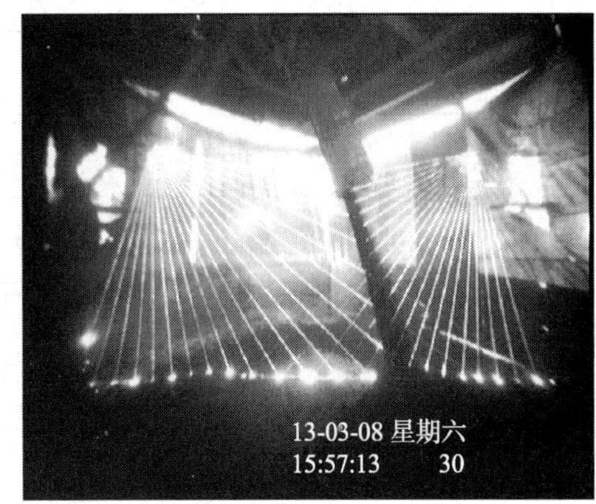

图 5　模型内激光网格图像及料流轨迹图像

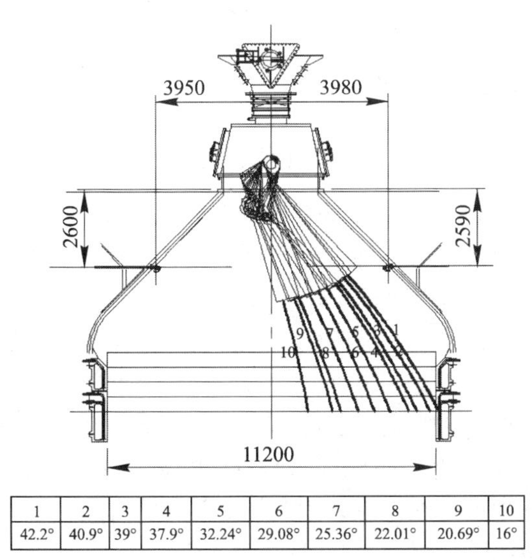

图 6　焦炭料流轨迹图

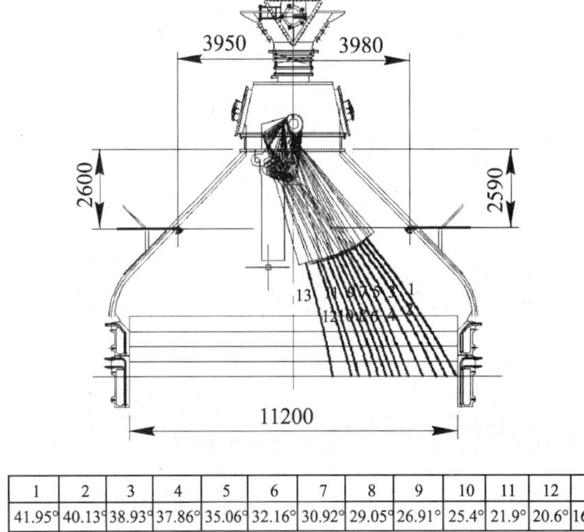

图 7　矿石料流轨迹图

表 1　焦炭料流轨迹数据

料线/m	1	2	3	4	5	6	7	8	9	10
	42.2°	40.9°	39°	37.9°	32.24°	29.08°	25.36°	22.01°	20.69°	16°
0	4545	4260	3888	3668	3125	2672	2187	1671	1475	851
0.5	4853	4584	4172	3937	3379	2901	2397	1858	1641	964
1.0	5154	4882	4445	4190	3614	3114	2597	2041	1804	1071
1.2	5273	4991	4552	4289	3702	3195	2673	2112	1867	1111
1.5	5437	5146	4709	4435	3829	3314	2783	2210	1955	1168

表 2　烧结矿料流轨迹数据

料线/m	1	2	3	4	5	6	7	8	9	10	11	12	13
	41.95°	40.13°	38.93°	37.86°	35.06°	32.16°	30.92°	29.05°	26.91°	25.4°	21.9°	20.6°	16.04°
0	4373	4106	3843	3472	3104	2861	2618	2406	2176	1937	1611	1411	896
0.5	4693	4410	4123	3732	3325	3073	2833	2616	2379	2133	1784	1574	1021
1.0	4992	4691	4385	3975	3533	3268	3034	2813	2573	2320	1952	1727	1136
1.2	5108	4799	4485	4067	3613	3343	3110	2887	2646	2388	2016	1785	1179
1.5	5277	4957	4631	4199	3729	3450	3219	2994	2750	2483	2109	2871	1240

表 3　各料线 11 个等面积圆环中心对应溜槽 α 角——焦炭

序号	1	2	3	4	5	6	7	8	9	10	11
落点/m	0.844	2.038	2.656	3.151	3.576	3.956	4.302	4.621	4.921	5.202	5.47
项目	11 个等面积圆环中心对应角度/（°）										
0 m 料线	15.3	23.2	27.5	31.0	34.2	37.0	39.7	42.1	44.5	46.8	48.9
0.5m 料线	14.6	22.0	26.1	29.4	32.4	35.1	37.6	40.0	42.2	44.3	46.4
1.0m 料线	14.1	21.1	24.9	28.1	30.9	33.5	35.8	38.1	40.2	42.3	44.3
1.2m 料线	13.8	20.8	24.6	27.7	30.5	33.0	35.3	37.5	39.6	41.5	43.4
1.5m 料线	13.8	20.3	23.9	26.9	29.6	32.0	34.3	36.5	38.5	40.5	42.4

表 4　各料线 11 个等面积圆环中心对应溜槽 α 角——烧结矿

序号	1	2	3	4	5	6	7	8	9	10	11
落点/m	0.844	2.038	2.656	3.151	3.576	3.956	4.302	4.621	4.921	5.202	5.47
项目	11 个等面积圆环中心对应角度/(°)										
0 m 料线	13.6	24.5	29.5	33.0	35.8	38.2	40.1	41.7	43.2	44.4	45.5
0.5m 料线	12.4	23.2	28.0	31.6	34.4	36.7	38.7	40.3	41.8	43.1	44.2
1.0m 料线	11.5	22.0	26.8	30.3	33.1	35.4	37.4	39.0	40.5	41.8	43.0
1.2m 料线	11.1	21.5	26.3	29.8	32.6	34.9	36.9	38.6	40.1	41.4	42.5
1.5m 料线	10.6	20.9	25.7	29.1	31.9	34.2	36.2	37.9	39.4	40.7	41.8

焦炭和烧结矿布料料面形状如图 8、图 9 所示。

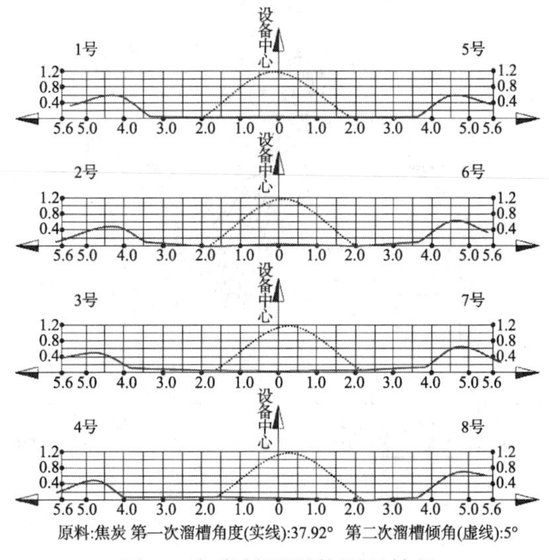

图 8　焦炭料面形状测量结果

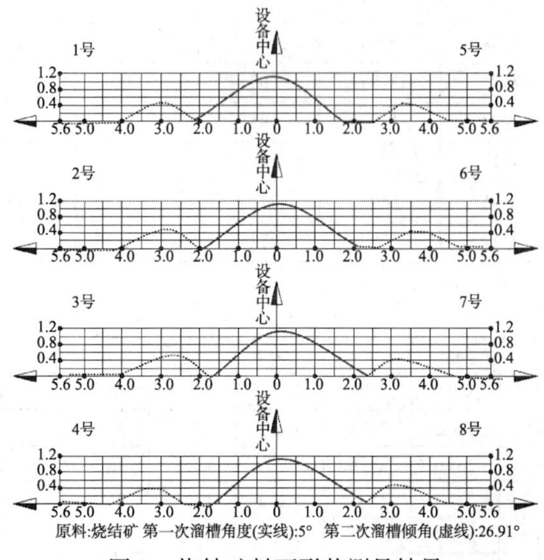

图 9　烧结矿料面形状测量结果

5　试验结果分析

5.1　料流轨迹计算修正程序

根据实测数据并与理论计算相结合，对料流轨迹计算公式进行修正并编制计算程序，模拟计算料流轨迹,验证该分析结果[2]。焦炭和烧结矿的布料轨迹略有不同，可以通过调整相关参数来模拟计算。图 10 所示为计算程序界面。通过输入的几个初始参数，程序得出的数据与实际测得的数据大致吻合，误差均在 5%以下。考虑到试验条件的局限性，实际测量过程中亦存在误差，因此认为计算程序可以较好的模拟实际情况。

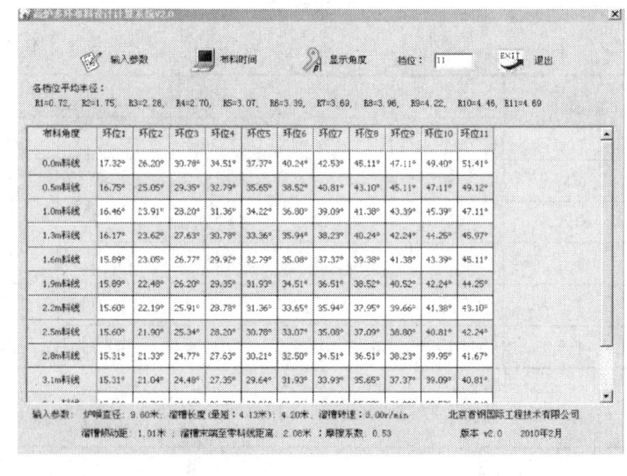

图 10　程序界面

5.2　料面形状分析

并罐无料钟炉顶布料过程中，由于料罐的偏心，溜槽有效长度的变化等原因，料堆形状实际为一个近似圆环的椭圆环。通过实测的数据，可以进一步的研究并罐无料钟炉顶布料过程，得到一些规律性的认识[3,4]。试验数据综合表明：

（1） 当溜槽倾角小于15°时，从中心喉管下来的料流几乎未接触到溜槽。此时的料堆偏向料罐异侧。说明在上部料流调节阀打开时，从料罐流下的料经中间漏斗的斜冲，至中心喉管，最后实际落料到溜槽的异侧，且堆尖位置大致保持在穿过两料罐中心线的平面上，偏心约为0.2~0.3m。

（2） 当溜槽倾角大于15°时，此时料流沿布料溜槽流下，通过肉眼观察及测量，布料后料堆的形状呈不规则椭圆形状。排除布料圈数不完整等因素，可以发现：在料罐同侧及以此为弧起点其旋转方向扫过的一段扇形区域料流较细，料面较低，且半径较大，为椭圆的长半轴，在其对称于回转中心的另面出现相反的结果。

（3）由图8、图9可看出炉料堆尖并不在设备中心上，实测堆尖偏移设备中心100~200mm。产生偏移的原因是下料时炉料从叉形溜管至中心喉管过程中发生一次或多次碰撞改变方向下落到炉内，而并非从喉管中心直接下落。

6 生产实践

首钢京唐公司5500m^{3}高炉2009年5月21日开炉后，熟练准确掌握了上部布料规律，使高炉强化生产、指标提升得以稳步进行，主要技术指标（表5）达到国际先进水平。

表5 首钢京唐公司5500m^{3}高炉的主要技术指标

项　目	单位	设计指标	2010年生产指标
高炉有效容积	m^3	5500	5500
利用系数	t/(m^3·d)	2.3	2.4~2.5
日产铁量	t/d	12650	13000~13750
焦比	kg/t	290	290~325 含焦丁
煤比	kg/t	200	150~175
燃料比	kg/t	490	475~485
送风温度	℃	1300	1280~1305
炉顶压力	MPa	0.28	0.274

7 结语

首钢京唐5500m^{3}高炉炉顶1:1布料试验对掌握生产布料规律具有十分重要的意义。试验结果验证了首钢炉顶技术的可靠性，有力支撑高炉实际生产操作需求，为京唐高炉生产技术指标达到国际领先水平打下了坚实的基础。生产实践验证，首钢京唐公司5500m^{3}高炉所有技术指标均达到设计要求，主要技术指标达到世界先进水平，真正实现我国特大型高炉关键技术和重大装备的自主创新，开创我国钢铁事业新纪元。

致谢

组织本试验研究工作的还有首钢总公司王涛教授高工、首钢京唐公司张卫东教授高工。北京科技大学高征铠教授、首钢国际工程公司戴建华工程师、首钢京唐公司董志宝技师等对本项研究作出了极大贡献。首钢国际工程公司张福明教授高工给予悉心指导。在此表示最诚挚的感谢和敬意!

参考文献

[1] 郑卫国, 高征铠, 等. 无钟布料规律的研究. 内部资料.

[2] 刘云彩. 高炉布料规律[M]. 北京：冶金工业出版社, 2006.

[3] 高道铮, 钱人毅, 等. 无钟炉顶布料的周向均匀性研究[J]. 首钢科技, 1982, (4) : 41.

[4] 钱人毅, 高炉无钟炉顶布料规律的研究[J]. 钢铁, 1987, 22 (8) : 46 ~ 48.

（原文发表于《炼铁》2010年第6期）

高炉无料钟炉顶均排压系统旋风除尘器漏气分析及优化设计

蒋冶浩[1] 苏 维[1] 张 建[1] 董志宝[2] 李俊青[1]

(1. 北京首钢国际工程技术有限公司，北京 100043；
2. 首钢京唐钢铁联合有限责任公司，唐山 063200)

摘 要：针对某铁厂大型高炉无料钟炉顶放散系统旋风除尘器局部产生漏气问题，采用 ANSYS 有限元法对漏气部位的应力分布进行分析，表明最大应力出现在矩形直段大侧面直角边处，也是实际漏气部位，属材料疲劳破坏造成。以此为依据，对旋风除尘器进行结构优化设计，成功应用于实际，取得良好效果，具有重要的实际推广应用价值。

关键词：旋风除尘器；ANSYS 有限元法；疲劳破坏；优化设计

Analysis of Gas Leakage of Cyclone Dust Catcher of BF Bell-less Top Equalizing and Depressurizing System and Optimal Design

Jiang Zhihao[1] Su Wei[1] Zhang Jian[1] Dong Zhibao[2] Li Junqing[1]

(1. Beijing Shougang International Engineering Technology Co., Ltd., Beijing 100043
2. Shougang Jingtang Iron and Steel United Co., Ltd., Tangshan 063200)

Abstract: For issues on air leakage in some area of the cyclone dust catcher of large scale BF bell-less top bleeding system in one steel works, ANSYS Finite Element is applied to analyse the stress distribution at leakage area, and it shows that maximum stress is at the right-angle edge at the large side of the straight section rectangle. It is really the place for gas leakage, and this is caused by material fatigue failure. On that basis, optimization design is carried out to structure of the cyclone dust catcher. And it is successfully used in practice with better efficiency. So that it owns important promotion and application value.

Key words: cyclone dust catcher; ANSYS finite element; fatigue failure; optimal design

1 引言

旋风除尘器作为一种重要的气固分离设备，在石油化工、燃煤发电和环境保护等许多行业均得到广泛应用。与其他气固分离设备相比，旋风除尘器具有结构简单、无运动部件、分离效率高等特点，尤其适用于高温、高压和含尘浓度高的工况下使用。

高炉无料钟炉顶均排压系统的作用是使料罐在不同压力状态下顺利装料和卸料。料罐装料时，打开排压阀将料罐内气体放散掉，使罐内压力与大气压力相等，炉料装入料罐。料罐向炉内卸料时，关闭排压阀，先打开一次均压阀，采用半净煤气对料罐进行一次均压，然后关闭一次均压阀，打开二次均压阀向料罐内充入氮气，使料罐内压力大于或等于炉顶压力，然后炉料从料罐卸入高炉。由于放散气体内混有高炉煤气灰尘及炉料粉尘，这种含尘量 10g/Nm^3 的气体，不能直接排入大气，因此在系统中加入旋风除尘器，排压时将沉积灰尘通过均压过程强制吹回料罐中，从而减少对环境的污染。

由于高炉正常生产中料罐需要不断装料和卸

料，因此旋风除尘器就要不断充压和排压。对充压料罐的气体进行放散除尘，除尘效果符合大气污染治理要求。旋风除尘器主要由锥体装配、筒体装配、短节、支座等组成。筒体装配包含矩形直段和筋板，矩形直段由大侧面、小侧面和上下侧面四块钢板焊接而成，旋风除尘器的结构和有限元法分析时坐标系构成情况如图 1 所示。

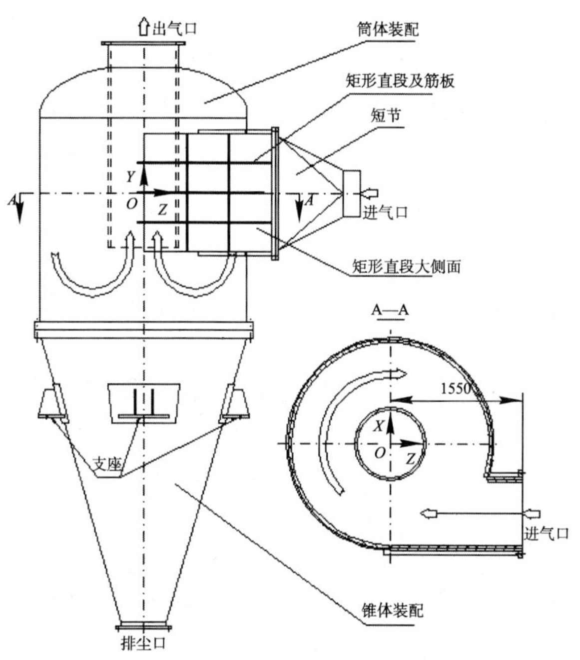

图 1　旋风除尘器结构简图

2　旋风除尘器使用情况

高炉投产正常运行 6 个月后，炉顶均排压系统旋风除尘器筒体进气口矩形段部分大侧面的直角边处出现裂纹，裂纹扩展后旋风除尘器直角边处出现裂缝，致使炉顶料罐充压后旋风除尘器漏气而不能正常工作；现场对旋风除尘器漏气处进行特殊补焊，处理情况如图 2 所示，旋风除尘器能正常工作 1 个月左右，但仍然在原漏气处产生漏气现象，使旋风除尘器不能正常工作，给高炉安全生产带来隐患。

鉴于旋风除尘器在生产现场的具体使用情况和处理方法，对设计图纸及其技术要求进行全面分析，旋风除尘器圆筒部分(直径 ϕ 2436mm)所用钢板厚度为 18mm，矩形直段部分(宽×高=800mm×1300mm)所用钢板厚度为 22mm，矩形段直角处(出现漏气处)采取典型的角焊缝形式。旋风除尘器工作在脉动应力状态下，最大工作压力为 0.29MPa，经材料力学简化计算，各主要部分的应力远小于所用材料 16MnR 的屈服极限；生产厂家按图纸制造而且按图纸技术要求的打压形式对本旋风除尘器进行强度试验和气密性试验，出厂产品基本满足图纸设计要求。

图 2　旋风除尘器漏气现场处理情况

根据旋风除尘器受力情况和仅使用 6 个月后就出现问题的实际情况来看，属于设备局部疲劳破坏。传统材料力学计算方法对旋风除尘器的计算有着巨大的局限性，对旋风除尘器首先疲劳破坏的直角边处的计算难度较大，且计算误差较大。为找出旋风除尘器在直角边处疲劳破坏的真正原因，采用有限元法对其进行计算分析，并以此为依据，对旋风除尘器各钢板厚度进行重新选择，对焊缝形式的要求和检验标准提出改进意见，对旋风除尘器进行优化设计。

3　旋风除尘器 ANSYS 有限元分析

3.1　材料参数

旋风除尘器由压力容器用钢板 16MnR 焊接而成，材料参数见表 1。

3.2　模型简化

考虑旋风除尘器结构复杂性和筒体装配是本设备受力最特殊的部件，对筒体装配进行计算能反映其最大受力情况。筒体装配中与矩形直段相连的圆形筒体，根据圣维南原理，只需要考虑长度 L ($L=2.5\sqrt{Rt}$，R 为与矩形直段相连筒体的平均半径，t 为该筒体厚度)的一段，就可以消除筒体边缘轴向应力分布对矩形直段部分应力分布的影响，由此确定旋风除尘器筒体装配计算高度 2100mm。

3.3　建模

用有限元软件 ANSYS 建立旋风除尘器的有限元计算模型，采用八节点单元类型 SOLID45 六面体单元，对计算模型通过扫掠生成体网格，如图 3 所示。

表 1 16MnR 室温力学性能

屈服强度 σ_s	抗拉强度 σ_b	弹性模量 E	泊松比 μ	密度 ρ	热导率 λ	线膨胀系数 α_1
MPa				kg/m³	W/(m·K)	1/K
≥325	490~635	2.07×10^5	0.3	7.85×10^3	60.3	1.2×10^{-5}

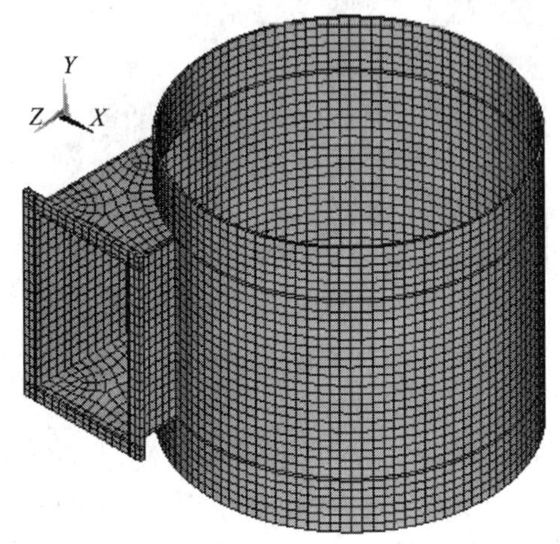

图 3 旋风除尘器有限元计算模型

3.4 施加载荷和约束

旋风除尘器均压时在其内部最大充压 0.29MPa，放散后内部压力等于当地大气压力，对计算模型内表面施加均布面载荷 0.29MPa，在筒体下表面施加 3 个方向上的约束，使其位移量为零；在筒体上表面和直段侧面法兰面上施加端部平衡面载荷和耦合约束。

4 有限元计算结果分析

4.1 应力合成

由图 4 的应力强度分布可以看出，旋风除尘器直段大侧面角边处应力最大，其强度应力值为 369.9MPa，已经超过材料 16MnR 的屈服极限。大侧面中部变形达到 10.3mm，出现明显的鼓肚变形现象。由于旋风除尘器受脉动载荷作用，旋风除尘器在发生应力最大的地方将首先产生疲劳失效而不能正常工作。

4.2 筋板的作用

实际使用中的旋风除尘器在直段表面增加宽×高为 18mm×50mm 的筋板，旋风除尘器直段除大侧面受力恶劣外，其余三面受力后响应应力较小，验证筋板作用时考虑模型简化需要，只在大侧面加筋板进行计算，有限元计算结果如图 5 所示。从图 5 中可以看出筋板没有起到降低大侧面应力的作用，大侧面除变形得到有效改善外(变形减小为 5.3mm)，整体应力加大了，筋板强度应力值 441.2MPa，已接近筋板材料 Q235 的抗拉强度，将很快失效而不起作用。

4.3 旋风除尘器疲劳分析

旋风除尘器筋板失效后，它的应力状况仍表现为图 4 的分布情况。ANSYS 疲劳计算是以 ASME 锅炉与压力容器规范的第 3 部分、第 8 部分第 2 分册作为计算依据，采用简化的弹塑性假设和 Miner 累积疲劳求和法则。设定一个位置、一个事件及两个载荷的疲劳分析，疲劳曲线数据根据 JB 4732—1995 确定，见表 2，材料设定为 16MnR。

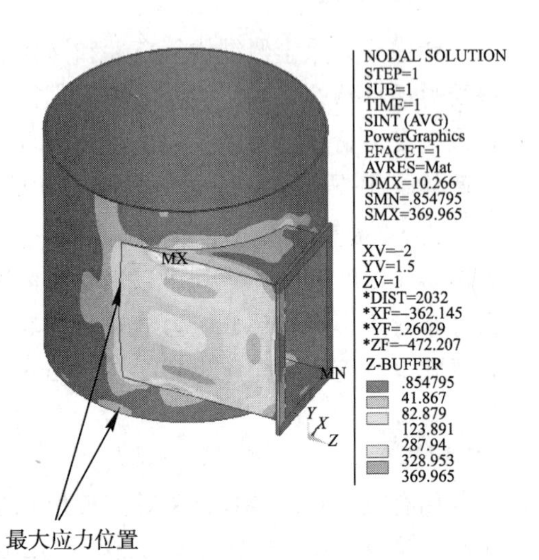

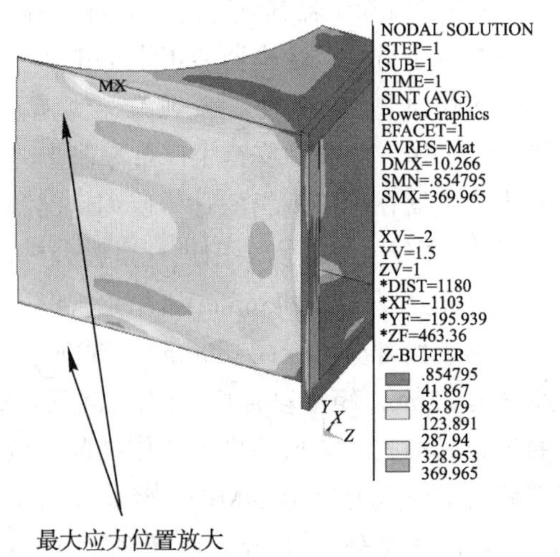

图 4 旋风除尘器最高工作压力下的应力云图

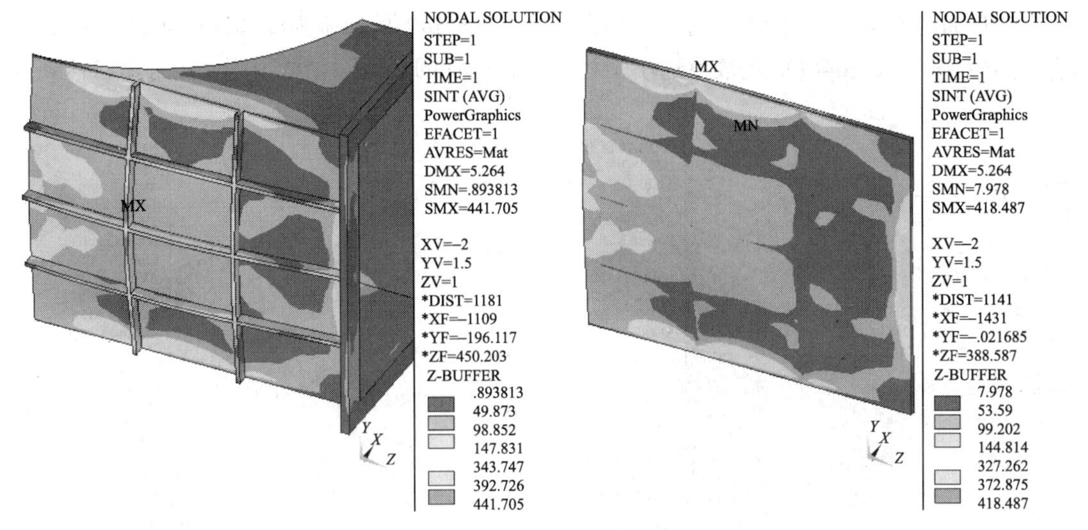

图 5　旋风除尘器加筋板后的应力云图

表 2　材料 16MnR 疲劳曲线数据

S/MPa	4000	2828	1897	1414	1069	724	572	441
N	1e1	2e1	5e1	1e2	2e2	5e2	1e3	2e3
S/MPa	331	262	214	159	138	114	93.1	86.2
N	5e3	1e4	2e4	5e4	1e5	2e5	5e5	1e6

从图 4 得到的旋风除尘器最高工作应力下的结构应力云图，可得最大应力强度发生在旋风除尘器直段大侧面外表靠近圆筒处，节点号为 18308 (坐标值 $x=-1222.0$，y=650.00，z=519.06)。设定一个位置、一个事件及两个载荷的疲劳分析，根据JB4732–1995 输入 16MnR 的疲劳曲线数据，存储一个事件的两个载荷，设定一个事件的循环次数，即可进行疲劳计算，得到最大应力强度发生处允许使用循环次数为 27470 次，如图 6 所示。

旋风除尘器的使用频率(完成一次充压和放散为一个循环) 按 6 次/h 计算，本旋风除尘器计算使用 6.36 个月，实际使用为 6 个月，使用时间和疲劳失效位置与有限元计算分析基本一致，鉴于此，需对本旋风除尘器进行优化设计。

```
PERFORM FATIGUE CALCULATION AT LOCATION   1    NODE      0

        *** POST1 FATIGUE CALCULATION ***

   LOCATION   1  NODE  18308

EVENT/LOADS   1   1                      AND   1   2
 PRODUCE ALTERNATING SI (SALT) =    193.09     WITH TEMP =    0.0000
 CYCLES USED/ALLOWED = 0.2000E+05/ 0.2747E+05  = PARTIAL USAGE =    0.72818

CUMULATIVE FATIGUE USAGE =     0.72818
```

图 6　旋风除尘器疲劳计算结果

5　旋风除尘器优化设计

5.1　初步优化设计 (1)

通过有限元计算分析，旋风除尘器疲劳破坏发生在矩形直段大侧面处，而且变形较大，优化设计时首先加厚直段钢板，其他部位钢板不用改变，直段钢板厚度皆加厚至 28mm，有限元计算如图 7 所示。从图 7 中看出最大应力强度为 242MPa,此数值远小于材料 16MnR 的屈服强度和抗拉强度，参见表 1。按此优化设计的旋风除尘器预测使用寿命将达到 3.3 年。

5.2　初步优化设计(2)

此为现场实际处理情况，如图 2 所示，旋风除尘器各部位钢板厚度保持不变，对其大侧面增加较大筋板，有限元计算如图 8 所示。从图 8 中看出矩形直段大侧面最大应力强度为 204MPa,此数值远小于材料 16MnR 的屈服强度和抗拉强度，见表 1。按此优化设计的旋风除尘器预测使用寿命将达到 6.3 年。

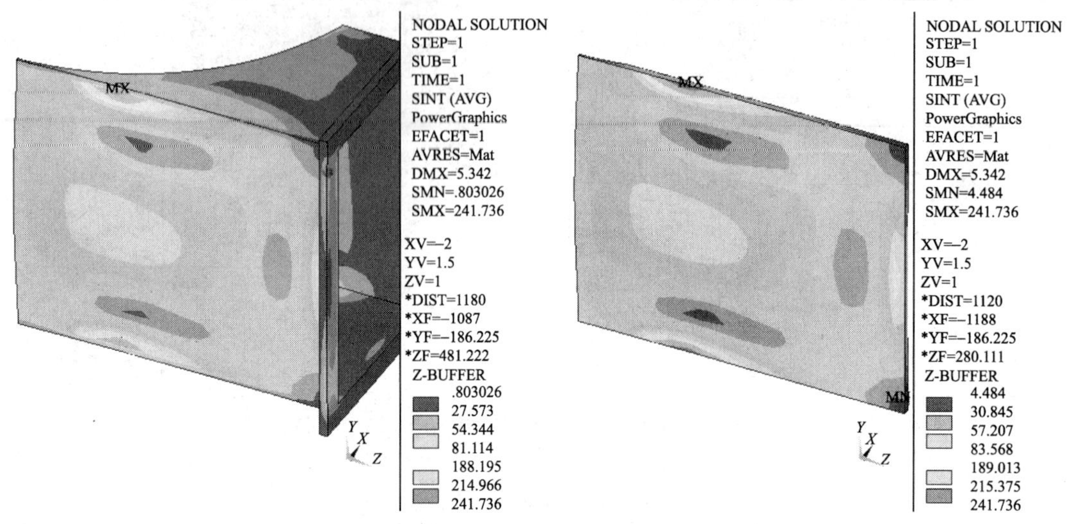

图 7　旋风除尘器优化设计(1)

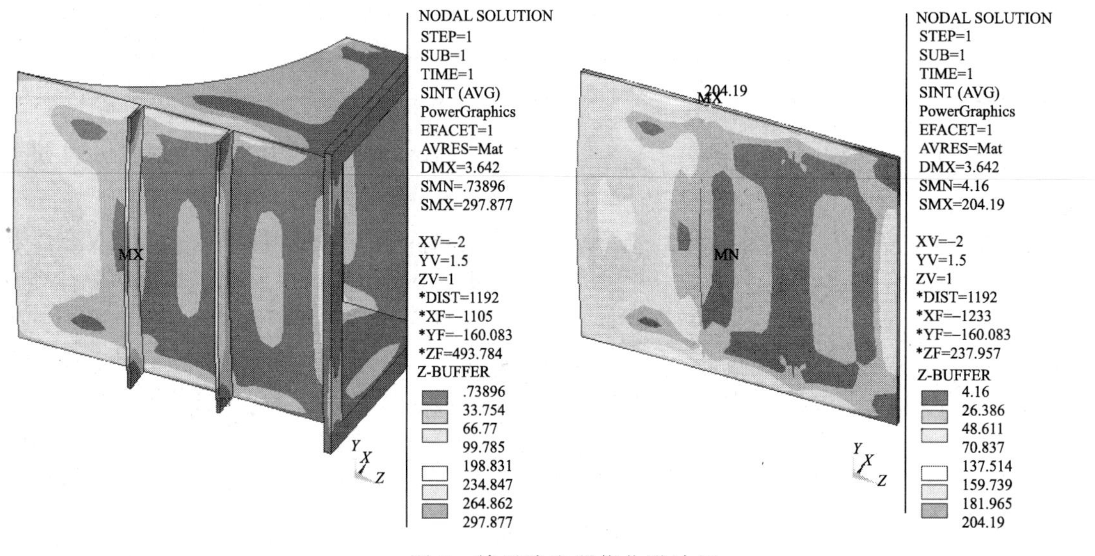

图 8　旋风除尘器优化设计(2)

5.3　综合优化设计

在综合初步优化设计的基础上对旋风除尘器进行一步优化设计，在加厚直段钢板的基础上，对旋风除尘器大侧面加适当的筋板，有限元计算如图 9 所示，从图 9 中看出大侧面钢板最大应力强度为 134.8MPa，此数值远小于材料 16MnR 的屈服强度和抗拉强度，此时该钢板安全系数为：

$$n_s = \sigma_b / \sigma = 620\text{MPa}/134.8\text{MPa} = 4.6$$

对最大应力强度发生处进行疲劳计算得到允许使用循环次数为 1000000 次；参照压力容器设计规范 JB 4732—1995,矩形段大侧面应力水平和安全系数在理论范围值内，说明优化后的旋风除尘器正常均排压工作时是安全的。

6　实际应用效果

在保证高炉正常生产的情况下，现场采取了第二种优化设计方案，旋风除尘器材料应力强度数值远小于材料 16MnR 的屈服强度和抗拉强度，一直处于正常工作情况下。高炉大修时旋风除尘器将采用综合优化设计的旋风除尘器，使炉顶均压放散系统工作更加安全可靠。

7　结语

（1）采用 ANSYS 对旋风除尘器的疲劳破坏漏气进行分析是一种可靠的技术方法；

（2）采用有限元法计算和分析，确定了旋风除

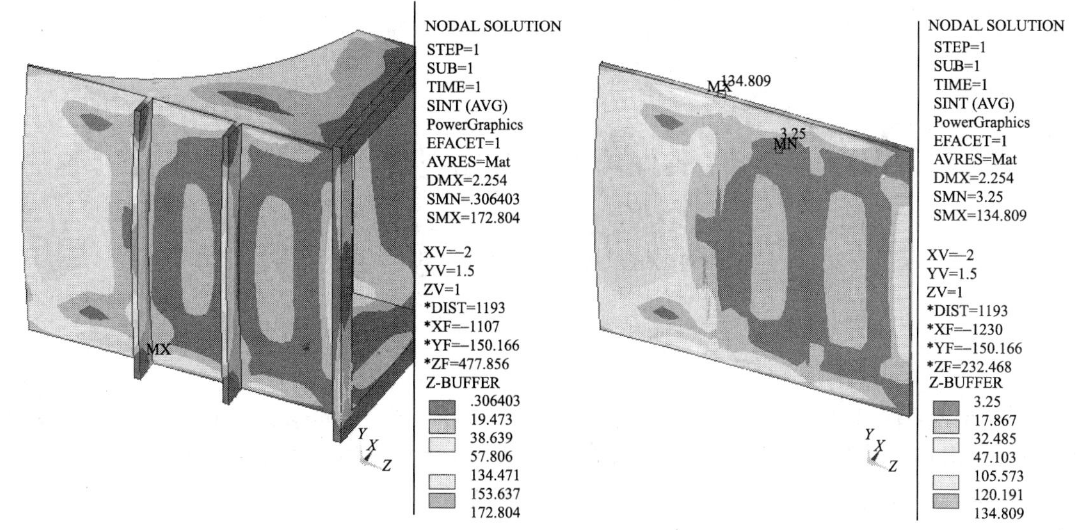

图 9　旋风除尘器综合优化设计

尘器产生破坏的原因：旋风除尘器属疲劳失效破坏而不能正常工作；

（3）旋风除尘器设计要根据实际受力情况选择钢板厚度，选择合理的钢板厚度，并设计适当的筋板才能获得较好的应力分布；

（4）旋风除尘器由钢板焊接而成，要强化焊接材料的选取和检验、焊缝形式的要求和检验标准，对成品的强度试验和气密性试验也要严格执行。

参考文献

[1] 严允进. 炼铁机械[M]. 北京：冶金工业出版社, 1981.

[2] 博弈创作室. ANSYS9.0经典产品高级分析技术与实例详解[M]. 北京：中国水利水电出版社，2005.

[3] 余伟炜，高炳军. ANSYS 在机械与化工装备中的应用(第二版)[M]. 北京：中国水利水电出版社，2007.

[4] 成大先. 机械设计手册(第五版)[M]. 北京：化学工业出版社，2008.

（原文发表于《冶金设备》2012 年第 5 期）

高炉水冷气密箱及布料溜槽系统运动仿真

闫树武　张　建　苏　维

(北京首钢国际工程技术有限公司，北京 100043)

摘　要：运用 Pro/ENGINEER、Pro/Mechanism 软件对无料钟炉顶布料溜槽及水密封箱系统进行三维建模与运动仿真，并对布料过程中各零部件的相对运动情况做了分析，为设计提供了有效的辅助。

关键词：Pro/ENGINEER；无料钟炉顶；水密封箱；运动仿真

1　引言

将计算机辅助设计引入传统的机械设计中，从二维设计到三维设计是现代工程设计的发展趋势。

Pro/ENGINEER 的运动分析模块 Mechanism 可以进行装配体的运动学分析和仿真。在高炉炉顶设备的设计制造中引进仿真技术可以缩短设备的设计周期，降低研发成本，提高机械系统的可靠性。

本文就使用了 Mechanism 模块对高炉炉顶水冷气密箱系统进行虚拟样机装配、运动学仿真和分析。

2　高炉水冷气密箱建模

首先应严格按照公称尺寸对各个零部件进行建模。

建模的准确性是整个设计的保证，否则后面的仿真、分析工作会产生意料之外的干涉、误差，甚至造成无法仿真，这是需要避免的。

3　组件装配

在各零件建模完成后，接下来的工作即是装配安装。此时利用三维模型最大程度的模拟现场安装情况，为设计工作提供了极大便利。

运动学分析的前提条件是装配必须是可运动的装配。在装配的过程中，各零部件是靠连接关系装配在一起的，而不是像普通的装配件那样靠约束关系装配在一起。因此，在运动学仿真中，注意将运动件按照其运动方式装配，根据自由度数选择连接方式，如销钉、圆柱、球连接等等。

本例中涉及的零部件，有 360°回转件，也有往复运动的回转件，于是可以将这些部件按照销钉连接的方式装配在回转轴上。进而对其进行齿轮副连接，从而便于后续的运动学仿真。

建模完成后的水冷气密箱及溜槽安装图如图 1 所示。

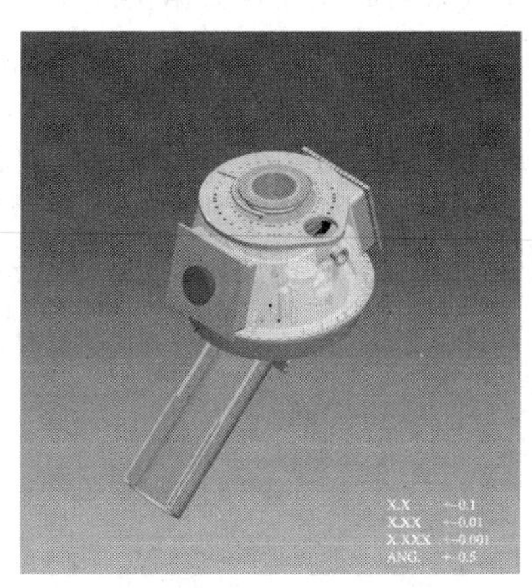

图 1　高炉炉顶水冷气密箱布料系统装配

4　运动学仿真的步骤

4.1　装配中的约束对齐、连接轴设置

对于高炉布料装置的运动情况，我们在运动仿真时，希望得到其在成周期倍数的时间段的运动情况，因此如何确立开始仿真的起始位置是首要的问题。

因此，首先进入 mechanism 环境：菜单[应用程序]——[mechanism]，进入 mechanism 运动仿真界面。

然后进入快照功能，约束应该对齐的图元，并由连接轴设置将所有连接轴的初始角度确定。

4.2　拍下快照

在初始位置定义完成之后，为装置拍下快照，为后续的运动分析做准备。这里确定布料溜槽的一个初始位置。

4.3 定义齿轮副连接，蜗轮蜗杆连接

齿轮副是该运动仿真的关键部分，直接影响分析结果。 机构——齿轮副进入定义齿轮副界面。如图 2、图 3 所示。

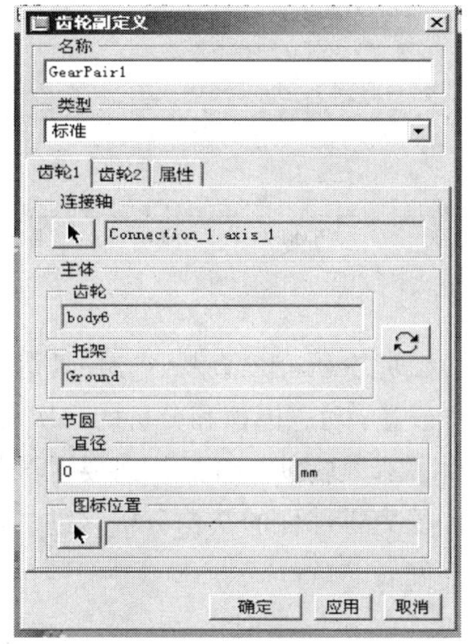

图 2 齿轮副定义

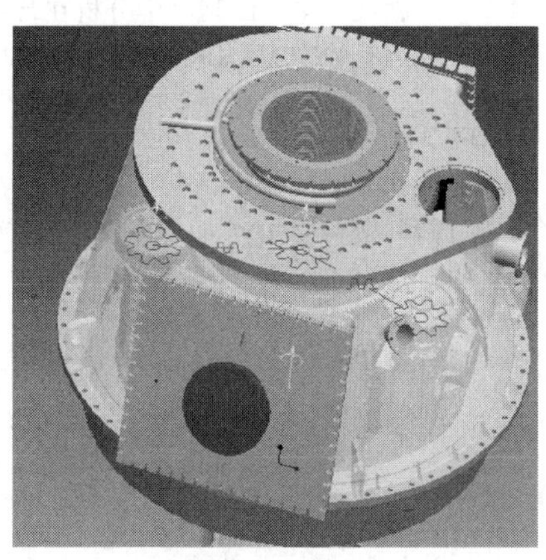

图 3 齿轮副定义完成图

4.4 设置伺服电动机

伺服电动机能够为机构提供“动力”，通过设置伺服电动机可以实现旋转及平移运动，并且能以函数的方式定义运动轮廓。

高炉溜槽布料有三种情况，一是布料溜槽只和系统一起转动没有倾动，此时为固定半径的圆周布料；二是溜槽只有倾动，此时为径向直线布料；三是溜槽既有倾动又有转动，此时可以在布料范围内均匀布料。本文要仿真的即是第三种既倾又转的情况。

当旋转布料时，由差速造成溜槽倾动，此时，按照真实情况为布料系统添加两个电动机，由于其两个电动机驱动的上下齿轮轴速度不同，从而起到差速的目的。然后通过设置的齿轮副驱动两变速箱进而驱动下端的溜槽往复运动，达到旋转、均匀布料的目的。

这里将两电动机设为匀速运动，速度的模为常数，分别为 $48'/s$ 、$67.44'/s$ 。

4.5 定义运动分析

打开分析对话框，为机构设置运动时间 7.5s，保证总体组件恰好旋转一周。同时选择前面所拍摄的快照，以保证分析文件从初始位置开始。

选择所定义的电动机，并开始分析。

4.6 查看运动和分析结果

4.6.1 运动回放

通过打开回放窗口，此处可以勾选全局干涉，单击运动，计算运动中的干涉情况。如果产生干涉，在模型中将红色加亮显示，在运动中，干涉位置会随着零件运动的改变而变化。从而帮助设计人员修正设计。

4.6.2 结果输出

此外，在结果分析中定义测量也是十分重要的环节。在 Pro/Mechanism 中可进行的分析测量有位置、速度、加速度、连接反作用等等。此例通过定义回转轴的测量得到运动过程中各运动件的位移、速度等情况，并且可以绘出曲线图做定性分析。

本例在布料溜槽一个往复周期的时间内，测量各个回转轴的运动情况，可以得到其几个运动位置曲线图如图 4 所示。

图 4 中的直线，从上到下依次为差速组件转动位移、总体公转位移、溜槽倾动角、左右倾动转动位移。

同时，根据（差速轴转动角度–总体转动角度）×3÷36 = 溜槽倾动角度。这一公式，按照图 5 测量中的数值代入得：

$$(505.8-360)\times3\div36=12.15$$

从而验证了初设运动情况。

还可以通过输出 EXCEL 文件，通过图表定量地分析整个机构在每一时刻的运动情况，在此不做赘述。

5 结语

通过应用 Pro/ENGINEER、Pro/Mechanism 对高炉水密封箱及布料溜槽进行虚拟装配和运动仿真，可以实现在设计阶段可视地对零部件进行干涉检查

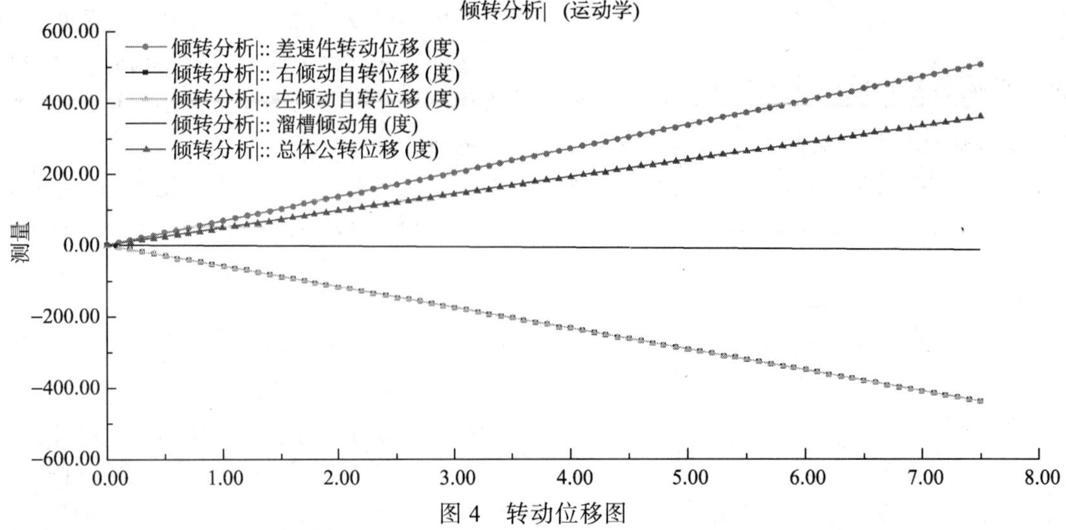

图 4 转动位移图

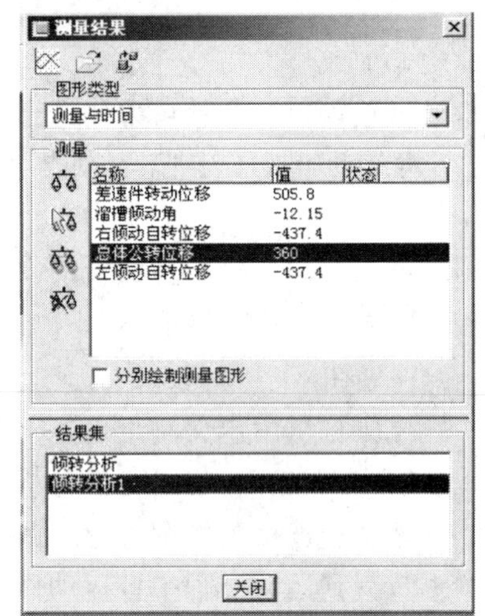

图 5 各回转轴转动位移测量

和运动模拟。此次研究是直观、方便地进行布料系统的设计、布置、动态模拟和分析的一次有益尝试、为设计提供了有效辅助。今后，还要对该系统做动力学分析和受力零部件的结构分析，进一步实现虚拟样机的开发。

参考文献

[1] 任翀，王涛，王鹏飞. Pro/E 运动学分析在行星减速器多齿轮传动运动仿真中的应用[J]. 中国制造业信息化, 2007, 36(7).

[2] 祝凌云，李斌. Pro/Engineer 运动仿真和有限元分析[M]. 北京：人民邮电出版社, 2004.

[3] 白晓东. 基于 Pro/Mechanism 的运动仿真设计[J]. 航天制造技术, 2006, 12(6).

（原文发表于《2011 高炉热风炉科技论坛论文集》）

首钢大型无料钟炉顶布料试验分析

闫树武[1]　苏　维[1]　张　建[1]　王　涛[2]　张卫东[2]

(1. 北京首钢国际工程技术有限公司，北京 100043;
2. 首钢京唐钢铁联合有限责任公司，唐山 063200)

摘　要：为了更好地探索大型高炉的布料规律，检验设备运行的可靠性、设备技术指标和制造质量，北京首钢国际工程技术有限公司组织了 1:1 的高炉炉顶模型布料试验。结合理论分析与实测数据，修正了料流轨迹物理计算公式与 VB 程序中的参数设计，得到了能较好模拟实际情况的计算程序。同时，对测绘的料面形状数据进行分析，为研究大型高炉布料规律进行了新的探索。

关键词：高炉布料；料流轨迹计算公式；料面形状

Analysis of Burden Distribution Test of Oversize-BF

Yan Shuwu[1]　Su Wei[1]　Zhang Jian[1]　Wang Tao[2]　Zhang Weidong[2]

(1. Beijing Shougang International Engineering Technology Co., Ltd., Beijing 100043;
2. Shougang Jingtang Iron and Steel United Co., Ltd., Tangshan 063200)

Abstract: For better searching the disciplinarian of burden distribution of BF, testing the reliability and manufacturing quality of equipment, BSIET organized 1:1 distribution-model test. Combined with theoretical analysis and experimental data, modified some influential parameters in equation of locus and VB program, then attained a program that can simulate actual situation better. Further more, analysed the shape of charge level, carry out new exploration in disciplinarian of burden distribution study.

Key words: burden distribution; equation of locus; shape of charge level

1　引言

为了检验设备运行的可靠性、设备技术指标和制造质量，研究炉顶设备的布料规律，确定高炉生产中所需要的各种控制和操作参数，并进一步提高无料钟炉顶设备设计水平，北京首钢国际工程技术有限公司组织了大型无料钟炉顶 1:1 布料模型试验。此次试验采用激光网格和图像采集的方法得到了料流轨迹的实测数据。在此基础上，结合前人研究,本文修正了料流轨迹物理计算公式中的参数，得到了与实测数据相吻合的结果，力求获得特大型无料钟炉顶设备布料轨迹最佳的模拟程序，同时，对测绘的料面形状数据进行分析，为研究大型高炉布料规律进行了有益的探索。

2　布料器工作简介与料流轨迹物理计算公式

2.1　无料钟炉顶溜槽布料器的工作原理

首钢无料钟炉顶的布料过程如图 1 所示。料流调节阀打开后，焦炭或烧结矿自料罐经由下密封阀、中间漏斗、短节至中心喉管，最终落到溜槽上，其后沿旋转运动的溜槽分布到炉内。该炉料的运动过程是受力学法则支配的，这就为我们研究高炉布料提供了重要的理论依据和方法。

如图 2 所示，以高炉中心线为 Z 坐标，垂直于 Z 轴的平面为 XY 平面，它平行于水平面。旋转布料溜槽与 Z 坐标轴构成 α 角，溜槽围绕 Z 轴以 ω(rad/s) 的速度旋转[1]。为了方便研究炉料在旋转溜槽上的

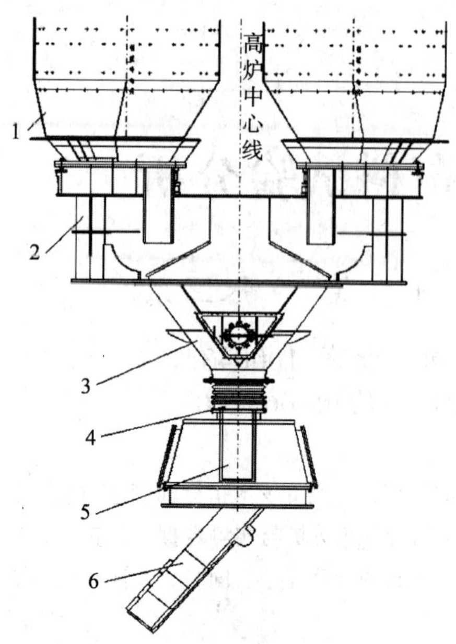

图 1　布料过程简图

1—料罐；2—阀箱；3—中间漏斗；4—短节；5—中心喉管；6—溜槽

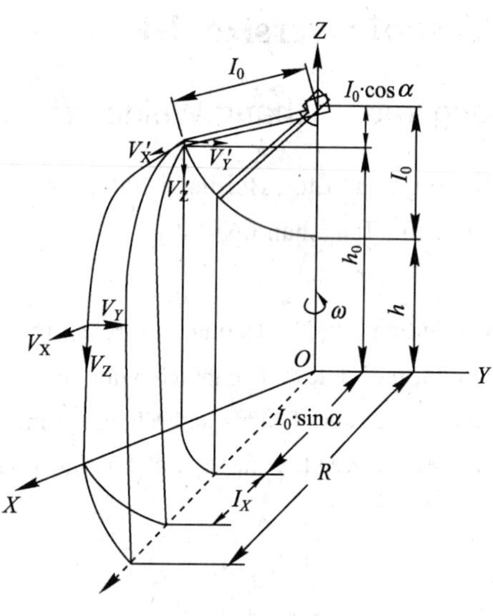

图 2　溜槽工作示意图

运动，在旋转溜槽上建立动坐标系 $OX'Y'Z$，其原点与 $OXYZ$ 坐标系的原点重合，即 OX'坐标轴与旋转溜槽的长度方向一致，OY'坐标轴垂直于 OX'坐标轴。OX、OY；OX'、OY'四坐标轴在各自平面上。在炉料到达旋转溜槽末端的瞬间，两坐标系重合。图 2 中的 h 为料线深度，即溜槽转到垂直位置 $\alpha=0$ 时，溜槽末端到高炉料面之间的距离。

随着溜槽 α 角的变化，炉料在溜槽上的落点与在炉内的落点也都将发生相应的变化。理论上落点在炉内形成一个以 Z 轴为中心的圆。而这个圆实质上就是炉料在炉内的堆尖位置。而要确定这个圆的准确位置，或这个圆半径的大小，就必须以力学概念为基础，建立其力学方程。

2.2　炉料在落料过程中的运动

2.2.1　炉料在料罐至溜槽之间的运动

当下密封阀、料流调节阀相继开启后，料罐中的炉料将沿由阀箱、中间漏斗、短节至中心喉管，落入溜槽。

炉料在沿轨道下滑的过程中，由于本身重力及对中装置的作用，形成多次碰撞等复杂的运动，最后落入溜槽形成沿溜槽方向的初速度 v_0。

$$v_0 = G_1\left[v_0' + 2g\left(H + e/\sin\alpha\right)\right]^{\frac{1}{2}}$$

式中，H 为料流调节阀至溜槽倾转中心距离；e 为溜槽倾动矩；G_1 为与结构、碰撞等相关的速度变化系数；g 为重力加速度；α 为溜槽倾角；v_0' 为调节阀出口处的初速度，查阅文献[2, 3]中一般采用存仓公式或水力学公式近似计算，经本次试验分析，其值在 0.5~0.8 之间，与 v_0 的值相差一个量级，对料流轨迹的影响极小，可以忽略不计。

本次试验发现，料罐至溜槽之间的运动产生的初速度 v_0 直接影响轨迹模拟精度。因此，在此次的物理公式模拟计算过程中，根据设备结构、炉料粒度等因素，通过理论计算以及试验测量确定该初速度值，使得布料轨迹模拟计算更加精确。

2.2.2　炉料在溜槽上的运动

炉料从中心喉管落入以 ω 旋转的溜槽[4]。设一块炉料的质量为 m，进入溜槽后沿溜槽方向的初速度为 v_0，在溜槽末端的速度为 v_1，炉料与溜槽的摩擦系数为 μ。忽略一些对运动轨迹影响较小的因素，综合来看，在溜槽上，沿溜槽方向炉料所受力的总和为：

$$\Sigma F = mg\cos\alpha - \mu\left(mg\sin\alpha - 4\pi^2\omega^2 ml\sin\alpha\cos\alpha\right) + 4\pi^2\omega ml\sin^2\alpha$$

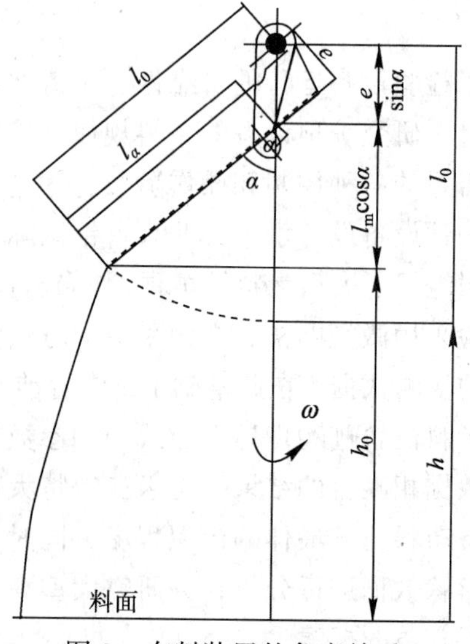

图 3　布料装置的角度关系

根据牛顿定律，且由炉料沿溜槽方向的运动方程积分得：

$$v_1=\left[2gl_\alpha(\cos\alpha-\mu\sin\alpha)+4\pi^2\omega^2 l_\alpha{}^2\sin\alpha(\sin\alpha+\mu\cos\alpha)+v_0^2\right]^{\frac{1}{2}} \quad (1)$$

式中，l_α 为溜槽有效长度。

从图 3 可以看出 l_α 与溜槽长度 l_0 值的关系是：$l_\alpha=l_0-e\cot\alpha$，代入式（1）整理得：

$$v_1=\left[2g(l_0-e\cot\alpha)(\cos\alpha-\mu\sin\alpha)+v_0^2+4\pi^2\omega^2(l_0-e\cot\alpha)^2\sin\alpha(\sin\alpha+\mu\cos\alpha)\right]^{\frac{1}{2}} \quad (2)$$

上式为炉料在溜槽上的运动方程，v_1 为炉料在溜槽末端的速度。

2.2.3　炉料在空区中的运动

炉料落入空区后，除受重力外，还应受到上升的煤气阻力作用。本次试验模拟停风情况，暂且不考虑该阻力作用对炉料的落料轨迹影响。因此，在计算分析过程中，空区运动只考虑重力作用。

设料线深度为 h，炉料离开溜槽到料面的运动时间 t_2，在空区固定坐标系 $OXYZ$ 中，炉料有三个方向的运动，由文献[4]中得到两个水平方向的位移公式：

$$L_X=\frac{v_1^2\sin^2\alpha}{g}\left\{\left[\cot^2\alpha+2\frac{g\left[l_0(1-\cos\alpha)+h-e\sin\alpha\right]}{v_1^2\sin^2\alpha}\right]^{\frac{1}{2}}-\cot\alpha\right\} \quad (3)$$

同理在 Y 方向：

$$L_Y=2\pi\omega(l_0-e\cot\alpha)\frac{v_1\sin^2\alpha}{g}\left\{\left[\cot^2\alpha+2\frac{g\left[l_0(1-\cos\alpha)+h-e\sin\alpha\right]}{v_1^2\sin^2\alpha}\right]^{\frac{1}{2}}-\cot\alpha\right\} \quad (4)$$

2.3　建立布料方程

炉料在 XY 平面上的分布，是以 Z 轴为中心，以 R 为半径的一个圆[5]，如图 4 所示。

将式（3）、式（4）代入，整理得：

$$R=\left[(l_0\sin\alpha-e\cos\alpha)^2+2(l_0\sin\alpha-e\cos\alpha)L_X+\left(1+\frac{4\pi^2\omega^2(l_0-e\cot\alpha)^2}{v_1^2}\right)L_X^2\right]^{\frac{1}{2}} \quad (5)$$

式（2）和式（5）全面地反映了溜槽长度 l_0、溜槽角度 α、摩擦系数 μ、炉料初速度 v_0、操作料线深度 h_1、溜槽垂直位置到料尺零点的距离 h_2 和溜槽转速 ω、溜槽倾动矩 e 等 8 个变量对炉料分布的影响。任何一个或几个变量改变，都会改变布料轨迹。

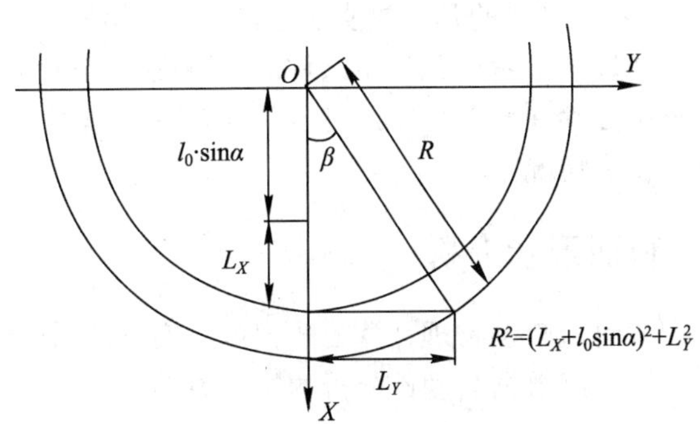

图 4　炉料在 XY 平面上的分布

3　布料试验结果

本次试验采用激光网格和图像采集测定布料规律的方法，对大型高炉并罐无料钟炉顶设备布料料流轨迹进行了测定，得到了精确的数据。

以焦炭为例，得到的高炉布料轨迹结果见表 1。

表 1　焦炭料流轨迹数据

料线/m	1	2	3	4	5	6	7	8	9	10
	16°	20.69°	22.01°	25.36°	29.08°	32.24°	37.9°	39°	40.9°	42.2°
0	0.851	1.475	1.671	2.187	2.672	3.125	3.668	3.888	4.260	4.545
0.5	0.964	1.641	1.858	2.397	2.901	3.379	3.937	4.172	4.584	4.853
1.0	1.071	1.804	2.041	2.597	3.114	3.614	4.190	4.445	4.882	5.154
1.2	1.111	1.867	2.112	2.673	3.195	3.702	4.289	4.552	4.991	5.273
1.5	1.168	1.955	2.210	2.783	3.314	3.829	4.435	4.709	5.146	5.437

4 模拟程序应用

此次模拟计算中，通过对炉料运动过程的分析修正了程序中的参数，得到与试验数据大致吻合的计算结果如图 5 所示。

其中，料线高差 h_2（溜槽垂直位置到 0 料面的距离）、溜槽长度 l_0、溜槽倾动矩 e、落料高度 H、速度衰减系数 G_1、摩擦系数 μ 和溜槽转速 ω 等变量以初设形式给出。而操作料线深度 h 及溜槽角度 α 是试验数据矩阵中的变量，在程序中以数组的形式给出。

计算程序1

炉顶溜槽有效长度Lα及
炉料布料半径R值计算表

计算　显示　退出

溜槽角度α（度）	16.0	20.7	22.0	25.4	29.1	32.2	37.9	39.0	40.9	42.2
溜槽有效长度Lα，（米）	0.98	1.83	2.00	2.37	2.68	2.90	3.20	3.25	3.33	3.39

μ=0.48, ω=0.13, e=1.01, H=5.71时R值

R \ α	16.0	20.7	22.0	25.4	29.1	32.2	37.9	39.0	40.9	42.2
0.0	0.87	1.44	1.61	2.04	2.54	2.98	3.83	4.01	4.32	4.54
0.5	0.99	1.61	1.79	2.25	2.78	3.25	4.15	4.34	4.67	4.90
1.0	1.12	1.77	1.96	2.46	3.02	3.51	4.47	4.66	5.01	5.25
1.2	1.17	1.84	2.03	2.54	3.11	3.61	4.59	4.79	5.14	5.39
1.5	1.24	1.93	2.13	2.66	3.25	3.76	4.77	4.98	5.34	5.59

图 5　模拟结果

此时，通过输入的几个初始参数，程序得出的数据与实际测得的数据大致吻合，表中的数据在 α 为 37.9°、39°时的几个数值误差在 7%，其他误差均在 5%以下，考虑到试验条件的局限性，实际测量过程中亦存在误差，因此可以认为较好的模拟了实际数据表情况。

5 料面形状分析

该料流轨迹物理计算公式模拟了实际的料流情况，但实测数据与理论分析的结果数据都只代表了布料过程中的一个瞬间，其料流轨迹是在空区中过高炉中心线并垂直于风口平面的平面上的。在研究过程中，我们认为料面形状是一个圆环，因此这个平面上的轨迹情况也就代表了整圈的料流情况。但是，在并罐无料钟炉顶布料过程中，由于料罐的偏心，溜槽有效长度的变化等原因，料堆形状实际为一个近似圆环的椭圆环。

为此，布料试验过程中，测绘人员给出了料堆的准确形状。通过这些实测的数据，可以进一步地研究并罐无料钟炉顶布料过程，得到一些规律性的认识。图 6 所示为较典型的断面测量图，许多断面数据综合表明：

（1）当溜槽倾角小于 15°时，溜槽近似垂直，从中心喉管下来的料流并未接触到溜槽。此时的料堆偏向料罐异侧。说明在上部料流调节阀打开时，从料罐流下的料经中间漏斗的斜冲，至中心喉管，最后实际落料到溜槽的异侧，且堆尖位置大致保持在穿过两料罐中心线的平面上，偏心约为 0.2~0.3 m。

（2）当溜槽倾角大于 15°时，此时料流沿布料溜槽流下，通过肉眼观察及测量，布料后料堆的形状呈不规则椭圆形状。排除布料圈数不完整等因素，可以发现：在料罐同侧及以此为弧中点其旋转方向扫过的一段扇形区域料流较细，料面较低，且半径较大，为椭圆的长半轴。究其原因，在溜槽旋转至接近料罐同侧时，溜槽有效长度 l_α 增长，根据料流轨迹物理计算公式，布料半径 R 变大，而溜槽的转速

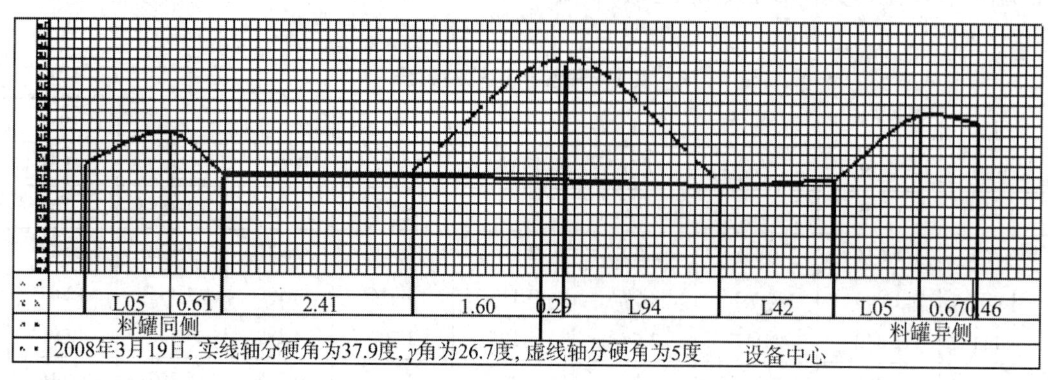

图 6　料堆断面图

不变，扫过相同角度的时间相同，但料在溜槽上停留时间变长，因此料流变细，料堆的高度即料面也变低。在其对称于回转中心的另面出现相反的结果。

6 结语

（1）本文根据料流轨迹物理计算公式，修正了几个影响料流轨迹的参数，所计算出来的数组与试验数据相吻合。其中：落入溜槽后的初速度 v_0 由系数 G_1、H 确定，其值根据炉料情况调整；摩擦系数 $\mu \in (0.45,\ 0.5)$，本次试验取 0.48；其他参数对于每个高炉来讲相对固定。为了得到更为精确的模拟轨迹，各参数仍需要在以后的研究中继续修正。

（2）通过在程序的初始阶段设置不同的参数值，可以定量的分析参数变化对料流轨迹的影响。在相同料线高度上，溜槽有效长度 l_α（即参数 l_0 和 e）对料流半径 R 的影响最大， 其次是炉料进入溜槽的初速度 v_0。而其他几个参数影响相对较小。

（3）根据对料面形状的测定及分析，对炉料在布料过程中的偏心及炉料在炉内料面的高矮以及分布情况，得到了一些规律性的认识。由于该炉料偏心与布料时间的滞后问题跟溜槽的有效长度等参数是相关的，那么此次研究对于炉料在溜槽上的落点不在高炉中心线上的一类炉顶布料装置，都具有十分重要的意义。因此在后面的试验中将对料面形状及布料偏心等问题做更加细化的定量分析。

综上，由于在布料过程中受到诸多因素影响，在不同高炉上料流轨迹有不同的规律。布料过程尽管复杂，它仍然遵循物理规律，因此我们可以通过对具体参数的修正得到与实际情况较吻合的数学模型。本次高炉布料试验得出了比较精确的料流轨迹数据曲线，为数学模型的修正提供了十分宝贵的资料。同时，对料面的测绘保证了全局布料过程的研究。此次布料试验研究对设备投产各种控制和操作参数的制定，乃至高炉顺利投产都有十分重要的意义。

总之，理论探索与工程实际相结合，将大大有利于高炉设计、生产过程。同历史上每一次理论进步一样，高炉布料规律也将经历实践—理论—再实践的辩证的认识过程，理论源于实践，理论指导实践，实践检验理论，从而推动认识的不断升华。

参考文献

[1] 刘云彩. 高炉布料规律, 第 3 版[M]. 北京: 冶金工业出版社, 2005: 19~45.

[2] 阿尔费洛夫等. 存仓装置[M]. 北京: 机械工业出版社, 1958: 32~33.

[3] 陈令坤等. 高炉布料数学模型的开发及应用[J]. 钢铁, 2006, 11: 13~16.

[4] 刘云彩. 统一布料方程中布料角度的变换[C]. 中国钢铁年会, 2007.

[5] 谢建民. 安钢 7 号 380 m^3 高炉无料钟炉顶布料规律研究[J]. 冶金设备, 2005, 4.

（原文发表于《2009 中国钢铁年会论文集》）

➤ 高炉煤气干法除尘技术

高炉煤气干法袋式除尘的研发历程与展望

——记一项新技术的改革、发展与创新

高鲁平 张福明 张 建 毛庆武 郑传和 章启夫

(北京首钢国际工程技术有限公司，北京 100043)

摘 要：本文记述了高炉煤气干法除尘发展历程和曾经走过的复杂曲折道路，表达了对今后继续改进的方向与愿望。

关键词：高炉煤气；干法袋式除尘；研发过程

1 引言

近年来随着一批3200~5500 m^{3}超大型高炉煤气干法袋式除尘使用成功，这项技术已呈加速发展趋势，不但国内进行推广，也为国外同行看好，开始走出国门。

近几十年来随着节能减排与环保意识加强，各国炼铁工作者看好炉顶煤气余压发电（TRT）和干法除尘技术。煤气净化传统方法是湿法除尘，但是此方法有太多弊病，因此干法除尘技术就成为争相研究的热门课题。

干法除尘有不同工艺路线，如干法电除尘、颗粒层除尘、袋式除尘、高效率旋风除尘等等。研究最多的是袋式除尘，如欧洲、美国、前苏联、日本和我国等；电除尘研究有德国、前苏联和日本；我国和日本还进行了颗粒层除尘研究。实践结果表明袋式除尘和电除尘较为实用，具有推广价值，其中又以袋式除尘应用最为成熟，已经在我国大面积推广使用。

干法煤气净化初衷是保存煤气高温热量，以利炉顶余压发电。对我国来说还有节水与环保等重要作用，意义不亚于发电，非常适合我国国情。

30多年来这项技术持续不断发展，走过多少弯路、遇到多少困难，一步一个脚印走到今天很不容易。总结这段历史对现实和今后发展都有积极意义。

2 高炉煤气干法除尘的研发历程

国内、外从20世纪五六十年代就开始研究，我国1958年进行过实验，20世纪60年代武钢提出过布袋除尘配炉顶余压发电实验方案。

大规模实验始于20世纪70年代，当时全国各地有很多中小高炉，生产技术十分落后，多数煤气没有净化，使用管式热风炉；中型高炉虽然是考贝式热风炉，风温却很低，原因是炉顶没压力，煤气净化效果差，热风炉堵塞严重经常轮流清除格子砖积灰。

当年冶金部下达任务，要求将全国按通用设计建造的13m^3、28 m^3、55 m^3、100 m^{3}和255 m^{3}高炉进行改造，提高装备与生产水平，冶金部包头钢铁设计研究院接受热风炉改进任务，这是高炉改造的关键环节。

面对任务包头钢铁设计研究院炼铁室提出布袋除尘配球式热风炉方案，虽然两项工作以前有过实验，却一直未获成功，经过讨论大家仍然认为这是突破点。

实验选择在河北涉县炼铁厂13 m^{3}高炉进行。新高炉为洗涤塔和文氏管的湿法除尘系统，配有管式热风炉。虽是湿法除尘，投产后却发现水量不够，煤气无法净化。全国更多高炉主要问题则是炉顶压力太低，文式管除尘效果欠佳。当时全国有一大批255 m^{3}高炉，是各省钢铁企业骨干设备，炉顶压力只有10~15 kPa，煤气清洗至少要求20 kPa，结果煤气含尘量严重超出当时20 mg/m^{3}的标准，达到几十至上百毫克。

在炼铁厂制作的第一套袋式除尘器为长方形箱

体，分为六格，内部挂有高温滤袋。设计了简易的放散反吹装置，可以通过放散卸压使滤袋扁缩达到定期清灰目的。

关键环节是高温滤料。当时国内没有合适的材料，北京建材研究院专门研制了能耐高温的玻璃纤维机织布过滤材料并现场指导安装使用。

针对滤料特性拟定了一个合适滤速，由于参数选择合理，生产准备充分，投产后效果出乎意料的好，煤气非常干净，火焰蓝色、清澈透明，化验含尘量全部小于10mg。后来发现只要是袋式除尘，煤气含尘量一定很低而且稳定。

初战告捷，随后建成球式热风炉，风温从管式炉四五百度提高到上千度高温，小高炉风温达到先进水平。涉县实验不但完成预定任务，还开创了几十年球式热风炉与布袋除尘同步发展的新局面。

布袋除尘最初只是一个湿法的代替性措施，却获得广泛认可，不断升级和出现持续发展局面。从小高炉开始到1981年临钢100 m^3高炉煤气布袋除尘系统投产、1985年涟钢300 m^3高炉使用成功，高炉煤气布袋除尘从此遍及全国。

20世纪80年代，太钢对干法除尘有着浓厚兴趣，因为缺水已经严重制约生产与发展，决定开展大高炉实验。1982年日本大高炉干法除尘实验成功消息传来，为了加速发展，少走弯路，决定改为引进该项技术，首个引进项目于1987年建成投产。

引进技术整体水平高，特点是滤速高，同时保留湿法除尘备用。日方对我们的单一干法布袋除尘也感兴趣，所以引进技术商定为中日合作开发，计划将太钢1200 m^3高炉改为全干法除尘，取消湿法备用。

引进消息引起各方关注，首钢也积极采用引进技术，1997年攀钢再次引进一套袋式除尘，技术和以前相同；邯钢和武钢则引进国外干式电除尘，引进袋式或电除尘技术共同特点是都伴随有湿法除尘，以干法为主、湿法为辅。

引进技术投产后都未达到预想结果，生产也不正常，无法摆脱湿法来实现“全干法”除尘。国内中小高炉干法升级换代此时也遇到了困难，放散反吹过渡到风机反吹设备不过关，存在安全隐患；其次由于滤袋数量增加、质量又良莠不齐，导致玻纤滤料损坏率急剧增加，不少300 m^3级高炉一年仅换掉滤袋就有五六百条之多，使生产难以为继，向更大高炉发展就更不可能了。90年代干法除尘一度陷入低谷，引起不少怀疑和非议，最有代表性论点就是湿法不能取消，理由是国外都没有取消。

在引进干法同时，冶金部项目主管支持了一个名为“低压脉冲煤气除尘实验”课题立项，并资助少量研究经费。此时技术条件也逐渐具备，很早打算进行的课题终于得以实施。这种先进除尘设备引入煤气除尘确实带来很好的结果，及时解决了当时的困境。

实验在淮南钢铁厂50 m^3高炉进行，并在新80 m^3高炉建成生产装置，效果良好；随后在成都钢铁厂318 m^3高炉完成升级实验。由于采用了新的过滤材料和反吹装置，干法除尘存在的问题基本得到解决，滤速也大为提高。实验由首钢设计院、武汉安全环保研究院、包头钢铁设计院和生产厂等各单位共同完成。两项实验还通过了省部级鉴定并获得科技进步奖。

试验成功并未广泛宣传，消息不胫而走，开始迅速推广。世纪之交前后几年钢铁生产大发展，数以百计300~500 m^3高炉建成，脉冲袋式除尘与球式热风炉被大量采用，技术也逐渐成熟。

2002年，莱钢和韶钢分别建成750 m^3高炉干法脉冲除尘，向前迈进一步。2004年，数座1000~2500 m^3采用干法脉冲除尘成功，突破了全干法除尘在大高炉的使用界限，走出关键一步。

在长达20多年大型高炉干法除尘探索中，首钢一直作为重点攻关项目。在太钢引进不久首钢2号高炉也随后建成，以后还有多座高炉坚持了干法除尘实验工作。

2004年，首钢首秦公司首座1200 m^3高炉率先建成干法低压脉冲除尘并投产成功。设计采用了多项新技术，如大直径箱体、单列布置、前置热管换热器、高性能滤料、气力输灰、罐车密闭输灰、含尘自动检测等，这些技术全部成功应用，效果良好。

由于大高炉干法除尘成功，使很多高炉看好这个项目，积极改造，因此进程不断加快。仍以首钢为例，2007年初，迁钢2号2650 m^3高炉建成投产；2009年5月，京唐公司5500 m^3高炉投产，干法系统顺利运行。从2004年到2009年五年跨越三大步，将干法用至最大级别高炉，说明此项技术可行，很多先进技术也被推广应用。

三十多年来，这项技术经历了无数困难与挫折，解决了很多技术难题，一步一个脚印走到今天，是从13m^3、28 m^3、100 m^3、300~500 m^3、750 m^3、1200 m^3、1800 m^3、2500 m^3、3200 m^3、5500 m^3高炉一级一级走上来，没有任何跨越，因此发展过程非常扎实。可以说在一张白纸上画出了一幅美丽的图画。

如今干法除尘技术已经被冶金行业主管部门定为发展方向。作为主编单位首钢国际工程公司会同参编单位 2007 年共同编写了“高炉煤气干法袋式除尘设计规范”（GB 50505—2009），已被批准正式实施。这一切都说明这项技术正在健康发展中。

3 改革、发展与创新之路

干法除尘 30 多年来，从中、小高炉发展到今天，走的是自主研发之路。因为在此之前没有先例可以借鉴，有的也只是零碎的国外研究报道。虽然后来有些国家研发成功，并在大型高炉应用，国内也多次重复引进，也没有使我们就此发展起来，一方面某些技术不符合国情，例如干湿并用，一方面实际存在问题很多，连国外也没有显示更大发展，甚至停滞不前。

这项技术乍看起来设备简单，生产并不复杂，技术含量不高，一切都顺理成章没有多大难度。殊不知在此之前遭遇多少困难与失败，走了多少弯路，汇集多少人的才能与智慧才发展起来的，如同荒原上本无路，经过披荆斩棘、艰苦奋斗，一旦大路修通，就可以任凭驰骋一样。

不多谈技术细节，只举例说明关键环节是如何改进和发展的就能看到过程之艰难：

中小高炉湿法除尘效果很差，连大高炉湿法都有不过关的时候，设想以过滤方法解决问题，连布袋除尘都没见过，还想试一试，这需要有勇气与想象力。

第一套布袋除尘是方形，进而改为圆形，又演化成为耐压容器，逐步发展改进并完善起来。

最早强调煤气冷却除尘箱体无保温，布袋之前设有淋水降温的管式冷却器和扩散式旋风除尘器，投产后才发现设置不当，不应冷却而是需要保温。如今大高炉又保温又增设冷却装置和旋风除尘器，因此过程有很多反复。

反吹方案变化很大，开始采用放散反吹，后有调压反吹、蓄能加压罐反吹、风机反吹，目前使用最多的是低压脉冲反吹。

放散反吹极为简单，每个箱体在管道安装两个蝶阀，切断荒煤气进入、放散箱体压力即可清除布袋积灰。这一反吹方法简单到不能再简单了，使数千小高炉都能实现，获得的却是洁净煤气和上千度风温，对干法发展起到了重要推动作用。虽然放散荒煤气有污染，对当时每个高炉都整日放散多余煤气来说也就不是问题了。

为了改为净煤气放散，特增加了一道箱体过滤，称为调压反吹，因为阀门多、系统复杂，限制条件又很多，实际上并未推广。

中型高炉采用风机反吹实现了密闭操作，国外也是这种工艺，称反吹风大布袋除尘，是袋式除尘器一大类型。实践发现反吹风机问题很多，高温、高压下煤气密封成为大问题，存在严重的安全隐患。

脉冲除尘试验成功成为最好的反吹方式并为大家认可，推动了干法除尘的迅速发展。

高温滤料选用是一个充满期待过程。早期高性能滤料国内难以获得，只有玻纤材料可用。在建材研究院大力支持下研制了多种性能良好、价格便宜的玻纤滤料，分为机织布和针刺毡两类，用于各类高炉。玻纤材料优点和缺点同样突出，既为技术发展做出成绩，也带来不少麻烦，由于性能不稳定，只好采用低过滤风速解决了容易损坏问题。高性能滤料使用和研发新品种仍然是一个重要课题。

干法卸、输灰环节也经过很多改进，过程同样艰难曲折。主要原因是大中小高炉除尘灰的物理化学特性差异很大，表现有：堆比重 0.2~1.2 t/m^3；含铁量 10%~40%；铅锌、钾钠、氯化物各有不同；与空气接触后有自燃性和无自燃性都有，甚至还有剧烈燃烧现象，不少螺旋机和斗提机因此而损坏，自燃现象随原料种类变化而变化，难以预见。

20 世纪 80 年代初，一座 255 m^3 锰铁高炉干法除尘实验就因为螺旋机、斗提机剧烈燃烧和无法解决煤气密封问题而失败，现在看来应该完全可以克服取得成功。实验其他方面，如抗高温和煤气净化效果还是很理想的。

灰处理工艺与设备随着发展不断改进。从简单的落地到机械化清灰，再到高压下机械化清灰，后来又发展到气力输灰。气力输灰又分稀相和浓相输灰，将来还可能有远距离气力输灰。

过滤风速选择也从来没有可借鉴经验。在通风除尘技术中 1 m/min 是中等滤速，2~4m/min 属于高滤速；而高炉煤气除尘 1 m/min 已经属于高滤速。多年发展因为采用玻纤滤料寿命不长，因此滤速定位在 0.5 m/min，并依此计算过滤面积，其能力包含了检修或备用余量。国外滤速因使用优质滤料一般在 0.9~1.1 m/min 范围，反吹周期短，需要频繁反吹，并留有湿法备用，而我们始终是单一的全干法除尘。

事实上引进的反吹风大布袋除尘经过十余年改

进也是成功的，其中重要改进是增加箱体或滤袋，滤速降低到一定数值就可以实现全干法除尘。

脉冲除尘实验使用的是合成纤维滤料 Nomex，由于强度高，滤速可达 0.8 m/min，比先前提高 60% 仍可满足生产要求，整体滤速则可仍按 0.5 m/min 考虑。

大高炉干法除尘因为仍以玻纤复合滤料为主，滤袋条数又多因此滤速只能降低难以提高，整体滤速甚至在 0.3 m/min 以下。在滤速选择方面高滤速和低滤速都已接近极限情况，所以根据滤料种类合理选择滤速还应当继续研究。

腐蚀是干法除尘遇到的另一个问题，煤气冷凝水具有强腐蚀性是近年来出现的问题，使净煤气管网和不锈钢波纹膨胀器损坏。不解的是腐蚀只在部分高炉存在，部分大高炉和大部分中小高炉则无此问题。腐蚀问题目前已经找到解决问题方法，机理还有待进一步研究。

自动化检测仪表对干法除尘的发展也十分重要，同样有一段发展过程。料位计几乎能想到的各种型号均使用了，如音叉料位计、电容式料位计、热电偶型料位计、射频导纳料位计、场效应料位计等。含尘量检测由于自动化仪表不稳定，不得不用简易的净煤气放散法检验，最准确的是滤纸称重法，最好是三种方法共用、相互补充。至今还有一些参数测量没有更好仪表配合。

安全生产也经历了一段发展过程。中小高炉因为设施简单，在单炉生产时曾经发生爆炸事故，为此增设了泄爆阀与逆止阀，并写进煤气安全规程中，条文规定：“布袋除尘箱体应采用泄爆装置（适用于中小型高炉）”。以后发展到大型高炉时规定依然如故，各箱体仍然设置了泄爆阀，结果作用适得其反，没有爆炸条件反而出现很多意外事故，直到新的干法除尘设计规范颁布才得到纠正。

以上例子只说明干法技术是从一无所知逐步发展起来的，三十多年来的摸索，积累了太多经验和教训。中小高炉的发展为大高炉的成功奠定了坚实基础，功不可没。这项技术成功充分体现了改革、发展与创新精神。

4 前景展望

在我国干法除尘走出了一条自己的路，成功地用于大中小所有高炉，陆续投产的几座超大型高炉干法生产反映良好，因此可以说开创了高炉煤气除尘净化的一条全新之路。

和湿法除尘相比，克服了高能耗、用水量大、环境污染、煤气热损失多等缺点，完全符合节能减排、可持续发展大方向，因此这是今后发展的必由之路。从理论上和实践中已得出令人满意的答案。

目前除国内开始推广普及以外，国外工程已普遍应用。欧美等钢铁公司也在和我们积极接触，走出国门已经提到日程上来。

这项技术虽然成熟，可以满足生产要求，今后仍需改进和提高，技术要发展，理论研究也要跟上。

研发项目很多，比如应对煤气温度异常：超高温或持续低温还没有更好的解决方法，虽说出现上千度炉顶高温是高炉重大事故，布袋除尘不应当承担责任，若有应对措施就能更好保障生产；低温事故不多，也总有出现的时候，个别高炉低温结露事故频发，成为一大难题，因此升、降温技术始终是重要课题。

高温滤料问题还很多，寿命保障最为重要。脆性滤料寿命不长、稳定性差，只适用于低滤速；高强度滤料稳定性好、不易损坏，是保障煤气质量的最重要的环节，滤速也高。

金属滤料值得探索，优点是耐高温、寿命长、表面光滑、易于反吹清灰，低温糊住后再升温也容易脱落。有设想滤速可以大幅度提高，事实上会有一定限度，上限预计在 1.5 m/min 以下，理由是滤速主要由除尘灰特性和灰量决定而非滤料。此外还要关注使用的性价比。

除尘灰综合利用值得研究，数量不多却常使一些元素富集，成分也各不相同。如果含铁量高、杂质少可以直接返回烧结使用。若含铁量低，有害成分超标则不宜直接使用，可以通过某些分选手段使铁、锌等富集，钾、钠、氯化物等分离，有利于循环再利用。

理论研究同样重要，目前有很多现象解释不清，如过滤净化的超低含尘量形成原因；过滤风速、阻力损失和反吹周期关系，这项研究直接关系着除尘器能力设计。

腐蚀机理目前还不清楚，为什么有的存在强腐蚀性，有的却完全没有？化验证实氯化物主要是氯化铵，如何存在煤气之中又容易附着在 TRT 叶片上？煤气喷碱、喷水后干煤气又变为湿煤气，热值下降，有没有更好的防腐蚀方法？热风炉如何使用高温煤气而又避免喷淋等。

类似问题还有很多，应通过不断深入研究使干法除尘技术更加成熟适用。

5 小结

（1）干法除尘具有很大优势，目前成功用于大型和超大型高炉，效果良好，已作为高炉煤气净化主流技术在全国推广。这项技术也引起国外同行关注，技术输出呈现良好势头。

（2）这是一项我国独立开发，具有完全自主产权的全新技术。由于起步早、方向正确、坚持长期开发、不断创新，因此最终获得成功。

这项技术设备简单、工艺并不复杂，却包容了很多高新技术和极为丰富的经验与创新点，内涵深厚。从引进袋式除尘和电除尘开始并不成功的现实对比就可以说明这一点。

（3）这项技术还有很大发展空间，理论研究需要跟上，希望不久将来这项技术更加成熟适用，并达到世界先进水平。

（原文发表于《2010高炉干法技术交流会论文集》）

大型高炉煤气干式布袋除尘技术研究

张福明

(北京首钢国际工程技术有限公司，北京 100043)

摘　要：高炉煤气布袋除尘技术是 21 世纪高炉实现节能减排、清洁生产的重要技术创新，可以显著降低炼铁生产过程的新水消耗、减少环境污染，已成为现代高炉炼铁技术的发展方向。目前，我国自主开发的高炉煤气全干式低压脉冲布袋除尘技术在大型高炉上获得成功，取消了备用的煤气湿式除尘系统。研究开发了煤气温度控制、除尘灰浓相气力输送、管道系统防腐、煤气含尘量监测等核心关键技术，大型高炉煤气全干式布袋除尘技术达到国际先进水平。

关键词：高炉；煤气干式布袋除尘；温度控制；气力输送；含尘量监测

Study on Long Service Life and Intensive of Dry Type Bag Filter Cleaning Technology of Blast Furnace Gas

Zhang Fuming

(Beijing Shougang International Engineering Technology Co., Ltd., Beijing 100043)

Abstract: BF gas bag filter cleaning technology is an important technical innovation for energy saving, emission reducing and clean production in 21st century. It can reduce significantly the fresh water consumption during iron making process and reduce environmental pollution. It has become the development direction of modern BF iron making technology. Nowadays the totally dry type low pressure pulse bag filter cleaning technology of gas self-developed by China has been applied successfully in large BF, and standby wet type gas cleaning system has been cancelled. Several key technologies have been developed including gas temperature control, dense phase pneumatic transportation of collected dust, anti-corrosion of pipe, measuring of dust content in gas etc. The totally dry type gas bag cleaning technology has reached internationally advanced level.

Key words: blast furnace; dry bag filter; temperature control; dense phase transportation; dust content measuring

1　引言

高炉煤气干式布袋除尘技术是 21 世纪高炉实现节能减排、清洁生产的重要技术创新，同传统的高炉煤气湿式除尘技术相比，提高了煤气净化程度、煤气温度和热值，可以显著降低炼铁生产过程的新水消耗和动力消耗，还可以提高二次能源的利用效率、减少环境污染，是钢铁工业发展循环经济、实现可持续发展的重要技术途径，已成为当今高炉炼铁技术的发展方向。

2　高炉煤气干式布袋除尘技术发展现状

20 世纪 80 年代我国炼铁工作者总结了高炉煤气干式布袋除尘技术开发经验和应用实践，自主开发了高炉煤气低压脉冲喷吹布袋除尘技术，在我国 $300m^3$ 级高炉上试验取得成功，使高炉煤气低压脉

基金项目：本论文得到国家科技支撑计划项目“新一代可循环钢铁流程工艺技术——长寿集约型冶金煤气干法除尘技术的开发”（2006BAE03A10）的资助。

冲喷吹干式布袋除尘技术实现工业化应用。经过几年的发展，该项技术在中小型高炉上迅速得到推广应用，本世纪初新建的1000m^{3}级的高炉相继采用此项技术，目前已推广应用到数十座2000~5500m^{3}级大型高炉。

目前我国自主开发高炉煤气干式布袋除尘技术在设计研究、技术创新、工程集成及生产应用等方面取得突破性进展，自主设计开发的大型高炉煤气全干式脉冲喷吹布袋除尘技术，完全取消了备用的高炉煤气湿式除尘系统。研究开发了高炉煤气布袋除尘低压脉冲喷吹清灰技术、煤气温度控制技术、煤气含尘量在线监测、除尘灰浓相气力输送、管道系统防腐等关键核心技术，使大型高炉煤气全干式布袋除尘技术日臻完善。图1所示为我国高炉煤气干式布袋除尘技术的发展进程，表1是我国部分大型高炉煤气全干式布袋除尘实绩。

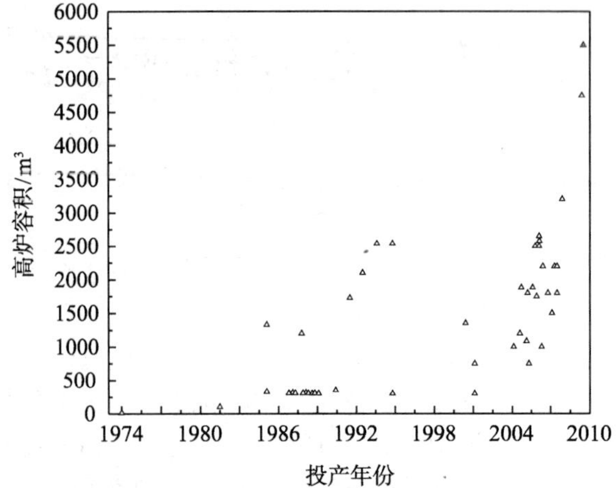

图1　我国高炉煤气干式布袋除尘发展进程

表1　我国部分大型高炉煤气全干式布袋除尘技术参数

项　　目	首秦1号高炉	首秦2号高炉	迁钢2号高炉	首钢京唐1号高炉
高炉容积/m^3	1200	1800	2650	5500
煤气量/m^3·h^{-1}	23×10^4	35×10^4	50×10^4	87×10^4
炉顶压力/MPa	0.17	0.25	0.25	0.28
煤气温度/℃	100~250	100~250	100~250	100~250
箱体数量/个	10	14	14	15
箱体直径/mm	4000	4000	4600	6200
单箱滤袋数量/个	248	248	250	409
滤袋规格ϕ×L/mm	130×6000	130×6000	160×7000	160×7000
总过滤面积/m^2	6080	8512	12320	21586
单箱过滤面积/m^2	608	608	880	1439
标况滤速/m·min^{-1}	0.63	0.69	0.68	0.59
工况滤速/m·min^{-1}	0.40	0.32	0.31	0.23
净煤气含尘量/mg·m^{-3}	≤5	≤5	≤5	≤5

3　高炉煤气干式布袋除尘工艺技术原理

3.1　高炉煤气干式布袋除尘工艺流程

布袋除尘技术最早应用于环境除尘领域[1, 2]。高炉煤气是易燃、易爆的有毒气体，而且处理流量大、温度波动大、系统压力高、粉尘含量高，采用布袋除尘技术具有很高的技术难度和风险。布袋除尘技术基于纤维过滤的理论，将其应用在高炉煤气除尘系统，改变了高炉煤气用水清洗的湿式除尘工艺，开发了高炉煤气全干式低压脉冲喷吹布袋除尘工艺。

高炉冶炼过程产生的煤气经导出管、上升管、下降管进入重力除尘器，经过重力除尘后的荒煤气经荒煤气总管、支管进入各个布袋除尘器。经布袋除尘器净化处理后的净煤气，经净煤气支管进入到净煤气总管，再通过余压发电装置（TRT）或减压阀组减压后进入煤气管网，供钢铁厂作为二次能源利用。图2所示为高炉煤气干式布袋除尘工艺流程图。

3.2　脉冲喷吹布袋除尘技术原理

3.2.1　高炉煤气布袋除尘过滤机理

高炉煤气经过重力除尘器或旋风除尘器进行粗除尘以后，煤气中大颗粒粉尘被捕集，煤气含尘量一般可以降低到10g/m^{3}左右。经过粗除尘以后的煤气还需要进行净化处理，使煤气含尘量降低到10mg/m^{3}以下。未经净化处理的高炉煤气中悬浮着形状不一、大小不等的微细粉状颗粒，是典型的气溶胶体系。高炉煤气布袋除尘的过滤机理基于纤维过滤理论，其过滤过程可以分为两个阶段：当含尘煤气通过洁净布袋时，在扩散效应、直接拦截、重

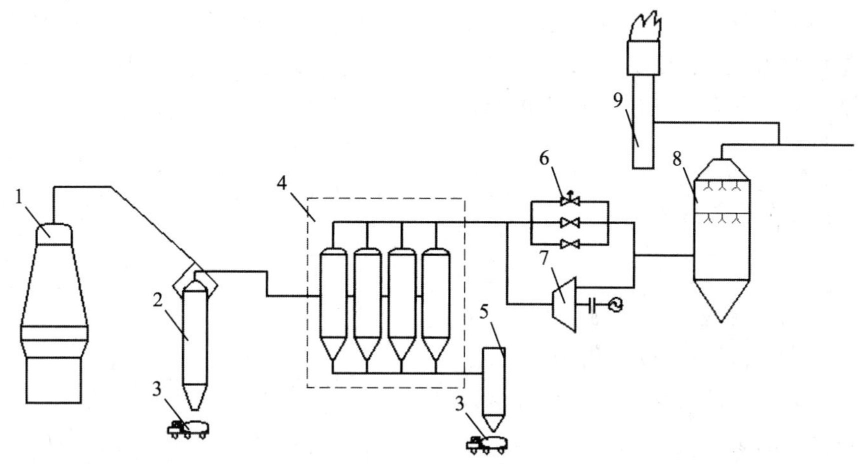

图 2　高炉煤气干式布袋除尘工艺流程图

1—高炉；2—旋风除尘器；3—罐车；4—干式布袋除尘器；5—集中灰仓；6—减压阀组；7—TRT；8—氯化物脱除装置；9—煤气放散塔

力沉降以及筛分效应的共同作用下，首先是布袋纤维对粉尘的捕集，起过滤主导作用的是纤维，然后是阻留在布袋纤维中的粉尘与纤维一起参与过滤，此过程称为“内部过滤”；当布袋纤维层的粉尘达到一定的容量以后，粉尘将沉积在布袋纤维层表面，在布袋的表面形成一定厚度的粉尘层，布袋表面的粉尘层对煤气中粉尘的过滤将起到主要作用，此过程称为“表面过滤”。在布袋除尘的实际运行中，表面过滤是主导的过滤方式，对高炉煤气布袋除尘技术具有重要意义。

3.2.2　脉冲喷吹清灰机理

布袋除尘器工作时，其阻力随布袋表面粉尘层厚度增加而加大，当阻力达到规定数值时，就必须及时清除附着在布袋表面的灰尘。清灰的基本要求是从布袋上迅速均匀地剥落沉积的粉尘，而且又要求在布袋表面能保持一定厚度的粉尘层。清灰是布袋除尘器正常工作的重要因素，常用的清灰方式有机械清灰、反吹清灰和脉冲清灰，用于高炉煤气布袋除尘的工艺主要是反吹清灰和脉冲清灰。

反吹清灰是利用与过滤气流相反的气流，使布袋变形造成粉尘层脱落的一种清灰方式，日本高炉煤气干式除尘工艺均采用布袋反吹清灰方式。我国在 20 世纪 80 年代将脉冲喷吹清灰技术应用于高炉煤气布袋除尘工艺，使这项技术得到迅速推广应用。脉冲喷吹清灰是利用加压氮气或煤气（压力为 0.15~0.6MPa）在极短的时间内（≤0.2s）高速喷入布袋，同时诱导大量的煤气，在布袋内形成气波，使布袋从袋口到袋底产生急剧的膨胀和冲击振动，具有很强的清灰作用。脉冲喷吹清灰冲击强度大，而且其强度和频率都可以调节，提高了清灰效果，系统阻力损失低，动力消耗少，还可以实现布袋过滤时在线清灰，在处理相同煤气量情况下，布袋过滤面积比反吹清灰要低。图 3 所示为高炉煤气干式布袋除尘技术脉冲喷吹清灰和反吹清灰的工艺原理。

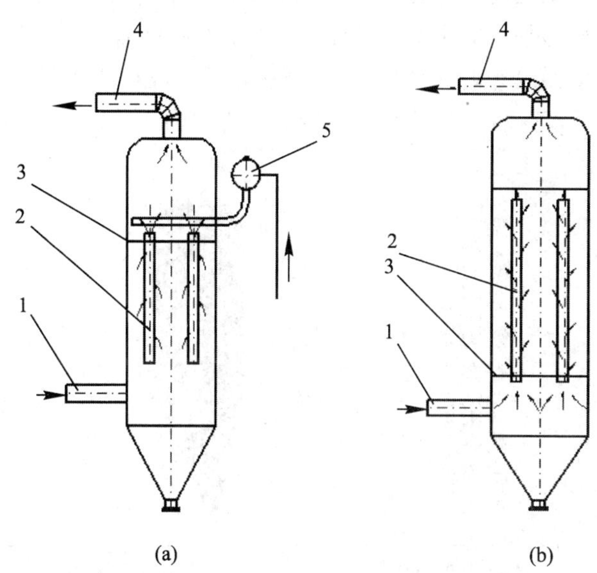

图 3　高炉煤气干式布袋除尘技术清灰原理

(a) 脉冲喷吹清灰工艺；(b) 反吹清灰工艺

1—荒煤气管道；2—布袋；3—花板；4—净煤气管道；5—脉冲反吹装置

4　关键技术的研究与开发

高炉煤气全干式布袋除尘技术是一项集成技术，涉及冶金、机械、化纤纺织、燃气、自动化检测与控制等多个工程技术领域。为提高系统运行的可靠性，不断优化工艺装备，对关键技术进行了研究开发，解决了一系列工程设计、设备制造、施工建设、生产操作过程中出现的问题，提高了整体技术装备水平和控制水平，实现了向特大型高炉推广应用的技术突破。

4.1 工艺流程优化和技术参数的确定

高炉煤气干式布袋除尘工艺流程合理设计是确保系统稳定运行的基础。要遵循流体设计的基本原则，合理布置除尘器和煤气管道。煤气管道的布置、设计直接影响到除尘器内气流分布和阻力损失的均匀性，对进入各除尘器的煤气量、粉尘量要均匀分配。除尘器应采用双排并联布置方式，含尘煤气和净煤气总管设置在两排除尘器中间，通过支管与除尘器连接。煤气管道按等流速原理设计，使进入每个除尘器的煤气量分配均匀，而且整个系统工艺布置紧凑、流程短捷顺畅、设备检修维护便利。除尘器采用低滤速设计理念，通过计算流体力学（CFD）研究分析除尘器内流场分布，根据数学仿真计算结果，确定合理的气流速度、气流方向，在除尘器内设置导流板，优化除尘器结构，使煤气在除尘器内的流场均匀分布，保证除尘器内的布袋在煤气流动均匀平稳的工况下工作，这是大型高炉煤气布袋除尘器设计的关键技术。合理确定除尘器过滤面积、过滤速度、气流上升速度、阻力损失、清灰周期等技术参数，特别对于炉顶压力较高的大型高炉，煤气工况流量、压力、温度和过滤速度等参数的合理设计是保证系统可靠运行的关键要素。图 4 所示为首钢京唐 1 号高炉（5500m³）煤气除尘系统三维仿真设计图，图 5 所示为布袋除尘器内流场仿真计算的结果。

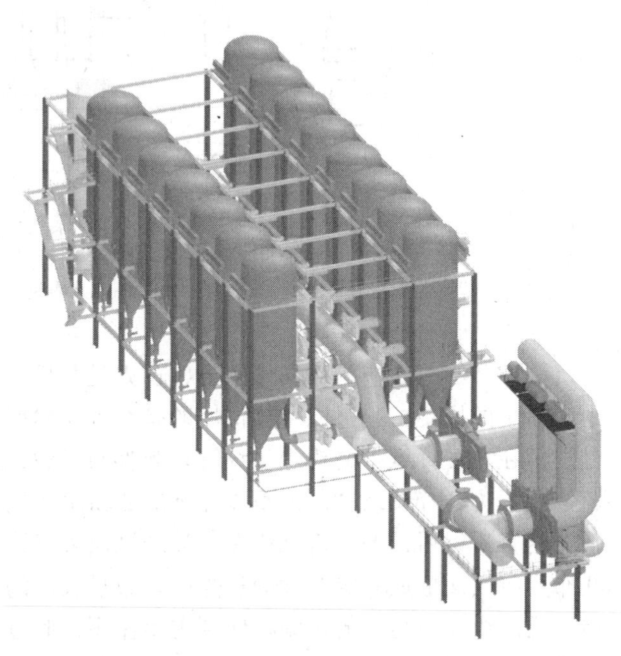

图 4　首钢京唐 1 号高炉煤气布袋除尘工艺三维仿真设计

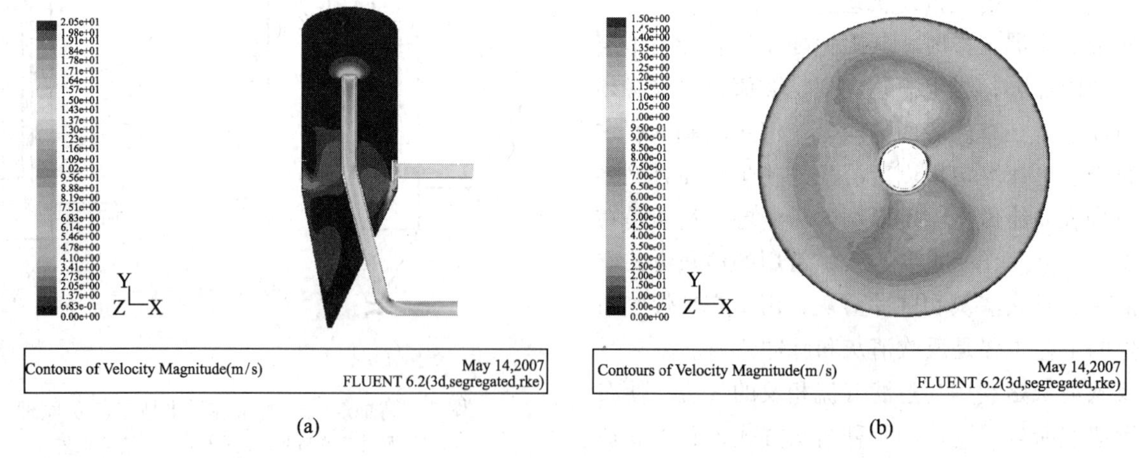

图 5　布袋除尘器内流场仿真计算结果

4.2 滤布的选择

滤布是布袋除尘过滤粉尘的介质，对于高炉煤气布袋除尘至关重要，滤布材质和性能对系统运行具有直接影响。由于高炉煤气温度高且不稳定，煤气中含水，相对湿度随高炉操作变化较大，煤气中含有腐蚀性介质，因此要选择适用于高炉煤气特点的滤布。要求滤布除尘效率高、耐高温和耐腐蚀性好、耐水解性好、使用寿命长。目前适用于高炉煤气布袋除尘的典型滤布有玻璃纤维、NOMEX、FMS、P84、PTFE 等，实际应用中要综合煤气工况和粉尘的特点，合理选择性能优良的滤布，表 2 是几种典型滤布的理化性能。

表 2　几种典型的滤布的理化性能

滤料名称		玻璃纤维复合针刺毡 I	玻璃纤维复合针刺毡 II	NOMEX	聚四氟乙烯针刺毡
材　质		玻纤、P84/玻纤基布	玻纤、芳纶/玻纤基布	芳纶聚酰胺	PTFE/PTFE 长丝
克重/g·m^{-2}		≥800	≥800	≥550	≥600
厚度/mm		2.0~3.2	2.0~3.2	2.0~2.4	1.1
透气度（127Pa）/m^3·（m^2·min）$^{-1}$		10~20	8~20	10~20	8~10
断裂强度/N·（5cm×20cm）$^{-1}$	经向	≥1800	≥2000	≥800	≥800
	纬向	≥1800	≥2000	≥1000	≥1000
断裂伸长率/%	经向	< 10	< 10	< 20	< 15
	纬向	< 10	< 10	< 40	< 15
连续使用温度/℃		260	220	204	240
短时使用温度/℃		350	260	240	260
后处理方式		PTFE 处理	PTFE 处理	热定型、烧压	热定型

4.3　煤气温度控制技术

煤气温度控制是布袋除尘技术的关键要素，正常状态下，煤气温度应控制在 80~220℃，煤气温度过高、过低都会影响系统的正常运行。当煤气温度达到 250℃时，超过一般布袋的安全使用温度，布袋长期在高温条件下工作，会出现异常破损甚至烧毁布袋。由于煤气中含水，当煤气温度低于露点温度时，煤气中的水蒸气发生相变，会出现结露现象，造成布袋黏结。因此采用煤气布袋除尘技术，高炉操作要更加重视炉顶温度的调节控制。

炉顶温度升高时采取炉顶雾化喷水降温措施，同时在高炉荒煤气管道上设置热管换热器，用软水作为冷却介质，将高温煤气的热量通过热管换热，使软水汽化吸收煤气热量，可以有效地降低煤气温度，实践证实此项技术措施可以有效地解决煤气高温控制的技术难题。

控制煤气温度过低要采取综合措施，提高入炉原燃料质量、降低入炉原燃料的水分、加强炉体冷却设备的监控、合理控制炉顶温度、荒煤气管道保温等技术措施都能取得成效。特别在高炉开炉、复风时要注重煤气温度的控制，降低煤气中的含水量，将煤气温度控制在露点以上 20~30℃。目前已研究开发成功煤气低温状态的高效快速加热技术，利用蒸汽作为煤气加热介质，通过热管换热将蒸汽热量传递给煤气，可以提高煤气温度达到露点以上，抑制水分凝聚灰尘黏结布袋。这种煤气温度控制装置可以使煤气高温、低温的异常状况都能够得到有效地控制，使高炉煤气干式布袋除尘技术可以适应多种工况条件，提高了系统适应性和可靠性。图 6 是煤气温度控制装置的工艺原理。

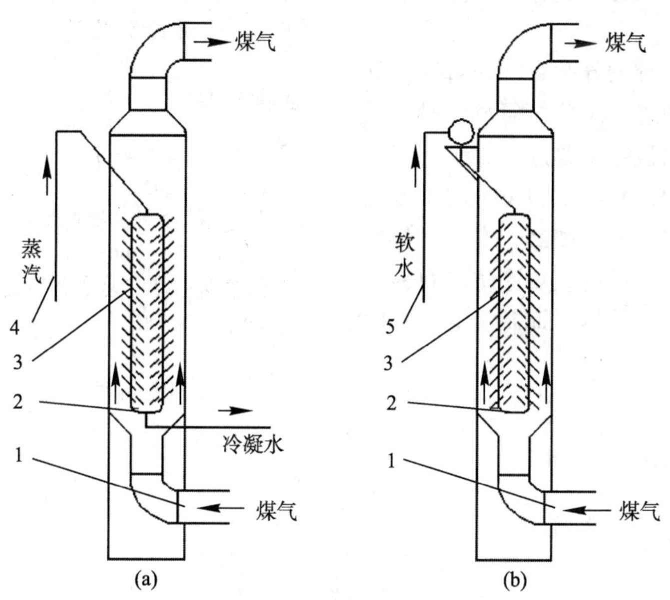

图 6　煤气温度控制装置工艺原理

(a) 煤气升温装置；(b) 煤气降温装置

1—煤气管道；2—软水（蒸汽）罐；3—热管；4—蒸汽管道；5—软水管道

4.4 煤气含尘量在线监测技术

煤气含尘量在线监测装置是监控高炉煤气布袋除尘系统、炉顶煤气余压发电系统（TRT）稳定运行的重要检测设备。研究开发的高炉煤气含尘量在线监测系统采用电荷感应原理。在流动的高炉煤气中，粉尘颗粒因摩擦、碰撞产生静电荷，形成静电场，其静电场的变化即可反映煤气含尘量的变化。煤气含尘量在线监测系统通过测量静电荷的变化，从而推断出煤气中的含尘量的数值，用此来判定布袋除尘系统的运行是否正常。当布袋出现破损时，净煤气管道中含尘量增加，静电荷量强度增大，电荷传感器可以及时检测到电荷量值并输出到变送器，实现煤气含尘量的自动监测。

4.5 煤气管道系统防腐技术

采用高炉煤气干式除尘技术，净煤气冷凝水中的氯离子含量显著升高。这主要是由于高炉原燃料中的氯化物，在高炉冶炼过程中形成气态的 HCl，当煤气温度达到露点时，气态 HCl 与冷凝水结合，形成酸性水溶液而引起酸腐蚀。在潮湿的中性环境中，煤气中的氯离子也会对煤气管道和不锈钢波纹补偿器产生点腐蚀、应力腐蚀和局部腐蚀。而采用湿式煤气清洗系统，煤气中的氯离子得到稀释，净煤气中的氯离子含量很低，对管道系统的腐蚀作用降低。通过检验分析采用干式除尘的净煤气冷凝水发现，冷凝水中氯离子含量高达 1000mg/L，煤气冷凝水的 pH 值低于 7，有时甚至达到 2~3，对煤气管道和波纹补偿器具有强腐蚀性,造成煤气管道系统异常腐蚀。

为了抑制煤气管道系统的异常腐蚀，对煤气管道波纹补偿器的腐蚀机理进行了分析研究，对不锈钢波纹补偿器材质、结构进行了改进。波纹补偿器材质由奥氏体不锈钢 316L（00Cr17Ni14Mo2）改进为耐氯离子腐蚀的不锈钢 Incoloy825，提高了材质的抗酸腐蚀性能；在煤气管道内壁喷涂防腐涂料，使金属管道与酸性腐蚀介质隔离，抑制管道异常腐蚀；为了脱除高炉煤气中的氯化物，开发了氯化物脱除装置，应用化学和物理吸附原理，有效脱除高炉煤气中的氯化物。在净煤气管道上设置喷洒碱液装置，使碱液与高炉煤气充分接触，降低煤气中的氯化物含量。

4.6 除尘灰浓相气力输送技术

高炉煤气布袋除尘灰的收集输送是影响系统正常工作的关键因素，传统的机械式输灰工艺存在着诸多技术缺陷。开发了除尘灰气力输送技术，利用氮气或净煤气作为载气输送除尘灰，将每个布袋除尘器收集的除尘灰通过管道输送到灰仓，再集中抽吸到罐车中运送到烧结厂回收利用，实现了除尘灰全程密闭输送，解决了传统机械输灰工艺的技术缺陷，优化了工艺流程，降低了能源消耗，减少了二次污染，攻克了输灰管道磨损等技术难题。

5 结语

（1）大型高炉采用煤气干式布袋除尘技术是炼铁技术发展趋势，是实现炼铁工业高效低耗、节能减排、降低水资源消耗、发展循环经济的重要支撑技术。

（2）通过系统研究和技术集成，我国已经掌握了大型高炉煤气布袋除尘的核心关键技术，并在 1000~5500m^3 大型高炉上得到成功应用。

（3）我国自主开发的高炉煤气干式布袋除尘技术在工艺流程和除尘器结构优化、煤气温度控制、管道系统防腐、除尘灰气力输送以及数字化控制系统等方面取得突破，在生产实践中取得了显著的经济、社会和环境效益。

参考文献

[1] 向晓东. 现代除尘理论与技术[M]. 北京：冶金工业出版社, 2004: 145.

[2] 张殿印，王纯，俞非漉. 袋式除尘技术[M]. 北京：冶金工业出版社, 2008: 64.

[3] 张福明. 现代大型高炉关键技术创新[J]. 钢铁, 2009, 44(4): 1.

（原文发表于《炼铁》2011 年第 1 期）

京唐 5500m^{3}特大型高炉煤气干法袋式除尘系统设计和生产应用

章启夫　张福明　毛庆武　陈玉敏　侯　建

(北京首钢国际工程技术有限公司，北京 100043)

摘　要：本文阐述了运用新的设计理念进行特大型高炉煤气干法袋式除尘系统工艺优化设计。针对我国中小型高炉生产中设施损毁严重、事故处理手段少、自动化程度及生产效率低、环保指标不达标等一系列问题，在整体分析特大型高炉设计及生产特点的基础上结合现代计算机模拟仿真设计手段、新型检测设施，以稳定大型高炉生产、提高高炉煤气质量为最终目的，对干法除尘工艺系统进行全面研究并进行了优化设计。

关键词：特大型高炉；干法除尘；设计；生产应用

1　引言

高炉煤气是钢铁生产过程中主要的副产品，不但数量大，利用价值也高，吨铁所产煤气热量约合160~200kg 标煤，是冶金工厂重要的二次能源。出炉时因为含尘量多，必须要净化处理，使含尘量降到 10mg/m^3 以下才能有效地利用。高炉煤气湿法除尘发展至今技术已经成熟，不过从现代科学技术观点来看却存在一系列的重大缺陷，是该工艺本身所无法解决的，因此也直接促进了干法除尘技术的发展。主要问题有以下几点：

（1）需要大量的清洗用水；

（2）洗涤过程产生大量污水并且难于处理；

（3）能耗大，电能、煤气热值损失多。

从以上几方面比较，不能不说湿法除尘存在一些重大缺陷，干法布袋除尘[1]是利用各种高孔隙率的织布或滤毡，捕集含尘气体中的高效率除尘器。因此干法除尘是当前的发展方向，形成国内、外同行的共识。

虽然干法除尘系统在大型高炉上成功应用并取得了一系列重大发展，但此项技术在特大型 5000m^3 级高炉上应用仍面临着严峻的风险和挑战，这种挑战来自于高炉容积、高炉煤气量均成倍增加，煤气压力提高 50%左右，特大型高炉系统稳定性要求更高、配套设备和施工质量要求更高。

克服这些风险、战胜这些挑战首先必须从系统设计的角度进行全面优化升级，充分考虑特大型高炉的特点，尽量实现各工艺参数的量化计算。采取多种有效手段确保系统稳定运行，保证高炉顺行，为高炉连续生产、达产达效起到有效的辅助作用。

全干式布袋除尘，既是一个节能项目，更是一个环保项目。湿法除尘中，洗涤水含有大量的灰尘和有毒物质，尽管经过处理，但排放出的水仍含有氰、硫、酚等有害物质，污水排放造成土壤、水源和大气污染，甚至形成长期毒害作用。而采用全干法布袋除尘，不但节约了洗涤水，而且消除了洗涤水污染，省去了污水处理等大量的工作。全干法除尘的高炉煤气，含尘量低，以高炉煤气为燃料的加热设备，如热风炉、加热炉等，因煤气含尘量低而减少堵塞和粉尘的排放，提高了阿加热设备的热效率和使用寿命。

2　特大型高炉煤气干法布袋除尘系统设计

2.1　除尘器形式优化

分别以 2500m^3 大型高炉及 5500m^3 特大型高炉设计参数为基准进行对比分析，工艺参数对照见表 1。

考虑到对于炼铁总图布置所能接受的干法除尘区域占地面积因素，我们发现采用直径 4600mm 级的除尘器满足 2500m^3 级高炉且占地控制在 1500m^2 以内，具有合理的备用量。但是在 5500m^3 级的高炉上仍然采用直径 4600mm 级的除尘器且仍要具备合理的备用量时，除尘器数量将达到 24 个之多，其占地将达到 2000m^2，这在很多工程设计中是不可接受的。通过分析比对，将除尘器直径扩大到 6200mm

表 1 工艺参数对照表

序 号	项 目	参数 1	参数 2
1	炉容/m^3	5500	2500
2	煤气量/$m^3 \cdot h^{-1}$	87×10^4（最大）	42×10^4（最大）
3	炉顶压力/MPa	0.28~0.30	0.20~0.25
4	煤气温度/℃	165	165
5	箱体数/个	15	14
6	箱体直径/mm	6200	4600
7	滤袋条数/条	409	250
8	滤袋规格/ϕ（mm）×L（m）	160×7	160×7
9	总面积/m^2	21480	14080
10	面积/箱/$m^2 \cdot 箱^{-1}$	1432	880
11	工况滤速/$m \cdot min^{-1}$	见表 2	

时，只需要 15 台设备即可满足，而占地仅 1500m^2，此外带来更大的好处是，相应除尘器进出口支管的成套阀门、补偿器及电器和自控设备等设施减少了 37.5%，极大降低了建设投资和维护成本。

如表 2 所示，对于特大型高炉来说，投入运行 12 大箱体进行生产的即相当于大型高炉所有小箱体全部投入所达到的生产效果。而进行大型箱体的设计和制造难度将会加大，但都是完全能够克服的。

表 2 2500m^3 及 5500m^3 高炉干法除尘过滤负荷对照表

高炉有效容积	5500m^3		2500m^3	
	箱体数量	滤速	箱体数量	滤速
工况滤速对比 / $m \cdot min^{-1}$	7	0.611	10	0.506
	8	0.534	11	0.460
	9	0.475	12	0.422
	10	0.428	13	0.389
	11	0.389	14	0.361
	12	0.356	15	0.337
	13	0.329	16	0.316
	14	0.305	17	0.298
	15	0.285	18	0.281

综上，在特大型高炉上采用直径为 6200mm 或者更大的大型除尘器是更为合理的设计思路。

2.2 除尘器内部煤气流场分析及优化

干法除尘的机理与环境布袋除尘是完全相同的，都是采用滤料将含尘气体中的灰尘过滤出来，得到净化的气体。所不同的是高炉煤气干法除尘含尘气体具有更高的温度，所含烟尘为炉料悬浮物，且气体为有毒有害、易燃易爆的煤气。一般的环境除尘采用负压风机进行倒抽脏气的做法，而高炉本身冶炼具有相对较高的正压，所以高炉煤气干法除尘是对高压煤气的过滤，而且特大型高炉煤气的气量将达到 87×10^4 Nm^3/h。这种气体的流场更不稳定，对管道及除尘器均能产生较大的损害。

2.2.1 除尘器内部流场的分析

除尘器内部煤气流动是不均匀的，所带来的后果是流动强烈的部位可能造成滤袋的频繁磨损，而这将直接导致过滤不合格。为此，通过对内部流场进行分析，采用优化内部结构形式设置气流流场疏导装置的方式使整个箱体内部气流均匀。分析的方法是将整个设备结构部分网格化，将滤袋作为多孔介质进行处理。

不设置任何装置时箱体内部流场模拟分析结果如图 1 所示。

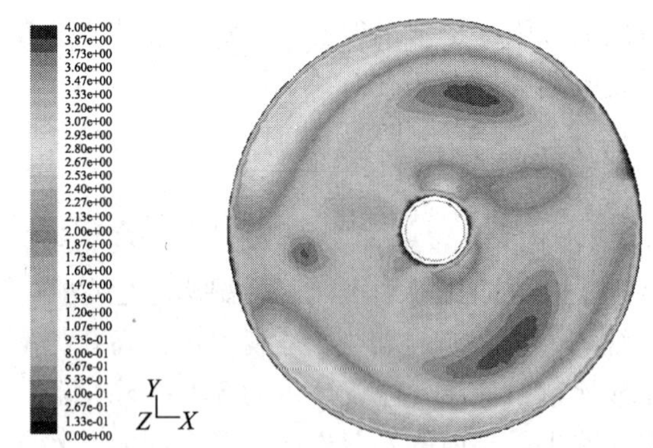

图 1 进布袋前综合速度场分布

从宏观的理论计算，如果内部气流分布足够均匀，达到滤袋底部的气流流速为 0.4m/s，从分析结果可以看出，如果不采取任何措施，局部最大流速达到 4m/s 左右，虽然这一流速不算太大，但长时间的较大速度冲击滤袋底部仍然是十分不利的，尤其是在靠近除尘器内壁滤袋底部流速偏大的部分区域，实践表明滤袋发生磨漏的可能性很大。

经过分析，减小上升气流，将气流向下疏导，将极大缓解紊流的发生。针对此思路进行结构设计修改，在筒体内部设置整圈环形导流板，上部封堵，下部通气。再行分析结果如图 2 所示。

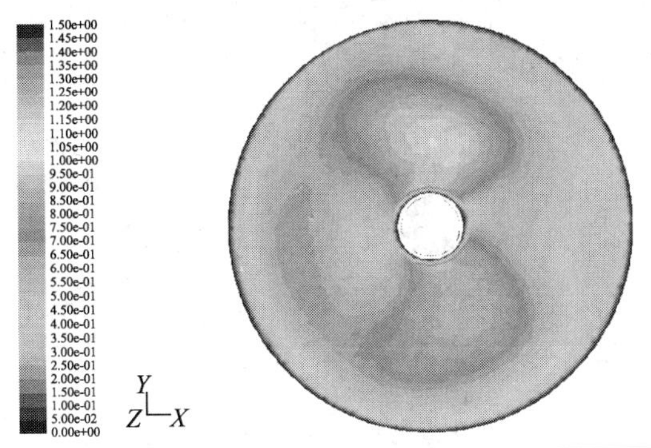

图 2 改进后进布袋前综合速度场分布

从分析结果来看，局部最大流速仅为 1m/s 左右，根据对已有稳定生产的干法除尘系统进行类比分析，这样的结果已经可以将紊流所造成的损坏程度降为最低。

2.2.2 管道内流体的分析

由于管道内部，尤其是荒煤气管道内部经常因除尘灰下沉，堵塞管道，一方面阻止了气流顺畅流动，另一方面，增加了管道自身的荷载，形成安全隐患。通过改变管道内径的办法，以等流速为设计原则，保持管道内部流速的大致相等，缓解管道内部积灰的情况。

2.3 事故高温处理

布袋除尘要求煤气温度在 100~220℃范围，瞬间温度 260℃，正常生产时可以满足生产要求。若炉顶出现高温比如温度超过 300℃时应从炉顶喷水降温以保护炉顶装料设备，同时给煤气降温。当偶发事故时出现异常高温，靠喷水已经不能有效降低煤气温度，在布袋除尘入口煤气温度超过 260℃时，启动布袋除尘器的热管换热器降温。换热器降温幅度设计为 50℃。高温煤气通过时借助热管将热量传到水中，使水汽化，煤气得以冷却。煤气温度回落到 180℃后，降温回路自动关闭，停止降温。该装置实际为热电行业的废热锅炉，但是在特大型高炉上作为降温设备使用尚属首例，通过深入细致的分析，采用分离热管进行换热不仅节约电能，而且不产生二次污染，设备简单，操作维护方便。所有操作由系统自动进行，蝶阀操作时可以保证在转换过程中煤气始终畅通，即在打开降温旁路后主管路蝶阀才关闭；停止降温时先打开主管路蝶阀，再关闭旁路两个蝶阀，使煤气不能瞬间全部切断。

换热器为三台并联，靠蝶阀接入或切断。换热器检修时靠密封式插板阀彻底切断。

高炉生产过程也可能达到 800℃或更高温度，此时若喷水或采用热管换热都满足不了要求，则必须采取紧急措施减风、进行煤气放散或采用其他手段，以快速消除事故危害，确保干法除尘设备安全。

2.4 除尘灰处理

各箱体积灰定期以气力输送的方法集中运到端头大灰仓储存。

方法是放灰箱体的灰通过打开的大球阀、放料阀、耐磨小球阀进入气力输送管道吹送至大灰仓。输灰气源为减压阀组前净煤气，同时以加压后净煤气或氮气补压，或者完全使用氮气输灰。气力输送管内衬耐磨材料以提高使用寿命。如果采用煤气输送，在进入大灰仓后尾气净化并且回收，通入低压煤气管网。若采用氮气输送，则净化后放散。两者分别用阀门控制。尾气净化采用大灰仓上部的脉冲布袋除尘器，布袋长度规格为 2m。

大灰仓的储存灰每班定期装车外运，方法是采用全密闭正压泵送车运输。

对于特大型高炉，环保、清洁生产要求更高，干法除尘在此采用全密闭的灰处理模式，使得生产现场整洁美观，且大大减轻了操作者的劳动强度。

2.5 智能检控形式设置

系统设置控制室。干法除尘自动化操作与控制均由 PLC 完成。所有的脉冲喷吹和蝶阀开闭均可以按程序自动进行，也可以人工手动操作。放灰各阀门均实行手动按钮操作。所有检测数据均由彩色监视器显示，对于温度、压力、流量等超标情况及时显示和声光报警。

为了充分保障煤气净化质量，在荒、净煤气主管和各箱体出口净煤气支管上都安装有含尘检测仪探头，在值班室统一显示各箱体的煤气含尘情况。遇有含尘超标显示，就可以及时判断哪一个箱体出了问题。在除尘器灰斗段设置了灰温和灰位检测，以实现自动卸灰控制。在 5500m^3 高炉上使用的灰位、含尘设备均经过长时间的试验、考察。选用最为稳定的检测设备，以保证自动控制系统的可靠实施。

为便于操作，在干法除尘生产现场输灰、卸灰等特殊部位设置摄像头，在控制室设置工业电视，使得在控制室即可对生产状况进行实时监控。

3 生产情况

3.1 低温引气

京唐 1 号 5500m^{3}高炉干法除尘系统 2009 年 5 月 21 日正式引气投产，由于该高炉为新建且单高炉操作，为加快高炉煤气系统贯通，干法除尘系统在荒煤气温度 40℃低温情况下引气，低于 80℃历时约 12 小时，除尘器箱体进出口压差一度上升至 4~5kPa，反吹效果不明显。

随着高炉炉内热量不断提升，顶温逐步升高后，进出口压差才逐步下降，脉冲反吹效果开始显现。

3.2 首次卸灰不畅

尽管遭受较长时间低温运行，但由于时值环境温度较高，且除尘器箱体蒸汽伴热发挥作用，除尘器灰斗内瓦斯灰并未严重板结，加大输灰操作频率，未造成管路、阀门堵塞事故。但是，投产之后 48 小时之内，大灰仓内并没有大量卸出瓦斯灰（本工程采用正压罐车全密闭卸灰），开始推测原因是前部旋风除尘效率高、开炉初期灰量小，导致本系统灰量不大。直至旋风除尘器经过多次调整操作，大量卸灰，才考虑干法除尘大灰仓可能堵塞。打开灰仓下部手孔，人工掏出大量湿灰后，大量浅灰色瓦斯灰倾斜而下，表观流动性极好，落地后未形成锥体堆积，而是平铺匀称，且比重很低，瓦斯灰无法托住重物。后经实测，该高炉干法除尘灰堆比重仅为 0.6t/m^3，而旋风除尘灰为深褐色，堆比重则达 1.3t/m^3。总结此次经验后，进行每班定期排灰，每车灰量为 18m^3，每日卸灰平均仅为 30t 左右。除去少数长期顶温偏低的情况，该系统输灰、卸灰操作简单，劳动强度低，生产场地环境好，无除尘灰外漏。

3.3 正常生产

经过近一周的检查和调整，处理好一些设备问题后，系统整体运行非常稳定，除尘效果良好，经过滤后的净煤气含尘量整体<5mg/Nm^3，如图 3 所示，与湿法除尘相比，供热风炉使用的煤气温度提高 50~80℃，起到了明显的节能效果，此外，由于净煤气温度更高，煤气含尘量低，推动 TRT 发电量大幅提高到正常有功功率达到 28MW（及相当于 51.7kW·h/tFe）且稳定连续生产，比湿法除尘多发电 30%~40%。经济效益相当可观。

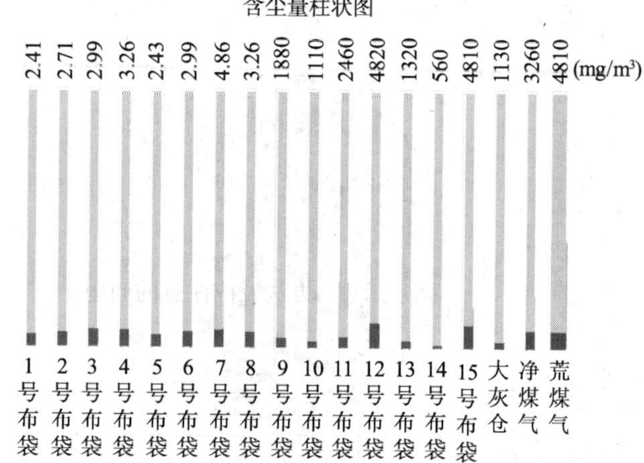

图 3 干法除尘系统含尘量检测

3.4 主要设备使用情况

目前该系统运行 13 个月，主要设备运行良好：

（1）降温装置在开炉初期顶温偏高，炉顶打水调试的过程中起到了很好的降温作用，有效保护了滤袋。高炉检修期间查看，装置内部情况良好。

（2）煤气阀门主要包括气动蝶阀和电动全封闭插板阀，无论大小均未出现大的故障，没有整体更换的情况发生。

（3）输灰阀门（主要为球阀）使用寿命达到 7~8 个月，少部分目前仍在使用，主要问题为阀门密封面冲刷损坏，使用寿命虽有所延长，但整体仍有待进一步改进和开发。输灰管到情况良好，未整体更换，只更换了少数几个大半径弯头，三通管及直管段使用情况良好。

（4）滤料性能稳定，除尘效果良好，但考虑到生产期间曾出现短时高温和长时间低温，目前正逐步更换滤料，以防患于未然。但从更换下来的滤料情况来看，滤料的经纬向强度仍然较大，应该能继续正常生产。

（5）检测设备料位计运行稳定，为输灰操作提供了可靠的操作指导，即便短期信号误报，通过简单的维护，将探头抽出清理表面板结后即可恢复功能。含尘量运行情况与实际检测煤气含尘情况基本吻合，为操作提供了良好的指导作用。

（原文发表于《2010 炼铁学术年会论文集》）

高炉煤气干法除尘灰的处理

高鲁平　侯　建

(北京首钢国际工程技术有限公司，北京 100043)

摘　要：对高炉煤气干法除尘灰的处理进行了总结分析。重点阐述了除尘灰的特性以及卸、输灰的有关工艺，提出了除尘灰综合利用方法及应注意的问题。

关键词：高炉；煤气袋式除尘；除尘灰

1　引言

高炉煤气袋式除尘干灰是一种极细的粉灰，特性与处理方法与湿法除尘有很大不同。最初干法生产很不顺利，主要是卸、运环节问题很多。经过多年不断改进，终于找到了适宜的卸、输灰方法，促进了干法除尘的快速发展，目前这方面技术仍在改进和发展中。

由于除尘灰具有很多特性，本文对此进行了分析和总结，对机械化运输各种方法做一比较，并对除尘灰的综合利用提出一些值得注意的问题。

2　除尘灰特性

不同容积高炉干法除尘灰外观和物化性能相差很大。容重变化在 0.2~1.2 t/m^3 范围，颜色由浅至深不同。大致规律是中、小高炉除尘灰的容重轻，浅灰或浅黄色；随炉容加大容重随之增加、颜色加深、含铁量升高。曾经测定 13m^3 高炉布袋灰容重最小只有 0.18 t/m^3，浅色，含铁量 10%左右，钾钠较高，熔点约 800℃左右。布袋灰性质变化还与粗除尘方式有关，大型高炉重力除尘后的布袋灰容重约 0.9~1.2 t/m^3，改用或增加旋风除尘后降为 0.4~0.6 t/m^3，灰量与容重明显减少。

干法除尘在大高炉应用以来灰的容重较大、粒度较粗，因而有时造成阀门损坏和输灰管磨损。新建高炉较多的采用了旋风除尘代替重力除尘，或对已有重力除尘的其后增加旋风除尘以提高效率，此时布袋灰量减少，容重变轻，有利于干法除尘。需要提及的是旋风除尘效率不可过高，否则粉尘太轻太细也是不希望的。

表 1 是首钢首秦公司 1 号 1200m^3 高炉重力除尘器后增加旋风除尘器的各级除尘效果情况，测试时间为 2007 年 7 月 21~31 日共 11 天。说明增加旋风除尘器后布袋灰量减少到原来的 1/4 左右，变得既少又轻，比重从 1.1t/m^3 降至 0.6 t/m^3 左右，其他厂增加旋风除尘器也有相似结果。

表 1　首钢首秦公司 1200m^3 高炉三级除尘效果

项　目	重力除尘器	旋风除尘器	布袋除尘器
11 天除尘灰总量/t	453.58	245.48	68.77
日平均灰/t	41.23	22.32	6.25
除尘灰比例/%	59.07	31.98	8.95

化学成分和粒度大小随高炉容积不同有明显的差别（见表 2~表 4），这一点关系着清灰系统设计和灰的综合利用途径。

除尘灰的干、湿度变化与高炉冶炼状况密切相关。正常时比较干燥，开炉初期或煤气温度过低情况下会因低温而结露，造成卸出和输灰困难，严重时箱体或卸输灰设施堵塞以致无法清灰。湿灰还有一定水硬性，干后硬得像水泥块，造成设备无法正常工作甚至损坏。

部分除尘灰接触空气有自燃现象。不仅中小高炉存在，大高炉也时常发生。自燃程度也有很大差别，强烈时落地即迅速燃烧；多数自燃虽不明显，但一段时间后扒开灰面会发现里边烧得通红、炙热烤人。除尘灰自燃现象不是一成不变的，有强烈自燃现象的有时高炉变料后自燃性又消失或减弱，或者相反，说明自燃现象与炉料成分密切相关。干灰的自燃关系着除尘生产的操作与安全，关系着卸、输灰系统设计以及灰的综合利用，决不能忽视。

除尘灰还具有一定腐蚀性。可以通过一个简单试验说明：将一根铁棍插入灰堆，然后立于墙边，几天之后沾灰处会严重锈蚀。

以上各点说明干法除尘灰有其多样性，给清灰系统操作带来不少麻烦，是事故多发环节。

表 2　国内部分高炉煤气布袋除尘干灰成分　（%）

项　目	TFe	SiO_2	Al_2O_3	FeO	CaO	MgO	ZnO	PbO	K_2O	Na_2O	C
首秦 1 号高炉重力灰	52.77	8.93	3.66		2.27		0.40		0.17	1.16	12.60
首秦 1 号高炉旋风灰	44.04	8.64	3.73		2.37		0.47		0.20	0.97	22.60
首秦 1 号高炉布袋灰	26.04	11.88	7.87		5.07		2.67		1.54	1.72	19.2
首秦 2 号 1780m^3	29.73	5.42	4.27	6.11	3.06	1.33	Zn1.44		0.38	1.1	33.5
首钢 4 号 2100m^3	40.90	8.14	2.63		4.70	1.72	Zn0.05	Pb0.05		其他 20.13	20.5
涟钢高炉（无澳矿）300m^3	14.5	12.4	5.0		2.2	3.0	Zn 30.1	Pb4.57	1.5	1.2	Bi2.0
涟钢高炉（用澳矿）	27.82	9.0					Zn2.7	Pb0.8			
淮南 2 号 55m^3		25.0	10.00	2.90	11.0	7.10	43.50	0.43			
韶钢高炉 300m^3	10	25	6		4	5	Zn12~16	Pb4~6	9		Bi 3.3~4.3

表 3　淮南 55m^3 高炉煤气布袋除尘干灰粒度与密度　（%）

项目	≤5μm	5~10μm	10~20μm	20~30μm	30~40μm	40~50μm	≥50μm	真密度/$t·m^{-3}$	容重/$t·m^{-3}$
布袋	17	7	8	4.2	4.8	3	56	2.58	0.27
旋风	0.6	1.7	1.8	7.9	5	5	78	2.76	
重力	0.32	0.98	2.8	5.4	7.3	3.1	80.1		1.10

表 4　唐山某 100 m^3 高炉煤气布袋除尘干灰粒度与比重数据　（%）

项目	<16μm	>16μm	>24μm	>44μm	>74μm	合计	真比重/$t·m^{-3}$	容重/$t·m^{-3}$
布袋	50.6	9.0	18.8	15.0	6.6	100	2.5	0.28

3　卸灰与输灰

多年来从中、小高炉发展到大型高炉，布袋除尘灰的卸出与运输方式有多次变化，目前变得更加简单与适用，发展过程大致有以下几个阶段。

人工清灰。20 世纪七八十年代 100m^3 及以下小型高炉布袋除尘普遍采用盘式卸灰阀人工清灰，放灰时打开阀门干灰落地。此方法设备简单，操作方便，存在问题是灰放尽时煤气大量逸出，扬尘大，环境差。除尘灰因容重很轻，又常常棚料，要用大锤敲打方可下灰，时常导致灰斗变形。有些管理很好的在灰斗下方围护起来，边放灰边打水，环境也还可以。

机械清灰。100m^3 以上高炉灰量较大，转而采用机械化运输。最初只是盘式阀下接螺旋运输机或胶带机，将各箱体的灰集中到一端运走。随着炉容加大、顶压升高，为了封住煤气，在灰斗之下增设了中间仓，实行接力式卸灰，使煤气不再逸出。

最完善的卸灰装置是引进的干法除尘设备，流程为布袋灰斗—叶轮给料机—球阀—中间仓—叶轮给料机—球阀—螺旋输送机（或胶带机），适用于大型高压高炉。国内装置与之相似，设施较为简单，中间仓上下只设给料机或球阀。

运输机作用是将箱体除尘灰集中运到一端处理。首套引进的太钢干法除尘是 6 个箱体下设两台串联的螺旋输送机，集中运到加湿机，加湿后用汽车外运。

国内输灰系统习惯采用大灰仓集中储存，然后通过加湿机加湿外运，输送机连接斗式提升机运至大灰仓，后因设备问题较多，逐渐采用埋刮板运输机运送与提升。

机械运灰系统设计不当会出现很多问题，可以说干法除尘早期问题最多的地方发生在灰系统，常见的事故有以下几种：（1）潮湿结露不易放灰。采用措施是，灰斗部位蒸汽盘管加热或电加热，外加保温、灰斗设仓壁振动器、设氮气流化或氮气炮。引进设备还在灰斗壁焊有铁砧，必要时要锤击下灰。当然最主要的是应防止煤气低温，要从高炉操作着手。中小高炉除尘灰常常过轻、过细，哪怕干燥状态也极易棚料；大型高炉灰的容重增大，清灰则顺利得多，只有结露时卸灰困难，所以随着炉容加大放灰难的问题逐渐缓解。（2）螺旋运输机能力不足，按计算来说灰量不大，因此设备选型往往偏小，运输不畅。原因是干灰容重小并且蓬松，输送机吊挂轴承又占据了很大通道面积，难以通过。所以在干法除尘设计规范规定设备能力应是计算能力的 200%~300%。（3）卸、输灰设备密封不严易使干灰着火或煤气逸出使灰潮湿板结，此类事故经常发生。自燃使输灰设备损坏；低温结露易使输送机堵塞、板结、使马达烧坏。斗式提升机最容易发生事故，自燃形成抽力使燃烧加剧，导致链带变形或掉道无法工作。所以凡是采用机械运输的，一定要加强密封或慎重选型。目前多采用埋刮板机输送及提升，性能改善很多。

气力输灰。大型高炉普遍采用了气力输灰。首秦 1 号 1200m^3 高炉使用效果较好，10 个箱体由 1 根气力输灰管将灰输往大灰仓，再采用吸排式罐车将灰运往烧结车间。系统全密闭操作，现场干净整洁，此模式以后被很多高炉采用。

大灰仓下也可以设加湿搅拌机加湿后用汽车运出，这一方式也被广泛采用，避免使用昂贵的罐车运送。

气力输送应当防止灰的自燃，负压抽送造成过燃烧事故烧毁了罐车，以后大都改用氮气正压装车。

最初采用稀相气力输灰，灰气比小，每公斤气体只输送几公斤粉尘，除尘灰呈悬浮状态流动，属于动压输送，可以在短时间完成输灰。缺点是氮气消耗多、输灰管磨损较大，需采用内衬陶瓷的耐磨管道。

近来很多高炉采用了浓相输送，气力输灰水平进一步提高。浓相输送属于栓塞流或半栓塞流运动方式，靠静压力推动，速度较慢、灰气比可达 20~30kg/kg 或更高。除尘灰输往大灰仓因距离很近，可以高灰气比操作，用气量少，而且直段管路不必加衬。

浓相气力输灰有多种方式，发送罐有上引气、中引气和下引气几种，罐容积和发送方式也不尽相同，应通过实践来总结各自的优缺点。

浓相远距离输灰也是目前看好的方向，一旦实现，干法除尘输灰可以进一步优化，省去大灰仓，箱体粉尘可以直接输往烧结车间。

远距离输灰在 400~500m 内可以直输，若超过很多应设中间站，输送浓度也需适当降低。应注意能耗较大是其不利一面，长距离运输是否能耗过大应充分做好评估工作。

4 除尘灰的利用

除尘灰利用与湿法不完全相同，有一些新课题。中小高炉除尘灰含铁量低时不返烧结；大高炉布袋灰含铁量高，一般和重力除尘灰一起运至烧结厂利用。

含铁量多少返回烧结厂使用各厂应有自己的尺度，因为布袋灰量很少，所以不多考虑一起送往烧结。近来引起更多注意的是其他成分，比如锌铅或钾钠含量，决定了是否应直接返回烧结厂使用。

铅锌在高炉中起破坏炉衬作用，含量过高还会在炉身上部与炉顶煤气管结瘤，所以应当控制入炉数量，特别是应当防止循环累积。资料介绍入炉原料锌负荷应小于 110~130g/t 铁范围。

一般除尘灰粉尘中的含锌浓度为 0.4%~2%，国内部分高炉煤气粉尘中锌含量往往超过很多。如果高锌除尘灰作为烧结原料，循环往复无疑会加重入炉料的锌负荷。最近一些厂发现了这个问题，已经停止烧结厂使用。

铅锌在高炉极易还原，锌的沸点为 207℃，铅的沸点为 1740℃，两者在冶炼条件下蒸气压相差很多，绝大部分锌以蒸气形式进入煤气，铅则多数沉到铁水之下积存，只有极少数进入煤气中。金属蒸气随气流带出高炉，遇冷凝结成为极细的金属粉尘。

铅锌的凝结物大部分集中在极细粉尘中。PW 公司多次测量的煤气灰铅锌含量在不同颗粒灰中分布，结果表明，主要含量集中在 7μm 左右粒径中，分界点在 25μm 颗粒度时铅锌含量在 0.2%以下。由此说明 PW 公司开发的轴流旋风除尘器除尘灰粒度绝大部分超过 25μm，因而可以直接给烧结使用。Corus Ijmuiden 厂高炉有关锌与粒径的关系见表 5。

表 5 Corus Ijmuiden 厂高炉粉尘的分级和成分分布 （%）

粒度分级	重量	Fe	Zn	Pb	碳
＞60μm	34.4	14	0.3	0.04	
30~60μm	29.5	38	1.5	0.05	
20~30μm	22.7	44	1.5	0.05	
10~20μm	4.5	28	0.5	0.11	
5~10μm	2.6	41	1.1	0.17	
＜5μm	6.3	19	8.6	1.15	
合计	100	35.7	1.65	0.23	29.5

由于金属锌粒极细，较少在重力或旋风除尘器沉降，绝大部分进入干法或湿法除尘灰中。在湿法中，煤气污泥处理采用多级水力旋流设备能较好分离富锌成分，分离出的富锌滤饼因为大部分达不到回收利用价值，一般丢弃处理，铁和碳则富集回收。

干法除尘灰中，铁、铅、锌和其他成分分离是一个新课题。国内一些中小高炉含锌量高时除尘灰直接卖给冶炼厂处理。

布袋灰如何脱锌处理，很少专题研究。日本千叶铁厂 6 号高炉进行过干法除尘灰的分离试验，实现了锌的初步分离。原理是除尘灰采用气力分级，分级后细粉尘中锌有明显富集（表 6），其分离工艺如图 1 所示。

表 6　日本千叶 6 号高炉干法除尘灰元素分配情况

项目	尺寸/μm	Zn/%	TFe/%	C/%
粗粒	44.5	1.17	41.9	27.8
细粒	16.0	4.23	39.8	24.3

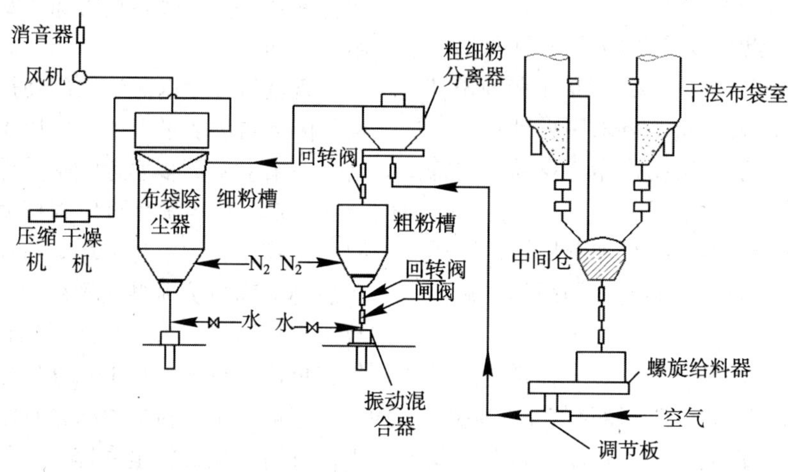

图 1　日本千叶 6 号高炉除尘灰除锌方案

除铅锌以外，其他成分偏高时也需要注意，防止循环富集，如钾钠等元素偏高返回炉内将造成内衬损坏。有用元素含量高也可以加以回收，如韶钢曾经从煤气除尘灰中回收金属铋等。

除尘灰无论是返回烧结厂还是用作其他方面，都应充分再利用，体现循环经济原则。综合利用过程还要防止有害物质富集或扩散，污染环境。目前很多情况尚未查明，比如湿法除尘洗涤水中的氰化物、酚类和重金属等有害物质，改为干法后这些物质是如何转移的，存在形态如何都有待研究。

最近发现氯化物含量过高也是一个新问题。自从采用干法除尘以来，煤气管网腐蚀问题已成为很多厂的头疼问题，究其根源是煤气中的氯离子所为，这就需要研究原料和产品中氯化物的行踪，氯化物多了同样也要对其加以控制。

首钢一座 2650m^3 高炉采用干法后煤气管网严重腐蚀，经测试查出了氯元素是主要根源并研究了其分布情况，为此项研究开了一个好头。表 7 是该高炉原料与产品中氯元素的平衡情况。

表 7　首钢一座 2650m^3 高炉原燃料与产品氯元素平衡表（小时量平衡）

项　目	投　入							产　出				
	烧结矿	球团矿	澳矿	煤粉	干焦	湿焦	合计	重力灰	布袋灰	炉渣	煤气	合计
Cl^-含量/%	0.028	0.018	0.044	0.042	0.031	0.034		0.35	0.37	0.024		
小时料量 /t·h^{-1}	276.5	94.5	77.0	43.0	57.4	24.5		3.08	3.08	84		
Cl^-小时量 /kg·h^{-1}	77.42	17.01	33.88	18.06	17.78	8.33	172.48	10.78	11.41	20.16	130.13	172.48
Cl^-比例/%	44.89	9.86	19.64	10.47	10.31	4.83	100.0	6.25	6.62	11.69	75.44	100.00

由表 7 可知，布袋和重力灰含氯根平均约 0.36% 左右，是各种入炉原料氯根含量的 8~20 倍，两者氯根合计重量约 22 kg/h，占入炉料氯根的 12.9%，数量不少，用作烧结原料造成循环富集应引起关注。表 7 中可见绝大部分（75%）氯根进入了煤气，导致管道腐蚀。

由此可知除尘灰有一定腐蚀性也应当是氯化物所为，幸好并未发现对阀门、设备、管道等造成明显损坏事例。

此例不代表所有高炉，但有一定普遍性，干法除尘腐蚀性有了越来越多的报道，因此很值得研究。对于没有腐蚀性的也应分析、研究、比较，确定氯化物行踪，对比没有腐蚀性原因。

总之，干法除尘灰是否直接返回烧结厂利用要全面考虑，除了含铁量外还要考察铅锌含量、钾钠含量、氯化物含量等等，要有各自的入炉负荷界限。对于不适宜直接返回利用的，要研究各种成分分离方法或研究改作其他用途，为实现循环利用作深入研究。

5　结语

炉煤气干法除尘发展过程出现很多新情况、存在诸多难点，灰处理就是其中之一。本文总结了干法除尘灰所具有的一些特性以及卸、输灰的不同工艺流程，目前已普遍认为气力输送更适合推广使用。

在综合利用中虽然袋式除尘灰数量不多，也应当避免不加分析的全部送往烧结使用，应根据其含铁量决定它是否可以直接利用，还应分析有无其他有害元素参与循环过程，对它的利用应量化研究，尽早确定除尘灰中不同元素的含量界限，一旦超标就应避免直接使用。除尘灰的合理利用及各成分分离研究还有很多工作可做。

（原文发表于《炼铁》2010 年第 3 期）

高炉干法除尘设置荒煤气事故放散的探讨

陈玉敏　郑传和　章启夫　侯　建

(北京首钢国际工程技术有限公司，北京 100043)

摘　要：本文针对高炉荒煤气放散的几种类型如：事故放散、拉荒放散、置换放散进行了分析，认为大型高炉条件改善、设施完善，可以取消事故放散和拉荒放散设施，同样可以保障干法除尘的安全运行。

关键词：高炉煤气；干法除尘；荒煤气放散

1　引言

高炉煤气采用湿法除尘时，重力除尘器出来的荒煤气主管进入一文或洗涤塔之前，只在重力除尘器出口的荒煤气主管上设置一个 DN400 的放散管，用于休风、复风时置换煤气之用。

随着高炉煤气干法袋式除尘的推广应用，大部分高炉荒煤气主管上增设了新的放散管，功能不同，直径也有很大差别。其主要功能有的是新高炉开炉时期用来提升煤气温度和管壁温度之用，称拉荒放散；有的是放散全部或大部事故高（低）温煤气，避免进入除尘箱体造成滤袋损坏，因此放散管直径较大，甚至于等同荒煤气主管直径，称事故放散。此放散还设有炉顶压力控制的调压阀组，成为煤气系统的第二调压阀组。

针对干法除尘荒煤气放散管设置是否必要、是否合理目前存在不同看法，本文拟就此问题进行初步探讨。

2　荒煤气主管放散管功能的演变

2.1　放散管设置由来

高炉袋式干法除尘所使用的滤袋目前基本上有两种，一种是以玻璃纤维为主体，掺加了少量合成纤维制成的玻纤复合针刺毡滤料，如氟美斯（FMS）滤料，使用温度约 280℃，瞬间 300℃；一种为合成纤维针刺毡滤料如诺米克斯 Nomex，使用温度 220℃，瞬间 270℃。各种滤料耐温性能与高炉煤气温度基本适合。偶然也有出现超高或低温情况，如开炉初期低温危害较多；低料线或管道、崩料时炉顶温度则异常偏高，危及过滤材料。

20 世纪 80~90 年代，许多小高炉开炉初期，由于低温糊袋，造成干法除尘不能正常运行。为了应对高炉出现高、低温情况对干法除尘的不良影响，很多钢铁企业采取了各种应对方法。

20 世纪 80~90 年代投产的 1000m^3 以上高炉，包括国外的和引进国外技术的大型高炉，采用干法除尘时往往保留湿法除尘，开炉和高炉出现高、低温情况时切换至湿法除尘，可有效地解决煤气异常温度对滤袋的损害问题，但一个系统两套设施虽然可靠、保险，却投资过大、操作也复杂。

国内部分高炉在荒煤气主管进入干法除尘箱体之前设置了换热设施，形式有列管式换热器和热管换热器两类。由于列管式换热器换热效率低、换热面积大、占地多、检修维护较困难、投资高，因此采用此种方式的并不多。首钢则创造了热管式换热降温装置，降温效果好、体积小，缺点同样是增加了投资。

21 世纪初，部分企业开炉时利用荒煤气放散加快提高进入干法除尘的煤气温度，后来发展成为高炉事故时的高温荒煤气放散（包括低温放散），称为事故放散，放散管的用途进一步扩大，放散管直径也比置换放散与拉荒放散管大了许多。为了放散时不致造成炉顶压力波动太大，还在荒煤气放散管上设置了调压阀组。

应当说明的是事故放散装置是我们的专利技术，由于种种原因首钢高炉并未采用。国内其他一些高炉根据自己条件使用，起到一定应急作用。

2.2　事故放散

事故放散的方式是在荒煤气主管进入除尘器主框架之前或主管末端设置放散管，放散管的直径按放散大部分高炉煤气量考虑，因此放散管的直径与荒煤气主管直径基本相同或略小一些，为防止出现高温时突然放散引起炉顶压力骤降，因此安装有调压蝶阀组，其原理和结构完全与净煤气减压阀组相同或是结构简单一些。当事故高温出现时，逐个关闭除尘器箱体的出、入口蝶阀的同时放散管的调压阀组自动实现调压放散，使炉顶压力不至于波动过大影响高炉生产。

拉荒放散及事故放散管的布置有以下几种形式：

（1）单独设置放散塔。当干法除尘距净煤气管网调压放散塔太远时，可以设置单独的放散塔。如重钢 1350 m^3 高炉、京唐 2 号 5500 m^3 高炉就采用了这种布置，此种方式最为安全可靠，但投资过大。

（2）荒煤气放散管直接接入高炉净煤气调压放散管内。当干法除尘系统距高炉或管网净煤气调压放散塔较近时，可将干法除尘系统荒煤气放散管直接接入净煤气调压放散管内，荒净放散合在一起，如阳春 1250m^3 高炉等。此种方法最为简便，节省资金。

（3）与管网净煤气放散管布置在同一个放散塔框架内。当高炉较大或厂区两个以上高炉统一设置净煤气调压放散塔时，一般设置三个放散管，成等边三角形布置，干法除尘系统荒煤气放散管可布置在等边三角形的中心单独设置，此种布置较第一种方式节省资金，较第二种方式安全可靠。

据我们了解的情况，包钢、唐钢、莱钢、攀钢、湘钢等公司均设置了高炉荒煤气事故放散管。

2.3 拉荒放散

所谓拉荒放散就是在荒煤气主管末端设置放散管，直径按放散高炉正常生产时三分之一的煤气量，也就是按开炉初期的煤气量考虑。由于放散管直径比重力除尘放散管大，可加快新高炉开炉引气和检修复风时引气的升温速度，缩短引气时间。

首秦 1 号高炉于 2004 年 6 月 4 日投产，是当时投产的第一个 1200m^3 以上的全干法除尘高炉，由于之前很多小高炉在开炉初期经常出现低温糊袋事故，因此对于此高炉的投产引气大家都非常重视，制定的引入箱体的荒煤气温度是 100℃，最低不得低于 80℃。但是开炉后高炉顶温始终在 80~90℃之间，该高炉只在荒煤气总管末端设置了一个 DN200 的置换用放散管，由于放散量太小，进入荒煤气总管的煤气量太少，温度始终维持在 40℃左右，能否引入除尘器箱体，大家犹豫不决。最后通过关闭炉顶一个 DN650 放散阀，强行使大量煤气由 DN200 放散管放散，在荒煤气管温度上升至 66℃后引入了除尘器箱体，运行后没有出现低温糊袋事故。这种在引气时强行关闭炉顶放散阀还是有一定风险的，因此在以后的干法除尘设计中都设计了直径较大的拉荒放散。济钢、首秦二期 1780m^3 高炉拉荒放散管直径为 DN500，单独支撑在干法除尘钢结构框架上，放散管高度 30 多米；迁钢二期 2650m^3 高炉拉荒放散管直径加大到 DN700，直接接入高炉净煤气放散塔内；京唐 1 号高炉、迁钢 3 号高炉拉荒放散管直径 DN1000，与高炉净煤气调压放散管布置在同一个放散塔内，京唐 2 号高炉拉荒放散管直径 DN1000，单独设置了放散塔。这些放散管只是新建高炉投产或休风后复风放散之用，没有考虑事故高（低）温放散。

3 事故放散和拉荒放散存在的问题和设置必要性分析

事故放散为解决高炉煤气高（低）温事故考虑；拉荒放散只是开炉初期或检修复风加快荒煤气管温升作用，但通过几年的实践，特别是从最近几次开炉经验看设置的必要性值得商榷。

3.1 事故放散存在的问题和必要性分析

事故放散存在的问题：

（1）环保问题。事故放散是在高炉生产时出现异常高、低温时的事故放散，以保护滤袋，此时放散量很大，是一个应急设施。压力控制与高炉净煤气减压阀组基本相同，但其结构较简单，因为没有消音装置。荒煤气放散不易点燃，大多是直接放散，即使点燃烟尘也很大，产生的烟尘和噪声可想而知，从环保角度讲都是不合理的。

（2）阀门磨损问题。高温放散时，温度高、煤气量大、荒煤气含尘量高，对蝶阀磨损较大。据使用单位介绍，调节蝶阀在使用一、二次后即密封不严，为防止不用时总是存在少量煤气泄漏，在调压蝶阀组后又安装一个大的全封闭插板阀（有的单位在三根支管调压蝶阀组前安装）。大插板阀在开启时阀前阀后需要均压，一般要求阀前与阀后的压差不超过 0.03MPa,且完成松开、走板、压紧一套动作最少需要 2 分钟，不适合应急放散；如果平时插板阀处于开启状态，又存在煤气泄漏，这又是一个矛盾。

（3）影响管网煤气平衡问题。高炉煤气是钢铁厂重要的二次能源。在大力提倡节能、减排的大背景下，各钢铁企业都非常重视高炉煤气的充分利用。除热风炉、焦化厂、轧钢厂加热炉这些传统用户外，有的企业还建设了燃气锅炉，用以发电或生产蒸汽。煤气管网放散的煤气量很少，高炉事故往往发生突然，事先很难预料，一旦发生炉顶高温事故，在来不及通知后续用户或并未做好准备的情况下，突然放散大量煤气，虽说是调压放散，高炉顶压波动不大，但对后续用户的正常使用会产生一定影响，甚至导致煤气管网压力降低。

事故放散必要性分析：

炉顶瞬时高温对滤袋的损害并没有我们想象的那么严重。我们曾请有检测设备的单位做过实验，将 Nomex 滤料在加热炉中恒温到 300℃，保温时间分别为 1、2、3 小时，取出分别测定其拉伸强度、伸长率等性能，发现性能参数下降很少，实践也证明了这一事实。一次 5500m^3 高炉炉顶出现 1000℃高温，持续时间近 20 分钟时间，原本以为所有滤袋遭受了毁灭性打击，滤袋已经灰飞烟灭或是千疮百孔了，后停炉打开人孔检查，发现滤袋只是颜色变深了一些，手感并没有什么变化。提取样品交专业机构测试，得出的结论是拉伸强度、伸长率都有所下降，但仍能使用，到现在经过高温的滤袋已经使用了 10 个多月了没有问题。

分析原因有以下几方面因素起了作用：一是炉顶及时采取了打水措施；二是炉顶温度越高，沿程通过旋风除尘器与管道和布袋箱体的温降越大；三是高效热管式散热器起了缓冲作用。此种散热器设计降温幅度 50℃左右，瞬间效果可超过 100℃，原因是短时间内由于旁通管路管道凉、软水凉、散热器外壳凉等诸多因素，开始降温幅度可超过 100℃；四是出现事故高温时间多数不长，高炉操作可以及时处理；五是较长时间没有反吹，滤袋灰膜较厚，对滤袋可能起到了一定的保护作用；六是滤袋耐温实验是在大气环境下测试的，而干法除尘是在煤气条件下没有氧气作用，因此可能也会有所不同。

总之在设施完善情况下（有前置换热降温装置），事故放散必要性不大，当然必须还要高炉操作处置及时。

低温事故往往持续的时间较长，短则数小时，长则数天、数周，甚至几个月，靠放散解决低温事故也是不现实的。应从管理和高炉操作来解决，如提高烧结矿入炉温度、适当降低料面、发展中心气流等，高炉操作应照顾后面的干法除尘正常运行。

3.2 拉荒放散是否必要

举几个开炉的实例论述拉荒放散是否必要，济钢 3 号 1750m^3 高炉于 2005 年 9 月 18 日投产，当时遇到济南地区 50 年一遇的降雨天气，空气潮湿、气压低。高炉送风后炉顶温度很快升高到近 200℃，打开 DN500 拉荒放散半个多小时，荒煤气主管拉荒放散阀后温度只上升到 60℃，但由于气压低，煤气不易扩散，干法除尘周边大气煤气含量迅速升高，在此情况下不得不关闭放散阀，荒煤气主管温度下降至 40℃以下，是否投入除尘器箱体，业主犹豫不决，我们分析当时的情况，提出了建议：“现炉顶温度在 200℃左右，如果投入 3~4 个箱体，关闭炉顶 DN650 放散，大量热煤气通过除尘器箱体由净煤气放散塔放散，箱体温度应该会很快升高”。业主研究后采纳了我们的意见，操作后不到 1 个小时，投入运行的除尘器箱体温度上升至 120℃。

京唐 1 号高炉于 2009 年 5 月 21 日投产，开炉送风 7 个小时，在此期间炉顶温度始终在 70~80℃上下，荒煤气主管温度在 50℃以下，在此情况下投入了 4 个箱体，箱体内温度 100℃以下持续时间超过 12 个小时，未出现糊袋和压差升高现象，创下了超大型高炉开炉引气时间最短、温度最低的纪录。

迁钢 3 号 4000m^3 高炉开炉送风后，炉顶温度更低，炉顶温度始终在 40~50℃范围，送风后不到 6 个小时，投入 4 个除尘器箱体引气，当时荒煤气主管温度只有 17℃，箱体内温度 100℃以下持续时间超过 16 个小时，未出现糊袋和压差升高现象。

以上两座高炉在投产前都做了充分准备，投产前热风炉和高炉都进行了充分烘炉；对荒煤气管道（内壁有 50mm 厚喷涂料）用 200℃热烟气进行了烘烤；装完料后又用 300~400℃的热风对开炉原料进行了长时间的烘烤，使炉体、荒煤气管道的喷涂料和开炉原料中的水分降到最低。

迁钢 2 号高炉投产时，由于低温持续的时间较长，出现了糊袋现象，当时备用箱体还很多，但担心投入的箱体滤袋又被糊死，始终没有投入备用箱体，除尘器箱体压差一度上升到 18kPa，当煤气温度正常后，经过一段时间热煤气的烘烤和频繁反吹，滤袋的过滤性能得到一定恢复，当然与新滤袋相比，透气性应该有所下降（没有具体检测）。

由这几次开炉实践经验看，开炉初期如果炉顶温度较高，则不必要进行拉荒放散，直接可以投入箱体引气；如果开炉初期炉顶温度始终偏低，则无论放散管直径多大、放散时间多长也是不会使荒煤气温度升高，如京唐 1 号高炉、迁钢 3 号高炉，只要做好开炉前的准备工作，主要指的是炉体、荒煤气管道、开炉原料充分的烘烤，经过炉顶一段时间的放散，再进行箱体引气也不会有大问题，只要炉顶低温时间不要持续得过长。

以前小高炉投产时使用低水分的机焦比例较少，焦炭含水量多，熟料比不高，炉顶、重力除尘器充填蒸汽，也不注意开炉前的烘烤工作，再加上操作不当，因此低温糊袋事故较多，也使大家把大高炉开炉时投箱引气的低温危害看得过重了。

值得提请注意的是，开炉前炉内添加了大量枕木，枕木上又浸了很多防腐油，开炉初期的烟气中油烟很大，对滤袋很不利，因此炉顶放散是必不可少的，放散的时间也不要太短。

总之大型高炉原料条件好、开炉准备充分，只要炉顶充分放散，拉荒放散必要性也就不大。

4 结论

综上所述不难得出结论，随着荒煤气事故放散或拉荒管设置，设备和投资也同时增加。为了防止高炉操作出现煤气异常高温对滤袋造成损害，应首先完善或加强炉顶打水系统功能，并增加煤气降温措施如前置换热器等，采用放散荒煤气解决事故高温是不必要的；至于拉荒放散，只要在开炉前做好充分准备，其必要性也不大，两种放散装置个人意见今后设计可考虑取消。荒煤气总管只需有置换用放散管即可，直径 DN200~DN300，设置在重力除尘器和荒煤气主管的末端，如果主管直径较大，距离较长时，可在沿程高点再设置一两处以加快置换时间，这样做既确保生产也经济合理。

如果整套干法除尘设施比较简单，降温控制能力不足，仍可采用放散方法以备消除高温事故，取舍可根据实际情况进行选择。

今后干法除尘煤气升、降温调控仍应作为重点课题研究，如取得进展将使干法技术更加完善和成熟。

（原文发表于《2010 高炉干法技术交流会论文集》）

高炉煤气干法除尘节能新途径

高鲁平[1]　张卫东[2]

(1. 北京首钢国际工程技术有限公司，北京 100043；
2. 首钢京唐钢铁联合有限责任公司，唐山 063200)

摘　要：为干法除尘煤气升温提出了一个新方案。分析了升温与增加余压发电出力关系，通过煤气加热升温可以增加电能回收，使炉顶高温得以有效利用；干法除尘煤气具有低水分、高热值特点，因此同样具有节能意义，但是在为防腐蚀所进行碱洗时，"干"煤气又变"湿"煤气，使优点丧失，提出了解决问题的新思路。

关键词：高炉煤气；干法除尘；余压发电；热矿上料；防腐蚀

New Proposal for Saving Energy in the Dry Dust Removal Technology

Gao Luping[1]　Zhang Weidong[2]

(1. Beijing Shougang International Engineering Technology Co., Ltd., Beijing 100043;
2. Shougang Jingtang Iron and Steel United Co., Ltd., Tangshan 063200)

Abstract: In the paper a new proposal is made to raise the temperature in the dry dust removal technology. The relation between raising temperature and increasing TRT power is analyzed. Through raising gas temperature, more electrical power can be reclaimed and the high temperature in the top of the blast furnace can be used effectively. Gas of dry dust removal has advantages like lower moisture and more heat energy, therefore, more energy is saved in this way. However, dry gas will change into wet gas when alkali washing is adopted for corrosion resistance, thus being no longer energy-saving. A new method is introduced in the paper to solve the above problem.

Key words: blast furnace gas; dry dust removal; TRT; hot burden charging; corrosion protection

1　引言

高炉煤气干法袋式除尘在我国起步较早，已有近40年历史，目前又在大型、特大型高炉推广普及，成为炼铁行业迅速发展的新技术，前景看好。

干法除尘具有净化效果好、节能、节水、环保、运行费用低、占地少等优点，效益非常显著，完全符合资源节约和环境友好的大方向，适合我国国情需要。

在诸多效益中节水一项具有特别意义，是钢铁行业大力推广的重要节水技术；节能也是干法迅速发展的重要推动力，意义也同样重大。

在节能方面，由于干法除尘为正压过滤，因此动力消耗极少，优于湿法除尘大量的水、电消耗；还大幅度提高了余压发电出力。

干法的节能与经济效益虽然体现在很多方面，最大收益还是表现在提高余压发电（TRT）出力上。由于煤气温度高、压力损失小，因此可以多发电30%以上。增加的电力远比除尘工艺自身所消耗的能量多，所以干法除尘配余压发电对干法来说能耗投入少、产出多，相当于一个负能量的生产过程。

举例来说：某2600m^{3}高炉，湿法TRT功率约11000 kW，干法约15000 kW。增收的电力远超过干法除尘自身需要的电力。干法除尘电容量约200 kW，主要是阀门与输灰设施用电，因为是间断工作，作业率又低，所以耗电很少，加上其他水、电、气消耗，总能耗也是很低的。

同一高炉湿法系统电机运行功率为 1717.5kW（总容量约 2518kW），改干法后完全可以省去，而干法 TRT 发电又增加约 4000 kW，两者之和减去干法能耗，就是干法—余压发电联合作业的节能效益。

干法除尘配 TRT 的合理性理论上早已阐明，只有干法成功才得以实现。目前虽然已成功配套，应仍有改进和提高余地，能否继续提高余压发电出力就是一个新课题。

节能的另一方面是干法除尘可获得优质煤气，具有含尘量低、温度高、含水少，无清洗过程带入的机械水等优点，因此热值较高，比湿法煤气好得多。生产时也明显感觉干煤气好烧，可获得更高风温，若采用其他手段达到同样升温效果，需要付出很多代价。

实际上湿煤气所含饱和水和机械水常比规定要高，使煤气热值降低很多。机械水进入炉内从液态化成蒸汽，潜热吸收也是不容忽视的，对燃烧的不利影响不可低估。目前对干煤气特点应积极研究并进行量化比较，对其合理利用也是一个值得研究的重要课题。

当然余压发电自身也有很多课题值得研究，本文仅从干法除尘角度对上述节能方面进行一些探索与讨论。

2 提高“干法除尘—余压发电”出力的新途径

2.1 提高 TRT 出力的相关因素

余压发电输出功率计算与很多因素有关，计算方法各国都有所不同，有的考虑较为周全，虽然比较精确，但是计算过于繁琐；有的则较为简略。我国学者在分析了各种计算方法后提出一个具有多方优点而又较为简便的公式，即：

$$N=\frac{Q}{860}c_pT\left[1-\left(\frac{p_2}{p_1}\right)^{\frac{K-1}{K}}\right]f_d\eta_t\eta_G$$

式中 N—— 透平发电机输出功率，kW；

Q—— 煤气流量，m^3/h；

c_p—— 定压比热，kJ/（$m^3\cdot K$）；

T—— 透平入口煤气温度，K；

p_1，p_2—— 透平入口、出口气体绝对压力，Pa；

K—— $\frac{c_p}{c_v}$，绝热指数；

f_d—— 气体中水汽冷凝释放气化率潜热的热量修正系数，一般为 1.10~1.13；

η_t—— 透平机效率，一般为径流向心式 0.75，轴流冲击式 0.80，轴流反动式 0.85；

η_G—— 发电机效率，一般为 0.96~0.97。

从上述公式分析，余压发电出力主要与煤气流量 Q，进、出口压力 p_1 和 p_2，煤气温度 T 有关，其他各项是一些相关系数。

近年来 TRT 技术发展很快，很多方面均有改进，有效的提高了出力。具体做法都是围绕流量、压力、温度等方面做的工作。

（1）努力减少泄漏，实现煤气全回收。

如以调节压力的蝶阀型旁通阀代替传统的减压阀组，减少了阀组内的常开孔道和各蝶阀环缝的泄漏，如果仍然使用减压阀组，则应尽可能减少泄漏率并将通孔盲死或改成蝶阀。其次，尽力消除了其他如快开阀等所造成的煤气泄漏。煤气流量与透平出力呈线性关系，影响至关重要，所以应确保煤气最大限度进入 TRT 透平机。

（2）提高透平进、出口压差。

因出口压力已定，所以尽力提高透平入口压力。除了维持炉顶高压率外还应依靠减少管路沿程阻力损失和局部阻力损失解决。TRT 运转时用来控制、调节炉顶压力的是调速阀（或与旁通阀并用）和可调静叶。应尽量实现静叶自动控制炉顶压力，使调速阀全开。如果静叶控制不好需靠调速阀控制，则阻损相对较大，对 TRT 输出功率有明显影响。

消除煤气泄漏也是保持压力的重要环节，大量通过调压阀组泄漏，不但煤气流量减少，压力下降也是不容忽视的。

采用干法除尘是保存煤气压力的重要选择，这是一个低阻力损失下获得高质量煤气的新工艺。湿法除尘阻力损失约 20~30 kPa；干法除尘则为 2~ 3kPa，是湿法除尘的十分之一，因而有利于多发电。资料介绍仅阻力损失减少一项即可提高出力 3%~7%不等[1, 2]。

（3）采用较高效率的轴流透平机，效率可提高到 0.85 左右。

（4）提高透平机入口温度。

透平功率与入口煤气温度 T 呈线性关系，温度越高出力越大。湿法除尘热量散失多，热焓低，电力回收少；干法最大限度保存了煤气热量，有利于多发电。

提高温度效益显著，即使是湿法除尘也可以通过提高温度增加出力。宣钢就曾经为此做过努力：湿法除尘时，通过提高洗涤水温度将进入透平的煤气提高到 65℃以上，取得了多发电的良好效果[3]。

温度作用很容易计算：若以湿法煤气温度 50℃

为基准，分别提高到65℃、150℃、200℃，不考虑压力损失影响，TRT出力分别可提高4.6 %、31.0%、46.4%，每提高温度1℃，发电量增加约0.3%，煤气显热对发电所起的重要作用是直接的。干法除尘可大幅度提高余压发电出力原因即在于此，是迅速推广采用的主要原因之一。

如何通过提高温度增加出力是本文所要探讨的问题之一，它将和解决干法除尘煤气升温课题一起考虑。

2.2 提高炉顶温度，增加出力

如上所述余压发电在压差、流量、效率等方面已经研究很多，只是在如何提高温度方面还研究甚少。干法除尘可提高余压发电能力30%以上，主要是温度作用，而温度又很难干预，如何通过提高煤气温度多发电仍是一个值得探索的课题。

干法除尘有很多优点也有其薄弱环节，对温度有要求就是其一：过高将影响滤袋性能，如长时间在300℃下工作会降低滤布寿命；太低若低于煤气露点，滤袋将被糊住，影响过滤与反吹效果，温度限制至今是干法除尘的制约因素。温度控制中高温尚有调节手段，可通过炉顶喷水或借助散热器降温，而低温结露虽偶尔发生却难于处理，是干法除尘有待解决的主要问题之一。

炉顶温度偏低是冶炼水平提高、炉况顺行、焦比降低、煤气能量利用好的自然结果，偏低是很正常的事。

干法除尘绝大多数时间里温度是合适的，即使超标，高、低也就差一点点，升、降温调节幅度只要30~50℃即可。高温因有炉顶喷水，所以干法入口温度略有降低即可，目前列管与热管两类换热器降温技术已经成熟；低温煤气加热升温还缺乏手段，做到并非易事。1座2600m^{3}高炉，煤气升、降温50℃时传热量约10000kW，换热面要很大才行。已有的降温措施本已较为复杂，装置占地多、投资大；若再设升温装置，系统会变得十分复杂、执行难度大，作业率还低，所以升温技术难度确实很大。

回想20世纪60~70年代情况和目前大不一样，当时由于烧结冷却效果欠佳，冷矿入炉问题一直难以解决，虽然是“冷”矿，断面也时常发红，输送胶带经常烧坏，造成炉顶温度很高，给操作和设备维护带来麻烦，这一高温也无法利用。对此曾有过两种意见，一种主张热矿入炉，认为有利于高炉顺行；一种认为吃冷矿好，应大力解决烧结矿冷却问题。如今热矿上料已经成为历史，烧结矿冷却已不再成为问题。

干法出现后，为克服低温也曾设想是否可用提高炉料温度来解决，只是采用什么方案有不同意见。一种意见是用原料焙烧方法解决，但是真的做起来也是很复杂的事情，难度很大；另一种想法是可适当提高烧结矿温度，不必过度冷却，只要在设备可承受的温度下加入炉内，即可提高炉顶温度，这一方法简单易行，便于实施，是一个新思路。

从技术层面上说这项工作难点不多，需要时可调运“热”矿入炉。关键环节是运输胶带的耐热程度以及生产如何组织。此方案现场调查得到认可，生产部门认为目前胶带可承受200℃左右温度，比过去耐热性能有所提高，因此有条件实施。现在冷矿温度大约100℃以上，若适当提高30~50℃或更高，设备既能承受，解决炉顶低温将效果显著。

“热”矿入炉若能实现将带来多方面好处：

（1）炉顶温度提高有了办法，能较好地解决干法低温危害。此方法不需要煤气、蒸汽、热烟气等能源消耗，不增加设备，易于实现，预计效果较好。但不是每座高炉都能实现。

（2）温度提高使余压发电多出力。根据上述公式计算，每提高10℃可多发电2%~3%，潜力发挥不可忽视。如果TRT入口温度（平均）从150℃提高至200℃，1座2600m^{3}高炉可多发电约1700kW，哪怕提高10℃也多发电330kW；1座超大型高炉提高10℃可多发电1000 kW左右，既克服了低温又可以多发电，一举两得。将烧结矿热量转化为电力是一个新课题，如效果显著，甚至可以长期“热”矿入炉，而不仅仅是为了克服低温。资料介绍有的高炉采用干法除尘后TRT发电量提高了40%，超过通常所说比例，分析其原因可能是炉顶温度较高结果。

（3）可以解决透平叶片沉积物问题。现场发现干法TRT叶片常有白色结晶物沉积，需要定期清理，若出口温度超过80℃时沉积物会减少或消失。湿法除尘为了减少叶片污泥沉积，国外的经验是入口煤气通过燃烧少量高炉煤气（3%）提高到120℃以上就可以消除，由此可见煤气温度高还有利于透平运行。

（4）煤气温度高，热焓增加，有利于热风炉燃烧、提高了风温与热效率。

（5）系统温度高，使干法设施腐蚀问题缓解，将只在煤气减压之后管路出现，便于集中处理。

（6）烧结矿温度如能适当提高，可减少烧结矿冷却设备风机能耗；冷却强度降低还可以提高烧结矿质量。

总之，此项工作如能实现，将是干法除尘的一项保障性措施，也是节能工作新方向，应当充分论证，积极开展研究。

应当说明的是：

（1）研究的首要目的是解决煤气升温，消除低温危害。依靠烧结矿热量提高顶温是否可行需要研究，行之有效的话，将使干法除尘解决一大难题，使之更加成熟适用。

（2）在可行的基础上研究炉顶高温利用。能提高多少与能否持续高位运行是一项全新课题，为炉顶高温能量利用开辟一条新路。

（3）应完善炉顶喷水控温能力。目前多数高炉喷水能力欠缺，无法应对突发的高温事故。引进技术喷水装置功能较好，能满足事故高温的降温要求，应充分消化吸收，只有这样才能安全放心的提高温度，保障干法除尘正常运行。

（4）不必担心提高温度会影响除尘工作，热矿带来的高温应当是可控的，也不会导致事故高温次数增加。即使除尘器长期处于 250℃下工作，滤袋也能够承受，可能对寿命略有影响。高温与滤袋寿命关系可通过生产实践找出规律，并按最佳性价比进行运作。

（5）提高烧结矿温度必然也有很多技术问题需要解决，需要认真对待，相对于其他升温方案应更容易见效。

3 发挥干法煤气的节能优势

干法煤气的优点显而易见，但是也可能使得来的优势丧失，原因是部分煤气冷凝水具有强烈腐蚀性，采用防腐蚀措施后，无论是管道喷水还是洗涤塔喷淋碱液，都将再次成为“湿”煤气，使温度降低、含水增加，热值下降，至少热风炉得不到实惠，这部分煤气约占总量的一半。

如何保住干法煤气不变“湿”，维持干煤气优点而又不具腐蚀性也是一个新课题。较好的方法是直接引干煤气至热风炉，不经喷碱或水洗。腐蚀问题可采用伴热与保温解决，例如煤气管设夹套通饱和蒸汽或采用电伴热解决。1.0MPa 的饱和蒸汽温度为 181℃，高温夹套可避免管壁结露，若能使煤气升温则更好。饱和蒸汽加热升温是成熟技术，效果好，蒸汽消耗少，气源容易解决。

如果可行将带来如下好处：

（1）既保持了干煤气含水少的优点，又可避免管路与阀门的腐蚀。

（2）约半数的煤气不需要中和处理，喷碱、喷水设施减小一半，因此投资少，生产费低。

（3）若能提高煤气温度，对热风炉更加有利。蒸汽热量传给煤气后可增加煤气热焓，提高燃烧温度。

（4）装置简单，易于实施，投资与生产费用不多。

本方案只针对有腐蚀发生的地方；如果管路没有腐蚀，则不必考虑加热，若能保温也好。至于需要防腐蚀处理的其余 50%煤气，喷碱中和酸性消除腐蚀是目前较好的办法。伴热与保温同样可用于净煤气均压管道，此部位腐蚀问题已经显露，应尽早采取措施。

4 结语

高炉煤气干法除尘节能效果非常显著，体现在诸多方面。本文对有关问题进行了探讨，以期引起更多关注。

本文有三方面建议，小结如下：

（1）建议通过提高烧结矿温度方法解决煤气低温结露的问题。过去曾经因为烧结矿冷却不好，炉顶温度偏高，给生产带来麻烦；如今想借此解决炉顶低温问题，可能是一个简单、容易实现而又经济的方法，其他方案既复杂又难以实施。

（2）克服低温是基本目的，第二步是借助升温提高余压发电出力，这是迄今为止很少涉及的课题。煤气温度与 TRT 出力呈线性关系，提高温度即可多发电。借助提高烧结矿温度或其他方法提高炉顶温度，力争多发电，哪怕只有 10℃也效果显著。关键在于生产组织和实践，如果低温能被克服，争取温度高位运行亦值得探讨，是炉顶高温利用新途径。

（3）煤气冷凝水腐蚀问题通过喷水和碱洗已经取得效果，但是由此也使干法煤气的优点丧失。本文提出热风炉用煤气可以单独处理，既保留干煤气优点，又较好的解决了腐蚀问题，这部分煤气约占发生量的近半数，值得考虑。

以上是一些节能新途径，大体上说技术可行，方法简单，关键在于实施。只要其中一项实现就很有意义。实践过程将有很多工作要做，只要坚持不懈努力，一定会取得成效。

参考文献

[1] 俞俊权. 日本高炉炉顶压力回收透平技术的发展[J]. 上海金属, 1992, 4.

[2] 杨先桥. 影响 5 号 TRT 发电出力因素分析[J]. 冶金动力, 1998, 5.

[3] 贾建勇. 提高湿式 TRT 发电量实际问题的探讨[J]. 冶金能源, 2003, 2.

（原文发表于《工程与技术》2010 年第 1 期）

高炉煤气干法除尘过滤风速的选择

高鲁平

(北京首钢国际工程技术有限公司，北京 100043)

摘　要：对高炉煤气干法除尘滤速选择进行了论述，分析了国、内外滤速选择的不同，以及各自的优缺点。虽然目前已经实现了“全干法”除尘，但是过低的滤速也需要改进。本文探讨了滤速选择的原则和今后改进的方向。

关键词：高炉煤气；干法除尘；过滤风速

Selection of Velocity for Filtering of BF Gas Dry Dedusting

Gao Luping

(Beijing Shougang International Engineering Technology Co., Ltd., Beijing 100043)

Abstract: Describes the selection of filtering speed of BF gas dry dedusting, analyses the differences between selections of filtering speed by Chinese and other people and their advantages and disadvantages. Although the “complete dry” dedusting has been realized, over-low filtering speed has to be improved. This paper probes into the principle for selection of filtering and the direction of improvement.

Key words: BF gas; dry dedusting; filtering speed

1　引言

高炉煤气干法袋式除尘过滤风速（简称滤速，以下同）是设计和操作的一个重要参数，它决定了干法除尘设备能力是否适当以及生产能否顺利运行。干法除尘的过滤面积和箱体个数都应当由煤气发生量和所选择的过滤风速计算决定，其重要性不言而喻。

滤速是过滤强度的一种表示方法，含意是含尘气体流过滤布有效面积的表观速度，单位是 m/min；另外一项表示过滤强度的参数是过滤负荷，单位是 $m^3/(m^2·h)$，其含意是单位面积滤布小时通过的含尘气体量。过滤风速和过滤负荷含意是相通的，如果把过滤负荷单位 $m^3/(m^2·h)$ 化简为 m/h，即过滤风速，是以小时为单位的滤速，和通常定义的以分钟为单位的过滤风速 m/min 来比相差 60 倍（分钟）关系。

国内、外煤气干法除尘过滤风速选择有很大区别，国外滤速均在 0.8~1.1 m/min 范围，国内大约是 0.3~0.5 m/min（均指工况滤速），两者相差 2~3 倍之多，过滤面积和箱体数量因此也是数倍关系，使得设备多、占地大，似乎并不先进，但是由此而实现了“全干法”除尘，则比较适合我国国情；国外始终伴有湿法除尘，以干法除尘为主体，湿法除尘保驾，未能彻底摆脱湿法工艺，因此不是真正意义的全干法除尘。

这项技术推广有着十分重要的意义：我国是严重缺水国家，工农业生产用水量大、能耗高，环境污染也严重，这些都是发展过程急需解决的问题，干法除尘则完全符合发展的大方向。

20 世纪 70~80 年代我国在中、小高炉成功推广干法除尘以来，始终采用的就是“全干法”除尘，如今又成功地用于大型高炉，并且大幅度提高了余压发电（TRT）出力，不能不说获得了很大成绩。

30 多年来从中、小高炉发展到大型高炉并推广普及，滤速确定十分重要，应如何选择仍值得研究，随着发展还有改进与优化的余地。

本文结合干法除尘技术的发展对滤速选择试行分析，并提出一些看法。

2 滤速选择的由来与变化

煤气除尘采用的低滤速起源于中小高炉。20世纪70年代煤气干法除尘试验中本打算采用高滤速的脉冲除尘器，一些专业书籍或手册介绍它的滤速可以达到2~4 m/min，加上装置简单、反吹方式合理，自动化程度高，因此自然作为首选。当时一些炼钢电炉和一座炼钢实验转炉确实采用了脉冲除尘进行高温烟气净化。当时由于滤料品种单一，只有玻璃纤维机织滤布可用，虽然能耐高温，却由于织物脆性较大，在脉冲强力喷吹作用下很容易损坏，寿命只有2~3个月，效果很不理想。

高炉煤气除尘实验因此从脉冲方案转而改用反吹风袋式除尘，这种方式反吹力度适中，针对玻纤滤布选择了比一般烟气净化低一半的滤速进行。试验滤速初定为0.5 m/min，这在袋式除尘中已经是很低的数值了。由于滤速低因而运行平稳，反吹次数少，有效的保护了滤袋，实验获得了成功。从此以后凡是玻纤滤布在低滤速下运行则比较稳妥可靠、容易过关。

20世纪80年代国外大型高炉煤气袋式除尘实验成功，随后被我国一些高炉引进。采用的也是反吹风袋式除尘，不同之处是滤速要高得多，无论是国外高炉还是引进设备滤速均在0.8~1.1 m/min范围。滤速高的优点是过滤面积小、箱体数量少，布置紧凑；缺点是操作有些紧张，缺乏余量，必需伴有湿法除尘才行。

所谓滤速高也只是环境除尘或烟气净化的中等滤速。由于采用了高强力的耐热合成纤维滤料，又称高温尼龙（芳纶），因此允许频繁反吹，在十多分钟一个循环的反吹频率下，滤袋寿命达到2~3年，平时不容易损坏，生产十分稳定。

20世纪90年代随着条件改善和实际需求，有关单位联合开展了高炉煤气脉冲除尘实验，先后在淮南钢铁厂75 m^3高炉和成都钢铁厂318 m^3高炉进行了两次实验并取得成功，新工艺显示了很多优点，提高滤速方面则达到了预想目的。

318 m^3高炉原是反吹风袋式除尘，7个箱体，采用玻纤机织布，滤速0.5 m/min左右，改用脉冲除尘后滤速达到0.8 m/min以上，只改造了其中4个箱体就满足了要求，生产十分正常。滤料采用的是高温尼龙针刺毡（商品名称 Nomex），是滤速得以提高的主要原因，这项指标已经和国外大体相同。因为还有未改造的3个大布袋箱体备用，所以检修和更换滤袋也没有问题。在随后新建的318 m^3高炉就正式配用了5个箱体，而原计划是8个箱体的。实验高炉使用玻纤大布袋时极易损坏，一年更换数百条之多，改脉冲之后不但滤速提高60%以上，滤袋寿命多数超过3年，彻底解决了频繁更换滤袋和煤气质量不高问题。

由于积累了多年的经验、借鉴了国外先进技术以及脉冲除尘的试验成功，使干法除尘技术逐渐成熟。20世纪90年代后期钢铁工业快速发展，干法除尘也随之推广，大量用于中型高炉，技术也逐渐成熟。2004年脉冲除尘成功的用于多座大型高炉之后，干法除尘又一次走向快速发展之路。

几年来大型高炉已经开始推广普及，但是滤速却仍然处在很低的水平，并且有越来越低的趋势，这是事先没有估计到的。生产加备用，整体滤速个别的已经低于0.3 m/min，越是大高炉越是如此。原因可能有很多种，但主要还是使用了玻纤滤料所致，反映了人们保生产、求安全的心理，宁可设备能力偏大也要确保生产，万一发生事故，也有足够箱体可用。

脉冲除尘推广以来主要采用的还是玻璃纤维复合滤料，这是玻纤研究和生产部门多年来为干法除尘开发的新产品，以玻纤为主体，掺加了少量合成纤维制成的复合纤维针刺毡滤料。纯玻纤滤布缺点多，在添加了少量合成纤维后，性能得到改善，因此这种复合滤料已能用于煤气除尘。这类产品耐热性较好，价格便宜，原料易获得，不足之处是仍然脆性较大，稳定性差，不适于高滤速下工作。

滤速如何选择至今仍需要研究，合理的参数利于操作也利于推广。目前反吹风和脉冲除尘两种工艺同时存在，表面上前者滤速高而后者滤速低，实际上只是选用滤料不同的结果。脉冲除尘采用合成纤维滤布后滤速完全可以提高，已经为实践所证实，今后两种滤料会同时并存，滤速选择也将有不同。

3 对滤速选择的意见

以上所谈滤速和选用滤料品种密切相关，不同品种滤料应有相适应的滤速，此外对大、中型高炉除尘还应考虑高温、高压对煤气实际体积的影响。

环境除尘或烟气净化一般是负压抽风过滤，温度不很高时，体积变化不大；而高炉煤气压力在0.1~0.3 MPa范围，属高压操作，温度又高，因此实际体积和标准状态体积相差较多，称为工况体积。煤气发生量均指标准状态流量，换算成工况状态大约是标准状态的40%~80%，体积减小很多。工况体积和标况体积之比称为体积校正系数，可根据温度、压力计算得出。过滤面积就是根据煤气工况流量与选用的工况滤速计算得出的。而工况滤速选择是由经验来确定的。

以下结合实例讨论滤速的合理选择，具体实例见表1。

表1　不同高炉的滤速实例

名　称	单位	小仓2号	太钢高炉	成钢2号	中型高炉	S厂1号	Q厂2号
高炉容积	m^3	1850	1200	318	380~450	1200	2650
炉顶压力	MPa	0.18	0.10~0.15	0.05	0.1	0.15~0.17	0.2~0.25
煤气量	万 m^3/h	24.0	20.0	5.6	10~12	23.0	50
布袋类型		反吹风	反吹风	脉冲	脉冲	脉冲	脉冲
箱体数量	个	5	7	4	7	10	14
箱体直径 ϕ	m	3.5	3.5		3.5	4.0	4.6
过滤面积（箱）	m^2	442	442	278	470	608	880
总面积	m^2	2210	3094	1112	3290	6080	12300
体积修正系数		0.46	0.8	1.0	0.8	0.64	0.46
标况滤速	m/min	1.81	1.08	0.84	0.6	0.63	0.68
工况滤速	m/min	1.04	0.86	0.84	0.49	0.40	0.31
滤布品种		Nomex	Nomex	Nomex	玻纤复合滤料	玻纤复合滤料	玻纤复合滤料
备　注			引进时为6个箱体，18万煤气量，顶压0.1，滤速0.9	最高滤速1.2		国内首座大于1000 m^3的干法脉冲除尘高炉	

1987年我国太钢高炉首次引进干法除尘，当时的高炉容积为1200 m^3，按照日本小仓高炉干法除尘模式设计，箱体直径、滤袋规格尺寸、材质、排列方式完全相同。虽然煤气发生量比小仓少，由于炉顶压力低，工况煤气流量反而较大，因此箱体数量还多一个，设计滤速0.9 m/min。投产后由于顶压长期达不到0.1 MPa的设计值，因此实际滤速达到了1.0 m/min左右，生产较为紧张，经常转湿法运行，大修后增加一个箱体，情况才有所好转。

小仓高炉是日本第一座干法除尘实验高炉，顶压0.18 MPa情况下滤速1.0 m/min以上，导致频繁反吹，日方介绍的情况为5个箱体12 min一个循环轮流反吹，每个箱体反吹120 s并抖动2次。由于箱体几乎没有单独检修机会，因此留有湿法除尘备用，检修时则整体切换到湿法除尘。

成都钢铁厂318 m^3高炉改造前为反吹风玻纤大布袋，滤速0.5 m/min；改为脉冲除尘后使用的是合成纤维滤料诺米克斯（Nomex），滤速平均约0.8 m/min，生产非常平稳，短时间可达1.2 m/min。由此可见只要滤料相同，滤速完全可以提高，脉冲除尘甚至更有优势。

国内为380~750 m^3高炉配套的干法除尘设计，有些箱体直径为ϕ3.5 m，有意做得与太钢的相同，单箱过滤面积为470 m^2，过滤面积比太钢442 m^2略多一些。

由于采用了玻璃纤维复合材料（氟美斯），所以滤速仍然按0.5 m/min选取。450 m^2高炉箱体数量7个，和太钢完全相同，煤气量只有10~12万 m^3/h，减少约1/2~1/3，因此生产比较稳定。生产时全部箱体运行，允许有1~2个箱体检修。当5个箱体生产时滤速为0.68 m/min，也属于正常操作，无需湿法除尘备用。

实际上引进1200 m^3高炉干法除尘设备，给中型高炉使用完全适合，满足了“全干法”的生产要求，滤料是玻纤复合滤料，若采用合成纤维滤料还可用于600~800m^3高炉。

首钢S厂1200 m^3高炉是国内第一座超过1000 m^3采用脉冲除尘的高炉，滤速仍按0.5 m/min考虑。为慎重起见又增加了2个箱体，共10个箱体，全投入时滤速为0.4 m/min。这里还有一层考虑：紧急时刻可以用半数即5个箱体生产，滤速0.8 m/min，若采用合成纤维滤料可以长时间正常生产；玻纤复合滤料短时间可以救急，仍然在合理设计范围之内。

这座高炉采用了多项新技术，几年来生产情况良好。目前是7~8个箱体运行，滤速分别为0.58 m/min和0.5 m/min，其余备用。当8个箱体生产时（滤速0.5 m/min），有2个箱体备用，备用量25%。

首钢Q厂2650 m^3高炉设计时考虑到高炉较大，

玻纤复合滤料性能不稳定，质量好坏相差较多，为了确保生产因此整体滤速更低，备用量增加。14个箱体正常运行可用9~10个其余为备用。按10个箱体运行（滤速0.5 m/min），备用4个，备用量40%。

现在一些高炉滤速已经降到很低的水平，箱体数量多对生产来说当然没有坏处，作为一项新技术确保生产过关是首要任务。随着推广普及，技术成熟，探寻合理参数也是需要研究的课题，长期采用低滤速，设备能力过大属于大马拉小车，是不太合理的。

低滤速好处是能有效延长滤袋寿命，对玻纤滤布显然十分有利。多一个箱体运行，压差降低、增速减慢，反吹周期延长。有的厂将备用箱体完全投入，结果一个班只反吹1~2次。玻纤滤袋寿命正常1年多，超低滤速有时寿命可达2~3年，创出了长寿命好经验。

中小高炉设计滤速在0.5 m/min左右，没有备用箱体；大高炉才出现备用箱体的做法，滤速虽然进一步降低，实际生产时却仍在0.5~0.6 m/min左右，其余箱体备用。有一种观点是：若要生产平稳，延长滤布寿命，倒不如全部箱体投入，超低滤速下运行反而有利。

还有一个事实也值得提起：引进的多座干法除尘开始都不成功，经过多年甚至十多年改造才逐渐正常，摆脱了湿法，提高了干法作业率。改造内容很重要一项就是增加过滤面积，或加箱体或在箱体里增加滤袋，使滤速都降到0.8 m/min左右，改善了操作，确保生产过关，由此可见合理选择滤速的重要性。

滤速选择还与煤气温度控制好坏有关。完善的温度控制是保护滤袋的重要手段，也影响了滤速选择。目前多数高炉的炉顶喷水设计比较简单，喷水量也不够，而国外则针对干法除尘开发了完善的喷水装置，可以有效地消除事故高温；对低温结露也有措施。如果不能有效地解决事故高温或低温，加上滤布性能又不稳定，过滤面积只能越做越大，滤速也越来越低，这方面显示了差距，说明干法除尘技术还有很多工作要做。

4 结语

高炉煤气干法除尘过滤风速是个重要参数，决定了设计是否合理、生产操作是否正常。本文结合干法除尘技术的发展浅谈这方面的体会和看法，现小结如下：

（1）当前采用玻纤复合滤料时过滤风速为0.3~0.5 m/min；国外（包括引进技术）采用合成纤维滤料，滤速为0.8~1.1 m/min，两者相差数倍之多。主要原因是滤料品种不同所造成的，与除尘器是反吹风还是脉冲除尘类型无关，实际上脉冲更利于实现高滤速。其次原因是有无湿法除尘作为备用，滤速很高时应有湿法除尘备用；国内则为低滤速、多箱体，以“干—干”备用方式实现了“全干法”除尘。

（2）不论除尘器类型和滤布种类，0.5 m/min的滤速均适合使用。如果是合成纤维滤布，生产滤速可定在0.6 ~0.7 m/min范围，整体仍以0.5 m/min为好，有较大的富裕能力；玻纤复合滤布由于自身脆性和质量好坏差别较大，整体滤速宜在0.3~0.4 m/min范围，工作滤速可为0.5~0.6 m/min。

（3）干法除尘技术还有很多工作要做，包括高温及低温的控制；滤料性能也有提高余地。若温度控制更加平稳、滤布性能更好，滤速选择将趋于合理，超低滤速也会得到改进。国内、外滤速有差别是正常的，体现了有湿法除尘备用和全干式除尘的区别，但是差距过大则是不正常的。

（原文发表于《工程与技术》2009年第1期）

高炉煤气干法袋式除尘的两种类型比较

高鲁平

(北京首钢国际工程技术有限公司，北京 100043)

摘　要：本文介绍了高炉煤气干法布袋除尘的两种类型：脉冲袋式除尘和反吹风袋式除尘，两类煤气除尘均首先在我国使用。本文对两类布袋除尘作了详细比较，由于脉冲除尘有种种优点因而目前被广泛使用，是我国自主研发的一项新技术，目前正在推广，预计今后将有更大发展。

关键词：高炉煤气；干法除尘；低压脉冲袋式除尘；反吹风袋式除尘

Compatation of Two Types of Dry Bag Filter Used for BF Gas

Gao Luping

(Beijing Shougang International Engineering Technology Co., Ltd., Beijing 100043)

Abstract: This paper puts forward two types of dry bag filter, which both are first applied in China—low-pressure pulse jet type and reverse blow type bag filter. The article introduces their dissimilarity in detail. Low-pressure pulse jet bag filter which will get more progress in future has been widely applied in Chine as a newly technology investigated by ourselves because of its various advantage.

Key words: blast furnace gas; dry bag filter; low-pulse jet type bag filter; reverse blow type bag filter

1　引言

在高炉煤气干法除尘众多方案中袋式除尘首先用于生产并且可以用于所有高炉。干式电除尘也有成功的报道，但是没有广泛使用；其他方案如颗粒层法等则只停留在实验阶段。

高炉煤气袋式除尘分两大类：反吹风袋式除尘和低压脉冲袋式除尘。两类除尘器也是除尘通风用的两大类袋式除尘，如今都已用于煤气除尘，扩大了应用范围。

我国早期中、小高炉煤气使用过的袋式除尘和国外高炉使用的均属于反吹风型袋式除尘（简称大布袋除尘，以下同）。当前我国大力推广的多数是低压脉冲袋式除尘，少量为反吹风袋式除尘。本文就两者的结构、原理和优缺点进行分析和比较。

2　原理与构造

反吹风袋式除尘和脉冲袋式除尘的差别只是反吹清灰方式不同。运行时滤布表面随积灰加厚，气体阻力不断增加，因此要定期清灰以恢复过滤性能。实践证明在煤气净化上以逆向气流反吹清灰效果最好，其他机械振打或电磁振动能力偏小或存在其他问题效果并不理想。

脉冲袋式除尘是利用高压气体脉冲喷射方法清除积灰。结构特点是滤袋袋口向上卡在花格板上，内衬袋笼，煤气从外向内过滤，净煤气从袋内向上流出，煤气灰积存在滤布外表面，所以俗称“外滤”。过滤净化时压差不断升高，到达规定数值时启动脉冲阀使喷吹管在极短时间里向袋内喷射气流并伴随数倍的诱导气流进入滤袋，产生了强大冲击力使滤袋膨胀将灰抖落。

滤袋在箱体断面均匀分布并划分成多排，根据箱体直径不同可由几排到 20~30 排不等。每排滤袋上方都设有一套脉冲阀与喷吹管。反吹逐排进行，一排喷吹时其他各排过滤，形成反吹箱体既反吹又过滤，两个过程同时并存，因此称为“在线反吹”。如果预先关闭煤气进、出口蝶阀，让煤气停止流动后再实施反吹，此时滤袋压差为零清灰效果更好称为“离线反吹”，所以脉冲布袋除尘有两种反吹模式。

脉冲喷吹装置由各箱体分气包、脉冲阀和喷吹管等组成。每套脉冲阀接电后使喷吹管对准一排滤袋反吹，十多秒钟后对第二排反吹，各排顺序反吹一遍完成一箱反吹，耗时约几分钟，之后进行下一箱反吹。

由于净化介质是煤气，因此喷吹气体应采用氮气或净煤气等不含氧气体。喷吹压力应高于煤气压力 0.15~0.25MPa，比如高炉炉顶压力为 0.25MPa，喷吹压力则应是 0.4~0.5MPa。由于每次喷吹时间极短只有 0.06~0.1 秒钟时间，因此耗气量很少，每阀每次约 0.2~0.3 m^3，氮气吹入引起煤气成分变化很小约万分之几可以忽略不计。

20 世纪 70 年代针对中、小高炉煤气质量差的问题开始了布袋除尘研究，提出的第一方案就是脉冲布袋除尘器。那时的脉冲除尘还是ϕ120mm、长 2~2.5m 的小滤袋、高压直角式脉冲阀，喷吹压力 0.5~0.7MPa，由于结构比较合理、滤速高所以作为首选。当时国内已有多座电炉和马钢的一座卡尔多转炉正在试用脉冲除尘烟气净化，考察发现这种选择并不成功，原因是当时没有合适的高温滤料，唯一可用的只有玻璃纤维布。脉冲除尘器由于反吹力度大，脆性的滤布无法适应很快损坏，因此寿命太短，无法使用。针对这一现状高炉煤气净化在只有玻纤滤料的现实情况下改用了反吹风袋式除尘，并将滤速定的很低，尽量减少反吹次数以适应滤布特点使实验获得成功。若干年后有了高性能滤布之后，脉冲除尘才重新试验并获得了成功。脉冲除尘原理如图 1 所示。

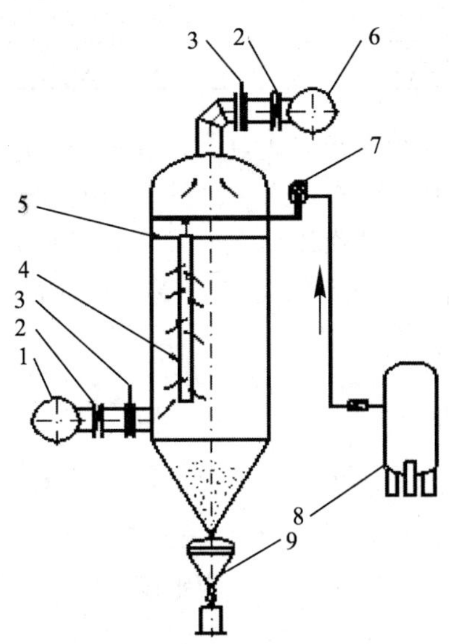

图 1　脉冲除尘原理图

1—荒煤气总管；2—进出口蝶阀（过滤阀）；3—盲板阀；4—布袋；5—花板；6—净煤气总管；7—脉冲反吹装置；8—储气包；9—中间灰斗；10—反吹蝶阀；11—反吹风机

大布袋除尘器特点是滤袋直径和长度较大，煤气进入滤袋由里向外过滤，干灰留在袋内，因此俗称“内滤”。反吹时风机将净煤气加压反向吹入箱体，使滤袋吹扁将积灰吹落。反吹分箱进行，一个箱体反吹时其他继续过滤，保持了生产连续性，这种反吹方式被称为“离线反吹”。

反吹系统由风机、管路、过滤阀、反吹阀、回流阀等组成。反吹时关闭箱体出口过滤阀，打开管道上的反吹阀，高压煤气逆向反吹约 2 分钟完成清灰。通常阀门开关两次，使滤袋相应抖动两次，以加强清灰效果。

全部箱体反吹完成后常有一段时间停止反吹，风机因连续运转，此时回流蝶阀打开，高压煤气在反吹管路循环流动。

反吹风大布袋除尘原理如图 2 所示。

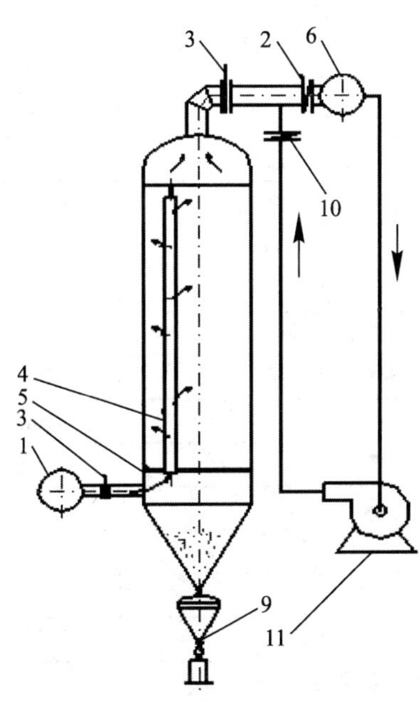

图 2　反吹风大布袋除尘原理图

1—荒煤气总管；2—进出口蝶阀（过滤阀）；3—盲板阀；4—布袋；5—花板；6—净煤气总管；7—脉冲反吹装置；8—储气包；9—中间灰斗；10—反吹蝶阀；11—反吹风机

我国的大布袋除尘和国外大型高炉反吹风袋式除尘在原理、反吹方式、滤袋环形布置等方面基本一致，只是滤料品种不同，国外使用了高温尼龙纤维针刺毡（商品名称 Nomex）过滤风速高，并有完善的喷水降温措施和较高的自动化控制水平，因而装备水平较高。

玻纤滤料有一定脆性，使用寿命没保证，因此无法用到中型以上高炉，反吹风袋式除尘随后被脉冲除尘替代。引进的大布袋除尘技术均使用了合成纤维滤料，因此适用于大型高炉。

目前的脉冲除尘采用了新型复合玻纤针刺毡滤

料，性能超过了玻纤机织布和纯玻璃纤维针刺毡，因而也可以用于大、中型高炉。

3 两类除尘器应用实例

现以生产高炉为例说明两类除尘工艺的不同。

日本小仓 1850 m^3 高炉属于反吹风布袋除尘；首钢的首秦公司 1200 m^3 高炉为脉冲布袋除尘，两座高炉都是最早实验成功的大型高炉，资料比较完整，煤气量相近有一定的可比性。有关数据请见表 1。

表 1 脉冲和大布袋除尘工艺比较

项目		单位	首秦 1200 m^3 高炉	小仓 1850 m^3 高炉
煤气发生量	正常	m^3/h	209000	—
	最大	m^3/h	230000	242200
炉顶煤气压力		MPa	0.15~0.17	0.25~0.28
炉顶煤气温度	正常	℃	100~300	100~300
	异常	℃	60~1000	60~1000
煤气入口含尘浓度		g/m^3	8~10	3~10
净煤气出口含尘浓度		mg/m^3	≤3	≤3
除尘器类型			脉冲袋式除尘	反吹风袋式除尘
备用情况			全干式（部分箱体备用）	湿法除尘备用
压力损失		kPa	≤3	≤2.5
箱体数量		个	10	5
箱体直径 ϕ		m	4.0	3.5
滤袋规格 $\phi \times L \times f$		mm×m×m	130×6000×2.45	306×10000×9.6
每箱滤袋条数		条	248	46
每箱过滤面积		m^2	608	442
总过滤面积		m^2	6080	2210
体积修正系数			0.64	0.46
过滤风速	标况	m/min	0.63（全部）	1.83
	工况	m/min	0.40（全部）0.5（8 箱）	0.84（全部）
反吹方式			氮气脉冲反吹	风机反吹
反吹周期		min	>60（7 个箱体）	12 分钟循环反吹
滤布品种			氟美斯（玻纤复合滤料）	Nomex（高温尼龙）
使用温度		℃	长期 220；瞬间 270	长期 204；瞬间 240
降温方式			炉顶喷水+热管换热器	重力除尘器喷水

最大区别在于首秦高炉箱体大，数量多，有部分箱体备用，为“全干式”除尘。小仓高炉箱体少，滤速高，采用的滤料也不同，特点是有湿法除尘备用。

操作不同之处是小仓高炉由于滤速高需要不停的反吹，5 个箱体 12 分钟一个循环。引进的几套设备滤速稍有降低，因此有一定的间歇时间，比如半小时反吹，半小时间歇。脉冲除尘由于滤速较低，因此反吹间隔时间很长，一般 1~2 小时反吹一次，甚至更长时间，首秦高炉如果 10 个箱体同时投入使用，估计反吹间隔将超过 2 小时。

4 两类除尘器比较

现有两类布袋除尘都在使用，除尘效果大致相同。脉冲除尘有很多优点，发展较快。这是我国自主研发的技术，至今未见国外有相关报道。

两类除尘器由于反吹方式不同因此从结构、反吹效果、滤速、能耗、安全性等方面存在很多差别，比较如下。

4.1 结构

脉冲除尘滤袋较小，直径有 ϕ120~160 mm 等规格，长度为 6 m，最近有加长到 7 m 或更长的趋向，长度应以不影响反吹效果为限度。加长的好处是向空间发展，减少箱体数量和少占地。

大布袋除尘通常在筒形箱体中按双环或三环排列，如图 3 所示。滤袋规格国内的中、小高炉直径为 ϕ250mm，长度 6~8m；引进的为 ϕ306mm，长度为

10~12m。

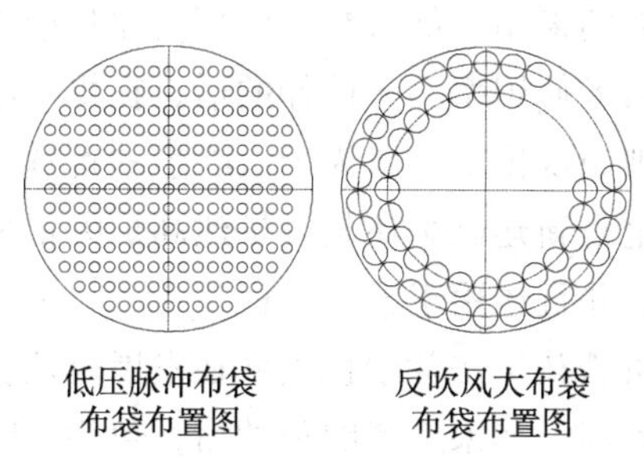

图 3　滤袋布置图

吊挂方式脉冲除尘滤袋为弹性袋口，卡在上方花格板上十分紧固，滤袋拆装在花格板之上净煤气段进行，操作方便也比较干净；大布袋除尘滤袋为内滤方式，采用吊挂结构并有一定预紧力，缺点是容易松动和掉袋。

脉冲滤袋为箱体满布，袋数较多、空间利用好；反吹风滤袋为环形排列，有部分空间被浪费，因此虽然脉冲除尘滤袋较短，过滤面积反比大布袋除尘还多。比如同是ϕ3.5m 直径箱体，国外反吹风袋长10m，单箱面积 442m^2；脉冲除尘袋长 6m 过滤面积为 470m^2。由于箱体较短造价相对较低。

脉冲除尘滤袋内衬袋笼。过去安装 6m 长袋笼要箱体顶部开孔或分段可拆，使结构和操作造成一定麻烦，自从采用了袋笼分段技术后因此可以方便组装并保证了箱体的整体性和严密性，解决了高压煤气净化的一个技术问题，至今也是最好的方法并广泛应用。

4.2　反吹装置

脉冲除尘反吹装置有大气包、减压阀和箱体分气包、脉冲阀、喷吹管等，设备简单，重量轻，严密性好；反吹风大布袋除尘由反吹风机，反吹管路、过滤阀、反吹阀、回流阀等组成，系统比较复杂，严密性差。

两者相比关键设备脉冲除尘是脉冲阀，它的结构简单，生产容易，价格便宜；大布袋除尘则是反吹风机，技术含量高，设备重量大，制造有一定难度。

反吹清灰强度也有所不同。脉冲喷吹产生的加速度约为 60~200g（g 为重力加速度），反吹力度大清灰效果好。大布袋除尘约 10g 左右，清灰能力不如脉冲方式。从反吹后剩余压差可以反映出来，脉冲喷吹剩余压差更低，说明清灰效果好。

反吹方式不同也决定了操作的灵活性。脉冲除尘有在线和离线两种操作模式。反吹风布袋除尘只有离线反吹一种模式，因此前者操作更为灵活。

4.3　能耗

脉冲除尘利用喷射气流实现反吹。因为瞬时喷吹时间极短，所以气体消耗量很少。每个箱体如果有 15~20 个脉冲阀与喷管，大约消耗氮气 3~6 m^3，全部箱体反吹一遍大约消耗氮气 30~90 m^3。

大布袋为风机反吹，风机功率在 75~300kW 范围，24 小时连续运转，能耗较高。

4.4　滤速

两种袋式除尘器滤速不同。脉冲布袋除尘因为反吹力度大、可频繁反吹，因此滤速也高，除尘手册上介绍滤速为 2~4m/min，高于大布袋除尘。用于煤气除尘也符合这一规律，即使高炉煤气除尘灰有黏、细、多的特点，滤速偏低，脉冲除尘也高于大布袋或两者相近，生产中已经得到证实，因此早期称为“高滤速脉冲布袋除尘”。

近几年来煤气脉冲除尘滤速却远低于反吹风布袋除尘，是始料不及的。国外（包括引进的）反吹风布袋工况滤速在 0.8~1.2m/min 范围，而脉冲除尘滤速仅为 0.5m/min 左右，加上备用箱体，总过滤风速已经降到 0.3m/min 甚至更低。由此产生了一些误解，认为反吹风布袋滤速高，脉冲除尘滤速低，是一个缺点。

分析造成这一差别的原因应当不是脉冲除尘自身的问题，而是由于采用不同品质滤布所造成的。如果滤布相同就不会有如此大的差距，依然能够体现出脉冲除尘滤速高的优点来。关于滤速差别问题以后将详细论述。

4.5　安全性

脉冲布袋除尘反吹装置简单、严密，几乎无泄漏，安全性好；大布袋除尘反吹系统相对复杂，加压风机又是一个薄弱环节，经常出现轴封不好煤气泄漏问题，存在一定安全隐患，已经不止一次出现事故，应当特别小心。

通过以上比较可见脉冲除尘有明显优点因此发展很快，新建的干法除尘绝大多数是这一类型。当然如果条件具备，有足够的过滤面积、良好的设备，特别是一个好反吹风机，大布袋煤气除尘也是完全可行的。采用引进技术的高炉有一部分仍然继续使用这种布袋除尘，因为是对它比较熟悉的缘故或认为滤速高是一大优点。

5 结语

高炉煤气干法除尘较为成熟和广泛使用的是袋式除尘，两类煤气袋式除尘都是在我国首先使用的。将普通的布袋除尘扩展到煤气除尘，并已经在大、中型高炉推广，发展又十分迅速，成为炼铁技术的一个新亮点。干法除尘具有煤气净化好、节能、节水、环保和节约资金等多种经济和社会效益，非常符合资源节约和环境友好的大方向。“全干法”除尘已成为我国高炉生产特有的一项技术。

脉冲布袋除尘比大布袋除尘具有较多优点，被越来越多的采用。如果在一般烟气净化或环境除尘选用上两者使用率不分伯仲的话，在煤气净化上的优点则被凸现出来，成为干法除尘的首选工艺，近年来无论是新建高炉还是改扩建高炉大都采用了这一技术，并且还用于国外工程。

不可否认干法除尘仍然处在发展时期，应继续改进和提高。如果进展顺利的话，包括反吹风大布袋除尘在内则有望成为煤气净化的新技术。

（原文发表于《工程与技术》2008 年第 2 期）

迁钢大型高炉煤气干法袋式除尘生产实践

章启夫[1]　赵久梁[2]　朱伟明[2]　王勇建[2]　程　华[2]　姜文豪[2]

(1. 北京首钢国际工程技术有限公司，北京 100043；
2. 首钢迁安钢铁有限责任公司，迁安 064404)

摘　要：本文阐述了运用新的设计理念进行特大型高炉煤气干法袋式除尘系统工艺优化设计。详细介绍迁钢干法除尘实践应用中曾经出现过的问题及解决方案。

关键词：大型高炉；干法除尘；生产实践

1　引言

虽然干法除尘系统在大型高炉上成功应用并取得了一系列重大发展，目前国内越来越多的新建大型高炉采用了干法除尘技术，但此项技术在特大型高炉上应用仍面临着严峻的风险和挑战，这种挑战来自于高炉容积、高炉煤气量均成倍增加，煤气压力提高 50%左右，大型高炉系统稳定性要求更高、配套设备和施工质量要求更高。

河北省首钢迁安钢铁有限责任公司是首钢集团落实科学发展观，服从首都环保大局，实施战略性结构调整，推进搬迁发展的重要成果。迁钢炼铁系统主要装备有：1 号及 2 号 2650m^3 高炉，3 号 4000m^3 高炉，其中在 2 号高炉上应用的全干法除尘技术是首钢自主开发设计、获得多项国家专利权的新技术，并一次投入成功，是国内首座 2600 m^3 以上高炉采用全干法除尘技术。经过 9 个多月的应用实践，逐步完善，干法除尘工艺优势逐渐显现出来，运行中遇到的多种问题，也陆续得以解决。同时，将 2 号高炉的成功经验应用于 4000m^3 高炉，并一次性成功投产，生产近半年来系统运行稳定，除尘效果良好，经济效益可观。

2　高炉煤气干法布袋除尘系统配置

2.1　系统工艺流程

迁钢全干法除尘系统工艺流程如图 1 所示。

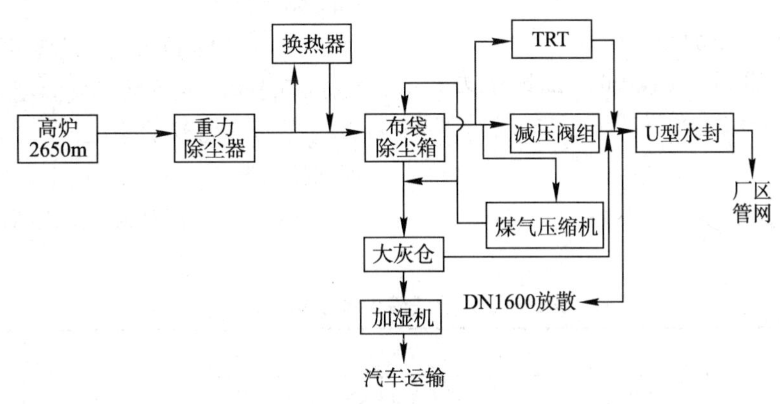

图 1　迁钢全干法除尘系统工艺流程

2.2　干法除尘工艺参数

干法除尘工艺参数见表 1。

2.3　主要设备情况

2.3.1　布袋箱体

（1）除尘箱体数量：14 个，箱体材质：16MnR

（2）箱体规格：直径×高度=4.6m×19.5m

（3）箱体下锥体高：4.945m（至下部法兰）

（4）箱体圆柱体高：15.555m（含上封头）

（5）花格板高度位置：13.575m（含下锥体）

（6）布袋室布袋条数：250 条/箱，布袋规格：ϕ160×7m（长度），单箱过滤面积：880m^2

表1　工艺参数对照表

序号	项　目	2号	3号
1	炉容/m^3	2650	4000
2	煤气量/$m^3 \cdot h^{-1}$	44×10^4（最大）	75×10^4（最大）
3	炉顶压力/MPa	0.20~0.25	0.28
4	煤气温度/℃	165	165
5	箱体数/个	14	13
6	箱体直径/mm	4600	6200
7	滤袋条数/条	250	409
8	滤袋规格 $\phi\times L$/mm×m	ϕ160×7	ϕ160×7
9	总面积/m^2	14080	18616
10	面积/$m^2 \cdot$箱$^{-1}$	880	1432

（7）除尘布袋性能参数：

名称：特氟美针刺毡，型号：TMb-134-1（防水处理）

名称：美塔斯，型号：NOMEX，厚度：≥1.8mm，克重：≥500g/m^2，耐温：80~28℃，瞬时 300~330℃

透气性：≥90m^3/（$m^2 \cdot s$），允许过滤速度：1.0~1.5m /min，正常滤袋寿命：18 个月

2.3.2　箱体入口全封闭电动插板阀

型号：FF941X，通径：DN700，公称压力：0.25MPa，适用温度：≤250℃

2.3.3　箱体出口全封闭电动插板阀

型号：FCF944，通径：DN700，公称压力：0.25MPa，适用温度：<250℃

2.3.4　箱体进出口气动蝶阀

型号：D647P，通径：DN700，公称压力：0.25MPa，适用温度：≤250℃

2.3.5　大灰仓

（1）大灰仓螺旋加湿机。型号：dsz-100

（2）大灰仓电动星形卸灰阀。型号：GLlW-4，叶轮给料机

2.3.6　干法除尘设备、管道相关规格

（1）箱体入口总管：DN2300，变径 DN1800，变径 DN1500

（2）各箱体入口管外径：820mm，内喷涂 50mm

（3）各箱体出口管外径：720mm

（4）散热器进出口总管管径 DN2300，支管 DN1500，煤气侧工作压力 0.25MPa，软水侧工作压力 0.2MPa，煤气降温范围 40~50℃，换热面积：煤气侧 900m^2，软水侧 360m^2

（5）箱体下部输灰总管 150mm，支管 80mm

（6）大灰仓顶部放散：DN400，变径 DN300

3　运行效果和取得的经济效益

干法除尘运行 9 个月以来，经过迁钢公司全体参战人员的共同努力，生产流程逐步理顺，节能效果明显。工艺优势逐渐显现。

（1）炉顶打水降温次数由投产初期每天 20 多次，逐步下降到 4~5 次，近 2 月以来，几乎没有出现打水情况，散热器投入次数越来越少。荒煤气入口温度控制在 165~185℃之间，而且越来越稳定。

（2）高炉入炉风量控制在 4800~5000Nm^3/min 时，投入 10 个除尘箱。布袋过滤负荷控制在 30m^3/m^2 以下，滤速 0.5m/min 以下，箱体出入口压差 1~2kPa 比较合理。

（3）净煤气含尘量越来越好。基本控制在 3mg/Nm^3 以下。

（4）TRT 投入时，入管网煤气温度 55~85℃，TRT 不投时，入管网煤气温度 100~120℃。

（5）与湿法除尘相比，干法除尘用水、吨铁耗水都极大减少。

（6）干、湿法除尘用电对比见表 2。

表2　干、湿法除尘系统用电对比

时　间	干　法		湿　法	
	用电量/kW·h	吨铁耗电/$kW \cdot h \cdot tFe^{-1}$	用电量/kW·h	吨铁耗电/$kW \cdot h \cdot tFe^{-1}$
2007 年 3 月	18000	0.08602	658440	3.26
2007 年 4 月	22150	0.1089	709590	3.47
2007 年 5 月	67936	0.3356	695413	3.45
2007 年 6 月	20100	0.0509	683312	3.32
2007 年 7 月	21300	0.0532	681100	3.25
2007 年 8 月	20010	0.0514	687100	3.43

干法月用电量在 20000kW·h 左右，表 1 中 5 月份由于围栏施工，用电量大。平均而言湿法用电是干法的 35 倍。

（7） 干、湿法除尘配 TRT 发电对比见表 3。

表 3　干、湿法除尘系统发电对比

时　间	2 号干法发电量 /kW·h	1 号湿法发电量 /kW·h
2007 年 2 月	3242059	
2007 年 3 月	3102320	3727500
2007 年 4 月	5617680	5710800
2007 年 5 月	4806850	3760200
2007 年 6 月	5695410	5438000
2007 年 7 月	6884280	5123000
2007 年 8 月	6768500	5357000
2007 年 9 月	9048000	6612000

两套相同 TRT 装置分别安装于 1 号和 2 号高炉，同时投产运行，当运行逐步稳定后，可以看出干法除尘 TRT 多发电 30%~40%，多发电优势相当明显。

4　系统运行中遇到的主要问题和改进情况

同许多新生事物一样，干法除尘投产后同样碰到了很多棘手的设备问题，经过不断改造，陆续得以解决。

4.1　布袋大量破损

干法除尘投入运行后，前 20 天比较稳定，20 多天以后布袋出现破损，并且愈演愈烈，更换频率和数量急剧增加，一度造成布袋供应紧张。由于布袋破损严重，直接导致净煤气含尘量超标，最高达到 60mg/Nm^3 以上。

4.1.1　原因分析

箱体荒煤气入口挡板的设置不合理，使得箱体内所安装的袋笼（尤其是外侧布袋）在气流的作用下，产生晃动，激烈碰撞，使布袋破损。

4.1.2　给生产带来的影响

电站两台锅炉喷燃器出口结焦严重。连续运行 15 天左右，就不得不停炉处理结焦堵塞问题，发电负荷降低 25%。炉膛内受热面结垢严重，热效率降低，吨蒸汽耗煤气量上升 8.5%。发电燃料成本增加 18.3%。配套 TRT 机组振幅增长很快。

4.1.3　改进情况

（1）对 14 个箱体的入口导流板分五种形式逐个进行改造，在原有挡板中间开孔，挡板后增加 1 个导流板，导流板上沿增加盖板与原挡板连接，形成一组导流装置，很好地解决了煤气进入箱体后激烈冲撞布袋问题。新的导流装置使进入箱体的煤气流场更合理，缓解紊乱气流对布袋的激烈碰撞，延长布袋使用寿命，提高设备的可靠性，减少生产运行费用和工人劳动强度，制作安装简单易行，一般在正常生产情况下，通过倒换箱即可改造完成。

（2）畅通布袋采购渠道，购进新型布袋，筛选耐用布袋，增加滤料的强度和韧性，延长使用寿命。

（3）将喷燃器的旋流叶片整体向管道内移 100mm，焦炉煤气稳燃点火喷口位置不变，拉开喷燃器的高气旋流叶片与煤气着火中心的距离，解决喷燃器结焦问题。将每个喷燃器的旋流叶片由 18 片减至 12 片，旋流叶片的角度不变，增大旋流叶片之间的空隙，加大了煤气流速。

通过以上形式的综合改进，煤气含尘量基本达到 5mg/Nm^3 以下，可以肯定，通过对箱体入口导流板的改进对延长布袋使用寿命，降低含尘量，起到了关键作用。热电锅炉喷燃器结焦情况得到很大缓解，与治理前相比，延长了高负荷发电周期，降低了发电燃料成本。

4.2　阀门问题

4.2.1　箱体出入口 DN700 气动阀打不开

生产中经常遇到投箱时出入口 DN700 气动阀打不开，不得不对气动阀采取蒸汽外加热，才勉强打开，投入 3 个箱体要 2 个多小时，对投箱或倒箱操作的顺畅性有很大影响。

原因分析：气动阀单缸活塞的作用力明显小于 DN700 阀所受的盲板力，不足以打开阀门翻板。改进情况：将原来的单缸驱动改为双缸驱动，未再出现打不开的问题。

4.2.2　箱体出口插板阀压紧松开机构不动作

原因分析：压紧松开机构采用的是齿轮连杆；传动机构，齿轮材质为铝合金，硬度低，磨损过快。

改进情况：对原选用的材质改型为铜质，提高了使用寿命。

4.2.3　箱体入口插板阀打不开、关不上

运行中入口插板阀压紧松开机构齿轮传动连杆多次发生折断，阀板不动作，箱体投不上，无法起到备用作用，一度非常紧张。其中 4 号箱入口插板阀最为严重，最长搁置 4 个多月，不能作为备用。

原因分析：一是箱体入口的工况条件比较恶劣，温度高，压力高，灰尘大，传感器经常坏，发出错误信号；二是密封，大量灰尘进入阀箱，增大了阀板动作的阻力；三是齿轮粘满灰尘，齿轮间接触面变小，驱动力减小。

改进情况：增加手动松开压紧装置，改变传感器安装位置，勤换密封垫，减少齿轮数量，增加咬合面积，在箱体内增加刮灰板。

4.3 磨损问题

干法除尘系统投入运行后多次出现阀门、管道刷漏的情况。投产一个月时间内，箱体卸灰 DN300 钟形阀及下侧 DN300 管刷漏 3 次。

原因分析：球体耐磨性差；箱体卸灰过程中，钟形阀开，灰流呈一定角度，此段管的制作是使用 6mm 厚的普通卷焊管，自身偏薄，材质差，耐不住瓦斯灰的长时间磨损。

改进情况：分别试用多个厂家的 DN80 球阀和 DN300 钟形阀，根据试用球阀的使用情况、耐磨强度、使用寿命来确定 DN80 球阀的选型，增强了耐磨性能，延长了使用周期。为了提高 DN300 锥形管使用寿命，准备了耐磨复合管备件，出现问题随时更换。

4.4 腐蚀问题

干法除尘系统投入后，对干法除尘设施、煤气管道及排水器、TRT 发电转子叶片等不同程度被腐蚀，给正常生产带来了巨大威胁。

原因分析：管道内结晶物分析结果为全铁 28.2%、氯离子 46.21%、CaO（氧化钙）1.0%、MgO（氧化镁）0.01%、硫酸根 0.49%、Na_2O（氧化钠）0.2%、K_2O（氧化钾）1.3%。

箱体结晶颗粒固体成分分析，全铁 29.87%、氧化钙 1.74%、二氧化硅 0.55%、三氧化二铝 0.37%、氧化钾 0.16%、氯离子 52.15%，硫酸根 0.33%。

干、湿法煤气凝结水数据对比情况见表 4、表 5。

从化验结果看，高炉煤气中携带的大量氯离子、硫酸根离子、盐分等，是腐蚀问题的罪魁祸首。

改进情况：

（1）对尚未投入使用的高炉煤气管道内壁重做防腐。赶在焦化厂使用高炉煤气前，有针对性地将迁钢至焦化厂的 DN3000 高炉煤气管道重做防腐。

表 4 pH 值对比

日期	干法出口水封处	干法除尘冷凝水	湿法除尘冷凝水	干湿法除尘煤气汇合处
3-14	未取	1.73	6.71	5.91
3-20	未取	4.76	5.6	5.79
3-27	未取	1.84	5.67	5.56
4-3	未取	1.83	5.96	2.66
4-11	2.37	2.15	6.09	5.64
4-17	3	5.78	6.03	5.67
4-24	2.09	未取	7.15	5.36

表 5 冷凝水中 Cl^- 浓度值对比 （mg/L）

日期	干法出口水封处	干法除尘冷凝水	湿法除尘冷凝水	干湿法除尘煤气汇合处
3-14	未取	未做出	415	未做出
3-20	未取	未做出	未做出	未做出
3-27	未取	20443	40	30
4-3	未取	36994.83	44	17494
4-11	1167	21830	667	2417
4-17	1083	1749	333	2083
4-24	5166	未取	333	1104

（2）对全迁钢高炉煤气系统上在用的 111 个 SUS316L 材质的补偿器外部包补，全部换成具备防腐能力的新系列不锈钢材质。

（3）对干法除尘高炉煤气触及到区域内的煤气排水器全部检查更换，排水器下降管漏斗做包补，更换下降管截门。提前对 DN3000U 水封等易腐蚀的薄弱环节做夹带防腐的包补。

（4）增加喷水装置，提高凝结水 pH 值，稀释酸度（表 6）。

表 6 增加喷水前后 pH 值对比

喷水情况	干法出口水封处	干法除尘冷凝水	湿法除尘冷凝水	干湿煤气汇合处
喷水前	2.37	2.15	6.09	4.64
喷水后	4.32	3.76	6.13	4.8

（5）向煤气中喷洒一定浓度的碱液，中和煤气中的酸液（表 7）。

表 7 喷碱液前后 pH 值对比

喷碱液情况	干法出口水封处	干法除尘冷凝水	湿法除尘冷凝水
喷碱液前	2.37	2.15	6.09
喷碱液后	6.5~7.2	5.0~5.6	6.13

通过一系列的改进措施，最终控制住了煤气管道的腐蚀。

在充分总结迁钢2号高炉干法除尘经验的基础上，迁钢3号4000m^{3}高炉干法除尘从设计源头抓起，在TRT出口设置洗净塔，喷入碱液和工业水将煤气中的Cl^-充分洗除；通过数值仿真计算，确定结构更优化的除尘器尺寸和内部导流结构形式；系统设备选用国内更先进更成熟的技术，对阀门、波纹管等重要设备技术要求的细节做了更明确规定；在建设过程中严格质量控制。该项目于2010年1月8日一次性投产成功，运行近半年来各项指标良好，节能、环保效益十分显著。

（原文发表于《首钢科技》2010年第6期）

➤ 炼铁工程其他技术

特大型高炉料仓和无中继站上料系统设计创新

唐安萍[1]　张福明[1]　张　建[1]　王　涛[2]　张卫东[2]　宋静林[2]

(1. 北京首钢国际工程技术有限公司，北京 100043；
2. 首钢京唐钢铁联合有限责任公司，唐山 063200)

摘　要：北京首钢国际工程技术有限公司设计的首钢京唐钢铁联合有限责任公司炼铁车间一期工程共 2 座 5500 m^{3}高炉，采用了创新特大型高炉料仓和无中继站上料系统新工艺。其特点是：优化、缩短了工艺流程，工艺布置简洁、集中紧凑、便于生产管理、整齐美观。

关键词：特大型高炉；料仓；无中继站上料系统

1　引言

由北京首钢国际工程技术有限公司设计的首钢京唐钢铁联合有限责任公司炼铁车间一期工程共 2 座 5500 m^{3}高炉，分 2 步建设。一期 1 步建设的 1 号高炉项目已于 2009 年 5 月 21 日投产，2 步建设的 2 号高炉项目已于 2010 年 3 月投产。采用了高炉料仓短流程新工艺，料仓呈并列式布置，焦侧：焦炭仓总有效容积为 7000m^3，块矿仓总有效容积为 2350 m^3，杂矿仓（包括熔剂、锰矿和钒钛矿）有效容积为 1800 m^3。矿侧：烧结矿仓总有效容积为 8500 m^3，球团矿仓总有效容积为 2400 m^3，焦丁仓有效容积为 700 m^3，矿丁仓有效容积为 700 m^3。是世界首例建成投产的 5500m^3 以上及料仓和无中继站上料系统短流程新工艺。

2　大型高炉料仓和无中继站上料系统技术研发背景

随着高炉大型化、高利用系数、低成本操作、煤比不断提高和高炉寿命的不断延长，对原燃料的质量要求不断提高。同时，随着矿产资源变化和国内球团技术的发展，炉料结构也不断调整和优化。精料技术是高炉生产顺行、指标先进、节能减排的基础和客观要求。精料技术水平对高炉炼铁技术经济指标的影响率为 70%，而其他因素的影响率都较低，比如：高炉操作技术水平的影响率为 10%，企业管理水平的影响率为 10%，设备运行状态的影响率为 5%，运输、水电供应、天气变化、上下道工序生产状况和衔接等的影响率为 5%。因此，精料技术越来越受到关注，成为贯彻“减量化”生产的基础。高炉上料系统是实现精料技术管理目标的关键性环节，对高炉生产操作有着密不可分的影响和联系。

精料技术主要包括：“高”、“熟”、“净”、“匀”、“小”、“稳”、“少”、“好”八个方面的内容。而其中“高”、“熟”两个方面是对入炉原燃料品位和炉料结构（配比）的要求；“稳”、“少”、“好”三个方面是对入炉原燃料理化性能指标的要求；而“净”、“匀”、“小”三个方面都是对原燃料粒度方面的要求。因此，在特大型高炉料仓设计中贯彻八字方针，特别是“净”、“匀”、“小”三个方面，使原燃料粒度更加合理。入炉原燃料粒度对高炉煤气流分布是有影响的。高炉煤气流有三种分布：送风制度的一次气流分布；软熔带的二次气流分布；散料柱的三次气流分布。而三次气流分布主要取决于装料制度、炉料粒度、筛分。通过调整炉料粒度、装料制度和布料方式，进一步细化炉料的粒级，减小粒度差，保持中心并适当发展边缘两股气流，才能使第三次气流的分布更为合理，从而改善炉料的透气性和提高煤气利用率。因此，入炉原燃料粒度变得越来越重要。

3　入炉原燃料

3.1　入炉原燃料的理化性能指标

入炉原燃料理化性能指标的要求主要包括“稳”、“少”、“好”三个方面，所谓“稳”是指入炉原燃料的化学成分和物理性能要稳定，波动的范围尽量要小。所谓“少”是指入炉原燃料中含有的有害杂质少。所谓“好”是指铁矿石的冶金性能好。

3.2 入炉原燃料的品位和炉料结构（配比）

入炉原燃料的品位和炉料结构（配比）包括“高”、“熟”两个方面，所谓“高”是指入炉矿的品位高，烧结矿、球团、焦炭的转鼓指数要高。入炉矿的品位高是精料技术的核心。“熟”是对入炉原燃料品位和配比的要求，入炉矿品位：≥61%；高碱度烧结矿的转鼓指数：≥78%；焦炭：M_{40}≥89%，M_{10}≤6.0，灰分≤11.5%。“熟”是指熟料率。国内外炼铁生产实践表明：熟料具有一定的高温强度、良好的透气性和较高的还原率、适当的软熔温度和软熔温度区间，有利于提高高炉利用系数、降低燃料比、稳定生产。首钢京唐高炉入炉料配比是烧结矿:酸性球团矿:进口块矿 ＝65%:25%:10%，熟料率为 90%。

3.3 入炉原燃料粒度

入炉原燃料粒度主要包括：“净”、“匀”、“小”三个方面，所谓“净”是要求炉料中粉料含量少，减少入炉粉末量。所谓“匀”是要求各种炉料间的粒度差异不能太大，具有适当的粒度组成，粒度均匀。所谓“小”是指烧结矿和球团的粒度应该适当小些。首钢京唐特大型高炉料仓采用焦炭分级、矿丁回收、焦丁回收等技术，同时球团粒度适当降低到 9~16mm、块矿粒度从 10~40mm 降低到 8~30mm，获得高炉炉料的最佳粒度范围。

4 高炉料仓和上料系统的组成及主要技术特点

首钢京唐 5500 m^3 高炉属于特大型高炉，在高炉料仓和上料系统设计中首钢国际工程公司结合首钢几十年的生产经验、大胆自主创新，首创适用于特大型高炉的料仓布置形式，全新的料仓布置与合理的料仓配置，采用无中继站短流程上料工艺，独具特色。高炉料仓和上料系统工艺流程短，占地面积小。遵循目前所倡导的“减量化、再利用、资源化”循环经济的理念，采用焦炭分级、矿丁回收、焦丁回收等技术，从 2009 年 5 月 21 日投产的生产实践来看，高炉生产指标已经达到甚至超过设计指标，高炉运行状况良好，燃料比：450~460kg/t，达到了行业先进水平。

图 1 首钢京唐钢铁厂 1 号高炉料仓实景

4.1 原燃料上仓

烧结矿、球团矿、块矿、杂矿、熔剂、焦炭等原燃料通过供料系统的胶带机运送至供料转运站。高炉料仓上布置 5 条带卸料车的配仓胶带机，胶带机在供料转运站内受料后将原燃料通过卸料车装入料仓内。焦槽侧 2 条胶带机，互为备用。由于采用“短流程”工艺，烧结厂不设烧结矿成品仓，矿槽侧 3 条胶带机，其中 2 条胶带机用来运输烧结矿，1 条胶带机运输球团矿且可同时作为烧结矿胶带机的备用，球团仓的储存时间是 12.3h，因此烧结矿胶带机的检修时间应该满足 12h 的要求。

4.2 高炉料仓设置

采用适用于特大型高炉的料仓布置形式，全新的料仓布置与合理的料仓配置。料仓设置见表 1。

表 1 料仓设置表

矿槽名称	焦炭	烧结矿	球团矿	块矿	杂矿	焦丁	小烧结矿	焦粉
总容积/m^3	7350	8500	2400	2550	1800	900	900	1200
总储存量/t	3307.5	15300	5280	5100		405	1620	540
储存时间/h	10.3	12.8	12.3	24.2	≥7d	39.6	5.1	10.8

4.3 料仓下主要设备

仓下采用全密闭给料机，给料机进、出料口均采用软密封连接，密封效果好。高炉仓下采用环保型振动筛，筛分效率高，除尘密封效果好，能耗小，如图 2 所示。

每个焦炭称量罐设中子测水装置，对每个焦批的焦炭含水量都可以检测和补偿。

设置便于检修的检修孔和检修平台。

图 2　仓下环保型振动筛实景

4.4　原料入炉部分

各种原燃料经上料主胶带机运往高炉炉顶。

4.4.1　原燃料入炉料批、上料周期

原燃料入炉料批参数见表 2 和表 3。

表 2　料批参数（利用系数 2.3 t/（m^3·d）时）

项　目	小料批	中料批	大料批
焦炭批重/t	19	22	26.5
焦层厚度/m	0.43	0.50	0.60
矿石批重/t	105	122	147
矿层厚度/m	0.56	0.65	0.78

表 3　上料周期参数（利用系数 2.3 t/（m^3·d）时）

项　目		小料批	中料批	大料批
焦炭批重/t		19	22	26.5
矿石批重/t		105	122	147
正常装料	批数/批·日$^{-1}$	193	167	139
	周期/秒·批$^{-1}$	447	518	624

4.4.2　上料主胶带机

上料主胶带机带宽 B=2200mm，带速 v=2.0m/s，倾角小于 10°。胶带机中部设驱动站，站内设驱动单元及集中润滑站，并配备桥式起重吊车 Q=15t 一台。

上料主胶带机设防胶带跑偏、打滑装置；事故拉绳开关；料位检测装置；除铁装置，并在胶带机通廊宽边设换辊小车。

4.5　自动化控制和检测

所有料仓设超声波料位计和料位上极限料位计；所有焦炭称量罐设中子测水检测装置，并设水分补偿；所有胶带机设防胶带跑偏、打滑装置、事故拉绳开关、防堵料开关；所有设备（除检修设备外）均设高炉主控室 PLC 自动控制和机旁手动、CRT 监视；重点部位设工业摄像仪，共 18 台，高炉主控室画面显示。必要的安全检测设备：仓下主胶带机头部取样装置和检铁装置，主胶带机纵向防撕裂检测装置、打滑检测装置、断带保护开关、料流检测开关、声光报警器等（图 3）。

图 3　仓下主胶带机检铁装置实景

5　首钢京唐钢铁厂特大型高炉料仓和无中继站上料系统效益和前景

首钢京唐特大型高炉料仓和无中继站上料系统是首钢国际结合多年的生产实践经验，采用适用于特大型高炉的料仓布置形式，全新的料仓布置与合理的料仓配置，集无中继站上料工艺，焦丁回收技术于一体，工艺流程短，符合“减量化”的设计理念，是今后大、中型高炉料仓和上料系统设计的趋势，如图 4 所示。

图 4　首钢京唐钢铁厂特大型高炉料仓和上料系统全景俯瞰

首钢京唐钢铁厂 1 号高炉投产以来，燃料比已经达到国内外先进水平，生产实践表明，把精料技术中的“小”和“匀”巧妙地结合起来，球团强调“小”，入炉粒度是 9~16mm，而对于烧结矿最佳的入炉粒度应该是 25~40mm，不是过分强调“小”还要兼顾“匀”。首钢国际工程公司的上料系统诸多先进技术的应用是首钢京唐钢铁厂高炉综合燃料比较低的主要原因之一。

转底炉循环利用钢铁厂含锌尘泥技术分析

曹朝真　毛庆武　姚　轼　张福明

(北京首钢国际工程技术有限公司，北京 100043)

摘　要：钢铁生产过程中产生大量尘泥，对含锌尘泥进行资源化循环利用是新一代钢铁厂进行能源转换，实现低碳、低耗和可持续发展的必由之路。对国内外主要含锌尘泥处理工艺进行比较，分析转底炉工艺在处理钢铁厂尘泥过程中的技术优势，并结合我国转底炉技术发展现状，指出影响转底炉工艺发展的主要技术难点，提出相应对策。

关键词：转底炉；直接还原；含锌尘泥；低碳；循环利用

Technology Analysis of Zinc-bearing Dust Recycle Utilization by RHF

Cao Chaozhen　Mao Qingwu　Yao Shi　Zhang Fuming

(Beijing Shougang International Engineering Technology Co., Ltd., Beijing 100043)

Abstract: A large amounts of dust and sludge were produced in the iron and steel production process, the recycle utilization of the Zinc-bearing dust and sludge is the only way to achieve low-carbon, low energy consumption, sustainable development and energy conversion for a new generation steel plant. The domestic and foreign processes of Zinc-bearing dust and sludge treatment were compared and the advantages of RHF in the process of dealing with iron and steel plant dust and sludge was analyzed. It is pointed out that the major technical difficulties and the corresponding countermeasures, combined with the rotary hearth furnace technology development status in China.

Key words: RHF; direct reduction; Zinc-bearing dust and powder; low carbon; recycle utilization

1　引言

钢铁厂含锌尘泥是钢铁生产过程中的副产物，国内先进钢铁企业的尘泥产生量约为钢产量的 5%~7%，一般钢铁企业为 8%~12%，这些尘泥中除含有锌元素外还含有铁、碳、CaO 等有用成分，对冶金尘泥进行资源化回收和利用，对钢铁企业实现低碳、环保、清洁和资源循环利用有着十分重要的意义。随着国家对发展低碳经济、循环经济要求的提高和冶金技术的进步，现代钢铁企业的功能正从单一的钢铁材料制造，向钢铁生产、实现高效能源转换和消纳固体废弃物三个方向转变。国家《钢铁工业"十二五"发展规划》中明确指出，钢铁企业要加强对固体废弃物的综合利用，深入推进节能减排技术的发展和应用，这对钢铁厂固废的处理提出了更高要求。

传统钢铁企业内部的尘泥利用方式侧重于对铁元素的回收，主要通过配入烧结原料实现内部循环利用，这种尘泥利用方式无法脱锌，而且造成锌和碱金属在钢铁企业各工序间和高炉内部两个区域内循环富集，严重影响了高炉的正常运行。为了实现对含锌尘泥的资源化清洁利用，实现节能减排和环境保护，同时降低高炉的锌负荷，就必须对冶金尘泥进行脱锌处理。

2　钢铁厂含锌尘泥的种类和特点

钢铁厂含锌尘泥根据种类和产生位置不同，可分为高炉瓦斯灰、转炉 OG 泥、烧结除尘灰等，其化学成分分析结果见表 1。

由表 1 可以看出，不同种类的粉尘其化学成分差别较大，含锌粉尘中高炉瓦斯灰铁含量较低，锌和碳含量较高，这是由于高炉内为强还原性气氛，原料中的锌在高温下被还原出来，进入粉尘中，研究表明，粉尘中的锌一般富集在粒度较小和磁性较弱的粒子上[1]，这为物理法脱锌提供了可能；烧结过程可以脱除钾钠，使钾钠以氯化物的形式进入烟气，因此烧结除尘灰中钾钠含量较高。实际生产中受原料成分、操作条件变化等因素的影响，粉尘的成分和产生量波动较大，这都为含锌粉尘的循环利用带来了困难。针对不同种类粉尘物性条件的变化，为最大限度地对粉尘进行资源化回收利用，目前国内外有多种粉尘循环利用工艺，主要包括返回钢铁生产工序处理、物理法分离处理、湿法处理、火法处理等。

表 1　钢铁厂含锌粉尘的化学成分

样品名称	TFe	C	SiO_2	CaO	Al_2O_3	MgO	K_2O	Na_2O	Zn	Pb
炼铁除尘灰	33.27	26.8	3.53	2.81	1.85	0.39	0.38	0.21	10.17	—
瓦斯灰	25.12	24.3	5.46	5.24	3.41	0.47	0.5	0.7	12.62	0.02
原料除尘灰	35.64	29.6	5.47	7.54	2.78	0.1	0.14	0.07	—	—
干法除尘灰	38.10	23.6	6.41	4.4	3.95	1.01	0.36	0.11	1.79	0.33
LT 灰	52.61	0.5	0.82	5.01	0.11	0.71	0.78	0.39	1.24	0.1
烧结除尘灰	38.68	—	4.76	10.19	0.94	2.52	11.11	1.91	0.02	0.29

3　钢铁厂尘泥循环利用工艺

3.1　尘泥返回烧结工序

将尘泥返回烧结工序循环使用，是目前我国钢铁企业最为普遍的尘泥利用方式，主要包括尘泥直接配入烧结和尘泥均质化造粒返回烧结两种工艺形式，其中大多数钢铁企业采用直接配入烧结系统回用的方式处理。由于尘泥粒度细、亲水性差、不易成球，对烧结过程带来不利影响，主要表现为料层透气性差，生产波动大，烧结矿质量下降等，因此限制了尘泥的使用量，一般烧结料中尘泥最大配加量不超过 10%；为降低上述不利影响，将各种尘泥均质化造粒后再返回烧结工序，主要工艺过程包括调节水分、配料、均质化和制粒，这种方式有利于改善烧结透气性，维持烧结矿质量稳定。

以上两种尘泥利用方式在一定程度上实现了尘泥资源的有效利用，但是由于缺乏除杂过程，无法实现脱锌和脱钾钠效果，从而无法打破锌和碱金属在高炉内的循环富集，影响高炉的正常生产，因此，将尘泥返回烧结工序的利用方式不能彻底解决钢铁厂尘泥完全资源化回收利用问题。

3.1.1　球团法处理

球团法处理冶金尘泥包括冷固结球团法和氧化球团法两种。冷固结球团法是向粉尘中加入黏结剂，混匀后经养生固结，作为高炉原料入高炉使用；氧化球团法是将细粒度粉尘与其他铁精粉混合，添加黏结剂造球，经竖炉或链箅机回转窑氧化焙烧后，作为高炉原料使用。球团法粉尘处理方式工艺简单，设备成熟，但由于无法处理粗粒度粉尘，处理量小，缺乏除杂过程，不能有效避免有害元素的循环富集。

3.1.2　尘泥冷压块回用高炉

尘泥冷压块法与冷固结球团法类似，是将不同种类粉尘经配料后加入大量水泥等黏结剂，经长时间养护冷固结后，作为高炉原料入炉使用。这种方法可以缩短尘泥的使用流程，实现了对铁、碳等有用元素的有效利用，主要缺点是生产周期长，增加了高炉渣量和生产成本，同时无法消除锌和碱金属对高炉冶炼带来的危害。

3.1.3　尘泥冷压块用作转炉造渣剂

尘泥冷压块处理方式主要用于处理含铁量较高的尘泥，主要以转炉灰和轧钢铁皮为原料，配加黏结剂混匀后，进压块机压块，制成高强度团块用作转炉造渣剂。转炉使用冷压块作为造渣剂可以减少原料消耗，同时缩短粉尘的处理流程，实现粉尘短流程高效利用，但是由于缺少除杂工序，使得锌仍旧在转炉系统内循环富集。

3.1.4　炼钢过程喷吹粉尘

这种粉尘循环利用方式是通过向转炉或电炉内喷吹粉尘，用以回收锌和替代部分废钢。将电炉粉尘和炭粉喷入电炉内，可以在还原期使锌在高温下被还原气化率，进入二次粉尘，配合湿法提锌，可以使锌的浸出率达到 90% 以上；向转炉内喷吹转炉粉尘可以用以取代部分废钢，1kg 粉尘约可取代 2.7kg 废钢，为补偿粉尘吸热可以配加部分焦粉和瓦斯泥。实践表明，上述利用方式对电炉和转炉的产品质量没有不利影响。炼钢过程处理粉尘的优势在于可以直接利用粉尘，实现资源的回收利用，但是该法无法对所有粉尘进行利用，对于锌元素的去除，要么无法实现，要么需要配合其他脱锌工序，使工艺流程复杂化。

3.2 物理法处理工艺

3.2.1 磁选除杂处理

该方法是利用富锌粉尘一般富集在粒度较小和磁性较弱的粒子上的特性，通过采用磁选的方式使锌元素富集。用于处理高炉粉尘时，由于粉尘碳含量较高，需要添加浮选除碳工艺[2]。

3.2.2 水洗除钾钠处理

该法主要以高钾钠尘泥为原料，如烧结的电除尘灰等，利用灰中钾盐和钠盐易溶于水的特性，与钾钠含量较低且不溶于水的其他固体物料分离，溶有钾盐和钠盐的处理水可用于蒸发提盐。经过脱钾钠后的粉尘可返回烧结使用，但因该处理工艺无法实现脱锌，一般需要与脱锌工艺一起实施。

3.2.3 水力旋流脱锌处理

主要用于处理高含锌粉尘，通过水力旋流的方式使富锌细粒度物料从旋流器顶部溢出，而含锌较低的粗颗粒物料从旋流器底部流出，从而使锌得到分离。高锌泥经过滤后可用作锌冶炼的原料，低锌泥过滤后可回用烧结工艺。水力旋流脱锌的脱锌效果并不彻底，锌的富集效率较低，一般用作湿法和火法处理工艺的预处理。

3.3 湿法处理工艺

湿法处理工艺主要用于锌含量大于 15%的中锌和高锌粉尘的处理，对于低锌粉尘必须首先经过物理法富集后才能进行处理。湿法处理工艺包括酸浸和碱浸两种，酸浸处理工艺成熟，脱锌率大于 95%，但需要对处理过程进行升温和加压，由于在锌浸出的过程中铁也被浸出，因此需要对浸液在电解前除铁，此外酸浸后的渣子不能重新作为钢铁冶炼的原料使用，因此酸浸工艺无法对粉尘中的铁和碳进行完全资源化回收利用。碱浸的浸出效果不如酸浸，一般锌的浸出率约为 10%左右，浸出剂用量大，除杂过程复杂，与酸浸相比腐蚀性较低，浸出的选择性好。由以上分析可知，湿法处理工艺难以实现对冶金尘泥的完全循环利用，而且处理过程中容易引入新的污染源[3]，操作条件恶劣，设备腐蚀严重，生产效率低，处理量小，不宜作为主要的尘泥利用方式进行推广。

3.4 火法处理工艺

含锌尘泥火法处理工艺包括直接还原和熔融还原两类，其工艺原理是利用粉尘中的碳作为还原剂，在高温下将氧化锌还原为锌蒸汽，同时得到金属铁，锌蒸汽进入烟气从而实现脱锌的目的，锌蒸汽在烟气降温过程中被重新氧化，并以二次烟尘的形式被布袋除尘器收集。火法处理工艺可以最大限度地资源化回收和利用含锌粉尘，具有生产效率高、脱锌效果好、生产清洁等优点，是目前世界上主流的含锌尘泥处理工艺。主要工艺流程包括转底炉工艺、回转窑工艺、DK 工艺和 OXYCUP 工艺等。

3.4.1 回转窑工艺

以 Waelz 工艺[4,5]为代表的回转窑含锌粉尘处理工艺，最早用于低品位锌矿粉的提纯，20 世纪 70 年代开始用于电炉灰的处理，到 2009 年全世界约 80%的电炉灰都采用了 Waelz 工艺进行处理，在欧洲、美国和日本得到了广泛应用，Waelz 工艺是目前应用最为广泛的高锌粉尘处理工艺，其工艺流程如图 1 所示。

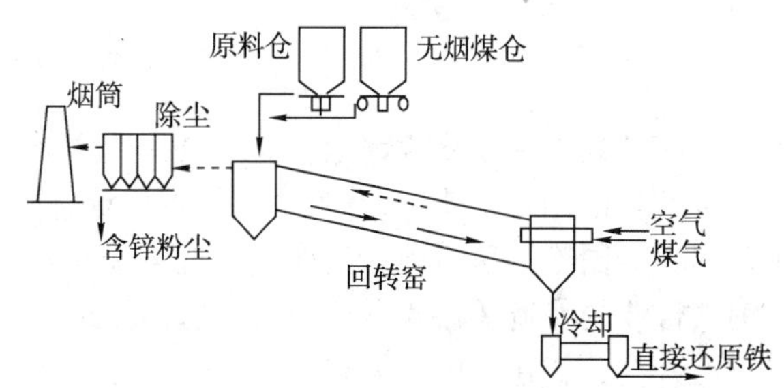

图 1 Waelz 工艺流程图

电炉灰和约 25%的焦粉或无烟煤混合后加入回转窑，回转窑以焦炉煤气为燃料提供热量，物料在回转窑内先后经过干燥段、预热和煤粉燃烧段、预还原段、还原段和成渣段，在高温下被还原成团粒，氧化锌则被还原成金属锌，气化率后进入烟气并随烟气一起排出，二次氧化后以粗锌粉的形式被收集起来。冷却后的团粒经筛分后用于高炉或返回烧结使用。该工艺具有生产稳定、效益好等优点，单台设备最大产能可达 15 万吨/年，主要问题是对原料的锌含量要求较高、窑内容易结圈、生产效率低、脱锌率低、污染大等。

3.4.2 转底炉工艺[6,7]

转底炉处理钢铁厂含锌尘泥工艺包括 Fastmet（图 2）、Inmetco、Dryiron 等多种工艺形式，其主体工艺都是以粉尘中的碳作为还原剂，将钢铁厂各种尘泥经配料、混合后制成含碳球团，球团在炉内通过辐射热被快速加热，球团内的铁氧化物与球团内的碳在 1250~1350℃的温度条件下发生还原反应生成直接还原铁，原料中的锌也被还原进入烟气，从而达到脱锌目的，并最终通过布袋除尘器进行回收。转底炉的金属化率可以达到 80%~90%，脱锌率在 90%以上，副产品粗锌粉中氧化锌含量为 40%~60%，可用作锌冶炼的原料，具有较高的经济附加值。

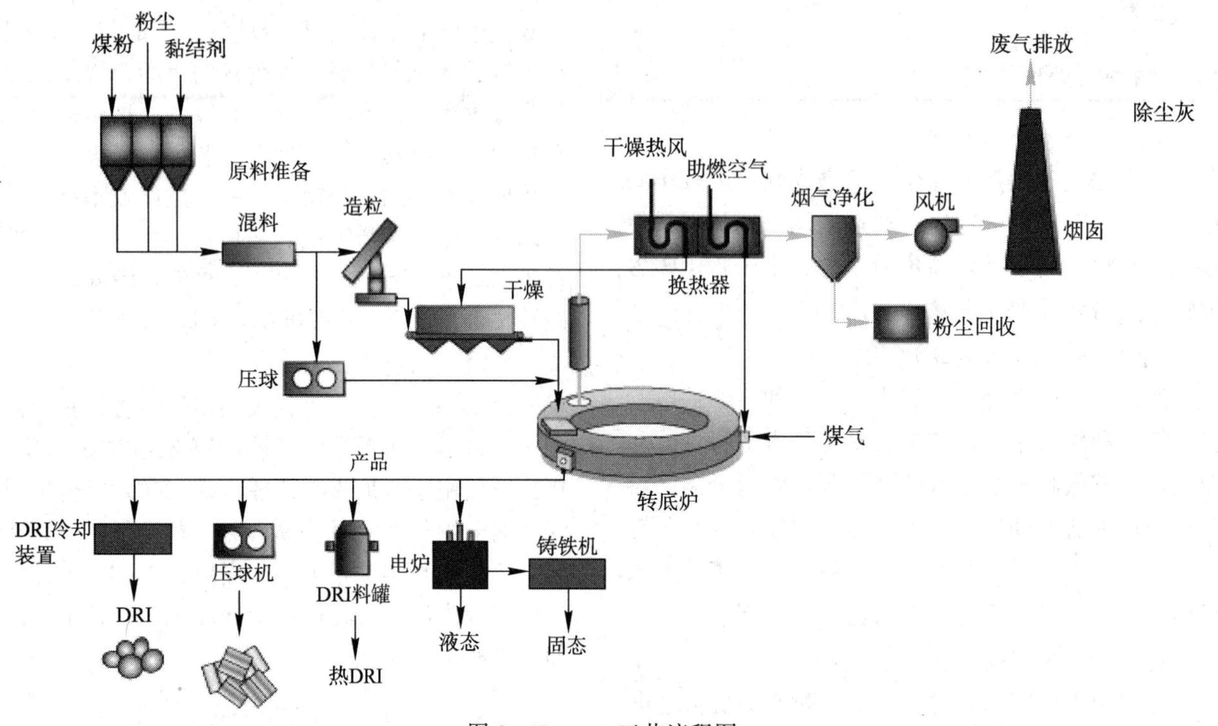

图 2　Fastmet 工艺流程图

转底炉处理钢铁厂含锌尘泥技术具有生产能力大、脱锌率高、能量利用效率高、环境友好等优势，在日本和美国等地区得到广泛应用，近年来受到国内钢铁行业的普遍关注，发展很快，国内先后已有多家钢铁企业新建了转底炉装置。

3.4.3　DK 工艺

DK 工艺（图 3）使用小烧结机和小高炉处理含铁粉尘和尘泥，生产铸造铁和锌精粉，即通常所说的小高炉法，其使用的原料以转炉灰和轧钢铁皮等高含铁粉尘为主，为提高高炉冶炼的经济性，要求原料的平均含铁品位大于 50%，与传统的高炉炼铁工艺相比其冶炼的锌负荷可以由 0.1kg/tHM 提高到 38kg/tHM，碱金属负荷可以由 2.6kg/tHM 提高到 8.5kg/tHM。截至目前 DK 工艺已在德国运行超过 30 年，是一种成熟的钢铁厂含锌粉尘处理工艺。鉴于目前我国正在进行淘汰落后小高炉的工作，DK 工艺在小高炉利旧用于处理钢铁厂含锌粉尘方面具有投资和技术优势。

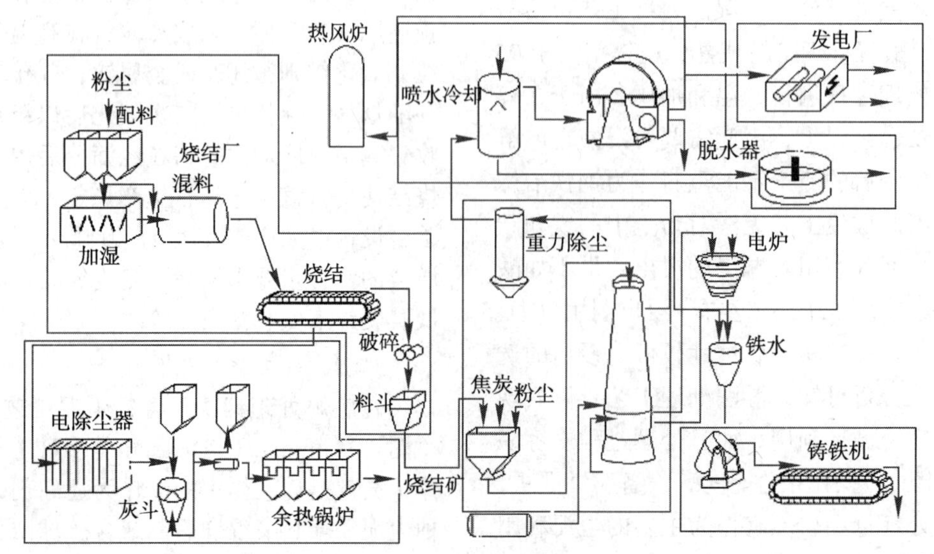

图 3　DK 工艺流程图

3.4.4 OXYCUP 工艺[8]

OXYCUP 工艺（图 4）属于竖炉工艺，主要用于处理高锌尘泥，生产铁水和锌精粉。工艺过程是首先将各种尘泥、焦粉和水泥配料后加湿混匀，通过压块机制成炭砖，炭砖在养固室内养护固结 48h 后，送入竖炉料仓，与废钢、焦炭、添加剂等一起加入竖炉，焦炭在风口前与富氧率约 30% 的热风接触发生燃烧反应，提供炉内冶炼过程所需要的热量，熔炼完成后铁水和渣从铁口排出炉外，锌和碱金属等则进入烟气处理系统最后被收集起来。OXYCUP 工艺中炭砖的使用量约为 70%，最高可达到 85%，为保证冶炼的经济性需要配加一定量废钢，目前该工艺在德国、墨西哥、日本等地建有示范工厂，国内太钢在 2011 年引入该项技术，主要存在的问题是炉缸耐火材料寿命过短、作业率低等。

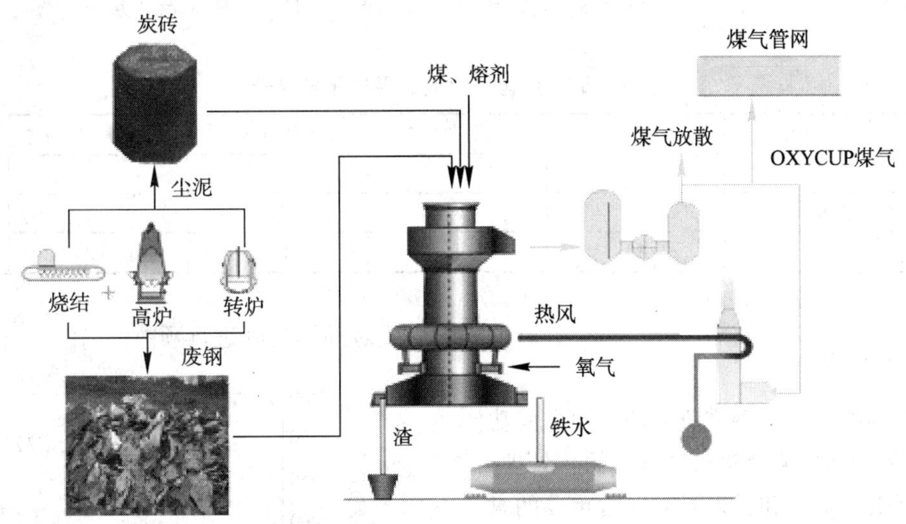

图 4 OXYCUP 工艺流程图

3.5 含锌尘泥处理工艺的比较

表 2 中对各种尘泥处理工艺进行了对比。将含锌尘泥返回钢铁生产工序进行处理，无法实现脱锌效果；物理法和湿法脱锌处理，一般用于对高锌粉尘的处理，处理量较小，脱锌效率低，而且有可能造成二次污染；火法处理工艺具有处理能力大、脱锌率高、生产效率高、环保效果好、产品附加值高等优势，能够满足钢铁企业大型化生产的要求，是目前值得提倡的钢铁厂尘泥处理方式。

表 2 含锌尘泥处理工艺比较

项目	返回钢铁生产工序处理	物理法	湿法	火法处理			
				回转窑工艺	转底炉工艺	DK 工艺	OXYCUP 工艺
处理对象	各类尘泥	高锌粉尘	中高锌粉尘	电炉粉尘	各类尘泥	低锌、高铁原料	高锌、低铁原料
原料制备	直接处理或造粒	直接处理	直接处理	直接处理	低强度压球或球团	烧结	高强度炭砖
处理能力/万吨·年$^{-1}$	较大	较小	较小	15	50	45	56
脱锌率	无法脱锌	较低	酸浸 95% 碱浸 10%	75%~90%	90%~97%	99%	99%
作业率	较高	较高	较高	<70%	约 94%	较高	较低
设备费比	—	—	—	3	1	3~4	3~4
维护费比				1.5~2.0	1	1.5~2.0	2~3
存在问题	锌富集	脱锌率低 原料要求高	环境污染大 原料要求高	结圈严重 原料要求高	换热设备堵塞 部分生球爆裂	使用小高炉 原料要求高	炉衬寿命短 作业率低

在几种主要的火法工艺当中，OXYCUP 工艺目前仍处于工业化阶段，而且主要用于处理高锌粉尘；DK 工艺成熟，但对原料的含铁量要求高，而且依赖小高炉进行生产，投资高；回转窑工艺多用于处理电炉粉尘，设备处理能力相对较小，由于存在结圈问题，作业率较低；转底炉工艺在国外应用比较成熟，具有处理能力大、能量利用率高、投资维护费用低、对原料要求低等优势，是目前国内最受关

注的含锌处理工艺，具有较好的发展前景。

4 转底炉在现代钢铁企业中的作用

4.1 实现对铁、碳等有用元素的资源化回收和利用

现代钢铁厂的冶炼过程是以碳素流为代表的资源和能源的高效利用和转换过程[9]，冶炼过程的高效、低耗是新一代钢铁企业的重要技术特征，也是企业发展循环经济的必然要求。对钢铁冶金尘泥中的有效元素进行完全资源化利用，实现所有含铁尘泥资源的循环利用，无疑是发展钢铁工业循环经济的重要内容。以钢产量为 1000 万吨/年的钢铁企业为例，尘泥产生量约为 60 万吨/年，通过转底炉工艺对冶金尘泥进行处理，使用粉尘中的碳为还原剂，无需外配煤粉，约可回收金属化球团 37~40 万吨/年，回收氧化锌含量为 40%~60%的粗锌粉 8000~9000t/a，回收低压蒸汽 17~20 万吨/年，具有十分可观的回收利用价值（表 3）。

表 3 钢铁厂含锌尘泥的平均化学成分 （干基，%）

成 分	高炉尘	高炉泥渣	转炉尘	转炉泥渣	轧 屑	电炉尘
TFe	25	25	54	54	72	31
Zn	0.2	0.2	8	11	0.1	21
C	38	30	0.2	1.8	0.2	1.5

4.2 消纳固体废弃物

消纳固体废弃物是现在钢铁企业的一项重要功能，同时对钢铁厂固体废弃物进行特殊资源化处理，对实现高炉的高效、低碳和长寿具有非常重要的意义。传统的含锌尘泥利用方式无法打破锌和碱金属的循环富集，对高炉冶炼带来了严重的不利影响，主要表现在炉墙结厚影响高炉正常操作、加快炉衬侵蚀降低高炉寿命、恶化烧结透气性降低烧结矿质量等，使用转底炉对含锌尘泥进行单独处理，可以有效的提高烧结矿质量，对实现高炉顺序，降低燃料消耗具有重要意义，此外，还可以实现对入炉原料中有害元素负荷的有效控制，实现高炉精料。

4.3 实现对低热值煤气的高效利用

钢铁生产过程中伴随着大量冶金煤气的生成，包括高炉煤气、转炉煤气、焦炉煤气等，其中焦炉煤气和转炉煤气热值较高，一般用作轧钢加热炉的燃料，而热值较低的高炉煤气相对过剩，随着低热值煤气燃烧技术的进步，使得转底炉高效利用高炉煤气成为可能。

图 5 对不同助燃空气预热温度下的理论燃烧温度进行了计算，结果表明煤气不预热助燃空气预热到 650℃和煤气低温预热至 200℃时助燃空气预热至 400℃时，理论燃烧温度均可达到 1400℃。由此可见，通过采用空煤气低温双预热或助燃空气高温预热可以满足转底炉工艺对煤气热值的要求。可以采用转底炉烟气高温预热助燃空气或新建热风炉的形式对助燃空气进行预热。

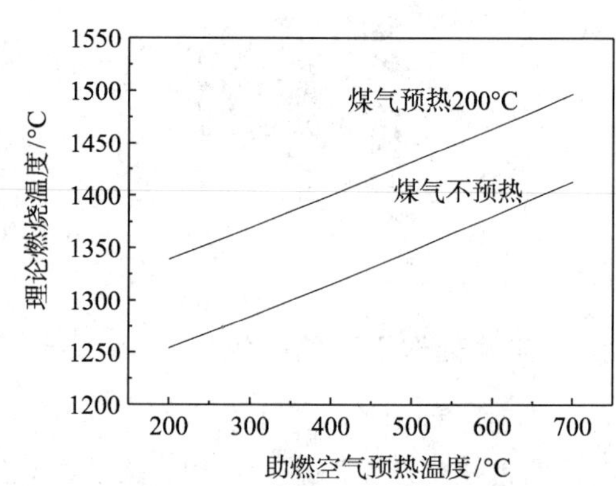

图 5 助燃空气预热温度对理论燃烧温度的影响

5 转底炉工艺存在的主要技术问题和对策

2009 年马钢引进转底炉技术以来，国内先后有多家钢铁企业进行了转底炉技术国产化转化的尝试，主要用于含锌尘泥的处理，收到较好效果，转底炉技术在国内展现出较好发展前景，目前国内还有多家钢铁企业正在开展转底炉的建设或准备建设工作。转底炉工艺作为一项国内刚刚兴起的冶金尘泥处理技术，在国产化的过程中也出现了一些问题，这些问题的解决是转底炉技术在国内能否成功普及的关键。

5.1 造球困难

由于钢铁厂含锌尘泥种类较多，而且粒度差别大、亲水性差，污泥含水量大与粉料混匀困难，这为造球过程带来了困难。目前主要的造球方式有两种，包括压球和圆盘造球，压球机压球存在的主要

问题有压球机磨损严重，寿命短，造球质量逐渐下降，黏结剂配加量大，脱模困难等，主要原因是设备耐磨性差，配料和水分控制不合理等；圆盘造球机造球具有设备简单，工艺成熟等优点，主要问题是原料亲水性和成球性差，生球强度差。为了改善原料的成球性能可以对原料在造球前进行润磨，同时增加在料仓内的浸润时间，对含水量较高的污泥提前进行脱水处理，合理配料，通过以上措施可以使生球质量满足要求。

5.2 生球爆裂

转底炉生产过程中发现有生球爆裂问题，这与入炉干球温度、干球水分、炉内温度控制、加热速度等因素有关。一般生球干燥温度为150℃左右，干燥后水分约为3%，入炉后炉内温度约为1100~1300℃，由于球团升温过快，球内水分蒸发，造成球团爆裂。目前通过改变炉内温度制度，适当降低预热段温度，生球爆裂问题得到了较大改善。

5.3 成品球爆裂和二次氧化

含碳球团在转底炉内经高温段还原后，由螺旋排料机排出炉外，排料温度约为1100~1200℃，热金属化球团活性很高在冷却过程中如果与空气接触则很容易发生二次氧化，目前金属化球团的冷却方式主要包括冷却筒氮气保护高压水喷流冷却和直接水冷冷却，存在的问题主要有金属化球团显热无法回收、蒸汽排放量大、球团爆裂和二次氧化等。实践表明使用冷却筒冷却的球团质量较好，球团二次氧化少，爆裂少，为改善蒸汽排放问题，可以考虑增加蒸汽冷凝回流装置。

5.4 换热设备黏结

由于转底炉烟气中锌、碱金属等含量较高，而这些烟尘组分都属于低熔点化合物，具有黏性高、附着性强的特点，极易在换热管束表面结灰造成设备堵塞，导致换热效率降低，影响正常生产。这一方面与烟尘的特性有关，同时与烟气系统的温度制度和温度控制有很大关系。为解决这一问题应对烟尘的物理特性和析灰规律进行深入研究，在此基础上制定合理的温度制定，设置温度调节手段，对温度进行精确控制，换热设备的设计应充分考虑烟尘的黏结特性，设置清灰装置，同时设备应满足易切换，易吊装和易清理等要求。

5.5 耐火材料砌筑和侵蚀问题

转底炉在生产过程中，铁矿石发生还原反应，同时锌和碱金属等杂质元素也被以气态的形式分离出来，气化率后的碱金属与耐火材料接触，会使耐火材料表面发生浸润、膨胀，出现表面剥离，对耐火材料造成破坏，为避免碱膨胀，可对耐火材料表面进行致密化处理，降低碱金属向耐火材料内的浸润速度，延长耐火材料寿命；此外，球团内的杂质成分在炉内高温作用下有可能出现液相熔渣，熔渣长时间与炉底耐火材料接触会破坏耐火材料结构，侵蚀耐火材料。为避免球团与炉底耐火材料直接接触，可以在炉底铺设一层镁砂。炉底耐火材料在砌筑时为吸收耐火材料在升温过程中的热膨胀，必须预留膨胀缝，如果在炉底直接铺设镁砂，在冷态停炉的情况下镁砂会落入膨胀缝内，影响耐火材料的砌筑质量，为此可以考虑在耐火材料和镁砂之间铺设一层耐火性能较好的耐火毡，可以有效避免镁砂进入膨胀缝。

5.6 出料装置磨损过快

在转底炉内，由于温度控制和炉料成分变化等原因的影响，炉料有可能出现局部熔融的现象，炉料熔融后会黏附在耐火材料上，造成剥离困难，加剧出料螺旋的磨损，缩短使用寿命。为改善出料螺旋的使用情况，首先要进行合理配料，尽量减少球团的粉化和烧结，强化炉内温度和气氛控制，此外还应加强对出料装置材质和冷却结构的开发，目前国内部分企业已经开展了出料设备的开发工作，收到了较好的使用效果。

6 结语

钢铁企业含锌尘泥的完全资源化回收利用，对现代钢铁企业发展循环经济、实现高炉低碳、长寿和清洁生产具有重要意义。转底炉工艺与其他含锌尘泥处理工艺相比，具有处理能力大、脱锌率高、能量利用率高、环境友好等优势，是目前最具发展前景的含锌尘泥资源化利用技术。本文对我国转底炉技术国产化转化过程中出现的主要问题进行了分析，认为这些问题对转底炉工艺的成功运行没有本质影响，国内转底炉建设和生产实践表明，我国已经具备了推广转底炉技术的基本条件。

参考文献

[1] 郭秀健，舒型武，梁广，等.钢铁企业含铁尘泥处理与利用工艺[J]. 环境工程, 2011, 29(2): 96~98.

[2] 章立新，王治云，杨茉，等. 一种新的高炉瓦斯泥旋流脱锌监控方法[J]. 动力工程, 2005, 25(增刊): 23~26.

[3] 张祥富. 高炉瓦斯灰中锌的萃取利用[J]. 环境工程, 1999,

17(5): 48~49.
[4] J. Aota, Morin, Q. Zhuang, et al. Direct reduced iron production using cold bonded carbon bearing pellets part1 -laboratory metallization[J]. Ironmaking and Steelmaking, 2006, 33(5): 426~428.
[5] Q. Zhuang, B. Clements, J. Aota, et al. Direct reduced iron production using cold bonded carbon bearing pellets part2-rotary kiln process modelling [J]. Ironmaking and Steelmaking, 2006, 33(5): 429~432.
[6] Money K L, Hanewald R H, Bleakney P R. Inmetco technology for steel mill waste recycling[C]. The 58th Electric Furnace Conference and the 17th progress Technology Conference. November 12-15, 2000, Orlanad Florida, USA, 547~560.
[7] Harada T, Tanaka H, Sugitasu H, et al. FASTMET process verification for steel mill waste recycling[J]. Kobelco echnology Review, 2001, (24): 26~31.
[8] KESSELER Klaus, ERDMANN Ronald. OxyCup slag: a new product for demanding markets[J]. ThyssenKrupp techforum, 2007, (1): 22~29.
[9] 殷瑞钰. 冶金流程工程学[M]. 北京：冶金工业出版社, 2009: 373~396.

（原文发表于《工程与技术》2012 年第 2 期）

高炉炉身煤气取样机设备设计与应用

时寿增

(北京首钢国际工程技术有限公司，北京 100043)

摘　要：介绍中小型高炉和首钢厂区大型高炉炉身煤气取样机设备概况和取样机管探头特点。

关键词：煤气取样机；取样探头；固定吸入口；开闭吸入口；冷却水耗量

Design and Application of Gas Samplers for Shougang's Blast Furnaces

Shi Shouzeng

(Beijing Shougang International Engineering Technology Co., Ltd., Beijing 100043)

Abstract: This paper introduces main technical specification and characteristics of gas samplers and gas sampling probes for Shougang's blast furnaces.

Key words: gas sampler; gas sampling probe; fixed suction inlet; open/close suction inlet; cooling water consumption

1　引言

采用煤气取样机，可以及时了解并掌握高炉炉身煤气流的分布，对高炉操作十分重要。

（1）中小高炉通常采用简易型炉身煤气取样机取样，一般由人工操作电动卷扬机，通过钢绳牵引一根较长钢管插入到炉身上部取样口内，收集高炉煤气中的 CO、CO_2 试样，再由人工将试样送往化验室分析。操作中有煤气中毒的风险，试样检验时间长，对炉内的变化不能及时反应。

（2）大型高炉炉身煤气取样机设备，是通过自身的取样管通道和热电偶导线，将测到不同点的炉缸径向煤气流的变化和炉料的温度分布情况，通过安全通道，及时将取样口内收集到的高炉煤气中的 CO、CO_2 试样直接送往检验点进行快速检验。

2　首钢厂区大型高炉煤气取样机设备概况和取样管探头特点

首钢厂区大型高炉，每座高炉使用 2 台炉身煤气取样机设备，采用对称布置型式，这样设计能够取得沿高炉直径的各点煤气分布数据，对高炉炉体框架受力也比较合理。采用交叉换位的取样方法，每次只开 1 台煤气取样机设备。检测次数根据炼铁生产工艺要求和炉况变化确定。

采用电气和液压系统对煤气取样机设备进行全方位联合操作控制。在煤气取样机设备旁和炉前操作台都设有专用操作柜，根据生产需要可进行人工远距离遥控操作。

设计采用双油缸驱动取样机台车，将双油缸摆放在煤气取样机导轨架两侧，由液压系统操作控制双油缸同步运行，确保煤气取样台车和煤气取样管在同一中心线上，准确地将取样管探头插入炉身上部取样口内。

为避免大型高炉煤气取样管固定吸入口堵塞而影响生产，首钢设计研制了新型煤气取样管和开闭吸入口设计。其工作原理是通过煤气取样机台车的行走，带动上面取样管和探头向炉身上部插入进入取样口内，行驶到炉内测取点位置后，煤气取样机台车停止运行，在取样管油缸作用下，推杆向前运动，打开取样管吸入口封头。在炉内压力作用下，通过豁口将高炉煤气中的CO、CO_2试样，通过取样管内部通道经煤气除尘器、稳压器及收集器后，由高炉煤气取样人员直接取样并送往化验室进行检验。首钢煤气取样机设备如图1所示。

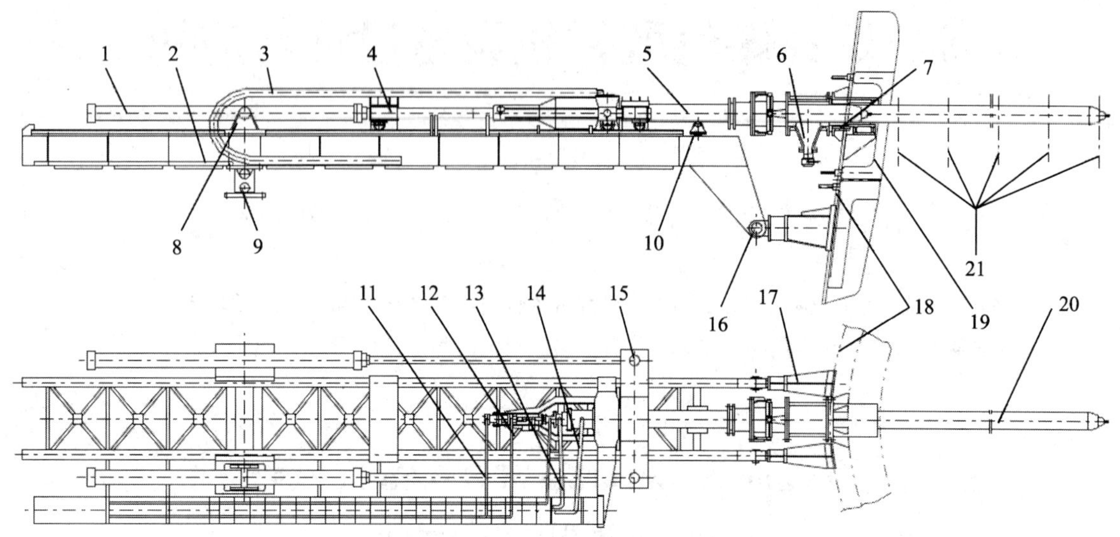

图1　首钢厂区大型高炉煤气取样机设备安装图

1—行走油缸；2—导程架；3—移动履带链；4—连接台车；5—煤气取样管组件；6—放灰装置；7—取样插入口；8—行走油缸支座；9—导程架底座；10—支承轮；11—煤气取样油缸进出油管；12—冷却水管进口；13—冷却水管出口；14—密封箱；15—取样机台车；16—连接架座销轴；17—连接支座；18—高炉炉壳；19—炉内冷却壁；20—炉内取样管和探头；21—炉内取样点位置

在炉内取样管探头上还安装测温用热电偶系统，通过取样管探头在炉内的行走，测到不同点的煤气流的变化和炉料的温度分布情况，并通过取样管内的热电偶导线将信息传送出来，使高炉操作人员直接获取高炉炉内生产的重要技术参数；并依此数据，寻求合理的操作制度、获取最佳煤气分布、达到稳定控制冶炼过程、提高生产率、降低燃料消耗的目的。

首钢煤气取样机取样管和探头，由三部分构件组成，其特点是：

（1）煤气取样管和探头的结构为圆柱体截面，是由9~10m的无缝钢管组成的钢质壳体。内部装有1个测温用热电偶管和煤气吸入管，在试样管与壳体之间通以冷却水，以保证在炉内高温条件下，煤气取样管壳体设备具有足够强度。

（2）高炉煤气取样机设有3个取样软管，软管安装在可弯曲移动的履带链上，以避免取样管运动时损坏取样软管；通过煤气取样机横架将取样管中的煤气由取样软管导出。

（3）检测点位置和数量的确定及取样程序设置。从高炉中心至距炉皮0.08m处，在整个距离上共设5个检测点，以高炉中心为第1点，向距炉皮0.08m处方向退取到第5点。

（4）检测点位置定位和取样方法，在煤气取样

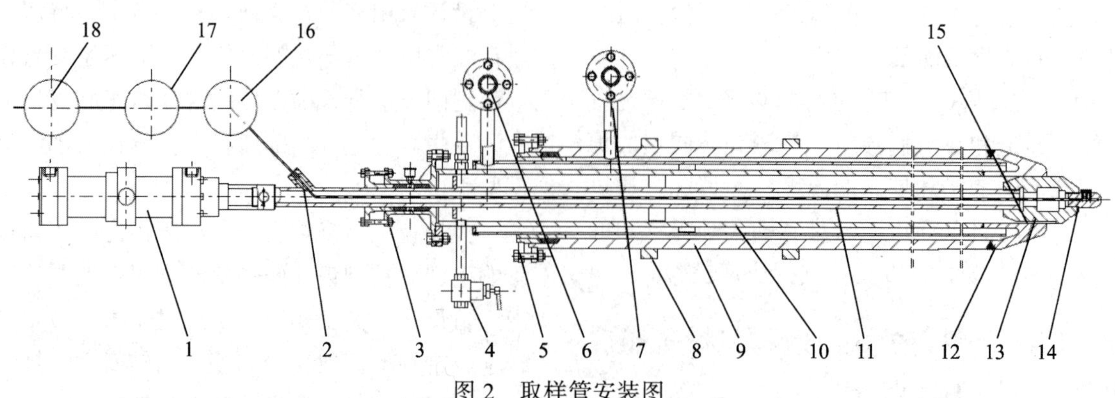

图2　取样管安装图

1—取样管油缸；2—煤气取样口；3—密封装置；4—排放阀门；5—密封压紧装置；6—冷却水管出口；7—冷却水管进口；8—固定圈；9—取样管组件；10—无缝钢管；11—取样管封头推杆；12—导位板；13—取样管封头；14—热电偶连接件；15—豁口；16—煤气除尘器；17—煤气稳压器；18—煤气收集器

机台车上，根据相关位置安装 7 个极限开关与导轨架上的压板相碰，使取样管探头在准确的位置上停下来。开启取样管油缸推动推杆向前运动，打开取样管吸入口封头取样，待取样完毕后，放空取样管内部残留部分，关闭吸入口。退向第 2 个取样点进行取样和测温。逐次类推，完成整个取样过程。不取样时始终关闭吸入口封头，从未发生堵塞现象。

（5）取样管探头的起始点都停放在高炉炉皮处的保护墙内，以避免炉内高温烘烤。取样管如图 2 所示。

3 首钢厂区大型高炉煤气取样机设备主要技术性能

（1）取样管直径：0.295m，取样管检测行程：4.3~4.8m；

（2）计测温度：200~600℃，检测压力：0.25 MPa；

（3）取样管最大推力：431 kN，取样管最小推力：262.2 kN；

（4）取样管推进速度：2.5m/min；取样管退回速度：3.1m/min；

（5）液压系统工作压力：14 MPa；

（6）取样机台车行走油缸型号：C25-ZB200/125-4300MIHNS；

（7）取样管开闭油缸型号：C25-ZB100/56-100MIHNS；

（8）工作期冷却水耗量：10.0 t/h；

（9）非工作期冷却水耗量：5.5 t/h；

（10）料面最大高度：2.6 m；

（11）煤气取样机管探头形式：开闭吸入口。

4 煤气取样机冷却水理论耗量计算

取样管冷却管壁传热每小时传热量计算公式如下：

$$M=\frac{Q}{C(t_1-t_2)}=\frac{203736.6}{1000\times(58-34)}=8.5\ \text{t/h}$$

式中 Q—— 每小时的传热量，kJ/h；

C—— 水的比热，kJ/(t·℃)；

t_1—— 冷却水出水温度 58℃；

t_2—— 冷却水进水温度 34℃。

设计最终选冷却水耗量测定期 10.0 t/h，大于理论耗量，安全可靠。

取样管冷却管壁传热：

$$Q = k\pi L(t_1-t_2)=4.18\times16.738\times\pi\times7\times(600-46.5)$$
$$=4.18\times203736.6\ \text{kJ/h}$$

式中 k—— 每小时每米取样管传热量的放热系数，kJ/(m·h·℃)；

L—— 取样管在工作时受热最长部分长度 7m；

t_1—— 高炉炉喉处炉内温度正常 200~600℃。

每米取样管冷却壁传热：

$$k=\frac{1}{\frac{1}{\alpha_1 d_1}+\frac{1}{2\lambda}\ln\frac{d_1}{d_2}+\frac{1}{\alpha_2 d_2}}=4.18\times16.738\ \text{kJ/(m·h·℃)}$$

式中 α_1—— 煤气与取样管外壁间的放热系数 4.18 ×60kJ/(m^2·h·℃)；

α_2—— 取样管内壁与水间的放热系数 4.18×5000kJ/(m^2·h·℃)；

λ—— 钢的导热系数 4.18×40kJ/(m^2·h·℃)；

d_1—— 取样管外径 290mm；

d_2—— 取样管内径 200mm。

5 结语

随着首钢高炉大型化发展，在炉体炼铁工艺设计中，对煤气取样机设备设计提出许多新的要求，通过不断改进，形成具有首钢特色的煤气取样机设备；在 2004 年 2 月投产的湘钢 4 号（1800m^3）高炉上，也采用了首钢煤气取样机设备，满足了生产要求，并探索出一条自主研发和创新之路。

（原文发表于《工程与技术》2012 年第 1 期）

采用焦炉煤气生产直接还原铁关键技术的分析与研究

曹朝真　张福明　毛庆武　徐　辉

(北京首钢国际工程技术有限公司，北京 100043)

摘　要：对焦炉煤气和天然气生产直接还原铁方案进行对比，并对焦炉煤气利用过程中的甲烷自重整、BTX裂解、DRI热态输送等技术进行分析。如何对焦炉煤气进行精制是焦炉煤气利用的技术关键，具有发展前景的焦炉煤气处理工艺应该能够合理有效地利用二次热源，同时应具有最低的动力费用消耗，在此基础上提出几种可行的焦炉煤气净化方案。

关键词：焦炉煤气；自重整；BTX；DRI

Research and Analysis of Key Technologies of DRI Production by Using Coke Oven Gas as Reduction Agent

Cao Chaozhen　Zhang Fuming　Mao Qingwu　Xu Hui

(Beijing Shougang International Engineering Technology Co., Ltd., Beijing 100043)

Abstract: The schemes of DRI production by using coke oven gas and nature gas as reduction agents was compared and the technologies of CH_4 self-reforming and BTX cracking and hot DRI conveying were studied in this paper. It is the key technology of coke oven gas utilization that how to get rid of the influence of the impurities of coke oven gas. The process of coke oven gas purification which has a bright future should make the secondary source of heat be utilized effectively and properly and at the same time it should have a minimum power consumption. Based on the above viewpoint several feasible schemes of coke oven gas purification were proposed.

Key words: coke oven gas; self-reforming; BTX; DRI

1　引言

近年来，我国钢铁行业发展迅速，钢产量已连续多年居世界第一位，但我国钢铁工业结构不合理，低附加值钢材产量过剩，而高档钢材每年仍需进口。随着我国钢铁工业结构的调整和对钢铁产品质量要求的提高，电炉钢短流程将会得到较快发展。由于我国废钢资源不足，每年的废钢进口量都在1000万吨以上，而且废钢中杂质元素的不断积累会对优质钢的生产造成不利影响。直接还原铁作为废钢的重要替代品是电炉炼钢的理想原料，它具有纯净度高、成分稳定等优点，是发展钢铁生产短流程的基础。此外，发展直接还原铁生产既可以改变长期以来传统炼铁工艺对焦煤的依赖，同时可以减少二氧化碳排放量，符合钢铁工业可持续发展的技术要求，是钢铁行业实现节能减排的有效途径。

直接还原铁生产根据使用还原剂的种类不同，可以分为煤基还原和气基还原两种。目前，全世界直接还原铁生产中，约90%以上是通过气基直接还原工艺生产的，典型工艺有Midrex和HYL-Ⅲ。气基竖炉是当今世界公认的直接还原铁生产的主流技术，它具有生产能力大、技术成熟、操作稳定、生产效率高等优势。我国直接还原铁技术的发展应适应钢铁行业主体设备大型化的趋势，优先发展具有较大生产能力的直接还原工艺，因此我国直接还原技术应把气基还原作为主要的发展方向。

传统的气基还原需要有丰富的天然气资源做保障，而我国天然气资源缺乏，而且，天然气裂解工艺复杂、投资较大，因此，采用天然气作为原料气的气基直接还原工艺在我国很难得到发展。目前国内气基直接还原技术的发展方向主要包括：（1）煤气化率（水煤浆气化率、粉煤气化率）配竖炉工艺生产还原铁技术方案；（2）天然气转化生产还原气配竖炉工艺生产直接还原铁技术方案；（3）焦炉煤气转化生产还原气配 HYL 工艺生产还原铁技术方案。

以上工艺方案中，以天然气作为还原剂方案受资源条件限制，发展困难；煤制气竖炉方案在技术上是可行的，具有较好的发展前景，但目前主要受到煤制气技术发展的制约，煤制气竖炉流程的发展有赖于低压煤制气技术的突破；焦炉煤气作为一种富氢气源可以用作优质还原气生产直接还原铁，其在冶金工业中的应用前景越来越受到人们的重视，我国焦化企业每年产生大量过剩的焦炉煤气，这为开展焦炉煤气竖炉法生产直接还原铁提供了可能，此外，使用低热值的煤制气加热焦炉，从而置换出部分焦炉煤气用于直接还原铁生产，也是一种可以扩大焦炉煤气来源的可行的技术方案。焦炉煤气生产直接还原铁方案是目前国内直接还原技术领域研究的热点，并有望最早实现工业化。

2 焦炉煤气自重整直接还原铁生产工艺

传统的气基竖炉直接还原铁生产工艺以 Midrex 和 HYL 法为代表，主要以天然气为原料生产直接还原铁。天然气的主要成分是甲烷，而甲烷无法直接参与还原反应，需要首先将其分解为 H_2 和 CO，因此，在天然气进入竖炉前首先要经过气体重整炉，在金属催化剂的作用下与水蒸气反应发生分解。HYL 法自 1997 年开始率先完全取消了天然气重整炉，实现了天然气在竖炉内的自重整（Self-reforming），在不增设重整炉的前提下提高了竖炉的生产效率，并且开发出可使用焦炉煤气、煤制气等多种气源的气基还原工艺，即 HYL-ZR 工艺。本文以 HYL-ZR 工艺为例，对以焦炉煤气和天然气为还原气的自重整工艺进行对比分析，其工艺流程如图 1 所示。

从图 1 中可以看到，在 HYL-ZR 工艺方案中，还原气存在两个回路：还原回路和冷却回路。使用天然气作为还原气时，天然气加压后进入还原回路，经加湿后进入气体加热炉，被加热到 930℃以上，再经加氧部分燃烧的方式使还原气温度进一步升高到 1085℃，然后沿竖炉中部的环形管道通入炉内。在竖炉内甲烷在热金属铁的催化作用下与水蒸气发生重整反应（$CH_4+H_2O=CO+3H_2$），生成 CO 和 H_2 参与还原反应并与铁矿石间进行热交换，反应后的气体经炉顶排出炉外，经换热、脱水后除一部分送入气体加热炉作为燃料气外，大部分顶气经加压、脱除 CO_2 后继续沿还原回路参与反应。

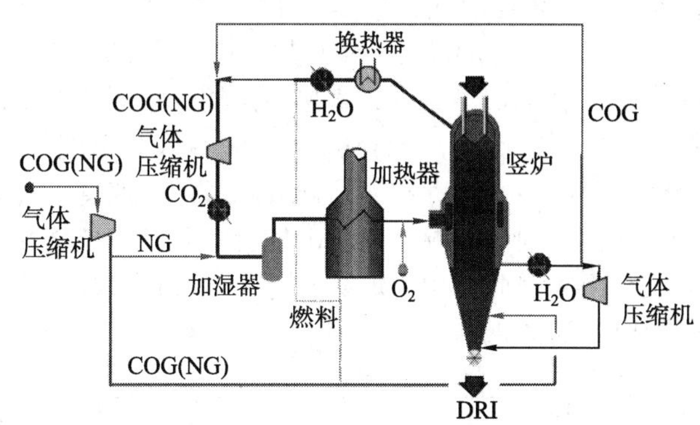

图 1 使用焦炉煤气或天然气的 HYL-ZR 方案工艺流程图

在该工艺方案中，是否添加冷却回路取决于产品的用途，通过添加冷却回路可以实现对直接还原铁的冷却和渗碳，并可实现对直接还原铁含碳量的灵活调整，从而得到稳定态的直接还原铁；如果用于生产热态直接还原铁则无需冷却段。使用焦炉煤气作为还原气时，焦炉煤气必须首先经过冷却回路，在竖炉下部与温度大于 650℃的活性金属铁作用，使焦炉煤气中的 BTX 发生裂解，同时直接还原铁被焦炉煤气冷却并进行渗碳。焦炉煤气通过竖炉冷却段后经脱水后与炉顶气汇合，一部分送入气体加热炉用作加热还原气的燃料，剩余的顶气则沿还原回路进行循环。在还原回路和冷却回路之间可以通过压力控制来防止窜气。

通过以上对比可以看到，使用焦炉煤气与使用天然气生产直接还原铁最大的区别在于是否需要设置冷却段，使用焦炉煤气还原时必须设置冷却回路，使煤气中的杂质分解以满足还原回路对还原气体的要求，因此，使用焦炉煤气的 HYL-ZR 方案无法得到热态的直接还原铁，从而无法实现与后续电炉间的含铁料的热态输送。

3 利用焦炉煤气生产直接还原铁关键技术

目前，世界上超过 80％的直接还原铁生产是以天然气为原料的，天然气竖炉技术已经非常成熟。焦炉煤气与天然气相比甲烷含量较低，氢气含量高，更宜作为还原气使用，但由于焦炉煤气中杂质较多，因此如何净化焦炉煤气就成为其利用的关键。以下将从几个方面对其利用过程中涉及的关键技术问题进行分析。

3.1 甲烷自重整技术

甲烷的自重整是指无需专设重整炉，原料气体在输送过程中或在竖炉内在高温活性金属铁的催化下进行重整，热力学平衡图如图 2 所示。气基直接还原一般要求还原气氛中 $CO+H_2>90\%$，$(CO_2+H_2O)/(CO_2+H_2+CO+H_2O)<5\%$。焦炉煤气中含有 20%以上的 CH_4，在低温条件下，直接用焦炉煤气还原铁矿石会发生渗碳反应，降低还原速度；在较高温度下，CH_4 作为惰性气体存在，同样会降低还原速度；此外，从充分利用能源的角度出发也需要将甲烷转化加以利用，因此使用焦炉煤气与天然气一样都需要进行原料气体重整。

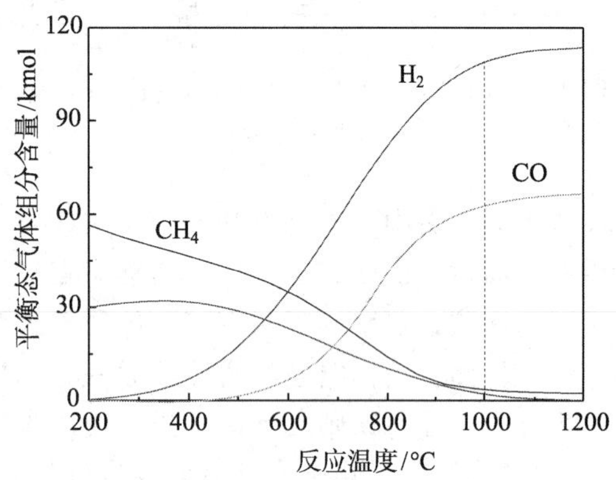

图 2 CH_4 重整热力学平衡图

热力学计算表明[1]，提高温度有利于甲烷重整（水蒸气重整）反应的进行，当温度大于 1000℃时，甲烷的重整比较彻底，因此要想实现竖炉内的自重整，反应气的温度应大于 1000℃。在气基直接还原工艺中，受加热炉材质的影响，还原气最高只能加热到 970℃，从 1995 年开始 HYL 工艺引入了 O_2 气喷入技术，吨铁用氧量为 12~20m^3，该技术使用特殊设计的燃烧器，借助天然气的部分氧化使还原气温度达到 1085℃，氧气喷入技术的发展最终使自重整工艺得以实现。第一套采用 HYL-ZR 自重整技术的生产装置，于 1998 年 4 月在墨西哥的蒙特雷 TERNIUM HYLSA 薄板厂建成投产，该装置的运行实践证明了甲烷自重整技术的可行性。

3.2 焦炉煤气 BTX 裂解技术

前已述及，以焦炉煤气为原料的 HYL-ZR 工艺与使用天然气工艺相比存在较大区别，这是由于焦炉煤气中除含有 CH_4、H_2、CO 等有用成分外，还有少量的 BTX（苯、甲苯、二甲苯混合物）、焦油和萘等杂质，BTX 对 HYL-ZR 工艺本身最大的影响就是当气体通过加热器时会产生析碳，从而造成管道堵塞；此外，在 HYL-ZR 工艺中，竖炉内的工作压力为 0.6MPa，而焦化厂送出的煤气压力约 5kPa，因此需要在使用前对焦炉煤气进行加压，由于煤气中焦油和萘的存在，在增压的过程中会大量析出，容易造成设备和管道的堵塞。如何消除 BTX 等杂质对还原工艺的危害，是以焦炉煤气为原料的气基直接还原工艺能否打通的技术关键。

来自焦化厂的焦炉煤气中，一般含有焦油≤50mg/Nm^3，萘≤500mg/Nm^3，BTX≤4000mg/Nm^3，为降低焦油和萘对煤气加压机的影响，焦炉煤气应首先进行脱萘、脱焦油处理，可通过变温吸附法将焦炉煤气中的萘降至 50mg/Nm^3 以下，焦油降至 10mg/Nm^3 以下。

对于 BTX 的裂解方案，HYL 公司曾对 BTX 含量为 0.5~20g/Nm^3 的焦炉煤气进行了裂解实验，结果表明，通过将焦炉煤气通入竖炉冷却段的方式，可使 BTX 的分解率达到 95%以上。在此实验基础上，HYL 公司提出了 HYL-ZR 焦炉煤气生产直接还原铁工艺方案，即增加一个冷却回路，使焦炉煤气首先全部经过竖炉冷却段进行 BTX 裂解，循环一定时间后再通入还原回路参与重整和还原反应。该工艺方案目前仅通过了实验室规模的验证，尚未用于工业规模的实际生产，因此，其实际使用效果有待进一步验证。

3.3 直接还原铁热态输送技术

直接还原铁热态输送技术（HYTEMP）是 HYL-ZR 工艺除 O_2 喷入技术以外的另一项主要技术，该技术通过一个专用的气体加热装置，将运载气体（工艺气或 N_2）加热到 600℃左右，并使用运载气体将约 700℃的直接还原铁直接输送至电弧炉内，通过这种方式可以减小直接还原铁的温降。该装置已于 1998 年在墨西哥的蒙特雷 TERNIUM 电炉厂投入工艺生产，目前已累计输送热态直接还原铁 800 多万吨。

通过直接还原铁热送技术可以有效回收直接还原铁的显热，不仅能够获得显著的经济效益，同时可以减少温室气体排放。电炉使用热态（约 700℃）高碳 DRI 可节约电能 130kW·h/t 钢水，电炉供电冶炼时间可减少 30%，电炉生产能力可提高 20%。

在 HYL-ZR 焦炉煤气生产直接还原铁工艺方案中，由于必须设置冷却段，因此只能生产冷态的直接还原铁，这使得后续电炉的直接还原铁热送无法实现，增加了电炉的冶炼周期和生产成本。如何使用焦炉煤气生产热态直接还原铁，目前仍是焦炉煤气使用过程的一个技术难点，有待于冶金工作者的进一步攻关。

4 BTX 裂解技术路线探讨

HYL-ZR 焦炉煤气生产直接还原铁工艺方案，采用在不改变原有工艺框架（NG 方案）的基础上，使焦炉煤气在竖炉下部与热金属铁接触裂解 BTX 等杂质的方法，生产冷态直接还原铁，该方法已经得到实验室结果的支持，是一种可行的 BTX 处理方法，但由于该方案无法使直接还原铁的物理热得到有效利用，与天然气方案相比，其技术经济性有待提高。

新的有前途的焦炉煤气处理工艺应该能够合理有效地利用二次热源，同时具有最低的动力费用消耗。考虑到焦炉煤气中的 BTX 对还原工艺的危害，主要体现在加热和加压过程中的析碳和焦油析出，因此，应在焦炉煤气进入直接还原系统之前进行煤气精制。

焦炉煤气从炭化室出来经上升管、桥管到集气管，到达集气管处煤气的温度约为 650~700℃，目前焦化厂对此处焦炉煤气的物理热并未进行利用，如果可以对来自焦炉的热的焦炉煤气直接进行净化处理，则既可以使煤气的余热得到回收又可以避免由于煤气升温带来的问题。此外，焦油、BTX 等杂质属于高分子聚合物，如苯基重烃等，由于其碳链较长，因此其热稳定差，如能将焦炉煤气升高至更高温度（比焦化温度更高）则可将其中的杂质裂解，基于以上分析可以采用高温裂解炉对焦炉煤气进行处理，如图 3 所示。该焦炉煤气净化工艺只需在焦炉旁安装一个焦炉煤气裂解炉，无需对现有焦炉进行改造，同时不需要使用催化剂。将从焦炉出来的红焦由炉体上部装入裂解炉，并在炉内二次加热至 1200~1250℃，同时，来自焦炉的 650℃左右的焦炉煤气则由裂解炉下部进入炉内，在高温焦炭作用下，焦炉煤气中的焦油可高效转化为合成气体，通过这种方法可以有效地使焦油、BTX 等杂质分解，用于生产洁净焦炉煤气，目前日本正在进行该项技术的开发。

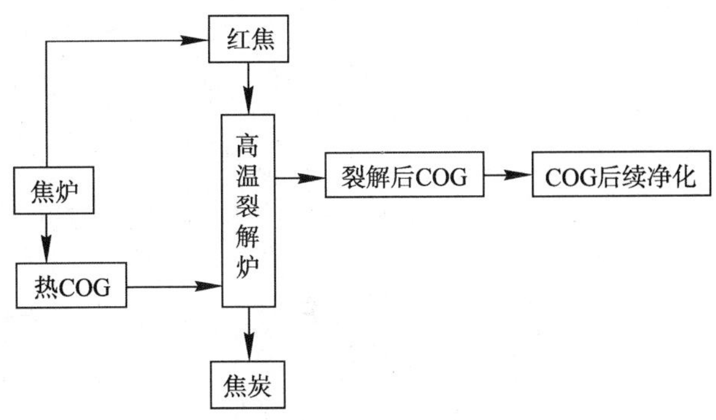

图 3　焦炉煤气净化方案一

除高温裂解法以外，以金属铁为催化剂，以焦炉煤气为冷却介质，在熄焦炉内对焦炉煤气进行处理也是一种煤气净化的思路，如图 4 所示。从焦炉出来的红焦配加一定量的直接还原铁一起装入熄焦炉内，冷的焦炉煤气则由下部通入炉内，与焦炭进行热交换后，煤气由炉顶排出，一部分炉顶气经换热、脱水和加压后重新进入炉内循环，另一部分则作为净煤气排出；通过换热焦炭被冷却，同时焦炉煤气中的杂质在直接还原铁的作用下被分解。与传统的干熄焦工艺相比，由于焦炉煤气中的杂质和甲烷裂解吸热，使得其具有更高的传热效率，此外，煤气中的氢气还可以与焦炭中的硫化物和有机硫反应生产硫化氢，从而显著降低焦炭内的硫含量，达到脱硫效果[2]。

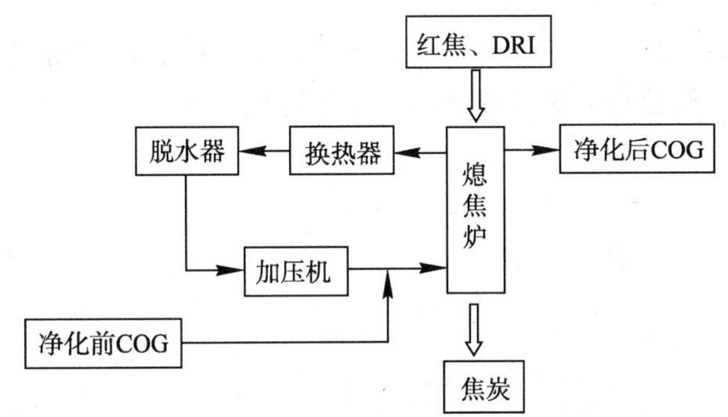

图 4　焦炉煤气净化方案二

传统的天然气竖炉工艺中，通常使用水蒸气重整法对甲烷进行裂解，制取还原气，而焦炉煤气中的杂质与甲烷相比，热稳定性差，更容易发生重整反应，图 5 中计算了 800℃下，热力学平衡态时 C_6H_6 和 CH_4 的转化效率。由图 5 中可以看到，相同条件下 C_6H_6 优先与水发生重整反应，而且其重整开始温度也比 CH_4 更低。因此可以考虑采用重整法对焦炉煤气进行净化处理。

图 6 所示为焦炉煤气重整裂解净化方案，与方案一相似，该方案直接利用来自焦炉的热焦炉煤气，采用管道喷氧或裂解炉加热的方式将焦炉煤气由 650℃左右升高至 800~1000℃，焦炉煤气与水蒸气在裂解炉内催化剂的作用下发生重整反应，除去焦油和 BTX 等杂质，裂解后的焦炉煤气从裂解炉排出后继续进行脱 S、脱氰、脱 NO_x 等净化处理。此处的焦炉煤气重整是半重整，通过配入过量的水蒸气使焦炉煤气中的焦油等大分子化合物优先裂解而大部分甲烷并未分解。通过添加重整裂解炉，使苯、

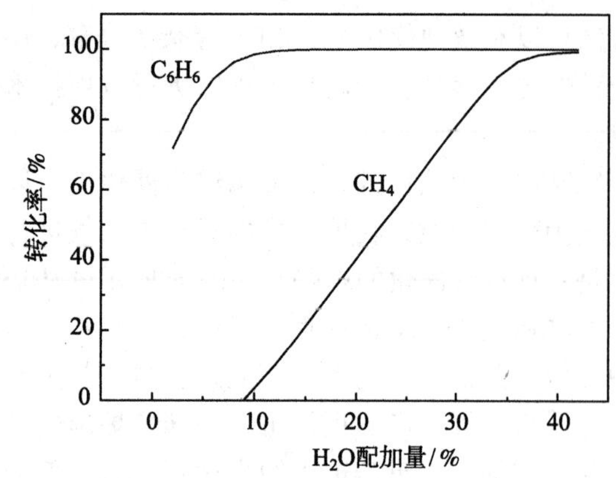

图 5　平衡态下水蒸气配加量与 CH_4、C_6H_6 裂解率的关系

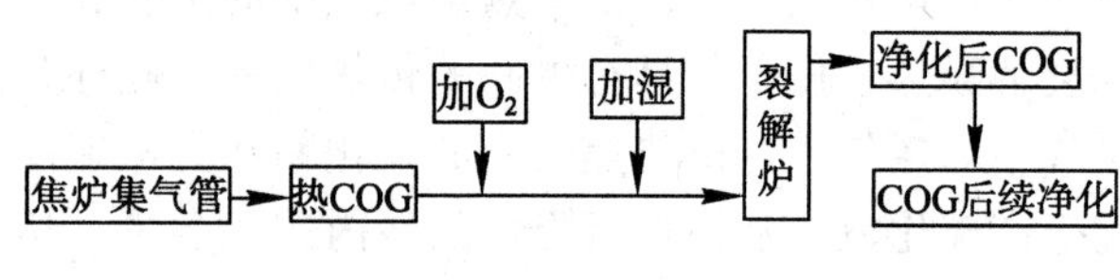

图 6　焦炉煤气净化方案三

萘、焦油等杂质在一个反应器内被去除，从而有可能使原有的焦炉煤气净化工艺得到简化。

5　结语

以长流程为主导，合理利用焦炉煤气资源，发展气基直接还原，走氢冶金短流程的道路是我国钢铁行业发展的一个重要方向。利用焦炉煤气生产直接还原铁的关键是如何对煤气进行深度净化以满足还原工艺的需要，HYL-ZR 工艺采用在反应塔下部使用焦炉煤气循环冷却热直接还原铁裂解 BTX 的方案，无法生产热还原铁，从而无法实现竖炉与电炉间的热态输送。为利用焦炉煤气生产热态直接还原铁，可以考虑改变现有的 HYL-ZR 技术方案，即在煤气进入直接还原系统之前进行煤气精制。具有发展前景的焦炉煤气处理工艺应该能够合理有效地利用二次热源，同时应具有最低的动力费用消耗，在此基础上本文提出了几种可行的焦炉煤气净化方案。

参考文献

[1] 黄希祜. 钢铁冶金原理[M]. 北京: 冶金工业出版社, 1990: 80~100.

[2] 郭占成, 黄孝文. 用焦炉煤气干熄焦和焦炭脱硫的方法[P]. 中国专利: 200410078284.2, 2006-03-29.

（原文发表于《工程与技术》2012 年第 1 期）

首钢高炉新型铁水摆动流槽的设计与发展

时寿增　姚　轼

(北京首钢国际工程技术有限公司，北京 100043)

摘　要：介绍首钢高炉铁水摆动流槽设备设计概况；主要设计计算；首钢京唐钢铁厂 5500m^3 特大型高炉新型铁水摆动流槽设备的主要设计特点；在摆动流槽设备设计方面探索一条自主研发和创新之路。

关键词：摆动流槽；出铁；5500m^3 特大型高炉

Design and Development of New Type Hot Metal Swing Chute on Shougang Blast Furnace

Shi Shouzeng　Yao Shi

(Beijing Shougang International Engineering Technology Co., Ltd., Beijing 100043)

Abstract: This paper introduces design situation of the hot metal swing chute facility on Shougang blast furnace; main design calculation, major design characteristics of the new type hot metal swing chute facility on 5500m^3 Shougang Jingtang super-large BF blast furnace. A road with independent development and innovation is explored in design aspect of swing chute facility.

Key words: swing chute; hot metal tapping; 5500m^3 super-large blast furnace

1　引言

铁水摆动流槽是为大型高炉出铁水量增大而设计的。它对缩短铁水沟长度、减少出铁场面积、改善炉前操作条件以及减少铁沟维修费用、降低吨铁能耗等有着重要意义。特别是与大型鱼雷罐车或铁水罐车配合出铁，为炼钢热送铁水，效果显著。

铁水摆动流槽上方的除尘设施主要有两种型式：

（1）平坦式固定除尘罩，即固定除尘罩上表面与出铁场平面一平或略高于出铁场平面。在铁水摆动流槽非出铁一侧，设有通往地下的观察间，在观察间的窥视孔可看到铁水摆动流槽的工作情况，这种结构占地面积偏大。

（2）可移动式除尘罩，在除尘罩上方设有观察镜，直接观看铁水摆动流槽的工作情况；也可通过电动机带动减速机和链轮装置使车轮沿轨道运行开启除尘罩，对铁水摆动流槽维修十分方便；在除尘罩上方的除尘管道与除尘设施相连，除尘效果好，占地面积小。

采用何种设计型式，应根据炼铁工艺布置和用户要求以及现场实际情况来确定，如图 1 所示。

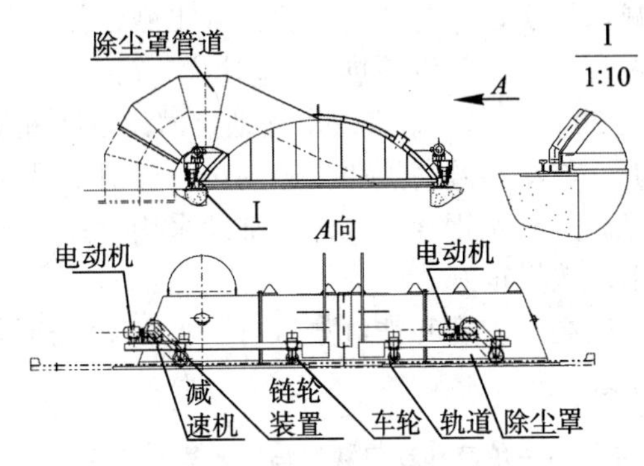

图 1　可移动式除尘罩

20 世纪 90 年代初，为满足首钢厂区高炉扩容改造的要求，结合首钢条件，设计了一种新型铁水摆动流槽，具有工艺尺寸合理、结构紧凑、设备重量轻、易于检修更换、除尘效果好等特点，满足生产要求。已在首钢所有高炉上使用，如图 2 所示。

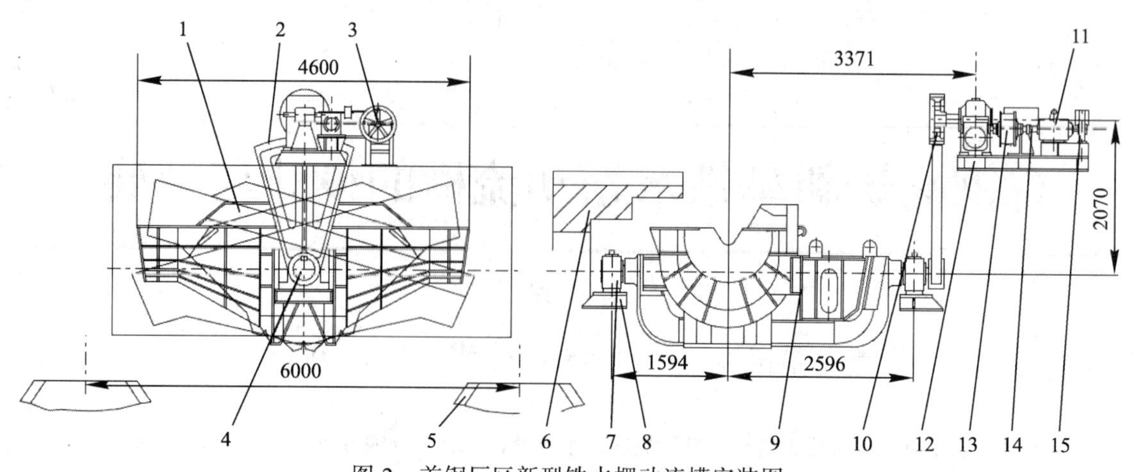

图 2　首钢厂区新型铁水摆动流槽安装图

1—槽体；2—扇形齿轮；3—手动装置；4—耳轴；5—鱼雷罐车或铁水罐车；6—出铁嘴；7—轴承座；8—轴承底座；9—开尾销；10—圆柱齿轮；11—电动机；12—减速机；13—行星齿轮联轴器；14—主令控制器；15—制动器

2　摆动流槽设备概况和结构特点

新型高炉铁水摆动流槽是在首钢 2 号高炉铁水摆动流槽的基础上，借鉴宝钢 1 号高炉铁水摆动流槽的特点，针对首钢老厂出铁场空间狭小的问题，通过精心合理布置，减小设备所用空间，来满足生产操作对铁水摆动流槽的设计要求。具有传动系统结构简单，传动工作安全可靠，管理维修方便，在结构形式上占地面积小等特点，已成为具有首钢特色的专有设备。

电动传动装置是由交流电动机通过行星齿轮联轴器、两级蜗轮减速机、圆柱齿轮和扇形齿轮带动固定摆槽的曲拐轴和槽体一起转动。摆槽摆角大小由主令控制器和制动器控制。传动装置设有电动和手动两个系统。当电动系统失灵时，可通过手动系统驱动槽体摆动，以保证安全生产。手动系统操作通过手轮、减速机、链轮、行星齿轮联轴器和两级蜗轮减速机实现。为防止高温铁水飞溅，传动装置位于平台上面，并设隔热板和防护罩。

从 2003 年起，新型铁水摆动流槽设备在湘钢 3 号高炉、首秦 1 号高炉和 2 号高炉、迁钢 1 号高炉和 2 号高炉、重钢 4 号高炉中陆续采用，并投入生产使用，效果很好。

一般高炉炉容和铁口数目与铁水摆动流槽设置情况见表 1。

表 1　高炉炉容和铁口数目与铁水摆动流槽设置

炉容级别/m³	1000	2000	3000	4000	5500
年产铁/万吨	81.65	163.3	244.95	326.6	449
铁口数目/个	1~2	2~3	3	4	4
铁水摆动流槽设置	1~2	2~3	3	4	4

注：生产系数按 2.3 计算。

3　首钢大型高炉铁水摆动流槽的主要技术参数

（1）铁水摆动流槽槽体外形轮廓尺寸：长 4.6m，宽 1.995m，高 1.915m，重量 52.25kN。

（2）两台鱼雷罐或铁水罐车之间的铁路线间距为 6~6.2m。

（3）正常出铁时铁水摆动流槽倾角：±14.8°~±16.4°，铁水摆动流槽最大倾角：±25°，铁水摆动流槽一次摆动换向时间（电动）：约 10s。

（4）传动装置：1）电动机：型号 $JZR_2 22$-6，功率 N=7.5 kW，转速 n=930 r/min，负荷持续率 JL=25%；2）行星齿轮联轴器：电动速比 i_1=1.1，手动速比 i_2=10.7；3）双级蜗轮减速机：中心距 A=375mm，速比 i_3 =435；4）圆柱齿轮和扇形齿轮：模数 m=16mm，速比 i_4=5.475；5）制动器：型号 JWZ200；6）主令控制器：型号 JK4-054，速比 1:1，手轮直径 500mm。

4　铁水摆动流槽的主要设计计算

4.1　摆动流槽组合体重心计算

按一侧铁水重心计算。因与旋转角度有关，故把铁水摆动流槽分解为若干个便于计算的单元体。计算各单元体的重量 g_1，g_2，g_3，…，g_a；先算出各单元的重心位置与转轴距离 X_1，X_2，X_3，…，X_a，然后再算实际组合重心。计算时应考虑铁水摆动流槽在空载试车和磨损前后的重心，找出最佳重心距，从而使铁水摆动流槽的重心接近两耳轴的中心线，即 M_G=0。这样可减少铁水摆动流槽所需的倾动力矩和电机功率。槽体重心取中间部分，按 6 个部分进行计算。流槽壳体中间段与转轴中心线重心如图 3 所示。

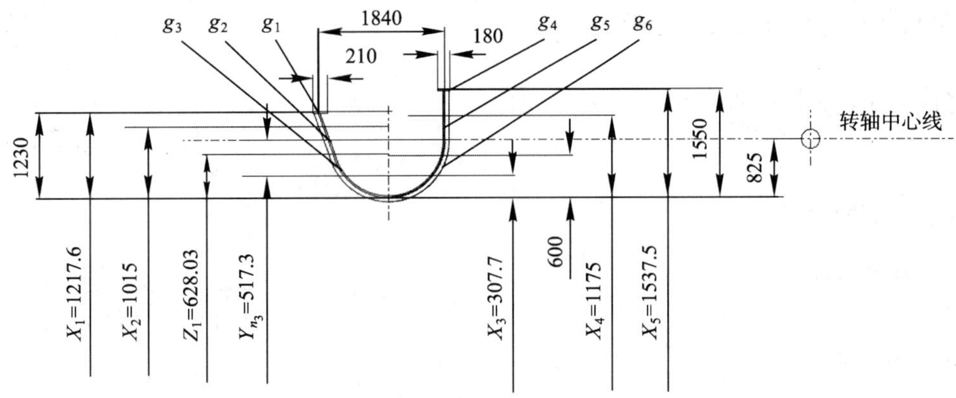

图 3 流槽壳体中间段与转轴中心线重心

（1）计算第一部分半圆环几何图形重心 Z_1

$$Y_n = \frac{2(D^2 + Dd + d^2)}{3\pi(D+d)}$$

$$D=2R+50=1650$$

$$d=2R=1600$$

计算得：Y_{n_3} =517.3 或 X_3=825−517.3=307.7（以 g_3 为例计算槽体中间部分重心），式中，825 为转轴名义中心距尺寸。

（2）计算槽体重心

$$Z_1 = \frac{g_1X_1 + g_2X_2 + g_3X_3 + g_4X_4 + g_5X_5 + g_6X_6}{g_1 + g_2 + g_3 + g_4 + g_5 + g_6}$$

式中，g_1，g_2，g_3，g_4，g_5，g_6 为每块钢板的重量，N；X_1，X_2，X_3，X_4，X_5，X_6 为每块钢板组合图形的坐标，mm。

经计算：g_1=544N，g_2=1006N，g_3=6262N，g_4=466N，g_5=1813N，g_6=471N；

X_1=1217.6，X_2=1015，X_3=307.7，X_4=1175，X_5=1537.5，X_6=600。

（3）计算槽体内两侧部分重心 Z_2（由 11 块弧板和纵筋板组成）

参照上述方法计算 Z_2，如图 4 所示。

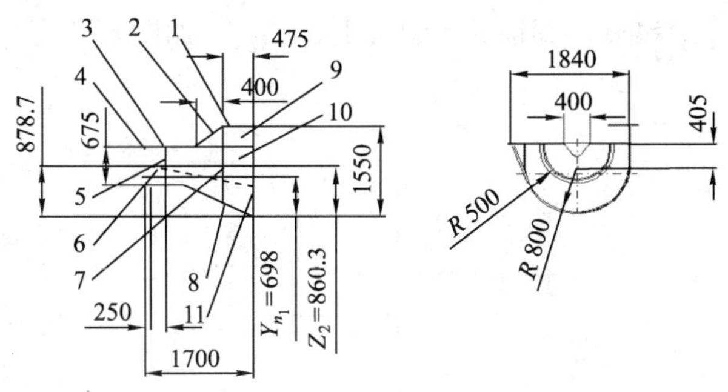

图 4 槽体内两侧部分重心

（4）计算槽体外侧 6 块筋板组成的重心 Z_3

槽体外侧 6 块筋板组成的重心 Z_3，如图 5 所示。

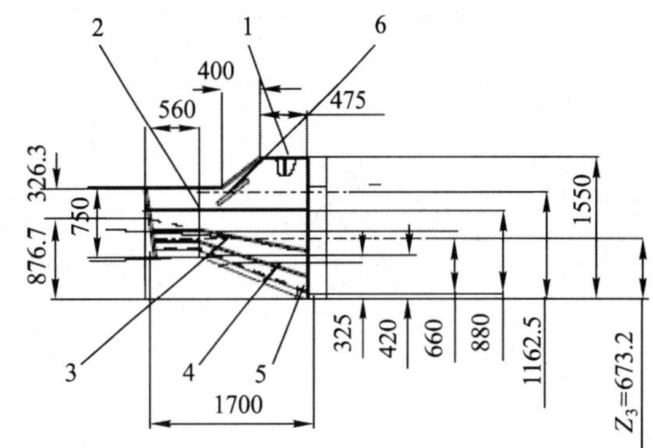

图 5 槽体外侧 6 块筋板组合的重心

（5）计算槽体下部 6 块钢板组成槽体托座的重心 Z_4

槽体下部 6 块钢板组成槽体托座的重心 Z_4，如图 6 所示。

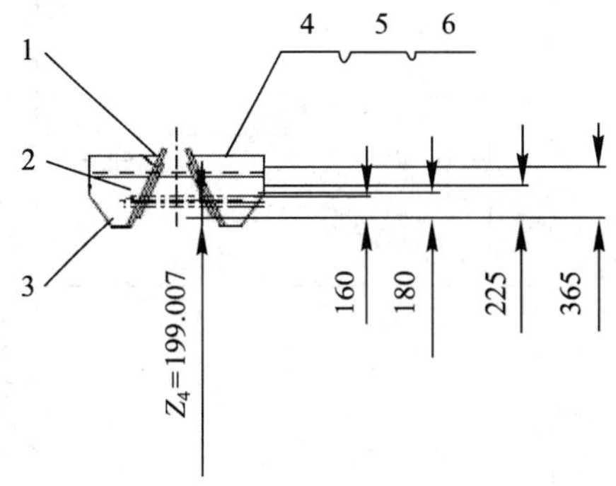

图 6 槽体下部 6 块钢板组成的槽体托座重心

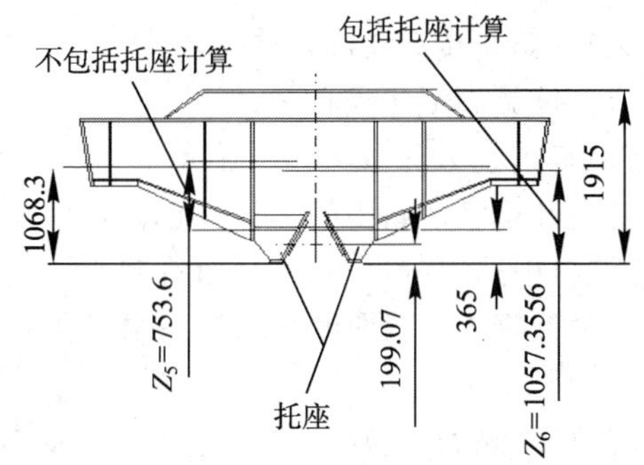

图 7 槽体有托座和无托座组成的重心

（6）计算槽体有托座和无托座组成的重心 Z_5 和 Z_6

槽体有托座和无托座组成的重心 Z_5 和 Z_6，如图7所示。

4.2 耐火材料内衬重心计算

4.2.1 黏土砖重心计算

（1）计算中间段（按3个部分组成）重心 Z_7

中间段重心 Z_7，如图8所示。

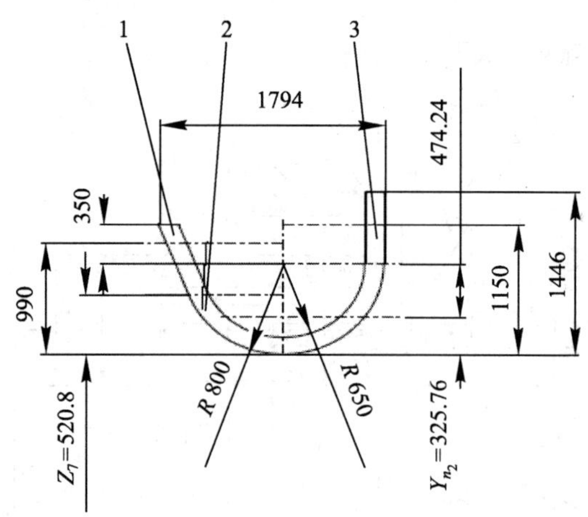

图8 中间段黏土砖（按3个部分组成）重心

（2）计算两侧浇注料（按3个部分组成）重心 Z_8，Z_9 和 Z_{10}

两侧浇注料重心 Z_8，Z_9 和 Z_{10}，如图9所示。

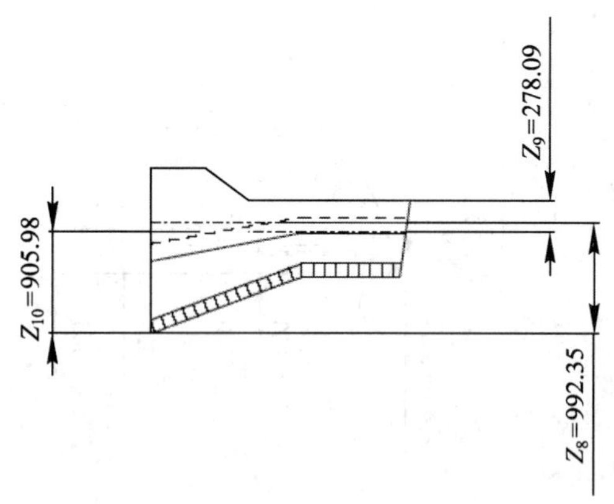

图9 两侧浇注料（按3个部分组成）重心

4.2.2 高铝砖及浇注料重心计算

（1）计算高铝砖重心 Z_{11}

高铝砖重心 Z_{11}，如图10所示。

（2）计算浇注料中间部分重心 Z_{12}

浇注料中间部分重心 Z_{12}，如图11所示。

（3）计算浇注料两侧大端和小端组合重心 Z_{13} 和 Z_{14}

浇注料两侧大端和小端组合重心 Z_{13} 和 Z_{14}，如图12所示。

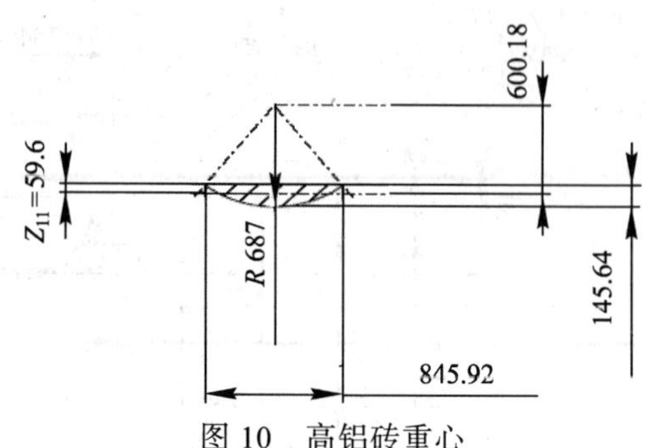

图10 高铝砖重心

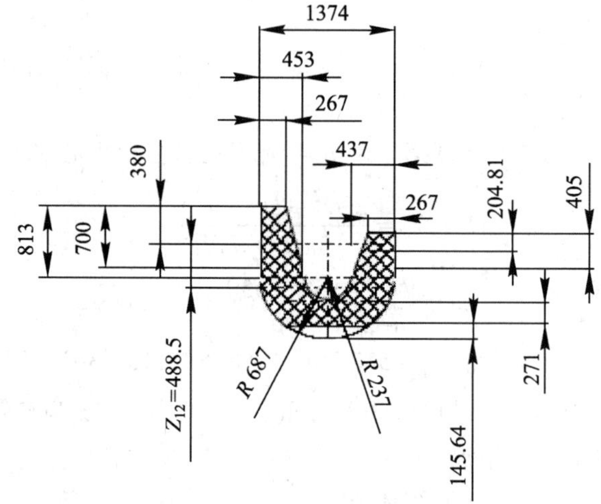

图11 浇注料中间部分重心

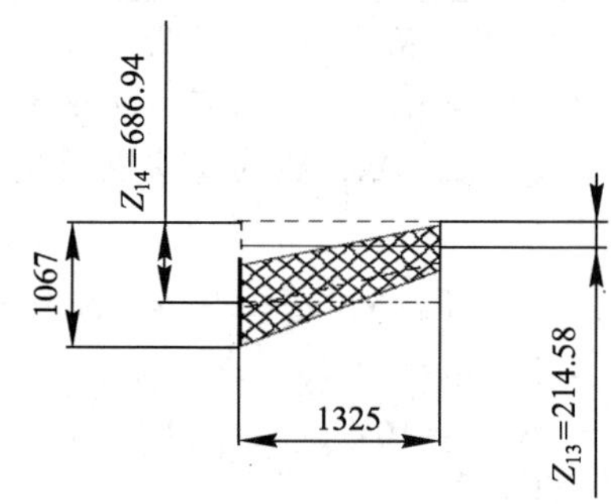

图12 浇注料两侧大端和小端组合重心

4.3 铁水磨损前后铁水组合重心计算

（1）计算铁水磨损前铁水组合重心 Z_{15-1}

铁水磨损前铁水组合重心 Z_{15-1}，如图13所示。

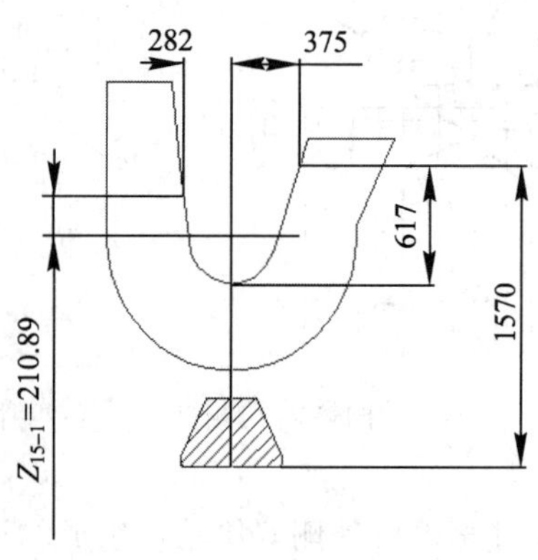

图13 铁水磨损前铁水组合重心

（2）计算铁水相对耳轴的重心有流口状态重心 Z_{15-2}

铁水相对耳轴的重心有流口状态重心 Z_{15-2}，如图 14 所示。

（3）计算铁水磨损后铁水组合重心 Z_{15-3}

铁水磨损后铁水组合重心 Z_{15-3}，如图 15 所示。

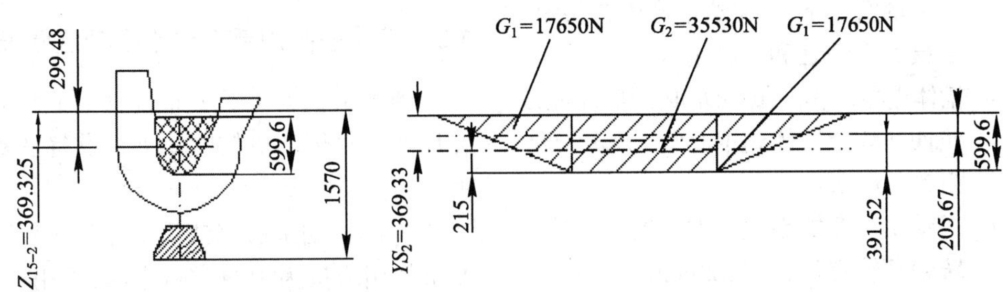

图 14 铁水相对耳轴的重心有流口状态重心

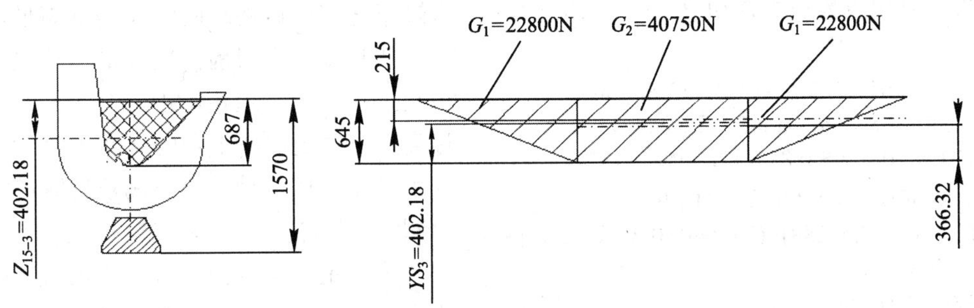

图 15 铁水磨损后铁水组合重心

4.4 开尾销重心计算

通过作图法得出开尾销重心 Z_{16}，如图 16 所示。

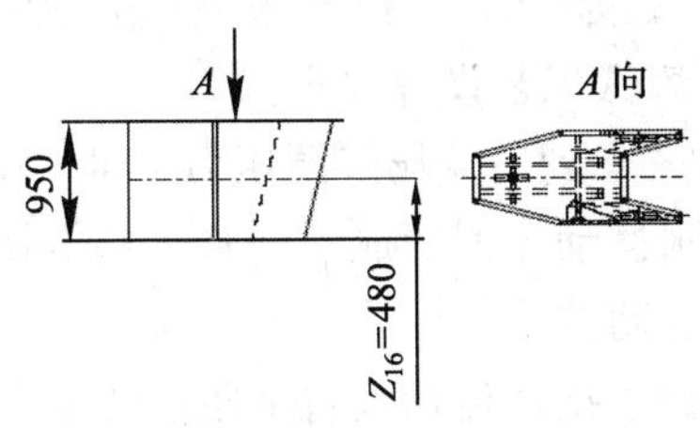

图 16 开尾销重心

4.5 耳轴重心计算

计算耳轴重心 Z_{17}，如图 17 所示。

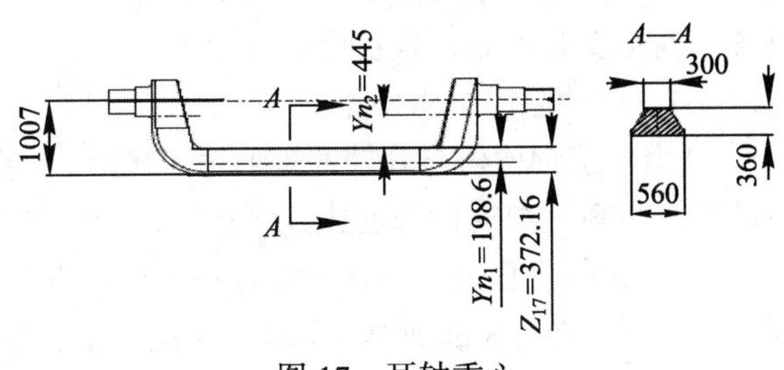

图 17 耳轴重心

4.6 摆动流槽重心计算

摆动流槽重心铁水相对耳轴的重心可按三种方法作图，计算 YS_1, YS_2, YS_3，如图 18 所示。

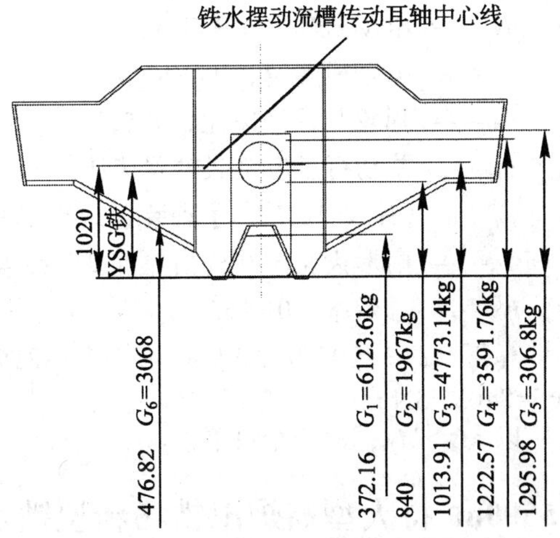

图 18 摆动流槽重心铁水相对耳轴的重心

通过多种重心组合计算出最佳（理论）重心：$YS_1=945.67$　$YS_2=888.36$　$YS_3=1012.43$

4.7 倾翻力矩计算

计算倾翻力矩，如图 19 所示。

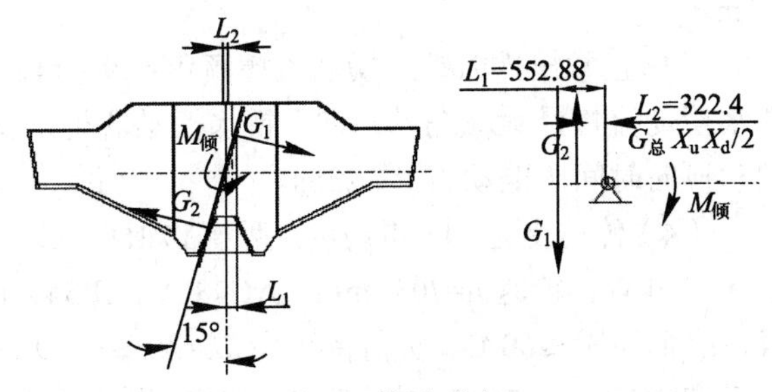

图 19 倾翻力矩

$M_{倾}= M_G + M_{Fe} + M_T = G_1L_1 + G_2L_2 + G_{总}Ud/2$

式中 G_1—— 槽体、耳轴、开尾销及内衬的重量，kN；
G_2—— 残铁重量（考虑整个熔池沾满时最不利的情况下），和整个槽体在某角度最大重量之和，kN；
L_1—— 槽体重心到中心线（OO_1）的距离，mm；
L_2—— 残铁和整个槽体到中心线（OO_1）的距离，mm；
U—— 滑动轴承摩擦系数，取 0.25；
d—— 转动耳轴直径，取 320mm；
$G_{总}$—— 整个摆槽荷重，kN。

由上式可计算出偏离铁水摆动流槽（理论重心）的位置。

$L_1 = (1012.43-815.073)\times\tan15°=52.88mm$

$L_2 = (1012.43-888.36)\times\tan15°=32.244mm$

$M_{倾小}= [(215890\times0.05288)-(322920\times0.032440) + (346640\times0.25\times0.32/2)]/0.4165=34231.5N\cdot m$

$M_{倾大}= [(215890\times0.05288)+(346640\times0.25\times0.32/2)]/0.4165 = 44707.0N\cdot m$

电动机额定力矩 M 下为：

$$M_{额} = 9550N/n\eta i_{蜗} I_{差} i_{扇} \eta_{总}$$

式中 N—— 电动机功率，7.5kW；
n—— 电动机转速，930r/min；
$i_{蜗}$—— 蜗轮与蜗杆速比，435；
$I_{差}$—— 差动行星齿轮联轴器速比，电动 1.1（手动 10.7），手动装置速比 1:3.55；
$i_{扇}$—— 扇形齿轮与圆柱齿轮速比 219:40；
$\eta_{总}$—— 总效率，0.4165。

计算得：$M_{额} = 9550\times7.5/930\times435\times1.1\times219/40\times0.4165=84035.5N\cdot m$

所以 $M_{额}>M_{倾}$，故安全可靠。

5 5500m^3 特大型高炉出铁场新型铁水摆动流槽设备设计

5.1 主要技术参数

（1）特大型槽体外径轮廓尺寸：长 6.3m，宽 2.68m，高 1.95m，重量 180.00kN。

（2）两条鱼雷罐或铁水罐车之间铁路线间距：8.1m。

（3）正常出铁时铁水摆动流槽倾角：±9°~±12°，铁水摆动流槽最大倾角：±18°，铁水摆动流槽一次摆动换向时间（电动）：约 225s。

（4）传动装置：1）电动机：型号 YZ160L-8，功率 N=7.5kW，转速 n=705r/min，AC380V，IP54，H 级，冶金环境≤60℃，负荷持续率 JL=40%；2）减速器：TRC550，i=568.3，减速器最大输出扭矩（70%）：M=46.1kN·m；3）主令控制器：型号 LK23-06/02，速比 1:5；4）制动器：YWZ$_{38}$ 315/90-12.5，带释放手柄。

5.2 特大型高炉新型铁水摆动流槽设备主要特点

高炉出铁场主工艺布置决定了摆动流槽设备主要尺寸和对传动机构的要求，设备主要特点介绍如下：

（1）首钢京唐钢铁厂 1 号和 2 号高炉运输方式要求使用容量为 300t 的铁水罐，采用一包到底设计。对摆动流槽设备而言，最大设计难点：一是两条铁水罐车之间的铁路线间距 8.1m，满足这一距离要求的流槽长度应是目前国内外最长的铁水摆动流槽；二是要求采用平坦化出铁场布置，致使铁路线轨面标高至出铁场操作平台的高度达到 13.05m，从而使铁水摆动流槽转动轴中心线至出铁场操作平台距离达到 4m 左右。

为满足以上设计要求，在驱动装置上采用电动机带动三环减速机、经曲柄带动连杆、连杆驱动铁水摆动流槽的耳轴来实现铁水摆动流槽的摆动。在连杆上设有螺钉来调整连杆的长度，以便及时解决工作中连杆长度发生微小变化的问题。设计最终确定铁水摆动流槽长度为 6.3m，满足了两条铁水罐车铁路线间距为 8.1m 和出铁场操作平台高度为 13.05m 的炼铁工艺设计要求。

（2）考虑到出铁场气源压力不足，根据首钢多年使用铁水摆动流槽的成功经验，决定铁水摆动流槽驱动为电动方式。

（3）铁水摆动流槽设备由驱动装置、流槽槽体、摆动托架及轴承座、电机、角度指针盘及主令控制器等部件组成。流槽槽体搁置于摆动托架耳轴摇床上；两台电机可相互切换，并经三环减速机驱动连杆装置使耳轴转动，流槽槽体嘴倾动引导铁水流入铁水罐，避免流槽中高温铁水直接烘烤电气和传动设备，确保安全可靠，延长使用寿命。

（4）摆动流槽结构特点：

1）借鉴宝钢槽体与耳轴的楔形销连接形式，拆装迅速，为高炉炉前检修创造方便条件；

2）对槽体、内衬、浇注料结构进行优化设计，例如：将槽体流槽底部加厚、中部增加缓冲小坑等，使铁水不直接冲刷槽体；宽度方向改成窄型，使其不发生塌料等；

3）改进流槽，将流槽设计为圆弧形，增大流槽过铁量，减轻设备重量，便于制造和维修；

4）增设手动传动装置，作为断电或停电时使用；

5）在我公司和武汉宜生机电技术有限公司的共同研发下，完成了在特大型高炉上使用的电动加手动新型铁水摆动流槽的驱动设计，如图20所示。

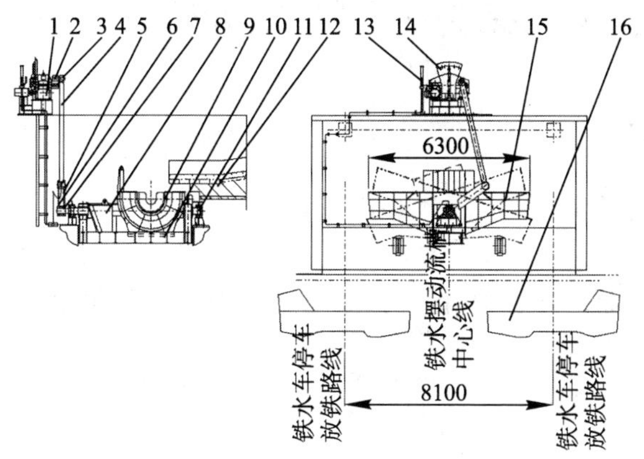

图20　首钢京唐钢铁厂5500m^{3}高炉新型铁水摆动流槽安装图

1—驱动装置（电动机，减速器，制动器，主令控制器）；2—曲柄；3—曲柄轴；4—连杆；5—摇杆；6—小轴；7—轴端挡圈；8—楔块；9—流槽槽体；10—摆动托架；11—轴承座；12—铁水流嘴；13—手动润滑装置；14—角度指针牌；15—限位安全梁；16—鱼雷罐车或铁水罐车

新型铁水摆动流槽由驱动装置、流槽槽体、摆动托架及轴承座、电机、角度指针盘及主令控制器等部件组成。流槽槽体搁置于摆动托架耳轴摇床上，两台电机相互切换，经三环减速机驱动连杆装置使耳轴转动，流槽槽体嘴倾动引导铁水流入铁水罐。流槽摆角极限位置由LK23主令开关控制；当一台电机因故障不能使用时，另一台电机启动经减速机驱动流槽槽体摆动；当事故停电时，可自动切换使用备用电源（EPS）驱动电机，使流槽槽体继续运行。电机驱动由电控柜现场操作箱控制，流槽槽体摆角由主令控制器控制。电机驱动使流槽槽体角度倾斜向下，将铁水送入另一侧铁罐停放线的铁水罐中。

相应的配套设计有：摆动流槽驱动设备输出轴上增加一个编码器进入主控室计算机，及时返回摆动流槽转角；增设调整装置和限位行程开关，在铁水摆动流槽下面，加限位梁等安全设施；在铁水摆动流槽下面的铁水罐车轨道上增设轨道衡装置，用来称量铁水重量和检测铁水液位并在现场显示，实现铁水摆动流槽与铁水称重和液位检测系统的连锁控制；采用平坦式固定除尘罩，上表面与出铁场平面平行；在铁水摆动流槽非出铁一侧设有通往地下的观察间，在观察间内有照明，通过观察间的窥视孔可以看到铁水摆动流槽的工作情况；在观察间设有手动干油泵，可近距离给铁水摆动流槽设备润滑。

该项设计在制造厂进行了预安装和带负载试车的A检，验收合格通过。现8套铁水摆动流槽设备已在首钢京唐钢铁厂1号和2号特大型高炉出铁场上投入生产使用，使用效果良好，并达到设计和使用要求。

6　结语

自20世纪90年代起，随着首钢高炉大型化发展，在炉前炼铁工艺设计中，对铁水摆动流槽设备设计提出许多新的要求，通过不断改进，形成了具有首钢特色的摆动流槽设备。在2009年投产的首钢京唐钢铁厂5500m^{3}高炉上，采用新型铁水摆动流槽设备，满足了生产要求，并探索出一条自主研发和创新之路。

（原文发表于《工程与技术》2010年第1期）

特大型高炉风口及送风装置设计研究与应用

时寿增

(北京首钢国际工程技术有限公司，北京 100043)

摘 要：介绍首钢京唐钢铁厂 1 号和 2 号 5500m^3 特大型高炉炉体系统风口及送风装置的结构特点、主要技术性能与技术参数，并简要介绍风口及送风装置的设计计算。

关键词：高炉风口；结构特点；设计计算

Design, Research and Application of Tuyere and Blasting Device for Super-large Scale Blast Furnace

Shi Shouzeng

(Beijing Shougang International Engineering Technology Co., Ltd., Beijing 100043)

Abstract: Introduces structure, characteristics, major technical performance and technical parameters on tuyere and blasting device of blast furnace proper system of super-large scale blast furnace No.1 and No.2 of Shougang Jingtang Iron & Steel Plant, and design calculation on tuyere and blasting device is described.

Key words: tuyere; structure characteristic; design calculation

1 引言

首钢京唐钢铁厂 1 号和 2 号 5500m^3 特大型高炉炉体系统风口及送风装置是将热风围管送来的热风输入高炉炉缸，同时还向高炉喷吹煤粉，它是高炉炉体系统中的关键设备。

随着冶炼过程的强化要求越来越高，对送热风量的需求量也就越来越大，燃烧的焦炭量及炉腹煤气量也就越多，它与冶炼强度几乎成正比关系，所以对高炉提高送热风量和增加风口的数量及向炉内多喷吹煤粉等物质的多少，对产铁量起重要作用，使风口之间的死区减少，使炉缸煤气温度分布均匀有利于顺行。风口及送风装置不但要满足特大型高炉冶炼的需要，而且要求承受 1300℃以上的高风温。

2 风口及送风装置概况及结构特点

风口及送风装置长期处于高温、高压的环境中，工作条件苛刻。首钢京唐钢铁厂 5500m^3 特大型高炉设计热风压力 0.55MPa，热风温度 1300~1350℃。为使高炉生产稳定运行，引进了风口测压装置和高炉支管热风流量控制的电子阀等国外新技术，可有效控制高炉风口风量和风速、向高炉喷吹煤粉等物质情况，改进调节高炉炉缸侧壁温度和控制高炉炉料下降速度等，不仅改善了高炉操作环境，而且对炉体下部有自清理作用，防止高炉结瘤，确保在高温恶劣条件下工作。

在高炉设计中，为能多增加风口和送风装置数量，在国内外都是难题，已成为当前设计中的重要环节，必须反复精准地构思每一个相互连接、相互配合的结构型式和尺寸。

通过调配连接件的外型尺寸与各处冷却水管的结构布置，使风口大套等结构外型尺寸比以往设计小了许多，每个风口及送风装置的结构尺寸也都相应减小，从而达到炼铁工艺要求，完成 42 个风口及送风装置的布置。

风口及送风装置组成如下：直吹管、弯头（带窥视孔）、膨胀节组件、变径管、上下拉杆、附件（接口法兰、密封件、紧固件等），如图 1 所示。

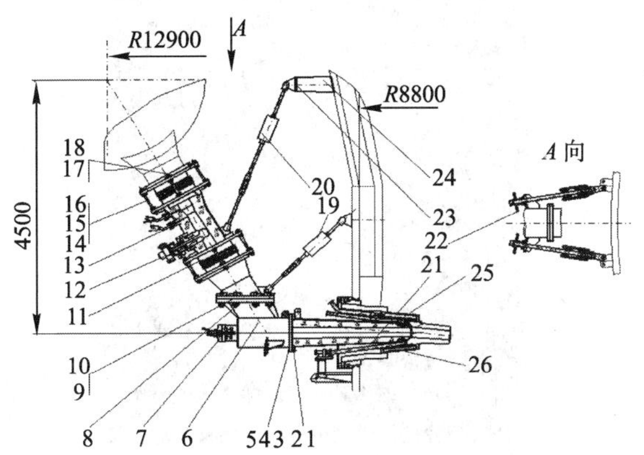

图 1　首钢京唐钢铁厂 1 号、2 号特大型高炉炉体系统风口及送风装置

1—陶瓷纤维棉垫；2—金属密封垫；3—螺栓；4—螺母；5—垫圈；6—弯头；7—视孔装配；8—连接锁紧装置；9—陶瓷纤维盘根；10—陶瓷纤维棉垫；11—支管中段；12—电动热风流量控制电子阀；13—测压装置；14—螺栓；15—螺母；16—垫圈；17—金属密封垫；18—膨胀节法兰；19—下部拉杆；20—上部拉杆；21—小套压紧装置；22—下部胀紧杆；23—吊挂托圈架；24—钢圈；25—直吹管；26—风口设备制造及装配

风口小套不仅承受 1300~1350℃的高温鼓风，而且在温度高达 2000℃以上的回旋区前工作，承受着高炉最大的热流强度的冲击，在风口上方有液态渣、铁不断滴落冲刷，在风口下方可能直接接触液态渣、铁，因此，伸入炉内的风口小套前端随时可能经受液态渣、铁的熔融。同时风口小套外侧要承受进风口回旋区赤热焦炭的机械摩擦，喷煤时风口小套内侧要承受输送煤粉的冲刷。还要防止风口上方渣皮脱落砸坏风口小套。确保风口小套与铁水接触时不被烧坏，风口应能承受住焦炭和煤粉的磨损。在小套设计中，为了防止小套在工作中发生翘动变形和能在稳定条件下工作，对小套末端增加整体平衡块，尽可能增加小套与中套的接触面积，使其更稳定。

为提高喷吹煤粉质量和煤粉的燃烧效果，采用了国外先进直插枪装置新技术，对国内长期使用的送风直管与喷吹管的水平夹角做了较大变动，由 10°左右夹角改成空间夹角小于 7.6°，仍然保持风口小套前端出口下倾 5°的设计，达到使用先进的国外直插枪装置的要求，更适合于生产。

在大套与大套法兰之间选用 M36×150-8.8 级的连接螺栓上面增设碟形弹簧，防止风口在高温及变载荷下预紧力松弛（使用测力扳手确保每一条螺栓受力均匀一致，由于在变载荷工况下，连接件使用初期预紧力减退快，为避免螺栓松动，最好能跟踪再紧固 2~3 次，使密封面始终保持紧密贴合是关键）；并且在中套和小套上都设手动压紧装置，使所有密封更持久可靠。风口设备制造及装配见图 2。

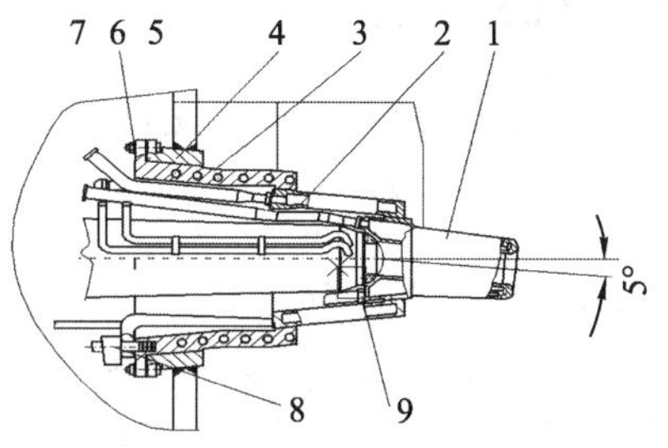

图 2　风口设备制造及装配

1—风口小套及进出水管；2—风口中套及进出水管；3—风口大套；4—风口大套法兰；5—螺栓 M36 × 150；6—螺母 M36；7—碟形弹簧；8—风口中套压紧装置；9—风口小套压紧装置

3　主要技术性能和技术参数的确定

全面考虑风口大套、中套、小套及送风装置的整体结构，通过提高强度和刚度确定整体的稳定性能，使所有需要密封和有接触的地方都进行完善和改进，更适合于在冶炼高温和多尘的环境下工作。对风口大套、中套、小套本体采用纯水密闭循环系统冷却，冷却水压 1.7MPa（±0.000m），冷却水入口温度≤45℃；风口小套前腔及直吹管端头采用高压工业水冷却，冷却水压 1.8MPa（±0.000m），冷却水入口温度≤35℃。

为确保风口小套的正常使用和质量控制，风口小套前腔采用双进双出双腔旋流长寿小套结构，特点说明如下：（1）接管方式是前后腔进、出水管均为独立。（2）前腔和后腔单独供水，前腔采用高压工业净水循环冷却，后腔采用高压纯水密闭循环冷却。（3）风口小套本体制作采用含铜≥99.94%铜板原料，密度大于 8.9g/cm^3，含铜纯度严格要求。

风口小套前腔、后腔的流水量与阻损之间的要求具体如下：风口小套前腔流量为 30 m^3/h 时，阻损 ΔP_1≤0.45 MPa；后腔流量为 30 m^3/h 时，阻损 ΔP_2≤0.55 MPa。风口小套前腔、后腔之间的密封性能要求，在制造过程逐项检查、控制。风口小套制造完毕逐项检查、测试，确保前后腔之间密闭要求。

对风口小套的试压要求如下：

（1）水压试验：前腔与后腔单独进行检测试验，前腔与后腔不得串水，否则为不合格。

（2）流量—阻损试验：按照定压 1.5MPa，水量 30m^3/h 前后腔单独进行试验，前腔阻损 ΔP_1≤0.45 MPa，否则为不合格；后腔阻损 $\Delta P_2 \leqslant 0.55$ MPa，否则为不合格；并进行前腔与后腔串接供水试验 $\Delta P \leqslant 1.0$ MPa，否则为不合格。

（3）风口小套头部冷却水速度≥12~17m/s。

4 设备结构布置特点

本设计风口的大套、中套、小套及送风支管全部都带冷却水装置，如图 3 所示。

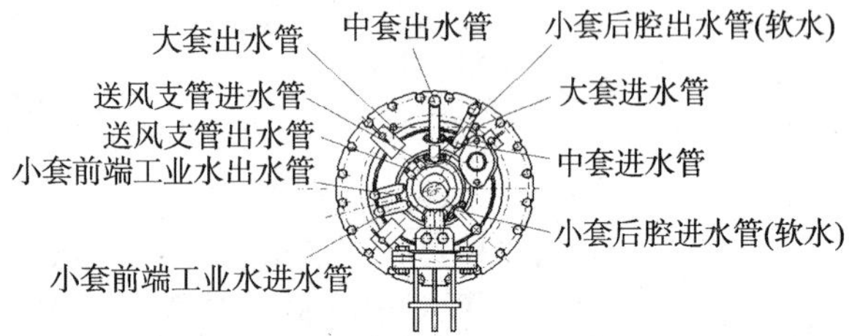

图 3 风口及送风装置设备结构布置

为了能将整套风口及送风装置合理地安装在允许的极为狭小的空间内，反复调整了风口大套、中套、小套及送风支管各部的尺寸，将每个进出冷却水水管摆放在合理的位置上，便于安装和维修。采用三维设计进行空间摆放，检查有无碰撞的可能，确保万无一失。对所有关键接口部位上采用的陶瓷纤维棉垫和金属密封垫等进行严格的密封，在有高温气流和有各种化学介质下腐蚀的地方采用相应的材料和材质，使整套风口及送风装置设备压损小，热量损失小，在热胀冷缩的条件下有自动调节位移的功能，使其密封性更好。同时，为提高调节向炉内送高温热风的质量，强化高炉生产，在每个出铁口上方都有两套带有可调节阀的风口及送风装置，共有 8 套。在每个风口及送风装置都带测压装置，提高了对风口及送风装置向炉内送高温热风的可操作性，使它达到国际先进技术水平。投入生产使用时的情况如图 4~图 6 所示。

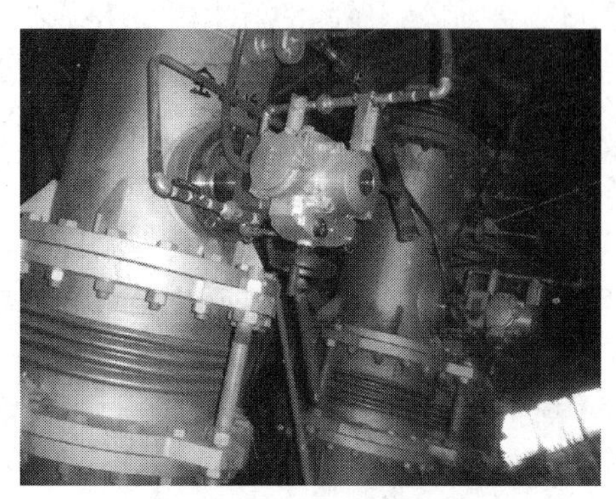

图 4 送风装置膨胀节（装有电动热风流量控制电子阀和测压装置）照片

图 5 送风装置膨胀节（装有测压装置）照片

图 6 送风装置直吹管采用国外先进的直插枪照片

5 主要设计计算简介

（1）设计计算大套与大套法兰连接螺栓的数量 Z 和螺栓公称直径 d

已知连接螺栓分布圆直径为 D=1170mm；大套内径 d=985mm；炉内最大压强 P=0.55MPa；按紧密性要求：可取 $Q_0=(1.5\sim1.8)Q_w$，螺栓材质 45 号钢，螺栓间距 L=180mm。

连接螺栓的数量按下式计算：

$$Z=\frac{\pi D}{L}=\pi\times\frac{1170}{180}=20.4$$

圆整后取 Z=20；

按最大压强 P=0.55MPa 计算，确定大套与大套法兰连接的每个螺栓承受的工作载荷 Q：

$$Q_w=P\frac{\pi d^2}{4Z}=0.55\times\frac{\pi\times985^2}{4\times20}=20955.4\ \text{N}$$

确定每个螺栓承受的最大总拉力 $Q=Q_w+Q_0$。

考虑大套和大套法兰连接密封很严时：对刚度要求取大值 $Q_0=1.5Q_w$。

$$Q=Q_w+1.5Q_w=2.5\times20955.4=52388.5\ \text{N}$$

确定螺栓的公称直径式中：螺栓材质 45 号钢，

查得 σ_s=360MPa，许用应力

$$[\sigma]=\frac{\sigma_s}{n}=120\ \text{MPa}$$

式中 n——材料的许用安全系数值，按 3 取。

$$d=\sqrt{\frac{4\times1.3\times Q}{\pi\times[\sigma]}}$$

$$=\sqrt{\frac{4\times1.3\times52388.5}{\pi\times120}}=26.9\text{mm}$$

从设计手册标准上选螺栓 d = 36mm>26.9mm；按 8.8 级制作，所以安全可靠。

（2）设计碟形弹簧，其负荷变化次数 $N>2\times10^6$，最大工作负荷为 p_n=52388.5 N，预加负荷（最小工作负荷）p_1=20955.4 N，工作行程（变形）h=0.5mm，导杆直径 d=36mm。

选用样本碟形弹簧 20813F-M36-132435 允许使用压平载荷 132435 N，理论压平载荷 314119 N。

最大工作负荷为 p_n = 52388.5 N，预加负荷<允许使用压平载荷 132435 N，理论压平载荷 314119 N，安全可靠。

（3）膨胀节组件中波纹管受力分析

1）波纹管的受力主要为热风压力产生的波纹管盲板力，这部分力由波纹膨胀节的铰链装置承受；

2）围管受热后，热膨胀产生对波纹管的横向力；

3）炉壳和直吹管受热后热膨胀产生对波纹管的横向力。

主要参数及计算结果：

1）波纹管设计压力 0.55MPa；设计温度 150℃；中间接管间距 L=1183 mm；压力推力 F_p=185.3416kN；角向位移反力矩 M_0=4530.60 N·m；扭转刚度 k_t=72290.62 N·m/(°)；设计位移角度 3°；单波当量轴向位移 3 mm；单波轴向刚度 f_i=4400.02N/mm；整体轴向刚度 k_x=733.34N/mm；整体横向刚度 k_y=92.61N/mm；整体弯曲刚度 k_0=1510.2N·m/(°)；柱失稳极限压力 psc=2.6MPa；平面失稳极限压力 psi=1.22MPa；确定直径 624mm；波高 60mm；波数 3；壁厚 1.5mm；层数 2；波纹管材料 00Cr17Ni14Mo2(316L)；弹性模量 187000MPa；屈服强度 361.8MPa；许用应力 115MPa；

2）加强套环的材料 0Cr18Ni9(304)；弹性模量 195000MPa；长度 30 mm；厚度 2.00mm；许用应力 137MPa；

3）压力引起的应力：直边段周向薄膜应力 36.78MPa；波纹管周向薄膜应力 38.97MPa；波纹管径向薄膜应力 5.25MPa；波纹管径向薄膜弯曲应力 126.82MPa；位移应力：波纹管径向薄膜应力 1.97MPa；波纹管径向弯曲应力 200.07MPa；波纹管套环周向薄膜应力 1.97MPa；

4）波纹管许用疲劳寿命系数 10；取大值，许用应力（115+137）MPa>压力引起的应力，安全可靠。

6 结语

（1）通过使用专有技术“带阶梯型大套”的结构，使长度减了下来，克服空间尺寸狭小不能全部采用带水冷的难题，使风口及送风装置设备中的大套、中套、小套及送风支管上都能有封闭式循环冷却水进行冷却的功能，使与炉皮接触的大套和大套法兰等处产生的高热气流用冷却水，以环环相接的方式分段流动带走，使风口处的高温迅速降低，提高了设备的综合性能，改善恶劣的工作环境，使所有密封相对稳定和提高，工作更安全可靠，使长寿型风口成为现实。

（2）这项设计为国内外高炉因空间狭小不能全部采用带水冷装置的风口及送风装置提供了解决问题的好办法，开创了在高炉上多增加风口及送风装置数量多出铁的先例，促进了高炉采用多风口及送风装置技术的发展。

（3）为长寿型风口及送风装置设备创造了良好条件，使用引进国外直插枪喷吹装置新技术并满足炼铁厂所提出的要求：将送风装置直吹管与喷煤枪夹角设定约为 7.6°，喷煤枪前端头距小套前端 200mm，使风口小套外侧能承受进风口回旋区赤热焦炭的机械摩擦和喷煤时风口内侧承受输送煤粉的冲刷，满足了生产需要。

（4）首钢京唐钢铁厂 1 号和 2 号特大型高炉风口及送风装置已投入使用，为对今后特大型高炉设计具有指导意义，我公司在设计风口及送风装置的技术方面，又上了一个新台阶。

（原文发表于《工程与技术》2010 年第 1 期）

首钢京唐钢铁厂特大型高炉炉体系统炉喉钢砖制造和安装设计

时寿增

（北京首钢国际工程技术有限公司，北京 100043）

摘　要：介绍了特大型高炉炉体系统炉喉钢砖的概况及结构特点，阐述了铸造工艺上使用的新技术。

关键词：钢砖设备；软水冷却；设计应用

Design for Manufacture and Erection of Steel Furnace Throat Brick in Furnace Body System of Shougang Jingtang Super Large BF

Shi Shouzeng

(Beijing Shougang International Engineering Technology Co., Ltd., Beijing 100043)

Abstract：Presentation on general description of manufacturing equipment of steel furnace throat brick in furnace body system of super large BF, new technology and structure features of foundry process.

Key words：steel brick equipment；demineralised water cooling；design application

1　引言

首钢京唐钢铁公司 1 号、2 号高炉炉喉钢砖是高炉炉体系统中的主要设备，它的好坏直接影响到高炉生产，特别是对长寿型特大高炉来说更为重要。设计中吸收了国内外炉喉钢砖与炉皮连接的先进技术，对炉喉钢砖采用耐高温和耐冲击的材质，并采用软水冷却的结构型式，确保炉喉钢砖达到长寿型特大高炉的要求。

对整体炉喉钢砖都做了精细的分块排列组合，使每块炉喉钢砖都有冷却水通过，在每块炉喉钢砖上都用 3~4 个连接螺栓与炉皮固定，确保整体结构的稳定性。在满足工艺布置的同时，还解决了首钢京唐钢铁公司提出的高炉下料线直接冲刷上、下炉喉钢砖的接口缝隙间的问题。在炉喉钢砖的空腹内部和接口缝隙间填充耐热浇注料，可阻止高温煤气的对流，对连接螺栓起到保护作用。炉喉钢砖制造和安装如图 1 所示。

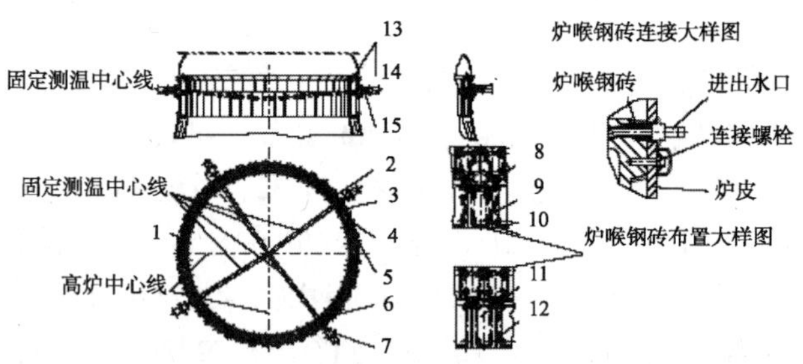

图 1　炉喉钢砖制造和安装图

1—上部钢砖（A）；2—上部钢砖（B）；3—上部钢砖（C）；4—上部钢砖（D）；5—上部钢砖（E）；6—上部钢砖（F）；7—上部钢砖（G）；8—下部钢砖（A）；9—下部钢砖（B）；10—下部钢砖（C）；11—下部钢砖（D）；12—下部钢砖（E）；13—吊环螺钉；14—连接螺栓；15—十字固定测温设备

2　炉喉钢砖概况

（1）炉喉钢砖设计主要技术参数如下：炉喉钢砖外径ϕ12.4 m；内径ϕ11.2 m；炉喉钢砖全高度 2.9 m；上部钢砖高度 1.1 m；下部钢砖高度 1.67 m；在高度上钢砖与钢砖之间调整缝 0.03 m；在纵向钢砖与钢砖之间调整缝 0.02 m；钢砖与钢砖径向夹角 8°；

正常炉温度 150~350℃；还应满足在最高温度 600℃以上的恶劣环境中工作；按长寿型高炉设计考虑。

（2）长寿型高炉已成为当前炼铁专家研究的重要课题，改进炉喉钢砖和冷却壁内部的结构，提高工件耐热和抗冲击的力学性能，同时改进加工制造工艺来实现上述内容的要求，也是提高高炉寿命的课题之一。

（3）分析研究大中型高炉炉喉钢砖在冶炼过程中的破损情况，应着力解决减少高温气流热冲击应力，同时解决高炉装料时避免对炉喉钢砖抛掷矿石和物料等强力冲击，对特大型的炉喉钢砖内部进行了多方案的排管布置，并优化选择出最合理的冷却水管布置图，使冷却水首先达到钢砖壁的热面，达到迅速降温的目的。设计中合理确定上、下段，避免高炉装料料线直接冲刷上、下炉喉钢砖的接口缝隙间，否则将会使其里面塞料被炉料磨损，失去密封性。上部炉喉钢砖(A)如图 2 所示。

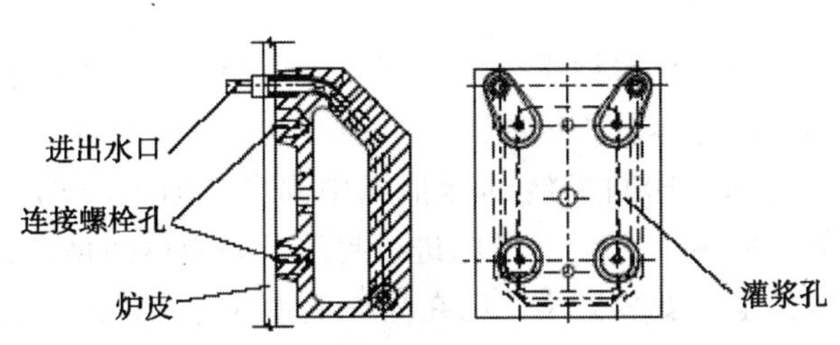

图 2　上部炉喉钢砖(A)

3　炉喉钢砖设备的结构特点

（1）由于特大型高炉炉喉钢砖采用软水冷却式在国内属首位，为实现上述目标，参阅了大量的技术资料并与有关铸造专家合作，在炉喉钢砖与冷却水管的铸造工艺上使用新技术，使炉喉钢砖与冷却水管在铸造时能达到设计规定的技术要求。对带有十字固定测温设备又是斜插管的地方，根据其设备外型来设计相适合的钢砖结构和冷却水管布置。设计中应考虑合理的高炉炉喉钢砖布置、钢砖块数、每块钢砖接缝之间的连接形式、钢砖间隙调整量等关系，这些都是十分必要的。对上部钢砖和下部钢砖采用交叉压缝的形式,相邻钢砖采用左右夹角的形式，使炉喉钢砖形成一个能自锁又牢固的整体，从而使每块钢砖内的冷却水都能自下而上的串联成闭路循环冷却水通道，使炉喉钢砖在高温和恶劣的环境下达到长寿型的条件。炉喉钢砖带有十字固定测温处组件大样图见图 3。

（2）炉喉钢砖进出水口和连接螺栓与炉皮之间的安装关系：要求在安装每一块炉喉钢砖时，所有上面的固定螺栓拧紧至同等程度，以保证受力均匀，确保炉喉钢砖与炉皮接触严紧。炉喉钢砖上端的两个螺栓为固定螺栓，要求螺栓、螺母、垫圈与炉皮全部焊严。其下端的两个螺栓为滑动端螺栓，螺母、垫圈全部焊严，但不与炉皮焊接，如图 4 所示。

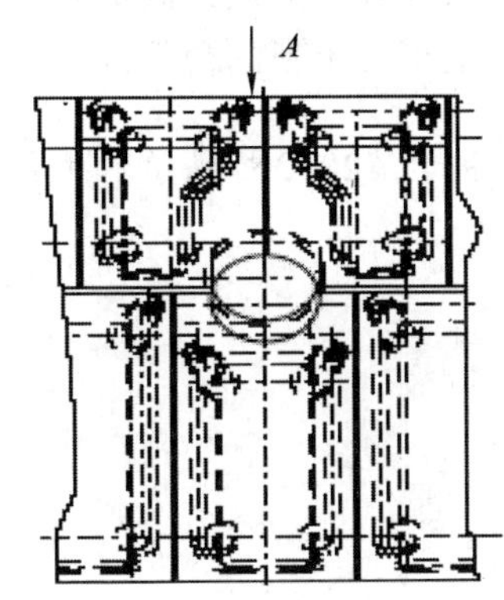

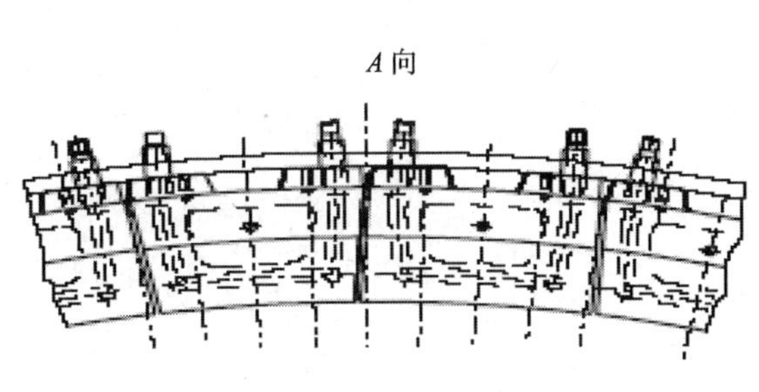

图 3　炉喉钢砖带有十字固定测温处组件大样图

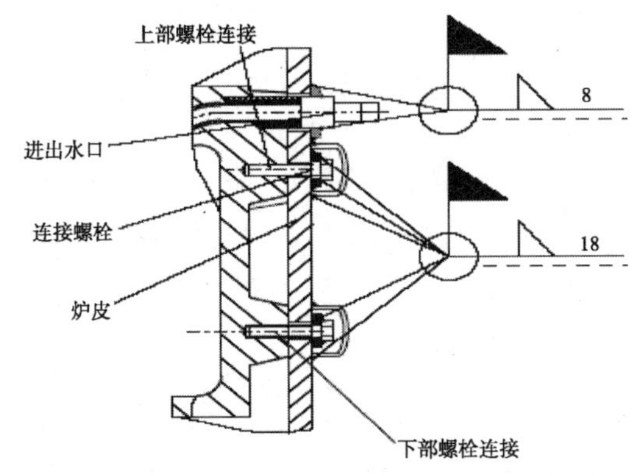

图 4　炉喉钢砖连接大样图

4　炉喉钢砖设备制作标准

（1）炉喉钢砖尺寸公差、形位公差及其他尺寸要求；

（2）冷却水管弯制的公差要求；

（3）安装螺栓孔中心距水平偏差；

（4）通球和试压要求；

（5）炉喉钢砖的材质化学成分及力学性能检验要求；

（6）炉喉钢砖的成品试压要求；

（7）对任意一块炉喉钢砖做剖面抽样检查；查看冷却水管在钢砖内铸造后的情况、冷却水管横向纵向截面与钢砖接触的严密性。对冷却水管和接触钢砖做铸后的力学性能分析，分析是否达到设计要求。炉喉钢砖剖切大样检查照片如图5所示。

图5　炉喉钢砖剖切大样检查照片

5　炉喉钢砖连接螺栓强度计算

为了设计计算方便，按最大块炉喉钢砖单量计算（包括浇注料和相应的重量等）合计 G=56200 N。炉喉钢砖由4条或3条连接螺栓来承担载荷固定在炉皮上，按最不利的情况下由三条螺栓承受载荷设计，单个螺栓载荷 G_1=56200/3=18733 N。

预选螺栓按Q235号钢材质，屈服极限 σ_s 为240 N/mm^2：

$$[\sigma]=\sigma_s/S_S$$

式中　$[\sigma]$——许用应力；

σ_s——屈服极限；

S_S——安全系数。

$$[\sigma]=240/3=80\ \text{N/mm}^2$$

由于螺栓是塑性材料，因此根据第四强度理论，可得螺栓螺纹部分的强度条件为：

$$d_1 \geqslant \sqrt{\frac{4\times1.3\times G_1}{3.14\times[\sigma]}}$$

$$d_1 \geqslant \sqrt{\frac{4\times1.3\times18733}{3.14\times80}}\ \text{mm}$$，每个螺栓按18733 N计算，

d_1=19.69 mm

$$d_2 \geqslant \sqrt{\frac{4\times1.3\times50000}{3.14\times80}}\ \text{mm}$$，每个螺栓按50000 N计算，

d_2=32.16 mm

按长寿型高炉设计考虑，对炉喉钢砖选用螺栓M36，按8.8级计算，安全可靠。

6　结语

首钢京唐钢铁公司1号、2号特大型高炉炉喉钢砖在整体试压过程中有个别的点在套管与进出水管之间的密封缠绕的石棉绳中间向外有漏气的现象，采用ϕ8的铁丝煨圆进行封焊，问题得到解决。现已全部安装完毕，已在高炉上投入生产使用，它将对今后的特大型高炉设计起到有益的作用，为首钢国际工程公司在今后设计高炉炉喉钢砖方面，在技术上又迈上了一个新的台阶。

（原文发表于《2010炼铁学术年会论文集》）

首钢京唐钢铁厂特大型高炉热风围管吊挂及拉紧装置设计

时寿增

(北京首钢国际工程技术有限公司，北京 100043)

摘　要：介绍了特大型高炉热风围管吊挂及拉紧装置型式及特点。

关键词：围管吊挂；型式；应用

Hanger and Tensioning Device for Shougang Jingtang Super Large BF

Shi Shouzeng

(Beijing Shougang International Engineering Technology Co., Ltd., Beijing 100043)

Abstract: Presentation on design and features of hanger and tensioning device for super large BF hot blast bustle.

Key words: bustle hanger; design; application

1　引言

北京首钢国际工程技术有限公司承担了首钢及国内外从中小高炉至特大型 5500 m^3 高炉的热风围管吊挂及拉紧装置的多项工程设计，积累了丰富的设计经验，具有独到的特色。

2　设备主要特点

2.1　首钢 2500 m^3 级以下热风围管吊挂及拉紧装置的型式

在 2500 m^3 级以下容积的高炉设计中，根据炼铁工艺要求在热风围管中心线的圆周上布点，垂直拉杆一般都采用单杆式，拉杆数量一般在 8 根左右，力求均布在热风围管上方，用双吊环圈来固定在热风围管上，在热风围管上面的吊环上装有连接环，与垂直拉杆下面的连接环用销轴串联接成一体，在垂直拉杆上部（带有连接螺扣）穿过土建平台固定台架用双头螺栓固定。在高于平台上端的台架与连接螺栓的下面装有下锥面垫和上球面垫机构，可调整拉杆在安装和工作时杆件的变动。如首钢圆形出铁场高炉热风围管下面配有环型吊车时，因吊车行走工作震动较大，为缓解震动，在垂直拉杆的上部还装有组合碟簧，且对减少杆件的交变应力，改善拉杆的受力条件，在垂直拉杆吊环圈处遇有风口送风装置安装时，可作如下处理方法，如图 1 *A*—*A* 剖图所示。

2.2　水平拉杆的摆放布置

常规型式一般按对角线摆放，数量一般为 8 根，如图 1 所示。

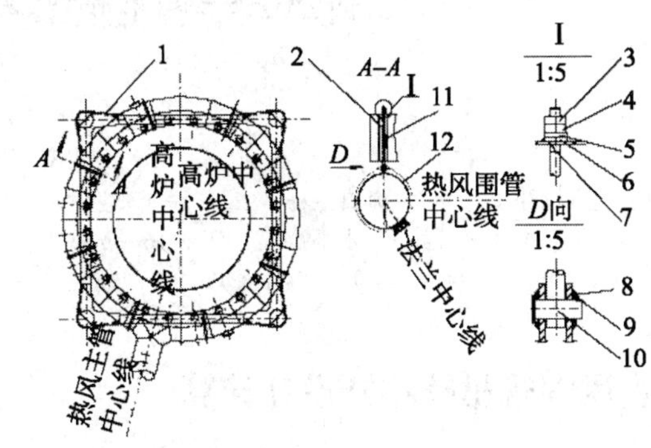

图 1　水平拉杆布置图

1—水平拉杆；2—垂直拉杆；3, 4—螺母；5—下锥面垫；6—上球面垫；7—垫圈；8—挡圈；9—开口销；10—销轴；11—螺旋扣；12—托圈也有水平拉杆按 3 根摆放的，其优点是：便于安装和调整。采用哪种型式更合理、更安全可靠，则根据高炉热风围管的工艺要求及受力分析，同时还要考虑炉体框架与热风围管之间的关系和所处的位置，以采用相应的连接方式，在连杆之间一般设有螺旋扣调节杆的长度，或用其他型式。总之水平拉杆必须能安全可靠地控制热风围管，克服在工作中的水平位移和室外环境因素的影响，确保热风围管以下的风口送风装置等设备能正常运行，如图 2 所示。

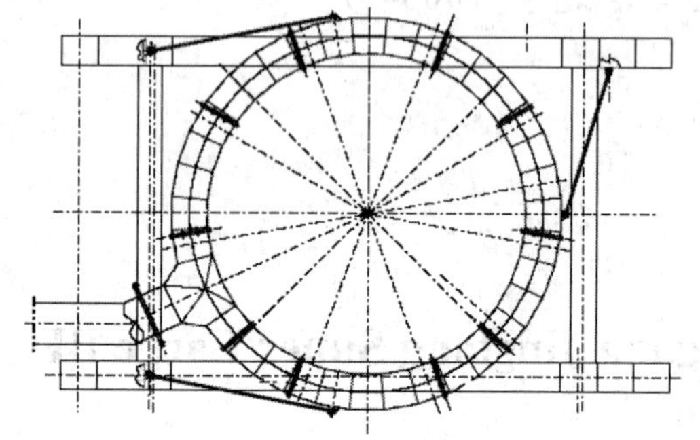

图 2　热风围管采用 3 根水平拉杆布置图

3　特大型高炉热风围管吊挂及拉紧装置设计特点

方案确定：通过方案分析比较和论证，确定双根细拉杆的结构型式；该结构比单根较粗拉杆结构型式有可靠的稳定性和良好的加工性，优越性显著（注：在相同的载荷下，采用双根细拉杆型式可使每根拉杆仅承担 1/2 的载荷，每根拉杆受力也减小，双根细拉杆结构使热风围管固定强度更高、更可靠）。通过设计选择的杆件直径也小了，免去较粗拉杆的螺旋扣等调节机构，使加工制作和维护检修都十分方便，同时也降低了使用较粗拉杆在加工制造中的高额加工费用。在设计中为防止热风围管吊挂及拉紧装置对长期处于高温、高压环境中的热风围管外皮连接处因拉杆的作用力使围管管径变形，影响生产运行，对其所在位置都设有加强圈或保护钢板来提高热风围管连接处的强度，提高热风围管的使用寿命，如图 3 所示。

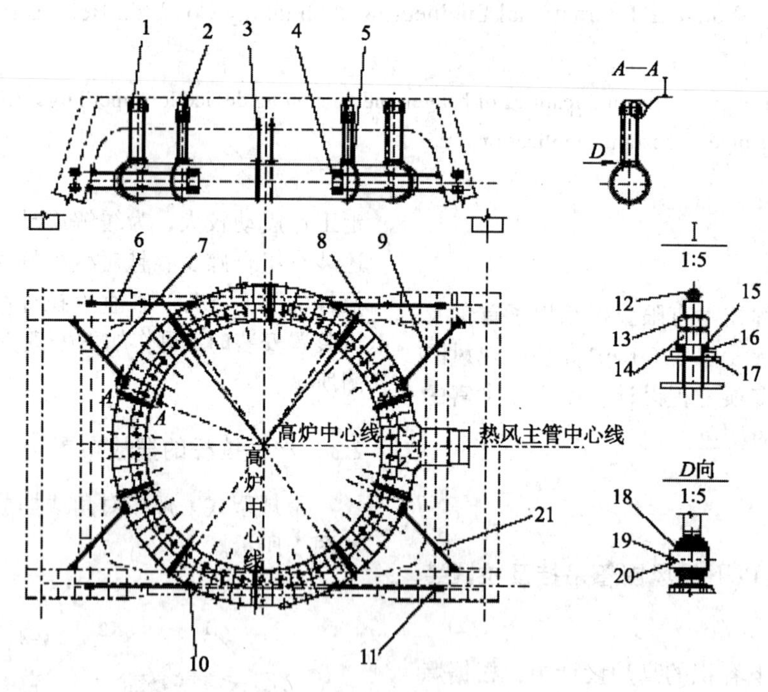

图 3　双根细拉杆布置图

1—垂直拉杆（一）；2—垂直拉杆（二）；3—垂直拉杆（三）；4—保护钢板；5—托圈；6—水平拉杆（一）；7—水平拉杆（二）；8—水平拉杆（三）；9—水平拉杆（四）；10—支座（一）；11—支座（二）；12—吊环螺钉；13，14—螺母；15—下锥面垫；16—上球面垫；17—垫圈；18—挡圈；19—开口销；20—销轴；21—螺旋扣

4　热风围管吊挂拉杆设计计算

4.1　主要设计参数

（1）吊挂热风围管环直径 25.8 m，围管直径 3.2 m。

（2）热风压力：0.55 MPa，热风温度：1300~1350℃。

（3）在热风围管下面装有 42 个风口设备：

1）其中送风装置重量 75.830 kN/个；

2）包括直吹管 11.230 kN/个；

3）短节及送风管填实时最大重量时 97.2 kN/

个。

（4）设有检修环梁、检修平台、检修吊车等约12350 kN。

（5）热风围管钢壳 20 kN/m。

（6）热风围管吊挂总重 622.09 kN。

（7）热风围管静荷载 G 合计：

G=65×25.8×π+97.2×42+20×π×25.8+622.09+20×42 =12434 kN

根据逐点计算求得如下：G_1=1275 kN，G_2=1216 kN，G_3=1211 kN，G_4=1173.6 kN，G_5=1275 kN，G_6=1275 kN，G_7=1225 kN，G_8=1226.7 kN，G_9=1179 kN，G_{10}=1380 kN。

（8）围管吊挂拉杆单点最大点 1380 kN，由双拉杆承受 1380 kN/2。

4.2　热风围管垂直拉杆组荷载计算

按螺栓螺纹根部剖面的抗拉强度进行计算：

$$\sigma=F/A_1\leqslant[\sigma]$$

式中　$[\sigma]$——松连接螺栓许用拉应力，N/mm²；

F——工作件所受的力，kN；

A_1——螺栓危险剖面的面积 $\pi d_1^2/4$，mm²；

d_1——螺栓螺纹的小径，mm。

已知，拉杆的材质选用 30 钢，

σ_b =460 N/mm²，σ_s=235N/mm²，δ_s =18 N/mm²

式中　σ_b——抗拉强度；

σ_s——屈服极限。

拉杆选用许用应力按下面三种不同的方法计算结果：

$$连接螺栓许用应力=\sigma_s/S_s$$

式中　s_s——连接的许用安全系数 2.5~5。

$[\sigma]=\sigma_s/S_s$=235/2.5 = 94 N/mm²

$[\sigma']=\sigma_s/S_s$=235/3 = 78.33 N/mm²

$[\sigma'']=\sigma_s/S_s$=235/5 = 47 N/mm²

式中　$[\sigma]$，$[\sigma']$，$[\sigma'']$——许用应力。

由于螺栓是塑性材料，因此根据第四强度理论，可得螺栓螺纹部分的强度条件为：

$$d_1\geqslant\sqrt{\frac{4\times1.3\times G_1}{3.14[\sigma]}}$$

式中　G_1——按均布每个拉杆承受的力为

$G_1=G_{总}/20$=12434 kN/20=621700 N

许用应力按第一种核算

$$d_1\geqslant\sqrt{\frac{4\times621700}{3.14\times94}}\ \text{mm}$$

d_1=91.76 mm

许用应力按第二种核算

$$d_2\geqslant\sqrt{\frac{4\times621700}{3.14\times78.33}}\ \text{mm}$$

d_2=100.52 mm

所有热风围管拉杆只有 2/3 受力的情况计算，许用应力按第三种核算：

$$d_3\geqslant\sqrt{\frac{4\times932550}{3.14\times78.33}}\ \text{mm}$$

d_3=123.11 mm

许用应力按第四种核算：

$$d_4\geqslant\sqrt{\frac{4\times932550}{3.14\times47}}\ \text{mm}$$

d_4=158.94 mm

设计选用最小直径 d=160 mm。

$$\sigma=G_{总}/F,\ \text{N/mm}^2$$

式中　F——所有螺栓危险剖面的面积 $\pi d_1^2/(4n)$，mm²，其中 n 为螺栓的数量，d_1 为设计选定拉杆与螺栓最小直径，mm。

故：σ=12434000/π×160² ×20 N/mm²=7.73 N/mm²

$\sigma\geqslant$ $[\sigma]$；$[\sigma']$；$[\sigma'']$

所以拉杆强度安全可靠。

5　结语

首钢京唐钢铁公司 1 号和 2 号特大型高炉热风围管吊挂及拉紧装置已经安装完毕，高炉生产已投入使用，它将对今后的特大型高炉设计起到有益的作用，为我公司在今后设计热风围管吊挂及拉紧装置方面积累了经验，在技术上又迈上了一个新台阶。

（原文发表于《工程与技术》2009 年第 2 期）

首钢高炉喷煤新工艺

孙　国

（北京首钢国际工程技术有限公司，北京 100043）

摘　要：首钢高炉喷煤技术起步较早，但三十多年来没有大的发展和进步。2000 年 11 月，首钢建造了新的喷煤系统，该系统采用中速磨制粉，直接喷吹工艺，制粉能力为 80t/h，能够满足 2 号高炉（1726m^3）、3 号高炉（2536m^3）喷吹能力 200kg/t 的要求，目前煤比已达到 167kg/t。新的喷煤系统由首钢设计院设计，采用了长距离直接喷吹、布袋一级收粉、中速磨煤机、封闭式烟气炉、大倾角胶带机、自动可调煤粉给料机以及炉前分配器等先进技术。

关键词：高炉；制粉；直接喷吹；设计

1　引言

首钢是我国高炉喷煤技术的先行者，早在 1963 年，首钢对喷煤技术进行了系统的研究与试验，1964 年在高炉生产上应用，1966 年在全公司高炉上推广，年平均喷煤量达 159kg/t，创造了当时的世界纪录。但 30 多年来，由于各种原因，首钢喷煤技术一直停滞不前，没有质的飞跃，喷煤工艺和整体技术装备已远落后于国内外先进水平。

到 2000 年，首钢共有 5 座高炉，高炉总容积 9934m^3。现有的喷煤工艺全部为集中制粉间接喷吹。每个高炉均有各自的喷吹站，2 号、4 号、5 号高炉为双罐串联双系列多管路喷吹；1 号、3 号高炉为 3 罐串联三系列多管路喷吹。喷吹煤种全部为无烟煤。至 2000 年，首钢已有四制粉、老五制粉和新五制粉三个制粉车间，分别于 1958 年、1978 年和 1993 年建造的制粉车间，但生产工艺全部采用球磨机→粗粉分离器→细粉分离器→排粉风机→多管除尘器→布袋除尘器→风机这套传统的制粉工艺。球磨机运行噪声大，能耗高，设备老化严重，制粉能力不足，运行费用高，制粉能力大大低于当时的设计出力，成为首钢高炉提高喷煤量的主要限制性环节和技术障碍。1998 年实际全厂平均制粉量为 103t/h，只能满足全厂 5 座高炉喷煤 110kg/t 的要求，1999 年全厂平均煤比为 114kg/t。落后的制粉工艺及制粉能力的不足，已经限制了高炉喷煤量的提高。

2　工程概述

1999 年 11 月底，首钢总公司根据炼铁系统发展规划的要求，决定建设一套新的喷煤系统，经过不到一年的时间，完成了整个设计和施工过程，并于 2000 年 11 月 1 日顺利投产。新的喷煤系统采用直接喷煤工艺，将制粉与喷吹合建在一个厂房内，厂址选择在现有二锅炉房北侧，铁区主干道南侧的一块长 45m、宽 18m 的空地上，厂房占地 12×45m^2。利用现有的四制粉储煤场，采用两套配置相同的制粉和喷吹设施，制粉以两台中速磨作为主要设备，每台生产能力为 40t/h，制粉总能力为 80t/h。两个喷煤系统一个对 2 号高炉（1726m^3）直接喷吹，一个对 3 号高炉（2536m^3）直接喷吹，喷煤工艺为双系列串联罐单管路加炉前分配器，2 号高炉喷煤总管总长为 422m，3 号高炉喷煤总管总长为 358m。喷煤设计能力为每个高炉煤比 200kg/t。

3　工艺流程及设计

喷煤系统的主要设备参数见表 1。

3.1　供煤系统

高炉喷吹用煤由四制粉储煤场经胶带机输送到原煤仓，并通过犁式卸料器分别卸入两个原煤仓中。在储煤场新增一台 5t 抓斗桥式起重机，跨度 26m，抓斗容积 3m^3。在储煤场西侧新建 3 个受煤斗，总容积 60m^3，受煤斗下设置 M-1 胶带机。原煤通过抓斗吊装入受煤斗，再经 M-1、M-2 胶带机转运，M-3（大倾角）、M-4（大倾角）胶带机提升运至原煤仓，由 M-5 胶带机（带犁式卸料器）将原煤分别装入两个原煤仓。在 M-1 胶带机上设置 2 台除铁器，清除原煤中的含铁物质。

表 1　首钢新喷煤系统主要设备参数

序号	名称	规格型号	数量	参　数
1	大倾角胶带机	B 800mm	2 条	150t/h
2	干燥气混风炉	ϕ3200mm	2 个	
3	中速磨煤机	MPS212	2 台	2×40t/h
4	高效煤粉收集器	GMZ4200	2 台	2×2061m^2
5	排粉风机	TP6-30-14 No20.2D	2 台	全压 14.1kPa 流量 103100m^3/h
6	煤粉仓	ϕ4300mm	4 个	4×140m^3
7	储煤罐	ϕ2800mm	4 个	4×25m^3
8	喷煤罐	ϕ2800mm	4 个	4×30m^3

3.2　干燥剂供应系统

从二锅炉房烟道内用引风机抽取锅炉废气，作为磨煤时的主要干燥介质，由于锅炉废气温度较低，而且温度不稳定，先将废气抽送至制粉车间的烟气干燥炉内，与干燥炉内燃烧的高温气体充分混合后，再送入中速磨中。全封闭式干燥炉采用圆筒形双层结构，炉壳采用锅炉钢板，外层环缝为锅炉废气，内筒为衬有耐火材料的燃烧室，具有结构紧凑、占地面积小、便于控制、节约能源等特点。该炉煤气烧嘴是一种大能量煤气燃烧装置，采用多种混合和点火方式，煤气出口为多孔旋流的外混结构，在焦炉煤气烧嘴外侧有一个半预混的高炉煤气环形烧嘴，其结构紧凑，调节范围大，基本上消除了脱火和回火的可能。干燥炉最大发生量 75000m^3/h。

3.3　磨煤制粉系统

采用低噪声、低能耗的 MPS 型中速磨煤机作为主要制粉设备，按设计煤种小时产粉量为 40t/h。原煤仓两个，每个有效容积 350m^3，可储存原煤 4 ~ 6 小时。仓下通过电子皮带秤给煤机均匀定量送入中速磨煤机中。采用高效袋式煤粉收集器，设计一级收粉工艺，合格的煤粉由热烟气携带，通过上升管直接进入高效煤粉收集器，在收集器中实现气固分离，煤粉落入积煤斗。布袋采用新型防静电针刺毡，烟气通过布袋过滤后排入大气，排放浓度小于 30mg/Nm^3。排粉风机额定风量 103100m^3/h，全压 1.41kPa，位于制粉系统的最末端，以确保全系统处于负压状态，也是整个系统的唯一动力来源。

3.4　喷煤系统

喷煤系统分为两部分，一部分对 2 号高炉直接喷吹，另一部分对 3 号高炉直接喷吹，全部采用串联罐双系列总管加炉前分配器的喷吹工艺。

每个高炉的喷吹系统包括两个系列，每个系列由煤粉仓、储煤罐、喷煤罐、给料机、分配器及喷枪等主要设备组成。煤粉仓和储煤罐之间采用 DN400 球阀和 DN400 波纹器连接；储煤罐和喷煤罐之间采用 DN400 代钟球阀和 DN400 压力平衡式波纹器连接。喷煤罐下部设 DN250 总下煤球阀，煤粉通过总下煤球阀进入自动可调煤粉给料机，再经喷煤总管送入炉前分配器中，由分配器分配到各个喷枪，进而喷入高炉。

高炉喷吹气源采用压缩空气，工作压力 1.0MPa。储煤罐、喷煤罐的充压和流化，以及煤粉收集器反吹，煤粉仓的流化等，则采用氮气。

3.5　煤粉互换

在正常生产中，一台中速磨供应一个高炉喷煤，高炉喷吹处于连续状态，但根据中速磨生产实践，其作业率不到 90%。另外，由于两个高炉的容积不一样，对煤粉量的需求也不一样。为了解决这个矛盾，设计了煤粉互补装置。每个煤粉收集器有两个积煤斗，分别对应每个高炉的两个系列。在积煤斗到煤粉仓之间设置交叉溜管，将 2 号炉 1 系列与 3 号炉 1 系列、2 号炉 2 系列与 3 号炉 2 系列连通起来，这样，任意一台中速磨生产的煤粉可以向任意一个高炉的喷吹系统输送，使两个高炉的煤粉可以互相补充和分配，必要时，也可以用一台磨供应两个高炉喷煤。

3.6　安全措施

喷煤系统的设计，严格遵照了《高炉喷吹烟煤系统防爆安全规程》(GB 16543—1996)。在中速磨入口烟气管道上、煤粉收集器入口和出口管道上分别设置了氧浓度分析仪，在每个煤粉仓中设置了 CO 浓度分析仪，一旦含量超标均能自动报警、充氮直至停机；对温度和压力也有严格控制；干燥炉装有火焰监测器及熄火保护装置；喷吹气体在紧急状态下，可以由压缩空气改为氮气。整个车间厂房的设计，完全按照规范配备了火灾报警、消防泵自动启动以及相应的消防设备。

3.7　自动化控制系统

本系统采用两套西门子 S7-400PLC 分别控制 2 号、3 号高炉喷煤系统，PLC 之间通过 PROFIBUS-FMS 网进行通讯，网上挂有 4 台工控机进行监控。为保证系统连续运行，设有机旁手动、集中手动及自动3种操作方式，一些重要的参数除输入PLC外，在控制室还设有一次仪表显示，正常生产时采用自动方式，PLC故障时采用集中手动操作。

3.7.1　上煤系统的控制

除抓斗天车外，上煤系统的胶带机、分料器等，均采用计算机控制，两个原煤仓内分别设置了高、中、低料位信号，通过仓中的料位信号，控制上煤。

3.7.2　烟气供应系统的控制

根据烟气炉烟气温度和发生量，控制高炉煤气、助燃空气以及锅炉废气的流量，在干燥炉上设置了火焰监视器，可以实时监测干燥炉是否灭火。

3.7.3　制粉系统的控制

自动控制系统的启动、正常停机和紧急停机。在制粉值班室通过人机对话，按生产要求设定给煤量，并根据风煤比设定相对应的风量。煤粉的粒度通过人工调整分离器的转速来控制。

3.7.4　喷煤系统的控制

喷煤量由人工设定并输入CRT画面，系统根据风压、罐压、喷煤瞬时流量以及喷煤罐内煤粉重量的变化，自动比较设定值和实际值，并通过调节给煤机的开度，控制下煤量，使实际值尽量接近设定值，实现自动喷煤。由煤粉仓向储煤罐装煤，以及储煤罐向喷煤罐的“倒煤”操作，全部由计算机根据料位、压力、重量等信号进行控制，实现自动“倒罐”。

4　新工艺的技术特点

（1）采用直接喷煤工艺，简化了喷煤流程，在喷吹烟煤时更为安全。厂房布置紧凑，占地面积小，大大节约了投资。喷煤总管总长达到422m，目前是国内最长的。

（2）大胆地使用了大倾角胶带机，在现有的场地条件下，使利用旧的储煤场上煤成为可能，既节省了投资，又减少了设备。

（3）采用新型封闭式干燥炉，在满足烟气温度的条件下，使整个煤粉输送管道全部处于封闭状态，减少了系统的漏风率，降低了氧含量，在喷吹烟煤时更为安全。而且合理地利用了锅炉废气，节约了能源。

（4）采用中速磨煤机制粉，降低了制粉的运行费用，从而减少了煤粉的生产成本。

（5）采用高效低压脉冲煤粉收集器一级收粉工艺，简化了工艺流程，提高了煤粉收集效率，而且使排尘浓度大大降低，减少了环境污染。

（6）设计中考虑了两个系统之间煤粉的互相补充和分配，其结构简单实用，给生产创造许多方便。

（7）储煤罐与喷煤罐之间设置了压力平衡式波纹补偿器，提高了连续喷煤过程中的计量精度。

（8）采用自动可调煤粉给料机和高精度煤粉分配器，以流化喷吹为前提，实现时间过程的均匀喷吹，消除了脉动煤流。

（9）提高了自动化控制水平，实现了喷煤倒罐自动控制和调节。

5　生产实践

本项工程于2000年11月投产，投产后，2号、3号高炉煤比得到了较大幅度的提高，尤其是3号高炉，煤比最高时达到167kg/t，目前3号高炉煤量稳定在44t/h，2号高炉煤量稳定在27t/h。两座高炉在新制粉投产前后喷煤操作主要指标见表2。

表2　首钢2号、3号高炉喷煤操作主要指标

炉号	日期	平均日产量/t	利用系数 /t·(m³·d)⁻¹	焦比 /kg·t⁻¹	煤比 /kg·t⁻¹	燃料比 /kg·t⁻¹	熟料比 /%	风温 /℃
2号高炉	2009.9	3850	2.231	389.7	108.2	482	82.42	1051
	2009.10	3722	2.157	383.1	117.8	488.1	83.19	1052
	2009.11	3766	2.182	396.2	111.4	498	85.18	1053
	2009.12	3748	2.171	377.2	116.8	481.8	93.79	1050
	2010.1	3790	2.196	393.4	107.5	491.9	90.59	1037
	2010.2	3766	2.182	397.1	89.2	499	88.44	1041
	2010.3	3450	2.002	385.3	120.2	511.6	89.60	1034
	2010.4	3594	2.082	365.4	141.7	512.2	92.67	1031
3号高炉	2009.9	5853	2.308	384	115.9	468.2	83.25	1109
	2009.10	5985	2.36	385.8	116.9	490.9	83.33	1112
	2009.11	5470	2.157	384.5	113.6	489.4	83.81	1108
	2009.12	3181	1.26	439.5	103	530.5	87.28	1039
	2010.1	6290	2.48	377.9	118.1	481.5	83.22	1131
	2010.2	6036	2.38	365.6	112.7	474.4	83.72	1132
	2010.3	5890	2.323	346.9	142.8	482.1	83.50	1126
	2010.4	6040	2.382	328.9	162.4	479.7	82.73	1120

6 结语

新的喷煤系统的设计，经过半年多生产实践的验证，基本上是成功的，采用直接喷煤工艺也是非常合理的。但设计上仍有许多不足之处，煤粉喷吹仍然属于稀相输送，而且没有考虑废气再循环利用，将来锅炉房停产或拆除后，还要从热风炉烟道抽引废气：

（1）新的喷煤系统，为首钢进一步扩大喷煤量，提高煤比，创造了必要的先决条件。

（2）新的喷煤工艺，使首钢喷煤技术发生了质的飞跃。该喷煤工艺，目前在国内也属于非常先进的水平。

（3）设计整体构思非常巧妙，布局十分合理，尤其是占地面积非常小，对旧厂改造来说值得借鉴，而且该工程总投资也是国内类似同等项目中最少的。

参考文献

[1] 安朝俊. 首钢炼铁三十年[M].

[2] 刘凤仪，刘言金，康文进. 高炉喷吹煤粉技术.

（原文发表于《炼铁》2002 年第 5 期）

高炉喷吹煤粉技术的新应用及分析

李翠芝　姚　轼　王维乔

（北京首钢国际工程技术有限公司，北京 100043）

摘　要：通过在首秦、迁钢、太钢、宣钢、京唐等高炉喷煤建设工程中的设计实践，介绍了近年来高炉喷煤技术的应用与发展情况，总结分析了达涅利—康力斯等国外公司的先进喷煤技术、装备的特点，对国外喷煤技术在工艺、设备等方面出现的一些问题进行了分析与探讨，针对这些问题在设计实践过程中进行了改进，提出了新的喷吹风流量的计算公式，对各类喷吹设备、喷煤支管路由布置等一系列改进的技术思路与实际应用结果进行了总结。浓相输送技术有在工程中逐渐推广的趋势，结合京唐工程的设计，提出了配套设备对喷吹工艺可能造成的影响等两个值得关注的问题。

关键词：高炉；喷煤技术

New Application and Analysis of Blast Furnace Pulverized Coal Injection Technology

Li Cuizhi　Yao Shi　Wang Weiqiao

(Beijing Shougang International Engineering Technology Co., Ltd., Beijing 100043)

Abstract: Presents the application and development of blast furnace pulverized coal injection technology in recent years through design practices in the construction of blast furnace pulverized coal injection projects for Shouqin, Qiangang, Taigang, Xuangang and Jingtang, summarizes and analyses the advanced coal injection technologies and features of equipment of foreign companies like Danieli Corus, analyses and discusses the problems occurred in the aspects of process and equipment with foreign coal injection technology and modifications were made to these problems in the design practices, raises new calculation formula for injection wind flow and summarizes technical philosophy and practical application result for all kinds of injection equipments and arrangement of coal injection manifold route.Dense phase conveying technology has the trend to be more and more adopted in projects. Two attractive issues like the potential influences that the matching equipment may bring to the injection process are presented in combination with the design of Jingtang project.

Key words: blast furnace; coal injection technology

1　引言

高炉喷吹煤粉是降低焦比，以煤代焦，降低生铁成本的重要措施，目前高炉操作也都把喷煤比作为衡量企业管理生产水平的主要指标。历经几十年高炉喷煤的实践，随着人们对其规律掌握得更加准确，装备和控制技术的进步，喷吹煤粉技术在当今炼铁生产中得到了迅速发展，提高喷煤比，仍然是炼铁行业坚持科学发展观，节能减排的重要目标，其中，优化喷吹工艺在其中占有重要的地位，发挥着重要作用。

2　首秦、迁钢1号高炉串罐式直接喷吹技术的应用和改进

2.1　设计基本情况

设计基本情况见表1和表2。

通过对首秦、迁钢1号高炉喷煤系统串罐式和并罐式、总管输送加分配器形式和多管路系统的研究和对比分析，结合首钢高炉的生产工艺特点，优

化了工艺方案，这三座高炉喷煤系统采用直接喷吹，喷吹方式为双系列串联罐，总管输送加炉前分配器。喷吹煤种为烟煤或混煤。

表 1　高炉设计参数

项　目	迁钢 1 号高炉	首秦 1 号高炉	首秦 2 号高炉
高炉容积/m^3	2650	1200	1780
高炉利用系数/$t\cdot(m^3\cdot d)^{-1}$	2.13~2.41	2.2~2.5	2.5~3
煤比/$kg\cdot t^{-1}$	200	150~200	170~190
喷煤量/$t\cdot h^{-1}$	46~55	17~25	31

表 2　首钢高炉 2006 年主要技术经济指标

项　目	迁钢 1 号高炉	首秦 1 号高炉	首秦 2 号高炉	迁钢 2 号高炉 (2007.3)
高炉容积/m^3	2650	1200	1780	2650
利用系数/$t\cdot(m^3\cdot d)^{-1}$	2.46	2.31	2.3	2.548
热风温度/℃	1214	1227	1228	1236
焦比/$kg\cdot t^{-1}$	321.06	296.1	312.8	299.87
煤比/$kg\cdot t^{-1}$	143.18	183.5	163	140.13
燃料比/$kg\cdot t^{-1}$	490.0	492	493.8	478.48
休风率/%	1.36	—	—	0

2.2　喷吹系统

喷吹工艺采用双系列串联罐、喷吹总管输送加炉前分配器的喷吹方式，两个系列的喷煤罐组分别对应高炉的单、双号风口喷吹。每个系列由煤粉仓、储煤罐、喷煤罐、可调煤粉给煤机、喷煤总管、分配器、喷煤支管及喷枪等主要设备组成。煤粉仓和储煤罐之间采用煤粉球阀和波纹补偿器连接；储煤罐和喷煤罐之间采用煤粉球阀和压力平衡式波纹补偿器连接，煤粉通过喷煤罐下煤球阀进入自动可调煤粉给料机，煤粉由总管输送至炉前分配器中，再由分配器分配到各个喷煤支管，经喷枪、风口喷入高炉。

喷吹气源采用压缩空气，气源压力为 1.2 MPa。储煤罐、喷煤罐的充压和流化、煤粉收集器的脉冲反吹、煤粉仓的流化等，全部采用氮气。

2.3　技术特点

首秦、迁安 1 号高炉喷煤系统在设计中广泛采用国内先进喷煤技术和装备，其中一些独具特点的单项技术和设备在不同环节发挥了重要作用，如：可调煤粉给料机、锥式煤粉分配器、点式流化器、喷煤支管测温测堵系统、高温合金喷煤枪等。

2.3.1　可调煤粉给料机及其应用效果

可调煤粉给料机是调节喷煤量的主要设备之一，安装在喷煤罐下煤球阀下部的喷煤管道上。该设备由流化气室、定阀体、动阀体、补气密封装置和电动执行器组成，如图 1 所示。压缩空气经流化板从流化气室溢出，使煤粉流态化。电动执行器根据喷煤罐电子秤计量信号和自动调节程序调节阀门的开度，即可实现喷煤量的自动调节。

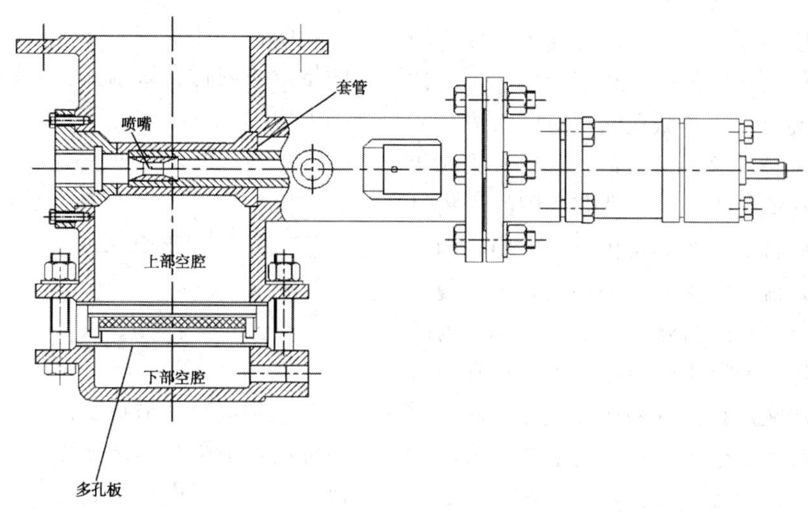

图 1　可调煤粉给料机

首秦、迁钢 1 号高炉喷煤系统采用可调煤粉给料机的技术性能见表 3。

当喷吹系统处于自动控制状态时，该设备可在罐压基本不变的条件下，通过计算机调节阀门的开度，使喷煤量在 10%~100%的范围内改变。

2.3.2　锥式煤粉分配器及其应用效果

分配器是将喷煤总管来煤向各喷煤支管均匀分配的关键设备，安装在高炉风口平台上。该设备由进煤总管、壳体、内锥体、喷煤支管及顶盖所组成，见图 2。该设备具有阻力损失小、分配均匀性好等特点。为提高分配器的使用寿命，锥式分配器采用了多种耐磨材料，如内锥体堆焊耐磨焊条、支管进口嵌装硬质合金管头、支管采用内衬陶瓷材料等。锥式煤粉分配器的技术性能见表 4。

表 3 可调煤粉给料机的技术性能

给煤量/t·h^{-1}	固气比/kg·kg^{-1}	工作压力/MPa	计量精度/%
4~40	25	1.0~1.2	95

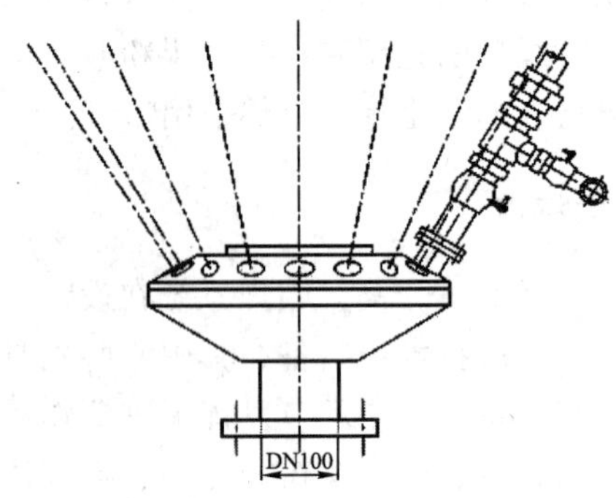

图 2 锥式煤粉分配器

表 4 煤粉分配器技术性能

总管直径/mm	支管直径/mm	支管数量	分配精度误差/%
100（80）	25	（13）（14）15	5

该煤粉分配器在首秦、迁钢 1 号高炉喷煤系统应用情况良好，使用寿命长达 2 年以上。

2.3.3 点式流化器及其应用效果

点式流化器安装在煤粉仓、储煤罐和喷煤罐的下锥体部分，是借助气体促进粉料下泄的部件。该部件由进气口、接口法兰和微孔流化板所组成，如图 3 所示。高压气体（氮气）通过进气口进入流化气室，并通过微孔流化板溢出，使其周围的煤粉松动下泄，从而达到抑制仓内和罐内煤粉“棚料”的作用。氮气通过点式流化器为储煤罐和喷煤罐缓慢充压或补压。由于通过点式流化器进入仓内和罐内的气体，全部要从煤粉料层中间穿过，因此这种充压或补压方式不会压实煤粉。这种惰性气体不断从煤粉料层中穿过，也有利于煤粉容器的阻燃防爆。

2.3.4 喷煤支管测温测堵系统及其应用效果

喷煤支管是喷吹故障多发区，以前也是喷煤系统自动监控的盲区。高炉喷煤系统煤粉温度必须始终高于环境温度，据此，采用了连续测量喷煤支管温度并进而发现支管堵塞的计算机监测系统，系统原理如图 4 所示。

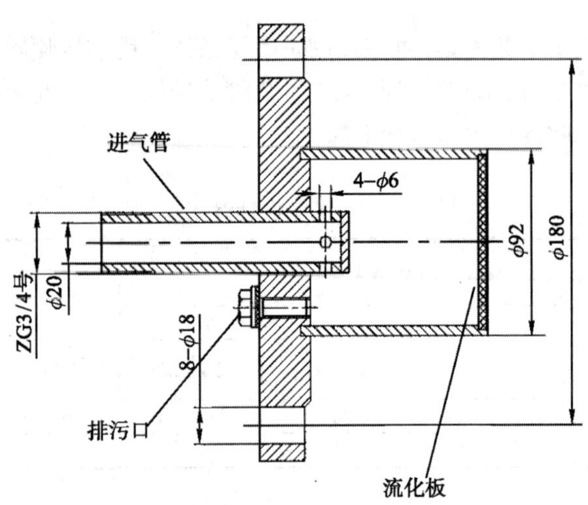

图 3 点式流化器

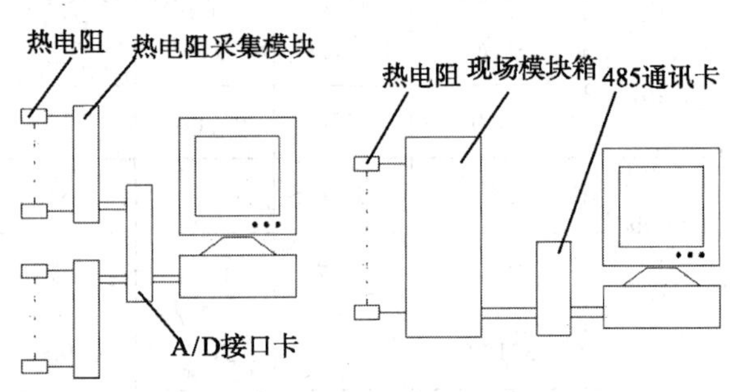

图 4 喷煤支管测温状态图

通过监测各支管温度的变化，在线测报各支管在喷煤中的堵塞、停喷、断煤以及输煤不畅等非正常状态，并可根据监测数据绘制各支管温度 – 时间推移图，由此了解各支管在过去一周的喷煤状况，为改善喷煤操作和管理提供了依据。

2.3.5 高温合金喷煤枪及其应用效果

喷枪枪体采用高温合金（0Cr25Ni20）钢管制作，喷枪弯头内衬金属陶瓷，高温合金喷煤枪的外形如图 5 所示。

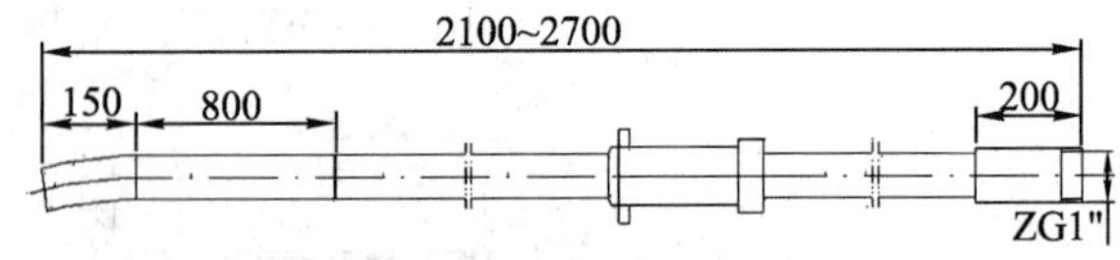

图 5 高温合金喷煤枪的外形图

采用高温合金喷煤枪后，尽管喷煤量逐年增加，磨蚀风口数量却持续减少，已基本消除了喷煤磨损风口的现象，内衬金属陶瓷的喷枪弯头耐磨损，此喷煤枪的平均使用寿命达 100 天/支以上。

中速磨、高浓度煤粉袋式收集器、可调煤粉给料机、锥式煤粉分配器、点式流化器、喷煤支管测温测堵系统、高温合金喷煤枪等主要工艺技术和关键设备都是国内自行设计、开发、生产的。

2.3.6 安全措施的考虑

（1）采用热风炉废气作为煤粉干燥的主要介质，控制磨煤机入口氧气浓度含量必须≤8%，煤粉收集器出口氧气浓度含量≤12%。

（2）煤粉干燥混风炉采用少量焦炉煤气伴烧，并设有火焰监测器，一旦熄火可自动切断煤气及助燃空气管道。

（3）中速磨煤机、煤粉收集器设有自动充氮惰化装置。当超过规定值时，防爆氮气自动打开，并要求立即停机，确保系统安全。

（4）煤粉收集器采用防静电针刺毡，并设置泄爆门。制粉管道的拐弯处也设置泄爆门。

（5）喷煤厂房，其火灾危险性按乙类设计，建筑物耐火等级为二类，电气设计按爆炸性粉尘Ⅱ级区域考虑。

（6）喷煤系统的供电按两路独立电源设计。

（7）所有装煤容器都充氮气，煤粉仓装有 CO 分析仪，时时监测煤粉仓内的气氛。CO 超过 300ppm、O_2超过 12%时，报警并紧急充氮保护。

（8）煤粉仓、储煤罐、喷煤罐、煤粉收集器灰斗均设有温度检测、报警，控制煤粉温度 80℃。

（9）所有设备、容器、管道均设防静电接地，法兰之间采用导线跨接。

（10）装煤容器及煤粉管都设计成无死角，避免煤粉堆积。

（11）喷吹系统的阀门可自动及手动操作，设有联锁保护装置，以防止误操作。

（12）喷吹系统所有阀门在断电时自动转向安全状态。

（13）喷煤罐及喷吹管路设有紧急自动切断装置，喷煤控制室和高炉值班室设有紧急停喷按钮。

2.4 首秦、迁钢 1 号高炉喷煤达产情况

迁钢 1 号高炉制粉喷煤工程于 2005 年 1 月投入运行。投产后的 1 号高炉生产指标不断攀升，在 2007 年 2 月，高炉利用系数达到 2.57 t/(m^3·d)，入炉焦比为 290 kg/t，煤比为 170 kg/t，喷煤量 48 t/h。

首秦 1 号高炉制粉喷煤工程于 2004 年 6 月投入运行。投产后生产指标不断攀升，高炉利用系数达到 2.65 t/(m^3·d)，入炉焦比为 286 kg/t，煤比为 196 kg/t，喷煤量 25 t/h。

首秦、迁钢 1 号高炉制粉喷煤技术是成熟、可靠的，但是，还存有进一步改进的空间。

3 首钢迁钢 2 号高炉全自动并罐直接喷吹工艺的应用和改进

首钢迁钢 2 号高炉为了进一步提高喷煤技术，采用了荷兰达涅利公司的直接喷吹并罐喷煤技术。

首秦、迁钢 1 号高炉喷煤采用的串罐直接喷吹工艺，喷煤量是靠岗位工人自己计算，这就是串罐喷煤的弊病。再者，我们喷煤使用的设备跟发达国家比有差距，我们的设备质量和管理理念与发达国家相比也有差距。外方均是定期与高炉同步检修更换，而我们的设备质量不能保证，随时有损坏的可能，从而影响了高炉的稳定生产。因此，在 2007 年初投产的首钢迁钢 2 号高炉喷煤系统采用的是荷兰达涅利—康力斯公司提供的并列式喷煤模式，改进了首秦、迁钢 1 号高炉喷煤系统采用的直接喷吹串罐工艺模式，即由两个喷吹罐并列置于煤粉仓的下面，交替向高炉进行喷吹，一个罐喷吹，另一个罐泄压装煤，充压和保持，然后进入备用状态，待喷吹的罐喷完后，进行泄压、装煤、充压、保持，与此同时，另一个罐开喷。并罐式喷吹的特点是：工艺流程简单，可大大降低喷吹设备的高度，煤粉计量容易、准确。由于引进了荷兰达涅利—康力斯的喷煤技术，提高了喷煤设备的装备水平。喷煤设备水平的提高主要集中体现在喷煤自动控制及计量和调节精度方面，喷煤量可以按照高炉要求自动调节，喷煤量计量精度可以控制在 1%误差范围内，各风口喷吹煤粉的均匀性控制在 4%的误差范围内。

通过引进先进的喷煤技术，也实现了我们的全自动喷煤。

3.1 首钢迁钢 2 号高炉并罐直接喷吹工艺流程

首钢迁钢 2 号高炉喷煤系统工艺流程如图 6 所示，具体为：

（1）煤粉从煤粉仓进入喷煤罐，喷煤罐装煤、充压（从大气压力加到喷煤压力）、保持（直到另外一个喷煤罐完成其喷煤循环）、喷吹——将煤粉送入连续的气动输送管线。

（2）离开喷煤罐的煤粉，在混合器与输送气体结合，输送到靠近高炉处的分配器。

（3）煤粉、输送气体混合进入分配器，然后均匀分配到各个喷吹支管，最后输送到各个风口。

由图 7 可以看出，喷煤罐在自动运行过程中的各个阶段都有严格的条件要求，只要其中的任何一个条件达不到程序要求，程序就会在这个阶段停止运行，自动喷吹就此停止。

3.2 引进技术的不足与改进

3.2.1 喷煤软管早期磨损的改进

迁钢 2 号高炉喷煤系统刚刚投产时就发现，喷枪与喷煤支管之间的连接软管开始出现磨漏现象。

经现场观测，结合系统各个参数设定分析，发现导致该现象的原因有两点：（1）金属软管的安装是有方向的，原安装方向错误；（2）开炉初期给定喷枪数量少（只给了15支喷枪），但喷吹风量未减少，设定值相对过高。根据分析结果校正了金属软管的方向，增加了喷枪投入数量，降低了单枪喷吹风流量，解决了喷煤软管磨漏现象。

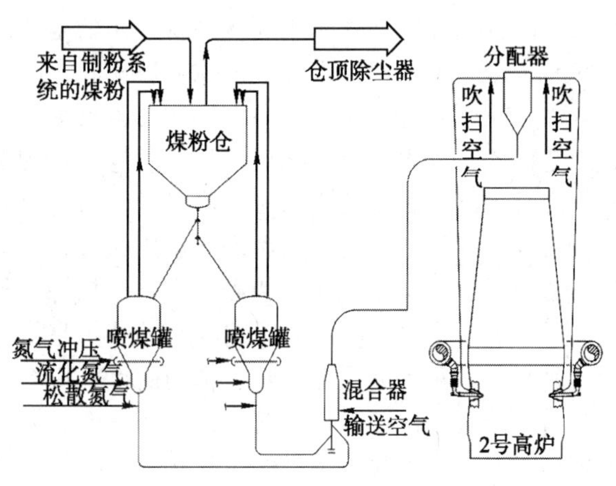

图6 迁钢2号高炉喷煤系统工艺流程简图

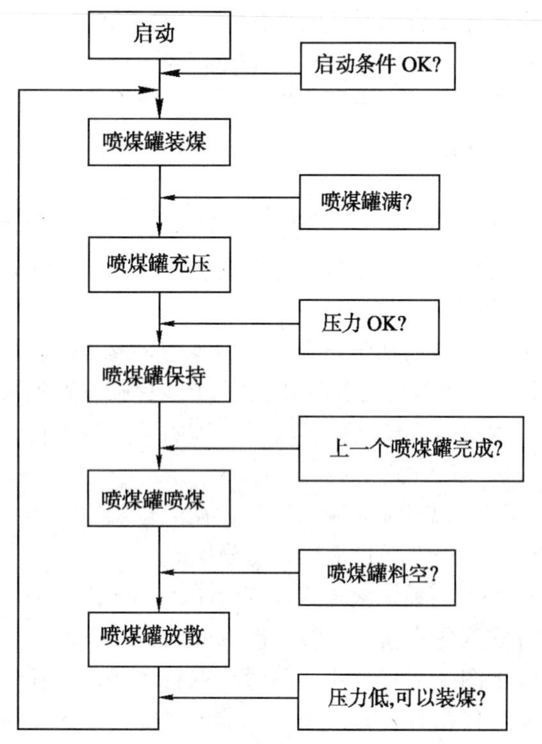

图7 喷煤罐自动喷吹顺序控制图

3.2.2 修改喷吹风流量的计算

当初外方专家提供的喷吹风流量计算公式：

$$y=ax+b$$

式中 y——喷吹风流量，Nm^3/h；

x——喷煤量，t/h；

a，b——常数。

首钢迁钢2号高炉喷煤系统刚刚投产后即发现该公式与实际情况出入很大。

公式的错误将直接影响到喷煤量的准确性，甚至会导致突然停煤堵塞喷吹管道的事故。

经过反复调试，根据大量实测数据回归分析，2007年1月对该公式进行了修改。修改后喷吹风流量计算公式为：

当喷煤量20～30 t/h时，

$$y=a_1x+b_1$$

当喷煤量30～40 t/h时，

$$y=a_2x+b_2$$

式中 y——喷吹风流量，Nm^3/h；

x——喷煤量，t/h；

a_1，b_1，a_2，b_2——调试归纳后的常数。

经反复试运行，证明此喷吹风流量新计算公式是正确的。

3.2.3 喷煤罐初始压力修改

迁钢2号高炉喷煤系统刚刚投产后发现2个喷煤罐罐压初始值过高。系统设定每小时喷煤量20 t/h，但在初始罐压下瞬时喷煤量能达到25 t/h。在正常停止喷煤时，系统程序根据罐压初始计算公式计算罐压，认为喷煤罐压力不够，此时快速充压阀门自动打开。小放散阀门又频繁打开，这对喷煤的精度造成很大影响，又浪费了氮气，放散阀门磨损快。

经过反复摸索，根据实践经验，分析各项喷吹数据，对程序中的喷煤罐初始压力进行了修改，从而解决了喷煤罐初始压力高、正常停煤时快速充压阀自动打开和小放散阀门频繁打开的问题。

3.3 首钢迁钢2号高炉喷煤达产情况

首钢迁钢2号高炉喷煤工程于2007年1月6日进行第一次试喷，并于2007年1月9日开始正式喷煤。首钢迁钢2号高炉投产仅4天时间，利用系数就达到2.0以上。特别是进入2007年4月以来，首钢迁钢2号高炉煤比突破了150 t/h，在2008年6月，高炉利用系数达到2.49 t/(m^3·d)，入炉焦比为299 kg/t，煤比为165 kg/t，喷煤量45 t/h。

表5和表6是首钢迁钢1号高炉投产半年以来部分指标与首钢迁钢2号高炉投产之初的指标对比情况。

通过对首钢迁钢2号高炉采用荷兰达涅利公司的并罐直接喷吹技术的改进和完善，提高了其运行技术水平，对首钢迁钢 2 号高炉技术指标创出好水平起到了重要作用。全自动喷煤使首钢高炉喷煤技术实现了质的飞跃。

表 5　首钢迁钢 1 号高炉 2005 年 1 月至 6 月部分指标

时间	产量	利用系数	焦比	煤比	[Si]
月份	t	t/(m^3·d)	kg/t	kg/t	%
1	161158	1.962	539	49	0.47
2	165080	2.226	415	79	0.37
3	180142	2.193	419	80	0.34
4	183158	2.304	389	110	0.35
5	193048	2.350	380	115	0.36
6	187065	2.350	351	120	0.32

表 6　首钢迁钢 2 号高炉 2007 年 1 月至 6 月部分指标

时间	产量	利用系数	焦比	煤比	[Si]
月份	t	t/(m^3·d)	kg/t	kg/t	%
1	146083	2.05	445	45	0.51
2	177088	2.39	337	112	0.39
3	209242	2.55	299	140	0.39
4	203444	2.56	297	150	0.41
5	202436	2.46	296	154	0.40
6	194144	2.44	296	156	0.39

4　近年喷煤系统管路和设备的改进实践

4.1　喷煤支管的改进

首钢迁钢 2 号高炉采用了荷兰达涅利公司的直接喷吹并罐喷煤技术，利用每个管道里阻损均等的原理，使煤粉均匀分配到每个风口。外方设计的分配器放在高炉炉顶 57 m 平台高度上，位置较高（图 8 所示为喷煤支管路由简图），导致分配器出口阀门及管道的检修更换困难，对此，我们在随后设计中进行了改进。

在 2007 年 9 月投产的太钢 1800m^3 高炉喷煤系统和在 2008 年 3 月投产的宣钢 2500m^3 10 号高炉喷煤系统设计中，借鉴了首钢以前的尝试，将分配器设计在风口平台上。

高炉生产要求所有喷枪喷吹到高炉各个风口的煤粉应尽量一致，这也是引进的荷兰达涅利—康力斯喷煤技术的主要优点之一，荷兰达涅利—康力斯实现了各风口喷吹煤粉的均匀性控制在 4% 的误差范围内。

要想在达到 4% 的喷吹煤粉均匀性的前提下实现将分配器设计在风口平台上，在设计中就必须采取适宜的措施。

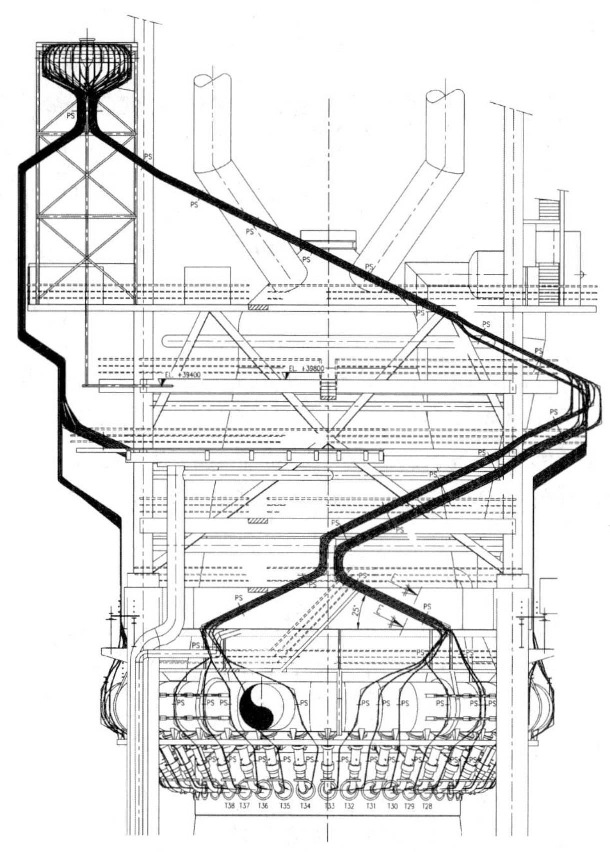

图 8　迁钢 2 号高炉喷煤分配器出口喷煤支管路由简图

喷吹煤粉的均匀性取决于从分配器出口到喷枪段各支管的阻损一致程度。

设计中基于每条支管道里阻损均等的原理，力争做到：

（1）喷煤支管长度基本相等，各个喷煤支管之间的总长度差异不大于 1%；

（2）直径相等，在管道的全长上，所有的喷煤支管内径一样；

（3）弯管总数量相等，所有的喷煤支管弯管数量和角度一样。

从分配器出口的每根喷煤支管在热风围管外侧上方等距地盘绕（图 9），每根喷煤支管路由经过精心设计和计算。太钢 1800 m^3 高炉喷煤系统在试车结束之后，进行了一次分配测试，检查每根喷煤支管的喷吹煤粉的均匀性。每根喷煤支管都通过喷煤枪软管与一个空筒相连接，空筒上配备一个快速接头软管与一个袋式过滤器连接。通过比较每个筒内煤粉的量（重量）检查每根喷煤支管的喷煤量。

测试结果：各风口喷吹煤粉的均匀性控制在了 7%的误差范围内。今后各风口喷吹煤粉的均匀性还有待于从分配器的性能上进一步提高，将分配器出口分配精度误差由现在的 5%提高到 3%范围内后，各风口喷吹煤粉均匀性误差将控制在 4%的误差范围内，达到世界先进水平。

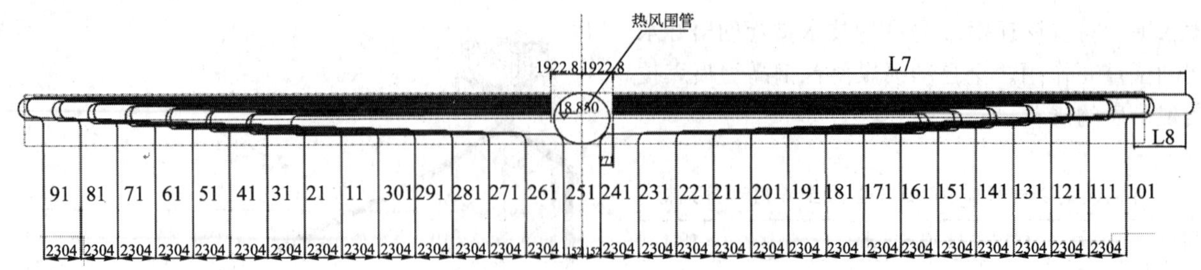

图 9　宣钢 10 号高炉分配器出口喷煤支管路由示意图

实践证明，按照科学规律将喷煤系统的分配器设计在出铁场平台或风口平台高度上是成功的，满足了生产的需要，减轻了岗位工人的劳动强度，分配器出口阀门及管道的检修更换也更容易。

4.2　制粉系统原煤仓的改进

以往发现，当原煤仓原煤水分大于 15% 时（雨季），原煤仓下料有不顺畅的情况，近年，在首秦、迁钢、宣钢等高炉制粉系统原煤仓的设计中，对原煤仓设计进行了改进：

（1）原煤仓下锥体外部设空气炮；

（2）原煤仓内壁衬光滑耐磨衬板；

（3）原煤仓锥段按双曲线设计。

原煤仓的特点是双曲线斗嘴由多段折线组成，是等截面收缩，截面收缩率不随斗嘴高度的变化而变化。原煤是靠自重下落的，在双曲线上的原煤每下落一点高度，其自重在垂直方向的分力都比前一个高度分力大，因此煤在原煤仓内下降顺利，不容易悬料。

5　首钢京唐钢铁厂炼铁工程高炉喷煤设计

结合我国几十年喷煤实践，尤其是近十年喷煤技术的发展经验，新建或改造高炉喷煤系统时，应该按照高风温低富氧大喷煤的要求，尽量采用直接喷煤短流程、浓相喷吹、安全喷吹烟煤、计算机自动控制技术，并且尽量采用中速磨、一次布袋收粉器等新设备。

京唐 1 号和 2 号高炉喷煤系统采用德国 KUTTNET 公司直接喷煤、氧煤喷枪、浓相喷吹技术。高炉容积 5500 m^3，正常喷煤量 116 t/h（利用系数 2.3 t/（m^3·d）、煤比 220 kg/t 铁），最大喷煤量 138 t/h（利用系数 2.4 t/（m^3·d）时，煤比 250 kg/t 铁）。

5.1　喷煤系统工艺流程

采用 3 个喷煤罐交替进行喷吹、装煤、待喷作业，2 根喷煤总管，2 个煤粉分配器。浓相输送，固气比不小于 40 kg/kg 气，管道内煤粉流速为 2～4 m/s。在每根总管上设置煤粉流量计和调节阀，其调节和计量精度误差小于 4%。

煤粉仓全容积 1000 m^3，可储存煤粉约 700 t，满足高炉在最大喷煤量时连续喷吹 4～5 h 以上的存量（正常喷吹 5～6 h）。煤粉仓直径为ϕ11000 mm，仓底部下煤口设置流化喷嘴。煤粉仓放散口采用一台仓顶袋式除尘器，过滤面积 230 m^2。

煤粉仓设置 3 个下煤口，每个下煤口下面依次是手动插板阀、旋转给料机、软连接、煤粉振动筛、软连接、喷煤罐。煤粉振动筛处理能力为 150 t/h。

喷煤罐有效容积 90 m^3，直径为ϕ4000 mm，正常喷吹周期为 30 min。喷煤罐下面是流化罐，每个流化罐接出 2 根喷煤管道，6 根喷煤管道汇总到 2 根喷煤总管上，由喷煤总管将煤粉输送到高炉的 2 个煤粉分配器中，再由分配器后的 42 根喷煤支管经氧煤喷枪输送到各个风口。喷煤罐的充压、煤粉的输送、系统的流化及防爆吹扫全部采用氮气。

每根喷煤支管设有喷吹状态监测装置，喷煤支管堵塞后自动切断吹扫。

喷吹系统全自动操作，机旁设手动应急操作。设有温度、压力、流量、重量、料位等的显示、报警等功能。喷煤量按设定值自动调节，如果出现紧急情况，可启动紧急停止按钮，全系统可自动地向安全方向运行。

喷煤的倒罐操作、喷吹操作、停止操作、吹扫操作、事故停止操作均为程序控制。

5.2　喷煤支管的设计

喷吹的均匀性是衡量喷吹质量的重要指标之一。通过 42 个支管相同的阻损以及在分配器出口每根支管上加装拉瓦尔管（Laval）实现。每个支管长度均为 121.24 m，由于分配器至每个风口距离不同，离得近的风口支管绕得远，离得远的风口绕得近。并且每个支管的弯头数及弯径都是一致的，弯径均为 500 mm。这样保证了每个支管阻损是一致的。拉瓦尔管包括渐缩段、窄喉断、渐扩段煤流通过形成临界膨胀，当拉瓦尔管前后压力差达到一定值时，通过各支管流量一致，它克服了如高炉各风口压力差异对支管流量的影响，从而进一步提高喷吹均匀性。

首钢京唐 5500 m^3 高炉还未投产，喷煤系统的设计有待实践的验证。

5.3 关于浓相输送

国内自主设计的浓相输送技术还有待完善，需要引进国外技术和设备。浓相输送固气比高，管道流速低，消耗气量少，对输送管道的磨损很小，输送理念优于稀相输送。但浓相输送技术中的两个问题值得斟酌：

（1）浓相输送要求跟氧煤喷枪相结合，否则喷入高炉的煤粉不会充分燃烧。但氧煤喷枪的使用寿命和安全需要实践的验证。

（2）浓相输送对煤粉中的夹杂颗粒要求比较高，所以此喷煤系统工艺设计把煤粉振动筛布置在煤粉仓与喷煤罐之间，可以完全筛除较大的煤粉颗粒，但同时也增加了装煤时间，限制了倒罐周期。对煤粉振动筛设备质量要求高，要求 3 个喷煤罐必须交替工作，否则将影响高炉的喷煤量。

6 结语

高炉喷煤的重要性越来越突出,国内外相关的技术发展也从未停止，在我们所承接的高炉工程设计中，采用的技术不断更新，在为高炉喷煤的发展打下了良好的技术基础的同时，技术自身也通过发现问题、解决问题，呈现出了不断突破、依次完善的发展脉络。

高炉喷煤技术及其在工程上的应用实践对于连续化、高强度生产的炼铁十分重要，必然引起相关专业人员的高度关注，因此，设计人员、生产使用者和技术研发人员结合自己的思考和在工程实践上的认识，认真总结，很有必要。

（原文发表于《工程与技术》2009 年第 2 期）

大型高炉喷煤工艺设计及应用实践

孟祥龙　张福明　李　林

（北京首钢国际工程技术有限公司，北京 100043）

摘　要：喷煤工艺是现代大高炉的重要特征，高炉炼铁技术的不断发展离不开喷煤工艺的进步，同时对喷煤系统的设计水平也提出了更高的要求。近年来首钢国际工程公司设计新建的大型高炉喷煤系统中，引进了荷兰 DANIELI 和德国 KUTTNER 公司的优势技术。本文通过对比分析上述的引进技术与自主开发的国产技术，对各自优势加以讨论，为不断提高设计水平提供参考。重点考察了煤粉仓和喷煤罐的能力配置、流态化措施以及气力输送系统的优化等关键技术。综上，现代喷煤工艺装备水平应满足高炉大型化的需求，传统经验与引进技术相结合，将使高炉喷煤技术水平快速提升，达到国际先进水平。

关键词：高炉；炼铁；喷煤；设计

1　引言

高炉喷煤是现代高炉炼铁生产广泛采用的技术之一，喷吹煤粉从当年简单的以煤代焦和提供热量的思路出发，到如今已经成为调剂炉况热制度、改善炉缸工作状态、降低燃料消耗以及节能减排等方面的重要技术措施[1]。高炉大型化已经成为趋势，喷煤工艺各环节应做出相应改进以满足高炉大型化的需求，其中装备水平、煤粉流态化、长距离浓相输送以及风口均匀喷吹技术等方面已经引起重视[2]。本文将从几个方面对引进的国外先进技术进行对比分析，为今后大型高炉喷煤工艺设计提供参考。

2　大型高炉喷煤设施

近年来首钢国际工程公司设计新建了一系列大型高炉的喷煤系统，包括迁钢 3 号 4000m^3 高炉及京唐 1 号 5500m^3 高炉，其配套的喷煤系统分别引进了荷兰 DANIELI 和德国 KUTTNER 公司的先进技术。

迁钢 3 号高炉有效容积 4000m^3，日产铁量 9600t，设计喷煤比 190kg/t。喷煤制粉工艺设备能力达到 250kg/t，按照喷吹烟煤和无烟煤混合煤设计，采用中速磨制粉、一级大布袋收粉、并罐直接喷吹、单主管单分配器工艺；京唐 1 号高炉有效容积 5500m^3，日产铁量 12650t，设计喷煤比 220kg/t，配套喷煤制粉工艺设备能力 250kg/t，按照喷吹烟煤和无烟煤混合煤设计，采用中速磨制粉、一级大布袋收粉、并罐直接喷吹、双主管双分配器工艺（表 1）。两座高炉分别于 2009 年 1 月和 2009 年 5 月投产，喷煤系统运行良好，基本达到设计指标。

表 1　基本设计情况

名　称	迁钢 3 号高炉	京唐 1 号高炉
高炉有效容积/ m^3	4000	5500
高炉产量/t·d^{-1}	9600	12650
高炉利用系数 / t·(m^3·d)$^{-1}$	2.4	2.3
风口数量/个	36	42
煤比/ kg·t^{-1}	190~250	220~250
喷煤量/ t·h^{-1}	77~108	116~138
中速磨煤机台数/台	2	2
单台磨干燥气体发生量/Nm^3·h^{-1}	120000	116000
煤粉收集器过滤面积/ m^2	3926	3038

按照喷吹罐的布置形式划分，喷煤工艺可分为串罐式喷吹和并列式喷吹。由于并列式喷吹方式与串罐式相比较，有一次性投资小、能效高和煤粉计量精确等优势[3]，因此在喷煤系统喷吹方式的选择上，无论是引进的 DANIELI 和 KUTTNER 技术，还是近些年首钢国际工程公司承揽新建的其他高炉喷煤系统中，都选择了更为先进的并列式喷吹方式。另外根据喷吹罐的出粉方式，可分为单管路喷吹和多管路喷吹，单管路喷吹更能满足喷吹易燃易爆高挥发煤种的要求。迁钢 3 号高炉和京唐 1 号高炉都采用了主管路加分配器的喷吹模式，这也是目前国内高炉喷煤工艺广泛采用的一种喷煤形式。其简要流程如图 1 所示。

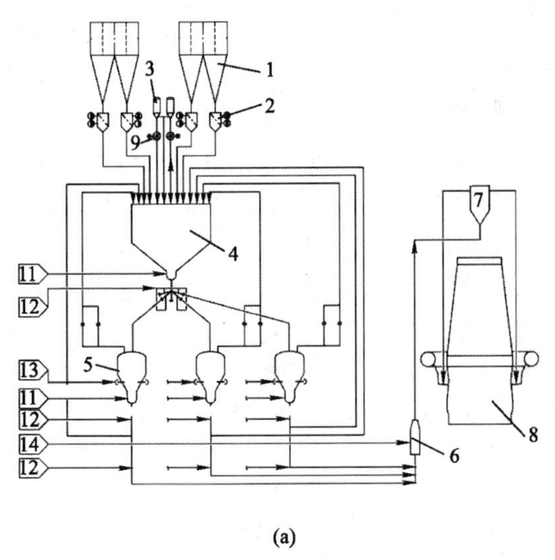

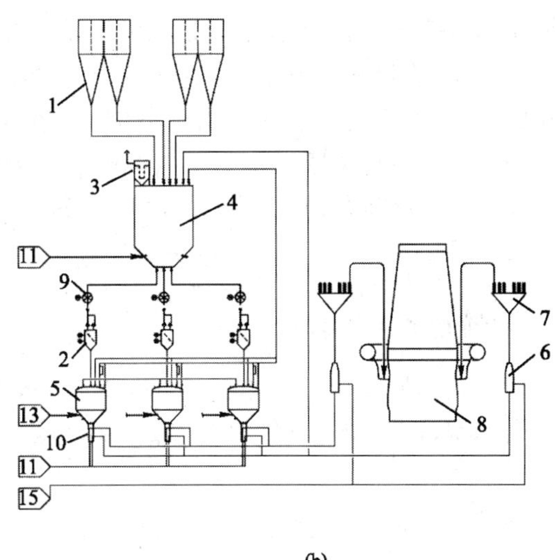

图 1　迁钢 3 号高炉和京唐 1 号高炉喷煤系统流程简图

（a）迁钢 3 号高炉喷煤系统；（b）京唐 1 号高炉喷煤系统

1—煤粉收集器；2—煤粉震动筛；3—仓顶除尘器；4—煤粉仓；5—喷吹罐；6—补气器；7—分配器；8—高炉；9—旋转给料机；10—流态化罐；11—流态化氮气；12—松散氮气；13—充压氮气；14—输送空气；15—输送氮气

3　煤粉仓和喷吹罐的能力配置

3.1　煤粉仓及喷吹罐的设计

煤粉仓及喷吹罐设计参数见表 2。

表 2　煤粉仓及喷吹罐参数

设计参数	煤粉仓		喷吹罐	
	迁钢 3 号高炉	京唐 1 号高炉	迁钢 3 号高炉	京唐 1 号高炉
数量/个	1	1	3	3
有效容积/ m^3	1025	1108	93	80
储存（喷吹）时间/ min	正常 432	正常 312	正常 27.1	正常 22.8
高径比（h/d）	1.68	1.78	3.21	2.475
下锥体角度 /（°）	60	38.7	36.4	49.8

从表 2 所示煤粉仓及喷吹罐的设计参数情况看：迁钢 3 号高炉煤粉仓的储存时间要比京唐 1 号高炉的储存时间长。一般认为在配置 2 台磨煤机的情况下，煤粉仓的储存时间要满足 1 台磨煤机检修所需要时间，国内设计正常情况为 5~8h（300~480min）。另外迁钢 3 号高炉设计条件原煤水分为≤13%，而京唐 1 号高炉原煤水分为≤10%，原煤水分将直接影响到磨煤机的实际出力，因此在水分条件略差的迁钢 3 号高炉上应用储煤时间更长的煤粉仓对磨煤机的检修及为高炉持续提供煤粉有积极意义。

3.2　喷吹罐的工作周期

并列式布置喷吹罐的喷煤工艺中，每个喷吹罐周期性的循环交替工作，为高炉持续提供煤粉，每个工作周期由几个特定的工作阶段组成。对喷煤量大的特大型高炉，其喷吹罐数量的设计取决于单罐喷吹时间 t、喷吹罐排压放散时间 t_p、装煤时间 t_z、充压时间 t_c、等待时间 t_d。国内经验当满足 $t<1.25\sim1.4(t_p+t_z+t_c+t_d)$ 时，应设置 3 罐并列式的布置形式（表 3）。

表 3　喷吹罐工作周期时序　　（min）

名　称	喷吹时间 t	排压放散时间 t_p	装煤时间 t_z	充压时间 t_c	等待时间 t_d
迁钢 3 号高炉喷吹罐	21.7	7.5	7	5.5	1.7
京唐 1 号高炉喷吹罐	22.8	8	17.6	6.5	2

从表 3 中喷吹罐工作周期各阶段的时序来看，迁钢 3 号高炉和京唐 1 号高炉的喷吹罐均满足 $t<1.25\sim1.4(t_p+t_z+t_c+t_d)$，因此 DANIELI 和 KUTTNER 都选择了 3 罐并列的方式，这与国内以往的经验比较吻合。由于等待时间 t_d 内喷吹罐要求不断补充气体以保证工作压力，因此工作周期的精准设计不但能够节约能源，而且对实际操作具有指导意义，应引起重视。

4　煤粉仓与喷吹罐的煤粉流态化措施

原煤经过磨煤机后进入煤粉仓和喷吹罐中后，由于自重或者环境压力的原因，颗粒间相互接触，形成固定床状态，而且在靠近容器底部的出粉口有被压实效果，即使在制粉环节已被处理成含有少量水分的细小颗粒，仍然很难靠自重流出。在煤粉仓和喷吹罐的出粉口设置流化装置将解决这一问题。在流态化装置的设计上，DANIELI 和 KUTTNER 的设计理念差别较大，采用了不同的技术措施实现煤粉流态化。

4.1 煤粉仓的流化装置

煤粉仓内属于非高压环境，但由于一般情况下煤粉仓容积较大，料柱也较高，内部煤粉的重力将最终作用于下部出料口。迁钢 3 号高炉和京唐 1 号高炉分别采用了流态化板和点式流化器的措施保证煤粉顺利出仓。

迁钢 3 号高炉的煤粉仓在其底部下封头处设置了一块流态化板，板上形成若干个圆孔，如图 2 所示，流态化气体不间断的从下到上流过流态化板，在流态化板上部空间煤粉出口管道处形成连续流态化的煤粉，流态化的煤粉通过下煤管道被输送至喷吹罐。流态化气体是用氮气，保持煤粉时刻处于惰性环境下，防止燃烧和爆炸。

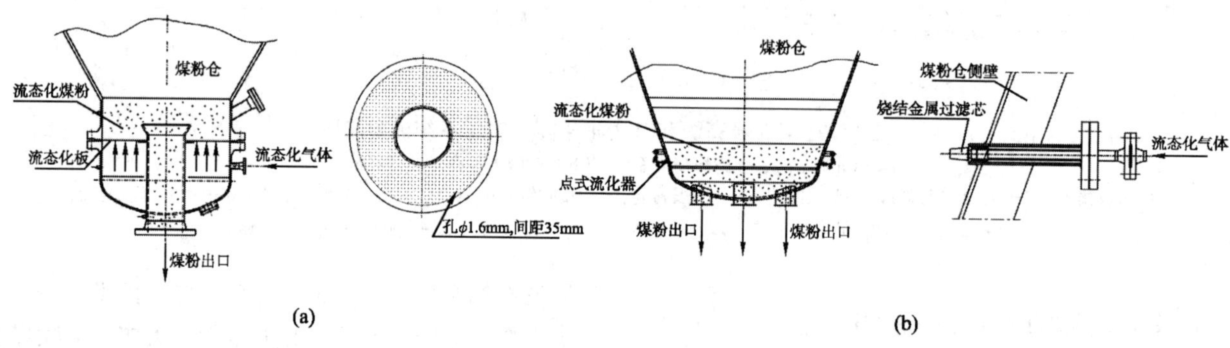

图 2 煤粉仓的流态装置

（a）迁钢煤粉仓流态化板；（b）京唐煤粉仓点式流化器

与迁钢 3 号高炉设计结构不同，京唐 1 号高炉的煤粉仓采用了点式流化器的方式来满足煤粉流态化的要求。点式流化器安装在煤粉仓的下锥体部分，圆周方向均布，共 24 个。高压气体通过进气口进入中心流化器室，并通过末端的烧结金属过滤芯溢出，使其周围的煤粉颗粒松动，从而抑制煤粉仓内形成“棚料”现象。流态化气体同样采用了氮气来确保系统的安全。

4.2 喷吹罐的流化装置

喷吹罐属于压力容器，内部气体及煤粉处于高压状态，而且通常其高径比也较煤粉仓大，在其下部出粉口位置煤粉颗粒紧密连接。喷煤罐的流态化效果将直接影响到能否为高炉快速均匀的输送煤粉，需要更加精确的控制流化气体流量及压力，实际流态化气体的操作要满足大于煤粉流态化速度而小于悬浮速度。

迁钢 3 号高炉的喷吹罐与其配套的煤粉仓采用了相同的流态化措施，即在下锥体封头处设置了流态化板，流态化板的安装位置和结构与煤粉仓基本相似，并采用下出料形式。

京唐 1 号高炉的喷吹罐则采用了流态化罐装置，该装置设置在喷吹罐的底部，如图 3 所示，流态化气体首先进入流态化罐最底部的气流缓冲室，经过整流后高速均匀通过烧结金属板后使流态化罐内部的煤粉松动并经过喇叭形出粉口进入喷煤主管道。

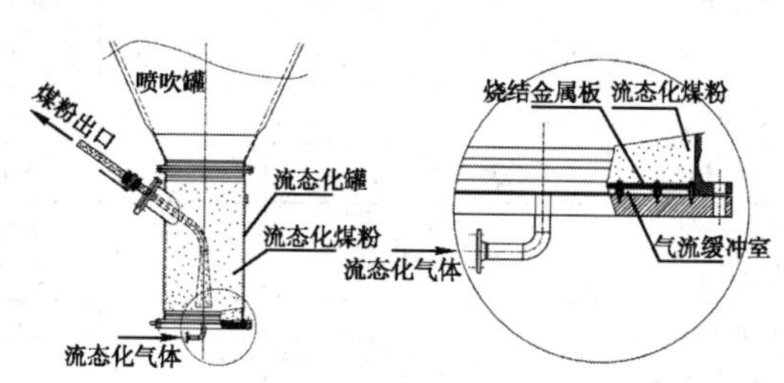

图 3 京唐 1 号高炉喷吹罐流态化罐

流态化气体的流量及压力控制需同时考虑喷吹罐内环境压力及煤粉自重的影响，经过详细计算并结合生产实践方可确定。

5 煤粉气力输送系统的设计

5.1 煤粉的浓相输送技术

以往国内高炉的喷煤系统一般采用稀相输送方式，通常固气比仅为 10~15kg（粉）/kg（气），输送能力低，能源消耗大，而且高速行进的煤粉对管道及设备的磨损大，增加检修负担。迁钢 3 号高炉引进的 DANIELI 技术固气比为≥35kg（粉）/kg（气），而京唐 1 号高炉引进的 KUTTNER 技术固气比高达≥

40kg（粉）/kg（气），相比较稀相是个不小的提升。

在浓相输送技术的运用中，喷煤总管道内输送气体的速度与喷吹罐正常工作时的压力是设计要点。喷煤总管道输送气体速度 V_s 直接影响输送管路中的固气比和输送速度，应控制在煤粉的临界流态化速度 V_c 和悬浮速度 V_x 之间。国内确定 V_c 和 V_x 一般用下面两种方法：

方法 1　　$V_c = 2.72 d^{0.155} \mu^{0.429}$　　　$V_x = 1.3 V_c$

方法 2　　$V_c = 5.33 \sqrt{\dfrac{d \gamma_s}{\gamma_a}}$　　　$V_x = 1.75 V_c$

式中　d——煤粉颗粒最大当量直径，mm；

μ——煤粉设计输送浓度，kg $_{煤粉}$/kg $_{气体}$；

γ_a——气体密度，kg/m^3；

γ_s——煤粉密度，t/m^3。

实际生产中保证 $V_c \leqslant V_s \leqslant V_x$ 是依靠调整输送气体与煤粉在喷煤总管中的比例来实现，DANIELI 和 KUTTNER 的设计中都在喷煤主管上设置了补气器，在补气器中调整输送气体与煤粉的比例实现煤粉设计输送浓度，图 4 所示为两种补气器的结构形式。

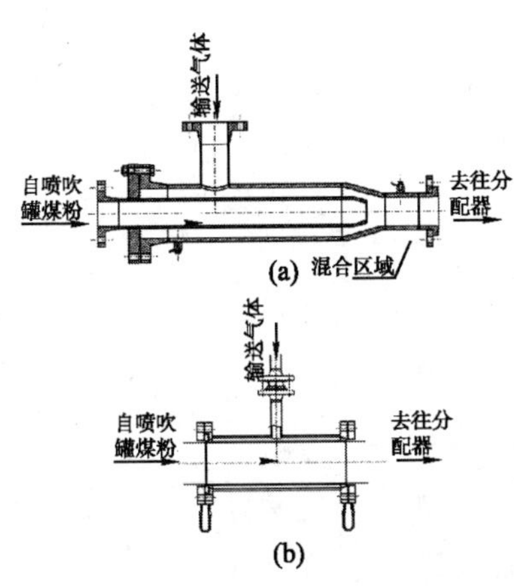

图 4　喷煤主管补气器

（a）迁钢煤粉仓流态化板；（b）京唐煤粉仓点式流化器

喷吹罐正常工作压力也同样制约着喷煤浓度。国内某研究通过试验和理论计算的结果表明，一般情况下，喷煤浓度随着喷吹罐工作压力增加而降低，喷吹罐压力为 1.4MPa 时，最大浓度只能达到 42 kg（粉）/kg（气），再加上二次补气，则只能达到 30 kg（粉）/kg（气）左右，当喷吹罐压力为 0.3MPa 时，理论上的最大浓度能达到 148 kg（粉）/kg（气），加上二次补气也可达到 90 kg（粉）/kg（气）左右。

煤粉在不同的罐压下能够达到的最大质量浓度不同，但实际体积浓度却相同，这是因为喷吹罐压力增大后，气体随着煤粉输送过程中，煤粉颗粒间会压缩进更多质量的气体，喷吹罐的压力越大，能够达到的质量浓度越低。当然喷吹罐的压力不可无限降低，其要求应满足能够克服喷煤系统两相流输送管路总阻损后将煤粉顺利输送至高炉风口。两相流输送管路总阻损包括两相流输送管道阻损和各个部件的局部阻损，具体包括喷煤罐出口流量调节阀、二次补气器、喷煤总管、煤粉分配器、喷煤支管、缩径喷嘴和喷煤枪等阻损之和，要通过详细计算才能确定。迁钢 3 号高炉喷吹罐的最大工作压力为 1.42MPa，京唐 1 号高炉喷吹罐的最大工作压力为 1.2MPa。

5.2　煤粉的均匀喷吹技术

煤粉进入分配器后经过各喷煤支管到达风口喷枪继而喷入高炉，其均匀性将直接影响到炉缸热状态，喷吹的均匀性是衡量喷吹质量的重要指标之一。迁钢 3 号高炉和京唐 1 号高炉在其分配器的结构和喷煤支管的设计上都具有各自特色。

如图 5 所示，迁钢 3 号高炉采用的“瓶式”分配器，由于以往国内自主设计的此类型分配器，煤粉和输送气体在其内部产生涡流，阻力大易积粉，因此在国内应用较少；而京唐 1 号高炉采用的“锥式”分配器在国内应用比较普及。引进的 DANIELI 和 KUTTNER 技术中，两种分配器的效果都比较理想，能够达到生产要求。

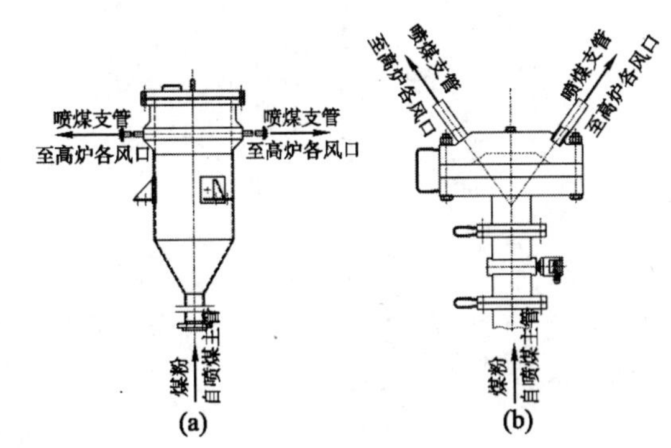

图 5　煤粉分配器

（a）迁钢分配器；（b）京唐分配器

要保证各支管喷吹均匀，除了确保在分配器中煤粉均匀分配外，在喷煤支管的设计上，要力求做到各支管等阻损，国内常用以下经验公式计算喷煤支管阻损 ΔP_b：

$$\Delta P_b = P_b - P_f$$

$$P_b = \sqrt{P_f^2 + 8.85(1+\mu)^{0.75} G_b^{1.75} L_b D_b^{-4.75}}$$

式中　P_b——喷煤支管起点的压力(绝对)，MPa；

P_f——喷煤支管终点的压力（即热风压力），MPa（绝对）；

μ——固气比，kg/kg；

G_b——喷煤支管载气流量，kg/s；

L_b——喷煤支管当量长度，m；

D_b——喷煤支管内径，cm。

由于喷煤支管起点的压力 P_b、喷煤支管终点的压力 P_f、固气比 μ 对于各个支管相同，同时要求各支管载气流量 G_b 和喷煤支管内径 D_b 相同，因此在迁钢 3 号高炉设计中将分配器置于炉顶平台，使各支管当量长度 L_b 相等，实现各支管等阻损。

京唐 1 号高炉喷煤支管的设计中，不但采用了迂回缠绕的方式保证支管当量长度相等，而且在每个支管上设置了拉瓦尔阻损管，包括渐缩段、窄喉段、渐扩段，煤粉流通过形成临界膨胀，当拉瓦尔管前后压力差达到一定值时，通过各支管流量一致，克服了高炉各风口压力差异等因素对支管流量的影响，从而进一步提高喷吹均匀性。

6 结语

（1）随着高炉不断大型化，喷煤工艺技术及装备水平应不断提升以满足炉容扩大后的要求。

（2）煤粉仓与喷吹罐的设计，包括外形尺寸与工作周期之间的相互配合，对节能减排和指导操作具有积极意义。

（3）煤粉流态化与浓相输送等技术与国际先进水平尚存在差距，仍有进一步提升空间。

（4）传统经验与引进技术相结合，将使高炉喷煤技术水平快速提升，达到国际先进水平。

参考文献

[1] Wu K，Ding R C，Han Q，et al.Research on unconsumed fine coke and pulverized coal of BF dust under different PCI rates in BF at Capital Steel Co[J]. ISIJ Int，2010,50(3)：390.

[2] 周春林，沙永志，等.高炉喷煤工艺优化及系统改进 [J].钢铁，2009，7(44):20~23.

[3] 翟兴华. 高炉喷煤系统设计探析[J].炼铁，2003，5(22):5~8.

[4] 吉永业，等.关于太钢浓相喷煤技术的优化[J].钢铁，2010，45(8):20~24.

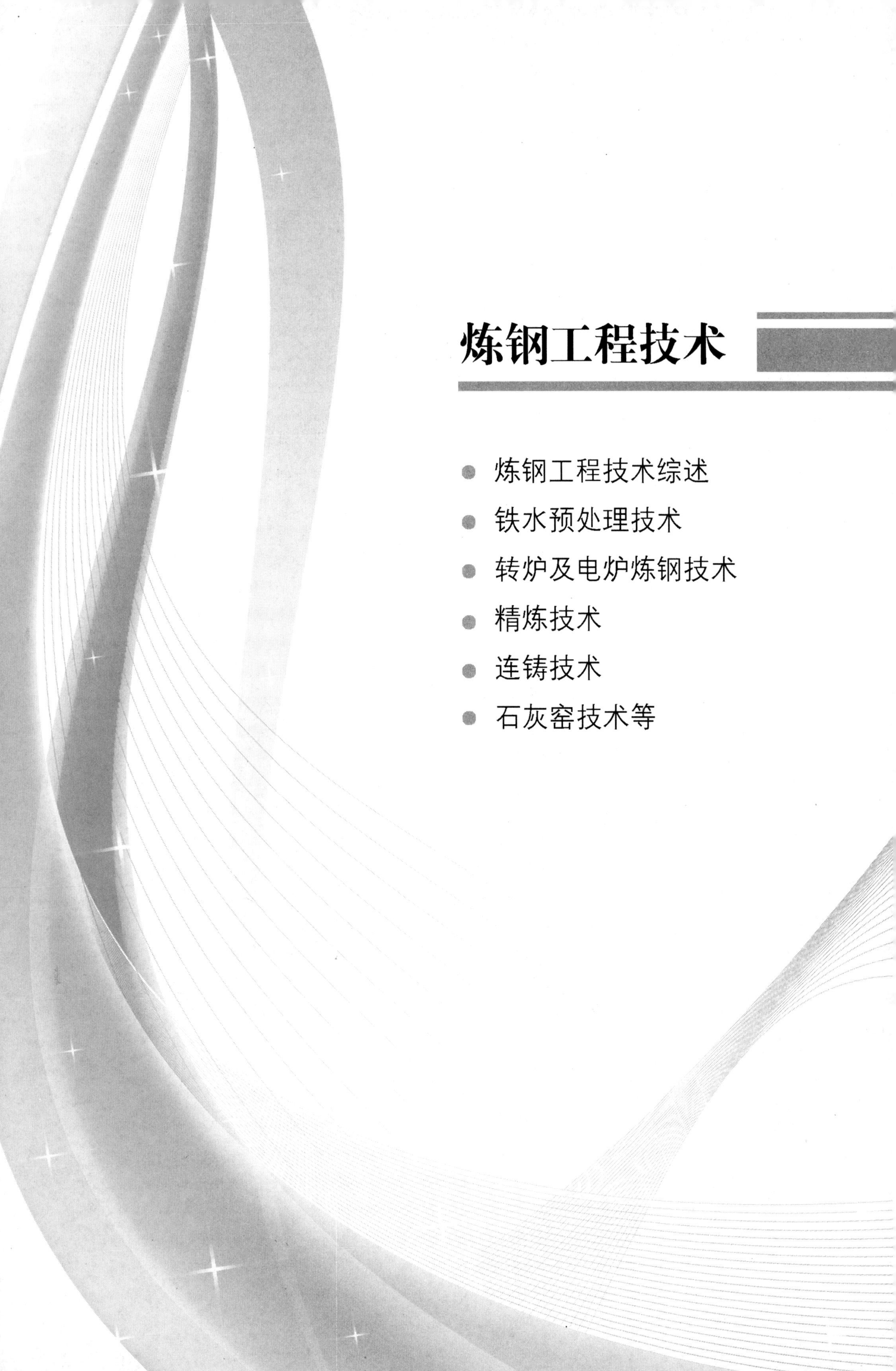

炼钢工程技术

- 炼钢工程技术综述
- 铁水预处理技术
- 转炉及电炉炼钢技术
- 精炼技术
- 连铸技术
- 石灰窑技术等

➤ 炼钢工程技术综述

首钢国际工程公司炼钢专业技术历史回顾、现状与展望

崔幸超　张国栋　张德国

(北京首钢国际工程技术有限公司，北京 100043)

摘　要：本文系统地分析了首钢国际工程公司炼钢专业技术的历史发展和现状，重点介绍了首钢国际工程公司炼钢专业 40 年来获得的专利、专有技术、科技成果、工程业绩等，并提出了炼钢专业技术未来的发展方向。

关键词：炼钢专业；历史回顾；展望

1　引言

炼钢在钢铁企业大的流程中是承前启后的工序，前道工序的高炉铁水，经过炼钢工序的铁水预处理、转炉/电炉冶炼、钢水精炼、浇铸成合格的连铸坯，供后序的轧机轧制成材，这中间，炼钢起着承上启下的重要作用。

炼钢专业是首钢国际工程技术有限公司（以下简称首钢国际工程公司或首钢公司）的核心业务领域之一，多年来承担首钢公司内部以及国内外炼钢工程的新建和改扩建项目，为推动炼钢系统的结构优化和技术进步做出了突出贡献。

炼钢专业在 40 年的炼钢工程实践中，发挥企业设计院的优势，不断总结和吸取生产、施工中的经验及技术成果，形成了独特的技术研发和集成应用能力，随着首钢公司的建设发展，炼钢专业的技术实力得到迅速提升和壮大，可承担百万吨级到千万吨级炼钢厂的设计及技术服务。

炼钢专业在铁水预处理、转炉/电炉炼钢、钢水精炼、连铸（总体设计）、钢渣处理、废钢加工及活性石灰窑方面，可提供覆盖炼钢工序多方位的咨询、设计、设备成套、总承包建设等技术服务。

近年来，炼钢专业为国内外钢铁企业设计建设了多项工艺先进、布局合理、节能环保的精品炼钢工程。

2　炼钢专业发展历程

1996 年炼钢专业成为一个独立的科室，之前为炼钢组，曾归属于冶炼科、轧钢科，其发展历程如下：

1967 年 3 月，首都钢铁公司设计处炼钢组；

1984 年 6 月，首钢公司设计院冶炼科炼钢组；

1992 年 7 月，首钢设计总院冶炼科炼钢组；

1995 年 7 月，北京首钢设计院轧钢科炼钢组；

1996 年 5 月，北京首钢设计院炼钢科；

2008 年 2 月，北京首钢国际工程技术有限公司炼钢室。

3　炼钢专业主要工作范围

炼钢专业的工作范围较为广泛，包含有众多工艺、设备截然不同，各自独立的子工序，这些子工序之间各自独立，又相互衔接。因此，炼钢新工艺、新技术的应用多、范围广泛，可以说，炼钢工序极为精彩。

炼钢专业主要工作范围如下：

（1）铁水准备系统（包括铁水供应、铁水预处理、铁包修理等）；

（2）转炉系统（包括转炉复吹、转炉砌筑、氧枪、副枪、烟道、修炉设施、炉下车、钢包修理等）；

（3）精炼系统（包括 LF、RH、VD、CAS、吹氩站等）；

（4）连铸系统（总体设计包括工厂布局、地下通廊及综合管网等）；

（5）散料系统（包括从厂外地下料仓、铁合金库至转炉、精炼各设施的输送及加入设施）；

（6）钢渣处理系统（包括炉渣一次、二次处理）；

（7）废钢准备系统（包括废钢储存、切割、打包、分选、输送）；

（8）白灰窑系统（包括原料间、窑本体、风机

房、成品及制粉间等）；

（9）电炉炼钢（包括废钢预热、电炉本体、电极、炉盖、氧枪、炉下车等）。

首钢国际工程公司的炼钢专业与其他冶金设计院的炼钢专业相比，所涉及的工作范围多而广，如转炉汽化冷却烟道、散料供应系统、白灰窑、钢渣一次、二次处理等，对于这些项目，其他冶金设计院由专门的科室负责或外委设计。

所以说，炼钢室是一个综合的工艺科室，是钢铁主流程的主体工艺专业。

4 炼钢专业设计简介

4.1 炼钢总体设计

现代钢铁企业不单单是常规流程的重复和常规设备的堆积，而是要根据目标产品，确定最佳的生产工艺，根据生产工艺选择合理的设备配置。

作为炼钢主体工艺性科室，炼钢工艺设计人员首先要进行炼钢总体设计。总体设计是贯穿炼钢工程始终的一项工作，前期的总体设计，主要完成炼钢厂的工艺配置及总体布置，包括：根据用户要求，进行产品分析、选择工艺流程及工艺路线；进行各工序产能计算，确定车间的生产能力；确定炼钢工艺设备配置等。

施工图阶段的总体设计始终要围绕炼钢厂的平面、断面布置图，根据本专业炼钢各个子工序的设计情况，以及外专业的资料反馈情况，进行设计与调整，包括车间内各操作室、配电室、地下管廊、综合管网的布置，各个设备的动力介质的接点供应等。

4.2 炼钢各子工序设计

炼钢室是一支集炼钢工艺、冶金设备为一体的专业设计室，负责如下炼钢各工序的工艺和设备设计。

4.2.1 铁水供应

目前，炼钢工程项目中的铁水供应一般采用 3 种方式，见表 1。

上述第一种铁水供应方式（鱼雷罐车+铁水倒罐），在钢厂的实际应用中较多。

上述第二、第三种铁水运输方式，称为“一包到底”技术，该技术省掉了铁水倒罐的作业环节，降低铁损，节省能源，减少倒罐时的烟尘污染，改善作业环境。

首钢国际工程公司设计采用“一包到底”技术的典型钢厂：

首钢京唐300t转炉炼钢厂采用了铁路线运输铁水包的方式；

表 1 铁水供应方式

	一是高炉铁水由鱼雷罐车经铁路运输至炼钢主厂房，经倒罐后，送脱硫处理
	二是高炉铁水由铁水包经铁路运输至炼钢主厂房，直接送脱硫处理
	三是高炉铁水由铁水包经过跨车运输至炼钢主厂房，直接送脱硫处理

霍邱120t转炉炼钢厂采用了过跨车运输铁水包的型式。

4.2.2 铁水预处理

铁水预处理是指在炼钢工序之前，对入炉铁水进行脱硫、脱磷、脱硅等处理，对提高钢水的质量有着十分重要的作用，是目前冶金企业大力发展的一项重要技术。

现行的《炼钢工艺设计规范》（GB50439—2008）要求，“新建与改、扩建转炉炼钢厂，应设铁水预处理装置”。

4.2.2.1 铁水脱硫

铁水脱硫的容器可以采用铁水运输的鱼雷罐车或铁水包，目前多采用铁水包。

目前，铁水包内脱硫处理的方法主要有喷吹法和机械搅拌法，见表 2。

表 2 铁水包内脱硫处理方法

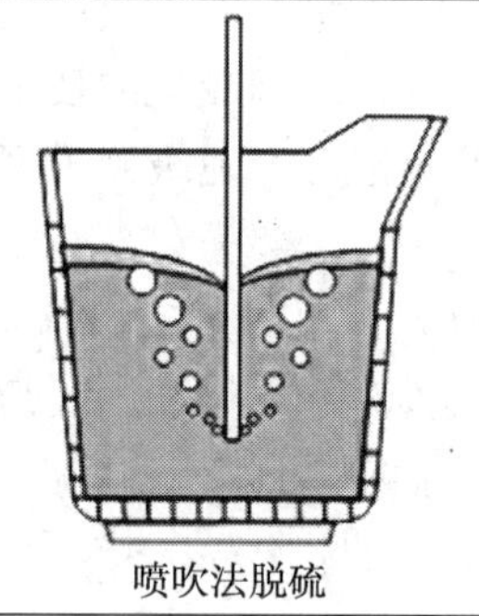 喷吹法脱硫	利用惰性气体（N_2）作载体将脱硫粉剂（如 CaO，CaC_2 和 Mg）由喷枪喷入铁水中，载气同时起到搅拌铁水的作用，使喷吹气体、脱硫剂和铁水三者之间充分混合进行脱硫
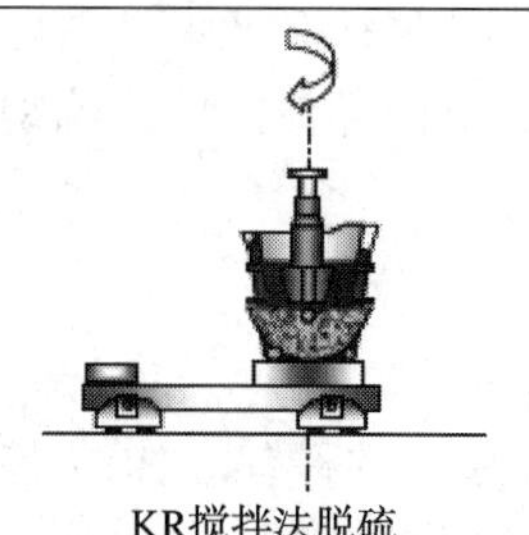 KR搅拌法脱硫	KR 搅拌法起源于日本新日铁公司。 KR 搅拌法脱硫是将浇注耐火材料制成的十字形搅拌头，浸入铁水罐熔池一定深度，借其旋转产生的漩涡，使脱硫粉剂与铁水充分接触反应，达到脱硫的目的

4.2.2.2 铁水脱磷

进行铁水脱磷处理，一般是基于如下考虑：

（1）铁水含磷量高（>0.12%）；

（2）超低磷钢（<0.005%）；

（3）建立低成本、大批量地生产洁净钢的生产平台，优化工艺流程。

铁水脱磷处理的方法，一般有两种：铁水包内喷吹脱磷和转炉炉内脱磷，见表3。

表3 铁水脱磷处理方法

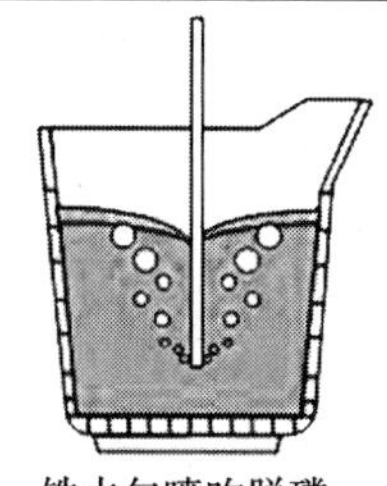 铁水包喷吹脱磷	利用惰性气体（N_2）作载体将脱硫、脱磷粉剂（CaO、FeO、CaF_2）由喷枪喷入铁水包的铁水中，进行脱磷。炼钢室总包的邢钢不锈钢铁水脱磷工程采用的就是这种脱磷方式
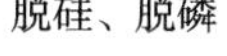 脱硅、脱磷 脱碳  转炉内预脱磷(转炉双联冶炼)	转炉内脱磷有两种不同的方式： 一是同一座转炉采用双渣法操作，冶炼过程中倒一次渣，去除脱磷渣； 二是两座转炉进行双联冶炼操作，一座转炉主要进行脱硅脱磷操作，称为脱磷炉；另一座转炉主要进行脱碳操作，称为脱碳炉。首钢京唐300t转炉炼钢厂采用的是这种双联冶炼工艺

目前，炼钢室在铁水预处理方面的工程业绩，共15项。

按处理元素分：铁水脱硫14项；
铁水脱磷1项（邢钢不锈钢工程）。

按处理方法分：喷吹法14项；
KR搅拌法1项（迁钢二炼钢，联合设计）。

按工程组织分：工程设计6项；
设计/供货3项；
工程总承包6项。

其中，总承包项目的邢钢脱硫工程，很好地利用了邢钢的现场情况，将脱硫站建在高炉与炼钢之间的铁水运输线上，采用双工位单吹颗粒镁脱硫配捞渣机，属国内首创，该项目“铁水罐车在线铁水脱硫系统”已获得国家发明专利ZL200910081140.5。

4.2.3 转炉炼钢系统

转炉炼钢系统包括转炉复吹、转炉砌筑、烟道、氧枪、副枪、挡火板、炉下车、修炉设施等。

首钢国际工程公司完成的首钢内部的转炉炼钢厂包括：

首钢二炼钢厂3×210t；

首钢三炼钢厂3×80t；

首钢迁钢第一炼钢厂3×210t；

首钢迁钢第二炼钢厂2×210t；

首秦炼钢作业部3×100t。

首钢国际工程公司完成的国内转炉炼钢厂包括：

包钢二炼钢1×210t；

吉林建龙2×25t；

山东宏鲁1×25t；

南昌钢厂2×65t；

云南楚雄1×30t；

福建龙岩1×25t；

邢台钢厂1×65t；

江苏淮钢1×90t；

邢台钢厂1×80t；

文水钢厂1×120t。

首钢国际工程公司完成的国外炼钢厂包括：

印度SJK钢厂2×25t；

印度巴塞尔钢厂2×50t；

阿曼shadeed电炉炼钢厂1×150t EAF。

4.2.4 精炼系统

钢水精炼是把冶炼炉中初炼的钢水移到钢包中进行精炼的过程，又称为二次精炼。

二次精炼的主要任务是在出钢后分离钢水和炉渣、进行钢水脱氧、合金化、调整钢水温度、改进钢水的洁净度、改变夹杂物性状、去除夹杂物、去除钢水中溶解的[H]和[N]、脱碳、脱硫、均匀钢水成分和温度。

炉外精炼设施的选择，要从满足产品质量要求出发，结合投资费用、生产成本、介质供应条件等因素，选择精炼设施的配置和数量。

炼钢车间钢水精炼系统设施主要包括：钢包吹氩站、CAS精炼站、LF钢包精炼炉、VD真空脱气（包括VOD）、RH真空处理装置等，见表4。

表4 炼钢车间钢水精炼系统设施及功能

（1）吹氩站 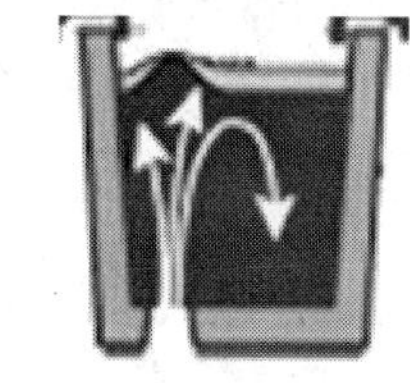	钢包底部设有透气砖，将氩气通过钢包底部吹入，进行钢水搅拌，均匀钢水成分和温度，促进夹杂物上浮。 吹氩站还设有喂丝机、合金料仓、废钢料仓，可微调合金成分和温度

续表 4

（2）CAS 精炼站 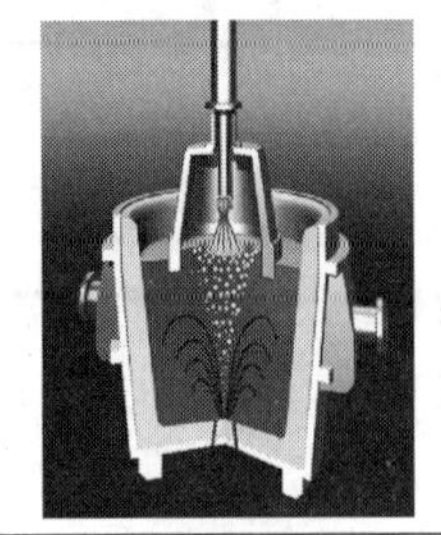	功能与吹氩站相同，不同的是增加了充满氩气的浸渍罩，在浸渍罩内往钢水中加入合金，进行成分微调，提高合金收得率，是一种带罩的吹氩站
（3）LF 钢包精炼炉 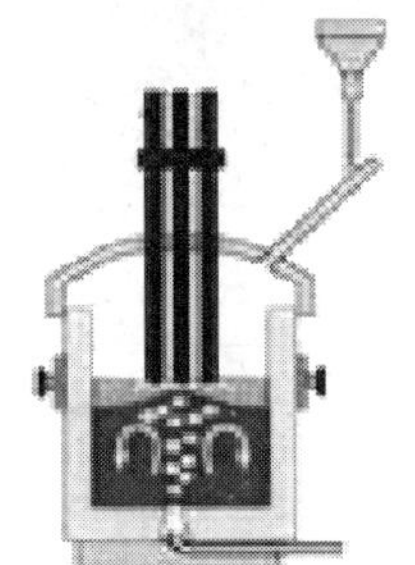	在对钢水包内的钢水底吹氩搅拌的同时，用电弧加热钢水，用于造渣，均匀钢水成分和温度，降低钢水的硫、氧与夹杂物的含量； LF 炉还有一个重要作用，就是在炼钢炉与连铸之间起缓冲协调作用，利于车间内组织连铸的多炉连浇。
（4）VD 真空处理炉（VD 炉） 	VD 真空处理炉是将钢水置于密封的真空罐内，在真空条件下向钢水内底吹氩搅拌钢水，进行真空脱气，可降低钢水内的[N]、[H]、[O]及夹杂物含量，均匀钢水温度与成分，可精确微调钢水成分，提高合金收得率。 首钢公司 VD 炉业绩：首钢三炼钢 80t VD 真空精炼炉
（5）VOD 真空处理炉（VOD 炉） 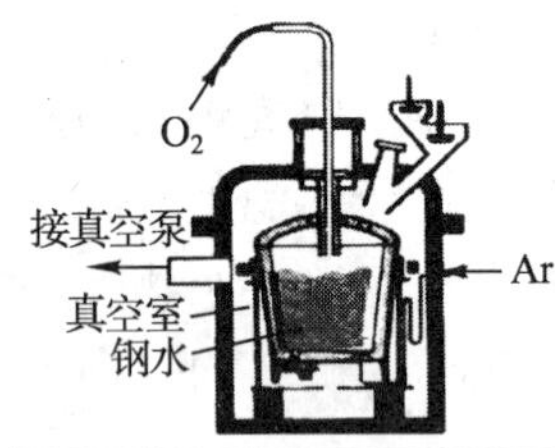	VOD 真空处理炉是在 VD 炉的基础上增加顶吹氧枪，用于在真空条件下对钢水吹氧，实现“脱碳保铬”的精炼，用于不锈钢生产。 首钢公司 VOD 炉业绩：首钢钢丝厂 3t VOD 真空炉
（6）RH 真空处理炉（RH 炉） 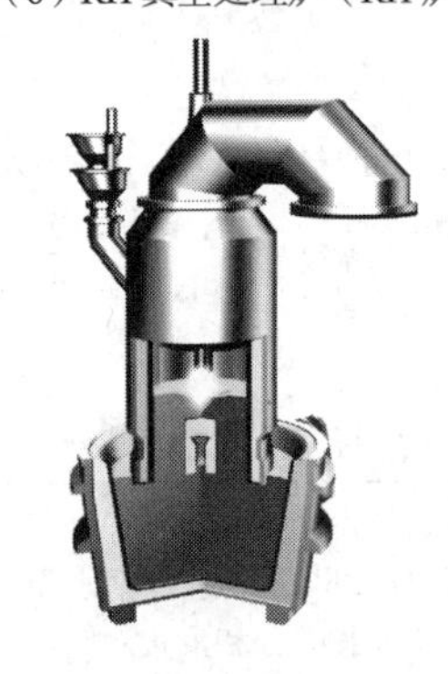	RH 真空处理的功能与 VD 法相同，但其工艺方法和设备型式不同，是一种使钢水提升，进行循环处理的方法。 将两根环流管由真空室底部插入钢水，通过上升管内充氩气产生的“气泡泵”作用，使钢水不断从上升管流入真空室，再从下降管回入钢水包，形成循环流动，并在真空室内实现对钢水的真空脱气处理。 首钢公司 RH 业绩：迁钢第一炼钢厂、迁钢第二炼钢厂、首秦炼钢部

其中，LF 钢包精炼炉的布置形式，一般有两种：（1）单加热工位，电极固定不动、钢水车横向移动，1 条处理线上设 2 车 3 位（1 个加热处理位、2 个辅助位），辅助位可进行喂丝等作业。

我公司完成的单加热工位 LF 钢包炉业绩：首钢二炼钢、首钢三炼钢、首秦炼钢部、淮钢、南昌钢厂等。

（2）LF 炉的另一种布置形式是双加热工位式，通过电极旋转可对纵向布置的两条钢水车处理线上的钢水进行精炼，这种布置形式适用于钢厂设置精炼跨的布置。

我公司联合设计的迁钢第一、第二炼钢厂 210t LF 炉、京唐炼钢部 2 号 300t LF 炉，采用的是双工位布置形式

4.2.5 连铸系统

炼钢室与设备开发成套部紧密配合，完成连铸系统工程设计，炼钢室主要负责内容：

（1）连铸主厂房总体工艺设计；

（2）连铸厂房内吊车、过跨车设置；

（3）连铸厂房内综合管网和地下管廊；

（4）连铸事故钢包系统等。

4.2.6 散料供应系统

炼钢散料供应系统包括散状料和铁合金，设计范围从散状原料间/铁合金库、转运站、皮带运输至炼钢、精炼各用户点的加料设施。

4.2.7 钢渣处理系统

随着科学技术的进步以及环保意识的增强，转炉钢渣已从炼钢生产过程产生的废弃物变为转炉生产的副产品。

转炉钢渣处理分为二步处理：

（1）钢渣一次处理。采用冷却处理工艺，使热态钢渣发生晶型转变，由于体积变化而自然粉化，生成粒状钢渣，为进一步的渣、钢分离创造条件。

钢渣一次处理方法主要有热泼、热焖、风淬、水淬、滚筒法等。

热泼法是将钢渣倒入渣池中，喷水冷却，使钢渣碎裂、粉化，具有操作安全、投资省的特点，我专业的设计产品大多采用热泼法。

（2）钢渣二次处理。将一次处理后的钢渣，经过破碎、筛分、磁选、球磨，对钢渣进行深加工处理，实现渣与钢的分离，回收钢渣中的渣钢，降低尾渣的含铁量，使尾渣中目标金属含量小于 2%。

我专业设计的迁钢二次钢渣处理生产线于 2006 年投产后，各项指标均达到设计要求，系统高效、稳定，运行良好，“一种钢渣二次处理系统及其方法”已获国家发明专利：ZL200910242329.8。

4.2.8 废钢准备系统

废钢准备系统包括废钢加工及废钢供应两部分。

废钢加工含废钢储存、切割、打包、分选等工序。

废钢供应主要指废钢的输送方式，目前主要有两种方式：一种是将废钢通过汽车输送、倾倒至炼钢主厂房的废钢坑内，通过主厂房内的电磁吊车，进行废钢装槽作业。这种方式为目前国内大多数钢厂的主要供应方式。另一种方法是在废钢加工间进行废钢的配比分装，装好料的废钢槽，通过专用的运输车运至炼钢主厂房内，这种方式可减少主厂房的作业面积。迁钢炼钢厂采用此种废钢供应方式。

4.2.9 石灰窑系统

石灰窑的产品是活性石灰和轻烧白云石，其中活性石灰窑的产品用途为：

（1）脱硫站的脱硫剂（粉剂粒度小于 3mm）；

（2）转炉的造渣剂（块度 10~60mm）；

（3）精炼的造渣剂（块度 10~30mm）；

（4）烧结矿的增强剂（粒度小于 10mm）。

目前，我公司活性石灰窑的业绩有 300t、500t、600t 套筒窑。

5 炼钢室主要工程业绩

炼钢室多年来承担首钢公司内部以及国内外炼钢工程的新建和改扩建项目，在铁水预处理、炼钢、钢水二次精炼、连铸总体设计、活性石灰窑、废钢加工、钢渣一次和二次处理等领域，建树了一定的工程业绩。

5.1 首钢内部主要工程业绩

5.1.1 首钢第二炼钢厂

首钢第二炼钢厂年产规模 500 万吨，1986 年投产，配套工艺设施陆续建成。

主要工艺设施：

铁水镁剂脱硫扒渣装置	2 套
210t 顶底复吹转炉	3 座
LF 钢包精炼炉	2 座
吹氩站	2 座
8 流方坯连铸机	5 台
双流板坯连铸机	1 台

5.1.2 首钢第三炼钢厂

首钢第三炼钢厂年产规模 300 万吨，1992 年投产。

主要生产设施：

铁水镁剂脱硫捞渣装置	1 套
80t 顶底复吹转炉	3 座
LF 钢包精炼炉	2 座
VD 真空脱气	1 座
8 流方坯连铸机	3 台
4 流矩形坯连铸机	1 台

5.1.3 首钢迁钢第一炼钢厂

首钢迁钢第一炼钢厂建有 3 座 210t 转炉、2 台 8 流方坯连铸机、2 台双流板坯连铸机。转炉和方坯连铸机 2004 年 10 月建成投产，板坯铸机 2006 年 12 月投产，连铸板坯直接供 2250mm 热带轧机。

主要工艺设施：

铁水镁剂脱硫扒渣	3 套
210t 顶底复吹转炉	3 座
LF 钢包精炼炉	1 座
RH 真空处理	2 座
CAS 精炼站	1 座
8 流方坯连铸机	2 台
双流板坯连铸机	2 台

5.1.4 首钢迁钢第二炼钢厂

首钢迁钢第二炼钢厂建有 2 座 210t 转炉、2 台双流板坯连铸机，板坯直接供 1580mm 热带轧机，2009 年 12 月建成投产。

主要工艺设施：

KR 铁水脱硫扒渣	3 套
210t 顶底复吹转炉	2 座
LF 钢包精炼炉	1 座
RH 真空处理	2 座
CAS 精炼站	1 座
双流板坯连铸机	2 台

5.1.5 首秦金属材料有限公司炼钢厂

首秦炼钢厂建有 3 座 100t 转炉、3 台单流板坯连铸机，铸坯供 3500mm 和 4300mm 中厚板轧机，2004 年 6 月陆续建成投产。

5.1.6 首钢京唐钢铁公司转炉炼钢厂

首钢京唐钢铁公司 300t 转炉钢厂是首钢国际工程公司在总体规划设计方面最具代表性的典型钢厂：

（1）高炉–炼钢工序界面采用 300t 铁水包“一包到底技术”；

（2）2+3 座 300t 转炉配置，采用转炉双联冶炼工艺。

5.2 首钢外部主要工程业绩

5.2.1 包钢第二炼钢厂

包钢第二炼钢厂是首钢国际工程公司 1997 年开始的第一个总承包项目。

该项目建设一座 210t 转炉及相关配套设施，

1999 年 6 月与包钢总公司签订工程总承包合同，2001 年 11 月 4 日热试一次成功，比合同规定的工期提前 150 天，受到业主的赞扬，被誉为“创奇迹的工程”，2002 年获国家优秀工程总承包奖。

5.2.2　江苏淮钢集团转炉炼钢厂

江苏淮钢集团转炉炼钢厂一期工程建有 1 座 90t 转炉、1 台 6 流方坯连铸机、1 座 $300m^3$ 套筒窑，2004 年 4 月建成投产。

5.2.3　江西南昌转炉炼钢厂

南昌钢厂转炉改造工程新上 2×65t 转炉，配套建设一套 LF 钢包精炼炉和两台方坯连铸机工程，是我公司总承包工程，于 2004 年正式投产。

5.2.4　邢台钢铁公司炼钢厂改造及精品钢工程

邢钢公司炼钢厂改造项目为增上一座 80t 转炉，精品钢国内工程为其配套增上两套四工位铁水脱硫设施，一套 LF 钢包精炼炉，一套 RH 真空精炼设施和一台 4 流大方坯连铸机。项目在 2008 年全面投产。

5.2.5　山西文水钢铁公司炼钢厂一期

山西文水钢铁公司炼钢厂一期工程新上 1×120t 转炉，配套建设一套 LF 钢包精炼炉和一台 8 流方坯连铸机工程，是我公司总承包工程，于 2013 年 1 月 8 日正式投产。

5.3　涉外工程

5.3.1　印度 SJK 综合钢厂

印度 SJK 综合钢厂建设 1 座 600t 混铁炉、2 座 25t 转炉，设计年产 50 万吨，2005 年建成投产。

5.3.2　阿曼电炉钢厂

阿曼电炉钢厂建设 1 座 150t 超高功率电炉、1 座 LF 钢包精炼炉、1 台 6 流方坯连铸机，设计年产 108 万吨，目前已完成设计。

5.4　活性石灰窑

首钢国际工程公司设计的活性石灰套筒窑目前已有 300t、500t、600t 业绩，共 14 座（见表 5）。

表 5　首钢国际工程公司设计的活性石灰套筒窑座数统计

续表 5

项　目	钢厂套筒窑容量/t		
	300	500	600
	年生产规模/万吨		
	10.5	17.5	21
江苏淮钢	1		
首　钢		2	
首　秦		1	
首钢迁钢		2	1
首钢京唐		5	
长治钢厂		1	
山西晋钢			1

6　炼钢专业技术发展方向和目标

炼钢专业主要研究内容及目标：在铁水预处理、钢水精炼、电炉炼钢、石灰窑技术等方面进一步完善和提高。

（1）铁水预处理技术，包括铁水脱硫、脱硅、脱磷、脱锰等技术：在现已掌握喷吹脱硫和铁水脱磷技术基础上，通过技术合作和实施工程全面覆盖所有的预处理技术。为此专门课题技术开发并通过霍邱炼钢 KR 和京唐 200t 转炉炼钢厂 KR 的成功实施，完全掌握 KR 搅拌脱硫技术。这样可实现全面掌握喷吹法和搅拌法这两种市场主导铁水脱硫工艺技术，争取在铁水脱硫领域具有较强的竞争力。

（2）铁水脱磷技术：在邢钢不锈钢铁水包内铁水脱磷项目成功应用基础上，通过京唐 300t 转炉脱磷炉改造项目研究，全面掌握国际上最先进的氧枪炉内喷粉脱磷工艺技术。特别是在底吹控制、吹氧控制、脱磷枪喷头设计、冶炼操作工艺等关键技术方面形成自己的专有技术。全面掌握铁水的“三脱技术”，实现在这一领域处于国内领先水平。

（3）钢水精炼技术：炼钢设计室已经掌握了钢包喷粉脱硫技术、CAS-OB 精炼技术、LF 钢包精炼炉技术、真空处理技术等多种炼钢精炼技术。通过京唐转炉和贵钢电炉、转炉工程中的精炼设施，积累精炼的业绩和经验，实现外部市场的突破。期望通过山东泰钢不锈钢厂 CAS-OB 精炼项目的实施，带动山东地区和国内部分钢厂 CAS-OB 精炼的市场，同时，通过项目的设施完成对现有技术的换代升级。

（4）电炉：一直是我公司发展的方向，由于我公司在电炉炼钢方面起步较晚，在电炉方面的业绩较少，通过贵钢电炉钢厂的实施，我们对康斯迪电炉的设计和布置有了进一步的了解和认识，另外阿曼 150t 电炉工程采用的热装海绵铁的形式，丰富了我们电炉的设计经验。下一步我们要积极开拓电炉领域的市场，力争在外部市场上实现突破。

（5）石灰窑：我们目前已经掌握了 300~600t/d

套筒窑，国内最大 1000t 级别的回转窑及普通竖窑的技术。针对目前许多钢厂仅有高炉煤气的现状，我们正在开发低热值煤气的大型节能气烧竖窑技术，主要供给烧结使用。这样，我们掌握的石灰窑技术可以覆盖各种不同的燃料要求，从而达到拓展市场，满足不同燃料条件的客户要求。

（6）连铸技术：增强方坯、板坯连铸的市场竞争力，建设专业化的设计和项目管理团队；加大连铸前沿技术的研究开发，以技术占领市场、开拓市场；开展近终形连铸、连铸连轧等技术的研究和探索；以建设高水平连铸机为发展目标，在现有结晶器电磁搅拌、轻压下、辊列优化、动态二冷配水、凝固末端电磁搅拌等技术的基础上，加强对连铸专有的新技术、新课题的应用，同时，在连铸机的装备技术方面迈上新台阶。

7 结语

首钢国际工程公司炼钢专业历经 40 载，承担首钢公司内部以及国内外炼钢工程的新建和改扩建项目，在铁水预处理、炼钢、钢水二次精炼、连铸总体设计、活性石灰窑、废钢加工、钢渣一次、二次处理以及引进二手设备、修配改等方面，积累了丰富的经验，为首钢公司的发展以及国内外钢铁业的建设做出了努力和贡献。

工程锻炼了队伍，业绩提升了水平。今天，首钢国际工程公司炼钢专业的发展由小到大，已能承担百万吨至千万吨级钢铁厂的设计，我们将本着精益求精、树立品牌的意识，把承担的每一个炼钢工程都做成精品，我们坚信：千锤成就事业，百炼方出好钢。

欧洲转炉干法除尘应用考察

张德国[1] 魏 钢[2] 张宇思[2]

（1. 北京首钢国际工程技术有限公司，北京 100043；
2. 首钢京唐钢铁联合有限责任公司，唐山 063200）

摘 要：为了解欧洲炼钢干法除尘技术的进展，通过对德国蒂森–克虏伯公司的 Beeckerwerth 钢厂、德国 Salzgitter 钢厂、奥地利奥钢联的 Linz 钢厂、斯洛伐克美钢联的 Kosich 钢厂进行了参观调研，为京唐“三脱转炉”上采用的干法除尘起借鉴指导作用。

关键词：干法除尘；三脱转炉；开吹冶炼；卸爆；除尘效果

The Investigation of European Converter Dry Dusting Technology

Zhang Deguo[1] Wei Gang[2] Zhang Yusi[2]

(1. Beijing Shougang International Engineering Technology Co., Ltd., Beijing 100043;
2. Shougang Jingtang Iron and Steel United Co., Ltd., Tangshan 063200)

Abstract: In order to find out the progress of the European dry dusting technical in steelmaking, we visited and researched the Beeckerwerth steel works of germany Thyssen-Krupp's Group, Salzgitter steel works of Germany, Linz steel works of Austria Voest Alpine and Kosich Steel works of Slovakia United States Steel Corporation, which guided the Jingtang company's the pretreatment converter dry dedusting.

Key words: dry dusting; fully pretreatment converter; open blowing smelting; pressure relief; dust removal effect

1 引言

转炉炼钢采用干法静电除尘是 20 世纪 60 年代末开发成功的新技术，近年来国外采用干法除尘的钢厂增多，国内一些新建的炼钢厂也采用了干法除尘。但是国内投产比较早的几套转炉干法净化系统都出现了各种各样的问题，宝钢 4、5 号转炉放散排放超标，莱钢电除尘器卸爆频繁，江阴也一度出现电除尘器卸爆等现象。

为了解欧洲炼钢干法除尘技术的进展，首钢京唐钢铁公司干法除尘考察组对德国蒂森–克虏伯公司 Beeckerwerth 钢厂、德国 Salzgitter 钢厂、奥地利奥钢联 Linz 钢厂、斯洛伐克美钢联 Kosich 钢厂进行了参观考察，以对京唐公司是否采用干法除尘技术提出建议。

2 干法除尘主要设备介绍

转炉静电干法除尘是鲁奇（Lurgi）和蒂森（Thyssen）公司合作于 20 世纪 60 年代末开发成功的，由这两个公司名称命名为“LT”除尘工艺。目前的设备供应商除 Lurgi – Bischoff 公司外，还有 SIMENS-VAI 公司。

转炉炼钢干法除尘系统主要包括蒸发冷却器、静电除尘器、煤气切换站、煤气冷却器、放散烟囱、除灰系统等，如图 1 所示。图 2 所示为宝钢二炼钢厂干法除尘系统的布置图。

2.1 蒸发冷却器

干法除尘系统的蒸发冷却器通常设置在炼钢车间内，如图 3 所示。转炉高温烟气经汽化冷却烟道后首先进入干法除尘系统的蒸发冷却器。蒸发冷却器直径约 6 m（300 t 转炉）、高约 30 m，内部用 20 个左右的喷嘴向烟气喷射雾状水滴，水滴与烟气进行热交换被蒸发，将烟气温度由 800~1000℃冷却至 200℃左右。蒸发冷却器采用的喷嘴为双层环缝结构，喷嘴的中心孔喷水，环缝喷射蒸汽以对水滴进

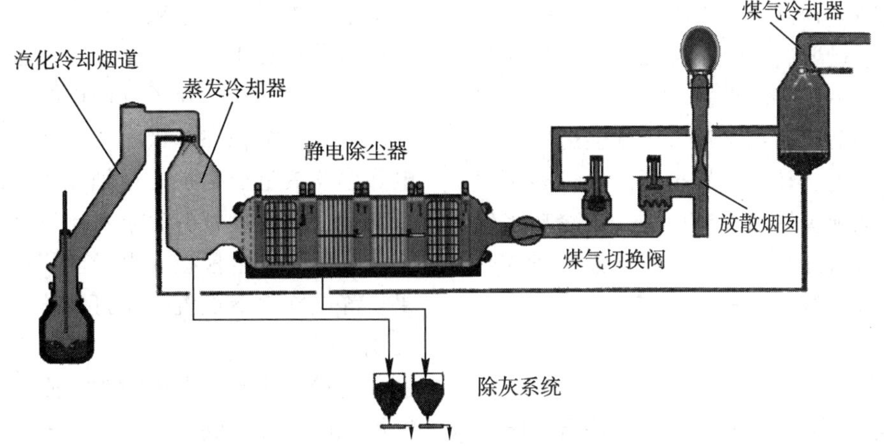

图 1　干法除尘系统

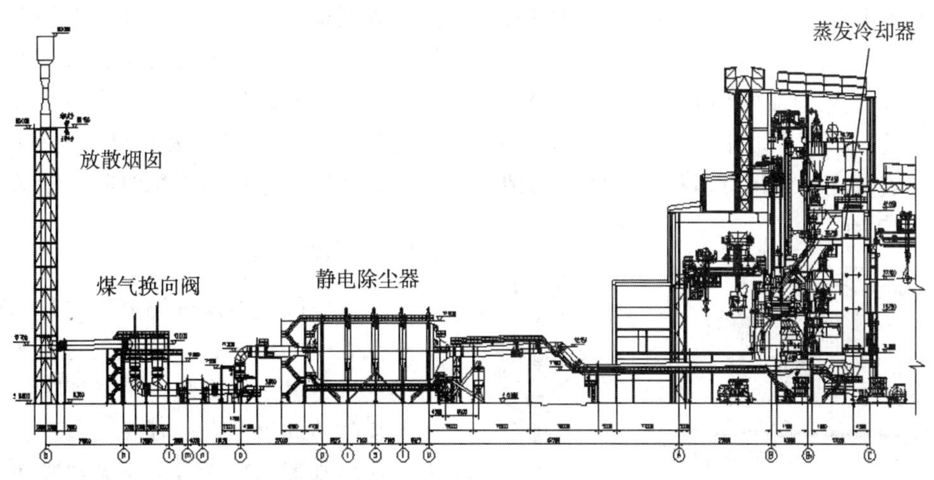

图 2　宝钢二炼钢厂干法除尘系统

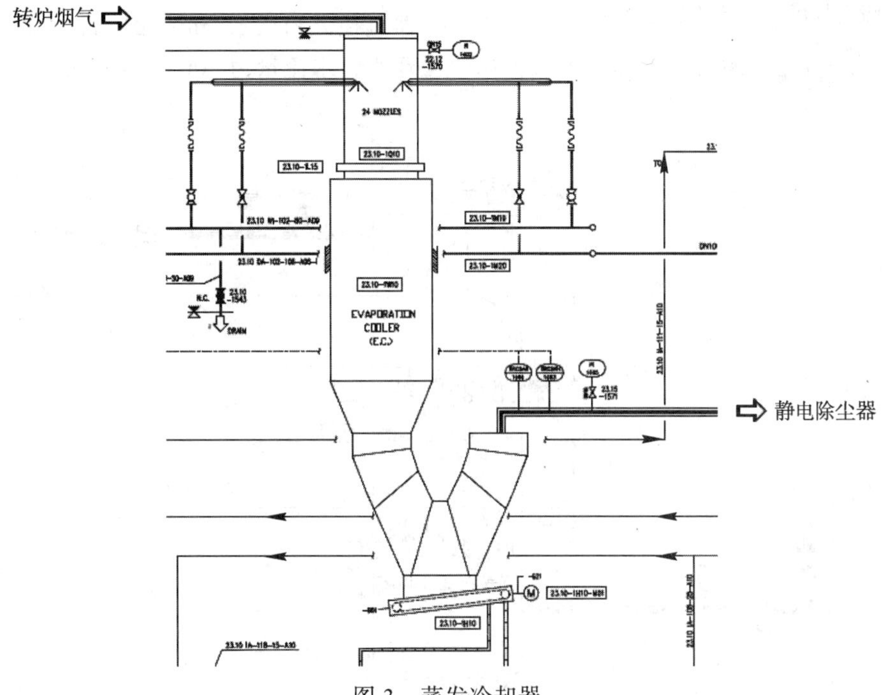

图 3　蒸发冷却器

行雾化。300 t 转炉的汽化冷却器用水大约为 95 m^3/h，蒸汽约为 10 t/h。

蒸发冷却器除具备冷却作用之外，还可以去除烟气中大颗粒烟尘。经蒸发冷却器粗除尘后，烟气中约 20%~40% 烟尘可以被去除，含尘量降低至 70 g/Nm^3 以下。

冷却水量的精确控制是蒸发冷却器操作的关键工艺技术。冷却水量取决于烟气量和温度。如果水量不足，烟气冷却不足会严重影响下部静电除尘器除尘效果和设备寿命；如水量过大，则会造成烟尘结块、形成污泥。由于转炉吹炼过程烟气量和温度是变化的，因此必须有好的控制模型，对冷却水量进行精确控制。目前 Lurgi-Bischoff、SIMENS-VAI 公司均已解决了这一技术难题。

2.2 静电除尘器

静电除尘器通常采用筒状，布置在炼钢车间之外。图 4 所示为目前干法除尘系统普遍采用的四级电场串联布置的静电除尘器。对于 300 t 容量转炉，静电除尘器直径为 12~13 m，长约 30 m。

图 4（b）为静电除尘器内部电场结构示意图。每个静电场由沉淀电极板和放电电极丝组成，其中放电电极丝悬挂安置在相邻沉淀电极板中间，形成高压（10kV）静电场。

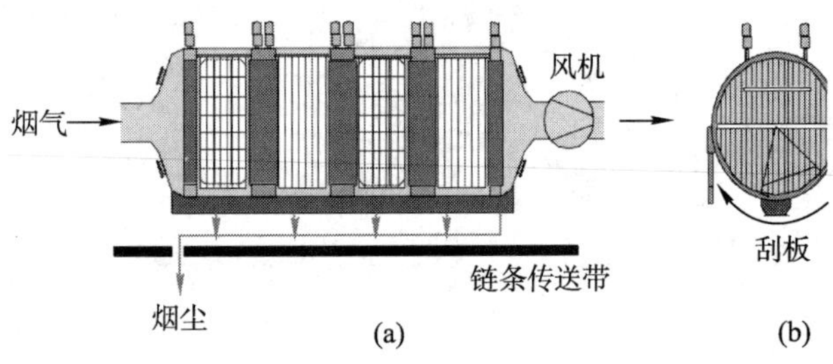

图 4 四级电场串联布置的静电除尘器

当烟气流经静电除尘器电场时，在强电场作用下，烟气中气体分子被电离为正负两种离子，带电离子附着在烟尘粒子上，使尘粒也带有电荷。在电场力作用下，粉尘粒子移向电极，并与电极上的异性电中和，沉积在电极上，从而达到除尘目的。静电除尘器具有非常强的精细除尘效果，除尘后转炉炼钢烟气含尘量可由 70 g/Nm^3 降低至 10 mg/Nm^3 以下。为了防止电极板和电极丝积灰从而影响除尘效果，静电除尘器设置了振打装置，将极板和极丝上的积灰振掉。

转炉采用干法静电除尘，必须对进入静电除尘器烟气的成分（O_2、H_2、CO 等）进行严格控制，以防止烟气成分进入燃烧爆炸范围。此外，在静电除尘器两端设置了自动启闭安全卸爆阀，万一由于操作不当，煤气和空气混合，发生突然燃烧压力升高时，可有效地进行卸压，不致损坏设备。目前，干法除尘已能够将卸爆次数控制在每月 1~2 次以下，每次卸爆造成的吹炼时间中断为 1~3 min。

2.3 煤气冷却器

经静电除尘后煤气温度在 150~180℃左右，为了降低煤气的体积，在将煤气送至煤气柜之前，需对煤气进行进一步冷却，将温度降低至 70℃以下。

煤气冷却器如图 5 所示，煤气由冷却器下部进入，在冷却器内部设置上下两排喷嘴，喷入过量水对煤气进行冷却。对于 300 t 容量级转炉，煤气冷却器直径大约在 6.8 m 左右、高度 22 m 左右，采用循环水，水流量为 500 m^3/h 左右。

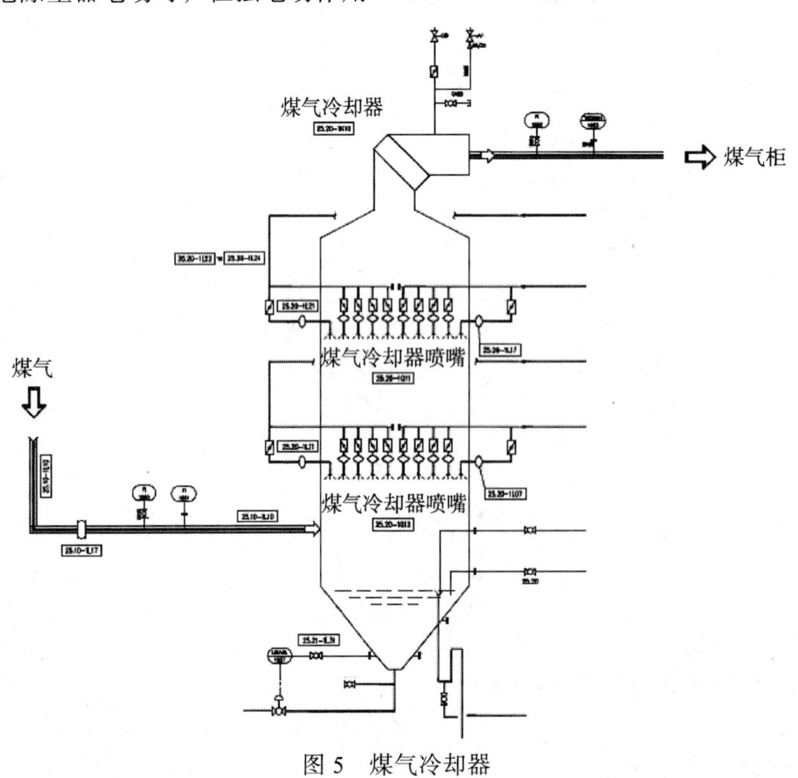

图 5 煤气冷却器

3　欧洲干法除尘发展现状

20 世纪 80 年代，蒂林、奥钢联 Linz 钢厂等开始采用干法除尘，由于设备、工艺尚不完全成熟，在之后相当一段时期，干法除尘暴露出了许多问题。进入 21 世纪后，欧洲早期采用干法除尘工艺的钢厂绝大多数对原设备和工艺进行了改进，主要包括：（1）由早期采用三级电场改为四级电场；（2）蒸发冷却器与静电除尘器之间距离优化；（3）静电除尘器放电电极丝直径由 2 mm 增加至 6 mm，或采用板带状放电电极；（4）优化电极振打设备工艺；（5）掌握静电除尘器防爆关键技术。通过与吹炼、降罩等配合，严格控制进入静电除尘器的烟气成分，使卸爆很少发生；（6）高度自动化操作。

此次访问的 4 个钢厂，干法除尘工艺已非常稳定，趋于成熟完善，主要表现在下列几个方面。

3.1　除尘效果好

干法除尘后的煤气含尘量可以稳定地控制在 30 mg/Nm^3 以下。图 6 为此次考察德国 Salzgitter 钢厂得到的前一天（7 月 24 日）煤气含尘量在线检测结果，其 2 号转炉烟气含尘平均 10.2 mg/Nm^3，3 号转炉为 20 mg/Nm^3。在 Salzgitter 钢厂除尘控制室，现场操作人员调出正在冶炼炉次转炉一次除尘排放浓度的监测图表，显示所吹炼炉次的烟尘排放浓度均在 10 mg/Nm^3 以下。

在此次对 4 个钢厂访问时，考察组成员仔细地对炼钢过程放散烟囱排出的气体颜色进行观察、拍照、录像，通过现场观察，在放散烟囱上口看不到烟尘放散迹象（微红色烟气）。

3.2　生产稳定，设备和操作事故极少发生

此次考察访问中着意询问了干法除尘系统的稳定性和常见事故情况，各钢厂均反映其除尘系统生产稳定，设备和操作事故极少发生。

3.3　卸爆次数控制在每月 1~3 次

目前已能够将干法除尘系统发生卸爆次数控制在 1~3 次/月，如此次考察的蒂森–克虏伯 Beeckerwerth 钢厂从 2005 年 10 月~2006 年 6 月共发生卸爆 10 次（见图 7）、Salzgitter 钢厂今年以来发生卸爆 11 次、Linz 钢厂今年以来发生卸爆约 30 次，而斯洛伐克美钢联 Kosich 厂没有发生过卸爆。

在所访问各钢厂中，发生卸爆主要是因为废钢带入水分造成的。目前欧洲钢厂废钢装入比高，且大量使用废旧家电、汽车、饮料罐等薄板制品压制成的废钢压块，在雨季和冬季容易积存水分，加入转炉内与铁水混合，带入的 H_2O 被[C]还原为 H_2 和 CO，在开吹前进入静电除尘器并与空气混合，造成卸爆。所访钢厂反映卸爆主要发生在装铁水后至开吹前这段时间，且多在冬、夏季发生。

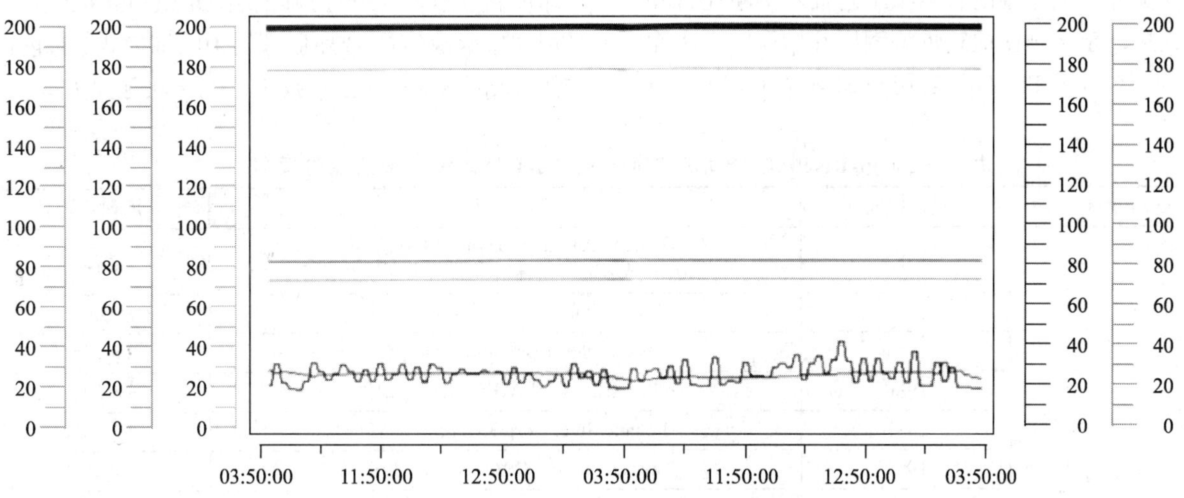

K	Meβstelle	Meβbereich	Meβwert	Leselinie	Faktor
×	Halbstundennittelverte klassiert	0-200 mg/Nm3	10.00		−1
×	XI 423 Tagesmittelwert	0-200 mg/Nm3	14.79		−1
×	Grenzwert+Vertrauensber. (fest)	0-200 mg/Nm3	65.70		−1
×	1.2*Grenzwert+Vertrauensb.(fest)	0-200 mg/Nm3	75.20		−1
×	2.0*Grenzwert+Toleranzber.(fest)	0-200 mg/Nm3	172.40		−1
×					−1

Datun/Zeit der Lesline:
24.07.06　03:50:00

图 6　德国 Salzgetter 钢厂 7 月 24 日煤气含尘量在线检测结果

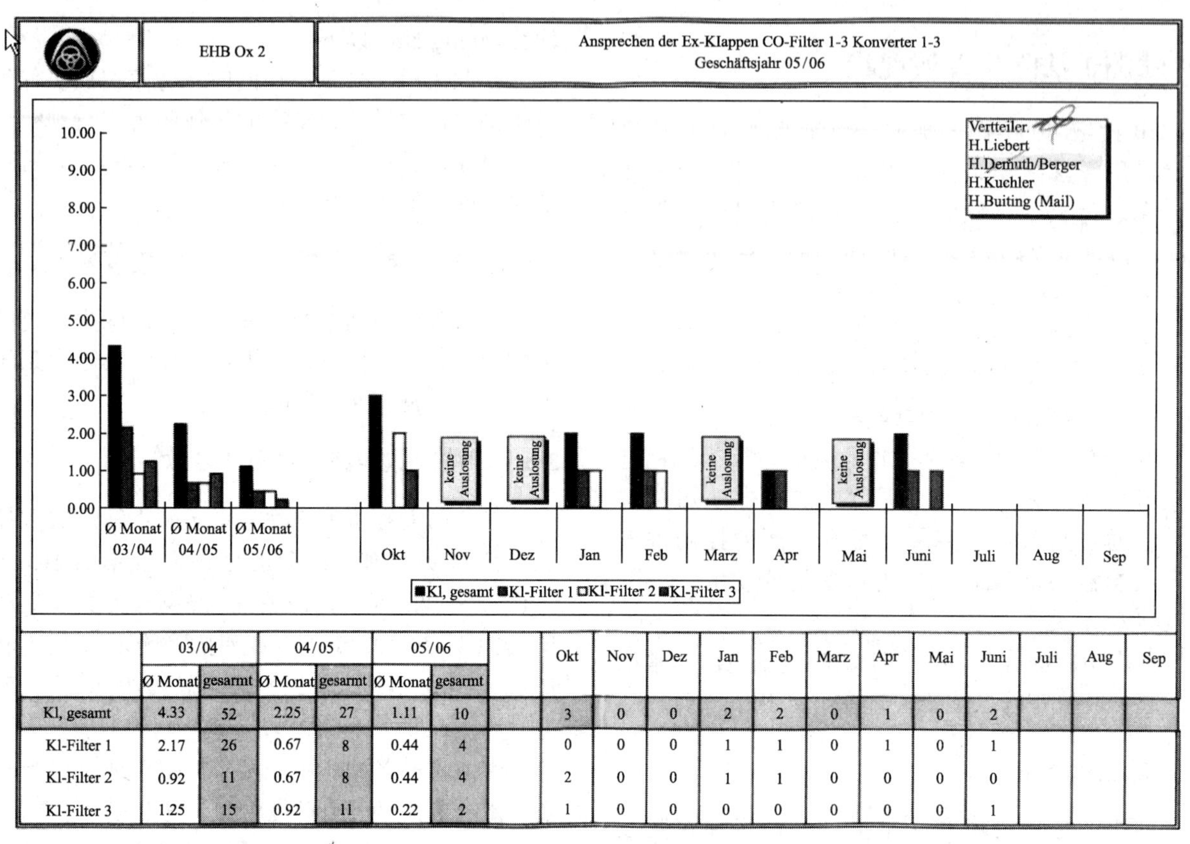

	03/04		04/05		05/06			Okt	Nov	Dez	Jan	Feb	Marz	Apr	Mai	Juni	Juli	Aug	Sep
	Ø Monat	gesarmt	Ø Monat	gesarmt	Ø Monat	gesarmt													
Kl, gesamt	4.33	52	2.25	27	1.11	10		3	0	0	2	2	0	1	0	2			
Kl-Filter 1	2.17	26	0.67	8	0.44	4		0	0	0	1	1	0	1	0	1			
Kl-Filter 2	0.92	11	0.67	8	0.44	4		2	0	0	1	1	0	0	0	0			
Kl-Filter 3	1.25	15	0.92	11	0.22	2		1	0	0	0	0	0	0	0	1			

图 7　Beeckerwerth 钢厂 2005 年 10 月~2006 年 6 月卸爆统计

3.4　越来越多钢厂采用干法除尘

与传统湿法除尘相比，干法除尘具有能耗低、占地少、运行成本低、烟尘回收处理容易、劳动条件好等优势。近年来随着该项工艺技术不断完善和趋于成熟，越来越多的转炉炼钢厂开始采用干法除尘。表 1 为 Lurgi-Bischoff 公司和 SIMENS-VAI 公司承担干法除尘项目业绩。值得关注的是，韩国浦项钢铁公司光阳制铁所在其第一炼钢厂多年采用干法除尘的基础上，最近在新建的脱磷转炉上采用干法除尘。在此次访问时还获悉，浦项钢铁公司已决定在印度新建年产 1200 万吨的 INDIA POSCO 钢厂，采用 2 座脱磷转炉–3 座脱碳转炉吹炼模式，目前已委托 Lurgi-Bischoff 公司提出炼钢干法除尘方案。

表 1　Lurgi-Bischoff 公司和 SIMENS-VAI 公司承担干法除尘项目

工程承担	投产时间	钢　　厂	炼钢转炉
Lurgi-Bischoff	1982	Georgasmarienhutte GmbH Osnabruck /德国格奥尔格斯马林冶金公司奥斯纳布莱克	1×130t
	1983	Thyssen Stahl AG Bruckhausen/德国	2×400t
	1984	EKO Stahl Eisenhuttenstadt/德国	2×225t
	1986	Preussag Stahl AG Salzgitter/德国	3×200t
	1987	Pohang Steel Corp.Kwangyang/韩国	3×250t
	1988	Thyssen Stahl AG Beeckerwerth/德国	3×265t
	1988	Voest Alpine Stahl Linz GmbH Linz/奥地利	3×150t
	1995	Dneprodzershinsker Metal.Komb.Dneprodzershinsk /乌克兰第聂伯罗夫斯克厂	1×250t
	1997	Baoshan Iron and Steel Corp.Shanghai/中国	2×275t
	2000	Lucchini Sinderurgica S.p.A.Piombino /意大利鲁吉尼冶金公司	3×130t
	2000	Voest Alpine Stahl Donawitz GmbH Donawitz/奥地利	2×67t
	2004	Laigang Laiwu/中国	3×130t

续表 1

工程承担	投产时间	钢　　厂	炼钢转炉
Lurgi-Bischoff	2005	Jiangyin Xingcheng Jiangyin/中国	1×100t
	2006	TISCO Taiyuan/中国	2×200t
	2006	Baotou Iron & Steel(Group) Co.,Ltd.Baotou/中国	2×100t
	2007	Handan Iron & Steel(Group) Co.,Ltd. Handan/中国	2×200t
SIMENS-VAI	2007	Alschewks/乌克兰阿尔切夫斯克厂	2×250t
	2006	BAOSTEEL/中国	1×300t
	2005	USS Kosich/斯洛伐克	2×180t
	2000	Salzgitter/德国	3×200t

4　考察钢厂干法除尘基本情况

4.1　德国蒂森–克虏伯 Beeckerwerth 钢厂

蒂森–克虏伯公司 Beeckerwerth 钢厂与该公司最大的 Bruckhousen 钢厂相距很近，考察组在重点对 Beeckerwerth 钢厂干法除尘进行考察交流时，还参观了 Bruckhousen 钢厂 380 t 转炉炼钢车间外干法除尘器等装置。

蒂森–克虏伯公司 Beeckerwerth 钢厂有 3 座 265 t 复吹转炉，铁水由 250 t 鱼雷车供应，建有一座 1600t 混铁炉，采用喷吹 CaC_2 或 CaO-Mg 粉剂对铁水进行脱硫预处理。该厂炉外精炼装置主要为 2 座 CAS-OB 和 2 座 RH，并有 2 台双流板坯连铸机。今年钢产量 550 万吨左右，产品包括汽车板、管线钢等优质钢材。

4.1.1　转炉炼钢

Beeckerwerth 钢厂转炉炼钢基本采用 3 吹 2 作业，每天冶炼炉数 65 炉，炉龄 3000 炉左右。转炉开吹后在 1 min 内氧气流量由零上升到 550 m^3/min，炼钢最大氧气流量为 1000 m^3/min，吹氧时间 16 min 左右。转炉冶炼周期为 40~45 min，主要取决于炉外精炼和连铸的节奏。

转炉开吹 2 min 后开始降罩回收煤气，回收期为 14 min。转炉采用副枪和烟气分析手段控制，终点命中率为 85%（不使用副枪时），使用副枪时为 97%~98%。

4.1.2　干法除尘

转炉汽化冷却烟道出口烟气温度为 500℃左右，烟道比正常烟道长 20~30m，干法除尘系统的蒸发冷却器内的烟气由下部往上走，除尘系统包括四级电除尘器、放散烟囱、煤气切换站、煤气冷却器、煤气柜等。

对除尘灰采用链条方式输送，蒸发冷却器 EC 和电除尘 ESP 的除尘灰量均为 1.5 t/炉，其中除尘灰 50% 压块供炼钢，另外供烧结用。

4.1.3　干法除尘效果

现场参观时在 12:00~13:00 时段，在转炉操作室和车间外部放散烟囱处同时观察了 2 号和 3 号转炉当班第 6 炉钢和第 7 炉钢的冶炼过程和烟囱放散情况。结果，不论是煤气放散还是回收期，从放散烟囱口都看不到烟尘放散迹象，但与此同时的二次除尘放散却可以看到少量烟尘冒出。

由于该厂目前没有在线烟尘分析仪器（原来有，后来拆除了），没有拿到烟气中的含尘量数据。据该厂除尘主管经理 E. Demuth 先生介绍，由于排放浓度控制得很好，政府环保部门已不再对该厂进行监测。

4.1.4　干法除尘的卸爆

4.1.4.1　卸爆频率

自 2005 年 10 月至 2006 年 6 月共发生卸爆 10 次，平均每月 1.1 次，具体统计情况见表 2。

表 2　Beeckerwerth 钢厂干法除尘卸爆统计结果

转炉	2005-10	2005-11	2005-12	2006-1	2006-2	2006-3	2006-4	2006-5	2006-6	小计
1 号	0	0	0	1	1	0	1	0	1	4
2 号	2	0	0	1	1	0	0	0	0	4
3 号	1	0	0	0	0	0	0	0	1	2
小计	3	0	0	2	2	0	1	0	2	10

4.1.4.2　卸爆程度及原因

该厂发生的都是轻微卸爆，经过监视屏幕确认卸爆阀关闭后，可以很快恢复吹炼，中间的停顿时间只有 1 min。如果卸爆阀没有及时回位，处理时间要长些，约 1 h，这种情况每年发生 1~2 次。

据 E. Demuth 先生介绍，发生卸爆的炉次中有一半为开吹前发生的，另一半为转炉后期补吹时发生的。

开吹前的卸爆主要与季节有关，是废钢中含雨水、雪多造成的。他们的应对措施主要为：坚持先加废钢后兑铁水，减少入炉的废钢量，将废钢比控制在 20%以下。

补吹卸爆与操作有关，应对措施是采用高氧枪位和小氧量，在 1 min 内氧气流量从零增加至 550 m³/min，然后为每 30 s 增加 50 m³/min，再下枪间隔时间大于 2 min。

4.1.5　检修情况

日常维修周期为每 4 周检修一个班，内容主要包括：喷嘴是否堵塞及输灰链条维检等一般性检查。转炉炉役时才对静电除尘器（极丝、极板和导流板）、蒸发冷却器进行详细检查和清理。

静电除尘器电场的极丝、极板寿命为 7~8 年，每个电场的费用为 20 万欧元。蒸发冷却器下部输灰链条使用耐热钢材，寿命为 6~7 年，电除尘器下部输灰链条使用寿命为 19 年。

4.1.6　煤气回收情况

当烟气中 CO 的含量超过 25%时开始回收，煤气回收量 28000~30000 Nm³/炉（约 100~110 Nm³/t）。回收蒸汽量以价格计为 47 万欧元/月，除满足本厂 RH 精炼使用外，外供蒸汽 40t/h。

4.1.7　除尘风机

转炉炉气量为 135000 Nm³/h，风机能力 200000 Nm³/h，正常运行时风量为 80000~150000 Nm³/h。

4.2　德国 Salzgitter 钢厂

此次考察访问的工厂为 Salzgitter 钢铁公司生产板材的转炉炼钢厂。该厂建于 1969 年，拥有 2330 m³ 和 2530m³ 高炉各 1 座、3 座 210 t 复吹转炉，铁水进行脱硫预处理，炉外精炼主要采用 LF（2 台）和 VD（3 台），拥有 3 台板坯连铸机（共 4 流），今年钢产量为 500 万吨，产品包括碳钢、深冲钢、高硬高磷钢、微合金钢、马氏体钢、双相钢（DP）等。

Salzgitter 钢厂于 1986 年开始采用干法除尘工艺，2000 年将原来除尘系统的三级电场改造为四级电场，进一步提高了除尘效果。

4.2.1　转炉工艺

转炉基本采用 3 吹 2 作业，目前每天冶炼炉数最高 72 炉。铁水装入量为 200 t，废钢 40~50 t。氧气顶吹流量开吹为 500 Nm³/min，30 s 后升至 730~750 Nm³/min，吹氧时间 15~16 min 左右，冶炼周期 36~38 min。

转炉开吹 3~3.5 min 后降罩回收煤气。转炉冶炼采用烟气分析和自动化模型手段控制，在烟气管道的热端和冷端取气体样，终点含碳量合格就出钢，钢水温度靠 LF 调整。

4.2.2　干法除尘效果

在现场实地观察了 3 号炉的放散情况，不论在煤气放散还是回收期，在放散烟囱口都基本看不到放散迹象。

Salzgitter 钢厂除尘系统有在线烟尘分析仪器，该厂除尘工艺主管 K-C. Hueske 先生给考察组打印出了 7 月 24 日 2 号和 3 号转炉全天的在线检测结果，2 号转炉烟气含尘平均 10.2 mg/Nm³，3 号转炉为 20 mg/Nm³。

4.2.3　转炉干法除尘的卸爆

4.2.3.1　卸爆频率

据 Hueske 先生介绍，该厂已不再将卸爆当成问题，所以没进行详细统计。他提供每年每座转炉卸爆次数约为 10~11 次，卸爆的发生与季节有关，有时全月都不发生 1 次，有时一天就发生 2~3 次。

4.2.3.2　卸爆程度及原因

该厂发生的都是轻微卸爆，中间停顿时间需要 2 min。据介绍，该厂卸爆分为开吹前转炉回“零”位时卸爆和转炉开吹后 1~2 min 卸爆两种。

开吹前的卸爆主要是与季节有关，由于废钢中含雨水、雪多造成的。转炉开吹后的 1~2 min 卸爆主要是烟气中含有 H_2、CO 气体，在风机由大变小时由于没有变频器控制不灵活，烟气不能完全燃烧造成。

由于吹炼终点是以钢水碳含量合格为准，基本没有后吹炉次，另外终点碳含量低，所以不会发生补吹卸爆。

4.2.3.3　煤气回收情况

当烟气中 CO 的含量超过 30%时开始回收，煤气回收量 0.617 GJ/t（约 82 Nm³/t，CO 含量 60%）。回收蒸汽分别为 107 kg/t（有煤气回收情况）和 180 kg/t（不回收煤气）。

考察时现场显示的蒸汽回收流量是 90 t/h，流量低时为 60 t/h。与所介绍的数值相当。

除尘灰采用链条方式输送，除尘灰量 18 kg/t，其中蒸发冷却器除尘灰为 1.8 t/炉，电除尘器为 2.0 t/炉。

4.3　奥钢联 Linz 钢厂

4.3.1　基本情况

Linz 第三炼钢厂建于 20 世纪 70 年代，主要装备包括铁水脱硫预处理、3 座 165 t 复吹转炉、2 座

LF 炉、2 座 RH（正在建设 3 号 RH）、3 台板坯连铸机，今年钢产量为 500 万吨，产品包括碳钢、深冲钢、电工钢、微合金钢等。

4.3.2 转炉工艺

转炉基本采用 3 吹 3 作业，目前每天冶炼炉数平均 98 炉。装入量铁水为 130 t，废钢 50 t。铁水成分大致为：C4.2%、Si0.6%、Mn0.6%、P0.075%、S0.003%~0.006%，温度 1400℃。

转炉氧气顶吹流量为 560~590 Nm^3/min，吹氧时间 13~15 min 左右，冶炼周期 30 min 或 40 min（3 座转炉吹炼时为 40 min、2 座吹炼时为 30 min）。开吹后 1 min 后降罩，30 s 后烟罩降到位，然后回收煤气。转炉采用 6 孔氧枪并装备有副枪、炉气分析，主要依据炉气分析确定吹炼终点碳，副枪主要用作测温。底吹强度 0.1 $Nm^3/(min·t)$，有 20%的炉次后吹。

转炉的二次除尘效果不好，加料时炉口冒烟严重，目前正在进行二次除尘的改造。

4.3.3 干法除尘效果

该厂 1988 年开始采用干法除尘工艺。考察时在现场观察了转炉一次烟尘放散情况，并持续录像 1 h，不论在煤气放散还是回收期，在放散烟囱口都看不到烟尘迹象。

4.3.4 干法除尘的卸爆

4.3.4.1 卸爆频率

今年每座转炉卸爆次数平均为 10 次。卸爆发生与季节有关，有时全月不发生 1 次，有时一个月就发生 10 多次。

4.3.4.2 卸爆原因及对策

发生卸爆中间停顿时间需要 100 s。据介绍，卸爆分为开吹前卸爆和开吹后 3 min 以内卸爆两种情况，但没有后吹卸爆。发生的原因与 Salzgitter 钢厂相似。

4.3.5 煤气回收情况

煤气回收量约 70 m^3/t，蒸汽为 70~76 kg/t。煤气回收量低与废钢比高有关。

4.3.6 除尘灰输灰方式与利用

采用链条和气动输灰方式输送，除尘灰量 18~20 kg/t。

根据在线检测锌含量的不同，除尘灰的利用有热压块、球团两种。在炼钢车间外面有热压块车间，压块供转炉自用，球团外卖。

4.4 斯洛伐克美钢联 Kosich 钢厂

该厂有两个炼钢厂，其中一炼钢厂 2005 年把原来的塔文干式除尘改为现在的干法除尘，今年钢产量为 240 万吨。装备有铁水脱硫预处理、3×180 t 转炉、吹氩精炼站和 1 座 RH，1 台双流板坯连铸机（240mm×1570 mm）。

4.4.1 转炉工艺

转炉基本采用 3 吹 2 作业，目前每天冶炼炉数平均 40~50 炉。转炉入炉铁水 143.7 t、废钢 42.2 t。氧气顶吹流量为 650~700 Nm^3/min，吹氧时间 14 min 左右，冶炼周期 40 min。目前暂未回收煤气（计划两年内建成煤气回收设施）。转炉没有副枪，依靠烟气分析和静态模型对转炉吹炼进行控制。

4.4.2 干法除尘效果

转炉的一次除尘效果很好，烟气含尘小于 10 mg/Nm^3。

4.4.3 干法除尘的卸爆

由于目前不回收煤气全部燃烧放散，因此没有发生过卸爆。

4.4.4 转炉二次除尘情况

转炉的二次除尘效果较好，现场观察转炉口加料时没有外冒烟。

4.4.5 除尘灰输灰方式与利用

采用链条输灰方式输送，除尘灰量为：蒸发冷却器 25 t/d，静电除尘器 72 t/d。除尘灰返回烧结使用。

4.4.6 除尘风机

一次除尘风机能力 110000 Nm^3/h，正常运行 70000~80000 Nm^3/h。二次除尘风机能力（1 号、3 号转炉）为 106000 Nm^3/h。

5 结语

通过此次欧洲转炉干法除尘技术考察，可以认为常规转炉炼钢流程采用干法除尘已趋于成熟、完善，欧洲钢厂除尘系统卸爆发生率已能够控制在可以接受的程度，且卸爆多是因为废钢带入水分造成的。京唐钢铁公司脱碳转炉基本不使用废钢，该类卸爆因此可以避免。

对于吹炼开始后和停吹后再开吹时由于炉气中 CO 与系统内的空气混合，造成的系统卸爆，所访问欧洲钢厂通过设定“前烧期”和开吹后采用较小氧流量控制方法，已基本能够杜绝此类卸爆发生，这对于京唐钢铁公司脱碳转炉采用干法除尘防止卸爆，具有很好的借鉴意义。

参考文献

[1] 梁广. 炼钢转炉煤气干法净化回收与利用技术[C]//2007 年中国钢铁年会论文集, 2007, 10.

（原文发表于《工程与技术》2009 年第 2 期）

首钢京唐钢铁厂新一代工艺流程与应用实践

张福明　崔幸超　张德国　韩丽敏

(北京首钢国际工程技术有限公司，北京 100043)

摘　要：本文研究分析了现代化钢铁厂洁净钢生产技术，提出了以生产效率、制造成本和产品性能为核心的洁净钢生产技术理念。通过对新一代钢铁厂高效率、低成本、高质量钢铁产品制造功能的解析与集成，结合首钢京唐钢铁厂炼钢–连铸工艺的设计研究，应用动态精准设计体系，优化配置铁水预处理、转炉冶炼、二次精炼、连铸等单元工序，构建了基于动态有序生产体系的高效率、低成本、高质量洁净钢生产平台。

关键词：炼钢；连铸；洁净钢；铁水预处理；二次精炼

Process Flow and its Application Practice at Shougang Jingtang New Generation Steelmaking Plant

Zhang Fuming　Cui Xingchao　Zhang Deguo　Han Limin

(Beijing Shougang International Engineering Technology Co., Ltd., Beijing 100043)

Abstract: This paper analyzes the technology for clean steel production in modern iron and steel plant, a philosophy with production efficiency, manufacturing cost and product performance in its core. It also makes a review on functions of high-efficiency, low-cost and high-quality steel products manufactured by the new generation iron and steel plant, in combination with the study on design of steelmaking – continuous casting process of Shougang Jingtang Iron & Steel Plant. By applying precise and dynamic design system to optimize and allocate systems and working procedures of hot metal pretreatment, converter smelting, secondary refining, continuous casting process, etc, a platform of high-efficiency, low-cost and high-quality clean steel production is built.

Key words: steelmaking; continuous casting; clean steel; hot metal pretreatment; secondary refining

1　引言

在钢铁工业的发展中，洁净钢的生产加速了工艺流程的优化和产品质量的提高，社会对洁净钢生产需求的日益提高，迫切需求建立一种全新的、大规模、高效率、低成本生产洁净钢的生产体制。

首钢京唐钢铁厂是中国“十一五”规划的重点工程，是按照循环经济理念，设计建设的新一代可循环钢铁厂，具有优质产品制造、能源转换和消纳废弃物的三项功能。产品定位于高档次精品板材，设计产能 927.5 万吨钢。建设 2 座 5500m^3 高炉年产铁水 898.15 万吨，一个炼钢厂配置 2 座 300t 脱磷转炉、3 座 300t 脱碳转炉和 3 台板坯连铸机，建设 2250mm 和 1580mm 两条热连轧生产线，配置 2230mm、1700mm 和 1550mm 3 条冷轧生产线，冷热轧转换比为 57.2%，涂镀比为 65.7%。

热轧主导产品为高品质汽车板，特色产品为管线钢、压力容器钢和造船用钢。高强度钢抗拉强度最高可达 1200MPa，管线钢级别为 X100。

冷轧产品包括固溶型、析出型、烘烤硬化型、DP 钢及 TRIP 钢等高强度钢，最高强度级别为 780MPa；热镀锌产品最高强度级别为 590MPa，彩色涂层产品最高强度级别为 440MPa。

首钢京唐钢铁厂的设计建设，遵循“工艺现代化、流程高效化、效益最佳化”的设计理念，在炼钢—连铸工序采用铁水“全三脱”预处理设计模式，对铁水进行全量脱硫、脱硅、脱磷预处理，应用动态精准设计体系，优化高炉铁水运输—铁水预处理—转炉冶炼—二次精炼—连铸各单元工序的流程，构建了基于动态精准生产体系的高效率、低成本、高质量洁净钢生产体系。

2 洁净钢的特征及技术要素

洁净钢是指对钢中夹杂物和杂质元素含量的控制达到能够满足钢材加工过程和使用过程的性能要求，一般是钢中杂质元素磷、硫、氮、氢、氧（有时包括碳）和非金属夹杂物含量很低的钢。洁净钢没有固定的定义，因为各个钢种的洁净度与钢种的用途直接相关，钢种不同，对洁净度的要求也不同。因而洁净钢的恰当定义为：当钢中的非金属夹杂物直接或间接地影响产品的生产性能或使用性能时，该钢就不是洁净钢；而如果非金属夹杂物的数量、尺寸或分布对产品的性能都没有影响，那么这种钢就可以被认为是洁净钢。表 1 给出了典型钢种洁净度的控制水平。

由此可见，产品的洁净度是保障钢铁产品性能的基本要素，也是炼钢—连铸生产过程中控制产品性能的基本功能。因此，建立洁净钢生产平台的基本目标是保证炼钢厂生产的全部钢材洁净度能达到洁净钢的基本要求。

洁净钢概念的提出，并非单纯追求钢的洁净度，必须与钢材的用途、性能以及市场需求密切关联，洁净钢生产平台的构建要统筹考虑钢材档次、用途、市场等多元因素。因此，探索能够高效率、低成本、批量化生产优质钢材的有效技术途径，建立以生产效率、制造成本和产品性能为核心的洁净钢生产体系，是当前洁净钢生产的亟待研究和解决的课题。

洁净钢生产平台的构建不仅是单纯的脱硫、脱磷、脱碳、脱氧等工艺技术和品种质量问题，应该包括工艺、设备、技术管理和生产运行等诸多因素，实现高效、优质和低成本的目标。洁净钢生产平台必须采用高效、稳定的运行模式。炼钢—连铸制造流程中整个系统的产能不仅取决于单元工序的产能，还取决于单元工序之间物流的流通能力和效率，因而通过解析各单元工序的功能，改变传统的单元工序静态生产能力核算的设计理念，建立动态精准设计体系，通过对单元工序冶金功能的解析与集成是实现炼钢—连铸工艺流程优化的重要方法，也是构建高效率、低成本洁净钢生产平台的基本理念。

表 1 典型钢种的洁净度控制水平

钢种		[S]/%	[P]/%	[N]/%	[H]/%	T[O]/%	夹杂物控制
冷轧板	IF 钢，[C]≤0.002%	≤0.003	≤0.010	≤0.002	≤0.0002	≤0.002	d≤20μm
	高强度汽车钢	≤0.005	≤0.010	≤0.005	≤0.0002	≤0.003	d≤20μm
	超低碳钢，[C]≤0.0025%	≤0.012	≤0.015	≤0.003	—	≤0.0025	d≤100μm
	低碳铝镇静钢	≤0.012	≤0.015	≤0.004	—	≤0.0025	d≤100μm
	无取向电工钢	≤0.003	≤0.04	≤0.002	—	≤0.0025	—
热轧板	普通碳钢	≤0.008	≤0.02	≤0.008	—	≤0.003	—
	低合金钢	≤0.005	≤0.015	≤0.008	—	≤0.003	—
	高强度管线钢	≤0.002	≤0.015	≤0.005	—	≤0.002	A、B 类
	抗 HIC 管线钢	≤0.001	≤0.007	≤0.005	—	≤0.002	A、B 类

3 洁净钢生产体系的构成

首钢京唐炼钢厂通过对炼钢—连铸各工序功能的解析与集成，按照铁水“全三脱”的设计理念，建立了动态有序、紧凑连续、高效稳定的洁净钢生产系统。炼钢厂配置 4 套 KR 铁水脱硫装置，配置 2 座 300t 转炉用于铁水脱硅—脱磷预处理，设 3 座 300t 高效转炉，配置 1 台多功能 LF、2 台多功能 RH 和 2 台 CAS 钢水二次精炼装置，3 台高效板坯连铸机，建立了铁水短流程运输—铁水预处理—高效转炉冶炼—二次精炼—高效连铸优化的生产工艺流程，炼钢厂炼钢—连铸工艺流程如图 1 所示，主要工序配置见表 2。

3.1 铁水运输

铁水运输采用“一包到底”技术，取消了鱼雷罐车，高炉铁水直接兑入铁水包运送到炼钢厂。这项技术减少铁水倒罐操作，缩短工艺流程，避免烟尘污染，提高铁水温度，有利于铁水脱硫处理，有利于转炉多加废钢，降低铁水消耗和能源消耗，有

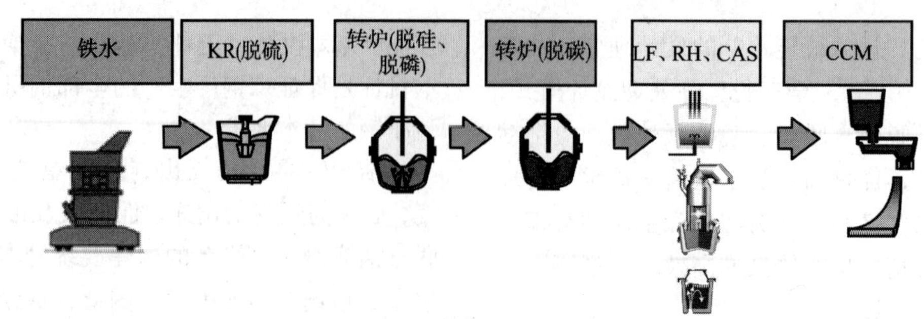

图 1　首钢京唐炼钢厂炼钢—连铸生产工艺流程

表 2　首钢京唐炼钢厂主要工序配置

单 元 工 序	数　量
铁水 KR 脱硫装置	4 套
300t 铁水脱磷转炉	2 座
300t 顶底复吹转炉	3 座
CAS 精炼装置	2 套
双工位 LF 钢包精炼炉	1 座
RH 真空处理装置(双工位)	2 台（预留 1 台）
2150mm 双流板坯连铸机	2 台
1650mm 双流板坯连铸机	1 台（预留 1 台）

效地降低生产运行成本。实践表明，采用铁水“一包到底”直接运输技术，铁水温度比鱼雷罐运输提高约 25℃。

3.2　铁水预处理工艺

铁水预处理工序包括铁水脱硫、脱硅、脱磷的“全三脱”处理，配置 4 套 KR 脱硫装置及 2 座 300t 脱硅–脱磷转炉。

3.2.1　铁水脱硫预处理

铁水脱硫采用 4 套 KR 机械搅拌脱硫装置，可高效、稳定地满足洁净钢板材对硫含量的要求。KR 脱硫工艺流程如图 2 所示，主要技术参数见表 3。KR 脱硫工艺的主要技术特点是：

（1）具有良好的动力学条件，脱硫效率高，脱硫率为 90%~95%；

（2）脱硫剂采用石灰及少量萤石，价格低廉，降低生产成本；

（3）采用活性石灰套筒窑生产的石灰粉剂，采用气力输送方式运输，生产成本低；

（4）KR 脱硫工艺可以有效的防止铁水回硫现象产生，脱硫效果稳定；

（5）KR 脱硫工艺采用二次扒渣，处理周期为 38~42min，操作时间与脱磷转炉相匹配。

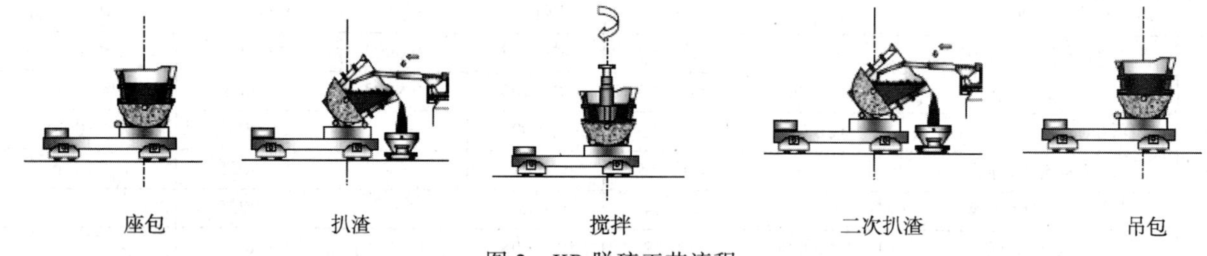

图 2　KR 脱硫工艺流程

表 3　KR 脱硫工艺主要技术参数

项　目	数　值
年处理铁水量/万吨	898.15
每罐铁水平均处理量/t	287
每罐铁水处理时间/min	38~42
年处理铁水能力/万吨	约 1100
起始硫含量/%	≤0.07
终点目标硫含量/%	≤0.002,20% ≤0.005,50% ≤0.010,30%
脱硫剂消耗/kg·t^{-1}	6~10

3.2.2　铁水脱硅—脱磷预处理

通过对转炉冶炼功能的解析和集成，为进一步提高生产效率和钢水洁净度，采用转炉分阶段冶炼的技术理念，将传统转炉脱硅、脱磷、脱碳集成一体的功能优化为采用专用的转炉进行铁水脱硅、脱磷预处理，而顶底复合吹炼转炉则专用于脱碳升温，这样进一步提高了冶金反应效率和钢水洁净度。实现转炉分阶段冶炼，改变了传统转炉的操作模式，原来一座转炉的冶炼功能由两座转炉串联作业来实现。操作模式是采用两座转炉前后串联作业，即用于铁水预处理的转炉，主要进行铁水脱硅、脱磷操作，称其为脱磷转炉；用于脱碳的转炉接受来自脱磷转炉的“半钢铁水”，主要完成脱碳操作。这种优化了的“全三脱”冶炼模式缩短了转炉冶炼周期，提高了转炉冶炼效率和钢水洁净度。

炼钢厂配置2+3座300t转炉，可实现铁水"全三脱"处理，工艺流程优化，主要技术特点是：

（1）转炉内脱磷反应空间大，能够实现大气量底吹搅拌，加速脱磷反应，创造良好的动力学条件，生产成本低，可以经济地获得低磷铁水；

（2）优化转炉入炉原料，实现精料操作；

（3）脱磷时间短，简化转炉冶炼工艺，高速吹炼，实现快节奏生产；

（4）分阶段冶炼，有利于脱碳转炉采用锰矿，减少Fe-Mn合金的消耗，降低生产成本；

（5）脱碳炉精炼渣可作为脱磷剂使用，节省成本；

（6）转炉少渣冶炼，减少钢渣处理量，节能环保，实现绿色生产；

（7）可以适度利用高磷铁矿，利于降低原料的采购成本。

因此，采用专用转炉进行铁水脱硅、脱磷预处理，不仅有利于低磷钢的生产，还有利于了优化工艺流程、提高生产效率、降低运行成本，体现了现代化炼钢厂发展循环经济、减量化生产的发展方向，是钢铁厂经济运行的一个系统化工程，有利于提高产品的市场竞争力。

铁水预处理工序采用4套KR脱硫装置和2座脱硅-脱磷转炉，采取2对1操作模式，即2套KR与1座脱硅-脱磷转炉匹配，年处理量约1100万吨，满足转炉年产927.5万吨钢水的要求。

根据不同钢种的要求，铁水经"全三脱"处理以后，铁水中的硅、磷、硫含量可以达到表4的质量目标。

表4　铁水预处理后的质量目标　（%）

铁水质量	[Si]	[P]	[S]
普通铁水	0.05~0.23	<0.015	<0.01
低磷、低硫铁水	0.05~0.23	<0.015	<0.005
超低磷铁水	0.05~0.23	<0.01	<0.01

3.3　转炉冶炼工艺

转炉冶炼工序配置3座300t脱碳转炉，由于采用铁水"全三脱"预处理工艺，转炉工序的主要任务是脱碳升温，冶炼周期缩短，可由常规冶炼的36~38min缩短到30min以下，实现转炉的高效冶炼和少渣冶炼。为保证钢水的洁净度，采用顶底复吹、副枪、挡渣出钢、钢包渣改质处理等技术。根据不同钢种的要求，转炉冶炼终点钢水成分可以达到表5的质量水平。

表5　转炉冶炼终点钢水质量　（%）

钢水质量	[C]	[Mn]	[P]	[S]
普通钢水	0.06	0.6	<0.01	<0.01
超低硫钢水	0.06	0.8	<0.01	<0.004
超低磷钢水	0.03	0.6	<0.005	<0.01

3.4　精炼工艺

根据热轧、冷轧的产品要求以及不同精炼装置的功能，精炼工序配置2座RH、1座LF、2座CAS精炼站，按照产品的质量要求，各精炼设施可单独使用或采取双重精炼处理工艺。

3.4.1　RH精炼工艺

采用2台多功能RH真空处理装置，可单独或与CAS、LF炉进行串联作业，实现钢水二次精炼功能。多功能RH处理主要应用在脱碳、真空脱氧（轻处理）、脱氢和脱氮上，进一步实现对钢水成分和温度的精确调整。经过多功能RH真空处理装置处理后的钢水成分可达到[C]<0.0015%，[H]<0.0002%，[N]<0.003%，[O]<0.003%的质量水平。

多功能RH真空精炼工艺特别适合现代转炉冶炼和板坯连铸生产，用以大规模生产低碳优质钢种，如超低碳IF钢、硅钢等。处理低碳钢、超低碳钢和对气体含量控制要求较高的钢种，如DQ、DDQ、EDDQ系列钢板，可通过RH真空自然脱碳或强制脱碳、真空脱氧、脱气处理。RH真空处理装置采用双工位，配置多功能顶枪，通过顶枪吹氧生产超低碳钢；加铝吹氧进行化学升温；顶吹燃气和氧气为真空槽补充加热，减少RH处理时温降，消除真空槽内冷钢，避免钢种之间污染。RH主要技术参数见表6。

表6　RH主要技术参数

项　目	参　　数
公称容量/t	300
处理周期/min	23~55（平均31）
钢水罐升降	液压缸顶升
真空泵能力（0.5torr）/kg·t^{-1}	1250
钢水循环率/t·min^{-1}	250（最大值）
年处理能力/万吨	768（2套）
冶金效果	[C]<0.0015%，[H]<0.0002%，[N]<0.003%，[O]<0.003%

3.4.2　LF精炼工艺

LF炉具有如下精炼功能：

（1）通过加热功能，可协调炼钢和连铸工序生产，保证多炉连浇的顺利进行；

（2）通过还原性气氛造碱性渣，冶炼超低硫钢；

（3）通过加合金及渣料进行脱氧、脱硫及合金化，控制钢水成分，提高钢水质量；

（4）通过底吹氩搅拌均匀钢水温度和成分。

对要求低氧、低硫的钢种，如低合金钢、低牌号管线钢等，可采用 LF 炉处理，配置双工位、电极旋转式 LF 钢包精炼炉 1 台。LF 主要技术参数见表 7。

表 7　LF 主要技术参数

项　目	参　数
公称容量/t	300
平均处理周期/min	40
变压器额定容量/MV·A	45
电极调节方式	电液比例阀
钢水平均升温速度/℃·min^{-1}	≥4.5
年处理钢水能力/万吨	333
脱硫率/%	≥60

3.4.3　CAS 精炼工艺

CAS 可作为 LF 精炼的并列或替代工艺，除脱硫功能外，CAS 可完成 LF 的大部分功能，对于普通热轧产品，如 SS400、SM490 等，可以单独采用 CAS 精炼工艺。采用 2 台配置顶枪、具有加热功能的 CAS 精炼装置，主要技术参数见表 8。

表 8　CAS 主要技术参数

项　目	参　数
公称容量/t	300
处理周期/min	28~40
年处理钢水能力/万吨	666（2 套）

3.4.4　双重处理精炼工艺

对某些有特殊质量要求的钢种，如高牌号管线钢、高强度结构钢等，可经 LF 和 RH 双重处理。对于大部分 LCAK 钢（[Si]<0.03%）热轧产品，可以采取 CAS 和 RH 双重处理，发挥其高效、低成本的特点。

首钢京唐炼钢厂精炼工序设施齐全，实际生产中，可按转炉、连铸的产品分工，形成转炉—精炼（LF/RH/CAS）—连铸特定的专业化生产线，按照产品专项化生产的概念，实现炼钢厂各单元工序的专一组合，有利于生产稳定及运行管理。

3.5　连铸工艺

连铸工序配置 3 台高效板坯连铸机，设计年产 904.3 万吨坯。在保证钢水洁净度、提高铸坯的表面和内部质量、提高连铸生产率和可靠性、板坯高温热送、节能环保及综合利用等方面采用了 30 余项先进技术。连铸工序采用的先进技术均体现了当今国际连铸技术的发展水平和技术特点。

3.5.1　采用直弧型连铸机

采用分节密排辊列、连续弯曲、连续矫直的连铸机机型，满足高拉速下铸坯内部洁净度的要求，减小铸坯的弯矫变形，保证铸坯的内部质量。

3.5.2　结晶器钢水电磁制动

结晶器钢水电磁制动技术特别适合 2.0m/min 以上的高拉速浇注，电磁制动技术控制钢水的流速和方向，使结晶器内的钢水流场始终保持在合理状态，避免卷渣，保证高拉速条件下铸坯的表面质量和内部质量，有效改善连铸坯的洁净度。

3.5.3　结晶器液压振动

结晶器液压振动可以在浇注过程中改变振幅和振频，实现正弦和非正弦振动，有效地减少铸坯振痕深度，特别适合高拉速条件下保护渣的有效供给，提高铸坯的表面质量。

3.5.4　铸坯动态轻压下技术

通过建立二冷水控制模型，实时判断铸坯内部的液芯位置，在铸流导向段的适当位置，控制系统自动调整扇形段的辊缝开度，从而对铸坯实施轻压下。铸坯轻压下技术可以有效地改善铸坯内部的中心偏析、中心疏松，获得良好的铸坯内部质量，在消除铸坯中心偏析方面取得的显著效果。

表 9　板坯连铸机的主要技术参数

项　目	参　数	
连铸机种类	2150mm 板坯连铸机	1650mm 板坯连铸机
机　型	直弧型（连续弯曲、连续矫直）	直弧型（连续弯曲、连续矫直）
台数×流数	2×2	1×2
基本弧半径/m	9.5	9.5
浇注厚度/mm	230	230
断面宽度/mm	1100~2150	900~1650
切割定尺长度/m	9~11	8~10.5
拉坯速度/m·min^{-1}	1.0~2.5	1.2~2.5
冶金长度/m	约 48	约 48
连浇炉数/炉	10~12	10~12
连铸机年产量/万吨	624.3	280

首钢京唐炼钢厂，从铁水运输—铁水预处理—转炉炼钢—钢水二次精炼—高效连铸，多工序均配备了国际一流的技术与设备，保证了生产的高效率和产品的高质量，为生产高品质、高档次产品奠定

了坚实的基础。

4 京唐钢铁公司洁净钢生产体系的特点

4.1 工艺流程优化

首钢京唐炼钢厂采用优化的工艺路线，从铁水“一包到底”运输—铁水“全三脱”预处理—转炉炼钢—钢水二次精炼—高效连铸，整个工艺流程紧凑合理，KR 脱硫装置独立设置、脱磷与脱碳转炉分跨设置，流程紧凑连续、物流运行顺畅、运行高效稳定，炼钢厂平面布置如图 3 所示。

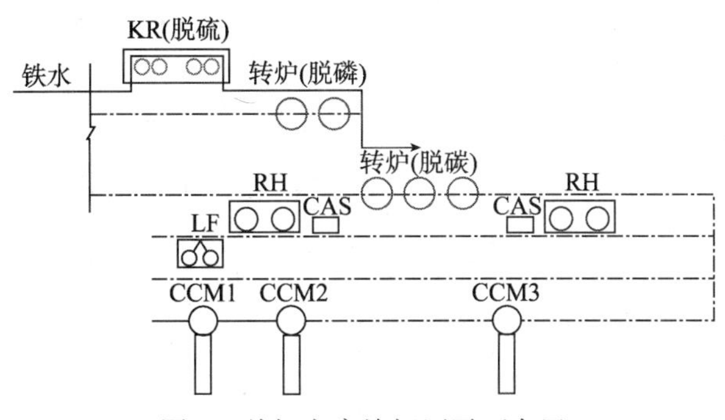

图 3 首钢京唐炼钢厂平面布置

4.2 生产高效化

首钢京唐炼钢厂工艺流程的优化，加快了生产节奏。各工序按照动态精准的设计理念，前后工序协调匹配，实现炼钢厂的高效稳定、快节奏连续生产。

炼钢厂配置 4 套 KR 脱硫装置与 2 座脱硅–脱磷转炉，采取 2 对 1 操作模式，使全量铁水实现“全三脱”预处理，为洁净钢的生产奠定了基础；2 座脱磷转炉与 3 座脱碳转炉协调匹配，可以按照 1 对 1、1 对 2 或 2 对 3 的模式组织生产；为实现高效率、低成本、高质量、快节奏的生产创造了有利条件；3 座脱碳转炉与 3 台高效板坯连铸机 1 对 1 匹配，整个炼钢厂以连铸为中心，各工序间相互协调，实现工序间的动态精准生产。表 10 是典型的低碳钢生产时间程序，图 4 是生产典型的低碳钢的时间管理界面图。

表 10 典型的低碳钢生产时间程序

项 目	数 值
铸坯规格/mm	230×1500
工作拉速/m·min^{-1}	1.9
浇注时间/min	30
RH 轻处理时间/min	25
转炉冶炼周期/min	30
脱磷炉处理周期/min	25
KR 脱硫处理周期/min	25（2 套 KR 处理节奏）

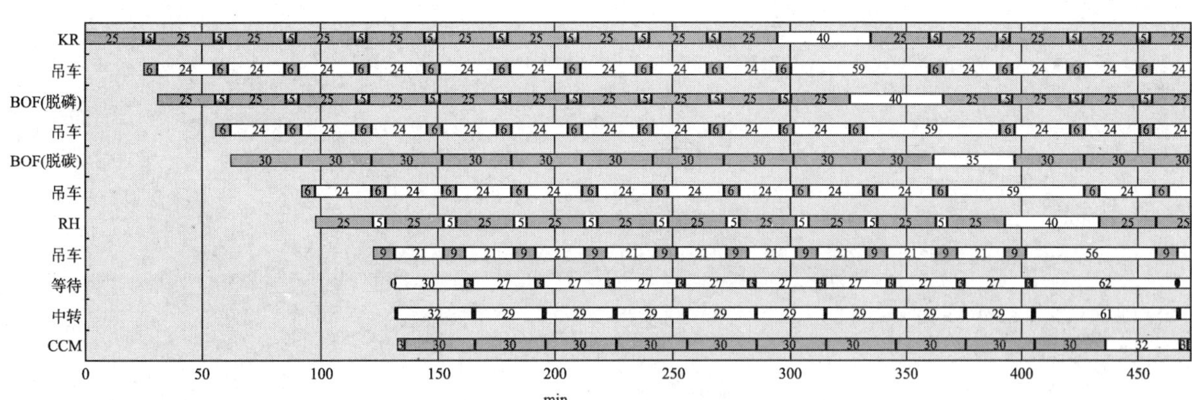

图 4 生产典型的低碳钢时的时间管理界面图

4.3 产品洁净化

铁水采用“全三脱”预处理、转炉精料操作、多功能钢水精炼、连铸中间包/结晶器钢水冶金，为高效率、低成本、批量化生产杂质含量低的洁净钢创造了有利条件，构建了高效率、低成本的洁净钢生产体系。

转炉工序采用全自动吹炼和全流程计算机监控，精炼工序配置 LF、RH、CAS 精炼站，在洁净钢批量生产的基础上减小钢水成分与温度的波动，稳定产品性能，提高产品质量。铁水“全三脱”预处理可以降低白灰、合金料消耗，脱碳转炉渣回收用作脱磷转炉的脱磷剂，低成本生产洁净钢，实现资源循环利用，降低生产成本。

5 结语

提高钢材洁净度是未来钢铁工业的重点课题。洁净钢的生产是一项复杂的系统工程，是建立在工艺流程、技术装备、生产操作和质量管理基础之上的技术体系。新一代钢铁厂应构建洁净钢的生产平台，通过优化工艺流程、提高技术装备、改善生产操作、提高质量水平，实现高效率、低成本大批量生产用户需要的洁净钢材。

首钢京唐炼钢厂采用铁水“全三脱”设计理念，通过工艺流程、技术装备的优化，构建了基于动态有序、紧凑连续、高效稳定的洁净钢生产体系，具有高质量、高效率、低成本、可循环的洁净钢生产技术特征。首钢京唐钢铁厂洁净钢生产体系的构建，提出了21世纪一种高效率、低成本、可循环生产洁净钢的技术发展模式和方向。

参考文献

[1] Yin Ruiyu. Metallurgical Process Engineering [M]. Beijing: Metallurgical Industrial Press, 2005: 325~328.

[2] State of the Art and Process Technology in Clean Steelmaking [M]. Beijing: Metallurgical Industrial Press, 2009: 1~21.

[3] 刘浏. 转炉洁净钢生产工艺的热力学研究. 2008.

[4] 杨春政，梁红兵. 高效稳定的洁净钢生产平台[C]//第四届发展中国家连铸国际会议论文集, 2008: 36~43.

（原文发表于《炼钢》2012 年第 2 期）

大型转炉煤气干法除尘技术研究与应用

张福明[1]　张德国[1]　张凌义[1]　韩渝京[1]　程树森[2]　闫占辉[3]

（1. 北京首钢国际工程技术有限公司，北京 100043；
2. 北京科技大学冶金与生态工程学院，北京 100083；
3. 首钢京唐钢铁联合有限责任公司炼钢作业部，唐山 063200）

摘　要：转炉煤气干法除尘技术具有高效能源转换、节约新水、节能减排、清洁环保的技术优势，可以大幅度降低水消耗、高效回收蒸汽和煤气，减少环境污染，是当代转炉冶炼实现高效能源转换的关键技术。针对首钢京唐“全三脱”生产工艺过程和技术特征，通过冶金过程工艺理论研究、工艺流程和功能解析、CFD数值仿真设计优化，全面系统地研究了300t转炉“全三脱”冶炼条件下，转炉煤气的泄爆机理，蒸发冷却器内的烟气特征，低阻损的除尘管道设计。编制了适合脱磷和脱碳两种不同工艺过程的蒸发冷却器喷水曲线、静电除尘器、轴流风机等干法除尘设备的工艺控制程序；编写了两种工艺条件下的工艺技术操作规程和维护规程；优化了蒸发冷却器内雾化喷枪的布置形式。实现了工艺稳定运行、能源高效回收、排放显著降低的目标。生产实践表明，“全三脱”冶炼条件下回收煤气达到85Nm^3/t钢以上，回收蒸汽达到110kg/t钢以上，全年泄爆率在万分之三以下，保证了炼钢生产的安全稳定运行，取得了显著的经济效益和生态环境效益。

关键词：炼钢；转炉煤气干法除尘；蒸发冷却器；静电除尘器；能源回收

Research and Application on Large BOF Gas Dry Dedusting Technology

Zhang Fuming[1]　Zhang Deguo[1]　Zhang Lingyi[1]　Han Yujing[1]
Cheng Shusen[2]　Yan Zhanhui[3]

(1. Beijing Shougang International Engineering Technology Co., Ltd., Beijing 100043;
2. University of Science and Technology Beijing, Beijing 100083;
3. Shougang Jingtang Iron and Steel United Co., Ltd., Tangshan 063200)

Abstract: Shougang Jingtang iron and steel plant is a new generation of ten-million ton scale recycling iron and steel plant constructed with circulating economy concept and application of the process flow of high-efficiency, low-cost and clean steel production. The steel making plant adopts desulphurization, desiliconization and dephosphorization ("fully three revomal") for full amount hot metal pretreatment process with two 300t converters for pretreatment of hot metal desiliconization - dephosphorization and three 300t converters for steelmaking. BOF gas dry dedusting technology has a number of technical advantages in high efficiency energy conversion, energy saving and emission control and clean environmental protection fields, and it can decrease water consumption greatly, have high efficiency for steam and gas recovery, and reduce environmental pollution, and it is a key technology for realization of high-efficiency energy conversion in the contemporary converter smelting. As to "fully three removal" production process and technical characteristics, 300t converter blowing process with "fully three removal" system is studied in comprehensive and systematic way by means of the theoretical research of metallurgical process, analysis of process flow and function and engineering optimization of CFD numerical simulation, as well as precise control technology and safety operation technology on BOF gas dry dedusting process in order to realize goals of stable operation process, high-efficiency energy recovery and obvious reduction of

基金项目：国家“十一五”科技支撑计划（2006BAE03A10）。

emission. After two years' production and practice, BOF gas dry dedusting system has been proven by its outstanding economic environmental benefits.

Key words: steelmaking; BOF gas dry deduting; evaporation cooler; electrostatic precipitator; energy recovery

1 引言

首钢京唐钢铁厂是按照循环经济理念建设的新一代可循环钢铁厂，具备“优质产品制造、高效能源转换、消纳废弃物并实现资源化”的三重功能[1]，以构建高效率、低成本洁净钢生产体系为目标[2]，大力降低资源和能源消耗，实现高效能源转换和回收利用，降低水资源消耗，实现污水和废弃物的“零排放”。创新应用了“全三脱”铁水预处理—“2+3”300t 转炉洁净钢冶炼工艺和转炉煤气干法除尘技术。

转炉煤气干法除尘工艺具有除尘效率高、节水效果显著、能源消耗和运行费用低、使用寿命长、维修量少的优点。特别是在降低烟气排放浓度、降低新水消耗、能源消耗方面具有显著优势，可控制烟气含尘量不高于 15mg/m^3，实现污水零排放，含铁粉尘经压块处理后可直接供转炉使用，实现废弃物的资源化回收利用[3]。随着我国对烟气排放浓度的要求越来越严格，转炉煤气干法除尘所具有的特殊优势必将助其得到越来越广泛的应用。

转炉煤气干法除尘技术于 20 世纪 60 年代开发成功，国际上很多老厂也通过改造采用干法除尘技术，如德国萨尔茨吉特板材厂在不停机的情况下改造了 3 座 LD（转炉）DDS（干法除尘），提升了生产潜力近 99%，降低了 65%的排放量[4]. 我国宝钢二炼钢于 1998 年在国内首次引进转炉干法系统，由于当时引进国外成套技术设施投资很高，再加上泄爆等问题一段时间内未能得到很好的解决，转炉煤气干法除尘技术在我国未得到广泛应用。

随着转炉煤气干法除尘技术的日益成熟和我国对烟气排放浓度的要求日益严格，自 2006 年以来，国内钢厂陆续引进了转炉煤气干法除尘技术，在降低粉尘排放、提高煤气回收率等方面均获得了较好的效果。国内许多钢厂在煤气泄爆问题方面也摸索出了一套适合自身企业的防爆操作模式[5]，引进除尘设备的国产化程度也越来越高。然而由于转炉干法除尘工艺与转炉冶炼操作具有密不可分的关联性，但在 200t 以上大型转炉的干法除尘技术的应用、掌握以及设备国产化方面还有一定的欠缺，需要尽快进行经验积累和设备国产化研究，打破国外的垄断。

由于“全三脱”冶炼的一些特殊工艺特点，导致在该冶炼条件下干法除尘的泄爆几率较常规冶炼大大增加，因此在首钢京唐 300t 转炉“全三脱”冶炼条件采用干法除尘技术之前，国内外转炉干法除尘技术均应用于常规冶炼条件下。无论是在特大型转炉的干法除尘应用上还是在“全三脱”冶炼条件转炉干法除尘的成功应用上，首钢京唐均实现了零的突破。

2 “全三脱”洁净钢生产工艺技术

“全三脱”是对全量铁水进行脱硫、脱硅、脱磷预处理，以此构建高效率、快节奏、低成本的洁净钢生产系统。该冶炼工艺 20 世纪 80 年代由日本最早提出并实施，取得了很好的应用效果[6]。铁水在装入脱碳转炉之前首先对铁水进行脱硫、脱硅、脱磷“全三脱”预处理，最大限度地降低钢水中的硫、磷含量，为生产高品质洁净钢奠定基础。与转炉常规冶炼工艺相比，由于铁水采用“全三脱”预处理工艺，转炉冶炼的主要功能简化为脱碳和升温，因此转炉冶炼周期缩短，可由常规冶炼的 36~38min 缩短到 30min 以下，可以实现转炉的高效快速冶炼和少渣冶炼。因此可以有效地降低转炉生产成本，提高生产效率，还可以有效地降低钢水中硫、磷含量，实现优质洁净钢生产[7]。图 1 是典型的“全三脱”转炉冶炼洁净钢生产工艺流程。

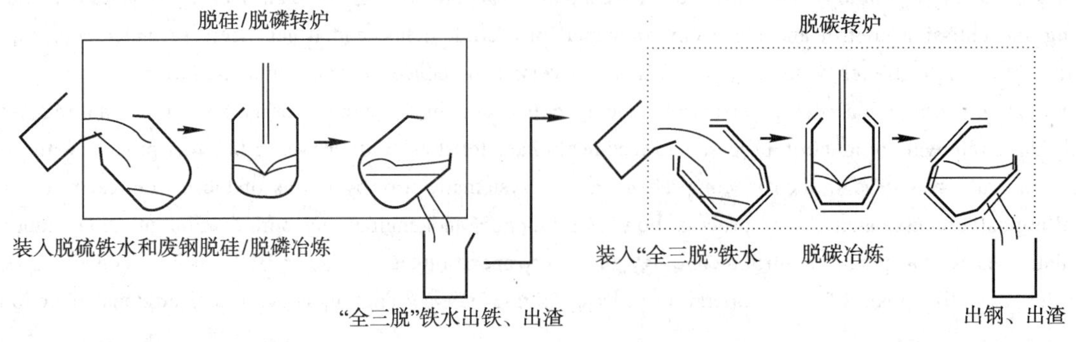

图 1 “全三脱”转炉冶炼洁净钢生产工艺流程

经过“全三脱”预处理后的铁水装入脱碳转炉之前，铁水中硅、锰、磷的含量已经降至很低水平，铁水装入脱碳转炉以后，由于没有硅、锰、磷氧化的“前烧期”，氧枪降枪吹炼以后立即生成大量的CO，同时转炉内温度迅速升高，生成含大量CO的煤气进入静电除尘器与存留的空气混合，遇静电火花而极易发生泄爆事故。转炉常规冶炼条件下，由于可以形成稳定的“前烧期”，“前烧期”生成的烟气主要为惰性混合气体，在轴流风机的抽吸作用下，残留在除尘管道和静电除尘器内部的空气随烟气一起被抽出，泄爆的几率也就相应降低。因此，转炉煤气干法除尘工艺在欧洲各钢厂均用于转炉常规冶炼。日本虽然采用“全三脱”冶炼工艺，但是转炉煤气除尘采用的是传统的湿法除尘工艺（OG），没有“全三脱”冶炼条件下煤气干法除尘的应用实绩。

以高效率、快节奏、低成本生产洁净钢是21世纪钢铁工业发展的重要目标。随着市场对高性能、高质量洁净钢需求的日益增长，采用常规转炉冶炼工艺生产洁净钢存在较大难度。因此，以铁水“全三脱”预处理为代表的转炉冶炼新流程，成为高效率、低成本、稳定生产洁净钢的先进工艺之一。铁水经过“全三脱”预处理以后，硅、锰、磷的含量大幅度降低，因此转炉脱碳冶炼过程与常规冶炼相比，发生了很大的改变，工艺制度也需要进行相应调整。包括供氧制度、造渣制度、温度控制、钢铁料装入制度等，这种冶炼工艺的改变又影响了转炉煤气除尘系统的工艺技术的选择和应用。

采用转炉常规冶炼模式，铁水中含有硅、锰、磷等元素，可以实现稳定的转炉“前烧期”工艺冶炼操作，生成合格的具有一定流量的惰性气体流（以CO_2和N_2为主），发生煤气泄爆的几率也大幅度降低，可以实现煤气干法除尘系统稳定安全运行。而“全三脱”冶炼条件下，进入脱碳转炉的铁水中硅、锰、磷等元素含量很低，脱碳转炉冶炼过程中不能形成稳定的“前烧期”，因此很难生成流量稳定的惰性混合气体流，对安全生产造成较大隐患。

3 转炉煤气干法除尘工艺

3.1 工艺流程

转炉煤气干法除尘技术于20世纪60年代开发成功，与传统的转炉煤气湿法除尘工艺（OG）相比具有节水、节电、无新水消耗、环境清洁等技术优势，而且除尘灰经压块后可以直接作为转炉原料回收利用。转炉煤气（1400~1600℃）由烟罩收集后导入汽化冷却烟道，并在进入蒸发冷却器前通过热交换将高温煤气热量回收，使转炉煤气温度降低到1000℃以下，然后进入蒸发冷却器进行转炉煤气的二次降温和粗除尘，经过蒸发冷却器冷却后的煤气温度降低到210~230℃，再进入到干式静电除尘器中进行煤气精除尘，经电除尘净化的转炉煤气由轴流风机加压后，合格煤气经煤气冷却器再次降温后进入转炉煤气柜中，作为二次能源回收利用。转炉煤气干法除尘工艺流程如图2所示。

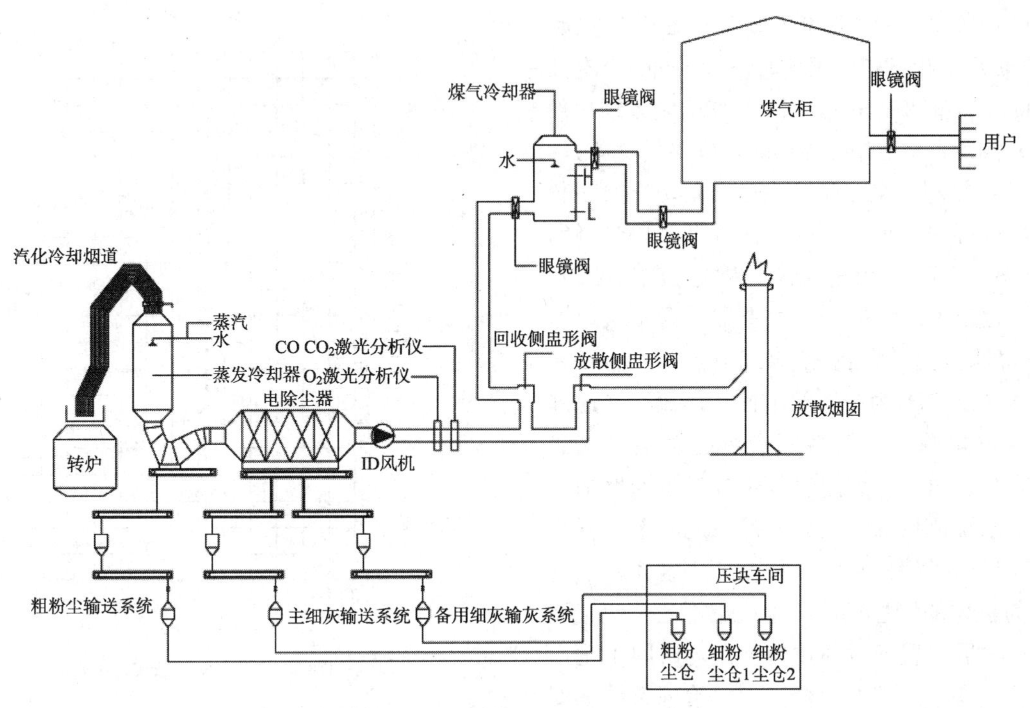

图2 转炉煤气干法除尘工艺流程

3.2 “全三脱”冶炼条件下转炉煤气泄爆机理

采用转炉煤气干法除尘工艺，最大的技术难题是静电除尘器内容易出现煤气泄爆。发生煤气泄爆不仅造成安全事故，还会影响正常生产。静电除尘器发生煤气泄爆的根本原因是静电除尘器内煤气中的CO与O_2或H_2与O_2的体积分数达到一定比例后，遇到电场中高压闪络的电弧火花就会引起煤气爆炸。理论研究表明，转炉煤气除尘系统产生煤气爆炸的一般条件是：煤气成分达到燃烧爆炸范围；煤气温度达到其燃烧温度（610℃）以上；煤气除尘系统中存在具有一定能量的“火种”。实践表明，静电除尘器容易在下列情况下发生煤气泄爆现象：

（1）装入脱碳转炉的铁水是经过“全三脱”预处理以后的铁水。在这种条件下，由于脱碳转炉开吹后没有硅、锰的氧化期，氧气直接参加脱碳反应。因此，转炉吹炼以后碳氧反应十分剧烈，CO迅速生成，如果产生的CO在炉口没有被完全燃烧而进入静电除尘器，在静电除尘器内部与吹炼前烟道中残留的空气混合，在静电除尘器内部就会产生爆炸，使泄爆阀开启而被迫中断吹炼，造成生产故障而影响正常生产。

（2）在实际生产中，由于设备或生产组织等各种原因，有时会出现转炉吹炼断吹、停吹，经过一段时间后再恢复吹炼的情况。在转炉停止吹炼以后，空气进入到煤气除尘系统中，当重新降枪吹炼时，容易导致系统中CO和O_2的体积分数达到临界值，在高压电场的作用下会发生煤气泄爆。

（3）转炉吹炼后期，当钢水碳含量降低至0.1%以下时，转炉内产生的煤气量明显减少，此时会有部分空气被吸入烟道和煤气除尘系统，使除尘系统内部O_2的体积分数升高，达到临界值而造成煤气泄爆。

（4）转炉采用“全三脱”冶炼工艺，一般在脱碳转炉冶炼过程中不加入废钢，使脱碳转炉热量消耗少，熔池温度高，脱碳速度快，煤气生成量增加，煤气速度也相应提高。由于煤气中CO含量快速增加，在炉口又未能充分燃烧，使煤气中含有大量CO，难以稳定形成以CO_2为主体的惰性气体流，当这部分气体进入静电除尘器时就极有可能发生煤气泄爆。与此同时，由于转炉内煤气生成量迅速增加，使煤气除尘系统风机抽吸能力不足，此时不得不采取提前降低罩裙措施以减少煤气燃烧，这样就会造成以CO_2为主体的惰性气体的生成量不足，使气流进入静电除尘器内置换时间过短、混匀时间不足而产生爆炸，这是造成转炉“全三脱”冶炼条件下安全生产的最大隐患。

（5）首钢京唐地处海滨，由于海洋性的气候条件，造成各种物料含水量较高。在转炉冶炼过程中，煤气中H_2的体积分数容易达到临界值，增加了煤气“氢爆”的发生几率。

研究表明，将转炉冶炼过程产生的煤气体积分数控制在 CO≤9%、O_2≤6%、H_2≤1%的范围内，煤气除尘系统就不会发生泄爆，产生煤气泄爆的条件如图3所示。转炉煤气中爆炸性气体的体积分数与转炉操作具有直接关系，煤气泄爆主要发生在转炉加料开吹阶段，吹炼后期的提枪再下枪点吹，以及溅渣护炉等阶段。与转炉常规冶炼不同的“全三脱”冶炼工艺，在脱碳转炉吹炼开始阶段，存在突出的煤气泄爆隐患。脱碳转炉与常规转炉冶炼过程的主要区别在于：转炉常规冶炼时具有稳定的硅、锰氧化期，在硅、锰氧化期间由于开罩作业，容易产生大量的以N_2为主要成分的惰性气体流，在轴流风机的抽吸作用下，存留在管道和静电除尘器内部的空气随惰性气体一同由放散烟囱排出，从而有效避免了煤气泄爆。在“全三脱”冶炼条件下，脱碳转炉吹炼前期没有硅、锰氧化期，吹炼以后立即产生含有大量CO的煤气，无法生成惰性气体柱塞流。同时由于脱碳转炉不加废钢，导致熔池温度快速上升，含有大量CO的煤气迅速产生，当含大量CO的煤气进入静电除尘器以后，遇到静电火花时与存留的空气（含氧气体）混合而发生泄爆。因此，控制脱碳转炉在前烧期内煤气完全燃烧，确保在煤气管道内能够稳定形成一段“非泄爆”的惰性气流变得极其困难。

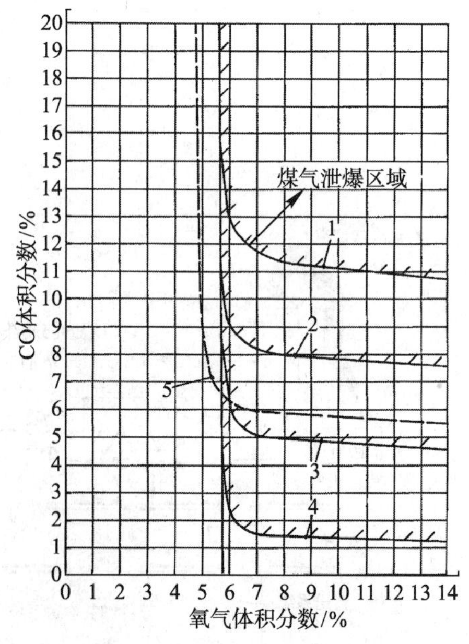

图3　产生煤气泄爆的条件

1—φ_{H_2}=0，200℃；2—φ_{H_2}=1%，200℃；3—φ_{H_2}=2%，200℃；4—φ_{H_2}=3%，200℃；5—φ_{H_2}=1%，400℃

4 蒸发冷却器 CFD 仿真研究

4.1 蒸发冷却器的功能

转炉煤气具有温度高、粉尘多、CO 含量高的特点。约 1500℃高温的转炉煤气经过汽化冷却烟道被冷却至 900~1000℃后，进入蒸发冷却器。蒸发冷却器的作用是对煤气进行再次降温和粗除尘，在蒸发冷却器的上部均匀设置了多个雾化喷嘴，煤气在蒸发冷却器内与逆流的雾化液滴进行充分换热以后，煤气温度由 900℃降低到 200℃左右，降温后的煤气再进入静电除尘器进行精除尘。

冷却水量的精确控制和雾化喷嘴的布置方式是蒸发冷却器高效工作的技术关键。冷却水量取决于煤气流量和温度，如果冷却水量不足，煤气冷却效果不佳、煤气温度偏高则会严重影响静电除尘器除尘效果和设备寿命，增加煤气泄爆的几率。如果过冷却水量过大，则会造成烟尘结块、形成污泥，影响蒸发冷却器的工作效率。雾化喷嘴的布置方式应根据转炉煤气在蒸发冷却器内的流动特点进行相应的调整，从而达到冷却均匀、高效的目的。另外，由于转炉吹炼过程煤气量和温度是变化的，因此必须建立可靠的控制模型，对冷却水量进行精确控制调节。

为实现精确控制煤气温度和冷却水量，降低由于转炉煤气温度过高而引起的泄爆，采用 CFD 仿真模拟研究转炉煤气在蒸发冷却器内的流动特性，建立了蒸发冷却器内煤气流动、水滴雾化以及传热数学模型，得出最优化的蒸发器结构参数和喷水装置布置参数。

4.2 蒸发冷却器内煤气流场分布

图 4 为蒸发冷却器内煤气速度场分布。由图 4 中可以看出，煤气在汽化冷却烟道内的速度较高，且由于烟道形状的不规则性，在蒸发冷却器的 X-Z 截面上，煤气的高速区主要集中在烟道弯管的外弧侧部分，而沿烟道内弧侧流动的煤气速度则较低。当煤气进入蒸发冷却塔后，速度有所降低，大部分煤气沿着蒸发冷却器的左侧流动，但在蒸发冷却器内侧却出现了一个小范围的低速区，速度在 6 m/s 以下。在蒸发冷却器的 Y-Z 截面上，由于蒸发冷却器底部弯管的作用，煤气在此截面上的高速区稍微向右偏移，而在蒸发冷却器的左侧同样也存在着一个小范围的低速区，煤气主要沿着蒸发冷却器的右侧运动。在蒸发冷却器底部的出口弯管处，煤气的速度有所增大，但仍出现了速度分布不均的现象，煤气在管道弯曲处的内弧侧速度较大。图4(c)为煤气在汽化冷却烟道、蒸发冷却器不同高度横截面上的速度分布。从图4(c)中可以明显地看到，煤气在管道横截面上的速度始终分布不均。

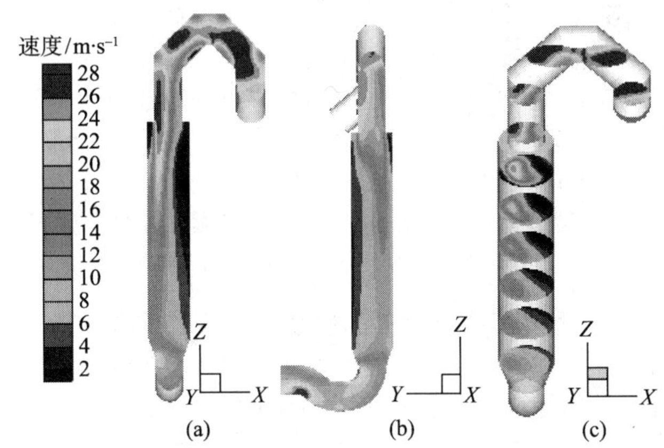

图 4 蒸发冷却器内不同截面的速度分布

(a) X-Z 截面；(b) Y-Z 截面；(c) 管道横截面

在汽化冷却烟道内，煤气在烟道末端弯管段横截面上的高速区主要集中在弯管段的外弧侧部分。进入蒸发冷却器以后，煤气的速度有所降低，但冷却烟道的不规则性对蒸发冷却器内的煤气流动仍有较大影响，煤气的高速区仍然集中在蒸发冷却器的一侧，即烟道的外弧侧方向，从而导致蒸发冷却器另一侧的煤气速度始终较低，一直延伸到蒸发冷却器的底部。随着煤气向蒸发冷却器下部的流动，低速区的范围开始变小，煤气在管道横截面上的速度分布开始变得均匀，维持在 12 m/s 左右。

4.3 蒸发冷却器内温度分布

图 5 是蒸发冷却器内的温度场分布。将煤气在模型入口处的温度设定为 1500℃，由于汽化冷却烟道的冷却作用，煤气在靠近管道壁面处的温度较低，而管道中心的温度则较高。当煤气进入蒸发冷却器后温度有所降低，为 900~1000℃。在汽化冷却烟道内，由于煤气在管道的外弧侧部位速度较高，高温煤气更新较快，导致煤气在管道横截面上的高温区向烟道的外侧偏移。进入蒸发冷却器后，煤气高温区的中心开始向蒸发冷却器右侧偏移，而在蒸发冷却器左侧的温度则相对较低，这是由于蒸发冷却器内部回流的影响。蒸发冷却器右侧回流的存在，使得高温煤气向蒸发冷却器右侧方向传热强烈，导致该区域的煤气温度相对较高。随着煤气向蒸发冷却器下部的流动，煤气温度稍微有所降低，而且在蒸发冷却器横截面的温度分布也逐渐变得均匀，在蒸发冷却器底部温差保持在 100℃以内。

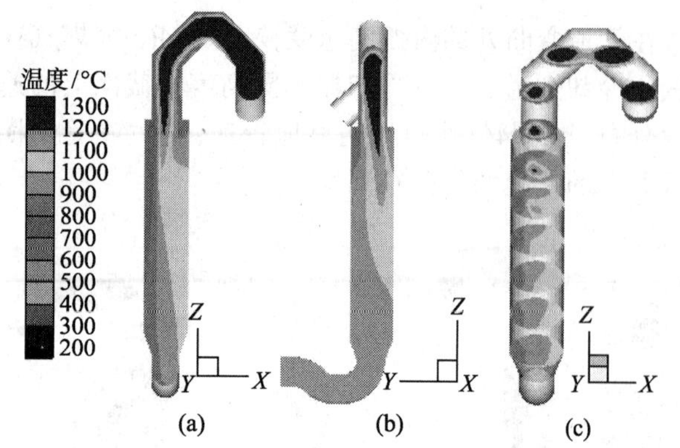

图 5　蒸发冷却器内不同截面的温度分布
(a) X-Z 截面；(b) Y-Z 截面；(c) 管道横截面

通过蒸发冷却器内的速度场和温度场的计算分析可以得出，在未喷水的情况下，煤气在蒸发冷却器内的温度较高，平均温度约为 900℃。汽化冷却烟道的不规则性对蒸发冷却器内的煤气流动影响较大。煤气进入蒸发冷却器内，主要沿着蒸发冷却器的负 *X* 方向（即烟道的外弧侧方向）向下运动，而在蒸发冷却器的正 *X* 方向部分速度则较低，且在此处产生了一个范围较大的回流区，大大减小了蒸发冷却器的有效利用体积。随着煤气向蒸发冷却器下部的流动，煤气在蒸发冷却器横截面上的速度分布变得越来越均匀。

研究结果表明，应根据转炉煤气在蒸发冷却器内的流动特征，合理优化蒸发冷却器的设计。为了提高煤气流动的均匀性，应在蒸发冷却器喷嘴前设置煤气导流板。根据煤气在不同部位的流动特征，增加不同形状的煤气导流板，达到速度和温度均匀分布的目的。

4.4　蒸发冷却器设计优化

通过建立蒸发冷却器内流体流动和温度分布的数学模型，利用 CFD 对其进行数值模拟，并根据计算结果对蒸发冷却器的冷却装置进行初步的设计优化。通过对蒸发冷却器内煤气流场、温度场的计算分析，对蒸发冷却器内实现煤气和水蒸气均匀分布进行了研究，并对喷水装置的安装位置及断面分布、煤气流速进行设计优化。对蒸发冷却器内的粉尘运动进行数学模拟，通过数值计算得到粉尘在蒸发冷却器内的运动轨迹和沉降位置，并提出相应的粉尘沉积位置。

研究表明，转炉汽化冷却烟道布置方式与蒸发冷却器具有重要的相关性。汽化冷却烟道布置极大地影响了烟道内煤气流动状态。当烟道布置具有较少的转向时，可以在很大程度上降低烟道内气体流动不均匀的现象，有利于烟道内煤气流均匀地进入煤气蒸发冷却器。与此同时，在蒸发冷却器煤气入口处设置气流导流装置，具有优化系统的促进作用。蒸发冷却器喷嘴前增加煤气导流板，可以有效地调节煤气流分布状态，改善蒸发冷却器温度场分布。在相同的初始条件下增加煤气导流板，可使蒸发冷却器出口温度降低 5~8℃。图 6 为蒸发冷却器设置导流装置前后不同截面的速度分布状况；图 7 为蒸发冷却器设置导流装置前后不同截面的粉尘分布状况。

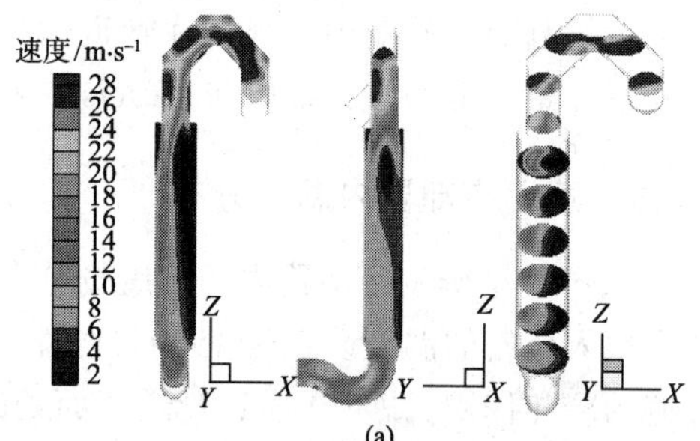

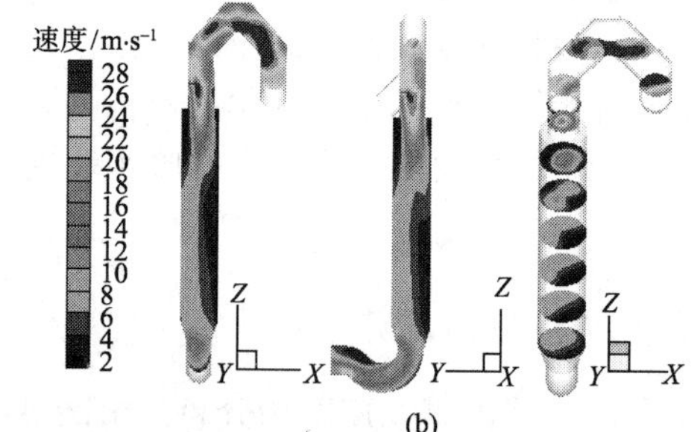

图 6　蒸发冷却器设置导流装置前后不同截面的速度分布
(a)未设导流装置；(b)增设导流装置

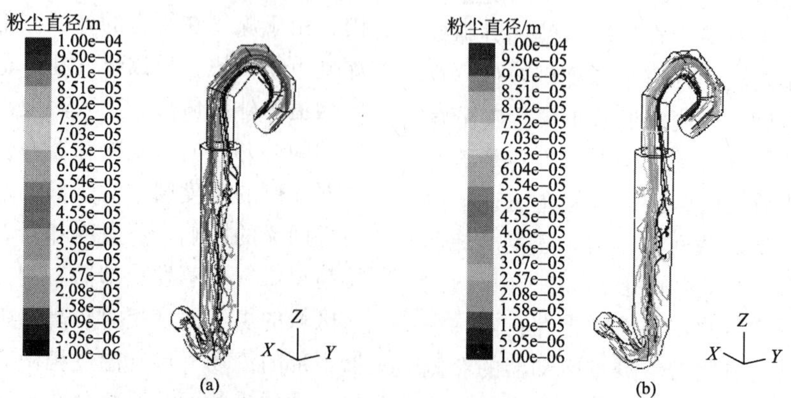

图 7　蒸发冷却器设置导流装置前后不同截面的粉尘分布
(a) 未设导流装置；(b) 增设导流装置

5 应用实践

5.1 系统优化集成

为构建高效率、快节奏、低成本的洁净钢生产体系，首钢京唐炼钢厂采用“2+3”300t 转炉“两步法”冶炼工艺，同时采用转炉煤气干法除尘工艺。在世界上首次将两种当今国际先进的工艺技术优化集成为一体，实现了重大技术突破[8,9]。

工程设计研究中，根据大型转炉“全三脱”冶炼工艺机理和技术特征，通过对转炉煤气形成过程的理论研究和试验研究，对转炉煤气干法除尘工艺进行了系统的设计优化。改进了煤气管道的布置，使煤气管道布置顺畅，而且使煤气在蒸发冷却器内流场、温度场分布均匀，有效提高了降温效果。优化设计了蒸发冷却器内双流雾化喷嘴的布置方式，使蒸发冷却器内冷却效率提高，解决了冷却不均和灰尘结块的问题。自主开发了除尘灰链带输送工艺和设备，优化了系统控制功能，大幅度减少了除尘灰输灰系统的设备故障。自主设计了除尘灰回收、压块工艺，将回收的除尘灰在炼钢厂附近进行资源化处理，降低了除尘灰转运过程的二次环境污染，取得了显著的经济和环境效益。工程中采用了自主研制开发的高温眼镜阀等国产化关键设备，大幅度降低了工程投资。

5.2 应用研究与技术创新

通过基础理论研究和工业试验，初步探索了“全三脱”冶炼条件下的转炉煤气干法除尘的工艺操作制度和关键控制技术。在基础研究和工业试验的基础上进一步深入研究，制定了一整套满足首钢京唐 300t 转炉“全三脱”冶炼条件下的煤气干法除尘工艺操作制度，为转炉快节奏、高效化冶炼提供可靠的技术保障。开发了“全三脱”冶炼条件下转炉煤气的综合防爆技术，在生产实践中取得成功应用。

（1）转炉煤气干法除尘系统发生煤气泄爆主要集中在转炉吹炼前期、吹炼中断后复吹、吹炼后期 3 个阶段，发生爆炸的原因均是由于 $\varphi_{CO}/\varphi_{O_2}$（$\varphi_{H_2}/\varphi_{O_2}$）达到临界值后，在静电除尘器的高压电场作用下发生煤气泄爆。因此，防止煤气泄爆的核心在于控制转炉煤气中 $\varphi_{CO}/\varphi_{O_2}$（$\varphi_{H_2}/\varphi_{O_2}$）必须避开爆炸临界值区域。

（2）优化转炉开吹、停吹后再开吹过程的供氧流量及罩裙位置控制。为了严格控制转炉冶炼过程中氧化反应速率，保证吹炼初期产生的 CO 能在炉口完全燃烧后变成 CO_2，制定了氧气流量和罩裙位置的优化控制方案。转炉开吹时，氧枪降至最低位，同时控制氧气流量在较小的范围内，罩裙完全打开，使生成的 CO 完全燃烧生成 CO_2。CO_2 为非爆炸性气体，利用 CO_2 气体形成一种动态煤气流，在整个煤气除尘系统内，形成一段以 CO_2 为主的惰性气体柱塞流，推动煤气管道中残余的空气由放散烟囱排出，将其后形成的含有大量 CO 的转炉煤气，利用非爆炸性的惰性气体流与空气中的氧气隔离，将 CO 与 O_2 的体积分数控制在爆炸范围之外。

（3）合理控制供氧强度、罩裙位置、风机转速。氧枪位置在脱碳转炉冶炼初期应控制在 1.8~2.5m，吹氧量为 81000~90000m^3/h（标态，下同）的 50%，且应保持 30~35s，随后按 20%~30% 比例增加到 100%，但其总时间应控制在 90s 内。活动罩裙在转炉吹炼初期处于初始位置，然后再按照 30%~35% 的比例降低活动罩裙高度，90s 后降低到活动罩裙与炉口距离为 50~100mm。除尘风机在活动罩裙高位、氧枪高位、低氧流量时采用高转速运行（1400~1500 r/min）；活动罩裙降至低位后，除尘风机进入可控制流量程序运行。经过氧气流量、活动罩裙高度、氧枪位置、风机转速等多项工艺参数的联合调控，形成在静电除尘器内长度方向上的气体组分不同且具有明显范围的气体流动特征（CO 体积分数为 0~4%；CO_2 体积分数为 16%~32%；O_2 体积分数为 0~20%），以 CO_2 为主体组分形成的惰性气体区间，在静电除尘器内的停留时间，要保证与其相邻的气体组分区间间隔时间为 60 s。实践证实，采用上述控制技术可以有效地消除或减少静电除尘器内煤气泄爆现象的发生。

5.3 应用实绩

从 2009 年 3 月首钢京唐炼钢厂投产 3 年以来，经过不断的探索和研究，形成了一整套适应 300t 大型转炉“全三脱”冶炼与转炉煤气干法除尘相互匹配的生产操作技术和工艺制度。直至目前，转炉煤气干法除尘系统整体运行状况安全稳定，煤气泄爆问题已经基本杜绝，煤气和蒸汽回收量均已超过预期指标。

5.3.1 转炉煤气和蒸汽回收实绩

2010 年，转炉常规冶炼时，转炉煤气回收量均达到 100Nm^3/t 以上，全年平均为 103.3Nm^3/t，最高月份达到 107.8Nm^3/t。“全三脱”冶炼时，转炉煤气回收量均达到 80Nm^3/t 以上，全年平均为 85.0Nm^3/t，最高月份达到 86.6Nm^3/t。2010 年两种工况的平均煤气回收量达到 96.6Nm^3/t，煤气热值保持在 7620~8374kJ/Nm^3 之间。2011 年两种工况的平均煤气回收量达到 97.9Nm^3/t，煤气热值达到 7536kJ/Nm^3 以上。

2010 年，转炉常规冶炼时，蒸汽回收量均达到 80kg/t 以上，全年平均为 81.8kg/t，最高月份达到

86.5kg/t。“全三脱”冶炼时，蒸汽回收量均达到110kg/t以上，全年平均为113.4kg/t，最高月份达到122.0kg/t。2010年两种工况的平均蒸汽回收量达到96.6kg/t，2011年两种工况的平均蒸汽回收量为98.9kg/t，蒸汽温度达到220℃，压力在29~38kg范围内。实践证实煤气回收量、蒸汽回收量均超过设计指标（“全三脱”冶炼时，煤气回收量达到80Nm^3/t，蒸汽回收量达到110kg/t）。2010年和2011年各月煤气和蒸汽回收情况如图8~图10所示。

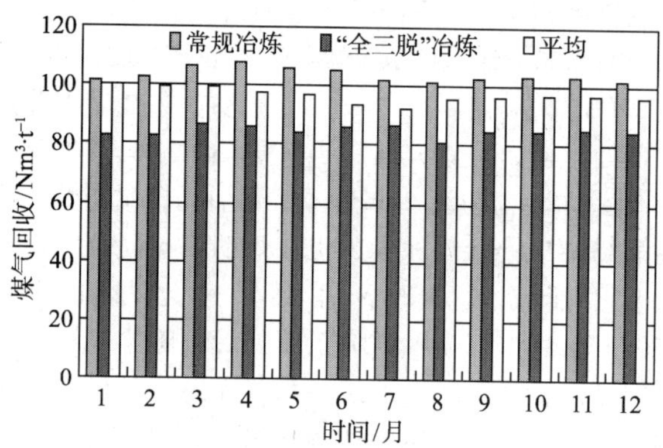

图8　2010年转炉煤气回收情况

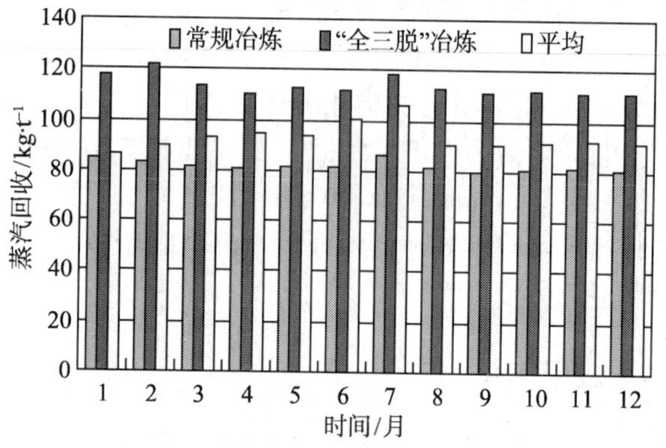

图9　2010年蒸汽回收情况

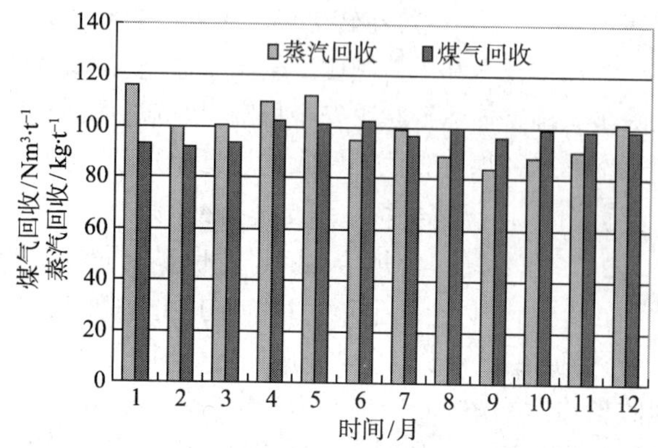

图10　2011年转炉煤气和蒸汽回收情况

5.3.2　煤气含尘量和泄爆情况

转炉煤气干法除尘系统投产以后，精细操作，注重系统稳定运行，尽可能减少非冶炼状态下的粉尘产生。2010~2011年逐月对转炉煤气含尘量进行了检测，检测结果表明，2010年和2011年转炉煤气平均含尘量分别为4.3mg/Nm^{3}和3.8mg/Nm^3，优于设计指标15mg/m^{3}的要求，2010年和2011年转炉煤气含尘量如图11所示。

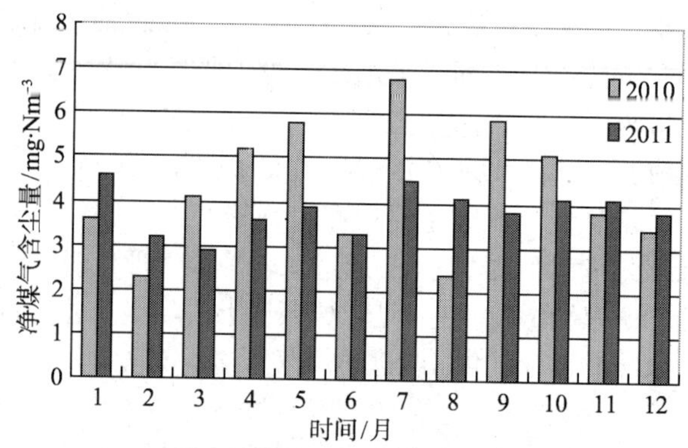

图11　2010年和2011年转炉煤气含尘量

经过系统的理论研究，制定了脱碳转炉煤气干法除尘系统防止转炉开吹过程煤气泄爆的基本控制原则。由于脱碳转炉开吹后没有硅、锰氧化期，氧气直接参与脱碳反应，煤气中CO的体积分数高于转炉常规冶炼。根据“全三脱”冶炼工艺特性和煤气产生泄爆的机理研究，防止脱碳转炉开吹期煤气泄爆的技术原则是：

（1）在脱碳转炉开吹后1~2min“前烧期”内，应采用较小供氧量（不超过常规冶炼开吹供氧量的70%），避免“前烧期”内煤气生成量超过风机能力；

（2）脱碳转炉“前烧期”内，烟罩处于一定的高位，同时配合适宜的风机转速使煤气完全燃烧，持续时间约为1.5min，从而形成比较稳定的惰性气体流。

根据上述原则和理论研究，自主开发了基于理论研究的计算软件，通过设计脱碳转炉开吹操作条件，制定了在1.5min内可以稳定形成惰性气体流的操作程序，并绘制了在此操作模式下的转炉煤气曲线指导转炉冶炼，年平均煤气泄爆率已经降低到0.3‰~0.4‰，并且控制稳定。图12列出了2010年和2011年煤气泄爆次数。

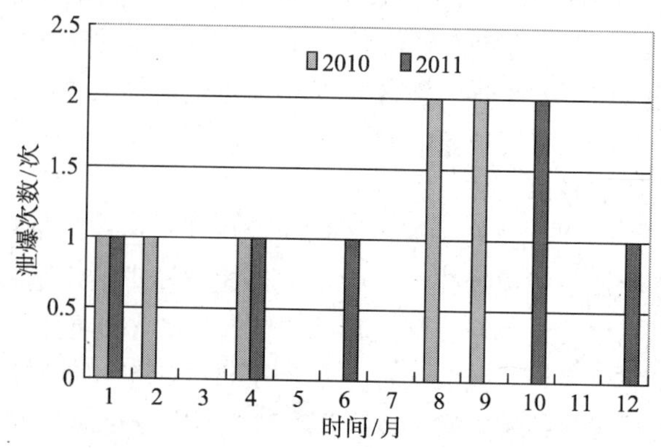

图12　2010年和2011年煤气泄爆次数

6 结语

（1）转炉煤气干法除尘技术除尘效率高，可以大幅度降低新水消耗，实现二次能源的高效回收利用，有效减少环境污染，是现代钢铁厂实现节能减排、发展循环经济的重要技术途径。

（2）“全三脱”洁净钢冶炼工艺具有高效率、快节奏、低成本的技术优势，是生产高质量、高性能洁净钢最具有发展前景的工艺技术。由于“全三脱”冶炼工艺的特性，脱碳转炉冶炼过程中不存在“前烧期”，氧气直接与铁水中的碳发生氧化反应，大量 CO 快速生成，在采用煤气干法除尘工艺时，极易出现煤气泄爆。

（3）蒸发冷却器是转炉煤气干法除尘的关键设备，采用 CFD 数学仿真研究了蒸发冷却器内煤气流场、温度场的分布，通过合理布置汽化冷却烟道、设置煤气导流装置、优化喷嘴布置等措施，使蒸发冷却器内煤气速度和温度分布均匀，蒸发冷却器的效能保证了煤气干法除尘系统稳定、可靠的运行。

（4）系统地研究了转炉“全三脱”冶炼工艺煤气爆炸特性和机理。基于理论研究结果，设计开发了一整套安全防爆技术和操作控制技术。通过工业试验和生产实践，研究了 300t 大型转炉“全三脱”冶炼条件下氧枪枪位、供氧量、风机转数、活动罩裙的最佳工艺控制参数，得出了“全三脱”冶炼条件下防止煤气泄爆的工艺规律和一整套操作控制技术。

（5）基于对转炉“全三脱”冶炼工艺和煤气干法除尘技术的研究，开发了大型转炉“全三脱”冶炼条件下，煤气干法除尘工艺预防煤气泄爆技术，保证了转炉冶炼和煤气干法除尘工艺的稳定、高效、安全运行。首钢京唐 300t 大型转炉在“全三脱”冶炼条件下，煤气回收量平均达到 85Nm^3/t 钢以上，煤气热值达到 7536kJ/Nm^3 以上，蒸汽回收量达到 110kg/t 钢以上，蒸汽温度达到 220℃，转炉煤气含尘量控制在 5mg/m^3 以下，煤气泄爆次数控制 0.3‰~0.4‰的水平，均达到或超过了设计目标。

参考文献

[1] 殷瑞钰. 论钢厂制造过程中能量流行为和能量流网络的构建[J]. 钢铁, 2010, 45(4): 1.

[2] 殷瑞钰. 关于高效率低成本洁净钢平台的讨论——21 世纪钢铁工业关键技术之一[J]. 炼钢, 2011, 27(1): 1~ 10.

[3] 张春霞, 殷瑞钰, 秦松, 等. 循环经济中的中国钢厂[J]. 钢铁, 2011, 46(7): 1.

[4] [奥]W. Fingerhut, 转炉干法除尘技术最新进展及市场动态[J]. 李晓强, 译. 世界钢铁, 2008, 05: 12~16.

[5] 马宝宝, 刘飞.济钢三炼钢转炉干法除尘系统泄爆控制的实践[J]. 机械与电子, 2010, (13): 87~88.

[6] MASYUKI Kawamoto. Recent Development of Steelmaking Process in Sumitomo Metals[J]. Journal of Iron and Steel Research International, 2011, 18(S2): 28~35.

[7] 殷瑞钰. 冶金流程工程学[M]. 北京: 冶金工业出版社, 2005: 325~328.

[8] 张福明, 崔幸超, 张德国, 等. 首钢京唐炼钢厂新一代工艺流程与应用实践[J]. 炼钢, 2012, 28(2): 1~6.

[9] Zhang Fuming, Cui Xingchao, Zhang Deguo. Construction of High-Efficiency and Low-Cost Clean Steel Production System in Shougang Jingtang[J]. Journal of Iron and Steel Research International: 2011, 18(S2): 42~51.

首秦炼钢系统技术集成与创新

魏永义

（北京首钢国际工程技术有限公司，北京 100043）

摘　要：本文系统地介绍了首钢国际工程公司设计的秦皇岛首秦金属材料有限公司炼钢系统的工艺布置、采用的先进技术，项目投产以后各工序生产运行稳定、高效，满足现代化炼钢生产要求。炼钢生产各项技术、经济指标、环境保护、资源能源消耗指标均持续稳定的达到设计要求。

关键词：炼钢；先进技术；集成；创新

Integration and Innovation of Technology of Shouqin Steelmaking System

Wei Yongyi

(Beijing Shougang International Engineering Technology Co., Ltd., Beijing 100043)

Abstract: The layout of the process and advanced techniques of the steelmaking system of Qinhuangdao Shouqin metal material Ltd., which is designed by Beijing Shougang International engineering Co., Ltd., are introduced in this paper. After been put on production, each process is carrying on stably and in high efficiency. The producing requirement of modern steelmaking is satisfied. Every technique, economic target, environment protection, resource and energy consumption of steelmaking reach the designed requirements continually and stably.

Key words: steelmaking; advanced techniques; integration; innovation

1　引言

由首钢国际工程公司设计的首秦炼钢系统，主要包括 3 座 100t 转炉、3 台单流高效板坯连铸机以及根据目标产品成分和质量要求配套的 3 套铁水预处理设施、3 套 LF 钢包精炼炉和 1 台双工位 RH 真空精炼设施。炼钢系统设计充分考虑转炉冶炼周期短、生产节奏快、物料吞吐量大的特点，在保证转炉正常、连续生产洁净钢水的设计理念指导下，采用当今国内外成熟、先进、实用、可靠的铁水在线脱硫扒渣、转炉自动化炼钢、转炉挡渣出钢、转炉炉衬综合砌筑、转炉溅渣护炉、钢包全程吹氩搅拌、钢包喷粉、LF 钢包精炼、RH 真空处理装置和具有国际领先水平的宽厚板坯连铸机。

2　首秦炼钢系统主要先进技术

2.1　铁水在线镁剂脱硫扒渣技术

首秦炼钢厂铁水倒罐站有两个功能：首先是铁水从鱼雷罐倒入铁包，其次是铁水在线脱硫扒渣。倒罐站坑道内布置 1 台轨道式铁水包运输车，从而实现铁水包不同工位的转换。铁水倒罐与在线脱硫采用 1 台车，2 个工位，多项操作在倒罐坑内依次完成，避免了往返吊运铁包，减少了天车作业率，缩短了处理周期，提高了生产效率，这样的布置为国内首例。该方式的主要优点是减少了岗位设置，节省了场地及投资，2 座在线铁水脱硫站节省厂房面积约 $700m^2$。

首秦炼钢厂采用的是铁水消耗较低、金属回收率高的镁剂，镁基脱硫工艺与传统脱硫工艺对比见表 1。

表 1　镁基脱硫工艺与传统脱硫工艺对比

项　目	镁基脱硫	传统脱硫
脱硫剂种类	Mg 或 Mg+CaO（CaC_2）	CaO 或 CaC_2
高炉铁水带渣量	平均 5‰	平均 5‰
脱硫铁水带渣量	0.5~3.5kg/t 铁水	10kg/t 铁
裹渣铁水损耗	0.3~1.5kg/t 铁水	4.5kg/t 铁
脱硫剂消耗	0.4~2.6kg/t 铁水	8~10 kg/t 铁

续表 1

项目	镁基脱硫	传统脱硫
脱硫后铁水硫含量（最低）	≤0.01%(≤0.001%)	0.025%(0.008%)
平均脱硫率	≥80%	55%
脱硫喷吹时间	≤10min	约 25min
脱硫铁水温降	10℃左右	≥20℃

2.2 转炉炉衬综合砌筑技术

首秦炼钢厂转炉砌筑方式为上修方式，修炉台车与罩裙横移车在同一轨道上，修炉时罩裙横移车开至转炉一侧，修炉台车移至炉口上方，开始砌筑作业。上修方式的优点在于修炉工序简单，设备少，故障率低。同下修方式相比较，不需要对转炉炉底进行拆装作业，从而提高了转炉设备的安全稳定性。

转炉炉衬的工作层与高温钢水、熔渣直接接触，在吹炼过程中，由于各部位的工作条件不同，内衬的蚀损状况和蚀损量也不一样。针对炉衬不同部位的侵蚀状态选择 3~5 个不同档次的炉衬砖，分别砌筑在渣线、耳轴、炉壁、熔池等部位，并在炉役中后期采用溅渣护炉技术，获得了良好的经济效益，目前首秦转炉的平均炉龄在 9000 炉左右。

2.3 转炉溅渣护炉技术

为提高炉龄，除采用镁碳砖综合砌炉，使用活性石灰造渣等技术外，采用溅渣护炉技术可使炉龄大幅度提高(平均炉龄从 3000 炉提高到 9000 炉)，其特点如下：

（1）操作简便。根据炉渣黏稠程度调整成分后，利用现有氧枪和自动控制系统，改供氧气为供氮气，进行溅渣操作。

（2）成本低。充分利用转炉高碱度终渣和制氧的副产品氮气，加少量调渣剂（轻烧白云石）进行溅渣，达到降低吨钢石灰消耗。

（3）时间短。一般只需 3~4min 即可完成溅渣护炉操作，不影响正常生产。

（4）工人劳动强度低，无环境污染。

（5）炉膛温度较稳定，炉衬无急冷、急热的变化。

（6）提高炉龄，节省修砌炉时间，对提高钢产量和平衡、协调生产组织有利。

首秦炼钢厂采用溅渣护炉技术，大幅提高了炉龄，降低耐火材料消耗，减少了砌炉次数。炉衬砖消耗从 1.1kg/t 降低至 0.4kg/t；补炉料从 2.1kg/t 降低至 0.88kg/t。转炉作业率由原来 70%提高到 90%以上，生产能力提高了 5%。

2.4 转炉自动化炼钢技术

转炉自动炼钢技术主要有副枪动态控制、烟气分析动态控制以及副枪加上烟气分析动态控制技术。国内一般选择副枪系统或者烟气分析系统，主要根据转炉容量、所炼钢种要求、冶炼方法、投资成本等诸多因素综合考虑。

首秦炼钢转炉公称容量为 100t，由于炉口直径等条件的限制，首先采用基于烟气分析的炼钢计算系统。之后又在每座转炉上增设简易副枪设施，在转炉吹炼后期利用简易副枪测温来矫正转炉终点温度，结合烟气分析系统进一步提高转炉炼钢终点碳和温度命中率。自主开发设计了烟气分析+副枪的自动化炼钢系统。

首秦转炉入炉铁水成分、温度相对稳定，废钢分类管理、堆存和称量，氧气流量监测精度为±3%，散状料下料控制精度 0~50kg，铁合金下料控制精度 0~30kg，烟气流量测量精度±0.1%。其自动化炼钢终点碳设定值在 0.04%~0.07%范围时，终点碳(±0.015%)命中率 95.5%，终点温度(±20℃)命中率 94.5%，碳、温双命中率 90.5%，转炉冶炼周期从 36min 缩短到 33min。

2.5 转炉挡渣出钢技术

首秦转炉采用挡渣出钢装置进行挡渣出钢，减少转炉下渣量。挡渣出钢装置的主要特点是设备安装在转炉炉口平台下方，炉后操作平台通道顺畅；设备结构简易，故障率低，操作相对简单；钢水带渣量低于 3kg/t，提高了钢水洁净度。

采用挡渣出钢技术，节约石灰 8.5kg/t 钢、铝 0.6kg/t 钢、耐火材料 25%，吨钢成本降低 11.63 元。

2.6 钢包全程吹氩搅拌技术

从钢包盛钢、钢包运输、炉外精炼、连铸浇钢整个过程不间断进行吹氩搅拌。通过钢包全程吹氩可使钢水温度、成分得到准确控制，有利于钢水中夹杂物充分上浮，同时有效防止了透气砖的堵塞。

钢包底部吹氩采用自动插接装置，由导向套、插头、插座组成。导向套、插头安装在钢包上，插座安装在钢包车，当钢包放到钢包车，插头通过导向套与插座联接上，吹氩管道接通。

2.7 钢包喷粉脱硫工艺技术

钢包在线喷粉脱硫为首钢国际工程公司公司首创的专有技术，该工艺充分利用现有精炼站在线设施，如钢包车、钢包盖及卷扬、除尘设施等，结合转炉出钢良好的动力学条件进行渣洗预脱硫，加上喷粉精炼站内喷粉进一步脱硫，钢水的脱硫率达70%以上。脱硫剂采用CaO粉，有效降低了生产和设备投资。由于处理时间短，整个周期在18min以内，小于转炉常规冶炼周期 36min，实现了转炉—在线喷粉—连铸快节奏生产模式。

首秦实际生产中，钢水喷粉前的平均温度为1628℃，喷粉过程平均温降为41℃，喷粉结束钢水温度为 1567~1587℃。处理前钢水平均含硫量为0.032%，渣洗和喷粉脱硫工艺可使钢水平均含硫量降至0.009%，脱硫率为71.88%。

2.8 LF钢包精炼技术

首秦3座LF炉均采用双吊包位单处理位的布置形式，其优点是放包和起包工序不占处理周期时间，处理周期短，生产节奏快，使转炉—钢包精炼炉（RH真空处理）—连铸协调生产实现多炉连浇，确保连铸机稳定生产。

LF炉在设计方面主要有以下特点：

（1）采用侧出线变压器，升温速度根据冶金工艺需要达到4.0℃/min以上；

（2）合理设计供电系统，满足钢包精炼炉大电流、低电压运行工况；

（3）三相不平衡系数不大于4%；

（4）采用体积小，结构合理的侧出线变压器，减少穿墙铜管长度；

（5）合理布置设计短网系统，采用三角形布置；

（6）采用边相倒八字结构导电横臂，减小电极分布圆直径，降低了钢包耐材侵蚀指数，提高了钢包使用寿命；

（7）采用水冷炉盖及炉盖外排烟结构，在钢包炉运行中使炉内处于微正压惰性气氛下，降低了电极的氧化程度和电极消耗。

2.9 RH真空处理装置

首秦RH采用紧凑式双工位布置形式，两个处理位共用1套液压系统、1套真空泵系统和1套合金存储和添加系统。通过移动弯管的切换实现两个工位单独的真空系统。

首秦RH真空处理装置的主要技术特点如下：

（1）钢包顶升系统提供了两个工位液压缸单独升降和自锁功能，并采用带底部凸轮式柱塞缸，防止液压缸和提升框架间的横向微量偏移。

（2）采用先进的4级蒸汽喷射泵，可以得到不同的压力值和抽真空时间，根据不同的冶炼要求选择抽真空模式。抽气在67Pa时，相应的抽气能力为500kg/h 空气（20℃），每小时所需的蒸汽量不大于16.8t/h。

（3）设置多功能顶枪系统，具备吹氧脱碳、铝热法升温和天然气加热功能，真空室在线加热，减少了耐火材料结瘤现象和钢水的温度温降。另外，在顶枪头内部安装了电视摄像头，能够实时监测处理过程和耐火材料情况。

（4）真空泵配置高压水清垢装置，可以根据真空泵的工作情况手动启动自动清洗装置，保证真空泵处于最佳工作状态每次完成清洗需要3~5min。

（5）先进的冶金模型（脱碳模型、脱气模型、合金模型、温度模型等）实现高效生产和准确控制。

2.10 具有国际领先水平的高效板坯连铸机

首秦高效板坯连铸集成了以下先进工艺技术：大容量带挡渣墙的中间包、中间包液位控制、塞棒控制机构、钢水全程保护浇注、二冷气雾冷却静态自动控制技术、扇形段快速更换、辊缝自动测量、自动火焰切割机。连铸机自动化控制系统采用先进的网络控制技术，分为二级控制，即基础自动化级、过程控制级，实现连铸工艺过程的自动化控制，主要包括：中间包钢水重量自动控制、自动开浇及浇注过程自动跟踪和控制、结晶器液面自动控制、铸坯二次冷却静态控制、铸机辊缝自动检测、引锭杆自动跟踪控制系统、板坯输出跟踪自动控制。生产中的首秦2号板坯连铸机如图1所示。

图1 生产中的首秦2号板坯连铸机

3 实际运行效果

首秦炼钢系统全面投产以来，运行情况良好，各项技术、经济、环境保护、资源能源消耗指标均持续稳定的达到设计要求，取得了显著的经济效益和社会效益。钢铁料消耗为1073.42kg/t，连浇炉数平均 17.63 炉，钢坯综合合格率 99.68%。铁水预处理、转炉、精炼、连铸组成的高效生产系统，满足现代化炼钢生产要求，各自工序生产稳定、高效，提升了整个生产系统的作业效率。首秦已经成为拥有 260 万吨生产能力的“专精深强”的宽厚板生产基地，成为“生态环保型、能源循环型、经济高效型”的持续和谐发展的冶金示范企业。

4 结语

首秦金属材料有限公司炼钢系统采用了多项新工艺、新技术，充分体现了“紧凑型、高效型、循环型、节能型、清洁型、环保型、数字型”的设计理念。该项目曾获全国优秀设计奖和冶金行业优秀设计一等奖等多个奖项，对今后新建同类钢厂具有借鉴意义。

（原文发表于《世界金属导报》2012-06-26）

电炉炼钢技术综述

武国平　张国栋　张德国　宋　宇

(北京首钢国际工程技术有限公司，北京 100043)

摘　要：文中概述了世界电炉炼钢的发展进程，分析了国内电炉炼钢的生产现状，简要说明了北京首钢国际工程技术有限公司（BSIET）电炉炼钢技术的发展，详细介绍了 BSIET 在阿曼电炉厂、首黔工程及首贵工程中采用的热装直接还原铁，康斯迪连续加料等先进技术。

关键词：电炉炼钢；特殊钢；直接还原铁；氧枪；康斯迪

Comprehensive Summarization on EAF Steelmaking Technology

Wu Guoping　Zhang Guodong　Zhang Deguo　Song Yu

(Beijing Shougang International Engineering Technology Co., Ltd., Beijing 100043)

Abstract: In this paper, the developing process of EAF steelmaking of the world is outlined. The producing actuality of domestic EAF steelmaking is analyzed. Besides, the development of EAF steelmaking technique of BSIET is illuminated. The advanced techniques adopted by BSIET such as direct reduction iron hot charging, continual charging of Consteel in Oman EAF steel company, Shouqian project and Shougui project are introduced in detail.

Key words: EAF steelmaking; special steel; direct reduction iron; oxygen lance; conteel

1　引言

当今世界钢铁生产主要有两种流程，一种是以铁矿石为主要原料的高炉转炉长流程，另一种是以废钢为主要原料的电炉短流程。

随着国民经济的持续高速发展，绿色生产的理念逐步引入钢铁企业[1]。采用短流程电炉炼钢的优势与绿色生产理念相吻合，在循环经济中的地位将日益明显。电炉短流程因其在产品高端化、能源多样化、原料多样化等方面的优势，更应引起重视。

电炉炼钢已有一百多年的历史，传统的电炉炼钢分为熔化期、氧化期、还原期三个阶段，在冶炼特殊钢方面具有优势，因此主要用于冶炼特殊钢。20 世纪 80 年代，LF 精炼技术及偏心炉底出钢技术的开发，使得电炉还原期得以移到炉外，冶炼周期缩短至 60min 以内，形成了电炉—炉外精炼—连铸的现代化流程，具有高效、节能、环保、可持续发展等特点，反映了现代电炉炼钢的发展方向[2]。

2　世界电炉炼钢技术发展进程

1905 年，德国人 R.Linberg 建成第一台 5t 工业炼钢电炉。

1964 年，美国碳化物公司和西北钢铁线材公司提出电炉超高功率概念（Ultra High Power，UHP），它显著地提高了交流电弧炉的生产率，同时摆脱了炉壁损耗过快的问题，并且具有缩短熔化时间、改善热效率、降低电耗、电弧稳定等优点。从此，电炉工业开始走向辉煌，开始与转炉竞争。

20 世纪 70 年代初，为解决高温电弧对炉壁热点和炉盖的严重辐射，日本首先研制成功并采用了水冷炉壁和水冷炉盖。

20 世纪 80 年代初，德国以及丹麦的三家公司在总结各国研究成果的基础上，联合开发了偏心炉底出钢技术(EBT)，成功地采用了留钢留渣操作，实现了无渣出钢，充分发挥了后续精炼炉的作用，降低了耐火材料的消耗量，电极消耗降低 6%，电耗降低 3.5%左右，大大提高了电炉的生产率。

20 世纪 80 年代末大型超高功率直流电炉问世。

1990 年后，电炉炼钢技术如泡沫渣、废钢预热、计算机监控等技术取得了重大进展。

3 中国电炉炼钢生产现状

3.1 电炉钢比例低

从 1996 年起，中国钢铁产量一直稳居世界第一位，虽然我国是一个钢铁大国，但还不是一个钢铁强国。许多研究表明，每吨转炉钢所排放的温室气体 CO_2 为 2000kg，而每吨电炉钢所排放的温室气体仅为 600kg。一个钢铁强国在钢铁生产方面的资源和能源消耗、环保方面应具有可持续发展的强大能力，具有较高的电炉钢的比例是一个钢铁强国的必要条件[3]。

世界总钢产量、电炉钢产量及电炉钢比例见表 1，其发展趋势如图 1 所示。中国总钢产量、电炉钢产量及电炉钢比例见表 2，其发展趋势如图 2 所示。

表 1 世界总钢产量及电炉钢产量

年　份	1970	1980	1990	2000	2001	2002	2003	2004	2005	2006	2007	2008	2009	2010
世界钢产量/Mt	595	717	770	849	851	904	970	1072	1144	1247	1346	1329	1227	1414
电炉钢产量/Mt	85	157	211	284	296	305	327	349	364	388	409	407	345	400
电炉钢比例/%	14.2	22	27.5	33.7	35.1	33.9	34	33.2	31.8	31.2	30.4	30.6	28.1	28.3

表 2 中国总钢产量及电炉钢产量

年　份	1990	1991	1992	1993	1994	1995	1996	1997	1998	1999	2000
中国钢产量/Mt	66	71	812	90	93	96	101	109	115	126	129
电炉钢产量/Mt	14	15	18	21	20	18	19	19	18	20	20
电炉钢比例/%	21.4	21.1	21.8	23.2	21.2	19	16.7	17.6	15.8	15.7	15.7
年　份	2001	2002	2003	2004	2005	2006	2007	2008	2009	2010	
中国钢产量/Mt	151	182	223	273	356	421	490	512	577	627	
电炉钢产量/Mt	24	31	39	39	46	42	44	63	56	67	
电炉钢比例/%	15.9	16.7	17.6	16.9	11.8	10.5	11.9	12.37	9.66	10.7	

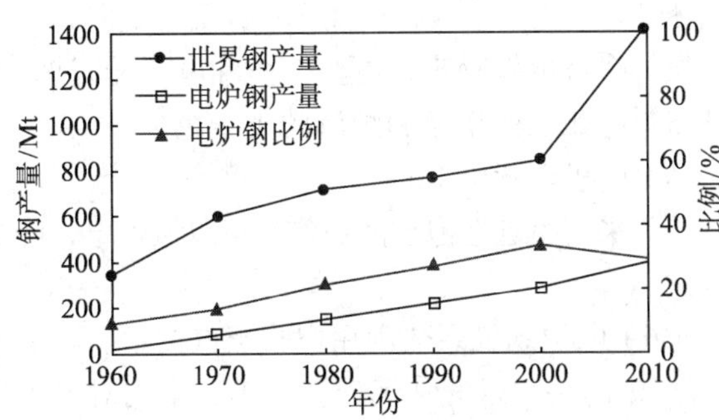

图 1 世界总钢产量、电炉钢产量及电炉钢比例的发展趋势

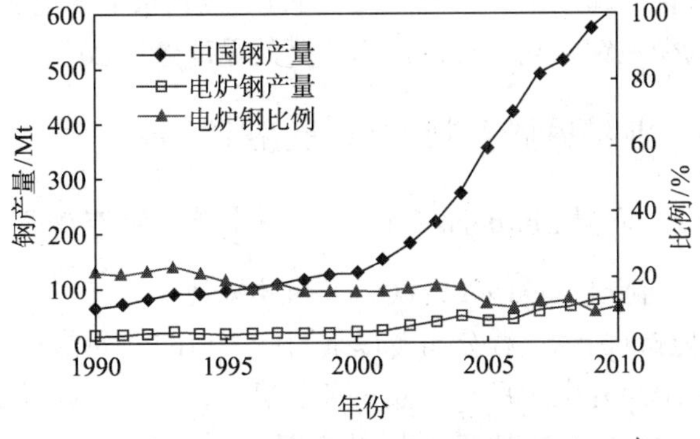

图 2 中国总钢产量、电炉钢产量和电炉钢比例的发展趋势

在 1990~2010 年的二十年间，全国电炉钢产量每年均有增加，但电炉钢占总钢产量的比重呈下降趋势，近几年电炉钢的比例平均约为 10%，远远低于全世界的 30%平均水平，与美国的约 60%的电炉钢比例以及欧盟的约 43%的电炉钢比例相差更大。

3.2 中国电炉炼钢的特点

20 世纪 90 年代以来，我国在电炉炼钢理论、技术、操作、设备管理等方面取得长足进步，不仅电炉炼钢钢产量进一步提高，而且在推进、完善现代电炉炼钢技术、扩大品种、提高质量等方面不断进步。例如，1993 年我国电炉主要技术经济指标冶炼周期约 180min，低于 1965 年的国际水平，比国外落后约 30 年。至 2003 年，我国部分现代电炉炼钢厂的主要技术经济指标进入了国际领先行列，冶炼周期缩短至 40min。

（1）电炉钢的产能与转炉钢产能相比，电炉钢所占总钢产能的比例小。由于废钢资源的短缺，以及电力资源不足的限制，受冶炼成本因素的影响，国内电炉主要用于冶炼高合金钢、大型锻件用钢、不锈钢等对机械性能和化学成分要求严格的钢种。而国外大型电炉主要用于冶炼普碳钢，一些国家电炉钢产量的 60%~80%均为低碳钢。但我国的电炉生产转炉钢种不具备成本优势。

（2）电炉炼钢炉料结构以生铁和热铁水为主。我国的电炉炼钢大量配加热铁水和生铁。传统的电炉炼钢使用废钢为主要原料，配入 10%~15%的生铁块以保证一定的配碳量。由于我国工业化进程短，社会废钢资源不足，废钢价格高涨，为降低生产成本，多数钢铁企业电炉炼钢采用配加高炉铁水工艺。另外，电炉配加铁水和生铁也可降低电耗及电极消耗，同时减少废钢中的有害金属残余元素，提高电炉钢质量。

（3）强化供氧和集束氧枪技术。随着电炉生产高效化、冶炼周期缩短的需要，电弧炉冶炼所需的氧气量也大幅度提高，接近氧气转炉的水平[4]。随着电炉氧气消耗量的增加，电力消耗指数逐步降低，生产成本也会相应降低。

4 首钢国际工程公司的电炉炼钢技术

早在 20 世纪 80 年代，首钢国际工程公司的前身——首钢设计院就开始研究和开发电炉炼钢工艺技术，并为首钢矿山设计并建成 2×50t 电炉炼钢车间，并于 1987 年投产。

完全依靠首钢自己的力量设计并制造了 50t EBT 直流电弧炉，并于 1995 年在首钢特钢顺利建成投产。该电弧炉为国内自行设计、制造的第一台中型直流电弧炉，采取高位料仓供料，冶炼全过程应用计算机控制并用大屏幕显示，生产过程采用了泡沫渣埋弧冶炼、偏心炉底出钢、LF 炉在线精炼、水平连铸等 20 余项高新技术，标志着首钢特钢电炉冶炼达到了新水平。

近年来，首钢国际工程公司已经走出了一条以设计为龙头的工程总承包道路，2008 年承担了阿曼 Shadeed 钢铁厂 150t 电炉炼钢连铸工程的总承包设备供货及指导安装与调试任务，提供从设计、设备制造、供货以及调试投产的 EPS 服务，开始为国外用户提供总承包服务。

此后又相继承担了贵州首黔资源开发有限公司炼钢连铸工程、首钢贵阳特殊钢有限责任公司电炉炼钢工程等多项工程的设计，并在以下电炉炼钢技术方面进行了深入的研究工作：

（1）超高功率电弧炉炼钢技术。

（2）炉壁集束射流碳氧喷枪技术。电炉采用炉壁集束射流碳氧喷枪先进技术，集束氧枪氧气速度大于 2.0 马赫数，超音速射流长度最高可以保持至 1.7m，可以使超音速流束穿透熔池并避免任何形式的大沸腾大喷溅的发生，保证冶炼过程平稳顺行并保证海绵铁有足够快的熔化速度。

（3）直接还原铁热装电炉技术。首钢国际工程公司具有 DRI 热装电炉技术，可使 DRI 入炉温度大于 600℃，大大降低电炉炼钢的电耗及冶炼时间，吨钢电耗降低约 140kW·h。

（4）直接还原铁（DRI）冶炼技术。

1）DRI 化学成分稳定，易于准确控制钢水成分，有害金属杂质少；

2）采用连续加料技术，稳定电力输入，对电网的冲击很小，对电网的动态谐波治理的负荷大大减轻；

3）冶炼过程十分平稳，噪声很低；

4）大留钢量操作；

5）炉壁集束射流碳氧喷枪保证 DRI 快速熔化；

6）熔池温度稳定控制在 1560℃，连续加入的 DRI 边加入边熔化，有效防止大沸腾、大喷溅事故的发生。

（5）长弧泡沫渣埋弧操作技术。

1）提高输入功率和热效率，大幅度减少辐射到炉衬的热负荷；

2）降低电耗和电极消耗；

3）提高电弧稳定性，减轻长弧操作时电弧的不稳定性；

4）降低电弧噪声，减少灰尘和电弧光闪烁；

5）电弧区的钢液和炉渣的飞溅减少；

6）电极消耗降低；

7）采用喷碳造泡沫渣操作，可以氧代电，降低电耗。

（6）电炉烟气余热利用回收蒸汽技术。电炉冶炼所产生的一次烟气从第四孔抽出，采用对流换热型热管换热器，将电炉烟气冷却降温到 300℃左右，再与来自大屋顶罩温度为 60℃的二次烟气相混合。汽化冷却产生了大量蒸汽，而且可以大量节约电能，减少吨钢能耗指标，提高全厂的循环经济效益。

5 业绩回顾及技术创新亮点

5.1 阿曼 Shadeed 钢铁厂 150t 电炉炼钢连铸项目

阿曼 Shadeed 钢铁厂 150t 电炉炼钢连铸项目，是首钢国际工程公司（以下简称 BSIET）承接的第一个海外电炉厂设计及设备供货工程。该工程是由阿联酋阿布扎比 ALGhaith 控股公司，在阿曼 Sohar 工业园区投资建设的综合钢铁项目的一部分。主要包括150t电炉炼钢连铸车间及其相应配套的公辅系统，电炉原料为100%热态直接还原铁（以下简称HDRI）（入炉温度不低于600℃），年产钢水110万吨。

本工程中电炉使用的原料不再是常见的废钢，而是100%HDRI。由于原料有别于常规电炉，设计过程中出现的种种问题都是之前电炉设计过程中前所未见。为此，在本工程的设计过程中，BSIET采用了多项先进工艺和技术，其中的热态直接还原铁重力溜装为国际首创。

5.1.1 热态直接还原铁重力溜装技术

目前国外已有的直接还原铁热装电炉方式为气力输送，即通过气力输送装置及管道将直接还原铁厂的温度600℃以上的直接还原铁输送进电炉车间并加入电炉。气力输送不仅需要建设复杂的输送管道，还需要配置大功率泵站；不仅流程复杂，设备维修和控制困难，而且投资巨大，运行成本高。相比而言，重力溜装技术更为经济，而且操作方便。结合本工程的实际情况，BSIET对DRI的热装加料装置进行了特殊设计，并申请了专利。HDRI从过渡料罐及分配器进入双层套管结构的固定溜管；HDRI在第一氮气密封装置的保护下从固定溜管进入双层套管结构的热装旋转溜管；HDRI在第二氮气密封装置的保护下从热装旋转溜管进入受料溜管；所有的双层套管的冷却介质为氮气或其他惰性气体；所有的密封装置的密封介质为氮气或其他惰性气体。通过该特殊加料装置，可以将直接还原铁竖炉生产的HDRI直接加入到电炉内，实现电炉连续加料。为了防止DRI氧化，加料装置采取了多重氮气密封设计，实现了全过程密封加料。

5.1.2 “恒”熔池炼钢工艺技术

所谓“恒”熔池操作是指恒定熔池的温度，即：在电炉冶炼刚开始通电时，电炉炉内已有足够的钢水，连续加入DRI时，加入的炉料均沉浸在熔池里，必须控制熔池温度始终处于一个高于临界温度（1500℃）的状态，根据经验需使熔池保持在1560℃以上，才能保证连续加入的DRI边加入边熔化。为了解决上述问题，达到“恒”熔池操作。BSIET创造性的提出了适合于电炉100%热装DRI的供电制度、加料制度、吹氧制度以及喷碳制度，使之相互匹配，从而保证冶炼过程平稳，以有效防止大沸腾、大喷溅事故的发生。

5.1.3 炉壁集束射流碳氧喷枪

DRI的密度介于炉渣和钢液之间，DRI加入电炉后停留在渣钢界面上，有一部分DRI和熔渣混合在一起。为了保证DRI有足够快的熔化速度，BSIET在电炉设计过程中采用了国际先进的集束射流氧枪技术。集束氧枪氧气速度大于2.0马赫数，超音速射流长度最高可以保持至1.7m，可以使超音速流束穿透熔池并避免任何形式的大沸腾、大喷溅的发生，保证冶炼过程平稳顺行。

5.2 首黔工程电炉炼钢连铸项目

贵州首黔资源开发有限公司贵州盘县“煤（焦、化）–钢–电”一体化循环经济工业基地炼钢连铸工程（首黔工程），依托贵州省得天独厚的煤炭资源，在生产焦炭的过程中，利用产生的副产品——焦炉煤气生产直接还原铁（DRI），然后采用DRI作为钢铁原料进行电炉炼钢，既充分利用了副产品，又能生产高附加值的钢材产品，符合新一代可循环钢铁工艺流程的理念[5]。项目的建设实施，符合科学发展观，符合节能降耗、资源综合利用及循环经济的发展理念和要求。

该工程项目设计年产42万吨不锈钢及51万吨特钢，主体工艺设施包括：3台70t超高功率电炉、2台70t LF炉、1台70t AOD炉、1台70t VOD炉、1台70t VD炉。BSIET在首黔工程中同样采用了多项先进技术。

5.2.1 电炉双联冶炼工艺生产不锈钢

首黔工程中使用两台电炉分别作为DRI熔炼炉和不锈钢冶炼炉。DRI冶炼电炉采用偏心炉底结构，按常规冶炼工艺采用100%DRI冶炼低磷钢水，为不锈钢冶炼电炉提供70%的原料钢水。不锈钢冶炼电炉采用出钢槽结构型式，此电炉的任务就是熔化高碳铬铁、不锈钢返回料及少量废钢，这些原料再加上DRI冶炼电炉提供的钢水，经冶炼后采用钢渣混出的方式出钢（用于还原渣中的氧化铬），钢水扒渣后，向AOD炉提供粗炼钢水。该工艺的每一步都有明确的目标，即第1座电炉熔化DRI并脱磷，提供合格钢水，第2座电炉进行合金化作业，为AOD提供合格母液，AOD完成精炼作业；时间节奏可以合理搭配，减轻了后续AOD炉的负担；合金成分易于控制，85%以上的合金在电炉中加入；并且当不锈钢废钢资源充足时，可直接在第2台电炉中冶炼不锈废钢，为AOD提供母液；根据市场的变化，第2座70t电炉也可用于特殊钢的生产，可以灵活应对市场风向的转变。

5.2.2 二步法与三步法结合生产不锈钢

同时采用二步法和三步法两种不锈钢冶炼工艺是本工程的一大特点，这样的设计无疑可以大大增强首黔公司在不锈钢市场上的竞争力。二步法中使用AOD炉与电炉配合，可以大量使用高碳铬铁，效率高、冶金质量好、经济可靠、投资少，可以与连铸配合。三步法冶炼工艺的每一步都有明确的目标，使操作最优化，产品质量高，氮、氢、氧及夹杂物的含量低，品种范围广，可以生产低碳和超低碳不锈钢、超纯铁素体不锈钢、控氮和含氮不锈钢、超高强不锈钢等，在工艺优化及工艺品种开发等方面具有相当的优越性。三步法的生产节奏快，前一道工序AOD炉的寿命高，对整体流程的均衡及衔接具有很大的优势。

5.2.3　采用100%直接还原铁生产特殊钢

炼钢车间内不但布置有不锈钢生产线，同时布置有特殊钢生产线，特殊钢炼钢工艺路线为：70t电炉→LF+VD炉→方坯连铸机。

采用100%直接还原铁（DRI）作为钢铁原料，与废钢相比，DRI化学成分稳定，有害杂质很少，特别是硫、磷、氮含量低，对冶炼高附加值钢种具有废钢不可比拟的优势。采用DRI炼钢，实现自动连续加料，断电时间少，热损失小，全程无需打开炉盖。

5.3　首贵工程电炉炼钢连铸项目

“首钢贵阳特殊钢有限责任公司新特材料循环经济工业基地”项目是BSIET正在执行的电炉厂搬迁改造工程。该项目要求贵钢公司在保持原有优势产品的基础上，通过调整产品结构、提高技术装备水平和产品附加值、适度扩大生产规模，节能减排，提升市场占有率和竞争力，建成特优钢的精品特钢基地。其主要工艺特点包括：60t电炉冶炼采用热装铁水工艺，铁水至电炉车间的运输方式采用“一罐到底”工艺；采用铁水镁剂喷吹工艺进行铁水脱硫处理；利旧电炉、LF炉及真空精炼设备，减少建设投资；60t康斯迪电炉回收烟气余热，降低能耗；60t电炉采用多功能集束射流枪，以达到降低生产成本和提高生产率的目的；设置二次除尘系统，对车间内各散尘点进行烟尘捕集，降低粉尘污染，实现绿色环保型生产；钢水二次精炼系统配备LF和VD、VOD真空设施，满足钢种冶炼的要求；配置两条模铸生产线，生产合结钢和工模具钢等钢种；电炉炼钢工程连铸系统配置一台四流方坯连铸机和一台双流大矩形坯立式连铸机。

5.3.1　一罐到底

高炉铁水运输采用“一罐到底”工艺技术，用180t过渡车运送到炼钢车间电炉跨。铁水运送到电炉跨后用180/50t吊车将铁水罐吊运到铁水罐存放区或直接吊运至铁水脱硫运输车上。电炉需要铁水时，由180t铸造吊吊起铁水罐至电炉炉前，位于+7.00m操作平台上的铁水罐倾翻装置之上，倾翻铁水罐90°以上，使铁水顺着伸进电炉内的溜槽加入到电炉内。正常冶炼时，一包铁水分三炉兑入电炉内，即每炉每次兑入三分之一包的铁水。铁水加入量通过天车上的称重传感器显示。空铁水包放到180t过渡车上，返回到高炉炉下待用。过渡车采用电机驱动，电缆卷筒供电方式，人工操作台操作，自动停位。

5.3.2　康斯迪连续废钢加料

电炉原料供应采用康斯迪连续加料方式，即利用康斯迪烟道中的输送机将废钢连续不断的加入到电炉中。废钢在烟道内向电炉移动的同时，被从电炉四孔抽出的高温烟气预热，从而实现对加入电炉的废钢连续预热，有效利用了烟气的余热。康斯迪电炉在使用过程中，废钢的平均预热温度约500~600℃。

5.3.3　新型炉壁KT集束氧枪

电炉喷吹系统采用一支炉门碳氧枪与两支炉壁KT集束碳氧喷枪结合，炉门碳氧枪额定超音速氧气喷吹速度为3000m^3/h，碳粉可以达到60kg/min。两组炉壁KT喷枪超音速射流喷吹流量为2500m^3/h，碳粉喷吹速度可达60kg/min。炉壁KT枪在炉壁上呈环形布置，以利于熔池上形成泡沫渣，并加强熔池搅拌，使冷区逆时针转动。KT碳枪与氧枪竖列式排布，并有10°射流汇合角度，氧气超音速射流可以保护碳粉流免于炉内进气的影响，防止被炉内烟气卷走，碳粉的喷吹也可以起到冷却的效果来保护耐火材料。KT枪为水冷铜枪身，采用保护焰技术，低能量的环形火焰保护超音速氧气射流，可以极大地减少超音速前进的阻力，有效增加射流距离。

6　结语

在环境保护与可持续发展已成为人们最关注的问题的今天，生产必须兼顾能源、资源和环境的关系，即炼钢技术的发展必须合理高效利用资源和能源以及考虑环境保护，发展绿色冶金。随着铁矿及煤炭等不可再生资源的逐渐消耗，以资源和能源消耗严重为最大弊病的焦化—烧结—高炉—转炉的长流程炼钢技术必将渐渐退出历史的舞台。反之，代表清洁炼钢技术的电炉炼钢必将凸显越来越重要作用。现在电弧炉炼钢与传统电弧炉相比，无论是生产理念，还是工艺技术、生产组织、产品开发都发生了翻天覆地的变化。现代电炉炼钢的各项技术已经日益成熟，其冶炼功能简单化、生产节奏高效化、操作控制智能化、原料配给多元化、清洁少污染的等多种优点，必将进一步增加其竞争力，使其成为未来主流的炼钢方式。

目前，国内电弧炉炼钢生产已取得了显著的成绩，电弧炉钢产量逐年增长，装备技术也达到了较高的水平，首钢贵钢引进的康斯迪电弧炉即是先进装备的杰出代表。但是，调查数据表明美国电炉炼钢比例为 60%、日本为 26%、韩国为 44%，国内电炉炼钢的比例仅为 10%左右，与发达国家相比还有一定差距。因此，我国的电炉炼钢还有很大的成长空间。随着我国工业化进程的加快，废钢积蓄会不断增加，废钢资源紧张的状况将得以逐步缓解，电弧炉炼钢技术及二次能源的高效利用将进一步降低电弧炉能耗，未来 20 年，电炉必将继续其腾飞的步伐。为此，炼钢设计室将在现有技术的基础之上，进一步加强电炉炼钢技术的创新研究，秉承专业化的设计理念，职业化的营销策略，正规化的管理作风，紧跟公司转型发展和“走出去”的步伐，提升综合竞争力，为公司开拓国内外电炉市场努力奋斗。

参考文献

[1] 赵海峰. 电弧炉炼钢工艺技术探讨[J]. 河北冶金, 2009, 2: 7~9.

[2] 傅杰, 王新江.现代电炉炼钢生产技术手册[M]. 北京：冶金工业出版社, 2009.

[3] 李晓. 电炉炼钢生产现状与发展趋势[C]//第十五届全国炼钢学术会议文集, 2008, 11: 238.

[4] 李士琦, 等, 我国电炉炼钢发展雏议[C]//2009 年特钢年会论文集, 2008, 9: 345.

[5] 贵州盘县“煤–钢–电”一体化循环经济工业基地炼钢连铸工程项目可研报告(内部资料).

首钢国际工程公司炼钢设计室铁水预处理及炉外精炼技术研发综述

黄　云　张国栋　张德国

（北京首钢国际工程技术有限公司，北京 100043）

摘　要：随着科学技术的迅速发展，钢材性能和质量越来越被重视。钢材质量主要包括钢材的洁净度、均匀性能和高精度成分控制，而各种铁水预处理及炉外精炼技术恰是获得高纯度、高均匀性和高精度钢材的重要措施。本文首先回顾了首钢国际工程公司在铁水预处理及炉外精炼技术发展历程及辉煌的业绩；其次，论述了我公司在铁水预处理及炉外精炼技术方面的技术特点及创新。

关键词：铁水预处理；炉外精炼；技术；质量；创新

The Summarization of Hot Metal Pretreatment and Secondary Refining in Steel-making Design Office of BSIET

Huang Yun　Zhang Guodong　Zhang Deguo

(Beijing Shougang International Engineering Technology Co., Ltd., Beijing 100043)

Abstract: With the rapid development of science and technology, the performance and quality of steel has been more and more emphasized.The quality of steel products contains the steel cleanliness, the uniformity performance and the control of high-precision components, and a variety of hot metal pretreatment and secondary refining technology are the important measures to obtain the high-purity, high uniformity, and high-precision steel. Firstly, the development course and splendid achievements of the hot metal pretreatment and secondary refining technology are reviewed; secondly, the technical features and innovation of the hot metal pretreatment and secondary refining are discussed in this paper.

Key words: hot metal pretreatment; secondary refining; technology; quality; innovation

1　引言[1,2]

随着炼钢炉容量不断扩大，超高功率电炉的普遍应用，直流电弧炉的出现，连续铸钢技术的迅速发展以及生产多种特殊钢和合金（超低碳不锈钢、超纯铁素体钢等）的需要，炼钢方法发生了巨大变化，由一步炼钢发展为三步炼钢，即铁水预处理、炉内初炼和炉外精炼。

铁水预处理是指高炉铁水在进入炼钢炉之前预先脱除某些杂质的预备处理过程，包括预脱硫、预脱硅和预脱磷，简称铁水“三脱”。铁水预处理对于优化钢铁冶金工艺、提高钢的质量、发展优质钢种、提高钢铁冶金企业的综合效益起着重要作用，已发展成为钢铁冶炼中不可缺少的工序。

炉外精炼技术是指对初炼后的钢水在钢包内进行二次精炼处理，达到具有高质量特性的钢种需要，具体要求如下：

（1）精确控制成分以保证力学性能的稳定；

（2）减少钢中硫、磷含量以改善冲击性能、抗层状拉裂性能、热脆性，并能减少中心偏析和防止连铸坯的表面缺陷；

（3）减少钢中氧、氢、氮含量以减少超声波探伤缺陷、条状裂纹等，并且能改善钢材的制管性能；

（4）使用先进技术精炼钢液以满足对钢质量的各

种特殊需要，如控制硫化物夹杂物形态以防止裂纹；

（5）控制夹杂物的形状以改善钢的深冲性能和钢的加工性能；

（6）脱碳到极低程度，以提高钢的深冲性能、电磁性能和耐腐蚀性能；

（7）防止钢水的二次氧化和重新吸气，保证钢水的纯净度。

2 公司铁水预处理及炉外精炼技术的发展与创新

公司炼钢设计室积极追踪国内外炼钢的新技术、新工艺和新设备的发展前沿，结合中国炼钢工业的发展现状，开发了一大批先进、可靠、实用并拥有自主知识产权的新工艺、新技术和新装备，不断提高技术水平和市场竞争力，为推动我国和首钢炼钢系统的结构优化和技术进步、提高技术装备水平，做出了积极贡献。

公司在铁水预处理及炉外精炼技术的发展和首钢总公司炼钢技术的进步与发展密不可分。公司前身首钢设计院成立于 20 世纪 70 年代，当时首钢的炼钢技术就已经在国内处理领先水平，国内首座顶吹氧气转炉已经运行了 6 年。但是此时的钢铁业还处于起步阶段，追求的是产能的最大化，以满足社会主义大建设奇缺的钢材需求，还没有精力去研究如何提高产品的质量，也没有铁水预处理和炉外精炼的设施。

随着首钢改革的大发展，新的炼钢技术不断得到应用。以我公司设计及集成的高炉铁水沟预处理脱硅、鱼雷罐喷粉脱硫、铁水罐喷吹三脱、KR 机械搅拌脱硫、钢包吹氩精炼、CAS-OB 精炼、LF 钢包精炼、VD/VOD 真空精炼、RH 真空精炼等技术为代表的铁水预处理及炉外精炼技术先后得到了实际应用，为首钢产品质量的提升和高端产品的开发做出了贡献。同时，我公司还承接了许多国内钢厂铁水预处理及钢水精炼工程的设计与总承包工作，为业主的产品质量的提升提供了工艺保障。

2.1 铁水预处理技术

首钢国际工程公司拥有多项铁水预处理优势技术，能够结合客户的个性化需求，在高炉铁水沟、铁水运输线、铁水倒罐站、炼钢厂房内等多个不同位置，在鱼雷罐、铁水包、专用炉等多个不同反应容器内，完成铁水脱硫、脱硅、脱锰、脱磷处理，实现“高效、高质、低成本、节能、环保”的铁水供应。

2.1.1 单吹颗粒镁脱硫工艺

首钢国际工程公司在自主研发该工艺关键技术的基础上，形成了不同形式的单吹颗粒镁脱硫工艺。颗粒镁喷吹脱硫工艺具有脱硫剂消耗低、渣量少，处理时间短、温降低、脱硫效果好、能处理极低硫铁水等优势。

2.1.1.1 技术特点

（1）将横移车与喷枪升降装置相结合，一台喷枪横移车对应两个喷吹脱硫工位，缩短处理周期，减少铁水温降，节省设备投资；

（2）采用捞渣技术，通过捞渣设备的旋转功能，实现一台捞渣机对应两个工位的工艺操作，节省设备投资；

（3）在铁水车上进行脱硫，无需配置大天车吊运铁水包，节省设备投资；

（4）采用防溅罩，减少喷溅对设备的损坏；

（5）保证横移车的精确对位后自动锁死（精度达到±50mm），防止横移车在脱硫过程中发生跑偏。

2.1.1.2 典型工程

邢钢铁水在线双工位喷吹颗粒镁脱硫工程。

规模：年设计能力 175 万吨，铁水罐 65 t，铁水装入量 65 t。

投产时间：2008.11。

项目特点：该项目很好地利用邢钢的现场情况进行布置，把脱硫站建在炼铁厂高炉和炼钢厂之间的铁水运输线上，属国内首创。选用单吹颗粒镁脱硫剂配以捞渣机进行脱硫预处理。项目自投产以来，使用情况良好，各项技术指标达到国内同行业领先水平。

2.1.1.3 专利技术

（1）自动扒渣机（实用新型，专利号 ZL2005-20018473.0）；

（2）铁水倒罐、脱硫扒渣运输装置（实用新型，专利号 ZL200520106369.7）；

（3）铁水罐车在线铁水脱硫预处理系统（发明专利，专利号 200910081140.5）；

（4）喷枪升降横移车夹持机构（实用新型，专利号 200920106931.4）；

（5）移动式脱硫反应装置（实用新型，专利号 ZL200520018474.5）。

2.1.2 铁水包复合喷吹脱硫工艺

2.1.2.1 技术特点

（1）减少脱硫剂耗量，减少渣量、降低铁损；

（2）有效维持铁水显热，喷吹温降小于 1.2℃/min；

（3）采用密封喷吹大门收集烟尘，脱硫剂采用密封管路输送，工作环境良好；

（4）采用可调喉口阀门控制脱硫剂喷吹速度，实现精确、连续喷吹流量调节；

（5）喷吹罐采用动态压差喷吹控制技术，实现稳定喷吹操作；

（6）采用双喷枪互为备用的工艺布置，实现喷吹工位连续作业，满足连续生产要求；

（7）先进的脱硫剂复合喷吹计算机模型，可实现全自动操作或对实际操作进行指导。

2.1.2.2 典型工程

包钢二炼钢铁水脱硫工程。

规模：年设计能力 200 万吨，铁水罐 225t，铁水装入量 210t。

投产时间：2001.12。

服务方式：工程总承包。

项目特点：我国第一个 210t 铁水包复合喷吹脱硫 EPC 项目，引进美国 ESM 公司的脱硫设备，采用镁粉和石灰粉两种脱硫剂进行复合喷吹，脱硫效果好。荣获全国优秀工程总承包奖。

2.1.3 铁水喷吹“三脱”工艺

该工艺为首钢国际工程公司自主研发的优势技术，工程投资仅为引进国外技术和设备的 1/2~1/3，脱硅、脱硫、脱锰、脱磷效果良好，脱磷效果达到国外技术先进水平，终点[P]稳定在 0.006%以下。

2.1.3.1 技术特点

（1）采用可调喉口阀门控制脱硫剂喷吹速度，实现精确、连续喷吹流量调节；

（2）采用动态压差喷吹控制技术，实现稳定喷吹操作；

（3）采用双喷枪互为备用的工艺布置，实现喷吹工位连续作业，满足连续生产要求；

（4）采用水冷低马赫数氧枪，有效保证保碳软吹氧，达到控制铁水温度的作用；

（5）设置水冷盘管加耐材水箱型防溅罩，有效防止铁水喷溅对设备损坏；

（6）低净空铁水罐低温铁水脱磷工艺。

2.1.3.2 典型工程

邢钢不锈钢铁水脱磷工程。

规模：年设计能力 30 万吨，铁水罐 45 t，铁水装入量 35~50 t。

投产时间：2011.6。

服务方式：工程总承包。

项目特点：

（1）铁水脱硅、脱磷处理中心布置在现有不锈钢车间电炉跨南侧，通过铁水过渡跨与转炉炼钢厂衔接；

（2）脱硅、脱磷在同一反应容器内完成，节省了处理成本与时间；

（3）采用铁水面吹氧工艺，灵活控制铁水温度，解决低温铁水进站问题；

（4）采用合理的喷吹载气和顶部吹氧搅拌工艺，创造良好的脱磷动力学条件，提高脱硅、脱磷效率；

（5）采用氧化铁皮作为固体脱磷剂，降低铁水污染，同时有效回收铁元素；

（6）通过工业电视监视有溢渣倾向时，采用顶部加入消泡剂工艺，有效控制脱磷过程喷溅，降低铁损；

（7）脱磷效果达到引进国外技术的水平，终点[P]稳定在 0.006%以下，同时节省了大量的技术与设备成本。

2.1.3.3 专利技术

（1）低温铁水喷吹脱磷预处理方法（发明专利，专利号 ZL201210024440.1）；

（2）一种铁水脱磷水冷防溅罩（实用新型，专利号 ZL201220427071.6）；

（3）一种铁水包脱硫喷枪下位把持器（实用新型，专利号 201220427073.5）；

（4）一种旋转式测温取样机构（实用新型，专利号 201220426991.6）。

2.1.4 多功能 KR 铁水处理工艺

该技术为首钢国际工程公司自主研发的优势技术，能够满足炼钢工序对超低 S、P、Mn、Si 铁水的要求，为冶炼工业纯铁、取向硅钢等特殊钢种提供合格铁水。首钢国际工程公司具有设计、供货、安装、调试、投产全方位的技术能力。

2.1.4.1 技术特点

（1）设置单独的喷吹位或三脱料仓，在 KR 处理站实现铁水综合预处理功能；

（2）根据需要设置顶吹氧枪设施，保证铁水温度在入炉要求范围内；

（3）根据情况可以设置捞渣方式，显著降低铁损、节省生产成本；

（4）采用先进的搅拌、喷吹模型，实现低成本，高效率生产。

2.1.4.2 多功能 KR 设备技术特点

（1）仓底流态化技术：有效控制下料速度和精度，防止仓口堵料；

（2）搅拌框架蝶簧减振技术：有效降低搅拌桨旋转引起的机械振动，减少对设备的冲击，降低平台钢结构的冲击负荷；

（3）搅拌桨快换技术：一台搅拌头更换台车上设置两个搅拌桨放置位，节省更换时间和空间；

（4）先进的搅拌模型：根据设定搅拌模式，自动调整并控制搅拌速度和时间，确定加入脱硫剂的时间和速度，保证低消耗、高效率的脱硫效果。

2.1.5 铁水预处理主要业绩表

国内部分钢厂铁水预处理工程主要业绩见表1。

2.2 钢水炉外精炼技术

首钢国际工程公司非常重视炉外精炼技术的研发工作，长期以来公司通过设立专项研发课题并结合具体工程对炉外精炼技术进行从机理到工艺全方位研发，开发出了大型LF炉、双工位RH、CAS-OB、钢包喷粉脱硫等精炼工艺与装备。在精炼控制系统方面联合首自信共同开发出了LF炉、RH的一级控制系统和LF炉二级控制模型、RH一键式炼钢等实用技术，并在首钢迁钢、京唐、首秦实际工程中得到了成功应用，在大型LF和RH技术应用方面具有丰富的工程业绩，设计建设的炉外精炼装置普遍具有功能齐备、处理能力大、自动化控制水平高的特点。

表1 国内部分钢厂铁水预处理工程主要业绩

工 程 名 称	年设计能力/万吨	公称容量	投产时间	备 注
包钢二炼钢铁水脱硫工程	200	210t×1	2001.12	总承包
首钢二炼钢厂铁水脱硫工程	340	210t×2	一期 2002.6 二期 2004.2	设计
首钢三炼钢厂铁水脱硫工程	100	80t×1	2004.12	设计
迁钢铁水脱硫工程	400	210t×3	一期 2004.12 二期 2006.8	设计
首秦铁水脱硫工程	300	100t×3	一期 2005.3 二期 2006.7 三期 2008.1	设计、供货
承德钢厂铁水脱硫工程	120		2006.11	设计、供货
山东宏达钢厂脱硫工程	70	70t×1	2006.11	总承包
邢钢铁水脱硫工程	175	65t×4	2008.11	总承包
首钢迁钢三期KR脱硫	340	230t×3	2010.2	联合设计
申特铁水脱硫工程	150	120t×1	2010.8	设计、供货
宣钢铁水脱硫工程	260	120t×2	2010.11	总承包
首钢京唐KR脱硫捞渣改造工程	300	300t×1	2010.12	设计
邢钢不锈钢铁水脱磷工程	30	45t×1	2011.6	总承包
首钢京唐二期KR脱硫	340	200t×2	实施中	方案设计
首钢贵钢KR脱硫	270	100t×2	实施中	总包
唐山建龙钢铁公司	60	65t×1	2013.2.6	总包

2.2.1 LF钢包精炼技术

首钢国际开发的大型LF炉技术与装置，有单工位、双工位等多种形式。

2.2.1.1 技术特点

（1）双层水冷炉盖，有利于保持炉内还原性气氛和除尘；

（2）自动连接钢包底部氩气搅拌技术，均匀钢水成分和温度；

（3）双车配置，减少辅助时间，缩短精炼周期；

（4）自动测温取样装置，改善劳动条件；

（5）自动化系统采用HMI显示、报警、自动记录和打印报表；

（6）整体布局合理，结构紧凑，占地面积小；

（7）投资相对其他精炼设备少，冶金效果显著。

2.2.1.2 典型工程

首钢二炼钢厂第一座210t LF炉由我院与VAI-FUCHS公司联合设计，主体设备引进；第二座210t LF炉的设计由我院自行完成。

两座LF炉的主要技术装备有：电极加热及三项电极单独升降装置、微正压控制水冷包盖及排烟系统、变频控制钢包运输车、钢包底吹氩搅拌系统、铁合金及散状料加入系统、喂丝机、自动测温取样设备、检化验设备、供配电设备及自动控制和检测仪表等。自主研发的大型LF炉的高压谐波治理装备成功应用在35kV高压系统中，有效地避免了LF炉通断电过程中产生的电压波动，提高了整体功率因素。

首钢二炼钢 210t LF 炉变压器容量为 35MV·A，升温速度不低于 4.5℃/min，电能消耗不超过 0.45kW·h/(t·℃)，电极消耗不超过 0.009kg/kW·h，冶炼产品全氧含量小于 0.002%，脱硫率不低于 75%，增氮不超过 0.0005%。设计年处理钢水能力 170 万吨，主要以处理船板钢、汽车大梁板、弹簧钢、压力容器钢、优质结构钢等为主。

2.2.2 VD/VOD 真空处理技术

首钢国际有 VD 和 VOD 的设计和总承包的经验。

2.2.2.1 主要技术特点

（1）双罐双工位布置工艺，加快处理节奏；

（2）全水冷套管式氧枪技术，提高使用寿命、减少粘渣；

（3）真空状态测温取样技术，保证抽气时间；

（4）罐盖设备与真空加料设施集中布置，减少加料过程真空泄漏；

（5）提供适应于工艺升级与改造半干式真空泵技术方案；

（6）电加热炼钢炉自产蒸汽供应过热蒸汽技术；

（7）不同钢种采用不同的底吹氩搅拌模型技术。

2.2.2.2 典型工程

首钢三炼钢 80t VD 炉由我公司总承包，与 DEMAG 公司联合设计，主要技术装备有真空罐、真空料斗、真空罐盖提升及走行装置、液压设备，真空泵系统、蒸汽供应系统、铁合金添加装置、测温取样设备、喂丝机、供配电设备及自动控制仪表等。

真空泵抽气能力 250 kg/h，抽气时间小于 5 min，极限真空度 30 Pa，冶炼产品氢含量小于 0.00015%，氧含量小于 0.002%。

该项目中我公司研发的电加热炼钢炉自产蒸汽供应过热蒸汽技术取得了国际发明专利，首次成功利用转炉自产蒸汽供应真空处理设施，体现了节能减排和循环经济的概念。

2.2.3 RH 真空处理技术

首钢国际工程公司作为迁钢、首秦 RH 真空精炼项目的总体工艺与工厂设计方，集成了具有世界先进水平的 RH 真空精炼工艺技术与设备，并在此基础上自主创新，形成了紧凑型双工位 RH 工艺。其中，RH 的关键设备真空泵喷嘴、真空度调节针形阀、顶枪系统、冶金模型等与专业公司进行合作；真空室设施及真空加料系统由首钢国际设计，委托国内制作厂家供货；三电控制系统及二级接口软件为首钢国际联合首自信自主开发。

2.2.3.1 技术特点

（1）双工位布置形式，真空和其他辅助操作交替同步进行，提高生产效率，缩短精炼周期；

（2）钢包顶升液压系统设计为两缸非同时动作，即当一个缸处于顶升状态并自锁时，另一缸仍然可以升降动作，提高生产效率，缩短精炼周期；

（3）设置多功能顶枪系统，具备吹氧钢水深脱碳、吹氧加铝钢水化学升温、煤气 + 氧气烧嘴加热真空罐、煤气 + 氧气烧嘴清除真空罐冷钢等功能；

（4）大直径浸渍管、大抽气能力真空泵，提高钢水循环速度，缩短真空处理时间；

（5）真空泵配置高压水清垢装置，保持真空泵处于最佳工作状态；

（6）高精度合金称量加料系统，准确控制钢液成分；

（7）先进的冶金模型（脱碳模型、脱氧模型、合金模型、温度模型等）实现高效的生产和准确的控制；

（8）根据用户情况，提供干式泵、半干式泵、蒸汽泵等多种抽真空技术方案；

（9）提供适用于旧厂工艺改造与升级真空室下出技术与装备，满足低厂房高度增加 RH 的需要。

2.2.3.2 典型工程

首秦 100t 双工位 RH 真空精炼项目是首钢国际工程公司集成设计的首钢内部第一套双工位的 RH 真空处理装置，该套装置设计处理钢水规模为 100 万吨/年，是目前国内工艺、设备最先进的 RH 真空处理设施之一。该项目实现了以下技术的创新：

（1）适合首秦炼钢车间紧凑型双工位 RH 工艺布置创新；

（2）适合转炉车间的 RH 真空泵蒸汽供应过热系统的技术创新；

（3）双工位 RH 三电控制系统的集成创新。

首秦 RH 真空精炼工程的投产后，所有工艺设备运行状况良好，处理效果达到国内同行业先进水平，处理效果达到：[C]≤0.0015%；[H]≤0.00015%；[O]≤0.0025%。浸渍管寿命稳定在 120 炉以上，最高达到 143 炉。满足了首秦产品开发的要求，成功开发了管线钢 X70、高强度桥梁板、装甲舰艇板、海洋平台及船用钢、锅炉用板、容器用板、模具板、军工板等高附加值产品，取得了较好的经济效益。该项目的装备和工艺研究获得了 2009 年度首钢科技二等奖。

2.2.4 CAS-OB 及钢包喷粉技术

CAS-OB 装置是一种密闭罩式吹氩升温精炼法，此工艺是日本新日铁公司于 1982 年开发的。国内一些大中型转炉钢厂在 1990 年左右，相继引进并应用了这种罩式精炼的工艺。比如：宝钢一炼钢、二炼钢（IR-UT），鞍钢（ANS-OB），本钢（AHF），武钢二炼钢（1989 年罩式升温装置）等，均取得一定成效。与 LF 炉相比较，CAS-OB 具有设备简单可靠、投资低、精炼周期短等优点，对于大多数品种钢都能进行处理。

2.2.4.1　技术特点

（1）布置形式有单、双工位选择；

（2）浸渍罩提升采用悬臂式刚性框架，升降运行平稳、可靠；

（3）自动测温取样技术，极大提高测温取样的稳定性；

（4）水冷套管式氧枪技术，提高设备寿命；

（5）模块化底吹搅拌系统，提高调节精度；

（6）压差控制喷粉技术，保证喷吹的稳定性，减少钢水喷溅。

2.2.4.2　典型工程

首钢二炼钢 210t CAS-OB 工程由我公司自主设计、自动化软件自主研发、工艺操作技术自行摸索，具有首钢自主知识产权，于 2005 年 4 月建成投产。项目特点：

（1）充分利用现有设备，降低投资，在现有吹氩站工装的基础上改造成一个功能介于吹氩站和 LF 炉之间的精炼装备；

（2）改后的装备能够生产二炼钢现由 LF 炉生产的大部分中档高附加值产品中的 8 个系列、40 多个品种；

（3）进行工艺路线优化后，通过此工艺路线生产的品种钢，质量稳定，性能满足用户的要求；

（4）CAS-OB 工艺路线生产成本与传统 LF 炉工艺比较节约 18.47 元/t 钢，经济效益明显；

（5）经此工艺路线生产的各系列钢种性能满足用户要求。该项目总体水平达到了国内先进水平，该项目的装备和工艺研究获得了 2006 年度首钢科技一等奖。

2.2.4.3　专利技术

一种钢包在线喷粉脱硫工艺（发明专利，专利号 ZL201210024067.X）。

2.2.5　炉外精炼处理主要业绩

国内部分钢厂炉外精炼处理工程主要业绩见表 2。

表 2　国内部分钢厂炉外精炼处理工程主要业绩

序号	工 程 名 称	年设计能力/万吨	公称容量	投产时间	备　注
1	首钢第三炼钢厂 1 号 80 t LF 钢包炉工程	80	钢水罐：80 t 变压器：14000 kV·A	1998.8	联合设计
2	首钢第三炼钢厂 80 t VD 真空炉工程	80	钢水罐：80 t 真空泵：250 kg/h	2000.4	工程总承包
3	首钢钢丝厂 3 t VOD 工程 3 t VOD	3	钢水罐：3 t 真空泵：30 kg/h	2001.5	工程总承包
4	首钢第三炼钢厂 2 号 80 t LF 钢包炉工程	80	钢水罐：80 t 变压器：14000 kV·A	2001.10	自主设计
5	首钢第二炼钢厂 1 号 210 t 钢包炉工程	170	钢水罐：210 t 变压器：35000 kV·A	2003.3	联合设计
6	江苏淮阴钢厂 80 t LF 钢包炉工程	80	钢水罐：85 t 变压器：16000 kV·A	2004.4	自主集成
7	首秦 1 号 100 t LF 钢包炉工程	100	钢水罐：100 t 变压器：16000 kV·A	2004.6	自主集成
8	江西南昌钢厂 65 t LF 钢包炉工程	65	钢水罐：65 t 变压器：12000 kV·A	2004.12	自主集成
9	首钢迁钢一炼钢厂 210 t CAS-OB 装置工程	150	钢水罐：210 t	2005.12	自主设计
10	首秦 2 号 100 t LF 钢包炉工程	100	钢水罐：100 t 变压器：16000 kV·A	2006.3	自主设计
11	首钢迁钢一炼钢厂 210 t 钢包精炼炉工程	200	钢水罐：210 t 变压器：44000 kV·A	2006.7	联合设计
12	首钢第二炼钢厂 2 号 210 t LF 钢包炉工程	200	钢水罐：210 t 变压器：35000 kV·A	2006.7	工程总承包
13	首钢迁钢一炼钢厂 1 号 210 t RH 真空炉工程	170	钢水罐：210 t 真空泵：750 kg/h	2006.11	联合设计

续表 2

序号	工 程 名 称	年设计能力/万吨	公称容量	投产时间	备 注
14	首秦 100 t RH 真空炉工程	100	钢水罐：100 t 真空泵：500 kg/h	2007.6	集成设计
15	河北邢钢 80 t LF 钢包炉工程	80	钢水罐：80 t 变压器：14000 kV·A	2007.8	自主设计
16	首钢迁钢一炼钢厂 2 号 210 t RH 真空炉工程	200	钢水罐：210 t 真空泵：1000 kg/h	2008.10	联合设计
17	首钢迁钢二炼钢厂 210 t 钢包精炼炉工程	200	钢水罐：210 t 变压器：44000 kV·A	2009.12	联合设计
18	首钢迁钢二炼钢厂 210 t RH 真空炉（3 号、4 号）工程	200×2	钢水罐：210 t 真空泵：1000 kg/h	2009.12	联合设计
19	首秦钢包喷粉工程	100	钢水罐：100 t	2010.1	工程总承包
20	首钢长治钢铁厂 LF 炉工程	60	钢水罐：80 t	2011.5	工程设计
21	河北邢钢 5 号 LF 炉工程	50	钢水罐：50 t	2011.5	工程设计
22	贵钢 60 t LF 钢包精炼炉	60	钢水罐：60 t	在施	工程设计
23	贵钢 60 t VD/VOD 真空炉	60	钢水罐：60 t	在施	工程设计
24	霍邱 150 t LF 炉	120	钢水罐：135 t	在施	工程总承包
25	贵钢转炉 100 t RH	80	钢水罐：100 t	在施	工程总承包
26	山东泰钢 80 t CAS-OB 精炼炉	100	钢水罐：80t	在施	工程总承包

3 小结

首钢国际工程公司具有独特的技术研发和集成应用能力，特别是在铁水预处理领域拥有多项专利技术；在炉外精炼技术方面可自主设计与集成应用大型 LF、RH、VOD、钢包喷粉、CAS-OB 等多种钢水精炼设施。

首钢国际工程公司发挥长期以来与世界顶级铁水预处理和炉外精炼技术公司合作的优势，依托首钢集团引进的先进技术，研发出更适合国内钢铁企业实际情况的多项自主知识产权的核心技术。公司依托合作优势，通过技术集成创新，在铁水预处理和技术服务方面，在国内占领了一定的市场。

随着全球钢材市场供大于求的状况，钢铁企业竞争日趋激烈，产品结构面临调整，提高品种钢和高附加值产品产量，质量是当前和今后各钢厂所追求的目标。品种质量关系企业的生存，铁水预处理及炉外精炼设备与技术是提高钢企品种质量的必备手段，也是提升企业产品竞争的重要途径，首钢国际公司将不断完善铁水预处理及炉外精炼技术，为国内外炼钢企业提供技术装备先进、工程投资合理、满足功能要求的产品与服务。

参考文献

[1] 程常桂，马国军. 铁水预处理[M]. 北京：化学工业出版社, 2009.

[2] 赵沛. 炉外精炼及铁水预处理实用技术手册[M]. 北京：冶金工业出版社, 2004.

首钢石灰生产技术的发展历程与展望

周　宏　张　涛　刘帅军

(北京首钢国际工程技术有限公司，北京　100043)

摘　要：本文介绍了我国石灰工业的发展现状，总结了首钢厂区、首钢京唐公司、首钢迁钢公司、首钢首秦公司、首钢长治公司石灰窑技术特点，分析了首钢石灰生产的发展历史、现状、技术优势，并提出首钢国际工程公司石灰窑技术的发展前景和发展方向。

关键词：活性石灰；套筒窑；回转窑；石灰加工

1　引言

中国经济持续高速稳定发展，带动了石灰市场的快速增长，到2011年全国工业用石灰产量快速增长，超过1.2亿吨[1]。其中：在冶金行业，由于国家固定资产投资加大以及保障房建设加快，推动了钢铁用量的增长，2011年全国粗钢产量达6.9亿吨，炼钢及炼铁用石灰年需要量8000~8500万吨；在电石行业，由于石油价格的持续高位促进了电石法PVC的大力发展，带动电石工业高速增长，2011年电石产量达1737万吨，电石用石灰年需要量达1900万吨；氧化铝行业快速发展，2011年氧化铝产量达3417万吨，石灰年需要量达2000万吨；轻质碳酸钙行业增速平稳，保障房建设、造纸、涂料等大宗用户的石灰用量大约在600万吨左右；环保用石灰增长趋势明显，石灰用量大约为200万吨。

石灰需求量的增加，带动了石灰工业的发展，国外先进的石灰生产装备基本上都引进到了国内[2]，如德国克劳斯·玛菲公司、日本三菱公司、美国美卓公司的回转窑、瑞士麦尔兹公司的双膛竖窑、德国原贝肯巴赫公司的套筒窑、意大利弗卡斯公司的双梁窑、意大利西姆公司的双“D”窑、德国伯力休斯公司的悬浮窑、意大利佛利达公司的梁式窑以及日本住友公司的焦炭窑等。在引进的同时，国内自主集成开发或独创的回转窑、双膛竖窑、套筒窑、梁式窑、新型气烧石灰竖窑、新型焦炭石灰竖窑、中石立窑和马式窑也得到了广泛推广。截止到2012年国内主要运行的石灰窑生产设施比较表见表1。

过去，石灰生产设施的发展主要以专业设计科研单位为主体，随着石灰市场的快速增长，从事石灰窑炉技术开发、工程设计、工程建设和工程总承包的队伍数量不断增加，已经发展为设备制造厂、施工单位、石灰生产企业等多头参与、多家竞争的局面。

表1　截止到2012年国内主要石灰窑生产设施比较

窑型	座数/座	产能范围/t·d^{-1}	燃料种类
回转窑	＞300	150~1000	煤气，煤粉或混烧
双膛窑	约60	150~600	煤气，煤粉
套筒窑	＞50	300~600	煤气
双梁窑	＞300	150~500	煤气，煤粉
气烧竖窑	＞200	＜350（70~450m^3）	低热值煤气
新型焦炭竖窑	＞300	＜450（50~500m^3）	焦炭、无烟块煤、煤球等
中石立窑	＞600	＜200	无烟块煤或混煤
节能型普立窑	＞300	＜200	无烟碎煤
马氏窑	＞300	＜200	无烟块煤

北京首钢国际工程技术有限公司拥有国家住房与城乡建设部颁发的工程设计综合甲级资质，能够提供从百万吨级到千万吨级钢铁联合企业及其配套项目的工程技术服务。在石灰窑建设方面，首钢国际紧跟国内冶金行业的步伐，始终把“设计建设先进石灰生产设施，向钢铁厂提供优质石灰”作为发展方向，特别是20世纪90年代初，首钢在国内率先引进德国贝肯巴赫套筒窑技术。21世纪初，北京首钢国际工程公司在消化吸收原贝肯巴赫套筒窑技术的基础上进行发展，创造出具有首钢特色的套筒窑新技术，具备套筒窑工程总承包能力，并拥有套筒窑工程总承包、套筒窑扩容改造和套筒窑异地搬迁的业绩。基于用户需求，在短时间内为用户提供一个性能可靠、技术成熟、切实满足生产需要并具有国际先进水平的活性石灰生产系统，是首钢国际

工程公司的追求。

2 首钢石灰生产技术的发展历程

贝肯巴赫环形套筒窑 1961 年由德国 Dipl Lng Karl Bechen 开发成功， 1963 年开始商业化运营。

20 世纪 90 年代初，在广泛调研的基础上，首钢人认为套筒窑具有独特的内衬结构和合理的气流分配方式，在焙烧活性石灰方面性能优越。1992 年，在冶金部科技司专家的大力协助下，首钢作为冶金系统第一家与贝肯巴赫公司签订 500 t 活性石灰套筒窑技术、关键设备引进合同，首钢国际工程公司（原首钢设计院）主持并全程参与了该项目引进工作。1995 年，当该项目设计转化工作按计划完成，窑本体土建基础施工完成时，该项目因首钢结构调整停止施工。直到 2000 年初，炼钢业复苏，首钢的发展日新月异，钢铁生产对石灰产品的品质和产量提出了更高的要求，此时首钢石灰生产水平成为发展“瓶颈”，是将旧有机械化竖窑改造为气烧竖窑，还是建设新的先进石灰窑型成为了关注焦点。经过分析论证，首钢人欣喜地发现，套筒窑仍是世界上最先进的窑型之一，更适合首钢的建设条件和生产要求。这一年，国内本钢 300t/d 套筒窑、马钢 500t/d 套筒窑、梅钢 500t/d 套筒窑已陆续由德国引进并建成。此时，首钢引进的套筒窑关键设备已闲置多年。恢复套筒窑设备、盘活库存设备成为历史的必然，首钢国际工程公司又一次担当起此项重任。

首钢恢复建设套筒窑时，选择新址建设，缩短石灰由运输环节多、距离长造成品质下降的问题；同时，在充分调查研究，讨论分析，并与本钢、马钢、梅钢等套筒窑生产单位交流，从原燃料选择、耐火砖衬材料和结构优化、优化生产操作、增加 PLC 控制系统等多方面解决技术难题，从根本上解决了套筒窑火桥易坍塌、窑体内衬寿命低、换热器易结垢、生产控制不方便等问题。这座首钢厂区 1 号套筒窑于 2000 年 11 月开始土建施工，2001 年 12 月建成投产。该窑投产后，操作简单、窑况稳定顺行、各项技术经济指标先进，得到业内一致好评。该窑成为国内冶金行业套筒的一面旗帜，坚定了诸多厂家建设套筒窑的决心，也成为新建套筒窑厂家竞相参观取经的重要基地。

此后，首钢国际工程公司不断调研分析，掌握新技术发展方向，不断总结生产经验，探索节能环保的新方法，不断研究开发新课题，寻找套筒窑技术全面国产化的新举措。通过自主集成、创新发展，首钢国际套筒窑技术在工艺系统、设备选型、高温区域砌筑、自动化控制等方面技术独特、成熟可靠，创造出具有首钢特色的套筒窑技术，并相继设计建成套筒窑十余座，主要生产指标、产品质量、耐火衬寿命均处于国内领先水平。

首钢国际工程公司在套筒窑设计方面所取得的成绩得到业内认可，获得参加“环形套筒窑”中华人民共和国国家标准的编制工作的资格。套筒窑总工艺负责人被推荐为全国专业标准化技术委员会委员。

在多年深入研究石灰煅烧理论的基础上，首钢国际工程公司积极研究其他活性石灰生产窑型，掌握各种窑型的特点，辅以科学的研发手段，持续改进、不断创新，具备将其他窑型及其关键技术进行国产化转化的能力。除套筒窑外，首钢国际工程公司在石灰回转窑、麦尔兹窑、弗卡斯窑、节能型竖窑等领域也具有丰富的技术储备，具备总承包相应工程的业绩。

首钢国际工程公司套筒窑工程主要业绩见表 2。

表 2　首钢国际工程公司套筒窑工程主要业绩

工 程 名 称	单座产能/$t \cdot d^{-1}$	座数	投产时间	备　注
首钢第二耐火材料厂石灰套筒窑工程	500	1	2001.11	冶金行业部级优秀工程设计三等奖
江苏淮钢石灰套筒窑工程	300	1	2004.05	
首秦 500m³ 石灰套筒窑工程	500	1	2004.08	
首钢迁钢 500m³ 石灰套筒窑工程	500	1	2004.09	
首钢 2 号石灰套筒窑工程	500	1	2005.06	
首钢迁钢 2 号 500m³ 石灰套筒窑工程	500	1	2005.12	
首钢京唐石灰套筒窑工程（一期一步）	500	2	2009.06	
首钢迁钢配套完善石灰套筒窑工程	600	1	2010.01	自主研发，2010 年度冶金行业优秀工程设计二等奖，首钢科学技术奖三等奖
首钢京唐石灰套筒窑工程（一期二步）	500	2	2010.02	2011 年度冶金行业优秀工程设计二等奖
首钢迁钢 1 号套筒窑扩容改造工程	550	1	2010.05	
首钢长治钢铁厂石灰套筒窑工程	500	1	2011.04	由首钢二耐搬迁，首创套筒窑异地搬迁

续表 2

工 程 名 称	单座产能/t·d^{-1}	座数	投产时间	备 注
云南德胜钢铁有限公司石灰回转窑工程	1000	1	在施	总承包
晋城市顺盛新型环保建材有限公司 600t/d 石灰套筒窑工程	600	1	在施	总承包

3 首钢国际工程公司套筒窑技术特点

3.1 工艺系统组成

套筒窑主要由原料储存(原料跨或原料场)、原料准备、窑本体、卷扬机房、液压站、主控楼、风机房、废气风机房、成品石灰储运系统、除尘系统组成，根据用户情况设高低压配电室、煤气加压站、给水泵站、空压机等设施。

窑本体系统由窑体、上料装置、出料装置、燃烧室、换热器、喷射器、耐火衬以及风机系统等构成。单座套筒窑三维效果图如图 1 所示。

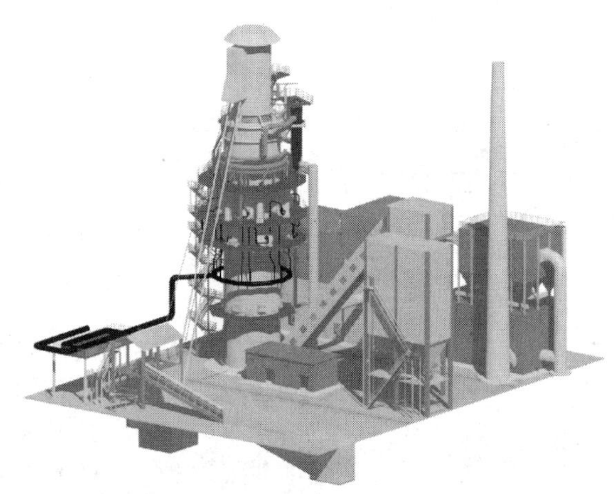

图 1 单座套筒窑三维效果图

3.2 煅烧原理及工艺特点

首钢特色套筒窑因其具有巧妙的内衬结构和合理的气流分配方式，在焙烧活性石灰方面性能优越，其主要特征是：

(1)采用环形结构，物料在环形空间内煅烧，热气流分布更加均匀，边缘效应减小，利于焙烧。套筒窑三维设计图和二维设计图分别如图2和图3所示。

(2)采用逆流+并流的先进煅烧工艺，石灰在并流区域烧成，石灰品质高，质量稳定，活性度大于 360mL，原料条件好时可达 420mL。套筒窑煅烧气流、温度分布如图 4 所示。

(3)采用废气预热驱动空气、冷却内套筒后的热空气作为燃烧一次风，降低热耗，热耗 3887~4096kJ/kg 石灰。

(4)采用全负压操作，有效防止粉尘外溢，特

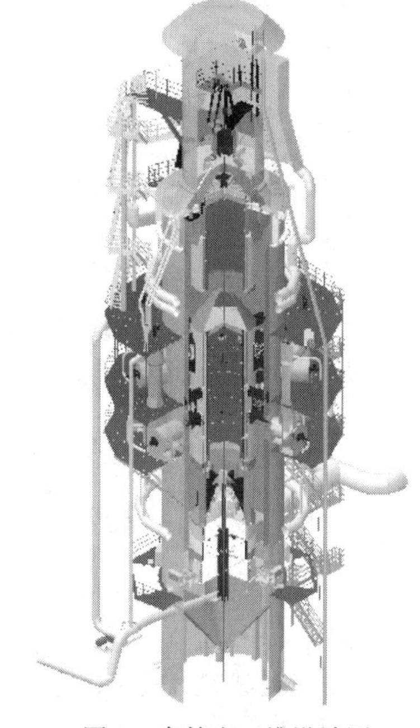

图 2 套筒窑三维设计图

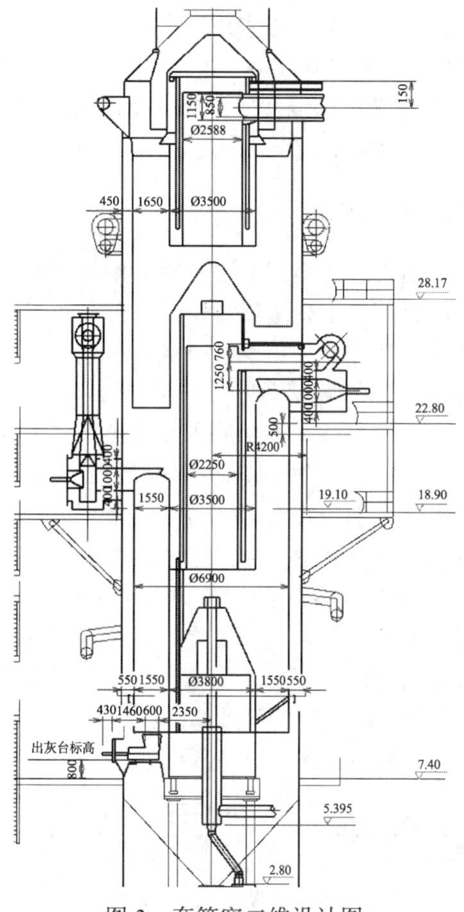

图 3 套筒窑二维设计图

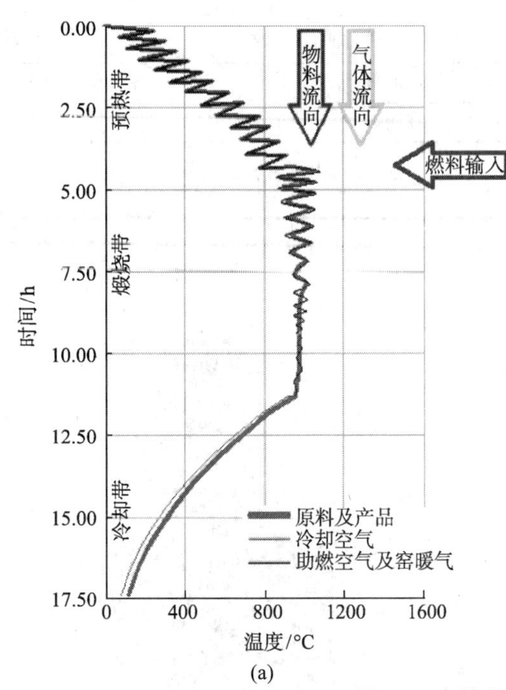

(a)

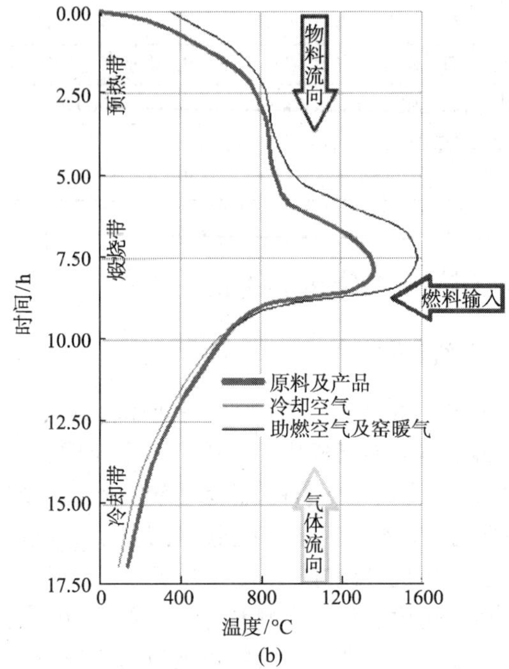

(b)

图 4　套筒窑煅烧气流、温度分布
(a) 并流煅烧气流、温度分布；(b) 逆流煅烧气流、温度分布

别适合现代化工厂对环境保护要求高的场合。

（5）操作简单，全自动控制，采用精确的燃料和助燃风分配技术，提高燃烧效率，降低能耗，有效改善热分布和煅烧效果。

（6）采用先进的分料技术，物料在窑内多次重新分料，减小物料粒度不均对煅烧效果的影响，并降低窑内气体阻力。

（7）耐火衬砌筑合理，寿命长，大修周期在 5 年以上，年作业率高达 96%。

3.3　窑本体主要结构

窑体由内、外筒组成。外筒为整体结构，内筒又分上内套筒、下内套筒两个独立部分。外筒是窑体的主要承载结构，由钢板围成并衬以耐火材料，与内套筒同心布置，形成一个环形空间,石灰石就在该环形区域内煅烧。内套筒由双层结构套筒，夹层内通入空气冷却，防止其高温变形。筒体内外两侧砌有耐火砖。部分高温废气可通过上部内套筒输出以预热驱动空气；热气流通过下内筒内部形成循环气流，改变窑内下部热气流方向，产生并流煅烧带。套筒窑设有两层燃烧室，燃烧室通过耐火材料砌筑的拱桥与内套筒相联。套筒窑产能系列窑体尺寸见表 3。套筒窑燃烧区内部结构图如图 5 所示，其三维原理图如图 6 所示。

表 3　套筒窑产能系列窑体尺寸

窑规格/$t \cdot d^{-1}$	300	500	600
窑体总高/m	49.08	49.8	50.8
窑体有效高度/m	22.5	24.3	24.3
窑壳外径/m	ϕ6.7	ϕ8.0	ϕ9.0
窑壳内径/m	ϕ5.6	ϕ6.9	ϕ7.9
内套筒外径/m	ϕ2.7	ϕ3.8	ϕ4.8
火桥跨度/m	1.55	1.55	1.55
上烧嘴数量/个	5	6	7
下烧嘴数量/个	5	6	7

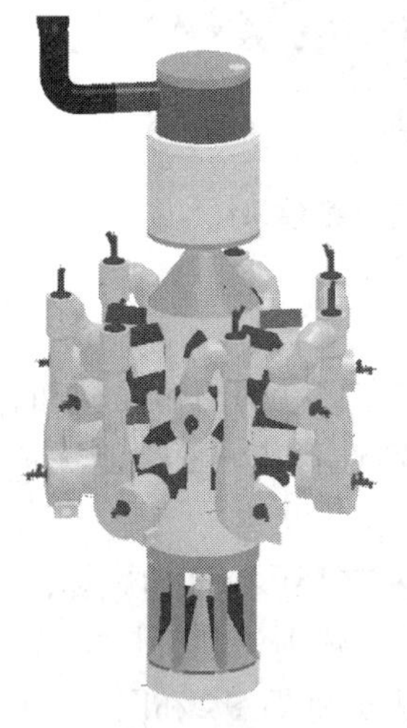
图 5　套筒窑燃烧区内部结构图

图 6　套筒窑三维原理图

3.4　装料、煅烧及出灰主要设施

上料系统由称量斗及密封闸门、单斗提升机、中间料仓及密封闸板、旋转布料器、料钟及料位检测装置等组成。旋转布料系统及称量斗和料车装料系统三维设计图分别如图 7 和图 8 所示。

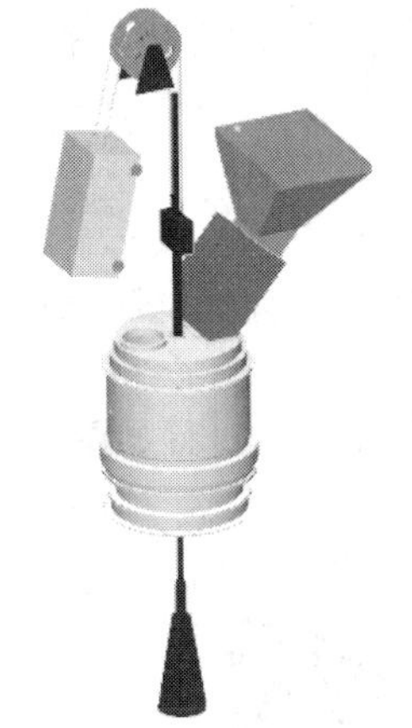

图 7 旋转布料系统三维设计图

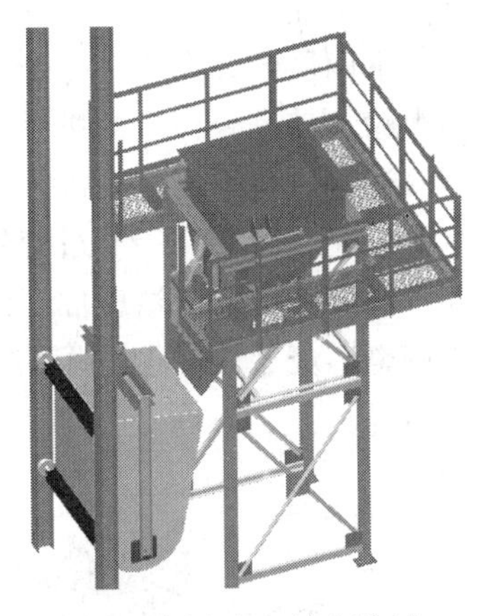

图 8 称量斗和料车装料系统三维设计图

窑体煅烧系统由换热器（使窑内废气与驱动空气实现热交换）；燃烧系统（含上燃烧器、下燃烧器）；喷射器（用驱动空气将窑内部分气体带出形成再循环气流，产生窑内并流区域）；上、下内套筒等设备组成。套筒窑燃烧区外部结构图、窑本体实景图以及部分设备的三维设计图如图 9~图 12 所示。

图 9 套筒窑燃烧区外部结构图

图 10 迁钢 500t/d 套筒窑本体实景图

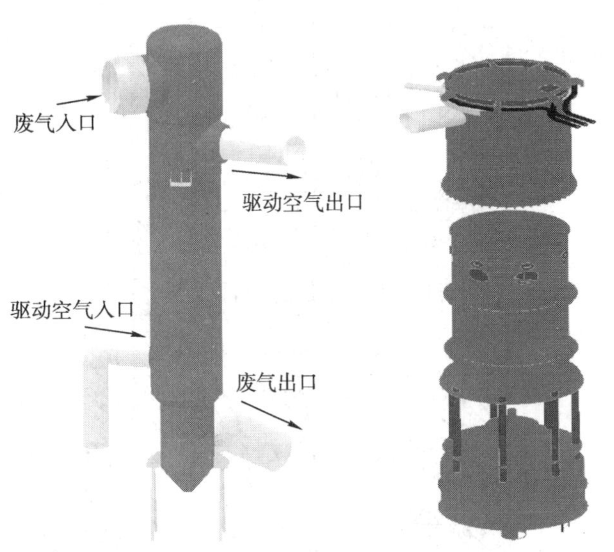

图 11 换热器三维设计图

图 12 上、下内套筒三维设计图

出灰系统：石灰石经预热、煅烧和冷却后，在冷却带底部由抽屉式出灰机直接卸入窑下部灰仓，然后经仓下振动给料机排出。

套筒窑出灰系统三维设计图如图 13 所示。

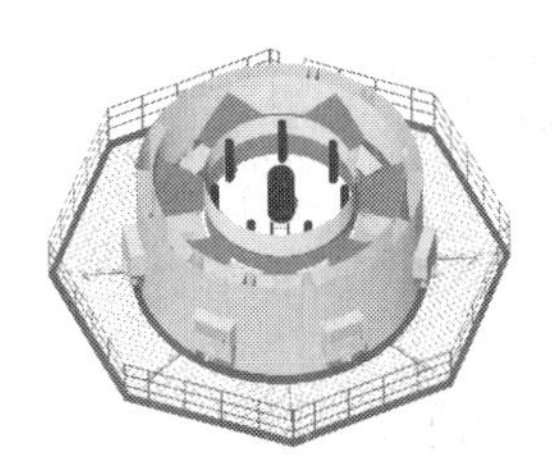

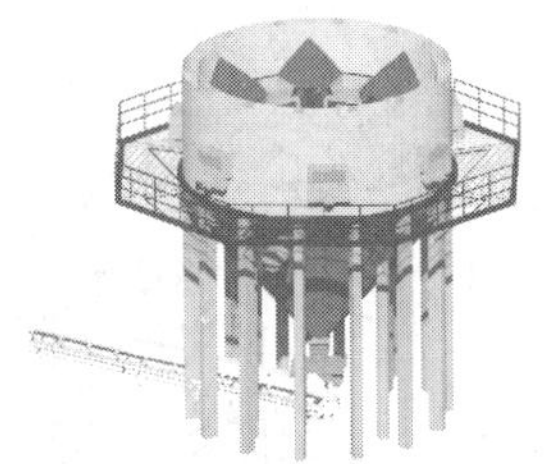

图 13 套筒窑出灰系统三维设计图

内衬结构[3]：根据内外套筒设计要求，结合热工系统的要求，采用合理内衬结构和耐材设计；火桥底部拱桥镁铝尖晶石砖选用三层结构；内套筒和窑壳上采用托砖圈技术；采用低温空烘窑–带料烘窑二步烘窑方法或带料烘开窑技术等。典型的内补结构如图 14 和图 15 所示。

3.5 风机系统及除尘系统

套筒窑风机系统主要由废气风机、驱动风机、内套筒冷却风机组成。其中：废气风机采用高压风机，作用是将窑内废气抽出，使窑保持负压；驱动风机采用罗茨风机，向喷射器供给驱动空气；内套筒冷却风机采用离心风机，向内套筒供应冷却空气；套筒窑除尘系统主要由高温布袋除尘器、除尘风机组成。套筒窑风机及除尘系统三维设计图如图 16 所示。套筒窑风机系统控制界面图如图 17 所示。

3.6 燃烧系统国产化研究

套筒窑可使用多种燃料，如天然气、焦炉煤气、

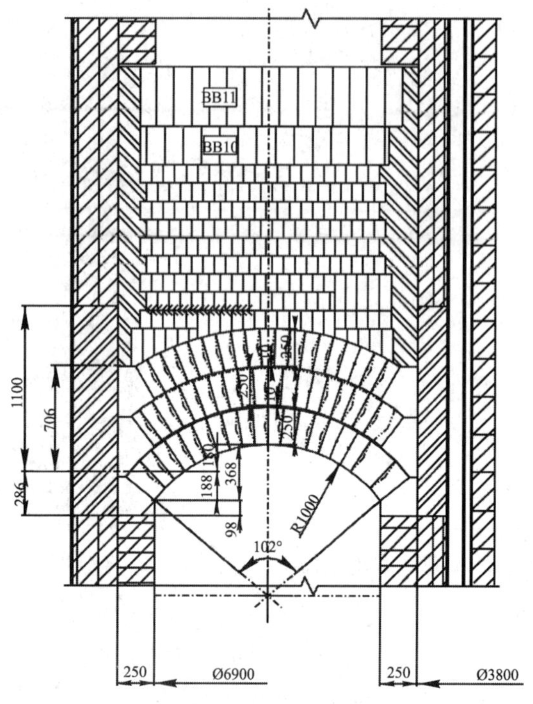

图 14　500t/d 套筒窑拱桥结构图

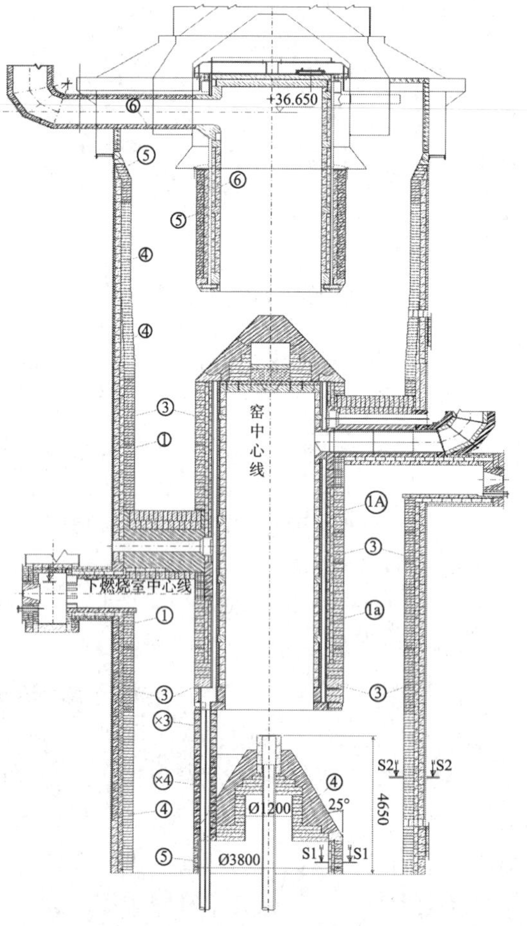

图 15　京唐石灰窑工程内衬结构图

转炉煤气、高焦混合煤气等。燃烧过程通过烧嘴在燃烧室内进行。燃烧室一般设置在窑体中部窑皮外侧，燃烧室分为上、下两层，每层燃烧室的数目因套筒窑产能不同而不同。同一层燃烧室均匀布置，上、下两层错开布置。每个燃烧室与下内套筒之间均由耐火砖砌筑而成的拱桥相连，燃烧产生的高温烟气通过拱桥下的空间进入石灰石料层。燃烧器技术实现完全国产化，通过应用仿真计算等数字化设计手段确保燃烧器适应性广泛，可根据单窑设计要求调整燃烧器性能。套筒窑燃烧器研究过程如图 18 所示。

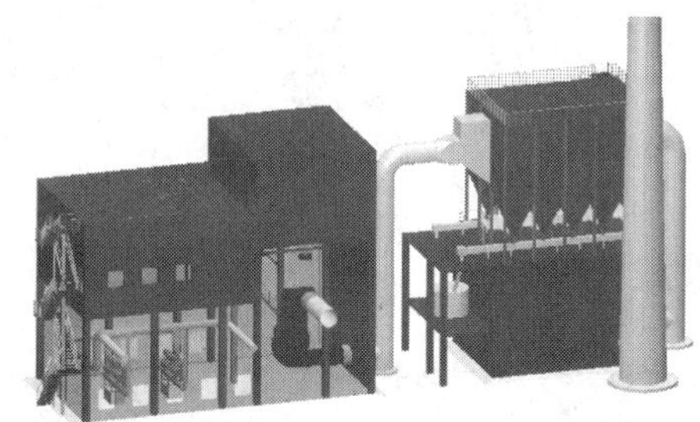

图 16　套筒窑风机及除尘系统三维设计图

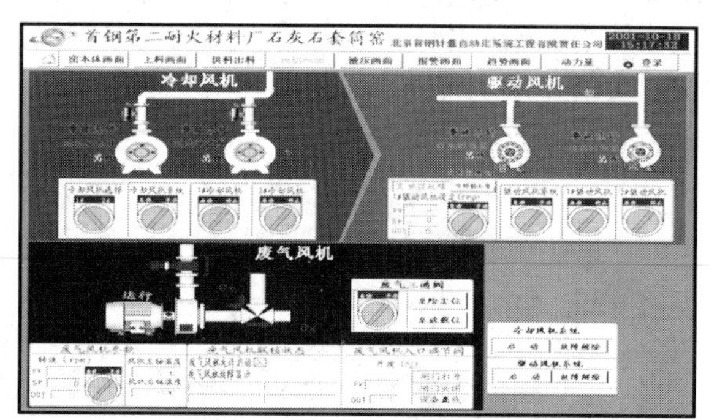

图 17　套筒窑风机系统控制界面图

3.7　自动化控制系统

系统控制采用以 PLC 为核心的计算机控制系统。系统构成为工程师站、操作站、PLC 系统三个部分。网络采用工业以太网和设备网，通过网络进行数据通讯；通过人机操作界面(HMI) 完成工艺流程动态画面显示、传动系统运行状态显示、工艺参数设定、操作方式的选择、生产报表统计、打印以及故障显示等功能。其主要特点是：操作方式具有现场、手动和自动三种方式；上料、布料和出灰系统可全自动进行，参数设定简单而方便；采用“以产量为目标，确定出灰速度，调整窑内温度，控制上料批次”的控制思想；采用“小闭环，大联锁”的控制方针，确保窑况稳定安全运行；操作和报警信息自动记录存储；先进而实用的数据报表系统。自动化系统构成图及控制画面如图 19 所示。

3.8　技术开发与创新

多年来的设计、建设与生产经验，使首钢特色套筒窑技术不断得到完善，具有许多亮点，如：采

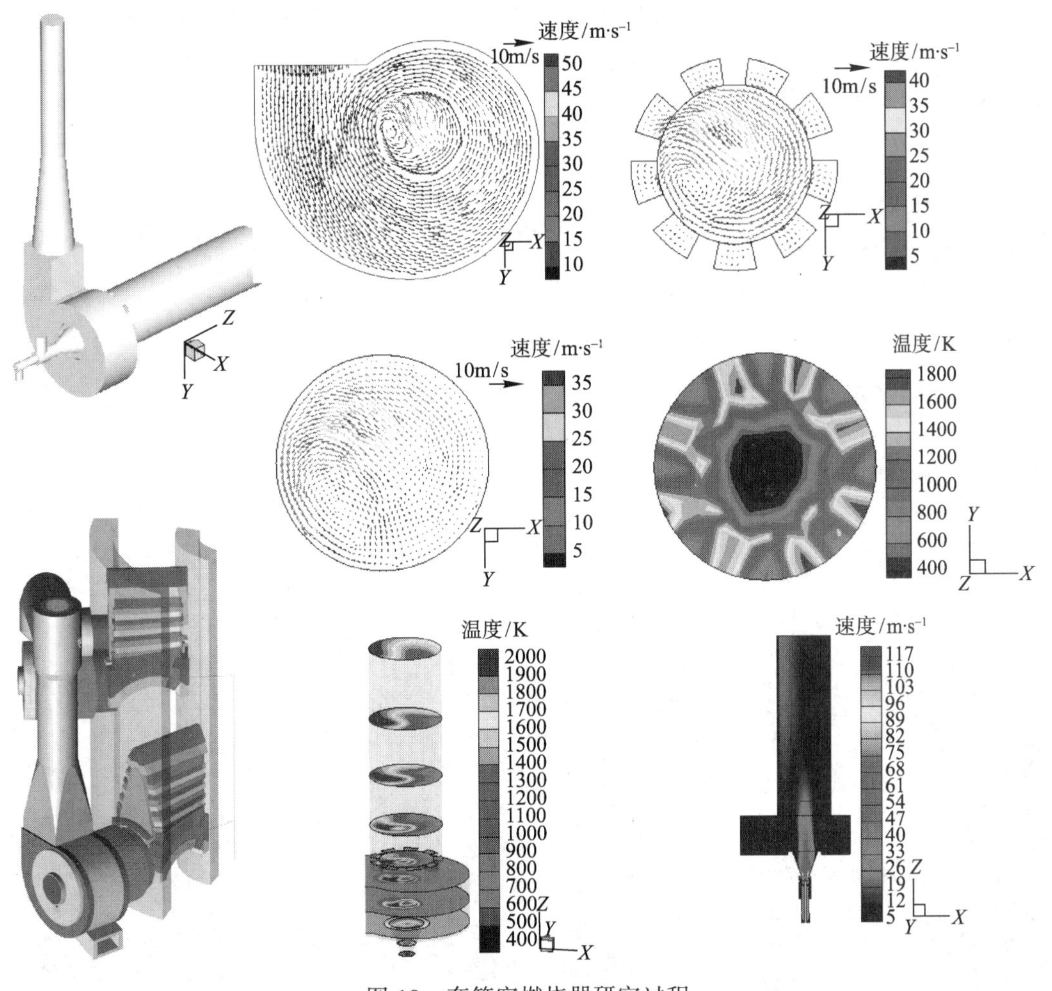

图 18　套筒窑燃烧器研究过程

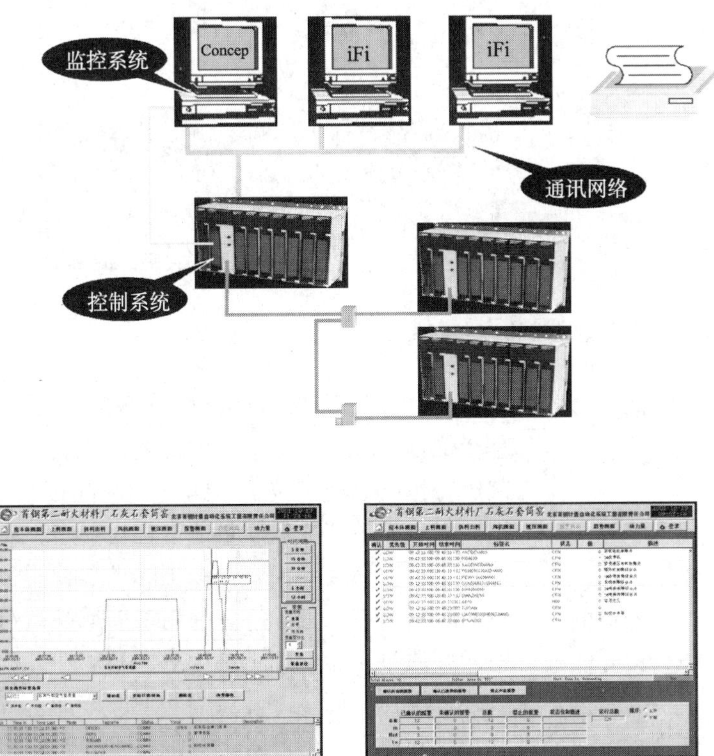

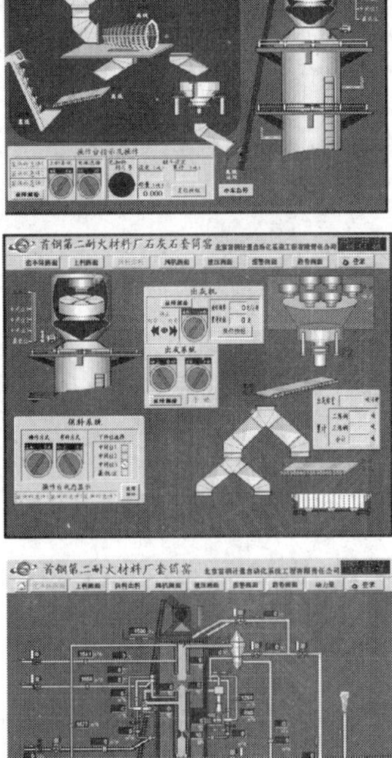

图 19　自动化系统构成图及控制画面

用短流程工艺，确保石灰质量和用户要求；适应低热值转炉煤气的热工系统；燃烧器、换热器、内套筒、出灰机等关键设备设计创新；完善内衬砌筑工艺和烘窑技术；优化全过程自动化控制系统；脱硫剂制粉等石灰深加工工艺；石灰粉远距离气力输送技术等。

首钢套筒窑专利与奖项如图 20 所示。

中国钢铁工业协会　中国金属学会
冶金科学技术奖
证书
为表彰对推动中国冶金行业科技进步做出突出贡献的中国公民和组织，特颁此证，以资鼓励。
获奖项目：活性石灰套筒窑工程技术开发与应用
获奖单位：北京首钢设计院
获奖等级：叁等奖
获奖时间：贰零零叁年
No. 2003-148-3-2
2003 年 10 月

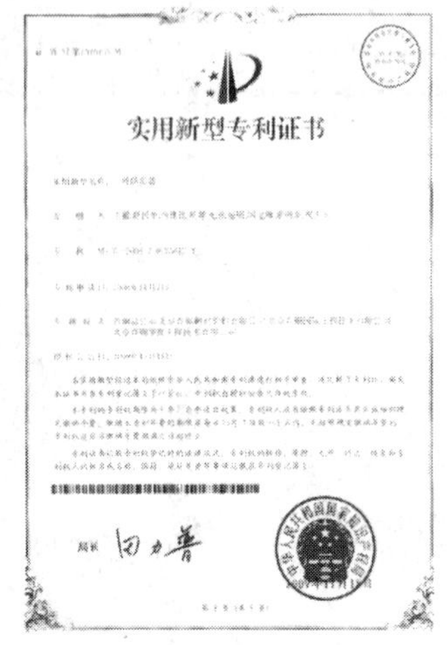
实用新型专利证书
局长 田力普

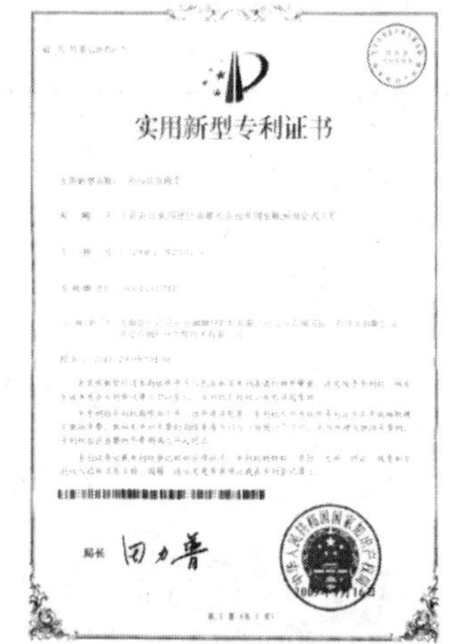
实用新型专利证书
局长 田力普

奖状
北京首钢设计院：
你院承担的 首钢第二耐火材料厂 500m³活性石灰套筒窑 工程设计被评为冶金行业第十一次部级优秀工程设计三等奖。

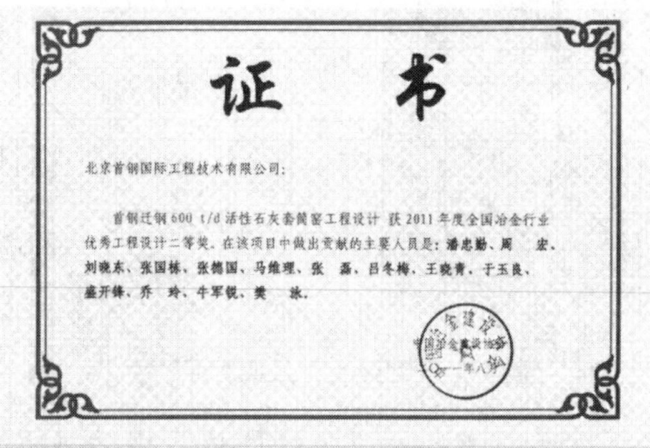
证书
北京首钢国际工程技术有限公司：
首钢迁钢 600 t/d 活性石灰套筒窑工程设计 获 2011 年度全国冶金行业优秀工程设计二等奖。在该项目中做出贡献的主要人员是：潘忠勤、周　宏、刘晓东、张国栋、张德国、马维理、张　磊、吕冬梅、王晓青、于玉良、盛开锋、乔　玲、牛军锐、樊　泳。

为表彰在推动科学技术进步、对首钢生产和建设作出突出贡献的集体和个人，特颁发此证，以资鼓励。
获奖项目
首钢迁钢600t/d活性石灰套筒窑技术开发与设计研究
获奖等级：叁等奖
获奖单位：北京首钢国际工程技术有限公司
首钢科学技术奖
№:2011-III-07
二〇一二年四月

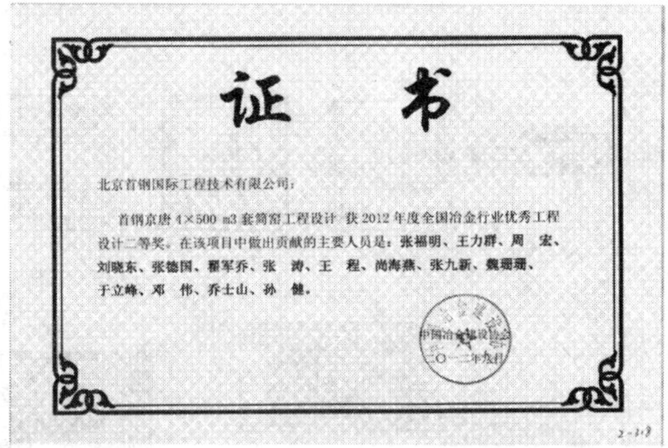
证书
北京首钢国际工程技术有限公司：
首钢京唐 4×500 m3 套筒窑工程设计 获 2012 年度全国冶金行业优秀工程设计二等奖。在该项目中做出贡献的主要人员是：张福明、王力群、周　宏、刘晓东、张德国、翟军乔、张　涛、王　程、尚海燕、张九新、魏珊珊、于立峰、邓　伟、乔士山、孙　健。
中国冶金建设协会
二〇一二年九月

图 20　首钢套筒窑专利与奖项

4　首钢国际工程公司套筒窑典型工程项目介绍

4.1　首钢京唐（曹妃甸）工程

首钢国际工程公司在京唐钢铁厂石灰窑工程 500m³ 套筒窑设计中，本着自主集成，优化设计的理念，将首钢套筒窑技术与意大利弗卡斯公司套筒窑技术进行了合理嫁接，通过对其热工系统的改进优化，采用全自动化控制系统，使京唐套筒窑可适应较小粒度的石灰石原料，一方面解决原料供应问题，另一方面可使产品粒度适当减少，更适合京唐公司炼钢工程双联法冶炼的需要，形成一套新的有京唐特色的套筒窑技术。同时，为满足套筒窑产品用户对产品粒度成品质量的多样性要求，在京唐公司石灰窑项目设计中，首钢国际工程公司独创了全新的石灰成品处理系统，套筒窑的成品石灰和轻烧白云石通过这套深加工系统可以高效地完成筛分、破碎、制粉、储存、外运等繁琐的深加工过程。部分京唐套筒窑三维效果图及工程布置图如图 21~图 23 所示。

图 21　京唐 4 座 500t/d 套筒窑三维效果图

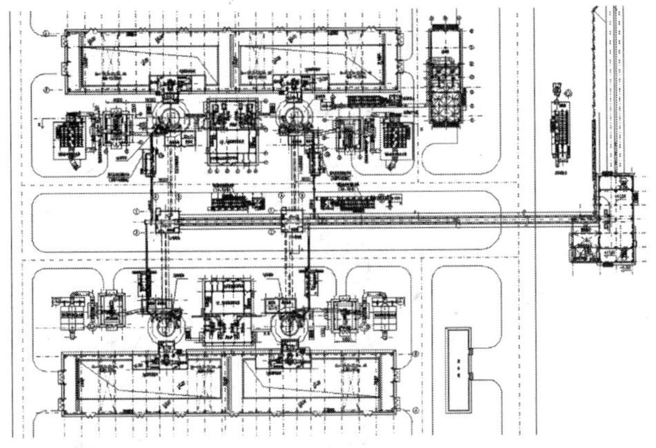

图 22　京唐一期套筒窑工程布置图

图 23　京唐一期套筒窑工程全景

4.2　首钢迁钢工程

首钢迁安钢铁公司共建设 3 座套筒窑[5]，其生产任务是向转炉生产、LF 炉精炼和 KR 铁水脱硫工艺提供高品质的活性石灰。其中：1 号、2 号套筒窑日产 500 t 活性石灰，向迁钢第一炼钢厂供应产品；3 号套筒窑为 600t 活性石灰，向迁钢二炼钢厂供应产品。同时，考虑到二炼钢厂 KR 铁水脱硫对石灰粒度和混料的要求，增加相应的脱硫剂制粉工艺。迁钢套筒窑总体布置图如图 24 所示。

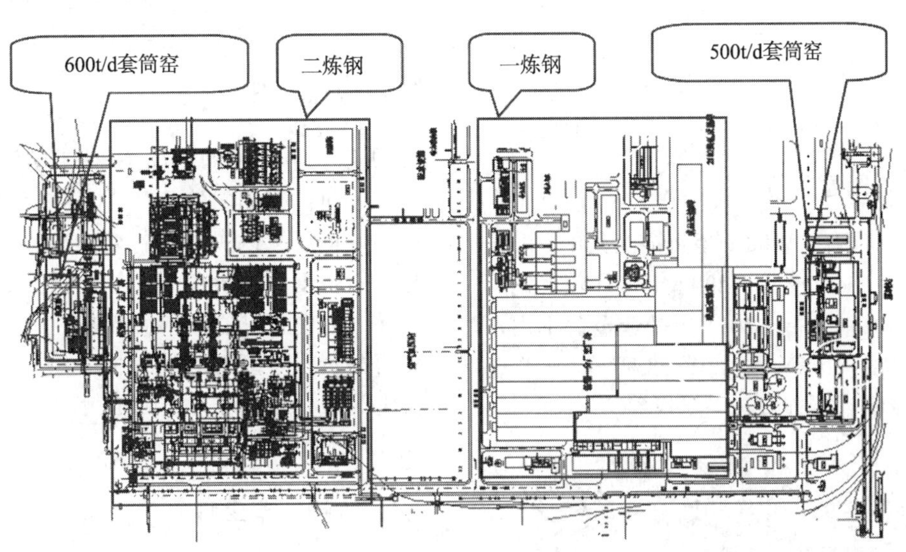

图 24　迁钢套筒窑总体布置图

图 25~图 27 所示为迁钢部分套筒窑的工程实况图及三维效果图。

1 号套筒窑于 2010 年 5 月进行了扩容改造和自动化控制系统升级改造，适当增加风机风量，增加换热器能力，并采用高钙灰进行生产。2 号套筒窑目前用于轻烧白云石的生产。

3 号套筒窑采用首钢国际工程公司研发的 600 t/d 套筒窑技术[6]，填补了国内 600 t/d 国产化套筒窑技术的空白，使首钢套筒窑技术的产能序列更加完整。600t/d 套筒窑技术开发了全国产化的 600t/d 套筒窑窑体结构和内衬结构，集成采用一系列先进技术，如并流煅烧工艺、旋转布料技术、冷却气热量回输和废气换热技术、负压操作技术、托板出灰技术、带料烘开窑技术、增加托砖圈结构、增加窑壳冷却梁技术、优化拱桥耐材结构及燃烧室结构、合理确定环形空间、降低附壁效应、优化竖向工艺布置等。该技术的研发成功，实现了 600t/d 套筒窑的完全自主设计，达到了建设投资省、适应性强、生产稳定

图 25 首钢迁钢 2 座 500t/d 套筒窑工程实景图

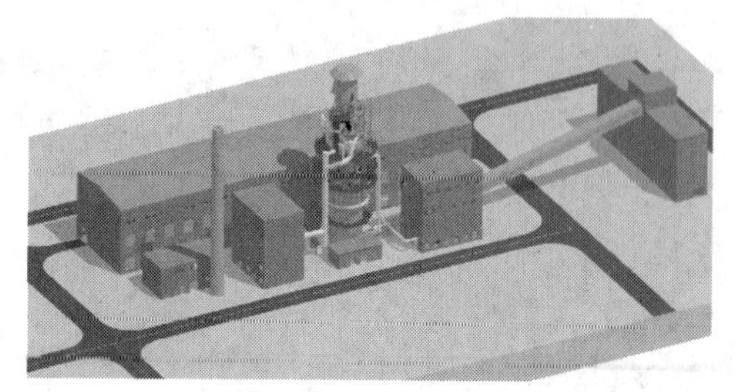

图 26 迁钢 600t/d 套筒窑工程三维效果图

顺行的目标，技术达到国际先进水平。该项目获 2010 年度冶金行业优秀工程设计二等奖，首钢科学技术奖三等奖。

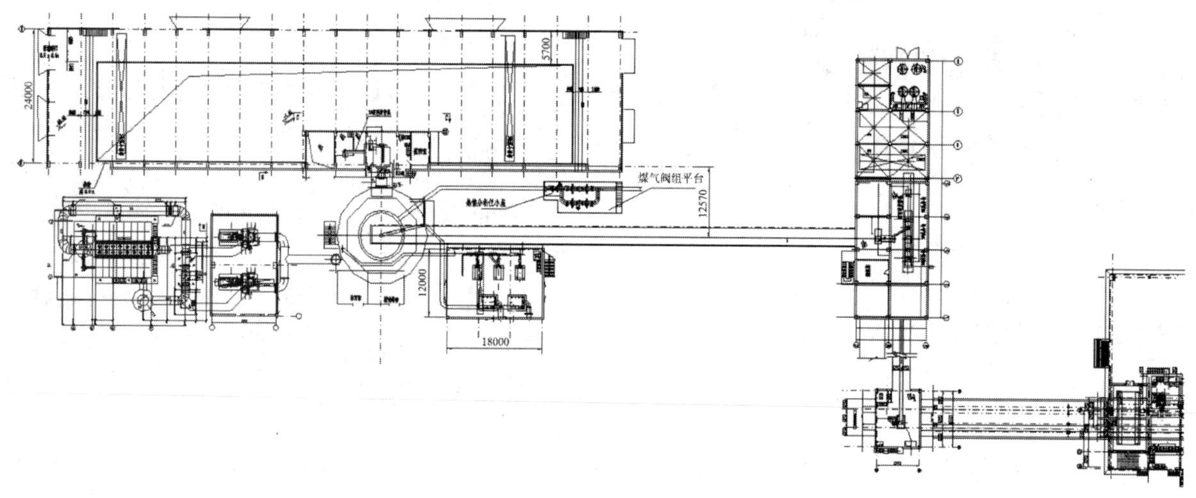

图 27 迁钢 600 t/d 套筒窑工程布置图

4.3 首钢厂区套筒窑工程

首钢厂区建有两座 500t/d 套筒窑。其中，1 号套筒窑于 2011 年 11 月投产，2007 年 6 月随首钢第三炼钢厂停产而停用，并于 2011 年搬迁至首钢山西长治钢厂继续服役，其实景图如图 28 所示。该窑曾获冶金行业部级优秀工程设计三等奖。

图 28 首钢厂区 1 号 500t/d 套筒窑实景图

2 号套筒窑 2005 年 6 月投产，于 2010 年底随首钢北京厂区全面停产而停用，其平面布置图如图 29 所示，卫星俯瞰图如图 30 所示。当初建设该窑是为了向首钢第二炼钢厂 210 t 转炉供应活性石灰，是在首钢厂区内见缝插针建成的，窑址选在首钢召开一年一度赏花会的月季园附近，距首钢集团高层领导办公区仅几百米。该窑的生产实践表明，首钢套筒窑负压生产对环境负面影响小，未造成月季园粉尘污染，套筒窑生产噪声小，未对首钢高层办公环境造成影响。

4.4 首钢首秦工程

首钢首秦钢铁公司建设有 1 座套筒窑，布置在炼钢厂附近，实现短流程布置，其平面布置图如图 31 所示。套筒窑的成品间与炼钢厂地下料仓共建，石灰筛分后直接落到炼钢厂上高位料仓的皮带机上，减少运输环节，保证进入转炉高位料仓的石灰块度均匀。

4.5 首钢长治工程

首钢山西长治钢厂套筒窑由首钢厂区移动搬迁建设，于 2011 年 4 月投产，是目前国内唯一一座通过利旧建成的套筒窑，其主要设备此前曾服役近 6

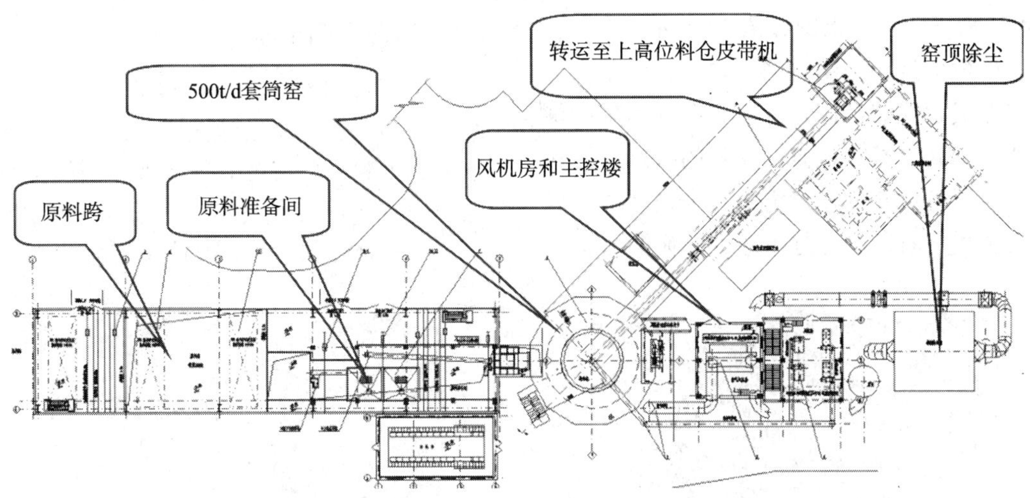

图 29　首钢厂区 2 号 500t/d 套筒窑平面布置图

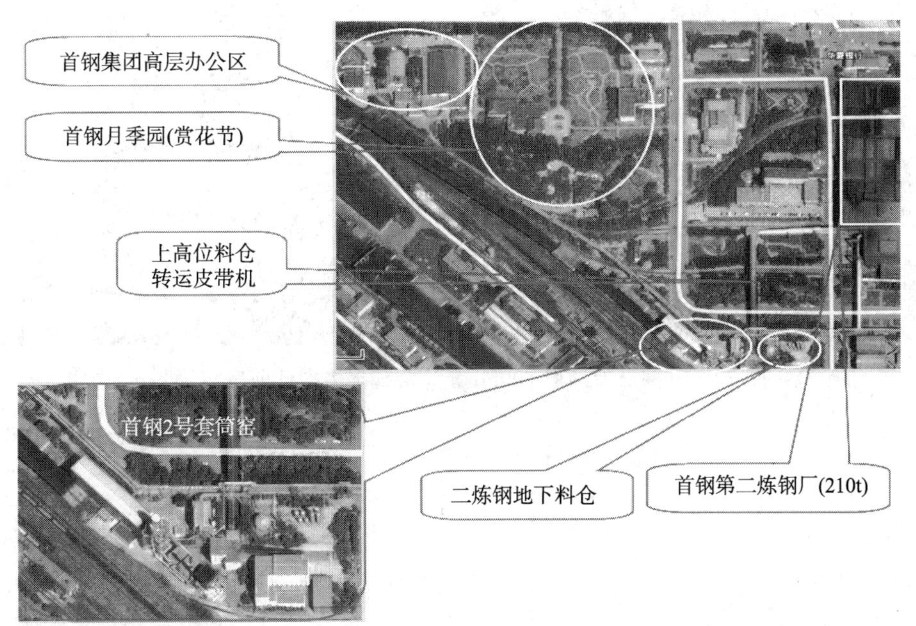

图 30　首钢厂区 2 号 500 t/d 套筒窑卫星俯瞰图

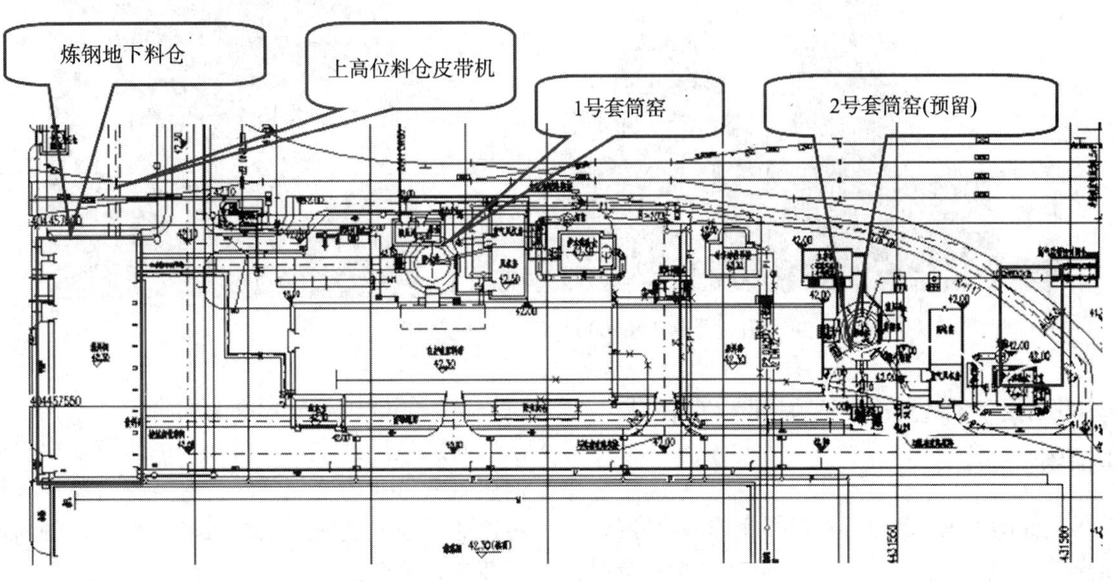

图 31　首钢首秦工程 500t/d 套筒窑平面布置图

年，该窑本体搬迁前后实景图如图 32 所示。该窑生产出的石灰以供应烧结为主，采用国产化远距离气力输送系统在线送往烧结厂，考虑到向炼钢生产供应石灰的原有回转窑具有检修周期长的缺点，为保障炼钢生产对活性石灰的连续需求，在设计时，成品系统预留了块状石灰的筛分工艺和运输渠道。

4.6 山西晋钢工程

山西晋钢 600t/d 套筒窑是首钢国际工程公司的总承包项目，由于场地限制，采用原料堆场的设计形式，上料由传统的直轨式改为斜桥上料，最大限度地提高场地的利用率。该工程拟于 2013 年初投产，其在建窑体实景图如图 33 所示。

图 32 首钢长治工程 500t/d 套筒窑窑本体搬迁前后实景图

图 33 山西晋钢工程 600 t/d 套筒窑实景图（建设中）

5 首钢国际工程公司在石灰回转窑技术上的探索

石灰产业的发展，带动了石灰石资源的争夺战，必须提高矿石利用率，石灰生产企业在窑型选择时也要考虑提高石灰石的利用率，合理搭配窑型。

首钢国际工程公司在套筒窑设计过程中，全面掌握石灰生产技术，具备较强的研究能力，通过对国内石灰行业的全面了解，对各种窑型深入理解，可以通过设计实践、自主研发、设计、创新、建设回转窑、麦尔兹窑、节能型竖窑等其他窑型的能力。首钢国际工程公司 2011 年设计研发并总承包了云南德胜钢厂 1000t/d 回转窑项目，迈出了增加窑型设计种类的第一步。

6 发展与展望

首钢国际工程公司非常重视石灰窑特别是套筒窑新技术的研发工作，组织成立了专业技术团队。技术团队在掌握国内外套筒窑工程最新技术动态基础上，结合首钢多年套筒窑生产实践经验，进一步进行技术研究、技术开发和自主创新，合理选择工艺方案、工艺流程、总体工艺配置，在套筒窑热工系统、套筒窑内衬结构、燃烧器国产化研制开发及仿真调试应用等各个环节都进行了认真的研究。今后，首钢国际工程公司将“以市场为导向，以石灰生产企业的需要为己任”，帮助并引导国内外企业采用先进、成熟、可靠的技术，在工程设计、设备及材料采购、建安组织、技术培训、投产运行等方面不断总结经验，提高服务意识，做推动我国石灰技术产业健康发展的排头兵。

参考文献

[1] 中国石灰协会技术专家组. 2012 年中国石灰窑技术发展报告[C]//. 2012 年中国石灰工业技术交流与合作大会论文汇编, 2012.11.

[2] 周宏，等. 关于活性石灰生产工艺装备选择的探讨[J]. 石灰, 2006. 4.

[3] 张德国，等. Improvement on Lining of Annular Shaft Kiln[C]//. 耐火材料, 2007(增刊), 第五届国际耐火材料学术会议论文集.

[4] 周宏. 首钢国际工程公司开展首钢京唐炼钢厂套筒窑新技术研究与开发[N]. 世界金属导报, 2009-12-8.

[5] Zhou Hong. Development and Application on Large Annular Shaft Kiln at Shougang[C]// International Conference on Frontiers of Mechanical Engineering,Materials and Energy (ICFMEME), 2012.

[6] 周宏，等. 首钢迁钢 600t/d 活性石灰套筒窑技术开发与应用[J]. 工程技术, 2012(1).

➤ 铁水预处理技术

首贵特钢项目铁-钢界面“一罐到底”铁水运输工艺设计研究

杨楚荣

（北京首钢国际工程技术有限公司，北京 100043）

摘　要：铁-钢界面“一罐到底”铁水运输技术工艺流程紧凑，在环保、节能、生产效率、投资及运行成本诸方面较传统工艺有明显优势，正得到逐步推广应用。本文对首贵特钢项目“一罐到底”铁水运输工艺设计进行了全面分析和研究，通过配置完善的铁水缓冲设施和措施，实现铁水运输的协调、有序、连续、高效运行，保证高炉和炼钢的正常生产。

关键词：铁–钢界面；“一罐到底”；设计

Design and Research on Hot Metal Transportation Technology for “Common Hot Metal Ladle of BF and BOF”of Iron Making–Steel Making Interface in Shougui Project

Yang Churong

(Beijing Shougang International Engineering Technology Co., Ltd., Beijing 100043)

Abstract: Hot metal transportation technology for “common hot metal ladle of BF and BOF” of iron making-steel making interface has the characteristics of short and fast flow route. Compared with conventional technology, there are obvious advantages in environment protection, energy saving, high efficiency, low investment and production cost, etc.. and came into application in more and more steel works. In the paper, The process of “common hot metal ladle of BF and BOF” in Shougui Project has been analyzed and researched. The result shows that complete facilities and measurements for hot metal buffer can achieve coordination, order, succession and high efficiency of hot metal transportation, so as to meet stable production of BF and BOF.

Key words: iron making-steel making interface; “common hot metal ladle of BF and BOF”; design

1　引言

高炉铁水运输“一罐到底”技术工艺流程紧凑，因其在环保、节能、生产效率、投资及运行成本诸方面的优势，越来越受钢铁厂的青睐，特别是新建钢铁厂项目都会积极调研、论证铁水运输“一罐到底”的可行性及可靠性。现在几个大型钢铁厂“一罐到底”工艺技术的成功应用，极大地鼓舞了钢铁业进一步推广应用该项技术的信心。首贵特钢公司实施城市钢厂搬迁建设新特材料循环经济工业基地项目（以下简称“首贵特钢项目”），产品定位于优、特钢品种，因主体工艺设施配置的特殊性（一座高炉要向转炉炼钢厂和电炉炼钢厂同时供应铁水），高炉铁水运输“一罐到底”的采用显得更为复杂，必须对其做细致研究和探讨。

2　首贵特钢项目炼铁工程及炼钢工程概况

炼铁厂拟建有效容积 $22800m^3$ 高炉一座，设计高炉利用系数为 2.45t/(d·m³)，年产铁水 195 万吨（其中 175 万吨供转炉，20 万吨供电炉）。与之相匹配的炼钢系统配置两个炼钢厂：一个为转炉炼钢厂，拟建 100t 转炉两座，年产钢水 180.5 万吨；另一个为电炉炼钢厂，拟搬迁改造 60t 电炉和 30t 电炉各一座，年产钢水量分别为 50 万吨和 10 万吨。

3 首贵特钢项目铁-钢界面"一罐到底"铁水运输工艺设计

3.1 总图布置

铁水运输流程平面布置如图 1 所示。

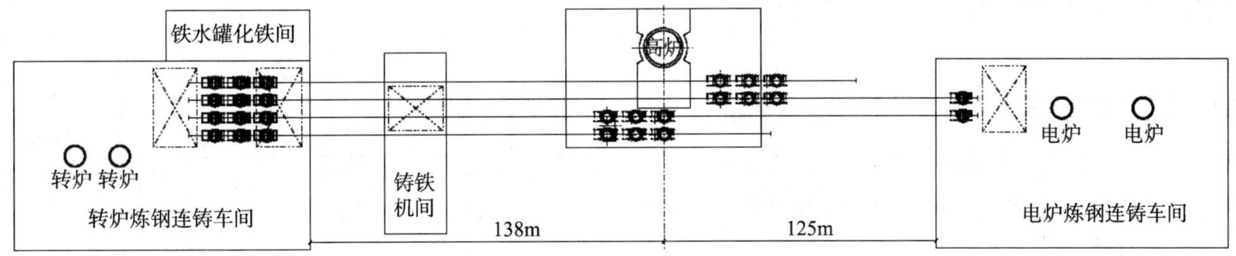

图 1 铁水运输流程平面布置

3.2 "一罐到底"铁水运输工艺设计特点

（1）结合转炉容量和电炉容量差异，分别配置不同容量的铁水罐，转炉采用 100t 铁水罐，电炉热装铁水采用 65t 铁水罐。

（2）用炼钢铁水运输车代替标准轨铁路及机车完成向转炉车间和电炉车间双向供铁，使生产更安全、效率更高。

（3）高炉位于转炉车间和电炉车间中间，距两车间主厂房边缘距离分别为 138m 和 125m，铁水运输距离短，总图布置进一步紧凑化。

（4）直接在铁水运输线一侧设置铁水事故处理铸铁机。

（5）在转炉炼钢车间边跨设置全封闭式铁水罐化铁间，对铁水罐的粘铁、粘渣进行加热熔化处理。

（6）对铁水罐、铁水罐运输车、兑铁铸造起重机实行实时跟踪、全程跟踪。

（7）铁水供应及运输系统具有完善的数据收集和数据处理系统，为铁水运输调度、转炉炼钢及电炉炼钢提供生产信息。

3.3 铁水运输流程简介

本工程高炉铁水运输采用"一罐到底"方式，铁水运输车采用宽轨铁水过渡车直接向转炉车间和电炉车间运送铁水。铁水罐运至转炉和电炉车间后再用车间内铸造起重机将重罐吊起放至指定位置，再将空罐吊回放到铁水运输车上，等待返回装铁。

高炉出铁场下共布置 4 条铁水运输线，4 条线全部通至转炉车间，其中中间两条线通至电炉车间。高炉设有 2 个出铁口，每次出铁时占用相邻两条铁水运输线，因高炉每次出铁时需铁水罐 6 个（5 个转炉用 100t 铁水罐、1 个电炉用 65t 铁水罐，或 6 个转炉用 100t 铁水罐），所以每条铁水运输线上需配备 3 辆铁水过渡车（中间两条线各自有 1 辆车可去电炉车间）。铁水运输车采用电机驱动，电缆卷筒供电方式，人工操作台操作，自动停位。

铁水运输"一罐到底"工艺流程为：高炉出铁—满罐铁水罐—铁水罐运输车—转炉车间（电炉车间）—铁水脱硫—兑铁—空罐铁水罐—铁水罐运输车返回—等待高炉出铁。

4 首贵特钢项目铁-钢界面"一罐到底"铁水运输工艺研究

为了使"一罐到底"技术能协调、有序、连续、高效地运转，应对高炉炼铁、KR 脱硫、转炉炼钢过程的连续高效、稳定协调问题进行研究，保证和实现铁-钢界面的动态有序运行。

4.1 高炉—脱硫—转炉工序能力匹配

前工序对后工序的作用为"推力"，后工序对前工序的作用为"拉力"，那么高炉工序为"推力源"，转炉工序为"拉力源"，脱硫工序既是"拉力源"又是"推力源"。要满足铁-钢界面各工序间协调、有序、连续运行,工序能力匹配必须遵从"拉力源"快于"推力源"原则。

（1）"推力源"炼铁高炉每天产铁为 5586t。转炉车间和电炉车间正常生产时，每天供应转炉车间铁水 5000t，共 51.5 罐/天（每罐铁水按 97t 计算）；每天供应电炉车间铁水 586t，共 9 罐/天（每罐铁水按 65t 计算），则平均每 28min 向转炉车间供应一罐。

如果电炉车间停产检修，全部高炉铁水供应给转炉车间，则平均每 25min 向转炉车间供应一罐。

（2）脱硫工序既是高炉炼铁工序的"拉力源"，

又是转炉炼钢的“推力源”，设有两套 KR 脱硫设施，共 2 个工位，每个工位脱硫处理周期为 38~42min，即平均每 19~21min 处理一罐铁水。

（3）转炉为“拉力源”，每座转炉冶炼周期为 36min/炉，共有两座转炉，平均 18min 冶炼一炉。

由此分析可知，正常情况下能保证高炉、铁水脱硫、转炉三工序连续运行，不会造成铁水系统的拥堵。

4.2 铁–钢界面铁水运输及转运设备的配备

铁–钢界面间主要靠铁水罐运输车、起重机进行铁水运输及转运，因此合理配置铁水罐运输车、起重机是保证连续作业的关键。

4.2.1 铁水罐运输车配置

高炉日产铁水量为 5586t，设两个出铁口，每天出铁 12 次，每个出铁口日出铁次数 6 次，每间隔 4h 出铁一次。

铁水罐装铁容量为 97~110 t，正常生产时装铁量 97t，转炉全铁水操作时装铁量为 108t。高炉每次出铁量平均值为 466t，考虑到高炉出铁的波动系数，每次出铁量范围为 396~536t，折合 4~6 罐（按其中 1 个罐为电炉用铁水罐，其余为转炉用铁水罐出铁配罐），每次出铁备 6 个铁水罐即可满足要求，故每条出铁线上配置 3 辆铁水运输车。

通过铁–钢界面铁水运输运行时序分析可知，采用这种配置可确保高炉出铁前，铁水罐运输车及铁水罐的及时返回，高炉出铁备罐在时间上有充分保证。

180t 铁水运输车主要技术参数如下：

额定载荷：180t

运行速度：5~50m/min（变频调速）

轨　　距：3600mm

轨道型号：QU120

电机功率：4 × 15kW

供电方式：电缆卷筒

4.2.2 转炉车间铁水转运起重机配置

为保证铁水的及时运转及铁水罐的及时吊运，在转炉车间铁水转运系统拟设置 2 台或 3 台 180/63t 铸造桥式起重机，为此分别对 2 台和 3 台起重机工作时的起重机作业率进行了测算，起重机作业时间分析详见表 1。

表 1 铁水转运 180/63t 起重作业时间分析

作业项目	作业次数/次	单位时间/min·次$^{-1}$	作业时间/min·d^{-1}
铁水重罐吊至脱硫	57.6	8	460.8
脱硫铁水吊运至转炉	57.6	6	345.6
转炉兑铁	57.6	4	230.4
空罐返回放至铁水罐空罐区	57.6	4	230.4
吊运空罐区落地铁水罐返回铁水罐运输车上	57.6	6	345.6
半罐铁水吊运	18	6	108
其他作业			60
合　计			1780.8

注：表中“作业次数”按电炉车间停产检修，高炉铁水全部供转炉车间考虑。

3 台 180/63t 铸造起重机的作业率计算：$1.1 \times 1780.8 \div (0.9 \times 1440 \times 3) = 50.4\%$。

2 台 180/63t 铸造起重机的作业率计算：$1.1 \times 1780.8 \div (0.9 \times 1440 \times 2) = 75.6\%$。

由以上计算可知，当配置 2 台起重机时，起重机作业率较高，但也可满足生产要求；若当配置 3 台起重机时，起重机作业率较低，同时如果当其中任意 1 台起重机发生故障或检修时，不会影响铁水罐的吊运，以最优条件保障生产。但为合理降低工程投资，本工程拟配置 2 台起重机，并再预留 1 台，厂房结构及供配电等配套设施按照 3 台起重机设计。

4.3 铁–钢界面铁水缓冲设施及措施

“一罐到底”铁水运输的显著特点是铁水罐的运行时序刚性强，铁水缓存缓冲余地较鱼雷罐车方式小，因此铁–钢界面配置必要的铁水缓冲设施及措施尤为重要。

4.3.1 主要设施及措施

（1）设置铸铁机间，配置 1 台链式铸铁机；

（2）在转炉车间铁水转运线端头上设铁水罐重位，罐位 10 个；在铸铁机间设铁水罐重位，罐位 8 个；

（3）铁水罐重罐存放采用加盖保温措施。由于本项目铁水运输运行时间短，铁水运输从高炉到转炉车间（或电炉车间）的时间不大于 5min，因此正常生产时加盖是不必要的，但为了提高故障中断时的缓冲时间，减小铁水温降，在铁水罐重罐位设置加盖装置，对铁水罐进行加盖保温。

4.3.2 铸铁机铸铁能力

在铁水运输线上配置了一台铸铁机，铸铁机日平均铸铁能力为 2400t/d，相当于每小时可铸转炉铁水罐一罐铁水，在高炉铁水积压严重时可将铁水铸成铁块。

4.3.3 转炉计划停产检修时铁水缓冲时间测算

4.3.3.1 一座转炉进行 8h 停产检修

一般转炉计划停产检修按每 10 天检修 8h 考虑。转炉车间有两座转炉，每次检修可安排一座转炉检修，另一座转炉维持正常生产。

当高炉维持正常生产时，高炉 8h 产铁量为 1862t，其中 1600t（16 罐，每罐 100t）送转炉炼钢车间，262t 送电炉车间(电炉车间小时可接收铁水能力 25~40t/h)。

由于一座转炉维持正常生产时，转炉工序能力为 36min/炉，而高炉工序向转炉车间送铁能力为 30min/罐，因此会有铁水积压。

此时转炉车间按一炉对一机模式组织生产，转炉强化冶炼，连铸机提高拉速，高效化生产，8h 可生产 12 炉，剩余 4 罐铁水待检修的转炉恢复生产后，即可消纳。

4.3.3.2 两座转炉同时进行 8h 停产检修

当两座转炉同时进行 8h 停产检修时，电炉车间维持正常生产，电炉车间消纳铁水按 262t 考虑，其余 1600t 铁水（16 罐，每罐 100t）将送到炼钢车间和铸铁机间，可考虑 8 罐铁水在铸铁机间铸铁，剩余 8 罐铁水在炼钢车间加盖保温储存。

由于转炉停产时前 4h 的铁水全部送到电炉车间和铸铁机间铸铁，后 4h 的铁水加盖保温到转炉检修恢复生产之时，实际储存铁水的存放时间最长为 4h。

根据铁水成分和铁水罐到达炼钢车间时铁水温度（约 1400℃），若铁水加盖保温温降按 0.5℃/min 计算，4h 铁水温降为 120℃，铁水温度降至 1280℃，离加盖保温后铁水凝固（最高温度 1160℃）时间尚差 4h。按照转炉对铁水入炉温度的要求（≥1250℃[1]），铁水可直接兑入转炉，但不能进行 KR 铁水脱硫预处理。

4.3.3.3 最大铁水缓冲时间测算

两座转炉同时进行停产检修时，转炉车间最大铁水缓冲时间按 12h 考虑。高炉 12h 产铁量为 2793t，其中 393t 送电炉车间，其余 2400t（24 罐，每罐 100t）送到炼钢车间和铸铁机间。铸铁机 12h 可铸铁 12 罐，剩余 12 罐放至转炉车间加盖储存。

转炉车间重罐存放区设有 8 个重罐位，铁水脱硫区设有 2 个重罐位，另外两个 KR 铁水脱硫车上可放 2 个重罐，所以炼钢车间铁水区域可存放 12 个重罐。

正常生产时，转炉对铁水入炉温度的要求为 $T\geq$ 1250℃，根据生产实际经验，转炉最低的铁水温度要求为 $T\geq$1200℃。

由于高炉 12h 生产的铁水，前 6h 的铁水一部分送至电炉车间，另一部分送铸铁机铸铁，后 6h 生产的铁水中的 12 罐(每罐 100t）储存于转炉车间，所以转炉车间 12h 停产时，储存铁水的实际存放时间只有 6h。

采取铁水加盖保温措施，6h 铁水温降为 180℃，铁水温度降至 1220℃，高于最低的铁水入炉温度（1200℃）20℃，离加盖保温后铁水凝固（最高温度 1160℃）时间尚差 2h。

储存的 12 罐铁水可供一座转炉正常生产 8h，所以此时可安排高炉 8h 检修。

4.4 铁水罐化铁装置

根据目前已投产运行的"一罐到底"铁水运输情况看，铁水罐在周转使用过程中有时会出现严重的粘铁粘渣现象，为此本项目在设计上充分考虑了对这一问题的处理措施，在铁水罐化铁间配备了 2 套铁水罐化铁装置，保证对铁水罐粘铁粘渣的便捷高效处理，满足生产对铁水罐的使用调度要求，有效减少铁水运输系统铁水罐配置数量。

铁水罐化罐装置是采用煤氧枪（燃气+氧气）将粘铁粘渣的铁水罐升温到一定程度后停止燃气供应，再进行单独吹氧化罐的一个过程，其核心设备为煤氧枪及阀站系统。枪体为四层钢管结构，分别通燃气、氧气、冷却水，所用介质通过与之配套的阀站完成对氧气、天然气、设备冷却水等的控制。

铁水罐化铁装置煤氧枪主要技术参数如下。

枪体外径：ϕ245mm

枪体长度：约 8600mm

喷头孔数：6+1 孔喷头

升降行程：7500mm

冷却水：50m^3/h, 0.5MPa

天然气：300m^3/h（标态），0.1MPa

氧　气：1000m^3/h（标态），0.8MPa

5 结语

首贵特钢项目铁水运输“一罐到底”工艺采用电机驱动的铁水运输车方式实现向转炉车间和电炉车间双向送铁是一种新的工艺尝试，铁水运输距离极短，铁水运输中间过程缓冲余地小，在设计上通过充分配置完善的缓冲设施和措施，可实现 “一罐到底”铁水运输协调、有序、连续、高效运行，保证高炉和炼钢的正常生产。

参考文献

[1] 中华人民共和国建设部. 炼钢工艺设计规范[M]. 北京: 中国计划出版社, 2008.

（原文发表于《2012 连铸生产技术会议论文集》）

铁水罐喷吹脱磷工艺在邢钢不锈钢厂的应用

黄　云　张国栋　张德国　刘军民
（北京首钢国际工程技术有限公司，北京 100043）

摘　要：本文主要论述邢钢不锈钢冶炼铁水预处理采用的铁水罐喷吹脱磷工艺与设备设计特点和实际应用效果。
关键词：铁水预处理；不锈钢；喷吹；脱磷工艺

The Applying of the Technology of Dephosphorization in Hot Metal Ladle in Xingtai Stainless Steelmaking Plant

Huang Yun　Zhang Guodong　Zhang Deguo　Liu Junmin
(Beijing Shougang International Engineering Technology Co., Ltd., Beijing 100043)

Abstract: The techology of dephosphorization in hot metal ladle has been applied in Xingtai stainless steelmaking plant. The hot metal ladle injection dephosphorization process technology and the equipment have been discussed in this article, as well as the applied result.
Key words: hot metal treatment; stainless steel; injection; dephosphorization process

1　引言

邢台钢铁有限责任公司不锈钢厂配置 1 座 50t 电炉、1 套 50t AOD、1 台 50t LF、1 台四流方坯连铸机、预留 1 套 50t VOD 设备。采用脱磷铁水直接热装—氩氧脱碳炉（AOD）二步冶炼法或再经过 VOD 真空处理三步法不锈钢生产工艺。不锈钢厂设计规模为年产 20 万吨不锈钢以及 15 万吨非不锈钢。电炉热装铁水比例为 50%，冶炼不锈钢年需脱磷铁水约 10 万吨，采用 45t 铁水包喷吹脱磷工艺。

2　工艺选择

2.1　铁水脱磷预处理的必要性

磷在一般不锈钢中都是杂质元素，主要是降低钢的塑性、增强钢的脆性，使不锈钢的加工性能变差。对于铁水热装工艺生产一般不锈钢冶炼，由于高炉铁水含[P]约 0.10%，而一般不锈钢成品要求控制[P]≤0.035%，耐晶间腐蚀的不锈钢应使[P]≤0.010%，要求耐浓硝酸和尿素等介质腐蚀的不锈钢中应使[P]≤0.005%，因此不锈钢冶炼都应考虑脱磷问题。

邢钢不锈钢生产采用电炉、AOD 炉和 LF、VOD 冶炼工艺，流程如图 1 所示。

电炉的主要功能为熔化废钢、高碳铬铁和熔剂，铁水操作温度 1600~1700℃基本上在进行脱硅保铬反应；而 AOD、VOD 则主要进行降碳保铬处理，没有脱磷条件。而良好的脱磷条件要求铁水温度低、渣碱度高、氧势高。LF 炉起到温度调节、合金微调

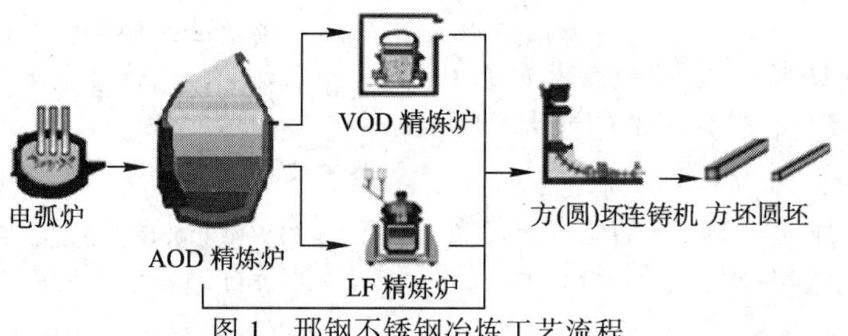

图 1　邢钢不锈钢冶炼工艺流程

的作用，同样缺少脱磷条件。因此，利用电炉、AOD炉、LF炉和VOD冶炼不锈钢钢水进行脱磷处理在工艺和操作上都有困难。在电炉熔炼和后续精炼的过程中加入的废钢和铁合金也会带入一部分磷，从而使磷含量进一步升高。因此，有必要在电炉熔炼之前进行铁水脱磷处理，使铁水脱磷处理后[P]≤0.015%，满足不锈钢成品对磷的要求。

2.2 铁水脱磷预处理工艺选择

2.2.1 铁水脱硅工艺选择

众所周知，铁水脱磷之前必须先脱硅。国内外广泛采用的脱硅工艺有高炉炉前脱硅、鱼雷罐喷吹脱硅、铁水包喷吹脱硅等。根据邢钢现场情况，高炉炉前和铁水运输线上没有铁水脱硅设施布置位置，只能考虑铁水离线在铁水包内喷吹脱硅工艺。

2.2.2 铁水脱磷工艺选择

目前铁水脱磷工艺主要有：鱼雷罐内喷吹脱磷、铁水罐内喷吹脱磷、专用转炉脱磷。考虑到利用现有转炉脱磷设备利用率很低，而且降低碳钢车间产能和生产节奏，造成较大的经济效益损失。而新建脱磷转炉投资巨大，也找不到合适的车间位置。

铁水罐内喷吹脱磷技术起源于日本，并在太钢、宝钢、酒钢等不锈钢炼钢厂成功应用。铁水罐内喷吹脱磷具有设备投资少、场地占地小、脱磷条件好、能同时脱硅等优点。因此，邢钢不锈钢铁水脱磷选用铁水罐内喷吹脱硅、脱磷工艺。铁水罐喷吹脱磷系统如图2所示。

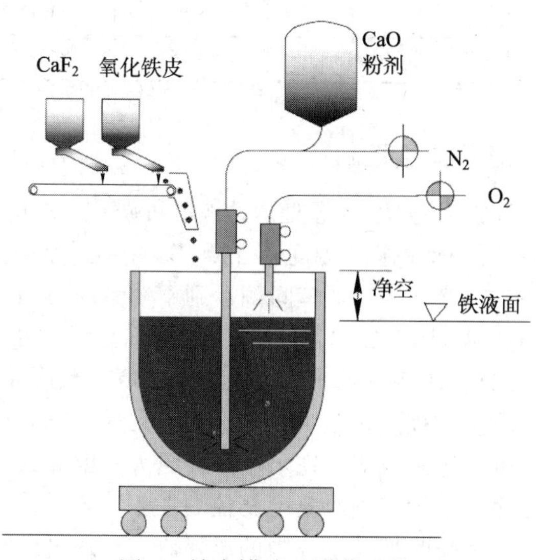

图2 铁水罐喷吹脱磷系统

新增铁水脱硅、脱磷处理中心布置在现有不锈钢车间电炉跨南侧，通过铁水过渡跨与转炉炼钢厂衔接。设计年处理能力12万吨。

3 铁水罐喷粉脱磷工艺

3.1 铁水罐喷粉脱磷工艺流程

采用专用铁水罐，将已称量的铁水运至脱磷铁水倾翻车上，根据铁水罐中含高炉渣渣量情况，先对铁水进行预扒渣处理或直接进行脱硅、脱磷处理（脱硅、脱磷共用一套设施）。扒渣完成后，对铁水进行测温取样，根据初始铁水成分、温度，设定喷吹相关参数。喷吹处理前期主要任务是脱硅，设定的脱硅时间结束后，喷吹参数自动调整，进行脱磷处理，喷吹的同时氧枪进行面吹氧，防止铁水温降过大和保证铁渣中高FeO含量。喷吹结束后，对铁水进行扒渣处理。扒渣完成后，铁水车运行到吊包位，天车将合格铁水兑入电炉或AOD炉冶炼。工艺流程如图3所示。

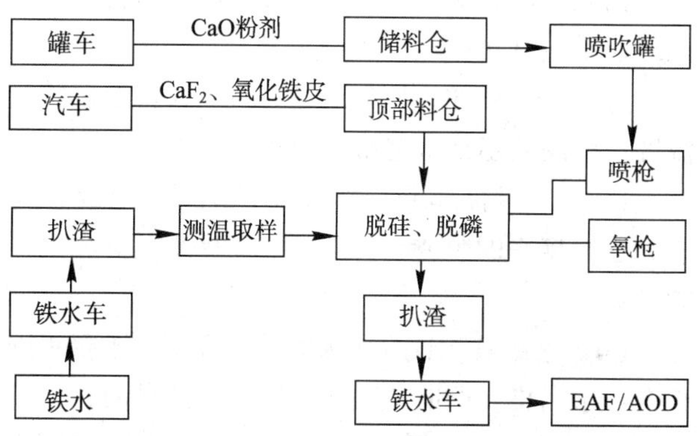

图3 铁水喷吹脱磷工艺流程

3.2 脱磷主要工艺参数

3.2.1 铁水供应条件

（1）铁水温度（处理前）： 1250℃；

（2）铁水初始化学成分见表1；

（3）罐内铁水质量：40~45t，平均42t；

（4）铁水净空：≥1500mm。

表1 铁水初始化学成分 （%）

元素	C	Si	P	S
指标	≥4.0	≤0.45	≤0.10	0.015~0.08，平均0.03

3.2.2 脱硅、脱磷剂单耗

脱硅、脱磷剂消耗指标见表2。

表2 脱硅、脱磷剂单耗（设计指标） （kg/t）

项　目	CaO	FeO	CaF$_2$
脱磷剂总耗	≤35	≤25	≤11.7

3.2.3 喷吹和顶部加料参数

CaO和CaF$_2$、氧化铁皮加入工艺参数见表3。

表 3　喷吹和顶部加料参数

项　目	粉状料	块状料	
	CaO	氧化铁皮	CaF_2
喷吹气体速度/$m^3\cdot min^{-1}$	1.5~2.0(N_2，标态)	—	
喷吹速度/$kg\cdot min^{-1}$	30~90	—	
加料速度/$kg\cdot min^{-1}$	—	30~85	30~50
吹氧速度/$m^3\cdot min^{-1}$	20~25（标态）	—	

4　主要工艺及设备特点

4.1　工艺设计特点

（1）传统脱磷工序需要预脱硅，往往需在高炉炉前出铁沟内进行混冲脱硅，需要增加相关设施。本工艺脱硅、脱磷在同一反应容器内完成，节省了处理成本与时间；

（2）采用铁水面吹氧工艺，可以灵活控制铁水温度，解决低温铁水进站问题；

（3）采用合理的喷吹载气和顶部吹氧搅拌工艺，创造良好的脱磷动力学条件，提高脱硅、脱磷效率；

（4）采用氧化铁皮作为固体脱磷剂，不仅可降低对铁水污染，同时达到回收铁元素的目的；

（5）通过工业电视监视画面观察有溢渣倾向时，采用顶部加入消泡剂工艺，可有效控制脱磷过程喷溅，降低铁损。

4.2　设备设计特点

（1）采用动态压差控制喷吹技术，有效控制喷吹稳定运行；

（2）采用水冷低马赫数氧枪，有效保证保碳软吹氧，达到控制铁水温度的作用；

（3）喷吹速度采用可变喉口阀与称重压头连锁控制技术，实现稳定的喷吹速度调节；

（4）设置水冷盘管加耐材水箱型防溅罩，有效防止铁水喷溅对设备损坏。

5　应用效果

本工艺在邢钢不锈钢厂投产后，取得了比较稳定的脱磷效果和良好的铁水温度控制能力。

5.1　脱磷效果

5.1.1　脱硅、脱磷效果（见表 4）

表 4　喷吹脱硅、脱磷效果

炉号	进站 Si/%	终点 Si/%	进站 P/%	终点 P/%
1	0.36	0.01	0.072	0.008
2	0.56	0.02	0.075	0.014
3	0.34	0.01	0.065	0.006
4	0.34	0.01	0.069	0.011
5	0.33	0.01	0.065	0.009
6	0.39	0.01	0.066	0.008
7	0.50	0.01	0.066	0.011
8	0.33	0.01	0.066	0.008
9	0.43	0.01	0.070	0.010
平均	0.398	0.0107	0.068	0.0094
指标	—	—	—	≤0.015

5.1.2　脱磷剂消耗指标(见表 5)

表 5　喷吹脱磷剂消耗

炉号	CaO	铁皮	萤石
1	27.3	21	0
2	31	19.5	1.5
3	26.2	18.6	1.93
4	18	12.8	0.48
5	20	15.7	1.7
6	27.4	19.3	0.71
7	35.95	29.5	0.74
8	24.1	15.4	1.54
9	21.9	18.0	1.23
平均	25.76	18.87	1.09
指标	≤35	≤25	≤11.7

5.2　脱磷温度控制

邢钢不锈钢铁水预处理站铁水来源于转炉车间混铁炉，混铁炉的操作温度为 1300℃，兑入铁水罐温降为 30~50℃，从转炉车间倒运到不锈钢厂时间约为 28min，温降 16~25℃，到站温度最低时达到 1220℃。而 AOD 要求入炉铁水温度大于 1280℃。众所周知，铁水喷吹过程温降较大，如再加入大量冷态氧化铁皮、萤石等脱磷剂，铁水温降会更大。因此铁水脱磷工序还要承担铁水温度调控的任务。经对铁水转运期间和喷吹处理过程中的温降研究，通过调整优化气固氧比例，控制合理的吹氧参数和搅拌气体流量，达到了预期的温度控制效果。从实际生产数据收集结果来看，完全满足下道工序的温度要求。脱磷处理过程温度变化见表 6。

表 6　脱磷过程温度变化情况

炉号	喷吹时间/min	进站温度/℃	脱硅后温度/℃	出站温度/℃
1	43	1269	1266	1281
2	52	1271	1339	1370
3	41	1257	1282	1295
4	33	1264	1350	1366
5	30	1260	1283	1304
6	35	1222	1378	1371
7	39	1220	1344	1297
8	32	1224	1394	1290
9	31	1262	1337	1329
平均	37.33	1271	1330	1345
指标	≤38	—	—	≥1300

6　结语

不锈钢铁水喷吹脱磷技术国内目前只有宝钢、太钢、酒钢三大不锈钢厂掌握，而且关键技术与设备均从国外引进，工程投资大。邢钢不锈钢铁水喷吹脱磷项目由首钢国际工程公司总包建设，冶金效果达到了国外先进技术水平，为投资方节省大量引进技术与设备成本，为不锈钢的开发生产提供了成本低、质量优的原料。本工艺投入生产后，为邢钢顺利开发铁素体不锈钢 430 钢种提供了优质原料保障，达到用户满意的预期效果。

参考文献

[1] 赵沛. 炉外精炼及铁水预处理适用技术手册[M]. 北京: 冶金工业出版社，2004.

[2] 张贺艳，姜周华，王军文，等. EAF-LF 炼钢流程中磷行为的研究[J]. 炼钢, 2002, (6): 52~55.

[3] 陈立章，杨志国. 铁水包脱磷工艺研究[J]. 甘肃冶金, 2008(8): 9~12.

[4] 徐硕文，汤德明. 王燕飞. 脱磷喷吹系统控制[J]. 冶金自动化, 2007 (S2): 434~435.

（原文发表于《工程与技术》2011 年第 2 期）

邢钢铁水喷吹颗粒镁脱硫工艺的选择与应用

黄 云 郭 戌

（北京首钢国际工程技术有限公司，北京 100043）

摘 要：颗粒镁喷吹脱硫工艺具有处理周期短、铁水温降小、铁损小、脱硫剂消耗少、设备简化等特点。邢钢铁水预处理选择了在铁水运输线上，进行颗粒镁喷吹在线脱硫工艺，取得了较好的实际应用效果。在生产实践的基础上提出了脱硫工艺与装备方面的改进措施。

关键词：铁水预处理；颗粒镁喷吹；在线脱硫

The Choice and Application of Desulphurization Process in Hot Metal Pretreatment by Injecting Magnesium Particle in Xingtai Steelmaking Plant

Huang Yun Guo Xu

(Beijing Shougang International Engineering Technology Co., Ltd., Beijing 100043)

Abstract: The desulphurization process by injecting magnesium particle has the characteristic of shorter process cycle,less temperature drop, less iron loss, less desulfurating agent consumption and simpler equipment and so on. It is applied in hot metal pretreatment in the hot metal transport line, and the desulphurization effect is very well in Xingtai Steelmaking Plant. Based on practice,the improved measure of desulphurization technology and equipment is advanced in the article.

Key words: hot metal pretreatment; injecting magnesium particle; desulphurization process in transport line

1 引言

硫是炼钢过程中需最大限度去除的杂质元素（个别钢种除外）。钢中硫化物枝晶偏析直接影响连铸坯内部裂纹和表面质量，同时影响钢材的各种力学性能和加工性能。许多钢种要求 S<0.015%，高质量钢种要求 S<0.005%（甚至 S<0.002%）。为了满足市场对钢种质量越来越高的要求，目前国内外都在努力通过降低钢中的硫含量来提高钢材质量[1,2]。

在转炉冶炼和钢水精炼中，虽然也可以脱硫，但是难度较大、作业时间较长、与连铸周期不好配合。实践证明，炉外铁水脱硫才是最为经济合理的优选工艺。铁水中所含有的碳和硅能显著提高硫在铁水中的活度，较易使硫脱到较低水平，由于铁水预处理工艺在技术上合理、在经济上合算，逐渐演变为扩大原材料来源、提高钢产品质量、增加品种和提高技术经济指标的必要生产手段，已成为现代化钢铁厂的重要组成部分。

近年来，新建设的钢铁厂已经将铁水脱硫预处理作为标准配置，而许多投产多年的老钢铁厂也相继进行了增加铁水脱硫预处理设施的技术改造。在技术改造过程中，经常会遇到炼钢车间内设备布置紧凑，欲增加铁水脱硫设施而没有空间的问题，把脱硫设施建在炼钢车间外，又会遇到一些问题，如铁水包倒罐、运输工序繁琐，生产周期过长，铁水的温度损失会增大影响入炉铁水温度，进而影响成品钢的质量；另外，铁水罐车没有倾翻功能，高炉带渣及脱硫过程产生的脱硫渣不易扒除。

邢钢炼钢厂为满足钢种对铁水硫含量在 0.01%以下的要求，在老厂基础上增设铁水脱硫设施是非常必要的。邢钢公司炼钢厂铁水预处理工程由首钢国际工程公司总包设计和建设，采用在铁水运输线上在线铁水罐颗粒镁喷吹脱硫技术，项目于 2008 年 11 月建成投产，取得较好的应用效果。

2 脱硫工艺选择[3~6]

目前，国内外使用最为广泛的铁水脱硫工艺主要有搅拌法脱硫工艺和喷吹法脱硫工艺。

2.1 铁水罐 KR 搅拌法脱硫工艺

KR 法搅拌脱硫是日本新日铁广烟制铁所于 1963 年开始研究，1965 年才实际应用于工业生产的炉外脱硫技术。经过几十年的不断发展和完善，KR 机械搅拌脱硫技术已经得到了发展，并在国内外广泛的应用。KR 是将浇注耐火材料并经过烘烤的十字形搅拌器，浸入铁水罐熔池一定深度，借其旋转产生的漩涡，使脱硫粉剂与铁水充分接触反应，达到脱硫目的。KR 法具有动力学条件优越、有利于采用廉价的脱硫剂如 CaO、脱硫效果比较稳定、回硫低、脱硫渣易扒除、效率高（脱硫到 0.005%以下），脱硫剂消耗少的优点；不足是，设备复杂，一次投资较大，脱硫铁水温降较大，更适合大规模的炼钢厂的脱硫工艺。

2.2 铁水罐喷吹法脱硫工艺

喷吹法是利用惰性气体（N_2）作载体将脱硫粉剂由喷枪喷入铁水中，载气同时起到搅拌铁水的作用，使喷吹气体、脱硫剂和铁水三者之间充分混合进行脱硫。喷吹处理的工艺特点是要求将粉剂均匀稳定地喷入铁水，使粉剂颗粒与铁水充分接触，迅速反应，脱硫在较短时间内完成，从而减少了脱硫温降。单吹颗粒镁喷吹脱硫渣比较稀，不宜采取扒渣工艺，应在加入适当的粘渣剂后采取捞渣的方式，不仅可以解决去渣的问题，而且还能有效降低去渣铁损。相比 KR 法而言，喷吹法一次投资少，适合中小型企业的低成本技术改造。

2.3 脱硫方式比较

从两种脱硫工艺的方法和特点可以看出，它们互有长短、各具特色，这也决定了这两种脱硫工艺将长期共存、相互促进发展。下面主要从铁水脱硫效果、处理时间、温降、铁损及综合生产成本等方面对两种脱硫工艺进行对比说明。

表 1 为国内某大钢厂 KR 法与喷吹法脱硫工艺参数对比。从表 1 中可以看出，在喷吹法中，喷吹纯镁时脱硫率最高，采用复合脱硫剂使用 CaO 后，脱硫效果变差；KR 法使用 CaO 脱硫剂，脱硫率只是略低于喷吹纯镁，但其脱硫剂消耗量较大。表 2 为初始硫从 0.03%脱到小于 0.002%时，两种脱硫工艺脱硫剂消耗与温降情况，可以看出 KR 法比喷吹法的温降大。表 3 为喷吹法和 KR 法铁水脱硫综合成本对比数据。

表 1 国内某大钢厂 KR 法与喷吹法脱硫工艺参数对比

脱硫工艺	脱硫剂	脱硫剂消耗/kg·t^{-1}	脱硫率/%	最低硫/%	处理时间/min	温降/℃	铁损/kg·t^{-1}	钢 厂
KR 法	$CaO+CaF_2$	4.69	92.5	≤0.002	35	28	—	国内 A 厂
镁基复合喷吹	Mg:CaO (1:4)	1.68	87.73	—	30	19.07	13.27	国内 B 厂
	Mg:CaO (1:3.4)	Mg 0.31 CaO 1.05	79.22	0.00213	30	—	—	国内 C 厂
纯镁喷吹	Mg	0.33	≥95	≤0.001	28	8.12	3.96	国内 D 厂

表 2 KR 法与喷吹法脱硫工艺消耗与温降对比

脱硫工艺	脱硫剂	脱硫剂消耗/kg·t^{-1}	初始硫/%	最低硫/%	处理时间/min	处理温降/℃	钢 厂
KR 法	$CaO+CaF_2$	9.1	0.03	≤0.002	38	54	国内 E 厂
镁喷吹	钝化镁	0.46	0.03	0.001	30	15	国内 F 厂

表 3 喷吹法和搅拌法铁水脱硫综合成本对比

项 目		喷吹法（100t 铁水罐）		KR 法（100t 铁水罐）
		Mg/CaO=1/4	Mg	$CaO+CaF_2$
脱硫剂	单耗/kg·t^{-1}	1.68	0.483	8.5
	单价/元·kg^{-1}	4.08	18	0.6
	脱硫剂成本/元·t^{-1}	6.85	8.694	4.9
纯处理时间/min		5.8	5	5
温降	数值/℃	19.07	8~10	28
	温降成本/元·(t·℃)$^{-1}$	4.08	1.93	5.99

续表 3

项　目		喷吹法（100t 铁水罐）		KR 法（100t 铁水罐）
		Mg/CaO=1/4	Mg	$CaO+CaF_2$
铁损	扒渣铁损/kg·t^{-1}	6.85	3.96	4.24
	铁损成本/元·t^{-1}	12.33	7.13	7.63
铁渣	渣量/kg·t^{-1}	17.65	5.67	16.67
	渣子运费/元·t^{-1}	0.49	0.05	0.47
喷枪或搅拌头费用/元·t^{-1}		1.76	1.52	0.9
喷吹 N_2 费用/元·t^{-1}		0.03	0.02	0
搅拌电费/元·t^{-1}		0	0	0.04
总费用/元·t^{-1}		25.18	19.34	19.93

综上数据分析，可以得出：

（1）从脱硫效果对比来看，KR 法与喷吹法在结合实际生产工艺后都能达到用户对脱硫的最高要求。

（2）一般来讲，对于 100t 以下的铁水罐由于温度降等原因不适合考虑 KR 法脱硫，喷吹法则适用的范围更广。

（3）由于 KR 法一般都要扒（捞）两次渣，因此每罐的处理周期要比喷吹法长 7~10min 左右。

（4）影响脱硫处理综合成本的因素很多，各种脱硫方式在采取必要措施后综合成本差别不大。但是在成本计算上没有统一标准，各厂温降、铁损等成本情况不尽相同，不好做出判断。一般认为，不考虑温降、铁损等因素，KR 法使用成本较低。

总之，铁水罐喷吹脱硫工艺与搅拌脱硫工艺相比各有优缺点，需根据自己实际情况进行选择，比如车间布置情况、铁水罐的大小、产品的规模及对于目标硫要求等。

3　技术方案及特点

3.1　技术方案

根据邢钢老厂厂区现状，采用颗粒镁喷吹脱硫工艺，将整个脱硫车间设在炼铁厂与炼钢厂之间的铁水运输铁路线上，采用双工位脱硫工艺对铁路线上铁水罐车内的铁水进行脱硫处理。每台脱硫喷枪升降横移车在两个工位进行喷吹脱硫剂的操作，采用旋转式捞渣设备，不需倾翻铁水罐即可有效捞除铁水中的铁渣，每台捞渣机对应两个工位进行捞渣操作。经过脱硫、捞渣处理完毕的合格铁水继续由铁水罐车运至炼钢厂，兑入混铁炉待用。空铁水罐通过动态称重设备后返回高炉接铁。捞出的铁渣放在渣盘车上的渣盘中，渣盘装满后，渣盘车开至吊渣盘工位，用吊车将渣盘吊至汽车上运出车间，并将空渣盘吊至渣盘车上开回接渣位进行下一轮操作。主要设施包括铁水罐车、铁水称重设备、脱硫喷枪升降横移车、脱硫剂储存及喷吹系统、捞渣设备、渣盘运输设备，自动测温取样装置。图 1 所示为镁剂铁水脱硫工艺流程。

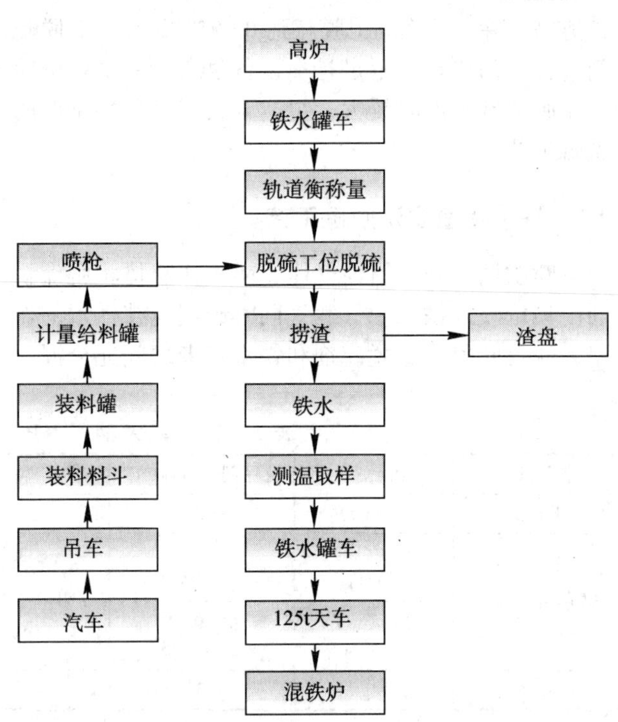

图 1　镁剂铁水脱硫工艺流程

3.2　技术特点

（1）把脱硫站建在炼铁厂高炉和炼钢厂之间的铁水运输线上。利用铁水运输车和高炉铁水包脱硫可以节省配套大天车、铁水包、铁水车，并解决了铁水运输的问题，具有项目投资少的特点。

（2）双工位工艺布置。采用横移车与喷枪升降装置相结合，通过创新工艺布置，使得一台喷枪横移车对应两个喷吹脱硫工位，既缩短了处理周期，减少了铁水温降，又节约了设备投资。

（3）采用捞渣技术，并通过捞渣设备的旋转功能，实现了一台捞渣机对应两个捞渣工位的工艺操作。使用捞渣机捞去脱硫过程产生的铁渣，不需要倾翻铁水罐进行扒渣，适应铁水罐车在线脱硫操作。另外，一台捞渣机对应两个工位的工艺操作，也节约了设备投资。

（4）喷枪升降横移车的定位装置，为自主创新的技术，为了保证喷枪升降横移车的精确对位，自主研发设计了一套锁紧机构，使得几十吨重的喷枪横移车的定位精度达到了±50mm，到达停车位后自动锁死，不会因喷吹脱硫过程中产生的振动而跑偏。

4 邢钢铁水预处理脱硫设计参数

4.1 铁水供应条件

（1）铁水温度（处理前）：1300~1350℃；

（2）铁水初始化学成分：（见表 4）；

表 4 铁水初始化学成分 （%）

元素	C	Si	P	S
指标	≥4.0	≤0.25~1.2	≤0.09	0.015~0.08，平均 0.03

（3）罐内铁水质量：45~60t，平均 52t；

（4）携带高炉渣量：一般不超过 0.8%；

（5）脱硫目标值：[S]≤0.010%。

4.2 脱硫剂指标（见表 5）

表 5 脱硫剂指标

项目	脱硫剂	镁含量/%	针状颗粒镁含量/%	粒度/mm
指标	钝化球状颗粒镁	≥92	≤8	0.4~1.6

4.3 其他技术指标（见表 6）

表 6 其他设计参数

项目		指标
铁水终硫/%		最低可至 0.002
喷吹装置喷镁能力/$kg\cdot min^{-1}$		1~12
一次喷镁量精度/%		约 2
喷镁速度调节精度/$kg\cdot min^{-1}$		±0.3
称重系统精度/%		0.2
氮气网压/MPa		1.0~1.2
一个周期内喷吹气体流量	喷镁/$Nm^3\cdot h^{-1}$	40~150
	系统准备喷吹/$Nm^3\cdot h^{-1}$	180
	气体总单耗/$Nm^3\cdot t^{-1}$	0.4~0.5
喷吹过程铁水温降/$℃\cdot min^{-1}$		1~1.5
喷镁时间/min		10~15

5 目前运行情况和实际工艺技术指标

首钢国际工程公司承建的邢钢铁水颗粒镁喷吹脱硫项目至投产后，设备运行正常，脱硫效果稳定，是该公司开发精品钢提供优质低硫铁水的必备手段。收集脱硫工序 2008 年 11~12 月 181 炉脱硫数据以及 2009 年 3 月 160 炉脱硫数据。

5.1 脱硫效果

2008 年 11~12 月 181 炉脱硫效果统计结果见表 7，脱硫终点硫分布如图 2 所示。

表 7 2008 年 11~12 月 181 炉脱硫效果

项 目	样本数/炉	最大值/%	最小值/%	平均值/%
铁水初始[S]	181	0.035	0.02	0.0228
铁水最终[S]	181	0.009	0.001	0.004

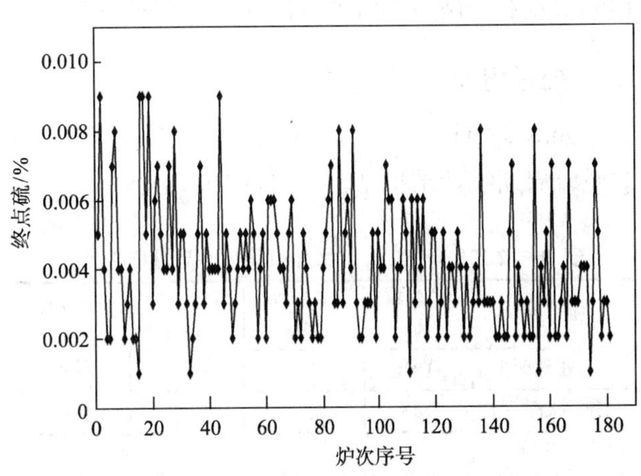

图 2 2008 年 11~12 月 181 炉脱硫终点硫分布

统计结果表示：终点硫平均为 0.004%，满足脱硫设计指标[S]≤0.010%的要求。脱硫极限值最低 0.001%，满足脱硫设计指标硫脱到 0.002%的要求。

2009 年 3 月 160 炉脱硫效果统计结果见表 8，脱硫终点硫分布如图 3 所示。

表 8 2009 年 3 月 160 炉脱硫效果

项 目	样本数/炉	最大值/%	最小值/%	平均值/%
铁水初始[S]	160	0.043	0.015	0.023
铁水最终[S]	160	0.011	0.001	0.00413

统计结果表示：虽然出现了 2 炉终点硫大于 0.010%，但是只占样本数的 1.25%，可以认为是操作异常的个例。终点硫平均为 0.00413%，满足脱硫设计指标[S]≤0.010%的要求。脱硫极限值最低 0.001%，满足脱硫设计指标硫脱到 0.002%的要求。

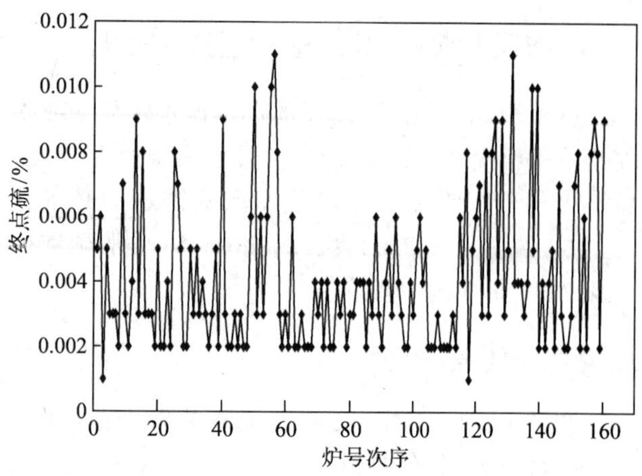

图 3　2009 年 3 月 160 炉脱硫铁水终点硫分布

5.2　铁水温降

由于没有收集到相关脱硫前的测温数据，无法做出分析。但是从处理后温度情况来看，基本上在1350℃左右，满足混铁炉操作铁水温度的要求。

5.3　处理周期

2008 年 11~12 月 181 炉以及 2009 年 3 月 160 炉脱硫周期统计结果见表 9 和表 10。

表 9　2008 年 11~12 月 181 炉脱硫周期统计

项　目	样本数/炉	最大值/min	最小值/min	平均值/min
全程处理时间	181	40	15	22.45
纯喷吹时间	181	6.73	2.28	5.35

表 10　2009 年 3 月 160 炉脱硫周期统计

项　目	样本数/炉	最大值/min	最小值/min	平均值/min
全程处理时间	160	35	16	26
纯喷吹时间	160	12.95	3.67	6.4

统计结果表示：整个处理周期平均为 22.45~26min，满足脱硫设计指标 40min 的要求。脱硫纯喷吹时间平均 5.35~6.4min，满足脱硫设计指标 10~15min 的要求。

5.4　脱硫剂消耗

首钢国际工程公司单耗保证值与实际使用统计结果对比见表 11，对比结果表明，脱硫剂消耗在设计保证值范围内，满足设计指标要求。

表 11　脱硫剂消耗对比

项目	初始硫/%	目标硫/%	镁单耗（保证值）/$kg\cdot t^{-1}$	实际单耗/$kg\cdot t^{-1}$
数值	0.025	0.005	≤0.53	0.45

6　目前存在的问题

6.1　工艺上

颗粒镁喷吹脱硫最大的缺点是渣比较稀，如果不加入合适的聚渣剂，会出现扒渣难造成回硫波动大等问题。针对这一现象，首钢国际工程公司在脱硫渣去渣工艺上打破传统的扒渣方式，采取适合颗粒镁喷吹去渣的捞渣工艺，结合加入适当的脱硫渣黏渣剂，可有效地达到脱硫渣去除，防止回硫波动大的问题。

由于各个炼钢厂铁水条件不同，因此开发出适合于本车间脱硫渣的稠渣剂是保证捞渣效果的关键。市场上有各种形式的脱硫渣的稠渣剂出售，但是不一定都适用于邢钢脱硫工艺，联合专业厂家研发适合本工艺特点的产品，是目前颗粒镁喷吹脱硫去渣工艺的主要任务。

6.2　设备上

现有的喷枪升降横移车夹持机构设备结构复杂，一般是用气缸驱动，需要配置压缩空气，而且只能安装在喷枪升降横移车行驶方向的头尾两端，通常只适用于一辆喷枪升降横移车的使用，安装位置具有局限性，设备庞大，价格高。该项目上改进喷枪升降横移车夹持机构，用电液推杆驱动，喷枪升降横移车开至工作位时，喷枪升降横移车夹持机构自动工作，将喷枪升降横移车锁紧，使喷枪升降横移车不能横向移动，以保证系统的稳定。

7　需进一步优化的项目

7.1　优化喷吹控制模型，完善脱硫自动控制系统

在确定了喷吹工艺参数之后，通过理论计算及生产数据的统计分析，找出铁水温度、铁水质量、脱硫剂用量的影响，从而得出喷吹脱硫的数学模型，整个喷吹过程采用数学模型控制，保证脱硫率达 90%以上。

7.2　提高喷枪使用寿命

通过改进喷枪材质，并对喷枪的气化室部位喷涂脱渣涂料，减少了因气化室粘渣而堵枪的现象和处理气化室粘渣而造成的耐材大面积剥落，同时也保证了喷吹效果，使喷枪平均寿命提高 150 炉以上。

7.3　开发高效黏渣剂

采用颗粒镁脱硫后，脱硫渣量减少且流动性增加（渣稀），去渣困难。为此，必须开发高效黏渣剂，

生产中根据铁水温度、钢种情况加入不同种类和质量的黏渣剂，以及确定最佳的加入时机，达到良好黏渣效果，改善扒渣效果，减轻转炉钢水回硫。

7.4 提高镁脱硫的利用率

按理论计算，[Mg]与[S]作用生成 MgS 时，其反应消耗应该为每脱除 1kg 硫需要 0.758kg 镁，目前实际镁反应消耗约为 2kg 镁，镁的利用率仅为 26.4%，还有较大提高的潜力。为提高镁脱硫的利用率，有必要进行水模等相关实验，并根据研试结果，改进喷吹工艺和参数。

8 结论

（1）实践证明，首钢国际工程公司总承包的邢钢在线铁水颗粒镁喷吹脱硫工艺与装置是合理的，既克服了厂区空间不足的困难，又满足了工艺生产的需要，并达到了预期使用效果。

（2）在生产实践的基础上提出了脱硫工艺和装备上的改进措施，可为今后工程设计提供一定的参考。

参考文献

[1] 黄希祜. 钢铁冶金原理[M]. 北京：冶金工业出版社，2007.

[2] 程常桂，马国军. 铁水预处理[M]. 北京：化学工业出版社，2009.

[3] 赵沛. 炉外精炼及铁水预处理实用技术手册[M]. 北京：冶金工业出版社，2004.

[4] 刘炳宇. 不同铁水脱硫工艺方法的应用效果[J]. 钢铁，2004，39(6)：24~27.

[5] 王炜，薛正良，高志强，等. KR 预处理的工艺参数对铁水脱硫效果的影响[J]. 特殊钢，2006，27(4)：50~52.

[6] 李凤喜，喻承欢，周子华，等. 对 KR 法与喷吹法两种铁水脱硫工艺的探讨[J]. 炼钢，2000，16(1)：47~50.

铁水在线脱硫捞渣技术的实践与应用

翟军乔[1] 张凌义[1] 张德国[1] 张国栋[1] 边少飞[2]

(1. 北京首钢国际工程技术有限公司，北京 100043；2. 邢台钢铁有限责任公司，邢台 054027)

摘　要：介绍了一种铁水在线脱硫处理技术。生产实践表明，采用此技术可较大程度缩短脱硫处理周期，减少铁水温降，降低设备一次性投资，降低铁水损耗。同时整个工艺路线紧凑，不影响炼钢正常生产节奏。

关键词：铁水在线脱硫；捞渣；铁损

Application and Practice of Hot Metal Desulphurization On-line and Fetching Slag Technique

Zhai Junqiao[1] Zhang Lingyi[1] Zhang Deguo[1] Zhang Guodong[1] Bian Shaofei[2]

(1. Beijing Shougang International Engineering Technology Co., Ltd., Beijing 100043;
2. Xingtai Iron and Steel Corp., Ltd., Xingtai 054027)

Abstract: The technique of hot metal desulphurization on-line is introduced. Productive practice shows that this technique can be used to reduce the disposal period of desulphurization, the iron temperature drop, the one-time investment in equipment and the loss of hot metal. Meanwhile the whole process flow is compacted and does not affected the normal production rhythm of steel-melting.

Key words: hot metal desulfurization technology; fetching slag; iron loss

1 引言

随着社会经济和钢铁工业的高速发展，社会对钢铁质量的要求越来越高、越来越苛刻，产品的种类也急剧增加，尤其是高品质高附加值钢种的需求不断在增大。面对钢铁市场日趋激烈的竞争，经济高效的铁水预处理脱硫，作为现代钢铁工业生产典型优化工艺流程：“高炉炼铁—铁水预处理—转炉炼钢—炉外精炼—连铸连轧”的重要环节之一，已经被广泛的应用于实际生产[1~3]。

目前，在现有的脱硫技术中最具代表性的主要是喷吹法和 KR 机械搅拌法。其中，颗粒镁喷吹脱硫工艺以其处理周期短、铁水温降小、铁损低、设备投资小、操作简便、减少环境污染、利于环保、综合经济效益佳的优势,受到越来越多冶金行业的重视。

在现有的喷吹方法的基础上，如何通过技术改进和工艺优化来进一步缩短脱硫处理周期、降低铁损、减少设备投资，提高综合经济效益值得进行更深入的研究。

本文介绍了一种新的铁水在线脱硫捞渣技术，并从车间布局、处理周期、铁损、设备投资等方面对该工艺进行了详细介绍，展示了其技术特点及应用前景。

2 铁水在线脱硫捞渣技术简介

2.1 工艺流程

铁水在线脱硫捞渣技术是指在高炉与转炉之间的铁水运输线上新建脱硫捞渣设施。铁水罐运输车首先将铁水由炼铁厂运至脱硫处理位，在此过程中运用动态电子轨道衡对铁水罐进行计量。之后，位于二层平台的自动测温取样系统对铁水进行测温取样，并将铁水初始硫、目标硫、铁水质量及温度输入控制系统，控制系统自动计算镁耗量并进行自动喷吹，喷吹完毕自动测温取样系统再次对铁水进行测温取样。随后，采用捞渣机即对铁水进行捞渣处理。最后，用铁水罐运输车将铁水运至转炉炼钢厂。其工艺流程如图1所示。

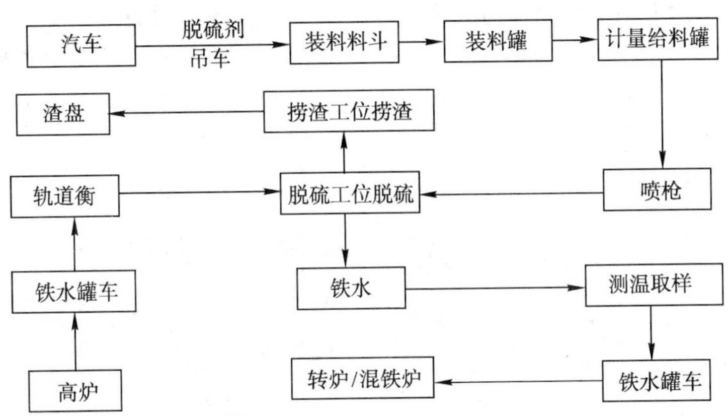

图1 镁剂铁水在线脱硫捞渣工艺流程

2.2 技术特点

2.2.1 车间布局

铁水在线脱硫捞渣设施布置于炼铁与炼钢之间的铁路运输线上，可以是新建厂房，也可在炼钢车间直接布置。车间采用纵向立体布置，铁路运输轨道侧面地面设置渣盘车用于脱硫渣运输并设置配电系统用于整个车间供电；渣盘车上方设置两层平台，一层平台安放可180°旋转的捞渣机用于捞渣作业；二层平台放置喷吹系统、喷枪横移装置及控制室进行喷吹作业；二层平台底设置除尘设施。厂房天车用于吊运渣盘及装填镁剂。整个布局紧凑，这样既可以有效地节省占地面积，又不影响炼钢车间的正常生产节奏。

2.2.2 设备投资

以往的脱硫技术主要为脱硫扒渣操作，其流程为：铁水运至脱硫车间吊罐位—吊铁水罐到铁水罐倾翻车—铁水罐倾翻车开至工作位—测温取样—喷吹脱硫—测温取样—倾翻铁水罐扒渣—摇正铁水罐—铁水罐倾翻车开至吊罐位—吊走铁水罐—运至转炉。

铁水在线脱硫捞渣技术取消了扒渣操作而改为了更具优势的捞渣操作，捞渣操作无需倾翻铁水包而可直接进行捞渣操作，而且，由于在线布置，因此，设备上取消了铁水罐倾翻车。另一方面，铁水运输车直接将铁水运至脱硫位进行处理，对天车的吨位要求大大降低，减少了大型吊车吊罐倒运操作，使工艺操作更加短捷顺畅。在捞渣方面，选用了可180°旋转的铁水捞渣机，这样可采用一台捞渣机对两个工位进行捞渣处理，从而节省一台捞渣机。综上可以看出，铁水在线脱硫捞渣技术在天车、铁水倾翻车、捞渣设备上可以节约大量设备投资。

2.2.3 处理周期

铁水在线脱硫捞渣技术可以多处理位同时进行处理。同时，考虑到设备投资，采用双工位公用一套喷吹系统，喷枪安装于喷枪横移车上。横移车可在两个工位之间走行，在一个工位喷吹脱硫过程结束后进行下一步操作时，喷枪横移车快速开行至另一个工位进行喷吹脱硫。这样，在一个处理周期即可完成对多罐铁水的处理，从而缩短了处理周期，减少了铁水温降，同时节约了设备投资。

2.2.4 铁损

铁水大部分是由于在扒渣的过程中随渣带出而造成的损失。铁水在线脱硫捞渣技术选用捞渣机替代了以往的扒渣机，捞渣机采用双耙并拢的方式将脱硫渣捞起，这个过程中铁水从渣耙缝隙流出，从而大大减少了铁水由此造成的损失，吨铁可降低铁损3.5kg。

3 应用实践

邢台钢铁有限责任公司为确保精品钢战略的实现，决定新建铁水脱硫预处理中心，该工程由北京首钢国际工程技术公司完成设计及主体工程总承包，在国内首家应用了铁水在线脱硫捞渣的组合技术，即在炼铁与炼钢的铁水运输线上完成铁水脱硫捞渣作业。工程于2008年11月22日正式竣工投产，投产后很快达产顺行。一期设计年生产能力为175万吨，二期投产后年处理能力可达300万吨。

3.1 工艺布置

脱硫厂房跨距21m、长56m、高26.5m。设置4个处理位（令预留2个处理位）、两套脱硫捞渣设施，每套设施每个处理周期可对铁路线上的2个铁水罐中的铁水进行脱硫捞渣处理。在厂房入口处设置一个动态轨道衡对铁水罐进行计量。

铁水运输铁路线从车间穿过，轨道两侧±0.00m平面布置4套电动渣盘车、2套氮气储气罐及4套防溅罩卷扬装置。厂房的东南角布置车间配电设施。

渣盘车上方+3.00m平台布置2台液压捞渣机及附属设施。

在+8.60m主操作平台上布置2套镁脱硫剂的给料系统、2套喷枪横移车和脱硫主控室。

厂房主跨设置一台20/5t桥吊和一台3t单梁吊，分别用于吊运渣盘和更换喷枪、脱硫剂上料等作业。

邢钢脱硫车间工艺布局如图2所示。

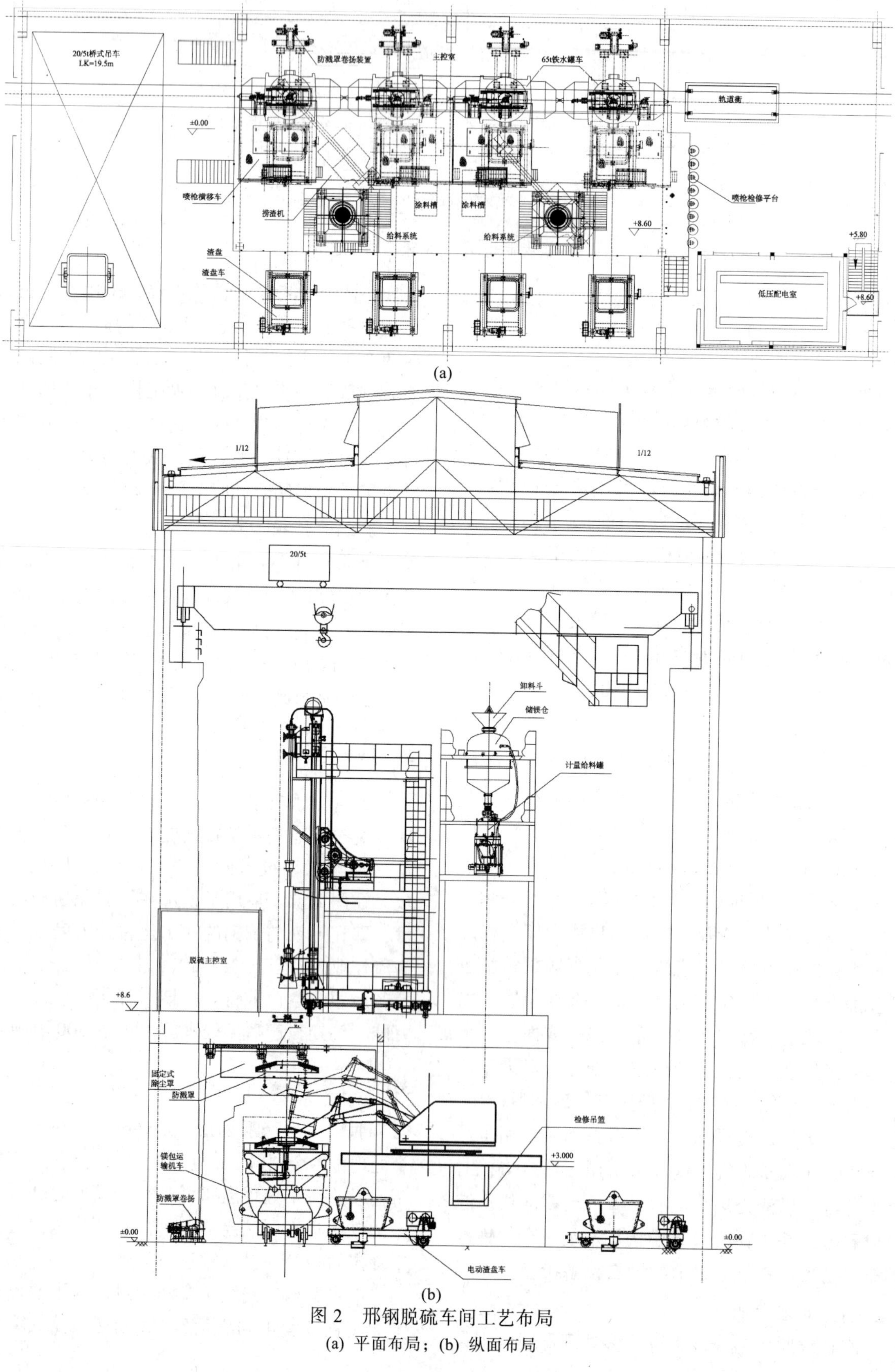

(a)

(b)

图2 邢钢脱硫车间工艺布局

(a) 平面布局；(b) 纵面布局

3.2 实际生产数据分析

3.2.1 处理周期、镁消耗和脱硫率

图3(a)所示为脱硫全处理周期、喷吹、捞渣用时。由图可以看出，仅在11月底工程竣工投产初期，铁水脱硫全处理周期超过40min，自12月份以后整个处理周期均控制在28min以内。这表明在28min内可同时对2包铁水进行脱硫捞渣处理，从而大大缩短了整体脱硫处理周期，铁水温降也相应减少。整个脱硫喷吹脱硫剂用时在3~8min范围内。捞渣用时在7~10min范围内，与扒渣机扒渣用时相近。

图3(b)所示为深度和浅度脱硫的脱硫率。脱硫率采用下式计算：

$$\eta[S] = [(w[S_i] - w[S_f]) / w[S_i]] \times 100\%$$

邢钢铁水初始硫含量大部分在0.020%~0.030%范围内。深脱硫时，平均脱硫率达86.3%，其中59%罐次脱硫率大于90%。浅脱硫时，平均脱硫率为70.2%。可以看出，铁水在线脱硫技术具有很好的脱硫效果。

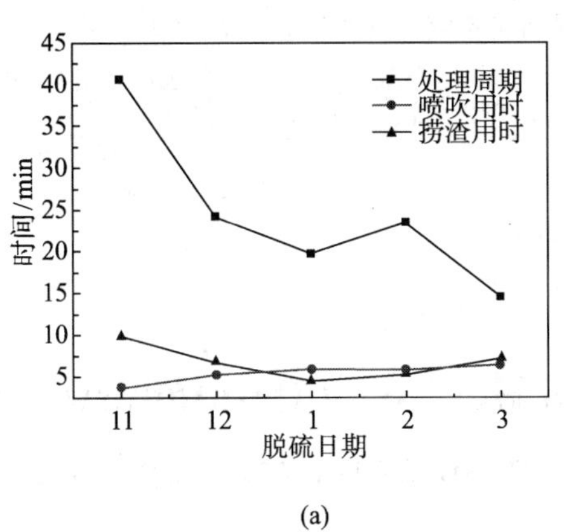

(a)

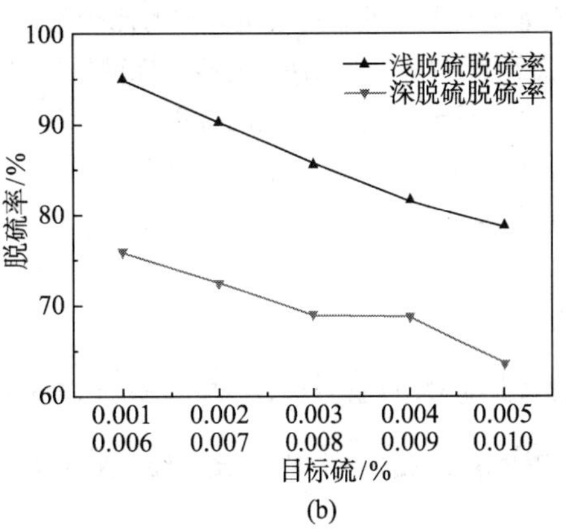

(b)

图3 实际生产数据分析

(a) 处理周期、喷吹、捞渣用时；(b) 深、浅脱硫脱硫率

3.2.2 铁水捞渣设备投资及铁损

表1所示为铁水捞渣机与铁水扒渣在设备投资、铁损、工位要求等方面的比较。由表1可以看出，扒渣机和捞渣机在一次性投资和扒（捞）用时方面无明显区别。但是在铁损方面，捞渣机的铁损量为扒渣机的1/3，这样每年可节约铁水损耗10500t，从而节约很大生产成本。另外，捞渣机对操作工位要求不高，但是扒渣机要求机车需对准前翻支柱，同时还要配备铁水罐倾翻装置，这样在操作容易度和投资方面提出更高的要求。

表1 铁水捞渣机与铁水扒渣机比较

比较内容	铁水扒渣机	铁水捞渣机
一次性投资	约150万元（液压扒渣机+液压倾翻装置+前翻支柱）	约140万元（液压捞渣机）
铁损/$kg \cdot t^{-1}$铁	5	1.5
时间/min	7~10	7~10
机车对位要求	严格，需对准前翻支柱	允许偏差
铁水罐倾翻要求	需倾翻15°~30°，需增设铁包倾翻装置和前翻支柱	铁水罐不需要倾翻
年铁水损耗（按二期300万吨/年）/t	15000	4500
捞渣节约铁水损耗	1800元/t×10500t=1890万元	

4 结语

2008年11月22日，邢钢铁水预脱硫工程正式投入生产，工程设计、工程质量、工期都得到了邢钢公司的认可，取得了良好的社会效益和经济效益。邢钢在线铁水脱硫捞渣过程，在铁水运输线上同时完成双工位脱硫捞渣作业，该技术为自主创新，在国内首次应用。这一技术在钢铁生产的发展中具有重要意义，尤其对老厂的技术改造方面，摸索出了一套经济适用的工艺技术，在提高钢产品质量的技术改造热潮中有着广泛的推广前景。采用铁水在线脱硫捞渣技术可以使工艺更加紧凑，不影响炼钢车间正常生产节奏、缩短脱硫处理周期、减少铁水温降。同时，采用在线脱硫捞渣技术可有效降低铁水损耗和一次性设备投资，同时使操作变得简单。

参考文献

[1] 余永军. 喷吹 CaO_2Mg 粉剂铁水脱硫工艺分析及其参数优化 [D]. 沈阳: 东北大学, 2000.

[2] Deo B, Lingamaneni R K, Dey A, et al. St rategies for Development of Process Control Models for Hot Metal Desulfurization: Conventional and AI Techniques[J]. Materials and Manufacturing Processes, 2005, 20(3): 407.

[3] 刘炳宇. 不同铁水脱硫工艺方法的应用效果[J]. 钢铁, 2004, 39(6): 24.

（原文发表于《2009中国钢铁年会论文集》）

首钢二炼钢厂铁水脱硫扒渣工程工艺的比较与选择

张德国

（北京首钢国际工程技术有限公司，北京 100043）

摘　要：本文通过对国内外各种脱硫方式的比较论述，从而确定镁基铁水脱硫方式为铁水深脱硫的最佳工艺，进而从镁基脱硫中选择出最适合首钢第二炼钢厂铁水脱硫的工艺方式，即采用铁水包内钝化镁颗粒镁脱硫的方式为最佳工艺选择。文中对工艺的选择及脱硫工艺过程进行了细致的描述，该项目投产后，运行顺利，满足了首钢二炼钢大板坯低硫优质钢种的要求。

关键词：镁基；镁剂；铁水脱硫；钝化镁颗粒镁；单吹脱硫

Scheme Comparison and Selection of Hot Metal Desulphurization and Skimming Project in Shougang No.2 Steelmaking Plant

Zhang Deguo

(Beijing Shougang International Engineering Technology Co., Ltd., Beijing 100043)

Abstract: In this paper, various hot metal desulphurization methods are compared and discussed. And then the method of Mg-base hot metal desulphurization is selected as the best process for Shougang No.2 steelmaking plant. In this process, hot metal is desulphurized by particle and passive Mg in the iron ladle. Detail description of scheme selection and process is done in the paper. The project has been successful since it was put into production. And it meets the needs of low-sulphur slab producing of Shougang No.2 steelmaking plant.

Key words: Mg-base; Mg mixtue; hot metal desulphurization; particle and passive Mg; single-blowing desulphurization

1　引言

为满足首钢二炼钢新建大板坯及生产优质方坯对钢水低硫的要求，减轻转炉脱硫的负担，2000 年决定在二炼钢 210t 铁水包内的铁水炉外脱硫处理。建设分两期进行，一期处理铁水 160~170 万吨/年，二期建成后处理铁水约 330 万吨/年左右。根据目前国内外铁水脱硫技术发展状况，确定采用镁剂脱硫为最佳工艺选择。通过技术交流和国内外广泛的考察调研，采用钝化颗粒镁单吹脱硫技术在渣量、铁损、铁水温降、设备投资及生产运行上都具有明显的优势。

2　项目建设的必要性

2.1　开发新品种，适应市场需要

2000 年前，首钢产品结构上很不合理，以普通板及线材为主，品种单一，产品附加值和技术含量低，严重制约了首钢参与市场竞争的能力。由此，根据二炼钢厂大板坯及方坯连铸机的现状需增设铁水预处理设施和精炼设施以扩大产品规格，提高钢材质量等级。

而二炼钢厂铁水的条件（铁水含硫量平均 0.035%，最高达 0.06%）难以保证后步工序的要求，制约着钢水精炼及连铸有关钢种的生产。根据对二炼钢改造前板坯的抽样化验，其含硫量在 0.025%~0.030% 之间，已是板坯连铸生产要求含硫量的上限，由此产生的内部夹杂物及表面裂纹是难以避免的，以致难以生产出具有市场竞争力的高质量的板坯及方坯。

铁水脱硫扒渣设施在二炼钢厂的建成，可有效地解决上述问题。铁水脱硫扒渣将是首钢提高钢坯质量、优化调整产品结构、扩大生产品种、抢占未来国内外钢材市场的重要措施之一，不但可以减少

目前的转炉的辅助原料消耗，还减少废弃物及烟尘的污染，能获得很大的经济效益及良好的社会效益。

2.2 采用铁水脱硫扒渣工艺，可获得良好的冶金效果

由于钢中的硫化物对钢的塑性、冲击韧性及耐低温性能有极大的破坏作用。当硫含量低于 0.01%~0.005%时，钢的冲击韧性及变形能力大大提高，耐低温性能大大提高。而由于冶金条件的限制，在转炉内及后步精炼中去硫显然是不经济的。根据国内外成功的经验，采用铁水脱硫扒渣工序后，可以减轻转炉在冶炼过程中的负担。降低造渣原料消耗、降低金属消耗、降低终点氧含量、提高转炉炉龄，从而降低炉衬砖消耗，可使转炉炼钢生产技术达到一个较高的水平。

2.3 提高钢材产品的竞争力

目前，国内市场上相当数量的钢材质量档次不够高、缺乏竞争力，其主要原因之一是炼钢前未采用铁水脱硫扒渣工艺，影响了炼钢产品质量和品种的开发，使产品质量等级低，与国外同类产品在价格及质量上无法相比。

2.4 稳定炼钢生产

铁水脱硫扒渣可以使转炉生产用的铁水硫含量始终保持在较低水平，因而能使转炉生产稳定。

2.5 确保优质钢和低硫钢的炼成率

用户对钢的质量要求越来越严，特别是要求硫越来越低，对钢中硫含量的要求降低到 0.005%以下。生产低硫钢的先决条件是必须提供含硫很低的铁水，而常规转炉冶炼操作是不可能做到的。

3 铁水脱硫工艺技术的选择

3.1 镁基脱硫技术与传统脱硫工艺的比较及选择

在实际生产操作中，有 4 种脱硫剂通常考虑在铁水脱硫设施中使用，即苏打粉（Na_2CO_3）、石灰（CaO）、电石粉（CaC_2）、镁基脱硫剂。采用前 3 种脱硫剂进行铁水脱硫扒渣为早期传统脱硫工艺。在铁水初始硫含量较高时，其脱硫效率明显；在铁水硫含量降到一定的浓度时，其脱硫效率大大降低。此时，若想再降低硫含量，即使加大脱硫剂消耗、增长脱硫时间，脱硫效果也不理想。

采用镁基脱硫技术是 20 世纪 60 年代由乌克兰 Dnepropetrvsk 钢铁研究院 N.A.Varanova 博士领导的研究小组开发的。70 年代中期，美国、德国及荷兰等国家继乌克兰之后也进行了镁基脱硫的实践并获得了成功。目前镁基脱硫技术已在世界各地范围内得到了广泛的应用。

镁在铁水温度下与硫有很高的亲和力，在低温条件下镁是最好的脱硫剂，它可以将铁水中的硫脱到极低的水平，这是传统脱硫技术所不能比拟的。在铁水脱硫处理时，镁基脱硫剂消耗小、处理时间短、铁水温降小；镁处理时产生的渣量小、铁损少，产生的渣是惰性的，甚至可以生产水泥；镁处理不改变铁水的化学成分，对环境也无损害。同时，中国是世界产镁大国，且成本很低，目前市场价格稳中有降，国内生产镁脱硫剂的厂家很多，原料供应充足方便。表 1 列出了镁基脱硫工艺与传统碳脱硫工艺的比较。

表 1 镁基脱硫工艺与传统碳脱硫工艺的比较

项 目	镁基脱硫	传统石灰脱硫
脱硫剂种类	Mg 或 Mg+CaO(CaC_2)	CaO 或 CaC_2
高炉铁水带渣量（以 1t 铁水计）/$kg \cdot t^{-1}$	平均 8	平均 8
脱硫铁水带渣量/$kg \cdot t^{-1}$	0.5~3.5	10
裹渣铁水损耗/$kg \cdot t^{-1}$	0.3~1.5	4.5
脱硫剂消耗/$kg \cdot t^{-1}$	0.4~2.6	8~10
铁水初始硫含量/%	0.02~0.06 平均 0.035	0.02~0.06 平均 0.035
脱硫后铁水硫含量(最低)/%	≤0.01(≤0.001)	0.025（0.008）
平均脱硫率/%	≥80	55
脱硫喷吹时间/min	≤10	约 25
脱硫铁水温降/℃	5~10	≥20

早期脱硫处理的容器是鱼雷罐车。由于鱼雷罐车的形状限制，造成脱硫剂利用效率低，同时脱硫作业完成后不能及时将脱硫后的铁渣全部扒除，容易造成铁水回硫。在镁基脱硫技术发展之后，由于鱼雷罐内的铁水温度较高，也影响了镁脱硫剂的使用效率。为了解决这些问题，在 80 年代就发展到采用铁水包进行铁水脱硫处理。这是由于一般容量大于 80t 的铁水包的铁液深度比鱼雷罐车内要深得多，镁脱硫剂有较长的上浮熔化时间，可以充分与铁水中的硫发生反应，同时铁水包内合适的铁水温度也促进镁基脱硫获得理想的脱硫效果。铁水包内还降低了铁水处理成本。

综上所述，首钢二炼钢厂采用镁基脱硫剂在铁水包中进行铁水脱硫扒渣处理为最佳工艺选择。

3.2 国外采用镁基脱硫扒渣技术的比较与选择

目前国外掌握镁基脱硫技术并可向中国提供

技术和设备的厂家共有如下四家：

（1）乌克兰钛设计院（中乌合资戴司马克公司）；

（2）荷兰霍高文公司（HOOGOVENS）；

（3）德国库特曼公司（KUTTNER）；

（4）美国伊斯曼公司（ESM II）。

上述四家公司中，乌克兰为钝化镁粒喷吹脱硫技术，其余三家公司均采用镁与 CaO 或 CaC_2 复合喷吹技术。

从喷吹时间、终点硫含量、铁水温度变化允许值这三项指标来看，四家公司的两种技术均可满足使用要求。

从脱硫设备安装条件对喷吹脱硫剂、输送载体条件、供电条件、生产环境等要求来看，四家公司的条件均可在首钢二炼钢厂内安装使用。

使用镁颗粒剂单吹脱硫技术与使用镁基复合脱硫剂在脱硫剂消耗上存在较大差异，并由此产生的渣量等方面存在着一些差异。

如 ESM 公司保证值为：当初始硫含量为 0.035% 时，处理至终点硫 0.01% 时，镁粉消耗为 0.458kg/t 铁，石灰消耗为 1.37kg/t 铁；当处理至终点硫 0.005% 时，镁粉消耗为 0.634kg/t 铁，石灰消耗为 1.90kg/t 铁。

乌克兰公司保证值为：当初始硫含量为 0.035% 时，处理至终点硫 0.01% 时，镁颗粒剂消耗为 0.3kg/t 铁；当处理至终点硫 0.005% 时，镁颗粒剂消耗为 0.4kg/t 铁。

表 2 为国外铁水脱硫扒渣技术比较表。

通过表 2 及交流情况来看，乌克兰的采用镁颗粒剂单吹脱硫技术比镁基复合（Mg+CaO）的脱硫技术在渣量、扒渣铁损、铁水温降及生产运行费用上比另几家都具有明显的优势。经过反复讨论研究，确定采用镁剂单吹脱硫技术。

表 2 国外铁水脱硫扒渣技术比较

项 目	霍高文/罗斯伯罗公司	ESMII 公司	德国库特曼公司	乌克兰技术
脱硫工艺	镁基复合脱硫	镁基复合脱硫	镁基复合脱硫	镁剂脱硫
技术来源	荷兰霍高文提供工程设计及设备供货；美国罗斯伯罗提供冶金技术及脱硫剂供货	美国 ESM 公司开发	在蒂森与克虏伯公司合并前从德国蒂森公司分离出来的	乌克兰钛设计院开发
脱硫剂种类	Mg 粉+CaO（CaC_2）	Mg 粉+CaO（CaC_2）	Mg 粉+CaO（CaC_2）	钝化镁颗粒剂
喷吹载体介质要求	N_2，无油、干燥，1.1MPa	N_2，无油、干燥，1.0MPa	N_2，无油、干燥，1.0MPa	N_2，无油、干燥，0.8MPa
国外采用其技术	美国内陆等 9 家、日本 4 家、加拿大 2 家、荷兰、捷克等共 6 家，合计 21 家	美国 15 家，加拿大、巴西各 2 家，日本 3 家等，共 24 家	德国蒂森等 12 家，比利时 4 家以及加拿大、西班牙、美国等共 48 家	乌克兰、俄罗斯、芬兰等 10 家
国内采用其技术厂家	本钢二炼 1998 年 10 月投产（Mg+CaO），包钢一炼，马钢一炼，马钢三炼，	宝钢 1999.4 投产（Mg+CaC_2），鞍钢一炼 1999.12 投产（Mg+CaO），包钢二炼 2002.5 投产（Mg+CaO）	国内暂无	首钢二炼 200t，武钢一炼 100t，太钢二炼 85t×3，湘钢二炼 80t，邯钢三炼 120t，唐钢一炼 130t，天钢 100t，青岛钢厂 65t
脱硫能力	<0.005%	<0.005%	<0.005%	<0.005%
脱硫剂流量/$kg \cdot min^{-1}$	CaO:45，Mg:12	CaO:45，Mg:15	喷吹总量：40~50	镁颗粒剂：10
脱硫剂消耗（0.035%~0.005%）/$kg \cdot t^{-1}$	CaO:1.92，镁粉：0.65	CaO:1.902，镁粉:0.634	CaO:1.55，镁粉:0.47	钝化镁颗粒剂：0.4~0.5
新产渣量/$kg \cdot t^{-1}$	3.5~5.2	3.5~5.2	3.5~5.2	0.74~1.0
裹渣铁损/$kg \cdot t^{-1}$	2.34	2.34	2.34	0.34
喷吹时间/min	10	9.5	11	7
铁水温降/℃	12~15	12~15	12~15	7~10
每吨铁水消耗成本/元	21~28	18.6	17.5	10.73
除尘风量/$m^3 \cdot h^{-1}$	约 150000	约 150000	约 140000	约 50000
引进设备	喷吹罐及罐下阀门，氮气阀门，关键仪表，过程自动化系统	喷吹罐及罐下阀门，氮气阀门，关键仪表，过程自动化系统	调节阀，专利给料阀，分析仪，流态化装置，液压扒渣机，过程自动化系统	喷吹罐及罐下阀门，氮气阀门，关键仪表，喷枪，过程自动化系统

4 铁水脱硫扒渣工艺流程

260t 鱼雷罐车将高炉铁水运至二炼钢铁水倒罐站，倾翻鱼雷罐将铁水倒入 210t 铁水包中，经倒罐坑内的铁水车过渡到加料跨中，用 205 号或 203 号 330t 铸造天车将铁包吊至铁水扒渣位，首先采用扒渣机扒除 210t 铁水包中的高炉铁水渣，扒掉大部分的渣后，开始降枪喷吹镁基脱硫剂进行脱硫处理。一般脱硫喷吹时间不超过 10min，喷吹终点测温取样，当达到硫含量要求后提枪，停止喷吹脱硫剂。倾动铁水包 30°左右，驱动扒渣机进行扒渣作业。一次扒渣总量为 1.5~2.0t。扒渣结束后摇正铁水包，驱动铁水车至起吊位，用 330t 铸造天车将 200t 铁包吊至转炉区域进行兑铁作业。铁水脱硫扒渣工艺流程如图 1 所示。

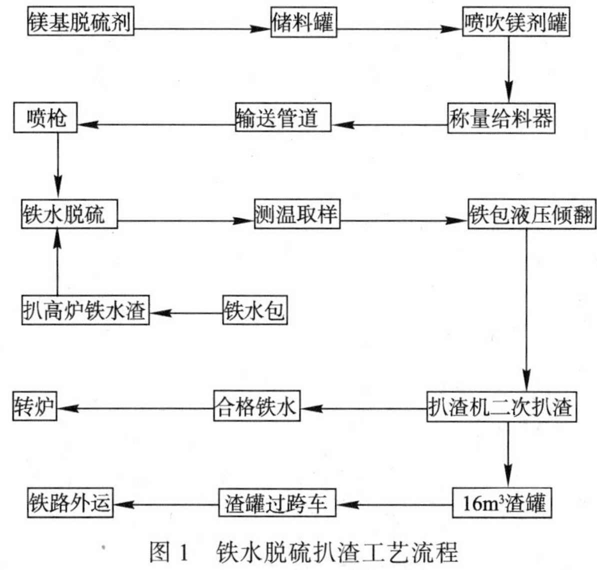

图 1 铁水脱硫扒渣工艺流程

脱硫扒渣作业时间应与转炉冶炼周期同步。每隔 8~10h 需将 4~5 线间的渣罐吊至 8~9 线间，通过渣罐过跨车向 BC 跨运出。在 BC 跨增加 6 台铁路渣罐车及 6 个渣罐。在 DE 跨加设两个渣罐座，以尽量减少占用天车及渣罐过跨车的时间。铁水脱硫扒渣作业时间如下：

吊包至铁水车上	3min
座包	2min
运至脱硫扒渣位	2min
扒高炉渣	5min
下降脱硫喷枪	1min
喷吹镁脱硫剂	10min
提枪	1min
倾翻铁包扒脱硫渣	5min
摇正包运至起吊位	3min
吊包至转炉区	8min
（用 203 号吊运，大车运行速度慢）	
小计	40min
（正常脱硫扒渣处理时间）	
渣罐车开至起吊位	3min
吊渣罐至 D~E 跨渣罐座	3min
吊空渣罐至 4~5 线渣罐车	3min
座渣罐	1min
渣罐返回工作位	2min
小计	12min
（每 8~10h 一次）	
（铁水包车式设备能力为每天可处理铁水 35 罐）	
4~5 线间渣罐运至 BC 跨	3min
BC 跨天车吊运满渣罐至渣罐座	3min
BC 跨天车吊运空渣罐至渣罐车	3min
渣罐运回 DE 跨	3min
小计	12min
（每 8~10h 一次）	

（固定倾翻支架式设备能力为每天可处理铁水 35 罐）

从以上操作时间可以看出：

（1）铁水脱硫扒渣正常工作周期为 40min，能够与 210t 转炉冶炼周期匹配。

（2）只有 205 号天车与 203 号天车同时作业，才可保证铁水脱硫扒渣作业时间与转炉冶炼周期相匹配。

（3）一个脱硫扒渣工位每天最多可处理铁水量为：1440−3×12/40 = 35 罐铁水，按每罐 200t 铁水，一年工作 300 天，作业系数取为 80%考虑，则每年可处理铁水 Q = 200 × 35 × 300 × 80% = 168 万吨。

5 主要工艺技术经济指标

二炼钢铁水包内镁剂脱硫主要工艺技术参数如下：

（1）铁水中的初始硫含量：0.02%~0.06%，平均 0.035%。

（2）脱硫后的铁水硫含量：≤0.005%。

（3）铁包内的铁水重量：185~200t，最大 215t。

（4）铁水液面距包沿的净空要求：≥350mm；铁水深度：3400mm。

（5）脱硫前的铁水温度：1300~1380℃，平均 1340℃。

（6）高炉铁水带渣量：5‰~8‰。

（7）铁水温降：0.5~1℃/ min。

（8）喷吹脱硫时间：≤10min。

（9）镁剂耗量：0.4~0.5kg/t 铁水。

（10）喷吹载体：N_2。

（11）喷吹气体流量（标态）：30~60m^3/h。

（12）喷吹 N_2 压力要求：≤0.8~1.1MPa。

（13）铁水脱硫年处理量：一期 160~170 万吨，二期 330 万吨。

6 结语

目前，首钢第二炼钢厂镁剂铁水脱硫扒渣设施已正式投入使用后，生产操作人员已摸索出一套适用于二炼钢铁水脱硫的一套操作方法，铁水经脱硫扒渣工序后铁水的硫含量可降低到 0.005%，满足了新上双流板坯所有钢种的要求，取得了良好的经济效益和社会效益。随着高质量连铸坯产量不断增长的要求，首钢第二炼钢厂正在筹划上第二套镁颗粒剂的铁水脱硫扒渣设施。

参考文献

[1] 刘文运. 关于首钢铁水脱硫的探讨[J]. 首钢科技, 2001.

[2] 李承祚, 闫占辉, 吕俊生. 铁水包喷镁脱硫新工艺[J].首钢科技, 2001.

[3] 杨素波, 杜德信, 等. 攀钢脱硫提钒工艺现状及实现全脱硫的可行性探讨[C]//第十届全国炼钢学术会议论文集, 1998.

（原文发表于《钢铁》2004 年增刊）

➤ 转炉及电炉炼钢技术

150t 电炉热装直接还原铁工艺设计研究

武国平　宋　宇

（北京首钢国际工程技术有限公司，北京　100043）

摘　要：本文结合阿曼工程 150t 电炉热装直接还原铁（DRI）工艺设计实践及研究，分析了电炉 100%热装 DRI 对冶炼电耗、电极消耗、冶炼成本及钢水质量等的影响。阐述了热装 DRI 的工艺流程，介绍了热装 DRI 的装置，并指出了热装 DRI 时电炉生产的工艺要点。

关键词：电炉；直接还原铁；热装；工艺要点

Study and Designing of Process of 150t EAF with DRI Hot Charging

Wu Guoping　Song Yu

(Beijing Shougang International Engineering Technology Co., Ltd., Beijing 100043)

Abstract: Combing with the designing practice and study of the process of hot charging DRI into 150 ton EAF in Oman Project, the affects of 100% hot charging direct reduction iron (DRI) into EAF to the power consumption, electrode consumption, cost and equality of molten steel are analyzed, Besides, the process of hot charging DRI is elaborated, the device for hot charging of the DRI is designed, and the main points of the process of hot charging DRI are indicated.

Key words: EAF; DRI; hot charging; main points of process

1　引言

电炉炼钢是“绿色”生产工艺，它消耗社会废钢，解决了废钢的循环利用问题以及环境污染问题。但是，除了较少的发达国家外，很多国家的废钢资源比较紧缺，而且废钢中有害杂质如 P、S 以及 Cu、As、Pb、Sn 等重金属含量较高，对于冶炼高品质钢种影响较大。在国外，直接还原铁（direct reduction iron，DRI）已经被广泛地作为电炉炼钢的主要原材料使用。中东地区天然气资源储量丰富，采用天然气生产 DRI 并以此为原料进行电炉炼钢，冶炼成本低、经济效益好，是其他国家和地区不可比拟的。本文结合阿曼某 100 万吨钢铁厂工程，对 150t 电炉热装 DRI 的炼钢工艺进行了研究。

2　工艺设计研究

2.1　DRI 作电炉原料的优点

直接还原技术发展至今已有 100 多年历史，DRI 是将铁矿石或精矿粉球团放入回转窑或竖炉内，在低于铁的熔点温度下将铁氧化物还原得到的金属产品，现今 DRI 已经越来越多地用于电炉冶炼。表 1 列出了部分 DRI 的物理化学性能。

表 1　部分 DRI 的物理化学性能

指　标	参　数
粒度	DRI 粒度一般为 10~100mm，粒度过小易浮在渣中，同时也易被除尘系统带走；粒度过大，则传热较慢，易堆积粘结
密度/g·cm^{-3}	密度在 2.7~3.8 之间，有助于快速穿过渣界面
金属化率/%	一般在 85~95 之间
碳含量/%	一般在 1.0~3.0 之间
脉石/%	一般不超过 4
磷、硫及有色金属杂质/%	磷 0.01~0.03、硫 0.01 以下，有色金属杂质极少
孔隙率/%	45~70

DRI中P、S及金属残留元素含量低，具有稀释钢中有害元素、降低气体和夹杂物含量的作用[1,2]。除此之外，由于DRI含碳量较高，平均在1.0%~3.0%之间，方便电炉造泡沫渣，有利于高压长弧操作，降低电耗；同时，由于CO的产生量大，可以降低电极的消耗量。

目前，热态DRI加料采用气力输送、链斗机输送或者溜管溜送，能自动连续加料，减少了非通电时间，钢水的热损失小，有利于提高生产率和实现自动控制，而且，冶炼过程中的噪声也较低[3~5]。

2.2 DRI热装工艺参数

阿曼100万吨电炉炼钢工程设计年产钢水111.2万吨，配套生产设施包括一台150t超高功率电炉、一台150tLF炉、一台6流R9m方坯连铸机等。表2为150t超高功率电炉主要参数。电炉原料为HDRI（hot direct reduction iron，HDRI），入炉温度不低于600℃，热装比例为100%。

表2　150t超高功率电炉主要参数

名　称	数　值
UHP电炉（AC）公称容量/t	150
出钢方式	EBT
平均出钢量/t	150
电炉最大出钢量/t	180
炉壳直径/mm	上炉壳7390 下炉壳7300
电炉变压器初级电压/kV	33（50Hz）
最大二次电流/kA	76
变压器额定容量/MV·A	130

2.2.1　DRI成分

表3为阿曼电炉炼钢工程使用的DRI成分。

表3　阿曼电炉炼钢工程使用的DRI成分　（%）

指标	M_R	TFe	MFe	FeO	C	S	P	CaO	MgO	Al_2O_3	SiO_2
数值	92	92	84.64	9.47	1.4	0.01	0.04	0.3	0.4	1.1	<2

金属化率（M_R）、脉石含量以及C含量是影响DRI性能的三个主要指标：

$$\text{金属化率 } M_R = \frac{M_{Fe}}{TFe} \times 100\% \qquad (1)$$

M_R直接影响钢水的金属收得率及冶炼电耗，DRI金属化率对冶炼电耗以及金属收得率的影响关系如图1和图2所示。

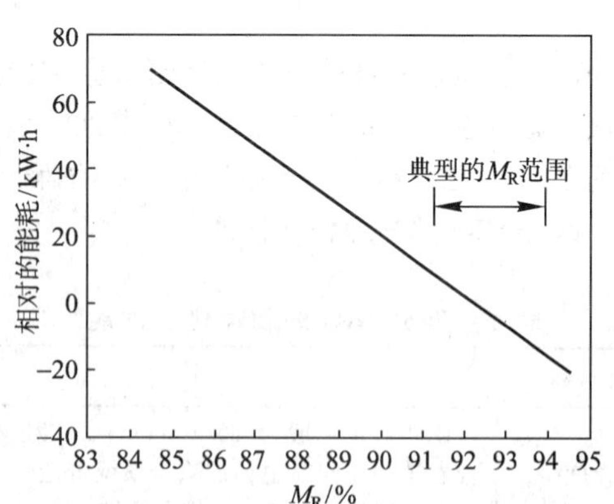

图1　金属化率对冶炼电耗的影响

脉石含量增加，意味着金属含量的减少，它不仅影响到电能消耗，而且直接影响金属收得率。

电炉渣的碱度用B表示：

$$B = \frac{CaO+MgO}{SiO_2+Al_2O_3} \qquad (2)$$

经计算得出，本工程中使用的DRI融化后渣的碱度为0.23，而电炉渣的适宜碱度在2.5左右。因此，随着DRI加入量的增多，需要添加的石灰量也增多，融化矿石需要的能量增多，从而增加电能消耗。

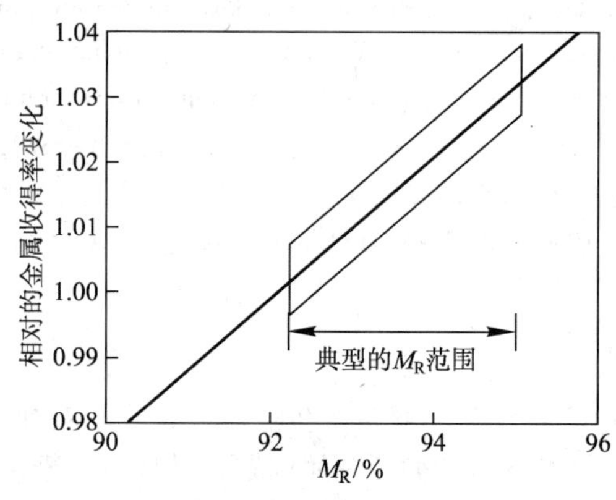

图2　金属化率对金属收得率的影响

DRI的另一个重要指标是碳含量。由于DRI中的碳是与FeO结合在一起的，其燃烧利用率要远远高于通过碳氧枪喷吹的碳粉。因为喷吹的碳粉燃烧后形成的CO，有一部分不能穿透泡沫渣层，还有一部分被除尘系统抽走。有研究表明[6]，DRI中碳的燃烧利用率可以高达90%，而喷吹的碳粉的燃烧率仅仅在25%~75%左右。许多钢厂提出用于平衡DRI中FeO含量的理论碳含量为每1%的FeO对应消耗0.215%的碳，即：

$$(100\%-\%TFe)\times\%Met\times0.215\%$$
$$=(100\%-92\%)\times92\%\times0.215\%=1.58\% \qquad (3)$$

本工程使用的 DRI 中的碳含量为 1.4%，与理论值接近。

2.2.2 DRI 热装温度

DRI 热装技术指的是将竖炉生产的温度 600℃以上的 DRI 在热态下直接热装进炼钢厂的电炉中。本工程电炉厂所需的 HDRI 由临近电炉厂的 Midrex 竖炉提供，DRI 的出炉温度大于 600℃。John Stubbles 指出[7]，为了提高电炉生产效率和能量利用率，必须在更短的时间内输入更多的能量，一个行之有效的办法是热装具有高化学能的原料——铁水或者 HDRI。热装 DRI 能利用 DRI 的显热，提高生产率和降低电能消耗，从而转换为直接的经济效益。

研究表明[8]，DRI 热装温度为 100℃时，可以节能 20kW·h/t；700℃时节能 140kW·h/t。Essar 的试验表明[9]，600℃的 DRI 热装到电炉中，可以节省电能 124~125kW·h/t，同时，电极消耗量下降了 0.03kg/t。

2.2.3 DRI 热装比例

DRI 装入量的增加对于冶炼的成本、金属收得率以及钢水质量都有影响。电炉炼钢的原料有三种：废钢、铁水及 DRI。表 4 为国内外废钢、铁水及 DRI 价格对比。

表 4 国内外废钢、铁水及 DRI 价格对比

废钢		铁水		DRI	
国内	国外	国内	国外	国内	国外
3750	2750	3000	—	3150	2600

由表 4 可以看出，国内电炉冶炼原料价格普遍高于国外。相比国内 DRI 价格，国内废钢价格高出 600 元，就原材料成本而言 DRI 略胜一筹，但与铁水内部结算价相比，价格还是偏高，并且国内 DRI 产量较少。因此，DRI 在国内应用较少，国内仅天津钢管厂、八一钢厂等少数企业使用过[10,11]，天津钢管厂电炉冶炼采用的原料以铁水和废钢为主，同时添加少量的冷 DRI。

阿曼电炉厂已经建有一座 Midrex 还原竖炉，电炉原料全部由 Midrex 还原竖炉提供，热装比例为 100%。DRI 中 P、S 及金属残留元素的含量都较低；同时，DRI 中碳含量较高，熔化过程中产生大量的 CO，钢水的动力条件优越，可以有效去除钢水中的氮。表 5 为不同炉料炼钢时钢中典型残余元素及氮含量[3~5]。

表 5 不同炉料炼钢时钢中典型残余元素及氮含量 (%)

炉料结构	Cu	Ni	Cr	N
100%废钢	0.2	0.07	0.08	0.0070
40%废钢+60%DRI	0.1	0.05	0.05	0.0050
100%DRI	0.02	0.02	0.02	0.0020

由表 5 可以看出，炉料为 100%DRI 时，钢水中有害元素的含量最低，其中，铜含量仅为 100%废钢冶炼的 1/10，氮含量比 100%废钢冶炼低 0.005%。但是，因为 DRI 中含有一定量的 FeO 和脉石，冶炼过程需增加石灰量提高炉渣的碱度，这将导致渣量增大，从而使炼钢电耗增加。

2.3 DRI 热装工艺

2.3.1 DRI 热装工艺流程

国外 HDRI 的加料方式主要采用气力输送，不仅需要建设复杂的气力输送管道，而且投资高、运行成本较大。为实现 DRI 的热装，本次阿曼工程电炉车间紧靠 Midrex 竖炉建设，HDRI 通过溜管加料方式在自重作用下直接溜进电炉进行炼钢。相比而言，重力溜送更为经济，而且操作方便。

图 3 和图 4 所示分别为电炉炉内加料示意图和流程图。电炉炉料有 HDRI、HBI（热压块）、石灰、白云石、萤石及碳粉。如图 3 所示，Midrex 还原竖炉生产的 HDRI 通过 DRI 溜管在自身重力的作用下加入到电炉炉内。结合本工程的实际情况，我们对 DRI 的热装加料装置进行了特殊设计，并申请了专利。

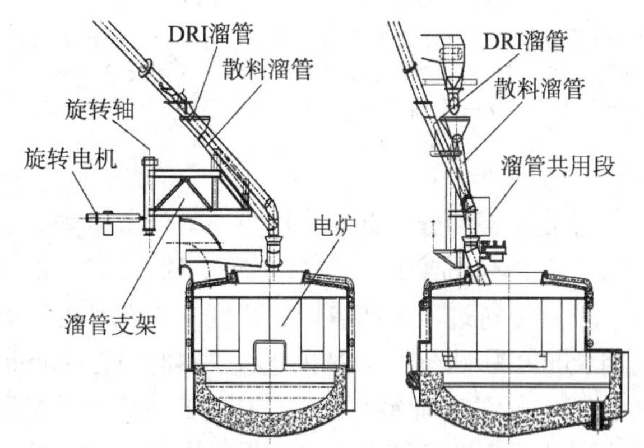

图 3 电炉炉内加料示意图

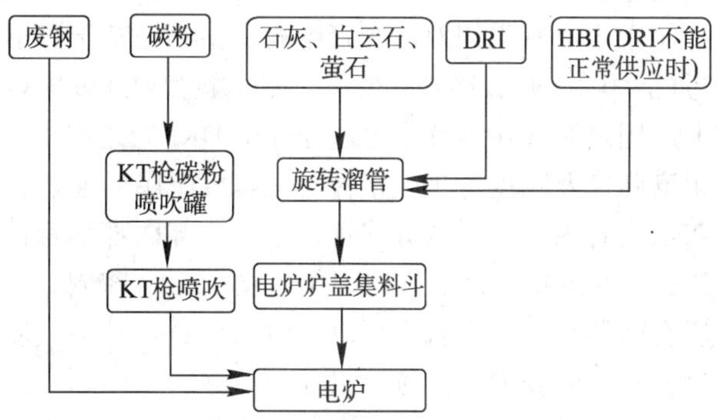

图 4 电炉炉内加料流程图

2.3.2 DRI 热装加料装置

图 5 为 DRI 加料装置结构示意图。加料过程为：HDRI 从过渡料罐及分配器进入双层套管结构的固

定溜管；HDRI 在第一氮气密封装置的保护下从固定溜管进入双层套管结构的热装旋转溜管；HDRI 在第二氮气密封装置的保护下从热装旋转溜管进入受料溜管；所有的双层套管的冷却介质为氮气或其他惰性气体；所有的密封装置的密封介质为氮气或其他惰性气体。

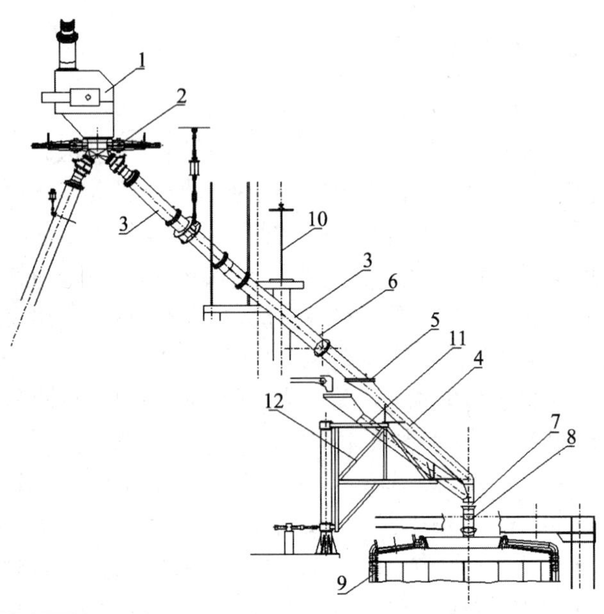

图 5　DRI 加料装置结构示意图

1—过渡料罐；2—分配器；3—固定溜管；4—热装旋转溜管；5—第一氮气密封装置；6—氮气冷却系统；7—第二氮气密封装置；8—受料溜管；9—电炉；10—天车梁；11—普通溜管；12—旋转支撑

过渡料罐和分配器的作用主要是调节电炉在检修时或在冶炼周期内非加料时间中的 HDRI 的流向，以及加料过程中调节加料速度。以电炉的冶炼周期 55min 为例，热装 DRI 的连续加料时间为 45min，其余 10min 的非加料时间中，HDRI 需经过分配器的换向功能而转换流向到另一根溜管内，转入热压块工序。

固定溜管采用双层套管结构，主要是基于以下考虑：（1）套管冷却。由于 DRI 的温度在 600℃以上，固定溜管在连续输送这种高温 DRI 的过程中，耐磨强度及刚度等理化指标均大幅度下降，通过在双层套管内充氮气的方式可以起到冷却内部套管作用，从而维持内部溜管的理化性能；（2）密封。双层套管结构内部充氮气可以起到防止 DRI 与空气接触，从而防止 DRI 二次氧化的目的。

电炉在冶炼及维修过程中，为保证电炉操作与加料溜管互不干涉，在固定溜管的下方布置了热装旋转溜管。热装旋转溜管的最大旋转角度为 80°。热装旋转溜管的工作角度主要有 3 个，即 0°、40°和 80°，在冶炼过程中当电炉需连续加料时，热装旋转溜管工作在 0°。在电炉出渣和出钢时，电炉需向前、向后倾动，此时热装旋转溜管向炉前渣门方向旋转 40°，从而避免了热装旋转溜管与固定在电炉炉盖上的受料管发生碰撞的可能；在电炉需要检修时，需要用车间内的吊车将电炉整体吊运到修理工位，此时热装旋转溜管旋转 80°，从而不影响电炉的吊运。

由于电炉生产的原料不仅仅有 HDRI，还需要大量的石灰、萤石等散料，因此，在此热装旋转溜管上还布置有一根普通的溜管，用于满足石灰等熔剂的加入需要。热装旋转溜管和普通溜管均固定在同一旋转支撑上，在两根溜管的末端汇总为一根溜管，形成类似于三通的下料溜管。

电炉炉盖上的受料溜管固定在炉盖上，用于接收 HDRI 及电炉冶炼用的石灰、白云石等散状料熔剂；此处，长期在高温烟气中工作，需采用水冷，冷却水引自炉盖冷却水系统。

电炉热装 DRI 需要解决两个问题：（1）炉内熔池大沸腾。连续加入的 DRI 容易在炉子边缘堆集，而形成“冰山现象”。一旦熔池温度升高或临界动力条件的变化，就会引起碳氧反应的剧烈进行，从而发生大沸腾、大喷溅。为了避免这种情况的发生，需保证 DRI 能够加入到电炉的中心区域（即 3 根电极的中心位置），使连续加入的 DRI 能够边加入边熔化，不产生堆集现象，为此将炉盖上的受料溜管布置在电炉炉盖上的中心区小炉盖范围内，并向电炉中心方向倾斜 24°，保证 DRI 能加到电炉的中心区。（2）DRI 二次氧化。由于 DRI 极易发生氧化，装料装置必须严格密封，本装置对于溜管分割段都进行了密封保护。由于热装旋转溜管的旋转操作、溜管的变形以及热装旋转溜管的上部喇叭口比上面固定溜管的下口大等因素，热装旋转溜管与上部固定溜管之间必然留有间隙，600℃的 HDRI 从固定溜管进入到热装旋转溜管的过程中，为防止空气对 DRI 的二次氧化，特在此间隙处设置了第一氮气密封装置，氮气流的方向为斜向溜管中心线方向。第二氮气密封装置位于热装旋转溜管和炉盖上的固定受料管之间，原理同第一氮气密封装置。此氮气密封装置的氮气流方向为斜向下吹向电炉内部，这种气流方向不但起到了防止 DRI 二次氧化的作用，也抑制了电炉内的烟气从电炉受料溜管的外溢。

氮气冷却系统主要是用于冷却加料溜管的内外层套管，保证了外层套管的刚度以及内层套管的耐磨强度。此氮气冷却系统分为两部分：第一部分是上部溜管冷却系统，负责冷却从分配器至固定溜管末端之间的各段固定管道；第二部分是热装旋转溜管冷却系统，负责冷却热装旋转溜管，氮气管道能够随热装旋转溜管转动。冷却用的氮气从各段溜管的外层套管上的进气孔进入内外套管之间。

2.3.3　电炉热装 DRI 工艺要点

电炉大比例热装 DRI（>70%）工艺要点如下：

（1）大留钢量。留钢量需比常规 EBT 电炉大一倍，目的是熔炼初期炉内即有足够的钢水形成熔池，通电加入 DRI 时就可以启动碳氧喷枪，对加速 DRI 的熔化，形成泡沫渣，防止熔池大沸腾、大喷溅起到重要作用。

（2）提前放渣。如果采用含磷较高的原料冶炼，尽早倾炉自动流渣，尽可能早地放出上一炉留下的残渣，以防止钢水回磷。放渣后及时加入石灰，提高炉渣碱度，以利于脱磷，减少炉衬浸蚀。

（3）"恒"熔池炼钢工艺技术。采用 DRI 电炉炼钢时，碳氧反应有一个临界温度（1500℃），当熔池低于临界温度，碳氧反应进行缓慢，甚至处于停顿状态。一旦熔池温度升高或临界动力条件的变化，就会引起碳氧反应的剧烈进行，发生大沸腾、大喷溅。所谓"恒"熔池操作是指恒定熔池的温度，即在电炉冶炼刚开始通电时，电炉炉内已有足够的钢水，连续加入 DRI 时，加入的炉料均沉浸在熔池里，必须控制熔池温度始终处于一个高于临界温度（1500℃）的状态（一般控制在 1560℃左右），根据经验须使熔池保持在 1560℃以上，才能保证连续加入的 DRI 边加入边熔化。要达到"恒"熔池操作，必须使供电制度、加料制度、吹氧制度以及喷碳制度相互匹配，才能保证冶炼过程平稳，从而有效防止大沸腾、大喷溅事故的发生。图 6 为电炉供电制度及 DRI 加料制度，图 7 为电炉吹氧制度及喷碳制度。如图 6 和图 7 所示，电炉采用的阶梯供电制度及吹氧制度，均匀喷碳。其中，天然气是为了保护氧气射流，喷吹速率保持不变。最初 6min 为电炉出钢及准备时间，此时熔池内的钢液温度与上次出钢温度一致，约为 1620℃，并缓慢下降。6min 时，同时开

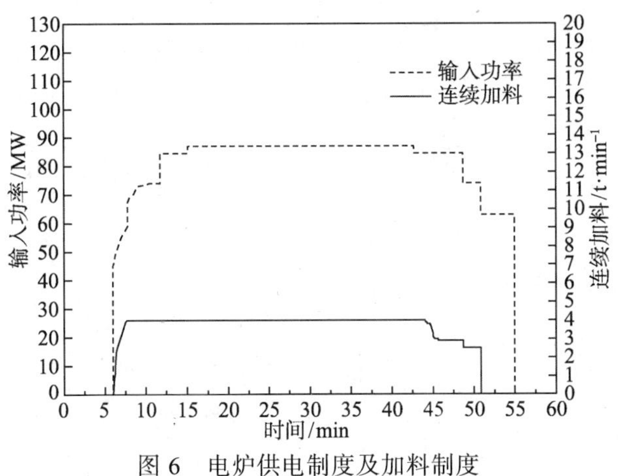

图 6　电炉供电制度及加料制度

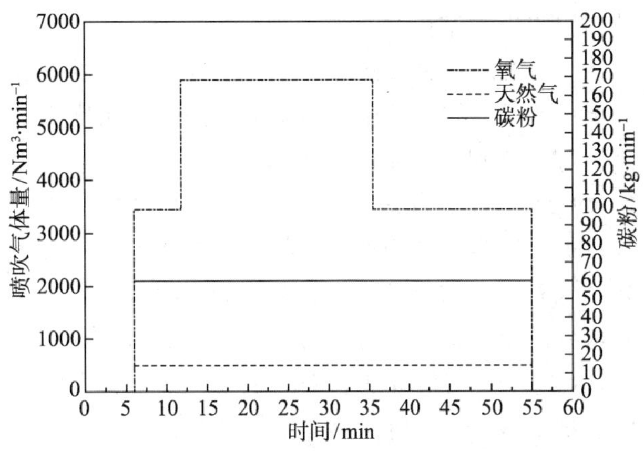

图 7　电炉吹氧制度及喷碳制度

始加料、供电及吹氧，此时熔池温度仍缓慢下降，应迅速将供电功率提升到 70MW 以上，防止熔池温度急剧下降，并同时开始吹氧造泡沫渣。加料 10min 以后，炉内已经积聚了一定量的 DRI，熔池温度迅速下降，此时应迅速分级调高供电功率到电炉的工作功率，考虑到短网及变压器承受能力采用分级调压的形式。随着供电功率的提高，DRI 迅速熔化，熔池中的碳含量增加，此时应迅速调高吹氧速率，将碳迅速脱除，以防熔池中积聚太多的碳，而造成碳沸腾。到 35min 以后，初始时积累的 DRI 已经基本熔化，此时熔池温度恒定在 1600℃左右，此后 DRI 边加入边熔化。前面已经提及，DRI 中 1.4%的碳与其本身的 FeO 含量达到平衡，为了防止钢水过度氧化，此时应降低吹氧量到初始水平，保证 CO 产气量稳定。这既有利于保持泡沫渣稳定，也能有效降低熔池中 FeO 的含量，提高金属收得率。大约 45min 时，炉内钢水已经接近额定容量，开始减少 DRI 加料量，同时供电功率也分级降低，到 51min 时停止加料。停止加料后，供电功率维持在 60MW，使钢液持续升温到 1620℃。

（4）炉壁集束射流碳氧喷枪。集束氧枪氧气速度大于 2.0 马赫数，超声速射流长度最高可以保持至 1.7m，可以使超声速流束穿透熔池并避免任何形式的大沸腾大喷溅的发生，保证冶炼过程平稳顺行。由于 DRI 的密度介于炉渣和钢液之间，DRI 加入电炉后停留在渣钢界面上，有一部分 DRI 和熔渣混合在一起，碳氧喷枪和喷吹技术，能够保证 DRI 有足够快的熔化速度。

（5）造泡沫渣。由于 DRI 中脉石含量及碳含量均较高，电炉冶炼初期易于造泡沫渣，为长弧泡沫渣埋弧操作提供了良好的条件。

3　结论

通过对电炉 DRI 热装进行理论分析和工艺设

计，得出以下结论：

（1）电炉 100%热装 600℃的 DRI 不仅可以节省电耗，而且可以降低电极消耗。同时，相比全废钢冶炼，有利于提高钢水质量。

（2）DRI 重力溜送加料工艺优于气力输送工艺，设计的具有自主知识产权的热装加料装置可以实现连续加料，不与电炉生产相互影响；同时，装置具有良好的密封性能，可以防止 DRI 的二次氧化。

（3）电炉 100%热装 DRI 的工艺要点：大留钢量、提前放渣、"恒"熔池炼钢工艺技术、炉壁集束氧枪喷碳吹氧及造泡沫渣。

参考文献

[1] Robert L Bullard. The use of DRI in the Electric Furnace at Georgetown Steel Corporation [C]// Proceeding of 5th European Electric Steel Congress.Paris, 1995: 37.

[2] Irotter D J. The Port Wedland Finmet Plant[J]. Asia Steel. 1996: 69.

[3] Faccone D M, Kopfle J T, Verder R H.MIDREX Direct Reduction Technology-The Direct Route to Clean Steel[J]. Iron and Steel Engineer. 1993, 70(40): 77.

[4] Scarnati Th M. Use of DRI and HBI in Electric Furnace Steelmaking: Quality and Cost Considerations[J]. Iron and Steel Engineer. 1995, 72(4): 86.

[5] Schliephake H, et al. Use of DRI in the EAF at the Ispat-Hamburger Stahlwerke[J]. Stahl and Eisen. 1995, 5: 69.

[6] Sara Hornby Anderson. Educated Use of DRI/HBI Improves EAF Energy Efficiency and Yield and Downstream Operating Results[C]// European Electric Steelmaking Congress proceedings. Venice, Italy. 2002, 5.

[7] J. Stubbles. EAF Steelmaking. Past, Present and Future [R]. Essar Steel, India.2000, 5.

[8] Stephen C.Montague, W. Dieter Haysler. Hot Charging DRI for Lower Cost and Higher Productivity[C]// Iron & Steel /society's 57th EF Conference. Pittsburgh, PA. 1999, 10: 3~7.

[9] Russ Bailey. Hot Charging DRI for Lower Cost and Higher Productivity[R]. Essar Steel, India.2000, 5.

[10] 刘润藻. 大型超高功率电弧炉炼钢综合节能技术研究[D]. 沈阳：东北大学, 2006.

[11] 秦军. 70t 电弧炉应用热压块 HBI 冶炼的工艺实践[J]. 特殊钢. 2010, 10. 31(5): 36~38.

（原文发表于《2012 连铸生产技术会议论文集》）

60t 康斯迪电炉烟气余热回收装置及应用

武国平[1] 方 颖[2] 宋 宇[1]

(1. 北京首钢国际工程技术有限公司，北京 100043；
2. 首钢贵阳特殊钢有限责任公司，贵阳 550005)

摘 要：介绍首钢贵阳特殊钢有限责任公司现有的 60t 康斯迪电炉烟气余热回收装置及实际应用情况，重点说明电炉烟气余热回收装置的工作原理、系统组成、工艺流程、技术经济分析及存在问题，为贵钢搬迁改造提供借鉴及参考。

关键词：热管；康斯迪电炉；余热回收

Research and Application of Waste Heat Recovery Device of Flue Gas of 60t Consteel EAF

Wu Guoping[1] Fang Ying[2] Song Yu[1]

(1. Beijing Shougang International Engineering Technology Co., Ltd., Beijing 100043;
2. Shougang Guiyang Special Steel Co.,Ltd., Guiyang 550005)

Abstract: The device and actual application of waste heat recovery of flue gas of 60t Consteel EAF in Shougang Guiyang Special Steel Co., Ltd. is introduced. Those things of the waste heat recovery of flue gas device of EAF are illustrated, such as the working principle, the composition of the system, the process, the technical and economic analysis and the existing problems, which can be references for the moving and transformation of the Guiyang Special Steel Co., Ltd.

Key words: heat-pipe; Consteel EAF; recovery of flue gas

1 引言

首钢贵阳特殊钢有限责任公司(以下简称贵钢)二炼钢厂 60t 康斯迪电炉是 2000 年从意大利引进的设备，设计年生产能力 30 万吨。康斯迪电炉的主要特点之一是冶炼过程中所产生的一次高温烟气经过康斯迪预热通道对连续加入电炉的废钢进行连续预热，从而利用了烟气余热。但是康斯迪电炉在使用过程中仍存在废钢预热温度低（平均温度约 500~600℃）、温升不均匀、预热通道漏风量大以及风机电耗较高等问题。同时废钢预热也只能部分利用烟气显热，经过沉降室后的排烟温度仍较高（约 500~800℃），在烟气进入布袋除尘器以前，为将烟气温度降至 200℃以下，需设置机力冷却器等除尘降温设备，并兑入冷风，既增加设备投资，又增加除尘器负荷，因而浪费能源。

随着企业循环经济发展步伐的加快，为满足可持续发展的要求，贵钢于 2011 年 1 月在沉降室与除尘器之间新增一套热管式烟气余热回收装置。在电炉炼钢除尘系统中采用热管技术回收烟气余热是 2007 年以后出现的一项新技术，目前在各电炉炼钢厂正在推广应用。

新增的热管式烟气余热回收装置吸收烟气流经康斯迪通道预热废钢后的富余能量，将 500℃左右的烟气温度降低到 170℃以下，然后烟气进入布袋除尘器，经风机排入大气，同时高温烟气能量被余热回收装置转化为蒸汽，满足生产及生活需求。热管式余热回收装置在贵钢康斯迪电炉炼钢系统的应用取得了较好效果，同时对存在问题也在进一步研究并在下一步的搬迁改造工程中进行改进。

2 热管技术及工作原理

2.1 热管技术

热管是一种新型高效的传热元件，按较精确的定义应称之为“封闭的两相传热系统”，即在一个抽成真空的封闭体系内，依赖装入内部流体的相态变化（液态变为气态和气态变为液态）来传递热量的装置[1]。近几年来，热管技术得到迅速发展，由于其具有传热速度快、热效率高、运行和维护费用低等优点，被广泛应用于余热回收的多种领域。

2.2 热管的传热原理

将一根封闭的管壳抽成真空，内部充装一定比例的液体工作介质（工质），即构成热管。热管放在热源部分的称为蒸发段（热端），放在冷却部分的称为冷凝段（冷端）。当蒸发段吸热把热量传递给工质后，工质吸热由液体变成气体，发生相变，吸收汽化潜热。在管内压差作用下，气体携带潜热由蒸发段流到冷凝段，把热量传递给管外冷流体，放出凝结潜热，管内工质又由气体凝为液体，在重力作用下回到蒸发段，继续吸热汽化。如此周而复始，将热量不断地由热流体传给冷流体。热管传热原理如图 1 所示。

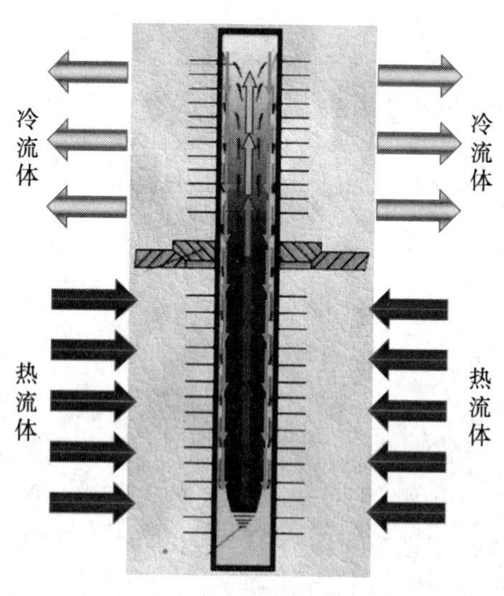

图 1　热管传热原理

2.3 热管特点

（1）极高的导热性：金属、非金属材料本身的导热速率取决于材料的导热系数、温度梯度。以金属银为例，其值为 429W/(m·K)左右。经测定，随管内工质的不同，热管的传热系数可以达到 10^6W/(m·K)，是银的数千倍，故热管又有超导体之称。

（2）优良的等温性：由于热管内的传热过程是相变过程，而且工质的纯度很高，因此热管内蒸汽温度基本上保持恒温，经测定：热管两端的温差不超过 5℃，与其他传热元件相比，热管具有良好的等温性能。一根直径 12.7mm，长 1000mm 的紫铜棒，两端温差 100℃时传输 30W 的热量；而一根同样直径和长度的热管传输 100W 的热量，两端温差只需几度。

（3）适应温度范围广：热管能适应的温度范围与热管的具体结构、采用的工作流体及热管的环境工作温度有关。按照热管管内工作温度区分，热管可分为低温热管(–273~0℃)、常温热管(0~250℃)、中温热管(250~450℃)和高温热管(450~1000℃)等[2]。

（4）单管作业性：运行中即使有个别热管损坏，也不会造成两种换热介质相混，即单根热管损坏对设备的换热影响不大，即使部分热管损坏也不会影响整个系统的正常运行。因此，热管设备具有使用周期长、安全可靠的优点。

（5）易更换性：由于每一支热管都是一个独立的换热元件，因此不论其多大、多长，每一支热管均可任意拆换[3]。

3 主要技术参数

3.1 康斯迪电炉工艺参数

康斯迪电炉工艺参数及烟气参数见表 1。

表 1　康斯迪电炉工艺参数及烟气参数

项　目	数　值
电弧炉公称容量/t	60
冶炼周期/min	60
平均吹氧量/$m^3·h^{-1}$	1500
平均吹氧时间/min	30
平均喷碳量/$kg·h^{-1}$	1200
康斯迪预热段出口烟气流量/$m^3·h^{-1}$	20000~70000
康斯迪预热段出口烟气温度/℃	300~800

3.2 烟气余热回收装置主要参数

烟气余热回收装置进出口压损：0.9~1kPa；

汽包工作压力：1.6MPa；

冶炼周期汽包出口蒸汽流量：6.5t/h；

过热蒸汽温度：230~280℃；

烟气余热回收装置排烟温度：170℃；

余热利用率：大于 76%。

4 系统组成及工艺流程

4.1 系统组成

余热回收系统由汽包、蓄热器、过热器、蒸发器、省煤器、热管换热器、上升管和下降管等设备和元件组成，配套设备有给水泵、除氧器和清灰装置等。

4.2 工艺流程

电炉烟气余热回收装置工艺流程如图 2 所示。

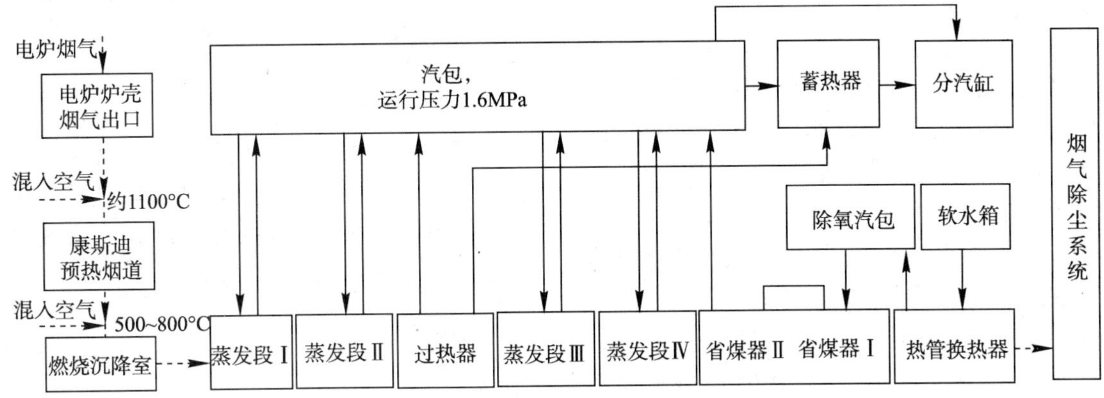

图 2　电炉烟气余热回收装置工艺流程

4.2.1　烟气系统

电炉炼钢过程中产生的高温烟气从电炉上炉壳侧面抽出，经过康斯迪预热段烟道对连续加入电炉的废钢进行预热，在预热段出口，与康斯迪加料段混入的空气混合，进入沉降室，从沉降室出来的烟气温度降至 500~800℃左右。然后依次经过四级蒸发器、两级省煤器以及热管换热器，烟气温度降至 170℃以下，经烟气净化系统除尘达标后排入大气。

4.2.2　软水及蒸汽系统

外部供应的软水经热管换热器进入除氧器。除氧器中的软水经锅炉给水泵接入两级省煤器，经加热后打入汽包。省煤器由若干根热管元件组合而成，热管的受热段置于烟气风道内，热管受热，将热量传至夹套管中从除氧器进来的除氧水，加热到 180℃以上，送至汽包。

余热系统的汽水循环采用自然循环方式，汽包中的水从下降管中流出，进入蒸发器，在蒸发器中受热蒸发形成汽水混合物返回汽包，在汽包内汽水分离，分离出来的蒸汽再从汽包上部空间引出并外送至蓄热器，减压后供外网使用。

4.2.3　冲击波吹灰系统

为防止换热器表面积灰，换热器上布置 30 个燃气脉冲吹灰器喷吹点，吹灰发生器布置在换热器侧面，发射管采用排管形式，吹灰方向垂直于受热面，经吹扫后的工作面清洁率可达 95%。

冲击波吹灰系统工作原理是将空气和可燃气（乙炔）按一定比例混合，经高能点火后在冲击波发生器内形成可控强度的爆炸冲击波，爆炸冲击动能吹扫受热面的同时伴有强声波震荡和清洗作用，即由动能、声能及热清洗作用来清除积灰。

冲击波吹灰系统参数如下：

可燃气体类型：乙炔（瓶装气）；

可燃气体压力：0.9~0.15MPa；

可燃气体消耗量（标态）：不大于 $0.06m^3$/次。

5　技术经济分析

贵钢烟气余热回收装置于 2011 年 1 月投入运行以来，平均小时产汽量为 6.5t，折合每吨钢水产蒸汽 108kg，与其他电炉炼钢厂相比，产汽量较少，主要是由于贵钢康斯迪电炉炼钢的原料不稳定，并且采用全废钢冶炼，没有添加铁水，冶炼周期较长，烟气热量被预热废钢吸收了一部分能量所导致。

按车间年产 30 万吨钢水计算，年产蒸汽 32400t；

蒸汽热焓：2856kJ/kg 蒸汽；

标准煤热值：29400kJ/kg 标煤；

余热回收装置每年可节约标煤：32400×680/7000 = 3148t。

按当期蒸汽或标煤市场价格估算，蒸汽价格 115 元/t 蒸汽，标煤价格 1180 元/t 标煤，每年可创造产值 373 万元。一套烟气余热回收装置的工程投资大约 550 万元，1.5 年即可收回投资。

从社会效益方面分析，余热回收的蒸汽可供应 60tVD 真空精炼设施。为减少蒸汽消耗量，贵钢将 VD 真空精炼设施的末两级真空泵改造成水环泵，因此 60tVD 每小时蒸汽用量只需 3.5t 即可满足生产。

60tVD 每年用的最大蒸汽用量为：3.5/6.5×32400 = 17446t；

折合成标煤量为：17446 × 680/7000 = 1695t；

燃烧每公斤标煤大约产生 2.26kg CO_2；

燃烧每公斤标煤大约产生 0.02kg SO_2。

采用烟气余热回收装置后，产生的蒸汽量已经完全满足 60tVD 真空设施的用量需求，因此取消了燃煤锅炉，每年可减少 CO_2 排放 3830t，减少 SO_2 排放 34t，在一定程度上改善地区的大气环境，产生了长远的社会效益。

6 存在问题

电炉烟气余热回收装置投入生产后，运行比较稳定，但由于此系统是在原除尘管道系统上进行的改造，不可避免存在以下问题：

（1）在原除尘管道系统上增设热管系统后，增加了除尘管道系统的阻损，在下一步贵钢搬迁改造时，建议在烟气余热回收装置后增加增压风机。

（2）由于烟气余热回收装置布置比较紧凑，蒸发器内的热管间距较小，在长期运行后，虽然有爆炸冲击波清灰装置，但仍然存在部分积灰不宜清理的问题，若采用人工清理，由于管道内部空间狭小，也不易操作。建议在今后的搬迁改造时，增大热管间距，留出清理空间。

7 结论

（1）电炉烟气余热回收装置在贵钢的应用取得了良好效果，完全符合国家“十二五”规划关于“节能减排，余热回收”的指导方针，对企业自身、环境保护和国民经济都有重要意义。

（2）电炉烟气余热回收装置将电炉烟气预热废钢后仍存在的显热充分回收，产生大量可以利用的蒸汽，节能显著，投资回收快，降低了电炉炼钢运行成本和生产成本，经济效益显著，对电炉炼钢行业的技术进步具有促进作用。

参考文献

[1] 张红，杨峻，庄骏. 热管节能技术[M]. 北京：化学工业出版社, 2009.

[2] 庄骏，张红. 热管技术及其应用[M]. 北京：化学工业出版社, 2000.

[3] 邵李忠. 热管式余热锅炉在电弧炉烟气余热回收中的应用[J]. 工业锅炉, 2010(3).

（原文发表于《工程与技术》2012 年第 1 期）

300t 转炉倾翻力矩有限元分析、计算与耳轴位置确定的研究

蒋治浩

（北京首钢国际工程技术有限公司，北京 100043）

摘　要：采用大型通用有限元分析软件 ANSYS 提供的模型力学计算工具及其逐行解释性的 APDL（ANSYS Parametric Design Language）参数化设计语言，对 300t 转炉倾动力矩进行了分析、计算，绘出了转炉倾动力矩曲线，并对倾动力矩进行优化，对耳轴位置确定提供了可靠依据，对转炉设计具有较重要的参考价值。

关键词：ANSYS 参数化设计语言；转炉；耳轴位置；倾动力矩

Study on Finite Element Analysis and Calculation of Tilting Moment and Trunnion Position Confirming for 300t Converter

Jiang Zhihao

(Beijing Shougang International Engineering Technology Co., Ltd., Beijing 100043)

Abstract: This paper analyzes and calculates the tilting moment of 300t converter with the calculation tool of model mechanics and a scripting parametric design languages APDL supported by finite element analysis software ANSYS. It presents the moment curve, optimizes the moment, and provides the reliable causes for trunnion position confirming. It has the important reference value to converter design.

Key words: ANSYS parametric design language; converter; trunnion position; tilting moment

1　引言

ANSYS 软件是一个功能强大而灵活的大型通用有限元分析软件，提供的模型力学特性计算工具能方便地对模型包括模型体积、质量、转动惯量、质心坐标等参数的模型力学特性进行计算；ANSYS 提供 APDL（ANSYS parametric design language）参数化设计语言，具有一般程序语言的功能，如参数、宏、标量、向量及矩阵运算、分支、循环、重复以及访问 ANSYS 有限元数据库等，另外还提供简单界面定制功能，实现参数交互输入、消息机制、界面驱动和运行应用程序等；本文利用 ANSYS 软件提供的上述功能对某厂 300t 转炉的倾动力矩进行计算，绘制倾动力矩曲线；计算最大倾动力矩构成情况，确定耳轴最佳位置。倾动力矩曲线：倾动力矩 M 随倾动角度 α 而变化，即 $M=f(\alpha)$，这一函数关系通常可用 $M-\alpha$ 曲线表示，称为倾动力矩曲线。当分别算出各个选定倾动角度下的空炉力矩 M_k、炉液力矩 M_d、耳轴摩擦力矩 M_m 和合成力矩 M 之后，即可绘制倾动力矩曲线。横坐标表示倾动角度 α，纵坐标表示倾动力矩 M。

倾动力矩是转炉倾动机构设计的重要参数，计算它的目的是：确定额定倾动力矩值，作为倾动机构设计的依据；确定转炉最佳的耳轴位置。

转炉倾动力矩由四部分组成：

$$M = M_{k1} + M_{k2} + M_d + M_m$$

式中　M_{k1}——炉壳和炉衬产生的空炉力矩（由炉壳和炉衬质量引起的静助力矩），空炉的质心与耳轴中心的距离可以改变（一旦确定耳轴的位置其距离才是不变的），在倾动过程中，空炉力矩

M_{k1} 与倾动角度 α 和耳轴位置存在线性函数关系；

M_{k2}——托圈等炉壳连接装置产生的空炉力矩，它只是倾动角度简单的正弦函数；

M_d——炉液力矩（炉内液体（包括铁水和渣）引起的静力矩），在倾动过程中，炉液的质心位置是变化的，出钢时其质量也发生变化，均随倾动角度 α 的变化而变化，故 M_d 与倾动角度和耳轴位置也存在函数关系；

M_m——转炉耳轴上的摩擦力矩，它在转炉倾动过程中变化较复杂，没有炉液倒出之前呈现定值关系，在有炉液倒出与倒完之间呈现复杂非线性关系（由炉液在倾动倒出过程中的复杂性引起），以后呈现定值关系；由于这些数值较小可视为常量或者略去。本文将对耳轴摩擦力矩进行较精确计算（μ 为摩擦系数，对滑动轴承取 μ = 0.1~0.15；对滚动轴承取 μ = 0.05；本文计算时取 μ = 0.05）。耳轴摩擦力矩 M_m 的方向总是与转动方向相反，所以在倾动全过程中都是正值。

将炉壳和炉衬产生的力矩与托圈等炉壳连接装置产生的力矩合成为空炉力矩：$M_k = M_{k1} + M_{k2}$，转炉倾动力矩改写为 $M = M_k + M_d + M_m$，即转炉倾动力矩可改写为由三部分组成。

2 基础数据求解

2.1 用 ANSYS 软件建立转炉的三维模型

用 ANSYS 软件提供的 APDL 语言编程建立 300t 转炉的三维实体模型，其整体简化模型如图 1 所示；三维模型主要由转炉炉体本体、转炉连接装置和炉液三部分等组成，计算时模型中主要材料参数见表 1。

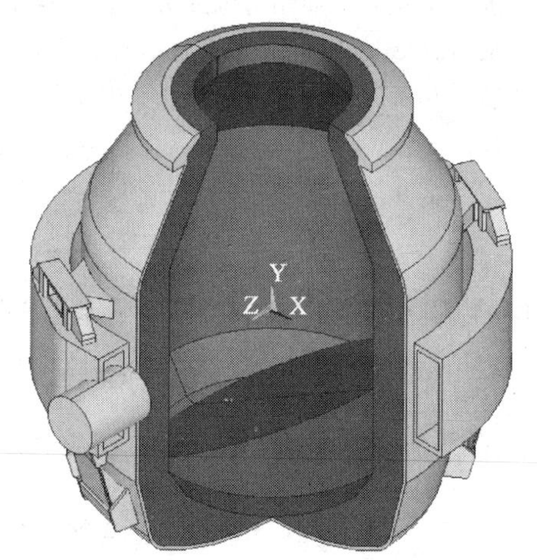

图 1 300t 转炉整体简化模型

表 1 300t 转炉模型计算时的材料参数

材料	导热系数/W·(m·K)$^{-1}$	线胀系数/K^{-1}	比热容/J·(kg·K)$^{-1}$	弹性模量/MPa	泊松比	密度/kg·m^{-3}
钢	51~ 43.5	13.5×10^{-6}	440	2.068×10^{5}	0.30	7850
耐热砖	4.64~2.32	10×10^{-6}	1511	1.0×10^{4}~5000	0.20	2950
铁水	30.5	$(10\sim15)\times10^{-6}$	837	1.4×10^{5}~1000	0.25	7000

2.2 初定转炉耳轴位置

转炉炉型是指转炉砌筑后的内部形状，其炉型选择由炼钢工艺要求确定，满足一定吨位炼钢要求，其形状相对较为固定；影响倾动力矩曲线的主要因素是炉型和耳轴位置。耳轴位置确定为 $H + H_0$，如图 4 所示（H 设定成定值，在本例中设成 H = 5800mm，H_0 可正，可负，表明耳轴位置可以任意移动，以获得不同的转炉倾动力矩及倾动力矩曲线）。

2.3 转炉炉体的力学特性求解

图 2 为 300t 转炉炉体本体炉壳、耐火材料实体模型（新炉情况），炉口粘钢可以很方便地加到模型中，本文不模拟炉口粘钢情况，经过 APDL 模型力学特性计算工具计算，在坐标系 XOY 下的质心坐标为 X_{c1} = 0.0mm，$Y_{c1} = -(254.398497 + H_0)$mm，质量 M_1 = 1015598.3kg。老炉力学参数省略。

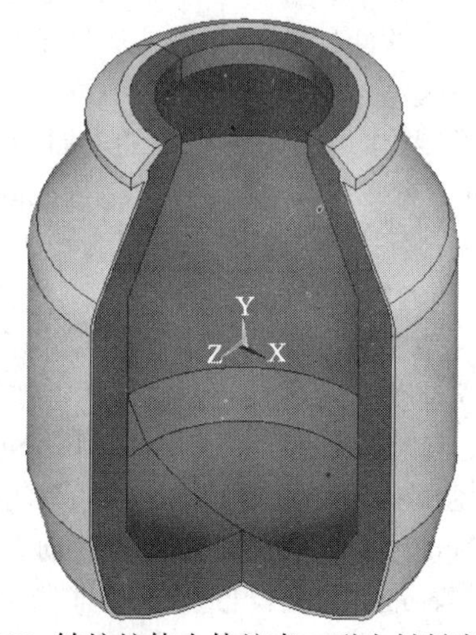

图 2 300t 转炉炉体本体炉壳、耐火材料实体模型

2.4 转炉连接支撑装置的力学特性求解

大型转炉连接装置包括耳轴、托圈、球面支撑装置和弹簧板连接装置；图3为300t转炉的连接支撑装置三维实体简化模型，经过APDL模型力学特性计算工具计算，在坐标系 XOY 下的质心坐标为 $X_{c2}=0.0\text{mm}$，$Y_{c2}=-260.249323\text{mm}$，质量 $M_2=290854.201\text{kg}$。

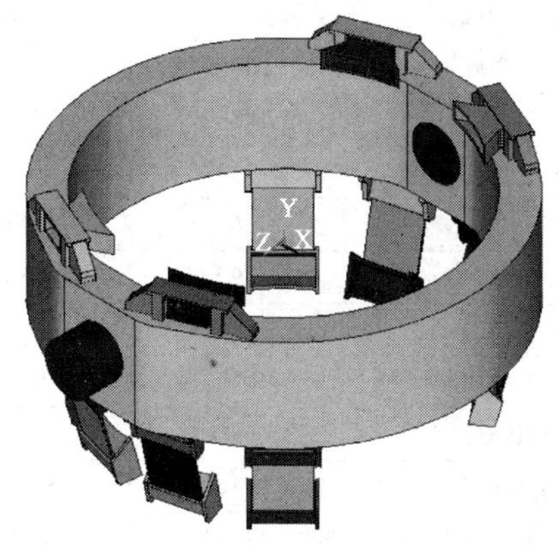

图3 300t转炉连接支撑装置三维实体简化模型

2.5 炉液的模型力学特性求解

（1）求解基本思想。如图4所示，在倾动角度 α 下的 AA 位置将充满炉型的炉液进行切割，留下右下角的炉液是所需要的炉液，比如353t；AA 数值的求解是本文的关键，利用ANSYS提供的模型力学特性计算工具和APDL语言进行编程计算，可以很好地得到解决；本"切割法"的基本思想是对按炉型建立的三维实体模型进行有限次切割，使剩下的炉液尽量接近353t，由于计算结果受到计算机计算精度的制约，模拟炉液的质量可以达到只差1kg以内，见表2，满足工程计算需要。

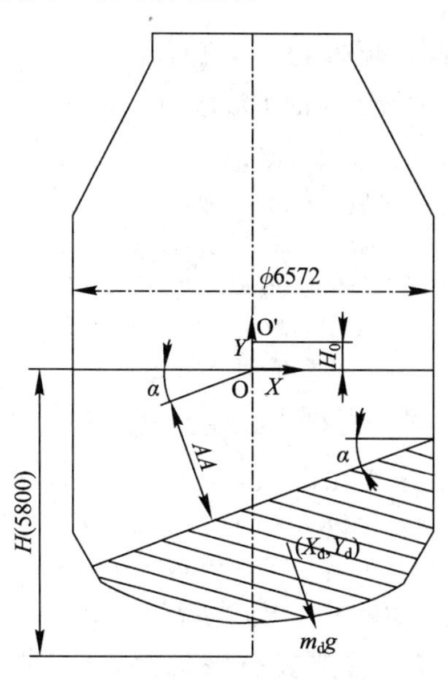

图4 炉液力矩计算示意图

（2）转炉盛353t炉液倾动30°时炉液形态模拟简介。根据300t转炉炉型创建"全炉液体积"宏文件（命令流程序略去）。

执行"全炉液体积"宏文件生成半全炉液实体模型如图5所示。

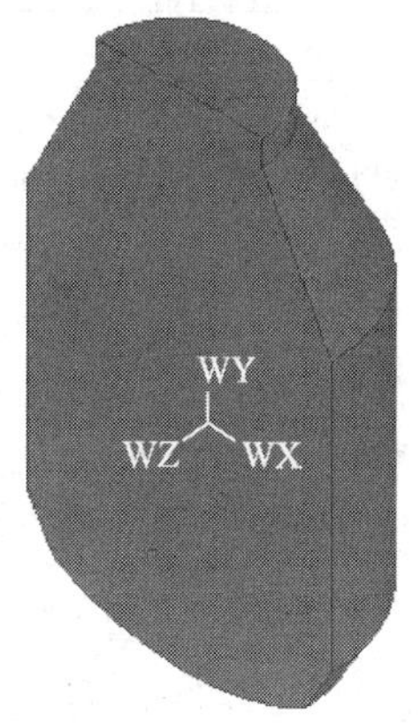

图5 转炉炉液二分之一实体模型

对图5模型进行一次切割（$AA=0$），得到如图6的炉液形态，由于炉液质量超过353t（炉液密度按 $7.00\times10^{-6}\text{kg/mm}^3$ 计算），仍需继续对模型切割。

对图6所示模型进行二次切割（$AA=2118.62725\text{mm}$，AA 需经过编程计算才能获得），得到的模型是我们需要的模型，其质量为353t，表示了转炉倾动30°时炉液形态的实体模型，如图7所示。

图6 转炉炉液实体半中间模型

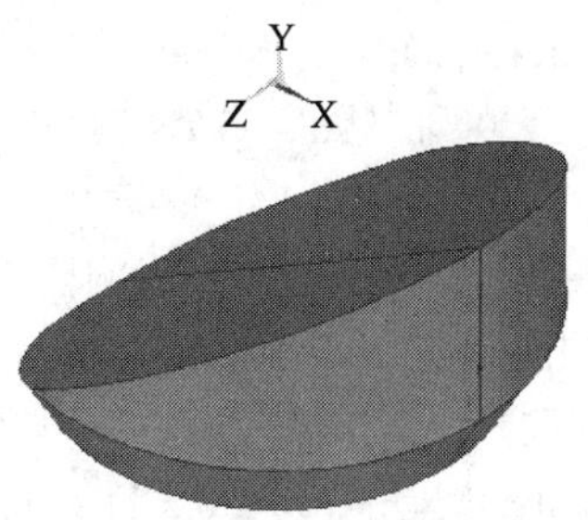

图7 转炉倾动30°炉液实体模型

（3）经过APDL语言编程计算，求得转炉每倾动5°情况下炉液在笛卡儿直角坐标系 XOY 中质心的 X_c 和 Y_c 坐标，将其存放在定义的二维表数组 M_t 中，比如 $M_t(30,2,1)=929.577667$、$M_t(30,3,1)=-2938.4981$

分别表示转炉倾动 30°时新炉炉液在 XOY 坐标系中质心的 X_c、Y_c 坐标（单位：mm）。

（4）新炉、老炉炉液倾动过程中质心位置的计算结果见表 2，它是后续计算的基础数据。

表 2　新炉、老炉炉液倾动过程中质心位置的计算结果

倾动角度 /(°)	新炉			老炉		
	炉液质量/kg	质心 X 坐标/mm	质心 Y 坐标/mm	炉液质量/kg	质心 X 坐标/mm	质心 Y 坐标/mm
0	353000.07	0	–3189.5040	353000.26	0	–3810.4516
5	353000.02	158.867135	–3182.5545	353000.00	236.247665	–3800.1148
10	353000.03	319.822651	–3161.3592	353000.04	474.458627	–3768.7549
15	353000.11	477.796402	–3126.3549	353000.24	709.100938	–3716.7280
20	353000.19	630.858658	–3078.0918	353000.24	933.488022	–3646.1115
25	353000.19	781.121361	–3015.8152	353000.25	1137.87800	–3561.5246
30	353000.06	929.577667	–2938.4981	353000.19	1323.96161	–3464.7302
35	353000.14	1072.43519	–2847.4546	353000.12	1494.99224	–3355.8083
40	353000.17	1209.42194	–2742.3179	353000.17	1654.03425	–3233.7639
45	353000.11	1341.83859	–2620.8804	353000.11	1804.01878	–3096.2636
50	353000.10	1471.38699	–2479.3330	353000.24	1947.63585	–2939.4070
55	353000.25	1600.02315	–2311.3875	353000.07	2087.43184	–2756.9508
60	353000.21	1730.02215	–2106.8363	353000.28	2226.21132	–2538.6558
65	353000.23	1863.13837	–1850.3119	353000.08	2367.02027	–2267.1930
70	353000.01	1989.06644	–1545.6006	353000.07	2508.61265	–1924.2951
75	353000.05	2098.19270	–1198.7001	353000.13	2633.71691	–1526.5298
80	353000.02	2184.89604	–806.20681	353000.48	2732.79796	–1078.1047
85	353000.28	2243.24336	–359.98574	353000.33	2798.74867	–574.11743
90	296100.27	2371.21232	111.491948	353000.34	2823.12240	–4.0149557
95	167017.09	2613.61789	753.780990	260815.22	2954.85784	657.544216
100	76047.758	2732.61982	1831.98810	129832.99	3112.37011	1641.93425
105	32204.995	2770.22165	2666.26168	57661.330	3161.05101	2586.57164
110	12242.688	2809.27068	3090.45306	23694.060	3205.36840	3092.56790
115	2533.5837	2850.50393	3350.73074	6460.9254	3252.17922	3402.99817
118.3	0	0	0	858.74209	3284.96940	3551.09757
140	0	0	0	0	0	0

将以上数据存入 M_t（30,6,1）二维表数组中，面 1 中 0 行的列下标值从第二个位置开始的 6 个列下标值（1,2,3,4,5,6）；面 1 中 0 列的行下标值记录转炉倾动角度，0 列中从第二个位置开始的 30 个列下标值（0,5,10,15,…,135,140）；表中 1 列记录新炉炉液剩余质量，2 列记录新炉炉液的质心 X_c 坐标，3 列记录新炉炉液的质心 Y_c 坐标，4 列记录老炉炉液剩余质量，5 列记录老炉炉液的质心 X_c 坐标，6 列记录老炉炉液的质心 Y_c 坐标；$M_t(30,2,1) = 929.577667$mm 表示新炉倾动 30°在坐标系 XOY 下的质心坐标为 $X_c = 929.577667$mm。

3　转炉倾动力矩计算

转炉倾动力矩计算示例：设置耳轴位置 $H_0 = 0.0$mm，转炉倾动 30°时新炉各力矩值计算如下。

（1）炉液产生的炉液倾翻力矩 M_d。

$$\begin{aligned}M_d &= m_d g(X_c\cos(\alpha) - (Y_c - H_0)\sin(\alpha))\\ &= M_t(\alpha,1,1) \times (M_t(\alpha,2,1) \times \cos(-\alpha) - \\ &\quad (M_t(\alpha,3,1) - H_0) \times \sin(-\alpha))\\ &= 353000.06 \times (929.57 \times \cos(-30°) - \\ &\quad (-2938.49 - 0.0) \times \sin(-30°))\\ &= -229.78 \times 10^4(\mathrm{N\cdot m})\end{aligned}$$

（2）炉壳耐材产生的空炉倾翻力矩 M_{k1}。

$$\begin{aligned}M_{k1} &= M_1 \times (X_{c1} \times \cos(-\alpha) - (Y_{c1} - H_0) \times \sin(-\alpha))\\ &= 1015598.3 \times (0.0 \times \cos(-30°) - \\ &\quad (-254.398497 - 0.0) \times \sin(-30°))\\ &= -126.60 \times 10^4(\mathrm{N\cdot m})\end{aligned}$$

（3）托圈等炉壳连接装置产生的倾翻力矩 M_{k2}。

$$M_{k2} = M_2 \times (X_{c2} \times \cos(-\alpha) - Y_{c2} \times \sin(-\alpha))$$
$$= 290854.201 \times (0.0 \times \cos(-30°) - (-260.249323) \times \sin(-30°))$$
$$= -37.09 \times 10^4 (N \cdot m)$$

（4）合成空炉力矩 M_k。

$$M_k = M_{k1} + M_{k2}$$
$$= -126.60 - 37.09$$
$$= -163.69 \times 10^4 (N \cdot m)$$

（5）耳轴摩擦阻力矩 M_m

$$M_m = -(M_t(\alpha,1,1) + M_1 + M_2) \times \mu \times 1320/2$$
$$= -(353000.06 + 1015598.3 + 290854.201) \times 0.05 \times 1320/2$$
$$= -53.66 \times 10^4 (N \cdot m)$$

（6）转炉倾动合成力矩 M。

$$M = -(M_d + M_{k1} + M_{k2} + M_m)$$
$$= -(-229.78 - 126.60 - 37.09 - 53.66) \times 10^4$$
$$= 447.13 \times 10^4 (N \cdot m)$$

式中，α 为倾翻角度（30°），见图 4 和表 2。

（7）其余计算省略。

将处理数据存入 M_a（30,4,2）二维表数组中，面 1 记录新炉相关力矩值，面 2 记录老炉相关力矩值；用横坐标表示倾动角度α，纵坐标表示各倾动力矩，执行命令*VPLOT，M_a（1,0），M_a（1,1）和*VPLOT，M_a（1,0,2），M_a（1,1,2）绘制倾动力矩曲线图；图 8 和图 9 表示 $H_0 = 0$、炉液质量 353t 时的倾动力矩曲线图：图 8 为新炉倾动力矩曲线；图 9 为老炉倾动力矩曲线。

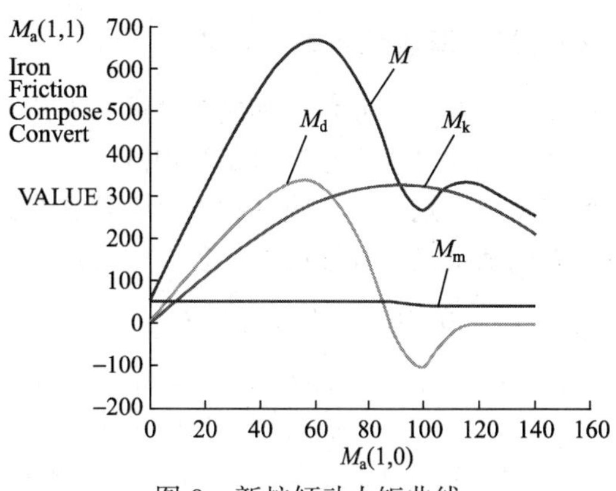

图 8　新炉倾动力矩曲线

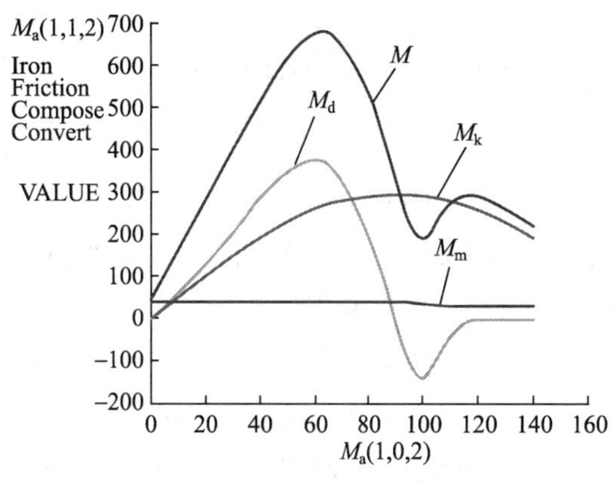

图 9　老炉倾动力矩曲线

4　耳轴位置确定及优化

取不同的 H_0 进行倾动力矩计算，计算结果见表 3。表 3 中列出了最大倾动力矩时的空炉力矩和炉液力矩及耳轴相对高度。

表 3　最大倾动力矩构成情况（炉液 353t）

耳轴位置/mm	相对高度 H_0/mm	新炉				老炉			
		最大力矩 ($\times10^{-4}$)/N·m	发生角度 /(°)	炉液力矩 ($\times10^{-4}$)/N·m	空炉力矩 ($\times10^{-4}$)/N·m	最大力矩 ($\times10^{-4}$)/N·m	发生角度 /(°)	炉液力矩 ($\times10^{-4}$)/N·m	空炉力矩 ($\times10^{-4}$)/N·m
6200	+400	1144.332	65	433.1444	657.5214	1045.583	65	490.1804	512.5455
6000	+200	904.3969	62.5	383.7746	466.9556	861.8449	63.75	431.8011	387.4372
5900	+100	786.1199	61.25	358.1709	374.2822	771.1827	63.75	400.7747	327.5509
5850	+50	727.3254	61.25	343.0062	330.6525	725.7264	63.75	385.2614	297.6077
5800	0	669.1374	60	331.9513	283.5194	680.6546	62.5	373.0761	264.7214
5750	−50	611.0732	58.75	320.0695	237.3369	635.6981	62.5	357.7335	235.1075
5700	−100	553.7416	58.75	305.2820	194.7928	590.7416	62.5	342.3908	205.4936
5600	−200	440.3821	56.25	280.0188	106.6965	501.7016	61.25	314.2744	79.53383
5400	−400	223.3498	51.25	224.8478	−55.1647	326.2448	58.75	256.5837	26.80391

4.1　确定耳轴位置的原则

按照大型转炉从安全观点出发多采用“全正力矩”原则来选择耳轴位置，即其耳轴位置应选得高一些。但耳轴位置过高，又会使倾动力矩过大，而造成倾动机构的电机容量及传动机构尺寸的增大，使其投资相应增加。因此耳轴最佳位置的确定，既要考虑安全性，又要考虑经济性。

4.2 确定最佳耳轴位置的条件式

要使转炉在任何倾角下都能自动返回零位，就必须保证在倾动过程中空炉力矩和炉液力矩的合成值均大于摩擦力矩，如若使其经济合理就要取其临界限，因此确定最佳耳轴位置的条件式为：

$$0 < (M_k + M_d)_{min} \geqslant M_m$$

式中 $(M_k + M_d)_{min}$——倾动过程中，空炉力矩和炉液力矩合成的最小值。

由于 $M = M_k + M_d + M_m$，所以上式改写成：$M_{min} \geqslant 2M_m$。

4.3 确定最佳耳轴位置的修正值

根据确定最佳耳轴位置条件式得出：

$$H_0 \leqslant ((M_k + M_d)_{min} - M_m)/((M_k + M_d)\sin(\alpha))$$

式中，α 为最小倾动力矩的倾角，空炉质量 $MASS_k = M_1 + M_2$，$MASS_d$ 为炉液质量。

查取图 8 中数据，耳轴位置修正值计算如下：

$$H_0 \leqslant ((3235698 - 1011024) - 453067)/((1306452.5 + 94497.8) \times 9.8 \times \sin(98.75)) = 0.13(\text{mm})$$

H_0 数值较小，说明本 300t 大型转炉初设耳轴位置 $H = 5800\text{mm}$ 确定较为合理。

5 转炉倾动力矩曲线的应用

转炉炉型以满足炼钢工艺要求而确定下来，经过以上计算确定了耳轴位置，根据倾动力矩设计倾动装置，通过以上数据不难计算出本 300t 转炉在冻炉情况时的倾动力矩为：新炉 1459.59t·m，老炉 1649.61t·m；将最大倾动力矩值乘上一附加系数作为倾动机构的计算载荷，附加系数一般取 1.1~1.3，以计算载荷作为确定电机功率及机械零件强度设计的计算载荷。

建立 200~350t 炉液倾动力学性能数据库，可以很方便地绘出各炉液吨位下的倾动曲线图，图 10 为 300t 转炉炼 250t 铁水时新老炉倾动力矩曲线，通过该图可以方便地获得在正常转炉操作中可能出现的最大和最小倾动力矩值，为转炉操作提供方便。

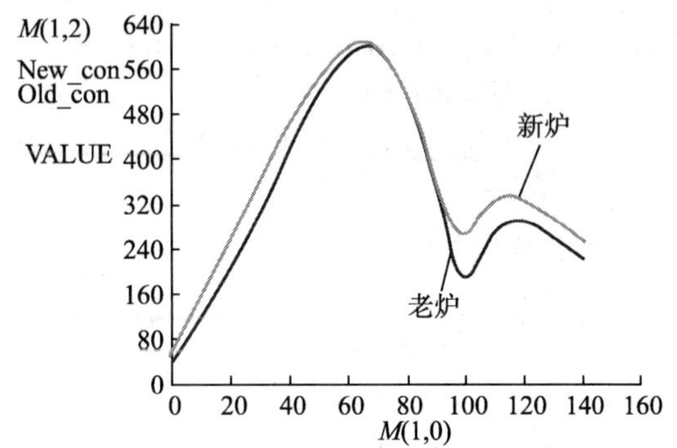

图 10 300t 转炉炼 250t 铁水时炉液新老炉倾动力矩曲线

6 结论

（1）在转炉设计中，较准确计算出转炉的倾动力矩对转炉倾动机械设计至关重要，为倾动电机的功率选取、转炉连接装置确定、炉壳钢板性能确定等提供数值依据。用有限元分析软件 ANSYS 提供的模型力学计算工具和参数化设计语言求解转炉倾动力矩具有计算效率高、计算准确的优点，同时可以进行倾动过程的应力变形分析，可以进行优化设计等。

（2）用 ANSYS 软件建立转炉的三维模型，确定转炉初始耳轴位置，求出转炉力学特性基础数据后，利用平行移轴公式和转轴公式，可以方便地计算出不同耳轴位置下的倾动力矩，使转炉最佳耳轴位置的确定变得容易。

（3）利用新老炉倾动力矩曲线图提供的数据，可以方便地查出转炉在正常操作过程中出现的最大和最小倾动力矩值处的倾动角度，为转炉操作提供数据指导。

（4）影响倾动力矩曲线的主要因素是炉型和耳轴位置，耳轴位置上、下移动对倾动力矩值的影响很大，随着耳轴位置上移，倾动力矩的最大力矩值变大，发生角也变大；当耳轴位置下移时情况则相反。转炉倾动力矩的计算，也为炉型优化设计提供参考。

参考文献

[1] 罗振才. 炼钢机械[M]. 北京：冶金工业出版社, 1982.
[2] 博弈创作室. ANSYS9. 0 经典产品高级分析技术与实例详解[M]. 北京：中国水利水电出版社, 2005.
[3] 余伟炜，高炳军. ANSYS 在机械与化工装备中的应用(第 2 版)[M]. 北京：中国水利水电出版社, 2007.
[4] 成大先. 机械设计手册(第 5 版)[M]. 北京：化学工业出版社, 2008.

（原文发表于《冶金设备》2011 年第 3 期）

京唐“三脱转炉”采用干法除尘工艺的可行性分析

张德国[1]　何　巍[1]　魏　钢[2]　张雨思[2]

(1. 北京首钢国际工程技术有限公司，北京 100043；2. 首钢京唐钢铁公司，唐山 063200)

摘　要：文中对首钢京唐钢铁公司转炉炼钢采用“全三脱”铁水冶炼进行了分析，与普通铁水常规吹炼相比，对“三脱”铁水在脱碳转炉吹炼的特点是否会造成干法除尘系统卸爆频率显著增加进行了论述。为京唐采用干法除尘提供理论基础。

关键词：干法除尘；全三脱转炉；常规转炉；煤气爆炸；卸爆

1　引言

首钢京唐钢铁公司转炉炼钢采用“全三脱”转炉冶炼，经脱磷炉处理后的铁水，硅含量降低至接近零，锰含量大多会降低至 0.25%以下，碳含量降低至 3.5%以下。与普通铁水常规吹炼相比，对“三脱”铁水在脱碳转炉开始吹炼后，由于没有硅、锰氧化期，脱碳速率会明显增高，开吹后炉气量会明显增加。“三脱”铁水转炉吹炼的这一特点是否会造成干法除尘系统卸爆频率显著增加？以下对此加以分析论述。

2　普通铁水常规吹炼控制卸爆发生的对策

转炉炼钢采用“未燃法”回收煤气，系统内部发生煤气爆炸的条件是：（1）烟气成分进入可燃烧爆炸范围；（2）烟气温度达到可燃烧温度；（3）系统内部存在“火种”。

图 1 为干法除尘系统防止煤气爆炸的成分、温度控制范围。可以看到，在煤气 H_2 含量 0~3%范围，煤气温度低于 200℃条件下，只要将煤气中的 O_2 含量控制在 5.5%以下，即可以防止爆炸发生。

正常生产操作条件下，空气进入除尘系统主要发生在以下三个时间段：一是转炉开吹前，空气进入烟道和除尘系统；二是转炉吹炼发生中断时，空气进入烟道和除尘系统；三是吹炼后期，当钢水碳含量降低至 0.1%以下时，炉内产生的气体量显著减少，此时会有部分空气吸入烟道和除尘系统。

须指出的是，实际生产中无法避免上述三个时段发生。为了防止由于空气进入除尘系统发生爆炸，目前采用的方法是将管道内煤气与空气分隔，即通过控制特定时段转炉炉口煤气燃烧程度，使进入烟

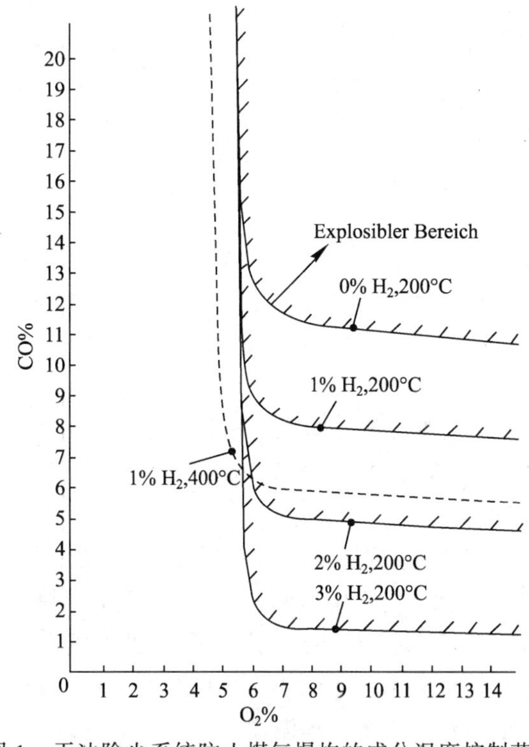

图 1　干法除尘系统防止煤气爆炸的成分温度控制范围

道的空气的前后均为 CO_2，阻碍空气与可燃煤气接触，从而避免发生爆炸。而这一控制策略是以管道内烟气流动主要为“柱塞流（plug flow）”的理论为基础，即系统管道内气体主要沿管路方向呈“柱塞”状流动，管道前后不同部位气体不发生混合。

2.1　转炉开吹阶段防止烟气爆炸的对策

图 2 为蒂森–克虏伯 Beeckerwerth 钢厂转炉吹炼过程烟气量、烟气成分和供氧速率的变化。可以看到，开吹前系统总烟气流量（标态）很高（160000m³/h 左右），O_2 含量在 20%左右。

为了防止开吹后炉内产生的 CO 气体进入系统

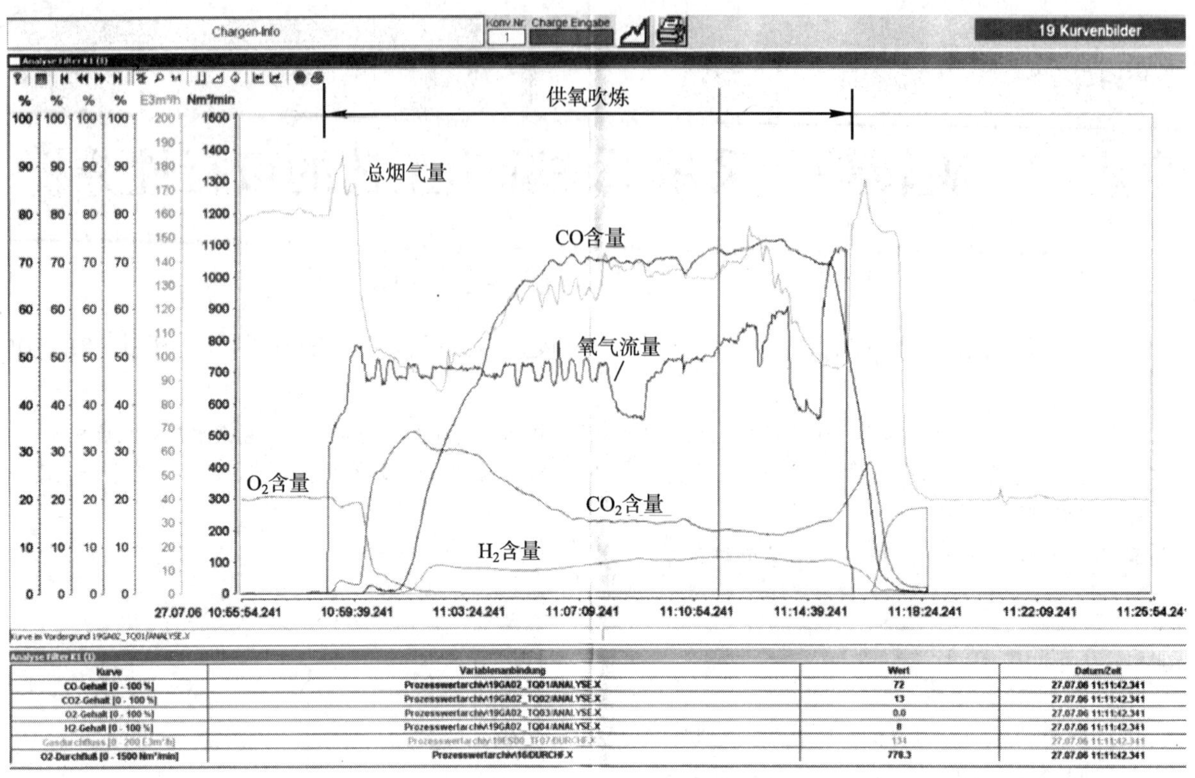

图 2　Beeckerwerth 钢厂吹炼过程烟气量、烟气成分和供氧速率的变化

与 O_2 混合发生爆炸，在开吹后大约 1min 时间内，采取了控制氧气流量的措施，O_2 流量由零逐步增加至 700m^3/min。同时，在开吹后的大约 1.5min 时间内，炉口烟罩开启，将炉气中 CO 完全燃烧为 CO_2，CO_2 进入并完全充填烟道，将其前方部位的空气与后步含高 CO 的煤气分隔，以避免系统内部发生煤气爆炸。

由图 2 可以看到，在开吹后 1.5min 时间内，烟气中 CO_2 含量由零增加至 30%以上，O_2 含量降低至 3%以下，煤气进入安全成分范围。此时的总烟气流量为 60,000m^3/h，1.5min 内流过的烟气总量约为 1,500m^3/min，如不考虑温度对烟气体积的影响，对直径 6m 管道，可以充填 53m 长，因此能够将其前后的气体分隔开。此后，炉口烟罩降下，烟气总量减少至 100,000Nm^3/h 左右，CO 含量逐步增加至 70%以上，而 O_2 含量始终控制在 1.5%以下。

欧洲的钢厂基本杜绝了转炉开吹后由于烟气中 CO 与 O_2 混合发生的爆炸，证明采取开吹后保证 1.5min 左右的“前烧期”对于防止干法除尘系统发生卸爆是非常有效的。须指出的是，开吹后在 1min 内逐步将供氧速率增加至最大，原因之一是为了抑制烟气总量。此外，在传统湿法除尘回收煤气工艺中，为了防止系统内煤气爆炸，也必须设有 1~2min 的“前烧期”。

2.2　转炉吹炼中断，再开吹阶段防止烟气爆炸的对策

实际生产中，由于设备、生产组织等原因，有时会发生转炉吹炼断吹、停吹等，过一段时间后再恢复吹炼。在停吹后，空气进入除尘系统，为防止恢复吹炼后炉气中 CO 进入除尘系统与 O_2 混合造成爆炸，必须对停吹后的恢复吹炼制定专门操作工艺。

京唐钢铁公司脱碳转炉对“三脱”后铁水进行吹炼，与常规转炉停吹后恢复吹炼很相似，所以专门就转炉停吹后恢复吹炼工艺操作欧洲钢厂进行了讨论交流。

蒂森–克虏伯 Beeckerwerth 钢厂采取的措施为：

（1）停吹后至少 1.5min 后方能恢复吹炼，这一段时间主要是使空气充分进入除尘系统将系统内部气氛置换；

（2）在恢复吹炼后 1.5~2min 内，采用控制氧气流量的策略，即采用较小氧量和高枪位开吹（0~550Nm^3/min），然后缓慢提升氧气流量（每分钟增加 50Nm^3/min）至最大值；

（3）如停吹时间超过 10min，恢复吹炼前必须充分摇动炉子，以防止氧气射流冲不破表面渣壳，O_2 返回进入除尘系统造成爆炸；

（4）在开吹后 1.5~2min 内，提升炉口烟罩，将烟气中 CO 全部燃烧为 CO_2。此后降罩进入正常吹炼。

再开吹后控制氧气流量的 1.5~2min 特定时间段

过长，主要是由于该厂汽化炉气烟道长所致。

德国 Salzgitter 钢厂和奥钢联 Linz 钢厂对停吹后再恢复吹炼，采取的工艺与 Beeckerwerth 钢厂相同，但开吹后"小供氧""全燃烧"时间，Salzgitter 钢厂为 30s，Linz 钢厂为 20~35s，没有得到外方制定该时间段的根据清楚的解释，估计是根据除尘系统烟气成分测定数据制定的。

通过以上措施，欧洲钢厂均基本杜绝了开吹、中间停吹再开吹等阶段由于 CO 与系统内存在的空气混合造成的卸爆。

3 "三脱转炉"采用干法除尘防止卸爆的可行性分析

首钢京唐钢铁公司转炉炼钢采用"全三脱"两步法冶炼，"三脱"处理后的铁水， 已基本不含硅，碳、锰含量也有较多降低。对"三脱"处理后铁水进行吹炼，开吹后的炉气量和炉气中的 CO 含量是否会显著增加？如采用干法除尘是否会显著增加卸爆发生频率？以下以表 1 给出的普通铁水和"三脱"铁水为例，对此加以讨论分析。

表 1　普通铁水和"三脱"铁水化学成分（%）

转炉工艺	废钢比	金属炉料成分			
		C	Si	Mn	P
常规吹炼	10	4.25	0.40	0.45	0.15
三脱铁水吹炼	0	3.5	<0.01	0.25	0.02

3.1 "三脱转炉"铁水吹炼前期炉气量会显著增加

取普通铁水常规吹炼时间为 15min，供氧速率为 3.30Nm^3/(min·t)。再取"三脱"铁水吹炼时间为 12min，供氧速率为 3.80Nm^3/t。

取常规铁水吹炼开始后硅、锰氧化期为 3min，期间所供氧气量为 9.9Nm^3/t，用于氧化硅的氧气量为 3.19Nm^3/t，用于氧化锰（锰含量由 0.45%降低至 0.25%）的氧气量为 0.40Nm^3/t。在硅、锰氧化期用于氧化硅和锰的氧气量总计为 3.59Nm^3/t。

在对"三脱铁水"进行吹炼时，由于开吹后没有硅、锰氧化期，原用于氧化硅、锰的 3.59Nm^3/t 氧气即可参加脱碳反应，假定其中 80%参加脱碳生成 CO，20%脱碳生成 CO_2，则可以生成 5.74Nm^3/t 的 CO 气体，0.718Nm^3/t 的 CO_2 气体。

以上计算表明，与普通铁水常规吹炼相比，"三脱"铁水在开吹后 3min 时间内，每吨钢大约可多生成 5.74Nm^3 CO 气体和 0.718Nm^3 的 CO_2 气体，共计约多生成 6.458Nm^3 炉气。以蒂森–克虏伯 Beeckerwerth 钢厂装入量 265t 转炉为例，在开吹后 3min 内，炉气流量大约要增加 $6.458 \times 265/3 \times 60 = 34227$ Nm^3/h。

由图 2 可以看到，Beeckerwerth 钢厂普通铁水常规吹炼，前 3min 炉气流量平均在 95000 Nm^3/h。如采用"三脱"铁水，炉气流量大约会增加至 129227 Nm^3/h，增加了约 35%。由此可知，京唐钢铁公司脱碳转炉，对"三脱"铁水进行吹炼，较常规铁水冶炼，吹炼前期炉气量增加是十分显著的。

仍以 Beeckerwerth 钢厂为例，该厂除尘系统最大烟气流量在 160000Nm^3/h 左右。如对"三脱"铁水进行吹炼，前期炉气量增加至 130000Nm^3/h，仍不会超过除尘系统的风机能力。但是，如采用"前烧期"工艺，炉气量将会超过风机最大能力，因此必须在"前烧期"限制供氧，以控制炉气流量。

3.2 "三脱"铁水吹炼前期，炉气 CO/CO_2 成分的变化

转炉吹炼过程，铁液中[C]氧化为 CO 或 CO_2 的反应分别为：

$$2[C] + O_2 \xlongequal{} 2CO \qquad (1)$$

$$\Delta G^{\ominus} = -273988 - 87.08T^{[1]}$$

$$[C] + O_2 \xlongequal{} CO_2 \qquad (2)$$

$$\Delta G^{\ominus} = -417894 + 42.76T^{[1]}$$

脱碳反应产物 CO 与 CO_2 比率与反应温度、钢水成分等工艺因素有很大关系，其化学反应可表示为：

$$[C] + CO_2 \xlongequal{} 2CO \qquad (3)$$

$$\Delta G^{\ominus} = 143906 - 129.84T^{[1]}$$

$$\lg \frac{p_{CO}^2}{p_{CO_2}} = 6.79 - \frac{7523}{T} + \lg(a_{[C]}) \qquad (4)$$

式中　p_{CO}——CO 气体分压；

p_{CO_2}——CO_2 气体的分压；

$\alpha_{[C]}$——铁液中[C]的活度，$\alpha_{[C]} = f_{[C]} \cdot [\%C]$。

由（4）式可以看到，炉气中 CO/CO_2 比率与反应温度和铁液中碳的活度有关，即温度和碳的活度愈高，炉气中 CO 比率愈高。

铁液中[C]的活度系数 $f_{[C]}$ 可由（5）式算出，其中的组元活度相互作用系数由表 2[1]获得。

$$\lg(f_{[C]}) = e_C^C \cdot [\%C] + e_C^{Si} \cdot [\%Si] + e_C^{Mn} \cdot [\%Mn] + e_C^P \cdot [\%P] \qquad (5)$$

表 2　计算所用相关组元活度相互作用系数值

活度系数	e_C^C	e_C^{Si}	e_C^{Mn}	e_C^P
数值	0.14	0.08	−0.012	0.051

仍以表 1 中给出的普通铁水和"三脱"铁水转炉吹炼金属炉料的化学成分为例，对吹炼前期炉气

中 CO/CO_2 比率进行计算。根据宝钢 BRP 工艺数据，脱磷转炉吹炼结束时，铁水温度平均 1320℃。考虑到出铁后再兑入脱碳转炉的降温过程，取脱碳炉内铁水初始温度为 1270℃。

常规铁水脱硫处理后温度平均为 1330℃（宝钢数据），考虑到进入转炉后部分废钢熔化吸热，取转炉内铁水初始温度也为 1270℃。

表 3 为根据表 1 给出的炉料成分及铁液中碳的活度系数，由式（4）计算得出的普通铁水常规冶炼和“三脱”铁水冶炼，吹炼前期脱碳反应平衡时，炉气中 CO/CO_2 比率。

表 3　普通铁水和“三脱”铁水吹炼前期炉气 CO/CO_2 比率计算结果

转炉工艺	废钢比/%	金属液					$f_{[C]}$	$\frac{p_{CO}^2}{p_{CO_2}}$
		C/%	Si/%	Mn/%	P/%	温度/℃		
普通铁水	10	4.25	0.40	0.45	0.15	1270	4.26	1487
三脱铁水	0	3.5	<0.01	0.25	0.02	1270	3.02	865

表 3 给出的计算结果表明，与普通铁水常规吹炼相比，对“三脱”铁水进行吹炼，由于吹炼前期熔池温度差别不大，而“三脱”铁水中碳活度有较显著降低，因此使得“三脱”铁水吹炼前期炉气中 p_{CO}/p_{CO_2} 不仅没有增加，反而会有较明显减少。这也表明，“三脱”铁水吹炼采用干法除尘，不会因为前期炉气中 CO 含量偏高导致卸爆增加。

4 “三脱”铁水采用干法除尘防止卸爆增加的措施

“三脱”铁水与普通铁水的主要区别在于 C、Si、Mn 含量的减少。由本节以上计算分析可知，与常规吹炼相比，“三脱”铁水吹炼前期炉气中 CO 比率不会增加，这对减少卸爆有利。但是，“三脱”铁水吹炼前期，炉气量会有显著增加（30%以上），如“前烧期”空气过剩系数选择偏低（即烟罩开启不够），即可能会有部分未燃 CO 进入除尘系统，造成燃烧爆炸。宝钢二炼钢厂在对全铁水进行吹炼时，干法除尘系统卸爆显著增加，很可能是其“前烧期”工艺不合理造成的。

为了防止“三脱”铁水吹炼除尘系统卸爆增加，可以采用以下两项措施：第一充分保证“前烧期”炉气的完全燃烧；第二由于吹炼前期炉气量显著增加，在开吹后 1min 内，应采用较小供氧速率（50%）。

对于开吹后采用较小供氧速率的时间段，SIMENS-VAI 公司专家认为 35s 即可。为更安全起见，可采用 1min。由此会造成吹炼时间增加 0.5min 左右，少回收煤气 5~10Nm^3，但蒸汽回收量会有相应增加。

5　结语

与湿法除尘工艺相比，干法除尘在降低能耗、减少占地、改善环境、降低运行成本、烟尘再利用等方面具有十分显著的优势，在此不再赘述。

京唐钢铁公司炼钢采用干法除尘，面临的主要风险是脱碳转炉吹炼前期炉气量显著增加，如处理不当会引发卸爆。但是，通过保证“前烧期”充分燃烧和合理设定开吹进行氧气流量控制时间段，应可以有效控制卸爆。

须指出的是，即便采用湿法除尘工艺，对于“三脱”铁水吹炼，也必须设定“前烧期”，吹炼前期也可能必须采用较小氧气流量控制的方法。

此外，鉴于脱磷转炉炉气中 CO 含量低，且有时脱磷转炉会用于常规铁水吹炼或“三脱”铁水的脱碳吹炼，建议在脱磷转炉进行脱磷处理时，不采用回收煤气的工艺。

通过对“三脱”铁水采用干法除尘控制卸爆的可行性分析，京唐钢铁公司转炉炼钢应采用干法除尘工艺。

从 2009 年 3 月 13 日首钢京唐公司第一炉铁水在 2 号脱碳炉开始热试到 2010 年 2 月底，转炉共冶炼 11555 炉，其中包括试验“全三脱”两步炼钢 689 炉。在京唐公司相关领导和生产技术人员的共同努力下，通过对生产过程中出现的卸爆和输灰等问题的解决，摸索出了一套符合京唐公司的转炉系统与干法除尘系统相配合的工艺参数，目前已经实现转炉生产作业稳定顺行。

参考文献

[1] 梁广. 炼钢转炉煤气干法净化回收与利用技术[C]// 2007 年中国钢铁年会论文集, 2007.

（原文发表于《中国科技纵横》2010 年第 7 期）

利用人工神经网络系统预报钢水温度

黄　云[1]　董履仁[2]　齐振亚[3]

（1. 北京首钢国际工程技术有限公司，北京 100043；2. 北京科技大学，北京 100083；
3. 首钢三炼钢厂，北京 100043）

摘　要：通过分析影响钢水温降的各个因素，利用人工神经网络原理建立了钢水温度预报模型。该模型预报值与实测值基本相符，在此基础上，提出了该厂合理的温度制度，并提供了一种优化出钢温度的方法。

关键词：钢水温度；神经网络；预报模型

Predicting Molten Steel Temperature by Using Artifical Neural System

Huang Yun[1]　Dong Lvren[2]　Qi Zhenya[3]

(1. Beijing Shougang International Engineering Technology Co., Ltd., Beijing 100043;
2. University of Science and Technology Beijing, Beijing 100083;
3. No.3 Steelmaking Plant of Shougang, Beijing 100043)

Abstract: The factors which affect the temperature of molten steel are studied and the neural network model for predicting molten steel temperature is established. The predicted value of the model is approximate to the measured one. On the basis of that, the reasonable temperature system of the plant and the means for optimizing tapping temperature are proposed.

Key words: molten steel temperature; neural network; temperature prediction model

1　引言

钢水温度对钢的产量、质量和炉龄、包龄、水口寿命指标都有重要影响。钢水温度过高，会造成拉漏、坯壳厚度变薄和各种高温缺陷与废品，并影响钢包和中间包水口的寿命，使炼钢成本增大；温度过低，会造成回炉、包底粘钢及各种低温缺陷和废品，严重时会使正常生产发生紊乱[1]。因此，无论是从降低炼钢成本，还是从提高钢坯质量和保证生产顺利的角度来讲，加强连铸过程钢水温度控制都是十分有意义的。本文将利用 B-P 型神经网络原理，建立该厂品种钢连铸钢水温度预报模型，为首钢第三炼钢厂连铸过程中钢水温度控制提供较为科学的理论依据。

2　误差反向传播（B–P）人工神经网络

人工神经网络（neural networks）是模仿生物脑生理结构和功能的一种信息处理系统，它由大量称为神经元的简单信息处理单元构成，每个神经元可通过邻近的神经元接收和发出信息。许多神经元组成一个复杂结构的网络系统，具有十分强的学习和记忆功能，从而被应用在各个领域[2]。B-P 型神经网络是当今神经网络模型中应用最广泛的一类，也是本文将要采用的神经网络类型。图 1 所示为一个典

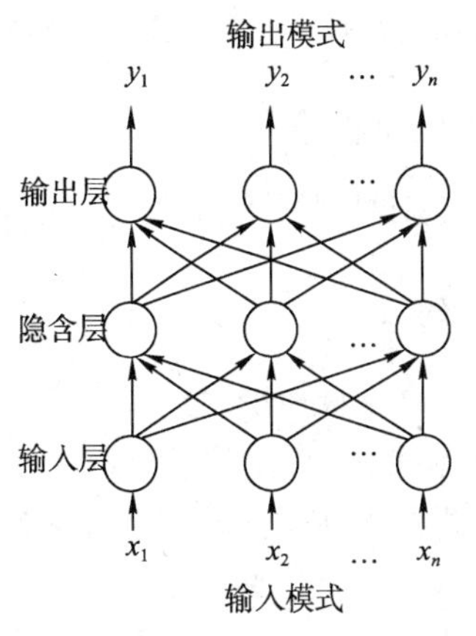

图 1　一个典型的三层 B-P 网络结构

型的三层 B-P 网络结构。

当给定网络的一个输入模式后，它由输入单元传到隐层单元，经隐层单元逐层处理后再送到输出层单元，并经其处理后产生一个输出模式。如果输出响应与期望输出模式有误差，不满足要求，则转入误差后向传播，将误差值沿连接路逐层传送并修正各层连接权值。这样，对于给定的一组训练模式，不断用一个个训练模式训练网络，重复前向传播和误差后向传播过程。一直到各个训练模式都满足要求时，我们就说 B-P 网络已训练学习好了，这就是 B-P 网络的学习思想，如图 2 所示[3]。

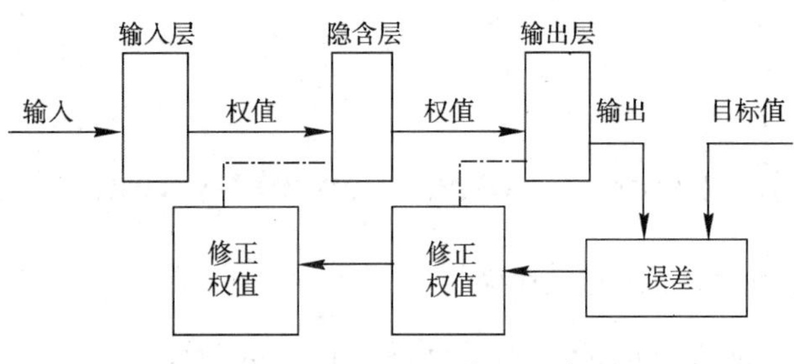

图 2　三层 B-P 网学习示意图

3　现场钢水温度预报模型的建立

3.1　现场概况

首钢第三炼钢厂于 1992 年 10 月建成投产，当时有 3 座 80t 氧气顶吹转炉，3 座带有合金微调和喂线功能的吹氩站和 4 台 8 流方坯连铸机。自投产以来，出钢钢水温度和中间包钢水温度过高是该厂生产工艺的主要缺点。1999 年，三炼钢厂先后从国外引进了一台 LF 精炼炉和一套 VD 真空脱气设备，并把 4 号铸机改造成全保护浇注的品种钢铸机。通过技改后，希望能利用 LF 炉的加热和精炼功能降低转炉的出钢温度，提高炉龄和包龄，降低钢水夹杂物含量，并配合 VD 真空脱气设备，进一步提高钢水质量，以达到降低生产成本、提高产品质量的目标。

3.2　现场工艺流程简介

首钢第三炼钢厂品种钢生产工艺流程如图 3 所示。

3.3　模型的建立

3.3.1　网络个数的确定

根据首钢第三炼钢厂品种钢生产工艺特点：即炉后生产调度条件变化较难准确掌握，从转炉出钢后到 LF 炉处理前和 LF 炉处理后到浇注这两个过程中钢水温度人为控制困难，温度变化又有其较稳

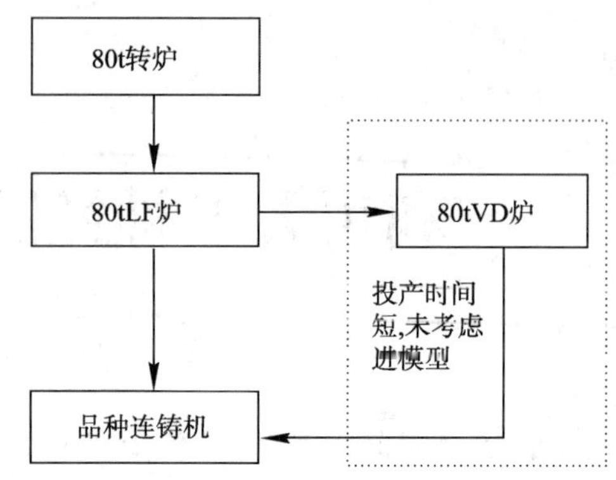

图 3　首钢第三炼钢厂品种钢生产工艺流程

定的规律，把这两个过程分别用不同的两个网络模型模拟，对 LF 炉进站钢水温度、中间包浇注钢水温度进行预报。LF 炉处理过程与上述两个过程的温降规律不同，有其特殊的影响参数，如电极加热等，因此用另一模型来描述 LF 炉钢水温降规律。本文选取的三个网络模型是：

（1）BOF–LF 网络模型，该模型用来预报 LF 炉进站钢水温度；

（2）LF 炉精炼网络模型，该模型用来预报 LF 炉离站钢水温度；

（3）LF–CC 网络模型，此模型用来预报中间包浇注钢水温度。

3.3.2　钢水温度预报模型输入输出参数的确定

通过对三个过程的工艺分析，并对影响温度变化的因素进行相关性分析，分别选取几个主要因素作为网络的输入参数，把预测温度作为输出参数。例如 LF–CC 网络模型输入、输出参数如下：

输入参数：LF 炉处理后温度、出钢量、钢种、钢水运转时间、钢水等待开浇时间、中间包热状态等共 6 个。

输出参数：中间包钢水温度共 1 个。

4　模型在现场的应用

4.1　现场温度预报

4.1.1　预报温度精度检验

首先根据预测模型所需的输入参数，在现场进行相应数据记录或实测，并相应保留各自 20 炉生产数据，分别对 LF 进站钢水温度、LF 炉的出站钢水温度、中间包钢水浇注温度进行了预测，其预报精度见表 1。

从表中可以计算出：60 组预测结果的平均误差为 4℃，其中 0~5℃的占 76.67%，5~10℃的占 23.33%。

4.1.2　连铸过程温度变化的分析

根据模型预测的结果，得出了首钢三炼钢厂 20

表 1 模型预报结果检验 （℃）

BOF–LF 模型				LF 精炼模型				LF–CC 模型			
炉 号	预测值	实际值	误差	炉 号	预测值	实际值	误差	炉 号	预测值	实际值	误差
9D9935	1544	1550	+6	9E6054	1539	1536	–3	0F2137	1509	1507	–2
9D9936	1561	1565	+4	9D8904	1551	1548	–3	0F2136	1508	1509	+1
9D9937	1553	1547	–6	9D8905	1552	1545	–7	0F2135	1514	1509	–5
9D9938	1560	1568	+8	9D8907	1555	1547	–8	0F2134	1509	1506	–3
9D9620	1562	1561	–1	9E7041	1542	1543	+1	0F2133	1509	1507	–2
9D9607	1555	1558	+3	9E7097	1542	1534	–8	0D1249	1507	1508	+1
9D9568	1564	1565	–1	9E7098	1535	1537	+2	0D1248	1507	1506	–1
9D9569	1552	1552	0	9E7099	1539	1534	–5	0D1247	1511	1507	–4
9D9561	1538	1530	–8	9E7100	1540	1535	–5	0E1899	1517	1508	–9
9D10027	1530	1527	–3	9E7102	1539	1542	+3	0E1898	1523	1519	–4
9D10028	1561	1565	+4	9E7125	1531	1537	+6	0E1897	1535	1525	–10
9D10030	1540	1537	–3	9D7698	1535	1538	+3	0F2115	1516	1513	–3
9F10101	1564	1569	+5	9D7840	1563	1560	+3	0F2113	1510	1511	+1
9F10102	1545	1547	+2	9D7841	1541	1541	0	0D1231	1511	1513	+2
9F10536	1560	1556	–4	9D8965	1541	1537	–4	9E6051	1511	1505	–6
9F10537	1555	1553	–2	9D8993	1540	1536	–4	9E6052	1513	1512	–1
9E7740	1554	1549	–5	9D8994	1541	1541	0	9E6053	1518	1519	+1
9F10084	1550	1545	–5	9E5903	1544	1540	–4	9E6054	1523	1513	–10
9F10085	1540	1531	–9	9E5904	1538	1536	–2	9F8025	1510	1507	–3
9F10086	1545	1547	+2	9E5906	1545	1537	–8	9F8027	1510	1512	+2
平均误差（绝对值）			4				4.2				3.8

炉钢水温度的平均值随时间的变化曲线，如图 4 所示。

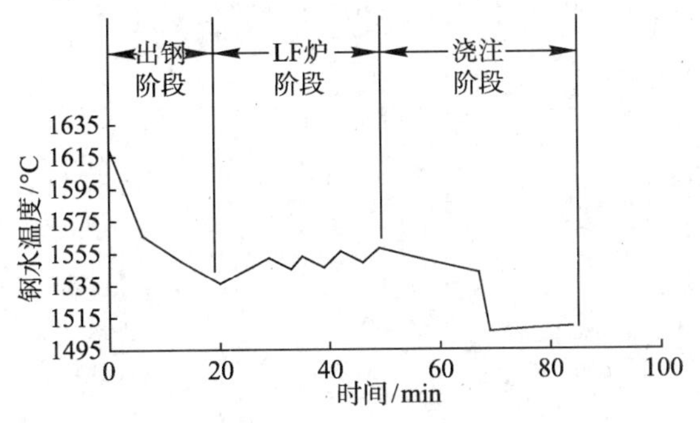

图 4 钢水温度随时间变化规律

如图 4 所示，转炉出钢阶段温降最大，为 80~90℃。LF 炉精炼过程温度是上升的，在纯加热期间平均温升约 3.2℃/min；但在加热间隔期间，由于吹氩搅拌和测温取样、添加合金等原因，使得钢水温度有下降趋势，因此 LF 炉处理过程钢水时间温度曲线为波浪形状，间隔时间平均温降约 1.5℃/min。随后钢包内加上了保温层，温度下降的趋势变得缓慢起来，在大包内的温降速度约 0.85℃/min。

整个曲线在出钢阶段和大包至中包阶段比较陡峭，说明此处钢水温降幅度很大。如何更有效地控制这两个环节的温降，一方面应对出钢时间、出钢后钢水运输时间进行严格控制，另一方面采取红包出钢、中包预热和中包加盖等措施，以减少过程中的钢水温度损失。

4.2 提出合理的温度制度

4.2.1 转炉出钢温度的优化

首钢三炼钢原来出钢温度很高，1999 年该厂进行了铸机高效化改造，还配置了 LF 炉、VD 炉等精炼设备，使出钢温度由 1722℃降到了 1680℃，硬线钢为 1620℃。由于出钢温度的降低，再加上采用了护炉新工艺，转炉炉龄和包龄显著提高，耐材成本大大下降。但是，从现场品种钢生产数据来看，由于出钢温度的降低就需在后工序采用 LF 炉升温工艺，来补偿精炼过程的温降，因此增加了额外的电能消耗，而且随着出钢温度的减低，电耗成本随之增加。可见有必要寻找一个比较合适的出钢温度，使综合成本降低。

炼钢的综合成本由名目繁多的分项成本组成，以下只分析了转炉耐材、LF 炉耐材和电耗等与钢水温度有较大关系的三大因素，图 5 是通过对首钢三炼钢生产硬线钢部分生产数据统计后得出的三项成本指数及综合成本指数与出钢温度的关系。

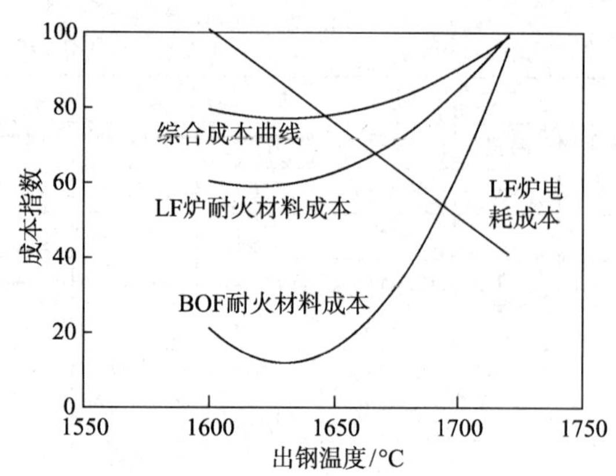

图 5　出钢温度与成本指数关系

图 5 中综合成本曲线表明，硬线钢生产出钢温度控制在约 1620℃比较合适。如果首钢三炼钢今后实现一机对一炉匹配生产后，通过以上的方法得出的曲线，可以用来指导实际生产。

4.2.2　硬线品种钢合理的温度制度

确定了中包内钢水温度目标值后，利用预报模型得出的结果，逐步加上处理过程中的温降ΔT_i反推，就可以确定各工序钢水应控制的温度。以 65 号钢种为例，确定出合理温度制度为：中包浇注温度 1495~1505℃，LF 炉离站钢水温度 1540~1550℃，LF 炉进站钢水温度 1530~1540℃，转炉出钢温度应在 1612~1622℃。

5　结论

（1）应用 B-P 神经网络建立的钢水温度预报模型其预报精度较高，误差 0~5℃>75%，最大误差 10℃，对现场生产有指导作用。

（2）提出了首钢第三炼钢厂品种钢（65 号）生产合理的温度制度如下：转炉出钢温度控制在 1612~1622℃；LF 炉精炼前钢水温度为 1530~1540℃；LF 炉精炼后离站钢水温度为 1543~1553℃；中间包浇注钢水温度应控制在 1495~1505℃。

（3）提供了一种以降低生产成本、提高铸坯质量为目标优化出钢温度的方法。

（4）可以利用本模型得到的结果对生产工艺参数进行调整，以达到预期的目的。

参考文献

[1] 沈钢. 影响连铸钢水温度诸因素分析[J]. 炼钢, 1991(3): 26.
[2] 程相君，王春林，陈生潭，等. 神经网络原理及其应用[M]. 北京：国防工业出版社, 1995.
[3] 刘洪霖，包宏. 化工冶金过程人工智能优化[M]. 北京：冶金工业出版社, 1999.

（原文发表于《炼钢》2001 年第 5 期）

迁钢炼钢厂一期工程 210t 转炉设计

李　健　刘彭涛

（北京首钢国际工程技术有限公司，北京 100043）

摘　要：介绍了迁钢炼钢厂一期工程 210t 转炉的结构特点及结构优势、集成和创新的先进技术，重点说明了自行设计的大型转炉的技术创新和设计优化。

关键词：转炉设计；倾动；连接；活动支撑；水冷炉帽

Design of the 210t BOF of the Primary Project in Qiangang Steel Workshop

Li Jian　Liu Pengtao

(Beijing Shougang International Engineering Technology Co., Ltd., Beijing 100043)

Abstract: The design feature, the superiority and the advanced technology of integration and innovation of the 210t BOF of the primary project in Qiangang Steel workshop are introduced in this paper, and the technology innovation and design optimization of the large-sized BOF is emphasized.

Key words: BOF design; tilting; junction; mobile sustainer; water furnace cap

1　引言

迁钢工程是首钢总公司实现战略性调整的重点工程之一，是首钢又一个大型钢铁联合企业。为拓展新产品市场、提高产品质量和市场竞争力，将迁钢建成高效、节能、生产布局合理、占地面积小、自动化控制水平高，并满足环保、消防和劳动安全卫生要求，成为国内同等规模炼钢厂中技术装备水平最先进的钢厂之一。

转炉系统是炼钢厂的中心环节，是炼钢厂的关键主体设备，历来受到人们的特别重视。转炉系统的工艺设备、装备水平以及机械化和自动化水平直接关系到整个炼钢厂的先进程度。

2　概述

迁钢 210t 转炉是国内在大型转炉项目上，完全自主集成和创新、自行设计并全部国产化的一次成功实践。根据转炉和连铸技术的发展现状和所能达到的技术指标，充分考虑转炉生产冶炼周期短、生产节奏快、物料吞吐量大的特点，为保证转炉正常连续稳定生产，集成了一批国际国内成熟、先进、实用和可靠的技术和装备，并开发创新了自有技术。

下面从转炉设备技术特性、结构组成、设计优化等方面做简单的介绍。

3　主要技术性能参数

3.1　转炉本体

公称容量	210 t
平均出钢量	210 t
炉体内径	8000 mm
炉体外径	8160 mm
炉体总高	11072 mm
砌砖后炉容	205 m^3
炉容比	1.025
炉口结构	水冷炉口（水箱式）
炉帽结构	水冷炉帽加短挡渣板组合结构

3.2 倾动装置

型式　四点啮合全悬挂扭力杆式
最大工作倾动力矩　4200 kN·m
最大事故倾动力矩　12600 kN·m
倾动角度　±360°
倾动速度　0.1 ~ 1.0 r/min
一次、二次减速机总速比　624.708
倾动电机　ZZJ-816P
稀油润滑站　XHZ-125

4 转炉结构

本氧气顶吹转炉结构主要由转炉本体和倾动装置两部分组成，其结构如图 1 所示。

4.1 转炉本体

转炉本体由炉体、托圈、炉壳与托圈连接装置、主动端轴承座、从动端轴承座、转炉水冷和底吹系统等七部分组合而成。

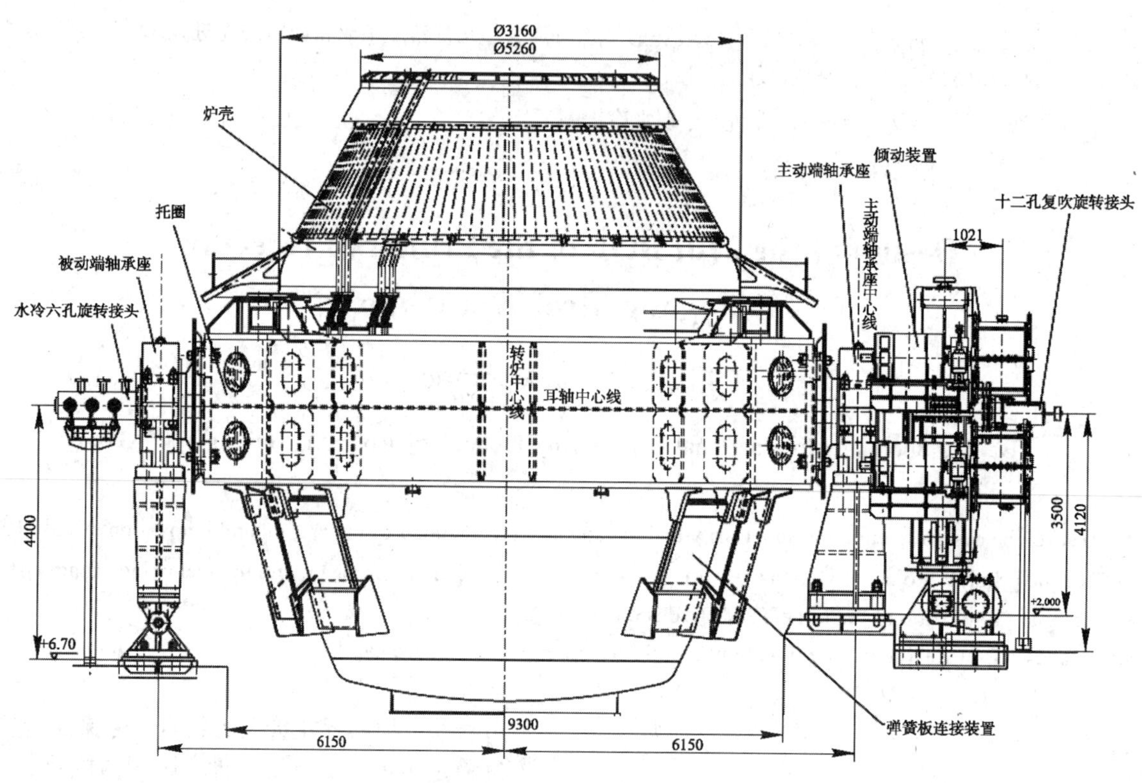

图 1　氧气顶吹转炉结构

4.1.1　炉体

炉体由炉壳、水冷炉口、挡渣装置等组成。

（1）炉壳分为四段，由水冷炉口、炉帽、炉身和球形炉底组成，均采用进口特制钢板制作。其中炉身用钢板卷制成圆筒形;炉帽位于炉壳的上部，将钢板卷曲、焊接而成圆锥形，并在其上设置了由环管和角钢焊接而成的水冷壁，生产时通水冷却，以延长寿命并减少其受热变形；炉身是炉壳的中间部分，其上部有一弧段与炉帽焊接，它是炉体承载的主要部分，钢水、耐火材料、炉壳重量通过炉身和炉体与托圈连接装置传递到托圈和支承装置上；出钢口设置在炉帽和炉身连接的弧形段上；炉底为下截锥形，底部是一球缺，由钢板整体压制而成。

（2）炉口为整体焊接水箱式水冷炉口，采用钢板与钢管焊接而成。炉口内侧为无缝钢管，冷却进水管直接与此管焊接；外侧水箱则采用钢板焊接而成，水箱中的隔板焊接时交错布置，回水管与进水管平行焊接在水箱上。水箱下底面法兰盘上有 32 个螺栓孔，用于与炉壳上口固定。

（3）炉帽冷却采用水冷炉帽加短挡渣板组合结构。这种结构是采用角钢直接与炉壳板焊为一体，角钢两端分别与沿炉帽圆周布置的半圆环管焊接，半圆环管分别焊于靠近炉口和靠近弧形段处，每段环管由数根角钢形成的水路相通。在上部半圆环管和炉口之间增设了一圈的短截护裙，采用钢板焊接在炉帽上。

4.1.2　托圈

托圈由本体、主动端耳轴、从动端耳轴和耳轴座板等组成。

托圈本体采用焊接水冷箱式结构。两端的耳轴座板分别与上、下盖板和内外辐板焊接；主、从动端耳轴均采用锻钢加工，它们与托圈耳轴座板采用高强螺栓连接，布置 4 个剪切键承受扭矩。由于制造运输条件限制，故采用了分段制造、运输，现场组焊的方式。在两耳轴中心分别开孔，主动端用于底吹走管，被动端为冷却水走管。为防止喷溅的炉渣影响耳轴轴承座，在两耳轴上设有挡渣环，再加上轴承座本身的密封装置，杜绝了炉渣进入轴承座的可能性。

4.1.3　炉体与托圈连接方式

炉体与托圈连接采用弹簧板柔性连接方式，如图 2 所示。炉壳通过 8 块弹簧板组件与托圈下部连接，在主动和被动端耳轴中心线两侧，各分布两组弹簧板。弹簧板组件下部支座与炉壳下锥段焊接，上部支座与托圈下部焊接，而弹簧板则通过高强螺栓和抗剪套筒分别与上、下支座连接，这种结构使弹簧板布置成“托笼”的形式；同时在托圈上部以耳轴为中心处，各对称焊有 2 个球铰装置，限位座焊接于炉身上部。

4.1.4　主动端轴承座

主动端轴承座设计成轴向固定结构，采用双列向心球面滚子轴承做支承。轴承两端端盖为双层铜环密封，铜环分为三段，用带弹簧的钢丝圈将铜环箍成整个圆环，这种结构使得密封铜环与耳轴结合

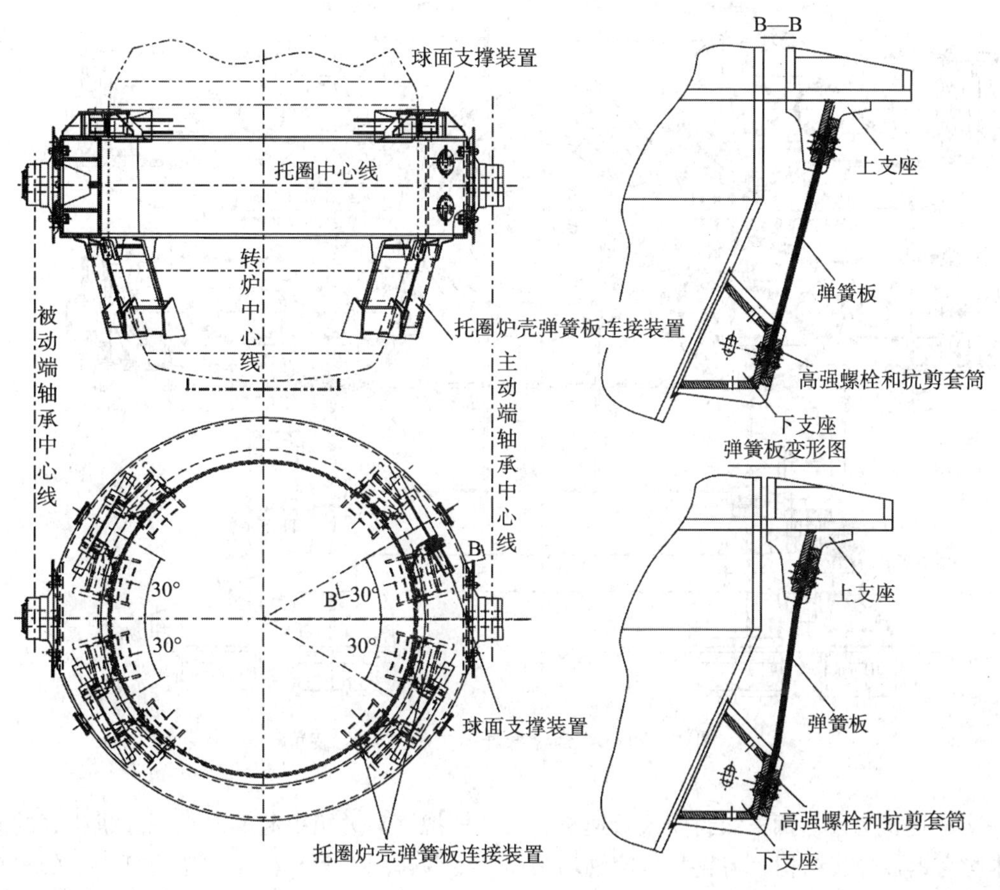

图 2　弹簧板连接装置

紧密，有效地防止粉尘及钢渣进入轴承内，较好地保护了轴承，轴承座外接有干油润滑装置，定期给轴承供油；轴承座为铸钢剖分式结构，整个轴承座支架为钢板焊接结构；在靠转炉一侧，耳轴中心线以下的位置设有挡渣板，并固定在轴承座支架上，以保护支架和地脚螺栓。

4.1.5　从动端轴承座

从动端轴承座为铰链式轴承支座，由上部轴承座、中部支架、上托座、下托架和铰轴等组成。上托座与下托架通过中间的铰轴，并通过下托架支承在基础上。中间的铰轴为特殊钢锻造。两个铰链的销轴在同一轴线上，此轴线和耳轴轴线相垂直，当托圈及耳轴受热膨胀时，依靠支座的摆动来补偿耳轴轴向方向的胀缩，没有轴向阻力，因此轴承座不存在轴向倾翻力矩。这种结构经生产实践证明，其结构简单、工作可靠、安装和维护都很方便。

4.1.6　转炉水冷系统

转炉水冷系统包括炉口冷却、炉帽冷却和托圈

冷却三部分。冷却水通过装在从动端耳轴上的六孔旋转接头进入耳轴，除托圈冷却水，炉口、炉帽冷却水管均穿出托圈上盖板分别进入炉口和炉帽，对炉口、炉帽进行循环冷却。六孔旋转接头采用杠杆与平台上的挡块槽相连，可以补偿转炉和托圈轴向和径向变形或位移对管路的影响。

4.1.7　复吹系统

复吹系统是由复吹十二孔旋转接头及辅件组成。复吹旋转接头安装在主动端耳轴端部，钢管穿过主动端圆筒后从托圈下盖板穿出，然后通过管道接至炉底复吹砖处。

4.2　倾动装置

转炉的倾动装置采用四点啮合全悬挂扭力杆式，如图 3 所示。倾动装置由电动机、制动器、一次减速机、二次减速机、扭力杆装置和控制装置等组合而成，这种结构的特点是从电动机到末级齿轮传动副的全部传动件都悬挂在托圈耳轴上，采用 4 台电动机、4 台一次减速机共同带动悬挂在耳轴上的二次减速机的大齿轮，使转炉倾动，即四点啮合。其具体结构如下：

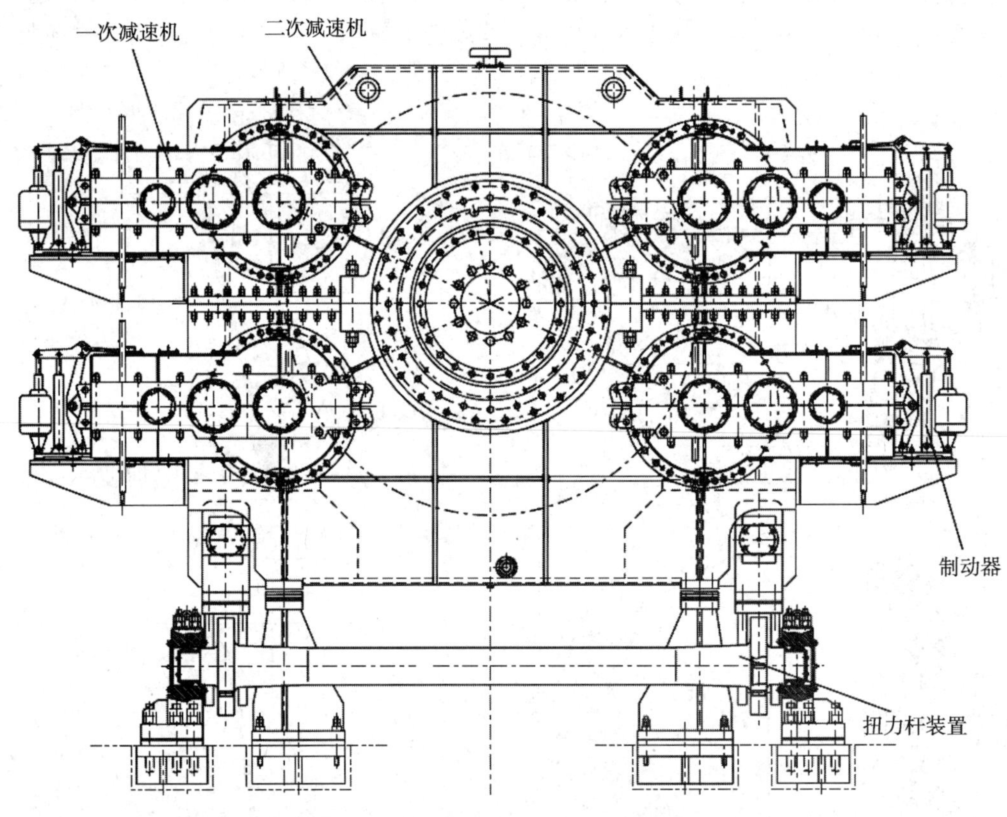

图 3　四点啮合全悬挂扭力杆式倾动装置

（1）一次减速机为硬齿面三级封闭式减速机，上、下箱体均为钢板焊接结构，齿轮和齿轮轴均采用高级优质合金钢，低速级大齿轮与第四级小齿轮联为一体，整个减速机与二次减速机用螺栓连接，并设有台肩紧密配合定位，其结构形式左右通用，润滑采用油浴润滑。

（2）二次减速机的结构是四个小齿轮同时与一个大齿轮啮合，大齿轮为锻焊结构，其轮毂的孔通过切向键与主动耳轴连接，其上下箱体采用钢板焊接而成，在靠近转炉一侧支撑轴承为单列圆柱滚子轴承，另一侧轴承为双列圆锥滚子轴承。箱体的下部两边与扭力杆装置连接。

（3）扭力杆缓冲止动装置通过两根垂直拉（压）杆把倾动力矩引起的悬挂减速机机壳的旋转力矩转变为作用在水平杆（即扭力杆）上的扭矩和扭力杆支座上的垂直力。扭力杆通过本身的弹性变形与作用在杆上的扭矩平衡，并通过扭力杆支座将悬挂减速机的旋转力矩产生的垂直力传递到基础上平衡掉。扭力杆装置通过心轴曲柄、关节轴承和上下连接座与二次减速机相连，曲柄与扭力杆以柱销连接，扭力杆两端支承采用关节轴承及轴承座，为了防止扭力杆过载，还装有事故挡块，当倾动力矩过大时，二次减速机箱体底部与事故挡块靠紧，扭力杆不再受更大的力，避免其发生断裂事故。

（4）控制设备由倾角仪和接近开关组成，倾角仪通过一段中间连接杆安装在复吹旋转接头尾部，旋转接头另一端再与耳轴连接。当转炉转动时，倾角仪跟随耳轴转动，并发出信号至主控室，显示转炉所处的位置。当转炉回零位时，接近开关发出信号，对倾角仪进行清零。相比分速箱、主令控制器及自整角机等组成的控制设备要简单得多，同时安装和工艺操作更加简便。

（5）倾动装置润滑系统的作用是对二次减速机进行集中润滑，它包括润滑站一台和润滑管路附件及流量计、截止阀和针阀等。润滑站有两台齿轮泵供油，一备一用。为了保证各润滑点达到设计所需的供油量，在进入各轴承及啮合点的管路上均设有针阀和流量计，便于调整流量。

5 技术开发和优化设计

在本次转炉设计中，设计院通过对国内外大型转炉的对比和研究后，重点对水冷炉口、炉帽保护装置、炉壳与托圈弹簧板柔性连接装置和倾动装置等关键设备进行了开发和优化设计，并形成为自有技术。

5.1 水冷炉口

转炉水冷炉口有铸铁埋管式和整体焊接水箱式。铸铁埋管式是将往返折曲、蛇形或螺旋盘曲形的钢管埋铸在铸铁炉口中，这种结构虽然因铸铁件钢渣不易粘附，埋管相对较深不易烧穿漏水，但炉口冷却强度较小，效果不理想，且当炉口烧穿漏水时，铸铁件难以处理。因此，一般将铸铁炉口分成2～8块制作，分别进出水，事故时可以分别切断水路，保证生产顺利进行。但这样又存在进出水管过多、炉口布置较乱，同时，分体的炉口容易使炉壳上口法兰外翻变形，压砖效果较差。

而本次设计采用的整体焊接水箱式水冷炉口，设备质量较轻，冷却水管一进一出，炉口布管简洁。这种结构冷却强度大、工作效果好、易于制造，且漏水时还现场补焊简易，维修方便。同时，水冷炉口用32条高强螺栓固定在炉壳上口，整体结构压砖效果好。

5.2 炉帽保护装置

转炉在生产时，炉壳各部位的温度分布不均，尤其是炉帽上部，由于接近高温炉气，受到喷溅物的热作用和烧蚀以及烟罩的热辐射作用，在出钢和出渣时，还受到钢水和渣的热辐射影响，因此炉帽温度最高，能达到 430℃左右，同时还受有机械力的作用。在这些外界因素的影响下，炉帽部分极易出现变形、裂纹、局部过热和烧穿现象，严重影响生产和安全。为了限制和减缓其变形，一般在炉帽部分加装防热板（又称为挡渣板）或采用水冷炉帽。

常规均采用大挡渣板形式，这种结构是一个自炉口下部一直延伸到托圈的宽板，由多块钢板组成，分为上下两层或三层,上层板焊于上部炉帽,下层板焊于下部炉帽上,在局部需要保护的位置还需特别制作板保护,其他板的焊接以保护托圈为原则。

这种结构对炉帽部位覆盖较严，对炉帽的通风散热不利，当喷溅严重时，不仅挡渣板很容易变形，而且经常处于高温下工作的炉帽部分极易出现变形、裂纹、局部过热和烧穿现象，严重影响生产和安全。同时，这种挡渣板制作比较困难，更换也影响生产。

针对上述结构存在的问题，本设计取消了炉帽繁琐的防热保护板,开发了水冷炉帽加短挡渣板组合形式。工作时，冷却水通过进水半圆环管让 5 根角钢同时进水，水到上部半圆环管后顺着另 5 根角钢往下流，如此循环往复，直至回到进水管旁边的出水管处，以此达到冷却炉帽的目的。

此结构简单、制造容易、成本低、维修方便。由于炉帽钢板直接与水接触,明显提高了冷却效果，延长了使用寿命，也降低了因加废钢或掉渣而被砸坏的几率。同时，由于喷出的钢渣附在冷却管路上后受到快速冷却，接触面黏着力小，清渣很容易。

同时鉴于迁钢铁水杂质含量较大、渣质黏的特殊情况，我们还在上部半圆环管和炉口之间增设了一圈的短截护裙，以防钢渣大量堆积在上部半圆环管和炉口之间，影响冷却效果和清渣，同时还起到了保护水冷炉口连接螺栓的作用。护裙采用厚钢板焊接在炉帽上，完全能经受清渣时的冲击力。

5.3 炉体和托圈连接装置

炉体和托圈是转炉的两个重要的部件，炼钢过程中装料、取样、测温、出渣及出钢等操作都需要炉体转动，这都要由托圈来带动。炉体用厚钢板焊接而成，本身质量很大，再加上炉内腔砌耐火砖和铁水、辅料等，所以质量非常大。炉体通过连接装置与托圈相连接，在生产过程中，炉体通过连接装置随托圈旋转±360°，而且炉壳和托圈在机械和热负荷作用下都将会产生变形。因此，对托圈连接装置提出如下要求：

（1）能将炉体牢靠地固定在托圈上；又能适应炉壳和托圈热膨胀时，在径向和轴向产生相对位移的情况下，不使位移受到限制，以免造成炉壳或托圈产生严重变形和破坏。这是在设计连接装置时，必须考虑的前提。

（2）伴随着炉壳和托圈的变形，在连接装置中引起传递载荷的重新分布，往往造成局部过载，并由此引起严重变形和破坏。

国内外开发了很多炉壳与托圈连接的装置，但几乎所有的装置在解决炉壳相对托圈的胀缩方面均没有脱离球面连接的方式，这种结构连接零件多，连接处的腐蚀和磨损不可避免，造成维护困难以及安全等问题。

本设计摆脱了常规的连接形式而采用弹簧板柔性连接装置，如图 3 所示。这种结构采用双层挠性弹簧板作为炉壳与托圈之间的连接件,通过支座与炉壳下锥部位连接，并将下部的弹簧板布置成“托笼”的形式，组成“托笼”的弹簧板通过高强螺栓和抗剪套筒分别与上下支座连接，并将上下支座分别与托圈下部和炉壳下锥部焊接，主、从动端耳轴的下方各有 4 组弹簧板，弹簧板采用美国进口特殊钢板；同时为解决托圈带炉壳转动时的炉体载荷和限位，在托圈上部以耳轴为中心处，各对称焊有 2 个球铰装置，与焊接于炉身上部的限位座相连，这样既能对炉壳和托圈进行限位，又能在倾动过程中承受炉体载荷，当倾动到水平位置时，弹簧板与球铰装置共同作用来支承炉体重量。

在炉体直立时，炉体被托在弹簧板组成的“托笼”中；炉体的倾动主要靠距耳轴最远的弹簧板来实现；当炉壳倒立时，炉体重量由弹簧板压缩变形支承，同时托圈上部的 4 个球铰装置也起到辅助支承的作用。托圈上部的 4 个球铰装置主要用于炉体对托圈的定位。

当炉壳径向膨胀时，弹簧板变形，以减小局部应力，球铰装置上的滑板移动，消除径向应力；当炉壳轴向膨胀时，炉壳相对托圈向上运动，球铰装置上也有相应的滑板移动，消除轴向应力。

基本结构形式确定后，设计院和外部科研单位联合，用有限元软件对转炉托圈连接装置进行了强度分析和优化设计：

（1）利用 CATIA 软件进行转炉的实体模型构造；

（2）利用 MSC／PATRAN 软件对转炉结构进行有限元计算的前置处理和后置处理；

（3）利用 MSC/PASTRAN 软件对转炉有限元模型进行计算处理。

进行强度分析时，利用软件对转炉处于垂直状态（0°）、倾斜状态（55°）、倾斜状态（63°）、倒立状态（180°）和事故状态下，转炉所受不同重力、温度和动载荷的 13 种情况进行了分析。图 4 所示为转炉处于垂直状态（0°）的应力云图。

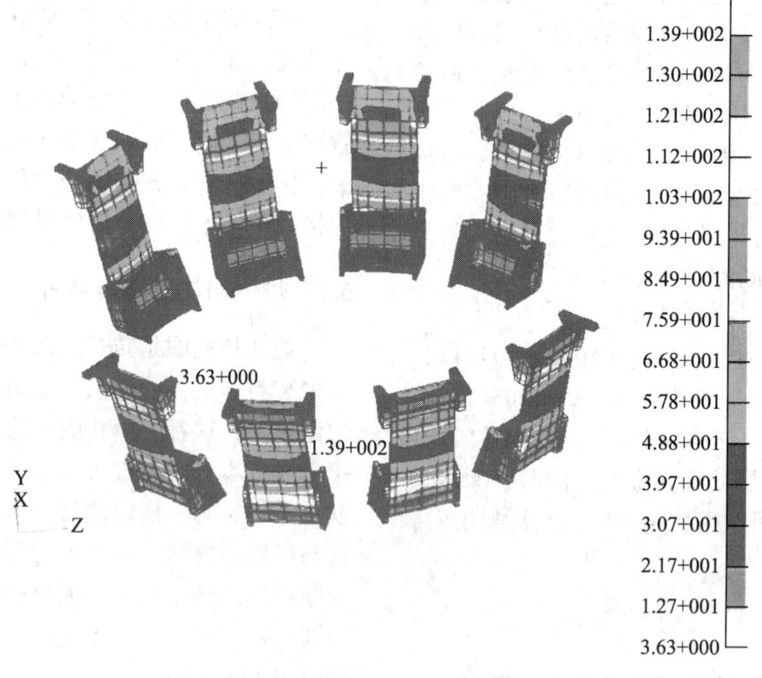

图 4　转炉处于垂直状态（0°）的应力云图

通过对 13 种工况的总体模型和各零件有限元分析，得出结论：弹簧板柔性连接装置的总体应力水平较低，弹簧板及其弹簧板套筒的静强度满足设计要求。同时，弹簧板及其弹簧板套筒的疲劳分析寿命能满足转炉 20 年使用要求。经过有限元计算、校核，结果表明弹簧板柔性连接装置的设计是可行、可靠和安全的。

5.4　倾动装置

动装置是转炉系统的核心设备之一，起着非常重要的作用，通过它转动炉体来完成转炉冶炼中加料、吹炼、测温、取样、出渣、出钢、补炉、拆炉等一系列工艺操作。

根据冶炼要求，倾动装置应具备以下性能：

（1）能驱动转炉连续回转 360°，并可停在任意倾角位置。

（2）在生产中，必须具有最大的安全可靠性，即使电气或机械中某一部分发生故障，倾动机械也应有能力继续进行短时运转，维持到一炉钢冶炼结束。

（3）具有良好的柔性性能，以缓冲撞击产生的动载荷和启制动所产生的扭震。此外，还应对事故或超常载荷等状态具有保护能力。

（4）结构紧凑、质量轻、机械效率高、安装、维护方便。

经过对多种倾动形式比较、研究后，设计院决定采用四点啮合全悬挂扭力杆式倾动装置(见图3)，这是国内外大型转炉常用的形式，但我院在这方面还是一片空白，此次是一次全新的尝试。

针对炉液产生的力矩因重心随倾角改变而改变，且在出钢过程中炉液的质量也在发生变化，不能直接用初等函数来计算的情况。通过建立合理的数学模型，采用计算机分段数值积分，利用室里开发的一套转炉倾动力矩计算软件进行计算,得出转炉在不同角度时的力矩值和最大值，并以此为依据进行下一步的工作。

通过选型、配置和优化设计，该套四点啮合全悬挂扭力杆倾动机械具有以下优点：

（1）整套倾动机械全部悬挂在耳轴上，能够适应运转中耳轴的挠曲变形，从而保持齿轮传动系统的良好啮合。

（2）4 台直流电动机及 4 台一次减速机同时驱动二次减速机的一个大齿轮，构成 4 个啮合区，分担倾动负载，从而减小了二次减速机的大齿轮尺寸及质量，便于加工制造及提高齿轮精度。同时，1 台电动机发生故障，另外 3 台电动机仍能短时运行，直到一炉钢水冶炼结束，具有较强的备用能力。

（3）采用扭力杆柔性缓冲装置，用来平衡转炉倾动时引起二次减速机的旋转力矩，并可吸收和缓冲正、反倾动时交替产生的冲击，极大地降低了冲击及扭振的不良作用，还可将二次减速机壳体上的旋转反力，通过扭力杆支座作为垂直力传到基础上。不使耳轴轴承受附加水平力，不使耳轴轴承受倾翻力矩，同时这种缓冲止动装置零部件较少、使用寿命长、缓冲及减振性能好。

（4）为了防止过载，引起扭力杆破坏，在二次减速机壳体下方，设有弹性止动支座。二次减速机箱体底部与支座留有间隙，当倾动力矩超过正常工作力矩的 3 倍时，其间隙消除，二次减速机壳体底部与止动支座接触，扭力杆不再承受更大的力矩。这样便可保护扭力杆免受非正常力的作用而引起损坏。

（5）整体组装，工作可靠，二次减速机壳体是整体分箱式的，齿轮啮合的中心误差由加工精度来控制，以后即使多次拆装，中心距也不会变动。

（6）一次减速机采用硬齿面齿轮，从而大大地减小了整个倾动机械的外形尺寸及质量，并可大大地提高使用寿命。

（7）结构紧凑，占地面积小，土建基础小而简单，质量轻。

经实践证明，四点啮合全悬挂扭力杆式的倾动装置较好地满足了倾动装置的设计要求，是实用、可靠的。

6 结语

迁钢一期 210t 转炉是综合国内外的设计成果，并且经多方案比较、计算与论证，采用了国际、国内先进的设计理念和成熟的结构形式，使该套设备不仅能很好地满足炼钢工艺的要求，而且还具有配置紧凑、可靠性高、重量轻、投资少等特点。

（原文发表于《设计通讯》2006 年第 1 期）

大型转炉副枪设计开发与研究

何 巍[1] 张德国[1] 南晓东[2]

(1. 北京首钢国际工程技术有限公司，北京 100043；
2. 首钢迁钢公司炼钢厂，迁安 064404)

摘 要：本文对转炉的副枪及静动态模型功能进行了描述，比较了国内大型转炉炼钢厂副枪布置形式，确定了迁钢炼钢厂 210t 转炉增上副枪设施的布置形式和参数。文中介绍了迁钢副枪的工艺操作过程，并进行了细致的描述，该项目 2006 年投产后，将促进首钢迁钢炼钢厂实现过程自动化炼钢，最终达到科学炼钢、增产增效的目标。

关键词：转炉；副枪；静态模型；动态模型

Development and Research on Sublance Designing of Large-Sized Converter

He Wei[1] Zhang Deguo[1] Nan Xiaodong[2]

(1. Beijing Shougang International Engineering Technology Co., Ltd., Beijing 100043;
2. Qian'an Steelmaking Plant, Qian'an 064404)

Abstract: In this paper, converter sublance and sublance's static and dynamic model are described. At the same time, different sublance process set-up types in domestic large-sized converter plant are compared and process set-up type and parameters of the added new sublance in Qian'an Steelmaking Plant are confirmed. And in the paper, sublance operation process in Qian'an Steelmaking Plant is described detailedly. The sublance project in Qian'an Steelmaking Plant will be put into production in 2006. It will help Qian'an Steelmaking Plant realize automatic steelmaking and finally achieve the targets of scientific steelmaking and yield & benefit increasing.

Key words: converter; sublance; static model; dynamic model

1 引言

为了实现科学炼钢，达到稳定操作、降低消耗、提高产品质量的目的，首钢迁钢炼钢厂决定在 3 座 210t 转炉增上副枪设施及 SDM 控制模型，以对转炉生产过程进行自动化控制。

采用副枪和 SDM 控制模型进行计算机自动控制炼钢，可获得以下冶金效果：

（1）实现全过程自动化炼钢，提高冶炼效率，改善冶炼效果。

（2）实现不倒炉出钢，缩短冶炼周期 15%左右，提高生产能力。

（3）有效地控制终点温度和成分，终点命中率高。

（4）减少补吹次数，降低钢水过氧化，提高钢水质量。

（5）节省炉内温度损失，降低铁水消耗，增加废钢用量。

（6）减少耐火材料消耗，提高转炉寿命 25%以上。

（7）可减少石灰、氧气、铝及铁合金的消耗量。

（8）改善工作条件和劳动环境。

2 副枪组成及基本功能

2.1 副枪组成

副枪系统包括副枪本体设备和副枪自动化控制系统两部分。

副枪本体设备包括副枪枪体、副枪升降小车、副枪导向小车、副枪升降传动装置、副枪旋转传动装置、顶滑轮、矫直机构、副枪探头、副枪探头存储装卸机构、副枪密封刮渣装置等。

副枪自动化控制系统由副枪检测系统和副枪PLC控制系统组成。

副枪自动控制系统应与铁水预处理、炼钢主副原料、氧枪、复吹、精炼PLC系统相联系，实现计算机控制炼钢。

2.2 副枪的应用功能

副枪是自动化炼钢必备的重要设备，在炼钢吹炼过程的后期（供氧量达到85%时），副枪开始第一次测量（测量内容包括温度、结晶定碳和采样），动态控制模型根据副枪测量的结果对吹炼前静态控制模型（物料平衡、热平衡、氧平衡等）计算的数据进行校正，同时实时预测钢水的温度和碳含量。当预测值进入吹炼终点目标范围，发出提枪停吹指令。吹炼停止后，副枪开始第二次测量（包括温度、活度氧和取样），终点碳含量由活度氧计算得到。副枪还具有测量钢水液面高度的功能。

2.3 副枪的操作过程

副枪装置具有测温、定碳、定氧、取样、测液面高度等基本功能。这些都是通过副枪的复合探头来完成的。

在转炉副枪上使用的复合探头主要有两种，即SLS-TSC（测温、取样、定碳）探头和SLS-TSO（测温、取样、定氧）探头。

SLS-TSC探头在吹炼终点前2min左右时，用装有SLS-TSC探头的副枪插入熔池内，迅速测出熔池温度和钢水凝固温度，并取出钢样（送化验室分析），将数据送入过程计算机，通过凝固温度和碳含量的关系求出碳含量，及时修正吹炼静态模型，实现动态控制，提高转炉炼钢的命中率。

经过调整吹氧量后氧枪继续进行吹炼，到达吹炼终点目标时，自动提枪停止吹炼，将SLS-TSO探头插入熔池内，测出终点钢液温度和氧活度，通过碳-氧平衡关系可精确计算出碳含量，这样可让操作工及时作出快速出钢决定，同时可提前计算出炉后加脱氧剂的数量。

SLS-TSO探头在测量结束后通过钢水/渣的界面时，钢水温度和氧活度产生跃变，利用势差值能够快速计算出熔池钢水液位。

在两次检测过程中，可自动将试样回收，并通过探头收集溜槽将试样输送到快速分析室，根据两次分析结果分别预测（一次）和确定（二次）终点化学成分。

3 自动化炼钢模型

自动化炼钢模型一般为七个，包括：

（1）温度模型；

（2）主原料计算模型；

（3）熔剂（副原料）加入量计算模型；

（4）静态模型；

（5）动态模型；

（6）合金加入量模型；

（7）自学习模型。

静-动态控制模型（SDM）是建立在热力学和冶金学原理的基础上，可在有或没有副枪系统、底吹系统和废气分析系统的不同条件下进行正常的工作[1]，分为静态模型和动态模型。

3.1 静态模型

静态模型包括热平衡、氧平衡、金属平衡和物料平衡控制程序。静态模型是依据初始条件（如铁水质量、成分、温度；废钢质量、分类），要求的终点目标（如终点温度、终点成分等），以及参考炉次的参考数据，计算出本炉次的氧耗量，确定各种副原料的加入量和吹炼过程中氧枪的高度[2]。静态模型一般进行3次计算：

（1）通过铁水成分、温度（鱼雷罐脱硫处理之后）及目标温度，先固定碱度R和矿石加入量、各种辅料的加入量和加入程序；提前两炉计算出废钢加入量，按分类比例准备废钢。

（2）通过本炉实际铁水成分温度（铁水包中）以及废钢量计算出熔剂（石灰、轻烧白云石）加入量，确定实际计算碱度。

（3）通过本炉铁水成分温度以及废钢量、熔剂加入量、矿石加入量计算出供氧量，确定副枪取样时间。

3.2 动态模型

动态模型的前提条件是采用副枪设施。动态模型的计算包括动态过程的吹氧量计算、终点的碳含量计算、终点钢水温度的计算、过程中冷却剂的加入量计算、自学习修正计算等。当转炉接近终点时（供氧量达到 85%）时，供氧流量降低 50%，一次副枪测得的温度和碳含量数值输送到过程计算机，过程计算机根据测到的实际数值和上述动态计算模型，计算出达到终点温度和含碳量所需的补吹量和冷却剂（矿石）的加入量，并以测得的实际值为初始值，以后每隔 3s，启动一次动态计算，预测熔池内的温度和目标碳含量。当温度和碳含量进入目标范围时，发出停吹命令。吹炼停止后，副枪开始第二次测量（测温、定氧、取样、测液面）。终点碳含量由活度氧计算得到。

4　国内炼钢厂副枪使用情况及布置方式的比较

4.1　国内各钢厂的副枪投入使用情况

目前国内已经投入使用的用副枪进行计算机控制炼钢的钢厂有宝钢一炼钢 300t 转炉、宝钢二炼钢 250t 转炉、武钢三炼钢 250t 转炉、鞍钢新三炼 250t 转炉、鞍钢二炼 150t 和 180t 转炉、本溪钢厂 120t 转炉、梅山钢厂 150t 转炉、济南钢厂 120t 转炉、安阳钢厂 120t 转炉、湘潭钢厂 120t 转炉、通化钢厂 120t 转炉、北台钢厂 120t 转炉等。除宝钢、鞍钢外，其余均采用达涅利–康力斯（DANIELI-CORUS）公司（原荷兰霍戈文）提供的副枪系统及炼钢动静态模型（SDM）成套设施。

国内宝钢一炼钢 300t 转炉、宝钢二炼钢 250t 转炉为引进日本新日铁的副枪技术。转炉副枪动态控制温度命中率在 90%以上，转炉终点碳温双命中率在 60%以上。

鞍钢新三炼钢 250t 转炉、鞍钢二炼 150t 和 180t 转炉均是近两年投产建设，采用蒂森–库特纳的副枪和炉气分析配套技术，采用副枪测温、炉气分析仪定碳的方式，终点命中率可达 90%以上。

武钢三炼钢是 1996 年 8 月建成投产，该厂的 250t 转炉副枪及控制模型投产初期，由于外方设计的数学模型和该厂实际的工艺和操作条件存在很大的差异，尚不能实现计算机控制炼钢。武钢三炼钢对模型进行了大量修改和二次开发，于 1997 年 11 月，终于实现了吹炼全过程的计算机控制。多年以来，在进行硬件、软件更新改造的同时，根据生产及原辅材料的现实条件，研究开发了静动态模型系数快速调整、自动拉碳及快速出钢等技术，大大提高了计算机自动炼钢的效果。计算机控制率和碳温双命中率(冶炼终点碳的控制精度为目标碳±0.02%，终点温度为目标温度±12℃)大幅度提高，计算机炼钢碳温双命中率由 1997 年底的 42.6%，提高到 2001 年平均 93.1%，其中 2001 年 11 月最高达到了 96.96%[3]，2002 年平均达到 94.2%，2003 年以来双命中率一直稳定在 94.7%左右，取得了较好的经济效果，是目前国内使用副枪自动化效果最好的炼钢厂。

4.2　国内典型钢厂的副枪布置方式的比较

根据考察调研，现将宝钢第一、第二炼钢厂和武钢第三炼钢厂副枪设施布置情况比较汇总，见表 1。

表 1　宝钢第一、第二炼钢厂和武钢第三炼钢厂副枪设施布置情况比较

序号	项　目	武钢三炼 250t 转炉	宝钢一炼 300t 转炉	宝钢二炼 250t 转炉
1	副枪布置位置	布置在氧枪装置对侧（高位料仓同侧）	布置在氧枪装置同侧（氧枪装置的上方）	布置在氧枪装置对侧（高位料仓同侧）
2	副枪与氧枪的位置/mm	在氧枪后侧 1200	在氧枪后侧 1300	在氧枪后侧 1100，并偏离中心 450（1188）
3	副枪直径ϕ/mm	114	114	140
4	更换探头位置/（°）	副枪旋转约 90,离线装卸探头	更换探头副枪不旋转,在线装卸探头	副枪旋转约 33(探头平台位)离线装卸探头，装卸用机械手
5	副枪旋转半径/mm	5200	4000	5300
6	副枪旋转平台传动高度/m	旋转平台传动约+55 平台（传动在上部）	旋转平台传动+55.25 平台（传动在上部）	旋转平台传动+37 平台（传动在下部）
7	副枪装卸探头平台位置/m	+28 平台，在烟道侧约 5	+31 平台，在烟道后侧约 1.5	+28 平台，在烟道侧约 2.650
8	氧枪吊装通道距离/m	氧枪立柱和副枪立柱间距 10	氧枪和副枪立柱距料仓柱 10	氧枪立柱和副枪立柱间距 10
9	副枪总长/m	27	28	26
10	副枪行程/m	21	25.5	21.27
11	副枪最高点/m	57.44	58.7	57.44

续表 1

序号	项 目	武钢三炼 250t 转炉	宝钢一炼 300t 转炉	宝钢二炼 250t 转炉
12	吊运副枪装置天车/m	40t 天车，轨高 62、轨距 12	45t 天车,轨高 58.7、轨距 8	40t 天车，天车下极限+57.8、轨距 12
13	布置优点	装卸探头平台离线布置，与修炉及更换烟道不干扰；行程和枪长短	装卸探头平台在线布置，对位精确、速度快；设备维护量小。	装卸探头平台离线布置，与修炉及更换烟道不干扰；行程和枪长短；旋转角度小；
14	布置存在问题	装卸探头平台离线布置,每炉需旋转 4 次,传动设备故障率增加	装卸探头平台在线布置，平台位置与修炉及更换烟道作业干扰；副枪枪长和行程增长；装卸探头操作环境差	装卸探头平台离线布置，每炉需旋转 4 次，传动设备故障率增加

4.3 迁钢炼钢厂副枪项目布置方案

借鉴宝钢和武钢炼钢厂副枪设施的布置经验，根据迁钢炼钢厂已经完成的布置实施状况，在迁钢炼钢厂转炉高跨结构已经全部形成的困难条件下，设计上进行了反复讨论研究采用多方案比较。最终采取的方案不但缩短了副枪的长度和行程，增加了副枪机构的稳定性，并且确定了独特的与氧枪的相对位置和旋转半径，使副枪本体在有限的空间内顺利地移出炉侧挡火板（狗窝），方便、安全地进行拆换连接件作业。迁钢炼钢厂副枪布置如图 1 所示，参数见表 2。

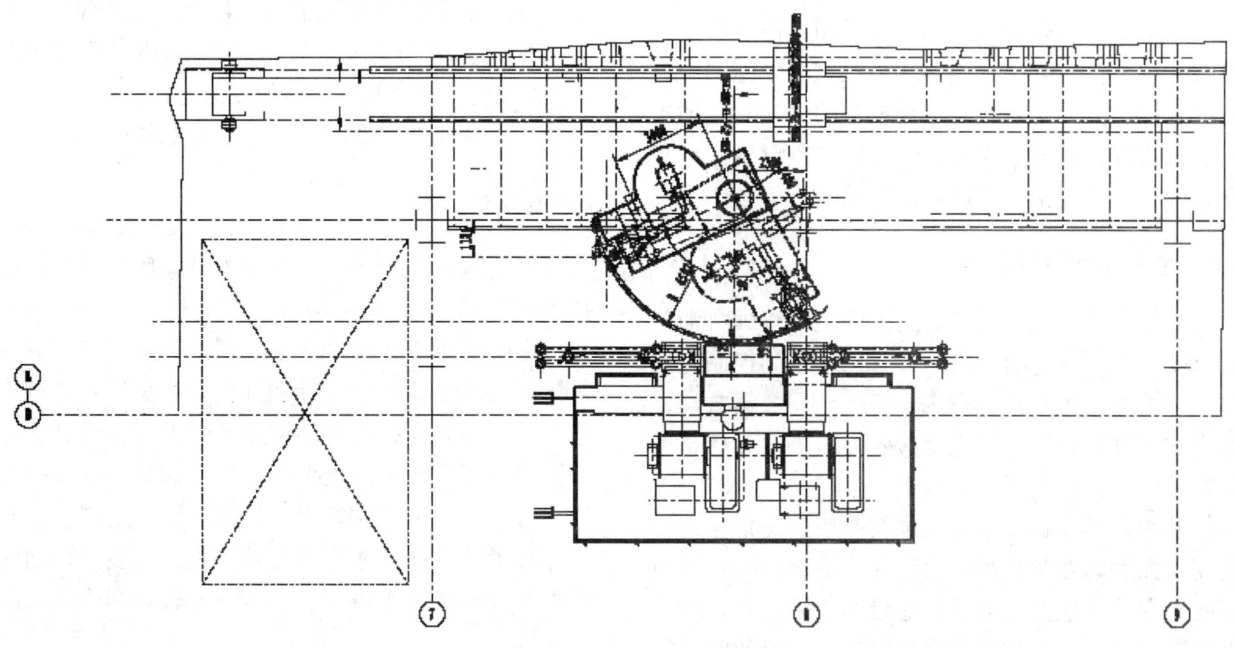

图 1 迁钢炼钢厂副枪布置

表 2 迁钢炼钢厂副枪布置参数

序号	项 目	内 容
1	副枪布置位置/mm	布置在氧枪装置对侧（与高位料仓同侧），旋转中心偏离氧枪中心线 2300
2	副枪与氧枪的位置/mm	距氧枪孔中心线 1100
3	副枪直径ϕ/mm	114
4	更换探头位置	副枪旋转约 96°，离线在+10.2m 平台上拆卸探头并检查探头插接件
5	副枪旋转半径/mm	4502
6	副枪升降旋转传动布置/m	升降旋转传动布置在+54.2 旋转平台上
7	副枪装卸探头平台位置/m	+26.8 平台，距转炉中心 5
8	副枪行程/mm	22640
9	副枪最高点/m	57.15
10	吊运副枪天车	30t 天车,轨面标高 62m、轨距 12m
11	布置特点	装卸探头平台离线布置，缩短行程和枪长，提高稳定性；操作方便安全

5 迁钢炼钢厂增上副枪工程的实施措施

通过与武钢技术合作，首钢设计院在国内第一个采用国内副枪技术自主集成完成了迁钢210t转炉副枪主体设施设计，同时结合与迁钢公司炼钢厂、首钢自动化公司共同考察情况，提出了一系列增上副枪技术改进措施，主要从硬件、软件和生产管理三个方面需要进行完善。

5.1 增上副枪硬件措施

5.1.1 副枪主体设施

增上三套副枪本体设备设施。其中先上2号转炉和3号转炉的副枪系统，1号转炉副枪系统根据炉役安排随后建设，并相应修改烟道设备、烟道台车、加料系统汇总斗等工艺布置及机械设备设计。

5. 1.2 副枪公辅配套设施

增上三套副枪设施结构。同时相应修改了副枪口+28.6m平台结构及支撑梁；增设副枪设施的配电传动系统，完善了主控楼变配电室的设计；增加副枪直流可控硅装置（SCR）的位置；增设副枪冷却水、氮气和压缩空气等配套供应设施。

5.2 增上副枪软件措施

炼钢自动化系统应具有完整的生产管理自动化（三级）、过程控制自动化（二级）、基础控制自动化（一级）三级计算机系统，确保全厂数据共享，炼钢过程计算机应能够准确接收前道工序和后道工序的数据。

基础自动化控制系统必须具有快速的指令运行速度、强大的数学计算能力、开放的通信接口及快速的数据传输能力，电源和通信网络需留有余量。直接影响炼钢吹炼过程的设备应具有快速的响应能力、高精度的控制能力及极低的故障率。

各种基础数据（如鱼雷罐铁水成分采样分析、铁包台车铁水质量、成分、温度、废钢分10类堆放、按比例搭配使用、用台车准确称重，辅原料和合金质量，吹氧流量、供氧压力控制、枪位高度控制、烟气控制等工艺参数）全部由计算机实时检测、采集，数据测量精度高，数据可靠、无误。

全厂的物流计量、跟踪和成分分析系统的设计必须合理，确保自动化系统数据采集完整。测量二次仪表应具有数据通信接口和模拟量信号输出等多种方式。现场的全部数据采集自动进入共享数据库。

5.3 增上副枪生产管理措施

能否成功应用计算机控制炼钢技术，不仅取决于是否有一个好的数学模型、一套完整的过程计算机硬件系统及相应的软件，更重要的需要有如下各种条件保证：

（1）全面提升炼钢厂的管理水平，管理规范、到位。严格的管理制度和标准规范的生产作用流程直接关系到炼钢自动化的成败。

（2）炼钢原材料质量和成分应保持相对稳定。

（3）真正做到炼钢操作的规范化和标准化，最大限度减少操作的随意性。目前，武钢和宝钢均采用转炉低拉碳工艺，终点碳控制标准为0.05%，铁水全部进行预脱硫处理，装入量稳定，废钢严格分类管理。

（4）各种称量系统准确、精度高，各种检测仪表运行正常，现场的全部数据采集自动进入共享数据库。稳定基础自动化和副枪设备的运行，每天有专人对设备、系统进行维护。测试探头要求质量稳定。

6 结语

迁钢炼钢厂副枪项目是国内首家脱开引进国外技术的模式,大胆采用国内技术进行自主集成的方式，完成了210t转炉增上副枪及其配套设施，并进行计算机控制炼钢的设计和开发。根据迁钢炼钢厂已经形成转炉高跨结构的困难条件下，在设计上进行了多方案比较和反复讨论研究，缩短了副枪的长度和行程，增加了副枪机构的稳定性，确定了合理的旋转半径，使主体设施能够顺利地安装。计划转炉副枪设施将于2006年8月与3号转炉同步投入生产运行。

迁钢炼钢厂转炉增上副枪设施后，不但可以减少物料消耗、降低生产成本，将打破首钢公司长期以来没有副枪靠经验炼钢的历史，实现过程副枪自动化科学炼钢，最终达到增产、增效的目标，同时为首钢迁钢公司实行ERP管理的总体规划奠定了坚实的基础。

参考文献

[1] Gert-Jan Apeldoorn. Daniali technology fruit. 2004, 5.
[2] 戴云阁，李文秀，龙腾春，等. 现代转炉炼钢[M]. 沈阳：东北大学出版社, 1998, 12: 144.
[3] 余志祥. 大型转炉炼钢新技术系统开发、创新与应用[J]. 中国冶金, 2003, 3.

（原文发表于《第十四届全国炼钢学术会议论文集》）

首秦转炉自动化炼钢炉气分析和副枪技术的集成创新与应用

杨楚荣[1]　危尚好[2]

(1. 北京首钢国际工程技术有限公司，北京 100043;
2. 首秦金属材料有限公司，秦皇岛 066000)

摘　要：动态控制技术是转炉炼钢自动化的发展方向，本文介绍了首秦 100t 转炉炉气分析和副枪自动化炼钢技术，以及实际应用情况。首秦的生产表明，采用转炉动态控制对于提高转炉终点碳和温度双命中率、减少喷溅发生、缩短冶炼周期等具有显著效果。

关键词：转炉；炉气分析；副枪；自动化炼钢；应用效果

Integration, Innovation and Application of Off-gas Analysis and Sublance Technology on BOF Automation Steelmaking in Shouqin

Yang Churong[1]　Wei Shanghao[2]

(1. Beijing Shougang International Engineering Technology Co., Ltd., Beijing 100043;
2. Shouqin Metal Material Co., Ltd., Qinhuangdao 066000)

Abstract: BOF automation steelmaking trends dynamic control technology. In this paper, integration, innovation and application effects of off-gas analysis and sublance technology have been introduced for 100t BOF automation steelmaking in Shouqin. Production results show that application of BOF dynamic control have good effects on raising C-T target hitting, reducing BOF splash, and shortening melting time, etc..

Key words: BOF; off-gas analysis; sublance; automation steelmaking; application effect

1　引言

由人工经验控制到计算机动态控制是转炉炼钢自动化的发展方向，转炉自动化炼钢控制技术最重要的是对吹炼终点温度和成分的准确控制。采用“静态模型+炉气分析”或“静态模型+副枪”的动态控制技术，不但可以检测出转炉吹炼过程的温度和含碳量，而且可以精确控制动态吹氧量和动态冷却剂加入量，减少补吹次数，提高终点命中率，为实现快速出钢和直接出钢创造条件。目前国内外不少钢厂已建立了基于炉气分析或副枪的转炉冶炼自动炼钢模型，对转炉冶炼过程进行控制，取得了良好的效果，转炉终点控制水平大为提高。

秦皇岛首秦金属材料有限公司(以下简称“首秦”)转炉炼钢厂一期工程于 2004 年 5 月投产，轧钢产品定位于热轧中板。根据首钢产品结构调整和品质升级战略，二期工程增建宽厚板连铸机，铸坯最大断面为 400mm×2400mm。为满足车间板坯连铸机快速的生产节奏，提高转炉炼钢自动化控制水平，实现转炉高效化生产，根据首钢总公司的批复意见，首钢国际工程公司全面开展转炉自动化炼钢技术方案的实施研究工作。

自 2008 年 5 月，首钢国际工程公司为首秦三座 100t 转炉先后自主集成奥钢联(VAI)炉气分析系统(LOMAS)，实现转炉炼钢动态控制，在吹炼末期动态计算、校正熔池温度，准确预报吹炼末期熔池的碳含量和温度，并自动提枪结束吹炼。在引进集成炉气分析技术的同时，首钢国际工程公司在首秦100t转炉上也同期自主开发配套横移式副枪设施，实现转炉吹炼终点钢水检测的全自动“一键式”操作，提高了转炉生产效率。

2　首秦转炉炉气分析系统技术特点

首秦转炉炉气分析系统由三部分组成：（1）LOMAS烟气采集和处理系统；（2）在线分析质谱仪；（3）转炉烟气分析动态控制系统。

2.1　LOMAS烟气采集和处理系统

LOMAS 烟气采集和处理系统由两个气体采集探头、现场处理柜、气体处理柜、控制柜、分析柜组成。分析系统借助每座转炉烟道末端上的2个探头来保证无间断连续性测量的进行，其中一个探头用于烟气周期性取样，另一个进行清洗备用，将多余的测量烟气反吹到烟气冷却段。

2.2　在线分析质谱仪

在线分析质谱仪对LOMAS系统采集处理后的转炉烟气进行成分分析，其主要特点是分析速度快、精度高，分析转炉烟气中的 CO、CO_2、O_2、N_2、H_2、Ar六种主要气体成分，周期小于1.6s，可根据转炉烟气中CO、CO_2和O_2含量的变化进行及时、准确的测定，以便动态模型对吹炼后期脱碳速率变化进行计算，为终点的碳含量和温度预报提供准确的计算依据。

2.3　转炉烟气分析动态控制系统

转炉烟气分析动态控制系统主要由静态模型和动态模型两部分组成：

（1）静态控制模型。静态控制模型的主要任务是依据原料条件寻找最佳原料配比，并根据实际配料确定冶炼方案，如造渣制度、吹炼制度。转炉根据静态控制模型设定的吹炼方案进行吹炼，在吹炼过程中一级系统根据静态模型的设定值自动进行加料、吹氧(包括枪位控制)等操作，并根据铁水、废钢以及加入炉内造渣料的信息计算终点钢水温度。由于采用烟气分析后获得的信息量增加，在以下几个方面对传统转炉静态模型进行了改进：

1）在静态模型的热平衡计算中，二次燃烧率$CO_2/(CO+CO_2)$为设定值，使用烟气分析后它可使用实际测量数据，因而可获得一个符合实际吹炼的数值；

2）在静态模型的物料平衡计算中，炉气中CO与CO_2的比值为假定值，现在也可由烟气分析获得一个与实际情况更加吻合的数值；

3)在静态模型中，渣中的氧化铁含量为设定值，采用烟气分析后，通过对渣中的氧累积量进行动态计算，可对该值进行更精确的设定；

4）在静态模型中，炉气量取经验值，采用烟气分析后，这些值可直接获得。

（2）动态控制模型（DYNACON）。转炉动态控制模型（DYNACON）是整个系统的核心部分，同时是对静态模型精度的补偿。根据物料平衡、能量平衡、热力学、动力学等理论，以及炉气分析结果建立脱碳速度计算模型、温度变化计算模型、其他元素变化计算模型等。动态模型主要由炉气定碳模块、温度预报模块、喷溅预报模块、冷却剂控制模块构成。模型的自学习、自适应功能的实现是提高模型精度和实用性的关键。动态控制模型主要在吹炼末期2min，炉内[C]-[O]反应趋于平衡后，通过取样系统和质谱仪连续采集、分析(<1.6s/周期)转炉炉口逸出的炉气成分，根据炉气成分的变化，动态控制模型实时计算熔池温度，为操作人员提供吹炼结束前2min钢中碳含量的变化情况，根据动态模型计算的终点碳、终点温度，并结合转炉烟气变化曲线由模型自行确定吹炼终点。

图1所示为首秦2号转炉某炉次炉气分析系统炉次报告画面。

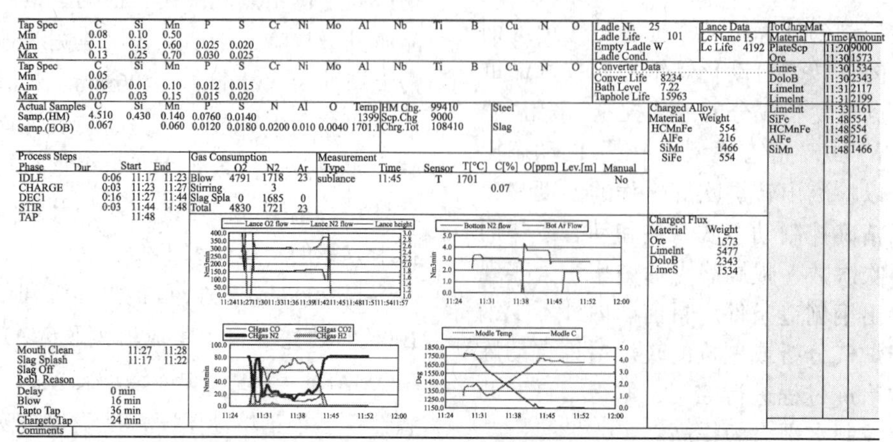

图1　首秦2号转炉某炉次炉气分析系统炉次报告画面

3 首秦副枪设施系统技术特点

首秦 100t 转炉炉容相对较小，转炉冶炼不适于采用副枪动态控制技术，首秦增上副枪的目的在于转炉吹炼终点时对钢水温度及成分的全自动检测，实现“一键式”操作，转炉终点检测不倒炉，缩短冶炼周期，改善转炉炉衬状况，减少耐材消耗。

副枪具有如下功能：（1）熔池液面高度的测定；（2）熔池钢水温度的测定；（3）熔池钢水含碳量及含氧量的测定；（4）钢水的快速取样。

3.1 副枪技术方案

典型成熟的副枪机构普遍采用枪体旋转式，这种布置方式要求氧枪通道宽，炉口直径大，均适用于 120t 以上的转炉，但首秦 100t 转炉现有条件完全不具备上述要求。

首秦转炉炉口直径为 ϕ2200mm，氧枪直径 ϕ245mm，氧枪口布置有氧枪密封及刮渣装置，如果副枪中心距离氧枪中心尺寸过小，会造成副枪的密封刮渣装置与氧枪口的氧枪密封刮渣装置相干涉，并造成测得的氧活度偏高；如果副枪中心距离氧枪中心尺寸过大，副枪机构的布置没有空间。面对现有客观条件，根据首秦转炉高跨工艺布置，开展技术方案全面研究、分析，主要针对以下方面：（1）总体方案的多方案技术比较；（2）关键技术参数的研究确定；（3）高跨平台土建结构强度核算。经分析比较，最终确定采用副枪横移定位方式，并对设备及机构外形尺寸做出详细限定，按控制尺寸开展设备设计和订货。

副枪横移定位测量方式是副枪机构可移动到连接位连接探头，可移动到测量位进行测量。副枪在探头装取位装上新探头，横移到测量位，当氧枪吹炼结束，密封帽打开，副枪立即下枪测温取样等，完毕提枪到工作位上位，同时刮渣器合拢刮渣。之后，副枪回到探头装取位，卸探头装置拆下探头，通过探头收集溜槽将取出的样品溜到转炉操作平台，送去化验，副枪再自动装上新的探头。

副枪技术方案示意图如图 2 所示。

3.2 副枪系统设备组成

副枪系统由副枪枪体、副枪横移装置（包括卷扬装置、轨道）、副枪升降小车、锁紧装置、导向装置、探头自动装卸装置、刮渣器及密封帽、探头收集溜槽等设备组成。

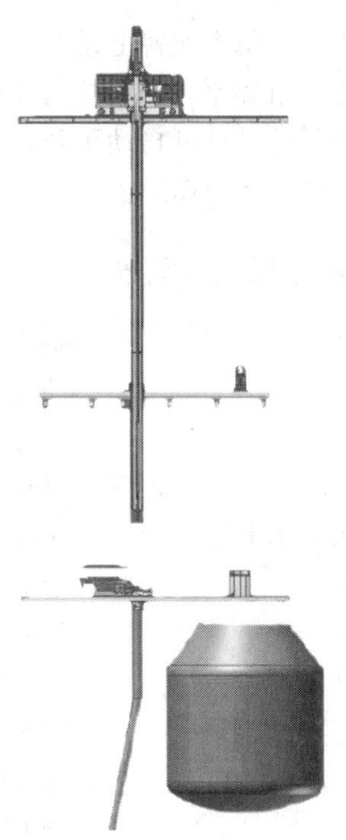

图 2 副枪技术方案示意图

（1）副枪枪体。副枪枪体由三层同心圆无缝钢管组成，探头的接插件采用螺纹形式与枪头连接，便于拆卸。枪头与探头连接处采用氮气吹扫，以防止钢渣钻入探头内烧损导线，影响测试。副枪枪体采用水冷。

（2）副枪横移装置。副枪横移装置由横移传动装置、横移台车、横移轨道和升降轨道等组成。横移台车上装有副枪卷扬装置，副枪事故提升采用 EPS 电源。

（3）副枪升降小车。副枪升降小车用于支承副枪枪体，在导轨中升降。升降小车用双钢绳与卷扬连接，升降小车设有钢绳平衡装置，即使钢绳伸长或由于安装原因造成钢绳长度不一致时，可通过平衡装置使两根钢绳受力一致。升降小车上还设置了防坠枪装置，当钢绳发生断裂或制动器失控时，防坠枪装置动作，阻止升降小车下坠。

（4）探头装卸装置。探头装卸装置由探头给出装置、机械手装置、卸探头装置组成。探头给出装置用于探头的储存和给出。探头给出装置有 5 个储存室纵列放置，各室可存放 27 支探头，储存室内装有探头低位检测和探头空位检测。当人工确定给出某种探头时，相应储存室拔出 1 支探头，送至探头给出位上，确认后再把探头给出到机械手的待机位。

（5）刮渣器。摆臂式刮渣器设于氮封阀的上部，刮渣器用于副枪体下部的除渣。刮渣器有 2 个对称布置的摆臂，每个摆臂上设有 3 把刮渣头，2 个摆臂由 1 支气缸驱动。当枪体出现粘钢或刮渣力太大时，刮渣器的摆臂可自动张开，起到保护设备不受过大的刮渣力而损坏。

3.3 副枪系统主要技术参数

升降速度	高速 150m/min 中速 36m/min 低速 6m/min
副枪中心距氧枪中心距离	700mm
探头插入钢水深度	650mm
升降行程	18900mm
横移行程	7800mm
横移电机	7.5kW(VVVF)
探头储存室总容量	135 支
测试循环周期	<120s
副枪外径	ϕ114.3mm
升降电机	75kW(VVVF)
横移速度	1.2 ~ 0.12m/s
探头储存室数量	5 个
副枪冷却水用量	50m^3/h

4 技术应用效果

首秦公司三座 100t 转炉，通过增设炉气分析装置和副枪设施，提高了转炉技术装备和自动化炼钢水平，转炉终点碳、温度双命中率明显提高，校正补吹率明显下降，喷溅减少，金属料损失减少，缩短了冶炼周期，加快了生产节奏。

（1）转炉终点碳温双命中率提高。在采用烟气分析动态控制炼钢技术后，钢种终点碳设定在 0. 04% ~ 0. 07%，终点碳（±0. 015%）命中率 95.5%，终点温度（±20℃）命中率 94.5%，碳、温双命中率 90.5 %,转炉校正补吹率逐渐下降，对发挥转炉快节奏生产的潜能起到了有力的支撑作用。

（2）转炉冶炼时间缩短。转炉冶炼周期从平均 36min 缩短到 33min。为了匹配板坯连铸机生产周期，对有的钢种采取直接出钢冶炼模式，实现直接出钢。

（3）吹炼过程的喷溅明显下降。经过对烟气分析曲线变化趋势的研究，掌握了喷溅发生与曲线的对应关系，转炉喷溅发生率达到5%以下，减少了金属料消耗，比较系统投入前后 5 个月数据，钢铁料消耗节省约 1.3kg/t 钢。

（4）吹炼过程平稳和钢水质量稳定提高。保证吹炼过程的平稳性，确保终点[P]、[S]含量达到内控范围，防止钢水过吹，使终点钢水活度氧含量减小约 0.02%，提高了钢水质量，降低了合金消耗。

（5）稳定操作，降低辅料消耗量。实现了转炉单渣操作和双渣操作的自动控制模式，规范了控枪、加料的操作，减少辅料消耗。利用自动化对操作进行优化后，降低石灰消耗约 10kg/t 钢。

5 结语

首钢国际工程公司成功为首秦三座 100t 转炉装备了炉气分析系统和副枪系统，应用效果显著，设备运行可靠，技术经济指标不断提高，实现了转炉冶炼动态控制。首钢国际工程公司通过自主集成和自主开发的模式引进和研发该项技术，工程投资省、建设周期短、基建改造简单，不影响转炉炼钢生产。该项技术适于在国内各类转炉上推广应用，特别是 100t 容量级转炉，对国内中、小容量转炉实现自动化炼钢具有示范作用。

（原文发表于《2012 连铸生产技术会议论文集》）

迁钢第二炼钢厂 210t 转炉汽化冷却烟道设备设计与创新

王　玲

(北京首钢国际工程技术有限公司，北京 100043)

摘　要：首钢迁钢第二炼钢厂 210t 转炉煤气回收净化系统采用干法除尘新工艺，本文对干法除尘工艺流程、转炉汽化冷却烟道设备选型、结构设计特点、技术创新点等进行阐述。

关键词：转炉汽化冷却烟道；干法除尘；结构设计

Design and Innovation of Vapourization Cooling Flues Equipment for Qiangang 210t LD Converter

Wang Ling

(Beijing Shougang International Engineering Technology Co., Ltd., Beijing 100043)

Abstract: The 210t LD converter gas recoverying and cleaning system of Shougang No. 2 steelmaking plants has used a new technics of dry dedusting. This paper has made a description on the technological process of dry dedusting, selecting of equipments, structure designing features and technical innovation for vapourization cooling flues.

Key words: converter vapourization cooling flues; dry dedusting; structure designing

1　引言

对转炉炼钢生产过程中产生烟气的处理效果是检验转炉车间环保水平的主要标志之一，转炉煤气和蒸汽的回收与再利用也是转炉炼钢节能减排的重要措施，因此减少转炉烟气向大气中排放，提高能源二次利用成为我们设计关注的重要课题。转炉炼钢过程中产生大量高温烟气，其主要成分是一氧化碳，因此回收的转炉煤气单位发热值可达7524~9196kJ，是一种上等燃料，可作为轧钢加热炉、石灰套筒窑、钢包烘烤等设备的燃料。回收和利用好转炉煤气对于炼钢节能降耗，减少环境污染意义重大。另外，高温烟气通过热交换又可回收大量蒸汽，蒸汽的用途甚广，既可用于炼钢厂自循环生产（如蒸发冷却塔喷淋、RH、VD 等），又可用于生活。

北京首钢国际工程技术有限公司 2009 年与奥钢联合作，为首钢迁钢第二炼钢厂 210t 转炉配套设计并投入使用的转炉煤气干法除尘设施，投产至今设备运行完好，该厂吨钢蒸汽回收达到 87~100kg，吨钢煤气（标态）回收达到 81~101m^3，同时减少了烟道系统的动力消耗，延长了烟道设备的使用寿命。

2　工艺流程

转炉烟气净化系统可概括为烟气的收集与输导、降温与净化、抽引与放散及回收等三部分。转炉烟气的净化与回收目前有两种主要工艺方法：一种是湿法、主要代表有日本的 OG 法、欧洲的湿法除尘技术，以法国的环缝洗涤法和 Lurgi-Bischoff 的湿法除尘技术为典型代表，另一种是干式静电除尘工艺，欧洲大多数国家采用干法除尘，以德国蒂森－克虏伯公司的 Beeckerwerth 钢厂、德国 Salzgitter

钢厂、奥地利奥钢联的 Linz 厂、斯洛伐克美钢联的 Kosich 厂为典型代表。

目前国内还有一种介于湿法与干法之间的半干法工艺，有些厂家正在应用。从使用效果看，转炉煤气干法除尘工艺由于其具有高技术含量和具有竞争力的技术核心，目前处于煤气回收技术的主导地位，转炉煤气干法净化回收系统作为国家扶植推广项目,代表着未来我国钢铁工业节能环保的发展方向,正在国内快速发展，有着广阔的推广和应用前景。

转炉煤气干法净化回收系统流程如图 1 所示。转炉煤气通过汽化冷却烟道进入蒸发冷却塔中进行粗降温和降尘，煤气温度由 800~1000℃降至 180℃左右，煤气经过脱除大颗粒灰尘后，由转炉煤气管道（DN2600）输送至圆筒形干式电除尘器中进行精除尘，使煤气含尘量到 10mg/m^3 以下，净化后的煤气经除尘风机加压后，不符合回收条件的煤气经切换站放散侧杯形阀进入放散烟囱燃烧后放散，符合回收条件的煤气经切换站回收侧杯形阀进入煤气冷却器进一步冷却，最终进入转炉煤气回收总管。

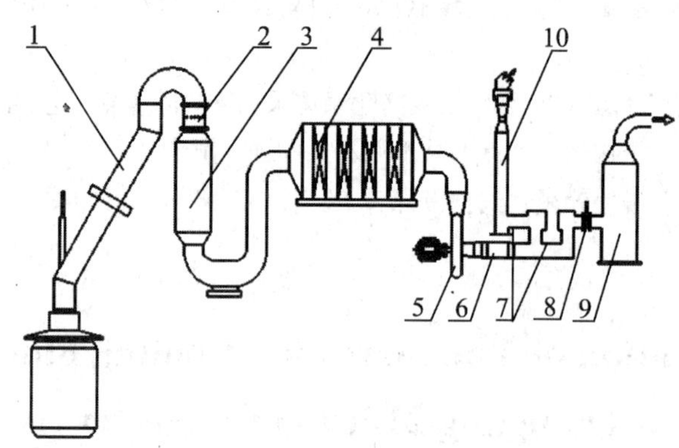

图 1　转炉煤气回收干法除尘工艺流程

1—汽化冷却烟道; 2—喷水冷却装置; 3—蒸发冷却塔; 4—干式电除尘器; 5—轴流风机;
6—消声器; 7—切换站; 8—电动隔断阀; 9—煤气冷却器; 10—带有燃烧器的放散烟囱

3　转炉汽化冷却烟道设备设计

烟气的输导管道称为烟道，它兼起降温作用，因而常由活动罩裙、汽化冷却烟道或余热锅炉等设备组成，采用后两者还能回收余热。为配合转炉煤气回收采用干法除尘新工艺，我们在总结首钢迁钢第一炼钢厂汽化冷却烟道设备设计和使用经验的同时，对迁钢第二炼钢厂转炉煤气回收汽化冷却烟道进行了优化设计。

3.1　采用组合式循环冷却方式

因汽化冷却烟道各段受热状况不一，为增强烟气冷却效果，设计中采用强制循环与自然循环相结合的冷却方式，即移动烟道和斜烟道设计为强制循环冷却，尾部烟道设计为自然循环冷却。在尾部烟道自然循环回路中，应用循环转换阀，当汽化冷却系统处于冷启动状态或当转炉停止吹炼时，该转换阀可通过控制台自动将自然循环转换为强制循环，吹炼时又恢复自然循环。自然循环与强制循环的自动转换，可避免在低负荷时烟道受热管束中发生水循环停滞现象，保证烟道长期稳定运行。

3.2　采用干式密封新技术

为阻止转炉冶炼过程中活动烟罩与移动烟道间隙中大量烟气逸出，近几年来，转炉烟道设计中研发出以气体作为密封气源的新技术，简称干式密封。气源采用氮气或蒸汽做介质，对活动罩裙升降进行密封。根据迁钢一期干式密封装置设计使用经验，本设计将原有气体密封联箱安装位置提高至活动罩裙上口，联箱内侧沿切线方向均布 172 个喷嘴，当转炉吹炼时氮气密封阀自动开启形成环形气体屏幕，阻止烟气外逸，最大耗气量为 4000 m^3/h。与水封、砂封相比，该密封装置具有结构紧凑、体积小、质量轻、密封效果可靠等优点。由于采用氮气进行喷吹，喷吹孔不易出现堵塞，不需定期进行排除污泥的清理工作，取得了预期效果。

3.3　改进下料溜槽更换方式

为解决双侧下料溜槽磨损需经常更换的难题，本设计将原斜烟道设计成两段，将带下料溜槽的烟道设计成可移动烟道，用 3 个千斤顶支撑将其坐落在罩裙横移车上，转炉停产检修时，检修人员将 3 个千斤顶分别下降 100mm，这时移动烟道和活动罩裙可以一起由罩裙横移车带动移出烟道工作位，更换下料溜槽和活动罩裙。

3.4 采用高低轨大跨距罩裙横移车

为满足转炉维护和修砌要求，罩裙横移车做成高低轨布置形式，高低轨之间高差 1015mm、车轮轨距 10870mm，高轨侧可使运送转炉修炉砖筐的叉车顺利通过。该车与转炉修炉台车共轨，不设走行传动装置，罩裙需要检修横移时，由炉后氧枪检修天车牵引罩裙横移车移出烟道工作位，这种高低轨、大跨距、无走行传动装置的烟道罩裙横移车在我国尚属首次使用。

3.5 采用紧凑式罩裙提升装置

罩裙提升装置设置在横移车上方的土建平台上，这种布置结构紧凑，罩裙提升采用重锤式机械传动。罩裙提升由电机、减速器、传动轴、链轮、短链、导向滑轮等设备组成，4 个导向滑轮设置在罩裙横移车上。其主要技术参数为：提升质量 15t；提升速度 53.3mm/s；提升高度 900mm；驱动电机功率 7.5kW；额定转速 903r/min；减速机速比 531.7；公称中心距 450mm。

3.6 斜烟道采用强制循环

为保证氧枪孔口与转炉中心线一致，此段烟道设计为斜烟道，烟道中心线与水平线夹角为 53°，该段有氧枪孔口（直径 ϕ914mm）和副枪孔口(直径 ϕ450mm)各 1 个，且两处均设置了氮气密封。该段烟道采用强制循环冷却，强制循环冷却烟道的每根水冷壁管均需设节流器，故在进水联箱处设置节流器（见图 2）。这种结构形式既利于冷却水的均匀分配，又可防止杂质进入受热管。节流器由套嘴、分流管、弹簧、紧固螺钉、丝堵等组成。烟道检修时，可从联箱外侧将节流器拆开，取出分流管进行清洗或更换。

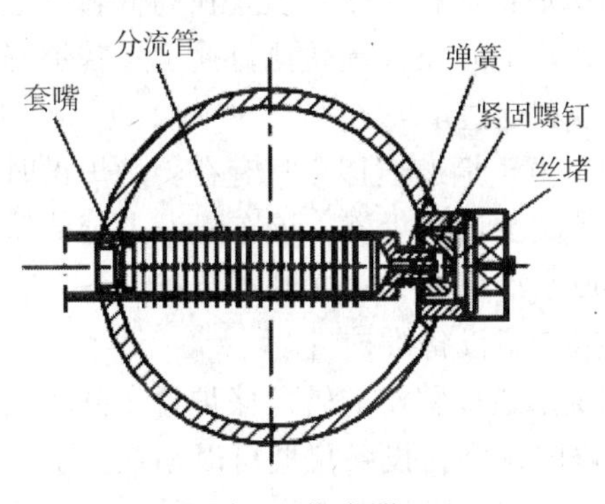

图 2 节流器

3.7 改进氧枪口水箱形式

迁钢一炼钢厂斜烟道氧枪口是由钢板焊接成的水箱进行冷却，使用过程中由于烟气冲刷和氧枪挂渣，水箱下部集中焊缝经常开焊漏水，影响转炉正常冶炼。我们在本次设计中将氧枪口水箱内部采用锅炉膜式壁结构形式（见图 3），冷却水由进水联箱进入水箱内壁后，在烟气的热负荷作用下带动冷却水经过均布在水箱内的集水管流向出水联箱。这种冷却水箱冷却效果好且焊缝不直接受烟气冲刷，投产至今使用效果良好

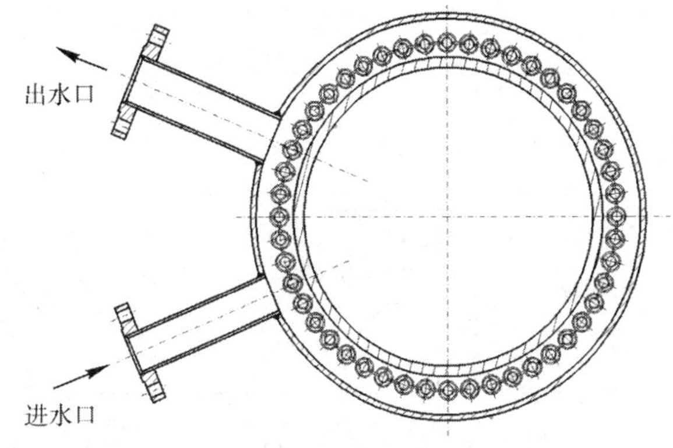

图 3 膜式壁结构

3.8 尾部烟道采用双位移补偿器

转炉煤气回收采用干法除尘新技术，由于蒸发冷却塔占地面积大，尾部烟道与转炉成 44° 夹角布置，尾部烟道的设计较常规设计复杂许多。由于外方要求蒸发冷却塔与尾部烟道之间补偿器变形量要小于 30mm，而烟道实际工作理论计算变形量为 41.8mm,不能满足干法除尘工艺的要求。为此，我们在烟道设备结构上采取了两套不同形式的固定和移动支撑，在斜烟道上端与尾部烟道连接处增加一个位移补偿器，让整个烟道系统的热膨胀量分布在两个补偿器上，这样就可以保证尾部烟道与蒸发冷却塔之间水平位移小于 30mm,满足外方工艺要求。

3.8.1 烟道热膨胀量计算

已知：汽包额定压力为 9atm；饱和温度为 174.53℃；烟道受热面金属平均温升：Δt=174.53+25−0=199.53℃，约为 200℃；烟道水冷壁材质为 20g；膨胀系数 α_T=0.0131mm/（m·℃）；弹簧支座到固定支座间高差 ΔH = 40.295− 27.10 = 13.195m。

位移量 $\Delta = \alpha_T \Delta t \Delta H$

式中 Δ——位移量，mm；

α_T——碳钢水冷壁线膨胀系数，$℃^{-1}$；

Δt——热态温差，℃；

ΔH——弹簧支座至烟道固定支座间距离，mm。

烟道垂直方向位移量$\varDelta = \alpha_T \Delta t \Delta H$=0.0131 × 200 × 13.195=34.57 mm。

烟道水平方向位移量$\varDelta_1 = \alpha_T \Delta t \Delta H$=0.0131 × 200 × 8.19=21.45 mm。

沿44° 斜边位移量 $\varDelta = \alpha_T \Delta t \Delta H$=0.0131 × 200 × 10.796=28.285 mm，$\varDelta_2$ = cos44° × 28.285=20.346 mm，$\varDelta_3$ = sin44° × 28.285=19.65 mm

经过以上计算可以看到，斜烟道与尾部烟道之间的补偿器水平位移是 21.45 mm,尾部烟道与蒸发冷却塔之间的补偿器水平位移是 20.346 mm,这两处结合面分别设置补偿器后，烟道受热膨胀后水平位移均小于 30mm,满足转炉煤气回收干法除尘工艺要求。位移变形量如图 4 所示。

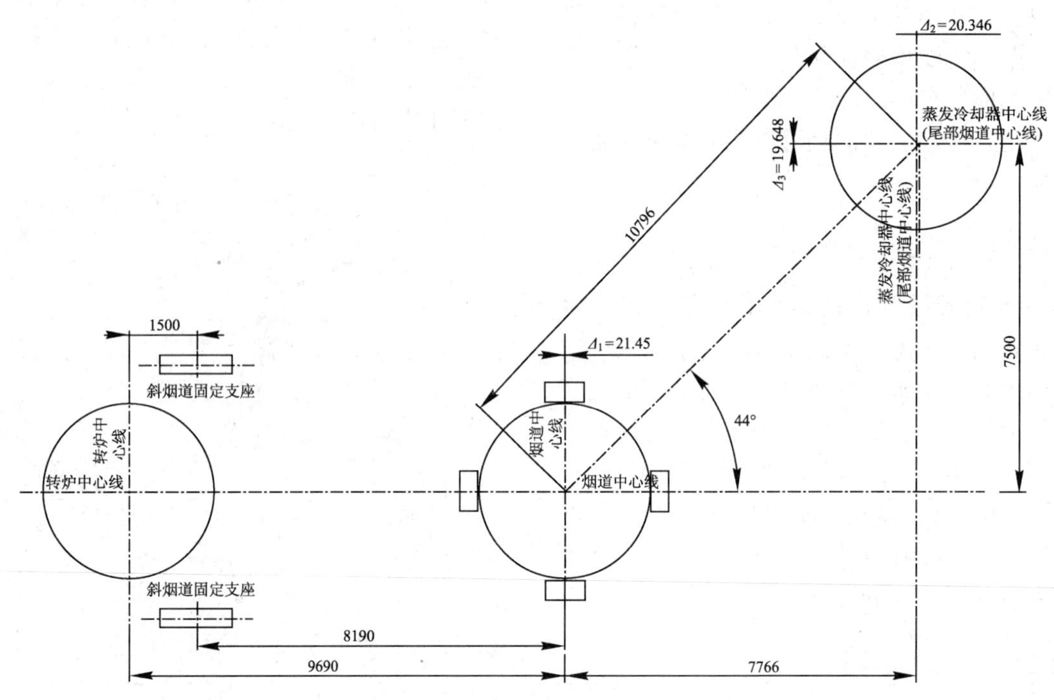

图 4　位移变形量

3.8.2　烟道开孔形式

按照转炉煤气回收干法除尘工艺要求，尾部烟道出口上段设有 1 个测温孔、2 个测压孔和 16 个水冷喷枪孔。在设备设计中，以上 19 个开孔均采用叠管形式，这种结构形式不设置联箱也可以保证受热管内蒸汽的畅通，减少受热管的焊接点。为保证烟气降温效果,按照外方要求 16 个喷枪孔沿烟道圆周方向均布,且应保证与蒸发冷却塔之间有大于 6 m 的直垂段。

为便于烟道检修，尾部烟道上还设有烟道检修门 1 个，炉役时将此门开启，检修吊笼可从该处顺利进入汽化炉役冷却烟道内部进行补焊和打渣。按业主要求在与其对称位置增设直径 800mm 人孔 1 个。

4　技术创新点

与迁钢一炼钢厂转炉汽化冷却烟道相比，迁钢二炼钢厂采用转炉煤气干法除尘新工艺技术后，汽化冷却烟道设备设计技术创新可归纳为以下几点：

（1）将气体密封联箱安装位置由活动罩裙下口提高至活动罩裙上口,联箱内侧沿切线方向均布 172 个气体喷嘴，当转炉吹炼时氮气密封阀自动开启形成环形气体屏幕阻止烟气外逸，使用单位认为这种密封方式的改进优于原设计。

（2）本设计将原设计斜烟道分为两段，将带下料溜槽的烟道设计成可移动烟道，斜烟道设计为固定烟道。转炉停产检修时，只需将移动烟道和活动罩裙一起由烟道横移车带动移出转炉工作位，转炉斜烟道、氧枪、副枪无需移动，缩短检修时间，节省检修成本。

（3）烟道横移车车轮设置在高低轨道上，高低轨轨面高差 1.015m，高轨侧可使运送转炉修炉砖筐的叉车顺利通过。

（4）由于烟道横移车只有在转炉炉役时才进行移动，为减少设备投资，该车不设走行传动装置，车体不设水冷设施，这样既可节省设备一次投资，同时又减少了设备维护量。

（5）烟道横移车与转炉修炉台车共轨，转炉工作和维修时，两台设备位置可以相互交换，设备占地小，工艺布局更加合理。

（6）大型转炉汽化冷却烟道同时采用两个位移

补偿器,来克服烟道受热膨胀后的水平位移，这在国内汽化冷却烟道设备设计中尚属首次，经过近两年的生产实践证明该设备运行可靠。

（7）本设计实现了蒸汽的自循环利用，回收后的蒸汽可以作为转炉干法除尘蒸发冷却塔雾化媒体，喷嘴所用蒸汽采用转炉自身供应，保证了连续用汽条件，转炉回收的蒸汽返回来参加烟气回收与净化，为实现转炉负能炼钢提供了资源。

（8）迁钢第二炼钢厂采用转炉煤气干法除尘新工艺，提高了煤气回收质量，回收煤气量每吨钢可达 81~101m^3（标态）。增加了蒸汽回收量，回收蒸汽量每吨钢可达 87~100kg。这两项经济指标均比首钢迁钢第一炼钢厂有不同程度的提高。

5 结语

保护环境、变废为宝、回收能源是环境保护的一项国策，是炼钢生产不可或缺的重要环节。汽化冷却烟道系统是炼钢生产过程中防止对环境污染和充分利用能源的一整套煤气回收装置的门户和通道，其设计好坏直接影响煤气回收和蒸汽回收的质量，也关系到环境保护、烟道使用寿命和炼钢生产，故对烟道设备须精心设计。北京首钢国际工程技术有限公司设计的迁钢第二炼钢厂 210t 转炉汽化冷却烟道设备投产至今运行良好，各项综合技术指标均达到预期效果，满足了用户需求。这些能源的再利用可为钢厂节约可观的成本,具有良好的环保效益和社会效益。

参考文献

[1] 氧气顶吹转炉汽化冷却设计编写组. 氧气顶吹转炉汽化冷却设计[M]. 包头: 包头钢铁设计研究院, 1978.

[2] 氧气转炉炼钢设备[M]. 北京: 机械工业出版社, 1982.

[3] 马鞍山钢铁设计研究院. YB9071—1992 余热利用设备设计管理规定[S]. 北京, 中国建筑工业出版社, 1992.

[4] 彭锋. 国内转炉煤气回收和利用简析[J].炼钢, 2008(6): 60.

[5] 王玲. LD 转炉烟道系统设备设计[C]//2008 全国能源与热工学术年会论文集, 2008.

（原文发表于《2010 全国能源与热工学术年会论文集》）

LD转炉烟道活动罩裙干式密封技术的设计与应用

王　玲　赵炳国

（北京首钢国际工程技术有限公司，北京 100043）

摘　要：本文对首秦金属材料有限公司炼钢厂 LD 转炉烟道活动罩裙密封方式的选型，技术方案的确定，结构特点等进行了阐述。

关键词：活动罩裙；方案；结构特点；设计应用

Design and Application of Dry Sealing of Movable Skirt of LD Converter Flue

Wang Ling　Zhao Bingguo

(Beijing Shougang International Engineering Technology Co., Ltd., Beijing 100043)

Abstract: Description is given to the type selection, technical proposal and structural features of the sealing method of movable skirt of LD converter flue in Shouqin Metal Material Co., Ltd. steelmaking plant.

Key words: movable skirt; proposal; structural feature; design and application

1　引言

转炉炼钢生产过程中产生的烟气处理效果是检验转炉车间环保水平的主要标志之一，转炉煤气和蒸汽的回收与再利用也是转炉炼钢节能减排的重要措施，因此减少转炉烟气向大气中排放，同时提高能源的二次利用成为我们设计时非常重要的课题。转炉炼钢过程中产生的大量高温烟气，其主要成分是一氧化碳。回收的转炉煤气发热值可达 1800～2200kcal(1cal =4.182J)，是一种上等燃料，可作为轧钢加热炉、石灰套筒窑、钢包烘烤等设备的燃料。烟气中还含有大量高铁含量的粉尘，收集下来可作为烧结的生产原料。另外，高温烟气通过热交换又可回收大量蒸汽，蒸汽的用途很广，既可用于生产，又可用于生活。因此对转炉烟气能源利用的设计其意义十分重大，若这些高温烟气不回收，散发在大气中会产生严重环境污染，危及人们的健康和生活，同时会造成能源的浪费。

北京首钢国际工程技术有限公司炼钢设计室 2003 年为首秦炼钢厂 100t 转炉配套设计的汽化冷却烟道，于 2004 年 6 月 9 日一次通过热试。汽化冷却设备的使用不但吨钢可回收 70～80kg 的蒸汽和 80m^3 的转炉煤气，同时还减少了一次除尘系统的动力消耗和延长烟道设备的使用寿命。

2　工艺流程

转炉烟气净化系统可概括为烟气的收集与输导、降温与净化、抽引与放散及回收等三部分。转炉烟气净化系统如图 1 所示。

烟气的输导管道称为烟道。它兼起降温作用，因而常由水冷烟罩、汽化冷却烟道或余热锅炉等设备组成。采用后两者还能回收余热。转炉烟气收集的烟罩有活动烟罩和固定烟罩两种形式。

烟气收集的效果和质量是保证煤气回收质量和除尘效果的重要因素，活动罩裙是烟气回收中一个重要的单体设备。活动罩裙的功能一是最大限度地

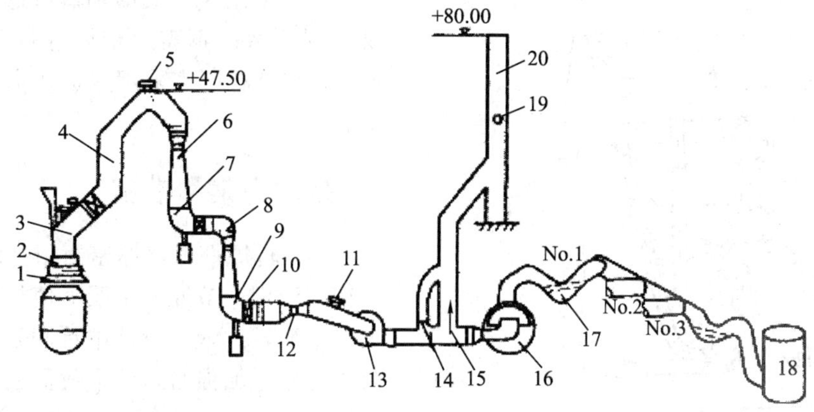

图 1　转炉烟气净化系统

1—罩裙; 2—下烟罩; 3—上烟罩; 4—汽化冷却烟道; 5—上部安全阀(防爆门); 6—文; 7—文脱水器; 8—二文; 9—二文脱水器; 10—水雾分离器; 11—下部安全阀; 12—流量计; 13—风机; 14—旁通阀; 15—三通阀; 16—水封逆止阀; 17—V 形水封; 18—煤气柜; 19—测定孔; 20—放散烟囱

捕集含大量一氧化碳的高温烟气和承受高温含尘炉气的冲刷，二是能上、下自由升降，便于摇炉操作和炼钢工人观察火焰。我们为首秦公司设计的活动罩裙采用大罩形式，其优点是敞开口式，下部做成裙状，故罩裙能容纳烟气瞬间较大的波动量，减少烟气的外逸，对烟气的缓冲效果好，并能控制外界空气进入量的大小，减少一氧化碳的燃烧。这种结构形式既可充分捕集烟气，又不会因喷溅炉渣把它与炉口粘在一块。

活动罩裙通过罩裙提升系统可以沿转炉垂直方向进行升降，活动罩裙的升降行程一般为 350 ~ 600mm。由于活动罩裙在转炉垂直方向需要升降，因此它与炉口段烟道的连接部位是活动的，活动过程中不得让外部空气或烟气从烟道连接处侵入或逸出，故活动罩裙与炉口段烟道之间须设置密封装置。

3　活动罩裙密封方式的确定

目前，国内常用的密封形式一般有水封、砂封和近几年来逐渐被厂家看好的干式密封新技术。

3.1　水封

水封方式如图 2 所示，水封的高度应满足活动罩裙升降行程的要求，插板与槽底应保持一定的距离，或用其他措施以保证槽底积渣不致影响活动罩裙升降，水封槽的宽度应尽量小，但必须要考虑到清渣的方便，水封槽一般设置在活动罩裙上，它具有可以停在行程范围内的任意一点、结构简单、密封可靠等特点。

水封密封是国内钢厂采用最多的一种密封形式，与其配套的要上一套给水箱供冷却水的污水处理设施，包括污水泵、污水配路系统、污水漏斗和污水溜槽设施，该系统设置在转炉操作平台附近，占地面积大，设备重约 20t。

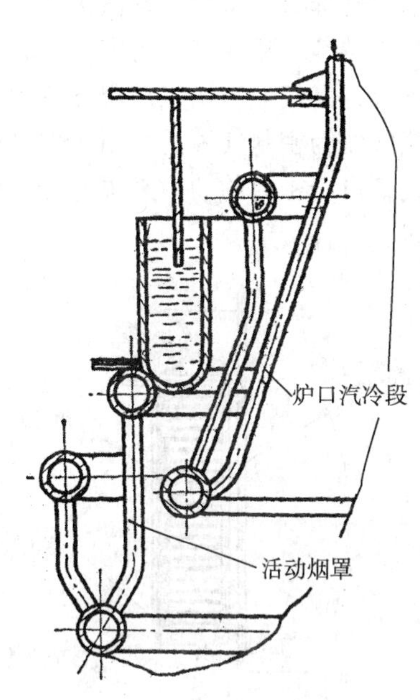

图 2　水封方式

3.2　砂封

砂封方式如图 3 所示。为了减轻清理密封装置中的积灰劳动量，并节约冷却水用量，有些厂家采用砂封的密封形式，砂封的容砂量要有足够大，至少应保证有 30 ~ 50mm 的插入深度，但也不宜过大，插板太长冷却不好易变形，在结构处理上要考虑对砂盘检查、清理和换砂的方便。砂封在使用中出现过密封不严，跑烟冒火和吹跑砂子等现象，但能解决密封槽中积灰渣问题。

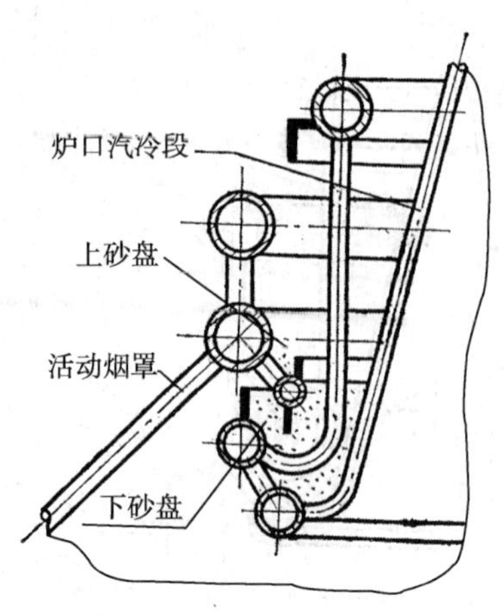

图 3 砂封方式

3.3 干式密封

干式密封方式如图 4 所示。为了阻止活动烟罩与横移烟道间隙中大量烟气溢出，近几年来，LD 转炉烟道设计中新增加一种以气体作为密封气源的新技术，简称干式密封。气源可采用氮气或蒸汽作介质对活动罩裙升降进行密封。蒸汽密封与氮气密封相比更有其优越性，用氮气作为密封气源还需要上一套供气系统，且气源需从工厂用氮量中平衡，用蒸汽替代氮气作为密封气源是利用转炉自产的蒸汽循环作为设备自身密封的动力来源，为能源再利用提供了空间。

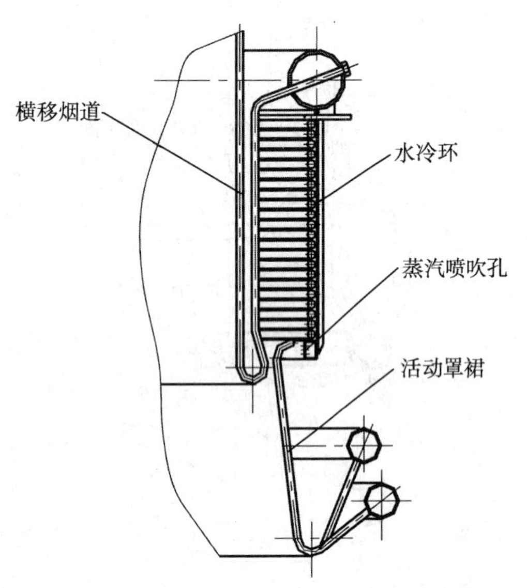

图 4 干式密封方式

干式密封设备在活动罩裙上部设置一个水冷环并在其下部增设一个气体密封联箱，联箱内侧沿切线方向加工若干个喷吹孔，当转炉吹炼时蒸汽密封阀自动开启形成两道或三道环形蒸汽屏幕，以阻止烟气的外逸。该密封装置与水封、砂封比较，具有结构紧凑、体积小、质量轻、密封效果可靠等优点，由于采用氮气或饱和蒸汽进行喷吹，喷吹孔不易出现堵塞，不需要定期进行排除污泥的清理工作，目前已有厂家采用这项技术并收到了预期的效果。

4 技术方案和措施

LD 转炉烟道气体密封新技术近年来在我国部分钢厂试用，节能效果明显值得推广。我们在首秦工程中型转炉烟道设计中首次采用干式密封技术，为了更好地加强密封效果我们在蒸汽密封联箱内侧沿切线方向加工了 1252 个蒸汽喷吹孔，喷吹孔位置上下交错形成环形涡流，用以完成活动罩裙升降时的密封，蒸汽耗汽量约 3t/h，该厂投产四年来设备运行良好，有效地解决了人工清渣及二次除尘的问题并收到了预期的效果。

在首秦工程运用干式密封新技术之前，我们曾与首钢二炼钢厂技术人员合作，在二炼钢厂 3 号炉上试用干式密封新技术，该厂投产以来一直沿用传统的水封密封形式，由于炉口喷溅严重，灰渣落入水封槽里结成难以清除的金属残渣。设计人员于 1994 年曾采用喷水工艺法对水封槽进行改造，即在水封槽下部沿圆周切线方向设置喷水管，让水封槽内污水在水箱内旋转形成涡流将灰尘带走，但是大的金属渣由于质量重不易被水冲走仍留在水封槽内，继续影响罩裙的升降，造成外部空气系数较大，长此以往不但影响回收煤气的质量，还会影响车间的除尘效果。为了攻克这个难题，我们与二炼钢厂技术人员共同研制开发罩裙干式密封新工艺，该项目在首钢二炼钢 3 号炉上试用至今效果很好，转炉检修时再也不需要大量的人工清除水封槽内的残渣，减少了人工劳动强度，延长了生产周期，该项目的实施得到了用户的认可。

有了大型转炉罩裙升降采用干式密封的成功经验，我们又在中型转炉上首次尝试使用干式密封的新技术。干式密封工艺技术的实施克服了水封密封设备在使用过程中卡罩或密封不严的弊病。传统的罩裙水封密封在转炉冶炼后期，由于水封槽中留有喷溅过程中落入的灰尘和小块钢渣，常常会出现活动罩裙升降罩不到位的现象，致使转炉吹炼过程中有大量的空气吸入烟道，不但影响煤气的回收质量，同时也要求一次除尘风机的能力加大。钢厂遇到这种情况不得不停产，进行人工清理水箱中的积渣，既浪费了人力又影响钢产量。采用干式密封技术后，罩裙升降自如，没有非炉役停产，不需要大量人工进行设备的清理和维护，节省了生产成本。

5 技术创新点

与传统的活动罩裙水封密封工艺相比，采用活动罩裙干式密封工艺技术，其优越性归纳为以下几点：

（1）节省投资，减少占地面积，工艺布置更加合理。采用干式密封工艺技术，可节省一套污水处理设施，包括污水泵、污水配路系统、污水漏斗和污水溜槽设施，一方面大幅度地减少了投资，另一方面炼钢厂房内因减少污水溜槽及排污漏斗，使得转炉及烟道附近的工艺布置更加合理。用干式密封工艺技术替代传统的水封密封技术，可减少水箱污水处理设备重约 20t，省去污水处理泵及阀组一套，可节省一次性投资 19 万元。

（2）节水，降低了生产成本。干式密封设备的活动罩裙上取消了水箱，节省了 $80m^3/h$ 的冷却水用量，节约了生产成本。

（3）转炉烟道系统活动罩裙干式密封是实现能源再利用的一种新工艺，与传统的水封密封设备相比较，该设备具有结构紧凑、体积小、质量轻、密封可靠等优点。

（4）维护量小。活动罩裙上因去掉水箱，故不再需要大量的人工进行设备的排渣和维护，有效地节省了人力资源，降低了维护费用，而且减少了非炉役停产，增加了钢产量，降低了生产成本。

（5）密封效果好。干式密封的技术实施后，活动罩裙升降自如，不再有卡罩或密封不严的现象，因此提高了煤气回收的质量，回收煤气量每吨钢可达 $60 \sim 70m^3$，发热值达到 1800 ~ 2200 kcal。

（6）蒸汽的自循环利用。回收蒸汽量每吨钢可达 80 ~ 90kg，回收后的蒸汽能源再利用作为设备自身的密封气源，反供烟气回收与净化系统使用，为实现转炉负能炼钢提供了资源。

6 存在问题

活动罩裙采用干式密封工艺技术较水封密封有许多优点，但也存在一些不足，由于干式密封采用蒸汽作为密封气源，新炉投产时，蒸汽质量尚不能饱和，蒸汽压力系统还不够稳定，此时喷出的蒸汽不能达到完全汽化，转炉冶炼时可能会有少量的冷凝水喷出，但是随着生产的不断稳定、蒸汽质量的不断提高，这些问题便可迎刃而解。

7 结语

我们为首秦公司转炉烟气回收系统设计的活动罩裙干式密封技术的应用很好地解决了烟气对大气的污染。环境保护、变废为宝、回收能源是一项国策，是炼钢生产不可缺少的重要环节，首秦钢厂 100t 转炉烟道活动罩裙干式密封技术的应用为烟气回收系统提供了可靠保证，各项综合技术经济指标均达到设计预期的效果，这些能源的再利用可为钢厂节约可观的成本，取得了良好的环保效益和社会效益，值得推广。

参考文献

[1] 谭牧田. 氧气转炉炼钢设备[M]. 北京：机械工业出版社，1982.

[2] 氧气顶吹转炉汽化冷却设计编写组. 氧气顶吹转炉汽化冷却设计[M]. 包头：包头钢铁设计研究院，1978.

[3] 北京有色冶金设计研究总院.机械设计手册[M]. 北京：化学工业出版社，1993.

[4] 冶金工业部部颁标准. YBJ201—1983 冶金机械设备安装工程施工及验收规范[S]. 北京：冶金工业出版社，1983.

[5] 马鞍山钢铁设计研究院. YBJ53—1987 余热利用设备设计技术暂行规定[S]. 北京：中国建筑工业出版社，1987.

（原文发表于《工程与技术》2008 年第 2 期）

蓄热式燃烧技术在首钢二炼钢的应用

张德国[1]　秦　文[2]　夏俊华[2]　王　悦[2]

(1. 北京首钢国际工程技术有限公司，北京 100043;
2. 中钢集团鞍山热能研究院，鞍山 114004)

摘　要： 文中阐述了蓄热式钢包烘烤器的关键部件，并介绍了这项技术在首钢二炼钢的应用情况，最后对现在存在的几个问题进行了分析。

关键词： 蓄热式钢包烘烤器；关键部件；使用效果；问题

Application of Regenerative Combustion Technology in Shougang

Zhang Deguo[1]　Qin Wen[2]　Xia Junhua[2]　Wang Yue[2]

(1. Beijing Shougang International Engineering Technology Co., Ltd., Beijing 100043
2. Sino-steel Anshan Research Institute of Thermo-energy, Anshan 114004)

Abstract: Critical parts are expatiated about regenerative combustion ladle preheating system, and applications are introduced in No. 2 steel-making plant of Shougang. Several existing problems are analyzed at last.

Key words: regenerative ladle preheating system; critical parts; effect; problems

1　引言

钢包是钢铁行业转炉炼钢-钢水精炼-连铸工序过程中非常关键的转运设备，它不仅是运送钢水的工具，更主要的还是钢水精炼工艺的一个组成部分。提高钢包烘烤温度可以提高钢包内衬的使用寿命和连铸拉坯速度、减少漏钢事故、提高连铸坯的内部质量、消除中心缩孔和中心偏析。

首钢公司第二炼钢厂现有 210t 钢包烘烤器 12 个，其中 3 个在线烘烤、9 个离线烘烤。

二炼钢钢包烘烤器使用的燃料为焦炉煤气，全部为自身预热式钢包烘烤器，是 1998 年由鞍山热能研究院在原来普通钢包烘烤器二手设备的包盖上，安装了金属换热器，从普通直立活动式烧嘴改造为自身预热式烧嘴[1]。改造后可以实现部分对空气预热，预热温度达到 300~400℃，提高了一定的燃烧温度。但仍存在着空气预热温度低、烘烤时间长、包盖周围冒火严重、烘烤系统热效率低等问题，烟气余热利用率仍然较低。这样既浪费燃料，又污染环境，难以满足目前对钢包烘烤质量和炼钢生产工艺的要求。

2　蓄热式烧嘴的机理及和特点

采用蓄热式燃烧技术，可实现自动烘烤，通过煤、空气合理配比，使煤气充分燃烧，自动地按耐火材料曲线要求烘烤，可以实现烘烤温度和烘烤时间的双重调控，并实现煤气泄漏、气体压力低时自动报警、自动控制。

一般烧嘴和蓄热体成对出现，在一个烧嘴的助燃空气通过蓄热体被预热后燃烧时，另一个烧嘴充当排烟的角色，在排烟的同时加热蓄热体，当这个蓄热体被充分加热后，切换系统动作使系统反向运行，这样就完成了一个换向的周期。如此循环反复，实现提高燃烧温度和节约能源的目的。钢包烘烤器原理如图 1 所示。蓄热室燃烧器由供风系统、煤气系统、排烟系统和控制系统组成。

单蓄热钢包烘烤器只预热空气，不预热煤气。如果烧嘴内煤气和空气的混合形式选取不当，造成二者混合效果差，直接影响火焰的长度和刚度，最明显的现象就是火焰呈圆盘状向四周发散而非圆柱状，火焰长度和刚度不够，显然无法满足钢包烘烤的要求。如果从空气蓄热室中间通入煤气，尽管上述问题有所改善，但会带来烧嘴结构复杂、设备成本偏高等问题。

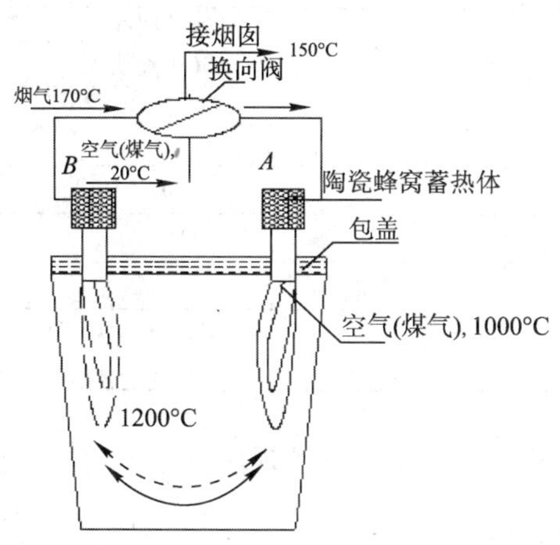

图 1　钢包烘烤器原理

由鞍山热能研究院开发的单预热钢包烘烤器，克服了上述缺点，在鞍钢、天津铁厂、济钢、新抚钢、通钢、长城钢厂等多家钢厂成功推广应用，效果显著。这种结构的特点是：采用半预混形式，在烧嘴的混合室内有 20%～30%煤气先燃烧，借助煤气燃烧时体积迅速膨胀产生的动力，使燃烧产物、未燃煤气和空气从喷口高速喷入包内，保持火焰具有足够的刚性和长度。火焰长度的大小根据控制煤气在混合室燃烧的比例、空气和煤气的混合速度和燃烧产物的喷出速度来确定。

根据首钢二炼钢的现有钢包烘烤器的现状，经过经济性分析和节能性综合比较后，决定将 12 套自身预热式钢包烘烤器全部改造为单蓄热式钢包烘烤器。为保证生产正常运行，负能炼钢工程考虑分步实施，第一步准备改造 3 个在线钢包烘烤、2 个离线钢包烘烤。

3　关键技术部件

3.1　蓄热室

蓄热体是高温空气燃烧技术的关键部件。在不同温度和环境下对蓄热体材料的选择，直接影响蓄热室的小型化、换热效率和经济效益，其主要的技术指标为蓄热能力、换热速度、热震稳定性和抗氧化和腐蚀性等。

蓄热室中蜂窝体的体积、大小必须合适，蜂窝体的多少与排烟量、蜂窝体的比表面积、煤气种类和烧嘴能力等诸多因素有关，具体数值可通过计算得出。如果蜂窝体太少，在一个换向周期内，蜂窝体没有能力将空气预热到 1000℃以上，节能效果将下降。但也并非多多益善，如果蜂窝体多，会使排烟温度过低，腐蚀性气体如硫化物以及水蒸气在其内大量凝结，降低蜂窝体的使用寿命。尤其在使用焦炉煤气时，这种危害就更大。

同时要提高气流在蓄热室内流动的均匀度，使蜂窝体的利用率达到 100%，不但能提高节能效果，还可以提高蜂窝体的使用寿命。

3.2　烧嘴

为了使钢包的烘烤温度均匀，火焰必须具有足够的长度和刚度，这就要设法使煤气和空气的混合行程加长；但也不能让煤气和空气的混合速度太慢，这样煤气和空气很可能无法完全燃烧，降低燃料的利用率。尽管煤气和空气可能在蓄热室内进行“二次燃烧”，热量被蜂窝体吸收而不致浪费，但这却是以降低蜂窝体的使用寿命为代价的。

喷口的设计就是正确设计空气和煤气出口速度、两股射流的交角和两股射流的距离，确保空气和煤气在指定的空间（钢包）内到处形成火焰，保证燃料在这个空间内完全燃烧而不在蜂窝体内进行二次燃烧；保证气流具有足够的动能，强烈搅动包内的气流，形成低氧的浓度场和均匀的温度场，降低各项污染物的排放指标；同时还应最大程度地保证烟气通过喷口流经蓄热室排入大气。

3.3　换向阀

由于必须在一定的时间间隔内实现空气、煤气与烟气的频繁切换，换向阀也成为与余热回收率密切相关的关键部件之一。尽管经换热后的烟气温度很低，对换向阀体材料上无特殊的要求，但必须考虑换向阀的工作寿命和可靠性。因为烟气中含有较多的微小粉尘以及频繁动作，势必对部件造成磨损，这些因素应当在选用换向阀时加以考虑。如果出现阀门密封不严、压力损失过大或体积过大等问题，会影响系统的使用性能和节能效果。尤其当选用的鼓风机和引风机的压力富裕量不大时，换向阀泄露会严重影响钢包内的燃烧效果和流经蓄热室内的烟气量。

4　蓄热式钢包烘烤器的使用效果

鞍山热能研究院工程设计所为首钢公司第二炼钢厂改造了 2 台在线 210t 钢包烘烤器和 3 台离线 210t 钢包烘烤器。投入运行后，对其进行了监测，其技术参数见表 1。

表 1 单蓄热式烘烤器与自身预热式烘烤器的技术参数

分　类	自身预热式烘烤器	单蓄热式烘烤器
燃料种类	焦炉煤气	焦炉煤气
钢包初始温度/℃	800（在线） 400（离线）	800（在线） 400（离线）
钢包烘烤温度/℃	1000	1200
燃料耗量（标态）/$m^3 \cdot h^{-1}$	1000（在线） 800（离线）	800（在线） 650（离线）
烘烤时间/min	150（离线） 22（在线）	90（离线） 15（在线）
空气预热温度/℃	400 ~ 500	≥1000
排烟温度/℃	600 ~ 700	≤150
控制形式	手动	自动
烧嘴质量/t	1.5（在线） 1.2（离线）	2.5（在线） 2.0（离线）

4.1 节能效果

用自身预热式烘烤器和单蓄热式钢包烘烤器对初始温度为 400℃的离线包进行烘烤，达到相同的烘烤温度 1000℃时，自身预热烘烤器的煤气耗量为 800m^3/h，烘烤时间是 2.5h；而单蓄热式烘烤器的煤气耗量为 650m^3/h，烘烤时间是 2.0h，燃料的节约率达到了 35%。

同时也对在线烘烤器进行了比较。对初始温度为 800℃时，要想达到 1200℃的烘烤温度，自身预热式烘烤器的煤气耗量为 1000m^3/h，烘烤时间是 20min；而单蓄热式烘烤器的煤气耗量为 800m^3/h，烘烤时间是 15min，燃料的节约率超过了 35%。

4.2 烘烤效果

在线单蓄热烘烤器在煤气流量为 800m^3/h，钢包初始温度 800℃时，经过 15min 的烘烤，温度达到了 1204℃；离线单蓄热烘烤器在煤气流量为 650m^3/h，钢包初始温度 400℃时，经过 2.0h 的烘烤，温度达到了 1056℃。同时对烘烤后的在线包和离线包内部不同位置进行了测量，结果表明包口和包底温差在 20 ~ 30℃之间，没有出现局部高温，包内温度非常均匀。这主要是因为空气的高预热温度改善了包内的燃烧动力学条件，煤气燃烧更加充分；混合气流的高速搅拌使包内的温度更加均匀。

4.3 环保效果

由于蓄热式钢包烘烤器的燃料消耗量为普通烘烤器的 30% ~ 40%，就意味着会减少 30% ~ 40%的 CO_2 的排放，有效地缓解了温室效应；由于烟气是以很低的温度排入周围环境中，减轻了对周围环境的热污染，明显地改善了现场生产环境。

4.4 节能分析

采用高效蓄热燃烧技术，投资效益高，较传统燃烧技术更为经济。一般用高效蓄热燃烧技术改造成的钢包烘烤器，均能当年收回投资。

改造前后钢包烘烤的能耗分别为：

改造前：1000m^3/h 焦炉煤气（在线），热值 17.6GJ；
800m^3/h 焦炉煤气（离线），热值 14.0GJ；

改造后：800m^3/h 焦炉煤气（在线），热值 14.0GJ；
650m^3/h 焦炉煤气（离线），热值 11.4GJ。

按 24 元/GJ 计算，改造后每天节约燃料费用为：

在线烘烤器：24 ×（17.6 – 14.0）= 86.4 元

离线烘烤器：24 ×（14.0 – 11.4）= 62.4 元

在线烘烤器按年生产 3500h 计算，年节能效益：3500 × 86.4=30.2 万元。

离线烘烤器按年生产 4500h 计算，年节能效益：4500 × 62.4=28.1 万元。

总共 5 台烘烤器每年可节约燃料费：2 × 30.2+3 × 28.1=144.7 万元。

5 存在的问题分析

首钢二炼钢蓄热式钢包烘烤器为单预热空气形式，按照理论计算，可将空气预热到 1100℃以上，节能率将接近 40%。但实际使用过程中，节能率要低于这个数值。分析原因是由于蓄热式钢包烘烤器通常使用的引风机压力在 2500 ~ 3000Pa 之间，预热后的空气以至少 50 ~ 70m/s 的速度喷入包内，经燃烧反应后体积膨胀，引风机无法充分地将包内的烟气经蓄热室排出，这必然会影响节能效果和烘烤温度。如果过度加强强制排烟的力度，是否会影响炉内的燃烧效果还有待进一步证实。另外，由于包盖与包沿一般留有 100 ~ 150mm 的缝隙，降低了火焰温度和节能效果。烧嘴燃烧时，由于煤气和空气高速喷入包内，会将外界的冷风卷吸进包内，降低火焰温度。烧嘴排烟时，会有一定量的冷风被吸入蓄热室，降低了蓄热室内热烟气的流量，从而影响了节能效果。但这个缝隙必须保留，因为在一个换向周期内，空气无法将包内产生的烟气的余热全部吸收，必然有少量烟气从包盖与包沿之间的间隙排出。

鞍山热能研究院工程设计所通过多次的探索和改进，设计出一种全新结构的蓄热式烧嘴。这种烧嘴既保证了包盖与包沿的距离，同时又避免了外界冷空气对包内的干扰，而且这种结构还会提高烘烤效果和节能效果。更重要的是，通过对烧嘴喷口的优化设计，这种烧嘴的排烟量比当今市场上的其他蓄热式烧嘴的排烟量大 20% ~ 30%，这就意味着我们的产品节能效果将高于其他蓄热式烧嘴 20% ~ 30%。这种新型的烧嘴已顺利通过实验验证阶段，即将进入大范围推广使用阶段。

6 结论

（1）将蓄热式燃烧技术应用于钢包烘烤，可大幅度地节约能源，与传统烘烤器相比，最多可节约能源 40%。

（2）蓄热式钢包烘烤器加热速度快，烘烤效果好，可提高烘烤温度，缩小包内上下温差，降低转炉出钢温度，降低生产成本。

（3）鞍山热能研究院工程设计所已经完全掌握了蓄热式燃烧技术的设计关键，设计出的蓄热式烘烤装置可最大程度的节约燃料、降低成本，是一种节能环保的钢包烘烤装置。

（4）为了能获得更好的烘烤效果和节能效果，应该致力于研究蓄热式燃烧技术，努力地将这项先进的燃烧技术发挥到极致。

参考文献

[1] 顾兴钧, 等. HRC 高效蓄热式烤包器原理及应用[J]. 钢铁, 2003, 38(8): 69 ~ 72.

[2] 欧俭平, 等. 高温空气燃烧技术用于钢包烘烤的节能效果[J]. 冶金能源, 2003, 22(6): 31 ~ 32.

（原文发表于《2006 全国能源与热工学术年会论文集》）

包钢淘汰平炉建转炉工程炼钢工艺设计的创新与总结

潘忠勤

（北京首钢国际工程技术有限公司，北京 100043）

摘　要：本文介绍了在包钢二炼钢工程设计中的主要设计思想和设计中所采用的新技术、新工艺。同时，对包钢二炼钢车间的工艺布局、设备参数、控制水平、技术指标、动力消耗等作了较为详尽的介绍。

关键词：转炉炼钢；工程；设计

1　引言

经国家计委批准，包头钢铁公司将淘汰目前平炉炼钢方式，新建转炉炼钢厂，根据包钢与首钢设计院签定的合同，首钢设计院作为总承包方将完成炼钢厂的设计、设备供货、工程施工及投产工作。新建炼钢厂称为包钢第二炼钢厂，主要设备将采用原首钢总公司从美国加州钢厂购买的二手炼钢设备，并对其进行修、配、改后进行建设。形成年产200万吨钢规模，成为具有20世纪90年代水平的新型炼钢厂。

第二炼钢厂是与包钢薄板坯连铸连轧(即CSP)项目相配套的工程，两个工程均在新扩建的厂区内建设，在统一规划下分区实施，其共建或共用设施均采用统一建设方式。

2　工程设计的主要原则及设计范围

2.1　设计的主要原则

经与包钢有关单位洽商，在工程设计范围及工艺配置控制水平上按如下原则进行：

（1）为充分发挥薄板连铸连轧的能力，炼钢厂每年需向连铸机提供炼钢钢水208万吨。

（2）炼钢厂为薄板坯连铸连轧提供精炼用钢水，钢的品种为冷轧用钢、管线用钢、热轧结构钢及部分低硅钢。

（3）在满足工艺先进、适用、可靠的条件下，尽量充分利用购买的加钢二手设备，并按生产工艺要求对二手设备进行修、配、改。

（4）二炼钢厂布局要与CSP工程相匹配，做到工艺及物料流程顺畅。二炼钢厂的转炉出钢跨、与CSP工程的连铸机钢水准备跨共跨，以11.5线为两个工程的建设分界线。

（5）根据生产品种需要，铁水系统在高炉区进行铁水脱硅后，在炼钢车间内进行铁水罐脱硫处理。

（6）废钢由包钢现有废钢加工间加工并装入铁路槽车内，分类编组运进炼钢主厂房加料跨。

（7）散状原料及铁合金分别由火车或汽车运进储料间，经皮带通廊运进炼钢主厂房。

（8）转炉煤气采用原有湿法净化工艺后，设转炉煤气回收设施，并增设一级静电除尘，将转炉煤气提供给CSP工程中加热炉使用。

（9）二炼钢工程所需压缩空气与CSP工程一起考虑，在现一炼钢空压站内扩建一台350m^3/h空压机。

（10）炼钢炉前快速分析室内考虑承担CSP工程中钢样分析任务。

（11）炼钢区采暖使用现包钢热水管网中提供的热水。

（12）转炉炉渣采用包钢现有16m^3渣罐车运出。

（13）转炉污泥及二次除尘灰采用汽车运输。

（14）厂区供电由现有110kV总降变电站供电解决。

（15）二炼钢厂区内使用中国国家标准的电源。

（16）炼钢自动化控制部分为在原控制方式及原理基础上，配置新设备。

（17）厂区消防由包钢统一考虑。

（18）炼钢生产所需各种动力、原辅材料均由包钢现有生产设施提供。

（19）厂区铁路及公路按新区规划统一布置。

（20）各种专用车辆，如铁水罐车、渣罐车、铁路平板车、机车、载重汽车等，要考虑包钢现有设备现状条件。

2.2 主要建设项目及设计范围

包钢二炼钢工程除由北京首钢设计院负责大部分主要设施外，部分公辅设施在 CSP 工程中统一考虑。其中，首钢设计院负责建设的工程项目及设计范围如下：

（1）炼钢主厂房。

（2）炉渣跨。

（3）炼钢主控楼。

（4）散状原料间、铁合金库及皮带通廊。

（5）$8\times10^4m^3$ 干式煤气柜及柜后转炉煤气电除尘和加压站。

（6）氧气、氩气及氮气储存、调压设施。

（7）转炉污水处理设施。

（8）转炉二次除尘设施。

（9）新增空压站。

（10）厂区供配电系统。

（11）转炉联合泵站。

（12）厂区综合管网。

（13）厂区地下管网。

（14）配料站改造。

（15）厂区公路及铁路和厂区运输。

3 炼钢设备的选择及主要修配改内容

3.1 炼钢设备的选择

根据我国目前炼钢制造能力及包头地区炼钢原、燃料供应条件，包钢二炼钢选择氧气顶底复合吹炼转炉作为炼钢设备。

经计算，采用 200t 转炉配置，按“一吹一”组织生产，可满足向包钢 CSP 工程的一台双流薄板坯连铸机提供钢水的要求。该台连铸机正常浇钢时间为 34~46min，平均为 40min，与 200t 转炉 40min 的冶炼周期基本匹配。由于在转炉设计上采用了溅渣护炉、挡渣出钢、快速更换氧枪、复合吹炼等技术后，不论是在年作业率及冶炼周期调整上，均能适应连铸机的生产要求。

根据以上情况，并经国家有关部门协调组织，本着有利于国家、有利于企业的精神，包钢与首钢签订了美国加州钢厂二手炼钢设备转让协议。为此，本工程的主要内容是围绕着采用加钢二手设备后，在进行修、配、改的同时，补充完善公辅设施，建设二炼钢厂。

3.2 二手设备主要修配改内容

原加州钢厂建于 20 世纪 70 年代末，在工艺、设备装备及控制技术上均属于 80 年代水平，为与薄板坯连铸连轧机匹配，并结合包钢对本工程的要求，主要修配改内容如下：

（1）取消混铁车运送铁水，采用 2×1300t 混铁炉及 100t 铁水罐车运输、储存铁水。

（2）增加铁水脱硫工艺设施。

（3）取消废钢露天栈桥及废钢转台，采用铁路平板车将废钢直接运入炼钢主厂房。

（4）取消原加钢散状料称量小皮带，采用称量斗加电振下料操作设施。

（5）改扩建散状料间，铁合金库。

（6）增加副枪设施。

（7）转炉改为顶底复合吹炼。

（8） 转炉增设挡渣出钢设施。

（9） 增设转炉煤气回收设施。

（10）转炉煤气风机增设变频装置。

（11）转炉二次除尘风机配备国产电动机。

（12）炼钢主厂房结构尽量利用原二手设备中旧有厂房柱、吊车梁、屋架、墙板等，增设铁水间、渣跨及废钢准备区厂房。

（13）转炉污水处理设施中取消辐流沉淀池处理工艺，改为较为先进的高效斜板沉淀器处理工艺。

（14）转炉主控室由炉后设置改在国内常规的炉前设置方式。

（15）增设炉前化验及快速分析设备。

（16）增设钢包内衬整体捣打成型设备。

（17）采用 $16m^3$ 标准渣罐出渣。

（18）将水冷烟道改为汽化冷却烟道。

（19）增设车间内事故钢水、铁水处理条件。

（20）废钢电磁吊车利旧改造。

（21）转炉加铁水吊车，加废钢吊车利旧改造。

（22）部分电气设备如变压器、操作柜、开关柜等在工艺参数许可条件下，经修配改后使用。

4 设计中采用的新工艺、新技术

（1）采用车间内铁水罐进行脱硫及铁水扒渣处理的设备和技术。

（2）转炉采用顶底复吹工艺。

（3）转炉采用副枪控制设备及技术。

（4）采用转炉挡渣出钢技术。

（5）采用转炉炉衬综合砌筑技术及上修式内衬修炉塔设备。

（6）采用转炉溅渣护炉工艺技术。

（7）采用激光测厚仪监测炉衬厚度技术。

（8）转炉烟气进行湿法除尘及煤气回收设施。

（9）车间内二次烟气设除尘装置。

（10）采用钢包在线烘烤，保证红包出钢。

（11）采用钢包内衬整体成型工艺及设备。

（12）转炉冶炼采用活性石灰炼钢工艺。

（13）钢样、铁样采用风动送样系统，结果可进行信息传递及显示。

（14）主要工艺设备采用两级计算机实现自动化控制并预留与管理级计算机的接口。

5 炼钢厂工艺及设备概况

5.1 生产规模及产品方案

根据新建的二炼钢厂与薄板坯连铸连轧工程配套进行生产这一原则，二炼钢厂按“一吹一”组织生产，年生产钢水 208 万吨，经 LF 等精炼设施处理后，供连铸机使用。为此，炼钢车间所生产的钢种，均为适宜板坯连铸用的钢水。主要钢种为冷轧钢板用钢、管线钢中卷管用钢、热板结构钢板用钢及低硅钢薄板用钢。

5.2 车间组成、工艺布置及生产操作流程

5.2.1 车间组成及天车配置

炼钢车间由主厂房及辅助设施组成，主要包括：炼钢主厂房、转炉主控楼、散状料地下料仓及铁合金库、皮带机通廊转运站、主变电站、污水处理站、煤气回收、气柜及加压站、转炉二次除尘、联合泵站等。

主厂房由铁水间、加料跨、炉子跨、出钢跨、炉渣跨及主控楼组成，各跨间有关参数见表 1。

表 1 炼钢主厂房主要参数及天车配置

跨间名称	跨度/m	长度/m	面积/m^2	轨面标高/m	吊车轨距 L_K/m	吊车（台数 × 吨位）	备注
渣跨	24.13	97.54	2353.6	11.43	20.42	1 × 75/20t	
混铁炉跨	23.0	81.38	1871.7	10.93	20	2 × 125/30t	
加料跨	24.13	245.98	5935.7	11.43 27.4	18.70 20.42	1 × 13.6t； 1 × 9t； 2 × 295/68t； 1 × 100/45t	
转炉跨	23.3	140.21	3266.9		6.1	1 × 36.3/13.6t	
出钢跨	24.13	164.6	3971.8	29.26	20.42	2 × 295/68t	不含 CSP
合计			17399.7				

5.2.2 工艺布置

炼钢主厂房主要完成废钢准备、铁水供应、炉渣处理、钢水冶炼等工艺过程，并进行修包、修炉、烘烤等辅助作业。

渣跨为单独的单跨厂房，设有两条铁路线作为渣跨的炉渣线，钢渣用火车外运。

铁水准备区域布置在炼钢主厂房的右端，由加料跨的一部分及紧靠加料跨的混铁炉跨组成。混铁炉跨设有 2 条铁水运输线，2 座 1300t 混铁炉，混铁炉的出铁方向设有一台铁水包车及相应的除尘设施。

加料跨的左侧为废钢准备区域，设有 2 条废钢运输线，此区域为低跨厂房。

中部是炼钢操作主平台，该跨的外侧设置了炼钢主控楼。

炉子跨左端低跨为氧枪检修间，右端低跨布置铁水预处理设施，中间为高跨厂房，设有 6 层平台，布置炼钢主体设备。地平放置炼钢水泵房、转炉冷却水箱、炉下车系统及两部电梯。

5.2.3 生产操作流程

生产操作流程如图 1 所示。

5.3 主要设备概述

5.3.1 转炉及倾动机构

转炉及倾动机构采用原加钢二手设备，为配合进行复吹工艺，主要增加气-水旋转接头，复吹配管，转炉炉底砖孔等改造，设备主要参数及性能如下：

（1）转炉公称容量：210t。

（2）转炉炉壳直径：8267.7mm。

（3）转炉炉壳总高：11486mm。

（4）托圈直径：11112mm。

（5）托圈高度：2600mm。

（6）砌砖后内径：5977m。

（7）内衬容积：228m^3。

（8）炉衬砖总重：630t。

（9）倾动方式：四点啮合全悬挂扭力杆传动。

（10）工作力矩：最大 410t·m。

（11）倾动电机：4 × 110kW, DC230V。

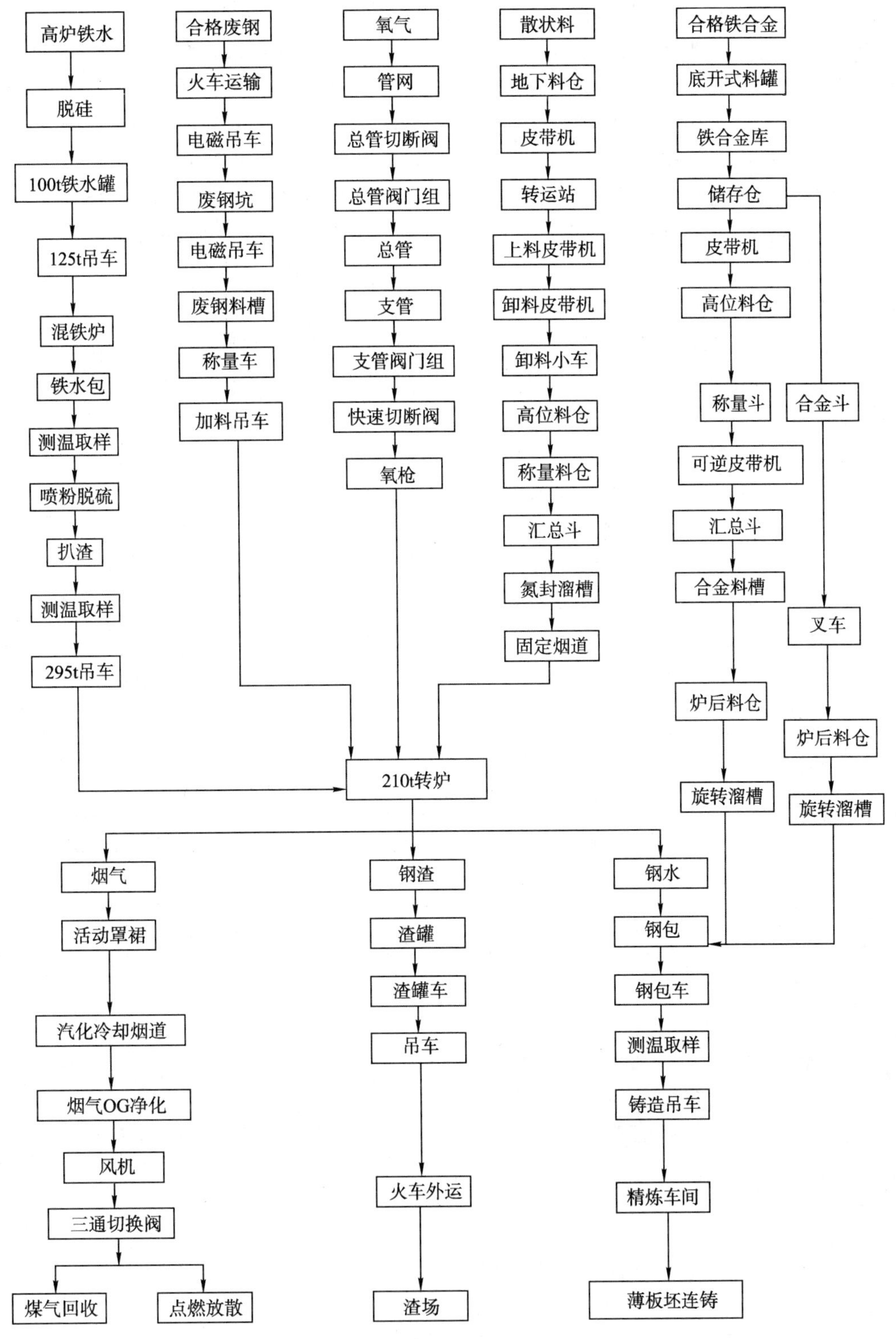

图 1　炼钢车间工艺流程

（12）倾动速度：1.5r/min。

（13）转炉水冷位置：托圈、耳轴、炉帽、炉口。

（14）最少工作电机台数：2 台。

（15）设备总重：710t。

5.3.2　氧枪及传动装置

氧枪系统由一个工作枪和一个备用枪组成，全部为利旧设施。氧枪提升卷扬由直流电机驱动，传动装置带有测速电机、自整角机和主令控制器电器控制设备。传动底盘带有氧枪旋转锁紧机构及保证氧枪升降平稳的液压缓冲机构。

在氧枪升降小车上设有防止坠枪的摩擦轮机构，在卷扬钢丝绳固定端设有拉力传感器，用于断绳和松绳报警。

氧枪旋转传动由交流电动机驱动，传动装置中配有主令控制器，用于旋转位置的控制。

氧枪及传动装置设备主要参数如下：

（1）枪体直径：273mm。

（2）枪体长度：22448mm。

（3）氧气压力：1.0~1.2MPa。

（4）氧气流量：44160m³/h。

（5）冷却水压力：1.3~1.5MPa。

（6）冷却水流量：350t/h。

（7）提升速度：26.9m/h。

（8）提升电动机：48.7kW, DC230V。

（9）旋转速度：3.69（°）/s。

（10）旋转电动机：3.1kW, AC380V。

5.3.3 转炉烟气收集及冷却设备

为收集转炉在吹氧炼钢过程中产生的大量烟尘，在转炉炉口上方设有烟罩及烟道系统。该系统采用原加钢二手设备，并根据工艺要求，由软水冷却改为汽化冷却，增加副枪孔，其主要组成如下：

（1）水冷罩裙。

（2）活动烟道及液压升降设备。

（3）汽化冷却固定烟道。

（4）冷却环。

（5）烟罩横移台车。

（6）烟道冷却水系统。

烟道之后，设有烟气除尘及煤气风机等设备。

横移烟道尺寸如下：

上口直径：ϕ3292mm；

下口直径：ϕ3769mm；

总高：8992mm。

罩裙主要尺寸如下：

下口弯点直径：ϕ4566mm；

上口内直径：ϕ4175mm；

总高：1180mm。

固定烟道主要尺寸：

烟道直径：ϕ3254mm；

烟道总长：31530mm；

烟道进出口水平距离：10722mm。

5.3.4 1300t 混铁炉设备

1300t 混铁炉主要由炉体，回转传动机构、支撑底座、炉顶盖卷扬、炉顶平台、干油润滑系统及燃烧系统组成，设备重约 360t/台。设备参数见表 2。

表 2 1300t 混铁炉设备参数

项 目		数 值	备 注
混铁炉公称容量/t		1300	
混铁炉座数/座		2	
混铁炉自重/t		约 360	不含砌砖
炉壳最大长度/mm		10520	
炉壳最大直径/mm		7640	
炉壳最大长度/炉壳最大直径		1.377	
炉衬内腔铁水质量/t		约 1258	
流铁嘴内铁水质量/t		约 31.0	
炉衬内腔铁水容积/炉衬内腔容积		0.772	
铁水液面至炉壳几何中心线距离/m		1400	
炉体回转角度	最大操作角度/（°）	30，向前	
	极限回转角度/（°）	47，向前； –5，向后	
流铁嘴端部圆周速度/$m\cdot s^{-1}$		0.05	
齿条线速度/$m\cdot s^{-1}$		0.046	
电动机功率/kW		52	交流 380V
总传动比		532.85	

5.4 炼钢厂工艺控制水平

按工艺流程及设备设置,炼钢厂共分为散状料、铁合金储存系统，散状料、铁合金加料系统，铁水供应系统，铁水脱流扒渣系统、转炉本体系统，转炉复吹系统、氧枪系统、副枪系统、转炉烟气净化冷却系统，转炉煤气回收系统，汽化冷却系统等 10 个工艺控制系统单元。各单元分别采用 PLC 控制。控制分自动控制和手动控制两种，自动控制系统分为二级控制，基础自动化系统和过程控制计算机系统，并预留与生产管理机的接口。

基础自动化作为直接控制级：它使用 PLC 和彩色 CRT 为操作站，其主要功能是在控制室对各工艺过程进行顺序控制、连续监测操作、完成设备间的连锁，以保证设备安全、有效地运行。另外还有人机对话和数据通讯（包括向上位机送信号和接收上位机的设定信号等）。

过程控制级：其主要功能是收集来自控制级信息、数据；对炼钢过程优化（包括数学模型计算和设定控制）；对生产过程进行跟踪和操作指导；化验室数据管理；打印报表和数据通讯等。

控制级操作方式分为就地手动操作、远程手动操作及自动操作 3 种方式。

就地手动操作：由操作员在设备旁通过机旁操作箱完成对设备的操作。此种操作用于设备调试或事故处理。

远程手动操作：由操作员在控制室 CRT 上通过键盘及相应的画面按钮来完成对局部或单体设备的操作。

计算机（自动）方式：由过程级向控制级发送设定值（设定值需经操作员确认），控制级据此来控制不同的设备。

6　车间主要技术指标

6.1　车间主要工艺参数

（1）车间转炉座数：1 座。

（2）转炉公称容量：210t。

（3）转炉平均出钢量：210t。

（4）车间转炉吹炼制度：一吹一。

（5）转炉冶炼周期：40min。

其中，吹氧 16~18min；溅渣护炉 3min。

（6）转炉日最大出钢炉数：36 炉。

（7）转炉日平均出钢炉数：33 炉。

（8）转炉年有效作业天数：300 天。

（9）车间年工作天数：338 天。

（10）车间年产合格钢水量：208 万吨。

6.2　车间主要原料消耗

（1）吨钢铁水消耗：970kg。

（2）吨钢废钢消耗：110kg。

（3）吨钢石灰消耗：60kg。

（4）吨钢铁合金消耗：15kg。

（5）吨钢萤石消耗：3kg。

（6）吨钢轻烧白云石消耗：20kg。

（7）吨钢焦炭消耗：0.2kg。

（8）脱硫剂消耗：3.5kg。

（9）保温剂消耗：0.6kg。

（10）转炉炉衬砖消耗：0.6kg。

（11）补炉料消耗：0.5kg。

（12）其他耐火材料消耗：8.0kg。

6.3　车间主要技术指标

（1）转炉炉龄：5000~8000 炉。

（2）转炉炉容比：约 $1.1m^3/t$。

（3）吹炼一次命中率：约 90%。

（4）复吹率：100%。

（5）钢水合格率：100%。

（6）挡渣合格率：约 90%。

7　工艺设计特点

炼钢厂工艺设计采用目前国内国际先进的四位一体流程，即铁水脱硫—顶底复吹转炉—钢水二次精炼—薄板坯连铸连轧一对一的配置。

7.1　采用全连铸技术以连铸为中心

贯彻以连铸为中心的设计思想，采用红包出钢和钢包出钢底吹氩设施。

在工艺布置上，注重工艺流程的顺畅、协调。主厂房内炼钢所需的原材料分别由各跨间的两端进入。各跨、平台间配备了过跨车、电梯、叉车、电葫芦和悬挂吊车等设备与设施。这种布局使整个工艺系统有序衔接、物流均衡，设备的操作、维护和检修方便，满足了全连铸炼钢车间快节奏生产的要求。

7.2　铁水供应满足要求，工艺布置独特、可靠

依据包钢要求，混铁炉采用一侧兑铁、另一侧出铁的形式并布置在转炉的一端，高炉铁水由混铁炉间进入炼钢主厂房由吊车兑入混铁炉。另一侧的出铁嘴则在转炉加料跨。当混铁炉检修时，通过加料跨铁路，铁水直接倒入铁包，兑入转炉内。

在转炉跨有配备了铁水脱硫扒渣设施，铁水在兑入转炉前进行脱硫扒渣处理。

7.3　转炉先进可靠且留有发展余地

转炉为对称炉帽、直筒形炉身，采用大的炉容比和高径比，利于生产操作和发挥设备潜力。

转炉采用水冷炉口及水冷炉帽等技术。

倾动机构为带有扭力杆缓冲止动装置的全悬挂形式，4 台直流电机驱动、调速，转炉易于操作且

有较高的可靠性。

7.4 注重环境保护

烟罩、烟道采用密闭软水冷却和汽化冷却，采用可靠的湿法除尘技术，对转炉一次烟气进行处理，并设有煤气回收及二次除尘设施。

7.5 控制系统简单可靠

采用以 PLC 为核心的控制系统，对各工艺系统按控制单元进行控制。由基础自动化系统完成各工艺过程顺序控制、检测和设备间的联锁，而对数据的收集、生产报表的打印等由过程级来完成。可实现自动、远程手动和机旁手动 3 种操作方式。

配置了工业电视、对讲、广播等通讯设施以满足生产的需要。

8 结语

包钢二炼钢工程是我院对外承揽的第一个上亿元工程，同时也是第一个总承包工程，该工程不论是对我院还是对包头钢铁公司都是一个十分关键和重要的项目，包钢二炼钢工程的顺利投产，标志着我院具备了承担重大工程项目的能力，为今后走入市场提供了重要业绩，为今后承包工程积累了丰富的成功经验。

设计、设备供货及与施工的紧密结合，可以有效地提高设计优化水平，缩短工期，提高建设效率。另外，不断跟踪国内外新工艺、新技术、新设备、新材料的发展，重视技术储备以及国内外新上项目的信息，有利于减少设计投入提高设计质量和经济效益。

➤ 精炼技术

首秦 100t 双工位 RH 真空精炼技术集成与创新

黄 云

(北京首钢国际工程技术有限公司，北京 100043)

摘 要：本文详细介绍了首秦 100t 双工位 RH 真空精炼项目的主要工艺特点及技术集成创新点。从实际生产来看，工艺设备运行状况良好，处理效果达到国内先进水平。

关键词：RH 真空精炼；双工位；创新

Technology Integration and Innovation of Shouqin 100t RH Vacuum Refining by Duplex Process

Huang Yun

(Beijing Shougang International Engineering Technology Co., Ltd., Beijing 100043)

Abstract: The technology characteristics and integration innovation of Shouqin 100t RH vacuum refining by duplex process are described in this paper. In practice, the technology equipment run well,and the treatment effect reached to domestic advanced level.

Key words: RH vacuum refining; duplex process; innovation

1 引言

随着钢铁市场需求的变化和世界经济的发展，用户对钢材品质的要求越来越高。生产高档优质产品已成为国内外钢铁厂的主要目标。其中许多钢厂在二次精炼上选择了 RH 这样一种既能生产优质钢水，又能与转炉、连铸等工序在生产节奏上能很好匹配的技术装备。如宝钢、武钢、鞍钢、本钢公司等炼钢厂都配备了技术领先、设备先进的 RH 真空处理设施。

首秦 100t 双工位 RH 真空精炼项目是首钢国际工程公司集成设计的首钢内部第一套双工位的 RH 真空处理装置，该套装置设计处理钢水规模为 100 万吨/年，是目前国内工艺、设备最先进的 RH 真空处理设施之一。

2 RH 技术集成创新点

首钢国际工程公司作为首秦 100t 双工位 RH 真空精炼项目的总体工艺与工厂设计方，集成了具有世界先进水平的 RH 真空精炼工艺技术与设备，并在此基础上自主创新，形成了适合首秦特点的紧凑型双工位 RH 工艺。其中 RH 的关键设备真空泵喷嘴、真空度调节针形阀、顶枪系统、冶金模型采用德国 SMS-MEVAC 公司先进产品和技术；浸渍管全自动喷补机设计和供货为德国 VELCO 公司；真空室设施及真空加料系统由首钢国际设计，委托西冶制作供货；三电控制系统及二级接口软件全部为首钢国际联合首自信自主开发。

首秦 100t 双工位 RH 工艺参数见表 1。

2.1 适合首秦炼钢车间紧凑型双工位 RH 工艺布置创新

首秦公司炼钢主厂房的占地面积只相当于同等规模炼钢厂占地面积的 2/3，充分体现了整体紧凑型布局的设计理念。为了适应这一要求，本设计采用真空室固定，热顶盖横移式的双工位 RH 布置工艺，

表 1　首秦 100t 双工位 RH 设计工艺参数

项　目	内　容	备　注
RH 装置数量/套	1	紧凑型双工位
公称容量/t	100	
精炼钢水范围/t·炉$^{-1}$	100 ~ 120	
年处理钢水能力/万吨	100	
处理周期/min	23 ~ 35	
抽气能力（67Pa）/kg·h^{-1}	500	20℃，干空气
极限真空度/Pa	30	
抽气时间(大气压至 67Pa)/min	≤4	
钢水循环速度/t·min^{-1}	84	最大值
泄漏率/kg·h^{-1}	≤35	
蒸汽消耗/t·h^{-1}	≤16.5	
顶枪吹氧量（标态）/m^3·h^{-1}	2000	最大值.
循环气量（标态）/m^3·h^{-1}	130	氩气
顶枪升温速度/℃·h^{-1}	≥50	
顶枪最高加热温度/℃	1450	
处理效果：[H]/%	≤0.00015	
脱碳时间（[C]：0.035%~0.0015%）/min	≤14	
处理效果[O]/%	≤0.0025	
真空泵级数/级	4	全蒸汽泵
真空室型式	分体式	
合金料仓个数/个	20	

与传统的三车五位、四车六位的双工位 RH 工艺布置比较，节约了 180~360m^2 的设备占地面积，既能保证满足实现双工位工艺的生产要求，又实现了紧凑型布局的设计理念。首秦 100t RH 布置 3D 效果图如图 1 所示。

图 1　首秦 100tRH 布置 3D 效果

2.2　适合转炉车间的 RH 真空泵蒸汽供应过热系统的技术创新

在一般情况下，转炉汽化冷却自产汽为低压饱和蒸汽，真空泵使用这种蒸汽抽真空时，真空泵可能发生水击现象，引起设备磨损，缩短设备使用寿命，同时也难保证真空度。为保证 RH 真空泵系统工作的稳定性，减小蒸汽对泵喷嘴冲击磨损，喷嘴供货商对使用蒸汽条件提出了严格要求。要求接点压力：1.0 ± 0.02MPa；温度：210 ± 5℃，必须对饱和蒸汽进行过热处理后才能供 RH 真空泵使用。该系统的设计原理如图 2 所示。

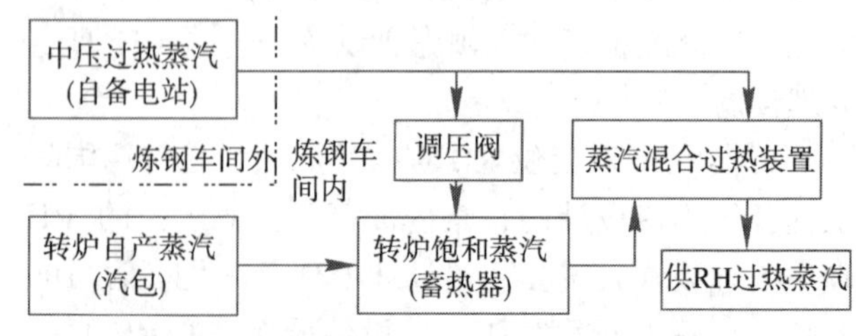

图 2　蒸汽供应过热系统设计原理

本技术利用电站锅炉产生的过热蒸汽，与炼钢车间转炉烟道汽化冷却产生的饱和蒸汽混合，利用高品质过热蒸汽混合、加热转炉自产饱和蒸汽，达到精炼抽真空用蒸汽压力和过热度后，供精炼炉真空泵使用，该方式可以将过热蒸汽用量减到最小，同时充分、合理使用了转炉烟道汽化冷却自产汽。该装置结构简单、占地小，可直接安装在 RH 精炼炉真空泵设备附近，流程简便，自动化控制程度完备，无需专门设定员进行检修、职守，运行成本低；该装置自投入生产以来，效果良好，达到了设计的目标。该技术已申报国家发明专利。

2.3 双工位 RH 三电控制系统的集成创新

按照首钢国际总体工艺负责的设计原则，本项目的三电控制系统及二级接口软件开发全部由国内配套完成。双工位 RH 精炼炉一级控制系统共有 3 个西门子 S7-400PLC 主站，分为钢包运输、钢包顶升、热顶盖车、顶枪、真空泵、蒸汽过热系统等 20 个系统。操作画面 24 幅，动态连接点 2.6 万个，一级系统硬件输出输入点 4560 点。控制点多、设备连锁动作复杂以及二级接口软件的定制开发是双工位 RH 控制系统的难点。首钢国际联合首自信集成创新的首秦 RH 电控系统在实际生产中系统运行稳定，各项参数准确。主要技术指标如真空系统抽气能力，顶枪加热率，真空系统泄漏率，真空泵蒸汽消耗量，冷凝器冷却水消耗量，抽气时间，脱碳指标等均达到设计水平。这说明该套控制系统设计合理，具有一定的推广应用价值，能为投资方节省大量的引进资金，取得良好的经济和社会效益。

3 RH 的主要工艺技术特点

首秦 100t 双工位 RH 精炼炉是首钢第一套双工位 RH 钢水循环真空处理设施，采用先进的技术与可靠的设备，关键设备从国外引进，绝大部分设施由国内配套。总体工艺及工厂设计由首钢国际来完成，其采用的主要工艺技术特点如下。

3.1 采用了多功能 TOP 枪技术

首秦 RH 采用了德国 SMS-MEVAC 公司的 TOP 顶枪专利技术，顶枪系统包括吹氧、脱碳和化学加热钢水功能、还有加热真空室耐材功能。在顶枪头内部一侧安装有 TV 摄像头，用来观察处理过程中钢水循环情况以及耐材侵蚀情况。另一侧安装有点火烧嘴，用于在环境温度<800℃时燃烧点火。环境温度大于 800℃时，吹入燃气可自动点火燃烧。枪体设计为水冷套管式多层结构，分别通氧气、煤气、冷却水和冷却气体。顶枪在真空室内的位置可以随时改变，使真空室内保持较高温度，减少冷钢粘附。这样，不仅使生产洁净钢成为可能，而且在生产计划的安排上不必考虑清除残钢的工作。同时可以通过吹氧进行强制脱碳；在枪的顶部安装了灵敏度可调的火焰检测装置，对产生的火焰大小进行控制和调节。首秦 RH 顶枪功能及结构如图 3 所示。

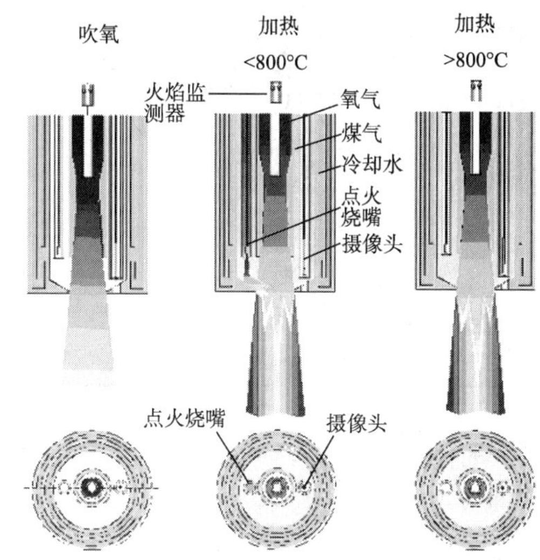

图 3 首钢 RH 顶枪功能及结构

3.2 顶枪密封采用气囊式软密封技术

顶枪插入口用耐高温气囊外套密封。顶枪停止升降时，气囊充气膨胀与枪体接触，与外界隔绝。枪体运动前，气囊内高压气自动排空，气囊在自身弹力的作用下收回，抱紧枪体的气囊松开。顶枪抽出后采用压缩空气气帘密封，有效地减小了真空系统的泄漏率，提高了真空泵的工作效率。密封通道内部带枪体刮渣器，防止枪头粘渣后对密封圈的破坏。

RH 顶枪密封工艺技术及结构如图 4 和图 5 所示。

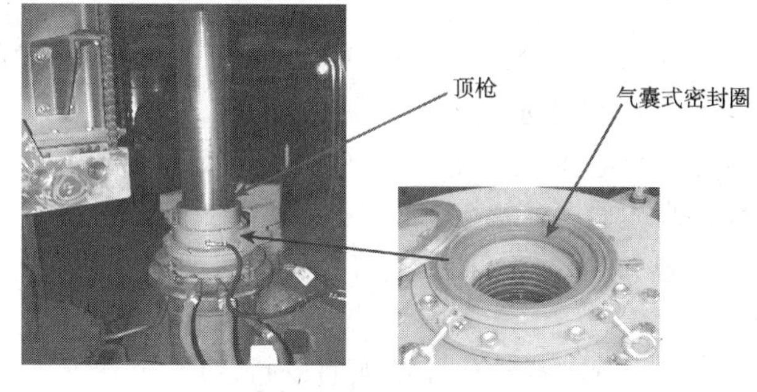

图 4 RH 顶枪密封工艺

3.3 采用带针形调节阀的 4 级真空泵系统

该系统与传统的 5 级真空泵系统相比具有设备少，占地小，蒸汽和冷凝水消耗低特点。针形调节阀可以单独调节泵的蒸汽流量达到调节系统真空度的作用。RH 真空泵的系统组成如图 6 所示。真空泵系统的主要技术参数见表 2。

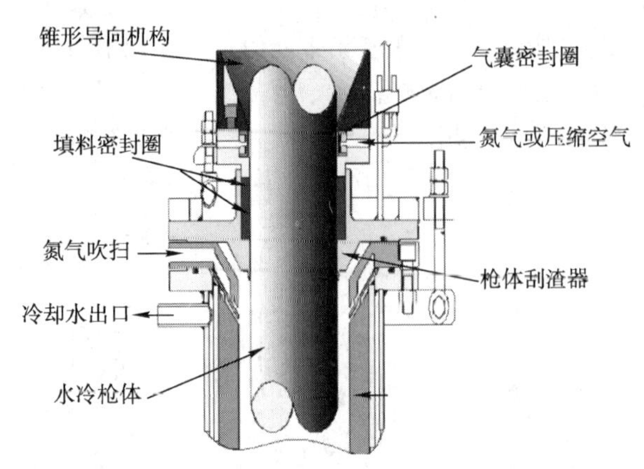

图 5　RH 顶枪密封结构

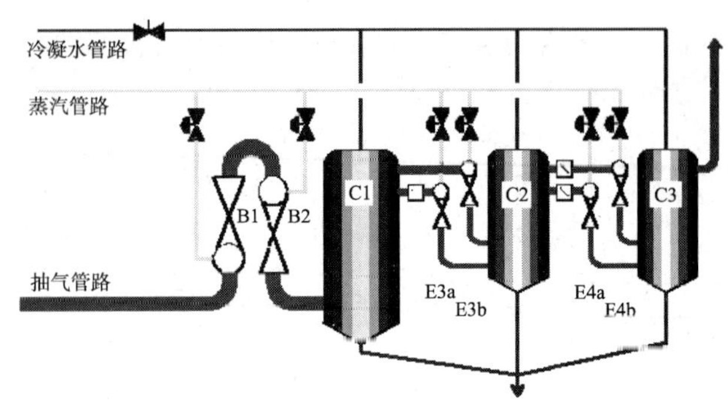

图 6　RH 真空泵系统组成
B1—1 级泵；B2—2 级泵；E3(a,b) —3 级(a,b)泵；E4(a,b)—4 级(a,b)泵；C(1,2,3)—冷凝器

表 2　真空泵系统主要技术参数

项　目	参　数	备　注
真空泵系统类型		水蒸气喷射真空泵系统
抽气能力/$kg\cdot h^{-1}$	500 2600	（66.7Pa，20℃干空气） （8.0kPa，20℃干空气）
极限真空度/Pa		≤30
真空泵系统泄漏率/$kg\cdot h^{-1}$		≤30（20℃干空气）
抽气时间/min		≤ 4（从大气压到 67Pa）
蒸汽压力/MPa	1.0	
蒸汽温度/℃	210	过饱和温度
蒸汽耗量/$t\cdot h^{-1}$	16.8	
冷凝器进水温度/℃	≤35	
冷凝器用水量/$m^3\cdot h^{-1}$	850	
C1 冷凝器直径/mm	3000	
C2 冷凝器直径/mm	2200	
C3 冷凝器直径/mm	1600	

3.4　采用先进的自动化控制系统及冶金模型

现代钢铁制造流程对自动化控制水平的要求越来越高。先进的自动化控制技术有利于获得高效、优化和稳定的生产工艺，是提高产品质量、获得高的收得率、延长设备使用寿命、节能降耗以及改善劳动条件节省人力必不可少的前提条件。

首秦 RH 真空处理设施的控制系统,包括基础自动化、过程自动化和管理自动化三级。基础自动化利用 PLC 完成对 RH 本体及合金加料系统操作、监视和数据采集，并按工艺设备流程实现一体化控制；过程自动化负责各工序过程的监控与优化，包括各种冶金模型和数据处理等；管理自动化通常称之为三级控制系统，包括前后工序的数据通讯和协调处理、统计报表及炉况跟踪等。

4　RH 的投产及应用效果

首秦 RH 真空精炼工程的投产后，所有工艺设备运行状况良好，处理效果达到国内同行业先进水平，处理效果达到：[C]≤0.0015%;[H]≤0.00015%;[O]≤0.0025%。浸渍管寿命稳定在 120 炉以上，最高达到 143 炉。满足了首秦产品开发的要求，成功开发了管线钢 X70、高强度桥梁板、装甲舰艇板、海洋平台及船用钢、锅炉用板、容器用板、模具板、军工板等高附加值产品，取得了较好的经济效益。

5　结论

首秦 100t 双工位 RH 真空精炼工程，实现工艺布置优化、蒸汽泵过热蒸汽供应及三电控制系统开发等技术创新，关键设备采用点菜单式引进，既保证整体项目的工艺设备的先进性、又降低了投资者的大量引进技术的成本。首秦 RH 顺利投产及稳定生产实践证明了公司设计的 RH 真空处理技术已经达到了国内领先水平。

参考文献

[1] 黄云, 冯术勋, 张德国.首钢迁安钢铁厂 1 号 RH 真空精炼炉设计与投产[C]//成都: 中国钢铁年会, 2007.

[2] Govan, Rushe, Piday. The development and operation of a oxygen lance for the RH degassing unit at Corus Strip Products, Port Talbot Works[C]//3rd European Oxygen Steelmaking Conference, Birmingham, Great Britain, 2000: 221~240.

[3] Dr.Tembergen, Dr. Andreas Kubbe. Technical Specification of 100t with Stand RH for Shouqin ISCO[J]. SMS Mevac GmbH, Essen,Germany, 2006,1.

（原文发表于《世界金属导报》2012-09-25）

邢钢 80t LF 钢包精炼炉的工程设计

武国平　秦友照

(北京首钢国际工程技术有限公司，北京 100043)

摘　要：本文介绍了邢钢 80t LF 钢包精炼炉的工艺流程，计算并确定主要设备及电气参数选型，并根据计算的电气及热工参数绘制出“电气特性曲线”。

关键词：LF 设计；短网；导电横臂；水冷炉盖；电气特性

Engineering Design of Xingtai Steel's 80t LF Ladle Refining Furnace

Wu Guoping　Qin Youzhao

(Beijing Shougang International Engineering Technology Co., Ltd., Beijing 100043)

Abstract: This paper introduces the process diagram of Xingtai Steel's 80t LF refining furnace. Main devices and electrical parameters are calculated, and the electric characteristic graph is drew according to the calculated electric and thermal parameters.

Key words: LF; design; short net; current conducting arm; water-cooled furnace roof;electric characteristic

1 引言

邢台钢铁有限责任公司为提高现有产品质量、提升产品档次、优化拓宽产品结构，2007 年开始建设精品钢生产线工程，该精品钢生产线炼钢系统由首钢国际工程公司设计，包括一座 80 t 转炉改造、一台 80 t LF 钢包精炼炉、一台 80 t RH 真空脱气精炼炉、一台四机四流 280mm × 325 mm 大方坯连铸机及相应的公辅设施等。该生产线用于生产高级冷镦钢、帘线钢、高级弹簧钢及轴承钢、齿轮钢等，于 2007 年 8 月 18 日顺利竣工并投入运行。

由于转炉车间和精品钢车间分属两个独立的厂房车间，钢水包需进行倒运，运输距离 70 m，温降较大，因此 LF 钢包精炼炉充分发挥了转炉和连铸之间的缓冲器作用，能够承上启下，协调生产节奏。另外，LF 钢包精炼炉为大方坯连铸机提供高质量的钢水发挥了重要作用。以下重点介绍 80 t LF 钢包精炼炉在设计过程中所进行的理论计算及主要参数的确定。

2 主要工艺参数

2.1 LF 炉主要工艺参数及技术指标

钢包容量	80 t
熔池直径	ϕ2646 mm
钢包净空	550 mm
变压器容量	15 MV·A
一次电压	6 kV
二次电压	320-176V, 有载调压 13 级
二次电流	30490 A
电极直径	ϕ400 mm
电极分布圆直径	ϕ700 mm
电极升降最大行程	2800 mm
电极升降速度	5/3.5 m/min 变频调速
升温速度	≥4.0℃/min
液压系统工作压力	12 MPa
短网三相不平衡系数	≤5%
精炼周期	38 min
电耗	<40 kW·h/t 钢

电极消耗　　　　　0.4 kg/t 钢

2.2 工艺流程

精品钢生产线工艺流程形式为“转炉—LF—RH—CCM”。精品钢生产线的所有生产钢种均经过 LF 炉和 RH 精炼处理。LF 炉精炼工艺流程及各工位的冶金功能如图 1 所示。

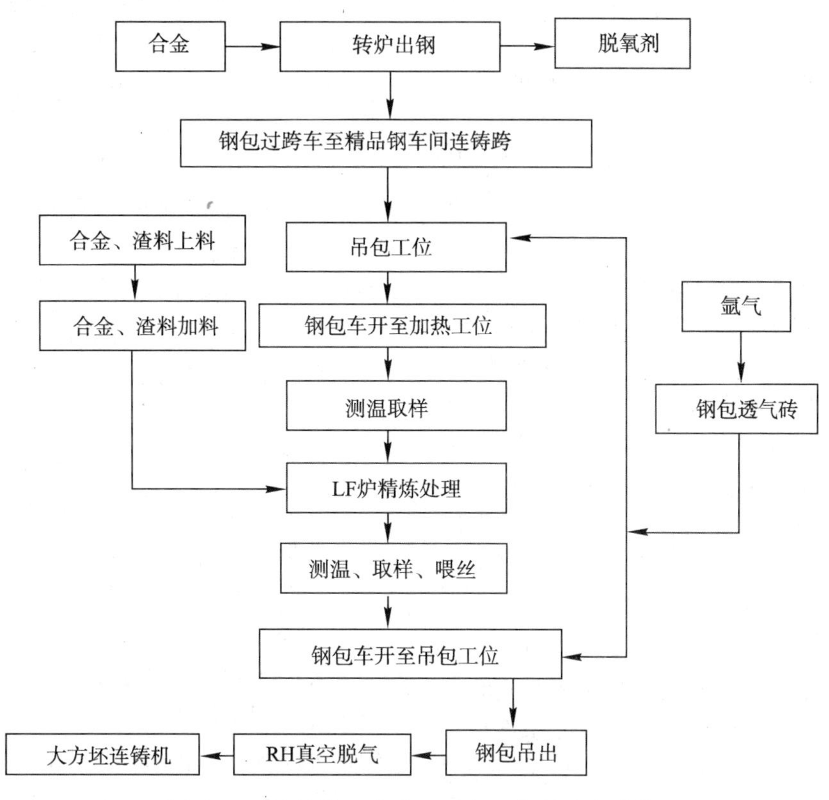

图 1　LF 炉精炼工艺流程及各工位的冶金功能

3 主要设备设计计算及主要技术参数的确定

3.1 变压器容量的确定

LF 炉变压器容量 P（单位：kV·A）与处理的钢水量、钢水的升温速度、功率因数及热效率有关，可以按下列公式确定：

$$P=\frac{G\times\Delta t\times 60\times 1000\times K}{860\times\cos\varphi\times\eta}$$

式中　G——钢水质量，t；

Δt——钢水升温速度，℃/min；

K——钢水比热容，kcal/（kg·℃）；

$\cos\varphi$——功率因数；

η——钢包加热效率。

取 G=80 t，Δt=4℃/min，K=0.23 kcal/（kg·℃），$\cos\varphi$=0.8，η=0.48，根据上述公式计算 P=13.4 MV·A，由于本工程的特殊性，钢包需从炼钢车间运输至精炼车间，运输距离较远，为保证生产节奏、提高加热速度，变压器额定容量取 P=15 MV·A。

3.2 二次电压及电流的确定

钢包炉的二次电压及二次电流的确定是钢包炉设计过程中的一个重要环节，对 LF 炉的成功运行相当重要，二次电压及电流的设计需要综合考虑钢包包衬的寿命、升温速度和工艺。

由美国联合碳化物公司 W.E.Schwabe 提出的耐火材料侵蚀指数用于描述由于电弧辐射引起炉壁耐火材料损坏的程度，并以耐火材料侵蚀指数单位：（$MW\cdot V/m^2$）的大小来反映耐火材料损坏的外部条件，表达式如下：

$$R_E=P_{arc}U_{arc}/d^2=IU_{arc}^2/d^2$$

式中　P_{arc}——单相电弧功率，MW；

U_{arc}——电弧电压，V；

d——电极侧部至炉壁内衬最短距离，m。

当电弧暴露后，R_E 应限制在 500 $MW\cdot V/m^2$ 以内。但若采用泡沫渣埋弧加热技术，耐火材料侵蚀指数大于 500 $MW\cdot V/m^2$ 并不表明真正意义上的炉壁烧损程度。计算耐火材料侵蚀指数的意义主要在于当不采用埋弧加热时，电弧对炉衬的影响。

将整个 LF 工艺过程分成升温期与保温期，除必须要求采用设备最大加热速率外，二次电压均应该有选择地确定，确定的原则如下：

（1）为减少电弧对包衬的热侵蚀，降低耐火材料侵蚀指数，电弧应尽量短、电压低些好。在保温期采用低电压。

（2）LF 精炼过程钢液极易增碳，为了防止增碳，电弧电压应高于 70 V；

（3）为提高热效率，采用泡沫渣精炼工艺，从而实现长弧供电，即高电压、低电流。在升温期采用高电压。

综上所述，电压大小的确定，应考虑耐材侵蚀指数，更主要是炉渣厚度的大小，一般以渣厚度大于电弧长度为佳；精炼前期（升温期）炉渣发泡性好，电压选大一些，精炼后期(保温期)，电压选小一些。

邢钢 80 t 钢包精炼炉在冶炼工艺上采用了泡沫渣技术。因此将二次电压档定为 13 级：最高电压 320 V，最低电压 176 V，采用有载调压方式。在每一档电压下，绘制了电气特性曲线（本文的最后一节），根据电气特性曲线可确定合理的供电制度。

对于二次电流的选择，应以经济电流为最佳。在经济电流附近，电弧功率与电损功率随电流的变化率相等；当电流小于经济电流时，电弧功率小，熔化得慢；当电流大于经济电流时，电弧功率增加缓慢，电损功率增加较多，在经济电流附近的 $\cos\varphi$、η 也比较理想。

3.3 短网设计

短网是指从电炉变压器低压侧出线到石墨电极末端为止的二次导体，它主要包括石墨电极、导电横臂、挠性电缆及硬母线。由于这段导线流过的电流特别大，又称为大电流导体(或称为大电流线路)，而长度与输电电网相比又特别短，故常称为短网[1]。

短网中通过的大电流不可避免地会引起有功和无功损耗，短网阻抗的大小影响电效率、功率因数及 LF 炉热效率，因而会影响输入功率的大小及电耗的高低；三相短网的布线方式影响三相电弧功率的平衡、炉衬寿命及冶炼周期，从而影响电炉的生产率及炼钢成本。

综上，LF 炉短网设计的重点是降低短网电阻以及平衡三相电抗。

短网中电阻由三部分组成，即直流电阻 R_o、接触电阻 R_j 和附加损耗电阻 R_f，即：

$$R=K_jK_eR_o+R_j+R_f$$

式中　K_j, K_e——分别为考虑集肤效应和邻近效应时的系数。

其中　$R_o=\rho_{20}L/S[1+\alpha(t-20)]$

式中　ρ_{20}——铜在 20℃时的电阻率，取 0.0175Ω·mm²/m；

L——导体长度，mm；

S——导体截面积，mm²；

α——铜的电阻温度系数，取 0.0043/℃；

t——导体的工作温度，℃。

$$R_j=\varepsilon/p^m$$

式中　ε——接触材料和接触面有关的系数，铜-铜为 0.1×10^{-3} Ω·kg；

m——与接触形式有关的系数，面接触为 1.0，线接触为 0.7；

p——接触对压力，铜母线搭接取 10 MPa。

附加电阻是由于短网附近铁磁构件中因大电流磁场引起的有功损耗，为短网总电阻的 15%~25%。

对于等边三角形布置的三相短网，其电抗可用下式计算：

$$X=0.0628\,L\ln(D/g)$$

式中　L——导体长度，m；

D——导体互几何均距；

g——导体截面自几何均距。

在整个短网中，电抗值要比电阻值大得多，它是决定三相阻抗平衡的主要参数，而总的电抗值中，挠性电缆和导电铜管的电抗占总电抗 75%~80%，所以优化这一部分的结构、缩短其长度，是一个重要环节。

在设计邢钢 80 t 钢包精炼炉时，为降低短网电阻及电抗值采取如下措施：

（1）变压器。变压器的二次出线三角形封口在变压器内实施，有利于简化短网布线，进一步降低短网电阻。变压器二次出线采取侧出线，从而降低短网长度。

（2）水冷电缆与石墨电极。在保证水冷电缆曲率半径要求的情况下，缩短水冷电缆的长度，以减少水冷电缆电阻。为减少石墨电极的电阻，LF 炉运行时尽量使电极夹头下的电极尽量短。第二个降低水冷电缆与石墨电极电阻的措施是增大导体截面面积。

水冷电缆的截面（单位：mm²/相）与石墨电极直径（单位：cm/相）计算公式如下：

$$S=I_{max}/J=0.27I_n$$

$$d=\sqrt{\frac{4I_m a_x}{\pi J}}$$

式中　I_n——二次额定电流，A；

I_{max}——最大工作电流，A；

J——导体的电流密度，A/mm²。

根据计算及对国产超高功率石墨电极进行考察（ϕ400 mm 的电极允许的电流密度为 31 A / cm^2），邢钢 80 t 钢包精炼炉电极直径为用ϕ400 mm。

经过系统计算，短网的阻抗值为 0.6+j2.0 mΩ。

3.4 导电横臂

传统横臂是由钢制电极横臂、电极夹头及夹紧机构、固定在横臂上方的水冷导电铜管等组成。钢制电极横臂起悬臂支撑电极并带动电极上下移动的作用，本身要承受较大的加速度。电流顺着导电铜管、电极夹头流过石墨电极，输入炉内。因为此结构的绝缘处在高温区，工作环境恶劣；导电铜管中流过大电流，在强磁场作用下会产生较大的电动力。所以，传统横臂故障多、维修工作量大[2]。

本工程将传统的导电铜管去掉，采用铜钢复合板导电横臂技术。导电横臂结构使横臂既为支撑体，同时又作为导体，简化了结构；另外，增加了横臂体的刚度，在横臂体内通水冷却，提高了横臂的使用寿命，且减少了维修工作量。因其绝缘件避开了高温区，也提高了可靠性。采用铜钢复合板制作的导电横臂与导电铜管比较，首先其长度比导电铜管要短约 10%，截面积比导电铜管大，导电横臂的直流电阻要比铜管明显减小；其次，导电横臂的自几何均距要比导电铜管的自几何均距大得多，其等效电抗值比导电铜管显著减小，这样就提高了炉子的电效率，可以增加输入炉内的功率，缩短熔炼时间，提高生产率。

三相导电横臂布置及结构如图 2 所示。

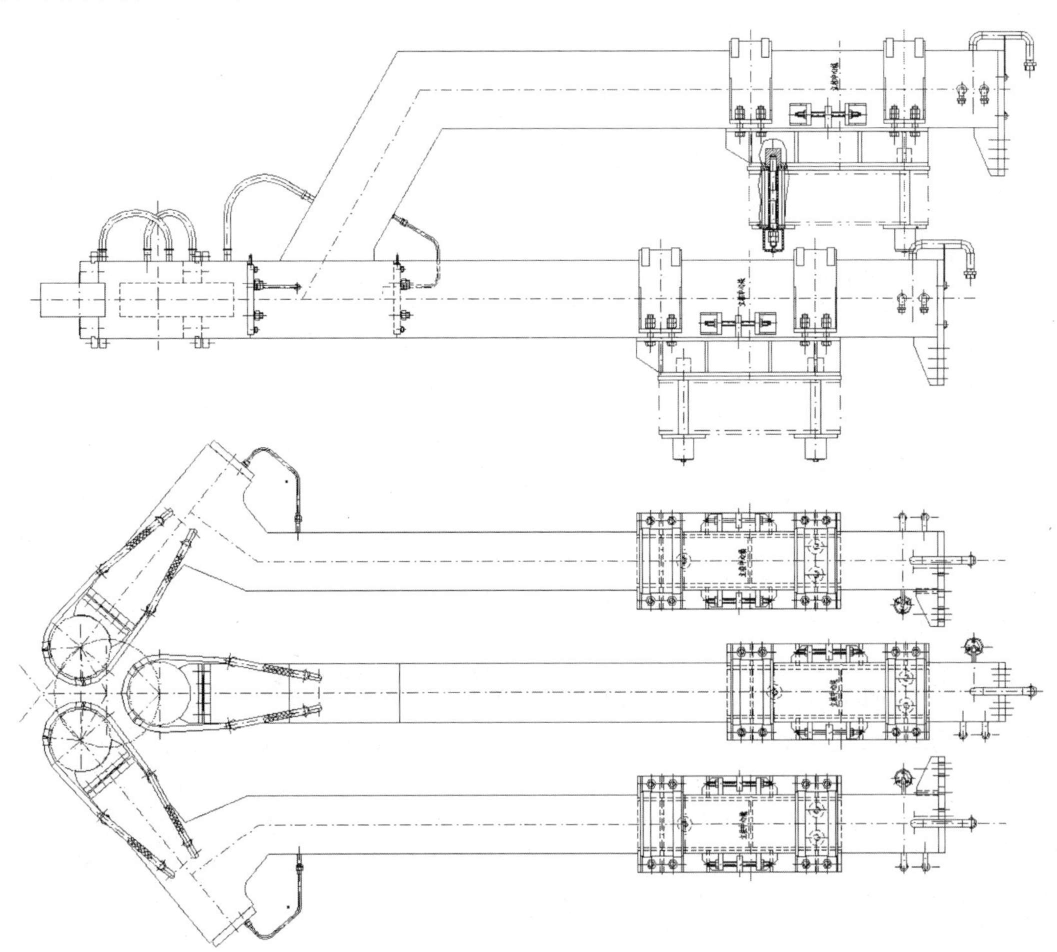

图 2　三相导电横臂布置及结构

从图 2 中可以看出，导电横臂采用三臂式结构，在空间为三角形布置，为悬臂形式。为减小阻抗及三相不平衡，中相导电横臂前端部分与边相导电横臂处于同一平面，后端高出边相导电横臂。边相导电横臂前端采用倒“八”形，减小了电极分布圆直径，从而也减少了电弧对包衬的辐射。横臂与立柱之间采用通长的螺杆连接，导电横臂体开有上、下贯通的长孔，安装方便，而且保证了足够的连接强度，立柱顶部的连接座也采用水冷。

导电横臂外形是矩形梁结构，用铜钢复合板焊制成箱体，所选用的铜钢复合板为 T2 板和 A3 钢板爆炸成型，既保证了连接强度，也保证了基材钢板的刚度。整体焊接时，在钢与钢焊好后再将铜与铜焊接，所有焊缝要求非常严格。

导电横臂通水冷却。为了保证密封性、长期使用的可靠性，横臂内用无缝钢管做芯管，在导电横臂内的油管均为整根不锈无缝管，没有接管。在三相导电横臂的前端矩形截面内，各安装有电极放松缸。通过电极夹头、电极抱闸采用蝶形弹簧恢复力抱紧电极，液压油缸压缩蝶形弹簧推开电极抱闸放松电极，电极加紧力为196kN。电极放松缸具有互换性，是特殊设计的专用油缸，内装有蝶形弹簧。为了便于检修、更换活塞密封圈，活塞与活塞杆是分开的，在夹持电极的状态下即可方便地更换密封圈。

电极夹头是用螺栓固定在导电横臂上。电极夹头采用铬青铜经锻造加工而成形。

电极抱闸采用水冷夹层的非导磁奥氏体不锈钢制作，防止因强磁形成通路使之发热。抱闸上焊有不锈钢条，经机械加工成圆弧面，夹紧时抱住电极。为了有较高的使用寿命，其圆弧面上喷涂有耐高温的陶瓷绝缘材料。电极抱闸与电极放松缸活塞杆相连。

钢板厚度主要考虑其结构强度问题，设计中我们选择 15mm 厚的钢板。而铜板厚度的选择要考虑“集肤”深度、载流能力及铜钢复合工艺。

集肤效应是由导体的自感引起的。通过导体的交流电流在导体表面处密度最大，而在导体中心处最小。在距离导体表面某一点，该点的电流密度为表面的 1/e(e=2.7183)时,此距离称为“集肤”穿透深度，用 δ 表示：

$$\delta = 5030\sqrt{\frac{\rho}{f\mu}}$$

式中　f——频率；

μ——导体材料的相对磁导率；

ρ——导体材料的电阻率，Ω·cm。

铜质导体材料的电阻率为 $1.75\times10^{-6}\Omega\cdot\text{cm}$，磁导率近似取 1。按上述公式计算的铜质导体的穿透深度为 9.4 mm。

3.5　水冷炉盖的设计

水冷炉盖为管式密排结构，由炉盖本体及排烟集尘罩等组成。炉盖本体用无缝钢管弯制焊接而成，炉盖上开有与三相电极相对应的电极孔。

炉盖的集烟由两部分组成，一部分为中心集烟筒，一部分为裙边集烟罩。中心集烟筒用于收集由电极孔冒出的烟尘，裙边集烟罩用于收集由钢包与炉盖之间冒出的烟尘，两处集烟管路汇集成一根总管，接到除尘系统。在炉盖本体上除了三个电极孔外，还设有合金加料孔、测温取样孔、喂丝孔，各孔均有相应的密封阀盖，根据需要可打开或关闭相应孔盖，孔盖的启、闭靠气缸驱动来完成。

水冷炉盖设计的关键问题是计算炉盖上水冷管的水流量。水流量确定的合理与否，将直接影响到炉盖的使用寿命和炉内的热效率。

炉盖用水量的大小决定于电弧对炉盖上通水冷却的水冷管的辐射强度，即炉盖上最大热负荷量，可根据热辐射理论的计算公式求得。经计算炉盖的热负荷值为 Q=103 kW / m^2。

水流量 Q_V 按下式计算：

$$Q_V=3.6QS/(c\Delta t),\ \text{m}^3/\text{h}$$

式中　Δt——水的温升 15℃；

S——炉盖水冷区的面积，经计算 $S=29\text{m}^2$；

c——水的比热容，取 4.187 kJ/(kg·℃)。

经计算 $Q_V=170\ \text{m}^3/\text{h}$。

电弧对炉盖的辐射强度大小，在不同位置有较大的差异(主要是辐射的角度和距离的原因)，所以在流量分配上也要有所侧重。炉盖下沿辐射强度最大，故此处水流量分配大些；相反，炉盖上面辐射强度小些，水分配量少些。经计算及考虑结构上的设计，本工程水冷炉盖上共设有 8 路水。

3.6　电气特性曲线

为计算方便，将 LF 炉供电线路折算成三相交流等效电路图，如图 3 所示，这是在三相对称的情况下得到单线等效电路图，其中电弧电阻 R_{arc} 是可变的。电网根据电工学及传热学原理可推导出有关电气量表达式[3]，见表 1。

表 1　电气量值及热工量值关系式

相电压/V	$U_\phi=U/\sqrt{3}$
二次电压/V	U
总阻抗/mΩ	$Z=\sqrt{(r+R_{arc})^2+X^2}$
电弧电流/kA	$I=U_\phi/Z$
视在功率（三相）/kV·A	$S=\sqrt{3}\,IU=3I^2Z$
无功功率（三相）/kvar	$Q=3I^2X$

续表 1

有功功率（三相）/kW	$P=\sqrt{S^2-Q^2}=3I\sqrt{U_\phi^2-(IX)^2}$
电损功率（三相）/kW	$P_r=3I^2r=P-P_{arc}$
电弧功率（三相）/kW	$P_{arc}=3I^2R_{arc}=3IU_{arc}=3I\left(\sqrt{U_\phi^2-(IX)^2}-Ir\right)$
电弧电压/V	$U_{arc}=P_{arc}/3I$
电效率	$\eta_E=P_{arc}/P$
功率因数	$\cos\varphi=P/S$
电弧长度/mm	$L_{arc}=U_{arc}-40$
耐材磨损指数/MW·V·m^{-2}	$R_E=\dfrac{U_{arc}^2I}{d^2}$
钢水升温速率/℃·min^{-1}	$v=\dfrac{3U_\phi I\cos\varphi\eta_E\eta_H}{60cG}-\dfrac{P_{arc}\eta_H}{60cG}$

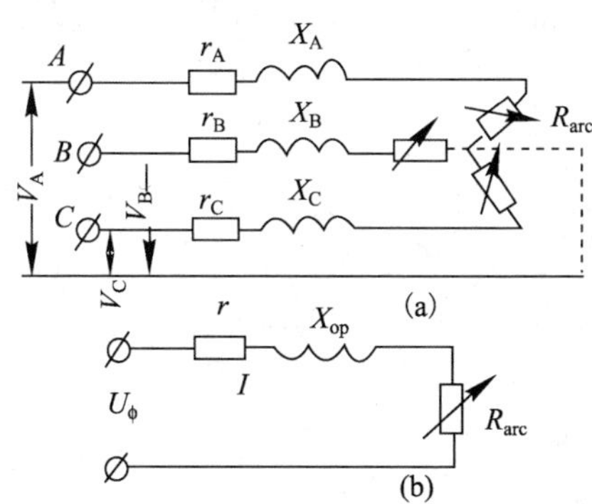

图 3　三相交流 LF 炉等效电路图
（a）三相等效电路图；
（b）单线等效电路图
r_A,r_B,r_C,r—相电阻；X_A,X_B,X_C,X_{op}—相电抗；
V_A,V_B,V_C,U_ϕ—相电压；R_{arc}—电弧电阻

根据表 1 中公式，可以绘出各档电压下的电气特性曲线。图 4 给出了邢钢 80tLF 炉在第 13 档电压 320V 下的电气特性曲线，其中的横坐标为电流，纵坐标为各电气量值。

通过对电热特性曲线的分析，可从以下几方面指导供电制度：

（1）加热速率与炉子热效率。一般加热速率与电弧功率、炉子热效率成正比。在每级电压下均有一点电流能使加热速率为最大，且加热速率随二次电压的升高而加大。

（2）电弧功率与电损功率。在每级电压下电弧功率均有最大值，在电弧功率最大值的右边，当电流增加、电弧功率降低。

电损功率与电流的平方成正比，尤其当电流接近电弧功率最大值或超过时，电损功率随电流的变化率增加，功率因数、电效率降低。

（3）经济电流[4]。当电流较小时，电弧功率随电流增长较快，而电损功率随电流增长缓慢；当电流增加到较大区域内时，情况恰好相反。这说明在特性曲线上有一点(电流)能使电弧功率与电损功率随电流的变化率相等，此点对应的电流称为经济电流。当电流小于经济电流时，电弧功率小，熔化得慢；当电流大于经济电流时，电弧功率增加不多，电损功率增加不少。在经济电流附近的 cosφ、η 也比较理想。

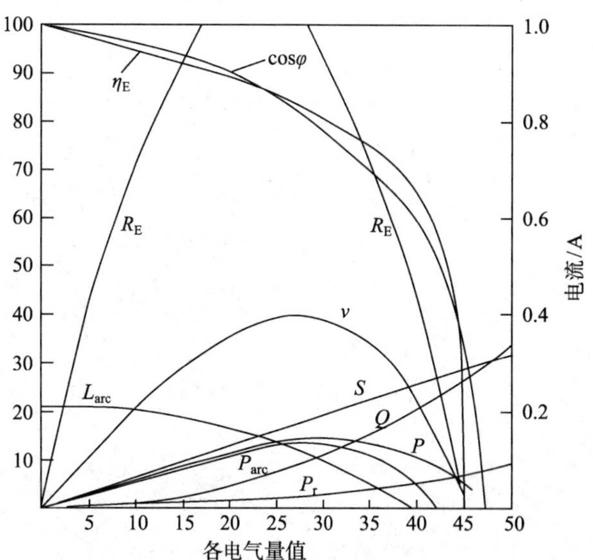

图 4　邢钢 80 t LF 炉 320V 电压下的电气特性曲线
视在功率 S/MV·A；电弧电压 U_{arc}/×10V；
无功功率 Q/Mvar；电弧长度 L_{arc}/×10mm；
电弧功率 P_{arc}/MW；耐材指数 R_E/kW·V·cm^{-2}；
有功功率 P/MW；升温速度 v/×0.1℃·min^{-2}；
功率损失 P_r/MW

4　结语

在邢钢 80 t LF 钢包精炼炉的设计过程中，对设备主要参数进行了充分的理论计算，尤其对其电气及热工特性进行了分析，并绘制了电热特性曲线，对 LF 炉供电制度的制定有着重要的指导作用。经过一年的运行考验，邢钢 80 t LF 钢包精炼炉运行平稳，处理的钢种全部为品种钢，包括冷镦钢、琴钢

丝用钢、工具钢、齿轮钢、弹簧钢、轴承钢等，钢水质量满足邢钢精品钢生产线的产品要求，各技术指标均达到了设计要求。

参考文献

[1] 朱苗勇，杜钢．现代冶金学[M]．北京：冶金工业出版社，2005.
[2] 张大方．导电横臂的开发应用[J]．工业加热，1994(5): 22.
[3] 李士琦，等．现代电弧炉炼钢[M]．北京：原子能出版社，1995
[4] 阎立懿，等．LF 炉电热特性及供电制度[J]．工业加热，1994(5):22

（原文发表于《工程与技术》2009 年第 1 期）

首钢迁安钢铁厂 1 号 RH 真空精炼炉设计与投产

黄 云 冯术勋 张德国

(北京首钢国际工程技术有限公司，北京 100043)

摘 要：本文介绍了首钢迁安钢铁厂 1 号 RH 工程的工艺设计特点和投产情况，并就其主要工艺技术参数与国内相近的 RH 真空精炼设施进行了比较。

关键词：RH；真空精炼；工艺设计

Design and Commission of No.1 RH at Shougang Qian'an Steel Plant

Huang Yun Feng Shuxun Zhang Deguo

(Beijing Shougang International Engineering Technology Co., Ltd., Beijing 100043)

Abstract: In this article, the process design features and the commission condition of Qian'an steel plant's No.1 RH plant are introduced, and the main process technical data are compared with the similar RH vacuum refining plants in China.

Key words: RH; vacuum refining; process design

1 引言

随着社会需求的变化和世界经济的发展，用户对钢材品质的要求越来越高。生产高档优质产品已成为国内外钢铁厂的主要目标。其中绝大多数钢厂在二次精炼上选择了 RH 这样一种既能生产优质钢水，又能和转炉、连铸等工序在时间上能很好匹配的工艺，如宝钢、武钢、鞍钢、首钢京唐、邯钢新区、首秦公司等都配备了技术领先、设备先进的 RH 真空处理设施。

2 RH 工艺描述

RH 工艺由德国的 Ruhrstahl 公司和真空泵厂家 Heraens 公司共同研究，于 1956 年前后开发。此方法最初用于高级钢的脱气处理，现在对普通钢也进行 RH 轻处理，用以降低脱氧剂和铁合金单耗、降低 RH 运行成本、提高产品质量。RH 工艺研发至今已被广泛应用于钢水二次冶炼，特别是近些年来市场对优质钢需求的猛增，加大了对 RH 工艺法的需求。

RH 处理主要应用在脱碳、真空脱氧（轻处理）、脱氢和脱氮上，进一步实现对钢水成分和温度的精确调整。RH 工艺特别适合现代转炉冶炼和板坯连铸大规模生产低碳优质钢种，如 IF 钢、ULC 钢和硅钢。迁钢 1 号 RH 处理钢种分布如图 1 所示。

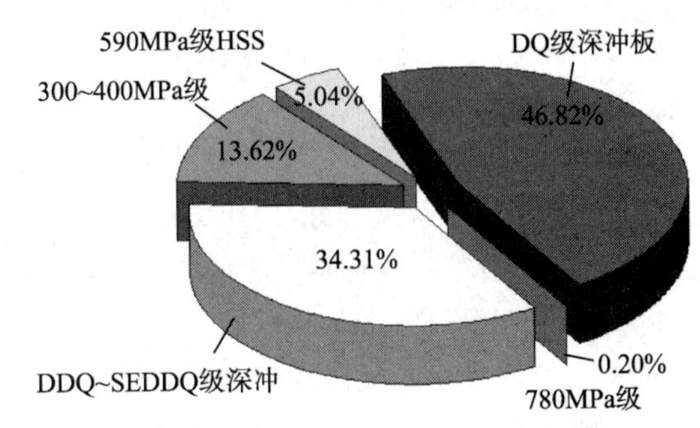

图 1 迁钢 1 号 RH 处理钢种分布

2.1 RH 真空精炼炉冶金功能

RH 具有以下冶金功能：

（1）钢水脱气、去除夹杂物；

（2）真空脱氧、脱碳；

（3）顶吹氧强制脱碳，冶炼超低碳钢；
（4）顶枪燃烧为钢水补充热能；
（5）精确调整钢水成分与温度。

2.2 RH处理典型钢种的应用

RH处理典型钢种功能应用见表1。RH处理典型钢种时间分布见表2。

表1 RH处理典型钢种功能应用

钢 种	工 艺	功能应用
IF钢（超低碳，[C]＜0.0015%）	RH、RH-TOP	自然脱碳、强制脱碳
IF钢（低碳，0.009%＜[C]＜0.015%）	RH、RH-TOP	轻处理
低碳钢（无铝、少铝）	RH	轻处理、真空脱氧
硅钢（[C]＜0.003%）	RH、RH-TOP	自然脱碳、强制脱碳
管线钢	RH	脱氢、（脱碳）、合金微调
轴承钢	RH	脱氢、脱氮
船板钢	RH	脱氢、脱氮
锅炉钢	RH	脱氢、脱氮
钢轨钢	RH	脱氢

表2 RH处理典型钢种时间分布

处理步骤	轻处理	超低碳钢	脱氧厚板	未脱氧厚板	硅钢	管线钢
抽真空到20kPa	2	2		2	2	
脱碳	8					
脱[C]：0.025%→0.004%		10			10	
脱[O]：0.06%→0.015%				8		
Al/Si脱氧	1	1		1		1
抽至<250Pa			4.5	2		4.5
脱[H]：0.0005%→0.0002%			15	10		15
合金化	2	2	6①	6①		8①
合金化（3%Si）					8	
合金化（2×0.4% Al）					8	
成分均匀化	4	4	4①	4①	4	5①
破真空	1	1	1	1	1	1
合计/min	18	20	20.5	24	33	21.5

①此时间包括在脱氢时间之内。

3 迁钢1号RH的主要工艺设计特性

迁钢1号RH工程从2006年年初动工开始兴建到该年11月21日第一炉抽真空热试成功，建设周期不到1年时间。迁钢1号RH精炼炉是首钢第一套钢水循环真空处理设施，项目采用与国外联合设计的方式，引进德国SMS-MEVAC公司的真空泵、顶枪等关键技术和设备，其余所有设施和工厂设计均由首钢设计院配套完成，其主要工艺设计特性如下。

3.1 采用了多功能TOP枪技术

迁钢1号RH采用了MEVAC公司的TOP顶枪专利技术，顶枪系统包括吹氧、脱碳和化学加热钢水功能、还有加热真空室耐火材料功能。在顶枪头内部一侧安装有TV摄像头，用来观察处理过程中钢水循环情况以及耐火材料侵蚀情况。另一侧安装有点火烧嘴，用于在环境温度低于800℃时燃烧点火。枪体设计为水冷套管式多层结构，分别通氧气、煤气、冷却水和冷却气体。顶枪在真空室内的位置可以随时改变，使真空室内保持较高温度，减少冷钢黏附。这样，不仅使生产洁净钢成为可能，而且在生产计划的安排上不必考虑清除残钢的工作。同时可以通过吹氧进行强制脱碳；在枪的顶部安装了灵敏度可调的火焰检测装置，对产生的火焰大小进行控制和调节。迁钢1号RH顶枪功能及结构如图2所示。

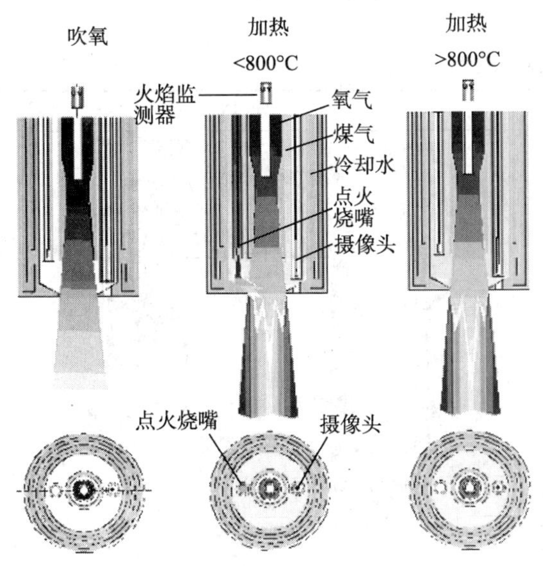

图 2　迁钢 1 号 RH 顶枪功能及结构

3.2　顶枪密封采用气囊式软密封技术

顶枪插入口用耐高温气囊外套密封。顶枪停止时，气囊充气膨胀与枪体接触，与外界隔绝。枪体运动前，气囊内高压气自动排空，气囊在自身弹力的作用下收回，抱紧枪体的气囊松开。顶枪抽出后采用压缩空气气帘密封，有效地减小了真空系统的泄漏率，提高了真空泵的工作效率。密封通道内部带枪体刮渣器，防止枪头粘渣后对密封圈的破坏。

迁钢 1 号 RH 顶枪密封工艺技术及结构分别如 3 和图 4 所示。

3.3　真空室采用整体式结构

真空室形式可分为整体式和分体式两种。整体式真空室浸渍管与真空室之间采用焊接形式，真空室本体不分段。分体式真空室一般由真空室上、中、下三部分由水冷法兰连接组成。一般小型真空室为了修砌方便采用分体式较多，但是在处理过程中容易在水冷法兰处粘钢，清理起来比较困难。而且在真空抽气过程中，水冷法兰处往往是整个抽真空系统的主要泄漏点。

迁钢 1 号 RH 采用了内径为 2138mm 的整体式真空室结构，既能保证真空室内修砌工作空间，又可以避免分体式水冷法兰带来的真空泄漏和内部粘钢。真空室热顶盖采用倒 U 型弯头式设计，圆滑地将气流引向气体冷却器侧，这样可减少真空室侧的热损失，使真空室顶部保持较高的温度，有效防止该处冷钢的形成。整体式真空室与分体式真空室对比见表 3。

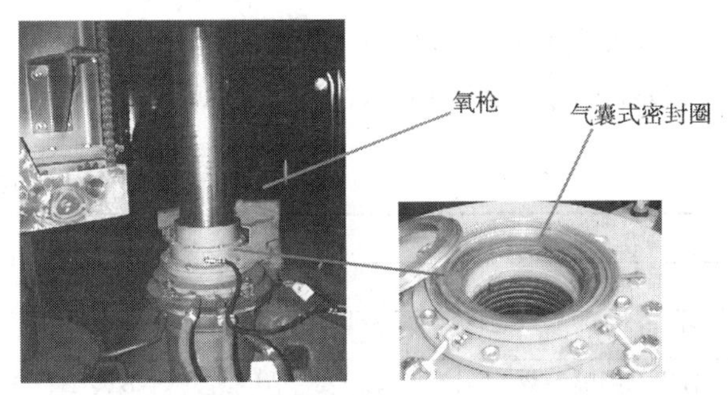

图 3　迁钢 1 号 RH 顶枪密封工艺

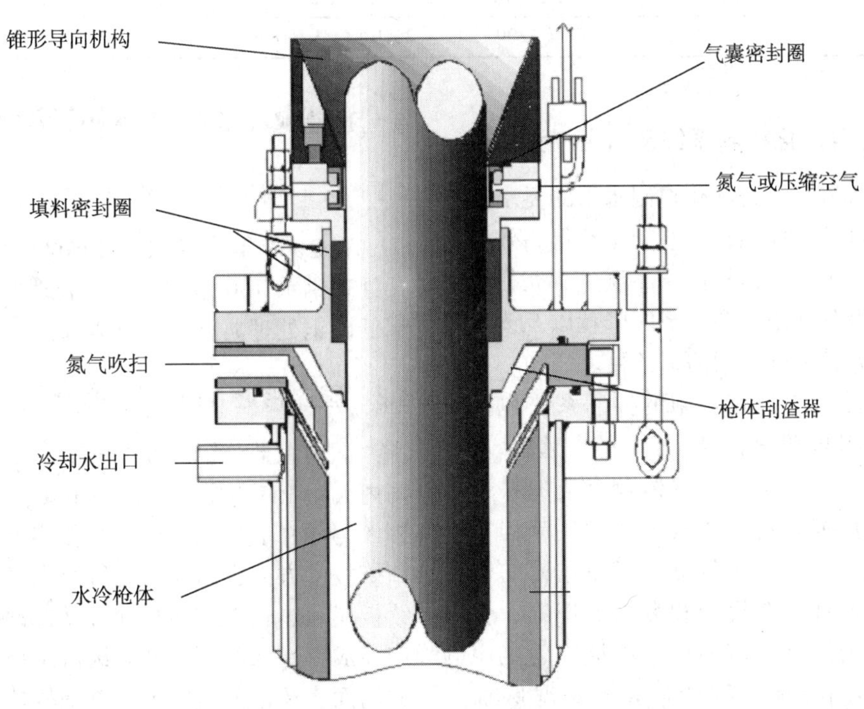

图 4　迁钢 1 号 RH 顶枪密封结构

表 3　整体式真空室与分体式真空室对比表

真空室形式	整 体 式	分 体 式
示意图	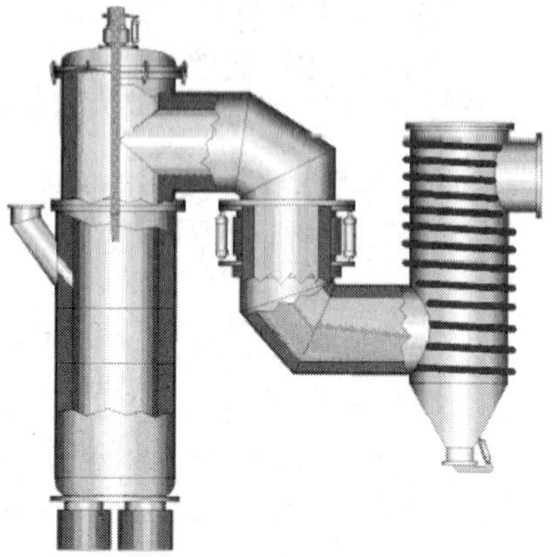	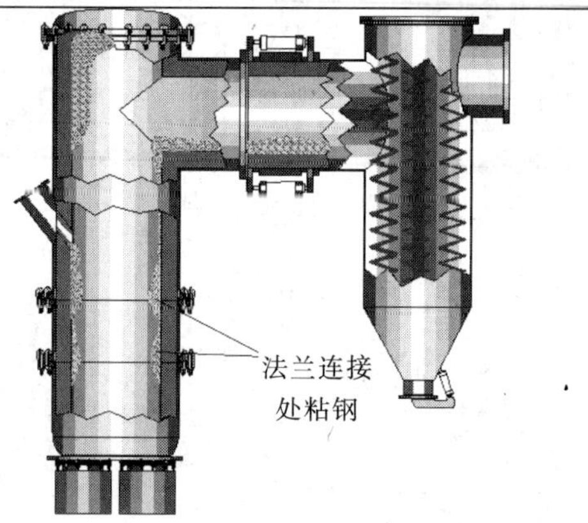
优 点	无水冷法兰引起的泄漏和粘钢	真空室下部耐火材料能单独更换
缺 点	真空室下部耐火材料不能分体更换	水冷法兰处存在泄漏和粘钢

3.4　采用带针形调节阀的 4 级真空泵系统

该系统与传统的 5 级真空泵系统相比具有设备少、占地小、蒸汽和冷凝水消耗低特点。针形调节阀可以单独调节泵的蒸汽流量达到调节系统真空度的作用。迁钢 1 号 RH 真空泵的系统组成如图 5 所示，真空泵系统的主要技术参数见表 4。

表 4　迁钢 1 号 RH 真空泵系统主要技术参数

项　目	指　标	备　注
泵级数/级	4	
抽气能力/$kg \cdot h^{-1}$	750	0.67mbar
各级泵喷嘴参数	B1、B2、E3a、E3b、E4a、E4b	
喷嘴直径/mm	31.5、67.2、28.2、28.6、41.0、61.8	
蒸汽耗量/$t \cdot h^{-1}$	2.2、14~16、2.9、5.1、2.8、14.5	
冷凝器直径/mm	C1（3200）、C2（2600）、C3（1800）	

3.5　采用先进的自动化控制系统及冶金模型

现代钢铁制造流程对自动化控制水平的要求越来越高。先进的自动化控制技术有利于获得高效、优化和稳定的生产工艺，是提高产品质量、获得高的收得率、延长设备使用寿命、节能降耗以及改善劳动条件节省人力必不可少的前提条件。

迁钢 1 号 RH 真空处理设施的控制系统包括基础自动化、过程自动化和管理自动化三级。基础自动化利用 PLC 完成对 RH 本体及合金加料系统操作、监视和数据采集，并按工艺设备流程实现一体化控制；过程自动化负责各工序过程的监控与优化，包括各种冶金模型和数据处理等；管理自动化通常称为三级控制系统，包括前后工序的数据通讯和协调处理、统计报表及炉况跟踪等。

4　1 号 RH 的投产及相近设备比较

4.1　投产情况

自 2006 年 11 月 21 日热试成功至今，1 号 RH 共处理钢水 100 多炉，主要处理低碳超低碳钢种。超低碳钢处理典型工序见表 5。

4.2　国内相近 RH 技术参数比较

国内大部分钢厂都配置了 RH 真空精炼设施，国内大型 RH 真空处理设备主要技术参数见表 6。迁钢 1 号 RH 真空精炼炉成功投产标志着首钢在炉外精炼技术方面也站在了同行业水平的前列。随着后续板坯和热轧 2160 的投产，从此改变了首钢不能生产高成材性深冲板、高等级汽车板、高级别焊管板的局面。迁钢公司成为了首钢战略结构调整和搬迁转移后的优质板材生产基地。

表 5 迁钢 1 号 RH 超低碳钢种典型处理工序

转炉出钢后钢水条件								
化学组成/%	C ≤0.050	Mn 0.10~0.2	Si ≤0.01	P ≤0.02	S <0.02	Al —	Ti —	N ≤0.002%

RH 处理工艺		时间/min
钢包操作	钢包放入钢包车	1.0
	钢包运输到处理位	2.0
	钢包提升	1.5
	脱碳： （1）持续抽真空到 200Pa 以下 （2）第一次取样+第一次 T/EMF 测量 （3）吹氧 （4）第一次铝批准备 （5）第二次取样	20.0 <3.5
RH 真空处理	铝预脱氧	1.0
	微调和均质化： （1）铝最终脱氧+铝合金化 （2）若需要，加 FeSi 和 FeTi （3）若需要，加 FeMn （4）均质化 （5）最终取样+测温	8.0
	破真空	
钢包操作	钢包下降	1.5
	钢包运输到中间位和加入覆盖剂	2.0
	钢包运输到等待位	2.0
RH 真空处理时间		30.0
RH 总处理周期		40.0

RH 处理后钢水成分								
化学组成/%	C ≤0.0015	Mn 0.15~0.2	Si ≤0.03	P ≤0.02	S <0.02	Al 0.045	Ti 0.08	N ≤0.003%

表 6 国内大型 RH 真空处理设备主要技术参数

项 目	鞍钢	宝钢 2 号 RH	宝钢 5 号 RH	武钢	迁钢 1 号 RH
RH 公称容量/t	260	300	275	250	210
处理钢种	IF 钢、合金钢、电工钢	IF 钢、管线钢	IF 钢、管线钢、硅钢	IF 钢、管线钢、硅钢	IF 钢、管线钢、耐候钢
处理周期/min	38	35	27	20~35	38
真空泵级数/级	4	4	5	5	4
抽气能力/$kg \cdot h^{-1}$	800	1100	1200	1100	750
钢水循环速度/$t \cdot min^{-1}$	170	190	203	200	142
抽真空时间/min	≤4	≤3.5	≤4	≤4	≤4
处理效果/ppm（$1ppm=10^{-6}$）	[H]≤1.5、[C]≤20、[O]≤20	[H]≤2 [C]≤15	[H]≤1.5、[C]≤15	[H]≤1.5、[C]≤10、[O]≤20	[H]≤1.5、[C]≤15、[O]≤20
年处理能力/万吨	180	252	265	280	200
蒸汽耗量/$t \cdot h^{-1}$	30	28	42	38~44	25.6
蒸汽压力/MPa	1.0	1.2~1.4	1.3	0.8~0.9	1.0
蒸汽温度/℃	200	200~250	200~220	200	210
氧气消耗/$t \cdot h^{-1}$	3000	2000	2800	3000	2500
提升气体（标态）/$m^3 \cdot h^{-1}$	260	240	270	250	240
真空室外径/mm	3300	3300	3600	-	3000
循环管内径/mm	710	750	750	750	650

5 结论

通过以上介绍和比较，说明了迁钢 1 号 RH 真空精炼工程工艺设计合理、技术可靠。该工程生产实际证明所有工艺设备运行状况良好，处理效果位于国内外同行业先进水平。

参考文献

[1] 赵沛，成国光，刘良田．等．炉外精炼及铁水预处理实用技术手册．北京：冶金工业出版社，2004.

[2] Govan, Rushe, Piday. The development and operation of a oxygen lance for the RH degassing unit at Corus Strip Products, Port Talbot Works. 3rd European Oxygen Steelmaking Conference, Birmingham, Great Britain, 2000: 221~240.

[3] Dr. Tembergen, Dr. Andreas Kubbe. Technical specification of 210tRH-TOP plant for Shougang Steel Making Plant, SMS Mevac GmbH, Essen,Germany, 2004, 1.

（原文发表于《设计通讯》2007 年第 2 期）

大型 LF 钢包精炼炉自主集成与实践

杨楚荣

(北京首钢国际工程技术有限公司，北京 100043)

摘　要：本文概述了首钢第二炼钢厂 2 号 210tLF 钢包精炼炉自主集成的实际、采用的新工艺和新技术以及设计优化，并介绍了其工艺特点、工艺性能及投产后的生产实践效果，平均升温速度为 4.0℃/min，吨钢电耗为 30kW·h，吨钢电极消耗为 0.3kg。

关键词：LF 精炼；自主集成；工艺性能

Self-integration and Practice of Large LF Refining Furnace

Yang Churong

(Beijing Shougang International Engineering Technology Co., Ltd., Beijing 100043)

Abstract: In this paper ,the self-integration practice, new process and technique, as well as design optimization have been summarized for No.2 210t LF fining furnace in No.2 steel-making plant of Shougang. And also, the technical characteristics, property and actual effects after commissioning have been introduced. As the results of practice, the average heat rate is 4.0℃/min, power consumption for liquid steel per ton is 30kw·h, and electrode consumption for liquid steel per ton is 0.3kg.

Key words: LF refining; self-integration; technical property

1　引言

首钢第二炼钢厂原有一套 210tLF 钢包精炼炉（以下称 1 号 LF 炉）于 2003 年 2 月投产。1 号 LF 炉主体工艺技术从奥钢联引进，主要工艺设备及核心电气自动化控制系统均由奥钢联设计和供货，配套设计由首钢设计院完成。

为进一步满足首钢结构调整，品种钢生产转移的需要，2005 年 7 月首钢总公司批复了第二炼钢厂新增一台 210tLF 钢包精炼炉（以下称 2 号 LF 炉）的项目建议。2006 年 6 月 2 号 LF 钢包精炼炉竣工投产，整个工程从设计到施工有序、高效，从公司批复到投产历时仅 11 个月。

2 号 LF 钢包精炼炉的建设打破了以往大型 LF 炉靠引进国外技术的先例，它是首钢首次在大型 LF 炉项目上，完全立足于国内，自行设计、自主集成，并全部国产化的一次全新尝试。该项目由首钢设计院技术总负责，首钢自动化信息技术公司和首钢第二炼钢厂协同配合共同完成。

2　工程设计改造范围及设计分工与设备供货

2.1　设计改造范围

工程设计范围包括：2 号 LF 钢包精炼炉本体设施、电网动态补偿 SVC 设施、厂区十五总降及七总降改造、动力厂除盐水站改造，以及 2 号 LLF 钢包精炼炉本体设施区域原有设备、设施及动力管线的拆除、改造和拆迁。

2.2　设计分工与设备供货

工厂设计和工艺技术由首钢设计院总负责。

首钢自动化信息技术公司完成自动化设计和自控设备的安装和调试。

短网及导电横臂由西安桃园冶金设备公司供货，其他机械设备主要由首钢机械厂供货。

3 设计规模及产品方案

2 号 LF 钢包精炼炉单炉最大处理量 210t，计划年精炼处理钢水 170 万吨、主要处理钢种为优质碳素结构钢、低合金结构钢、合金结构钢、硬线钢、焊条钢、冷镦钢、矿用钢、弹簧钢、压力容器钢等。

4 2 号 LF 炉主要工艺参数

LF 炉布置形式	双钢包车单处理位
钢包公称容量	210t
钢包净空	400mm
LF 炉变压器容量	35MV·A
一次电压	35 kV
二次电压	390~258V
电极直径	457mm
电极节圆直径	800mm
精炼处理周期	≤45min

5 设计中采用的新工艺和新技术

在 2 号 LF 钢包精炼炉设计上集成了多项国际国内成熟、先进、实用和可靠的工艺和技术，并整体优化了 2 号 LF 炉工艺技术及配置，取得了满意的效果，各项经济技术指标达到了引进的 1 号 LF 炉的技术水平。

（1）采用国产大容量 LF 炉变压器，容量 35MV·A；调压方式为三相同步有载电动调压，分 13 级，满足了 LF 炉精炼工艺的要求；冷却方式为强制油循环水冷，回水方式为无压回水，保证了大容量变压器的安全。选择国产变压器不仅大大缩短设备供货时间，为工程赢得了时间，而且节省了工程投资。

（2）采用先进的短网结构布置，短网装置设计系统阻抗不大于 2.6mΩ，系统三相不平衡系数不大于 4%，优于三相不平衡系数小于 5% 的规定要求。

（3）导电横臂采用铜-钢复合材料、箱型水冷结构设计及空间布置，保证了导电横臂本体的强度和刚性，同时具有较大的自几何均距。在保证相间不短路的条件下，优化了电极分布圆直径，有效地提高包衬使用寿命和加热效果。

（4）电极提升装置结构形式为三相三臂独立基架式，三相电极分别由液压缸升降调节。炉盖提升机构也采用导向式立柱液压升降。

（5）电极升降及炉盖升降导向装置采用门型架方式，结构新颖、可靠，电极及炉盖的升降稳定，有效防止了设备机械负荷及交变电磁力负荷引起的颤动。

（6）铁合金加料系统电振给料机采用变频调速技术，实现合金的精确给料，满足精炼处理对钢水成分的准确控制。

（7）配置钢包吹氩自动控制装置，采用新型流量控制单元，能根据精炼工艺操作对吹氩的不同要求，准确测量和控制氩气流量。该装置结合了气体的冲击性和可压缩性特点并克服了传统流量计对低频振动及电磁干扰比较敏感的缺点，采用稳压和稳流相结合并采用 PLC 系统进行自动跟踪，根据测量情况，及时反馈给控制系统进行调节，达到精确的流量控制。

（8）采用钢包喂丝技术改变钢水夹杂物形态，有效去除非金属夹杂物，提高钢水的纯净度和质量。配置了一台在线喂丝机和两台离线喂丝机，喂丝操作方便、灵活。

（9）电极升降调节控制采用 PLC 控制器和工控机，电极升降调节速度快，控制可靠。

（10）采用 SVC 动态补偿装置，有效控制 LF 炉精炼过程中谐波和闪烁对电网的有害影响。

（11）自动化控制系统采用集散控制系统结构，分基础自动化和过程控制两级控制。现场信号通过 PROFIBUS-DP 现场总线与 PLC 进行数据通讯，实现对 LF 炉各系统设备的控制。HMI 与 PLC 之间的数据传送通过工业以太网进行，即方便快捷，又能满足 ERP 管理的要求。

（12）HMI 工作站可对各系统进行操作、监视和管理，还可对 LF 炉钢包底吹搅拌和钢水合金化等进行计算和控制，并对数据进行统计分析，自动生成各种报表，为生产管理服务。

6 工艺设计的优化

2 号 LF 炉的设计吸收了 1 号 LF 炉的优点，结合二炼钢厂 1 号 LF 炉的使用经验和改造意见，优化 2 号 LF 炉的设计，同时充分考虑两台 LF 炉设备的互换性，减少备品、备件，总体工艺装备水平和自动化控制水平要达到了 1 号 LF 炉水平。在设计中主要对以下几方面进行了设计优化：

（1）为保证 LF 炉钢水精炼的高效处理，2 号 LF 炉设立了独立的渣料及合金加料系统，同时兼顾 1 号 LF 炉与 2 号 LF 炉加料系统的公用性。2号LF 炉设计时优化了合金/渣料加料系统，设置了 14 个料仓以满足钢水精炼和成分调整的要求，其中考虑了 4 个料仓可分别向 1 号 LF 炉和 2 号 LF 炉双向送料，且 1 号 LF 炉全部料种可向 2 号 LF 炉加料。

（2）LF 炉工艺中通过喂丝操作进一步提高钢水的纯净度，改善夹杂物形态。在 2 号 LF 上配置了大功率喂丝机，缩短喂丝时间，喂丝速度最大 12m/s，采用变频调速；设置了在线喂丝工艺，避免了离线喂线操作时烟尘外溢。

（3）强化了电极升降立柱结构，增强了电极导电横臂的稳定性，减少了导电横臂的颤动，降低了电极的三相不平衡度。

（4）配备了氩气增压装置，对来自车间管网的氩气进行增压，满足 LF 炉精炼处理破渣的要求，同时有效防止钢包底吹砖堵塞，提高钢包底吹吹成率。

（5）设备冷却水系统采用不锈钢管路和闭路循环系统，改善水质，避免外界对水质的污染，避免设备冷却水中断烧损重要部件的发生。

7　2 号 LF 炉工艺特点与工艺性能

7.1　2 号 LF 炉工艺特点

7.1.1　埋弧加热

LF 炉钢包精炼炉作为转炉和连铸机之间的柔性连接，具有埋弧加热的钢水提温功能。2 号 LF 炉变压器额定功率为 35MV·A，二次电压共 13 级，电弧长度 80~120mm。

供电加热制度为：（1）初期破壳，起弧化渣阶段：采用电压抽头 T4 电流曲线 2，保证短弧，中等电压。（2）化渣升温阶段：根据钢水温度、造渣量及处理时间选择抽头 T4-8/电流曲线 1~3。（3）合金化及温度命中阶段：采用较高级电压抽头 T6-10/电流曲线 1~3，短时间命中终点温度。除初期起弧化渣外，全加热过程均采用埋弧操作，加热期保证电弧声音平稳，无雷鸣音。严禁用高电压裸弧强制调温，以免损害包衬，测温取样时停电并抬起电极。加热时优先采用自动方式，异常情况采用手动。正常情况下钢水升温速率 3~4.5℃/min。

7.1.2　白渣精炼

LF 炉具有白渣精炼功能，通过造高碱度还原性渣，达到钢水脱氧、脱硫，净化钢水的目的。

2 号 LF 炉的造渣制度为：钢水到达 LF 后要抓紧时间破渣壳，造渣制度以早化渣，造白渣为原则。初渣熔化后，根据脱硫和埋弧需要分批加入石灰、合成渣、预熔渣，使用铝矾土或萤石化渣，确保在规定的造渣时间内渣料均匀熔化。需要深脱硫的钢种，补加合成渣提高碱度，终渣碱度按 $R \geqslant 3.0$ 控制，并适当加大氩气流量及提高钢液温度，保证还原气氛下一定的搅拌时间。根据渣况和冶炼钢种的要求，分批少量从加料口向渣面加入电石、Si-Fe 粉或铝粒进行造白渣操作，保证 LF 炉终渣中 TFe%+MnO%≤1%。

2 号 LF 炉精炼结束可形成流动性良好的白渣，根据目前首钢二炼钢厂的品种钢结构，确立了 LF 炉不同的精炼渣系，其中包括管线钢深脱硫精炼渣、钢帘线钢低碱度精炼渣、方坯低硅含铝钢精炼渣、高碳硬线钢精炼渣、轴承钢精炼渣。通过规范 LF 炉操作，品种钢档次和质量均有所提高。2 号 LF 炉处理典型钢种的精炼渣成分见表 1。

表 1　2 号 LF 炉处理典型钢种的精炼渣成分　（%）

钢　种	SiO_2	CaO	MgO	TFe	S	Al_2O_3	MnO	F	$R(-)$
管线钢 X60	6.70	55.1	6.2	0.69	0.3	19.8	0.0	2.1	8.4
冷镦钢 SWRCH22A	7.10	51.5	7.7	0.92	0.8	17.7	0.15	2.8	8.0
高碳硬线钢 SWRH82B	12.60	50.9	7.3	0.77	1.0	11.8	0.05	3.3	4.1
轴承钢 GCr15	10.36	50.3	7.3	0.74	1.0	16.0	0.22	2.0	4.9
钢帘线 LX72A	29.40	30.8	9.8	2.18	0.0	4.9	3.50	0.8	1.1

7.1.3　底吹氩搅拌

全程采用双底吹操作，氩气流量调整以满足各阶段的冶金功能为原则，完全脱氧的钢水吹氩过程中不得裸露钢水液面。精炼中后期，当钢水中硫含量达到内控成分要求后，根据生产情况，适当降低底吹氩流量。预吹氩期吹氩时间不低于 3min，软吹时要保证吹氩效果，以渣面看到涌动的蘑菇头，但不露出钢水液面为宜。如果底吹翻动效果不好，使用增压装置提高底吹通气效果。

7.1.4　底吹氩增压装置的采用

钢包底吹氩操作有时发生透气砖气体通道钻钢、透气砖上表面粘渣，影响透气砖通透性。为提高底吹氩吹成率，设计上配置了底吹氩增压装置。增压罐出口压力 1.8~2.0MPa，自投入使用以来，增压吹成效果显著，通过增压成功提高底吹流量，成功率可达到 82%以上。

7.1.5　在线喂丝

LF 炉精炼工艺具有喂线功能，通过喂丝机向钢水中喂入铝线、包芯线（硅钙线、钙铝线、碳线、硫线、硼线等）。2 号 LF 炉除了在准备位安装喂丝机外，在加热位设置了在线喂丝机，在精炼周期紧的情况下，LF 炉处理结束，不用开到准备位，即可进行喂线操作，可缩短 LF 炉精炼时间。

7.2 2 号 LF 炉工艺性能

LF 炉的升温速度、电耗以及电极消耗水平对于工艺操作、成本核算都是一个很重要的指标。在 2006 年 7~8 月份试生产期间和 9 月份投入正式生产后，对 2 号 LF 炉加热速度、电耗、电极消耗进行了两次测试和分析。

（1）升温速度。2006 年 8、9 月份期间，共进行 27 炉次升温测试，其中采用 8 抽头，测试 19 炉，最大速度升温为 4.2℃/min，最小升温速度为 2.17℃/min，平均升温速度为：3℃/min；采用电压 10 抽头，测试 8 炉，最大速度升温为 4.5℃/min，最小升温速度为 3.50℃/min，平均升温速度为 4.0℃/min。

（2）电耗。从测试统计的电耗情况来看，最大电耗为 0.62 kW·h/（t·℃），最小电耗为 0.32 kW·h/（t·℃），平均电耗为 0.44 kW·h/（t·℃），达到了 1 号 LF 炉电耗不大于 0.45 kW·h/（t·℃）的指标，电耗为 30 kW·h/t。

（3）电极消耗。电极消耗情况从 2006 年 9 月 5 日~9 月 26 日，A、B、C 三相电极共更换 33 支。期间共处理钢水 313 炉次，总电耗为 1996807kW·h。电极单重按 537kg/支计算，可得电极消耗为 8.87g/kW·h，比 1 号 LF 炉的电极消耗 9g/kW·h 的指标低 0.13 g/kW·h。2 号 LF 炉电极消耗为 0.3kg/t。

8 结语

首钢二炼钢厂 2 号 LF 钢包精炼炉工程集成了国内外多项先进的工艺、技术和机电设备以及自动化控制系统，采取以首钢设计院技术总负责，首钢自动化信息技术公司和首钢第二炼钢厂协同配合组成设计联合体的形式，完成了 210tLF 钢包精炼炉的建设，在保证技术先进、设备可靠的前提下，大幅度地降低了工程投资。

生产实践表明，2 号 LF 钢包精炼炉工艺流程顺畅、生产操作便捷、设备性能可靠，技术指标经济能满足钢水精炼的高产、稳产，经性能考核，已达到年处理钢水 170 万吨的设计能力。2 号 LF 钢包精炼炉的成功建设为首钢进一步扩大高质量、高技术、高附加值产品发挥了重要作用。

（原文发表于《2008 连铸生产技术会议论文集》）

首钢第二炼钢厂 210t LF 炉工艺与设备

黄　云

(北京首钢国际工程技术有限公司，北京 100043)

摘　要：本文概述了首钢二炼钢 210tLF 钢包精炼炉工艺、设备组成及性能参数，并对 LF 炉生产实践效果进行了分析。

关键词：LF 精炼；工艺；设备

210t Ladle Furnace Process and Installation in the No.2 Steelmaking Plant of Shougang

Huang Yun

(Beijing Shougang International Engineering Technology Co., Ltd., Beijing 100043)

Abstract: The process, the content and specification of the main installation of the 210t ladle furnace in the No.2 Steelmaking Plant of Shougang have been briefly introduced, the application result has also been discussed.

Key words: LF refining; process; installation

1　引言

首钢二炼钢为实现公司提出的“压缩规模、控制总量、工艺升级、产品换代”发展思路要求，于 2002 年从德国 VAI-FUCHS 公司引进了一套 210tLF 炉设备，为连铸机提供多品种、高质量的钢水。该套钢水二次精炼设备投产后，在高附加值产品生产中发挥着重要作用。

2　210tLF 炉工艺

2.1　LF 炉主要工艺参数及技术指标

钢包公称容量	210 t
转炉平均出钢量	195t
钢包净空	390mm
LF 炉变压器容量	35MV·A
一次电压	35kV
二次电压	390~258V
二次电流	51813A
升温速度	4~5℃/min
电极直径	ϕ457mm
电极节圆直径	ϕ800mm
精炼周期	50~60min
LF 炉年处理规模	170×10^4t

2.2　LF 炉工艺流程

转炉出钢后，吊车将钢包吊到 LF 炉钢包车上，接通底吹氩管路，将钢包车开至加热工位，钢包盖下降，测温加渣料，电极下降，开始通电加热，基本达到热平衡后，钢水温度不再下降，停止通电，提起电极，同时进行底吹搅拌，以使钢水成分及温度均匀，之后进行测温取样。在等待快速化验结果的同时，继续进行通电加热。

当试样分析结果出来后，传送至主操作室计算机内，LF 的计算机系统根据化验分析值与钢种目标值之间的差距，通过人工确定或模型进行计算需要加入的合金料的种类和数量，并将指令发送到上料系统 PLC。合金加料系统根据 PLC 指令，将规定牌号和数量的铁合金料，经上料系统选择、称量、输送到 LF 钢包内，从而达到合金微调的目的。加入合金料后，增大吹氩强度，加速成分的均匀，使钢水的成分和温度达到规定的目标，此时再进行一次测温取样，然后电极升起，包盖提升，钢包车开到等待位进行喂丝处理。通过双线喂丝机向钢水中喂入铝线或硅钙线，进行终脱氧、脱硫，进行夹杂物的变形处理。在喂丝过程中用较小的底吹氩气量软吹，保持钢水的蠕动，促进反应和夹杂物上浮。喂丝完成后在钢水液面撒一层碳化稻壳保温剂，钢水由吊车吊到钢包回转台上等待浇注。

210tLF 处理工艺流程如图 1 所示。

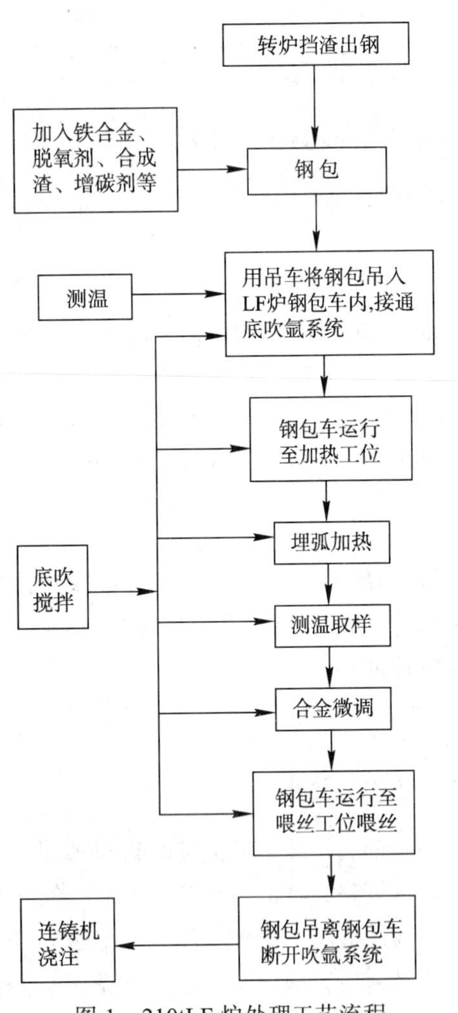

图 1 210tLF 炉处理工艺流程

3 主要设备组成及性能参数

3.1 机械设备

3.1.1 钢包车

钢包车是钢包到达 LF 炉各工位的输送工具。钢包车传动方式为机械传动，运行速度采用变频器控制，配合接近开关以实现钢包车准确定位。钢包车的电源线、控制线及氩气软管通过拖缆装置送到钢包车上，拖缆装置一端固定在轨道上，另一端固定在车体上。

钢包车主要性能参数：

钢包车承载能力	350t
钢包车运行速度	2~20m/min
钢包车定位精度	±10mm
钢包车驱动方式	电动机驱动
驱动电动机功率	2×37kW

3.1.2 电极升降装置

电极升降装置包括导电横臂和电极升降立柱两大部分。导电横臂由铜钢复合板焊接而成，结构简单、可靠，并进行强制水冷，以保证足够的热态强度及刚度。端头装配有电极夹紧放松机构，电极为弹簧抱紧，液压油缸放松。横臂通过绝缘支座与升降立柱连接。升降立柱为方钢和钢板焊接而成的箱式钢结构，立柱内装有柱塞式液压缸，驱动立柱和横臂，实现电极的升降动作。立柱四角装配有菱形导辊系统，每根立柱具有单独的上下两层 4 辊式导向装置。导向辊装在一个密封的保护套内，起到防尘、隔热保护作用。

电极升降装置主要性能参数：

电极升降速度：	
人工模式	100~200mm/s
自动模式	120~150mm/s
电极升降行程	3200mm
升降液压缸直径	ϕ125mm
液压缸工作压力	16MPa
电极夹持弹簧力	约 150kN
夹持液压缸直径	ϕ180mm
液压缸工作行程	37mm
液压缸工作压力	24MPa
电极直径	ϕ457mm
电极节圆直径	ϕ800mm

3.1.3 水冷包盖

水冷包盖可分为上下两部分，下部为水冷管式密排结构的倒锥筒部分，包盖上设有如下开口：测温取样孔、加料口、测压口、事故搅拌枪开口和观察孔；上部为水冷箱式结构的垂直包盖部分，上设 3 个电极插孔和 1 个排烟孔，钢包炉中产生的烟气通过一段水冷废气管道从上部的排烟口抽出。上下包盖的内壁涂上 50mm 厚的耐火材料层，对包盖进行隔热保护。对于电极插入部分顶部耐材则采用绝缘性好、耐热度高的刚玉质打结料。

水冷包盖主要性能参数：

包盖内径　　ϕ4700mm

包盖高度　　2490mm

冷却水量　　170m^3/h

排烟量（标态）　　50000Nm^3/h

3.1.4　包盖升降机构

包盖升降机构类似于电极升降机构，也是由横臂、立柱、液压缸和辊式导向系统等组成。横臂为一叉形三点支架结构，一端与包盖相接，另一端连接在立柱上。包盖支架也是包盖冷却水的分配器，为包盖各个水冷装置提供冷却用水。

包盖升降机构主要性能参数：

包盖升降行程　　1300mm

包盖升降速度　　30mm/s

液压缸直径　　ϕ160mm

液压缸工作压力　　16MPa

3.1.5　高电流系统

LF 炉变压器输出侧的电流很大，一般都在几十千安培以上，因此通常把 LF 炉变压器二次出线端以后部分叫做高电流系统，也称为短网。短网由补偿器、穿墙水冷铜管、水冷电缆、防磁支架和绝缘设备等组成。变压器二次出线端与水冷铜管的起始端之间，采用的是软铜绞线柔性补偿器，可以消除热膨胀、电动力对固定件的影响。由于大电流通过时会产生较大的磁场，周围的钢结构被反复磁化后产生热效应，会引发安全事故，因此穿墙铜管以及水冷电缆的支承处均由非导磁不锈钢的支架承托，并用绝缘件衬垫。

高电流系统主要性能参数：

水冷电缆电流密度　　5.2A/mm^2

电缆截面　　4032mm^2

电缆阻抗　　≤2.6mΩ

冷却水量　　6m^3/（h·根）

水冷电缆根数　　2+2+2

三相阻抗不平衡度　　≤4%

水冷电缆长度　　6500mm

3.1.6　液压系统

液压系统为电极升降、包盖升降、电极夹紧提供液压动力源，由主电机、恒压变量柱塞泵、循环冷却系统、不锈钢制的油箱及相关的液压控制回路和蓄能器组成。液压系统设置在单独的液压站内。

液压系统主要性能参数：

系统工作压力　　16MPa

系统额定压力　　25MPa

液压泵排量　　140L/min

主泵电动机功率　　2×45kW

循环电动机功率　　2.2kW

加热器功率　　3×1.5kW

油箱容积　　1500L

液压介质　　水-乙二醇

3.1.7　底吹氩系统

为了使钢水温度和成分迅速均匀、促进钢渣之间的反应，有必要使用惰性气体对钢包内的钢水进行搅拌。钢包底吹氩系统就是通过管路向钢包提供搅拌用惰性气体的装置。它包括流量和压力调节装置以及现场所需的仪表、阀门等。210t 钢包底共设两块底吹透气砖，每块砖由单独的气体测量和调节管路控制。

底吹氩系统主要性能参数：

底吹氩工作压力　　0.3~0.8MPa

破壳旁通压力　　1.3MPa

每块砖正常底吹流量（标态）　　50~800L/min

每块砖破壳最大流量（标态）　　1000L/min

3.1.8　加料系统

加料系统设置有高位料仓和称量装置以及输送物料的皮带机和电振给料机等。用于向钢包炉提供准确重量的合金和渣料。

加料系统主要技术参数：

高位料仓数量　　12 个 20m^3 4 个，10m^{3}8 个

振动给料机：

型式　　电动机式

生产率　　20~100t/h

数量　　17 台

称量斗：

容积　　3m^3

数量　　5 个

称量范围　　200~2000kg

称量误差　　<3‰

3.2　电气设备

3.2.1　高压电气设备

高压电气设备包括高压计量设备、高压隔离开关、高压真空断路开关及 RC 阻容吸收保护装置等设备和 LF 炉变压器。

高压电气技术参数：

变压器额定容量	35MV·A
一次额定电压	35kV ± 5%
二次电压	390~258V
二次电流	58650A
阻抗电压	约 8%
调压方式	电动 13 级
断路器型式	手车式配 SF_6 开关

3.2.2 低压电气设备

低压电气设备用于向 LF 炉配套的所有低压用电设备的动力和控制配电，以及提供保安电源、照明及检修电源等，包括进线柜、电源柜和各系统设备的低压配电柜等。其中钢水车、测温取样枪和加料电振给料机为变频控制，其余设备为常规控制。

低电电气设备主要技术参数：

电源电压	380/220VAC
总装机容量	约 360kW

3.3 自动化控制系统

LF 炉自动化控制系统采用普遍应用的集散控制系统结构，分基础级和过程级两层控制。根据工艺要求配置了两套 HMI 操作站、一套管理服务器和三套相对独立的 PLC 系统，即 LF 炉&合金系统、除尘控制系统、电极调节 ArCOS 系统，整套系统采用工业以太网把各计算机和 PLC 控制器连为一体，其自动化系统配置如图 2 所示。

3.3.1 基础级自动化

基础自动化控制系统包括现场检测仪表、系统 PLC 和 MMI（人-机界面）设备。系统 PLC 为西门子 S7-416 型，现场信号从远程 I/O 端子箱通过 Profibus 现场总线与 PLC 进行数据通讯，实现对 LF 炉各系统设备的控制。MMI 与 PLC 之间的数据传送是通过工业以太网进行的。设备操作可分为现场操作和远程操作两种模式。

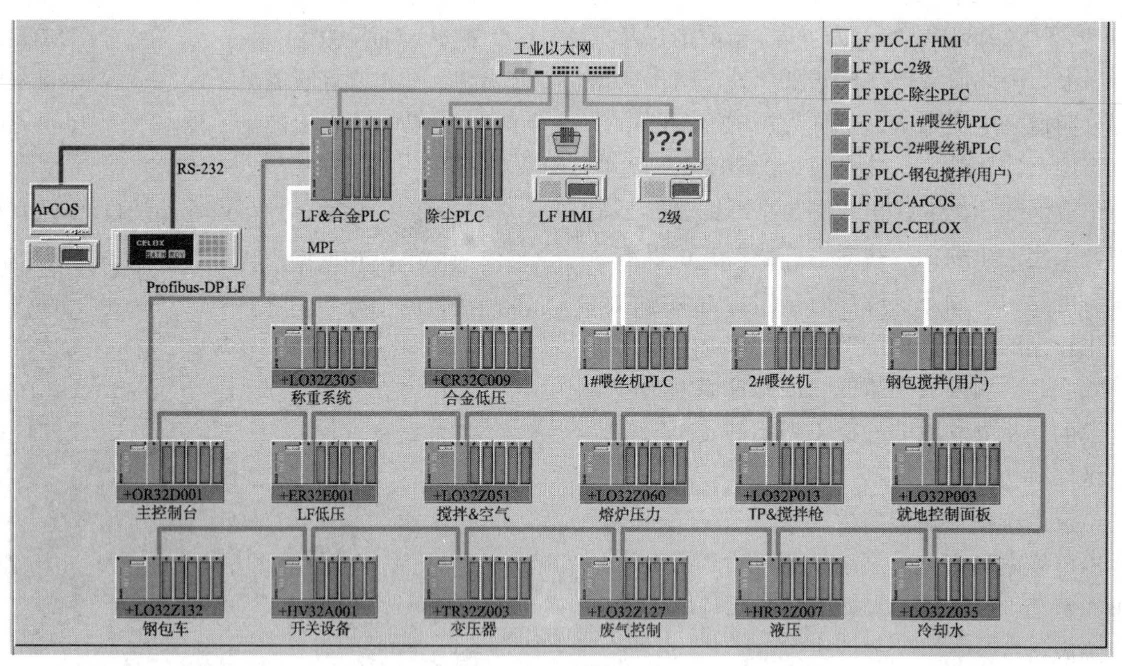

图 2 LF 炉自动化系统配置

3.3.2 过程级自动化

LF 炉的过程监控系统是在 WindowsNT 操作系统平台上采用 Intouch 人-机界面软件开发的。现场数据采用工业以太网传送，即方便快捷，又能满足 ERP 管理的要求。监控系统画面反应各系统的动态控制流程图、趋势曲线、报警状态及信息等，还可通过应用软件包，对 LF 炉升温、脱氧、脱硫、搅拌和合金化进行计算和控制，并对数据进行统计分析，自动生成各种报表，为生产管理服务。

4 生产实践效果

4.1 钢水成分控制

生产数据分析表明，LF 炉处理后的钢水[C]、[Si]、[Mn]成分偏差控制在 ± 0.02%以内，基本达到设计要求。

4.2 钢水温度控制

实践表明 LF 炉在现有的生产节奏下具备对温度处理的快速反应能力，即使出钢钢水温度范围波动很大，LF 炉也能生产出满足浇铸温度的钢水。LF 炉处理后钢水温度合格率为 100%，其中温度偏差 ± 3℃占 66%。

4.3 脱氧、脱硫效果

采样分析表明全氧最小为 0.001%，平均氧含量为 0.0024%，全氧控制效果良好。脱硫的效果与渣系的选择有很大关系，经过现场配置的造渣剂脱硫效果明显，平均脱硫率 60%以上，处理后钢水硫含量控制在 0.0015%以下，其中小于 0.001%的占 80%以上，为同行业先进水平。

5 结语

首钢二炼钢 LF 炉投产以后，为该厂生产高附加值产品做出了贡献。目前已处理的钢种有汽车大梁板、船板、压力容器板、优质结构钢、硬线钢等。冶金效果能达到，全氧最小 0.001%，硫含量控制在 0.0015%以下，其中小于 0.001%的占 80%以上。

（原文发表于《设计通讯》2004 年第 1 期）

板坯连铸二冷动态控制模型的研究与应用

王先勇[1]　沈厚发[2]　刘彭涛[1]　陈　立[1]　王夏书[1]

(1. 北京首钢国际工程技术有限公司，北京 100043；2. 清华大学，北京 100084)

摘　要：基于凝固传热学理论，本文建立了板坯连铸二维非稳态传热模型，该模型以实际铸坯为对象，充分考虑了二冷区铸坯表面复杂的传热边界条件。模型中采用先进的增量型 PID 控制算法，具有控制精度高、反应速度快的特点。在凝固传热及控制理论研究的基础上，开发了可用于板坯连铸机的二冷动态控制系统。结合现场板坯连铸生产工艺数据，分别在稳态和非稳态工况下进行了模拟计算。结果表明：同传统的二冷控制方法相比，当拉速发生变化时此二冷动态控制系统能迅速做出反应，合理地调整水量而不致水量发生突变，从而保证了铸坯表面温度变化平缓，有利于保障铸坯的质量。通过此软件系统对板坯在不同浇注工况下的应用，表明所建立的模型稳定、可靠、适应性强，具有较好的工程应用前景。

关键词：板坯连铸；二冷；动态控制；目标温度；PID 控制

Study and Application on Dynamic Control Model for Secondary Cooling of Slab Continuous Casting

Wang Xianyong[1]　Shen Houfa[2]　Liu Pengtao[1]　Chen Li[1]　Wang Xiashu[1]

(1. Beijing Shougang International Engineering Technology Co., Ltd., Beijing 100043;
2. Tsinghua University, Beijing 100084)

Abstract: Based on the solidification and heat transfer theory, the two-dimensional unsteady heat transfer model of the slab continuous casting was established. The complex boundary conditions of heat transfer on the slab surface were considered for the actual slab casting in the present model. In addition, the increment style PID control algorithm was adopted in the model, which has the prosperities of high controlling precision and fast response. The dynamic control system of secondary cooling for slab continuous casting was developed on the basis of the solidification heat transfer and control theory. The process of casting was simulated by the model in steady state and non-steady state conditions, respectively, combining with the plant data of slab continuous casting. The results show that, comparing with the traditional control method of secondary cooling, the dynamic control system of secondary cooling can rapidly respond to reasonably adjust the water, and would not greatly change when the casting speed was changed. Therefore, the variation of the slab surface temperature is gently, which benefits to the slab quality. By using the software system under different conditions of slab continuous casting, it has been confirmed that the model is stable, reliable and adaptable, and has a better application foreground.

Key words: slab continuous casting; secondary cooling; dynamic control; target temperature; PID control

1　引言

铸坯的温度分布对铸坯质量有很大的影响，而连铸过程中的二次冷却是影响铸坯温度分布的重要因素，根据铸机结构、铸坯规格、浇注钢种选择合适的二冷工艺方案是保证铸机高效、高质生产的前提。基于铸坯传热计算的控制模型，可以较准确地预测铸坯内部温度场的分布和液固界面的具体位置，为准确控制铸坯表面温度和使用轻压下技术提供了依据。二冷动态控制是现代连铸领域研究的核心技术，开发基于铸坯传热计算的、先进的二冷动态控制模型具有十分重要的意义。

2 凝固传热数学模型

描述铸坯凝固冷却过程的数学模型包括如下基本假设[1~4]:（1）忽略由于凝固冷却收缩引起的铸坯尺寸变化；（2）铸坯的传热简化为二维非稳态传导传热；（3）假设钢液的对流传热可用等效增强导热系数处理；（4）钢的热物理特性在固相区、液相区及固液两相区为分段常数，且各向同性。

板坯连铸二冷动态仿真计算区域如图 1 所示，在板坯宽度方向的中心上取厚度方向平面的一半计算，考虑了沿拉坯方向的传热，计算区域长度为板坯连铸机的长度。

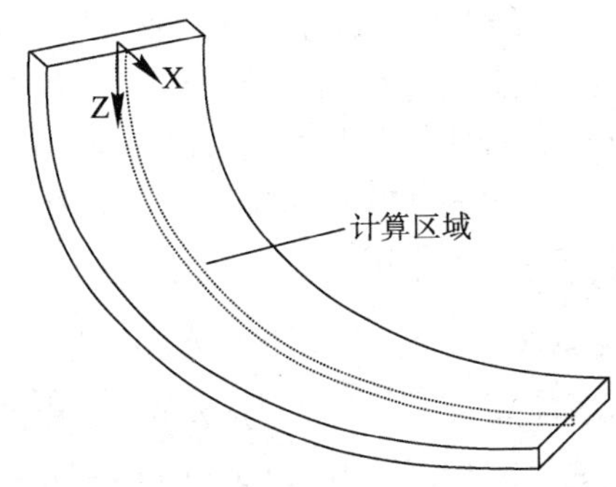

图 1　板坯连铸二冷动态仿真计算区域

计算铸坯温度分布的能量控制守恒方程为：

$$V_{\mathrm{cast}}\rho c_p\frac{\partial T}{\partial z}=\frac{\partial}{\partial x}\left(k_{\mathrm{eff}}\frac{\partial T}{\partial x}\right)+\frac{\partial}{\partial y}\left(k_{\mathrm{eff}}\frac{\partial T}{\partial y}\right)+S \qquad (1)$$

其中 $\rho c_p=\varepsilon\rho_{\mathrm{s}}c_{p\mathrm{s}}+(1-\varepsilon)\rho_{\mathrm{l}}c_{p\mathrm{l}}$

$$k_{\mathrm{eff}}=\left[\varepsilon k_{\mathrm{s}}+(1-\varepsilon)k_{\mathrm{l}}\right]\left[1+\beta(1-\varepsilon)^2\right]$$

$$S=V_{\mathrm{cast}}\frac{\partial(\rho_{\mathrm{s}}\varepsilon)}{\partial z}\left[L+(c_{p\mathrm{l}}-c_{p\mathrm{s}})(T-T_{\mathrm{ref}})\right]$$

式中 V_{cast}——拉坯速度，m/s；

ρ——密度，kg/m^3；

c_p——定压比热容，J/（kg·K）；

ρ_{s}，ρ_{l}——分别为固相、液相密度，kg/m^3；

$c_{p\mathrm{s}}$，$c_{p\mathrm{l}}$——分别为固相、液相定压比热容，J/（kg·K）；

ε——固相分数；

T——温度，K；

k_{eff}，k_{s}，k_{l}——分别为有效导热系数、固相、液相导热系数，W/（m·K）；

S——内热源，W/m^3；

β——导热增强因数；

L——潜热，J/kg；

T_{ref}——参考温度，K。

2.1 初始条件

以结晶器入口处截面的钢液温度分布作为时间 $t=0$ 时的初始条件，即：

$$T=T_c(x\geqslant 0,y\geqslant 0,z=0,t=0) \qquad (2)$$

式中 T_c——浇注温度，℃。

2.2 边界条件

二维动态凝固传热数学模型的计算区域是一个二维平面，外部边界是内弧面的中心线，其在二冷区复杂的换热方式通过综合换热系数[5]体现出来，而内部边界是铸坯中心，可视为绝热条件。综合换热系数考虑二冷区的四种散热方式：铸坯与辊子间的接触传热、铸坯表面与周围环境间的自然对流换热、铸坯表面的辐射换热、铸坯表面与冷却水雾间的强制对流换热。二维模型对喷嘴形状、水流密度等差异进行了等效处理，将两个辊子间的区域按照平均水流密度处理。综合传热系数表达式见式（3）：

$$h=\frac{h_{\mathrm{roll}}A_{\mathrm{roll}}+h_{\mathrm{nat}}A_{\mathrm{nat}}+h_{\mathrm{rad}}A_{\mathrm{rad}}+h_{\mathrm{spray}}A_{\mathrm{spray}}}{A_{\mathrm{total}}} \qquad (3)$$

$$h_{\mathrm{roll}}=kh_{\mathrm{spray}} \qquad (4)$$

$$h_{\mathrm{nat}}=0.8418(T_{\mathrm{surface}}+T_{\mathrm{ambient}})^{0.33} \qquad (5)$$

$$h_{\mathrm{rad}}=\varepsilon\sigma(T_{\mathrm{surface}}{}^2+T_{\mathrm{ambient}}{}^2)(T_{\mathrm{surface}}+T_{\mathrm{ambient}}) \qquad (6)$$

$$h_{\mathrm{spray}}=\frac{1570.0w^{0.55}[1.0-0.0075(T_{\mathrm{spray}}-273.15)]}{\alpha} \qquad (7)$$

式中 h_{roll}，h_{nat}，h_{rad}，h_{spray}——分别为铸坯与辊子接触导热、与周围环境间的自然对流换热、辐射、与冷却水雾间的强制对流换热系数，W/m^2；

A_{roll}，A_{nat}，A_{rad}，A_{spray}，A_{total}——分别表示四种传热方式在铸坯表面的有效区域面积、总面积，m^2；

T_{surface}，T_{ambient}，T_{spray}——分别为铸坯表面、周围环境、冷却水雾的温度，K；

ε——辐射系数；

σ——玻耳兹曼常数，W/($m^2·K^4$)；
w——水流密度，L/($m^2·s$)；
α——与铸机有关的系数。

2.3 结晶器的热流处理

结晶器内的边界条件可以用第二类边界条件进行描述。根据二冷区的凝固冷却特征，对结晶器内的边界条件可表示为：

$$q = 2675200 - B\sqrt{\frac{60 \times z}{v_{\text{cast}}}} \tag{8}$$

式中 q——结晶器热流密度，W/m^2；
B——与结晶器冷却强度有关的系数，由结晶器内能量守恒积分求得；
z——到结晶器弯月面的距离，m；
v_{cast}——拉坯速度，m/min。

2.4 凝固潜热的处理

本模型中使用等效比热法处理凝固潜热，凝固潜热按照固相析出率释放。固相分数随温度的变化按照非线性处理。两相区等效比热 c_{eff} 计算如下：

$$c_{\text{eff}} = c + \frac{L}{T_{\text{L}} - T_{\text{S}}} \tag{9}$$

式中 L——潜热，J/kg；
T_{L}——液相线温度，℃；
T_{S}——固相线温度，℃；
c——固相或液相比热容，J/(kg·℃)。

3 二冷动态控制策略

基于传热模型的动态控制方法中，表面目标温度控制方法是当前动态二冷控制中常用的控制策略：在瞬态传热数学模型计算的基础上，选择合理的控制算法，实现根据计算表面温度与设定目标温度之间的差值进行水量调节[6]。许多学者基于实验和计算参数的研究，得出了二冷水量的优化算法或函数关系，利用测温的方法校正控制系统的准确性。实际应用时采用前馈或反馈的方法对二次冷却进行控制，然而，当工艺参数发生变化时，上述方法往往会延迟水量的调节时间。

因此，对于连铸二冷动态控制，需要寻找一种更加稳定、灵敏的控制算法。在动态二冷控制系统中，通常使用的是数字型 PID 控制器，数字 PID 控制算法分为位置型 PID 和增量型 PID 控制算法。其中，控制系统的输入值是计算得到的铸坯表面温度，目标值是表面目标温度值，输出值为调整后的水量值。位置型 PID 算法的输出值 ΔL(n) 为：

$$\Delta L(n) = K_p \Delta T(n) + K_i \sum_{j=0}^{n} \Delta T(j) + K_d \left[\Delta T(n) - \Delta T(n-1)\right] \tag{10}$$

式中 ΔL(n)——第 n 次输出水量的变化值，L/min；
K_p，K_i，K_d——比例、积分和微分系数；
ΔT(n)，ΔT(n−1)——第 n、n−1 次输入的控制点温度与目标温度的差值，K。

由于位置型 PID 控制中积分环节的积分时间区间是从开始控制时刻一直到当前时刻，这可能会导致计算时间延长和数据存储量的增长，而造成实际应用的不便。另外，如果系统的惯性较大，当输入扰动较大时，会造成较大偏差；如果此时施加积分环节控制，可能会导致调节时间较长，超调量较大。增量型 PID 控制通过增加积分环节的分离方法解决了上述问题，具体的分离方式可以归结为：当输入偏差较大时，积分环节不起作用；当输入偏差较小时，积分环节才起作用：

$$\begin{cases} |\Delta T(n)| > \beta : \Delta L(n) = K_p\left[\Delta T(n) - \Delta T(n-1)\right] + \\ \qquad K_d\left[\Delta T(n) - 2\Delta T(n-1) + \Delta T(n-2)\right] \\ |\Delta T(n)| \leqslant \beta : \Delta L(n) = K_p\left[\Delta T(n) - \Delta T(n-1)\right] + \\ \qquad K_d\left[\Delta T(n) - 2\Delta T(n-1) + \Delta T(n-2)\right] + \\ \qquad K_i \Delta T(n) \end{cases} \tag{11}$$

式中 β——温度阀值，K。

基于上述分析，本研究采用积分分离的增量型 PID 算法，根据温差控制水量，最终输出量为：

$$L(n) = L(n-1) + \Delta L(n) \tag{12}$$

式中 L(n)，L(n−1)——第 n 次和第 n−1 次输出的水量，L/min。

实际应用过程中，首先需要确定比例、积分和微分系数。由于本研究控制的对象比较复杂，很难用理论分析得到控制参数，综合比较，通过试算确定参数的方法较为可行。为了增强程序的通用性和可调性，可单独为控制回路确定控制参数。使用带有积分分离的增量型 PID 算法作为二冷区水量控制策略，计算简单、可靠性高、移植性好，便于与其他控制系统集成。

4 二冷动态控制系统的应用

4.1 在稳定生产工况下的应用

根据不同钢厂两台板坯连铸机的生产情况，选择钢种 SPHC、510L 的实际生产数据进行模拟计算。表 1 为板坯连铸机的主要参数。表 2 为 SPHC、510L 钢主要化学成分，其对钢种的物理性能有着决定性的影响。

表 1　板坯连铸机主要参数

连铸机	基本弧半径/mm	铸机长度/m	铸坯规格/mm×mm	二冷分区数量/个	二冷控制回路数量/个
A 厂 1 号板坯连铸机	9500	43.35	1300 × 230	12	24
B 厂 1 号板坯连铸机	9000	34.51	1800 × 230	10	16

表 2　SPHC、510L 钢主要化学成分　(%)

钢　种	C	Si	Mn	P	S	Al
SPHC	0.03	0.01	0.20	0.011	0.006	0.032
510L	0.09	0.12	1.16	0.010	0.004	0.077

在 A 厂 1 号板坯连铸机上，拉速分别为 1.20 m/min 和 1.40 m/min 时，基于铸坯表面目标温度控制，钢种 SPHC 的模拟计算结果如图 2 和图 3 所示。

从图中可以看出，在不同的拉速下，板坯表面的温度曲线均位于控制点的目标温度附近，最大温差不超过 10℃。拉速为 1.20 m/min 时，模拟水量与实际水量在 3、4 回路相差最大，达到 19.30 L/min，而在 1.40 m/min 时，模拟的水量与实际水量最大差值为 8.10 L/min，表明此二冷动态控制模型具有较高的准确性和稳定性。

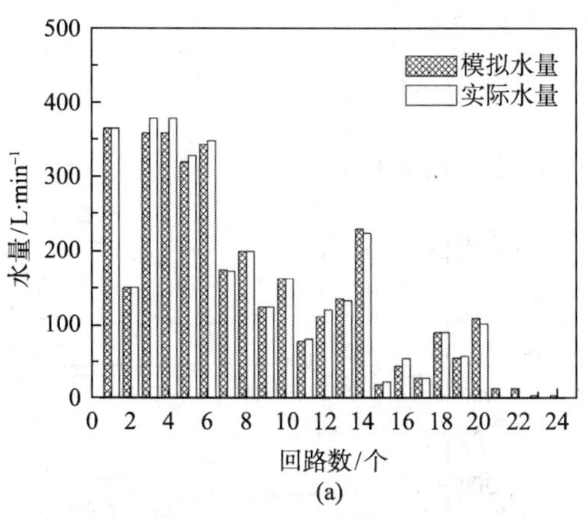

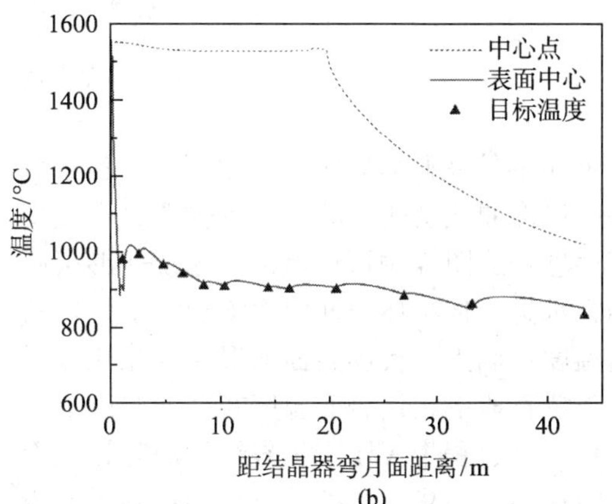

图 2　SPHC 钢在拉速为 1.20 m/min 时的各回路水量（a）及温度场（b）
（铸坯规格：1300 mm×230 mm）

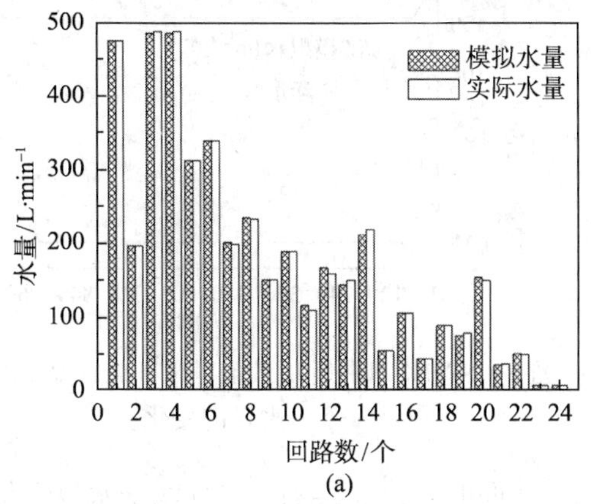

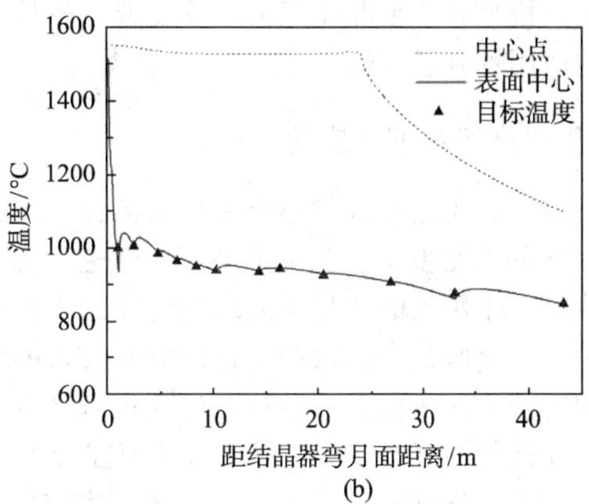

图 3　SPHC 钢在拉速为 1.40 m/min 时的各回路水量（a）及温度场（b）
（铸坯规格：1300 mm×230 mm）

同时，在 B 厂 1 号板坯连铸机上，对现场生产 510L 钢种时实行了并机运行计算。在二冷动态控制过程中，为防止水量频繁调节对铸机设备不利，采取了当计算温度与目标温度偏差 10℃以内不进行水量调节的策略。在铸坯规格为 1800mm×230mm、拉速稳定在 1.10 m/min 时，运行计算的控制界面如图 4 所示。

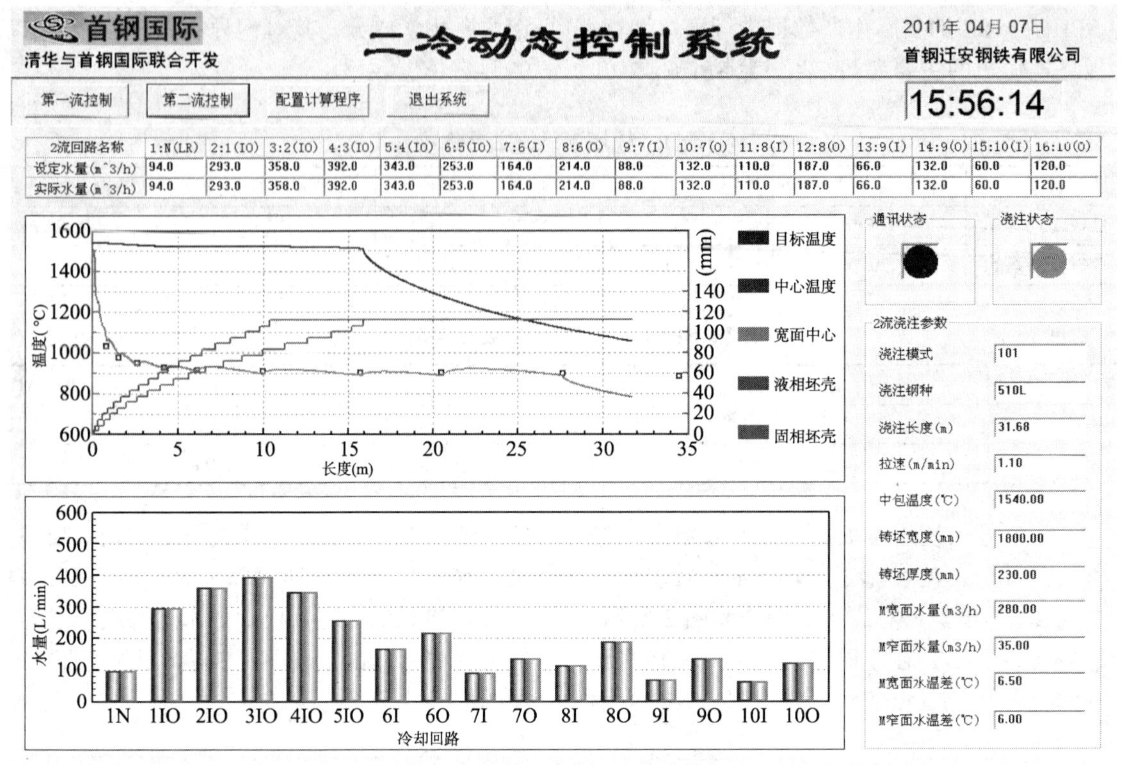

图 4　二冷控制系统第二流控制界面

图 4 所示的控制画面中实时显示了浇注状态、通讯状态、温度曲线变化、凝固终点位置、水量变化等参数信息。从图 4 中可以看出，系统能够很好地实时调整水量，使板坯表面温度均通过了设定的目标表面温度控制点，板坯表面的温度变化比较平缓，且位于矫直段的板坯表面温度在 900℃以上，能有效避免矫直过程中板坯产生裂纹等缺陷，从而有利于保障板坯的质量，二冷动态控制达到了较为理想的效果。

通过上述两钢种在不同板坯连铸机上的应用情况可以看出，模型计算值与实际值基本吻合，软件具有较强的通用性和适应性。

4.2　在变化生产工况下的应用

连铸过程中，工艺条件的不断变化是检验二冷动态控制好坏的关键要素。研究表明[7]，拉速、比水量、过热度三个因素的变化均能影响铸坯的表面温度，而拉速的影响最大。因此，选取钢种 SPHC 现场真实的生产工艺参数，通过拉速的变化对二冷动态控制软件进行测试。如图 5 所示，拉速在 60 s 的时间内从 1.20 m/min 降到了 1.10 m/min，对 L5、L7 和 L9 三个回路目标点的计算温度、实际水量与动态二冷水量进行了比较。可以看出使用动态控制后，当拉速变化时，各目标点的温度波动很小，基本稳定，且各目标点温度的波动随目标点距弯月面距离的加大，其达到稳定的时间也会加大，完全符合理论上的分析。

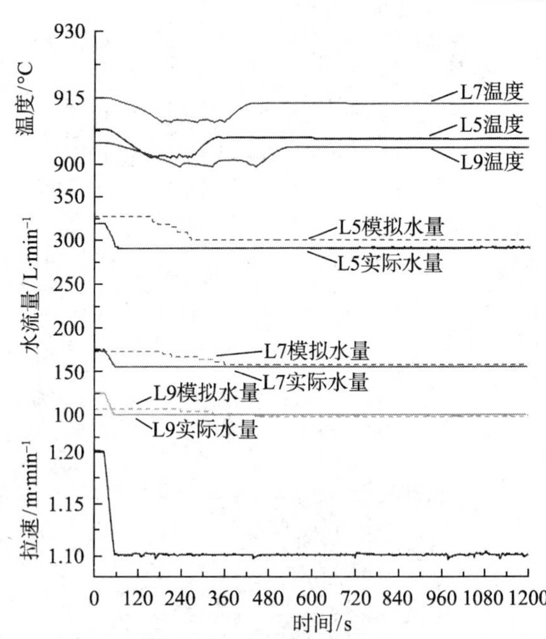

图 5　SPHC 钢采用动态控制时目标点温度、冷却回路水量的变化

同时可以观察到，当现场配水没有使用动态控制，拉速变化时水量发生突变；而如果使用本研究的二冷动态控制，水量的变化则有一个合理的延迟和阶跃，能够更好地保证铸坯表面温度的稳定性，从而有利于保证铸坯的质量。综上所述，动态二冷配水能够保证连铸过程中工艺参数发生变化时，相

应的水量能够进行合理的、循序渐进的调整，确保铸坯表面温度的平稳变化，有利于提高铸坯的质量，充分体现了动态二冷配水的优点。

5 结语

（1）软件中所使用的动态凝固传热数学模型准确可靠，并且由于考虑了沿拉坯方向的导热，对于处理低拉速的工艺情况或高热导率的钢种具有更高的准确性。

（2）软件中采用的增量型 PID 控制算法能有效控制板坯的表面温度，使之与设定的表面目标温度基本吻合，板坯表面温度波动小，能够满足实际生产中二冷动态控制的要求。

（3）结合实际板坯连铸机的生产情况，通过软件对不同钢种在不同工况下的浇注进行模拟计算，模型计算水量与现场实际水量基本吻合。拉速变化时，由于采用动态控制，各回路的水量随距离弯月面距离的不同有着合理的延迟和阶跃，而不致发生突变，从而使铸坯表面温度波动小，有利于保障铸坯的质量。结果表明该软件可靠、适应性强，具有较好的工程应用前景。

参考文献

[1] 蔡开科. 连铸二冷区凝固传热及冷却控制[J]. 河南冶金, 2003, 11(1): 3.

[2] 干勇, 仇圣桃, 萧泽强. 连铸铸钢过程数学物理模拟[M]. 北京: 冶金工业出版社, 1995: 192.

[3] Hardin R A, Liu K, Kapoor A, et al. A transient simulation and dynamic spray cooling control model for continuous steel casting[J]. Metallurgical and Materials Transactions B, 2003, 34B(3): 297.

[4] Louhenkilpi S, Laitinen E, Nienminen R. Real-Time simulation of heat transfer in continuous casting[J]. Metallurgical Transactions B, 1993, 24B(4): 685.

[5] Sengupta J, Thomas B G, Wells M A. The use of water cooling during the continuous casting of steel and aluminum alloys[J]. Metallurgical and Materials Transactions A, 2005, 36A(1): 187.

[6] Mörwald K, Dittenberger K, Ives K D. Dynacs® cooling system-features and operational results[J]. Ironmaking and Steelmaking, 1998, 25(4): 323.

[7] 王欣. 邯钢板坯连铸凝固传热数学模型的研究[D]. 北京: 北京科技大学, 2009: 87.

首秦板坯连铸技术的研究与应用

董新秀

（北京首钢国际工程技术有限公司，北京 100043）

摘　要：本文介绍了首秦板坯连铸机采用的新工艺和新技术，以及首钢国际工程公司在连铸机设计方面取得的三维设计、辊列设计、动态二冷等设计和应用成果。

关键词：板坯连铸机；辊列设计；动态二冷控制

Research and Application of Slab Continuous Casting Technology in Shouqin Steel Workshop

Dong Xinxiu

(Beijing Shougang International Engineering Technology Co., Ltd., Beijing 100043)

Abstract: The new process and technology of the slab continuous casters in Shouqin Steel workshop are introduced in this paper, and the design and application achievements of 3D-design, roller-sequence, dynamic control for secondary cooling, etc. are also addressed in the design of continuous casters of BSIET

Key words: slab continuous casters; roller-sequence; dynamic control for secondary cooling

1　引言

在我国国民经济高速发展阶段，中厚钢板起着非常重要的作用。首秦公司作为首钢的宽厚板精品生产基地和现代化的冶金企业，为满足轧机对特厚钢板和精品板生产的要求，先后建设了三台板坯连铸机，其中首秦 1 号板坯连铸机由首钢国际工程公司设计，2 号、3 号板坯连铸机采用首钢国际工程公司和西马克及奥钢联联合设计的形式。连铸机产品以中、高端专用钢板为主，主要品种为普碳钢、高强度结构钢、装甲舰艇板、海洋平台及船用钢、机械及工程用钢、锅炉用板、容器用板、模具板、军工板、管线钢等多用途的产品。产品规格齐全，板坯厚度为 150~400mm、宽度为 1100~2400mm。其中，3 号板坯连铸机是国内第一台厚度达到 400mm 的宽厚板坯连铸机。自投产以来，首秦 3 台连铸机运行状况非常稳定。

首钢国际工程公司通过自主研发、创新和引进消化国外的先进技术，在板坯连铸机的核心技术方面取得了突破性的进展，不仅在连铸机总体工艺、机械设备、电气自动化设计等方面继续保持技术优势，而且在成套设备供货、现场安装调试、工艺操作软件的编程及现场操作指导等工程总承包方面积累了丰富的经验，大大提升了首钢国际在冶金领域的市场竞争力。

2　首秦板坯连铸机采用的新工艺和新技术

2.1　全密封无氧化保护浇铸系统

（1）采用 AMEPA 电磁式钢包下渣检测技术，防止在浇注末期钢包渣卷入中间包和钢水二次氧化，有利于提高金属收得率和中间包钢水纯净度。

（2）钢包和中间包之间使用长水口，采用机械式钢包长水口机械手和吹氩气密封实现保护浇铸。

（3）中间包和结晶器之间采用浸入式水口并吹氩气密封。

（4）结晶器保护渣自动加入，防止钢水二次氧化。

2.2 合理的辊列设计和布置

辊列设计是连铸机设计的核心，它直接关系到产品的质量和产量。在首秦板坯铸机的辊列设计中，充分考虑了铸坯在整个支撑区域内的鼓肚变形量和变形率以及辊子所受的应力大小，辊列选择采用带中间支撑的小辊径密排分节辊结构，采用这种结构，减小了铸坯的鼓肚变形，增加了辊子的刚度，减少了由于辊子挠度增加而引起的铸坯附加变形。首秦3 号板坯连铸机热试情况如图 1 所示，其辊列分布如图 2 所示。

图 1 首秦 3 号板坯连铸机热试情况

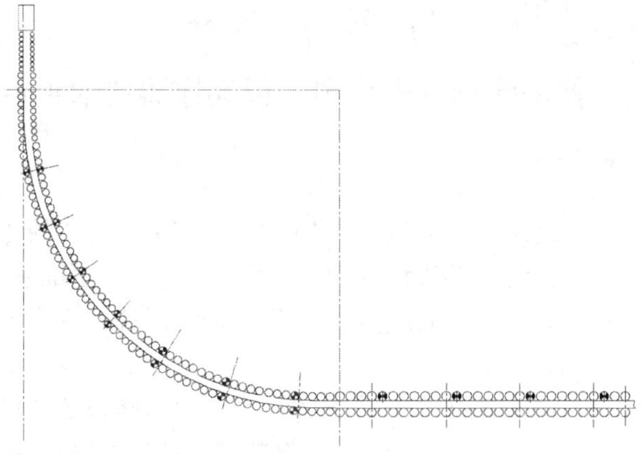

图 2 首秦铸机辊列分布

2.3 先进的铸坯质量保证技术

（1）大容量带挡渣堰的中间包技术。采用矩形、大容量、整体式中间包。三台铸机中间包的内腔及砌筑设计，均能保证钢水在中间包内的停留时间大于 10min，使钢水中大颗粒非金属夹杂物有时间上浮，中间包内形有利于设置挡渣墙，确保钢水合理流动。

（2）直结晶器技术。板坯连铸机的核心是结晶器，首秦三台铸机均采用直结晶器技术，3 号铸机为了增加直线段的长度，在结晶器和弯曲段之间增加了垂直段，更加增大了直线段的长度。直线段的增大不仅有利于非金属夹杂物和在钢水中的气泡上浮，还能使夹杂物的富集区向铸坯厚度的中心移动，改善了夹杂物的不均匀分布，提高了铸坯的内部质量。

（3）结晶器液位检测技术。结晶器液位检测系统能对影响结晶器液位稳定性的因素进行快速的控制反应，有助于改进结晶器液位稳定性。结晶器液位检测的方法很多，其中同位素法是精度高、稳定性最好的一种。首秦板坯铸机均采用 Co60 同位素控制方法，液位控制精度为 ± 3mm。

（4）漏钢预报技术。首秦板坯漏钢预报系统是采用多排热电偶来检测结晶器铜板的温度，然后根据数学模型计算热通量和结晶器热坯的摩擦力，以此对漏钢事故进行预报。热电偶监测法是准确率很高的一种方法，其优点是可以实时测量、实时报警，以便操作者采取有效的措施（如及时降拉速），防止漏钢。

（5）结晶器液压振动技术。首秦板坯液压振动装置采用伺服比例阀控制液压缸实现高频率、小振幅振动。液压振动控制器可根据反馈信息在线调整振动参数，振动精度高，振痕深度浅，振动曲线可实现正弦波和非正弦波。结晶器液压振动可控制保护渣的耗费量，减少粘渣，提高操作的稳定性和铸坯质量。

（6）连续弯曲、连续矫直和多点弯曲、多点矫直技术。无论采用哪种弯矫曲线，弯矫区辊子的受力要均匀，各支撑辊子相同位置的轴承受力也要均匀，铸坯内部和外部的应变量均要低于最大允许值。

首秦板坯连铸机采用的弯矫曲线既有连续弯曲、连续矫直曲线，也有多点弯曲、多点矫直曲线。通过生产的实践来比较这两种方式可以看出，多点弯曲、多点矫直的应变速率在各弯矫点发生跳跃应变，而采用连续弯曲、连续矫直曲线的辊列在整个弯矫区内应变速率是恒定的，而且数值较小些，产生裂纹的几率也小一些。

（7）铸坯动态轻压下技术。采用动态轻压下技术能有效防止铸坯内部缺陷。为了获得最佳的控制效果，可根据不同浇注断面和钢种，选择最合适的轻压下位置和压下量。首秦 2 号连铸机的压下位置在后面的水平段 9~12 段，通过控制模型保证铸坯达到水平段时选择合适的轻压下操作，这样使水平段前的铸流导向设备设计和控制简单化，节省投资；而 3 号机从弧形段开始到最后水平段均带有动态轻压下功能，位置可以根据实际浇铸品种的不同而进行动态调节，实现全程动态轻压下。

（8）二次冷却水动态控制技术。首秦 1 号、2 号及 3 号连铸机的二次冷却均采用气水雾化冷却，可静态、动态调节。二冷控制系统包括一级和二级两种方式，一级采用强、中、弱三种冷却方式实现自动控制；二级动态控制软件能够根据不同的钢种、不同的铸坯断面，实现二冷水的动态调节，改善了铸坯质量。

（9）计算机质量判定系统。铸坯质量判定系统，在首秦 3 号连铸机上得到了成功应用。通过利用一组模型，对采集的数据进行自动分析，对连铸坯质量进行实时判定。该系统可给出铸坯质量评级，出具产品合格证，并根据铸坯质量等级进行相应的处理和对连铸产品全过程进行跟踪。

（10）二次切割区工艺与设备的创新设计。由于宽厚板铸坯的宽度和厚度都比较大，采用切割机常规定位方式与工艺的切割周期相矛盾，定尺精度也受到影响，因此，二次切割需要新的定位方式。我们的设计人员经过多方调研和分析，结合业主的使用经验、自动化专业的精确控制方法和切割机厂家技术的支持，采用了多组光电开关和升降挡板互相连锁控制进行定位的二次切割定位技术。这种定位方式不仅成功解决了二次切割时间的问题，还简化了切割机的设计。

由于二次切割的定尺比较短，在切割时为了避免损伤到辊子，在二次切割辊道的设计上采用了巧妙的双向液压窜动辊结构，在保护辊子的前提下顺利完成了二次切割。

2.4 提高生产率的技术措施

（1）减少主要设备的更换时间。连铸机主要设备如结晶器、弯曲段、扇形段、矫直段等均采用整体更换、离线维修的方式。在维修区配备了完善的设备维修设施，可对离线设备进行维修、对中及试压等各种试验，使离线设备得以快速准备，进而提高了连铸机的作业率。

（2）浸入式水口的快速更换。首秦板坯采用浸入式水口快换技术，可以在 1s 内将新旧水口更换，减少了对结晶器钢水液面产生的影响，保证了铸坯质量和稳定操作，增加了连浇炉数，提高了生产率。

（3）结晶器的在线调宽技术。为了适应生产多种规格铸坯的需要，首秦 3 台板坯连铸机结晶器宽度可在线停机、不停机状态下通过液压执行机构完成对结晶器宽度的调整，缩短了更换板坯规格的时间，提高了连铸机的生产率。

（4）铸流导向段二冷喷淋管在线调宽技术。为了适应多种断面的在线更换，当铸坯宽度增大或缩小时，通过控制液压缸可对铸流导向段的喷淋水管进行在线调宽，从而节省了换断面的时间，并且保证对不同断面的铸坯均有良好的冷却效果。

（5）扇形段隧道式密封。连铸过程中产生的蒸汽积聚在二冷室内，为了保证电气和液压元件有一个良好的工作环境，通过隧道式密封结构，在扇形段之间采用了耐腐蚀的钢板将电气及液压元件隔离在二冷室外，从而延长了设备的使用寿命，减少了设备更换和检修时间，提高了铸机的生产率。

（6）结晶器单体快速更换。结晶器将铜板和冷却水箱作为一个独立的结构，与框架分开，实现整体更换。因此，该系统可以仅对易磨损部分进行快速更换，而保留结晶器框架不动，不仅能缩短设备停机时间，还能减少结晶器框架备件数量。

（7）特厚板坯扇形段在线更换装置。宽厚板坯连铸机的扇形段质量大约 80t，尤其是上部扇形段更换轨道与垂直位置的角度非常大，扇形段更换困难。同时，铸机高度较高，造成更换扇形段所需厂房高度的增加。首秦连铸机扇形段更换装置采用了特殊的结构，更换装置本身自带卷扬装置和检修平台，更换段时，吊具自带的卷扬先把扇形段拉出，然后再由天车吊走；安装调整好的扇形段，则反向操作。带卷扬的扇形段更换装置轻松完成了在线对扇形段的定位和移出，同时节省了厂房高度。

3 首钢国际工程公司的板坯连铸技术平台

3.1 三维设计

三维实体建模已逐渐成为冶金行业设计的主流，与传统的二维设计相比，有着更直观、更准确、更高效的优势，能为用户提供快捷、准确、安全的技术保障。

首钢国际工程公司在连铸机钢包回转台等关键设备上大量采用三维设计，保证了设计的准确可靠，也为业主提供了多种选择。首秦两种型式钢包回转台三维设计图如图 3 所示。

3.2 关键设备的有限元分析计算

有限元分析是利用数学近似的方法对真实物理系统进行模拟，利用简单而又相互作用的元素，就可以用有限未知量去逼近无限未知量。ANSYS、

IDEAS、ABAQUS、ALGOR 等商业软件是很成熟的有限元分析工具，它们均拥有丰富和完善的单元库、材料库和求解器，能进行结构分析、热分析、电磁分析、流体分析等。

首钢国际工程公司在三维建模的基础上，采用有限元应力分析软件对板坯扇形段、转台升降臂等关键设备进行热应力和机械应力的分析与计算，找出其应力和变形的分布情况,分析出薄弱环节,然后根据计算的结果来选择最合适的结构和安全的材料。

3.3 连铸机的辊列设计与校核

连铸机辊列的设计对连铸机来说是至关重要的，它受拉速、钢种等诸多因素的影响，宽厚板坯断面大、规格多、浇注钢种多，对板坯表面、内部质量要求严格，对连铸机辊列提出了更高要求。

首钢国际在辊列设计上可针对铸坯不同断面尺寸、不同钢种、不同拉速并结合冷却水的配比综合考虑，并对辊列进行应力、应变的校核计算，以达到最优化的辊列设计。板坯连铸机辊列设计与校核程序如图 4 所示。

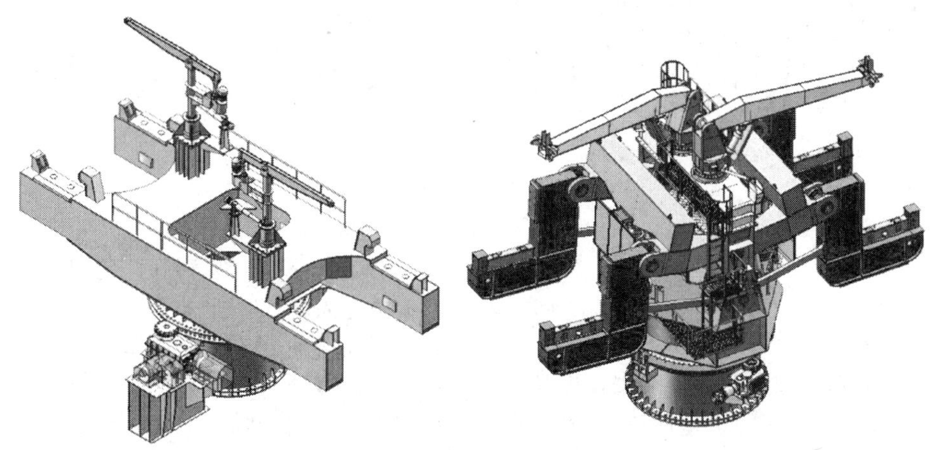

图 3 首秦两种型式钢包回转台三维设计图

辊号	外弧辊径	鼓肚力	凝壳厚度	表面温度	凝固系数	最大鼓肚量	鼓肚应变	辊子错位应:
MOULD		5376.0	2.585	1244.7	23.661			
1	57.000	2225.9	2.834	986.1	24.186	0.0005	0.0147	0.1954
2	17.500	3135.6	3.118	1082.0	24.392	0.0021	0.0349	0.1527
3	17.500	3628.1	3.396	1042.8	24.663	0.0020	0.0346	0.1663
4	17.500	4118.8	3.659	1024.4	24.915	0.0018	0.0343	0.1792
5	17.500	4607.6	3.911	1005.3	25.155	0.0017	0.0340	0.1916
6	17.500	5094.6	4.154	988.1	25.381	0.0015	0.0333	0.2035
7	17.500	5580.0	4.389	972.2	25.595	0.0014	0.0327	0.2150
8	17.500	6843.4	4.616	957.4	25.797	0.0013	0.0321	0.1775
9	22.000	8902.9	4.845	1071.5	25.786	0.0035	0.0564	0.1333
10	24.700	10378.2	5.099	1048.5	25.822	0.0056	0.0754	0.1254

图 4 板坯连铸机辊列设计与校核程序

3.4 连铸二冷水动态控制

连铸动态二冷控制技术是从传热和冶金质量两方面综合考虑来建立的二次冷却制度，是保证铸坯质量和提高连铸效率的前提。

首钢国际工程公司与重庆大学和清华大学合作，联合开发方坯、板坯二冷动态控制系统软件，通过建立铸坯动态凝固–传热数学模型，可实现方坯、板坯连铸机的二冷水动态控制，其控制软件程序界面如图 5 所示。

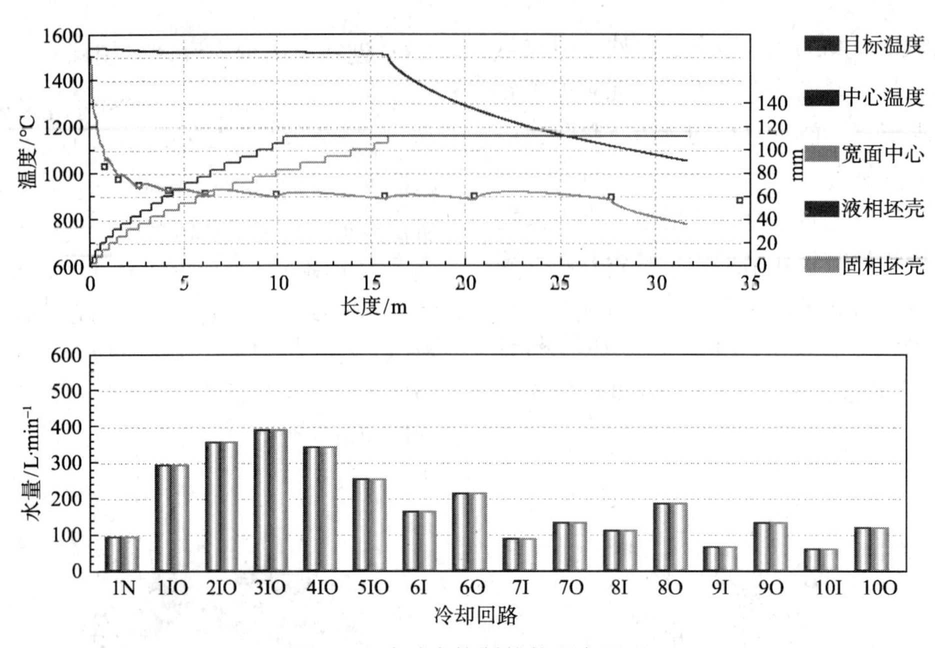

图 5　二冷动态控制软件程序界面

4　结语

多年来的生产实践表明，首秦 3 台板坯连铸机性能稳定、工艺技术先进、生产的自动化程度高、产品的质量优越，成为我国宽厚板坯连铸机的典范，首秦逐渐成为国内最好的厚板生产基地，首秦产品成为了客户的“首选之板”。

首钢国际工程公司在连铸机设计方面，坚持不懈，努力创新，不断学习国、内外先进的连铸技术，并与科研院所和生产企业紧密结合，研发出辊列设计、动态二冷等一系列的设计和应用科技成果，形成了设计、研发和工程总承包为一体的工程技术团队，先后为首钢迁钢、首钢京唐等钢铁企业设计出多台高质量的连铸机，得到了用户的一致赞誉。

（原文发表于《世界金属导报》2012-07-24）

钢包倾动力矩计算与分析

蒋治浩　王　玲

(北京首钢国际工程技术有限公司，北京 100043)

摘　要：钢包在盛了钢液的倾动过程中倾动力矩数值是变化的，是倾动角度和剩余钢液质量等的函数。本文用 C 语言编程采用电子计算机计算最大倾动力矩数值及其产生最大倾动力矩的剩余钢液质量和钢包倾动角度，为其起重设备天车选型、优化钢包几何尺寸和确定钢包最佳耳轴位置提供数值依据。

关键词：钢包；钢液；倾动角度；倾动力矩

Calculation and Analysis for the Turning Torgue of Steel Ladle

Jiang Zhihao　Wang Ling

(Beijing Shougang International Engineering Technology Co., Ltd., Beijing 100043)

Abstract: Turning torque of the ladle infused steel liquid is variable in turning, and it is a function of turning angle of ladle and remained steel liquid in the ladle. This paper calculates the value of maximum ladle's turning torque using computer program with computer language C, the tilting angle and the remain steel liguid weight, offers choicing ladle lifting device and revising the shape of the ladle and fixing optimal trunnion location on steel it ladle.

Key words: steel ladle; steel liquid; turning angle; turning torque

1　引言

钢包是炼钢厂连接炼钢和钢液连铸的关键设备。钢包盛钢能力可根据转炉能力来确定，其几何尺寸受到诸多因数的制约。钢包耳轴位置的确定决定了其起重设备天车的选型。钢包在盛了钢液的倾动过程中其钢液的体形和重心位置是随倾动角度而变化的，在倒钢过程中其质量也随倾动角度而变化，因此钢包合成倾动力矩数值是变化的，钢液质量、重心位置、钢液力矩也是变化的，最大倾动力矩发生在何处、数值是多少？图解法、解析法等常规计算方法误差较大。本文拟钢包几何形状已确定，应用高斯求积公式的数值计算方法，通过计算机语言编程，使用电子计算机计算最大倾动力矩数值及其产生最大倾动力矩的钢包倾动角度，计算误差可以控制在规定的范围内（如 0.0001%）。有了最大倾动力矩数值和钢包盛钢能力，在新选型天车时就可以充分考虑到天车副钩的能力。利用本文提供的计算方法可以验证炼钢厂天车倾翻钢包的副钩能力，为新天车选型提供数值依据，并为优化钢包几何尺寸和确定钢包耳轴位置提供数值依据。

钢包倾动力矩由三部分组成：

$$M=M_k+M_d+M_m \quad (1)$$

式中　M_k——空包力矩（由钢包壳和包衬重量引起的静阻力矩），空包的重心与耳轴的距离是不变的，在倾动过程中，空包力矩与倾动角度α存在正弦函数关系，本文计算时直接给出有关数据；

M_d——钢液力矩（钢包内液体（包括钢水和钢渣）引起的静力矩），在钢包倾动中，钢液的重心位置是变化的，倒钢时质量也是变化的，均随倾动角度α的变化而变化，故 M_d 和倾动角度也存在函数关系；

M_m——钢包耳轴上的摩擦力矩，在钢包倒钢液过程中随倾动角度和钢液的减少而变化，但其数值较小，为了计算简便，在倾动过程中设定空包和钢液重量都作用在吊点耳轴上，使计算摩擦力矩得以简化，本文计算时直接给出相关数据。

2 积分公式

欲计算任意倾动角度下的钢包倒出钢液的倾动力矩，首先要计算各对应倾动角度的钢液体积和重心位置。钢包钢液的计算坐标按如下规定选取：以钢包对称轴线为 z 轴，z 轴与钢包内腔的交点为坐标原点 o，x 轴在钢包的倾动方向上，而 y 轴则与耳轴轴线方向平行，如图 1 所示。

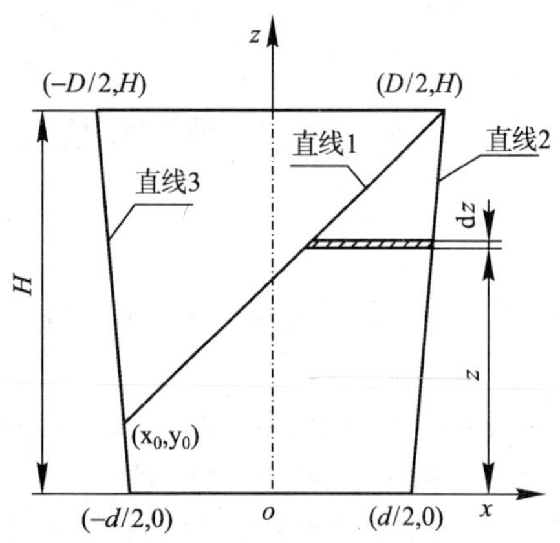

图 1　积分法求重心原理图

设任意倾动角度为 α 时，钢液在 z 轴上的区间为 $[a, b]$，在任意高度 z 处用一与 z 轴线垂直的平面切割钢液，其截交面为一弓形面积 S，并取微量 $\mathrm{d}z$ 作为厚度，构成钢液单元体 $\mathrm{d}V$，则可用积分公式计算出在该倾动角下的钢液体积 V：

$$V=\int_V \mathrm{d}V=\int_a^b S\mathrm{d}z \qquad (2)$$

用理论力学的重心计算公式，即可算出钢液体积 V 的重心坐标 x_d、z_d：

$$x_d=\frac{\int_V x_s \mathrm{d}V}{\int_V \mathrm{d}V}=\frac{\int_a^b x_s S\mathrm{d}z}{V} \qquad (3)$$

$$z_d=\frac{\int_V z\mathrm{d}V}{\int_V \mathrm{d}V}=\frac{\int_a^b zS\mathrm{d}z}{V} \qquad (4)$$

式中　x_s，z——单元体 $\mathrm{d}V$ 的重心坐标值。

求出 V、x_d 和 z_d 后就可进一步求出钢液重量 G_d 及钢液的倾动力矩 M_d，如图 2 所示。

$$G_d=\rho V$$

$$M_d=G_d[(H_0-z_d)\sin\alpha-x_d\cos\alpha]$$

式中　ρ——钢液的密度；

H_0——钢包耳轴的 z 轴向坐标值。

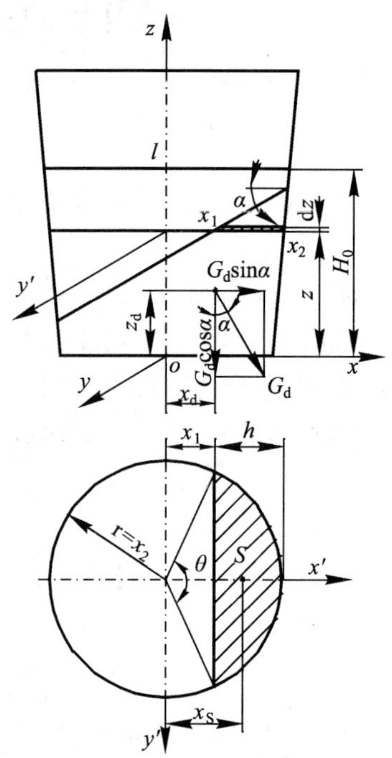

图 2　钢液力矩 M_d 计算图

3 被积函数的计算公式

为了使用电子计算机计算钢包内钢液的重量、重心和倾动力矩，就必须计算上述各定积分值，而且还要先导出被积函数的具体计算公式。计算时，可将不同角度下的钢包钢液体积视为一个旋转体被一个平面斜截所得的立体（见图 2），将垂直于旋转体轴线的切口液面视为弓形截面或缺口为弓形的缺圆截面。弓形的几何特性易于解析求得，因而不难求得钢包中钢液计算的被积函数的计算公式。

弓形截面面积 S：

$$S=[r_1-C(r-h)]/2$$

弓形截面单元体 $\mathrm{d}V$ 的 x 轴向坐标值 x_s

$$x_s=C^3/12S$$

直线 1 的方程：$x=(z-H)/\tan\alpha+D/2$，即得：$x_1=(z-H)/\tan\alpha+D/2$；

直线 2 的方程：$x=z(D-d)/2/H+d/2$，即得：$x_2=z(D-d)/2/\mathrm{H}+d/2]$；

直线 3 的方程：$z=-H(2x+d)/(D-d)$

直线 1 与直线 3 的交点：$x_0=D[\tan\alpha-2H/(D-d)]/2/[\tan\alpha+2H/(D-d)]$，$z_0=H[2H-(D+d)\tan\alpha]/[2H+(D-d)\tan\alpha]$。

式中　r——弓形截面的半径，$r=z(D+d)/2h+d/2$；

θ——弓形截面的弦心角，$\theta=2\arccos(x_1/x_2)$；

h——弓形截面的弦高，$h=x_2-x_1$；

其中，$C=2\mathrm{sqrt}[h(2x_2-h)]$；$l=\theta x_2$。

4 应用高斯求积公式的数值计算方法编程

4.1 功能

用高斯（Gauss）求积法计算定积分：

$$G=\int_a^b f(x)\mathrm{d}x$$

本文取高斯积分公式的结点数 n 为 5，即取五阶高斯求积公式，并采用变步长求积法。计算实践表明，其精度能满足不低于 0.0001％的要求。

4.2 函数语句

double begaus(a,b,eps,jd,D,d,h)

4.3 形参说明

a——双精度实型变量，积分下限；

b——双精度实型变量，积分上限；

eps——双精度实型变量，积分精度要求；

jd——双精度实型变量，钢包倾动角度；

D,d,h——钢包空腔尺寸。

4.4 函数程序

下面为计算钢包任意倾动角度下钢液体积 V 的 C 语言源程序，其余程序省略。

```
#include "math.h"
double begaus(a,b,eps,jd,D,d,H)
double a,b,eps,jd,D,d,H;
{extern double begausf();
 int m,i,j;
 double s,p,ep,h,aa,bb,w,x,g;
 static double t[5]={-0.9061798459,-0.5384693101,0.0,
 0.5384693101, 0.9061798459};
 static double c[5]={0.2369268851,0.4786286705,
                              0.5688888889,
 0.4786286705,0.2369268851};
 m=1;
 h=b-a;s=fabs(0.001*h);
 p=1.0e+40;ep=eps+1.0;
 while((ep>=eps)&&(fabs(h)>s))
  {g=0.0;
   for(i=1;i<=m;i++)
   {aa=a+(i-1.0)*h;bb=a+i*h;
    w=0.0;
    for(j=0;j<=4;j++)
     {x=((bb-aa)*t[j]+(bb+aa))/2.0;
      w=w+begausf(x,D,d,H,jd)*c[j];
     }
    g=g+w;
   }
  g=g*h/2.0;
  ep=fabs(g-p)/(1.0+fabs(g));
  p=g;m=m+1;h=(b-a)/m;
 }
 return(g);}
```

函数 begaus（ ）调用计算被积函数值 f（x）的函数 begausf（ ）如下：

```
double begausf(x,D,d,H,jd)
double x,D,d,H,jd;
{double y,x1,x2,e,c,jd0;
 x1=(x-H)/tan(jd)+D/2;
 x2=x*(D-d)/2/H+d/2;
 e=x2-fabs(x1);
 jd0=2*acos(fabs(x1)/x2);
 c=2*sqrt(e*(2*x2-e));
 if(x1<=0)
 y=3.1415926535897*x2*x2-(x2*jd0*x2-c*(x2-e))/2;
 else
 y=(x2*jd0*x2-c*(x2-e))/2;
 return(y);}
```

5 钢包倾动力矩及倾动力矩曲线

空包力矩 M_k 和钢液力矩 M_d 确定后，再计算耳轴摩擦力矩 M_m，即可按式（1）算出钢包合成倾动力矩。

摩擦力矩 M_m 按下式计算：

$$M_m=(G_k+G_d)\cdot\mu\cdot d/2$$

式中 G_k——空包质量，t；

G_d——钢液质量，t；

μ——耳轴与天车主钩的摩擦系数，取 $\mu=0.1\sim0.15$；

d——钢包耳轴直径。

倾动力矩曲线：倾动力矩 M 随倾动角度 α 而变化，即 $M=f(\alpha)$，这一函数关系用 M-α 曲线表示，称为倾动力矩曲线。用横坐标表示倾动角度 α，纵坐标表示倾动力矩 M。利用程序计算结果绘制倾动曲线图，图 3 为迁钢 200 万吨炼钢工程 210t 钢包倾动力矩曲线：曲线 1 为耳轴距钢包上沿 1400mm 的倾动力矩曲线；曲线 2 为耳轴距钢包上沿 1300mm 的倾

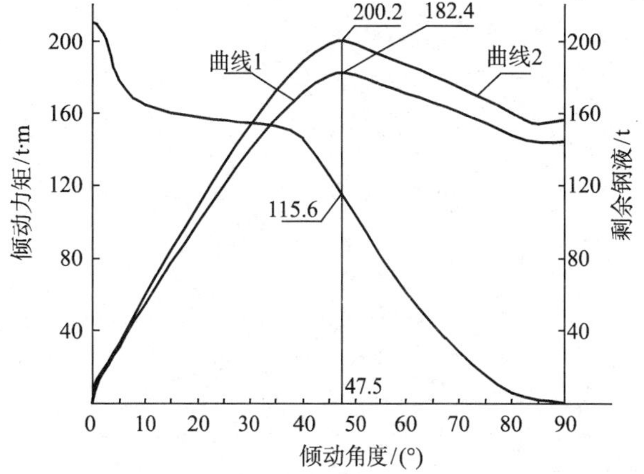

图 3 迁钢 200 万吨炼钢工程 210t 钢包倾动力矩曲线

动力矩曲线。

6 计算分析

通过上述倾动力矩曲线可以得到最大倾动力矩数值、最大倾动力矩数值下的倾动角度和残余钢液。图3中副钩对钢包的作用点设在钢包底（$-d/2,0$）附近，曲线1的倾动力矩数值换算成副钩能力为54t；曲线2的倾动力矩数值换算成副钩能力为60t；由此可见，耳轴的位置离钢包上沿越近倾翻力矩越大，所需副钩能力越大；反之，离钢包上沿越远，所需副钩能力越小；最大倾动力矩数值为天车副钩的选型提供了依据。耳轴的位置可根据工厂的实际情况作最佳的调整。影响倾动力矩曲线的主要因素是钢包几何形状和耳轴的位置，根据炼钢厂的综合情况确定钢包的胖瘦，钢包做得太瘦长，势必加高厂房；做得太胖，势必增加钢包车的横向尺寸。调整耳轴位置可以得到不同的最大倾动力矩数值，倾动力矩太大，钢包倾动过程虽然平稳，但增加了天车副钩的能力；倾动力矩太小，虽然天车副钩能力要求可以很小，但是钢包在倾动过程中很可能出现由于操作不当造成翻包，给天车操作带来风险。

参考文献

[1] 罗振才. 炼钢机械[M]. 北京：冶金工业出版社, 1982.
[2] 徐士良. C常用算法程序集[M]. 北京：清华大学出版社, 1993.
[3] 《机械设计手册》联合编写组. 机械设计手册[M]. 北京：机械工业出版社, 1984.

（原文发表于《设计通讯》2003年第2期）

首钢第二炼钢厂板坯连铸机结晶器铜板温度的分析研究

蒋治浩

(北京首钢国际工程技术有限公司，北京 100043)

摘 要：针对二炼钢厂大板坯连铸机结晶器铜板寿命等存在的问题，本文以《结晶器铜板温度场 CUTEMP 计算分析程序》为依据，笔者对该结晶器进行分析研究，对铜板结构进行重新设计，优化了冷却水槽形状，解决了提高拉速后铜板存在的问题。

关键词：结晶器铜板；温度场分析程序；冷却水槽

Analysis and Study of Copperplate Temperature for Slab CCM Mould of Shougang Second Steel-making Plant

Jiang Zhihao

(Beijing Shougang International Engineering Technology Co., Ltd., Beijing 100043)

Abstract: To counter the existing problem of copperplate life etc. for slab CCM mould of Shougang Second Steel-making Plant, this thesis analyses and studies the mould on the basis of “CUTEMP Program For Calculating And Analysis of Mould Copperplate Temperature Field” and redesigns the structure of copperplate and revises the shape of cooling water trough and the existing problems for copperplate after slab velocity accelerating are solved.

Key words: mould copperplate; analysis program for temperature field; cooling water trough

1 引言

我国现有钢铁产品中有一半以上是长材，但制造所需的钢材大部分是扁平材。与国际产钢大国相比，我国扁平材的比例只有 30%，国外一般在 50%，先进国家已达 60%。要想提高国际竞争力，就必须提高板材比例。加速发展连续铸钢是我国钢铁工业实现结构优化的重要技术政策。为进一步降低成本，提高产品质量，必须通过技术集成和设备的逐步改进，挖掘现有铸机的潜力，提高单流产量，力争快建设、快达产，并不断优化浇铸工序，以达到最新水平。结晶器是连铸机的心脏，是制约铸坯质量及铸机生产率的关键设备。对结晶器铜板进行技术改造使其工艺参数和结构得到优化便显得尤其重要。首钢第二炼钢厂大板坯结晶器铜板寿命短已成为制约生产的一个关键因素。发展高效板坯连铸机技术已成为铸机发展方向，带有优化沟槽的薄铜板能够满足提高拉速增加传热的需要，薄铜板能够实现均匀冷却，极大地改善铸坯的质量。本文结合板坯结晶器目前世界发展趋势，以《结晶器铜板温度场 CUTEMP 计算分析程序》为依据，通过对计算结果进行对比、优化，对二炼钢厂现存大板坯结晶器进行了分析研究，对结晶器铜板重新设计提出了重要的理论根据。

首钢二炼钢厂 *R*12m 双流弧型板坯连铸机是由法国 F.C.B 公司 1976 年设计制造的。首钢 1988 年从比利时蒙特尼钢厂购置的二手设备，经过修、配、改后，于 1989 年 9 月 22 日热试投产。*R*12m 板坯铸机设计生产断面公称尺寸为（150~300）×（900~2100）mm，目前主要生产 220×1400mm 和 210×1540mm 两种规格板坯，设计年生产能力 100 万吨，生产钢种为普碳钢和低合金钢。

2 原结晶器存在的问题

原结晶器的设计拉速 0.5~0.7m/min，铜板厚53mm，宽边铜板冷却水槽形状 5×20mm，共 72 个。二炼钢厂为了提高产量把拉速提高到 0.8~1.0m/min。拉速提高后，结晶器发现以下问题：

（1）铜板寿命太短。1998 年初由 636 厂制作的结晶器含银铜板用了 110 炉。1998 年底由衡阳制作的含银铜板用了 243 炉，后改用由日本野村镀金株式会社的铬锆铜板用了 381 炉。

（2）结晶器下口的间距随着使用炉数的增多，越来越大。

（3）结晶器装配后发生变形，上、下两端间距符合要求，中间的间距偏大。

（4）夹紧装置按设计要求设置后，宽边与窄边铜板间的间隙仍然较大。

经过有限元法对结晶器铜板进行温度分析计算发现，铜板表面最高温度达 356.8℃，超过了银铜板的再结晶温度 326℃，使铜板发生了变形。

3 结晶器铜板温度计算

结晶器铜板温度过高影响了铜板的寿命，为了把钢液通过铜板传递的高热量尽快带走，铜板厚度和其上冷却水槽形状的确定是解决问题的关键。考虑到结晶器铜板在限定区域内为稳定传热状态，铜板内的温度分布是一个二维稳定问题，采用有限元法进行计算。我们取液面附近温度最高处的断面作为计算对象，从结构设计中可知距离液面 72mm 的下方是紧固铜板和框架的螺钉所在，按最危险的情况考虑，假设温度最高的断面处有螺钉存在。

3.1 计算中使用的条件

（1）宽边铜板厚 45~50mm，Ni-Fe 镀层厚度 0.53mm（为方便计算取 0.5mm），冷却水槽形状 5×22mm，共 74 个。宽面铜板温度计算区域如图 1 所示。

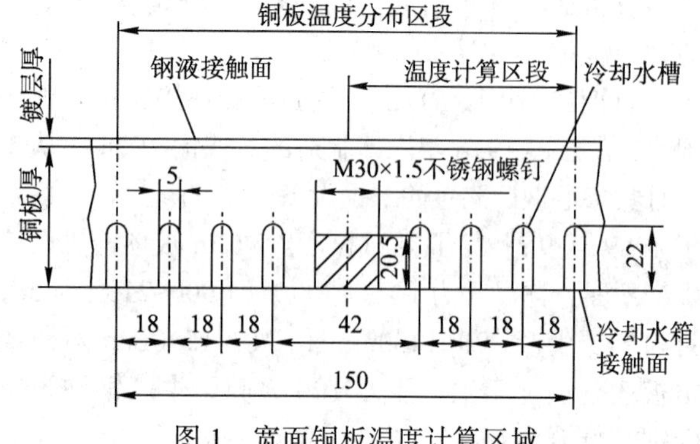

图 1 宽面铜板温度计算区域

（2）窄边铜板厚 50mm，无镀层，冷却水槽形状 5×22mm，共 8 个。窄面铜板两个侧面与宽面铜板接触，温度升高较多。为降低温度在两端部都钻 ϕ12 孔，通水冷却。窄面铜板温度计算区域如图 2 所示。

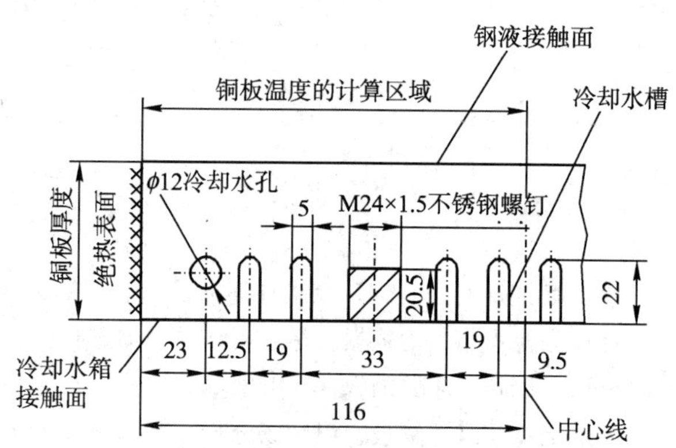

图 2 窄面铜板温度计算的计算区域

（3）宽边水槽：

1）断面积：$S=1.073\times10^{-4}\text{m}^2$

2）断面周长：$L=5.185\times10^{-2}\text{m}$

3）水力直径：$d=S/L\times4=8.278\times10^{-3}\text{m}$

（4）窄边水槽及圆孔：

水槽水力直径同上，$d=8.278\times10^{-3}\text{m}$

1）圆孔断面积：$S=1.131\times10^{-4}\text{m}^2$

2）圆孔周长：$L=3.77\times10^{-2}\text{m}$

3）水力直径：$d=S/L\times4=1.2\times10^{-2}\text{m}$

（5）水槽及圆孔内冷却水流速：其值为宽边或窄边总冷却水量分别除以宽边或窄边的水槽及圆孔的总面积。结果见表 1 和表 2。

（6）界面传热系数。铜板和钢水界面处的传热系数由铸造速度决定，可由“钢液的界面传热系数－铸造速度关系图”查得。查图如下：

拉速 v=1.0m/min 时，h_a=1400 kcal/(m^2·h·℃)；

拉速 v=0.8m/min 时，h_a = 1270kcal/(m^2·h·℃)。

铜板和冷却水界面处的传热系数由日本机械学会提供的经验公式，即：

$$h_w = \lambda \cdot 0.023 \cdot Re^{0.8} \cdot Pr^{0.4} / d$$

式中 λ——冷却水的导热系数，33℃时，λ=0.526；

Pr——水的普朗特数，33℃时，Pr=5.55；

Re——雷诺数：

$$Re = \frac{vd}{\gamma}$$

v——冷却水流速，m/s；

γ——水的动黏性系数，33℃时，$\gamma = 0.803\times 10^{-6}\mathrm{m^2/s}$；

d——水力直径（见表 1 和表 2）。

表 1　宽边铜板冷却水流速及界面传热系数

情况	铜板厚 /mm	镀层厚 /mm	冷却水量 /L·min^{-1}	水槽内流速 /m·s^{-1}	水槽深度及个数 /mm×个	传热系数 /kcal·(m^2·h·℃)$^{-1}$	板坯拉速 /m·min^{-1}
1	45	0.5	2800	5.88	22×74	19435	铬锆铜 v=1.0
2	45	0	3100	6.336	22×74	20631	银铜 v=1.0
3	45	0	3100	6.336	22×74	20631	银铜 v=1.0
4	50	0.5	2800	5.88	22×74	19435	铬锆铜 v=1.0
5	45	0.5	2800	6.48	20×74	21079	铬锆铜 v=1.0
6	45	0.5	2800	6.812	18×48 21×26	22033 21903	铬锆铜 v=1.0

表 2　窄边铜板冷却水流速及界面传热系数

情况	铜板厚 /mm	镀层厚 /mm	冷却水量 /L·min^{-1}	水槽内流速 /m·s^{-1}	水槽深度及个数 /mm×个	传热系数 /kcal·(m^2·h·℃)$^{-1}$	板坯拉速 /m·min^{-1}
7	50	0	400	6.146	22×18 ϕ12×2	20135 18649	铬锆铜 v=1.0

可以计算得到冷却水界面处的传热系数（见表 1 和表 2）。

（7）导热系数：对于铬锆铜材料时，铜板内温度分布如图 3 所示。

第一区为 316.8 kcal/(m^2·h·℃)；

第二区为 313.2 kcal/(m^2·h·℃)；

第三区为 310 kcal/(m^2·h·℃)；

第四区为 306 kcal/(m^2·h·℃)。

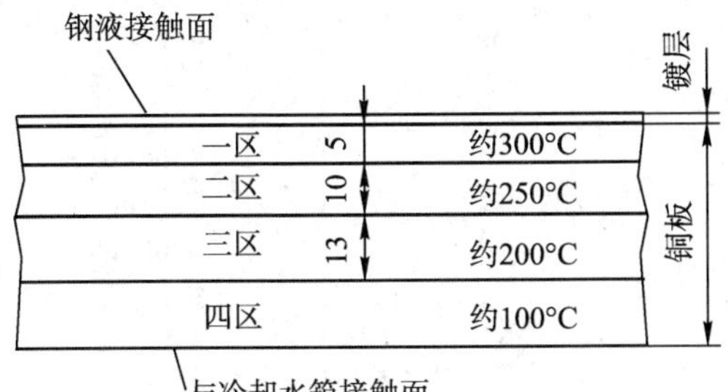

图 3　铬锆铜铜板温度分布

对于银铜材料时，铜板内温度分布如图 4 所示。

第一区为 306 kcal/（m^2·h·℃）；

第二区为 309.6 kcal/（m^2·h·℃）；

第三区为 315 kcal/（m^2·h·℃）；

第四区为 322.2 kcal/（m^2·h·℃）。

表面镀层的导热系数为 60 kcal/(m^2·h·℃)；不锈钢螺钉的导热系数为 20 kcal/(m^2·h·℃)。

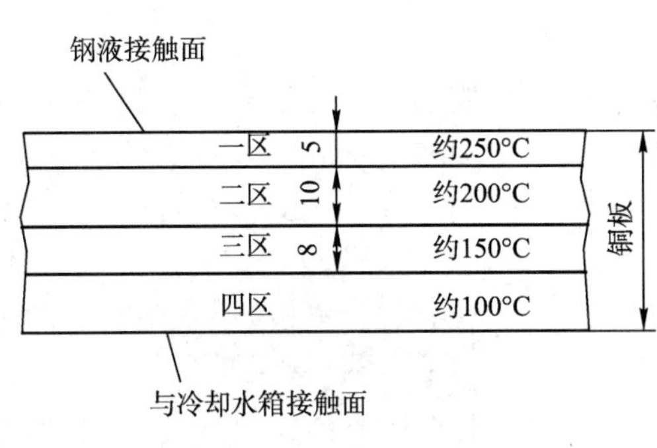

图 4　银铜铜板温度分布

3.2　铜板的单元划分

实际计算温度分布时，采用有限单元法。图 5~图 9 所示为结晶器铜板的模型和单元划分。

3.3　计算结果

将情况 1~7 的有关数据输入《结晶器铜板温度场 CUTEMP 计算分析程序》进行上机计算，图 10 和图 11 分别为情况 1 和情况 7 计算分析的输出结果，其余情况省去。

图 12~图 18 为上述计算结果绘制的温度分布曲线。

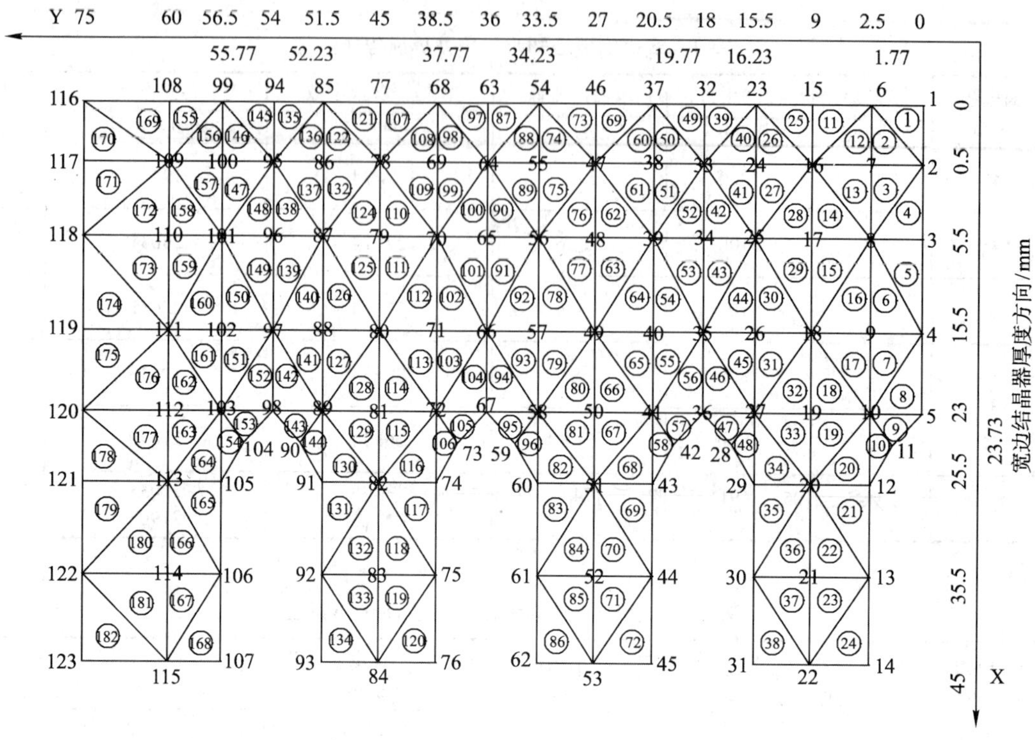

图 5 宽面铜板（有螺栓）情况 1,2,3 的单元节点

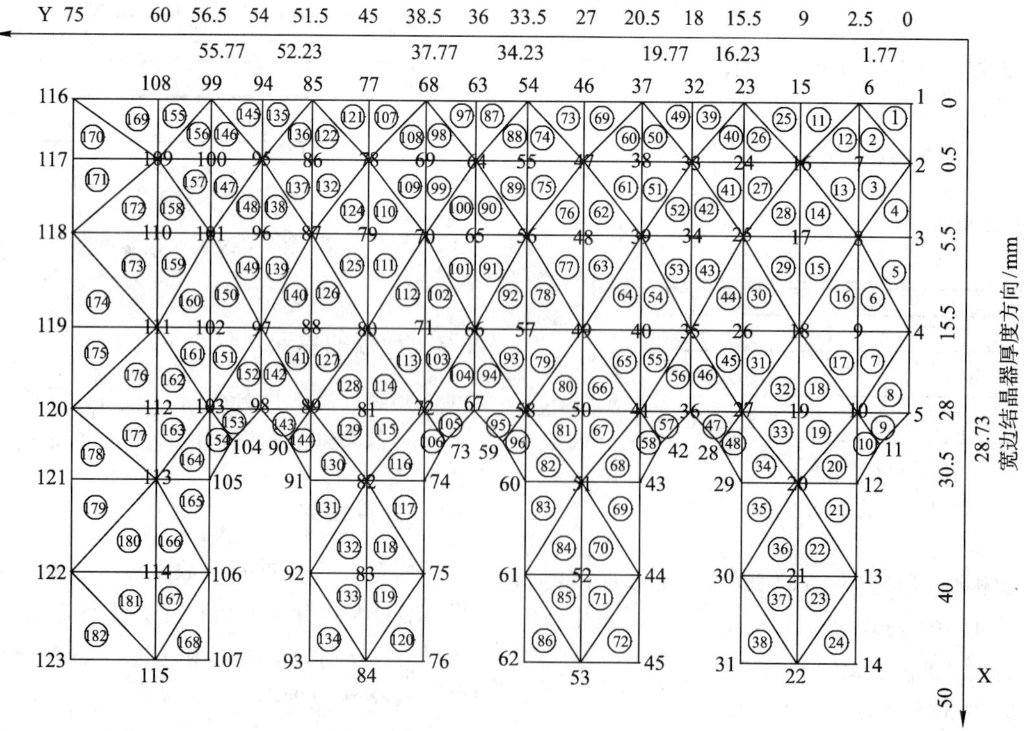

图 6 宽面铜板（有螺栓）情况 4 的单元节点

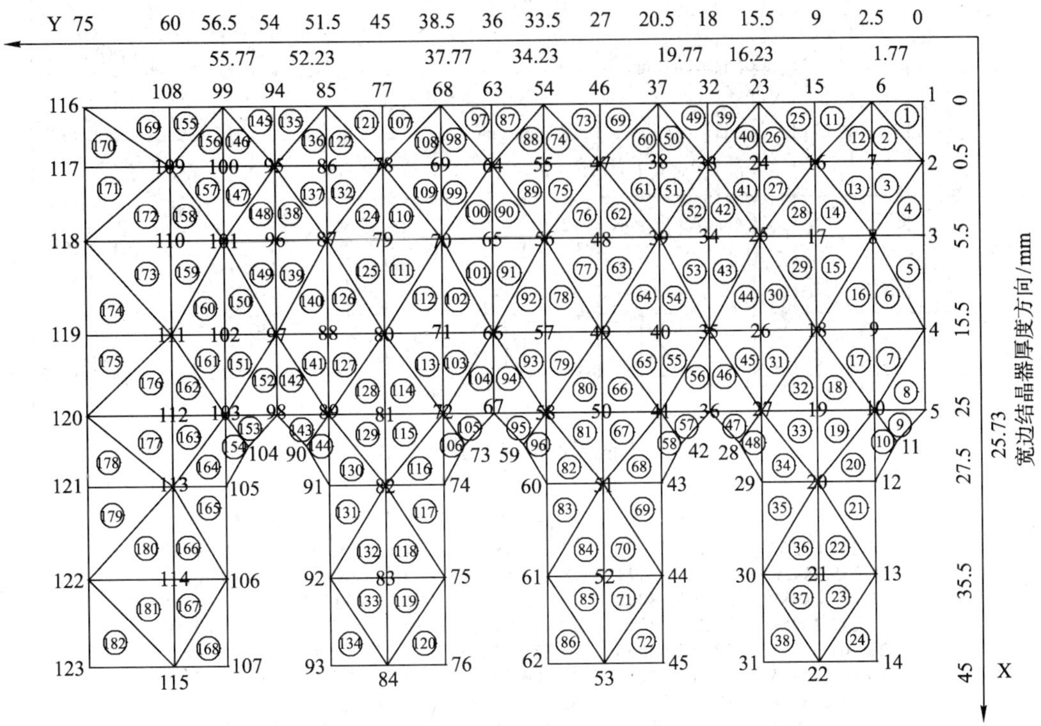

图 7　宽面铜板（有螺栓）情况 5 的单元节点

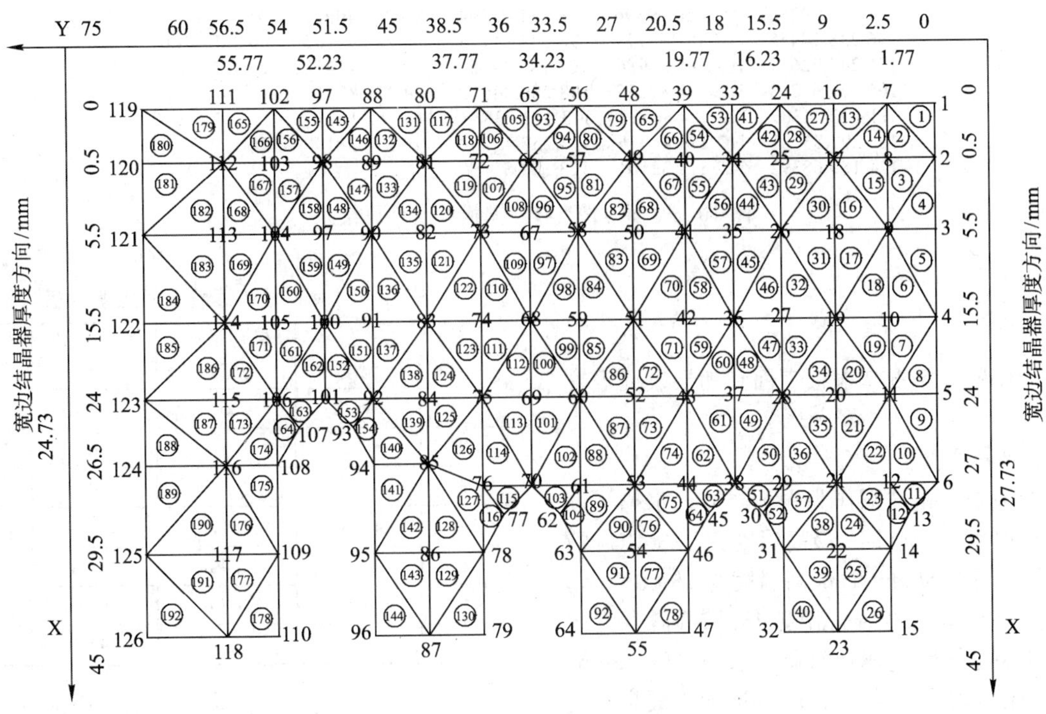

图 8　宽面铜板（有螺栓）情况 6 的单元节点

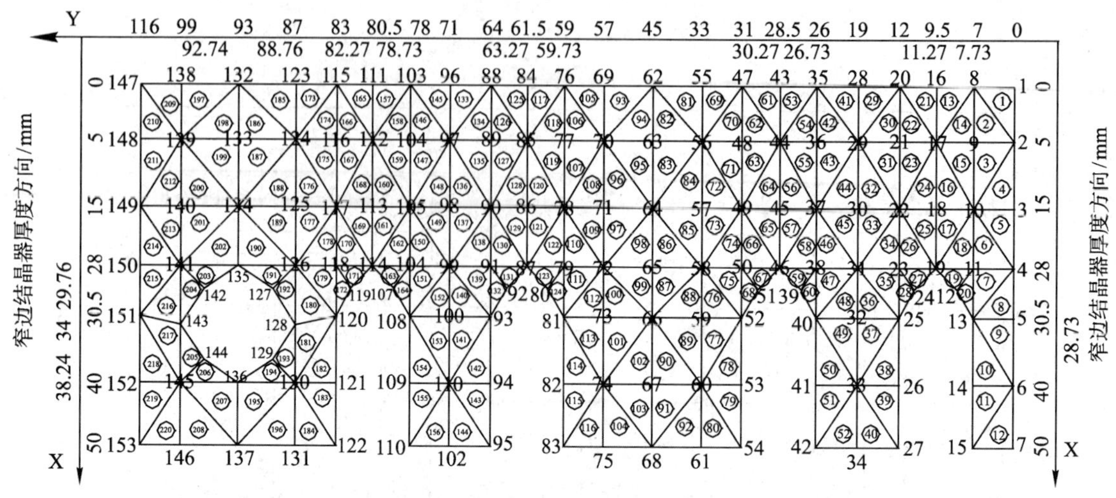

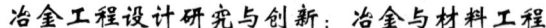

图 9　窄面铜板情况 7 的单元节点

** 节点温度 **

1 255.64563　2 240.77677　3 212.45238　4 154.14029　5 108.99723
6 255.68426　7 240.81693　8 212.49439　9 154.18562　10 108.62816
11 103.74983　12 91.78031　13 56.28619　14 48.53991　15 256.16156
16 241.29959　17 212.99704　18 154.91251　19 111.26763　20 97.89435
21 61.96135　22 52.64065　23 257.15003　24 242.29604　25 213.96479
26 155.40373　27 109.33760　28 104.45333　29 92.13772　30 56.31710
31 48.54574　32 257.70013　33 242.85480　34 214.52337　35 155.88101
36 110.19514　37 258.35183　38 243.51918　39 215.19222　40 156.47665
41 110.33376　42 105.31124　43 93.37228　44 57.07093　45 49.08460
46 260.59644　47 245.78587　48 217.47920　49 158.75716　50 113.98214
51 100.18294　52 62.99077　53 53.33954　54 263.68669　55 248.90295
56 220.58436　57 161.21615　58 113.20923　59 108.17269　60 94.82247
61 57.19632　62 49.10825　63 265.14322　64 250.38365　65 222.08947
66 162.67678　67 115.12229　68 266.76041　69 252.03142　70 223.77505
71 164.37743　72 116.46104　73 110.98435　74 98.93388　75 59.74987
76 50.93883　77 271.82342　78 257.14364　79 229.02599　80 170.08780
81 122.96104　82 107.89198　83 66.48733　84 55.71614　85 277.92436
86 263.30089　87 235.43101　88 177.37702　89 126.63198　90 121.29676
91 104.09286　92 60.19596　93 51.02294　94 280.40207　95 265.82268
96 238.14455　97 181.33179　98 133.91715　99 282.92105　100 268.37669
101 240.92619　102 185.69986　103 142.41952　104 135.41458　105 127.46813
106 62.69263　107 48.87277　108 286.34619　109 271.87348　110 244.77783
111 192.04309　112 154.86528　113 143.73853　114 68.10035　115 51.62017
116 297.83761　117 283.43046　118 257.45262　119 213.38198　120 192.50892
121 189.68392　122 115.32101　123 83.55460

图 10　宽面（情况 1）铜板温度计算结果

3.4　结果讨论

表 3 为情况 1~情况 7 铜板表面和镀层表面温度的极限值。

由表 3 数据可见：

（1）如果采用铬锆铜作为铜板材质，水槽深度 22mm，铜板厚度 45mm 时，最高温度为 283.4℃（情况 1）；而铜板厚度 50mm 时最高温度为 299.8℃（情况 4），都比铬锆铜的再结晶温度 450℃低得多。

（2）如果用银铜为铜板材质，水槽深度 22mm，铜板厚度 45mm 时，拉速为 1.0m/min 时，最高温度是 284.1℃（情况 2），拉速为 0.8m/min 时，最高温度是 264.2℃（情况 3）。

表 3　铜板表面和镀层表面温度的极限值　（℃）

情况	镀层最高温度	镀层最低温度	铜板最高温度	铜板最低温度
1	297.8	255.6	283.4	240.8
2			284.1	242.4
3			264.2	225.6
4	314.0	281.4	299.8	266.9
5	303.1	264.0	288.8	249.2
6	303.3	268.6	287.0	253.9
7			293.5	280.4

（3）同样是一种材质，如果水槽由 22mm（情况 1）变为 20mm（情况 5），铜板厚度为 45mm 时，则最高温度由 283.4℃变成 288.8℃。

** 节点温度 **

1 280.38228	2 252.52342	3 194.64970	4 116.38671	5 102.89981
6 67.28092	7 52.65067	8 280.87418	9 253.01662	10 195.01687
11 114.18479	12 108.91595	13 96.18107	14 59.88011	15 48.83202
16 281.29217	17 253.45211	18 195.51603	19 114.94741	20 281.83473
21 254.02174	22 196.20141	23 115.62950	24 110.17081	25 98.05987
26 60.88143	27 51.18749	28 284.00372	29 256.30345	30 199.14551
31 120.99777	32 106.82464	33 68.34334	34 56.62331	35 286.84403
36 259.31451	37 203.09310	38 123.73500	39 118.25986	40 102.37093
41 61.33814	42 51.27250	43 287.90350	44 260.47340	45 204.93913
46 128.85862	47 288.95535	48 261.63590	49 206.91587	50 135.01821
51 128.47880	52 120.10942	53 50.77180	54 39.10063	55 289.75928
56 262.53321	57 208.49808	58 140.39280	59 128.74837	60 53.07210
61 39.95697	62 293.53979	63 266.75349	64 216.38850	65 165.67613
66 162.60214	67 89.79198	68 62.82063	69 290.89036	70 263.66091
71 209.47531	72 140.92507	73 129.21396	74 53.15174	75 39.97934
76 290.29896	77 262.97826	78 208.07902	79 135.62488	80 129.05774
81 120.55181	82 50.84233	83 39.12021	84 289.52692	85 262.09728
86 206.34672	87 129.58595	88 288.76498	89 261.23795	90 204.76162
91 124.58425	92 119.04391	93 103.08791	94 61.67496	95 51.49650
96 286.87623	97 259.18048	98 201.65189	99 122.12237	100 107.75153
101 68.78264	102 56.91649	103 285.89329	104 258.09953	105 199.83766
106 116.85064	107 111.29545	108 98.96999	109 61.23871	110 51.41530
111 285.83603	112 258.03452	113 199.70093	114 116.09386	115 285.93431
116 258.14313	117 199.85514	118 115.24949	119 109.18566	120 91.62081
121 55.76192	122 55.78167	123 286.40795	124 258.67378	125 200.79868
126 117.91170	127 107.24990	128 77.06883	129 61.52686	130 60.18775
131 61.90909	132 287.74317	133 260.17474	134 203.58695	135 126.70563
136 70.75362	137 72.72628	138 289.42646	139 262.06644	140 206.98840
141 136.22657	142 123.40444	143 107.89141	144 86.47530	145 91.62931
146 85.90779	147 293.70148	148 266.72260	149 214.57059	150 153.95289
151 144.54611	152 118.12831	153 108.20005		

图 11　窄面（情况 7）铜板温度计算结果

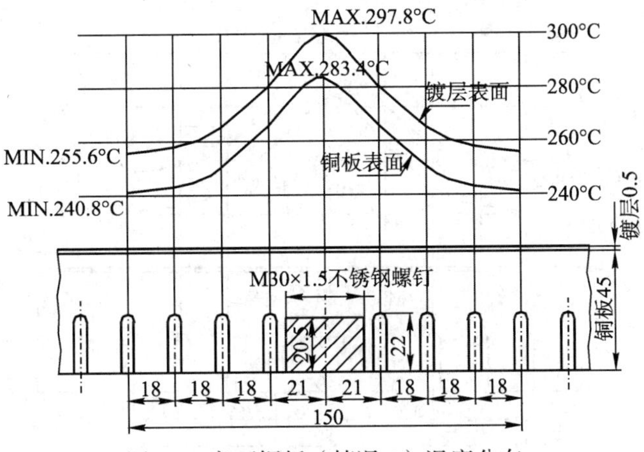

图 12　宽面铜板（情况 1）温度分布

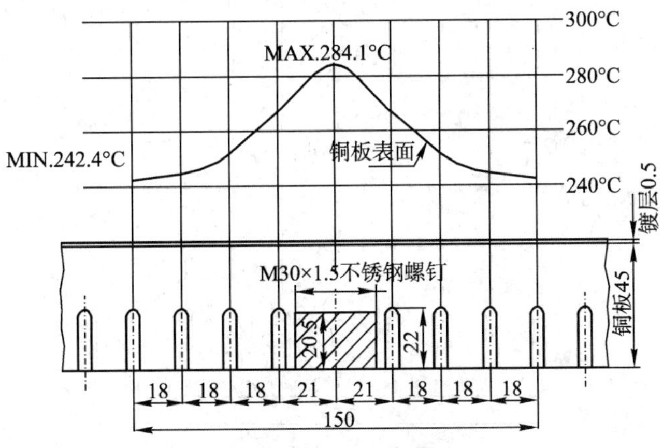

图 13　宽面铜板（情况 2）温度分布

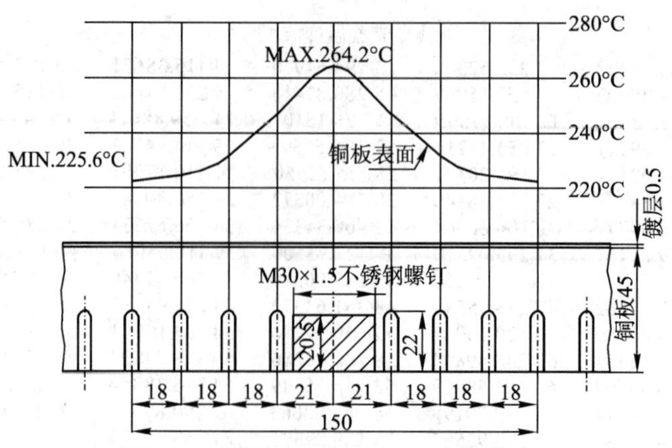

图 14　宽面铜板（情况 3）温度分布

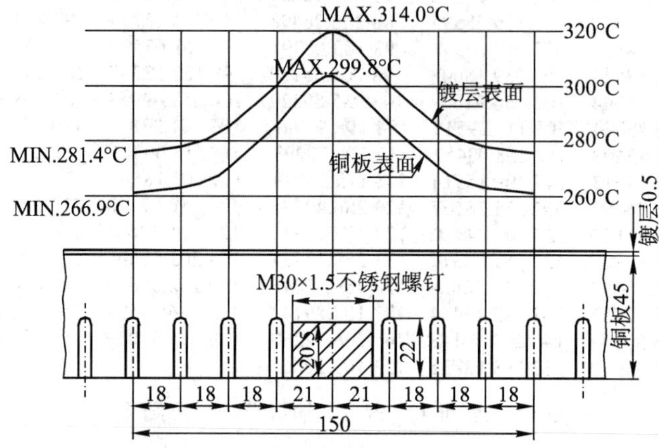

图 15　宽面铜板（情况 4）温度分布

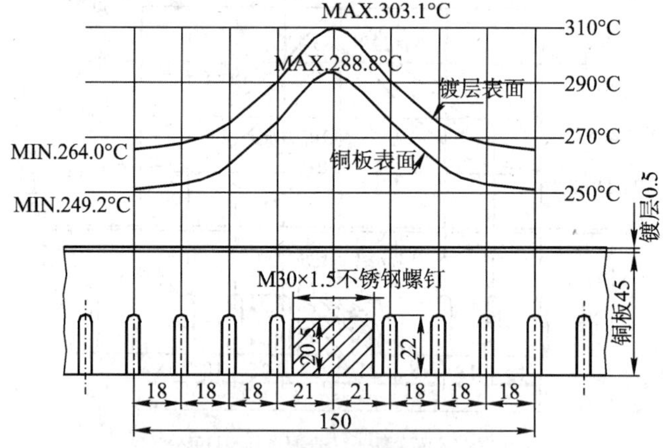

图 16　宽面铜板（情况 5）温度分布

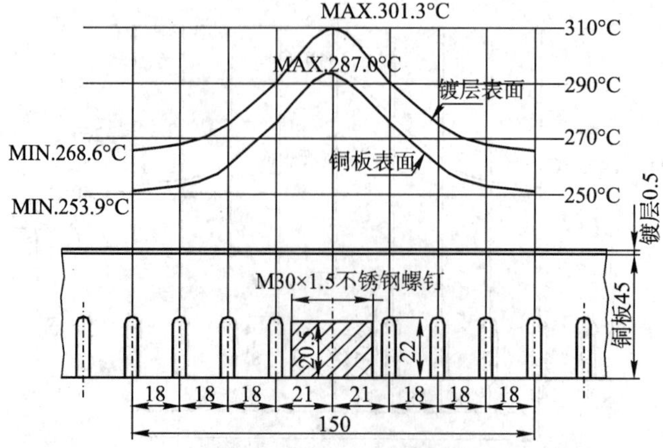

图 17　宽面铜板（情况 6）温度分布

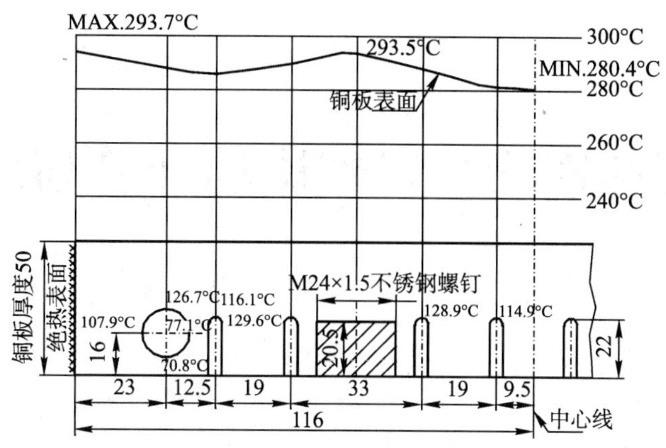

图 18　窄面铜板（情况 7）温度分布

（4）在情况 6 中，螺钉旁边的槽开到 21mm 深，其他槽开为 18mm 深，铜板厚度为 45mm 时，则最高温度为 287.0℃，与最低温度之差为 33.1℃。都用一样深度的槽，拉速均为 1.0m/min，温差为 42.6℃（水槽深 22mm 时）或情况 5 温差为 39.6℃（水槽深 20mm 时）。

（5）水槽深度相同为 22mm，铜板厚度相同为 45mm，拉速相同为 1.0m/min 时，材质为铬锆铜时，最高温度为 283.4℃（情况 1），材质为银铜时，最高温度为 284.1℃（情况 2），两者相差不多。

4　结论

根据以上计算分析，铜板厚度由 53mm 减到 50mm 以下并将水槽优化后，铜板表面温度趋于均匀，且远远小于铜材质的再结晶温度。由于铜板表面温度大为降低，铜板的综合力学性能得到了很好的改善，变形减小，其寿命大大提高。设计时，推荐宽边铜板采用情况 1、窄边铜板采用情况 7 提供的参数，估计铜板寿命能达 700 炉，甚至更高。

VAI 已经开发了高效板坯连铸技术，其新的箱式结晶器系统具有下列主要优点：自动宽度调节、自动匹配；带有优化的沟槽的薄铜板能均匀冷却，固定在焊接螺栓和螺柱的焊接垫板上形成统一的整体，易于更换和再加工；安装和再加工的周转时间可减少到 2 人/2h；电振搅拌/电磁制动（EMS/EMBr）和漏钢预报系统很容易加入连铸机中。高效连铸要求结晶器内壁坯壳迅速而均匀地长大，甚至高拉速下无漏钢危险。根据冷却效率均匀性等，浅沟槽表现出最高的效果，这种设计可用于高拉速高效连铸机，浇铸速度可超过 3.3m/min。分界面为平面的设计，因而节省了铜的用量和机加工量，降低了成本。国际先进的技术和理论运用到我国的连铸机改造中，将对我国钢铁工业实现结构优化调整产生积极的推动作用。

参考文献

[1] 罗振才. 炼钢机械[M]. 北京：冶金工业出版社, 1982.
[2] 刘明延, 李平, 等. 板坯连铸机设计与计算(上册) [M]. 北京：机械工业出版社, 1990.
[3] Bruno Lindorfer, 等. 高效板坯连铸的技术集成[J]. 冶金设备和技术, 1998(2): 68~73.
[4] SCCP-CALANS 系统的微机版本. 西重所, 1990.

（原文发表于《设计通讯》2001 年第 2 期）

连铸坯连续矫直理论的计算与应用

施　殷　崔幸超　章　敏

（北京首钢国际工程技术有限公司，北京 100043）

摘　要：本文通过对连铸坯连续矫直理论的分析与计算，结合首钢设计院在河北省首钢迁安钢铁有限责任公司八流方坯连铸机上采用的连续矫直技术的成功实例，就首钢总公司第二炼钢厂4号八流方坯连铸机改造的必要性及其改造后的连续矫直曲线的设定进行了较为充分的讨论。

关键词：连铸机；连续矫直；应变速率

The Calculation and the Application of the Continuous Straitening Theory of Continuous Casting Slab

Shi Yin　Cui Xingchao　Zhang Min

(Beijing Shougang International Engineering Technology Co., Ltd., Beijing 100043)

Abstract: This paper passes to analysis and calculation of the continuous straitening theory of continuous casting slab, join together in the successful example for adoption the continuous straitening technique at Shougang Qian'an 8-strand billet caster, to discussion the necessary of renovating and the enactment of the continuous straitening curve for renovating No.4 billet caster in Shougang No.2 Steel-making Plant.

Key words: continuous caster; continuous straightening; strain rate

1　引言

探索新的矫直方法是现代连铸技术发展的一项重要内容。在弧形连铸机上，需要将连铸坯强迫矫直后再沿水平方向送出。早期设计的连铸机由于拉坯速度较低，铸坯在进入拉坯矫直位置之前已经完全凝固（固相矫直）。

近年来，由于连铸机的高效化，拉坯速度的提高以及为了浇注大断面的铸坯，铸坯在进入拉矫位置时没有完全凝固，出现液相矫直。这种带液芯的矫直方式如果处理不当，会对铸坯的质量产生不利的影响，尤其是在铸坯凝固壳的内表面上，即固液相交界面上，材料的韧性几乎为零，在矫直应力的作用下，极易产生矫直裂纹（内裂）。产生的裂纹被后续的钢水填充，使铸坯出现偏析现象。这一缺陷的产生与所浇注的钢种和铸坯在矫直过程中产生的矫直应变速率的大小关系很大。

铸坯固液界面处允许的弯曲（矫直）应变取决于钢种，同时在很大程度上也依赖于应变速率 $\dot{\varepsilon}$ 和剪切变形。根据这个基本知识，设想了连续矫直法，它的基本思想是设计这样一个连续矫直段，在矫直时它具有低且恒定的应变速率 $\dot{\varepsilon}$，并将剪切力减小到几乎为零，导辊负荷减到最小值。这样就可以解决带液芯铸坯的弯曲（矫直）问题。

为适应首钢产品结构调整，满足精品棒材生产线的用坯要求，结合我们已在首钢迁钢新建成的八流方坯连铸机上采用连续矫直技术的成功经验，拟将首钢第二炼钢厂现有单点矫直的4号八流方坯连铸机改造成连续矫直的连铸机，用以生产 180mm×180 mm 的优质钢坯，供首钢精品棒材厂。

本文着重对首钢第二炼钢厂改造4号八流方坯连铸机的连续矫直方式进行讨论。

2　现有4号八流方坯连铸机机型主要参数

机型　　　　弧形，*R*8m，单点矫直

铸坯规格	140mm×140mm，定尺 12m、14m
流数	八流（双四流中间包浇注）
流间距	1100mm
拉矫机	5 辊式，单点矫直，2 个驱动上辊
最大拉速	3.0m/min（140mm×140 mm）
冶金长度	14.39m（至拉矫机出口）
	19.62m（至切割点）

3 铸机改造基本要求

3.1 铸机改造的前提条件

二炼钢 4 号方坯连铸机改造的前提条件是在铸机基本弧半径、结晶器外弧基准线、浇注平台标高、出坯辊道面标高等工艺布局不变的情况下，对结晶器——拉矫机的浇注设备进行优化改造，并增设相应的技术装备和控制手段，用以生产 180mm×180mm 的优质钢坯，供精品棒材。

3.2 产品方案

连铸坯生产规格：180mm×180mm×10000 mm。

连铸机生产钢种：优质碳素结构钢、弹簧钢、冷镦钢、合金结构钢等。

连铸坯年产量：80 万吨。

3.3 最大拉速

按照二炼钢 210t 转炉的钢水供应条件，考虑连铸机与转炉的生产配合，并根据现有 R=8.0m 铸机的基本情况，铸机改造后生产 180mm×180mm 的优质钢坯，工作拉速 1.4~1.6m/min，最大拉速 1.8m/min。

4 现有铸机的不适应性

连铸机的设计应满足铸机在最大拉速下浇注生产时，其铸坯的内部、外部变形率控制在浇注钢种允许的范围内。

经计算，二炼钢 4 号方坯连铸机在现有铸机条件下（单点矫直、基本弧形半径 R=8.0mm），当以最大拉速 1.8 m/min 生产 180mm×180mm 的优质钢种时：

铸坯表面矫直变形率：1.125%（允许不大于 0.9%）。

固液两相界面矫直变形率：0.189%（允许不大于 0.1%）。

由上述计算可知，现有铸机的单点矫直方式已不能满足生产 180mm×180mm 优质钢种的需要，在铸机弧形半径（R=8.0m）不变的前提下，通过改变矫直方式，采用多点矫直或连续矫直，可将铸坯的矫直应变控制在允许的范围内，本文拟对 4 号方坯连铸机改造的连续矫直曲线的设定进行讨论。

5 二炼钢 4 号八流方坯连铸机矫直方式改造

5.1 连续矫直曲线的设定

连续矫直的基本思想是设计这样一个连续矫直段，在矫直时它具有低且恒定的应变速率，并将剪切力减小到几乎为零，导辊负荷减到最小值。这样就可以解决带液芯铸坯的弯曲（矫直）问题。

连续矫直曲线应控制的应变速率：

$\dot{\varepsilon}_{允许}<0.125\times10^{-3}$/s（连续矫直区间的应变速率）；

$\dot{\varepsilon}_{允许}<0.00025\%$/mm（连续矫直起点的应变速率）。

考虑到方坯连铸机的特点，本方案取蠕变的连续矫直区 L=1.2m，拉矫机的两个区前为 1200mm、后为 800mm。取连续矫直起点 B 距基本弧中心的垂直线的距离 H=600mm。

5.2 连续矫直起点 B 及拉矫机辊心坐标

连续矫直的曲线方程为 $Y=X^3/(6R_0L)$，在以 C 点为原点的坐标系中，当 $X=X_B=L$ 时，$Y_B=L^2/(6R_0)=1.2^2/(6\times8)$=0.03m，详见图 1。

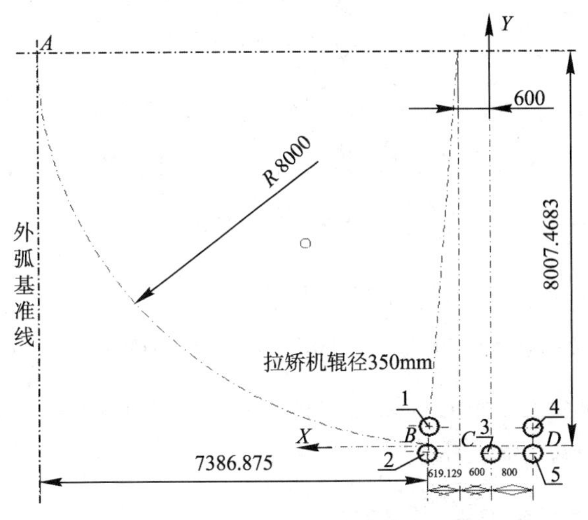

图 1 连续矫直曲线

Fig. 1 Sketch of the continuous straitening curve

矫直起点辊子 B 处双辊连线和基本弧中心垂线的夹角 α：

$$\sin\alpha=H/R_0,\ \alpha=\arcsin H/R_0=\arcsin0.6/8=4.3012°$$

拉矫机辊心坐标见表 1（计算过程略）。

表 1 拉矫机辊心坐标
Table 1 The coordinate of the withdrawal and straightening unit's roller

坐标轴	基本圆弧段圆心坐标	拉矫辊辊心坐标				
		1	2	3	4	5
X	600	1173.375	1213.125	0	−800	−800
Y	8007.4683	384	−144.507	−175	355	−175

5.3 连续矫直的应变速率

5.3.1 连续矫直区间的应变速率

改造后矫直区间 C 点处的弧长为：$350+\pi/2\times 8000+600=13516.37$mm。当铸机以最大拉速1.8m/min 生产 180mm×180mm 断面的铸坯时，C 点的凝固壳厚度为：$\delta_C=30\times(13516.37/1800)^{1/2}=82.2$mm。

其中：综合凝固系数 $K=30\text{mm}\cdot\text{min}^{-0.5}$，$C$ 点的矫直应变值为：$\varepsilon=(0.5\times180-82.2)/8000=0.000975=0.0975\%$；$C$ 点的应变速率为：$\dot{\varepsilon}=\varepsilon/t=0.000975/\text{t}$，其中 t 为应变时间，$t=1200\times60/1800=40$ s。

则 $\dot{\varepsilon}=0.000975/40=0.0000244=0.024\times10^{-3}$/s，符合连续矫直区间的应变速率小于 0.125×10^{-3}/s 的安全值计算原则。

5.3.2 连续矫直起点的应变速率

改造后矫直起点 B 处的弧长为：

$$L_B=350+(90°-4.3012°)\times\pi/180\times8000=12315.8\text{mm}$$

当铸机以最大拉速 1.8m/min 生产 180×180mm×mm 断面的铸坯时，则 B 点的凝固壳厚度为：

$$\delta_B=30\times(12315.8/1800)^{1/2}=78.472\text{mm}$$

B 点的应变速率为：

$$\dot{\varepsilon}=2(0.5\times180-78.472)/R\times L$$

其中，L 为矫直区长度 1200mm，则：

$$\dot{\varepsilon}=2(0.5\times180-78.472)/8000\times1200=0.00024\%/\text{mm}$$

符合连续矫直起点的应变速率小于 0.00025%/mm 的安全值计算原则。

5.4 分析与结论

（1）连续矫直曲线是以铸坯坯壳内两相区应变率按预定的设定值连续变化，使铸坯经连续变形至水平，在矫直区间它具有低且恒定的应变速率，该应变速率是按金属的蠕变变形规律设定的，其计算值应小于 0.125×10^{-3}/s。

本方案中连续矫直区为 1200mm，经计算，当铸机以 1.8m/min 的最大拉速生产 180mm×180mm 的铸坯时，其内部固液两相区变形率为 0.0975%，应变速率为 0.024×10^{-3}/s，符合连续矫直区间的应变速率小于 0.125×10^{-3}/s 的安全值计算原则。

（2）连续矫直曲线的计算同时还应满足矫直起点应变变化率小于 0.00025%/mm 的安全值，这是因为矫直起点处的坯壳最薄。

经计算，矫直起点 B 点处的应变速率为 0.00024 %/mm，符合连续矫直的应变速率小于 0.125×10^{-3}/s 的安全值的计算原则。

（3）从工艺布置上来看，4 号连铸机改为连续矫直后，铸机高度增加了 7.468mm，结晶器振动水平半径线仅有少量上调，上调量为 7.468mm，满足铸机改造后浇注平台标高、基本弧半径、结晶器外弧基准线、出坯辊道面标高不变的前提条件，在工艺布置上是可行的。

二炼钢现有单点矫直的 4 号方坯连铸机改造成连续矫直的连铸机，为提高生产能力、改善铸坯质量、保证铸机的高效优质生产提供了有力的保证。

6 连续矫直技术在首钢迁安炼钢厂的应用

我们在首钢迁安钢铁有限责任公司设计建成了两台八流方坯连铸机，机型为弧形、连续矫直、刚性引锭杆的连铸机。基本弧半径 R 为 9.0m。这两台连铸机分别于 2004 年 10 月及 11 月投入生产。投产一个多月以来，设备运行正常，铸坯质量良好，得到用户的好评。首钢迁钢连续矫直型拉矫机如图 2 所示。

图 2 首钢迁钢连续矫直型拉矫机
Fig. 2 The withdrawal and straightening unit with continuous straitening of Qian'an Steelmaking Plant

首钢迁钢连续矫直连铸机生产的连铸坯低倍检验照片如图 3 所示（图中编号为炉号）。表 2 为钢号为 HRB335 的铸坯（140mm×140mm）的低倍检验报告。

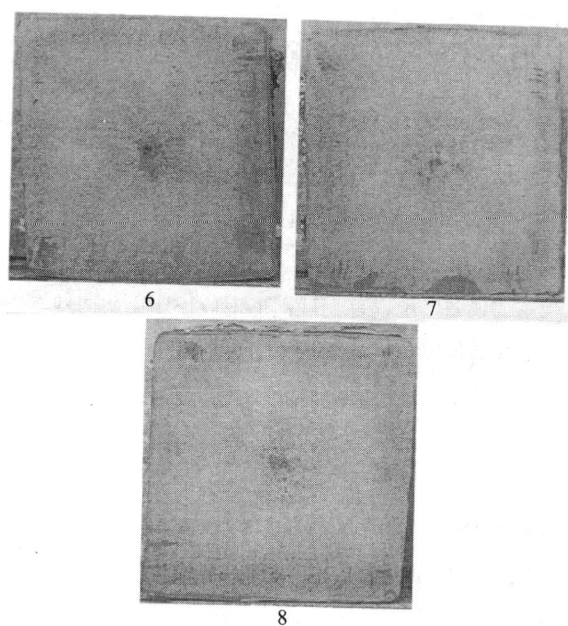

图 3　首钢迁钢连续矫直连铸机生产的连铸坯低倍检验照片

Fig. 3　Macrostructure of slab

表 2　钢号 HRB335 的铸坯低倍检验报告

Table 2　Macroscopic examination results

炉号	检验项目			
	中心偏析	中心疏松	皮下裂纹	中间裂纹
4100078-6	0	1.0	0.5	0
4100078-7	0	1.0	1.0	0.5
4100078-8	0	1.0	0.5	0.5

注：铸坯尺寸为 140mm×140mm。

7　结语

由于连续矫直等先进技术的应用，改造后的首钢第二炼钢厂 4 号方坯连铸机将是一台技术装备先进、自动化水平很高的连铸机，这为品种钢的开发和确保获得卓越的铸坯质量奠定了坚实的基础。首钢迁安钢铁有限责任公司的连续矫直连铸机的投产使用，也已经证明了这一点。我们有理由相信：随着连续矫直技术在首钢连铸机上不断地得到应用，首钢的高新技术产品的品种和质量都会得到不断的改善，首钢将有机会拥有更大的市场份额！

参考文献

[1] 王浦江. 小方坯连铸(第 2 版). 内部资料, 1998.

（原文发表于《设计通讯》2005 年第 2 期）

首钢迁钢板坯火焰清理系统设备设计

李 健 宫江容 刘彭涛

(北京首钢国际工程技术有限公司，北京 100043)

摘　要：本文重点叙述了首钢迁钢炼钢厂板坯火焰清理系统主体设备。现以首钢迁钢炼钢厂板坯火焰清理系统为例，详细地介绍板坯火焰清理系统主要设备的结构特点、技术性能、设计选型。

关键词：板坯；火焰清理；设备组成；性能参数

Equipment Design of Scarfing Machine System in Shougang Qian'an Steel-making Plant

Li Jian　Gong Jiangrong　Liu Pengtao

(Beijing Shougang International Engineering Technology Co., Ltd., Beijing 100043)

Abstract: This paper emphasizes on the main equipments of the scarfing machine system in Shougang Qian'an steel-making plant. This paper takes this scarfing machine system as an example, describes the main structure characteristic, technical performance and type and design options of scarfing machine system main equipments.

Key words: slab; scarfing machine; equipment composition; performance parameters

1　板坯火焰清理系统设备简介及工艺流程

1.1　板坯火焰清理作用

为满足生产高品质、高附加值板材的需要，首先都要先从钢坯的质量上做文章,其中钢坯表面质量的好坏是钢板质量优劣的一个重要因素。

对于板坯表面的裂纹、结疤、夹杂等缺陷，国内通常在冷态进行人工清理，费时、费力、污染环境且不能保证质量。而在国外，20 世纪 60~70 年代就出现了采用自动火焰清理机进行板坯表面清理的方式。火焰清理发展到现在，不仅实现了自动化，减轻工人劳动强度，而且清理效率高、质量有保证，能在冷态或热态下进行清理，适应性较强，并能较大地节约能源和介质，是现代化大型钢厂处理钢坯表面质量问题理想的设备。首钢迁钢公司为满足生产高品质、高附加值的板材需要，建设了板坯精整库，新建了一套火焰清理机及其附属设施。

1.2　系统设备简介

板坯火焰清理生产线的主要设备组成：

(1) 上线设备：卸板台、推钢机、卸板辊道；

(2) 输入设备：输入辊道、板坯对中装置、前夹送辊组、排烟罩及闸板；

(3) 火焰清理机：清理机本体、烧嘴移出台架、密闭室、烟罩等；

(4) 输出设备：输出辊道、后夹送辊组、除鳞装置；

(5) 下线设备：垛板辊道、推钢机、垛板台、固定挡板。

板坯火焰清理设备安装布置图如图 1 所示。

1.3　工艺流程

需要进行表面火焰清理的板坯被送到板坯精整车间，卸下存放。

清理前，清理机通过计算机数据库自动获得数据，按待清理的板坯断面选择烧嘴适当数量的孔数。根据清理车间 PLC 提供的基本信息，由 PLC 控制系统设定火焰清理机的氧气压力及火焰清理速度。

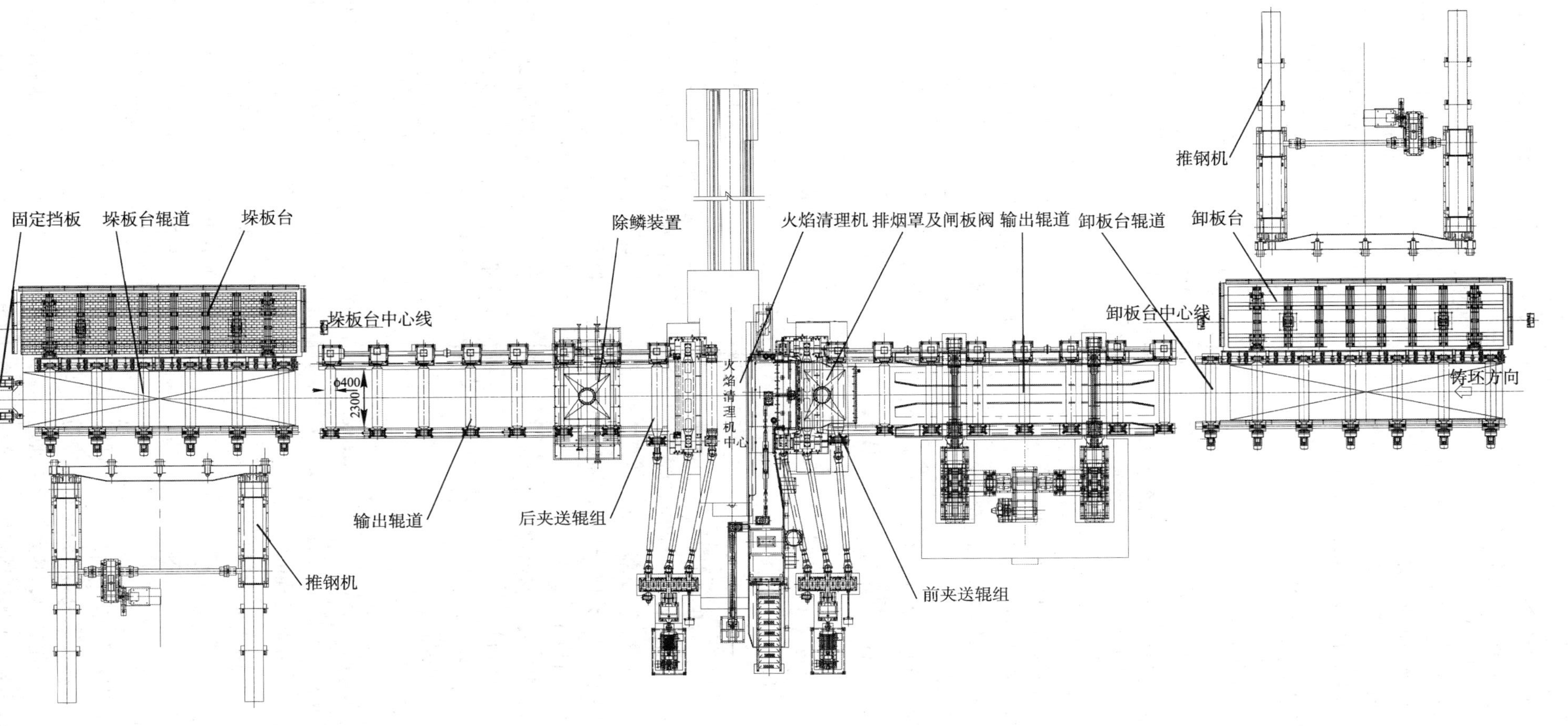

图1　板坯火焰清理设备安装布置图

需要清理时，按以下操作流程：

天车吊运→卸板台→推钢机将板坯推到卸板区辊道→输入辊道→板坯对中→前夹送辊道（带测长）→精确定位→烧嘴合围→完成闭合并锁定→预热→启动清理功能→清理→前后辊及夹送辊工作→前夹送辊检测到坯尾→延时，烧嘴离开板坯，切断介质→后夹送辊及后辊工作→出坯辊→推钢机将板坯推到垛板台→天车吊运

2 主要机械设备组成及性能参数

2.1 板坯上线设备

2.1.1 卸板台

卸板台为液压式升降台，升降台由 2 个油缸推动升降。升降台上装有导向轮，沿着安装在升降台两侧的 4 个导向立柱滑行。上坯时，吊车将板坯吊到卸板台后，卸板台下降，直到最上面的一块板坯下部与卸板辊道高度一致时停止，准备接受推钢机的工作。卸板台下降或升起的高度为板坯厚度的整数倍，由油缸位移传感器控制。

当最上面一块板坯被推到卸板辊道后，卸板台上升一个坯厚，等待下一次推钢机的工作。主要参数如下：

升降拉速　　40 mm/s

最大行程　　900 mm

2.1.2 推钢机

电动齿轮齿条式，一台电动机带动一台减速机，通过连接轴集中驱动两侧齿轮，带动配对齿条做直线运动。两侧齿条推动推钢臂，靠推钢臂上的拨爪推动板坯横移，将卸板台上的板坯推到卸板辊道上。

该集中驱动的方式同步性好，运行可靠。推钢臂的行程由接近开关控制。主要参数如下：

推钢力　　约 40 kN

推钢速度　　15 m/min

工作行程　　3175 mm

2.1.3 卸板辊道

电动机减速机单独传动的方式。将推钢机从卸板台上推过来的板坯传送到输入辊道。主要参数如下：

辊道速度　　3~30 m/min

辊子规格　　ϕ400mm×2300 mm

2.2 板坯输入设备

2.2.1 输入辊道

电动机减速机集中传动，与前夹送辊和导向辊共用一套传动单元。输入辊道共有 8 组辊道，传动单元通过万向轴传动第一组辊道，其余辊道均通过直角减速机和连接轴连起来，实现同步传动。该辊道将卸板辊道传来的板坯送往前夹送辊。主要参数如下：

辊道速度　　3~30 m/min

辊子规格　　ϕ400mm×2300 mm

2.2.2 板坯对中装置

在输入辊道中心线两侧对称设置两块对中板，以对夹的方式在输入辊道上实现对中。每块对中板两端各与一个齿条架连接，齿条架上安装有导轮，可以在导轨上沿固定方向动作。

该装置采用一台液压马达带动减速机，减速机双出轴通过联轴器连接在两侧的齿条箱上。齿条箱中间是齿轮，两齿条一上一下与齿轮啮合。齿条分别连在不同的齿条架上，通过齿轮带动齿条，同时带动齿条架和对中板，使对中板沿垂直辊道中心线方向运动，从而实现对板坯的对中。

这种结构对中传动结构简单、可靠，同步性好。主要参数如下：

单侧推力　　约 210 kN

对中行程　　2×775 mm

对中速度　　2×110 mm/s

2.2.3 前夹送辊组

前夹送辊组安装于火焰清理机和输入辊道之间，分夹送辊和导向辊。夹送辊上、下辊两端均与液压缸连接，由液压缸控制升降，其升降同步方式为刚性齿轮齿条控制。这种方式可上、下调节夹送辊的位置，以确保板坯精确对位。导向辊位于夹送辊和火焰清理机之间，导向辊两端由液压缸吊着，并由其控制升降，其升降同步方式为刚性齿轮齿条控制，起导向和支撑的作用。

该装置采用一台电动机带动行星减速机，再传动到分速箱。分速箱为 4 个输出轴，通过万向轴分别传动夹送辊上辊、下辊、导向辊和输入辊道，使这些辊道的传动速度很好地保持同步。主要参数如下：

辊道速度　　3~30 m/min

辊子规格　　ϕ400 mm×2600 mm

上辊液压缸行程　　240 mm

下辊液压缸行程　　85 mm

导向辊液压缸行程　　85 mm

2.2.4 排烟罩及闸板

在火焰清理机入口处设有排烟罩，收集火焰清理机工作时产生的烟尘，通过烟气收集系统和除尘装置对其进行净化处理。

烟气收集系统设有清理机密闭室、排烟罩及闸板开闭装置。清理机工作时，闸板打开，抽吸烟尘；

清理机不工作时，闸板关闭，抽吸密闭室内的烟尘。闸板设有配重，由气缸控制升降。在排烟罩内设有水平喷淋管、上下滑槽喷淋管、辊道喷淋管及辊颈喷淋管等。

除尘能力大约应达到 3500 m^3/min。

2.3 火焰清理机

本次火焰清理机型号：CM-90-8-1，为国外引进设备。它是通过火焰清理机烧嘴喷出的氧气和可燃气体，把板坯表面有缺陷的区域熔化，并按设定的清理速度被氧化清除，从而得到较好的表面质量。火焰清理机能适应很多有表面缺陷的板坯的清理。

火焰清理机可对室温到 500℃的板坯同时进行 4 个表面的清理；也可以只清理上表面或只清理下表面，或其他选择。该设备在其预定能力范围内，可自动适应任何断面尺寸的板坯：

（1）火焰清理机上下烧嘴组各安装多个烧嘴、两个侧面各安装 1 个烧嘴，可实现对板坯各个表面的清理。

（2）清理深度：1.5~4.5 mm ±20%。

（3）火焰清理速度：8~40 m/min。

（4）烧嘴闭合方式：自动检测板坯厚度与宽度，借助与 HMI 人机界面手动或通过计算机自动获得数据。

（5）烧嘴移动方式：气动。

（6）点火方式：自动。

（7）压力控制：燃气和氧气的工艺压力通过 PLC 及 EPC 进行控制。

（8）高压水枪高度控制：根据板坯钢种和宽度，对上部高压水枪装置的高度进行自动调节。

（9）端部清理：可对板坯从端部起 75mm 处进行清理。

火焰清理机本体由主机架、上活动架、下活动架、高压水枪装置及介质控制面板等组成。整套装置被密闭室罩住并与除尘系统连接，形成一个封闭的环境，大大减少燃烧废气对车间的污染。

2.3.1 主机架

主机架为焊接钢结构型式，下部由四轮支撑，由气马达驱动链条带动车体在轨道上走行。机架支柱上设有滑槽，用于上、下活动架的升降导向。上、下活动架分别由 2 个主提升气缸吊挂在车体上，可以分别进行升降，可根据所清理板坯的厚度来调节上、下烧嘴之间的距离。

2.3.2 上活动架

上活动架由上部烧嘴横移车和右侧烧嘴活动架组成。使上活动架的烧嘴形成“┒”形状。

上部烧嘴横移车由横移车架、横移气缸、介质调节缸、烧嘴组、配管、护罩等组成。上部的横移可根据所清理板坯的宽度来调节上部烧嘴需要用到的长度。

右侧烧嘴活动架由右侧烧嘴升降小车、升降气缸、介质调节缸、烧嘴组、配管、护罩、右侧高压水枪等组成。右侧升降小车可以根据所清理板坯的厚度来调节右侧烧嘴需要用到的长度。

同时，介质调节缸能在需要用到的烧嘴长度范围内供给氧气和燃气，未用到的烧嘴部位只供冷空气，以冷却并保护烧嘴。

2.3.3 下活动架

下活动架由下部烧嘴横移车和左侧烧嘴活动架组成。使下活动架的烧嘴形成“┖”形状。

下部烧嘴横移车由横移车架、横移气缸、介质调节缸、烧嘴组、配管、护罩等组成。下部的横移可根据所清理板坯的宽度来调节下部烧嘴需要用到的长度。

左侧烧嘴活动架由左侧烧嘴升降小车、升降气缸、介质调节缸、烧嘴组、配管、护罩、左侧高压水枪等组成。左侧升降小车可以根据所清理板坯的厚度来调节左侧烧嘴需要用到的长度。

同时，介质调节缸能在需要用到的烧嘴长度范围内供给氧气和燃气；未用到的烧嘴部位只供冷空气，以冷却并保护烧嘴。

2.3.4 高压水枪装置

高压水枪装置由机架、调节气缸、介质配管等组成。水平高压水枪安装在水平高压水枪装置上；垂直高压水枪分别安装在火焰清理机的上、下活动架上。

根据板坯的钢种和高、宽度尺寸，该装置具有对喷嘴的位置和角度进行自动调整的功能，以便形成合适的喷水角度。从高压水枪喷射出来的水流将熔渣粒化，冲向粒化渣挡板上，然后坠落至铁皮沟后排出；此系统还有利于保护辊道，防止熔渣喷溅到辊道上。

2.4 板坯输出设备

2.4.1 后夹送辊组

后夹送辊组安装于火焰清理机和输出辊道之间，分夹送辊和导向辊。夹送辊上、下辊两端均与液压缸连接，由液压缸控制升降，其升降同步方式为刚性齿轮齿条控制。这种方式可上、下调节夹送辊的位置，以确保板坯精确对位。导向辊位于夹送辊和火焰清理机之间，起导向和支撑的作用。

同前夹送辊一样，该装置采用 1 台电机带动行星减速机，再传动到分速箱。分速箱为 4 个输出轴，通过万向轴分别传动夹送辊上辊、下辊、导向辊和输出辊道，使这些辊道的传动保持同步。主要参数如下：

辊道速度　　3~30 m/min

辊子规格　　ϕ400 mm×2600 mm

上辊液压缸行程　　240 mm

下辊液压缸行程　　85 mm

2.4.2　输出辊道

输出辊道采用电动机减速机集中传动，与后夹送辊和导向辊共用一套传动单元。输出辊道共有 8 组辊道，传动单元通过万向轴传动第一组辊道，其余辊道均通过直角减速机和连接轴连起来，实现同步传动。

输出辊道将清理完的板坯送往垛板辊道，其主要参数如下：

辊道速度　　3~30 m/min

辊子规格　　ϕ400 mm×2300 mm

2.4.3　除鳞装置

除鳞装置安装在输出辊道第 2 和第 3 号辊道之间，该装置可去除钢坯表面氧化皮,提高钢坯质量。外接的压缩空气和高压水各一路，在此处对称板坯分为上下两路，近 2 号辊为高压水，近 3 号辊为压缩空气。高压水管道上下各安装 14 个喷嘴，斜向 2 号辊与板坯成 75°。压缩空气管道上下各 47 个孔，与板坯成 60°。四周设烟尘收集罩，防止烟尘和水汽扩散。主要参数如下：

压缩空气压力　　约 1 MPa

高压水压力　　约 2 MPa

2.5　板坯下线设备

板坯下线设备包括垛板台辊道、推钢机、垛板台和固定挡板等，与上线设备基本一致，只是与上线设备的安装顺序相反。

3　设备设计的难点

由于本系统的核心设备火焰清理机是由美国 ESAB 集团 L-TEC 钢铁产品部设计和供货，没有提供任何图纸，给以后进行国产化设计带来较大困难，尤其是烧嘴部分的设计是最大的难点。尽管这次我们没有完整的对本系统所有设备进行设计，但通过本次设计，我们已经掌握了大部分火焰清理机的结构和计算参数，为今后进行国产化设计打下了基础。

4　设计优化的设想

本次设计单独设置板坯精整库，主要处理冷坯。其实，要是条件允许，此设备可安装在连铸机侧面并行线上，在清理机前安装翻坯机以代替此位置的卸板台和推钢机。板坯来时，翻转板坯，对板坯两面进行检查，对需要清理的板坯，立即进入清理程序清理；如没有问题，将板坯翻回去，辊道送走。在尾部，可以取消推钢机和垛板台，安装翻坯机，对清理完的板坯进行检查，若不合格，退回去进行清理；检查合格的，翻坯机将板坯翻回连铸线上去，辊道送走。这样能很好地保证热送和板坯的表面质量，节约检查和清理时间，节省燃气。这样就能及时热送，为后续轧制节约加热时间和燃料。

5　结语

火焰清理板坯的方式能最大化地提升钢厂钢坯质量、节约能源、减轻劳动强度等，是现代化大型钢厂处理钢坯表面质量问题的理想设备。虽然板坯火焰清理系统设备构成相对较为简单，但其中火焰清理机技术难点比较多，尤其是烧嘴部分和与烧嘴连接介质部分结构相对较复杂。现在国内的这种清理技术都从国外引进，投资都很高。我们希望通过对首钢迁钢引进的火焰清理设备的研究和优化，最终实现自主设计和集成，打破该核心设备总靠国外引进的不利局面，更好地推广该技术，以达到节约投资、节约能源的目的。

参考文献

[1] 肖文忠，火焰清理机及其应用[J]. 冶金设备，1985(2).

（原文发表于《工程与技术》2011 年第 2 期）

板坯精整清理机液压系统

周　鑫

(北京首钢国际工程技术有限公司，北京 100043)

摘　要：本文主要介绍首钢迁安钢铁有限责任公司板坯精整生产线工程清理机液压系统。清理机液压系统的主要功能是在火焰清理机对铸坯进行缺陷处理时对铸坯进行对中、前夹送、导向、后夹送控制。

关键词：板坯精整；火焰清理机；液压动力源；油箱单元；阀台

The Hydraulic System of Scarfing Machine for the Slab Conditioning Line

Zhou Xin

(Beijing Shougang International Engineering Technology Co., Ltd., Beijing 100043)

Abstract: The paper mainly introduces the hydraulic system of scarfing machine for slab conditioning line in Shougang Qian'an Iron and Steel Co.,Ltd.The hydrautic system controls the centring guide、the front pinch roll and the back pinch roll during the slab scarfed.

Key words: slab conditioning line; scarfing machine; hydraulic power station; tank unit; valve set

1　引言

首钢迁安钢铁有限责任公司板坯精整生产线是为了适应市场的发展需要，提升首钢板材的市场竞争力，引进国外先进技术建成的首钢第一条板坯精整生产线。该生产线一次性热试成功，填补了首钢板坯精整的空白，为首钢板材向高品质、高附加值产品转型奠定了坚实的基础。由此，首钢成为继宝钢之后国内第二家投入火焰清理机进行板坯精整的企业。板坯精整是通过火焰清理机烧嘴喷出的氧气和可燃气体的燃烧，将铸坯表面有缺陷的区域融化，按设定的清理速度将缺陷清除，从而使铸坯表面质量得以改善的一种新工艺。清理机液压系统是板坯精整线的关键设备，对板坯的精整质量起着重要作用，设计中不仅要考虑实现系统功能，系统可靠性也尤其重要。

2　清理机液压系统的功能分析

如图 1 所示，铸坯沿输入辊道进入对中区域，经对中装置（液压马达驱动）对中后等待火焰清理机就位。待清理机就位后，铸坯进入前夹送辊，在夹送辊上下辊（液压缸驱动）夹持作用下，经导向辊调整（液压驱动）进入清理机，清理机可按事先设定好的清理模式对铸坯的任意表面进行缺陷处理。处理完的铸坯在后夹送辊上下辊（液压缸驱动）夹持作用下，沿辊道经除鳞装置进入输出辊道，由此完成铸坯整个精整过程。

可见，整个精整过程清理机液压系统控制过程分为对中—夹紧调整—夹紧调整复位三个阶段，即进入清理机前铸坯的对中控制、进出清理机的夹送导向控制以及清理完成后的夹送导向复位控制。液压动力源的总流量应满足三个阶段中流量要求最大者。另外，三个阶段中液压用户流量要求大，作用时间短且到下一个工作循环时间间隔长，即该系统具有间歇性大流量的特点。基于这样的特点，在系统设计时动力源采用恒压变量泵和蓄能器组合，并配以油液净化及循环冷却装置，不仅可以实现系统流量要求，而且可以降低系统功率，提高效率，降低温升，节省能源。此外，针对生产中不同钢种的铸坯，夹送辊的夹持力控制要求不同，在设计中可采用比例减压回路对夹送辊夹持力进行实时调整。

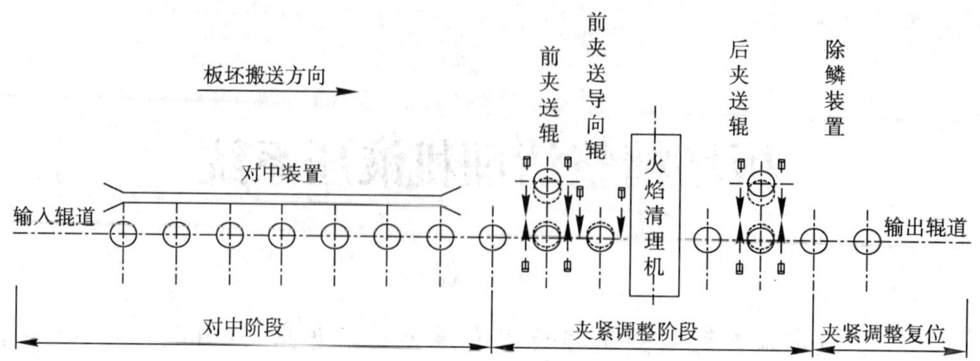

图 1　精整工艺流程示意图

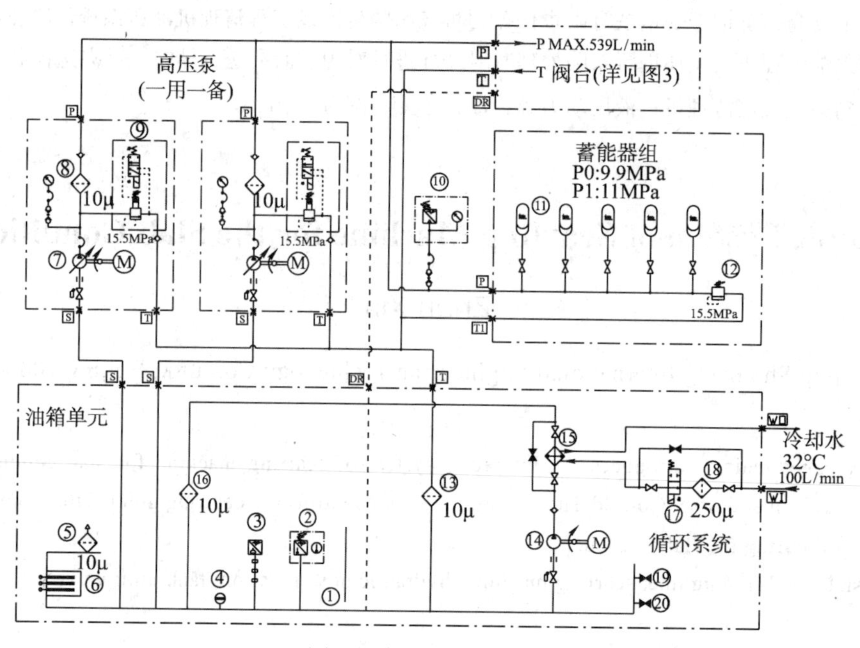

图 2　清理机液压系统

1—油箱；2—液温控制器；3—液位控制器；4—液位计；5—空气滤清器；6—加热器；7—变量泵；8—高压过滤器；9—安全阀；10—压力继电器；11—蓄能器；12—溢流阀；13—回油过滤器；14—定量泵；15—冷却器；16—循环过滤器；17—电磁水阀；18—冷却水过滤器；19—排污球阀；20—采样球阀

3　清理机液压系统

3.1　液压系统设计

清理机液压系统主要由高压动力源、油箱单元和阀台组成。

3.2　高压动力源

板坯精整清理机液压系统具有间歇性大流量的特点；采用恒压变量泵、蓄能器组作为高压动力源；系统压力 14MPa，高压泵选用排量为 180mL/r（n= 960r/min）的恒压变量泵；蓄能器组选用 5 个公称容积 100L 的皮囊式蓄能器。清理机液压系统如图 2 所示。

高压变量泵采用一用一备，互为备用的形式。当工作泵出现故障，无法保证系统对压力油的要求时，备用泵自动开启，工作泵停止并报警显示。每个高压泵吸油管设带有限位开关的蝶阀，与泵电动机连锁，是电动机开启的先决条件。泵的吸油口和出油口分别设柔性接头和高压软管，以减小管路的振动。泵出口设安全阀，不仅能实现泵的空载启动，而且当系统压力超过限定压力时，安全阀开启，系统溢流以保护系统运行安全。泵出口设过滤精度 10μ 的高压过滤器，过滤油液中的杂质；设单向阀，防止油液倒吸；设压力表和压力继电器，实时监测泵出口压力变化并为高压泵的启停提供连锁信号。

蓄能器组主要由皮囊式蓄能器和溢流阀组成。蓄能器的冲氮压力为 9.9MPa，最低工作压力为 11MPa；溢流阀安装在供、回油管路间，设定压力为 15.5MPa。当蓄能器组充油压力大于溢流阀设定值时，溢流阀开启，油液流回油箱。

3.3　油箱单元

油箱单元主要由油箱、附件、循环泵、冷却器、加热器及过滤装置组成，如图 2 所示。

油箱采用矩形箱体，不锈钢材质。容量取泵额定流量的 7 倍，约 1200L。进油室和回油室用隔板分开，上部连通，有利于回油室油液杂质的沉淀并保证上部干净的油液流入吸油室，使高压泵平稳吸油。每个油室设清洁口，方便工人清洁油箱；油箱下部设装有截止阀的排污口，方便工人排脏油；油箱注油高度的中部设油品采样点，方便工人提取油样。

油箱的附件主要包括液位控制器、液温控制器和空气滤清器。液位控制器监控油箱液位的高低，共设高位、低位、最低位 3 个控制点，与泵电动机连锁，确保油箱内油液始终处于高位与最低位之间。油箱内油温由液温控制器监控，设 6 点控制温度，并与加热器、电磁水阀及泵电动机连锁，控制加热器、冷却器及泵电机的启停，以获得较好的工作油温。空气滤清器置于油箱顶部，兼作注油口。

循环泵、冷却器、加热器和循环过滤器共同组成了油箱的循环系统，用以控制油液的温度和清洁度。循环泵选用排量 138mL/r（n=960r/min）的定量叶片泵。冷却器采用水冷板式冷却器，冷却效果更好。冷却器进水温度 32℃，流量 100L/min；进水管路设 Y 型过滤器，过滤精度 250μ，可有效过滤水中的杂质，延长冷却器寿命；水过滤器后设电磁水阀，通常处于常闭状态，其开启状态与油温连锁，当油液温度升高到设定值时，电磁水阀开启，冷却器工作，与循环系统一起组成冷却循环，使油液均匀冷却。加热器采用浸入式加热器，加热功率 4kW，安装在油箱内，工作状态与油温连锁，当油液温度降低到设定值时，加热器工作，与循环系统一起组成加热循环，使油液均匀加热。循环过滤器选用带有光电堵塞指示器的单筒过滤器，方便工人巡查；过滤器过滤精度 10μ，与循环系统一起组成循环过滤回路，在高压泵工作前，可启动循环泵，过滤油箱油液，保证油液清洁度要求，起到保护阀组，延长阀组、高压泵的使用寿命的作用。

回油过滤器选用带有光电堵塞指示器的单筒过滤器，方便工人巡查观察；过滤器过滤精度 10μ，安装在系统回油管路上，对系统回油进行过滤，保证流回油箱的油液的清洁度要求，是控制系统清洁度最有效的过滤器。

3.4 阀台

清理机液压系统阀台如图 3 所示。阀台共包含 6 个液压控制回路，分别为液压马达对中导向控制回路，前夹送上、下辊升降控制回路，前夹送导向辊升降控制回路和后夹送上、下辊升降控制回路。为实现对于不同钢种的铸坯，夹送辊的夹持力不同的工艺控制要求，在前后夹送辊上、下辊控制回路中设置放大器外置的比例减压阀，生产过程中，通过改变电讯号控制比例减压阀实现控制回路压力的在线实时调整。另外，在前、后夹送辊控制回路中，每个比例减压阀前分别设置一个 10L 皮囊蓄能器，可有效缓和回路压力变化产生的冲击，保护液压元件，保障执行机构平稳运行。

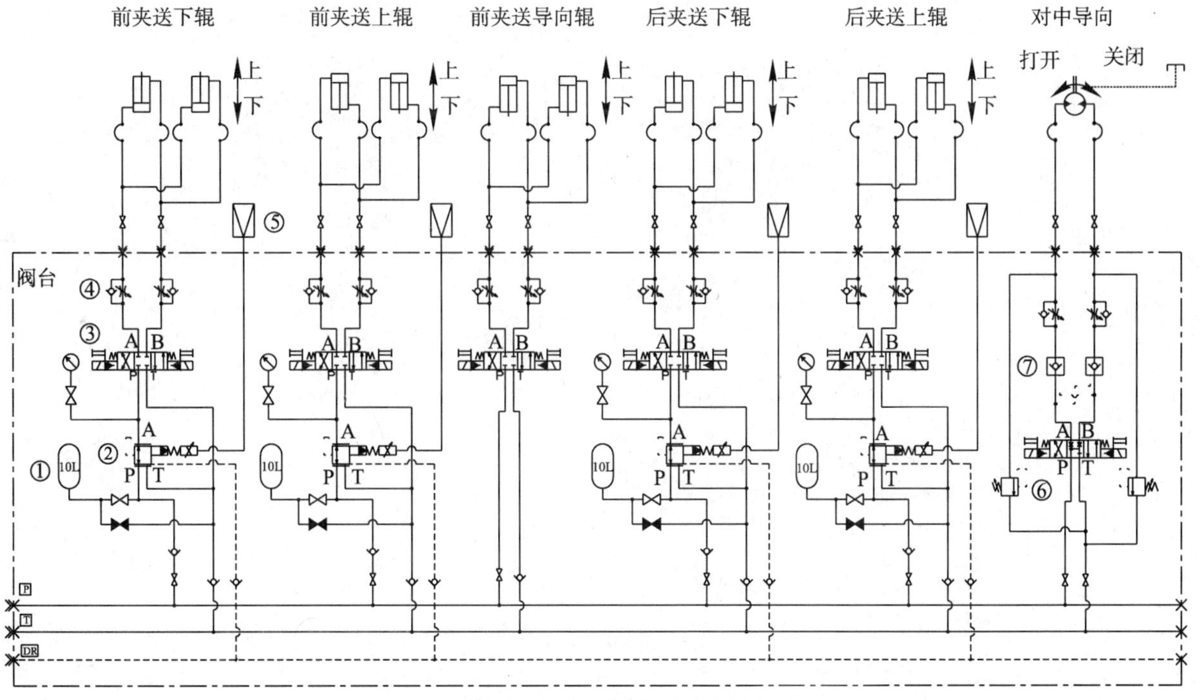

图 3　清理机液压系统阀台

1—蓄能器；2—比例减压阀；3—电液换向阀；4—双单向节流阀；5—比例放大板；6—溢流阀；7—双液控单向阀

4 结语

板坯精整是生产高品质、高附加值板材的新工艺，随着国内外对高品质钢板的需求越来越大，板坯精整线势必将在各大钢厂陆续投建。本文为今后板坯精整线清理机液压系统的设计提供一些参考依据。另外，在进行液压系统设计时，针对具备间歇性大流量特点的液压系统，采用蓄能器作为系统辅助动力源，不仅能保证液压系统的正常运行，而且能够减少电机泵组的装机容量，减少油泵数量，降低设备成本，节约能源。

参考文献

[1] 李博知，曹枫．板坯连铸缺陷成因与防止措施[J]．钢铁技术, 2004(3): 8~10.

[2] 刘新德.袖珍液压气动手册[M]．北京：机械工业出版社, 2004.

[3] 成大先．机械设计手册[M]．北京：化学工业出版社, 2002.

[4] 雷天觉．新编液压工程手册[M]．北京：北京理工大学出版社, 1998.

（原文发表于《液压与气动》2012 年第 7 期）

石钢连铸坯热送热装工艺及设备的研究与开发

颉建新

(北京首钢国际工程技术有限公司，北京 100043)

摘　要：本文分析了连铸坯热送热装技术的现状和发展。针对石钢炼钢厂、轧钢厂的工艺现状，设计了连铸坯热送热装工艺及设备方案，解决了两台连铸机对一条轧钢生产线的工艺及设备问题，成功应用于生产。热装温度大于700℃，热送率大于80%，其指标达到国内领先水平，经济效益和社会效益显著。

关键词：连铸坯；热送热装；工艺；设备；研究；开发

Research & Development of Continuous Casting Billet Hot Charge Rolling Technique & Equipment at Shijiazhuang Iron & Steel Co., Ltd.

Xie Jianxin

(Beijing Shougang International Engineering Technology Co., Ltd., Beijing 100043)

Abstract: The Present situation & developing trend of continuous casting billet hot charge rolling technology is analyzed in this paper. Aiming at the technical situation of steel making plant, steel rolling plant at Shijiazhuang Iron & Steel Co., Ltd., technical & equipping scheme of Continuous Casting Billet Hot Charge Rolling is designed, the problem of two continuous casting equipment connected with one rolling steel product line is resolved and used in production successfully. The temperature of hot charging aboves 700℃, the rate of hot charging aboves 80%. The indexes are the first rate level in China. The economic benefit and the social benefit are significant.

Key words: continuous casting billet; hot charge rolling; technique; equipment; research; development

1　引言

连铸坯热送热装技术是指炼钢厂生产的合格连铸坯不经冷却、不入库，直接运送到轧钢加热炉内，经过二次加热后轧制的过程。它是近年推广运用起来的新技术，是钢铁企业力求节能降耗而发展起来的新工艺，它将钢铁企业中的炼钢和轧钢工序有机地连接起来，大大地缩短金属物流流程的生产周期，大幅度节能降耗，降低金属消耗，降低生产成本，并被列入国家“九五”重点鼓励发展的技术。国内采用热送热装的厂家充分体验到了热送热装带来的可观的经济效益。目前，连铸坯热送热装及直接轧制技术的应用程度已成为衡量钢铁生产技术水平的新技术指标，此技术推动了炼钢-连铸-轧钢生产的一体化，加速了钢铁生产向高速度、高质量、低成本方向发展。实现热送热装的基本条件是：（1）连铸工序具有高温无缺陷的生产技术；（2）轧钢生产能力与炼钢、连铸生产能力基本匹配；（3）炼钢、连铸、轧钢各工序生产稳定，有效作业率高；（4）连铸坯的坯型、尺寸、温度与轧制产品的品种、规格相适应；（5）建立贯穿上、下工序一体化的生产管理和质量保证体系。热送热装方法通常有两种：辊道运输和保温车运输。一般情况下，两厂相距在1km以内，直线方向上没有妨碍运输的建筑物时，采用辊道运输，距离长的用保温车。针对石钢炼钢厂、轧钢厂的工艺现状，设计了连铸坯热送热装工艺及设备方案，解决了两台连铸机对一条轧钢生产线的工艺及设备问题，成功应用于生产。热装温度大于700℃，热送率大于80%，其指标达到国内领先水平，经济效益和社会效益显著。

2 设计方案的确定

2.1 石钢生产现状

2.1.1 石钢炼钢厂

转炉	2×30t
连铸机	四机四流×2 台
铸坯规格	断面：150mm×150mm
	定尺：12m
平均拉坯速度	2m/min，最大拉速为 3m/min
每炉钢的连铸时间	约为 30min
连铸机单机产量	70t/h
两台连铸机的产量	140t/h
出坯温度	900℃

2.1.2 石钢棒材厂

石钢棒材厂是 2000 年 6 月投产的全连轧棒材生产线，产品规格为ϕ10~16mm 螺纹钢、ϕ14~50mm 圆钢和少量扁钢，年产量为 60 万吨。加热炉小时产量为 150t，最大小时产量可达 170t（冷装）。

2.1.3 生产钢种

现钢种有 45 钢、40Cr、20CrMo、27SiMn、60Si2Mn、60Si2Cr、20MnSi 等，其中 45 钢产量最大，超过总量的 50%。

2.1.4 现有钢坯运送流程

炼钢厂 1、2 号连铸机连铸坯→钢坯横移（左移）→步进式冷床→冷坯堆垛→汽车（或过跨车）运送至棒材厂→冷坯存放→冷坯上料台架→钢坯称重→步进式加热炉。

2.2 设计原则

（1）不降低石钢棒材厂的生产能力；

（2）保证按分炉号送钢制度执行；

（3）热装温度和热送率尽可能高；

（4）生产组织容易；

（5）尽量减少生产在线的维护修理时间。

2.3 设计方案的组成

石钢连铸坯热送热装工艺及设备布置如图 1 所示。

2.4 连铸坯热送热装设计流程

1 号连铸机连铸坯→钢坯横移（右移）→1 号辊道→1 号转钢机→

2 号连铸机连铸坯→钢坯横移（右移）→2 号辊道→2 号转钢机

$$\left.\begin{array}{l}\longrightarrow\\ \rightarrow \text{3号辊道} \rightarrow \text{通过1号转钢机}\end{array}\right\} \rightarrow \text{4号辊道} \rightarrow \left\{\begin{array}{l}\text{1号保温炉}\\ \text{2号保温炉}\end{array}\right\}$$

→5 号辊道→钢坯提升机→轧钢上料辊道→加热炉

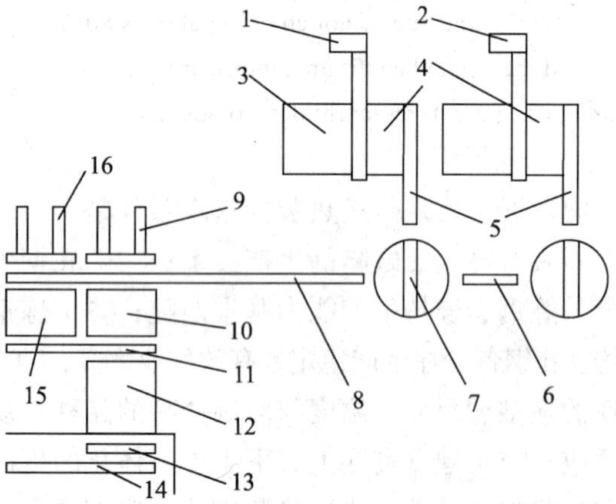

图 1 石钢连铸坯热送热装工艺及设备布置

1—1 号连铸机；2—2 号连铸机；3—冷床；4—滑轨架；5—1 号和 2 号辊道；6—3 号辊道；7—1 号转钢机和 2 号转钢机；8—4 号辊道；9—1 号推钢机；10—1 号保温炉；11—5 号辊道；12—横移机；13—提升机；14—6 号辊道；15—2 号保温炉；16—2 号推钢机

2.5 设计方案的特点

（1）在国内首次实现了两条连铸机对一条轧钢生产线的连铸坯热送热装工艺技术。

（2）采用双坯辊道并设两个保温炉作缓冲区，在国内首次实现了分炉号送钢的热送热装工艺技术。

（3）保温炉采用的是可翻钢的步进式推钢翻钢保温炉（将密排铸坯第一根铸坯每进一次钢坯翻转 90°），可以彻底解决铸坯变形问题，保证了两套连铸机对一套轧钢系统的热送热装工艺。

（4）连铸坯在热送过程中有 4 次翻钢 90°，这样可有效地控制热坯在输送过程中再发生变形的可能性。

（5）连铸坯在热送过程中，我们采用了 5 套轻拿轻放机构，可避免连铸坯对设备的冲击。

（6）转钢机的传动采用环形四点驱动，提高了运动的稳定性。同时通过转钢机正转或反转 90°（相对初始位置）实现双坯辊道与两台铸坯互换输送。

（7）采用液压式推钢机，其结构简单，带有机械同步机构同步性好，其行程达 5.8 m（液压缸行程一般小于 2.5 m），实现了连铸坯直送与保温缓冲两种推钢方式。

（8）热送电控系统是以高性能变频器为单元，可编程控制器 PLC 为控制核心，上位机为通讯及数据管理的监控系统，加上优质的基础元件，组成可靠的控制系统。

3 主要参数的确定

3.1 设备主要参数的确定

3.1.1 1 号辊道和 2 号辊道（各带称重装置一套）

对连铸坯进行称重且将其从 1 号辊道（2 号辊道）运送到 1 号转钢机（2 号转钢机），设定线速度 1.5m/s。辊道为单根钢坯辊道，驱动型式为链条集中驱动。

3.1.2 1 号转钢机和 2 号转钢机

转钢机转速为 1.5~2.5r/min；辊道速度为 1.5m/s。转钢机驱动为环形四点驱动；辊道采用双钢坯辊道，驱动型式为链条集中驱动，辊道带保温罩。

3.1.3 3 号辊道

3 号辊道采用双钢坯辊道，设定速度 1.5m/s，驱动型式为链条集中驱动，带保温罩。

3.1.4 4 号辊道

4 号辊道采用双钢坯辊道，设定速度 2.0m/s，驱动型式为链条集中驱动，辊道带保温罩。

3.1.5 步进式推钢翻钢式保温炉（1 号、2 号保温炉）

保温炉容量：为有足够的缓冲作用，并便于按炉号组织送钢，留有足够的富裕量。保温炉的容量按一炉考虑，保温炉内的有效长度不小于 3m。保温炉形式：在正常生产下，保温炉的出钢速度是进钢速度的 2 倍，并且在保温炉不出钢时仍连续在进钢，这样出钢与进钢存在矛盾，普通的步进式结构不能满足要求。故保温炉采用步进式推钢翻钢式保温炉（为解决密排铸坯第一根铸坯的变形问题，可使该铸坯平均每进一根翻转 90°，可彻底解决铸坯变形问题）。

3.1.6 5 号辊道

5 号辊道为单坯辊道，设定速度大于 1.0m/s，为使系统在特殊情况下能够在保温炉出口处退坯，在此辊道旁设有退坯台架。该辊道驱动型式为专用辊道电机单独驱动，整体控制。

3.1.7 推钢机

推钢行程 5.8m；推力 13t；推钢速度不分炉号时 0.3m/s；分炉号时 0.3m/s；回缸速度 0.4m/s；工作方式：非等行程工作方式，保温炉出钢时，推钢机推钢至保温炉出坯位置。保温炉只入钢不出钢时，推钢机推钢入保温炉出坯位置实现翻钢，通过步进式动床将钢坯返回一个步长，依次循环即可。

3.1.8 钢坯横移机

工作方式：每次横移一根钢坯；速度：50m/min。

3.1.9 钢坯提升机

工作方式：每次提升一根钢坯；提升速度：25m/min。

3.1.10 退坯台架

该设备的作用是在特殊情况下，暂且不能进行热送时，保温炉内的热坯需要落地，可从该设备将铸坯退出，驱动方式为液压驱动。

3.1.11 辅助设备

滑轨、升降挡板（气动）、固定挡板、入炉机构（液压）、出炉机构（液压）、上料机构（液压）、液压站及拔钢机改造等。

3.2 设备电气主要参数的确定

（1）操作方式：采用集中操作和部分机旁操作两种方式。

（2）控制方式：采用自动和手动两种控制方式。

（3）自动方式：PLC 按照设定顺序和方式对设备完成控制，执行过程不需要操作工干预。

（4）自动控制系统实现下述功能：

1）设备运行连锁控制。

2）设备运行故障报警。

3）可以与连铸机、连轧机进行可靠的通讯，并且在完成全线跟踪控制管理的同时进行铸坯的炉号、钢种、坯号、生产日期等参数的存储、显示及打印。

（5）系统硬件。自动控制系统选用西门子 S7 系列，PLC 选用 CPU315-2DP，该 CPU 具有小巧、强大、快速灵活的特点，并集成 profibus-DP 现场总线接口装置，地面操作站选 ET200。

I/O 板采用 16 点 24V 输入/输出板，上位机为 PⅢ，内存 128M，硬盘 30G，21″彩色显示器 2 台。

网络通讯：上位机与 PLC 之间为 MPI 通讯，PLC 与 ET200 通过 profibus 网。

（6）系统软件。操作系统为 windowsNT，PLC 编程软件为 STEP7 软件，监控软件为 Wincc 软件，通过屏幕终端中的画面显示设备运行过程，监视电气系统的故障。

（7）手动方式：非正常情况下操作工对设备单独操作。

（8）辊道电机采用变频调速并可多台同时控制。

（9）推钢机由液压系统控制，液压系统的油泵电机采用继电器连锁，直接启动，集中或机旁操作。

（10）辊道电机等全线电气控制系统采用 PLC 自动连锁控制，并有声光报警。

（11）系统监控：热送线上各重要部位装有摄像装置，可随时监控铸坯运送情况，并在生产线的两头装有声光报警装置。

（12）在热送起始处安装一套计数装置，经过人为控制计数的复位及给定，作为后边计数的依据，同时保温炉具有进钢、出钢自动计数功能，可以累加铸坯数量并进行显示。

（13）在 6 号辊道与提升机结合处安装红外双色测温仪，同时可随时将温度送入计算机显示、存储、打印。

（14）安装在线动态电子秤。电子秤精度不大于 3‰。

（15）供电电源采用三相四线制，AC380V，50Hz。

4 经济效益分析

4.1 降低加热燃耗

计算热送率按 70%、平均热装温度 710℃，可使加热炉节约燃耗 45%，吨钢降低加热成本 9 元，年效益 540.3 万元。

4.2 减少加热烧损

实现热送热装后减少加热烧损，有资料介绍在 0.5%以上，也有资料介绍在 0.1%~0.3%，参考有关生产厂实际资料，把减少加热烧损定在 0.2%，这样热装后每年可减少加热烧损 2100t，按成本与氧化铁皮的差价为 2000 元/t 计算，可增加效益 420 万元。

全年热装效益为：540.3+420=960.3 万元。一年可收回全部投资。

如果生产组织得好，热装温度和热送率还可以提高，热送热装效益还能进一步提高。

5 结论

石钢连铸坯热送热装工艺及设备方案合理，解决了两台连铸机对一条轧钢生产线的工艺及设备问题，实现了分炉号送钢，创造性地解决了钢坯在保温炉保温时产生变形的难题以及超长行程推钢机技术难题，成功应用于生产。热装温度大于 700℃，热送率大于 80%。连铸坯热送热装工艺及设备水平达到了国内领先水平，经济效益和社会效益显著。

参考文献

[1] 艾沛龄. 关于小型线材生产连铸坯热送热装技术的探讨[J]. 首钢科技, 2000.1.

[2] 席约强. 线棒材生产实现连铸坯热送热装的若干问题（一）、（二）[J]. 轧钢, 2000.12; 2001.2.

[3] 李曼云，等. 小型型钢连轧生产工艺与设计[M]. 北京：冶金工业出版社, 1999.4.

（原文发表于《首钢科技》2012 年第 3 期）

石钢连铸方坯热送热装系统翻钢装置的设计、研究开发与应用

颉建新

(北京首钢国际工程技术有限公司，北京 100043)

摘　要：针对石钢连铸方坯热送热装系统中缓冲保温区存在的密排高温钢坯出钢侧第 1 根钢坯在保温过程中产生变形的问题，研究、设计、开发了一种新型翻钢装置，并成功应用于生产，创造性地解决了 2 条连铸机与 1 条轧钢生产线相连的热送热装难题。

关键词：连铸方坯；热送热装；翻钢装置

Design, Research & Development , Application of Turn over Steel Billet Device in Continuous Casting Billet Hot Charge Rolling of Shijiazhuang Iron & Steel Co., Ltd.

Xie Jianxin

(Beijing Shougang International Engineering Technology Co.,Ltd., Beijing 100043)

Abstract: Aim at the producing anamorphic problem of the first high temperature billet tapping side in heat preservation in continuous casting billet hot delivery and hot charge system in Shijiazhuang steel and iron Co.,Ltd.,having designed and developed a new turn over steel billet device,succeed to apply production , solving creative hot delivery and hot charge difficult problem between two continuous casting device and one steel mill product line.

Key words: continuous casting billet; hot delivery and hot charge; turn over steel billet device

1　引言

连铸坯的热送热装工艺是指将温度较高的连铸坯切割成定尺后，不经冷却，不入库，直接（或在保温情况下）运送到加热炉二次加热，然后再进行轧制的过程。它将钢铁企业中的炼钢和轧钢工序有机地连接起来，显著缩短金属物流流程的生产周期，大幅度节能降耗、降低金属消耗、降低生产成本。目前，连铸坯热送热装及直接轧制技术的应用程度已成为衡量钢铁生产技术水平的新技术指标，此技术推动了炼钢—连铸—轧钢生产的一体化，加速了钢铁生产向高速度、高质量和低成本方向发展。为提高连铸坯的热送热装温度，需将连铸坯尽快地装入加热炉中，并要求炼钢、连铸及轧制在时间、品种和数量上密切配合。

在连铸坯热送热装工艺中，选择合理的保温热送方式至关重要。为了最大限度地减少温降，包括辅助时间在内，总的运输时间应追求最短，费用最经济。

热送热装方法通常有保温车运输和辊道运输两种。

（1）保温车运输。保温车热送有铁路保温车热送和汽车保温车热送两种方式。保温车热送运用于连铸车间距轧钢车间较远或辊道通过有困难的情况。在老企业中，由于原生产系统布局使炼钢车间到轧钢车间距离远且中间还设有其他车间，因此只

能用保温车运输来适应老企业实施热送热装工艺的改造。为减少连铸坯在热送过程中的温降，保温车内用保温材料敷设保温层并加盖，同时保温车在设计时应考虑热坯的吊装与卸料等问题；

（2）辊道运输。辊道热送适用于连铸车间距轧钢车间较近、辊道能通过的情况。新建厂（如采取短流程工艺的工厂）应考虑将连铸车间与轧钢车间毗邻或与厂房相连，以尽量缩短辊道长度。热送辊道及设备的配置视各厂具体情况而定：若距离很近，辊道不转弯，则可采用几根连铸坯并列输送；如距离远，辊道需转弯，并受多台连铸机交替热送情况的影响，为输送顺利及便于炉号管理，最好并流后单根坯连续热送。除平面位置关系外，在热送工艺布置时，还要注意到连铸机上连铸坯和加热炉入口台架提高间的关系，要尽量避免在输送辊道上连铸坯爬坡。当连铸坯从水平状态转向斜坡处时，如坡角过大也会形成运行过程的干扰和堵塞。为减少连铸坯在热送过程中的辐射热损失，可在辊道上加保温罩。用辊道热送连铸坯时，采用保温罩的连铸坯装炉温度可达到或超过 800℃。

在一般情况下，当两厂相距在 1 km 以内、直线方向上没有妨碍运输的建筑物时，采用辊道运输，当两厂相距较长时采用保温车运输。当炼钢、连铸工序与轧钢工序相距小于 1 km 时，采用辊道运输的热送热装工艺，其主要设备有横移机、多组输送辊道、转钢机、提升机、移钢机、缓冲装置和冷装台架等。其中，缓冲装置是热送热装工艺中的重要设备之一，当一套连铸机与一套轧机相连，且连铸机与轧机小时产量不同时，其起调节作用，并在轧机因事故或换辊而停车时储存热钢坯，使热送热装不致中断。当两套连铸机与一套轧机相连时，热送热装工艺中必需设置两个缓冲装置，其除起到上述作用外，还可实现两套连铸机同时向一套轧机供热坯，两个缓冲装置交替供坯和储存钢坯而不混钢号。缓冲装置储存钢坯能力略大于一炉钢。

石家庄钢铁公司（简称石钢）热送热装布置形式是两条连铸生产线与一条轧钢生产线相连。由于高温钢坯在缓冲区一般储存一炉高温钢坯，停留约 30 min，因此产生了密排高温钢坯出坯侧第一根钢坯因内外侧温差大而产生变形报废的问题。这对两套连铸生产线与一套轧钢生产线相连的热送热装工艺尤为重要，因为每炉钢都需在缓冲区储存，如果每炉钢都有一根钢坯因变形而报废，这是热送热装工艺所不允许的，因此解决该问题成为解决两套连铸生产线与一套轧钢生产线相连时采用热送热装工艺的关键，也是石钢热送热装系统成功的关键。

2 方案的确定

为解决缓冲区内密排高温钢坯第一根钢坯因内外侧温差大而产生变形报废的问题，对可能采取的方式分析、比较如下：

（1）对受冷的钢坯外侧加热。由于密排高温钢坯第一根钢坯变形是因其内外侧温差大造成的，因此可对受冷的外侧加热，保持钢坯内外侧温差一致而不产生变形。但由于缓冲装置储存钢坯时是每隔一定时间进入一根钢坯，使得密排高温钢坯第一根钢坯的位置不确定，这就要求加热点必须能移动，而既能加热又能移动的设备难以设计，且加热还会消耗大量能源，故该法不可行。

（2）增加外力强制矫直。在钢坯受冷的外侧增加一套机构，以阻止钢坯产生变形，但因密排高温钢坯第一根钢坯的位置不确定，所以要求增加的机构必须能够随钢坯移动，但这在设计上很难实现，其原因如下：

1）增加一套对第一根钢坯施加外力的机构，使第一根钢坯在其作用下不产生变形。由于第一根钢坯位置不确定，所以该机构必须随第一根钢坯移动，且对推钢机产生一定阻力，出钢时该机构还必须移动位置让出出钢位置，下次出钢完毕还必须回到第一根钢坯所在位置。在高温条件和现有技术条件下采用一套机构难以完成上述功能。

2）将冷钢坯放在第一根钢坯外侧，使其不产生变形。冷钢坯在进钢时随钢坯移动，出钢时用天车吊开，或再增加一套冷钢坯简易吊移设备，同样可以解决第一根钢坯变形问题，应该说这是一种经济性好、操作简单、可靠的方式，但难以实现自动控制，若加保温罩，此方法也难以实现。

（3）使第一根钢坯不断翻转。此方法一般有步进式翻转冷床和增加钢坯翻转机构两种方式：

1）步进式翻转冷床。这是现有比较成熟的翻钢方式，即采用定床、活动梁装配、步进式传动机构与推钢机构结合，其中活动梁装配上的动轨采用齿式，当推钢机构将钢坯推入定床回位后，步进式传动机构带动活动梁装配上的齿式动轨进行平面圆周运动，托起定床上的钢坯，齿式动轨顶起第一根钢坯，使钢坯翻转，钢坯翻转概率最大为 50%。由于动轨齿形是根据钢坯宽度而定的，齿形无法改变，因此一旦钢坯变形，钢坯翻转概率将显著降低，并使何时能翻钢变得不确定。因此，这种方式无法解决定时翻钢的问题。

2）增加钢坯翻转机构。增加一套机构解决第一根钢坯翻转问题，不管钢坯是否变形，均强迫其翻转。由于工艺要求，2 次推钢进钢时间间隔仅有 1.5 min，减去推钢回缸时间所占的 30 多秒，钢坯翻转机构的动作时间就仅剩 50 多秒。由于第一根钢坯位置不确定，机构必须随第一根钢坯移动，并完成第一根钢坯不断翻转，很难设计一套机构在这样短的时间内完成该翻钢动作，该方式难以实现。

（4）使密排高温钢坯任意一根钢坯翻转。步进式翻转冷床是目前解决密排钢坯任意一根钢坯翻转的成熟技术，可解决冷却状态下钢坯翻转不变形问题，但并不适用于热送工艺，且密排高温钢坯只有第一根钢坯变形明显，所以考虑解决密排高温钢坯任意一根钢坯翻转问题是没意义的。

（5）重新研究开发一种方案来解决密排高温钢坯储存时第一根钢坯变形问题。将缓冲装置设计成翻钢装置，该装置采用推钢机构与定床、活动梁装配、步进式传动机构相组合。在定床轨道的出坯位置设置一个深 100mm、长 250mm 的台阶，推钢机构将钢坯沿定床轨道推至台阶位置翻转 90°至台阶下。步进式传动机构带动偏心轮旋转，使偏心轮上的活动梁装配上升并沿圆周作平移运动，托起定床上的钢坯向后移动一个步距，并将第一根钢坯从定床台阶下移至台阶上。下次进钢时推钢机构再次运动，使第一根钢坯翻转至台阶下，从而实现密排高温钢坯第一根钢坯循环翻转。该方案可解决连铸坯热送热装工艺中密排高温钢坯在缓冲区保温时第一根钢坯变形问题，满足连铸坯热送热装工艺要求，其结构简单、操作方便可靠、经济效益和社会效益显著。

3 方案的组成及主要参数的确定

3.1 方案的组成

翻钢装置由推钢机构、步进式传动机构、活动梁装配和定床等组成，其结构如图 1 所示。

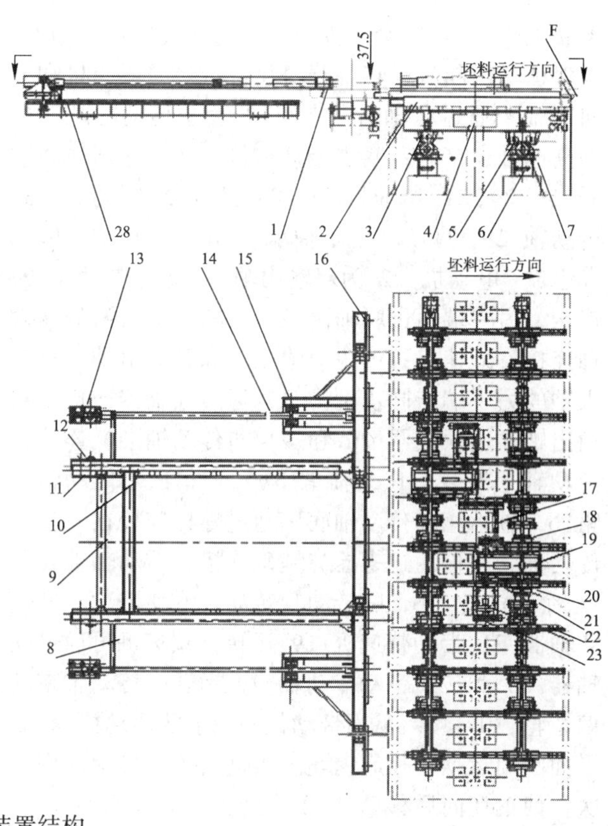

图 1 翻钢装置结构

1—推头支撑轮装配;2—动轨;3—单支撑轮;4—活动梁;5—双支撑轮;6—传动轴底座;7—轴承座;8—托架;9—平衡轴装配;10—连接梁;11—齿条架装配;12—平衡梁;13—支承底座; 14—液压缸装配;15—固定支承座;16—推头; 17—同步机构;18—联轴器;19—减速机;20—联轴器;21—联轴器; 22—电动机;23—制动机器;24—定床架体;25—耐火砖;26—定床轨道;27—连接梁;28—平衡梁支撑轮装配; 29—传动轴;30—偏心轮

（1）推钢机构。推钢机构由推头支撑轮装配 1、托架 8、平衡轴装配 9、连接梁 10、齿条架装配 11、平衡梁 12、支承底座 13、液压缸装配 14、固定支承座 15、推头 16 和平衡梁支撑轮装配 28 等组成，安装在定床入坯位置。2 台液压缸装配 14 一端通过铰链与 2 个固定支承座 15 连接，2 个固定支承座分别通过螺栓与推头 16 连接，另一端通过铰链与支承底座 13 连接，支承底座通过螺栓与基础连接，推头下面通过螺栓安装 4 个推头支撑轮装配，可沿定床轨道 26 移动，液压缸装配 14 动作时，推动推头移动，并推动钢坯移入定床轨道上，使第 1 根钢坯在出坯的台阶位置翻转 90°至台阶下。2 个平衡梁 12 一端通过螺栓与推头 16 连接，另一端通过螺栓与连接梁 10 连接形成框架，2 个平衡梁 12 下面分别安装平衡梁支撑轮装配 28，可沿齿条架装配 11 上的轨道移动，平衡轴装配 9 两端通过螺栓与平衡梁 12 连接，两端装有齿轮，可沿齿条架装配 11 上的齿条移动，保证 2 个液压缸装配同步。托架 8 一端与液压缸装配 14 连接，一端与平衡梁 12 通过螺栓连接，保证液压缸不上下摆动。

(2)步进式传动机构。步进式传动机构由 2 套主传动和同步机构 17 等组成，安装在定床和活动梁装配的下面。2 套主传动通过同步机构 17 相连，以保证二者同步运转。同步机构由 2 台减速机和万向联轴器通过联轴器分别与 2 套主传动的减速机的高速轴连接。2 套主传动结构相同，分别由联轴器 18、20、21，减速机 19，电动机 22，制动器 23，传动轴 29，偏心轮 30，轴承座 7 和传动轴底座 6 等组成。电动机 22 为双输出轴，一端与制动器 23 连接，另一端通过联轴器 21 与减速机 19 的输入轴连接，减速机 19 为双输入轴和双输出轴，双输入轴的另一端与同步机构 17 通过联轴器连接，双输出轴通过联轴器 20 和 21 与传动轴 29 连接，传动轴上安装 11 个轴承座 7 和 11 个传动轴底座 6，轴承座和传动轴底座通过螺栓连接在一起，传动轴底座再通过螺栓与基础连接，传动轴上安装 11 个偏心轮 30，随传动轴转动。电动机 22 通过联轴器 21 带动减速机 19 运转，减速机再通过联轴器 20 和 21 带动传动轴 29 运转，传动轴带动偏心轮 30 运转，从而带动偏心轮上的活动梁 4 做平面圆周运动，托起钢坯。步进式传动机构动作 1 次，使钢坯向后移动 1 个步距。

(3)活动梁装配。活动梁装配由动轨 2、单支撑轮 3、活动梁 4、双支撑轮 5 和连接梁 27 等组成，安装在定床的下面。由 11 个活动梁 4 与 20 个连接梁 27 通过螺栓连接形成框架，每个活动梁上面通过螺栓安装动轨，每个活动梁下面一侧通过螺栓与单支撑轮连接，另一侧通过螺栓与双支撑轮连接，单支撑轮和双支撑轮平放在步进式传动机构的偏心轮 30 上，可随偏心轮做平面圆周运动，从而使动轨 2 在定床架体 24 间隔中上下做平面圆周运动，托起钢坯。活动梁装配动作 1 次，使钢坯向后移动 1 个步距。

(4)定床。定床由 12 组定床架体 24、耐火砖 25 和轨道 26 等组成，每组间隔 70 mm，活动梁装配的动轨 2 可在间隔中上下做平面圆周运动，托起钢坯。定床架体 24 由钢板焊接而成，下面通过螺栓与基础连接，上面铺设耐火砖，并通过螺栓将轨道 26 连接在定床架体上。在定床轨道 26 的出坯位设有一深 100 mm、长 250 mm 的台阶。推钢机构推动钢坯沿定床轨道移动至台阶位置，第 1 根钢坯翻转 90°至台阶下，推钢机构回位。

翻钢过程：推钢机构推动钢坯沿定床轨道 26 移动至出坯位置台阶处翻转 90°，步进式传动机构运转，带动活动梁装配做平面圆周平移运动，使钢坯向后移动 1 个步距，并使定床轨道台阶下的钢坯移至台阶上，推钢机构再次运动，实现密排高温钢坯第 1 根钢坯循环翻转。

3.2 主要参数的确定

3.2.1 工艺要求

翻钢装置最大翻钢能力为 50.5t（略大于一炉钢 45t）；工作节奏为 1.5 min 进一块方坯；储存钢坯能力为 52.5t；具有连铸方坯入炉和出炉功能、储存钢坯功能及保温功能；连铸方坯储存时不产生变形；出炉分钢可靠。

3.2.2 主要设备参数

步进式传动机构电机型号为 YZ225M-8，功率为 22kW，电压为 380V，转速为 712 r/min；步进式传动机构减速机型号为 NSD-880-140-IX，减速比为 140；步进式传动机构制动器型号为 TJ2A-300，制动力矩为 5000N·m；推钢机构液压缸型号为 TUR 25Z100/80-5800L TW+GR50，最大推力为 230kN，推进速度为 0.2m/s，退回速度为 0.2 m/s，最大工作行程为 5630mm。

4 方案特点

翻钢装置的特点如下：

(1)推钢机可以实现连铸方坯按节奏进钢和出钢，并实现密排钢坯第一根钢坯循环翻转，保证了连铸方坯在翻钢装置中储存时出坯侧第一根钢坯不产生变形。在定床出钢处设置了一个台阶，出钢时第一根钢坯在台阶下，倒数第二根钢坯在台阶上，从而实现了第一根钢坯与倒数第二根钢坯分钢出钢而不相互干扰。

（2）推钢机采用两台液压缸驱动，齿轮与齿条同步，可实现连铸坯直送和保温缓冲两种推钢方式，其结构简单、可靠性强。

（3）步进机构采用机械传动方式，两套机械传动系统的高速轴通过万向接轴连接，实现同步，带动活动梁上下做平面圆周运动，实现连铸方坯反步进。

（4）该翻钢装置既可满足按工艺时序进出方坯，又能满足可靠翻钢。

5 翻钢装置的性能及经济效益分析

石钢棒材厂钢坯冷装的加热量为 1.6kJ/kg，吨钢加热成本约为 20 元，加热炉热效率为 46%~49%。

（1）降低燃料消耗。按连铸坯热装率为 80%、热送温度为 750℃计算，翻钢装置可使加热炉节约燃耗约 36%，吨钢降低加热成本为 7.2 元，年经济效益达 604.8 万元；

（2）减少加热烧损。连铸坯实现热送热装后可减少加热烧损约 0.2%。这样石钢每年可减少加热烧损 1680 t，每吨钢材与氧化铁皮的销售差价以 2000 元计算，则石钢每年可增加经济效益 336 万元。

6 结论

（1）创造性提出的推钢翻钢方案既可满足按工艺时序进出方坯，又能满足可靠翻钢，该方案已获国家发明专利，专利号为 ZL 02117338.9。

（2）翻钢装置实现了密排高温钢坯第一根钢坯循环翻转，保证了连铸方坯在翻钢装置中储存时出坯侧第一根钢坯不产生变形。

（3）推钢机可以实现连铸方坯按节奏进钢和出钢，并实现密排钢坯第一根钢坯循环翻转。由于在定床出钢处设置了一个台阶，出钢时第一根钢坯在台阶下，倒数第二根钢坯在台阶上，因而实现了第一根钢坯与倒数第二根钢坯分钢出钢而不相互干扰。

（4）推钢机采用两台液压缸驱动，齿轮与齿条同步，可实现连铸坯直送和保温缓冲两种推钢方式，其结构简单、可靠性强。

（5）步进机构采用机械传动方式，两套机械传动系统的高速轴通过万向接轴连接，实现同步，带动活动梁上下做平面圆周运动，实现了连铸方坯反步进。

（6）该翻钢装置已成功应用于生产，年直接经济效益可达 940.8 多万元，经济效益和社会效益显著。

（原文发表于《首钢科技》2008 年第 1 期）

➤ 石灰窑技术等

首钢迁钢 600t/d 活性石灰套筒窑技术开发与应用

周　宏　刘晓东　张　涛　徐　伟

(北京首钢国际工程技术有限公司，北京 100043)

摘　要：本文对国内套筒窑技术发展现状和前景进行简要评述，介绍首钢 600t/d 活性石灰套筒窑研发经验，对包括窑本体结构、热工系统、内衬结构、换热器、自动化控制技术等在内的多项技术进行了描述。通过对其具体生产情况分析，总结 600t/d 活性石灰套筒窑技术特点，该技术具有显著的实际应用效果。

关键词：活性石灰；套筒窑；内衬结构

Development and Application of 600t/d Annular Shaft Kilns for Shougang Qiangang

Zhou Hong　Liu Xiaodong　Zhang Tao　Xu Wei

(Beijing Shougang International Engineering Technology Co., Ltd., Beijing 100043)

Abstract: Review the current situation of technical development prospect of annular shaft kiln. Introduce research experience of 600t/d annular shaft kiln of Shougang. Describe the techniques containing kiln proper, thermal system, lining structure, heat exchanger and automation control system, and so on. Based on the analysis of production situation in Shougang Qiangang,summarized the technology has significant effect in practical application.

Key words: active lime; annular shaft kiln; lining structure

1　引言

随着钢铁产业政策的变化，大中型钢铁厂需要配备活性石灰生产设施，以向炼钢生产提供高品质的活性石灰[1]。这样不仅可以提高钢水质量，降低成本，而且可以相对增加高附加值产品的产量。目前，国内外先进的活性石灰竖窑主导窑型主要有套筒窑、麦尔兹窑和弗卡斯窑等。由于每种窑型工艺原理不同，不同窑型特点各不相同。传统机械化竖窑因产品活性度低，对环境污染严重，已被逐渐淘汰。

套筒窑由联邦德国卡尔·贝肯巴赫（Karl BeceKenbach）于 20 世纪 60 年代发明。因窑体由内、外两个圆形钢筒组成，故得名“贝肯巴赫环形套筒窑”。国内先后从德国引进了 300t/d、500t/d 套筒窑，其中 500t/d 套筒窑得到全面消化吸收，生产稳定顺行，可以实现全国产化设计。目前，500t/d 国产化套筒窑技术在国内大中型钢铁企业中得到广泛应用。300t/d 套筒窑由于产能较小，在大型钢铁厂中应用较少，仅本钢、淮钢各有 1 座。武钢于 2007 年由意大利弗卡斯公司引进建成 1 座 600t/d 套筒窑[2]，这座套筒窑不仅投资较高，而且在投产后相当长时间里不能稳定顺行，投产后的第 3 年年产量才达到 20 万吨。此后，国内一直缺少 600t/d 以上产能级别的国产化套筒窑技术。

北京首钢国际工程技术有限公司（以下简称首钢国际工程公司），在将首钢引进的国内第 1 座 500t/d 套筒窑完善设计并建成后，将套筒窑技术进行全面国产化设计，优化耐火材料和自动化控制系统，陆续设计建成 10 余座 300t/d、500t/d 套筒窑，积累了丰富的设计经验，这为开发大产能套筒窑提供了有力的技术保障，首钢迁钢工程为开展大产能套筒窑研发工作创造了机会。首钢国际工程公司通过对关键技术难题进行全面调研、攻关、计算和设计，特别是对上中下内套筒、套筒窑整体内衬结构、热工系统配套设计等进行攻关，自主开发完成600t/d 套筒窑内部结构设计，建成中国首座国产化600t/d 套筒窑，如图 1 所示。首钢迁钢 600t/d 套筒窑三维布置图如图 2 所示。

图 1 首钢迁钢 600t/d 套筒窑

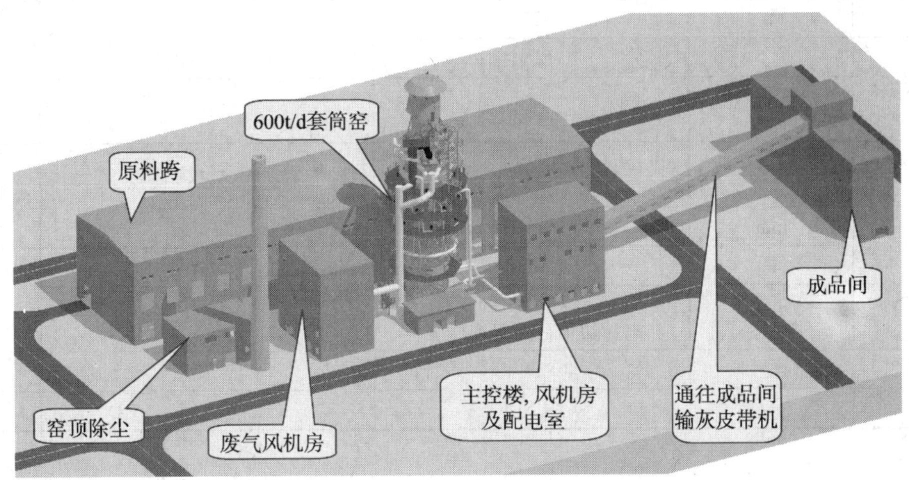

图 2 首钢迁钢 600t/d 套筒窑三维布置图

2 600t/d 套筒窑的设计创新与设计特点

600t/d 套筒窑自主开发设计主要解决的首要技术难点是热工系统设计。按照 500t/d 套筒窑热工系统推算出的 300t/d 套筒窑热工系统，与实际应用的300t/d 套筒窑热工系统存在较大差异，不同参数需要进行不同比例的调整。按照 500t/d 套筒窑的热工经验计算 600t/d 套筒窑的热工系统也不例外，需对热工参数进行深入研究和探讨。第二个需要解决的技术难点是内外套筒技术参数的确定。根据产能要求需将窑体进行放大，而石灰煅烧原理决定了在高度方向上除窑底汇总仓外套筒窑其他部分长度均不宜变化，因此产能的增加只能通过调整窑体内外套筒直径来实现，而这种变化不仅对内套筒设计提出复杂要求，而且对套筒窑内衬结构设计也提出更高要求。只有解决好这些关键技术问题，才能使套筒窑的热工系统符合煅烧要求，保证内套筒的冷却效果，并确保内衬结构的稳定性和长寿命。

600t/d 套筒窑与 500t/d 套筒窑窑本体结构参数比较见表 1。

表 1 600t/d 套筒窑与 500t/d 套筒窑窑本体结构参数比较

布置点描述	单位	600t/d	500t/d	备 注
燃烧室层数	层	2	2	
每层燃烧室数量	个	7	6	
相邻两个燃烧室夹角	(°)	25.7	30	
旋转布料器布料点	个	7	6	
上内套筒支撑梁	根	7	6	
上拱桥数	个	7	6	
下拱桥数	个	7	6	
出灰机	台	7	6	
窑体总高	m	50.80	49.80	
出灰机平台标高	m	+8.40	+7.40	
下燃烧器平台标高	m	+19.9	+18.9	
上燃烧器平台标高	m	+23.8	+22.8	

续表 1

布置点描述	单位	600t/d	500t/d	备 注
换热器平台标高	m	+29.17	+28.17	
直筒部分直径	mm	ϕ9000	ϕ8000	
窑底料仓	mm	ϕ9000，H=5700	ϕ8000，H=4700	
窑顶直筒直径	mm	ϕ5700	ϕ5000	
窑壳钢材厚度		相同部位一致		
下内筒支撑数量	点	4	4	
基础地脚螺栓数量	个	27	24	
基础地脚螺栓型号		M64	M64	
外套筒中间连接处螺栓数量	个	27	24	500 t/d：+11m 600 t/d：+12m
外套筒中间连接处螺栓型号		M42	M42	500 t/d：+11m 600 t/d：+12m
下部梯子高度	mm	29170	28170	至换热器平台
上部梯子高度	mm	15030	15030	至中间料仓平台
上下燃烧室及换热器平台		14 边形 对称边中心点距离 17m	12 边形 对称边中心点距离 16m	
主体平台支撑数量	个	14	12	
窑体钢结构总重	t	约 518	约 464	

2.1 热工系统设计

通过对比 300t/d 和 500t/d 套筒窑的实际生产参数，对 600t/d 套筒窑理论计算值进行修正后，根据套筒窑环形空间内的煅烧要求，确定 600t/d 套筒窑上下层烧嘴的数量，确定单个上、下烧嘴的燃烧负荷。根据套筒窑燃烧室的结构特点及煅烧要求和煤气通过烧嘴环形空间的流速要求，确定 600t/d 套筒窑热耗，计算出套筒窑可用煤气热值范围。对包括石灰石、煤气、石灰冷却风、内套筒冷却空气、驱动空气、下内筒冷却风放散、上内筒冷却风放散、废气在内的各项进行物料平衡和热量平衡计算，最后确定冷却风机、驱动风机、废气风机的选型参数和对煤气供应设施的设计要求，并相应完成各管路系统的相关设计。

2.2 内衬结构与内衬设计

根据产能要求，通过计算确定窑的环形空间砌筑内径、砌筑外径、有效高度、直段高度、预热带扩大段高度、扩大段砌筑内径等参数[3]，并计算利用系数进行验证。600t/d 套筒窑内衬结构设计在维持拱桥跨度不变的前提下，同时扩大窑壳和内套筒砌体直径，环形空间曲率减小。

为适应 600t/d 套筒窑窑体曲率变化，经过详细计算，确定拱脚与窑壳之间、拱脚与内套筒之间接口处的拱脚形式。在设计中，楔形砖采用三维设计手段进行精确设计，确保 600t/d 套筒窑砌体结构的稳定性及长使用寿命（见图 3）。

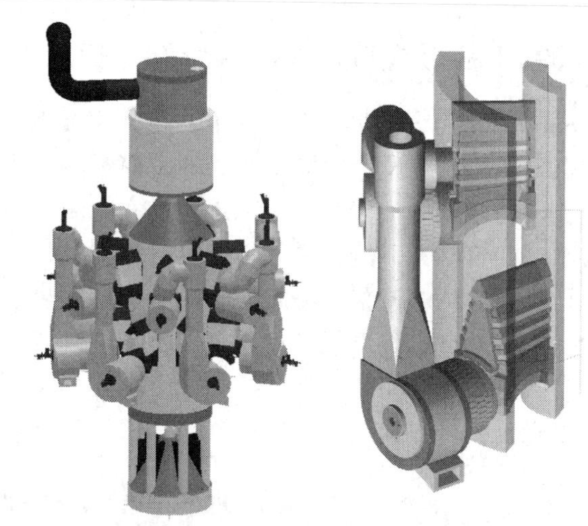

图 3 首钢迁钢 600t/d 套筒窑内衬结构三维设计

各种耐火材料在不同温度下的导热系数及砌体尺寸见表 2。

表 2 各种耐火材料在不同温度下的导热系数及砌体尺寸

名 称	导热系数 /W·m^{-1}·℃$^{-1}$	温度 /℃	600t/d 套筒窑砌筑内径/mm	500 t/d 套筒窑砌筑内径/mm
高铝砖	2.175	1150	7900	6900
高铝隔热砖	0.41	1000	8400	7400
硅藻土砖	0.214	700	8650	7650
硅钙板	0.087	300	8900	7900
窑壳			9000	8000

2.3 内套筒和换热器设计

在根据煅烧空间要求确定内套筒结构尺寸后，合理安排布置夹层内的迷宫式隔断层，以使冷却空气在内套筒夹层内的走向简单，且冷却空气可以抵达夹层内部各个角落，以最大可能地减小冷却气的压力损失。

600t/d 套筒窑与 500t/d 套筒窑内套筒尺寸比较见表 3。

换热器设计参照套筒窑 300t/d、500t/d 产能下废气与换热管数量的关系，确定换热器整体高度、管束相对位置、管束长度，计算 600t/d 套筒窑的管束数量，并确定进出换热器的驱动空气和废气流量。套筒窑 600t/d 和 500t/d 级别换热器管束布置如图 4 所示。600t/d 级别换热器主要技术参数见表 4。

表 3 600t/d 套筒窑与 500t/d 套筒窑内套筒尺寸比较

比较点	600t/d	500t/d	备注
下内筒外壁直径/mm	ϕ3894	ϕ2894	
下内筒内壁直径/mm	ϕ3670	ϕ2670	
下内筒夹层宽度/mm	96	100	
下内筒冷却室/个	7	6	
下内筒高度	一致		
下内筒下段质量/t	41	31.011	
下内筒上段质量/t	29.5	21.672	
上内筒外壁直径/mm	4170	3170	
上内筒内壁直径/mm	4054	3054	
上内筒夹层宽度/mm	44	50	
上内筒冷却室/个	7	7	
上内筒高度	一致		
上内筒质量/t	21	15.7	
上内筒底部测温点/个	3	3	
进上内筒的支管数量/根	3	3	

表 4 600t/d 套筒窑换热器主要技术参数

项 目	标准流量(标态)/ $m^3 \cdot h^{-1}$	温度/℃	压力/kPa	工况流量/$m^3 \cdot h^{-1}$
进换热器废气	16155	750	−3	56400
出换热器废气	16155	350	−3	34350
进换热器空气	9500	20	30	9500
出换热器空气	9500	450	30	23442

2.4 带料烘开窑技术

600t/d 套筒窑采用带料烘开窑技术，取消空烘窑步骤，打破了首钢套筒窑采用“二步烘窑方法（低温空烘窑—带料烘窑）”的操作习惯。直接带料烘窑、开窑投产，不仅大大缩短了开窑时间，也使得窑衬耐材砌体更加牢固耐用。

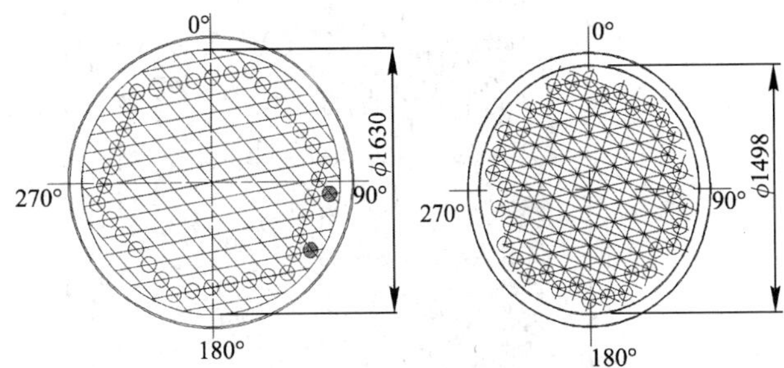

图 4 套筒窑 600t/d 和 500t/d 级别换热器管束布置

2.5 采用托砖圈和增加窑壳冷却梁技术

在 600t/d 套筒窑的内套筒和窑壳上进行连接加固，即在内套筒外壳上安装带有支柱的外支撑环，在窑壳内侧设置支架。一方面，可以控制耐火材料砌体膨胀，减少支撑应力；另一方面，可以减少耐火衬的维修工作量，给维护工作带来方便。

在 600t/d 套筒窑设计中加入窑壳冷却梁，目的是通过冷却梁的自然冷却作用使窑壳大墙砖与窑壳钢结构的热传导系数降低，从而避免停窑时因供应热量大幅度减少而造成的耐材温度变化幅度过大，起到保护耐材的作用。

2.6 拱桥和燃烧室耐材结构优化

600t/d 套筒窑火桥底部镁铝尖晶石砖采用两层结构。这种结构可以使火桥的受力更加均匀，能够降低耐火砖因受物料冲击易造成变形错位的风险，使火桥耐材结构更加牢固，使用寿命延长。

在 600t/d 套筒窑设计时，将上、下燃烧室的直段进行调整。改动后有效地改变了火焰在燃烧室内的位置，使循环气体通道出窑体后的部分管路与喷射器之间的连接更加顺畅、合理。

600t/d 和 500t/d 套筒窑拱桥结构如图 5 所示。

2.7 合理确定环形空间，降低附壁效应

在保证 600t/d 套筒窑拱桥跨度满足工艺及结构要求的基础上，减小环形空间的曲率，从而使穿透整个料层断面的热气流受附壁效应影响进一步减小，物料煅烧更加均匀。

2.8 竖向工艺布置

600t/d 套筒窑上部内套筒支撑梁、上拱桥、下拱桥和出灰机屋脊，相邻上下层之间均匀交错分布，

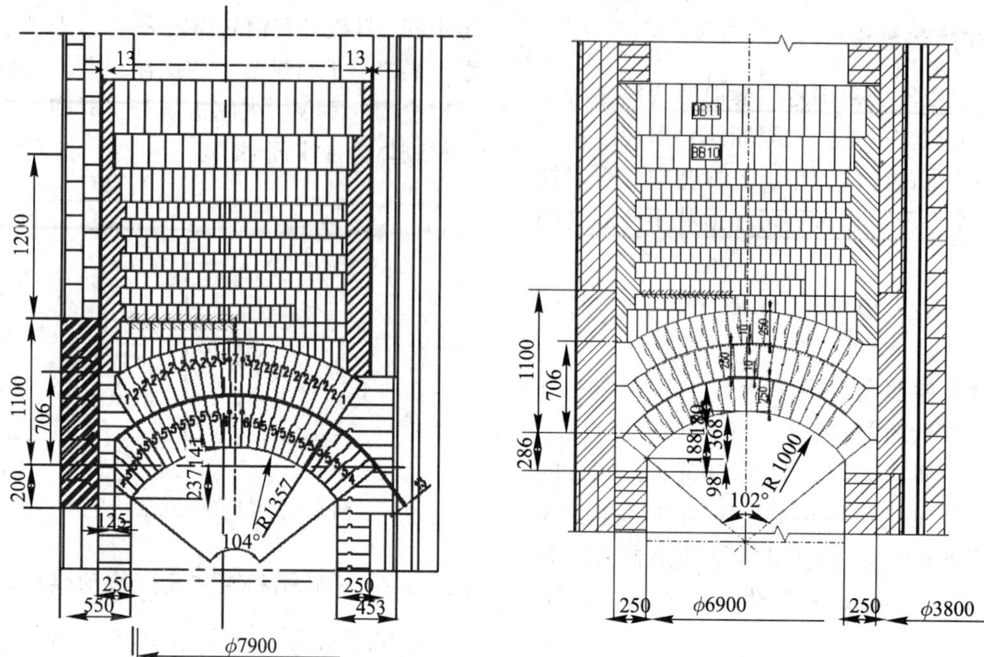

图 5　600t/d 和 500t/d 套筒窑拱桥结构

间隔尺寸减小。物料进入窑内后，又经过多次布料，保证了气流的均匀性和煅烧的均匀性。

2.9　优化自动化控制系统

在 600t/d 套筒窑控制系统设计中，借鉴 500t/d 套筒窑控制系统优势和生产过程中的改动进行系列优化，解决技术难题。600t/d 套筒窑产能的增加不仅通过调整窑体内外套筒直径来实现，而且对有较大影响的热工系统、内套筒结构、耐火材料内衬结构进行全面调整。

通过对套筒窑热工系统的深入认知，对其他产能套筒窑生产参数的全面掌握，对产能变化给套筒窑热工系统带来影响的熟悉，以及对三维设计手段的熟练掌握，设计出符合大产能煅烧要求、保证内套筒冷却效果、确保内衬结构稳定性和寿命要求的新型套筒窑。

3　首钢迁钢 600t/d 套筒窑的生产实践与应用

首钢迁钢 600t/d 套筒窑，2009 年 12 月 16 日投产，投产 2 周后实现连续稳定运行，连续 24 天达到日产 600t 设计能力，最高日产可达 660t，各项经济技术指标均达到或超过设计水平。首钢迁钢 600t/d 套筒窑主要设计指标与生产指标比较见表 5。

3.1　转炉煤气消耗

转炉煤气热值 7106 kJ/Nm^3，600t/d 套筒窑实际生产过程中转炉煤气平均耗量 560m^3/h，由此计算出实际热耗为 3980kJ/kg 石灰，低于设计要求。2010 年转炉煤气月平均耗量统计如图 6 所示。

表 5　600t/d 套筒窑主要设计指标与生产指标比较

项　目	单　位	设计指标	2010 年平均生产指标
石灰石	t/t	1.8	1.7
热耗	kJ/kg 石灰	4096	3980
电耗	kW·h/t 石灰	28.0	27.0
活性度	mL（4NHCl）	≥350	380
残余 CO_2	%	≤2.0	1.03
合格率	%	>95	99
水	m^3/t 石灰	0.39	0.30
电	kW · h/t 石灰	28	27
压缩空气（标态）	m^3/t 石灰	50	43.49
转炉煤气（标态）	m^3/t 石灰	576	553
综合能耗	kgce/t 石灰	165	139.95

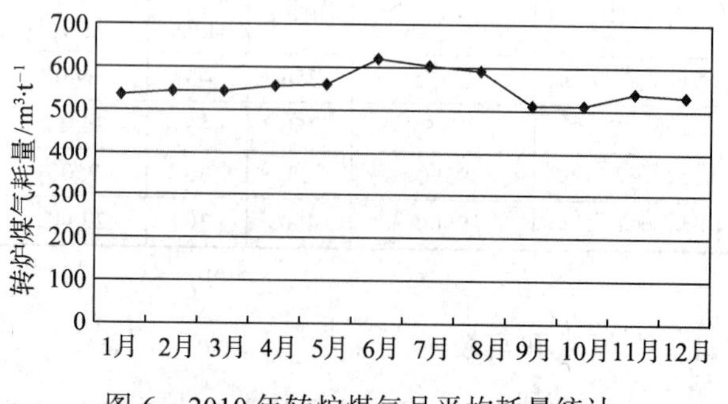

图 6　2010 年转炉煤气月平均耗量统计

3.2 石灰活性度

2010 年石灰产品平均活性度高达 380mL（4NHCl，5min）。2011 年开始，采用高钙石灰石原料生产石灰，石灰活性度均高于 380mL。2010 年月平均石灰活性度统计如图 7 所示。

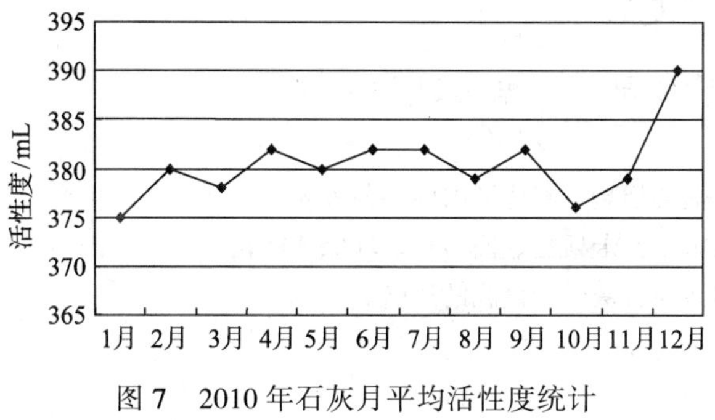

图 7　2010 年石灰月平均活性度统计

3.3 废气温度

设计窑顶废气温度为 130~180℃，600t/d 套筒窑实际生产过程中，窑顶废气温度一般控制在 80~130℃，通过降低窑顶废气温度使废气带走的热量减少，从而达到节能降耗的目的。

3.4 出灰温度

设计出灰温度为 80~150℃，600t/d 套筒窑实际生产过程中，夏季出灰温度一般控制在 40~80℃，在冬季自然环境温度低的条件下，出灰温度一般控制在 20℃以下。降低出灰温度同样使得窑内排出的热量减少，达到节能降耗的目的。出灰温度下降，有利于出灰机液压系统及成品皮带系统的安全稳定运行，避免因温度过高而出现事故。

3.5 环境保护

套筒窑相比于其他石灰窑型，最显著的特点在于余热回收利用技术。套筒窑通过换热器将高温废气产生的热量用来预热驱动风，使得循环风温度得到提升，进而降低燃烧室转炉煤气消耗量，达到节能降耗的目标。在 600t/d 套筒窑设计中，通过优化换热器及改进工艺操作，使得套筒窑的余热利用效率更高，节能降耗的效果更加显著，从而更大幅度地降低 CO_2 排放量。优化改进的项目主要有：

（1）增加换热器管束，使得高温废气和驱动风的热交换面积增加，充分置换吸收热量；

（2）通过改变煅烧工艺，即合理降低废气排出量，加大循环风自循环量，降低窑体出灰排出温度，以减少排出窑外的整体热量。

套筒窑负压操作特点和良好的除尘设计能力可将粉尘浓度降低到 30mg/Nm^3 以下，生产实践表明，该 600t/d 套筒窑的粉尘排放浓度低于 10mg/Nm^3。

4 结语

600t/d 套筒窑研发工作取得了成功，其主要技术成果如下：

（1）600t/d 套筒窑研发成功填补了我国 600t/d 国产化套筒窑的空白，达到国际先进水平；

（2）迁钢应用 600t/d 产能级别套筒窑技术，满足了石灰产量平衡的要求，保障了炼钢厂转炉、LF 炉、KR 铁水脱硫工艺的活性石灰供应；

（3）600t/d 套筒窑操作稳定顺行，透气性好，热工系统调节方便，石灰产品活性度高，节能降耗效果明显，具有广阔的发展前景。

参考文献

[1] 苏天森.中国钢铁科技进步推动冶金石灰发展[J].石灰，2005(1).

[2] 朱全义，黄有国. 600TPD 环形套筒窑在武钢的生产实践[J].石灰，2009(2).

[3] 张德国. Improvement on Lining of Annular Shaft Kiln [C]//耐火材料，2007(增刊)，第五届国际耐火材料学术会议论文集.

（原文发表于《工程与技术》2012 年第 1 期）

关于活性石灰生产工艺装备选择的探讨

周 宏 李文震

(北京首钢国际工程技术有限公司，北京 100043)

摘 要：本文分析了氧气顶吹转炉造渣反应的机理和石灰煅烧原理，阐述了国内外各种先进的活性石灰生产窑型的主要工艺原理和结构特点，介绍了套筒窑、麦尔兹窑、弗卡斯窑、回转窑、环保节能型竖窑等先进窑型在国内的发展现状，提出了钢铁企业在不同条件下选用活性石灰生产设施的思路。

关键词：活性石灰；套筒窑；回转窑

Discussion about Active Lime Production Process and Equipment Selection

Zhou Hong Li Wenzhen

(Beijing Shougang International Engineering Technology Co., Ltd., Beijing 100043)

Abstract: Analysis of BOF slag and lime calcinations reaction mechanism theory, introduce the activity of domestic and foreign advanced kiln lime production process principle and structure of the main features of proposed iron and steel enterprises in the selection of activity under different conditions, lime production equipment new ideas.

Key words: active lime; annular shaft kiln; rotary kiln

1 引言

石灰是炼钢生产的主要造渣剂，其产品质量直接影响到钢水质量。在氧气顶吹转炉炼钢生产中使用活性石灰可以改善氧气顶吹转炉炼钢生产条件，加快成渣速度，提高脱磷脱硫的效率，稳定操作，缩短冶炼时间，提高炉龄，从而提高炼钢生产的经济效益，并且为精品钢材的生产提供优质钢水。活性石灰用于烧结生产，则可以改善烧结矿质量，强化烧结过程，提高生产效率。因此，随着钢铁生产的发展,对冶金用石灰的品质提出了新的更高的要求。

纵观我国冶金用石灰生产的发展历程可以看出，随着能源环保政策不断提出新要求和石灰产品需求的发展变化，全行业的整体技术装备水平正在大幅度提升，不仅拥有世界上各种先进装备与技术，而且拥有有自主知识产权的新窑型，并且朝发展优秀骨干窑型、逐渐淘汰落后的简易型焦炭竖窑的发展方向。在推广先进活性石灰生产窑型时要做到因地制宜，对于不同的工程项目可以根据其产能需要、原燃料供应条件、石灰产品用户的实际需求等因素选用合适的窑型。

北京首钢设计院在首钢战略性结构调整过程中，结合首钢的资源条件和生产条件，在活性石灰套筒窑设计应用方面进行了大量的技术探索。近年来，结合我院承担的首钢京唐钢铁联合有限责任公司的石灰窑项目的设计工作，对国内外各种先进的活性石灰生产窑型有了全面认识与掌握。下面仅就石灰在氧气顶吹转炉炼钢生产中的作用，各种活性石灰生产设施的技术优势和窑型选择的思路进行简单分析。

2 氧气顶吹转炉炼钢生产对石灰的要求

石灰是氧气顶吹炼钢的造渣材料，是脱磷、脱硫、脱氧提高钢水纯净度和减少热损失不可缺少的材料[1, 2]。炉渣中 50%以上成分是 CaO，在氧气顶吹转炉冶炼钢过程中，CaO 熔解过程大致为：开始吹氧冶炼时，渣量很少，SiO_2 很高，其矿物组成主要是以 $2FeO \cdot SiO_2$ 和 $2MnO \cdot SiO_2$ 为主的钙镁橄榄石和玻璃体；加入了大量石灰块后，最初的液态炉渣被冷却，在石灰块表面形成一层渣壳，渣壳的熔化需几十秒的时间；渣壳熔化后，石灰块表面层开始与液态炉渣反应，由于钙镁橄榄石中的 FeO 和 MnO 与 SiO_2 的亲和力比 CaO 小，故被 CaO 置换，生成硅酸二钙 $2CaO \cdot SiO_2$ 和 RO 相。生成的 $2CaO \cdot SiO_2$ 不仅熔点很高（2130℃），而且结构致密，妨碍液态炉渣中的 FeO 等向石灰块中渗透，严重阻碍着石灰块的继续熔解。因此，应尽量避免 $2CaO \cdot SiO_2$ 形成，并设法将已形成的 $2CaO \cdot SiO_2$ 迅速熔解，以使石灰块可以直接与液态炉渣接触，从而加快化渣速度，改善造渣效果。

石灰在炉渣中熔解的动力学过程包括外部传质和内部传质两个环节。外部传质是指液态炉渣中的 FeO、MnO 等氧化物或其他熔剂向石灰块表面扩散，及被熔解的 CaO 从两相界面向渣层中扩散的过程。内部传质则是指液态炉渣沿石灰块的孔隙、裂纹和晶界向石灰块内部渗透，氧化物熔剂向石灰晶间扩散并形成易熔的固熔体和化合物的过程。要加快石灰的熔解速度需要通过加强石灰块的外部和内部的传质来实现。外部传质的加强可以通过增大石灰块比表面积和加强熔池搅拌来实现。内部传质的加强可以通过增大石灰块气孔率，减小石灰的晶粒，减弱石灰晶粒之间的联结力，减小石灰的块度以及改善炉渣对石灰的润湿性来实现。氧气顶吹转炉冶炼工艺、转炉炉口废气流的速度和冶炼时间的长短也对石灰粒度大小提出了要求。因此，采用性能活泼、反应能力强、造渣溶解能力高的优质活性石灰成为当今国内外氧气顶吹转炉炼钢生产的发展趋势。

炼钢用活性石灰的理化性能应达到的标准是：CaO+MgO 含量最小 94%；残余 CO_2 最大 2%；含硫量最大 0.02%；活性度大于 350mL(4NHCl 5 min)；水分和 SiO_2 含量少；石灰产品经过粒度分级等。氧气顶吹转炉炼钢使用活性石灰与使用普通石灰相比具有显著的优点：（1）成渣速率快，吹炼时间缩短 10%；（2）石灰消耗量减少 20%；（3）钢水收得率提高 0.5%~1.0%；（4）废钢用量增加 2.5%；（5）萤石消耗量减少 25%~30%；（6）转炉炉龄提高 9.2%；（7）脱硫、脱磷效率提高；（8）减少喷溅，提高金属收得率；（9）稳定操作，为冶炼过程自动化控制创造有利条件；（10）冶炼优质钢比例增加。对于定位于高端产品的大型钢铁厂，采用高品质的活性石灰进行生产更是尤其重要，必须选用适合的活性石灰生产设施。

首钢京唐钢铁联合有限责任公司的产品方案定位于高品质、高附加值的大型精品板材，如超深冲汽车用钢、高强度管线钢、取向硅钢和高牌号无取向硅钢等，对钢水质量提出了较高要求。京唐公司采用 300t 氧气顶吹转炉双联法冶炼钢水，即铁水全量脱硫后采用脱磷转炉和脱碳转炉分步进行冶炼。

3 石灰煅烧反应机理

工业上，对石灰的性质、反应性能等的要求不尽相同，需要根据对石灰产品的要求选择适宜的加热方式。石灰由石灰石分解产生，主要成分是碳酸钙，通常以方解石形式存在，其反应为：

$$CaCO_3 \longrightarrow CaO + CO_2 \uparrow$$

$CaCO_3$ 的分解温度为 880~910℃。石灰石的煅烧温度高于分解温度越多，石灰石分解越快，生产率越高，但烧成的 CaO 晶粒长大也越快，难以获得细晶石灰；同样，分解出的 CaO 在煅烧高温区停留时间越长，晶粒长得也越长。要获得细晶石灰，CaO 在高温区的停留时间要尽量短。与此相反，煅烧温度过低，石灰块核心部分的 $CaCO_3$ 来不及分解，则生烧率大。因此，煅烧温度要控制在一定范围内（1050~1100℃）。由于随着细小晶粒的合并长大，细小孔隙也减少，所以烧成石灰晶粒大小也决定了石灰气孔率和体积密度的大小。

在工业生产中采用块状方解石进行煅烧[3]，由于 CO_2 分解压的关系，实际分解温度高于 900℃，石灰石的分解压力和温度由于结晶的状态和杂质的影响有少许差别。石灰石在分解的瞬间产生的石灰具有结晶细、比表面积大、空隙度大、各个晶粒间空隙小、假比重小、反应性能强等性质，这种软烧石灰是最适宜氧气顶吹转炉炼钢使用的。生产软烧石灰时，表面温度一定不能超过 1100~1150℃，否则将发生 CaO 的重结晶，导致石灰活性度低。目前，套筒窑、麦尔兹窑、弗卡斯窑、回转窑、新型节能性竖窑都是能够很好控制石灰石煅烧程度的活性石灰生产设施，可以煅烧出符合氧气顶吹转炉炼钢需要的活性石灰；而且，近些年来这些活性石灰生产设施在国内都取得了许多成功的实绩。

4 活性石灰主要生产工艺评述

工业发达国家活性石灰生产设施主要以回转窑(rotary kiln)和套筒窑等竖窑为主。在美国和日本普遍使用回转窑煅烧石灰，在欧洲国家则使用竖窑居多。在中国，随着钢铁工业的发展活性石灰生产设施也迅速发展起来，回转窑、套筒窑、麦尔兹窑、弗卡斯窑分别在许多企业得到广泛应用，且呈现出大型化趋势，节能环保型竖窑也如星星之火蓬勃发展起来。国内大型钢铁企业活性石灰生产设施配置见表 1。

表 1　国内大型钢铁厂活性石灰生产设施配置

钢铁公司		窑型	产能/t·d^{-1}	座数	备注
宝钢集团	总部	回转窑	600.	4	立波尔式 3 座，kVS 式 1 座
		回转窑	1000	1	kVS 式
		悬浮窑	350	1	国内仅此一座
	上钢一厂	套筒窑	500	2	1 座天然气，1 座转炉煤气，全自动化
	上钢三厂	套筒窑	500	1	设计中
	梅钢	套筒窑	500	2	
马钢	三钢	套筒窑	500	1	
		弗卡斯窑	400	1	三路压力系统，转炉煤气
	新钢厂	麦尔兹窑	600	5	设计中
太钢		麦尔兹窑	600	2	1 座烧煤，1 座烧气
		回转窑	1000	3	煤/天然气,2006 年 6 月后陆续投产
鞍钢		回转窑	600	2	
		回转窑	800	1	
		回转窑	1000	4	鲅鱼圈，拟建
武钢		回转窑	300	1	
		回转窑	600	3	其中矿山 1 条烧煤，计划再上 3 条
沙钢		回转窑	600	4	
攀钢		回转窑	600	2	
本钢		套筒窑	300	1	
		回转窑	600	2	
首钢	厂区	套筒窑	500	2	1 座为引进后恢复建设，另 1 座全国产
	迁钢	套筒窑	500	2	1 座烧嘴等关键设备引进，另 1 座全国产
	首秦	套筒窑	500	1	全国产
济钢		套筒窑	500	2	转炉煤气、混合煤气
邢钢		套筒窑	500	1	焦炉煤气，全自动化
石钢		弗卡斯窑	300	1	双路压力系统，已进行多项技术改进
辽宁北营		弗卡斯窑	2	300	
		弗卡斯窑	2	500	三路压力系统
唐钢		麦尔兹窑	300	1	煤
		麦尔兹窑	600	2	新建
包钢		麦尔兹窑	300	1	贫煤气
		麦尔兹窑	400	1	贫煤气
		麦尔兹窑	600	1	新建，贫煤气
山东莱芜		麦尔兹窑	500	3	新建，贫煤气
邯钢		麦尔兹窑	500	2	新建，焦炉煤气
张家港浦项不锈		麦尔兹窑	300	1	新建，天然气

国内代表性活性石灰生产设施的主要技术经济指标见表 2[4~6]。

4.1　套筒窑（BASK）

贝肯巴赫环形套筒窑 1961 年由德国 Dipl Lng Karl Bechen 开发成功，1963 年开始商业化运营。该窑于 20 世纪 90 年代初引入中国冶金石灰行业，并在国内迅速发展。套筒窑因其具有独特的内衬结构和合理的气流分配方式，在焙烧活性石灰方面性能优越。

表 2 国内代表性活性石灰生产设施主要技术经济指标

项目	单位	窑型和主要指标			
		套筒窑	麦尔兹窑	弗卡斯窑	回转窑
产能	t/d	30~600	120~800	30~800	150~1100
热耗	kcal/kg 石灰	900~950	800~860	850~900	1130
石灰石粒度	mm	15~160	10~160	15~160	10~60
电耗	kW·h	23~25	25~35	20~25	30
石灰残余 CO_2 量	%	<2（可达 1）	<1.5	<2（可达 1）	<2
石灰活性度	ML（4NHCl）	370~400	>350	360~400	>350

套筒窑由砌有耐火材料的窑壳和分成上下两段的内套筒组成，窑壳与内套筒同心布置，石灰石位于窑壳和内套筒之间的环形空间内，利于气流穿透物料。上内筒的作用是将高温废气抽出用于预热喷射空气；下内筒主要用于产生循环气流形成并流煅烧带，同时起到保证气流均匀分布的作用。套筒窑设有两层燃烧室，燃烧室通过耐火材料砌筑的拱桥与内套筒相连。套筒窑内部结构如图 1 所示。套筒窑具有以下技术特征[7]：

（1）采用并流煅烧工艺，石灰在温度波动量小的并流带烧成，故石灰产品质量好；由于石灰与含硫炉气接触时间短，减小了石灰表面与硫的接触机会，石灰产品含硫量低；

图 1 套筒窑内部结构

（2）燃料适应性好，改变燃料品种的切换操作简单。烧嘴分双层布置，上下交错，便于采用精确的燃料和助燃风分配技术，可以准确地对燃烧系统热工参数加以控制，有效地改善内部热量分布和煅烧效果，并且提高燃烧效率，降低能耗；

（3）用废气预热一次助燃空气，用冷却下内套筒产生的热空气作为二次助燃空气，余热利用充分，从而降低能耗；

（4）采用负压操作，有利于安全生产和环境保护；

（5）单筒竖窑，占地面积小。内部结构独特，窑衬砌筑合理，对窑内气体由组织流动起着重要的作用。

套筒窑窑本体投资介于弗卡斯窑和麦尔兹窑之间，套筒窑生产操作简单，故障率低，运行及维护成本低。目前，首钢自主集成的国产化套筒窑于 2004 年、2005 年在首钢厂区和首钢首秦公司相继投产，首钢自主研发的套筒窑燃烧系统关键设备在实际使用中效果良好，有效地降低了投资成本，为在国内进一步推广套筒窑技术创造了有利条件。2001 年初意大利 FERCALX S.P.A 公司收购德国 BECKENBACH 公司套筒窑技术后，弗卡斯公司对套筒窑进行多项技术改造，使套筒窑有了崭新的发展，上钢一厂、邢钢等厂家的套筒窑均采用该公司全自动化动态控制技术，是目前世界上气烧工艺技术先进的套筒窑。

4.2 麦尔兹窑（MAERZ）

麦尔兹窑诞生于 1957 年，目前是瑞士 MAERZ OFENBAUAG 公司拥有的技术。麦尔兹窑又名双膛窑，两个窑身交替轮换煅烧和预热矿石，在两个窑身的煅烧带底部之间用通道彼此连通，每隔十几分钟换向一次以变换窑身的工作状态。在操作时，两个窑身交替装入矿石，燃料分别由两个窑身的上部送入，通过埋设在预热带底部的多支喷枪将燃料均匀地分布在窑断面上，使窑内热量分布均匀[8]。麦尔兹窑结构如图 2 所示。带有悬挂式圆柱体结构的 R4S 圆形麦尔兹是目前较为先进的技术，具有以下特征：

（1）助燃空气从窑体上部送入，煅烧火焰气流在煅烧带与矿石并流。在所有竖窑中，双膛窑的并流带最长，由于长行程的并流煅烧，石灰产品质量很好。

（2）由于两个窑身交替换向操作，废气直接预热矿石，热量得到充分利用，单位热耗低，热回收率超过 85%。

（3）原料适应性好，可以采用低热值转炉煤气、混合煤气或低硫煤作为燃料。

（4）带悬挂式圆柱体结构可自由垂直膨胀，无刚性限制，独行的耐火材料设计使窑内气体流动无障碍，将通道清洁问题降到最低水平，耐火材料总质量比传统型降低20%~30%。

（5）传统竖窑粒度尺寸通常大于30mm，为合理利用石灰石资源，麦尔兹窑开发出一种细粒并流蓄热式石灰窑，能煅烧10~40mm的石灰石，热效率等于或大于传统并流蓄热式石灰窑。细粒窑的特点是：内部结构为圆形，各筒可同时进料；使用较大数量的喷枪以增加输入燃烧带热量的均匀性。

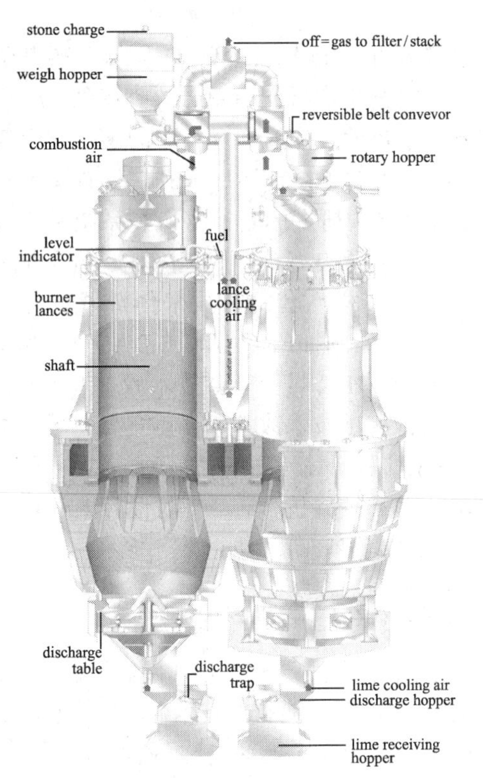

图2　麦尔兹窑结构

由于麦尔兹窑在技术上一直不断地发展，因此这种窑型具有较强的发展势头，在中国冶金石灰生产中一直占有重要的地位。近年来，马钢、唐钢等企业又先后引进该项技术。

4.3　弗卡斯窑（FERCALX KILN）

弗卡斯窑又称梁式窑，创建于20世纪40年代，目前意大利FERCALX S.P.A公司拥有该项技术。它采用两层烧嘴梁，梁内设多根燃料管将燃料供给烧嘴，烧嘴设在梁的两侧，将燃料均匀分布在窑的断面上，从而保证整个竖窑断面上燃烧均匀。弗卡斯窑分为双路压力系统和三路压力系统两大类，比较先进的是三路压力系统弗卡斯窑。图3为弗卡斯窑结构。三路压力系统弗卡斯窑具有以下特征：

（1）下烧嘴梁下方设抽气梁，在两个梁之间形成后置煅烧带。在后置煅烧带内，温度高但无压力干扰，从煅烧带下来的石灰在这里均质。后置煅烧带的利用，使弗卡兹窑石灰产品质量有突破性提高。

（2）TT烧嘴梁采用精确的燃料分配技术和助燃风分配技术，可以准确地对燃烧系统热工参数加以控制，有效改善热分布和煅烧效率，降低能耗。

（3）用窑顶废气预热一次助燃空气，用窑体下部的废气预热二次助燃空气，使弗卡斯窑废气的热量得到充分二次利用，从而大幅度降低能耗。

（4）弗卡斯窑采用负压操作，有利于安全生产和环境保护。

（5）弗卡斯窑为单筒竖窑，结构非常简单，对原料、燃料理化指标要求不苛刻，生产中不会轻易因原料和燃料理化指标的波动而棚料粘窑；耐火材料砌筑结构简单，对耐火材料材质要求低，窑本体投资少，占地面积小；窑本体操作简单，活动部件少，关键设备数量少，故障率低。这些都为弗卡斯窑带来运行及维护成本低的优势。

（6）由于弗卡斯窑结构、耐火材料、操作都很简单，故障率低，比较容易实现石灰和轻烧白云石两种生产功能的互相切换，这种切换对窑的顺行和寿命影响都很小。

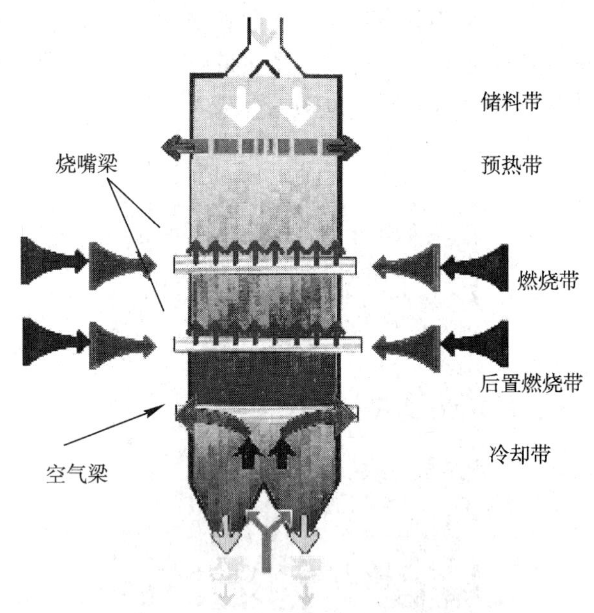

图3　弗卡斯窑结构

近年来，三路压力系统弗卡斯窑逐渐为钢铁企业认识和接受，马钢、北营等厂先后采用了三路压力系统弗卡斯窑技术，并取得了成功的生产经验。根据用户的燃料状况，弗卡斯窑又研发出使用纯高炉煤气作为燃料的热工系统。随着TT烧嘴梁系列技术优化和纯高炉煤气热工系统等技术的开发成功，必将推动弗卡斯窑进一步推广。

4.4 回转窑(ROTARY KILN)

煅烧石灰的回转窑主要设备是预热器、回转窑、冷却器。国内冶金业常见的回转窑主要有立波尔式和 KVS 立式两种。在冶金石灰生产中,大型回转窑使用效果比较好的是 KVS 立式回转窑,此技术由美国 METSO MINERALS 公司拥有。

KVS 立式回转窑采用先进的回转窑预热器技术，回转窑本体采用大直径、短窑身、两点支撑型式,冷却器采用分区式 KVS/Neims 高效接触竖式冷却器。图 4 所示为 KVS 回转窑。KVS 预热器系统采用了低压降技术，烟气阻力损失仅为标准型的 60%；从窑尾上来的高温热烟气直接穿过料层与石灰石进行充分热交换。直径大、窑长短、两点支撑回转窑窑型，既减少了窑体上、下窜动幅度，又节约了占地；采用变频调速电机驱动窑体，并设有辅助动力装置，工作稳定，易于调节；窑头窑尾设有弹簧叶片式密封结构，简单可靠。KVS/Neims 冷却器装置分为四个区域，每个区域可单独控制；冷却风和热石灰直接接触，热回收率超过 95%以上。KVS 立式回转窑具有以下特征：

（1）生产规模大，在大型钢铁企业建设产能规模大的回转窑，可以减少石灰窑的数量，同时建设多座回转窑时，由于工艺布置简捷、流畅、紧凑，因此实际占地面积并不大；

（2)可以煅烧小粒度石灰石,原料适应性广泛,可大幅度地降低原料成本，并使矿山资源得到充分利用，符合我国可持续发展的战略思想和发展循环经济的要求；

（3）操作方便，停风、复风操作简便；

（4）石灰质量易于控制，产品质量均匀，产品含硫量低；

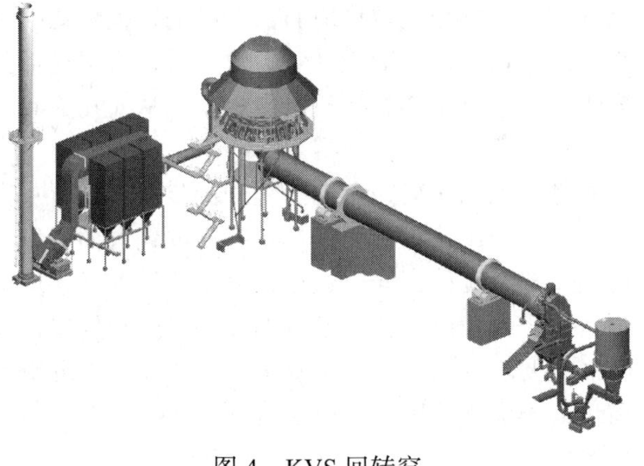

图 4　KVS 回转窑

（5）采取有效的节能措施，单位热耗较其他类型回转窑低；

（6）容量大、生产规模大，单位产品所需要的操作人员少。

目前，国内以宝钢和太钢为代表石灰窑工程已采用了 1000t 级大型回转窑技术，新建大型钢铁联合企业也呈现出选择这种技术的趋势。按照科技创新、自主集成的思路，国内石灰界同仁致力于大型回转窑的开发与应用，日产 1200t 的回转窑生产线烧成系统主机设备已开发成功[9]，这预示着大型石灰回转窑将迎来新的发展。

4.5 环保节能型竖窑

近年来，结合我国石灰行业关停大量土窑，小产能窑型的需求量不减反增的情况，环保节能型竖窑、新型结构立窑等新型竖窑创建并发展起来。这些新型竖窑根据竖窑内气流的运行轨迹特点，优化选择了合理的变径内衬结构，从而生产出高质量的活性石灰。以环保节能型竖窑为例，该窑因其具有建设投资小，产品质量好，环保效果好等优势，受到许多企业的青睐，近年来得到蓬勃发展，备受关注。环保节能型竖窑如图 5 所示。环保节能型竖窑的主要技术指标见表 3。

图 5　环保节能型竖窑

表 3　环保节能型竖窑主要技术指标

项　目	单 位	指　标
产能	t/d	30~150
燃料消耗		<140t 标准煤
石灰活性度	mL	300~340
烧成率	%	>92
电耗	kW·h/t 石灰	<8
投资	万元	约 80~160

5　对活性石灰生产设施选择的思考

几种活性石灰生产设施各有其特点，窑型的选择主要是根据用户总图布置、原燃料等具体条件，考虑石灰成品用户的具体要求，结合活性石灰生产设施工艺特点进行综合比较，扬长避短，抓住主要矛盾择优选定。例如，在国外，当燃料价格较低、投资占主导地位时，倾向于选择投资较低的弗卡斯窑和套筒窑；当燃料价格上涨、投资因素占次要地位时，倾向于选择热耗较低的麦尔兹窑；在国内，有的企业根据投资少、燃料为低热值煤气等特点选择套筒窑；有的企业则根据需要煅烧小粒度石灰石的特点选择小粒度麦尔兹窑或回转窑。石灰生产设施选择可以从以下方面进行分析：

（1）生产规模：大型钢铁厂因生产规模大，对石灰产品需求量大，对产品质量要求高，所以对石灰产品组织货源提出了很高要求。为有稳定的石灰产品供应渠道，配套建设石灰生产设施，全部或大量产品自给自足。这种情况宜选用大产能窑型，特别是回转窑。优点是相对减少窑的数量，可以使整个车间生产定员成倍减少，从而分摊到单位产品的成本相应减少，具有规模效应；使工艺布置简捷、流畅，避免在总图布局上过于零乱；从生产组织方面简化管理和操作。

（2）燃料条件：各企业燃料条件差异较大，对于原料供应条件好的，可以选用回转窑，对于向石灰窑车间供应焦炉煤气、天然气等高热值煤气有困难的，可以利用竖窑能耗低、可以使用低热值转炉煤气的特点，选用套筒窑、弗卡斯窑和麦尔兹窑等竖窑。

（3）原料条件：竖窑煅烧的石灰石粒度大,选择竖窑可以减少原料的破碎环节；回转窑煅烧石灰石粒度小，原料适应性广，选择回转窑可以使矿山资源得到更充分利用。在产能大，同时建设多座窑的情况下，可以同时选用回转窑、竖窑两种窑型，从而更加合理地利用矿山资源，有效降低原料采购成本，促进可持续发展战略的实施。

（4）产品需求：钢铁厂石灰产品的用户可能是铁水脱硫、氧气顶吹转炉、精炼、烧结、电厂等，它们对石灰产品的粒度需要大不一样，应综合考虑用户对产品粒级的需要，尽可能地减少成品筛分和破碎工序，这是降低生产成本的一个重要环节。由于石灰活性度越高，强度越差，对于需要较大粒度石灰产品，转运环节较多的厂适宜采用竖窑生产；对于需要较小粒度石灰产品的用户，适宜采用回转窑进行生产，必要时也可以选用悬浮窑和细粒麦尔兹窑。

（5）环境保护：选用负压操作的窑型，对环保压力小，易实现清洁生产的目标。

（6）投资能力：若投入资金少，对产品质量要求一般，可以选用环保节能型竖窑，从而利用有限的资金生产满足用户需要的石灰。

对于首钢京唐石灰窑项目,必须遵循上述理念，通过具体分析各方面条件进行生产设施选择。首钢京唐公司的发展目标，产品用户对活性石灰产品产量和质量的供应要求，决定了京唐公司选择石灰生产设施，必须在满足生产高活性、小粒度、超低硫活性石灰的同时，要遵循可持续发展和循环经济理念,最大限度地提高原材料和能源的综合利用效率，实现低耗和清洁生产，在积极采用国际一流水平成熟先进工艺技术装备的同时,最大限度地自主设计、自主创新、自主集成。结合上述窑型选择的理念，在京唐公司推荐选用回转窑或套筒窑。

考虑到回转窑的生产规模大、工艺布置简捷流畅、可以煅烧小粒度石灰石、操作方便、石灰质量容易控制、含硫量低、单位产品所需操作人员少、产品质量均匀等特征均符合建设首钢京唐公司石灰窑的设计指导思想，可以选用回转窑。结合国家和公司领导对工程自我创新的要求,在京唐公司 1000t 回转窑的建设中可以采用最大限度自主集成的方式，以国内设计制造为主，引进关键技术和设备、自动化软件及动态控制模型，并由外商提供相关技术支持和技术服务。

为减少项目投资，在氧气顶吹转炉生产可以采用 10~60mm 石灰的前提条件下,可以选择建设套筒窑。这主要是考虑到套筒窑技术成熟可靠，在节约投资、节省能源、清洁环保、缩短建设工期和保证石灰质量等方面均有较为突出的优势。此外，对于生产轻烧白云石，套筒窑的产能也是较为适合的。首钢已成功地取得多座套筒窑国产化设计经验和丰富的生产使用经验，在京唐公司选用套筒窑，向炼钢等用户顺利稳定地供应石灰产品的把握性更大。在京唐公司套筒窑的设计中，可以通过将引进部分先进技术与自主创新有机结合起来，从而建成有京唐公司特色的新型套筒窑。

考虑到京唐公司一期工程分两步实施，石灰窑工程也将分步建设，因此，在窑型配置方面可以考虑回转窑、套筒窑同时选用，分步建设，以期使该项目更符合我国可持续发展的战略思想和发展循环经济的要求。京唐公司石灰窑工程具体建设方案目前仍处于优化阶段，不久之后将得到确定。

参考文献

[1] 陈家祥. 钢铁冶金学 [M]. 北京：冶金工业出版社.
[2] 蒋仲乐. 炼钢工艺及设备 [M]. 北京：冶金工业出版社.

[3] 马智明. 石灰技术 [M]. 北京: 中国科学技术出版社.
[4] [意]D · 特鲁兹, 等. 弗卡斯竖式石灰窑和贝肯巴赫环形套筒窑生产软烧、中烧和硬烧石灰 [J]. 石灰, 2006.(2).
[5] [瑞]弗兰茨 ·司得勒, 等. 麦尔兹 Maerz®双筒并流蓄热式石灰窑与细粒石灰窑技术. 2005 年中国石灰工业技术交流与合作大会论文资料汇编.
[6] 美卓矿业公司. 回转窑石灰煅烧系统技术交流资料.
[7] 海迈科冶金（香港）有限公司, [意]特鲁兹 · 弗卡斯公司设备简介.
[8] 麦尔兹欧芬堡公司, 麦尔兹并流蓄热式石灰窑项目技术交流资料.
[9] 戚天明, 等. 日产 1200 吨石灰回转窑生产线烧成系统主机设备的开发, 2005 年中国石灰工业技术交流与合作大会论文资料汇编.

关于套筒窑砌筑设计的几点改进

张德国　王　欣　周　宏

(北京首钢国际工程技术有限公司，北京 100043)

摘　要：本文简要介绍了套筒窑的内衬结构，详细介绍了首钢套筒窑在关键部位的内衬砌筑、材质选用等方面对引进外方设计所采取的改进措施，并阐述了套筒窑内衬设计的发展方向。

关键词：石灰；套筒窑；内衬；改进措施

Several Design Improvements for the Annular Shaft Kiln's Lining

Zhang Deguo　Wang Xin　Zhou Hong

(Beijing Shougang International Engineering Technology Co.,Ltd., Beijing 100043)

Abstract: The inside lining structure of annular shaft kiln is briefly described in this paper. Particularly describe the development measures that have taken on the kiln lining structure and material of Shougang 500m^3 annular shaft kiln, also the develop trend of the kiln lining is described.

Key words: lime; annular shaft kiln; kiln lining; betterment measures

1　引言

首钢是我国冶金行业最早引进套筒窑技术的钢厂之一，20 世纪 90 年代初首钢总公司自德国贝肯巴赫公司引进了用以煅烧活性石灰的 500m^3 套筒窑技术，当时项目未能按计划建成投产。2000 年 11 月开始重新恢复建设，于 2001 年 12 月建成投产 1 号 500m^3 活性石灰套筒窑。之后于 2004 年 5 月至 2005 年 12 月先后又建成一座 300m^3 和 4 座 500m^3 活性石灰套筒窑，并陆续在设计中实现全套技术装备国产化。

套筒窑内衬是决定套筒窑整体使用寿命的重要因素，提高套筒窑内衬寿命，是保证转炉炼钢连续生产的关键[1]。北京首钢设计院一方面吸收和消化外方技术，另一方面对套筒窑耐材和砌筑方式进行了改进和创新。经过改进后的套筒窑内衬砌筑结构更加合理、可靠。再配合独特的二步烘窑方案和完善的操作和管理制度，首钢 1 号 500m^3 套筒窑于 2001 年 11 月竣工后到 2006 年 1 月 7 日停火中修为止，连续运行 4 年多，生产活性石灰 66 万余吨，创造了国内套筒窑国内使用寿命的新纪录[2]。1 号套筒窑经中修后，目前还在进行正常生产。

2　套筒窑内衬结构特点

套筒窑由内、外两个套筒组成，石灰石在密封的条件下自窑顶布料装置加入窑内。石灰石在两个套筒之间的夹层内自上而下的运动，逐步完成预热、煅烧和分解的全过程。套筒窑内耐火材料砌筑范围自窑顶布料装置下方至套筒窑下部出灰机上方，共约 27m 高。套筒窑内衬结构大致分为永久层、保护层和工作层（见图 1），其结构复杂，有关部位耐火材料的品种繁多，特别是拱桥和烧嘴等处，使用了大量不同材质的异形耐火砖，砌筑设计难度较大。由于套筒窑分为内、外两个套筒的结构形式，耐火材料用量也较同级别其他竖窑大，其总重达到 1100t 以上，其中各种定型耐火材料 800 多吨，不定型耐火材料 300 多吨。

套筒窑内衬砌筑是影响套筒窑整体使用寿命的关键因素，因此在进行套筒窑设计时，对套筒窑内衬设计工作予以高度重视，邀请国内砌筑专家对套

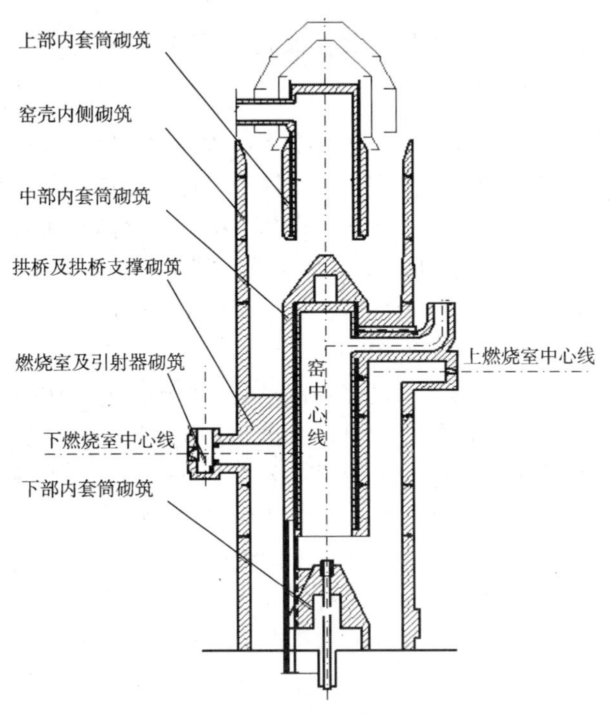

图 1　套筒窑砌筑

筒窑进行共同研究和分析，通过考察分析研究国内已经投产的套筒窑在砌筑方面的经验和教训，针对套筒窑核心部位，如拱桥、烧嘴、立柱等部位（见图 2）的耐火材质及外形尺寸进行了大胆的改进和自主创新，开发设计了一套首钢特有的砌筑方式。

3　套筒窑内衬设计改进

针对套筒窑内衬结构特征和工艺操作情况，在套筒窑设计过程中，对窑体内衬砌筑设计进行了优化和改进，以下对几个重要部位的改进措施进行阐述。

3.1　将套筒窑支撑拱桥部位镁砖改为镁铝尖晶石砖

拱桥位于套筒窑中部的煅烧带，具有支撑其上部十几米料柱的作用，这就要求其具有足够的强度。同时由于烧嘴位于拱桥下方，此区域温度可达到1100℃以上，是套筒窑内温度最高的区域，石灰石原料在此部位经历煅烧、分解过程，这就要求拱桥还要具有耐高温特性。由此可见，套筒窑拱桥工作环境非常恶劣，是套筒窑内部最敏感部位，拱桥也就成了套筒窑整体砌筑最为重要的核心部位，其砌筑质量直接影响到套筒窑的整体使用寿命。

图 2　套筒窑烧嘴及拱桥砌筑

原德国贝肯巴赫引进的套筒窑内衬砌筑图纸中，连接内外套筒的拱桥材质采用的是镁砖，在首钢 1 号套筒窑的设计过程中，设计人员和首钢第二耐火材料厂一同对国内套筒窑进行调研，梅钢、马钢、本钢的套筒窑拱桥部位材质最初都是采用德方原设计，在投产不久都不同程度地出现了拱桥砖脱落和拱桥坍塌现象，影响了整个窑体气流分布，造成活性石灰质量波动，降低了生产效率，严重影响了正常生产[3]。分析其塌窑原因，得出主要结论：塌窑的原因一般都是由于拱桥塌陷，因为在套筒窑内部套筒及拱桥部位使用镁砖是套筒窑内衬结构的薄弱环节，镁砖虽然在耐高温、抗碱性方面性能突出，但由于其热膨胀系数较大，热震稳定性差，在热冲击作用下容易产生崩裂或剥落，这大大影响了套筒窑衬砖的使用寿命，因此必须对其进行完善和改进。镁铝尖晶石砖（技术指标见表 1）由于具有杂质含量较低，荷重软化温度高，热膨胀率低，热震稳定性能好，较强的抗急冷急热等特性，20 世纪 90 年代末在钢包和转炉砌筑上被广泛应用。虽然其耐高温性和抗碱性比镁砖略有不足，但完全可以满足套筒窑拱桥部位的温度使用条件。经过反复比较论证，首钢设计院在国内首次从设计上采取了将套筒窑拱桥部位用镁铝尖晶石砖替代镁砖的改进，实践证明，这一改进大大提高了拱桥寿命，材质设计非常合理（见图 3、图 4）。

目前这一改进措施已应用到首钢后续建设的 4

座套筒窑建设中，并在国内各家冶金企业得到广泛的应用。

表 1 镁铝尖晶石砖与镁砖技术性能设计指标比较

名　称	单 位	一级镁铝尖晶石砖	高级镁砖
耐火度	℃	＞1790	＞1790
荷重软化温度（0.2MPa）	℃	＞1700	＞1750
常温耐压强度	MPa	≥55	≥35
显气孔率	%	≤18	≤19
体积密度	g/cm^3	≥2.95	约 3.05
热震稳定性（1100℃水冷）	次	≥16	≥3
MgO	%	≥80	≥94
Al_2O_3	%	12~15	
Fe_2O_3	%	≤1.0	≤0.8

3.2 下拱桥两侧支撑拱脚砖由两块小砖改为一块大砖

在原德方设计图纸中套筒窑下拱桥两侧支撑拱脚砖为两块小砖，在迁钢 1 号套筒窑设计时，通过分析研究认为这种设计形式下拱桥支撑有些单薄，如果将其由两块小砖合成一块大砖，其承载力会增强，经过与生产反复论证后，此处两块小砖改成了一块大砖进行砌筑（见图 4）。

2004 年 8 月德国贝肯巴赫套筒窑砌筑专家访问首钢套筒窑的使用情况，就这一问题设计人员与德方专家们进行了深入探讨。外方专家也认为下拱桥两侧支撑拱脚砖由两块小砖改为一块大砖的设计，从结构上加强了套筒窑拱桥的强度，改善了套筒窑拱桥整体受力情况，可有效地分解拱桥上方所支撑物料的压力。通过外方砌筑专家的确认，在理论上

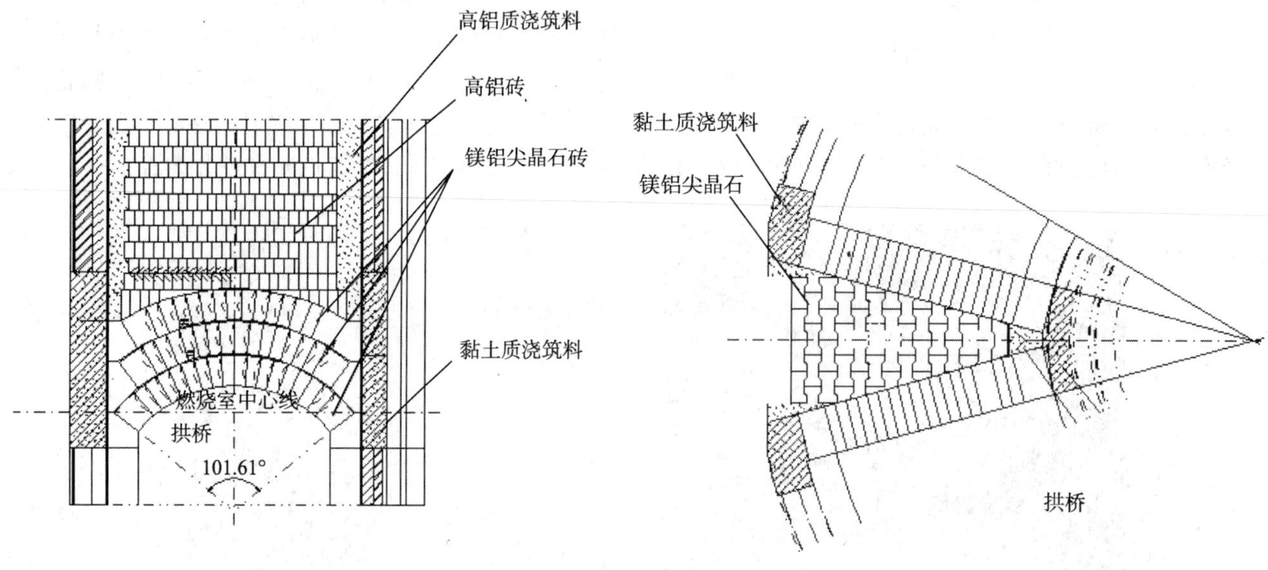

图 3　套筒窑拱桥砌筑

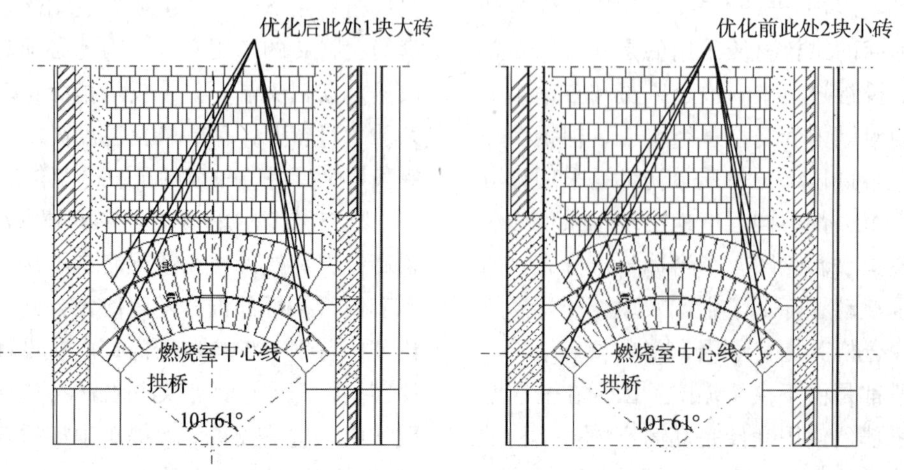

图 4　套筒窑下拱桥支撑优化前、后设计

证实了此设计修改的合理性。在接下来的首秦 1 号窑、迁钢 2 号窑、首钢 2 号套筒窑的设计中，我们均采取了这种设计形式，并取得了良好的效果，实践证实了对拱桥支撑拱脚砖进行设计修改的合理性。

3.3 拱桥靠近内套筒侧第一排砖由一块改为两块

贝肯巴赫原设计图纸中套筒窑拱桥靠近内套筒侧第一排砖为一块 UZ3 砖的砌筑形式（见图 5）。这种砌筑形式的缺点是：第一块 UZ3 砖周围缝隙较大，整个拱桥上不到 1/2 整砖数量较多，不符合我国“工业炉窑砌筑 87 规范”的要求，通过与生产单位、砌筑施工单位共同研究讨论，认为在套筒窑拱桥靠近内套筒侧第一排采用两块 UZ3 砖进行砌筑（见图 6）可以有效缓解以上问题。因此对套筒窑此部位的砌筑进行优化，采用在拱桥内套筒侧第一排使用两块 UZ3 砖砌筑的设计形式。这一改进不但大大减小了切磨砖量，而且减小了 UZ3 砖与拱桥侧拱之间的缝隙，提高了砌筑质量，增加了拱桥的支撑强度。

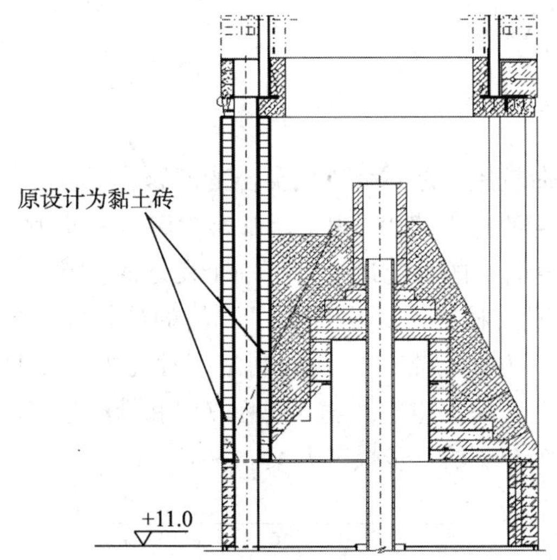

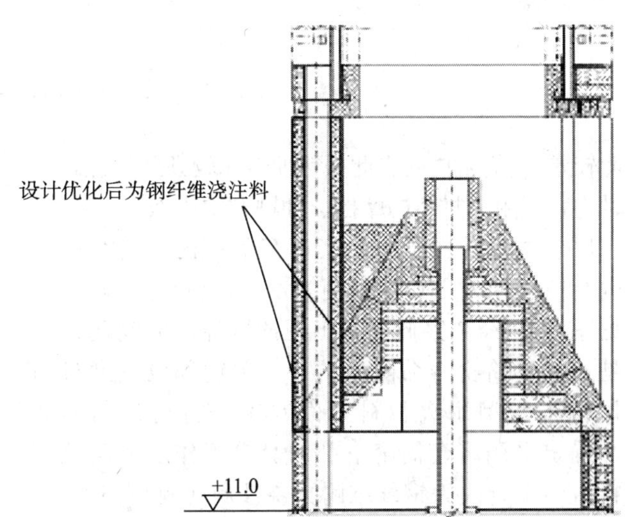

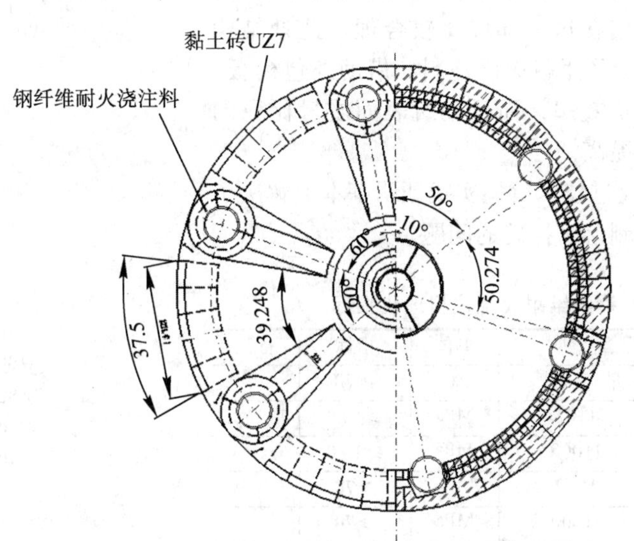

图 5　套筒窑下部内套筒与中部内套筒支撑优化前、后设计

3.4 更换下部内套筒与中部内套筒支撑立柱耐火材料材质

原料石灰石在套筒窑煅烧带完成煅烧、分解过程后，下行到套筒窑下部内套筒处，由窑底进入的冷却风在下部内套筒处与成品石灰进行大量的热交换。成品石灰由 1100~1200℃冷却至 100~200℃，冷却风则从常温预热至 300℃左右。套筒窑下部内套筒处工作

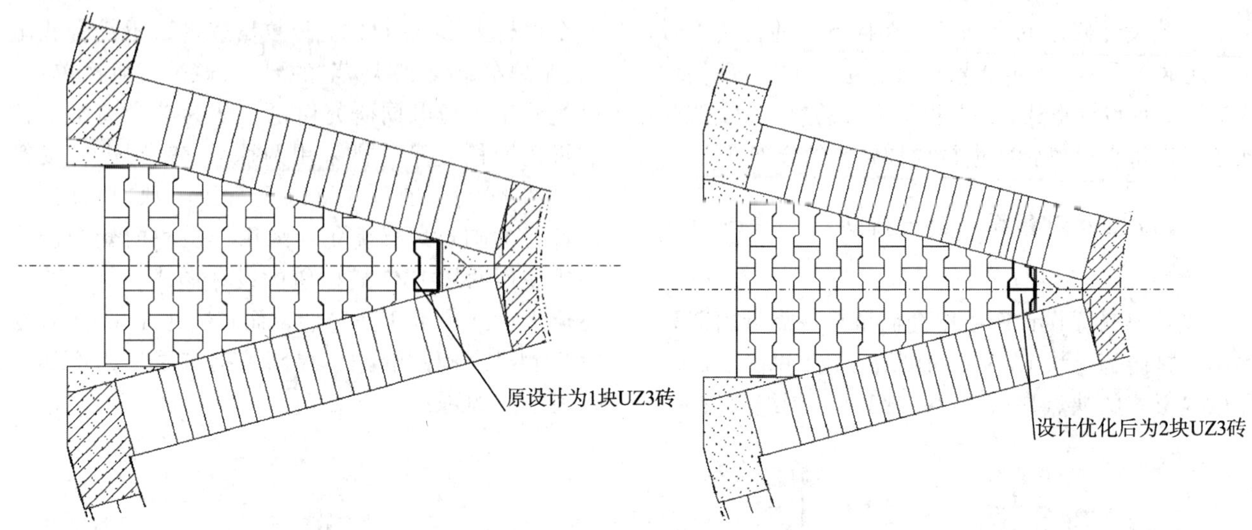

图 6　套筒窑拱桥优化前、后设计

环境较差，套筒窑内衬在此处热冲击比较频繁、剧烈，同时物料对耐火材料的摩擦、冲刷非常剧烈。

原外方设计图纸中，套筒窑下部内套筒与中部内套筒连接处工作层采用 UZ6 黏土砖进行砌筑（见图 7），经考察此处易出现冲刷掉砖的问题，也是造成套筒窑寿命降低的一个关键部位。通过与国内不定型耐火材料方面专家进行讨论与研究，确定采用将套筒窑下部内套筒工作层的砌筑材料由黏土砖改为钢纤维耐火浇注料（见图 5）。钢纤维增强耐火浇注料（见表 2）具有较高的抗击热冲击和冲刷的作用，又具有较强的抗变形能力，抗拉强度高，用在这一部位比较合理。此处结构为 6 根圆柱体，采用耐火浇注料，借助外包模板，不但提高了砌筑效率，而且砌筑表面质量比原砌砖形式也有所提高。

采用这一改进技术后，实践证明基本上解决了原设计中 UZ6 剥落、掉砖的问题。

表 2　钢纤维耐火浇注料理化指标

项　目		单位	指标	备注
Al_2O_3 含量		%	≥70	
常温抗折强度	110℃	MPa	≥10.0	
	1100℃	MPa	≥10.0	
常温耐压强度	110℃	MPa	≥70	
	1100℃	MPa	≥70	
1100℃~室温，水冷 5 次后抗折强度		MPa	5.0	
1100℃烧后线变化率		%	±0.4	

3.5　独特的二步烘窑方案

从国内其他套筒窑使用状况来看，窑内砖衬的使用寿命较短，是一个比较突出的问题，严重影响了套筒窑的正常使用。为了延长窑内砖衬的使用寿命，为套筒窑的稳定运行打下一个良好的基础，一方面在耐火材料设计中提出了严格的砌筑施工标准，另一方面与生产厂共同制定了独特的二步烘窑方案，即采取空窑烘窑（见图 7 ）和带料生产烘窑（见图 8 ）的二步烘窑方案。

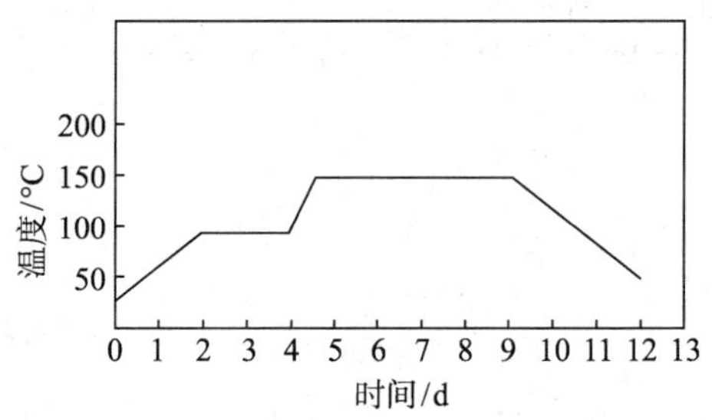

图 7　空窑烘炉曲线

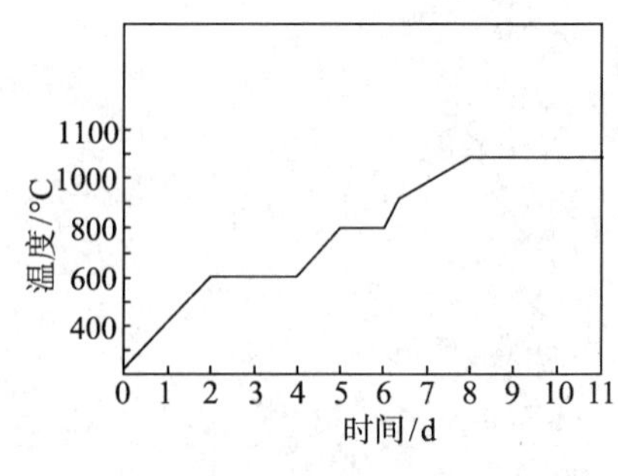

图 8　带料烘炉曲线

空窑烘窑的目的：通过在较低温度段的保温（＜200℃），实现耐火材料中游离水的排出，使砌体达到一定的强度，进而为带料烘窑创造一个良好的条件。

带料烘炉的目的：在高温区域实现耐火材料中结晶水的外排，使耐火材料完成晶形转变，从而达到耐火材料的预期强度。

为了达到烘炉升温曲线的要求，我们选择低热值的转炉煤气（1600×4.18kJ/m^3，标态）作为烘炉燃料，这样可以非常方便地实现温度控制调节，尤其是易于实现低温段的温度控制，从而使烘炉工作操作简便、控制准确。

4 套筒窑设计业绩及今后发展方向

经过 4 年多的运行，首钢 1 号套筒窑内衬改进的部位衬砖和浇注料从未发生过问题，于 2006 年初根据首钢总公司总体进度要求，完成了 1 号 500m^3 套筒窑中修工作，目前还在生产运行，使用寿命达到 6 年以上，目前处于国内领先水平。

在首钢 1 号套筒窑投产后，首钢设计院又相继完成了淮钢 300m^3 套筒窑、首秦 500m^3 套筒窑、迁钢 2 座 500m^3 套筒窑和首钢 2 号 500m^3 套筒窑等共 5 座活性石灰套筒窑的设计工作，均已经顺利投产。目前各套筒窑生产运行状况良好，未出现掉砖和拱桥坍塌等砌筑问题。

首钢京唐公司经过对多种窑型方案进行比较，最后确定一期采用 4 座 500m^3 套筒窑。下一步设计上拟考虑在套筒窑现有耐火材料基础上选择、应用新型隔热材料，达到进一步减少套筒窑窑体热量损失和石灰的单位热耗，优化设计指标的目的。如可适当增加套筒窑各部铝镁尖晶石用量，选用品质更高的铝镁尖晶石砖，在套筒窑永久层配套选用高品质的 ISOMAG 绝热保温板，以减少窑本体热量损失，延长炉壳使用寿命，降低燃料消耗，最终达到降低套筒窑成本的目的。

5 结论

首钢 1 号套筒窑内衬设计采用了多项首钢改进砌筑技术，生产运行情况良好、实现达产时间短、设备自动化程度高，是国内成功使用低热值转炉煤气作为燃料的套筒窑之一。在首秦 500m^3 套筒窑、迁钢 2 号 500m^3 套筒窑和首钢 2 号 500m^3 套筒窑全面实现国产化设计，投产运行后，生产出的活性石灰质量稳定，窑本体利用系数逐步攀升，标志着在套筒窑内衬设计技术方面国内已经日趋成熟。

参考文献

[1] 周正羽，孙红贞. 套筒窑焙烧冶金石灰质量因素分析[J]. 石灰, 2006(2): 33.

[2] 冯建设，李道忠. 延长套筒窑窑衬使用寿命途径的探讨[J]. 石灰, 2006(1):1.

[3] 叶子才，郭占军. 500t/d 环形套筒窑在梅山的改进和提高[J]. 石灰, 2006(2):39.

（原文发表于《2007 第五届国际耐火材料学术会议论文集》）

迁钢钢渣二次处理系统的工程设计

许立谦　张国栋　张德国　王　欣　罗顺云

（北京首钢国际工程技术有限公司，北京 100043）

摘　要：本文介绍迁钢钢渣的物理化学性质，对钢渣二次处理进行工艺设计，建设一条年处理能力为 90 万吨的钢渣处理线，回收钢渣中的金属铁，使钢渣尾渣中的金属铁含量低于 1%，并生产用作建筑材料的钢渣骨料。设计采用 “两级破碎、三级筛分、六级磁选”工艺，钢渣处理线包括转运站、一次破碎筛分间、二次破碎间、三次筛分间和皮带输送系统，最大限度提取钢渣中的金属铁，生产小于 10mm 和小于 35mm 的两种钢渣产品。对首钢 1997 年从德国 KHD 公司引进的一套年加工能力为 120 万吨的钢渣处理线进行必要的修配改，配套完善综合设施。在最大限度回收钢渣中的金属、实现效益最大化的同时，充分利用钢渣尾渣，实现钢铁工业固体废弃物的高效资源化利用，产生可观的经济效益。

关键词：钢渣；固体废弃物资源化；工程设计

Engineering Design on Process of Steel Slags on Qian'an Steel Company

Xu Liqian　Zhang Guodong　Zhang Deguo　Wang Xin　Luo Shunyun

(Beijing Shougang International Engineering Technology Co.,Ltd., Beijing 100043)

Abstract: The physicochemical properties of steel slag in Qian'an Steel Company were investigated and the utilization of steel slag was designed. On the basis of slag processing process designing, the steel slag processing line of the capacity for 90 million ton was. This line aims to recycle iron in steel slag. After the treatment, metallic iron content in steel slag is below 1%, and treated steel slag can be used as building material. The engineering design employed a process of "two-grade crushing, three-grade screening, six-grade magnetic separation" to extract metals in steel slag and the tailing slag was resource utilization. The steel slag processing production line is consisted of transfer station, during a cruch-screening, two times cruch, during three screening and leather belt expulsion system and has the production less than 10mm and less than 35mm slag in the two products. This production line equipment is from an old production line, which is imported from KHD company of Germany in 1997. The necessary repairs, match, perfect supporting facilities, and integrated with the maximum recovery of slag, realize the goal of metal for benefit maximization, make full use of steel slag tail slag, industrial solid waste of efficient utilization, and considerable economic benefit.

Key words: steel slag; comprehensive utilization of solid wastes; engineering design

1　引言

首钢迁安钢铁有限责任公司（以下简称“迁钢”）建成投产后每年将产生钢渣约 90 万吨。钢渣中含有一定量的金属铁，可以作为转炉炼钢的原料，同时尾渣可以作为建材原料使用。按照循环经济的理念，贯彻落实节约资源和环境保护的国策，建设一条年处理能力为 90 万吨的钢渣加工生产线，对迁钢钢渣进行资源化利用，实现渣与钢的分离，以及尾渣综合利用。

为节省建设投资，钢渣处理线主要设备充分利用首钢 1997 年从德国 KHD 公司引进的一套年加工能力为 120 万吨的钢渣处理线的旧有设备，对其进行必要的修、配、改，并配套完善综合设施。

2 钢渣的物理化学性质

转炉钢渣主要由转炉炼钢产生，吨钢产渣量约120kg[1]。迁钢热态钢渣在厂内进行热泼打水冷却后，由火车运至位于首钢迁安循环经济产业园的钢渣处理区域进行处理。经过热泼冷却后的转炉钢渣外观颜色呈褐灰色，一般质地坚硬密实。渣坨和渣壳结晶细密，界限分明。迁钢钢渣化学成分见表1，物理性质及粒级分布见表2。

表1 迁钢钢渣的主要化学成分 (%)

CaO	SiO_2	FeO	Fe_2O_3	MgO	Al_2O_3	MnO	P	f-CaO
40.21	11.91	14.78	8.58	12.87	2.08	1.14	0.64	3.70

表2 迁钢钢渣的物理性质及粒级分布

粒度/mm	所占比例/%	密度/$kg\cdot m^{-3}$
>300	9.21	1760
85~300	28.01	1320
35~85	28.07	1480
≤35	34.71	3360

3 迁钢钢渣处理工程的工艺设计

迁钢钢渣处理工程的工艺设计从紧凑型、节能型、环保型的原则出发，采用“两级破碎－三级筛分－六级磁选”工艺。在工艺选择中增加了磁选的工序，提高钢渣对金属的回收率，实现效益最大化，并为后期渣钢提纯工程提供可靠的原料来源。

3.1 工艺流程

钢渣从迁钢公司炼钢厂经热泼打水处理完毕后，由装载机将所有钢渣装入火车运至钢渣处理料场堆存备用。当生产线运行时，用装载机将钢渣运到装有300mm×300mm孔径的格筛上料台上，将钢渣倒入格筛中，粒度大于 300mm 的钢渣在格筛上面，用电动葫芦翻卸到指定的地方；后经落锤破碎间破碎，粒度小于300mm的钢渣进入格筛下的原料仓，用电磁振动给料机给料，经过电子皮带秤计量后，到1号皮带机，1号皮带机机头安装跨带式磁选机，选出 300 mm 以下渣钢。磁选后的钢渣经1号70孔振动筛筛得规格为70~300mm钢渣和70mm以下钢渣。70~300mm 的钢渣进入颚式破碎机破碎成为颗粒粒径不大于70mm钢渣后进入3号皮带机；1号70孔振动筛的筛下物(粒径不大于70mm钢渣)经溜槽直接进入2号35孔振动筛筛分，筛得规格为35mm以上钢渣和35mm以下钢渣， 35mm以下钢渣经溜槽进入2号皮带机， 35mm以上钢渣经溜槽进入3号皮带机；3号皮带机机头安装跨带式磁选机，选出35~70mm渣钢，磁选后的钢渣送入料仓，经电磁振动给料机进入2号圆锥破碎机再一次破碎到35mm以下的钢渣，进入4号磁辊皮带机，4号磁辊皮带机机头安装跨带式磁选机和磁辊，选出35mm以下渣钢，最后钢渣由2号和4号皮带机经溜槽汇总进入3号10孔振动筛，筛分后得到规格为10mm以下钢渣和10~35mm钢渣；10mm以下钢渣由5号皮带机把料送入料场；10mm以上钢渣由6号皮带机把料送入料场。整个过程经过4次跨带磁选和2次磁辊磁选后获得不同品位和粒级的产品。钢渣处理工艺流程如图1所示。

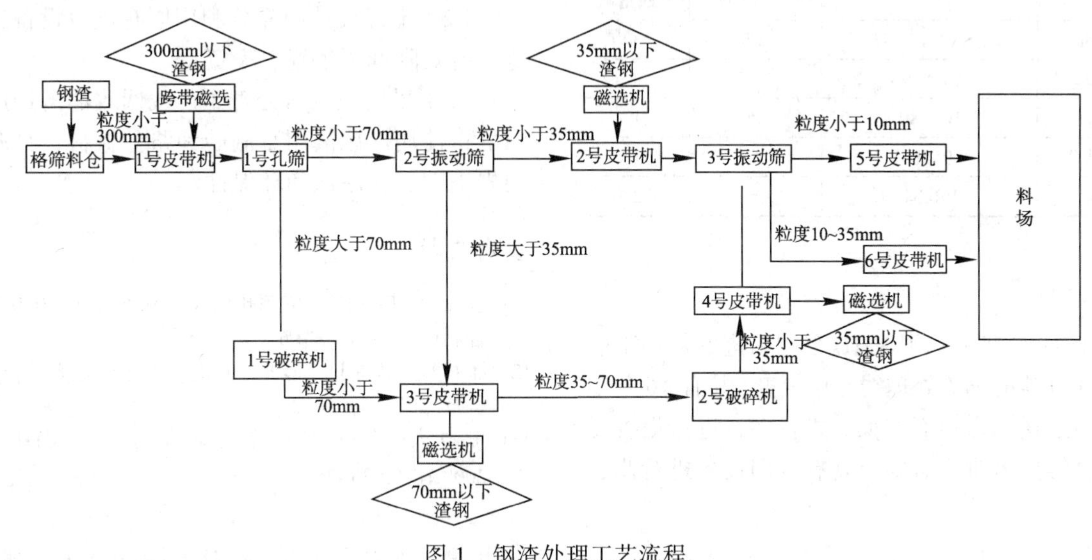

图1 钢渣处理工艺流程

3.2 产品方案

钢渣处理工程投产后，将形成渣钢系列产品和尾渣。包括粒径大于 300mm 渣钢、小于 300mm 渣钢、小于 70mm 渣钢和小于 10mm 渣钢。品位高于 90% 的渣钢回转炉炼钢，品位低于 90% 进入渣钢处理生产线进行提纯。尾渣有 10~35mm 和小于 10mm 两种类型，金属铁含量低于 1%，可作为路基材料和制砖原料使用。

4 主要工艺设备及技术经济指标

4.1 主要工艺设备

工艺设备选用 1997 年首钢从德国 KHD 公司引进的年加工能力为 120 万吨的钢渣处理生产线的主要设备。其中包括颚式破碎机、锥式破碎机和皮带机等。对原有控制系统进行改造后使用，并利用旧胶带机头轮和尾轮、电机和减速机以及皮带的机架。皮带和托辊新配。新增 1 个格筛、1 个磁辊和 3 个磁选机。

控制系统主要负责对钢渣处理系统的 6 台皮带机、2 台可调式钢渣给料机、4 台磁选机、2 台破碎机、3 台筛分机、6 台水泵等机械进行自动控制。用 PLC 进行信号采集与传输，设置 2 台操作员站，供操作员监视系统中所有设备的运行状态和各种工艺参数画面及操作。设钢渣处理主控室 1 间，设 PLC 过程站和通讯控制柜 1 间。在电气配电室放置 1 台 PLC 柜，用于连接与电气专业联络的各设备控制及信号交换。

钢渣处理主要设备相关参数见表 3。

表 3 钢渣处理主要设备相关参数

名 称	规 格	功率/kW	数量
筛分机	USK1.4×3.75	37	3
磁选机	RMA600	2.17	4
破碎机 1	BEH80	55	1
破碎机 2	950H	160	1
磁辊	PR631	—	2

4.2 设备改造

由于 1997 年从德国 KHD 公司引进的年加工能力为 120 万吨的钢渣处理线工序复杂，共有 16 条皮带机参与运送，占地面积大，投资多，进口设备无维修件，维修困难，需要对现有利旧设备进行修、配、改，改造内容如下：

（1）根据新的钢渣处理流程，将原有“两段破碎 - 四段筛分 - 四级磁选”简化为“两级破碎 - 三级筛分 - 六级磁选”；

（2）将原有 16 条皮带机改为 10 条皮带机，利旧头轮和尾轮的电机和减速机以及皮带机架，皮带和托辊重新配；

（3）圆锥破碎机是进口设备，维修困难大，选用国产颚式破碎机；

（4）原有棒条筛在筛选中存在问题，大于 300mm 的片状钢渣无法筛选，将棒条筛改为新的 300mm 的格筛；

（5）新增 3 个磁辊和 4 个跨带磁选。

4.3 主要技术经济指标

钢渣处理主要技术经济指标见表 4。

表 4 钢渣处理主要经济技术指标

序号	项目名称	单位	指标	备注
1	年生产规模	万吨	90	
2	全厂装机	kW	1020	
3	年生产耗电量	kW·h	264×10^4	
4	新水用量	m^3/h	37	
5	厂区占地面积	m^2	11.457×10^4	
6	建筑系数	%	32.47	
7	绿化系数	%	15	
8	劳动定员	人	107	
9	全员劳动生产率	t/（人·a）	8411	

5 结语

（1）采用“两级破碎—三级筛分—六级磁选”工艺，使钢渣中的金属回收率高，实现效益最大化，并为后期渣钢提纯工程提供可靠的原料来源。

（2）工程设计中充分利用原有进口设备进行改造，有效降低了工程总投资。

（3）采用该钢渣处理生产线回收的渣钢产品返回炼钢使用，尾渣用于制砖和路基材料，具有一定的先进性、实用性和环保性。

参考文献

[1] 李葆生. 唐钢钢渣资源化利用工程设计[J]. 中国资源综合利用, 2004 (5): 3~6.

[2] 潘智斌, 黄保旦, 彭波. 柳钢新钢渣处理系统[J]. 柳钢科技, 2004 (1): 38~39.

[3] 王益人. 钢渣多级磁选综合利用实践[J]. 炼钢, 2002,18(6): 23~25.

（原文发表于《首钢科技》2011 年第 2 期）

轧钢工程技术

- 轧钢工程技术综述
- 线棒材轧钢技术
- 中厚板轧钢技术
- 热轧宽带钢轧钢技术
- 轧钢工程其他技术

➤ 轧钢工程技术综述

首钢国际工程公司轧钢专业技术历史回顾、现状与展望

刘宏文

(北京首钢国际工程技术有限公司，北京 100043)

摘　要：本文系统分析了首钢国际工程公司轧钢专业技术的历史发展和现状，重点介绍了轧钢专业 40 年来获得的专利、专有技术、科技成果、工程业绩等，并提出了轧钢专业技术未来的发展方向。

关键词：轧钢专业；历史回顾；展望

1　轧钢专业历史回顾

四十年前，首钢设计院诞生在了十里钢城。伴随着首钢的发展，设计院也从一个几十人的小机构，逐步发展成了国内同行业中举足轻重的工程公司。我们的前辈和同事们用勤劳和汗水为公司积累起了宝贵的技术财富。

轧钢通常被称为钢铁行业的龙头，因为轧钢是离市场、离用户最近的一道工序。市场的变化、用户的需求都要通过这里反馈到上游工序。轧钢专业也是我公司的重点骨干专业，轧钢设计能力也很能体现出一个设计院的综合水平。轧钢的特点就是工艺技术复杂、产品种类多、装备差异大，与国际先进水平的差距也最大。四十年的发展，轧钢专业也和公司一起走过了起步—发展—壮大这样的三个阶段。

1.1　艰难的起步

设计院成立时，处于“文化大革命”的后期，国内经济建设从混乱中逐步开始恢复。我国的钢铁工业也处在极度落后的水平，当年首钢的轧钢生产线基本上都是“文革”前投产的设备，主要包括 20 世纪 50 年代由苏联援建的 300 小型生产线、“文革”初期投产的 850 初轧厂以及合并的北京市冶金局下属的各轧钢厂（带钢厂、一线材、特钢等）。首钢的轧钢生产线在国内还处于比较先进的水平。那时的设计院的工作主要就是对这些生产线的改造、配套、搬迁。

80 年代，我国经济开始快速发展，国家的冶金产业政策也更加灵活，首钢迎来了飞速发展期。先后建成了二线材厂、中板厂、三线材厂、型材厂等轧钢生产线。这些设备基本上是以引进国外二手设备为主，虽然不是当时世界最先进的水平但也处于国内领先水平。正是这一时期为我公司轧钢专业的发展打下了坚实的基础。

通过消化吸收国外设备的图纸资料，在设计中配套完善，从一把剪刀一瓶胶水起步，边干边学，通过考察调研、交流座谈、测绘研究等多种学习途径，克服了重重困难，我们也逐渐积累起了自己的技术和装备。例如：通过二线材和三线材厂的建设，我院对引进的摩根三代高速线材二手设备进行了消化吸收，实现了装备国产化，获得了国家科技进步一等奖。并将成果进行了实践推广，以此装备为基础向用户提供了海南洋浦西部钢铁公司高线工程、无锡雪浪初轧厂改造工程、无锡雪浪二高线工程、江苏武进钢厂高线工程、水钢 650 车间改造工程等项目。开创了用高线轧机一火成材改造开坯轧机的新路，为当时国内面临淘汰的大量开坯轧机找到了一条出路。

在这里特别要提到的是海南洋浦西部钢铁公司高线工程，该项目 1994 年底签约，这个项目的用户是一家民营企业，具有当时国企所不具备的胆识和魄力。通过和我院的交流及考察后提出了由我院总承包该项目的机电设备设计和供货。总承包就要涉及资金的管理运作、设备订货监制、现场施工组织等多个方面，这在当时的国内设计院来说还是一个没有人触碰过的领域。公司领导审时度势，凭借着敢为天下先的胆识和气魄，以及首钢总公司在背后的坚强依托，果断地承接下了这个项目，开创了国内设计单位总承包设计供货的先河。依靠严格的管理和团队的合理运作，虽然这个项目最终因业主的原因半途停止了，但却没有给我院造成损失，相反却在资金运作、技术积累和总承包管理等方面使我

院受益匪浅。

海南工程之后，我公司又先后承揽了无锡雪浪初轧厂改造、南钢棒材改造、崇利棒材工程、水钢650改造工程等总包供货合同，使我院在国内长材建设市场中处在了当时国内领先水平。

1.2 稳步的发展

20世纪90年代中期，随着首钢政策的调整，首钢内部的工程大幅减少，设计院为了生存也不得不走向市场，凭借着多年首钢内部工程的历练和在长材和中板领域的技术积累，逐渐地在国内设计市场中占据了一席之地。为了适应市场的需要，提升竞争力，我们先后开发多项专有技术和装备，技术能力也得到了很大的提升。其中包括：顶交45°无扭线材轧机，短应力线棒材轧机，钢板焊接式闭口线棒材粗轧机等线棒材生产线主装备及其他配套设备；3300~3500mm中厚板轧机及配套设备等。先后完成了宣钢高线、邢台高线、山西中阳高线、首钢一线材二车间高线工程等线材项目，成钢棒材、楚雄棒材、昆钢棒材、昆钢红河棒材、首钢精品棒材等棒材项目，以及秦皇岛中板、新余中板、越南中板、河南永兴中板、福建三明钢厂中板、首钢中板厂等中厚板轧钢项目。

在大力开发长材和中厚板市场的同时，设计院充分利用了首钢内部项目努力扩大轧钢设计领域，逐步积累经验和技术，以热轧和冷轧为方向，扩展我们的设计能力。90年代的首钢2160项目使设计院对热轧工程技术有了比较深入的了解和研究，同时也向下游冷轧工序进行了延伸，积累了大量的图纸资料。

1.3 茁壮成长

进入21世纪，我国的钢铁工业随着国民经济的发展也进入了飞速发展期。我们的设计能力也在不断的工作历练中迅速提高，除了过去的传统项目长材和中板以外，也开始进入冷轧和热轧设计领域。通过与国际上最优秀的冶金工程公司的合作，使我们的眼界更加开阔，设计能力和水平也上升到了一个新的高度。首钢迁钢2160mm热轧工程、首秦4300mm厚板工程、富路仕彩涂板和热镀锌工程、特宇板材冷轧及热镀锌工程等冷热轧项目先后由我们设计完成。2008年首钢设计院成功改制为首钢国际工程公司，体质的变化带来了观念的改变，首钢国际改制后在经营和管理上都获得了提升。

2004年首钢环保搬迁新建首钢京唐钢铁基地将一个千载难逢的机遇摆在了我们的面前，但同时对我们来说也是一个巨大的挑战。京唐钢铁厂这样一个代表21世纪世界最高水平的综合钢厂其产品和装备与我们过去所擅长的长材中板相比有着天壤之别，高端板材是国家给京唐的产品定位。面对这样一个项目，国内众多设计单位都是虎视眈眈。凭着历经20多年的2160项目的前期技术积累和迁钢2160工程的历练，倚靠大家的共同努力，在设计招标中我们击败了众多的对手，成功中标了京唐两套热轧工程的设计合同。连续几年，我公司先后设计完成了京唐和迁钢的四套热带轧机工程，在设计和集成方面都积累了丰富的经验，并形成了大型箱型基础设计、地下综合管网规划设计、托盘式运输系统等多项专有技术及专利，提升了市场竞争力。2011年我们又先后中标了江苏中天钢铁集团1580mm热轧工程和包钢新体系2250mm热轧工程的设计合同，使我们的能力在市场中得到了检验。

包钢新体系2250mm热轧项目国内四家大型工程公司参与竞标，除我公司外其他几家都是中冶集团的著名工程公司，在与强手的同台竞技中我们用我们的技术、我们的经验和我们诚恳的态度征服了业主最终成功中标，这也是我公司多年来在首钢外的国内大型钢铁企业中成功中标的第一个轧钢项目，是我公司轧钢专业发展的一个里程碑。

在冷轧方面，我们起步较晚，但我们的起点很高。除特钢小冷轧外，目前有我公司设计的首钢迁钢1号、2号冷轧厂项目相继建成投产，这两个硅钢冷轧厂包含了几十套世界最先进的各种类型的冷轧及后处理机组。通过这样的历练，我们现在有能力承接各种类型的冷轧工程的设计任务，为今后参与市场竞争打下了基础。

2 轧钢专业技术发展展望

2.1 轧钢工艺专业技术发展主要内容及目标

（1）长材方面在保持现有优势技术的基础上，进一步开发新工艺、新技术；特别是在新型高线精轧机组、小规格棒材生产技术等方面力争取得突破。

（2）热轧方面进一步增强自主集成的能力，同时在前后工序上拓展业务范围，力争在热轧酸洗、热轧退火、热轧平整、横切等方面首先实现总承包供货能力，再逐步向全线拓展。

（3）大力推进冷轧电工钢、家电板、汽车板、电镀锡板等高端钢铁新材料产品、新工艺、新技术的研究与开发，紧密跟踪与研究冷轧高强/超高强度汽车用板最新工艺技术与装备进展，拓展优质冷轧窄带钢及其延伸加工工艺技术。

（4）建设好冷轧工程设计团队，实现冷轧宽/窄带钢轧制生产线及退火与涂镀等后续处理机组的工艺技术集成设计，确保为客户提供综合性现代化冷轧厂的工厂设计、设备成套与技术咨询等全方位服务。

2.2 轧钢设备专业技术发展主要内容及目标

（1）线棒材轧钢专业技术主要研究：新一代线棒材轧机的开发和研制、线棒材轧制生产线关键设备的研制和升级换代、线棒材轧制设备及生产工艺的集成研究；

（2）板带轧钢专业技术主要研究：中厚板轧机生产线关键设备、热轧带钢生产线线上辅助设备及后部运输设备的开发和研究、热轧带钢后部处理线的开发与研究、冷轧带钢后处理线及仓储设施的开发和研究、轧钢工序间物流运输设备的开发和研究。

（3）通过3~5年的努力，将线棒材轧制设备的技术水平打造成具有国内一流水平、同时形成能够满足各类用户不同档次需求的核心技术；将热轧和冷轧板带类轧制设备的技术水平提高到能够高水平地满足工程建设需要；形成几种有自己特色、掌握核心技术的板带类后处理线设备技术；在轧制成品的物流运输及仓储领域形成完全拥有自主知识产权的特色技术。

首钢国际工程公司线棒材轧钢技术历史回顾、现状与展望

张　征　刘宏文

（北京首钢国际工程技术有限公司，北京 100043）

摘　要：首钢国际工程公司（BSIET）具备二十多年的线棒材设计经验，本文对我公司在线棒材设计行业的发展概况、技术优势、典型业绩进行了介绍，并对目前本行业的形势和本行业的发展趋势进行了分析和展望，提出了针对性的应对之策，希望有助于相关人员了解我公司的设计能力，并为推动本行业的发展提供一定的参考。

关键词：线棒材；技术优势；典型业绩；发展趋势

The Status and Expectation of Design for Wire and Rod Line of BSIET

Zhang Zheng　Liu Hongwen

(Beijing Shougang International Engineering Technology Co., Ltd., Beijing 100043)

Abstract: Beijing Shougang International Engineering Technology Co., Ltd.(BSIET) has been working on the designing for wire and rod line for more than twenty years. This article introduces the development history, technical advantage and typical performance of BSIET in this field. There is also the analysis and expectation for this status and development trend, and advance the solution for the status. I hope it will be help for some person to know our ability and provide a few reference for the development of the field.

Key words: wire and rod line; technical advantage; typical performance; development trend

1　线棒材生产线产品及用途

棒材是一种简单断面型材，一般是以直条状交货，棒材的品种按断面形状分为圆形、方形和六角形以及建筑用螺纹钢筋等几种，后者是周期断面型材，有时被称为带肋钢筋。线材是热轧产品中断面面积最小，长度最长而且呈盘卷状交货的产品。线材的品种按断面形状分为圆形、方形、六角形和异型，棒线材的断面形状最主要的还是圆形。通常认为，棒材的断面直径是 8～300mm，线材的断面直径是 5～40mm，呈盘卷状交货的产品最大断面直径规格为 40mm。棒线材的用途非常广泛，除建筑螺纹钢筋和线材等直接被应用的成品之外，一般都要经过深加工才能制成品。深加工的方式有热锻、温锻、冷锻、拉拔、挤压、回转成型和切削等，为了便于进行这些深加工，加工之前需要进行退火和酸洗等处理。加工后为保证使用时的力学性能，还要进行淬火、正火或渗碳等热处理，有些产品还要进行镀层、喷漆、涂层等表面处理。

线棒材产品的主要用途及分类见表 1。

表 1　线棒材产品的主要用途及分类

钢　种	用　途
一般结构用钢材	一般机械零件、标准件
建筑用螺纹钢筋、螺纹盘条	钢筋混凝土建筑
优质碳素结构钢	汽车零件、机械零件、标准件
弹簧钢	汽车、机械用弹簧
易切削钢	机械零件和标准件
工具钢	切削刀具、钻头、模具、手工工具
轴承钢	轴承

续表 1

钢　种	用　途
不锈钢	各种不锈钢制品
冷拔用软线材	冷拔用各种丝材、钉子、金属网丝
冷拔轮胎用线材	汽车轮胎用帘线
焊条钢	焊条

2　首钢国际工程线棒材领域的创业发展概况和技术优势

2.1　本领域的创业发展概况

我公司成立初期主要服务于首钢，从那时起即开始进行线棒材工程设计工作，经历了从复二重到半连续，从半连续到全连续，从全连续到高速轧机，从全水平扭转到平立交替的不同设备形式的发展；经历了从普碳钢到优碳钢，从优碳钢到合金钢，从合金钢到特殊钢，从特殊钢到不锈钢等产品性能的不断提升；经历了从配套工厂设计到全线设计，从全线设计到设备成套，从设备成套到工程总承包的不同经营模式的跨越，经历了从首钢内部项目到国内市场，从国内市场再到国际市场的市场范围的扩展，近四十年间，首钢国际工程公司已独立完成了三十余条棒线材生产线的设计工作，其中接近半数为我公司总承包项目。线棒材生产线属于热轧生产线的一种，但由于产品的断面形状、产品性能要求的不同，又与其他的热轧材，如热轧板材、中厚板、H 型钢、钢管等产品的生产工艺不同。首钢国际工程公司针对线棒材生产线的特点，对生产线的工艺进行了针对性的划分和研究。

首钢国际工程公司将线棒材生产线按照成品规格划分为高速线材、小规格棒材和大棒材生产线，在此基础上进行工艺设计细分和技术研究，并在各个领域都具有丰富的设计经验。

2.1.1　线材

以宣钢高线、山西中阳二高线为代表的普碳钢线材生产线，产品以普通碳素结构钢、低合金钢和低碳拉拔材为主，主要用于建筑行业。此类生产线设备配置要求比较低，对控轧控冷能力要求不高，追求低投资、低成本、高产量，尽可能采用热装工艺。

以首钢一线材高线、水钢高线为代表的优钢线材生产线，产品以优质碳素结构钢、弹簧钢、冷镦钢、焊线钢、轴承钢为主，主要用于机械加工、家电、金属制品行业。此类生产线由于产品以品种钢为主，对加热能力、轧机能力、电机容量、控轧控冷能力都有很高的要求，该类生产线产品规格多，品种多，不单纯追求高产量，还要追求产品的高附加值。

以贵钢特钢生产线为代表的特钢线材生产线，产品以优质碳素结构钢、工具钢、齿轮钢、轴承钢、易切钢为主，主要用于机械加工、金属制品行业。此类生产线除了对加热能力、轧机能力和控轧控冷能力有很高要求外，要求对原料进行开坯或修磨处理，对产品的轧后处理也有一定的要求，部分生产线要配备在线缓冷、在线退火等工艺。

以首黔不锈钢线材生产线为代表的不锈钢线材生产线，产品以奥氏体不锈钢、马氏体不锈钢、铁素体不锈钢和部分合金钢为主，产品主要用于制作不锈钢制品。由于不锈钢与其他钢种在加热制度、变形制度和控冷工艺上的不同，不锈钢生产线相对于其他品种钢生产线，对坯料的表面质量要求更高，要求在轧制道次的选择上要考虑延伸系数偏小的特点，要在轧后实现在线固溶，轧后进行产品酸洗。

2.1.2　小规格棒材

以红钢棒材、水钢棒材为代表的螺纹钢棒材生产线，此类生产线产品以建筑用螺纹钢筋为主，主要生产Ⅱ级、Ⅲ级、Ⅳ级螺纹钢筋，产品主要用于建筑行业。该类产品对表面尺寸精度要求不是很高，为了提高产量，生产小规格棒材时普遍采用切分轧制工艺，四切分、三切分、二切分普遍采用，部分生产线可以实现五切分。同时随着国家和企业对节能减排的重视，为适应高强钢筋的生产，采用多种手段提高产品的控制轧制和控制冷却能力，通过采用细晶强化、相变强化等多种强化机制提高产品强度。该类生产线广泛采用钢坯热送热装工艺，提高钢坯热装温度，降低加热能耗。

以首钢高强度机械制造用钢生产线为代表的高强度机械制造用钢生产线，此类生产线产品以机械加工用圆钢为主，产品品种主要有合金钢、齿轮钢、轴承钢、锚链钢、工具钢等，该类产品对产品表面质量和力学性能要求都很高。由于在钢坯尺寸和质量、加热制度、变形制度和轧后处理上都有很高要求，一般都要采用轧制能力大的高刚度轧机和减定径机组等，并采用多段控冷工艺，并针对不同钢种，可以实现快冷或缓冷等不同工艺。另外还需根据产品要求配置相应的坯料和成品处理设施。

以首黔不锈钢棒材生产线为代表的不锈钢棒材生产线，产品主要以不锈钢圆钢为主，轧制工艺与不锈钢线材生产线类似，在轧后同样需要进行产品的固溶和酸洗等处理。

2.1.3　大规格棒材

大棒材生产线产品规格范围为ϕ80～300mm，我公司设计的贵钢大棒材生产车间主要以大规格机械加工用圆钢和管坯钢为主，产品品种主要有合金结构钢、齿轮钢、轴承钢、模具钢、优质碳素结构钢、管坯钢等。一般采用开坯机加连轧机的半连续布置形式，在轧制过程中设有表面清理，在轧后设有成品缓冷和表面修磨。

我公司针对生产线的技术特点的不同，形成了具有针对性的完备的技术方案，可以根据用户要求的不同，快捷准确的实现产品功能的最优化和经济效益的最大化。

2.2 首钢国际线棒材设计的技术优势

2.2.1 全面的工艺设计能力

首钢国际工程公司从 20 世纪 80 年代就开始从事线棒材生产线的设计工作，具备复二重生产线设计、复二重生产线改造、横列式改半连续、半连续改全连续、全连续棒材生产线、全连续准高线、全连续高速线材生产线、双线布置、四线布置、线棒材复合生产线的设计经验，基本涵盖了线棒材生产线的所有工艺形式，与国内同类设计单位相比，在线棒材生产工艺制度的选择方面具有更加丰富的理解和经验，可以根据用户不同的要求，采用各种不同的布置形式，满足用户不同的产品、投资、场地、产量等方面的要求。另外从设备方面来讲，具有独立完成高速线材和棒材生产线全线工艺、机械、电气及自动化系统设计的优势，处于国内领先水平。

2.2.2 全面的设备设计和供货能力

2.2.2.1 加热炉

首钢国际工程公司具备独立的线棒材加热炉设计能力，形式涵盖推钢式加热炉、步进梁式加热炉、步进底式加热炉、步进梁底复合式加热炉等；燃烧方式涵盖常规烧嘴燃烧和蓄热式燃烧。目前已完成楚雄、西昌、长治、水钢、承钢、宣钢、贵钢等多条线棒材加热炉的设计和总承包工作。

2.2.2.2 轧线设备

拥有热送热装设备（热送辊道、横移提升装置、热坯下料装置、钢坯转盘等）、上料设备、入炉设备、出炉设备的设计和供货能力。

拥有 600、550、500、450、400、350、320、300 全系列闭口牌坊轧机的设计和设备供货能力。

拥有 700、600、550、500、450、400、350、320、300 全系列高刚度短应力线轧机及合金钢用高刚度短应力线轧机的设计和设备供货能力。

拥有大棒材 1000mm 开坯机及机前机后设备的设计能力。

具备首钢国际改进型高速线材顶交无扭精轧机组及其配套的夹送辊、吐丝机的设计和供货能力。保证速度达到 95m/s，振动值小于 2mm/s，处于国内领先水平。

拥有线棒材用回转式飞剪的设计和供货能力。

拥有除自动打捆机外的线高线散卷冷却线、棒材冷床、集卷站、大棒材冷床、收集台架等所有线棒材精整收集设备的设计和供货能力。

拥有线棒材全线液压润滑设备的设计和供货能力。

目前已实现长治棒材、水钢线棒材、长治双高线、贵钢高线等多个线棒材项目的全线机械、流体设备的设计和供货。

2.2.3 配套公辅设施的设计能力

首钢国际工程公司配备有总图室、电气室、土建室、动力室等相关专业，可以独立完成整个车间的规划、科研、初步设计和施工图设计工作。

2.2.4 丰富的设计经验

首钢国际在线棒材生产线设计上具有极为丰富的经验，我公司从成立之初就参与了首钢多套棒线材车间的设计改造等工作。从 20 世纪 80 年代首钢二线材引进二手设备建设双线高线车间开始，我公司就致力于线棒材生产线装备的设计和研发工作，二十多年来始终注重经验的积累和先进工艺的开发，在线棒材设计中始终具有相当的竞争力；是首钢 1996 年获得“线棒材生产线的开发与创新”国家科技进步一等奖的重要参加单位。

2.2.5 可靠的技术依托

由于首钢国际工程公司与首钢的特殊关系，相对于其他的设计公司，首钢国际工程公司有首钢的生产车间作为试验平台，有首钢技术研究院为技术依托，我们在生产实践经验和生产工艺的研究上具有得天独厚的优势，从而使设计更贴近于实际生产的需要。并可为用户提供规划、设计、制造、施工、培训、试车、达产一条龙的技术服务。

2.2.6 持续不断的总结和创新

为了保持首钢国际工程公司在线棒材设计方面的优势，首钢国际工程公司在保证线棒材工程设计工作的同时，始终不停致力于线棒材设计能力的提升。

对我公司多年来的设计进行了归纳总结，完成了棒线材产品生产工艺技术研究的课题报告，为线棒材设计人员的工作提供了参考。

先后完成了高刚度短应力线轧机、合金钢用高刚度短应力线轧机的开发和设备成套供货工作，完成了合金钢线棒材用回转式飞剪的开发和设备供货工作，完善了首钢国际工程公司线棒材设备的设计和供货能力，目前已实现六条线棒材生产线的全线设备供货。

与哈飞和北工大等知名企业和院校合作，进行高线设备的完善升级，使我公司供货的高线设备轧制速度和运行稳定性都得到了极大的提高。

借助首黔不锈钢线棒材生产线规划的契机，完成了不锈钢线棒材生产轧制工艺及设备的研发工作，掌握了不锈钢线棒材设计技术。

持续不断的创新，使首钢国际工程公司能够时刻紧随线棒材行业发展的步伐稳步前进。

2.3 首钢国际线棒材工程典型业绩

在首钢国际工程公司从事线棒材设计的几十年中，每个不同时期的不同工程都在那个时代对生产厂、线棒材行业产生了重要的历史影响，如我国第一条全连续小型材生产线——首钢300小型生产线；国内最高产的线材车间也是唯一一条四线高线轧机——首钢三线材厂；我国唯一一条年产量突破70万吨的国产高线轧机——宣钢高线。在此我们选取几个典型的业绩进行介绍，以便我们能够记住过去的辉煌，并鞭策我们不断进取。

2.3.1 宣化钢铁公司高速线材工程

宣化钢铁公司高速线材工程于2000年3月投产，是首钢国际工程公司总承包新建的第一条具备摩根五代轧机水平的高速线材生产线，该生产线的投产也标志着首钢国际工程公司完全掌握了国产顶交重载无扭高速线材轧机的设计和制造技术，使首钢国际工程公司的高速线材设计取得了重大突破。

2.3.1.1 主要产品及建设规模

本线材车间设计规模为年产35万吨的高速无扭热轧盘条。

主要钢种有：普碳钢、优质碳素钢、低合金钢等。

产品：ϕ5.5～16mm线材。

卷重：1500kg。

原料：150mm×150mm×9000mm连铸坯。

2.3.1.2 主要设备组成

全线采用28架轧机，粗轧机组6架（ϕ560mm×3+ϕ450mm×3）、中轧机组8架（ϕ450mm×3+ϕ350mm×5）均为平-立交替布置的闭口式二辊轧机，直流电机单独传动；预精轧机4架（ϕ285mm×4）为平-立交替布置的紧凑式悬臂轧机，由直流电机单独传动；精轧机10架（ϕ228mm×5＋ϕ170mm×5）为45°顶交型轧机，由一台交流电机集体传动。主要辅助设备包括：上料台架、入炉辊道、出炉辊道、加热炉、1号飞剪、2号飞剪、3号飞剪、精轧前水冷线、精轧后水冷线、夹送辊、吐丝机、散卷冷却线、集卷站、PF线、自动打捆机、简易打捆机、卸卷站、液压润滑设备等。

2.3.1.3 技术装备水平

采用侧进侧出步进梁式加热炉，用工业微机和PLC构成控制系统，具有生产操作灵活、钢坯加热均匀、氧化烧损少和节能等优点。

全轧线采用连续无扭轧制，避免了轧件在轧制过程中的扭转，可有效地减少成品线材的表面缺陷。

粗中轧机选用焊接牌坊的闭口式机型，该轧机刚性好，质量轻，不需备用机架，外形美观。轧机为平立交替布置，实现全线无扭轧制。

预精轧机采用悬臂轧机，轧机刚性大，利于控制轧件的尺寸精度，可提高成品线材的精度。

精轧机采用国产顶交45°轧机，该轧机是首钢国际工程公司在充分消化了摩根型精轧机的基础上，吸收了大量的生产经验，自行开发的高线精轧机组，其主要部件均已经过了生产的实践检验，具有很高的可靠性。该轧机最高设计速度为113m/s，保证速度85m/s，是当时国内高线轧机的最高保证速度。该轧机具有质量轻、震动小、操作方便等优点，已达到了进口轧机的水平。

采用大风量强冷延迟型散卷冷却运输线，带有可开闭的隔热保温罩，实现了产品的在线热处理，并采用了多跌落段以消除线圈间搭接热点的措施，提高了线材性能的均匀性。

在润滑系统中采用油箱油液沉淀技术，极大提高了泵吸油液的清洁度；采用一级过滤器，一次性滤芯，使用时间可达3个月以上；采用远控调压技术，保证系统供油压力稳定；系统供油采用自动排气技术，消除油液中残存气体时对油膜强度的影响。

2.3.1.4 项目评价

该项目投产后，最高年产量曾突破70万吨，是我国唯一一条年产量突破70万吨的国产高线轧机，始终被业内视为普碳钢生产线的杰出代表，首钢国际工程公司的设计也经受住了考验，赢得了良好的声誉。

该项目使用的高线精轧机是首钢国际工程公司吸收了大量的生产实际经验，并借鉴了摩根五代轧机的先进技术，自行开发的新型高线精轧机组，已经过生产实践的检验，具有很高的可靠性。该轧机最高设计速度为113.26m/s，保证速度85m/s（轧制ϕ5.5～6.5mm）。该轧机具有质量轻、震动小、操作方便等优点。“高线轧机关键设备国产化集成与创新”获得冶金行业部级二等奖。

2.3.2 首钢高强度机械制造用钢生产线

2.3.2.1 主要产品及建设规模

首钢高强度机械制造用钢生产线是首钢产品结构调整，提升产品档次的重要工程，于2005年9月投产。是首钢国际工程公司与意大利POMINI公司合作设计的精品棒材项目，关键技术和设备从POMINI引进。

车间产能为年产50万吨合金棒材，主要产品定位为高附加值圆钢产品，产品分为两种，第一种为ϕ14~80mm热轧直条圆钢，第二种ϕ14~50mm热轧盘卷圆钢。品种构成为：优质、低合金等优质圆钢占56.6%。轴承钢、齿轮钢等合金钢占43.4%。钢种包括：优质碳素结构钢（15~65号）；冷镦钢（ML08~ML45）；标件钢（BL2、BL3）；矿用钢（25MnV）；齿轮钢（20CrMo~40CrMo、20CrMnTi）；轴承钢（GCr15、GCr15SiMn）；弹簧钢（60Si2Mn）锚链钢；抽油杆钢；易切削钢等合金结构钢。

钢坯规格：尺寸：160mm×160mm×10000mm，质量：1.96t；尺寸：200mm×200mm×10000mm，质量：3.06t。

2.3.2.2 主要设备组成

全线轧机共20架，全部为高刚度短应力线轧机，并呈平-立交替布置。全线轧机分为粗轧机组8架（ϕ710mm×6+535mm×2）、中轧机组4架（ϕ535mm×4）、精轧机组8架（ϕ440mm×4+370mm×4）。轧机均为直流电动机单独传动。

主要辅助设备有上料台架、入炉辊道、加热炉、出炉保温辊道、高压水除鳞、脱头辊道、替换辊道、1号飞剪、2号飞剪、夹送辊、3号飞剪、4号飞剪、固定冷剪、冷锯、冷床上料系统、冷床本体、直条生产线打捆机、大盘圆卷取机、大盘圆全自动打捆机。

2.3.2.3 技术装备特点

（1）采用180mm×180mm和200mm×200mm大断面连铸坯，此大规格坯料用于热连轧，在同行业中屈指可数，能够保证坯料压缩比达到工艺要求，从而使成品组织致密、缺陷减少，性能更为优越。10m长的坯料以提高直条产品的成材率和大盘圆的盘重。

（2）先进的炉子自动化系统可大大提高坯料加热质量：开轧温度的偏差为±15℃、同根钢坯沿长度方向的温度差和钢坯断面温度差均不大于±20℃；配置汽化冷却系统和燃烧自动化控制系统，实现热能和坯料的低消耗，吨钢燃耗不大于1.30GJ，烧损不大于0.8%；分成两段的炉底步进机构，为满足不同钢种的加热工艺制度要求提供了灵活的手段。

（3）加热炉出钢口设置高压水除鳞装置，在钢坯进入轧机前将坯料表面的氧化铁皮清除干净，以提高成品钢材的表面质量。

（4）平立交替布置的20架高刚度短应力线轧机，在减少轧机弹性变形的同时实现无扭轧制，降低轧制故障的几率并减少表面划伤，钢材表面质量可保证高强度标准件用钢顶锻试验压缩至1/3时，表面状态良好。

（5）精轧机组17~20号轧机采用两档可选速比减速机，以便使更多的产品规格实现控温轧制，同时改善生产大规格产品时轧机主电机的运行条件。

（6）在轧机速度自动化控制系统中，使用了意大利ANSALDO公司先进的AMS系统，对精、中轧机实行微张力控制，对精轧机则全部通过活套完成无张力控制，使钢材产品的尺寸精度高于GB702标准中的1组精度、达到1/2DIN（部分产品1/3DIN）的要求。

（7）在12号轧机与13号轧机之间、16号与17号轧机之间及20号轧机之后，分别配置了三组冷却段，采用POMINI公司的PCS热机轧制在线温度闭环自动控制系统，可对ϕ14~48mm范围内的全部规格，按照不同的钢种要求实施热机轧制或低温轧制，确保成品材获得最佳的内部组织和良好的力学性能。

（8）当大盘圆生产线生产ϕ30mm以上规格时，在钢材进入卷取机前设有夹送辊式预弯机，既可使钢材顺利进入卷取机，又可保证卷取过程中不损伤钢材表面。

（9）在两台大盘圆卷取机后，依次布置了强制风冷段和缓冷段，可针对不同的钢种，采用不同的冷却工艺，改善钢材性能、确保产品质量。

（10）轧机主线自动化系统除一级控制功能外，还附带轧制跟踪、轧辊管理、设备维护管理和生产报表管理等二级管理功能。

2.3.2.4 项目评价

首钢高强度机械用钢生产线采用先进技术和工艺，不仅给产品带来了高质量的表面质量和尺寸精度，同时也带来了高质量的内部组织。满足不同用户对产品的实物质量要求。首钢高强度机械用钢生产线投产以后，优化了首钢棒材的产品结构，极大地提高了首钢线棒材产品的产品档次。同时，与POMINI公司的合作，也提高了首钢国际工程公司在优特钢棒材生产线的设计能力，为后来宝业精品棒材和贵钢精品棒材的设计创造了良好的基础。

2.3.3 首钢第一线材厂精品高速线材车间

首钢第一线材厂精品高线车间是首钢优化产品结构，提升线材产品档次的重要项目，该项目由北京首钢国际工程技术有限公司负责设计并总承包，2004 年 12 月动工，2005 年 11 月试生产，2006 年已超过设计能力，主轧制线工艺设备除精轧机主电机传动控制和自动打捆机由国外引进外，全部由国内制造。

2.3.3.1 主要产品及设计规模

该高速线材车间设计规模为年产 40 万吨的高速无扭热轧盘条。

产品规格：ϕ5.5 ~ 20.0mm 盘圆。

主要钢种：

优质碳素钢：钢帘线钢，代表钢号 B70Lx、77Lx；
轮胎钢丝，代表钢号 SWRH72AB；
预应力钢丝、钢绞线 SWRH82AB；
优质钢丝绳用钢 SWRH72AB。

冷镦钢：优质冷镦钢，代表钢号 SWRCHB823；
一般冷镦钢，代表钢号 SWRCH6-22A。

弹簧钢：汽车用途：SUS9-13；
一般用途：SUS3-7。

坯料种类：连铸坯。

规格：160mm × 160mm × 12000mm；质量：2350kg。

2.3.3.2 主要设备组成

根据钢坯规格及产品方案，全线选用 28 架轧机。其中粗轧机组为 6 架（ϕ600mm × 5+ϕ450mm × 1）、中轧机组 6 架（ϕ450mm × 3+ϕ350mm × 3），粗中轧机均为闭口式二辊轧机，呈平-立交替布置，均由直流电机单独传动；预精轧机为 6 架（ϕ350mm × 2+ϕ285mm × 4），ϕ350mm 轧机为闭口式二辊轧机，ϕ285mm 轧机为平-立交替布置的紧凑式悬臂轧机，均由直流电机单独传动；精轧机组为 10 架 45°顶交型轧机，辊环尺寸为ϕ230mm × 5+ϕ170mm × 5，由一台交流电机传动。

主要辅助设备包括：上料台架、加热炉、高压水除鳞、出炉辊道、脱头保温辊道、1 号飞剪、2 号飞剪、活套、精轧前水冷段、3 号飞剪及碎断剪、精轧后水冷段、夹送辊吐丝机、散卷冷却线、集卷站、P&F 线、自动打捆机、卸卷站、液压润滑设备等。

2.3.3.3 技术装备特点

（1）采用大断面连铸坯：本车间选用 160mm × 160mm 的连铸方坯，坯料断面尺寸大，利于连铸坯的浇注，保证了线材生产的原料质量，同时加大了成品卷重，提高了线材生产及后续加工的成材率。

（2）钢坯出炉后快速通过高压水除鳞装置（通过速度 1m/s），既达到了除鳞的目的，又降低了除鳞引起的钢坯温降。

（3）采用脱头轧制工艺：在 4 号粗轧机和 5 号粗轧机间设置了脱头辊道，实现脱头轧制。解决了大断面方坯生产小规格产品时 1 号轧机咬入速度过低的问题。在保温辊道上设有隔热保温罩，减小温降，均衡内外部温度，同时可以减小头尾温差。

（4）采用新型穿水冷却技术。

1）轧线设有两段水冷，精轧机前水冷段长度约 35m，设有两个水箱；精轧后水冷段长度约 65m，共设有五个水箱，每个水箱间都设有恢复段，实现轧件表面和芯部温度的均匀化。

2）水箱内设置了具有国际领先水平的环形喷嘴，对轧件进行均匀冷却，每个水箱的冷却能力最大可以达到 100℃。根据产品品种和规格的不同，将轧件进入精轧机的温度控制在 850 ~ 950℃之间，吐丝温度控制在 800 ~ 1000℃之间，实现品种钢的控温轧制。

3）各水冷箱冷却水的流量根据轧制规程，可以实现自动调节，保证轧制工艺的稳定性和准确性，利于实现品种钢的控制轧制和控制冷却，从而达到节约能源、改善金相组织和提高产品质量的目的。

（5）延迟型散卷冷却运输线总长约 110m，设有 12 台大风量风机，保温段长约 80m，这种布置可以满足绝大部分品种钢的冷却要求。

1）110m 的冷却线长度和 80m 长的保温罩布置，配合较低的辊道速度，在生产合金焊线等低碳钢时，可使其均匀缓慢冷却，达到软化产品，提高拉拔性能的效果；

2）冷却风机为分组布置，在相变区配置了多台大风量（180000m^3/h）变频风机，配合较高的辊道速度，在生产高碳钢、弹簧钢等钢种时，使其快速冷却，达到提高产品强度、拉拔性和韧性的效果；

3）全线设置了 6 个跌落段，可在冷却过程中消除线圈搭接热点，提高产品的通条性能均匀性和同圈性能均匀性。

2.3.3.4 项目评价

同期国内国产高速线材生产线产品基本以普碳钢为主，品种钢生产大部分集中于国外引进的生产线。首钢一线材二车间生产线立足于首钢的技术优势、产品开发优势和设计院的设计优势，利用国内成熟的设备和技术，在一年多的时间内，建设了一条国产化的精品线材生产线（个别设备引进）。生产线自 2005 年 11 月投产以来，年产量已突破 50 万吨，其中 80%以上产品为高品质帘线钢、冷镦钢、弹簧钢、合金焊线等高附加值产品，产品质量已经达到了国内领先水平，不仅扩大了首钢线材产品的规模，而且提升了首钢线材产品的质量，可以说一线材二车间高线开创了国产高线生产品种钢的先河。而且由于其建设周期短、投资省、见效快的特点，也为国产高线设备生产高级品种钢线材积累了宝贵的经验，为促进高线装备的国产化做出了重要的贡献。

2.3.4　水钢线棒材

由首钢国际工程公司设计并总承包的首钢水钢线棒材生产线工程包括一条年产 50 万吨高速线材生产线和一条年产 100 万吨棒材生产线，两条生产线建设在同一个车间内，该工程于 2011 年 6 月投产。

2.3.4.1　生产规模及产品

高速线材生产线：

年产量：50 万吨；

产品规格：ϕ5.5～20.0mm 盘圆、ϕ6.0～16.0mm 盘螺；

主要钢种：碳素结构钢、优质碳素结构钢、冷镦钢、弹簧钢、焊条钢等；

盘卷参数：内径ϕ850mm，外径ϕ1250mm；

坯料规格：150mm×150mm×12000mm，质量：2067kg。

棒材生产线：

年产量：100 万吨；

产品规格：ϕ12～40mm 的热轧螺纹钢筋、ϕ14～40mm 的热轧直条圆钢；

主要钢种：普通碳素结构钢、优质碳素结构钢、低合金钢、合金结构钢、冷镦钢等；

捆重：约 3000kg；

坯料规格：150mm×150mm×12000mm，质量：2067kg。

2.3.4.2　主要设备组成

水钢高线全线共 28 架轧机，粗轧机组 6 架（ϕ550mm×3+ϕ450mm×3）、中轧机组 6 架（ϕ450mm×3+ϕ350mm×3），预精轧机组 6 架（ϕ350mm×2+ϕ285mm×4），其中 1～14 号轧机均选用高刚度、短应力线轧机。15～18 号ϕ285mm 轧机选用平立交替布置的悬臂辊环轧机。精轧机组 10 架（ϕ230mm×5+ϕ170mm×5），采用顶交重载无扭高速精轧机，由一台交流变频电动机集中传动。

主要辅助设备包括：热送辊道、摆动辊道、横移提升装置、冷坯上料台架、加热炉、入炉辊道、出炉辊道、高压水除鳞装置、1 号飞剪、2 号飞剪、3 号飞剪及碎断剪、精轧前穿水装置、精轧后穿水装置、光学测径仪、夹送辊、吐丝机、散卷冷却线、集卷站、PF 线、自动打捆机、卸卷站和液压润滑设备等。

水钢棒材全线共 19 架轧机，粗轧机组 6 架（ϕ550mm×3+ϕ450mm×3）、中轧机组 6 架（ϕ450mm×4+ϕ350mm×2），精轧机 7 架（ϕ350mm×7）均选用高刚度、短应力线轧机。轧机均为直流电机单独传动。轧机布置形式为平立交替布置，其中 K_1、K_3、K_5 为平立转换轧机。

主要辅助设备包括：热送辊道、横移提升装置、冷坯上料台架、加热炉、入炉辊道、出炉辊道、1 号飞剪、2 号飞剪、3 号飞剪、穿水冷却装置（1 号预穿水、2 号穿水）、冷床上料系统、冷床、冷飞剪、自动打捆机、精整收集台架、液压润滑设备等。

2.3.4.3　技术装备特点

（1）两条生产线集中布置。由于水钢线棒材的布置场地相当紧张，在设计时采用了两条生产线布置在同一个主厂房内的方案。两条生产线的原料跨、加热炉跨、轧辊加工间、旋流井均为共用，水系统集中布置，有效地节省了占地面积，起重机、轧辊车床等通用设备均为共用，减少了投资。

同时，为了保证生产的灵活性，保证其中一条线检修时不影响另一条生产线的生产，两条线的主轧线分别布置在两个跨内，两条线的主电室和水处理设施（包括联合泵站和平流沉淀池）等设施集中布置，但单独成系统，可以分别保证两条线的生产。

（2）采用连铸坯弧形辊道热送热装工艺。水钢线棒材生产线邻近水钢二炼钢厂，具备了热送热装条件。但由于场地限制，炼钢的出坯线和轧钢的主轧线成一定角度（123°），而且出坯线和主轧线存在 5m 的高差，为热送热装增加了困难。

经过该工程设计人员的仔细研究，进行了多方案的对比，最终确定了弧形辊道输送加提升机提升的方案以实现热送热装。

1）辊道输送速度最高可以达到 1.5m/s，实际生产速度 1m/s，钢坯在运行过程中对中非常准确，完全不会碰到两侧挡板。

2）热送辊道总长接近 100mm，钢坯从下连铸机到进入加热炉总的周期最快为 3min，完全可以满足棒线材满负荷生产的节奏。

3）在生产正常的情况下，热送热装率可以达到 95%以上。

4）由于输送时间短，有效地降低了钢坯在输送过程中的温降，钢坯入炉表面温度最高可以达到 750℃。按照入炉温度每提高 100℃，加热炉燃耗降低　5%计算，相对于常温钢坯，加热炉燃耗可以降低 30%～40%，加热炉实际能耗低至 0.7GJ/t 钢。

两条生产线钢坯规格为 150mm×150mm×

12000mm，采用弧形输送辊道输送如此长度的钢坯，属于国内首创。

（3）控制轧制控制冷却工艺。水钢线棒材生产线采用了控制轧制控制冷却的工艺，达到减少脱碳，控制晶粒尺寸，控制显微组织与性能，控制氧化铁皮，简约或取消热处理的效果。

1）高速线材生产线控制轧制控制冷却。高速线材生产线的冷却方法采用水冷+散卷冷却的方式，实现了产品的控制轧制控制冷却。

2）棒材生产线控制轧制控制冷却。棒材生产采用余热淬火加芯部回火处理工艺，通过微合金强化和细晶强化机理提高产品的强度和韧性，中轧机组后设预水冷装置，用于控制精轧温度，从而细化晶粒，实现控制轧制工艺。精轧机组后设穿水冷却装置，实现轧后余热淬火加芯部回火处理工艺，从而使棒材成品具有高屈服强度和高延展性，经在线热处理后的钢筋屈服强度可提高 150～230MPa，从而为生产 HRB400、HRB500 螺纹钢筋提供必要的技术保证。

（4）线棒材粗中轧机选用规格相同高刚度短应力线轧机。高速线材的 1～14 号粗中轧机和棒材的 1～19 号轧机均选用高刚度短应力线轧机，具有应力线短，弹跳小，机架更换方便，作业率高的特点。

两条线均选用ϕ550mm、ϕ450mm 和ϕ350mm 三种规格的轧机，轧机的机芯、轧辊、换辊装置、机架翻转装置可以共用，节约了备件，降低了运行成本。

（5）加热炉自动排渣工艺。在炉头出料端悬臂辊道下方设置一组出渣系统，钢坯在出料悬臂辊道上出炉过程中掉落的氧化铁皮自动掉入排渣管内，再汇集到渣槽内，用浊环水直接冲入轧线主渣沟内，进入旋流井，统一处理。

相对于传统的人工出渣方式，自动排渣工艺，将所有氧化铁皮都在旋流井处统一处理，既节省了工人的劳动强度，又便于统一管理。

（6）首钢国际改进型高速线材无扭精轧机。高速线材精轧机采用经过首钢国际改进的国产顶交45°高速无扭精轧机，其主要部件均已经过了生产的实践检验，具有很高的可靠性。该轧机保证速度 90m/s（ϕ5.5～7.0mm）。具有质量轻、震动小、操作方便等优点，其润滑系统已达到了国内先进水平。

在试生产阶段，ϕ6.5mm 产品生产规格就达到了 90m/s，而且设备运行非常平稳，振动值 < 4mm/s，完全符合设计要求，相对于国内大部分高速线材精轧机 85～87m/s 的运行速度，该轧机已处于国内领先水平。

2.3.4.4　项目评价

首钢水钢线棒材生产线采用了多项新工艺新装备，在实际生产中也体现出设备运行稳定、技术经济指标先进、运行成本低、产品质量优的特点，创造了良好的经济效益和社会效益，使水钢在西南市场的产品经营范围及占有率方面都得到了极大的提高，增加了水钢的经济效益，拉动了地方经济的发展。同时该项目荣获了全国冶金行业优秀工程设计二等奖，并荣获优秀总承包项目一等奖，得到了业内的肯定。

3　未来的主要工作和目标

3.1　把握线棒材生产发展的趋势

随着中国经济发展水平的进步和矿产资源的日益紧张，下游行业对线棒材产品也提出了更高的要求。

3.1.1　高速线材

我国目前线材产量位居世界第一，但高级别的钢帘线、钢绞线、弹簧钢丝、冷镦钢丝用线材尚需进口，在我国目前线材行业已发展到一定水平的基础上，努力提高这些产品的质量，将是高线发展的主要趋势。

（1）在提高目前线材产品质量水平的基础上，增加斜拉桥和悬索用材料及 2000MPa PC 钢绞线用材料的稳定性和供应能力。开发超高强度级别的钢帘线、钢绞线、紧固件用线材。

（2）提高产品的通条性和稳定性。

（3）开发高应力弹簧钢丝用线材。

（4）发展非调质冷镦钢，通过采用微合金化、控制轧制、控制冷却等强韧化方法，替代生产过程中原有的退火、淬火、回火的调质过程。

（5）发展免退火与简化退火冷镦钢线材。

3.1.2　棒材（含螺纹钢筋）

（1）采用控轧控冷工艺，降低合金添加量，降低生产成本。

（2）全面高强钢筋，逐步减少、淘汰 HRB335，推广应用 500MPa 钢筋，将细晶粒钢筋、余热处理钢筋、冷加工钢筋作为混凝土结构用钢的有利补充。

（3）发展高强预应力钢材。

（4）努力开发研讨 600MPa 及以上强度等级钢筋的应用。

（5）发展抗震钢筋。

（6）发展耐腐蚀钢筋。

（7）对钢坯和成品进行探伤和修磨，提高产品表面质量。

3.2 掌握线棒材设计的新工艺、新装备

目前，国际国内广泛采用、正在推广（包括即将推广）的线棒材生产新工艺、新装备包括：

（1）热送热装工艺。

（2）部分品种采用大规格连铸坯轧制技术，提高产品质量。

（3）低温轧制工艺。

（4）微合金化、晶粒细化与控轧控冷工艺技术。

（5）热机械轧制工艺。

（6）轧后在线热处理工艺。

（7）线棒材精密轧机轧制。

（8）在线测径及涡流探伤。

（9）高速飞剪在线切头尾。

（10）轧线设备在线监测技术。

3.3 紧抓节能、减排，降低环境污染的原则

国务院2012年8月专门下发了节能减排“十二五”规划的通知，通知中提出优化产业结构，抑制高能耗、高排放行业过快增长，特别提出优化钢铁等重点行业空间布局，坚持高标准，降低污染。意味着国家对钢铁行业节能减排的标准日益提高。

因此，在线棒材设计中，节能、减排，降低环境污染应始终贯穿设计工作的始终。对此，首钢国际工程公司在设计中采用多项工艺保证这一目标的实现：

（1）尽量采用热送热装，降低燃料消耗；

（2）尽量采用低温轧制工艺，降低加热能耗；

（3）优化物料流程，降低原料、成品、材料运输成本；

（4）精细设计，降低水、压缩空气、电力等能源介质的消耗；

（5）采用多种措施，加强水、蒸汽、燃气、废气等介质的循环利用，降低排放，减少环境污染；

（6）通过设置消声器、除尘装置等治理措施，降低噪声、粉尘对环境的污染。

3.4 紧盯上下游行业动向，业务适当延伸

为了做好线棒材行业设计，必须时刻掌握上下游行业的发展形式，了解上游行业技术的发展对线棒材产品的影响，了解下游行业对线棒材产品的新要求，才能保证设计出来的生产线生产的产品抓住市场。

随着社会的发展，机械加工和金属制品在线棒材行业产品中的使用范围会越来越广泛，首钢国际工程公司一方面要关注此部分市场的变化，同时也可以将设计范围向制品行业或为制品行业服务的行业扩展，主要可以从以下几方面入手：

（1）配备在线热处理设备，为下游行业提供免退火材，采用在线余热退火，既有利于降低加工成本，又可以提高线材产品的附加值；

（2）拓展金属制品行业设计业务，如预应力钢绞线、钢帘线大规模连续生产机组设计；

（3）拓展不锈钢酸洗、加工生产线设计业务。

4 结语

首钢国际工程公司的线棒材设计始终处于国内的领先水平，在国内线棒材设计行业中具有一席之地。我们有经验、有业绩、有决心、有魄力，大浪淘沙，只要我们始终坚持不断优化、挖潜、提升，一定能在激烈的市场竞争中赢得自己的地位，开创美好的未来。

首钢国际工程公司中厚板轧钢技术历史回顾、现状与展望

王丙丽

(北京首钢国际工程技术有限公司，北京 100043)

摘　要：本文从中厚板轧机的发展及我公司在中厚板领域的工程实践及技术发展两个方面回顾了我公司中厚板轧钢技术的历史。

关键词：中厚板；轧钢技术；回顾；展望

The History Review, Present and Future of BSIET Middle and Heavy Plate Rolling Technology

Wang Bingli

(Beijing Shougang International Engineering Technology Co., Ltd., Beijing 100043)

Abstract: This article introduced the development history of middle and heavy plate mill of our company in two aspects which is the plate mill development history and the engineering practice of our company with the technology development.

Key words: middle and heavy plate; steel rolling technology; reviewing; looking forward to the future

1　引言

中厚板是船舶、桥梁、容器、锅炉、建筑、海洋构件、机械制造、管线钢等的主要原料，品种繁多、性能各异、安全性。可靠性及质量要求高，应用范围广，无论在经济建设还是国防建设中都离不开中厚板。因而世界各国都把中厚板的品种、质量作为衡量一个国家钢铁工业综合水平的尺度。

2　中厚板生产技术的变迁

全球中厚板生产至今已有 200 多年的历史：18 世纪初，西欧已在二辊周期式薄板轧机上生产出小块中板，1850 年前后采用蒸汽机传动二辊可逆式轧机；1864 年美国创建了世界上第一台三辊劳特式中板轧机；1891 年美国钢铁公司投产了世界上第一台四辊可逆式厚板轧机；为了满足军舰用优质厚板的需要，1918 年美国建设了一台世界上最大的 5230mm 四辊式厚板轧机；之后，德国、前苏联、日本相继建成了 5000mm 级宽厚板轧机，这些 5m 以上宽厚板轧机主要是为军工服务；到二次大战期间，世界上拥有中厚板轧机 30 多台，其中美国占 10 多台，技术上也处于当时世界领先水平。

二次大战以后尤其是 20 世纪 60 年代以后，为满足船用板和管线用板的需要，世界各地建设了一批 4500mm 左右的宽厚板轧机；70 年代开始，轧机又加大了一级，最大达到 5500mm 级。这些轧机主要是满足直径 1420mm 直缝焊管用板，宽度达 4500mm 船舰用板、宽度达 5m 左右结构用板、特长桥梁用板、大直径罐用板、单重达 30t 以上特厚板以及军工用特殊板等需要；这一时期日本连续建设了近十套 5000mm 宽厚板轧机，宽厚板生产技术比较先进，软硬件一直都处于全球领先的地位。

20 世纪后 20 年，国外中厚板生产和轧机建设已进入了一个稳定时期，新建轧机寥寥无几。全球有中厚板轧机约 200 台，其中宽厚板轧机约 90 台。

进入 21 世纪，国外中厚板生产技术发展，归纳起来有以下几个特点：

（1）新建轧机以 5000mm 级居多，这些轧机主

要用户是船舰与管线用板，大多认为 5000mm 级是经济规模最佳的机型尺寸。

（2）1997 年以来美国建成 4 套 3400mm 以上单机架炉卷轧机，称为卷轧厚板（coil plate），以生产中厚板为主，少量生产带钢，实现连铸连轧工艺，产量达 100 万吨以上，燃耗低，收得率高，吨板成本比较低，生产质量层次比较低的中板时具有一定市场竞争力。

（3）全球生产中厚板大国近年很少新建轧机，多对原有轧机进行现代化改造，淘汰掉性能不高、尺寸偏小的轧机，改造尚有保留价值的现有轧机，进一步提高其性能，且在轧机间生产品种进行分工，划定了重点产品，压缩了生产能力。

（4）日本、德国、美国、法国、英国、意大利及俄罗斯等国都致力于提高中厚板生产技术，将原料连铸化、品种高级化、价格低廉化、板厚精确化、板形准确平直化、成材率高、消耗少作为目标，将控轧控冷与板形控制工艺水平推向更佳的阶段。并大量生产出高强船板、X70 ~ X100 管线用板、海洋结构板、水力发电高强水压管用板、LNG 用 9%Ni 板及耐腐蚀桥梁板等新型钢板。

3　中厚板技术发展

3.1　原料优化

原料以连铸板坯为主，趋向于全连铸化，一般连铸比已达 95%以上，钢锭、初轧板坯、锻坯及其他原料已很少采用。

连铸板坯尺寸增大；钢质洁净，有害元素成分低；内在无夹杂、分层、内裂及白点等缺陷，且不得有大于ϕ2~5mm 缺陷存在；表面无缺陷，切割端不留毛刺，加热前将缺陷清理干净。

热装热送工艺得到普及，热装热送率达 40% ~ 70%，温度达 450℃以上，并部分采用直接轧制技术。

连铸与中厚板生产连续一体化，将炼钢、连铸及中厚板生产管理纳入一贯制。

3.2　采用步进梁式加热炉

步进梁式加热炉加热质量好，氧化少，烧损率 0.8%以下，加热灵活，适合于不同钢种的加热，炉长不受限制，也可加热薄的板坯，能配合中厚板小批量多品种的轧制，且便于空炉，单座炉子产量高，炉子座数比较少。故而新建轧机都将该炉型作为首选形式。

3.3　大轧制力、大功率、高刚度及程序自控的宽厚板轧机

全球都在发展高性能的宽厚板轧机，一般单位轧制力都在 20 kN/mm 以上，单位功率在 2kW/mm 以上，单位刚度在 2kN/mm 以上，主传动采用交流变频电动机，换工作辊时间在 8 ~ 15min 以下，换支撑辊时间在 1 ~ 2h 之内。轧机设有 HAGC 液压压下、板形控制等。

3.4　控轧控冷

中厚板轧机最适合于控轧控冷，新建高刚度与大功率的厚板轧机及机后快冷装置都是为了配合控轧控冷工艺的要求。

控冷装置有连续（progressive）与同时（simultaneous）之分，还有约束（closed）与非约束（open）之分，以计算机控制使整板冷却均匀，一般设有边部遮板，采用头尾部水量控制及钢板上下表面水量不同分配等措施，要求做到钢板头尾、边部、宽度、长度及厚度均匀冷却，并以不同冷却速度达到要求的组织与晶粒，且冷至约 500℃上下，冷后钢板平直，残余应力小。

控轧与控冷的有效结合是中厚板生产技术的一大进步，可显著改善钢板性能，降低生产成本及节约贵重合金元素；控冷还可用于轧后直接淬火工艺，取代了热处理炉生产调质钢板，大大降低了生产成本。

3.5　板形控制

中厚板板形控制是一项钢板三维立体形状的控制技术，目标是生产出尺寸偏差非常小，切头尾和切边很少，矩形、近似矩形及齐边（不切边或铣边），性能均匀的平直钢板。

除加大机架牌坊立柱断面和支撑辊直径来提高轧机刚度以外，为了减少轧辊挠度和钢板凸度，采取一些补偿与修正的措施，主要措施有：工作辊或支撑辊弯辊、阶梯辊、高精度辊型轧机（HC 轧机）、交叉轧辊轧机（PC 轧机）及连续可变凸度轧辊等。

3.6　大范围强力热矫直机

由于控轧控冷工艺的实施、品种的扩大，使轧制后钢板板形变坏，通常设置有强力矫直机，附设有倾斜辊组，液压弯辊和交叉辊以及张力矫直功能等。使矫直能力大大增强，并设有过载保护与整体换辊装置，适合了最大产能的中厚板轧机生产的要求。

3.7　超声波探伤

超声波探伤是保证中厚板内在质量最理想的手段，具有直接、连续、轻便、成本低、穿透力强及对人体无害等优点，且能准确探明钢板内部夹杂、分层、内裂、白点等细小缺陷的位置、大小与形态，

校验效率高，走行速度快，可与剪切线生产相配合。

3.8 数码信息剪切线

现代化剪切线是数码型，以板形仪测量出板的平面板形尺寸、镰刀弯大小、头尾与两侧边余量，用计算机以数码传输到自动画线机，并打上标记。

目前，一条由板形仪、画线机、切头分段剪、快速准确对正装置、双边剪、剖分剪、定尺剪、碎边及试样收集系统及标记装置等组成的现代化剪切线，已能完成年产200万吨以上钢板处理生产能力。

3.9 产品的进步

中厚板用途非常广泛，涉及国民经济各个部门，随着工业与科学技术的进步、结构件的大型化，对中厚板品种、质量及性能提出了新的更高的要求。

（1）强度普遍提高。一般来讲，σ_b为400MPa以下的为普通板，而600MPa、800 MPa及1000 MPa为高强度板，1000 MPa比400 MPa用板量可节省一半。水力发电压力水管用600 MPa板比800 MPa板费用多一倍。天然气输送管线钢已从X65、X70提高到X80，而且X100已开始批量生产，并向X120迈进。船用板强度也由 400~490MPa 升至 490~620MPa，使船身板厚减薄，船体质量减轻。

（2）耐大气腐蚀性能好。为了提高使用寿命与减少维护工作量，如铁路车辆、桥梁、铁塔及建筑方面已大量用耐大气腐蚀性能优良的钢板。在钢中增加P、Cu、Cr主要元素及Ni、Mo、Nb、Co辅助元素的耐大气腐蚀钢板寿命比碳素钢板提高数倍。通过控轧，无需经淬火回火热处理，大大缩短生产周期，降低生产成本，而且改善焊接性，无需涂层。

（3）改进焊接性能。钢结构大力推行焊接方式，因此钢板焊接性能是一项重要指标。焊接性能的提高，使焊接裂纹敏感性降低，大大提高了施工效率，降低了成本。

（4）生产异形钢板。为确保结构件所需强度，减轻钢板质量，节省钢材，减少焊缝与工时，达到结构件等强度，省去加工量，使与混凝土结合性更好，外形更美观，因而创制出许多长度、宽度及厚度方向尺寸不同的异形钢板。

目前异形钢板有圆板、锥形（taper）板、梯形（ladder）板、异厚度、异宽板、防挠（anti-deflection）板及带肋（rib）板等。

（5）成卷中厚板生产工艺。自1997年以来，美国新建成4台成卷生产中厚板的炉卷轧机，我国已经建有4台。工艺采用连铸直接轧制方式，因此，原料单重很大，只一个机架但产量很高，且燃耗特低、燃损少，成材率很高，达94%以上。

4 我公司本领域的创业发展概况

我公司中厚板设计是随首钢集团发展而进步的，首钢 20 世纪末引进了两套中厚板轧机，一套1987年建成投产，即首钢中厚板厂；另一套于1993年建成投产，即首秦板材公司中板厂。

首钢中板厂建成投产后若干年里，伴随着我国钢铁产业的发展、技术水平的提高以及市场需求变化，进行了一系列改造：先是于1988年前后，以二辊粗轧机替换掉原三辊劳特轧机，同时后部增上一台炉卷轧机，在生产中板的同时生产当时市场急需的热带产品，同时为冷轧提供原料；首钢中板厂另一次重大改造是2003年前后，本次改造经过多次论证，采用一台国产高强度3500mm宽厚板轧机替换原有两台老式轧机，同时对后部工序进行补充完善。

首钢3500mm中厚板轧机是我国第一台高强度现代化国产轧机，结合当时实际，首钢国际工程公司（当时的首钢设计院）以总承包的方式（EPC方式，即工程设计、采购和施工总承包方式）完成技术改造，集成国内外中厚板轧制先进的工艺技术、装备和自动化控制系统，参照国外工程公司成熟的先进经验，以工程项目目标控制为项目组织和管理的核心，严格做好三大目标控制（质量控制、进度控制和投资控制），同时做好合同管理和信息管理等工作，按照工程项目确定的目标，完成工程设计、设备和材料的采购、施工、试运行（开车）等方面的工作，实现工程设计、采购和施工各阶段工作合理交叉与紧密融合，并对工程项目的质量、进度、造价和安全等全面负责，努力做到科学、合理地进行工程项目的组织和管理。

我公司通过本工程，培养了一批总承包的技术人才，形成工程总包的能力，把产、学、研有机地结合在一起，为今后总包工程的实施奠定了良好、坚实的基础。

在本项目完成后，我们又承接了首秦 4300mm宽厚板轧机工程、安阳3500mm中厚板轧机工程、越南VINASHIN公司的3300mm中厚板轧机工程、普阳中厚板热处理工程以及新余2500mm中板技术改造工程等项目。

5 主要业绩回顾

5.1 首钢3500mm中板厂技术改造工程

本工程集中了国内优秀科研、设计和制造单位，在对所掌握的各项单体技术和中板厂改造的需求进行认真分析的基础上，理清了工艺技术集成、设备技术集成和计算机控制技术集成之间的关系，使轧制工艺与装备的集成工作有效结合。项目研究的主要内容和解决的关键问题有：

（1）产品大纲的研究与确定。针对目前国内外中厚板生产的工艺技术及国内市场对中厚板产品品种、尺寸精度和机械物理性能要求日益提高的情况，同时考虑到我国中厚板轧机进一步进行结构调整的情况，特别是面临中国进入 WTO 后，国内市场国际化的新情况，研究、讨论并确定了首钢 3500mm 中厚板轧机技术改造工程的产品大纲和产品的质量标准。

（2）轧制工艺、技术和装备的研究。经过研究确定，以一架性能优良的高刚度强力型轧机代替原来两架落后轧机的先进合理的总体工艺方案，利用有限的资金在提高主轧机的技术装备水平的同时，提高轧线自动化控制和控制冷却、高压水除鳞系统、冷床区、精整区以及相应配套设施等方面的技术水平。

5.2 首秦 4300mm 宽厚板工程

首秦 4300mm 宽厚板生产线是我国第二套现代化宽厚板生产线，工程采用一次规划设计、分期分步实施的设计建设方案：一期工程于 2006 年 10 月建成投产，设计规模年产各类专用宽厚板 120 万吨；二期一步工程配套完善热处理生产线，年产高质量常化、调质钢板 35 万吨，二期二步配置粗轧机及第二条剪切线，车间设计年产量达到 180 万吨。

本工程是我公司与国外优秀设计公司合作设计的典范。

主要工艺设备技术特点：

首秦 4300mm 宽厚板工程选用国际先进技术控制产品质量，产品厚度控制采用液压 AGC；板形控制采用 CVC+及弯辊、窜辊技术；产品组织、性能均匀性采用 DQ+ACC 控制冷却保证，同时配有完善热处理设施；在线配有超声波探伤保证无缺陷产品生产。

5.3 新余 2500mm 中板技术改造工程

随着我国近十年中厚板建设高潮的结束，今后我国如同国外一样，新建中厚板项目陷入低谷，对原有中厚板生产工艺、技术装备改造是下一阶段发展的重点。

新余 2500mm 中板轧机以及首钢原有中板项目的改造为我公司提供了很好的改造设计经验。

新钢中板生产线于 1978 年 10 月建成投产，当时为一架 2300mm 三辊劳特式轧机，1994 年增加一架 2500mm 四辊轧机及辅助设备；年设计生产能力 35 万吨。随着冶金行业的飞速发展，原有的生产工艺、装备水平不能满足企业发展的需要，扩建改造已成必然。

主要改造内容：

（1）加热炉：分期、分步骤以三座新的步进式加热炉取代原有三座推钢式加热炉；第一期增加一座步进式加热炉及配套设施。

（2）三辊劳特轧机：在适当的时机拆除。

（3）现有 2500mm 四辊轧机：进行强化，辊系改造，工作辊辊身加长、加粗，压下系统进行适应性改造，机前、机后辊道进行适应性改造，主传动改造，更换主电机；轧机牌坊及基础不动；兼顾满足粗、精轧机使用。

（4）增加一套高性能 3000mm 四辊精轧机及其附属设施。

（5）精轧机后新建钢板控冷装置、强力四重式热矫直机、滚盘式冷床、圆盘剪 + 滚切式定尺剪组成的剪切线一条。

（6）搬迁、改造旧有剪切线。

（7）建设热处理生产线。

（8）在现有钢坯热送线北侧及现有成品跨位置布置热处理线。

6 工程技术创新亮点

6.1 中厚板轧制工艺、技术的集成

我们在对所掌握的各项单体技术和具体工程项目需求进行认真分析的基础上，理清设备技术集成、工艺技术集成和计算机控制技术集成之间的关系，使轧制工艺与装备的集成有机结合。轧制工艺和装备集成的基本模式如图 1 所示。

6.2 老厂技术改造技术

首钢中厚板轧钢厂及新余中板厂技术改造工程的成功，为我国中厚板轧钢企业在现有比较落后的轧机基础上进行现代化技术改造树立了样板，即：充分利用现有的设备和设施，进行必要的保产措施，集成先进的工艺技术和装备，全面提高中厚板生产的技术装备水平，取得投入与产出的最佳比例，也即取得最佳的经济效益。

6.3 工程建设总承包模式

近十几年，随着大量引进国外成套设备、国外资金和国外承包商进入我国建设市场，相继带来了国际通行的项目管理和工程承包方式，也推动了我

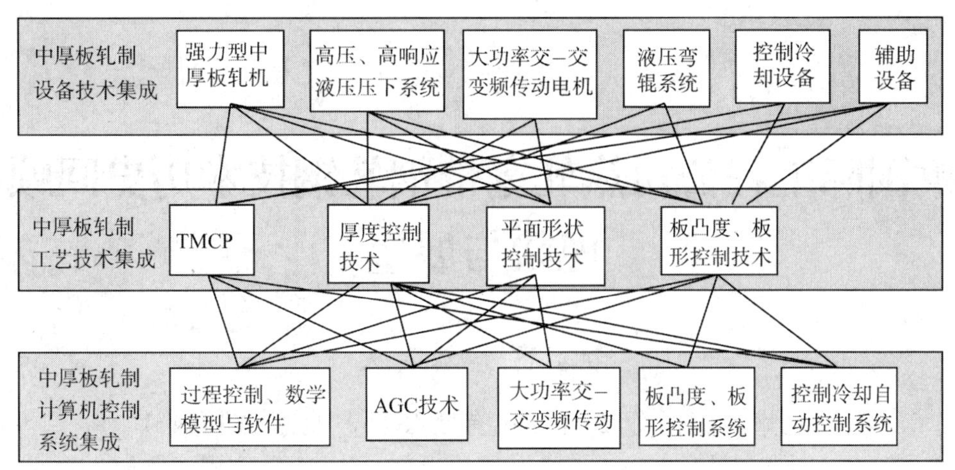

图 1　轧制工艺和装备集成的基本模式

国工程建设管理体制进入了新的发展阶段。经过多年积累，形成我公司在工程建设的总投资、工程质量、工程进度、内外关系的协调、重大安全事故等方面的处理控制经验，对于项目的策划、实施和控制全面管理，严格控制项目的立项、工程设计、设备采购、土建施工、设备安装、试车、投产和考核验收各个环节，及时纠偏，确保建设工程项目按照既定的目标进行。

首钢国际工程公司积极汲取、消化国内外先进技术；在首钢集团各厂矿的支持下，加强与科研院所和生产企业紧密合作，形成了独特的研究、开发、设计和生产操作技术优势。公司将再接再厉充分利用多年来积累的设计、生产、技术经验，充分发挥与生产操作密切结合的优越条件，将中厚板设计不断创新继续发展。

首钢国际工程公司热轧宽带钢轧钢技术历史回顾、现状与展望

李宏雷　刘宏文

(北京首钢国际工程技术有限公司，北京 100043)

摘　要：本文从热带轧机的发展历史开始，描述了首钢国际工程公司二十多年来在热轧工程中的技术发展和进步，并结合主要业绩厂的实际阐述了公司在热轧工程设计建设中的优势和竞争力。

关键词：热轧；技术；回顾；展望

The History Review, Present and Future of BSIET Hot Strip Rolling Technology

Li Honglei　Liu Hongwen

(Beijing Shougang International Engineering Technology Co., Ltd., Beijing 100043)

Abstract: With the beginning of introduce the hot strip mill development history, this article describes the hot strip mill rolling technology development and progress of our company in more than 20 years, and according to the main actual performance factory elaborated the advantage and competitiveness of our company in hot strip rolling mill design and engineering.

Key words: hot rolling; technology; reviewing; looking forward to the future

1　引言

热带轧机的产品在钢铁产品中所占比重最大，产品的品质要求高。热轧带钢生产技术在钢铁领域中也是发展最快的。尤其是近 10 年来，国内的热轧带钢生产技术及装备得到了飞速的发展。在这一发展期内我公司抓住了机遇，在这一领域内取得了一定的成绩，并在激烈的市场竞争中取得了一席之地。

2　热带轧机发展历程

自 1927 年美国 Weirton 钢厂 1372mm 热带连轧机投产以来，热带轧机历经三个发展阶段，进入了第四代的发展新时期。

第一代：1927~1960 年，主要特点是采用四辊轧机，配备合适的轴承（开始采用油膜轴承）和较好的轧机刚度成功地生产出宽薄板，满足了公差要求，同时采用发电机-电动机机组供电的控制系统，使这些轧机的速度调节具有灵活性，并使相连机架同步调节成为可能，这时期全世界共建设了约 70 套连轧机，其中 50% 在美国。主要技术特点如下：

（1）在布置形式上，50% 为全连续式，有两套为 3/4 布置，其余半连续式。

（2）板坯规格：125~220mm × 406~1880mm × 4000~6100mm；卷重：5~14t，单位卷重：4~11kg/mm；全部为初轧坯。

（3）精轧机不能升速轧制，电机容量小，直接影响了轧机出口速度，粗轧机 1 ~ 4 架、精轧机 5 ~ 6 架，精轧机最高轧制速度 10 ~ 13m/s。

（4）部分轧机采用电动 AGC，无计算机控制。

（5）产品规格：1.5 ~ 12mm × 560 ~ 1850mm。

（6）轧机年产量 100 ~ 250 万吨。

第二代：1961~1969 年，主要特点是开始使用

连铸坯，系统采用自动厚度控制技术，采用测厚仪、测宽仪，实现活套轧制和速度控制，增加电机功率，可控硅供电，实现升速轧制，提高了出口速度，改善产品质量。这一时期建设了约 48 套这类轧机。主要技术特点如下：

（1）全连续式布置 22 套，半连续式 21 套，5 套 3/4 连续式。

（2）板坯规格：160 ~ 254mm × 600~2130mm × 4100 ~ 12000mm；卷重：18 ~ 21t，单位卷重：18 ~ 22 kg/mm；50% 以上采用连铸坯。

（3）粗轧机 1 ~ 5 架，精轧机 6 ~ 7 架，精轧机最高速度达 19m/s。

（4）精轧机采用可控硅供电计算机控制，精轧机广泛采用电动 AGC 和电动活套。

（5）产品规格：1.5 ~ 20mm × 600 ~ 7090mm。

（6）轧机年产量：300 ~ 450 万吨。

第三代：1970 ~ 1978 年，随着机、电技术的发展，热带轧机在第二代轧机的基础上，向大型化、高速化方向发展，建设了一批超级型热带轧机，典型代表是新日铁君津厂的 2286mm 热带轧机，主要技术特点如下：

（1）轧机布置多数为全连续式，个别轧机采用 3/4 连续布置。

（2）板坯规格：150 ~ 300mm × 600 ~ 2200mm × 5000 ~14700mm；卷重：28 ~ 45t；全部采用连铸坯；单位卷重：28 ~ 36kg/mm。

（3）粗轧机 4 ~ 6 架，精轧机 7 架（个别预留了第 8 架），精轧最高速度 23.3 ~ 28.5m/s。

（4）轧线电动机全部采用可控硅供电计算机控制、电动 AGC、电动活套。

（5）产品规格：1.2 ~ 25.4mm × 600 ~ 2180mm。

（6）轧机年产量：480 ~ 600 万吨。

第四代：1979 年的石油危机使第三代热带轧机的发展步伐减慢，而转向建设新一代节能型轧机，围绕节能问题开发了一系列新技术，以及提高产品质量的新技术。

（1）热带轧机与连铸车间紧邻布置，实现连铸热送热装技术和直接轧制技术，一些厂家热装率达到 80% 以上，热装温度 700 ~800℃。

（2）定宽压力机技术：定宽压力机一个道次可使板坯减宽量达到 350mm，使用同一宽度的板坯可以生产多种宽度规格的成品。从而扩大了连铸机的生产能力，提高连铸坯热送热装比例，减少了板坯切头，增强热轧生产组织灵活性。

（3）低温轧制技术：传统的板坯加热温度为 1200 ~ 1250℃，低温轧制采用 1050 ~ 1100℃出炉温度，尽管提高了轧制功率，仍可取得 5% ~ 7% 的节能效果。

（4）中间坯保温技术：粗轧后的中间坯，进入精轧机轧制的过程头尾温差达 105℃左右。采用保温罩保温可使头尾温降达到 30℃，采用板卷箱技术可达到 10℃左右。避免了精轧机升速轧制带来的能耗损失，采用板卷箱技术还可以缩短轧线长度约 50m，降低了建设投资。

新一代轧机在改善产品质量方面采用的新技术有：

（1）粗轧机增设液压 AGC，提高了中间厚度精度，进而提高了成品精度。

（2）粗轧机宽度自动控制 AWC 技术和短冲程边部自动控制 SSC 技术，提高了中间坯的宽度精度和成品宽度精度，提高成材率 0.06% 左右。

（3）精轧机系统采用新型轧机，采用 CVC、PC 轧机和工作辊液压弯辊和抽动技术，提高了成品精度，改善了板形质量，减少了维修、换辊时间，提高了产量。

（4）高效层流冷却装置，增大了冷却能力，提高了卷取温度精度，保证了产品力学性能。

（5）采用液压卷取机，提高了卷取质量和产品质量。

常规热带轧机经历了半连轧—全连轧—3/4 连轧—半连轧的发展过程，到 20 世纪末，技术发展得到了回归，常规热带轧机的半连续布置又重新流行了，半连续布置体现了轧机产能高、产品覆盖范围宽、生产组织灵活等方面的优势。目前，随着设备装备水平及控制水平的发展，主轧线半连续布置中典型设备有粗轧前除鳞、定宽压力机 SSP、粗轧机 E1/R1、粗轧机 E2/R2、保温罩（或带卷箱）、飞剪、精轧前除鳞、精轧机组（包括精轧前立辊 F1E、F1~F7 精轧机）、热输出辊道及层流冷却装置、地下卷取机等。

3 首钢国际热带轧机设计发展历程

我公司在热带轧机领域起步较晚，但发展很快，目前已在国内热带轧机工厂设计及自主集成方面处于先进水平。

20 世纪 80 年代末，首钢决定在北京地区建设一套热轧带钢轧机，由我公司和美国 MESTA 公司合作进行设计。项目经过几次变化，最终定名为“首钢 2160 热带轧机工程”，技术设计于 1991 年 7 月全部完成，施工图设计由我公司下属的北京 MESTA 公司于 1993 年全部完成。在 2160 热带轧机的技术设计过程中，根据设计进度，首钢邀请国内相关的著名专家来首钢召开了三次全面的技术设计审查会，对全轧线逐台设备及相关流体系统的原理、设备结构选型等进行全面审核把关，经过多次完善、修改，达到了一流工艺、一流设备，可以生产出一流产品的要求。在当时是全国规格最大的热带轧机。到 1994 年底，共完成了引进设备 172 项，5316.022 万美元，占引进设备总价的 67.3%，完成了设备制造毛坯约 12500t，总投入约 10 亿元人民币。后因种种原因本项目没有最终实施，但却为我公司培养了一批设计人才并积累了相关设计经验。

2003 年首钢再一次启动 2160 热轧项目，决定在充分利用前一期投入的设备的基础上，进行现代化的配套完善。据此，向德国 SMS 公司，日本 MH 公司和奥钢联 VAI 公司进行询价。经过多轮技术谈判，最终与 SMS 公司签约，合同于 2004 年 10 月 26 日生效。工程设计由外商总负责，合作设计，合作制造，关键部件从国外引进。引进设备约占设备总质量的 10%，90%的设备材料国内制造和供货。我公司负责该项目的工厂设计，项目实施在首钢迁钢公司。

2006 年 12 月 26 日生产出第一个热轧钢卷，首钢人几十年的板带轧机梦想终成现实。

在迁钢 2160 热轧项目之后，我公司又先后完成了首钢京唐 2250 热轧工程、首钢迁钢 1580 热轧工程和首钢京唐 1580 热轧工程项目的设计建设，其中的两套 1580 热轧工程均采用自主集成的方式进行建设。2011 年 10 月，我公司又成功中标了包钢新体系 2250 热轧工程的设计合同，在热轧工程设计领域，无论是技术能力还是工程业绩都跻身国内同行业先进水平。

4 首钢国际热带轧机主要工程简介

4.1 迁钢 2160 热带轧机

4.1.1 规格及产量

设计年产量为热轧板卷 400 万吨，成品卷 398 万吨。生产钢种包括低碳钢、优质碳素结构钢、高强度低合金钢、深冲钢、汽车用钢、锅炉和压力容器用钢、船板、管线钢、Welten800、双相钢、多相钢和 IF 钢等。

抗拉强度	≤800MPa（N/mm^2）
屈服强度	≤690MPa（N/mm^2）
带钢厚度	1.5（1.2）~ 19mm
带钢宽度	750 ~ 2130mm
钢卷外径	1050 ~ 2200mm
钢卷质量	最大 38.0t
单位卷重	最大 24.0kg/mm 带钢宽度

4.1.2 主要设备组成和参数

4.1.2.1 一次除鳞机

形式	高压水除鳞机（带预充水）除鳞机上下集管固定
最大水压	16MPa（喷嘴）
除鳞喷射宽度	2250mm

4.1.2.2 定宽压力机

形式	停-走式定宽压力机
减宽量	0~350mm
挤压力	最大约 22000kN
钢坯最大移动速度	300mm/s

4.1.2.3 R1 粗轧机

形式		二辊可逆式粗轧机
最大轧制力		30000kN
轧辊直径		1350mm/1200mm
主电动机	额定功率	2 × 3750kW
	速度	0~20/42.5r/min

4.1.2.4 R2 四辊粗轧机

形式	四辊可逆式粗轧机
最大轧制力	44000kN
工作辊直径	1200mm/1100mm
支撑辊直径	1600mm/1440mm

主电动机（双驱动布置）额定功率 2 × 7500kW
速度 0 ± 40/85r/min

4.1.2.5 立辊轧机 E2

形式	上传动，配备液压 AEC 宽度自动控制装置	
轧辊直径		1100mm/1000mm
最大轧制力		5000kN
主电动机	额定功率	2 × 900kW
	速度	0~180/460r/min

4.1.2.6 板卷箱

形式	无芯板卷箱
中间坯厚度	20~40mm
中间坯宽度	750~2130mm
卷取温度	900~1100℃

4.1.2.7 飞剪

形式	双曲柄式飞剪，配备最佳化剪切系统
带钢最大横断面	低碳钢，60 × 2130 mm
剪切最小温度	900℃
传动电动机	2 × 0~1650/2240kW

4.1.2.8 F1~F6 精轧机组

形式	六架（预留第 7 架），四辊不可逆式带钢连轧机组
板形控制方式	CVC 轧机 + 工作辊弯辊 + 工作辊窜辊

轧辊尺寸

工作辊（F1~F3） ϕ850/765mm×2550mm
工作辊（F4~F6） ϕ760/685mm×2550mm
支撑辊 ϕ1600/1440mm×2250mm
轧制力 F1~F3，44000kN
F4~F6，40000kN
主电动机功率 8000kW（F1~F5）
5500 kW（F6）

4.1.2.9 板带层流冷却系统

型式 高效层流冷却装置，上、下集管式
最大水量 15800m^3/h
水压 0.07 MPa
集管组数 20 组
冷却区总长度 94.2m

4.1.2.10 卷取机

形式 三助卷辊式，液压驱动助卷辊，具有踏步功能
卷取温度 500~730℃
钢卷直径 762mm/2200mm
卷筒电机 1×0~1200kW，0~400/1200r/min

4.1.2.11 四辊平整机组

平整分卷带钢厚度 1.5 ~ 12.7mm
平整分卷带钢宽度 750 ~ 2130mm
平整分卷带钢卷重 5~38t
轧机名义轧制力 1500t
最大卷取速度 0~300/600m/min

4.1.3 主要设计特点

该项目设计产品定位以生产汽车用钢、高强度用钢为主导产品，工艺装备满足当前具有代表意义的钢种研发和生产，包括 IF、DP、MP、TRIP、高强度管线钢 X80、800MPa 高强钢。产品主要特点集中在高性能、高精度、高质量、高强度等方面。

（1）采用了具有空气和煤气双预热、高效汽化冷却等技术和适于热装热送工艺的步进式加热炉；

（2）大侧压机调宽技术；

（3）带有 AWC 和 SSC 控制的立辊轧机；

（4）可逆式粗轧机 R1、R2，新一代无芯卷取、无芯移送及带边部保温装置的热卷箱；

（5）具有优化剪切功能的曲柄式飞剪；

（6）具有 CVCPLUS 和 AGC 功能的精轧机；

（7）具有踏步控制功能的强力低温、全液压卷取机；

（8）选用了西门子的轧制数学模型。

本项目建筑面积总计 129000m^2，地下室面积 23300 m^2，主厂房长度 625m，车间工艺设备总重 23200t，装机总容量 176900kW，用水量 27215 m^3/h，水循环率 97%。设计主轧线长度短，主厂房设计用钢量低，设备基础混凝土含筋量低。我公司是国内首家独立承接 BOX 基础模板图设计的单位，创造了中国企业新纪录。后部钢卷运输因地制宜，选用专用钢卷运输小车。该工程国内制造设备比重大，国外分交设备重量比例不足 10%。

该项目建设周期短，从 2004 年 10 月 26 日合同生效，到 2006 年 12 月 23 日试轧出第一个热轧钢卷，建设周期不足 26 个月。

4.2 迁钢 1580mm 热带轧机

4.2.1 产品品种、规格及产量

本项目设计年产量为热轧板卷 380 万吨（全部碳钢）、285 万吨（含取向硅钢），主要钢种有：碳素结构钢、优质碳素结构钢、低合金结构钢、高耐候性结构钢、汽车大梁用钢、焊接结构用耐候钢、桥梁用结构钢、高强度结构用热处理和控轧钢板、高牌号无取向硅钢、普通取向硅钢、高磁感取向硅钢、IF 钢、双相（DP）及多相钢（MP）、相变诱导塑性钢（TRIP）等。

抗拉强度 $\sigma_{b\ max}$ = 1000 MPa
屈服强度 $\sigma_{s\ max}$ = 800 MPa
带钢厚度 1.2~12.7 mm
带钢宽度 700~1450 mm
钢卷内径 ϕ762 mm
钢卷外径 ϕ1050~2100 mm
钢卷质量 27.7 t（最大值）
单位卷重 23kg/mm（最大值）

4.2.2 主要设备特点

4.2.2.1 保温炉

为了适应取向硅钢集中装炉、成批轧制、温装入炉的要求，在板坯库设置 9 座保温炉，用于加热取向硅钢时连铸坯的保温，在不生产硅钢时，也可作为部分碳钢保温用。

保温炉净空尺寸：11500mm×12100mm。

4.2.2.2 感应加热炉

板坯入炉温度 1100℃
材质 取向硅钢
厚度 180~220mm
宽度 1000±50mm
长度 8000~11000mm
加热温度 1100~1400℃

4.2.2.3 边部加热器

适用钢种 碳钢、优质碳素结构钢、低合金结构钢、硅钢
中间坯速度 24~132m/min
厚度 28~55mm

宽度　　　800~1470mm

温度　　　900~1100℃

4.2.3　设计特点及项目评价

迁钢 1580mm 热轧带钢生产线重点发展高质量、高技术含量、高附加值、市场急需的短缺钢材品种。积极采用当今国际一流的先进工艺装备，形成了一条科技含量高、品种市场竞争力强、经济效益好、资源消耗低的热轧生产线。

该生产线主导产品为建筑及家电用板；特色产品为高强度建筑用钢，高强钢抗拉强度最高可达 1000MPa；战略产品为取向硅钢。产品定位为高附加值的精品板材。产品立足华北，辐射沿海并适量参与国际竞争。

本项目以首钢国际工程技术有限公司为整体工艺和工厂设计单位；主轧线设备设计及制造为中国一重集团；主轧线电气自动化系统、边部加热器设计及供货为 TMEIC 公司，电磁感应加热炉是新型的热带硅钢生产的辅助设施。该设备由日本 TMEIC 公司和首钢国际工程技术有限公司联合设计；加热炉蓄热式烧嘴、燃烧控制系统及二级系统设计及供货为 ROZAI 公司；侧压机设计及供货为 SMSD 公司；加热炉及区域设备设计、钢卷托盘运输设备及配套设计和供货均为首钢国际工程技术有限公司。

该生产线布置紧凑，工艺装备水平高，涵盖了生产硅钢的工艺技术装备。是首钢自主集成建设的现代化热轧生产线。投产以来，生产工艺水平不断提升，已完成多项市场紧俏的品种生产开发。目前已完成高牌号取向硅钢的试轧。该生产线将在激烈的市场竞争中赢得技术优势，为首钢的钢铁主业做出贡献。

4.3　京唐 2250mm 热轧项目

4.3.1　产品品种、规格及产量

首钢京唐钢铁联合有限公司钢铁厂 2250 mm 热轧带钢工程，生产规模为年产热轧钢卷 550 万吨，生产的主要钢种有碳素结构钢、优质碳素结构钢、锅炉及压力容器用钢、造船用钢、桥梁用钢、管线用钢、耐候钢、IF 钢、双相（DP）和多相（MP）及相变诱导塑性钢（TRIP）、超微细晶粒高强钢等。抗拉强度不大于 1000 MPa。

其产品规格如下：

带钢厚度　　　1.2 ~ 25.4 mm

带钢宽度　　　830 ~ 2130 mm

钢卷内径　　　ϕ762 mm

钢卷外径　　　ϕ2200 mm（最大值）

最大卷重　　　40 t

最大单位卷重　　　24 kg/mm

4.3.2　主要设备

4.3.2.1　加热炉

2250mm 热轧生产线设置四座步进梁式加热炉，炉子有效尺寸（长×宽）为 50.9m×11.7 m，每座炉子的额定加热能力，冷装时（板坯温度为 20℃）为 350 t/h，热装时（板坯温度为 700℃）为 500t/h，其热装比为 75%。

4.3.2.2　一次除鳞机

喷水压力　　　22 MPa

集管数量　　　上下各两排

喷射宽度　　　2250 mm

4.3.2.3　定宽压力机

形式　　　启停式

减宽量　　　0~350 mm

挤压频率　　　42 次/分

主传动电机　　　1×0~4400 kW，0~600 r/min

4.3.2.4　立辊轧机 E1

形式　　　上驱动，全液压具有 AWC 和 SSC 功能

最大轧制力　　　5000 kN

最大减宽量（立辊前后）　　　50 mm

轧制速度　　　0±2.1/4.2 m/s

轧辊直径最大　　　1100 mm

轧辊直径最小　　　1000 mm

轧辊辊身长度　　　650 mm

4.3.2.5　二辊粗轧机 R1

形式　　　二辊可逆轧机

压下形式　　　液压压下

最大轧制力　　　30000 kN

轧制速度　　　0±2.1/4.2 m/s

轧辊直径最大　　　1350 mm

轧辊直径最小　　　1250 mm

轧锟辊身长度　　　2250 mm

4.3.2.6　立辊轧机 E2

形式　　　上驱动，全液压具有 AWC 和 SSC 功能

最大轧制力　　　5000 kN

最大减宽量（立辊前后）　　　50 mm

轧制速度　　　0±2.2/6.5 m/s

轧辊直径最大　　　1100 mm

轧辊直径最小　　　1000 mm

轧辊辊身长度　　　650 mm

4.3.2.7　四辊粗轧机 R2

形式　　　四辊可逆轧机

最大轧制力　　　50000 kN

轧辊　工作辊最大直径　1250 mm
　　　工作辊最小直径　1125 mm
　　　工作辊长度　2250 mm
　　　支撑辊最大直径　1600 mm
　　　支撑辊最小直径　1440 mm
　　　支撑辊长度　2250 mm
　　　最大开口度　300 mm

4.3.2.8　中间坯保温罩

形式　液压摆动式
保温罩长度　4500 mm/每组
保温罩全长　16×4500=72000 mm
保温外沿宽　2600 mm

4.3.2.9　切头飞剪

剪切速度　0.3~1.75 m/s
剪刃长度　2350 mm

4.3.2.10　精轧前高压水除鳞装置

形式　夹送辊高压水喷水除鳞箱
压力　集管处额定　220 MPa
上集管数量　2
下集管数量　2
喷射宽度　2300 mm
水量（22 MPa 压力）　350 m^3/h

4.3.2.11　F1 附设立辊轧机 F1E

轧制力　1500 kN
减宽量　20 mm
轧辊尺寸　600/550（辊径），220（辊身）
辊缝调整方式　全液压，具有 AWC 功能

4.3.2.12　精轧机组

F1～F7　工作辊窜辊及工作辊弯辊
轧辊尺寸
工作辊（F1~F4）　ϕ850/765 mm×2550 mm
工作辊（F5~F7）　ϕ700/630 mm×2550 mm
支撑辊　ϕ1600/1440 mm×2250 mm

4.3.2.13　层流冷却装置

形式　上、下集管层流型
最大水量　25800 m^3/h
水压　0.07 MPa
集管组数　22 组
喷射宽度　2250 mm
冷却区总长度　112480mm

4.3.2.14　卷取机

形式　3 个助卷辊，全液压卷取机，液压驱动助卷辊；1 号、2 号卷取机是可移出式
卷取温度　200~750℃
卷筒电机　1×0~1200 kW，0~400/1200r/min

4.3.2.15　平整分卷机组

平整带钢厚度　1.2~12.7 mm
带钢宽度　830~2130 mm
钢卷最大卷重　40 t
最大单位卷重　24 kg/mm

4.3.3　项目特点

首钢京唐公司产品主要为汽车、家电、建筑及结构、机械、电工钢及轻工五金等行业提供急需的热轧、冷轧、热镀锌、彩涂、冷轧硅钢等高品质、高技术含量、高附加值的板材产品，弥补我国市场空缺，替代进口，满足国民经济建设需求。

首钢京唐公司 2250mm 热轧工程设计由德国 SMS 公司技术总负责，电气自动化部分由日本 TEMIC 负责设计，整体采用国内外合作设计、制造和分交的方法进行建设。首钢国际工程公司负责工厂设计和加热炉系统的总承包。

4.4　京唐 1580mm 热轧项目

4.4.1　产品品种、规格及产量

1580mm 热轧带钢生产线年产热轧钢卷 390 万吨，生产线主要生产的钢种有：碳素结构钢、优质碳素结构钢、低合金结构钢、电工钢等，品种包括：汽车结构用钢、集装箱及车厢用钢、耐候钢、高牌号无取向硅钢、取向硅钢、高磁感取向硅钢、IF 钢、双相钢（DP）、多相钢（MP）、相变诱导塑性钢（TRIP）等，其产品规格如下：

带钢厚度　1.2～12.7mm
带钢宽度　700～1450mm
钢卷内径　ϕ762mm
钢卷外径　ϕ2100mm（最大）
最大卷重　28t
最大单位卷重　23 kg/mm
抗拉强度　$\sigma_b \leqslant$1000MPa（最大）

4.4.2　主要设备

4.4.2.1　加热炉区

主要由入炉辊道、装料辊道、上料移出辊道、装钢机、出料辊道、出钢机等组成。

4.4.2.2　主轧线

主要由一次除鳞机、定宽压力机、E1/R1、E2/R2、中间坯加热装置（预留）、中间坯推出机、保温罩、边部加热器（预留）、精轧前飞剪、精轧前除鳞装置、F1E、精轧 F1～F7、层流冷却装置、三台地下卷取机、轧机前后辊道等组成。

4.4.3　项目特点

本项目以首钢国际工程技术有限公司为整体工艺和工厂设计单位；主轧线设备设计及制造为中国一重集团；主轧线电气自动化系统设计及供货为北

科麦斯科、金自天正、ABB公司、西门子公司、首钢自动化信息公司、天津一重电气公司等；加热炉蓄热式烧嘴、燃烧控制系统及二级系统设计及供货为Bloom公司；侧压机设计及供货为SMS公司；加热炉及区域设备设计、钢卷托盘运输设备及配套设计和供货均为首钢国际工程技术有限公司。

4.5 包钢2250mm热轧项目

4.5.1 产品品种、规格及产量

包钢新体系2250mm热连轧机组（包括一套2250 mm半连续热轧生产线、一套横切机组和一套平整分卷机组）年产热轧钢卷550万吨，生产的主要钢种有：碳素结构钢、优质碳素结构钢、低合金结构钢、船体用结构钢、桥梁用结构钢、高层建筑用结构钢、汽车结构用钢、锅炉/压力容器用钢、焊接气瓶用钢、耐磨钢、刀模/锯片用钢、工程机械用钢、管线钢、高耐候结构钢、IF钢、双相（DP）及多相钢（MP）、相变诱导塑性钢（TRIP）等。年产成品钢卷/板546.0万吨，其中：供热轧酸洗原料用钢卷50万吨，热轧商品钢卷117.0万吨，供平整分卷原料钢卷81.6万吨，供横切原料钢卷47.4万吨，供冷轧原料钢卷254万吨。年需板坯量567万吨，其产品规格如下：

带钢厚度　1.2～25.4mm
带钢宽度　830～2130mm
钢卷内径　ϕ762mm
钢卷外径　ϕ2150mm（最大值）
最大卷重　40t
最大单位卷重　24 kg/mm
产品强度等级　抗拉强度$\sigma_b \leqslant$1200MPa

4.5.2 主要设备

4.5.2.1 板坯库及加热炉区

板坯库及加热炉区主要由回转台前后输送辊道、回转台、回转台中间辊道、称重装置、入炉辊道、装料辊道、上料移出辊道、入炉装钢机、出料返回辊道、出料辊道、出炉出钢机、辊道集中干油润滑配管和辊道冷却水配管等组成。

4.5.2.2 主轧线

主轧线由粗轧除鳞机、定宽压力机、E1R1粗轧机、E2R2粗轧机、中间坯推出机、保温罩、热卷箱（预留）、边部加热器（预留）、精轧前飞剪、精轧前除鳞机、精轧S侧导辊、F1~F7精轧机、层流冷却装置、三台卷取机、轧机设备前后辊道、导卫等组成。

4.5.2.3 钢卷检查及运输系统

钢卷检查及运输系统主要由钢卷检查线、打捆机、称重、喷号和托盘运输系统等组成。

4.5.2.4 精整区

精整区主要由平整分卷机组和横切机组设备组成。

4.5.3 项目特点

我公司负责工程工厂设计范围为主厂房以及与此相配套的公用、辅助生产设施设计；西马克公司（SMSD）负责主轧线设备设计及部分供货；日本TMEIC负责主轧线电气与自动化控制系统及部分供货；中冶赛迪负责加热炉区域工程设计及部分供货。

5 首钢国际在热带轧机工程设计上的技术优势

5.1 热轧工艺技术优化

通过几套热轧工程的磨炼，我公司在工艺设计中对工艺设备进行了深入分析和有效地优化集成。可结合产品结构、产能规模，对工艺装备进行优化计算和设备选型，设计中针对轧机布置形式，热装热送技术、板坯及中间坯调宽技术的应用，热卷箱或保温罩的选取，粗、精轧机能力优化计算，轧后冷却形式，卷取设备能力，钢卷运输方式等进行全流程的设计计算和优化。

5.2 丰富的地下大型BOX基础设计经验

大型箱型基础是热轧工程设计的难点和重点，采用箱型基础替代独立基础大大改善了热轧工程地基处理及基础设计以及地下综合管网设计的难度，减少了不均匀沉降造成的风险。我公司在国内率先独立完成了热轧箱型基础的设计，创造了中国企业新纪录。我们所做的最大的热轧箱型基础全长约600m，最宽处约150m，筏板底标高约-10.0m，钢筋混凝土用量20万m^3，全长不设永久伸缩缝，严格控制沉降总量和不均匀沉降，采取多种构造措施和施工工艺，严格控制混凝土裂缝宽度。通过多个类似热带工程的多方案完善和改进，使得设计成熟度和经济性达到国际领先水平。

在结构计算方面，从德国引进了SOFISTIK三维有限元分析软件，和韩国的MIDAS软件进行结构对比计算和分析，收到了非常好的效果。在设计中充分发挥其作用，从而使结构计算分析更加精确，保证工程的可靠性，并且通过多软件的计算分析比较，能使结构处理更加合理，有效地节省工程投资。

5.3 丰富的地下室综合管网设计经验

现代化的热带轧机生产线是一条连续的生产

线。在全连续的自动化控制系统控制下，整个生产过程中的所有相关的机械、电气、液压、润滑、除鳞、冷却水、通风、除尘等等，都必须严格按规定的控制要求，准确、快速地完成各自的控制任务。全轧线的管网设计，尤其是地下室综合管网设计是一个综合了工艺、设备、土建、液压、电气、自动化、水道、通风等多专业的系统设计工程。我公司采用三维设计手段进行综合管网设计提高设计质量。通过三维设计手段使得设计更接近于实际，地下室内的设备布置、检修空间、检修通道都得到了合理的排布，降低了施工难度和错误发生率，也使操作维护更加方便顺畅。

5.4 新型的成品运输设备设计及供货

我公司拥有全部知识产权和多项专利的托盘式钢卷运输线已在京唐和迁钢得到了应用，该设备以其高效快捷、故障率低的特点得到了生产单位的认可，目前，武钢防城项目、宝钢湛江项目和韩国浦项新热轧项目都有与我公司合作的意向。

我公司经多年技术开发，目前拥有自主知识产权的双排托盘运输技术。采用双排结构的托盘运输系统，设备基础浅、设备重量轻、制造检修和维护方便、车间整洁美观。可以实现运卷小车将钢卷运到托盘运输线，运输线将钢卷继续向后运送，经称重、喷印后，运输到热轧钢卷库。需要检查的钢卷则送到检查线，打开钢卷进行检查后，再卷上，送回运输线，运到热轧钢卷库全流程的设计、供货和调试工作。

5.5 优质美观减量化的建筑结构设计

在建筑结构设计中在美观实用的前提下，充分考虑经济性，降低工程造价。单位工程用钢量处于国内先进水平，控制在了 210kg/m^2。首钢迁钢 2250 热轧工程主厂房建筑结构设计被清华大学建筑系选为了教学示范工程。

5.6 丰富的地基处理经验

2006 年我公司承担了首钢京唐钢铁厂吹砂造地软土地基的处理任务，通过实验类比、上部结构和地基协同计算等大量研究工作，开创性地提出地基处理分预处理和强化处理两步进行，采用系统混合地基处理法。2009 年首钢京唐钢铁项目顺利投产证明了系统混合地基处理方法合理、措施得当、技术选型正确，经济和社会效益显著，并为我公司进行地基处理积累了宝贵经验。首钢京唐软土地基工程设计项目获 2010 年度全国冶金行业优秀工程设计一等奖。在迁钢热轧和包钢热轧项目中，结合当地地质条件做出不同的地基处理设计方案。

5.7 拥有首钢集团整体的技术业务支撑

公司依托首钢集团整体实力，有四条热轧带钢生产线已投入运行，在设计优化、施工管理、生产管理、生产数据、产品开发及技术诀窍等多方面与相关部门有良好的合作关系。因此可为用户提供热轧工程施工组织、生产准备、岗前培训、达产运行等各方面的支持和帮助。

➤ 线棒材轧钢技术

首钢国际工程公司线棒材装备技术综述

张永晓　张　建　张富华　邵　峰　张乐峰
(北京首钢国际工程技术有限公司，北京 100043)

摘　要：本文介绍了北京首钢国际工程技术有限公司在线、棒材装备技术方面的发展历程，总结了近几年完成的线、棒材工程的设备组成以及开发的主要装备技术特点，提出了关键设备的研发方向和思路。
关键词：线材；棒材；设备；技术

The Equipment Technology in the Field of Wire Rod & Bar Mill of BSIET

Zhang Yongxiao　Zhang Jian　Zhang Fuhua　Shao Feng　Zhang Lefeng
(Beijing Shougang International Engineering Technology Co., Ltd., Beijing 100043)

Abstract: This article describes the development of equipment technology in the field of wire rod & bar mill which designed by Beijing Shougang International Engineering Technology Co., Ltd., summarized the technical characteristics & composition of major equipments in the field of wire rod & bar mill which completed in recent years by BSIET. Put forward the development direction and thought on researching of key equipments.
Key words: wire rod; bar; equipment; technology

1　引言

北京首钢国际工程技术有限公司（原北京首钢设计院，以下简称首钢国际工程公司）于 20 世纪 80 年代开始进行线棒材工程设计工作，对工程中所用设备的设计研制一直都投入了较大力量。经过三十多年的发展和三十余条棒线材生产线的设计生产实践，积累了丰富的经验并壮大了技术力量。

随着首钢国际工程公司的成立，打造核心竞争力成为企业的发展战略。结合首钢国际在线棒材领域的优势资源和优势技术，瞄准国内外行业先进水平，以在手设计、总承包工程项目为载体，大力推进技术创新、自主创新，在线、棒材工程主要设备的设计开发、设备制造、使用维护等方面做强、做精、做专，打造出了具备竞争力的优势技术和品牌，为今后可持续发展奠定了坚实基础。

2　首钢国际工程公司线、棒材历史业绩回顾

普通线、棒材生产线从设计到工程总承包是首钢国际工程公司的传统优势项目。改制前，北京首钢设计院轧钢专业积极追随国内外钢铁行业的发展，为推动首钢轧钢系统的结构优化和技术进步，提高首钢现代化轧钢技术装备水平做出了积极贡献。

2008 年之前首钢国际工程公司线、棒材生产线设计或总承包的主要业绩有：

首钢第二线材厂高速线材工程；
首钢第三线材厂高速线材工程；
首钢中小型厂棒材生产线工程；
无锡雪浪初轧厂改造工程；
江苏武进钢铁集团高速线材工程；
南京钢厂一轧分厂改造工程（总承包工程）；
水城钢铁公司 650 车间改产高速线材工程；

邢台钢铁公司高速线材工程；

宣化钢铁公司高速线材工程（总承包工程）；

成都钢铁厂棒材连轧技术改造工程（总承包工程）；

崇利钢铁有限公司棒材工程（总承包工程）；

西昌新钢业 60 万吨棒材工程（总承包工程）；

云南楚雄德钢 60 万吨棒材工程（总承包工程）；

承德钢铁公司高速线材工程（总承包工程）；

山西中阳钢厂二高线工程；

首钢钢丝厂环保搬迁轧钢车间改造工程（总承包工程）；

首钢第一线材厂精品高线工程（总承包工程）；

昆钢集团 80 万吨全连轧棒材生产线工程（总承包工程）；

红河 80 万吨全连轧棒材生产线工程（总承包工程）；

首钢高强度机械制造用钢生产线工程。

较早时期的线、棒材项目基本都属于利用老旧机型的修配改造工程。从邢台高线工程开始，自主研发的焊接钢板牌坊结构的轧机开始投入使用，开始了新一代轧机在国内广泛使用的新篇章。开发的顶交 45°线材精轧机在宣钢高线工程中第一次投入使用。该精轧机代表了当时我国国产化高线精轧机的最高水平。昆钢 80 万吨棒材生产线第一次采用了高刚度短应力线轧机。首钢高强度机械制造用钢生产线是第一次与国外公司合作联合设计合金钢棒材生产线，为我公司掌握装备合金钢生产线的高刚度短应力线轧机新机型创造了条件。

3 首钢国际工程公司线棒材生产线设备状况

在竞争激烈的市场环境中，竞争力来源于核心技术及关键设备的掌握。为了开拓市场，克服技术储备不足的影响，近几年对适用于线棒材生产的部分关键设备进行了结构优化，加大了各种规格高刚度短应力线轧机的开发力度，使线棒材轧机主打机型逐步实现系列化、模块化。经过几年的努力，首钢国际的关键设备及技术基本能够满足各类线棒材生产线的装备需要。

3.1 钢坯热送线

连铸坯在 650～1000℃的温度下，直接装入加热炉中加热，可使加热燃料消耗降低 25%～75%，因此坯料热装热送是当前线棒材生产线节能降耗、减少生产成本最直接最有效的措施之一，也是被广泛采用的新工艺、新技术。结合水钢线棒材工程，首钢国际研发了钢坯弧形运输辊道并在现场一次试车成功，成功实现了钢坯的长距离连续自动化运输，该设备设计巧妙、结构简单、易于维护，可作为钢厂采用钢坯热送方案的样板案例，有极大的市场推广应用价值。弧形热送辊道布置方案及实景如图 1 所示。

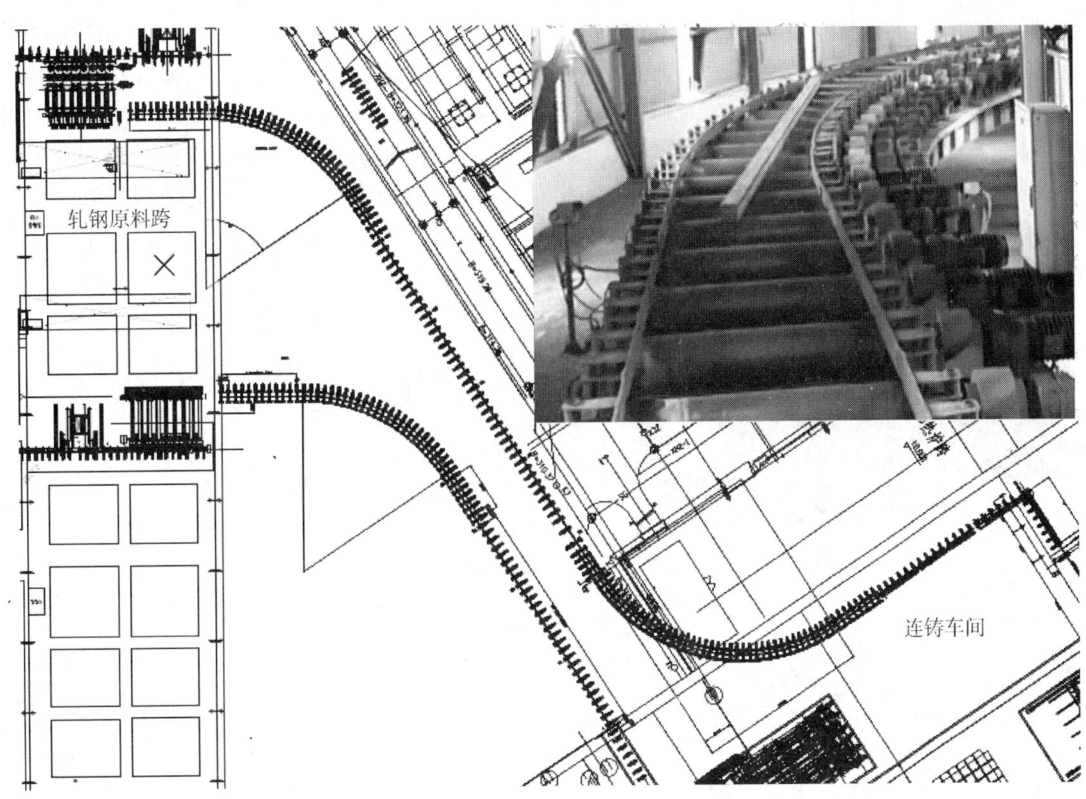

图 1　弧形热送辊道布置方案及实景

3.2 加热炉区

加热炉区设备动作频繁、工况恶劣，极易发生故障。跟随新技术的发展，首钢国际开发了一系列新型设备，改进了部分炉区设备的结构和功能。横移台架、提升机、提升机下料装置、冷坯上料台架、热坯下料翻钢冷床等设备配备齐全，能满足最大220mm×220mm 钢坯的输送需要。冷坯入炉可采用液压步进、机械步进、液压推钢式等不同形式的设备，满足各种复杂工艺布置的冷坯上料方式的需要。改进的废钢剔除装置能够平稳、顺利地完成不同规格坯料的剔除。结合首钢高强度机械用钢生产线的搬迁，完善了大坯料热送装备的设计；对提升机及提升机下料装置的结构做出了改进，减少了大规格坯料对设备的冲击；开发了方钢、圆钢公用的翻钢台架（见图 2）。

图 2　方钢、圆钢步进式翻钢台架

3.3 轧区短应力线轧机机列

经过设备设计人员几年的开发、优化改进，首钢国际掌握了满足普通线、棒材生产线的 800、700、600、550、450、350 等系列的高刚度短应力线轧机水平/立式机列设备，包括轧机工作机座、万向接轴、接轴托架、联合减速箱、轧机横移及提升装置、拆辊机械手及轧机翻转装置等，如图 3 和图 4 所示。

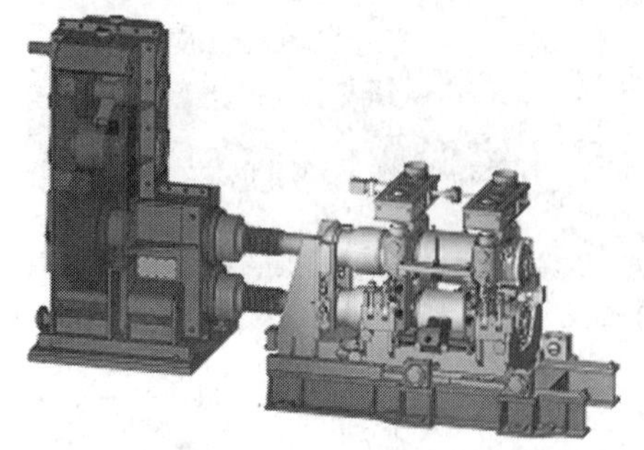

图 3　短应力线轧机水平机列

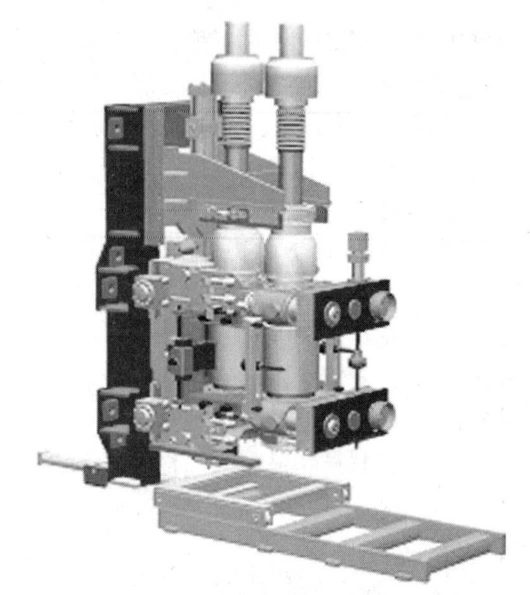

图 4　短应力线轧机立式机列

3.3.1　轧机

国内的线、棒材生产线轧机主要有两种机型，钢板牌坊轧机和无牌坊短应力线轧机。短应力线轧机的主要特点有：（1）机型体积小、质量轻；（2）机型刚度高，能够保证产品高精度；（3）轧辊辊缝可对称轧线调整，能够保证轧线位置固定，减少设备调整量，生产稳定；（4）轧机整体更换，降低了轧辊更换时间，提高了轧线的作业率。近几年，随着生产厂对短应力线轧机的逐步认同，这种机型得到了广泛的使用，钢板牌坊轧机逐渐淡出了市场。首钢国际工程公司短应力线轧机性能参数见表 1。

首钢国际工程公司短应力轧机在线棒材生产线上的使用从昆钢 80 万吨棒材工程开始，经过多年的不断完善、改进，已经逐步实现系列化、模块化。轧辊轴承采用干油或油气润滑两种方式，轧辊平衡采用弹性阻尼体或液压两种方式。防轧辊轴向窜动装置等新技术在短应力线轧机上得到成功应用。

3.3.2　万向接轴及托架

轧机与联合减速箱之间采用鼓型齿式花键伸缩万向接轴连接，定心性能好，传动平稳。花键插入联合减速箱内，降低了立式机列的高度，缩短了水平机列的长度，轧线布置紧凑。合理的接轴托架结构，保证了上下两根接轴在任意位置的自平衡，减少了轧机高速运转时产生的振动。

表 1　首钢国际工程公司部分短应力线轧机性能参数

技术参数	SGGJ800	SGGJ700	SGGJ600	SGGJ550	SGGJ450	SGGJ350
轧辊轴径 ϕ/mm	370	340	300	280	230	200
轧辊辊径 ϕ/mm	750 ~ 850	650 ~ 750	560 ~ 650	520 ~ 610	420 ~ 480	320 ~ 380
辊身长/mm	1100	1000	800	600	650（750）	650

续表 1

技术参数	SGGJ800	SGGJ700	SGGJ600	SGGJ550	SGGJ450	SGGJ350
轴向调整量	±5 mm	±5 mm	±5 mm	±4 mm	±4 mm	±3 mm
轧机横移量	±400mm	±375mm	±300mm	±200mm	±275mm（±325mm）	±300mm（±285mm）
润滑方式	油气润滑	油气润滑	油气润滑	干油润滑	干油润滑、油气润滑	干油润滑、油气润滑
平衡方式	柱塞液压缸	柱塞液压缸	柱塞液压缸	柱状阻尼体	柱状阻尼体（柱塞液压缸）	柱状阻尼体（柱塞液压缸）
压下方式	蜗轮副+齿轮	蜗轮副+齿轮	蜗轮副+齿轮	蜗轮副+齿轮	蜗轮副+齿轮（蜗轮副+伞齿轮）	蜗轮副+齿轮（蜗轮副+伞齿轮）

3.3.3 减速箱

联合减速箱的设计是首钢国际工程公司非常注重的工作。减速箱的可靠与否决定着整条生产线的产能和效益。每个轴承、每对齿轮都经过认真的计算校核，以保证其使用寿命。多年来，对减速箱的结构做了持续不断的改进。万向接轴连接的双出轴轴承定位位置和轴承选型的改进，解决了以往结构设计不合理，导致接轴与减速机出轴的连接螺栓反复被切断的问题。

3.4 飞剪

国内线棒材粗中轧 1 号、2 号飞剪一般采用曲柄连杆式结构，其结构较为复杂。连杆机构在剪切冲击下易出现磨损，引起剪刃间隙变化，导致剪切质量下降。首钢国际工程公司组织力量，研究飞剪的剪切理论，建立了飞剪设计计算模型，成功开发设计了回转结构的 1 号、2 号飞剪（见图 5）。在制造厂对样机进行了相关的指标考核，性能良好，在贵钢高线工程和长治高线工程中投入使用，填补了国内空白。

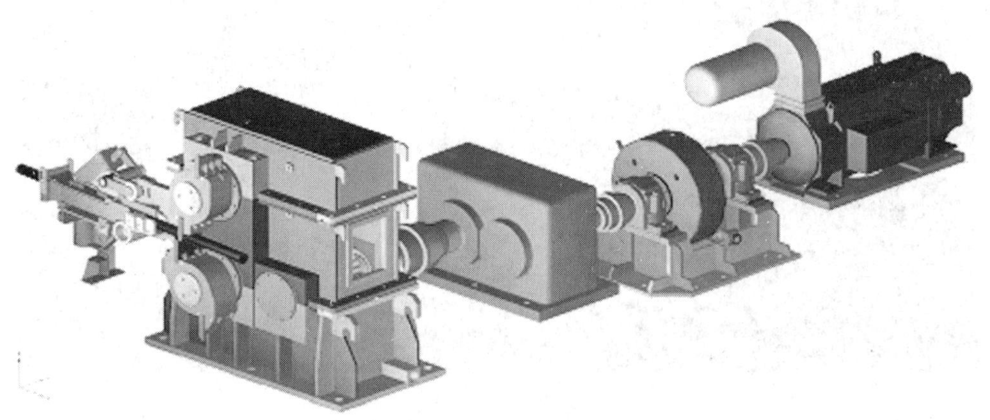

图 5 2 号飞剪机列

3.5 线材预精轧、精轧区

首钢国际工程公司具备该区域全部设备的设计、供货能力，并与有关专业制造厂建立了良好的战略合作关系。本区域设备主要包括活套、卡断剪、预精轧机组、精轧机组、3 号飞剪、水冷线设备、夹送辊和吐丝机等。公司开发的顶交 45°线材精轧机在宣钢高线工程中第一次投入使用，多年来经过与专业厂的合作，该机型得到不断的完善、改进，目前已成为国内线材精轧机的首选机型。精轧机组共 10 架，由 5 架ϕ230mm 轧机和 5 架ϕ170mm 轧机组成，10 个机架采用顶交 45°形式布置，降低了长轴高度，既增加了机组的稳定性，又降低了设备质量，操作维护方便；相邻机架互成 90°布置，实现无扭轧制；试车速度目前已达到 115m/s；轧辊箱采用插入式结构，悬臂辊环，箱体内装有偏心套机构用来调整辊缝。偏心套内装有油膜轴承与轧辊轴，在悬臂的轧辊轴端用锥套固定辊环；锥齿轮箱由箱体、传动轴、螺旋锥齿轮副、同步齿轮副组成，全部齿轮均为硬齿面磨削齿轮，齿面修形，螺旋锥齿轮精度为 5 级，圆柱斜齿轮精度为 4 级，以保证高速平稳运转；轧辊箱与锥齿轮箱为螺栓直接连接，装配时轧辊箱箱体部分伸进锥齿轮箱内，使其轧辊轴齿轮分别与锥齿轮箱内两个同步齿轮啮合。轧辊箱与锥齿轮箱靠两个定位销定位，相同规格的轧辊箱可以互换。辊缝的调节是旋转一根带左、右丝扣和螺母的丝杆，使两组偏心套相对旋转，两轧辊轴的间距随偏心套的偏心相对轧线对称移动而改变辊缝，并保持原有轧线及导卫的位置不变。辊环采用碳化钨硬质合金，通过锥套连接在悬臂的轧辊轴上，用专用的液压换辊工具更换辊环，换辊快捷方便。精轧机组三维设计图如图 6 所示。

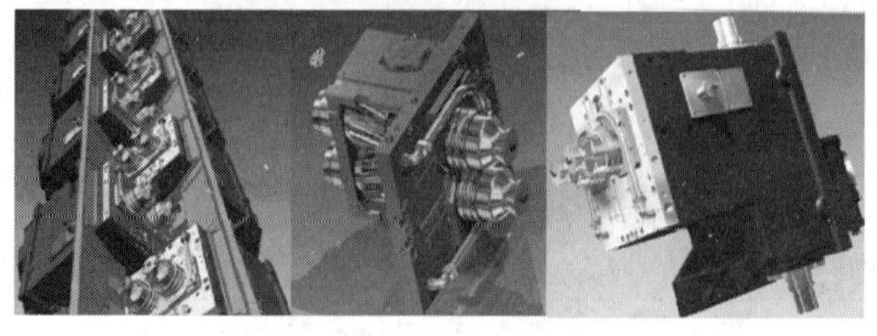

图 6　精轧机组三维设计图

3.6　线材散卷冷却线

散卷冷却线布置于吐丝机与集卷站之间，其作用是接收吐丝机吐出的线圈，根据工艺要求对热的散卷进行控制冷却（强制风冷、自然冷却或缓冷），使线材具有良好的金相组织和所需的最优的力学性能。同时将散卷以一定的圈距平稳地通过辊道输送至集卷站。

辊道采用交流变频电机驱动，通过链条分组集中传动。辊道上方设有保温罩可密闭保温。散冷线上有若干个跌落台阶，用以错开散卷上的搭接热点。辊子材质采用中硅耐热铸铁，辊身加工有散热片用以散热且防止轴承过热。

散冷线风机出风口可按用户要求设计成 90°或 150°出风。中间风室上设计有佳灵装置用以调节风量分配。

散热冷却线设备实景如图 7 所示。

图 7　散卷冷却线设备实景

3.7　线材精整区

线材精整区设备主要包括集卷站、P&F 运输线、打捆机、成品秤及卸卷站等。

3.7.1　集卷站设备

集卷站是高速线材生产线上将散状线圈集合成卷的关键设备，其设备运行状态直接影响着成品的卷形质量和车间生产节奏。集卷站设备形式多样，首钢国际工程公司掌握应用成熟的双芯棒式集卷站，近几年开发成功了立式卷芯架式集卷站。

3.7.1.1　双芯棒式集卷站

双芯棒式集卷站由集卷筒、托板升降装置、运卷车组成，如图 8 所示。

芯棒旋转可按用户要求采用电机或者液压驱动。集卷筒内设有布圈器，用来调整散圈均匀跌落以降低盘卷高度。

3.7.1.2　立式卷芯架式集卷站

立式卷芯架式集卷站由集卷筒、托板升降装置、立式卷芯架、卷芯架运输辊道、运卷车组成，如图 9 所示。具有如下特点：（1）工艺布置灵活，可扩展性强；（2）可实现与在线（或离线）热处理设备的良好衔接；（3）可实现高线产品的高温状态集卷，即热集卷；（4）缩短 P&F 运输线长度。设备维护相对简单，减少维护成本。

3.7.2　卸卷站设备

卸卷站位于 P&F 钩式运输机的运输线上，在盘卷下方。其作用是用来将盘卷从 C 形钩上卸下，放到承卷台上，然后由吊车将盘卷吊入成品库。卸卷站分单工位式及双工位式。单工位式卸卷站承卷台可储存单列 3 个盘卷。双工位式卸卷站承卷横移车可储存双列共 6 个盘卷（或 4 个盘卷）。

3.8　棒材冷床精整区

生产中、小规格棒材的裙板式上料冷床技术，满足 8~12.5m 长、60~120m 宽度的布局。裙板

图 8　双芯棒式集卷站设备实景

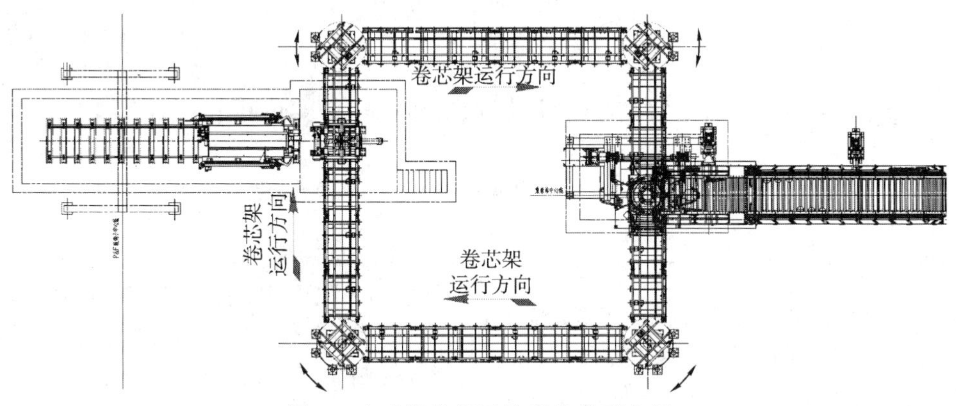

图 9　立式卷芯架运输系统典型布置

驱动分为液压和机械两种。下料采用密集链及移钢小车方式。掌握成品剪切、运输、收集、打捆等不同功能、不同结构形式的各类台架、辊道等设备，能够满足精整区不同工艺布置的需要。

4　首钢国际工程公司线棒材工程近几年业绩及装备水平

4.1　水钢精品高速线材工程

工程设计规模为年产 50 万吨高速无扭热轧盘条，产品规格：ϕ5.5 ~ 20.0mm，主要钢种：普通碳素结构钢、优质碳素结构钢、冷镦钢、弹簧钢、焊条钢等。

设备装备水平：（1）坯料全部为连铸坯，一火成材，并采用热送热装工艺。（2）粗中轧机选用高刚度短应力线轧机，并采用平、立交替布置，实现全线无扭转轧制。（3）全线共设 7 个自动活套，在粗轧机组和中轧机组上实现微张力轧制，在预精轧机组间和预精轧机与精轧机之间实现无张力轧制，可以有效保证成品质量。（4）预精轧机组选用 4 架紧凑式悬臂轧机，轧机刚性大，有利于控制轧件的尺寸精度，从而提高成品线材的尺寸精度。（5）精轧机采用经过首钢国际工程公司改进的国产顶交 45°轧机。成品保证速度 90m/s（ ϕ5.5 ~ 6.5mm）。设备配置及性能参数以及设备布置分别见表 2 和图 10。

表 2　水钢精品高速线材生产线设备配置及性能参数

区　域	设备组成及性能参数	备　注
钢坯热送线	摆动辊道（摆动半径 10.5m）、弧形热送辊道（全长约 120m、转弯半径 30m）、固定挡板、升降挡板	设备设计、成套供货
加热炉区	横移台架（台面尺寸：12m × 10m）、提升机、提升机下料装置、冷坯步进上料台架（台面尺寸：9m × 8.2m）、入炉辊道、升降挡板、废钢剔除装置、固定挡板、入炉导槽、出炉保温辊道、粗轧机前夹送辊	设备设计、成套供货
粗中轧区	卡断剪:4 架 550 轧机（轧辊规格：ϕ610/ϕ520mm × 600mnm）、5 架 450 轧机（轧辊规格：ϕ448/ϕ420mm × 650mm）、5 架 350 轧机（轧辊规格：ϕ380/ϕ320 × 600mm）、1 号飞剪（最大剪切断面：5000mm^2）、2 号飞剪（最大剪切断面：1970mm^2）、立活套	设备设计、成套供货
预精轧及精轧区	预精轧前带卡断剪水平活套、悬臂预精轧机组（15 ~ 18 号）（辊环尺寸：ϕ285/ϕ255 × 95/70mm）、精轧前水冷线、精轧机前 3 号飞剪及碎断剪（剪切断面：530mm^2（ϕ26mm））、精轧机前带卡断剪水平活套、精轧机组（19~28 号）（1~5 架为ϕ230mm 轧机、6 ~ 10 架为ϕ170mm 轧机）、精轧后水冷线、吐丝机前夹送辊、吐丝机	除 3 号飞剪外其余设备设计、成套供货
盘卷精整区	散卷冷却运输线、集卷站、P&F 线、自动打捆机、盘卷称量装置、卸卷站	设备设计、成套供货

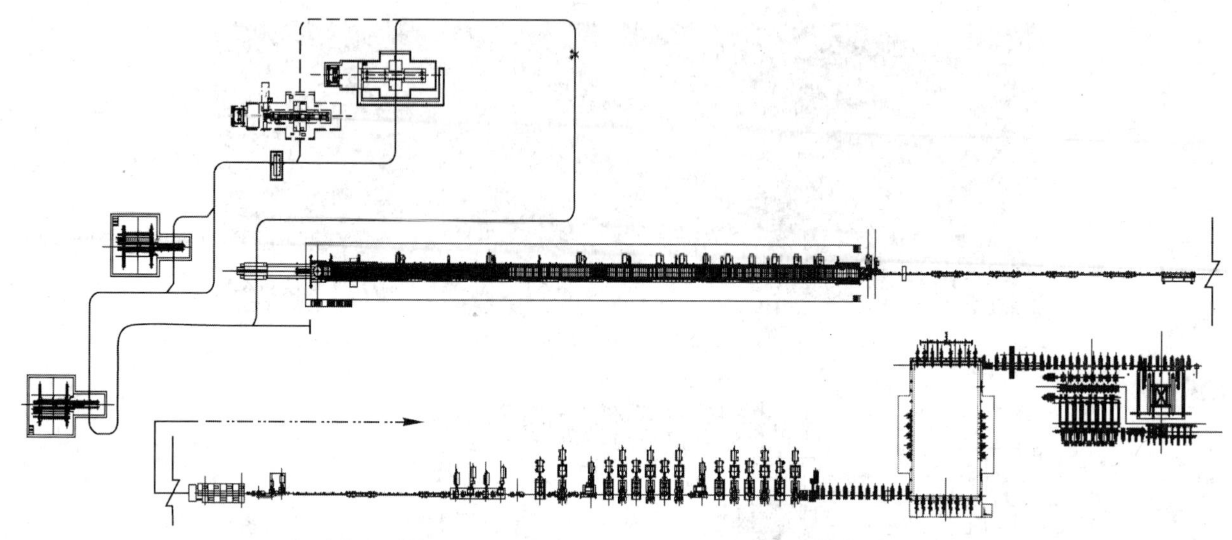

图 10　水钢精品高速线材生产线设备布置

4.2　水钢精品棒材工程

该工程设计年生产规模为 100 万吨。主要产品为ϕ12～40mm 的热轧螺纹钢筋和ϕ14～40mm 的热轧直条圆钢，定尺长度为 6～12m，产品钢种为普通碳素结构钢、优质碳素结构钢、低合金钢、合金结构钢、冷镦钢等。

设备装备水平：（1）坯料全部为连铸坯，一火成材，并采用热送热装工艺。（2）全线 19 架轧机均采用高刚度短应力线轧机，并采用平、立交替布置，实现全线无扭转轧制。（3）1~4 号粗轧机采用无槽轧制技术。（4）对小规格螺纹钢筋采用二、三、四切分轧制。（5）精轧机组前配有穿水冷却装置，实现控制轧制。（6）全线选用 3 台启停式飞剪，可对轧件进行切头、切尾、碎断、倍尺分段。（7）冷床上料采用单裙板多位制动。冷床本体为步进齿条式。（8）采用冷飞剪剪切定尺。该工程生产线设备配置及性能参数以及设备布置分别见表 3 和图 11。

表 3　水钢精品棒材生产线设备配置及性能参数

区　域	设备配置及性能参数	备　注
钢坯热送线	弧形热送辊道（全长约 65m、转弯半径 30m）、固定挡板、升降挡板	设备设计、成套供货
加热炉区	固定挡板、横移台架（台面公称尺寸：12m × 10m）、提升机、 提升机下料装置、废钢剔除装置、升降挡板、入炉辊道、冷坯上料台架（台面尺寸：9 × 8.2m）、出炉辊道、粗轧机前夹送辊	设备设计、成套供货
轧区	卡断剪、4 架 550 轧机（轧辊规格：ϕ610/ϕ520×600mm）、6 架 450 轧机（轧辊规格：ϕ470/ϕ410mm×650mm）、5 架 350 轧机（轧辊规格：ϕ400/ϕ320mm×600mm）、3 架 350 平立转换轧机（轧辊规格：ϕ400/ϕ320×600mm）、1 号飞剪（最大剪切断面：5000mm^2）、2 号飞剪（最大剪切断面：1970mm^2）、1 号水冷段及旁通辊道、2 号穿水冷却装置及旁通辊道、活套装置、切分活套装置、3 号飞剪	除飞剪外，其余设备设计、成套供货
冷床区	冷床上料系统、冷床本体（宽度：120m，长度：12.5m）、齐头辊道和齐头挡板、冷床下料装置、冷床输出辊道	设备设计、成套供货
精整区	450t 冷摆剪（剪切断面：ϕ12～65mm）、移钢台架输入辊道（一）、移钢台架输入辊道固定挡板、移钢台架输入辊道（二）、移钢小车、移钢台架（台面公称尺寸：21510mm × 10800mm）、升降辊道、固定辊道、固定挡板、定尺收集链及辊道、中间辊道、活动挡板、打捆辊道、打捆机成形器、自动打捆机（打捆直径：ϕ100～400mm）、打捆输出辊道、固定挡板、成品收集台架	除 450t 冷摆剪、打捆机外，其余设备设计、成套供货

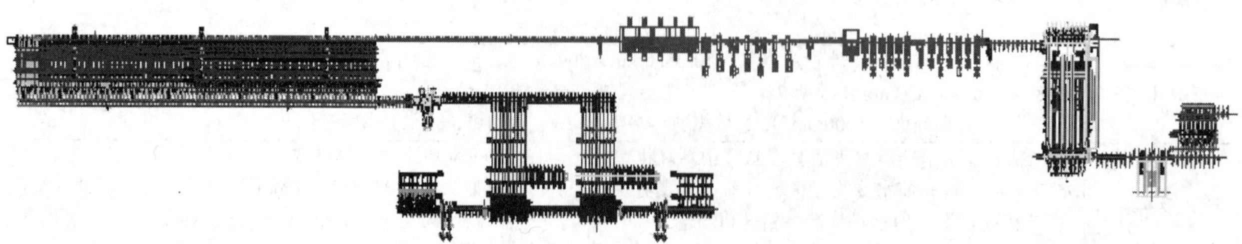

图 11　水钢精品棒材生产线设备布置

4.3 长钢100万吨/年棒材工程

该工程设计年生产规模为100万吨，产品为ϕ12～50mm的热轧螺纹钢筋，具备生产ϕ14～50mm热轧直条圆钢的能力。定尺长度为6～12m，产品钢种为低合金钢。

设备配置特点：（1）坯料全部为连铸坯，一火成材，并采用热送热装工艺。（2）全线18架轧机均采用短应力线高刚度轧机，并采用平、立交替布置，实现全线无扭转轧制。（3）对小规格螺纹钢筋采用二、三、四切分轧制。（4）精轧机组前配有穿水冷却装置，实现控轧控冷工艺，精轧机组后配有穿水冷却装置，实现轧后余热淬火加芯热回火处理工艺，使轧件经穿水冷却装置后获得高屈服强度和高延展性的组织结构，从而为生产Ⅲ、Ⅳ级螺纹钢筋提供必要的技术保证。（5）全线选用3台起停式飞剪，可对轧件进行切头、切尾、碎断、倍尺分段。（6）冷床上料采用单裙板多位制动。冷床本体为步进齿条式。（7）采用冷剪剪切定尺。（8）采用全自动打捆机。该工程生产线设备配置及性能参数以及设备布置分别见表4和图12。

表4 长钢100万吨/年棒材生产线设备配置及性能参数

区 域	设备配置及性能参数	备 注
加热炉区	钢坯翻转冷床（台架尺寸：11m×12m）、冷床上料推钢机、横移台架（台面公称尺寸：12m×10m）、提升机、提升机辊道、提升机下料装置、入炉辊道、钢坯秤、废钢剔除装置、升降挡板、冷坯上料台架（台面尺寸：9m×7.2m）、出炉辊道、粗轧机前夹送辊、固定挡板	设备设计、成套供货
轧机区	卡断剪、4架550轧机（轧辊规格：ϕ610/ϕ520mm×600mm）、6架450轧机（轧辊规格：ϕ470/ϕ410mm×650mm）、6架350轧机（轧辊规格：ϕ400/ϕ320mm×650mm）、2架350平立转换轧机（轧辊规格：ϕ400/ϕ320mm×650 mm）、1号飞剪（公称剪切力700kN、剪切断面75mm×75mm）、2号飞剪（公称剪切力250kN、剪切断面1970 mm^2）、1号水冷段及旁通辊道、2号穿水冷段及旁通辊道、活套装置、切分活套装置、3号飞剪（最大剪切断面1260mm^2）	除1号、2号、3号飞剪外，其余设备设计、成套供货
冷床区	冷床上料系统、冷床本体（宽度：120m，长度：12m）、齐头辊道和齐头挡板、冷床下料装置、冷床输出辊道	设备设计、成套供货
精整区	850t冷剪（剪切断面：ϕ12～65mm）、冷剪废料收集、冷剪定尺机（定尺长度：6～12m）、定尺机辊道、移钢台架输入辊道（一）、移钢台架输入辊道固定挡板、移钢台架输入辊道（二）、移钢小车、移钢台架（一）（台面公称尺寸：20530mm×10800mm）、移钢台架（二）（台面公称尺寸：26600mm×10800mm）、升降辊道、固定辊道、固定挡板、定尺收集链及辊道、打捆辊道、活动挡板、打捆机成形器、自动打捆机（打捆直径ϕ100～400mm）、打捆输出辊道、固定挡板、成品收集台架（一）、成品收集台架（二）	除850t冷剪、打捆机外，其余设备设计、成套供货

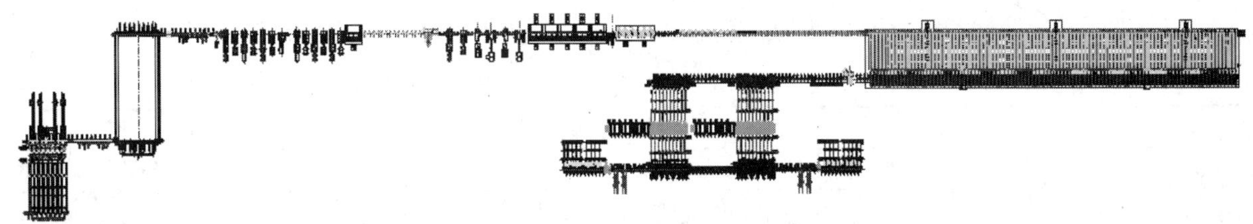

图12 长钢100万吨/年棒材生产线设备布置

4.4 贵钢精品线材生产线工程

工程设计规模50万吨/年。产品规格：ϕ5.0～25.0mm光面盘圆。主要钢种：优质碳素结构钢、合金焊线钢、易切钢、轴承钢、弹簧钢、冷镦钢等。

装备特点：（1）部分坯料采用大棒车间生产的初轧坯二火成材，并配置了连铸坯修磨设施，有效提高了坯料质量，在原料上满足了生产高端产品的要求。（2）采用高压力、小水量除鳞装置除去钢坯表面氧化铁皮，提高产品表面质量。（3）粗中轧机采用合金钢用高刚度短应力线轧机，保证中间轧件轧制精度，全线轧机采用平立交替布置。（4）2号、4号、6号、8号轧机入口和出口导卫落地，实现全线无扭轧制。（5）预精轧机后两架、精轧机、减定径机采用西门子（摩根）供货的超重型无扭顶交轧机，采用8+4工艺，保证实现高精度轧制、自由规格轧制和热机轧制。（6）水冷段控制冷却采用西门子（摩根）供货的闭环温度控制系统。（7）斯太尔摩线采用西门子（摩根）的大风量强冷延迟型控制工艺冷却运输线，带有可开闭的绝热保温罩，既可进行高碳钢强制冷却，又可实现弹簧钢、冷镦钢和低碳钢线材的缓慢冷却，并采用了多种有效的消除线圈间搭接的热点的措施，提高线材性能的均匀性。该工程生产线设备配置及性能参数以及设备布置分别见表5和图13。

4.5 长钢高速线材工程

工程设计规模为两条年产55万吨的高速无扭

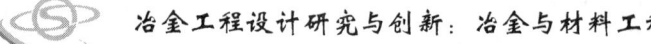

热轧盘条。产品规格：ϕ5.5～16.0mm。主要钢种：普通碳素结构钢、优质碳素结构钢、冷镦钢、弹簧钢、焊条钢等。设备配置特点：（1）粗中轧轧机全部选用短应力线轧机。（2）全线采用平-立交替布置无扭轧制。（3）预精轧机组中选用4架悬臂式轧机。（4）精轧机采用首钢国际工程公司顶交45°轧机，具有很高的可靠性。该工程生产线设备配置及性能参数以及设备布置分别见表6和图14。

表5　贵钢精品线材生产线工程设备配置及性能参数

区　域	设备配置及性能参数	备　注
加热炉区	上料台架（台架尺寸：9400mm×6000mm）、入炉辊道、固定挡板、升降挡板、废钢剔除装置、出炉保温辊道、导槽装配	设备设计、成套供货
粗中轧区	4架600轧机（轧辊规格：ϕ650/ϕ560mm×800mm）、5架450轧机（轧辊规格：ϕ480/ϕ420mm×750mm）、3架350轧机（轧辊规格：ϕ380/ϕ320mm×650mm）、1号飞剪及导槽（剪切断面：≤ϕ77mm）、2号飞剪及导槽（最大剪切断面：ϕ40mm）、中轧立活套	设备设计、成套供货
预精轧及精轧区	包括：1架350轧机（轧辊规格：ϕ380/ϕ320mm×650mm）、1架350轧机（轧辊规格：ϕ378/ϕ320mm×650mm）、285预精轧前水平活套及卡断剪、预精轧机组间立活套、285H/V悬臂预精轧机（15号、16号）、顶交230预精轧机组（17号、18号）、精轧前水冷线、精轧机前3号飞剪及碎断剪（最大剪切断面：600mm^2）、230预精轧前及精轧机前水平活套、卡断剪、精轧机前夹送辊、精轧机组（19~26号）（由8架ϕ230轧机组成，辊环规格：ϕ228.3/ϕ205mm×71.7/70）、精轧后及减定径机后水冷线、减定径机前卡断剪、减定径机组（27~30号）（由2架ϕ230和2架ϕ150轧机组成）、吐丝机前夹送辊、吐丝机	顶交230预精轧机组、精轧机组、减定径机组、夹送辊、吐丝机摩根供货
盘卷精整区	散卷冷却运输线、集卷站、卷芯架运输系统、自动打捆机、卸卷站、PF线	

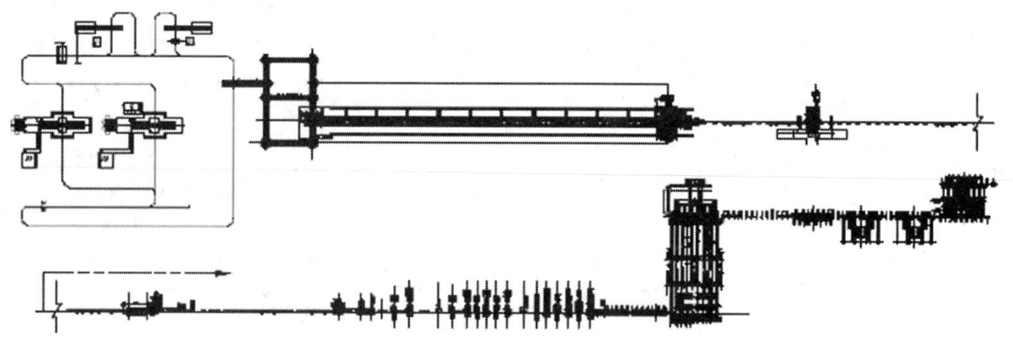

图13　贵钢精品线材生产线工程设备布置

表6　长钢高速线材生产线设备配置及性能参数

区　域	设备配置及性能参数	备　注
钢坯热送线	钢坯运送辊道、升降挡板、推钢机、钢坯下料台架、固定挡板	设备设计、成套供货
加热炉区	料台架（台面尺寸：10m×8m）、入炉辊道、升降挡板、废钢剔除装置、固定挡板、入炉导板、出炉辊道、粗轧机前夹送辊	设备设计、成套供货
粗中轧区	卡断剪、2×4架550轧机（轧辊规格：ϕ610/ϕ520mm×600mm）、2×5架450轧机（轧辊规格：ϕ480/ϕ420mm×650mm）、2×5架350轧机（轧辊规格：ϕ380/ϕ320mm×650mm）、1号飞剪及导槽（最大剪切断面：5000mm^2）、2号飞剪及导槽（最大剪切断面1970mm^2）、立活套	设备设计、成套供货
预精轧及精轧区	预精轧前带卡断剪水平活套、悬臂预精轧机组（15～18号）（辊环：ϕ285/ϕ255mm×95/70mm）、精轧前水冷线、精轧机前3号飞剪及碎断剪（最大剪切断面：576mm^2）、精轧机前带卡断剪水平活套、精轧机组（19~28号）（1~5架为ϕ230mm轧机，6~10架为ϕ170mm轧机）、精轧后水冷线、吐丝机前夹送辊、吐丝机	设备设计、成套供货
精整区	散卷冷却运输线、立式集卷站系统、P&F运输线、自动打捆机、盘卷称量装置、卸卷站	

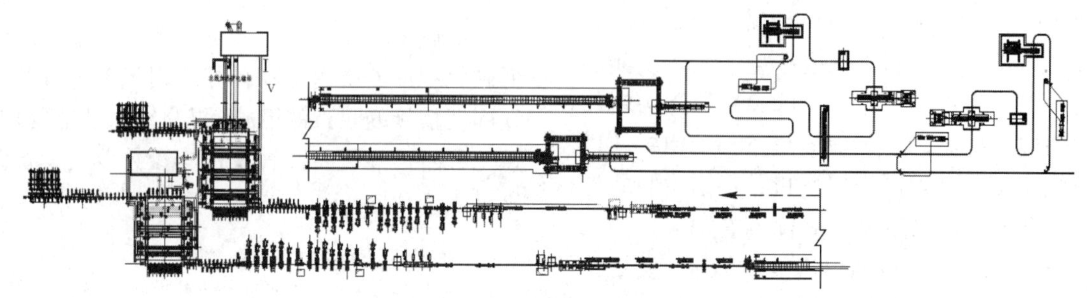

图14　长钢高速线材工程设备布置

5 展望

随着轧钢技术的发展，线棒材设备大型化、高强度、高速化、长寿命的要求成为必然。首钢国际在已有的多种机型短应力线轧机成熟专有技术得到广泛应用的同时，已经完成线棒材定尺飞剪、盘卷卷取机、1000t 冷剪等主要相关设备的研制。首钢国际工程公司线棒材装备技术专业团队将以市场需求为导向，不断以优化设备设计、细化设备配置、开发关键设备和加强技术储备作为持续研发的工作方向，必将为进一步满足线棒材生产线的装备需求，为推动我国线棒材技术产业的健康发展做出更大贡献。

首钢水城钢铁公司新建高强度棒材生产线工艺设计特点

郑志鹏　何　磊

(北京首钢国际工程技术有限公司，北京 100043)

摘　要：介绍首钢水城钢铁公司新建年产 100 万吨全连轧棒材生产线的工艺布置及工艺设计特点。该生产线采用多项先进工艺及设备，包括采用弧形辊道实现连铸坯的热送热装工艺，采用创新的轧机布置方式提高切分轧制稳定性，采用无槽轧制生产工艺降低轧辊消耗，采用低温轧制工艺降低加热消耗，采用切分轧制工艺提高小规格棒材产品产量，以及采用控制轧制及控制冷却工艺实现 HRB400、HRB500 级高强度螺纹钢筋棒材产品的生产。

关键词：棒材；切分轧制；控制轧制；控制冷却

Design Characteristics of Process for Bar Rolling Line of Shougang Shuigang Iron and Steel Company

Zheng Zhipeng　He Lei

(Beijing Shougang International Engineering Technology Co., Ltd., Beijing 100043)

Abstract: The paper introduced the design characteristics of the process of the continuous bar rolling line in Shougang Shuigang Iron and Steel Company, which output is 1,000,000t/a. The rolling line adopt many advanced processes and equipments, which include arc roller tables to achieve the hot delivery and hot charging of billets, the creative arrangement of the rolling stands to improve the stability of the slitting rolling, the groove-less rolling process to reduce the consume of the rollers, the low temperature rolling process to reduce the fuel consume of the re-heated furnace, the slitting rolling process to improve the produce ability of the small size roller bars, and the controlled rolling and controlled cooling process to achieve the HRB400 & HRB500 high intensity rebar products. The advanced processes and equipments are introduced in this paper.

Key words: bar; slitting rolling; controlled rolling; controlled cooling

1　引言

为实现首钢水城钢铁公司“西部长材精品基地”的发展目标，首钢水城钢铁公司于 2011 年建成投产一条年产 100 万吨高强度棒材生产线。为落实国家《钢铁工业“十二五”发展规划》中关于产品升级的指示精神，该生产线立足于 HRB400、HRB500 高强度螺纹钢筋棒材的生产，由北京首钢国际工程技术有限公司承担工程总承包，于 2010 年 10 月破土动工，2011 年 5 月热负荷试车成功。该生产线工艺装备水平、生产自动化水平处于国内同类生产线领先水平，投产一年以来为首钢水城钢铁公司创造了良好的经济效益和社会效益。

2　主要工艺技术参数

坯料：150mm×150mm，坯料长度 12m，坯料质量 2065kg；

产品：ϕ12~40mm 热轧直条螺纹钢筋和 ϕ14~40mm 热轧直条圆钢，定尺长度为 6~12m；

钢种：低合金钢、优质碳素结构钢、合金结构钢、冷镦钢等；

交货状态：成捆交货，捆径ϕ150~400mm，定尺长度 6~12m，捆重≤3t；

年设计产量：100 万吨；

最高终轧速度：18m/s；

车间设备总重：3100t，其中工艺设备 2310t，起重运输设备 690t，液压润滑设备 100t；

电气设备装机总容量：23780kW，其中直流主传动电机容量 19983kW；

主厂房建筑面积：26920m^2，操作平台标高 +5.0m。

3 工艺布置及工艺流程

3.1 车间生产工艺流程（见图 1）

3.2 车间平面布置（见图 2）

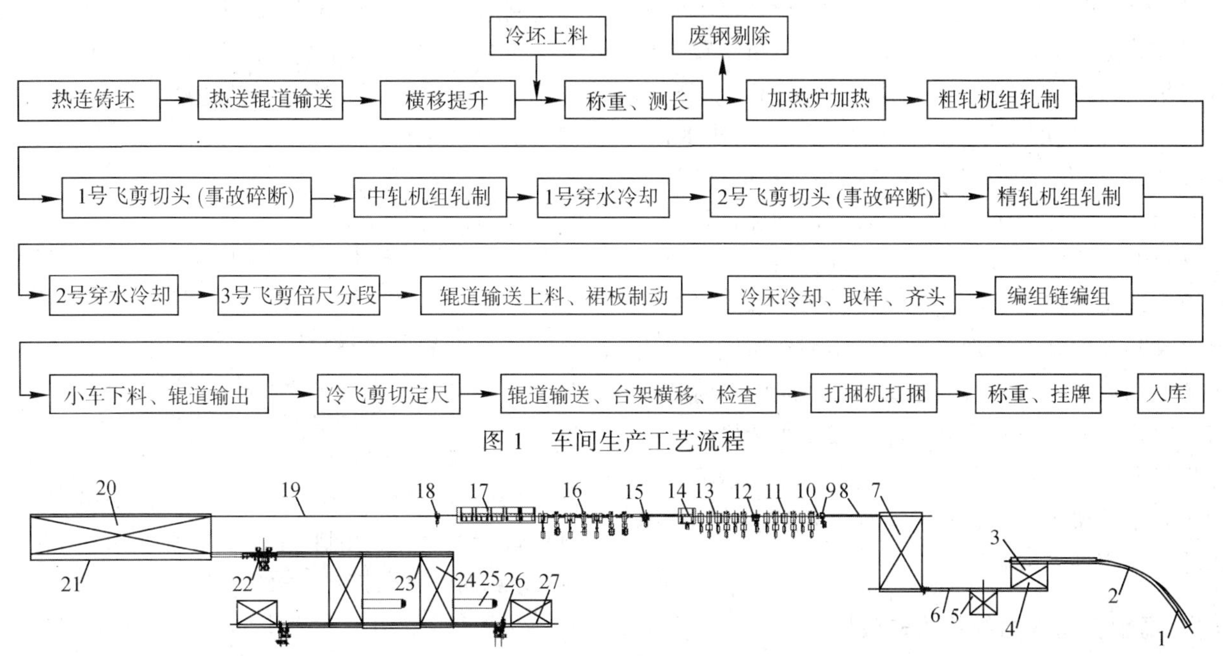

图 1 车间生产工艺流程

图 2 车间平面布置

1—热送辊道；2—弧形辊道；3—横移装置；4—提升装置；5—冷坯上料台架；6—入炉辊道；7—步进梁式加热炉；8—出炉辊道；9—夹辊道；10—卡断剪；11—粗轧机组；12—1 号飞剪；13—中轧机组；14—1 号穿水冷却；15—2 号飞剪；16—精轧机组；17—2 号穿水冷却；18—3 号倍尺飞剪；19—冷床上料系统；20—冷床本体；21—冷床下料系统；22—冷飞剪；23—移钢小车；24—移钢台架；25—短尺收集台架；26—自动打捆机；27—成品收集台架

4 主要工艺特点

4.1 采用弧形辊道实现热送热装工艺

棒材生产线坯料全部由水钢第二炼钢厂 3 号连铸机提供，根据厂区地形条件，连铸出钢线与轧钢车间入炉线间具有 57º夹角。为满足每年 103 万吨连铸坯的热送要求，热送系统设备必须具有极高的稳定性，通过多方案比较，最终确定了采用弧形辊道实现坯料 57º的转角。热送辊道由 400mm 辊身长度的直线段辊道及 1500mm 辊身长度的弧形辊道组成，弧形辊道的弯曲半径为 30m，弧形辊道区域所用辊道采用锥形辊道，按照设定的辊道运行速度，改变坯料的运行方向，输送控制采用光电检测和物料跟踪系统实现自动控制，输送长度 100 多米，现场使用效果良好，实现热送率 90%以上。弧形辊道布置如图 3 所示。

4.2 采用空气蓄热煤气预热步进式加热炉

该生产线加热炉采用空气单蓄热、煤气预热侧进侧出步进梁式加热炉炉型。步进式加热炉是目前国内轧钢生产线加热炉的一种先进炉型，采用工业微机和 PLC 构成控制系统，具有生产操作灵活、钢坯加热均匀、氧化烧损少和节能等优点，减少了氧氮化物的生成，环境得到改善，加热炉内水管采用净环水冷却，采用高合金耐热垫块，相邻两垫块之间错位成“鸟足”式布置，炉底纵梁在均热段采用错位技术，尽量减少支撑水梁造成的钢坯“黑印”。采用空气单蓄热、煤气预热燃烧系统，空气蓄热温度约 1000℃，煤气预热温度约 280℃，三分之二烟气的排烟温度在 200℃以下，三分之一烟气的排烟温度经过煤气预热后在 380℃以下。这种燃烧方式

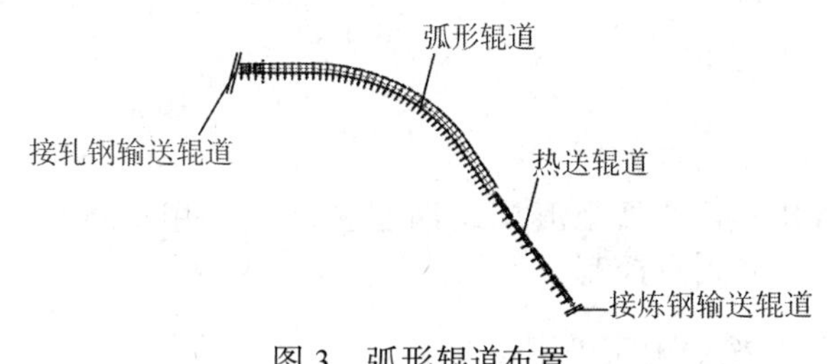

图 3 弧形辊道布置

可以最大限度地回收烟气带走的热量，提高加热炉热效率，同时保证加热炉生产过程的稳定。

4.3 采用创新形式的轧机布置

该生产线未采用典型 18 架全连轧布置方式，创造性地采用了 19 架全连轧布置方式，分为粗轧、中轧、精轧机组，其中粗轧机组 6 架轧机，中轧机组 6 架轧机，精轧机组 7 架轧机，粗、中轧机组轧机布置方式为平立轧机交替布置；精轧机组布置方式为“平-平-立-平-立-平-立”，其中 K1、K3、K5 轧机为平立可转换轧机，采用切分轧制生产时 K1、K3 轧机转换为水平形式。采用 7 架精轧机的优点是：在采用四切分轧制生产时，进入 K6 架轧机料型为箱型料型，当精轧机组采用 6 架轧机时，箱型料型将由中轧机组提供，中轧与精轧机组间布置有 1 号穿水冷却装置及穿水后恢复段，箱型料型轧件经长距离运输后易出现扭转，造成精轧机组咬入时轧制事故较多。而在精轧机组增加 1 架水平轧机后，中轧机组所提供料型为圆形，有利于长距离运输后顺利进入精轧机组轧制，从而减少了轧制事故率，提高轧制稳定性及成材率。

4.4 高刚度短应力线轧机的应用

全线 19 架主轧机均选用高刚度短应力轧机，轧机结构特点：二辊高刚度短应力线轧机采用液压压下对称调辊缝、弹性阻尼体平衡辊系，液压横移轧机工作机座调轧槽、工作机座与底座间通过弹簧机械锁紧液压回松。高刚度短应力线轧机主要优点：轧机刚度高，精度好，承载能力大，调整换辊方便，设备结构紧凑，设备重量轻，作业率高，产品尺寸精度高。

4.5 无槽轧制工艺

该生产线粗轧前 4 道次采用矩-方无孔型轧制方法，将 150mm×150mm 坯料轧制成 74mm×74mm 方轧件，总断面收缩率为 75.5%，总延伸系数为 4.11，平均延伸系数为 1.424，使用轧辊初始直径为 ϕ520mm，最大压下量 43mm。第 1~4 道次采用无槽轧制，得到的轧件形状依次为矩形-方形-矩形-方形，由于采用平辊轧制，在经过 4 个架次的轧制后，轧件表面的炉生氧化铁皮基本去除干净，从而提高产品表面质量，并且每个轧制部位的轧制量可比有孔型轧制提高 1.5~2 倍[1]，从而有效降低轧辊消耗。5、6 轧制道次仍采用椭圆-圆孔型系统，有利于经粗轧机组轧制后，圆形截面轧件顺利进入中轧机组轧制，不会出现扭转现象而造成下游轧制事故的可能，提高了轧制稳定性。

4.6 低温轧制工艺

国内常规棒材生产线的开轧温度为 1050~1150℃，该套机组采用低温轧制技术，开轧温度约为 950℃。为满足低温轧制对设备能力的要求，设计中增加了轧机的强度和主电机容量，虽然低温轧制增加了轧制电耗，但加热炉的燃耗大大降低，经生产实践比较，综合节能约为 20%。并且当低温轧制温度为 900~950℃时可保证粗、中轧在奥氏体未再结晶区对轧件进行大变形量轧制，相变后得到细小的铁素体晶粒[2]，从而改善钢材的组织结构性能，同时低温轧制可减少加热时氧化铁皮的生成量，提高成材率。

4.7 切分轧制工艺的应用

对小规格螺纹钢筋采用切分轧制技术，ϕ12mm、ϕ14mm 螺纹钢筋采用四切分轧制工艺；ϕ16mm 螺纹钢筋采用三切分轧制工艺；ϕ18mm、ϕ20mm、ϕ22mm 螺纹钢筋采用两切分轧制工艺，成为国内较早成功采用 ϕ16mm 三切分及 ϕ22mm 两切分的生产线。通过采用切分轧制技术，将 ϕ12~22mm 小规格螺纹钢棒材产品产量提高到 180t/h 以上，提高了轧机生产率，有效发挥全线设备能力，并与连铸生产能力合理匹配。通过采用 7 机架精轧机组布置形式，有效提高了生产的稳定性。四切分精轧机组孔型系统如图 4 所示。

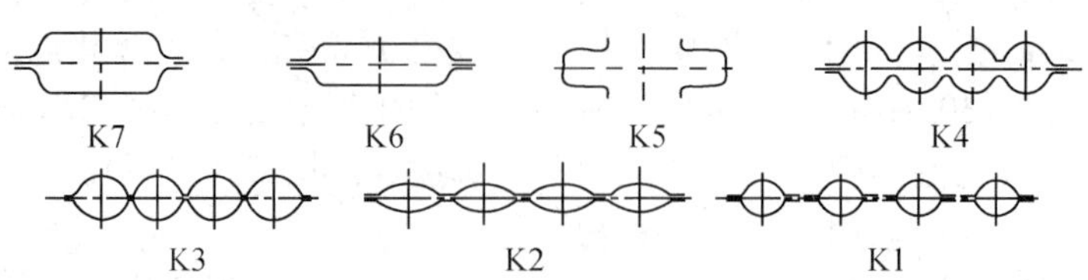

图 4 四切分精轧机组孔型系统

4.8 实现高强度螺纹钢筋生产所采用的控制轧制及控制冷却工艺

按照国家《钢铁工业“十二五”发展规划》中产品升级方面中“400MPa 及以上高强度螺纹钢筋比例超过 80%”的明确要求，该生产线的设计充分满足 HRB400、HRB500 高强度螺纹钢筋以及 HRB400E、

HRB500E 高强度抗震螺纹钢筋的生产要求。通过结合使用微合金化工艺、低温轧制实现超细晶生产工艺、余热淬火及热芯回火生产工艺，实现高强度螺纹钢筋的生产。

通过控制化学成分，使产品综合性能得以提高；通过将开轧温度控制在 950℃左右较低开轧温度，并在精轧机组前设置 1 号穿水冷却装置，将精轧机入口温度控制在 840~880℃的低温轧制工艺，使轧制全程细化组织，促进钢筋表面、芯部组织均匀化；在精轧机组后设置有穿水冷却装置，实现轧后余热淬火加热芯回火处理工艺，获得较大过冷度，抑制奥氏体晶粒长大，进一步细化晶粒，使轧件经穿水冷却装置后获得高屈服强度和高延展性的组织结构。通过以上工艺的合理结合，在保证产品综合性能的同时，有效降低生产成本，提高了经济效益。

4.9 低温重型倍尺剪的应用

为满足 HRB400、HRB500 的轧制生产中余热淬火生产工艺，倍尺剪所剪切轧件温度为 300~350℃，为满足此低温剪切温度要求，该生产线选用一台低温重型倍尺飞剪，飞剪最大剪切力为 67t。飞剪为曲柄-回转组合形式，采用启停工作制。当剪切速度低于 8m/s 时，采用曲柄剪切模式；当剪切速度高于 8m/s 时，采用回转剪切模式。为方便剪切模式的转换，配置专用换刀架装置，从而缩短操作时间，降低劳动强度。两种剪切模式均可在一定速度范围内带飞轮剪切，以提高剪切能力，使飞剪具有剪切能力大，启动性能好，剪切模式转换方便的特点。

4.10 高架结构主厂房

主厂房内设置+5.0m 平台，轧线标高+5.8m，电气室、液压站、润滑站均布置于平台下，地下工程量小，便于生产管理及设备、管线的维护和检修。

5 主要设备特点

5.1 加热炉

加热炉为侧进侧出步进梁分段式加热炉，加热能力为 180t/h（冷装），燃料为焦转混合煤气，采用净环水冷却方式。出炉钢坯温度约为 950℃，加热炉有效长度 24000mm，内宽 12644mm，过钢炉底强度 625kg/（$m^2 \cdot h$），主要特点如下：

（1）加热炉温度自动控制段数为三段，包括第一加热段、第二加热段、均热段，这种布置形式可保证钢坯加热温度的均匀性，有利于提高钢坯加热质量。

（2）步进机构采用节能型液压系统，可降低装机容量节约电耗。系统采用变量泵与比例阀以及配套的行程检测与控制装置，步进梁开始托起与放下钢坯时均以低速运行，实现“轻托轻放”以减少氧化铁皮脱落以及避免由于撞击而使水冷梁的绝热层遭受破坏。

（3）采用双层框架斜坡滚轮式炉底步进机械，全液压驱动。设有可靠的防跑偏装置，以达到易于安装调制、运行可靠、维护量少和跑偏量极小的目的，同时具有运行平稳、可靠，承载大等特点。在炉底步进机械液压缸上设有线位移传感器，可以随时监控记录步进机械的运行情况。

（4）各段炉膛温度控制采用双交叉限幅控制，保证热负荷变化时的合理燃比，加入补偿信号，提高系统的响应速度使之适应加热炉热负荷周期、快速变化的需要。

（5）采用空气单蓄热、煤气预热燃烧系统，空气蓄热温度约 1000℃，煤气预热温度约 280℃，三分之二烟气的排烟温度在 200℃以下，三分之一烟气的排烟温度经过煤气预热后在 380℃以下。这种燃烧方式可以最大限度回收烟气带走的热量，提高加热炉热效率，同时保证加热炉生产过程的稳定；经过空气蓄热，煤气预热后提高了理论燃烧温度，可以在生产过程中进行增产强化加热。

（6）对同梁垫块采用卡固式错位技术。通过生产实践证明，采用这一技术对改善钢坯的水管黑印有一定作用。由于同梁的垫块交错布置，钢坯在炉内运行过程中与水梁的接触点不再是同一个固定位置，而是在两个位置之间不停地变换。同时，垫块采用卡固式安装方式，比焊接方式热阻大，也减少了水管黑印。

（7）采用可靠、实用、技术先进的电气控制和基础自动化和热工仪表控制，实现操作自动化与物料系统自动跟踪管理。

5.2 主轧机

全线共选用 19 架轧机，分为粗轧、中轧和精轧机组，其中粗轧机组 6 架，中轧机组 6 架，精轧机组 7 架。轧机选用高刚度短应力线轧机，均为直流电机单独传动。

轧机主要结构：

（1）轧机拉杆装配由四根合金钢拉杆、左右支撑各 2 个、左右旋调整螺母各 4 个及 4 个弹性阻尼体等组成。

（2）轧辊装配由上、下工作辊系组成。包括上、下工作辊、轴承座、轴承等，轴承座为合金铸钢。双列推力圆锥滚子轴承安装在轧辊操作侧，用以承受轴向力。四列圆柱滚子轴承承受轧制力。

（3）轧机压下装置安装在拉杆顶部，由蜗轮、蜗杆传动系统、液压压下马达及人工手柄等组成，液压马达在轧机传动侧，可实现轧机的快速压下调整，手柄由人工进行微调。轧辊轴向调整采用齿轮/蜗杆结构，安装在操作侧轴承座内。

（4）轧辊采用弹性阻尼体平衡，安装在上、下轧辊轴承座之间。

（5）整机换辊，换辊时间 10~15min。

主轧机基本性能参数见表 1。

表 1　主轧机基本性能参数

名称	机架号	轧机规格	轧辊尺寸		电机参数	
			最大/最小/mm	辊身/mm	功率/kW	转速/$r \cdot min^{-1}$
粗轧机组	1H	水平二辊ϕ550 轧机	ϕ610/ϕ520	600	750	600/1200
	2V	立式二辊ϕ550 轧机	ϕ610/ϕ520	600	750	600/1200
	3H	水平二辊ϕ550 轧机	ϕ610/ϕ520	600	750	600/1200
	4V	立式二辊ϕ550 轧机	ϕ610/ϕ520	600	750	600/1200
	5H	水平二辊ϕ450 轧机	ϕ480/ϕ420	650	750	600/1200
	6V	立式二辊ϕ450 轧机	ϕ480/ϕ420	650	750	600/1200
中轧机组	7H	水平二辊ϕ450 轧机	ϕ480/ϕ420	650	750	600/1200
	8V	立式二辊ϕ450 轧机	ϕ480/ϕ420	650	750	600/1200
	9H	水平二辊ϕ450 轧机	ϕ480/ϕ420	650	750	600/1200
	10V	立式二辊ϕ450 轧机	ϕ480/ϕ420	650	750	600/1200
	11H	水平二辊ϕ350 轧机	ϕ380/ϕ320	650	750	600/1200
	12V	立式二辊ϕ350 轧机	ϕ380/ϕ320	650	750	600/1200
精轧机组	13H	水平二辊ϕ350 轧机	ϕ380/ϕ320	650	1050	550/1250
	14H	立式二辊ϕ350 轧机	ϕ380/ϕ320	650	1050	550/1250
	15H/V	平立二辊ϕ350 轧机	ϕ380/ϕ320	650	1050	550/1250
	16H	立式二辊ϕ350 轧机	ϕ380/ϕ320	650	1400	550/1250
	17H/V	平立二辊ϕ350 轧机	ϕ380/ϕ320	650	1050	550/1250
	18H	立式二辊ϕ350 轧机	ϕ380/ϕ320	650	1400	550/1250
	19H/V	平立二辊ϕ350 轧机	ϕ380/ϕ320	650	1400	550/1250

5.3　飞剪

全线共设有 4 台飞剪，均采用启停式工作制，1 号、2 号飞剪具有切头、切尾及碎断功能；3 号飞剪为低温倍尺飞剪并具有优化剪切功能。冷飞剪结构形式为曲柄连杆式，最大剪切力为 450t，剪切精度为 0~+30mm，剪刃宽度为 800mm，剪切定尺长度为 6m、9m、12m，在轧件运行过程中对其进行剪切，剪切精度高，实现生产线的全线自动化控制。飞剪技术参数见表 2。

表 2　飞剪技术参数

名　称	安装位置	用　途	剪切面积	剪切速度	轧件温度
1 号飞剪	粗中轧之间	切头、碎断	≤5000mm²	0.4~2.0 m/s	≥900℃
2 号飞剪	中精轧之间	切头、碎断	≤3000mm²	2.4~8 m/s	≥850℃
3 号飞剪	精轧机组后	倍尺分段	≤1256mm²	4.22~18 m/s	≥450℃
冷飞剪	冷床出口	定尺剪切	—	1.0~1.5 m/s	≤300℃

5.4　穿水冷却装置

轧线在中轧机组后及精轧机组后分别设置 1 号穿水冷却段及 2 号穿水冷却段，冷却段采用文氏管形式，文氏管形式穿水冷却装置的特点是通过最优化的几何角度进行聚敛及发散形状的最佳排布，使棒材及冷却水的热交换率达到最大值，具有冷却能力强、有效节省水量等优点。1 号穿水冷却段用于控制进入精轧机组的入口温度，2 号穿水冷却装置用于实现轧后余热淬火及热芯回火工艺。

设备结构：1 号穿水冷却装置采用单线水冷管

和旁通辊道结构，两条单线水冷管平行于轧制中心线，安放在一个可移动的台车之上，根据生产工艺要求采用不同水冷管或旁通辊道。2 号穿水冷却装置位于精轧机与 3 号飞剪之间，设备形式是将四线切分水冷管、大小规格单线水冷管及旁通辊道布置于横移小车上。对于不同轧制规格，通过小车横移，选用不同的冷却制度。

5.5 冷床区

冷床区设备主要包括上料系统、冷床本体、冷床密集链、冷床下料小车及冷床输出辊道。上料系统全长 195m，冷床上料系统包括前段辊道、制动裙板辊道及制动裙板提升装置。冷床为步进齿条式，齿条末端设有齐头辊道，冷床规格 120m×12.5m，步距 110mm，步进周期 2.54s，对齐辊道采用交流变频电机单独传动。冷床下料装置由排钢链和卸料小车等组成。冷床输出辊道由电机减速机、联轴器、辊道、铺板、辊道支架等组成。

5.6 精整区

精整区设备主要包括一台 450t 冷飞剪，移钢台架输入辊道、移钢小车、移钢台架、升降辊道、定尺收集链及辊道、自动打捆机、成品收集台架、成品秤等。

6 自动化控制系统

车间采用两级自动化控制系统，包括一级基础自动化及二级过程控制自动化。

基础自动化控制主要功能如下：

（1）加热炉自动化控制；

（2）轧机速度给定、级联控制；

（3）动态速降补偿；

（4）粗中轧微张力控制；

（5）活套自动控制；

（6）故障诊断；

（7）飞剪切头、切尾自动控制；

（8）倍尺飞剪优化剪切控制飞剪与冷床顺序控制；

（9）冷床下料及摆式冷剪切定尺自动控制等。

过程控制主要功能如下：

（1）模拟轧制，水、电、油、气、风等参数的连锁和报警；

（2）轧制程序存储、调用、修改及相应参数的设定；

（3）各机架的速度、电流等参数显示；

（4）事故显示、报警；

（5）报表显示和打印；

（6）人-机通讯等。

7 结语

该生产线的工艺技术代表了当今国内同类棒材轧机生产线的先进水平，它的建成投产将为首钢水城钢铁公司改变产品结构、提升产品档次打下坚实基础，并可为其他冶金企业同类生产线的建设提供参考。

参考文献

[1] 徐春. 型钢孔型设计[M]. 北京：化学工业出版社, 2009.

[2] 李曼云. 小型型钢连轧生产工艺与设备[M]. 北京：冶金工业出版社, 1998.

（原文发表于《2012 轧钢生产技术会议论文集》）

长钢精品螺纹棒材生产工艺及设备的研究与应用

王 烈[1] 宋金虎[2] 吴明安[2] 侯 栋[2]

(1. 北京首钢国际工程技术有限公司，北京 100043；
2. 首钢长治钢铁有限公司轧钢厂，长治 046031)

摘 要：分析首钢长治钢铁公司生产 100 万吨精品螺纹棒材生产线的工艺流程设计及车间平面设计，重点介绍该生产线采用的热送热装、蓄热步进炉、无槽轧制、在线热处理等先进工艺技术及设备；该生产线成功投入生产，达到设计要求，取得了较好的经济效益和社会效益。

关键词：棒材轧机；热送热装；切分轧制；无孔型轧制

New Processes and Equipment Research and Application for Rod Mill of Changzhi Steel Co.

Wang Lie[1] Song Jinhu[2] Wu Ming'an[2] Hou Dong[2]

(1. Beijing Shougang International Engineering Technology Co., Ltd., Beijing 100043;
2. Shougang Changzhi Steel Co., Changzhi 046031)

Abstract: This paper analyzes the processes design and workshop layout design, introduces the advanced technologies and equipments for the rod mill of Changzhi Steel Co. This line put into production successfully and achieved good economic and social benefits.

Key words: rod mill; hot charging; splitting; groove-less rolling

1 引言

正如钢铁工业“十二五”发展规划提出的“坚持结构调整、坚持绿色发展、坚持自主创新是钢铁产业发展的基本原则”，特别是在面对原料价格上涨、市场需求低迷的微利时代，钢铁企业要想生存发展必须创新工艺技术，提高产品附加值，同时节能降耗，拼成本赢市场。首钢长治钢铁有限公司正是以此为方针，定位高端，采用先进工艺建设了一条年产 100 万吨精品螺纹棒材生产线。

2 工程背景

长治钢铁有限责任公司创建于 1947 年，是中国共产党在太行山革命根据地建设的第一个钢厂，经过半个多世纪的风雨历程，逐步发展成为山西省重要的建材生产基地，2009 年成功联合重组入首钢集团。为实现长钢炼轧产能匹配和产品结构调整，2010 年开工建设了年产 100 万吨精品螺纹棒材生产线，这也是长钢承载首钢优势平台、转移首钢先进技术、推动长钢升级换代、实施转型跨越发展的关键工程。

3 设计简述

首钢长钢精品螺纹棒材工程设计年产量 100 万吨。产品为ϕ12~50mm 的热轧钢筋、预应力钢筋、矿用锚杆和高铁用螺纹钢筋等。产品钢种为普通碳素结构钢、优质碳素结构钢、低合金钢等。原料全部采用 150mm × 150mm × 12000mm 连铸坯，综合成材率为 97%。

3.1 生产工艺流程

生产工艺流程如图 1 所示。

3.2 车间工艺平面布置

车间工艺平面布置如图 2 所示。

3.3 车间工艺及平面设计主要特点

长钢精品螺纹棒材工程采用国内外先进的工艺技术装备和合理的平面布置形式，坚持经济发展、资源节约和环境保护的一体化战略，主要特点如下：

（1）坯料采用热送热装工艺，钢轧界面紧凑布置，辊道运输，节省能源，减少钢坯的库存量及库容；

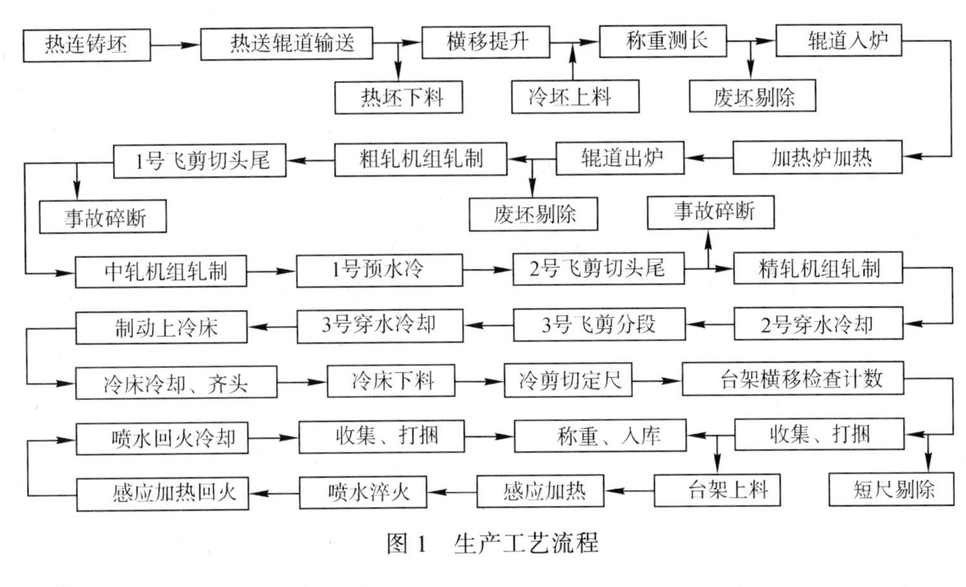

图 1 生产工艺流程

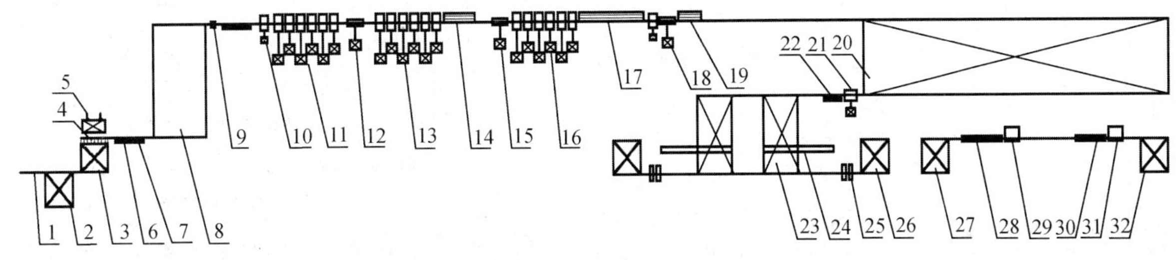

图 2 车间平面布置

1—热送辊道；2—热坯翻转冷床；3—横移台架；4—提升机；5—冷坯上料台架；6—废料剔除装置；7—称重测长装置；8—加热炉；9—高压水除鳞装置(预留)；10—夹送辊；11—粗轧机组(6 架)；12—1 号飞剪；13—中轧机组(6 架)；14—1 号预穿水装置；15—2 号飞剪；16—精轧机组(6 架)；17—2 号穿水冷却装置；18—3 号飞剪；19—3 号穿水冷却装置；20—冷床；21—冷剪；22—定尺机；23—移钢台架；24—短尺剔除装置；25—自动打捆机；26—成品收集台架；27—热处理上料台架；28—感应加热装置；29—淬火装置；30—加热回火装置；31—回火冷却装置；32—下料台架

（2）采用蓄热式步进加热炉，用工业微机和PLC构成控制系统，具有生产操作灵活、钢坯加热均匀、减少能源消耗等优点；

（3）全线 18 架轧机均采用短应力线高刚度轧机，并采用平、立交替布置，实现全线无扭转轧制，轧机选型先进，应力线短，弹跳小，为提高产品质量提供有效保证；

（4）对小规格螺纹钢筋采用二、三、四切分轧制，有效平衡轧机大小规格产品产量，轧机生产效率大大提高；

（5）粗轧机组采用无孔型轧制工艺，提高轧辊共用性，降低辊耗，有利于提高轧件表面质量；

（6）精轧机组前配有预水冷装置，实现控轧控冷工艺，精轧机组设机间水冷和机后穿水装置，实现轧后余热淬火加芯热回火处理工艺，使轧件获得高屈服强度和高延展性的组织结构，从而为低成本生产高等级钢筋提供必要的技术保证；

（7）全线选用 3 台起停式飞剪，可对轧件进行切头、切尾、碎断和倍尺分段，3 号剪引进达涅利高强低温倍尺剪，满足控轧控冷工艺，并采用倍尺优化剪切技术，提高成材率；

（8）冷床上料采用单裙板多位制动，可提高制动效果，减少制动距离，有利于多切分轧制；冷床本体为步进齿条式，产品平直度好，性能均匀，提高产品内在质量；

（9）采用电子计数器配合全自动打捆机，提高打捆效率和产品包装质量；

（10）调质热处理线实现了高强度螺纹钢筋的低成本生产，提升了产品竞争力；

（11）轧线主传动采用带直流公共母线的交直

交变频调速系统，速度控制准确，调速方便，运行可靠。轧机速度控制采用全线逆调，使轧制过程更加稳定；

（12）主厂房结构简单，钢耗少，寿命长；公辅设施贴建于主厂房，缩短管网长度，提高能源利用效率，降低工程量；

（13）主轧线采用高架式结构，地下工程量小，便于生产管理及设备、管线的布置和维护；

（14）水系统采用分质用水和循环利用，基本实现废水“零”排放，并对废渣等副产品加以回收循环利用；

（15）主轧线采用一字式布置，精整工序采用折返式布置，保证生产顺畅，同时节省厂房占地；精整区设备采用燕翅阵型布置，保证各线的相对独立，同时利用辊道贯通，既互不干涉又可互为补充。

4 采用的新工艺、新技术

4.1 连铸坯热送热装工艺

随着连铸技术的不断发展，高温无缺陷连铸坯的连续生产和热送热装已成现实，这不仅能够减少燃料消耗，缩短生产周期，而且还能降低氧化铁皮损耗，提高成材率，是轧钢车间节能降耗的重要措施之一。长钢棒材线在设计之初就充分考虑了热送热装工艺的实现，不仅在平面布置上轧钢车间与炼钢车间仅一路之隔，实现了钢轧界面的短距离对接；而且在工艺设备设计中，还充分考虑了热装热送的可能。

炼钢车间为65t转炉配6流连铸机，铸机后设长度为18m的热坯台架作为热送的缓冲，在台架出口热坯通过地下隧道进入轧钢车间后经横移和提升机构进入5m平台，称重测长后由入炉辊道送入加热炉，入炉温度在500~700℃之间。当轧钢车间进行换槽、换班等短时间操作时，热坯可在台架上进行缓冲；当轧钢车间出现事故、换辊等长时间停产时，热坯可在炼钢车间由天车下线也可在轧钢车间通过热坯翻转台架下线进入原料库储存，作为冷料等待组坯入炉；当炼钢车间出现事故、检修等停产时，轧钢车间采用冷坯生产。轧钢车间与炼钢车间设有生产通讯，通过生产调度和组织，实现高热装率。

此外，为提高热装率和生产稳定性，不仅对轧钢孔型系统进行优化，提高孔型公用性，减少换辊次数；优化轧制工艺，采用切分轧制提高小规格产品小时产量；而且，加热炉针对生产组织中出现的冷热坯混装情况，采用预热-加热-均热三段式结构，预热段设上下组合式空煤气双蓄热烧嘴8对，冷坯入炉时增开烧嘴提高加热能力，热坯入炉时关闭烧嘴降低加热能力，保证加热段和均热段的稳定，使钢坯出炉温度满足生产要求。通过生产实践，热送热装工艺可降低燃料消耗30%~50%，烧损比冷装减少约0.03%。

4.2 双蓄热步进式加热炉

小型连轧车间加热炉常用的炉型主要有推钢式和步进式；相对于推钢式加热炉，尽管步进式加热炉有投资高，结构复杂等不足，但其具有加热质量好、氧化烧损小、生产组织灵活、更加适应热送热装工艺等优点，特别是随着加热炉技术的不断发展，更多的先进设计理念和节能环保措施被应用到该炉型上，使其成为目前国内轧钢厂广泛采用的一种先进炉型。长治棒材线采用了空煤气双蓄热、侧进侧出上下加热步进梁式加热炉，不仅生产运行符合高产、优质、低耗、节能和生产操作自动化的工艺要求，而且还具有以下特点：

（1）采用自主研发的双蓄热上下组合式低NO_x调焰烧嘴和分散换向技术，保证炉压稳定，减少钢坯氧化烧损和炉膛散热损失。蓄热体采用换热效率高、体积小的蜂窝体，使空煤气蓄热温度达到1000℃，烟气温度在150℃以下，最大限度回收热量，提高炉子效率，减少CO_2和NO_x排放量。

（2）炉温自动控制段分为三段，保证钢坯加热温度的均匀性，提高钢坯加热质量并适应冷热混装工艺。各段炉膛温度采用双交叉限幅控制，保证热负荷变化时的合理燃比，提高系统的响应速度使之适应热负荷周期快速变化的需要。

（3）采用双层框架斜坡滚轮式炉底步进机械，全液压驱动，配备自有专利技术的节能型液压系统，降低装机容量和系统规模，实现低速运行，“轻托轻放”，节约能耗。同时设有可靠的防跑偏装置，易于安装调试，运行可靠，维护量少。

（4）高合金耐热垫块与炉底纵梁均采用错位技术，减少钢坯“黑印”。合理配置炉底纵梁，采用大跨度立柱支撑，在保证所有钢坯运行平稳的条件下力求减少冷却水管的表面积。

（5）配备完善的热工自动化控制系统，确保严格的空燃比和合理的炉压等控制，使热损失减少到最小。采用实用、可靠、先进的电控仪控，保证炉子的安全正常生产，实现操作自动化。

4.3 无孔型轧制和多线切分工艺

4.3.1 无孔型轧制

无孔型轧制是指使用不带轧槽或孔型的平辊轧制高宽比较小的轧件，也称为无槽轧制[1]。世界上最早的无孔型轧制概念是1967年瑞典Weber教授在解决热轧细铜线拉拔时发生严重断裂问题提出的。随后美、英、日、德、澳大利亚等国相继开展了研究[2]。我国的无孔型轧制技术是在20世纪80年代后期发展起来的，首钢、唐钢、鞍钢钢铁学院、东北大学等厂矿和科研院所都进行了大量实验，直到1999年，新疆八一钢铁公司开发了棒材全连续无孔型轧制技术，后经不断改进，成为国内首家实现除成品（有孔型轧制）外所有道次均为无孔型轧制的棒线生产企业。

与常规孔型轧制相比，无孔型轧制具有如下优点：

（1）节能：由于无孔型轧制变形均匀，同样变形量的情况下轧制力小，电机负荷小，据八钢高线厂2004年生产数据，轧制能耗降低约7%[3]；

（2）辊耗低：无孔型轧制时轧辊原始辊径小，同样辊身长度利用率更高，轧辊车削量小，加工简单，使用寿命可提高2~4倍；

（3）因轧辊无孔型，改变坯料尺寸和产品规格时仅需调节辊缝和进出口导卫即可实现，提高了轧机作业率；

（4）由于变形均匀，轧件头尾部质量好，理论上切损减少，成材率高。

无孔型轧制也有自身的缺点：由于轧件在平辊间轧制，失去了孔型侧壁的夹持作用，易出现歪扭脱方。歪扭使轧件进入下游轧机时对导卫磨损严重，轧辊磨损不均；脱方导致下游轧机负载增加，轧件角部出现尖角裂纹，易产生折叠等表面缺陷。

通过对八钢等国内钢铁企业的调研和与百胜、东方等导卫制造厂的交流，长钢棒材工程设计确定了粗轧前四架采用无孔型轧制工艺的成熟方案，并对其他架次预留后期开发的条件。为解决无孔型轧制过程中易出现的问题，实现稳定生产，首先对轧制规程进行优化，在实现65%的大变形条件下用充分宽展的方法形成带圆弧的方坯，避免角部尖锐。然后，对导卫装置进行改进。在精度上对导卫提出更高要求，进口导卫间隙的大小设定更加接近料型尺寸，限制轧件扭转，而且直线段长度加长，尽可能接近轧辊辊缝和轧件变形区，保证轧件稳定。同时使用耐磨合金提高使用寿命。出口导卫的扩张角度尽可能大，形成对轧件入口导卫的包绕状，防止轧件窜移。立式轧机入口采用抽拉旋转组合式的新型落地导卫，方便更换和调整。此外生产中对轧机的预装和导卫的调整规程进行严格要求，减少工艺事故的发生。自投产后，前四架的无孔型轧制很稳定，但第五架轧机由于是矩形进椭圆孔，主电机负荷居高不下，有待下一步改善。

4.3.2 切分轧制

切分轧制技术起源于20世纪70年代，首钢总公司1983年从加拿大引进该技术并成功应用，成为当时应用切分轧制技术最早、生产规格最多、产量最大的企业[4]。目前，该项技术已得到广泛应用，并逐步发展出“一切四”、“一切五”等多线切分技术。切分轧制能够极大提高小规格产品的产量，平衡轧机能力，提高孔型系统公用性，特别是该技术对主要工艺设备无特殊要求，具有投入少、产出高、降能耗的特点。但切分轧制中轧件易受到料型、温度、速度和导卫等因素影响而变得不稳定，不仅易出现折叠、缺肉等表面质量问题，还会导致后部工序的咬入困难和跑钢堆钢。

长钢棒材生产线在设计中对小规格产品分别采用了ϕ12四切分、ϕ14三切分、ϕ16~20二切分的轧制工艺，投产后还开发了ϕ14四切分和ϕ22二切分工艺。为加强切分轧制的稳定性，对轧辊、导卫、活套等各环节进行了精细工作。一方面对轧辊辊缝调整精度和孔槽的过钢量严格控制，增加轧辊和导卫的冷却水量和水压，适应多路冷却，降低轧辊磨损和崩槽。对部分精轧机轧辊材质由无限冷硬铸铁改选用碳化钨硬质合金轧辊；另一方面选择成熟可靠的导卫产品，改进立式活套结构，提高耐磨性和稳定性。对后部冷却、精整工序采用标准规程操作，确保稳定顺产。

4.4 热处理工艺

全面推广使用400MPa及以上高强度螺纹钢筋，促进建筑钢材升级换代和减量应用已成为国家钢铁工业“十二五”发展规划中加快产品升级的重要任务之一。而在高强度钢筋生产中，微合金化和控轧控冷是两条主要的技术路线。微合金化是通过在炼钢过程中加入微量V、Nb、Ti等元素，实现细晶强化和沉淀强化，进而提高钢筋的综合力学性能，但合金元素的加入增加了钢筋的成本。而控制轧制和控制冷却则是在不添加或少添加合金元素的前提下，通过在轧制过程中对轧件的变形温度和冷却速度进行控制，得到预期的组织性能。此方法不仅简化工序，降低成本，还能充分挖掘材料潜力，通过细化晶粒得到综合性能更加优良的产品。同时设备简单，易于采用，现已成为国内外钢厂广泛使用的低成本高强度等级钢筋生产工艺。

长钢精品棒材生产线在工艺和设备设计中充分考虑控轧控冷工艺的实现。全线配备高刚度短应力线轧机18架，分为粗、中、精三组；在中轧机组后布置1号预水冷段，对轧件进行中间冷却，水冷后设回复段，均匀芯部与表面温差，实现对精轧机开轧温度的控制。在精轧机组出口布置自主研发的在线余热处理装置，实现对钢筋的快冷淬火。该装置是以 Thermex（轧后余热淬火）和 Tempcore（自回火）工艺为基础，结合首钢多年生产研发经验设计而成的湍流环喷冷却器。它不仅优化了冷却管和喷嘴的形状、尺寸，配以适当的水压和流量打破轧件表面蒸汽膜，并形成稳定的湍流使棒材和冷却水之间的热交换系数达到最大值；而且具有设备模块化、通用性强、调节范围广、操作简便、控制精确、模型自学习等特点。为适应不同规格产品的成品机架变化，在精轧机组间还设置机间快速冷却器，保证对成品轧件的即时淬火。通过采用轧后余热处理工艺实现在线生产各等级热轧钢筋、830MPa 预应力钢筋、SMG500~600 矿用锚杆钢和 HRB500Z 高铁用钢筋等产品。

此外，为实现预应力钢筋产品 PSB830~1080 MPa 的系列化供货和高强度锚杆钢的开发，还配备了一条调质热处理线。该线设计年处理量 1.5 万吨，平均小时产量 2.1t，主要产品为ϕ20mm 以上规格的高级别钢筋。生产线全长 68m，主要设备由上料机构、传送辊道、淬火感应加热系统、淬火系统、回火感应加热系统、回火冷却系统和卸料机构组成，总装机容量 1325kW。

5 结语

长钢精品螺纹棒材生产线工艺设计先进，车间布局合理，不仅实现了吨钢占地和吨钢能耗远低于设计标准，而且通过采用热送热装、蓄热步进炉、无槽轧制、在线热处理等多项节能创新工艺和先进装备实现了产品的高质量和高附加值，投产以来运行稳定，月产纪录不断刷新，各项技术经济指标达到国内领先水平，推动了长钢的快速发展。

参考文献

[1] 徐春，王全胜，张弛. 型钢孔型设计[M]. 北京：化学工业出版社, 2008.
[2] 胡依仁. 无槽轧制工艺综述[J]. 上海金属, 1990(5): 51~56.
[3] 李子文，肖国栋，姜振峰，等. 高速线材轧机无槽轧制技术的开发与应用[J]. 轧钢, 2008(1): 31~33.
[4] 李曼云. 小型型钢连轧生产工艺与设备[M]. 北京：冶金工业出版社, 1999.

（原文发表于《工程与技术》2012 年第 2 期）

铁路专用钢材——十字型钢的研制

林健椿

(北京首钢国际工程技术有限公司，北京 100043)

摘　要：分析了十字型钢断面形状及轧制难度，介绍了孔型设计及导卫设计的特点，比较了横列式和半连续式轧制十字型钢的优缺点，提出了用半连续生产异型材的新举措。

关键词：十字型钢；孔型；导卫；横列式样；半连续式

Study of Cross Section for Railway

Lin Jianchun

(Beijing Shougang International Engineering Technology Co., Ltd., Beijing 100043)

Abstract: In the paper, the author reviews the characteristics of roll pass design and guides-guards, analyses the profile of cross section and difficulty of rolling, compares the excellences and shortcomings of rolling technic of cross layout and semi-continuous layout, after that, it is pointed out that using the semi-continuous rolling measures to produce complex section are advanced.

Key words: cross section; roll pass design; guides and guards; cross layout; semi-continuous layout

1　引言

随着我国铁路运输进入“提速、重载”时代，铁路车辆的整体和零部件的性能要求越来越高，原有的制动梁是采用槽钢和圆钢焊接而成的，在运行中出现了诸如裂纹、脱落等问题。事实已经证明原有的制动梁已明显不适应时代发展对提速铁路车辆高性能、高标准的要求。为此铁道部要求试制新型无焊接制动梁以代替原制动梁，从而保证铁路车辆安全、稳定、高速运行。十字型钢是新型无焊接制动梁主体的关键部分，它起着传递巨大刹车动力和固定、支撑车辆制动工作零件的重要作用。

2001 年首钢设计院开展十字型钢的研制工作，2002 年在齐齐哈尔金河轧钢厂的配合下，在横列四架ϕ320mm 小型轧机上试制成功，并投入批量生产。十字型钢的试制成功不仅填补了我国冶金产品的一项空白，而且为铁路提速作出了一定贡献。2005 年该项目获国家发明专利，专利号为 2L021210888。2006 年，本着“不断创新，勇攀高峰”的精神，我们和特钢一起在两架横列ϕ650mm 大型轧机上试制成功十字型钢。2007 年又在一架横列和六架连轧机组成的半连续轧机上试制成功十字型钢。十字型钢系异型复杂断面，在连轧机组上试制成功在国内是首创，这为连轧机组生产异型断面开辟了新的途径，使连轧技术在理论和实践上有了新的突破。

2　在齐钢ϕ320 小型轧机上研制情况

2.1　主轧机布置及主要设备性能

主机列为横列布置，由一台功率为 1000kW 的主电机带动四架一列轧机，1 号、2 号、3 号机架为三辊轧机，尺寸分别为ϕ340 × 1000mm，ϕ340 × 800mm，ϕ340 × 800mm，4 号机架为二辊轧机，尺寸为ϕ340 × 650mm。1 号机架后有摆动台，轧件进入孔型靠机械操作，其余各架均用人工操作。

2.2　孔型设计

2.2.1　十字型钢的断面特点及轧制难度

（1）十字型钢断面如图 1 所示。

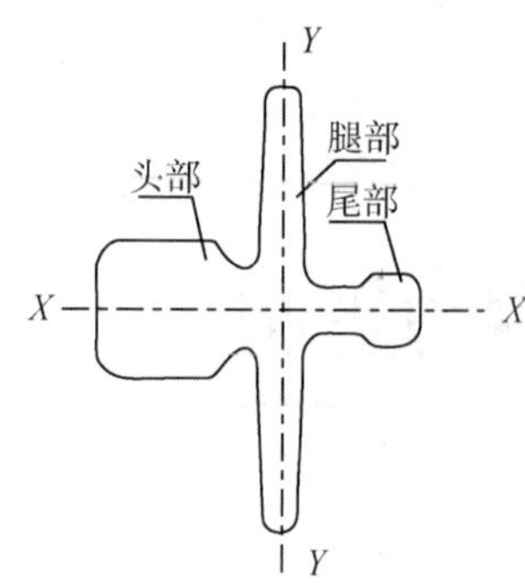

图 1　十字型钢的断面

从图 1 看出，Y—Y 轴方向断面不对称，其形状复杂。从钢材分类看，它属于不对称异型材，在轧制中极易扭转和弯曲。

十字型钢外形类似十字型，当孔型在轧辊上配置时，不论采用何种方法，轧件总是以单腿形式进入或离开孔型，因而轧件在运行中很不稳定，易倒钢，影响咬入。

（2）十字型钢每米单重创 19kg，属中型钢材。而ϕ320mm 轧机为小型轧机，也即用小轧机轧中型材，有点类似“小马拉大车”。为此，必须在设计中解决轧辊强度和电机负荷两大难题。

（3）十字型钢腿部长度较长，如设计不当极易使腿部得不到加工，造成全长性轧制缺陷。为此，在设计时必须保证粗轧成型阶段轧出有足够金属的坯型，以使腿部在精轧段得到加工。

（4）由于十字型钢头部金属比尾部多，因而前者温度也高于后者。由精轧机架轧出的成品钢材进入冷床后，在冷却过程中必然往头部方向弯曲。鉴于本产品为含有 V、Nb、Ti、Al 及稀土等多种合金元素的低合金钢，在矫直机中进行冷矫时，根据我们的经验，极易在腿部圆角部位产生矫裂。为此，要在不矫直的情况下，使产品弯曲度达到技术要求，必须在冷却工艺上进行创新。

2.2.2　孔型系统选择

从产品断面形状来看，既类似十字型，又像两个钢轨组合而成。为此，需在钢轨的孔型系统基础上加以创新，研制出适合本产品的孔型系统，它是由双梯形孔、帽形孔和轨形孔组合而成。该系统使轧制中的两个阶段（粗轧阶段和精轧阶段）有机地结合在一起，轧件各部分变形均匀，延伸相等，使轧件出孔型不扭转。

2.2.3　移动轧制线

为保证轧辊强度，在设计中除对轧辊材质进行重点考虑外，还采用移动轧制线，减少锁口长度，减少轨型孔数量等方法，从而使小轧机能顺利地轧出中型钢材。

2.2.4　腿部长度的确定

采用翻钢、立压、挤爪方法获得腿部所需的长度尺寸。

2.2.5　轧制道次确定

在设计中曾考虑 9 道次和 7 道次两个方案。经分析认为 7 道次虽有翻钢次数少，轧制温度高等优点，鉴于很难获得腿部和尾部尺寸，最后决定采用 9 道次方案，在机架上的分配为：5—2—1—1。

2.2.6　钢坯选择

曾考虑用 90mm × 90mm 方坯作为原料，但在分析我国各类轧机生产 8~24kg/m 各种钢轨的基础后，认为腿部尺寸很难获得，为此，改用 100mm × 100mm 方坯做原料。

2.2.7　冷却方式

在冷床上将成品钢材沿长度方向翻转 90°，头部朝下的特殊冷却方式，使成品不经矫直就达到标准要求。

2.3　轧辊和导卫装置的制作

2.3.1　轧辊

轧辊加工的难点为：孔型系统采用开闭结合，辊径落差大，腿部切槽深，尺寸关联性强，锁口间隙小，孔型对中不易保证。

由于金河轧钢厂没有专用轧辊车床，而仅有一台 80 车床可以加工轧辊，但利用它又带来一些问题，诸如加工尺寸精度如何保证，如何实现对车，成型车刀如何夹持等。经过我们反复研究，共设计刀具 36 种加工样板 52 套，并制定了详细可靠的加工方案，历经两个月的精心加工终于完成了总计 10 个轧辊的加工工作。

2.3.2　导卫装置

研制成功自动翻钢对正的导卫装置，它安装在关键孔型的入口处，确保轧件进出孔型的稳定性，使轧件能顺利咬入孔型。

2.4　试轧

经过半年的精心准备，于 2002 年 3 月 5 日正式开机试轧生产，第一根钢便取得了较为理想的效果，事前一些疑难问题均顺利解决，但在喂钢、出钢、弯曲、扭转方面还存在一些问题。经过两天的调整，弯曲和扭转情况得到解决。成品钢材在冷床上冷却时，出现了头部弯曲现象。为解决弯曲问题，曾采用头部浇水和中间待钢降温等办法，均未取得明显效果。后改变冷却方式，采用低重心自然冷却法解决了这个问题。经质检部门检查，成品钢材各部尺寸符合产品标准要求，内部质量经取样化验，化学成分和力学性能均满足“组合式制动梁用热轧型钢供货技术条件”要求。

3 首钢特钢ϕ650mm 大型轧机上研制情况

3.1 特钢ϕ650 厂主轧机列布置和主要设备性能

特钢ϕ650 厂主机列为半连续式布置形式，它是由两架ϕ650mm 横列式和 18 架平、立交替连轧机组所构成。ϕ650mm 轧机轧辊最大尺寸为ϕ700mm×1800mm。两架轧机由一台功率为 2800kW 的电动机带动，ϕ650mm 轧机后有摆动台。18 架连轧机组的机架分配为 6:6:6，其辊径分别为ϕ480mm，ϕ400mm，ϕ320mm，每 6 架轧机之间有一台飞剪。连轧机组后为 100m 的冷床，剪切机和砂轮锯等设备。

3.2 在两架ϕ650mm 轧机上轧制十字型钢（横列式轧制）

3.2.1 生产背景

2002 年在齐厂ϕ320mm 小型轧机试制成功，并投入批量生产十字型钢后，十字型钢产品及所采用的技术在全国各地（唐山、抚顺、上海）遍地开花。由于设备的局限性，目前十字型钢生产企业全部采用两火成材旧工艺，也即首先由首钢将 200mm × 200mm 连铸坯轧制成 113mm × 113mm 方坯或 100mm × 100mm 方坯，再由各生产企业利用横列式中、小型轧机轧制十字型钢。此种轧制工艺，钢坯需两次加热，既增加了能耗，降低了工作效率，又容易产生性能不合（魏氏组织的形成）的内部缺陷。为此，我们在ϕ650mm 大型轧机上利用设备优势，将 200mm × 200mm 连铸坯直接轧制十字型钢，用一火成材新工艺代替两火成材旧工艺，并通过加大压下量来改善钢材的组织和性能。

3.2.2 孔型系统

孔型系统由异型梯形孔，帽型孔和轨型孔组成，并采用大压下，小侧压和三个双楔轨形孔的技术思路。大压下轧制的目的是使钢材内部铸状组织破碎形成细小晶粒，并且在轧制过程中发生动态再结晶，使原奥氏体晶粒更加细小，从而阻碍了魏氏组织的形成。小侧压主要是防止钢材表面产生折叠缺陷。采用三个双楔轨形孔是为了得到足够长度的腿部尺寸。

3.2.3 轧制道次及孔型配置

共轧 13 道次，其中第一架ϕ650mm 轧机轧 9 道，第二架ϕ650mm 轧机轧 4 道。

3.2.4 轧制

2006 年 5 月 24 日进行第一次轧制，取得初步成效，但存在以下问题：

（1）由于钢坯断面大，第一架实际宽展太大，造成第 8 孔侧壁磨损严重。

（2）第 8、9 孔出口上卫板的固定方式不合理。

（3）第 11 孔头部和尾部宽度比设计值大，腿部有折叠缺陷。

针对上述问题，修改了孔型，并于 2006 年 6 月 6 日进行第二次试轧，解决了第一次试轧出现的问题，十字型钢终于试制成功，并投入批量生产。

3.3 半连续轧制（一架ϕ650mm 轧机和四架连轧机架）

3.3.1 生产背景

特钢ϕ650mm 厂于 2006 年 6 月在横列式两架ϕ650mm 轧机上试制成功十字型钢，并投入批量生产。到 2006 年年底共生产数千吨，产品质量达到标准要求，用户对该产品满意度较高，得到了市场的普遍认可。但经过几个月的生产，横列式轧制逐渐暴露出产量低（日产 150t），燃耗高，劳动强度大等问题。为提高产量，并进一步改善产品质量，经过分析研究，决定向十字型钢轧制新技术发起挑战——产品生产向连轧轧制转移。

3.3.2 半连续轧制的可行性

十字型钢属于不对称的异型材，根据国内外资料介绍，在连轧机组上生产异型钢材必须攻克两个技术难题：其一，必须保持连轧机组各架的秒流量相等，减少或消除堆拉钢现象。其二，连轧机组各道次孔型的左右两侧参数（延伸系数及压下量）应保持相等，防止轧件扭转。

经过对十字型钢断面特点的分析，加上我们在两架ϕ650mm 横列式轧机上成功生产十字型钢的经验，以及在连轧机组生产角钢、槽钢、H 型钢的经验，采用半连续轧制方法生产十字型钢是可行的，措施如下：

（1）根据我们在连轧机组上生产槽钢和 H 型钢的经验，首先确定各道次轧制线的位置，从而计算出各道次孔型的平均高度及上下轧辊的工作辊径，按照秒流量相等的公式，确定电机转数。生产实践证明，这种计算方法是正确的，未发现堆拉钢现象。

（2）改变孔型在轧辊上的配置方法，实现半连续轧制。十字型钢虽是异型钢材，但从断面形状分析，其各部分沿 X—X 轴是对称的。如改变孔型在轧辊上的配置方法，就能达到沿孔型轴线两侧的左、右部分尺寸相等。在横列式轧制中，由于受轧辊车削的限制，孔型在轧辊上的配置必须以 $X—X$ 轴为轴心，且 $X—X$ 轴与辊道平行，这样孔型左右两侧形状不对称。如果将 $X—X$ 轴旋转 90°使 $X—X$ 轴与辊道面垂直，这样孔型左右两侧的形状相同，轧制参数也相等。

3.3.3　轧制道次及孔型配置

与横列式相同，半连续轧制时也采用 13 道次的轧制方法，其中 9 道次配置在 ϕ650mm 第一架上，其余的 4 道次分别配置在连轧机组上。由于特钢 ϕ650 厂的连轧机组为平立交替轧机，在第 1 组 6 个机架中，采用第 1、2、4、6 机架，也即后三个孔型利用立辊轧机轧制。

3.3.4　孔型系统

除最后三个孔型外，其他孔型与横列式轧制相同。在横列式轧制中，最后三个孔型为闭口孔型，而连轧必须采用开口孔型，以保持断面对称性。为此，将最后三个孔型改为上、下开口孔型。

3.3.5　轧制

2006 年年底进行第一次试轧。这次试轧肯定了工艺路线和速度计算方法的正确性。试轧中存在两个问题，其一为导卫系统不稳定，其二为头部和尾部有耳子，也即最后三个孔型的展宽量应作修改。为此，对导卫系统和孔型进行了修改，2007 年 1 月进行第二次试轧，上述缺陷消除，并投入批量生产。成品经用户使用，公差尺寸、表面质量、力学性能均优于横列式轧制。日平均产量也由 150t 提高到 300t。

4　结论

2002 年在齐齐哈尔金河轧钢厂 ϕ320mm 小型轧机上采用翻钢、立压、挤爪和三个双楔轨形孔方法研制成功十字型钢，其技术得到广泛传播，国内各中小冶金企业相继在横列式轧机上用二火成材方法，批量生产十字型钢。

为了进一步改善产品质量，2006 年 6 月我们在 ϕ650mm 轧机上采用“大钢坯，大压下，小侧压”的技术思路，将二火成材旧生产工艺改为一火成材新工艺，试制成功十字型钢，产品质量受到用户好评。2007 年 2 月，为了进一步提高产量和各项经济指标，我们采用半连续轧制方法研制成功十字型钢，从而实现了我国非对称异型断面——十字型钢的连轧技术突破，也开创了首钢轧钢制品化发展的新举措。

（原文发表于《工程与技术》2008 年第 1 期）

线、棒材厂粗中轧机联合减速机设计特点

韦富强

(北京首钢国际工程技术有限公司，北京 100043)

摘　要：本文结合多年来设计线、棒材厂粗中轧机联合减速机的实际情况，阐明了联合减速机设计过程的基本特点，得出了如何选择齿面硬度、齿轮材料及热处理方式，如何确定输出扭矩，如何选择齿轮副的精度、寿命、安全系数，如何进行通用化设计，如何选择箱体结构和轴系结构，如何确定轮齿旋向和齿轮旋转方向，以及如何进行润滑配管设计等主要结论。提出了联合减速机今后的发展方向。对线、棒材厂粗中轧机联合减速机的设计具有实用价值，对其他减速机的设计也有一定的参考价值。

关键词：线、棒材；粗中轧机；联合减速机；设计

The Design Features of Combined Gear Reducer Used in Wire and Bar Rough/Middle Rolling Mills

Wei Fuqiang

(Beijing Shougang International Engineering Technology Co., Ltd., Beijing 100043)

Abstract: This paper is mainly about the design specialties of combined gear reducer in wire and bar rough/middle rolling mills. For example: how to choose the stiffness of tooth; how to determine the material and heat treatment method of gears; how to calculate the output moment; how to choose the precision, life and safety factor of gears; how to design universally; how to determine the structure of gear box and shafting; how to choose the direction of tooth and the rotation direction of gears; how to design the lubricating tubing. It also present the trend of combined gear reducer, and has a practical value of the design of combined gear reducer in wire and bar rough/ middle rolling mills.

Key words: wire and bar; rough/middle rolling mills; combined gear reducer; design

1　引言

线、棒材厂粗中轧机主传动系统是保证轧制正常进行的关键设备之一，其典型结构如图 1 所示：主电动机带动主减速机，再通过齿轮机座和万向接轴带动轧辊实现轧制。

图 2 所示为在图 1 基础上发展而来的结构：主电动机带动联合减速机，再通过万向接轴带动轧辊实现轧制。

由上述两种结构的对比可以看出，所谓的联合减速机就是将主减速机和齿轮机座合二为一，使之既减速又分速的一种装置。联合减速机有以下优点：（1）缩短了轧机机列长度，有利于工厂设计；（2）降低机列质量；（3）减少备品备件；（4）节省投资和维护费用。

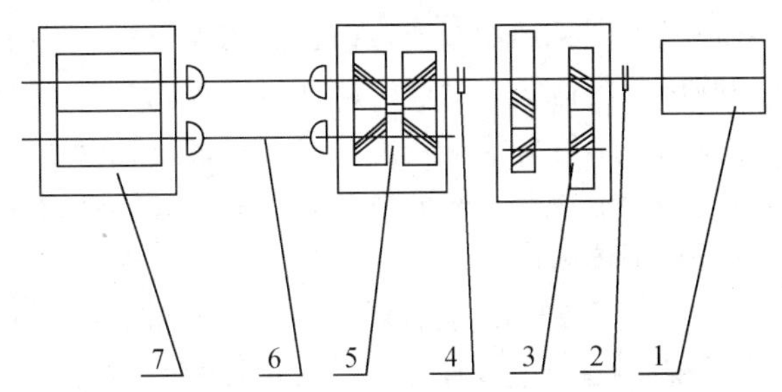

图 1　线、棒材厂粗中轧机主传动系统典型结构

1—主电动机；2，4—联轴器；3—主减速机；5—齿轮机座；6—万向接轴；7—轧机

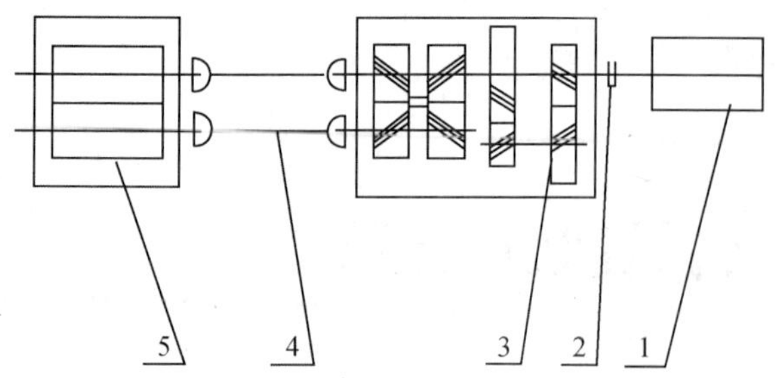

图 2　线、棒材厂粗中轧机主传动系统新结构
1—主电动机；2—联轴器；3—联合减速机；4—万向接轴；5—轧机

联合减速机具有以下结构特点：（1）减速和分速相结合；（2）由于工作条件恶劣，如低速重载、严重冲击负荷、连续工作制、变速变载等，要求它有高的强度、精度和可靠性；（3）齿轮一般为经过精加工的硬齿面或中硬齿面渐开线圆柱齿轮；（4）轴承均采用滚动轴承；（5）采用稀油集中循环润滑系统润滑齿轮和轴承。

由于这些特点，联合减速机的设计过程和一般通用减速机有许多不同。笔者结合近年来参加多个线棒材厂工程的粗中轧机联合减速机设计工作的实际，谈一谈联合减速机的设计特点。

2　设计计算

2.1　计算依据

计算的依据是轧钢工艺专业提供的车间工艺平面布置图及最难轧钢种的轧制程序表。根据这两份资料，明确以下参数：（1）原动机类型、功率、转速；（2）轧制力矩；（3）轧辊转速；（4）联合减速机的安装方式；（5）相邻轧机间距；（6）车间跨距；（7）其他特殊要求（包括用户要求）。

2.2　计算的准备[1,2,4]

根据计算依据，确定联合减速机的下列参数：

（1）使用寿命：一般取 8~10 年，年工作小时为 5500h。

（2）齿轮精度：一般硬齿面联合减速机取 6 级精度，中硬齿面联合减速机取 7 级精度。这点和通用减速机不同。通用减速机的齿轮精度等级与齿轮副的圆周速度有关，而联合减速机的齿轮精度一般要比按圆周速度确定的精度要高，目的是在合理的加工费用的前提下，充分发挥材料能力，降低设备质量，减小噪声。

（3）润滑方式及润滑油品：均采用稀油集中润滑循环系统，油品一般为N320或N220工业齿轮润滑油。

（4）轴承寿命：一般大于 6000h，即能满足一个大中修使用周期。

（5）齿型、齿面硬度、齿轮材料及热处理方法：减速级齿型一般为渐开线圆柱斜齿轮。分速级齿型有两种选择：若齿面为硬齿面，则可用斜齿轮；若齿面为中硬齿面，由于分速级中心距受轧机规格限制，一般用人字齿轮，以保证承载能力。

齿面硬度、齿轮材料及热处理方式的选择比较复杂。首先，采用硬齿面可以减小联合减速机的外形尺寸，减轻设备质量（经测算，一般可减轻 20%~30%以上），缩短机列长度，对轧机间距要求不严。但是需要渗碳淬火或表面淬火，需要磨齿，机加工费用较高。而采用中硬齿面，则可以减少机加工难度，降低机加工费用，但带来的问题是设备外形尺寸较大，设备质量较大，增大了机列长度，对轧机间距要求较严，甚至有可能影响到工厂设计。

其次，对硬齿面齿轮，若采用表面淬火热处理工艺，则齿轮材料为中碳合金钢。但中碳合金钢的焊接性能较差，使制造减速级大齿轮时的焊接难度加大。若采用渗碳淬火热处理工艺，则齿轮材料为低碳合金钢，大齿轮的焊接性能较好，但需要大型的渗碳炉，机加工费用较高。

再次，对中硬齿面齿轮，必须采用中碳合金钢。由于其热处理工艺相对简单，一般机械厂都能加工，机加工费用低。但制造大齿轮时焊接性能不好，而且当中碳合金钢调质处理硬度为 HB300~350 时，其芯部的其他力学性能指标，如σ_s、δ_5、A_k等都受到影响，特别是韧性指标有一定的下降，必须严格控制。

表 1 所示为笔者接触到的几个线棒材厂粗中轧机联合减速机的齿轮情况。

由于目前国内中硬齿面联合减速机的加工费用一般比硬齿面联合减速机的加工费用便宜一半左右，因此，我们现在选择齿面硬度的原则是：尊重用户的选择，在轧机间距和机列长度许可的前提下尽量不用渗碳淬火热处理工艺，尽量不用高档材料，尽量降低齿面硬度，以适应市场经济的需要。

但随着国内机加工能力的提高，加工费用的进一步合理，联合减速机采用渗碳淬火硬齿面齿轮、大齿轮采用焊接结构将是发展的方向。

2.3　齿轮计算[1,2]

正确而合理的计算是保证联合减速机性能可靠、体积和质量合理、工艺性好的前提。齿轮计算的大致步骤是：先按体积最小原则进行速比分配，再初算齿轮传动的几何参数，最后按《渐开线圆柱齿轮承载能力计算方法》（GB/T 3480—1997）进行接触强度和弯曲强度校核。整个计算过程与通用减速机设计计算相似。这里仅介绍其不同之处。

表 1　几个线、棒材厂粗中轧机联合减速机齿型、齿轮材料及热处理对比

项目 \ 轧机		某棒材厂 1 号、2 号中轧机	某中小型厂 450 轧机	某高线厂 450 轧机	某高线厂 450 轧机	某线材厂 420 轧机	某四轧厂 350 轧机	某棒材厂 320 轧机
齿型	减速级	斜齿	斜齿	斜齿	斜齿	斜齿	斜齿	斜齿
	分速级	人字齿	人字齿	人字齿	斜齿	斜齿	斜齿	斜齿
分速级齿轮	材料	42CrMo	42CrMo	S42CrMo	42CrMo	42CrMo	20CrNi2MoA	20CrNi2MoA
	齿面硬度	HRC50~55	HRC54~60	HB300~330	HRC50~55	HRC50~55	HRC56~62	HRC56~60
	热处理	表淬	表淬	调质	表淬	表淬	渗碳淬火	渗碳淬火
减速级大齿轮	结构	锻造	焊接	焊接	焊接	焊接	锻造	锻造
	齿圈材料	35CrMo	35CrMo	35CrMo	35CrMo	35CrMo	20CrNi2MoA	20CrNi2MoA
	齿面硬度	HRC40~45	HRC40~45	HB260~290	HRC50~55	HRC50~55	HRC56~60	HRC56~60
	热处理	表淬	表淬	调质	表淬	表淬	渗碳淬火	渗碳淬火

（1）联合减速机的输入扭矩不是按电动机功率和转速计算出来的，而是按轧制程序表中最难轧钢种的实际轧制力矩和转速反算过来的。以某线材厂第一架ϕ420mm 中轧机为例，其电动机功率 P 为 239kW，电动机转速 n 为 690r/min，则电动机转矩 T 为：

$$T = 9550P/n = 9550\times239/690=3308\ \text{N·m}$$

而实际上，轧制最难轧钢种时的轧制力矩反算到电动机轴上仅为 2195N·m。可见，如果按输入扭矩为 3308N·m 设计计算联合减速机，则联合减速机将过于安全。

（2）使用情况系数 K_A 全部按严重冲击取值，一般取 $K_A = 1.75$。接触强度安全系数 S_H 为 1.1~1.3，弯曲强度安全系数 S_F 为 1.5~2.0。若进行强度校核后 S_H 和 S_F 超出这一范围，则相应调整齿轮参数，重新校核。

（3）齿宽系数ϕ_d的选择比较复杂，多需反复计算。若ϕ_d取值偏大，虽然可以提高齿轮的承载能力，但齿轮较宽，减速机尺寸加大，并且当齿宽大到一定程度以后，其提高齿轮承载能力的作用并不明显，因为随着齿宽的加大，齿向载荷分布系数、齿间载荷分配系数均明显加大。而若ϕ_d 取值偏小，虽然可以克服此值偏大后的缺点，但可能满足不了承载能力的要求，或者虽然能满足承载能力的要求，但纵向重合度ε_β 小于 1，影响齿轮传动的平稳性。我们选择齿宽系数的原则是：在满足承载能力和纵向重合度ε_β大于 1 的前提下，尽量减少齿宽系数。

（4）分速级的中心距不是根据强度条件确定的，而是按照轧机在最大、最小辊径和不同开口度、不同横移位置的情况下，万向接轴有合理的工作倾角确定的，一般等于轧机的名义规格。如ϕ450mm 轧机的联合减速机，其分速级中心距为 450mm。尽管该级中心距受到限制，但是按此中心距确定的齿轮参数仍需满足强度要求。因此分速级齿轮一般齿宽比较大，齿面硬度较高。随着硬齿面技术的发展和使用，齿轮承载能力已经提高。现在制约分速级中心距的关键环节已不是齿轮的强度，而是该级滚动轴承的使用寿命了。

（5）为降低成本，提高效率，在进行新厂设计时，尽量使同一规格轧机的联合减速机的箱体相同。以某线材工程ϕ450mm 轧机联合减速机为例，可按以下方案设计（见表 2）。

表 2　某线材工程ϕ450mm 轧机联合减速机设计方案

轧机机座号	轧制力矩/kN·m	传动比	设计方案
1 号	81	20	按 1 号的 81kN·m 设计；2 号、3 号、4 号的箱体和 1 号相同
2 号	76.2	16	
3 号	52.6	12	
4 号	40.2	9	

这种设计方案的缺点是后三架联合减速机偏于安全，有一定的浪费现象；优点是减少了设计工作量，简化了工艺工装，减少了备品、备件，便于维护，还可以将质量较差的箱体配置在负荷较低的机列上。据 SMS 公司测算，这种方案可使总成本下降 10%以上[3]。

2.4　其他计算

齿轮几何计算和强度校核完毕后，先按扭转强度计算出各轴的最小轴径，然后初选轴承，并进行轴承寿命校核。当轴承确定之后，再根据轴承和齿轮的具体参数计算出该联合减速机所需要的润滑油量。等结构设计完毕后，对各轴进行精确的强度和刚度校核。

需要说明的是，在进行轴承寿命校核时，要按轴承样本上介绍的方法进行，而不要按一般设计手册中的方法。一般设计手册中的计算方法过于保守。

随着电子计算机的飞速发展，现在有关齿轮计算的软件也随之出现，并越来越丰富。采用电子计算机计算将是轧机联合减速机设计的发展方向。

3 结构设计

设计计算是在理想啮合状态下进行的，如果因为各种原因保证不了齿轮的正常啮合，那么设计计算只是纸上谈兵。因此在联合减速机结构设计时，应牢固树立保证各级齿轮啮合良好的意识，紧紧围绕这一点进行设计。

结构设计的程序与一般通用减速机的设计程序基本相同，这里仅介绍其特别之处。

3.1 箱体结构

近年来，国内外新设计的联合减速机箱体均采用焊接结构。当分速级齿轮为人字齿轮时，可以设计成只有一个分箱面。当分速级齿轮为斜齿轮时，因为轴承固定与安装的原因，一般设计成两个分箱面，如图 3 所示。

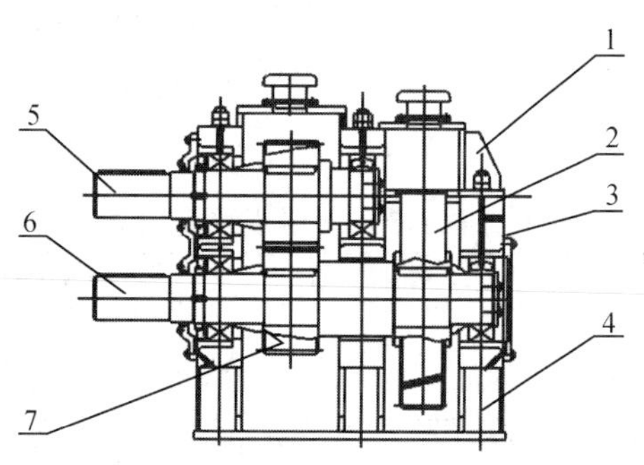

图 3 两个分箱面的联合减速机结构

1—上箱体；2—减速级齿轮；3—中箱体；4—下箱体；5—分速级上轴；6—分速级下轴；7—分速级斜齿轮

为保证箱体刚度，各箱体尤其是下箱体的承载钢板应有足够的厚度和合理的配筋。轴承座部位一般选用厚钢板直接焊接。各箱体之间的连接螺栓大小应按规范选取，并注意其与箱壁、筋的距离，以留有足够的扳手空间。地脚螺栓应布置合理，以方便土建基础施工，并注意安装空间。下箱上的吊耳应能承受住整台联合减速机的重量，因为联合减速机组装完毕后，只允许使用下箱上的吊耳吊装。

3.2 轴系结构

联合减速机采用一端固定、一端游动的典型结构，如图 3 所示。若分速级齿轮为人字齿轮，那么较短的人字齿轮轴两端均为游动结构。

轴承固定端的选择与轴承受力有关。一般一根轴两端的轴承型号相同，为了使两个轴承寿命接近，原则上应将承受径向力较小的一端作为固定端。

轮齿螺旋方向及齿轮旋转方向的确定：

（1）轮齿螺旋方向：互相啮合的一对轮齿螺旋方向相反。同根轴上的两个轮齿螺旋方向相同，以使其产生的轴向力互相抵消一部分。

（2）齿轮旋转方向：当输出轴的旋转方向根据轧制方向确定以后，齿轮的配置形式有两种，如图 4 所示。

在图 4(b)中，中间轴承受的力 P_2 较大，方向向上，使连接螺栓受较大的拉力作用，有导致连接螺栓松动的可能，并引起中间轴的频繁跳动，影响齿轮的正常啮合。

在图 4(a)中，中间轴受力向下，不会产生跳动现象。虽然高速轴和低速轴受力向上，但低速轴上齿轮、轴、万向接轴的自重很大，可以抵消大部分向上的力，合力 P_3 并不大。高速轴由于扭矩小，力 P_{12} 也较小，且能被齿轮轴和联轴器的自重抵消一部分，合力 P_1 也不大。

所以采用图 4(a)的齿轮配置方式更为合理。

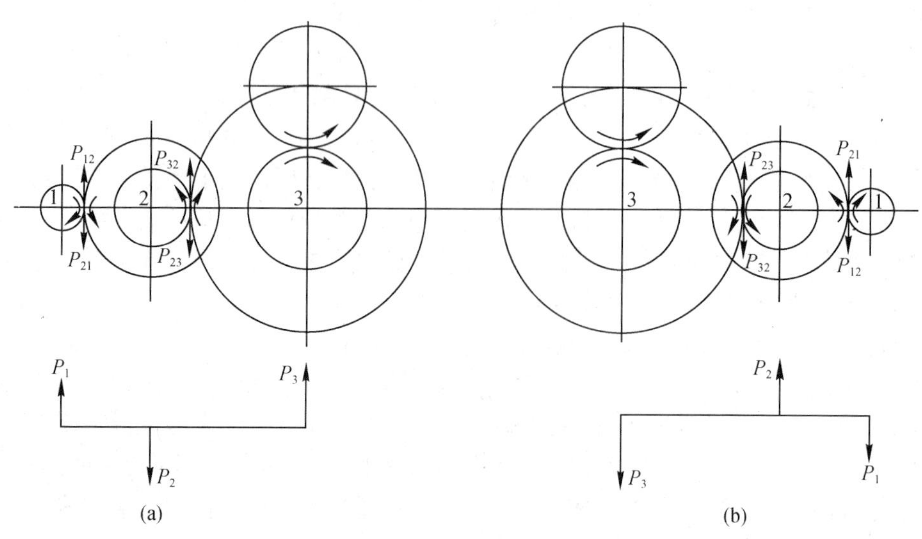

图 4 齿轮配置方式对各轴受力的影响

1—高速轴; 2—中间轴; 3—低速轴

3.3 润滑配管设计[1,4]

齿轮和轴承的良好润滑是保证不出事故的先决条件。由于齿轮和轴承共用一个润滑循环系统，在配管设计时一定要注意以下几点：

（1）轴承进油口部位一定要设置节流装置，以使流量均衡。

（2）齿轮润滑处的喷油嘴尺寸应按所需油量正确选择，谨防不足。

（3）回油管直径要足够大，以保证排油顺畅。

（4）轴承座上应留有回油孔，以便润滑轴承的油能顺利排出，防止从端盖处漏油。

（5）将喷油嘴放在齿轮副的啮入侧还是啮出侧，过去一直争论不休。由于粗中轧机联合减速机的线速度一般不高，我们现在一般将喷油嘴放在啮入侧，以保证润滑。

（6）通气罩要足够大，必要时可设置两个，使箱体内外气压相同，减少从轴伸处或箱体结合面处渗、漏油的可能性。

4 发展趋势

随着线棒材轧坯尺寸的加大、轧制速度和对成品精度要求的逐步提高，对粗中轧机轧制能力及中间坯质量也有越来越高的要求，因此联合减速机呈现以下发展趋势：

（1）齿轮计算及强度校核采用电子计算机进行计算，可大大缩短设计周期。

（2）齿轮采用渗碳淬火热处理工艺。根据计算，相同外形尺寸的联合减速机，采用渗碳淬火比采用表面淬火可提高承载能力 30%左右，还方便了大齿轮的加工制造。

（3）箱体采用全焊接结构，以缩短制造周期，减轻质量。

（4）齿轮采用高变位技术，以提高齿面接触强度和齿根弯曲强度。

（5）轮齿采用修型技术（齿向修型和齿型修型）。根据计算，采用适当的轮齿修型后，承载能力可提高 20%~30%。

5 结语

线棒材厂粗中轧机联合减速机的设计有其自己的特点。在设计计算阶段，应根据工艺要求、用户要求及制造厂的加工能力合理确定齿面硬度、齿轮材料及热处理方式，选择合适的齿轮精度、使用寿命、齿宽系数等，按照输出扭矩为最大轧制力矩的原则，使齿轮副的强度安全系数在一个合理的范围内，并注意同规格联合减速机的通用化，使计算出的减速机既安全，又体积小、质量轻、成本低。

在结构设计阶段，应牢固树立保证各级齿轮啮合良好的意识，采用适当的焊接箱体结构和轴系结构，合理确定轮齿旋向和齿轮旋转方向，重视润滑配管设计，以保证设计计算落到实处，减速机工艺性好，使用方便、可靠。

参考文献

[1] 成大先. 机械设计手册(第四版)[M]. 北京：化学工业出版社，2002.

[2] 齿轮手册编委会编. 齿轮手册(第二版)[M]. 北京：机械工业出版社，2001.

[3] 西安重型机械研究所汇编. SMS 公司圆柱齿轮减速器设计资料汇编[M]. 1987.

[4] 现代机械传动手册编委会编. 现代机械传动手册(第二版)[M]. 北京：机械工业出版社，2002.

（原文发表于《冶金设备》2009 年第 3 期）

宣钢高速线材精轧机组设备的设计、研究、开发与应用

常　亮

（北京首钢国际工程技术有限公司，北京 100043）

摘　要：本文根据宣钢高速线材厂生产、工艺要求，提出了采用先进的顶交 45°无扭精轧机组机型，并分析了高速线材厂的主要设备的装备情况、精轧机组的主要技术参数、设备功能及结构特点，提出了进一步改进的措施。该项目成功应用于生产，达到国内先进水平，其综合性能和价格比已经超过引进的机型，成为国内的主流机型，并取得了显著的经济效益和社会效益。

关键词：宣钢；高速线材；精轧机；设计；研究开发；应用

Design, Research and Application of High-Speed Wire Rod Finishing Mill in Xuanhua Steel

Chang Liang

(Beijing Shougang International Engineering Technology Co., Ltd., Beijing 100043)

Abstract: The paper based on the process requirements which applied in high-speed wire rod plant of Xuanhua Steel, put forward the choose of top cross 45° no-twist finishing mill , describes major equipment technology of high-speed wire rod plant, analyses the finishing mill parameters, device functions and structural characteristics, proposes measures for further improvement. The project has been successfully applied and reached the advanced level, its comprehensive performance and low cost has been more than the introduced mills to become the mainstream mills, and has made significant economic and social benefits.

Key words: Xuanhua Steel; high speed wire rod; finishing mill; design; research and development; applications

1　引言

宣钢高速线材厂设计生产规模为年产 35 万吨，实际年产量最高已达 70 万吨左右，产品规格为 ϕ5.5 ~ 16.0mm 的光面线材和带肋螺纹钢筋。全部以盘卷状态交货，成品卷重约 1500kg。生产钢种为普碳钢、优质碳素结构钢及低合金钢等。原料采用连铸方坯，规格为 150mm × 150mm × 9000mm。主要工序为原料准备、加热、轧制、控制冷却及成品精整等工序，整个轧制工艺全部采用连续化自动控制。原料钢坯及成品盘卷采用磁盘吊车装卸。轧制线上共设轧机 28 架，为全连续布置，前 18 架为平立交替布置，精轧机组共 10 个机架为顶交 45°布置。轧机分为粗轧、中轧、预精轧及精轧机组。粗轧机组 6 架、中轧机组 6 架、预精轧机组 6 架（后 4 架为悬臂辊环轧机）、精轧机组 10 架，在第 6 架、第 12 架、第 18 架轧机后分别设有切头飞剪，全线共 28 个轧制道次并全部为无扭轧制，在精轧机组内轧件为微张力轧制。根据生产规格的不同，轧件在精轧机组内轧制 2 ~ 10 个道次。精轧机组最大设计速度为 113.26m/s，设计最大保证轧制速度 85m/s（轧制 ϕ5.5mm、ϕ6.5mm 规格时）。设计时预留了无头轧制设备及减定径机组的位置。散卷冷却线为延迟型冷却，其长度约为 91m。集卷采用带布料器的液压双芯棒集卷站。

该车间于 2000 年 6 月动土建设，2001 年 6 月 12 日完成调试工作并投入试生产，同年 9 月达产。该建设工程为北京首钢设计院总承包交钥匙工程

（除土建施工及外围公用设施外）。

宣钢高速线材厂的精轧机组采用北京首钢设计院研发的新型顶交45º精轧机机型。该机型是借鉴国外先进机型，并结合国内对高速线材轧机的使用经验和加工制造业的现状而开发的国产化最先进的机型。该机型除轴承和关键密封件外，其余所有零部件全部实现国产化。

2　精轧机组设备组成及主要设备功能、结构

位置：第19 ~ 28号机架；相邻机架呈顶交45º布置悬臂辊环式轧机。图1所示为精轧机组。

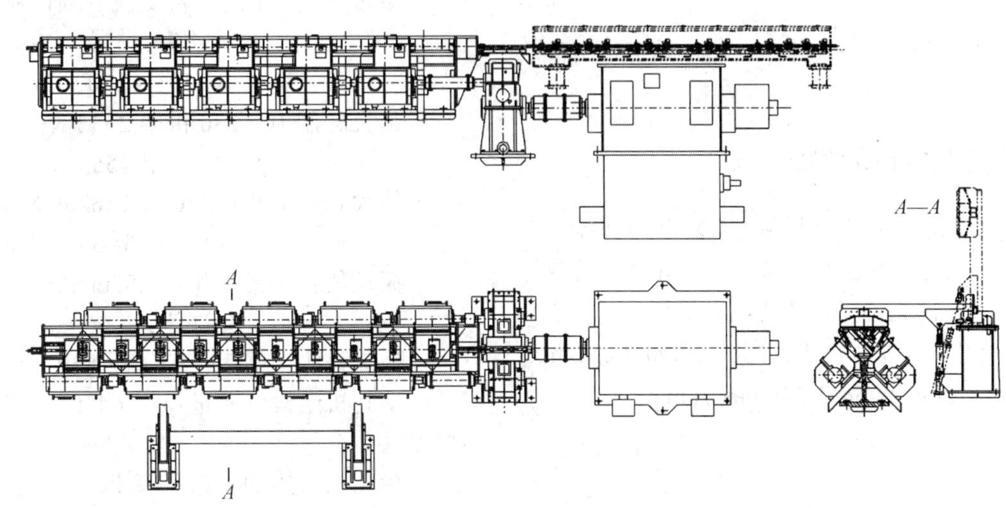

图1　精轧机组

主传动电动机采用交流变频调速电动机，并布置在轧线正下方，其作用：通过10机架连续无扭微张力轧制，将从预精轧机组喂入的轧件轧制成符合所要求尺寸及精度的成品线材。

结构：顶交45º精轧机组由10架锥箱、5个ϕ230辊箱、5个ϕ170辊箱、底座、挡水板、缓冲箱、保护罩（液压传动）、增速箱、套筒式鼓型齿联轴器及机上配管等组成。结构说明如下：

（1）辊箱为抽屉式结构，箱体内装有两个偏心套机构用来实现辊缝调整。辊缝的调节是通过旋转一根带左、右丝扣的丝杆和分别连接两个偏心套的螺母，使两组偏心套同步反向旋转实现对称于轧线调整辊缝，并保持轧线及导卫的安装位置不变。每个偏心套内装有油膜轴承和一对角接触球轴承用来支撑和定位轧辊轴，在轧辊轴输出端用锥套固定辊环，使用专用的液压装、拆工具来安装和更换辊环。箱体由面板和轴承座（俗称过桥箱，为焊接件）组合而成。

（2）锥箱由箱体、传动轴、螺旋伞齿轮副、同步齿轮等组成；机组内各架轧机之间的速度匹配是根据孔型系统要求确定各架螺旋伞齿轮的速比来实现的。每个机架是由相应的辊箱和锥箱组成，辊箱经导向键粗定位及定位销精确定位插入轧机。

（3）锥箱与辊箱连接固定后，即构成机架，机架剖面如图2所示。拆装辊箱使用专用吊装工具。

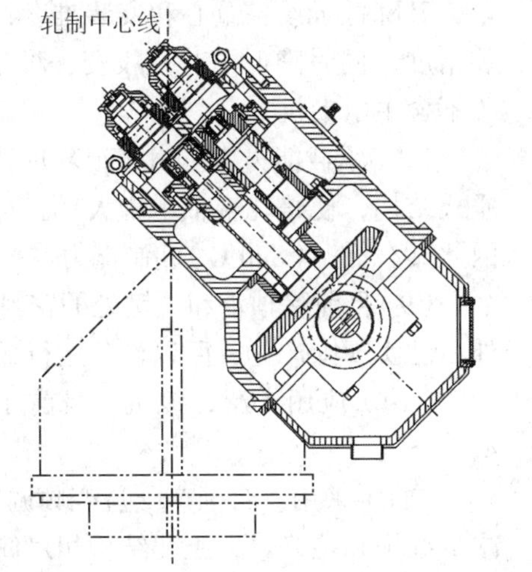

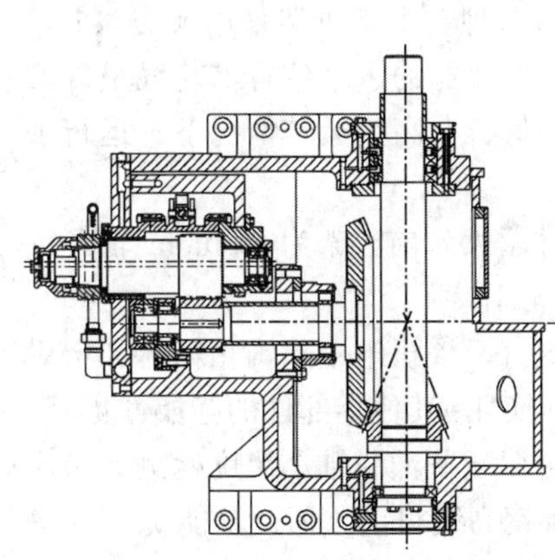

图2　机架剖面

（4）精轧机内同尺寸规格的辊箱可以互换使用。

（5）辊箱、锥箱、增速箱内滚动轴承选用 MRC 系列或 SMS MEER 系列轴承，油膜轴承选用 MRC 系列或 SMS MEER 系列专用油膜轴承。

（6）奇数机架与偶数机架相互呈顶交 45°分别安装在大底座上。大底座为热轧厚板焊接件，断面近似Δ形。

（7）保护罩安装在线外单独的基础上，由液压缸传动。

3　主要技术参数的确定

精轧机组由 5 架ϕ230 机架、5 架ϕ170 机架、增速机、底座、挡水板、保护罩、主电动机等组成。10 个机架由一台交流变频调速电动机集中传动。

辊环尺寸：1～5 号机架，ϕ230/ϕ205mm × 72mm；6～10 号机架，ϕ170.66/ϕ153mm × 70mm。

辊环材质：碳化钨。

来料尺寸：ϕ17～23 mm。

来料温度：≥ 850℃。

成品尺寸：ϕ5.5～16 mm。

轧制速度：最大设计速度：

（最大辊径时）113.26 m/s；

（最小辊径时）101.54 m/s。

设计保证速度：85 m/s（轧制ϕ5.5～6.5mm 时）。

主传动电动机：1 台交流变频调速电动机；

功率：5000 kW；

转速：1000/1500 r/min。

最大轧制力：230 机架 255 kN；

170 机架 155 kN。

最大轧制力矩：230 机架 6200 N·m；

170 机架 3300 N·m。

振动值：正常工作≤3.82mm/s；

最大允许值：4.06mm/s。

精轧机机架间距：等间距 820 mm。

精轧机组设备质量：约 64 t（不含主电动机质量）。

精轧机组传动参数见表 1。

表 1　精轧机组传动参数

增分速箱增速比	单数机架	150/57=2.6316									
	双数机架	150/46=3.2609									
精轧机	机架 / 增速比	230 辊箱					170 辊箱				
		1 号	2 号	3 号	4 号	5 号	6 号	7 号	8 号	9 号	10 号
	锥箱增速比	34/86=0.3953		45/74=0.6081		61/66=0.9242		77/53=1.4528		79/35=2.2571	
	辊箱增速比	31/36=0.8611					31/27=1.1481				
辊环直径 × 厚度/mm		ϕ228.3/ϕ205 × 72					ϕ170.66/ϕ153 × 70		ϕ170.66/ϕ153 × 57.35		
各机架总增速比		0.8958	1.1100	1.3780	1.7075	2.0943	3.4601	4.3894	5.4390	6.8195	8.4502

4　技术方案的主要特点

采用国产化新型顶交 45°机型与引进侧交 45°机型相比，主要特点如下：

（1）设备结构合理。由于机架采用顶交 45°布置，两个传动轴布置较低的水平位置与轧线呈等腰三角形，设备重心低，在高速运转情况下，运行平稳，设备振动小。

（2）辊环尺寸增大。前五架为ϕ230mm 辊环，后五架为ϕ170mm 辊环。

（3）互换性更好。该机组中除锥箱箱体和十对螺旋伞齿轮没有互换性，其他零部件的互换性更好。

（4）该机型可以配备油膜轴承温度检测、箱体振动检测功能（宣钢高线目前预留此功能）。

（5）配备了机架间冷却装置，更有利于轧制过程中的温度控制。

（6）传动系统简化。将增速箱和分速箱合并成一个箱体，但对齿轮等零件的材质加工精度和回转件动平衡的要求更高。

（7）设备结构简化。将原来的大底座、上支座和下支座简化成一个Δ形底座，既减少了设备质量，又降低了设备重心和安装难度，有利于提高安装精度；同时降低了建设投资，设备质量约为 64t（不含主电动机）。

（8）承载能力大。由于辊环尺寸增大和采用抽屉式结构，使得轧辊轴承增大，且机架刚度增强，因此具有低温（800℃）轧制能力，属于超重型轧机。

（9）目前除轴承和关键处的密封（如水封油封）外，已实现国产化，所以设备运行成本较低。

（10）应用广泛，该机型目前在国内属主流机型。

（11）采用一台国产交流变频调速电动机传动，减少维护和检修量，土建结构相对简单，也使得整个主轧跨厂房更加通透、整洁。

5 研究开发中所积累的设计经验

宣钢高速线材精轧机组在前期技术谈判时，用户提出了很高的技术要求，我们在设计中借鉴了同类国产化精轧机组和国外先进的顶交 45°精轧机的技术，同时根据我们使用摩根三代侧交 45°精轧机的经验，对已研发设计的机型又进行了修改和完善设计，主要做法如下：

（1）机架间联轴器采用高精度套筒式鼓型齿联轴器。采用这种联轴器可以减少和避免工人在检修过程中，因选择连接螺栓、螺母和垫圈的质量、形状失误时，造成传动系统动平衡精度的下降而使机组产生较大振动的情况发生。

（2）完善改进增速箱润滑配管。原设计的增速箱润滑配管是在箱体外部，开箱检修时就得在多处拆开配管，很不方便，也容易造成管路的污染。宣钢高线精轧机组增速箱配管最终是设计在箱体内壁上，只是每截箱体甩出一个进油口与干管用法兰连接。这样设计可以使开箱检修方便很多，不易造成管路污染，同时也避免因管路长期微量渗漏造成精轧机组周围环境污染。

（3）提高齿轮加工精度。根据我们以往的使用经验，引起精轧机传动系统产生振动的原因很多，其中齿轮齿面径向跳动误差大是重要因素之一。在宣钢高线精轧机组的齿轮设计时，我们将齿轮齿面径向跳动误差的精度提高了。

（4）提高润滑系统润滑油的清洁度，设置油压稳压环节，尽量减少在精轧机受到冲击负荷时出现的瞬间压降值，从而保证油膜轴承工作状态的稳定。

（5）机组配管采用沿轧线两边配管。不论国外先进机组还是其他国产化机组，机组润滑油管和冷却水管均配在轧机的传动侧，所有配管都挤在传动侧布置，给检修维护带来很多不便。这次我们在给宣钢高速线材生产线做设计时，将配管按奇数机架配在传动侧，偶数机架配在操作侧，这样配管看起来既整洁美观，又保证了机组两侧管廊有较大的空间，便于管路的维护和检修。

（6）简化了润滑系统与精轧机组的连锁保护控制环节。引进的顶交 45°精轧机组和其他国产化顶交 45°精轧机组在设计上都非常重视精轧机组的润滑系统，只有严格保证润滑油的清洁度、油压稳定、流量稳定和工作油温，才能保证精轧机组的正常生产。所以在润滑系统与精轧机组连锁保护控制方面，每个箱体进油口都设有压力开关、流量控制开关，当油压、流量低于正常工作值时报警，直至精轧机组停车。但由于控制点太多，尤其是流量控制受机械装配间隙等影响，干扰因素多，非常容易产生误信号，反而会造成大量误动作，严重影响正常稳定的生产。因此我们在宣钢高线厂精轧机组润滑配管的设计中，根据技术分析和以往的设计使用经验，只在供油干管的末端设置了油压保护点，大大简化了精轧机组润滑系统的连锁保护控制环节，降低了投资。通过近几年的实际生产证明，这样的设计完全能保证精轧机的正常稳定的生产。

6 在设计、加工制造中出现的问题和进一步改进的设想

我院新型国产化顶交 45°精轧机机型的研发设计是成功的，但也存在一些有待改进的地方。随着市场对线材产品品种和质量的要求越来越高，高速线材精轧机的技术水平也需不断提高。我们经过对国外其他机型的分析，认为国产化顶交 45°精轧机机型存在进一步改进的可行性。下面简要介绍一下新型国产化顶交 45°精轧机组在设计和加工制造中存在的主要问题和进一步改进的设想。

（1）因采用偏心套结构调整辊缝大小，所以调整丝杠旋转角度与辊缝大小变化不呈简单函数关系，因而轧钢调整工在一定程度上需要凭经验调整（见图 3 宣钢精轧机组辊缝调整机构）。

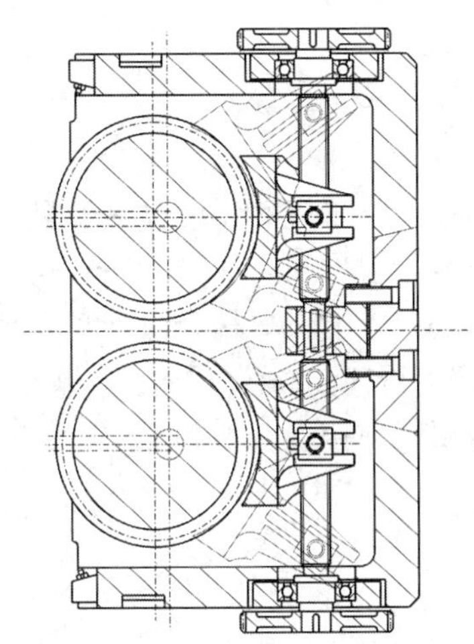

图 3 宣钢精轧机组辊缝调整机构

（2）在试生产中发生过两次调整丝杠断裂的情况，这里面有加工制造的原因，同时也说明调整丝杠本身比较薄弱。通过分析我们认为可以借鉴其机型的相关机构（见图 4 其他机型辊缝调整机构），对辊缝调整机构进行改进，采用蜗杆和扇形蜗轮对称调整机构，提高调整机构的承载能力。

（3）国产化顶交 45°精轧机因存在各种机械间隙，在启车、停车、咬钢、抛钢的瞬间，机械间隙的位置及大小发生变化，润滑系统的油压会产生瞬

间压降，一般油压瞬间降低 0.05 ~ 0.07MPa，对保证油压稳定不利，同时也会产生对设备的冲击和振动。因此，应在辊箱两偏心套间增设平衡装置。由于平衡装置可以消除辊缝调整装置和其他机械间隙，从而消除因冲击而产生的振动，也减小了因存在机械间隙的变化，在启车、停车、咬钢、抛钢的瞬间，润滑系统油压产生的瞬间压降值，有利于润滑系统油压的控制和稳定工作以及整个轧制线始终保持稳定高速生产。

（4）增速箱箱体的刚度略显不足，应对箱体结构进行强化。

（5）偏心套三段组合的结构有待改进，应改为整体结构，提高偏心套的刚度，进一步降低设备振动值，国外的某机型已经做了这方面的改进。

（6）辊箱面板的刚度略显不足，应适当增大面板厚度。

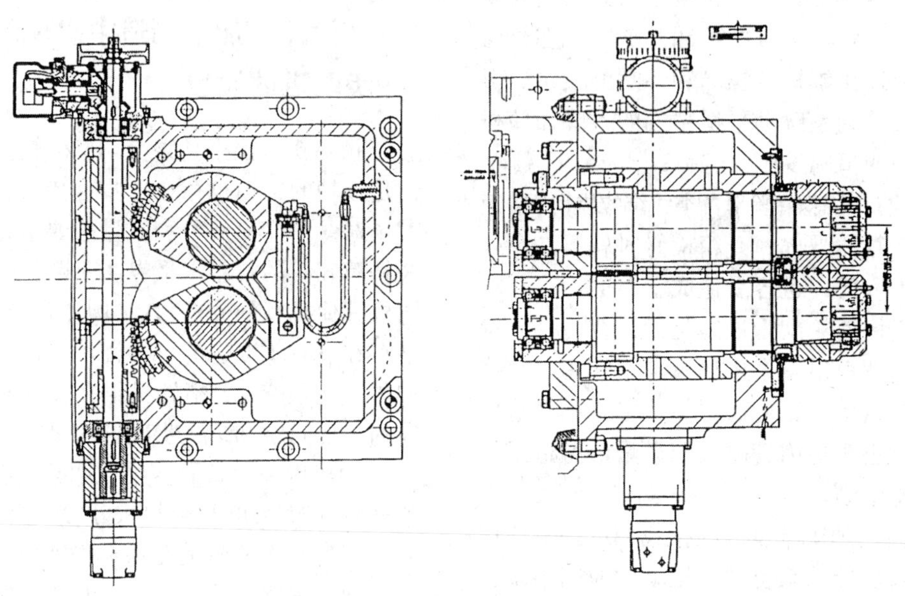

图 4　其他机型辊缝调整机构

7　结语

宣钢高速线材工程的建设取得了圆满的成功。在实际生产中轧制ϕ5.5mm、ϕ6.5mm 规格时，轧制速度达到 90m/s 以上，空载运行速度达到 95m/s 以上，且各项指标完全达到设计要求，顺利通过验收。宣钢高线应属目前国内新型顶交 45°精轧机组的最先进水平，已经接近世界先进水平，从综合性能、价格比看，已经超过引进的先进机型，具有广泛的推广应用价值，同时该项目获得了冶金行业优秀设计二等奖。

参考文献

[1] 王邦文. 新型轧机[M]. 北京: 冶金工业出版社, 1994.

（原文发表于《设计通讯》2002 年第 2 期）

钢丝类打捆机线结特性分析

李 亮[1] 陈 工[2] 闫晓强[2]

(1. 北京首钢国际工程技术有限公司，北京 100043;
2. 北京科技大学，北京 100083)

摘 要：钢丝类打捆机用于对线材盘卷、棒材、钢管和小规格型钢等产品进行捆扎包装，捆线两端头的联结（称为线结）方式有多种，各种线结对应着不同的力学特性。线结类型的选择对捆扎质量有重要影响，本文结合生产实践及力学实验对各类线结的成型原理及力学特性进行分析比较，对提高捆扎质量以及打捆机的选型和设计具有一定的指导意义。

关键词：钢丝类打捆机；捆扎质量；线结；力学特性

The Characteristic Analysis of Wire-knots Formed by Steel-wire Bounding Machines

Li Liang[1] Chen Gong[2] Yan Xiaoqiang[2]

(1. Beijing Shougang International Engineering Technology Co., Ltd., Beijing 100043;
2. University of Science and Technology Beijing, Beijing 100083)

Abstract: Steel-wire bounding machines are used for the bundling up of wire coils, bars, pipes and small size sections. There are several kinds of wire-knots with different characteristics. The selection of them affects the bundling quality mostly. The mechanical characteristic of several kinds of wire-knot is compared in this thesis, which is useful to the bundling quality and type selecting and designing of bounding machines.

Key words: steel-wire bounding machines; bundling quality; wire-knot; mechanical characteristic

1 引言

现代化的钢铁企业对金属产品的包装质量越来越重视，钢丝类打捆机以其捆扎质量好、效率高、成本低的优点，被广泛应用于棒材、钢管、型钢及线材盘卷等的捆扎包装。目前，在我国使用的这类打捆机大部分是进口产品，国内的改进及研制工作也取得了一定进展，其中最成功的是首钢公司于1999年底研制成功的SGBD/800-I型棒材打捆机，达到了进口同类产品先进水平，到2000年底已经有9台在生产线上使用。

2 钢丝类打捆机工作原理

打捆机的基本工作原理是利用金属捆扎材料既有刚性、又有塑性的特点，首先采用推进（也有的用拉进）的方式令其沿特定的轨道送出，对被捆扎对象形成包绕并紧箍在被捆扎对象的外表面，然后将两个端头联结（俗称打结）并与后面的捆扎材料分离，这样便在被捆扎对象的周围形成一个封闭的金属环，使其成为一个整体。线结的形成一般是利用其截面的对称性，将抽紧、剪断并搭在一起的捆线两端头夹紧，通过各种方式使它们扭绞在一起并发生塑性变形，便形成一个线结。打捆机所打线结的特性对捆扎质量具有重要影响，其中强度指标是衡量线结特性的最重要指标。一般来讲，结的强度都低于捆扎材料母体的强度，在同样母体材料的情况下，提高结的强度便可以提高捆扎质量。

3　线结类型

3.1　现有线结的两个基本类型

由于成型方式不同，线结的形式有很多种变化，每种形式的外观和特性也各不相同。就目前所知，用捆扎机械能打出的线结有两类，一类是将捆线的两个端头沿 180°搭接，固定重叠部分的两端，扭结元件位于重叠部分的中部，并以与捆线平行的轴线为旋转中心进行旋转，这样形成的线结也沿着捆线的方向，本文称为平结（见图 1(a)）。平结的另一个特点是捆线的两个端头分别位于线结的两端；另一类是将捆线的两个端头按小于 180°的角度进行交叉搭接，扭结元件夹持捆线的两端头并绕捆线圈的法线方向旋转，这样形成的线结也是沿着捆线的法线方向，本文称为立结。立结的另一个特点是捆线的两个端头位于线结的同一端。立结又称为辫结，按照外形，辫结还可以分为带梢辫结（见图 1(b)、(c)）和不带梢辫结（图 1(d)）。

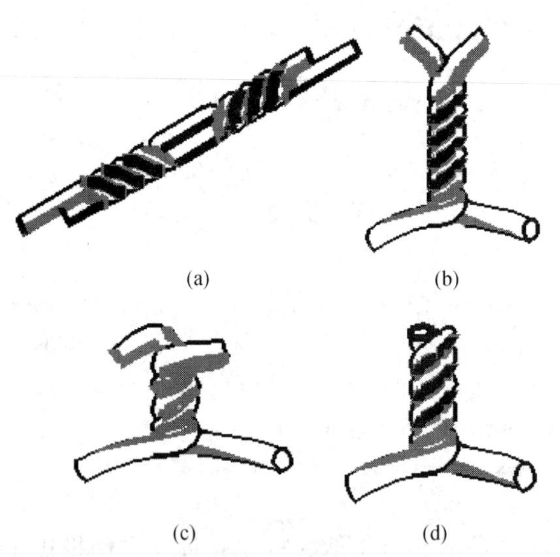

图 1　SUND/ BIRSTA 公司棒线材打捆机所打出的各种线结

(a)平结；(b), (c)带梢辫结；(d)不带梢辫结

3.2　自锁结的提出和制作

从立结的拉开实验过程中我们发现，结的拉开伴随着与扭结方向相反的方向旋转，显然只要约束了这种旋转，便可以使拉开线结的力增大，即使线结的强度得到提高。如图 2(a)所示，将立结的辫梢反向弯曲到线结的根部，并使其与捆线股之间保持一种互相干涉的关系，具体地说，就是使辫梢端头顺着扭结螺旋线的方向反弯插到捆线股的前方并靠实，便形成了一种具有自锁功能的结，本文称为“自锁结”。图 2(b)表明了这种线结的力学特点。当图示捆线股中存在拉力 T 时，线结将受到 Y 方向的扭矩，如果是立结，线结将沿 Y 方向旋转，使线结松开；如果是自锁结，由于辫梢与捆线股之间的相互作用，产生了一个阻碍线结做旋转运动的力矩 M_n，只有在立结拉开力的基础上再增加一对抵消力矩 M_n 的力，才能将这种结拉开，从而可以提高破坏拉力极限，达到减小变形、提高强度的目的。

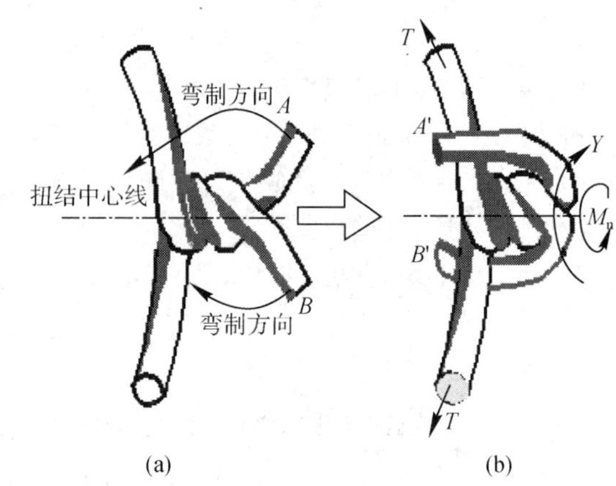

图 2　自锁结的形成原理及力学特点

4　线结特性的实验研究

这里除对三种线结的拉断力进行比较外，还要对结的变形特性进行研究。

4.1　最大拉断力的比较

从图 1 中可以看出，由于平结的结本身较长，为了使研究变形的试验条件相同，使其他结的取样长度也较长，统一为 300mm。三种结都采用 6.5mm 线材。立结和自锁结所用的材质为 Q235-B，强度极限为 492N/mm^2，最大拉断力为 16.33kN。这里为本实验制作五个立结试样，自锁结和平结各三个，其中有一个用于拉力和变形的关系曲线实验。平结所使用线材的拉断力为 16.03kN（强度极限为 483N/mm^2）。

表 1 所示为不同类型的线结最大拉断力比较。表 1 的数据表明，自锁结的强度比立结提高了 20%以上，平结是强度最高的一种结。

4.2　变形—拉力关系特性的比较

仿照金属材料的应力应变曲线，可以用实验的方法求出在不同的拉伸力作用下线结的伸长应变，实验数据见表 2。

表 1　不同类型的线结最大拉开（断）力比较

线结类型	试样 性能	1	2	3	4	5	平均	与母材拉断力之比
立结	失效方式	断	断	开	断	断		
	最大拉断力/kN	9.0	9.1	6.0	9.2	6.1	7.9	48.4%
平结	失效方式	开	开	开	—	—		
	最大拉断力/kN	9.7	12.8	13.8	—	—	12.1	75.5%
自锁结	失效方式	开	开	开	—	—		
	最大拉断力/kN	10.4	10.9	7.6	—	—	9.6	58.8%

表 2　线结拉伸试验数据

拉力/kN	立结		平结		自锁结	
	伸长量 L/mm	相对伸长量 δ/%	伸长量 L/mm	相对伸长量 δ/%	伸长量 L/mm	相对伸长量 δ/%
2	10	5.56	6	3.33	5	5
4	17	9.44	9	5	9	6.67
6	22	12.22	10	5.56	12	8.3
8	25	13.89	13	7.22	15	13.89
8.9	30	16.67	—	—	—	—
10			18	10	25	
10.9			—	—	39~97	21.67~53.89
12			25	13.89		
13.8			37~57	20.56~31.67		

图 3 是根据表 2 的数据绘制的三种线结的相对变形量 δ 与拉力 T 的关系曲线，即力学特性曲线。

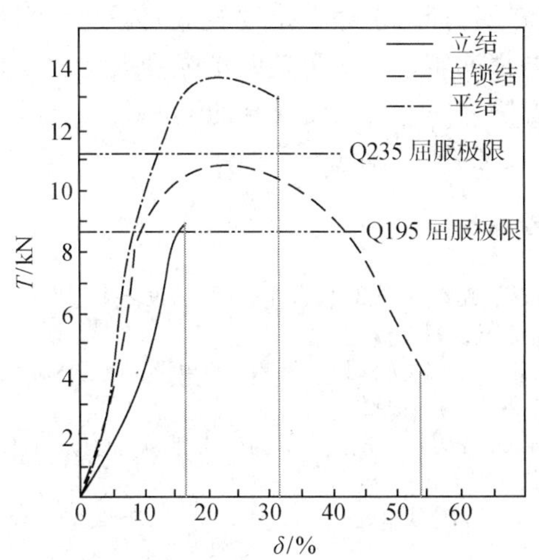

图 3　三种线结的力学特性曲线

5　关于线结特性的讨论

在生产实际中，已经成形的钢捆的失效方式一方面是开捆，另一方面是松捆。引起失效的因素一般是在堆垛、吊装、运输等过程中。堆垛引起非顶层钢捆在高度方向的外压力大于宽度方向，使钢捆的扁化严重，造成捆线内部的张力增大。吊装使得在钢捆上产生弯矩，有弯矩处引起钢捆的扁化，在弯矩最大的部位扁化也最严重，在扁化部位的捆腰的内部张力必然会增大。运输中由于振动，一方面使钢捆断面形状瞬间变扁，引起捆线内部张力的增大；另一方面使原来不规则的钢料排列变得整齐，必然会使钢捆变松。因此，无论是堆垛、吊装还是运输中，引起钢捆开捆的直接原因都是在捆线部位的内压力增大，导致线结所受的拉力增大。

通过图 3 可以看出，每种结在拉开过程中，都有一个拉力的最大值，仿照金属材料的特性参数，将拉力的最大值与捆线断面面积的比值定义为线结的强度极限。可以说，线结强度是衡量线结性能的最重要指标。强度值是衡量线结性能的唯一指标吗？本文认为：衡量线结特性的指标除静强度外，还应该有刚度指标Ω和持久性指标Γ。

如上所述，松捆也是捆扎失效的一种，松捆除与钢料的排列规整程度有关外，还与线结本身的特性有关。对于已经成型的钢捆，捆线内部的张力是始终存在的，有张力便有伸长变形，因此松捆是与线结的力—变形特性有关系的。图 3 表明，在拉伸开始的一定范围内，立结的特性曲线较缓，而平结和自锁结的较陡，说明在同样的拉开力下，立结的变形较大，自锁结和平结的较小。为此，我们按下式定义线结的刚度指标Ω作为线结防松能力的量度：

$$\Omega=T^*/\delta^* \tag{1}$$

式中，T^*为在一定工况下，捆线中的实际最大张力；δ^*为在这个张力下线结的相对变形。

T^*应该小于捆线屈服极限σ_s所对应的拉力值，即

$$T^* \leqslant A\sigma_s \quad 或 \quad \sigma_s \geqslant T^*/A \qquad (2)$$

如果式（2）不满足，则说明捆线的材料或直径选择不合适。

在实际情况中，T^*的值是不易确定的，这里通过比较的方法。瑞典 SUND/BIRSTA 公司打捆机所选材捆线材料的强度极限为 320～400N/mm^2，与 Q195 线材的数值相符，平均屈服极限约为 261 N/mm^2，算得 T^* = 8.67kN（如图 3 所示），可得立结、自锁结、平结的Ω值分别为 1638、2835 和 3248 N/mm^2。

从图 3 还可以看出，自锁结试样的力—变形关系曲线与横轴所围成的面积最大，如果用 $T=F(\delta)$表示图中的曲线，则所述面积可以用下式表示：

$$\Gamma = \int_0^{\delta_{\max}} F(\delta) d_\delta \qquad (3)$$

式中，$\delta_{\max}$表示当线结完全拉开时的相对变形。

Γ 具有很重要的物理意义，它表示在拉开线结时，在线结单位长度上所消耗的能量。在生产实际中，线结的损坏很少是由于捆线内部的张力超过线结的强度造成的一次性损坏，多数是由于在吊装和运输过程中，钢捆不断地受到振动和冲击，经过一定量的变形积累所造成的。所以用 Γ 作为描述线结特性的一个参数，具有更大的实际意义。

本文认为，只有将上述三个参数结合起来，才能比较全面地评价一种线结的性能，采用任何一个去进行评价，都有片面性。至于采用哪种结最好，则要根据具体的生产条件来定。

图 3 表明，对于立结来说，所讲的三个性能指标都最低，但由于其成形装置简单，形式多样，因此应用很普遍，尤其适合于对小捆小规格钢料的捆扎。如果采用双圈捆线的方法，可以对它性能指标偏低的缺陷进行弥补，用于对大捆进行捆扎。

在三种线结中，平结的强度指标最高，可以用于在成形后内部张力大的场合。例如线材盘卷，在捆扎时有几十吨的压实力，在捆扎完毕，压实力撤销后，盘卷有很大的反弹力，使得捆线圈的内部张力很大，在这种情况下，线结的强度指标是最重要的，用平结最合适。但是由于这种结成形装置的特殊性，要求所捆扎钢捆的曲率较小，它一般只适合线材盘卷或棒材捆组的捆扎。

自锁结的三个性能指标都很高，具有很全面的力学性能，可以用于任何场合的捆扎，尤其是对于大规格的钢料，由于其耐受冲击能力强，采用这种结，捆扎效果会优于其他两种。可见这种结的成形装置设计开发有很好的应用前景。

6　结论

（1）本文通过对三种线结的力学特性曲线进行分析，指出衡量线结性能的指标除了静强度指标外，还有刚度指标和持久性指标，具体定义见式（1）～式（3），以这几个指标对现有的几种线结进行评价，可以得到如下结论：立（辫）结适合小捆小规格的钢材捆扎，平结适合大捆小规格棒材或型钢和线材盘卷的捆扎，较大规格棒材或型钢的捆扎应选用具有自锁功能的线结捆扎。

（2）本文提出了自锁线结的概念，它可以通过设计全新的一次成形装置来得到，也可以通过在现有的辫结打捆机上做一定的改造而得到。实验和理论计算都证实这是一种使线结强度大幅度提高的最有效方法之一，可以使线结的强度提高 20%以上，具有一定的推广价值。

参考文献

[1] 邹家祥, 施东成. 轧钢机械理论与结构设计[M]. 北京: 冶金工业出版社, 1995.
[2] 中国冶金设备总公司. 国际冶金机电设备手册[M]. 北京: 冶金工业出版社, 1992.
[3] 付永领, 李万钰. 棒材全自动液压打捆机的总体设计[J]. 冶金设备, 1998(4): 16~18.
[4] 房世兴. 高速线材轧机装备技术[M]. 北京: 冶金工业出版社, 1997.
[5] 中华人民共和国黑色冶金行业标准, 金属材料捆扎机(YB 4085—1992), 1992, 3.

（原文发表于《冶金设备》2001 年第 3 期）

中厚板钢坯转盘辊道设备研究与应用

邵　峰　常　亮

(北京首钢国际工程技术有限公司，北京 100043)

摘　要：本文就某中厚板厂钢坯输送线上的转盘辊道的设计方案及有关计算方法进行了阐述。本设计方案中旋转机构采用了销齿传动替代以往所普遍使用的渐开线圆柱齿轮传动。这种设计降低了设备制造精度要求，避免了大直径齿轮的加工，节省了投资，也使设备运行维护成本大大降低。经生产实践检验，本设备运行情况良好，经济效益和社会效益显著。

关键词：中厚板；钢坯输送线；转盘辊道；销齿传动

Research & Application of Turntable for Bloom Transportation of Medium Plate

Shao Feng　Chang Liang

(Beijing Shougang International Engineering Technology Co., Ltd., Beijing 100043)

Abstract: This paper is mainly about the research & application of turntable for bloom transportation of medium plate. Turning assembly design utilizes pin tooth transmission instead of involute cylindrical gears transmission which is popularly used. This design decreases the demand of machining accuracy, avoids machining of large diameter gear, saves investment and dramatically reduces operation & maintenance cost. Practice has proved that this equipment works well and procures greatly economy & society benefit.

Key words: medium plate; bloom transportation; turntable; pin tooth transmission

1　引言

转盘辊道是中厚板车间钢坯热送线上用以将钢坯转向运输的关键设备，是实现坯料连续自动化运输的小枢纽。转盘辊道结构尺寸大、设备负荷重、动作频繁、工况恶劣，传统的转盘辊道采用小齿轮与齿轮回转支承啮合的传动方式，设备易损坏，维护成本高。

为解决以上问题，本文采用销齿传动替代以往所普遍使用的渐开线圆柱齿轮传动，收到了很好的使用效果，延长了设备使用寿命，降低了设备制造精度要求，节省了投资，设备维护也更加简单。

2　设备布置及总体结构特点

2.1　设备布置

本文所述转盘辊道布置在某中板厂钢坯热送线上，处于热送辊道、入炉辊道和转运辊道的交叉位置，如图 1 所示。其主要作用是：（1）普通辊道运输：衔接热送辊道和入炉辊道，实现钢坯热送入炉。

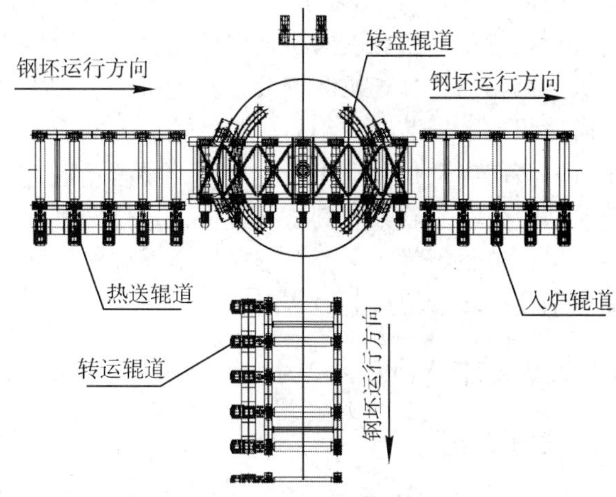

图 1　中厚板钢坯转盘辊道设备布置

（2）钢坯转向运输：连铸车间生产出的板坯经热送辊道运送到中板车间，热送辊道和转盘辊道同时运转，将板坯运至转盘辊道上，然后转盘启动，将板坯旋转 90°，与转运辊道衔接，转盘辊道和转运辊道同时运转，将板坯运至转运辊道上，通过转运辊道将钢坯运至车间其他工艺位置。

2.2 转盘辊道总体结构特点

转盘辊道主要由辊子装配、旋转架、行走轮组、定位转轴、销轮装置、转向传动机构、旋转轨道、限位装置、位置检测元件等组成，分别如图 2 和图 3 所示。

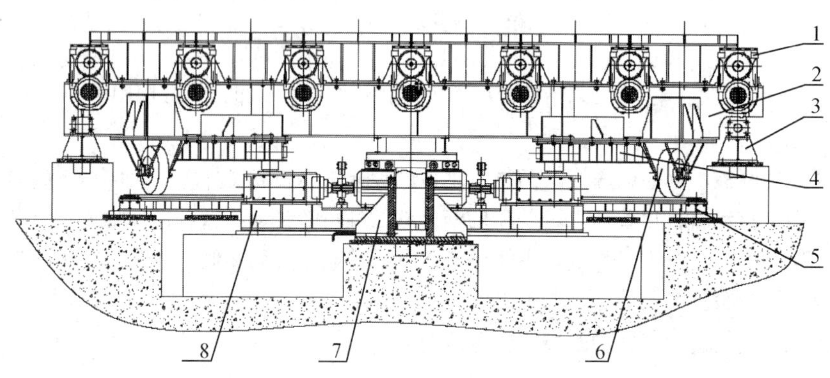

图 2 转盘辊道主视图

1—辊子装配；2—旋转架；3—限位装置；4—销轮装置；5—旋转轨道；6—行走轮组；7—定位转轴；8—转向传动机构

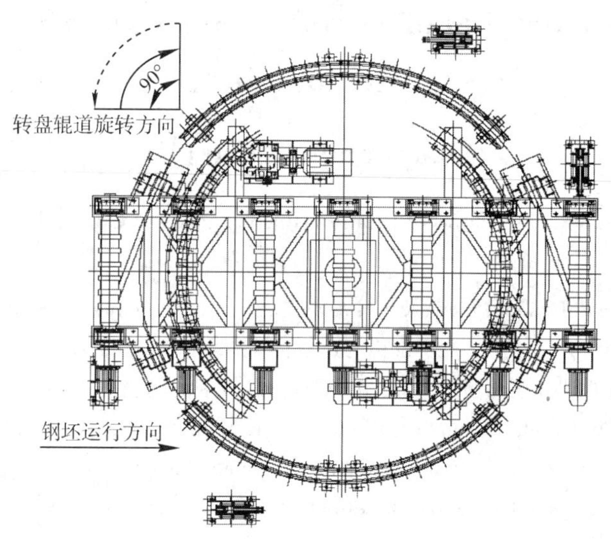

图 3 转盘辊道平面图

辊子设计采用实心花辊、交流变频电动机单独传动，辊道安装在旋转架上；旋转架采用型钢焊接件，中间带定位套，与定位转轴相配，旋转架下部安装行走轮组和销轮装置；转向传动机构由变频电动机、制动器、减速机和安装在减速机输出轴上的小齿轮组成，安装时使小齿轮与销轮装置啮合。工作时，转向电动机驱动小齿轮旋转，小齿轮通过与销轮啮合带动旋转架和其上的辊道以定位转轴为中心、以行走轮组为支承，在旋转轨道上旋转，从而实现钢坯在转盘辊道上的转向运输。

3 设备结构特点

3.1 辊子装配

由于本设备的工作环境为某中板厂钢坯热送线，来料钢坯最高温度 900℃左右，为防止辊子产生较大弯曲，故在本设计中辊子采用实心辊，焊接辊环；辊子两端选用调心滚子轴承，一端固定，一端游动;采用悬挂式变频减速电动机单独传动（电动机自带制动器），结构紧凑，安装方便。

3.2 旋转架

旋转架是整套设备的重要载体，辊子装配、销轮装置、转轴装配、行走轮组等都安装在其上。旋转架选用型钢、钢板焊接而成，焊后去应力再机加工，行走轮座采用箱型结构焊接在旋转架上。整个结构刚度较大，可防止设备负荷运转时产生过大变形。但旋转架结构庞大，对于某些加工面又有整体加工的要求，并保证一定的形位公差，因而加工难度较大，需选用合适的加工设备。旋转架结构如图

4 所示。

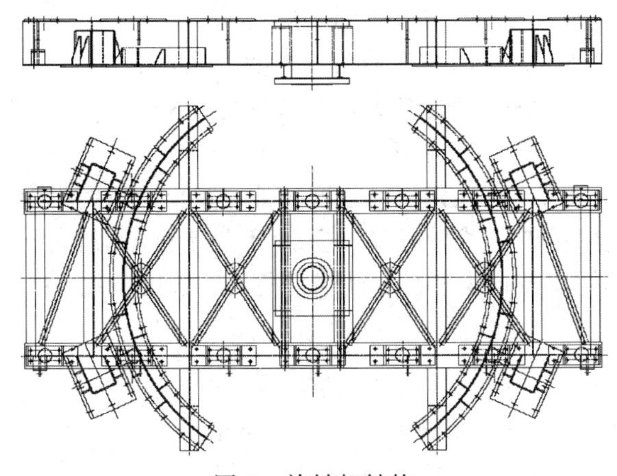

图 4　旋转架结构

3.3　转轴装配结构特点

转轴装配的中心转轴安装在旋转架上，转轴下部插入带滑动轴承的底座内，设备运行时转轴不承受垂直方向的载荷，只起中心定位作用（设备垂直方向的载荷仅由行走轮组承受）。滑动轴承内壁开有油槽，定期打稀油润滑，底座下部安装有排油管，定期将废油排出。转轴装配如图 5 所示。

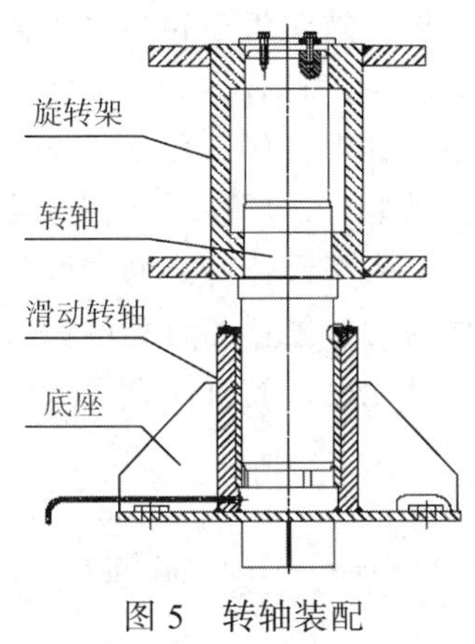

图 5　转轴装配

3.4　销轮装置结构特点

销齿传动有外啮合、内啮合和齿条啮合三种形式，在本设计中选用了内啮合的方式。销轮装置主要由销轮架和齿销组成，如图 6 所示。销轮架由钢板切割焊接而成，其上按照一定的半径和齿距开有一系列销孔，用于安装齿销。齿销为 45 钢锻制并经正火处理，消除锻后组织缺陷，改善力学性能；轴面经淬火处理，提高表面硬度和强度。

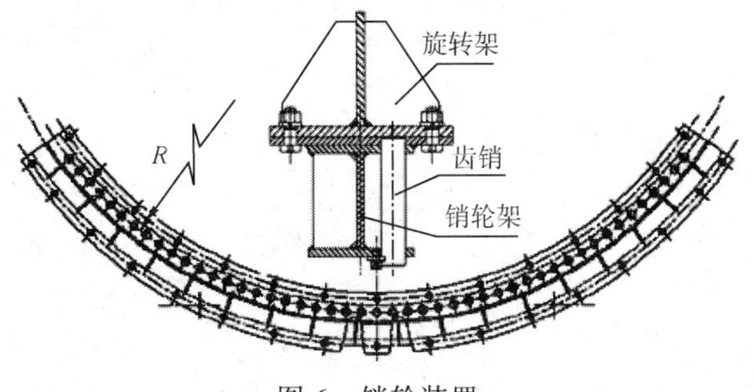

图 6　销轮装置

3.5　转向传动机构

转向传动机构主要由电动机、制动器、减速机、底座和安装在减速机输出轴上的小齿轮组成，如图 7 所示。电动机为变频控制，减速机按传递扭矩大小选用标准硬齿面减速机，自带齿轮泵润滑；采用电力液压块式制动器，安全可靠。在本套设备中，共有两套转向传动机构，分别安装在转盘中心两侧相对位置（见图 2 和图 3），这样布置令转盘两侧受力均匀，使转盘的传动和制动都更加平稳、可靠。

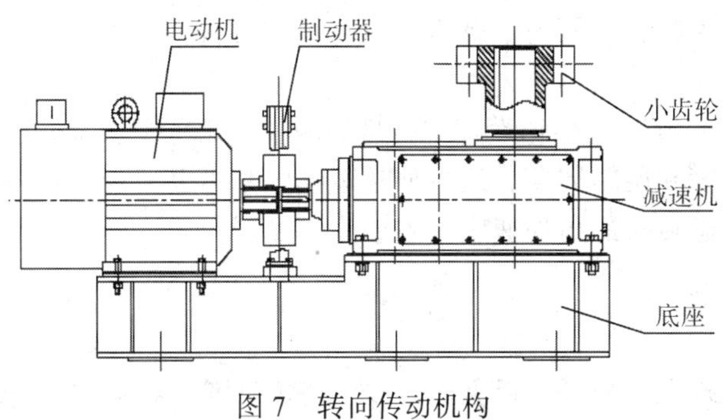

图 7　转向传动机构

4　主要设计计算

4.1　辊子传动电动机功率计算[1]

4.1.1　计算辊道驱动力矩

为了计算驱动辊道所需的电动机功率，必须先求出辊道的驱动力矩。本设备中辊道为起动工作制，故辊道驱动力矩按以下公式计算：

$$M=\frac{CGD_1^2}{2D}\mu_1 g+Q\mu_1\frac{D}{2}+(Q+CG_1)\mu\frac{d}{2}+Qf \quad (1)$$

式中　M——辊道起动力矩 N·m；

C——由一台电动机所带动的辊子数，本次计算 C 取 1；

GD_1^2——1 个辊子的飞轮力矩，kg·m^2；

D——辊子直径，m；

μ_1——辊子对轧件的滑动摩擦系数，热轧件 μ_1 取 0.3；

g——重力加速度，g 取 9.8m/s^2；

Q——作用在辊道上的轧件重量，N，这里辊道为单独传动，故为作用在一个辊子上的重量；

G_1——一个辊子重量，N；

μ——辊子轴承的摩擦系数，对于滚动轴承 μ 取 0.005；

d——辊子轴颈直径，m；

f——轧件在辊子上的滚动摩擦系数，热轧件 f 取 0.0015m。

4.1.2 计算电动机功率

电动机功率按下式计算：

$$N = Mn/(9550\eta k) \quad (2)$$

式中 M——辊道起动力矩，N·m；

n——辊道转速，r/min；

η——辊道传动系统的效率；

k——电动机起动力矩与额定力矩的比值。

4.2 销轮传动主要计算

（1）按照设备结构特点，确定销轮传动的最大半径，即销轮节圆直径，对于本设备，销轮直径越大，传动越省力。

（2）根据设定的转盘加减速转角范围、旋转速度和旋转周期，运用回转运动学基本公式计算设备运转时的角加速度，主要公式如下：

$$\psi = \frac{at^2}{2} \quad (3)$$

式中 ψ——转盘加速过程转角范围，对于本设备为 $\frac{\pi}{4}$；

a——转盘运转角加速度，rad/s^2；

t——转盘加速周期，s。

（3）粗算转盘辊道带负荷时相对回转轴线的最大转动惯量，本设计中运用 INVENTOR 三维软件建模并自动计算出转动惯量。

（4）运用下列公式计算额定负荷下的销轮转矩和圆周力：

$$T = Ja = F_t R \quad (4)$$

式中 T——销轮回转力矩，N·m；

J——转盘辊道带负荷时相对回转轴线的最大转动惯量，kg·m^2；

a——转盘运转角加速度，rad/s^2；

F_t——额定负荷下的圆周力，N；

R——销轮节圆直径，m。

（5）按表面接触强度条件计算出销轮销齿直径 d_p 值范围，然后按 d_p/p 值计算出齿距 p，最后再分别对销轮销齿和齿轮轮齿进行弯曲强度校核[2]：

$$d_p \geqslant \frac{310}{\sigma_{Hp}} \times \sqrt{\frac{F_t}{\psi}} \quad (5)$$

式中 d_p——销轮销齿直径，mm；

F_t——额定负荷下的圆周力，N；

ψ——齿轮齿宽系数，取 1.5~2.5；

σ_{Hp}——许用接触应力，MPa。

（6）选定齿宽系数 ψ、小齿轮齿数 Z_1、d_p/p 和确定 ha/p、销轮齿数 Z_2 等参数[2]。

（7）根据以上确定的参数计算销齿传动其余的几何尺寸，此处不再赘述[2]。

5 结语

在本设备中，转盘辊道转向采用销轮代替较大的一般渐开线齿轮，具有很大的经济性。销齿传动方式结构简单、加工方便、传动平稳、调节方便、中心距安装要求低、适用性强，在运输、冶金、矿山等部门的一些大型慢速卧式回转设备，尤其是慢速周期性频繁启动、停止的设备中都可推广应用，是节约造价、优化设计的有效途径。

参考文献

[1] 邹家祥，等. 轧钢机械(修订版)[M]. 北京：冶金工业出版社，1995: 426.

[2] 成大先，等. 机械设计手册(第四版第三卷)[M]. 北京：化学工业出版社, 2002: 14~480.

（原文发表于《冶金设备》2012 年第 1 期）

棒材生产线冷床区液压系统简介

杨守志

(北京首钢国际工程技术有限公司，北京 100043)

摘　要：本文着重介绍了年产 100 万吨棒材生产线工程的冷床区液压系统，该系统已经成功应用于首钢长治棒材生产线。冷床区液压系统主要服务于冷床的上料裙板升降液压缸和冷床卸料小车升降液压缸，由泵站和 25 个阀台组成。文中详细介绍了冷床区液压系统总的设计思路、泵站原理以及阀台原理。

关键词：冷床液压；泵站；阀台；裙板升降；卸料小车

Cooling Bed Hydraulic System

Yang Shouzhi

(Beijing Shougang International Engineering Technology Co., Ltd., Beijing 100043)

Abstract: This paper introduces the annual output of 100 million t bar production line project of the cooling bed zone hydraulic system, which has been successfully applied to Shougang Changzhi bar production line. Cooling bed major service areas in the hydraulic system on the cooling bed skirt material discharge cooling bed lift cylinder and lift cylinder car, the pump and valve station 25 components. Described in detail in the hydraulic system cooling bed district general design ideas, principles pump and valve station principle.

Key words: cooling bed hydraulic; pump stations; valve sets; skirt lifting; unloading car

1　引言

首钢长治棒材工程为一条年生产规模为 100 万吨的棒材生产线,已经于 2010 年 5 月开始建设,2011 年 6 月试车。液压系统是整个工程中重要的设备之一，关键元件全部选用进口元件，冷床区液压系统是棒材生产线中系统能力较大的系统，由泵站和 25 个阀台组成，主要完成裙板升降和小车卸料工作，该液压系统已在调试阶段。

2　冷床区液压系统总体设计思路

2.1　布置

泵站布置在 ± 0 平面上，在冷床设备所在+5000 平台下面，四周围栏杆，电控柜布置在泵站旁边，占地 12000×7000mm，控制柜放在泵站旁边。阀台布置在 5000 平台上，尽量靠近设备，便于液压缸同步的调节和管道的连接。主管路路由主要敷设在管沟及平台下面。

2.2　设计

冷床区液压系统由油箱装置、泵装置、回油过滤器、循环过滤冷却装置和阀组组成。

2.2.1　油箱

采用矩形油箱，油箱带加强肋板，保证了油箱的强度；进油室和回油室从中间分开，有利于油液中杂质的沉淀和液压泵平稳的吸油；每个油室都有清洗口，方便工人清洗油箱；进油室和回油室在隔板上部连通，保证回油室上部干净的油流入进油室；油箱上有液位控制和温度控制，用以控制泵站的安全运行；油箱排污口装有截止阀，方便工人排脏油；油箱材质为碳钢。

2.2.2　加热

采用浸入式加热器，加热器安装在油箱内，与循环系统一起组成加热循环，保证油液能够均匀地加热。

2.2.3　冷却

采用板式冷却器，冷却效果更明显；电磁水阀用于冷却水的调节，与循环系统一起组成冷却循环，保证油液能够均匀的冷却；在水管路上安装有截止阀；供水管路上设有“Y”形过滤器，用来过滤掉冷却水中的杂质，延长冷却器的使用寿命。

2.2.4　循环泵

循环油路的作用是对油液进行加热或冷却，以及对油进行过滤；泵站底脚托架安装在减振器上，减小电动机与泵的振动；吸油油管上带有限位开关的截止阀，与电机连锁，是电动机开启的先决条件；挠性接头安装在吸油口处和压力管线上，用于管路的减小振动；压力管道上带有溢流阀，保护螺杆泵。

2.2.5　高压泵

高压泵提供动力油的流量和压力；泵底脚托架安装在减振器上，减小电动机与泵的振动；吸油管上带有限位开关的截止阀，与电机连锁，是电动机开启的先决条件；吸油管上带有柔性接头，减小管路的振动；高压管及泄漏油管上有高压软管；每台泵的高压侧设有 1 个阀块，带有高压过滤器（过滤油液中的杂质）。

2.2.6　过滤

高压过滤器、回油过滤器、循环过滤器，都带有光电堵塞指示器，方便工人巡检时观察；高压过滤器安装在高压泵的后面；循环及回油过滤器，与循环泵组成循环过滤回路。在泵站工作前，可以先内循环，过滤油箱里油的杂质，保护阀组，延长阀组和高压泵的使用寿命。过滤器全部选用进口英特诺曼产品，保证油液的清洁度。

2.2.7　阀台

阀组包括各种控制阀、油路块、仪表盘和底座等。各装置上均带有必要的电器接线端子箱及液压原理图标牌。阀组安装在根据其功能设计的阀块上；阀块集成在竖直的阀柱上；每个阀台上都装有压力表，便于随时观察工作压力。

2.3　总述

所有的组件尽可能根据现场实际情况进行组装和配管；管路和阀块必须经过冲洗和防腐处理，保证工作油液的清洁度；根据管路的尺寸及压力范围，管道连接选用必要的法兰和管接头，在泵站及阀台上安装镀铬的系统原理图铭牌，方便工人检修使用。

3　冷床区液压系统详细设计概述

3.1　液压系统的功能及参数

液压系统控制冷床设备的以下动作：

裙板升降液压缸动作（通过液压缸驱动曲柄往复摆动，带动传动轴在一定角度范围内往复转动，进而通过曲柄、连杆带动裙板上下动作，全长约 190m）和卸料小车液压缸升降动作（卸料小车采用电动链式横移，液压升降，全长约 120m）。

要求考虑裙板升降缸和卸料小车同时动作，具体参数见表 1。

表 1　冷床区液压系统服务设备资料

名　称	规格/mm	数量	上升速度/mm·s^{-1}	下降速度/mm·s^{-1}	工作压力/MPa
裙板升降缸	ϕ63/ϕ36~200	15	150	150	10
卸料小车升降缸	ϕ63/ϕ45~480	10	150	150	10

液压泵站的技术参数：

系统压力　12MPa
系统流量　700L/min
油箱容积　5m^3
电动机功率　5×55kW（4用1备）
循环电动机功率　5.5kW
电加热器（6个）　6×3kW
冷却水温度　≤33℃
冷却器面积　7.29 m^2
冷却水压力　0.2~0.4MPa
冷却水耗量　12.2m^3/h
工作介质　N46抗磨液压油（NAS8）　工作
介质黏度（40℃）　41.4~50.6mm^2/s
过滤器　5 个高压过滤器（10 μm）
　1 个回油双桶过滤器（20 μm）
　1 个循环管路双桶过滤器（10 μm）
　2 个通气过滤器（10μm）
阀台数量　25 个（裙板升降阀台 15 个，卸料小车阀台 10 个）

3.2　液压系统的原理

3.2.1　泵站原理

液压泵站关键元件选用进口产品：泵选用力士乐产品；过滤器选用英特诺曼产品；冷却器选用舒瑞普产品；其他产品选用国内优质品牌。

3.2.2　泵站控制原理

液压泵站的压力回路的输出管路与阀台相连，向液压缸输入压力油。

液压泵站通过本地操作台控制。

泵站设机旁操作箱，操作箱上设“本地－关闭－远程”开关。“本地”位只允许液压站内操作，“远程”位只允许主操作台上操作；“本地”位主要为设备试车及检修时使用，“远程”通过连锁设备可以在主操作台上操作泵的启停。

工作回路——工作泵：工作泵为恒压变量泵。其特点泵的输出压力可进行控制，即系统压力在系统不同的耗油量的情况下保持不变。另外，通过泵的最大流量的极限值保证了电动机不超过它的额定功率。在泵的启动阶段或者不需要加油时候，为了保护液压泵免受破坏，延长液压泵的使用寿命，在泵之后过滤器之前的压力管道上安装一个电磁溢流阀。当启动液压泵的时候，该溢流阀（常闭）被打开通到油箱，直到泵达到工作压力而关闭。另外，如果管道压力升到超过极限值（安全值），通过压力控制系统该溢流阀可自动打开，系统溢流。带指示堵塞电指示器的过滤器安装于每台泵的出口。若过滤器堵塞则给系统报警信号，但不会关闭工作泵。在每个过滤器后的管路压力由电子压力继电器来监控。在压力回路的实际压力由安装在主管路上的另一个压力继电器来监控。

工作回路——备用泵：泵站有一台液压泵作为备用泵使用。只有在另外一台液压泵产生电气故障时，备用泵才自动启动。如果有其他故障发生（如压力大低）备用泵必须人工开启。

为了给操作带来方便，所有的吸油口管道的阀门在不影响系统情况下可处于打开位置。

泄压回路：压力回路设置一个压力泄压回路。在液压系统运行之前和运行期间，泄压回路关闭（不连接到油箱），以便压力能增大并且蓄能器能够存储一定的压力油。如果液压系统正常停止或非正常停止（如紧急停止），油箱返回回路的压力管道泄压回路上的换向阀自动打开（连接到油箱），保证液压油能够返回到油箱，避免发生故障时产生不必要的损失。

循环回路：液压站配备了一条循环回路。用以过滤并保持油箱恒定的工作油温，使系统能够稳定运行。在循环泵压力油管道上有一个压力传感器、一台冷却器、一台双筒过滤器（手动切换且带堵塞电指示仪表）。

冷却系统：循环回路上安装一台板式冷却器。当油箱内的油温上升到规定温度水平以上时（一般为 50℃），电磁水阀会自动开启，循环系统开始冷却油液。当油温下降到规定温度时（一般为 40℃），电磁水阀自动关闭，循环系统停止冷却油液。与加热系统相比，冷却系统具有优先权，这主要是为了保证当温度太高时，冷却系统能够迅速地使油箱降温，防止液压油被炭化。

加热系统：油箱上安装有 5 个加热器，用于加热油箱内的油。当油箱内的油温降到规定温度以下时（一般为 28℃），所有加热器全部启动来加热油。当油箱内的温度上升到规定的正常温度时（一般为 35℃），加热器自动关闭。只有冷却器关闭时才允许加热器运行（连锁控制）。

油箱：油位和油温通过电子液位计和温度继电器来控制。当油箱内油温达到允许温度后（一般为 35℃），温度继电器输出可以启泵的信号，这时液压泵可以开启。如果温度继电器的高位（温度太高，一般为 60℃）被激活，则液压系统自动关闭，这表明冷却系统功能失调。此外，在油面降到“最低”油位后，电子液位计给系统信号，液压系统也会自动关闭。从用户点返回到油箱途中的液压油在回油管中由 2 个双筒过滤器过滤后回到油箱。双筒过滤器需要人工转换，且配备了两个堵塞电指示器。

3.2.3　阀台原理

整个冷床区液压系统共设置 25 个阀台，包括裙板阀台 15 个、卸料小车阀台 10 个。要求裙板液压缸 15 缸同步、卸料小车液压缸 10 缸同步，考虑投资等多方面因素，系统选用截流单向阀调速，通过阀台位置合理摆放和缩短管路达到同步要求。

4　结语

通过以上介绍，我们对棒材生产线冷床区液压系统有了一些了解。冷床区液压系统是棒材轧钢生产线重要的设备之一。通过本文的介绍，可以为今后冷床区液压系统的设计提供一些参考数据，也为工厂工人检修提供了一些参数，为工厂冷床区液压系统能够更好地运行提供一些参考。

参考文献

[1] 成大先. 机械设计手册[M]. 北京: 化学工业出版社, 2006.

[2] 汪建业. 重型机械标准[M]. 昆明: 云南科技出版社, 2007.

（原文发表于《液压与气动》2011 年第 8 期）

节能型棒材平立转换轧机回转缸液压阀台的研究、开发与应用

郝志杰[1] 张彦滨[1] 杨守志[1] 马 松[2]

(1. 北京首钢国际工程技术有限公司，北京 100043；
2. 首钢水城钢铁集团有限责任公司机动部，水城 553028)

摘 要：本文论述了控制棒材平立转换轧机回转缸的一种节能型液压阀台的研发与应用。该阀台可以用较低压力的液压站供油，但是能够使棒材平立转换轧机回转缸得到工艺要求的高工作压力，既不需要因棒材平立转换轧机回转缸高工作压力的要求而提高轧区液压站系统压力，也节省了专用液压站，还简化了通常情况下棒材平立转换轧机回转缸动作时液压站繁琐的操作程序，能够做到减少能耗、减少设备投资、减少设备维护工作量和环境污染，以及能够减少运营成本，并能够满足高节奏生产的需要。

关键词：棒材平立转换轧机；节能型液压阀台；液压站

Research and Application of Energy Saving Hydraulic Valve Stand of Rotary Cylinder of Horizontal Vertical Conversion Bar Rolling Mill

Hao Zhijie[1] Zhang Yanbin[1] Yang Shouzhi[1] Ma Song[2]

(1. Beijing Shougang International Engineering Technology Co., Ltd., Beijing 100043;
2. Shougang Shuicheng Iron and Steel(Group) Co., Ltd., Shuicheng 553028)

Abstract: The research and application of one energy saving hydraulic valve stand were shown. This kind of valve stand is applied to the control of rotary cylinder of horizontal vertical conversion bar rolling mill. The input pressure of this valve stand can be very low, but the output pressure can be high enough to satisfy the cylinder operating condition. It is unnecessary to increase the pressure of the relative hydraulic power station. One additional special hydraulic power station is also unneeded. At the same time, the complex operation sequence of hydraulic power station is simplified during the working of the rotary cylinder of horizontal vertical conversion bar rolling mill. The energy saving hydraulic valve stand can satisfy the high rhythm production, as well as decrease the energy consumption, the equipment investment, maintenance work and environmental pollution.

Key words: horizontal vertical conversion bar rolling mill; energy saving hydraulic valve stand; hydraulic power station

1 引言

本文论述的“节能型棒材平立转换轧机回转缸液压阀台”已经获得国家知识产权局批准的专利，专利名称：一种有特殊功能的液压阀台，专利号：ZL 2010 2 0506867.1。

在冶金行业里棒材轧机是广泛使用的轧制设备。一条棒材生产线大致由加热炉区、轧区、冷床区、精整区和成品区组成。每个区域的机械设备上都安装了若干个液压缸或液压马达来驱动。考虑到

液压缸或液压马达所要求的压力等级和供油距离的远近等因素，一般都在每个区域设一个液压站为该区的液压设备供油。

本文仅涉及轧区的液压系统。轧区一般布置18~19架轧机，其中包括水平轧机、立式轧机、平立转换轧机。这些轧机上共设置了80多个液压缸或液压马达来完成轧机的各种动作，通常设置一个名为“轧区液压站”的液压站为它们供压力油。根据工艺要求，轧机上的这些液压缸或液压马达要求的供油压力等级各不相同，甚至差别很大。水平轧机和立式轧机上的液压缸或液压马达要求的工作压力较低，一般为10~12MPa，只有平立转换轧机回转缸要求的工作压力高达18MPa，压力差别很大。然而平立转换轧机数量极少，仅2~3架，而且每架平立转换轧机上只有2个回转液压缸，总共不超过6个回转缸，仅占轧区全部液压缸或液压马达数量的7.5%，并且回转液压缸也不常动作，一般是保持水平状态（见图1），仅在需要切分时才要求平立转换轧机从水平状态变为立式（见图2），回转液压缸才动作一次。总之，平立转换轧机回转液压缸的特点是数量少、工作压力高、动作频率小。若要求回转液压缸同其他液压缸或液压马达使用同一个液压站供油，使得如何确定轧区液压站的系统压力成为一个棘手的问题。

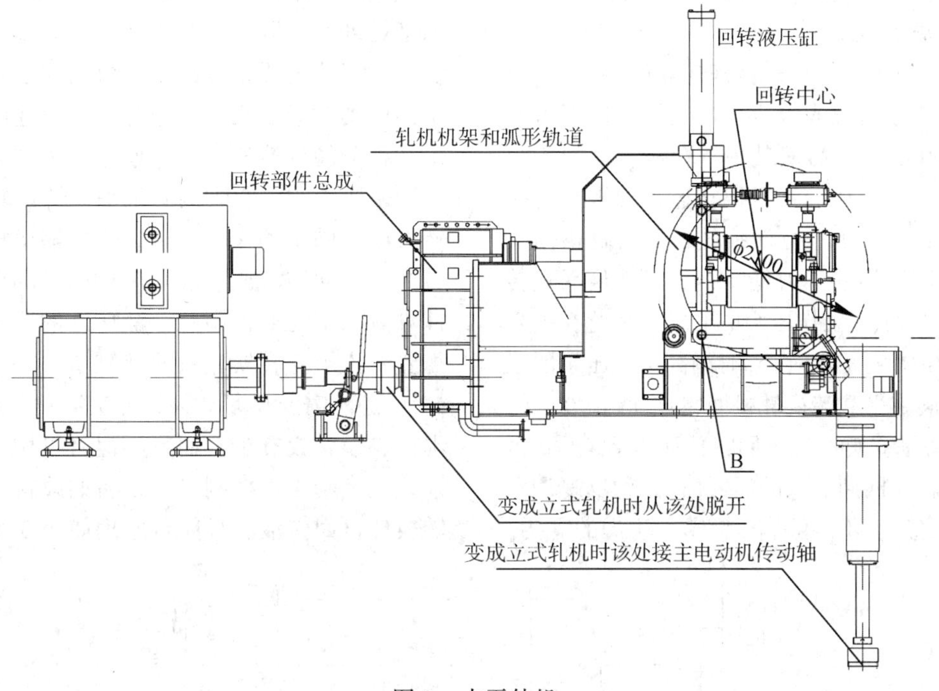

图1　水平轧机

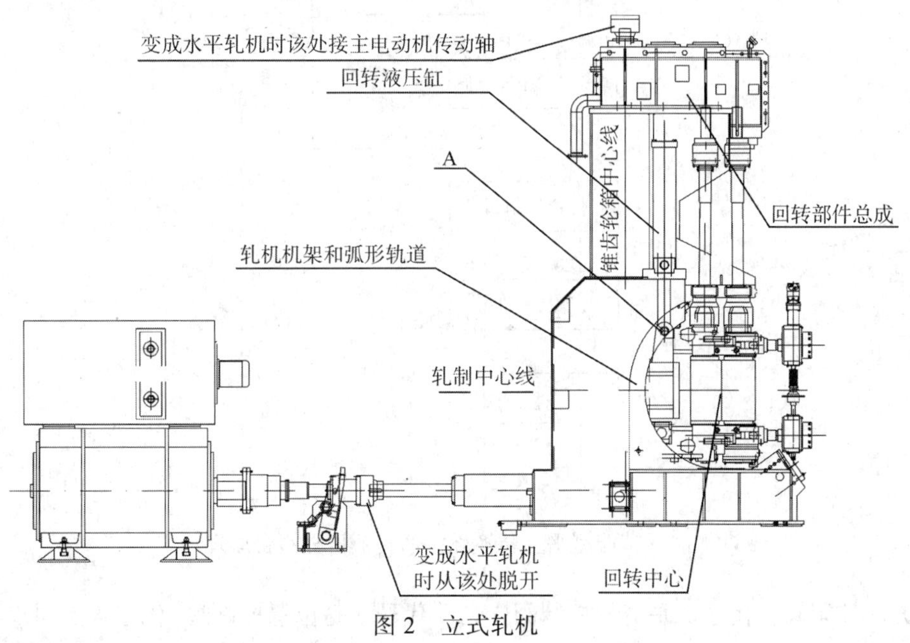

图2　立式轧机

常用的液压站设计方案有 3 种：

方案 1：设置 2 个液压站，其中 1 个液压站用来满足大多数轧机上的液压缸或液压马达的要求（工作压力 10~12MPa），通常称为“轧区液压站”；另外再设置一个专为平立转换轧机回转缸供油的“专用液压站”（工作压力 18MPa）。可以看出，方案 1 多出了一个液压站，增加了设备投资和设备维护工作量，还增加了环境的污染。

方案 2：只设置 1 个“轧区液压站”，向包括平立转换轧机回转缸在内的全部液压缸或液压马达供油。但是必须提高液压站的系统压力，才能够满足平立转换轧机回转缸高工作压力的要求（18MPa）。这个方案是为占少数的回转液压缸的需要而提高了压力等级，浪费了能源。

方案 3：只设置 1 个“轧区液压站”，系统压力满足绝大多数的液压缸或液压马达较低工作压力的要求（10~12MPa），然后从其中一台液压泵的压力油供油管上接出一根供油管，把它连接到平立转换轧机回转缸阀台，专为平立转换轧机回转缸供油。但是，由于该液压站的压力低，不足以满足平立转换轧机回转缸 18MPa 工作压力的要求，为此在平立转换轧机回转缸需要动作时，临时调高该液压泵的工作压力，达到满足平立转换轧机回转缸 18MPa 工作压力的要求，待平立转换轧机回转缸动作结束后，再把该泵压力重新调回到原来的压力值。这种反复调泵的操作方法很麻烦，不能够满足高节奏生产的需要。

2 节能型棒材平立转换轧机回转缸液压阀台

总之，以上 3 种设计方案都不理想，都存在缺陷，因此需要找到一个最佳设计方案。对这个最佳设计方案的要求是节能、操作简单、设备投资少，并且对老设备的改造也有推广价值。

从节能的角度考虑，该液压站的系统压力应该是按满足大多数液压缸或液压马达需求的较低工作压力来确定，并且还可以直接用该液压站向平立转换轧机回转缸供油。但是，如何满足平立转换轧机回转液压缸较高工作压力的要求？当然最简单的方法是使用“增压缸”。然而，增压缸加工工艺要求高、加工难度大，因此价格不菲，并且增压缸对液压系统油的清洁度要求也高，这就增加了投资，也不利于推广到对老设备的改造。本文论述的方案是设计了一种节能型液压阀台，使用一种“同步与增压元件”来实现的。它既能满足平立转换轧机上 2 个回转液压缸同步动作的要求，也能够增压，满足平立转换轧机回转液压缸较高工作压力的要求。这个设计方案既不需要提高轧区液压站的系统压力，也不需要专为平立转换轧机回转缸增加一个“专用液压站”。还不需要反复调泵，方法简单、效果显著、成本低、设备投资少。而且不但可以用于新项目的设计，还有利于推广到对老设备的改造。节能型平立转换轧机回转液压缸阀台原理如图 3 所示。

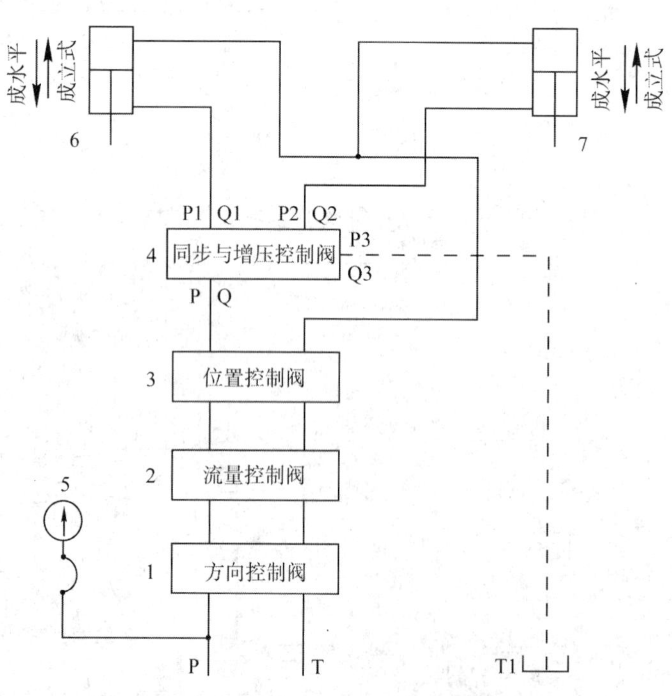

图 3 节能型平立转换轧机回转液压缸阀台原理

代号 1 是方向控制阀，代号 2 是流量控制阀，代号 3 是位置控制阀。代号 4 是同步与增压控制阀，代号 5 是压力表，代号 6、 7 是回转缸。P 是压油管，T 是回油管，T1 是同步与增压元件的回油管。

当回转缸活塞侧进油时，平立转换轧机从立式状态转换成水平状态；当回转缸活塞杆侧进油时，平立转换轧机从水平状态转换成立式状态。

阀台的压油管 P 连接轧区液压站的压力油总管，回油管 T 连接轧区液压站的回油总管，T1 管直接连接到轧区液压站的油箱。

节能型平立转换轧机回转液压缸阀台中的“同步与增压元件”的 2 个工作腔出口分别连接两个回转缸的活塞杆侧，能够使平立转换轧机的 2 个回转液压缸同步动作；关键之处是把第 3 个工作腔出口直接接回轧区液压站的油箱，得到增压效果。

“同步与增压元件”的增压原理是基于能量守恒原理。下面对此进行理论计算：

由于回转缸活塞杆侧进油时，平立转换轧机从水平状态变成立式，回转缸的载荷最大，要求工作压力大，所以要把“同步与增压元件”安装在回转缸活塞杆侧。

设进入“同步与增压元件”入口的流量为 Q，油压为 P；“同步与增压元件”的第一工作腔出口的流量为 Q_1，油压为 P_1；“同步与增压元件”的第二工作腔出口的流量为 Q_2，油压为 P_2；“同步与增压元件”的第三工作腔出口流量为 Q_3，油压为 P_3。

根据能量守恒原理，可以写成公式：

$$QP=Q_1P_1+Q_2P_2+Q_3P_3+\cdots \tag{1}$$

由于采用的“同步与增压元件”的一、二两个工作腔相等，则 $Q_1=Q_2$，并且 $P_1=P_2$，由于“同步与增压元件”的第三工作腔出口直接回油箱，所以可视为 $P_3=0$。

于是式（1）变为：

$$QP=Q_1P_1+Q_2P_2=2(Q_1P_1)$$

于是有公式：

$$P_1=\frac{QP}{2Q_1}$$

式中，Q 是设定值，Q_1 是工艺要求值，P 的数值可以根据阀台液压平衡原理，用已知的轧区液压站供油压力和组成阀台的各个液压元件的压降计算出。所以 Q、Q_1、P 都可以认为是已知值，则代入上述公式就可计算出 P_1 值。但是，计算出的 P_1 值仅是理论值，还必须按这些参数作试验，得到的试验结果才是真正的增压值。

计算和试验所采用的参数如下：

根据工艺要求，每个回转液压缸的活塞杆侧进油时流量为 Q_1=4.99 L/min，试验时把流量 Q 设定为 23.3 L/min。已知轧区液压站的供油压力为 18MPa，根据液压平衡原理和各个液压元件的压降，计算出的 P 值为 145 bar。代入公式计算：

$$P_1=\frac{QP}{2Q_1}=\frac{23.3\times145}{2\times4.99}=339\text{bar}$$

而用相同的参数作试验，其结果为 P_1 = 235bar。两者结果不同，试验结果比计算值小。但是平立转换轧机回转缸要求的工作压力是 18MPa，实际增压值尚有 55bar 的余量，完全可以满足工艺要求。

3 节能型棒材平立转换轧机回转缸液压阀台的主要经济、社会、环境效益

与前面叙述的常用的 3 种设计方案比较，节能型平立转换轧机回转液压缸阀台具有节能、投资少、减少环境污染、能满足现代工业高节奏生产需要等效果，优点明显。

（1）与方案 1 比较，节省了一个“专用液压站”，节省设备投资约 20 万元。以及省去了对该设备的维护工作量。并且由于减少了一套设备，也就减少了对环境的污染。

（2）与方案 2 比较，由于降低了“轧区液压站”的系统压力，就使“轧区液压站”的 3 台液压泵的传动电动机功率降低了一档（从 75kW 降到 55kW），这样就达到节能的效果；并且“由于系统压力的降低，对延长昂贵的液压泵及其他液压元件的使用寿命有利，也减少了各连接处跑漏油的几率。另外，在方案 2 中由于系统压力高，轧机上只要求低工作压力的液压缸或液压马达，需增加减压阀几十个。现在由于液压站的压力等级降了下来，所以就节省了这些减压阀，由此可节省投资约 30 万元。还有，由于电动机功率降低一档，可节省电费如下：

每台泵的电动机功率减少：75−55=20kW，液压站共三台泵（两用一备），电动机功率共减少：20×2=40kW，如果轧机年工作时间按 7680h（按每年检修时间 1.5 月考虑），则每年可节电：7680h×40=307200 kW·h（度），若工业用电价格按 0.8~1.0 元/度计，则每年可节约电费 24.6~30.7 万元。

（3）与方案 3 比较，由于平立转换轧机回转缸需要动作时，可以直接操作阀台，避免了反复调节液压泵工作压力的麻烦。能够节省时间和人力，满足高节奏生产的需要，由此所创造的经济价值是无法计算的。

另外，与方案 3 比较，可以减少从液压站至平立转换轧机回转缸的一条压力管道及其附件，现在是与其他阀台共用压力管路，则能节省投资约 20 万元。

4 结语

本文详尽论述了控制棒材平立转换轧机回转缸的一种节能型液压阀台的研发与应用。采用本节能型回转缸液压阀台，不需改变平立转换轧机原来的回转液压缸，因此本技术不但可以应用到新设计轧机，也可以应用到旧棒材轧机的改造，有广阔的推广前景。

参考文献

[1] 成大先. 机械设计手册[M]. 北京: 化学工业出版社, 2006.
[2] KINSSON. 液压分流器. 上海其胜设备配件有限公司, 2010.

（原文发表于《冶金设备》2012 年第 5 期）

高速线材厂油气润滑系统设计、安装与调试

秦艳梅

(北京首钢国际工程技术有限公司，北京 100043)

摘　要：随着油气润滑技术在工程中的广泛应用，油气润滑系统设计形式也多样化了，不同的供货商供应不同的油气润滑系统。本文主要介绍了油气润滑系统在高速线材厂应用的两种形式。

关键词：高速线材；油气润滑；设计；安装；调试

The Design, Installation and Commissioning of Oil-Gas Lubrication System of High-Speed Wire Rod Plant

Qin Yanmei

(Beijing Shougang International Engineering Technology Co., Ltd., Beijing 100043)

Abstract: With wide application of the oil-gas lubrication technology in engineering project, design patterns of oil-gas lubrication system has diversified, and different suppliers supply different oil-gas lubrication systems. This paper mainly introduces two kinds of application of the oil-gas lubrication system in high-speed wire rod mill.

Key words: high-speed wire rod; oil-gas lubrication; design; installation; commissioning

1　引言

线材产品在我国钢材生产结构中占有相当重要的地位，线材生产线发展的总趋势是提高速度，增加盘重，提高精度及扩大品种规格范围，这对高速线材轧机导卫的油气润滑提出了更高的要求，本文针对两种不同形式的气动递进式油气润滑系统在高速线材厂的应用情况，从设计、安装与调试等方面进行分析，以便于油气润滑系统更广泛的应用同时能够得到更全面的优化设计。

2　油气润滑系统设计

2.1　设计依据

高速线材厂根据产品大纲要求的不同，其设备布置上略有不同，但都是由粗中轧机组、预精轧机组、精轧机组、活套、导卫、切头剪、飞剪、水冷箱、夹送辊、吐丝机、散冷线、集卷站、PF 线、打捆机、成品秤和卸卷站等主要设备组成。高速线材厂产品质量的好坏及产量高低，润滑系统起着关键的作用。高速线材厂的润滑系统主要有三种形式：轧机减速机、油膜轴承、精轧主电动机等采用稀油润滑系统；辊道轴承采用干油润滑系统；轧机导卫轴承和活套轴承等采用油气润滑系统。这里主要介绍油气润滑系统，润滑部位、润滑点数和耗油量是主要设计依据，见表 1。

不同制造商制造的设备润滑点数会略有不同，在设计过程中要特别注意。

2.2　原理设计

油气润滑系统设计时要根据部位、润滑点数、耗油量及管路布置等综合因素，合理地选用泵、油气混合及油气分配元件，并设置合理的润滑周期等，才能设计出最佳的油气润滑系统。

高速线材厂的油气润滑系统主要有以下两种形式，原理分别如图 1 和图 2 所示。

这里为了便于叙述，图 1 和图 2 是以表 1 中精轧机组油气润滑设备为例进行设计的，设计选型略。

实际应用中可以是精轧机组与粗中轧机组、预精轧机组采用一套油气润滑系统；也可以是精轧机组与预精轧机组采用一套，粗中轧机组采用一套，各有利弊，这里不详述。

表 1　油气润滑系统参数

润滑设备名称和部位	轴承数/个	轴承总数/个	轴承耗油量/mL·h^{-1}	
			单个	合计
2 号、4 号、6 号、8 号、10 号粗轧机导卫	2	10	3.9	39
12 号中轧机导卫	4	4	3.9	16
14 号预精轧机导卫	4	4	3.9	16
15 号轧机前水平活套起套辊	3	3	3.3	10
16 号、18 号预精轧机导卫	4	8	3.7	30
15 号~18 号预精轧机间立活套导向辊和起套辊	5	15	3.3	50
精轧前压尾装置轴承	3	3	3	9
精轧前水平活套导向辊和起套辊	3	3	3.3	10
19 号、20 号、22 号、24 号、26 号、28 号精轧机导卫	2	12	3.7	45

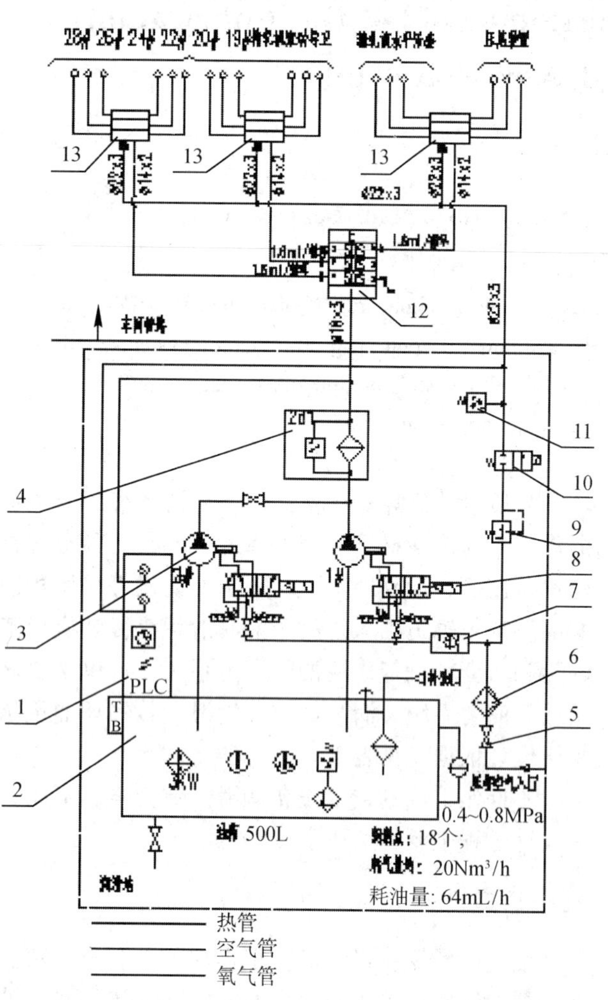

图 1　高速线材厂油气润滑系统一

图 1 中，1—PLC 控制箱，2—油箱装置，3—气动泵，4—油过滤器，5—进气总阀门，6—油雾器，7—气动三大件，8—二位五通电磁换向阀，9—减压阀，10—二位二通电磁换向阀，11—压力继电器，12—主分配器（带接近开关），13—油气混合器。1~11 组装成套称为油气润滑泵站；主分配器 12 和油气混合器 13 安装在所润滑的设备上。

图 2 中，前 11 项与图 1 一致，12—分配器（带接近开关），13—油气混合块，14—油气连接块，15— 一级分配器，16、17— 二级分配器。1~14 组装成套，也称主站；一级分配器 15 和二级分配器 16、17 安装在所润滑的设备上。

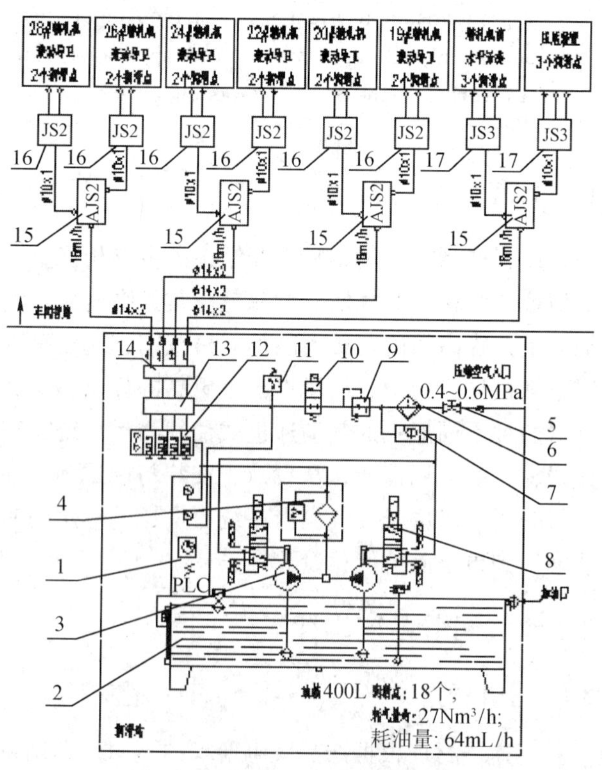

图 2　高速线材厂油气润滑系统二

2.3　原理分析

图 1 原理分析：气动油泵 2（一备一用）供出

的润滑油通过过滤器 4（过滤精度为 0.01mm）进入主分配器 12，按每个出口的油量进行分配后的润滑油分别输送到不同的油气混合器 13 的混合块，同时供气回路（5、6、9、10 组成）连续供给的压缩空气进入混合器中的混合块，混合形成油气流，喷射到润滑点。

图 2 原理分析：气动油泵 2（一备一用）供出的润滑油通过过滤器 4（过滤精度为 0.01mm）进入分配器 12，经分配器分配后进入油气混合块 13，在油气混合块中，润滑油和压缩空气进行混合形成油气流，经多股透明的油气连接块及管道输送出来，油气流经过一级和两级油气分配后喷射到润滑点。

2.4 两套设计的共同点和不同点

共同点：油箱元件组成和结构基本一致，泵的供气方式和系统供气回路基本一致，都是采用 PLC 控制，控制思想及监控等基本一致（控制略），在泵出口和加油口均设置了过滤器，能够保证系统油液清洁度。也就是说混合器前的所有元件在选型一致的前提下，可以完全互换。

不同点：图 1 系统是润滑站只供出润滑油，长距离供出润滑油，在设备附近进行分配和油气混合形成油气流，短距离供出油气流，喷射到润滑点。由于是长距离供油，系统供油压力要高些，一般约 5MPa；因采用的是一级分配一级混合，系统元件少，故障点少，但元件结构复杂，不便于故障排除；车间管路少但管径大。图 2 所示的系统是在润滑主站就进行润滑油的分配和油气混合形成多路油气流，长距离供出油气流，在设备附近进行二级分配后喷射到润滑点。由于在主站就完成油气混合，供油距离非常短，系统供油压力要求不高且在油气混合器和油气连接块间设置透明软管，很直观的观察系统运行状况，维护检查非常方便；因采用的是一级分配一级混合后再进行二次分配，系统元件多，故障点多，但元件结构简单，便于故障排除；由于从主站长距离供出多路的油气流，车间管路多但管径小。

3 油气润滑系统的安装

3.1 油气润滑站的位置确定

一般的高线轧机多为高架式，轧制标高多为 +6.800m，操作平台为+5.300m，油气润滑站的安装位置也是有两种形式，一种是安装在平台下，另一种是安装在平台上。润滑站安装在平台下，可以放在稀油润滑站内，环境温度低，灰尘少，可延长设备的使用寿命；但由于离润滑设备较远，调试过程中不便于观测润滑状况；所有主管路在平台下布置，到设备附近再上平台，车间管路美观，但车间管路较长，尤其是图 1 所示的系统，供油压力须保证。润滑站安装在平台上，基本是在所需润滑设备附近，调试过程中便于观测润滑状况；环境温度较高，灰尘大，对设备使用寿命有影响；车间管路短，但管路安装在平台上，不太美观。

油气润滑站的位置需要根据用户的要求和设备布置情况来确定。

3.2 管路的安装

管路的安装是根据油气站的位置和管路设计来进行的，安装过程中管路的切割、弯曲、敷设清洗、试压等每个环节均很重要。与润滑点相连的管路采用透明软管，可以很直观的观察油气流在管道内的流动状态，及时检查出系统的运行状况是否良好；其余管路全部采用不锈钢管，不锈钢管切割必须采用机械的方法，并处理好切口处的毛刺；管路的弯曲必须用弯管机弯曲，且最小弯曲半径不得小于管子外径的 3 倍；管路需严格清洗后才能进行连接，小于 10 通径（含 10 通径）的管采用卡套式管接头连接，大于 10 通径的管采用氩弧焊满焊连接；在敷设过程中尽量减少弯曲减少管接头的数量。管路的清洗严格按要求进行，一般情况下要求油液清洁度为 NAS9 级，较高要求为 NAS8 级，系统油液清洁度越高，分配器和油气混合器就不易堵塞，系统工作就越稳定。在某高线厂，由于未加入符合清洁度的油，又没有时间进行过滤，造成分配器和混合器频繁发生堵塞故障，气动泵也是经常损坏，给调试和生产带来严重影响。管路清洗合格后需要进行压力试验，油管不得有渗漏，气管不能有泄漏。

4 油气润滑系统的调试

管路试压合格后，便可进行系统调试。油气润滑系统设有一个控制箱，安装在油箱顶部，装有开关、按钮、指示灯、时间继电器、仪表和报警器等，电控箱对整个油气润滑系统进行控制，包括系统的连锁功能，用 PLC 控制，系统调试全部由控制箱完成。下面简述调试过程及注意事项。

4.1 加油

首先往油箱加入符合清洁度（NAS8 级或 NAS9 级）和黏度（N100 至 N320）要求的润滑油，加到油箱高度的 4/5 高一点即可。可通过油箱加油口处的加油过滤器向油箱加油；最好是用 5μm 的过滤小车进行加油，以便减少加油过程中造成的二次污染。

4.2 打开控制箱电源开关，检查面板上各指示灯、仪表和鸣笛的好坏

4.3 油箱液位油温的测试

油箱上装有一套液位控制器，设有低位点报警和超低位点报警并停泵；油箱上装有一个电加热器和一个电接点温度计，由电接点温度计检测油箱油温，当油温小于20℃时，控制电加热器进行加热；当油温大于40℃时，控制电加热器停止加热。

4.4 气路测试

先关闭供气阀门5，检测电磁换向阀8、10和压力继电器11接线是否正确，并检测触点动作是否正确，确认无误后打开供气阀门5。分别调整供泵和油气混合器的气源压力（调整7、9），按要求设置压力值。

4.5 运行气动泵

在调试模式下，分别按下泵的启动按钮，气动泵开始按程序控制工作，间隔3s工作一次，如此循环工作，直至油气分配器出油口有油喷出。然后将系统切换成工作模式，系统进入正常工作状态。

4.6 润滑过程测试

检测分配器12上的接近开关电气接线是否正确，检测反馈信号是否正确。观察透明油气管道，检查油气流是否正常。

4.7 参数设置和调整

根据系统设计要求设置合理的润滑周期、分配器监视时间、分配器工作次数、总监视时间和气源延时报警时间等。后四种参数设定后基本不用调整，润滑周期必须根据润滑点实际出油情况进行调整，如果润滑周期长，润滑点得不到充足的润滑而烧坏轴承；如果润滑周期设置短，润滑点供油量大，一是浪费，二是多余的油气流有的泄漏到车间地坪，影响环境卫生，有的与红钢接触会产生烟气，造成事故的假象，影响生产形象，最可怕是由于检查不及时可能会造成油液大量消耗掉。

在某高线厂，由于油气成套厂电气服务人员误将调整好的90s供一次油改为90s供25次油，由于正是全厂调试阶段，设计人员忙于其他系统，成套厂服务人员也未及时观察液位情况，间断性工作几天后发现液位快降到低位，才发现此错误，又由于用户没有该油品储备，无法补油，在后来的试车阶段，为了保证试车顺利，全部靠人工操作，通过对讲机联系，轧一根钢前开一次润滑站，给调试人员带来很大麻烦。

5 结语

油气润滑系统设计选型中的泵和油气分配器及油气混合器的合理选用、精心安装，保证系统油液清洁度，调试中控制功能的完整性和参数的准确性是保证油气润滑系统稳定性的重要因素。这两种油气润滑系统在高速线材厂均得到广泛的应用，为高速线材厂生产提供了良好的润滑保证。

参考文献

[1] 沈昕. 上海澳瑞特润滑设备有限公司《油气润滑系统设计指南》.
[2] 太原矿山机器润滑液压设备有限公司《油气润滑装置》样本.
[3] 启东天驰润滑液压有限公司《润滑设备选用手册》样本.

（原文发表于《冶金设备》2010年特刊第2期）

棒材液压同步控制浅析

田秀平

（北京首钢国际工程技术有限公司，北京 100043）

摘　要：本文介绍了棒材液压系统中液压同步回路。同步回路用来实现两个或两个以上的执行元件获得运动上的同步。由于不同的执行机构在制造质量、结构刚度、负载、摩擦、泄漏、机械结构等方面都存在差异，因此需要保证同步运动的回路。棒材轧线上的加热炉冷料上料回路、平立转换回路、冷床裙板回路、冷床下料回路等需要液压同步。要根据工况要求的同步精度来选择不同的回路形式。同步回路的正确选择可保证设备的稳定运行。

关键词：液压系统；同步回路；同步控制

The Bar Hydraulic Synchronous Controlling Analysis

Tian Xiuping

(Beijing Shougang International Engineering Technology Co., Ltd., Beijing 100043)

Abstract: Synchronous loop in hydraulic system of bar milling is introduced. More than two perform element can obtain synchronization of movement by Synchronous loop. because perform elements varies in infects of manufacture quality, structure rigidity, load, friction, leakage, the loop is required ensuring Synchronous moving. In the bar milling, hydraulic synchronization is required by charging loop of furnace, horizontal vertical conversion's、cooling bed tilting apron's and cooling bed displacing's. Various forms of loops will be choused according to various require of synchronous precision of them. Exact choosing synchronous loops can ensure smoothly running of equipments.

Key words: hydraulic system; synchronous loop; synchronous control

1　引言

目前随着液压技术的发展，液压元件已经逐步实现了标准化，液压系统作为先进的执行控制系统已经广泛地应用于各个行业中，在液压系统中同步回路是很重要的部分，对于设计者来说，确定何种同步回路控制能够满足设备的实际工况要求，成为困惑许多人的难题。本文仅仅针对棒材液压系统中的几种常用同步回路进行分析，皆在与各位同仁进行探讨和研究。

2　同步回路的种类

随着对液压系统传动系统的高效率、低噪声、无振动、高精度、低故障等的要求，对同步的要求也越来越高，因此需要用液压的方法来保证同步的要求。按构成回路的控制元件的不同，液压同步回路主要有流量控制和体积控制两大类，按控制方式的不同，可分开环控制回路和闭环控制回路。流量控制回路包括节流阀同步回路和分流集流阀同步回路。体积控制同步回路包括串联缸同步回路、同步缸同步回路、同步马达同步回路、并联泵同步回路。流量控制回路和体积控制回路也属于开环控制回路。比例阀、伺服阀和数字缸闭环的同步回路。

3　几种常用的液压同步回路在棒材工程的应用

3.1　节流阀同步回路

本回路主要采用节流阀控制液压缸，广泛应用于同步精度不高的工况中。其优点是结构简单，造价低廉。但由于载荷，泄漏和阻力不同等因素影响，其同步精度一般低于 4%~5%。

在棒材液压系统中的加热炉区入炉和出炉废料剔除液压回路，精整区打捆抱紧回路都需要采用同步回路。执行机构为 2 个液压缸。以废料剔除同步回路为例分析如下：

图 1 为废料剔除装置一个液压缸的设备结构图。本回路控制的是两个液压缸，平面布置距离不远，液压缸通过连杆铰接在通轴上，分别控制各个拨爪，使废钢从辊道上被抬起滑到废钢台架上。两个液压缸同步要求不高，两个拨爪速度基本一致就可以了，所以选用节流阀同步回路。图 2 为废料剔除液压同步回路。件号 1 为 4 个节流阀，分别安装在离缸附近的管路上，通过节流来调节液压缸的速度，使之实现同步。

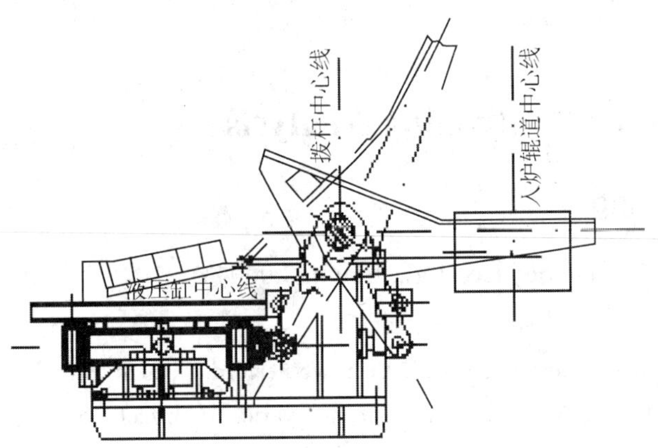

图 1　废料剔除装置的液压缸设备结构

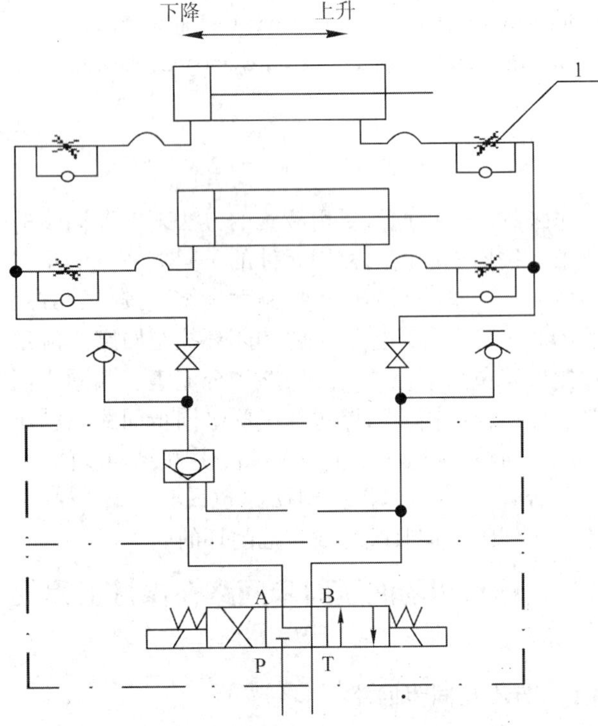

图 2　废料剔除液压同步回路

3.2　同步马达的同步回路

用两个或两个以上等排量的液压马达同轴连接，输出相同的油量分别供给两个或两个以上的有效工作面积相等的液压缸，实现同步运行。并联液压马达同步回路的同步精度要比普通流量阀的同步回路精度高，结构简单，造价相对适中，主要适用于大载荷、大容量液压系统。

在棒材液压系统中步进式冷料上料小车的横移和升降回路，推钢式冷料上料回路，轧机区平立转换液压缸回路，精整区上料台架升降回路，成品台架收集液压回路都需要采用同步回路。执行机构为 2 个或 3 个液压缸。以成品台架收集同步回路为例分析如下：

图 3 为成品收集装置一个液压缸的设备结构。由 3 个液压缸驱动设备，来完成坯料或成品料的输送。如果不同步就会导致坯料或成品料使两端倾斜，不能正常被送到输送辊道上，严重影响生产效率。这就对液压同步控制精度提出了更高要求。此回路的载荷和流量都相对较大，单向节流阀不能满足同步要求，所以选用同步马达同步回路。图 4 为成品

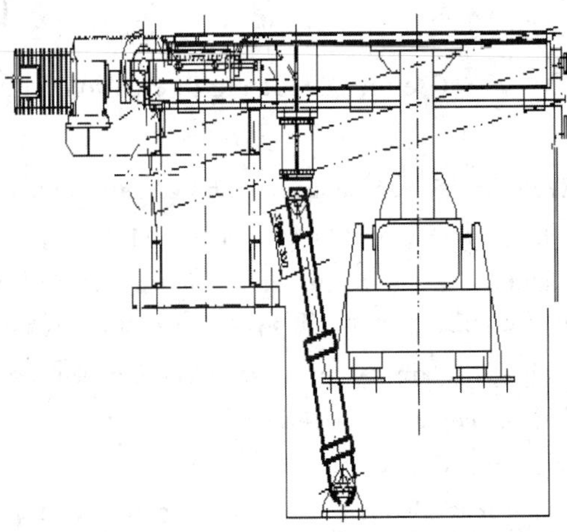
图 3　成品收集升降装置液压缸的设备结构

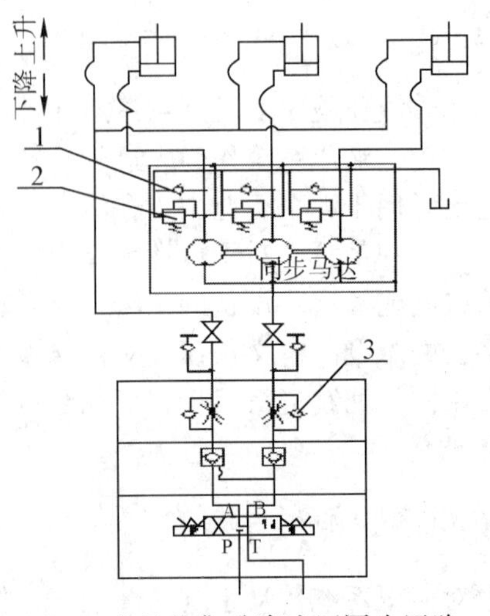

图 4　成品收集升降液压同步回路

收集升降液压同步回路。回路主要由节流阀 3 调节液压缸的速度，三流同步马达把流量平均配流给 3 个液压缸。为了消除液压缸在行程终点产生的误差，设置单向阀 1 和溢流阀 2 组成的交叉溢流补油回路，来实现 3 缸的同步控制。

3.3 伺服阀、比例阀同步回路

伺服阀闭环回路控制同步精度高，在闭环调节系统中，连续检测出实际调节量，并将它与设定值相比较。只要有干扰作用，使实际调节量与设定值之间存在偏差，调节系统就要进行适当的调整，使实际的调节量与设定值再一次吻合达到同步控制。此回路适用于同步要求高的场合，价格昂贵，设备复杂，维护要求高。

比例阀闭环控制。这种回路是由带外置位移传感器的普通油缸和比例阀组成。它是介于普通液压阀的开关控制和伺服阀闭环控制之间的控制方式，他能实现对液流压力和流量连续的按比例地跟随控制信号而变化，他的控制性能优于开环控制，控制精度和响应速度低于伺服阀控制。

在棒材液压系统中冷床裙板升降和下料升降缸的回路都需要采用同步回路。执行机构为多个液压缸。以上料裙板升降装置同步回路为例分析如下：

图 5 为冷床上料裙板升降装置一个液压缸的设备结构。裙板升降液压缸一般由于数量多、布置距离远、总流量大等原因，从马达厂家了解，现在马达最多可以做 12 流，即出口 12 个，可以满足 12 个缸的同步。而上料裙板升降装置同步回路有 13 个缸，甚至更多，使得实现多缸同步有一定困难。由于比例闭环要比伺服闭环控制成本较低，抗污染能力强，易于实现计算机控制。所以冷床裙板升降回路选用比例阀闭环控制来实现同步。图 6 为冷床裙板液压同步回路。1 号阀组为电磁换向阀和节流阀组成的基本回路，1 号液压缸带位移传感器 A。2~13 号阀组由比例阀和液压缸位移传感器 B~M 组成。2~13 号液压缸的输出分别跟踪 1 号液压缸的输出，来调节比例阀的输入改变输出流量，达到控制 2~13 号液压缸的运行速度使 1~13 号液压缸达到相同的位移，来实现 13 个液压缸同步运行的目的。

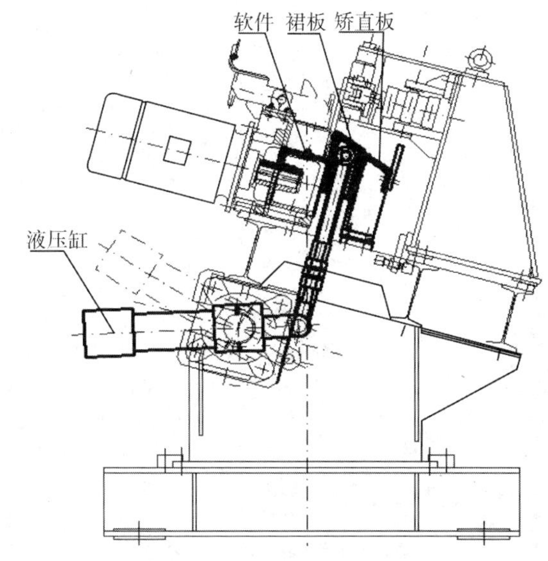

图 5 冷床裙板升降装置液压缸的设备结构

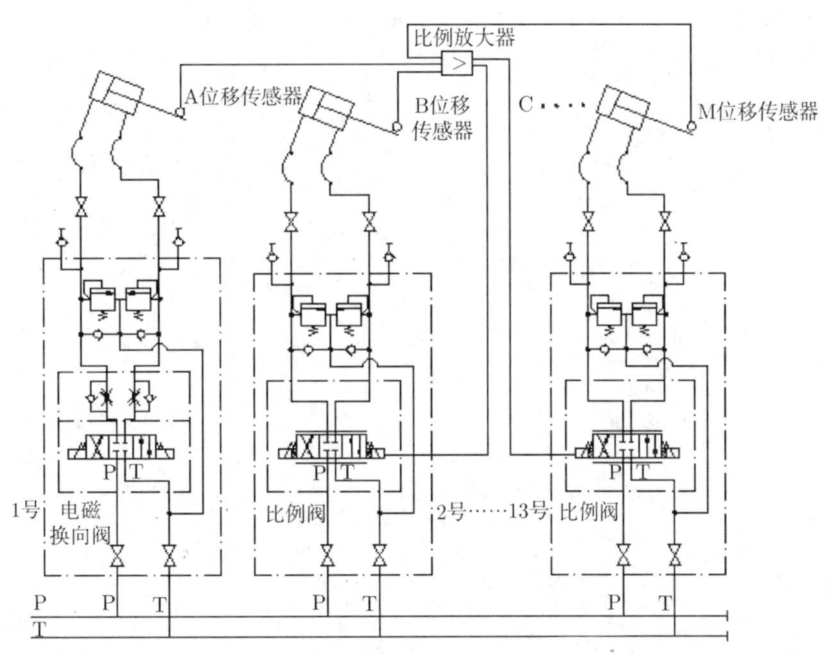

图 6 冷床裙板升降同步回路

4 结语

随着对液压系统传动系统的高效率、低噪声、无振动、高精度、低故障等的要求，对同步的要求也越来越高，因此需要用液压的方法来保证同步的要求。所以要根据液压执行机构的工作原理、布置、工况和不同的同步精度要求，来正确选择不同的回路形式来完成同步控制，更好地保证设备平稳地运行。

参考文献

[1] 成大先. 机械设计手册[M]. 北京：化学工业出版社, 2006.
[2] 汪建业. 重型机械标准[M]. 昆明：云南科技出版社, 2007.
[3] 同步马达. 上海欧腾实业有限公司, 2011.

棒材加热炉液压系统调试简介

杨守志

(北京首钢国际工程技术有限公司，北京 100043)

摘　要：本文以加热炉液压系统为例，简单阐述了年产 100 万吨棒材生产线工程液压系统调试的全过程。主要从系统调试前对油箱、管路清洁度、泵站设备部件安装方面的检查、调试；从液压泵、压力阀、调速阀等方面调试着手，对液压系统调试简单的阐述。

关键词：加热炉液压；清洁度检查；压力调试；系统调试

Introduction of the Bar Furnace Hydraulic System Debugging

Yang Shouzhi

(Beijing Shougang International Engineering Technology Co., Ltd., Beijing 100043)

Abstract: In this paper, furnace hydraulic system, for example, briefly addressed the annual output of 1 million t bar production line engineering the whole process of commissioning of hydraulic systems. Mainly from the system before commissioning of the tank, piping cleanliness, installation of pumping equipment, parts inspection, debugging; from the hydraulic pump, pressure valve, control valve, etc. start debugging, the hydraulic system commissioning brief explanation.

Key words: furnace hydraulic; cleanliness inspection; pressure debugging; system debugging

1 引言

首钢水钢棒材是由我公司总包的年产 100 万吨生产线，2011 年 6 月 10 日开始热负荷试车，7 月 17 日就达到日产 3100 吨的可喜成绩，超过考核产量 50%，仅用了一个月的时间就达产，达产速度在全国都是绝无仅有的。液压系统能否稳定运行被业内视为生产线的关键环节，该工程共设置了四套液压系统，本人全程参与了该生产线液压系统的设计、设备制造并负责现场液压系统施工、调试工作。下面以加热炉液压系统为例简单介绍一下液压系统的调试全过程，与同仁一起探讨和学习。

2 液压系统设置

2.1 概述

加热炉液压系统是一套比例系统，主要负责步进炉步进梁升降和平移、上料冷坯台架各液压缸和推钢机的动作，泵站原理如图 1 所示。

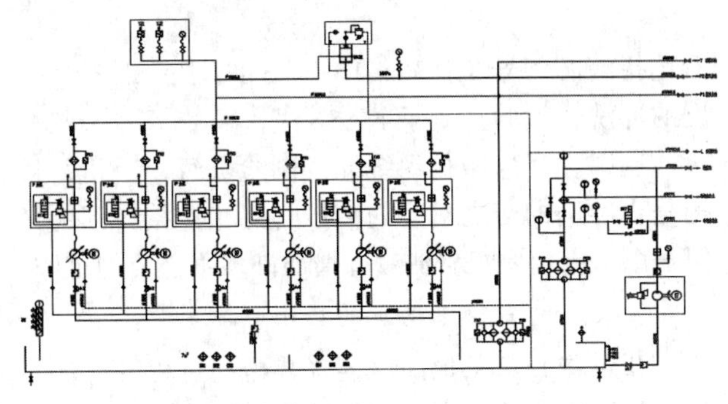

图 1　泵站原理

2.2 基本参数

系统工作压力	$p = 19$ MPa
主泵最大流量	$Q_{max} = 260$L/min
循环系统工作压力	$P = 0.8$ MPa
循环系统最大流量	$Q_{max} = 330$L/min
油箱	7 m^3

2.3 主要元件技术数据（见表1）

表1 液压系统主要元件技术数据

名称	规格型号	数量	备注
主油泵	A4VSO180DR/22R-PPB13NOO	6	5用1备
主电动机	Y2-280M-4B35，90kW	6	5用1备
循环泵	GR70SMT16B660LRF2	1	
循环电动机	Y2-160M-4B35，11kW	1	
加热器	SRY-220/3	6	
冷却器	GC-16*106	1	
供油过滤器	HPU601.10VG.HR.E.P.P.6.6.AE70.5.0	6	三级过滤，保证系统油液清洁度
回油过滤器	DU2050.25VG.10.B.P.FS.B.S1.AE70.2.5	1	
循环过滤器	DU1001.6VG.10.B.P.FS.A.AE70.2.5	1	

3 系统调试

3.1 调试前的准备工作

3.1.1 检查油箱

液压站出厂前已清洗完毕，油液清洁度已经达到了规定标准，但在运输和安装过程中，加上环境因素都有可能使系统内重新被污染；因此油箱在出厂前应采取防腐措施、密封油箱的（进、出）油口以避免进水，在调试前应检查油箱是否清理干净以及所有油（水）口是否保持密封，必要时重新清理，直到油液检查合格后方可展开调试。

3.1.2 检查液压装置与执行机构之间的配管

系统是否能够长时间的正常运转与管道内部的清洁度密切相关，加热炉液压系统的中间配管焊接、冲洗情况良好，冲洗回路如图2所示。冲洗效果的关键之一在于冲洗用滤芯的精度，该冲洗系统过滤器选择滤芯型号TZ630×10μ（5μ，3μ），经过一周的冲洗，检验达到了NAS6级。

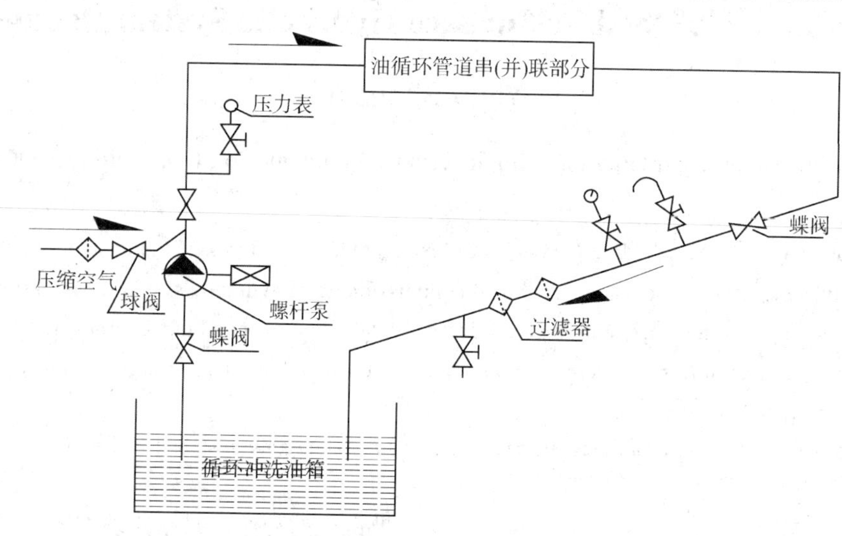

图2 冲洗回路

同时，还应根据系统原理图检查每一个执行机构是否准确的与之对应的液压管路相连接，因为任何一个错误都要浪费油液并增加许多不必要的工作。

3.1.3 油泵与电动机的找正

在运输和与其他部件连接装配的过程中，油泵与电动机之间的对中会受到影响。而绝大多数泵都不能承受径向或轴向负载，而且联轴器中的弹性体只允许极小的平行或角度偏差。

3.1.4 注油

不管采用哪种类型的容器来运输油液，都无法保证油液的清洁度，因此油液在注入系统前必须经过过滤，且过滤精度至少应与系统的滤油器相同，该系统过滤精度为10μ，采用的注油小车过滤精度采用的为5μ，保证注入油液的清洁度。

3.1.5 液压站及管路清洗

用单独循环清洗装置清洗管路，清洗介质可采用与设计要求相近（符）的液压油。

（1）在管路的回油处接一个回油滤油器或滤油车，过滤精度为10μ。

（2）确认所清洗的回路已经连接好后，将泵出口处溢流阀压力从0MPa调到1MPa，循环清洗时间可以根据下式计算而得：

$$t = 5V/Q \quad \mathrm{h}$$

式中 V——油箱容积，L；

Q——泵正常工作时的流量，L/min。

加热炉液压系统采用的循环冲洗泵流量：Q = 354 L/min，油箱容积：V = 7000L，则泵站及站内管路冲洗时间：t = 5×7000/354 = 98.8≈100min（至少）。

（3）过程中对焊接处和管子进行敲打振动，以加速和促进脏物的脱落，同时要经常检查滤油器的污染情况，并在必要时更换滤芯再清洗，直至油液精度达到规定标准。

3.1.6　参与调试的人员

安全起见，调试过程中只有参与调试的工作人员才可在场。虽然这点很容易做到，但事实上在调试的同时可能一些其他部门也正在忙于完成他们自己的工作，但应切记一旦有严重的事故发生，一切将无法挽回。

3.2　调试

当确信各部件已被准确无误的连成整机，而且系统内的油液符合设计要求后，可以开始进行调试。系统调试一般应按泵站调试、系统调试（包括压力和流量即执行机构速度调试）的顺序进行，各种调试项目，均由部分到系统整体逐项进行，即部件、单机、区域联动、机组联动等。

3.2.1　空运转

（1）空运转时应使用N46抗磨液压油，并在加入油箱时经过过滤。过滤精度应不低于系统设计规定的过滤精度（加热炉液压系统要求达到GB/T14039—1993中的NAS7级）。

（2）在空运转前，将液压泵（吸、压）油口及泄油口的油管拆下，按照旋转方向向泵进油口灌油，转动联轴器，直至泵的出油口出油不带气泡时为止。

（3）空运转时，必须将所有溢流阀、减压阀及泵的压力调节装置调松（即逆时针旋转），使其控制压力处于能维持油液循环时克服管道阻力的最低值。接通电源，点动电动机，检查电源是否接错，然后连续点动电动机，延长启动过程，如在启动过程中压力急剧上升，必须检查溢流阀失灵原因，排除后继续点动电动机，直至正常运转。

（4）空运转时密切注视过滤器前后压差变化，若压差增大，则应及时更换或冲洗滤芯。

（5）空运转的油温应在正常工作油温范围内。

（6）空运转的油液污染度检验标准与管道冲洗检验标准相同。

注意：对于停机4h以上的设备，应先使泵空载运转5min再启动执行机构工作。

3.2.2　压力试验

系统的空运转合格后可以开始压力试验，并应遵守上述空运转中的（1）、（2）、（3）项。进行压力试验时，有时需要同时调节泵与压力阀。

3.2.2.1　泵的调试

（1）本系统采用轴向柱塞泵，在第一次启动前需要注油以防止泵内部零件干运转。

（2）点动电动机检查旋向，如果正确，可以继续运转油泵并检查系统泄漏和正常油流。

（3）确信无故障后，可以缓慢升高溢流阀的压力（即顺时针旋转调节手柄或内六角螺栓），将其调定在3MPa压力值然后将锁紧螺母拧紧。

（4）逐台调节主泵：将系统里的空气排空、检查旋向，然后缓慢调节泵的压力调节阀（即顺时针旋转）至要求的工作压力值19MPa。当所有的泵正常运转时，必须要密切观察油箱里油液高度，当整个系统除泵源以外的其他装置（如阀组及外部连接管路）都被油液充满后，还要保证油箱液位处于正常高度。

在油泵能长时间持续正常运转之前，应始终进行监测。因为泵吸入空气或油液中含有大量气泡时会发出很大的碰撞声或非常大的连续的噪声。液压泵在处于非常高的压力工况下，气泡的压缩会使系统油液局部过热而发生危险。

除非泵在运行几分钟后能排出气体，否则应立即停泵去查询原因。

（5）循环泵的调试同上。

3.2.2.2　压力阀的调试

缓慢调节溢流阀调节装置（即顺时针旋转调节手柄或内六角螺栓）至预定压力；

如上所述调定减压阀和卸荷阀。

3.2.2.3　执行机构的调试

为了避免由于电气或液压回路的错误而导致危险，应以小流量和低压力状态运行控制机构和执行机构。

一旦确认回路正确、执行机构能准确控制并且限位开关位置正确后，才可将系统流量及压力调升到预定值。

在整个过程中，应密切观察以下各项：

（1）油箱液位；

（2）油箱油液温度；

（3）所有元件的渗漏；

（4）噪声的来源；

（5）泵和马达的温度；

（6）滤芯是否堵塞。

3.2.2.4　其他调试

（1）调整油箱液位发讯装置；

（2）设定压力继电器；

（3）设定温度控制器；

（4）设定温度监测装置的开关点。

3.2.2.5　压力试验

（1）试验压力应逐级升高，每升高一级应稳定

2~3min，达到试验压力后持续 10min，然后降至工作压力，进行全面检查，以系统所有焊缝和连接口无漏油、管道无永久变形、高压胶管无异常为合格。

（2）压力试验时，如有故障需要处理必须先卸压，如有焊缝需要重焊必须将该管卸下，并在除清油液后方可焊接。

3.3 系统调试

3.3.1 泵站的调试

先空转 10~20min，再逐渐分档升压（每档 3~5MPa，每档时间 10min）。油箱的液位变动超过规定的高度或低于允许值，液位计将分别报警，并动作。

油箱内油温由温度继电器控制冷却器的使用及报警。

泵站调试应在工作压力下运转 2 h 后进行，且泵壳温度不超过允许值，泵轴颈及泵体各接合面应无漏油及异常的噪声和振动，且调节装置灵敏。

3.3.2 阀组调试

3.3.2.1 压力调试

液压系统使用的油泵为变量泵。通断电磁换向阀上的电磁铁实现换向，通过旋转调节螺栓，调定减压阀至工作压力，该系统减压阀共 2 处，一处调定为 14MPa，负责冷坯上料台架动作，另一处为 10MPa，负责推钢机动作。

3.3.2.2 流量调试（执行机构速度调试）

通断电磁换向阀上的电磁铁实现换向，同时旋转双单向节流阀两端的调节螺栓，来控制执行机构的流量，从而调节执行机构的速度。

4 调试中最常见的错误

除维护保养之外，调试是影响一套液压系统的使用寿命和正常运转最重要的一环。因此在调试过程中要尽可能的避免发生错误。

调试中最常见的错误有：

忘记检查油箱的液位；

忘记将注入系统里的油液过滤清洁；

忘记在开始调试前检查整个设备；

忘记排气；

溢流阀的设定过于接近系统工作压力；

忽视泵发出的异常噪声（气蚀、吸油管漏油、油液中气体过多）；

忽视油缸活塞杆变形（由安装不当引起）；

油缸没有排气（会损坏密封圈）；

限位开关设定的过于细微；

没有设定压力继电器切换的滞后余量；

第一次启动前未给泵或马达注油；

没有保存调试记录；

没有锁紧或密封好调整装置；

在调试过程中太多的人站在设备周围；

压力调定后不要随意旋转调节手柄。

5 结语

本文以加热炉液压系统为例从系统组成的各部件（油箱、管路、泵、阀组）到泵站整体，简单阐述了液压系统调试全过程，与同仁一起学习探讨，提高现场液压系统调试的水平。

参考文献

[1] 成大先. 机械设计手册[M]. 北京：化学工业出版社, 2006.
[2] 汪建业. 重型机械标准[M]. 昆明：云南科技出版社, 2007.

（原文发表于《液压与气动》2012 年第 6 期）

➤ 中厚板轧钢技术

滚切式定尺剪液压系统在宽厚板工程中的应用

侯宏宙

(北京首钢国际工程技术有限公司，北京 100043)

摘 要：本文着重介绍滚切式定尺剪液压系统的原理及工况，从液压系统的配置到液压系统所控制的主要设备的运行都做了比较详细的介绍。提供了定尺剪液压系统的主要参数，针对液压系统站内的控制进行了详细的说明，并对定尺剪磁力对中装置、入口夹送辊、定尺剪摆动辊道的工作原理及特点进行了详细的介绍。

关键词：滚切式定尺剪；泄压回路；比例电液换向阀；二位二通插装阀；定比减压阀；平衡阀

Application of Hydraulic System for the Rolling-cut Type Cut-to-Length Shear in Wide and Heavy Plate Project

Hou Hongzhou

(Beijing Shougang International Engineering Technology Co., Ltd., Beijing 100043)

Abstract: The paper introduces the principle and the operation mode of hydraulic system for the Rolling-cut Type cut-to –length Shear. And there is a detail description of the allocation for the hydraulic system and the working of the main equipments which were controlled by the hydraulic system. A lot of data was furnished in the paper. There is a functional description about the pump station of this system in the paper. Meanwhile, there is a detail description of the magnet shifter device, the pinch roll and the depressing table.

Key words: rolling-cut type cut-to-length shear; pressure relief line; electro-hydraulic proportion directional control valve; two two the cartridge valves; proportioning pressure reducing valve; balance valve

1 引言

钢板剪切机是板材生产线中最重要的设备之一，它对板材的成材率起着至关重要的作用。而滚切式定尺剪相对于其他剪机具有剪切钢板质量好、耗能小、刀片寿命长、生产效率高等特点，逐渐成为厚板生产线上最重要的设备[1]。而支持定尺剪工作的液压系统在定尺剪准确、可靠、安全的运行中起着尤为重要的作用。文章所介绍的定尺剪液压系统是北京首钢国际工程技术有限公司（原首钢设计院）与德国 SMSD 公司合作设计的液压系统之一，其中的很多技术已经在冶金行业运用了多年，技术已经趋于成熟。

2 工程概况

首秦 4300mm 宽厚板轧机工程是首钢的重点施工项目。该项目建设在秦皇岛抚宁县，分两期建设，一期设计年生产各类中厚板 120 万吨，二期生产 180 万吨。在工程建设中，液压系统是整个工程中最重要的设备之一，也是近年来联合设计中难度比较大、技术水平比较高的设备。滚切式定尺剪液压系统是众多液压系统中的典型。

3 定尺剪液压系统总体设计思路

3.1 液压系统布置

定尺剪液压泵站布置在地下，使工厂看起来更加宽敞、整洁；阀台被安装在地下和定尺剪的机架上，并且靠近设备接口，管道的安装和连接非常方便。

3.2 液压泵站设计

油箱装置（见图 1）：该系统采用矩形油箱，油箱带加强肋板，保证了油箱的强度；进油室和回油室从中间分开，有利于油液中杂质的沉淀和液压泵平稳的吸油；每个油室都有清洗口，方便工人清洗油箱；供油室和回油室在隔板上部连通，保证回油室上部干净的油流入供油室；油箱上有液位控制器和温度控制器，控制泵站的安全运行；油箱排污口装有截止阀，方便工人排脏油。

加热装置：该系统采用浸入式加热器，加热器安装在油箱内，与循环系统一起组成加热循环回路，保证油液能够得到均匀的加热。

冷却装置（见图 1）：该系统采用板式冷却器，冷却效果更加明显；电磁水阀用于冷却水的调节，与循环系统一起组成冷却循环回路，保证油液能够均匀的冷却；在水管路上安装有截止阀；供水管上设有“Y”形水过滤器，用来过滤冷却水中的杂质，延长冷却器的使用寿命。

循环泵装置（见图 1）：该系统循环回路的作用是对油液进行加热或冷却，以及正常工作前对油液进行过滤；泵站底脚托架安装在减振器上，减小电动机与泵的振动；吸油管上装有带限位开关的截止阀，与电动机连锁，是电动机开启的先决条件；挠性接头安装在吸油口处和压力管线上，用以减小管路的振动；压力管道上带有溢流阀，用以保护螺杆泵。

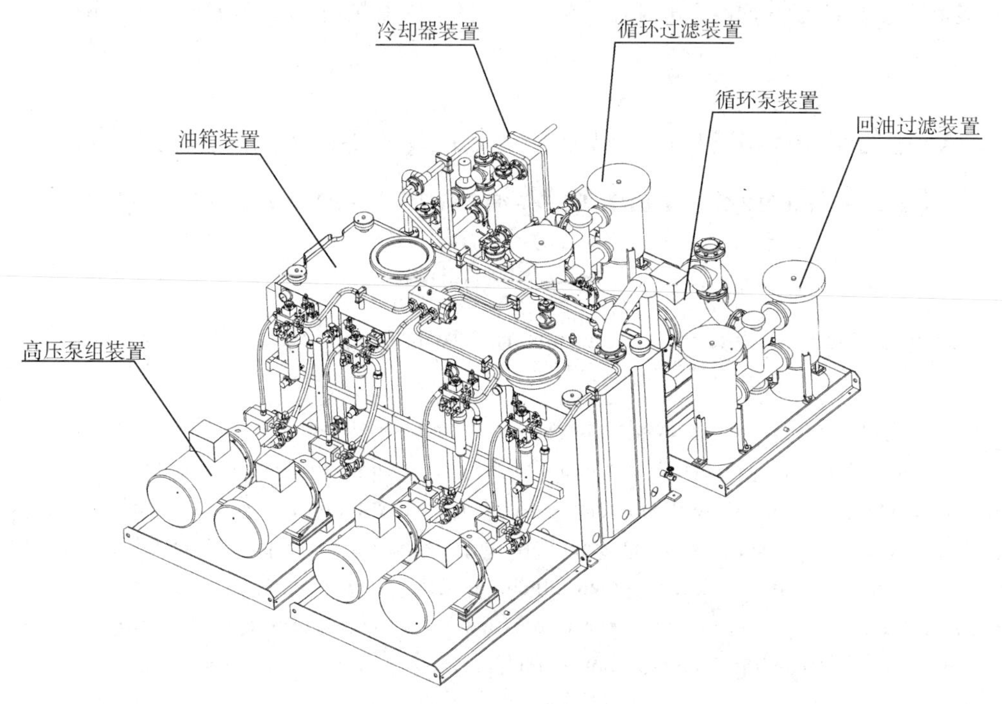

图 1　泵站外形

高压泵装置（见图 1）：该系统的高压泵提供动力油的流量和压力；泵底脚托架安装在减振器上，减小电动机与泵的振动；吸油管上装有带限位开关的截止阀，与电动机连锁，是电动机开启的先决条件；吸油管上带有柔性接头，用以减小管路的振动；高压管及泄漏油管上有高压软管；每台泵的高压侧设有 1 个阀块，带有高压过滤器（过滤油液中的杂质）、高压泄荷阀、二位二通插装阀（具有单向阀和切断功能）；系统的减压通过安装在过滤器上的电磁溢流阀来控制；每台泵上都装有压力继电器。

过滤装置（见图 1）：该系统设置有高压过滤器、回油过滤器、循环过滤器，都带有光电堵塞指示器，方便工人巡检时观察；高压过滤器安装在高压泵出油口管路上；循环及回油过滤器，与循环泵组成循环过滤回路。在泵站工作前，可以先进行内循环，对油箱中的油液进行过滤，保护阀组，延长阀组和高压泵的使用寿命。

蓄能器装置（见图 2）：该系统中的蓄能器用以储备压力油，用于流量尖峰时的需求；每个蓄能器都安装一个泄压和切断控制块；截止阀和单向阀由高压侧的电磁阀来控制；每个蓄能器组都有压力表，可以很直观地观察到蓄能器的压力。

阀台装置（见图 3）：该系统的阀组安装在根据其功能设计的阀块上；阀块集成在竖直的阀柱上；阀柱安装在设有承油盘的架子上；承油盘带有开式格栅底板；单个阀块安装在墙上/设备上的框架/托架

上；根据要求，设备的控制元件安装在端子箱内；油箱，泄漏油管上的每个阀块上，都设有单向阀；每个阀台上都装有压力表，便于随时观察工作压力。

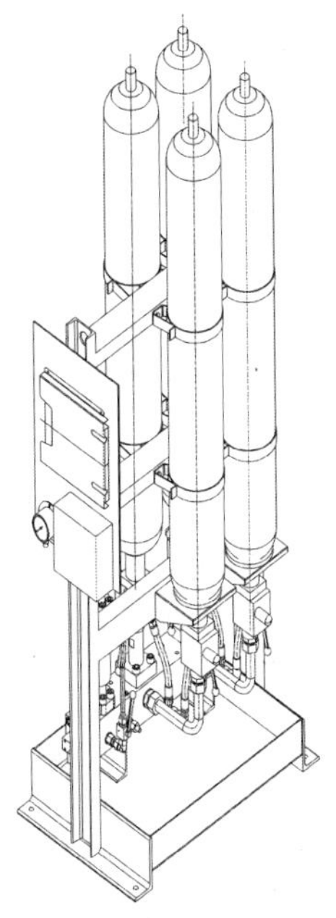

图 2　蓄能器装置

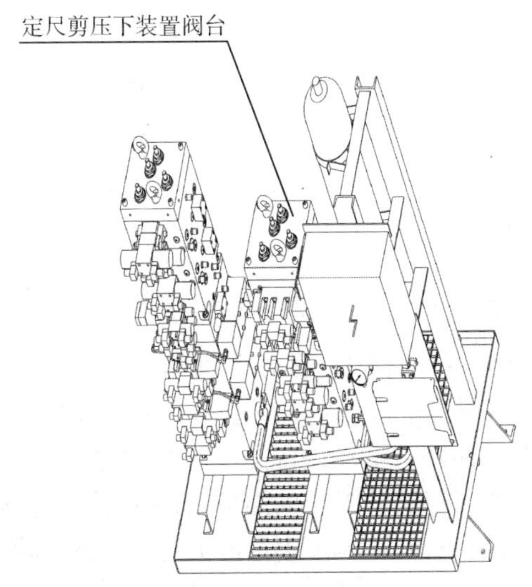

图 3　阀台装置

3.3　总述

所有的组件根据现场实际情况进行了组装和配管；管路和阀块，经过了冲洗和防腐处理，保证了工作油液的清洁度；根据管路的尺寸及压力范围，管道连接选用：焊接（锥度 24°）SAE 法兰，或者 DIN 法兰。在泵站及阀台上安装了镀铬的系统原理图铭牌，方便工人检修和使用。

4　定尺剪液压系统详细设计概述

4.1　液压系统的功能及参数

液压系统控制定尺剪设备的以下动作：

磁力对中装置的对中；磁力对中装置的升降；夹送辊；夹送辊装置夹紧；压紧辊；尾部推出装置；压紧装置；摆动辊道；剪刃更换装置；基座夹紧；提升装置上升/下降；提升装置移动。

液压泵站的技术参数：

介质：矿物油　HLP 46 DIN 51524，　ISO VG46

清洁度：7 级（NAS1638），或 18/16/13 级（ISO4406）；

油箱：材料 St35，外层带有镀锌保护层；

加热器：浸入式加热器

冷却器：1 个油/水换热器；
　　　　入口冷却水温度 33℃；

循环泵：1 个螺杆泵；

高压泵：5 个轴向柱塞泵带压力调节；
　　　　包括 1 个备用泵。

过滤器：5 个高压过滤器（10 μm）；
　　　　1 个回油管路双桶过滤器（20 μm）；
　　　　1 个循环管路双桶过滤器（5 μm）；
　　　　4 个通气过滤器（3 μm）；
　　　　1 个冷却水过滤器（250 μm）。

4.2　液压泵站控制原理（见图 4）

液压泵站的压力回路的输出管路与阀台相连，向液压缸输入压力油，同时对蓄能器蓄能。

液压泵站通过本地操作台控制。

泵站设机旁操作箱，操作箱上设“本地－关闭－远程”开关。“本地”位只允许液压站内操作，“远程”位只允许主操作台上操作；“本地”位主要为设备试车及检修时使用。“远程”位通过连锁可以在主操作台上操作泵的启停。

工作回路——工作泵：工作泵为恒压变量泵。其特点是泵的输出压力可控，即系统压力在系统不同耗油量的情况下保持不变。另外，通过泵最大流量的极限值保证了电动机不超过它的额定功率。在工作泵（DJ1~DJ4）运行时，每台泵吸油口的蝶阀必须打开。这些蝶阀完全打开的位置由限位开关（XF1~XF4）来监控。在泵的启动阶段或者不需要加油时候，为了保护液压泵免受破坏，延长液压泵的使用寿命，在泵之后过滤器之前的压力管道上安装一个电磁溢流阀（DT1~DT4）。当启动液压泵的时候，该溢流阀（常闭）被打开通到油箱，直到泵达到工作压力才关闭。另外，如果管道压力升到超过极限值（安全值），通过压力控制系统该溢流阀可自动打开，系统溢流。带指示堵塞电指示器（YC1~YC4）的过滤器安装于每台泵的出口。若过滤器堵塞则给系统报警信号，但不会关闭工作泵。在每个过滤器后的油压通过电子压力继电器

（YJ1~YJ4）来监控。在压力回路的实际压力由安装在主管路上的另一个压力继电器（YJ6）来监控。

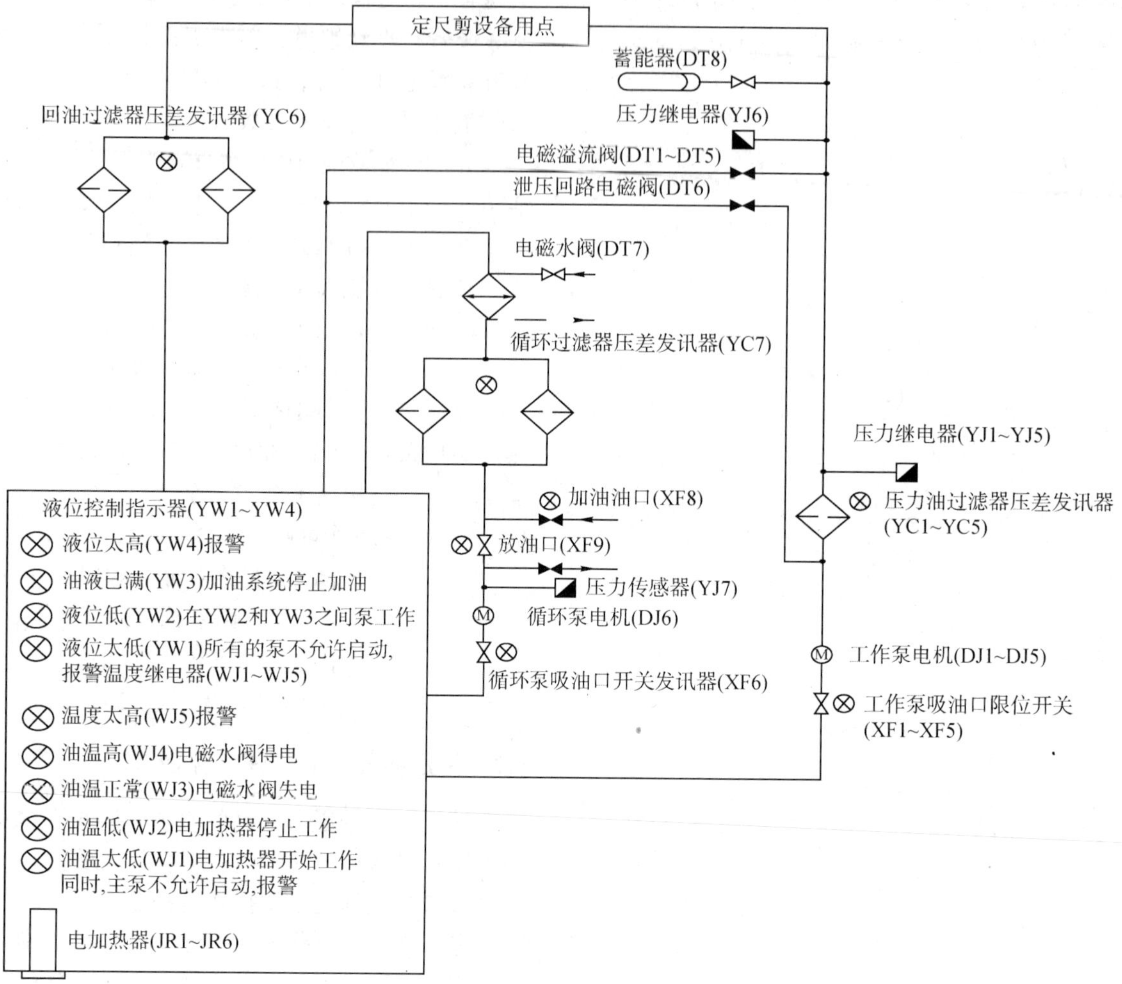

图 4　液压泵站控制原理

工作回路——备用泵：泵站有一台液压泵（DJ5）作为备用泵使用。只有在另外一台液压泵产生电气故障时，备用泵才自动启动。如果有其他故障发生（如压力很低）备用泵必须人工开启。备用泵在操作期间通过以下步骤进行开启：

（1）打开“新工作泵”的供油管。

（2）通过按备用泵的按钮使泵处于打开状态，启动这台泵。

（3）通过按故障工作泵按钮使故障泵处于关闭状态，来关闭这台工作泵。

（4）关闭“故障工作泵”的吸油口阀门。

为了给操作带来方便，所有的吸油口管道的阀门在不影响系统情况下可处于打开位置。

泄压回路：压力回路设置了泄压回路。在液压系统运行之前和运行期间，泄压回路关闭（不连接到油箱），以便压力能增大并且蓄能器能够存储一定的压力油。如果液压系统正常停止或非正常停止（如急停），油箱返回回路的压力管道泄压回路上的换向阀（DT6）自动打开（连接到油箱）。保证液压油能够返回到油箱，避免发生故障时产生不必要的损失。

循环回路：液压站配备了循环回路。用以过滤并保持油箱恒定的工作油温，使系统能够稳定运行。在循环泵（DJ6）压力油管道上有一个压力传感器（YJ7）、一台冷却器、一台带手动切换且带堵塞电指示（YC7）双筒过滤器。

冷却系统：循环回路上安装一台板式冷却器。当油箱内的油温上升到规定温度水平以上时（一般为 50℃），电磁水阀（DT7）会自动开启，循环系统开始冷却油液。当油温下降到规定温度时（一般为 40℃），电磁水阀（DT7）自动关闭，循环系统停止冷却油液。与加热系统相比冷却系统具有优先权。这主要是为了保证当温度太高时，冷却系统能够迅速的使油箱降温，防止液压油被炭化。

加热系统：油箱上安装有 6 个加热器（JR1~JR6），用于加热油箱内的油。当油箱内的油温降到规定温度以下时（一般为 28℃），所有加热器全部启动来加热油。当油箱内的温度上升到规定的正常温度时（一般为 35℃），加热器自动关闭。只有冷却器关闭时才允许加热器运行（联锁控制）。

油箱：油位和油温通过电子液位计（YW1~YW4）和温度继电器（WJ1~WJ5）来控制。当油箱内油温达到允许温度后（一般为 35℃）温度继电器输出可以启泵的信号，这时液压泵可以开启。如果温度继电器的高位（温度太高，一般为 60℃）被激活，则液压系统自动关闭，这表明冷却系统功能失调。此外，在油面降到"最低"油位后，电子液位计给系统信号，液压系统也会自动关闭。从用户点返回到油箱途中的液压油在回油管中由 2 个双筒过滤器过滤后回到油箱。双筒过滤器需要人工转换，且配备了两个堵塞电指示器（YC6）。

蓄能器：蓄能器位于进油管到液压回路的交叉点上。蓄能器用来保证操作期间液压回路压力油的稳定和防止压力波动。在皮囊式蓄能器上安装有溢流阀，保护蓄能器不会超压。蓄能器阀块上安装的电磁阀（DT8）可以让阀门关闭。系统工作时阀门总是保持打开状态。只有在"某些紧急情况"的情况下，这些阀门才会自动关闭。

5 定尺剪主要设备的液压工作原理及特点

5.1 磁力对中装置

磁力对中装置一共有六套，分布在定尺剪入口之前的辊道内，它能很好地控制钢板从辊道正中间进入定尺剪，完成定尺剪切的工序，其工作原理如图 5 所示。

磁力对中装置内装有永磁体，磁体位于可移动的小车上，磁体由液压缸驱动进行上升和下降。定位小车在引导轨道上运行，并通过液压缸移动，每个磁性小车装置能上升、下降和单独移动。磁性小车能根据实际钢板宽度进行自动预定位，入口侧的 1 个磁性小车和出口侧的 1 个磁性小车用于移动，中间的小车用来支撑，并与入口和出口的磁性小车在钢板上自动移动。

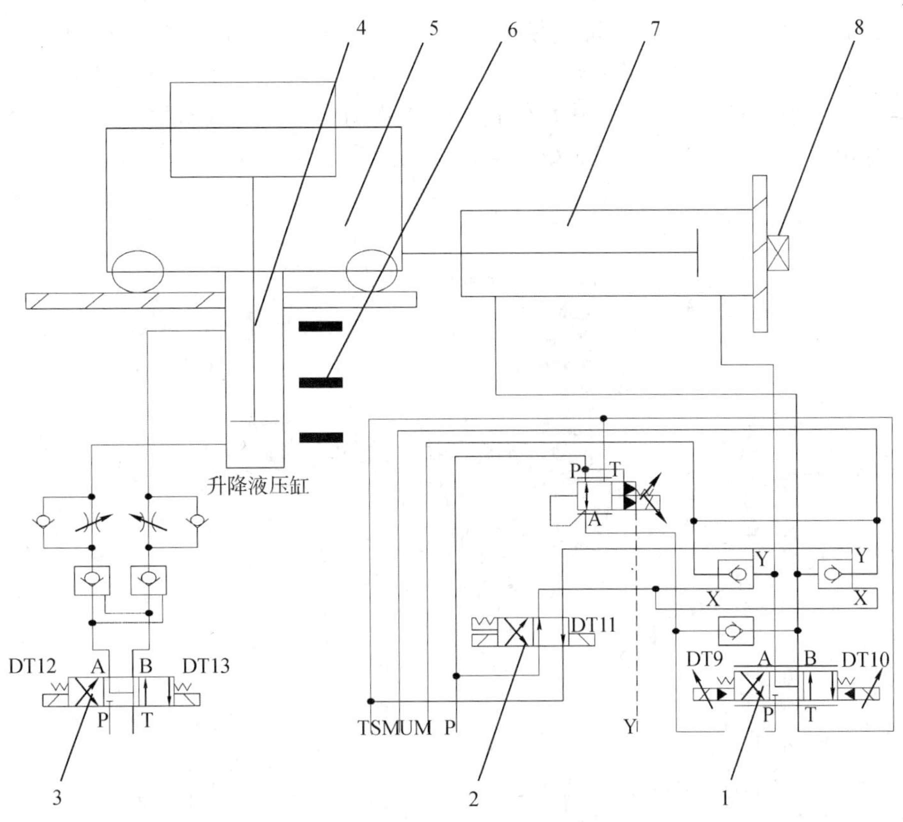

图 5　磁力对中装置工作原理

1—三位四通比例电液换向阀；2—两位四通电磁阀；3—三位四通电磁阀；4—升降液压缸；5—磁性小车；6—限位开关；7—对中液压缸；8—线性位移传感器

磁力对中装置的上升和下降的动作由一个三位四通电磁阀来控制液压缸来完成，它位置由限位开关来控制。对中的动作由一个比例电液三位四通阀控制液压缸来完成。另外有一个两位四通电磁阀来控制液控单向阀的开闭。对中的液压缸内部装有线性位移传感器，用来探测液压缸的位置。

磁力对中装置有两个操作模式：手动模式和自动模式。

（1）自动模式。6 个磁力对中装置的升降液压缸处在低位（本位）。在本位的时候，操作工发出开始指令，磁力对中装置将自动开始运行，并且操作工可以通过按钮停止磁力对中装置的每一步动作。当一块新钢板被运送到定尺剪入口辊道上时，磁力对中装置将自动调整成新钢板的运动数据。前提条件是：上一块钢板已经离开磁力对中装置的区域；下一块钢板在磁力对中装置之前；6 个磁力对中装置处在低位（本位）。

磁力对中小车会根据钢板的宽度把钢板移动到中心线的位置。通过安装在第一个磁力对中装置的物料跟踪仪，小车会带着钢板自动停止。（在缓慢模式下，人工校正需要操作工进行操作）。钢板停下来需要以下条件：在钢板前端和后端与第一个磁力对中小车和最后一个磁力对中小车之间的距离是一样的。位置的准确度在 + /–200mm。

（2）手动模式。磁力小车的抬升、对中、下降都是依靠按钮来操作。在缓慢模式下，第一个和最后一个小车利用操作杆可以来回移动。在钢板对中的时候，定位于磁力小车的磁铁转变为不固定模式。当操作工给出“抬升”指令的时候，磁力对中小车抬升，当小车触发上位限位开关的时候，小车停止抬升。当操作工给出“下降”指令的时候，磁力对中小车下降，当小车触发下位限位开关的时候，小车停止下降。

在试车阶段，小车的工作强度和计数激发将利用最薄的钢板进行设置，应该使用一个可调电阻器和延迟时间在 0.5~5s 的时间继电器加以调整。

缓慢运行模式：用按键操作开关可以激活缓慢运行模式。这一模式只能由特殊的工作人员才能运行，它跨过了大量的电气连锁装置，为防止干扰，操作依靠按键操作开关来激活此模式。

5.2 入口夹送辊装置

入口夹送辊由四台电动机驱动，下部 2 个夹送辊采用机械连接方式保持同步，4 个夹送辊全部由电气控制实现同步，如图 6 所示[2]。夹送辊与压下辊一起被安装在定尺剪的剪刃前。夹送辊的作用就是在钢板经过磁力对中装置后，在剪刃前对钢板进行传送、导向和定位。夹送辊基座由两部分组成，一部分是固定不动的，另一部分是可以移动的。这两个基座分别布置在辊道的两侧，但它们安装在同一个底板上。当钢板被辊道送到夹送辊前时，可移动的夹送辊可以通过横移的螺纹接轴将夹送辊基座移动到适合钢板宽度的位置，以便剪刃进行剪切的工序。

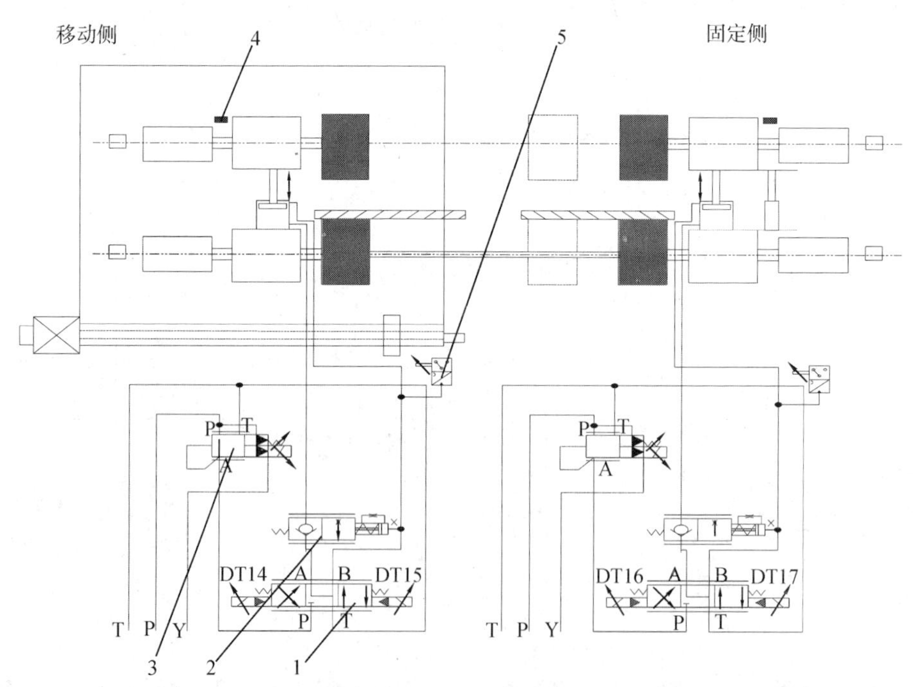

图 6　入口夹送辊工作原理

1—比例电液换向阀；2—平衡阀；3—定比减压阀；4—限位开关；5—压力继电器

每个夹送辊的抬起与压下由一个液压缸来完成动作，液压缸由一个比例电液换向阀来控制，抬起的高度由一个限位开关来限制。压下的动作通过一个定比减压阀控制比例电液换向阀的进油压力来完成的，动作的参比值取决于钢板的厚度，最小压力值由压力继电器来传递数据。并且压下的回路上还安装一个平衡阀，用来控制压下的速度，使之更加平稳。入口夹送辊的作用就是把钢板传送到剪机里，进行剪切的工序。假如钢板已经进入到剪机里，那么夹送辊将会取代辊道，继续进行传送钢板的工作，与此同时，定尺剪入口辊道也会停止转动。

5.3 定尺剪液压摆动辊道装置

在钢板进入辊道之前，摆动辊道会根据不同的情况设定好不同的位置，即让钢板在辊道上前进、后退，或者是完成一次剪切。摆动辊道工作原理如图 7 所示。

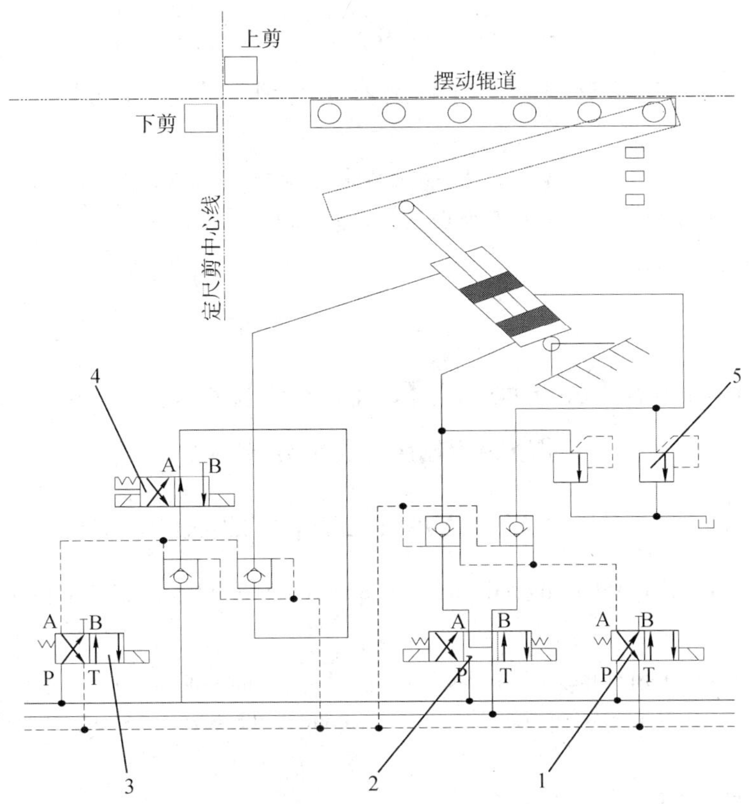

图 7　摆动辊道工作原理

1—二位四通阀；2—三位四通阀；3—二位四通阀；4—二位四通阀；5—溢流阀

摆动辊道最初的位置是低位。中间位是钢板前进的位置。抬升的位置是钢板后退的位置。

辊道的抬升和下降由两个液压缸来控制完成。这两个液压缸由一个三位四通阀来控制抬升，一个二位四通阀来控制液控单向阀。一个二位四通阀来控制液压缸下降。一个二位四通阀来控制液控单向阀。抬起和降下的行程由限位开关来确定。为了防止冲击，在液压缸无杆腔的供油回路上安装有两个溢流阀。

6 结论

通过以上介绍，我们对滚切式定尺剪液压系统有了一些了解。滚切式定尺剪是定尺剪家族里比较先进的设备之一，通过介绍，可以为今后滚切式定尺剪液压系统的设计提供一些参考数据，也为工厂工人检修和维护提供了一些技术支持。为工厂滚切式定尺剪液压系统能够更好的运行提供一些参考。

参考文献

[1] 杨固川. 滚切剪在中厚板厂的应用[J]. 轧钢，1995, 12(3), 23~25.

[2] 曹育盛. 宝钢厚板厂提高定尺剪剪切精度的措施[J]. 轧钢，2007, 24(2): 71.

（原文发表于《液压气动与密封》2012 年第 5 期）

新钢中厚板厂技术改造工程特点浅析

王 烈 王丙丽 周 宇
(北京首钢国际工程技术有限公司，北京 100043)

摘 要：结合新钢中板厂改造扩产工程，总结分析了在最大限度保证原有生产线正常生产的前提下，对中板线改造的施工方法和成功经验，为同类型升级改造工程提供借鉴。

关键词：中厚板；改造；特点

Analysis about Features of Technical Reformation Project of Plate Plant of Xin Steel

Wang Lie Wang Bingli Zhou Yu
(Beijing Shougang International Engineering Technology Co., Ltd., Beijing 100043)

Abstract: Based on the reformatting and production-expanding project of plate production line of Xin Steel, it concludes its successful method and experience to construct and at the same time keep the original production as usual.

Key words: plate; reformation; feature

1 引言

在经过了近几年钢铁工业的快速增长，总体产能过剩使市场竞争更加白热化。节能环保政策的实施，进一步加大了钢铁业淘汰落后产能、调整产业结构的力度。许多老厂面临是退出市场还是改造升级、谋求新的发展的生死抉择。

江西新余钢铁集团是有着 50 多年历史的老厂，其中板生产线是 1978 年建成投产，虽历经多次改造，但生产工艺和装备水平已然无法满足企业发展需要。2007 年 6 月，中板改造扩产工程破土动工。此次改造工程克服了原始资料缺失、外部环境限制、旧有管路错综复杂、施工条件恶劣、生产改造相交叉等重重困难，历经 17 个月顺利投产，不仅提升产能、实现全部设备国产化，还创造了全线停产仅 15 天的最短纪录，最大限度地保证了正常生产，在节省工程投资的同时还保持为企业创造经济效益。本文总结分析了这次改造工程中遇到的一些难题及成功经验，希冀能为其他生产线的改造升级提供一点借鉴。

2 工程概述

新钢中板生产线 1978 年投产时仅有一架 2300mm 三辊劳特式轧机。1994 年 9 月经改造，增加了一架 2500mm 四辊轧机，实现了三辊+四辊轧机中板生产工艺，设计年产量 35 万吨，但产品结构单一、附加值低。本次扩建改造拆除三辊轧机，原四辊轧机作为粗轧机，增加一架 3000mm 四辊精轧机，并配套增加了加热炉、高压水除鳞、层流冷却系统、热矫直机和剪切机，最终形成双机架年产中厚板 160 万吨、热处理板 20 万吨的生产规模。

2.1 主要扩建改造内容

（1）加热炉区。分期、分步骤以 3 座新的步进式加热炉取代原有 3 座推钢式加热炉。一期在原有加热炉南侧建设 1 座步进式加热炉及配套设施。

（2）粗轧区。在轧机牌坊及基础不动的情况下对现有 2500mm 四辊轧机进行强化，加长辊身，加粗辊径，更换主传动，压下系统和前后辊道进行适应性改造。在精轧机建成、双四辊轧机生产正常后拆除三辊轧机。

（3）精轧区。建设1套高性能 3000mm 四辊精轧机和1套十一辊强力热矫直机及附属液压润滑设施，配套建设精轧机主电室、电气室、高压水泵站和层流冷却设施。

（4）冷床区。新建滚盘式冷床和链式翻板检查台架各1座，预留冷床1座。

（5）剪切线。在检查台架出口新建1条由圆盘式切边剪和滚切式定尺剪组成的高效剪切线，保证了剪切效率和剪切质量。同时，将原有的由3台横纵铡刀剪组成的剪切线搬迁到新冷床出口侧，形成双剪切线，满足年产160万吨钢板的剪切能力。

（6）热处理线。新建1条由步进式热处理炉、冷床、矫直机（利旧）及运输辊道组成的常化热处理线。

2.2 主要工艺参数

产品：厚度 5~100mm，宽度 1600~2800mm，长度 3000~18000mm。

原料：全部采用连铸坯，现有1~3号加热炉采用热送热装，一期新建4号加热炉采用冷坯装炉。

2.3 主要设备

一期扩建改造后全线主要设备有加热炉4座、四辊粗轧机1套、四辊精轧机1套、层流冷却装置1套、热矫直机1台、分段剪1台、冷床及检查台架各1座、剪切线2条（圆盘切边剪+滚切定尺剪和3台横纵铡刀剪）、常化热处理线1条。一期主要利旧设备包括3座加热炉、粗轧机、矫直机和4台铡刀剪。生产工艺流程如图1所示，车间改造平面布置如图2所示。

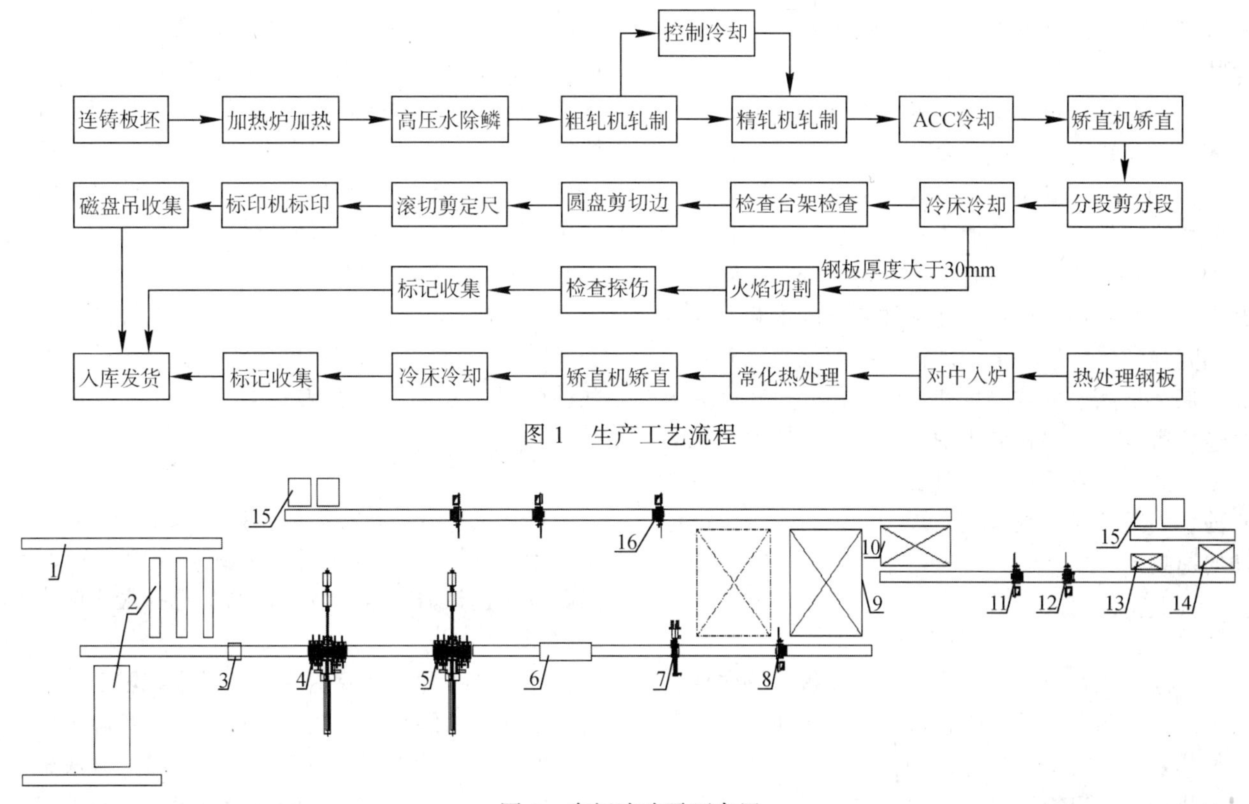

图1 生产工艺流程

图2 车间改造平面布置

1—上料辊道；2—加热炉；3—高压水除鳞；4—2500 粗轧机；5—3000 精轧机；6—层流冷却；7—热矫直机；8—分段剪；9—冷床；10—检查台架；11—圆盘剪；12—滚切剪；13—翻板台架；14—横移台架；15—收集台架；16—利旧剪切线

3 工程难点

3.1 工程改造保产实施步骤

为了最大限度地保证原有生产线的正常生产，同时根据主体设备的供货周期和施工周期，对中板线改造工程施工顺序进行了优化。

（1）建设1号主电室和加热炉区域。为了减少对原厂电力系统的影响，并满足改造后增加的全厂用电负荷，在原车间北侧空闲场地新建1座地上5层地下1层的主电室。对4号加热炉的建设是利用停产检修空隙，清理施工场地，改造旧有管线和厂房换梁抽柱后完成。

（2）完成精轧区厂房改造和后部新厂房的施工。完成精轧区、冷床区、剪切区和热处理区设备基础和公辅设施施工。

（3）完成冷床区和剪切区的设备安装，调试冷床和精整线，使之具备生产条件。虽然精轧机施工不影响原生产线生产，但其主电动机位置与原剪切线重合。因此，必须拆除原剪切线后才能施工主电动机和电气室，这就要求新剪切线提早投入使用，使钢板绕过精轧机进入新冷床和剪切线，保证生产正常进行。

（4）采取精轧区保产措施，钢板进入后部新剪切线进行生产，将原剪切线拆迁到新冷床出口，建设2号电气室和高压水泵站。

（5）调试精轧区设备，具备生产条件后拆除保产措施，全线投产。

3.2 主厂房改造

新余中板厂现有厂房是70年代的钢筋混凝土排架结构，6m钢筋混凝土吊车梁，预应力钢筋混凝土折线形屋架，双跨24m，轨面标高8.5m，天车最大吨位32/5t。

由于新建3000mm精轧机设备顶高10.5m，原轨面高度无法满足轧机需要，同时换辊需要天车吨位65/15t。考虑到工程投资和施工进度，同时保证原剪切线正常生产，采取了对原厂房柱和柱基础进行抬升加固的方法，轨面标高升到12m。在施工方案中，详细核算了原厂房柱和柱基础的承载力，并采用高强灌浆料进行浇注加固，缩短混凝土养生时间，保证加固层的均匀性和强度。精轧机区域局部改造厂房42m，对精轧机中心线位置抽柱得到12m柱距，勉强布置下精轧机及前后推床。此部分改造除剪切线天车运行范围受到限制外没有对生产产生任何影响。

3.3 加热炉

考虑到不影响原有三座加热炉和板坯热送线的正常运行，新建加热炉位置选在了厂房西南角，与原加热炉入炉方向相反，出炉辊道相连。同时，新建加热炉来料以冷坯为主，与原有热送线互不干涉。如此布置，新加热炉从施工、烘炉到投产都不会对原有生产系统产生影响。但由于所处位置空间狭小，受各方限制较多，给施工带来很大难度。

改造首先对*A*列旧厂房采取增立钢柱、换梁抽柱方法得到18m柱距布置新加热炉。由于加热炉基础深度达到−6m，旧厂房柱基础只有−2.5m，在对柱基础采取护壁桩保护的同时采用人工挖孔桩完成了加热炉基础的施工。由于原出炉冲渣沟底高于新建加热炉出渣高度，因此采用平流池自循环方式实现新建加热炉的出炉冲渣和辊道冷却，也避免了对原浊环水系统的影响。

3.4 精轧机保产

精轧区域建设是本次改造工程的一大亮点。由于方案设计合理，施工组织得当，生产协调配合，将改造工程对生产的影响降到最低，创造了全线停产天数最短纪录。

为了保证原生产线正常生产，新建3000mm精轧机位置选择在原过渡台架后，与粗轧机间距近100m。由于原厂房柱基础只有−2.5m深，轧机和液压润滑站基础深度达到-9m。在施工精轧机基础和地下站时采取了护壁桩、管桩顶撑和暗挖等多项保护措施。

在精轧机牌坊安装完成后，主电动机的施工需要拆除原剪切线，那么原轧线生产的钢板需要采取临时保产措施绕过精轧机进入后部冷却剪切工序。保产方案的设计充分利用了原生产线的现有条件，钢板经原生产线轧制、热矫直和分段后，通过在精轧机换辊侧铺设临时辊道与旧线相接，将钢板直接输送至轧机后，再通过横移装置将钢板移送到精轧机输出辊道，钢板顺利进入后部工序。临时措施的使用完全解决了原剪切线拆除对生产的影响，保证了精轧机主电动机与电气室的施工、安装和单体调试。在主电动机完成单体调试后，全线停产，拆除临时措施，恢复轧机前后推床等设备，精轧区设备联动调试，全线一次过钢成功。

3.5 综合管网

对于老厂改造，综合管网的布设是一大难点。由于年久资料缺失、多次改造图纸不全、路由交错，因此方案设计需结合现场实际情况选择最优解决办法。

在修建1号电气室至主轧线的电缆隧道时，因为地下管路错综复杂、用途不明，为避免施工中破坏管路导致事故停产，最后放弃隧道方案改成架空的电缆通廊。在施工煤气管网时，由于外部接点在车间西北角，供气管不得不横跨24m厂房进入新建加热炉区，而车间旧有厂房是20世纪80年代投入使用的，无法承受管道压力。在精确核算后采取了增加管径和壁厚，改选高强度材料，改善支架受力点等措施保证了新建加热炉的用气。对车间浊环水系统的改造以保证旧线生产为前提，原2500mm轧机区的浊环水处理系统维持使用，新建ϕ11m旋流井负责3000mm精轧区的浊环水处理。在此基础上整合供水和回水系统，采取集中供水回水管路，保证了两个系统的统一和相对独立性。

3.6 不足之处

（1）原 2500 轧机尽管进行了强化改造，但 2690 的宽度仍无法与 3000 精轧机匹配。对宽度在 2700mm 以上的产品还只能实行 3000 轧机单机架生产。

（2）本次改造只新建 1 座冷床，面积约 $1520m^2$；当双机架正常生产时，对中厚规格钢板冷却能力不足。目前采取了风机和喷吹水雾等辅助措施弥补。

（3）利旧剪切线剪切质量有待提高。

（4）利旧 3 座加热炉，坯料单重小，能耗高。

（5）在提高产品附加值的热处理手段上，仅有 1 座常化炉明显不足。但新钢集团随后就近建设了 1 个集中热处理车间满足了这方面要求。

4 结语

（1）新余中板生产线的成功改造标志着最后 1 套三辊劳特式轧机退出历史舞台，1 条全部国产化的中板生产线运行平稳，同时改造期间停产天数最少，对生产影响最小，为企业创造了巨大的经济效益。

（2）在钢铁行业淘汰落后产能、调整产业结构的大潮中，老厂通过改造升级仍可获得新生。

（3）生产线技术改造受制因素较多，施工难度很大。同时施工的先后顺序对生产组织有很大影响，详尽的施工方案和切合实际的保产措施是改造成功的关键。

（原文发表于《河北冶金》2011 年第 12 期）

4300mm宽厚板厂工艺设计与分析

王丙丽　王　烈　周　宇

(北京首钢国际工程技术有限公司，北京 100043)

摘　要：概要介绍了首钢秦板4300mm宽厚板车间的生产工艺和先进技术，同时对4300mm宽厚板车间方案设计时遇到的一些工艺问题予以简要说明。

关键词：宽厚板厂；工艺；设计

Process Design and Analysis of 4300mm Plate Mill

Wang Bingli　Wang Lie　Zhou Yu

(Beijing Shougang International Engineering Technology Co., Ltd., Beijing 100043)

Abstract: Advanced Technology and equipments of 4300mm plate mill of Shougang Qinhuangdao are introduced. Some technology problems during designing this project are analyzed.

Key words: plate mill; process; design

1　引言

"十五"期间首钢石景山厂区根据北京市经济发展的要求，以"升级、转移、压产、环保"为目标进行结构调整，为了实现首钢"一业多地"和秦皇岛板材公司的持续发展，新建了一套4300mm宽厚板轧机。轧线主体设备由德国西马克（SMS）及西门子（Siemens）公司提供，热处理线由德国洛伊（LOI）公司提供，一期年生产各类中厚钢板120万吨，二期最终生产规模为180万吨/年。

2　工艺设备简介

2.1　产品规格

钢板厚度 5～100mm，钢板宽度 1500～4100mm，钢板长度3000～18000mm。

2.2　产品交货状态

产品交货状态分为控轧控冷交货、热处理交货和普通热轧交货。一期控轧控冷交货量占全部产品的60%，二期占70%，热处理交货产品35万吨。

2.3　原料

原料全部采用连铸坯，连铸坯规格厚度 150～320mm，宽度1200～2400mm，长度2500～4100mm。

2.4　工艺流程

宽厚板厂工艺流程如图1所示。

2.5　设备组成

一期轧线主体设备包括步进式加热炉一座、4300mm四辊精轧机一架、ACC快速冷却装置一套、四重式液压热矫直机一台、冷床三座、翻板检查台架一座、在线超声波探伤装置一套、滚切式双边剪一台、滚切式定尺剪一台、成品收集装置等。

热处理线设备包括抛丸机一套、翻板机一台、辊底式无氧化辐射管常化炉一座、辊底式无氧化辐射管淬火炉一座、辊式连续淬火机一套、十一辊矫直机一台、步进式冷床一座、标号机等。

二期预留设备有加热炉一座、粗轧机及配套立辊轧机一套、在线淬火、剖分剪、第二条剪切线及成品下料装置、冷矫机、平整机等。

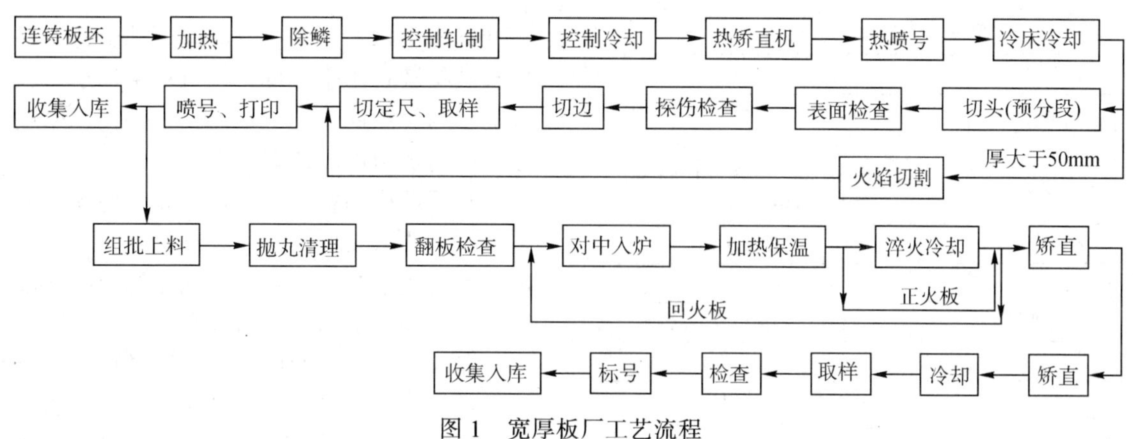

图 1　宽厚板厂工艺流程

2.6　主体设备

主体设备性能参数见表 1~表 7。

表 1　四辊可逆式精轧机参数

工艺参数	参　数
工作辊规格/mm	ϕ1120/ϕ1020 × 4600
支承辊规格/mm	ϕ2200/ϕ2000 × 4300
最大轧制压力/kN	采用工作辊弯辊为 89000 采用工作辊平衡为 92000
工作辊弯辊力/kN	最大 2 × 4000
轧机刚度模数/kN·mm^{-1}	8500
最大开口度/mm	320（新辊）
轧制速度/m·s^{-1}	7.04（最大直径）
主传动电动机功率/kW	AC2 × 8000
主传动电动机转速/r·min^{-1}	（0 ~ ± 50）/120

表 2　上、下集管层流冷却式加速冷却（ACC）装置参数

工艺指数	参　数
冷却系统长度/m	24（预留快冷 DQ）
冷却集管数/个	上集管 15（双型），下集管 30
水压/MPa	层流水压 0.08
	侧吹水压 1.2
钢板速度/m·s^{-1}	最大 2.5
最大流量/m^3·h^{-1}	1100
最大温降/K·s^{-1}	约 55（从 800~500℃）

表 3　全液压调节可逆式热矫直机参数

工艺指标	参　数
钢板规格/mm	5 ~ 60（100） × 1500 ~ 4200 × 最大 42000
钢板屈服强度/N·mm^{-2}	最大 800
矫直温度/℃	最大 450 ~ 950
冷矫屈服强度/N·mm^{-2}	最大 650
最大矫直力/kN	34000
最大开口度/mm	260
矫直辊	11 根（上 5 根、下 6 根）尺寸为 ϕ285 × 4300mm
支承辊	上、下各 30 根，尺寸为 ϕ290 × 400/1130mm

续表 3

工艺指标	参　数
矫直速度/m·s^{-1}	0 ~ 2.5
主传动电动机功率/kW	AC 2 × 0 ~ 700
主传动电动机转速/r·min^{-1}	0 ~ 600/1500

表 4　滚切式双边剪参数

工艺指标	参　数
钢板规格/mm	5 ~ 50 × 1500 ~ 4200 × 6500 ~ 42000
钢板抗拉强度限/N·mm^{-2}	1200（钢板厚度 40mm） 750（钢板厚度 50mm）
切边、切头尾宽度/mm	20 ~ 150
最大剪切力/kN	6500
剪刃开口度/mm	最大 100
剪切角度	约 5.5°（钢板厚度 40mm）
剪刃间隙/mm	0.5 ~ 4.5
剪刃重叠量/mm	约 4
剪切次数/次·min^{-1}	16 ~ 32
主传动电动机功率/kW	AC4 × 380
主传动电动机转速/r·min^{-1}	0 ~ 1050
剪刃更换时间/min	最大 30

表 5　滚切式定尺剪参数

工艺指标	参　数
钢板规格/mm	5 ~ 50 × 1500 ~ 4200 × 2000 ~ 18000
钢板抗拉强度限/N·mm^{-2}	1200（钢板厚度 40mm） 750（钢板厚度 50mm）
切边、切头尾宽度/mm	最大 400
最大剪切力/kN	14000
剪刃开口度/mm	最大 200
剪切角度	约 2°（钢板厚度 40mm）
剪刃间隙/mm	0.5 ~ 7
剪刃重叠量/mm	约 5 ~ 6
剪切次数/次·min^{-1}	24（连续工作制） 18（启停工作制）
主传动电动机功率/kW	AC 2 × 700
主传动电动机转速/r·min^{-1}	0 ~ 1000
剪刃更换时间/min	最大 30

表 6　热处理炉参数

工艺指标	参　数
常化炉主要尺寸/mm	总长 91640，有效长度 88160，内宽 3300，内高 3025
淬火炉主要尺寸/mm	总长 58580，有效长度 55100，内宽 4500，内高 3025
运输方式	辊道，单传
移动速度/m·min^{-1}	0.3 ~ 20
烧嘴类型	自身预热辐射管式烧嘴
排烟方式	强制排烟
出炉温度/℃	正火、淬火 920~970 回火 650~800
加热速度/min·mm^{-1}	正火、回火为 1.4；回火 800℃为 1.9；回火 650℃为 2.4

表 7　淬火机参数

工艺指标	参　数
总长度/mm	26240
产量/t·h^{-1}	最大 40
辊子数量/个	顶部 63，底部 64
辊长/mm	4500
辊间距/mm	381
辊速/m·min^{-1}	1 ~ 90
高压段耗水量/m^3·min^{-1}	80
压力/bar	8
低压段耗水量/m^3·min^{-1}	145
压力/bar	4

2.7　采用的先进工艺装备技术

高性能强力四辊精轧机，同时装备有高性能的液压 AGC 压下系统和液压弯辊装置；精轧机轧制采用形状控制轧制（ASC）。预留 CVC+技术，用于凸度和板型控制。采用热机轧制和控轧控冷技术，预留直接淬火（DQ）。矫直采用全液压十一辊四重式矫直机。钢板冷却采用滚盘式和步进式冷床。高效剪切线，滚切式切头分段剪、联合式滚切切边及剖分剪切机组和滚切式定尺剪，保证剪切效率及质量。精轧主电动机采用隐极式同步电动机，传动系统采用全数字大功率交变频调速系统，辅传动全线采用带公共直流母线的变频调速。热处理线采用辊底式无氧化常化炉和无压辊式连续淬火机。自动化一级控制系统采用西门子高端产品 TDC，自动化二级系统数学模型采用物理模型加神经网络自适应。

3　方案设计

3.1　产品市场定位

中厚板是国民经济发展的重要钢铁材料，应用十分广泛，特别是在国民经济高速发展阶段。从目前我国中厚板生产现状看有以下几个特点：一是中厚板轧机装备水平偏低，轧机规格偏小；二是中厚板需求与生产能力基本平衡；三是宽、厚规格的产品、高附加值产品还有很大的市场空间。

从目前中厚板产品市场来看，普碳板生产对工艺、设备要求较低，国内现有轧机完全可以满足需求，市场趋于饱和；各类高性能的专用钢板对生产工艺、设备要求高，国内现有轧机难以满足生产要求，造成高性能的专用钢板市场紧缺。综合考虑市场因素，确定首秦新建宽厚板轧机以高端专用钢板为主要生产目标，具有很好的市场前景和发展空间。

3.2　产量规模

首秦金属材料公司设计规模为 250 万吨板坯，考虑首秦板材公司 3300mm 轧机产量约为 60 万吨，年需要板坯 67 万吨，新建 4300mm 宽厚板轧机生产规模确定为 180 万吨，年需要板坯量为 197 万吨。

3.3　轧机规格

轧机规格直接关系到市场需求、产品规格、产量规模、技术装备水平、综合投资等，另外产品规格又与前部工序炼钢、连铸等密切相关。轧机规格大，生产产品规格范围更大，相应产量高，投资大。

综合考虑，确定采用 4300mm 双机架轧机：一是与首钢已有的两套轧机形成系列，可以满足不同用户的需求；二是与首秦炼钢更加配套；三是综合投资相对可以接受；四是可以满足市场绝大部分要求，市场覆盖面超过 95%。

3.4　车间整体装备水平

宽厚板车间装备水平与综合投资、未来产品市场竞争力等密切相关；综合考虑，确定首秦宽厚板厂采用当前先进、实用的技术；对于具有很好前景，但当前还存在技术问题的工艺、设备预留出今后可以实施的可能；车间整体装备水平处于当前国际先进水平。

4　工艺设计具体问题

4.1　产品规格

宽厚板车间生产产品最大厚度一是取决定于原料情况，二是取决于生产线装备水平。首秦 4300mm 轧机在决定不采用钢锭的前提下，最大产品厚度为 100mm；最薄规格同样取决于坯料和车间配置，产品规格越薄，要求的坯料厚度越小，还要考虑车间辊道、主轧机速度、轧辊直径等的选择；一般宽厚板厂把产品厚度最小定为 6mm 左右。从市场需求来看，厚度6mm以下、宽度在2000mm以上的薄板有一定的市场，而这一规格的产品现有中板轧机很难生产。考虑到这种情况，首秦宽厚板车间设计将最薄产品规格定为5mm。

4300mm精轧机配备了工作辊窜辊和CVC+，因此毛板最大宽度可达4200mm，成品钢板宽度可达4100mm。

考虑到车间长度、设备间距、冷床宽度和厂房跨度等综合因素，轧制钢板最大长度为42m，成品钢板最大长度为28m。

4.2 工艺平面布置

宽厚板的生产特点是产品品种多、规格范围大、工艺流程长、钢板处理多样化等。

首秦4300mm车间可用的总图长度仅为700m，另外车间从北向南呈逐渐降低的地势，这为工艺平面的布置带来了困难。在平面设计中，为确保轧线长度，采用精整、剪切线折返的方式完成工艺布置，最终在700m长的厂房内布置了1300m长的生产线。

另外根据整体地势北高南低的状况，采取逐步降低标高的方式，减少土方施工量：一是轧钢车间主轧区地坪比原料跨地坪降低2700mm；二是在保证主体设备同一标高的前提下，后部成品运输区域地坪降低1100mm、火车运输区域采用“站台式”处理。

由于在主轧跨两侧分别布置了主电室和轧辊间，而无论是主电室还是轧辊间都要求厂房封闭保温，这种布置方式造成主轧跨区域通风不畅。而此区域是宽厚板车间轧件热量散失和产生粉尘的主要区域之一。最后方案通过在主轧跨与主电室之间设置一个9m通风夹道解决了主轧跨的通风和采光问题，改善了车间环境。

4.3 主体设备选型

主体设备形式必须满足生产高质量产品的工艺要求，并保证运行稳定，减少生产过程中的故障时间；同时结构尽量简单，维护少，综合造价低。

4.3.1 加热炉

中厚板车间连续加热炉形式主要有推钢式和步进式两种。

步进式加热炉加热板坯质量好、烧损低、耐火材料损失少；加热灵活，适合不同钢种的加热，可以满足中厚板小批量、多品种的轧钢要求；炉长不受限制，单炉小时产量可以达到很高的水平，满足轧机高产量要求；但是坯料长度不能过短，炉底步进机构较为复杂，维修较难，热耗较大，综合造价较高。

推钢式加热炉经过不断改良，板坯加热质量不断提高。尽管产量限制，但由于它的结构简单，投资很少，特别是对于生产中小规格的中厚板车间仍是首选。为避免划伤板坯，多采用出钢机出钢方式。

综合考虑这两种加热炉特点，决定采用步进式加热炉；一是满足生产高质量产品；二是提高产量，减少炉子数量，满足工艺布置要求。

4.3.2 轧机

轧机采用单机架或双机架，取决于产量、投资、产品消耗及单位产品生产成本。

双机架车间产量至少是单机架的1.5倍，吨钢产品综合投资也要低于单机架车间；另外双机架生产，产品在不同的轧机上完成，减少换辊次数，降低辊耗，有利于生产高质量产品；但双机架一次投资较高。综合考虑，首秦4300mm宽厚板车间采用双机架基础一次施工完成，预留粗轧机设备的设计方案。

在精轧机上设置了工作辊弯辊和工作辊窜辊装置，并预留了CVC+技术，在粗轧机机后预留了紧接式立辊轧机，提高对板型的控制。

4.3.3 剪切线

采用滚切式双边剪及滚切式定尺剪组成剪切线，并预留一条剪切线以满足二期生产要求。

目前常用的切边剪有圆盘剪和滚切剪两种。圆盘剪剪切效率高、剪切质量好、造价低，但剪切钢板厚度受到限制，最大厚度一般不大于30mm；滚切剪剪切效率高、剪切质量好、最大剪切钢板厚度可达50mm，但结构复杂、造价高。

目前常用的定尺剪有滚切式和铡刀式两种，前者剪切质量高，结构复杂，后者容易出现剪切缺陷。考虑首秦产品质量的高要求，采用滚切剪是必然的选择。

确定剪切线的生产能力主要取决于设备性能、操作间歇时间和设备作业率。一条剪切线要提高生产能力的关键就是减少间歇时间。在近年新建的中板厂，剪切线配备板形仪测量出钢板的平面板形尺寸、镰刀弯大小、头尾与两侧余量，通过工业计算机网络传输给自动划线机，标记出分段线以及切头尾、试样和定尺线，然后剪机剪切。一条由板形仪、划线机、切头分段剪、双边剪、定尺剪及标号机组成的自动化剪切线，基本能够满足车间180万吨的年生产能力。

4.3.4 常化热处理炉

中厚板连续热处理炉按运送方式主要分为步进

式和辊底式；按加热方式主要分为明火加热和辐射管加热。

步进式热处理炉主要优点是没有辊印和划伤，特别对特厚板处理有一定优势，但钢板最大输送速度受到限制，无法与淬火机配套，只能用于钢板正火、回火处理。

辊底式热处理炉主要优点是机械化和自动化程度高，控制灵活精确。炉底辊均为单电动机变频驱动，速度可调，能够与淬火机配套，对钢板进行正火、回火及调质处理。但对于特厚钢板，需要增加辊壁和驱动电机。同时，辊道易结瘤，产生辊印，影响钢板表面质量。

目前，国内热处理常化炉主要采用双步进梁式明火热处理炉和辊底式辐射管无氧化热处理炉。典型供货商分别是凤凰炉窑和德国 LOI 热工。

与明火加热相比，辐射管加热在保护气氛下温度更均匀，钢板质量更好，性能更稳定。但由于加热功率限制，烧嘴数量较多，工程投资和设备维护量较大。

5 结语

在首秦 4300mm 宽厚板工程设计中，严格贯彻了工艺先进、布置合理、技术装备实用、产品质量和各项技术经济指标达到国内外先进水平的原则，荣获了 2007 冶金行业优秀设计一等奖。

目前，首秦 4300mm 宽厚板工程一期轧线和热处理生产线已经顺利投产，工艺合理，运行良好，取得了巨大的经济效益。二期增加粗轧机和剪切线的工作也已进入合同执行阶段。

参考文献

[1] 陈瑛. 中厚板发展与技术装备进步的分析[J]. 冶金管理. 2005(8): 46~50.
[2] 张景进. 中厚板生产[M]. 北京: 冶金工业出版社, 2005.
[3] 邵正伟. 国内中厚板热处理工艺与设备发展现状及展望[J]. 山东冶金. 2006(3): 39~46.
[4] 孙浩. 我国中厚板生产技术改造和发展探讨[J]. 钢铁. 2005(3): 52~55.
[5] 陈瑛. 浅谈中厚板车间的平面布置设计[J]. 宽厚板, 2007(5): 1~6.

（原文发表于《宽厚板》2008 年第 5 期）

中厚板轧机的选型

陈　瑛

（北京首钢国际工程技术有限公司，北京 100043）

摘　要：本文就中厚板轧机大小、组成及形式等三个问题，对中厚板轧机的选型和系列提出了一些看法。

关键词：中厚板轧机；选型；系列；大小；组成；形式

Type Selection of Heavy and Medium Plate Mill

Chen Ying

(Beijing Shougang International Engineering Technology Co., Ltd., Beijing 100043)

Abstract: Concentrating on the size, components and type of heavy and medium plate mill, the paper reveals some ideas about type selection of heavy and medium plate mill.

Key words: heavy and medium plate mill; type selection; series; size; components; type

1　引言

中厚板轧机选型是一项非常重要的工作，过去曾发生过多起中厚板轧机选型失笔之憾。

1976 年日本大分厂新建厚板轧机时，原设计方案选用 3 800 mm 双机架轧机，并已做了大量前期工作，之后毅然决然改成 5500 mm 单机架轧机，耽误工期近 3 年之久。1970 年德国迪林根厂新建成 4300 mm 精轧机，并预留出粗轧机位置，而 1985 年扩建时把尺寸放大，增建 5500 mm 粗轧机，发现粗精轧机尺寸差太大，于是又把 4300mm 换成 4800 mm，组成 5500 mm 加 4800 mm 双机架轧机，精整线也做了相应修改，这是选型不慎的后果。1962 年法国敦刻尔克厂新建成 4320mm 单机架轧机，1984 年为了增产和生产更宽钢板扩建时，新建一架 5000 mm 精轧机，组成 4320mm 加 5000 mm 双机架轧机，由于布置距离和粗精轧机尺寸差太大，至今轧机能力得不到充分的发挥。

上述列举例子，主要是轧机选型不当所造成的，不但在经济上造成很大的损失，而且也给生产发展带来很大困难。因此，轧机选型工作越来越受到建厂者的重视。

轧机选型包括轧机的大小、组成及形式等 3 个问题，笔者对中厚板轧机的选型和系列提出了一些看法，供参考。

2　轧机大小问题

新建和改建工程前期工作中，首当其冲是确定轧机大小问题。几乎所有厂都论证过这个问题，多方面加以比较，应该说，确定轧机的大小，不仅取决于钢板宽度，还应当考虑其他多种因素。

2.1　板宽

板宽取决于用户和轧机的大小。一般来说，轧机工作轧辊辊身长度减去 200 mm（以前是减去 300 mm），即为生产成品的最大板宽。特别情况减去 150 mm也能轧出来，如 5500 mm轧机曾生产出 5350 mm 宽板，4200 mm 轧机生产出 4050mm 板宽时，轧制板宽实际已达 4150 mm，几乎碰到机架牌坊，因此，操作上需要非常小心。

造船和长输管线是由中厚板轧机大批量提供宽板的用户。船用钢板最宽达 4500 mm，选用 4800 mm 轧机已能满足。日本和德国建成 5500mm 轧机，主要是满足 1626 mm 大直径 UOE 焊管用板的需要，这种大焊管机组日本有 2 套，德国有 1 套。目前，全球铺设天然气运输管线的最大管径只达 1422 mm，至今还未建设过 1626 mm 直径管线，因此，5500 mm 轧机也未大批量生产过 1626 mm 管用板。UOE 焊管机组必须由宽厚板轧机供板，其搭配关系见表 1。

表 1　UOE 焊管直径与宽厚板轧机的搭配关系　(mm)

UOE 焊管		宽厚板轧机	
外径	最大板宽	工作轧辊身长	生产最大板宽
914	2850	3300	3100
1067	3330	3800	3600
1210	3830	4300	4100
1422	4470	4800	4600
1626	5110	5500	5300

另外，板宽除满足镜板、桥墩板、机器结构用板及大型建筑用板以外，还需供应特大军舰用板。

二次大战前，1918 年美国留肯司公司科茨维尔厂建成 5230 mm 轧机，1940 年前苏联莫斯科厂投产 5300 mm 轧机、德国多特蒙德厂投产 5000 mm 轧机，1941 年日本制钢公司室兰厂投产一台用蒸汽机驱动的 5280 mm 轧机，随后英国、法国及西班牙等国又相继投产许多台宽厚板轧机。这些轧机主要是为了供应航母用板，航母用板板面及单重大、又长又宽、焊缝少，因此，需要建设大的宽厚板轧机。

2.2　产量

中厚板轧机生产能力取决于轧机的大小、组成与形式。轧机越大，产越愈高，如要求产量 200 万吨，轧机应选用 4800 mm 以上。如产量要求为 60~70 万吨的话，可以选用 2300 mm 双机架轧机，也可选用 2800 mm 单机架轧机，后者投资省、厂房短、设备吨位小，且板宽大 500 mm，市场覆盖面也大，一般应优选。

选用轧机大小与年产量的关系见表 2。

表 2　轧机大小与年产量的关系

轧机大小/mm	年产量/万吨	
	4h 单机架	4h+4h 双机架
2300	40~50	60~70
2800	60~70	80~100
3300	70~80	130~150
3800	80~110	150~170
4300	90~130	170~190
4800	120~150	190~250
5300	150~180	260~320

表 2 所列是采用控制轧制和板形控制后的数据。一般来讲，采用这两项工艺后产量会有所下降。

2.3　钢板单重

轧机越大，钢板单重也越大。要求钢板单重大的产品有高压锅炉、容器、桥梁、水坝、舰船、海上平台、原子能设备、火箭外壳、高炉炉壳、机器结构件及大型建筑等。目前，国内生产 30 万 kW 发电机组用高压锅炉板单重达 43 t，这类钢板舞钢生产也有困难，宝钢 5000 mm 轧机可以轧制。

当年建设九江大桥时，桥梁板厚 50 mm，长达 18 m，单重有 11 t 多，由鞍钢 2800 mm 轧机生产，因单重与尺寸满足不了，只有铁道部增加焊缝，修改钢板尺寸；当年宝钢高炉用钢板因单重和尺寸太大，武钢也承担不了，最后也只好修改结构。

连铸板坯厚度与宽度的调节范围不大，一般最厚达 340 mm，最宽达 2400 mm，唯一能调节的是长度，而长度又受轧机大小的限制，一般板坯最大长度比轧机工作轧辊身长短 200 mm，如 5500mm 轧机用坯的最大长度达 5300 mm 时，则原料最大单重为 24 t。若采用 4300 mm 轧机时原料重不到 19 t，两者差 5 t。如果要求生产 24 t 以上钢板的话，只有采用大的钢锭或压制坯作为原料。可见，钢板单重是受轧机大小制约的。

2.4　纵横向性能

随着用户要求的提高与技术的进步，对钢板的同板性能差的要求越来越小，甚至要求供应均质板。目前，热带的纵横向 σ_b 之差达 27.2MPa，δ 之差达 2.46%，α_K 之差达 6.1 J，而中厚板 σ_b 只 2.65 MPa，δ 只 0.97%，α_K 只 2.4 J，比热带钢小一倍以上。由于横向性能小于纵向性能用户都按最低性能取料。因此，钢板性能差越大，材料损失也越大。

目前，除中厚板轧机生产中厚板以外，还有传统热带轧机，CSP 机组和炉卷轧机也能生产中厚板。前者多采用纵横轧结合工艺，因此纵横向性能差比较小，而后 3 种轧机基本上采用纵轧到底，因此，纵横向性能差比较大，用途方面必然受到一定的限制。

2.5　成材率

轧机越大，轧制成钢板宽度越大，而通常用途钢板宽度在 1600~2400 mm 之间的比较多，如果用 5000 mm 轧机的话，可以轧制成宽度 3200~4800 mm 钢板，经剪切线纵向剖分两块 1600~2400 mm 钢板，或者剖分成两张不同宽度钢板，成材率可比单倍尺钢板高 3%~4%。若以年产 100 万吨双倍尺宽板计，每年可多产钢板约 3~4 万吨，收益达 5~6 千万元以上，即使不采用剖分生产，而生产宽厚板的成材率也比生产窄板高很多，如日本水岛厂 5490 mm 轧机的成材率已达到 96%以上。

另外，轧机越大，原料也越大，还可以按多倍尺长度生产，减少切头尾量，大大提高成材率。

2.6 规模经济

轧机越大，越符合于规模经济效益，不仅单位产量的投资少，而且生产成本较低。

轧机小技术含量少，国外都把小的轧机先淘汰掉，留下来都是大的轧机。目前我国小轧机还有很多，应逐年淘汰掉一部分。

3 轧机组成问题

传统中厚板轧机的组成，基本上只有单机架和双机架两种形式。目前，全球宽厚板轧机单机架约占 2/3，双机架约占 1/3，但两者的产量相差不多。

选用单机架还是双机架轧机，主要取决于产量，其次是一次投资，而质量的差别不大。在产量和投资不受限制的条件下，采用双机架轧机是比较经济的。一般来讲，双机架轧机的设备吨位比单机架轧机重 20%~30%，而产量却可增大 60%~100%。

中厚板生产工艺分为粗轧和精轧两个阶段轧制。粗轧阶段主要是完成成型和宽展工作，而精轧阶段主要是完成伸长轧制及性能与板型控制。宽展轧制需要 90°转钢进行横轧，这是中厚板生产所固有的特色。对单机架轧机来说，粗、精轧只能在一个机架上完成，而双机架轧机则在粗轧机和精轧机上分别完成。将两种不同操作的工艺分配到两个机架上完成是比较合理的，而且粗、精轧机的主电动机功率与转速、轧辊材质、压下调整等均可合理匹配。

目前中厚板轧机采用 HAGC 和计算机自动控制已很普及。在双机架轧机上将粗、精轧合理地分配到两个机架上完成，因此在精轧机上实施自动化操作就比较容易，而单机架轧机实现自动化操作的难度就比较大。

双机架轧机由于规模与投资的限制，可以先建一架，预留第二架。一般都先建精轧机，预留好粗轧机。如果先建粗轧机的话，粗轧机至除鳞箱距离应满足成品板前一道次轧件长度的要求，其距离必然会拉大。若考虑控轧待温整块中间板的要求，其距离需更大，使轧制作业线长度增加。当二期精轧机投产后，除鳞箱至粗轧机距离就太大，增加炉子至粗轧机的送钢时间，也浪费了一大段辊道设备。另外，粗轧机用的板型装置和机后快冷装置，二期就有被闲置或搬家的可能，会造成一定的浪费。

还有粗、精轧机主电动机的功率，转速及轧机开口度、压下调整速度也不一样。一般来讲，精轧机功率大、转速高、开口度小、压下调整速度低。粗轧机上轧制一些薄而硬的产品会受到一定的限制，而且对钢板精度也有一定的影响。

如采用大钢锭和大单重的原料时，对先建的精轧机也会造成影响。开口度加大后，轧机刚度会降低。一般做法是一期不吃大原料，精轧机性能保持基本不变，必要时，开口度适当地加大一些，以不降低刚度为准则。

预留做法在日本比较普遍，川崎水岛一厂 1967 年建 4080 mm 精轧机，1969 年增建 4700mm 粗轧机，发现精轧机小了，因此将粗轧机加大了；神户加古川厂 1968 年建 4724 mm 精轧机，1970 年增建 4724 mm 精轧机，两架完全一样；新日铁名古屋厂 1968 年建 4700 mm 精轧机，1975 年增建 4800 mm 粗轧机，把粗轧机加大 100 mm；日本钢管福山厂 1968 年建 4700 mm 精轧机，1970 年增建 4700 mm 粗轧机；住友金属鹿岛厂 1970 建 4800 mm 精轧机，1974 年增建 5350 mm 粗轧机，粗轧机加大比较多；川崎千叶厂 1960 年建 4216 mm 精轧机，1973 年增建 3500 mm 粗轧机，粗轧机小很多，这种情况比较少，现已停产了。

另外，韩国浦项厂 1978 年建 4724 mm 精轧机，1989 年增建 4724 mm 粗轧机，长达 11 年之久才组成双机架轧机；德国迪林根厂 1970 年建 4300mm 精轧机，机前厂房和辊道都未建，加热好板坯用小车运至轧机前受料辊道上，1985 年增建 5500mm 粗轧机，因两架尺寸差太大，于是将 4300 mm 精轧机改成 4800 mm 精轧机，组成全球最大 5500 mm 加 4800 mm 双机架轧机，以满足 UOE 大口径直缝焊管机组用板的要求。

法国敦刻尔克厂在 1962 建成 4320 mm 单机架轧机，为了增产更宽钢板，1984 年改建时，在机后增设一架 5000 mm 精轧机，将原有 4320 mm 作为粗轧机，组成为 4320 mm 加 5000 mm 双机架轧机，可作为先建粗轧机后建精轧机的一个特例。

轧机组成中还有附设立辊轧机的问题，存在东西方两种不同的风格。以德国和俄罗斯为代表的西方派，不主张附设立辊轧机。以日本、韩国及中国为代表的东方派，不但在粗轧机上采用，也在精轧机上附设，主要用于平面板型控制，一般成材率可提高 1%~3%，但由于轧边道次间歇时间增加，一般会使轧机生产能力降低10%~20%。

日本11台4200 mm以上轧机中有6台附设立辊轧机，其中水岛厂5490 mm轧机后近接立辊轧机，实现了MAS和TFP相结合的新工艺，成为全球性能最高的一台立辊轧机。

韩国浦项厂4724 mm加4724 mm双机架轧机在粗轧机和精轧机前近接附设各一台立辊轧机，这是全球双机架精轧机上附设的第一台立辊轧机。另外该厂4300 mm轧机前也近接附设一台立辊轧机，共有3台近接立辊轧机。

我国宝钢5000 mm轧机先建精轧机后近接有立辊轧机，预留粗轧机后也附设立辊轧机；新余厂3800 mm双机架轧机粗、精轧机后也各设一台立辊轧机。我国新建3800 mm以上轧机大部分都附设有立辊轧机，立辊轧机总台数已超过日本，占全球第一。

德国杜伊斯堡3900 mm，迪林根5500 mm、4800 mm及埃森博格3700 mm；俄罗斯下塔吉尔5000 mm，伊尔诺斯克5000 mm，莫斯科镰刀和锤子5300 mm及与格尼托哥尔斯克5000 mm，两国主要轧机都不附设立辊轧机。另外，德国为伊朗阿瓦士厂建设4800 mm轧机也不附设立辊轧机，而为瑞典奥克塞洛森德厂新建3800 mm轧机，因是炉卷轧机粗轧机，故设有立辊轧机。

4 轧机形式问题

单机架中厚板轧机国外只有一种类型，即四辊式。国外二辊式和三辊劳特式多数已被淘汰掉，我国也正在淘汰中。

双机架轧机有三辊式加四辊式，二辊式加四辊式及四辊式加四辊式等3种形式。前一种已趋淘汰，第二种也不新建，第三种是目前采用的主要形式。

三辊式加四辊式轧机的主要缺点是三辊劳特式轧机的薄弱环节依然没有克服。因此，与三辊劳特式单机架轧机一样，同属全球上被淘汰轧机之列。目前，我国还有2台，应加速淘汰或改造的步伐。

四辊式加四辊式与二辊式加四辊式轧机相比，前者生产钢板质量好、产量高、灵活性大、备品备件少，但设备吨位重、投资大。后者的优缺点恰好相反，且适合于轧制钢锭。因为二辊式轧机工作轧辊直径比四辊式轧机大，允许咬入角也大，便于轧制钢锭时的咬入。然而，连铸生产的迅速发展，大部分中厚板轧机已不再采用钢锭作为原料，故不存在轧制钢锭时四辊式轧机受咬入角限制的问题。在主电动机功率与轧制力矩相同的条件下，四辊式轧机工作轧辊直径比二辊式轧机小，而道次压下量比二辊式轧机大，轧制道次可减少。因此，轧机生产能力大。另外，二辊式轧机刚度低，轧辊挠度大，钢板横向厚差较大，形成有较大的舌头、鱼尾及镰刀弯等不规则的板形，不但成材率显著下降，板形急剧恶化，而且还对精轧机操作和自动化控制带来极大不利。

5 系列问题

为便于设备的标准化，中厚板轧机系列分为8个级别，优先数为500 mm，分为1800 mm、2300 mm、2800 mm、3300 mm、3800 mm、4300mm、4800 mm以及5300 mm共8个级别。每级上下波动幅度为200 mm。

济钢2500 mm轧机是由2300 mm轧机发展起来的，邯钢3000 mm轧机原来就是2800 mm轧机，现在大批新建3500 mm轧机是由3300 mm轧机放大的，宝钢5000 mm轧机是与4800 mm轧机同属于一个等级的轧机，日本3台5500 mm轧机也是从室兰5280 mm和鹿岛5335 mm两台轧机发展起来。

表3为中厚板轧机系列的基本性能。1800mm轧机在我国广钢原有一台，淘汰后全球基本上没有。

表3 中厚板轧机系列的基本性能

项目		单位	1800中板轧机	2300中板轧机	2800中厚板轧机	3300厚板轧机	3800厚板轧机	4300厚板轧机	4800宽厚板轧机	5300特宽厚板轧机
级别范围	正规	mm	1600~2000	2100~2500	2600~3000	3100~3500	3600~4000	4100~4500	4600~5000	5100~5500
	扩大	mm	1550~2050	2050~2550	2550~3050	3050~3550	3550~4050	4050~4550	4550~5050	5050~5550
年产能	单机	万吨	15~25	40~50	60~70	70~80	80~110	90~130	120~150	150~180
	双机	万吨	30~40	60~70	80~100	130~150	150~170	170~190	190~250	260~320
板坯	厚度	mm	150、180、250	150、180、250	150、200、300	150、200、250、320	150、200、340	150、250、340	150、250、340	150、250、350
	宽度	mm	1200~1500	1200~1800	1200~1800	1400~2000	1600~2200	1600~2400	1600~2400	1600~2400
	长度	mm	800~1600	1000~2100	1000~2600	1200~3100	1300~3600	1500~4100	1800~4600	2000~5100
	最大单重	t	3.6	7.4	11.0	15.6	21.1	26.3	29.5	38.6

续表 3

项目		单位	1800 中板轧机	2300 中板轧机	2800 中厚板轧机	3300 厚板轧机	3800 厚板轧机	4300 厚板轧机	4800 宽厚板轧机	5300 特宽厚板轧机
钢板	厚度	mm	4.5~20	4.5~30	4.5~50	4.5~100	4.5~100(150)	4.5~100(200)	4.5~100(250)	4.5~100(300)
	宽度	mm	800~1600	800~2100	1000~2600	1200~3100	1400~3600	1500~4100	1500~4600	1500~5100
	长度	mm	3000~12000	3000~12000	3000~18000	3000~12000	3000~25000	3000~30000	3000~30000	3000~30000
	平均单重	t	0.6~1.3	0.8~1.5	1.0~2.5	1.5~3.5	2.5~5.0	4.0~7.5	5.5~10.0	7.0~15.0
轧机	工作轧辊	mm	ϕ580/680 × 1800	ϕ650/750 × 2300	ϕ770/780 × 2800	ϕ920/1020 × 3300	ϕ980/1080 × 3800	ϕ1020/1120 × 4300	ϕ1050/1150 × 4800	ϕ1080/1180 × 5300
	支承辊	mm	ϕ1200/1480 × 1600	ϕ1300/1500 × 2100	ϕ1600/1800 × 2600	ϕ1800/2000 × 3100	ϕ1900/2100 × 3600	ϕ2000/2200 × 4100	ϕ2100/2300 × 4600	ϕ2200/2400 × 5100
	轧制力	kN	40000	50000	60000	70000	80000	90000	100000	110000
	刚度	kN/mm	5000	6500	8000	9000	10000	10000	10000	10000
主轧机功率	粗轧机	kW	3200 × 2	4000 × 2	4800 × 2	5600 × 2	6400 × 2	7200 × 2	8000 × 2	9000 × 2
	精轧机	kW	4000 × 2	5000 × 2	6000 × 2	7000 × 2	8000 × 2	9000 × 2	10000 × 2	11000 × 2
转速	粗轧机	r/min	35/70	35/70	35/70	40/80	40/80	45/90	45/90	45/90
	精轧机	r/min	50/100	50/100	50/100	55/120	55/120	55/120	60/120	60/120
	最高轧速	m/s	4.0	5.0	6.0	6.5	7.0	7.2	7.7	8.0
切断力矩	粗轧机	kN·m	2400	3000	3600	3700	4200	4200	4700	5300
	精轧机	kN·m	2100	2600	3200	3400	3800	4300	4400	4800
加热炉能力		t/h × 座	80 × 2	220 × 2	260 × 2	280 × 2	310 × 2	330 × 2	360 × 2	380 × 2
冷床面积	单机	m^2	700	1500	1900	2400	3000	4000	5000	6500
	双机	m^2	1100	1900	2700	4000	5000	6000	7000	9000
剪切线		条	1	1	1	1	1	1	1	1
年工作小时		h	6000~6800	6000~6800	6000~6800	6000~6800	6000~6800	6000~6800	6000~6800	6000~6800
设备质量		万吨	0.8~1.1	1.0~1.3	1.2~1.5	1.4~1.7	2.0~3.0	2.5~3.5	4.0~5.0	5.5~6.5
电动机容量		万 kW	约 2.5	约 3	约 3.5	约 4	约 5	约 7~8	约 10~11	约 12~13
车间面积	单机	万 m^2	约 3	约 5	约 8	约 10	约 12	约 13	约 14	约 15
	双机	万 m^2	约 5	约 7	约 9	约 11	约 13	约 15	约 17	约 18
投资	单机	亿元	约 2	约 4	约 7	约 9	约 11	约 15	约 20	约 30
	双机	亿元	约 3	约 5	约 9	约 11	约 13	约 20	约 30	约 40
配合焊管尺寸		mm					UOE44 约 ϕ1118	UOE48 约 ϕ1219	UOE56 约 ϕ1422	UOE64 约 ϕ626
车间主吊车吨位		t	75	100	150	200	250	300	400	480
消耗指标	金属	t	1.099	1.099	1.087	1.087	1.075	1.075	1.064	1.064
	燃料	GJ	1.0	1.0	0.8	0.8	0.8	0.6	0.6	0.6
	电力	kW·h	85	85	80	80	80	75	75	75
	水(新水)	m^3	80(4)	80(4)	90(4)	90(4)	90(4)	100(3)	100(3)	100(3)
	蒸汽	kg	20	20	20	20	20	20	20	20
	压缩空气(标态)	$N·m^3$	12	12	12	12	12	12	12	12
	氧气	kg	5	5	4	4	4	3	3	3
	耐火材料	kg	1.0	1.0	0.8	0.8	0.8	0.6	0.6	0.6
	润滑油	kg	0.1	0.1	0.1	0.1	0.1	0.1	0.1	0.1
	轧辊	kg	0.6	0.6	0.5	0.5	0.4	0.3	0.3	0.25
	定员	人	500	500	600	600	600	650	650	650

系列化后不会限制大家的选型，但有一个规范可以遵循，特别是为工厂设计和设备制造带来很大的方便。

6 结语

随着国民经济建设的迅猛发展，全球第3次中厚板轧机的建设高潮在我国掀起，我国中厚板轧机的选型工作已逐步走上正轨，一大批新建现代化高刚度、大功率、大轧制力中厚板轧机正在全国各地如雨后春笋般建起。

这次，2300 mm级中板轧机已不再选用，大多数都选用3500 mm以上轧机，其中5000 mm轧机有3台、4300 mm有7台（现有3台）、3800mm有4台、3500 mm有15台（已投产有10台，含有3台单炉卷轧机）。因此，轧机尺寸已加大多级。

轧机组成方面极大部分是4 h+4 h双机架组合，而且3800 mm以上轧机都附设有立辊轧机，不但在粗轧机上附设，还在精轧机上附设，这有利于生产厂发挥其功能。

轧机形式方面已不再采纳二辊式和三辊劳特式，几乎是清一色的四辊式。

另外，原有23台轧机中2300 mm级占一半之多，现已经过不同程度的技术改造，落后的三辊劳特式将会减少或淘汰掉，将使我国中厚板轧机阵容面目一新。

目前，全球中厚板生产的重点已转向于中国，现在我国已成为全球中厚板生产的大国，不远的将来会成为全球中厚板生产的强国。

（原文发表于《宽厚板》2006年第3期）

首钢中厚板 3340mm 四辊可逆轧机技术改造

——液压压下及厚度自动控制

郭天锡 秦艳梅

(北京首钢国际工程技术有限公司，北京 100043)

摘 要：首钢中厚板厂 3340mm 四辊可逆轧机液压压下及厚度自动控制即液压 AGC（Automatic Gauge Control）技术改造是在轧机原电动压下的基础上，增加了一套液压压下系统，形成了电动、液压混合 AGC 控制。利用液压伺服系统响应频率高的特点，结合 AGC 中的位置闭环和压力闭环对中厚板的轧制过程进行动态厚度控制，以提高产品的厚度精度。

本文针对液压 AGC 技术改造中的系统组成、基本控制思想、液压系统的元件选型及液压油路设计特点等做了阐述，并将技术改造结果成功地用于生产实践。

关键词：四辊轧机；AGC 伺服；厚度控制；液压系统

Technical Modification of 4-Hi Reversible Rolling Mill of Shougang 3340mm Plate Mill

——Hydraulic Screw Down and Automatic Gauge Control

Guo Tianxi Qin Yanmei

(Beijing Shougang International Engineering Technology Co., Ltd., Beijing 100043)

Abstract: Hydraulic screw down and hydraulic AGC (automatic gauge control) of Technical Modification of 4-Hi Reversible Rolling Mill of Shougang 3340mm Plate Mill is added with one set of hydraulic screw down system based on the original electric screw down of the rolling mill to form the AGC control mixed with electrics and hydraulics. With characteristics of high response frequency of the hydraulic servo system, and combination of position and pressure closed loop in AGC to have dynamic gauge control during rolling process of the plate mill so as to improve thickness precision of the products.

This paper elaborates design characteristics of system composition, basic control concept, component selection of hydraulic system, hydraulic oil route in the hydraulic AGC technical modification, and the technical modification achievements are used in production practice successfully.

Key words: 4-Hi rolling mill; AGC servo; gauge control; hydraulic system

1 引言

首钢中厚板厂3340mm四辊可逆轧机是20世纪80 年代中期从美国引进的二手设备，年产量约 40多万吨。随着板带轧制技术的不断发展，市场竞争的日益激烈，已逐步显现出落后。其主要问题表现在轧机自动化水平不高，生产的板材厚度精度低、板形不良、尺寸偏差大、产品的合格率和成材率偏低以及轧机的稳定性较差等几个方面。因此，改善板带钢的质量，提高产品的厚度精度，增加产品在商品市场中的竞争力已成为当务之急。

多年来的生产实践证明，液压板厚自动控制系统即 AGC 技术能够补偿各种因素所引起的板带材厚度误差，是一种对轧机实现高精度在线控制的有效手段。在武钢、宝钢的热连轧机和冷连轧机的厚度控制上都采用了这一技术，效果十分明显。

1998 年 8 月 28 日，东北大学轧制技术及连轧自动化国家重点实验室与首钢中厚板厂签订了技术改造的总承包合同；同时，北京首钢设计院、首钢控制设备公司、冶金部自动化院等单位与东北大学签订了分承包合同。北京首钢设计院承接了 AGC 液压系统设计、制造与安装任务。

目前，大型连轧设备的 AGC 厚控技术均为从国外引进，此次我们所完成的首钢中厚板轧机的液压 AGC 项目，填补了国内自行开发和设计的空白。

首钢中厚板 3340mm 四辊可逆轧机液压压下及厚度自动控制（AGC）改造项目是一项典型的机、电、液一体化系统工程。由首钢公司、东北大学轧制技术及连轧自动化国家重点实验室、北京首钢设计院、冶金部自动化院等单位共同研制完成，在广泛学习调研国内外四辊轧机 AGC 先进技术的基础上，产－学－研一体化发挥各自优势，共同攻坚，自行开发数学模型，自行编制软件，自行设计制造液压控制系统，除一些关键的元器件选择国外产品外，其余皆立足国内。自 1999 年 10 月投产以来，液压系统运行良好，板厚控制精度高，取得圆满成功。正在进行北京市的技术鉴定。

液压控制系统是液压压下及厚度自动控制执行机构的关键设备，本文着重就液压控制系统设计中遇到的技术问题做一论述。

2 液压 AGC 基本原理

液压 AGC 的基本原理是把轧机看作一台“测厚仪”根据实测辊缝、轧制压力再辅以多种补偿措施，按弹跳方程计算出实际轧制板厚。通过实测，比较实测板厚与要求轧制的板厚的差异，然后通过伺服系统的控制，根据轧制力的波动调整压下油缸，以达到所要求的目标板厚度。由于液压压下的定位精度较电动压下高一个以上数量级，快速反应比电动压下大 10~25 倍，系统比其他的厚调方式简单且具有多种保护功能安全可靠，因此被广泛应用于板带轧机。一般来讲，应用液压 AGC 系统可使中板成品精度达到±0.1~0.2mm。

3 技术改造的主要内容

首钢中厚板轧机的液压 AGC 改造，主要是在原有的 3340mm 轧机电动压下的基础上，增加轧机的液压压下功能。利用液压压下系统响应频率高的特性，对中厚板的轧制过程进行动态厚度控制。新增加的内容包括：

（1）在轧机牌坊和支撑辊轴承座之间各增加一个压下油缸，规格为ϕ1000/900-25，用作压下系统的执行机构。

（2）增加为压下油缸提供高压油源的液压站及伺服阀控制阀组。伺服阀组作为电液转换元件在系统中承担着放大元件与执行元件的双重任务。

（3）新增控制仪表：顶帽传感器（用于电动压下位移测量）、压下缸位移传感器、轧制压力传感器、红外高温传感器及板坯宽度测量仪等。

（4）电控部分采用二级计算机系统，即过程计算机系统和基础自动化系统。

1）过程计算机系统用于轧制线上的信息采集，对轧件进行跟踪并启动相应的计算机程序、完成轧制规程的设定计算、轧制过程的自适应、数据存储及人机界面等功能。

2）基础自动化系统采用了 SIEMENS S7–400 可编程序控制器，实现轧制过程主要数据采集，包括：辊缝、压力、辊缝设定值、温度、轧制速度、成品厚差、主电流、主电压等工艺参数。完成整个轧线的顺序控制、高响应性能的 AGC 和 APC 闭环控制等所有的基础自动化任务。

4 压下控制系统的组成及控制策略

4.1 压下控制系统的组成

（1）轧前辊缝预置系统：这是一个电动/液压混合压下位置控制系统，称为 APC（automatic position control）。由压下电动机和液压伺服系统联合驱动调节。它要求在大行程时采用电动压下定位，液压压下补偿的控制方式。电动控制与液压控制的切换点由计算机根据工作状态锁定。

（2）轧制过程中的板厚控制系统：这是一个液压伺服系统，即依据轧制板厚的实际输出值和给定输入值之间的偏差来动作的闭环控制系统，称为液压 AGC。轧机的电动、液压混合 APC 和液压 AGC 的构成如图 1 所示。

图 1 中压下控制是通过 S7–400 可编程序控制器来实现的。当出钢机将板坯从加热炉中取出时，过程计算机跟踪轧件，采集信息并根据预先键入的轧制目标尺寸计算各道次的辊缝设定值，向 S7–400 发出控制指令，对轧机进行 APC 控制。当板坯进入轧机辊缝时，由 S7–400 对板坯进行液压 AGC 控制，这时液压 APC 即液压缸位移检测将作为液压 AGC 闭环控制的一个组成部分。

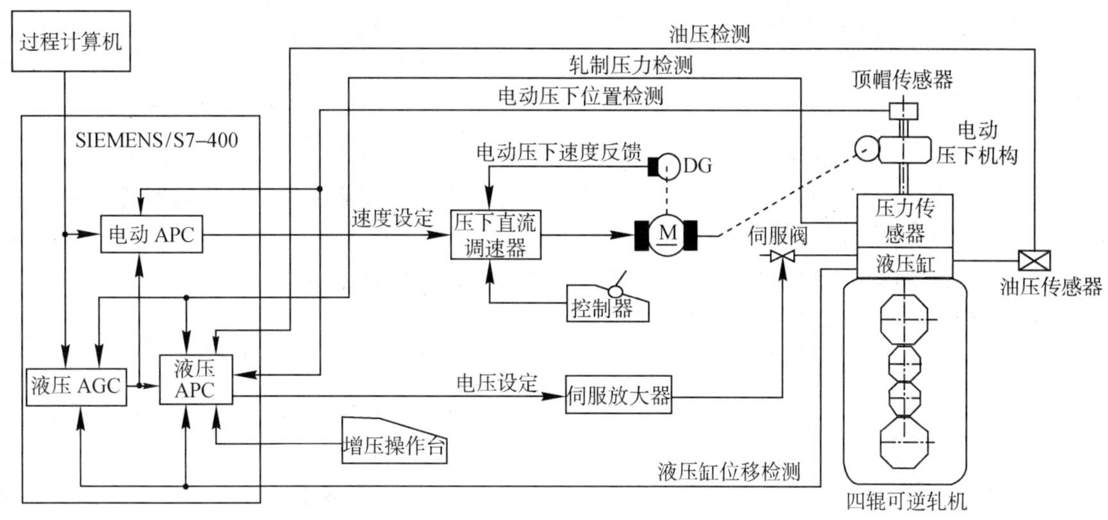

图 1　轧机的电动、液压混合 APC 和液压 AGC 构成

4.2　控制策略

压力反馈厚度自动控制（AGC）算法是建立在弹跳方程（BISRA）基础上的，其表达式为：

$$h=\phi+F/M+A \tag{1}$$

式中　h——轧件厚度；

ϕ——辊缝值；

F——轧制压力；

M——轧机工作机座刚度系数；

A——考虑冷热辊型轧辊磨损、油膜厚度等因素引入的修正系数。

根据引用弹跳方程方式的不同，AGC 可以采用几种不同的厚控方法。这次改造采用了相对 AGC 和绝对 AGC 两种工作方式。对应于各种坯料、钢种和产品规格，过程计算机中存有相应的轧制程序，从中可以得出轧制力的设定值 $F_{设}$；当轧件咬入后，系统将测量实际轧制力 $F_{测}$。若 $F_{设}$和 $F_{测}$之差大于允许值，则系统工作在相对方式，即轧制力基准值 $F_0=F_{测}$。否则，系统工作在绝对方式，轧制力基准值 $F_0=F_{设}$。确定 AGC 的工作方式，也就确定了轧制力基准值 F_0。

为了获得良好的异板差和同板差，首钢中板厂四辊轧机的厚度控制方案如下：在精轧第一和第二道次采用相对 AGC，以便获得比较准确的厚度信息。在其余几个道次再采用绝对 AGC，以提高轧制精度。但无论采用哪一种 AGC 都需要对轴承的油膜厚度、轧辊偏心、轧辊的热膨胀及磨损、轧件宽度以及轧件头尾部分进行精确的动态补偿。

5　液压 AGC 液压系统设计要点

从图 1 中可以看出，液压伺服系统在整个控制过程起执行机构的作用，它接受电控系统的指令，通过伺服阀放大器，控制伺服阀的开口度，改变进入压下油缸的流量，完成压下和厚度控制。通常在 AGC 液压系统的设计中应考虑以下几个方面的问题：

（1）轧机液压压下控制系统首先应能够承受轧机的最大负载。

（2） 满足轧机调节时最大辊缝所必需的油缸最大行程、油缸最大调节速度和其他控制要求。

（3）应选择高精度的位移传感器和压力传感器。通常位移传感器要求高于系统控制精度一个数量级，压力传感器的精度要求在 0.05~0.1 级，以提高控制精度。

（4）伺服阀是液压伺服系统中的关键元件，伺服阀的选型除满足压力、流量要求外还必须具有良好的静、动态性能指标。其频宽应大于系统频宽的 5 倍，以减小伺服阀对响应特性的影响，其他如零位漏损、抗污染能力、寿命等也应满足系统要求。

（5）在 AGC 液压系统的设计中，伺服阀的安装位置至关重要。伺服阀与压下油缸的距离远近直接影响油缸的响应速度，是一个重要的考虑因素。对首钢中板轧机来说，伺服阀位置有几种选择：1）牌坊顶上；2）牌坊柱上；3）直接安装在 AGC 油缸上。安装在牌坊顶上的优点是维护方便。但是在伺服阀和油缸之间的软管较长（油缸结构为活塞固定，缸体运动），这样响应时间延迟太长，大大降低了压下油缸的响应速度。关于软管长度对响应时间的影响，首钢在 2160 热带轧机设计时曾请美国维恩公司作过一次测评，检测结果指出：1.8m 长的软管将产生 3.3 毫秒的时间延时。如管路长度每增加 1m，延时增加 10 毫秒。因此必须避免将伺服阀装在牌坊顶上。最好的选择是将伺服阀直接装在 AGC 油缸上，这样无需软管，流量延时基本为零。但此种办法由于换辊时 C 形钩与伺服阀发生干涉，易碰撞无法采用。目前采用的是将伺服阀装在牌坊柱上，软管长度约 1.5m，尽量减少软管过长带来的影响。经实践检验效果良好。

（6）压下油缸是液压 AGC 系统中的执行机构，设计中它应具有低泄漏、动态频率高、死区小、摩擦系数低及寿命长的优点。同时其结构形式和外形尺寸等必须满足牌坊结构和窗口大小的要求。油缸的选择通常有双作用缸即活塞缸和单作用缸即柱塞缸两种选择。柱塞缸的特点是没有液压回程装置，压下后的回程靠支撑辊平衡力完成，系统油路简单、回程较快，且轧钢时的背压有利于系统的稳定。活塞缸的优点是导向长度较柱塞缸长，稳定性和耐冲击性较柱塞缸好。此外活塞缸工作时允许一定量的泄漏，可以减小压下缸的维修量。所以在新设计中通常均采用活塞缸，只是在改造项目时，受窗口尺寸的限制才采用柱塞缸。

本次改造采用的是活塞缸，其规格为ϕ1000/900，有效行程 25mm，额定轧制压力 30000kN，最大轧制压力 34000kN。

（7）液压系统的油液清洁度同样是保证系统可靠工作的关键。本系统油液清洁度要求为 ISO 4406 14/11 级。为了保证油路的清洁，在泵的出口和伺服阀前的供油管路中采用了全流量无旁通高精度过滤器（3μ），滤芯$\beta_3 = 200$。在系统中设置了专门的取样口定期检测油液质量。

6 液压 AGC 系统油路分析

图 2 为液压 AGC 系统控制原理，其油路主要由以下几部分组成：

（1）油箱及循环过滤冷却单元。油箱容积 2.5m^3，不锈钢板焊接结构。油箱上装有空气过滤器、电接点温度计、电加热器、液位计及液位指示警报仪、冷却器、循环过滤器和回油过滤器等。用于系统中温度、液位和油液清洁度的自动控制及保护，这些指示信号可以反映液压系统的运行状况并在主控室的操作显示屏上自动显示。

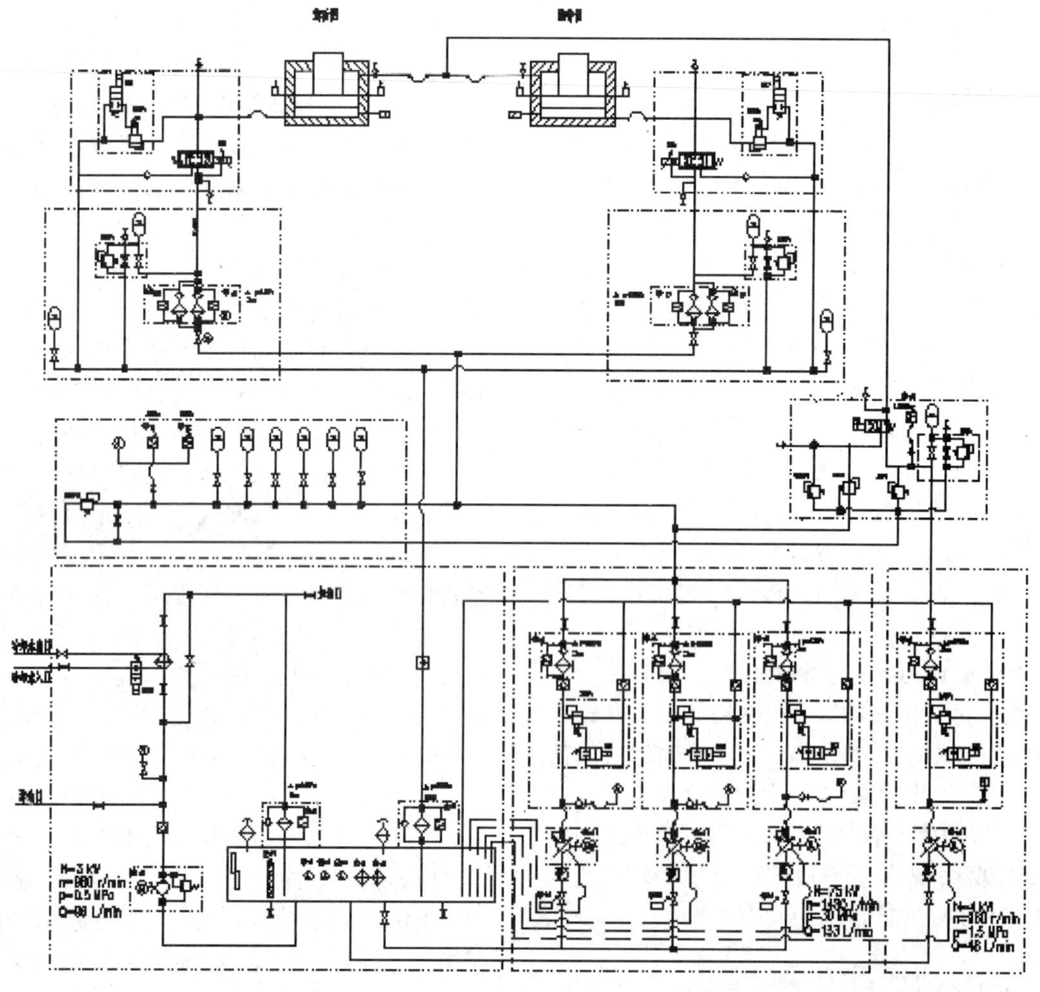

图 2 液压 AGC 系统液压控制原理

工作介质采用 N46 高级抗磨液压油，它是在抗磨液压油基础上添加金属钝化剂和抗泡剂构成。

（2）高压油泵单元。由三台斜盘式变量柱塞泵组成，两用一备。变量机构为标准型压力补偿变量，工作时只要系统压力（泵出口压力）低于设定压力，泵就处于全排量下。系统压力达到设定压力时，补偿器改变斜盘角度，泵排量迅速减小。系统不需要流量而达到设定压力时，泵仅排出润滑、内泄漏和补偿所需油液。每台泵的额定流量 133L/min，弹性联轴节驱动。每台泵的出口处设有用于启动和压力保护的电磁溢流阀、压力表、单向阀等。

（3）背压泵单元。背压泵为一台恒压变量泵，正常工作时，为压下油缸有杆腔提供背压，背压调定压力为 0.7~1.8MPa。背压泵同样设有启动和压力保护的电磁溢流阀及高精度过滤器。选用变量泵的目的是防止过多的油量从溢流阀溢出使系统温度升高。

（4）蓄能器装置单元。由 6 个 63L 的皮囊蓄能器组成，作为液压系统能源的一部分，可以在系统高峰流量时或工作泵滞后伺服阀响应时向系统供油。此外本单元设有整个系统的压力保护装置，系统超压时可安全卸荷。

（5）背压阀组单元。背压阀组主要用于向压下油缸有杆腔供油。阀组上装有一个减压阀、一个溢流阀、一个两位四通电磁换向阀、一个用于减小背压油路压力波动的 40L 皮囊蓄能器、溢流阀（安全阀）、压力继电器等。正常工作时，压下油缸的有杆腔由背压油路供油，目的是提高系统的刚性和稳定性。当摆辊缝时，电磁阀换向，压下油缸的有杆腔改由经减压后的高压油路供油，以使在较高压力作用下辊缝快速打开。

（6）伺服阀控制阀组单元。每个压下油缸配有一套伺服阀控制阀组，由过滤器油路块和伺服阀油路块两部分组成：

1）过滤器油路块由一个 25L 的蓄能器和一个 6.3L 的蓄能器并安全块组成。布置在轧机顶部的检修平台上，以便于检修和更换滤芯。过滤器的过滤精度 3μm，两个高压无旁通过滤器并联使用，通油能力和纳污能力都设计的比较大，目的是满足液压 AGC 瞬时大流量要求，减小伺服阀前的压力损失和延长更换滤芯的时间。阀前的 25L 的蓄能器的主要功用是保证伺服阀入口处的压力稳定，以及在钢板厚差调节轧制时向压下油缸供油。正常工作时，油缸所需油量很小，靠伺服阀前蓄能器供油已足够，高压泵所起的作用主要是补充系统的泄漏和给蓄能器补油。单向阀的设置除方便更换滤芯外，还可以将蓄能器和液压站的油路隔开，使蓄能器的工作具有高效率。蓄能器的安全块可以控制蓄能器的进油、回油和压力释放。6.3L 的蓄能器主要功用是吸收压力冲击。

2）伺服阀油路块上的电液伺服阀接受伺服阀放大器的电控指令直接参与微调控制。其上的电磁溢流阀作为一种保护措施可限制压下油缸的最高压力，并达到快速释放的目的。伺服阀油路块上的单向阀是为了保护伺服阀而设置的，可防止油缸超压快速释放时对伺服阀的冲击，延长伺服阀的使用寿命。

（7）压下油缸单元。压下油缸在传动侧和操作侧的牌坊上各有一个。安装在电动压下丝杠和支撑辊轴承座之间。在丝杠下端和油缸的活塞杆之间装有测压头。缸体两侧对称的位置上装有位移传感器。油缸的活塞固定，缸体可上下移动。当下腔供油时缸体下移，辊缝闭合；反之，上腔（有杆腔）供油，下腔回油时辊缝打开。

换辊时，每个牌坊上有四个油缸驱动的伸缩机构可将压下油缸托起，换完后伸缩机构缩回，压下油缸正常工作。

7 结语

近年来，我国新建中厚板轧机已明显减少，但中厚板技术却不断发展，在品种开发、老轧机改造、提高中厚板轧机装备水平、研究开发新技术新工艺等方面取得很大成绩，中厚板质量明显提高。首钢中厚板 3340mm 四辊可逆轧机液压压下及厚度自动控制（AGC）技术改造是一项典型的机、电，液一体化系统工程，通过这次改造，在提高产品质量和提高轧钢自动化水平等方面上了一个新的台阶。为提高产品经济效益和市场上的竞争力做出贡献，为今后我国老轧机改造开辟了道路。但真正掌握 AGC 技术并有所发展还必须在生产实践中不断地学习探索和总结提高。

参考文献

[1] 热轧精轧机高精度板厚控制技术. Steel Engineer. 译自 1991.4.

[2] 常兴亚. 浅议提高中厚板质量的措施. 轧钢, 1994(1).

[3] 格得费里(G.GODFREY). 热轧和冷轧带材机的液压自动厚度控制与板型测量. 1988 年中国北京冶金工业展览会讲稿(英国 Davy 公司).

[4] 梁启宏, 王志斌, 等. 中板轧机液压压下计算机厚度控制系统. 轧钢. 1994(5).

[5] 杨伟. 马钢 H 型钢万能轧机液压自动辊缝控制系统, 冶金自动化, 1998(3).

（原文发表于《2000 第二届北京金属学会年会论文集》）

➤ 热轧宽带钢轧钢技术

首钢京唐2250mm热轧采用的先进技术

张福明　颉建新

(北京首钢国际工程技术有限公司，北京 100043)

摘　要：首钢京唐钢铁公司2250mm宽带钢热轧生产线按照动态精准设计体系设计，设计年产能为550万吨，产品抗拉强度可达1000MPa，设计中采用了当今国际轧钢技术领域的20多项先进技术，整体工艺技术装备达到国际先进水平。本文介绍了首钢京唐2250mm热轧设计特点和采用的先进技术。工程设计中采用了步进式加热炉、热装热送技术、定宽压力机、2辊可逆式R1粗轧机、4辊可逆式R2粗轧机、7架4辊精轧机、CVC^{plus}板形控制技术、具有快速冷却功能的层流冷却技术（TMCP）等；并自主设计开发了托盘式钢卷运输设备、交-直-交传动控制、自动化检测与控制系统及完善的除尘环保系统。工程投产后，主要技术经济指标达到设计水平，实现了高效、优质、节能的目标。

关键词：热轧；宽带钢轧机；工艺与装备；先进技术

Advanced Technologies of 2250mm Hot Strip Rolling Line at Shougang Jingtang

Zhang Fuming　Xie Jianxin

(Beijing Shougang International Engineering Technology Co., Ltd., Beijing 100043)

Abstract: 2250 mm broad strip hot rolling line of Shougang Jingtang iron & steel plant is designed according to dynamic exactness design system. Rolling mill designed production capacity is 5.5 Mt/a. The tensile strength of production reach to 1000 MPa. More than 20 items advanced technologies in today international steel rolling technical field have been adopted. The whole process and equipment reach to the international advance level. This paper introduces design peculiarity and advanced technologies of 2250 mm hot strip rolling line at Shougang Jingtang. In engineering design, Heating furnace by step, Casting-hot charge rolling, Sizing press, two-high R1 reversing roughing mill, four-high R2 reversing rougher, 7 Stands four-high finishing mill, CVC^{plus} Plate shape control technique, Laminar strip cooling system with speediness cooling process (TMPC) and so on have been adopted. the coil pallet transportation system has been researched independent. The engineering have been optimized which include of AC-DC-AC drive control technique, automatization measure and control system, perfect dusting system. After the engineering project commission, The main technical economy parameters have achieved design target, and the goal of high quality, high efficiency and low cost has been reached.

Key words: hot rolling; broad strip rolling mill; process and equipment; advanced technology

1　产品大纲与产品规格

首钢京唐2250mm热连轧宽带钢生产线采用了当今国际先进的新技术、新设备，产品质量、能源消耗、生产效率等方面达到国际先进水平。

该生产线生产的主要钢种有碳素结构钢、优质碳素结构钢、锅炉及压力容器用钢、造船用钢、桥梁用钢、管线用钢、耐候钢、IF钢、双相（DP）和多相（MP）及相变诱导塑性钢（TRIP）、超微细晶粒高强钢等。年产热轧钢卷为 550 万吨，成品材为 546 万吨。其中钢板为 45 万吨，平整卷为 100 万吨，管线钢为 20 万吨，供冷轧用料为 301.6 万吨，商品卷为 79.4 万吨，年需板坯量为 561.2 万吨。带钢厚度为 1.2 ~ 25.4mm，带钢宽度为 830 ~ 2130mm，钢卷内径为 762mm，钢卷外径为 2200mm（最大），最大钢卷重量为 40t，最大单位卷重为 24kg/mm，抗拉强度不大于 1000MPa。生产钢种及产量分配见表 1。产品品种及规格表见表 2。

表 1　生产钢种及产量分配

产品用途	钢　种	代表钢号（JIS 标准）	年产量/万吨	产量比/%
冷轧原料卷	深冲及超深冲带卷（含 IF）	**SPCC~SPCE**	156.6	28.68
	结构用钢	Q195~Q345（GB 标准）	97.6	17.88
	高强度钢 340~590MPa 级	HSS-CQ、HSS-DQ、HSS-DDQ	42.8	7.84
	高强度钢 590MPa 以上级	HSS-BH、DP、TRIP	4.6	0.84
	小计		301.6	55.24
热轧商品卷	碳素结构钢	SPHC、SPHD、SPHE	86.0	15.75
	结构钢	SS330 ~ SS540、SM400~SM570	25.4	4.65
	汽车结构用钢	SAPH310~SAPH440、DP、TRIP	28.0	5.13
	锅炉和压力容器用钢	SB42、SB49	8.0	1.47
	造船板	AH32、EH36（GB 标准）	37.0	6.78
	管线钢	X42~X80（API 标准）	20.0	3.66
	焊接气瓶用钢板	SG295、SG325	6.0	1.10
	高耐候性结构钢	09CuPCrNi-A、09CuPTiRe（GB 标准）	34.0	6.22
		SAP-H		
	小计		244.4	44.76
	合计		546.0	100

表 2　产品品种及规格

产品品种	产品规格			年产量/万吨	
	厚度/mm	宽度/mm	卷重/t	热轧钢卷	热轧成品
供 2230mm 冷轧原料卷	2.0 ~ 6.0	1000 ~ 2130	38（最大值）	231.6	231.6
供 1700mm 冷轧原料卷	1.8 ~ 6.0	850 ~ 1580	34（最大值）	70.0	70.0
商品钢板	5.5 ~ 25.4			47.0	45.0
平整分卷	1.2 ~ 12.7	850 ~ 2100	5 ~ 38	102.0	100.0
管线钢	6.0 ~ 19.0	1050 ~ 2100	38（最大值）	20.0	20.0
热轧商品卷	1.2 ~ 25.4	850 ~ 2130	38（最大值）	79.4	79.4
合计				550.0	546.0

2　2250mm 热轧生产工艺流程优化及采用的先进技术

现代热轧带钢生产工艺有常规流程轧制工艺和短流程连铸连轧工艺[1]。短流程薄板坯连铸连轧工艺是 20 世纪 80 年代末期世界冶金行业从传统常规连铸技术向近终形连铸技术发展的一项大的突破，同常规工艺相比具有建设投资低、能源消耗低、运行成本低、金属收得率高、占地面积小等技术优点。但是由于薄板坯连铸连轧工艺的钢板质量（特别是表面质量），还不能满足高级品种的要求，其年产量也受到一定的限制，不能满足首钢京唐钢铁厂高品质产品和生产规模的要求。

根据首钢京唐钢铁厂高品质及高附加值产品和生产规模大型化的要求，设计采用常规流程轧制工艺，其主要优势是工艺技术成熟、可靠，可以生产以汽车板、管线钢、DP 钢为代表的优质高档产品；可以形成规模效益，年产量达到 550 万吨，能够充分发挥设备潜力，实现高效化生产；与连铸工序紧凑布置，实现连铸坯的热送热装和直接轧制技术，热送热装率可以达到 75% 以上，与薄板坯连铸连轧工艺相比，同样可以降低生产成本，节约能源。

常规热带连轧机根据其粗轧机布置的不同主要分为全连续式、3/4 连续式、半连续式三种形式[2,3]。全连续式和 3/4 连续式布置的热连轧机组设备多、轧线长、投资高，目前国内外钢铁企业已不采用，而半连续布置的连轧机组是经济型布置形式，依据轧机规格和产品方案，其年生产能力为200~600万吨。半连续式热连轧机的粗轧机组主要有单机架和双机架两种配置工艺，一般年生产规模超过400万吨的热连轧机组，大多数采用双机架粗轧机组的布置型式。

首钢京唐2250mm热轧主轧线由4座冷装能力为350t/h的步进式加热炉、一次除鳞装置、定宽压力机、附带立辊的2辊可逆式粗轧机（E1/R1）、附带立辊的4辊可逆式粗轧机（E2/R2）、保温罩、废钢剔除装置、精轧前飞剪、二次除鳞装置、精轧前立辊F1E、7架精轧机（F1~F7）、层流冷却装置、3台全液压式卷取机、打捆机、称重、钢卷检查线、钢卷运输设备及轧机前后辊道等组成，精整区布置了平整分卷机组、钢板横切机组。

2.1 工艺流程

板坯经炼钢工序的连铸机出坯辊道直接运送到热轧板坯库，直接热装的板坯送至加热炉的装炉辊道装炉加热，不能直接热装的板坯下线进入保温坑，保温后再由吊车吊运至运输辊道之上，然后经加热炉装炉辊道装炉加热，并留有直接轧制的可能。

出炉后的板坯，首先经高压水除鳞箱除去板坯表面的氧化铁皮，然后经辊道输送到定宽压力机，按照工艺要求，将板坯宽度调整到设定的尺寸。然后由粗轧机组轧制4~8道，轧制到符合要求的中间坯厚度。中间坯由带保温罩的中间辊道输送到切头飞剪处切头，保温罩有利于减少中间坯的热量损失和带坯头尾温差。飞剪前预留了边部加热器，边部加热器可减少中间坯边部与中间部位的温度差，提高带钢性能的均匀性，提高轧件板形质量。切头飞剪配有中间坯头尾形状检测仪及剪切优化控制系统，以实现优化切剪，减少切头切尾损失。切头后的带坯经精轧前高压水除鳞装置清除二次氧化铁皮，进入精轧机组。中间坯经过F1~F7精轧机组，轧制成1.2~25.4mm的成品带钢。

经过精轧机组后的成品带钢在输出辊道上由高效率层流冷却系统进行冷却，其中包括快速冷却装置，可满足高强度汽车板的生产需要。带钢冷却到设定的温度后由全液压卷取机卷取，卷取后的钢卷经卸卷、打捆、称量、标记后由运输系统送到钢卷库内存放和冷却。需要检查的钢卷送到钢卷检查线进行检查和取样。在钢卷库内冷却后的钢卷按下工序加工工艺要求分别送至平整分卷机组、钢板横切机组、冷轧生产线或按销售计划发货。钢卷的运输、冷却及堆放全部采用卧卷方式。图1为首钢京唐2250mm热轧生产线工艺流程，表3为2250mm热轧生产线主要工艺技术装备及参数。

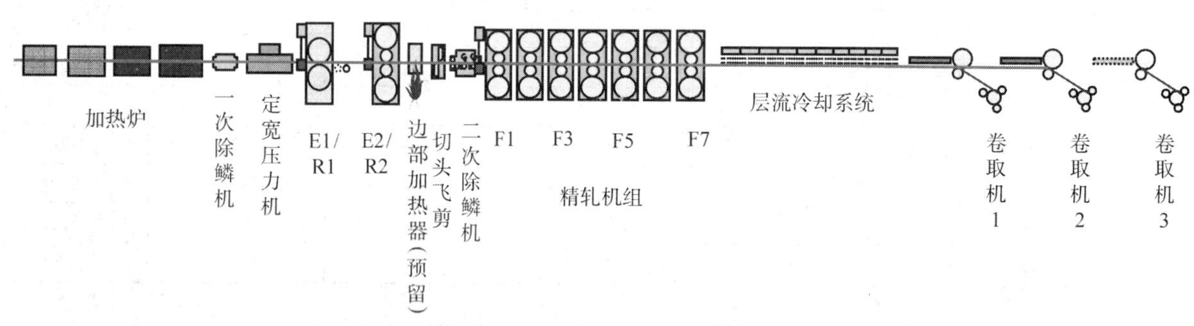

图1　首钢京唐2250mm热轧生产线工艺流程

表3　首钢京唐2250mm热轧生产线主要工艺技术装备及参数

项　目	数量/台（套）	技术性能及参数
加热炉	4	350t/h
定宽压力机	1	侧压力22000kN；最大减宽量350mm；42次/min
E1/R1	1	轧制压力38000kN
E2/R2	1	轧制压力55000kN
保温罩/废钢推出机	1	液压翻转式，内衬隔热材料
中间坯边部加热器	1	预留
切头飞剪	1	剪切力12000kN；剪切速度0.3~1.75m/s
F1~F7	1	F1~F4最大压力50000kN；F5~F7最大压力45000kN
层流冷却	1	冷却段长度103360mm；水压0.07MPa
卷取机	3	3助卷辊全液压卷取机；卷取温度100~850°C
托盘运输系统	1	1卷/min

2.2 采用的先进技术

2.2.1 板坯热装热送技术

炼钢连铸厂与热轧厂毗邻紧凑布置，有利于实现工序间工艺流程的直接连接和一贯制管理的连续化生产。连铸机的出坯线与轧钢车间的上料线相重合，以保证连铸机生产的高温无缺陷钢坯直接送至加热炉前。由于采用了热装轧制工艺，因此板坯自身余热得到充分利用，实现了最大限度节能；同时减少了板坯的库存量及库容，大幅度缩短了由炼钢到轧钢产品生产的周期，以实现高效率、快节奏、低能耗的目标。在工艺布置上预留了直接轧制的可能，为进一步降低能耗预留了条件。

2.2.2 粗轧机组先进技术

（1）采用板坯定宽压力机，可连续进行板坯侧压，运行时间短、效率高、板坯温降小，侧压后板坯头尾形状规整，板坯减宽侧压有效率达90%以上。采用定宽压力机的主要技术优点是：1）调宽能力大，最大侧压量可达350mm，可大幅度减少连铸坯的宽度种类，充分发挥连铸机的产能，稳定连铸生产操作，提高铸坯质量；2）便于热轧厂的生产计划组织，提高板坯热装、热送比例，节能降耗；3）改善带坯的头尾形状，降低切损，提高金属收得率；4）由于减少了板坯宽度的种类，便于板坯库管理，相应也提高了板坯库板坯的利用率。

（2）粗轧机采用2辊水平可逆式R1轧机+4辊水平可逆式R2轧机的半连续式带钢热连轧机，降低设备投资，提高粗轧机组的利用率，并缩短轧线长度，减少轧件的热量损失，实现了带钢热连轧机的紧凑化布置，粗轧机组能力大、轧制道次灵活。2辊可逆式R1粗轧机工作辊直径大，可实现大压下轧制，对定宽压力机大幅减宽后产生的板坯厚度增厚进行一道次减薄，其余道次可对板坯进行大压下轧制，实现板坯快速减薄的目的。利用4辊可逆式R2粗轧机工作辊辊径小、可降低轧制压力、轧机横向刚度好的特点，对带坯进行进一步减薄，可向精轧机组提供横向厚差小的薄规格带坯。

（3）粗轧机采用SSC短行程控制和AWC宽度自动控制。经立辊宽度压下及水平辊厚度压下后，板坯头尾部将发生失宽现象，根据其失宽曲线采用与该曲线对称的反函数曲线，使立辊轧机的辊缝在轧制过程中不断变化，这样轧出的板坯再经水平辊轧制后，头尾部失宽量减少。短行程法可减少切头损失率 20%~25%，还可显著提高头尾部的宽度精度。

（4）R1、R2粗轧机机前和机后采用强力侧导板，有效防止板坯产生镰刀弯；提高了一次除鳞机喷嘴压力和对板坯的打击力，进一步提高了产品表面质量；设置了 E1、E2 立辊轧机，进一步提高产品宽度精度和控制能力；提高R1和R2粗轧机牌坊断面积和电机功率，从而提高了粗轧机轧制能力；在中间辊道上设置有可分段开启的保温罩和电感应边部加热器，减少带坯在中间辊道上的热量损失、带坯头尾温差和中间坯中部与边部的温差，提高带坯的横向和纵向温度均匀性，有利于稳定精轧机的操作，满足多品种产品的生产要求。

2.2.3 精轧机组先进技术

（1）精轧机采用全液压压下和 AGC 系统，厚度控制效果显著。采用弯辊加连续可变凸度控制（CVC^{plus}）的精轧机板形控制方式，轧机凸度控制能力均可达到 1000μm，为当代先进的板形控制技术，适用于轧制薄规格、低凸度宽带钢产品。

（2）精轧机组采用7架4辊不可逆轧机，提高了轧机生产能力和产品范围；提高了精轧机轧辊轧制力和电机功率，进一步提高了精轧机轧制能力；精轧机采用液压低惯量活套，有利于精轧机组的速度和带钢张力的控制；在精轧机出口设置上下表面质量检查仪，可在线检查和分析带钢表面质量。精轧机机架间采用抑尘喷水装置，可以有效减少粉尘生成量，在精轧机组F4~F7机架间设置了除尘排烟系统，保证清洁的生产环境和高标准的大气排放要求，实现钢材产品的绿色生产。

（3）设置了F1E立辊轧机，可对中间带坯进行对中和导向，同时其微量压下的作用可防止带钢边部的边裂产生，改善带钢边部的质量，进一步提高产品宽度精度和控制能力；提高了精轧除鳞机喷嘴压力和对板坯的打击力，进一步提高产品表面质量；飞剪采用曲柄式和最佳化切头控制系统，并提高了剪切能力，可剪切X80等钢种。

2.2.4 层流冷却先进技术

采用高效节能型层流冷却装置，满足双相钢及多相钢等高强钢的生产要求，适应多品种生产。带钢由输出辊道输送至高效率层流冷却系统，按照不同的钢种、规格和产品性能要求，由计算机计算设定和控制的冷却方式进行冷却。层流冷却系统包括精调区和修整区，通过严格地控制带钢冷却速率和最终冷却温度，取得产品所要求的力学性能；层流冷却系统增加边部遮挡系统，使带钢温降更为均匀，进一步提高了产品质量。

2.2.5 卷取机先进技术

卷取机采用当今国际先进的全液压强力驱动式和踏步控制（ASC），卷取机能力进一步提高，卷取温度达到 100~850℃，可防止在卷取中产生带钢压痕，提高了带钢卷取质量。卷取机具有对 3 个助卷辊的位置控制（即踏步控制）、最终压力控制和连续打开控制功能，全液压助卷辊卷取机结构新颖、工艺先进、运行可靠、噪声低、振动小、卷取钢卷紧密、齐边卷取质量好。

2.2.6 托盘钢卷运输先进技术

自主开发研制了双排式托盘钢卷运输系统，满足了主轧线钢卷运输 1 卷/min 的工序节奏要求，运输方式、速度匹配灵活，实现了一条主轧线对应多条后部工序、工位的钢卷运输，全线采用卧式钢卷运输方式，防止钢卷边部受损，确保钢卷质量和倒运次数。

2.2.7 传动与自动化控制先进技术

（1）电气传动。2250mm 热轧供配电系统在 110kV、35kV、10kV、0.4kV 侧均未设置高次谐波滤波装置，可以节约能源、减少对电网的污染，而且优化了整个车间布置，减少占地面积，节省工程投资，减少设备维护量。

所有辊道电机和辅助传动电机全部采用 660V 电压等级的电机，变频装置采用公共直流母线方式，逆变器采用 690V 电压等级，具有节约投资、节省能源的效果；主电机风机采用变频风机，根据主电机的 RMS 值（电机负载方均根值）通过二级数学模型，计算得出电机发热量，给出调速风机转速的设定值，再通过所采集的电机实际温度值及进出口风温的实际值对调速风机进行闭环控制，实现节能降耗；主传动系统采用 TEMIC 电气公司生产的 TMD-70 双 PWM 控制的交直交变频器，工作电压 3300V，电气元件为 IEGT，其优点是可从公共电网上吸收清洁的交流电源，具有本征四象限能力，电动与发电状态可以实现平滑转换，具有 100%能量再生能力且无换相失败，可实现功率因数调节；这种双 PWM 控制的交直交变频器具有低能耗、低电磁和谐波干扰、轧钢时不发生无功冲击、不需任何补偿设备特点。

辅传动变频调速采用带公共直流母线的结构方式，使电动机制动的反馈能量与电动状态运行的电动机进行能量交换，使整流变和整流单元容量减小，降低工程投资；低压 MCC 柜采用智能性开关柜，实现自动操作集中监视，提高自动化水平，减少维护工作量；能源介质系统的风机水泵，均采用交流变频调速以实现节能降耗。

（2）自动化控制。

1）首钢京唐 2250mm 热轧自动化控制系统包括电气传动级（L_0 级）、基础自动化级（L_1 级）、过程控制级（L_2 级）生产管理级（L_3 级）；

2）L_0 级主传动设备采用 AFE 结构（有功前端）的交直交变频调速系统；

3）L_1 级采用 TMEIC 电气公司生产的 V 系列控制器硬件设备；

4）L_2 级采用 PC 服务器 3 台，型号是美国生产的 Stratas/FT3300，具有双机热备功能；

5）网络通信系统：L_1 和 L_2 级、L_2 和 L_3 级通过以太网（TCP/IP 协议）进行通信；L_1 级之间通过 TC-NET100LAN 网进行通信；L_1 和 L_0 级之间通过 TOSLINE-20 进行数据收集和快速通信。

3 生产应用实践

首钢京唐 2250mm 热轧工程于 2008 年 12 月 10 日投产，一次调试成功，经过半年的生产实践，已达到设计能力。吨钢成品消耗设计指标为 1.031t，实际指标为 1.0257t；热轧工序设计综合能耗为 1195MJ/t，实际生产指标达到 1195MJ/t；实际生产板坯热装率达到 75%，综合技术经济指标达到国内先进水平，产品质量指标见表 4。

表 4 产品质量指标

项 目	设计指标	实际生产指标	国内先进指标
带钢平直度/IU	±30	±20	±30
带钢厚度/μm	±50	±30	±50
带钢宽度/mm	0~20	5~15	0~20
带钢板形/μm	±15	±15	±15
钢卷塔形/mm	最大 50	40 左右	最大 50

4 结语

（1）首钢京唐 2250mm 热轧工程设计集成应用了当今国内外先进可靠、成熟适用的工艺及装备技术，轧机年生产能力达到 550 万吨，生产产品具有高性能、高质量、高精度、高强度的特点，产品性能质量达到国内外先进水平。

（2）2250mm 热轧工程设计中，按照动态精准设计理论，优化工艺流程，构建流程紧凑、运行高效、系统协同的生产体系，使热轧—连铸工序、热轧—冷轧工序的衔接匹配合理；整体工艺流程顺畅，工艺布置合理，设备选型和技术经济指标先进，节能环保设施齐全。

（3）工程设计中采用了热装热送技术、定宽压力机、2 辊可逆 R1 粗轧机、4 辊可逆 R2 粗轧机、7 架 4 辊不可逆精轧机、CVC^{plus} 板形控制技术、层流冷却技术（TMCP）等现代国际先进的工艺及装备技术；开发研制了托盘式钢卷运输设备，优化设计了电气传动和自动化控制系统。

（4）工程投产后快速达产，生产运行情况良好，主要技术经济指标和产品质量指标达到或超过设计水平，热轧生产实现了“优质、高效、低耗”的目标，取得了显著的经济效益和社会效益。

参考文献

[1] 陈应耀. 我国宽带钢热轧工艺的实践和发展方向[J]. 轧钢, 2011, 28(2): 1~8.

[2] 钱振伦. 我国宽带钢热连轧机的最新发展及其评析(一)[J]. 轧钢, 2007, 24(1): 33~36.

[3] 钱振伦. 我国宽带钢热连轧机的最新发展及其评析(二)[J]. 轧钢, 2007, 24(2): 32~34.

[4] 中国金属学会热轧板带学术委员会编著. 中国热轧宽带钢轧及生产技术[M]. 北京: 冶金工业出版社. 2002: 53~87.

[5] 曲家庆. 热轧宽带钢生产工艺比较[J]. 研究与探讨, 2007(2): 38~41.

[6] 黄波. 我国热轧宽带钢轧机建设情况综述[J]. 轧钢, 2009, 26(1): 47~52.

（原文发表于《轧钢》2012 年第 1 期）

首钢迁钢热轧带钢 25 万吨/年横切机组圆盘剪的设计、研究、开发与应用

杨建立　林永明　姜巍青

(北京首钢国际工程技术有限公司，北京 100043)

摘　要：介绍首钢迁钢横切线圆盘剪机组中的圆盘剪、碎边剪、废边卷取机等设备的结构及主要技术参数，分析圆盘剪与碎边剪剪刃侧隙的影响因素，为消除剪刃侧隙的影响，创造性地提出调整与控制措施，具有较重要的实际应用价值。

关键词：圆盘剪；碎边剪；间隙；刀轴；废边卷取机

Design, Development and Application of Side-trimmer Unit for Shougang Qiangang 250,000 t/a Cross Cut Shearing Line

Yang Jianli　Lin Yongming　Jiang Weiqing

(Beijing Shougang International Engineering Technology Co., Ltd., Beijing 100043)

Abstract: The article introduces the structure and mostly technologic parameters of side-trimmer unit in cross-cut line including side trimmer and chopper and cut-strip reel, etc., and analyze the factors that influence side-gaps of side-trimmer and chopper. Measures adjusting and regulating gaps are proposed to eliminate the influences.

Key words: side-trimmer; chopper; gap; knife-spindle; cut-strip reel

1　引言

首钢迁钢热轧带钢年产 25 万吨圆盘剪机组由北京首钢国际工程技术有限公司自主设计并首次应用于横切线上，机组位于 1 号矫直机与 2 号矫直机之间，由夹送辊、圆盘剪、碎边剪、过渡辊道、废边卷取机和废料运输装置等组成（见图 1），用于带钢的切边，切边后既可进行碎断处理，也可对废边进行卷取再利用。

圆盘剪机组的主要技术参数：

最大抗拉强度σ_b：850MPa（当剪切 16mm 的钢板时）；

最大屈服强度σ_s：650MPa（当剪切 16mm 的钢板时）；

剪切宽度：800~2130mm；

剪切厚度：4~16mm；

最大机组速度：40m/min。

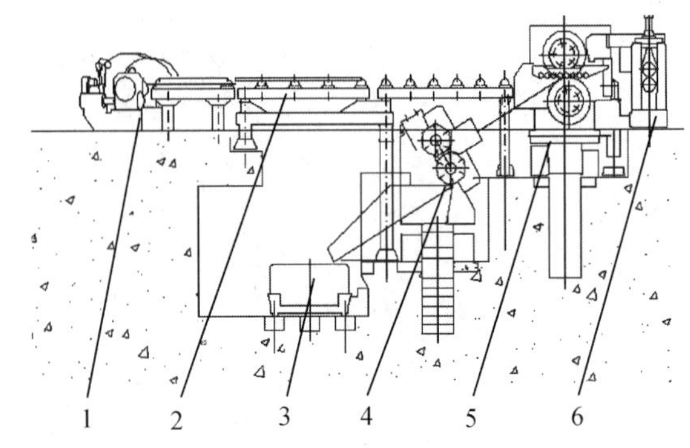

图 1　圆盘剪总装图

1—废边卷取机；2—过渡辊道；3—废料运输装置；4—碎边剪；5—圆盘剪；6—夹送辊

2　圆盘剪结构与技术参数

圆盘剪由横移底座、左机架、右机架、传动机

构、导槽等组成（见图 2）。

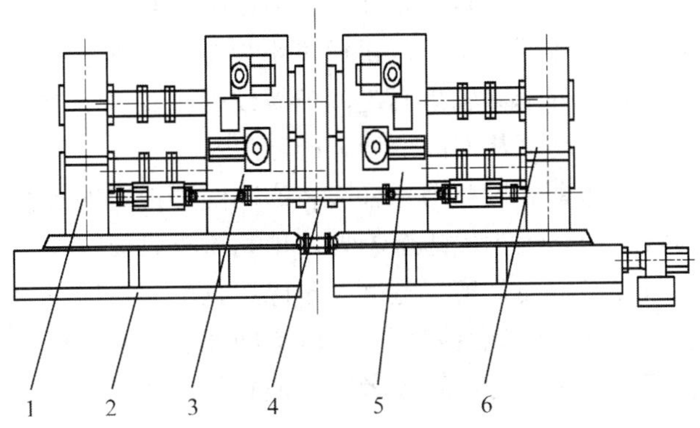

图 2　圆盘剪结构

1—左传动；2—横移底座；3—左机架；4—同步轴；5—右机架；6—右传动

左右机架及其传动机构均位于横移底座，由滚珠丝杠实现左右机架同时横移。横移底座上有极限开关防止横移时误操作对横移底座产生破坏。左右两侧的传动系统之间由同步轴连接，保证左右刀刃剪切时等速。

左机架、右机架上各有 1 套重合度和侧隙调整机构（见图 3）。重合度调整由减速电机通过蜗轮蜗杆带动上下偏心套旋转，使上下刀盘在径向位置上发生改变。侧隙调整是由减速电机通过蜗轮蜗杆带动上刀轴外侧的丝母旋转并使刀轴产生轴向移动。下刀轴无侧隙调整，上轴轴向移动量就是侧隙调整量。圆盘剪侧隙控制就是对剪轴轴向游隙的控制，尽可能减小轴向游隙。设计上主要采取以下三种措施：

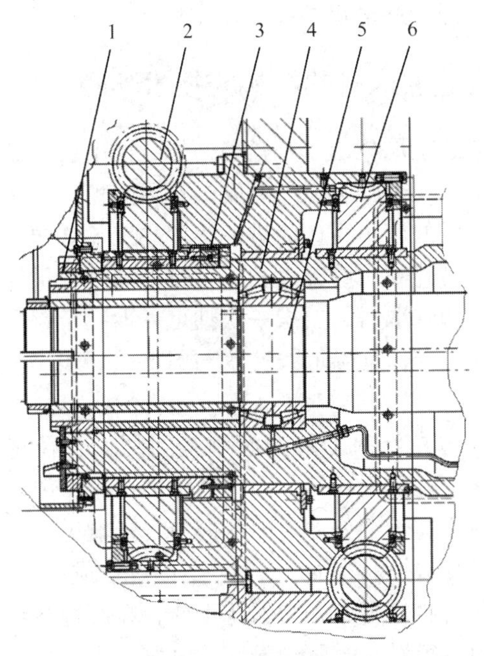

图 3　圆盘剪剪刃侧隙调整结构

1—锁母；2—侧隙调整蜗轮蜗杆；3—丝母；4—偏心套；5—刀轴；6—重合度调整蜗轮蜗杆

（1）提高剪轴轴向固定端轴承的精度，减小轴向游隙数值。这种方法虽然直接，但由于圆盘剪轴承较大，提高轴承精度会造成轴承的成本迅速上升。因此采用合理的轴承精度非常重要。本设计刀轴定位轴承平均游隙取 0.19mm。

（2）在 2 个丝母之间采取加垫方式减小圆盘剪侧隙调整丝母的螺纹游隙，即在 2 个丝母坯料之间加 1 垫并通过键和螺栓固定成一体后加工内螺纹，实际上 2 个丝母共用一条螺旋线。安装时，测量丝母游动量后，对垫片厚度减薄，以达到所需的侧隙值。本设计规定调整丝母纹副的游隙为 0.1mm。

（3）采用预紧方式对轴系零件进行预紧，预紧力应大于剪切时的轴向力并保证侧隙及重合度调整时相对件间能够转动。

表 1 为迁钢开平线圆盘剪刀轴装配轴向侧隙设计允用值。

表 1　迁钢开平线圆盘剪刀轴装配轴向侧隙设计允用值

部　位	上轴游隙/mm	下轴游隙/mm
轴向定位轴承	0.19 ± 0.03	0.19 ± 0.03
横移螺纹副	0.1	0
转动预留间隙	0	0
总设计间隙	0.26~0.32	0.16~0.22
总侧隙允用值	0.35	0.25

根据表 1 给出的各设计允用值对圆盘剪轴向间隙进行调整后，圆盘剪剪切质量良好，甚至可剪切 3mm 的薄规格钢板。

重合度和侧隙调整均通过机架上的位置传感器实现绝对位置的测量，避免了间接测量中的各种机械误差，同时安装有极限开关保证调整范围不超过极限位置，以免造成设备损伤。

圆盘剪导槽的作用是将圆盘剪剪切出的废边导入碎边剪中。废边能否顺利导入碎边剪对生产的连续性影响非常大。在生产中往往会因为废边在导槽中卡钢造成生产断续，影响生产效率。对于不同的钢板，圆盘剪剪切后废边的运动方向是不同的。薄钢板废边通常向下扎头，而厚钢板废边则上翘。为控制废边运行方向，在圆盘剪出口安装有压舌，保证废边一出圆盘剪即被强行导入导槽中。为保证废边在导槽内不卡钢，应保证导槽内壁耐磨并且光滑，为此导槽采用 55 号钢内表面淬火，硬度达 HRC55~60，并且导槽内表面精磨。

为能够处理紧急和意外事故，导槽的侧面是开启的。

圆盘剪的主要技术参数如下：

主传动电机功率：90 kW；

主传动电机转数：500~1000r/min；

圆盘剪剪刃直径：800~900mm；

侧隙调整电机功率：3kW；

重合度调整电机功率：4.5kW。

3 碎边剪的结构与技术参数

如图 4 所示，碎边剪由横移底座、左机架、右机架、传动机构和废料溜槽等组成。

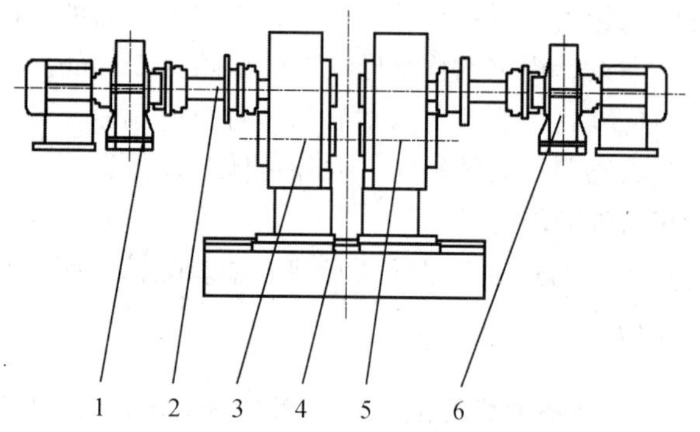

图 4 碎边剪结构示意图

1—左传动；2—接轴；3—左机架；4—横移底座；5—右机架；6—右传动

左右机架位于横移底座上，通过可抽拉的带花键的接轴与固定底座的减速机相连。

碎边剪采用双滚筒形式剪切，即在上下滚筒上安装 6 对剪刃，随着上下滚筒旋转剪刃在成对相遇时对废边进行剪切。碎边剪对剪切精度要求相对不高，但是如果侧隙调整不好则有可能出现剪不断废边的情况，进而影响生产。

碎边剪上下刀轴通过斜齿轮副连接，上刀轴轴向固定，刀轴只能做轴向旋转，下刀轴可轴向移动调整剪刃侧隙。图 5 为碎边剪的调整机构示意图。

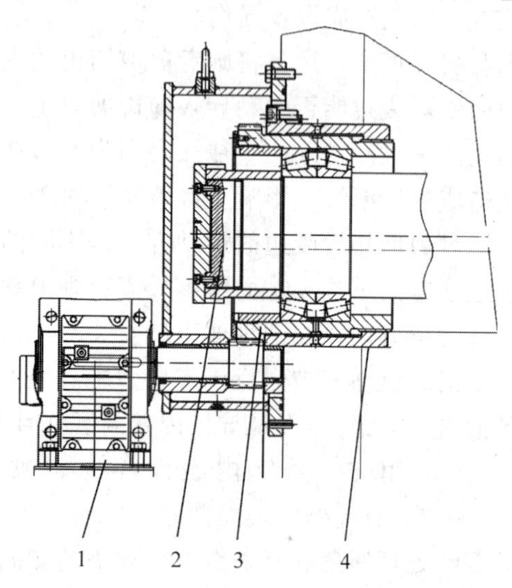

图 5 碎边剪的调整机构示意图

1—调整电机；2—下刀轴；3—轴承套；4—外套

下刀轴靠近电机侧的轴承套外圈，左面带齿，右面带螺纹。外套固定在箱体上，内圈带螺纹，起到固定丝母的作用。调整电机通过小齿轮带动轴承套旋转，通过外套和轴承套之间的螺纹副，实现下刀轴的轴向移动，从而改变刀刃的侧隙。

碎边剪和圆盘剪一样存在影响间隙稳定的各种因素，但是因为碎边剪不要求剪切质量只要求保证剪断即可，而且剪刃宽度大于碎边宽度，所以对影响轴向间隙的螺纹副间隙、轴承间隙、减速电机齿轮间隙等因素可以不予考虑。但碎边时剪刃侧隙的稳定性对于剪刃是否能够剪断碎边及剪切过程中剪刃的磨损程度起关键作用。

在实际剪切过程，碎边剪剪刃侧隙的稳定性受剪轴上相啮合齿轮的侧隙影响较大。为减小齿轮间隙的影响，传动轴下齿轮采用主副齿结构，主副齿轮参数相同。加工时主副齿之间加一垫片固定后一并进行切齿。安装调整时，通过测量上下齿轮之间的啮合侧隙，对垫片进行相应尺寸的磨削，使下齿轮主齿的工作面与上轴齿轮工作面相啮合，同时下齿轮副齿非工作面与上齿轮非工作面在保证很小转动间隙的情况下尽可能贴合，从而减小了齿轮侧隙，相应也减少了剪刃侧隙不稳定的问题，同时也可减小剪切过程中对齿轮的冲击。

碎边剪的主要技术参数如下：

主传动电机功率：110kW；

主传动电机转数：740r/min；

碎断剪剪刃外径：700mm（最大值）；

间隙调整电机功率：1.5kW。

4 废边卷取机的结构与技术参数

废边卷取机位于圆盘剪两侧，由电机、卷筒、布线器、压辊和底座等组成，如图 6 所示。废边卷取机卷后的废边可作为进一步深加工（如拉丝）的原料，与碎断后的废边相比，有很高经济价值。

废边卷取时，要求一次性可卷取一个钢卷的废边，而且应保证卷取线速度与圆盘剪同步，张力稳定。

废边在卷筒上从开始缠绕到结束直径越卷越大，整个过程中保持废边张力不变十分重要。张力过大会增加带钢剪切时的侧向力，影响剪切质量，或造成废边拉断；而张力过小，则可造成卷绕松弛。为使在卷绕过程中张力保持不变，在废边卷绕到卷筒上的卷径增大时驱动卷筒的电机输出力矩也必须增大，同时为保持废边线速度不变，须使卷筒的转速随之降低，力矩电动机的机械特性恰好能满足这一要求。根据这一机械特性，废边卷取机传动采用力矩电动机。

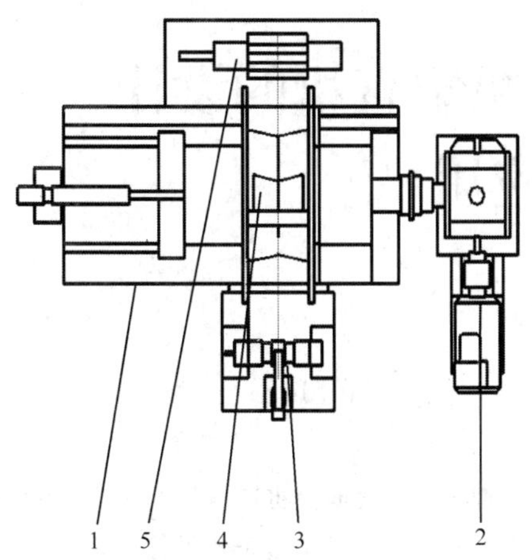

图 6 废边卷取机结构示意图

1—底座；2—布线器；3—卷筒；4—压辊；5—电机

卷筒采用 2 段相对锥筒，卸卷时左卷筒在液压缸作用下可横移退出。卷筒上有钳口。现在废边卷取机采用的是人工夹取废边端部导入卷筒钳口的方式，既增加了工人的劳动负荷，又存在一定危险性。采用废边自动导入钳口的方式将来应成为废边卷取机的发展方向。

布线器位于废边卷取机前，有一组 2 对导辊横竖组成的框架，框架可随液压缸来回移动。废边从框架中穿过，随着框架来回地移动，废边可均匀布于卷筒上，可防止废边卷取时形成塔状堆积。

废边卷取机技术参数：

卷筒直径：700~1300mm；

电机输出转矩：0~200N·m；

卷取废边厚度：4~12mm；

卷取废边宽度：14~30mm。

5 结语

首钢迁钢横切线圆盘剪机组已经成功应用于横切线中，经过半年多的运行和改进，设备运行良好并达到设计要求。设备结构及主要技术参数确定合理，剪刃间隙调整方便。但是也存在一些机组间设备的衔接问题，如废边卷取机需人工导入问题，在以后的设计中需进行进一步研究和完善。

参考文献

[1] 隋涛. 1250 圆盘剪结构分析与参数选择[J]. 安徽冶金职业学院学报, 2005(5): 13~15.

[2] 赵振彦, 刘岩. 新型碎边机剪刃特点的研究[J]. 机械工程师, 1993(5): 7~8.

[3] 赵力刚. 圆盘剪的间隙的调整与控制[J]. 中国集体经济, 2008(4): 176.

[4] 石红, 郝平. 1200mm 厚板纵剪机组碎边剪切机[J]. 一重技术. 1996(4): 47~49.

（原文发表于《冶金设备》2012 年第 5 期）

首钢迁钢25万吨/年横切机组粗矫直机的设计、研究、开发与应用

姜巍青　张富华　赵　亮

（北京首钢国际工程技术有限公司，北京 100043）

摘　要：针对首钢迁钢热轧带钢25万吨/年横切机组粗矫直机设备的设计，根据板带矫直机的生产过程和工作原理，以及要求生产的热轧钢卷产品大纲，给出所需矫直机设备辊径、辊距以及辊子数目等主要参数的确定方法及实际取值，并在此基础上阐述矫直机的总体设计方法，以及各主要部件的设计方法，提出设计中应注意的问题及关键点。矫直机成功应用于实际，经济效益和社会效益显著，具有较大的推广应用价值。

关键词：矫直机；框架；辊系；预应力机架

Design, Development and Application of Rough Leveler Unit of Producing Annually 250,000 tons of Shougang Qiangang Cross Cut Shearing Line

Jiang Weiqing　Zhang Fuhua　Zhao Liang

(Beijing Shougang International Engineering Technology Co., Ltd., Beijing 100043)

Abstract: To the design of rough leveler unit of producing annually 250,000 tons of Shougang Qiangang Cross Cut Shearing Line, this paper provides an obtain ways and practical value of the leveler roll diameter、space between rolls and number of rolls based on producing process and working theory of strip levelers and the production brief. And basing this, the leveler's general design plan and ways of the main parts are introduced, meanwhile some problems needed be paid attention to are provided. The leveler was applied successfully, and the economic benefit and social benefit were obvious, so it has a great value to generalize.

Key words: leveler; framework; roll system; prestressed stand

1　引言

热轧钢卷板材从上、下两排相互交错排列的辊子之间通过时，受到多次反复弯曲，得到对曲率形状及缺陷的矫正。随着钢品种的不断创新和高强钢板屈服极限不断提高，对矫直机的矫直能力提出了更高要求。

2　主要参数确定

辊式矫直机基本参数包括：辊径 D，辊距 t，辊身长度 L，辊子数目 n，以及矫直速度 v。设计矫直机时，根据轧件的品种规格、材质、矫直精度、生产率以及给定机构方案等条件来确定上述参数。所以也可以说是基本参数决定了矫直机的结构形式、几何尺寸、矫直质量和生产能力。

2.1　产品规格大纲

主要产品品种：船用钢、锅炉及压力容器用钢、桥梁用钢、管线钢、高强度机械用钢等；

带钢厚度：5~25.4mm；

带钢最大宽度：2100mm。

2.2 辊系及布置

选择辊数的原则是在保证矫直质量的前提下，使辊数尽量少。在开平机组中，本矫直机属于 1 号矫直机，布置在机组的开头部分，仅对带钢头部进行矫直，以使带钢顺利进入后面的圆盘剪设备，因此矫直精度要求不高。根据矫正钢板的规格和品种，同时对比类似矫直机，经过综合考虑，确定辊子数目为 $n=5$，足够满足生产要求。根据开卷方式，辊子布置为上 2 下 3 式，且上面的辊子可调整压弯量，下面 3 个辊子固定不动。

2.3 辊距与辊径的确定

辊距是辊式矫直机的最基本参数，辊径与辊距有一定关系（见表 1）。在辊距确定后，按比例关系可以确定辊径并圆整至矫正机参数系列中的数值。

表 1 各种规格下辊径与辊距的关系

矫正机类型	$\beta=D/t$	矫正机类型	$\beta=D/t$
薄板矫正机	0.9~0.95	厚板矫正机	0.7~0.85
中板矫正机	0.85~0.9	型钢矫正机	0.75~0.9

确定辊距时，既要满足矫直最小板厚时的质量要求，又要满足矫直最大板厚时的矫直辊具有足够强度。为此，应分别计算最大允许辊距 t_{max} 和最小允许辊距 t_{min}，最后确定的辊距应是 $t_{min}<t<t_{max}$（尽量取小值），而且应圆整至矫直机参数系列中的相应数值。

2.3.1 最大允许辊距的确定

t_{max} 决定轧件的矫直质量。t_{max} 值过大，轧件难以产生必要的弹塑性弯曲变形。

计算 t_{max} 的出发点是：平直的最小厚度轧件经矫直辊反弯时，断面上塑性变形区高度应不小于轧件最小厚度的 $\frac{2}{3}$。由此，轧件的反弯曲率应是：

$$\frac{1}{\rho}=\frac{3}{\rho_w}=\frac{6\sigma_s}{Eh_{min}} \tag{1}$$

式中 ρ——反弯曲率半径，mm；

ρ_w——屈服曲率半径，mm；

σ_s——屈服极限，MPa；

E——弹性模量，MPa；

h_{min}——最小轧件厚度，mm。

若假设这一反弯曲率半径等于矫直辊半径，即 $\rho=\frac{D_{max}}{2}$，对于薄板矫直机，D_{max} 与 t_{max} 关系可由表 1 选择，于是得出：

$$2\rho=\beta t_{max}=0.95t_{max}$$

结合式（1）可得：

$$t_{max}=0.35\frac{h_{min}E}{\sigma_s} \tag{2}$$

通常，只对板带厚度小于 4mm 的矫直机才校核 t_{max} 条件。因为计算结果表明，当 h_{min} 厚度大于 4mm 时，t_{max} 值远远大于按强度条件计算出来的 t_{min} 值，而 t 值是应靠近 t_{min} 值选取的。

2.3.2 最小允许辊距的确定

辊距越小，对轧件可能产生的反弯曲率越大，矫正质量越高。但 t 越小，矫正力 P 越大。故最小允许辊距 t_{min} 受工作辊扭转强度和辊身表面接触应力限制。辊子表面的接触应力可近似地用圆柱体与平面相接触时的应力公式计算。辊子表面的最大接触应力应小于允许值，即：

$$(\sigma_a)_{max}=0.418\sqrt{\frac{PE}{bR}}\leqslant[\sigma_a] \tag{3}$$

式中 $(\sigma_a)_{max}$——最大接触应力，MPa；

P——最大矫正力，N；

R——工作辊半径，m；

b——轧件与辊子的接触宽度，m；

$[\sigma_a]$——允许接触应力值，一般取轧件屈服极限 σ_s 的 2 倍。

按第三辊压力计算：

$$P=P_3=\frac{8}{t_{min}}M_s=\frac{8}{t_{min}}\sigma_s We$$

由表 1 折算：

$$R=\frac{\beta}{2}t_{min}$$

将以上各式代入式（3），得：

$$t_{min}=0.836\sqrt{\frac{WeE}{b\beta\sigma_s}} \tag{4}$$

对于板带矫正机，$e=1.5$，$W=\frac{bh_{max}^2}{6}$，$\beta=0.95$，由此：

$$t_{min}=0.43h_{max}\sqrt{\frac{E}{\sigma_s}} \tag{5}$$

由于轧件品种规格不一，为尽可能满足安全性要求，σ_s 要按小的取值，根据生产要求，此处取 $\sigma_s=500\text{MPa}$，于是得到：

$$t_{min}=0.43\times25.4\times\sqrt{\frac{210000}{500}}=223.8\text{mm}$$

经过综合考虑，圆整 t 为整数，并结合标准系列，取 t 值为 240mm。

得到辊距后，根据表 1 中辊径和辊距的关系：

$$D = (0.9 \sim 0.95)t \tag{6}$$

得 $D = (0.9\sim0.95)t = 216\sim228\text{mm}$，取 $D = 225\text{mm}$。

2.4 辊身长度

辊身长度是表征板带轧辊特性的重要参数。板带轧机的规格都是以辊身长度的大小来称呼的，辊身长度决定所矫板带的最大宽度，通常：

$$L = b_{\max} + a \tag{7}$$

式中 a——辊身长度系数。

当 $b_{\max} < 200\text{mm}$ 时，$a < 50\text{mm}$；当 $b_{\max} > 200\text{mm}$ 时，$a = 100\sim300\text{mm}$，取 $a = 200\text{mm}$，于是得到辊身长度：$L = 2100 + 200 = 2300\text{mm}$。

2.5 矫直速度

矫直机速度主要由生产率确定，同时要考虑板材的规格和温度，且应与轧机生产能力和所在机组速度相协调。对于薄板矫直机来说，辊径的减小将导致轴承承载能力的减小和转速的提高。所以在较高的矫直速度下应考虑轴承寿命限制。一种矫直机所矫直的轧件品种规格有一定范围，则矫直速度必须进行相应调整，一般调速范围可达 2~6 倍。在本矫直机中矫直速度选择为机组速度：

$$v = 0.33 \sim 0.5\text{m/s}$$

3 矫直机总体设计

矫直机组由矫直机本体及主传动部分组成。矫直机本体为 5 辊四重式矫直机，牌坊采用高刚度分体式框架结构，预应力拉杆和螺母将下机架、中间框架和上横梁连接成一体。矫直机承载能力强，布置紧凑，便于运输和安装；矫直机工作辊选用具有硬度高、耐磨性好、可承受较大接触应力等特点的工作辊。为增加工作辊刚性，上下工作辊设置了支承辊。压下装置配有液压平衡机构，消除了压下螺母与丝杠之间的间隙；压下装置还配有 2 个高精度编码器，可通过 PLC 通讯系统与压下交流变频电动机形成位置闭环控制，实现工作辊辊缝的精确调整，保证钢板的矫正质量。

4 矫直机辊系布置方案

根据理论计算结果，确定矫直辊径 $D = 225\text{mm}$，辊距 $t = 240\text{mm}$，辊数 $n = 5$，矫直辊辊系布置方案如图 1 所示，下面一排 3 个辊子固定，上面 2 个辊子可以升降。调整上面 2 个辊子压下量，使瓢曲的钢板产生反向压弯挠度，并发生弹塑变形。钢板经过交错排列的矫直辊，经适量多次反向弯曲后，原始曲率逐渐减小，进而实现矫直。

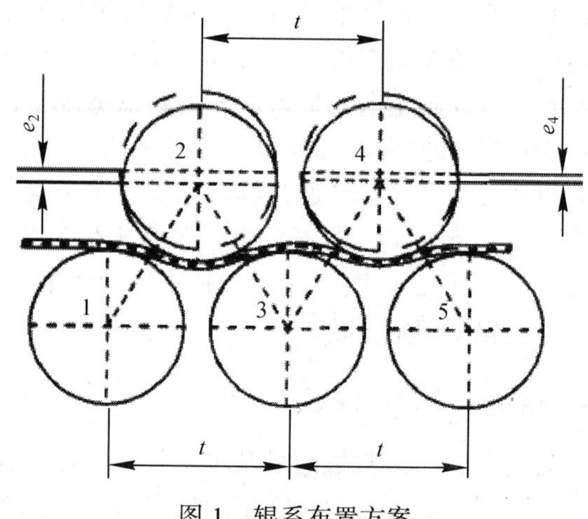

图 1 辊系布置方案

辊的材质：工作辊直接与轧件接触，为避免辊子过早磨损和保证矫直机可靠工作，对矫直机工作辊有下列要求：

（1）辊面应有较高硬度；

（2）有较高的加工精度；

（3）有较高的抗弯和抗扭强度。

目前，工作辊的材质，冷矫主要采用 60CrMoV、90CrVMo、9Cr、59CrV4；热矫常采用 60SiMn2MoV 或 55Cr；采用温矫工艺的需要镀铬，铬层厚度 0.1~0.2mm。支承辊承受矫直过程中的矫直反力，与工作辊直接接触，常采用 60CrMoV 材料。

5 矫直机组结构设计

本矫直机组由主转动系统、矫直工作机座和压下传动机构三部分组成，如图 2 所示。

5.1 主传动系统设计

主传动系统由 1 台主电机通过联轴器传动减速机及齿轮分速箱，再由齿轮分速箱分配为 5 根输出轴，通过万向接轴带动工作辊转动。减速机及齿轮分速箱采用硬齿面齿轮传动，结构紧凑，承载能力大。万向接轴采用十字头万向接轴，其传动效率高、润滑条件好、工作运转平稳、许用倾角大。主传动系统如图 3 所示。

应依据矫直反力为 800t 的要求开展设计，以及对主要零部件进行强度校核计算。

对矫直机框架各构件、上活动横梁进行受力分析，优化设计机架各构件断面形状及尺寸。构件局部变形会对整体刚度产生较大影响，为使机架具有高刚度，需结合有限元分析技术，对机架进行三维有限元分析及结构优化分析。得到机架各构件应力分布状况、机架受载后的弹性变形以及机架刚度值，使机架在受载后的弹性变形量满足《辊式板材矫正机技术条件》(JB/T3164—2007)的规定。

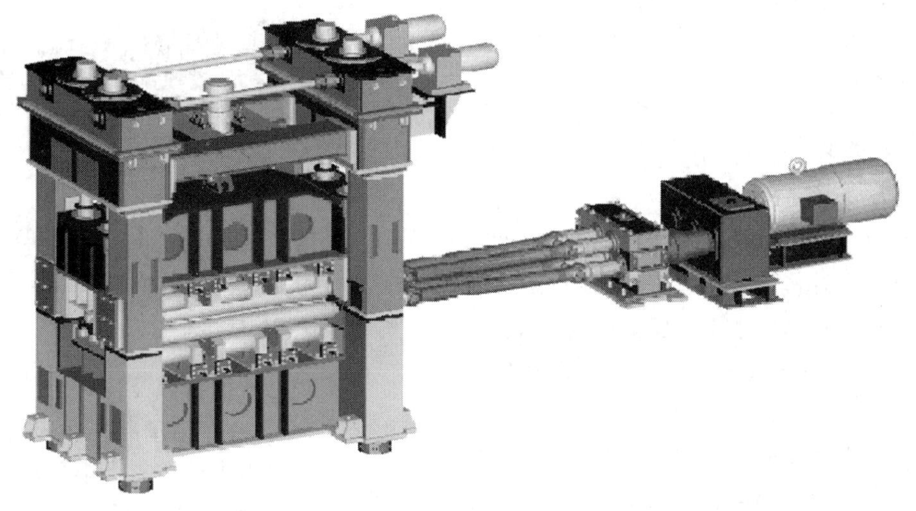

图 2　矫直机组总布置图

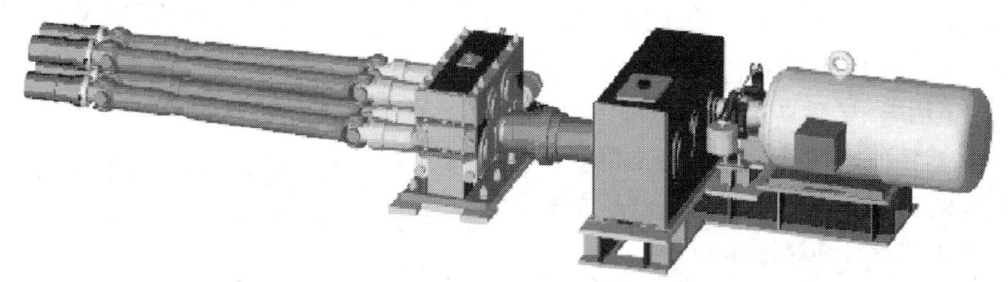

图 3　主传动系统

预应力机架由上横梁、立柱和底座组成，利用 4 根合金钢拉杆和螺母把它们紧密连成一体，通过对拉杆施以预紧力，成为预应力机架，构成工作机座的“高强度架体”。由于底座、横梁和立柱都采用钢板焊接式结构，机架局部变形对整体刚度影响较大，为使机架具有较高刚度，结合有限元分析技术对该矫直机机架进行三维有限元分析及结构优化分析，检查各应力集中点，取得较好效果。

上活动横梁采用液压缸平衡与压下螺丝相连接，通过压下机构作用，可使安装在上活动横梁的矫直辊在两机架窗口内上下滑动，完成工作辊开口度的调整，如图 4 所示。

分体式机架用长拉杆和螺母进行预应力拉紧，这种结构是目前国内外中厚板矫直机经常采用的形式，且被认为是较好的结构形式。因为有预应力，所以比一般整体封闭式机架重量轻，加工制造和安装运输也较方便。机架预紧力根据最大矫直反力确定，为保证机架的立柱、横梁和底座不脱开，拉紧螺杆在最大矫直力作用下的拉伸变形，不得超过预紧机架的压缩变形。

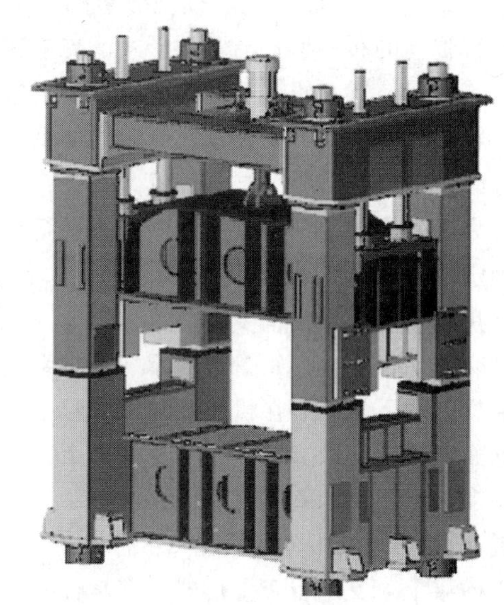

图 4　预应力机架

主传动系统的设计，首先要进行主电机、联轴器、减速机及万向接轴的选择计算，齿轮分速箱传动基本参数的确定及主要零部件校核计算。

矫直机扭矩的确定应按照规格要求最大，强度要求最高的品种计算，理论计算值为 56300N·m。依据此数值，做主电机、联轴器、减速机功率的计算和型号选择。依据矫直第三辊受的最大矫直扭矩计算数值（19700N·m），选择带动矫直工作辊转动的万向接轴型号，计算确定齿轮分速箱传动基本参数（齿轮模数、中心距、轴径、轴承），以及对主要零部件进行的强度校核计算。

5.2 矫直工作机座设计

矫直工作机座主要由高强度预应力机架、上活动横梁、工作辊组、支承辊组等几部分组成。本矫直机设计矫直力为 800t，组成矫直工作机座的所有零部件，矫直机在正常工作中，需保证满足“咬入条件”。一般情况下入口辊缝较大、出口辊缝较小，因此出口处受力较大，造成 4 根预应力拉杆受力不均，特别是当被矫直钢板将要出矫直机时，出口处 2 根预应力拉杆受力较大。本矫直机设计矫直力为 800t，经受力分析计算，出口处每根拉杆受拉力为 2450kN。按照预紧力的过矫直力系数为 1.15 计算，设备安装时，要求每个立柱的预紧力为 2820kN。本机架结构组装时，采用电阻丝加热带缠绕拉杆加热，拉杆受热伸长后，旋转预紧螺母至设定旋转角度，拉杆冷却后形成所需的预紧力，因此，可以较方便地产生足够的预应力来保证机架刚度。

首先进行矫直辊系的结构方案工作，按照初定的结构参数（辊距、辊身长度、矫直辊直径和辊数），提出矫直辊列的布置形式与驱动形式、支承辊的布置形式等方案。矫直辊系的结构配置方案，应力求简单，辊子调整拆装方便，这对今后的使用和维护是十分必要的。在若干个结构配置方案中，依据矫直反力为 800t 状态时，对辊系承载能力进行初步演算，确定最终矫直辊系结构。

采用的矫直辊系结构：矫直工作辊上、下辊系是相互交错平行配置，如图 5 所示。上辊系装在上活动横梁上，下辊系装在机架窗口内，辊子两端是双列球面滚子轴承，2 个上工作辊和 3 个下工作辊分别装在上、下轴承座上。上、下工作辊各由 3 排支承辊支承，共有 21 个支承辊，分别装在上活动横梁和下横梁上。支承辊布置形式：支承辊采用交错布置，支承辊承受工作辊垂直方向和水平方向的弯曲，矫直过程中工作辊载荷比较稳定。支承辊两端用双列球面滚子轴承支承。支承辊的调整采用手动横向斜楔结构，通过调整上下滑座的 2 个螺杆整体调整，保证和工作辊接触。

确定支承辊采用个数：在矫直机功率损耗中，由于轴承摩擦占的损耗大，一般采用滚动轴承。由于矫直辊辊径、辊距小、结构配置原因，支承辊轴承的外形尺寸不能太大。因此，在结构配置许可条件下，尽量选择承载力大的轴承。

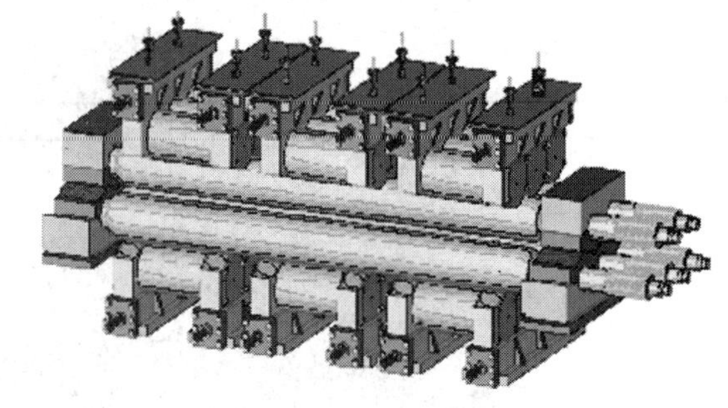

图 5　矫直辊系

支承辊布置的排数及位置，应按总矫直反力，根据所选轴承的许用承载能力及支承辊的结构形式，计算出需由多少个支承辊分担矫直反力。本设计按总矫直反力为 800t，计算出需要 18 个轴承，按支承辊结构，上工作辊系需布置 3 排支承辊分担矫直反力。

5.3 压下传动机构设计

压下传动机构，由压下电机减速机、联轴器、传动轴和蜗轮蜗杆箱组成，如图 6 所示。

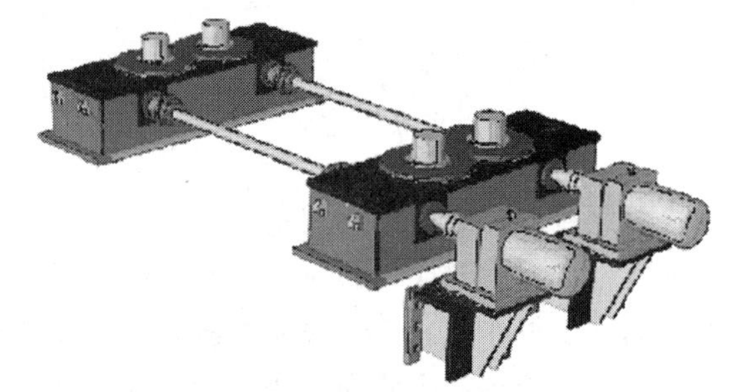

图 6　压下传动系统

压下传动机构用于驱动机架上部横梁内压下螺丝。压下螺丝和固定不动的压下螺母装在机架上部横梁内，压下螺丝上端和蜗轮蜗杆箱的蜗轮轮毂通过花键连接，下端通过球面垫与上活动横梁相接。

压下电机通过传动系统使蜗轮转动时，压下螺丝也随之转动并产生直线升降运动，使上活动横梁升降，实现调节上下辊开口度动作。压下传动机构采用电动机械传动形式，是目前大型矫直机比较普遍的结构形式。

依据压下螺丝需要的转动力矩，进行压下传动机构的强度校核设计及压下电机功率的计算选择。在矫直机设计方案中，是否要求在矫直钢板过程中进行带钢压下量调整、是否要求在 “卡钢”时压下螺丝被“抱死”，压下传动机构具有自行打开的能力，这对压下螺丝需要的转动力矩有不同要求。本矫直机设计要求是，压下螺丝“卡钢抱死”时，压下传动机构具有将其打开的能力。

设计分析及计算思路：假设某大断面钢板轧件的局部位置原始曲率大，形状瓢曲缺陷严重，矫直过程中被“咬入”矫直辊。由于超大的矫直抗力（设定矫直反力不超 800t），矫直主电机出现大的过载电流，在电气安全自动保护控制下，电机停止工作。此时需要压下传动机构转动压下螺丝将辊缝打开，消除矫直抗力，以便重新启动主电机。

转动压下螺丝，需要克服在矫直抗力为 800t 时，压下螺丝与下端的球面垫、压下螺丝与压下螺母所产生的总阻力扭矩。

压下传动机构的设计，应以满足驱动总阻力扭矩为设计要求。机构中的联轴器、传动轴和蜗轮蜗杆设计、计算及校核，应根据所承担的分力矩满足强度要求。由于随着压下螺丝将辊缝打开，总阻力扭矩迅速减小，压下电动机许可瞬间过载，可按过载系数 2.5 校核计算，选择电机型号。

由于压下电动机不可长时间过载，压下传动机构在钢板矫直过程中，只许可对矫直反力在许用数值之下进行带钢压下量调整操作。按照压下电动机许用功率，计算出驱动压下螺丝转动力矩值。该力矩值驱动压下螺丝，通过下端球面垫对上活动横梁产生的下压力，即为许可进行带钢压下量调整操作的矫直反力许用数值。

本矫直机许可对钢板抗拉强度 1200MPa，宽度 2100mm，厚度不超过 8 mm 的品种，在钢板矫直过程中，压下传动机构可进行带钢压下量调整操作。

5.4 设备主要执行的标准

（1）《辊式板材矫正机 技术条件》（JB/T3164—2007）；

（2）《辊式板材矫正机 基本参数》（JB/T1465—2010）；

（3）《锻压机械通用 技术条件》（JB/T1829—1997）。

6 结语

本套矫直机采用预应力机架，结构简单、外形尺寸小、机架刚度高。联合齿轮机座采用硬齿面齿轮传动，结构紧凑、承载能力大。矫直机工作辊、支承辊采用高承载能力的辊子轴承。矫直机传动系统采用十字头万向接轴，传动效率高、润滑条件好、工作运行平稳。

北京首钢国际工程技术有限公司一贯坚持为用户提供投资少、设备生产运行成本低、稳定、性能高的优质产品。凭借丰富的工程经验和技术积累，结合国内外制造与使用的实际情况，自主创新研发新课题。该矫直机成功应用于首钢迁钢开平生产线上，经过近一年的实际生产考核使用，其优良可靠的性能得到验证。

参考文献

[1] 崔甫. 矫直理论与矫直机械(第 2 版)[M]. 北京: 冶金工业出版社, 2005.

[2] 邹家祥. 轧钢机械(第 3 版)[M]. 北京: 冶金工业出版社, 2000.

[3] 杨翠英. 1450 纵切线改造及五辊矫直机的设计[D]. 云南: 昆明理工大学, 2007.

（原文发表于《工程与技术》2011 年第 2 期）

首钢迁钢25万吨/年热轧带钢横切机组设计与应用

姜巍青　常　亮　赵　亮

（北京首钢国际工程技术有限公司，北京 100043）

摘　要：介绍首钢迁钢热轧带钢年产 25 万吨横切机组的产品方案、工艺流程、生产线主要设备组成情况，介绍生产线主要采用的新技术情况。该生产线成功应用于实际，经济效益和社会效益显著，具有较大的推广应用价值。

关键词：横切机组；工艺及设备；设计与应用

Design and Application of Shougang Qiangang Cross Cut Shearing Line Producing Annually of 250,000 tons

Jiang Weiqing　Chang Liang　Zhao Liang

(Beijing Shougang International Engineering Technology Co., Ltd., Beijing 100043)

Abstract: This paper introduced product scheme, process flow, and composition of main equipments of Producing Annually 250,000 ton of Shougang Qiangang Cross Cut Shearing Line. Also some new technologies in the product line are introduced. This product line has been applied to practice successfully. And the benefit of economic and social is remarkable. So the line has a great application value to generalize.

Key words: cross cut shearing line; technics and equipment; design and application

1　引言

首钢迁钢热轧带钢年产 25 万吨横切机组是首钢迁钢二期工程建设的重要项目之一，该项目由北京首钢国际工程技术有限公司承担设计和机电设备供货总承包，是国内第一条采用国内自主集成技术的热轧高强钢板横切机组。该生产线可对各种普通和高强品种的热轧钢卷进行深加工，生产多规格成品热轧钢板，为迁钢公司进一步深化热轧产品加工，满足市场对更高规格热轧产品种类的需求开创了新局面。

首钢迁钢热轧带钢横切机组可年产热轧横切钢板 25 万吨，主要加工来自迁钢 2160mm 热轧和 1580mm 热轧生产的各种规格的热轧钢卷，年需原料钢卷 26.5 万吨。

2　原料、产品规格

2.1　原料规格

带钢宽度：800~2130mm；
钢卷外径：ϕ1000/ϕ2200mm；
钢卷内径：ϕ762mm；
钢卷质量：最大 38t。

2.2　产品规格

带钢厚度：4~16mm；
带钢宽度：800~2100mm；
定尺长度：2000~14000mm；
垛板高度：最大 300mm；
垛板质量：最大 10t。
还可满足少量最长 20000mm 单张钢板的生产

要求。

钢板强度与厚度对应关系见表 1。

2.3 主要生产钢种和产品执行标准

主要产品品种：碳素结构钢、优质碳素结构钢、造船用钢、锅炉及压力容器用钢、桥梁用钢、管线钢、汽车大梁钢、高强度机械用钢等。

生产的产品可符合 GB、DIX、JIS、ASTM、API 标准要求。

表 1 钢板强度与厚度对应关系

屈服强度/MPa		抗拉强度/MPa		最小厚度/mm	最大厚度(±0.5mm)/mm
最小值	最大值	最小值	最大值		
600	650	690	850	4	16
700	750	780	930	4	14
800	950	880	1050	4	12
960	1050	1050	1200	4	10

3 主要设备组成

生产线主要设备包括：鞍座、钢卷小车、双锥头开卷机、五辊粗矫直机(带夹送辊)、过渡台架(带拱套)、带钢侧导板、圆盘剪、碎边剪及废边卷曲机、三段式活套、十五辊精矫直机、液压定尺剪、成品输送及表面检查辊道、垛板台(带定尺挡板)、成品输出打捆、称量辊道及其配套的液压、润滑系统。

4 主要生产工艺流程

该机组采用平行于机组中心线方向卧卷上料，天车将钢卷吊运到钢卷上料鞍座上，钢卷小车从上料鞍座上将钢卷托起，并运送到引头装置下面的对中鞍座上。手动操作钢卷小车的升降和运行。在钢卷对中鞍座上，由机械对中装置调整完成钢卷与开卷机中心线的宽度对中位置，然后由钢卷小车运送到铲卷鞍座。启动钢卷小车旋转液压马达，把钢卷料头旋转至引头装置摆动铲板的工作位置。拆掉捆带，摆动铲板由液压缸摆动、伸缩、前后移动，铲头从钢卷带头位置伸入将带头铲开，调整带钢头部使其受力形成反弯利于穿带。继续旋转钢卷调整钢卷至穿带合适位置，如此重复 2~3 次，将带头引出，完成开卷引头过程。

完成开卷引头后，钢卷小车将钢卷托起并旋转带头位置，将带头送入五辊粗矫机前调整好辊间隙的双夹送辊中。双锥开卷机穿入钢卷内径，开卷机芯轴涨开，使钢卷以上开卷工作方式固定在双涨缩卷筒上，钢卷小车下降，点动开卷机和双夹送辊的电动机驱动涨缩卷筒和工作辊旋转，使带钢全部进入五辊粗矫机，预先调整粗矫机工作辊辊缝，操作五辊粗矫机使经过粗矫机后的带钢继续穿带，带钢经升起的过渡台架进入边导对中装置，立导辊闭合，将带钢头部对中后继续送料，带钢进入悬臂圆盘切边机。启动圆盘剪切边(切边为主动进给)，圆盘剪刀片上下间隙、侧向间隙可根据板厚调整。圆盘剪中间的压辊机构压紧料带，可防止带钢切边时拱起。圆盘剪切下的废带边进行碎边，薄带钢废边可由卷边机卷起。切边后的带钢沿水平三段式活套进入边导装置，立导辊闭合，带钢头部对中后，输送到十五辊精矫直机。

板带进入十五辊精矫直机前，将十五辊精矫直机压下辊缝设定好位置，精矫直机出口安装有测长用测量辊，每次剪切前计算机清零，测长装置自动投入，由计算机控制所需长度自动剪切。精矫后的带钢进入已调整好间隙的液压定尺剪，全线进入工作待机状态。将三段式活套桥架下落至地坑，活套坑充料，激活活套充料自动控制系统；切除不规则和缺陷料头、带钢取样，废带头或样板落入定尺剪下方的料车收集槽内(收集到一定数量时，驱动料车驱动电动机，把料车移出生产线外，由吊车把料头运走，料车复位)。压下定尺测量辊，设定剪切长度、剪切张数等数值，带钢剪切定位设定完成，启动机组以设定速度、设定长度及设定剪切张数自动运行。

定尺剪切后的钢板经垛板台前的输送辊道(在辊道上可进行质量检验或编号打印、喷码)，由夹送辊送入翻转垛板台，在垛板台托料辊上平行直线运动，剪切后的钢板尾部全部进入垛板台，光电开关发出信号，翻转气缸使翻转侧架翻转，钢板失去支撑而自由下落到升降输送辊道已调整好的垛板挡板内。侧向推板可对钢板进行横向拍齐，纵向推板从钢板端部将钢板纵向自动推齐。随着垛板高度不断增加，升降输送垛板辊道自动降低一定高度，以保证合适的垛板落差。当堆垛到一定数量时，将升降输送垛板辊道降至最低，同时启动垛板辊道和成品输出辊道电动机，将钢板纵向移出。此时，垛板辊道可进行连续无间歇工作。如此运行，直至完成整个钢卷的剪切和垛板。

当板材进入带尾状态时，生产线速度自动降低，人工检测板尾位置，以低速状态前进完成剪切工作。最后带尾脱离矫直机后，启动定尺剪工作台上的夹送辊继续送料，带尾切断后，驱动夹送辊旋转，带尾落入废料车，完成整个钢卷横切生产过程。

成品板垛在输出辊道上进行半自动打捆、自动称重计量，打捆后的成品板垛由吊车经过跨车运输吊运入库，整个生产过程完成。

生产线设备工艺流程如图1所示。

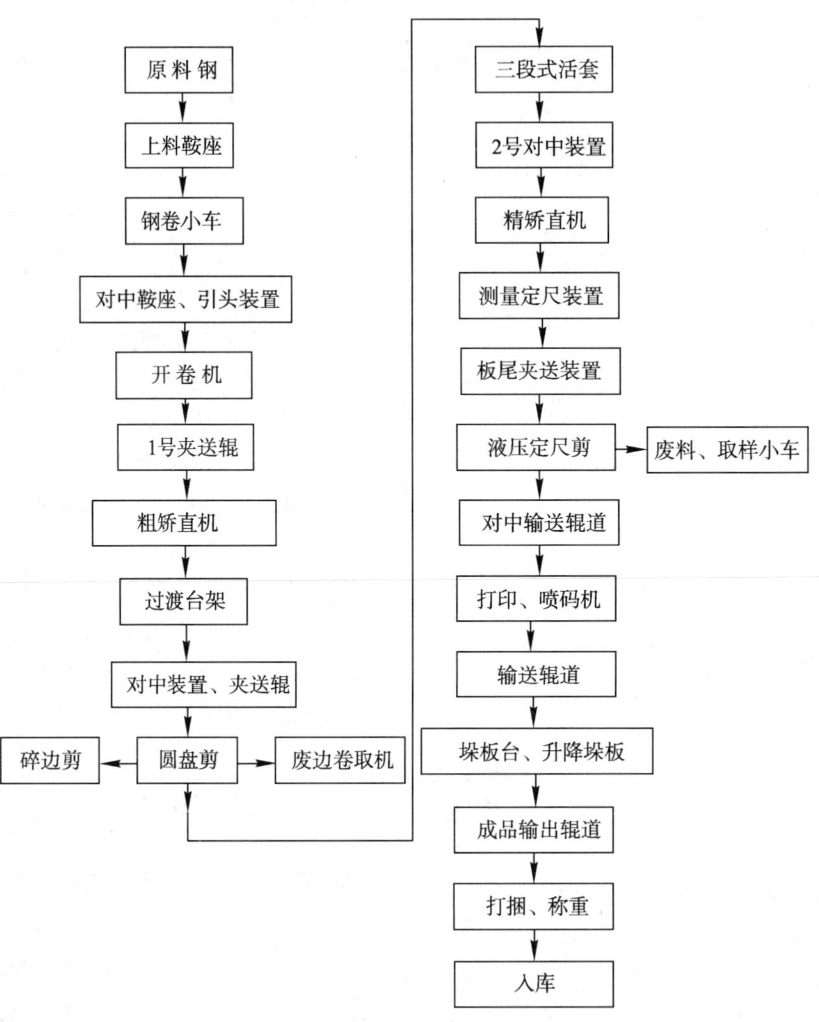

图1 生产线设备工艺流程

5 采用的新技术和新装备

首钢迁钢热轧带钢年产 25 万吨横切机组是国内第一条采用国内自主集成技术的热轧高强钢板横切机组，该项目由北京首钢国际工程技术有限公司承担设计和机电设备供货总承包。由于当前工程机械用钢、汽车大梁钢等趋于高强化的需求，以及用户的个性化要求，国内各大钢铁企业都在积极推进高强钢的开平及热处理生产线项目。因此，开发和建设一条高强度热轧带钢横切机组势在必行，该机组重点提供低残余应力的造船用钢、锅炉及压力容器用钢、桥梁用钢、管线钢、汽车大梁钢、高强度机械用钢。高强板的机械抗拉强度最高达到1200MPa，屈服强度最高达到1050MPa，而常规横切线生产产品的机械抗拉强度一般小于700MPa，该生产线还能满足用户对产品尺寸和规格的特殊要求，如小批量和超长规格等。该生产线通过采用合理的工艺设备，实现了高强热轧钢板的加工和有效消除残余应力的能力和手段，改善了首钢热带产品销售结构，增强了市场竞争力，为首钢在国内高强热轧带钢钢板市场占据一席之地创造了有利条件，对首钢主导产品的发展至关重要。

5.1 采用钢卷预开卷工艺

由于横切机组入口段一般采用单开卷机，常规机组要在开卷机上卷后才能进行带钢头部穿带前的处理，需要占用一定的生产用时。该生产线采用的预开卷工艺，钢卷小车设有旋转托辊，上料鞍座和开卷机之间设置了宽度对中装置、预开卷鞍座。引料装置的铲头可预先拆除捆带、并对带头进行穿带前的反向弯曲处理，并可在钢卷上卷前的预开卷鞍座位置上先行穿带，穿带的同时通过钢卷小车完成钢卷向开卷机的上卷工序，有效节约带头预处理时间，明显提高机组生产能力。

5.2 采用带工艺辊的双夹送辊

由于采用带工艺辊的双夹送辊，对夹送辊和开卷机及 1 号粗矫机之间的工作张力值，可根据工艺要求单独控制。有利于提高带钢一次粗矫后的平直度，特别是对较薄规格的带钢，可提高带钢进入圆盘剪机组的切边质量和精度。特别是采用工艺辊装置，可对带钢进入夹送辊时进行有效的反向弯曲，有利于消除带钢的残余应力。

5.3 采用带支承辊的五辊粗矫直机

针对高强热轧带钢工艺，在粗矫中采用自主研发的带支承辊结构的五辊矫直机，机架为合金拉杆预应力结构，整体刚度高，矫直能力强，矫直力达 8000 kN。而一般国内常采用普通五辊矫直机，机架也为钢板焊接结构,刚度偏低,矫直力一般低于 5000 kN，无法满足高强带钢的矫直要求。

5.4 采用多功能圆盘剪机组

采用自主开发设计高性能的重型圆盘剪机组，剪切能力强、剪切精度高，并带有废边碎边和卷曲双重功能。除保证产品边部精度，还可根据市场需求提供碎边或废边卷，提高再生资源的利用价值。

5.5 采用十五辊精矫直机

根据高强热轧钢板的矫直要求，采用十五辊强力矫直机作为精矫机，针对高强板的矫直特性，在国内横切机组中首次采用多辊型矫直机，该机组具有 3300t 矫直力和强力倍径支承辊配置，特别为高强热轧带钢成品矫直配置，可充分保证成品板型质量和低残余应力的特性。

5.6 采用三段式活套

设置新型三段式活套，为专利设计，具有活套量大、工作惯性小的特性，解决了较厚带钢的成套难题。通过此活套，可对带钢进行深度反向弯曲作用，有效提高消除钢板成品中残余应力的效果。

5.7 采用高精度固定液压剪

成品剪切采用高精度固定液压剪，相比引进电动式飞剪，投资小、更节能。产品剪切断面质量高，定尺精度也更高。该生产线除可生产 2~14 m 定尺长度的板垛产品,还可以定制生产最长为 20m 的钢板，可充分满足特殊用户的需求。

6 生产线先进技术特点

6.1 技术先进，生产工艺性强

由于高强热轧横切生产线设备和技术对生产工艺、全线自动化控制等方面的要求较为复杂，因此对生产线采用设备和技术的开发就应结合多种因素要求进行。如需考虑加工原料的卷重规格、材质性能、板形超差、原始残余应力等因素，用户对成品的厚度规格、长度规格、堆垛打捆、喷印打印及成品称重等诸多要求也直接影响到全线设备、生产控制和工艺布置的变化。该生产线机电设备、自动化装备水平较高，生产工艺合理，整体技术具有国内同行业领先水平。

6.2 可生产高强度钢板

该横切生产线适用于生产机械抗拉强度最高达到 1200MPa、屈服强度最高达到 1050MPa 的热轧钢板，重点满足工程机械用钢、汽车大梁钢等趋于高强化产品的需求，而常规热轧横切线生产的产品机械抗拉强度一般小于 700MPa,只能用于普通用热轧钢板的场合。

6.3 产品精度高，充分满足个性化要求

该生产线生产的产品规格范围大，可适用于 4~16mm 的热轧高强带钢；产品宽度、长度尺寸精度高,对于宽度 800~2100mm 的误差为小于 ± 0.5mm；对于长度 2000~14000mm 的误差最大+3mm；平直度精度方面，该线在矫直 750MPa 钢板时的误差为不大于 2.0 mm/m，各项指标处于国内先进水平。该生产线可满足生产最大 20000mm 的横切钢板成品，另外在圆盘剪机组后部，采用废边卷曲成卷或废边碎断的双功能工艺，也是国内在该领域的首创，充分满足特殊用户的个性化要求。

6.4 能充分消除热轧带钢残余应力

由于热轧带钢生产工艺决定其产品具有较大的残余应力，因此诸多要求使用无残余或低残余应力的场合尚无法直接使用。该生产线除配备高性能的粗精矫直机外，还设置了专利设计的新型三段式活

套。通过此活套，可对带钢进行深度反向弯曲作用，有效提高消除成品中残余应力的效果，提高产品力学性能和应用范围。

6.5 电气主传动实现全数字变频控制

为保证生产线电气传动系统的高响应性能、高可靠性、节能降耗的总体要求，为该生产线全线交流变频电机传动系统设计了变频调速系统传动装置。在该横切生产线中变频调速电机传动装置采用带公共直流母线的交直交的交流变频调速系统，全数字矢量控制，相应速度高，节能可靠。

6.6 生产过程实现全自动控制

该生产线由开卷矫直区、剪切区、定尺成品区组成。具备较高的自动化生产和控制水平。自动化控制系统由可编程序控制器 PLC 系统和工业 PC 构成。全部生产过程可采用一键操作，实现全线自动运行。自动化控制可完成各区工艺设备的顺序连锁控制、参数的显示、设定及工艺流程的监控等功能。全线整体自动化装备达到国内热轧横切生产线的最高水准。

6.7 节省投资，建设周期短，后期运行维护成本低

该生产线的机电设备，通过集成国内可靠先进技术和自主开发关键设备，既保证了先进性、可靠性，又使设备投资成本明显下降。全线机电设备总投资不及国外引进的迁钢热轧横切机组的五分之一。运行时，各机组易损件和更换件的成本控制合理，使得全线后期运行维护成本低，可提高经济效益。

7 结语及展望

以上简要介绍了首钢迁钢热轧带钢年产 25 万吨横切机组的产品、主要设备组成、工艺流程及其采用的主要新技术和新装备。该生产线的装备和技术代表了当前国内高强热轧带钢横切技术的最新成果，为首钢迁钢在该领域走在国内前沿创造了条件，投产以来已取得较好的经济效益。

总览国内外热轧板带产品的市场领域，热轧高强横切生产线将是目前对热轧带钢产品应用的最佳解决之道。尽管目前国内对该领域设备和技术的开发处于起步阶段，实际应用的工程项目也刚刚投入生产，对于实际工程生产线中出现的一些问题还有待解决，其他相关新技术的应用也将是该领域进一步深入开发的研究方向。

由于常规横切机组生产的钢板，保持了原有热轧带卷的力学性能，虽然外观平直，但其残余应力虽经有效去除，但仍没有得到根本消除。因此，其产品应用范围不大，附加值低，只能满足普通用户的需求，尚无法完全替代同规格的中板产品，使热轧带钢生产线的产能优势无法发挥。

目前，一种热轧横切机组和带钢热处理线相结合的热轧带钢深加工处理技术正在研发之中，或将是该领域将来发展方向。该技术可通过对热轧钢卷的横切加工后再进行正火、淬火和回火等热处理工艺。热处理后的横切钢板，力学性能好，无残余应力，可满足造船用钢、锅炉及压力容器用钢、桥梁用钢、管线钢、高强度机械用钢要求，可在部分领域完全替代中板产品，具有显著的经济效益。

立足国内冶金技术的高端领域，走向国际市场，是开发各项新技术、新产品的根本之路，对高强热轧开平生产线设备和技术的不断研发和推广应用将是钢铁市场发展的重要方向。

参考文献

[1] 崔甫. 矫直理论与矫直机械（第 2 版）[M]. 北京：冶金工业出版社, 2005.
[2] 邹家祥. 轧钢机械（第 3 版）[M]. 北京：冶金工业出版社, 2000.
[3] 乔治. 板带车间机械设备设计[M]. 北京：冶金工业出版社, 1984.

（原文发表于《工程与技术》2011 年第 1 期）

热轧带钢粗轧高压水除鳞系统数值计算

韩清刚

(北京首钢国际工程技术有限公司，北京 100043)

摘　要：文章介绍了高压水除鳞技术特点，以首钢京唐公司 2250mm 热轧带钢项目为案例，给出了粗轧除鳞系统数值计算，并对数值计算结果做了深入分析，给出了蓄能器工作压力上、下限的调整对除鳞泵工作制度的影响，对粗轧除鳞系统的设计和日常操作维护有很大的参考价值。

关键词：高压水；除鳞；除鳞系统；热轧

Numerical Calculation of Rough Mill High Pressure Water Descaling System of Hot Rolling Line

Han Qinggang

(Beijing Shougang International Engineering Technology Co., Ltd., Beijing 100043)

Abstract: Characteristics of high pressure water descaling were introduced. The numerical calculation of high pressure water descaling system based on Jingtang 2250mm hot rolling line was given. And deep analysis of the numerical calculation result were provided. The influence to the working of descaling pumps which was caused by the adjustment of accumulator pressure upper limit and lower limit was shown. This article are quite helpful to the design and operation of rough mill high pressure water descaling system.

Key words: high pressure water; descaling; descaling system; hot rolling

1　引言

在热轧带钢生产中，钢坯经加热炉加热后，表面会产生一次氧化铁皮；在辊道上运输时以及后续的轧制过程中会产生二次氧化铁皮。氧化铁皮在轧制过程中很容易被轧进钢材，从而严重影响产品的表面质量。随着钢材市场竞争的日趋激烈以及开发高质量、高附加值钢铁产品的需要，彻底清除钢坯表面的氧化铁皮已成为热轧带钢厂家必须解决的问题。高压水除鳞技术对氧化铁皮除净效率高、无污染、综合成本低，被广泛应用[1]。但是在除鳞过程中，除鳞不净、除鳞系统不稳定、管路冲击振动较大等问题还时常出现。本文以首钢京唐公司 2250mm 热轧项目为案例给出了除鳞系统的详细数值计算，为粗轧除鳞系统的设计和操作提供参考，以帮助解决和避免除鳞系统中易出现的问题。

2　高压水除鳞系统数值计算

2.1　首钢京唐公司带钢热轧项目概况

首钢京唐公司 2250mm 热轧项目位于河北曹妃甸工业区，设计年生产热轧钢卷 550 万吨，于 2008 年 12 月 10 日顺利投产。其粗轧高压水除鳞系统运行稳定，达到了设计要求，除鳞效果良好。

整条生产线主要设备包括：4 套步进式加热炉（含 1 套预留）、粗轧除鳞箱、侧压机、立辊轧机 E1/二辊粗轧机 R1、立辊轧机 E2/四辊粗轧机 R2、废钢推出机、保温罩、飞剪、精轧除鳞箱、七架精轧机 F1~F7、层流冷却设备、1~3 号卷取机、托盘运输设备等。

2.2　除鳞系统设计

为了获得高质量的轧制钢板，根据工艺要求，分别设计了粗轧高压水除鳞系统和精轧高压水除鳞系统。粗轧除鳞系统流程如图 1 所示。该系统除鳞点分别为：粗轧除鳞箱 HSB，粗轧机 R1 机前、机后除鳞，粗轧机 R2 机前、机后除鳞。每个除鳞点处分别设有上、下集管，每个集管对应安装若干除鳞喷嘴。除鳞系统高压水经过除鳞阀后进入喷射集管，然后经过喷嘴射向钢板表面。

粗轧除鳞箱处共 4 个集管，每个集管设置 37 个喷嘴，喷嘴参数为：压力 p_N=10MPa，流量 Q_N=58L/min；粗轧机 R1 处机前机后各设 2 个集管，每个集管设 22 个喷嘴，喷嘴参数为：压力 p_N=10 MPa，流量 Q_N=72L/min，同时，机前机后各设有一个反喷集管，设置 15 个喷嘴，喷嘴参数为：压力 p_N=10 MPa，流量 Q_N=18L/min；粗轧机 R2 处相关设置同 R1。除鳞喷嘴处喷射压力设计值为 22 MPa。

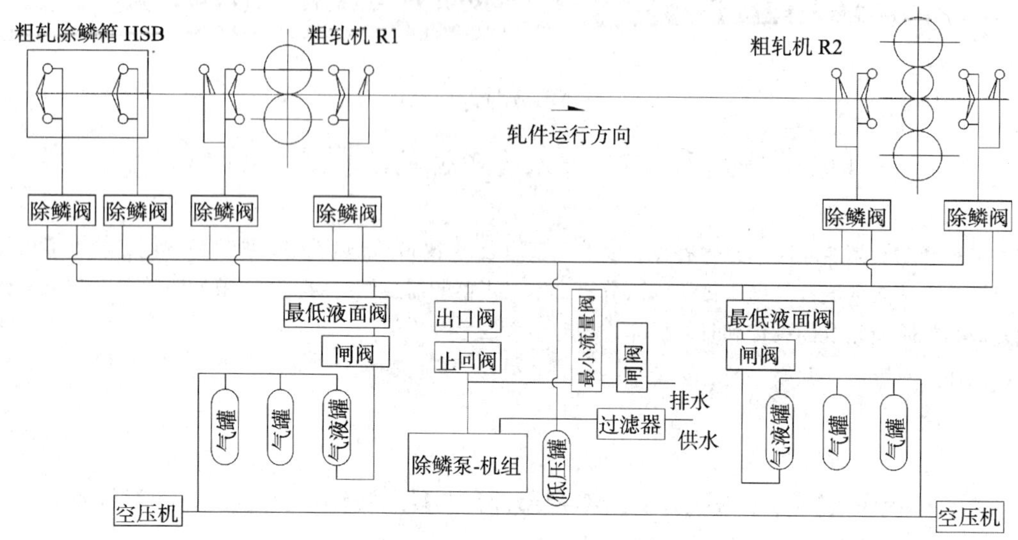

图 1　粗轧除鳞系统流程

为了使除鳞系统满足各种预设规格钢种的除鳞要求，必须按照轧制节奏最紧凑、除鳞要求最苛刻的钢种对应的轧制表计算和设计除鳞系统。本文根据一种规格的轧制表，按照各个除鳞点分别提前一秒开始除鳞和滞后一秒停止除鳞，绘制出了 R1 粗轧机三道次和 R2 粗轧机三道次轧制，每道次均除鳞的情况下对应的除鳞点喷射时序如图 2 所示。

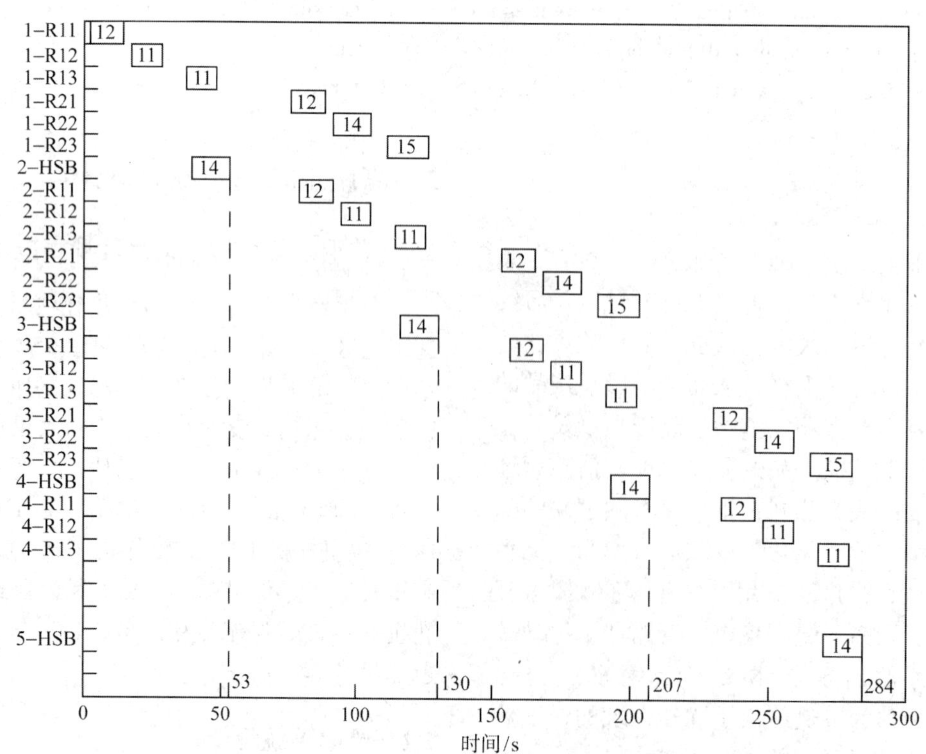

图 2　除鳞点喷射时序

图 2 中纵坐标 $x-R_{yz}$ 表示第 x 块板坯第 z 道次通过粗轧机 R_y（y=1 或 2），x–HSB 表示第 x 块板坯通过粗轧除鳞箱。横坐标表示时间。图中方块中的数字代表除鳞喷射持续时间。为了尽量多展示出规律性，这里取的数据涉及五块板坯，可以看出最小周期为 77s。当粗轧除鳞箱、粗轧机 R1、粗轧机 R2 处均有板坯在除鳞时为系统的尖峰用水时段。

本项目的除鳞供水形式为：电动机+液力耦合器+离心泵+蓄能器组[2]。蓄能器组由气罐和气液罐组成。采用蓄能器组提供轧制除鳞水量、稳定系统压力、吸收管路振动，离心泵提供轧制除鳞平均水量。液力耦合器安装在离心泵和电动机之间，电动机恒速运行，通过液力耦合器变速控制装置改变传递力矩，实现离心泵转速调整，进而实现排出水量和压力的调整。当蓄能器压力或水位达到设定上限时，液力耦合器控制离心泵降速至低速低压空载节能运行状态；当蓄能器压力或水位达到设定下限时，液力耦合器控制离心泵升速至高速高压负载运行状态。除鳞泵站启动程序完成后，蓄能器处于压力上限，除鳞泵处于低速低压空载节能运行状态。在后续的除鳞工作中，除鳞泵的升降速由蓄能器的压力进行控制。

2.3 除鳞系统数值计算

2.3.1 数值计算的初始条件

据前述可知粗轧除鳞箱 HSB 处 10 MPa 时除鳞水量为 8584L/min=515m³/h，粗轧机机前、机后处 10 MPa 时除鳞水量均为 3438 L/min=206m³/h，而除鳞喷嘴流量和压力的对应关系见式（1）[3]：

$$Q = A_1 C_d \sqrt{\frac{2\Delta p}{\rho}} \tag{1}$$

式中 Q——单个喷嘴的出流流量，L/min；

A_1——喷嘴的出流截面积，mm²；

Δp——喷嘴进出水口的压差，MPa；

C_d——流量系数，0.6~0.8；

ρ——液体的密度，kg/m³。

喷嘴的入口水压设计值为 22MPa，相比入口压力，出口水压可忽略不计。

本项目的除鳞泵选用 2DCB-12D，两用一备，单泵参数为：压力 24.5 MPa，水量 280 m³/h，转速 2985r/min，功率 2550kW。根据厂家提供的泵性能曲线，拟合出的单泵压力流量关系，见式（2）：

$$p = -1.963\times10^{-4} q^2 - 0.0243q + 266.769 \tag{2}$$

式中 q——除鳞泵流量，m³/h；

p——除鳞泵出口压力，bar。

该拟合关系式的 $R^2 = 0.998$。

单泵处在低速低压空载节能运行状态时流量按 75m³/h 考虑，转速为 650r/min 左右，内部循环，不外排不参与除鳞。当泵体温度达到设定上限时，开启最小流量阀排水释放热量。张杨振[4]根据 2DCB-10D 除鳞泵指出其升速和降速时间为 3s，结合厂家资料并为保险起见除鳞泵 2DCB-12D 升降速均按 5s 计算。

本项目系统高压水管路和阀门压损假定为定值 1 MPa。

本项目设置两组蓄能器，每组包括两个气罐、一个气液罐，每个罐 8m³，总共 48 m³。分别在除鳞站两侧布置。除鳞站及蓄能器组均布置在粗轧机 R1 与 R2 之间的地下室。

2.3.2 数值计算结果

在上述初始条件下，对照图 2 除鳞点喷射时序表，做了 300s 内的除鳞系统数值计算，其总流量与泵流量、蓄能器压力和蓄能器水量分别如图 3~图 6 所示。

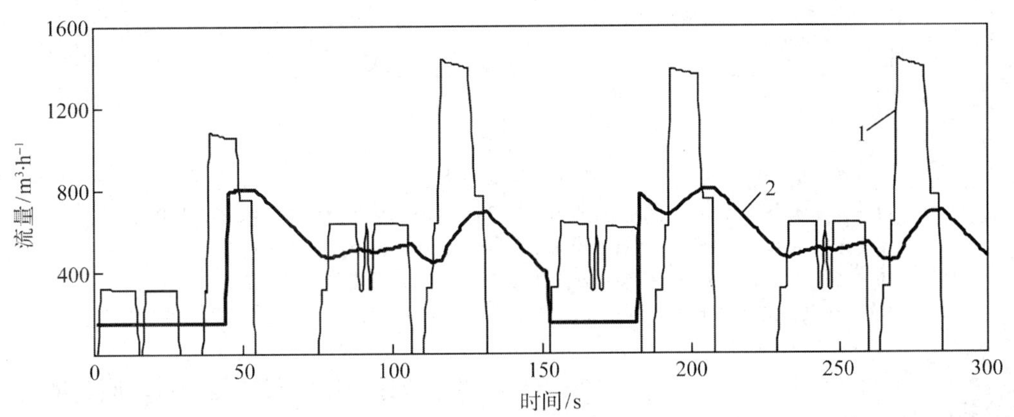

图 3 总流量与泵流量（一）

1—总流量；2—泵流量

充气压力 19.5 MPa，蓄能器压力上限 25.2 MPa，蓄能器压力下限 23.2 MPa

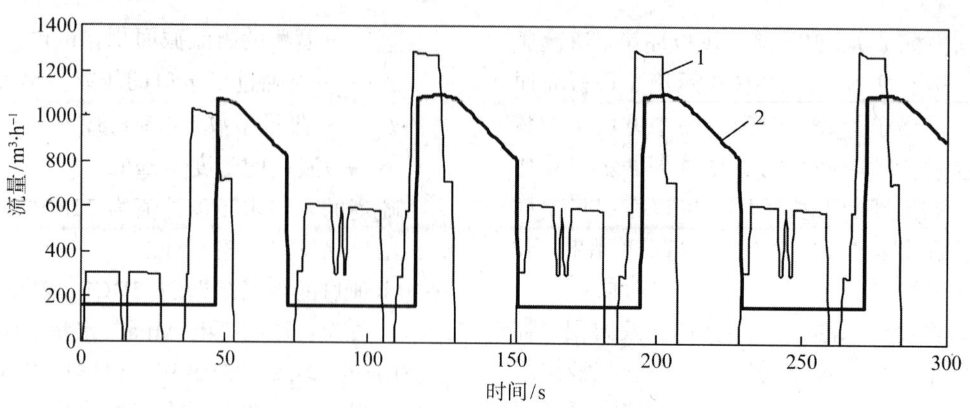

图 4　总流量与泵流量（二）

1—总流量；　2—泵流量

充气压力 19.5 MPa，蓄能器压力上限 22.2 MPa，蓄能器压力下限 20.2 MPa

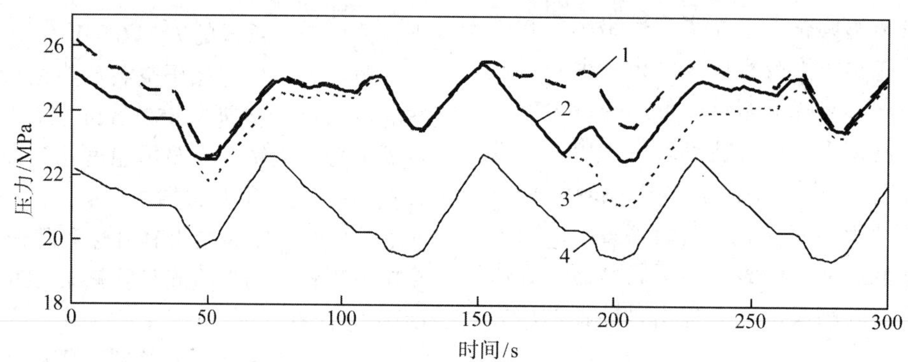

图 5　蓄能器压力

1—充气压力 19.5 MPa，蓄能器压力上限 26.2 MPa，蓄能器压力下限 23.2 MPa；
2—充气压力 19.5 MPa，蓄能器压力上限 25.2 MPa，蓄能器压力下限 23.2 MPa；
3—充气压力 19.5 MPa，蓄能器压力上限 25.2 MPa，蓄能器压力下限 22.2 MPa；
4—充气压力 18.0 MPa，蓄能器压力上限 22.2 MPa，蓄能器压力下限 20.2 MPa

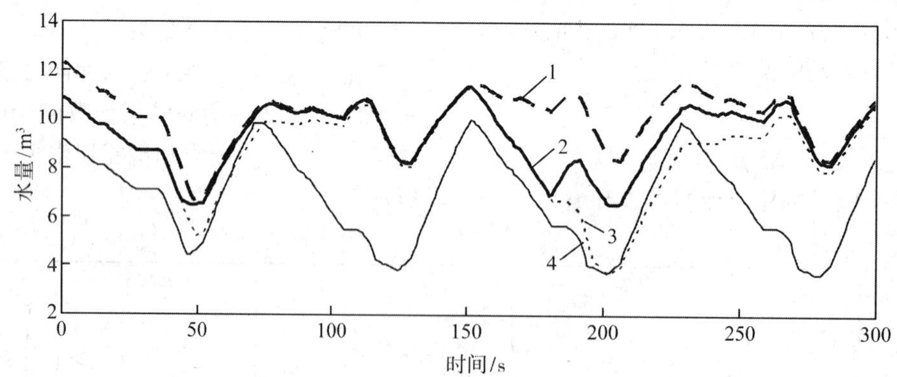

图 6　蓄能器水量

1—充气压力 19.5 MPa，蓄能器压力上限 26.2 MPa，蓄能器压力下限 23.2 MPa；
2—充气压力 19.5 MPa，蓄能器压力上限 25.2 MPa，蓄能器压力下限 23.2 MPa；
3—充气压力 19.5 MPa，蓄能器压力上限 25.2 MPa，蓄能器压力下限 22.2 MPa；
4—充气压力 18.0 MPa，蓄能器压力上限 22.2 MPa，蓄能器压力下限 20.2 MPa

2.4　结果分析

从图 3 和图 4 对比可以看出，降低除鳞点喷射压力，也就是降低蓄能器工作压力，将大大增加除鳞泵低速低压空载节能运行时间，增大节能效果。同时，结合图 5 和图 6 可知，蓄能器的压力和水量的变化周期将缩短。

从图 5 和图 6 可以看出，在蓄能器充气压力和工作压力下限一定的情况下，提高工作压力上限会使蓄能器的补水变得困难，进而将缩短除鳞泵的节能运行时间甚至除鳞泵需要不停歇的连续高速高压负载运行。在蓄能器充气压力和工作压力上限一定的情况下，降低工作压力下限，可以提高蓄能器的有效利用容积，但要注意蓄能器的最低安全液位限制。

最重要的是，本论文的数值计算，通过调整除鳞泵的数量和蓄能器的容积，可以优化粗轧除鳞系统设计，可使最终方案既满足项目除鳞要求，又节省投资，同时由于蓄能器设计和布置的合理，可大大减少系统冲击和管路振动。

3 结语

在热轧带钢项目粗轧高压水除鳞系统设计时，应严格按照工艺除鳞要求，优化除鳞泵和蓄能器的匹配关系。同时，对于粗轧除鳞系统的操作维护，应注意满足除鳞点的喷射压力要求，同时掌握蓄能器工作压力上、下限的调整对除鳞泵工作制度的影响，在保证除鳞效果的前提下，力争实现最大节能。

参考文献

[1] 魏亚彬, 屈明友, 郭艳花. 高压水除鳞技术在邯钢 CSP 生产线上的应用[J]. 轧钢, 2008, 25(1): 59~61.

[2] 樊丽霞, 罗建华. 热态钢坯高压水除鳞系统的选择[J]. 轧钢, 2003, 20(2): 55~58.

[3] 付曙光, 曾良才, 张小明, 等. 基于 FLUENT 的高压除鳞喷嘴湍流仿真模型[J]. 武汉科技大学学报（自然科学版）, 2007, 2(30): 171~173.

[4] 张杨振. 五矿营口中板厂高压水除鳞系统改造实践[J]. 冶金设备管理与维修, 2003, 107(21): 24~25.

（原文发表于《轧钢》2010 年第 2 期）

浅析稀油润滑系统油温控制

韩清刚

(北京首钢国际工程技术有限公司，北京 100043)

摘　要：文章分析了稀油润滑系统常用的几种油温控制方法，并以京唐钢铁厂 2250mm 热轧工程的稀油润滑系统设计和调试为案例，简述了稀油润滑系统三段式油箱，详述了稀油润滑系统采用的油温控制方法以及调试过程中出现和解决的问题。本文对稀油润滑系统设计、制造和调试有一定的参考价值。

关键词：稀油；润滑系统；三段式油箱；油温

Oil Temperature Control of Lubrication System

Han Qinggang

(Beijing Shougang International Engineering Technology Co., Ltd., Beijing 100043)

Abstract: Several methods of oil temperature control were introduced. Based on Jingtang 2250mm hot rolling line, three-chamber oil tank, oil temperature control methods and system commissioning problems were analyzed. This article are helpful to the design, manufacturing and commissioning of oil lubrication system.

Key words: oil; lubrication system; three-chamber oil tank; oil temperature

1 引言

润滑的两个很重要的作用是减磨和冷却。工程中，很多设备都有很严格的供油温度限制。京唐钢铁厂 2250mm 热轧工程中，齿轮润滑系统和油膜轴承润滑系统用油设备供油温度均要求 40℃±2℃。因为，油温的变化会带来润滑油黏度的变化和供油量的变化，油温过高，油量增大，容易增加用油点压力甚至有漏油危险，不利于设备冷却；油温过低，油量减小，加剧了设备磨损。

2 油温控制方法

稀油润滑油箱的油温一般要求比设备供油油温高出 3~5℃。润滑系统的油温与周围的环境温度有很大关系。京唐钢铁厂，由于地处中国北方海边，冬季异常寒冷，生产线车间以及地下油库环境温度很低。于是加热使油温升高并满足设备对油温要求成了冬季试车优先要解决的问题。同样，环境温度偏高时，再加上设备本身的运转发热，会致使稀油润滑系统油温升高，自然润滑油冷却就必不可少。

2.1 加热方法

常见的稀油润滑系统加热方法：蒸汽加热和浸入式电加热器加热。蒸汽加热就是在稀油润滑系统油箱底部布置蛇形管，依靠管网输入的高温蒸汽使油箱中的油温升高。这种加热方法的优点是节能，因为蒸汽作为钢铁厂的副产品，容易获得。缺点是加热速度慢，不便于清理油箱，而且如果蛇形管密封不好容易带来危险。

电加热器分为外加套管和不加套管两种。不加套管是较早使用的情况，比较危险，因为加热棒从油箱侧面底部插入油箱，在油箱正常工作过程中，一旦加热器出现故障，不便于维修；更有甚者，加热棒直接与润滑油接触，加热棒的表面高温容易使油过热碳化。因加热器使用不当致使油箱冒烟的事情也曾见诸文章[1]。现在使用电加热器时，设计上一般均要求外加套管。相比蒸汽加热，这种电加热效率要高得多。

目前工程设计上，采取了一种新型的稀油润滑系统加热方法：为稀油润滑系统单独设立一个循环加热回路，加热原理如图 1 所示。图中的 S 口表示吸油口，H 口表示热油回油口。

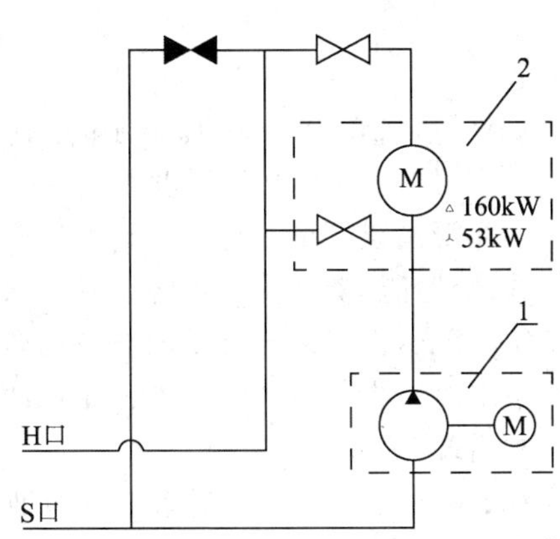

图 1　旁路循环加热原理

1—循环泵-电动机组；2—管式流动加热器

管式流动加热器（序号 2）分立式就地安装和卧式挂墙安装两种。京唐钢铁厂 2250mm 热轧工程现场使用的均为立式就地安装。油液从加热器下部进入，流经有若干外加套管的加热棒，热油从加热器顶部排出。该加热器配有温度控制器和安全切断器。温度控制器可以设定目标加热温度并控制加热过程。安全切断器用于防止过热，一般当加热后的油温高于目标温度 20℃时自动切断加热回路。同时，管式流动加热器电气接线上分为两组，一种接线组是小功率加热，另一种接线组是大功率加热。一般是油箱油温低于 35℃时选择小功率加热，温度高于 35℃时选择大功率加热。考虑到了油液的粘温特性和流动性特点，可以保证加热的安全性。

2.2　冷却方法

工程上稀油润滑系统常用的冷却方法分为风冷和水冷。风冷有风扇强制吹风冷却和自然通风冷却。风冷速度慢效率低，常常仅作为地下油库环境冷却用，也就是地下油库的通风。在保证地下油库空气新鲜的同时也顺便带走了润滑设备和润滑油散发到周围空间中的热量，间接地降低了润滑油油温。

水冷是目前普遍采用的润滑冷却方式。在润滑系统供油主管路上设置水冷却器，冷却器的工作状态与供油管路上油温连锁。设计上一般要求冷却水的供水温度不超过 33℃，冷却效果除了与供水温度有关外，还与润滑油油温以及冷却器的参数有关。冷却器的种类繁多，目前工程上应用较多的是板式冷却器。

对于冷却水供水的控制以前多采用自力式温控阀，京唐钢铁厂 2250mm 热轧工程设计上采用了一种气动薄膜温控阀的调节阀来控制冷却水的供水，冷却原理如图 2 所示。

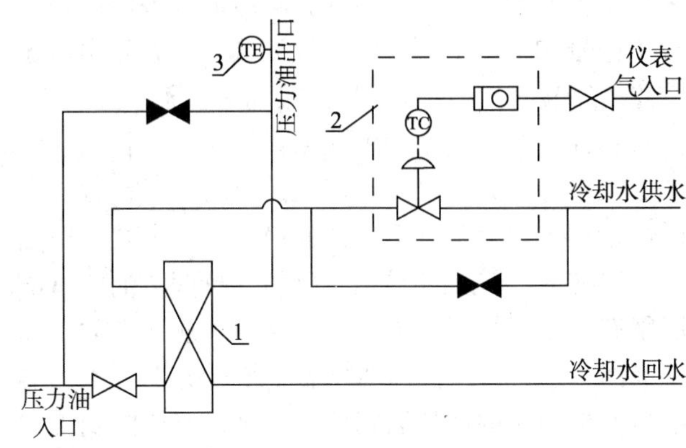

图 2　润滑油冷却原理

1—板式冷却器；2—气动薄膜温控阀；3—温度继电器

图 2 中气动薄膜温控阀（序号 2）主要包括气动薄膜阀、定位器和过滤减压站三部分。仪表气经过过滤器减压站后进入定位器，同时压力油出口管路上的温度继电器（序号 3）输出的温度模拟量信号（4~20mA）也进入定位器，定位器根据管路中油温和目标温度的差值自动调节气动薄膜阀阀门开度，进而实现既精确控制油温又最大限度节约能源的双重目的。

3　工程应用浅析

3.1　三段式稀油润滑油箱

三段式稀油润滑油箱技术是我单位的一个专利技术。京唐钢铁厂 2250mm 热轧工程中全线 4 个齿轮润滑系统和 3 个油膜轴承润滑系统，我们全是按照三段式稀油润滑油箱技术做的油箱设计。三段式稀油润滑油箱平面图[2]如图 3 所示。

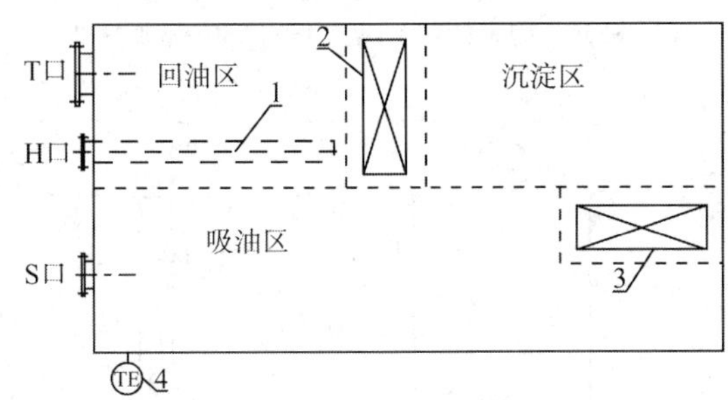

图 3　三段式稀油润滑油箱平面图

1—热油回油管；2，3—磁栅装置；4—温度继电器

图中的 S 口是系统工作泵吸油口（系统工作泵和循环加热泵共用一根吸油主管）；H 口是图 1 中旁路循环加热回路的热油回油口，其标高位于油箱侧

面底部，与吸油口标高基本一致；T 口是系统总的回油口，位于油箱的侧面顶部。整个油箱，内部结构上被分为三个区，分别是回油区、沉淀区和吸油区。系统回油先进入回油区，然后油液经由磁栅装置（序号 2）自下而上流入沉淀区，接着经由磁栅装置（序号 3）自上而下进入吸油区。整个过程中，油液在油箱中的流动和沉淀路径被大大拉长，油液中磁性杂质被磁栅吸附，其他的杂质（也包含部分磁性杂质）绝大部分沉积到油箱底部（主要是回油区和沉淀区）。该油箱结构无疑对保持润滑油的清洁度很有好处。循环泵（图 1 序号 1）从油箱的吸油区吸油，经过管式流动加热器（图 1 序号 2）加热以后回到油箱的回油区底部（也可以直接回到工作泵和循环泵的吸油主管）。进入油箱回油区的热油管（图 3 序号 1）两侧开了若干均匀分布的圆孔，热油就均匀散发到回油区底部区域，促进了回油区油液的对流，并且随着油液在整个油箱里的持续流动，整个油箱中的油在被净化的同时都被均匀地加热。

小油箱比如京唐钢铁厂 2250mm 热轧工程中粗轧机 R1 油膜轴承润滑系统油箱，容积为 $4m^3$（本工程油膜轴承润滑系统均配了双油箱），结构如图 4 和图 5 所示。该油箱也是三段式油箱，只是回油区缩小到几乎为零[2]。为节省投资，我们采用了传统的浸入式电加热器加热。

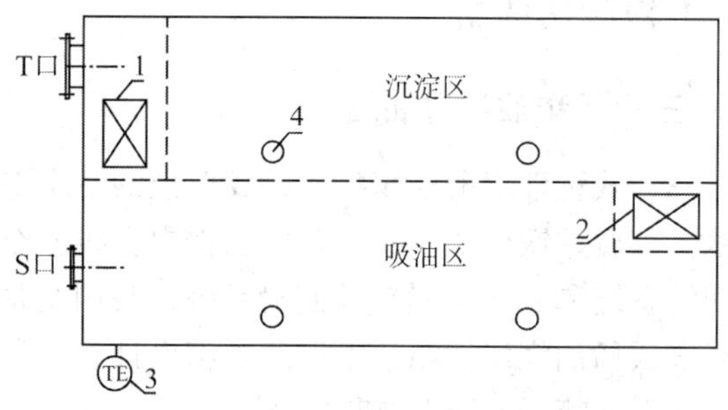

图 4　R1 油膜润滑油箱平面图

1，2—磁栅装置；3—温度继电器；4—电加热器

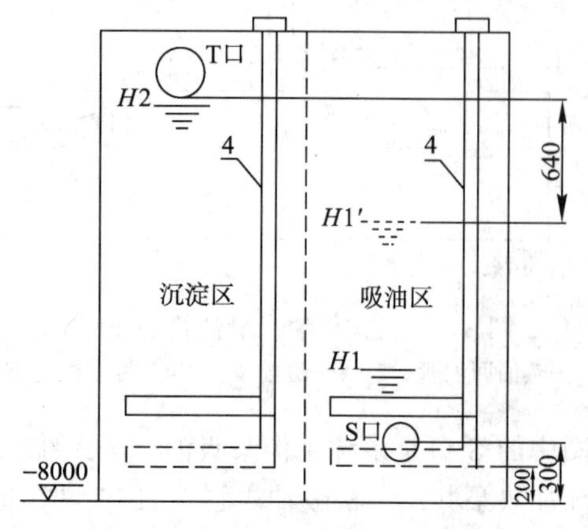

图 5　R1 油膜润滑油箱的侧视图

T 口和 S 口意义同前。图 4 为油箱的平面图，图 5 为其侧面图。从油箱顶部插入 L 型电加热器（共 4 个），该加热器的加热段为浸入油液底部的水平段。加热器外配有套管。方便检修，同时保证加热安全。

3.2　现场运行情况

京唐钢铁厂 2250mm 热轧工程调试正赶上 2008 年的寒冬。厂房地下室内环境温度大约 10℃上下。在各个稀油润滑系统调试过程中，我们发现采用旁路循环管式流动加热器加热的系统，系统油温非常均匀、稳定，能够很好地满足供油设备油温要求。但是油箱采用浸入式电加热器加热的 R1 油膜轴承润滑系统却出现了问题。

经观测，R1 油膜轴承润滑系统油箱油温达到 51.5℃，但泵站供油口油温才 32.5℃。走近油箱回油侧，从下往上用手贴在油箱外壁上，感觉加热器位置及其以上标高位置有明显的烫手感。手摸吸油管（*DN*150），管的顶部区域有温温的感觉，中下部区域却有冰凉感觉。

油箱油温比泵站出口油温高出将近 20℃，显然不合理，供油油温 32.5℃与设计要求（40±2℃）相差甚远。同时吸油管上下冷热两重天更是不科学。经观测发现：（1）油箱测温点标高与加热器水平加热段标高近似；（2）吸油区液位处于图 5 中 *H*1 的相对标高上；（3）浸入式电加热器水平加热段处于图 5 中实线相对标高上。

假设泵事故停止，计算系统回油（包括压力罐中油液的回油）知系统回油总共 0.421 m^3，即使将吸油区液面提高到 *H*1′的位置上，油箱（主要是吸油区）顶部区域依然足够储存所有回油。系统流量最大 75L/min，油箱中油的流动性很弱。吸油区液面刚刚淹没加热器，加热器对油的加热仅仅作用于表层，无法形成油液的对流。在油液流动性和对流效应均很差的情况下，从回油区流入吸油区的很少的热油进入吸油区后，补充到吸油区下部区域的油液也很快变成与环境温度一致的凉油，这就造成了虽然工作泵一直在抽，但吸油区底部凉油量始终不变。就必然造成吸油管中的油始终为半温半凉。可知油箱吸油区液位太低。同时，加热器加热段位于吸油口标高以上，应该将其挪到图 5 中虚线所示的标高位置，也就是加热器竖直段加长，使水平加热段降低至油箱吸油口中心标高以下，并同时保证加热器与油箱底部之间 150~200mm 的净距。油箱测温点位置可以不变。

补油以提高吸油区液位及更换浸入式电加热器后，泵站出口油温与油箱油温比较接近了。

4 结论

通过京唐钢铁厂 2250mm 热轧工程的设计与实践，我们认识到稀油润滑系统油温控制应该注意的几点如下：

（1）对于稀油润滑系统，建议单独设立循环加热回路。采用管式流动加热器在加热效果上大大好于采用普通油箱浸入式电加热器。不但加热速度快，而且油液温度均匀。

（2）对于小油箱或者其他原因设置油箱浸入式电加热器的，为了便于检修，建议尽量设顶置式，并让电加热器加热段中心标高尽量低于油箱吸油口中心标高。并保证加热器与油箱底之间 150~200mm 的净距。

（3）对于采用油箱浸入式电加热器的，调试时注意油箱吸油区液位，要通过严格计算，在确保油箱能容纳系统完全回油的前提下，尽量保证吸油口以上一定的液面高度，这样利于形成对流，方便油液加热的均匀化。

（4）从夏季的运行情况看，采用气动薄膜温控阀控制供油温度，油温的控制效果比较理想。

参考文献

[1] 陈卓君，康士臣，马先贵. 从两起油箱冒烟引起的思考[J]. 润滑与密封, 2000, 6: 67~68.

[2] 胡克键，张彦滨，曾立楚. 三段式低污染度稀油润滑油箱[J]. 液压与气动, 2009, 5: 74~76.

（原文发表于《液压与气动》2010 年第 3 期）

首钢京唐钢铁厂 1580mm 热轧工程设计简介

刘文田

（北京首钢国际工程技术有限公司，北京 100043）

摘　要：简要介绍首钢京唐钢铁厂 1580 mm 热轧工程的工艺流程、轧线主要设备组成情况和采用的节能措施与技术特点等，并对工程设计组织与管理进行了简要总结。

关键词：带钢轧机；工程设计；组织管理

Brief Introduction of 1580mm Hot Strip Mill of Shougang Jingtang Iron and Steel Complex

Liu Wentian

(Beijing Shougang International Engineering Technology Co., Ltd., Beijing 100043)

Abstract: Process flow, main equipment composition of the line as well as energy saving measures and technical characteristics of 1580mm hot strip mill of Shougang Jingtang Iron & Steel Complex is introduced, and brief sum-up is made for organization and management of project design.

Key words: hot strip mill; project design; organization management

1　引言

首钢京唐钢铁联合有限责任公司钢铁厂（以下简称首钢京唐钢铁厂）项目是纳入国家“十一五”规划纲要的重点工程，在河北省曹妃甸岛建设具有 21 世纪国际先进水平的钢铁联合企业，建设规模为年钢产量 970 万吨，其中一期工程于 2010 年建成投产。

新建 1580mm 热轧工程位于首钢京唐钢铁厂的中北部，南与炼钢厂钢坯库相连，东与 2250mm 热轧生产线隔路相望。

1580mm 热轧工程年产热轧钢卷 390 万吨，其中：供冷轧用料 200.4 万吨，热轧商品卷 189.6 万吨。年需板坯量 400 万吨。

该项目采用自主集成方式建设，选用优化的工艺流程、合理紧凑的生产布局，集成国内外先进的工艺装备技术和机电液设备，使工艺流程、设备配置与产品定位实现紧密结合，整体技术装备达到国内先进水平。

根据首钢京唐钢铁厂工程建设计划安排，1580mm 热轧工程于 2008 年 1 月开始建设，2010 年 3 月 31 日试轧第一块钢，目前已经正式投产。

2　生产线简要介绍

2.1　产品规格

带钢厚度：1.2~12.7mm；

带钢宽度：700~1450mm；

钢卷内径：ϕ762mm；

钢卷外径：ϕ2100mm（最大值）；

最大卷重：28t；

最大单位卷重：23 kg/mm；

最大抗拉强度：$\sigma_b \leq$ 1000MPa。

2.2　原料规格

本工程所用板坯全部为连铸板坯，年需板坯量为 400 万吨。

厚度：230mm；

宽度：850~1650mm；

长度：9000~11000mm；

8000~11000mm（硅钢）；

4500~5300mm（少量短尺坯）；

标准板坯：230mm×1250mm×10500mm；

板坯质量：28.0t（最大值）。

2.3 主要生产钢种

生产线主要生产钢种有：碳素结构钢、优质碳素结构钢、低合金结构钢、中低牌号无取向硅钢、耐候钢、管线用钢、IF 钢、双相钢（DP）、多相钢（MP）、相变诱导塑性钢（TRIP）等。

2.4 主要生产工艺流程

无缺陷合格板坯可采用冷装 (CCR)、热装(HCR)、直接热装(DHCR)三种装炉方式。本工程预留实现直接轧制的可能性。

直接热装的工艺流程如下：

由连铸辊道直接将板坯送到本项目车间内。根据轧制规程要求，步进梁式加热炉将板坯加热到设定的温度。

板坯经高压水一次除鳞机进行除鳞。然后，定宽压力机依据轧制规程对板坯进行最大达 350mm 的减宽轧制。

板坯经 E1/R1 二辊可逆式粗轧机轧制一至三道次，经 E2/R2 四辊可逆式粗轧机进行轧制三至五道次，将板坯轧制成 28~55mm 的中间坯。中间坯通过带保温罩的延迟辊道送往切头飞剪。

由于各种原因不能进入精轧机组轧制的中间坯，由废品推出装置将其推到延迟辊道操作侧的废品收集台架进行冷却。

切头飞剪具有优化剪切功能。飞剪前预留了边部加热器位置。

中间坯经过精轧高压水除鳞箱去除二次氧化铁皮，进入 F1~F7 四辊精轧机组进行连续轧制，将中间坯轧制成为厚度为 1.2~12.7mm 的带钢。轧制过程由计算机自动化控制系统进行设定与控制。

轧件经过高效率层流冷却系统，按照不同的冷却制度冷却，取得产品要求的目标机械物理性能。层流冷却系统包括精调区和修整区。

轧件经过具有踏步功能的液压卷取机卷取、打捆、称重、喷印，托盘运输线将钢卷运输到热轧钢卷库。

需要进行检查的钢卷，则需要由托盘运输线送到检查线。钢卷进行检查后，再送回运输线，运到热轧钢卷库。

从板坯进入热轧工序开始至成品发货为止，全部工艺过程通过计算机控制和管理系统对板坯、轧件和钢卷进行全线跟踪，从而实现生产线的自动化控制与管理。

2.5 主要设备组成

加热炉	3 座（预留 1 座位置）
一次除鳞机	1 台
定宽压力机	1 台(停－走工作方式）
R1 二辊可逆式粗轧机	1 架(附设立辊轧机)
R2 四辊可逆式粗轧机	1 架 (附设立辊轧机)
转毂移出式切头飞剪	1 台
F1~F6 精轧机组	7 架
层流冷却装置	
卷取机	3 台
钢卷检查线及运输系统	

2.6 技术与装备集成

根据目前国内外轧制技术的发展状况和《钢铁产业发展政策》内容规定，本工程设计集成了国内外先进、成熟、可靠、适用的工艺、技术和机电液设备，主要内容如下：

（1）采用典型的现代化钢铁生产工艺流程：炼钢—连铸—热轧三位一体的紧凑式布置方式，缩短了生产线长度。制定了冷装、热装或直接热装的加热炉装炉制度，并预留直接轧制工艺(HDR)；

（2）采用新型节能步进梁式加热炉、汽化冷却、高效换热器（空煤气双预热），采用最佳化燃烧自动控制模型；

（3）设置定宽压力机，提高板坯调宽能力；

（4）粗轧机由 R1、R2 组成，生产灵活。立辊轧机配设短行程压下和 AWC 功能；

（5）配置最佳化剪切系统的切头飞剪；

（6）精轧机采用工作辊弯辊、轴向抽动和平直度控制系统；采用全液压压下和厚度自动控制技术；

（7）采用高效节能型层流冷却装置；

（8）采用全液压卷取机并配置具有“踏步控制”的助卷辊；

（9）主传动全部采用交直交变频调速装置；

（10）全线采用卧式钢卷运输方式；

（11）采用三级计算机系统对全厂生产进行控制；

（12）高压水除鳞系统采用液力耦合器、给水系统采用变频调速的节能措施；

（13）主厂房地下室基础整体采用大型箱型基础，地下室全长范围内不设置伸缩缝。

3 工程设计

工程设计是一门涉及科学、经济和方针政策等各个方面的综合性的应用技术科学，是工程建设十分关键的环节，有着基础性、先导性和决定性作用。

工程设计管理是工程建设项目管理全过程中的一个重要环节，是以工程设计项目为对象的系统管理方法，通过运用企业有限的资源，对设计项目进行高效率的计划、组织、指挥、协调、控制和评价，对设计项目进行全过程的动态管理，以实现相关方利益的最大化。

现代项目管理涉及范围管理、时间管理、成本管理、人力资源管理、质量管理、沟通管理等九大知识领域，以及项目启动、计划、执行、控制和收尾五个过程。工程设计管理包括计划、技术、质量、设计文件和资料、人力资源等方面的管理与控制。

该项目工程设计是根据目前项目建设的体制和运行机制，采用公司现行的“矩阵式”组织机构和有关工程设计的程序与方法，按照业主要求完成有关设计文件。本文仅仅简要地介绍和小结工作中的几点方法。

3.1 工程设计特点

该项目工程设计具有如下特点：

（1）该项目采用国内外先进技术和装备 20 余项，生产线装备技术水平和工程设计技术水平要求高。

（2）项目实施阶段的设计周期非常短，机电液技术接口极为繁复，工作量大，工作难度大。

（3）涉及国内外的设计、供货单位众多，技术协调的工作量和难度极大。

（4）涉及设计单位之间和供应商技术资料提供问题的基础资料条件比较差，工程设计时间紧，技术风险较大。

（5）整体工程设计需要专题处理的技术问题多，部分技术方案变动很大。

3.2 工程设计管理

3.2.1 利用现代化工具进行工程设计

本项目是一项综合性的系统工程设计，需要多专业在一段时间内共同工作，因此必须严格执行计划进度和有力地协调好设计条件以及各专业的实际设计进度。

在工程设计中，充分利用现代化的网络和计算机技术，与有关部门合作，在公司内部网络建设一个该工程设计平台，做到有关的技术资料及时发放到相关专业，做到资料共享、工程设计情况动态互查，并能够将总体与子项的设计思想和各项指令迅速地贯彻到每一位设计员。设计平台，是以工艺平面布置图和土建结构图为基础，多个专业在所建立的平台上同时进行设计，各种管线都有具体的制图规定，不同的专业和人员授予不同的权限。

通过实际工作检验，此方法对于复杂的综合管网设计是有效和可行的，但是需要进一步完善。

3.2.2 利用技术积累提前组织技术方案

在工程设计过程中，充分利用技术积累，在具备抑或不具备基础设计资料的情况下，分别组织完成总体、分项和专题等多版技术方案设计和研讨，并不断进行优化设计，技术方案包括：总图平面布置、工艺布置、地下室综合管网布置、机电液技术接口、电气系统、自动化控制系统、地基处理与设备基础、给排水系统、通风系统、钢卷运输系统和消防系统等 20 多个技术方案，并邀请公司内、外部专家专题审查和讨论。通过组织技术方案设计和专家、学者的审查，真正地解决工程设计中遇到的实际问题，确保关键技术问题的正确性，为按时、高质量地完成工程设计奠定了良好的基础。

需要特别提出的是地下室综合管网设计。地下室综合管网按照用途、品质、类型等分类，平立面纵横交错，三电电缆多（长）、液压与润滑管路多、不同水质／水压的管路多、中间配管和机上配管极为复杂以及与地下室结构关系极为复杂等，是一项十分复杂的设计单元。在多次组织、完成了车间的综合管网技术方案设计和讨论的基础上，地下室综合管网的适时、动态管理贯穿于整个工程设计过程中， 指派专人负责管理，确保工程设计无重大失误。

3.2.3 建立良好的沟通渠道

鉴于该工程设计的特殊性，特别是机电基础设计资料提供时间相差比较长和涉及互提资料单位众多等，需要与业主以及相关单位建立畅通的沟通和联系渠道。

为确保工程设计顺利进行，我们完成的每一项技术方案均与业主进行广泛的讨论并得到业主的批准。另外，在业主的支持下，定期召开设计联络和设计方案审查会议，及时处理和确定技术方案问题，商定了比较严格的文件与资料传递规定，与工程设计有关的各单位按照规定的要求进行必要的沟通与图纸、资料的互提，为加快工程设计创造了条件。

同时，我们还采取了会上、会下、不同的部门、不同的专业等多种沟通形式，分别了解业主和管理部门以及施工单位的要求，解释我们的设计思想，掌握设计修改要求，采取必要的措施。

3.2.4 设计文件和资料的管理

设计文件和资料是工程设计项目在合同化环境条件下向顾客承诺的共同依据，也是工程设计与组织和管理的重要工具，因此必须严格、有效地进行设计文件和资料的管理与控制，确保工程设计质量和建设投资在可控范围内。

该项目工程设计的设计文件和资料的管理工作由设计经理直接负责，包括工程项目设计过程中涉及的有关内、外部文件和资料的传递与按照规定归档等。

实践证明，做好文件与资料的管理是一项非常有益的、有效的和必要的工作。

需要特别提出的是，设计更改的管理在整个工程设计过程中都是十分重要的工作，包括：原始文件的建档、过程的控制、结果的检查等，避免收尾工作困难。

4 结语

本项目投入生产的事实证明，工程设计达到了业主的要求，运行情况表明，该项目工程设计可以作为一个国内大型热连轧带钢生产线工程设计自主集成与创新的典型案例，具有良好的经济效益和社会效益。

首钢京唐钢铁厂 2250mm 热轧工程精轧机换辊装置行程加长改造的研究与应用

颉建新

(北京首钢国际工程技术有限公司，北京 100043)

摘 要：针对首钢京唐钢铁公司 2250mm 热轧工程精轧机换辊装置移动轨道行程不能满足磨辊间天车同时起吊上下工作辊的问题，分析了原设计产生的原因，通过对可能采取的修改方案进行技术和经济分析比较，得出了最优方案，新的设计方案结构简单，节约资金，易于改造，改造周期短，对生产影响小。该设计方案成功应用于生产，经济效益和社会效益显著。

关键词：换辊装置；移动轨道；行程；设计；研究与应用

Design, Research & Application of Finishing Mill Work Roll Changing Device Traversing Track Adding Journey in 2250mm Hot Roll Engineering of Shougang Jingtang Co., Ltd.

Xie Jianxin

(Beijing Shougang International Engineering Technology Co., Ltd., Beijing 100043)

Abstract: Aim at short journey problem of finishing mill work roll changing device traversing track in 2250mm Hot Roll Engineering of Shougang Jingtang Co., Ltd., When crane rise up and down work roll at one time in grind shop . Analysing procreant reason in original design, after the possible amend project be analysed by technology and economy, hasing educed excellent project . The structure of new project is simple , it is prone to be rebuilded , the change period is shorter. The influence is little for production . This project succeed to apply production , procure greatly economy benefit and society benefit .

Key words: work roll changing device; traversing track; journey; design; research & application

1 问题的提出

首钢京唐钢铁公司 2250mm 热轧工程于 2008 年 12 月 10 日热试一次成功，成功轧出第一卷，并进入到试生产阶段。设备安装和调试尾期发现 SMSD 原设计的 2250mm 热轧精轧机换辊装置，换辊小车将精轧机工作辊牵引至磨辊间极限位置后，天车同时也移动至极限位置，此时，天车同时起吊上下工作辊时，天车吊钩中心距离上下工作辊重心位置相差很大，采用吊具或用天车主钩起吊，不能同时起吊上下工作辊，只能用天车副钩单根起吊工作辊，大大影响工作效率，而且用天车副钩单根起吊工作辊时，工作辊左右摆动对车间操作工人也构成较大安全隐患，主轧线正常生产后，将无法满足生产节奏要求，必须进行修改设计，加长换辊装置移动轨道行程。

2 产生问题的原因

2.1 工厂设计与 SMSD 主轧线工艺及设备设计接口方面分析

基本设计联络期间，工厂设计从工厂整体设计角度出发，提出将主轧线车间与磨辊车间空档，在

SMSD以往设计的基础上加大1000 mm，SMSD在总工艺布置图上做了修改，但在设备详细设计时没有考虑加长精轧机换辊装置移动轨道行程，是产生该问题的主要原因。工程设计是一项多专业协同作战的复杂工作，某个环节改动，可能会引起一系列问题，因此，我们在今后设计中也应该引以为戒。

2.2 天车起吊上下工作辊的位置分析

精轧机换辊移动轨道加长改造图如图1和图2所示。

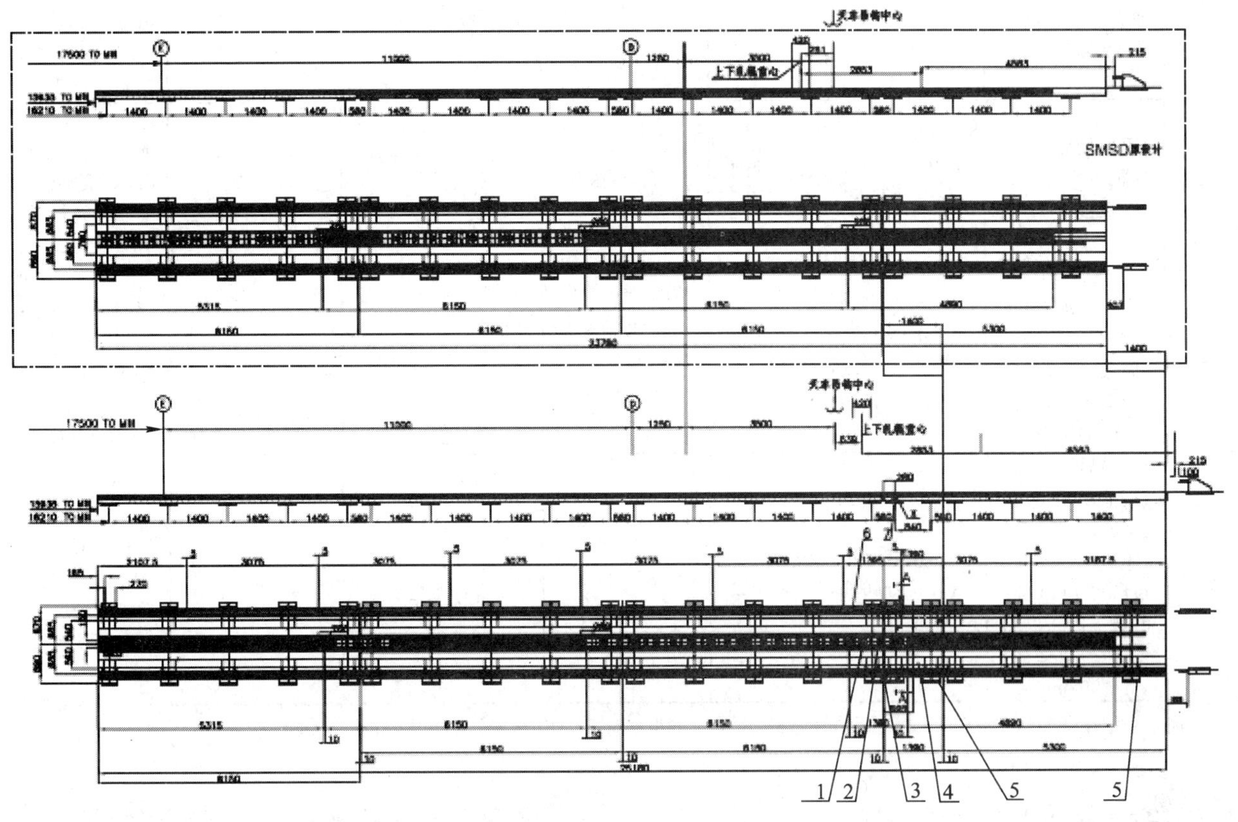

图1 精轧机换辊移动轨道加长改造总图

1—销轴；2—换辊销轴固定侧板；3—滑板(二)；4—底板；5—下底板；6—滑板(一)；7—键

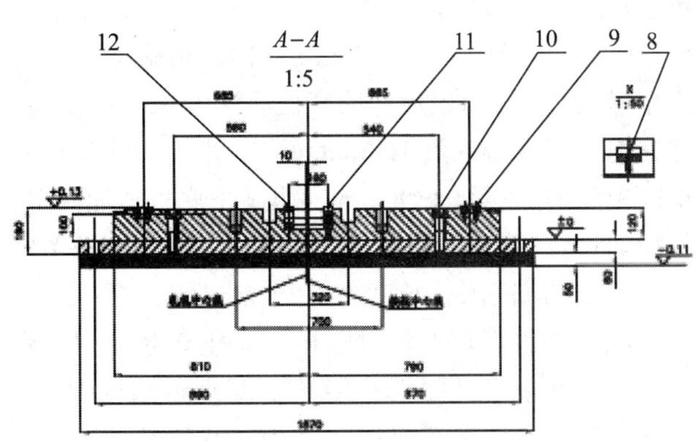

图2 精轧机换辊移动轨道加长改造 *A*—*A* 剖视图

8—内六角螺钉；9—内六角螺钉；10—内六角螺钉；11—内六角螺钉；12—内六角紧定螺钉

如图1所示，原SMSD设计精轧机换辊装置移动轨道相对主轧线位置确定后，换辊装置牵引上下工作辊至磨辊间极限位置，磨辊间天车吊钩也移至距天车行走轨道极限位置，此时，天车吊钩中心距离上下工作辊重心位置相差761 mm。

要解决此问题，首先要找回行程761 mm，再留适当的起吊安全距离，一般大于500 mm。最后一块底板长度方向地脚孔距全部是1400 mm，向后移动一个地脚孔距是1400 mm，对土建改造带来的影响最小，可增加行程1400 mm，另外，原止挡位置相对移动轨道位置也可延长100 mm，因此，考虑增加1500 mm行程，改造后实际行程仍富余739 mm，可满足同时起吊上下工作辊。

3 增加换辊移动轨道行程各种解决方案效果及经济性分析比较

对增加换辊移动轨道行程各种解决方案效果及经济性分析比较，结果见表1。

通过表1分析，方案4增加行程1500 mm既满足换辊行程要求，且改造投资比较低，同比方案2可节省83.6万元，是最优选取的方案。

表 1 增加换辊移动轨道行程各种解决方案效果及经济性分析比较

序号	解决方案	新设备质量/kg	新设备费用（按 2 万元/t）/万元	拆装费用（设备费用 3%）/万元	合计费用/万元	改造效果
1	在现有最后一块底板进行修改，最大仅能延长行程 500 mm	无	无	运输和拆装修改加工费用合计 3.2	拆装修改费用合计 3.2	投资低，增加行程 500 mm 不能满足换辊行程要求，最后一块底板需修改加工和拆装
2	更换最后一块底板（原最后底板报废）	5800+1802.5+878.1=8480.6 合计：8480.6 × 7=59364.2	118.728	运输和安装费用合计 3.562	122.29	投资很高，增加行程 1400mm 满足换辊行程要求，原最后底板报废
3	在最后一块底板后增加一块 1400 mm 底板，原最后一块底板需较大的修改加工量	1802.5+878.1=2680.6 合计：2680.6 × 7=18764.2	37.528+6(最后一块底板加工往返运费和修改加工费用)=43.528	运输和拆装修改加工费用合计 1.306	44.834	投资高，增加行程 1400 mm 满足换辊行程要求，最后一块底板需较大修改加工和拆装
4	在最后一块底板前增加一块 1400 mm 底板，原最后一块底板后移 1400 mm 安装，原止挡相对位置再增加 100 mm	1802.5+878.1=2680.6 合计：2680.6 × 7=18764.2	37.528	运输和安装费用合计 1.126	38.654	投资较低，增加行程 1500 mm 满足换辊行程要求，最后一块底板只需拆装

注：表中设备制造单吨价和安装费用单吨价按市场一般价格计算，用于方案经济性分析，仅供参考。

4 方案 4 技术思路的确定

正确的技术思路是保证修改设计成功的条件；在原设计的基础上进行修改，修改内容对相关设备会产生较大的影响，考虑不周可能会产生新的问题，所以，首先需对原设计进行全面分析，主要考虑内容有：

（1）对原设计进行全面分析，弄清换辊装置移动轨道相对主轧线和磨辊间天车的定位关系，确定修改后其使用功能不发生变化。

（2）电气方面，移动轨道行程增加后，电缆长度还能满足要求。

（3）原设计最后一块底板后移 1400 mm 安装，新增底板与前后原底板的衔接问题，需考虑各留 10 mm 间隙。

（4）新增加长轨道滑板与前后原轨道滑板的衔接问题，需考虑各留 5 mm 间隙。

（5）新增底板、新增加长轨道滑板、新增加长换辊销轴固定侧板的螺栓固定大小和定位尺寸要详细核算，并与前后原底板和轨道滑板相衔接。

（6）新增加长换辊销轴固定侧板需新增加键固定。

5 采取方案 4 修改设计方案的主要组成

如图 1 和图 2 所示，新增设备主要组成包括：1 销轴；2 换辊销轴固定侧板；3 滑板（二）；4 底板；5 下底板；6 滑板（一）；7 键；8 内六角螺钉；12 内六角紧定螺钉。原最后一块底板后移 1400 mm 安装，考虑前后底板需各留 10 mm 间隙，所以，在最后一块底板前增加一块 1390 mm 底板；下底板增加两个；新增加长轨道滑板、新增加长换辊销轴固定侧板考虑前后留 5 mm 间隙，长度为 1395 mm。

在新的设备修改设计基础上，土建基础相应修改，新出修改设计图纸，新增 4 条 M36 胀锚螺栓，也要新增一定土建基础改造费用；待修改设计完成后，委托制造厂加工，验收并运输至现场；准备改造相应工作一切就绪后方可进行施工。

6 采取方案 4 修改设计方案改造工艺过程

6.1 改造过程

改造方案优选→完成设备和土建修改设计→完成设备加工、验收运至现场→安排大修改造时间

→将最后一块底板拆卸→首先进行土建改造→进行新增设备、最后一块底板的安装、验收→改造完毕。

6.2 改造注意事项

由于主轧线已投产，磨辊间磨床也已投入运行，而需加长改造的移动轨道部分全部在磨辊间，改造施工可能会给磨床带来不利影响，需要对施工区采取临时封闭措施；另外，先对一架精轧机移动轨道进行改造，积累经验后，再对其他精轧机移动轨道进行改造。从而，把对生产产生的影响降到最小。

7 结论

（1）新的设计修改方案增加行程 1500 mm，既满足换辊行程要求，且改造投资比较低。

（2）新的设计修改方案结构简单，易于改造，改造周期短，对生产影响小。

（3）新的设计修改方案成功应用于生产，经济效益和社会效益显著。

（4）工程设计是一项多专业协同作战的复杂工作，某个环节改动，可能会引起一系列问题，因此，在今后设计中也应该引以为戒。

（原文发表于《2009 中国钢铁年会论文集》）

托盘式钢卷运输的冶金流程工程学分析及其应用

韦富强　徐　冬

（北京首钢国际工程技术有限公司，北京 100043）

摘　要：本文阐述了托盘式钢卷运输方式的产生和特点，利用冶金流程工程学的原理对托盘式钢卷运输系统进行了分析，介绍了这种运输方式在热轧和冷轧区域的应用，得出了托盘式钢卷运输方式具有广阔的发展空间等结论。

关键词：钢卷；冶金流程工程学；托盘式运输；运输系统

Analysis of the Pallet Conveying System Used Metallurgical Process Engineering Method and its Applications

Wei Fuqiang　Xu Dong

(Beijing Shougang International Engineering Technology Co., Ltd., Beijing 100043)

Abstract: The generation and the characteristics of the coil pallet conveying system were introduced. The coil pallet conveying system was analysis by metallurgical process engineering method. The application of pallet conveying system especially in cold rolling and hot rolling area was introduced. The conclusions such as the coil pallet conveying system had a wider development space were given.

Key words: steel coil; metallurgical process engineering; pallet conveying; conveying system

1　引言

黑色冶金行业采用托盘式运输方式解决各工序间的物流运输问题是近些年才出现的。托盘式运输最早使用在热镀锌行业，主要是为了减少起吊次数，保护带钢表面。世界上首次在热轧带钢生产线上采用托盘式运输方式运送热轧卷，并采用这种运输方式解决热轧与冷轧、钢卷库、平整机组之间的物料运输的项目是马钢新区的 2250mm 热轧项目。该项目于 2007 年 2 月投产，热轧钢卷直接被托盘运送到冷轧原料库、平整机组原料库及热轧成品库，经过 1 年的实际生产检验，该生产线运行状态良好。邯钢 2250mm 热轧项目随后也采用了托盘式运输方式运送热轧卷。马钢和邯钢的这 2 个热轧项目中采用的托盘式运输结构均为双层式结构[1]，这两个项目的托盘运输系统采用的是引进技术。

首钢京唐 2250mm 热轧项目采用的托盘运输结构形式为双排式[1]，该项目的托盘运输系统采用的是引进技术。首钢京唐 1580mm 热轧项目、首钢迁钢 2 号热轧项目的钢卷运输也都采用了托盘式运输方案，所采用的托盘运输结构形式为双排式[1]，这两个项目的托盘运输系统采用的是自主集成技术。

双排式结构比双层式结构具有更加突出的优点[1]，也更符合冶金流程工程学的要求。

2　钢卷托盘式运输的产生及其特点

2.1　传统式钢卷运输方式的“瓶颈”问题

托盘式钢卷运输方式的产生与传统式的钢卷运输方式的“瓶颈”问题是密不可分。传统的运输方式主要是采用快速链、慢速链，或者是步进梁的形式。即使是链式运输，在运输转向时也需要步进梁的配合。钢卷在步进梁式运输过程中的转向如图 1 所示。

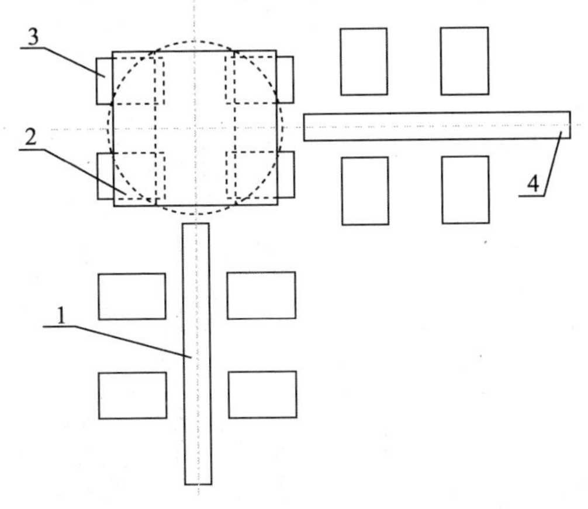

图 1 钢卷在步进梁式运输过程中的转向
1—入口步进梁；2—钢卷；3—回转台；4—出口步进梁

钢卷的转向过程是：入口步进梁将钢卷抬起—入口步进梁前进—入口步进梁放下钢卷—入口步进梁退回—回转台回转 90°—出口步进梁前进—出口步进梁将钢卷抬起—出口步进梁后退—出口步进梁放下钢卷。整个钢卷转向过程所需时间至少在 100s 以上，而现代热轧项目的最短生产节奏是 60 s/卷，传统的运输方式已无法满足主轧线的生产工艺要求。

对于卷取温度很高的某些钢种，其成品表面的强度在卷取后仍然较低。当采用接触面积有限的步进梁式运输方案时，步进梁每走 1 个步距都要和钢卷的外圈接触 1 次，在钢卷重量较大时会使钢卷外圈产生不可修复的塑性变形，从而影响钢材成材率。钢卷在托盘式运输过程中的转向如图 2 所示。

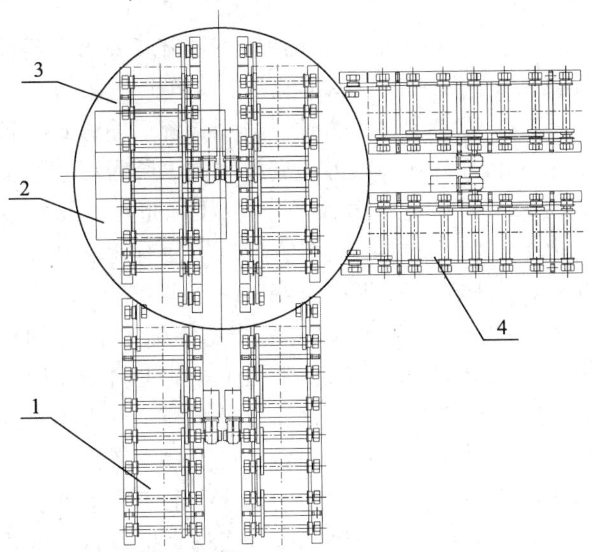

图 2 钢卷在托盘式运输过程中的转向
1—入口托盘辊道；2—钢卷及托盘；3—回转台；
4—出口托盘辊道

钢卷转向过程是：入口托盘辊道将钢卷及托盘运送至回转台上—回转台回转 90°—承载托盘驶离回转台至出口托盘辊道—回转台反转 90°。整个钢卷转向过程仅需 50 s 左右，完全满足生产工艺的要求。

另外，采用托盘运输方式时钢卷在整个运输过程中一直存放在托盘上，与托盘没有相对的位置变动，因此可有效保护钢卷外层，从而提高钢材成材率。

2.2 双排式托盘运输方式的主要特点

双排式托盘运输方式的主要特点如下[1]：

（1）设备基础浅，重载辊道最深处距地面约 750 mm，因此钢卷运输时重心低，运行平稳，且明显节约了设备基础投资。

（2）与双层式托盘运输方式相比，双排式托盘运输方式设备重量轻、制造方便，便于空托盘辊道的检修和维护，降低了设备投资和维护费用。

（3）采用的自动化控制方式更为灵活、可靠，且可实现全过程自动化。

（4）可满足热轧钢卷运输的全部要求[3]。

（5）车间整洁、美观。

（6）液压站规模小。

（7）运行成本低。

（8）除运到目的地下卷时需使用天车外，整个运输过程不需天车辅助。

3 钢卷托盘式运输的冶金流程工程学分析

冶金流程是一个复杂的过程系统。如何在非线性、多组元、多相态的情况下顺利合理地完成具有多层次性、多尺度性的物质体系的化学和物理转变及其输送、存储和缓冲等过程是冶金流程学研究的目标。对于新建系统，应在设计和规划阶段做好流程系统的创新[2]。

钢铁工业物料、中间产品、产成品的吞吐量大，在某种意义上讲是“运输工业”。为适应钢铁工业工序功能的演变，钢铁企业内部的物流运输方式、途径和速度也有了深刻的变化，并对其在动态有序、连续化和紧凑化等方面提出了更高要求。钢铁企业内部物流运输总的发展趋势是：车间之间、工序之间的物流运输方式转变为以不落地的工序间“在线”工艺运输方式为主，不落地、不曲线倒运、不依靠铁路运输，尽量取消中间库或压缩其容量，以尽可能追求“最小运输功”和缩短物流时间周期为主要方向，以最短的路径和最简便、快捷的方式实现物流运行。这样，相应的作业人员减少，工厂的占地面积及污染和能耗也随之减少[2]。

双排式托盘运输是现有各种运输方式中运输功最小、物流运输周期最短的方式，完全满足冶金流程工程学对钢厂生产中运输问题的各项要求，具体分析如下：

（1）双排式托盘运输方式可以在热轧卷取区直接受卷，不需要天车辅助。

（2）承载托盘在运输辊道上根据需要可自动地直接被运送到冷轧原料库、热轧成品库和平整分卷的原料库等多个目的地，且无论是转向还是改变运输高度均可灵活实现，中间过程不需要人工干预。

（3）根据各工序的实际情况，自动化系统可自动实现钢卷运输的局部存储，为下游的故障处理提供缓冲的时间，从而减少对上游工序生产的影响。

（4）双排式托盘运输方式在整个运输过程中钢卷不落地，不需倒运，不需采用铁路和汽车运输，可采用全自动化操作，减少了作业人员数量。

（5）双排式托盘运输方式取消了天车上卷操作，减少了损坏钢卷的可能，减少了工厂占地面积。

4 托盘式运输在轧钢各工序间的应用

4.1 在热轧区域的应用

马钢新区 2250mm 热轧厂的钢卷运输采用双层式托盘运输方式。通过该运输方式将热轧与冷轧、平整分卷机组及热轧成品库有机地联系起来。马钢投产 1 年多的实践证明，托盘式运输方案是成功的。

首钢京唐钢铁联合有限责任公司的 2 个热轧厂的总产量为 877 万吨/年，热轧钢卷需被运送到 2 个共计 7 跨的成品库及 3 个不同的冷轧厂的原料库。采用双排式托盘运输方案后，实现了运输过程的动态有序、连续化、紧凑化的要求，较好地解决了工序间的物料运输问题[1, 3]。

4.2 在冷轧区域的应用

托盘式运输在有色行业的冷轧项目上早有成功使用的先例[3]，但其在黑色行业的冷轧项目上目前尚无报道和使用先例。现以正在进行的某冷轧项目的设计工作中的 2 个方案为例，简要说明冷轧各工序间采用托盘式钢卷运输的突出优点。某冷轧项目采用传统式运输方案及托盘式运输方案的工艺平面图分别如图 3 和图 4 所示。

由图 3 和图 4 可见，托盘式运输与传统运输方式相比具有以下优点：

（1）厂房跨数量减少。传统运输方式为解决后续工序上料问题而增加了 1 个中间跨，采用托盘式运输后则可减少 1 个中间跨。

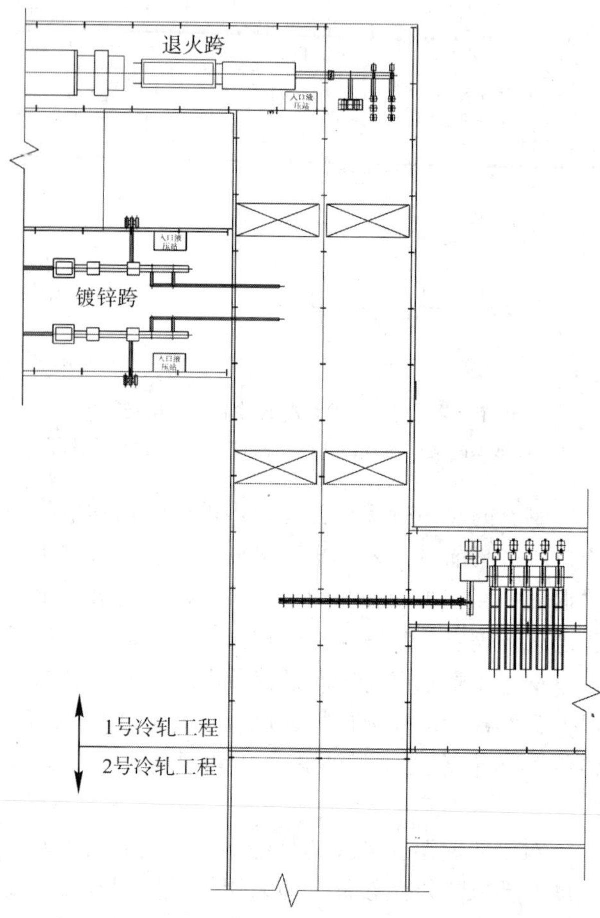

图 3 某冷轧项目采用传统式运输方案的工艺平面图

（2）天车数量减少。传统运输方式需 4 台天车，且各天车间需交叉作业，而采用托盘式运输后只需要 2 台天车，且天车间无交叉作业。

（3）天车行程缩短。传统运输方式要求天车行程较长，而采用托盘式运输后，天车行程较短。

（4）上下料简单方便。采用传统运输方式时各工序的上下料方式均为步进梁结构，所需液压站很大；采用托盘式运输后，可由“C”形小车从托盘辊道上直接上下料，简单方便，即使有运输高度的改变，也只需规模很小的液压站。

（5）钢卷倒运次数减少。采用传统运输方式时，钢卷在上道工序的下料及下道工序的上料均需使用天车，倒运次数多，对钢卷质量不利，且天车作业率高；而采用托盘式运输后，在正常生产情况下，当前后工序能力匹配时，钢卷从上道工序下料后由托盘直接运往下道工序，可以实现直接上料，钢卷在整个运输过程中不需天车倒运，从而减少了中间库面积及作业人员数量。

（6）投资降低。传统运输方式和托盘式运输方式线上设备的投资相差不大，但由于托盘式运输减少了 1 个中间跨及 2 台天车，且设备基础简单，所以其工程总投资明显降低，且节约了生产成本。

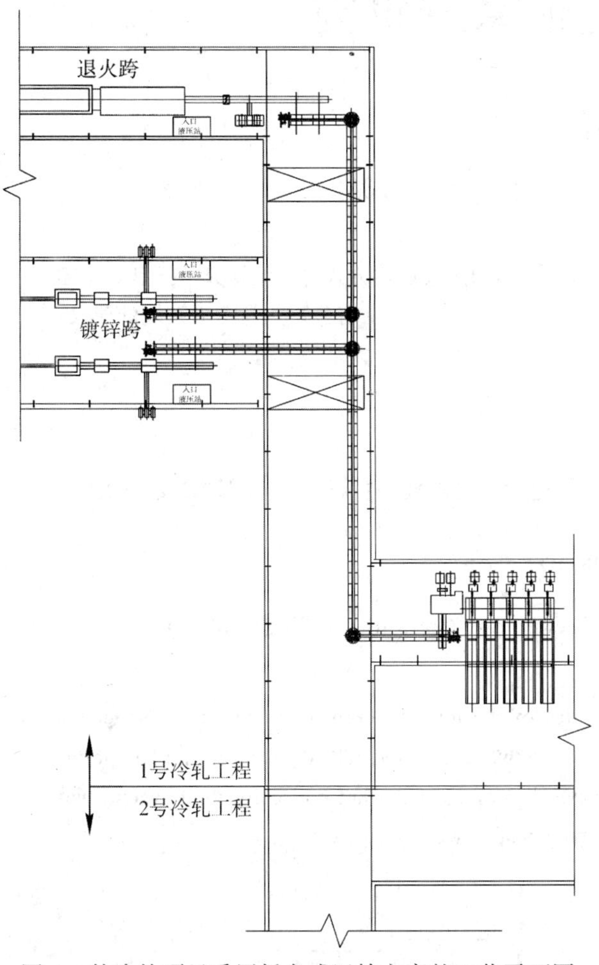

图 4 某冷轧项目采用托盘式运输方案的工艺平面图

由上述分析可知，在冷轧各工序间采用托盘式钢卷运输方式不仅完全可行，且对降低工程投资及天车能力的释放都起到了明显的作用，尤其在天车作业率高、倒运频繁、行程长且伴有交叉作业的生产情况下，托盘式运输方式的优点体现得更为明显。

5 结论

（1）双排式托盘运输方式符合冶金流程工程学的要求，具有广阔的发展空间。

（2）热轧钢卷采用托盘式运输后，在和下游工序的衔接上可以取消火车和汽车运输，从而显著减低天车的工作负荷。

（3）冷轧钢卷采用托盘式运输可降低工程投资，倒卷量和倒卷次数显著降低，减少甚至取消天车的辅助作业，天车负荷明显降低，从而节约生产成本。

（4）新建项目在规划阶段应优先考虑采用新型的托盘式运输方案。

参考文献

[1] 韦富强. 首钢京唐公司热轧钢卷运输系统研究[J]. 轧钢，2007（6）：36~40.

[2] 殷瑞钰. 冶金流程工程学[M]. 北京：冶金工业出版社，2004.

[3] 韦富强,李春生,何其佳，等. 首钢京唐钢铁公司热轧钢卷运输系统研究[C]//2007 中国钢铁年会论文集.北京：冶金工业出版社，2007.

（原文发表于《轧钢》2009 年第 2 期）

新型热轧钢卷运输系统研究

韦富强

（北京首钢国际工程技术有限公司，北京 100043）

摘　要：介绍了项目的背景、概况及热卷运输的特点；分析了常用的热卷运输方式；详细研究了托盘式运输方案的难点和关键点；提出了热卷运输系统的建议方案；给出了研究结论和对京唐公司热卷运输系统的建议。

关键词：首钢；热轧钢卷；运输；托盘

Study of the New Type of the Conveying System of Hot Rolled Coils

Wei Fuqiang

(Beijing Shougang International Engineering Technology Co., Ltd., Beijing 100043)

Abstract: Background, general situation and the characteristics of the hot coil conveying system of Shougang Jingtang were introduced. The different methods to convey hot coils were analyzed. The difficulties and key points of pallet conveying method were studied detailedly. The proposed project of the hot coil conveying system was advanced. The study conclusions and the proposals of the Jingtang project were presented.

Key words: Shougang; hot rolled coils; conveying; pallet

1　引言

按照国家发改委《关于对首钢实施搬迁、结构调整和环境治理方案的批复》的要求，首钢联合唐钢，在河北省唐山市曹妃甸岛建设一个具有国际先进水平的大型钢铁联合企业。工程分三期进行。一期建设规模为钢产量 904.2 万吨/年，热轧钢卷总量为 877 万吨/年。产品方案为热轧和冷轧板带体系，计划于 2008 年年底轧出第一卷热轧卷。

轧区热轧钢卷运输量和运输方向如图 1 所示。

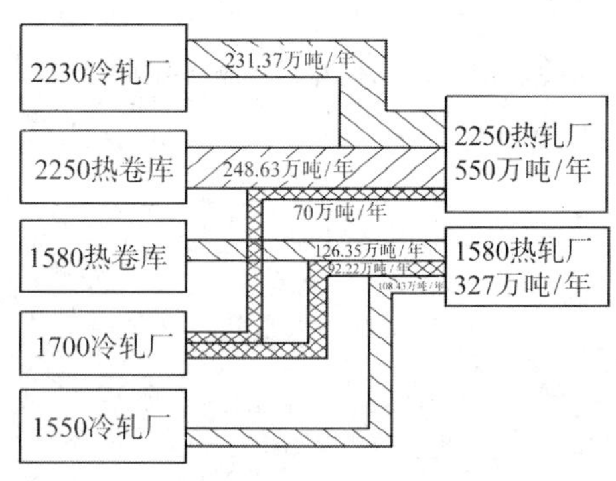

图 1　轧区热轧钢卷运输量和运输方向

首钢京唐公司轧区热轧钢卷运输的特点是：

（1）运输量大，每年共计 877 万吨。

（2）生产节奏快，两个热轧厂的最短生产周期均为 1 卷/60s。

（3）钢卷重，最大卷重 40t。

（4）温度高，按现有产品大纲，最高为 740℃，将来可能到 850℃。

（5）运输目的地分散，两个热轧厂的钢卷需要被运输到两个共计 7 跨的钢卷库以及三个冷轧厂的原料库。

（6）运输距离长，运输直线距离总长约 1950m。

（7）平面与立面交叉，运输过程将横过三条马路，钢卷运输过程中存在转向和高度的变化等问题。

（8）物料跟踪和自动控制水平高，整个运输系统不能采用人工或者手动控制，要求全自动化运行，而且该运输系统与各个厂的自动化系统存在有连锁关系。

此外，该工程的一期项目也是分阶段实施的。一期一步阶段，只建设 2250mm 热轧和 1700mm 冷轧。在建设过程中，必须兼顾一期二步及以后两期的建设，预留与以后的建设相衔接的可能。

大规模的钢铁生产是一个连续高效的系统流程。在世界范围内，采用这种统一考虑的高度自动化的连续运输方式来解决多个热轧厂、多个冷轧厂及多个钢卷库之间的钢卷运输方案尚无先例。

2 常见的热卷运输方式及其分析

2.1 常见的热卷运输方式

（1）步进梁。特点是每次行走距离都是一个固定的步距，适用于短距离运输，需要大的液压站，钢卷运输转向时结构复杂，节奏慢。

（2）链式输送机。特点是重型运输链上带鞍座，适用于长距离运输，但是单根链条的运输距离有限，在两根链子之间以及转向处必须使用步进梁。钢卷运输转向时结构复杂，节奏慢。

（3）汽车运输。特点是灵活，但需要专门的车辆、装卸卷天车、专门的道路和驾驶人员。其日常维修保养及人工费用等较贵、运输量大时无法满足生产周期的要求。

（4）过跨车。特点是运输距离短，节奏慢。无法满足本项目的要求。

（5）火车运输。特点是运输量大，距离长，需要天车，无法直接从卷取机受卷。

（6）托盘式运输。特点是钢卷在运输过程中一直存放在托盘样的运输工具中，钢卷与运输工具的接触次数少，可以更好地保护钢卷。

2.2 托盘运输方式简介

托盘式运输最早在冶金行业的使用是在有色金属行业。由于有色金属材料较软，托盘运输方式可以更好地保护产品的质量。比如我国的西南铝业公司、华北铝业公司均有应用的例子，且已经有多年成功的使用经验。其特点是卷温度低（常温）、质量轻（10t 以下）、生产节奏慢（每卷 5min 以上），自动化程度较高。

在黑色金属领域，托盘运输方式最早被用在冷轧的后处理线上。其特点是钢卷温度低，生产节奏慢，运输距离很短。

托盘方式在热轧主线上首次使用的例子是马钢公司的 2250mm 热轧厂后部运输线。但其运输距离较短，目的地较单一，且采用的是双层结构，设备基础很深。而京唐公司地处渤海边的滩涂地带，设备基础太深将大大增加基础处理的费用，不适合采用这种方式。

2.3 三种运输方式对比

根据上述分析，首钢京唐公司一期可能采用的热卷运输方式为步进梁、链式运输机和托盘运输三种方式。三种运输方式的对比见表 1。

表 1 三种运输方式性能对比

项 目	步进梁	链式运输机	托盘式运输
可靠性	可靠	一般	可靠
转向及交叉运输	复杂	复杂（需步进梁）	简单
满足生产节奏（卷/60s）	不能（交叉时 >100s）	不能（交叉时>100s）	能（交叉时 <60s）
物料识别与跟踪	一般	复杂	简单
设备底面（正常运输处）	深（约 -6000mm）	深（约-6000mm）	浅（双排式约 700mm，双层式约 3500mm）
分步实施的操作性	不好	不好	好
对车间地面影响	地面有坑过人不便	地面有坑过人很不便	地面只有两条窄缝过人方便
液压站规模	特大	大	很小
对钢卷表面影响	不好	一般	好
过马路的可操作性	复杂	复杂	相对简单
设备制造、安装、调试及维护保养	复杂	复杂	简单
设备质量	约 8200t	约 6140t	约 5975t
投资	很大	中	小
运行成本	高	中	低

从上述对比可知，步进梁和链式运输机方案无法满足生产工艺要求，托盘式运输是京唐公司热卷运输系统的唯一选择。

2.4 托盘运输与汽车运输对比

2250mm 热轧厂向 1700mm 冷轧厂送料需要跨过 1580mm 热轧线，运输量为 70 万吨/年。从 2250mm 热轧厂卷取机的中心线到 1580mm 热轧厂卷取机的中心线的距离是 194m。有两种解决方案：一种是采用汽车，一种是采用托盘方式。两种方案的对比见表 2。

可见，托盘运输方案比汽车运输更为合适。

表 2　托盘运输与汽车运输对比

项　目	托盘	汽车
灵活性	一般	好
需要天车辅助	否	是
重载运输道路	不需要	需要
维护保养费用	低	高
满足生产节奏	容易	一般
横穿马路	需要升降机构及起桥	容易
成品库管理	—	增添装、卸卷工作量
设备质量或能力	567t	120t 框架车 4 台
投资	小	大

3　托盘式运输方式

3.1　托盘运输的两种结构

托盘运输有两种结构，一种是双层结构，上层为重载辊道，用于运送承载托盘，下层为轻载辊道，用于运送空托盘返回至待机位，如图 2 所示。

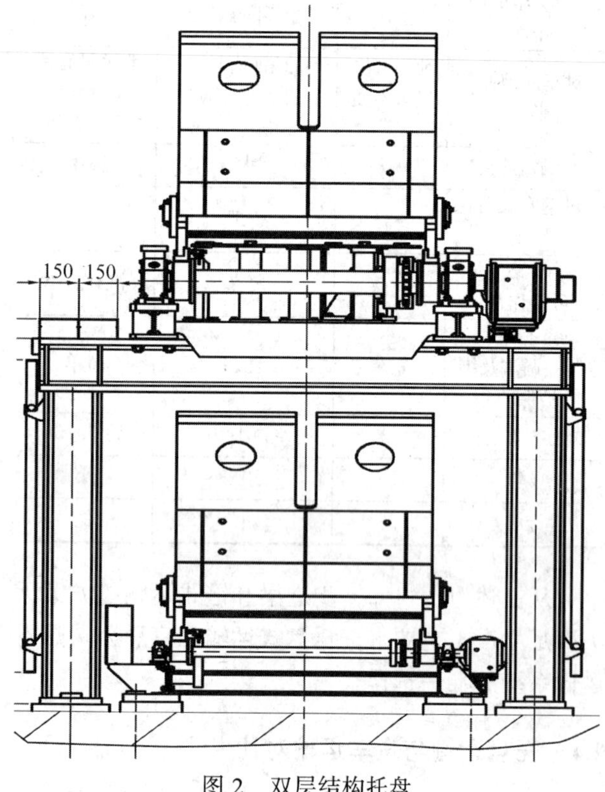

图 2　双层结构托盘

另一种为双排结构，一侧为重载辊道，用于运送承载托盘，另一侧为轻载辊道，用于运送空托盘返回至待机位，如图 3 所示。

表 3 为两种方案的对比。

由表可见，双排式结构更好一些好，尤其适用于本项目所在地的地基状况。

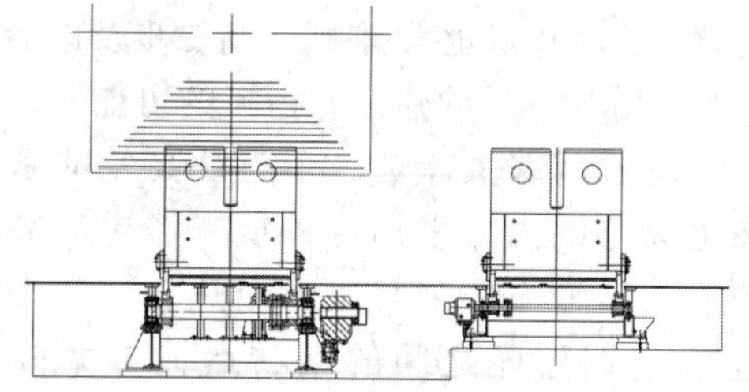
图 3　双排结构托盘

表 3　双层式与双排式托盘对比

项　目	双层式	双排式
安装、维护、保养	下层空托盘难	均容易
设备基础	深（约-3500mm），窄（约 4400mm），断面积 15.4 m^2，单位面积上载荷大	浅（约 700mm），宽（约 5500mm），断面积 3.85 m^2，单位面积上载荷小
占地面积	约 8140 m^2	约 10175 m^2
设备质量	约 6450t	约 5475t
卷取区受卷处设备	结构较复杂	结构较简单
投资	大	小

3.2　托盘的三种受卷形式

在卷取区受卷位置，托盘有三种形式：

（1）和双层式托盘对应的双层结构，空托盘在下层，通过提升和横移装置被运输至卷取机后的受卷位置。

（2）和双排式托盘对应的双排结构。

（3）是在双排结构基础上的改进结构，即：空托盘通过空托盘横移装置被运输至卷取机位置后，再通过重载横移机构被运送到受卷位置，受卷后承载托盘再通过重载横移机构被运送到重载运输辊道上，将钢卷送到目的地。

这三种受卷方式的对比见表 4。

从对比可以看出，采用双排式受卷方案除了极限状态时生产节奏有些紧张以外，有更多的优点。

3.3　托盘的三种运输高度方案对比

托盘的运输高度有三种方案：

一是半地下式，承载托盘从卷取区出来后不进行提升，托盘系统在一个半开放式的坑道内运行，钢卷的顶面标高在+/–0 地平以下，直至目的地。

二是半地上式，承载托盘从卷取区出来后进行提升，提升高度是钢卷的下表面在+/–0 地平的位置。托盘系统安装在一个半开放式的坑道内，直至目的地。

表 4　三种受卷方式对比

项　目	双层式	双排式	双排横移式
满足极限节奏（卷/60s）	很容易	复杂（极限时 65s）	很容易
安装、维护、保养	下层空托盘难	容易	容易
设备基础	深（约 3500mm），窄（约 4000mm），单位面积上载荷大	浅（约 500mm），宽（约 5500mm），载荷小	浅（约 500mm），宽（约 7500mm），载荷小
占地面积（约）	378.4m²	407m²	555m²
卷取区设备密度	小	中	大
设备质量	约 543t	约 445t	约 515t
设备投资	大	小	中

三是地上式，承载托盘从卷取区出来后进行提升，提升到地面高度以后托盘在+/–0 地平上运行，直至目的地，如图 4 所示。

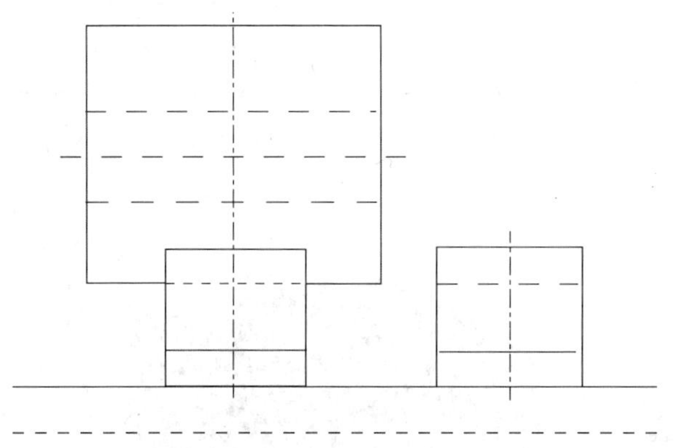

图 4　托盘地上式运输方案

三种运输高度方案的对比见表 5。

表 5　三种运输高度方案对比

项　目	半地下式	地上式	半地上式
设备底面深度	–3.5m	–0.5m	–1.49m
钢卷散热	差	好	中
热辐射影响（对设备、电气、基础等）	大	小	中
基础防辐射措施	需要	否	否
车间通行方便美观整洁	差	好	差

可见，地上式方案有非常明显的优点。

3.4　托盘过马路方案对比

在本工程中，托盘系统需要横穿马路。托盘过马路的方案有五种：

方案一是马路起桥。特点是托盘运行不受任何影响，在此处修建一座立交桥，托盘系统在桥下运行，桥下采取防辐射隔热措施。

方案二是半地下式。特点基本同方案一，不同之处是为了降低立交桥的高度，托盘在将要过马路时降低高度，在一个半开放的坑道内穿过马路，过马路后再提升至原来的高度。

方案三是马路上方运输通廊。特点是马路不受任何影响，托盘在过马路前提升高度，通过一个运输通廊过马路，然后再降低至原来的高度。

方案四是马路下降。特点是马路在此处下降一定高度，托盘在过马路前提升高度，通过一个运输通廊过马路，然后再降低至原来的高度。

方案五是隧道式。特点是马路不受任何影响，托盘在过马路前降低高度，通过一条隧道过马路，然后再提升至原来的高度。

五种方案的对比见表 6。

可见，马路上方运输通廊方式更好一些。如果从保证工艺顺畅、降低运行成本、方便设备的检修和维护的角度，马路起桥为最佳方案。

3.5　隧道内热辐射问题

托盘横穿马路的方案如果是隧道式，那么就存在一个热卷在隧道内的热辐射的问题，特别是在事故状态下。图 5 是我们利用有限元法计算出的隧道内温度趋势。通过计算可以看出，如果一个 800℃的钢卷在隧道内停留 1h，隧道内壁局部温度将达到 400℃左右，停留 2h，内壁局部温度将达到 410℃左右。这将大大增加事故处理的难度，对隧道内的设备也将带来破坏性的影响，所以应尽量避免采用此种方案。如果使用，隧道内必须安装通风设备，而且尽可能避免在隧道内同时有两个或更多的卷。

3.6　托盘运输的关键点

（1）热卷对运输设备及土建基础的热辐射及相应措施。

（2）齿轮发动机、轴承及链条的可靠性及润滑问题。

（3）电气自动化系统，跟踪和连锁问题。

（4）热卷过马路方案及过马路时的升降机构。

表 6 托盘过马路方案对比

项　目	马路起桥	半地下式	运输通廊	马路下降	隧道式
立交桥	要	要	无	无	无
马路高度	高	较高	无	下降	无
通廊钢结构	无	无	要	要	无
升降机构套数	无	1	2	1	2
液压站规模	无	+	+++	+	++
管网改道	无	要	要	要	要
通风设备	无	无	无	无	要
消防	无	无	无	无	要
对交通的影响	有坡	有坡	限制高度	限制高度	无影响
故障排除	容易	容易	较容易	容易	困难
设备底面深度	浅 约 700 mm	较深 约 4500 mm， 但不封闭	– 需要钢结构立柱，高约 7500mm	浅 约 3000 mm 需要钢结构立柱高约 3m	深 约 12200 mm 且在封闭隧道内
运行成本	无影响	+	+++	+	++
投资	+++++	++++	+	++	+++

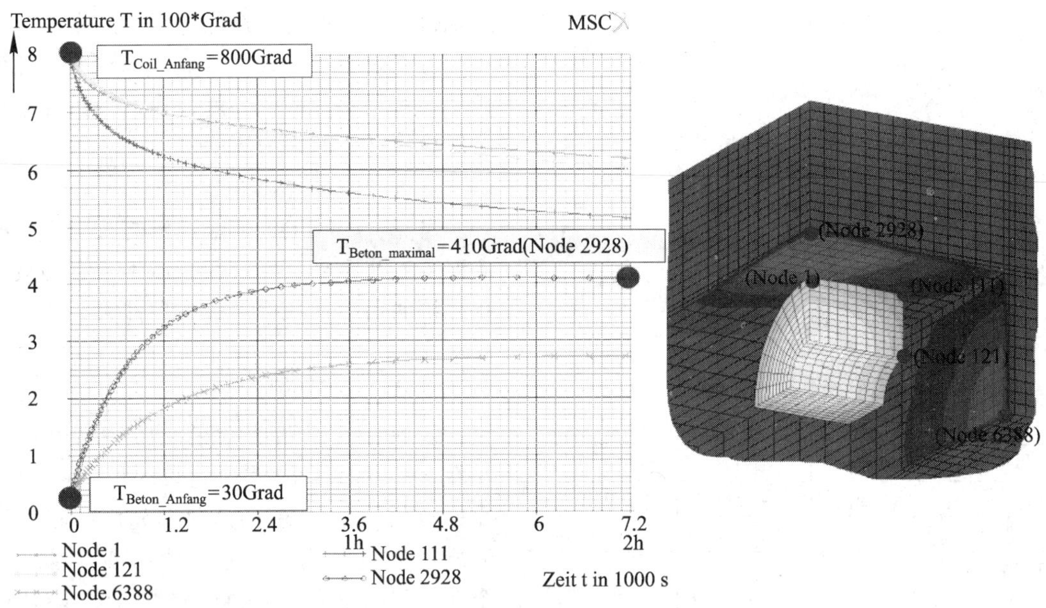

图 5 隧道内热辐射计算

（5）高温、重载对托盘结构的影响。

（6）转向、横移及提升机构的详细设计。

4 京唐公司托盘式运输建议方案

4.1 主要设备组成

（1）提升机构：提升速度 0~0.15m/s,行程 3000mm。

（2）回转台：电机功率 7.5kW， 回转速度为 0~1rpm，根据功能不同可分为单线回转台和双线回转台两种。图 6 为双线回转台示意图。

（3）重载横移装置:电机功率 11kW，横移速度 0~0.5m/s。

（4）承载辊道:电机功率 7.5kW,运行速度为 0~0.5m/s。

（5）打捆机、称重装置、喷号机：为标准设备，由专业厂家供货。

（6）空托盘横移装置:电机功率 1.5 kW ,运行速度 0~0.5m/s。

（7）空托盘辊道:电机功率 1.1kW,允许速度 0~0.5m/s，结构与承载辊道类似。

（8）液压润滑系统。

4.2 主要参数组成

（1）空托盘从待机位到 3 号卷取机位的时间：55 s。

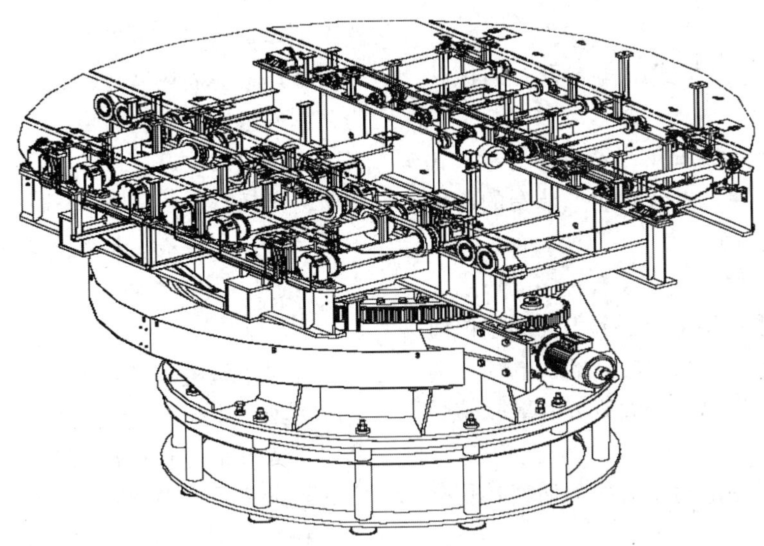

图 6　双线回转台示意图

（2）提升机构一个工作周期的时间：总时间为 55.2s。

（3）回转台一个工作周期的时间：

90 度运卷：　45s；

交叉运卷：　57.4s；

转向和直行的结合：　52.2s。

（4）横移小车的横移周期时间：

最大横移距离 8800mm 时总时间为：50.4s；

横移距离 2000mm 时，总时间为：18.2s。

（5）托盘数量：106 个。

（6）空载托盘电机功率：1.1kW。

（7）承载托盘电机功率：7.5kW。

4.3　设备布置图

设备布置如图 7 所示。

4.4　电气、自动化部分

在 2250 钢卷库、1580 钢卷库侧面分别设一个电气室。该钢卷运输系统有 1056 台传动电机，其中变频调速电机 394 台，恒速电机 662 台。

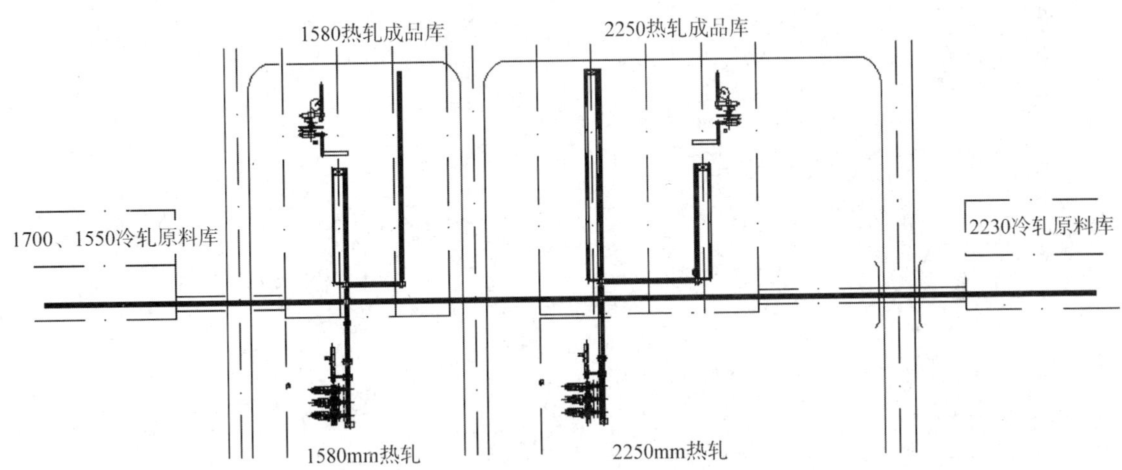

图 7　首钢京唐钢铁公司热轧钢卷运输系统设备布置

设立托盘识别系统，在每个托盘上安装条码，在回转台的各输入、输出辊道处设置读码器，当托盘进入或离开回转台时对托盘进行识别。另外，在全线各组辊道上均安装接近开关，用于判断托盘在回转台之间辊道上的位置。识别系统和接近开关相结合，对钢卷进行全线跟踪。具有连锁控制和空托盘确认的功能。

5　结论及建议

（1）托盘式运输方案为京唐公司轧区热卷运输的最佳方案。

（2）在过马路的方案中，马路上方运输通廊方式和半地下式方案较好。如果采取隧道式方案，隧道内必须安装通风设备，避免在隧道内同时有两个或更多的热卷。

（3）双排式结构比双层式结构有更大的优越性。

（4）生产节奏紧张的情况下，卷取区受卷方式采用双层式更为灵活。在能够满足生产节奏的前提下，双排式更为合理。

（5）运输高度采用地上式方案有更多的优点。

（6）因为该运输系统将多个任务不同的单位衔接在一起，所以整个系统宜采用独立的供电和自动化系统，以不受任何一个单位的大修或者事故的影响。

（7）热卷过马路采用隧道式方案的话，必须有通风措施。

根据研究结论，建议首钢京唐公司的热轧钢卷运输系统采用双排式托盘运输方案；卷取机受卷位置采用双排布置；运输高度采用地上式方案；托盘过马路采用运输通廊或者半地下式方案，同时在立交桥下采取防热辐射隔热措施；2250 热卷库的 1 号和 2 号跨共用一组空托盘返回辊道，3 号和 4 号跨也共用一组空托盘返回辊道；1580 热卷库的 2 号和 3 号跨共用一组空托盘返回辊道；一期一步建设时，预留向以后建设的项目运卷的回转台和部分辊道组。

6 结语

经过上级批准的首钢京唐一期一步的建设方案基本采纳了本课题的研究结论和建议方案。比如：采用了双排地上式托盘运输方案，预留回转台为以后的建设留下可能等等，保证了项目的分步实施。

利用一种运输方式来解决多个热轧厂、多个冷轧厂及多个钢卷库之间的钢卷运输方案为世界首例。也是世界上首次采用双排式托盘运输方式运输热轧钢卷。

（原文发表于《轧钢》2007 年第 6 期）

首钢京唐钢铁公司 2250 mm 热轧工程双排式托盘运输系统的技术创新

韦富强[1] 刘天柱[1] 李洪波[1] 潘 彪[2] 刘树清[2]

(1. 北京首钢国际工程技术有限公司，北京 100043;
2. 首钢京唐钢铁联合有限责任公司，唐山 063200)

摘 要：介绍了世界首例热轧钢卷双排式托盘运输的最新情况，分析了 3 种常用的热轧钢卷运输方式，对传统式运输方式的运输节奏问题和致命缺陷进行了说明，进而提出了双排式托盘运输系统的解决方案，对世界首例热轧钢卷双排式托盘运输系统在建设过程中出现的问题进行了对策分析。首钢京唐的生产实践证明，双排式托盘运输系统的创新是成功的。

关键词：热轧钢卷；双排式；托盘式运输；技术创新

The Technical Innovations of the Double Bank Type of the Pallet Conveying System of Shougang Jingtang 2250mm Hot Strip Plant

Wei Fuqiang[1] Liu Tianzhu[1] Li Hongbo[1] Pan Biao[2] Liu Shuqing[2]

(1. Beijing Shougang International Engineering Technology Co., Ltd., Beijing 100043;
2 . Shougang Jingtang Iron and Steel United Co., Ltd., Tangshan 063200)

Abstract: This paper is mainly about the double bank type of the pallet conveying system used in hot strip plant. The latest status of the world first double bank type of the pallet conveying system was introduced. The three normal methods of the hot strip coil conveying system were analyzed. The “bottleneck” problem of the traditional coil conveying systems and their critical defects were explained. The solving plan that the double bank type of the pallet conveying system is optimization was given. The problems that happened during the construction of the world first double bank type of the pallet conveying system were pointed out and the solving methods were given. It has proved that the innovations of the double bank type of the pallet conveying system were successful.

Key words: hot strip coil; double bank type; pallet conveying system; technical innovation

1 引言

2009 年 3 月，首钢京唐钢铁联合有限责任公司（简称首钢京唐公司）2250 mm 热轧工程热轧钢卷双排式托盘运输系统正式投入自动化试运行，标志着世界上首次采用双排式托盘运输系统运送热轧钢卷的尝试取得成功。

双排式托盘运输系统是在双层式托盘运输系统基础上发展而来的最新技术，具有设备基础浅，设备重量轻，制造简单，安装、检修和维护方便，自动化控制方式更为灵活、可靠，车间整洁美观，投资少和运行成本低等优点。现场实际使用情况及首钢京唐公司的使用意见证明，该系统的各项性能均达到了设计要求，得到了首钢京唐公司的充分肯定[1]。

2 常用的热轧钢卷运输方式及分析

常用的热轧钢卷运输方式有步进梁式运输、链式输送机运输、汽车运输、过跨车运输、火车运输及双层式托盘运输[2]。

（1）步进梁式运输。特点是每次行走距离都是1个固定的步距，适用于短距离运输，需要大的液压站，结构复杂，钢卷运输转向时节奏慢，步进梁每走1步都要和钢卷接触1次。

（2）链式输送机运输。特点是在重型运输链上设置鞍座，钢卷被放在鞍座上，但是单根链条的运输距离有限，在2根链条之间以及转向处必须使用结构复杂步进梁，钢卷运输转向时节奏慢。适用于长距离运输。

（3）汽车运输。特点是灵活，但需要专门的车辆、装卸卷天车、道路和驾驶人员。日常维修、保养及人工费用等较高，运输量大时无法满足生产周期的要求。

（4）过跨车运输。特点是运输距离短，节奏慢，但无法满足热轧项目的要求。

（5）火车运输。特点是运输量大、距离长，需要天车，无法直接从卷取机受卷。

（6）双层式托盘运输。特点是钢卷在运输过程中一直存放在托盘样的运输工具中，可以更好地保护钢卷，但设备基础较深，下层辊道检修不便。

由上述分析可见，现代热轧带钢厂可行的用于钢卷运输的方式为步进梁式运输、链式运输机加步进梁式运输及双层式托盘运输3种，这也是近年来新建热轧带钢项目所普遍采用的运输方式。

3 传统式钢卷运输方式的运输节奏问题及双层式托盘运输系统的缺陷

3.1 传统式钢卷运输方式的运输节奏问题及解决方案[3]

传统运输方式主要是采用快速链、慢速链或步进梁的形式。即使是链式运输，在运输转向时也需要步进梁的配合。传统式钢卷运输过程中采用步进梁的转向如图1所示。

转向过程为：入口步进梁将钢卷抬起—入口步进梁前进—入口步进梁放下钢卷—入口步进梁退回—回转台回转90°—出口步进梁前进—出口步进梁将钢卷抬起—出口步进梁后退—出口步进梁放下钢卷。整个过程用时大于100 s，而现代热轧项目的最短生产节奏是60 s/卷，传统的运输方式已无法满足现代热轧主轧线的生产工艺要求。

对于卷取温度很高的某些钢种，在卷取后其成品表面的强度仍然较低。采用接触面积有限的步进梁式运输方案时，步进梁每走1个步距都要和钢卷的外圈接触1次，当钢卷重量较大时，会使钢卷外圈产生不可修复的塑性变形，从而影响钢材的成材率。

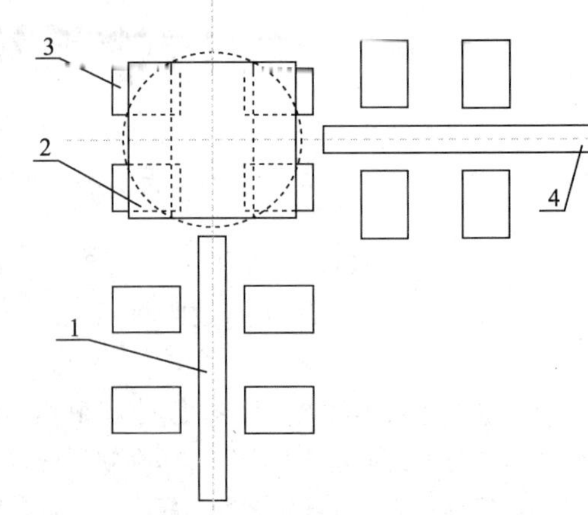

图1　传统式钢卷运输过程中采用步进梁的转向示意图

1—入口步进梁；2—钢卷；3—回转台；4—出口步进梁

解决方案是采用托盘式运输。托盘式钢卷运输过程中的转向如图2所示。

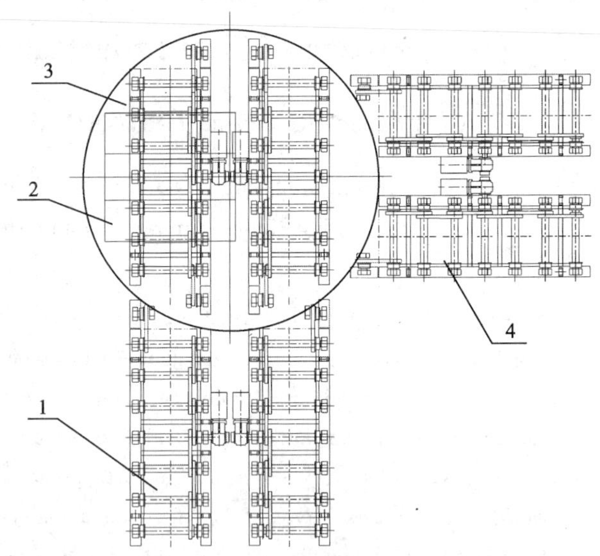

图2　托盘式钢卷运输过程中的转向示意图

1—入口托盘辊道；2—钢卷及托盘；3—回转台；4—出口托盘辊道

转向过程为：入口托盘辊道将钢卷及托盘运送至回转台上—回转台回转90°—承载托盘驶离回转台至出口托盘辊道—回转台反转90°。整个过程用时约为50 s，可以满足现代热轧主轧线的生产工艺要求。

另外，采用托盘式钢卷运输方式，钢卷在整个运输过程中一直被存放在托盘上，与托盘没有相对的位置变动，因此可有效保护钢卷外层，提高成材率。

3.2 双层式托盘运输系统的缺陷

双层式托盘运输系统虽然解决了传统式钢卷运输方式的运输节奏问题，但是也有其致命的缺陷。双层式托盘运输系统的上层为重载辊道，用于运送承载托盘，下层为轻载辊道，用于运送空托盘至卷取区的待机位，如图 3 所示。

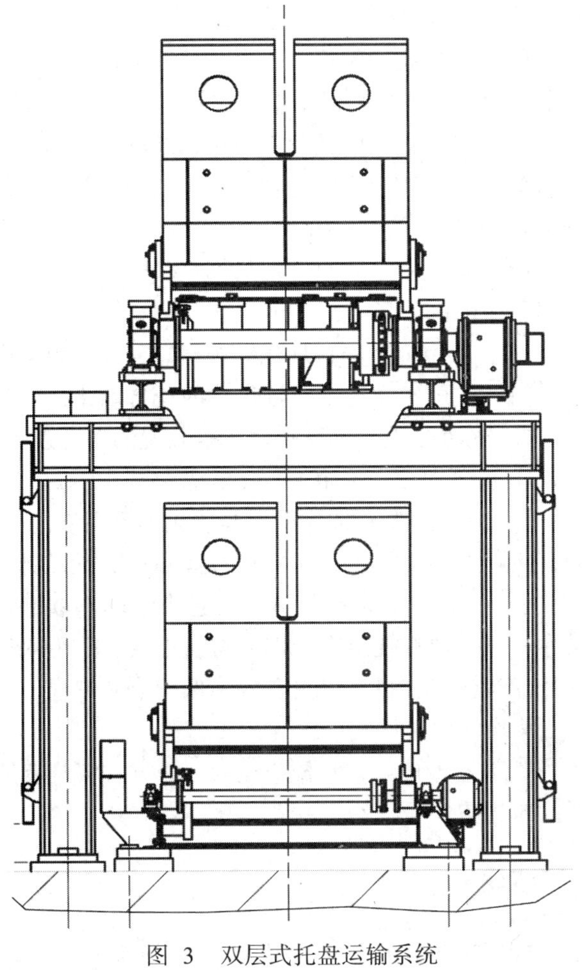

图 3 双层式托盘运输系统

由图 3 可见，双层式结构的致命缺陷是：因受上层重载辊道的阻挡，天车无法直接起吊下层的轻载辊道，造成下层轻载辊道的安装、维护和检修都不方便。虽然天车可以起吊上层辊道，但因为重载辊道的支撑架较高，拆除保护盖板后工人接近重载辊道同样比较困难，所以上层重载辊道的安装、维护和检修也不方便。而且设备基础很深，基础投资显著增加，在设备地基情况本就不好的滩涂地带，这种缺陷尤为明显。

4 双排式托盘运输系统的优点

新改进的双排式托盘运输系统的一侧为重载辊道，用于运送承载托盘，另外一侧为轻载辊道，用于运送空托盘至卷取区的待机位，如图 4 所示。

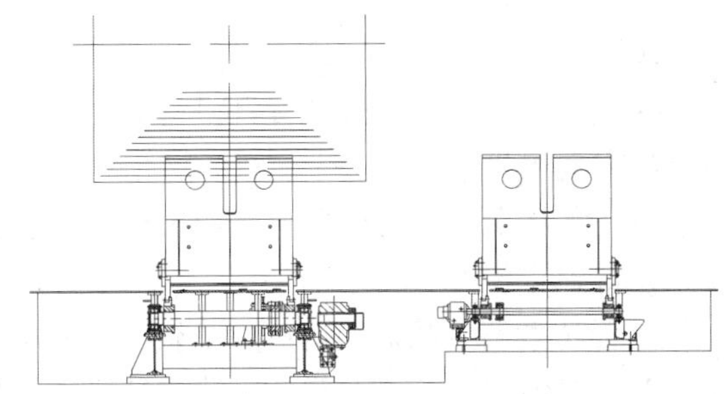

图 4 双排式托盘运输系统

双层式与双排式托盘运输系统的对比见表 1。

由表 1 可见，双排式结构较好地解决了双层式结构的缺陷，如空载辊道检修困难等，同时又保留了双层式结构的优点。虽然双排式的设备基础宽度比双层式宽了约 600 mm，但深度浅了约 3300 mm，且重载辊道和轻载辊道的安装、维护和检修都很方便。

表 1 双层式与双排式托盘运输系统对比

运输方式	设备安装		设备维护		设备检修	
	下层辊道	上层辊道	下层辊道	上层辊道	下层辊道	上层辊道
双层式	困难	较困难	困难	较困难	困难	较困难
双排式	容易	容 易	容易	容 易	容易	容 易

运输方式	设备基础				占地面积	设备重量	卷取区受卷处设备结构	投资
	深度/mm	宽度/mm	断面积/m²	单位面积载荷				
双层式	4000	4400	17.6	大	大	重	较复杂	大
双排式	700	5000	3.5	小	小	轻	较简单	小

注：设备基础的深度、宽度和断面积均为约数。

5 双排式托盘运输系统在建设中出现的问题与对策

京唐钢铁公司 2250 mm 热轧工程双排式托盘运输系统在建设中出现的问题与对策如下：

（1）设备未按期到货及传感器支架设计不周。设备未按期到货，导致调试周期缩短，加上传感器支架设计不周，给前期的打点校线带来很大困难。通过改进设计及精心组织，打点校线和单体设备调试各约 1 个月、联合调试约 2 个月即实现了托盘运输系统的自动化运行，比双层式托盘结构的调试时间至少缩短了 2 个月。

（2）接近开关易损坏。某些特定位置的接近开关在调试阶段容易损坏，且大多为机械性损坏，其原因是接近开关的检测距离太短及安装位置离移动设备太近。调试正常后，接近开关的故障率约为0.05%，虽已经属于比较低的范围，但通过采取加强维护和点检的措施后已降低至0.03%左右。

（3）接近开关振动引起检测信号不良。接近开关的安装支架过于简单，刚性及牢固性均不够，导致接近开关振动及检测信号不良。对支架结构进行修改后该问题得到解决。

（4）部分拉绳编码器出现绳子断裂现象。原因是仪表安装位置不准及拉绳因缺少保护装置而造成机械性破坏。通过严格执行规章制度，该问题得到有效解决。

（5）空载托盘掉落。轻载提升机构上在轻载托盘运行的方向未设置机械限位装置，曾出现因停车失误造成空载托盘掉落的现象，增加机械限位装置后该问题得到有效解决。

（6）无法设置空托盘减速位。轻载辊道采用的是恒速电动机传动，无法设置托盘的减速位，导致托盘在提升、回转和横移等装置前如控制失误则会出现严重事故等问题。在改造过程中把主要部位的空载托盘辊道的恒速电动机修改为变频调速电机解决了这个问题。

（7）DP 网络通讯方式受外界干扰较大。原因是编码器、变频器、称重装置、喷号装置和打捆机均采用网络通讯的形式，且存在网络敷设方式、防电磁干扰和网段分配等不合理问题，在以后新上项目设计时应尽量采用硬线通讯。

（8）检查站调试较为复杂。原因是检查线无法实现完全自动化，尚需摸索、总结和积累经验。

（9）操作箱内部分模块损坏。机旁操作箱离钢卷运输线较近，受到的热辐射较强，导致操作箱内部分模块被烤坏。通过采取隔热和冷却等措施，该问题得到解决。在以后新上项目设计时机旁操作箱应尽量远离钢卷，在操作视线允许的范围内即可。

6 双排式托盘运输方式的创新点

双排式托盘运输方式与双层式托盘运输方式相比，创新点如下：

（1）轻载辊道和重载辊道并排布置，既保留了双层式托盘运输方式的优点，又克服了其致命的缺点。设备基础浅、设备重量轻、制造简单、安装检修和维护方便、车间整洁美观、投资少、运行成本低。

（2）轻载托盘和重载托盘的提升机构分开布置，自动化控制方式更为灵活、可靠，更利于实现运输过程全自动化控制。

（3）横移机构为单层结构，避免了双层式托盘运输方式在横移钢卷时必须采用复杂的结构以不影响空载托盘运输的情况，设备简单、控制方便。

（4）钢卷检查站可满足全部产品的取样及多数产品的表面检查的要求。

（5）自主创新的托盘本体结构既满足了高温重载情况下平稳运输钢卷的要求，又减少了托盘的维护量。

（6）可设置在线自动塔形修正机构，改善钢卷头部和尾部的塔形。

（7）采用全新的自动化控制理念，物流跟踪顺畅、简洁，可实现整个运输过程的全自动化，包括与打捆、称重、喷号和塔形修正等装置的自动连锁。

（8）更加符合冶金流程工程学的要求[3]。

（9）重要部位的空载托盘辊道宜采用变频控制，可降低事故概率，提高整个运输系统的可靠性。

（10）在冷轧带钢领域及有色带卷轧制领域，带卷一直被放在托盘上，即使材料更软，采用双排式托盘运输方式也可以更有效地保护成品带卷，优点更为突出[3]。

基于上述特点，双排式托盘运输方式将具有广泛的应用空间。

7 结论

双排式托盘运输方式是在双层式结构的基础上发展而来的新技术。通过技术创新，双排式托盘运输方式比其他运输方式更趋合理、更加符合冶金流程工程学的要求，其在冷轧带钢及有色金属带卷轧制领域的优点更为突出，将具有广泛的应用空间。首钢京唐公司 2250 mm 热轧工程的实践证明，这种方式是成功的。新建轧制项目在规划阶段应优先考虑采用新型的双排式托盘运输方案。

参考文献

[1] 韦富强.世界首例热轧钢卷双排式托盘运输系统试运行成功.首钢日报[N]，2009-4-20 (第 1 版).

[2] 韦富强. 首钢京唐公司热轧钢卷运输系统研究[J]. 轧钢，2007（6）：36~40.

[3] 韦富强，徐冬.托盘式钢卷运输的冶金流程工程学分析及其应用[J].轧钢，2009（2）：32~35.

（原文发表于《2009 中国钢铁年会论文集》）

首钢京唐 30 万吨/年热轧带钢横切机组工艺及设备的研究与系统集成

赵彦明　韦富强

(北京首钢国际工程技术有限公司，北京 100043)

摘　要：本文分析了首钢京唐 30 万吨/年热轧带钢横切机组的工艺及设备技术参数、电气及自动化控制技术等，并着重分析了其主要技术特点；该横切机组综合技术达到国内先进水平，投产后运行良好，取得了显著的经济效益和社会效益。

关键词：热轧带钢；横切机组；工艺及设备；研究；系统集成

The Process & Equipment Researching & System Integrating of the 300,000 t/a HSCCL of Shougang Jingtang Company

Zhao Yanming　Wei Fuqiang

(Beijing Shougang International Engineering Technology Co., Ltd., Beijing 100043)

Abstract: The process technical parameters, equipment characteristic, electric and automation, especially the main technical characteristics and the run-status of the independent integrated 300,000 t/a hot strip continuously cutting to length line (HSCCL) of Shougang Jingtang Company were introduced. This line is one of the most advanced independent integrated HSCCL in China. It runs well after hot test. And had gain obviously economical and socially benefits.

Key words: hot strip; CCL; process & equipment; researching; system integrating

1　引言

随着首钢京唐钢铁联合有限责任公司（以下简称首钢京唐）2250 mm 和 1580 mm 两条热轧带钢生产线的相继投产，首钢京唐的热轧带钢产量增加到约 940 万吨的规模。这些产品除为首钢京唐 2300 mm 冷轧、1700 mm 冷轧和 1550 mm 冷轧提供原料（约 500 万吨）外，其余热轧成品钢卷直接销售。为了拓宽市场、满足市场需求，首钢京唐投资建设了剪切加工中心。30 万吨/年热轧横切机组即是该中心的热轧带钢剪切线之一。

首钢京唐公司在规划剪切加工中心的前期调研中就将 30 万吨/年热轧带钢横切机组定位于以厚规格、高强钢产品为主的剪切生产线，要求工艺技术水平高、设备能力强、自动化水平高、连续作业能力高，并且全部国内自主集成。为此，北京首钢国际工程技术有限公司在吸收国内外先进工艺技术和设备装备的基础上，自主集成了一条以厚规格、高强钢为目标的热轧带钢横切机组生产线。目前，这条集自主设计和机、电、液、电气传动、自动化设备成套为一体的国内先进的厚规格、高强钢热轧带钢横切机组已在首钢京唐顺利投产。

2　机组主要工艺参数

2.1　设备布置

机组设备布置如图 1 所示。

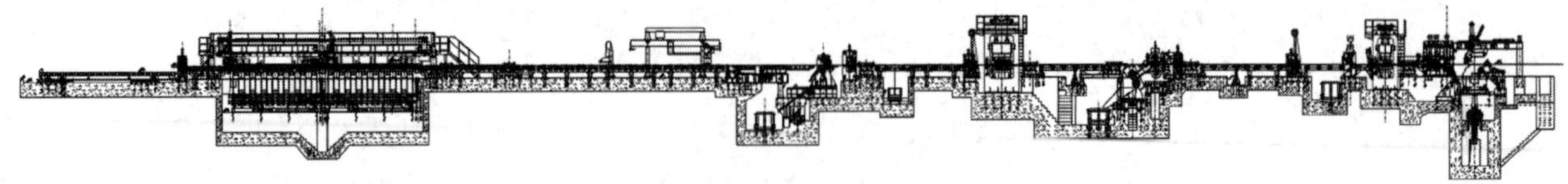

图 1　机组设备布置

2.2　机组工艺流程

合格的热轧钢卷→吊车吊卷至鞍座→钢卷小车运输至地辊站→钢卷测宽测径→拆除捆带→钢卷小车运输至准备站高度对中→钢卷小车运输钢卷至开卷机卷筒→开卷穿带→双夹送辊组→1 号（5 辊）矫直机粗矫→切头剪→1 号刷辊→圆盘剪切边、碎边剪碎边→2 号（11 辊）矫直机精矫→2 号刷辊→带钢上下表面检查→横切跟踪剪（取样、切定尺、切尾）→钢板喷号冲印标识→堆垛机堆垛→升降垛板台→板垛运输机→运输辊道→称重→半自动打捆→吊车吊装下线入库。

2.3　机组工艺参数

2.3.1　原料参数

钢卷厚度：8.0~25.4 mm

钢卷宽度：830~2130 mm

钢卷内径：762 mm

钢卷外径：ϕ1000~2150 mm

最大卷重：40 t

2.3.2　成品参数

钢板厚度：8.0~25.4 mm

钢板宽度：800~2130 mm

钢板长度：2000~16000 mm

板垛质量：10 t（最大）

板垛高度：400 mm（最大）

2.3.3　工艺参数

生产线速度：40 m/min（最大）

穿带速度：0 ~ 15 m/min

生产线标高：+900 mm

生产线全长：约 160 m

年产量：30 万吨

2.3.4　产品范围

主要生产钢种为低碳钢、优质碳素结构钢、高强度低合金钢、深冲钢、汽车用钢、船板、锅炉和压力容器用钢等。钢卷剪切最大抗拉强度超过 1000MPa，矫直带钢最大屈服强度达 850MPa。

3　机组技术特点

（1）机组布置位置合理。该机组考虑了京唐公司 2250mm 热轧和 1580mm 热轧两条生产线的总体布局，将横切机组布置在两条热轧生产线钢卷库的末端。原料卷从热轧钢卷库运出后便可直接进入剪切加工中心，减少了运输成本。

（2）设有自动测宽、测径装置，实现钢卷自动上卷对中。

（3）设有 CPC 带钢自动纠偏系统，实时监测带钢跑偏并加以纠正。

（4）设有切头剪，用于带钢头部的剪切和机组事故状态的剪切。

（5）设有 5 辊粗矫直机和 11 辊精矫直机，具有辊缝倾斜功能和自动辊系更换装置。

（6）设有 2 台刷辊，用于清除钢板上下表面碎屑和渣滓，车间还设有配套的除尘装置。

（7）设有同步性能好的圆盘剪和碎边剪，用于对带钢边部的连续剪切和碎断。

（8）设有横切剪进行动态定尺剪切，保证了生产线高速运转，定尺精度高。

（9）设有动态喷号和冲印设备，便于对钢板进行标识。

（10）设有双垛位的堆垛机，既可实现交替堆垛，又可两个垛位联合堆垛。

（11）设有称重装置，可以实现在线称重并按照实际重量交货。

（12）设有半自动双包头打捆机，可以对板垛实现在线打捆，并预留有手动打捆位置。

（13）配有先进的传动系统和自动化控制系统，以及监控和通讯系统。可实现对物料的全程跟踪和监控。并预留了与三级计算机系统的接口。

4　主要设备特点

4.1　开卷机

开卷机[1]采用悬臂移动式开卷机并配合活动支撑结构。开卷机的卷筒采用四棱锥胀缩式设计，由液压缸实现胀缩，电动机通过减速箱驱动卷筒，整个减速箱和传动机构作为整体可以在底座上移动，由液压缸驱动横移。开卷机还配有 CPC 检测装置，可以根据 CPC 对带钢的检测信号实现在线纠偏对中。

开卷机参数：

卷筒名义直径：ϕ762 mm

胀缩范围：ϕ680~ 790 mm

卷筒长度：2300 mm

CPC 对中横移行程：±150 mm

4.2 矫直机

该生产线配备有 2 台矫直机，1 台采用 5 辊四重式粗矫直机；1 台采用 11 辊四重式精矫直机[2]。矫直机的工作辊具有硬度高、耐磨性好、可承受较大接触应力等特点。为了增加工作辊的刚性，上下工作辊均设置了支承辊。压下装置配有液压平衡机构，消除了压下螺母与丝杠之间的间隙；压下装置还配有 2 个高精度的传感器，可实现工作辊缝的精确调整，保证钢板的矫正质量。矫直机还配有接轴托架和换辊等辅助装置，可以实现辊系快速更换。

粗矫直机参数：

形式：5 辊四重式

最大矫直机力：8000 kN

压下形式：电机—蜗轮蜗杆压下

平衡形式：液压

工作辊规格：ϕ225/ϕ215×2300 mm

工作辊辊距：240 mm

精矫直机参数：

形式：11 辊四重式

最大矫直机力：20000 kN

压下形式：电机—蜗轮蜗杆压下

平衡形式：液压

工作辊规格：ϕ225/ϕ215×2300 mm

工作辊辊距：240 mm

4.3 圆盘剪

圆盘剪由左右两部分剪切机构组成，两侧剪切机构的传动电机通过接轴相连接，进行同步传动。每侧又通过分速箱实现分速，分别对上下刀盘进行驱动。每侧的剪切机构又配有水平间隙调整机构和重合度调整机构。圆盘剪还可根据带钢的宽度要求进行开口度调整，由一台交流电机驱动滚珠丝杠旋转，带动两侧剪切机构同时相向或反向横向移动。由位移传感器检测左右移动量，保证宽度精度。

圆盘剪参数：

刀盘直径：ϕ1000/ϕ900 mm

刀盘厚度：70/60 mm

4.4 横切剪

横切剪为液压式移动剪，它由底座、剪体和横移机构等组成。底座上装有滑轨，剪体可以在滑轨上来回移动。剪体下还装有齿条，由横移机构的伺服电机驱动齿轮齿条，带动剪体前后移动，实现连续剪切定尺钢板。剪体下面装有串联的液压缸，驱动下剪刃向上移动实现剪切，上剪刃固定在剪体上横梁上，入口还设有液压驱动的压板装置、液压马达驱动带尾夹送装置以及入口辊道。剪体侧面还设有剪刃调整机构和剪刃更换装置。在横切剪的出口下方还设有活门装置，可以实现对废料和试样的分选功能。配有专门的高压液压站为横切剪提供动力源，三用一备的液压泵有效地保证了横切剪的连续工作。

横切剪参数：

最大剪切力：2400 kN

最大剪切次数：10 次/min

剪刃倾角：1.5°~2.5°

4.5 堆垛机

堆垛机分为两组，沿生产线前后布置。每组既可以单独控制堆垛（用于生产小于 8m 的钢板），又可以两组联合使用堆垛(用于生产大于 8m 的钢板)。堆垛机由立柱横梁、对中机构、翻转辊道、活动挡板、平台、固定挡板及气动配管等组成。对中机构、翻转辊道、活动挡板及气动配管全部安装在立柱横梁上。每组分别设有一套对中机构、翻转辊道、活动挡板、固定挡板机构。对中机构根据钢板宽度进行调整开口度，由齿轮减速电机驱动左右两侧的丝杠，使丝杠上的左右动梁实现同步打开和闭合，编码器控制位置调整，行程开关限定极限位置。翻转辊道安装在左右动梁上，翻转辊道既可以由电机通过锥齿轮进行集中传动，运输钢板，又可以通过安装在左右动梁上的汽缸，实现辊道的翻转，进而实现钢板下落进行堆垛。活动挡板机构根据钢板长度进行堆垛位置的调整，由齿轮减速电机驱动丝杠旋转，带动丝杠上的活动挡板前后移动，编码器控制位置调整，行程开关限定极限位置。活动挡板上还装有汽缸，可以实现挡板的翻转，接近开关检测位置。固定挡板固定在基础上，由汽缸实现挡板的升降，配合活动挡板完成堆垛。

堆垛机参数：

形式：辊轮翻转，自由下落

开口度：800~2130 mm

堆垛长度：2000~8000 mm（每组单动），8000~16000 mm（两组联动）

5 电气传动主要技术特点

该机组总装机容量约为 3700kW，分为变频调速电机和恒速电机两部分。根据机组的负荷情况，变频电机由一台 2000kW 整流变压器供电，采用公用整流器+公共直流母线+逆变器的供电方式供电。其他恒速电机以及液压润滑等辅助设施由一台 1600kV·A 电力变压器供电，采用固定式配电屏。

传动系统采用具有良好动态特性、高技术性能、模块化的 PWM 控制方式的 SINAMICS S120 传动装置。传动系统速度和转矩的数字化控制可自动优化，PLC 与控制单元的接口将通过 Profibus-DP 网实现。从控制单元到其他驱动组件的通信（如电动机模块、电源模块）将通过 Drive-CLiQ 实现。

6 自动化控制主要技术特点

该机组采用一级和二级自动化系统进行控制，并与首钢京唐三级系统预留相应的通讯接口。基础自动化使用 SIMATIC S7 可编程逻辑控制器（PLCs）用于不同功能，如顺序控制及工艺控制。自动化系统分为几个单独的自动化单元，每个自动化单元包含一个或多个处理模块，每个模块独立控制所需的功能。每个自动化单元都和外围的电气设备连接（远程 I/O）进行检测和执行。

基础自动化系统完成基本的机组生产控制，主要设备功能包括：全线协调、张力控制、自动带钢定位、物料跟踪、逻辑控制、矫直机压下控制、横切剪控制、自动堆垛控制等。而横切剪控制可以实现连续剪切、试样剪切、单剪、尾部优化剪切等功能。自动堆垛控制包括自动堆垛模式、手动堆垛操作、交替堆垛、联动模式和废品堆垛等。

除了由基础自动化系统完成的作业线自动化控制以外，还配有二级自动化系统。主要完成生产过程的工艺功能、材料处理、组织功能、材料质量监督、产品数据、生产线停车、运行记录集报表、通讯等功能。二级自动化系统设有一台运行服务器，基于数据库运行。系统设计为客户机/服务器形式，操作人员通过 HMI 上的图形化客户端进行操作。

为了便于操作、生产管理和维护，设计了强大的预诊断工具，诊断功能分为可视化系统内的诊断功能和过程数据采集系统。可视化显示系统内有相关过程和设备诊断功能、应用软件相关的顺序和逻辑诊断功能以及相关系统的诊断。这些功能相互连接，一旦出现设备的错误运行，系统先是自动引导操作工，然后是维护人员通过不同的级别跟踪到故障的来源。可实现全线诊断、工艺控制系统的诊断、通信状态监控、报警信息存储和画面信息诊断功能。过程数据采集系统可以通过 PDA 系统实现对过程数据的记录、采集、显示和分析。

7 结论

（1）该机组自 2012 年初投产以来，机械设备运行状态总体良好，高低压液压系统、稀油润滑系统和甘油润滑系统以及气动系统工作正常，电气传动和自动化系统工作稳定。

（2）成品钢板矫直效果好，剪切断面平直、断口好，定尺剪切宽度和长度符合精度要求，钢板堆垛整齐。目前已经达到了机组的最大剪切速度，稳定生产出厚度为 25mm 的产品，完成了对 700MPa 强度钢种的剪切。

（3）首钢京唐公司 30 万吨/年横切机组是目前国内自主集成的产品定位高端、自动化水平较高的一条热轧横切机组。

（4）通过该机组的建设，一方面实现了对厚规格高强开平板的市场需求；另一方面在国内自主集成的高水平热轧横切机组的设计、设备选型、成套供货等方面探索出了一条新的道路。

参考文献

[1] 邹家祥.轧钢机械（第 3 版）[M].北京：冶金工业出版社，2000.

[2] 崔甫.矫直理论与矫直机械 （第 2 版）[M]. 北京：冶金工业出版社，2005.

（原文发表于《2012 轧钢生产技术会议论文集》）

托盘式(双排)热轧钢卷运输线液压系统设计理念

秦艳梅

(北京首钢国际工程技术有限公司，北京 100043)

摘 要：托盘式（双排）热轧钢卷运输线为首钢国际工程技术有限公司专有技术，在首钢迁钢和京唐 1580mm 热轧带钢生产线成功应用后，得到了国内外许多著名钢铁厂的关注，技术交流也日趋频繁，先后与韩国浦项光阳 4 号热轧、宝钢湛江 2250mm 热轧、武钢一热轧改造、武钢防城港 2050 热轧等项目前期进行了技术交流，并成功与韩国浦项光阳 4 号热轧签订了供货合同。为其配套的液压系统，起到非常重要的作用。在技术交流中，不同的用户，对液压系统设计有着不同的要求，本文分析了不同用户需求即时变更设计的特点，阐述了任何设计一定要有适应市场需求的设计理念。

关键词：托盘；钢卷运输；液压系统；用户需求；设计理念

Design Concept on Hydraulic System of Pallet Type (Double Bank) Hot Rolled Coil Conveyor

Qin Yanmei

(Beijing Shougang International Engineering Technology Co., Ltd., Beijing 100043)

Abstract: Pallet type (Double Bank) hot coil conveyor is BSIET's proprietary echnology, with successful application of 1580mm hot strip mills for Shougang Qiangang and Shougang Jingtang. It draws attention of many famous iron & steel works at home and abroad, with more frequent technical exchange gradually. Technical exchange in the early stage of the project has been executed with POSCO Kwangyang Works No.4 Hot Rolling Mill in South Korea, Baosteel Zhanjiang 2250mm Hot Strip Mill, WISCO No.1 Hot Strip Mill, WISCO Fangchenggang 2050mm Hot Strip Mill, etc. Supply contract has been successfully signed with POSCO Kwangyang Works No.4 Hot Rolling Mill in South Korea. Its support hydraulic system plays a very important role. During technical exchange, different clients have different requirements on design of the hydraulic system. This paper analyses the requirements of different clients so as to have immediate update on the design, and elaborates that any design has to have a design concept to meet the market demand.

Key words: pallet; coil conveyor; hydraulic system; consumer requirement; design concept

1 引言

热轧钢卷运输线是热轧带钢生产线的后部工序，作用是将带钢经卷取机后形成的钢卷,运输到成品库储存起来。热轧钢卷运输的特点是运输量大、生产节奏快、钢卷重量大（最大卷重 40t）、温度高（最高为 740℃，将来为 850℃）、输运目的的分散（有的需要运往多个热轧成品库及多个冷轧厂的原料库）、运输距离长、平面与立面交叉、物料跟踪和自动化控制要求高(全自动化运行)等。这就要求考虑一种高度的自动化的连续运输方式来解决，首钢国际工程技术有限公司的专有技术，自主研发的托盘式(双排)热轧钢卷运输线技术成功地解决了这一问题。

2 常见的热轧生产线上连续热卷运输方式

常见的热轧生产线上连续热卷运输方式见表 1。

表1 常见的热轧生产线上连续热卷运输方式

运输方式	可靠性	转向结构	设备基础深度/mm	液压站规模	安装调试维护	穿越道路	钢卷表面保护	设备质量	投资
步进梁式	可靠	复杂	-6000	特大	复杂	复杂	不好	大	很大
链条式	一般	复杂	-6000	大	复杂	复杂	一般	小	中
托盘式（双层）	可靠	简单	-3500	很小	简单	简单	好	小	小
托盘式（双排）	可靠	简单	-700	很小	简单	简单	好	小	小

由表可以看出，托盘式（双排）热轧钢卷运输线，钢卷始终在托盘上（鞍座式）、更好地保护钢卷表面质量、设备基础很浅、地面上只有2条缝过人方便、转向处采用转台、转向灵活可靠、可实现超长距离运输、安装调试维护方便、投资小、配套液压系统较小等特点。

3 托盘式（双排）热轧钢卷运输线主要设备组成

重载辊道，轻载辊道，托盘，转台，液压重载提升机，轻载提升机，横移装置，喷号机，称重装置，打捆机前钢卷小车、塔形修复装置，钢卷检查站，喷号机，打捆机，称重装置及检测装置等。其中喷号机，打捆机，称重装置及检测装置等基本为用户自行采购设备。

4 托盘式（双排）热轧钢卷运输线液压设备介绍

4.1 重载提升机

功能：将一段重载辊道连同上面的托盘和钢卷，从地下提升至地面。

液压动作：提升机升降、定位销锁紧、托座锁紧。

4.2 塔形修复装置

功能：对检测到塔形的钢卷进行修复。

液压动作：对中压紧和高度调节。

4.3 钢卷检查站

功能：对钢卷表面质量进行检查，可以单面检查，也可以双面检查。可以在线检查，也可以取样检查。

液压动作：钢卷小车升降、地辊旋转、压辊抬升、开卷导板伸缩、直头夹送辊上辊下辊转动、直头夹送辊下辊提升、直头夹送辊上辊横移、剪切、入口夹送辊、出口夹送辊、钢板翻转夹紧、钢板翻转、废料溜槽、样品移出车、剪刃更换等。不同的用户需求，液压动作会有所改变。

5 液压站能力确定

液压站的能力须满足于生产工艺时序要求的各个液压执行机构工作的最大需求，既要保证压力又要保证流量。液压站能力的大小，直接影响液压站的占地面积和投资。所以确定液压站的能力尤为重要。

由于钢卷运输线液压执行机构较多，工艺时序较复杂，为合理确定液压站的大小，除了要严格执行工艺需求外，还要对液压设备所处的位置综合考虑。用户不同的生产工艺要求，液压站的能力也不同，投资也不同，占地面积也不同。所以在设计液压站之前，必须与用户沟通确定一个合理的工艺流程，以最经济和合理的设计，减少一次性投资、节能、减少投产后的维修量和维修费用。

（1）首钢迁钢1580mm热轧项目，托盘运输液压站需同时满足重载提升机、打捆机前钢卷小车和钢卷检查站动作，液压站系统流量为1474L/min。

（2）首钢京唐1580mm热轧项目，托盘运输液压站需同时满足重载提升机和钢卷检查站动作，液压站系统流量为1246L/min。

（3）宝钢湛江2250mm热轧技术方案，托盘运输液压站需要同时满足重载提升机、塔形修复装置和钢卷检查站动作，此时液压站能力为最大，系统流量约为1466L/min。

（4）韩国浦项光阳4号热轧项目，托盘运输液压站的能力需满足重载提升机和塔形修复装置和检查站同时工作，但用户要求检查站动力源由蓄能器来完成，这样液压站能力就较小，系统流量为682L/min。

（5）塔形修复液压站。如果塔形修复装置的位置离液压站较远，管路沿程压力损失会较大，且塔形修复执行机构入口压力比较高，动作不频繁，故需要设置单独的一个小液压站提供动力源比较合理，以减小主站系统压力，达到节能设计，可采用比例泵控制。如果塔形修复装置的动力源由主液压站供给，可采用比例阀控制。

6 蓄能器的选用和位置设置

托盘式钢卷运输线配套的液压系统，不是一成不变的，根据不同用户需要和液压系统各装置的位置不同，蓄能器的设计选用和位置也是变化的。

托盘运输系统中重载提升机和液压剪所需流量都非常大，最大达665L/min,换向冲击大，故该系统的蓄能器计算主要是满足吸收液压冲击，但是也有不同。

（1）首钢迁钢1580mm热轧项目，全线液压系统的蓄能器均为皮囊式，故本系统采用皮囊式蓄能器。液压站布置在地面上，重载提升阀台放在地下，检查站阀台放在地上，由于重载提升缸和剪切缸流量较大，换向冲击大，液压站主泵的能力能够满足工艺要求，故该项目的蓄能器的主要功能是吸收液压冲击，采用1套4×50L和1套2×50L皮囊式蓄能器组，且分别设置在每个阀台边上。

（2）首钢京唐1580mm热轧项目，全线液压系统的蓄能器均为皮囊式，故本系统采用皮囊式蓄能器。液压站放在地面上，重载提升和检查站阀台均放在地下，该项目的蓄能器的主要功能也是吸收液压冲击，由于2个阀台位置较近，故采用一套1×60L皮囊式蓄能器组，设置在2个阀台中间。

（3）韩国浦项光阳4号热轧项目，用户要求采用柱塞式蓄能器。由于该项目的检查站动作要求由蓄能器完成，故此时的蓄能器，既要作辅助动力源，又要吸收液压冲击，必须通过计算，对预充气压力、蓄能器及氮气瓶数量严格计算才能满足要求。由于重载提升阀台和检查站阀台均设置在地上，为保证供给动力源的快速响应，配置1套2×120L（柱塞式蓄能器）+4×50L（氮气瓶）组成的蓄能器组，放在检查站阀台附近。

7 节能设计

7.1 电机功率的计算

液压系统主泵电机的计算看似简单，实际计算中需要注意的很多，通过核算过国内外很多液压系统的泵电机功率，得出的结论是电机功率选型偏大的系统为多，尤其是国内的设计，所以在提倡环保节能的时代，计算电机功率既要满足使用要求又要考虑节能，这才是最合理的。

由于托盘运输液压该系统执行机构比较多，单缸流量差异较大，输入功率差别也较大，且功率持续最大阶段时间较短为14~20s之间，故计算循环周期的等值功率，按等值功率选择电机即能满足要求。

7.2 液压泵出口压力计算

为了保证每个液压执行机构入口的工作压力，需要计算每条回路由液压泵出口到液压执行机构入口处全部的压力损失和管路沿程损失，留出一定的裕量，确定液压泵的出口压力，再合理的计算电机功率，以达到节能设计。

在选用液压元件时，必须特别注意各元件的压力流量曲线，合理的选用，才能既满足流量要求，又满足系统压力要求。

8 安全性设计

8.1 液压站高压管路卸荷

在液压站的高压管路上设置一个电磁换向阀，可实现高压管路自动卸荷和手动卸荷，在故障时保证在不停液压泵的情况下，使系统卸荷。

8.2 蓄能器组入口压力切断

在蓄能器组的压力油入口管路上，设置一条由插装式单向阀，梭阀盖板和电磁换向阀组成的卸荷回路，用以实现蓄能器入口的压力油自动卸荷，切断蓄能器压力油与主管路的压力油通路，可以避免在检修或非工作情况下的系统存在高压油供给的危险性。

8.3 阀台入口压力油卸荷

在阀台压力油入口管路上，设置一条由插装式单向阀、电磁换向阀和压力继电器组成的卸荷回路，该回路可切断阀台的压力油的供给，实现阀台入口压力自动卸压，可以避免在机械设备紧急停车、检修或非工作情况下阀台高压油的供给，避免由于误操作带来的设备和人身的事故。

8.4 更换剪刃的维修模式

当更换剪刃时，在主操作台上采用维修模式，该模式下剪切缸的动作由单独的一条带有二级锁定功能及换向阀位置检测回路控制，此时将阀台其他所有电磁阀断电，包括液压剪工作主回路，绝对保证更换剪刃时的安全性。

9 投资概算的经济性

液压系统元件品牌很多，价格差异也很大。由于托盘液压系统是热轧生产线的后部工序，又是专有技术，一般为独立标段，这就要求在技术交流阶段，向用户询问元件的选型问题，目的有两点，一是实现全线备件统一，二是可以控制投资概算的经济性，保证技术交流的实效性。

10 优化设计

经过几个项目的实例应用，总结了很多经验，优化了许多设计，在不断扩大的应用中，不断改进，使设计更加完美，更好地为用户服务。

10.1 提高钢卷检查后的成材利用率

为了提高钢卷检查后的成材利用率，在设计中改变了压辊装置的设备工艺布置、液压缸的位置及出力方向。经重新设计和计算液压回路，保证压辊工作的稳定性。

10.2 提高开卷导板工作的可靠性

开卷导板工作的难题是如何使导板铲头很好地与钢卷贴合，既不损伤钢卷表面，又能顺利开卷。在已应用项目的使用中发现会出现铲头与钢卷压得过紧损伤钢卷或者铲头与钢卷间隙增大，带头上卷，不能正常开卷。为解决此问题，改变了液压缸的位置检测方式，液压回路上增加了调压装置及锁定控制，既能保护钢卷表面质量不受损伤，又保证了正常开卷，提高了开卷导板工作的可靠性。

11 结语

本文着重从几个方面介绍了托盘式热轧钢卷运输线液压系统在不同的工程中有不同的设计配置、设计特点及设计改进，阐述了任何设计都需要根据用户的需求，全方位的满足用户的工艺、使用和维护的需求，力争做到节能、安全和经济，为用户提供最优化的设计产品。

参考文献

[1] 韦富强.首钢京唐钢铁公司热轧钢卷运输系统研究.[C]//2007 中国钢铁年会论文集,2007.

[2] 成大先.机械设计手册 (第 4 卷)[M].北京：化学工业出版社, 2006.

连续热轧带钢生产线地下室综合管网设计

张 雪 于沈亮 张彦滨 秦艳梅 李 磊

(北京首钢国际工程技术有限公司，北京 100043)

摘 要：热轧生产线的地下室综合管网设计是一个系统设计工程；人性化的设计要求是当今技术发展的趋势。设计流程、设计组织结构、设计标准和设计规范的建设是设计组织者的首要工作。

关键词：设计的基本原则；工程设计组织的关键点；设计组织管理中需要完善的问题

Piping Design in the Cellar for Hot Strip Mill

Zhang Xue Yu Shenliang Zhang Yanbin Qin Yanmei Li Lei

(Beijing Shougang International Engineering Technology Co., Ltd., Beijing 100043)

Abstract: Piping design in the cellar for hot strip mill is a design engineering, where humanistic design is trend. Design current, organized construction, design standard and design criterion is the major work in the engineering.

Key words: basic rule of design; key point at engineering processing; improvement at engineering organization

1 引言

现代化的热带轧机生产线是一条连续的生产线。在全连续的自动化控制系统控制下，整个生产过程中的所有相关的机械、电气、液压、润滑、除鳞、冷却水、通风、除尘等等，都必须严格按规定的控制要求，准确、快速地完成各自的控制任务。任何一点的延迟、偏差都可能直接影响到对产品质量的控制结果，严重的会直接导致全线停机，造成废品，降低轧线的年产量。因此，在轧线的整体工艺设备布置的显著特点是：

全轧线的设备布置和设备间距必须严格根据工艺轧制程序的计算结果进行布置；设备的技术性能也必须与产品轧制控制要求相吻合，达到高轧制能力、高自动化、高控制精度、高速度、高可靠性。

为保证机械设备的快速、准确控制，大量采用了的液压、润滑、水、电气、自动化等控制系统和控制设备。其连接管路、线路，必须直接连接到设备上，控制设备要尽可能地靠近设备。

轧线长度的限制，决定了90%以上的液压、润滑、水、电气、自动化等控制系统的管线、电缆和控制设备必须布置在轧机地下室内。

因此，全轧线的管网设计，尤其是地下室综合管网设计必须是一个综合了工艺、设备、土建、液压、电气、自动化、水道、通风等多专业的系统设计工程。

2 地下室综合管网设计的基本原则

2.1 设备布置原则

（1）设备布置要集中，要满足合理的地下室介质系统(含液压、润滑、水)、通风系统、消防系统对设备布置、管线布置及操作维护空间的要求。确保土建基础、系统设备、管线之间不发生干涉、碰撞现象。

（2）按系统控制流程布置设备和各种控制元件。

（3）控制阀组尽可能地靠近控制设备。力求设备与控制阀组的联通距离最短，响应最快，通讯最快。

2.2 操作空间设置原则

（1）便于元件的检修、更换。轧机介质控制系统的大部分管线和控制阀门均布置在地下室内。数十根管线及管线上的各种控制阀门要在一个不大的空间内，交错布置在侧壁、空中或悬挂在梁柱上。故阀门周围空间是否满足拆卸时所需的扳手操作空间和搬运空间要求，是设计中应予以考虑的重要内容。

（2）便于设备的监控和调整。由于轧机设备周围的空间紧张，故很多介质系统的控制阀门和监测仪表均布置在地下室内，其所在的位置是否便于操作工观察、调整，是设计中应予以考虑的重要内容。

2.3 设备吊装、检修的空间和吊装设备的设置原则

（1）环形连接。地下设备以介质系统泵站和控制阀门为主，布置区域集中，质量较小，检修频率高。在设计上，检修设备多以单轨电动葫芦为主，通过曲线或环形单轨梁将各设备区连接起来，最后接到检修吊装区。单轨梁的路径设置以满足大型易损件的更换为主。单人或双人即可实现更换的设备原则上不单独设置吊装设备。

（2）通道连续。必须确保各设备布置区域的通道与检修吊装区相互联通。通道宽度满足更换设备的运输要求（不小于 0.8m）。

2.4 人性化的环境设计原则

（1）环境温度和空气质量适宜于人员的操作、巡检和维护。室温小于 38℃；通风换气次数大于 3 次/小时。

（2）控制盘的显示和设置更适宜于人员的观测，有更宜于人员操作的人机对话功能。设置对讲机、系统运行状态显示屏。设置区域摄像监控。

（3）管线的设置美观，整齐，管路功能和路径显示清晰。

（4）巡检通道连续，宽敞。布置上尽可能减少横穿巡检通道的管线，以减少平台、过桥的设置量。在安全出口/安全门与设备之间要留有足够大的人员逃生安全空间（平面）。同时，也要留有一定的视觉空间，减少空间压抑感。

3 工程设计组织的几个关键点

3.1 要先期确定满足工厂总图对轧线主厂房的能源介质和供电分界的接点（TOP）

常规工程设计中，总图设计要首先确定附属供水、供电、能源介质设施的总图方位。但准确的定位须考虑到车间主厂房的能源介质、供电设备及管线布置的合理性要求。初步的地下室土建基础范围、设备布置、主要介质管线布置、渣沟布置、电缆通廊布置等方案，是确定合理的 TOP 的必要条件。

3.2 要满足土建基础施工图设计先期完成的要求

以首钢迁钢热带轧机生产线为例，要求合同签订后的 3 个月发出打桩图，4~6 个月发出地下室 −8~−4m 大底板图，8~10 个月发出地下室−4m~±0.00 基础模板图。因此，地下室综合管网的设备布置、主要管路布置方案和各接口孔洞位置等部分工作，必须在设计的第一时间（开球会）开始，才能同步准确提供满足土建发图要求的液压、电气、自动化、水道、通风等多专业的孔洞、基础、埋件、电缆通廊的基础资料。

3.3 要满足合理的设备布置、管线布置及操作维护空间的要求

地下室介质系统(含液压、润滑、水)、通风系统、消防系统的设备布置、管线布置及操作维护空间的合理布置，是确保土建基础、系统设备、管线之间不发生干涉、碰撞现象的根本保证，也是现代化工厂人性化设计，最大限度地满足未来生产维护、检修要求的保证。

3.4 要满足合理的电缆桥架和电缆套管布置的要求

在满足合理的地下室介质系统(含液压、润滑、水)、通风系统、消防系统的设备布置、管线布置的基础上，对充斥在地下室内，如蜘蛛网般的电气、自动化控制系统的电缆桥架和电缆套管，进行合理的布置。鉴于电气系统设计通常滞后于轧线设备设计进度，设计中可按如下原则确定方案：

（1）按同类工程类比方式确认混凝土电缆通廊的路径和断面尺寸。在可能的情况下，确保电缆布置空间、消防喷头布置和人员通行的要求。尤其是交叉点处动力电缆的交叉布置空间。电缆通廊断面一般不小于高 2.2m、宽 1.8m。

（2）混凝土电缆通廊应尽可能与主电室联通，构成环形通道，避免形成盲肠结构，给消防出口楼梯的设置造成困难。

（3）对无法确定的电缆桥架布置，可在先期管网设计中，按电气专业初估路径区域，在靠近顶板的空间处留出 1.2~1.5m 的范围，作为未来电缆桥架设计的布置空间。

（4）设备接线电缆埋管位置要避开排污沟。横穿各种沟道时，必须低于沟底标高。如有可能，要避免横穿沟道。为此，电缆桥架应尽可能布置到用电设备附近的 1.2~1.5m 预留桥架布置空间内，而后沿土建支柱或基础墩接入基础。

3.5 制定完整的设计时间表，使各方面的技术资料满足地下室布置的要求

设计中必须根据全轧线设备、介质系统、供电系统、自动化控制系统的设计分交方案，认真做好各部分设计资料的交付内容、交付时间的时间表，避免资料深度和交付日期延迟的原因，造成设计延期和返工，影响设计进度。

3.6 制定完整统一的技术设计规定

明确设备和管线布置的设计原则、元件选型原则。主要包括：

（1）介质系统的管路支架和管路固定的规定。

（2）电气控制柜的功能和位置的规定。电缆桥架和套管的布置规定。

（3）各种介质系统管线的选型标准，包括：压力等级、管子外径、管子壁厚、管子材质、管材的标准号等。

（4）标准元件的选型标准。包括公称通径、压力等级、连接方式、型号、厂家或标准号。

（5）各介质系统管路编号的规定。可采用下列排列方式：

系统代号 AB—C/D—E—F—G

代号解释：

A：介质代号

HY——液压系统

LO——稀油润滑系统

GR——甘油润滑系统

GRF——甘油润滑补油系统

GFR——辊缝润滑系统

HP——除鳞系统高压管（G）

DC——浊环水系统

IC——净环水系统

FF——消防系统

CW——制冷水系统

WW——废水系统

IW——工业水系统

ST——蒸汽系统

CO——冷凝水系统

IA——压缩空气系统

NI——氮气系统

O2——氧气系统

B：系统分类号

液压系统

01——板坯秤液压系统

02——加热炉出钢机液压系统

C：主管管子号：对某一系统的主管进行顺序编号，表示某一系统的第几根主管

D：支管管子号：表示某一主管的第几根支管

E：管子尺寸：外径×壁厚（mm）

F：系统压力：单位 MPa

G：管路功能分类代号：

P——液压、润滑压力管

X——液压、润滑控制油管

O——液压、润滑回油管

L——液压、润滑泄油管

HP——高压水管

LP——低压供水管

R——回水管

示例：HY01—05/01—52×5—15—P

解释：板坯秤液压系统第五根压力油管第一根支管，管子尺寸为ϕ52×5，压力为 15MPa。

注：（1）图纸上已表示清楚时，编号可以简化或省略。

（2）液压系统中电阀组到油缸间的管路，对“C／D”项作如下规定：接油缸有杆腔的管子号以奇数表示，如 1、3、5、…；接油缸无杆腔的管子号以偶数表示，如 2、4、6、…

3.7 构成完整的组织管理机构——介质模板组

3.7.1 介质模板组的组织结构

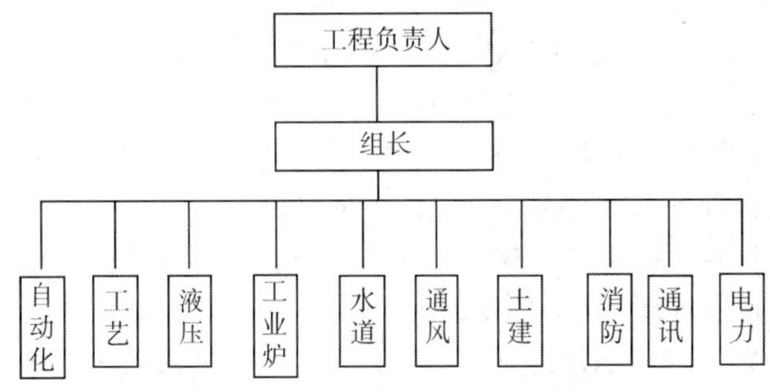

图 1 介质模板组组织结构

3.7.2 操作流程（见图 2）

3.7.3 管理模式说明

（1）模板组成员是整体设计方案设计和调整的确定者。各专业问题由小组成员内各专业代表汇总，并将确定结果下达各专业进行修改设计。原则上，各专业设计人员不直接介入总体方案讨论，具体问

题可临时请具体设计者参与讨论。

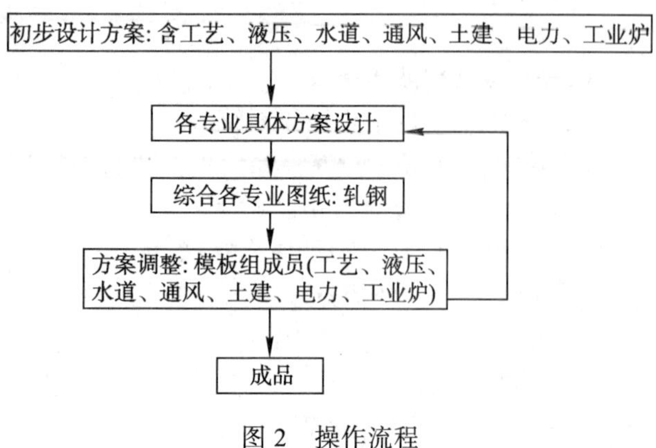

图 2　操作流程

（2）每周召开模板组例会，确定问题的落实情况，讨论设计中出现问题的解决方案，研究下一步工作安排。原则上模板组例会上的决定作为各专业调整工作的依据，各专业需据此完成本专业设计和互提资料工作。

3.7.4　介质模板综合组工作的主要内容

（1）在车间工艺平面布置方案确定的基础上，确定包括主电室、制冷站、轧辊间、除尘机房等在内的附属设施与地下室的衔接关系和地下室的 BOX 基础范围。综合组只是按这部分方案的讨论和确定的工作内容进行自身工作。

（2）确定地下室内所有液压、润滑、除鳞、层流、冷却水、通风、消防设备和气动控制设备的初步布置方案。在此基础上，确定与整个热轧工厂总图布置相关的介质、电、渣沟的供、回接口的初步位置方案，并协助土建确定桩基图。前提条件是设备供应商的接口布置方案必须在设计分交时与我方统一意见。

（3）在接到设备供应商的相关资料的基础上，确定与整个热轧工厂总图布置相关的介质、电、渣沟的供、回接口的断面和定位尺寸；各介质专业完成设备总轮廓图，确定地下室内所有液压、润滑、除鳞、层流、冷却水和气动控制设备的布置，提出相应的埋件和土建基础资料。

（4）确定地下室防火分区、相关的通风、消防的设备布置和管线布置，提出相应的埋件和土建基础资料。

（5）确定地下室内为各主机设备和附属设备的供电、通讯、控制电缆管线和电缆通廊的布置，提出相应的埋件和土建基础资料。

（6）结合机械设备配管设计接口的资料要求和土建基础，进行地下室液压、润滑、冷却水、通风、消防、气动、电缆管线、电缆通廊的综合管网布置、吊装设备布置设计。

注：其他土建模板图的资料问题不在本组范围内。

3.8　立体化介质系统管理

利用三维管网设计，实现三维碰撞检查，将现场施工过程中可能出现的各专业设备、管网、土建基础等的碰撞问题，解决在设计过程中。从而减少现场施工的返工，尤其是土建基础的凿除。

4　需要注意的几个问题

4.1　通风系统的设计

通风系统的风量取决于通风区域的设备发热量、外部空气温度和空间的大小。计算过程中，不仅要考虑热量的交换能力，也要兼顾到换气量对地下室空气环境的影响。但如风量过大，通风管道的占用空间会很大，影响地下室管网布置，尤其是单轨吊梁和电缆桥架的布置。在加大风量的状况下，通过改善风管结构，提高风压，减小风管断面是对通风系统提出的新课题。通风系统的设计可考虑多区共用一套系统、一区多系统、一区一系统等多种灵活配置。但以设备型号统一，风管断面统一，风管路径最短为基本原则。由于轧钢生产线的工艺特性，通风系统取风口要设在厂房墙皮外；地下室排风口要设置在远离轧线的厂房墙皮内的厂房柱间，避免影响地面通行，同时也可以补充厂房的通风量。故地下室内的风管出风口一定要设置在靠近轧制中心线一侧，保证空气的自轧线向厂房柱单向流动。绝对不能将地下室排风口接通到渣沟中。否则，由于渣沟内瞬时风压高于地下室，会出现水、汽倒灌到地下室的问题。

4.2　电缆路径的设计

电缆路径的设计要对称、均衡。避免局部电缆聚集，空间紧张，而其他部位空间大幅空置的现象。这一点集中表现在加热炉过轧线、精轧机前过轧线、高压水除鳞系统过轧线、卷取机前过轧线的电缆配线交叉点上。这要求在进行主电室的设备和其地下电缆夹层内的电缆布置设计时，一定要兼顾到主轧线地下电缆通廊的布置设计。要将电缆均匀分布到各个穿轧线的电缆通廊内，减少交叉点的电缆数量。

4.3　消防分区的划分

地下室内的设备布置在考虑尽可能将同一被控制设备的介质系统置于同一分区的同时，要兼顾到消防对防火分区面积的限制规定，采用自动消防系统的分区面积不得超过 1000m^2。每一分区按防火等级的划分，安全出口和通地面楼梯间的数量，要求各不相同。因此，分区面积、分区间安全门、分区内楼梯间的设定，要充分考虑这一要求。而楼梯间位置的设定，与地面工艺设备的布置有着很大的关系，必须上下兼顾，统一考虑。

4.4 除鳞系统泵站设备的布置

除鳞系统的用户点沿轧线分布在 230 多米的范围内，系统压力高达 28MPa。布置无论是从投资还是从管路布置设计上考虑，泵站设备都要以居中和贴近轧线为基本原则。由于除鳞泵组重量大，体积大，其检修、吊装必须考虑利用主厂房的天车完成。故每台除鳞泵组上方必须考虑设与泵组外形相当的吊装孔。考虑到泵组设备的润滑回油问题，泵设备基础标高与油箱标高的高差，要在初期地下室表面标高设定时预先加以考虑。热带轧机的除鳞系统通常有泵+蓄能器的组合设计。蓄能器的高度一般会大于 8m。考虑到罐顶安全阀等的设置空间，蓄能器通常会高出车间地坪。故其布置位置一定要放在车间边部的厂房柱间；同时要避开厂房的柱间支撑结构，以便于留出初次安装时的汽车吊杆的起升空间。蓄能器的安全阀排气口要设置在厂房墙皮外的安全高度以上。除鳞管道管夹的固定埋件，一定要考虑到水锤冲击力的负荷要求，布置在有足够强度的土建基础上。

5 设计组织管理中需要完善的几个问题

5.1 建立规范完善的全院性的顺行设计组织结构

从工程前期的工艺柱网和设备总体布置设计开始，就要考虑三维模型的建立，而且有一个统一的基准原点。各专业各阶段的设计都要在三维环境下进行。PW 共平台设计是一个很好的管理手段。各专业之间的协调管理和相互关系要有一个规范性的管理流程和规程。

5.2 完善计算机软件、网络和硬件的配置和管理标准

三维设计文件的信息量巨大，目前各专业设计人员的计算机配置不足以运行如此大的设计文件，尤其是综合管理专业。因此，计算中心的设备能力、网络资源的利用、各级管理人员的使用权限、标准模型库的建立和管理等，都需要有一个综合的考虑和管理规范。

5.3 建立完善的全院性的三维设计流程和管理规范

三维设计是一个全新的设计方式和理念，在设计流程和不同设计阶段的设计要求上都需要有较大幅度的改变。只有在设计流程中各个阶段的设计产品都能达到三维设计的要求，才能形成真正的三维设计产品，满足其扩展应用的要求。

5.4 建立三维设计人员的业务标准规范

设计人员具备三维设计能力是实现三维设计的基础。设计人员使用软件的能力，设计过程中应达到的设计深度、设计内容、设计速度、三维设计范围等，均应有相应的规定。

5.5 建立完善的文档管理规范

三维模型和标准模型库是形成规模化三维设计的基础；各设计阶段三维模型的管理是实现系统化三维设计管理的基础；三维图形的出图规范是三维设计投入具体使用的保证。为此，必须在三维设计的开展前完善文档管理规范。

6 结语

热轧生产线的地下室综合管网设计是一个包含了众多专业和设计规范的系统设计工程；人性化的设计要求是当今技术发展的趋势。因此，设计流程、设计组织结构、设计标准和设计规范的建设，是设计组织者在设计开始和整个过程中的首要工作。只有这样才能做出优质的设计成品。

（原文发表于《冶金设备》2010 年增刊）

高压水除鳞系统中的喷嘴选择

张　雪　于沈亮　张彦滨　张　艳　杨　鑫
(北京首钢国际工程技术有限公司，北京 100043)

摘　要：高压水除鳞的机理和喷嘴选择设计。

关键词：除鳞打击力的分布

Spray Nozzle Choice in High Pressure Descalling System Design

Zhang Xue　Yu Shenliang　Zhang Yanbin　Zhang Yan　Yang Xin
(Beijing Shougang International Engineering Technology Co., Ltd., Beijing 100043)

Abstract: Mechanism of high pressure discalling and nozzle choice.

Key words: distributing of spray nozzle

1　引言

在热轧带钢生产过程中的很多工序中，会产生不同种类的氧化铁皮。能否最大限度地除去轧制过程中所产生的氧化铁皮，实现最优化产品表面质量控制，是热轧生产线一个非常重要的技术性能指标。

由于热轧变形需在铁碳相图的上端相变线以上区域的温度下进行，钢坯必须被加热到 1150~1250℃，在周围空气的影响下势必要形成氧化铁皮。主要包括加热炉加热后产生的一次氧化铁皮，其次是轧制过程中产生的二次氧化铁皮。氧化铁皮的形成主要取决于温度。所以在热轧过程中，带钢表面也会产生氧化铁皮。即便在低温卷取时，由于带钢边缘在其较长的冷却过程中与周围空气的接触时间较长，也会产生氧化铁皮。大多数的研究结果表明，在高温下所形成的氧化铁皮是由氧化亚铁，四氧化三铁和三氧化二铁的混合物组成。虽然氧化铁皮层很薄，但其结构是呈层状结构，层组成为：最表层——离基体最远的富含氧的三氧化二铁相（Fe_2O_3），大约占整个氧化铁皮的 2%；中间层——为四氧化三铁（Fe_3O_4），为非化学价结合的铁氧化合物，较致密，约占 18%；最里层——最靠近基体的富含铁的疏松的氧化亚铁相（FeO），约占 80%。据奥钢联分析研究认为，大量的四氧化三铁是在粗轧机处较高温度时形成的，并随着带钢的轧制，四氧化三铁层逐渐被轧薄。然而，在较低温度下，各种氧化铁皮的生长速度是不一样的。有文献中报道在 700~900℃时所形成的氧化铁皮中氧化亚铁/四氧化三铁/三氧化二铁的比率为 95/4/1。在 570℃以下时，氧化亚铁是不稳定的，将分解成四氧化三铁和铁，其反应方程式为：$4FeO \rightarrow Fe_3O_4 + Fe$。随着钢种的不同和轧制温度的不同，以及存放时间的长短和周围的气氛不同，各氧化铁皮相所占比率有些差异。一般来说，轧制温度越高，带钢越厚，氧化铁皮量也越多。

通常状况下，热轧生产线将在加热炉出口、粗轧机的进出口、精轧机入口设置高压水除鳞装置，除去加热过程中的一次氧化铁皮和轧制过程中产生的二次氧化铁皮。

2　高压水除鳞机理主要有以下几种方式

2.1　破碎

利用除鳞水的高动力冲击能打碎钢板表面的鳞皮，实现氧化铁皮鳞片的破除，如图 1 所示。

2.2　剥离

利用除鳞时瞬间的水蒸气膨胀，以及因除鳞时

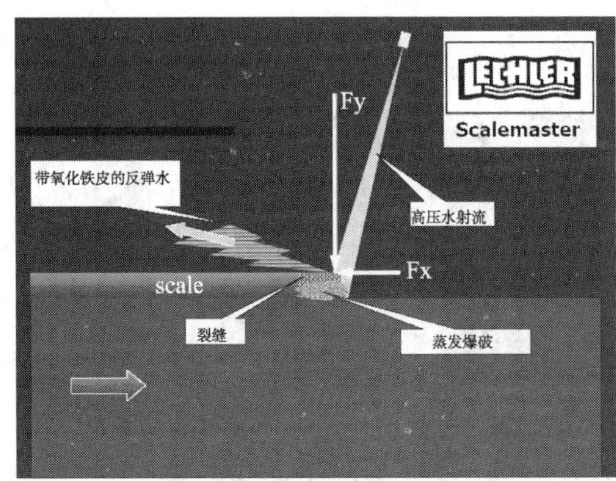

图 1　高压水除鳞机理

所形成的类似冲击性淬火的工况所形成的鳞片和钢材的不同收缩率，实现鳞片与钢材的剥离和破鳞。

2.3　冲洗

将鳞片从板材表面冲洗到板材两旁，落入渣沟。

3　除鳞喷嘴的选择方案

3.1　除鳞喷嘴选择的基本原则

3.1.1　除鳞质量高

用稳流器使喷流的形状更薄、更均匀，以使打击力更高，且分布更均匀，得到更好的除鳞效果，如图 2 和图 3 所示。

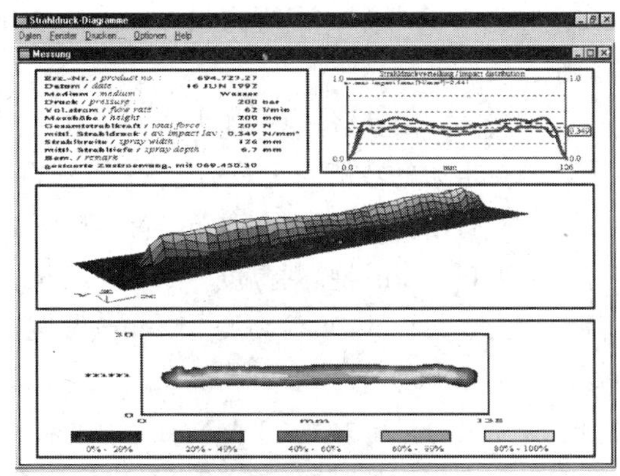

图 2　除磷效果

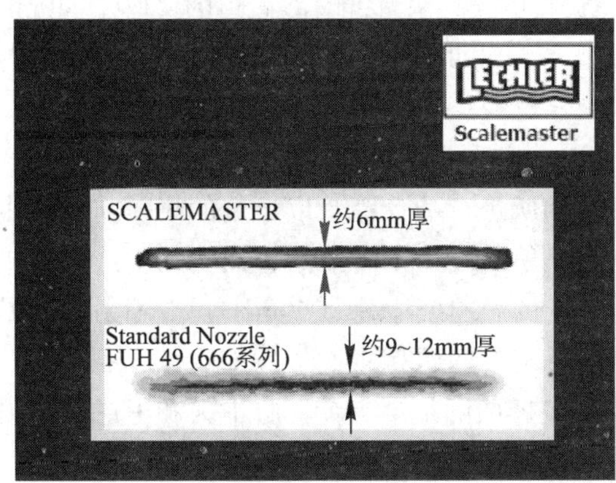

图 3　新旧喷嘴的区别

3.1.2　生产效率高

采用设在喷嘴上的过滤器，减少水中杂质对喷嘴的磨损，提高喷嘴使用寿命，减少停机更换喷嘴的次数，如图 4 所示。

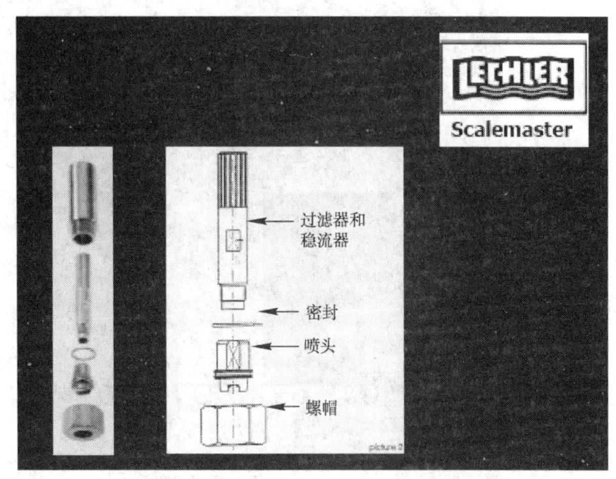

图 4　Scalemaster 组装图

3.1.3　能源消耗少

同等供水压力并得到同等打击力的条件下，高性能喷嘴的流量较小，所需泵站流量小，节能效果好，如图 5 所示。

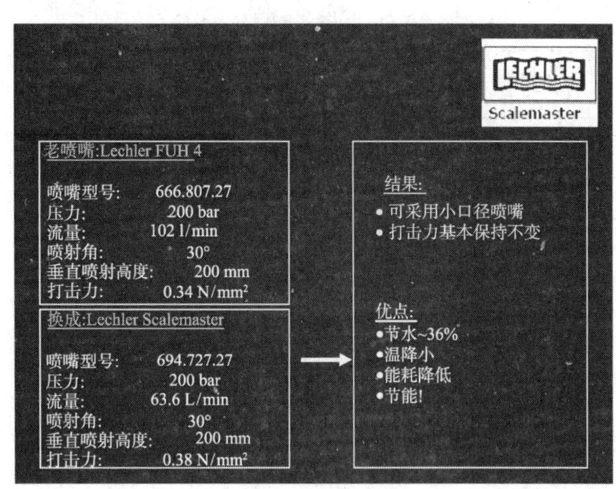

图 5　Scalemaster（694、644 系列）与 FUH 4（666 系列）的比较

3.2　喷嘴布置的选择计算

3.2.1　喷嘴喷射角度的选择

同等供水压力、喷嘴流量、所需除鳞覆盖宽度和喷射高度的条件下，喷射角度越小，喷射宽度越小，打击力越大，喷嘴数量越多，总集管供水流量越大。

3.2.2　打击力的变化规律

打击力与流量和水压的理论计算公式如下：

$$F(N)_{theor} = 0.236 \times flowrate(\mathrm{L/min}) \times \sqrt{p}$$

$$F(N)_{eff.} = F_{theor} \times 0.85$$

原则上除鳞效果与各参数的对应关系见表 1。

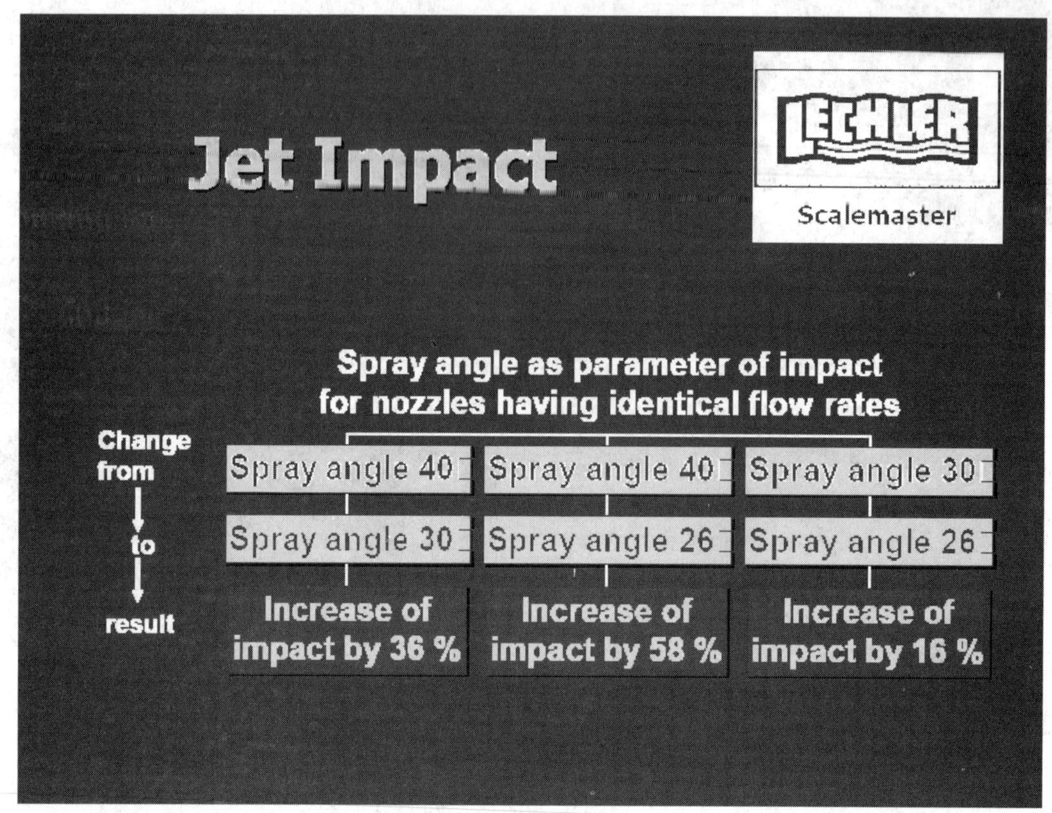

表 1 除鳞效果与各参数的对应关系

相关数据	相关数据的变化	除鳞效果的变化	变化趋势
喷射压力	↑	↑	成比例
喷嘴流量	↑	↑	成比例
喷射高度	↓	↑	成平方关系
射流厚度	↓	↑	
喷嘴散射角	↑	↓	成比例
鳞片尺寸	↓	↓	
集管中的紊流	↑	↓	

3.2.3 喷嘴布置选择的基本原则

（1）确保各除鳞点的打击力数值满足最佳除鳞效果的要求；喷嘴类型和喷射高度的选择要兼顾适当的打击力和小流量节能两方面的因素，找到一个最佳组合。

（2）确保除鳞集管的最大喷射覆盖宽度大于板坯最大宽度，再加上因板坯在辊道宽度方向上的偏移距离之和；同时每侧至少留有半个喷嘴喷射宽度的覆盖裕量。

（3）确保相邻喷嘴喷射覆盖宽度的重叠量不小于喷嘴供应商的推荐值，使喷嘴数量既能满足最大喷射覆盖宽度要求，又能尽可能地减少重叠量，避免大重叠量带来的板面冷却不均和冷却水量过大的问题，以及相关的工艺板坯冷却温度控制失控的问题。

3.2.4 现有设计中存在的问题

通过对首钢迁钢 2160 工程和国内同类型工厂喷嘴布置和选型的考察，发现有以下问题需要做更多的工作：

（1）高水量引起设备规模加大。目前国内外生产线选用的打击力的数值变化差别很大，但总的趋势是选用更大的打击力。如粗轧除鳞箱，首钢迁钢 2160 基准打击力为 0.67N/m^2（喷射高度 140mm），马钢 2250 基准打击力为 0.82N/m^2（喷射高度 140mm），鞍钢 1580 基准打击力为 1.06N/m^2（喷射高度 100mm）。鞍钢 2150 设计基准打击力为 1.24N/m^2（喷射高度 140mm）。大打击力就要求有更高的泵站供水压力（>23MPa）和更大的水量，能耗、管道的壁厚（>40mm）、电机能力（>3300kW）、设备质量都要有很大的增加。什么是合理经济的选择？

（2）钢板翘曲引起喷射重叠量的不足。我们在设计初期所进行的计算是以恒定的喷嘴与板坯表面距离（喷射高度）来考虑的，而实际生产过程中钢坯有一定的翘曲度（最大 50mm）。如喷射高度是固定的，带来的问题是：

1）按翘曲的最高点计算打击力和考虑喷嘴喷射重叠量，在翘曲的最低点打击力要变小，喷嘴喷射重叠量要加大数倍，带来的板面冷却不均和出现冷

Flow rate as a parameter of impact

- The impact is directly propotional to the flow rate.
- If the flow rate is doubled the impact is doubled, too !

Pressure as a parameter of impact

- The impact is directly propotional to the pressure.
- If the pressure is doubled the impact is doubled, too !

Spray height as a parameter of impact

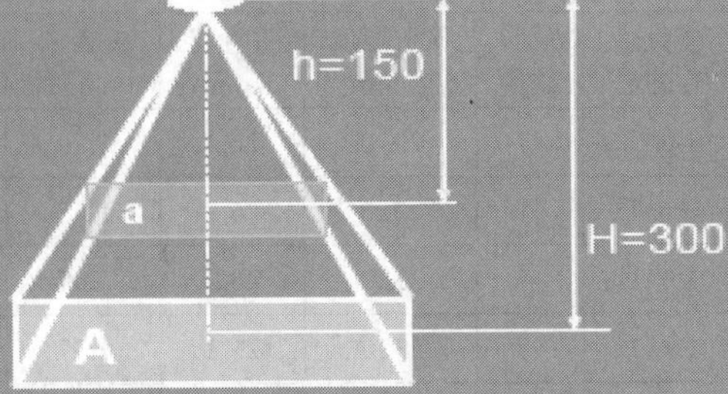

- At h=150mm, a=632mm², factor 1
- At H=300mm, A=2525mm², factor ~4
- If the spray height is reduced to half, the area of impact is reduced 4 times !

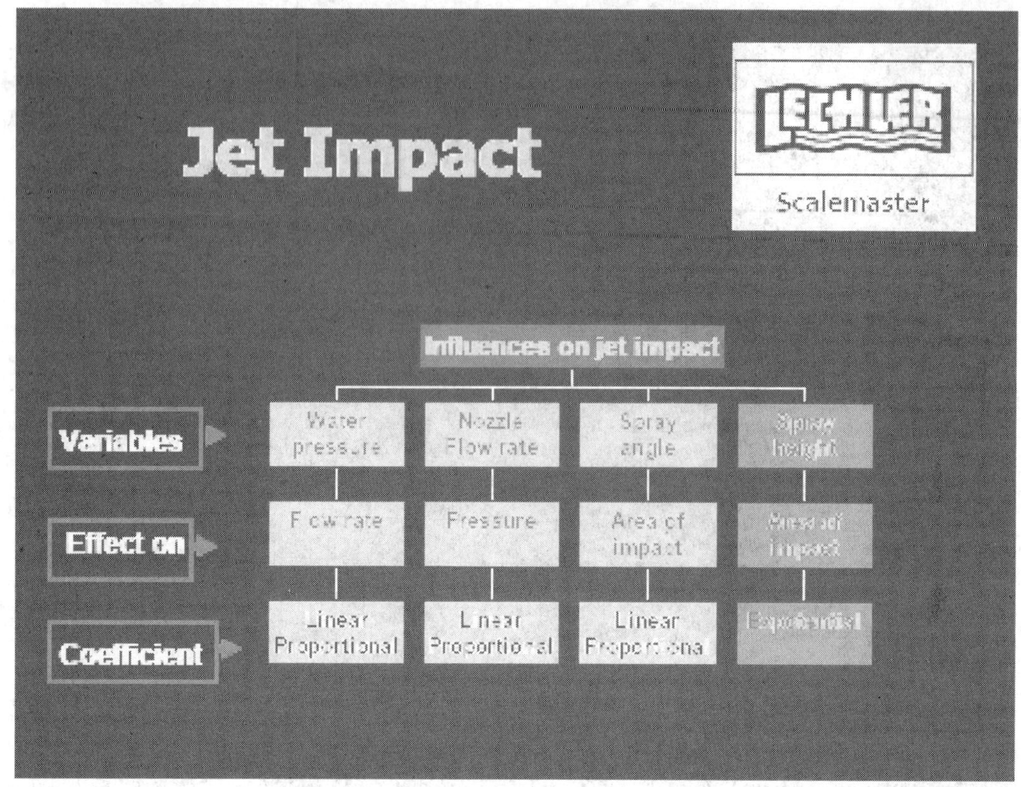

却黑印；

2）按翘曲的最低点计算打击力和考虑喷嘴喷射重叠量，在翘曲的最高点打击力要变大，但要出现无喷嘴喷射重叠现象，带来的板面局部无除鳞；因此，喷射高度、打击力、喷嘴数量和喷嘴喷射重叠量的设计，必须综合考虑到工艺原始参数要求（坯料的尺寸、形状、鳞片的构成及相应的除鳞打击力要求）、设备允许的最小除鳞高度（干涉、撞击、最小的喷溅范围）、除鳞系统配置和运行的经济合理性等多方面因素。这里面有很多经验性的工艺数据和对经济与产品质量的对比取舍。

3.2.5　粗轧除鳞箱喷嘴选择

粗轧除鳞箱区域的氧化铁皮以炉生氧化铁皮为主，铁皮厚度较大。因此，此处应以大水量急冷剥离除鳞方式为主；同时辅以较高的打击力，铲除鳞皮表层之下板坯表层的夹杂物，防止其在后部的轧制过程中被压入钢板表面而难以除去。喷嘴选择计算见表2。

表2　喷嘴选择计算

喷射压力 220bar（22MPa）	以喷射高度140mm为基准					在喷射高度90mm时的变化					流量 /$m^3 \cdot h^{-1}$
喷嘴	打击力 /$N \cdot mm^{-2}$	流量 /$L \cdot min^{-1}$	喷嘴数量	喷射宽度 /mm	重叠量 /mm	打击力 /$N \cdot m^{-2}$	流量 /$L \cdot min^{-1}$	喷嘴数量	喷射宽度/mm	重叠量 /mm	
642.766	1.1	4043	47	2320	26.2	1.79	4043	47	2298	4.4	242.58
642.726	0.87	3137	47	2320	26.2	1.45	3137	47	2298	4.4	188.22
644.766	1.1	4043	47	2320	26.2	1.67	4043	47	2298	4.4	242.58
644.726	0.82	3137	47	2320	26.2	1.37	3137	47	2298	4.4	188.22
642.686	0.7	2580	47	2320	26.2	1.19	2580	47	2298	4.4	154.8
644.606	0.47	1603	47	2320	26.2	0.81	1603	47	2298	4.4	96.18
644.646	0.55	1952	47	2320	26.2	0.94	1952	47	2298	4.4	117.12
642.646	0.57	1952	47	2320	26.2	0.98	1952	47	2298	4.4	117.12
642.606	0.48	1603	47	2320	26.2	0.83	1603	47	2298	4.4	96.18

从计算结果分析，选用 644.726 型喷嘴打击力和流量适当。粗轧除鳞箱前后两对集管总流量为 3137×4×60/1000=752.88m³/h。

3.2.6 R1、R2 轧机的喷嘴设置（见图 6）

由于机械结构的限制，其喷射高度较大（250mm 左右）；且氧化铁皮多为二次生成，附着力较小。故喷嘴打击力可适当减小（0.45N/m² 左右），从而降低喷嘴水量。同时，要考虑设置反喷喷嘴，减小高压

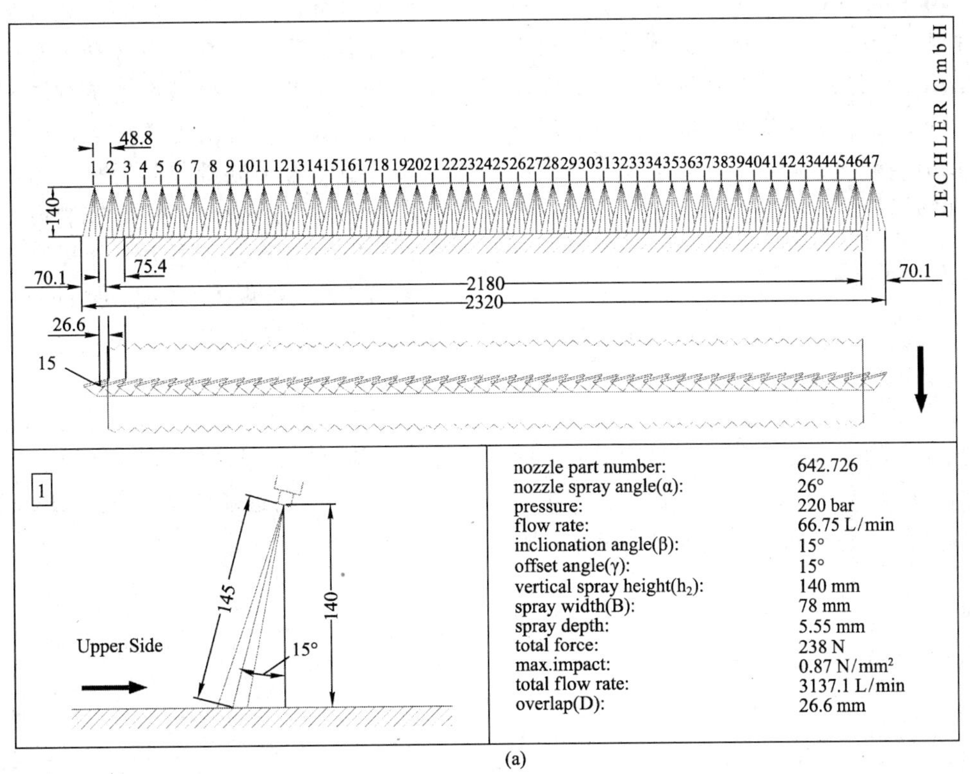

(a)

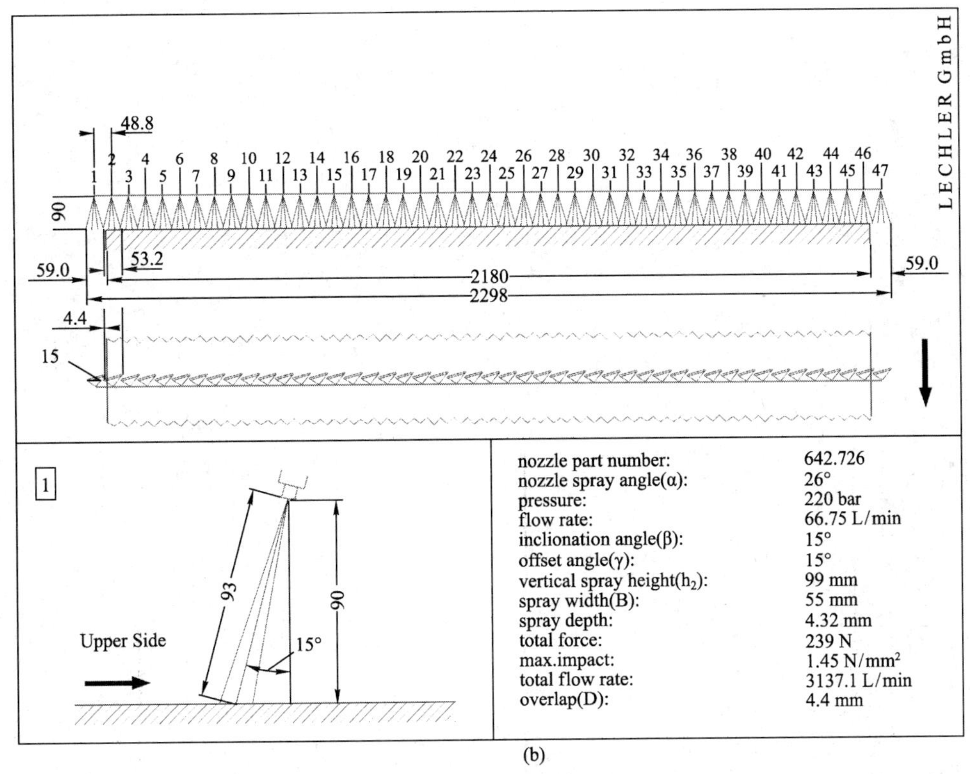

(b)

图 6 喷嘴布置

（a）喷射高度 140mm、喷嘴 642.726；（b）喷射高度 90mm、喷嘴 642.726

水的喷溅。压力与除鳞喷嘴相同，但喷射高度和喷射重叠量要大，以形成一个密实的防溅水帘。

3.2.7　精轧除鳞箱的喷嘴设置

精轧机前钢板厚度较小，温降较大，为二次生成的氧化铁皮，鳞片细小密实，清除困难；且此时的钢板热焓小，故除鳞水量要尽可能小，以避免钢板温降过大影响精轧钢板成品质量。为此，作为钢板表面质量控制的最后一道除鳞，必须选用高打击力（1.0~1.1N/m^2 左右）、小流量的喷嘴配置。喷嘴高度要低（90mm 左右），集管高度要可调以适应中间坯厚度变化引起的喷射高度变化，避免重叠量过大或过小情况的出现。

4　喷射压力的选择

从 3.2.2 中的公式我们可以发现，打击力的大小与喷嘴前压力大小的平方根成正比。但由于供水主泵能力的限制，系统压力不可能无限加大。考虑到水量、主泵电机功率、主泵供水压力限制等各方面原因，喷嘴前压力一般限制在 22MPa 以下；且各除鳞集管的喷射压力最好相同，以减少泵站设备、管路附件、阀门、管道等的备件种类。

5　结语

综上所述，除鳞喷嘴的选择是一个综合了产品表面质量控制要求、轧制工艺变化情况、机械设备结构、除鳞控制设备选择等众多因素的系统设计工程。其中，机械设备结构限制了喷射高度的变化，从而对打击力的提高产生了制约；除鳞控制设备压力和流量限制了打击力的提高；轧制工艺变化情况影响到了除鳞控制设备的规模和能耗的降低。因此，在最大可能提高除鳞效果的前提下，构成设备规模和能耗尽可能小的除鳞系统，是设计水平的综合体现。

说明：

（1）本文的编制和部分数据收集得到了营口流体集团刘伟华总经理的大力协助。

（2）喷嘴的选择计算参考了 LECHER 公司的计算结果和技术信息。

➤ 轧钢工程其他技术

浅析迁钢非接触 B 型车液压系统

杨守志　张彦滨　郝志杰

(北京首钢国际工程技术有限公司，北京 100043)

摘　要：迁钢“非接触 B 型车”是我公司自主研发设计和设备成套的国内首例重载非接触式供电运输车，本文着重介绍了“非接触 B 型车” 液压系统的设备组成、工作原理、结构特征以及控制要求。该系统最大的特点是在功率受限制、空间有限的情况下巧妙使用变频电机、控制阀组快速平稳的实现钢卷从水平卧式翻转成立式，翻转能力达到 30t。迁钢非接触 B 型车液压系统设计理念新颖、技术水准高、设备投资少，可应用于冷轧和热轧翻卷设备上，极具推广价值。

关键词：非接触 B 型车；变频电机；控制阀组；倾翻

Hydraulic System Analysis of Uncontact Power Supply Vehicle Type B in Qiangang

Yang Shouzhi　Zhang Yanbin　Hao Zhijie

(Beijing Shougang International Engineering Technology Co., Ltd., Beijing 100043)

Abstract: Uncontact power supply vehicle type B in qiangang is a heavy-duty uncontact power supply vehicle that is researched , designed and assembled by our company independently first in our country. this paper introduces the hydraulic system of uncontact power supply vehicle type B on composition, principle, structur and control requirements emphatically. The main point of this system is to use the variable frequency motor and control valve unit skillfully to put the coils from the horizontal to vertical rapidly and smoothly, and the capacity is reached 30t. hydraulic System design is innovative, high technical standards, less equipment investment. It can be used for cold and hot coil rolling over device and have great value of popularization.

Key words: uncontact power supply vehicle type B; frequency conversion motor; control valve; tipping

1　引言

迁钢“非接触 B 型车”是我公司自主研发设计和设备成套的国内首例重载非接触式供电运输车。在钢卷翻转过程中，翻转设备的负载将由正向负载变为反向负载，而且要求动作平稳。通常采用液压比例阀完成动作控制，液压翻转能力最大 30t。此时所设计的液压系统电机功率为 45~75kW 之间。由于非接触车的供电功率限制（7.5kW），极大地增加了液压系统的参数和控制的设计难度。本文着重介绍了 “非接触 B 型车” 液压系统的设备组成、工作原理、结构特征以及控制要求。

2　用途

迁钢“非接触 B 型车”液压系统由液压泵站和控制阀组组成。液压泵站向接触车翻转液压缸提供动力源。控制阀组用于控制非接触式供电 B 型运输车翻卷机构的动作，实现钢卷翻转，最大翻转能力为 30t。

3　设备组成

该液压系统包括：（1）油箱装置 1 个，带有温度、液位监控和加热器。(2) 轴向柱塞泵 1 台，提供高压流体。(3) 高压过滤器 1 个，净化系统油液。(4) 控制阀组 1 套，用于翻卷机液压缸动作控制。(5) 变频电机一台，向泵站系统提供动力。

轴向柱塞泵、变频电机和控制阀组（除管路防爆阀安装在液压缸上）固定在油箱顶上。液压站通过小车上控制箱控制。泵站外形如图 1 所示。

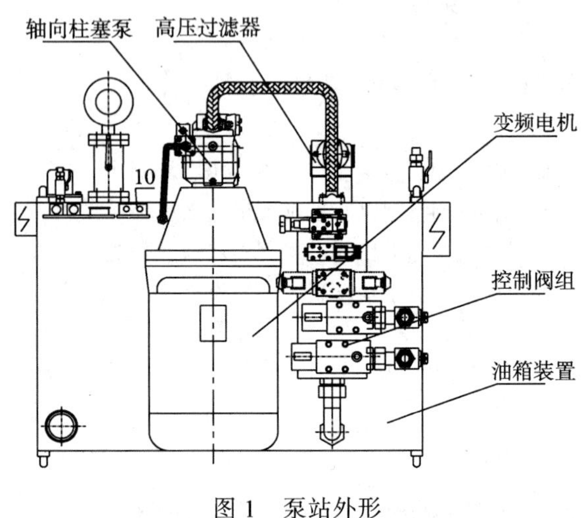

图 1 泵站外形

4 工作原理

迁钢“非接触 B 型车”液压系统在工作时，高压泵（轴向柱塞泵）从油箱装置吸油，通过管路送到控制阀组。高压泵是恒压变量泵，在系统所需油流量发生变化时，系统压力仍能保持设定的恒定值。泵出口装有高压过滤器，以保证系统油液的清洁度。液压系统设置了加热系统、压力和温度检测系统。

工作状态：带载翻卷（液压缸有杆侧进油）：系统建压后，DT4 得电，通过调节变频电机的转速进而实现翻卷机构速度控制，电机转速调节范围 300~1800r/min 的速度旋转，具体转速根据实时检测到的液压缸位移信号 WY1 值进行调整变化(执行机构的两个液压缸，其中一个液压缸装有位移传感器)，翻卷完毕，DT4 失电，电机低速旋转，要求转速为 300r/min。

空载回程(液压缸无杆侧进油)：待运输车完成启动，在行走过程中变频电机以 300~970r/min 的速度旋转，DT3 得电，进行翻卷机构复位，待复位后 DT3 失电，电机低速旋转，要求转速为 300r/min，在运输车启动或停止的过程中液压系统允许消耗最大功率为 2.5kW。

液压泵站原理如图 2 所示；控制阀组原理如图 3 所示。

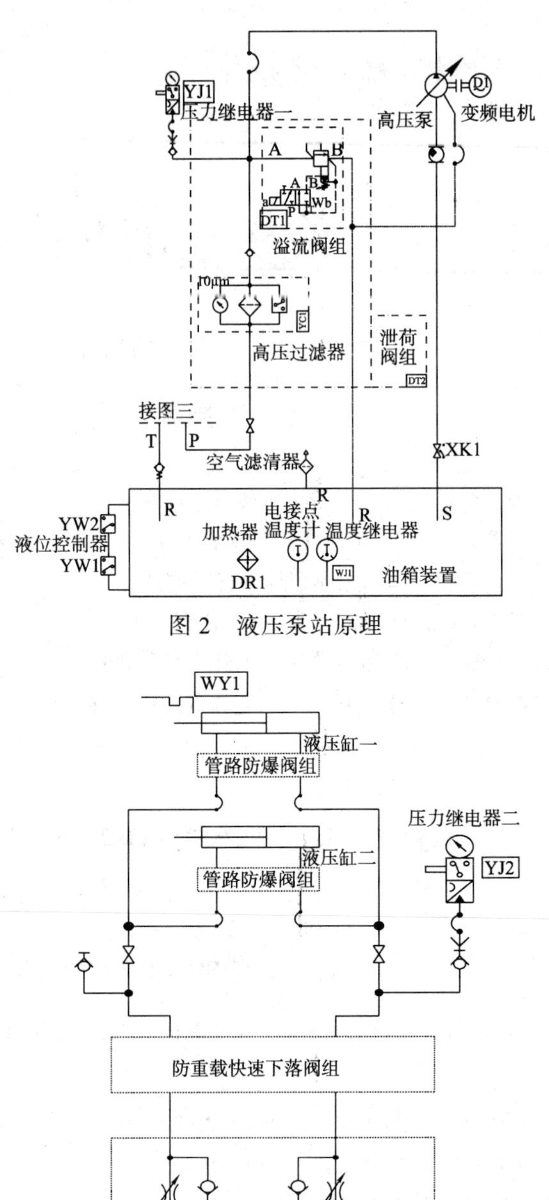

图 2 液压泵站原理

图 3 控制阀组原理

5 控制要求

5.1 操作方式和规定

液压系统通过小车控制柜控制，控制箱操作，所有的控制和连锁条件均有效投入。如果不满足启泵条件，相应信息能从相关画面或信号灯以报警形式显示给操作员。

5.2 高压回路

高压泵是恒压变量泵，在系统所需油流量发生变化时，系统压力仍能保持设定的恒定值，通过限定泵的最大流量，确保电机不会超负荷运转。

在泵启动后延时 5~10s （可调）电磁溢流阀 DT1、卸荷阀 DT2 均得电，系统建压完毕。如果泵停机，相应的电磁阀 DT1、DT2、DT3、DT4 均失电。

泵启动运行前，处于泵吸口的阀门必须打开，阀门全开位置由接近开关 XK1 检测。泵出口装有高压过滤器，过滤器纳垢到一定程度发出报警信号 YC1，但不停泵。高压回路装有压力继电器 YJ1，用于检测回路的实际压力。

带载翻卷（液压缸有杆侧进油）：系统建压后，DT3 得电，通过调节变频电机的转速进而实现翻卷机构速度控制，电机转速以 300~1800r/min 的速度旋转，具体转速根据实时检测到的液压缸位移信号 WY1 值进行调整变化。翻卷完毕，DT3 失电，电机低速旋转，要求转速为 300r/min。

空载回程（液压缸无杆侧进油）：待运输车正常运行后，变频电机以 300~970r/min 的速度旋转，DT4 得电，进行翻卷机构复位，待复位后 DT4 失电，电机低速旋转，要求转速为 300r/min。

无论带载翻卷还是空载回程，均根据液压缸位移传感器信号 WY1 的数值进行判定。工作时，泵的吸油口阀门、控制回路中的所有球阀均应保持打开状态。

5.3 油液加热系统

电加热器安装在油箱内。加热模式：当泵得电启动后，若油箱内油液的温度低于允许值（25℃，可调，通过 WJ1 检测）时，加热器 DR1 得电打开，当油箱内油液的温度高于设定值（35℃，可调，通过 WJ1 检测）时，断开电加热器， DR1 失电。

油液温度通过温度继电器 WJ1 实时检测。温度低于 20℃时，发出报警信号，但允许系统正常工作。

油液的加热模式，可以发生在液压系统带载翻卷过程之外的任意时间。

5.4 油箱

油箱内设有液位检测 YW1、YW2 和温度检测 WJ1。在油箱内，对油液进行温度检测，然后把温度信息反馈给控制箱。如果油液温度达到设定最高值（60℃，可调，通过 WJ1 检测），显示油温高，液压系统要自动停止运行并报警。当油箱内液位达到低位时，YW1 发讯，也要停泵并同时报警。当往油箱加油或补油时，液位达到高位时 YW2 发讯报警，显示液位高，表示油箱已满应停止加油，其余状态液位均显示正常。

油箱的补油人工检查，排油时通过侧面的排油阀排出，残油脏物通过清扫孔清理。

5.5 卸荷阀

在液压系统工作期间，卸荷阀必须 DT2 得电，以便建立起系统压力。无论是液压系统正常或不正常停止（比如：紧急停车），卸荷阀都要自动 DT2 断电。

5.6 安全保护

液压系统带载翻卷中，当系统压力继电器 YJ1 低于一定值（20bar 可调）持续 3s（可调）以上时，让液压系统紧急停车，并发送报警信号。

5.7 工作泵连锁条件汇总

（1）泵与吸口蝶阀的连锁。只有检测到蝶阀限位开关 XK1 发讯，泵才允许启动。

（2）泵与油温的连锁。当检测到油温高于 60℃时，工作泵不许启泵或停止工作。

（3）泵与油箱液位的连锁。当油箱达最低液位，液位计 YW1 发讯时，泵不能启动或应立即停止工作。

（4）泵与压力的连锁。当泵调压系统故障，通过 YJ1 检测到的超高压（≥250bar，可调）时，泵应立即停止工作。

6 结语

本文着重介绍了迁钢“非接触 B 型车” 液压系统的设备组成、工作原理、结构特征以及控制要求。系统因功率的限制未采用常规的比例阀控制钢卷翻转速度，而是巧妙地利用变频电机结合压力的变化进行转度的调整，实现钢卷快速的翻转。在液压控制阀组上采用平衡阀与液压锁的巧妙结合，实现了钢卷的稳定翻卷。迁钢非接触 B 型车液压系统设计理念新颖、技术水准高，设备投资少，可应用于冷轧和热轧翻卷设备上，极具推广价值。

参考文献

[1] 成大先. 机械设计手册 [M]. 北京：化学工业出版社，2006.

[2] 汪建业. 重型机械标准 [M]. 昆明：云南科技出版社，2007.

[3] 周明衡，常德功. 管路附件设计选用手册 [M]. 北京：化学工业出版社，2004.

[4] REXROTH. 工业用液压元件 .博士力士乐股份有限公司液压，2008.

[5] INTERNORMEN. 伊顿工业过滤.北京英德诺曼过滤器有限公司, 2012.

首钢冷轧薄板有限公司酸轧机组离线检查站改造设计

陈正安　林永明　赵　亮

（北京首钢国际工程技术有限公司，北京 100043）

摘　要：首钢冷轧薄板有限公司酸轧机组检查站只有上开卷检查方式，无法满足汽车板的检查节奏，本设计利用原检查站进行改造，增加下开卷功能，这样可满足汽车板和高档家电板的检查节奏，且施工工期短、投资少、见效快。

关键词：双开卷；检查站；改造设计

PL−TCM Inspection Station Reconstruction Design for Shougang Cold Rolled Sheet Co., Ltd.

Chen Zheng'an　Lin Yongming　Zhao Liang

(Beijing Shougang International Engineering Technology Co., Ltd., Beijing 100043)

Abstract: The coils are only pay-off from the top on inspection station in PL-TCM of Shougang cold-rolled sheet Ltd.,that can't follow the rhythm of checking.The aim of design is to add style of bottom pay-off that can satisfy the rhythm of checking automobile sheets and high-class household appliances sheets and reduce time of construction and invest.

Key words: top-bottom pay-off; inspection station; reconstruct and design

1　引言

冷轧带钢检查站主要是开卷检查冷轧轧制后钢卷的表面质量，并进行取样、切头等处理，及时发现产品表面缺陷，准确判断冷轧过程中出现问题的部位和原因，从而对轧制过程进行调整，以提高产品成材率。带钢检查站从结构上可分为单层平铺式和双层平铺式，从开卷方式上可分为上开卷和下开卷方式。

2　改造原因及方案

首钢冷轧薄板有限公司酸轧机组由德国 SMS 公司设计，其检查站采用的是上开卷双层平铺式结构，位于五连轧轧机出口侧，与步进梁平行。主要设备组成为开卷/卷取机、夹送辊、横切剪、对中装置、转向辊、传动皮带、废料收集等，在检查站进行检查、取样、切头等处理工作。

2.1　改造原因

原检查站是按抽检方式设计，钢卷在上卷过程中准备时间过长。为适应钢卷的上开卷方向，钢卷需要在旋转位置旋转 180°，大概需要 1min。因为普通钢卷采用抽样检查，所以完全能够满足检查节奏，而汽车板与高档家电板用钢卷则需每卷必查，随着高档家电板特别是汽车板产量的增加，原检查站已经难以满足检查节奏，形成了钢卷检查的一个瓶颈。

2.2　改造方案

为加快开卷速度，通过综合考虑，提出在保留上开卷方式的基础上增加下开卷方式的方案，让检查节奏紧凑的高档家电板和汽车板通过下开卷方式进行检查。出口钢卷小车从接收位接收钢卷后，不需旋转 180°，直接装到开卷机芯轴上，可大大缩短开卷准备时间。

为能够检查带钢的上下两面，采用双层平铺结构形式，下开卷方式是在开卷机下侧增加一个开卷检查通道。开卷时，由下开卷导板将带钢引入 2 号夹送辊，由 2 号夹送辊夹送到下层平台检查，如图 1 和图 2 所示。

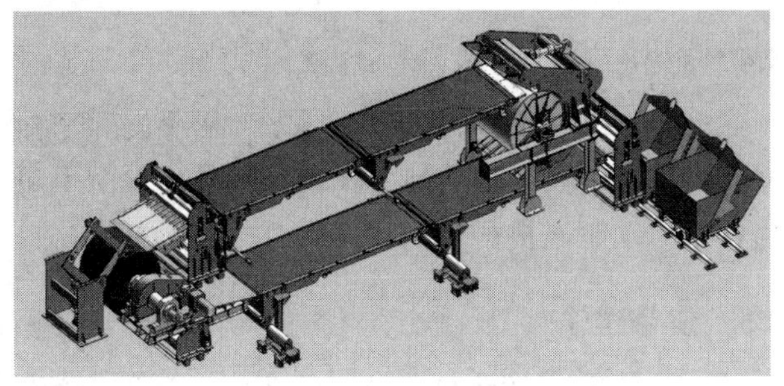

图 1　钢卷检查站布置

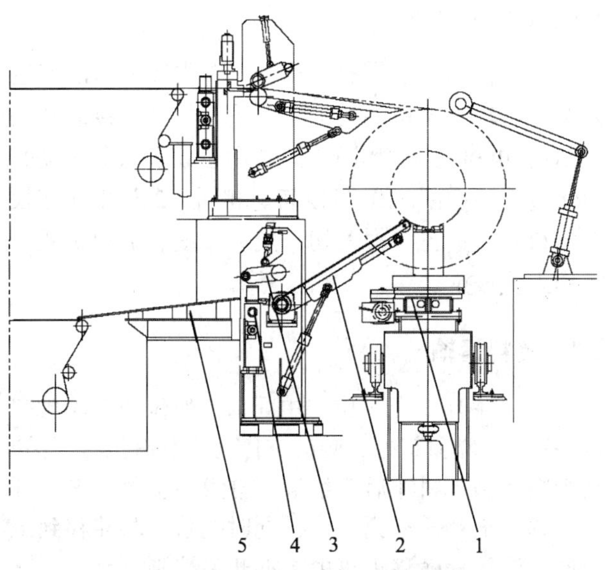

图 2　钢卷检查站上、下开卷布置
1—钢卷小车；2—下开卷导板；3—2 号夹送辊；4—2 号对中装置；5—导板台

在开卷区域狭小空间内有多个运动机构，必须保证各机构间不产生干涉，特别要注意钢卷小车、下开卷导板、上开卷导板之间协调配合。上卷时，钢卷小车在开卷机外将卷眼对准开卷机。为避免钢卷小车与下开卷导板干涉，下开卷导板需收缩至最短，旋转至要求的角度；为避免钢卷与钢卷干涉，上开卷导板旋转至要求的角度。为节省时间，各个机构间的动作需同时进行。

3　设备选型

冷轧离线检查站改造增加一条下开卷检查通道，需要增加相应设备，现介绍如下。

3.1　可大范围伸缩摆动的导板

导板端部有液压驱动的压辊，在开卷时把钢板输送入 2 号夹送辊中，在开卷与卷取时保证钢卷卷紧；在导板表面铺 PA 6 板，为减少导板对钢卷下表面的划伤，在 PA 6 板上镶嵌万向滚珠轴承，如图 3 所示。

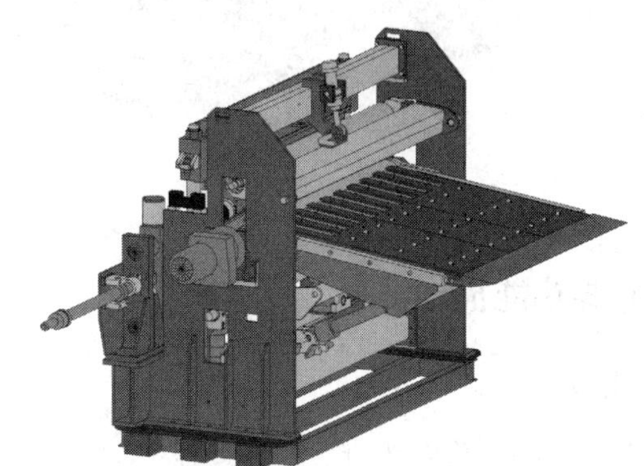

图 3　可大范围伸缩摆动的导板

3.2　2 号夹送辊

2 号夹送辊采用与 1 号夹送辊类似的形式，上辊由气缸压下，下辊由减速电机驱动。当钢卷头部进入到 2 号夹送辊内时，气缸带动上夹送辊压下，带动钢板前进。2 号夹送辊与开卷导板安装在同一支架上，如图 4 所示。

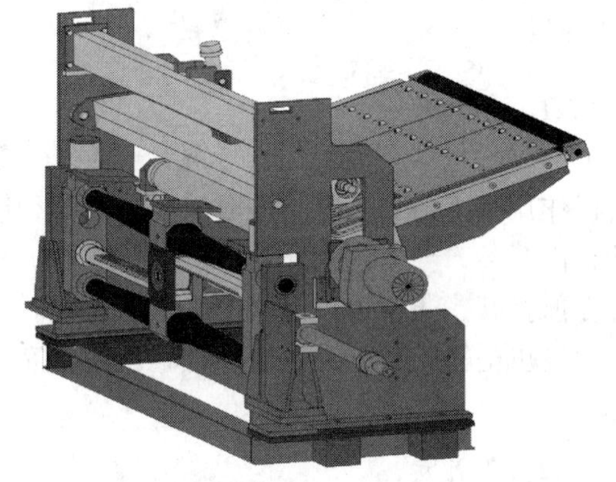

图 4　2 号夹送辊

3.3　带钢对中装置

对中装置在开卷和卷取时保证钢板对中，对中装置尽量靠近卷取机，有利于保证卷取质量。对中装置采用齿轮齿条结构，通过液压缸带动两侧的导向辊进行对中。对中装置与 2 号夹送辊共用一个底座。

3.4　导板台

在 2 号夹送辊间与下层平台皮带运输机之间增

加一个连接用导板台，底座为焊接钢结构，上面铺电木板，为减少导板台对钢卷下表面的划伤，在电木板上镶嵌万向滚珠轴承，如图 5 所示。

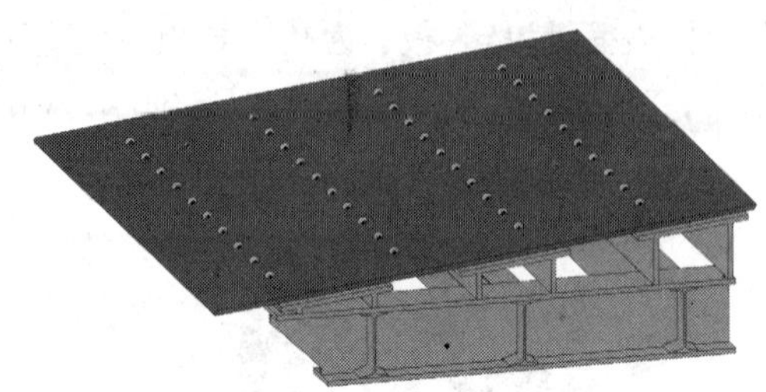

图 5　导板台

4　主要功能描述

4.1　上卷

上卷准备工作：为避免上卷过程中钢卷小车下部与下开卷导板干涉，上卷前下开卷导板在收缩位置，上开卷导板在伸出位置，压辊升至最高位。

上卷时，开卷机芯轴收缩，钢卷小车在开卷机外侧上升，使钢卷中心与芯轴中心一致，小车上升距离视钢卷卷径而定；钢卷小车横移，将钢卷运至芯轴上，钢卷小车行走距离视钢卷宽度而定，之后芯轴胀开，压辊压到钢卷上，小车下降。上卷过程可手动和全自动控制。

4.2　开卷

4.2.1　上开卷

上开卷导板的开卷刀伸长至钢卷表面，钢卷在开卷机作用下逆时针旋转，同时液压马达驱动压辊旋转，由开卷刀导入到上开卷导板上。此时 1 号夹送辊提前打开，当钢卷头部穿过 1 号夹送辊时，接近开关发出信号，1 号夹送辊的上辊压下，完成开卷。

4.2.2　下开卷

下开卷导板伸长至钢卷表面，钢卷在开卷机作用下顺时针旋转，当头部在压辊侧逐渐露出时，钢卷运行至开卷导板上。此前 2 号夹送辊已经提前打开（夹送辊打开位置由接近开关控制），当钢卷头部穿过 2 号夹送辊时，接近开关发出信号，2 号夹送辊的上辊压下（位置由接近开关控制）。

开卷时需要人工判断钢卷头部位置，在开卷区域需要安装摄像头。

4.3　1 号横切剪

在横切剪的刀架上有横切剪开启接近开关和剪切接近开关。剪切前，液压缸停留在横切剪开启状态（由横切剪开启接近开关判定），当接收到剪切命令时，上刀架向下移动；当移动到挡铁处时，下刀架向上移动完成剪切，完成剪切的信号由剪切接近开关发出。剪切接近开关发出信号后，上刀架上移，下刀架下移，当开启接近开关收到信号后，上下刀架恢复到开启状态。

4.4　对中

在对中装置前面设有光电开关，当光电开关判断有带钢时，对中液压缸带动两侧的导向辊向中间横移，移动距离根据带钢宽度决定，实现对中。

4.5　皮带运输

对中装置的光电开关发出信号时，皮带运输机同时开始运转。

4.6　2 号横切剪

2 号横切剪前带有夹送辊，首先废料由皮带运输至夹送辊，夹送辊的上辊压下（位置由接近开关控制），电机驱动废料前行，2 号横切剪进行剪切，剪切过程的控制与 1 号横切剪相同。2 号横切剪根据废料长度进行多次剪切，废料长度、剪切次数由操作人员设定。

4.7　废料运输

废料斗有 3 个工位，中间为工作位，两侧为空位。在工作位和其中一侧的空位处安装有接近开关。当废料装满废料斗后，给液压缸发出信号，液压缸横向移动把料斗移到空位，同时把备用料斗移到工作位，液压缸横移距离由接近开关控制。

4.8　卷取

卷取时，压辊保持压紧状态，压辊的液压马达逆向旋转，对中装置保持对中状态，夹送辊保持夹紧状态，开卷/卷取机反向旋转，卷取时带钢保持一定张力。卷取机的张力控制根据电机电流大小而定。钢卷卷取完毕，压辊、上开卷导板或下开卷导板在各自液压缸的驱动下恢复到上卷前的准备状态，运卷小车升起，胀缩液压缸收缩，芯轴直径缩小，运卷小车横移将钢卷运出。

5　先进性与技术创新

目前冷轧酸轧机组主要以生产汽车板为主，汽车板作为冷轧产品的高端产品，对钢卷质量要求很高，每卷都需进行检查，根据现场实际状况，我们开发出既可上开卷又可下开卷的双功能新型离线检查站，这种检查站具有如下先进性和技术创新：

（1）钢卷小车不需对钢卷带头方向进行二次调整，可直接进入开卷机开卷，方便检查带钢的两面，减少工序，缩短上卷时间，提高生产效率，能够满足快节奏高档加电板和汽车板检查的需要；

（2）在原检查站基础上进行改造，充分利用双层平铺式检查站的下层空间，使得整个检查站设备结构紧凑，减轻设备质量，大大减少了投资；

（3）增加部分防划伤钢板下表面的措施，减少检查过程对钢板表面损伤的可能性；

（4）新增设备与原设备结构形式基本类似，减少了备件，有利于设备维护检修。

6 结语

通过对冷轧带钢双功能检查站所涉及的机械设备、电气传动、自动化控制的研究、开发和集成，可以提高我公司在冷轧成套设备方面的技术积累，为成套设备的供货提供坚实的技术保障。

参考文献

[1] 苑红，张晓伟.冷轧带钢检查站的设计选型[J].一重技术，2007,(4):24~25.

（原文发表于《工程与技术》2012 年第 2 期）

重载非接触式供电运输车的研究与开发

杨建立　韦富强

（北京首钢国际工程技术有限公司，北京 100043）

摘　要：最新自主研发的重载运输车采用非接触供电技术，供电电缆埋在地下，可很好地解决由于环境、运输距离长以及接触磨损所引起的运输车供电问题。实现了在露天、复杂工况下的长距离全自动稳定运行。该重载运输车除设置了传统的声光报警和防撞杆外，还设置了自动激光安全识别装置，解决了车辆自动运行过程中的安全问题，可适用冶金、仓储、物流等各种重载运输行业，该产品已成功应用于实际，经济效益和社会效益显著，具有重要推广应用价值。

关键词：非接触供电（CPS）；运输车；重载

Research and Development for Heavy Duty CPS Vehicle

Yang Jianli　Wei Fuqiang

(Beijing Shougang International Engineering Technology Co., Ltd., Beijing 100043)

Abstract: A heavy duty transfer vehicle driven by contactless power system was developed and put into industrial use by Beijing Shougang International Engineering Technology Co., Ltd. The supplied electric cable is buried underneath the ground to give a good solution for the electric supply problems caused by environment, long transfer distance and wear from the electric components' contact. The CPS vehicle can run longer distance in the open air or in more complicated environment automatically and smoothly. Besides the alms and bumpers on the CPS vehicle in the front and rear, a laser scanner was equipped on the CPS vehicle to ascertain the shortest distance between the vehicle and obstacles in the front to solve the safety problems while the CPS vehicle was running atomically. Upon the advantages above, the heavy CPS transfer vehicle has a bright future to be applied in the metallurgy, storage, transportation fields etc. It was applied successfully, and the economic benefit and social benefit were obvious, so it has a great value to generalize.

Key words: contactless power supply（CPS）; transfer vehicle; heavy duty

1　引言

随着冶金企业生产自动化水平的不断提高，生产的集约化程度也不断得以加强，新建的现代化工厂往往集成了多条生产线。各生产线之间物流关系变得更加紧密和复杂，对物流运输系统的可靠性、安全性及自动化程度的要求也越来越高。

长期以来冶金企业重载运输设备的供电方式主要是：滑触线、电缆卷筒和蓄电池等。这些供电方式都有着诸多缺点。蓄电池供电需专门的充电电源；重载运输车蓄电池质量较大，增加了运输车本身的质量；同时蓄电池需要较长的充电时间，无法满足运输车 24h 连续工作的要求；废旧电池存在无害化处理困难等问题。电缆卷筒供电不适合长距离运输。滑触线供电不适合潮湿、尘土等室外运行的场合。同时，由于电缆卷筒供电、滑触线供电均为接触式供电，还容易出现因接触磨损和电流载体不安全裸露造成用电安全问题。此外，现有冶金重载运输车（通常指过跨车）自动化水平较低，通常是专人手动跟车操作，这完全不符合当今冶金生产现代化和工厂物流现代化的趋势。

为解决上述移动供电问题，以新西兰奥克兰大学波依斯(Prof.T.Boys)教授为首的课题组在20世纪90年代提出了一种基于电磁耦合技术实现电力能量传导的模式，即非接触式供电，已成功投入轻载运输领域的应用。

非接触式供电采用感应耦合原理供电，取电过程无物理接触，不会产生接触磨损，不会产生电火花，是一种安全的供电方式。由于其供电系统与移动用电系统相对独立，可单独密闭，因此对外界环境要求不高，可应用于潮湿、多尘，甚至是水下等场合。

经过近20年的发展，非接触式供电技术已广泛应用于轻载AGV、起重机、货物分拣和EMS单轨输送物流系统中。目前国内已经投入运行的非接触供电运输车大多运输吨位较小，一般载重量在3t以下。重载非接触供电运输车在国内尚无应用的例子并鲜有这方面的报道。

近两年来，北京首钢国际工程技术有限公司以满足工程实际需要为契机，通过跟踪世界先进的非接触式供电技术并将其应用于冶金重载运输车，成功开发出适应冶金工厂运输环境，可自动安全运行的重载非接触式供电运输车。

2011年5月，由首钢国际工程公司自主研发设计和设备成套的国内首例60t非接触供电钢卷运输车顺利通过工程模拟实验（见图1）。各项测试指标表明，该重载非接触式供电运输车供电稳定，自动化控制水平高，运行安全、可靠，在重载运输领域技术上实现了新的突破。

图1　60t重载非接触式供电运输车在可靠性测试中

2　重载非接触式供电运输车的技术特点

2.1　采用新型非接触供电技术

2.1.1　非接触式供电的原理

非接触供电技术是基于电磁耦合感应原理，通过非机械接触的方式进行电力和信号传输的技术，特别适合于电能和信号由固定电网向移动电网的传输。

图2所示为非接触式供电系统。系统主要由初级供电柜、主通讯模块、埋于地下的高频电缆和通讯电缆、车上拾电器、数据天线及逆变器等元件组成。首先初级供电柜将380V、50Hz的交流电转化为地下电缆中的20kHz左右的高频电流，车上拾电器因与此高频电流感应耦合而获得电能，输出560VDC的直流电，最后通过逆变器等电源转换装置将直流电转换成电机及车上用电设备所需电源类型，通常是380VAC或24VDC，用于运输车的驱动或控制。

如果需要，还可通过主通讯模块、通讯电缆及车上数据天线来完成车上PLC与地面PLC的通讯，实现地面上PLC对运输车的控制。

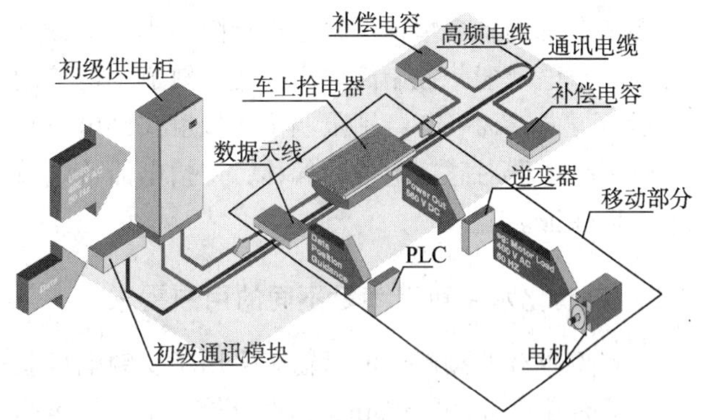

图2　非接触式供电系统

图3为轻载非接触式供电RGV运输车在使用中的照片。从照片可以看到，此运输车可在露天环境中运行。

图3　露天环境下运行的轻载非接触供电运输车照片

2.1.2　非接触式供电的特点

非接触供电技术是20世纪90年代才发展起来的新型供电方式，这种供电方式可以有效克服蓄电池、电缆卷筒、滑触线等传统供电方式的诸多缺点，具有安全免维护、供电距离长、可以露天环境下运行等优点，具体如下：

（1）无物理接触，几乎 100%免维护，可以在低维护成本情况下发挥设备功能；

（2）对设备行走距离、速度和加速度没有限制；

（3）不会有电火花和触电等安全隐患；

（4）可工作于露天、潮湿、结冰、多尘等恶劣环境；

（5）数据通讯系统集成在初级电缆中，无需另外装设通讯线；

（6）无噪声和粉尘，对环境无污染，节能环保；

（7）不需蓄电池、电缆卷筒等移动供电设备，减小了车体自重，同时环境更加干净、整洁。

2.2 采用轨道式运输

首例重载非接触供电运输车采用了轨道运输，主要是考虑到重载情况下轨道运行阻力小，承载能力高，节电节能，控制简单；同时，轨道不但控制了运行方向，而且还特别限制了非接触式供电过程中车上拾电器对感应电缆的偏移，使拾电器拾电效率得以保证。

2.3 自动化水平可以满足不同的用户需求

首例重载非接触供电运输车采用了变频电机驱动，运行速度 0~40 m/min，速度分档可调。行走驱动电机配有编码器，运行线路地面下埋有位置传感器（Mark），可以实现固定位置或任意位置的停车控制。

操作控制模式有以下 3 种：

（1）手动模式。根据需要，操作工可手动控制车的前进、后退、停止。

（2）本地自动。运行路线两端及中间各设有固定停止点（Mark A，B，C，…），操作控制面板置于车上，操作工可通过车上按钮或遥控器让车从当前点自动运行至任一停止点。

（3）在线自动。所有运输车的控制可接入全厂物流自动控制系统，实现全厂物流运输的自动化。此次开发已为用户配备了此功能。

2.4 完备的安全防护系统

对于全自动运行的运输车，其安全系统必须是可靠的和完备的，一般应有多重保护，如图 4 所示。

（1）声光报警器。用于安全报警和提示。

（2）安全防撞杆。位于车体前后方并探出车体，当物体接触车体前的防撞杆时，防撞杆触动杆内的微动开关并立即发出停车指令。

（3）接地靴。接地靴保证了车体的安全接地，防止雷电对车上的电气设备造成损坏。

（4）激光安全保护装置。每台运输车前后可装激光安全扫描仪。当激光安全扫描装置扫描到警示区域内（4~7m，数值可根据需要设定）有物体时，声光报警器警示音报警；当进入安全区域（0~4m，可设定）时无条件停车；物体出安全区域后运输车自动恢复运行。

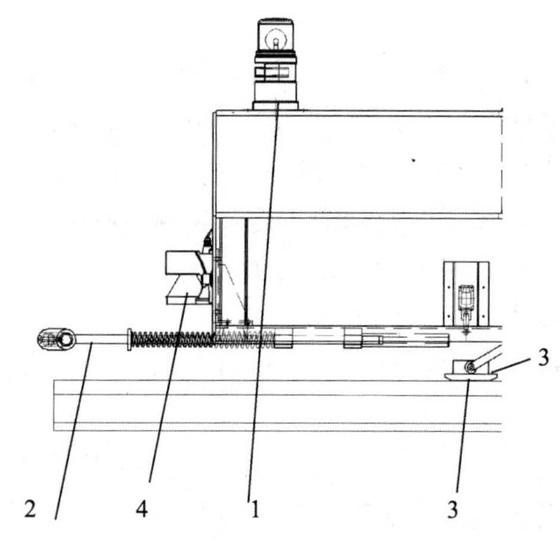

图 4　安全保护装置

1—声光报警器；2—防撞杆；3—接地靴；4—激光安全扫描仪

（5）急停装置。车体上设有急停按钮。通过“手按”等简单操作就可实现紧急停止功能。这些安全防护系统在我们开发的首套 60t 非接触式钢卷运输车上均已实现。

3 首例非接触式供电重载运输车的实验验证

3.1 实验样车参数（见表 1）

表 1　实验样车参数

名 称	参 数
外形尺寸/mm	5100（长）×2100（宽）×1295（高）
轮距/轨距/mm	2500 / 1800
最大承载	2×30t
运行速度/ m·min^{-1}	0~40
驱动减速电机/ kW	5.5，变频调速
车轮组	直径ϕ400，数量：4 个
CPS 供电系统/套	1
拾电器和通讯天线	2.5 kW，数量 3 个
车载供电柜	内置西门子逆变器等电源转换装置
控制柜	PLC 等控制元件
安全装置	声光报警器、激光区域扫描仪、防撞杆行程开关、接地靴

3.2 样车实验

3.2.1 测试

（1）使用工业电源(380V，50Hz)在空载和满载情况下分别对机械及电气进行测试，以确定驱动系统选型是否满足承载及速度要求。

（2）非接触式供电系统及车载拾电器测试，确保样车能够得到足够的560VDC电能。

（3）电源转换测试。主要是测试电源转换元件的选型和转换电路的设计是否恰当，包括采用逆变器和直流转换器将拾电器获得的560VDC电能转换成电机所需的 380V 的交流电和控制系统所需的24V 直流电。车载供电系统应设有加电缓冲电路和制动电阻，以便对系统元件进行保护。

（4）自动化系统测试。样车轨道长20m，地面上设有A、B、C三个停止点，采用手动及本地自动两种操作。在本地自动的情况下，按下A、B、C中任一按钮，运输车都应由当前所在位置运行到按钮代表的位置停止。

自动化系统测试还包括了声光报警器、激光区域扫描仪等安全运行方面的控制。

（5）全面的可靠性实验。在带载情况下进行24h试车，随时监控机械和电气的运行情况，如噪声、电机温度、电压、电流等参数。

3.2.2 测试结果

虽然在重载非接触供电运输车研发过程中遇到一些问题，但在攻关组的不懈努力下，先后通过了工业用电带载实验、非接触供电系统取电实验、电源转换实验、自动化系统测试及最终的带载可靠性实验，实验结果令人满意，完全达到设计要求。

4 结语

首钢国际工程公司开发的重载非接触供电运输车，供电电缆埋在地下，可很好地解决由于环境、运输距离长以及接触磨损所引起的运输车供电问题。实现了在露天、复杂工况下的长距离全自动稳定运行。在安全方面，除在车上设置传统的声光报警和防撞杆外，还特别配置了激光安全识别装置，解决了车辆自动运行过程中的安全问题，可适用冶金、仓储、物流等各种重载运输行业，有很好的应用前景。

参考文献

[1] Hu A P, Boys J T. Frequency Analysis and Computation of a Current-Fed Resonant Converter for ICPT Power Supplies［J］. IEEE，2000.

[2] 游青山，唐春森，刘亚辉. 矿井非接触供电模式的探讨［J］.矿业安全与环保，2007, 34(6).

[3] 杨民生. 基于DSP的非接触式电源系统的研究［D］. 长沙：湖南大学，2005.

（原文发表于《工程与技术》2011年第2期）

关于冷轧产品质量对原料及上下游工序要求的初步探讨

何云飞　何　磊　李　普　侯俊达

(北京首钢国际工程技术有限公司，北京 100043)

摘　要：本文介绍了冷轧产品对原料的要求及发展趋势，分析和讨论了上下游工序对冷轧产品质量与用途的影响。根据不同产品的特点，讨论了相关工序环节应采取的一些措施和要求及其对产品性能的影响，有助于提高冷轧产品的成品质量。

关键词：冷轧产品；原料；质量

Preliminary Study on the Requirement on Raw Material and Upstream and Downstream Processes by the Quality of Cold Rolled Product

He Yunfei　He Lei　Li Pu　Hou Junda

(Beijing Shougang International Engineering Technology Co., Ltd., Beijing 100043)

Abstract: The requirement and development direction of raw material for cold rolling product are introduced, the effect on the quality and use of cold rolling product by the upstream and downstream working procedure are analysised and discussed in this article. Some measures and requirement for relative working procedure must be taken in consideration and its effect on product performance are discussed according to the feature of different product, it help to improving the final quality of the cold rolling product.

Key words: cold rolling product; raw material; quality

1　引言

目前，首钢正在进行产品结构调整，板带材是其发展的重点战略产品，首钢不仅正在重点建设顺义冷轧薄板生产线，而且在首钢京唐钢铁联合有限责任公司实施的一期 1000 万吨/年钢铁厂项目中，冷轧板带材生产线（含冷轧硅钢）就有四套，占整个投资的近 1/3，因此，冷轧生产及技术在首钢未来的发展中占有举足轻重的地位；冷轧产品的品种和质量将直接影响到该企业的竞争力和经济效益。

冷轧产品的质量包括产品力学性能的均匀稳定，尺寸精度，板形和表面质量等多方面的内容；冷轧薄板因其具有很高的尺寸精度、表面质量和优良的综合性能，其应用越来越广泛，尤其是随着汽车、家电等工业部门的不断发展，对冷轧带钢产品的质量和品种要求都越来越高，进而促进了冷轧生产设备和工艺技术的不断发展，为了生产所需的合格产品，除了本工序需要采用相关的先进工艺设备和技术外，对上下游工序间的要求也越来越严格。本文将结合笔者近年来参加有关冷轧工程设计和对外技术谈判的体会，对冷轧产品质量与原料及上下游工序的一些要求和进展进行一些探讨与分析。

2　对冷轧原料及相关上游工序的要求

根据产品情况，国内外对冷轧原料及热轧条件都有严格要求，尤其是对于冷轧宽带钢生产而言。从目前的发展看，对于冷轧原料及相关上游工序有以下方面的趋势：

（1）冷轧用原料钢坯低杂质化及其对策。冷轧钢板广泛用于汽车、家电、建材、罐头盒及包装等行业。要求有良好的表面质量、尺寸精度、板形和力学性能。因此，钢水必须要有很高的纯净度及性能的均一性。为此，近年来由日本新日铁开发的最佳精炼工艺（ORP）已逐渐为各国所采纳。新型的ORP 的工艺流程包括：KR 法脱硫（即机械搅拌脱硫设备）、转炉型铁水脱磷处理（LD-ORP）和转炉（LD）作为半钢钢水脱碳精炼炉组成的新工艺。在钢水真空处理方面开发出超低碳钢的稳定生产技术等，使钢水更加纯净，容易得到含碳量小于 0.005%的极低碳钢。近年来，还开发了在连铸中间包中采用等离子火焰加热法，可使连铸时中间包钢水温度差控制在±5℃范围内，进一步提高产品性能的均一性。

另据新日铁的研究结果表明[1]：板坯表面层下25mm 范围内大于 150~200μm 的夹杂物缺陷会引起冷轧钢板表面缺陷。而结晶器内坯壳的生长厚度正好在此范围内，也即结晶器内生成的坯壳质量直接影响冷轧钢板的表面质量。而采用新日铁的 M-EMS电磁搅拌技术可降低板坯表面及皮下的针孔和夹渣/夹杂缺陷。国内某公司 2 号板坯连铸机改造后，针对冷轧低碳铝镇静钢连铸板坯进行了分析，其结果见表 1。从表中可看出:板坯表面和皮下针孔(表面至皮下 2.5mm)、夹杂物（皮下 10 mm 以内）的改善效果非常明显。

表 1　改造前后连铸坯夹杂物对比分析

项　目	分析结果		
	采用 EMS	不采用 EMS	降低率/%
针孔/个	120	294	59
夹杂/个	23	71	67.61
夹杂/mg	33.83	228.67	85.21

对于有些钢种，实践中，在连铸时还采用静态轻压下，可很大程度上消除偏析；可见连铸条件的改变，对铸坯质量有所改善，进而为提高冷轧产品的质量打下基础,没有良好的冶炼及连铸工艺手段,就不可能生产出优质的冷轧板。

（2）冷轧原料必须有良好的热轧条件。按冷轧产品性能均一性要求,热轧过程中应建立严格的温度条件,以保证沿带钢全部长度的组织一致，在常规半连续式热带钢轧机中，没有任何中间坯保温措施的情况下，中间坯的头尾温差在 150~180℃范围，这对于一些温度敏感性产品（如硅钢、不锈钢、镀锡原板、IF、DP、MP、TRIP、超细晶粒钢等）是非常不利的[2]。为提高热轧时中间坯在长度和宽度方向的温度均匀性，一般主要采用热卷箱、普通保温罩、带加热功能的保温罩、带坯加热器等或它们之间的组合。例如，在常规热轧中采用普通保温罩和精轧机升速轧制方式，可以解决一部分带坯头尾温差问题,我国的常规热轧带钢轧机均设置保温罩。对于生产 3.0mm 以下的成品带钢时,精轧机组的入口速度一般在 1m/s 以下，采用保温罩，可以使中间坯温降由 1.5℃/s 下降为 1.0℃/s 以内。采用热卷箱尤其是第三代无芯轴带隔热板的热卷箱更为有利；采用带卷箱的卷取机也是一种较好的控制温度的方法。如果以铝镇静钢作为汽车板用钢，要求热轧时应实行高温轧制，即进入连轧机的温度应在 970℃以上，终轧温度（出连轧机）应在 870℃以上；低温卷取，即 600℃以下卷取；而生产加 Ti、Nb 的汽车板则要求高温卷取。

国内某厂针对热轧终轧温度对冷轧带钢的板形的影响进行了调研分析，还对某些钢种在不同的终轧温度钢卷的冷轧板形作了跟踪对比，发现几乎所有终轧温度较高的钢卷的冷轧板形都较好，除了略带中浪外，带钢边部平直。并认为要想从根本上消除带钢边部的硬度沟，仅仅采取边部加热的措施是不够的，还必须根据碳含量的不同，设定不同的终轧目标温度[3]。对于较薄的带钢，必要时提高出炉温度，以确保带钢的边部终轧温度在 A_{r_3} 以上。

由于轿车外面板有 O5 级表面质量要求，热轧时在精轧机组机架间及精轧机后的辊道上设有侧向吹氧化铁皮的装置。为了向冷轧机提供具有良好板形的原料出现了许多新型热轧机。为了生产不切边的冷轧宽带料，热轧采用液压自动宽度控制装置和中间坯边部加热装置。

由于冷轧产品对尺寸精度和板形要求相当严格，尺寸波动将直接影响冷轧的成材率，因尺寸波动大，会影响轧制的稳定性，增加故障频率，甚至损害设备，降低设备效率。一般对热轧带钢原料超差长度和幅度有严格的规定。如头尾超差长度不大于 15m，超差幅度不大于厚度的 10%等。

又如对板形指标中的凸度和平直度要求，由于有些产品如硅钢和高级汽车板，不仅对冷轧后平直度的要求严格，而且对带钢的横向厚度差和凸度要求也高,例如对于凸度要求小于 10μm 的冷轧硅钢；按照同比例凸度控制原理，如果以 2.3mm 热轧卷为原料,轧制 0.5mm 冷轧产品,其总压下率为 78%，则要求热轧原料的凸度应小于 46μm。

还有对热轧带钢的硬度分布和强度变化的控制要求，如要求硬度分布波动控制在 ± 10HRB（带钢宽度方向），同一钢卷 ± 10%以内；通板强度变化控制在 10%以下；而据国内某厂在现场跟踪测试，测得带钢边部的平均温度比中部温度低21℃，在这样的温度状况下，带钢边沿硬度高达HRB60，距边沿35mm的硬度却比边沿的低HRB20左右。在轧制某规格产品时，其精轧过程要持续90s，由于辐射、对流和传导要损失部分热量，带钢沿轧制方向产生一个温度梯度，带尾50m处的温度比目标温度低100℃左右，50m长的带尾，按1000%的伸长率计算的话，就是冷轧出口500m长的带头，冷轧时正是这500m长的带头容易产生边浪。辊道保温罩的投入，可使头尾温差减至60℃。所有这些，都对热轧生产工艺与设备以及控制技术提出了很高的要求。

（3）冷轧用料有加厚趋势。由于大部分冷轧原料含碳量降低及大压下量轧机的研制成功，以及酸洗轧机联合生产机组中两工序能力的平衡，冷轧原料的发展趋势是逐渐加厚，以提高冷轧机的效率，降低综合能耗。同时，也有利于满足冷轧后续处理生产线对于不同产品品种对于冷轧压下率的要求。

3　不同性能产品对冷轧相关工序的要求

因为冷轧产品的用途广泛，用途不同，对产品质量的要求也不同，商用冷轧产品主要有：退火产品和涂镀层产品。

不同产品的性能要求，其生产工艺技术要求也是不一样的。由于生产品种的不同，连退机组和热镀锌机组对于热轧的卷取温度要求不同，而且卷取温度也直接影响到酸轧联合机组中的酸洗效率与效果，进而影响冷轧带钢产品的表面质量。

除了对上游工序有要求外,对于冷轧的压下率，表面质量均有严格要求。产品的化学成分和性能要求的不同，将决定采用何种工艺路线。以下将以生产高强度热镀锌板为例进行讨论。

（1）化学成分及产品性能对相关工序的要求。由于汽车减量化的要求如超轻型先进车身用钢项目（UL-SAB-AVC），倡导汽车用钢的80%采用高强度双相钢或先进高强钢如TRIP钢和多相钢等，为满足汽车市场需要，JFE公司已采用低合金成分设计，充分利用WQ-CAL工艺，控制热处理带钢的微观组织，相继开发了强度等级为TS780~1470MPa成形性能良好的超高强度冷轧带钢产品[4]。对于双相钢而言，是因其组织含有铁素体和一定含量的马氏体，使强度和塑性都得到了比较好的兼顾，而TRIP钢其强度是因其残余奥氏体在变形过程中因变形能而促使其发生相变成为马氏体增强的，提高了汽车板的抗冲撞性，具有更好的强度和塑性组合如图1所示。这样可在达到保证安全的情况下，减薄使用材料，从而减轻重量，进而节省能耗。但材料的减薄，将直接影响其抵抗腐蚀的能力。因此，如何经济地获得防腐性能是关键，最常用的方法是采用镀锌板材料。而热镀锌高强钢的生产工艺因其化学成分和产品性能的不同存在很大差异。

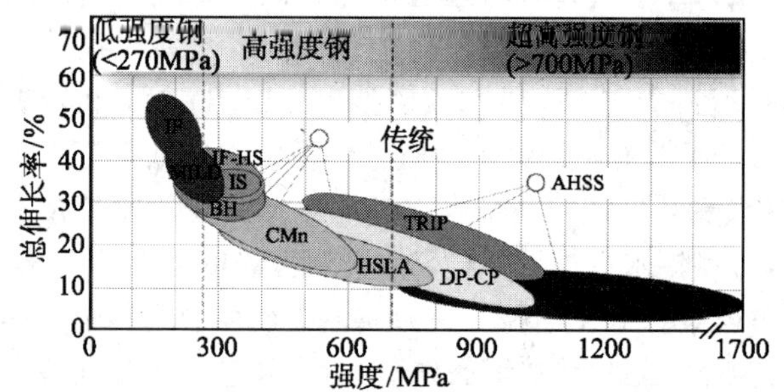

图1　汽车用高强钢的强度与塑性

对于TRIP钢的研究始于20世纪60年代中期，早期的TRIP钢是靠依赖大量合金元素来稳定奥氏体的，因而在商业化应用方面缺乏吸引力而没有大量生产。现代TRIP钢含有高碳马氏体相是因为碳与微合金元素结合形成碳化物并通过高温退火和快速冷却来获得所需的残余奥氏体。

现代TRIP钢是借助快速冷却处理来生产的，其退火加热温度（典型加热温度为710~810℃，取决于钢中C与Mn的含量），之后快速冷却，然后在350~500℃保温一定时间，以形成含有少量贝氏体的铁素体，在奥氏体未完全转变前进一步冷却，以得到一些在室温状态处于亚稳态的残余奥氏体。这些残余奥氏体在发生塑性变形过程中发生相转变成为马氏体并迅速提高其强度。图2为TRIP钢的典型CCT（连续冷却转变）曲线。

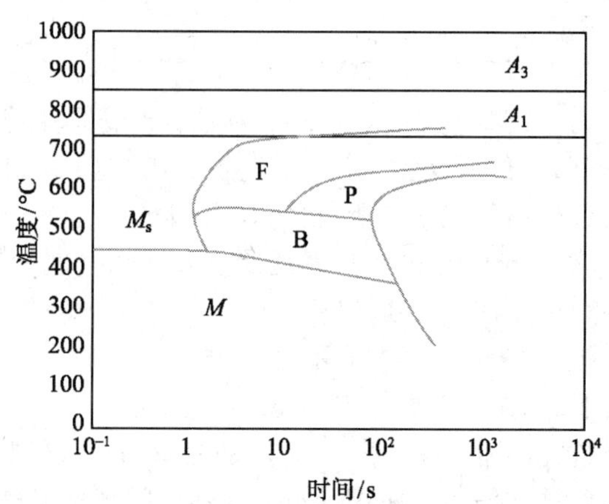

图2　TRIP钢典型CCT曲线

加热温度一般发生在A_1与A_3温度区间，即铁素体与奥氏体存在区间，随后快速冷却至稍高于M_s温度（马氏体开始转变温度），但低于铁素体相鼻子温度。在此温度保温（时效）一定时间以使大部分奥氏体转变成含有极低碳的铁素体型贝氏体及 10% 富含碳的残余奥氏体。而后带钢进入锌锅涂镀，出锌锅后通过气刀进一步冷至 300℃并吹除带钢表面过量的锌层。

商业化生产 TRIP 钢热镀锌产品的典型退火处理曲线如图 3 所示，其退火处理是先加热至退火温度，而后以大于 50℃/s 的快速冷却方式将带钢冷却至约 400℃，并在此温度时效处理 2~4min，使大多数奥氏体转变为贝氏体（铁素体）。在传统的连退或热镀锌处理线上都无法实现这样的热处理。但在先进的连退和热镀锌工艺处理线上，借助喷氢气可实现如图所示处理曲线要求的对带钢的快速冷却，并保温 2~4min（时效处理），最佳的时效温度是稍低于锌锅熔融锌液的温度 420℃或 450℃，取决于是生产 GI 还是 GA 产品[5]。因此在带钢进入锌锅前，还需要一段加热装置（如感应加热）将带钢加热至锌液温度。

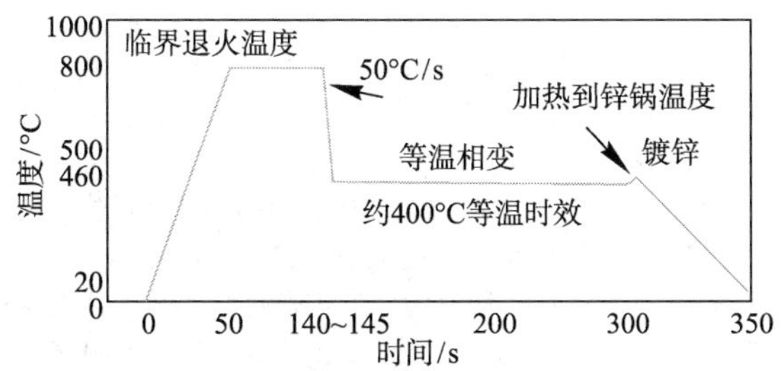

图 3 TRIP 钢退火处理热周期曲线示意图

高强钢往往含有较多的 Si、Mn 等元素，这些元素易在基板表面富集，使得热镀锌时出现多种表面缺陷。日本通过化学成分调整和对炉内气氛的控制，已开发出低碳当量型合金化热镀锌板，强度可达 590~980MPa,而且点焊性优良，据报道日本的 JFE 钢铁公司新近又开发出更高级别高强度合金化热镀锌板。而传统的高 Si 含量 TRIP 钢之所以不适合在现有的热镀锌生产线生产，很大程度也是由于 Si 的富集易导致镀层出现漏镀缺陷。还有就是其等温转变温度由于受锌锅温度的限制而太高，难以得到足量的残余奥氏体。虽然，Si 是防止碳化沉淀析出的元素，但一般来说，Si 含量不宜超过 0.5%,否则会影响镀层质量。这是因为在涂镀前的退火处理过程中，Si 迁移到带钢表面而易于氧化，从而降低了锌层的黏附性。

要克服 Si 元素对锌层质量的不利影响，一方面是要控制退火时炉内气氛如提高露点，防止氧化。另一方面使 Si 的含量降低到 0.5%以下，而以其他元素取代 Si，阻止碳化物的沉淀析出。例如，Al 是可以取代 Si 并可适当改善锌层性能的一种元素之一，但 Al 含量高，会给连铸带来困难，尤其是对于处于包晶钢范畴的低碳钢，会因为 Al 含量高增加对连铸水口的粘堵趋势。对可焊性也会有负面影响。低氮钢或添加 Ti 元素以清除基体中的 N，有助于改善含铝 TRIP 钢的性能。不过，近来的一些研究表明富铝钢的热塑性在即便没有添加钛合金元素时也是足够的，因此，可以有更经济地解决连铸问题方法。

用加 P（约 0.1%）的方法可取代 Al 的添加量和扩大 Si 的含量，P 的这一特性对热镀锌不会有不利影响,不过对热镀锌合金化处理不利,因为 P 延滞了镀锌合金化反应。因此，要有比锌锅温度约 450℃高许多的扩散退火温度，要求镀锌合金化扩散退火的加热温度达到 550℃，有可能增加了获得 TRIP 钢性能的难度，因为，在形成贝氏体的上限较高的温度范围，会发生碳化物的沉淀析出，从而降低了残余奥氏体中有用的 C 含量。据相关研究报道，如果对热处理周期进行精细控制，依靠 Al 或 P 及低 Si 含量，可以生产获得理想的性能，不过，因残余奥氏体缺乏稳定性而使其伸长率比期望的真正的 TRIP 钢的要低些。对于 DP 钢也同样受到各合金元素量的影响。

无论是 TRIP 钢还是 DP 钢，其化学成分的变化不仅影响其产品性能，而且对本工序的热处理周期及生产工艺产生重大影响。

（2）产品表面质量对相关工序的要求。为了获得优良的表面质量，热镀锌产品生产中对其清洗工艺、退火工艺、合金化工艺及平整工艺都有严格的要求。如通过清洗段的碱液浸洗、碱液刷洗、电解清洗、热水刷洗、热水漂洗。清洗挤干和清洗干燥等，使带钢表面的残油和残铁总量清除率达 97%~98%，如对单面残留物达 300~500mg/m^2 的带钢经处理后，单面残留物总量控制在 10 mg/m^2 以内。这样为提高镀层附着力创造了条件。

对退火工艺而言，尤其要注意对 DP 和 TRIP 等高强钢生产时，Mn、Si 等合金元素在钢板表面的富集，从而影响到高强钢的可镀性及表面质量。通过利用加热废气预热带钢，不仅能够节约燃料，而且可以避免带钢升温速度太快而引起带钢变形，对薄规格产品板形有利。另外对于冷却方式，炉辊辊型，炉内气氛和露点控制、炉内张力及炉辊表面涂层等的要求都直接影响到产品的表面质量[6]。

对于合金化处理产品，要求热浸镀得到的纯锌镀层立即在 450~550℃进行镀层的扩散退火，以获得含铁为 10%~12%的最佳镀层。若涂层中的铁含量高于 12%时，不利于带钢的加工成形。在后续成形过程中会增加粉化现象，而当铁含量低于 9%时，则不能完全形成合金化涂层，并且剩余的锌会残留在涂层表面，影响外观均匀性[7]。这就对锌液中的铝含量、锌锅温度、带钢进入锌锅的温度、合金化温度、带钢速度、带钢的成分及镀层厚度等都有相应的要求。需要进行严格的控制，而镀层的厚度及均匀性又很大程度上取决于气刀与锌液面的位置，刀唇形状与压力，所用的介质气体等有关。

为了获得高品质的热镀锌板产品，需要对其进平整处理以消除带钢的屈服平台，具有良好的平直度和合适的粗糙度。平整工艺包括拉伸矫直与平整，有干式和湿式的。根据产品的最终性能和用途不同，而采取不同形式，目前，西马克公司和克莱西姆公司等都开发了工作辊可换成不同辊径的四辊平整机，辊面可镀铬和毛化处理，从而对不同规格和钢种的热镀锌产品的板形和粗糙度进行更佳控制[8]。

为了提高镀锌层的耐蚀性及使用寿命，往往对镀锌产品进行钝化、预磷化和涂油等后处理在线加工。目前的钝化处理主要采用铬酸盐钝化。但由于环保的要求，无铬钝化（主要为无+6 价铬）已成为研发重点与发展方向。而且对钝化后钝化膜的干燥温度（PMT）也有不同要求。低温节能是发展趋势。对于家电用热镀锌外板，采用在线预磷化处理不仅可延长寿命而且相比于采用电镀锌产品降低了材料成本。而对于冲压成型用热镀锌产品，涂油处理会大大改善成型性能，降低对模具的冲击，提高冲压件的成材率。

因此，要生产质量优良的热镀锌产品，其产品性能要求不同，对本工序的各环节要求也不一样，需要严格控制。

4 结论与问题

从以上分析讨论可以看出，冷轧产品的质量不仅与为其提供原料的上游工序的生产设备与工艺条件密切相关；而且，根据不同产品性能的不同，对冷轧工序的各环节必须采用相应的对策和适合的工艺路线，才能生产满足不同需要的合格产品。对于首钢公司来说，为了生产具有市场竞争力的产品，不仅要引进先进的生产技术与设备，更要依靠和培养自身的人才，对前后工序产品质量之间的内在关系进行大量的深入研究，抓住影响产品质量的核心工艺技术，消化提升。同时对下游用户的要求及早进行调研，如对重点汽车厂家所用冷轧汽车板的产品种类、特点、各项性能指标要求、应用部位进行调查研究，联合攻关，提出合理的工艺路线，以达到最佳的综合性能。学习借鉴 JFE 钢铁公司在不断开发高强度汽车用钢方面的经验，积极开发高强新品种，满足市场需要。从冶金流程学的角度来考虑，应从设计阶段，就要充分考虑相关工序的内在要求和制约因素，从而为建设真正的一流的钢铁企业和创造经济效益打下坚实的基础。

参考文献

[1] 侯安贵，徐国栋，康建国. 宝钢 2 号板坯连铸机改造中新技术的应用[C]//2006 中国金属学会青年学术年会会刊，2006(9)：79~80.

[2] 黄波. 常规热带钢轧机减少中间带坯温度差的措施[C]//2005 中国钢铁年会论文集，2005：139~141.

[3] 许健勇，姜正连，阕月海. 热轧来料及冷轧工艺对连轧机出口板形的影响[J]. 宝钢技术， 2003（5）:60~61.

[4] MATSUOKA Saiji,HASEGAWA Kohei,TANAKA Yasushi. Newly-Developed Ultra-High Tensile Strength Steels with Excellent Formability and Weldability [J]. JFE TECHNICAL REPORT, 2007(10):13~15.

[5] Hot dip galvanising of high strength steels [J]. Steel Times International, 2003: 9~10.

[6] Innovative heat treatment solutions for steel strip [J]. MPT International, 2004(1): 35~38

[7] 闻莉，译,何云飞,校，监控带钢退火镀锌层质量的方法和装置. 首钢设计院编设计参考资料，2003（3）:30~31.

[8] 首钢京唐钢铁公司第一冷轧厂内部技术资料.

（原文发表于《轧钢》2009 年第 1 期）

UCM 系列和 CVC 系列六辊冷轧机特点的初步分析

何云飞　何　磊　侯俊达　孟祥军

（北京首钢国际工程技术有限公司，北京 100043）

摘　要：本文结合工程实际，针对我国国内冷连轧机的两个主要机型种类的特点进行了简要的分析和讨论，对于促进国内冷连轧机设计和新建冷连轧机的轧机选型具有一定的参考作用。

关键词：冷轧机；板形控制；弯辊；轧辊轴向移动

Discussion of the Features of UCM- and CVC 6-High Cold Rolling Mill

He Yunfei　He Lei　Hou Junda　Meng Xiangjun

(Beijing Shougang International Engineering Technology Co., Ltd., Beijing 100043)

Abstract: In combination with actual engineering, a brief discussion is made in this paper about the features of two main types of continuous cold rolling mill, which will be used for reference to continuous cold rolling mill design and machine type selection at home.

Key words: cold rolling mill; flatness control; roll bending; roll shifting

1　引言

随着我国钢铁业的迅速发展，板带材产品的比例在不断扩大，新建了一大批先进的冷热轧带钢生产线，而这些大型的板带材轧机设备，尤其是近年来所新建的大型宽带钢冷连轧机设备绝大多数都是引进日本三菱-日立公司的 UCM 系列冷轧机或德国西马克的 CVC 系列冷轧机。首钢京唐钢铁联合有限责任公司的第一冷轧厂的冷轧机设备也是引进三菱-日立公司的 UCM 轧机。表 1 为我国近年新建的或在建的主要冷轧宽带钢轧机情况。从表中可以看到，采用 UCM 系列轧机的有 5 家，采用 CVC 系列轧机的有 6 家，可见两种冷轧机型在我国市场上的份额相近。除鞍钢冷轧在自主集成方面有所进展外，国内真正采用自主知识产权的大型宽带冷连轧机几乎没有。这除了国外冶金设备公司有其独到的先进技术和丰富的设计经验外，还与国内在引进设备的同时，对消化提升和对核心技术的研发力度重视不够有关。因而在冷轧机设备设计方面与国外存在较大的差距。其实，就酸轧联合机组的整体设备构成与布置而言两家公司的差别不大，但就轧机单体设备而言，则各有其特点。图 1 为酸洗冷连轧联合机组的配置示意图。本文将结合首钢有关冷轧项目的设计与建设中的一点体会，对 UCM 系列和 CVC 系列冷轧机部分特点进行分析与讨论，以期对今后的冷轧机选型和设计提供一点有益的借鉴。

2　UCM 系列轧机和 CVC 系列轧机的特点与比较

2.1　UCM 系列轧机和 CVC 系列轧机简述

UCM 轧机是由日本三菱-日立公司开发的一种六辊轧机，它是在 HC 轧机基础上发展起来的新一代冷轧机之一，它相比于 HCM 轧机增加了中间辊弯曲，其中间辊不仅能轴向移动还设有正弯辊（见图 2），工作辊设有正负弯辊，它的进一步演变是增加工作辊轴向移动的 UCMW 轧机。CVC 系列轧机包括四辊 CVC 轧机和六辊 CVC 轧机（见图 3），它是由德国西马克公司开发的，目前的 CVC 冷轧机主要为六辊轧机，其中间辊辊面有一定曲线形状（支承辊有的有，有的没有），因其辊面曲线方程由低次方发展到高次（5 次）方并与相关配套的控制软件

表 1　国内近年新建及改造的主要连轧机组一览表

序号	机组所在地	建设时间	产品规格			轧机机架构成及机型与工作辊尺寸/mm					备　注
			板宽/mm	板厚/mm	速度/m·min^{-1}	No.1	No.2	No.3	No.4	No.5	辊身与带宽差
1	宝钢 1420mm	1997	730~1230	0.18~0.55	1600	CVC4；WR：φ445/500×1510			CVC6；WR：φ380/420×1350		1350–1230=120
2	宝钢 1550mm	2000	700~1430	0.30~1.6	1200	UCMW；WR：φ[illegible]35×1580					1580–1430=150
3	鞍钢一冷轧厂	1989	750~1600	0.30~3.0	1350	UCM；WR：φ430/490×1700	4H；WR：φ520/600×1676				1676–1600=76
4	鞍钢二冷轧厂	2002	800~1630	0.3~3.0	1350	4H；WR：φ430/490×1780	HCM；WR：φ520/600×1780			4H；WR：φ430/490×1780	1780–1630=150
5	攀钢冷轧厂	1996	720~1110	0.25~2.5	1200	HCM；WR：φ460×1220	HCM；WR：φ430×1220			无	1220–1110=110
6	本钢冷轧厂	1996	700~1500	0.3~3.0	1000	4H；WR：φ560×1676				无	1676–1500=176
7	武钢冷轧厂	1978	700~1600	0.3~3.0	1540	4H;WR：φ540/510×1900			4H; WR：φ610/450×1700	4H；WR：φ540/510×1900	1900–1550=350 1700–1550=150
8	上海益昌冷轧厂	1991	550~1050	0.17~1.0	1200	4H；WR：φ500/550×1280					1219.2–1050=169.2
9	宝钢一冷轧厂	1985	900~1850	0.30~3.5	1800	CVC4；WR：φ615/550×2030				CVC4；WR：φ615/550×2230	2230–1850=380 2030–1850=180
10	宝钢四冷轧厂	2005	800~1730	0.30~2.0	1650	UCM；WR：φ445×1850					1850–1730=120
11	武钢二冷轧厂	2005	900~2080	0.30~2.5	1400	CVC6（plus）WR：φ480/560×2180					2180–2080=100
12	鞍钢股份三冷轧厂（正在建设）	2006	1000~1950	0.30~2.0	1500	6 辊；WR：φ485/545×2130			6 辊；WR：φ545/605×2130	6 辊；WR：φ485/545×2130	2130–1950=180
13	首钢薄板生产线	2007	800~1870	0.20~2.5	1400	CVC6（plus）；WR：φ480/560×1970					1970–1870=100
14	本钢浦项冷轧薄板有限公司	2005	800~1870	0.20~2.5	1650	UCM；WR：φ475/425×1970					1970–1870=100
15	马钢股份冷轧板厂	2004	900~1575	0.30~2.5	1250	HC；WR：φ425×1720				无	1720–1575=145
16	邯钢冷轧厂	2004	900~1665	0.25~2.0	1250	CVC6；WR：φ470/420×1765					1765–1665=100
17	包钢冷轧薄板厂	2005	900~1540	0.25~3.0	1250	CVC6；WR：φ470/420×1765					1765–1540=225
18	涟钢冷轧板厂	2006	850~1600	0.25~3.0	1250	UCM；WR：φ385/425×1720					1720–1600=120

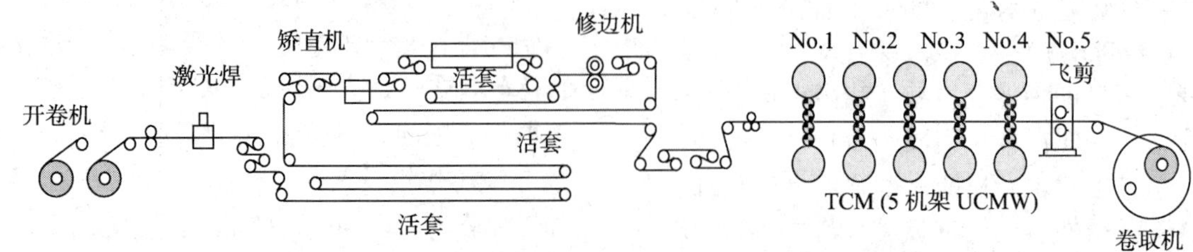

图 1　酸洗冷连轧联合机组配置示意图

包结合，发展成了 CVC^{plus} 轧机，据说其控制板形的能力得到进一步加强，但在具体定量性的指标方面并没有明确体现。UCM 轧机与六辊 CVC 轧机的不同在于 UCM 轧机的中间辊为平辊，轧辊在轧制过程中产生的弹性弯曲，通过调整中间辊和工作辊的弯辊力得以补偿。六辊 CVC 轧机中间辊的轴向移动是为了改变辊缝形状，而UCM轧机是根据带钢的宽度，移动中间辊的轴向位置，从而调整轧辊之间的接触长度、消除有害接触、减少工作辊的弹性挠曲。

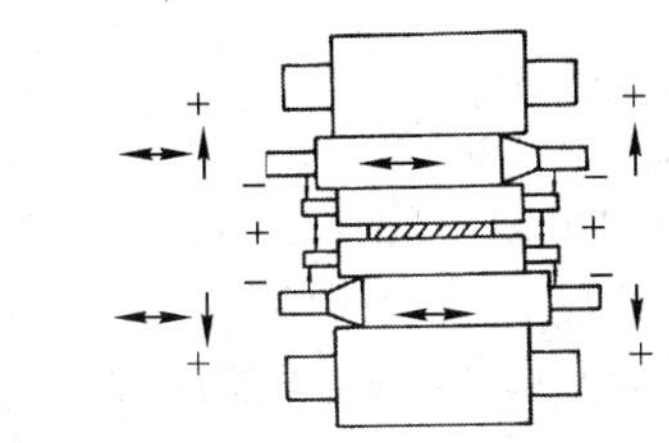

图 2 UCM 轧机轧辊配置示意

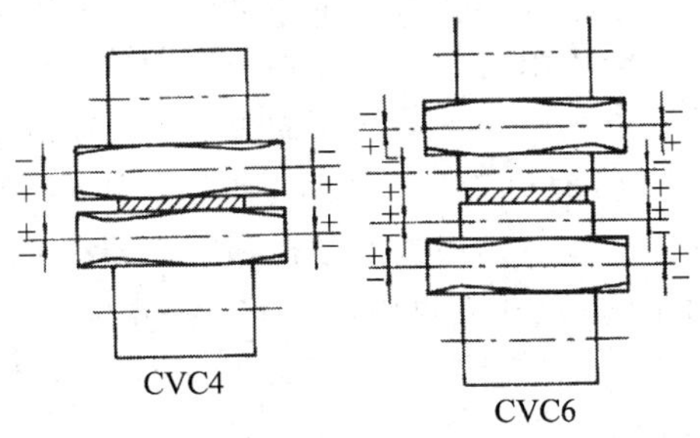

图 3 CVC 轧机轧辊配置示意

2.2 UCM 系列轧机和 CVC 系列轧机主要不同性能特点的比较分析

因为不同规格的轧机在性能上和特点上不便比较，因此将以相近规格轧机或针对生产同类产品的轧机进行比较，本文将主要以三菱-日立和西马克-德马格公司为首钢京唐公司第一冷轧厂酸轧线提供的轧机方案为基础进行分析比较。

2.2.1 工作辊尺寸

从表 1 中可以看到，对于 UCM 轧机来说，工作辊辊身长度，一般比最大轧制带钢宽度富余120mm，而对于 CVC 轧机来说，一般为 100 mm；就工作辊直径而言，UCM轧机的辊径普遍要比 CVC轧机的要小；又如以首钢顺义薄板生产线和首钢京唐第一冷轧厂技术附件为例：前者的 UCM 轧机技术方案和 CVC 轧机技术方案的工作辊尺寸分别为：（UCM） WR：ϕ475/425 × 1970；（CVC）WR：ϕ560/480 × 1970；生产产品规格为：0.2~2.0× 800~1870 mm；而后者提供的对应轧机技术方案的工作辊尺寸分别为：(UCM) WR：ϕ425/385× 1720mm；(CVC)WR：ϕ470/420×1730mm，生产产品规格为：（0.25~2.5）×（750~1600）mm.其实，CVC系列轧机的中间辊和支承辊都大于 UCM 轧机对应辊的尺寸。笔者认为，在保证轧机或轧辊必要刚度的情形下，工作辊辊径小些，有利于大压下量轧制和均匀变形，同时有利于弯辊控制的灵活和灵敏，弯辊力也相应小些。

2.2.2 弯辊装置的配置及弯辊力（首钢京唐公司一冷轧厂,以下类同）

UCM 轧机方案：工作辊设正/负弯辊：弯辊力:+0.46MN/轴承座、–0.21 MN/轴承座

中间辊设正弯辊：弯辊力:+0.59MN/轴承座；

CVC 轧机方案：工作辊设正/负弯辊：弯辊力:+0.50MN/轴承座、 –0.35MN/轴承座

中间辊设正/负弯辊：弯辊力 +0.65MN/轴承座；-0.450MN/轴承座

从以上数据可以看到，后者的弯辊力都大于前者，而且多一套中间辊负弯辊装置，弯辊力的增大，主要是因其轧辊辊径相对大些，要达到同样弯辊程度，就要增加弯辊力；在液压缸相当的情况下，其高压系统（压下调整和弯辊系统）的压力也相对要大些，前者的高压液压系统压力为：20.5MPa;后者的对应压力为 26MPa;这样对系统的管件、阀，控制元件等的要求相应会更高些；投资和维护件的费用肯定也会增加；此外，三菱-日立的 UCM 轧机工作辊弯辊系统采用正负弯辊力直接作用于轴承座且采用差值的方法控制弯辊程度，因此在正负弯辊力切换过程中不存在控制死区的问题。而 SMS 公司解释在同一卷中不会出现一会儿正凸度一会儿负凸度的情况，两卷对焊时可能出现，此时切换控制不便。对于生产同类型产品和产品质量相当的情况下，能减少装置和较低的系统压力，无论从检修维护还是安全性方面考虑都将更为有利的。

2.2.3 轧机压上/压下系统（轧辊辊缝定位控制系统）

UCM 轧机采用三菱-日立公司开发的HYROP-F(力马达阀)系统,进行压上控制，内置位置传感器：

形式：HYROP-F 控制双向液压缸液压压上式

位置：轧机下部窗口上

压上缸：约ϕ900/ ϕ 750×250mm(配内置磁尺式位置传感器)

压上力：最大 2200t (压力 20.5MPa)

压上速度：2mm/s (有载荷时)

6~7mm/s (换辊时)

响应频率：20Hz

响应时间：约 15ms(从 10%~90%)

油洁净度：NAS 8 级

西马克的 CVC 轧机其压下调整系统置于轧机窗口顶部, 进行压下控制, 内置位置传感器及压力传感器：

形式：双向液压缸液压压下式

位置：轧机上部窗口下

压下缸：约ϕ800/ϕ740×210mm (内置磁尺式位置传感器)

压下力：最大 2500t (压力 26MPa)

压下速度：3mm/s (有载荷时)

响应频率：20Hz

响应时间：约 30ms (50μm 阶跃)

油洁净度：NAS 5 级

两者的轧辊压上/压下方向和设置位置不一样，从检修维护来说，应该设置在轧机上部窗口更方便，但三菱-日立拥有自身专利技术的 HYROP-F 控制双向液压缸，大大减少了维护量，而且其响应时间短，有利于控制精度提高,对油品洁净度要求低，节省液压系统投资,这是优势。

2.2.4　轧线标高调整系统

为了补偿轧辊磨损，保证轧线标高在一定精度范围，两种轧机都设置了各自的调整系统，UCM 轧机为液压驱动阶梯板+斜楔的组合式，位于轧机的上部，如图 4 所示。CVC 轧机为液压驱动斜楔式，位于轧机的下部（见图 5）。

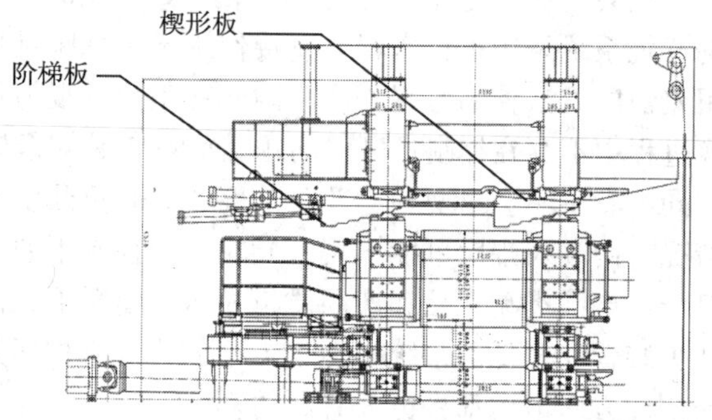

图 4　UCM 轧机轧线标高调整系统配置及部件

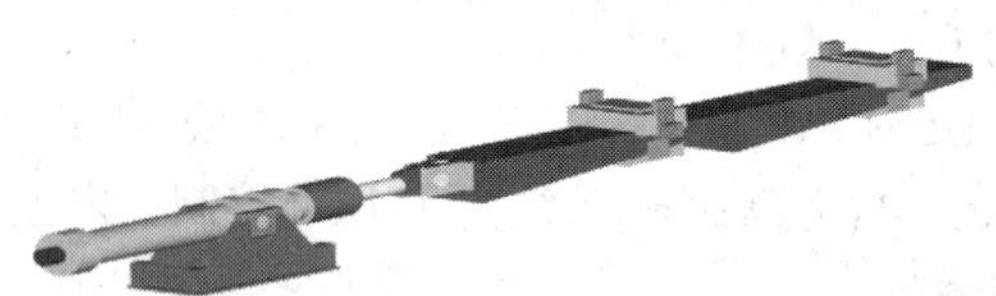

图 5　CVC 轧机调整轧线标高楔形板

以下为首钢京唐公司第一冷轧厂两种轧机技术方案的轧线标高调整系统参数。

UCM 轧机：

形式：液压驱动阶梯板+斜楔

位置：轧机上部窗口下

调整范围：最大 250mm

调整精度：±0.2mm(垂直方向)

阶梯板台阶数：4 个(40mm/阶)，液压缸驱动，通过 PLG 定位

斜楔调整范围：最大 40mm，锥度 1/20，液压缸驱动，通过 PLG 定位

CVC 轧机：

形　式：液压驱动斜楔式

位　置：轧机下部窗口上

调整范围：最大 210mm

调整精度：±0.5mm(垂直方向)

斜楔驱动：带位置传感器及液压锁紧头的液压缸

斜楔斜度：6°

从以上参数可以看到，UCM 轧机的轧线调整是两套系统组合的，位于轧机的上部。虽然多了一套系统，相对复杂些,但其调整时的移动行程小，对于小于 40 mm 的调整量，只调节楔形板，对于大于 40 mm 的调整量，则先调节阶梯板，不足部分调节楔形板。两者组合，不仅其轴向移动量小，液压缸的总行程也小，斜楔的加工面也小，易于加工和精度保证，检修维护方便；而对于 CVC 轧机，只有依靠楔形板的调节，根据上面提到的，其最大调整范围：210 mm，由于斜楔斜度为 6°，那要满足此要求，则楔形板的加工面和轴向移动量至少要大于 1998 mm，其驱动液压缸行程也大于此值，为保证精度要求，对液压缸的加工难度和工作量都增加，而且，因行程长，液压杆露在外面长，空间占地大，又因安装在下部，检修维护不方便，这些相比于 UCM 轧机来说，存在不足。

从调整精度看，UCM 轧机也要好于 CVC 轧机。

以上对两种轧机在结构和功能设置上区别较大的几点进行了初步分析与比较，下面将对其产品的保证值结果进行分析讨论。

2.3　产品质量保证值指标的分析比较

虽然产品质量是受多种因素影响的，对于同样的产品大纲和产品档次要求，以及相当的自动控制水平而言，产品质量指标很大程度上受轧机的结构功能特点的影响。我们通过对首钢京唐公司一冷轧厂 UCM 轧机和 CVC 轧机方案的产品质量考核保证指标值分析，可以得到如下一些结论：

对于头尾超差长度两者的保证值是一致的，从厚度公差和平直度指标来看，UCM 轧机方案要好于 CVC 轧机方案。以相近规格相同品质产品为例：

UCM 轧机方案：

CQ：2.05 mm×1480 mm 产品，原料为:5.5 mm×1510 mm，其产品厚度公差为: ±0.5%,平直度为:6-I U；

CQ：0.25 mm×850 mm 产品，原料为 2.0 mm× 880 mm，其产品厚度公差为: ±0.7%,平直度为:7-I U；

CQ：0.325 mm×850 mm 产品，原料为 2.0 mm× 880 mm，其产品厚度公差为: ±0.65%,平直度为:7-I U。

而 CVC 轧机方案:

CQ：2.05 mm×1480 mm 产品，原料为:5.1 mm×1510 mm，其产品厚度公差为: ±0.6%,平直度为: 6-I U；

CQ：0.25 mm× 850 mm 产品，原料为:1.8 mm× 880 mm，其产品厚度公差为: ±0.8%,平直度为: 8-I U；

CQ：0.33mm×1080mm 产品，原料为 2.2 mm×1110 mm，其产品厚度公差为: ±0.8%,平直度为:8-I U。

从 CQ 考核产品中的最薄、最厚和中间相近规格产品看，虽然两者的厚度尺寸公差和平直度相近，但 UCM 轧机方案还是更优一些；而且其多数产品压下率更大些，这与其工作辊径小有一定关系，也符合冷轧原料增厚的发展趋势要求。其他品种也有类似特点。当然，这有待于进一步的生产实践检验。据某些曾采用两种机型生产冷轧产品的用户介绍，虽然在酸轧线检测的尺寸和板形指标相近，但在下游的后续生产线来说，UCM 轧机产品的板形更有优势。

3 结语

综合以上的讨论，虽然只是对局部特点的一些分析，未必能全面体现其综合性能，也由于笔者的认识还有待于进一步深化，但可以看出的是在 UCM 轧机的配置和功能特点方面的确有一些优势，值得冷轧机选型时参考。

（原文发表于《世界金属导报》2009-02-10）

推拉式酸洗线设计参数分析

朱海军

（北京首钢国际工程技术有限公司，北京 100043）

摘　要：本文提出了计算推拉式酸洗线新酸添加量的数学模型，并从流体及热质交换的原理出发推导了酸槽内带钢温度和热负荷的计算公式，对自主设计推拉式酸洗系统具有重要价值，对连续式酸洗系统的设计也同样适用。

关键词：新酸添加量；带钢温度；热负荷

Analysis of Design Parameters of Push-Pickling Line

Zhu Haijun

(Beijing Shougang International Engineering Technology Co., Ltd.，Beijing 100043)

Abstract：Put forward a mathematical model of calculating the adding quantity of regenerating acid for push-pickling lines, as well as viewed from hydrodynamics and heat exchanging theory, the formulas of calculating the strip temperature inside the pickling tank and the quantity of heat are established. These mathematical formulas not only are very important for self-designing push-pickling lines but also can be used to design continuous pickling lines.

Key words：adding quantity of regenerating acid; strip temperature; the quantity of heat

1　引言

建在首钢特钢公司年生产成品酸洗卷 77 万吨的推拉式酸洗线是为两架单机架冷轧机配套的，该机组全套引进奥地利鲁斯纳公司的技术，将于 2005 年 5 月投产。机组的主要参数如下：

入口带钢宽度	750~1600mm
带钢厚度	1.0~6.0mm
最大卷重	30t
平均铁损耗	0.36%
酸洗段数（酸槽数）	5
每个酸槽的长度	13.5m
酸液最高温度	85℃
机组最高速度	180m/min
加工钢种	CQ、DQ、HSLA

带钢在酸液中的酸洗过程是一个化学过程，其酸洗的时间取决于酸洗液的浓度、温度和紊流程度，另外还与带钢的尺寸和化学成分有关，也与热轧卷取温度和氧化铁皮厚度有关。酸洗时间的长短影响着酸槽长度的设计，不过本文重点不是分析酸洗时间长短及其影响因素的，这方面的内容目前已做了很多试验，很多书上均有介绍[1]。本文从流体设计及热质交换的角度出发，分析酸循环系统最重要设计参数的确定，比如流量、热负荷的大小等，希望对国内酸洗系统的设计有帮助。

2　酸循环原理

首钢 1750mm 冷轧工程推拉式酸洗机组酸循环系统流程如图 1 所示：酸洗段共分为 5 段，每段均有自循环罐、泵、阀和换热器等，以对本段酸槽的酸液进行强制循环加热，增强酸洗效果。

如图 1 所示：新酸/再生酸被加入 5 号酸循环罐，根据各循环罐的液位，逐级流入各循环罐直至 1 号循环罐；酸洗产生的废酸通过废酸泵排放至酸再生车间进行再生处理，再生后的废酸和补充的新酸又用来供应酸洗线的用酸，使参与酸洗的盐酸实现循环利用。

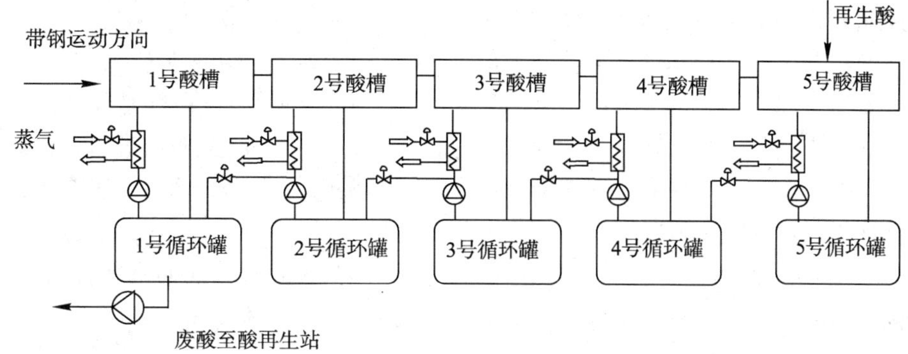

图 1　首钢 1750mm 冷轧工程酸洗机组酸循环系统流程

3　新酸添加量的计算

要想有效地进行酸洗，酸洗液浓度的控制是关键，酸洗液浓度过高或过低均不能进行有效的酸洗。酸液浓度过低不能溶解全部的氧化铁皮是显然的，但浓度过高了也不行，因生成的铁离子在浓度高的盐酸溶液中很容易达到饱和[1]，而且酸洗时过高浓度的盐酸蒸发量大也是个问题，所以一般总酸含量控制在 200g/L 左右。如果不考虑蒸发和带钢运动带走酸液的影响，显然每卷所需的新酸添加量就等于废酸排放量，不难写出下面的公式计算：

$$R=\frac{1000Gb}{F_1-F_0} \tag{1}$$

式中　R——每卷所需添加的新酸量，L；

G——钢卷的质量，kg；

b——平均铁损；

F_1——1 号酸槽排放废酸的铁离子浓度，g/L；

F_0——自酸再生车间来的再生酸/新酸的铁离子浓度，g/L。

上面的计算公式是在不计算酸液蒸发量和带钢带走量影响的情况下算得的新酸添加量，实际上蒸发和带钢带走酸液是不可避免的，所以实际的新酸添加量应：

$$R'=RC_V \tag{2}$$

C_V 是修正系数，根据各类带钢的经验确定，由人工通过 HMI 输入。经过一定时间的运行，获得修正后每卷所需新酸添加量的误差就会很小。

新酸的添加量是由计算机根据每卷的具体参数事先计算出来的，在酸洗该卷时根据计算出的量由系统自动添加新酸。也可以利用上式按产量计算平均再生酸补充量，比如，以参考带钢（宽 1200mm，厚 2.75mm，平均铁损 0.37%），入口带钢平均流量 131t/h，1 号酸槽废酸排放铁离子浓度 130g/L，一般再生酸铁离子含量：7g/L，则代入上式可得废酸排放量为：3973L/h，如果 C_V=1.2，新酸添加量为：4768L/h，这就可以得到进出酸洗系统酸液的平均流量，是酸洗系统设计的重要参数，同时也可以确定酸再生车间的生产能力。

4　热交换量的计算

铁离子在酸液中的溶解度、带钢的酸洗速度均受酸液温度的影响[1]，控制酸液温度是基本的控制目标，酸液温度过高蒸发量大也不行，所以酸液温度一般控制在 80~85℃，而要控制好酸液温度，就要计算热负荷的大小。热负荷是酸洗系统设计的重要指标，决定了蒸汽加热系统的设计，也对各个酸洗段自循环系统的设计产生直接影响，是整个酸洗系统设计的最关键参数。

冷轧带钢进入酸槽后首先被酸液加热，带钢的温升情况由带钢的导热能力和酸液与带钢之间的对流传热能力所决定，酸液的热量传给带钢要克服以下几个环节的热阻：

（1）i 点到 j 点的对流传热热组；

（2）j 点到 m 点的酸液边界层热组；

（3）m 点到 n 点的钢板传导热组。

带钢在酸液中的热传递模型如图 2 所示

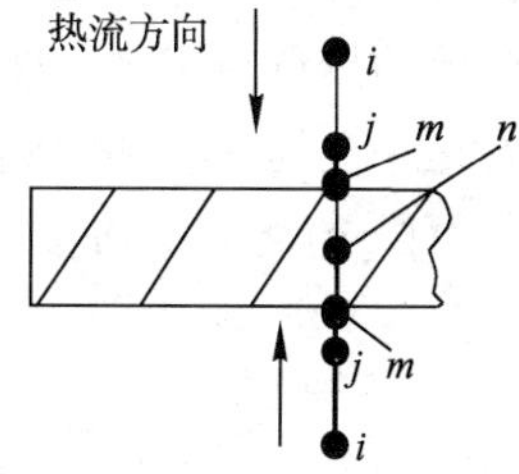

图 2　带钢在酸液中的热传递模型

4.1　求总的传热系数

带钢的温升情况可以用边界层理论进行分析，但由于酸液喷入酸槽的喷入方式和酸槽结构的复杂性，流体在酸槽内的流态实际上是非常复杂的。我们引入放热系数的概念进行工程计算是比较合理的，计算的精度取决于放热系数的精度。

放热系数是这样定义的：在流体和固体壁面之间换热时，每小时、每平方米面积上，当流体与固体壁面之间的温差为1℃时所传递的热量。单位是：kcal/（m^2·h·℃）,符号α[2]。那么前面的（1）、（2）两项热阻就有一个放热系数α所体现，因而酸液向钢板表面传热方程可写为：

$$\phi_1 = \alpha \cdot A \cdot (T_h - t_s) \quad (3)$$

由钢板表面向钢板心部的传热方程为：

$$\phi_2 = {}^{2\lambda}\!/\!_h \cdot A \cdot (t_s - t_c) \quad (4)$$

式中 ϕ_1，ϕ_2——热流量，W；

α——酸液的放热系数，W/(m^2·K)；

A——钢板表面积，m^2；

λ——钢板的导热系数，W/(m·K)；

h——钢板厚度 $2\lambda/h$ 即表示钢板的导热热阻，m；

T_h，t_s，t_c——分别为酸液、钢板外表面和钢板心部温度，K。

设：

$$\Delta t = T_h - t_c$$

则总的传热方程：

$$\phi = kA\Delta t \quad (5)$$

式中 k——总的传热系数 W/(m^2·K)。

显然，$\phi_1 = \phi_2 = \Phi$。总的传热热阻是酸液的放热热阻与钢板的导热热阻的串联总热阻，由式（3）、式（4）不难得出[3]：

$$\frac{1}{k} = \frac{1}{\alpha} + \frac{h}{2\lambda} \quad (6)$$

4.2 求温升方程

酸洗的带钢首先进入1号酸槽，在这里冷带钢被迅速加热，该段的热负荷最大。假设沿酸槽长度方向酸液的流态是一致的并不随时间变化，将酸槽分为若干小段，每段长度ΔL，如图3所示。

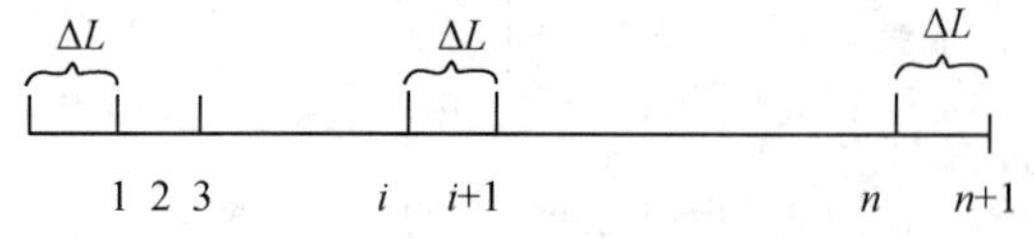

图3 酸槽开温段划分

第i段酸液对带钢的传热量为：

$$Q_i = kB\Delta L(T_h - t_i)\Delta L / v \quad (7)$$

式中 Q_i——传热量，J；

k_i——总的传热系数，W/(m^2·K)；

B——酸洗带钢的宽度，m；

ΔL_i——微小段的长度，m；

T_h——酸液温度，K；

t_i——第i段开始温度，K；

v——带钢运行速度，m/s。

带钢在第i段结束后温度变为t_{i+1}，温升为：

$$\Delta t_i = t_{i+1} - t_i$$

第i段带钢所吸收的热量为：

$$Q_i' = \rho Bh\Delta Lc\Delta t_i \quad (8)$$

式中 Q_i'——带钢吸收的热量，J；

ρ——带钢的密度，kg/m^3；

h——带钢的厚度，m；

c——带钢的比热容，J/（kg·K）。

传递给带钢的热量和带钢吸收的热量应相等，考虑到带钢上下两面传热，即：

$$Q_i' = 2Q_i$$

由式（7）、式（8）可得：

$$\Delta t_i = 2k \cdot (T_h - t_i) / (h \cdot v \cdot \rho \cdot c) \cdot \Delta L \quad (9)$$

令：$\beta = 2k \cdot T_h / (h \cdot v \cdot \rho \cdot c)$ （10）

β的量纲是K/m。

将式（9）写成微分方程形式：

$$\frac{d_t}{1 - \frac{1}{T_h}t} = \beta d_L \quad (11)$$

两边积分并注意边界条件：$L=0$时，$t=T_0$，即酸洗带钢进入1号酸槽前的温度，可得温升方程：

$$t = T_h\,[1 - \exp[\ln(1 - T_0/T_h) - \beta/T_h L]] \quad (12)$$

利用上式即可算出酸槽内任意位置带钢的温度。

4.3 计算带钢出1号酸槽的温度

参考带钢宽B=1200mm，钢板厚度h=2.75mm，最高运行速度v=3m/s，带钢密度ρ=7800kg/m^3，带钢初始温度 T_0=20℃=293K，1号酸洗槽酸液温度T_h=84℃=357K，由于对酸液采取了恒温自动控制措施，酸槽内酸液的温度可视为定值，钢板的导热系数λ=48W/(m·K)，钢板的比热容c=480J/(kg·K)。

放热系数α的取值根据经验定，取值时主要考虑加热流体的特性及其流动状态和带钢的运行速度，或者由试验确定，这里我们取 α=2000Kcal/(m^2·h·℃)=2325.5W/(m^2·K)。

由式（6）得：

$$k = 2180.3\ \text{W/(m}^2\cdot\text{K)}$$

将上述参数代入式（10），得：

$$\beta=50.4\text{K/m}$$

将酸槽的长度 L=13.5m 代入式（12），可得带钢出1号酸槽后的温度：

$$T_1=347\text{K}=74℃$$

如果带钢初始温度为 5℃，同样可算出经过 1 号酸槽后带钢的温度升为 72℃。

4.4 计算热负荷

根据带钢在1号酸槽的温升，可直接写出1号酸槽热负荷计算公式：

$$P=Bhv\rho c(T_1-T_0) \tag{13}$$

式中符号的意义同前。

当入口带钢温度 20℃时，热负荷为：P=2001542W=7205553kJ/h；

当入口带钢温度 5℃时，热负荷为：P=2483395W=8940223kJ/h。

冷带钢首先进入1号酸槽，1号酸槽的酸液受到的热冲击最大，有了系统的热负荷和加热蒸气的温度，实际上热交换器的参数就可以确定下来了，当然，要考虑到酸液蒸发和系统散失的热量并留有余量。当热交换器确定后，酸液的循环量和蒸汽耗量也就基本确定了，虽然各项参数会根据技术经济性进行调整，但设计的出发点要围绕热负荷来考虑。各段酸循环量确定后，酸洗系统的泵、阀门和管道就可以确定了，这就是酸洗系统设计的具体思路。可见热负荷的计算和确定是整个系统设计的枢纽和核心，热负荷定下来后，其他一切设计问题都比较容易得到解决。

5 结语

通过对带钢的实际计算表明：带钢的温升、热负荷、废酸排放量和新酸添加量的计算结果与外方的“计算程序”所得的结果非常接近，这说明上述推导的计算模型是正确合理的，用来进行工程计算精度也是足够高的，不仅可作为设计的重要依据，而且对现有系统的维护调试进而改进也有帮助。上述结论也同样适用于连续酸洗系统的设计，在连续式酸洗系统中，由于各段酸循环流量大，酸液紊流程度高，带钢运动速度快，放热系数 α 的值要比推拉式酸洗系统的大。

利用边界层理论来分析酸洗带钢的换热规律是很难得到满意结果的。为了增强酸液的紊流程度和获得对带钢的流体动力支撑效果，酸槽底部设计出了纵横交错的流体沟槽，酸液喷入酸槽的角度和喷入方式均得到了改进，这使得酸液在酸槽内的流动实际上极为复杂，目前的边界层理论尚远不能解决这类问题，边界层理论进入工程应用尚待时日。

参考文献

[1] 宣梅灿，徐耀寰,韩静涛.宝钢宽带钢冷轧生产工艺[M]. 哈尔滨：黑龙江科学技术出版社, 1998.

[2] 上海水产学院，厦门水产学院. 制冷技术问答[M].北京：中国农业出版社, 1986.

[3] 许为全. 热质交换过程与设备[M]. 北京：清华大学出版社, 1999.

（原文发表于《轧钢》2006 年第 1 期）

首钢 6H3C 单机架可逆式薄板冷轧机组技术特点

韦富强　李　普
（北京首钢国际工程技术有限公司，北京 100043）

摘　要：本文介绍了首钢 6H3C 单机架可逆式冷轧机组的工艺设备参数、电气及自动化等，着重介绍了其技术特点，提出了其可能存在的问题，简要介绍了该机组现在的生产状况。该机组是目前世界上第一套通过中间辊交叉进行板形控制的轧机，也是世界上第一套投入工业生产的 6H3C 轧机。

关键词：首钢；单机架；六辊；冷轧机；交叉

The Technical Characteristics of Shougang 6H3C Single Stand Cold Reversing Mill

Wei Fuqiang　Li Pu
(Beijing Shougang International Engineering Technology Co., Ltd., Beijing 100043)

Abstract: The technologic parameters, equipment characteristic, electric and automation, especially the technical characteristics of the Shougang 6H3C single stand cold reversing mill were introduced. Putting forward the potential problems and describing the actual producing status in brief. This 6H3C mill is the first set of the intermediate roll crossing mill in the world and also the first set of the industry used 6H3C mill.

Key words: Shougang; single stand; 6HI; cold rolling mill; crossing

1　引言

板带是钢铁工业的主干产品。在板带产品中，冷轧薄板属于技术含量高、同时又是我国长期以来需要大量进口的钢材品种。为改善产品结构，适应市场需要，首钢与意大利 Danieli（达涅利）公司合作设计，在首钢板材有限公司建设了一套单机架可逆式六辊冷轧机组。该轧机采用了目前世界上最新的利用中间辊交叉进行板形控制的技术，是世界上第一套投入工业生产的中间辊交叉的六辊薄板冷轧机（简称 6H3C 轧机，即 6HI cross crown control）。

2　机组主要工艺参数

2.1　设备布置与组成（见图 1）

2.2　生产工艺流程

合格的热轧酸洗卷 → 吊车吊卷至鞍座 →运卷小车输送→开卷机小车运送→开卷机鞍座→调整带位置→拆除捆带→测径测宽对中→上卷→开卷→第一道次正向穿带→第一道次轧制→第二道次反向穿带→第二道次轧制→中间道次轧制与卷取→最终卷取→ 卸卷→打捆→称重→卷取机小车下料→运卷小车输送→ 入库。

2.3　机组工艺参数

原料：酸洗卷厚度：2.0~6.0mm，宽度：700~1550mm
成品：冷轧卷厚度：0.2~2.0mm，宽度：700~1550mm
　钢卷内径：　508/610mm
　钢卷外径：　900~2100mm
　钢卷质量：　最大 30 t
轧制速度：　最大 1623 m/min
主传动电机功率：
　开卷机：　780kW
　卷取机：　3200kW（每台）

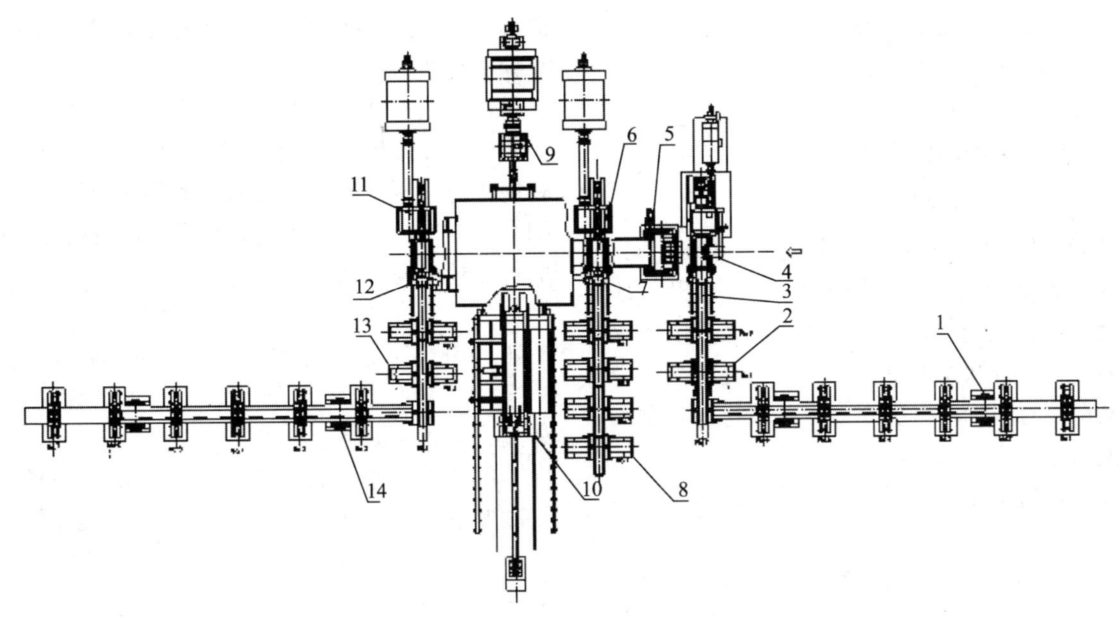

图 1　1750mm 单机架可逆式冷轧机组设备布置图

Fig.1　The layout of Shougang 1750mm single stand cold revering mill

1—入口钢卷小车；2—开卷机钢卷鞍座；3—开卷机钢卷小车；4—开卷机；5—夹送辊、喂料器、穿带导板；6—入口卷取机；7—入口卷取机钢卷小车；8—入口卷取机钢卷鞍座；9—轧机机列；10—换辊装置；11—出口卷取机；12—出口卷取机钢卷小车；13—出口卷取机钢卷鞍座；14—出口钢卷小车

轧机：　　5800kW

最大轧制力：　22000kN

工作辊直径：　465~405mm

中间辊直径：　550~490mm

支承辊直径：　1450~1300mm

工作辊抽动行程：+/–225mm

工作辊弯辊力：　正弯：80t

　　负弯：80t

中间辊弯辊力：　正弯：100t

　　负弯：80t

中间辊交叉角：　最大 1.2°

换辊时间：　支承辊 45min

　　工作辊和中间辊 6min

3　主要技术特点

3.1　6H3C 轧机技术特点

3.1.1　板形控制手段

冷轧技术的关键是通过控制辊缝来控制带钢的板形和平直度。现有的板形控制技术多是利用弯辊、抽动和冷却来增大对辊缝的控制范围。最新的 6H3C 轧机在保留现有控制手段的基础上增加了中间辊的交叉功能，可以对辊缝进行最大可能的控制。该轧机的主要板形控制技术是：

（1）中间辊的交叉。其原理如图 2 所示。

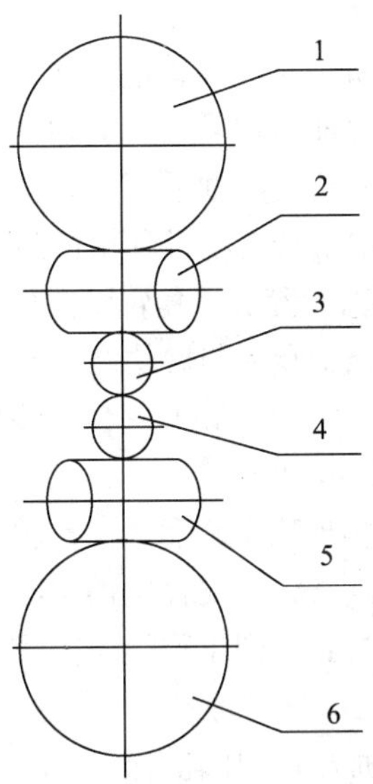

图 2　中间辊交叉原理示意图

Fig. 2　The sketch map of intermediate roll crossing

1—　上支撑辊；2—上中间辊；3—上工作辊；4—下工作辊；5—下中间辊；6—下支撑辊

交叉后的辊缝计算公式为：

$$\delta_1=\frac{l^2\alpha^2}{4(D_{IR}+D_{WR})}$$

$$\delta_2=\frac{l^2\alpha^2}{4(D_{IR}+D_{BUR})}$$

式中　δ_1——中间辊和工作辊之间的辊缝值；

δ_2——中间辊和支撑辊之间的辊缝值；

l——工作辊辊身长度；

α——交叉角；

D_{WR}——工作辊直径，

D_{IR}——中间辊直径；

D_{BUR}——支撑辊直径。

交叉时，上下中间辊同步对称交叉，角度相同。中间辊的轴线交叉，改变了中间辊与工作辊及支撑辊的接触条件，从而实现高效、灵活、大范围的辊缝凸度控制，使轧机的辊缝凸度控制能力更高。中间辊交叉可以对板形曲线的 2 次方分量进行控制，且控制能力非常高。

（2）工作辊的正/负弯辊，主要控制板形曲线的 4 次方分量。

（3）中间辊的正/负弯辊，可以控制板形曲线的 2 次方分量。

（4）工作辊的分段冷却，可以有效控制轧辊的热凸度，对局部板形的缺陷有很好的矫正能力。

（5）工作辊的长行程抽动，能增大工作辊弯辊的板形控制能力，控制带钢的边缘降。

3.1.2　轧机的其他特点

（1）该轧机为工作辊传动，配备了快速换辊装置。所有轧辊的轴承均采用滚动轴承、油气润滑方式，与传统的复杂油膜轴承润滑相比，耗油很小，承载能力高，轴承升温小且环境污染小。

（2）该轧机配置了两套轧线标高调整机构，分别位于上支撑辊轴承座与牌坊之间和下支撑辊轴承座与牌坊之间。由于增加了一套调整机构，轧线标高的调整更为精确和方便。

（3）为了实现稳定轧制，工作辊的中心线与中间辊的偏移距为 5mm，支撑辊的中心线与中间辊的中心线再偏移 5mm，即工作辊与支撑辊的中心线的偏移距为 10mm。

（4）该轧机为全液压轧机,液压系统的作用占有重要地位。系统采用泵-蓄能器组合形式,系统响应快,节省了泵的数量。液压泵选用了恒压变量泵,系统压力稳定,输出流量能随设备需要调整,节能效果好。AGC 和弯辊、抽动为高响应的伺服系统,与板形仪和测厚仪、激光测速仪配合,能快速纠正轧件偏差,提高产品合格率。

（5）工艺润滑系统采用稳定型乳化液。能降低轧制力，减少轧制能耗，减少轧辊磨损，有利于提高带钢质量。

（6）轧机出口配备了事故剪，便于事故的处理。

（7）出入口测厚仪均可移出线外，便于维护和保养。

（8）轧机入口侧装备了自由张力辊，用于为首道次轧制提供后张力。与传统的夹板式结构相比，减少了消耗。

由于上述技术特点，使该轧机有下列优点：

（1）板形优良，即便是轧制条件如：带钢宽度、轧制负荷、压下率等在较大的范围内变化时，仅采用一种工作辊原始凸度就能获得优良的板形，产品的尺寸精度高,表面质量好。

（2）轧制压下率大，由于该六辊轧机板形控制能力强，相比于传统的四辊冷轧机，可实现大压下轧制。

（3）生产率高，由于大压下轧制，减少了轧制道次，从而可提高生产率。

（4）工作辊原始凸度不变，采用一种原始工作辊凸度来满足所有轧制条件，可减少轧辊备件数量，有利于磨辊，也避免了因不同凸度辊的选择与配置而带来的不便。

（5）操作简便，容易实现稳定轧制，不会因轧制负荷等条件的变化而更换不同辊形的轧辊。

（6）有利于改善边缘降和减少边部裂纹，通过调整工作辊位置，可改善带钢边缘降和提高收得率，而且因边部裂纹减少，减少了断带故障的发生。

3.2　机前、机后设备特点

（1）开卷机导辊采用主动辊,利用液压马达驱动,操作可靠,利于带钢头部的顺利打开和穿带。

（2）卷取机的卷筒钳口结构更为合理，活动夹紧部件动作灵活,布置在芯轴内部,带卷的卷紧力不会影响其动作,有利于延长其使用寿命。外支撑采用 Danieli 公司的新设计结构。与其老设计比较,刚性更好,有利于轧制更薄带钢,提高板形质量。

（3）开卷机钢卷小车、卷取机钢卷小车采用连杆机构，不但可以采用行程较短的液压缸，而且大大降低了设备基础的深度，增加了地下室的面积，安装维护方便，从而降低了工程投资。其结构示意图如图 3 所示。

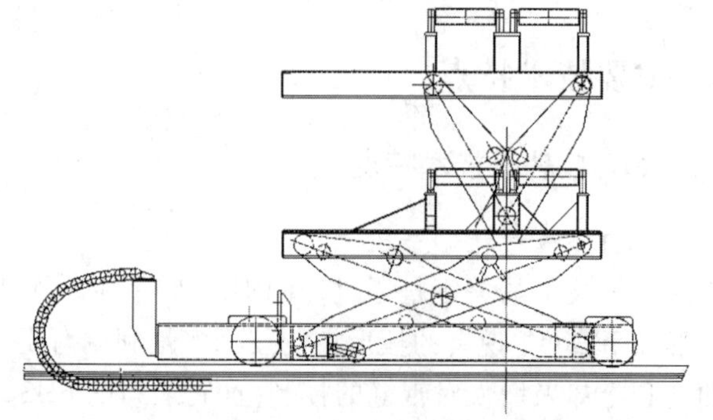

图 3　杠杆式上料小车结构示意图

Fig.3　The link mechanism of coil car

（4）入口、出口运卷小车采用悬臂结构，既解决了和杠杆式上料小车的交叉运输问题，又可以使设备基础的深度与杠杆式相当，大大降低了工程投资。其结构示意图如图4所示。

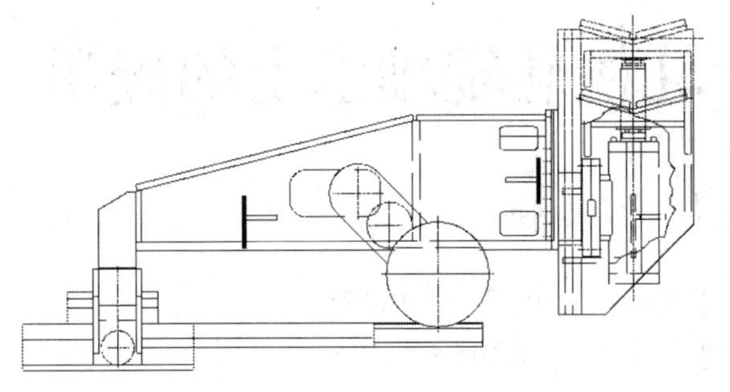

图4　悬臂式上料小车结构示意图

Fig.4　The overhanging coil transfer car

3.3　电气设备装备特点

主轧机和前后卷取机采用交流传动系统，电机采用3.3kV异步电机，交流变频器采用交-直-交，带公共直流母线方式，三电平变频，具有高电压，大功率，能耗低，谐波分量小，设备体积小的特点。开卷机电机电压采用690V,变频传动柜整流和逆变单元全部采用IGBT功率柜。传动系统的响应速度比传统的直流调速提高极大，使得冷轧机秒流量控制功能的精度有很大提高。35kV和6kV高压配电系统采用变电站综合自动化控制系统，设计算机终端站一台，集保护、控制、监测于一体，并在CRT画面上可随时监控高压系统的运行情况，以确保整个电力系统的可靠运行。其他辅助传动的电气设备采用先进的全数字控制装置，具有运行监控、自动故障诊断、系统自动保护、神经网络最佳化调节等功能。

3.4　自动化控制特点

自动化控制采用二级计算机控制，并预留今后发展全厂的管理级计算机控制的可能。自动化设备有二级计算机服务器一台、快速数据分析PC机一台、工程师站一台、HMI（人机接口）两台，笔记本编程器一台、打印机两台。一级自动化配置有HIPAC多微机高性能处理器一套，Siemens公司S7-400PLC一套。在轧制规程、自动厚度控制、板形控制等方面，采用达涅利与阿萨尔多公司针对6Hi/3C轧机联合开发的一系列应用软件，共12个数学模型，以实现工艺过程的全自动控制。轧制仪表主要有板形仪1台、张力计压头4个、X射线测厚仪2套、液压缸内位置传感器2套、激光测速仪2套。全车间实现两级自动化控制，一级自动化主要控制功能有：带钢厚度自动控制AGC、HGC、带钢速度控制、卷曲机张力控制、带钢加、减速控制、带钢准确停车控制。板形控制有：轧辊冷却精细控制、工作辊弯辊控制、工作辊窜动控制、中间辊交叉控制、中间辊弯辊控制、支撑辊倾动控制等自动化功能。二级自动化实现的主要功能有：轧机的生产计划管理、过程数据的收集、轧制策划、设定值的模型计算等。用于自动厚度控制的主要数学模型有：轧制力和轧制力矩模型，流量应力模型、摩擦力模型、前滑模型、带钢温度模型。用于板形控制的主要数学模型有：轧辊热凸度模型、板形模型、辊系变型模型。

4　几个仍然需要验证的问题

（1）根据外方的理论分析，利用中间辊交叉进行控制板形的效果应该是十分理想的。但是实际效果如何，有待于实践的进一步验证。2004年年底曾经进行过一次交叉试验，在无带钢、轧制负荷为500t、交叉角度为0.2°的情况下，出现了工作辊轴承烧损的现象。

（2）中间辊交叉后，由于轧辊间接触应力的分布不均匀和局部增大，对轧辊磨损有多大影响尚待观察。

（3）中间辊交叉后，各轧辊轴向力均有不同程度的增大，其增大程度及增大后对轧辊轴承寿命、轴承座的密封和寿命的影响尚需要验证。

（4）中间辊交叉后，破坏了现有理论认为的稳定轧制条件，能否稳定轧制需要验证。

（5）如果中间辊交叉功能不理想，在交叉功能不能使用时，该轧机能否相当于普通的六辊轧机？由于中间辊不能抽动，是否只会增加无谓的轧辊消耗？

（6）如果交叉功能不能使用，仅靠工作辊和中间辊的正负弯辊、工作辊的抽动能否满足正常的轧制生产对板型控制的要求？

5　结语

目前，这套世界上第一台中间辊交叉的六辊薄板冷轧机组已经完成了设备的除中间辊交叉功能外的调试和试车。在没有使用中间辊交叉功能的情况下，已经轧制出了厚度为0.20mm的板形合格的冷轧产品。从现有的运转情况来看，该机组基本运转正常，除中间辊交叉功能没有投入使用以外，其余功能基本达到设计要求。

（原文发表于《首钢科技》2006年第1期）

油气润滑技术及其在首钢冷轧机轧辊轴承上的应用

韦富强[1]　侯俊达[1]　佟　强[2]

（1. 北京首钢国际工程技术有限公司，北京 100043；
2. 北京首钢板材有限公司，北京 100043）

摘　要：本文详细介绍了油气润滑技术的工作原理、系统组成和特点。阐明了油气润滑系统在首钢 6H3C 单机架可逆式冷轧机的工作辊、中间辊、支承辊轴承上的应用情况。给出了润滑油量、给油间隔时间等参数的计算公式。指出了油气润滑技术的设计要点。分析了油气润滑技术的缺陷。

关键词：冷轧机；轧辊；轴承；油气润滑

Oil-Air Lubrication Technology and It's Application in Shougang Cold Rolling Mill Bearings

Wei Fuqiang[1]　Hou Junda[1]　Tong Qiang[2]

（1. Beijing Shougang International Engineering Technology Co., Ltd., Beijing 100043;
2. Beijing Shougang Strip Co., Ltd., Beijing 100043）

Abstract: The working principle, components and characteristics of the oil-air lubrication system are introduced detailed. The application of the oil-air lubrication system in the bearings of the work roll, intermediate roll and back up roll of Shougang 6H3C single stand reversing cold rolling mill is described. The calculation method of the oil consumption, the interval of the oil injecting, etc. are presented. The key points of the mechanical design of the oil-air lubrication are pointed. The limitations of the oil-air lubrication technology are analyzed.

Key words: cold rolling mill; roller; bearing; oil-air lubrication

1　引言

油气润滑技术是 20 世纪 60 年代德国 REBS 公司开发的一种全新的润滑技术，与油雾润滑相似，但因为润滑油不需要雾化，又不同于油雾润滑。由于具有润滑效果好、耗油量低、能够精确定量给油、易实现自动控制、适用的润滑油黏度范围大、润滑部位始终保持正压、无污染等优点，该技术在欧洲首先推广开来并逐步在世界各地得以应用。在工况恶劣的领域尤其如此。目前，80%以上的高速线材轧机的滚动导卫轴承和新投产的合金钢生产线的轧机轴承采用的都是油气润滑方式。

带钢冷轧机轧辊轴承采用油气润滑技术是近些年才出现的。最早出现在工作辊和中间辊的轴承润滑上，而支承辊轴承采用油气润滑方式目前仍不多见。其中，首钢 6H3C 单机架可逆式冷轧机上全部的轧辊轴承成功采用油气润滑方式是个典型的例子。

2　油气润滑系统

油气润滑简单地说就是将单独间歇供送的润滑油和连续供送的压缩空气进行混合并形成紊流状的油气混合流后，再供送到润滑点的过程。

2.1　油气润滑技术的基本原理

图 1 为油气流形成的示意图，也是油气混合器的工作原理图。由油泵间歇供给的单相流体油和以恒定压力（0.3~0.5MPa）连续供给的单相流体压缩空气混合后就形成了两相的油气混合流。此混合流

中的油和气并不真正融合，而是润滑油在压缩空气的流动作用下形成间断的油滴，附着在管壁上，沿管道内壁不断地螺旋状流动并形成一层连续的油膜，在流动过程中油膜层的厚度逐渐减薄，到达管道末端时，原先间断地黏附在管壁四周的油滴已经以波浪状油膜的形式连成一片，形成了连续油膜，最后以精细的连续油滴的方式喷到润滑点。因此，在油气润滑系统中有三种介质，即油、气和油气混合气，对应的有三种介质管道，即油管、气管和油气管。

润滑油到达润滑点后，在摩擦副表面形成油膜，隔绝相互摩擦的表面，流动的压缩空气可以带走热量，冷却摩擦副，同时使摩擦副的腔内形成正压，可避免外部环境中的杂质和腐蚀性流体的侵入，保证摩擦副有良好的工作环境。而且油气流动所产生的气液两相膜的承载能力远高于单相的液体膜。

从图 1 中可以看出，在油气混合器和油气管中，油的流动速度远远小于压缩空气的流速。而从油气管中出来的油和气也是分离的，润滑油没有被雾化，这是油气润滑和油雾润滑的根本区别。

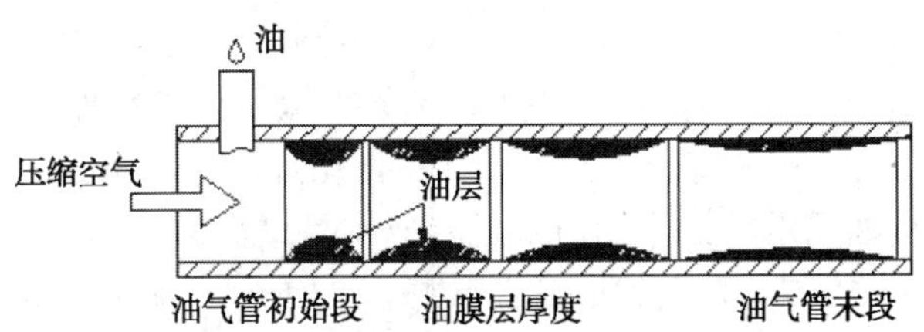

图 1　油气混合器的工作原理图

Fig.1　Working principle diagram of the oil-air mixing block

润滑油的供给是间歇的。间隔时间和每次的给油量都可以根据实际消耗的需要量用递进式分配器进行调节。油气混合流在进入各个润滑点之前还需要按照各个润滑点的需要量均匀地进行分配供给。由于油气在分配过程中会受到“Coanda”即附壁效应的影响，也就是油气通过 T 型接头时，气流的大部分会沿管壁的一侧通过，而另外一侧通过的气流很少或两侧不均匀，这样就会有不定量的油膜停留在 T 型接头气流通过较少的那一侧的管壁上，阻碍了油气混合流的均匀分配。虽然将每个润滑点单独使用一根管道连接到油气混合器上可以简单地解决此问题，但是，管路系统将变得十分庞杂。这一问题曾经限制了油气润滑的更广地应用，直到 REBS 公司发明了 TURBOLUB 油气分配器。

图 2 为油气分配器示意图。它没有任何运动部件，而是将流动的油气混合流分成若干个支流，每一组支流都在体积上特别是流向上与其他组相等，并对重力在分配中的影响采取了补偿措施，每个支流各自拥有一个空间均等的最佳线路。分配器可以安装在任何部位，尤其是可以安装在设备内部、不易维护的部位、高温区域、设备受水或有化学危害性流体侵蚀的部位，不受油的黏度及空气量的影响，也不会磨损。

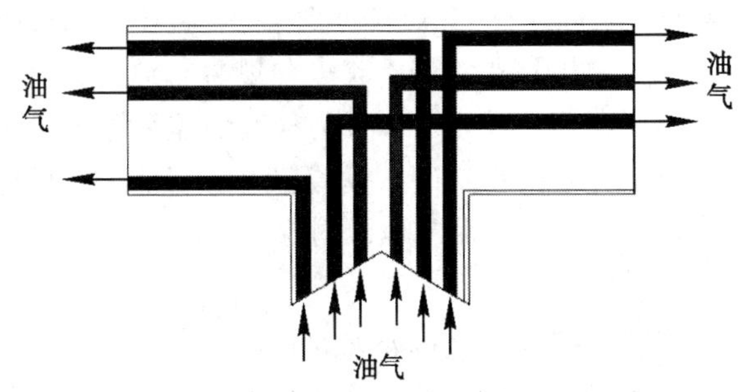

图 2　油气分配器示意图

Fig. 2　Sketch map of the oil-air distributor

连续供给的空气的消耗量取决于润滑点的密封状况，因为要在润滑点保持 0.03~0.08MPa 的气压，如果轴承箱的密封良好，那么空气的消耗就取决于喷嘴的直径。如：某轧机的四列圆锥轴承，每个轴承（ϕ343.052×ϕ457.098×254）的耗气量约为 70L/min，耗油量约为 5mL/h。

2.2　油气润滑系统组成

图 3 为油气润滑系统的结构示意图。其工作原理是：根据预先设定的工作周期，由电控装置发出信号，润滑泵启动，将润滑油输送到递进式分配器和油气混合器，同时，空气管道中的电磁换向阀接通压缩空气，在油气混合器中与油进行混合形成油气流通过油气管道输送到润滑点，或者通过油气分配器进行再分配以扩大油气的供送范围。

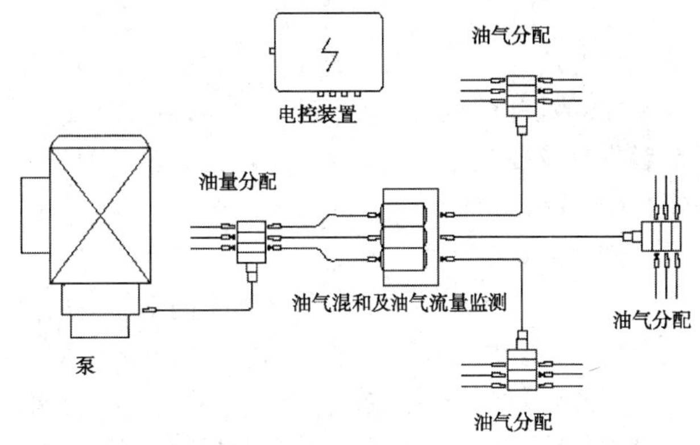

图 3　油气润滑系统的结构示意图

Fig. 3　Structure sketch map of oil-air lubrication system

油气润滑系统主要分为供油部分、供气部分、油气混合及输送分配部分、电控装置和油的回收利用部分。

2.2.1　供油部分

主要由泵、蓄能器、油箱、递进式分配器等元件组成，能力根据系统的给油量选定。泵一般间歇工作，因为系统设有蓄能器而且耗油量少，但泵的压力一般较高，因为递进式分配器的工作压力在2~4Mpa 之间。递进式分配器由片式和块式两种类型，一般采用片式结构，有多种规格的给油量可供选择。其精巧的设计可以极为便利地监视输出油量是否正常，只要在中间片设置感应活塞动作的接近开关，即可在活塞阻塞时及时报警。

2.2.2　供气部分

指对压缩空气进行处理的装置。实践证明，油气润滑系统 80%以上的故障都是由于压缩空气过脏或含水量过大造成的。因此，供给的压缩空气必须是洁净和干燥的，要经过油水分离及过滤。到达油气混合器时的气压应保持在 0.3~0.5MPa，并在气管上安装压力监测器，以保证工作中有足够的气压。

2.2.3　油气混合及输送分配部分

油和气在油气混合器内进行混合，使油很好地以油滴的形式均匀地分布在管道内表面。油气混合器油有多种规格的供给量可供选用。

油气通过油气管道输送到润滑点。在润滑点只有几个或者几十个的场合，油气混合器的出口可以和润滑点一一对应。但是在有大量润滑点的场合，采用“点对点”的方式分配油量受到太多的限制，而且在一些工况下，无法将递进式分配器靠近受润滑设备，此时需要使用油气分配器（其结构原理上文已有描述）进行油气的再分配，使各个润滑点都能均匀地、适量地得到润滑油。

目前，性能最好的油气分配器是德国 REBS 公司的 TURBLUB 油气分配器。从外观看有两种形式：圆柱形和块形。圆柱形一般作为内置安装使用，如安装在轧机轴承座内。块形则外置安装在设备表面或者靠近设备的地方。油气分配器也有多系列、多规格的产品可供选择。

2.2.4　电控装置

根据油气润滑系统的结构和类型的不同，电控装置也多种多样。除了必要的功能外，一般还应具有对油的监控、对气的监控和对油气的监控的功能。在自动化程度较高的工厂，此电控装置还应与生产线的 PLC 衔接。

2.2.5　油的回收利用部分

油气润滑系统基本上属于集中消耗型系统，润滑剂送到润滑点后就消耗掉了，不再像稀油系统一样对油回收利用。由于油气润滑属于消耗型润滑，油的排放量极小，因此一般不对油气润滑消耗掉的油进行回收再利用。一方面是对极少量的油进行回收利用得不偿失，另外一方面已经使用过的油的润滑效能会减低。因此一般情况下油气润滑系统不需要做成循环型系统。但在某些领域、某些特殊轴承或者对环境要求苛刻的情况下，也可以设计成循环型系统。采用油气润滑方式的轧机轴承排放的油一般做废油处理。

2.3　油气润滑方式的特点

（1）有利于环保。因为没有油雾，也没有油脂和稀油的溢出，周围环境不受污染。

（2）润滑更可靠。由于在润滑部位能够保持正压，在工况恶劣的场所可防止外界脏物、水或有害流体侵入轴承座。

（3）润滑油量和压缩空气可精确计量。油和气都可以实现精确计量，而且润滑介质几乎可以 100%地得到利用，非常经济。

（4）耗油量低。一般为油雾润滑的 1/8~1/12，干油润滑的 1/20~1/100，稀油润滑的 1/100~1/300。

（5）可以使用的油品黏度范围广。凡是可以流动的油均可以输送，而且不需要对润滑剂进行加热。

（6）初期投资一般比稀油润滑装置低，但高于干油润滑和油雾润滑、运行成本是最低的。

（7）系统的监控性最好。

（8）容易实现自动控制。

3　油气润滑技术在首钢 6H3C 单机架可逆式冷轧机上的应用

3.1　首钢冷轧机的润滑现状

首钢集团目前有两套单机架冷轧机组投入运行，一条是与意大利 DANIELI 公司合作设计的 1750mm6H3C 单机架可逆式冷轧机组，一条是与日本 MITSUBISHI-HITACHI 公司合作设计的 1420mmUCM 单机架可逆式冷轧机组。其中 1420 轧机的工作辊和中间辊轴承采用干油润滑，支承辊轴承采用油雾润滑方式。1750 轧机的工作辊、中间辊、支承辊轴承全部采用油气润滑方式。这些润滑方式在设备投产时即投入使用。

3.2　6H3C 单机架可逆式冷轧机油气润滑系统的构成

首钢 6H3C 单机架可逆式冷轧机为世界首台利用中间辊交叉控制板型的轧机。年产量 35 万吨，工作辊驱动，最大轧制力 22000kN，最高轧制速度 1623m/min。其工作辊、中间辊、支承辊轴承全部采用油气润滑方式。

油气润滑系统由主站（含供油部分和供气部分）、2 个卫星站（含油气混合及输送分配部分）、中心控制柜和回油装置组成。主站通过一个 0.55kW 的电动循环泵进行新油的供给和油箱内油的循环，再通过两个 0.55kW 的电动供油泵（一用一备）将油间断地供给到蓄能器，然后将油供给到两个卫星站。在卫星站内油气混合，并通过油气分配器连接到 12 个轴承座上，这 12 个轴承座内的内置式油气分配器对油气进行第二次分配，对各个润滑点进行润滑。每个轴承座均设有回油孔，多余的油流到一个空油桶内。利用 PLC 系统、触摸键盘和液晶显示器的中心控制柜实现系统数据的设定、启停控制、元件工作状态和油气润滑状态的检查，同时实现与上级控制系统的 PLC 连接。

该系统主泵能力 1.5L/min，压力 8MPa，油箱容积 500L，油品清洁度为 NAS10，空气压力 0.5MPa。油的消耗量设计值为 166 mL /h，压缩空气的消耗量设计值为 $80m^3/h$（标态）。

3.3 6H3C 单机架可逆式冷轧机油气润滑系统的使用情况

1750 机组已经投产两年多。从使用情况看油气润滑系统工作正常，润滑效果良好。试车时因为工作辊轴承座的排油孔的位置问题造成过工作辊轴承的烧损，但在修改轴承座的设计后未再出现润滑不良的现象。工作现场干净，在磨辊间拆下轴承时，轴承非常干净。润滑油耗量极低，仅为 1420 机组的 1/8。工作辊和中间辊的轴承座在换辊后存油很少。从结果看，1750 轧机的润滑方式明显优于 1420 轧机的润滑方式。

4 油气润滑技术的设计要点

4.1 油气润滑系统参数的计算

目前，主要参数的选择仍然采用经验公式的方法。

（1）单个轴承的耗油量：

$$Q_X=D_XB_XC \quad (1)$$

式中，Q_X 为单个轴承每小时的耗油量，mL/h；D_X 为轴承外径，mm；B_X 为轴承列宽，mm；C 为润滑系数，一般取 0.00003~0.00005。

（2）齿轮副的耗油量：

$$Q_y=(D_{1y}+D_{2y})\ B_y/C \quad (2)$$

式中 Q_y——一个齿轮副每小时的耗油量，mL/h；

D_{1y}——大齿轮分度圆直径，mm；

D_{2y}——小齿轮分度圆直径，mm；

B_y——齿轮宽度，mm;

C——润滑系数，一般取 10000。

（3）滑动面的耗油量：

对平直滑动面、柱面或者球面滑动面，可取耗油量 Q_z=（30~50）×润滑副的面积（mL /h），面积的单位为 m^2。

（4）系统耗油量的计算

$$Q=\sum_{x=1}^{M}Q_x+\sum_{y=1}^{N}Q_y+\sum_{z=1}^{P}Q_z \quad (3)$$

式中 Q——系统的总耗油量；

M——轴承数量；

N——齿轮副数量；

P——滑动副数量。

（5）润滑给油间隔时间的计算：

耗油量确定以后，给油周期的长短决定了如何用最少的给油量达到最佳的润滑效果。油气润滑系统的给油间隔时间按式（4）计算：

$$T=3600S_{PD}(Q_{PD}/Q)-T_1 \quad (4)$$

其中 $T_1= S_{PD}\ Q_{PD}/Q_P$

式中 T——给油间隔时间，s；

S_{PD}——主递进式分配器的工作行程数；

Q_{PD}——主递进式分配器的工作行程的排油量，mL；

T_1——润滑系统的工作周期，s；

Q_P——供油泵的供油能力，mL/s。

4.2 油气润滑系统结构设计要点

在进行设备结构设计时应考虑以下几点：

（1）在设计轴承座前要将选用的轴承型号告诉给油气分配器的制造商，由制造商提供具体的油气分配器尺寸后，再设计轴承座。

（2）理论上轴承座内不需要存油，但大型轴承的轴承座内存一定量的油是必需的。一般支承辊轴承座内正常工作时存油的油位在“5 点钟”或者“7 点钟”位置。

（3）大型轴承的轴承座应设计进油孔，用于初次装配时的预先注油。正常工作时此油孔是封闭的。油面高度应达到轴承最低点的滚珠的一半。注油黏度应高于油气站所用润滑油黏度的 1~2 级。

（4）因工作辊和中间辊换辊频繁，其轴承座不需要设计回油孔。支承辊轴承座则应设计回油孔，回油孔的位置不宜过低或者过高。回油用一容器直接接收即可，因为量很少，可作为废油处理，不需要返回系统。

（5）给油方式应尽可能的多次少量。

（6）如果能从密封处排气，则尽量不设计出气孔，可以避免噪声，此时密封件反装，唇口向外。如果需要设计出气孔，则其位置不应低于“5点钟”或者“7点钟”的位置，孔径不能太大，以保持正压，且密封件要正装。

（7）油气管一般采用不锈钢管或者铜管。安装时尽量减少弯曲，减少接头数量。

（8）在发热量大的部位，应考虑采用水冷装置。

（9）尽量缩短油气管的长度。如果油气流的输送距离较长（一般不超过15m），为防止管道中的附壁效应，需要通过涡流管将压缩空气转变为旋转气流。

5 油气润滑技术的缺陷

（1）在油气分配器前的系统状况可以监测，但油气分配器之后一直到润滑点的油气状态无法监测。

（2）给油量和给油周期的计算公式是建立在经验公式的基础上，很多因素没有考虑。比如轧机轴承的耗油量与轧制速度、轧制力存在因果关系，但是在经验公式里没有反映。

（3）轴承座内积聚的油量尚没有理论和经验公式可以计算，在试车阶段会带来一些麻烦。

（4）散热效果不如稀油润滑系统，限制了其使用范围。

（5）必须有压缩空气气源，对气体的清洁度等有要求。

（6）因为使用压缩空气，产生一定的噪声。

（7）是否完全适用于轧制速度超过1200m/min的酸轧机组的轧机尚待验证。

（8）轴承的工作温度一般比采用稀油润滑方式时高，但低于干油润滑方式。

6 结语

从油气润滑技术在首钢的使用情况看，该技术明显优于油雾润滑方式和干油润滑方式。不污染环境、耗油量极低、高度机电一体化、运行成本低、基本做到免维护，实现了油气润滑技术应用到冷轧领域的明显优点。目前，此技术在国外已被广泛使用，在国内的多条单机架冷轧机、酸轧机组轧机的工作辊、中间辊轴承上也已使用，但支承辊使用的仍不多见。低速的酸轧机组支承辊轴承采用油气润滑的方式已经有了先例。由于其突出的优点，油气润滑方式将是冷轧机轧辊轴承润滑方式的发展方向。

参考文献

[1] 张吉广，孙家勇．油气润滑技术在冷轧机组工作辊轴承上的应用[J]．鞍钢技术，2001（2）：39~40.

[2] 胡邦喜．设备润滑基础[M]．北京：冶金工业出版社，2002：415~419.

[3] 韦富强，李普．首钢6H3C单机架可逆式薄板冷轧机组技术特点[C]//2005中国钢铁年会论文集．北京：冶金工业出版社，2005：234~237.

（原文发表于《轧钢》2006年第6期）

液压润滑系统安装、冲洗、调试的施工管理

秦艳梅

（北京首钢国际工程技术有限公司，北京 100043）

摘　要：随着液压润滑技术在工程中的广泛应用，液压润滑系统的重要性也得到更加广泛的关注，对系统原理设计和制造的要求也越来越高，对液压润滑系统的安装、冲洗和调试的施工管理要求也日益提高，本文就目前工业应用中的液压润滑系统安装、冲洗和调试的施工管理进行概论，希望能对液压工作者有所帮助。

关键词：液压；润滑；系统；安装；冲洗；调试；施工管理

Construction Management of Installation, Flushing and Commissioning of Hydraulic and Lubrication System

Qin Yanmei

（Beijing Shougang International Engineering Technology Co., Ltd.，Beijing 100043）

Abstract：Along with application of the oil-gas lubrication technology in engineering project, the importance of hydraulic and lubrication system has been attracting more and more attention, requirements of the system principle design and manufacture are also getting higher and higher, as well as installation, flushing and commissioning of hydraulic and lubrication system are required to be increasingly improved. This paper presents construction management of installation, flushing and commissioning of hydraulic and lubrication system in industrial application and wishes to have assistance to hydraulic personnel.

Key words：hydraulic；lubrication；system；installation；flushing；commissioning；construction management

1　引言

以下对本文中出现的主要概念做一简要说明：

液压润滑系统泛指液压润滑设备及管道。

液压设备通常情况下包括液压站和阀台。液压站又包括油箱装置、工作泵装置、循环过滤冷却装置、回油过滤器装置、蓄能器装置。小型液压站是集成为一套装置的。

润滑系统指稀油润滑系统，主要是普通稀油润滑系统和油膜轴承润滑系统。其装置包括润滑站和净油装置。润滑站又包括油箱装置、泵装置、压力灌装置等，小型润滑站是集成一套装置的。

管道包含管路连接件及管路附件等。管路安装范围以设计图纸为界定，管路图中的所有管路属于管路施工范畴。

本文所论述的安装是指在经出厂检验合格的液压润滑设备及这些设备到液压执行机构或润滑点之间的连接管路的安装。

冲洗是指在从液压润滑设备到液压执行机构或润滑点之间的链接管路的冲洗。

调试是指液压系统全部动作或润滑站供出足够压力和流量的测试。

施工管理是指液压润滑系统安装冲洗调试的具体实施。

2　施工前的准备

施工部门承揽液压润滑系统安装任务后，首先要对液压润滑系统原理图、总布置图、各装置的外形图、管路图和相关元件样本等资料准备齐全，施工技术人员要逐项熟悉和研究，必要时需要设计部门进行设计交底。需注意以下几个方面：

（1）了解所安装设备装置的最大外形尺寸，确

定吊运方式，必要时需与土建施工部门共同确定预留安装孔（详见4.1）。

（2）核对管路图中材料表中所有材料和元件的规格、材质及数量是否满足安装要求，熟悉与安装、冲洗、调试有关的技术数据，及时与设计部门沟通修改不适宜的部分，以便施工顺利进行。设计部门的失误会影响施工的质量和进度，增加施工部门的劳动消耗和工时，但要保证工期如期完成，施工部门必然要增加人员投入才能完成，对施工部门来讲同样带来损失，所以施工前的准备工作不容忽视。

（3）根据了解掌握图纸和材料的情况，根据业主要求及国家或行业相关法律法规要求等编制施工组织设计，也可称为施工作业设计或施工组织方案等，编制后上报业主方项目管理部门审核批准。施工组织设计是施工部门必须编制的指导性作业文件，没有经过审批后施工组织设计文件是不能进行施工的。

3 《施工组织设计》文件的编制要求

施工组织设计的编制要求主要有以下几个方面内容，本文仅做概要说明，具体编制时应展开说明。

3.1 编制依据

（1）业主要求：将业主的要求的文件或会议纪要等列出，以备查。

（2）国家及行业颁发的施工及验收规范、工程质量检验评定标准；《冶金机械液压、润滑和气动设备工程安装验收规范》（GB50387—2006）。

（3）有关设计文件、图纸说明等。

（4）施工部门现有资源及其他可利用资源。

（5）安装施工技术标准。

3.2 工程概况和特点

3.3 施工组织机构图

3.4 工程量表

3.5 施工准备

（1）技术准备；（2）工机具准备；（3）劳动力准备。

3.6 施工进度计划表

3.7 施工程序及说明

3.8 施工方法及施工要求

（1）设备及原材料的保管；管道酸洗；管道焊接；管到敷设；

（2）管道焊接检验；管道探伤；管道循环冲洗；管道压力试验；

（3）管道压力试验；涂装；调试。

3.9 施工进度保证措施

（1）组织措施；（2）技术措施；（3）采取切实可行的技术措施；（4）管理措施；（5）信息化管理措施；（6）协调措施。

3.10 质量保证措施

（1）质量保证体系；（2）质量控制措施；（3）质量预防措施；（4）焊工资格确认；（5）成品保护措施。

3.11 安全施工保证措施

（1）安全管理体系；（2）安全管理制度；（3）施工安全技术措施。

3.12 危险源辨识与风险评价控制

3.13 文明施工措施

4 液压润滑系统安装

《施工组织设计》审批后，应严格按照标准要求及施工程序进行施工，这里不详述其具体内容，下面仅就安装施工中的一些特别需要注意的事项进行说明，在施工管理中有着重要的作用，是不容忽视的。

4.1 预留安装孔洞

液压润滑设备安装位置一般为有房间、无房间、地下室内及平台下等。无论哪种形式均要考虑设备的进入路线（从进入车间厂房开始），预留安装孔洞等，这是保证液压润滑设备顺利安装的前提条件，也是重要条件之一。

（1）安装在房间里的液压润滑设备，在设计阶段根据最大装置的外形尺寸，预留出一面墙或者设计较大门作为设备安装通道，待安装完毕后按原设计封墙。

（2）安装在无房间的液压润滑设备，一般情况下是在设计阶段考虑到可行的安装空间后确定其位置的，一般不预留安装孔洞，仅考虑进入车间路线即可。

（3）安装在地下室内的液压润滑设备，在设计阶段仅设计检修孔，由于受地下结构及地上设备布置情况的影响，检修孔不能开得很大，能够吊装易损件或集成的单体设备即可，这样就要求在施工前，根据液压润滑设备的最大外形尺寸和结构特征及吊装方案，在允许的顶板范围内，预留一次安装孔洞，待设备进入后，将按原设计进行施工。同时要根据地下土建柱网的布置考虑从安装孔洞到安装位置的进入路线。

（4）安装在平台下的液压润滑设备，预留孔洞方式类似于安装于地下室的情况，但是如果平台下可以顺利进行安装，则不需要预留安装孔洞。预留的安装孔洞必须在土建施工顶板层之前进行，由项目组织部门与安装部门共同研究确定安装孔洞的预留大小及施工方案，留出插筋，以备后浇筑完成。

4.2 固定及找正

液压润滑设备按设计位置就位后，需要进行找平固定，常用预埋地脚螺栓和钢膨胀螺栓固定两种形式。

预埋地脚螺栓形式，强度好，但是存在很多不便；（1）土建专业要进行预埋螺栓设计，耗费人力物力；（2）由于土建施工误差或前期所提资料不准确或制造时进行了修改，导致所埋地脚螺栓与设备上的地脚螺栓孔不吻合，必须进行基础处理或者设备底座处理才能安装就位，会出现不美观和安装困难等；（3）安装时要将液压润滑设备吊过或垫起超过地脚螺栓的高度后才能安装上液压润滑设备，给安装带来不便，故不建议使用。

钢膨胀螺栓形式，安装简便灵活，不受设备基础限制，有很好的强度和稳定性，目前已广泛使用。但在基础处理上，要满足单位面积的载荷要求。

4.3 组装和接口对接要求

需要安装的各装置，理论上指成套装置，为在制造厂经检验合格的设备，各装置间的管道在施工现场需要进行接口对装，对装时不得有强拉强扭现象。有些大型液压润滑设备，为便于运输和吊装，解体运输，需要现场组装，需要进行找正和校准。

油箱和冷却器的水平度公差或垂度公差为1.5/1000，纵横向中心线极限偏差均为±10mm，标高极限偏差为±10mm。

油箱、滤油器和冷却器的各连接油、气口在安装过程中不得无故敞开。

控制阀应安装在便于操作、调整和维护的位置上，并有牢固的支撑。

阀架的水平度公差或垂直度公差为1.5/1000。

非重力式蓄能器铅垂度公差为1/1000，蓄能器安装后必须牢固固定。

压力箱的水平度或铅垂度公差为1/1000，纵横向中心线及标高极限偏差均为±10mm。

接口对接是一项很严格的工作，出现强拉强扭现象，就会在实际工作中受高压油的冲击而损坏密封垫，会造成大量的漏油，故此项要严格检查。

4.4 二次灌浆

在液压润滑设备找平找正后都要进行二次灌浆，已达到要求的强度，液压润滑系统才能更加稳定的运行。二次灌浆厚度一般为30~50mm，特殊情况可根据要求进行，二次灌浆范围为超出设备基础底座各个方向100mm即可。由于非集成润滑系统的底座较大而且筋板之间是中空的，单纯灌浆30~50mm，不能保证强度也不便于维护，故灌浆厚度可以为整个底座的厚度，也就是说，灌浆到底座结构的上表面，使整个底座为一整体平面，既美观强度又好，已广泛应用。

4.5 设备、管道的保管

接收承揽安装的液压润滑系统设备后，应严格保管好，避免因保管不当损坏设备和元件。由于前期施工现场尘土异物太多，容易进入管道内部，故管道及管件应存放在离开地面至少30mm的架子上，精心保管好，素材酸洗后的管道需要封堵管口。

各种管件按规格分类存放，以免相同外径不同壁厚的管件安装错误。

4.6 管道的酸洗

4.6.1 管道素材酸洗

液压、润滑管道除锈应采用酸洗法，规范中规定管道酸洗应在管道配置完毕且已具备冲洗条件后进行。

管道安装后的酸洗一般有两种方式：一是将管路全部拆下，采用槽式酸洗后进行二次安装，这样就要求在管路设计时采用很多管接头或法兰，在使用中泄漏点及故障点就多，如果是复杂的管路给维修带来不便，目前很多业主要求尽量少用或不用管接头或法兰，这样就无法实现二次安装。另一种方式是在线循环酸洗，这是有效可行的酸洗方法。但是不管哪种酸洗方式，管路较长和有弯管，对管道内壁的是否酸洗干净不宜检查和处理，为了更好地对管道进行除锈防锈处理，在管道安装前进行素材酸洗（酸洗、脱脂、中和、钝化）就尤为重要了。

管道素材酸洗采用槽式酸洗，酸洗的方法和配比，同循环酸洗.素材酸洗后，用绸布穿入单根管道内，反复拽拉绸布，可以很好的清理管道内部的杂质等，再涂上防锈油，封口离地保存，这样可以保证管道安装时，管道内部是洁净无锈。为最后的管道循环酸洗和油冲洗打下了良好的基础，为达到系统清洁度的要求提供了保证。

不锈钢管道不采用素材酸洗。

4.6.2　管道循环酸洗

管道循环酸洗要严格按照规范要求进行，这里强调一点是，循环酸洗过程的每个环节都要精心，排净每个环节的液体，冲洗干净、完全干燥，否则会造成残留的液体与冲洗液发生化学反应，使冲洗液乳化或变质，严重影响冲洗工作，需要放掉全部乳化的冲洗液，对全部管道必须重新循环酸洗，酸洗合格后再次进行油冲洗，不仅严重影响工期，而且还造成很大的浪费。

4.7　管道敷设

（1）管路的最小外径不得小于管子外径的3倍。

（2）管道的敷设排列和走向应整齐一致，层次分明。

（3）平行或交叉的管系之间，应有10mm以上的空隙。

（4）管道不得与支架或管夹直接焊接。

（5）管道的重量不应由阀、泵及其他液压元件和辅件承受；也不应由管道支承较重的元件重量。

（6）使用的管道材质必须有明确的原始依据材料，对于材质不明的管子不允许使用。

（7）与管接头或法兰连接的管子必须是一段直管，即这段管子的轴心线应与管接头、法兰的轴心是平行、重合。此直线段长度要大于或等于2倍管径。

（8）如果在机械设备安装前，需进行管路敷设时，要在与机械设备管路接口处预留至少2m的距离不敷设，待机械设备安装后再与其对接。这样做是避免机械设备的接口发生错误时有足够的空间调整管路布置。

（9）管路接口处不的有强拉强扭现象，以免工作过程中造成漏油。

5　液压润滑系统冲洗

液压润滑系统安装完毕后，要按照《施工组织设计》要求进行管道循环冲洗，这是保证液压润滑系统能否达到设计要求的清洁度最重要的环节，也是保证液压润滑系统工作稳定的前提条件，故需要各施工部门高度重视。在《施工组织设计》应有详细的冲洗方案，需要特别的注意以下几个方面。

5.1　冲洗液的选择

液压润滑系统均可选用低黏度的基础机械油作为冲洗液，可选用10～30基础机械油。需要单独采购，增加额外成本，且冲洗后的液体需要很大的存储空间存放及处理。故选用基础机械油作为冲洗液时，要根据工程进度的安排，根据系统油液清洁度等级不同，周密计划冲洗方案，可以采用重复使用冲洗液，合理采购冲洗液量，避免不必要的浪费。

液压系统还可采用工作介质作为冲洗液，冲洗合格后的工作介质可不排放，节约能源。但由于冲洗过程中或冲洗后拆卸接口等会损失一部分工作介质，液压油价格昂贵，又造成浪费，需要有严格冲洗方案及加强管理，避免不必要的浪费。

润滑系统的介质由于黏度均较高，不适合作为冲洗液。

特殊介质的系统，需要用专用冲洗油，以保证系统不发生化学反应。

由于冲洗过程中需要分多个回路进行，拆装管路是会漏掉一部分油液，故允许冲洗液或工作介质，冲洗损耗在10%左右，这个量在采购冲洗液时要考虑进来，否则冲洗液量不够，达不到冲洗效果。

5.2　冲洗设备的选用

冲洗设备原则上应选用施工部门自备的专用冲洗设备。

液压系统原则上不允许用本系统的液压站作为冲洗设备，因为液压元件对油液清洁度要求较高，在管道未达到冲洗要求的情况下工作会损坏液压系统的元件，影响系统调试。

润滑系统的元件对油液清洁度要求不是很高，且施工部门可能不具备大流量的冲洗设备，为保工期，故可选用润滑站作为冲洗设备。

采用润滑站本体设备进行管路冲洗时，需要项目管理部门和业主的同意，不能擅自选用。

5.3　冲洗滤芯的选用

在冲洗主回路的回油管处临时接一个通流能力大的回油过滤器。

普通液压系统，分别使用30μm、20μm、10μm的滤芯；比例系统用20μm、10μm、5μm滤芯，伺服系统用20μm、10μm、3μm滤芯分阶段分次清洗，能够提高冲洗效率，节省冲洗时间。

润滑系统可以采用100目的网格布。

如果是采用系统本体设备进行循环冲洗时，不允许使用系统本身滤芯，施工部门应自备冲洗滤芯，待冲洗合格后再安装工作滤芯。

5.4 冲洗回路要求

管道冲洗必须形成回路，复杂的液压系统可以按工作区域分成若干个回路，每个回路的长度不超过 300m，且保证管道流速成紊流状态。

液压系统的液压站、阀台、软管等不参加管路冲洗，这些设备应在出厂前进行严格的验收检查应达到系统清洁度的要求。

润滑系统的润滑点以外的机械设备上的箱体或管路不参加管路冲洗。

润滑系统中的节流阀或减压阀等，应将其调整到最大开口度。

5.5 冲洗注意事项

（1）冲洗液的温度要控制在 55 ~ 60℃。

（2)冲洗过程中必须用胶锤或木槌不断地敲打振动管道，以便充分冲掉管内杂质。

（3）冲洗后，将冲洗液排尽。

5.6 清洁度检测

冲洗一定时间后要进行管道冲洗检测，选用不同系统的滤芯要求后，一般情况下每条回路在 3~5 天左右就能满足清洁度的要求。

进行管路冲洗检测时，取样工作很重要，取样部位，取样容器等均要按照标准规范要求进行，送检部门需要是国家或市级以上经过认证的检测机构。

5.7 管路试压

管路冲洗合格后，需要进行管道压力试验，试压压力要严格按照图纸要求进行，液压润滑系统设备不参与施工现场的试压，应在出厂前完成。

试验压力数值，应严格按照图纸要求进行，图纸未注明的必须要求设计人提供实验压力数据。超高压系统试压，要特别谨慎，以防伤及设备和人员。

试压过程的压力要逐级升高，每升高一级要稳压 2 ~ 3min，达到试验压力后，保压 10min，然后降至工作压力，进行检查，检查管道焊缝及各连接处是无渗漏，无永久变形为合格。

试压工作不允许因任何原因而不进行，通过试压可以消除安装中的隐患，是保证系统的稳定工作的重要环节之一，试压过程要做好各项纪录。

5.8 管路接口连接

打压合格后，可以和液压执行机构及润滑设备接口连接，形成工作回路，管路连接的正确性是调试顺利进行的保证。调试中如果管路连接错误，一是会不能实现功能，二是重新接管会造成工作介质的损失和延误调试时间，故要严格检查最终管路连接的正确性，特别是安装位置狭小或隐蔽处的液压缸接口及润滑接口。

5.9 系统工作油液循环清洗

液压系统管路冲洗试压合格后，应向油箱注入符合系统清洁度要求的油液，并加油至工作液位，为调试做好准备。方法有以下三种：

（1）直接购买符合系统清洁度要求的油液，采用 10μm 和 5μm 滤油小车加入油箱.

（2）购买与要求的清洁度的油液低 2 级以上的比较洁净的工作介质，加入油箱后，启动循环泵（需要提前调试循环泵）进行油液在油箱内部的循环清洗，最后达到系统清洁度的要求；没有循环泵的系统，可将加油小车接入系统形成回路，进行系统工作油液循环清洗。

（3）采用集中加油系统，可在集中加油站，循环清洗工作油液，最后达到系统清洁度的要求。使之满足要求后集中加油。

润滑系统管路冲洗合格后，油箱应注入符合清洁度要求的油液。也是三种方法实现加入清洁的油液。与液压系统不同的是，注入不能满足系统要求的清洁度的油液时，需要提前调试工作泵，使油液通过过滤器在油箱内循环，最后达到系统清洁度的要求。

只有油箱内的油液符合清洁度要求后，才能进入连接润滑点的管路，进行站外循环。如果是减速机系统由于润滑点处机械设备安装过程中造成污染，故需要循环 6 ~ 8h，检测油液，达到系统清洁度的要求后，才是达到系统清洁度的要求。如果是油膜轴承润滑系统需要 24h 左右，使完整的润滑系统油液符合清洁度要求。才能保证润滑系统不会因为油液不洁而损坏机械设备，特别是损坏油膜轴承。

进行系统循环时，油箱内的油液温度最好是 50 ~ 55℃。

6 调试

液压润滑系统冲洗、试压合格并加油后，就可进行系统调试。系统调试必须编制调试大纲（或试车方案）、成立调试小组，设有组长及副组长，划分责任和权限，全部调试过程必须服从组长的指挥，并做好安全防范措施，划分调试安全区域，无关人员不得进入调试区域等。

调试顺序为站内调试、站外单体设备调试和联动调试三部分。

站内调试主要是调试液压润滑站的功能性，由液压专业负责人担任调试副组长组织指挥。

站外单体设备调试主要调试液压驱动的机械设备的功能性及润滑系统的能力要求，其内容要包含每一个液压回路的动作要求和每个润滑点的供油能力。站外单体设备调试需要根据机械设备的结构及允许的顺序动作要求进行，由机械设备专业负责人担任调试副组长组织指挥，液压专业负责人为执行指挥。

站内调试及站外单体设备调试完成后，需要根据工程项目计划进度安排进行联动调试，联动调试由项目总指挥组织，液压润滑专业相关人员负责处理调试中出现的本专业的问题。

各级调试必须服从指挥，做到按程序有条不紊，最终确保整个项目调试的顺利进行及圆满成功。调试要做好记录，作为验收文件之一存档。

下面简述常规液压润滑站内的调试过程。

6.1 调试前的准备

6.1.1 检查油箱液位、油温是在正常值范围内

6.1.2 开关阀门

（1）打开所有泵吸油口阀门，必须在全开位；松开泵出口溢流阀的调压螺丝使其为全开状态；泵的泄油管和冲洗管上加装手动阀门的必须打开，保证至少有一条回路使泵供出的油能够回到油箱。

（2）关闭供油主管道的阀门或每台泵出口的阀门；关闭设计图纸中明示的常闭阀门，包括加油阀门、排油阀门、取样阀门、冷却水旁通阀门等等所有与站外相接的非正常工作阀门；双油箱系统需要关闭备用油箱的所有阀门，避免工作油箱和备用油箱串油。

6.1.3 电气设备校线

调试前要对每一个电气设备进行电气接线的正确性检查。应该在切断电源的情况下进行，这样可以保证人员及设备的安全。线路全部正确后，接通总电源，检查电压表电流表等供电条件要满足系统工作要求。

6.2 站内调试

6.2.1 泵的试运转（逐台进行）

（1）点动启动，电机试转，确认电机旋转方向的正确性。

（2）启泵，根据不同系统的控制要求对泵进行调试，液压泵主要进行空载和有载测试，润滑泵需要进行压力和流量的测试。

6.2.2 与工作泵的连锁测试

（1）油箱中的液位为最低液位时，工作泵不能启动或停止运转（采用模拟测试）。

（2）油箱中油温为最低点时，工作泵不能启动或停止运转（采用模拟测试）。

（3）系统压力（或润滑系统流量）低时，工作泵停止运转（润滑系统延时停泵）。

（4）系统压力（或润滑系统流量）高时，工作泵停止运转（润滑系统延时停泵或不停泵）。

（5）液压系统循环泵停止时，工作泵不能启动或停止运转。

（6）备用泵启动条件的测试。

（7）泵吸口阀门未打开，泵不能启动。

可根据不同的设计要求分别进行测试。

6.2.3 与压力有关的测试

（1）见 6.2.2 中（3）、（4）项。

（2）润滑系统压力罐内油压和气压的测试。

6.2.4 与油温有关的测试

（1）调整设定并测试与工作泵连锁的温度。

（2）调整设定并测试电加热器（或润滑系统旁路加热器）自动启动和停止的温度。

（3）调整设定并测试冷却器电磁水阀（润滑系统为自动温度控制仪表阀）自动启动和停止的温度。

（4）电热器的手动启动功能，注意在手动启动加热器的模式下，要求其自动停止，避免由于误操作造成的油温高升而损坏设备和使油液变质。

6.2.5 与液位有关的测试

（1）根据设计要求对油箱各液位功能进行测试，常规为：

最高液位：报警，停泵

高液位：报警，停止加油。

低液位：报警，提醒加油。

最低液位：报警，不能启泵和电加热器。

（2）润滑系统的压力罐液位测试：

高液位停止充气。

低液位关闭进油阀门（气动或电动）。

6.2.6 报警信号测试

根据设计要求的报警信号内容和去向，分别

测试，主要包括压力、油温、液位、过滤器压差等。

7 结语

本文仅对液压润滑系统安装冲洗调试施工管理中常规内容进行了简要的概述，实际工作中的大量工作在于每一项内容的细节上，不同的系统要求也不尽一样，所以整个施管理工过程中，要严格遵守法律法规及设计要求进行，使每一项工程都能圆满顺利地完成是我们每名工作者的最大愿望。

参考文献

[1] 国家标准. 冶金机械液压、润滑和气动设备工程安装验收规范 (GB50387—2006). 2007-04-01.

[2] 中国二十冶建设有限公司. 液压润滑系统管路施工方案(内部资料).

（原文发表于《冶金设备》2010 年特刊第 2 期）

气动伺服机构的研究与分析

胡克键

（北京首钢国际工程技术有限公司，北京 100043）

摘　要：小型气动伺服驱动器是一种新型的伺服机构，具有结构简单、体积小、重量轻、造价低、环保洁净等显著优点，应用范围越来越广泛。本文详细描述它的结构组成和工作原理，分析了应用系统的控制原理，提供了相关的测试方法和实验数据。

关键词：气动；喷嘴；气动伺服；伺服马达

Research and Analyse of Pneumatic Servo Actuator

Hu Kejian

（Beijing Shougang International Engineering Technology Co., Ltd., Beijing 100043）

Abstract: Pneumatic servo actuator is a kind of new assembly that more and more widely used with the characteristics of simple structure, small size, light weight, low price and cleanness. This article describes in detail the structure and principles, analyzes the control principle of the application system and provides the testing method and some of the testing data.

Key words: pneumatic; nozzle; pneumatic servo actuator; servo motor

1　引言

气动伺服系统适合各种高精度快速响应的应用场合，例如机床控制系统、轧钢板带宽度自动控制系统、航天空间技术、导航系统等，其系统的输出能准确而快速地跟踪随时间变化的控制输入，控制精度高，动态性能好，响应速度快。本文中叙述的小型气动伺服驱动器目前已设计制造成型，并通过了大量的试验验证，已投入正常使用。

2　结构组成

小型气动伺服驱动器主要由伺服马达、喷嘴、连接阀块、双作用气缸、线位移传感器等部分组成。喷嘴和连接阀块构成射流管放大器，为小型气动伺服驱动器的核心元件；伺服马达是小型气动伺服驱动器的控制元件，起到电气－机械的转换作用，它将输入的电压信号转变为喷嘴的机械转角输出。双作用气缸是小型气动伺服驱动器的执行元件，线位移传感器安装在双作用气缸的侧端，作为小型气动伺服驱动器的反馈元件，其活动滑片直接由活塞杆带动，输出一个与双作用气缸活塞杆位移成比例的电压信号作为反馈信号。小型气动伺服驱动器的结构示意图如图 1 所示。

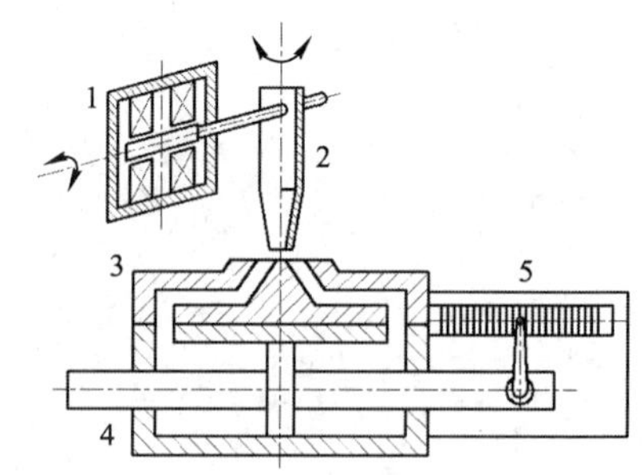

图 1　小型气动伺服驱动器结构示意图
1—伺服马达；2—喷嘴；3—连接阀块；4—双作用气缸；5—位移传感器

3　应用系统分析

3.1　控制回路框图分析

气动伺服系统通常由电信号功率放大器、伺服马达、射流管放大器、气缸、负载、位移传感器等环节组成，形成一个闭环控制系统，其控制回路如图 2 所示。

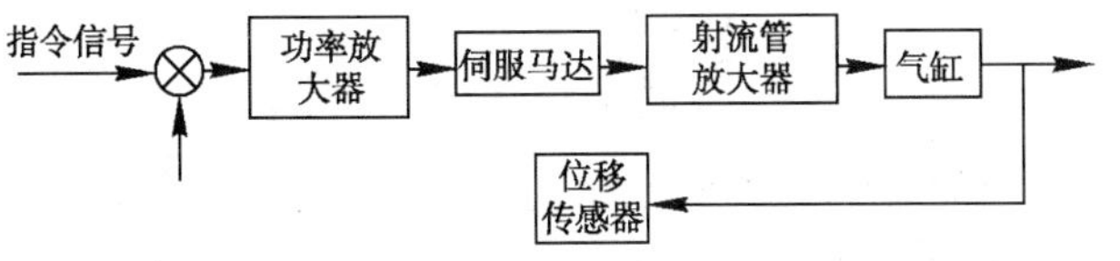

图 2　小型气动伺服系统控制回路

当气缸处于零位，且指令信号为零时，功率放大器的输出也为零，伺服马达的控制线圈产生的控制磁通为零，伺服马达的永久磁铁产生的磁场使伺服马达的衔铁处于中间零位，喷嘴位于连接阀块的两个接收孔中间，由于双作用气缸和连接阀块的结构对称，进入双作用气缸两腔气体的压力相等，活塞处于双作用气缸的中间位置。

当指令信号的输入与位移反馈不能相互抵消，控制系统的偏差信号不为零，功率放大器输出一个正比于误差信号的控制电流，此电流通过伺服马达的控制线圈产生的控制磁通与永久磁铁产生的极化磁通相互作用，使衔铁偏转一个相应的角度，从而带动固连于衔铁的喷嘴偏转同样的角度，偏转方向与指令信号的极性相对应。这样一来，射流管放大器的平衡被破坏，此时气体经偏转后的喷嘴进入双作用气缸两腔产生的压力不等，活塞杆在双作用气缸两腔压差的作用下，驱动负载向相应的方向移动。同时固连于活塞杆上的线位移传感器的滑片输出一个正比于活塞杆位移的电压信号，此信号反馈回功率放大器中，其极性与指令信号相反，构成一个闭环控制回路。活塞杆移动后功率放大器输出的差动电流逐渐减小，衔铁和喷嘴的转角也随之减小，从而使双作用气缸两腔的压差降低，活塞杆运动的速度减小。当反馈信号的大小与指令信号相等时，偏差信号为零，伺服马达输出力矩为零，喷嘴回到零位，活塞杆停止运动，停留在与指令信号大小相对应的位移上。

由此可见，一定的指令信号对应一定的活塞杆位移，指令信号极性相反时，活塞杆也是反向运动。指令信号连续变化时，活塞杆位移也随之连续变化。

气动伺服系统的性能与系统负载密切相关。在空载状态下，系统的负载只是气缸活塞自身的质量。根据实际应用场合的不同，系统可以接入多种不同负载，如简单的惯性负载，或者与位移成比例的弹性负载等。为简便起见，以常用的负载为例进行系统性能分析。

3.2　数学模型分析

针对上述气动伺服系统框图，可以对各环节的传递函数进行分析，得出整个系统的传递函数。

功率放大器和反馈传感器是两个电气环节，时间常数极小，通常可以简单认为是比例环节，分别用 K_a 和 K_f 表示。

伺服马达是一种电气机械转换器，用于将电信号转换成为射流管口的机械运动。在单独研究时，它是一个复杂的多阶环节，但由于负载轻，时间常数小，在全系统研究时也可以简化为比例环节，用 K_m 表示。

射流管放大器在启动伺服系统中，主要作用是将射流管口的机械偏移，转换成为气缸两腔的压力差 P_m，对于射流管节流口的数学建模，目前还很难找到一种精确的方法，在工程分析中，可以近似当作一个简单的惯性环节，构建整个系统模型，然后根据实际测试的数据进行试验修正。

气缸和相应的负载，主要考虑气缸自身的固有频率特性及相应的负载特性。对于惯性负载，只考虑活塞和负载的总质量 G，以及气缸的黏性阻尼。对于弹性负载，还需要考虑相应的弹性系数 K_t。在气动系统中，由于气缸的摩擦力相对两腔的压力差通常较小，计算时通常忽略不计。

这样，得到整个系统如图 3 所示。考虑到射流管口位移—压力变化的时间常数 τ 很小，对系统的影响可以忽略不计，该环节还可以进一步简化为一个比例环节，增益系数为 K_x。

不难推出，系统的传递函数如下：

$$\frac{Y}{U}=\frac{K_aK_mK_x/G}{(1/\omega_c^2)\ S^3+(2\xi/\omega_c)\ S^2+S+K_aK_mK_xK_f/G} \tag{1}$$

对于弹性负载，则系统的回路中增加虚线部分的力反馈通道，系统的传递函数也相应发生变化如下式：

$$\frac{Y}{U}=\frac{K_aK_mK_x/G}{(1/\omega_c^2)\ S^3+(2\xi/\omega_c)\ S^2+S+(K_t+K_aK_mK_xK_f)/G} \tag{2}$$

式中　Y——气缸活塞的位移，mm；

U——电压指令信号，V；

K_a——功率放大器的增益系数；

K_f——反馈传感器的增益系数；

K_m——伺服马达的增益系数；
K_x——射流口偏移量到两腔压力差的增益系数；
K_t——弹性负载的弹性系数；
G——活塞和负载的总质量，kg；
τ——射流管口位移—压力变化的时间常数；
ω_c——气缸的固有频率，Hz；
ξ——气缸的阻尼系数；
S——复变量。

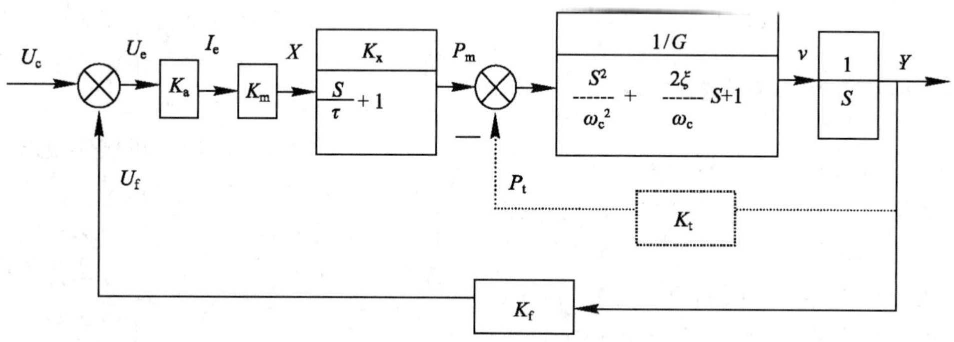

图 3　气动伺服控制系统

4　测试实验

4.1　开环测试

气动伺服机构的开环测试，主要是在外部气源一定的条件下，对于不同的射流管口的固定偏移量 X，通过改变活塞杆的负载力，测量活塞杆的在两腔压力差的作用下的移动速度，得到不同的压力—流量特性曲线，见图 4 射流管放大器的压力—流量特性曲线。

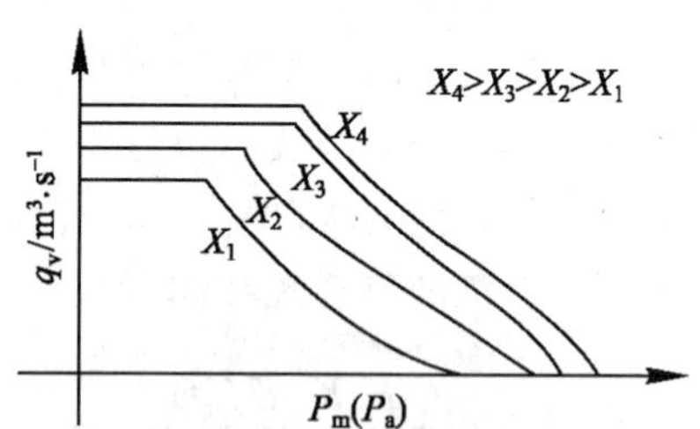

图 4　射流管放大器的压力—流量特性曲线

由于节流口的面积实际上与射流管口的位移直接相关，在外部气源和射流管放大器结构不变的情况下，射流管放大器的压力—流量特性取决于负载压力的大小和射流管口的位移。从射流管放大器的压力—流量特性曲线图中可见，射流管口的偏移量 X 越大，压力—流量曲线相应增高，当射流管口正好对准其中的一个接收口时，压力—流量特性达到最高。

通过曲线可以分析不同射流口偏移量所对应的最大压力差、活塞杆最大移动速度、最大气体流量，以及最大输出功率等指性能，从而确定系统的最佳负载匹配。

4.2　闭环测试

闭环测试通常是在模拟负载情况下，对系统的时域特性和频域特性进行测试。

时域特性主要是测试系统的响应时间。

频域特性的主要性能参数是系统的带宽和阻尼比。针对小型气动伺服驱动器，进行了大量的实验，图 5 是实际测量的一例试验曲线。

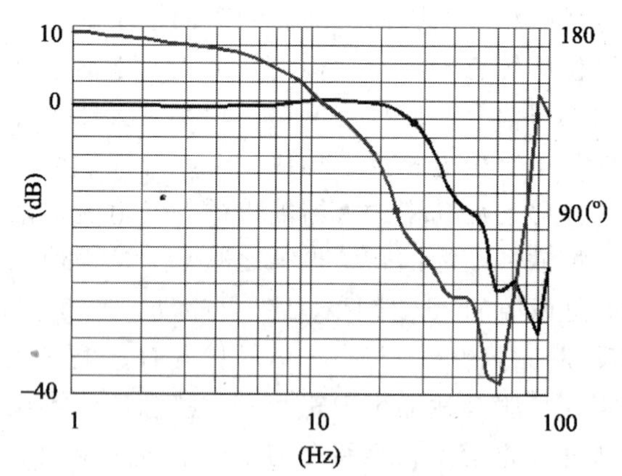

图 5　小型气动伺服驱动器频率特性曲线

5　结语

气动伺服机构虽然不及液压伺服机构输出的功率大，其频带也没有液压伺服机构上百赫兹那么宽的优势，但是它的频宽也能达到 30Hz。气动伺服机构比液压伺服机构抗污染能力强，结构简单，环保性能好。尤其是本文中的小型气动伺服驱动器将伺服马达、喷嘴和执行机构设计成一个整体，线位移传感器也没有经任何中间环节直接从输出机构上采集反馈信号，其结构紧凑、体积小、质量轻，造价低，具有广泛的应用前景。

参考文献

[1] 杨自厚. 自动控制原理[M]. 北京：冶金工业出版社，1980.

[2] 郑洁生. 气压传动[M]. 北京：机械工业出版社，1981.

[3] 吴振顺. 气压传动与控制[M]. 哈尔滨：哈尔滨工业大学出版社，1995.

[4] 王占林. 液压伺服控制[M]. 北京：北京航空学院出版社，1987.

（原文发表于《冶金设备》2009 年第 3 期）

三段式低污染度稀油润滑油箱

胡克键　曾立楚　张彦滨

（北京首钢国际工程技术有限公司，北京 100043）

摘　要：本文论述的是一种三段式低污染度稀油润滑油箱，介绍了三段式低污染度稀油润滑油箱的工作原理、油液循环流程，对油箱的结构特点、优越性进行了分析，并陈述了这种油箱在实践中取得的应用。

关键词：油箱；稀油润滑；低污染度；三段式润滑油箱

Three-Stage Low Contamination Oil Lubrication Tank

Hu Kejian　Zeng Lichu　Zhang Yanbin

(Beijing Shougang International Engineering Technology Co., Ltd., Beijing 100043)

Abstract: This article provides a design of three-stage low contamination oil lubrication tank, introduces the working principle and the oil flow procedure of the tank, analyzes the structure、character and advantage. This tank is proved to be more practical in the lubrication system application.

Key words: tank; oil lubrication; low contamination; three-stage lubrication tank

1　引言

稀油集中润滑系统流程如图 1 所示。

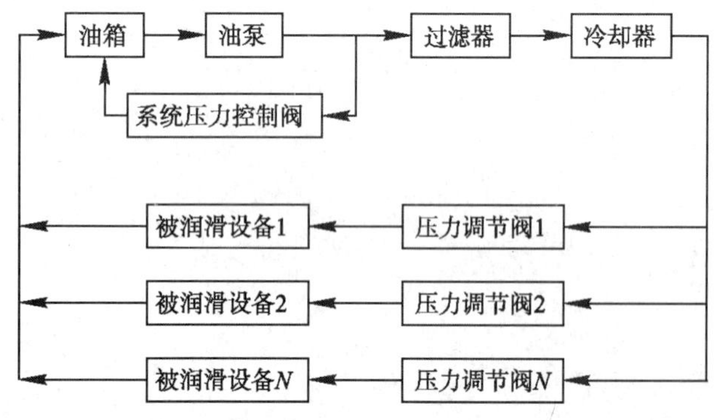

图 1　稀油集中润滑系统流程

油泵从油箱吸出油液沿管道输出，少部分油液经旁路系统压力控制阀溢流回油箱，使系统供油压力保持稳定，大部分油液则通过过滤器一次过滤达到要求的供油清洁度，由冷却器冷却至要求的供油温度后输出，在各供油分支管道上经压力调节阀进行供油压力调节，进入相应的设备润滑部位，形成油膜，减少摩擦与磨损，带走摩擦产生的热量，起到冷却作用。随后油液经被润滑设备上的回油口，沿一定坡度管道流回油箱。油液在油箱内滞留时，自然沉淀出机械杂质，分离侵入的水分，逸出夹带的气体，又经泵出，不间断地进行润滑循环，确保设备高效安全运转。

润滑的主要目的是减少设备相对运动部位的摩擦与磨损，带走摩擦产生的热量，因此要求润滑系统的主要技术性能是保证给定的供油量前提下，提高供油油液清洁度，油液越洁净，则摩擦、磨损、发热都小，可大幅度降低设备的维修费用。

润滑系统中污染物随回油油流集中于油箱内，污染物主要源于外界从密封处的侵入、设备元件内部的各种磨损、油液老化产生的油泥、有害物质的表面腐蚀和系统固有存在的机械杂质，还有夹带的气体与水分，主要是大量的磁性微小金属颗粒悬浮在油液中。污染物中固态颗粒杂质的含量决定油液的污染程度，以往仅靠自然沉淀和浮动吸油口来处理，效果不甚理想。尤其对于小于 25 μm 的大量硬质颗粒，在润滑循环中随油液充当研磨剂作用未得到妥善地解决。

2 三段式低污染度稀油润滑油箱（简称三段式油箱）的设计

2.1 三段式油箱的结构特点

三段式油箱与标准普通油箱在外观形状上基本相似，而内部结构却差异很大。其主要结构特点：

（1）三段式油箱可视为三个大小不一的矩形油箱按倒“品”字形布置拼合成一个油箱。三个矩形油箱形成独立的三个区段，即回油区段、沉淀区段和吸油区段。三段式油箱采用两套强磁吸附装置（磁栅装置）将三个区段串接连通，其平面示意图如图2所示。

（2）回油口的回油液流呈与回油区段液面水平方向切入，减少液流对液面引起的冲溅与翻滚，并产生向下旋转的液流，促使油液中较大颗粒（大于25μm）向箱底沉降。

（3）回油口与吸油口处在油箱的同一端侧，对采用双油箱系统，利用对称结构布置，简化并缩短了回油和吸油管路。

（4）吸油区段的油液污染度相对较低，吸油口直接从吸油区段吸油，不必再设置浮动吸口装置。

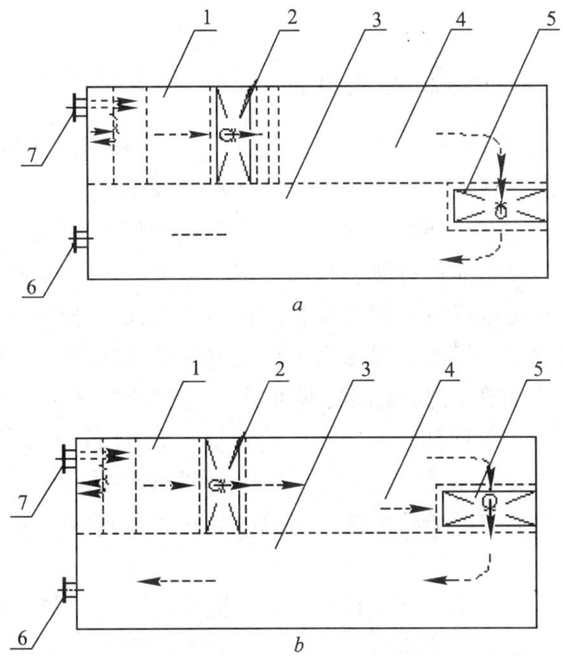

图2 三段式油箱平面示意图

1—回油区段；2—第一强磁吸附装置；3—吸油区段；4—沉淀区段；5—第二强磁吸附装置；6—吸油口；7—回油口

三段式油箱的三个区段液面呈阶梯级下降分布。润滑系统运行时，依靠各区段间的液面落差，使油流全部经过强磁吸附装置在油箱中流动，落差大小与油液黏度和循环油量（或流动速度）有关。在回油区段和沉淀区段的液面无论是静态还是动态都是处于高位状态，唯吸油区段运行液面是处于高位点和低位点之间变动，只在此区段设置液位控制器。为防止偶然突发的油液冒顶故障，在三个区段内顶部均设有防溢流孔，此孔也作为油箱内顶部空气的流动通道。在油箱外侧下方，设有从回油区段与吸油区段、沉淀区段与吸油区段旁路相连的管路，通过开启阀门使之通断，作为油箱换油时使用，此管路亦供净油机吸油管路使用。

2.2 三段式油箱的油液循环流程

三段式油箱立面展开示意图如图3所示。油液从强磁吸附装置由下往上流动称逆型，由上往下流动称顺型。依据需要可配置成逆—顺型和逆—逆型的组合，下面以逆—顺型为例叙述：

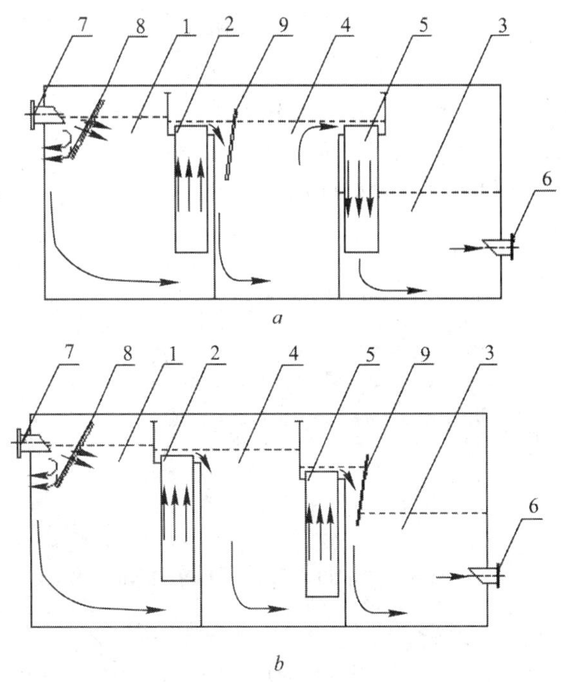

图3 三段式油箱立面展开示意图

1—回油区段；2—第一强磁吸附装置；3—吸油区段；4—沉淀区段；5—第二强磁吸附装置；6—吸油口；7—回油口

液流从回油口水平方向进入，回油口与缓冲孔板示意图如图4所示，一部分液流通过缓冲孔板上等距交叉布置的通孔向前流动，一部分液流则由缓冲孔板挡回，产生呈漩涡状向下的流动，防止油流对液面引起冲溅翻滚。目的是使油液分散，降低流速，流动平稳，改变流向与延长流程，促使油液中大于25μm的颗粒杂质在回油区段自然沉降。

液流依靠回油区段与沉降区段之间的液面落差从第一强磁吸附装置由下往上逆向通过，这种配置使回油液流可能产生的泡沫阻挡在回油区段，漂浮在液面上方，防止向下游区段的漂移。强磁吸附装置示意图如图 5 所示，它由多根不锈钢导流管固定在上孔板和下孔板之间，形成流动通道。导流管数量的多少影响落差的大小，主要由油液的黏度、循环油量（或液流流速）和油液受污染程度来确定。经导流管导向，使液流流动趋向更平稳，也引起前后流速和流动方向产生变化。在每根导流管中，插入柱式磁滤器，磁滤器表面的磁场强度高达 4000～4500Gs，油液中悬浮的微小颗粒杂质（小于 25μm 为主）被强制吸附在磁滤器的表面上，由于磁滤器表面磁场只能在一定的小距离范围内具有吸附能力，而且随吸附量逐渐增多趋于饱和而影响吸附效果。及时将磁滤器抽出，清理其表面吸附污物是十分必要的。液流从第一强磁吸附装置上方流出后，受折流板作用，在沉淀区段呈“U”形流动，相应延长流程，并使循环均匀流动，减少死区部位。依靠沉淀区段液面与第二强磁吸附装置上孔板上顶面之间的落差，液流从第二强磁吸附装置上方流入，受到第二次强制吸附，平稳流进吸油区段。采用两次吸附将极大减少油液中的颗粒杂质，到达吸油区段的液流已处于良好的低污染度状态。

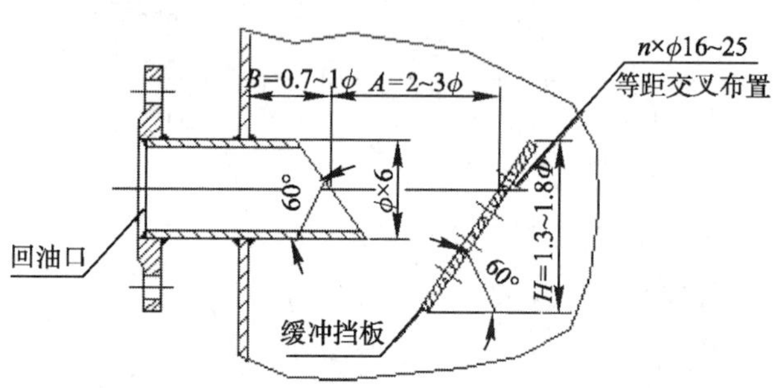

图 4　回油口与缓冲孔板示意图

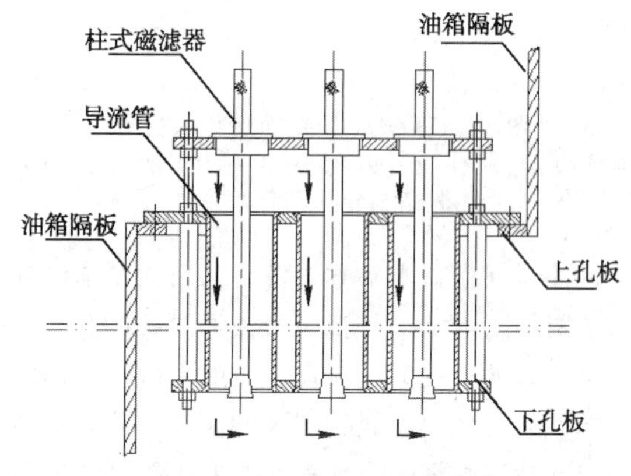

图 5　强磁吸附装置示意图

2.3　三段式油箱设计的主要技术数据

2.3.1　油箱的公称容积与外形尺寸

原 YX2 型油箱标准中所列的公称容积（m^3）与长×宽×高（$A \times B \times H$）三个主要尺寸可作为设计使用，也可根据需要的公称容积，自行选定油箱的长宽高尺寸。

2.3.2　三个区段容积的分配比例

油箱的公称容积（m^3）：

$$V=V_1+V_2+V_3 \tag{1}$$

式中　V_1——回油区段的公称容积，m^3；$V_1=25\%\sim28\%V$；

V_2——沉淀区段的公称容积，m^3；$V_2=17\%\sim20\%V$；

V_3——吸油区段的公称容积，m^3；$V_3=52\%\sim58\%V$。

对于小容积油箱需特殊调整比例，V_1 可取零，即回油液流直接从强磁吸附装置上部进入，这时 V_2 可取 $42\%\sim48\%V$。

V_2 也可取零，即两套强磁吸附装置直接串联紧靠在一起，即从逆型—顺型排列，这时 V_1 可取 $42\%\sim48\%V$。

2.3.3　回油口中心高度 H_1

回油口中心高度 H_1 比一般油箱要大些，即适当抬高回油口中心，回油口中心距箱顶距离尽量控制在 300mm 以内，方便从强磁吸附装置中抽出柱式磁滤器。

3　三段式低污染度稀油润滑油箱的优点

（1）由于油箱呈拼合结构，整个油箱刚度提高，可适当减薄钢板厚度，节省用料 10%以上。

（2）油箱回油区段和沉淀区段均处于高液位运行，提高油箱有效容积利用率，当吸油区段处于较低液位运行时，润滑系统循环油量仍处于必要的保障状态。另外，即使系统发生跑油事故；也只是吸油区段遭受部分跑油，降低事故造成的损失。

（3）回油液流与液面始终呈水平方向切入，是一般油箱无法达到的，使箱内循环油流处于相对平稳状态，对杂质沉淀、消泡脱气和油水分离极为有利。

（4）由于吸油口与回油口同在油箱的一端，对使用双油箱的稀油润滑系统，回油总管和吸油总管的长度大为缩短，总体布置将更紧凑合理，特别适用于油膜轴承润滑装置。

（5）油箱内部油流流程延长一倍以上，流动方向和流动速度多次变化，促使杂质自然沉淀，加上两次全流量强磁吸附装置的强制吸附处理，油液中微小磁性颗粒清除率可达到 90%以上，使吸油区段的油液污染度大幅度降低，即油液清洁度得到提高，比一般油箱高出 NAS 级 2 ~ 3 级以上。

（6）油箱内部结构简洁，主要沉淀污物集中于回油区段，方便油箱内部清理。强磁吸附装置的柱式磁滤器是无损耗的，节约了维修费用。

（7）对于整个润滑系统而言，过滤器滤芯的使用寿命周期可延长 2 ~ 3 倍以上，提高润滑装置的供油油液清洁度（NAS）1 ~ 3 个等级，减少设备摩擦磨损，降低能耗和维修费用，确保设备安全运行和延长使用寿命，其经济效益更为可观。

三段式低污染度稀油润滑油箱这项技术已经成功应用于云南红河 80 万吨全连轧棒材工程的两套稀油润滑系统和首钢水钢结构调整高速线材和棒材生产线工程的五套稀油润滑系统，现场运行达到了理想的效果。

首钢京唐钢铁联合有限公司钢铁厂 2250mm 热轧工程中的稀油润滑系统的油箱也采用了三段式低污染度稀油润滑油箱技术，共设计了 10 种规格的三段式油箱，这种结构的三段式润滑油箱现场运行良好，取得了很高的经济效益。

参考文献

[1] 陈田才. 设备润滑基础[M]. 北京：冶金工业出版社，1982.

[2] 成大先. 机械设计手册[M]. 北京：化学工业出版社，2002.

[3] 汪建业. 重型机械标准[M]. 昆明：云南科技出版社，2008.

（原文发表于《液压与气动》2009 年第 5 期）

新型可控油脂润滑系统

杨守志[1]　王东升[2]　张彦滨[1]

（1. 北京首钢国际工程技术有限公司，北京 100043；
2. 北京中冶华润制造有限公司，北京 100043）

摘　要： 介绍了一种不同于以往单线或双线为主的传统润滑方式的新型可控油脂润滑系统的组成、工作原理以及主要部件的配置与技术参数，并陈述了这种新型润滑系统在实践中的应用情况。

关键词： 油脂润滑；可控的；单点给油

New Controllable Grease Lubrication System

Yang Shouzhi[1]　Wang Dongsheng[2]　Zhang Yanbin[1]

(1. Beijing Shougang International Engineering Technology Co., Ltd., Beijing 100043;
2. Beijing CMRC Science and Technology Development Co., Ltd., Beijing 100043)

Abstract: This paper describes the composition, working principle, configuration of main components, technical parameters and practical application of a new controllable grease lubrication system, which is different from the traditional single-line or double-line lubrication method.

Key words: grease lubrication; controllable; single point to oil

1　润滑系统简介

润滑系统是我国研制开发的新一代智能润滑专利产品(专利号：012402260.5)，系国内首创。

润滑系统突出优点是在设备配置、工作原理、结构布置上都做了跨越式改进，改变了以往以单线或双线为主的传统润滑方式，采用微电脑技术与可编程控制器相结合的方式，使设备润滑进入一个新的里程。系统中主控设备、高压电动油泵、电磁给油器、流量传感器、压力传感器等每一个部件都是经过精心研制并专为智能润滑系统所设计的。

设备采用 SIEMENS S7-200 系列可编程控制器作为主要控制元件，为设备润滑的智能化控制提供了最恰当的解决办法，可网络挂接与上位机计算机进行连接以实时监控，使得润滑状态一目了然；现场给油分配直接受可编程控制器的控制，每点每次给油量大小，给油循环时间的长短都能自动控制，且能方便地进行调整；流量传感器实时检测每个润滑点的运行状态，如有故障及时报警，且能准确判断出故障点所在，便于操作人员的维护与维修。操作员可根据设备各点的润滑要求，通过文本显示器远程调整供油参数，以适应润滑点的不同润滑要求。系统运行稳定、可靠，给油（脂）量调整方便，故障点容易查找，维护量小，大大减少人工劳动强度，避免环境污染和油脂浪费，延长设备使用寿命，减少维护量，提高综合效益。

2　润滑系统工作原理

2.1　系统组成

该系统分为如下几大部分，主控设备、油站、电磁给油器、给油管、控制及信号线路。

（1）主控设备作为润滑系统的指挥中心，其主要功能：控制油站启停、控制电磁给油器的运行、现场信息收集、监控每一个润滑点的润滑状态、调节和显示循环时间、调整每一个润滑点供油量、故障报警、与厂内主机连锁。

（2）油站作为润滑系统的心脏设备，它的主要功能：将润滑脂输送到管路，通过管路及电磁给油器，最终输送到每一个润滑点。本油站一般应配置二台润滑油泵（其中一台为备用泵）和一台加油泵。

（3）电磁给油器作为润滑系统的执行机构，其主要功能：执行主控系统送来的指令，控制油阀开启、关闭，实现控制润滑点的供油。流量传感器实时监测润滑点运行状态，将信息反馈给主控系统。

2.2 工作原理

控制系统可进行自动、手动操作。手动运行时，主控面板上的按钮（或 X 与 H 按钮组合）对应现场的相应润滑点。开启油泵后，润滑脂被压注到主管路中，待管道压力升至 10MPa 时（根据管道远近此压力可在 5~20MPa 之间），按下润滑点按钮，对应点电磁给油器得到信号，开通油路，将润滑脂压注到相应的润滑部位。手动控制一般在调试和维修时用。

系统在自动运行时，按照设定好的量（可调整）自动地对每个润滑点逐点供油，逐点检测，直至所有润滑点给油完成，进入循环等待时间（可调整），循环等待时间结束，自动进行下一次给油过程。

具体工作过程如下：系统首先检测系统参数，如系统中无参数或参数错误时，供油系统禁止运行，只有在各系统参数输入后，系统才会按照所设定值向下运行。

第一步，首先检测连锁控制参数。

连锁控制参数为 1 时，则处于连锁控制状态，系统开始检测连锁信号（即主机启动信号），主机没启动，没有连锁信号，润滑系统无法运行，等待主机送来连锁信号后，开始自动运行并进入下一步；连锁控制参数为 2 时，则处于自动运行无连锁状态，直接进入下一步。

第二步，则检测油泵参数。

油泵参数为 1 时，则 1 号油泵自动启动；

油泵参数为 2 时，2 号油泵启动；

油泵参数为 3 时，1 号油泵运行 90s，系统压力仍处于下限时，开启 2 号泵；

油泵参数为 4 时，2 号油泵运行 90s，系统压力仍处于下限时，开启 1 号泵。

第三步，逐点供油。油泵开启一段时间后，系统压力上升至设定值时，电磁给油器根据主控系统发来的指令进行逐点给油，一般先从 1 号点开始，1 号油阀打开，按照所设定的时间开始给 1 号润滑点供油，同时 1 号润滑点的流量传感器监控润滑点的供油状态，润滑点堵塞时，报警系统立即动作，输出报警信号，同时监控系统记录故障信息，供油时间到后，主控系统发出指令 1 号油阀关闭，2 号油阀打开，开始给 2 号润滑点供油，2 号润滑点供完油后关闭，3 号润滑点打开，就这样依次按照主控设备发来指令进行下去。直到最后一个润滑点供油完毕，最后一个电磁给油器关闭，同时油泵自动停止，系统进入下一步。

第四步，开始循环等待延时。在设备自动运行过程中，每一个润滑点供油时，主控系统显示该点正在供油与该点供油时间以及润滑点供油状态，系统进入循环间隔时间后，主控系统显示间隔时间倒计数值，以便清楚当前设备运行状态。每一次运行后，主控系统都会自动记录下故障信息等一些数据，以便管理和维护。压力调节系统随时显示和控制系统供油压力，反馈至主控制系统，如系统出现油压过高的故障时，压力控制系统动作，油泵停止工作，从而保护了油泵。在设备出现故障时，主控系统采取相应措施进行处理，当措施无效后，向上位发出故障请求信号，以便检修人员来进行相应处理。

循环等待时间到后系统又开始进入一个新的给油过程，给油过程结束，再循环延时等待…… 如此运行下去。

自动供油工作流程如图 1 所示（以 86 个润滑点为例）。

3 润滑系统主要部件的配置与技术参数

3.1 主控设备

（1）基本配置

A——提供直流 24V、交流 50Hz 230V、400V 电源

B——西门子可编程控制器主控与扩展模块

C——压力显示及控制系统

D——供油参数调整与显示系统

E——油站控制及保护系统

F——控制润滑点执行系统

（2）外观尺寸： 1000mm × 600mm × 1800mm

（3）内部接线端子与外部接线端口

3.2 油站

（1）基本配置

A——电动润滑泵

B——电动加油泵

C——压力传感器

D——压力表

（2）基本参数

1） 电动润滑泵 型号：QJRB1-40

A——公称压力 40MPa

B——给油量 400mL/min

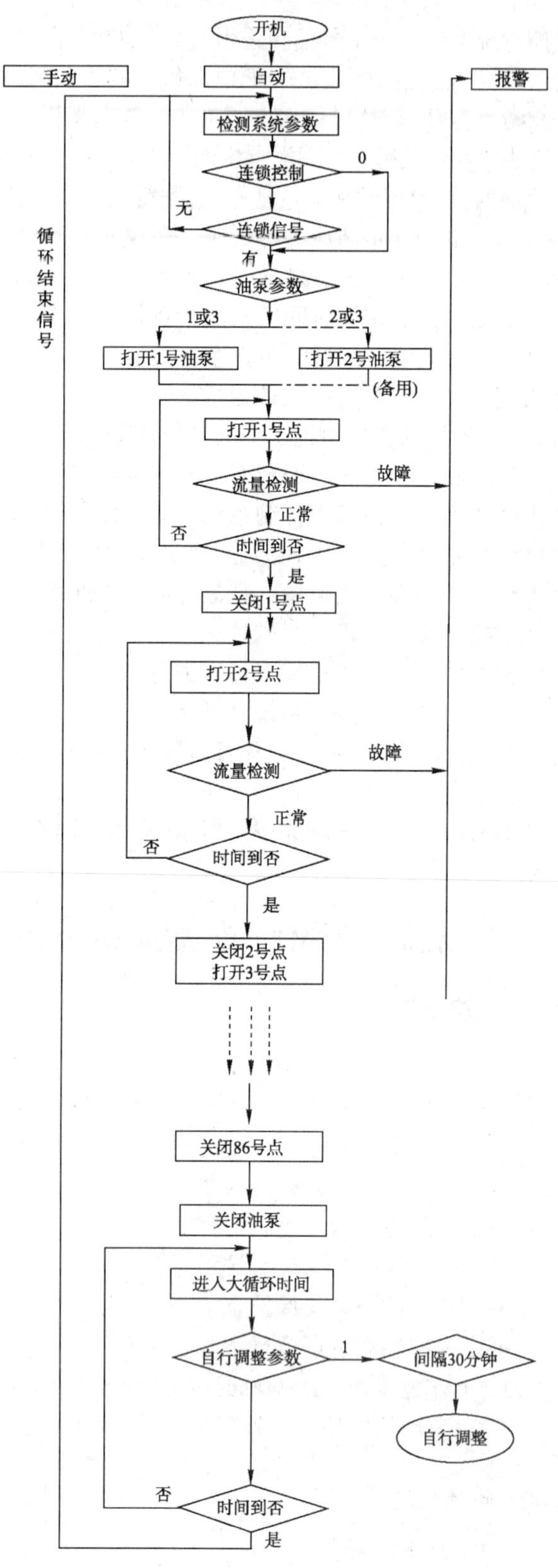

图 1　自动供油工作流程图

C——储油容积　　100L

D——外观尺寸　　1200mm × 520mm × 1000mm

E——质量　　208kg

2）电动加油泵　　型号：QJDB-400B

A——公称压力　　6MPa

B——给油量　　400L/h

C——储油容积　　260L

D——电机功率　　1.1kW

E——外观尺寸　　ϕ650mm × 1160mm

F——质量　　68kg

3）压力传感器　　型号：CMS-50

测定压力范围　　0 ~ 50 MPa

4）压力表　　型号：YZ-150

测定压力范围　　0 ~ 50 MPa

3.3　电磁给油器控制箱

A——电磁给油器　　QJDL-1AC

B——流量传感器　　QJLG-1D

C——润滑点运行指示灯　　AD16-22D/S

D——外观尺寸　　280mm × 190mm × 195mm

3.4　油路

A——主管路采用ϕ32mm × 3mm 无缝钢管

B——支管路采用ϕ10mm × 1.5mm 无缝钢管

C——活动润滑点采用软管连接

D——主管路采用球头活接头连接及套管焊接，支管路采用卡套连接

3.5　电控线路

A——油站采用 BV 线缆，2.5mm^2 × 3 + 1.5mm^2 × 1

B——电磁给油器采用　0.5mm^2 × 12　BV 线缆

C——压力传感器采用　1mm^2 × 4　屏蔽电缆

D——采用电缆槽铺设

4　结语

此种新型可控油脂润滑系统以微电脑技术与可编程控制器相结合的控制方式采用逐点控制给油。系统运行稳定、可靠，给油（脂）量调整方便，故障点容易查找，维护量小，避免环境污染和油脂浪费，延长设备使用寿命，提高综合效益。

新型可控油脂润滑系统已成功应用于首秦 4300 中板工程、京唐 1580 热轧工程以及环境恶劣的烧结工程等。

参考文献

[1] 成大先. 机械设计手册[M].北京：化学工业出版社，2006.
[2] 汪建业. 重型机械标准[M].昆明：云南科技出版社，2007.

（原文发表于《冶金设备》2010 年特刊第 2 期）

活塞式蓄能器在高炉炉顶液压系统中的应用

侯宏宙　宋月芳

（北京首钢国际工程技术有限公司，北京 100043）

摘　要：文章介绍了两种常用的蓄能器：皮囊式蓄能器和活塞式蓄能器，介绍了首秦 2 号高炉工程炉顶液压系统的概况，并着重介绍了带储气瓶的活塞式蓄能器在首秦 2 号高炉炉顶液压系统中的应用。

关键词：高炉无料钟炉顶；活塞式蓄能器；储气瓶

Application of Piston Accumulator in the Hydraulic System of Top BF

Hou Hongzhou　Song Yuefang

(Beijing Shougang International Engineering Technology Co., Ltd., Beijing 100043)

Abstract: The paper introduces two kinds of accumulator: Piston accumulator and Bladder-type accumulator .The general situation of the Top Hydraulic system of No.2 Blast Furnace at Shouqin was introduced. And there is a detail description of the application of Piston accumulator in this hydraulic system.

Key words: bell-less top of BF; piston accumulator; bladder-type accumulator; gas bomb

1　引言

当今世界，“节能、低碳”已经成为一种潮流。如何设计出“高效、低耗、优质、长寿、清洁”的高炉设备，并且选用先进实用、成熟可靠、节能环保、高效长寿的工艺技术装备[1]已经成为设计师们至高无上的追求。

高炉无料钟炉顶装料设备已经成为是现代高炉的关键装备。而高炉炉顶液压系统是支持无料钟炉顶设备正常、安全、可靠运行的保证之一。如何在确保高炉炉顶设备正常运行的情况下，最大程度的节省能源，已经成为液压工程师们研究的课题之一。

2　工业常用蓄能器概述

蓄能器是液压系统中常用的一种能量储蓄装置。它将带压液体的液压能转换为势能贮存起来，当系统需要时再由势能转化为液压能而做功的容器。蓄能器可以作为辅助或应急的动力源；补充系统的泄漏；稳定系统压力；吸收泵的脉动和回路上的液压冲击等。在液压系统的实际使用过程中，蓄能器有多种形式，其中包括重力式、弹簧式、活塞式、气囊式、隔膜式、非隔离式等。

3　皮囊式蓄能器与活塞式蓄能器的特点

3.1　皮囊式蓄能器

对于皮囊式蓄能器而言（见图 1），由于充气皮囊隔离了液压油和气，因此避免了油中过量溶解气体而对液压系统造成的损害；其次，气囊式蓄能器尺寸小，质量轻，反应灵敏，充气方便，特别适合于液压系统需要快速充放油液的场合。

由于皮囊式蓄能器拥有以上诸多优点，因此它被广泛应用于各类液压系统中，用于辅助或应急动力源，储存能量、吸收液压系统脉动和缓和冲击等等。

根据皮囊式蓄能器的一般设计规范：

$$(0.8-0.85)P_1 \geqslant P_0 \qquad (1)$$

式中　p_0——蓄能器预充气体的压力，MPa；

p_1——蓄能器或系统的最低工作压力,MPa；

p_2——蓄能器或系统的最高工作压力, MPa。

皮囊式蓄能器在等温下的计算公式：

$$V_0 = \frac{\Delta V}{\frac{p_0}{p_1} - \frac{p_0}{p_2}} \tag{2}$$

皮囊式蓄能器在绝热下的计算公式：

$$V_0 = \frac{\Delta V}{\left(\frac{p_0}{p_1}\right)^{1/n} - \left(\frac{p_0}{p_2}\right)^{1/n}} \tag{3}$$

计算时取绝热过程的气体多变指数 n= 1.41。根据以上公式，我们可以得出结论：液压系统工作压力变化范围越小，蓄能器的有效工作容积越小，即蓄能器充放油量越少，蓄能器容量的利用率越低[2]。

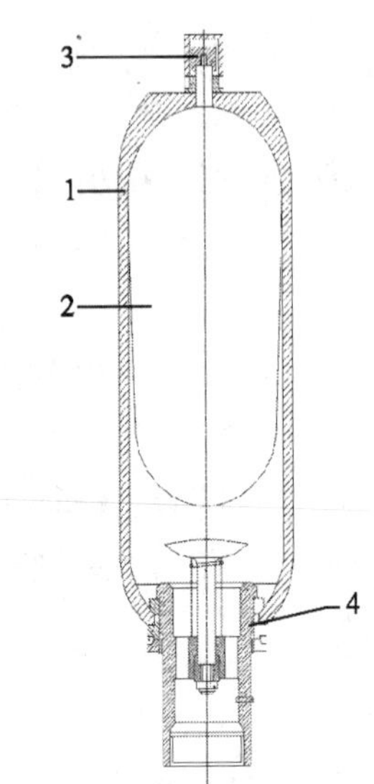

图 1　皮囊式蓄能器

1—壳体；2—皮囊；3—进气阀芯；4—止动螺母

然而，对于一些要求瞬间补充大量液压油的系统而言，采用皮囊式结构的蓄能器就其经济性而言是不尽合理的。

同时为了保证较长的皮囊的使用寿命，避免皮囊过度膨胀和拉伸，皮囊式蓄能器的工作压力必须保证在一定的范围之内。此外皮囊式蓄能器中的皮囊因为要经常进行膨胀收缩，导致它的使用寿命会逐步降低，一般情况下，皮囊式蓄能器的使用年限为三年左右。另外蓄能器中的皮囊还会因为各种原因导致破损，更换破损的皮囊也会增加它的使用成本。

3.2　活塞式蓄能器

众所周知气体具有良好的可压缩性，因此液压蓄能器可以依靠气体的这个特性来储存压力油，活塞式蓄能器（见图 2）也是基于这种原理来工作的。活塞式蓄能器由油液部分和活塞隔离的气体部分构成，气体侧预先充有氮气，油液部分和液压回路连接在一起，当压力升高时蓄能器吸收液体，气体被压缩；当压力下降时，被压缩的气体膨胀，并将蓄积的压力油压入液压回路。

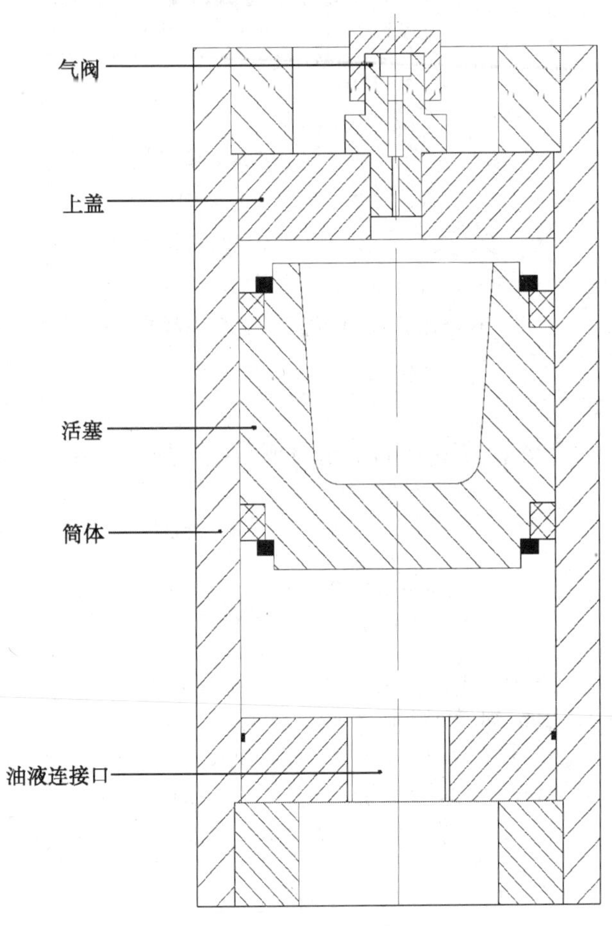

图 2　活塞式蓄能器

带气瓶的活塞式蓄能器主要有以下特点：

（1）气液隔离，油不易氧化，结构简单，寿命长，安装容易，维修方便。

（2）可以防止气腔内的气体跑进液压系统，并且在液压油放空时，也不容易产生液压冲击。

（3）由于活塞式蓄能器可以配用氮气瓶，所以能够得到很大的有效容积。而且相比蓄能器而言，氮气瓶的价格要低得多，因此它具有良好的经济性。

（4）活塞式蓄能器的充放油的允许流速高，最大可达 4m/s。活塞式蓄能器的使用寿命比较长，如果活塞的密封磨损严重，仅需要更换密封即可，并且密封的更换方便快捷，几乎不影响正常工作。

4　活塞式蓄能器在首秦 2 号高炉炉顶液压系统的应用

4.1　高炉炉顶液压设备及动作顺序简介

高炉炉顶液压系统控制的设备主要有：上密封

阀、翻板阀、下密封阀、放散阀、一均压阀、二均压阀及事故放散阀等。

高炉炉顶设备动作顺序如下：当下料罐放完一批料然后发出料空信号时，打开均压放散阀对料罐卸压，随后开启上密封阀及上料闸，将上料罐中的炉料装入下料罐。装料完毕，关闭上料闸、上密封阀和均压放散阀，并向下料罐均压。探尺探料降至规定料线深度，提升到位后，打开下密封阀及下料闸，用下料闸的开度大小来控制料流速度，炉料由布料溜槽布入炉内。布料溜槽每布一批料，其起始角较前批料的起始角步进 60° 。整个过程的无限循环即完成高炉的装、布料动作[2]。

4.2 首秦 2 号高炉炉顶液压系统概述

首秦 2 号高炉炉顶液压泵站的技术参数如下：

介质：N46 抗磨液压油；

清洁度：NAS8 级；

高压泵：2 个轴向柱塞泵带压力调节，包括 1 个备用泵；

每台泵的额定流量为：118L/min；

工作压力：9~12MPa；

电机功率：30kW。

蓄能器参数：

2 套 50L 的活塞式蓄能器，每个蓄能器带 6 个 50L 的氮气瓶；

高炉炉顶设备所需高峰流量为：150L/min；

维持高炉炉顶设备安全运行所需流量为：80L/min。

4.3 活塞式蓄能器在此系统中的作用

活塞式蓄能器在此系统中的用途主要有两方面：

（1）作为辅助液压源在短时间里提供一定数量的压力油，在高峰流量时应用，以便选用较小的泵。用较小的泵，即可实现在瞬间提供大量液压油，平稳保持液压系统中一定的流量和压力，满足系统对速度、压力的要求，减小系统驱动功率降低系统温升，在一定程度上可以减少对能源的过度消耗；可实现液压缸的保压；缓冲、吸收液压冲击、降低压力脉动等。

根据首秦 2 号高炉炉顶液压泵站的技术参数，如果要完全满足高炉炉顶的高峰流量，那么液压系统需要选用 2 台(一用一备)流量为 150L/min 的泵，根据液压泵选型选 180L/min 的泵，工作压力为 12MPa，计算后，泵电机功率应该为 37kW。由此可见，如果要满足高炉炉顶设备的高峰流量，泵和电机功率都要相应的增大，同时相应的液压附件也会增大，这不仅会增加投资，更重要的是会提高生产成本，浪费能源。

（2）在某些特殊的情况下（例如突然停电）。此时炉顶液压系统液压泵停止工作，为了确保高炉不发生故障，这时就需要炉顶液压系统能够提供保证高炉系统安全运行的流量。

如图 3 所示，如果当恒压变量泵发生故障时，活塞式蓄能器就能够瞬时按要求提供给系统所需的流量，满足设备的动作要求。而当系统不需要大量油液时，可以把液压泵输出的多余压力油液储存在蓄能器内，需要时由蓄能器快速释放给系统。该液压系统的最高工作压力为 12MPa,最低工作压力为 9MPa，蓄能器的充气压力为 8.5MPa，在上述参数条件下，根据计算，两个活塞式蓄能器大概能够提供 86L 的压油，一旦遇到紧急情况，这个流量完全能够满足设备的需求。

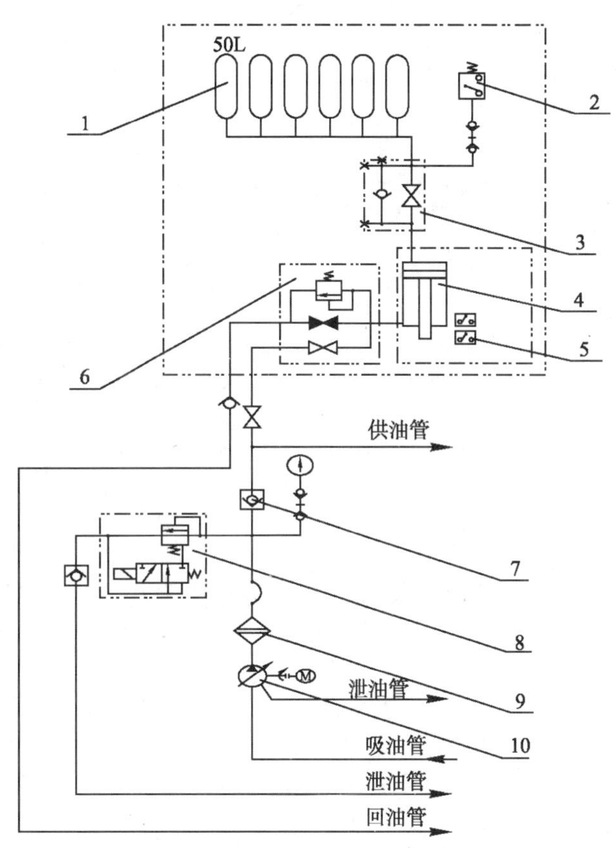

图 3 系统简图

1—氮气瓶；2—压力继电器；3—充氮块；4—活塞式蓄能器；5—行程开关；6—安全阀；7—单向阀；8—溢流阀；9—高压过滤器；10—恒压变量柱塞泵

5 结论

综上所述，采用活塞式蓄能器不仅能够在瞬时向液压系统提供大流量的压力油，而且更重要的是，采用活塞式蓄能器可以降低泵的规格和电机功率，从而减少生产成本，降低能耗。因此在高炉炉顶液压系统中，采用活塞式蓄能器已经成为设计师们的共识，随着技术的不断发展和进步，活塞式蓄能器也将依靠它独特的功能应用于更多的液压系统中。

参考文献

[1] 张福明,钱世崇,张建,毛庆武. 苏维首钢京唐 $5500m^3$ 高炉采用的新技术[J].钢铁，2011,2:46.

[2] 古振云，李生斌. 带储气瓶的活塞式蓄能器的应用[J].重型机械，2001,2.6.

[3] 刘浩，邢伟明，毕研磊. 施耐德 PLC 在高炉炉顶系统中的应用[J].工业控制计算机，2012,3:96.

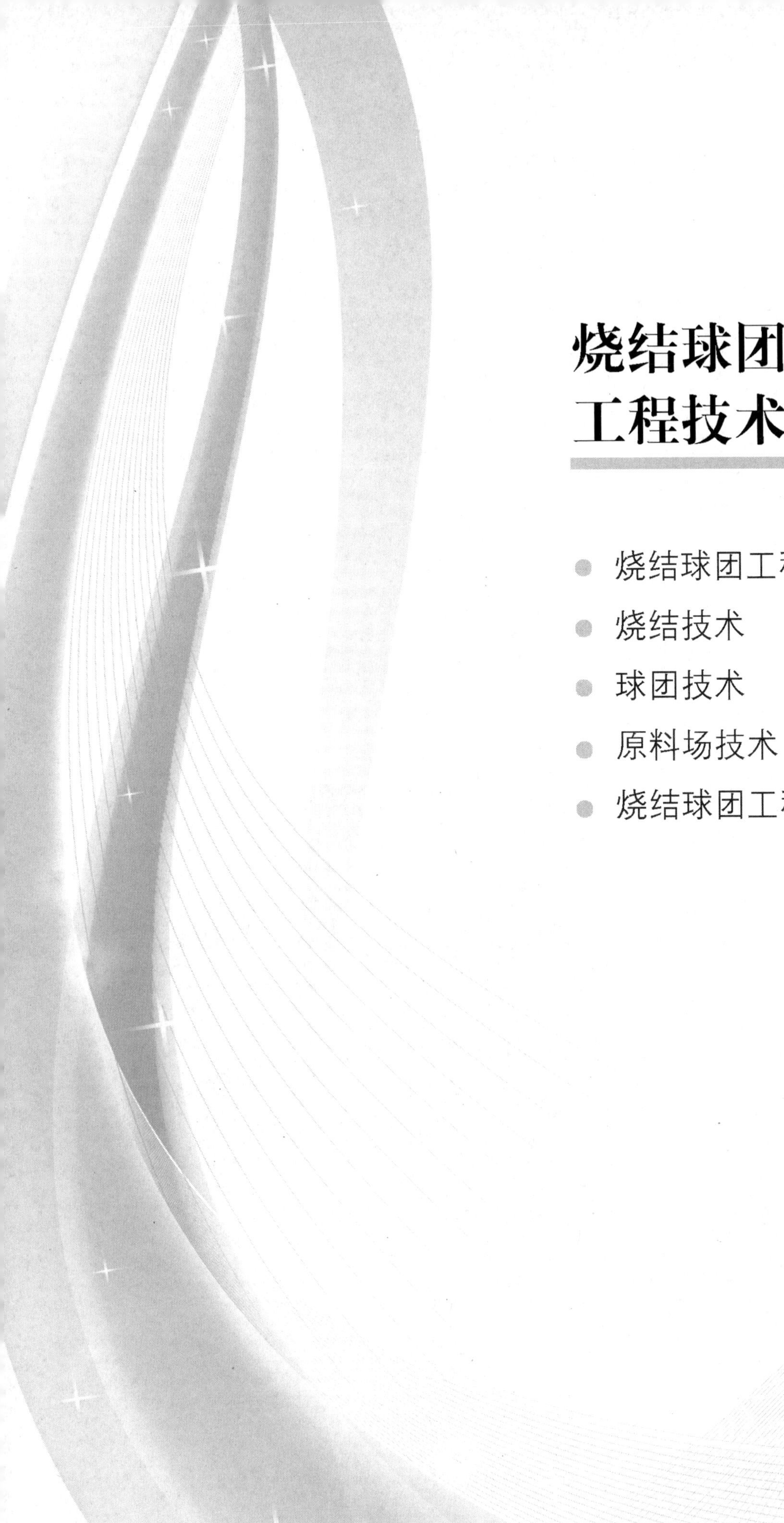

烧结球团工程技术

- 烧结球团工程技术综述
- 烧结技术
- 球团技术
- 原料场技术
- 烧结球团工程其他技术

➤ 烧结球团工程技术综述

首钢国际工程公司烧结专业技术历史回顾、现状与展望

李长兴

(北京首钢国际工程技术有限公司，北京 100043)

摘　要：本文系统分析了首钢国际工程公司烧结专业技术的历史发展和现状，重点介绍了烧结专业 40 年来获得的专利、专有技术、科技成果、工程业绩等，并提出了烧结专业技术未来的发展方向。

关键词：烧结专业；技术；回顾与展望

1　引言

近四十年来，随着我国钢铁工业和首钢的发展，首钢国际工程公司烧结专业历经几代人艰辛努力与奋力拼搏，走过了初创、成长到成熟的发展历程，其工程业绩令行业瞩目，为我国烧结事业的发展做出了重大贡献。公司烧结专业现有设计人员 50 余人，其中教授级高工 6 人，高级工程师 17 人，工程师 18 人。公司烧结专业拥有从 90 m^2 至 600 m^2 烧结机的技术研发、设计建设和设备成套能力，设计了中国最先进的首钢京唐 550 m^2 烧结机工程，先后为国内外 19 家用户提供了 40 多台烧结机工程设计。多年来总结和吸取生产经验及技术成果，不断进行技术开发和技术创新，培养了一批技术专家，形成了烧结工程的核心技术，目前已取得国家和省部级以上各类奖项 30 多项，拥有 27 项国家专利和 16 项专有技术，有多个项目创中国企业新纪录。

2　烧结技术的发展历程

首钢国际工程公司始创于 1973 年，是由首钢设计院改制成立的国际型工程公司。建院伊始，烧结专业就一直担负着首钢集团内部烧结机改造和设计的任务，1999 年首钢设计院成立烧结设计室，负责烧结、球团和原料场的工艺和设备设计。

在 20 世纪 80 年代之前，首钢烧结厂拥有 5 台 62.5 m^2 和 2 台 75 m^2 的带式烧结机，都是沿用 50 年代水平的热矿烧结工艺，由于其技术落后、污染严重，自 1978 年到 1983 年的五年内，首钢陆续对所有烧结机进行了全面的技术改造，并由首钢设计院自行设计。改造后的一烧车间有 4 台 90m^2 烧结机，二烧车间有 4 台 75m^2 烧结机。改造中采用了机冷工艺，开发应用了自动配料、预热混合料、厚料层烧结和增设铺底整粒系统等工艺技术，自行设计了新型点火器、烧结机柔性传动、新型 3 m 台车、浮动烧结机骨架、新型冷矿振动筛等 20 多项新技术，首次引进了美国贝利公司的网络 90 控制系统，这些新工艺和新技术的采用，使首钢的烧结技术达到国内领先水平。

1991 年，首钢设计院设计了首钢矿业公司烧结厂，该工程建设了 6 台烧结面积 99m^2 的烧结机，采用机冷工艺，设计年产量为 611.5 万吨。该工程在国内首家采用了烧结机变频调速技术和小球烧结技术，全面提升了烧结生产效率和产品质量。

1996 年首钢设计院分立为首钢集团全资子公司，并全面进入市场转型期。烧结专业 1999 年从冶炼设计部独立建制成立烧结设计室。因为同期首钢外部市场普遍采用机外冷却烧结工艺，烧结专业开始了研发机外冷却烧结工艺的创新发展之路。

2001 年首钢设计院以先进的烧结技术和合理的投资，成功中标江西新余钢铁厂 115 m^2 烧结机的总承包，设计了首钢设计院第一台机外冷却烧结机，同时该项目也开创了首钢设计院工程总承包的先河。

3　烧结技术的创新与提升

从 2003 年开始，随着我国钢铁业迅猛发展和首钢实施战略结构调整，首钢设计院在首钢内部和社会市场的任务量很大，烧结专业几年内完成了一大批烧结项目的设计和工程总承包任务，实现了跨越式发展，步入快速成长期。

2003 年首钢总公司开始建设首秦工程，该工程产品规模为 200 万吨钢，其中配套 2×150m^2 烧结工

程是首钢第一次采用机外冷却烧结技术。该工程自主创新了集原燃料倒运、储存、配送为一体的整体式全封闭联合料仓技术，采用了"集约型烧结工艺系统"，有效降低能耗，减少污染并大幅降低建设和生产成本。本工程获得了2006年冶金科技进步一等奖和冶金建设协会优秀设计一等奖。

2005年，首钢国际以总承包的方式承建了承钢360 m^{2}烧结机项目，该项目于2006年12月建成投产。这是首钢国际在承钢实施的第三个烧结机总包项目，也是我公司实施的第一个300 m^{2}以上的大型烧结机项目，标志着首钢国际大型烧结技术的根本性提升。时至今日，承钢新建与改建的6台烧结机全部由首钢国际完成。

2005年，首钢总公司开始建设举世瞩目的千万吨级首钢京唐钢铁厂，烧结专业凭借发展过程中形成的丰厚技术沉淀，在其烧结工程的竞争激烈的设计投标中一举中标，承担了烧结工程的设计任务。该工程新建2台550m^{2}烧结机，首钢国际研究开发了850mm超厚料层烧结、环冷机废气循环余热利用、烧结智能闭环操作控制系统、烟气净化脱硫系统等17项先进技术，自主设计了国内当前规模最大的550m^{2}烧结机和580m^{2}环冷机，创造了国内烧结机大型化的新纪录，也为我国烧结行业推进自主创新和科技进步起到示范作用，该项目获得冶金科学技术一等奖、北京市科技进步二等奖和冶金行业优秀设计一等奖等诸多奖项。

与此同时，凭借雄厚的技术实力，首钢国际还相继完成了印度布山177m^{2}烧结机、德胜260m^{2}烧结机、昆钢300m^{2}烧结机、迁钢360 m^{2}烧结机、宣钢360m^{2}烧结机、通钢360m^{2}烧结机等20余台大、中型烧结机的设计和总承包工程，成果丰硕。

目前，首钢国际已经建立起了一整套自主创新的烧结专有技术，目前已经具备了承做600m^{2}以上特大型烧结的技术实力。烧结技术已成为首钢国际的主要核心技术之一，在烧结领域取得的成绩，使首钢国际赢得了业主的信任。首钢国际在烧结技术创新发展的道路上将不断迈上更高的台阶，必将为我国钢铁工业的发展做出更大的贡献。

4 烧结专业技术获得的主要科技成果

自2003年至今的十年，是首钢国际烧结专业快速创新发展的十年，也是硕果累累的十年。据统计，首钢国际烧结专业目前拥有国家专利37项，专有技术17项，获得省部级以上各种奖励43项。

4.1 国家专利（见表1）

表1 首钢国际烧结专业申请和授权的专利

序号	项 目 名 称	专利号	专利类型
1	双质体共振筛	93216278.9	实用新型
2	烧结机柔性传动装置	94217122.9	实用新型
3	烧结机机冷余热回收装置	98249046.1	实用新型
4	在线吹扫式旋流脱水器	99255282.6	实用新型
5	脱水器自动排污式水封	00265985.9	实用新型
6	加热炉空气预热装置	01270261.7	实用新型
7	链箅机可调式铲料板装置	02294065.0	实用新型
8	链箅机可调式铲料板装置	02158573.3	发　明
9	链箅机挠性轴箅床	02158571.7	发　明
10	链箅机挠性轴箅床	02294064.2	实用新型
11	链箅机	02158572.5	发　明
12	链箅机头的保护装置	02294063.4	实用新型
13	环式鼓风冷却机的密封装置	200620158322.X	实用新型
14	布料胶带机	200620158323.4	实用新型
15	烧结环冷机余热利用工艺	200810057018.X	发　明
16	一种烧结环冷机台车栏板加宽的方法	200910083477.X	发　明
17	一种烧结箅条	200920107658.7	实用新型
18	一种烧结台车栏板	200920107657.2	实用新型
19	一种烧结台车隔热件	200920108504.X	实用新型
20	烧结环冷机上罩侧板浮动式密封装置	200920172955.X	实用新型

续表 1

序号	项 目 名 称	专利号	专利类型
21	一种多段连续对撞式脱硫塔	200920277773.9	实用新型
22	烧结余热发电烟气温度调节装置	201020180047.8	实用新型
23	一种带式机风箱端部及隔断密封装置	201120092931.0	实用新型
24	烧结冷却机废气罩子与台车之间的密封装置	201120216434.7	实用新型
25	一种转炉干法除尘灰冷固球团生产工艺	201110258059.7	发　明
26	烧结台车栏板密封装置	201120414083.0	实用新型
27	一种分层连续粉矿干燥炉	201120414127.X	实用新型
28	烧结台车弹性密封装置	201220035358.4	实用新型
29	球团原料开路湿式混磨工艺	201210097619.X	发　明
30	稳流给料斗	201220138489.5	实用新型
31	多功能三通分料器	201220138512.0	实用新型
32	一种烧结台车栏板落棒密封装置	201220139180.8	实用新型
33	一种球团焙烧机台车箅条	201220200351.3	实用新型
34	一种球团焙烧机炉罩与台车间的密封装置	201220278681.4	实用新型
35	一种高炉矿渣超细磨及储存方法	201210307138.7	发　明
36	高炉渣余热发电装置及发电方法	201210307176.2	发　明
37	一种烧结台车的加宽结构	201220601698.9	实用新型

4.2　专有技术

（1）机冷烧结机余热回收装置；

（2）在线吹扫旋流式脱水器；

（3）新型竖炉；

（4）链箅机-回转窑球团技术；

（5）链箅机-回转窑球团生产线焦炉煤气、煤粉单喷混喷工艺及设备技术；

（6）球团厂、烧结厂除尘灰浓相气力输送工艺；

（7）球团环冷机三冷段余热利用工艺；

（8）除尘灰泥造粒回用烧结工艺；

（9）高锌、高钾钠盐灰脱锌、脱钾钠工艺；

（10）环式鼓风冷却机下部密封技术；

（11）链箅机机头保护装置；

（12）链箅机挠性箅床技术；

（13）回转窑托圈可换垫铁技术；

（14）球团环冷机-单环管式风箱；

（15）烧结环冷机-大型摩擦轮传动系统；

（16）烧结环冷机台车栏板展宽技术；

（17）管式结构固定筛。

4.3　各类奖项（见表 2）

表 2　首钢国际烧结专业近年来获奖项目一览表

序号	获奖年度	项 目 名 称	获奖类别及等级
1	1998	首钢机冷烧结机废气余热利用	北京市科技进步二等奖
2	2000	首钢烧结厂机冷烧结机废气余热利用	北京市第八次优秀设计二等奖
3	2001	首钢矿业公司球团厂截窑改造工程	冶金行业首次优秀工程咨询三等奖
4	2001	烧结机机冷余热回收装置	中国专利优秀奖
5	2001	机冷烧结机余热回收装置	第六批中国企业新纪录
6	2001	钢渣综合利用生产线	第六批中国企业记录
7	2003	首钢矿业公司球团厂截窑改造工程设计	冶金第十一次部级优秀设计二等奖
8	2003	链箅机-回转窑-环冷机法生产球团矿新工艺	冶金科学技术一等奖
9	2003	链箅机-回转窑-环冷机法生产球团矿新工艺	北京市科学技术进步二等奖
10	2003	链箅机-回转窑-环冷机系统生产球团矿新工艺	第八批中国企业记录（10 月）
11	2004	承德新新钒钛股份有限公司烧结厂改造	冶金行业 2004 年度优秀工程总承包奖
12	2004	承德钢铁股份公司烧结厂扩建项目可研报告	北京市优秀工程咨询三等奖
13	2004	承德新新钒钛股份有限公司烧结厂改造	全国工程总承包铜钥匙奖
14	2005	首秦金属材料有限公司联合钢厂工程设计	冶金第十二次部级优秀设计一等奖
15	2005	承德新新钒钛股份有限公司 4 号烧结机工程设计	冶金第十二次部级优秀设计三等奖

续表 2

序号	获奖年度	项 目 名 称	获奖类别及等级
16	2006	首秦现代化钢铁厂新技术集成与自主创新	冶金科技进步二等奖
17	2006	首秦现代化钢铁厂新技术集成与自主创新	北京科技进步二等奖
18	2007	首秦金属材料有限公司联合钢厂工程设计	全国优秀设计铜奖
19	2007	首秦金属材料有限公司联合钢厂工程（二期）设计	冶金行业部级优秀工程设计一等奖
20	2007	承德信通首承矿业有限责任公司球团工程设计	冶金行业部级优秀工程设计一等奖
21	2008	秦皇岛首秦金属材料有限公司可行性研究报告	北京市优秀工程咨询成果一等奖
22	2008	秦皇岛首秦金属材料有限公司可行性研究报告	全国优秀工程咨询成果三等奖
23	2009	昆钢 120 万吨球团工程设计	冶金行业全国优秀工程设计三等奖
24	2009	首钢京唐 500m^2 烧结机配套大型化	第十四批中国企业新纪录（9 月）
25	2010	首钢京唐 1 号 500m^2 烧结机工程设计	冶金行业全国优秀工程设计一等奖
26	2010	吉林天池矿业有限公司 120 万吨/年球团工程设计	冶金行业全国优秀工程设计三等奖
27	2010	首秦龙汇矿业有限公司 200 万吨/年氧化球团工程	冶金行业全国优秀工程总承包一等奖
28	2011	2×500m^2 烧结厂工艺及设备创新设计与应用	冶金科技进步一等奖
29	2011	首钢京唐钢铁厂工程技术创新	北京科技进步一等奖
30	2011	2×500m^2 烧结厂工艺及设备创新设计与应用	北京科技进步二等奖
31	2011	唐钢青龙 200 万吨/年氧化球团工程设计	冶金行业全国优秀工程设计一等奖
32	2011	首钢迁钢 360m^2 烧结机工程设计	冶金行业全国优秀工程设计二等奖
33	2011	首钢京唐钢铁联合有限责任公司一期原料及冶炼（烧结、焦化、炼铁、炼钢）工程	国家优质工程金质奖
34	2011	唐钢青龙 200 万吨/年氧化球团工程	国家优质工程银质奖
35	2012	四川德胜 240 m^2 烧结工程	冶金行业全国优秀工程总承包一等奖
36	2012	宣钢 360m^2 烧结机工程	冶金行业全国优秀工程总承包二等奖
37	2012	昆钢 120 万吨/年氧化球团工程	冶金行业全国优秀工程总承包二等奖
38	2012	承钢 2、3 号 360m^2 烧结机工程	冶金行业全国优秀工程总承包二等奖
39	2012	宣钢公司 100 万吨球团工程	冶金行业全国优秀工程总承包三等奖
40	2012	昆钢 300 m^2 烧结机工程	冶金行业全国优秀工程总承包三等奖
41	2012	首钢京唐 400 万吨带式焙烧机球团工程设计	冶金行业全国优秀工程设计一等奖
42	2012	首钢京唐 2 号 500m^2 烧结机工程设计	冶金行业全国优秀工程设计一等奖
43	2012	宣钢 2 号 360 m^2 烧结机工程设计	冶金行业全国优秀工程设计二等奖

5 烧结专业技术未来发展方向

创新发展无止境，首钢国际在烧结技术创新发展的道路上将永不停步。根据《钢铁工业“十二五”发展规划》及市场情况，烧结专业制订了专业发展规划，明确了今后的发展方向。

5.1 主要研究内容

5.1.1 烧结工艺及设备技术

开展烧结机、环冷机密封结构设计研究，采用新技术、新材料、新结构对漏风进行治理，降低漏风率，使烧结机漏风率控制在 20%以下，环冷机漏风率控制在 10%以下，以降低烧结系统电耗，达到国际先进水平。

通过工业试验，研究并掌握热烧结矿分层布料技术，在工程中实施。结合工程设计，应用计算机三维辅助设计，力争五年内初步完成烧结设备主机设备非标设计系列化工作。

通过自主创新，研究开发大型烧结机闭环控制智能专家系统，实现烧结生产的优质、稳产、低成本目标，达到国际先进水平。

开展影响烧结矿质量因素的研究，在保证烧结矿质量条件下，降低烧结矿中 SiO_2 含量至 4.2%左右，烧结矿品位 58%左右；研究高碱度烧结矿，碱度范围在 1.9～2.3 之间，在不降低烧结矿 RDI 基础上，研究烧结矿中合理的 MgO 含量，达到国际先进水平。

5.1.2 烧结烟气脱硫技术

研发烧结烟气脱硫核心技术和设备——新型脱硫塔，对烧结烟气进行多段连续对撞式脱硫，使烟气形成高度湍动，在颗粒浓度高的反应区完成介质的传热、传质效应，提高 SO_2 的吸收率。结合市场需求，逐步开展工程化设计，形成拥有自主知识产权的烧结烟气脱硫核心技术，达到国内先进水平。

5.1.3 烧结余热回收利用技术

研究开发采用烟气循环余热利用系统，将烧结环冷机排出的烟气进入余热锅炉回收热量，排出约 150℃烟气作为循环风冷却烧结料。结合市场需求，开展工程化设计，形成拥有自主知识产权的烧结烟气余热发电综合技术，达到国内先进水平。

5.2 主要发展目标

（1）经过 40 年，尤其是最近 10 年来的艰苦努力和辛勤耕耘，首钢国际工程公司烧结专业在科技创新和技术进步方面取得一定进展，但我们清醒地知道，与国内外同行业的先进工程公司相比，我们还有很大差距。我们将继续努力奋斗，持续推进烧结专业的科技创新和技术进步，努力将技术成果尽快应用于工程设计中，实现工程设计中的不断求实创新，不断推动烧结生产技术和装备的进步，力争烧结专业技术整体水平达到国内领先水平。

（2）为员工创造更多学习和锻炼的机会，有针对性加强对员工在专业技术和综合能力的培养，打造专业人才队伍，为专业的持续发展积蓄力量，达到国际型工程公司的目标要求。

首钢国际工程公司球团专业技术历史回顾、现状与展望

李长兴　王纪英

（北京首钢国际工程技术有限公司，北京 100043）

摘　要：本文系统分析了首钢国际工程公司球团专业技术的历史发展和现状，重点介绍了球团专业 30 多年来获得的专利、专有技术、科技成果、工程业绩等，并提出了球团专业技术未来的发展方向。

关键词：球团专业；技术；回顾与展望

1　引言

近三十年来，随着我国钢铁工业和首钢的发展，首钢国际工程公司球团专业历经几代人艰辛努力与奋力拼搏，走过了初创、成长到成熟的发展历程，其工程业绩令行业瞩目，成为我国球团行业的先锋。公司烧结球团专业现有设计人员 50 余人，其中教授级高工 6 人，高级工程师 17 人，工程师 18 人。公司球团专业拥有从年产 60 万吨到 400 万吨规模的技术研发、设计建设和设备成套能力，设计了中国最先进的首钢京唐 400 万吨带式焙烧机工程，先后为国内外 30 多家用户提供球团工程的设计。多年来总结和吸取生产经验及技术成果，不断进行技术开发和技术创新，培养了一批技术专家，形成了球团工程的核心技术，目前已取得国家和省部级以上各类奖项 30 多项，拥有 27 项国家专利和 16 项专有技术。

2　球团技术的发展历程

20 世纪 70 年代末首钢总公司有关部门就委托美国艾利斯-查默斯公司为首钢水厂铁矿作了选矿及球团的试验，并提出了试验报告和工艺设计方案；对建设年产 400 万吨链箅机-回转窑球团生产线的可行性进行了研究。

20 世纪 80 年代初，总公司又组织有关部门对金属化球团的生产进行了工厂试验和研究工作。1984~1985 年我公司的前身首钢设计总院组织全院烧结、炼铁、机运及相关专业开展了金属化球团生产线施工图设计，1986 年 6 月在首钢迁安建设一条年产 30 万吨的煤基直接还原金属化球团生产线（由于一些客观原因，该生产线进行了简单的改造，1989 年 3 月改为生产氧化球团矿）。

1993 年，在首钢收购秘鲁铁矿后，开始对带式焙烧机生产工艺进行研究，随后对秘鲁铁矿 3 号带式焙烧机项目进行可行性研究。

1994 年设计，在首钢密云铁矿建设一条 $8m^2$ 竖炉球团生产线；随后又完成了密云铁矿 2 号 $8m^2$ 竖炉的设计，后因当地环保原因，没有建设。首钢球团厂一系列 1989 年转产氧化球团后，对这条生产线的工艺设备进行了不少技术改造，使产量和技术经济指标都有提高。但是，由于生产工艺设备与产品不配套，氧化球团生产存在一些问题：能耗高、球团抗压强度低、FeO 含量偏高，主机设备作业率低、成本偏高，使球团的生产缺乏市场竞争力。1994~1999 年总公司组织有关部门、首钢矿业公司、首钢球团厂和首钢设计院球团专业技术人员进行了多次研究，提出了多个技术改造方案，并进行比较、试验和调研。1995 年，在研究和确定球团一系列截窑改造技术方案的同时，开始研究并自主开发链箅机—回转窑球团新工艺。

1996 年，与北京科技大学联合完成链箅机—回转窑球团工艺参数试验研究报告；随后又进行了方案研究和现场调研。1999 年 9 月完成了球团一系列截窑改造工程初步设计，随即在 2000 年完成施工图的设计。

经过 5 个月的施工（停产 3 个月）。2000 年 10 月，我国第一条链箅机—回转窑氧化球团矿生产线建成投产（设计年产球团矿 100 万吨，实际年产超过 120 万吨）。这条球团生产线的设计、建成投产对我国以煤为燃料的链箅机—回转窑生产氧化球团矿工艺的发展有着重要意义，在国内球团事业的发展史上具有里程碑的意义，也是我国球团生产线大型化的开始。1999 年我国年产球团矿 1200 万吨，到 2011 年我国年产球团矿能力已经超过 16000 万吨。

这期间全国建成年产球团矿 60 万吨以上的链箅机—回转窑氧化球团矿生产线 90 余条。

2003 年 4 月，我国第二条链箅机—回转窑氧化球团矿生产线建成投产（年产 200 万吨，按熔剂性球团设计，这在国内球团生产也是首创）。

2003 年 10 月，链箅机—回转窑球团新工艺获得我国冶金科学技术一等奖。2007 年 9 月该项目又获得冶金行业优秀工程设计一等奖。

3　球团技术的创新与提升

随着我国钢铁业迅猛发展，国内外诸多钢铁厂、矿业公司根据自身的发展需要和追求更大的利益，开始大规模建设球团厂，我公司球团专业也随之快速发展起来。

2002 年我公司球团专业开始走向国内市场。我们与国内相关设计单位既有合作又有竞争。

2003~2004 年，我们与中冶北方合作进行了鞍钢弓长岭年产 240 万吨球团工程和柳钢 240 万吨球团工程设计；同时还为山东莱钢 3 条年产 60 万吨的球团生产线的建设提供了设计咨询服务。

2004~2006 年我们设计了首承信通年产 200 万吨球团工程，并总承包了新余年产 120 万吨球团工程。

2007~2008 年设计建设了印度 BMM 和 AISCO 两条年产 120 万吨全赤铁矿球团生产线。这两条生产线的成功投产，标志着我公司球团专业在国内开创了全赤铁矿球团工艺技术，同时打开了国外市场。

2008 年，首钢国际工程公司与德国 OUTOTEC 公司合作，在首钢京唐球团工程的设计中采用了大型带式焙烧机球团技术。2010 年 5 月工程投产以后工序能耗低、球团矿指标达到国际先进水平，诸多业内人士到京唐考察学习，为国内推广“带式焙烧机球团技术”起到了重要作用。

目前我公司以 EPS 的形式承接的巴西 136 万吨球团工程正在施工过程中，2012 年底投产，产品为熔剂性赤铁矿球团，其投产后将会为我专业积累宝贵的球团设计和生产经验。

目前，首钢国际已经建立起了一整套自主创新的球团专有技术，在球团生产线工艺配置、热工计算、热工测试和热平衡分析，余热利用、除尘工艺等方面具有独到工艺和创新，并配有自己独立的球团试验研究中心。球团技术已成为首钢国际的主要核心技术之一，在球团领域取得的成绩，使首钢国际赢得了业主的信任。首钢国际在球团技术创新发展的道路上将不断迈上更高的台阶，必将为我国钢铁工业的发展做出更大的贡献。

4　烧结专业技术获得的主要科技成果

自 2000 年至今的十年，是首钢国际球团专业快速创新发展的十年，也是硕果累累的十年。据统计，首钢国际球团专业目前拥有国家专利 11 项，专有技术 10 项，获得省部级以上各种奖励 15 项。

4.1　国家专利（见表 1）

表 1　首钢国际球团专业申请和授权的专利

序号	项目名称	专利号	专利类型
1	链箅机可调式铲料板装置	02294065.0	实用新型
2	链箅机可调式铲料板装置	02158573.3	发　明
3	链箅机挠性轴箅床	02158571.7	发　明
4	链箅机挠性轴箅床	02294064.2	实用新型
5	链箅机	02158572.5	发　明
6	链箅机头的保护装置	02294063.4	实用新型
7	一种转炉干法除尘灰冷固球团生产工艺	201110258059.7	发　明
8	一种分层连续粉矿干燥炉	201120414127.X	实用新型
9	球团原料开路湿式混磨工艺	201210097619.X	发　明
10	一种球团焙烧机台车箅条	201220200351.3	实用新型
11	一种球团焙烧机炉罩与台车间的密封装置	201220278681.4	实用新型

4.2　专有技术

（1）新型竖炉；

（2）链箅机—回转窑球团技术；

（3）链箅机—回转窑球团生产线焦炉煤气、煤粉单喷混喷工艺及设备技术；

（4）球团厂、烧结厂除尘灰浓相气力输送工艺；

（5）球团环冷机三冷段余热利用工艺；

（6）链箅机机头保护装置；
（7）链箅机挠性箅床技术；
（8）回转窑托圈可换垫铁技术；
（9）球团环冷机—单环管式风箱；
（10）管式结构固定筛。

4.3 各类奖项(见表 2)

表 2 首钢国际球团专业近年来获奖项目一览表

序号	获奖年度	项 目 名 称	获奖类别及等级
1	2001	首钢矿业公司球团厂截窑改造工程	冶金行业首次优秀工程咨询三等奖
2	2003	首钢矿业公司球团厂截窑改造工程设计	冶金第十一次部级优秀设计二等奖
3	2003	链箅机—回转窑—环冷机法生产球团矿新工艺	冶金科学技术一等奖
4	2003	链箅机—回转窑—环冷机法生产球团矿新工艺	北京市科学技术进步二等奖
5	2003	链箅机—回转窑—环冷机系统生产球团矿新工艺	第八批中国企业记录（10 月）
6	2007	承德信通首承矿业有限责任公司球团工程设计	冶金行业部级优秀工程设计一等奖
7	2009	昆钢 120 万吨球团工程设计	冶金行业全国优秀工程设计三等奖
8	2010	吉林天池矿业有限公司 120 万吨/年球团工程设计	冶金行业全国优秀工程设计三等奖
9	2010	首秦龙汇矿业有限公司 200 万吨/年氧化球团工程	冶金行业全国优秀工程总承包一等奖
10	2011	唐钢青龙 200 万吨/年氧化球团工程设计	冶金行业全国优秀工程设计一等奖
11	2011	首钢迁钢 360m^2 烧结机工程设计	冶金行业全国优秀工程设计二等奖
12	2011	唐钢青龙 200 万吨/年氧化球团工程	国家优质工程银质奖
13	2012	昆钢 120 万吨/年氧化球团工程	冶金行业全国优秀工程总承包二等奖
14	2012	宣钢公司 100 万吨球团工程	冶金行业全国优秀工程总承包三等奖
15	2012	首钢京唐 400 万吨带式焙烧机球团工程设计	冶金行业全国优秀工程设计一等奖

5 球团专业技术未来发展方向

创新发展无止境，首钢国际在烧结技术创新发展的道路上将永不停步。根据《钢铁工业“十二五”发展规划》及市场情况，烧结专业制订了专业发展规划，明确了今后的发展方向。

5.1 主要研究内容

5.1.1 球团工艺及设备技术

继续开展全赤铁矿球团、碱性球团工艺技术和设备的设计与研究，采用新技术、新材料、新结构，确定合理的热工制度进行高温预热和高温焙烧，有效降低能耗，达到国际先进水平。

5.1.2 加强带式焙烧机技术研究

带式焙烧机生产工艺对原料的适应性强，具有很大的技术优势，国外大型球团生产线按照产量计算有 55%是采用带式焙烧机生产工艺。国内由于工艺技术和关键设备制造原因，带式焙烧机生产工艺发展十分缓慢，在带式焙烧机工艺和设备设计方面还没有成熟可靠的技术经验。采用带式焙烧机工艺生产红矿球团有相当优势，应加强大型焙烧机生产工艺热工参数和焙烧制度等相关技术的研究，掌握带式焙烧机球团生产工艺的关键技术，做好焙烧机设备国产化设计和制造转化的研究。

5.1.3 球团烟气脱硫技术

研发球团烟气脱硫核心技术和设备，结合市场需求，逐步开展工程化设计，形成拥有自主知识产权的烧结烟气脱硫核心技术，达到国内先进水平。

5.1.4 加强球团成套非标设备设计，形成专有技术产品

结合工程项目进行球团成套非标设备大型化的设计，同时研究一些球团生产线配套设备的设计，以及部分进口设备国产化转化设计，可以形成自主的核心技术。

5.1.5 球团原料磨矿流程及配套的干燥设施的设计研究

球团原料的磨矿在球团生产过程中是一个重要的工序，合理的成熟的原料磨矿流程是球团矿生产的必要条件。目前球团生产原料的磨矿多采用湿磨、

干磨、润磨和高压辊压几种流程，国外有一些成熟的流程，但国内在这方面的经验很少。按照国内的原料条件，应该研究合理的原料磨矿流程、工艺布置、合适的磨矿设备、浓缩过滤设备及配套的干燥设施、热风炉和除尘设施等。

5.2 主要发展目标

（1）经过 30 年，尤其是最近 10 年来的艰苦努力和辛勤耕耘，首钢国际工程公司球团专业在科技创新和技术进步方面取得一定进展，但我们清醒地知道，与国外同行业的先进工程公司相比，我们还有很大差距。我们将继续努力奋斗，持续推进科技创新和技术进步，努力将技术成果尽快应用于工程设计中，实现工程设计中的不断求实创新，不断推动球团生产技术和装备的进步，力争球团专业技术整体水平达到国内领先水平。

（2）根据公司发展的需要，培养球团专业安装和专业生产服务方面的专业人才，打造球团行业的专业品牌，保持球团专业的持续稳定发展，达到国际型工程公司的目标要求。

当代大型烧结的技术进步

王代军

（北京首钢国际工程技术有限公司，北京 100043）

摘　要：大型烧结机作为国内外烧结技术的主流发展方向，大型烧结机具有烧结矿质量好、能耗低、劳动生产率和自动化水平高诸多优势，为顺应烧结技术发展，新世纪国内钢企掀起新建大型烧结机热潮。同时，伴随优质铁矿资源的减少，在铁矿粉烧结理论方面取得显著进步；新建大型烧结机，以先进理念为指导，研发应用满足大型烧结机的综合操作技术，实现烧结工艺流程集约化，生产运行稳定，取得先进的技术指标。加强烧结生产节能减排、减少污染，实现综合技术经济指标和技术水平的整体提升。

关键词：大型烧结机；铁矿粉；烧结技术；栏板加宽技术；节能减排

1　引言

进入新世纪以来，随着钢铁工业的迅速发展，我国铁矿烧结取得前所未有的进步。这期间建成投产的大型烧结机都采用现代化的工艺和除尘设备，工艺完善，而且高度自动化；均都设置较为完善的过程检测和控制项目，并采用计算机控制系统对全厂生产过程自动进行操作、监视、控制及生产管理。无论是在烧结矿产量、质量，还是在烧结工艺和技术装备方面都取得了长足的进步，节能减排也有新的起色。这些成就的取得以烧结技术进步为支撑。尤其近些年，我国在开拓创新工艺、新设备、新技术方面相当活跃，烧结机明显向大型化、节能化、环保化方向发展，大型烧结机数量急剧增加，能耗指标大幅度降低，环境指标明显改善。同时，在烧结理论和技术方面也取得一些进步。

2　大型烧结发展现状

1985 年我国宝钢投产的 1 号烧结机，全套从日本引进，采用当时世界上较为成熟的烧结技术及装备，烧结面积为 450m^2。宝钢对烧结技术进行消化吸收后，于 1989 年 11 月迈出重大创新步伐：将 1 号烧结机台车挡板高度从原设计的 500mm 提高到 620mm，同时提升点火保温炉，并对相应的烧结机本体设备作了改动，使烧结矿的产量显著提高。同时，料层的增厚起到节约能源的作用，烧结矿的重要质量指标——强度提高 3%以上，凸显出大型烧结机的诸多优势，使得宝钢 2 号、3 号烧结机的工艺定位更加清晰。在 2003~2005 年宝钢 3 台烧结机的烧结面积相继扩容至 495m^2。鉴于大型烧结机的优越性，进入新世纪，国内掀起新建大型烧结机热潮，武钢四烧新建 3 台 435m^2 烧结机；2005 年首钢总公司部署实施首钢搬迁转移的战略发展规划——在河北省曹妃甸港口建设一期年产 970 万吨钢的首钢京唐联合钢铁厂，建设 2×550m^2 大型烧结机工程，1 号、2 号烧结机分别于 2009 年 5 月和 2009 年 12 月建成投产；还有太钢、邯钢、安钢、宁波钢铁、天铁、中天钢铁等企业。2000~2011 年的 12 年间，国内相继新建一批烧结面积≥400m^2 的大型烧结机，截至目前已投产的大型烧结机中，有 16 台 400~660m^2 大型烧结机，面积达 7620m^2，平均单机面积 476m^2；安钢 500m^2 烧结机工程建设已近尾声，国内大型烧结机将再添一员。欧洲、日本建设大型烧结机起于 20 世纪 70 年代，随着亚洲钢铁工艺崛起，中国和韩国于新世纪相继建成一批大型烧结机。对国内外典型烧结机技术参数列于表 1。

表 1　国内外典型烧结机
Table 1　The typical sinters of domestic and foreign

企业简称	台数	单台面积/m^2	总面积/m^2	利用系数/t·m^{-2}·h^{-1}	最早投产时间
宝钢	3	495	1485	1.36	1985
武钢	3	435	1305	1.39	2004
太钢	1	450	450	1.35	2006

续表 1

企业简称	台数	单台面积/m^2	总面积/m^2	利用系数/$t\cdot m^{-2}\cdot h^{-1}$	最早投产时间
首钢京唐	2	550	1100	1.49	2009
太钢	1	660	660	1.35	2011
法国敦刻尔克 3 号	1	400	400	1.42	1971
日本大分 2 号	1	600	600	1.46	1976
日本鹿岛 3 号	1	600	600	1.40	1977
韩国唐津	2	500	1000	1.32	2010

3 烧结理论与技术进步

3.1 低温烧结

低温烧结工艺的理论基础是“铁酸钙理论”[1]。对于赤铁矿粉烧结，理想的烧结矿物组成和结构为：40%左右的未参与反应的赤铁矿，被约 40%针状复合铁酸钙(SFCA)黏结相以熔蚀形态交织而成的非均相结构。这种针状复合铁酸钙在较低温度(＜1300℃)下形成，温度过高将分解。低温烧结是相对于传统高温烧结而提出来的概念，目的是在 1250~1300℃下形成强度、还原性均优良的针状复合铁酸钙黏结相。传统的烧结法，主要依靠提升烧结温度，产生大量熔体，使烧结料固结成矿。低温烧结则是严格控制烧结温度，使物料部分发生熔化，且形成优质的复合铁酸钙黏结相，完成烧结矿固结[2]。在低温烧结工艺下生产的烧结矿，其冷强度、低温还原粉化特性、还原特性以及软熔特性等指标均明显优于高温工艺获得的烧结矿。不同烧结过程热制度下生产的烧结矿，其主要特性的定性比较如表 2 所示。

以 SFCA 为代表的烧结矿相是当代烧结技术的重点研究内容，对高炉冶炼过程具有积极意义。如：软化温度高，使软熔带下移，对降低软熔带位置有利，有利于发展间接还原，提高煤气利用率，降低燃料消耗；软化压差低，有利于降低料柱压差，改善高炉透气性。同时低温烧结技术还能够降低烧结能耗，而且能够提高烧结矿质量指标，已在国内烧结厂得到普遍推广。

表 2 烧结矿特性比较

Table 2 Sintering characteristic properties of different iron ores

项 目	参 数	高温烧结矿(＞1300℃)	低温烧结矿(＜1300℃)
矿相特点	原生赤铁矿	低	高
	次生赤铁矿	高	低
	SFCA	低	高
	玻璃质	高	低
	磁铁矿	高	低
冶金特性	冷强度	低	高
	还原粉化率	高	低
	还原度	低	高
	软化开始温度	低	高
	软熔区域压差	高	低

3.2 厚料层烧结

厚料层烧结工艺的理论基础是“烧结料层自动蓄热原理”，其为烧结过程的“节能减排”提供了可能，也为低温烧结技术创造了有利条件，同时对改善烧结矿质量也有好处[3,4]。

厚料层烧结作为 20 世纪 80 年代发展起来的烧结技术，近三十多年来得到广泛应用和快速发展。生产实践表明：厚料层烧结能够改善烧结矿强度、提高成品率、降低固体燃料消耗和总热耗、降低 FeO 含量并提高还原性等[5]。

目前韩国浦项公司烧结的料层厚度保持在 890mm 水平，属国际领先水平。国内首钢京唐公司烧结的料层厚度达到 830mm，在国内属于领先水平。

3.3 基于工艺特性互补的烧结优化配矿

长期以来，对烧结所用铁矿粉的认识停留在化学成分、粒度组成等常温特性方面，传统的烧结配矿方法只是基于常温特性，由于并不清楚铁矿粉在烧结工艺过程中的高温行为，故不能有效地改变“以烧结工艺去迎合烧结原料”的落后模式，导致理想的烧结工艺原则和先进的烧结技术无法得到真正的遵循和实施，从而使得铁矿石资源的有效利用、烧结过程的优化以及烧结矿质量的改善均受到严重制约。

20世纪80年代末、90年代初，人们开始关注铁矿粉在烧结过程的高温行为[6~8]，在本世纪初提出了“铁矿石的烧结基础特性的概念”，形成了一套基于烧结工艺的铁矿粉高温特性评价指标和方法[9,10]。在此基础上，逐步建立了基于工艺特性互补的烧结优化配矿理论体系和关键技术[10]，并得到越来越广泛的生产应用[11~14]。

3.4 褐铁矿烧结

随着优质铁矿粉资源大量消耗，褐铁矿类型的铁矿粉被大量开采使用。褐铁矿是一种含结晶水的赤铁矿($Fe_2O_3{\cdot}nH_2O$)，其疏松多孔、堆比重小、吸液性强、易过度同化，因而在烧结过程中表现出一系列负面影响，如：（1）烧结速度慢，烧结利用系数低；（2）烧结饼组织疏松，成品率低；（3）固体燃耗高。

宝钢从20世纪90年代初开始研究褐铁矿使用，逐步掌握了褐铁矿的烧结工艺特性以及生产技术对策，通过矿粉品种、粒度的搭配，水、碳的调节，机速、料层的调整，粉焦、熔剂粒度的改变等，使褐铁矿的使用比例最高达到 50%以上。目前，褐铁矿烧结技术在国内钢铁企业已经广泛应用，但在使用效果方面还存在差异。

3.5 小球嵌入式烧结(MEBIOS)

小球嵌入式烧结（Mosaic EmBedding Iron Ore Sintering），由日本 E. Kasai 提出[15]，示意图见图 1。

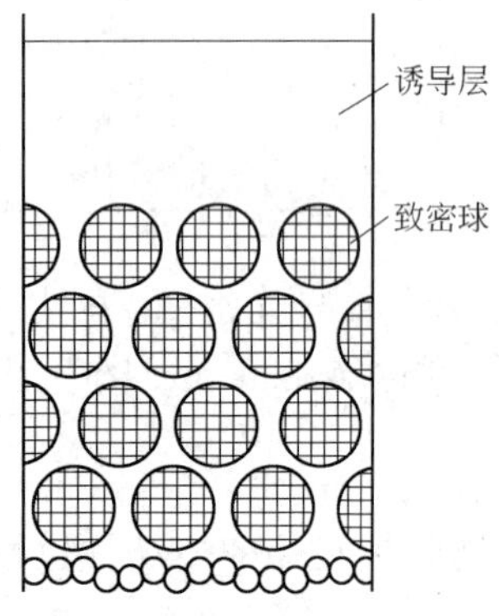

图 1 镶嵌式烧结示意图
Fig.1 Schematic diagram of MEBIOS

目的是利用劣质化的铁矿粉资源(半褐铁矿类型的马拉曼巴矿)，而通常的马拉曼巴矿烧结因其粒度偏细、易过熔、液相流动性低而致使产质量指标差。该方法是将马拉曼巴矿制成小球，并散布在其他烧结料中，利用小球近旁的气流边缘效应，以及低碱度的小球自身不会过熔的，提高料层的透气性，而依靠含固体燃料、且碱度相对高的其他烧结料来提供热量和黏结相。试验结果表明，该方法能够有效改善烧结过程的透气性，提高垂直烧结速度，在烧结矿质量基本不变的情况下提高烧结矿的产量[16]。我国包钢等单位开展了类似原理的复合造块技术研究，并在工业应用方面取得了一定的效果。

3.6 低品质矿烧结

随着铁矿粉劣质化进程的持续，国内外企业和科研院所的研究、技术开发工作积极跟进。综合国内外的应对手段和研究动态可知有三大形式，其一是坚持“精料方针”，积极寻觅优质铁矿石资源，思路是“节能减排”优先、“盈利靠产品”；其二是放弃“精料方针”，大量使用劣质铁矿石，出发点是“牺牲其他指标而保成本最低”；其三是介于上述两者之间的情况，理念是兼顾“降低成本”和“节能减排”，具体做法是“适当放宽精料标准”、“以技术缓解不利影响”，这类做法为数较多，但因技术难度大而进展缓慢。

与常规烧结相比，低品质矿烧结的主要技术问题是由于高 SiO_2、高 Al_2O_3 带来的负面影响，其主要包含两大方面，其一是正硅酸钙生成量急剧增加，容易因相变引发烧结矿的粉化，从而影响烧结成品率等；其二是铝含量过高容易恶化烧结矿低温还原粉化性能。相应的技术对策有：坚持低温烧结原则，大力实施厚料层烧结，研究准颗粒设计方法及技术，开发非氯低温粉化抑制剂等。

对于高炉冶炼而言，高硅、高铝含量烧结矿的使用，将带来料柱透气性变差、炉渣黏度升高、脱硫能力降低、燃料比增加、产能下降等问题，除了要求烧结矿确保冷态、热态强度以及还原性等指标，更重要的技术对策是优化煤气流分布、优化渣系等。

低品质铁矿粉资源的使用势在必行，技术研发工作迫在眉睫。天铁使用低品质矿的烧结技术已在小型烧结机上运用，达到较好的效果[17]。

4 大型烧结设计理念的进步

以往在新建烧结项目时，从立项到投产往往不足一两年，因前期规划和研究工作不够细致充分而存在很多问题。新世纪建设的大型烧结项目，一方面融入了 20 世纪末期以来烧结技术飞跃发展的成果，另一方面适时总结了大型烧结问世以来的生产实践经验，故在技术创新和工艺现代化等方面具有显著的时代技术特征。

当代大型烧结的总体设计原则包括：遵循可持续发展和循环经济的理念，采用先进、成熟的工艺技术和装备，工艺流程简洁，自动化水平高；结合资源条件和生产规模等综合要素，以功能、结构、效率的协同优化为目标，构建物质流、能源流、信息流三者的高效协同运行机制；加强技术装备的改良与创新，研发和应用烧结机、环冷机的台车栏板加宽技术，充分利用台车边缘风，降低能耗。

依据先进的大型烧结设计理念，国内大型烧结机投产后，设备运行平稳、生产稳定，各项指标均已达到先进水平。以首钢京唐 550m^2 烧结机为例，其主要技术指标见表 3。

表 3　首钢京唐 550m^2 烧结机主要技术指标
Table 3　The main technical indicators of Shougang Jingtang 550m^2 sinter

布料厚度/mm	830
碱度合格品率/%	99.71
烧结矿转鼓指数/%	81.79
固体燃料单耗/kgce·t^{-1}	43.85
煤气单耗/MJ·t^{-1}	44.46
电量单耗/kW·h·t^{-1}	36.70
工序能耗/kgce·t^{-1}	47.70
人均烧结面积/m^2·人$^{-1}$	15.28

5　大型烧结设备的研发与应用

大型烧结厂的建造以大型烧结机和环冷机的开发、应用为基础，而大型烧结机和环冷机的应用又以台车栏板加宽以及相关环节的配套技术的开发和应用为重要前提。

5.1　烧结机台车栏板加宽技术与集成应用

烧结机台车栏板加宽方法有两种，一种采用箅条加宽，另一种是采用盲板加宽。如首钢京唐烧结工程，采用第二种加宽方法——盲板加宽，加宽的距离能够确保边缘风把加宽部分混合料烧透，不会产生生料。通过采用栏板加宽技术，可以实现烧结面积增加 10%，烧结矿产量增加约 5%~12%，吨矿耗风量降低约 5%~10%，烧结矿电耗、煤耗减少，单位能耗降低。京唐烧结机台车加宽目的主要是充分利用边缘风，同时使产量增加；因此，在决定新建烧结厂时烧结机台车直接制造成加宽形式，避免二次改造投资。首钢京唐在投资 500m^2 烧结机能力的情况下，获得 550m^2 的烧结机，使经济效益最大化，台车车体装配见图 2。

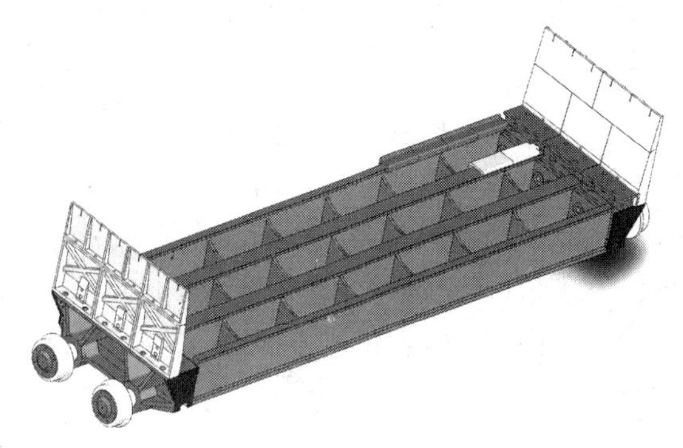

图 2　烧结机台车车体装配
Fig.2　Sintering machine pallet assembly

该项技术的成功应用，提供了一种更为有效的节能增产建设思路。据测算，不同宽度的台车可以达到不同的烧结面积，对 5m 宽风箱的烧结机，最大烧结面积可以达到 660m^2，因此，太钢建设 660m^2 巨型烧结机就采用此技术。

大型烧结机台车在热段停留时间相对较长，厚料层烧结又使台车温度较高，对台车的各部件结构适应性要求较高。研发烧结设备适应厚料层技术，由新型的烧结箅条、新型隔热件、新型台车栏板及优化台车梁配置等组成，实现台车整体强度增加和改善透风率，同时减少台车的维护费用。

大型烧结机负荷大，自动化水平高，安装精度要求高。需要一系列的技术配套支持，主要采用以下技术：

（1）混合料斗大小闸门闭环调整技术。研究设计适应工况的液压系统，满足在线调整要求，实现高水平自动化闭环控制。

（2）新型柔性传动技术。选用进口 BFT 柔性传动，并自主对安装方式进行设计改进，实现现场整体吊装；实现机旁显示和远程监视控制；对传动轴增加测速，以增加力矩保护措施；在烧结传动上首次采用外胀套连接，在传递大扭矩时解决传统内胀套容易损坏主轴表面问题；首次自主设计新型力矩平衡装置的基础安装连接底座，方便安装调整和更换。

（3）新型台车辊套。针对高温重载工况，采用国内先进的含有效合金成分的自润滑轴套技术。

（4）智能集中润滑系统。采用国内先进智能集中润滑技术，实现对每一点的在线检测和任意流量调整。

（5）风箱头尾密封技术。研发专门适应大型烧结的新型头尾柔性密封装置，特别在分段连接、整体安装衔接、排灰方面都有独特设计。

5.2 环冷机台车栏板加宽技术与集成应用

受烧结机台车栏板加宽的启示，将这种利用边缘风的设计思路应用到环冷机的研发上，开发出环冷机栏板加宽技术，如首钢京唐烧结厂环冷机的鼓风面积为 520m^2，采用台车栏板加宽技术，实际冷却面积达到 580m^2，使冷却面积增加 11.5%，烧结矿产量增加 5%~8.2%，使吨矿冷却耗风量降低约 5%~8%，台车车体装配见图 3。

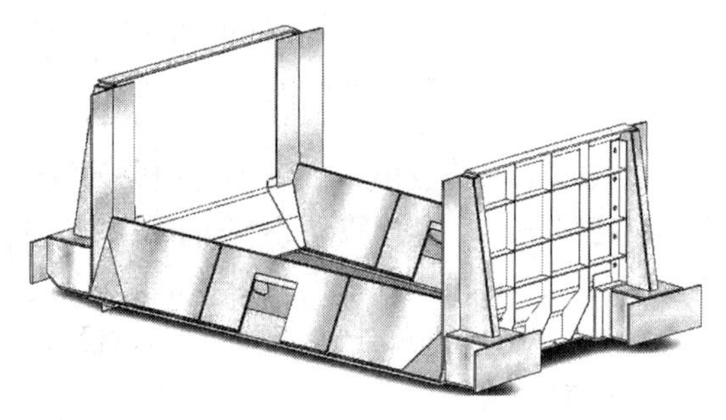

图 3 环冷机台车车体装配
Fig.3 Annular cooler pallet assembly

为了保证大型环冷机的顺利运行，采取一系列技术措施给予保障，这些技术包括如下：

（1）紧凑型传动技术。研发专门用于大型环冷机的紧凑型传动新技术——重载星轮传动装置，具有占地小、更换快、无液压站润滑、维护少的特点。

（2）曲轨三维设计技术。研究曲轨设计，将空间和运动合为一体的三维设计，并结合重型台车特点强化曲轨支撑结构，在实际运行中取得良好的效果。

（3）给料漏斗内壁的耐热耐磨衬板技术。自主创新一种料兜式的耐热耐磨层新技术，这种特殊设计的内壁具有结构简单、安装更换方便、维护简单的特点，使用效果良好。

6 大型烧结机综合操作技术

针对运行中的大型烧结机，为充分发挥其诸多优势，践行大型烧结机综合操作技术具有重要意义。为此，以高产、稳产为前提，以优良的烧结矿冷态和热态强度、合理的粒度组成以及碱度的高合格率为目标，事先进行全面的可行性研究和技术准备，探索适合本企业的大型烧结机综合操作技术。

6.1 混合制粒参数优化控制技术

混合料制粒是烧结工艺的重要环节，其目的是通过混匀、加水润湿和制粒，得到成分均匀、粒度适宜、具有良好透气性的烧结混合料。国内大型烧结厂大多采取两段式混合，而太钢 450m^2 烧结机采取了三段混合工序，设计之初即把强化制粒、改善烧结料层透气性这一问题纳入重点研究解决的工艺问题，同时兼顾系统的可靠性。

混合制粒过程受诸多因素的影响，故在操作中要探索各因素之间的相互关系。太钢 450m^2 烧结机，在混合制粒参数优化控制方面取得显著效果[18]，通过制粒优化试验和探索，得出填充率、上料量和转速的最佳范围，并进行匹配操作控制。为达到最佳制粒效果，水分控制在目标值±0.2 的范围内，填充率控制在 10%~12%；双制粒机上料量为 1100t/h 时，随料量增加，通过调节制粒机实际转速来满足填充率要求。同时，强化烧结操作管理，寻求原料结构变化后所对应的适宜混合料水分等，例如：按照精矿率每提高 10%，混合料水分降低 0.1%的比例调整，对应的烧结主抽风机风门开度调小 1%~2%，料层降低 5mm 左右。通过改善制粒，混合料中>3mm 部分由 58%左右增加到 70%以上，混合料透气性增强，同等机速条件下风门开度降低 5%~7%，为机速和料层的增加创造了有利条件。

6.2 烧结系统漏风治理

由于烧结料层越厚，阻力越大，风箱负压越高，漏风率也相应增加，这给降低漏风率增加了难度。烧结机抽风系统漏风主要体现在：台车在高温下变形磨损，风箱密封装置磨损、弹性消退，机头机尾处的风箱隔板与台车底部间间隙增大，台车滑板与风箱滑板密封不严，相邻台车之间接触缝隙增大，抽风管道穿漏等。因此，有必要对烧结机滑道系统及机头、机尾密封板等部位进行优化设计，加强密封，改进台车、首尾风箱隔板、弹性滑道的结构；加强对整个抽风机系统的维护检修，及时堵漏风，将漏风率降至最低程度[5]。同时，可通过跟踪烧结废气中 O_2 含量的变化，随时掌握烧结系统漏风的实际情况，如宝钢 2006 年先后在 3 台烧结机投入运行了烧结烟气分析系统，能及时地推断出烧结过程的漏风状况，对烧结系统漏风治理具有一定的指导作用。

6.3 烧结终点控制

烧结终点是烧结机操作的主要依据，是烧结过程的关键中间参数，直接关系到烧结矿各项物理、化学指标以及技术经济指标。烧结终点控制主要目标是将烧结终点有效地控制在最优设定位置附近，同时保证烧结终点的稳定和整个烧结面积的合理有效利用。影响烧结终点的因素主要包括：原料的透气性、点火温度、料层厚度、各风箱废气温度、各风箱负压以及烧结矿质量情况的反馈。

烧结终点位置是在水平方向的台车运行速度和垂直方向的垂直燃烧速度共同决定。一般情况下，要保持烧结终点在设定位置附近，在垂直燃烧速度不变的情况下，可以通过调节烧结机机速来实现。然而，实际生产过程中往往要求物流的稳定性以及生产过程的平稳，因此要求烧结机速一段时间内稳定在某个水平，此时控制烧结终点位置只能依靠改变垂直烧结速度来实现。

影响垂直烧结速度的因素包括：混合料水分、粒度、装入密度、料层厚度、铺底料厚度、焦粉配比、焦粉粒度、风量、负压、熔剂配比以及各种含铁原料的烧结特性等。在一段时期内铺底料厚度、焦粉配比、焦粉粒度、熔剂配比以及各种含铁原料的烧结特性可视作相对不变，因此可以通过调整水分、料层及装入密度、风量、负压等来改变垂直烧结速度，同时也可以结合适当的机速调整来达到终点位置的稳定[18]。

6.4 主抽风机风门模式化操作

主抽风机是烧结生产中电耗最大的设备，由于烧结漏风的存在以及生产过程受各种因素影响，为了保证烧结过程的完全，实践中主抽风机处于运行能力相对过剩的工况。为了最大限度地利用风量，减少能源浪费，从生产操作控制途径出发，结合主抽风机实际工作状况，使烧结生产过程主抽风机风量的使用与实际生产状况相匹配，烧结气流分布趋于合理，节省电能，同时提高烧结矿产、质量[18]。

为了有效减少抽风过程中的风量浪费，合理利用资源，烧结机烟道卸灰系统采用密封良好的卸灰阀减少漏风，同时加强烟道的放灰管理，减少积灰，保证气流通畅。制定烧结操作模式化控制制度，将机速范围、料层厚度、负压与主抽风门开度范围进行合理的、严格的匹配，保证风量与机速的最佳匹配。在优化制粒的基础上降低风门开度，实现高机速、厚料层、低风门、高负压的协同化。

6.5 控制 FeO 含量

烧结矿中的 FeO 的存在形式主要有：Fe_3O_4(磁铁矿)、$2FeO·SiO_2$(铁橄榄石)、$CaO_x·FeO_{2-x}·SiO_2$(钙铁橄榄石)等。FeO 含量过高，会影响铁酸钙黏结相的生成，烧结矿强度和还原性降低；过低的 FeO 含量则导致液相量不足而影响烧结矿强度。因此，需要根据原料结构和烧结操作制度控制 FeO 含量在一个合理的范围。

首钢京唐烧结的含铁原料由巴西赤铁矿粉和澳洲褐铁矿粉以及少量国内磁铁精粉组成，投产初期，FeO 基数控制在 7%，经过一段时间的生产实践，逐步将烧结矿 FeO 含量提高至 8%水平，改善了烧结矿转鼓强度和低温还原粉化性能，其指标见表 4。

表 4 FeO 含量调整前后烧结矿强度变化

Table 4 Change of sintering strength before and after adjustment of FeO content

项 目	FeO 含量/%	转鼓强度/%	低温还原粉化指数(+3.15)/%
调整前	7.0	78.36	65.7
调整后	8.0	81.79	70.0

6.6 提高自动化监控水平

提高自动化监控水平，不仅可以确保烧结工况稳定，而且有助于低温烧结、厚料层烧结等先进技术的实施。提高自动化监控水平的工作主要体现在以下两个方面：

（1）满足生产需要的所有系统操作都由主控室集中监控，主控室采用直观的图形化操作界面、壁挂式液晶显示屏等，有效提升应急处理能力。

（2）应用烧结智能闭环控制系统，其包含“过程自动控制”和“质量自动控制”两部分。前者包括返矿仓槽位、混合料水分、烧结点火、布料、机速、烧结均匀性、烧结终点等的自动控制模块；后者包括烧结矿碱度和 FeO 的闭环自动控制模块。通过烧结智能闭环控制系统，实现人工操作很难或根本无法达到的操作水平，从而大幅度提升了烧结过程控制水平，进而明显改善烧结生产的各项技术经济指标[19]。

7 烧结生产节能减排与余热回收

遵循可持续发展原则，“节能减排”已成为当今大型烧结的发展重点。烧结节能主要方向为降低固体燃料消耗、电耗、点火能耗以及烧结废烟气余热回收。烧结减排的主要对策是开发和使用新型除尘设备(布袋加电除尘和新型电除尘器)、废气循环利用(EOS 技术)、烟气脱硫脱硝新技术等，以减少烧结过程产生的粉尘、SO_2、NO_2、二噁英等污染物的排放。

7.1 烧结生产节能

近年来我国烧结行业的能源消耗大幅度降低，主要包括固体燃料消耗、煤气消耗和工序能耗均得到显著降低，说明各企业在烧结节能降耗方面做了大量工作。尤其大型烧结厂，能源消耗降低幅度更大，以首钢京唐烧结厂为例，与国内烧结机面积不足 400m² 钢铁企业和韩国浦项光阳厂比较见表 5。

表 5 生产指标对比

Table 5 Comparisons for production index

企 业 名	利用系数/$t\cdot m^{-2}\cdot h^{-1}$	转鼓指数/%	固体燃烧/$kgce\cdot t^{-1}$	工序能耗/$kgce\cdot t^{-1}$
首钢京唐烧结	1.49	81.79	43.85	47.7
国内钢铁企业	1.36	77.98	55.00	58.2
韩国浦项光阳厂	1.47	78.20	51.60	53.0

从表 5 可以看出：首钢京唐 550m² 烧结机各项主要指标均已达到国内领先水平，也优于韩国浦项光阳厂烧结的相关指标，产能大、强度高、能耗低，充分展现了大型烧结技术进步的优势。

7.2 烧结烟气净化

根据烧结烟气波动及烟气污染成分特点，以及国际社会对环境污染治理要求的变化，目前国际上烧结烟气治理以干法、半干法为主。西欧烧结厂在烧结烟气净化处理时，必须同时考虑脱硫、除尘、去除二噁英、重金属、氯化氢、氟化氢和有机碳 VOC，为此，西欧烧结厂烟气脱硫大多采用半干法工艺。在日本，从 2000 年开始控制二噁英，烧结机烟气治理均采用活性炭吸附，而且越来越多的原有湿法改造成活性炭吸附工艺。采用湿式 Airfine 系统，属于治理二噁英的 BAT 技术，只能脱除二噁英和重金属[20]。

国内烧结烟气治理最早起于 2004 年广州钢铁厂 24m² 烧结机，采用双碱法。随着国家烟气减排力度不断加大，钢铁行业烧结烟气脱硫工作快速发展。截至 2011 年，已建成投入运行的脱硫设施 110 多套，包括首钢京唐和太钢大型烧结机；“十一五”时期，烧结烟气脱硫采用的技术主要有湿法、干法、半干法。根据已建脱硫装置运行情况看，选用不同技术产生不同效果。目前有些脱硫装置由于选用的脱硫技术存在不足，脱硫效率低，同步运行率低，达不到设计的减排效果。由环保治理趋势和欧洲、日本烧结烟气治理发展可知，干法脱硫工艺更适合治理烧结烟气。首钢京唐 2×550m² 烧结机采取生石灰半干法脱硫工艺；太钢 450m² 烧结机引进日本活性炭脱硫工艺，实现烟气“五位一体”治理，并回收 SO_2 得到副产品硫酸，太钢在烧结烟气治理领域走在国内同行前列。

7.3 烧结余热回收

烧结余热回收属于中低温余热回收，主要是指烧结机的废气余热和环冷机废气带出的烧结矿显热，在国内起步较晚。当前大多钢企烧结厂都在开展烧结余热回收工作，基本引进国外技术，回收烧结环冷机的一、二冷段热空气的高品质热源换热；对烧结机废气余热和环冷机低温部分热空气未采取回收，这在一定程度上造成余热资源浪费[21]。

7.3.1 烧结主抽尾部余热回收

当代大型烧结主要采取带式抽风烧结，自上而下进行。根据烧结过程中料层高度和温度的变化可分为烧结矿层、燃烧层、预热层、干燥层和过湿层 5 层，随着燃烧的进行，后面的 4 层逐渐消失，最终只剩下烧结矿层。在此过程中随着烧结机台车的移动，燃烧层不断下移，烧结矿层的温度从 1000~1100℃逐渐被主抽风机抽进来的冷空气冷却，主抽烟道的废气温度逐渐升高。以安钢 400m² 大型烧结机 22 个风箱为例[22]，生产运行工况，各风箱温度变化如图 4 所示。

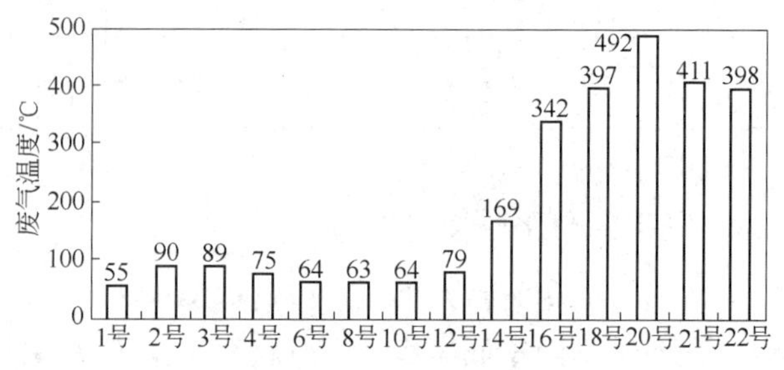

图 4 烧结主抽烟道废气温度

Fig.4 Exhaust gas temperature of sinter main ventilation flue

烧结机 16 号~22 号风箱的温度变化范围可达到 100℃，主抽风箱内的负压为 – 8~ – 17kPa，废气温度为 120~160℃。在这部分废气中，可回收利用余热资源为主抽风箱末尾 16 号~22 号几节风箱的废气，废气温度范围为 300~500℃，余热烟气量约为 25 万 m³/h。针对此部分余热，设置余热锅炉，将烧结机尾部烟气引出来，通过余热锅炉换热后再送回主抽大烟道，此技术可确保烧结机尾部烟道压力及风量，不影响烧结生产过程。

7.3.2 烧结烟气循环

烧结烟气循环工艺是将部分烟气循环使用，可以明显减少烧结生产外排烟气量，从而降低烧结主抽风机的负荷，节省工程总投资和降低主抽风机运行费用；不仅减少污染物排放，而且降低烟气处理装置(脱硫、脱硝等)的负荷，从而使得烟气处理装置的投资和运行成本下降。欧洲的一些烧结机分别采用 EPOSINT、LEEP、EOS 等烧结废气循环利用工艺，我国宝钢正在研发相应的烧结废气循环利用工艺。目前，需要解决的工艺技术问题主要集中在缓解其对烧结产能以及烧结矿质量的影响方面。

7.3.3 环冷机余热回收

环冷机部位的余热回收方式如下：在环冷机旁设置余热锅炉，将环冷机废气引入余热锅炉。为提高烟气的余热利用效率，最大化的利用余热资源，采用烟气全循环模式进行余热资源回收。具体的实施方案为把环冷机一冷段和二冷段排出来的废烟气引至环冷机旁的余热锅炉内，经余热锅炉换热后排出的 140℃尾气再经循环风机送回环冷机台车风箱，以实现烟气的循环利用,同时改善冷空气直接冷却高温烧结矿所带来的负面影响，提高烧结矿质量。此方式可提高一冷段和二冷段环冷机出口的废气温度,改善余热资源的品质，提高余热资源的利用效率，同时为最大化地提高余热资源利用率、实现余热资源分级利用创造条件。设置双压余热锅炉回收环冷机一冷段和二冷段排出来的废烟气,使高温烟气先与高温受热面换热后再和低温烟气混合与低温受热面换热。对于环冷机低温部分热源，利用率非常低，首钢京唐烧结厂用管道引去解冻库用于冬季解冻；要充分回收这部分低温热源，还需进一步研究。

8 结语

（1）遵循可持续发展原则，加强低温烧结、厚料层烧结的应用技术研究以降低能耗；深入开展基于工艺特性互补的烧结优化配矿、褐铁矿烧结、小球镶嵌式烧结(MEBIOS)、低品质矿烧结等方面的应用技术研究，以应对铁矿粉资源的持续劣质化。

（2）烧结机大型化是新世纪烧结技术发展主流，适应“资源高效使用”和“节能减排”的可持续发展模式。以功能、结构、效率的优化为目标，构建物质流、能源流、信息流三者的高效协同运行机制以及加强技术装备的改良与创新，是大型烧结机设计建造的基本理念。

（3）为了充分发挥大型烧结机的诸多优势，践行大型烧结的综合操作技术具有重要意义。需要结合原燃料条件，注重开发应用各项先进技术，兼顾烧结矿产质量指标和成本指标、节能和余热利用及烟气净化等水准，整体提升大型烧结的资源效益和环境效益的贡献度。

参考文献

[1] 王筱留. 钢铁冶金学: 炼铁部分[M].北京: 冶金工业出版社, 2000.

[2] 谭金昆. 低温烧结及其技术措施[J]. 烧结球团, 1992, 17(3): 1~4.

[3] 吴胜利，陈东峰等.不同料层高度烧结过程尾气排放规律研究[J]. 北京科技大学学报, 2010, 32(2): 164~169.

[4] 吴胜利，陈东峰等. 提高厚料层烧结燃料燃烧性的试验研究[J]. 钢铁, 2010, 45(11): 16~21.

[5] 王代军，李长兴，王雷等. 首钢京唐 500m^2 烧结机厚料层烧结生产实践[J]. 钢铁, 2010, 45(10): 18~19.

[6] Shengli Wu, Eiki Kasai, Yasuo Omori. Effect of the Constitution of Granules on Coalescing Phenomenon and Strength after Sintering. Proceedings of the 6th International Iron and Steel Congress[C]// ISIJ.Nagoya：1990. 15~20.

[7] Shengli Wu. Study on Ore-proportioning Design and Reduction of Nitrogen Oxides in Iron Ore Sintering Process[D].Japan Tohoku University. 1991.

[8] Yukihiro Hida, Jun Okazaki, Kaoru lto, Shunichi Hirakawa. Effect of Mineralogical Properties of Iron Ore on Its Assimilation with Lime[J].Tetsu-to-Hagane, 1992, 78 (7): 1013~1020.

[9] 吴胜利，米坤等.铁矿石的烧结基础特性的概念[C]//中国金属学会炼铁年会论文集. 上海: 2000. 161~164.

[10] 吴胜利，刘宇等. 铁矿石烧结基础特性之新概念[J]. 北京科技大学学报, 2002, 24(3): 254~257.

[11] 曹立刚. 包钢用铁矿粉的烧结基础特性研究[J]. 烧结球团, 2005, 30(10): 5~7.

[12] 翟立委，周明顺等. 几种典型铁矿石烧结基础特性的实验与评价[J]. 鞍钢技术, 2007(3): 12~14.

[13] 李海霞，吴胜利，李强.扬迪矿烧结基础特性的试验研究[J]. 山东冶金, 2007, 29(1): 30~32.

[14] 邓秋明，吴胜利，韩宏亮.兴澄特钢烧结优化配矿的研究[J].烧结球团, 2009, 34(2): 11~16.

[15] Kasai E, Komarov S, Nushiro K, et al. Design of Bed Structure Aiming the Control of Void Structure Formed in the Sinter Cake [J]. ISIJ International, 2005, 45(4): 538~543.

[16] Kamijo C, Matsumura M, Kawaguchi T. Sintering Behavior of Raw Material Bed Placing Large Particles [J]. ISIJ International, 2005, 45(4): 544~550.

[17] 李善彬. 低品质矿烧结工艺开发与应用[J]. 天津冶金, 2011(3): 9.
[18] 胡荣建. 大型烧结机综合操作技术研究及应用[J]. 烧结球团, 2011, 36(5): 23~25.
[19] 王洪江等. 首钢京唐 1 号烧结机 800mm 厚料层烧结生产实践[J]. 烧结球团, 2010, 35(3): 47.
[20] 李春风. 我国烧结烟气脱硫工作回顾与展望[J]. 中国钢铁业, 2011(2): 13.
[21] 毛虎军, 张浩浩, 董辉等. 日本烧结余热回收利用技术[C]//全国能源与热工 2010 学术年会. 2010: 564.
[22] 张卫亮, 马忠民, 周海平等. 烧结工艺余热回收利用技术研究[J]. 有色冶金节能, 2011(1): 47~50.

（原文发表于《钢铁》2012 年第 9 期）

球团生产工艺和球团技术发展展望

王纪英

(北京首钢国际工程技术有限公司，北京 100043)

摘　要：介绍三种球团工艺及发展历史，首钢和首钢国际工程公司球团设计和建设的发展历程；国内球团发展的预期及展望；当前需研究的课题。

关键词：铁球团工艺；链箅机—回转窑；带式焙烧机

1　引言

铁球团矿作为高炉和直接还原原料具有含铁品位高、强度高、还原性好，便于储存和运输等优势；同时，球团矿相比烧结矿在生产工艺过程中工序能耗较低，环境排放状况较好。因此，增加球团矿用量，减少烧结矿的用量是国内外不少钢铁企业改变高炉入炉料结构的发展趋势。在国外相当比例的球团矿是作为直接还原原料的，这部分用量也逐年增加。

2　球团生产工艺历史和球团技术简介

铁矿石球团法最早于 1911 年提出并取得专利。

目前铁矿石球团法主要有三种球团生产工艺：带式焙烧机工艺、链箅机—回转窑工艺和竖炉工艺。

2.1　竖炉工艺

世界第一座竖炉球团厂 1947 年建成投产。竖炉具有结构简单、投资少、热效率较高、操作维护方便等优点，在球团工艺发展史上竖炉起了先驱作用。1960 年以前，世界球团 70%是竖炉生产的。现在最大的竖炉单炉面积 25m^2(阿根廷格兰德)。我国 1958 年开始研究竖炉球团法，1965 年进行半工业试验，1968 年工业竖炉球团投产。在 20 世纪 90 年代前后，我国竖炉球团工艺技术有了一些突破性的发展。目前国内约有各种规模竖炉近 200 座，其规模主要在 8~16 m^{2}之间，其中 8m^{2}竖炉年产球团矿 35~40 万吨。

由于竖炉球团单炉能力小、对原燃料适应性差等原因，其应用和发展受到限制，在带式焙烧机和链箅机—回转窑球团工艺兴起后，国外竖炉球团已基本停止发展。目前全世界生产铁球团的竖炉绝大部分在中国。

2.2　带式焙烧机工艺

带式焙烧机球团工艺于 1951 年提出，1955 年 10 月，世界第一座带式焙烧机球团厂建成投产（美国里塞夫矿业公司），其基本结构是从带式烧结机演化而来。目前带式焙烧机单机规模已从最早的 94m^2 发展到 704m^2（巴西乌布角）以上；据介绍最大的带式焙烧机设计单机面积达 1000m^2（单机能力 600~800 万吨/年）。目前国内仅有 3 条带式焙烧机生产线，分别建在包钢（165m^2）、鞍钢（321m^2）和首钢京唐钢铁厂（504m^2）。

2.3　链箅机—回转窑工艺

兰萨姆(F.Ransome)于 1885 年在英国首先取得回转窑专利，并将第一台水泥回转窑投入生产。最初使用的燃料为天然气，接着改为烧油，最后才开始烧煤。最早回转窑的尺寸为 ϕ1.6~1.9m×19.5~24.0m，现在回转窑的直径尺寸已发展到 ϕ7.62m 以上。

链箅机—回转窑法现已作为一种生产球团的重要设备和方法。20 世纪 50 年代开始将链箅机—回转窑法从水泥行业引入处理铁矿石原料，目前主要型式是艾利斯-查默斯型链箅机—回转窑。最早由美国艾利斯-查默斯公司（Allis-Chalmers，简称 A-C 公司）设计制造。1956 年在美国威斯康辛州建成一座链箅机—回转窑实验厂，进行铁球团矿实验研究，并取得成功。1960 年 A-C 公司设计制造的第一座工业性生产的链箅机—回转窑球团厂（亨博尔球团厂）正式投产，年产球团矿 40 万吨。目前最大的链箅机—回转窑球团生产线年产 500~600 万吨。

2000 年 10 月，在首钢球团厂建成我国第一条由我公司研发且拥有自主知识产权的、完整的链箅机—回转窑球团生产线后，从2003年起，国内陆续建成年产 60~500 万吨链箅机—回转窑球团生产线80余条，我国球团矿生产能力迅速增长，球团工艺技术和链箅机—回转窑球团设备设计制造水平也有了相应提高。

一条完整球团生产线的主要建设内容一般包括：原料库或原料场、磨矿系统、配料室、干燥室、混合室、辊压室、造球室及布料系统、球团焙烧系统、成品储运（部分厂还要求有成品筛分）、熔剂和燃料制备系统、工业废弃物回收、公用和辅助设施、机修和检化验设施以及行政福利和办公设施等。

三种主要球团生产工艺除球团焙烧系统工序配置不同外，其他工序和设施都大致相同。

3 我公司对球团生产工艺和球团技术的研发概况

北京首钢国际工程技术有限公司开展球团设计和研究已有近30年的历史，20世纪70年代末就委托美国艾利斯-查默斯公司为首钢水厂铁矿作选矿及球团试验和工艺设计方案；对建设年产400万吨链箅机—回转窑球团生产线的可行性进行研究。20世纪80年代初，又对金属化球团的生产进行了工厂试验和研究。1993年，在首钢收购秘鲁铁矿后，开始对带式焙烧机生产工艺进行研究，随后对秘鲁铁矿3号带式焙烧机项目进行可行性研究。我公司对带式焙烧机、链箅机—回转窑和竖炉这三种主要球团生产工艺都进行了多年的研究和相关设计，特别是在链箅机—回转窑球团生产工艺方面，处于国内开创和技术领先地位。

1985年设计，1986年在首钢迁安建设一条年产25~30 万吨的煤基直接还原金属化球团生产线（该生产线1989年改造为生产氧化球团矿）；

1994年设计，在首钢密云铁矿建设一条 $8m^2$ 竖炉球团生产线；

1995年，在研究和制定球团一系列截窑改造技术方案的同时，开始研究并自主开发链箅机—回转窑球团新工艺；

1996年，与北京科技大学联合完成链箅机—回转窑球团工艺参数试验研究报告；随后进行了方案研究、初步设计和施工图设计；

2000 年 10 月，我国第一条链箅机—回转窑氧化球团矿生产线建成投产（年产120万吨）；

2003年4月，我国第二条链箅机—回转窑氧化球团矿生产线建成投产（年产200万吨，按熔剂性球团设计）；

2003 年 10 月，链箅机—回转窑球团新工艺获得我国冶金科学技术一等奖；

2007年9月获得冶金行业优秀工程设计一等奖；

2010年8月首钢京唐钢铁厂年产400万吨带式焙烧机球团生产线建成投产（国内最大的带式焙烧机球团生产线）。

目前北京首钢国际工程技术有限公司已设计、建设了国内外近30条链箅机—回转窑工艺、带式焙烧机工艺和竖炉工艺球团生产线；并咨询指导了多套球团生产线的建设（规模在年产 60~400 万吨）；拥有多项专利技术和一整套专有技术。

4 链箅机—回转窑球团工艺特点

链箅机—回转窑法包括3台设备，即链箅机、回转窑和冷却机。

链箅机—回转窑工艺方法的主要特点是用3台特性不同的设备完成干燥预热、焙烧和冷却等几个工序。链箅机、回转窑和环冷机三大主机组成焙烧系统，生球在链箅机上干燥和预热，在回转窑中焙烧、硬化、固结，在环冷机中进行冷却。其产品质量均匀，设备简单可靠；系统的每台设备都能够单独控制，调节控制灵活；对原料和燃料适应性强；燃耗低、电耗少、生产费用低；链箅机箅床表面温度较低，设备维护费用较低。因此获得能耗、热效率、环境保护和球团质量等方面的最佳效果。可生产酸性球团矿、熔剂性球团矿和直接还原工艺用球团原料。

采用链箅机—回转窑球团生产工艺的重要特点是可以直接用煤做燃料，并且几乎所有设备和备件均能在国内制造加工。

目前链箅机—回转窑球团在国内外已是比较成熟的生产工艺，具有对原燃料适应性强，产品质量好和生产成本低等特点。采用链箅机—回转窑球团法，球团产品质量完全能满足高炉和直接还原生产操作对炉料性能的要求，技术成熟、先进、可靠。目前我国球团矿年产量在1.5~1.6亿吨左右，其中链箅机—回转窑球团约占55%左右，生产线规模大多数为年产60~240万吨。

5 我国球团矿生产发展预期

目前我国钢铁产能已达到 7.0 亿吨以上，已超过国内市场需求。国家在进行钢铁产业发展结构调整，我国球团矿生产发展将面临新的局面。2009年初的一份关于国内高炉炉料的统计表明：烧结矿：球团矿：块矿的比例为 70%：20%：10%。如按生铁产量为6.3亿吨计算，高炉入炉炉料约为10.33亿吨，按球团矿占炉料比例为20%计算，即球团矿为2.066亿吨。加上从国外进口的球团矿，我国新建球团生产线扩大产能、满足高炉入炉炉料需求的空间并不大。而且我国生产的球团矿几乎全部用于高炉入炉炉料。

按2008~2010年国内大中型钢铁企业球团生产线的建设规模，在2010年底我国铁球团矿的产能将达到1.6~1.7亿吨。目前我国新建球团生产线大体为以下几种情况：

（1）跟踪两年来我国进口粉矿和球团矿的价格情况，其价差大体在15~20美元/吨之间（国内价差大体在100~200元/吨之间），而将粉矿加工成球团矿的成本约为10~12美元/吨左右，这调动了国内外建设球团厂的积极性。有铁矿粉资源的公司希望把铁粉矿加工成商品球团矿，以获得更大的经济效益，为此要建设新的球团生产线。

（2）钢铁厂配套新建高炉（或高炉扩容）增加了对球团矿炉料的需求（一座1000m^3的高炉按球团矿占炉料比例20%，每年就需要球团矿30万吨以上）。目前不少钢铁公司在产业结构调整过程中，淘汰小高炉，建设大型高炉，不但球团矿需求量增加，对球团矿的质量要求也提高了，所以需要新建大中型球团生产线。

（3）在国家钢铁产业发展结构调整中，球团生产规模将向大型化发展。我国大型矿山和钢厂面对高炉炉料需求增加、球团矿加工成本又相对较低以及节能减排对烧结工序的压力，立足国内建设大型球团生产线的动力就会越来越大，这也势必会推动球团设备大型化技术的发展和逐步成熟。淘汰技术水平低、能耗高、成本高、污染严重的小球团，建设大中型球团生产线是发展趋势。因此一些对原燃料条件适应能力较差、规模较小、劳动生产率较低、产品质量差的小竖炉等将逐步被新的大中型球团生产线取代。

（4）DRI作为炼钢的一种重要原料，20世纪60年代以来在国外发展很快，目前世界各国采用各种直接还原工艺的DRI产量已达7500万吨左右，在钢铁生产中占有越来越高的比例。我国自20世纪80年代以来建成了十余条直接还原工艺生产线（其中部分处于停产状态）。由于各种原因直接还原在国内发展很慢。今后，随着直接还原技术的成熟和产业结构的调整，各种直接还原技术将会在国内得到稳步发展。其中COREX工艺、MIDREX工艺和HYL工艺等直接还原生产线都需要配套建设氧化球团生产线。供直接还原工艺的球团原料将成为球团建设新的增长方向。因此，我们还应关注直接还原工艺的球团需求变化。

当前国内球团生产线建设市场主要为以上四方面情况，国内有十余家单位参与并不充裕的球团设计和建设市场的激烈竞争。我公司的优势在于：我们是国内链箅机—回转窑球团工艺的开创者，并设计建设有目前国内最大的带式焙烧机球团生产线；我们与生产实践有着密切的结合，并有完善的球团试验手段，在技术上有一定竞争优势，并成功建设了多个品牌工程，但仍未在市场竞争中取得完全领先地位。

面对新的形势和日趋激烈的竞争，一方面，我们要保持我们的技术品牌和咨询服务优势，做更细致的工作，做出更多精品工程，提高竞争力；另一方面，我们还应了解分析市场的现状和发展方向，结合国家钢铁技术发展课题加强技术开发。同时，对我们承担的重大工程建设项目的应用技术进行归纳、整理和提炼，形成新的技术发展目标和技术实力。

6 球团工艺技术发展目标

6.1 开展链箅机—回转窑红矿球团生产工艺研究

目前，国内球团矿粉资源日趋依赖进口国外赤铁矿粉，球团原料中赤铁矿（红矿）所占比例越来越大，国外已有成功的生产经验。国内部分球团厂如武钢、邯钢、沙钢、昆钢等球团生产线用链箅机—回转窑工艺生产红矿球团，并按生产红矿球团进行设计；在生产过程中不断增加赤铁矿粉的比例，但在生产过程中也都反映出不少问题。我们虽然也结合印度两条红矿球团生产线进行了链箅机—回转窑红矿球团生产工艺的设计，但对于如何确定合理的热工制度、如何进行高温预热和高温焙烧，以及在高温预热和高温焙烧的特殊条件下，相关非标设备（链箅机和回转窑）的设计还需要做深入研究。

6.2 加强带式焙烧机技术研究

带式焙烧机生产工艺对原料的适应性强，具有很大的技术优势，国外大型球团生产线按照产量计算约有55%采用带式焙烧机生产工艺。国内由于工艺技术和关键设备制造原因，带式焙烧机生产工艺发展十分缓慢，在带式焙烧机工艺和设备设计方面技术经验还不足。

采用带式焙烧机工艺生产红矿球团有相当优

势，我们应该依托已投产的首钢京唐钢铁厂带式焙烧机球团生产线，加强大型焙烧机生产工艺热工参数和焙烧制度等相关技术研究，掌握带式焙烧机球团生产工艺的关键技术，做好焙烧机设备国产化设计和制造转化研究，使之按产能成为系列（如年产300万吨、400万吨、500万吨），并做好在国内市场的宣传推介，迎接国内即将到来的带式焙烧机球团建设发展高潮。

6.3 球团原料磨矿流程及配套干燥设施的设计研究

球团原料的磨矿在球团生产过程中是一个重要工序，它与传统的选矿磨矿工序略有不同；合理成熟的原料磨矿流程是球团矿生产的必要条件。目前球团生产原料的磨矿多采用湿磨、干磨、润磨以及配合高压辊压等几种流程，国外有一些成熟的流程，国内一些厂往往不很重视原料的准备，我们在这方面的经验相对也较少。

现在，应以现有球团设计为基础，按照原料条件，研究并完善合理的原料磨矿流程、工艺布置、合适的磨矿设备、浓缩分级过滤设备以及配套的干燥设施、热风炉和除尘设施等。

6.4 熔剂球团生产工艺研究

国内高炉炉料中球团矿的比例成增加趋势，而且如果要大幅增加炉料中球团矿的比例，就必须有熔剂球团；首钢球团二系列就是按生产熔剂球团设计的，可以针对熔剂球团生产过程中的经验和教训，结合球团项目对工艺和设备设计进行必要的完善和改进。

6.5 加强球团成套非标设备设计，形成专有技术产品

结合工程项目进行球团成套非标设备大型化设计，同时研究一些球团生产线配套设备的设计，以及部分进口设备国产化转化设计，可以形成自主核心技术。现在已形成120万吨/年和200万吨/年的球团系列化工作以及球团主机设备的非标设计工作，应考虑完成300~500万吨/年球团项目的工艺和非标主机设备方案设计工作，作为技术储备。

6.6 球团行业节能减排研究

我国球团行业起步发展较晚，在节能减排方面与国外先进企业有不少差距。像主机设备（如链箅机和回转窑）的利用系数一般偏低，工艺风机参数的选择留有的富裕又偏多，造成燃耗和动力消耗较高。在国内运行较先进的球团生产线与一般水平的生产线相比，在工序能耗等技术经济指标上也有很大差距。

因此，如何从设计计算和生产实践经验中确定和选择恰当的主机规格及合理的工艺风机参数，如何充分利用工艺过程的余热，如何结合设备特点和现场施工水平做好合理保温和耐磨耐火材料砌筑方案，减少系统散热和漏风，还有废气(SO_2、NO_x等，球团脱硫已提上日程)的治理和排放问题，这些都是球团行业节能减排的突破口，解决这些问题有助于提升球团技术水平。

7 结语

我国大型矿山和钢厂，面对高炉炉料需求增加、球团矿加工成本相对较低以及节能减排对烧结工序的压力，立足国内建设大型球团生产线的动力越来越大，因而势必会推动球团设备大型化技术的发展和逐步成熟。

我们在国内球团行业曾经有过光荣的历史和辉煌的业绩，希望能够把握机遇，面向国内外两个市场，迎接挑战，做出更多精品品牌工程，以我们的努力使球团的未来能有更好的发展。

参考文献

[1] 国外铁矿粉造块编委会. 国外铁矿粉造块[M]. 北京：冶金工业出版社, 1981.

[2] 许满兴.我国球团矿生产质量评述与展望[C]. 2010 年全国球团技术研讨会论文集, 2010.

[3] 全红. 直接还原炼铁工艺技术综述[J]. 云南冶金, 2007, 2.

（原文发表于《工程与技术》2009年第1期）

我国带式焙烧机技术发展研究与实践

利 敏 王纪英 李 祥

(北京首钢国际工程技术有限公司，北京 100043)

摘 要：介绍国内外带式焙烧机发展现状，分析我国带式焙烧机发展的必要性和可能性，介绍首钢大型带式焙烧机的建设和生产情况。

关键词：带式焙烧机；链箅机—回转窑

1 引言

最近十年来，世界球团生产得到发展，这主要得益于亚洲钢铁的飞速发展，特别是中国钢铁的大发展。其中，国外球团发展一部分原因是由于出口的需要，变矿粉为球团，提高产品附加值。国内发展则由于富矿减少、高炉大型化及高炉炉料球团入炉比例提高，使球团需求大幅增加。国内球团矿产能增加迅速、进口球团量也逐年递增，2008 年进口量已经达到 2517 万吨[1],位居世界球团进口第一位。

建设球团生产线需要根据业主需求和原料条件（矿粉及燃料来源）来选择合适的生产工艺，以达到长期低耗能、低粉尘、便于操作维护和稳定生产。在主流球团生产工艺中有竖炉，链箅机—回转窑、带式焙烧机三种工艺，三者各具特点。其中能够单机大型化的为带式焙烧机和链箅机—回转窑工艺。从全球角度看，带式焙烧机球团在这些工艺中占有较大份额，这集中体现在国外的球团生产；而在国内则发展缓慢，相比国外存在巨大差距。本文结合我国国情分析影响带式焙烧机发展的原因，研究发展的必要性和可能性，介绍国内最新实践状况。

2 国内外带式焙烧机生产现状

2.1 世界带式焙烧机生产现状

2008 年全球已投产球团矿产能 4.47 亿吨，其中带式机产量接近 2.77 亿吨，接近 62%，单机生产规模大多也在 300~700 万吨/年之间。不同物料所采用的工艺占比见图 1。

按照图 1 显示的数据，在用磁铁矿生产的球团中带式机产量最高达 49%，与链箅机—回转窑工艺（38%）相差不太大，但在全赤铁矿生产中带式机产量则占绝对比例，高达 85%，见图 2 和图 3。国外球团入炉比例较高，特别是在球团入炉比例大于 20%~25%后，一般会要求配加熔剂（碱性）球团。

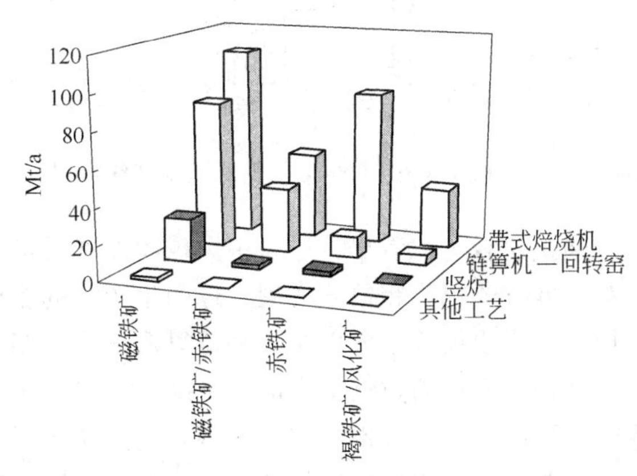

图 1 2008 年全球球团（已建）产量

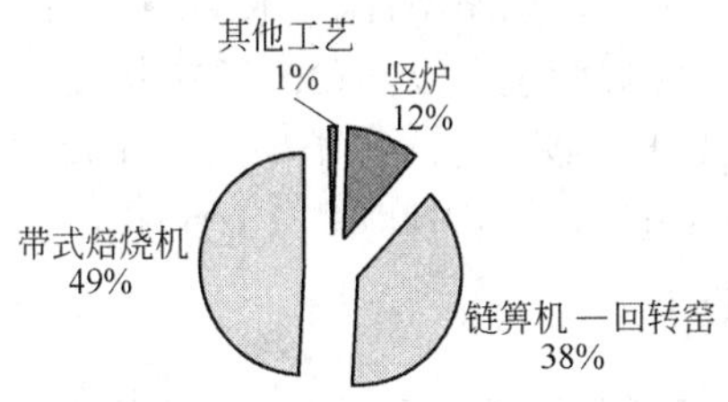

图 2 2008 年全球磁铁矿生产工艺的产量占比

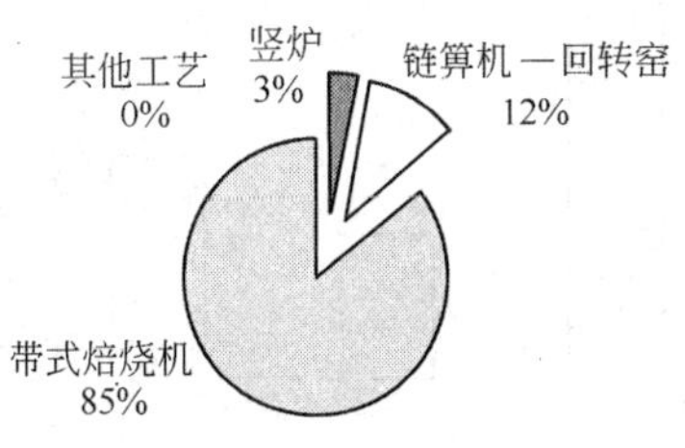

图 3 2008 年全球赤铁矿生产工艺的产量占比

2.2 国内带式机生产现状

据不完全统计，国内各种工艺的球团产量，2009年已投产产能1.45亿吨以上[1]，其中带式机产量仅为350万吨，各种工艺产量占比见图4。

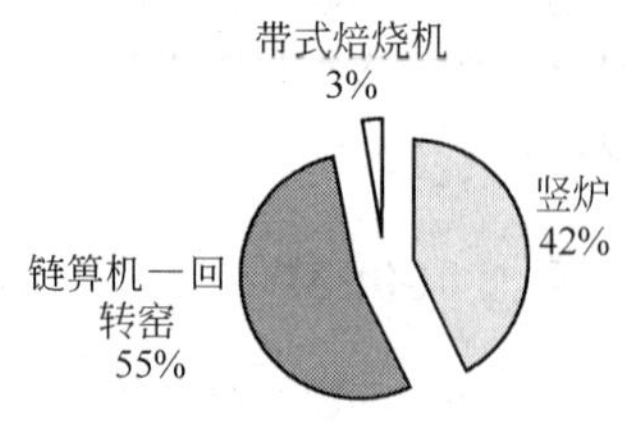

图4 2009年国内球团生产工艺的产量占比

据不完全统计[1,2]，国内各种工艺生产线数量，2008年和2009年，国内累计建设的各种工艺球团生产线数量增长迅速，见图5。

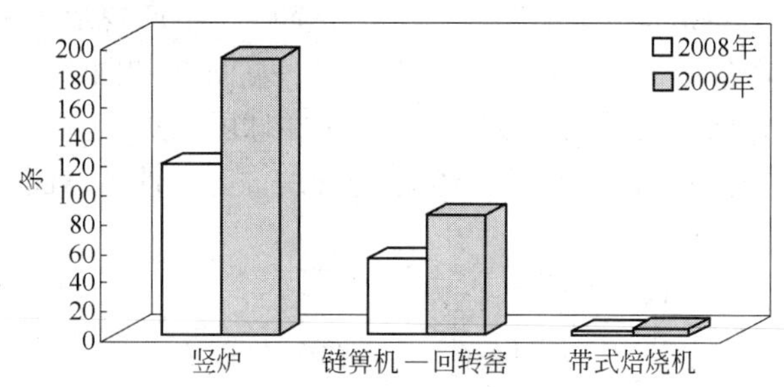

图5 2008年和2009年国内球团生产线数量

通过比较可以看出，尽管中国球团发展迅速，但是发展方式仍为粗放式发展，球团生产线的主体结构以中小规模为主，以竖炉和链箅机—回转窑为主，特别是竖炉的贡献率非常大，接近42%，全世界竖炉还在生产的大部分都在中国。当然这与我国国情相关。带式焙烧机发展缓慢，其产量仅为3%，2008年以前仅有2条生产线，2009年增加1条，数量少到几乎可以忽略不计。即使是链箅机—回转窑，单机生产线规模也是以≤120万吨/年以下为主。据不完全统计，截止2009年国内已建及在建中[1]的274条生产线中，百万吨/年以上球团生产线仅为70条，见图6。

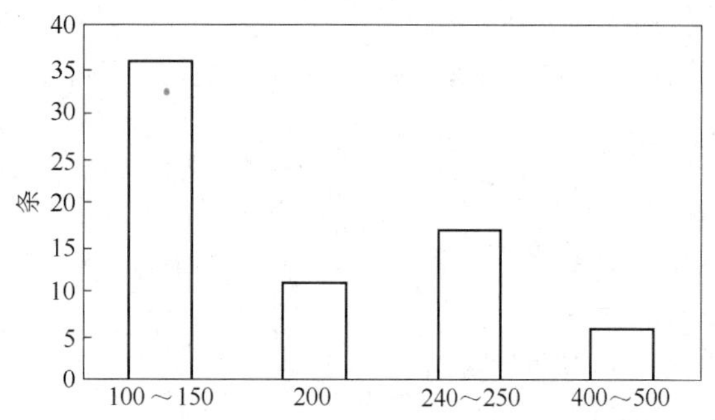

图6 至2009年国内已建成及在建球团生产线数量

1963年以后，国外大多数球团厂均采用DL型带式焙烧机。我国在2010年之前投产的2台规模都比较小，其中一条在包钢，设计年产量110万吨，另一条在鞍钢，设计年产量210万吨。

3 我国发展带式焙烧机技术的必要性

3.1 链箅机—回转窑技术存在问题

自从首钢2000年完成首钢矿山球团回转窑截窑改造，成功实现氧化球团规模化生产以后，我国才真正开始迎来球团的大发展。其中规模性的发展全部是采用技术逐渐成熟的链箅机—回转窑工艺，但是现实中也遇到一些瓶颈问题。

（1）由于矿粉资源所限，吃“百家饭”和进口矿粉的情况越来越多，要求使用部分赤铁矿和全赤铁矿焙烧的越来越多，其温度调控灵活要求也越来越高。

（2）链箅机—回转窑工艺生产过程中，球团必须从链箅机进入另一台设备回转窑，预热球团需在两设备间倒运，容易造成球团部分破损而导致在窑内结圈，生产熔剂球团时问题更加突出。

（3）链箅机的输送链床结构复杂部件多，事故点多，特别在生产全赤铁矿时更加明显，因为链箅机预热温度比磁铁矿高，运行设备部件承受更高温度时难以稳定运行。

（4）随着单机规模化要求的提高，回转窑结构在制作运输等环节受到制作装备、地理和道路等条件限制，目前世界最大规模达到过600万吨/年，但在世界范围带式机已经在600万吨/年以上，最高达到768万吨/年，并且稳定运行30多年。

（5）节能环保对降低单耗的要求提高，链箅机—回转窑三大主机的工艺流程比较长，从环冷机回热到链箅机距离较远，回热效率比较低，另外回转窑是运动的薄壁筒体，保温较难，热损失较大，并且受振动和结圈的影响，运动状态的内部耐火材料寿命较短，事故相对较多。

3.2 带式焙烧机技术特点

带式焙烧机（DL）不同于其他生产工艺，是一种十分成熟的工艺。通过类似机冷烧结机的设备并在上面设置焙烧炉，使干燥、预热、焙烧和冷却工艺过程在一台设备上完成。具备如下特点：

（1）炉罩炉可以处理各种原料，特别对处理赤铁矿更具优势。炉罩上设置多个烧嘴，焙烧区域较小，可以迅速而准确的调节和控制温度，具有热效率高，可靠耐用的特点，可以很好地适应现场操作简单灵活的要求。

（2）整个工艺过程物料静止，没有倒运，球团破损少，始终保持完整，废气粉尘少，成品率高，环境更加清洁，同时也不会出现链箅机—回转窑工艺中经常出现的回转窑结圈现象。

（3）相对于链箅机—回转窑的三个主机设备，焙烧机全部工艺过程集中在一台设备上完成，距离短，回热效率高；炉罩是固定设备，耐火材料静止，保温隔热效果好，使用寿命长，有效降低热耗，符合节能环保要求。

（4）单机生产率高，并且设备易于制作、安装和运输。目前最大处理能力可以达到768万吨/年，正在建设的达到800万吨/年，容易实现规模化生产，降低加工成本。

（5）料层厚度较大，有利于降低单耗。采用铺底料保护台车，台车寿命较长，设备结构简单、耐用并且可以快速离线维修。

通过分析，我们发现链箅机—回转窑工艺遇到的一些问题，在使用带式焙烧机工艺后可以得到较好解决，比较适合目前我国球团生产条件，特别有利于全赤铁矿焙烧及熔剂球团焙烧，在我国有很大的发展和需求空间。

3.3 发展带式焙烧机技术的必要性

发展球团就要瞄准世界先进水平。先进的球团生产工艺应该具备高效、稳定、优质、节能和环保的特点，单机大型化是改善指标的最有效措施。对比国外大量使用带式机现状，我国长期处于工艺单一状况。在我国球团高速发展十年后，我国带式机技术也始终没有得到发展，两大主要球团工艺技术我们只掌握一种，不能实现两条腿走路的均衡发展。因此研究开发大型带式焙烧机技术，掌握核心技术，填补自主建设的空白显得非常迫切和必要，对我国球团发展转变增长模式具有非常重要的意义。

4 我国发展带式焙烧机技术的可能性

一种工艺是否合适要从原料，制造运输，建设投资，运行维护、节能环保等多方面进行综合评价。带式机在国内没有发展主要困难在于原料条件、工艺和设备技术的掌握。下面就这几方面进行研究分析，寻找发展的有效途径。

4.1 原料条件

4.1.1 矿粉

4.1.1.1 粒度影响

球团生产需要对有一定强度的生球进行烘干预热及焙烧。对原料的要求粒度相对烧结更加细，可以用作烧结的矿粉不一定能直接用于球团，需要增加辊压或磨矿才能满足要求。

链箅机—回转窑与带式焙烧机相比，料厚对生球抗压强度的要求有所不同。链箅机料厚比较薄，一般只在170~200mm左右，而带式机生料厚会达到300mm左右，因此对于入炉的生球强度带式机要求更加高一些。带式焙烧机都设有鼓风干燥段，改善湿球的负荷状况，而链箅机—回转窑工艺部分不设鼓风干燥段。对于预热后的干球强度，带式机因为物料的静止焙烧没有球团倒运问题，要求相对低。综合生球和干球强度的要求，对于原料，两种工艺都希望粒度细一些、比表面积大一些，总体来看对粒度要求相差不大。在国外部分矿粉粒度由选矿方法和用户决定，其粒度比较细，有利于造球。国内矿粉普遍粒度比较粗。一些国外矿粉也有比较粗的，是否需要进一步处理将根据具体用户所需原料条件确定。可见两种工艺方法在原料加工阶段的配置要求是基本一样的。

4.1.1.2 矿种影响

不同的矿粉种类焙烧条件不同。随着进口矿使用的比重越来越大，磁铁矿以外的矿种如赤铁矿、褐铁矿使用比例也越来越大。由于磁铁矿的焙烧温度比其他矿要低，生产其他矿种的球团就必须提高温度，增加热耗。对于链箅机—回转窑工艺，高温焙烧段在有耐火材料内衬的回转窑中完成，但是预热过程在链箅机上完成。因此在赤铁矿原料条件下，链箅机的热负荷加大，由于没有铺底料的保护并且自身结构复杂，设备热强度和稳定性受到很大影响，成为链箅机—回转窑生产赤铁矿的瓶颈问题。如果使用带式焙烧机，虽然设备承受整个工艺段高温，特别是预热段和焙烧段高温，但设计上有铺底料的保护并配以较高强度的耐热部件，可以适应各种矿粉的焙烧，因此采用带式焙烧机工艺有着更好的适应性。

从我国国情考虑，烧结矿因为对原料的良好适应性及低廉的成本仍将是主要的不可替代的高炉入炉炉料。但是烧结矿强度比较差，比较容易产生粉料，对环境污染较球团生产大，不适合长距离运输和多次转运。当高炉需要配加酸碱平衡的炉料时，就需要提供天然块矿或球团矿，而带式焙烧机的球团生产方法则可以较好的适应各种矿粉的焙烧和各种酸碱度球团的生产。

4.1.2 燃料

球团建厂条件直接影响球团生产工艺的选择。一般要将球团厂配置在能够使业主经济利益最大化的位置。而厂址对于矿粉和燃料来源有很大影响。

主要有以下三种情况。

第 1 种情况：矿山主体作为业主是以矿粉深加工提高矿粉附加值为目的的，倾向于将球团厂建在矿山周边。这时的矿粉原料品种比较单一，并可以在矿山得到比较好的处理，矿粉不需要长距离运输，对环境污染小；但是燃料条件较差，不具备利用钢铁厂产生的副产品，如焦炉煤气、转炉煤气或高炉煤气。一般在国外燃料条件比较好，可以采用天然气、重油等高热值燃料。国外许多大规模带式焙烧机都是建在矿山附近，大部分采用带式焙烧机。国内这类高热值资源比较少，但固态煤资源丰富、价格低廉，通常只能采用煤粉做燃料。目前国内也有相当多的球团厂属于这种情况，如首钢球团厂，弓长岭球团厂，峨口铁矿球团厂等。

第 2 种情况：业主以出售球团矿为主要目的，将球团厂建立在交通方便的地方，如海边、江边、港口附近，以减少原料进厂和出厂成本。这种情况的原料来源通常不稳定且比较复杂，燃料情况与矿山类似。国内也有相当多的球团厂属于这种情况，如湛江港大球团厂，武钢大球团厂等。

第 3 种情况：业主是钢铁厂主体，生产球团主要为自用。这种球团厂建在钢铁厂区内，原料条件根据各厂自己的资源不同而变化，燃料条件通常利用钢铁厂产生的副产品，一般能够使用焦炉煤气或混合煤气。如京唐球团厂，邯钢球团厂和沙钢球团厂等。

上述三种情况对选择焙烧工艺的影响最主要的是燃料条件的变化。在我国链箅机—回转窑成为球团生产主力工艺，使用的燃料基本上都是价格低廉、获取容易的煤粉和焦炉煤气或混合煤气。带式焙烧机需要高热值的燃气或燃油燃料，在国外容易获取，因此带式焙烧机建厂地点可以不受燃料条件限制。不同于国外，国内获取高热值燃气或燃油的成本较高并且供给资源有限，成为在钢铁厂以外的地方建设带式焙烧机生产线的瓶颈。目前国内的三条带式焙烧机生产线都建设在钢铁厂内，使用热值相对较高的焦炉煤气。由此可见在有满足要求燃气或燃油资源的地方建设带式机没有问题，否则存在问题。

我国是一个有丰富煤资源的国家，目前热源获取主要依靠煤，但目前利用固体煤作为焙烧机的燃料还存在技术难题，之前在欧洲曾经做过相关研究，没有获得生产性试验的成功。如果能够开发以煤粉作为燃料的技术并在生产中应用成功，将会使带式焙烧机应用得到更大突破。

4.1.3 成品

由于带式机不是滚动烧成，所以成品球强度均匀一致程度不如链箅机回转窑好，随着带式机技术的发展，目前能够使球团强度大大提高，完全能够满足高炉生产要求，可以达到与链箅机—回转窑工艺一样的转鼓和抗压强度，只是在高强度范围的集中度稍差，相对带宽较大一些。

4.2 工程设计及制作技术条件

4.2.1 工程设计技术条件

我国带式焙烧机工艺发展始于 1970 年，我国最早引进的第一条带式焙烧机生产线在包钢，主体设备来自日本的库存设备，于 1973 年投产，经过长期技术攻关后到 20 世纪 90 年代中期正常生产，设计年产球团矿 110 万吨；另一条生产线在鞍钢，其主体设备带式焙烧机本体是从澳大利亚克里夫斯矿山公司的罗布河球团厂购买的旧设备，于 1989 年投产，设计年产球团矿 200 万吨。这两条线都是进口设备，所以国内没有完整的带式机工程设计经验，在国内完全自主设计建造带式机始终处于空白状态。

带式机在工厂设计及设备设计方面的主要区别体现在焙烧段、成品和铺底料方面，需要在这些技术上有所突破，其他方面考虑到这些年我国链箅机—回转窑技术已经掌握比较成熟，可以充分借鉴，技术上有充分保障。

2008 年首钢京唐新建的年产 400 万吨的带式焙烧机球团生产线，已于 2010 年投入运行。

首钢京唐球团厂的建设，首次填补了我国自主建设带式焙烧机的空白。工程设计由首钢国际工程技术有限公司（首钢国际工程公司）承担，这是首钢国际工程公司继 2000 年开始率先在国内建设 100 万吨/年、200 万吨/年、240 万吨/年链箅机—回转窑球团生产线之后又再次率先建设 400 万吨/年的带式焙烧机工艺的球团生产线。考虑到是首次建设，对我们缺乏经验的部分采取与国外有经验的公司合作的形式，部分关键设备由外方供货，安装由国内安装公司承担。

通过这个项目的实施，在设计、制造、安装及调试各个方面对大型带式焙烧机有了深入了解，在工厂设计和设备设计方面积累了大量经验，进行了充分的技术消化和技术储备，比较全面的掌握了带式机技术。通过对国内已经有的两个带式机球团厂生产情况调研及对烧结先进技术的借鉴，进行了装备本土化的研究和再开发。为我国今后自主设计和建造适合我国国情的带式焙烧机奠定了基础。

4.2.2 制作技术条件

带式焙烧机的制作难点在于台车制造的完全国产化，关键体现在铸造材料和铸造工艺上。台车承受的焙烧段温度高于烧结台车，需要采用耐热铸钢制作，因此材质选择和制造方法均不同于烧结机。早年由于国内铸造工艺水平不高，铸造产品不够过关，寿命短，维护成本高，一直以来始终成为我国带式机发展的关键制约点。

近年来，铸造技术发展很快，我国铸造水平也不断提高。通过多方调研，我们发现国内制造企业已经较好掌握铸造工艺，能够生产出符合外方要求的台车。目前首钢国际工程公司正在根据首钢自身实践，对焙烧台车工况做进一步跟踪了解，对材料和结构进一步开发和改进，确保提供符合国情的台车，满足今后国内自主建造带式焙烧机的要求。

4.3 建设和运行条件

在其他条件都满足的情况下，选择采用何种工艺还取决于其投资回报，投资应该不仅考虑短期投资，还要考虑长期投资，回报也应不仅考虑直接经济效益，还要考虑间接社会效益。在装备水平相同的情况下其费用大致可以从几个主要方面进行考评，一次性投资——工厂占地费用、工程建设费用；长期投资——运行能耗费用、设备维护费用及人工费用及环保等费用。由于没有同时期同等规模的两种工艺可以进行具体直接对比，所以只能间接粗略地进行定性分析，仅供参考。

4.3.1 一次性投资条件

4.3.1.1 工厂占地费用

由于带式机只有 1 台主机，只需要 1 个厂房，而链箅机—回转窑需要 3 台主机，主工艺设备占地较大，所以这部分占地带式机比链箅机—回转窑要减少约 30%~40%，对于用地受条件限制比较紧张的业主来说，采用带式焙烧机是一个不错的选择。

4.3.1.2 工程建设费用

以 400 万吨/年为对比基准，有数据显示，同规模带式机与链箅机—回转窑一次性工程建设投资基本相同或略低。

在工程费用中，含土建费用，设备费用及安装费用。

土建费用：带式机由于基础较少，因而厂房土建费用比较低。

设备费用：在带式机中影响最大的主要是焙烧机的耐热件部分，其台车箅条相当于链箅机走行链，但重量较轻，耐热要求较低，台车本体相当于链箅机支撑部分，重量较重，综合比较，带式焙烧机 1 台主机设备与链箅机—回转窑的 3 台主机设备的设备费用接近或略高。回转窑属大型设备，对制造厂装备要求较高，标准件供货商也比较少，费用比较高。带式机烧嘴和自动化操控系统的费用比链箅机—回转窑系统要高一些，但随着技术水平的进步，这部分费用也会减少。

安装费用：由于链箅机比较复杂，零部件多，回转窑尺寸大，吊装运输受限制较多，因此费用较高，带式焙烧机相对比较简单，尺寸易于运输安装，所以相比链箅机—回转窑安装费用要低约 50%~60%。

4.3.2 长期投资条件

4.3.2.1 运行能耗费用

带式机由 1 台设备组成，热风可以在短距离循环使用，散热面积小，所以相对比较节能，综合能耗只是同规模的链箅机—回转窑的 80%。

4.3.2.2 设备维护费用

设备维护有直接成本和间接成本，直接成本是维修备件的费用，间接成本是停机带来的产量损失。

直接成本：

（1）易损耐热件。链箅机箅板比带式机箅条寿命更短，使用的材料也更好，所以费用相对较高；带式机台车本体虽然重量较大，但寿命较长，一般在 10 年以上，有的甚至 20 年以上，因此平均每年的消费量并不大。耐热件虽然一次性投资较大，但以后换下来的部件的合金成分可以回收利用约 7 成，所以从长期来看，投资也不是很大。

（2）耐火衬。对链箅机—回转窑来说，回转窑的衬是耐火衬，根据工况需要经常修补，一般 2 年最多 4 年就要全部更换，链箅机和环冷机与带式机炉罩的耐火衬类似是固定的，需要维护的周期更长。由于换下的耐火材料基本没有利用价值，所以综合看链箅机—回转窑的耐火衬维护费用比较高。

综合看，带式机的维护费用约为链箅机—回转窑的 88%。

间接成本：带式机的运动部件是独立的台车，可在机头实现在线快速更换，实现台车离线维修，减少因停机造成的产量损失，这在链箅机—回转窑上很难实现。所以带式机的作业率相对较高，最高每年可以工作 355 天，间接成本较低。

4.3.2.3 人工费用

带式机是 1 台设备，距离短，便于观察和维护，操作工艺简单可靠，所需人员比 3 台设备的链箅机—回转窑少。带式机的人工费用约为链箅机—回转窑的 71%。

4.3.2.4 环保社会效益

链箅机—回转窑中的回转窑和环冷机都是露天布置，而带式机像链箅机一样在 1 个封闭或半封闭的厂房内，所以更易于密封，除尘点更少，可以更有效地减少粉尘排放，环保的社会效益更好。

5 首钢带式机实践

首钢京唐球团厂 400 万吨/年带式机生产线筹建于 2004 年，2010 年 8 月 8 日热试成功。设计是赤铁矿 70%，磁铁矿 30%。目前的原料是秘鲁磁铁矿 90%，赤铁矿 10%，生产稳定，达到日产 1.2 万吨的设计能力。成品球的性能为：抗压强度 2934N/个，膨胀系数<5%。燃料为焦炉煤气，综合燃耗达到 22.56kg 标煤/t，工序能耗 24.59kg/t。对于混合矿原料来说这个指标是比较先进的，由于现在还没有全部采用赤铁矿，其性能还有待进一步观察。

作为先行者，首钢京唐球团厂敢于承担风险，勇于创新，国内最大带式机的成功运行为国内带式焙烧机的大发展迈出第一步。

6 结论

（1）鉴于带式焙烧机工艺的良好性能，在有条件的地方应该大力发展。特别在需要处理高焙烧温度的矿料（如赤铁矿和褐铁矿）生产酸性及熔剂性球团、具备高热值燃气、工厂占地紧张、运输条件受限的情况下更具优越性；

（2）由于大型带式焙烧机的成熟性和稳定性，在建设大规模球团生产线时也可以优先考虑采用带式焙烧机；

（3）目前国内设计、制造、安装技术能够支持自主建造各种规格的带式焙烧机；

（4）我国与国外在带式机发展方面存在巨大差距，应该大力发展，满足高效环保节能要求。

参考文献

[1] 焦玉书，田嘉印，周伟. 世界球团矿生产态势[J]. 球团技术, 2010, 2: 1.
[2] 叶匡吾. 我国球团生产的现状和展望[J]. 烧结球团, 2003, 1: 1.
[3] 叶匡吾. 三种球团焙烧工艺的评述[J]. 烧结球团, 2002, 1: 4.

（原文发表于《工程与技术》2009 年第 2 期）

高炉炉料结构与优质原料分析

王代军

(北京首钢国际工程技术有限公司，北京 100043)

摘　要：高炉炼铁以优质、高效、低耗、长寿、环境友好为生产方针，提出钢企必须遵循技术和经济相统一的原则，寻求适合自身的炉料结构。原料是高炉炼铁的物质基础，精料水平是高炉炼铁节能减排必备条件，大型高炉对精料提出更高要求。新建大型烧结、球团工程，以先进理念为指导，实现工艺流程的紧凑化、集约化；以先进指标、节能减排、减少污染、余热利用为目标，实现综合技术经济指标和技术水平的整体提升。本文分析了高炉炉料结构的合理性和获得优质高炉原料的一些影响因素。

关键词：炉料结构；精料；大型烧结机；带式焙烧机；节能减排

1　引言

新世纪以来，国内钢铁工业为满足国民经济GDP高速增长需要，钢铁产量急剧增加。钢铁产能以一种低水平模式发展增长。期间诞生大量中小钢企，原料质量较低，炉料加工粗糙，难以实现“精料”方针。当前钢铁企业生产正面临上游原燃料市场与下游产品市场的双重挤压，“创新驱动、降低成本、调整结构转变发展方式”将成为钢铁企业应对当前形势的主要措施。

依据国家“十二五”规划对钢铁企业的要求，低碳经济、节能降耗、能源综合利用工作将贯穿于钢铁企业的生产、经营环节。作为钢铁生产的前端流程，高炉铁水生产成本的降低将直接带来钢铁产品成本的降低，极大提高企业的利润空间。国内典型的生铁制造成本分析表明，主要原材料成本占生铁制造成本的 60%左右[1]。铁水成本的高低很大程度上取决于含铁原料，即高炉炉料结构的制约。高炉炼铁用原料包括：烧结矿、球团矿、天然块矿、熔剂和焦炭等。原料是高炉炼铁的物质基础，精料是高炉操作稳定顺行、优质、高效、低耗及长寿的保证。纵观国内外高炉炼铁技术的发展，高炉炼铁的炉料结构没有一个固定模式，每座高炉都是根据本企业所能获得的自然资源条件(品级和价格)、铁矿石的冶金性能和物理化学成分，以及高炉炼铁成本等方面因素来进行综合选择。随着各种条件的变化，不同时期会出现不同的炉料结构。因此，各企业必须遵循技术和经济相统一的原则，寻求适合自身的炉料结构，使这种炉料结构在技术和经济方面满足高炉生产的需求，使高炉获得最佳的冶炼综合经济效益。

2　炉料结构的合理性

2.1　合理炉料结构搭配原理

高炉炼铁使用的基本含铁炉料包括烧结矿、球团矿和块矿。普遍认为，企业根据矿源及矿石特性，因地制宜对这三种矿种进行分析研究，确定高炉入炉含铁炉料的种类及配比，这种种类及配比在一定时期内能使高炉获得良好的技术经济指标和经济效益，这种搭配组合称为高炉合理的炉料结构。

高炉炼铁的生产方针是：优质、高效、低耗、长寿、环境友好。高炉炼铁以精料为基础贯彻上述方针，精料技术水平对高炉炼铁生产的影响因素占70%左右，而高炉操作、设备和管理等方面的因素影响率仅 30%左右。所以，高炉炼铁生产的决定性因素是精料水平的高低。精料技术的核心是要努力提高入炉含铁炉料的含铁品位，其次才是高(强度高、烧结矿碱度高)、熟(熟料比高)、均(粒度均匀)、稳(成分和冶金性能稳定)、小(粒度偏小)、好(冶金性能好)和少(含有害杂质少)。高炉入炉矿含铁品位每升高 1%，焦比下降 1.5%，产量提高 2.5%，吨铁渣量减少 30kg，允许多喷煤粉 15kg/t。

高品位的铁矿是以天然块矿和精矿粉两种形式存在。高炉使用大量天然块矿会造成生产指标恶化，而精矿粉必须要经过造块才能供高炉炼铁使用。精矿粉的加工方式以生产烧结矿和球团矿为主，至于生产哪种块矿由其矿物性能、粒度组成、成球性能、冶金性能、还原性、造块性能等因素来决定。实践证明，使高炉获得良好综合经济效益的合理炉料结构必须保证满足以下要求：能使高炉在无熔剂入炉或少熔剂入炉的情况下，造出适宜碱度和适宜成分的高炉渣；炉料具有良好的高温冶金性能，能在炉内形成合理稳定的软熔带，利于高炉强化冶炼；炉料具有较高的综合入炉品位，能促进富氧大喷煤的实行；实现生产低成本。

2.2 炉料结构合理性效果与地位

钢铁生产节能减排的关键在精料，高炉炼铁要实现精料，首先要保证入炉炉料的质量。现代炼铁主要质量指标是：铁品位高、粒度规则和小而匀、强度足够高、低 FeO 含量、良好的还原性、烧结矿低温还原粉化性能、球团矿还原膨胀性能、块矿的热裂性能和高温软化熔融性能等冶金性能指标、化学成分稳定、脉石成分易于造渣、有害杂质少等。这些指标的目的是为实现现代高炉炼铁的炉料质量“新概念”：低渣量，大幅减少熔渣消耗热；改善高炉内煤气流的合理分布，发展间接还原；同时为多喷煤和高风温创造良好条件。

为真正达到这一目的，在保证原料供应的前提下选择最合理的炉料加工工艺，并在保证质量的前提下，体现经济的合理性：投资、产品本身和使用效益，从而构建合理炉料结构。合理的炉料结构是精料技术的极为重要的组成部分，也是发挥炉料效果的可靠保证。钢铁生产的能耗和物料消耗的 70%左右在炼铁及铁前工序，燃耗亦是如此。影响高炉能耗高低 70%的因素是在“精料”。“精料”原则中重要的一点是采用熟料并实现合理炉料结构，它是降低炼铁能耗最重要的技术措施之一。

3 我国高炉炉料现状

当前，我国高炉常用的炉料结构有三种：高碱度烧结矿配加酸性球团矿；高碱度烧结矿配加酸性烧结矿和酸性球团矿或块矿；高碱度烧结矿配加块矿和酸性球团矿[2]。

3.1 高碱度烧结矿配加酸性球团矿

高碱度烧结矿强度高、还原性好。而酸性球团矿形状均匀规则，粉末少、品位高、强度高、FeO 含量低，还原性好。从技术角度考虑，二者相互搭配的炉料结构属于最优炉料结构。

一般，国内酸性球团矿用量比例在 15%~30%。20 世纪国内酸性球团矿产量少、质量差，以竖炉生产为主；在国内大中型链箅机—回转窑生产线投产前，优质球团矿主要靠进口。因进口球团矿价格昂贵，限制此种炉料结构在国内的推广，制约高炉炉料结构中酸性球团矿的配加比例。进口酸性球团矿的大量配加，必然导致铁水成本的升高，不利于降本增效，提高企业竞争力；而国内较低品位酸性球团矿的大量配加会使综合入炉品位降低，增加渣量，不利于高炉强化。因此，此种炉料结构只适宜于有球团矿生产能力的企业。这些企业炉料结构工作的重点，是提高酸性球团矿质量，缩小与国际先进水平的差距。酸性球团矿质量的提高必然使高炉生产获得良好综合经济效益。

3.2 高碱度烧结矿配加酸性烧结矿和酸性球团矿或块矿

过去很长时间内，国内高炉一直使用全自熔性烧结矿（CaO/SiO_2=1.15~1.35）的炉料结构。这种炉料结构可以实现高炉冶炼中不加石灰石，但自熔性烧结矿强度低，易产生大量粉末，阻碍高炉冶炼的进一步强化。鞍钢生产经验表明，采用碱度 2.2 和 0.9 两种高、低碱度烧结矿相配合的炉料结构比单用自熔性烧结矿进行高炉冶炼的指标效果好。和高碱度烧结矿相比，酸性烧结矿 FeO 含量高，还原度低、转鼓指数差、低温还原粉化指数高、大块多。理论上讲，酸性烧结矿的这种特性不仅使高炉上部透气性变差，影响高炉顺行，而且使初渣中 FeO 含量升高，造成初渣熔化温度下降，流动性增加，以较快速度降落到高炉下部高温区参与直接还原，最终导致焦比升高，产量下降。高碱度烧结矿配加酸性烧结矿的炉料结构，其冶炼效果不如高碱度烧结矿配加酸性球团矿的炉料结构。

近几年，邯钢、安钢、本钢、昆钢等企业对酸性烧结矿(CaO/SiO_2=0.5~0.8)进行研究，并应用于高炉生产中。实际生产表明，使用酸性烧结矿替代部分酸性球团矿或块矿，也能使高炉获得好的技术经济指标。

3.3 高碱度烧结矿配加块矿和酸性球团矿

高炉工作者认为，熟料的冶炼效果比生料好[3]，原因有五方面：（1）熟料品位高；（2）熟料冶炼可不加熔剂；（3）熟料含硫量低；（4）熟料的软化特性好；（5）熟料的气孔率高，还原性好。

随着炼铁技术发展，高炉向大型化发展，首钢京唐 2×5500m^3 和沙钢 5800m^3 等大型高炉相继建成投产；高炉生产向高煤比、高利用系数的方向发展，高炉渣量必然增大。众所周知，焦炭回旋区中炉渣积聚量增加会影响高炉下部煤气流分布和风口气流向中心区的穿透，而大喷煤造成的未燃煤粉绝对量的增加也可能导致炉渣流动性变差，这都对高炉顺行及生铁质量产生影响。降低渣量唯一的办法就是降低入炉脉石含量，提高综合入炉品位。在国内当前球团矿产量较少、质量较差、国外优质球团矿价格居高的情况下，在高炉炉料中用品位高的国外优质块矿替代部分球团矿即可以达到提高入炉品位、降低渣量的目的，也可以降低生产成本。

4　提高精料质量

高炉高效优化生产是以工艺技术最优化、经济效益最佳化为原则，实现精料和合理的炉料结构更好的技术经济指标，从而获得最佳的节能减排效果和良好的经济效益。高炉大型化是新世纪炼铁技术发展主流，实现高炉炼铁高效生产，提高精料技术是关键；精料技术又以入炉烧结矿、球团矿质量为基础。为迎合高炉炼铁技术发展，提高精料质量，烧结、球团生产线明显向大型化、节能化、环保化方向发展，大型的烧结机、链算机—回转窑和带式焙烧机数量急剧增加。

4.1　烧结球团精料加工厂

早期的高炉炼铁采用富块矿入炉，随着粉矿资源越来越多和钢铁生产过程产生的含铁粉尘（泥）的回收利用产生了烧结、球团这一造块工序的铁矿加工工艺技术。采用高温液相黏结造块和回收一切含铁原料用于高炉炼铁，进行钢铁生产，成为这一工序工艺技术的优势和特点。

但是发展到今天，现代烧结、球团厂不再仅仅停留在“造块”功能上，在技术功能有了更大的提升和拓展，在本质上也发生了极大的变化。作为现代炼铁生产必不可少的组成部分和实现精料的主要手段，现代烧结、球团工厂已是高炉炼铁的“精料”加工厂。为满足高炉炼铁日益增长的先进技术的要求，并达到增铁、节焦、大型化发展、高喷煤、高风温和自动化以及节能减排等一系列技术经济和重大国民经济发展的要求，对目前高炉炼铁能起到最根本作用的炉料中，尤其对大用量的烧结矿、球团矿提出更加严格的要求。例如要求品位更高、成分更稳定、强度更高、粒度更匀称、粉末含量更低、还原性能更好等，对作为高炉原料加工的现代烧结生产提出了更高的要求。

4.2　大型烧结球团发展现状

1985年国内宝钢投产的1号烧结机，全套从日本引进，采用当时世界上较为成熟的烧结技术及装备，实际烧结面积 450m^2。宝钢对烧结技术进行消化吸收后，于 1989 年 11 月迈出重大创新步伐：将1号烧结机台车栏板高度从原设计的500mm提高到600mm，同时提升点火保温炉，并对相应的烧结机本体设备作了改动和创新，使烧结矿的产量显著提高。同时，料层的增厚起到节约能源的作用，烧结矿的重要质量指标——强度提高 3%以上，凸显出大型烧结机的诸多优势，使得宝钢 2 号、3 号烧结机的工艺定位更加清晰。

鉴于大型烧结机的优越性，进入新世纪，国内掀起新建大型烧结机热潮，武钢四烧新建3台435m^{2}烧结机；2005 年首钢总公司实施首钢搬迁转移的战略发展规划——在河北省曹妃甸港口建设一期年产970 万吨钢的首钢京唐钢铁厂，建设 2×550m^2 大型烧结机工程，1 号、2 号烧结机分别于 2009 年 5 月和 2009 年 12 月建成投产；此外还有太钢、邯钢、安钢、宁波钢铁、天铁、中天钢铁等企业。2000~2011年的 12 年间，国内相继新建一批烧结面积≥400m^{2}的大型烧结机，截至目前已投产的大型烧结机中，有 16 台 400~660m^2 大型烧结机，面积达 7620m^2，平均单机面积 476m^2；最近安钢 500m^2 烧结机工程建设已近尾声。欧洲、日本建设大型烧结机始于 20世纪 70 年代，随着亚洲钢铁工艺崛起，中国和韩国近年来相继建成一批大型烧结机。国内外典型烧结机技术参数列于表 1。

球团矿具有强度好、粒度均匀、形状规则、含铁品位高、还原性好、便于储存和运输等优点，在高炉冶炼中可起到增产节焦、改善炼铁技术经济指标、降低生铁成本、提高经济效益的作用。新世纪以前，国内球团生产以竖炉为主，为满足高炉炼铁需求，大量优质球团矿依靠进口；继首钢国际工程公司 2000 年开发链算机—回转窑球团生产工艺（采用煤粉作燃料）成功应用于首钢矿业公司一系列球团，在冶金界产生巨大影响，极大地推动国内球团技术的发展，标志着国内建设大型链算机—回转窑球团技术日臻成熟。在国内建成投产一批 120 万吨/年、240 万吨/年球团、500 万吨/年链算机—回转窑球团生产线，目前尚有几条在建生产线。2008 年之前，国内仅鞍钢炼铁总厂 321.6m^2 和包钢炼铁厂162m^2 带式焙烧机球团生产线。由首钢国际工程公司总设计的首钢京唐 400 万吨/年的 504m^2 带式焙烧机球团工程于 2010 年 7 月建成投产，成为国内最大带式焙烧机生产线。国内典型链算机—回转窑球团生产线列于表 2。

表 1　国内外典型烧结机

企业名称	台数	单台面积/m^2	总面积/m^2	利用系数/t·（m^2·h）$^{-1}$	投产时间
首钢京唐	2	550	1100	1.49	2009
宝钢	3	495	1485	1.36	1985
武钢	3	435	1305	1.39	2004
太钢	1	450	450	1.35	2006
太钢	1	660	660	1.35	2011
鹿岛 3 号	1	600	600	1.40	1977
敦刻尔克 3 号	1	400	400	1.42	1971
日本大分 2 号	1	600	600	1.46	1976
韩国唐津	2	500	1000	1.32	2010

表 2　国内典型链算机—回转窑生产线

企业名称	产能/万吨·年$^{-1}$	链算机规格（宽×长)/m	回转窑规格（直径×长)/m	环冷机规格	投产时间
首钢矿业二系列	200	4.5×56	ϕ5.9×38	128m^2，ϕ18.5m	2003.4
邯郸	2×240	4.5×57	ϕ6.1×40	150m^2，ϕ22m	2005
弓长岭	2×240	4.5×46	ϕ6.1×40	150m^2，ϕ22m	2003.10
柳钢	240	4.5×60	ϕ6.1×45	150m^2，ϕ22m	2005
首承信通	2×200	4.5×60	ϕ5.9×40	128m^2，ϕ18.5m	2006 和 2010
鄂钢	500	5.664×61	ϕ6.858×45.7	252m^2，ϕ21.94 m	2005.12
湛江	500	5.8×78	ϕ6.94×52	275m^2，ϕ25 m	2009.9
川威	200	4.5×57	ϕ6.1×40	150m^2，ϕ22m	在建
太钢	200	4.5×56	ϕ6.1×40	150m^2，ϕ22m	在建

4.3　先进设计理念

新世纪建设的大型烧结厂和球团厂，是在 20 世纪末期烧结、球团技术飞跃发展的技术背景下设计建造。这批大型烧结、球团工程设计总结大型烧结、球团问世以来的技术发展和生产实践，在已有的基础上，不单纯追求工艺技术装备大型化，在技术创新和工艺现代化等方面具有显著的时代技术特征。当代大型烧结、球团总体设计原则采用先进、成熟的工艺技术和大型化的技术装备，工艺流程简洁，自动化水平高，遵循可持续发展和循环经济理念；结合资源条件和生产规模等综合要素，以构建钢铁企业物质流、能量流和信息流高效协同运行为优化目标，实现整个钢铁企业功能、结构、效率协同化的大型化。

首钢京唐烧结、球团工程是一个以新体制、新机制的创新理念为指导而建设的创新工程，突破传统冶金工程的长流程工艺布局，实现短流程紧凑式布置，最大限度地缩短物料运输距离，减少物料的转运环节，使总图更加顺畅合理，保护厂区环境，降低工程总投资。同时，烧结方面加强工业技术装备创新，研发和应用烧结机和环冷机台车栏板加宽技术，充分利用台车边缘风，降低能耗；链箅机—回转窑球团方面除强力混合机、回转窑主传动液压马达等设备需进口，主要设备如圆盘造球机、链箅机、回转窑等均为国内设计制造，国内自行开发制造的圆盘造球机规格达ϕ7.5m。

4.4　先进技术指标

进入新世纪，国内的大型烧结机、首钢京唐带式焙烧机设计中结合原燃料条件、技术装备水平、操作技术以及国外大型烧结机、带式焙烧机先进的生产实践，确定先进合理的技术经济指标。国内大型烧结机和首钢京唐带式焙烧机投产后，生产运行平稳，各项指标均已达到先进水平。以首钢京唐 550m^2 烧结机和首钢京唐 504m^2 带式焙烧机为例，其主要技术指标见表 3 和表 4。

表 3　首钢京唐 550m^2 烧结机主要技术指标

指标	数值
布料厚度/mm	830
碱度合格品率/%	99.71
烧结矿转鼓指数/%	81.79
固体燃料单耗/kgce·t^{-1}	43.85
煤气单耗/MJ·t^{-1}	44.46
电量单耗/kW·h·t^{-1}	36.70
工序能耗/kgce·t^{-1}	47.70
人均烧结面积/m^2·人$^{-1}$	15.28

表 4　首钢京唐 504m² 带式焙烧机主要技术指标

工序能耗/kgce·t⁻¹	19
TFe/%	66
FeO/%	0.43
CaO/SiO_2	0.2~0.3
抗压强度/N·个⁻¹	3000~3100
转鼓指数(＞6.3mm)/%	97
筛分指数(＜5mm)/%	0.3
粒度 9~16mm/%	90

4.5　加强原料准备

为稳定烧结和炼铁生产，并提高其产品质量和降低能耗创造条件，钢铁企业在建造大型烧结时同期建设综合原料场来服务于大型烧结，保证原料化学成分稳定、粒度均匀、水分恰当。新建大型球团生产线均采取精矿干燥设施，以严格控制水分，使其达到最佳造球生产状态；同时考虑干燥系统分流布置，灵活生产操作，保证生产稳定；为改善铁精矿粒度，提高比表面积采用湿磨、干磨、润磨和高压辊磨工艺。

4.6　节能减排与余热回收

遵循可持续发展和资源综合利用，节能减排与能源回收已成为当今发展重点。烧结、球团节能主要方向为降低固体燃料消耗、电耗、点火能耗和烧结废烟气余热回收。采用新型除尘设备(布袋加电除尘和新型电除尘器)、废气循环利用(EOS 技术)、烟气脱硫脱硝新技术减少烧结、球团生产产生的粉尘、SO_2、NO_2、二噁英等污染物排放，建设清洁生产的新世纪烧结厂、球团厂，提高烧结工艺的市场生存力和竞争力。

4.6.1　烟气净化

根据烧结、球团烟气波动及烟气污染成分特点，以及国际社会对环境污染治理要求的变化，目前国际上烟气治理以干法、半干法为主。西欧在烟气净化处理时，必须同时考虑脱硫、除尘、去除二噁英、重金属、氯化氢、氟化氢和有机碳 VOC，因此，西欧采用的均是半干法烟气脱硫。日本从 2000 年开始控制二噁英，烟气治理均采用活性炭吸附，而且越来越多的原有湿法改造成活性炭吸附工艺。采用湿式 Airfine 系统，属于治理二噁英的 BAT 技术，只能脱除二噁英和重金属[4]。

国内烧结烟气脱硫最早是 2004 年广州钢铁厂 24m² 烧结机，采用的是双碱法。随着国家烟气减排力度不断加大，钢铁行业烧结烟气脱硫工作快速发展。截至 2011 年，已建成投入运行的脱硫设施 110 多套，包括首钢京唐和太钢大型烧结机。

“十一五”时期，烧结烟气脱硫采用的技术主要有湿法、干法、半干法。根据已建脱硫装置运行情况看，选用不同技术产生不同效果。目前有些脱硫装置由于选用的脱硫技术问题，脱硫效率低，同步运行率低，达不到设计的减排效果。从环保治理趋势看，干法脱硫更适合治理烧结烟气。首钢京唐 2×550m² 烧结机采取生石灰半干法脱硫工艺；太钢 450m² 烧结机引进日本活性炭脱硫工艺，实现烟气“五位一体”治理，得到副产品硫酸，实现资源回收利用。目前，国家已着手球团烟气治理，首钢矿业公司一系列球团烟气脱硫工程已报批，完成初步设计。

4.6.2　余热回收

烧结余热回收属于中低温余热回收，主要是指烧结机的废气余热和环冷机废气带出的烧结矿显热，进行预热烧结混合料、热风烧结和余热发电。烧结余热回收在国内起步较晚。当前大多钢企烧结厂都在开展烧结余热回收工作，回收烧结环冷机的一、二冷段热空气的高品质热源换热[5]。链箅机—回转窑球团主要回收环冷机冷却球团矿产生的余热，对于规格较大的环冷机分为四个冷却段，高温段热源进回转窑、中温段引入链箅机预热段、中低温段引入链箅机鼓风干燥段；以充分利用工艺过程的显热达到节能降耗的目的。

4.7　低品位含铁原料加工

在钢铁生产中，少量低品位含铁原料的使用是不可避免的。因为在钢铁生产过程中必然有一定量含铁、碳的尘、泥产生。这些资源必须回收利用，实现循环经济。在先进的钢铁生产中，这些“杂料”都采用生产成(预还原)金属化的炉料，供高炉冶炼使用。通过预还原使其铁品位得到大幅提升，呈金属态，而且对高炉冶炼十分有害(侵蚀炉衬、循环富集结瘤、破坏焦炭质量、破坏高炉顺行)的锌、锡、铅、钾、钠等元素进行有效脱除。这样的预还原炉料在高炉中也不再需要还原，对高炉节焦(能)十分有利[6]。

另外，在预还原过程中可以回收锌，形成的高品位锌精矿具有很高的经济价值，可获得更高的经济效益。这一技术在日本、美国、德国都有成功实践的先例。目前在中国也已开始这方面的工业实践，也显现出良好的效果。其中广泛采用的方法是采用转底炉(RHF)来生产预还原块状炉料，首钢迁钢粉尘治理转底炉工程已进入初步设计阶段，也可采用回转窑还原工艺。目前需要进一步研究改进的是如何尽可能提高预还原金属化率，才能取得更好的冶炼效果。预还原炉料铁的金属化率应在 85%以上，脱锌率应在 90%以上。

5 结语

综上所述，合理的炉料结构对高炉炼铁节能减排至关重要，原料是高炉炼铁的物质基础，精料是高炉顺行、优质、高效、低耗及长寿的重要保证。必须认真研究和解决好高炉炼铁的炉料结构问题，提高精料质量。

（1）钢铁企业依据国家“十二五”规划对钢铁企业的要求，结合自身矿源及情况，采用技术和经济相统一的原则寻求适宜的高炉炉料结构，以获取良好的高炉冶炼综合经济效益；加强高炉大型化，提升炼铁技术。

（2）围绕高炉高效生产，以工艺技术最优化、经济效益最佳化为原则，提高烧结矿、球团矿、块矿等含铁原料先进生产工艺技术；加强烧结、球团大型化发展，实现整个烧结厂、球团厂功能、结构、效率协同化的大型化是大型烧结球团设计建造的基本理念，实现工艺流程的紧凑化、集约化。大型烧结、球团以开发应用各项技术为基础，以先进指标、节能减排、减少污染、余热利用为目标，更加注重综合技术经济指标和技术水平的整体提升。

（3）钢铁生产过程中产生的、数量不少的含铁尘泥和必须使用的低品位铁料和矿粉，应生产成金属化率高、有害金属元素残存率低、粒度均匀的块状炉料供高炉使用，达到铁资源的回收和综合利用，实现循环经济的目的。

参考文献

[1] 刘琦. 我国钢铁企业生铁成本的调查分析[J]. 炼铁, 2001, (2): 4~5.
[2] 韩兆玲. 高炉常用炉料结构类型分析[J]. 钢铁研究, 2003, (3): 58~59.
[3] 董一诚, 全泰铉. 高炉生产知识问答[M]. 北京: 冶金工业出版社, 1991.
[4] 李春风. 我国烧结烟气脱硫工作回顾与展望[J]. 中国钢铁业, 2011, (2): 13.
[5] 毛虎军, 张浩浩, 董辉, 等. 日本烧结余热回收利用技术[C]. 全国能源与热工 2010 学术年会论文集, 2010: 564.
[6] 郝志强, 李香彩. 炉料金属化率对富氧喷煤高炉冶炼过程的影响[J]. 钢铁研究学报, 2000, 12(S1): 81.

（原文发表于《工程与技术》2012 年第 2 期）

首钢粒化高炉矿渣粉生产工艺技术综述

崔乾民　李长兴

(北京首钢国际工程技术有限公司，北京 100043)

摘　要：粒化高炉矿渣粉作为水泥的混合料和混凝土的掺合料，2000 年之后在我国得到了广泛应用，为国家节约了大量不可再生的宝贵资源。2004 年，首钢与香港嘉华建材有限公司合资建设的年产 60 万吨矿渣粉生产线投产，之后首钢在结构调整搬迁“一业多地”的发展中，又相继建设了 8 条矿渣粉生产线，矿渣粉总产量达 570 万吨。本文详细介绍了首钢生产高炉矿渣粉所采用的立磨粉磨矿渣工艺技术、生产工艺流程以及设计特点等。

关键词：高炉矿渣粉；立磨工艺；技术特点

1　引言

粒化高炉矿渣粉是以符合国家标准要求的粒化高炉矿渣为主要原料，可掺加少量石膏经干燥、粉磨制成的一定细度的粉体。其作为水泥的混合料和混凝土的掺合料，在我国得到了广泛应用，使得高炉矿渣这一高炉冶炼产生的副产品得到了充分利用，为国家节约了大量不可再生的宝贵资源。首钢与香港嘉华建材有限公司合资建设的北京首钢嘉华建材有限公司年产 60 万吨矿渣粉生产线于 2004 年投产，之后首钢在结构调整搬迁“一业多地”的发展中，又相继建设了秦皇岛首秦嘉华建材有限公司 1 条年产 60 万吨矿渣粉生产线、唐山曹妃甸盾石新型建材有限公司 4 条年产 60 万吨矿渣粉生产线、迁安首钢嘉华建材有限公司 1 条年产 90 万吨矿渣粉生产线和三河首嘉建材有限公司 3 条年产 60 万吨矿渣粉生产线（其中 1 条线为预留）。这些矿渣粉生产线均采用成熟且先进的立磨粉磨矿渣工艺技术，并且运行稳定可靠，产品质量稳定，取得了良好的经济效益、社会效益和环境效益。

2　生产工艺选择

矿渣粉磨工艺的选择既要考虑矿渣是一种较难粉磨的物料，要求成品有相当高的比表面积，同时还要充分考虑入磨矿渣水分较高（可达 15%）这一特点，选择的粉磨工艺必须工艺简单，烘干能力大，粉磨能耗低，技术成熟，运行可靠。

目前，世界上常用的矿渣粉磨工艺按粉磨设备分，主要有振动磨工艺、球磨机工艺、辊压机工艺、立磨工艺等。

2.1　振动磨工艺

矿渣经过计量后送入振动磨，经过粉磨后从振动磨出来的产品即是成品。该系统工艺比较简单，对操作人员要求不高。粉磨比表面积为 420m^2/kg 的矿渣粉单位电耗约为 80～90kW·h/t。该系统单机生产能力小，维护费用较高，产品细度调节困难，质量不稳定。此种粉磨工艺在矿渣粉磨技术发展中起到了一定的作用，现在基本上已没有企业采用此种工艺进行矿渣粉磨。

2.2　球磨机工艺

球磨机粉磨工艺包括开流粉磨工艺和圈流粉磨工艺。

2.2.1　开流粉磨工艺

矿渣经计量后送入球磨机，经过粉磨后从球磨机出来的产品即为成品，该工艺具有工艺简单，生产可靠，对操作人员技术要求低，投资省的特点。粉磨比表面积为 420m^2/kg 的矿渣粉单位电耗约为 100kW·h/t 左右。该工艺在生产时，磨内细颗粒间会产生静电吸附现象，粉磨效率低，能耗大，单位产品成本高，单机能力小，而且产品细度调节困难。该工艺是最早应用的矿渣粉粉磨技术，目前这种高能耗的粉磨方式不适合现代化企业的发展方向。

2.2.2　圈流粉磨工艺

与开流粉磨工艺相比，具有产品细度调节方便，可以减少物料过粉磨现象，粉磨效率相对较高，单机能力有所增加，但系统复杂，单机能力小的问题仍然存在。与先进的粉磨工艺相比，粉磨比表面积为 420m^2/kg 的矿渣粉单位电耗达 75kW·h/t 以上，研磨体消耗量在 300g/t 以上，生产成本较高。

2.3 辊压机工艺

辊压机粉磨工艺包括终粉磨工艺和半终粉磨工艺。

2.3.1 终粉磨工艺

矿渣经计量后送入辊压机挤压粉磨，从辊压机出来的料片经打散机打散后，直接送到选粉机，选粉机选出合格的成品，粗颗粒返回辊压机重新粉磨。该系统充分利用了辊压机的高效粉碎机理，粉磨效率高，能耗低于球磨机粉磨系统。粉磨比表面积为 420m^2/ kg 的矿渣粉单位电耗约为 50kW·h/t 左右。但由于经辊压机挤压粉磨的物料中细粉含量相对较少，因而循环负荷很大，一般在 8 倍喂料量以上，成品中微粉量不够，成品质量虽能满足要求，但相同比表面积的产品质量比球磨机及立磨粉磨的产品质量差。此外，单机生产能力仍然较小。

2.3.2 半终粉磨工艺

矿渣经计量后送入辊压机挤压粉磨，从辊压机出来的料片经打散分级机分选后，粗料（粒径＞2mm）返回辊压机再次挤压，细料（粒径≤2mm）送入球磨机系统进行粉磨。该系统利用了辊压机的高效粉碎机理，粉磨效率高，能耗低于球磨机粉磨系统。粉磨比表面积 420m^2/kg 的矿渣粉单位电耗约为 60kW·h/t 左右。此种工艺虽然克服了辊压机终粉磨系统相同比表面积的产品质量不如球磨机及立磨粉磨的缺点，但循环负荷率仍很大。此外，工艺流程复杂，对操作人员要求较高，占地面积较大，投资较球磨机系统和辊压机终粉磨系统都大。

2.4 立磨工艺

立磨最初是用来粉磨煤粉，其规格也较小，20 世纪 70 年代后期开始应用于粉磨水泥生料，规格也越来越大，20 世纪 80 年代中期以来，随着立磨的不断改进和新型耐磨材料的研究发展，立磨粉磨水泥熟料取得了成功，与其他粉磨工艺相比，立磨工艺具有集烘干、粉磨、选粉于一体，系统简单，单机产量高的优点，特别是对于粉磨高水分的物料可以不单独设烘干设备，因而系统投资和运行维护费用较低，系统可靠性高，系统的粉磨电耗低，粉磨比表面积 420m^2/ kg 的矿渣粉单位电耗约为 45kW·h/t 左右。而粉磨产品的颗粒形状优于辊压机终粉磨系统生产的产品，因此在相同的比表面积下，其产品性能较好。

20 世纪 80 年代后期以来，世界各国的立磨制造商在立磨粉磨矿渣工艺上做了大量的研究工作，取得了丰硕的技术成果，十几年来的使用情况表明，立磨粉磨矿渣工艺已是一种成熟且先进的矿渣粉磨技术。目前德国 Polysius 和 Loesch 公司，日本的川崎、三菱、宇部公司都拥有成熟可靠的立磨粉磨矿渣技术。

已建设矿渣粉生产线的各大钢铁企业大多都采用立磨工艺进行矿渣粉生产，通过实地考察并综合考虑首钢矿渣粉磨特性和以上几种粉磨系统的优缺点，首钢的粒化高炉矿渣粉磨均采用立磨工艺。

此外，环辊磨、卧辊磨作为新型粉磨设备，在国外已有少量使用，并取得了良好的效果，但作为矿渣终粉磨设备在国内还没有业绩，此外，由于制造技术要求较高，设备分交量少，其价格高于立磨和辊压机，对环辊磨、卧辊磨技术的进一步发展将密切关注。

3 生产工艺流程简述

矿渣粉生产线包括矿渣储存及输送，矿渣粉磨及废气处理、矿渣粉储存及散装、公辅设施等系统。由于生产规模、总图位置、投资控制、建设周期、烘干热源及业主要求等不同，使得每条生产线的工艺布置、设备配置等各有特点，但工艺流程基本一致，以北京首钢嘉华建材有限公司 60 万吨/年矿渣粉生产线为例，对其生产工艺流程进行描述，工艺流程图见图 1。

工艺流程是:矿渣由汽车运输进厂卸至联合储库内储存， 然后通过抓斗取料，进入受料仓，再经过带式输送机送入配料站的矿渣仓内储存；石膏采用汽车运输进厂，卸到堆场，采用前装机给入受料仓，再经过斗式提升机送入配料站的石膏仓内储存。仓下设有定量给料机，仓内的矿渣、石膏由定量给料机定量卸出，经带式输送机送到立磨。为防止金属块进入磨内，入磨带式输送机上设有金属探测器和电磁除铁器。

由原料系统送来的矿渣经气动翻板阀、锁风喂料阀喂入立磨内烘干并粉磨。喂入磨机的物料被磨辊在旋转的磨盘上所挤压，在一定负荷下被粉碎，粉磨后的物料被热风即上升承载空气送入位于立磨上部的高效选粉机中分选成粗粉和细粉；细粉即成品由袋式收尘器收下，经斜槽、提升机等输送设备送入成品仓；粗粉落在磨盘上再次粉磨，为了节能，一部分粗粉排出立磨经提升机、除铁器、输送机等设备送回立磨内再粉磨。废气经高效袋式收尘器除尘后由排风机经烟囱排入大气，烘干热源由燃气热风炉提供。

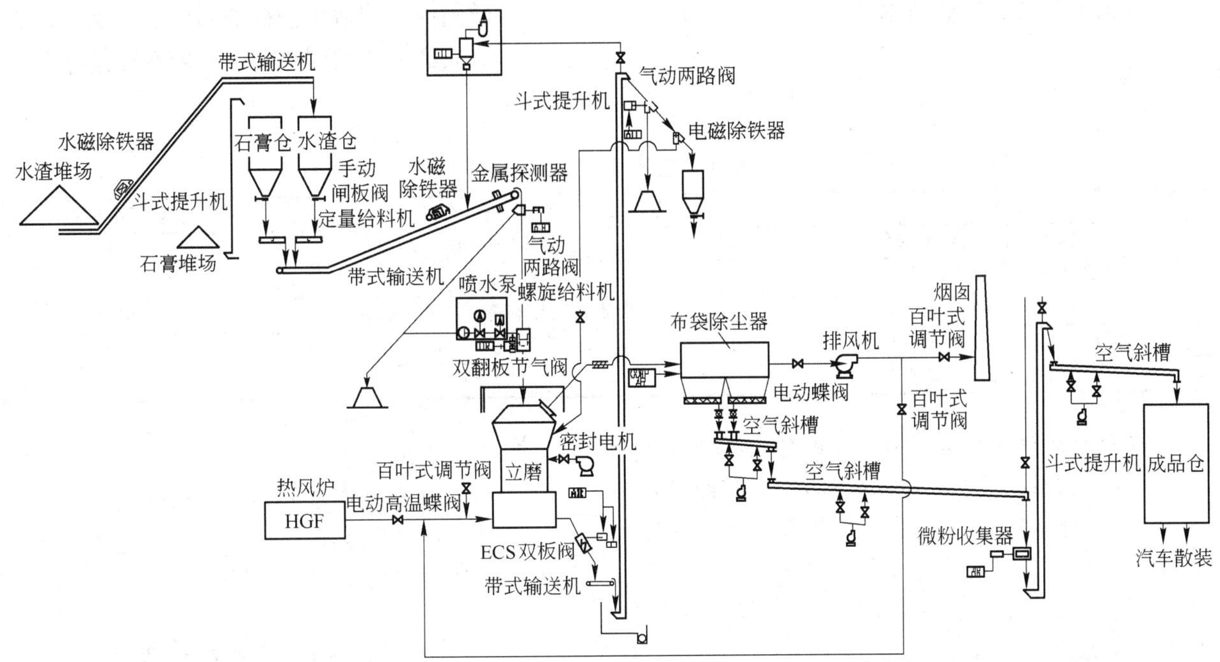

图 1　北京首钢嘉华建材有限公司 60 万吨/年矿渣粉生产线流程图

合格的矿渣粉经提升机、空气斜槽送入 3 座 ϕ15m×40m 和 1 座 ϕ8m×25m 矿渣粉库内储存。矿渣粉库内设有开式充气斜槽，充气后，矿渣粉可以通过库底卸料设备、汽车散装机送入散装车中运输出厂。以上系统，各扬尘点均设有高效袋式收尘器，以保证排放浓度满足国家和当地环保标准的要求。

4　主要技术特点

首钢在结构调整搬迁“一业多地”的发展中，成立了 5 家矿渣粉合资生产企业，共计 9 条生产线，年产矿渣粉达 570 万吨。全部采用成熟且先进的立磨粉磨矿渣工艺技术，其工艺流程基本一致，但工艺布置、设备配置等各有特点。

4.1　波状挡边带式输送机的应用

在三河首嘉建材有限公司矿渣生产线的矿渣输送系统中，采用波状挡边带式输送机将矿渣提升到配料站,布置形式为垂直“S”型，提升高度 37m，见图 2，提升部分为垂直布置，省去了土建通廊。若采用普通带式输送机同样提升 33m 的高度,按倾角 16°计算,则需要增加水平长度约 115m,见图 3。

采用波状挡边带式输送机可大量节省设备占地面积，降低投资费用；输送带采用整体环状结构，便于维护、更换；也特别适合于场地紧张、布置受限的情况。

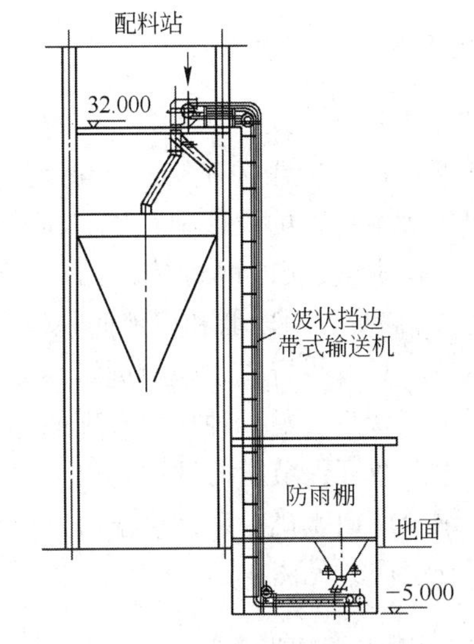

图 2　挡边输送机布置形式

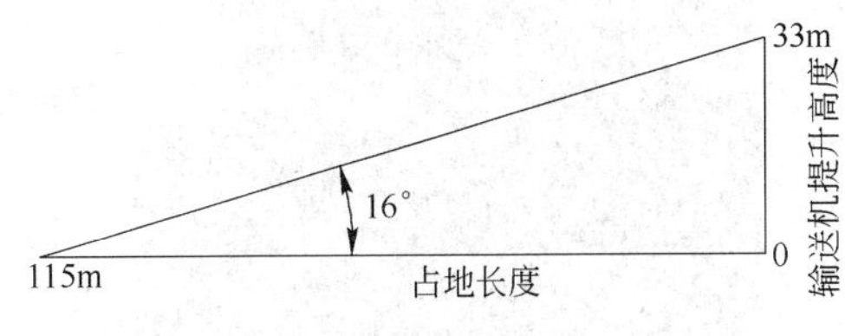

图 3　输送机长度及占地长度

4.2　采用两级除铁系统

除铁器和金属探测器是立磨和带式输送机的重要保护设备，在进入配料站、再到立磨的带式输送机上，及磨外循环的设备上均设置了除铁设施，使进入立磨的物料尽可能是合格品，保证立磨的稳定运行，提高生产线的作业效率。

4.3 立磨的选择

目前国内外制造用于矿渣粉磨的立磨生产商很多，但是立磨形式大同小异，5 家企业选择的立磨见表 1。

表 1 立磨形式选择一览表

企业名称	立磨形式	立磨厂房形式
北京首钢嘉华建材有限公司	德国 Polysius	封闭
秦皇岛首秦嘉华建材有限公司	日本宇部	封闭
唐山曹妃甸盾石新型建材有限公司	唐山盾石机械制造有限责任公司	不封闭
迁安首钢嘉华建材有限公司	日本宇部	不封闭
三河首嘉建材有限公司	日本宇部	不封闭

四家企业选择了进口立磨，一家企业选择国产立磨。进口立磨具有坚固、可靠、耐用、维修率较低的优点，但价格较高，为了降低投资，采用引进目前国内尚不能提供的关键设备和技术，部分设备来图加工、部分设备国内采购的办法。国产立磨价格便宜，但故障率较高。

企业可根据资金情况、建设周期、矿渣特性、矿渣粉质量要求等来选择进口或国产立磨。

4.4 大型钢板库的应用

4.4.1 组成及特点

在迁安首钢嘉华建材有限公司和三河首嘉建材有限公司矿渣生产线的设计中，矿渣粉储库采用了大型钢板库技术，传统的钢筋混凝土库具有投资高、建设周期长、储量相对较低和占地面积较大等弊端；而大型钢板库具有投资省、建设周期短、储量大和占地面积小等特点，是一种比较合理的选择，也符合矿渣粉生产线环保节能的发展要求。

大型钢板库由基础、库体、出料系统和控制系统四个部分组成，见图 4。

图 4 大型钢板库组成示意

大型钢板库具有的特点：（1）可以防止库内结露；（2）实现物料二次均化；（3）实现低料位出料；（4）具有物料清空功能；（5）库顶除尘实现无功耗的自滤尘功能；（6）投资低；（7）建设周期短；（8）占地面积小。

4.4.2 应用

（1）在迁安首嘉建材有限公司的应用

该公司年产 90 万吨矿渣粉生产线选用了 2 座储量为 1 万吨的钢板库，主要参数见表 2。

表 2 1 万吨钢板库主要技术参数

项目		参数
库体	高度/m	21.45
	直径/m	22.5
基础	高度/m	3.6（地上 0.8）
	直径/m	23.3
库顶高度/m		3.5
出料方式		气动、机械
压缩空气	压力/MPa	0.6
	流量/$m^3 \cdot min^{-1}$	15
出料	能耗/$kW \cdot h \cdot t^{-1}$	0.4~0.5
	能力/$t \cdot h^{-1}$	200~300

（2）在三河首嘉建材有限公司的应用

该公司 3 条年产 60 万吨矿渣粉生产线（其中一条线为预留），配套建设 2 座 2 万吨大型钢板库，主要参数见表 3。

表 3 2 万吨钢板库主要技术参数

项目		参数
库体	高度/m	27.5
	直径/m	30.0
基础	高度/m	4.0（地上 1.0）
	直径/m	34.4
库顶高度/m		6.0
出料方式		气动、机械
压缩空气	压力/MPa	0.4
	流量/$m^3 \cdot min^{-1}$	20.0
出料	能耗/$kW \cdot h \cdot t^{-1}$	0.4~0.5
	能力/$t \cdot h^{-1}$	200~300

5 结论

采用立磨粉磨矿渣工艺技术设计的生产线，总图布置紧凑、流程顺畅、设备选型经济合理。

立磨粉磨矿渣工艺技术的应用将对高炉矿渣的综合利用，企业节能减排、发展循环经济发挥积极的作用。

参考文献

[1] 王盛，朱重键. 采用立磨生产粒化高炉矿渣粉[J]. 混凝土, 2004, 12: 47~51.

[2] 崔乾民，王欣，徐栋梁. 大型钢板库在首钢高炉矿渣粉生产线中的应用[J]. 水泥, 2012, 1: 25~27.

[3] 北京首钢 60 万吨矿渣综合利用项目可行性研究报告(内部资料).

[4] GB/T 18046—2008, 用于水泥和混凝土的粒化高炉矿渣粉[S].

➤ 烧结技术

新钢 115m² 烧结机工程工艺设计

姜凤春

(北京首钢国际工程技术有限公司，北京 100043)

摘　要：论述了新余工程烧结系统设计中的主要技术特点，从而说明本工程的设计从多方面考虑，既取别人之长，又结合自身的实际情况，采用新技术优化设计，具有一定的先进性和代表性。

关键词：烧结；混合料；点火器

The Design Characteristic of Xinyu 115m² Sinter Plant

Jiang Fengchun

(Beijing Shougang International Engineering Technology Co., Ltd., Beijing 100043)

Abstract: Discussion of technical characteristics in engineering design of Xinyu sinter plant, and the design of the project from many different perspectives, both absorbs the advantages of others, and combined with the actual situation, the use of new technology to optimize the design makes the project quite advanced and representation.

Key words: sinter; mix; ignition

1　引言

江西新余钢铁有限公司炼铁厂现有 4 座高炉，总炉容 1860m^3，年产生铁能力 140 万吨，年需烧结矿 280 万吨；而现有烧结厂仅配备 2 台 24m^2 烧结机和 1 台 33m^2 烧结机，1999 年生产超高碱度烧结矿 143 万吨(R = 2.5)，只能满足高炉 50% 的熟料率，因此，新钢公司决定 2000 年扩建 1 座年产 140 万吨规模的烧结厂，工程于 2000 年 3 月采用总承包方式招标建设，建设工期 1 年。

2000 年 4 月，北京首钢设计院以 9987 万元的总标的与新钢公司签订了建设这项工程的总承包合同，由北京首钢设计院负责工程的设计、施工、设备采购、安装调试以及人员培训等一揽子交钥匙项目，工程命名新钢公司 115m^2 烧结机工程。2000 年 7 月工程正式开始土建施工，于 2001 年 6 月进入设备系统联锁调试，7 月投入生产。

2　原料条件

2.1　原、燃料的来源

新烧结厂使用的含铁原料有 3 种，主要是当地产良山精矿、进口南非矿以及混匀矿(包括外购矿、钢渣、除尘灰等)，精粉使用量要求在 50% 以上。燃料以煤为主，熔剂为石灰石、白云石和生石灰。根据新钢要求，熔剂和燃料都由新钢老烧结厂负责破碎筛分处理，满足使用条件后(粒度 0 ~ 3mm)运进新厂，本设计不包括熔剂和燃料的破碎筛分工序。

2.2　原、燃料的主要化学成分(见表 1)

表 1　含铁原料、燃料、熔剂的化学成分

物料名称	化学成分/%							
	TFe	SiO_2	CaO	MgO	S	FeO	Al_2O_3	lg
良山精粉	65.50	3.5	1.07	0.80	0.534	29.34	1.36	−1.82

续表 1

物料名称	化学成分/%							
	TFe	SiO_2	CaO	MgO	S	FeO	Al_2O_3	lg
南非矿	64.00	3.76	0.41	0.13	0.022	2.67	1.64	0.53
混匀矿	56.46	5.98	3.86	1.56	0.07	20.84	2.03	1.54
石灰石		2.90	50.03	2.07				40.9
白云石		0.46	32.58	18.33				43.86
生石灰		122	35.83	2.66				4.93
煤粉		A_g：13.88　V_g：18.05　C：5.09　S：1.0						

3　设计规模和产品方案

依据新钢公司的烧结生产原燃料条件，采用环冷烧结工艺和小球烧结新技术，确定烧结机利用系数为 1.50t/(m^2·h)，主机设备为 1 台 115m^2 烧结机，配套 1 台 130m^2 环冷机；年作业时间为 8160h，日历作业率为 93%，年产成品烧结矿 140 万吨。烧结厂产品为经过整粒的冷烧结矿(温度≤150℃)。烧结矿的化学成分和理化指标见表 2。

4　烧结厂物料平衡（见表 3）

表 2　烧结矿的化学成分和物化指标

化学成分/%							
TFe	FeO	CaO	SiO_2	Al_2O_3	MgO	S	P
>56.5	10	8.67	4.9	1.18	2.0	0.005	0.05

物化性能			
CaO/SiO_2	还原指数(*RI*)	转鼓指数(*T*) +6.3mm	粒度
1.7	≥65	≥73%	5～50mm

表 3　烧结厂物料平衡表

收入部分			支出部分		
原料名称	%	数量/万吨·年$^{-1}$	产品名称	%	数量/万吨·年$^{-1}$
良山精矿	29.1	80.24	烧结矿	51.11	140.76
南非矿	6.3	17.38	铺底料	8.52	23.46
混匀矿	7.28	20.06	烧结返矿	25.56	70.38
石灰石	2.38	6.56	除尘灰	1.7	4.22
白云石	3.4	9.36	烧损	6.33	17.9
生石灰	1.9	5.35	水分	6.78	18.66
煤	3.0	8.45			
水分	6.78	18.66			
铺底料	8.52	23.46			
烧结返矿	21.56	70.38			
高炉返矿	4.08	11.26			
除尘灰	1.7	4.22			
合计	100	275.38	合计	100	275.38

5　主要工艺技术特点和装备水平

（1）配料系统全部使用计算机自动控制配料，采用变频调速给料设备，提高配料精度。

（2）采用燃料两次分加和小球烧结的新工艺、新技术。在混合工序配备三次圆筒混合机，加强混合料制粒；在二次混合和三次混合之间配加二次燃料，使燃料裹在小球外面，以提高烧结速度，达到增产降耗的目的。

（3）采用烧结机—环冷机工艺，对较复杂或易波动的原料条件适应性强，生产组织灵活；烧结机利用系数较高。

（4）采用热返矿预热混合料措施，有效提高料温，改善混合料透气性，提高烧结矿产量。

（5）采用大风量、低碳厚料层(料厚 550～650mm)生产工艺，强化料层的蓄热作用，有效降低燃料消耗，降低烧结矿中 FeO 含量。

（6）添加生石灰，增强混合料的制粒效果，改善料层的透气性，提高烧结矿产量。

（7）采用完善的铺底料系统，保护烧结机台车本体和箅条，并改善料层透气性。

（8）烧结机采用幕帘式点火器，使用混合煤气，点火能耗 0.12GJ/t(s)。

（9）烧结机结构采用旋转散料收集装置、全悬挂柔性传动和尾部移动架结构等先进技术。

（10）烧结厂主流程设备全部采用 PLC 可编程控制器，实现集中联锁控制生产。

（11）烧结厂主流程设备全部采用 PLC 可编程控制器，实现集中联锁控制生产。

（12）烧结机和成品系统环境除尘均采用高压静电除尘器，烟尘排放浓度≤80mg/Nm^3。

6 烧结厂系统工艺流程

烧结厂系统工艺流程图和设备运行联系图分别见图 1、图 2。

7 烧结生产系统

烧结厂的生产车间主要包括：配料室、一次混合室、二次混合室、二次配煤室、烧结主厂房、烧结风机房、成品筛分间、成品仓、11 个转运站以及水电风等公辅设施。

主体工艺设备共计约 201 台套，主流程设备(除烧结风机、电除尘器外)均由 PLC 控制系统集中控制操作，全厂分为配料室计算机系统和烧结主厂房计算机系统两个独立的控制体系。

7.1 配料室

（1）原料的运输

混匀矿自新钢混匀料场经现有匀-10 皮带机(改造)和铁-1 皮带机从配料室左侧运入 13 号和 14 号矿

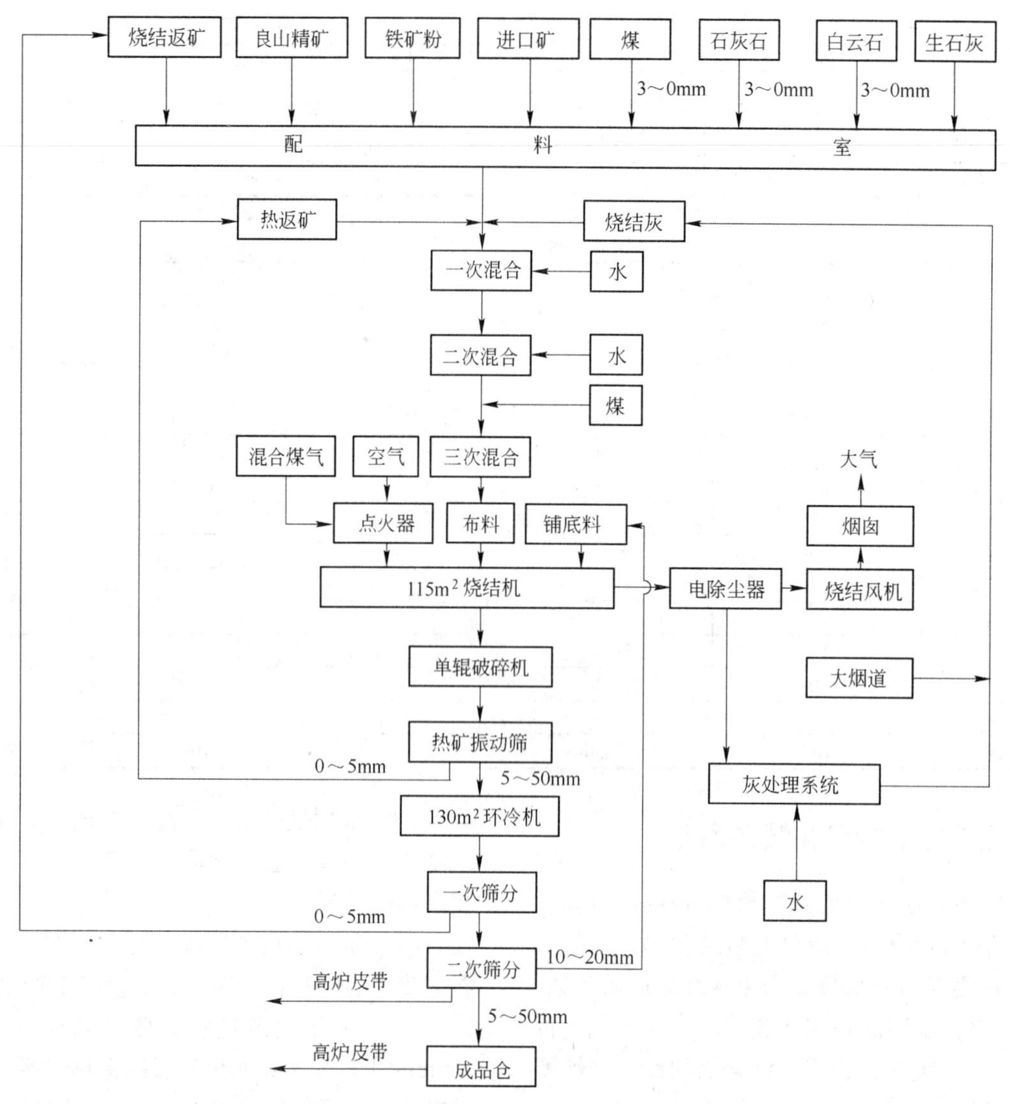

图 1 工艺流程图

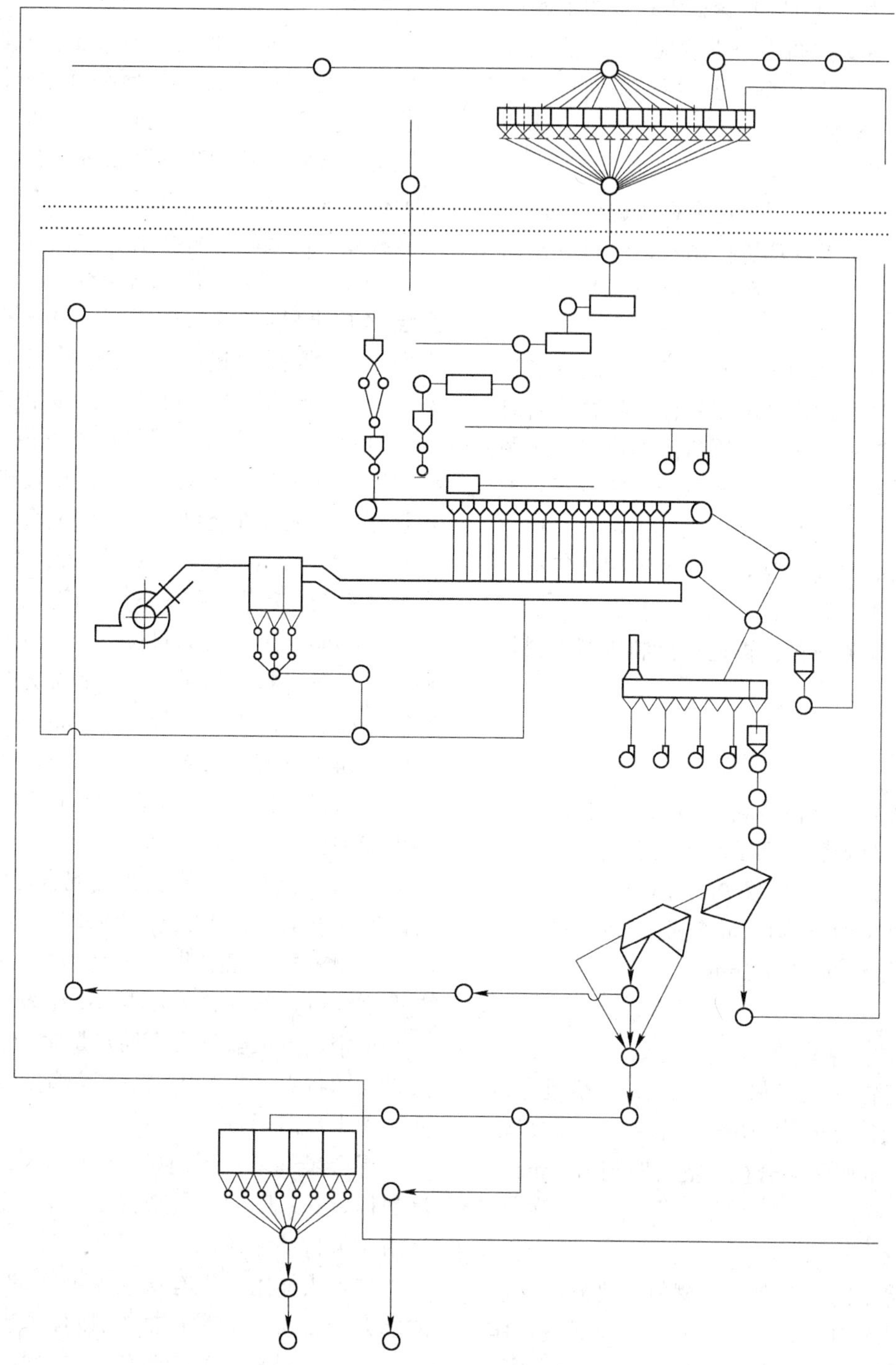

图 2　烧结厂设备运行联系图

仓，良山精矿、南非矿、石灰石、白云石和煤由新钢 5、6 料场经熔燃–1 皮带从配料室右侧运入 3 ~ 12 号矿仓，分时间段运送；熔燃–1 设计为移动卸矿车式皮带，根据料仓料位的情况进行机旁配仓操作。

生石灰由密封罐车运至仓下，通过气力输送进入 1 号、2 号仓。烧结冷返矿经返–1 皮带机进入 15 号仓。

（2）配料室工艺布置

配料室长 104.5m，宽 7.0m，配置 15 个圆筒仓。呈一列式布置。除热返矿外，各种原、燃料及烧结冷返矿均在配料室内集中配料。

料仓总有效容积 2100m^3，分别储存生石灰、石灰石、白云石、煤、良山精矿、南非矿、混匀矿和烧结返矿；料仓设有超声波料位计，料位显示在配料室计算机内。

3 种含铁原料、烧结冷返矿和煤的配料设备为：PDX20 型圆盘给料机(变频调速)+皮带电子秤，共计 9 套；石灰石和白云石的配料设备为：振动漏斗+皮带电子秤(变频调速)，共计 4 套；生石灰的配料设备为：星型给料机(变频调速)+螺旋配消器，共计 2 套；每种物料的给料设备基本为一用一备，自动转换，均可实现定量给料。

（3）配料过程自动化

为保证配料准确，采用重量配料法进行配料。

在配料室设有配料计算机控制室，给料设备和配–1皮带的启、停、调节主要由该控制室内的 PLC 系统集中操作完成。

3 种铁矿原料、煤和烧结冷返矿配料圆盘给料机的给料量控制是通过皮带电子秤检测物料的瞬时料量，反馈给计算机系统，计算机依据设定值对圆盘给料机进行跟踪调速，即时调节给料量；石灰石和白云石的料量检测及调节是由拖料皮带电子秤完成的，由计算机依据设定值对皮带电子秤进行称量跟踪调速；生石灰由于料量较少而且易黏结，所以采用人工体积法检测料量，再通过控制星型给料机的转速来调节。

7.2 一次混合室

从配料室来的混合料经混–1 皮带机，在烧结主厂房尾跨配入热返矿和大烟道除尘灰后进入一次混合室。一次混合室长 14m，宽 9m，内设一台采用开式齿轮传动的ϕ2.8m×7m 圆筒混合机，对混合料进行混匀和润湿，混合时间为 1.7min。

7.3 二次混合室

混合料通过混–2 皮带机进入二次混合机进行造球。二次混合室长 18m，宽 10m，内设一台开式齿轮传动的ϕ3.0m×12m 圆筒混合机，混合时间为 3min。

7.4 二次配煤

根据小球烧结的工艺要求，燃料需要分两次加入，在配料室配入 50%，在二次混合机完成造球作业后配入另外 50%。二次配煤在混–3 皮带上完成。

二次配煤室设在混–3 皮带通廊旁边，内有一个圆筒钢仓，有效容积 100m^3，储量 70t，储存时间 10h；仓顶设有料位计，检测料位；仓下设置圆盘给料机(变频调速)+皮带电子秤，由配料室计算机系统远程操作，向经二混造球后的混合料内定量配入二次燃料。

二次煤采用自卸汽车供应，在二次配煤室设有地坑式受料斗，经大倾角皮带机运送上仓。

7.5 烧结主厂房

烧结主厂房系统主要包括三次混合、布料、点火、烧结、热矿破碎、热矿筛分和鼓风环冷工序，是全厂的主机系统。

烧结主厂房设计：全长 81m，宽 12m；其中高跨长 22.50m，宽 19m，分 4 层；低跨长 58.50m，宽 12m，分 3 层。在标高 21.20m 平台设有烧结主厂房计算机控制室，控制除配料系统设备以外，从混–1 皮带机到成–6 皮带机（出厂成品皮带）之间的所有主流程设备的运行。各作业工序设计如下：

（1）三次混合。经二次混合和二次配煤的原料由混–4 皮带机运至烧结主厂房，进入三次混合工序进行外滚燃料和进一步造球。三混配备 1 台ϕ3.0m×12.0m 圆筒混合机，安装在标高 28.90m 平台，混合时间为 3min。混合机采用胶轮传动，以减轻对厂房结构的载荷与震动。三混后的混合料通过梭式布料器均匀地布在烧结机头部的混合料斗内。

（2）铺底料系统。主厂房标高 35.90m 平台设有铺底料仓，有效容积 30m^3，可存料 2h；仓上设有压力传感器，用来监测料位。当铺底料仓达到上限料位时，发出料满信号，铺底料通过成品筛分间二次筛下漏斗上的电动翻板阀打到成品皮带机上，进入成品输送系统；反之，当铺底料仓达到下限料位时，发出料空信号，再通过上述电动翻板阀向铺底料皮带供料。

（3）点火系统。点火采用混合煤气为燃料，点火温度要求 1150±50℃，点火时间为 1~2min，燃耗 0.12GJ/t 烧结矿，混合煤气热值：7536 ~ 8374kJ/Nm^3。点火系统包括幕帘式点火器和高压鼓风机。

幕帘式点火器具有火焰热量集中、点火强度高、低燃耗的特点，设计中考虑了新钢混合煤气热值稍低、含尘量的影响。

混合煤气来自新钢煤气管网，煤气管道设有蒸汽吹扫装置；助燃空气来自 2 台高压鼓风机，一备一用，可自动切换。

在点火器附近设有煤气报警器，当环境中的 CO 浓度大于 25ppm 时设备报警，以保证现场工人安全。

（4）烧结机及配套设施。本台烧结机设计有效烧结面积为 115m^2，安装在烧结主厂房标高 21.20m 平台，台车宽度 2.5m，有效烧结长度为 46m，侧板高 650mm；烧结机运行速度 0.78 ~ 2.35m/min，生产能力为 172.5 ~ 220t/h。它主要设计特点如下：

烧结机台车本体材质采用低硫球墨铸铁(球化率≥85%)；箅条材质为高铬铸铁。台车设计为整体式结构，主梁与箅条之间设隔热垫；台车两侧下部采用弹压式密封装置；栏板为上下两节式，端部设有可更换耐磨垫(材质 16Mn)。台车数量共计 120 个。

烧结机头部设有铺底料漏斗和摆动溜槽(带可调闸门)，将铺底料均匀地布到烧结机台车上，形成厚度为 30~50mm 的铺底料层。

烧结机头部还设有混合料斗、圆辊给料机和七辊布料器。圆辊给料机传动采用交流变频调速装置，七辊布料器安装角度可调，以便将混合料合理地布到烧结机台车上，料层厚度为 550~650mm(包括铺底料)。

烧结机传动采用全悬挂式柔性传动,配置两台 Y 系列交流变频调速驱动电机,可根据生产情况与圆辊给料机一起通过 PLC 计算机系统进行同步调速。

烧结机下部设有 17 个风箱，前 3 个风箱和后 2 个风箱设有风量调节阀，采用电液动执行机构，机旁操作。

烧结机头尾部密封装置采用转架支板重锤式密封，密封件为金属结构，密封性能良好，可降低烧结机头尾的漏风率。

烧结机润滑系统考虑如下：头部传动采用稀油润滑，中部滑道采用干油集中润滑，台车车轮为定期注油。

烧结机机尾设有工业电视监视系统，可以在烧结主控室内观察到烧结机上料层端面的烧结情况，用于辅助操作。烧结机系统的热工温度和压力由仪表检测，在 CRT 画面上显示。

主厂房标高 16.20m 平台设有小格拉链机，收集烧结机散料，通过斜溜槽将散料送入热矿振动筛。

（5）单辊破碎机。从烧结机上卸下的热烧结饼经单辊破碎机破碎到 150mm 以下，单辊破碎机规格为ϕ1.7m×2.8m，主轴采用水冷式结构，破碎齿为整体式，表面材质为堆焊耐热耐磨硬质合金钢。

（6）热矿筛分。破碎后的热烧结矿进入 1 台 SZR3175 型热矿振动筛内进行筛分，热矿振动筛安装于烧结主厂房尾跨标高 9.50m 平台，筛分面积 23.25m^2。筛下 0~5mm 粒度的作为热返矿进入返矿仓，再通过仓下设备定量配入混–1 皮带机，筛上≥5mm 粒度的通过溜槽进入环冷机。

热返矿仓有效容积 60m^3，配料设备为 1 台耐热圆盘给料机，传动采用交流变频调速，根据返矿仓内的料位调整给料量。

（7）冷却。烧结矿冷却设备选用 1 台有效面积为 13m^2 鼓风式环冷机，冷烧比为 1: 1.13，进料温度 800℃，出料温度 150℃以下，冷却时间 60min，最大处理能力 280t/h；在其内环配置 4 台离心鼓风机，风量 15.6 万 m^3/（h·台），风压 2900Pa。环冷机传动电机采用交流变频调速装置，可与烧结机进行同步调速。

（8）检修设施。烧结主厂房高跨标高 41.50m 设置 1 台 $Q = 32/5$t 电动双梁桥式起重机，用于检修标高 28.90m 平台三次圆筒混合机；沿烧结主厂房低跨长度方向，标高 29.00m 处设置 1 台 $Q = 16/3.2$t 电动双梁桥式起重机，用于检修烧结机、单辊破碎机、热矿振动筛和鼓风环冷机等设备。

7.6 烧结风机房及机头电除尘系统

烧结烟气经大烟道、机头除尘、烧结风机、烟囱，最后排入大气。机头除尘采用 1 台 180^2 三电场电除尘器，进口粉尘浓度 3g/m^3，出口粉尘浓度 80mg/Nm^3。

烧结风机房长 18m，宽 12m，配备 1 台风量 12000m^3/min、升压 15000Pa 的离心风机；检修设备是 1 台 $Q = 20/5$t 双钩桥式起重机。

烧结风机进口设有风量调节门，采用电动执行机构控制；进出风口均设有非金属膨胀节，避免进出风管对风机壳体的挤压。

风机电机选用 T4000-4/1430 型同步电机，功率 4000kW，电压 6000V；防护等级为 IP44，采用空–水冷却方式，冷却水量 40t/h。

烧结烟囱采用钢筋混凝土结构，设计高度 120m，上口内径 4m，烟尘排放浓度 80mg/Nm^3，低于国家排放标准。

烧结风机和电除尘器的控制设备设在烧结风机房内的值班室。

7.7 成品筛分间

冷却后的烧结矿由胶带机运至成品筛分间进行整粒分级，产品按筛分顺序分为返矿、小成品、铺底料和大成品 4 个级别。

考虑到工艺布置紧凑，将筛分设备串联配置在同一厂房内，这样节省基建投资，也便于生产操作管理，减少扬尘点。成品筛分间长 24m，宽 12m，在标高 4.00m 平台配置 2 台椭圆等厚冷矿筛，完成烧结矿的四个分级作业。

一次筛筛板为一段式，筛出≤5mm 粒级烧结矿，作为返矿，送至配料室参加配料；二次筛筛板为两段式，上半段筛板筛下 5 ~ 10mm 粒级，是小成品烧结矿；下半段筛板筛下 10 ~ 20mm 粒级，作为铺底料，运至主厂房铺底料仓；筛上物≥20mm 粒级，与 5 ~ 10mm 烧结矿一起进入成品系统。

成品筛分设备的操作均在烧结主厂房计算机控制系统上完成。

成品筛分间检修设备是 1 台 $Q = 20/5$t 的葫芦双梁起重机。

7.8 成品储存与输送

成品运输为两条路线，一条直接进入高炉上料系统；另一条先进成品仓储存，再进入高炉上料系统。这两条路线的操作可根据高炉生产要求确定，由 9 号转运站上的电动翻板实现转换。这种出料工艺设计使烧结和炼铁生产都更为灵活方便。

成品仓设计为 4 个钢筋混凝土结构圆筒仓，总有效容积约 1800m^3，可储存烧结厂 18h 的产量；成品仓顶配 1 台移动卸矿车，并设有料位计(显示在仓顶值班室)，工人根据料位情况进行配仓。仓下卸料设备为 8 台电机振动给料机。

本次设计成品仓内衬采用一种新型耐磨材料——微晶铸石板材替代了一半面积常规设计的钢轨，节省材料费用 11 万元。

7.9 灰处理

除尘灰处理考虑如下：

烧结机大烟道灰和 180m^2 电除尘器灰均经灰–1 皮带机配入混–1 皮带机，返回烧结流程。其他环境除尘的灰就地上仓加湿后，用汽车运往混匀料场配入混匀矿回收。这种灰处理流程减少了除尘灰的倒运，有效地降低了工程投资，比较适用于中小型烧结厂。

烧结机大烟道下设 14 个灰斗，每个灰斗配 1 台电液动双层卸灰阀，这 14 台电液动双层卸灰阀由一个单独的小型 PLC 计算机系统控制，自动定时卸灰。

180m^2 电除尘输灰设备是 3 台 CX300 型螺旋机，1 台 MS200 型埋刮板输送机和 1 台 LJS-40 型加湿机，加湿后的除尘灰进入灰-1 皮带。

8 结语

新钢 115m^2 烧结机工程总包价 9987 万元，合单位烧结机面积投资仅为 86.85 万元/m^2，这与国内同等装备水平的烧结厂相比是最低的，这也是市场经济条件下的必然结果。按常规，大型烧结工程投资合单位烧结机面积应达到 100 万元/m^2，当初参加该工程竞标的另外两家设计院投资报价都在 1.1 亿元左右，而我们将其控制在了最低的水平。

通过这项工程的建设，我感到最优化的工艺设计是投资控制的基本保证，如何实现工艺的合理、完善、经济，需考虑以下几点：

（1）选择成熟先进的工艺、技术，实现较高的投入产出比。

小球烧结以其高效低耗的技术优势近几年在我国得到了迅速的推广应用，目前在酒钢、济钢、邯钢和首钢矿业烧结厂等生产厂都取得了显著的经济效益，烧结机利用系数均达到 1.5t/（h·m^2）以上，是国内领先水平。

采用 PLC 系统集中控制操作是一个现代化烧结厂的体现，国内自动化程度较高的烧结厂有宝钢、武钢四烧、首钢一烧等几个厂。

（2）主要车间定位方向合理，物流简洁顺畅。

新钢 115m^2 烧结机工程车间占地为长方形地形，限定东西长 350m，南北宽 170m，中间还有一个现存成品堆场不能占用；在这样一个狭长的区域对布置如此规模的烧结厂来说并不是很理想，只有充分考虑周边相关条件，确定合理的物料进出、转运路线以及主要车间正确的定位方向，才能确保整个烧结厂工序流程上的顺畅、总体布局上的合理和投资上的经济；物流简洁，转运线路短，相应皮带设备和通廊设施的投资会显著降低。

（3）相关设备尽量采用前后紧凑的配置方式。

本次成品筛分设备的安装设计采用了 2 台冷矿振动筛直接串联搭接的形式，这借鉴了首钢二烧车间的设计经验，2 台设备共用 1 个厂房、1 台检修天车，节约了设备和土建投资。相比之下，有的厂是建了 2 个单独的筛分间，设备之间还需有皮带衔接，投资自然要增加。

（4）在保证完成作业工况要求的条件下，合理选择设备和材料装备。

在烧结厂中，所有设备的作业率并不一样，有的较高，有的较低。如烧结风机房和成品筛分间的检修天车作业率比较低，而烧结主厂房的天车作业强度就较高；所以，前者选用的是一种电动葫芦型双梁起重机，后者选用的是常规电动双梁桥式起重机，前者比后者的设备价低 30%。

再如成品仓内衬这次选用的微晶铸石板材，耐磨性能优于钢轨，而造价低 50%，在烧结行业是第一次应用。

（5）根据当地的具体条件，合理选择厂房结构。

有的设备厂房需要封闭，有的厂房不需要，若所有厂房都选择封闭，则造成不必要的浪费；而且有些设备甚至不需要厂房。本次工程设计在这方面考虑得不够，比如一、二次混合机室以及成品筛分间是可以不需要全封闭厂房的。

新钢 115m^2 烧结机工程在车间总体布局、主体工艺、设备装备、工业自动化和投资控制几个方面的设计可以说是成功的，取得了业主的满意，我们自身也获益匪浅。

（原文发表于《设计通讯》2002 年第 1 期）

承钢公司烧结厂 4 号烧结机项目工程设计

姜凤春

(北京首钢国际工程技术有限公司，北京 100043)

摘　要：本文介绍了首钢设计院设计承钢公司烧结厂 4 号烧结机总包工程的基本过程，以及在项目中应用的先进工艺技术和存在的问题；同时，总结设计经验教训，对今后的工程设计组织工作提出一些建议。

关键词：优化设计方案；投资控制；机冷烧结工艺；设计组织

The Summary of Chengsteel No.4 Sinter Plant Sintering Machine Project

Jiang Fengchun

(Beijing Shougang International Engineering Technology Co., Ltd., Beijing 100043)

Abstract: The paper introduces the basic process of Chengsteel No.4 sintering machine project, which was hold by BSIET, and the application of the advanced technology and the existing problems in the project. At the same time, the design experience and lessons were summarized, in the future, which could put forward some suggestions for the project design organization.

Key words: optimization the design; investment control; machine cold sintering process; design organization

1　引言

经过近一年时间的紧张建设，承钢公司烧结厂 4 号烧结机(机上冷却，有效面积 275m^2)项目于 2003 年 10 月顺利投产了，该系统设备至今运转正常，产品产量、质量、能耗及环保指标优异，赢得了用户的满意。优秀的工程设计是一个优质工程的基本保证，回顾整个项目的设计工作，总体上说是成功的，但经验与教训并存，认真总结，可作为将来工作的借鉴。

该项目的设计工作基本上可以分为四个阶段，第一阶段是项目前期方案设计，第二阶段是初步设计和签订工程总承包合同，第三阶段是施工图设计，第四阶段是现场施工服务；四个阶段的工作前后衔接，对整个项目的建设、运行起着至关重要的作用；所以，每个阶段的工作内容和质量要求都要严格控制，否则，疏漏的环节就会给项目的实施过程带来工期、质量和投资控制方面的不利影响。同时，设计进度与设备订货和建筑施工进度也需要密切联系，统筹安排。

2　项目前期方案设计

这个项目的方案设计应该说是非常成功的，自 2002 年 8 月底开始，设计人员无数次深入现场勘察，与业主方面紧密结合，共同研究探讨，虚心吸收他们好的想法和建议，一切以用户为出发点，反复比较、调整技术方案，为项目在技术装备、总体布局和投资控制方面达到最优化打下了良好的基础。

项目前期阶段确定了项目厂址选在新厂区，与旧厂共用部分设施；采用首钢多年成熟的机上冷却烧结技术，确定了适宜的主机规模，以及选用英国 Howden 型高效主抽风机、强化烧结混合料造球作业、二次混合机采用瑞典赫格隆公司液压马达驱动、混合料水分自动控制等几项关键的技术方案；实践证明，这些主要的技术决定是正确的。

车间总体布局合理，因地制宜，设备流程简洁，有利于生产作业，并缩短建设工期，同时也是投资控制的关键因素。

设计人员在项目前期阶段的工作是卓有成效

的，充分赢得了业主方的信任，也因此在与另外一个国内著名冶金设计院的同台竞标中优势胜出。

3　初步设计和签订工程总承包合同

该项目初步设计阶段的工作在时间安排上比较紧张，只有 2002 年 10 月份一个月的时间，以致某些设计不周和疏漏由此产生，例如以下几个方面。

3.1　部分配料工艺设备选型不当

1 号转运站内精–1 皮带(原有)向铁–1 皮带分料的电液动犁式卸料器设计为单侧式，对较大流量(200t/h 以上)矿粉的中部截取条件，单侧卸料会发生堵料、漏料的问题；含铁原料设有 5 个矿仓，设计只按同一种铁矿粉考虑计量，没有配置单仓独立的给料计量设备，而实际生产可能会要配入 2~3 种铁矿；熔剂使用的是生石灰和轻烧白云石，气力输送进仓，原设计仓顶排气卸压选用了单滤袋式风帽，结构简陋，生产效果不好，与熔剂配料使用的拖料皮带机同样对车间环境造成了很大的影响，它们共同的缺欠是密封性能差，生产时跑冒灰；这些问题的出现主要在于我们一直延续了多年前的设计形式，对传统设计是否符合生产或是生产已经改进都缺乏了解，也缺少创新精神；上述设备在投产后及时进行了更换。精–1 皮带单侧卸料器改为双侧式，铁矿粉仓分别增加单独计量皮带；生石灰仓下配料设备改成管式螺旋机，仓顶排气风帽换成了 24 袋布袋除尘器。

另外，对铁料仓的振动设备，今后设计时可考察一下仓壁振动器与空气炮两种方式的性能和使用效果，以确定合理的选型。

3.2　辅助专业参与设计的力量弱

辅助专业参与设计的力量弱，力度小，初步设计深度显得不够。这台烧结机是首钢设计院曾经设计过的单机规格最大的烧结机，烧结主厂房也是一个相对复杂的厂房，对土建专业来说在这个阶段应该将其结构形式，柱列分布等方案性的问题认真研究确定；然而，在施工图设计阶段，才决定厂房的①-②轴线之间需补充一个柱列，以便将尾跨的钢结构框架与主体的混凝土框架结构脱开；还有，以后的分析表明主厂房高低跨之间应设膨胀缝，这样厂房的(15)-(06)轴线之间就不会出现 9.0m 跨度，对土建结构梁设计和施工以及空间的使用更为合理。

另外，土建专业在部分工程概算项量上的计算有误，表现在烧结机大烟道钢结构、主厂房、100m 和 50m 烟囱等设施估量不足，对投资控制带来影响。

3.3　今后需注意的问题

总承包合同是在初步设计审查半个月后签订的，来之不易。今后需注意的是：合同上要注明工程自设备单体试车阶段开始，用电和润滑油脂等消耗材料的购置方面需明确归口于甲方。

4　施工图设计

该项目的施工图设计是由首钢设计院和承钢设计院合作完成的，主体工艺设备设计由首钢设计院烧结室完成，其他公辅专业设计由承钢设计院完成；现在看来，这种合作形式是很成功的，不仅顺利地完成了设计任务，节约了人员异地施工配合的成本，也加强了首钢设计院的外部联系，积累了联合设计的经验。

从现场施工过程中所发现的设计问题数量上来看，本次施工图设计的质量是不错的，设计变更的发生量比较以往类似项目都要少得多，工程决算后增补的施工预算仅占总包合同额的 2.5%以下。

这个阶段的工作经验和教训还是比较多的。

4.1　新工艺、新设备的应用

新工艺、新设备的应用，为工程项目增色不少。机上冷却工艺，产品优质、低耗，而且节省投资；还有英国 Howden 技术主风机表现出的高效低噪声，瑞典 HACCLUNDS 公司提供的二次混合机液压马达改传统的电机—减速器驱动形式，设备具有小巧灵活、转速可调、维护量少的特点，赢得了各方的赞誉；可见新技术设备的开发和应用对工程设计的重要性。

4.2　提高主体工艺专业的设计水平

一个项目生产最终是否达标以及施工安装等运作过程是否顺利，很大程度上取决于主体工艺(包括设备)专业的设计质量。比如烧结风机进风总管钢结构管道在试运行中失稳破坏，反映出工艺专业在矩形大断面、高负压条件下结构设计经验上的差距；建议今后的类似条件尽可能采用受力结构形式好的圆形管道。

4.3　复杂设备要认真审核控制

对由外部设备厂自行设计的复杂设备，我方也需要认真审核控制，例如这次烧结机设备设计问题较多，比较突出的有以下几点：

（1）尾部骨架、尾部移动架、尾部星轮和旋转溜槽这四者之间的设计装配关系不合理，按设计如不进行现场拆解处理难以安装就位，而现场大量切割解体再恢复一是影响工期，二是对结构件本身有所损坏。上述结构件实际安装的情况是：先将尾部骨架的 W3 柱在移动架轨道上面部分切断，其次星轮吊起就位，将两片尾部移动架在安装星轮的位置切割成大 C 型结构，然后分别向星轮嵌套，同时尾部移动架就位，再将其被切割的部位焊接恢复；安装在星轮上的旋转溜槽设计、制造成了整体结构，与星轮根本装配不上，最后被分割成了四块；与其如此，就应当将这些结构件设计成分体式。

（2）机头九辊布料器生产过程中有 4 个辊子脱落，原因是齿轮箱向外侧窜动；另外，生产反映设计为 9 个布料辊子，实际布料时只有 4~5 个辊子上面有料，利用率低；检修换辊也不方便。

（3）混合料矿槽四周的直角部位易粘料堵料，后采用 200 宽钢板封住；圆辊给料机上部的小料斗钢结构强度不够，在一次膨料后发生变形；矿槽内原设计为辉绿岩铸石衬板，表面粗糙，也容易堵料，后改为表面光滑的微晶铸石板。

（4）烧结机配套的干油站润滑管路系统，原设计为环绕串联形式，单线路由远，阻力大，以致油泵出油压力达到 40MPa，润滑点注油效果不好；试车后，将润滑管路改造成双线并联形式，单程管路输油距离大大缩短，油泵供油压力降低到了正常的 20MPa 以下。

4.4 设备成套订货的技术协议内容要全面

对设备成套订货的技术协议内容上一定要严格全面，否则，某些设备厂为降低成本，在附属构件的用材上会偏于单薄简陋；例如：设备厂成套的成品振动筛返矿漏斗是采用 6mm 钢板焊接的，常规设计应采用 10mm 以上钢板；还有烧结机小矿槽、单辊破碎机下的电动三通排矿漏斗、二次混合机进出料溜槽(狭窄)也存在同样的问题，设计对其结构尺寸和内衬板的材质、厚度、安装形式没有明确要求，试生产后发生了些问题。另外，对大型设备(如烧结机、风机)附属润滑设备的电控仪表装置需在协议中明确由设备厂配套。

4.5 接收的设备技术资料认真消化分析

对外接收的设备技术资料，工艺专业需要认真消化分析，不合理的地方要及时指出，否则对相关专业设计不利。本项目中的机头 260m^2 电除尘器，设备自重为 890t，宣化电除尘器厂初次提出的基础资料中垂直载荷达到 2600t，水平载荷 80t，对比类似项目设计情况，这些数据是不合理的，按此设备资料土建设计就要增加相当大的混凝土项量，后经与厂家反复协商，要求重新核算，他们将垂直载荷、水平载荷分别降到了 2000t 和 20t 以下。这反映出一些设备厂家对它自己的东西技术上也未必吃得透，还需要我们来进行把关。因为作为总承包项目我们对整个项目负责任。

4.6 堵料磨损问题的建议

针对生产后出现的某些环节堵料磨损问题，建议以后对转运混合料、成品矿的漏斗溜槽受料面全部设计粘贴 12mm 以上厚度的微晶铸石衬板，这种材料外表规则光滑，既不易粘料堵料，还具有很强的耐磨性能。另外，凡成品转运设施的除尘管道弯头部位也要衬耐磨损的材料。

4.7 常规的简单设备设计也要重视

对皮带机等一些常规的简单设备设计也要重视，比如生产反映仅靠前倾槽形托辊防皮带跑偏，作用不明显，还需增加调心托辊；按皮带机设计手册选用的头部漏斗受料面积偏小，头轮下部撒料，头部漏斗的接料范围以将整个头轮包住为宜；或者在头轮底部增加收集散料的簸箕式溜槽。

4.8 加强本专业和各专业之间的施工图会签

在提高施工图资料技术质量的同时，要加强本专业内和各专业之间的施工图会签工作，这是避免辅助专业设计失误的有效保证。烧结主厂房对土建专业来说图纸量较大，建筑和结构图分属不同的几个人设计，要注意各设计人之间的会签，包括建筑与结构、结构与结构；比如大烟道钢结构与厂房框架结构，屋面、墙皮与厂房结构等，避免相碰或对接不上。其他还要注意厂房内的各专业风、水、气管线和电缆桥架水平垂直交叉的矛盾关系，本次设计也出现了燃料破碎间附属电磁站建筑净空高度偏低，不符合电气设备安装规范；35kV 变电站首层以及环境除尘风机的 710kW 电机土建预埋件与设备地脚对不上等专业之间没有协调好的问题。

4.9 监测设施要完善

动力专业的水、气管路设计应将用户接点送到设备的接口法兰，同时相应的检修阀门、温度、压力等仪表监测设施也要完善。管路中的阀门安装标高考虑便于操作的位置。

4.10 图纸存档应规范管理

本次设计对承钢设计院负责的公辅专业施工图图号编排没有能严格按首钢设计院档案室的图纸存档规范进行管理，以致这些图纸在首钢设计院入库时发生了一些问题，原因在于首钢设计院和外院之间的合作设计还不多，管理没有到位。

5 施工现场设计服务

项目的施工现场设计服务工作主要由首钢设计院的总设计师一人负责，承钢设计院相关专业人员配合，项目部的技术人员协助，要求处理问题准确及时，一切以保证工程质量和进度为目的。总设计师在负责设计事宜的同时，也积极参与工程管理，负责与协作单位——首钢矿业公司烧结厂的沟通联络，组织编制了烧结生产设备、操作、安全三大岗位规程。

6 结语

承钢4号烧结机工程项目于2003年11月竣工，至今生产正常；该项目在承钢范围内赢得了很好的市场信誉，体现在工艺先进、能耗低、产品质量好，而且工期短、见效快、节省投资。鉴于4号烧结机工程的良好合作，承钢公司与我院相继又签订了高速线材、3号烧结机改造两个项目的总包合同和干熄焦项目的设计合同。

经过几个项目的设计建设，笔者认为我院还需要加强设计回访工作方面的落实和完善，一方面是本着对用户负责的精神，解决存在的问题；另一方面，正所谓前事不忘，后事之师；设计是百年大计，希望每个设计人员都能真正理解。

现在我院正在完成承负5号、6号烧结机工程的设计和总承包工作，我们有信心，更有理由相信能将承钢以及其他的工程项目设计做得更好。

（原文发表于《设计通讯》2004年第1期）

首秦一期工程烧结系统工艺设计特点

李文武

(北京首钢国际工程技术有限公司，北京 100043)

摘　要：论述了秦皇岛首秦工程烧结系统设计中的主要技术特点，从而说明本工程的设计从多方面考虑，既取别人之长，又结合自身的实际情况，采用新技术优化设计。具有一定的先进性和代表性。

关键词：烧结；混合料；点火器

The Design Characteristic of Shouqin Sinter Plant

Li Wenwu

(Beijing Shougang International Engineering Technology Co., Ltd., Beijing 100043)

Abstract: Discussion of technical characteristics in engineering design of Qinhuangdao Shouqin sinter plant, and the design of the project from many different perspectives, both absorbs the advantages of others, and combined with the actual situation, the use of new technology to optimize the design makes the project quite advanced and representation.

Key words: sinter; mix; ignition

1　引言

目前，随着国内外钢铁企业的不断发展，烧结生产也逐步向大型化迈进，控制水平不断地提高，烧结矿的质量也在不断地提高。例如江苏淮钢、秦皇岛首秦等，其烧结机规模都在 150m^2 左右。部分钢铁公司为满足现有高炉炉料的要求，都在原有基础上扩大了烧结规模，例如承德钢铁公司、广东韶关钢铁公司、包头钢铁公司等。国外的烧结生产也在发展。例如我院为印度布森等钢铁厂设计的 198m^2、300m^2 等一系列烧结方案，为泰国伟成发做的烧结方案等。

从 2003 年 1 月起，首钢设计院就开始进行首秦项目的前期工作，总公司也多次组织有关领导、现场人员、设计院人员进行讨论，经过反复的优化、比较，本着“紧凑型、高效型、循环型、节能型、清洁型、环保型、数字型”的原则，最终确定了烧结系统采用环冷烧结工艺，配备 150m^2 烧结机和 170m^2 环冷机的设计方案。本方案在工艺布置上、设备选用上、烧结技术的应用上与其他烧结厂有着较多的不同点，从而体现出其自身的特点。

2　工艺设计特点

2.1　工艺流程简洁，便于生产操作和管理，整体性更强，占地面积小

烧结从配料室→混合室→烧结主厂房→成品筛分间→炼铁联合料仓的烧结矿成品仓，各工序之间只用一条胶带运输机连接，整个烧结区域内只有一个转运站，工艺布置非常紧凑。一、二次混合机布置在同一厂房中，采用溜槽直接连接的形式，改变了常规设计中胶带机连接工艺，使得流程更加简洁，而且便于生产管理。采用这种工艺后，其占地面积比同等规模的常规烧结厂减少了近二分之一，胶带机及通廊数量减少了近一半，减少投资，降低成本。

2.2　采用新形式、新技术，提高设备的使用性能，降低能耗，减少运行成本

烧结系统混合工序配备两台圆筒混合机，并加大二次混合机的规格，延长混合制粒的时间，进一

步提高混合料造球效果。圆筒混合机采用雾化水技术，在二次混合工序设水分自动测量监控系统，可以实现混合料水分和混合料量的检测，有效控制和调节烧结混合料的水分，稳定生产。一、二次混合机均采用摩擦传动，即液压马达直联托轮，托轮旋转摩擦轮带使筒体运转，省去了传统的大齿圈、小齿轮及润滑装置，使布局简化呈纯两点支撑，筒体受力均匀，运转平稳可靠，安装维修方便，维护成本大大降低。采用液压马达驱动，这种驱动方式是通过调节液压泵的排量，实现无级调速、慢速同步启动，省去了减速箱，可以直联，结构紧凑，重量轻、噪声低、开停车操作方便。混合机电机功率比传统的驱动方式降低了15%~20%。

采用环冷机冷却烧结矿，冷却效果好，台车利用率较高，而且与机上冷却相比较，电耗低，系统采用170m^{2}鼓风环冷机，配备三台33×10^4 m^3/h的鼓风机，电机功率为3×500kW，而一台150m^{2}机上冷却烧结机，冷却风机风量为90×10^4 m^3/h，电机功率为2750kW。相比之下，电耗降低了45%。生产运行成本也随之降低。

另外，在环冷机一冷段设计考虑余热利用设施，主要设施包括汽包、换热器、烟囱、水箱、水泵及管道。充分利用环冷机的高温废气(350~450℃左右)，产生过热蒸汽，蒸汽量为12t/h，压力1.3 MPa，温度270~300℃，并入厂区管网，供烧结和其他用户使用。节约能源，降低能耗。

2.3 采用蒸汽预热混合料，有效提高料温，改善混合料透气性，提高烧结矿产量

据有关数据显示，平均每吨烧结矿消耗蒸汽20~40kg，料温可以提高10~15℃，烧结矿产量可以提高10%~20%[1]。在以往设计中，混合料加蒸汽是在二次混合机内实现的，这种工艺的缺陷是经过蒸汽预热过的混合料又经皮带机运输、转运送到烧结机头部料斗，这一过程降低了混合料的料温，削弱了预热的效果。

本设计蒸汽改为在二混加一部分，另一部分蒸汽加在烧结机头部混合料斗中，混合料斗上设有蒸汽管和调节阀门，这样预热后的混合料直接布到烧结机台车上，热损失少，有效的提高了料温，改善了混合料的透气性，而且降低了蒸汽消耗量，节能降耗效果显著。

2.4 优化工艺布置，提高烧结混合料质量，利于生产操作

在主厂房的工艺设计中降低混合料给料胶带机与梭式布料器之间的高度，将上下两层平台的高差减小到1.50m，尽量减少落差对混合制粒后的混合料的损坏，从而改善料层的透气性。另外，在以往设计中，烧结机头部混合料斗的容积偏小，造成在运行状态产生波动时，混合料斗时空时满，过程缺少缓冲时间。本次设计在一定程度上加大烧结机头部混合料斗和铺底料斗的有效容积，为烧结生产中的临时调整留有一定的缓冲时间。

2.5 烧结机使用高炉煤气点火，采用煤气、空气双预热点火器

在众多烧结厂中，烧结多采用焦炉煤气或混合煤气点火，煤气发热值高，能够实现点火温度的要求。高炉煤气因其发热值低，直接用于烧结点火达不到点火温度的要求，所以大量的高炉煤气被放散，造成能源浪费和环境污染，是不经济的。针对上述问题，本设计使用高炉煤气点火．采用煤气、空气双预热点火器。点火系统有点火器（包括点火烧嘴、炉体、炉子结构、滚轮、空煤气管道等）和双预热炉（包括烧嘴、燃烧室、空气换热器、煤气换热器、烟气调节阀、烟囱、空煤气管道等），从管道引来的高炉煤气和空气通过烧嘴在燃烧室中燃烧产生大量的高温烟气，在烟囱抽力的作用下流经空气管状换热器和煤气管状换热器，热交换是在管外的高温废气与管内流动的空气和煤气之间进行的，最终实现高温烟气放出热量，管内流动的空气和煤气得到热量，使空气被加热到450~500℃，煤气被加热到300~350℃，加热后的空气、煤气送到点火器烧嘴中，在炉膛中燃烧，由于被加热后的空气、煤气带有足够的物理热参与燃烧，所以能够达到点火温度的要求（1100±50℃）。

点火器与双预热炉采用上下分开式布置，便于设备的安装和检修。

2.6 灰系统的运输

灰系统主要包括烧结机头电除尘器收集的灰、环境除尘器收集的灰，在大多烧结厂中往往将这些灰通过螺旋机、埋刮板运输机、胶带机集中起来，然后用加湿机加湿后用胶带机运到烧结配料室料仓或料场存放。工艺过程繁琐，运输环节多，设备故障率高，而且造成二次扬尘，影响厂区环境。针对这种情况，本次设计采用吸引压送罐车运输，将各除尘设施的除尘灰直接运送到烧结配料室除尘灰料仓，然后经定量给料设备参加烧结配料。除尘器下面只设计了卸灰阀和输灰管道，工艺布置简洁，降低了除尘器高度，而且简单易操作，减少了岗位操

作和电气控制系统。并且在吸、送过程中不会造成二次扬尘，保证满足环保要求。

2.7 取消了小格拉链机，减少设备投资和维修量

大多数烧结厂烧结机台车下面的散料通过小格拉链机收集，然后给到机尾矿槽中，小格拉链机零部件多、故障率高、维修量大。针对这些问题，本次设计中取消了小格拉链机，烧结机散料通过漏斗、溜槽直接给到烧结大烟道下面的运灰胶带机上，再给到环冷机下面的烧结矿胶带机上送往成品筛分间，充分回收散料中的烧结矿，提高成品率。并且流程简化，减少了设备投资和设备故障率，降低了设备维护和维修量。

2.8 系统的自动控制

烧结车间主流程生产系统设备全部采用PLC可编程控制器，实现主流程生产全过程设备联锁集中自动控制。

2.8.1 设备的启、停形式

顺序启动：系统启动时，自生产系统的最终设备(成–3 胶带机、返–2 胶带机)开始，逆物料运输方向，依次延时启动，一直到最上游的设备启动完毕后，启动完成。

同时启动：从一次混合机起物料上方的设备，在同时停止之后，启动时必须同时启动。

顺序停止：停机时，先停物料流动方向最上游的设备，并顺物料流动方向顺序停止各设备运转。

同时停止：烧结系统的设备可以实现同时停止的操作。在主控室进行操作。

事故停止：对于联锁的设备，当由于某种事故原因而实行事故停机时，主控室或机旁事故开关，联锁设备可以同时停止。

机旁操作：对于联锁的设备，能够在机旁操作。

2.8.2 烧结系统整个工艺过程的自动检测项目

烧结系统整个工艺过程都设有自动控制和检测，对主要工艺参数进行自动显示、记录、报警和调节。主要自动控制系统有：自动配料系统、混合料水分的控制系统、铺底料和混合料斗料位的控制系统、点火炉煤气、空气比例调节系统、台车速度的控制系统、烧结主抽风系统的自动控制、余热利用的控制系统；主要的检测项目有：各种料仓料位的检测与控制；混合料水分的检测与调节；风箱的温度、压力的检测；点火器及预热炉用煤气、空气流量和压力的检测、热风及热煤气温度的检测；点火温度的检测与调节；废气的温度、流量、压力的检测；风机及其电机的轴承温度的检测；冷却水的温度、流量、压力的检测；各种定量给料设备的调速电机、烧结机主传动电机、圆辊给料机的传动电机、环冷机的主传动电机等的速度检测与控制；余热利用汽包压力、液位的检测、换热器入口、出口烟气温度、压力的检测；过热蒸汽管道上温度、压力、流量的检测；所有胶带机的打滑检测等。

2.8.3 CRT 画面显示

烧结中央控制室设有 CRT 画面显示，显示内容主要有：工艺总流程图(动态)；所有设备的运行状态；各种料仓、料斗的高、低料位显示；配料室仓下给料量显示、设定值显示；各种过程参数的显示值；各种报警状态的显示；与原料系统、烧结矿成品仓、除尘系统联系信号的显示。

3 结论

秦皇岛首秦工程作为一新建钢铁企业，具有和其他钢铁厂的共同点，同时根据自身的特点与工艺要求，又具有很多独特的方面，在烧结系统的设计中，无论是从工艺流程的布置上、设备的选型上、自动化控制上、新技术的应用上都体现了先进、高效、环保的特点。这些新工艺、新技术的实施会给企业带来较好社会效益和经济效益。

参考文献

[1] 烧结设计手册[M]. 北京：冶金工业出版社, 1990: 124.

（原文发表于《设计通讯》2004 年第 2 期）

试论机上冷却烧结工艺与烧结节能

姜凤春

(北京首钢国际工程技术有限公司，北京 100043)

摘　要：介绍了首钢采用机上冷却烧结工艺的生产情况和在烧结节能方面的进步，总结了为降低烧结能源消耗所积累的一些技术经验，论述了机上冷却烧结工艺对烧结节能的影响。

关键词：机冷烧结工艺；燃料消耗；节能

Dicuss on Machine Cooling Sintering Process and Energy Saving

Jiang Fengchun

(Beijing Shougang International Engineering Technology Co., Ltd., Beijing 100043)

Abstract: Introducing the production of using machine cooling sintering process situation and progress in energy saving in Shougang, summarying for decreasing sintering energy consumption by the accumulation of technical experience, discussing the effects of the machine cooling of sintering technology on energy saving.

Key words: machine cooling sintering process; consumption of fuel; saving energy

1　引言

近年来，国内钢铁工业呈现出良好的发展形势，市场需求旺盛，产量扩大，但节能降耗仍然是一项需要长期深入研究的课题，是冶金工作的重点，它不仅直接关系到企业产品的生产成本、竞争力，更关系到资源和环境的保护。首钢作为国内著名的冶金企业，一直把企业的经济效益、社会效益与生产节能紧密结合在一起，首钢烧结工作者为此进行了不断的探索和实践。

2　首钢烧结现状

首钢现有两个烧结厂，分别在北京厂区和河北首钢迁安矿山，全部采用机上冷却工艺，原料以精粉为主，目前在生产的共有 13 台烧结机（2004 年停产拆迁 1 台），单机最大烧结面积为 99m^2。首钢矿业烧结厂 6 台烧结机生产能力达到 720 万吨，利用系数为 1.53t/（m^2·h），煤耗：43.16kg/t，电耗：32.23 kW·h/t，工序能耗：57.39kg/t（标煤），这样的能耗指标在国内名列前茅。

3　节能生产实践与技术分析

3.1　机冷工艺有利于降低燃料消耗

采用机上冷却工艺，混合料的烧结和烧结饼的冷却过程都在同一台设备上完成，生产中没有热矿破碎工序，返矿率低；矿物间的冶金化学反应和结晶反应时间充分，可以有效保证烧结矿的强度，相应降低燃料消耗；同时改善车间环境。

燃料消耗越低，烧结过程中的氧化性气氛就越强，因此有利于降低烧结矿中的 FeO 含量，首钢烧结矿 FeO 控制在 7%以下；另外，机冷工艺的产品粒度均匀，透气性好，这样的产品质量综合因素反映到高炉冶炼，就将显著降低高炉焦比，提高冶金综合效益。首钢二高炉焦比指标达到 310kg/t、喷煤 170kg/t 这样先进的能耗水平离不开优质的烧结矿。

机冷工艺还具有设备故障环节少，系统作业率高的特点。

3.2　高碱度烧结

目前国内烧结矿的碱度多数控制在 1.8 或以上水平，高碱度烧结矿的固结相以铁酸钙为主，铁酸钙不仅有较好的还原性，而且可以在较低的烧结温度下产生液相，因此实现所谓的低温烧结，节省燃耗。

3.3 提高生石灰配比，减少石灰石用量

生石灰加水消化后，形成细粒度的消石灰胶体颗粒，分布在混合料中起到黏结剂的作用，有利于混合料成球并提高小球的强度；同时石灰消化过程放热，可以提高物料温度。

石灰石在烧结过程分解要吸收热量，也不能起到消石灰的黏结剂作用，所以现在更多的厂趋向于使用全白灰烧结。

3.4 强化混合造球工序，实现小球烧结

混合造球工序在烧结生产中受到高度重视，特别是对于采用精粉为主的烧结厂，造球的效果直接关系到烧结料层透气性的好坏。强化混合造球主要体现在延长二次混合机造球时间、降低填充率和调整混合机转速几方面，首钢矿业烧结厂 1999 年引进了瑞典赫格隆公司的液压马达作为二次混合机的驱动装置，实现转速可调；同时，对二混设备也进行了扩容改造，将原设计中ϕ3.0m×9.0m 混合机改为ϕ3.5m×13.0m，从生产效果上看，这样的投入是值得的，二混的成球率明显提高，实现了小球烧结。

3.5 实现混合料水分自动控制

混合料的水分影响到造球，也是关系到料层透气性的主要因素。稳定水分历来是烧结操作的要点，水分大，能耗高；水分小，制粒不好。这两方面都影响产量。以往混合料水分基本靠人工手动控制，2003年首钢烧结厂采用了美国 NBC 红外技术公司研制的 MM710 型 10 波长在线红外水分仪监测一次混合料的水分，并通过 PLC 系统自动控制一次混合机加水量，生产稳定，取得良好的效果，目前已投入两套设备。

3.6 降低点火能耗

幕帘式点火器在烧结机点火方面的应用已十分广泛，具有火焰集中的特点，适用于焦炉煤气和混合煤气的条件。首钢烧结厂使用焦炉煤气，目前的煤气消耗低于 4.5m^3/t。首钢矿业公司烧结厂原设计采用重油点火，现改造为水煤浆和重油合并点火，目的是为了降低燃料成本。

3.7 厚料层烧结

厚料层烧结利用了料层的自动蓄热作用，达到降碳的目的；同时相应降低表层质量稍差烧结矿的比例。首钢烧结厂的料层厚度基本控制在 550mm，与使用富矿粉烧结的 650mm、700mm 料层尚有差距，但对于使用精粉烧结的条件，550~600mm 料层是适宜的。

3.8 采用先进的烧结机风箱密封结构，降低漏风率

烧结机抽风系统的漏风问题一直是个难题，首钢矿业烧结厂研制的全金属磁性密封板对烧结机头尾风箱的密封比较有效，它采用了合金材料，耐磨损，利用自身的磁性吸附铁矿粉，起到密封作用。北京钢铁研究总院研制的台车双板簧式滑板也是一种很好的密封结构，它能使滑板受力均匀，板簧同时作为密封件。

3.9 烧结余热回收利用

北京首钢设计院在 1998 年开发了机冷烧结机余热利用技术，在烧结机冷却段大烟道安装高效换热器，回收烧结矿冷却废气余热，生产低压蒸汽，用来加热混合料；单机蒸汽产量达到 6~8.0t/h，压力 0.3~0.5MPa。目前在首钢烧结厂和首钢矿业烧结厂共有 7 套余热利用系统在运行，使每台烧结机都用上了余热蒸汽，节能效益十分显著。

4 首钢 3J1,冷烧结技术在承钢新建 4 号烧结机上的应用

北京首钢设计院 2002 年承建了承德钢铁公司 4 号烧结机总包工程，烧结机总有效面积 275m^2，其中 150m^{2}烧结，125m^{2}冷却，生产能力 154 万吨/年。该项目总投资 1.2 亿元，建设工期从签订总包合同开始至投产共用 11 个月。项目投产后在承钢赢得了很好的声誉，体现在工艺先进、流程紧凑、产品优质、环保低耗，而且工期短、见效快、投资省。产品表现：粒度均匀，转鼓指数 78%，FeO 为 6%左右，煤耗 43.5kg/t，比承钢原有 1 号、2 号、3 号带冷烧结机的煤耗降低 8~10kg/t。

承钢 4 号烧结机采用了机上冷却工艺，配备了英国 Howden(豪顿)技术主风机、二次混合机液压马达驱动、快中子水分仪、烧结机柔性传动、全金属头尾风箱密封、双板簧式台车滑板、冷却废气余热利用、小矿槽蒸汽预热、自动配料、主流程 PLC 系统集中控制等一系列的先进技术设备，为项目成功起到了关键作用。

鉴于 4 号烧结机工程的成功运行，承钢公司与

北京首钢设计院相继又签订了 5 号、6 号烧结机项目的总包合同和其他项目的设计合同。

5 结语

机冷烧结工艺与环冷等工艺比较，各有特点，对于产量规模较大的项目，环冷工艺更为适合，因为机冷工艺在产量上要受到烧结机设备规格的局限；但在单机产量要求 150 万吨/年或以下水平的条件，机冷工艺会体现出产品质量和环保能耗方面的优势，它是有利于冶金节能的一种工艺。

应该说，烧结节能是综合性的因素，我们还需要在生产的各个工序去完善、挖掘节能技术。

（原文发表于《设计通讯》2005 年第 1 期）

首钢京唐钢铁厂 500 m² 烧结机设备大型化技术应用

利　敏

(北京首钢国际工程技术有限公司，北京 100043)

摘　要：介绍首钢京唐大型烧结设备设计与研究。探索开发设备适应厚料层及废热烟气循环利用新技术；在建设初期采用加宽台车；首次成功应用环冷机加宽技术，为新厂建设和老厂改建提供新思路。

关键词：大型烧结机；大型环冷机；加宽；厚料层；循环风

Technology Application of Shougang Jingtang 500 m² Large Sintering Machine

Li Min

(Beijing Shougang International Engineering Technology Co., Ltd., Beijing 100043)

Abstract: Introduce the design and research of SGJT larger sintering machine. Explore the technology of equipment which used under thick material and hot gas reused condition; give the wider sidewall of the sinter pallet at the beginning of the new plant. Successful use the wider sidewall of circular cooler pallet first time gives the idea for new construction and old plant modification.

Key words: large sintering machine; larger circular cooler; wider sidewall; thick material; hot gas reused

1　引言

2005 年首钢总公司部署实施了首钢搬迁转移的战略发展规划——在河北曹妃甸港口建设一期为年产 970 万吨钢的首钢京唐联合钢铁厂。首钢京唐钢铁厂烧结项目由北京首钢国际工程技术有限公司（原北京首钢设计院）承担设计，包括工厂设计和非标设备设计工作。设计工作始于 2005 年，2008 年 10 月烧结机系统成功冷试，具备投产条件；2009 年 2 月烧结机热试投产。主体设备规格采用 500 m² 烧结机配套 580 m² 环冷机，是国内目前已投产的最大规格烧结机，在世界范围也为数不多。除个别关键部件引进外，全部由国内设计、制造和安装。

2　大型烧结环冷设备的研发背景

烧结设备的大型化是追求规模效益的结果，是冶金工业的发展趋势。实践表明：大型化的设备单机产量提高，产品质量和综合技术经济指标获得显著改善。随着高炉技术的发展，炉容扩大；按经济合理的设计原则，大型高炉必然配置大型烧结设备，烧结设备大型化的趋势越来越明显。

目前世界上最大的烧结设备集中在日本、欧洲及前苏联，大多数建设时间在 20 世纪 70 年代，部分在 80 年代或 90 年代进行了扩容改造。其中最大的 600m² 及以上级别烧结机在日本和前苏联，规模在 600~500m² 之间的烧结机主要分布在欧洲和日本。

国内大型烧结设备在 1979 年宝钢建设之后才得到了发展，宝钢烧结机规模为 450m²，配套的环冷机面积为 460m²，经过三期建设，由引进消化发展到国内制造。至此，中国的烧结设备开始了大型化的进程。武钢、马钢、鞍钢等公司相继建设了一定数量的 360~450m² 规格烧结机。在 2003 年以前，国内烧结机面积没有超过 450m²。2004 年，宝钢根据自身的扩大产能要求，对烧结机进行加宽栏板改造，将 450m² 烧结机扩容为 495m² 烧结机，是当时最大规格的烧结机。2007 年，太钢公司建设了 1 台 520m² 环冷机，是当时国内最大规格的环冷机。

3 首钢京唐烧结环冷设备主要技术特点

首钢京唐钢铁厂是国家重点建设项目，建设起点高，技术装备水平要求达到国内一流，国际先进。烧结厂总体设计原则采用先进、成熟的工艺技术和大型化的技术装备，工艺简洁，自动化水平高，遵循可持续发展和循环经济的理念。烧结项目一期建设 2 台 500m² 烧结机，烧结矿年产量 1100 万吨。

3.1 首钢京唐 500m² 烧结机技术特点

3.1.1 烧结机台车加宽技术

首钢京唐烧结机确定采用 5m 宽台车，并将栏板加宽到 5.5m，使烧结机抽风面积在 500m² 时实际烧结面积达到了 550m²。

烧结机台车加宽方法有两种，一种采用箅条加宽，另外一种是采用盲板加宽。在首钢京唐烧结项目中，采用了盲板加宽方法，加宽的距离能够确保边缘风把加宽部分料烧透，不会有生料存在。通过采用加宽技术，可以实现烧结面积增加 10%，烧结产量增加约 5%~12%，可以使吨矿耗风量降低约 5%~10%，烧结矿电耗，煤耗量减少，单位能耗降低。

该项技术借鉴了宝钢和法国阿赛洛钢铁公司的改造经验，他们加宽的目的是通过改造提高产能，两个端部台车体都需要更换，需要相当大的改造投资。首钢京唐烧结机的加宽目的主要是为充分利用边缘风，同时也能使产量增加，因此决定在新建厂时就直接做成加宽形式，避免二次改造投资。在投资 500 m² 烧结机能力的情况下，获得 550 m² 的烧结机，使经济效益最大化。

该项技术的成功应用，提供了一种更为有效的节能增产建设思路。据测算，不同宽度的台车可以达到不同的烧结面积，对 5m 风箱宽烧结机，最大烧结面积可以达到 660 m²。

3.1.2 烧结机设备适应厚料层技术

首钢京唐烧结机采用厚料层烧结技术，设计料厚 700 mm，最大料厚可达 800 mm。

大型烧结机台车在热段停留时间相对较长，厚料层又使台车温度较高，对台车的各部件结构适应性要求较高。我们自主开发了设备适应厚料层技术，由新型的烧结箅条（受理专利号 200920107658.7），新型隔热件（受理专利号 200920108504.X），新型台车栏板(受理专利号 200920107657.2)及优化台车梁配置等组成，在实现台车整体强度增加和改善透风率的同时，减少台车的维护费用。

3.1.3 烧结机集成应用和改进的其他新技术

大型烧结机负荷大，自动化水平高，安装要求高，需要一系列的技术配套支持。我们主要采用了下列技术：

（1）混合料斗大小闸门闭环调整技术。研究设计适应工况的液压系统，满足在线调整要求，实现高水平自动化闭环控制。

（2）新型柔性传动技术。选用进口 BFT 柔性传动，并自主对安装方式进行设计改进，实现现场整体吊装；实现机旁显示和远程监视控制；对传动轴增加测速，以增加力矩保护措施；在烧结传动上首次采用外胀套连接，在传递大扭矩的同时解决传统内胀套容易损坏主轴表面问题；首次自主设计新型力矩平衡装置的基础安装连接底座，方便安装调整和更换。

（3）新型台车辊套。针对高温重载工况采用国内先进的含有效合金成分的自润滑轴套技术。

（4）智能润滑系统。采用国内先进智能集中润滑技术，实现对每一点的在线检测和任意流量调整。

（5）风箱头尾密封技术。开发了专门适应大型烧结的新型头尾柔性密封装置，特别在分段连接，整体安装衔接，排灰方面都有独特设计。

3.2 首钢京唐 580m² 环冷机技术特点

3.2.1 环冷机台车加宽技术

按配套要求，首钢京唐环冷机的设计规格确定为 580m²。受到烧结机台车加宽的启示，将这种利用边缘风的设计思路应用到 580 m² 环冷机上，首次开发出环冷机栏板加宽技术，设计采用环冷机的鼓风面积为 520 m²，实际冷却面积达到 580 m²，使冷却面积增加 11.5%，产量增加 5%~8.2%。可以使吨矿耗风量降低约 5%~8%。该技术已经申请发明专利，其受理专利号为 200910083477.X。

3.2.2 环冷机适应废热烟气循环利用技术

按实现循环经济、节能减排的设计思想，在环冷机高温段采用双压余热锅炉，对低温烟气加以利用，并最大限度减少热量和粉尘的排放。

首钢京唐烧结项目余热回收首次采用环冷机高温段和低温段两个余热回收系统。在高温段使用热风循环换热技术，该工艺提高余热利用效果，但该技术对设备的使用提出更高的要求。为此，我们考虑采用适合工作温度的设备结构，如支撑结构，下密封材料，采用耐温材料，台车铰点采用耐温自润滑轴承，保证了各个部件在热风情况下正常使用。

3.2.3　集成应用和改进的其他新技术

为了保证大型环冷机的顺利运行，我们还采取了一系列技术措施给予保障，这些技术有：

（1）紧凑型传动技术。开发出了专门用于580m^{2}环冷机的紧凑型传动新技术——重载星轮传动装置，具有占地小、更换快、无液压站润滑、维护少的特点。

（2）曲轨三维设计技术。自主完成了曲轨设计工作，进行了将空间和运动合为一体的三维设计，并结合重型台车特点强化曲轨支撑结构，在实际运行中取得了良好的效果。

（3）给料漏斗内壁的耐热耐磨衬板技术。自主创新了一种料兜式的耐热耐磨层新技术，这种特殊设计的内壁具有结构简单、安装更换方便、维护简单的特点，使用效果良好。

4　应用效果及发展前景

首钢京唐大型烧结环冷设备2009年2月投产至今运转正常，如图1所示。目前烧结机料层厚度已经达到设计最大值800 mm，料层厚度控制已经形成闭环控制。受下游产量限制运行机速也接近设计正常机速。环冷机冷却效果良好，余热锅炉产生的蒸汽量逐月提高。经过生产实践的检验，设备结构的设计非常成功，达到了生产要求。

首钢京唐大型烧结环冷设备的设计、建设投产，使国内自主建设烧结机的能力从450m^{2}提升到550m^{2}级别，环冷机的能力由520 m^{2}提高到580 m^2，具有划时代的意义。这证明我国在自行设计和制造及安装水平上都上了一个新台阶。该技术的开发应用为我国对外承接烧结工程，对内提高产业集中度，降低单位综合能耗，减少基建投资奠定了很好的基础。

图1　首钢京唐500 m^{2}烧结机

首钢京唐烧结环冷设备大型化技术中包含的自主创新专利和专有技术有着很好的市场推广作用。特别是环冷机加宽栏板技术为首次发明的一种方法，可以有效提高环冷机冷却能力，提高冷却风的利用率。它简单经济的方法在老厂扩容技术改造中可以用最低的成本取得最好的经济效益。

目前，首钢京唐烧结机、环冷机运转正常，可以证明由北京首钢国际工程技术有限公司设计的大型烧结环冷设备是成功的。今后我们还将继续深入研究，不断探索，使烧结环冷设备大型化技术更加完善，我们也愿意将这一技术广泛推广，与同行业的其他企业一起共同发展，为我国烧结事业的发展，为冶金节能环保事业做出贡献。

（原文发表于《工程与技术》2009年第2期）

首钢京唐 500m^2 烧结机厚料层烧结生产实践

王代军

（北京首钢国际工程技术有限公司烧结设计室，北京 100043）

摘　要：厚料层烧结是一项重要的广泛采用的烧结技术，具有改善烧结矿强度、提高成品率、降低燃耗等优点。首钢京唐钢铁联合有限责任公司在曹妃甸新建两台烧结机面积为 500m^2 的烧结厂，自 2009 年 5 月投入试生产以来，生产逐步走上正轨，烧结混合料中>3 mm 粒级达 75%左右、混合料温 65℃以上、烧结料层厚度 780mm 左右、固体燃料消耗大约 48kg/t，各类指标均达到设计指标。

关键词：京唐；厚料层烧结；指标

Deep Bed Sintering Production Practice of Shougang Jingtang 500m^2 Sinter

Wang Daijun

(Beijing Shougang International Engineering Technology Co., Ltd., Beijing 100043)

Abstract: Deep bed sintering is an important and widely used sintering technology, which has advantages of improving sinter ores' strength、increasing yield、reducing burn-up and so on. Shougang Jingtang Steel and Iron United Co., Ltd., who has constructed a sinter plant with two 500m^2 sinters in the remarkable Caofeidian, since producing in May 2009, +3mm>75% in sinter mixture, sinter mixture temperature surpass 65℃, sinter bed thickness is about 780mm, solid fuel's consumption is about 48kg/t. Various types of indicators attain expected indicators.

Key words: Jingtang; deep bed sintering; indicators

1　引言

为了满足高炉对烧结矿产量和质量的要求、响应节能减排的发展趋势，烧结机逐渐大型化；钢铁企业逐步提高烧结料层厚度来满足高炉需求。厚料层烧结作为 20 世纪 80 年代发展起来的烧结技术，近二十多年来得到广泛应用和快速发展。普遍认为厚料层烧结能够改善烧结矿强度、提高成品率、降低固体燃料消耗和总热耗、降低 FeO 含量并提高还原性，这些优点在设计新建烧结厂时需重点考虑[1]。

首钢京唐钢铁联合有限公司烧结一期工程在举世瞩目的曹妃甸新建两台烧结机面积为 500m^2 的烧结厂，由北京首钢国际工程技术有限公司设计，采取厚料层烧结工艺。为此，设计整套烧结工艺流程时我们实施自动重量配料、强化混合制粒、均质烧结、蒸汽预热等措施。投入试生产后经检测，检测结果达到预期设计指标，混合料中>3mm 粒级达 75%、混合料温 65℃以上、烧结料层厚度 780mm 左右、固体燃料消耗大约 48kg/t。

2　实施厚料层烧结的措施

2.1　配料系统

烧结配料是将各种烧结料按配比和烧结机所需要的给料量，准确进行配料。配料系统采用自动重量配料法，各种原料均自行组成闭环定量调节，再通过总设定系统与逻辑控制系统，组成自动重量配料系统。其特点是设备运行平稳、可靠，配料精度高达 0.5%，使烧结矿合格率、一级品率均有较大幅度提高，同时可减少烧结燃料耗量。从投入试生产后发现，自动重量配料法为稳定烧结作业和产品成分创造了条件，使劳动条件得到极大改善。

2.2 强化混合制粒

烧结料配完料后，经带式输送机运送至混合工序，我们设计了一次混合和二次混合，混合机采用圆筒混合机，混合机安装的关键点是倾斜角度。混合的目的一是实现混合料均匀，获得化学成分均一的混合料；二是对混合料加水润湿和制粒。具体内容如下：

（1）一次混合机安装倾角为 2.5°，二次混合机安装倾角为 1.5°。

（2）在一、二次混合机内安装含油尼龙衬板，减少混合机粘料，以改善制粒。

（3）在一、二次混合机内按合理加水曲线安装雾化水喷头，实现雾化水造球。

（4）混合料混合时间为 2.8min；制粒时间为 5.0min，从而提高料层的透气性。

通过这四项措施的实施，第一台烧结机于 2009 年 5 月投入生产，对混合料中+3mm 粒级进行测定，测定结果为>3mm 粒级达 75%左右。

2.3 蒸汽预热混合料

为了达到烧结必要的料温，降低过湿层阻力，我们采取了二次混合后蒸汽预热混合料的措施。在制粒机和烧结机前的混合料矿槽分两次用蒸汽预热混合料，尽可能提高料温到 66℃左右，蒸汽取自综合管网。该措施的实施，投产后效果明显，极大地增强了料层透气性，促进烧结顺利进行。

2.4 采用梭式、辊式布料

布料作业是将混合料均匀布在烧结机台车上，为获得透气性良好的烧结料，我们在设计烧结机布料时采取以下措施：

（1）在混合料矿槽部位安装了梭式布料器，以保证烧结机宽度方向上均匀布料。

（2）在烧结机泥辊下安设九辊布料机，实现了混合料沿台车高度方向的合理偏析，使大颗粒混合料布到台车中下部，小颗粒混合料布到中上部。

（3）为了使烧结机料面平整，我们还在泥辊横梁上安装了可调整高度和角度的刮料板。因此，在保证料面平整的同时，还可根据生产需要调整料层厚度，并适当提高台车两侧的料层，使料层断面略呈“锅底”状，以减少边缘效应和漏风率。

2.5 降低烧结机漏风率

由于烧结料层越厚，阻力越大，风箱负压越高，漏风率也相应增加，这给堵漏风工作增加了难度。烧结机抽风系统漏风主要体现在：台车在高温下变形磨损，风箱密封装置磨损、弹性消退，机头机尾处的风箱隔板与台车底部间隙增大，台车滑板与风箱滑板密封不严，相邻台车之间接触缝隙增大，抽风管道穿漏等。因此，有必要对烧结机滑道系统及机头、机尾密封板等部位进行优化设计，加强密封，改进台车、首尾风箱隔板、弹性滑道的结构；同时，加强对整个抽风机系统的维护检修，及时堵漏风，将漏风率降至最低程度。为此，京唐公司烧结厂制订了具体降低漏风率的生产管理制度和考核办法，利用烧结机检修和待开的时机，对诸如头、尾部密封盖板、水封漏斗、风箱上下滑道密封等部位进行检修，使漏风率大大降低。根据经验，目前我国烧结机的漏风率为 40%~60%，京唐公司 500m^2 烧结机漏风率在 51%以下，达到预期目标。

2.6 操作管理

为实现厚料层操作除了改善混合料粒度、提高料温和降低漏风率之外，还需要对操作理念的调整和加强管理制度的完善。我国烧结厂在实施厚料层操作很长一段时间里，由于操作者重产量和传统操作方法的影响，以及考核制度的不配套，常出现“薄铺快转”和布料不平的现象，严重影响了厚料层烧结优势的发挥。又因京唐公司职工来自首钢和唐钢，各自形成了自己企业的操作模式和制度，在操作中存在分歧。为此，京唐公司烧结厂根据现有生产及设备条件，出台了相应的考核制度。通过一段时间的磨合，各班的操作得到了规范和统一，有力地促进了生产的稳定。

2.7 铺设底料

为了改善料层透气性和提高烧结矿产量，将筛分室 10~25mm 粒级的冷烧结矿通过带式输送机运送至烧结机头，先于烧结料铺在台车上。有利于克服厚料层烧结中上层热量不足，下层热量过剩这种不合理的热分配现象。

3 生产指标

在设计京唐公司烧结厂时，通过以上措施的采取，自 5 月投入试生产后各项生产指标见表 1。

表1　投产后5~9月生产指标变化

Table 1　Production quotas vary from May to September since production

月份	料层厚度/mm	利用系数/$t·m^{-2}·h^{-1}$	+3mm粒级/%	转鼓指数/%	固体燃耗/$kg·t^{-1}$	TFe/%	FeO/%	筛分指数/%	作业率/%
5	580	0.71	60.35	71.13	51.25	56.78	8.37	7.48	68.8
6	700	0.83	68.84	74.26	50.14	57.02	7.96	7.11	80.5
7	750	0.90	71.22	75.92	49.00	57.08	7.81	6.89	92.6
8	770	0.95	73.87	76.74	48.86	57.11	7.75	6.70	98.7
9	780	1.04	75.68	77.65	48.30	57.09	7.70	6.50	99.8

自投入试生产以来，生产一直处于调整中，经常出现一些突发事故影响烧结生产的连续性。从表1看出：5月份烧结机作业率不到70%，随着操作逐渐熟练，生产工序逐步走上正轨，作业率大幅提高；料层厚度逐渐加厚，从9月份后各类指标基本稳定在9月份指标上，达到设计指标。

4　厚料层烧结对生产的影响

4.1　厚料层烧结对垂直烧结速度的影响

在其他条件一定时，烧结机单位时间的产量与烧结料的垂直烧结速度、烧成率和成品率成正比，即垂直烧结速度的快慢直接影响到产量的高低。而影响垂直烧结速度的主要因素是烧结过程中料层的透气性和通过料层的有效风量。料层的透气性包括烧结料在点火前的初始透气性和烧结过程的透气性。初始透气性的好坏，取决于原料的特性、制粒效果、混合料水分和粒度组成。而影响烧结过程透气性的关键是最高温度水平及熔融层的厚度和过湿层的形成。

对于烧结同一种混合料而言，其初始透气性相同。随着料层厚度的提高，通过料层风量的阻力增加，主要原因有四：其一，料层提高，空气通过料层的路径延长，压力损失增大；其二，随料层厚度增加，在料层的重力作用下，下部料被压紧，因而阻力增加；其三，在料温较低的情况下，易产生过湿，导致透气性恶化；其四，料层提高后，高温熔融层厚度相对增加，也将造成阻力增加（当然，在燃料用量相对减少的条件下可抵消部分影响）。由于料层提高后，空气阻力增加，通过料层的风速降低，风量减少，造成垂直烧结速度下降。以京唐钢铁公司烧结厂投产初烧结料层厚度为例，当料层为580mm时，垂直烧结速度为25mm/ min左右。当料层提高到700mm时，垂速降至22mm/min左右。而目前料层达780 mm，烧结速度只有20mm/min左右。也就是说，在烧结抽风机能力不变的条件下，随着料层厚度增加，垂直烧结速度降低。

烧结速度随料层提高而降低的另一个原因是漏风率增大。由于料层不断提高，料层的阻力不断增大，烧结机的抽风负压随之升高，造成漏风率上升。经测定，580mm 料层的漏风率为44 %，而780mm料层的漏风率增加到50 %。由于漏风率增高，通过料层的有效风量减少，使垂直烧结速度下降。

4.2　成品率与厚料层关系

众所周知，烧结料层提高，烧结矿成品率提高。其主要原因在于：料层提高后，表层未烧好及强度较差的烧结矿相对减少。另外，随料层提高，机速减慢，点火时间相应延长，使料层上部供热比较充足，表层烧结矿强度得到改善。同时，由于整个烧结过程热交换充分，料层内自动蓄热量增加，高温保持时间延长，整个烧结矿的强度都得到提高，因此烧结矿的成品率增加。京唐公司烧结矿成品率为77%左右。

4.3　厚料层烧结对产量的影响

在烧结原料和抽风机等设备条件一定的情况下，提高料层厚度，由于料层阻力增加会导致垂直烧结速度降低，并影响到烧结矿产量；另一方面，提高料层厚度又能提高烧结矿成品率，所以，分析厚料层对烧结产量的影响，必须综合考虑二者的作用。当烧结速度降低的负面影响等于或小于成品率提高的正面影响时，产量不会降低，甚至可能提高，相反，则产量会降低。

4.4　厚料层与燃料消耗关系

大量的生产统计数据表明，烧结料层厚度每提高10mm，固体燃料消耗可降低1~3kg/ t。如鞍钢三烧料层由330mm提高到370mm，煤耗降低6.1kg/t；本钢一铁的料层由300mm提高到350mm后，煤耗降低8.5kg/t，随着烧结技术的不断发展，料层厚度也在不断提高[2]。武钢烧结厂的料层提高幅度在国内处于领先水平，1990年全厂平均料层为435mm，2002年达到633mm，相应的固体燃料(标煤)消耗分别为 65kg/t 和 55kg/t[3]。也就是说，平均每提高料层 10 mm，降低燃耗 0.5kg/t。

厚料层烧结能够降低固体燃耗，主要由烧结过程中自动蓄热结果所致。在料层厚度为 180~220mm 时，蓄热能力只占燃料带入热量的 25%~30%，当料层厚度达到 700mm 时可达 40%；通常情况，自动蓄热作用能提供燃烧层所需热量的40%左右(指离表层 100mm 以下) 。其次，采用低碳操作，料层内氧化气氛较强，料层的最高温度水平不会过高，可增加低价铁氧化物的氧化反应，又能减少高价铁氧化物的分解热耗，有利于生成低熔点黏结相，这些都可以促使燃料消耗的降低。京唐公司烧结料层厚度为 780mm 左右，固体燃料消耗大约 48kg/t。

4.5 对转鼓强度的影响

生产实践表明，厚料层烧结能提高烧结矿的转鼓强度。从京唐钢铁公司烧结厂投产近几个月的生产指标(表 1)可看出，料层从 580mm 提高到 700mm 时，转鼓指数增加了 3.13 个百分点，增幅达 3 %。厚料层烧结之所以能改善烧结矿强度，主要是随着料层提高，自动蓄热作用增强，料层内高温保持时间相对增加，有利于各种物理化学反应的充分进行，以及黏结相矿物的结晶和再结晶，晶粒发育良好，使烧结矿的结构得到改善。另外，表层烧结矿比例减少也是强度提高的原因之一。所以，整个烧结矿的强度得到提高。

4.6 对 FeO 和还原度的影响

根据烧结生产经验，烧结料层提高，烧结矿中的 FeO 含量降低。近十年来的生产实践表明，在烧结矿碱度基本稳定的条件下，料层每提高 100mm，FeO 降低 1.5 %（绝对值）。

研究结果和生产实践表明，厚料层烧结能改善烧结矿的还原性。厚料层烧结使固体燃耗降低，烧结过程中氧化性气氛增强；因此，烧结矿中 FeO 含量越低，使得还原性也得到改善。另外，还原性与烧结矿的结构有关。因为厚料层烧结时，料层内高温保持时间相对增加，有利于黏结相矿物的结晶和再结晶，烧结矿中晶体发育完全，多呈自形晶和半自形晶，气孔大小与分布趋于均匀，为还原过程创造了良好的条件。

5 结论

首钢京唐钢铁公司烧结厂，生产流程设计采取自动重量配料、一次混合与二次混合强化制粒，补加蒸汽预热烧结料、梭式布料、九辊布料、厚料层烧结、铺设底料。投产几个月来，从投产初料层厚 580mm 逐渐提高到 780mm，实现了厚料层烧结，生产逐步走上正轨，烧结固体燃料消耗稳定在 48kg/t。

从近几个月生产情况看，在全国目前烧结机面积达 500m^2 并投入生产尚属首例，生产指标越来越好。生产中不断摸索积累经验，对生产中暴露的一些不足之处进行整改完善，同时对正在建设的京唐公司一期工程二步烧结有很大指导作用，同时对炼铁行业的节能减排也能起到一定的作用。

参考文献

[1] 王悦祥. 烧结矿与球团矿生产[M]. 北京：冶金工业出版社, 2006.

[2] 夏铁玉，李政伟，颜庆双. 鞍钢三烧车间 600mm 厚料层烧结生产实践[J]. 烧结球团, 2005, 30(1): 45.

[3] 贺先新. 浅析武钢厚料层烧结的发展[J]. 烧结球团, 2004, 29(3): 3.

（原文发表于《钢铁》2010 年第 10 期）

四川德胜烧结工程工艺特点和设备安装施工要点

贺万才

(北京首钢国际工程技术有限公司，北京 100043)

摘　要：简要介绍德胜烧结工程特点和工艺流程，以及设备安装施工主要节点和要点，详细说明施工前所做准备、设备垫铁座浆安装、主体设备的安装和试车。本工程以施工为主线，按照“分工但协作”的原则，充分发挥技术人员特长，优化组合，形成专业团队作战合力，确保了主抽风机、烧结机和环冷机安装如期完成，均达到安装要求。

关键词：主抽风机；烧结机；环冷机；安装

Process Features and Construction Key Points of Sichuan Desheng Sinter Project

He Wancai

(Beijing Shougang International Engineering Technology Co., Ltd., Beijing 100043)

Abstract: The paper introduces Desheng sinter project's features and process briefly,nodes and elements of the main construction, illustrates the preparation before the construction detaily, block pulp horn installation of equipment, the main Equipments installation and commissioning. As construction main line, in accordance with the "division of labor, but cooperation" principle, full technical staff expertise, optimization, together to form a professional team operations, which ensured that the main exhaust fan, sintering machine, cooler ring installation on schedule, the results meeted the installation requirements.

Key words: main exhaust fan; sintering machine; cooler ring; construction

1　引言

四川德胜烧结厂主要使用钒钛磁铁矿作为主要炼铁原料，由于钒钛磁铁矿矿物组成与普通矿不同[1]，在烧结生产中存在烧结矿冷强度差、粒度偏小、含粉率高的问题。北京首钢国际工程技术有限公司在国内已设计多条钒钛磁铁矿烧结生产线，掌握了丰富的经验。设计德胜烧结生产高碱度烧结矿，并将高碱度烧结矿与酸性球团矿合理搭配作为高炉用料，可以提高高炉利用系数，使炼铁生产达到节焦、降低成本、改善环境的目的，是我国炼铁行业发展的主要趋势[2]。

2　概况

2.1　工程主要特点

四川德胜钢铁集团设计年产 236 万吨的烧结厂，烧结机规格 240m^2，该工程由北京首钢国际工程技术有限公司总承包。考虑钒钛磁铁矿烧结工艺的自身特点，参照国内外实践经验，采用成熟的厚料层烧结技术，确定本工程烧结机利用系数为 1.20t/(m^2·h)，单机产能为 288t/h；辅助设备选型能力按烧结机利用系数 1.5t/(m^2·h)配备[3]。

2.2　主要工艺流程

本工程工艺流程是从原料接受到成品烧结矿输出，包括燃料破碎系统、配料系统、混合系统、主抽风系统、铺底料布料系统、烧结冷却系统、筛分系统、物料输送系统整个工艺过程，以及相应的公辅系统，工艺流程见图 1。

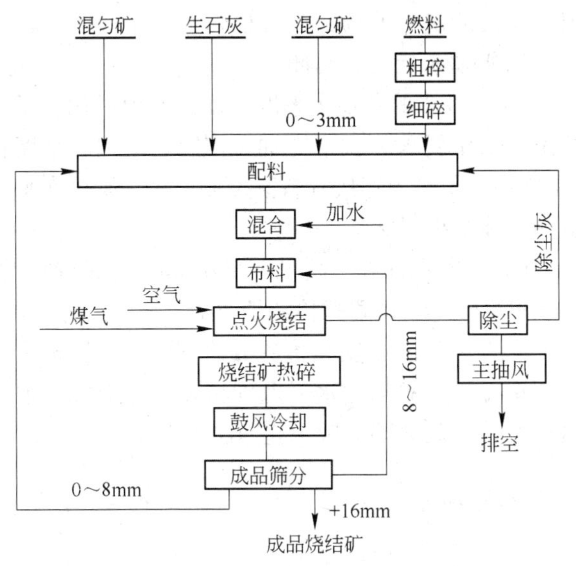

图 1　工艺流程

3　设备安装施工节点及要点

3.1　主要节点

该工程的主要施工节点为：烧结机的骨架安装、料斗安装、头尾轮就位、拉紧装置、密封滑道安装、柔性传动安装、台车安装、单体试车；环冷机的支承辊及骨架安装、台车和台车栏板及上罩安装、板式给矿机及环形皮带机安装、单体试车；电除尘器安装、输灰系统安装；主抽风机安装、驱动电机就位开轴瓦密封、润滑系统安装、单体试车；烧结-环冷-主抽风系统的联动试车。

3.2　施工要点

烧结机和环冷机骨架安装全部采用座浆法施工，基础交接后根据座浆位置放好基础线进行座浆施工。

（1）烧结机的关键工序是骨架找正后，上部风箱纵梁安装和台车轨道、滑道安装找平，头尾轮安装找正，柔性传动安装，这是运行机构安装的关键点，涉及到头轮带动台车正常和安全运行。

（2）环冷机的关键工序是支承辊找正和台车安装、找正及台车栏板、风箱和上罩安装。支承辊安装是基础工作，涉及到整个台车框架的运行圆度；台车框架和找正精度决定设备传动装置的运行安全。

（3）主抽风机是整个烧结厂的心脏，风机采用豪顿华风机，安装时与厂家结合，成立专门的风机安装组；风机、驱动电机就位找正后，开轴瓦严格封闭，地脚螺栓灌浆；稀油站、高位油箱就位，润滑管路安装。

4　设备安装施工准备

4.1　技术准备

组织专业技术人员对施工方案进行反复论证，根据实际情况，结合当地多雨天气，确定安全可行的施工方案。主管技术人员对设备随机资料进行详细研究，根据随机资料要求及现场情况对施工组织设计、作业指导书等进行编制，项目部组织人员进行专题讨论，并报监理工程师及业主审批。

4.2　材料准备

（1）提出工艺及管道系统的主材计划；

（2）提出施工所需的周转材料计划；

（3）提出辅助材料用料计划。

——施工机具。根据各设备施工进度要求，对现场工具进行摸底。对于 100 t 千斤顶、大型设备吊装绳扣、力矩扳手、焊剂烘干机、埋弧自动焊机等进行外购和调用。对各种精密量具如经纬仪、百分表、卡尺、水准仪和钢卷尺等，到计量部门进行检验，以满足工程需要。

——现场准备。主要是对现场进行平面规划，合理布置烧结机、电除尘器、主抽风机、振动筛、环冷机设备件、施工操作区域、原材料及半成品的堆放及施工所需电源、水源等。

——确定设备进场计划和现场存放布置图及吊装机具的行走路线，使现场既能满足施工要求，又能保证布局合理不混乱[4]。

5　设备安装

5.1　设备垫铁座浆安装

该工程的烧结机、环冷机骨架柱脚全部采用座浆法施工。该法质量好、强度高，混凝土与垫铁粘接牢固，接触面积达 90%以上，垫铁稳定性好，座浆后 24 小时内抗压强度超过 20MPa。相对于研磨法安装进度快、精度高。具体操作如下。

5.1.1　材料

采用高标号(525 号)水泥、石子粒度 5~15mm；水泥:砂:石子:水=1:1:1:0.33~0.34，使强度目标值达到 40MPa。搅拌好的混凝土塌落度为 0~1cm，48 小时后达到设备基础混凝土的设计强度。

5.1.2　施工

（1）基础坑的凿制。座浆坑的长和宽应比垫铁的长和宽大 60~80mm，凿入深度≥30mm，浆层厚度≥50mm。

（2）基础坑的冲洗。用水冲或用压缩空气吹、清除坑内杂物，坑内不得沾有油污。

（3）涂浆。在坑内涂一层薄的水泥浆，以利新旧混凝土的粘合；泥浆配比(质量比)水泥:水=1:2~2.4。

（4）混凝土捣固。分层捣固，分层高度 40~50mm，捣固至表面出浆即可，混凝土捣固后外形呈内高四周低的弧形，以利安装垫板时排出空气。

（5）垫铁的放置和找平。混凝土表面不再泌水后，放置垫铁测定标高，找平找正，标高偏差±0.5mm，水平度≤0.1/100。

（6）标高、水平达到要求后应拍实垫板周围的混凝土，其表面低于垫铁面 2~5mm。

（7）湿润养护。

5.2 主抽风机的安装

查阅产品说明书中要求的安装数值，尤其各部间隙值。包括：垫铁群组的加工精度，下机壳与垫铁组接触面的加工精度。机壳与支撑点的垫胀数值(锚爪)，地脚螺栓紧固系数。机壳安装水平度控制不应超过 0.02~0.03。查看转子动静平衡试验数值。机壳下进、出口风道接口支撑必消外力。油系统管道安装后清洗、油的洁度。地脚安装布置措施。

风机轴承定位、封闭：

（1）两轴承主轴水平度，豪顿华现场代表意见及说明书中要求，找平主轴时控制驱动端水平度在 0.1 之内，非驱动端按其自然原则，两台风机水平度检测具体数据见表 1。

（2）轴承间隙。风机轴颈ϕ250mm，两轴承支点距离 4150mm，间隙检测值见表 2。

从表 1 和表 2 安装检测数据看出：风机轴承定位驱动端、非驱动端水平度均在要求范围内；轴承驱动端、非驱动端间隙值也符合要求。

5.3 烧结机安装

烧结机安装顺序见表 3。

（1）骨架的安装。柱脚垫板表面标高极限偏差 1mm；柱脚垫板水平度 1；各框架垂直度误差不得大于 0.1/100；左右框架在烧结机台车运行方向上的错位不得大于±1mm；左右各框架对称中心线与设备纵向中心线不重合偏差为±1mm；单片框架上、下部宽度及高度上的误差不得大于±2mm；机架焊接质量应符合 GB50205—2001《钢结构工程施工质量验收规范》。

表 1 风机水平度数据

1 号风机	驱动端	+0.02	非驱动端	+0.67
2 号风机	驱动端	+0.06	非驱动端	+0.60

表 2 轴承间隙

风机号	驱动端				非驱动端			
	紧力/kN	顶隙/mm	侧隙/mm	轴向(推力)/kN	顶隙/mm	侧隙/mm	预伸力/kN	紧力/kN
1 号	0.00	0.29	0.14	0.53	0.30	0.14	27	0.01
2 号	0.02	0.29	0.13	0.65	0.34	0.16	24	0.02

表 3 烧结机安装顺序

序号	头 部	中 部	尾 部
1	头部下骨架	中部骨架	尾部骨架
2	头部星轮	上水平轨道	尾部移动架
3	头部上骨架	下水平轨道	尾部星轮
4	头部轨道	风箱连梯框架	尾部轨道
5	一、二号灰斗	固定滑道	导料箱
6	摆动漏斗、平料压料装置等	风箱及端部密封	移动斗、固定斗
7	原料给料装置、布料装置	台车	平衡重锤
8	柔性传动装置	集中润滑系统	尾部密封装置
9	传动装置	剩余部分	尾部密封罩
10	头部密封装置		
11	头部密封罩		

（2）头尾部轨道及中部轨道安装。两轨道对称中心线与设备纵向中心线重合度误差不得大于±1.5mm；用样杆检查轨距及轨道中心距，当样杆中心与设备纵向中心线一致时，轨道中心距及轨距的偏差0~+2mm；左右轨道对称点高度差不大于1mm；水平允差 0.5mm，在下支轨道总长上高差不大于4mm；轨道接头处之轨面高低差应小于0.5mm；轨道接头处的间隙应小于2mm，横向错位允差1mm；上轨道安装后，头部高于尾部，高度差应控制在3~5mm。

（3）风箱的安装。左右固定滑道对称中心线与设备纵向中心线重合度偏差为±1mm；风箱法兰接口的现场焊接，要求连续焊接，防止漏气。

（4）头尾端部密封安装。头尾端部密封板纵向中心线与设备纵向中心线重合，极限偏差为±1mm，横向中心线极限偏差为±2mm。

（5）料斗安装。混合料槽的纵横中心线与设备纵向中心线重合，与设备的横向中心线平行，其偏差为±1mm；混合料槽出口的纵、横向中心线与圆辊给料机的纵、横向中心线极限偏差为±1mm，出料口与筒体间距离极限偏差为±3mm；圆辊给料机轴承座标高极限偏差为±1mm；筒体径向、轴向中心线与设备纵向中心线重合，与设备的横向中心线平行，其极限偏差为±1mm。

（6）单机试车。针对烧结机试车，项目部由经理挂帅成立试车组，制定试车方案，试车之前，要求安装公司认真检查各部分的加固支撑是否拆除，以及在安装时所搭的临时支撑也应拆除，清除所有废料及杂物。发出开车信号，让所有工作人员远离机器。试车时在控制盘上点动试车（将机器转速调到低转速）。烧结机整体试车待点动试车无误后进行。

（7）试车前反复核查。安装的机器各部位连接是否牢固，各摩擦副、润滑点的供油情况是否良好，各项传动系统是否完善、安全，控制系统是否安全可靠，混合料漏斗出口阀门操作机构和手动微调系统动作是否灵活，尾部移动架平衡重是否均衡，平衡配重是否符合空负荷运转要求。空负荷试车连续运转时间不得少于2小时。圆辊给料机及辊式布料器的空车试运转时间不得少于2小时。整体空车试验（装上台车）时间不少于4小时。

5.4 环冷机安装

——环冷机安装顺序：基础验收放线→设备验收→风箱就位→骨架→支承辊→回转框架→侧挡辊→压轨→台车→台车栏板及上罩→传动装置→单机试车。

——单机试车：（1）环冷机在试运前，台车、各轨道面、旋转框架、风箱、风道应清扫干净；（2）减速机及各部位轴承注油量合适，冷却水畅通；（3）电机单机试运行电流、轴承温度、旋转方向符合规定要求，两变频调速电机电流、转速相等；（4）环冷机试运行先慢速后快速，检查台车、旋转框架、托轮、挡轮应运转平稳，无摩擦及异常声音，封闭严密；（5）台车在卸料区翻转正常，观察卸料斗的辊轮轴与台车的接触；（6）冷却鼓风机试车测量风机轴承振动值不大于规范要求。

6 生产指标

整条烧结生产线在预定工期完成施工，一次性单体、联动试车成功；投料后，实现连续168h试生产，从投料初到第七天，生产指标越来越好。工程交予业主后，对新老烧结指标进行对比，数据见表4。

从表4可以看出：新烧结厂全铁指标优越，亚铁含量比老烧结低 2.54%。根据经验，目前国内烧结机的漏风率为40%~60%，对德胜新烧结机漏风率进行检测，在48%以下，达到预期目标；环冷机配备4台鼓风机，大多情况下，只需要启动3台鼓风机；实现了国家节能降耗要求。

表4 指标对比

烧结	TFe/%	FeO/%	SiO_2/%	CaO/%	MgO/%	TiO_2/%	V_2O_5/%	Al_2O_3/%	R
新	50.71	7.86	7.75	13.21	3.26	1.04	0.13	2.87	1.71
老	50.09	10.40	6.48	13.28	2.96	2.59	0.22	2.84	1.99

7 结语

本文简要介绍了设计生产能力为年产236万吨烧结矿的生产线、主抽风-烧结-环冷系统主要工艺特点和设备安装施工主要节点、要点，以及安装施工前的准备。本烧结项目作为首钢国际工程公司采取全新项目总承包管理模式的第一次尝试，以施工为主线，联合设计、采购部门，充分利用公司整体资源优势，按照“分工但协作”的原则，充分发挥技术人员特长，优化组合，形成专业团队作战合力，确保了主抽风机、烧结机、环冷机等设备如期完成安装，均达到了设备安装规范的要求；确保了设备单体、全厂联动试车一次性成功，在预定时间内烧结矿生产指标达到设计目标，各项指标明显优于德胜老烧结，实现了节能降耗要求；同时，按照公司领导"建设精品、创造经典"高标准要求，真正把四川德胜 240m^{2}烧结工程建成了"功能齐全，指标先进，维护方便，形象美观"的精品示范工程，为首钢国际工程公司进一步开拓西南市场奠定了基础。本工程的成功经验对类似工程设备安装有一定启示和借鉴作用。

参考文献

[1] 蒋大军. 钒钛磁铁精矿的烧结特性及强化措施[J]. 烧结球团, 1997, (1).

[2] 王悦祥. 烧结矿与球团矿生产[M]. 北京: 冶金工业出版社, 2006.

[3] 冶金工业部长沙黑色冶金矿山设计研究院.烧结设计手册[M]. 北京: 冶金工业出版社, 1990.

[4] 刘丹. 浅谈球团工程工艺特点和施工要点[J]. 矿业工程, 2007, 5(1): 38.

（原文发表于《工程与技术》2011 年第 1 期）

首钢京唐 550m^{2}烧结成品整粒工艺特点及应用

安 钢[1] 李文武[2]

(1. 首钢京唐公司炼铁部烧结分厂，唐山 063200;
2. 北京首钢国际工程技术有限公司，北京 100043)

摘 要：介绍了首钢京唐 550m^2 烧结机成品整粒的工艺特点和应用情况。该厂成品整粒工艺采用的立式结构设计与传统的平面式设计相比，具有占地面积少、投资省、作业率高、运行维护费用低、扬尘少、节能减排、整粒分级好等优点，使用后取得了很好的效果。

关键词：烧结；整粒；筛分工艺；特点；应用

Characteristics and Application of Shougang Jingtang Co., Ltd. Sintering Product Screening Process

An Gang[1] Li Wenwu[2]

(1. The Sintering Plant of Shougang Jingtang, Tangshan 063200;
2. Beijing Shougang International Engineering Technology Co., Ltd., Beijing 100043)

Abstract: The characteristics and application of Shougang Jingtang 550m^2 sinter machine product screening process were introduced in this paper. The vertical structure design was adopted for the product screening process, compared with the traditional plane design, it has such advantages as small land coverage, low investment cost, high availability, low operation and maintenance cost, energy conservation and emission reduction and good sizing effect etc., and good effect was obtained after application.

Key words: sinter sizing; screening process; vertical arrangement

1 引言

随着我国钢铁行业的发展，对烧结成品整粒工艺的要求越来越高。经过不断的研究和探索，烧结成品整粒工艺不断向着占地面积小、筛分效果好、投资成本低、节能减排等目标迈进。新建烧结厂也都以节约占地面积、节省投资、提高烧结机作业率、最大程度地降低烧结生产成本作为设计目标。

首钢京唐钢铁厂作为国家“十一五”规划纲要的重点工程，建有两台 550m^2 烧结机，年产烧结矿 1132.56 万吨，烧结矿成品按大小分级供高炉。其烧结整粒筛分工艺采用了先进的立式结构设计，不仅节约占地面积，节省投资成本，整粒效果好，且有利于节能减排。

2 首钢京唐烧结成品整粒工艺简介

2.1 整粒工艺流程

首钢京唐烧结整粒工艺流程图如图 1 所示。烧结机上热烧结饼经过热破碎，破碎至 150mm 以下，卸至环冷机。经环冷机冷却后，由板式给矿机、带式输送机运至成品筛分室进行整粒。产品分为 >20mm 的大成品、12~20mm 的铺底料、5~12mm 的小成品和<5mm 的返矿 4 个级别。筛分流程采用三次筛分工艺，共有 4 个筛分系列，每台烧结机对应 2 个筛分系列，每个系列配置 3 台冷矿筛，共计 12 台冷矿筛。采用一用一备设计，每个筛分系列处理能力为 1200t/h，若一系列筛子发生故障时，则启用另一系列筛子，不影响正常生产。

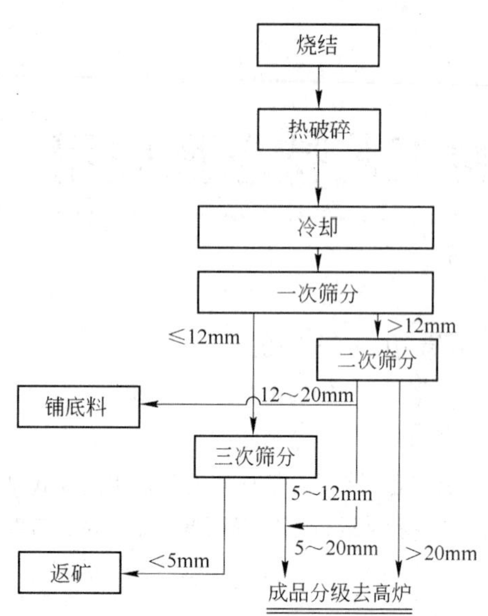

图 1　首钢京唐烧结整粒工艺流程图

Fig. 1　The sinter screening process flow diagram of Shougang Jingtang

一次筛规格为 3.8m×10.0m，筛孔 12mm，烧结矿经筛分后，筛上>12mm 的进入二次筛继续分级；筛下 0~12mm 物料进入三次筛继续分级。

二次筛规格为 3.8m×7.5m，筛孔 20mm，筛上≥20mm 作为大成品，用带式输送机运至高炉矿槽；筛下 12~20mm 粒级作为铺底料，运至烧结主厂房铺底料仓；多余 12~20mm 粒级作为成品烧结矿通过带式输送机、分料器进入小成品带式输送机送至高炉矿槽。

三次筛规格为 3.8m×10.6m，筛孔 5mm，筛上 5~12mm 粒级作为小成品，用带式输送机运至高炉矿槽。筛下 0~5mm 粒级作为返矿，返回烧结配料室参加配料。

成品烧结矿分为>20mm 的大成品以及多余铺底料与小成品混合成的 5~20 的小粒级物料，成品分级运送至高炉。

2.2　立式整粒结构简介

首钢京唐烧结采用立式整粒设计，一次筛和二次筛采用直接相联结构，三次筛和一次筛直接用溜槽相连，示意图如图 2 所示。每台烧结机对应两个筛分系列，两个筛分系列的 6 台筛子都在一个筛分间内。一次筛和三次筛采用椭圆等厚振动筛，二次筛为直线筛，全部由河南太行振动机械有限公司生产。椭圆等厚振动筛的电机功率为 55kW，直线筛的电机功率为 45kW。一次筛的筛孔尺寸为 12mm，二次筛的筛孔尺寸为 20mm，三次筛的筛孔尺寸为 5mm。具体设备参数见表 1。

3　首钢京唐烧结成品整粒工艺特点

3.1　传统整粒工艺缺点

传统的整粒工艺，采用平面式设计，分多个成品筛分室，成品筛分室之间通过带式输送机连接，具有以下缺点。

（1）占地面积大。由于传统整粒筛分工艺采用平面式的布置，需要多个筛分室，使占地面积大大增加。

（2）投资高，易扬尘。筛分室之间用多条带式输送机连接，而且不同的筛分室都需要配备相应的检修设备，不但增加了设备和土建投资，而且转运点多，扬尘点多，易对环境造成污染，多个筛分室的布置使环境除尘器的规模增加，相应需要配置更高功率的除尘风机，增加了耗电量。

表 1　首钢京唐烧结三次筛主要参数表

Table1　The main screen parameters of Shougang Jingtang

项　目	一次筛	二次筛	三次筛
筛机型式	椭圆等厚振动筛	直线筛	椭圆等厚振动筛
电机功率	55kW	45kW	55kW
电机电压	AC380V	AC380V	AC380V
传动方式	左式和右式各 1 台	左式和右式各 1 台	左式和右式各 1 台
筛面尺寸	3800mm×10000mm	3800mm×7500mm	3800mm×10600mm
筛面倾角	25°、18°、11°		25°、18°、11°
振次	800r/min	740 r/min	740 r/min
分级点	12mm	20mm	5mm
筛孔尺寸	12mm	20mm	5mm
处 理 量	1200t/h	750t/h	650t/h
筛分效率	≥90%	≥80%	≥90%

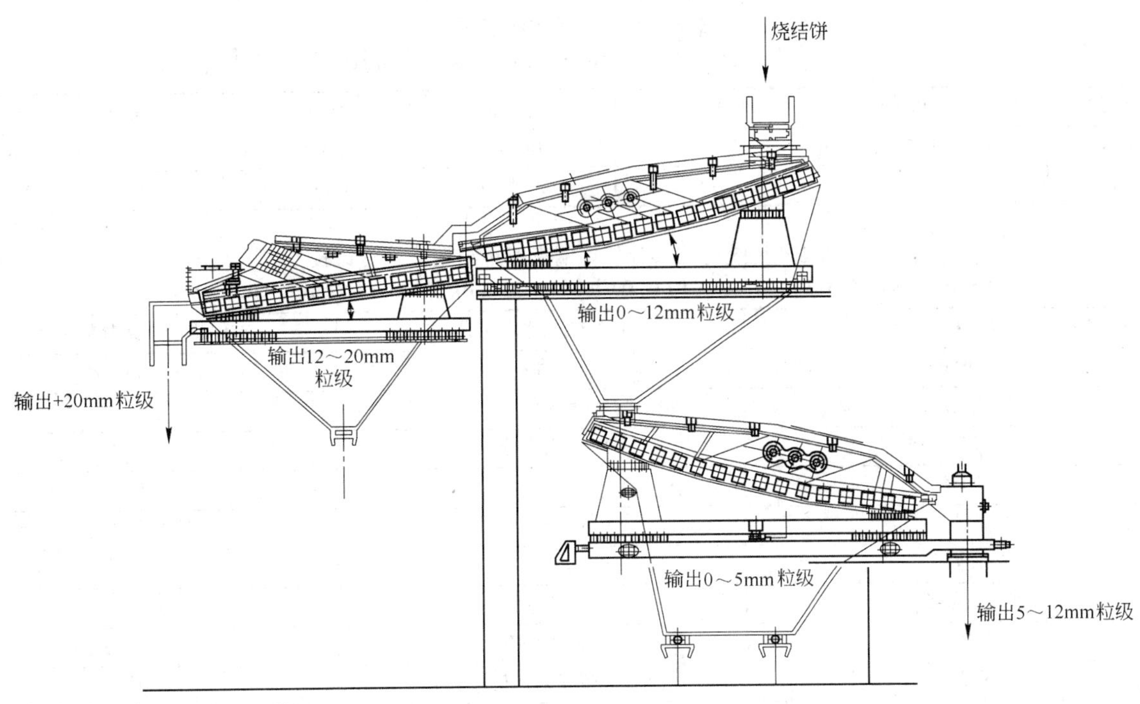

图 2　首钢京唐整粒示意图

Fig. 2　The schematic diagram of Shougang Jingtang sinter screening

（3）耗能大，运行成本高。传统筛分的设备较为沉重，需要更大功率的电机才能够带动，增加了烧结生产成本。

（4）作业率低。多条带式输送机倒运，不仅使设备维护量大大增加，而且事故率高，致使整粒筛分作业率低。

（5）整粒效果差。传统的整粒筛分工艺分级出的铺底料中易掺入小粒级物料，在烧结时，容易堵台车箅条，致使烧结抽风面积下降，影响烧结生产。

3.2　首钢京唐整粒筛分工艺特点

（1）占地面积少。首钢京唐整粒筛分工艺采用立式设计，两个系列 6 台筛子都在一个筛分间内，大大减小了占地面积。两台烧结机对应共有四个筛分系列，12 台筛子，共用一个筛分室。两台烧结机的成品筛分室长 64m，宽 36m，占地面积 $2304m^2$，即单台 $550m^2$ 烧结机对应整粒筛分室占地面积为 $1152m^2$。

（2）投资成本降低。首钢京唐整粒筛分系统的一次筛和二次筛采用直接相联结构，三次筛和一次筛直接用溜槽相连。两台烧结机的四个筛分系列，12 台筛子共用一个润滑系统，且不需要带式输送机倒运，使投资成本大大降低。

（3）设备运行维护费用低，维护工作量小，作业率高。去除倒运带式输送机后，大大降低了设备的维护量，减少设备运行维护费用的同时，使设备作业率大大提高。

（4）扬尘面积小，节能减排。整个整粒筛分工艺设计结构紧凑，除尘面积小，减少扬尘污染。并且除尘风机功率低，节约能源。

（5）整粒效果好。立式筛分设计，溜槽连接，不会发生掉料混料现象，保证了各个筛分粒级的纯净，筛分效果好。

3.3　应用情况

首钢京唐烧结整粒筛分工艺自京唐烧结厂 2009 年 5 月投产以来，经过 10 个多月的生产实践，运行稳定，整粒效果好，大小成品分级输送至高炉，为 $5500m^3$ 高炉顺行提供了基础。并且维护量小，维护费用低，耗电量少，应用效果良好。烧结矿大小成品整粒分级效果好，大小成品粒度组成情况见表 2。

当前筛分使用较多的是三次筛分，设两个筛分室，一次筛分室采用双层筛结构，这种设计可以减少一台筛分面积。但与首钢京唐三次筛立式结构设计相比仍有较大差距。以国内 $450m^2$ 烧结机整粒筛分工艺比较,数据见表 3。

由表 3 对比数据可见，在烧结机生产能力和整粒筛分设备处理能力都增加的条件下，首钢京唐烧结整粒筛分室占地面积仍然减小了 $267m^2$，筛分设备减少了 3 台。由于首钢京唐采用立式整粒工艺，没有转运带式输送机通廊，这又节约了很大的占地面积。少用了 3 台筛分设备和筛分间的转运输送机，无疑会大大降低投资成本和电量消耗以及运行维护费用。

表 2　大小成品的粒度组成

Table 2　The size of the sinter product

(%)

粒级	> 40mm	40~25mm	25~16mm	16~10mm	10~5mm	< 5mm
大成品	36.28	43.61	18.52	1.59	0	0
小成品	0	0	29.12	34.13	35.43	1.32

表 3　传统整粒筛分与首钢京唐烧结整粒筛分比较

Table3　The traditional screening with Shougang Jingtang screening comparison

项　目	传统烧结整粒工艺	首钢京唐烧结整粒工艺
烧结机面积/m^2	450	550
处理能力/$t \cdot h^{-1}$	1000	1200
筛分类型	三次筛分	三次筛分
筛分室个数/个	2	1
布置结构	一、二次筛+三次筛	三次筛立式
筛分室占地面积/m^2	1419	1152
筛分设备/台	9 台	6 台
工作方式	两用一备	一用一备
传输方式	带式输送机	溜槽
烧结面积比较/m^2	550~450	100
处理能力比较/$t \cdot h^{-1}$	1200~1000	200
筛分室占地面积比较/m^2	1152~1419	–267
筛分占地面积比较	筛分室+倒运运输机占地	筛分室
筛分设备比较/台	6~9	–3

4　结语

首钢京唐烧结整粒筛分工艺，三次筛分立式结构，具有占地面积少，投资成本低，作业率高，运行维护费用低，扬尘少，节能减排，整粒效果好等优点。这种新型的整粒筛分工艺具有很大的推广价值，必然能为我国烧结行业进一步节能减排，降低生产成本贡献力量。

（原文发表于《烧结球团》2011 年第 1 期）

首钢京唐烧结厂降低生产工序能耗的实践

贺万才

(北京首钢国际工程技术有限公司，北京 100043)

摘　要：本文从首钢京唐烧结厂设计实际出发，详细介绍了京唐烧结厂节能的具体措施；采取厚料层烧结、控制原、燃料和白云石粒度、稳定烧结生产、推行低温烧结工艺、生石灰强化烧结、堵漏风、控制点火温度等一系列降低固体燃耗、电耗、煤气消耗以及水耗的措施，同时介绍了烧结余热回收措施。自 2009 年 5 月投入生产以来，生产逐步走上正轨，烧结料层厚度达 780mm、固体燃耗由投产初的 50.11kg/t 降低到当前的 42.65kg/t，取得了较好的经济效益。

关键词：烧结；能耗；固体燃耗；余热；节水

The Practice of Reducing Energy Consumption of Production Processes of Shougang Jingtang Sinter

He Wancai

(Beijing Shougang International Engineering Technology Co., Ltd., Beijing 100043)

Abstract: The paper sets out actual design of Shougang Jingtang sinter plant, introduces the Specific measures of the Jingtang Sinter plant's energy detaily; a series of measures of decreasing solid fuel consumption、electricity consumption、gas consumption and water consumption such as adopting deep bed sinter、controlling the particle size of raw material、fuel and dolomite、stabilizing sintering process、promoting low temperature sintering process、intensifying sintering by calcium oxide、preventing air leakage、controlling ignition temperature, introducing recycle the heat of sintering at the same time. Since producing in May 2009, which walks up the right path step by step, sinter bed thickness is about 780mm, then the solid fuel consumption is lowered from 50.11kg/t since producing to 42.65 kg/t at current and the obvious economical benefit is obtained.

Key words: sinter; consumption; solid burn consume; residual heat energy; saving water

1　引言

为了满足高炉对烧结矿产量和质量的要求，钢铁厂烧结机逐渐向大型化发展。首钢京唐钢铁联合有限公司烧结一期工程在曹妃甸新建两台烧结机规格 500m^2 的烧结厂，烧结机的设计以“高效节能”为原则，而烧结工序能耗主要包括生产用的固体燃耗、煤气燃耗、电耗、水、蒸汽、压缩空气等消耗。其中，固体燃料消耗约占 75%，电耗 15 %，煤气消耗约占 6%。设计首钢京唐钢铁公司烧结厂，烧结机面积 500m^2，设计过程中采取多项技术措施；两台烧结机分别于 2009 年 5 月、2009 年 12 月建成，投产以来，不断优化烧结工艺，烧结工序能耗逐月降低，取得了较好的效果。

2　降低固体燃耗措施

2.1　厚料层烧结

在主抽风机能力和原料条件不变的情况下，厚料层烧结的关键在于改善料层透气性，它要求料层具有较强的氧化气氛。在一定范围内，料层越厚，自动蓄热能力越强，越有利于节约燃料，同时厚料层烧结可增加低价铁氧化物氧化放热、减少高价氧化物分解热，大幅度降低燃料消耗，改善烧结矿质量[1]。京唐公司烧结机台车栏板设计高为 800mm，料层厚度设计 750mm、最大可达 780mm；采用梭式布料、辊式布料器联合布料，该布料系统不会破坏混合料颗粒，有利于提高料层透气性。同时，采用粒度为 12~20mm 的冷烧结矿作为铺底料，铺底料厚为 20~40mm。为配合厚料层烧结，采取了以下改善料层透气性的措施。

2.1.1 强化混合制粒

烧结料配完料后，经带式输送机运送至混合工序，设计了一次混合和二次混合，混合机采用圆筒混合机，混合机安装的关键点是倾斜角度。混合的目的一是实现混合料均匀，获得化学成分均一的混合料；二是对混合料加水润湿和制粒[2]。具体内容如下：

（1）一次混合机安装倾角为 2.5°，二次混合机安装倾角为 1.5°。

（2）在一、二次混合机筒体内安装带花纹的含油尼龙橡胶衬板，衬板上的花纹，形成一定比例的料磨料内衬，对混合料产生一定的摩擦力。混合机工作时靠这种摩擦力将烧结混合料带到一定的高度，使混合料在混合机内形成规则的滚动，对混合料造球十分有利，减少混合机粘料，以改善制粒。

（3）在一、二次混合机内按合理加水曲线安装雾化水喷头，实现雾化水造球。

（4）混合料混合时间为 2.8min；制粒时间为 5.0min，从而提高料层的透气性。

通过这四项措施的实施，第一台烧结机于 2009 年 5 月投入生产，对混合料中+3mm 粒级进行测定，测定结果为>3mm 粒级达 75%左右。

2.1.2 蒸汽预热混合料

为了达到烧结必要的料温，降低过湿层阻力，设计了二次混合后蒸汽预热混合料的措施。

在二次混合机和烧结机前的混合料矿槽分两次用蒸汽预热混合料，尽可能提高料温到 65℃左右。该措施的实施，投产后效果明显，极大地增强了料层透气性，促进烧结顺利进行。实践证明：料温的提高，一方面能减少过湿层厚度，改善透气性；另一方面其热量能代替部分燃料燃烧热，降低燃耗。通过逐步提高烧结料层厚度，烧结矿强度得到改善，固体燃耗逐步降低。

2.1.3 采用梭式布料、辊式铺料

布料作业是将混合料和铺底料均匀布在烧结机台车上，为获得透气性良好的烧结料，在设计烧结机布料时采取以下措施：

（1）在混合料矿槽上部安装了梭式布料器，以保证烧结机宽度方向上均匀布料。

（2）在混合料矿槽下部的泥辊安设九辊布料器，实现了混合料沿台车高度方向的合理偏析，使大颗粒混合料布到台车中下部，小颗粒混合料布到中上部。

（3）为了使烧结机料面平整，还在泥辊横梁上设计了可调整高度和角度的刮料板。因此，在保证料面平整的同时，还可根据生产需要调整料层厚度，并适当提高台车两侧的料层，使料层断面略呈“锅底”状，以减少边缘效应和漏风率。

2.2 控制原、燃料和白云石粒度

2.2.1 合理控制原、燃料粒度

（1）生产实践和研究表明，燃料最适宜的粒度为 0.5~3mm，一般控制在 3mm 以下。为此，燃料破碎间布置电磁除铁器吸起碎焦中的铁杂物，同时进行燃料预筛分，筛除大焦块，保证进入破碎机的燃料粒度均匀且无铁杂物。精心操作，确保燃料 0.5~3mm 粒级在（85±2）%范围内，确保在焙烧过程中燃料分布均匀，燃烧完全，热效率提高，消耗量低。

（2）原料粒度过大，不利于造球，熔化温度高，耗热量大。一般控制其上限，即+8mm 粒级不大于 10%。

2.2.2 控制白云石粒度

根据高炉需要，京唐公司烧结矿 MgO 含量为 1.9%。为此，根据原料 MgO 含量的不同，京唐烧结厂配加 3.5%~6.5%的白云石。白云石粒度过粗，其分解热耗增大，在烧结过程中不易完全矿化。据生产经验一般控制 0~3mm 粒级含量大于 90%为宜。

2.3 调整低价铁氧化物含量，配加含碳固体废弃物

（1）由于京唐所用原料主要为进口矿粉，熔化温度较高，液相形成所需要的热量也多。而磁铁矿因含有低价铁氧化物，在烧结过程中发生氧化反应，放出大量的热，能显著降低能耗。

（2）炼铁、焦化工序在生产过程中产生的高炉灰、焦化除尘灰等冶金工业废弃物含有较高的碳，将高炉灰、焦化除尘灰应用于烧结生产，在烧结过程燃烧放热，可替代部分固体燃料，从而达到降低固体燃料消耗的目的。因为高炉灰、焦化除尘灰粒度较细，控制配比在 1%~2%，既不影响透气性和烧

结矿产质量，又可降低固体燃耗 4.5~5.5 kg/t。

2.4　稳定烧结生产，降低返矿循环量

返矿主要来源于台车表层、两侧、底部等部位。返矿量的增加，主要是烧结过程波动造成的，其结果是烧结矿产量降低，燃耗上升。因此，稳定烧结生产是降低返矿量、降低燃耗的主要措施之一。

2.4.1　提高混匀料成分稳定率

烧结配料是将各种烧结料按配比和烧结机所需要的给料量，准确进行配料。配料系统采用自动重量配料法，各种原料均自行组成闭环定量调节，再通过总设定系统与逻辑控制系统，组成自动重量配料系统。其特点是设备运行平稳、可靠，配料精度高达 0.5%~1%，使烧结矿合格率、一级品率均有较大幅度提高，同时可减少烧结燃料耗量。配料室料仓底设计装有电子皮带秤，并定期对电子秤进行校正或整改，标定给料圆盘的下料量，达到配料有效计量。

2.4.2　优化料仓给料设备

一条烧结生产线，配料室设计有 17 个料仓，根据不同原料性质采用了不同仓型和仓下给料形式。在生石灰料仓的锥段部分安装了流化装置，避免蓬仓、堵仓带来的下料不畅，实现了配料仓下稳定连续给料，保证配料的准确性，保证烧结矿质量指标，使之碱度稳定率为 99%、品位稳定率 100%、合格品率 100%、一级品率 92%。

2.4.3　优化燃料用量计算方法

传统的计算燃料用量方法极易导致生产中燃料波动，改进方法是考虑返矿残碳量，把混匀料和返矿分开计算燃料配比。计算公式为：

燃料用量=混匀料量×m% + 返矿量×n%

式中　m%——混匀料的燃料配比；

n%——返矿的燃料配比。

方法改进后，烧结配碳稳定，燃料用量降低。同时，完善和应用自动配料技术，提高生产稳定性。

2.5　低温烧结工艺

低温烧结工艺是通过降低烧结温度，发展性能优良的黏结相来固结烧结料，其关键在于控制烧结温度和气氛。在配矿结构相同的原料里，烧结矿 FeO 含量能表明烧结过程中温度水平高低和气氛。可见，推行低温烧结工艺主要是通过控制和降低 FeO 含量来控制烧结过程温度水平。因此，在保证烧结矿强度前提下尽可能降低烧结矿 FeO 含量。生产实践统计表明，在现有原料条件下，FeO 每降低 1%，固体燃耗下降 1.35kg/t。对配矿结构相同的料堆，确定燃料用量后，加大 FeO 稳定率考核力度，提高烧结矿 FeO 控制水平，防止烧结过程热水平大起大落。而配矿结构不同的料堆，尽可能采取低 FeO 含量操作，降低固体燃耗。采取上述措施后，FeO 稳定率提高，含量明显下降（见表 1）。

表 1　投产以来烧结矿 FeO 含量
Table 1　The content of FeO since production

时间	2009.5~8	2009.9~12	2010.1~4	2010.5~8
含量/%	8.90	8.34	7.86	7.25

2.6　生石灰强化烧结

生产实践表明：配加生石灰能强化烧结，降低燃耗。配加生石灰主要作用在于：能强化制粒效果，提高制粒增强小球强度，改善混合料的粒度组成，提高料层透气性，降低固体燃耗；减少碳酸钙分解吸热，而且生石灰消化放热可提高料温 10℃左右；生石灰粒度细，比表面积大，极易形成低熔点物质，降低液相形成温度，大幅度降低燃耗[3]。根据碱度的不同，生石灰配比为 5.5% ~ 7.5%，生石灰加水系统设计两次加水，并采用蒸汽加热，使水温达到 50℃左右。本措施提高了生石灰消化速度，使生石灰充分润湿消化，强化烧结的作用得到增强，混合料粒度组成得到改善，从而促进了烧结料层透气性的改善和固体燃耗的降低，降低燃耗约 1.25kg/t。

固体燃耗占烧结工序能耗的 75%，降低固体燃耗是烧结节能的关键。设计烧结厂时采取上述六项措施，自第一台烧结机投入运行以来，设备运转稳定，烧结生产逐步走上正轨，固体燃耗稳步降低。固体燃耗数据见表 2。

表 2　烧结矿强度指标和固体燃耗
Table 2　The intensity of sinter mines and variety of solid fuel

时　间	料层厚度/mm	转鼓指数/%	固体燃耗/$kg \cdot t^{-1}$	筛分指数/%
2009.5~8	700	76.7	50.11	7.48
2009.9~12	740	79.4	47.33	7.11
2010.1~4	770	80.8	44.56	6.89
2010.5~8	780	81.1	42.65	6.70

3　降低电耗

主抽风机容量占烧结厂总装机容量的 30%~50%，减少抽风系统的漏风率，增加通过料层的有效风量和降低烧结负压对节约电耗意义重大。

3.1 堵漏风

由于烧结料层越厚，阻力越大，风箱负压越高，漏风率也相应增加，这给堵漏风工作增加了难度。烧结机抽风系统漏风主要体现在：台车在高温下变形磨损，风箱密封装置磨损、弹性消退，机头机尾处的风箱隔板与台车底部间间隙增大，台车滑板与风箱滑板密封不严，相邻台车之间接触缝隙增大，抽风管道穿漏等。因此，有必要对烧结机滑道系统及机头、机尾密封板等部位进行优化设计，加强密封，改进台车、首尾风箱隔板、弹性滑道的结构；同时，加强对整个抽风机系统的维护检修，及时堵漏风，将漏风率降至最低程度。设计了烧结机集中润滑系统，健全润滑机制；要求生产者及时更换紧固台车挡板、箅条；安装箅条压辊和台车边箅条；台车端部加衬板；将台车挡板四块改为两块；箅条压钉改为螺栓固定；风箱内部涂抹耐磨耐高温材料；经常检查焊补抽风系统连接法兰和膨胀节等易漏风部位；利用烧结机检修和待开的时机，对诸如头、尾部密封盖板、水封漏斗、风箱上下滑道密封等部位进行检修，使漏风率大大降低。

3.2 降低烧结负压

吸取其他烧结工程卸灰漏斗的教训，卸灰漏斗因密封不严，在较大负压作用下，大烟道内积灰无法在正常生产时清放，导致大烟道内积灰严重时占据大烟道容积的一半以上，烟道负压升高，有效风量降低，电耗升高。大烟道下部设计接大容量灰斗，可储存较多灰尘，减少烟道内积灰，灰斗下接双层卸灰阀。此措施能有效降低负压，从而降低电耗。

资料显示[12]：漏风率减少 10%，可增产 5%~6%，每吨烧结矿可减少电耗 2kW·h，成品率提高 15% ~2.0% 。日本新日铁大分厂 2 号烧结机采用降低漏风率措施后，漏风率降低了 12.5%，电耗降低 1.96kW·h/t，相当于每降低 10%的漏风率，电耗降低 1.56kW·h/t；梅山烧结厂将漏风率从 71.14%降至 42.99%后，电耗降低 4.33kW·h/t，相当于降低 10%的漏风率，电耗降低 1.54 kW·h/t。京唐烧结通过实施堵漏风和大烟道下部设计接大容量灰斗以降低负压，漏风率由投产初的 50%降低到 41%，主抽风系统电耗稳定在 13kW·h/t，比设计值小 1.5 kW·h/t。

4 降低煤气消耗

4.1 严格控制点火温度和点火时间

点火的目的是补充烧结料表面热量的不足，点燃表面烧结料中的燃料，使表层烧结料烧结成块。点火温度的高低和点火时间的长短应根据各厂的具体原料条件和设备情况而定，达到点火的目的即可。无烟煤和焦炭的着火温度在 700~1000℃，因此点火温度达到 1000℃即可，甚至更低就可以把燃料点着，满足点火的要求，同时节约了煤气消耗；又因料层厚度增加，与点火器距离缩短，火焰长度缩短，火焰高温部分较容易到达料面。根据实际情况，将点火温度控制在 1050±50℃，点火时间在 1min 以内。

4.2 应用新型节能型点火器

采用矮炉膛线形点火技术，在台车横向上，通过烧嘴不同间距的布置达到在台车表面均匀点火的效果。为提高表层烧结矿质量，降低烧结矿燃耗，在点火炉前设置预热段，在点火炉后面设有较大的保温炉。点火温度可达到 1100℃以上。该点火炉炉衬由耐火层和保温层组成，保温效果好，炉墙采用耐火浇注料预制块拼装而成，炉顶采用吊挂预制块结构。烧结机点火器炉衬采用耐火预制块拼装结构，施工维修十分方便。高温火焰带宽适中，温度均匀，高温点火时间和机速匹配良好，采用的烧嘴流股混合良好，火焰短，燃烧完全。

通过应用新型节能点火器，严格控制点火温度和点火时间；京唐烧结厂平均点火温度为 1030℃，与投产初的点火温度 1100℃相比，煤气消耗降低 1MJ/t。

5 降低水耗

5.1 热水热媒采暖

京唐烧结厂建于唐山唐海县，属于采暖区域；配料室、烧结主厂房、主控楼、成品筛分间及大部分附属设施需要采暖。按以往设计经验一般考虑采用蒸汽作为热媒采暖，鉴于节能减排政策，本工程采用热水采暖。水作为热媒，热水相比于蒸汽具有以下优点：

（1）热水供应系统的热能利用效率高，由于在热水供热系统中没有凝结水和蒸汽泄漏以及二次蒸发汽的热损失，因而热效率比蒸汽供热系统高，按经验一般可节省燃料 20%~40%。

（2）运用按质调节的方法进行调节，既节约热量，又能较好的满足卫生要求。

（3）热水蓄热能力高，由于系统中水量多，水的比热大，因此在水力工况和热力工况短时间失调时不至于显著引起供热状况的波动。

（4）可以进行远距离输送，热损失较小，供热半径大。

（5）在热电厂供热情况下，充分利用低压抽气，提高热电厂的经济效益。

（6）热水采暖采用集中换热站供热，冷凝水采用回收装置集中回收；蒸汽采暖系统冷凝水则直接排放。京唐烧结厂总供热负荷约 2700kW，按照经验值计算，热水采暖相对于蒸汽采暖可节水 4.5t/h，一个采暖季按 120 天计算，整个采暖季节水约 12960t。

5.2 烧结节水措施

京唐烧结厂水系统设计时从节水角度出发，在设备选型时合理地控制了设备的水量和水压。工艺设备冷却水采用厂区净环水循环；冲洗地坪等采用工业水，排水回收处理后再进入管网；湿式除尘和配料室排水采用沉淀池技术处理后再供湿式除尘使用，多余部分溢流入排水系统回收。

6 余热回收

烧结系统在钢铁工艺总的耗能约占总耗能的 10%~12%，而烧结机与冷却机废气带走的热约占烧结能耗的 40%~50%；因此，回收和利用这些余热极为重要，余热回收主要在烧结矿成品显热及环冷机的排气显热两个方面。

烧结生产时烧结矿从烧结机尾部落下，经单辊破碎后通过导料溜槽，再经板式给矿机给到环冷机台车上，在溜槽部分烧结矿温度高达 700~800℃，以辐射热形式向外散热，落到环冷机后气温度仍在 600℃以上，环冷机上设计有冷却密封罩，密封罩内通过鼓风机使冷却风强制穿过矿层，经烧结矿加热使冷却风温度升高到 300℃以上，这样的冷却风可利用使其显热来产生蒸汽[4]。当前，烧结余热利用多采取制蒸汽；马钢、济钢烧结厂已建设余热发电设施，经过考察，余热发电系统运行部稳定，尚未达到预期设想。与京唐公司反复商讨，综合衡量，最终决定采取余热产蒸汽方案。其流程见图 1。

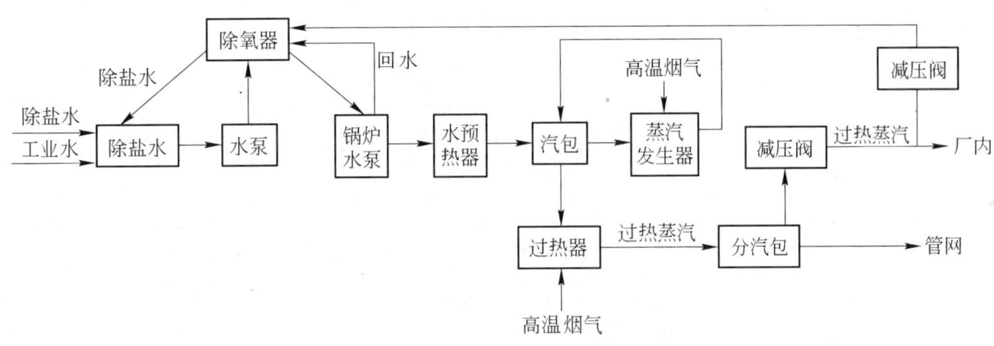

图 1 余热蒸汽发生系统流程

Fig. 1 Heat recovery steam generating system flow

除盐水经过除氧器蒸汽除氧，产生热水；通过锅炉给水泵加压至预热器，利用环冷机上烧结矿产生的热废气，加热除盐水进入汽包。除盐水通过汽包下降管进入热管蒸汽发生器，在此处热废气横向冲刷热管受热侧，热管通过相变传热至上联箱来的饱和水，饱和水吸热变成汽水混合物由上联箱通过总上升管进入汽包，汽水分离后，饱和水通过下降管回至下联箱，再次受热蒸发，如此反复循环，将烟气热量传入水侧产生饱和蒸汽。烟气经过过热器、热管蒸汽发生器利用后，通过烟筒排入大气。饱和蒸汽从汽包出口管道进入过热器，产生 260℃过热蒸汽，经分汽缸分配蒸汽，一部分蒸汽经减压阀减压至 0.8MPa 进入烧结生产主管道供烧结厂内使用；另一部分蒸汽设计压力约在 1.3MPa 并入京唐厂区综合管网，可减少厂区内蒸汽供应站的供应量。

7 结语

（1）京唐烧结厂自 2009 年 5 月投产，一年多来，该厂设备的平稳运行表明国内已可自主设计 500m^2 烧结机。通过各种措施的运用，目前固体染耗约为 42.65 kg/t。

（2）新型节能型点火器的应用，点火温度控制在 1030℃，比投产初点火温度 1100℃煤气消耗降低 1MJ/t。

（3）采取堵漏风和降低烧结负压的措施，烧结漏风率大大降低，致使主抽风机负荷减小，主抽风系统电耗稳定在 13kW·h/t。

（4）热水作供暖热媒，一个采暖季节水约 12960t；利用环冷机高温废气热量产过热蒸汽，经分汽缸分配蒸汽，一部分蒸汽经减压阀减压至0.8MPa进入烧结生产主管道供烧结厂内使用；另一部分并入京唐厂区综合管网。

参考文献

[1] 王悦祥. 烧结矿与球团矿生产[M]. 北京：冶金工业出版社, 2006.

[2] 夏铁玉, 李政伟, 颜庆双. 鞍钢三烧车间 600mm 厚料层烧结生产实践[J]. 烧结球团, 2005, 30(1): 45.

[3] 魏建新. 武钢降低炼铁系统能源消耗的实践[J]. 可持续发展, 2007(5): 19.

[4] 卓阿诚. 韶钢六号烧结机余热回收利用的设计特点及生产实践[J]. 广东科技, 2008(192).

[5] 北京首钢国际工程技术有限公司. 冶金工程设计理念的创新与实践[M]. 北京：冶金工业出版社, 2010.

[6] 王中林. 降低烧结工序能耗的研讨[J]. 节能与环保, 2004(11): 42~44.

（原文发表于《中国冶金》2012 年第 1 期）

2×500m²烧结机的设计特点及生产实践

李文武

(北京首钢国际工程技术有限公司，北京 100043)

摘　要：本文介绍首钢京唐烧结厂 2×500m² 烧结机的设计特点及投产后的生产情况，阐述了大型烧结机的设计思路，同时说明了适应大型烧结机生产所采用的配套技术装备，文章中还对设备大型化所做的技术创新和先进的节能降耗技术进行了详细的描述，大型烧结机和环冷机的成功建设具有划时代的意义，使我国在烧结设备自行设计、制造及安装水平上都上了一个新台阶。项目自 2009 年投产后，生产运行平稳，各项指标均已达到先进水平，充分体现了大型烧结机产品质量好、生产管理方便、成本低、节能降耗、环境好、自动化水平高、劳动生产率高等优点，有力地推进了我国烧结大型化的进程。

关键词：烧结；大型烧结机；设备大型化；厚料层烧结；节能降耗

The Design Characteristic and Yield Practice of 2×500m² Sinter

Li Wenwu

(Beijing Shougang International Engineering Technology Co., Ltd., Beijing 100043)

Abstract: The paper describes design features and production of the 2×500m² sintering machine of Shougang Jingtang sinter plant, expounds the design thinking of large-scale sintering machine, at the same time, explains the related equipment which adapt to large-scale sintering machine production. Aiming at large-scale equipment, the article detail explains which made technological innovation and advanced energy saving technologies. The large-scale sintering machine and annular cooler successful landmark building, which mark designing sinter equipment ourselves, making and installation on a new level. Production since 2009, running smoothly, indicators have reached the advanced level, reflects the good sinter ores quality of large-scale sintering machine fully, easy to manage, low cost, saving energy, environmental protection, high level of automation, high labor productivity, promoting the process of China's large-scale sintering effectively.

Key words: sinter; large-scale sintering machine; large-scale equipment; thick sinter; saving energy

1　引言

首钢京唐钢铁厂是国家“十一五”重点工程，为满足 5500m³ 特大型高炉实现稳定、节能、高效、长寿生产对烧结矿原料的要求，配套建设 500m² 大型烧结机及辅助设施，共同构建首钢京唐钢铁厂“高效率、低成本、高效益、清洁化”的生产平台。

我国的烧结生产从无到有，从简单到复杂，从落后到先进，从小到大，经历了几十年漫长的发展过程，直到 1985 年，宝钢从日本引进的 450m² 烧结机投产后，大型烧结机的优势才得以充分的体现[1]。京唐 500m² 大型烧结机在国内属于首次建设，可供借鉴的经验很少，工程不是在已有的烧结技术上简单的放大，而是需要在工艺和设备配置上进行全新的设计，从而实现结构优化、功能优化、效率优化的大型化烧结生产。

2　2×500m²烧结机的设计特点

2.1　设计范围

本工程设计 2 台 500m² 烧结机，设计范围包括燃料破碎系统、配料系统、混合系统、烧结冷却系统、主抽风系统、成品筛分系统等生产设施，以及环境除尘系统、水处理设施、主控中心、总图及综合管网等配套的公用辅助设施等。

烧结厂所需的水、电、煤气、蒸汽、压缩空气等公用介质由全厂综合管网送至烧结厂区红线外接点处。烧结厂范围内配套的机修设施、备品及备件库、食堂、浴室、厕所等公用辅助设施由钢铁厂统一规划，不在本工程范围之内。

2.2 工艺流程的集约化设计

首钢京唐烧结工程是一个以新体制、新机制的创新理念为指导而建设的创新工程。它突破了传统冶金工程的长流程工艺布局，实现了短流程紧凑式布置，自主创新了燃料破碎筛分系统的集中布置、混合系统集中布置、主抽风系统烟道集中布置、立体成品筛分系统集中布置的短流程工艺，最大限度地缩短了物料运输距离，减少了物料的转运环节，与工艺流程相同的 $2×360m^2$ 烧结厂和 $2×450m^2$ 烧结厂的主要对比，见表 1。

表 1 首钢京唐整体布置对比

Table 1 The total layout contrast of Shougang Jingtang

比 较 内 容	首钢京唐 $2×500m^2$	$2×450m^2$	$2×360m^2$
设计年产量/万吨	1093.4	891.0	741.2
最大年产量/万吨	1188.0	1089.0	741.2
带式输送机通廊数量	15	49	34
带式输送机通廊长度/m	1267.2	4687.9	2373.5
转运站数量	3	25	13
工艺车间及单体建筑物数量	16	26	18
总图占地/万 m^2	17.40（含脱硫占地 1.26）	24.90	16.16
吨烧结矿占地/万 m^2	0.016	0.028	0.022

由表 1 可知带式输送机通廊数量比 $2×360m^2$ 烧结厂减少 19 条，比 $2×450m^2$ 烧结厂减少 34 条；通廊长度比 $2×360m^2$ 烧结厂减少 1106.3m，比 $2×450m^2$ 烧结厂减少 3420.7m；转运站数量比 $2×360m^2$ 烧结厂减少 10 个，比 $2×450m^2$ 烧结厂减少 22 个；工艺车间及单体建筑物数量比 $2×360m^2$ 烧结厂减少 2 个，比 $2×450m^2$ 烧结厂减少 10 个；实际占地面积比 $2×450m^2$ 烧结厂减少 7.5 万 m^2，比 $2×360m^2$ 烧结厂仅增加 1.24 万 m^2，如果去除烧结烟气脱硫占地，则与 $2×360m^2$ 烧结厂占地相同。

这种简洁、紧凑的工艺布置不仅使总图更加顺畅合理，而且可以减少岗位定员、便于集中管理，减少了转运过程中产生的扬尘，保护了厂区环境，降低了工程投资。

2.3 大型化的工艺技术装备

为满足 $500m^2$ 烧结机的生产需要，其配套工艺设备在设计选型和技术装备水平上需要进行全新的设计。

2.3.1 混合设备大型化

混合设备大型化，优化混合、制粒时间，自动控制混合料水分。一次混合的主要目的是为了将混合料加水润湿及充分的混匀，或兼有部分制粒的功能，二次混合除了继续混匀外，主要的目的是制粒，并使混合料达到最终的水分要求。过去国内大部分烧结厂因混合系统的混合制粒时间不足而影响烧结生产，京唐烧结厂结合实际生产情况，优化混合、制粒时间，配套设计的混合设备规格为：

一次混合采用 2 台 ϕ4.4m×18m 圆筒混合机，安装角度 3.0°，填充率为 14.1%，混合时间 2.4min。一次混合加入浊环水，作为生产工艺用水。二次混合采用 2 台 ϕ5.1m×28m 圆筒混合机，安装角度 2.5°，填充率为 11.2%，混合时间 4.16min。采用液压马达传动，根据生产需要实现无级调速，保证制粒效果，提高混合料透气性。

同时设计采用红外线水分仪在线检测混合料水分，PLC 系统前馈方式自动控制加水量。混合料加水主要在一次混合机内进行，二次混合机加水作为微调。计算机根据原料含水量，计算出添加水的给定值，分别给出一次混合加水量（约总加水量的 80 %）和二混的加水量，并控制水管阀门流量。混合料最终水分由一混和二混的出料皮带的红外线水分仪测定，再由 PLC 系统反馈调节一、二混加水量，达到适宜的水分值。

2.3.2 烧结机大型化及配套技术装备

自主设计了国内第一台 $500m^2$ 烧结机，台车栏板宽度 5.5m，栏板高度 750mm，有效长度 100m，并首次在新建大型烧结机上采用台车加宽技术。在长期生产实践中发现，用于烧结的抽风风量有一部分（大约占总漏风量的 15%）会沿烧结机栏板边缘阻力小的地方直接进入风箱，形成短路，成为不能参加工作的无效风，造成能源浪费。通过采用加宽技术，可以实现烧结面积增加 10%，烧结产量增加约 5%~12%，可以使吨矿耗风量降低约 5%~10%，单位废气量减少，烧结矿电耗，单位能耗降低。

大型烧结机负荷大，自动化水平高，安装要求高。需要一系列的技术配套支持，主要表现在：

（1）适应工况的混合料斗大小闸门液压系统，工作稳定，调整精度高，能够满足在线调整要求，为实现自动化高水平闭环控制创造了条件；

（2）选用进口产品的新型柔性传动技术，自主对安装方式进行设计改进；

（3）润滑系统采用国内先进智能集中润滑技术，实现对每一点的在线检测和流量调整，首次对整个烧结机、冷却机及板式给矿机的润滑采用一套润滑系统；

（4）风箱头尾密封技术，根据首钢京唐烧结对节能要求高的特点，针对此大型烧结宽度尺寸大、温度高的工况，设计集成了头尾端部柔性动密封装置和台车滑道柔性密封装置，有效的降低漏风率。

2.3.3　单辊破碎机大型化

烧结饼自台车卸下后，经机尾单辊破碎机破碎到 150mm 以下。单辊破碎机规格 ϕ2.4m×5.78 m，采用水冷轴式，箅条为可移动式，齿冠堆焊耐磨耐热合金。

2.3.4　环冷机大型化

自主设计了国内第一台 580m^2 环冷机，台车栏板宽度 3.9m，回转中径 ϕ53m，最大料厚 1400mm（栏板 1500），在国内首次采用台车加宽技术，使产量增加 5%~8.2%，吨矿耗风量降低约 5%~8%。

2.3.5　烧结风机大型化

首次采用了国内烧结行业最大的烧结风机，主抽风机室配备 4 台工况流量为 25000 m^3/min 的离心风机，每台烧结机对应 2 台风机，风机全压为 19000 Pa，风机电机功率 10000 kW，转速 1000 r/min，电压 10 kV，电气控制采用变频启动技术，引进英国豪顿的设备。风机出口设置消声器，以达到工业噪声卫生标准。2 台烧结机共用 1 个主烟囱，烟囱高 120 m。

2.3.6　大型化成品筛分设备集中布置

首次在国内烧结行业采用最大规格的成品筛分设备，一次筛规格为 4 台 3.8m×10.0m，二次筛规格为 4 台 3.8m×7.5m，三次筛规格为 4 台 3.8m×10.6m，并且集中布置在同一厂房内，与传统的工艺布置相比，具有以下优点：

（1）占地面积少 18%；

（2）筛分设备数量减少 1/3；

（3）设备运行维护费用低，维护工作量小，作业率高；

（4）扬尘面积小，节能减排；

（5）整粒效果好，成品中<5mm 的粒级含量小于 5%。

2.4　节能减排、降低消耗的领先技术

2.4.1　超厚料层烧结技术

厚料层烧结是烧结行业普遍采用的提质降耗的技术，2005 年我国烧结料层平均厚度 563mm，其中 700mm 以上的有 35 台，宝钢 2 号烧结机 2004 年 12 月料层达到了 800mm[2]，京唐 500m^2 烧结机设计料层厚度为 750mm，考虑工艺的发展需要，对设备结构进行详细计算和改进，预留了提升料层厚度的空间，实际生产中通过蒸汽预热提高混合料温度、适当调节点火器空燃比、合理调节九辊布料器的转速、采用梯形布料等技术措施改善料层透气性，将料层厚度由 750mm 提高至 830mm，转鼓强度提高到 82%，FeO 降低约 0.37%，返矿率降低约 1.6%，相应成品率提高约 1.6%，自动取样粒级小于 5mm 部分降低约 0.6%[3]。

2.4.2　大型环冷机余热利用与烧结矿热风冷却技术

在烧结工序总能耗中，有近 50% 的热能以烧结机主排烟气和环冷机废气的显热形式排入大气，并含有大量的烧结料粉尘[4]。由于烧结环冷机废气的温度约为 150~400℃，为低温烟气，我国钢铁企业对此部分热能的回收利用率极低，一般用余热利用换热器回收部分 350℃左右的烟气产生 10~20t/h 左右的饱和蒸汽，供用户使用，大部分热烟气自然排放了，不但造成了热量的散失，而且产生热污染和粉尘污染。在 500m^2 烧结机项目的设计中采用热风循环工艺，设置双压余热锅炉，充分回收烟气的热量，节约能源，净化环境。

环冷机一冷段的高温废气通过烟罩上的热风管道经过耐热多管除尘器降尘后依次进入高温段高压过热器、高温段高压蒸发器和高温段高压水预热器，之后通过废气管道依次进入高温段低压蒸发器、高温段低压水预热器，经过循环风机回到环冷机的冷却风管道作为冷却风使用，设计产过热蒸汽产量：40t/h，过热蒸气压力：1.1MPa；饱和蒸汽量：≥12t/h，饱和蒸气压力：0.3MPa。环冷机二冷段部分低温废

气通过低温段水预热器后排入大气，部分用管道引去解冻库用于冬季解冻。

此项技术不仅充分回收了环冷机热烟气的热量，而且改善了冷空气直接冷却高温烧结矿所带来的影响烧结矿质量的现象，使得热烧结矿经过一定温度的冷却风后逐渐冷却，提高了烧结矿的质量。生产记录显示，环冷机冷却风温由 25℃提高到 130℃，固体燃耗降低了 2kg/t，成品烧结矿中 < 5mm 的粒级含量降低了 12%，转鼓强度增加了 1.5%，烧结机的利用系数提高了 0.08t/（m^2·h）。

2.4.3　全厂除尘灰采用密相气力输送技术

首钢京唐烧结厂 2 台 500m^2 烧结机按工艺系统共配置了 6 套环境除尘设施和 4 台主电除尘器，因此除尘灰的处理方式对于总图的整体布置、流程的简洁性、厂区的环境、生产的稳定、生产管理等方面都是一个重要的环节，为了解决常规工艺中存在的运输设备多、转运环节多、二次污染大的问题，设计经过多次的现场考察，深入了解传统气力输送系统存在的问题，并借鉴近年来我们在球团生产中应用的密相输灰技术，确定了全厂的除尘灰均采用密相气力输送，设计结合总图布局，合理布置输送管道，且根据不同部位的除尘灰的性质选择了不同形式和规格的输送设备，输送距离长的系统设置中间缓冲仓，高温部位设置水冷，水分高的部位和除尘灰比重较轻的部位增加辅助进气装置和流化装置等等，系统的运行采用 PLC 全自动化控制，此系统的设计经生产实践的验证与传统的螺旋给料机或带式输送机的运输形式相比其优点主要表现在：

（1）输送设备和管道实现全密封，避免了除尘灰转运过程产生的二次扬尘，改善了工作条件和厂区环境；

（2）输灰过程全自动化控制；

（3）电耗小；

（4）工艺流程简洁。

与常规气力输送形式相比其优点主要表现在：

（1）气灰比大（高于 1:35），耗气量小；

（2）输送速度低（约 8m/s），管道磨损小。

投产后系统经过调试阶段，运行状态稳定并达到了预期的效果，后我们又跟踪生产的实际情况，不断地修改完善，使得密相气力输送系统更加适应京唐烧结的生产工况。

2.4.4　烧结烟气脱硫技术

我国钢铁冶炼的烧结工序排放的烟气中含有大量 SO_2，约占钢铁企业 SO_2 排放总量的 40% ~ 60%，是钢铁企业 SO_2 的主要污染源，烧结烟气的治理成为钢铁工业 SO_2 减排的重点[5]。近年，国家环保对烧结机烟气排放要求也日益严格，即将颁发的国家标准要求现有钢铁企业烧结机 SO_2 排放标准为 600mg/Nm^3，新建钢铁企业烧结机 2010 年排放标准为 100mg/Nm^3。

京唐烧结厂 2 台 500m^2 烧结机共配置 4 台主抽风机，烟气主要参数为：

（1）处理烟气量：2×162.4 万 Nm^3/h；

（2）烟气含 SO_2 初始浓度≤600mg/Nm^3，SO_2 排放浓度：≤50mg/Nm^3；

（3）烟气初始含尘浓度≤50mg/Nm^3，系统排放粉尘浓度≤20mg/Nm^3；

（4）烟气初始温度 130~150℃，出口烟气温度≥70℃。

工程采用脱硫剂干式消化、循环流化床半干法脱硫工艺，一机二塔，2 台烧结机设置共 2 套脱硫系统。每套烟气系统设置二台增压风机，用来克服脱硫装置和烟道的阻力，在保证脱硫系统稳定运行的同时，也确保了脱硫系统不影响烧结主机的生产。吸收塔采用内置多文氏管脱硫塔，脱硫效率不低于 91.7%，出口烟气 SO_2 浓度≤50mg/Nm^3，实现 SO_2 年减排量 14148t。脱硫副产物脱硫副产物呈干粉状态，其化学成分主要由飞灰、$CaSO_3$、$CaSO_4$ 和未反应完的吸收剂 $Ca(OH)_2$ 等组成，可以用于制作土堤、路基、垃圾填埋场防渗地层、混凝土添加剂、防噪声围墙、土地及废矿井回填、水泥添加剂等。

此套脱硫装置于 2010 年年底投产运行，设备运行平稳，脱硫效率高，SO_2 排放浓度达到设计要求。

3　生产实践

首钢京唐钢铁厂 1 号 500m^2 烧结机于 2007 年 7 月开工建设，2008 年 10 月建成，2009 年 5 月正式投产，投产料层 750mm，经过 1 周时间的热负荷试车后，各系统运行稳定，产品质量达到了 5500 m^3 高炉的要求。2 号 500m^2 烧结机工程于 2009 年 3 月份开始建设，2009 年 12 月 13 日成功热试，投产料层 750mm，16 小时后烧结矿达到要求送高炉矿槽。

目前 1 号机运行 2 年半，2 号机运行 1 年半，在此期间，操作人员不断摸索、总结生产经验，针对大型烧结机的特点建立了行之有效的操作和管理手段，设计单位配合生产，不断优化各项生产指标和提高控制水平，主要体现在：

（1）烧结料层厚度由 750mm 提高到 830mm，提高产品质量，降低能耗。

（2）分阶段研发了适应大型烧结机操作的自动化闭环控制系统，包括烧结矿碱度闭环、混合料水分闭环、烧结机机速闭环和混合料含碳量的闭环控制。

（3）用余热产生的低压蒸汽生产热水添加到混合机内预热混合料，提高料温，提高料层透气性。

（4）增加焦化灰仓，回收固体废弃物，降低能耗。

（5）根据粉尘特性，将生石灰消化器和一次混合机的扬尘点引入湿式除尘器，进一步改善现场环境。

（6）自 2009 年投产后，生产运行平稳，各项指标均已达到先进水平，其主要技术指标见表 2。

表 2　京唐 500m^2 烧结机主要技术指标

Table 2　The main technical guideline of Jingtang 500m^2 sinter

布料厚度/mm	830
碱度合格品率/%	99.71
烧结矿转鼓指数/%	81.79
固体燃料单耗/kgce·t^{-1}	43.83
煤气单耗/MJ·t^{-1}	44.46
电量单耗/kW·h·t^{-1}	36.7
工序能耗/kgce·t^{-1}	47.8
人均烧结面积/m^2·人$^{-1}$	15.28

4　结语

首钢京唐钢铁厂 500m^2 烧结机工程的设计消化吸收了国内外烧结领域的成熟技术，并且大胆创新，采用多项新技术，以创新理念，实现技术升级，为提高钢铁厂综合科技水平，打造新一代科技型钢铁厂起到了重要的促进作用。

（1）工艺流程简洁，集约化工艺布局减少占地面积。

（2）研究开发的 500m^2 烧结机和 580m^2 环冷机是截止到 2009 年已经投产的国内最大型烧结机、环冷机，其成功建设具有划时代的意义，使国内自主建设烧结机的能力从 450m^2 提升到 550m^2 级别，环冷机的能力由 520m^2 提高到 580 m^2，这证明我国在自行设计、制造及安装水平上都上了一个新台阶。

（3）配套大型化工艺设备及其装备水平为 500m^2 烧结机顺利生产提供了有力的支持。

（4）采用的厚料层工艺、余热利用工艺、密相输灰工艺、烧结烟气全脱硫等领先技术，实现了降低固体燃耗、降低成品烧结矿中 < 5mm 的粒级含量、增加转鼓强度、提高烧结机的利用系数、有效利用环冷机废烟气的热量、减少有害物质的排放等目标。

（5）实践中不断地技术改进和技术攻关，使得 500m^2 烧结机的生产技术得到了进一步提升。

（6）自 2009 年投产后，生产运行平稳，各项指标均已达到先进水平，充分体现了大型烧结机产品质量好、生产管理方便、成本低、节能降耗、环境好、自动化水平高、劳动生产率等优点，国内外数十家企业先后到京唐烧结厂考察、交流和学习，有力地推进了我国烧结大型化的进程。

参考文献

[1] 唐先觉. 我国烧结行业的技术进步[J]. 烧结球团, 2008, 33(2): 1.

[2] 郜学. 中国烧结行业的发展状况和趋势分析[J]. 钢铁, 2008, 43(1): 86.

[3] 安钢, 王洪江, 王全乐, 史凤奎. 大型烧结机厚料层烧结生产工艺及生产实践[C]. 2010 年全国炼铁生产技术会议暨炼铁学术年会文集, 2010: 201~203.

[4] 杨兴聪, 李建军, 郭奠球. 国外烧结余热回收利用现状[J]. 烧结球团, 1996, 21(5): 39.

[5] 郝继锋, 宋存义, 钱大益, 程相利. 烧结烟气脱硫技术的研究[J]. 钢铁, 2006, 41(8): 76.

（原文发表于《中国冶金》2012 年第 4 期）

四川德胜烧结工程设计及提高烧结矿强度生产实践

王代军

（北京首钢国际工程技术有限公司，北京 100043）

摘　要：钒钛磁铁精矿具有低铁、低硅、高钛、高亚铁等特点，以此为主要烧结铁矿原料的烧结矿，容易生成高熔点的矿物，使得烧结矿的强度降低。针对这些难点，德胜烧结工程采取单设燃料破碎、集中配料、强化制粒、新型宽皮带加九辊布料、实施低硅高碱度和厚料层烧结技术；烧结机采用集中智能润滑系统和板簧密封滑道、在烧结机头尾设计柔磁性密封装置来降低漏风率；工程建成投产后，以钒钛磁铁精矿为主要原料的烧结矿强度达到72%以上，烧结工序能耗为49.34kgce/t。

关键词：钒钛磁铁精矿；措施；转鼓指数；厚料层烧结

The Practice of Designing Sichuan Desheng Sinter Engineering and Increasing Sinter Ores Strength

Wang Daijun

(Beijing Shougang International Engineering Technology Co., Ltd., Beijing 100043)

Abstract: The vanadium titanium magnetite concentrate has some characteristics, such as low iron, low silica, high tatanium, high ferrous iron and so on. The magenetite concentrate is used as sinter main raw material, which is easy to produce sinter with mineral structure of high melting point, and make the sinter strength low. Aiming at these difficulties, Desheng sinter engineering, through adopting single fuel breaking, proportioning focusly, intensifying granulation, newly-wide belt and nine rolls distributor, implementation of low silica high basicity and deep bed sintering. The sinter machine applies focus intelligent lubrication system and sealed slide spring, installing soft magnetic seal to low leakage. When putting into operation, the sinter ore strength is increased to more than 72%, the sinter process energy consumption is 49.34kgce/t.

Key words: vanadium titanium magnetite; measures; drum index; deep bed sintering

1　引言

四川德胜钢铁集团在乐山沙湾区原有两台规格为75m^{2}和90m^{2}烧结机，2009年，在国家拉动内需和四川灾后重建的形势下，四川德胜钢铁集团启动100万吨规模高强度含钒抗震建筑工程材料综合技改项目，拟建设1台烧结机面积260m^{2}的烧结工程，由北京首钢国际工程公司总承包。设计烧结机利用系数1.25t/(m^2·h)，年产烧结矿257万吨，为高炉提供强度好的炉料。

德胜烧结铁矿原料以钒钛磁铁矿为主，鉴于钒钛磁铁矿特点：由于TiO_2含量较高，SiO_2含量低、且粒度粗、成球性差，在烧结过程中其生产液相量不足，烧结矿难以实现很好的黏结，且还生成不利于烧结矿固结的CaO·TiO_2相，致使钒钛烧结矿的脆性大、强度差、粉化率高[1]。低温还原粉化率高达60%~70%，比普通烧结矿高出2~3倍[2]。设计德胜烧结工程，针对钒钛磁铁矿的烧结特性，通过采用一些技术措施，工程建成投产后烧结矿强度达到72%以上。

2　钒钛磁铁精矿烧结矿强度低存在的难点

（1）提高烧结矿强度难。钒钛磁铁精矿含有较高的钛、铝，TiO_2高达 11%，Al_2O_3高达 3%~4%；SiO_2含量 4.5%左右，用此矿为烧结主要铁矿原料，烧结矿强度难于提高。

（2）精矿粒度粗，严重影响制粒性能。钒钛磁铁精矿粒度粗，生产用精矿−0.074mm 粒级仅 58%左右，实际生产中还存在有+1.0mm 粒级，是国内粒度较粗的精矿。且其粒度呈较规则的圆球状，比表面积仅 491.17cm^2/g。因此，经二次混合后，精矿仅少量黏附在核粒上，导致烧结垂直烧结速度慢、料层薄，影响了烧结矿产质量，尤其是强度。

（3）矿石初始熔点高，生成液相量少。钒钛磁铁精矿含有较高的TiO_2与Al_2O_3，初始熔点在 1300℃以上，比普通铁矿石的初始熔点（1000~1100℃）高得多，而且软化区间窄，不到 100℃。为此，液相难以生成且生成量少。同时由于 SiO_2 含量少，生成的硅酸盐液相量也少，并且因加入的 CaO 绝对量少(即使碱度很高)以及烧结温度高，要大量发展铁酸盐体系较困难。因此钒钛磁铁精矿烧结生成的液相量(20%~30%)要比普通矿烧结矿少 10%~15%。结晶相以硅酸盐、钙钛矿为主，铁酸钙较少，甚至钛赤铁矿（$TiO_2·Fe_2O_3$）和钛磁铁矿（$TiO_2·Fe_3O_4$）也起连晶作用[2]。

（4）烧结过程中生成的钙钛矿较多，而铁酸钙较少。钙钛矿是在高温（>1300℃）和还原性气氛下生成的，TiO_2通过液相扩散与 CaO 生成 $CaO·TiO_2$。钙钛矿与铁酸钙呈相互消长关系[1, 3]。固相反应生成的铁酸钙在 1200℃发展迅速，但在 1280℃又很快离解成 Fe_2O_3 和 CaO，Fe_2O_3 又被还原成 Fe_3O_4，CaO 浓度增大而和 TiO_2 生成 $CaO·TiO_2$，其反应式如下：

$$CaO+TiO_2 \xrightarrow{\text{高温}} CaO\cdot TiO_2 \quad (1)$$
$$\Delta G=-19100-0.8T$$

$$CaO+Fe_2O_3 \xrightarrow{\text{高温}} CaO\cdot Fe_3O_4 \quad (2)$$
$$\Delta G=-1700-1.15T$$

由反应式(1)和(2)可以看出，高温有利于以上两个反应的进行，但在烧结温度范围内，钙钛矿比铁酸钙更容易生成，在高温（>1250℃）下，铁酸钙难以稳定存在。而钙钛矿熔点高达 1970℃，在冷却结晶过程中总是最先从熔体中析出，而且以一种黏结相存在，分散于硅酸盐渣相和钙钛矿之间，削弱硅酸盐渣相的连接作用及钛赤铁矿与钛磁铁矿的连晶作用。钙钛矿是一种韧性差，脆而硬的矿物，单体抗压强度 83.36MPa，显微硬度高达 9738MPa，比其他矿物的硬度高得多。这就是钒钛烧结矿强度差、硬度大的主要原因，因此，这种烧结矿对设备的磨损也特别严重。

3 提高钒钛磁铁烧结矿强度的措施

针对钒钛磁铁精矿烧结存在的以上问题和其烧结工艺自身特点，设计德胜烧结工程，借鉴首钢京唐烧结工程(由北京首钢国际工程公司设计)先进经验和攀钢钒钛磁铁矿烧结经验，确定本工程烧结机利用系数为 1.25t/（$m^2·h$），设备选型能力按烧结机利用系数 1.4t/（$m^2·h$）配备。并采取一系列技术措施，以此提高钒钛磁铁矿烧结矿强度。主要设计技术经济指标见表 1。

表 1 主要技术经济指标

Table 1 The main technical and economical dictator

有效面积/m^2	利用系数 /$t·(m^2·h)^{-1}$	TFe/%	R CaO/SiO_2	FeO/%	TiO_2/%	转鼓指数/%
260	1.25	48.30	2.4	≤10	7~8	≥72

3.1 单设燃料破碎工序

燃料破碎设有粗破碎和细破碎工序。粗、细破碎工序布置在一个厂房内，处理能力为 40t/h。从燃料受矿槽输送来的焦粉或无烟煤（25~0mm）用带式输送机直接给到 1 台ϕ1200×1000 对辊破碎机进行粗破作业，破碎至 12~0mm。粗破碎前的带式输送机上设有 2 台电磁除铁器，去除铁杂物。粗碎后的燃料通过可逆带式输送机给到两个有效容积为 30m^3的分配仓，每个仓下设有给料胶带机和除铁器。

粗破后的产品由带式输送机输送，通过 2 台ϕ1200×1000 四辊破碎机进行细破碎，细碎至 3~0mm 的合格燃料用带式输送机送至配料室燃料仓。

3.2 集中配料结构

配料室采取单列布置，共设 16 个矿仓，主要料种存料时间 12h 以上。混匀矿设 6 个矿仓，矿仓上采用移动可逆胶带机向各配料仓给料；燃料设 2 个矿仓，白云石、石灰石各设 1 个仓，仓上采用移动可逆胶带机向 4 个料仓给料；生石灰设 3 个矿仓，除尘灰设 1 个矿仓，生石灰和除尘灰采用气力输送上料；冷返矿和高炉返矿共设 2 个矿仓，仓上采用固定可逆胶带机向料仓给料。

混匀矿仓下采用ϕ2800 圆盘给料机排料、配料电子秤称重给料；燃料和熔剂及冷返矿直接用半封闭配料电子秤拖出；生石灰和除尘灰通过星形叶轮给料机给到全封闭配料秤上，再通过消化器或加湿机进行消化或加湿。以上几种原料按设定比例经称量后给到混合料 H-1 带式输送机上，运往一次混合室。其中烧结铁矿原料以“钒钛磁铁精矿+普通进口矿粉+均化矿粉(高炉返生料、矿石加工后产生的粉等场地杂料)”为主。铁矿原料化学成分见表 2，配料室矿槽分布表见表 3，原料配料消耗见表 4。

表 2　铁矿原料化学成分

Table 2　The chemical composition of raw ores (mass %)

原料名称	TFe	SiO_2	TiO_2
钒钛磁铁精矿	56	4.5	11
普通进口矿	58	5	
均化矿	51	12	

表 3　配料矿槽分布表

Table 3　The distribution table of proportioning chutes

序号	名称	仓数	有效容积/m^3		堆积密度/$t \cdot m^{-3}$	储存量/t		用量/$t \cdot h^{-1}$	储存时间/h
			单个矿仓	全部		1 个矿仓	全部		
1	混匀矿	6	250	1500	2.2	550	3300	259.2	12.73
2	石灰石	1	280	280	1.4	392	392	17.28	22.69
3	白云石	1	280	280	1.4	392	392	24.48	16.01
4	生石灰	3	215	645	0.7	150.5	451.5	34.56	13.06
5	燃料	2	255	510	0.8	204	408	21.6	18.89
6	返矿	2	310	620	1.8	558	1116	124.99	8.93
7	除尘灰	1	215	215	1.4	301	301	11.92	25.25

表 4　原料消耗

Table 4　The consumption of raw material

序号	物料名称	单耗/ $kg \cdot t^{-1}$ 烧结矿	干　料　量		
			小时耗量/$t \cdot h^{-1}$	日耗量/$t \cdot d^{-1}$	年耗量/万吨
1	混匀矿	900	259.2	6220.8	205.29
2	石灰石	60	17.28	414.72	13.69
3	白云石	85	24.48	587.52	19.39
4	生石灰	120	34.56	829.44	27.37
5	焦　粉	72.5	21.6	518.4	17.11
6	高炉返矿	434	124.99	2999.76	101.99

3.3　强化制粒

3.3.1　采用大配比的生石灰强化制粒

理论研究与生产实践表明，生石灰对改善烧结混合料制粒具有显著的效果。其主要作用机理是[3]：

（1）提高了准颗粒的分子黏附力及其热稳定性。生石灰消化后，呈极细的消石灰胶体颗粒，平均比表面积增加到 30mm^2/g，比消化前<0.5m^2/g 增大了 60 倍以上。胶体 $Ca(OH)_2$ 颗粒表面选择性吸附溶液中的 Ca^{2+}而带正电荷，而在周围又相应地聚集了一群 OH^-构成胶体颗粒的扩散层，这层离子又能水合而持有大量的水分，构成相当厚的水化膜，使得精矿粉等极易黏附在 $Ca(OH)_2$ 颗粒上。由于胶体颗粒持有水分的能力强，受热时水分蒸发不如单纯铁精矿球粒剧烈，热稳定性好，对提高烧结料层透气性十分有利。

（2）有利于减少过湿层影响。生石灰加水消化为放热反应：

$$CaO+H_2O = Ca(OH)_2$$

$$\Delta H=15.5\times 4.187\ kJ/molCaO \tag{3}$$

生石灰在充分消化的条件下，一般可提高混合料温 30~60℃。混合料温度的提高，使其在“露点”以上，能减轻烧结过程的过湿层影响，改善料层的透气性，提高产量。此外，生石灰还具有减少烧结过程中碳酸盐的分解热、节约固体燃料消耗，活化燃料的燃烧、加快燃烧反应速度，促进液相生成等作用。

鉴于生石灰的作用机理，在配料室设置 3 个生石灰仓，每个生石灰仓下设计 2 个出口，呈“裤衩”形状；生石灰采用气力输灰上料，通过星形叶轮给料机给到全封闭配料秤上，再通过消化器进行消化，消化后给到混合料带式输送机上。工程建成投产后，烧结混合料制粒效果明显，是提高料层透气性、增产节能和提高烧结矿强度最主要的措施。

3.3.2 混合强化制粒

一次混合：配好的各种原料经带式输送机运至一次混合室进行混匀，同时在混合机内加水进行润湿。一次混合设置 1 台ϕ3.6m×16m 圆筒混合机，混合机正常处理料量为 520t/h，安装角度 2.0°，混合时间为 3.61min，填充率为 13.63%。润湿混匀后的混合料由带式输送机运往二次混合室造球。

二次混合：经一次混合后的混合料经带式输送机进入二次混合机，适量加水，进行造球。二次混合设置 1 台ϕ4.0m×20m 圆筒混合机，筒体内加挡料板、使用尼龙塑料衬板减少粘料；混合机正常处理料量为 520t/h，安装角度 1.5°；采用机械调速技术，实现筒体调速，更有利于造球作业。正常转速 6r/min，混合造球时间 5.5min，填充率 12.7%。

3.4 实施低硅高碱度烧结

由于钒钛磁铁精矿熔点高，生成的液相量少，影响烧结矿产质量与冶金性能，提高碱度可克服这些缺陷。其主要原因是随着碱度的提高，烧结矿 CaO 含量增加，易与其他成分生成低熔点多元矿物，烧结熔点降低，生成液相量增加。特别是铁酸钙($CaO·Fe_2O_3$)作为主要黏结相大量增加[4]，这就从根本上克服钒钛磁铁矿熔点高生成液相量少的缺陷。

降低烧结料熔点：根据生产经验和查阅相关文献，钒钛精矿烧结料的熔点都比较高，均在 1300℃以上，主要原因是 TiO_2 与 Al_2O_3 含量较高，这也是钒钛矿烧结液相量少的主要原因。随着碱度升高，熔化温度逐渐降低，这主要是因为产生了低熔点共晶化合物，铁酸钙和钙铁橄榄石增加的缘故。然而一味提高碱度，反会带来其他弊端，为此，设计烧结矿碱度为 2.4。

改善烧结矿矿物组成：工程建成投产，试生产通过调整不同碱度，检测烧结矿物相组成及其体积含量见表 5。

表 5 烧结矿物相组成及体积含量

Table 5 The sinter phase and volume content of sinter

（%）

烧结矿 R	钛赤铁矿	钛磁铁矿	铁酸盐	钙钛矿	硅酸盐总量
2.40	15~18	29~32	33~36	1~3	15~18
2.30	16~19	28~31	31~34	1~3	17~20
1.84	4~36	28~31	7~8	2.5~3.5	18~19. 5
1.63	33~34	32~33	5~7	3~4	18~19

由表 5 可见，低硅高碱度与高硅低碱度烧结矿的矿物组成明显不一样，低硅高碱度烧结矿黏结相以铁酸盐为主，含量高达 30%以上，硅酸盐和钙钛矿含量减少，钛磁铁矿含量变化不大，钛赤铁矿含量明显减少，钛磁铁矿与钛赤铁矿仍然是主要铁矿物。因此，低硅烧结通过提高碱度和料层厚度，增加普通矿配比，控制（FeO）烧结温度，实施高氧位烧结，烧结矿矿物组成和矿相结构可得到改善，从而获得优质黏结相与矿物。

3.5 应用宽皮带加辊式布料

国内外烧结研究与实践表明，通过磁性辊式偏析布料，可实现混合料按粒级大小分层布料，使混合料粒度从料层上部到底部逐步加大，固定碳含量从料层上部到下部逐渐降低，与烧结过程的自动蓄热相结合，使整个料层的热量分布均衡，从而提高表层烧结矿成品率和强度，避免下层烧结矿过熔，使烧结矿质量均衡[5]。因此，吸收和借鉴国内外先进经验，采取宽皮带加磁性辊式布料技术。混合料由带式输送机从二次混合室运到烧结主厂房，采用梭式布料器给到烧结机的混合料矿槽内，混合料矿槽采用称重传感器测量料位。混合料经过新型宽皮带机和九辊布料器均匀地布到烧结机台车上，九辊布料器各辊采用独立电机传动。

3.6 厚料层烧结

厚料层烧结是提高产量、强度，降低能耗的重要技术，推行厚料层烧结必须创造条件，即改善料层透气性，这对钒钛磁铁精矿烧结尤为重要。对此，我们采取以下措施：

（1）争取条件，提高精矿中–0.074mm 粒级含量，改善其制粒性能。要求 56%品位钒钛磁铁精矿–0.074mm 粒级达到 55%以上。

（2）生产中调整生石灰配比，并注重提高 CaO 含量，强化制粒与烧结作用。采用热风烧结技术，将在环冷机引风口引出高温废气至烧结机点火保温炉后段，以充分利用热能，降低固体燃料消耗。

（3） 提高混合料水分和料温。一、二次混合机均设加水，混合料水分达到烧结要求，混合料制粒效果好。经测定：>3 mm 粒级含量在 75%左右，改善了料层透气性。

（4） 铺设底料。为了改善料层透气性和提高烧结矿产量，将筛分室10~25mm粒级的冷烧结矿通过带式输送机运送至烧结机头，先于混合料铺在台车上。这样有利于克服厚料层烧结中上层热量不足，下层热量过剩这种不合理的热分配现象。

（5） 为了达到烧结必要的料温，降低过湿层阻力，在烧结混合料矿槽上设蒸汽预热，尽可能提高料温。该措施的实施，投产后效果明显，极大地增强了料层透气性，促进烧结顺利进行。

（6） 采用高负压转子，提高烧结负压。实践表明，高负压烧结是增产的重要手段，其主要作用是增加烧结风量。在烧结机机头配置两台豪顿华主抽风机，生产中，通过厚料层高负压，充分发挥了烧结风量的作用和效果。

（7） 生产高碱度烧结矿。通过调研，我们了解到：2000年前，攀钢烧结矿碱度长期在1.7~1.9范围，混合料粒度细，透气性差；由于CaO低，烧结温度高，产生的液相量少，液相黏度大，烧结阻力高。攀钢烧结提高碱度后，这些缺陷得以克服，从而为厚料层烧结创造了条件。反过来，厚料层烧结又缓解了碱度提高后垂直烧结速度加快、结晶不充分的弱点，二者相辅相成。2006年，攀钢烧结矿碱度达到2.40，料层达到567 mm[6]。因此，经综合研究讨论决定：德胜烧结矿碱度定为最大2.40，如能满足要求，可适当降低碱度，料层厚700mm，加强自动蓄热作用。

（8）降低烧结机漏风率，由于烧结料层越厚，阻力越大，风箱负压越高，漏风率也相应增加，这给堵漏风工作增加了难度。烧结机抽风系统漏风主要体现在：台车在高温下变形磨损，风箱密封装置磨损、弹性消退，机头机尾处的风箱隔板与台车底部间间隙增大，台车滑板与风箱滑板密封不严，相邻台车之间接触缝隙增大，抽风管道穿漏等。因此，有必要对烧结机滑道系统及机头、机尾密封板等部位进行优化设计[7]。其主要措施如下：采用德国进口宁肯双线自动润滑系统，确保滑道等部位润滑良好；滑道密封采用下滑道为双板簧密封、台车为固定滑板的密封方式；在烧结机头、尾采取全金属柔磁性密封装置；大烟道卸灰系统采用电动双层卸灰阀。

4 实施效果

德胜烧结工程于2010年9月投产，烧结矿指标新老烧结对比见表6。

由表看出：德胜新烧结烧结矿指标优于老烧结；与表1比较，新烧结TFe、FeO含量和转鼓指数均达到设计指标，尤其碱度在1.78的情况下，烧结矿指标就达到要求。经过一年时间的稳定运行，烧结工艺及辅助设施在实际生产中消耗的能源折标准煤共计75.57kgce/t，环冷机双余热锅炉回收余热生产蒸汽59t/（h·台），共计回收蒸汽折标准煤26.23kgce/t，详见表7。

表6 烧结矿指标对比
Table 6 The comparison of sinter ores indicators
（%）

取样点	TFe	FeO	SiO_2	CaO	TiO_2	V_2O_5	碱度	转鼓指数
老烧结	49.81	10.96	7.34	14.09	6.67	0.23	2.21	70.34
新烧结	51.40	8.56	6.20	12.72	7.88	0.13	1.78	72.76

表7 能源消耗与回收
Table 7 The energy consumption and recovery

能源消耗项					能源回收项				
能源种类	消耗量	单位	折算系数	标煤(kgce/t)	能源种类	回收量	单位	折算系数	标煤(kgce/t)
固体燃耗	72.5	kg/t	0.8571	62.14	蒸汽	204.0	kg/t	0.1286	26.23
电耗	40	kW·h/t	0.1229	4.88					
高炉煤气	55	m^3/t	0.1076	5.95					
蒸汽	20	m^3/t	0.1286	2.57					
水耗	0.28	m^3/t	0.0857	0.03					
小 计				75.57					26.23

5 结语

（1）设计德胜烧结工程，针对钒钛磁铁精矿烧结矿强度低存在的难点，通过采取单设燃料破碎工序、集中配料结构、采用大配比的生石灰和一、二次混合及强化制粒、实施低硅高碱度烧结、采取新型宽皮带加九辊布料器以及推行厚料层烧结等措施。工程于2010年9月投产，有效实现钒钛磁铁精矿烧结混合料成球性好、烧结混合料布料均匀、烧结料层透气性好、烧结矿强度高。与德胜老烧结对比，烧结矿TFe、FeO含量和转鼓指数均优于老烧结。

（2）经过一年时间的稳定运行，烧结工艺及辅助设施在实际生产中消耗的能源折标准煤共计75.57kgce/t，回收蒸汽折标准煤 26.23kgce/t，烧结工序能耗为 49.34kgce/t，达到设计要求，获得业主好评，并顺利完成工程验收。

参考文献

[1] 蒋大军. 钒钛磁铁精矿的烧结特性及强化措施[J]. 烧结球团, 1997, 22(1) : 4~7.
[2] 何木光等. 提高钒钛磁铁精矿为主烧结矿强度的集成技术应用[J]. 四川冶金, 2010, 32(3) : 7.
[3] 石军, 何群. 钒钛磁铁精矿烧结特性. 中国铁矿石造块适用技术[M]. 北京：冶金工业出版社, 2000 : 146~157.
[4] 蒋大军, 何木光, 甘勤等. 超高碱度对烧结矿性能与工艺参数的影响[J]. 钢铁, 2009, 44(2) : 98~104.
[5] 何木光. 磁性辊布料技术的研究与应用[J]. 烧结球团, 2006, (1) : 11~14.
[6] 何木光. 提高钒钛磁铁精矿烧结矿强度的集成技术应用[J]. 烧结球团, 2010, 35(3) : 54.
[7] 王代军, 李长兴, 王雷等. 首钢京唐 500m^2 烧结机厚料层烧结生产实践[J]. 钢铁, 2010, 45(10) : 19.

（原文发表于《工程与技术》2011 年第 2 期）

➤ 球团技术

链箅机—回转窑球团工艺的开发与应用

徐亚军　李长兴　王纪英

(北京首钢国际工程技术有限公司, 北京 100043)

摘　要：球团矿是炼铁高炉不可缺少的优质炉料，北京首钢设计院率先开发适合我国国情的、以煤为燃料的链箅机—回转窑球团工艺技术，并进行其工艺和设备技术的研究、设计和推广应用，为利用我国自有知识产权、主机设备完全立足于国内制造，建设大中型球团生产线创出了一条新路。链箅机—回转窑球团工艺在我国的起步和发展较晚，有关的工艺和设备技术仍需要进一步研究和探讨。

关键词：链箅机—回转窑；球团工艺；开发；应用；大中型球团生产线

Development and Application on Grate-Kiln Pellet Process

Xu Yajun　Li Changxing　Wang Jiying

(Beijing Shougang International Engineering Technology Co., Ltd., Beijing 100043)

Abstract: Pellet is the high quality and indispensable burden for blast furnace. Beijing Shougang Design Institutetakes the lead in developing the grate-kiln pellet process technology which using coal as the fuel and suitable for thenation's situation, and proceeds research, design, extending and application on technology of the grate-kiln pelletprocess and equipment to create a new route for construction of large and medium scale pellet production line basedon using our own intellectual property right and completely executing local manufacture for main equipment. Sincethe grate-kiln pellet process gets started and developed relatively late in our country, some relevant technologies in process and equipment still need further researching and discussing.

Key words: grate-kiln; pelletizing technigue; developing; application; construction of large and medium scale pelletproduction line

1　引言

高炉精料是冶金工作者始终探讨的技术课题。我国高炉炉料生产最早是从前苏联引进了烧结技术并一直沿用至今。从资源条件讲，我国铁矿资源以贫矿为主，细磨精矿粉更适合于生产球团而不是烧结。欧美国家从20世纪60年代开始发展球团矿生产，高炉炉料结构得到了有效改善，在链箅机—回转窑—环冷机球团技术研究成功以前，我国球团矿生产主要采用竖炉生产工艺，竖炉球团因受工艺限制，受热不均匀、产品质量差，不能满足大型高炉生产的要求，而且其单炉生产规模也难以扩大；同时竖炉生产工艺的发展还受原料和燃料条件限制,难以满足大型钢铁企业规模要求。因此，开发大型球团生产技术成为我国钢铁生产的迫切要求。

国外球团厂多建在矿山或港口，便于运输和减少倒运，燃料多采用天然气。我国的能源资源以煤为主，以煤为燃料更符合我国国情。大型球团生产工艺主要是带式烧结机法和链箅机—回转窑法。这两种球团法适用各种原料，同时二者均可采用气体和液体燃料，但后者还可用煤作燃料，所以链箅机—回转窑球团技术更适合于在我国发展。

北京首钢设计院会同首钢矿业公司等单位，自

1996年开始对链箅机—回转窑—环冷机球团工艺技术进行开发研究，以填补我国这一技术空白。

2 年产100万吨球团生产线技术

链箅机—回转窑—环冷机球团工艺技术开发研究首次应用于首钢球团厂改造。首钢球团厂原有的链箅机—回转窑生产线于1986年6月建成。原设计采用煤基直接还原工艺，年产 30 万吨金属化球团矿。主体工艺设备为4×52 m链箅机、4.7m×74m回转窑、3.7m×50 m冷却筒。由于一些客观原因，1989年在对该生产线进行简单的改造后，改为生产氧化球团矿，并多次对其工艺设备进行技术改造。但是由于生产工艺设备与生产工艺没有完全配套，使球团矿的抗压强度偏低，FeO含量偏高，主机作业率低，能耗高；并造成产量低、成本高、产品缺乏市场竞争力。1999 年，首钢决定采用链箅机—回转窑—环冷机技术对这条生产线进行改造。

2.1 工艺及装备技术的开发

2.1.1 合理工艺流程的确定

链箅机—回转窑球团工艺流程包括物料流程和气体流程。选择何种布料设备、干燥、预热设备、焙烧设备、冷却设备是物料流程的关键;冷却球团的热废气如何循环使用，既能满足生球的干燥预热、焙烧固结等工艺要求，又能使热量得到最大程度的有效利用是气体流程的关键。在充分论证的基础上确定的工艺流程见图 1。

2.1.2 合理工艺参数的确定

该项目主要工艺参数是根据北京科技大学试验结论研究制定的，试验以首钢铁精矿为原料，对水分子干燥动力学参数、磁铁矿氧化动力学参数、球团矿的导热性和生球性能进行了试验。并在此基础上对链箅机—回转窑—环冷机工艺过程进行了全程的仿真模拟，最终研究确定参数见表 1~表 3。

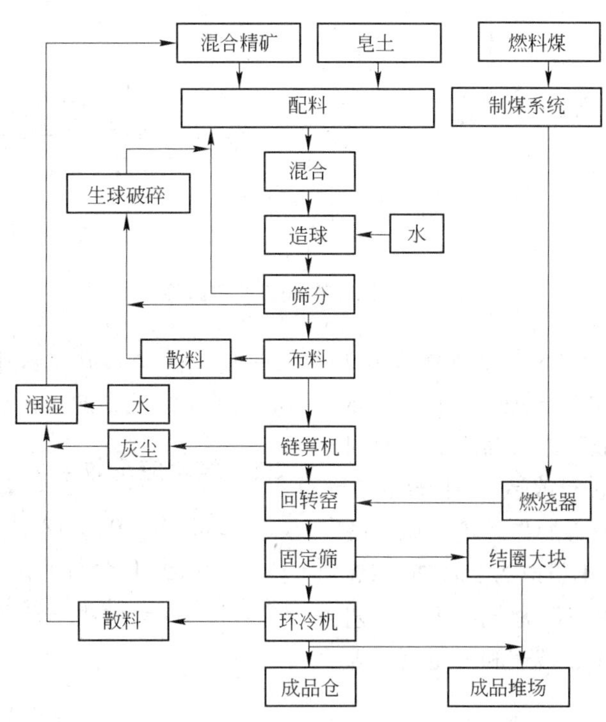

图 1 工艺流程图

表 1 链箅机主要工艺参数

总有效面积/m^2	台时产量/$t\cdot h^{-1}$	利用系数/$t\cdot m^{-2}\cdot d^{-1}$	料厚/mm	干燥段			预热段			
				有效面积/m^2	时间/min	风温/℃	有效面积/m^2	时间/min	风温/℃	热风含氧/%
166	168.0	24.29	160~180	84	11	350	82	12.5	1050	>12

表 2 回转窑主要工艺参数

窑长/m	窑径/m	利用系数/$t\cdot m^{-3}\cdot d^{-1}$	焙烧温度/℃	球在窑内停留时间/min	焙烧时间/min
35	4.7	8.16	1250	28.2	>15

表 3　环冷机主要工艺参数

一冷段				二冷段				三冷段			
有效面积/m^2	时间/min	废气温度/℃	风量/万 $m^3 \cdot h^{-1}$	有效面积/m^2	时间/min	废气温度/℃	风量/万 $m^3 \cdot h^{-1}$	有效面积/m^2	时间/min	废气温度/℃	风量/万 $m^3 \cdot h^{-1}$
20.2	15.2	1000	12	24.24	18.2	550	12	24.24	18.2	100	12

2.1.3　合理的设备设计

该工艺的设备主要是链箅机、回转窑、环冷机3大设备(图 2)，其设计合理是生产系统稳定运行的保证。链箅机系统做了较多的改造。在原有设备基础上，将机长由 52 m 改为 41.5 m，按工艺要求调整了预热段和干燥段烟罩和风箱的分配，并将干燥段分为两段；为使热气流通畅，将预热段烟罩拱顶抬高，链箅机头部加铲料板，利用回转窑尾高温废气对球团矿预热，提高球团矿的氧化效果。在原有设备的基础上，对链箅机箅板、链节、侧板、密封结构和溜槽等都进行了改造，改善了设备运行和维护状况，减少漏风，保证工艺顺行。

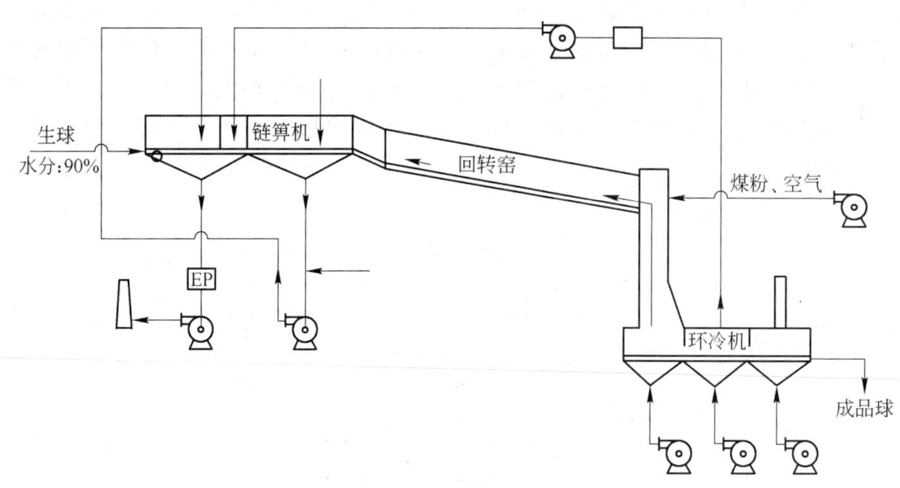

图 2　球团生产线工艺系统图

将回转窑窑长 74 m 截短为 35 m，3 支承改为 2 支承，使物料和气流的通过更为合理，减少了筒体散热，也使维修运转费用和故障率大为降低。对回转窑头尾密封罩及密封结构进行改造，使回转窑在负压操作状态下减少漏风，改善操作环境。原配备的 2 台 315 kW 双传动的直流电机改为 2 台 200 kW 变流变频调速电机传动（一用一备）。同时根据工艺需要对回转窑的斜度、填充率、转速和窑尾缩口等进行了重新设计。

新建ϕ 12.5 m 环冷机代替原来 2 台ϕ3.7m×50m 冷却筒作为冷却设备。从回转窑排出的炽热球团矿，通过环冷机受料斗上的固定筛布到环冷机台车上。环冷机设 9 个风箱 3 台鼓风机，环冷机的转速依回转窑的转速可调。环冷机罩分为 3 个区，一冷、二冷区回收热风至回转窑和链箅机，3 冷区废气温度较低，通过烟囱排放。

2.1.4　合理的生产操作

链箅机—回转窑—环冷机球团工艺国内尚无先例，合理的生产操作方法必定有研究摸索的过程。首钢球团厂在生产实践中进行了深入细致的摸索并形成了一套完整的操作技术。

2.2　技术应用效果

2000 年 10 月 18 日，首钢球团厂改造工程正式投产，经过 1 个月的试运行后，顺利进入了稳定生产状态，主要技术经济指标发生了显著的变化，见表 4。

表 4　主要技术经济指标比较

主要技术经济指标	改造前	改造后	变化率/%
球团年产量/万吨	72.2	120.0	+66.2
设备日历作业率/%	80.07	90.4	+10.3
燃煤消耗/$kg \cdot t^{-1}$	52.10	19.1	−65.9
电耗/$kW \cdot h \cdot t^{-1}$	49.70	35.94	−27.7
水耗/$m^3 \cdot t^{-1}$	0.922	0.07	−93
修理费/万元$\cdot a^{-1}$	2170	1320	−39.2
工序能耗/$kg \cdot t^{-1}$	63.54	31.31	−50.7
球团抗压强度/N·球$^{-1}$	1653	2100	+27.0
球团矿亚铁含量/%	7.08	0.68	−90.4

3 年产200万吨球团生产线技术

链箅机—回转窑—环冷机球团工艺技术应用成功后，经济效益显著。首钢决定建设第二条球团生产线，规模为200万吨，确定产品可生产熔剂性球团。

在200万吨球团生产线建设中，技术人员在总结经验基础上，考察吸取了一些国外的先进技术，使其在技术上更加合理。

采用的相关工艺技术包括：

(1)采用国际上最先进的风流系统(图3)和立式混合机技术。立式混合机较卧式混合机具有混合效果均匀、设备事故率低、检修方便、电耗低等优点。

(2)采用挠性箅床技术。链箅机采用挠性箅床技术后，大大减轻了小轴的受力负荷，为链箅机设备大型化提供了技术保障。

(3)采用可调式铲料板技术。链箅机采用可调式铲料板结构，改善了铲料板在高温下的受力状况，且可实现在线调整，降低了机头漏料率。

(4)回转窑采用液压马达传动。它较传统的电机—减速机方式具有启动性能好、可靠度高、维护量低、齿圈受力均匀等优势。

(5)回转窑托轮采用滚动轴承。以此轴承代替滑动轴承，降低了运行阻力，简化了托轮组结构，提高了使用寿命，也便于安装和维护。

(6)采用变刚度弹簧板技术。回转窑大齿圈与筒体的连接采用变刚度弹簧板结构，保证了传动装置运转的平稳性，减少了对窑内衬的冲击负荷。

(7)采用新型可调垫铁技术。回转窑托圈采用新型可调垫铁技术后，使垫铁更换成为可能，且非常方便。

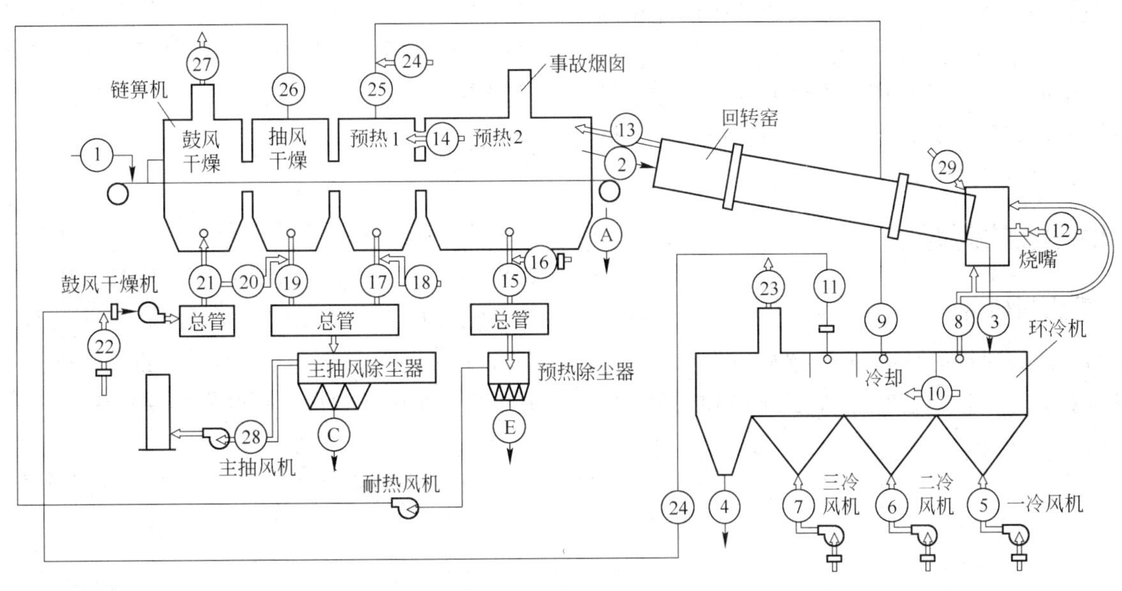

图3 球团生产线工艺风流系统

4 推广应用

2000年10月，首钢球团厂一系列球团生产线投产后，生产顺稳；仅过了3个多月球团矿生产能力就达到并超过了设计能力，主要技术经济指标也均达到国内先进水平(表5)。2001年3月首钢球团厂一系列链箅机—回转窑生产工艺改造鉴定会后，钢铁冶金企业普遍认为链箅机—回转窑球团法开创了国内自主建设大型球团生产线新局面；链箅机—回转窑—环冷机球团工艺技术的开发应用成功，在扩大生产规模、提高产品质量、降低消耗、节约能源、保护环境等多方面显示出了强大的生命力。该技术先后在首钢、武钢、柳钢、鞍钢等十几家企业得到推广应用，投产及在建生产线20余条，年规模总量达到3600万吨。这些项目建成投产后将使我国高炉炉料结构发生重大改观。

表5 年产200万吨球团矿生产线的主要技术经济指标

项 目	指 标	备 注
球团矿产量/万吨	200	成品球团矿
链箅机宽度/m	4.5	
长度/m	56	
回转窑直径/m	5.9	
长度/m	38	
环冷机直径/m	18.5	
面积/m²	130	
年作业率/%	90.4	
球团矿质量：		
TFe/%	≥65.0	
FeO/%	≤0.8	
粒度/mm	8~16	其中10~16mm占90%
碱度		自然碱度

续表 5

项　目	指　标	备　注
抗压强度/N·球$^{-1}$	≥2200	
原料消耗（干）:		
铁精矿粉/kg·t^{-1}	975	
皂土/kg·t^{-1}	14	
煤粉/kg·t^{-1}	18	
动力消耗:		
电耗/kW·h·t^{-1}	35	
水耗/m^3·t^{-1}	0.25	新水
压缩空气/m^3·t^{-1}	6.00	
工序能耗/kg·t^{-1}	46.74	
厂区用地面积/万 m^2	6.08	
绿化系数/%	20	

链箅机—回转窑球团法工艺流程经首钢球团厂和其他生产厂生产实践证明，各项技术经济指标已达到国内球团行业先进水平，球团产品质量完全满足大高炉生产操作对炉料性能的要求。近几年来，全国相继建成了十余条年产能力百万吨以上球团矿的链箅机—回转窑法球团生产线，还有相当一批球团生产线在建设和筹建之中。

5　值得注意的问题

5.1　注重原料研究

球团生产线对铁矿粉的粒度、水分及化学成分有着严格的要求。一定的粒度、适宜的水分和均匀、稳定的化学成分是生产优质球团的一个重要因素。一些企业在原料尚未落实的情况下就开工建设，易造成生产不正常或不能达到预期目的。随着国内钢铁工业的迅速发展，受铁矿资源和开采、选矿技术的限制，球团矿粉的资源尤为短缺，球团行业将越来越多依靠国外铁矿粉的资源供应，因此注重球团矿原料研究，特别是赤铁矿粉原料研究更为必要。

5.2　注重技术论证

链箅机—回转窑—环冷机球团工艺技术是一套在高温状态下工作的生产系统，强调工艺的合理性和设备的可靠性，禁忌频繁停机。因此，企业在项目建设中应注重技术的论证，在设计中充分考虑链箅机—回转窑球团工艺的特点以及高温状态下工作的设备的特殊性，使球团工艺生产过程稳定、顺行，否则，一旦系统不能正常生产将会给企业带来重大经济损失。

6　结语

以煤为燃料、适用于各种原料的链箅机—回转窑球团工艺，适于我国的国情，其设计和主要设备的制造均可立足于国内，有着很好的发展前景。应继续开展链箅机—回转窑球团工艺和设备技术的研究工作，使该技术得到不断发展和完善。

（原文发表于《中国冶金》2005 年第 4 期）

大型回转窑的自主开发及应用

利　敏

（北京首钢国际工程技术有限公司，北京 100043）

摘　要：本文从设计和制作的角度回顾了国内大型回转窑自主开发的过程，并介绍了其应用及发展现状。

关键词：回转窑；设计；制造；应用

Independent Research and Utilization on Large Rotary Kiln

Li Min

(Beijing Shougang International Engineering Technology Co., Ltd., Beijing 100043)

Abstract: This paper describes the independent research and explore on large rotary kiln from the view of design and manufacture. The utilization and development of kiln in China are also introduced.

Key words: rotary kiln; design; manufacture; utilization

1　引言

在我国相对于烧结矿，球团矿产量一直处在很低的水平。1986 年由首钢设计院自主设计，首钢自己制造和安装，在首钢迁安矿建设了一条用于生产金属化球团的链箅机—回转窑生产线，形成当时国内最大规模 30 万吨/年还原球团生产线，规格为ϕ 4.7m×74m。以后调整为生产氧化球团，经过两次改造，最终形成 100 万吨/年氧化球团生产线。改造后的窑在原基础上截短，将规格变成ϕ4.7m×35m，由首钢设计院自主设计。该生产线于 2000 年 10 月顺利投产，取得了良好的经济效益。该生产线的建成投产标志着我国氧化球团生产技术走向成熟，具备自己建设规模化生产线的能力，具有很强的示范效应。

从经济的角度看，同等产能，大规模的生产线比多条小规模要更加经济。由于球团矿需求旺盛，公司决定建设第二条大规模的球团生产线——200 万吨/年氧化球团生产线。由于国内没有类似生产线，所掌握的国外资料也很少，上马这样的生产线有很大的困难。要想利用有限资金建成这个项目就必须立足自主设计，国内制作。为此，首钢院承担设计的人员与首钢球团厂紧密结合，做了很多工作。本文仅就大型回转窑设备开发和应用进行介绍。

2　大型回转窑的开发

对链箅机—回转窑系统主要有链箅机、回转窑、环冷机三大主机，其中以回转窑的规格尺寸最为庞大。回转窑的大型化取决于设计、制造、运输、安装等各方面因素，某种程度上是决定单条生产线规模大型化的关键。针对回转窑大型化的特点和当时的条件，我们从以下几方面进行了仔细的分析。

2.1　设计能力

所要设计的第二条回转窑规格为ϕ 5.9m×38m。当时国内所有的回转窑直径都没有这样大的。即使是在水泥系统，最大直径也不过ϕ5.8m，而且几个大一些直径的回转窑均为进口窑，由国外制作。在这种情况下要成功开发大型回转窑，就必须在设计上充分考虑国内制造水平，利用已有的设计经验，制定相应的设计方案。

2.1.1　设计经验的积累

自身经验：首钢设计院和首钢球团厂在长期的球团生产中积累了丰富的实践经验，特别是在一期球团截窑工程中我们在有限的改造条件下，已经成功地对回转窑尝试了很多改进，如在回转窑的头部和尾部采用风冷护套、头部尾部密封采用先进的鳞片密封、轮带和筒体间采用可调垫板、窑尾给料溜槽采用焊接结构并局部强制风冷、对液压挡轮进行结构调整、传动采用交流变频调速，这些改进使回转窑的运行情况大为改观。

相关经验：由于我国规模生产球团起步晚，与国外同行相比还有很大差距。国外球团生产用回转窑直径在很多年前就已经达到 7m 以上，这证明了回转窑设备大型化的可能。这使我们对自己的设计充满信心。

除了尽可能了解国外设备的情况，我们还对国内外相关行业的回转窑进行考察，查阅相关资料，拜访有经验的老专家，充分借鉴相关的设计经验。

以上这些经验给我们的大型回转窑设备开发打下了坚实的基础。

2.1.2 设计方案的确定

从设计角度分析我们认为生产氧化球团用回转窑相对其他窑而言属于短窑，从工艺上一般要求其长径比在 6~8。比水泥系统的超短窑还要短。这种窑采用两档支撑，其受力情况要好于多档支撑。但也由于窑的长度比较短，相对而言整个窑的温度差别不是很大，温度较高。另外对于大型回转窑，单机重量较大，运行功率也较大，要求相应的设备配置也较大。结合这些特点，我们在继承一期回转窑成功设备结构的前提下，制定了以下的设计方案：

（1）合理选择筒体的材质，适应其工作状况。合理配置各段钢板厚度，保证大直径筒体的强度和厚度。筒体采用全焊接结构。

（2）由于是短窑，两档支撑力相对均匀，并且与其他的长窑相比受力也相对较小，为了减少运转阻力，简化结构，我们尝试采用滚动轴承代替原来经常采用的滑动轴承。考虑到回转窑工作的重要性和我国的制作水平，我们决定采用进口轴承。

（3）考虑到短窑受力相对简单，结合一期回转窑的使用情况，决定采用单液压挡轮的配置，在保证设备正常运行的情况下，简化设备，减少维护。

（4）进一步改进轮带与筒体的联结方式，改进传动大齿轮与筒体的联结方式。使其更简单可靠并更易于维护操作。

（5）传动装置如果按传统方式配置，机构庞大，事故点相应较多。由于功率较大，需两点传动。考虑过采用交流变频调速，要想保持同步，需要采用一个大的低压变频器，费用也很高。经过比选，参照国外使用情况及国内同类设备使用情况，我们决定采用液压马达作为驱动元件对开式小齿轮直接驱动，回转窑传动实现两点四驱动。由于一套液压系统即可以实现主传动也可以实现辅传动，液压站的设置还可以远离工作现场，这样大大简化了传动结构，增加可靠性，并且可以实现软启动，减少启动负荷。考虑到液压马达及泵站国内不能制造，采用国外进口设备。

（6）采用新型复合窑衬，确保回转窑筒体工作温度不超过限定温度。

（7）设置远红外监视器，对窑温进行在线检测，确保及时发现问题，及时处理。

通过采取上述的设计措施，我们认为所设计的大型回转窑能够满足工作要求并适应国内制造水平，基本实现了我们的要求：设计要立足世界先进水平，制造要立足国内，少数关键设备可以进口，结构要简单，可靠。

2.2 制造能力

限制回转窑大型化的另一个重要原因是我国的制造水平。由于制造厂缺乏大型的加工设备，没有办法制作这样大规格的设备。为此，我们考察了国内最大的几家制造厂。由于他们近些年的发展，制造能力已经得到很大提高，由于轮带、大齿轮、轮带下筒体等都是大吨位加工件，我们必须确认制造厂的铸造能力、热处理能力、机加工能力，焊接能力，厂房处理大件能力。根据运输条件及制造厂的装备能力确定加工单位。在选定的制造厂我们还与有关技术人员反复探讨有关加工工艺，要求有些厂为了适应我们加工还特别进行了改扩建。经过一系列的调研，我们确认在当时条件下，在通过厂家的配合，我们国家已经具备自己生产大型回转窑的能力。

3 大型回转窑的应用

首钢球团厂二期回转窑我们在 2001 年开始设计，于 2003 年 5 月一次热试车成功，ϕ 5.9m×38m 的回转窑正式投入使用，我们靠自己的力量建成国内首条 200 万吨/年氧化球团生产线。目前设备运行情况很好。特别是进口设备工作情况良好，基本上免维护。在这之后，我们又给鞍山弓长岭矿设计了 ϕ 6.1m×40m 的回转窑用于 240 万吨/年氧化球团生产线，已经于 2003 年 7 月投产；给柳钢设计了 ϕ 6.1m×45m 的回转窑用于 240 万吨/年氧化球团生产线，目前已经制作完毕，正进行紧张的安装调试。这条窑的直径在我国目前各种直径的窑中仍然是最大的。

由于球团矿的需求强烈，近两年国内在首钢一期、二期氧化球团生产线的基础上又相继建设了大小几十条生产线。现在我们自主设计的球团生产线不仅在国内建设，还即将在国外建设。由于氧化球团生产的继续扩张，国内又出现了更大型的回转窑。目前武钢正在建设更大规模的——500 万吨/年氧化球团生产线，所采用的窑规格达到ϕ6.85m×47.2m，其设计为与国外联合设计，制造以国内为主，关键件国外进口。

图 1　首钢球团厂回转窑

Fig.1　Rotary kiln in Shougang pellet plant

4　结论

通过上面的介绍我们可以知道，在短短几年里我们已经完成了大型回转窑的自主开发和建设，迈出了具有历史意义的一步。在这几年里，不同的设计单位也尝试了不同的设计结构，比如回转窑传动有采用小车滚轮式的柔性传动，并分别采用电机和液压马达作为原动机进行驱动。有些技术我们已经达到或接近世界先进水平。但是我们也看到自己的不足，许多设计结构值得探讨，技术细节值得推敲，制造安装精度及相应工艺值得改进，缺乏与大型回转窑相对应的制作安装规程和检验标准。特别是由于我们这种回转窑受力情况相对较好，一些适用于两点支撑窑的新技术更值得我们去率先掌握。另外氧化球团生产除了有链箅机—回转窑系统外，还有带式焙烧机系统，其焙烧设备为带式焙烧机，其设计制作在国内还基本上处于空白。今后我们希望通过自己的努力，通过向国内外同行学习或进行有效合作，使氧化球团焙烧设备这项技术能不断成熟，使我们能真正进入世界先进行列，为我国的球团发展作出贡献。

（原文发表于《2005 年中国钢铁年会论文集》）

240 万吨/年球团厂铁精矿干燥系统的设计

张卫华　陈伟田

（北京首钢国际工程技术有限公司，北京 100043）

摘　要：对 240 万吨/年球团铁精矿干燥系统进行了分析及计算，结果认为，采用ϕ4m×20m 圆筒干燥机比ϕ3.6m×24m 圆筒干燥机更适合。由热平衡计算得出，干燥系统配备的风机风量为 13.5 万 m^3/h，为节省电耗，风机应采用变频调速。对干燥废气安装补热装置有助于控制废气温度高于露点温度，从而确保布袋除尘器的安全运行。

关键词：铁精矿干燥；圆筒干燥机；热平衡计算；补热装置；球团

Design of Iron Concentrate Drying System in 2.4Mt/a Pellet Plant

Zhang Weihua　Chen Weitian

(Beijing Shougang International Engineering Technology Co., Ltd., Beijing 100043)

Abstract: Analysis and calculation is made on the iron concentrate drying system in the 2.4Mt/a pellet plant and through comparison of the ϕ4m×20m drum dryer with the ϕ3.6m×24m drum dryer, a conclusion is gained that the former is more suitable. The fan capacity of the drying system is to be 135,000m^3/h on basis of heat balance calculation. In order to save power consumption, variable-frequency drive should be used for the fan. Also it is helpful to control exhaust gas temperature above the dew point by installation of heat adding device so as to ensure the safe operation of the bag filter.

Key words: iron concentrate drying; drum dryer; heat balance calculation; heat adding device; pellet

1　引言

在球团生产中，当铁精矿水分高于生产要求时，必须设置精矿干燥系统。通常，产能为 240 万吨/年的球团系统，干燥设备一般采用圆筒干燥机。当铁精矿粒度不能满足造球、预热及焙烧要求而需采用高压辊磨工艺时，一般要求铁精矿水分在 8%左右。当精矿粒度符合要求或者不采用磨矿工艺时，则要求铁精矿水分为 8.5%~9%。国内球团厂的含铁原料堆场大多采用室外布置方式，下雨时铁精矿的最大平均水分在 12% 左右。因此，铁精矿干燥系统的干燥能力一般考虑将水分从 12%降至 8%即可。本文就 240 万吨/年球团厂的铁精矿的干燥系统进行了设计计算。

2　干燥方式选择

圆筒干燥机中物料的干燥方式，按物料与烟气间的流动方向分为顺流式干燥和逆流式干燥两种。顺流式干燥的高温烟气与被干燥的物料流动方向一致，入口处温度较高的烟气与湿含量较高的物料接触，因物料处于表面汽化阶段，故产品的温度升高不会太大。另外，加料端温度高，可避免水蒸气凝聚而造成结窑现象，也可防止物料过热。但顺流式干燥热效率较低，且烟尘率较高。逆流式干燥的高温烟气与被干燥的物料流动方向相反，因此干物料的出料端温度较高。逆流干燥时，干燥机内传热与传质的推动力较均匀，适于处理不允许快速干燥，且干燥后能耐高温的物料。逆流干燥后的干物料含水较低，热效率较高，烟尘率较低。由于球团厂干燥后铁精矿的水分约为8%左右，干燥前后的水分差不大，因此适合采用顺流干燥方式。国内球团厂铁精矿的干燥基本上采用的是顺流干燥。

3 圆筒干燥机选型

产能为240万吨/年的球团厂每小时所需的干铁精矿大约为 $240\times10^4/7920=303t$。采用磁铁精矿时，精矿用量一般小于303t/h；而采用烧损较大的赤铁精矿时，精矿用量会略大于303t/h。以干铁精矿用量为303t/h作为设计计算值，考虑10%的设计裕量，则进圆筒干燥机的湿铁精矿量（含水12%）为 $303/0.88\times1.1=378.75t/h$，所需干燥的水量为 $(378.75-378.75\times0.88/0.92)\times10^3=16467kg/h$。

国内200~240万吨/年球团厂所用的圆筒干燥机直径一般为3.6m，长度从24m到31m不等。当采用黄石节能建材设备总厂设计的高效扬料板(专利号：ZL 98 2 35910.1)时，由于该型式扬料板能使物料在筒内形成均匀的料幕，与热烟气进行充分热交换，干燥机的蒸发强度可达 $60\sim80kgH_2O/(h\cdot m^3)$。取蒸发强度为 $68kgH_2O/(h\cdot m^3)$，则圆筒干燥机所需长度为 $16467/68\ (\pi\times1.8^2)=23.8m$，取24m。当将圆筒干燥机的直径定为4m时，则所需的长度为19.3m，取20m。ϕ4m×20m圆筒干燥机与ϕ3.6m×24m圆筒干燥机相比，直径增大，长度减小，长径比减小。直径增大，使得筒体内烟气流速降低，相应废气带走的铁精矿减少，这对除尘有利；直径×长度减小，会使传动功率减小；而减小长径比，有利于提高干燥机尾部温度（国内ϕ3.6m圆筒干燥机尾气温度一般都偏低），确保尾气温度在露点以上。具体比较见表1。

表1 ϕ4m×20m与ϕ3.6m×24m圆筒干燥机比较

圆筒干燥机	筒体用钢量/t	筒体有效容积/ m^3	计算功率/kW	尾气出筒体流速 $/m\cdot s^{-1}$
ϕ4m×20m	59.2	251.3	319	2.7
ϕ3.6m×24m	63.9	244.3	473	3.4

由表1可见，ϕ4m×20m圆筒干燥机较ϕ3.6m×24m圆筒干燥机容积基本一样，但在筒体用钢量、驱动功率、尾气出筒体流速等方面具有不小优势。驱动功率小，能够减少电耗，降低运营成本；尾气出筒体的流速低，相应能够减小除尘器的负荷，确保排放达标。因此，推荐采用ϕ4m×20m圆筒干燥机。

4 热平衡计算

精矿干燥的计算一般有两种方法，一种是结合"I-d图"作图进行计算，另一种是采用热平衡的方法进行计算。第一种方法比较抽象，第二种方法概念明确，计算简便，本文采用第二种方法。计算原始参数及代号列于表2。

表2 计算原始参数及代号

序号	参数名称	单位	代号	数值
1	铁精矿平均初水	%	w_1	12
2	铁精矿平均终水	%	w_2	8
3	小时蒸发水量	kg/h	m_w	16467
4	水汽化率潜热	kcal/kg	γ_1	597
5	环境温度	℃	t_a	20
6	筒体入口烟气温度	℃	t_1	800
7	筒体出口尾气温度	℃	t_2	100
8	筒体入口铁精矿温度	℃	t_3	20
9	筒体出口铁精矿温度	℃	t_4	75
10	筒体表面平均温度	℃	t_f	45
11	干铁精矿平均比热	Kcal/(kg·℃)	c_m	0.16
12	筒体入口烟气平均比热	Kcal/(Nm^3·℃)	c_1	0.3693
13	水蒸气平均比热	Kcal/(kg·℃)	c_2	0.44
14	水平均比热	Kcal/(kg·℃)	c_3	1
15	筒体出口尾烟气平均比热	Kcal/(Nm^3·℃)	c_4	0.3304
16	环境空气平均比热	Kcal/(Nm^3·℃)	c_5	0.3112
17	筒体直径	m	d	4
18	筒体长度	m	L	20

续表 2

序号	参 数 名 称	单 位	代号	数 值
19	环境风速	m/s	w	1
20	干燥机填充系数		β	0.14
21	尾罩漏风系数		ξ	0.2
22	风机风量富余系数		λ	0.1
23	干湿铁精矿的平均密度	kg/m³	$\overline{\rho}$	2200

4.1 收入热量

烟气带入热量：

$q_1 = lc_1t_1 = l\times0.3693\times800 = 295.44l$ kcal/kg H_2O

式中 l——蒸发 1kg 水的烟气消耗量，$Nm^3/kg\ H_2O$。

4.2 支出热量

（1）蒸发水消耗热量：

$$q_2 = \gamma_1 + c_2t_2 - c_3t_3 = 597+0.44\times100-20 = 621\text{kcal/kg } H_2O$$

（2）加热干铁精矿消耗的热量：

$$q_3 = \frac{100-w_1}{w_1-w_2}\left(c_m\times\frac{100-w_2}{100}+c_3\times\frac{w_2}{100}\right)(t_4-t_3)$$
$$=\frac{100-12}{12-8}\times\left(0.16\times\frac{100-8}{100}+1\times\frac{8}{100}\right)\times(75-20)$$
$$=274.9\text{kcal/kg}H_2O$$

（3）出圆筒干燥机烟气带走热量：

$q_4 = lc_4t_2 = l\times0.3304\times100 = 33.04l$ kcal/ kg H_2O

（4）圆筒干燥机筒体散失热量：

$$q_5 = \frac{\alpha_s F(t_f-t_a)}{m_w}\times0.86$$
$$=\frac{1.163\times(10+6\times\sqrt{1})\times1.15\times\pi\times4\times20\times(45-20)}{16467}\times0.86$$
$$=7.0\text{kcal/kg }H_2O$$

式中 F——圆筒干燥机筒体散热面积，m^2，按 $F = 1.15\pi dL$ 计算；

α_s——圆筒干燥机筒体向周围散热系数，W/(m^2·℃)，$\alpha_s = 1.163\times(10+6\times\sqrt{w})$；

0.86——转换系数，1W·h=0.86kcal。

4.3 烟气消耗量

根据热平衡方程式 $q_1=q_2+q_3+q_4+q_5$，则得：l= 3.44 $Nm^3/ kg\ H_2O$。

4.4 圆筒干燥机筒体出口废气生成量

$$V_f = m_\omega(l+1.244) = 16467\times(3.44+1.244) = 77131\text{Nm}^3/\text{h}$$

1.244——1kg 水蒸气的体积为 1.244Nm^3（1000/18×22.4×10^{-3}=1.244 $Nm^3/ kg\ H_2O$）。

4.5 圆筒干燥机尾罩出口烟气温度

$$t_h = \frac{c_4t_2 + c_5\xi t_a}{c_4 + c_5\xi} = \frac{0.3304\times100+0.3112\times0.2\times20}{0.3304+0.3112\times0.2} = 87.3℃$$

4.6 圆筒干燥机尾罩出口烟气量

$$V = V_f(1+\xi)\frac{273+t_h}{273} = 77131\times(1+0.2)\times\frac{273+87}{273} = 122053\text{m}^3/\text{h}$$

4.7 核算圆筒干燥机出口废气流速

$$w_f = \frac{V_f\frac{273+t_2}{273}}{3600\times\frac{\pi}{4}d^2(1-\beta)} = \frac{77131\times\frac{273+100}{273}}{3600\times\frac{\pi}{4}\times4^2\times(1-0.14)} = 2.71\text{m/s}$$

圆筒干燥机出口风速在 1.5~3m/s 的适宜范围内，干燥机内径合适。

4.8 风机选型及变频选择

风机风量的选取，一般是在圆筒干燥机尾罩出口烟气量的基础上考虑 10%的富余量，计算为 13.43 万 m^3/h，取 13.5 万 m^3/h。

烘干系统的阻力主要包括热风炉阻力 150Pa、干燥机阻力 250Pa、布袋除尘器阻力 1500Pa、管道阻力 200Pa（与具体管道长度有关），总阻力为 2100Pa。风机静压差选择考虑一定的余量，定为 2500Pa。

一般情况下，室外堆存的铁精矿在不下雨时其水分约为 9.5%，若下雨天数占年总天数的比率不大时，例如曹妃甸年均降雨日数为 57.9 天，占年总天数的 16%，可按此水分考虑。当铁精矿水分从 9.5%降至 8%时，根据热工计算得出，实际风量为 6.2 万

m^3/h，仅为风机额定风量的 46%。如果风机电机采用变频调速，初步估算每年可节电 46 万 kW·h，按 0.8 元/kW·h 计算，可节省 36.8 万元/年。因此，对圆筒干燥机排风机推荐采用变频调速。

4.9 热风炉供热能力计算

建在钢铁联合企业的球团厂由于厂区有高炉煤气资源，其热风炉燃料一般采用高炉煤气，点火采用焦炉煤气；而建在矿山的球团厂由于没有气体燃料，一般用煤作燃料，采用沸腾炉供热风。一般高炉煤气热风炉的燃烧热效率为 95%，沸腾炉燃烧热效率为 93%，对于工程计算来说，燃烧热效率统一取 93%，选型时考虑 10%的富余量，则热风炉的供热能力为

$$\begin{aligned}Q&=1.1q_1m_w/\eta\\&=1.1\times295.44\times3.44\times16467/0.93\\&=19.8\times10^6\,\text{kcal/h}\end{aligned}$$

取整则为 20×10^6 kcal/h。

4.10 露点计算

布袋除尘器进口烟气中水蒸气体积比为 16467×1.244/122053=16.8%，布袋除尘器出口处水蒸气分压为(101325–2100)×16.8%=16670Pa，则烟气的露点[1]为：

$$42.4332\times16670^{0.13434}-100.35=56.3℃$$

尾气出口温度为 87.3℃，与露点有 31℃的温差，布袋除尘器能安全运行。

5 圆筒干燥机性能参数计算

5.1 物料在圆筒干燥机内的停留时间[2]

$$\tau=\frac{120\beta\overline{\rho}(w_1-w_2)}{A[200-(w_1+w_2)]}=\frac{120\times0.14\times2200\times(12-8)}{\dfrac{16467}{\dfrac{\pi}{4}\times4^2\times20}\times[200-(12+8)]}=12.54\,\text{min}$$

式中 τ——物料在圆筒干燥机内停留的时间，min；

A——圆筒干燥机的蒸发强度，kg $H_2O/(m^3·h)$，

$$A=\frac{m_w}{\dfrac{\pi}{4}d^2L}$$

为保证干燥所需停留时间，干燥机的转速[2]为：

$$n=\frac{mKS}{\tau D\tan\alpha}=\frac{0.5\times0.7\times20}{12.54\times4\times\tan2.866}=2.79\,\text{r/min}$$

式中 α——圆筒干燥机的倾角，(°)；

S——圆筒干燥机内扬料板的长度，m；

m——系数，当填充系数 $\beta=0.1\sim0.5$ 时，抄板式 $m=0.5$，扇形式 $m=1.0$；

K——系数，对于较轻物料，顺流时 $K=0.2$，逆流时 $K=2.0$；对于较重物料，顺流时 $K=0.7$，逆流时 $K=1.5$。

5.2 回转圆筒干燥机所需功率

$$N=JDL\overline{\rho}\,n_{max}=6.5\times10^{-4}\times4\times20\times2200\times2.79=319\text{kW}$$

式中 N——圆筒干燥机所需功率，kW；

J——功率系数，按表 3 选取。

表 3 回转圆筒干燥机功率系数 J ($\times10^4$ 值)

圆筒干燥机内部结构	填充系数			
	0.1	0.15	0.2	0.25
抄板式	4.9	6.9	8.2	9.2

6 排风方式选择

国内球团厂对干燥尾气采用的排气方式一般有两种，一种是采用排放烟囱加射引风机，另一种是直接采用除尘器+风机排放。第一种方式的排气能力低，干燥机干燥能力低，且粉尘排放不符合环保要求；第二种方式排气能力容易控制，干燥机干燥能力高，便于生产操作，粉尘排放达标。虽然第一种方式省去了除尘器和大风机的费用，但如果要达到第二种方式的干燥能力，则干燥机直径需加大，从这一方面来说，实际上费用更高。由于仅在下雨时需要干燥的水分才会达到设计值，一般情况下需要干燥的水分较少，因此对建在少雨地区的球团厂而言，即使采用第一种排放方式对生产也不会有大的影响。而为了便于生产操作和排放达标，建议采用除尘器+风机排放的方式。

7 补热装置

球团厂干燥除尘采用的有冲激式除尘器和布袋除尘器两种，现在球团厂一般采用布袋除尘器[3]，如果尾气温度控制不好，低于露点温度时，水分容易凝结，造成糊袋，影响干燥生产。为了确保尾气温度在露点以上，应由热风炉接一补热装置至圆筒干燥机尾罩，当尾气温度接近或低于露点温度时，通过调节补热装置上的蝶阀开度来自动控制尾气温度至露点温度以上。

8 结论

（1）对于 240 万吨/年球团生产线的干燥系统而

言，采用ϕ 4m×20m 圆筒干燥机比采用ϕ 3.6m×24m 圆筒干燥机更合适。

（2）对于铁精矿采用室外堆存的料场来说，干燥系统的排风机应采用变频调速，以节省电耗。

（3）采用补热装置能够控制尾气温度在露点以上，从而确保布袋除尘器的安全运行。

参考文献

[1] 贾明生，凌长明. 烟气酸露点温度的影响因素及其计算方法[J]. 工业锅炉, 2003(6) : 31~35.

[2] 姜煜林. 水泥热工机械设备[M]. 武汉：武汉工业大学出版社, 1996 : 228~229.

[3] 王培忠，黄勇刚，夏肇斌. 氧化球团厂精矿干燥干法除尘的实例与分析[J]. 烧结球团, 2007, 32(6) : 37~40.

（原文发表于《烧结球团》2010 年第 2 期）

宣钢100万吨/年球团大修改造工程

贺万才

（北京首钢国际工程技术有限公司，北京 100043）

摘　要：宣钢100万吨/年球团工程自2008年2月投产后运行一直不正常，尤其是链箅机—回转窑—环冷机三大主机经过中修改造后也没有彻底解决根本问题，首钢国际工程公司结合现场实际和自身技术在2009年3月对宣钢球团进行了大修改造，目前运行平稳，达到设计指标，取得了圆满成功。

关键词：球团改造；氧化球团设备；链箅机；回转窑

Major Overhaul and Revamp Project in Xuangang 1Mt/a Pellet Plant

He Wancai

(Beijing Shougang International Engineering Technology Co., Ltd., Beijing 100043)

Abstract: Xuangang 1Mt/a pellet plant runs abnormally since it was put into production in February 2008, especially the problem has not been solved from the root after the major maintenance of the three main machines, traveling grate-rotary kiln-annular cooler. Beijing Shougang International Engineering & Technology Co., Ltd. carried out the major overhaul and revamp to Xuangang Pellet Plant in March 2009 with consideration of site condition and self-technology. At present it runs stably and smoothly, the design indexes are achieved and the major overhaul and revamp has been completed successfully.

Key words: pellet plant revamp; oxidation pellet equipment; traveling grate; rotary kiln

1　引言

宣钢100万吨/年球团项目是由国内某设计院设计总承包，于2008年2月20日点火投产，但是投产后由于工艺和设备等方面存在缺陷，生产运行一直不稳定，产量也一直未能达到设计要求。宣钢炼铁厂于2008年8月组织进行了中修，在对相关设备进行改造后，取得了一定效果，持续稳定生产了20多天，产量也达到了正常能力，之后设备运行依然不稳定，产量下降，而且工艺和设备还在日趋恶化。在这种情况下，宣钢炼铁厂多次邀请国内各球团厂专家进行综合诊断后，认为：球团生产线运行不正常的主要原因是设计和设备等方面存在先天性不足，应该请国内有丰富球团经验的设计院进行大修改造设计，才能从根本上解决问题。

北京首钢国际工程技术有限公司（以下简称首钢国际工程公司）设计建设了我国第一条链箅机—回转窑氧化球团生产线，在链箅机—回转窑球团生产线的总体设计和技术改造方面积累了丰富经验；不仅所设计建设的多条链箅机—回转窑氧化球团生产线顺利按期投产达产，而且在2003年就完成了程潮铁矿球团生产线改造设计，并取得成功。

2008年11月受宣钢邀请，首钢国际工程公司球团设计专业技术人员，对宣钢炼铁厂球团生产线进行了多次现场技术考察及调研分析，并和业主单位技术人员进行技术交流。为确保宣钢正常生产，本着工期短、投资省的原则解决影响一期球团生产线正常生产的工艺和设备方面存在的主要问题，提出了大修改造的一揽子技术方案。

大修改造总承包合同签订后，首钢国际工程公司调集了精干的队伍，短短3个月时间就完成了设计、设备采购、施工安装工作。期间克服了由于原始资料不全以及其他不可预见因素等许多困难，最终比合同工期提前两天投产，目前运行非常顺利，生产线各项技术指标均达到或超过原设计指标，满足了宣钢的生产要求，也为我公司取得了良好声誉。

2 大修改造前存在的问题

刚投产时出现的问题有：回转窑倾角偏小、窑尾缩口偏大，回转窑填充率低，回转窑的静态填充率只有4%，窑尾漏料严重，产量受限制，而且斗提机负荷加重，事故频繁；回转窑窑体烧损变形，窑头缩口耐火浇注料脱落严重；链箅机箅床烧损严重，小轴弯曲，箅板损坏导致漏料、漏风，使链箅机返料增加，返料系统难以承受。箅床的损坏同时导致铲料板断裂、漏料严重，过来又损坏箅床，恶性循环；回转窑窑头、窑尾结构冷却系统原设计风机小，冷却效果难以保证；环冷机前挡墙、后挡墙、Ⅰ冷段、Ⅱ冷段隔墙均出现较严重的耐火材料脱落、墙体变形等问题，需对环冷机内部耐火材料进行修补；窑尾大流槽体磨损严重，耐火材料脱落较多，流槽体整体出现下沉，刮蹭窑尾护铁造成3块护铁脱落。

针对以上问题，宣钢炼铁厂2008年8月进行了中修改造，限于资金和工期的原因，没有从根本上解决问题，改造内容包括：回转窑窑尾缩口直径减小，提高回转窑填充率；回转窑窑头筒体更换并加长，解决环冷机落料点偏外环的问题。更换链箅机部分严重烧损的箅床；回转窑窑头、窑尾冷却风系统风机更换为大风量风机；环冷机隔墙进行修复，后挡墙也改造为浇注料的方式；造球前的原料系统也同步进行了改造。

中修改造后取得了一定的效果，产能达到了正常能力，但仅过20多天，许多问题又开始暴露，主要问题依然集中在箅床和窑尾，制约了产量和作业率的提高。

3 大修改造内容

在接到宣钢的邀请后，首钢国际工程公司派出专业技术人员多次去宣钢现场考察调研，并和生产技术人员交流。我们认为原设计在主机的工艺布置和衔接存在一些问题，进行改造首先要解决的问题是：解决设备的稳定运行——包括更换箅床、窑头筒体、固定筛，用皮带机替换成品斗链机；减少回转窑倒料——提升回转窑的角度；解决热返料系统——增加缓冲仓；改善风流系统——更换窑头尾罩及相关部分结构；改善自动化控制系统——增加检测点及控制回路。

据此，提出下面的改造内容：

（1）链箅机头部增加返料缓冲仓，减少斗提机的瞬时负荷。

（2）增加埋刮板运输机，解决链箅机头部灰箱散料进缓冲仓问题。

（3）斗提机移位，满足热料返回回转窑的需要。

（4）链箅机更换箅床，原有的箅床主要是在材质和结构设计两个方面存在缺陷。链箅机—回转窑氧化球团设备自2000年第一条生产线投入运行以来，箅床的材质已进行了多次调整，在增加了高温强度的同时，兼顾耐磨性，抗氧化能力和抗蠕变性能，使用寿命不断增加，其冶炼工艺、铸造工艺和加工工艺已基本定型。但现有的链箅机设备上箅床缺乏这方面的经验；另外从结构设计上看是属于早期的产品。经过多年的实践摸索，我们对箅床的各零件已经进行优化，如链节的热应力缝、单耳和双耳间的平缓过渡。本次改造将链节改成平缓过渡型式，链节的宽度维持原来的160mm；箅板宽度调整，原来的箅板留的间距过大，是出于对高温下热膨胀的具体数值经验不足，间隙过大会造成箅床运行不稳定并增加漏球率；本次改造同时增加了抵抗热应力的结构，定距管采用三件式结构，在满足使用要求的同时便于设备制造和安装。小轴的端部结构采用卡槽式便于箅床的定位。

（5）链箅机更换新型中部密封压板，解决箅床上部漏风问题。

（6）链箅机增加下回程封闭，除在尾部保留两个跨用于更换箅板外，其他全部封闭，避免冬季箅床的回程段突遇冷却气，温度剧变，冷却不均匀，产生温度应力对设备的损坏。

（7）回转窑窑尾改造，更换窑尾密封罩、窑尾的溜槽体加长，防止倒料，并对溜槽体进行鼓风冷却。

（8）更换新型窑尾密封。

（9）窑尾筒体更换并加长，满足链箅机卸下预热干燥后生球的进料要求，为降低设备造价，窑尾筒体采用20G材质，为满足筒体的冷却需要增加了冷却风道。

（10）更换头尾结构冷却风箱。

（11）筒体角度调整，从原来的3.5%调整到4%。增加窑内物料移动速度，减少倒料，为缩短工期和节省投资，采取加斜垫板方案。

（12）更换窑头罩，便于环冷机回来的热风进入回转窑，减少风阻，使回热系统更畅通。

（13）窑头筒体加长，解决环冷机卸料问题，同时改造冷却风道，采用子母扣式护口，避免热空气对窑头的损害。

（14）更换窑头密封。

（15）更换固定筛，原有的固定筛是没有冷却的铸件，使用一段时间后横梁弯曲，已经失去了作用，本次改为水冷固定筛。由于窑头到环冷机的高差不够，给固定筛的设计造成了很大困难，设计中采用了鱼腹梁型式，取消了低端梁，同时降低了上部保护帽的高度。

（16）环冷机隔墙更换。

（17）增加环冷机给料斗处结构冷却风机，提高风冷墙和平料坨的使用寿命。

（18）环冷机出料处斗链机由于设备故障率高，本次改为皮带机。

（19）自动化系统增加检测控制点，实现主抽风机、耐热风机、环冷鼓风机主控操作，风门开度、风机转速的调节和反馈；链箅机、回转窑和环冷机速度中控室反馈和调节。

（20）增加工业电视，监视布料系统、链箅机下箅床、链箅机铲料板、回转窑内燃烧情况、成品皮带处等关键部位的监视。

（21）相关的耐火材料更换。

（22）同步改造的环冷机系统、生球布料系统、冷却水系统由业主自行组织完成。

4 改造过程

2008 年 12 月我们完成了宣钢大修改造初步设计，随后和宣钢签订了宣钢大修改造总承包合同，合同范围包括设计、设备供应、施工安装、旧有设备拆除，总工期为 3 个月，2009 年 3 月 31 日投产。

2009 年 1 月完成了设备采购和施工合同，2 月初施工单位二十二冶进驻现场开始先期准备工作和钢结构制作工作。

待回转窑窑体温度降下来后，首先是拆除工作，拆除的旧设备有：链箅机箅床、回转窑头尾罩子、部分筒体、成品系统斗链机。

整个工程的难点和重点是回转窑角度的调整，工程量大，涉及的因素多，技术水平要求高，一些关键技术难点包括：

托轮下垫铁，因为托轮受力比较大，斜垫铁要求采用整体不允许加调整垫片，因此斜垫铁要求的厚度、斜度计算和加工控制必须非常准确，否则难以保证轮带和托轮良好接触。

托轮调整，受空间限制，原计划采用吊车吊升托轮改用千斤顶调整，采用千斤顶更有助于调整精度的控制。

传动系统调整，旧有的传动系统小齿轮和减速器采用联轴器相联，这样小齿轮调整时，需要同步调整减速器和电机，而我们通常采用的中间轴相联，当小齿轮位置微调时，可以不调整减速器，这样可以减少调整的工作量，而且可以提前把减速器调整到一个接近的位置，从而缩短调整时间。

窑温降下来后，首先拆下齿轮罩，将小齿轮和大齿圈脱离接触，用 500t 千斤顶将筒体顶起，根据设备到厂情况，首先施工卸料端，后施工给料端，顶起后用临时托架支承筒体，提升托轮，然后在托轮下增加事先加工好的斜垫铁，在调整检测合格后，放下支架。调整传动系统可以采用调整垫片的形式，因此稍微容易一些。

回转窑调整完毕后，开始焊接新筒体、然后安装头尾密封罩、固定筛、头尾密封、头尾结构冷却风箱。

同时进行的工序包括链箅机箅床的更换、铲料板的安装、下回程封闭的施工、环冷机风管道，热返料缓冲仓等。

电气、自动化和工业电视系统同步施工。

最后是常规的耐火材料施工。

3 月 23 日回转窑点火，标志着设备安装完毕，进入了热试阶段，经过 6 天的升温，29 日开始布料，7 天后就达到了正常生产能力，比原计划合同工期提前 2 天竣工，标志着本次大修改造工程取得圆满成功。

5 大修改造的几点启示

原有生产线的改造，不可遇见因素是难免的，由于原设计和施工的先天不足，在大修改造过程中我们只能尽量弥补，但是有些问题工期和投资所限暂时不易解决。加上原建设工程中留下的原始资料比较少，设备制造、安装和生产过程中也会出现一些变化，在施工中遇到一些预想不到的问题：

（1）链箅机滑轨损坏，一般链箅机滑轨的正常寿命为 3 年左右，这个滑轨运行不到 1 年就损坏，是材质问题。

（2）链箅机侧墙耐火材料倒塌，原来是耐火砖内衬，后改为浇注料形式。

（3）回转窑角度的二次调整，回转窑角度调整的所有计算数据我们是按照原设计图纸上的 3.5% 为依据计算的，当回转窑调整后测量没有达到预计的数值 4%，只有 3.75%，后来经重新测量核实，原来的斜度只有 3.25%，造成重新加工垫板和返工。经宣钢、首钢国际工程公司和施工单位等多个部门的协同作战，在很短时间内完成了计算和设计图纸，同时保证重新加工的设备按时到货，确保了改造工程按期保质保量完工。

6 改造后的效果

宣钢球团大修改造完成后，7 天后产量就达到了日产3000t的设计目标，最高日产已达到了3700t，同时产品质量指标均符合高炉入炉要求，远远超过改造预期目标。

改造前后主要生产指标对比见表1。

表1　宣钢球团大修改造前后主要生产指标对比一览表

阶段	时间	平均日产量/$t\cdot d^{-1}$	设备作业率/%	利用系数/$t\cdot(m^2\cdot h)^{-1}$	抗压强度/N·球$^{-1}$	工序能耗/kg 标煤·t^{-1}
改造前	2008.2~2009.2	2205.7	84.6	7.1	2482	51.64
改造后	2009.3~2009.9	3215.8	98.0	10.15	2992.4	37.18

7　结语

宣钢100万吨/年氧化球团生产线经过大修改造后基本上保证了设备运行和生产稳定，但是基于原设计等先天性问题，有些问题还需要付出很大努力做进一步技术改造才能解决，其中包括一些不易解决的问题。因此，根据首钢国际工程公司多年来对球团生产线改造的经验教训，还需要解决以下几方面问题：

（1）窑头喷枪及辅助的助燃风系统需要彻底更换，改变目前操作不便、火焰长度不够、分散等直接影响窑内气氛、造成窑体结圈、能耗指标过高等现象。

（2）整个三大机的热风系统设计和设备选型不合理，生球干燥、预热与环冷机Ⅰ、Ⅱ冷段的热废气热量循环利用不够，造成系统的热耗较高。

（3）生球布料系统必须改造，辊筛角度、辊子间隙与个数、宽皮带的运行稳定等统一解决，避免因生球粉末过多、布料不均等直接影响后序的三大机正常运行的问题。

（4）控制原料，改变形式，加强造球效果。

宣钢100万吨/年氧化球团生产线前面出现的是一个系统性的问题，归根结底属于原始技术问题，也值得国内球团行业甚至冶金其他行业思考，如经过进一步技术改造，相信宣钢球团生产线一定能够顺产稳产，达到预期的较高水平。

宣钢球团项目合同额虽然不太高，工程量也不太大，但宣钢球团大修改造的成功为我公司在国内球团行业带来良好的声誉，也为我公司在宣钢的市场开拓提供了有利的影响。

（原文发表于《工程与技术》2010年第1期）

首秦龙汇 200 万吨/年球团工程工艺技术研究与实践

李文武

(北京首钢国际工程技术有限公司，北京 100043)

摘　要：介绍了首秦龙汇 200 万吨/年氧化球团厂链箅机—回转窑生产线的工艺设计。阐明了生产过程中原料接受、配料、混合、造球、焙烧、冷却、成品储存、输灰等各环节的配置特点。

关键词：氧化球团；链箅机—回转窑；环冷机

Technology Research and Practice of 2Mt/a Pellets Poject in Shouqin Longhui

Li Wenwu

(Beijing Shougang International Engineering Technology Co., Ltd., Beijing 100043)

Abstract: Discussion of process design of the 2Mt/a oxide pellets grate-kiln production line of Shouqin Longhui. Expound all of technical steps in pelletizing process, such as raw material provision, proportioning, mixing, making ball, sintering, cooling, product and dust.

Key words: oxidized pellets; grate-kiln; cooling

1　引言

首秦龙汇 200 万吨/年球团工程依靠大部分当地产磁铁矿和少量国外赤铁精矿稳定的资源供应，加工生产优质球团矿产品，为首秦高炉提供优质原料。首钢国际工程公司在首秦龙汇球团工程的设计中，采用了链箅机—回转窑球团生产工艺等先进技术，工艺布置结构紧凑，投产后设备运行平稳，经济技术指标国内领先。

2　球团生产工艺技术

首秦龙汇球团生产线采用目前国内成熟先进的链箅机—回转窑工艺，系统流程短捷紧凑，总图布置顺畅合理，整个工艺系统包括：原料系统、磨矿系统、配混系统、造球系统、焙烧冷却系统、回热风系统、主引风系统、成品储运系统、煤粉制备系统及烟气脱硫设施等。主要工艺流程如图 1 所示。

3　主要技术特点

3.1　采用大型精矿库储存球团铁矿粉

首秦龙汇球团生产线采用的铁矿粉全部采用汽车运输，考虑球团用矿粉粒度较细，露天储存会对周边环境造成严重的污染，而且矿粉水分容易造成较大波动，直接影响生产，经过认真分析和讨论，设计采用大型精矿库分料种储存原料。其中部分外购国产磁铁精矿和巴西矿粉因粒度不符合造球要求，汽车运进厂后在 1 号精矿库储存。库内设置抓斗，将矿粉送进矿仓，设有压力传感器在线计量料仓料量，仓下经ϕ2.5m 圆盘给料机（变频）+ 定量给料机（变频）配料后，经带式输送机运至磨矿车间。根据生产需要，1 号精矿库也可以储存粒度合格原料，经抓斗进单独的料仓，通过仓下带式输送机进 2 号精矿库参加配料，1 号精矿库储存量约 4 万吨。粒度满足生产要求的矿粉运进 2 号精矿库内

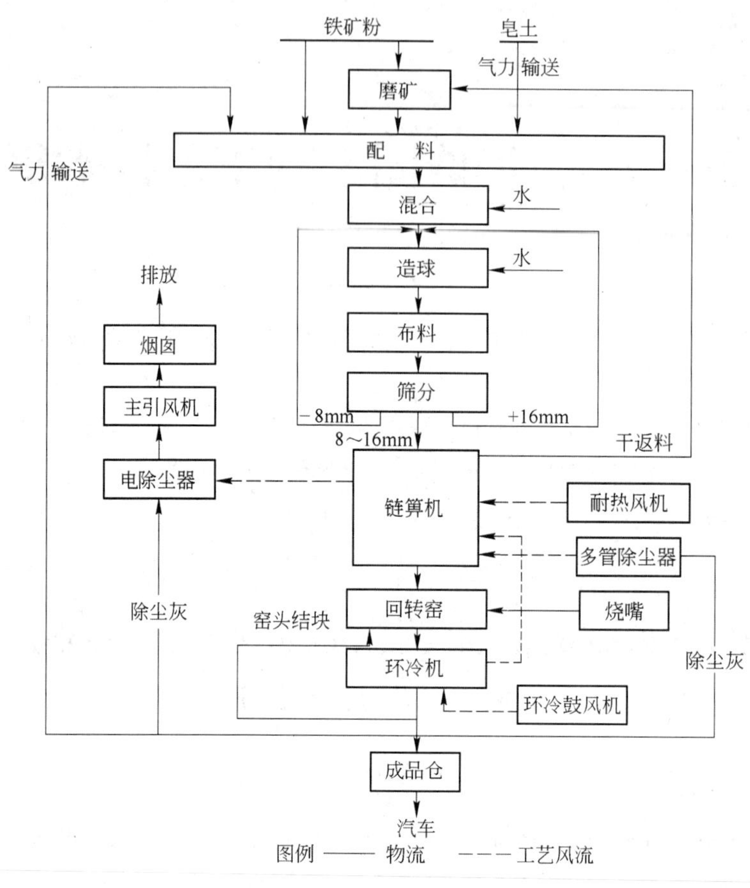

图 1 工艺流程

Fig. 1 The process flow diagram

分料格储存，库内设置抓斗，将矿粉送进料仓后，仓下经ϕ 2.5m 圆盘给料机（变频）+ 定量给料机（变频）按一定比例配料后，经带式输送机运至配料室。由磨矿车间来的合格原料通过带式输送机运输，可进 2 号精矿库的仓中储存和直接参加配料，也可以通过犁式卸料器直接卸到库内地面储存，然后再经抓斗进仓参加配料，2 号精矿库储量约 7 万吨。

3.2 粒度不合格矿粉采用球磨机磨矿

球团生产对铁矿粉的粒度和成球性能有较高要求，一般要求矿粉–200 目大于 80%，首秦龙汇球团厂含铁原料中有部分外购国产磁铁矿和进口粉矿，其粒度较粗，不能满足生产要求，因此需要设置磨矿系统，设计采用开路湿磨工艺。采用 2 台 QMY3200 × 6400 球磨机，5 台陶瓷过滤机，其中 2 台备用，对矿粉进行细磨，按照业主提供的矿粉条件，磨矿产品粒度 0.074mm 含量可达到 80%以上，水分重量含量 8.5%以下。

3.3 采用立式混合机对物料进行混匀

各种原料在造球之前需要进行充分混合，因此混合室配备 1 台 DW29/5 连续式强力混合机。该混合机为进口设备，设备带有偏心位置的转子和固定的多功能工具，其混合原理是物料在混合机内随水平旋转的混合桶一起旋转，同时桶内的 2 个鼓式转子反方向旋转，使物料在桶内互相穿插、渗透。可对物料进行宏观和微观混合，混匀效果好，运转可靠，作业率高，不需要备用的混合机，运行成本低。

3.4 采用ϕ 6.0m 圆盘造球机

造球质量的好坏直接影响焙烧的工艺过程和设备的稳定运行，也影响球团矿的质量。首秦龙汇球团厂原料品种多，为提高生产组织的灵活性，降低设备投资，需要综合考虑影响造球的各种因素，如合理的造球盘的角度、边高、加水方式等等。造球系统采用国产技术成熟的ϕ 6.0m 造球盘，循环负荷小，利用系数高，配备 10 台圆盘造球机，双列布置，单机生产能力为 50~70t/h，9 台运行，1 台备用。造球盘主电机采用变频调速，主减速机采用 SEW 产品，球盘角度可调并有刻度显示，造球盘采用先进的集中自动控制智能润滑系统，保证设备正常运行。

3.5 生球采用集中筛分布料

生球筛分有分散和集中两种方式，设计采用集中筛分方式，用摆头皮带机+大球辊筛+宽皮带+辊式布料器进行布料筛分，设备集中布置在链箅机厂房内，流程简捷合理，筛后生球转运环节少，减少了对合格生球的损坏，使得生球的合格率提高，而且湿返料集中处理，减少了运输设备。给料设备变频调速，控制给料量，辊式布料器设置了布料辊使布料更加均匀，链箅机上料层更加平整。

3.6 链箅机—回转窑—环冷机主线的设计优化

链箅机—回转窑—环冷机三大主机设备是首钢国际工程公司的非标设备设计，结合各生产厂的实际生产和操作经验，在工程设计中链箅机采用 2 段干燥 2 段预热工艺，均采用抽风形式来实施作业，可确保系统在生产中达到较高的环保要求。ϕ5.9m×40m 回转窑采用两点支撑、液压传动、托轮滚动轴承、自动液压挡轮和托圈下面双层可换垫板等先进技术，保证了设备运转的可靠性。128m^2 环冷机采用了自润滑侧挡轮、新式台车体搭接和单环式风箱系统等先进技术。

3.7 采用先进合理的风流系统，降低球团矿生产的热耗

环冷机上罩分四个区域，一冷段 1000~1150℃热气流通过受料斗上部窑头罩和一冷段回热风管直接回回转窑，用于提高窑内气氛温度，助于煤粉燃烧；二冷段 600~800℃ 热气流直接通过热风管道返回链箅机预热Ⅰ段上罩，用于球团的预热；三冷段 180~320℃热风用于余热利用，设置 1 套余热利用装置回收三冷段 180~320℃热风余热，产生蒸汽，用于冬季采暖等用途。四冷段 85~105℃废气通过环冷机上的烟囱直接排放。排放废气含尘浓度≤50mg/Nm^3。环冷鼓风机通过风门调节冷却风量，控制回热风的温度。这样用于冷却球团的气流所产生的热量绝大部分都被有效地利用到球团生产工艺中。

3.8 主要工艺风机采用在线变频调速，节能降耗

本球团生产线的设计遵循技术先进，节能降耗的原则进行设备选型和确定技术装备水平，2 台回热风机电机功率为 800kW/台，1 台主引风机电机功率为 2400kW，1 号环冷鼓风机电机功率为 500kW，均采用变频调速，生产中可根据实际情况对风机的工艺参数进行调整，降低能耗。

3.9 采用大直径钢结构筒仓储存成品

国内球团厂成品球团矿的储存方式大多采用落地堆场或混凝土结构的成品仓，这两种方式存在的主要问题是：

（1）落地堆场的成品球团矿落差高，落地过程中产生大量粉尘，目前没有有效的除尘方式解决环境污染问题；

（2）混凝土结构的成品仓直径小，单仓储存量小，尤其是对成品球团矿需要外运的球团厂，如果要满足一定的储存时间，成品仓的数量就会增加，相应会增加设备和土建投资。

首秦龙汇球团厂吸收消化了国外球团厂的经验，采用直径为 18m 的钢结构筒仓，结构形式简单，投资少，储存量大，单个筒仓可存成品球团矿 6000 多吨，完全满足生产要求，而且粉尘排放点易于除尘，劳动环境好，仓下设给料闸门，装汽车外运。

3.10 除尘灰采用密相气力输送技术

首秦龙汇球团项目设计中采用除尘灰密相气力输送技术，与传统的螺旋给料机或带式输送机的运输形式相比主要表现在：

（1）输送设备和管道实现全密封，避免了除尘灰转运过程产生的二次扬尘，改善了工作条件和厂区环境；

（2）输灰过程全自动化控制；

（3）电耗低；

（4）工艺流程简洁。

与常规气力输送形式相比其优点主要表现在：

（1）气灰比大（高于 1:35），耗气量小；

（2）输送速度低（约 8m/s），管道磨损小。

首钢国际工程公司通过不断总结设计和生产实践经验，与业主和厂家密切合作，不断修改完善，使得密相气力输送系统更加适应球团的生产工况。根据不同部位除尘灰的性质选择了不同形式和规格的输送设备，输送距离长的系统设置中间缓冲仓，高温部位设置水冷等，投产后系统经过调试阶段后，运行状态稳定，自动化控制程度高，达到预期效果。

4 实际应用效果

首秦龙汇工程于 2008 年 10 月 15 日正式破土动工建设，在业主、首钢国际工程公司和其他相关建设单位的共同努力下，于 2009 年 6 月 6 日投产，球团矿产能和质量指标很快达到并超过了设计能力。最终日产量最高达到 7412t，月产最高达到 19.6

万吨；球团矿全铁品位63%、抗压强度3200N/球，球团矿喷煤消耗18kg/t。

5 结论

首秦龙汇 200 万吨/年氧化球团生产线设计采用链箅机—回转窑—环冷机生产工艺，设计充分吸收了国内外球团厂的先进经验，在工艺、设备等方面都有所改进和创新，项目投产后顺利达到并超过设计值，为首秦公司高炉炼铁提供了优质的球团矿。

（原文发表于《世界金属导报》2012-05-29）

链箅机布料系统均匀布料研究

王代军

(北京首钢国际工程技术有限公司，北京 100043)

摘　要：根据链箅机—回转窑球团采用的成品生球皮带+摆动皮带+宽皮带+辊式布料器+溜料板组成布料系统，介绍其布料原理。生产中，链箅机布料存在布料不均、影响箅板使用寿命等问题，分析摆动皮带、宽皮带、辊式布料器、溜料板引起布料不均的原因。对均匀布料进行研究，实现布料设备紧凑组合、降低工程投资；阐述摆动皮带的工作原理和摆动结构本身不对称是造成链箅机左右料层不均的根本原因；针对摆动皮带本身结构所带来的布料不对称问题进行算法研究，设计出合理的摆动皮带的运行轨迹；确定溜料板的合理角度和分离点，实现均匀布料。

关键词：链箅机；生球；摆动皮带；布料计算

Study on Uniform Distributing of Grate Distribution System

Wang Daijun

(Beijing Shougang International Engineering Technology Co., Ltd., Beijing 100043)

Abstract: According to the grate-kiln pellet, using green ball belt, swinging belt, wide belt, roller distributor and slip material plate to form distribution system, introducing its feeding principle. In production, there exists distributing non-uniform and affects the life of the grate plate questions in grate distribution system, so analyzing the reasons for causing distributing non-uniform of swinging belt, wide belt, roller distributor and slip material plate. Study on uniform distributing, realizing distributing devices compact combination, and reduce project investment; Elaborate swinging belt works, and swing structural asymmetry is the main reason of grate left and right material layer unevenly; Aiming at swinging belt, its structure which brings distributing asymmetry and research on calculation, design the rational trajectory of the swinging belt; determine the reasonable angle and the separation point of slip plate, achieve uniform distributing.

Key words: grate; green ball; swinging belt; distribution calculation

1　引言

为适应钢铁工业快速发展、高炉精料技术和合理炉料结构的要求，近年来球团矿作为高炉炼铁优质原料得到青睐和高度重视，同时高炉对球团矿的产量和质量提出更高要求，球团矿产量和质量与生球布料是否均匀密切相关。因而链箅机布料的原则是：不断料、不拉沟；两边不漏箅床，前后左右均匀稳定[1]。意义主要体现在以下三点：

（1）链箅机布料不均，致使在生产过程中生球预热不均匀，热风管道内热气流无法有效利用；同时链箅机箅板、侧板频繁损坏（须停机更换），小轴两端因受热不均产生不同程度弯曲（造成箅床跑偏）；还会使链箅机的箅床因局部受热不均而产生变形，严重的情况将使箅床报废[2]，制约球团生产线的长期稳定运行[3]。

（2）在球团高温焙烧之前要对生球进行干燥和预热，这两个过程都与生球布料有直接关系。如果生球布料不均匀，致使链箅机箅床上料层薄的这部分生球由于温升过快，造成水分过快蒸发而发生生球爆裂，产生粉末，使窑况恶化并导致回转窑结圈。料层厚的那部分生球却由于温度过低没有烧透，造成入窑干球强度低，进而出现废品，球团布料的均匀性严重影响生球干燥和预热的效果[4]。

（3）布料不均，将会造成耐热风机不同程度的偏抽，粉尘含量增加，风温急剧升高，还会危及风机叶片和造成除尘系统严重损害；同时，散料系统也会产生大量散料和粉尘，污染环境。

为延长链箅机箅床使用寿命，提高设备利用率，减少粉末产生，要尽量使生球布料均匀。针对生球特性，加强对链箅机布料系统的研究，选择合理布料算法，应用于球团工程布料系统设计，使之具有实用性和通用性。

2 生球布料原理

生球的干燥和预热过程在链箅机箅床上进行，合理的布料方式应使布到链箅机箅床上的生球料层具有良好的均匀性和透气性。国内链箅机—回转窑球团生产线的生球布料通常采用联合布料方式，即成品生球皮带+摆动皮带+宽皮带+辊式布料器+溜料板布料系统，其流程如图 1 所示。

生球从造球室经过成品生球皮带输送到摆动皮带，摆动皮带再依靠摆动盘的转动，带动摆动杆拉着整条摆动皮带围绕主轴做往复运动，这样使摆动皮带上一直传送着的生球沿宽度方向分布到宽皮带表面，然后生球由宽皮带输送到辊式布料器，辊式布料器将粉末和小于 8mm 生球筛除后，合格生球经溜料板均匀地分布在链箅机的箅床上，完成干燥和预热前的准备工作。

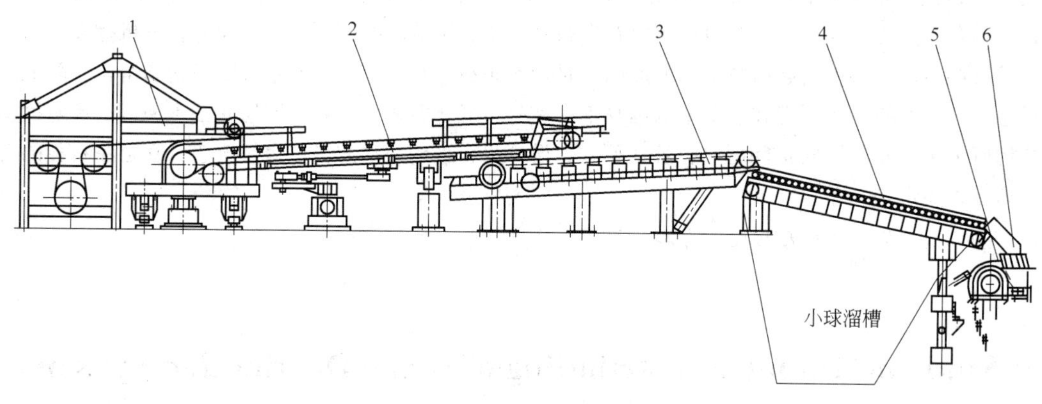

图 1　布料系统流程图

Fig.1　Flow chart of distribution system

1—成品生球皮带；2—摆动皮带；3—宽皮带；4—辊式布料器；5—链箅机箅床；6—溜料板

3 布料不均分析

在球团生产中，链箅机布料厚度控制在 180±20mm，与链箅机运行方向的垂直方向设有红外测厚仪，用以测量链箅机横向布料的平整度。链箅机布料出现偏析、拉沟等现象，主要受布料采用的摆动皮带运行速度和摆动频率、宽皮带运行速度、辊式布料器和溜料板安装角度影响，尤其受摆动皮带运行速度和摆动频率的影响[5]。因此，从以下四方面对出现布料不均现象进行分析。

3.1 摆动皮带对布料影响

3.1.1 摆动频率对布料的影响

摆动皮带在布料过程中沿宽皮带宽度方向作往复运动，而宽皮带作匀速直线运动。当生球由摆动皮带布到宽皮带上，对于宽皮带的任何部位，布料都是间断的，因此，布到宽皮带上的生球就会以“Z”字形呈现[6]。波峰与波峰（或波谷与波谷）的间距，与摆动皮带的摆动频率和宽皮带的机速有关，其关系式（1）如下：

$$s = \frac{v}{T} \tag{1}$$

式中　s——波峰（波谷）间距，m；

v——宽皮带速度，m/min；

T——摆动频率，次/min。

当宽皮带速度一定时，摆动皮带频率越高，摆动周期越短，宽皮带上的物料就会以更小的“Z”字形间隔出现。反之，则以较大间隔“Z”字形出现。若“Z”字形间隔较大，则到达辊式布料器上的物料间断性较大，会使链箅机箅床上的物料沿链箅机运行方向高低不平。因此，摆动皮带的摆动频率越快越好。

3.1.2 摆动皮带各段速度对布料的影响

摆动皮带在角度 α 内摆动，设有 4 个测速点，分配在 $A \to D$ 圆弧上，如图 2 所示。在理论上，若 4 点速度相同时，布到链箅机上的物料在横向上应为最均匀的。但是摆动皮带是做半圆周运动的，在两个端点 A 和 D 点处会出现瞬间速度为零，然后摆动皮带向相反方向运动的情况。这种情况的出现，会导致布到链箅机上的物料在横向上不够均匀。因此，应该对各段速度进行重新分配，以保证布料的均匀性。

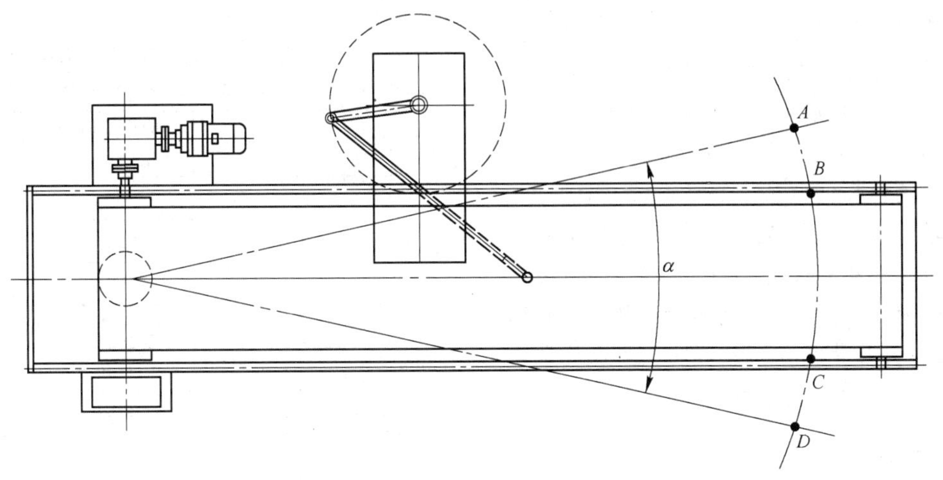

图 2 摆动皮带运行图

Fig.2 The run chart of swinging belt

3.2 宽皮带对布料影响

由于摆动皮带布到宽皮带上的物料呈“Z”字形连续，因此摆动皮带布到宽皮带上的物料在相邻周期内有一定的间距（波峰与波峰或波谷与波谷）。当合格生球量及摆动皮带速度一定时，若宽皮带速度较慢，则会出现较小间隔的“Z”字形。反之，则出现较大间隔的“Z”字形。生产实践证明，布料过程中出现的“Z”字形越小，物料间隔越小，布料越平整。当布料过程中出现图 3（a）宽皮带速度较慢的布料现象时，到达辊式布料器上的料比较连续、平稳，但如果出现图 3（b）宽皮带速度较快的情形时，会出现辊式布料器露辊现象，此时物料成股出现，时断时续，对布料影响很大，容易使链箅机上的物料出现拉沟现象。因此，合格生球量与宽皮带的速度要做到合理匹配。

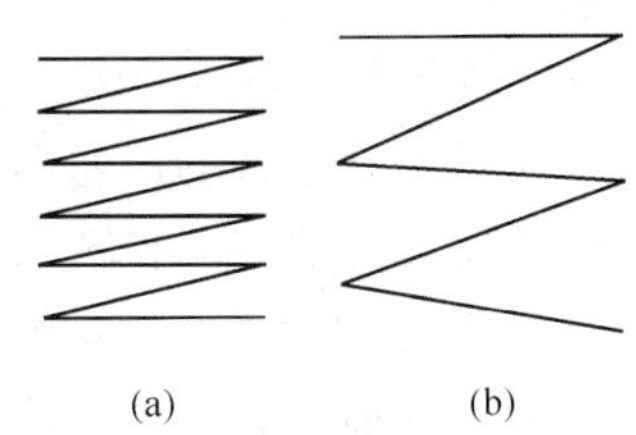

图 3 “Z”字形示意图

Fig.3 “Z” shaped schematic

3.3 辊式布料器对布料影响

辊式布料器的功能，除筛分外，还有均料的作用。宽度和安装角度，对布料的均匀程度都有影响。通常情况下，辊式布料器的有效宽度应大于链箅机箅床的宽度，如果有效宽度小于链箅机的宽度，就会造成箅床两侧料层过薄。辊式布料器的安装角度应在保证生球能顺利滚下的前提下，尽可能小一些，以保证筛分和均料效果；如果安装角度过大，不但筛分效果不好，而且均料的效果也差，对布料的均匀程度影响很大[7]。

3.4 溜料板对布料影响

溜料板的安装角度对布料的影响较大。角度过大时，溜料板上没有存料，生球从辊式布料器上直接溜到链箅机箅床上，“Z”字形波峰波谷现象明显；而角度过小，则溜料板上存料太多，生球从辊式布料器不能顺利地溜到链箅机箅床上，造成料层厚薄不均和瞬时断料。溜料板与生球的分离点决定料层的厚度，选择不当则满足不了工艺要求；溜料板的材质对布料的均匀程度也有影响。

4 均匀布料研究

4.1 布料设备紧凑组合

国内链箅机—回转窑球团生产线布料系统通常按图 1 进行设备组合，生球落料高差按式（2）计算：

$$H = R + t + h \tag{2}$$

式中 H——生球单次落料高差；

R——球皮带、摆动皮带、宽皮带头轮半径；

t——球皮带、摆动皮带、宽皮带的胶带厚度；

h——球皮带、摆动皮带、宽皮带头轮中心到受料点高差。

从首钢矿业公司一系列 100 万吨/年球团生产线投产以来，球团工程设计人员结合生产实际，根据生球布料暴露的各种问题，总结经验。早期球团工程摆动皮带水平投影长多为 12m，通过研究和布料计算，现采取水平投影 7.5m 长摆动皮带，甚至更短，使布料设备布置更紧凑、合理，降低工程总投资。鉴于合格生球落下强度的测定：在高度为 500mm，生球自由落下次数≥5 次，图 1 所示布料系统生球抛落 3 次；同时考虑减少粉末产生，在进行布料设备组合设计时，将生球单次落料高差 H 控制在 500mm 以内，即成品生球皮带落料点与摆动皮带受料点高差、摆动皮带落料点与宽皮带受料点高差、宽皮带落料点与辊式布料器受料点高差，满足设备正常运转，高差 H 越小越好，尤其要求宽皮带头轮右竖直切线要求几乎与辊式布料第一根辊竖直中心线重合。

4.2 摆动皮带工作原理

摆动皮带由摆动的皮带运输机和传动组成，可摆动的皮带运输机自身由电机带动，起输送生球作用。整个设备安装在摆动架上，由传动机构使摆动架沿弧形轨道行走，在生球布料过程中，使生球沿宽皮带宽度方向均布，其工作原理如图 4 所示。摆动圆盘为主动轮，连杆长度固定，皮带的运动轨迹一定。摆动杆两端点的运动轨迹分别为一段以主轴中心为圆心、以主轴中心到轴承 2 中心的距离为半径的圆弧（以下称为轴承 2 的运动轨迹）和以摆动盘中心为圆心、以摆动盘半径为半径的圆（以下称为轴承 1 的运动轨迹）。

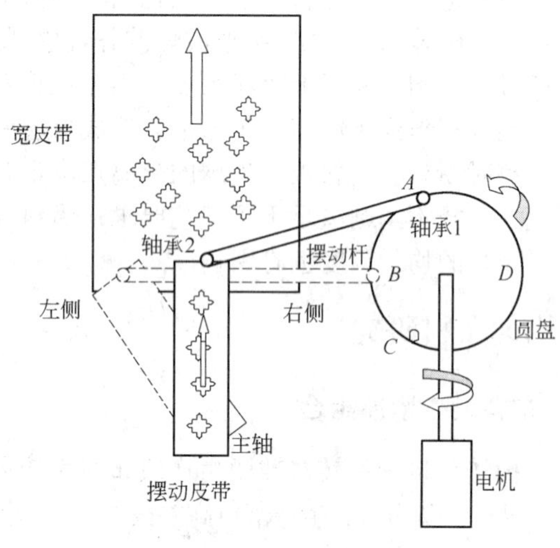

图 4 摆动皮带工作原理

Fig.4 Function diagram of swinging belt

轴承 2 从中间位置到达最左侧时轴承 1 从 A 到 B，轴承 2 从最左侧到达中间位置时轴承 1 从 B 到 C，圆盘转动的角度都小于 90°；轴承 2 从中间位置到达最右侧时轴承 1 从 C 到 D，轴承 2 从最右侧到达中间位置时轴承 1 从 D 到 A，圆盘转动的角度都大于 90°。

通过对链箅机—回转窑球团生产线布料系统所用摆动皮带建立模型，圆盘半径 5cm，模拟计算相关数据见表 1。

表 1 轴承 1 轨迹对应弧长

Table1 Corresponding arc length of bearing 1 trace

宽皮带	轴承 1 轨迹	轴承 1 转过角度/（°）	轴承 1 运动弧长/cm
左侧	$A\rightarrow B$	86.952	7.584
	$B\rightarrow C$	85.245	7.435
	合计	172.197	15.019
右侧	$C\rightarrow D$	94.755	8.265
	$D\rightarrow A$	93.048	8.116
	合计	187.803	16.381

从表 1 可知，摆动皮带在宽皮带右半侧运动时圆盘转过的角度大于摆动皮带在左半侧运动时圆盘转过的角度。这样，如果圆盘匀速转动，那么摆动皮带在宽皮带右半侧的运动时间比在左半侧的时间长，导致在右半侧布的生球比左半侧多，即右侧厚、左侧薄。所以，摆动皮带的摆动结构本身不对称是造成链箅机左右料层不均的根本原因。

4.3 摆动皮带均匀布料计算

通过以上分析，针对摆动皮带本身结构所带来的布料不对称问题进行算法研究，设计出合理的摆动皮带运行轨迹，使摆动皮带在宽皮带的不同位置上停留的时间一致，这样才能保证布料的均匀性。整个布料器系统流程为：人机界面—可编程控制器—变频器—电机—摆动圆盘—摆动皮带，要想控制好摆动皮带的运行轨迹，需要对控制摆动圆盘的电机运转情况进行研究，使得电机带动摆动圆盘，进而带动摆动皮带按照预定的设计轨迹运行。

根据摆动皮带与圆盘的机械安装图，建立平面几何关系坐标系，如图 5 所示。

其中，R 为圆盘半径，H 为摆动弧所在圆的半径，L 为杆长，M 点为摆动弧的最左端，N 点为摆动弧的最右端。实际设备轴承 1 和轴承 2 有如下关系：当轴承 1 在 a 点时轴承 2 在摆动弧的最右端 N 点；当轴承 1 在 c 点时轴承 2 在摆动弧的最左端 M 点。

这样可以得到：摆动弧的水平弦长 MN 则为 $2R$，M 坐标为$(L-R，0)$，N 点坐标为$(L+R，0)$，摆动皮带摆动弧的圆心 O'坐标为$(L，(H^2-R^2)^{1/2})$。

球团料的干燥、预热过程是在链箅机箅床上进行的，所以只需要保证到达链箅机箅床的料层厚度均匀即可。

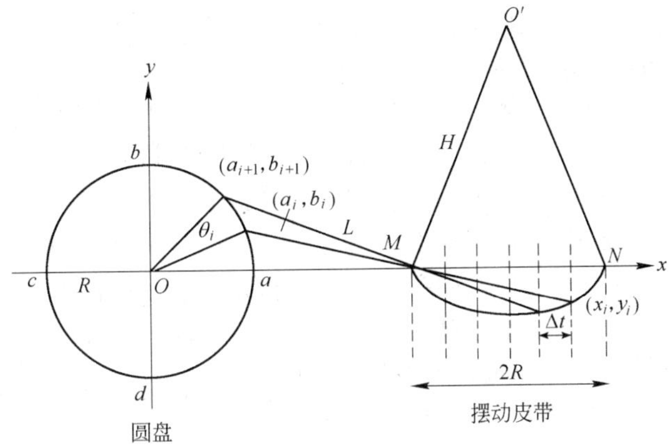

图 5　摆动结构模型

Fig.5　Swing structure model

设摆动皮带单位时间内传送的球团体积为 V，将摆动皮带摆动的水平弦长 MN 进行 n 等分，如果使得摆动皮带经过每一等分的时间相同（设其为 Δt），那么摆动皮带经过每一等分所布的球团体积就相等即 $V\Delta t$，这些球团料再通过只具有垂直方向速度的宽皮带和辊式布料器传送到链箅机箅床上。由于宽皮带、辊式布料器以及箅床的垂直速度恒定，所以一个周期内各等分球团料在箅床上铺撒的面积相等，进一步得到各等分之间球团在箅床上的平均厚度相同。

如果 n 取值足够大，将 MN 等分地足够细，就可以保证一个周期内整个箅床水平方向上球团厚度相同。

每个周期都一样，循环以上的过程，即可实现整个箅床上球团布料的厚度均匀。通过以上分析可以得出，只要使摆动皮带经过每一等分的时间 Δt 的速度相同，就可以保证各等分球团的平均厚度相同，最终实现球团布料的厚度均匀。根据运动的分解原理，由于每一等分的水平距离相等，要使时间 Δt 相同就必须使摆动皮带在水平方向上速度均匀。

这样，将问题转换到如何使摆动皮带水平方向上的速度均匀。

设各等分分界点轴承 1 的坐标为(a_i, b_i)，轴承 2 的坐标为(x_i, y_i)，其中，a 点坐标为(a_0, b_0)，N 点坐标为(x_0, y_0)。根据以上分析，可以得到以下方程：

$$a_i^2 + b_i^2 = R^2 \tag{3}$$

$$x_i = L + R - 2Ri/n \tag{4}$$

$$y_i = (H^2 - R^2)^{1/2} - [H^2 - R^2(1-2i/n)]^{1/2} \tag{5}$$

$$(x_i - a_i)^2 + (y_i - b_i)^2 = L^2 \tag{6}$$

式中，$i = 0, 1, 2, 3, \cdots, n$，$a_i$，$b_i$ 的正负根据点(a_i, b_i)所在的象限而定。

将实际模型参数代入以上方程组，得到 a_i，b_i 分别关于 n，i 的表达式。选取足够大且适当的 n，根据实际情况，取得 $n = 10$，对应不同的 i 的取值可以得到一组(a_i, b_i)的数据。在圆盘上，从(a_i, b_i)到(a_{i+1}, b_{i+1})转过的角度为 θ_i，可以通过余弦定理求得：

$$\theta_i = \arccos\frac{2R^2 - [(a_i - a_{i+1})^2 + (b_{i+1} - b_i)^2]}{2R^2} \tag{7}$$

根据 $\theta_i = \int_{t_i}^{t_{i+1}} \omega_i \mathrm{d}t$，其中 $\omega_i = 0, 1, 2, 3, \cdots, 10$，$\Delta t = t_{i+1} - t_i = 0.5\mathrm{s}$，根据工程需要变频器的加速时间应设定为 0.2s，可得到一系列 ω_i 的值。而圆盘的角速度与变频器的频率呈线性关系，通过实验可以测出二者之间的线性比例，即 $f_i = 23.8377\omega_i$，这样就转换到变频器的给定频率值，将得到的一系列离散的频率值通过工程近似的方法拟合出一条连续的变化曲线 $f = F(t)$，当轴承 1 从 $A \to C$ 时 $F(t) = -214t^2 + 379t + 233$；当轴承 1 从 $C \to A$ 时 $F(t) = -234t^2 + 144t - 1795$。

整个控制系统中由于变频器的惯性环节等存在滞后现象，输出不能完全跟随给定变化，通过对实际模型的测定得到滞后时间为 0.1s，这样就需要在给定时将变频器的加速时间更改设置为 0.1s，最终输出才能按照预定的频率值带动电机转动，使摆动圆盘按照预定的速度运转。

4.4　正确选择溜料板的角度和分离点

溜料板的安装角度、生球的自然堆角和溜料板与生球的分离点，是决定布料厚度和均匀程度的关键因素，如图 6 所示。图中 α 为溜料板角度，β 为生球的自然堆角（$\beta > \alpha$），H 为料层厚度，L 为溜料板下端点与箅床的距离，m 为溜料板长度，A 为溜料板与生球的分离点，B 为链箅机箅床的运动方向，C 为溜料板上端点，h 为点 C 与箅床面垂直高度。当链算机算床静止时，生球从辊式布料器沿溜料板溜下堆积在算床上，当生球堆积到溜料板中上部时，链算机开机，算床向前运动，将生球从分离点拉出，溜料板上堆积的生球随着算床运动沿溜料板向下滑动，补充到分离点部位。由于生球的供应和链算机的运动都是连续的，因此在生球的供应量和链算机的机速相匹配，料层是均匀的。在机速一定的条件下，如果生球量稍多，由于生球自然堆角的作用，将沿溜料板向上堆积，不会造成料层过厚；若生球量稍少，则由于有溜料板上堆积的生球补充，也不会造成料层过薄。由此可见，正确选择溜料板的角度和溜料板与生球的分离点，是实现均匀布料的关键。溜料板角度 α 与 m、h 和 L 存在如下关系。

$$\sin\alpha=\frac{h-L}{m} \tag{8}$$

式中，L 为溜料板与算床的距离，针对不同球团工程和生球特性，用于调整溜料板角度 α，L 为实测值；根据料层厚度 H 和生球特性，预先给定溜料板长度 m；依据辊式布料器最后一根辊与算床高差关系，给定 h。则能求出溜料板角度 α。

$$\alpha=\arcsin\frac{h-L}{m} \tag{9}$$

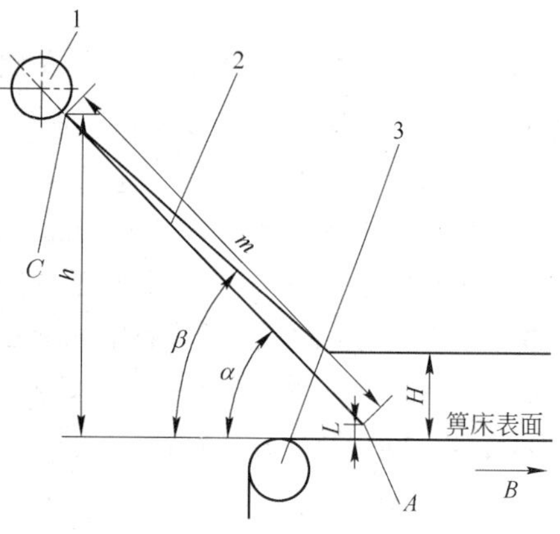

图 6　布料关系示意图

Fig.6　Distributing relationship schematic

1—辊式布料器; 2—溜料板; 3—链算机算床

5　结论

（1）布料是球团生产过程中的重要环节，实现链算机布料的均匀和稳定，是均匀焙烧的必要条件，是防止窑内结圈的有效措施。

（2）对于摆动皮带+宽皮带+辊式布料器+溜料板组成的链算机布料系统，提高摆动皮带的摆动频率是实现布料均匀的有效途径；正确选择溜料板的角度和溜料板与生球的分离点，是实现均匀布料的关键。

（3）针对摆动皮带本身结构所带来的布料不对称问题进行算法研究，设计出合理的摆动皮带运行轨迹，使摆动皮带沿宽皮带宽度方向的不同位置停留的时间一致，保证布料的均匀性，使链算机算床上的料层达到理想的布料效果。

（4）加强链算机均匀布料研究，为球团生产和链算机—回转窑球团工程提供技术支撑实现生球均匀布料，为高炉提供优质球团矿。

参考文献

[1] 张一敏. 球团矿生产知识问答[M]. 北京：冶金工业出版社, 2008 : 85.

[2] 张汉泉. 链算机—回转窑铁矿氧化球团干燥预热工艺参数研究[J]. 矿冶, 2005, 14 (2) : 2~4.

[3] 周四君，刘海洋，许志海等. 提高链算机布料均匀性的措施[J]. 烧结球团, 2010, 35(5) : 51.

[4] 沈安文，邹明江. 大冶铁矿竖炉球团自动布料系统改造[J]. 冶金自动化, 2005, 5(3) : 1~2.

[5] 周威，王林. 链算机布料不均原因分析及改进[J]. 鞍钢技术, 2010, (4) : 40.

[6] 刘宗洲. 实现链算机均匀布料的途径[J]. 烧结球团, 1997, 22(3) : 47.

[7] 刘石. 本钢一期球团的技术改进及效果[J]. 烧结球团, 2011, 36(3) : 39.

带式焙烧机球团技术在首钢京唐钢铁厂中的创新应用

韩志国　张卫华

（北京首钢国际工程技术有限公司，北京 100043）

摘　要：介绍了首钢京唐钢铁厂带式焙烧机球团技术的应用背景，通过对比分析带式焙烧机和链箅机—回转窑球团技术的特点，确定了带式焙烧机的技术优势。首钢国际工程公司根据京唐的原料条件在工艺设计中进行了多项创新应用，实现了"高效、低耗、环保"的现代化大型球团生产示范厂的目标。分析介绍了带式焙烧机球团技术在国内的应用前景和首钢国际工程公司的球团技术研发团队。

关键词：球团；带式焙烧机；大型化；技术特点；创新应用

The Innovation and Application of Straight Grate Technology in Jingtang Iron and Steel Plant

Han Zhiguo　Zhang Weihua

(Beijing Shougang International Engineering Technology Co., Ltd., Beijing 100043)

Abstract: The article introduces the applying background of such technology in Jingtang Iron and Steel Plant and defines the technical advantages of straight grate by comparing the technical features of straight grate and traveling grate-rotary kiln. BSIET conducted multi-innovations in the process design as per the raw material conditions of Jingtang Iron and Steel Plant and realized the goal of high efficiency, low consumption and environmental friend being a modern and large scale leading pellet plant. The article also introduced the developing trend of straight grate applied in domestic China and the research and development team of pellet in BSIET.

Key words: pellet; straight grate; large scale; technical features; innovation and application

1　引言

北京首钢国际工程技术有限公司（以下简称"首钢国际工程公司"）多年来一直从事球团技术的研究和创新。2000 年，成功研发了链箅机—回转窑球团技术，并建成了中国第一条链箅机—回转窑球团生产线；2006 年，为印度设计了其国内第一条全赤铁矿为原料的链箅机—回转窑球团生产线；2008 年，首钢国际工程公司与德国 OUTOTEC 公司合作，在首钢京唐球团工程的设计中采用了大型带式焙烧机球团技术。首钢京唐带式焙烧机球团工程投产以后，必将在国内"链箅机—回转窑球团技术"发展浪潮之后再掀起"带式焙烧机球团技术"应用的高潮。

2　带式焙烧机球团技术应用背景

首钢京唐钢铁厂要建设成一个具有国际先进水平的大型钢铁联合企业，为满足 5500m^3 特大型高炉生产需要，采用面积为 504m^2 的带式焙烧机，原料采用 70%巴西进口赤铁矿粉和 30%磁铁矿粉。国内目前已建成的生产规模在 400 万吨/年以上的球团生产线只有两条，均采用链箅机—回转窑工艺，迄今为止，尚未达到设计产能。目前国内还没有采用 70%以上赤铁矿原料、稳定生产的球团厂。

对于以赤铁矿粉为主的原料，带式焙烧机工艺具有作业率高、产品成本低等诸多优势。据统计，在目前正在使用的球团工艺中，带式焙烧机系统约占世界球团产量的 55%~60%，在采用赤铁矿粉为原料的球团工艺中76%为带式焙烧机系统，如图1所示。根据以上分析，首钢京唐球团工程中采用了带式焙烧机球团工艺。

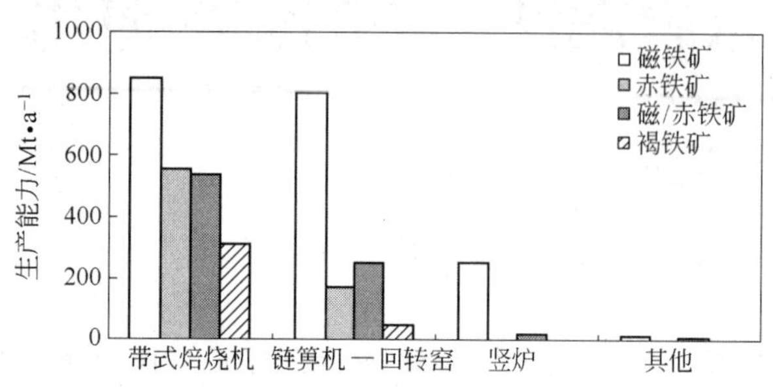

图1 球团厂工艺与原料

3 首钢京唐带式焙烧机球团技术特点

带式焙烧机与链箅机—回转窑球团工艺在生球布料以前的工序（如配料、干燥、磨矿、混合、造球等）相同，区别仅在于焙烧系统。带式焙烧机球团工艺是采用一台带式焙烧机设备来完成干燥、预热、焙烧、冷却等工艺过程，而链箅机—回转窑工艺则是分别采用链箅机、回转窑和环冷机来完成干燥、预热、焙烧、冷却等工艺过程。二者的热工原理是一致的。带式焙烧机主要有以下技术特点：

（1）干燥、预热、焙烧、冷却。全部工艺过程在一台设备上进行，设备简单、可靠，操作维护方便，热效率高，单机能力大，特别适宜使用赤铁矿铁粉原料生产球团矿。

球团在带式焙烧机上相对静止，可以起到以下效果：

1）料末量的产生大大降低，从而省去了回热风除尘的设备投资及运行费用。

2）不会产生链箅机—回转窑工艺中的结圈及大块问题，生产操作难度大大降低。

由于没有预热后球的转运，可以起到以下效果：

1）对预热后球的强度没有要求，从而可以降低黏结剂的消耗量，提高球团的品位。

2）原料粒度可以较回转窑法粗一些，从而节省磨矿投资和磨矿电耗。

（2）预热段和焙烧段装有多个燃烧器，便于精确控制温度。

1）具有更高的工艺操作灵活性；

2）工艺过程温度梯度容易调整；

3）更换原料时容易采用不同焙烧温度及温度梯度。

（3）带式焙烧机上罩耐火材料静止不动，不直接与球团接触，没有机械磨损，没有急剧的温度变化，没有热裂纹，减少了粉尘负荷。

1）耐火材料使用寿命更长；

2）降低了维修费用。

（4）台车可以离线维修。

1）更低的维修费用；

2）更少、更短的停机时间；

3）球团厂作业率更高，一年作业时间可达350天。

（5）一冷段900℃冷却废气直接回焙烧段和预热段，350℃的风箱热风回抽风干燥段，350℃的二冷段回热风回鼓风干燥。

1）由于没有回转窑，带式焙烧机总长度小于链箅机—回转窑—环冷机总长度，总的散热面积小，降低了散热损失；

2）降低了操作费用。

4 首钢京唐球团工程创新点

除了在焙烧工艺上采用了带式焙烧机以外，首钢京唐球团还有以下创新点：

（1）采用内配燃料工艺，增加成品球团的孔隙率和还原性，降低总燃料消耗、降低台车箅条的温度和风机的电耗。此种高气孔率、高还原性的球团用于高炉生产能提高生产率并降低热耗。

（2）熔剂及内配煤制粉系统采用热废气回用新工艺，降低系统热耗，降低热风炉设备规格，减少设备投资，减少废气排放量，有利于环保；能够控制磨机入口热风含氧量在8%以下，保证煤制粉的安全。

（3）根据球团干燥特点，采用短粗型圆筒干燥机，相比常规长径比干燥机，筒体用钢量、驱动功率、尾气出筒体流速具有优势。驱动功率的优势能够减少电耗，降低运营成本；尾气出筒体的流速低，相应能够减小除尘器的负荷，确保排放达标。干燥机采用180°布置的液压马达驱动，降低驱动功率，干燥机运转更平稳。

（4）采用先进的高压辊压机，增加铁精矿比表面积，保证造球效果。

（5）配料系统采用计算机自动控制配料，给料设备采用变频调速技术，提高了原料重量配比的精确度。

（6）造球采用国产先进的ϕ7.5m固定刮刀圆盘造球机，可调整倾角，可变频调速，成球率高，循环负荷小，利用系数高。

（7）采用先进的头部往复式布料器+宽皮带+双层辊筛筛分布料工艺，减少生球的转运次数和落差，提高生球粒度合格率，布料均匀，保证在带式焙烧机上生球层具有较好的透气性，并降低了厂房高度和占地面积。

（8）采用先进的风流系统，充分回收利用焙烧系统的高温烟气的显热，最大限度利用热能，降低球团热耗。

（9）主要生产过程采用计算机进行集中控制和调节，主要工艺生产环节采用工业电视监控和管理，自动化水平高。

（10）高度重视保护环境，对含粉尘的废气采用高效除尘器予以净化，达到国家标准后排放，有效地保护环境。

（11）除尘灰采用浓相气力输送返回配料室使用，能够充分回收和利用资源。

5 带式焙烧机球团技术应用前景

根据国家钢铁产业发展结构调整政策，球团生产规模将向大型化发展。目前我国钢铁产能已达到6.6亿吨以上，已经超过了市场需求；按生铁实际产量5.5亿吨计算，入炉炉料约为9.02亿吨，如按球团矿占炉料20%，即1.804亿吨，我国新建球团生产线扩大产能用于满足入炉炉料需求的空间并不大。按2008~2009年国内大中型钢铁企业球团生产线的建设规模，在2010年我国铁球团矿的产能将为1.6~1.7亿吨，增加新的铁球团矿产能的空间并不大。淘汰技术水平低、能耗高、成本高、污染严重的小球团，建设大中型球团生产线是必然的发展趋势。目前国内大多数球团生产线的规模均在250万吨/年以下，带式焙烧机球团的发展将为我国球团生产线大型化开创新的思路。

目前我国钢铁企业铁原料近1/3需要从国外进口，进口原料大部分为赤铁矿原料。目前国内还没有球团矿原料采用70%以上赤铁矿原料、稳定生产的大型球团厂。带式焙烧机生产工艺对原料的适应性强，对生产赤铁矿球团有很大的技术优势，带式焙烧机工艺具有作业率高、产品质量好、产品成本低等诸多优势。

据统计，在目前正在使用的球团工艺中，在采用赤铁矿粉为原料的球团工艺中76%为带式焙烧机系统。

鉴于国内钢铁企业多为长线流程，所生产的球团矿多为高炉炉料。要增加高炉炉料中球团矿的比例，就必须有熔剂球团。国内链箅机—回转窑球团工艺生产熔剂性球团还在起步阶段，生产的熔剂性球团碱度不高、生产尚不稳定。而采用带式焙烧机生产工艺对生产熔剂性球团有相当的技术优势，不会出现链箅机—回转窑球团工艺生产熔剂性球团时的一些问题。

因此，带式焙烧机球团技术在我国未来会有很好的发展前景。

6 带式焙烧机球团技术的研发团队

首钢国际工程公司球团专业是公司的品牌专业，始终坚持以市场为先导，以技术为根本，以“高效、节能、环保”为宗旨，面向生产实际，与生产厂家密切结合，不断推进技术创新，不断总结和吸收生产中的经验及技术成果，致力于为客户提供可靠有效的球团项目工程咨询、工程设计、工程总承包、装备制造和项目管理的系统解决方案。

经过30多年的发展和积淀，首钢国际工程公司拥有了一支经验丰富，技术领先、服务一流的球团专业人才队伍。其中2000年开发成功的链箅机—回转窑—环冷机球团技术，在国内球团事业的发展史上具有里程碑的意义，填补了我国大型球团技术的空白，获冶金科技进步一等奖。目前已取得国家和省部级各类奖项30多项，拥有烧结和球团领域20多项国家专利和7项专有技术，有多个项目创中国企业新纪录。

拥有多项球团生产线主要非标设备的专利和专有技术。在生产熔剂球团和赤铁矿球团的工艺、设计、试验和设备配置等方面拥有专有技术。在球团生产线工艺配置、热工计算、热工测试和热平衡分析，余热利用、除尘工艺等方面具有独到工艺和创新，并配有自己独立的球团试验研究中心。具备了从年产60~500万吨系列不同工艺的球团生产线的技术研发、设计和建设能力。目前与德国OUTOTEC公司合作进行了带式焙烧机球团生产工艺的设计研究，于2010年5月建成投产。

首钢国际工程公司近年来遵循“精准设计，精细管理，创造精品”的设计理念，承担了几十个球团厂咨询、设计、改造、设备成套和工程总承包工程，为国内外23家用户提供了27套球团生产线设计，年生产球团矿能力达4000多万吨。其中100万吨/年以下球团生产线5条，120万吨/年球团生产线12条，200~300万吨/年球团生产线10条。球团专业经验丰富，能为用户提供技术领先、装备现代化、自动化控制水平高、投资省、稳定可靠的球团工程设计，为客户提供有针对性的专业化技术和服务。

（原文发表于《世界金属导报》2010-03-23）

多段式 ADI 硬齿面大齿圈在链算机—回转窑焙烧球团工艺上的应用

陶文武　朱播播　刘宗洲

（北京首钢国际工程技术有限公司，北京 100043）

摘　要：对比了球团回转窑用传统两段式大齿圈和新型多段式 ADI 硬齿面大齿圈的技术特点，阐述了多段式 ADI 硬齿面大齿圈的技术优势。2007 年，多段式 ADI 硬齿面大齿圈技术在国内被首次引用到吉林天池矿业有限公司 120 万吨/年球团项目回转窑大齿圈的设计中，取得了良好的效果。笔者认为，在冶金球团回转窑大齿圈的设计中，多段式 ADI 硬齿面大齿圈技术可取代传统两段式大齿圈技术。

关键词：球团回转窑；多段式大齿圈；ADI 材料

Application of High Rigidity Segamented Girth Gears with ADI Material on Grate-Kiln Pelletizing Process

Tao Wenwu　Zhu Fanfan　Liu Zongzhou

(Beijing Shougang International Engineering Technology Co., Ltd., Beijing 100043)

Abstract: Contrasted the technique characteristics of the pelletizing kiln to use the traditionally girth gears which is usually two halves and the new type high rigidity segamented girth gears with ADI material, this essay sets forth the technique advantages of the new type high rigidity segamented girth gears with ADI material. In year 2007, this technique was firstly applyed to the design for the pelletizing kiln big girth gears in domestic, in Jilin Tianchi mineral industry limited company 1.2Mt/a pellet project. It obtains good effect. The writer thinks that the new type high rigidity segamented girth gears with ADI material. could replace the traditionally girth gears in the design of the metallurgy pelletizing kiln girth ring drive.

Key words: pelletizing kiln; segamented girth gears; ADI material

1　引言

21 世纪的第一个十年时间里，我国建成投产的链算机—回转窑球团生产线多达 65 条，链算机—回转窑球团生产工艺在我国取得了快速发展。目前我国链算机—回转窑球团生产线的生产能力达到 12200 万吨/年，占全国球团矿总产能的一半以上[1]。然而，我国的链算机—回转窑球团技术与世界先进水平仍存在着差距，为适应我国球团工业快速发展的需求，我国的冶金工作者有必要加大对链算机—回转窑球团工艺和设备的技术研究。

生产实践表明，无论是从功能上还是就设备制造周期和投资而言，回转窑传动大齿圈都是回转窑设备中最为关键的部件之一。大齿圈通过多个切向弹簧板固定在回转窑筒体上，传动装置通过大齿圈带动筒体运转。大齿圈的技术性能和制造安装精度直接影响着回转窑传动系统的平稳性、回转窑运行的稳定性、窑内衬的使用寿命及回转窑运转率。由于运输安装的需要，我国已建冶金球团回转窑的大齿圈大多采用两段式大齿圈技术形式。本文结合工程设计与生产实践，对新型多段式 ADI 硬齿面大齿圈技术在球团回转窑上的应用进行了探讨研究。

2 传统两段式大齿圈技术

如图 1 所示，传统两段式大齿圈是由两个半齿轮用对口螺栓联结在一起构成的，其特点如下：

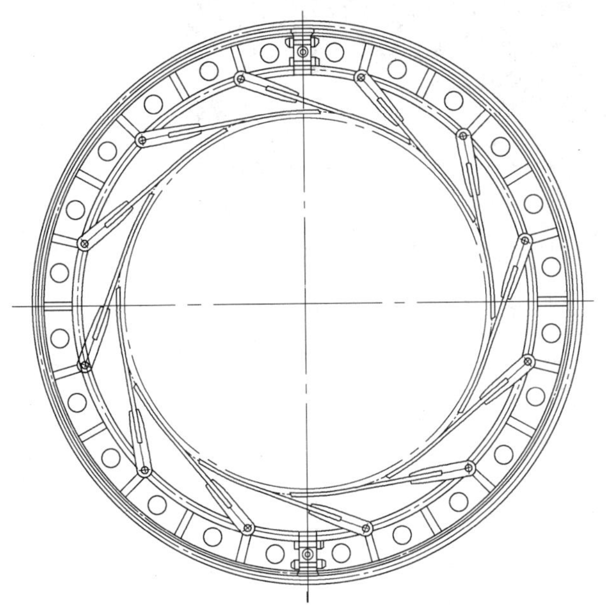

图 1 两段式大齿圈

（1）形大体重。由于要传递很大的扭矩，大齿圈设计时应具有足够的直径和齿宽。以直径为 ϕ5m 的回转窑为例，大齿圈设计的节圆直径约 7.5m，齿宽 0.6m，单半大齿圈的重量约 16t。

（2）低合金铸钢材料。铸钢的力学性能不及锻、轧制钢材，但流动性较好，铸钢的强度与球墨铸铁相近，但其冲击韧性和疲劳强度比球墨铸铁高很多。目前多采用 ZG35CrMo 材料，该材料铸造性能和铸造缺陷补焊性能较好，同时具有较好的冷、热加工性能。

（3）大齿圈铸造缺陷不易控制。由于两段式大齿圈尺寸庞大和非工作面结构的特殊性，大齿圈的铸造容易产生砂眼、气孔、表面裂纹和组织缩松等铸造缺陷，往往需要进行补焊修补。

（4）齿面硬度较低，降低了齿圈的使用寿命。ZG35CrMo 两段式大齿圈常采用正火+回火或调质热处理，正火+回火热处理硬度 HB183~213，调质热处理硬度 HB207~241，齿面都较软，软齿面易产生磨损、塑性变形和断齿等失效现象，导致齿圈的使用寿命较短。

（5）制造工序复杂，金属切削量大，致使精度较差和制造周期长。两段式大齿圈是链箅机—回转窑球团生产线中制造工序最为复杂的一个非标设备，从模型制作到精滚齿完成所有加工并涂油入库共需要 40 多道工序，制造周期在 8 个月以上。而且大齿圈机加工金属切削量大，加工变形不易控制，加工精度低。

（6）运输困难，运费高，运期长。两段式大齿圈属于大型超宽件，公路运输往往需要拆扒收费口和其他公路附属设施，或采用绕道等办法进行运输。

3 新型多段式 ADI 硬齿面大齿圈技术

随着材料科学的发展，等温淬火处理的球墨铸铁（Austempered Ductile Ironman，简称 ADI）材料的优异性能被发现，并开始应用于大齿圈的制造，加上现代化高精数控加工中心的普及应用，使得大齿圈的制造水平达到了一个新的高度，多段式 ADI 硬齿面大齿圈技术应运而生。在国外，多段式 ADI 硬齿面大齿圈技术已在多个行业得到了推广应用，如水泥厂回转窑，采矿和矿石处理磨机，冶金行业转炉、熔炉，化工厂干燥机，环保垃圾焚烧炉等。图 2 所示是正在车间进行预组装的多段式 ADI 硬齿面大齿圈。

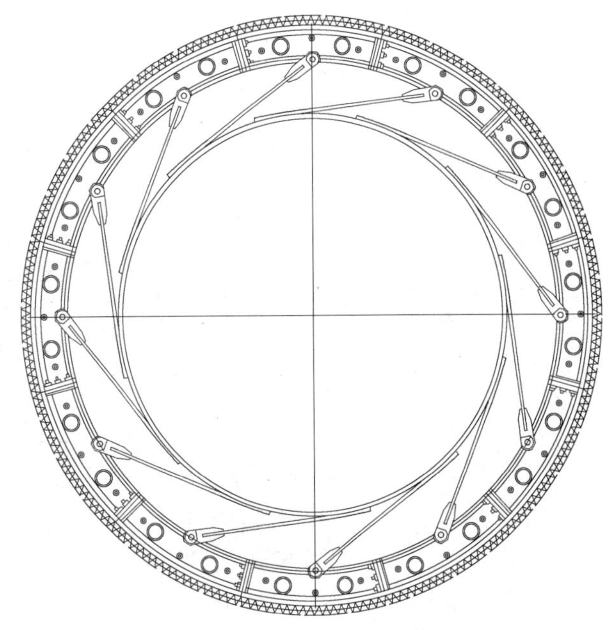

图 2 多段式 ADI 硬齿面大齿圈

1951 年，ADI 材料在德国首次公布，1972 年，ADI 材料首次在芬兰提交专利申请，应用产品主要为多段式大齿圈、大型齿轮和大空心轴等。图 3 是普通球墨铸铁和 ADI 材料的金相组织结构图谱，与普通球墨铸铁材料的球状石墨组织在铁素体矩阵中均匀分布不同，ADI 材料金相结构矩阵由奥氏铁素体组成，具有相当高的拉伸强度、伸长率和抗磨损性能，而且越磨越硬。从图 4 和图 5 可以看出，ADI 材料具有优良的接触疲劳强度性能和齿根弯曲疲劳强度性能，其力学性能可与合金钢的力学性能相媲美。

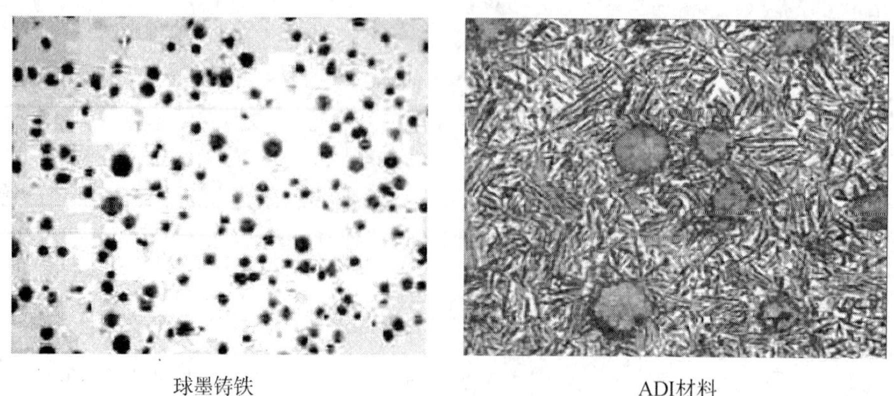

图 3　普通球墨铸铁和 ADI 材料金相组织图

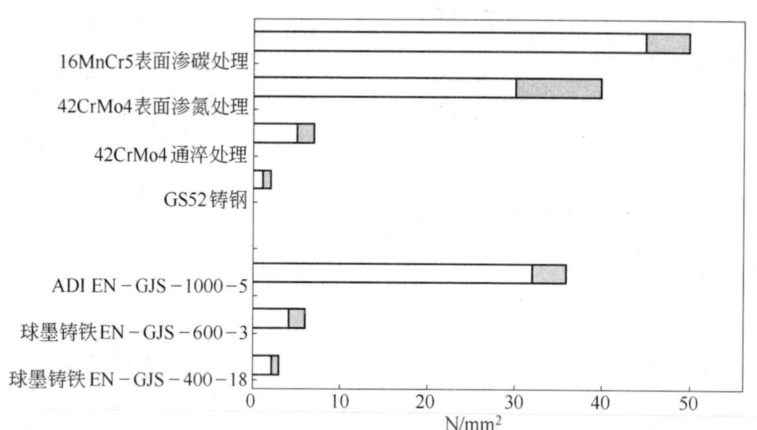

图 4　接触疲劳强度性能对比

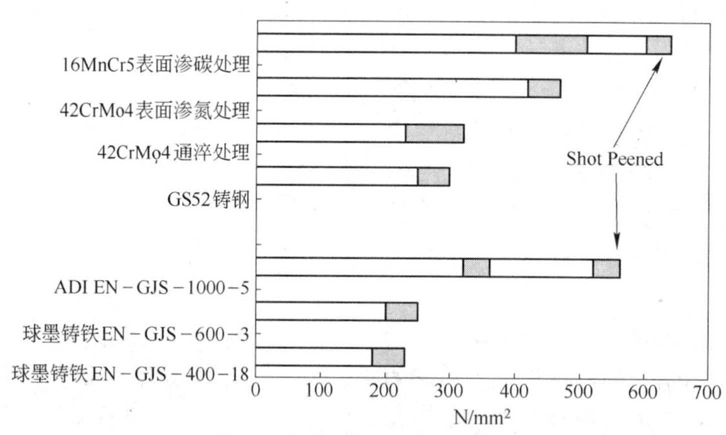

图 5　齿根弯曲疲劳强度性能对比

多段式 ADI 硬齿面大齿圈的结构和尺寸设计均基于 ADI 材料的优异材料性能，大齿圈一般等分为 12 个齿圈分段至 16 个齿圈分段，各齿圈分段圆弧长度小于 2m，重约 600kg。如图 6 所示，齿圈各分段形小体轻，结构紧凑。首先，多段式 ADI 硬齿面大齿圈铸造质量容易控制，性能稳定，模具成本低。各齿圈分段结构尺寸小，重量轻，铸件的铸造缺陷和铸造应力能够较好的控制，如果铸件产生了铸造缺陷，则弃之不用，毛坯件废品成本很低，这样使只选用无缺陷铸件制造大齿圈成为现实，保证了铸件性能的稳定性。由于各齿圈分段结构尺寸完全相同，铸造只需一个分段模具，齿圈模具成本得到大幅度降低。其次，多段式 ADI 硬齿面大齿圈制造精度高，各齿圈分段在高精度数控加工中心进行小公差带独立加工，各齿圈分段具有互换性。这一技术特点有效地保证了回转窑运行的平稳性，而且生产中如果出现某段大齿圈的损坏失效，可以方便快速地对故障所在段进行替换处理，给后期生产维护带来方便，降低了设备运营费用。另外，多段式 ADI 硬齿面大齿圈齿面硬度达 HB310~350，具有高耐磨性，延长了大齿圈的使用寿命。多段式 ADI 硬齿面大齿圈另一个特点是运输和吊装十分方便，可以采用集装箱直接运输，吊装无需大吨位吊车，运输费用和安装费用低。最后，多段式 ADI 硬齿面大齿圈技术分段铸造和分段独立加工方法大大简化了大齿圈的制造工序，缩短了制造周期，整个大齿圈的制造周期约需 4 个半月。

图 6　多段式 ADI 硬齿面大齿圈齿圈分段

4　两种大齿圈的技术对比

以直径为 ϕ5m 的球团回转窑为例，表 1~表 5 对两种形式大齿圈的设计制造、运输安装和生产维护方面进行了对比。

对比可知，多段式 ADI 硬齿面大齿圈技术具有以下优势：

（1）容易铸造。由于每个分段尺寸很小，铸件质量容易控制，可以有效避免传统齿圈上经常出现的铸造缺陷。铸件成品率高。

表 1　大齿圈的制造性能

项　目	两段式大齿圈	多段式 ADI 硬齿面大齿圈	结　论
分段数量	2	14	多段式齿圈分段尺寸小，易铸造，易热处理，加工变形量小，生产周期短
制造性能	铸造—调质—整体机加工	铸造—等温淬火—各分段独立加工	
制造周期	240 天	135 天	

表 2　大齿圈的材料性能

项　目	两段式大齿圈	多段式 ADI 硬齿面大齿圈	结　论
材料	ZG35CrMo 正火+回火	ADI EN -GJS1050-6 等温淬火	ADI 材料的应用克服了传统齿圈易磨损、易断齿的缺陷，齿面硬度大幅度提高，更好地保障了回转窑长期稳定运行
抗拉强度	740~880 MPa	1050 MPa	
屈服强度	510 MPa	700 MPa	
伸长率	12%	6%	
硬度	HB183~213	HB310~350	

表 3　大齿圈的设计尺寸

项　目	两段式大齿圈	多段式 ADI 硬齿面大齿圈	结　论
模数	32	30	多段式 ADI 硬齿面大齿圈尺寸小，重量轻，在前期投资无明显增加的前提下，降低了运行成本，更好地满足了节能降耗的要求
大齿圈齿数	234(共两段)	224(共 14 段)	
小齿轮齿数	23	19	
齿宽(大齿圈/小齿轮)	600 / 650 mm	250 / 280 mm	
大齿圈重量	32t	8t	

表 4　大齿圈的运输安装

项　目	两段式大齿圈	多段式 ADI 硬齿面大齿圈	结　论
每个分段的尺寸	分两段，每段 11.8m，约 16t 重，需要专用的运输工具及大吨位吊车进行安装调试	分 14 段，每段尺寸 1.48m，0.57t 重,普通包装标准集装箱即可运输，采用小吨位吊车或捣链即可安装调试	多段式 ADI 硬齿面大齿圈大幅度降低运输和安装调试成本，可更方便快捷地进行操作

表 5　大齿圈的备件更换

项　目	两段式大齿圈	多段式 ADI 硬齿面大齿圈	结　论
加工制造	两段装在一起整体加工制作，无互换性	14 段均独立加工制造，小公差带控制，每个分段均具互换性	多段式 ADI 硬齿面大齿圈互换性好，备品备件成本低，更换快捷，方便
意外损坏	整体更换，成本高	只更换损坏的分段，成本低	
备件管理	尺寸大，专用空间，成本高	尺寸小，易存放，成本低	

（2）方便运输吊装。无论是在制造厂内还是在使用现场处理单个的或组合的齿圈分段要比传统半齿圈容易得多，不需要专用的运输工具，分段式大齿圈完全可以使用标准的集装箱进行运输。

（3）质量容易控制。由于每个分段尺寸很小，单个毛坯件废品成本较低，所以整个齿圈只使用无冷裂纹、无缺陷的齿圈分段。传统齿圈制造中的补焊、尺寸超差回用等情况被杜绝。

（4）方便更换。当大齿圈上的某个分段意外损坏时，新的齿圈分段能很方便地替换掉受损部分，使设备快速恢复生产。而不用像传统齿圈那样将整个齿圈拆下来更换或等待将来损坏程度更大时再整体更换。

（5）重量更轻。合理的齿形设计，结构紧凑，尺寸更小，重量更轻，这对于一些对齿圈重量有限制要求的工况是尤其重要的。

（6）抗磨损。ADI 材料的特点是在接触载荷作用下表面具有高耐磨性，而且越用越硬，再加上完善的保护罩、密封和润滑设计，多段式 ADI 硬齿面大齿圈具有低磨损高寿命的发展趋势。

（7）交货期短。模块化设计，单段独立生产，整体组装，所以能够实现快速生产来保障及时可靠的交货期。

5　多段式 ADI 硬齿面大齿圈技术在球团回转窑上的应用实践

鉴于多段式 ADI 硬齿面大齿圈的多项技术优势和其在国外多行业取得的不俗业绩，北京首钢国际工程技术有限公司对某减速器生产商的多段式 ADI 硬齿面大齿圈技术进行了充分的考察和论证，结论是其完全可以胜任国内球团回转窑大齿圈的工况使用要求。2007 年，在吉林天池矿业有限公司 120 万吨/年球团项目的建设中，多段式 ADI 硬齿面大齿圈技术在国内被首次引用到链箅机—回转窑球团设备的标准设计中。

吉林天池球团项目回转窑设计参数如下：

回转窑直径：ϕ5.0 m

回转窑长度：35m

生产能力：160t/h

回转窑斜度：4.25%

回转窑转速：0.5 ~ 1.5r/min

正常：1.0 r/min

辅助：0.07r/min

传动形式：单点机械驱动

主电机功率：250kW

图 7 为吉林天池球团项目回转窑多段式 ADI 硬齿面大齿圈整体驱动装配图，大齿圈采用 ADI 材料，借助 FEM 软件对齿圈结构进行优化，模数选用 30，齿数 224，齿宽 250mm，等分为 14 段。该大齿圈重量约 8t，仅为两段大齿圈重量的四分之一，具有合理的单位重量传递功率的比率。吉林天池回转窑大齿圈现场安装调试后精度检测如图 8 测量曲线，检测结果为轴向跳动总偏差 0.68mm，满足轴向跳动公差不大于 1.0mm 的要求；径向跳动总偏差 0.73mm，满足径向跳动公差不大于 1.0mm 的要求（传统两段式大齿圈安装最终精度要求是端面跳动量<1.5mm，径向跳动量<2mm）。

图 7　多段式 ADI 硬齿面大齿圈驱动形式

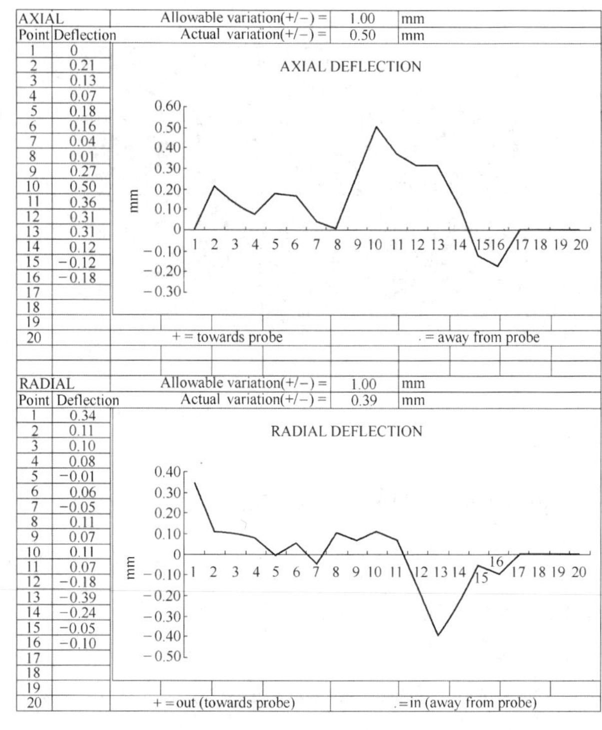

Point	Deflection (AXIAL)
1	0
2	0.21
3	0.13
4	0.07
5	0.18
6	0.16
7	0.04
8	0.01
9	0.27
10	0.50
11	0.36
12	0.31
13	0.31
14	0.12
15	−0.12
16	−0.18
17	
18	
19	
20	

Point	Deflection (RADIAL)
1	0.34
2	0.11
3	0.10
4	0.08
5	−0.01
6	0.06
7	−0.05
8	0.11
9	0.07
10	0.11
11	0.07
12	−0.18
13	−0.39
14	−0.24
15	−0.05
16	−0.10
17	
18	
19	
20	

图 8　吉林天池回转窑大齿圈跳动公差测量曲线

多段式 ADI 硬齿面大齿圈技术有效的保证了大齿圈的加工精度和安装精度，运转时振动很低，与传统两段式大齿圈振动相比明显减少。吉林天池球团项目于 2008 年 9 月建成投产至今，经长期跟踪检查，大齿圈无明显磨损现象，运行平稳可靠。随后，承德创远氧化球团工程项目和通钢板石氧化球团工程项目也采用了多段式 ADI 硬齿面大齿圈技术。

6　结论

（1）传统两段式大齿圈铸造质量不稳定，制造精度低，齿面软，使用寿命较短，制造周期长，重量重，运输和安装不便，这些特点制约着大齿圈性能的进一步提高和设备交货周期的缩短。

（2）多段式 ADI 硬齿面大齿圈技术先进可靠，性能稳定优良，完美地解决了传统两段式大齿圈的多项技术瑕疵，在冶金球团回转窑开式齿轮的设计中可取代传统两段式大齿圈技术。

（3）多段式 ADI 硬齿面大齿圈技术在吉林天池矿业有限公司 120 万吨/年球团项目回转窑上的成功

应用，为我国冶金球团回转窑大齿圈的设计提供了一种新示范。

（4）随着材料科学的发展和机加工水平的进一步提高，多段式 ADI 硬齿面大齿圈技术发展前景广阔，其将成为我国冶金球团生产高速发展的又一重要的技术支撑。

参考文献

[1] 姜涛，范晓慧，李光辉. 我国铁矿造块六十年回顾与展望[C]. 2012 年度全国烧结球团技术交流年会论文集，2012：1~6.

（原文发表于《2012 年第十届全国烧结球团设备及节能环保技术研讨会论文集》）

➤ 原料场技术

核子皮带秤在迁安中化煤化工公司焦化自动配煤系统中的应用

崔乾民

(北京首钢国际工程技术有限公司，北京 100043)

摘　要：主要介绍了在迁安中化煤化工公司的焦化配煤工艺中采用的核子皮带秤自动配煤系统的组成、工作原理、工作特点以及应用情况。实践证明，该系统具有很高的可靠性、稳定性和准确性。

关键词：核子秤；自动配煤系统；配煤工艺

Application of Nucleonic Belt Weigher in Automatic Coal Blending System of Qian'an Zhonghua Coal Chemical Industry Company

Cui Qianmin

(Beijing Shougang International Engineering Technology Co., Ltd., Beijing 100043)

Abstract: The article introduces coal blending process in Qian'an Zhonghua Coal Chemical Industry Company. Nuclear belt weigher used in automatic coal blending system, including the composition, working principle, characteristics and application . Proved by practice, the system has high reliability, stability and accuracy.

Key words: nucleonic belt weigher; automatic coal blending system; coal blending process

1 引言

在焦化生产中，为了合理、有效地利用煤炭资源，改善焦炭质量，降低生产成本，需要将几种牌号不同的单种煤按一定比例配合起来炼焦，这样，配比的准确性将直接影响焦炭及副产品的产量和质量，配煤系统的可靠性、稳定性将直接影响生产过程的稳定运行。经过多方案比较，在迁安中化煤化工公司的焦化配煤工艺中，选用了北京金日新事业技术有限公司开发的JRPL3型核子皮带秤自动配煤系统，采用圆盘给料机+小皮带+核子秤计量的配煤方案，共安装7台核子秤，圆盘给料机采用变频调速方式进行控制，投产一年多来，系统运行稳定、可靠，动态测量精度优于±1%，满足了焦化生产需要，取得了良好的使用效果。

2 常见配料系统的形式及特点

目前，工业散料配料系统主要有：手动设定开环配料系统、电子皮带秤闭环配料系统、核子皮带秤配料系统三种形式，它们各自的特点如下：

（1）手动设定开环配料系统：该系统由现场操作人员按给定配比人工调节给料机的给料量，由于给料量的大小完全凭操作人员的经验或“人工跑盘”抽检的结果来决定，因此配料精度差，一般在±5%之内，操作人员的劳动强度较大，也很难实现自动配料，在严格质量控制、自动化水平要求较高的今天，这种配料方法已很少采用。

（2）电子皮带秤闭环配料系统：采用电子皮带秤在线自动检测给料机的给料量，并以标准信号（4~20mA 或 0~5V）输出，由计算机或控制仪表对信号进行处理，按照一定的控制算法进行反馈控制。这种配料方法精确，改善了工人劳动条件，易于实现自动配料，但电子皮带秤测量部分的可靠性和稳定性较低，维护工作量较大，且不能用于除带式输送机以外的其他形式的输送设备。

（3）核子皮带秤配料系统：采用非接触方式在线自动测量给料机的给料量，测量精度不受外界因素的影响，系统的日常维护量少。并采用了 DCS 控制方式，通过智能化配料模板对核子秤的称重信号进行处理，并对给料机进行反馈控制以自动调节给料机的给料量，确保整个系统运行的可靠性、稳定性和准确性。

3 核子皮带秤的组成

核子皮带秤的基本配置由秤体、主机和外围设备三部分组成。

秤体部分包括：γ 射线输出器(Cs^{137}放射源)、γ 射线传感器、传感器套筒、前置放大器、V/F 变送单元、校验板、秤架、放射源防护罩、插头防护罩等。

主机部分包括：开关电源、CPU 及主电路板、LED 显示窗口、操作面板、各种信号输入输出接口、微型打印机等。

外围设备包括：测速器、远程料仓选择器、抗干扰稳压电源、屏蔽电缆、通讯电缆、启停信号线、电源线、各种接插头、大屏幕显示器等。

4 核子皮带秤的工作原理

4.1 基本工作原理

核子皮带秤是根据被测物料对同位素(Cs^{137} 放射源)发出 γ 射线的吸收原理而设计的一种计量仪器。放射源发出 γ 射线，穿过物料到达电离室(物料对 γ 射线具有衰减作用，料厚处透过的 γ 射线弱，料薄处透过的 γ 射线多)；同时，放射线对电离室中的惰性气体有激励作用，使气体电离，在高压电场的作用下产生微弱的电流，电流的大小与电离室接收到的射线强度之间存在一定规律，将该电流通过具有高放大倍率和高稳定性的前置放大器、变送单元进行放大、转换，得到一个与物料负荷成正比的称重频率信号，该称重频率信号连同输送机的速度频率信号一起输入计算机中进行计算，便可得知被测物料的质量，从而计算出物料的累积重量、流量等参数。

4.2 JRPL3 型核子皮带秤工作的物理基础和数学模型

γ 射线穿过物料时被吸收的情况遵循比耳定律：

$$I=I_0 e^{-\mu d\delta} \tag{1}$$

式中 I_0——穿过物料前的射线强度；

I——穿过物料后的射线强度；

μ——物料的质量吸收系数；

d——物料厚度；

δ——物料密度。

γ 射线传感器和前置放大器把射线强度 I 正比地转换成电压 U，并经过适当的数学转换，可以得到核子皮带秤数据处理的基本公式：

$$F=A\ln(U_0/U) \tag{2}$$

式中 U_0——输送机空载时运转一个周期内传感器输出电压平均值；

U——输送机载料时传感器输出电压的瞬时值；

A——核子皮带秤的负荷常数；

F——输送机的负荷，kg/m。

$$L = Fv \tag{3}$$

式中 L——输送机上物料的瞬时流量，t/h；

v——输送机速度，m/s。

$$W = \int_0^t L\mathrm{d}t \tag{4}$$

式中 t——记录物料输送累计量的时间间隔，s；

W——t 时间间隔内物料输送累积量，t。

JRPL3 型核子皮带秤工作处理流程见图 1。

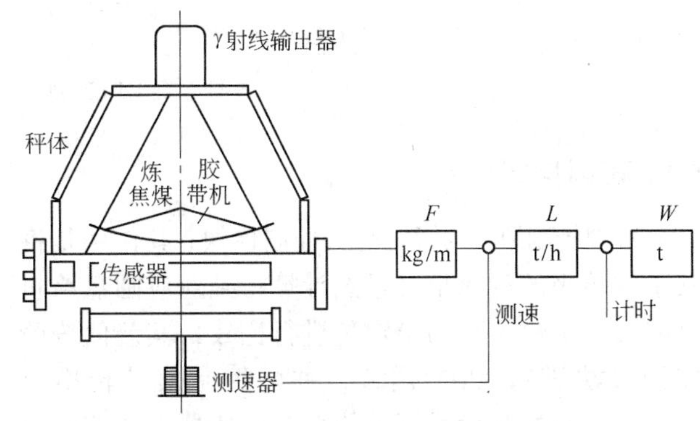

图 1 核子皮带秤工作处理流程

5 核子皮带秤自动配煤系统的特点

JRPL3 型核子皮带秤自动配煤系统采用了先进的非接触式测量方法和完全分散的 DCS 分布式控制方式，操作简单、维护量小，确保了整个系统的可靠性、稳定性和准确性。其主要特点如下：

（1）非接触式的测量方法。根据 γ 射线穿过物料时其强度按指数规律衰减的原理，对物料进行非接触式在线测量，不受皮带磨损、张力、跑偏等因素影响，使系统的抗干扰性能大大提高。

（2）DCS 控制方式，将控制分散到控制模块而将数据显示及界面管理集中在上位工控机中，在工控机出现故障时，系统除数据采集、打印报表功能无法实现外，其他部分均能正常工作，因此系统不仅保持了高可靠的控制性能，而且还具有良好的用户界面和管理功能。模块化的结构设计也使现场维护变得简单、快捷方便。

（3）秤体尺寸小，重量轻，安装简单。

（4）用标准吸收校验板可以很方便地对系统精度进行检测。

（5）具有温度漂移和放射源衰减补偿功能，使系统能长期稳定运行。

（6）放射源的强度低，同时系统具有可靠的防护措施，完全符合国家公众人员防护标准。

6　核子皮带秤自动配煤系统的构成

JRPL3 型核子皮带秤自动配煤系统包括工控计算机、配料控制单元、圆盘给料机控制单元、圆盘给料机、核子秤五个部分构成，系统见图 2。

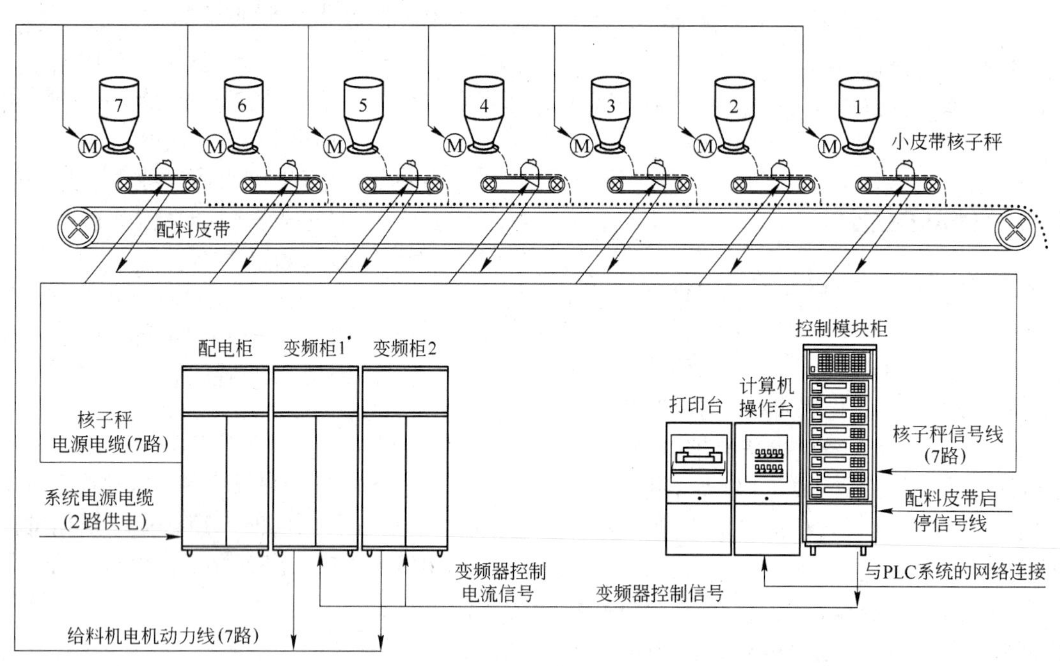

图 2　JRPL3 型核子皮带秤自动配煤系统

6.1　配料控制单元

配料控制单元为智能配料控制模块，其作用是将核子秤传来的称重信号经过计算得到对应圆盘给料机的实际下料量，与给定量进行比较，其差值按照控制算法进行 PID 调节，并将控制信号转换成 4~20mA 模拟量信号下发给变频调速器去调节圆盘给料机电机转速，从而改变当前下料量，确保系统准确地按给定配比进行配煤。

6.2　圆盘给料机控制单元

圆盘给料机采用变频调速方式，根据配料控制单元发出的控制信号来改变其下料量。

6.3　圆盘给料机

根据炼焦煤的特性及工艺布置的要求，采用圆盘给料机稳定、流畅、可调节地输送炼焦煤。

6.4　核子秤

核子秤的作用是实时对给料机传送的炼焦煤的累计重量、流量进行非接触在线测量，动态计量精度优于±1%。

6.5　工控计算机

该系统采用先进可靠的工业计算机作为管理机，能显示工艺流程动态画面，数据显示及打印管理可方便地在上位机上进行各种数据的修改操作，运行数据的图形显示及打印各种报表。通过 RS485 总线与控制部分的配料模块和开关量控制模块进行通讯，能够下载计量、控制系统参数以及核子秤命令、精度测试命令等，同时能够上传各模块的当前状态和参数。

7　结论

在迁安中化煤化工公司的配煤工艺中采用的核子皮带秤自动配煤系统，投入运行一年多来，运行稳定、可靠，确保了配煤的控制精度，提高了配煤质量，确保了产品的产量和质量，取得了良好的经济效益。

（原文发表于《设计通讯》2006 年第 1 期）

原料场防风抑尘网的设置

崔乾民　杨晓明

(北京首钢国际工程技术有限公司，北京 100043)

摘　要：本文介绍了原料场的防风抑尘技术，以及防风抑尘网在首钢煤制气原料场的应用情况，实践证明，设置防风抑尘网对解决原料场的环境污染有很好的效果，同时还有较好的经济效益和社会效益。

关键词：原料场；防风抑尘技术；防风抑尘网

Setting of the Windproof and Dustproof Net in the Raw Material Field

Cui Qianmin　Yang Xiaoming

(Beijing Shougang International Engineering Technology Co., Ltd., Beijing 100043)

Abstract: The article tells us a technology of windproof and dustproof in raw material field,and the application of the windproof and dustproof net in one of the raw material field which makes coal in to gas. it proves that the windproof and dustproof net can acquire a great effect on the environment pollution of raw material field,and also can obtain better economic and social benefit.

Key words: raw material field; technology of windproof and dustproof; windproof and dustproof net

1　引言

煤制气原料场是首钢北京地区的 4 个原料场之一，地处北京市石景山区，并且属于多风地区，原料场的扬尘对周围地区居民和首钢职工的正常生活、工作造成了很大的影响，也是北京市大气环境污染源之一；同时还造成了原料的大量损失。尤其是有风的天气，污染尤其严重，作业经常遭到附近居民的干扰和环保部门的处罚。多年来，首钢一直在加大力度解决原料场的粉尘污染问题，同时北京2008年奥运会对北京周边环境提出了更严格的环保要求。虽然采取了水喷淋降尘、喷洒化学覆盖剂等措施，但不能彻底解决问题，尤其是在多风季节效果不明显，而采取将首钢原料场搬迁或封闭近期是难以做到的。为了有效防尘，建设绿色首钢，实现绿色奥运的目标，故选择近年日、韩钢铁、电力等行业采用的防风抑尘网技术解决首钢原料场的粉尘污染问题。防风抑尘网属于一种新技术，可借鉴的数据和经验不多，其防尘效果有待实践验证，因此先选择煤制气原料场试验，待取得成功经验后再行推广。

2　煤制气原料场现状

2.1　现状

煤制气原料场为一长方形料场，长度约 540m，宽度约 300m，料场面积约 162000m^2，堆存物料主要是进口铁矿粉和球团矿，最大堆料高度 5m。物料由火车运入料场，卸车设备为链斗式卸车机，料场内有 10 条铁路线，其中 3 条设有链斗式卸车机。物料外运采用铁路和公路两种方式，用前端式装载机装车。

2.2　粉尘污染形式

粉尘的产生形式有以下四种情况：物料在环境风力的作用下产生大量的扬尘；链斗式卸车机卸料作业时扬尘；人工清理列车车厢残料时扬尘；装载机装车作业时扬尘。

2.3 气象条件

（1）大气温度

年平均气温 11.6℃

极端最高气温 42.6℃

极端最低气温 –27.4℃

（2）相对湿度

年平均相对湿度 59%

冬季空气调节室外计算相对湿度 45%

夏季通风室外计算相对湿度 77%

（3）大气压力

冬季 102260Pa

夏季 100125Pa

（4）风速及风向(主要设计依据之一)

年平均风速 2.4 m/s

冬季平均风速 2.8 m/s

夏季平均风速 1.9 m/s

冬季主导风向 N、NW

夏季主导风向 S

最大风速及风向 24 m/s WE

风荷载 0.35kN/m^2

夏季最多风向及频率 C29 N9 S9

全年最多风向及频率 C23 N11

（5）降雨量

年平均降雨量 682.9mm

一日的最大降雨量 244.2mm

一小时最大降雨量 126.7mm

（6）降雪量

最大积雪厚度 240 mm

雪荷载 0.3 kN/m^2

（7）标准土壤冻结深度 800mm

（8）抗震设防烈度 8 度

3 防风抑尘技术概要

3.1 防风抑尘技术简介

随着现代工业的发展，露天堆放的各种煤、焦、矿石等散料在堆层或作业过程中遇到二级风以上天气时经常粉尘满天，给周围的大气环境造成严重的污染。由于人民生活水平的提高，对环境的要求也逐渐重视起来了。所以，我国有很多城市已经为解决煤堆、矿粉堆、灰堆等堆放散状物料扬尘污染扰民问题提出了严格的要求。目前控制原料场扬尘，所采取的技术措施按抑尘技术的演变过程经历了建封闭料仓、水喷淋降尘、喷洒覆盖剂、挡风抑尘板、防风抑尘网几个阶段。

3.2 防风抑尘技术的发展状况

日本、美国、韩国等国家均对防风抑尘技术进行了深入的研究和应用。二十多年前日本就已将防风网应用于控制港口露天煤堆场的粉尘污染，后来陆续在冶金企业、电力企业的露天料场进行了“防风抑尘项目”建设。目前，国外企业经过多年的研发与经验积累，在考虑成本、使用年限、美观等因素的基础上，多采用防风抑尘网技术，并对其防风机理，加工工艺，工程设计进行了大量的专项研究工作，积累了丰富的经验。

我国对防风抑尘技术的研究起步较晚，20 世纪 80 年代末才开始对该技术进行研究。目前，国内一些公司通过引进和消化国外防风抑尘技术，并与国内实际工程相结合，对防风抑尘技术的防尘机理，防风抑尘技术的主要结构参数，如特征、开孔率、防风抑尘采用的材料以及对料场减尘效果等做了一系列的研究和试验工作。

3.3 “防风抑尘网”的防风机理

“防风抑尘网”是利用空气动力学的原理，按照实施现场环境（按 1:100~500）的风洞实验结果加工成一定几何形状的防风抑尘网，并根据现场条件使其通过的空气（强风）从外通过网时，在网内侧形成上下干扰的气流以达到外侧强风内侧弱风，外侧小风内侧无风的效果，从而防止粉尘的飞扬，见图 1。

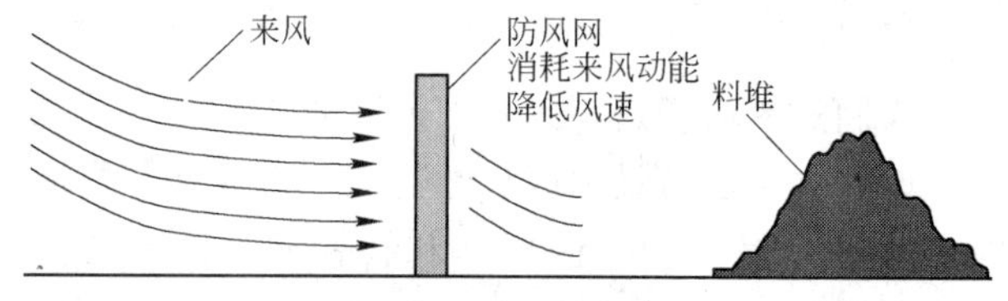

图 1 防风网示意图

防风网的一个重要技术参数是开孔率，即防风网上透风的孔隙在整个防风网面积上所占的比例，以 ε（%）表示。开孔率愈大，透过网的气流愈多。当 ε 接近 100%，相当于没有防风网，也就没有了屏蔽作用。当 ε 接近 0，相当于无孔的实心墙，其防风效果并不好。实验中在对多种具有不同形状和不同开孔率的“防风抑尘网”进行了风洞效果检测，结果表明“防风抑尘网”在一定的开孔率下具有明显降低风速和风力的作用。

通过对组装好的“防风抑尘网”进行的风洞实验表明，“防风抑尘网”可以有效降低来流风的风速，改变一部分来流风通过“防风抑尘网”后的风向，最大限度地损失来流风的动能，避免来流风的明显涡流，减少风的湍流度从而达到减少起尘的目的。

来流风通过“防风抑尘网”形成湍流旋涡后，风速、风压的衰减幅度与风速的平方成正比。所以，风速越大，“防风抑尘网”的抑风效率越高，达到控制扬尘和减少原料损失的效果越佳。

3.4 “防风抑尘网”的材质

“防风抑尘网”使用的材质根据使用目的，环境状态不同而不同。随着科学技术的进步，“防风抑尘网”的材质也在不断的改进。

“防风抑尘网”使用的材料有：镀锌钢板网、镀铝钢板网、不锈钢网、铝板网及新型的高分子复合材料刚性或柔性网等。

3.5 “防风抑尘网”在应用上的优点

（1）投资费用低，抑尘效果好（可达 65%~95%），使用、维修工作量小（基本上没有）。

（2）“防风抑尘网”在工作过程中不需要消耗动力，即该技术不需要运转费用。

（3）“防风抑尘网”建成后可使原来污染严重的堆料场变成具有非常美观的“防风抑尘网”的绿色环保堆料场。

（4）“防风抑尘网”建成后，可以美化周边地区的景观效果。

（5）不需要特殊施工条件，施工中不影响生产。

4 “防风抑尘网”设置

4.1 “防风抑尘网”项目组成

煤制气原料场“防风抑尘网” 项目由土建基础部分、框架部分和网体部分构成。基础部分采用钢筋混凝土结构。框架部分考虑到需要足够的强度和刚度，采用适当规格的工字钢、钢管及角钢焊接而成。网体部分有两个方案：

方案一为韩国浦项制铁提供的技术，采用高分子复合材料制成的柔性网材料，该方案在中国国内张家港浦项不锈钢厂已建成。韩国浦项制铁及浦项工大在近 20 多年的研究和实践过程中表明：此种材料既有足够的强度和韧性，又有抗老化、耐腐蚀的性能，并能随着料场堆料的颜色不同选择不同的网的颜色，由于网料在编制过程中加入了特殊的原料成分，使用过程中能产生静电，能够吸附粉尘颗粒，当吸附的粉尘达到一定程度会自动从网上脱落，达到自动清理网面的效果，使用寿命在 20 年以上。

方案二是采用高分子复合材料制成的刚性材料，该方案在秦皇岛电厂已建成。经过多次的实验表明：此种材料也有足够的强度和刚度，有抗老化、耐腐蚀的性能，使用寿命在 15 年以上。

经对比分析，柔性网体具有投资较少、使用寿命长、整体结构轻、更换方便、施工周期短等优点。因此，采用高分子复合材料制成的柔性材料网体结构。

4.2 “防风抑尘网”设置方向

根据地区气象条件和周围居民区、工业及办公防护要求，同时保证不影响料场正常作业，本设计按料场周围总体围绕设置。由于料场为长方形状，且南北方向长度较大，为保证抑尘效果，防风抑尘网的高度相应加高。为保证火车和汽车正常运行，与铁路相交处、与公路相交处设置门洞。

4.3 “防风抑尘网”总体布置

防风抑尘网平面布置见图 2，原料场防风抑尘网总长约 1400m。分两期建设，首期工程为料场南、北、西三面（南面靠近高速公路，北、西两面靠近生活办公区），防风抑尘网总长 1100m（在与公路交叉口设置三个门洞）。

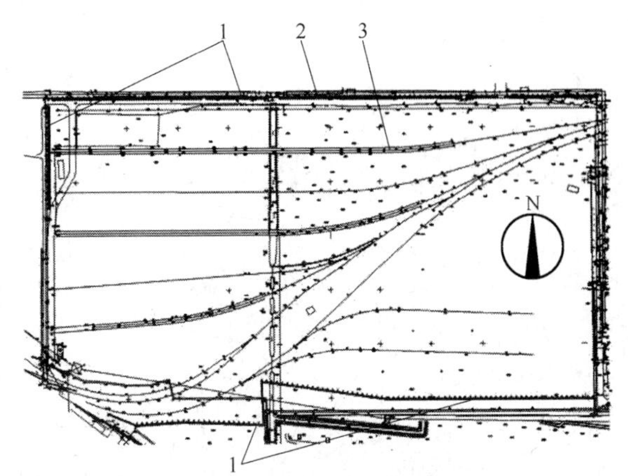

图 2 防风抑尘网平面布置图

1—防风抑尘网；2—道路大门；3—铁路

防风抑尘网立面结构见图 3，防风抑尘网一个单元宽度为 5m，根据对原料场物料高度、作业高度和当地气象条件的分析，确定防尘抑尘网高度为 16m（含 3m 高围墙）。根据风速的参数分析，确定柔性材料网体材质规格如下：

规格：3 × 3 × 290Denier × 30 股，开口率 27%（原丝基准）

材质：100%PE

原丝 粗细： 290/Denier

股数：30 股

组成形态：花瓣形

构造厚度：2~3mm

规格：H5m × W13.5m

颜色：绿色

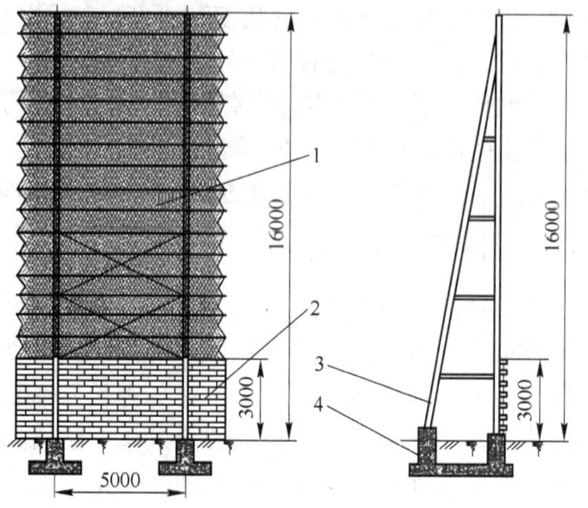

图 3　防风抑尘网立面结构图
1—防风抑尘网；2—围墙；3—钢结构支撑；4—混凝土基础

5　结论

煤制气原料场的“防风抑尘网”项目 2004 年 8 月 11 日开工建设，2004 年 12 月 15 日全面竣工。经过一年的使用，“防风抑尘网”有效地抑制了原料场的扬尘问题，减少了非人为因素的原料损失，改善了首钢职工及周边居民的生活环境，取得了良好的经济效益、社会效益和环境效益，为建设绿色首钢，实现绿色奥运的目标都有积极的意义，同时对北京及其他地区的环境改造也有一定的借鉴作用。

待二期工程完成后，防风抑尘网在场地周围形成封闭，可以更有效防止风道的形成，抑尘效果会更好。

首钢迁钢高炉喷吹煤料场工艺及环保设计特点

崔乾民　方　建

（北京首钢国际工程技术有限公司，北京 100043）

摘　要：首钢迁钢公司拥有 3 座高炉，年产铁水 825 万吨，为了满足高炉喷吹煤的使用要求，配套建设了喷吹煤料场，包括受卸系统、封闭料场、配煤系统、输送系统及综合楼等。料场采用了先进的受卸、储存、配煤、输送设施，以及有效的环境保护措施。受卸采用“C”型翻车机，储煤场采用堆取料机，配煤系统采用圆盘给料机+电子配料秤方式，输送系统采用管状带式输送机等；翻车机、转运站、配煤仓均设计了完善的除尘设施，储煤场采用了封闭式网架煤棚和防风抑尘网相结合的环境保护措施。

关键词：喷吹煤料场；工艺；环保；设计特点

Design Characteristics of Process and Environmental Protection for Shougang Qiangang PCI Coal Yard

Cui Qianmin　Fang Jian

(Beijing Shougang International Engineering Technology Co., Ltd., Beijing 100043)

Abstract: Shougang Qiangang Co.,Ltd. has 3 blast furnaces, with an annual output of 8.25 million tons. In order to meet the requirement of blast furnace injection of pulverized coal, the supporting PCI coal yard was constructed, which consists of receiving and unloading system, enclosed yard, coal blending system, conveying system and multi-function building. Coal yard adopts advanced receiving and unloading, storage, blending, conveying facilities, as well as effective measures for environmental protection. The “C” type tippler for receiving and unloading, stacker and reclaimer for coal storage yard, disk feeder + electronic batching scale for coal blending system and pipe belt conveyor for conveying system etc. are adopted; Tippler, transfer station and coal blending bin are designed with good dedusting system. Coal storage yard takes such environmental protection measures as closed type grid structure coal shed combining with windproof and dust suppression network.

Key words: PCI coal yard; process; environmental protection; design characteristics

1　引言

河北省首钢迁安钢铁有限责任公司（以下简称“首钢迁钢公司”）拥有 3 座高炉，其中 1 号、2 号高炉有效容积为 2650m^3，3 号高炉有效容积为 4000m^3，年产铁水 825 万吨，年需要喷吹煤（烟煤或无烟煤）约为 175 万吨。

1 号、2 号高炉喷吹煤储运系统采用传统的干煤棚型式，工艺流程为：火车运来的烟煤、无烟煤，采用抓斗起重机卸煤，堆存在干煤棚内，需要时再用抓斗起重机将煤抓到设在干煤棚一侧的受煤斗内，通过称重给煤机卸至带式输送机系统，运到制粉设施的煤仓，这种工艺流程存在着抓斗起重机作业率低、卸车能力小、储存量小、配煤效果差、工人作业环境差等不足。

首钢迁钢公司新建 3 号高炉时，喷吹煤的使用量大幅增加，传统的工艺流程无法满足新建高炉的喷吹煤使用要求，按照总体布局，配套建设了满足 3 座高炉生产要求的喷吹煤料场，包括受卸系统、封闭料场、配煤系统、输送系统等，原来的干煤棚作为火车清车底线、异形车卸车线或翻车机检修时的备用。

2 主要工艺设施

首钢迁钢公司高炉喷吹煤料场负责 3 座高炉喷吹用煤的受卸、储存、配煤、输送等，包括受卸系统、封闭料场、配煤系统、输送系统等，工艺平面布置见图 1。

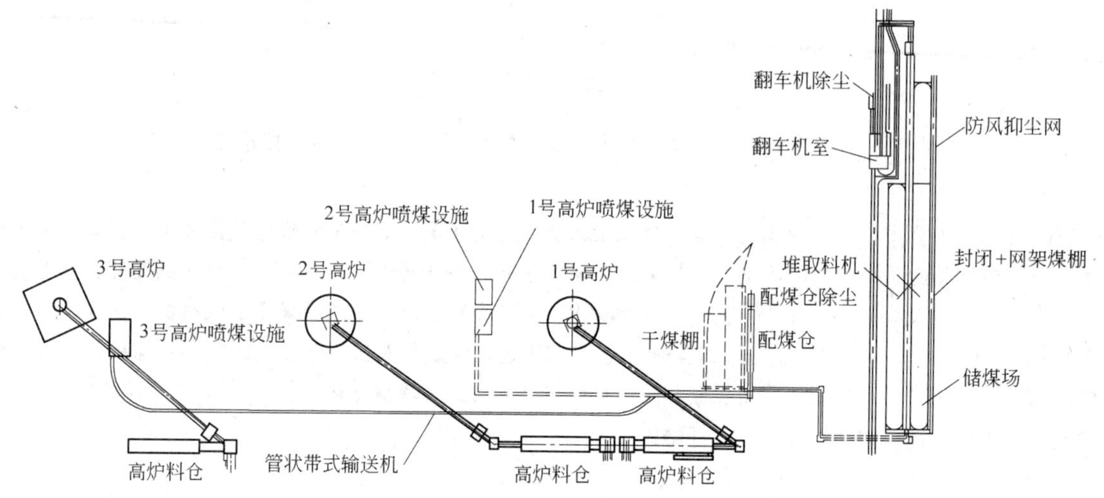

图 1　喷吹煤料场工艺平面布置图

2.1 受卸系统

喷吹煤由火车运入厂内，为满足火车的受卸，受卸系统设有 1 套翻车机系统，包括“C”型翻车机、重车调车机、空车调车机、夹轮器、迁车台、止挡器、囊式除尘器、电气系统、带式给料机等。

翻车机系统采用折返式布置，受卸能力为 20~25 车/h。作业流程为：翻车机将绕火车车厢的重心线翻转车厢，将煤倾倒至两个受料斗中，每个受料斗容量为 140m^3（几何体积），总容量为 280m^3，仓内衬 20mm 厚超高分子量聚乙烯衬板。受料斗上方配有网格大小为 250mm × 250mm 的振动煤箅，可以防止过大尺寸的煤进入料斗以及堵料。通过受料斗下的带式给料机，将煤转运到储煤场。

（1）翻车机技术参数

型号：FZ1-2A 型；

适用车辆外形尺寸：

长度：11938~14038mm；

宽度：3100~3243mm；

高度：2790~3293mm；

额定翻转质量：100 t；

最大翻转质量：110 t；

最大翻转角度：175°；

外形尺寸(长 × 宽 × 高) ：12180mm × 3000mm × 5782mm；

回转周期：<60 s；

控制方式：PLC 程序控制、集中手动控制和机旁手动控制；

综合翻卸能力：20~25 辆/h。

（2）带式给料机

翻车机每个受料斗下配一台带式给料机，带宽 1600mm，带速 0.57m/s，长度 4.865m。采用变频调速方式，最大运量 800t/h。

2.2 封闭料场

封闭料场包括储煤场、汽车受料槽、堆取料机。

2.2.1 储煤场

储煤场设有 2 个料条，每个料条宽 28m，一条长 366m，另一条长 520m，料条高 12.4m。储量约 10 万吨，可以满足 3 座高炉约 20 天的喷吹煤用量。

2.2.2 汽车受料槽

为了满足堆取料机的检修，以及缓解一台堆取料机不能同时堆、取料作业的矛盾，在出料端的地下输送机通廊上设置 2 个汽车受料槽，需要时，用前装机装汽车，运到汽车受料槽，槽下设有振动给料机，再给到输送机上，运到配煤仓。

受料槽的设置既满足生产要求，又简化流程，节约了占地面积。

2.2.3 堆取料机

料场设有斗轮堆取料机 1 台，臂长 30m，堆料能力为 1000t/h ，取料能力为 600t/h，堆高 12.4m（其中轨下：2m，轨上：10.4m），堆取料机主输送带宽度为 1200mm，带速 2.5m/s。

堆取料机行走轨道采用混凝土整体道床，供电方式采用安全滑触线。

2.3 配煤系统

2.3.1 概述

为有效利用煤炭资源，降低生产成本，满足制粉系统所需喷吹煤的要求，在现有干煤棚南侧新建10个配煤仓，直径8m，单仓有效容积约为500m^3，可满足3座高炉20小时正常喷吹用煤。新建配煤仓接受来自料场的烟煤、无烟煤，通过带式输送机运至配煤仓仓上，仓上设有1条带卸料车的带式输送机，通过卸料车将煤装入煤仓内。

2.3.2 双曲线斗嘴设计

配煤仓上部为混凝土结构，下部锥段为双曲线钢结构。

传统配煤仓下口采用的是圆锥形斗嘴，本工程配煤仓下口采用的是双曲线斗嘴，两者具有以下特点：

煤从仓内排料，是由于煤的自重作用不断克服内外摩擦阻力向下流动。煤流在下降过程中，其煤粒不断错动、挤压和重新组合，以适应截面收缩的变化。使用圆锥形斗嘴配煤仓，由于截面收缩率不断增大，愈接近排料口时，煤的挤压、错位愈大，内外摩擦阻力也急剧增加，当阻力大于自重时，煤流中断，形成棚料。另外棚料现象随煤的水分和黏性的增加而变得更加严重，因此设计圆锥形斗嘴配煤仓时，还必须设风力振煤装置，以便在配煤过程中将棚住的煤及时振下。即使这样，仓内还不免挂料5%~10%。

双曲线斗嘴配煤仓的特点是等截面收缩，截面收缩率不随高度变化而变化，在排料口处煤颗粒之间的错动、挤压仍较小，摩擦阻力也无明显增加，因此，在相同的煤质和水分条件下，煤的流动情况要比圆锥斗嘴好。

实践证明，双曲线斗嘴有以下优点：对于水分大和具有黏性的煤料适应性强；双曲线斗嘴下煤速度快，排料连续均匀；与圆锥形斗嘴配煤仓相比，双曲线斗嘴配煤仓容积虽然有所减小，但由于仓内排料干净，所以有效容积反而增加。

2.3.3 仓下配煤设备

每个配煤仓下设置1套定量给料装置，包括圆盘给料机（变频调速）、电子配料秤（变频调速）、电气仪表控制。配合好的喷吹煤均匀地给到下面的带式输送机上，可满足高炉不同品种、任意比例喷吹煤的混合要求。

圆盘给料机是一种连续喂料的容积式给料设备，安装于料仓的卸料口，依靠物料的重力作用及给料机工作机构的强制作用，将仓内的物料按一定的流量连续均匀地喂到配料秤上进行配料，当它停止工作时，还可以起料仓闭锁作用。

配料秤主要对物料进行计量工作。当圆盘给料机给出的料流经配料秤时，安装在配料秤上的称重元件检测出物料重量的变化，并把重量信号及速度信号送至称重仪表，称重仪表对现场传来的信号进行累积处理，计算出瞬时流量，并和预先设定的给料量相比较，由偏差信号改变圆盘的转速，也就改变了配料秤物料的瞬时流量，形成一个闭环控制，使流量处于一种动态的稳定之中，完成恒定配料工作。

为防止黏性很大的煤在煤仓下部产生死料区，影响下煤，在每个煤仓下部安装4套安全、高效、耗气量小的空气炮，以确保系统使用安全。

2.4 输送系统

2.4.1 概述

原1号、2号高炉喷吹煤输送系统维持不变，只是部分改造后与新建的配煤系统衔接，3号高炉喷吹煤输送系统若采用传统的带式输送机通廊及转运站方式，满足不了新建3号高炉喷吹煤输送的总图布置要求，在这种情况下考虑采用占地面积小，可沿空间曲线布置的管状带式输送机组成的输送系统，见图2。

图2 管状带式输送机实景照片

2.4.2 管状带式输送机简介

管状带式输送机的头部、尾部、受料点、卸料点以及拉紧装置等结构与普通带式输送机的结构几乎一样，无太大区别。只是在输送机的加载点后至卸料点前的中部输送段形成圆管状，即在尾部受料段后输送带由平形向槽形，深槽形逐渐过渡，最后将物料包裹起来卷成圆管状。在形成段，输送带被六边形布置的辊子强行裹成圆管，输送物料被封闭在圆管内随输送带稳定运行。当到达头部时输送带逐步过渡，由圆管形状变深槽形、槽形，最后在头部滚筒卸料。输送带的回程段也基本上与承载段相同，一般也是形成圆管状。见图 3。

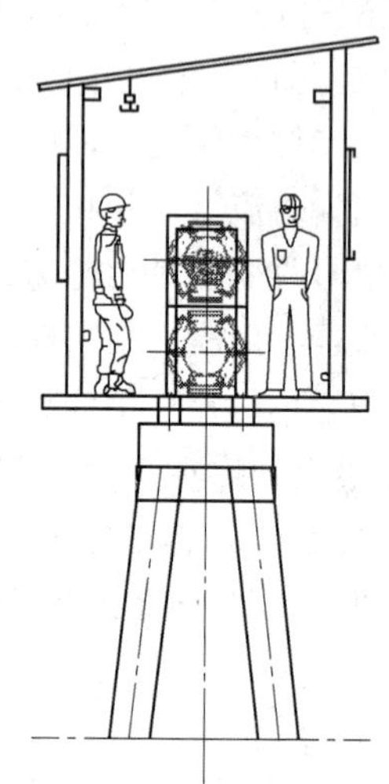
图 3　管状带式输送机断面图

2.4.3　管状带式输送机技术参数

管状带式输送机由主体结构、输送带、驱动部分、自动化控制和检测、通廊等组成。其主要技术参数如下：

管径：　　350 mm；

带速：　　3.15 m/s；

倾角：　　小于 12°；

最大运输量：600 t/h；

提升高度：　47.3 m；

长度：　　1028.26 m；

总转角：　155°；

驱动装置：采用 3 台变频电机驱动，当其中 1 套驱动出现故障时，其余 2 套可以保证半负荷生产。

2.4.4　管状带式输送机优点

（1）环保节能。煤被包围在管状输送带内运行，不会撒落，也不会因刮风、下雨而受外部环境的影响；另外回程带也成圆管形，输送带被卷起来，搭接部分处于圆管的底部，不仅使输送带同承载段一样通过相同的弯曲路线，也使输送带脏的一面被包了起来，煤滴落的可能性很小，避免了因煤的撒落而污染外部环境。

（2）弯曲半径小，可沿空间曲线布置，能实现三维方向输送。由于输送带被 6 只托辊强制卷成圆管状，因此不会像普通带式输送机那样产生严重的跑偏现象，故可实现任何方向弯曲，可由 1 台管状带式输送机取代多台普通带式输送机和相关的转载点及附属设备，节省转运站和多驱动的投资成本，减少设备故障点及扬尘点，节约输送系统的电力消耗，降低运行成本。

为躲避厂区现有的构筑物同时又考虑到建设投资，管状带式输送机不仅上行而且在避开障碍物后又顺势下行，降低了通廊高度和支架高度，节约投资。

（3）可实现大倾角输送。由于输送带形成圆管状，增大了物料与输送带的接触面积，使输送倾角增大 50%，最大可达 27°，因而可实现大倾角输送，减少输送长度、节省空间位置、降低设备成本。

（4）节省空间。由于形成圆管状输送，在输送量相同的情况下，管状带式输送机的横断面宽度只有普通带式输送机的 1/2 左右，在安装空间受限制的情况下，可节省空间尺寸，大大降低通廊费用。

（5）通廊支架可灵活布置。通廊支架沿通廊方向可灵活布置，相邻支架间距不同，方向不同，为在布置拥挤区域架设通廊支架创造条件。由于其通廊宽度比普通输送机窄，因此其通廊支架宽度也窄，可节省占地面积。

3　环保设施及特点

为保护环境，建设节能环保型钢铁企业，喷吹煤料场同步建设了完善的环保设施，主要有：翻车机、转运站、配煤仓、汽车受料槽采用袋式除尘器除尘，储煤场采用封闭式网架煤棚和防风抑尘网相结合的环保设施，输送系统采用绿色环保的管状带式输送机。

3.1　翻车机除尘

翻车机除尘主要包括翻车机室、给料机下料点及临近转运站等处的除尘，采用低压脉冲布袋除尘器。

为了增强除尘效果，采取了如下措施，实践证明，效果非常好。

（1）翻车机室封闭（留火车进口），迁车台也进行了封闭（留火车出口），与翻车机室相连，减少漏风面积，见图 4。

（2）在翻车机室内的上、中、下两侧位置均设置了吸风口。

（3）翻车机设备成套自带囊式除尘器，必要时可以喷雾除尘。

图 4　迁车台封闭实景照片

3.2　汽车受料槽除尘

不新建汽车受料槽除尘，而是采用与临近的现有汽车受料槽除尘设施的管道连接，两处受料槽不同时工作，用阀门切换。这样既节约了投资，又达到了除尘效果。

为了加强除尘效果，受料槽三面封闭，卸车侧不封闭，吸风罩设在上部。

3.3　配煤仓除尘

配煤系统主要产尘部位是移动卸料车向配煤仓卸煤及仓下卸料点，采用低压脉冲布袋除尘器。

仓上有 1 台移动卸料车卸煤，卸煤时在各仓间不时移动，车上扬尘点也随之相应移动，根据这一特点，采用移动式集尘小车配胶带密封通风槽的型式。即卸料车配有吸风管道，管道与移动式集尘小车连接，集尘小车在胶带密封通风槽上与卸料车同步行走，这样可将卸料时产生的烟尘及时吸入通风槽进入总除尘管；同时煤仓口采用胶带封闭形式，增加了密闭效果，见图 5。

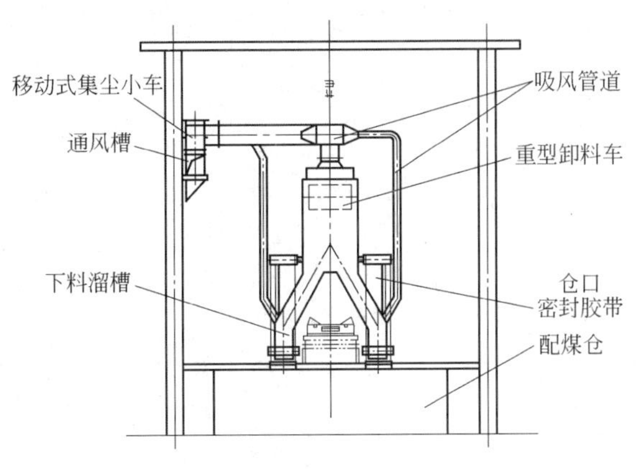

图 5　卸料车除尘型式

3.4　封闭煤棚

为了防止煤炭下雨时受淋和刮风时污染环境，采用了网架式钢结构将储煤场封闭，网架跨度 72m，长 376m，高约 40m，见图 6。

图 6　使用中的煤棚照片

煤露天堆存遇有大风天气，及作业时的扬尘将会对周围地区居民和迁钢员工的正常生活、工作造成很大的影响，同时还造成了煤的大量损失，据有关资料介绍，煤场在风力的作用下，每年损失煤 0.2%~0.5%，煤堆附近的含尘量最高时可达到 100mg/m^3，若按 0.2%计算，每年损失煤 0.2% × 175 × 10^4=3500t,每吨煤按 1000 元计，合计约 350 万元。

通过设置煤棚，可以大大减少煤的损失，降低粉尘污染，对改善迁钢厂区及周边地区的工作、生活环境，对树立迁钢的社会形象，及构建和谐社会都有重要意义。

3.5　防风抑尘网

根据工艺布置，较长的料条有一部分无法设煤棚，在这一部分料条的三面设计了防风抑尘网，网高 18m，柱间距 8m，网体材料采用厚度 1.0mm（裸厚）的镀铝锌钢板。

“防风抑尘网”是利用空气动力学的原理，按照实施现场环境（按 1:100~500）的风洞实验结果加工成一定几何形状的防风抑尘网，并根据现场条件使其通过的空气（强风）从外通过网时，在网内侧形成上下干扰的气流以达到外侧强风内侧弱风；外侧小风内侧无风的效果，从而减少粉尘的飞扬。

经过测算，该防风抑尘网的抑尘效率可达到 80%~85%。

3.6　管状带式输送机

管状带式输送机被称为绿色环保设备。煤被包围在管状输送带内运行，不会撒落，也不会因刮风、下雨而受外部环境的影响；另外回程带也成圆管形，输送带被卷起来，搭接部分处于圆管的底部，这不仅使输送带同承载段一样通过相同的弯曲路线，也使输送带脏的一面被包了起来，煤滴落的可能性很小，这样避免了因煤的撒落而污染外部环境。

3.7 其他措施

除了采取以上环保设施外，为了增强除尘的效果，还采取了以下措施：

（1）采用封闭式通廊和转运站，即使输送机作业时有撒落，也是落在通廊里或转运站平台里，不会对外界造成污染；

（2）输送机头部做密封并设吸风口；

（3）输送机尾部受料口采用双层密封导料槽；

（4）配煤仓下输送机受料点处做通长的双层密封导料槽；

（5）清扫器采用滚刷清扫器，增加清扫效果；

（6）配煤仓下的配煤设备即定量给料装置，采用全封闭结构，减少逸尘；

（7）翻车机受料斗下的带式给料机为全封闭结构，减少逸尘。

4 结论

首钢迁钢公司高炉喷吹煤料场工艺流程顺畅、节能减排、安全环保，自动化程度高,自 2010 年投产以来，总体生产情况良好，设备运行平稳，成为节能、环保、生态、高效型迁钢的重要组成部分。

（原文发表于《工程与技术》2011 年第 2 期）

大型钢板库在首钢高炉矿渣粉生产线中的应用

崔乾民　王　欣　徐栋梁

(北京首钢国际工程技术有限公司，北京 100043)

摘　要：高炉矿渣粉作为水泥混合材料和混凝土掺合材料在 2000 年之后得到了广泛应用，为国家节约了大量不可再生的宝贵资源。首钢自从与香港嘉华建材有限公司合资建设的年产 60 万吨矿渣粉生产线于 2004 年投产以来，首钢在结构调整搬迁“一业多地”的发展中，又相继建设了八条矿渣粉生产线。矿渣粉储库作为生产线中重要的组成部分，具有矿渣粉储存、汽车散装外运的功能，传统的矿渣粉储库多采用钢筋混凝土结构，具有投资高、建设周期长、储量相对较低、占地面积较大等弊端；而大型钢板库具有投资省、建设周期短、储量大、节约用地、节能减排等特点，采用大型钢板库替代混凝土储库是一种比较合理的选择，也符合矿渣微粉生产线环保节能的发展要求。

关键词：大型钢板库；矿渣粉；应用

Large Steel Silo be Applied to Shougang Ground Granulated Blast Furnace Slag Powder Production Line

Cui Qianmin　Wang Xin　Xu Dongliang

(Beijing Shougang International Engineering Technology Co., Ltd., Beijing 100043)

Abstract: The ground granulated blast furnace slag powder could be regarded as cement mixture and concrete admixtures, since 2000, which has been widely applied in our country, and save a large number of valuable nonrenewable resources for country. In 2004, the output of 0.6Mt/a slag powder production line put into production, which was constructed by Shougang and Hongkong Jiahua building material Co.,Ltd. joint venture. Then at the development of Shougang adjustment, and 8 slag powder production lines have been constructed. Slag powder storage as an important part of the production line, with slag powder storage, bulk transport function, the traditional slag powder storage use of reinforced concrete structure, with high investment, long construction period, the reserves are relatively low, a large area defects; and large steel silo has investment province, construction short cycle, large reserves, land saving, energy saving and emission reduction and other characteristics, using large plate base replacement concrete reservoir is a more reasonable choice, also accord with slag powder production line environmental protection requirement of the development of energy conservation.

Key words: large steel silo; blast furnace slag powder; application

1　引言

首钢与香港嘉华建材有限公司合资建设的北京首钢嘉华建材有限公司第一条年产 60 万吨矿渣粉生产线于 2004 年投产，之后又相继合资建设了秦皇岛首秦嘉华建材有限公司 1 条年产 60 万吨矿渣粉生产线、唐山曹妃甸盾石新型建材有限公司 4 条年产 60 万吨矿渣粉生产线、迁安首钢嘉华建材有限公司 1 条年产 90 万吨矿渣粉生产线和三河首嘉建材有限公司 3 条年产 60 万吨矿渣粉生产线（其中 1 条线为预留）。9 条生产线中有 6 条线的矿渣粉储库为传统的钢筋混凝土库，其余 3 条线采用了大型钢板库。

矿渣粉储库具有储存、汽车散装外运以及满足生产线正常生产的功能。钢筋混凝土库具有投资高、建设周期长、储量相对较低和占地面积较大等弊端；而大型钢板库具有投资省、建设周期短、储量大和占地面积小等特点，是一种比较合理的选择，也符合矿渣粉生产线环保节能的发展要求。本文介绍矿渣粉钢板库的组成、特点及应用。

2 组成及特点

2.1 组成

大型钢板库由基础、库体、出料系统和控制系统四个部分组成，见图 1。

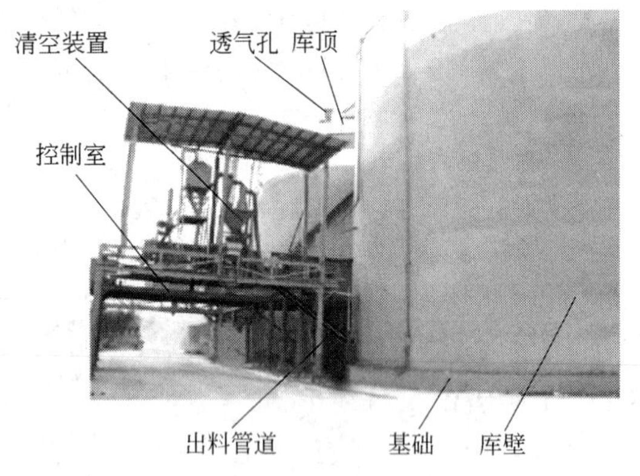

图 1 大型钢板库组成示意图

基础：基础为钢筋混凝土环形结构，基础外壁与地面垂直，内壁自下而上内切。

库体：库体由库顶、库壁和库底三个部分组成。

库顶是一个球缺体，下部和库壁焊接相连，球缺体是由主梁、副梁和环梁组成。库顶设置透气孔或除尘器，废气经除尘器过滤后排出，有效地解决了上料时除尘和卸压问题。库顶设安全防护栏，在库顶中心处设进料口，库顶外侧设有防水、防潮、防寒、防高温和防腐蚀功能的保护层。

库壁是由厚度不等的钢板焊接而成，形状呈圆筒形。库壁内侧有加固连接体系；外侧设有与库顶外侧一样的保护层，开设通往库顶的旋梯。

库底为锥形结构，见图 2。库底的外层设置两层加强防水层，内部表面再设置一层耐腐防水层，以保证储库内物料的各项理化指标保持不变。

出料系统：出料系统主要由压缩空气供排管道、库内气化率管道和物料输送设施等组成。

控制系统：采用全自动控制方式，出料的程序、过程、时间及出料率等全部可由控制系统自动完成，还可根据不同的需要来自行设定。

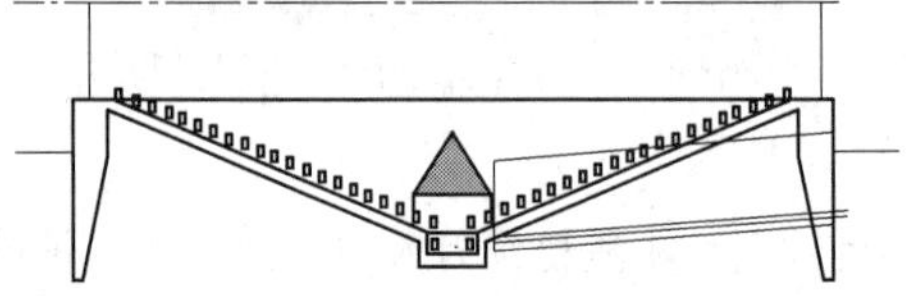

图 2 库底锥形结构

2.2 特点

（1）防止库内结露。由于库底有防水结构，库壁及库顶全钢板采用焊接成形，正常使用条件下，库内保持微正压，所以，除去物料入库时随料带入的空气和水分，没有其他水和气体进入库内的条件。大断面的料柱，一般直径和高度都在 20m 以上。进料带入的气体形成正压迫使气料迅速分离，而没有产生潮解的条件。因此矿渣粉能在较长的存放时间内，确保理化指标基本不变。

在库内外温差较大的条件下，钢板库库壁处结露的概率远远大于砖混结构和钢筋混凝土结构的筒库。但是由于在设计上采用了保温和防腐等措施，再加上钢板库库内正压的作用，改变了库外温度对库内温度的影响，消除了因温差造成的结露问题。

（2）物料均化。传统圆库因其圆截面积小，单位时间布料层较厚。而大型钢板库的截面积大，单位时间进料时，形成堆积料层厚度小。另外，中心进料自然形成了顶角为 45°左右的坡面,进一步扩大了进料扩散面积。出料时，底部流态化物料层厚度为 0.9m，实现了物料的二次均化。

（3）低料位出料。当采用库底中心低料位出料工艺时，利用上部物料的自重将流态化物料通过管道压出库外，从而实现了物料的低位出料，物料的排空率可达 90%。

（4）物料清空。为了适应钢板库储存功能改变或检修需要，达到库内物料清空条件，外加了物料清空装置，见图 3。

该装置采用负压抽吸原理，将库内物料吸出库外，经气料分离，物料进入提升机经空气斜槽输走。

（5）粉尘排放。由于库内部空间大，物料自库顶中心进入后，有充分的空间及时间进行气、料分离，随着物料的进入，相对封闭的库内压力增大，加快了气料分离速度和增加了矿渣粉的沉积密度。分离后的含尘气体通过库顶排气口，经滤袋收尘后排出库外，从而形成了无功耗的自滤尘功能。

图 3　迁安首嘉建材有限公司矿渣粉钢板库清空装置

（6）投资低。以 2 万吨储库为例，传统混凝土圆库造价约为 700 万元，而大型钢板库的造价约为 360 万元，投资仅为传统混凝土圆库的 51%。

（7）建设周期短。从设计、施工到竣工，大型钢板库的建设周期仅为 3 个月，并且施工受天气影响较小。

（8）占地面积小。钢板库工艺布局灵活，具有占地面积小的特点，同时对地质条件的适应性较好。

3　应用

3.1　在迁安首嘉建材有限公司的应用

3.1.1　钢板库工艺布置

该公司年产 90 万吨矿渣粉生产线选用了两座储量为 1 万吨的钢板库，由山东茂成大型钢板库技术开发有限公司总承包，2010 年建成投产。

两座钢板库按轴线纵列布置，两库中心间距 25m。矿渣粉经除尘器收集，再经过螺旋给料机、双层卸灰阀、空气斜槽和斗式提升机送入钢板库；出料时，物料经库底物料输送管道输送到库外，直接到装车平台，两个库分设装车平台，平台上设散装机，出料管道直接接到散装机。

3.1.2　钢板库技术参数（见表 1）

表 1　1 万吨钢板库主要技术参数

项　目		参　数
库体	高度/m	21.45
	直径/m	22.5
基础	高度/m	3.6(地上 0.8)
	直径/m	23.3
库顶高度/m		3.5
出料方式		气动、机械
压缩空气	压力/MPa	0.6
	流量/$m^3 \cdot min^{-1}$	15
出料	能耗/$kW \cdot h \cdot t^{-1}$	0.4~0.5
	能力/$t \cdot h^{-1}$	200~300

3.1.3　系统组成

该库基础采用 C30 钢筋混凝土结构，库壁钢板厚度自下而上分别为 12mm、10mm、8mm 和 6mm。

出料采用库底中心低料位出料工艺，见图 4。压缩空气输送管道采用无缝钢管，输送能力为 200~300t/h。

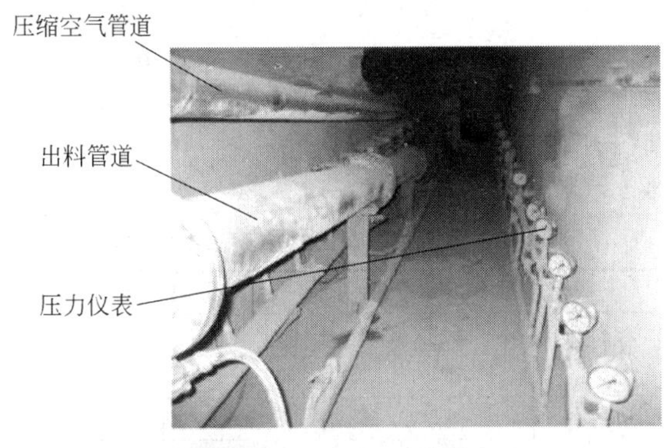

图 4　出料系统组成

库底气化率管分区设置，中心气化率区（A）管道采用同心圆环形布置，边部气化率区（B、C、D 和 E）分为 4 个扇形区域对称布置；管道上按要求开孔。A 区供排气主管布置在出料通道内；B 区供气主管布置在出料通道内，C、D 和 E 区供气主管布置在库外；B、C 和 D 区排气主管环形布置在库外，E 区排气主管布置在库内，各分区排气管道内的气体最终排入出料管道。库底气化率管分区示意见图 5。

3.2　在三河首嘉建材有限公司的应用

3.2.1　钢板库工艺布置

该公司 3 条年产 60 万吨矿渣粉生产线（其中一条线为预留）配套建设两座 2 万吨钢板库，由山东华建建设公司总承包，2011 年建成投产。

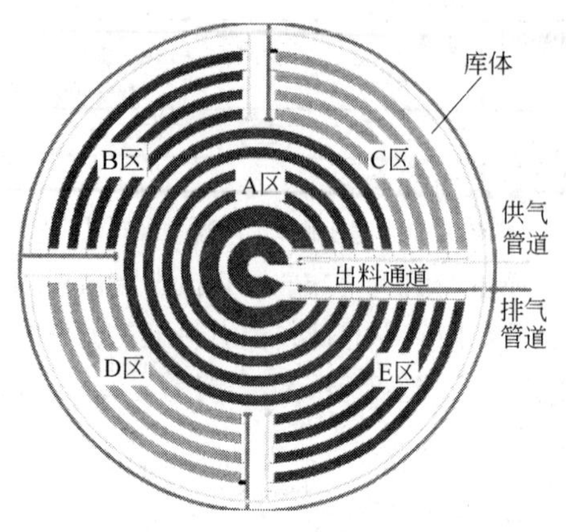

图 5　库底气化率管分区示意图

3.2.2　钢板库技术参数（见表 2）

表 2　2 万吨大型钢板库主要技术参数

项　目		参　数
库体	高度/m	27.5
	直径/m	30.0
基础	高度/m	4.0（地上 1.0）
	直径/m	34.4
库顶高度/m		6.0
出料方式		气动、机械
压缩空气	压力/MPa	0.4
	流量/$m^3 \cdot min^{-1}$	20.0
出料	能耗/$kW \cdot h \cdot t^{-1}$	0.4~0.5
	能力/$t \cdot h^{-1}$	200~300

3.2.3　系统组成

2 万吨钢板库的系统组成与 1 万吨钢板库相比，除了出料系统不同外，其余基本相同。出料时提升机将矿渣粉提到空气斜槽再送到散装仓，由散装仓下部安装的散装机直接散装车外运。

4　钢板库建设模式选择

钢板库建设专业性较强，国内也发生过钢板库倒塌的事故，再加上是在首钢矿渣粉生产线上的首次应用，为了保证钢板库建设质量，降低投资，确保安全，综合考虑采用工程总承包模式。由于钢板库生产企业众多，实力相差悬殊，作为业主和设计方做了如下工作：

（1）选取几家综合实力强、业绩突出和售后服务好的厂家进行技术交流，了解钢板库的结构及应用情况，分析造成个别钢板库倒塌的原因，并到已建好的同类钢板库现场进行实地考察。

（2）进行工程招投标，选择合适的有钢板库总承包资质的生产厂家。

（3）向总承包方提供准确和详细的工艺资料、地质资料及气象条件资料，便于承包方正确设计。

（4）审查总承包方的设计图纸和施工组织方案，在建设过程中加强监理，确保工程质量。

（5）交付后，必须按照钢板库使用要求进行生产作业，定期进行维护保养，确保使用安全。

（原文发表于《水泥》2012 年第 1 期）

➤ 烧结球团工程其他技术

热管技术在机冷烧结机上的应用

田淑霞　刘　庸　徐亚军

(北京首钢国际工程技术有限公司，北京 100043)

摘　要：介绍了热管换热器余热利用系统的组成及应用效果，为首钢烧结厂带来了较好的经济效益。

关键词：热管；预热；机上冷却

The Application of Heat Pipe Technology in Sintering Machine Cooling

Tian Shuxia　Liu Yong　Xu Yajun

(Beijing Shougang International Engineering Technology Co., Ltd., Beijing 100043)

Abstract: Introducing the composition and the effect of the heat pipe heat exchanger waste heat utilization system, which bring a better economic efficiency for the sintering plant of Shougang.

Key words: heat pipe; preheat; machine cooling

1　引言

热管作为一种高效的传热元件，近年来已在电力、冶金、化工等众多领域的余热利用方面获得了成功，而在机冷烧结机上的应用则未见报道，我国冶金行业中，在环冷烧结机上应用的热管换热器，多用于回收 300℃左右的中温余热。随着各企业间的竞争加剧，深化改革，企业的节能降耗已成为企业创收增效的主要问题。为此提出回收烟气余热，解决烧结系统生产用汽自给问题。我们结合机冷烧结机生产的工艺特点和要求，开发设计了适合其工艺特点的热管换热装置。通过一年多的运行，取得了良好的经济效益。该项目已于 1998 年 12 月通过了北京市科委的鉴定。

2　机冷烧结机的工艺特点

机冷烧结机的工艺特点是，烟气流量较大，温度低，而且废气含尘，加之旧厂改造，场地窄小，施工周期短等。这给设计及设备的制造、运输、安装、检修都带来了一定困难。我们在试验的基础上，解决了热管换热器的密封问题，开发设计了新型蒸汽过热器，较好地完成了这一课题。

该余热利用工程回收烟气余热用以产生蒸汽，供给二次混合机预热烧结混合料，要求过热蒸汽温度达到 180℃左右，本设计中采用了组合汽水分离结构，使饱和蒸汽的干度达到 99%左右，然后流经安装在烧结机高温风箱的列管式过热器加热，实现了生产用汽自给有余。

3　气-汽热管换热器、过热器的开发与设计

3.1　热管换热器

热管换热器与传统换热器相比有传热效率高、阻力损失小、结构简单、工作可靠等优点，我们采用了气-汽式热管换热器。这种换热器由热管蒸发器和汽包组成，它与一般烟道式余热锅炉相比，具有安全可靠、结构紧凑、安装方便等特点。

3.1.1　热管蒸汽发生器

本次设计的热管蒸汽发生器采用了分离套管式结构的热管换热器的型式，其原理见图 1。蒸汽发生的整个过程如下：换热器安装在除尘器前的烟道段，烟气将热量传给热管蒸发段内的工作介质，使其汽化后流向热管换热器的冷凝段，在冷凝段并将热量传给热管外的水，使其汽化，热管内的工作介质在

冷凝段放出热量凝结后在重力作用下，沿热管内壁返回蒸发段。如此循环不已。环形空间内的汽液混合物，通过连接管送至汽包内进行汽液分离，汽包内的饱和水由下降管送至热管束，构成汽水系统的循环。

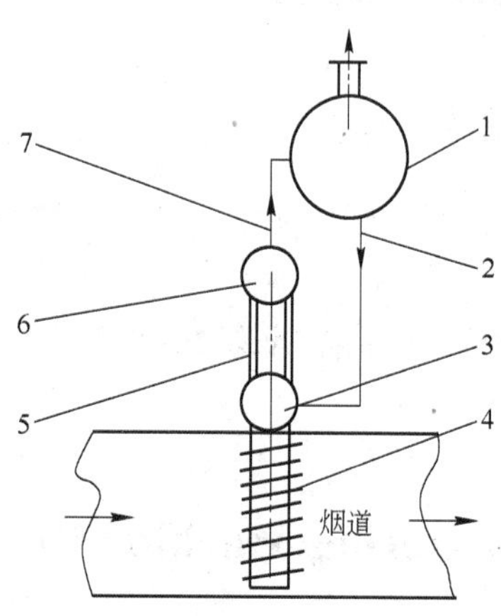

图 1　热管换热器工作原理图

1—汽包；2—下降管；3—下联箱管；4—热管；5—套管；6—上联箱管；7—连接管

3.1.2　热管换热器的重力静密封结构设计

在设计热管换热器时，我们遇到的一个关键问题，即密封问题。由于烟道压力为负压，为保证不影响换热效果，换热器必须具有密封严密，安装维修方便的特点。为此我们将换热器分为若干组，以组为单元进行安装检修，每一组热管与壳体四周的密封，采用重力静密封结构(是利用设备自身重量作用于密封材料产生弹性变形，从而达到密封的一种结构)，这样就把庞大的换热器分解成若干单元，给设备制造，运输和安装带来了方便。

3.1.3　烟气流场分布

烟气流场分布的均匀与否，直接影响着换热效果和设备的使用寿命。本次设计在烟道与换热器的接口处有一个很大的扩展角，这将导致烟气流场分布不均，烟气偏流，热管磨损不匀，影响设备的使用寿命，为了保证换热器流场分布均匀，我们在变径处设置了均流板，使烟气均匀。

由于烟气中的含尘粒度和硬度没有详实的资料，我们在设计换热器时，充分考虑到了积尘和排灰的问题。在换热器前及换热器下部均设置了灰斗。由于烟气在进入换热器接口时速度锐减，大颗粒的灰尘靠重力掉入灰斗中，小颗粒的灰尘由烟气带入换热器，一部分撞击在换热管上，掉入换热器下部的灰斗中，另一部分灰尘则被烟气带走。在排灰斗内设置了挡流板(与烟气垂直方向)，增大烟气通过的运行阻力。以保证烟气全部正常通过换热器。

3.1.4　汽包

由于生产要求过热蒸汽，这样就要求汽包产生的蒸汽干度达到 99%左右，为蒸汽过热创造条件。因此，设计好汽包内部装置，是获得高品质蒸汽的关键。由于进入汽包的汽水混合物，蒸汽含量不大，一般蒸汽干度小于 90%，我们在设计时，采用了两级分离。

3.2　过热器

过热器的作用是将蒸汽从饱和温度加热到额定的过热温度。过热器安装在温度较高的 18 号风箱上。由于机冷的特点，在风箱处常带有大块烧结矿落下，如果进入过热器，将会造成过热器的严重撞击磨损和堵塞，使过热器不能正常工作。本过热器设计成带有卸灰装置的列管式结构，这种过热器既可以满足卸灰要求，还可以调节进入过热器的烟气流量，特别适合机冷烧结机这种特殊的工况。

3.2.1　卸灰装置

这种过热器为列管式换热器与风箱连接，蒸汽走管程，烟气走壳程，侧面留有卸灰通道，在入口处加有一斜向栅板，将大块烧结矿导入卸灰通道，卸灰通道下部设有一手动翻板阀，可定期排放堆积的烧结矿，撑至下法兰口处，进入烟道。小颗粒的烧结矿通过换热管间的间隙，排至烟道。

3.2.2　防磨装置

烧结矿粉尘坚硬，对金属的磨损相当严重。在设计过热器时，首先选择了合理的流速，为减少换热管的磨损和冲击，将烟气进口处前两排换热管选用厚壁管，并带有鳍片，厚壁管表面进行渗铝热处理，以提高换热管的耐磨性。

4　实际应用设计与结果

4.1　设计参数表(见表 1)

表 1　设计参数

名　称	单　位	参　数
烟气进/出口温度	℃	193/170
烟气流量	m^3/min	9500
含尘量	mg/m^3	400
换热器换热面积	m^2	308
过热器换热面积	m^2	25.79
蒸汽产量	t/h	3.5
蒸汽压力	MPa	0.25
过热蒸汽温度	℃	约 180
阻力损失	Pa	≤500

4.2 运行工况表（见表 2）

表 2 运行工况

月份	烟气温度/℃	蒸汽月产量/t	流量月年均/$t\cdot h^{-1}$	汽包压力/MPa	蒸汽温度/℃	阻力损失/Pa
6	200	4061	5.80	0.29	167.7	370
7	201	4334	5.95	0.31	171.5	410
8	208	4131	5.65	0.31	171.0	410
9	200	3450	5.01	0.30	170.0	390
平均	202	3994	5.60	0.30	170.0	400

5 经济效益分析

一烧 4 号余热利用项目于 1998 年 5 月 31 日投产，年均产汽达到 4.8t/h(夏季产汽 5.6t/h)，经济效益分析如下：

(1) 投资：264 万元；(2) 产值：按车间年作业 340 天计算，年产蒸汽 39168t，按公司内部价 65 元/t，年折合产值 254.59 万元；(3) 运行费用：年耗电 6.0384 万元，热管换热器阻损引起风机年耗电费用 47.0179 万元，年水及水处理费用 3.0240 万元，年维修费平均 5.0 万元，年人工工资 5.0 万元，年折旧费：14.26 万元；(4) 年经济效益：创收资金=产值-运行费用=172.83 万元；(5) 投资回收期：投资/年效益×12≈18 个月。

6 结束语

实践表明热管换热器在机上冷却烧结机上的应用是成功的，经济效益显著，为烧结行业低温余热回收、节能降耗开拓了一条新路。至本文脱稿为止，首钢又分别在二烧 4 号机，矿山烧结厂 1 号机以及一烧 3 号机投产了 3 台热管换热器，目前运行良好，充分说明此项技术有很好的应用前景。

参考文献

[1] 马同泽等. 热管[M]. 北京：科学技术出版社, 1998.

[2] 洪荣华，吴杰. 屠传径. 热管式余热锅炉设计中若干问题的探讨[C]. 第四届全国热管会议论文, 1994.

[3] 刘纪福. 实用余热回收和利用技术[M]. 北京：机械工业出版社, 1994.

[4] 钱培德. 马钢二烧结厂余热利用的探讨[J]. 冶金能源, 1998, (6).

[5] 孙君泉. 国外烧结厂近年来的主要节能措施及效果[J]. 冶金能源, 1990, (3).

[6] 刘容辉，宋宪平. 鞍钢新三烧车间利用环冷机余热生产蒸汽[J]. 冶金能源, 1991, (3).

[7] 首钢机冷烧结机废气余热利用(鉴定会材料), 1998.

（原文发表于《冶金环境保护》2001 年第 1 期）

首钢烧结厂烟道气的余热利用

刘 庸

(北京首钢国际工程技术有限公司，北京 100043)

摘 要：首钢烧结厂利用热管技术回收烧结机的低温余热用于生产蒸汽，实现了用汽自给，取得了明显的经济效益，为烧结节能降耗开辟了新的途径。

关键词：余热利用；热管换热器；蒸汽预热混合料

Residual Heat Recovery of Flue Duct Gas of Shougang Sintering Plant

Liu Yong

(Beijing Shougang International Engineering Technology Co., Ltd., Beijing 100043)

Abstract: The low temperature residual heat of extended sinter machine was recovered for producting steam by using the heat pipe technology in Shougang sintering plant.As a result,the purpose of self-supporting steam was realized and the obvious benefit was obtained.

Key words: residual heat recovery; heat pipe exchanger; steam heating mix

1 引言

首钢烧结厂有两个烧结车间，一、二烧各有 4 台机上冷却式烧结机，总烧结面积为 675m^2，冷却面积 652.5m^2，年产烧结矿 320 万吨，年消耗蒸汽 21.6 万吨(费用 1400 万元)。多年来，烧结矿冷却后的废烟气(年平均温度为 193℃未加利用，全部经烟囱排入大气，既浪费能源又污染环境。烧结热平衡测试结果表明，烧结矿冷却带走的显热占烧结总能耗的 23%，若将这部分废气的余热回收生产蒸汽，替代公司工业蒸汽，其经济效益将是非常显著的。

由于首钢烧结厂采用的是机上冷却工艺，与环冷和带冷工艺有明显的不同。后两种工艺中都有单独的冷却设备，不同温度的废气分段排放，废气温度一般在 300℃以上，热量比较集中；而前者是所有热废气集中在一个抽风管道内，最终由烟囱排出。相比之下，此工艺具有废气量大，废气温度低，且含尘量高的特点，由此造成换热设备相应增大，加之旧厂改造，场地窄小，给设计、制造、安装等都带来了一定难度。设计院经多次现场调研，并与烧结厂密切配合，研制出分体组装式热管换热器。将该换热器安装在除尘器前的废气烟道段，回收烟气余热用以生产蒸汽，供给二次混合机预热混合料，实现了生产用汽自给有余。

2 系统组成与余热回收装置

2.1 工艺系统的组成与特点

1998 年 5 月，首先在一烧 4 号机上安装了一套余热回收系统。该系统由软化水站(负责汽包软化水的生产制备和向热管换热器供水)及泵房、热管蒸汽换热器、蒸汽过热器等三部分组成 (见图 1)。其工艺流程为：软化水站→软水箱→热管换热器→汽包→蒸汽过热器→二次混合机。

软水站内配备一台全自动软水器和两台工业水过滤器；加压泵房配备一台 20m^3 软水箱和两台锅炉离心泵，软水箱内的水位计与软化水站进水管路上的电动阀联锁。

热管换热器安装在 4 号机 900 管多管除尘器进口处的大烟道上，汽包位于烧结机机尾的 11.8m 平台上。热管换热器分为预热器和蒸发器两部分。水泵房供给的软化水先经预热器预热到 138℃，带压进入汽包，经汽包下降到蒸发器内。由蒸发器将其加热转换为 138t 的汽水混合物，其工作压力为 0.25MPa。该汽水混合物经引出管再进入汽包，进行汽水分离，产生 138℃的蒸汽。汽包设有液位控制器，分别与两台水泵联锁，控制水泵的启停。考虑到机冷的特点，在热管换热器前的烟道下设一积灰斗，换热器下部设两个积灰斗。

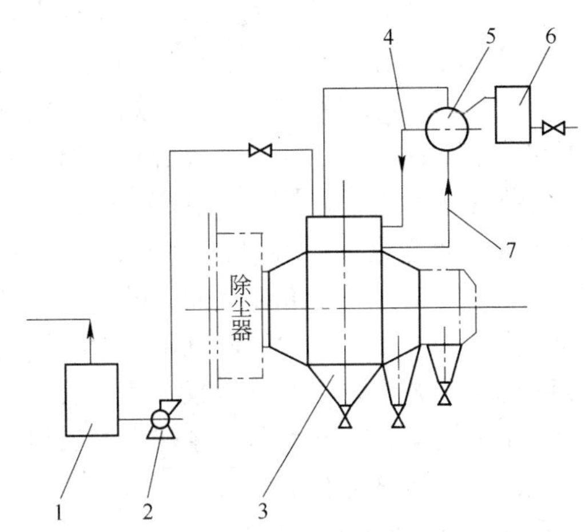

图 1　余热回收系统示意图

1—软水箱；2—水泵门；3—热管换热器；4—上升管；5—汽包；6—过热器；7—下降管

由于汽包产生的蒸汽温度较低，需经过热器过热后方可供二次混合机使用。蒸汽过热器安装在温度较高的烧结机冷却段 L8 号风箱支管上。

该系统的工艺特点是烟气流量大且含尘，烟气温度低；工艺布置灵活，占地少，投运快，投资省，回收期短，适宜旧厂改造。

2.2　余热回收装置

2.2.1　热管换热器

本次设计采用的气-汽式热管换热器是由热管蒸汽发生器和汽包组成，与一般烟道式余热锅炉相比，具有安全可靠，结构紧凑，安装方便等特点。其工作原理见图 2。

蒸汽发生过程如下：换热器安置在除尘器前的烟道段上，烟气将热量传给热管蒸发段内的工作介质，使其汽化后流向其冷凝段，在冷凝段再将热量传给热管外的水，使其汽化。热管内的工作介质在冷凝段放出热量冷凝后，在重力作用下沿热管内壁返回蒸发段，如此循环。环行空间内的汽液混合物，通过连接管送至汽包内进行汽液分离，汽包内的饱和水由下降管送至热管束，构成汽水系统循环。

2.2.2　热管换热器的重力静密封结构

设计热管换热器时，我们遇到的一个关键问题就是密封。由于烟道压力为负压，为了不影响换热

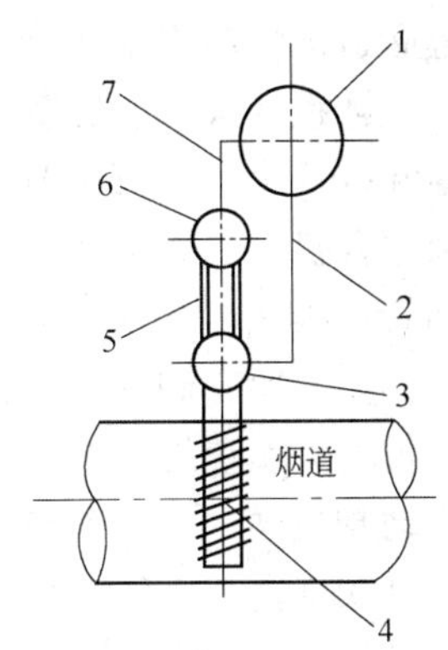

图 2　热管换热器的工作原理

1—汽包；2—下降管；3—下联箱管；4—热管；5—套管；6—上联箱管；7—上升管

效果，换热器必须具有密封严密、安装检修方便的特点。为此，我们将换热器分为若干组，以组为单位进行安装检修，每一组热管与壳体四周的密封，采用重力静密封结构(利用设备自身重量，使密封材料产生弹性变形而实现密封的一种结构)，从而将庞大的换热器分解成若干单元，给设备制造、运输和安装带来了方便。

2.2.3　烟气流场分布

烟气流场均匀与否，直接影响换热效果和设备的使用寿命。本次设计在烟道与换热器接口处有一个很大的扩展角，如不加处理，势必导致烟气流场分布不均、烟气偏流和热管磨损不均，影响设备的使用寿命。为此，我们在变径处设置了均流板，保证了烟气均匀。

由于烟气中的烟尘粒度和硬度无详细资料，在设计换热器时，我们充分考虑了积尘和排灰的问题，在换热器前和换热器下部均设置了灰斗：烟气在进入换热器接口时速度锐减，大颗粒灰尘靠重力掉入灰斗中，小颗粒则由烟气带入换热器，其中一部分撞击在热管上，掉入换热器下部的灰斗，另一部分仍被烟气带走。在排灰斗内设置了挡流板，以增大烟气通过的运行阻力，保证烟气能全部正常通过换热器。

2.2.4　汽包

由于生产要求需要过热蒸汽，因此汽包产生的蒸汽干度必须达到99%左右，为蒸汽过热创造条件。而进入汽包的汽水混合物蒸汽含量不大，蒸汽干度一般小于 10%，故设计时采用了三级分离。

2.2.5　过热器

过热器安装在温度较高的 18 号风箱上，其作用在于将蒸汽从饱和温度加热到额定的过热温度。由于机冷的特点，在风箱处常有大块烧结矿落下，若

掉进过热器，势必造成撞击损伤和堵塞，影响其正常工作。故本过热器设计成带有卸灰装置的列管式结构，既可满足卸灰要求，还可调节进入过热器的烟气流量，特别适合机冷式烧结机这种特殊工况。

过热器的列管式换热器与风箱连接，蒸汽走管程，烟气走壳程，侧面留有卸灰通道，在入口处加有一斜向栅板，可将大块烧结矿导入卸灰通道。卸灰通道下有一手动翻板阀，可将堆积的烧结矿定期排至下法兰口，进入烟道。小颗粒烧结矿则通过换热管之间的间隙排至烟道。

为减轻粉尘对金属件的磨损，设计时，首先选择了合理的流速。考虑到风箱处灰尘较大，故将烟气进口处前两排换热管采用带鳍片的厚壁管，同时对厚壁管表面进行渗铝处理，以提高其耐磨性。

2.2.6 余热回收装置的设计参数

烟气流量：9500m^3/min

烟气含尘量：0.4g/m^3

蒸汽产量：3.5t/h

蒸汽压力：0.25MPa

入/出口温度：193/170℃

阻力损失：600Pa

换热面积：308m^2

系统热负荷：2926kW

3 运行实践及效果

4号烧结机机冷余热回收装置于1998年5月31日投产，随后对其进行了全面测试，1998年6~9月份平均指标为：烟气温度202℃；蒸汽产量5.6t／h；汽包压力 0.3MPa；蒸汽温度 170℃；阻力损失0.4kPa。各项主要指标均已达到或超过设计水平。原设计产汽量供一台烧结机预热混合料用，而从6~9 月份的生产指标来看，可供两台烧结机同时使用，不仅节能效果显著，而且从混合料料温及烧结机机速等指标来看，对烧结生产没有影响。该系统全年可产汽3~4万吨，年平均可达4.8t/h，按每吨蒸汽65元计，全年效益达170多万元，扣除运行费用，此项工程投资264万元，投资回收期仅为一年半。

继一烧4号机余热回收系统投产成功后，当年9月，又开工建设了二烧 4 号机余热回收工程，并于11月投产；一烧3号机和二烧1号机余热利用工程也分别于1999年8月和2000年8月建成投产，使年蒸汽总产量达到13.2万吨，实现了烧结生产用汽自给有余。以上四套余热回收系统的部分设计及生产指标见表1。

表1 首钢机冷式烧结机余热回收系统的部分指标

机 号	投资/万元	热管结构	换热面积/m^2	年平均烟气温度/℃	烟气流量/m^3•min^{-1}	蒸汽产量(设计值)/t·h^{-1}	过热蒸汽温度/℃	混合料温/℃
一烧4号	264	圆肋	419	193	9500	约3.5	174	68
二烧4号	258.5	圆肋	480	193	10000	约4.7	180	65
一烧3号	319.87	齿条式	380	193	9243	约5	182	63
二烧1号	262	圆肋	396	200	5484	约3	175	61

4 结语

首钢烧结厂 4 套余热回收装置的建成投产，均为一次试车成功，运行效果良好。此项技术设计注重发挥热管换热器高效换热的性能，结合机上冷却烧结工艺的特点，节能效果及经济效果显著，且投资少，见效快，安全可靠，特别适用于旧厂改造。

参考文献

[1] 马同泽等. 热管[M]. 北京：科学技术出版社, 1998.
[2] 刘纪福. 实用余热回收和利用技术[M]. 北京：机械工业出版社, 1993.
[3] 钱培德. 马钢二烧结厂余热利用的探讨[J]. 冶金能源, 1998(6).
[4] 刘容辉. 宋宪平. 鞍钢新三烧车间利用环冷机余热生产蒸汽[J]. 冶金能源, 1991(3).
[5] 田淑霞. 刘庸. 徐亚军等. 热管技术在机冷烧结机上的应用[C]. 能源与热工2000年学术年会论文集.

（原文发表于《烧结球团》2001年第5期）

内翅片管式换热器

刘　庸　徐亚军

（北京首钢国际工程技术有限公司，北京 100043）

摘　要：介绍了翅片管式换热器的主要特点及其应用，其换热效率高，具有广阔的发展前景。

关键词：翅片管；换热器；传热

The Fin-tube Heat Exchanger

Liu Yong　Xu Yajun

(Beijing Shougang International Engineering Technology Co., Ltd., Beijing 100043)

Abstract: Introducing the characteristics and application of fin-tube heat exchanger, which has high heat transfer efficiency, and has broad prospects for development.

Key words: fin-tube; heat exchanger; conduct heat

1　引言

管式换热器普遍用于石油、化工、冶金、电力等行业中，它具有结构简单、制造容易、材料广泛、适应性强等特点，是工业生产中的主要换热设备。

目前，广泛应用的金属管式换热器是通过间壁来换热的，它传输的热量受到间壁面积和传热能力的限制，其综合传热系数不高，一般气-汽换热的管式换热器仅为 15~20W/m^2(20℃左右)，管式插件换热器为 30~35W/m^2(20℃左右)。

由于管式换热存在着综合传热系数低、设备庞大等不足，为此各种插件换热器、翅片管换热器等新型换热器应运而生。目前，开发新型高效换热器已成为换热器的发展趋势。内翅片管式换热器是我们最新研制开发的新型换热器，系国内首创，属于一代新型高效换热器，目前，已在工业中应用，取得了良好的效果。

2　内翅片管式换热器及其应用

2.1　内翅片管式换热器

新型内翅片管式换热器的主要特点是：通过在换热管内扩展表面、强化管内传热的途径来提高换热器的性能。

内翅片管采用纵向直肋，管内翅化比可达 4~6，与一般光滑管相比，其管内给热系数可提高 3~4 倍左右。内翅片管的翅片采用焊接工艺焊接，其焊着率为 100%。

内翅片管式换热器与一般管式换热器在结构上差异不大，它们之间的区别主要在于换热管的不同。内翅片管如图 1 所示。内翅片管的规格见表 1。

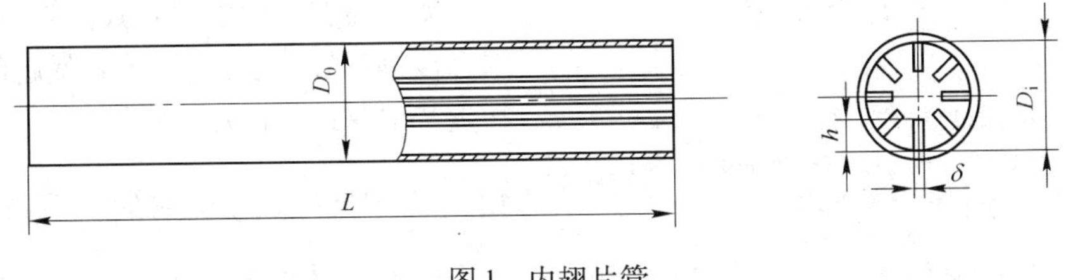

图 1　内翅片管

表1　内翅片管的规格表

D_0/mm	h/mm	δ/mm	n	β_i	L/mm
38~89	12~13	1~2	12~24	4~6	10000

其中：D_0—管径；h—翅片高度；δ—翅片厚度；n—翅片数；β_i—内翅化比；L—翅片管长度。

与一般管式换热器相比，内翅片管式换热器具有以下优点：

（1）管内给热系数相比。对于一般气-汽换热管式换热器而言，管内热阻往往是控制热阻，因此，提高管内给热系数至关重要。采用翅片管时，管内翅化比可达 4~6，管内给热系数可提高 3~4 倍，从而显著地强化了管内传热。

（2）传热能力强。一般管式换热器的传热系数近似为 $K=a_1a_2/(a_1+a_2)$，由于管内给热系数 a_2 的大幅度提高，K 值也成倍提高了(a_1、a_2 分别为管外、管内给热系数)。

（3）管壁温度低。管式换热器的管壁温度 $T_b=(a_2t_2/a_1+t_1)/(a_2/a_1+1)$，显然，随着管内给热系数 a_2 的大幅提高，T_b 是下降的，这时在高温下工作的换热器是十分重要的，可延长换热器的使用寿命(t_2、t_1 分别为管外、管内流体的温度)。

（4）换热器结构紧凑。由于换热器传热系数 K 值的成倍提高，使得换热面积大为减少，换热器的体积也大为减小。

2.2　内翅片管式换热器的应用

我们结合首钢余热利用工程，在蒸汽过热器上率先使用了内翅片管式换热器，如图 2 所示。

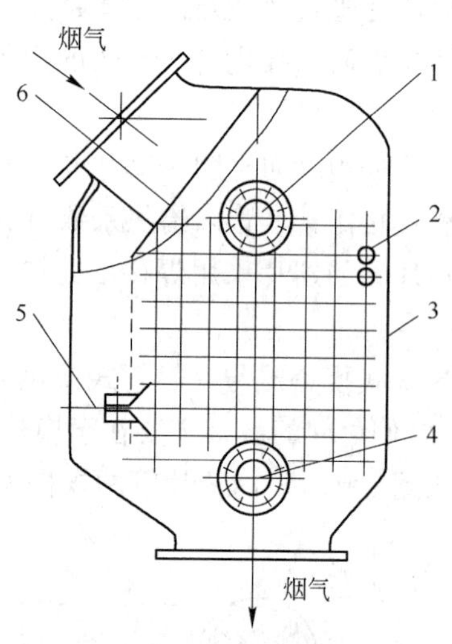

图 2　蒸汽过热器示意图

1—过热蒸汽出口；2—换热管；3—壳体；4—饱和蒸汽入口；5—翻板；6—栅板

其翅片管规格如图 3 所示。管内、外翅片见表 2、表 3。

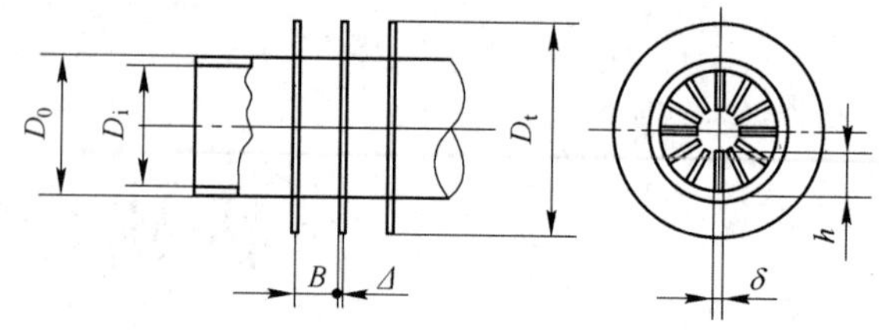

图 3　翅片管规格

表 2　管内翅片

D_0/mm	D_i/mm	h/mm	δ/mm	n	β_i
57	50	16	1.4	12	3.3

表 3　管外翅片

D_t/mm	B/mm	Δ/mm	β_o
88	20	1.6	2.9

其中：D_0—管外径；D_i—管内径；D_t—管外翅片径；h—翅片高度；δ—内翅片厚度；n—翅片数；β_i—内翅化比；β_o—外翅化比；Δ—外翅片厚度。

蒸汽过热器的实测运行参数见表 4。其工艺流程见图 4。

表 4　实测运行参数

项　目	蒸　汽	风 箱 烟 气
入口/出口温度/℃	135/157	188/152
热负荷/kW	约 65	
换热面积/m^2	16.7	
综合传热系数 /W·(m^2·K)$^{-1}$	约 165	

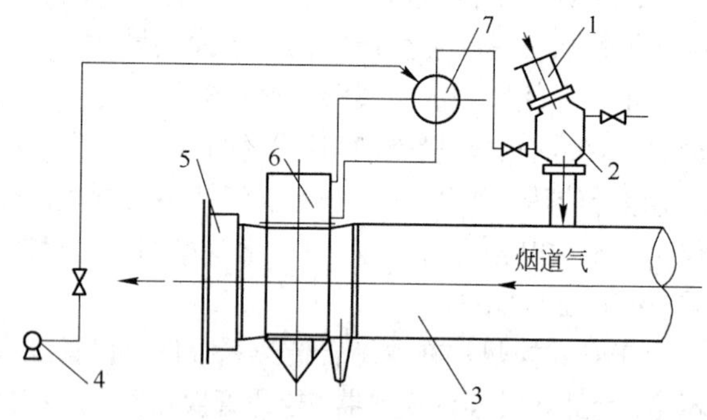

图 4　工艺流程图

1—高温风箱；2—过热器；3—烟道；4—软水泵；5—除尘器；6—气-汽式热管换热器；7—汽包

实践表明，内翅片管式蒸汽过热器具有很高的综合传热系数，充分显示了它优越的强化传热性能。在生产中获得了良好的效果。

2.3　内翅片管式换热器的应用前景

由于内翅片管是我们于 2000 年 6 月开发的新型换热器，它的应用范围还有很大的局限性。可以预见内翅片管式换热器必将在冶金、电力、石油、化工等行业有广泛的发展空间。下面仅以冶金加热炉空气预热器为例说明之。

在工业窑炉中利用换热器回收窑炉废烟气的余热来预热空气或煤气可以提高理论燃烧温度，提高热效率，节能降耗，产生明显的经济效益，因此，空气预热器已成为工业窑炉的重要组成部分，被广泛应用。

传统的空气预热器大多为管式换热器或插件换热器，它们存在着空气温度低、管壁温度高、结构庞大，尤其在高温条件下使用寿命短等弊端。例如，当烟气温度为 800℃时，在标准流速、换热器体积相同条件下，一般管状换热器的空气预热温度约320℃，管壁温度约 570℃，而内翅片管式换热器可将空气预热到约 500℃，管壁温度约 420℃，可见内翅片管式换热器的优点是十分明显的。

内翅片管的材质可以是碳钢或不锈钢，在它的管外还可以设置各种扩展面，如环肋、直肋、针肋等来满足各种不同工况的需要，从而进一步提高换热器的性能。

3 结束语

内翅片管是一种新型高效换热器，属于国内首创，与一般管式换热器相比，具有综合传热系数大、管壁温度低、结构紧凑、使用寿命长等特点，在冶金、电力、石油、化工的行业中具有广泛的应用前景。

（原文发表于《设计通讯》2001 年第 2 期）

冶金除尘灰泥综合利用可行性研究

贺万才

（北京首钢国际工程技术有限公司，北京 100043）

摘　要：主要介绍钢铁冶金过程中产生的各种除尘灰泥，根据其物理及化学特性的不同，通过不同的工艺加工方法，进行综合分类并且回收利用，从而实现钢铁冶金除尘灰泥的资源化循环利用，变废为宝。

关键词：除尘灰泥；综合利用；制粒；冷压块；脱锌脱碱

Study of the Integrated Reuse-Recycle Treatment about the Dust and Mud from the Ferrous Metallurgy Process Flow

He Wancai

(Beijing Shougang International Engineering Technology Co., Ltd., Beijing 100043)

Abstract: This paper describes the integrated reuse-recycle treatment about the dust and mud which come from the ferrous metallurgy process flow, and how to make them be classified and reused by different handling process.

Key words: dust and mud; integrated reuse; palletizing; cold pressed compact; dezincing and dealkalizing

1　引言

钢铁企业在生产过程中会产生大量的除尘灰泥等固体废弃物资源，按照钢铁生产工序工艺流程，主要固体废弃物有：原料场粉尘、烧结粉尘、高炉灰尘、炼钢尘泥和轧钢铁皮等；据统计钢铁企业每年大约产生各类固体废弃物量为100~180kg/t钢。实现对这些固体废弃物资源的控制和综合分类，实现二次资源利用，越来越被钢铁企业重视。目前，国外对钢铁企业固体废弃物处理的相关技术已经日渐成熟，而在国内除宝钢对固体废弃物处理有一定规模外，其他钢铁企业都采用一部分简单的回收利用，其余部分直接掩埋或者堆积排放的方式处理，不仅造成了资源浪费，而且也会带来环境问题，这与国家目前的环保政策和循环经济理念不相适应。因此，对钢铁企业的固体废弃物进行综合分类，并且加以回收利用，变废为宝，对钢铁企业可持续发展有极其重要的战略意义。

为了实现烧结专业长远持续发展，就要结合烧结与球团工序的自身工艺特点，拓展专业领域，挖掘新的经济增长点。烧结室一直对国内外钢铁企业除尘灰泥循环利用的技术非常关注，投入人力物力，并成立科研技术攻关小组，到宝钢、武钢和马钢等国内大型钢铁企业深入调研，搜集国内外的相关技术信息。同时和北京钢铁研究总院、北京科技大学、东北大学、首钢技研院和首钢环保产业事业部等科研院校的专家、学者保持定期的沟通交流，了解并吸收目前除尘灰泥废弃物的利用最前端技术。结合实验和现场实际情况，制定开发除尘灰泥循环回收利用新工艺。

由于钢铁企业固体废弃资源循环利用工程涉及面广，内容繁杂，技术储备周期长，本文介绍仅是烧结室近一年来通过对国内钢铁企业固废利用跟踪调查的初步结果，其中有的正在实验室做试验，有的已经通过半工业或者工业试验达到规模化成熟化生产，但是还没有对整个钢铁流程的废弃物资源进行综合性处理。国外发达国家钢铁企业固体废弃物作为第一代冶金污染物早已完成，已经跨入第二代、第三代SO_x、NO_x等污染物的治理工作，随着国家对冶金行业循环经济政策的逐步落实，国内的钢铁企业的固体废弃物资源循环利用肯定会受到极大重视，市场前景非常广阔，烧结室以首钢战略结构调整为契机，派专人长期负责，联合国内知名院校和科研实体，在水渣超细磨、钢渣破碎磁选回收利用等其他固体废弃物利用方面闯出自己的市场，打造出自己的品牌，为首钢设计院今后走向国际型工程公司增光添彩，并对以后京唐钢铁工程建成现代化一流钢厂打下坚实基础。

2 设计思路

2.1 除尘灰预制粒工艺

对原料、烧结、炼铁和炼钢工艺生产中的各种冶金粉尘按照其物理特性、化学成分进行综合分类，基本上可以分为高铁灰、高钙灰、高碳灰、高碱灰和高锌灰；其中，前三种灰可以通过混合机加湿混匀造球重新参加烧结配料，后两种含有害元素的高碱灰和高锌灰需要另行处理后才能加以利用。

为了给烧结机提供稳定成分的原料，并结合除尘灰亲水性差、粒度细的特点，按照烧结配料的方法，把从钢铁厂收集来的各种除尘灰按照一定的比例进行“配料”，并与部分炼钢转炉 OG 泥一起，经加湿浸润、混合，进行造粒后，直接进入烧结一次混合机，重新参与烧结，其工艺流程图见图 1。

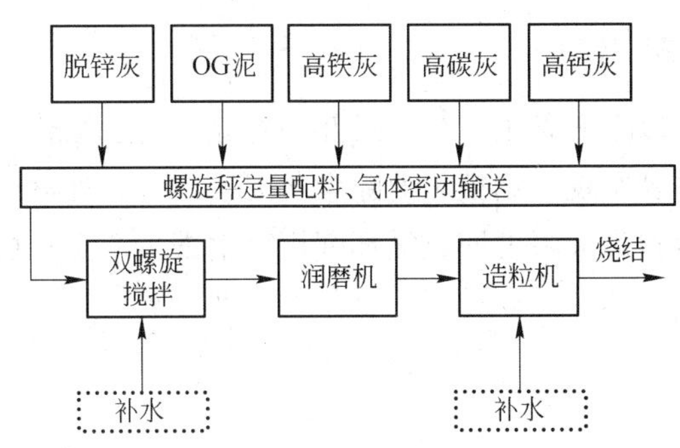

图 1 除尘灰预制粒工艺流程图

经过试验研究表明，将除尘灰及 OG 泥混合制粒，再与其他烧结原料进行混料后，其混合料粒度分布得到改善。烧结矿各项指标如：成品率、燃耗和烧结机利用系数等均有提高。

2.2 冷固结造块工艺

主要以 OG 泥和氧化铁皮为原料，通过干燥处理后，按一定比例配加黏结剂进行混碾和成型。成型后进行冷却和干燥，水分和强度达到入炉要求后，进入转炉炼钢工序,并作为转炉造渣剂或者作为成品外卖。

2.3 高锌、高碱灰水力旋流脱除工艺

由于高锌灰长时间的富集和锌的独有特性对高炉炉衬有破坏性影响，因此脱锌已成为目前钢铁企业必须解决的课题。为此，国外新日铁公司广畑厂开发了具有处理炉灰量为 19 万吨/年的转底炉（RHF）技术，国内北京科技大学试验性自主开发了“煤基热风转底炉法(CHARP)”进行脱锌，但存在工程造价昂贵、工艺复杂、无法脱去碱金属等缺陷。与其相比，采用水力旋流脱锌（碱）的方法，具有工艺流程比较简单、投资小见效快、环保标准高等优点，且国内近几年的试验研究技术方面已经成熟，利用水力旋流器对稀释后的高锌灰浆脱锌，脱锌率达 80%~90%。

水力旋流脱锌、脱碱工艺主要以高锌、高钾钠灰为原料，利用锌或者碱金属在除尘灰颗粒的分布特性，通过水力旋流技术分离出低锌低碱物料（低锌低碱泥）和高锌物料（高锌泥）。低锌低碱泥作为除尘灰预制粒工艺的原料，最终返回烧结；高锌泥可作为成品直接用作锌冶炼厂的原料，实现锌资源回收利用。其典型的工艺流程见图 2。

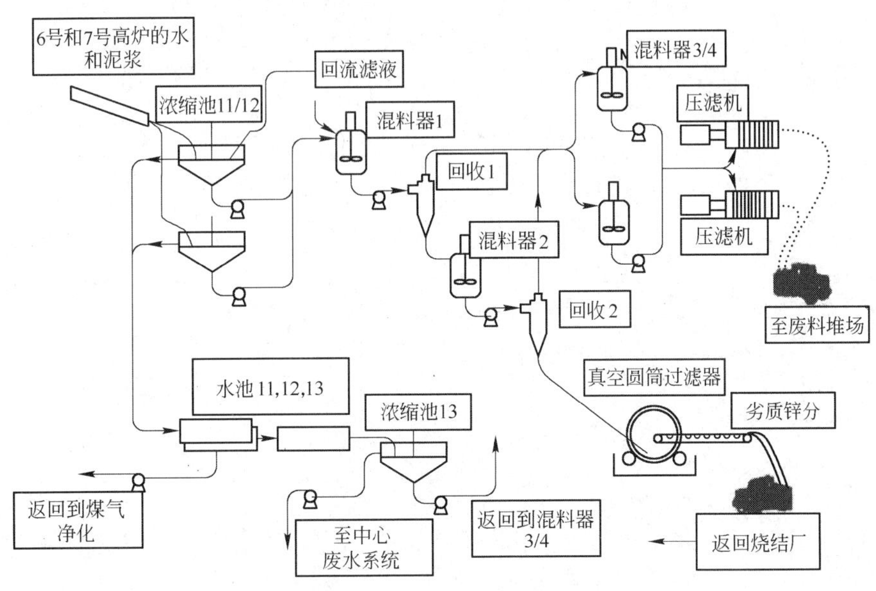

图 2 高锌、高碱灰水力旋流脱除工艺

3 结语

以上三条工艺生产线互为补充，相互结合，在国内已实现了钢铁工业除尘灰泥集中分类处理，同时达到最大限度回收循环利用对钢铁生产有利的资源（铁、碳和钙等）和分离去除对钢铁生产有害的元素（锌和碱金属）的双重目标。在保证钢铁主流程生产顺稳的前提下，实现全厂除尘灰泥全部资源化再利用。新工艺方案充分体现了科学发展观和循环经济理念，在国内外具有较强的示范意义。

（原文发表于《工程与技术》2008 年第 1 期）

烧结模拟烟气活性半焦脱硫研究

王代军

(北京首钢国际工程技术有限公司，北京 100043)

摘　要：针对烧结烟气特点，提出活性半焦脱硫工艺。对半焦性质做出分析，并介绍活性半焦脱硫机理；详细分析改性半焦 E3 对模拟烟气脱硫效果的影响，考察了活性半焦氨水再生法和热再生法。得出改性半焦 E3 对模拟烟气最佳脱硫温度为 70℃、空速为 700h^{-1}、烟气中水含量 7%、氧含量 5%。

关键词：烧结模拟烟气；活性半焦；改性；再生

Study on Sintering Simulated Flue Gas with Active Semi-coke Desulfurization Process

Wang Daijun

(Beijing Shougang International Engineering Technology Co., Ltd., Beijing 100043)

Abstract: Aiming at the characteristic of the sinter flue gas, the paper brings forward the active semi-coke desulfurization process. Analyzing the property of semi-coke, introducing desulfurization mechanism, analyzing detailly the modified semi-coke E3 influence on desulfurization effect, studying active semi-coke ammonia and thermal regeneration method. Reaching the modified semi-coke E3 for simulated flue gas optimum temperature 70℃, airspeed 700h^{-1}, water content 7%, oxygen 5%.

Key words: sintering simulated flue gas; active semi-coke; modified; regeneration

1　引言

北京首钢国际工程技术有限公司烧结设计室主要从事钢铁企业烧结厂、球团厂设计，为响应烧结工序节能减排政策，烧结烟气脱硫已成为烧结厂设计的重点考虑因素之一。烟气脱硫作为净化大气、遏制酸雨的技术，过去几十年在燃煤电厂、锅炉、窑炉得到迅速发展，并取得巨大成功，但钢铁企业烧结烟气脱硫刚起步[1]。目前，国内已有数十家烧结厂采取不同工艺建设脱硫设施，运行情况不尽相同，尚未达到预期目标。在日本，钢铁企业烧结厂普遍采取活性炭脱硫工艺，活性炭脱硫技术已发展得非常成熟；但活性炭脱硫工艺投资惊人，不符合我国国情，因此借助活性炭脱硫技术，利用廉价半焦作脱硫剂研究脱硫工艺，从而大幅度降低脱硫成本，相比于其他脱硫工艺能提高脱硫效率。

据了解，半焦是煤在较低温度下（600~700℃）热解的产物，未完全热解，不仅含有丰富的氧、氢元素，而且有丰富的孔隙和表面结构，为活化剂顺利进入其颗粒内部进行活化提供有利条件，使其改性成为高效脱硫剂。

2　烟气的特点和半焦脱硫机理

2.1　烟气特点

烧结过程是一个高温燃烧条件下复杂物理化学过程，被抽入料层的空气与混合料中的燃料发生燃烧反应，燃烧释放的热量保证烧结物理化学过程的进行，燃烧的烟气作为废气排放[2]。烧结烟气不同于燃煤电厂、锅炉、窑炉产生的烟气，自身特点如下：

（1）烧结烟气受铁矿石、原燃料配比和成分、生产要求变化影响，烟气中 SO_2 浓度变化大，在

400~2000mg/Nm^{3}之间；烟气流量变化大，波动幅度在40%以上。

（2）烟气温度变化大，范围为120~180℃；水含量大，在10%~13%之间，且不稳定；含氧量高，在15%~18%之间。

（3）烟气成分复杂，含有SO_2、粉尘，以及微量HF、HCl、重金属、二噁英等多种污染成分。

烧结烟气的主要特点是排放量大、SO_2排放浓度低且波动范围宽、SO_2排放总量大。烧结烟气这三大特点既是脱硫研究难点也是重点，我国烧结烟气脱硫研究起步较晚，主要以石灰石-石膏湿法、生石灰半干法、氨法等为主；活性炭脱硫技术以效率高、系统阻力小、回收副产物著称，但投资巨大，因此借助成熟的活性炭脱硫技术，充分利用半焦廉价优势[3]，开发烧结烟气活性半焦脱硫技术应用于钢铁企业烧结厂。

2.2 活性半焦脱除烟气中SO_2的研究

2.2.1 半焦的性质（见表1、表2）

表1 半焦的工业分析
Table 1 Industry analysis of semi-coke

样 品	组成/wt.%			
	W_f	A_f	V_f	C^f_{GD}
烟煤无烟煤半焦	6.30	7.27	7.62	78.81
褐煤半焦	7.80	7.19	17.28	67.73

表2 四种改性半焦的比表面积
Table 2 Four kinds modified semi-coke's BET

样品代号	比表面积 /m^2·g^{-1}	样品代号	比表面积 /m^2·g^{-1}
E	44.62	E2	453.06
E1	346.95	E3	478.47

从表2看出：半焦经改性后，比表面积大幅度增加，比表面积越大与SO_2分子接触机会越多，越有利于对SO_2的吸附。

2.2.2 半焦脱除SO_2的机理

活性焦属于无定形炭或微晶炭，是由多环芳香族组成的层面晶格，它具有丰富的微孔结构，氧、氢、氮、硫、卤族等元素在其微晶碳表面形成表面络合物，使其具有很强的吸附性和催化性。据报道，半焦表面具有C—O—C（弱碱性）、O═C—O—C═O（酸性）、—C—O—C—O—C—（强碱性）和═C═O（碱性）等表面含氧基团，其中—C—O—C—O—C—是SO_2在半焦表面的活性吸附位。当烟气通过活性焦时，SO_2被活性位吸附，与邻位吸附态的O_2反应生成SO_3，然后与吸附态的H_2O反应生成硫酸，储存于活性焦的微、中孔中[4]。反应方程式如下：

$$SO_2 \longrightarrow SO_2^* \tag{1}$$

$$O_2 \longrightarrow O_2^* \tag{2}$$

$$H_2O \longrightarrow H_2O^* \tag{3}$$

$$SO_2^*+O_2^* \longrightarrow SO_3^* \tag{4}$$

$$SO_3^*+H_2O^* \longrightarrow H_2SO_4^* \tag{5}$$

$$H_2SO_4^*+nH_2O^* \longrightarrow H_2SO_4\cdot nH_2O \tag{6}$$

其中(1)、(2)、(3) 为物理吸附过程，(4)、(5)、(6) 为化学吸附过程。总反应式可表示成：

$$SO_2+ H_2O + 1/2O_2 \longrightarrow H_2SO_4$$

半焦对SO_2的吸附是在其表面上进行的吸附催化氧化反应过程，催化氧化生成的硫酸储存在活性半焦的微、中孔中，占据了活性吸附位，使吸附能力降低，因此需要把微、中孔中的硫酸取出，空出活性位，使活性半焦恢复吸附能力，即达到再生。

3 实验部分

钢铁厂烧结生产中脱硫设施通常安装在电除尘器之后，气体中98.4%粉尘已被除去，极少量粉尘几乎对脱硫无影响。实验中采用配制模拟烟气进行试验，模拟烟气中硫、氧、水含量完全按照实际生产中烟气含量配制，由于烧结实际生产中烟气还含有微量HF、HCl、重金属、二噁英，根据活性炭脱硫经验这些微量成分均能被吸附，对脱硫效果影响微小，试验中暂不考虑这些微量成分影响。试验流程如图1所示。已购买的改性半焦E3为脱硫剂，通过改变吸收塔内条件来考察E3的脱硫效果。

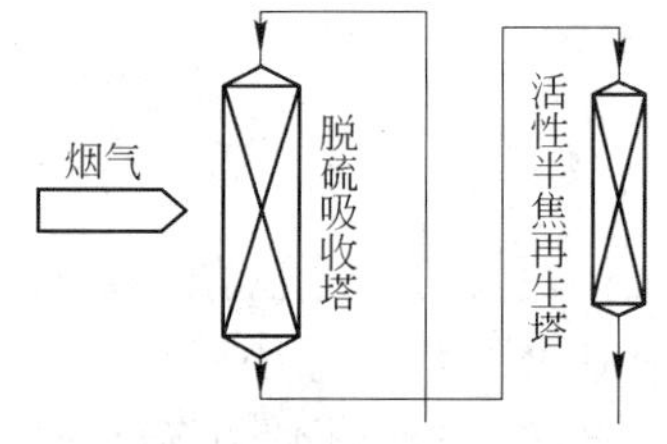

图1 活性半焦脱硫试验流程
Fig. 1 Desulfurization experimental process of active semi-coke

3.1 操作条件的考察

3.1.1 温度对脱硫效果的影响

在模拟烟气空速为1400h^{-1}下，吸收塔内温度分别为50℃、70℃、90℃、110℃、130℃时，温度改变对改性半焦E3脱除模拟烟气中SO_2的影响。试验结果如图2所示。当脱硫温度为70℃时，改性半焦E3的穿透时间和硫容都处于曲线的最高点，脱硫效果最好；50℃和90℃脱硫效果相差不大，穿透时间和硫容都低于 70℃的情况，从 90℃到 110℃半焦的脱硫能力减弱较快。

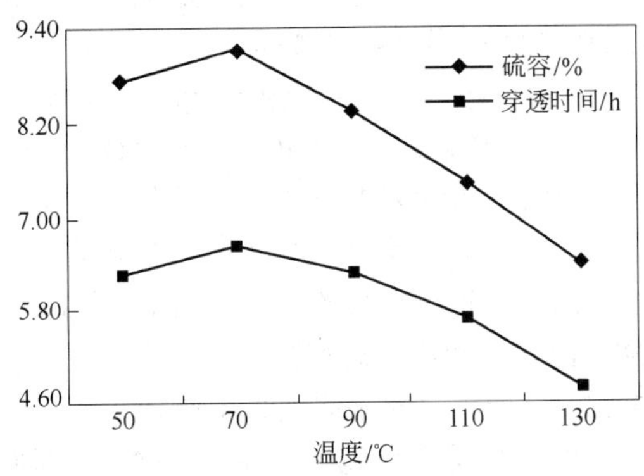

图 2　烟气温度对改性半焦脱硫的影响

Fig. 2　Gas temperature for modified semi-coke desulfurization's affect

3.1.2　空速对脱硫效果的影响

改性半焦 E3 在脱硫温度为 90℃下，烟气空速分别为 420h^{-1}、540 h^{-1}、700 h^{-1}、900 h^{-1}、1200 h^{-1}、1400℃、1600h^{-1}时，空速改变对改性半焦 E3 脱除模拟烟气中 SO_2的影响。试验结果如图 3 所示。当空速为 700h^{-1} 时，改性半焦的硫容最大，脱硫效果最好。当空速小于 700 h^{-1}时，硫容随空速的增大而增加；反之，当空速大于 700 h^{-1}时，硫容随空速增大而减小。

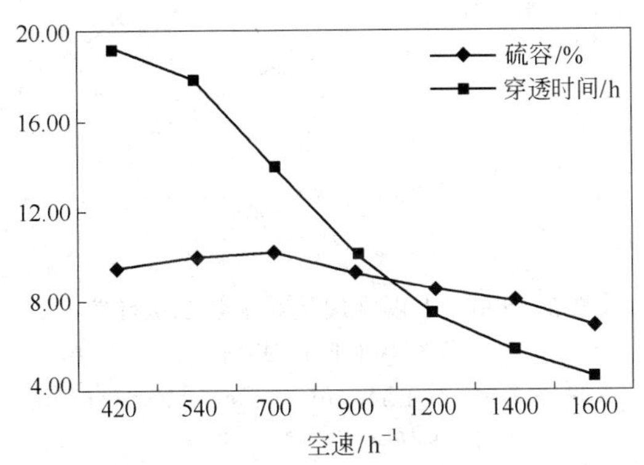

图 3　空速对改性半焦脱除 SO_2 硫容和穿透时间的影响

Fig. 3　Airspeed's affect of modified semi-coke's sulfur capacity and penetration time

由图 3 可知，空速为 700h^{-1}时的脱硫反应为扩散控制型，空速大于 700h^{-1}时为反应控制型。其中原因可能是在气体空速较小时，半焦的外表面存在一个层流的边界层，随着空速增大，边界层的厚度逐渐变薄，外扩散阻力减小，外扩散传质系数随空速的增大而增大，因此空速小于临界空速，硫容随着空速的增大而增加，这时脱硫反应为扩散控制型；当空速超过临界空速时，随着空速的增加 SO_2 分子在床层内的停留时间缩短，烟气中的 SO_2 尚未被充分吸附就通过了床层，此时，硫容随着空速的增加而减小，这时的脱硫反应为反应控制型。700h^{-1} 为最佳烟气空速。

3.1.3　烟气中水的含量对脱硫效果的影响

活性半焦脱硫时存在 SO_2、H_2O、O_2 在活性半焦表面的竞争吸附和协同吸附，O_2 和水蒸气在半焦微孔表面的吸附为物理吸附，在极短时间内达动态平衡，SO_2 只有先进行物理吸附才能发生化学吸附。

改性半焦 E3 在模拟烟气脱硫温度为 90℃下，空速为 1400h^{-1}下，考察烟气中水的含量分别为 3%、7%、10%、12%时，水的含量对改性半焦脱除模拟烟气中 SO_2的影响。试验结果如图 4 所示。对于半焦 E3 而言最佳湿度为 7%，此时半焦具有最好的脱硫效果。当湿度达到 10%时，硫容和穿透时间都有所下降，但此时半焦仍有比较良好的脱硫能力；当湿度继续增加到 12%时，硫容和穿透时间迅速下降，此时的脱硫效果较差；同样，当湿度降低至 3%时，半焦的脱硫效果最差。

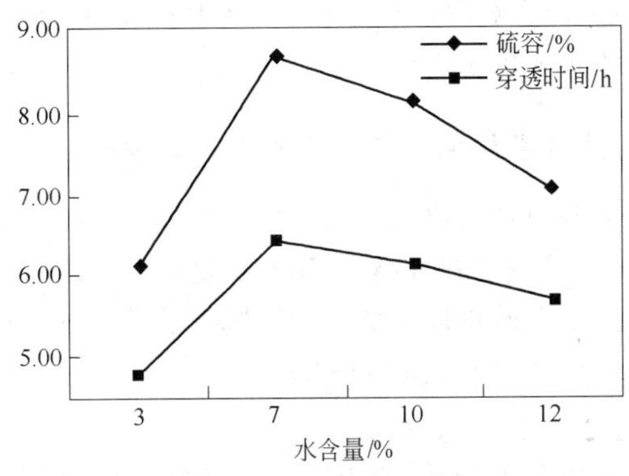

图 4　水含量对改性半焦脱除 SO_2 的硫容和穿透时间的影响

Fig. 4　Moisture's affect of modified semi-coke's sulfur capacity and penetration time

3.1.4　烟气中氧含量对脱硫效果的影响

改性半焦 E3 在模拟烟气脱硫温度为 90℃、空速为 1400h^{-1} 下，考察烟气中氧气的含量分别为 1.0%、3.0%、5.0%、7.0%、10.0%时，氧气的含量对改性半焦脱除模拟烟气中 SO_2 的影响。试验结果如图 5 所示。氧含量对半焦脱硫效果的影响较小，氧含量在 1.0%~5.0%的范围内波动，硫容和穿透时间均增加。当氧气含量大于 5.0%时，其含量对脱硫效果的影响变得不明显。这是因为活性半焦脱硫时存在 SO_2、H_2O、O_2 在活性半焦表面的竞争吸附和协同吸附，O_2 在半焦微孔表面的吸附为物理吸附，由本实验结果也可推测 O_2 对 SO_2 的竞争吸附作用较弱，因此 O_2 过量对 SO_2 的吸附并没有明显影响，而

且 O_2 的存在能够加速 SO_2 的化学吸附，有利于 SO_2 催化转化为 SO_3 的反应。

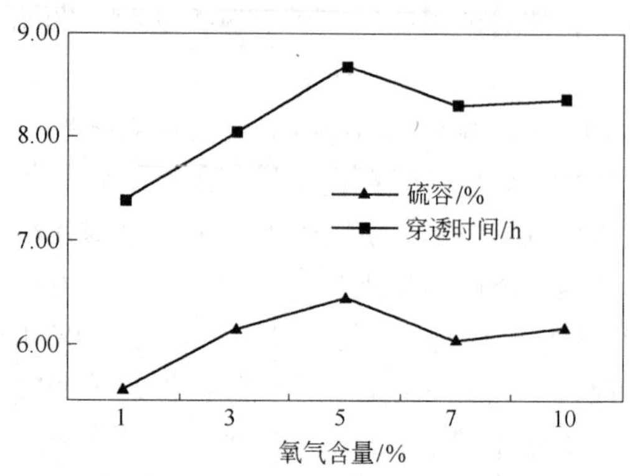

图 5　氧气含量对改性半焦脱除 SO_2 的硫容和穿透时间的影响

Fig. 5　Oxygen's affect of modified semi-coke's sulfur capacity and penetration time

3.1.5　系统阻力影响

根据成熟的活性炭脱硫工艺，实际运行中系统阻力很小。从安装在吸收塔进、出气口的气体差压计读数，发现试验中半焦对烟气几乎没产生阻力，可能因为试验中气体流量小，系统阻力影响有待在进一步扩大试验中研究。

3.2　活性半焦烟气脱硫再生性能的考察

炭基材料的再生方法主要有两种：水洗法和热再生法。半焦和活性炭同属于炭基材料，在吸附和脱附上二者的机理类似，所以脱硫活性炭的再生方法同样也适用于脱硫半焦的再生。

3.2.1　氨水再生法

再生条件为氨水浓度 20%、再生温度 70℃、反应时间 1.5h、半焦与氨水体积比 1:1。再生后的活性测试条件为脱硫温度 90°C、空速 $1200h^{-1}$、进口 SO_2 浓度为 2000~2200mg/Nm^3、O_2 浓度为 5%、8%的 $H_2O(g)$。试验结果如表 3 所示。新鲜脱硫剂的初始活性比较平稳，在前 4 小时，SO_2 脱除率仍为 98%以上，初始硫容达 13.1%；一次再生后脱硫活性有些下降，2 小时 SO_2 的脱除率就到了 98%，二次硫容降为 11.2%。随再生次数的增加，硫容进一步下降。脱硫剂经四次再生后的硫容是一次硫容的 77.10%。

表 3　多次反应-再生循环的硫容与穿透时间

Table 3　Multi reactor-regeneration circle of sulfur capacity and penetration time

脱硫/再生循环次数	1	2	3	4	5
穿透时间/h	8.33	7.95	7.68	6.91	6.75
硫容/%	13.1	11.2	10.9	10.7	10.1

3.2.2　热再生法

热再生法是通过高温气体吹扫或者从外部提供热量使吸附所生成的 H_2SO_4 与碳反应，生成富集 SO_2 而脱附出来，主要反应为：

$$2H_2SO_4+C = 2SO_2+CO_2+2H_2O \quad (7)$$

$$H_2SO_4+C = SO_2+CO+H_2O \quad (8)$$

热再生中用到的吹扫气体有水蒸气、N_2 和其他惰性气体等。实质上利用流动的惰性气体将生成的 SO_2 吹扫出来，得到富集的 SO_2 气体，可用来生产浓硫酸等附加值较高的硫产品。

3.2.2.1　氮气气氛下多次再生考察

改性半焦的热再生能力考察在 500℃下进行。试验结果如表 4 和图 6 所示。

表 4　500℃下再生次数对半焦二次硫容及穿透时间的影响

Table 4　Regeneration affect for second sulfur capacity and penetration time at 500℃

再生次数	1	2	3	4	5	6
硫容/%	7.52	7.26	7.12	6.91	6.55	5.87
穿透时间/h	6.33	6.40	6.04	5.67	5.17	4.68

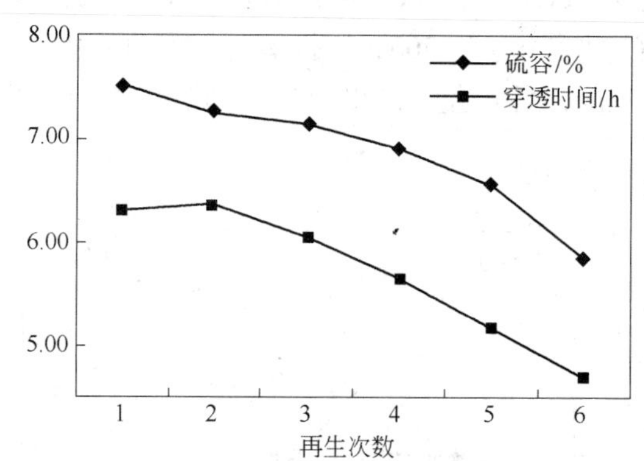

图 6　500℃下再生次数对半焦二次硫容及穿透时间的影响

Fig. 6　Regeneration affect for second sulfur capacity and penetration time at 500℃

从表 4 和图 6 可以看出，失活半焦在 500℃下再生，随着再生次数的增加，再生样的硫容也是逐渐下降，经过六次再生后，再生样的硫容为 5.87%；单纯从提高热再生的温度和调节热再生时间着手并不能大幅度提高再生后的硫容，不能使半焦完全再生。而且，大多数文献研究都认为热再生的温度一般在 300~500℃之间，500℃基本上是热再生的上限温度，超过 500℃的再生温度对热再生来说意味着消耗更多能量，有更高的设备条件要求，很不经济，不利于该技术的工业化应用。因此，应该从其他的角度入手解决热再生不完全这一问题，例如改变热再生的气氛，加入还原性气体等。下面的试验就是从这一思路入手，考察了氨气气氛下失活半焦的热再生。

3.2.2.2 氨气气氛下多次再生的考察

为了更准确的考察半焦在氨气气氛中的热再生能力及其使用寿命，必须对半焦进行多次再生的考察。考察了活性半焦在 500℃下氨气气氛中的循环四次再生。试验结果如表 5 所示。

表 5 5%氨气气氛 500℃下再生次数对半焦二次硫容及穿透时间的影响

Table 5 Regeneration affect for second sulfur capacity and penetration time with 5% ammonia at 500℃

再生次数	1	2	3	4
硫容/%	10.83	11.24	10.27	9.76
穿透时间/h	8.67	8.40	7.94	7.85

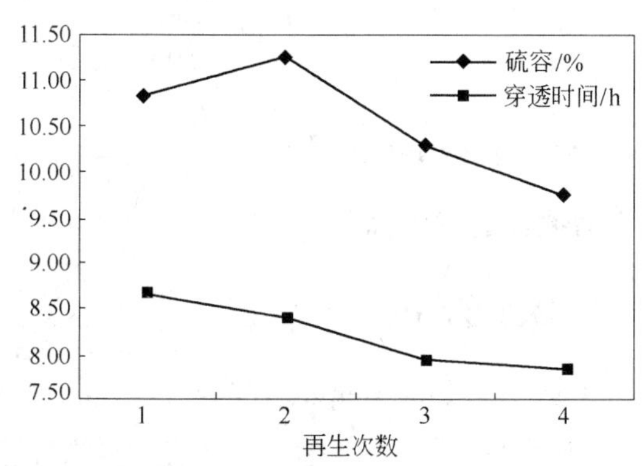

图 7 5%氨气气氛 500℃下再生次数对半焦二次硫容及穿透时间的影响

Fig. 7 Regeneration affect for second sulfur capacity and penetration time with 5% ammonia at 500℃

由表 5 和图 7 中可以看出，失活半焦在氨气气氛下 500℃下再生，两次再生后的硫容达到最高 11.24%，再生次数继续增加硫容开始缓慢下降，当四次再生后，再生样的硫容仍然达到 9.76%，这与新鲜样（硫容 9.80%）的脱硫能力几乎相当。这可能是因为氨气这一还原气氛能使失活半焦完全再生，而且这一过程的少量耗炭可能更加完善了再生后半焦的孔结构，使再生后硫容增加。但多次再生反复的耗炭也可能会使微孔变大，甚至坍塌，从而会使再生硫容下降。

4 结论

（1）通过对改性半焦的分析，改性半焦比表面积显著增大，比表面积越大与 SO_2 接触机会越多，脱硫率越高。

（2）以改性半焦 E3 为实验脱硫剂，试验发现，在指定其他条件下，改性半焦 E3 对模拟烟气最佳脱硫温度为 70℃、空速为 $700h^{-1}$、烟气中水含量 7%、氧含量 5%。

（3）模拟烟气中硫、氧、水含量完全按照实际烧结生产中除尘后烟气模拟，活性半焦脱硫研究已取得实验室成功，可以通过实验室数据进行扩大化试验进一步研究。

（4）半焦再生采用水热化学法，水热化学法具有能耗低、占地少、化学改性调变范围宽等优点。

参考文献

[1] 刘文权.钢铁行业烧结烟气脱硫技术的发展[J].研究进展，2009, (05).

[2] 陈凯华.烧结烟气联合脱硫脱硝工艺的比较[J].烧结球团，2008, (10).

[3] 张香兰.活性半焦制备工艺条件对其脱硫性能的影响[J].煤炭转化, 2007, (04).

[4] 孙晶，徐铮.活性炭材料在火电厂烟气脱硫脱硝中的应用[J]. 电力环境保护, 2008, (02).

（原文发表于《钢铁》2010 年第 8 期）

首钢京唐钢铁厂转炉除尘灰冷固球团返回转炉循环利用

王 欣 崔乾民 徐栋梁

（北京首钢国际工程技术有限公司，北京 100043）

摘 要：转炉煤气经干法除尘后产生的除尘灰主要成分为 Fe 和 Ca 及少量固体 C，具有粒度细、含铁量高的特点，是可回收的二次资源。通过对除尘灰进行原料分析、配料计算、采用冷固球团生产工艺，生产出符合首钢京唐钢铁厂转炉使用要求的冷固球团，经炼钢厂现场使用证明其具有较好的冷却和化渣效果。采用转炉除尘灰冷固球团作为冷却剂、造渣剂回用转炉生产，可降低外购含铁资源的费用，同时实现节能减排。

关键词：转炉；除尘灰；冷固球团

Design Characteristic of Converter Dust Ash Cold Solid Pellet Line in Jingtang Plant

Wang Xin Cui Qianmin Xu Dongliang

(Beijing Shougang International Engineering Technology Co., Ltd., Beijing 100043)

Abstract: The dust ash is produced by dry process of conveter gas,its main components is Fe and Ca,and some solid carbon,has the character of fine granularity and high iron content.Through material analyse and mixture calculation,it can produce cold solid pellets by cold solid pellt process. The field use in steel mills show that it has good cooling and the residue effect.It can reduce 185.5 thousands of tons dust ore per year,equals to 170-180 thousands of tons Australian ore or pellets. Acccording to that, it can greatly reduce the outsourcing iron resources costs, economic benefit and social benefit is remarkable, conform to the circular economy mode.

Key words: converter; dust ash; cold solid pellet

1 引言

循环经济是一种以资源的高效利用和循环利用为核心，以“减量化、再利用、资源化”为原则，以“低消耗、低排放、高效率”为基本特征，符合可持续发展理念的经济增长模式。循环经济模式是钢铁企业所寻求的理想发展模式。

首钢京唐钢铁厂转炉炼钢过程中产生的烟气中含有大量含铁粉尘，其炼钢厂采用 2 座 300t 脱磷转炉+3 座脱碳转炉吹炼模式，5 座转炉均采用除尘效率较高的干法除尘技术。转炉煤气经干法除尘后产生的除尘灰是高温冶炼过程中产生的金属和非金属矿物微粒，80%以上的粒度为 5~76.4μm，属高细粉状态物质，其主要成分为 Fe 和 Ca 及少量固体 C，具有粒度细、含铁量高的特点，是宝贵的二次资源。通过对除尘灰进行原料分析，配料计算,采用冷固球团生产工艺，生产出符合首钢京唐钢铁厂转炉使用要求的冷固球团。经炼钢厂现场使用证明其具有较好的冷却和化渣效果，首钢京唐钢铁厂一期建设规模为钢产量 927.5 万吨/年，按吨钢消耗 20kg 冷固球团计算，年可回用转炉除尘灰 18.55 万吨，相当于每年可节约澳矿或球团矿 17~18 万吨，降低了外购含铁资源的费用，同时实现了节能减排，具有显著的经济效益和社会效益，符合循环经济模式。

2 原料分析

首钢京唐钢铁厂转炉年产合格钢水927.5万吨，转炉炼钢采用干法除尘，除尘灰分为粗、细两种，由重力除尘分离出的粗颗粒除尘灰为一次除尘灰，产量约为8.7万吨/年。由电除尘分离出的细粒度灰为二次除尘灰，产量约为11.8万吨/年。这些除尘灰主要成分为TFe、CaO、SiO_2，TFe含量约为46%~47%。首钢京唐钢铁厂炼钢转炉除尘灰主要成分见表1。

表1 首钢京唐钢铁厂炼钢转炉除尘灰主要成分

项 目	转炉一次除尘灰	转炉二次除尘灰
Fe/%	46~47	46~47
CaO/%	15~20	15~20
SiO_2/%	1.2~1.5	1.2~1.5
P/%		
S/%	0.06~0.37	0.06~0.37
年产量/万吨	8.7	11.8
密度/$t·m^{-3}$	1.3	0.66
粒度/μm	0~208	0~7.8

3 产品要求

现代化转炉炼钢对炉料的要求较高，冷固球团作为造渣剂、冷却剂回用转炉生产时，要求其TFe≥50%，且具有一定强度，根据首钢京唐钢铁厂转炉炼钢的实际情况，制定出冷固球团产品的技术要求。

冷固球团成品主要技术要求：

成　　分：TFe 50%~55%，CaO 15%~20%，SiO_2 1.2%~1.5%；

外形尺寸：38 mm×26 mm×15 mm（见图1）；

单球强度：≥800N；

合 格 率：≥80%。

图1 冷固球团成品

4 工艺方案

4.1 配料设计

首钢京唐钢铁公司转炉炼钢生产要求冷固球团TFe≥50%，单纯使用转炉除尘灰生产冷固球团，其产品含铁品位达不到转炉使用要求，需要配加一部分含铁品位较高的氧化铁皮或精矿粉（氧化铁皮供应不足时使用精矿粉）。同时为促进在造球过程中的固结反应，还需配加一部分黏结剂。黏结剂有很多种类，如水玻璃、水泥、糖浆、淀粉、聚乙烯醇等，考虑到使用淀粉作为黏结剂，具有价格低廉，工艺简单，不含对转炉炼钢有害杂质的特点，本工程最终采用淀粉作为冷固球团生产的黏结剂。

另外，转炉除尘灰属于高细干粉料，含有15%~20%的活性CaO，工艺控制的关键点就是控制成型水分，水分过少则物料消化不足、无塑性，且缺乏足够的固结反应水；水分过多则会造成物料表面水膜增厚、空隙增加，影响黏结效果，而且不易脱模，经过实验室对比实验以及工业性试验验证，最终确定了冷固球团生产线配料方案，具体见表2。

表2 首钢京唐钢铁厂转炉除尘灰冷固球团配料方案 (%)

转炉除尘灰	氧化铁皮或精矿粉	淀粉黏结剂	水
60~70	10~15	8~10	12~15

4.2 总图位置及运输

首钢京唐钢铁厂转炉除尘灰冷固球团生产线位于炼钢厂主厂房西南角，其北侧为炼钢厂废钢路，南侧为套筒窑石灰通廊，东侧为套筒窑成品输送通廊及炼钢厂干法除尘设施，西侧紧靠炼钢西路。

首钢京唐钢铁厂转炉除尘灰冷固球团生产线主要由原料灰仓、消化仓、造球车间、成品仓、环境除尘、配电室及综合楼等设施组成，占地面积约5000m^2，工艺布置紧凑、合理，具体总图布置见图2。

首钢京唐钢铁厂转炉除尘灰有两种，一种为重力除尘分离出的粗颗粒，另一种则是电除尘分离出的细粒度灰，两种除尘灰均采用密闭罐车输送形式分别送入造球车间粗灰仓和细灰仓。

成品冷固球团采用自卸式汽车运至炼钢厂地下散料仓，再经过带式输送机转运至炼钢厂转炉高位料仓。

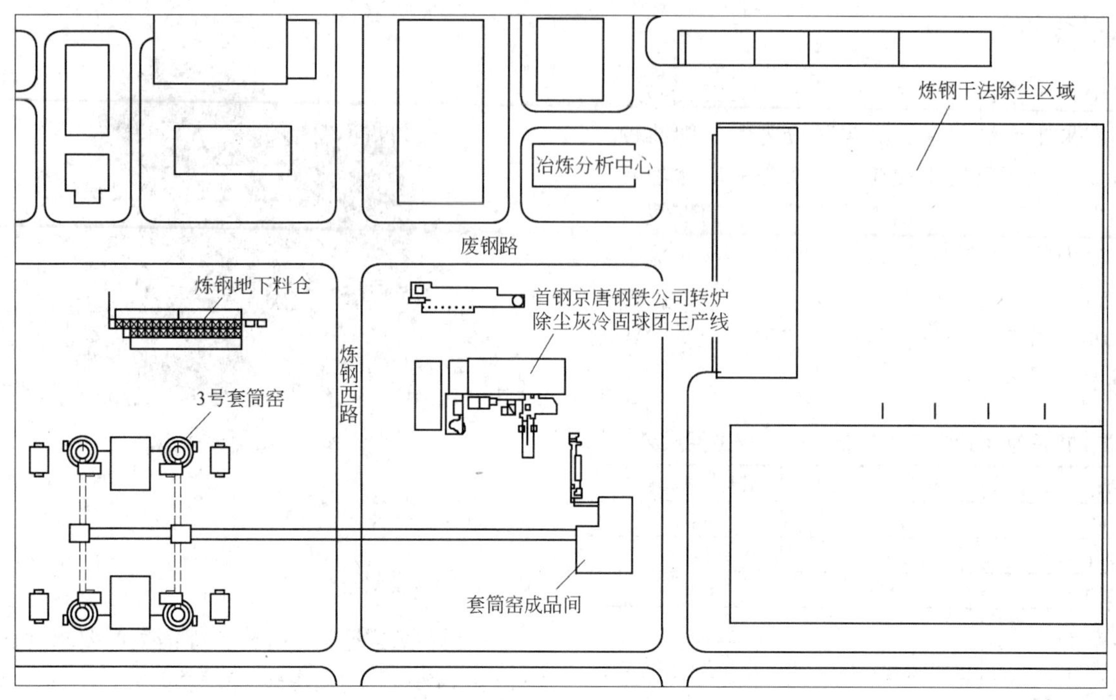

图 2　首钢京唐钢铁厂转炉除尘灰冷固球团生产线总图布置

4.3　工艺生产过程简介

转炉除尘灰中活性 CaO 含量较高，可达到 15%~20%，在造球前必须经加湿浸润、充分消化，否则成品冷压球极易粉化，影响造球强度，甚至无法成球。在转炉除尘灰原料仓底部设置双轴搅拌加湿机，将转炉灰在输送环节中边搅拌边加湿，需要配加的氧化铁皮或精矿粉也在输送环节中加入，最终这些物料被送入两个有效容积为 200m^3 的消化仓内，混合料在消化仓内完成消化过程。

混合料中的活性 CaO 与 H_2O 反应生成 $Ca(OH)_2$，为防止消化过程腐蚀仓壁，消化仓上半部设计为混凝土结构，下半部设计为钢结构，在消化仓内壁设置衬板，外壁设置保温材料，有效解决仓体耐腐蚀和冬季生产防冻问题。

混合料在消化仓内停留约 12~24 小时，充分消化后经输送设备送入混碾机上方的中间仓，造球车间内设置 3 台混碾机，单台机组生产能力为 12m^3/h，中间仓下方的星型卸灰阀定时定量的将混合料喂入混碾机内，与此同时按一定配比将粘合剂加入混碾机内，在混碾机内混合料与粘合剂充分混合搅拌。此时应设置一个合理的搅拌时间，搅拌时间过短，会造成物料混合均匀性差、密实度不够，下一步造球不易成型；搅拌时间过长则会造成物料密实度不断增加的同时，泌水也不断增加，最终造成物料偏湿，而且能耗增加、生产率下降。根据生产试验结果，确定合理的搅拌时间为 6min。完成混碾后，混合料由输送设备送入下道工序。

为提高混合料的密度，从混碾机出来的混合料经输送设备喂入 ϕ 1000×650 中压对辊压密机（80m^3/h）进行压实处理，以获得较高密度（1.8~2.0t/m^3）的混合料。压实后的物料经输送设备送入高压球机上方的中间仓。造球车间内设置 3 台 GY750-320 高压球机，单台机组生产能力为 12m^3/h，混合料经中间仓下方的卸灰阀及溜槽喂入高压球机顶部的可调速预压机内，再由预压机连续加压喂入高压球机，在高压下挤压成球。

成型后的球团经筛分后送入成品仓，成品仓有效容积为 180m^3。此时的成品球中含有大量 $Ca(OH)_2$，且强度较低，考虑到本生产线位于首钢京唐钢铁厂 3 号套筒窑附近，可对套筒窑废气加以利用。套筒窑废气的主要成分为 CO_2 气体，成品球中的 $Ca(OH)_2$ 与 CO_2 气体反应生成 $CaCO_3$，可以起到提高成品球表面硬度的作用，同时套筒窑废气温度约为 80℃，还有一定的余热可以用于成品球的干燥。在成品仓附近设置 1 台废气引风机，把套筒窑废气引入成品仓，引风机型号：926NO.5，压力：5000~6000Pa，风量：4000~6000m^3/h。套筒窑废气由 3 号套筒窑除尘系统引出，引出位置设在窑顶除尘风机后，管道直径 DN400，沿套筒窑成品皮带通廊引入造球车间成品仓。

成品仓底部设有筛分设施，成品球经筛分后，小于 10mm 的筛下物经转运返回造粒生产线重新作为造球原料，大于 10mm 的筛上物经带式输送机装车，送往炼钢车间的地下料仓，具体工艺流程见图 3。

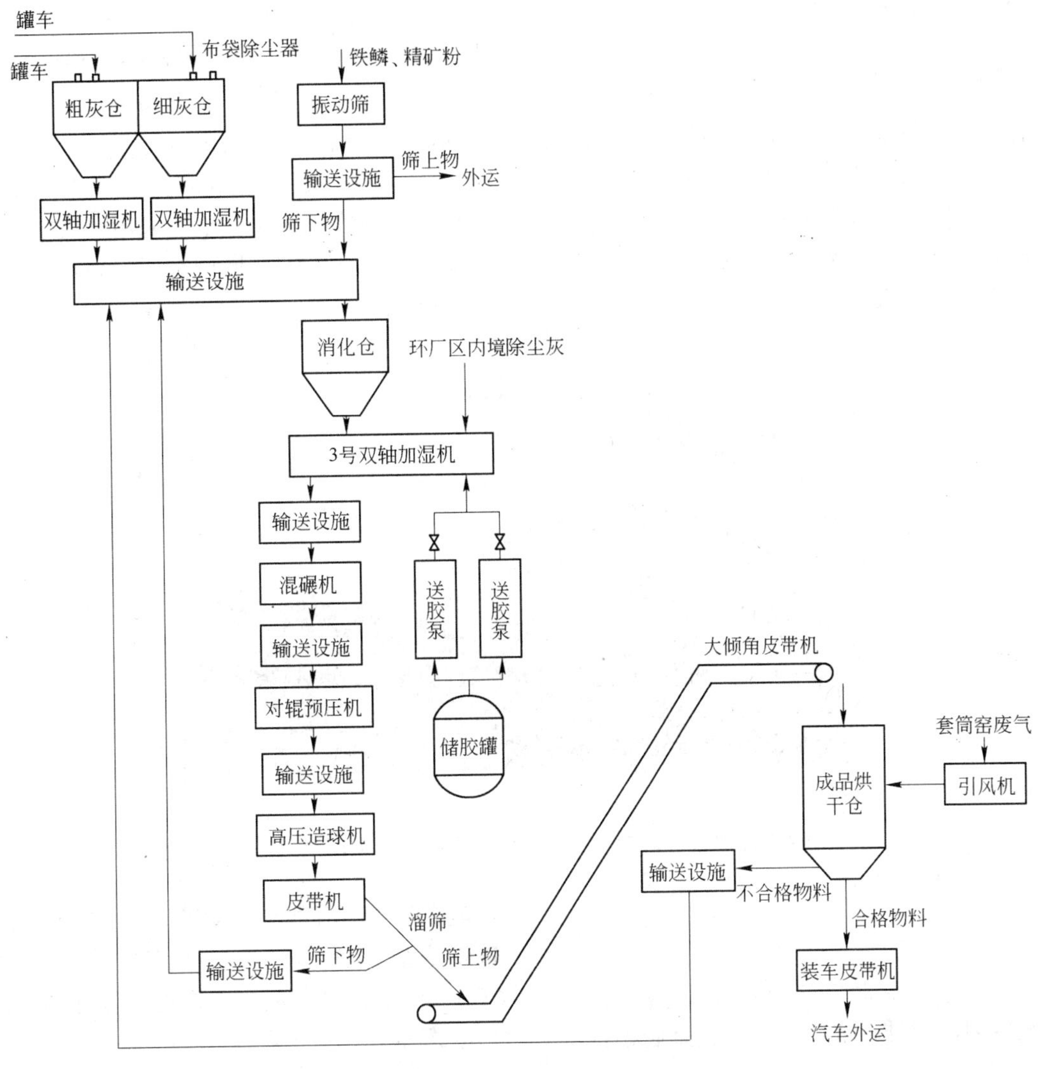

图 3　首钢京唐钢铁厂转炉除尘灰冷固球团生产工艺流程

4.4　技术经济指标

首钢京唐钢铁厂转炉除尘灰冷固球团生产线主要经济技术指标见表 3。

表 3　主要经济技术指标

序号	项目名称	指标	备 注
1	生产能力/万吨·年$^{-1}$	25	
2	水/m^3·h^{-1}	5.0	0.1MPa
3	无油无水压缩空气/m^3·h^{-1}	30	0.6~0.7 MPa
4	工艺设备总装机容量/kW	956	

4.5　冷固球团作为转炉炼钢冷却剂、造渣剂的应用

首钢京唐钢铁厂转炉除尘灰冷固球团生产线于 2009 年 11 月开工，2010 年 8 月生产出第一批冷固球团，经首钢京唐钢铁厂炼钢转炉使用，证明冷固球团作为转炉炼钢的冷却剂、造渣剂具有以下优点：

（1）加快成渣。冷固球团的加入，在转炉炼钢过程中增加了前期渣中的 FeO 含量，加快成渣速度，提高了前期渣的形成速度及中期渣的物化性能，改善了冶炼过程中的脱磷、脱硫效果。

（2）冷却效果较好,改善渣料结构。由于渣中分批加入冷固球团，其熔解吸热可相应减少其他渣料的投入。冷固球团加入转炉后，石灰熔化率的提高加上冷固球团带入的一部分 CaO 可减少石灰消耗。

（3）简化炉前操作。因冷固球团良好的起渣、化渣效果，可以减少甚至不加萤石，代替了铁皮、矿石、萤石，大大简化了炉前操作。

（4）提高转炉炉龄。加入冷固球团可使转炉炼钢初期炉渣碱度提高，使 MgO 在渣中的溶解度降低，减少炉衬侵蚀，有利于提高转炉炉龄。

（5）提高金属收得率。冷固球团中 TFe 含量在 50%~55%，使转炉除尘灰中的金属得到有效回收。

（6）减轻环境污染。冷固球团生产线使转炉炼

钢干法除尘灰得到有效处理。

4.6 先进性与技术创新

（1）首钢京唐钢铁厂转炉除尘灰冷固球团生产线集转炉干法除尘灰在线消化、在线混碾、在线造球为一体，工艺顺畅，流程短；

（2）转炉干法除尘灰采用密闭罐车运输，减少二次污染，降低了工人劳动强度，改善了工作条件和环境；

（3）在混碾过程中添加的粘合剂，其主要成分为价廉且易得的淀粉，不含磷、硫等有害成分，不会对转炉炼钢产生负面影响；

（4）独一无二的成品仓设计，集存储与烘干为一体。成品表面固化和干燥采用套筒窑废气，减少了能源消耗，首钢京唐钢铁厂转炉除尘灰冷固球团生产线成品仓见图4。

图4　首钢京唐钢铁厂转炉除尘灰冷固球团生产线成品仓

5 结语

采取转炉除尘灰造球工艺，成品冷固球团作为冷却剂、造渣剂回用转炉炼钢，是首钢京唐钢铁厂转炉除尘灰的有效利用途径，符合循环经济理念。首钢京唐钢铁厂转炉除尘灰冷固球团生产线于2010年8月投产运行，取得了较好的经济效益和环境效益。

（原文发表于《工程与技术》2011年第1期）

首钢京唐 550m² 烧结工程除尘灰采用密相气力输送技术的研究与应用

王晓青

(北京首钢国际工程技术有限公司，北京 100043)

摘　要：分析了密相气力输送技术的技术特点，结合首钢京唐 2×550m² 烧结机工程，采用密相气力输送技术输送除尘灰，在投产后不断进行改进和优化，其生产运行良好，取得很好的经济和社会效益,并为大型烧结除尘系统应用提供了新的借鉴和参考，对改善烧结厂环境，创建新型绿色钢铁厂起到示范作用。

关键词：密相；气力输送；烧结

Research and Application of Dust Dense-phase Pneumatic Conveying Technology for Shougang Jingtang 550m² Sintering

Wang Xiaoqing

(Beijing Shougang International Engineering Technology Co., Ltd., Beijing 100043)

Abstract: Analysis of the dense-phase pneumatic conveying technology characteristic, the ombination of shougang Jingtang 2×550 m² sintering engineering, the dense-phase pneumatic conveying technology transfer dust, in after production of continuous improvement and optimization, the operating results are well, and get a good economic and social benefits, and for large sintering dust removal system applied to provide a new reference, to improve the sintering plant environment, create new green steel works play the part of demonstration role.

Key words: dense phase; pneumatic conveying; sintering

1　引言

随着钢铁产业的快速发展，我国烧结机的技术装备水平得到大幅提升，烧结机大型化趋势明显。生产实践证明，烧结设备大型化具有产品质量高、能耗低、运行费用低、劳动生产率高、便于集中管理和实现高度自动化等优点，同时可减少污染源，有利于环境保护。

首钢京唐 2×550m² 烧结工程（以下简称京唐烧结）以设备大型化、流程简洁化、能源循环化的特点位居国内首位。设计打破传统封闭意识，走开放合作、自主创新道路，大力推广应用新技术、新工艺、新设备、新材料，以创新理念实现技术升级，为提高钢铁厂综合科技水平，打造新一代可循环钢铁厂起到了重要的支撑作用。低速密相输灰方式具有能耗低、自动化程度高、可连续运行、环境污染小等诸多优点。京唐烧结全部采用密相气力输送技术输送除尘灰，投产后不断进行改进和优化，目前生产运行良好，取得很好的经济和社会效益。

2　低速密相气力输送技术的原理分析

气力输送技术出现的很长一段时间内，几乎都是低压稀相输送方式。由于散装物料与管壁碰撞，导致管道磨损严重，且耗气量大，能耗高。直到 20 世纪 60 年代以来，低速密相输送装置的成功研制，使其在输送大颗粒、大比重、磨琢性强的粉尘方面比传统稀相输送有很大优势，较好地解决了堵塞和磨损问题，提高了输送量，减少了压缩空气用量，大幅度降低了电耗。

由于计算机技术的飞速发展,可以通过建立模型用数值统计进行计算,使研究不断深化和定量化;由于制造技术和材料技术的飞跃发展,控制技术和传感技术的长足进步,使低速密相气力输送技术在众多产业领域成功应用,从而解决了以往物料破碎,管道磨损,高耗能等问题,并提高了系统可靠性和工程经济性。

2.1 低速密相的定义

所谓密相输送，目前较多采用以下两种定义：

（1）按料、气质量流量比μ的大小来划分,$\mu>10$（或$\mu>25$）时为密相输送。由于μ值与物料特性、系统特性和运转条件有关，因而μ值的变化必然很大。此种方法简单且适用于相似物料作比较之用。

（2）按相图（或称状态图）上的最小压降来分。如图 1 所示，线的左边属于密相输送，这就意味着当水平输送气体速度小于灰料沉降速度时为密相输送。一般而言，这种区分法较为恰当，而且具有较坚实的理论基础。

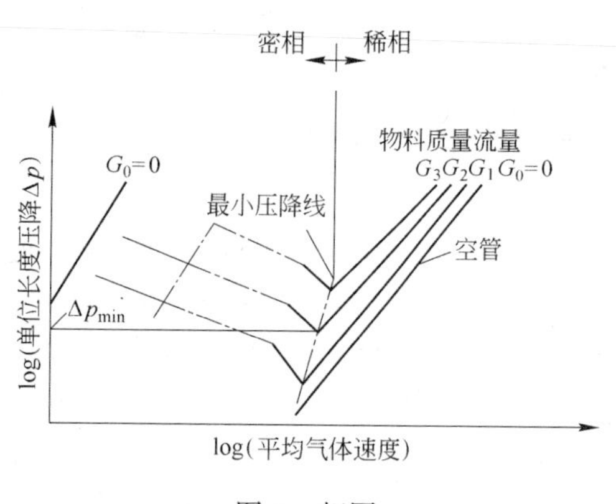

图 1　相图

2.2 密相输送管道中的流动状态

通常认为密相输送在相图上有三个区域：

（1）连续相区，随输送的气速降低，物料由于沉降在稳定滑动床上移动；

（2）不连续相区，当输送的气速进一步降低，物料以沙丘状或栓状移动；

（3）整体相区，当输送的气速进一步降低至临界下限，物料以满管流形式缓慢挤过管道。

常见的密相输送是在相区不连续输送，物料以沙丘状或栓状输送。由于整体相区输送状态复杂且不稳定，还极易堵塞管道，所以国内外学者主要研究以栓状输送为主的不连续相区。

密相气力输送管道中的流动状态如图 2 和图 3 所示，H1 为管道充满物料的滑动流，H2 表示栓流间有沉积层，H3 为无沉积层，H4 表示带沉积层的悬浮流，H5 为沙丘状流，H6 为物料成滑动床疏松的股流。在垂直管中，V1 为滑动流，V2 为其气力提升中的流化床流，V3 为伴有粒子从尾部下落的栓流，V4 为栓流，V5 为伴随有取代沉积的反向流，V6 表示带料束的流动[1]。

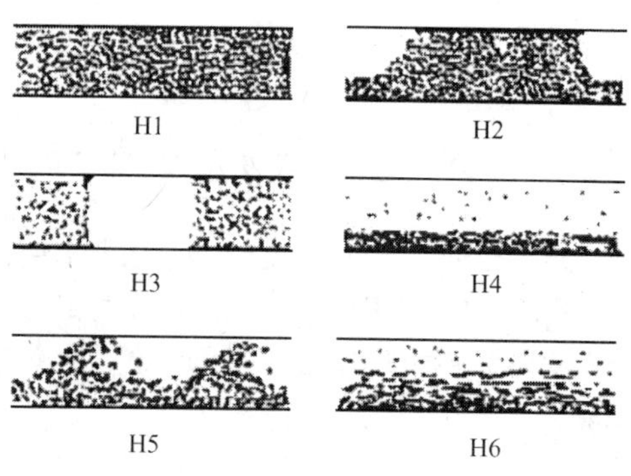

图 2　水平管中物料的流动状态

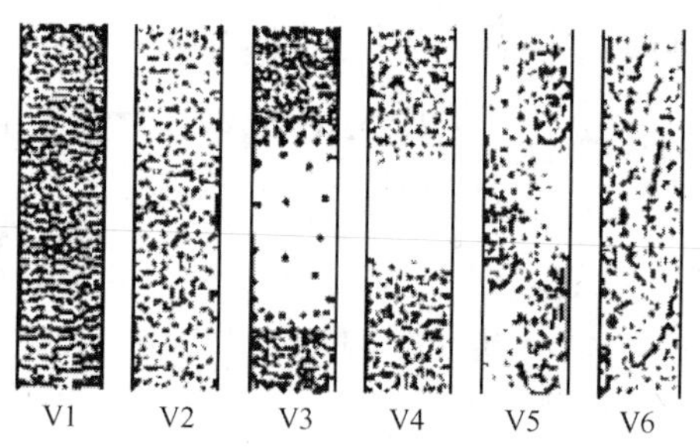

图 3　垂直管中物料的流动状态

2.3 低速密相输送技术的主要特点

低速密相输送有很多优点，输送速度低是主要特点，有效解决管道磨损和物料破损问题。由于是密相输送,无需流化，设备占用空间小，安装方便，便于维护；可连续自动运行，自动化程度高；由于料气比高，吨灰电耗小，当料气比达 46（以 250m 输送距离为例）平均电耗 1.8kW/t，能耗是正压稀相输送系统的 60%，是负压稀相输送系统的 50%。

尽管低速密相输送有很多优点，但从系统运行的实践中发现，如果不对输送物料的料性和密相输送的机理进行深入研究和了解，有时会出现设备运行异常，造成意外堵管；如果不对输送的料气比和输送距离进行控制，就会造成密相输送转化为稀相输送，产生严重的管道磨损。

2.4 低速密相输送装置主要类型

低速密相输送装置的特点就是实现高料气比和低速输送，大致分为四类：

（1）流化/紊流装置，此类装置是旁通管向输送管喷入压缩空气，使输送物料流态化，形成沙丘或滑动床输送，双套管式属于此类中的紊流装置；

（2）栓流输送装置，该装置特点是在输送起点就强制进行栓状输送；

（3）破坏或阻止形成栓流的装置（输送粉料或黏性物料时）；

（4）满管流装置，这种装置是将充气罐中的物料一次压入输送管中，形成一个长料栓输送。灰槽和密相泵装置属于此类。

2.4.1　灰槽系统的组成及原理

灰槽系统主要部件有以下几种：（1）灰槽本体；（2）进料圆顶阀；（3）气控箱（1个灰槽配1个）；（4）进气管路（1组灰槽共用1个进气管路，可根据灰槽数量增设辅助进气管路，输送用压缩空气管道的品质一般要求达到压力露点–10℃或者–20℃）；（5）电控箱（1组灰槽配1个，统一控制1组灰槽）；（6）辅助喷吹；（7）输灰管道（汇流阀）；（8）进料仓料位计；（9）控制用气用的压缩空气管道（一般要求其品质达到压力露点–40℃）；（10）分路阀；（11）终端箱。

灰槽系统运行过程：除尘器将物料从烟气和物料混合物中分离出来进入进料仓，进料仓料位计把物料已满的信号传递给电控箱CPU，CPU执行PLC程序，对气控箱内密封膨胀圈用的电磁阀发出指令，圆顶阀密封圈放气，再给控制圆顶阀阀瓣开闭的电磁阀发出指令打开圆顶阀穹，把物料送入灰槽。

当预设的穹体关闭时间CPU指令给电磁阀后，圆顶阀穹关闭，密封电磁阀充气。这样物料就与密封圈完全隔离。物料由进气管路中的压缩空气吹送到接收仓。设定程序在一段时间内周而复始工作。1组灰槽的圆顶阀同时启闭。

进气组件管道上设有孔板，可通过更换不同孔径的孔板来实现输灰达到最佳的输灰效果。根据进料点排布距离和大小设置相应数量的灰槽和规格。

通过下料阀、汇流阀、分路阀和终端箱的选择，灰槽可把物料送到各个不同的接收仓。当两个接收仓容积不一样或距离较远时可以选择汇流阀和分路阀。一般这个阀门安装在1组或2组灰槽的出口。该阀门中的2台圆顶阀分别工作。当2个接收仓距离较近，且接受仓体积又差不多时，则可以选择库顶切断阀。

一般1个系统都应设置1个终端箱，作为整个输灰系统的结束。终端箱和下料阀一般设置在接收仓库顶。库顶应设置除尘器，将物料和空气分离，把空气排入大气。

一般每隔2个灰槽增加1个喷嘴。喷嘴的作用是辅助将物料送到接收仓。爬升段辅吹装置的设定要考虑到输送物料的距离和输送物料的特性，在输送距离较远，输送方向较多，物料比较难输送的时候考虑增设1个或多个爬升段喷嘴。

2.4.2　密相泵系统的组成及原理

密相泵系统主要部件有以下几种：（1）密相泵本体；（2）进料圆顶阀；（3）排气圆顶阀；（4）电/气控箱；（5）进气管路（一般是2组进气管路，1组主进气管路，1组辅助进气管路，输送用压缩空气管道的品质一般要求达到压力露点–10℃或者–20℃）；（6）辅助喷嘴；（7）输灰管道；（8）进料仓料位计；（9）控制用气用的压缩空气管道（一般要求其品质达到压力露点–40℃）。

密相泵系统工作原理如图4所示。

等待：控制系统检测到灰仓低料位，并且系统具备启动条件时，启动系统；

落料：入口圆顶阀打开，物料靠自重落入仓泵，落料过程中排气阀打开，仓泵排气保证落料通畅；

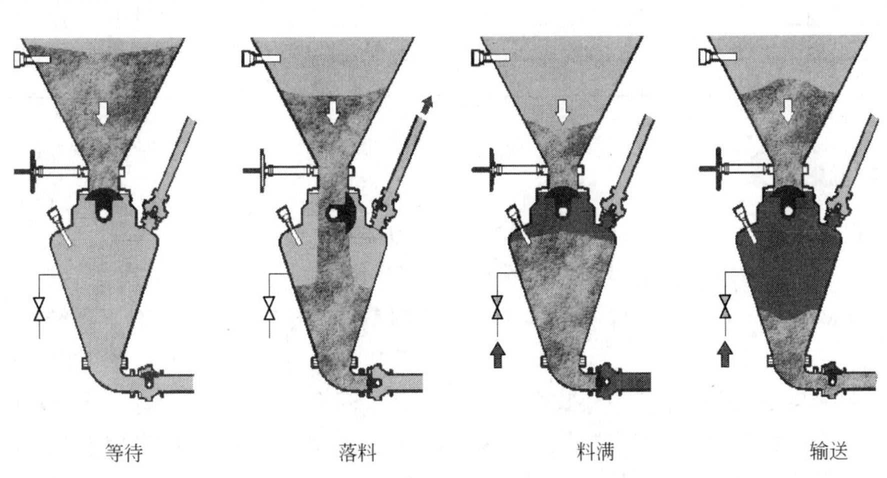

图4　密相泵系统工作原理

料满：当泵高料位触发时，系统关闭排气阀，一定延时后关闭入口圆顶阀并密封，打开加压进气阀，泵加压；

输送：当密相泵压力达到设定值时，打开出口圆顶阀，物料被送入输送管道开始输送；当密相泵压力降到设定值时，关闭出口圆顶阀，打开排气阀排气，准备执行下一个落料周期。

密相泵中的物料由进气管路中的压缩空气吹送到接收仓。PLC 程序设定在一段时间内周而复始进行下料工作。进气组件管道上设有孔板，可以通过更换不同孔径的孔板来实现输灰达到最佳输灰效果。

通过下料阀、汇流阀、分路阀和终端箱的选择，密相泵可把物料送到各个不同的接收仓。当 2 个接收仓容积不一样或距离较远时可以选择汇流阀和分路阀。

一般 1 组系统应设置 1 个终端箱，作为整个输灰系统的结束。终端箱和下料阀一般设置在接收仓库顶。库顶设置除尘器，将物料和空气分离，把空气排入大气。

一般每个密相泵上都有 1 个辅助喷嘴。喷嘴的作用是辅助将物料送到接收仓。爬升段辅吹装置的设定要考虑到输送物料的距离和输送物料的特性，在输送距离较远，输送方向较多，物料比较难输送的时候考虑增设 1 个或多个爬升段喷嘴。

3 京唐烧结输灰系统的主要设计内容

3.1 系统划分的主要原则

京唐烧结一期建设 2 台 500m^{2}烧结机，配套 2 台 580m^2 环冷机，年产烧结矿 1015.3 万吨。据统计，烧结过程产生的粉尘量约占烧结总产量的 3%~5%，以此推算，京唐烧结一期年产灰量约 30.459 万吨，这些灰尘中，约 86%为环境除尘灰，工艺机头除尘灰约占 14%。除尘灰的构成涵盖各种烧结原燃料及烧结成品粉尘，这些粉尘可利用价值高，可送到配料室除尘灰仓参与烧结配料加以利用。根据烧结工艺系统和总图布置要求，合理划分除尘设施和输灰系统，是解决烧结厂环境污染以及节能环保的前提。

根据烧结厂工艺流程，对各生产系统产生的粉尘特性进行分析，见表 1。

根据表 1 烧结工程除尘灰的性质和特点可以看出，不同工艺系统的除尘灰密度、粒径分布、温度等各不相同，在除尘系统划分设计中要充分考虑粉尘的捕集和除尘灰的运输和利用，对不同性质的粉尘要分别设置除尘设施，对于工艺机头电除尘器，由于一、二电场粉尘的粒径及产灰量和三、四电场的不同，需要设计输灰系统时区别对待。

表 1 各生产系统产生的粉尘特性

工艺系统	粉尘名称	堆积密度 /kg·m^{-3}	粒径分布/μm				比电阻 /Ω·cm	烟气温度	安息角/(°)
			<10	10~20	20~40	>40			
燃料破碎	焦炭	0.36~0.53	22.6	12.6	22.8	42	3.4×10^4	室温	28~34
配料混合	精矿	1.6~2.5	3.0	1.9	74.9	20	7.2×10^{10}	室温	40
	返矿	1.4~1.6	0.44	11.29	75.74	12.53	5.8×10^4	室温	40~42
	白云石	1.2~1.6	4.6	3.4	15.1	76.9	3.15×10^4	室温	41
	石灰石	0.7	0.9	18.5	64.5	11.6	4×10^{12}	室温	47
	生石灰	1.2~1.5	5.1	18.5	64.8	11.6	4.5×10^8	室温	43
焙烧冷却	烧结矿	1.8~2.0	23.95	17.86	47.77	10.42	5.8×10^4	100℃	40~42
成品筛分	烧结矿	1.8~2.0	1.34	11.6	14.9	72.16	3.8×10^{11}	100℃	40~42
机头	烧结矿	0.3~0.7				66.2	10^{12}	160℃	

3.2 输灰系统配置的选择

京唐烧结全部采用密相气力输送技术输送除尘灰，1 号烧结机项目气力输灰装置通过招标，选用上海麦考博（Macawber）公司产品。输灰装置主要由灰槽系统及密相泵系统组成。

根据京唐烧结除尘设施总图布置距接收仓距离和设计产灰量，在除尘器灰斗下分别安装气力输灰装置来收集物料并通过管道输送到目的地，系统设计输送能力要求满足除尘器输灰要求。对于机头电除尘，把四个电场分成一、二和三、四电场 2 套气力输灰系统，通过管道输送到 2 个 30m^3 的公共中间仓中，每台中间仓下采用 1 台密相泵将灰输送到配料室的 2 个除尘灰仓；对于烧结机尾除尘器 16 个灰斗以及余热回收除尘 9 个灰斗的灰也输送到上述公共中间仓中，成品筛分除尘器 14 个灰斗和配料室除尘器 8 个灰斗的灰输送到配料室 2 个除尘灰仓；破碎间除尘器 8 个灰斗的灰直接用气力输灰装置输送到配料室 2 个燃料料仓。对于有 2 个接收仓的卸灰装置可以实现卸灰自动互相切换选择。

3.3 输灰系统流程的确定

京唐烧结 1 号烧结机密相气力输送共配置 9 套系统，其中系统 5 和系统 6 的中间仓仓顶预留了 2 号烧结机机尾除尘器和工艺除尘器的输灰接口，气力输送系统流程见图 5。这 9 个系统分述如下。

3.3.1 烧结机尾除尘器气力输送系统

该系统定义为系统 1。共 16 个灰槽 1.5/8-4 分别安装在每个灰斗下接收物料，共 2 排，每排 8 个灰槽串联起来组成输送线路，2 路串联的输送管道通过汇流阀汇合，然后通过 1 根 100mm 通径的共用管道输送到 2 个 $30m^3$ 公共中间仓。系统通过灰斗料位信号启动，在中间仓顶部将终端箱安装在管道末端用于进料。200mm 圆顶阀作为进料阀。储气罐为 $3m^3$。该输送配备 1 个电气控制箱，并在其中配备 PLC 来实现自动控制。

3.3.2 余热系统多管除尘器气力输送系统

该系统定义为系统 2。共 9 个灰槽 1.5/8-4 分别安装在每个灰斗下接收物料，通过 1 根 100mm 通径的管道输送到 2 个公共中间仓，系统通过灰斗料位信号启动，通过仓顶切换阀和终端箱来选择进入料仓。200mm 圆顶阀作为进料阀。储气罐为 $4.5m^3$。该输送配备 1 个电气控制箱，并在其中配备 PLC 来实现自动控制。

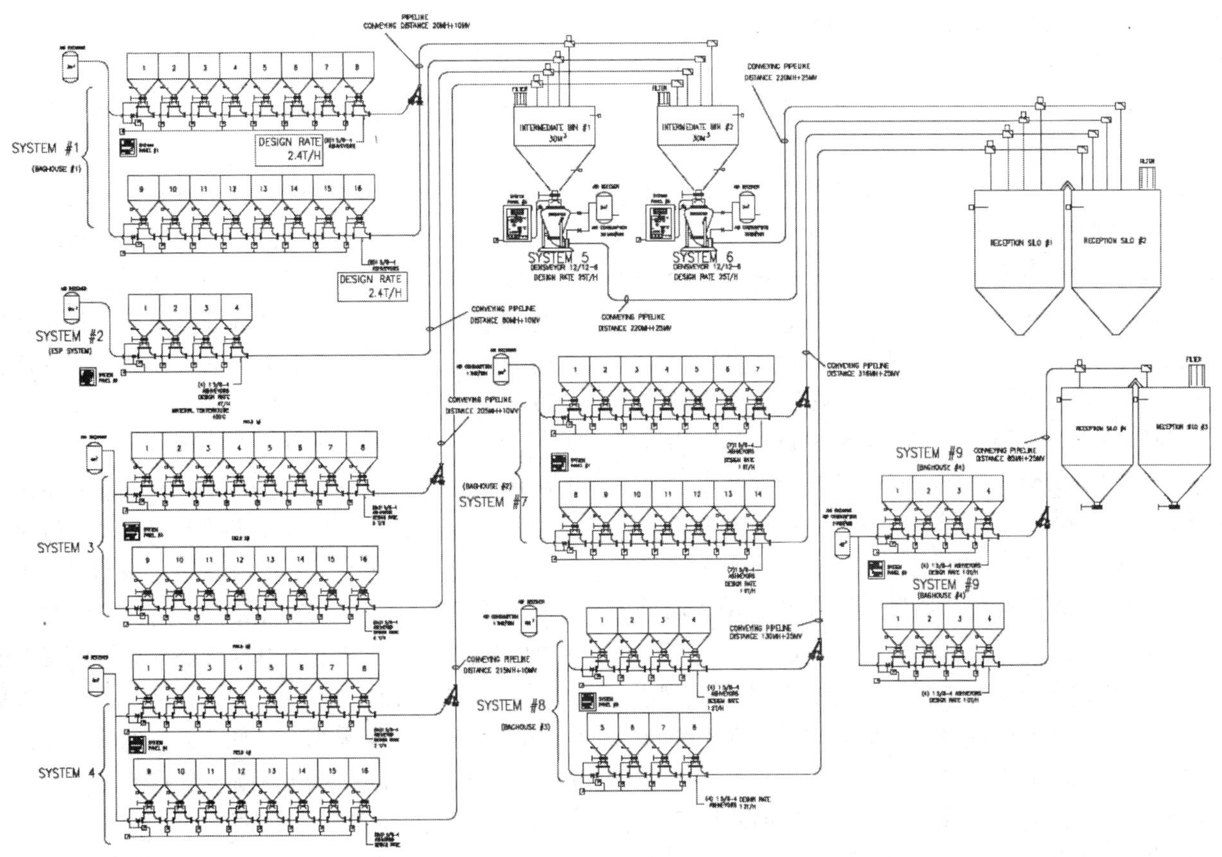

图 5 气力输灰系统流程

3.3.3 机头除尘器气力输送

3.3.3.1 一、二电场输送系统

该系统定义为系统 3。共 16 个麦考博灰槽 1.5/8-4 分别安装在每个灰斗下接收物料，一、二电场各 8 个灰槽分别串联起来组成输送线路，2 路串联的输送管道通过汇流阀汇合，然后通过 1 根共用管道输送到 2 个公共中间仓。物料通过仓顶切换阀和终端箱来选择进入料仓。输送系统根据灰斗料位计有料信号来启动运行，是 1 套完全自动的运行系统，并且该系统是一种低速浓相气力输送系统，每个灰槽配备麦考博专利圆顶阀作为进料阀门，200mm 圆顶阀作为进料阀，为保证灰斗输灰顺畅，在灰斗下部配置流化装置。储气罐为 $2m^3$。圆顶阀中的密封圈充气实现密封，它能穿过物料完成关闭和密封。输送管道为 100mm 通径的普通碳钢管。一、二电场的输送线路通过电气控制箱实现自动切换运行，控制箱通过PLC实现自动控制。这2个电场的输送设备联锁运行并由同1个控制箱控制。

3.3.3.2　三、四电场输送系统

该系统定义为系统4。同一、二电场配置相同，这样配置可以保证如果前1个电场出现故障，后1个电场的输送系统能够承受前1个电场的灰量，增加运行安全。该系统灰也将被输送到2个公共中间仓。

3.3.4　中间仓输送系统

机头电除尘器灰、烧结机尾除尘器灰和余热系统多管除尘器灰输送到公共中间仓后，在每台中间仓下面配置1台密相泵12/12-6来输送物料到2个除尘灰接收仓中，输送系统通过中间仓低料位信号启动，通过仓顶切换阀选择料仓进料。密相泵是一种低速密相气力输送。输送管道为150mm通径，在管路中无需增加辅助空气助推，安装简便，同时节省压缩空气管道布置。每台密相泵配备1台2m^{3}储气罐。该输送设备配备1个气控－电控箱，并通过PLC来实现自动控制。1号中间仓输送系统定义为系统5，2号中间仓输送系统定义为系统6。

3.3.5　成品筛分除尘器气力输送系统

该系统定义为系统7。共14个灰槽1.5/8-4分别安装在每个灰斗下接收物料，共2排，每排7个灰槽串联起来组成输送线路，2路串联输送管道通过汇流阀汇合，然后通过1根100mm通径的共用管道输送到除尘灰仓。系统通过灰斗料位信号启动，在中间仓顶部将终端箱安装在管道末端用于进料。200mm圆顶阀作为进料阀。储气罐为3m^3。该输送配备1个电气控制箱，并通过PLC实现自动控制。

3.3.6　配料室除尘器气力输送系统

该系统定义为系统8。共8个灰槽1.5/8-4分别安装在每个灰斗下接收物料，共2排，每排4个灰槽串联起来组成输送线路，2路串联输送管道通过汇流阀汇合，然后通过1根100mm通径的共用管道输送到除尘灰仓，系统通过灰斗料位信号启动，通过仓顶切换阀和终端箱来选择进入料仓。200mm圆顶阀作为进料阀。储气罐为5.5m^3。该输送配备1个电气控制箱，并通过PLC实现自动控制。

3.3.7　破碎间除尘器气力输送系统

该系统定义为系统9。共8个灰槽1.5/8-4分别安装在每个灰斗下接收物料，通过1根100mm通径的管道输送到2个燃料仓，系统通过灰斗料位信号启动，通过仓顶切换阀和终端箱来选择进入料仓。200mm圆顶阀作为进料阀。储气罐为4m^3。该输送配备1个电气控制箱，并通过PLC实现自动控制。

3.4　外部输灰管道的设计

由于低速密相气力输送物料在管道中的平均速度只有5~10m/s，对管道磨损小，所以只有弯头部位需要耐磨弯头，直管段可以采用厚壁无缝钢管。京唐烧结工程外部气力输灰系统弯头全部采用铸石复合耐磨管道，采用δ=4mm钢管，内衬铸石复合耐磨层（δ=15~20mm）。输送除尘灰的铸石弯头与壁厚7mm的无缝钢管通过法兰直接相连。

在外部管道设计中，为减少系统阻力和对管道的磨损，尽可能减少管道转弯，弯管曲率半径按10~15倍管道内径。跨越道路的管道要校核管道跨距，可以采用桁架形式或加固敷设。

4　输灰系统的优化及改进

4.1　输灰系统问题分析

京唐烧结1号烧结机项目气力输灰装置和系统设计全部由上海麦考博公司提供，该公司是英国麦考博公司在国内的唯一代理。由于京唐烧结是当时国内最大的烧结机，所以该公司的密相输灰装置在国内大型烧结工程中是首次应用。通过实际运行状况和对系统流程的分析，结合类似烧结工程密相输送的经验，该气力输灰系统配置有些地方需要优化和改进。

（1）京唐烧结系统设计中按照设计产灰量配置了灰槽和密相泵等密相输灰装置，由于输灰系统在除尘器灰斗下双排灰槽出灰管道上配置了汇流阀，将总出灰管道合成1根。汇流阀的作用相当于铁路轨道上的扳道阀，所以输灰装置总出力只能按单排灰槽的能力确定。图5气力输灰系统流程中将系统1单排灰槽能力定为2.4t/h，不能满足设计总产灰量4.8t/h的要求，如果采用汇流阀方式，单排灰槽输送能力应该按设计总产灰量乘以安全系数确定。其他系统也存在同样问题。

（2）现场运行过程中系统5和系统6的中间仓出现下料困难，影响了系统出力。从图5气力输灰系统流程图可以看出，系统1至系统4都输送到系统5和系统6的中间仓。这4个系统的除尘灰性质不同，密度和粒径差别较大。机头除尘灰中含水量高，容易板结。根据密相输送的相图分析，密度和粒径差别大的物料，由于在管道中的流速不同而压降不同，在同一管道中输送会出现不同的流动状态，无法形成密相输送，结果会造成管道磨损或堵管。

（3）系统1和系统3主要输送参数和配置见表

2。根据表 2 中参数对比分析，机尾环境除尘设计产灰量是机头电除尘一、二电场设计产灰量的 0.3 倍，机尾环境除尘输送距离的 0.14 倍，两者相差悬殊，但是气力输灰设备配置相同，进气管道管径均为 DN40，只有现场通过更换孔板调节供气量来改变输送能力，这样的设计说明，同样的设备配置输送不同密度和粒径的粉尘，输送能力不同。

（4）系统 7 中某个灰槽在试运行过程中出现圆顶阀磨损漏风，造成故障停机，由于圆顶阀没有准备备件，被迫改用吸引装置方式卸灰。

表 2　系统 1 和系统 3 主要输送参数和配置

项　目	数　值	备　注
系统 1：烧结机尾除尘器输送系统(除尘风机工况风量 80 万 m^3/h)		
设计产灰量/$t\cdot h^{-1}$	4.8	
输送气力/MPa	0.2~0.3	
输送灰气比/(kg:kg)	54	
输送速度/$m\cdot s^{-1}$	8	
气耗量/ $Nm^3\cdot min^{-1}$	1.5	
水平输送距离/垂直输送距离/m	20/10	
1.5/8-4 灰槽系统/套	16	
100mm 汇流阀/套	1	
储气罐 $3m^3$/套	1	
系统 3：机头除尘器一、二电场输送系统(除尘风机工况风量 300 万 m^3/h)		
设计产灰量/$t\cdot h^{-1}$	2×8	
输送气力/MPa	0.2~0.3	
输送灰气比/(kg:kg)	48	
输送速度/$m\cdot s^{-1}$	8	
气耗量/$Nm^3\cdot min^{-1}$	4.2	
水平输送距离/垂直输送距离/m	205/10	
1.5/8-4 灰槽系统/套	16	
100mm 汇流阀/套	1	
储气罐 $4m^3$/套	1	

（5）系统 8 也出现过输灰装置无法启动输灰程序的问题，后经调查发现，该系统除尘器箱体漏雨，将灰斗内的除尘灰板结，造成灰槽没有料满信号而无法启动。

（6）压缩空气系统末端压力不足，控制用气达不到设定压力造成气力输灰装置无法启动。

（7）由于配料室除尘灰接收仓有多根输灰管道接入，仓顶除尘器采用的脉冲清灰效果差，造成仓压高，影响输灰系统的正常起停。

4.2　输灰系统的优化及改进

针对输灰系统的设计问题，在京唐烧结 2 号烧结机设计中，对气力输灰系统进行了优化和改进。修改了烧结机头和成品筛分输灰系统，增加 1 套中间仓及密相泵系统，灰槽和密相泵选用克莱德(Clader)公司产品。

（1）为确保气力输灰系统在故障停机后能满足迅速将除尘器灰斗积灰运走的要求，对距接收仓距离最远的系统 7 进行了修改，取消了汇流阀，改为每排灰槽单独 1 根输灰管输送至接收仓，理论上将设备输送能力提高了 1 倍。虽然增加了 1 根输灰外管的投资，但输送管道的使用寿命增加。

（2）对系统 4 进行了改造，由于这部分除尘灰属于烧结机燃烧完全的飞灰，返回到烧结配料系统不仅没有利用价值，还会对环境造成二次污染。故将系统 4 的除尘灰单独建中间灰仓，由吸排罐车定时拉走。

（3）为满足 2 号烧结机新增 3 套除尘器除尘灰的输送，在系统 5 和系统 6 旁增加 1 套中间仓及密相泵系统，图 6 中 2 个灰色中间仓及密相泵为 2 号烧结机新增设计。同时将系统 1 改送到新增中间仓，将工艺除尘灰和环境除尘灰分开储存和输送，确保了气力输灰系统的能力。

（4）对配料室除尘灰接收仓除尘器进行改造，采用高压脉冲喷吹阀，同时缩短清灰周期，以减少各输灰系统同时向接收仓输灰的干扰。

（5）要保证控制用气压力达到设计要求，不受气力输送时的影响，控制用气和输送用气最好分别设置储气罐，储气罐进气管道上要加装止回阀，以防管网压力波动对圆顶阀气封压力的影响。

图 6　中间仓及密相泵照片

5　结语

（1）京唐烧结 1 号烧结机 2009 年 2 月热负荷试车成功，标志着首钢国际工程的大型烧结技术达到国际先进、国内领先水平。低速密相输灰技术的应用，充分体现出其自动化程度高、可连续运行、环境污染小等诸多优点；

（2）通过对气力输灰系统设计和运行中的一些缺陷的优化和改进，京唐烧结气力输灰系统至今运行正常稳定；

（3）实践证明，只要充分把握低速密相输送的特点，进行严谨科学的系统设计和选型，低速密相输灰技术和装置能够在烧结工程得到很好应用。

参考文献

[1] 周崇杰，秦洪建，宋修奇，等.密相气力输灰管道的设计和应用[J].中国粉体技术，2003,(5)：27~29.

[2] 吴晓.栓流密相气力输送特性的实验研究[J].硫磷设计与粉体工程，2009,(1)：13~18.

[3] 鹿鹏，陈晓平，梁财，等.高压超浓相气力输送固气比研究[J].燃烧科学与技术，2008,(5)：423~428.

[4] 杜滨，衣华，刘宗明，等.粉体性能对浓相气力输送特性的影响[J].中国粉体技术，2008,(1)：50~55.

[5] 李志华，金秋华.气力输送系统中弯管磨损分析及应对措施[J].硫磷设计与粉体工程，2007,(1)：20~23.

[6] 王永顺. 三(明)钢烧结厂电除尘灰的气力输送[J].烧结球团，2004,(3)：30~34.

[7] 陈宏勋.管道物料输送与工程应用[M].北京：化学工业出版社，2003.8.

[8] 罗驹华，高敬华.密相气力输送系统的比较[J].水泥工程，2002,(5)：15~17.

[9] 程克勤.低速密相气力输送综述[J].硫磷设计与粉体工程，2001,(2)：22~25.

[10] 王晓青.低速密相气力输送方式在烧结工程中的应用[J].中国冶金，2010，增（1）：20.

焦化工程技术

- 焦化工程技术综述
- 焦化工程专项技术

➤ 焦化工程技术综述

首钢国际工程公司焦化专业技术历史回顾、现状与展望

李顺弟　郭庆祥

(北京首钢国际工程技术有限公司，北京 100043)

摘　要：本文介绍了我国焦化行业的发展现状，总结了公司建立以来炼焦专业的成长历程，结合国内、外炼焦技术发展趋势及我国焦化行业政策，回顾了炼焦专业技术的发展、创新之路，尤其是公司改制以来炼焦专业所取得的成果，并提出首钢国际工程公司炼焦技术的发展前景和发展方向。

关键词：焦化专业；技术；回顾与展望

The Coking Speciality Technology of Shougang International was Reviewed the Past and Looking Forward to the Future

Li Shundi　Guo Qingxiang

(Beijing Shougang International Engineering Technology Co., Ltd., Beijing 100043)

Abstract: This article describes the development status of China's coking industry, summed up the coking course of professional growth since the establishment of the company, combined with domestic and outside the coking technology trends and policy of China's coking industry, reviews coking professional and technical development and innovation of the road, especially the outcomes of coking professional since the company restructured, and raised the development prospects and the direction of Shougang International Engineering Company coking technology.

Key words: the coking speciality; technology; reviewing the past and looking forward to the future

1　引言

改革开放30多年来，中国经济持续高速稳定发展，带动了焦炭市场的快速增长。在1979~1993年的15年中，焦炭产量从4690万吨发展到9300万吨，年均递增4.68%，是我国焦炭生产的平稳发展期；在1994~2002年的9年中，焦炭产量从1994年突破1亿吨，达到2002年的14289万吨，年均递增4.89%，是我国焦炭生产的加快发展期；2003~2011年的8年间，我国焦炭产量从2002年的14289万吨，先后跨越2亿吨、3亿吨、4亿吨的台阶，达到2011年的42779万吨，年均递增12.95%，年均增加焦炭产量3561万吨，是我国焦化生产的高速发展期。

2011年我国焦炭总产量约4.28亿吨，其中重点大中型钢铁联合企业生产焦炭1.28亿吨，其他焦化企业生产焦炭3.0亿吨。为钢铁冶金、有色冶炼、电石化工和机械制造等行业的快速发展做出了巨大贡献。

2011年我国共有焦化厂为900余家，其中年产量大于100万吨的100多家；我国已投产的焦炉共2000余座，产能达4.5亿吨。其中：5.5m及以上捣固焦炉和6.0m及以上顶装焦炉产能已达1亿吨以上，占全国总产能25%以上；4.3m焦炉700余座，产能24337万吨（其中捣固焦炉产能6600万吨），占总产能60%。我国焦炭产能区域分布和焦炭产量见图1和图2。

从世界范围看，我国焦炭产量占世界焦炭产量的比重由2000年的35%，发展到2011年的66%

（图 3），比例不断增加，进一步表明，我国焦炭产量在世界焦炭产量中占有重要位置。

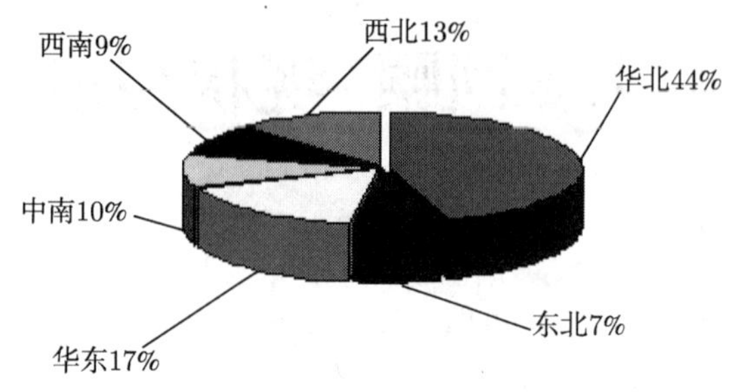

图 1　我国焦炭产能区域分布图

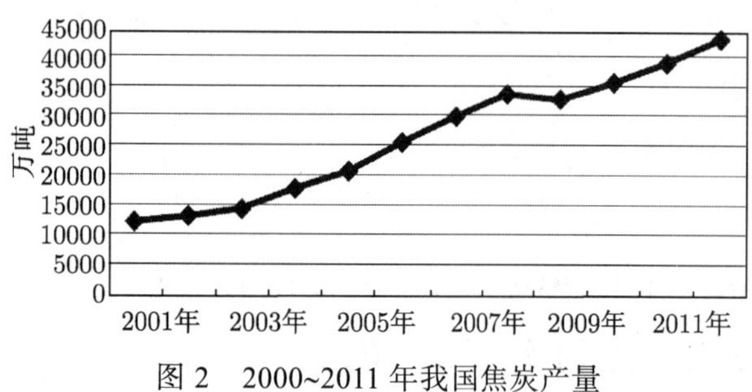

图 2　2000~2011 年我国焦炭产量

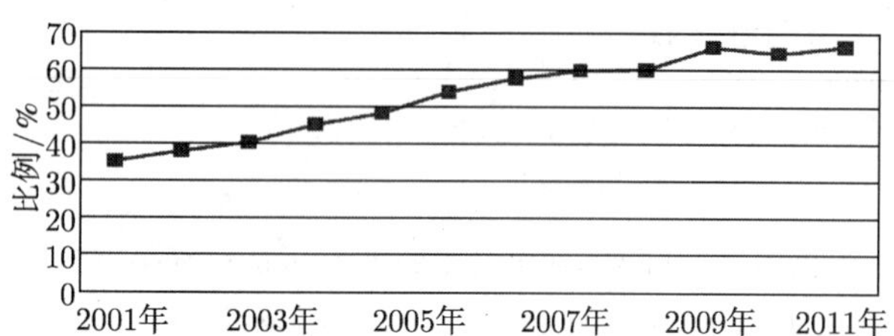

图 3　2000~2011 年中国焦炭产量占世界焦炭产量比例

20 世纪 80 年代以前，以炭化室高 4.3m 以下的为主体装备。1985 年，宝钢建成了 4 座 50 孔，炭化室高 6.0m 的 M 型焦炉，到 2012 年，我国已建成炭化室高 6.0m 顶装焦炉 163 座（图 4），产能达 9028 万吨。已建成炭化室高 7m 焦炉 17 座，产能 1136 万吨。已建成投产炭化室高 7.63m 大型焦炉 15 座，产能 1650 万吨（图 5），炭化室高 7.63m 焦炉的投产，标志着我国焦炉大型化与配套装备水平已迈入国际先进行列，成为焦炉大型化技术应用的世界第一大国。

与焦炉配套焦炉机械的设计、制造和装配水平大幅提高，提高了生产运行的可靠性，加快了炼焦技术的优化升级。

随着焦炉的大型化发展，焦炉自动加热控制技术的应用；集气管压力自动调节；焦炉四大机车自动对位、推焦连锁、监视的自动化、“三车连锁”自动定位；装煤除尘、推焦除尘；提高了我国焦化行业的快速发展。

图 4　炭化室高 6.0m 顶装焦炉

图 5　炭化室高 7.63m 顶装焦炉

由于我国钢铁工业的高速发展对焦炭的高需求，使我国炼焦煤资源的供需矛盾日显突出，扩大炼焦煤资源已成为焦化行业的共识，促进了中国捣固炼焦技术的快速发展，到 2012 年，捣固炼焦技术在我国已成为重要的炼焦技术，捣固炼焦产能已占我国焦炭总产能的 40%以上。捣固炼焦技术已是我国新增焦炭产能中的首选技术，在每年新增捣固炼焦产能中，炭化室高 5.5m 及以上捣固焦炉产能由 2007 年的 20%增长到 2012 年的 93%，特别是炭化室高 5.5m、6.0m 和 6.25m 捣固焦炉（图 6~图 8）技术的应用，给炼焦技术的发展带来新的机遇，大型捣固焦炉技术正被越来越多的企业所采用，大型捣固炼焦技术已成为我国炼焦行业首选技术。

图 6　炭化室高 5.5m 捣固焦炉

北京首钢国际工程技术有限公司拥有国家住房与城乡建设部颁发的工程设计综合甲级资质，能够提供从百万吨级到千万吨级钢铁联合企业及其配套项目的工程技术服务。在焦化厂建设方面，首钢国际工程公司紧跟国内焦化行业的步伐，始终把“设计建设先进的焦化厂，为钢铁厂提供优质焦炭”作为发展方向，特别是近两年，首钢国际工程公司与武汉科技大学联合开发应用6.0m捣固焦炉技术，在河南中鸿焦化厂、京宝焦化厂、四川川威焦化厂等取得成功，为大型捣固焦炉又增加了一个具有自主知识产权的新炉型。首钢国际工程公司不断完善改进大型焦炉新技术，具有年产60万吨到300万吨焦炭的大型捣固焦炉、顶装焦炉及全部配套设施焦化厂的设计、工程总承包能力，在国内外拥有多项业绩。满足用户需求，为用户提供性能可靠、技术成熟、切实满足生产需要并具有国际先进水平的绿色焦化厂，是首钢国际工程公司一贯的追求。

图7　炭化室高6.0m捣固焦炉

图8　炭化室高6.25m捣固焦炉

2　首钢国际工程公司炼焦技术的发展历程

首钢国际工程公司（原首钢设计院）成立四十年来，特别是改革开放三十多年来，由单一的企业设计院发展为面向全国、面向世界，以从事钢铁、冶金工程设计、工程总承包为主的大型、综合性国际工程公司。首钢国际工程公司焦化专业是公司的主要工艺专业之一，伴随着公司的发展壮大焦化专业也得到了长足的发展，在不同的年代取得了不凡的成绩。

60年代初，完成了首钢公司焦化厂3座老焦炉（炭化室高度分别为2.5m的100孔废热式、4m的30孔新日铁式、4m的71孔）的大修改造设计任务。

70年代初，完成了首钢公司新建年产焦炭90万吨的2×65孔、4.3m顶装焦炉的设计任务，包括：储量为10~12万吨由解冻库、翻车机与堆取料机组成的机械化储煤场、大型储煤罐（8个直径22m、每个储量为9000 t）、备煤、筛焦、煤气净化、化工产品精制（精苯、焦油车间）等一整套内容齐全焦化厂的设计任务。

80年代，完成了首钢老1号焦炉（4×25孔、2.5m、索尔维式废热式焦炉）拆除及新建50孔、6.0m顶装焦炉设计任务。设计中，采用国内同类型焦炉工艺装备及各项新技术，与德国斯蒂尔—奥托公司合作，采用6.7m焦炉四大机车及焦侧除尘系统部分技术，自行设计、消化移植到6.0m焦炉上。特别是螺旋给料装煤车和焦侧除尘是最有价值的先进技术；对中国焦化厂重点治理焦炉的烟尘污染起了积极推动作用。

90年代，完成首钢三焦炉原地大修工程，由71孔、4.0m煤气侧入式焦炉改造为61孔、4.3m下喷式58-Ⅱ型焦炉，吸取6.0m焦炉的成功经验，因地制宜地采用先进的四大机车和焦侧除尘装置。

1998年完成为首钢焦化厂1号焦炉（50孔、6.0m顶装焦炉）配套建设1套处理能力65t/h的干熄焦设计任务。

21世纪初，首钢国际工程公司为菲律宾、印度、马来西亚等国的钢铁企业焦化厂以及国内山西孝义金达、临汾海姿、霍州中冶、翼城宏阳、屯留兴旺、离石聚富、阳泉、清徐等焦化厂或焦化煤气厂，配套完成了年产焦炭40万吨、50万吨、60万吨、90万吨规模不同4.3m顶装焦炉的高阶段及施工图设计；完成了山西霍州中冶60万吨/年焦化工程（4.3m顶装焦炉）总承包项目。

2003年以来，首钢国际工程公司完成迁安中化煤化工公司220万吨/年焦化（一、二期）工程，配套建设4×55孔6.0m顶装焦炉、备煤筛焦系统、干熄焦系统、煤气净化系统等设施。新余钢铁公司125万吨/年焦化总承包工程，配套建设2×63孔6.0m顶装焦炉、备煤筛焦系统、干熄焦系统、煤气净化系统等设施。中普（邯郸）钢铁有限公司110万吨/年焦化工程，配套建设2×55孔6.0m顶装焦炉、备煤筛焦系统、煤气净化系统等设施，2010年由6.0m顶装焦炉改造为6.0m捣固焦炉。江西景德镇开门子公司110万吨/年焦化工程，配套建设2×55孔6.0m顶装焦炉、备煤筛焦系统、干熄焦系统、煤气净化系统等设施。迁安中化煤化工公司110万吨/年焦化（三期）工程，配套建设2×55孔6.0m顶装焦炉、备煤筛焦系统、干熄焦系统、煤气净化系统等设施。

河南中鸿焦化厂 130 万吨/年焦化工程，配套建设 2×60 孔 6.0m 捣固焦炉。河南京宝焦化厂 130 万吨/年焦化工程，配套建设 2×60 孔 6.0m 捣固焦炉。吉林通化钢铁公司焦化厂 110 万吨/年焦化工程，配套建设 2×55 孔 6.0m 顶装焦炉、备煤筛焦系统、煤气净化系统等设施。四川威远钢铁公司博威新宇化工公司 140 万吨/年焦化总承包工程，配套建设 2×65 孔 6.0m 捣固焦炉、备煤筛焦系统、干熄焦系统、煤气净化系统等设施。首钢京唐钢铁公司焦化厂 420 万吨/年焦化工程 4×60 孔 7.63m 顶装焦炉、真空 K_2CO_3 脱硫制酸工艺的煤气净化、260t/h 干熄焦等设施。

表 1　首钢国际工程公司焦化项目（焦炉）业绩表

序号	用户名称	项目地点	炉　型	规　模	服务方式	投产时间
1	博威新宇化工公司	中国四川	2×65 孔 6.0m 捣固焦炉	140 万吨/年	总承包	建设中
2	通化钢铁公司	中国吉林	2×60 孔 6.0m 顶装焦炉	120 万吨/年	设计	建设中
3	京宝焦化厂	中国河南	2×60 孔 6.0m 捣固焦炉	130 万吨/年	设计	2010.10
4	中鸿焦化厂	中国山西	2×60 孔 6.0m 捣固焦炉	130 万吨/年	设计	2010.5
5	德胜钢铁公司	中国云南	2×65 孔 6.0m 捣固焦炉	140 万吨/年	总承包	缓建
6	中普（邯郸）钢铁有限公司	中国河北	2×55 孔 6.0m 顶装焦炉改造为 6.0m 捣固焦炉	120 万吨/年	设计	2011.10
7	景德镇开门子公司	中国江西	2×55 孔 6.0m 顶装焦炉	110 万吨/年	设计	2011.2
8	首矿大昌金属材料有限公司	中国安徽	2×65 孔 5.5m 捣固	130 万吨/年	设计管理	建设中
9	首黔公司	中国贵州	4×55 孔 6.0m 顶装焦炉	220 万吨/年	总承包	缓建
10	中化煤化工公司（三期）	中国河北	2×55 孔 6.0m 顶装焦炉	110 万吨/年	设计	2009.10
11	马来西亚金狮集团	马来西亚	4×55 孔 6.0m 顶装焦炉	220 万吨/年	总承包	缓建
12	中普（邯郸）钢铁有限公司	中国河北	2×55 孔 6.0m 顶装焦炉	110 万吨/年	设计	2009.2
13	新余钢铁公司	中国江西	2×63 孔 6.0m 顶装焦炉	125 万吨/年	总承包	2008.7
14	印度布山公司	印度	2×64 孔 4.3m 捣固焦炉	85 万吨/年	设计	2007.3
15	首钢京唐钢铁公司	中国河北	4×60 孔 7.63m 顶装焦炉 K_2CO_3 脱硫制酸工艺	420 万吨/年	设计管理	2005.12
16	印度金斗公司	印度	2×64 孔 4.3m 捣固单热式焦炉	85 万吨/年	设计	2005.3
17	宏阳钢铁公司	中国山西	2×65 孔 4.3m 顶装焦炉	90 万吨/年	设计	2003.6
18	中化煤化工公司（一、二期）	中国河北	4×55 孔 6.0m 顶装焦炉	220 万吨/年	设计	2003.5
19	霍州中冶焦化公司	中国山西	2×50 孔 4.3m 顶装焦炉	60 万吨/年	总承包	2002.4

3　首钢国际工程公司炼焦技术的特点

3.1　大型顶装焦炉——6.0m 顶装焦炉的特点及典型工程

3.1.1　节能、环保型 6.0m 顶装焦炉炼焦技术应用背景

21 世纪初，首钢迁钢基地要建设成年产 800 万吨的具有国际先进水平的大型钢铁联合企业，为满足 $2650m^3$、$4000m^3$ 高炉炼铁焦炭的需要，迁安中化煤化工有限公司与首钢国际工程公司对建设方案进行了充分的讨论和对比，当时国内焦化行业主流炉型为 6.0m 顶装焦炉，各大钢铁联合企业的焦化厂在宝钢之后也相继建设投产多座 6.0m 顶装焦炉，6.0m 顶装焦炉属大型焦炉，焦炉大型化具有如下优点：

（1）建设投资省，对于同样的焦炭产量而言，大型焦炉炭化室的孔数少，使用的焦炉筑炉材料、护炉铁件、加热煤气、废气非标设备也相应减少，可大大降低基建费用。同样产量的 6.0m 顶装焦炉投资比 4.3m 焦炉投资约低 21%～25%。

（2）劳动生产率和设备利用率高。由于每班生产的焦炭产量增大，因而劳动生产率高，生产成本低。6.0m 焦炉比 4.3m 焦炉劳动生产率高 30%。

（3）减少环境的污染。由于密封面长度减少，泄漏点减少，同样产量的 6.0m 焦炉出炉次数比 4.3m 焦炉少 36%，大大减少了推焦、装煤和熄焦时污染物的散发，可节约环保设施的操作费用。

（4）有利于改善焦炭质量和扩大炼焦煤源。焦炉大型化后，炼焦煤的堆密度增大，有利于提高焦炭质量。

（5）热损失小，热效率高。吨煤的散热面减少，热损失降低，热效率提高，节约能源。

（6）占地面积小。炉组数减少，占地面积相应减少。

（7）维修费用低。

鉴于以上分析、对比和当时的技术水平，首钢迁钢基地采用技术先进，节能、环保的 6.0m 顶装炼焦工艺技术。

3.1.2 节能、环保型 6.0m 顶装焦炉炼焦技术特点

迁安中化煤化工有限公司共分三期工程建设，总规模为年产干全焦 330 万吨，建设 6×55 孔 6.0m 顶装焦炉及配套设施。工程总体规划，分步实施，分三期建成。

一期工程年产干全焦 110 万吨，建设 2×55 孔 6.0m 顶装焦炉、湿熄焦系统、装煤除尘、焦侧除尘、地面站及配套的备煤车间、筛焦系统、煤气净化车间。筛焦系统、煤气净化车间按 220 万吨/年规模设计，部分二期设备预留。生产辅助设施与 4×55 孔焦炉配套。一期工程投产后相应配套建设 1 套 140t/h 干熄焦及配套的生产辅助设施，湿熄焦作为备用。二期工程再建同规模的 2×55 孔焦炉、1 套 140t/h 干熄焦及配套设施。

三期工程年产干全焦 110 万吨，建设 2×55 孔 6.0m 顶装焦炉、湿熄焦系统、装煤除尘、焦侧除尘、地面站及配套的备煤车间、筛焦系统、煤气净化车间。三期工程投产后再相应建设 1 套 140t/h 干熄焦及配套的生产辅助设施，湿熄焦作为备用。焦炉基本工艺参数见表 2。

表 2 焦炉基本工艺参数及流程

序号	名 称	单位	数值
1	炭化室全高	mm	6000
2	炭化室有效高	mm	5650
3	炭化室全长	mm	15980
4	炭化室有效长	mm	15140
5	炭化室平均宽	mm	450
6	炭化室中心距	mm	1300
7	炭化室锥度	mm	60
8	炭化室有效容积	m^3	38.5
9	每孔炭化室装煤量（干）	t	28.5
10	燃烧室立火道中心距	mm	480
11	加热水平高度	mm	900
12	装煤孔个数	个	4
13	立火道个数	个	32

主要技术特点：

（1）炉体。焦炉炉体结构为双联火道、废气循环、焦炉煤气下喷、高炉煤气侧入的复热式上调焦炉。焦炉炉体主要部位采用硅砖砌筑，次要部位采用黏土砖砌筑。焦炉顶板上部三层红砖及炉顶、炉端墙红砖，均改为隔热性能较好、强度与之相当的漂珠砖。蓄热室封墙设有隔热层，以减少炉体热损失。具有结构严密、合理、加热均匀、热工效率高、投资省、寿命长等优点。

（2）护炉铁件。护炉铁件包括炉柱、纵横拉条、保护板、炉门框和炉门等。护炉铁件采用 T 型大保护板，箱形断面加厚的炉门框，悬挂式空冷弹簧炉门，炉门对位时位置的重复性好，弹性刀边对炉门框始终保持一定压力，防止炉门冒烟冒火。炉柱为 H 型钢，沿其高向设 5 线小弹簧。在纵横拉条端部设有弹簧组，能均匀地对焦炉施加一定的保护压力，从而保证焦炉整体的完整和严密。

（3）加热交换系统。加热系统设有焦炉煤气、高炉煤气及混合煤气管道系统，高炉煤气和焦炉煤气管道由炉间台架空引入，布置在焦炉地下室。在三种煤气的引入管上分别设有流量自动调节装置，采用热值仪实现定热值加热，通过煤气流量及炉温信号由计算机自动调控加热煤气流量，以实现炉温控制。焦炉加热用煤气、空气和燃烧后的废气在加热系统内的流向由液压交换机驱动交换传动装置来控制，定时按工艺程序换向。

为保证加热系统稳定性与安全，设有煤气压力检测点及报警系统。

（4）集气系统。在焦炉机侧设 U 形单集气管，吸煤气管上设手动和自动调节蝶阀，用以调节集气管内煤气压力，使集气管内保持规定的压力，以保证炭化室不出现负压现象。集气管压力自动调节由 PLC 控制。集气管上设有带水封阀的放散管，其顶部设手动电点火装置，事故状态时可放散并点火燃烧以满足环保要求。

上升管顶部设有水封盖，桥管与阀体的连接采用水封承插结构，避免荒煤气外逸。桥管上设有低压氨水喷洒装置，用来冷却荒煤气，还设有高压氨水喷射装置，在装煤操作时开启球阀进行高压氨水喷射，增强装煤除尘效果。

（5）湿熄焦系统。当干熄焦装置年修或出现故障时，采用湿熄焦（低水分熄焦）系统。熄焦塔高 36.0m，内衬缸砖，其下部设有熄焦水喷洒管，顶部设有折流式木格捕尘器，可捕集熄焦时产生的大约 60%的焦粉和水雾，减少环境污染。熄焦时间控制在 90s 左右，熄焦后的焦炭水分可控制在 2%~4%，且水分稳定粒度均匀，可大大改善高炉内的炉料透气性。

（6）焦炉机车。焦炉机车充分吸取国内外各种大型焦炉所使用的焦炉机车的先进技术，以提高操作效率、降低劳动强度和改善操作环境为出发点，以先

进、安全、实用为原则，在提高焦炉环保控制、机械化、自动化、可靠性等方面均达到国内先进水平。

（7）机车控制。焦炉机车按 5-2 推焦串序进行操作，采用单元程序控制，并带有手控装置。机车内部操作设有完善的连锁控制，且各车设有故障报警系统。

焦炉配置作业管理及炉号识别系统，根据作业管理及炉号识别系统传送的作业计划和地址信号，各机车可实现车辆的自动走行和自动对位。各焦炉机车之间，机车与焦炉控制室、干熄焦控制室、装煤除尘站、推焦除尘站间，设置可靠的通讯联系及数据和信息的传输。信号联系除可通过作业管理及炉号识别系统外，还可通过滑触线进行。

（8）装煤除尘技术。焦炉装煤采用带集尘装置的可控式螺旋给料装煤车结合干式除尘地面站、高压氨水喷射，实现无烟装煤。

烟尘捕集率 95%以上，可有效控制烟尘外逸。除尘效率 > 99%。经除尘后外排废气的含尘浓度 < 30mg/m^3，通过高 25m 的烟囱排放。外排烟气的粉尘浓度满足《大气污染物综合排放标准》的要求。

（9）出焦除尘技术。焦炉出焦除尘系统采用自主研发的带集尘罩的拦焦机+皮带提升小车+集尘固定干管+地面站除尘技术，烟尘收集率可达 95%以上，除尘效率 > 99%，经除尘后排放气体的含尘浓度 < 30mg/m^3，净化后的废气通过烟囱排放，外排烟气中的粉尘浓度满足《大气污染物综合排放标准》的要求。

（10）熄焦烟尘处理技术。当采用湿法熄焦时，熄焦塔出口前设置木格栅除尘器，可捕集熄焦时产生的大量焦粉和水滴，除尘效率 60%左右，有效地控制了熄焦粉尘的排放。

（11）干熄焦技术。共配有 3 套 140t/h 干熄焦装置，可以吸收利用红焦 83%的显热，每干熄 1t 焦炭回收热量约为 1.35GJ；热量回收产生的蒸汽用于发电，大大降低了炼焦能耗；同时降低了湿熄焦系统有害物质的排放，保护环境。

3.1.3 迁安中化煤化工有限公司焦化工程创新点

迁安中化煤化工有限公司焦化工程除焦炉采用节能、环保型 6.0m 顶装焦炉炼焦技术外，在三期炼焦煤场与焦化站铁路联络线之间的预留用地位置还建设了首钢废塑料型煤示范（试验）工程，在国内焦化业属首创（图 9~图 11）。

该技术首先是日本新日铁公司利用过去从事废塑料油化的经验，于 2000 年开发成功在炼焦煤中掺入 1%废塑料炼焦的技术，通过焦炉中的干馏，废塑料变为焦炭的占 20%，变为焦炉煤气和化工副产品的各占 40%，总的能量利用率达 94%，远高于油化的 65%和高炉喷吹的 75%，近年为应对国际市场焦煤价格暴涨，该公司又成功开发将废塑料掺入量扩大到 2%的技术，不仅消除了“白色污染”同时也缓解煤炭资源紧张的矛盾。

图 9　迁安中化煤化工有限公司焦化厂

图 10　迁安中化煤化工有限公司焦化厂三期工程 6.0m 顶装焦炉

图 11　迁安中化煤化工有限公司利用焦化工艺处理废塑料装置

创新点根据新日铁的经验，（由首钢环保产业事业部设计技术中心科研成果和专利技术，首钢国际工程公司完成工程设计）利用城市垃圾废塑料、焦油渣和迁安中化煤化工有限公司现有炼焦用煤，年生产炼焦用废塑料型煤5万吨和焦油渣型煤3万吨。项目采用自主开发的利用焦化工艺处理废塑料技术，实现处理废塑料、拓展炼焦煤资源、改善焦炭质量等多重目标，技术先进，工艺可靠，环境友好，具有显著的社会效益与环境效益。一方面，利用焦炉处理废塑料，治理“白色污染”，可大大提高首钢的社会形象，并可为钢铁企业实现“城市化功能”树立典范；另一方面，新工艺集成了三种提高焦炭质量技术，拓展了炼焦煤资源，实现改善焦炭质量、降低炼焦成本的目的，开创焦化行业新局面。

3.2 大型捣固焦炉的特点及典型工程

3.2.1 大型捣固焦炉炼焦技术的特点

随着近几年我国钢铁工业的迅速发展，大中型钢铁企业不断建设大容积现代化高炉，设备的大型化使得高炉料柱增高、入炉料压缩率升高，高炉透气性变差，对焦炭质量提出了更高的要求。而我国优质炼焦煤资源趋于紧缺，目前我国炼焦煤资源中适用于冶金生产的炼焦煤仅占26%，在炼焦煤中，气煤比例约为50%，而肥煤、焦煤仅分别占12%和22%，优质炼焦煤储量不多且用量过大，已属非常稀缺的资源。有关部门统计，到2011年，中国优质炼焦煤资源将缺口4000万吨。在当前资源环境下，国内许多焦化企业大都存在炼焦煤资源紧张的现象，优质肥煤、焦煤供应量持续偏紧，煤价持续上涨，采购成本逐年升高。

捣固炼焦工艺作为一种能够增加配煤中高挥发分、弱黏结性甚至不黏结性煤含量以扩大炼焦原料煤资源的方法，现已成为一种成熟的炼焦工艺，被国内外广泛采用。捣固后煤的堆密度增大，炼焦时黏结性增大，从而提高焦炭质量，同时可以扩大弱粘煤用量，缓解炼焦煤资源紧缺的不利局面。

3.2.1.1 捣固炼焦机理及工艺流程

将配合煤在捣固箱内捣实成体积略小于炭化室的煤饼后，由托板从焦炉的机侧推入炭化室内高温干馏，称为捣固炼焦。煤料捣成煤饼后，一般堆密度可由顶装工艺散装煤的0.75t/m^{3}提高到1.00~1.15t/m^3。通过捣固煤料，增加了煤料的堆密度，减少煤粒间的空隙，从而减少结焦过程中为填充空隙所需的胶质体液相产物的数量，这样，较少量的胶质体就可以在煤粒之间形成较强的界面结合。另外，煤饼的堆密度增加，其透气性变差，使得结焦过程中产生的干馏气体不易析出，增大了胶质体的膨胀压力，使变形煤粒受压挤紧，进一步加强了煤粒间的结合，从而改善煤的黏结性，达到提高焦炭强度的目的。

捣固炼焦技术的主要工艺参数：

（1）利用60%~70%的高挥发分气煤或1/3焦煤，配以适量的焦煤、瘦煤，控制挥发分在30%左右，黏结指标Y值为11~14mm左右。

（2）捣固煤料的粉碎度应保持在:粒度≤3mm的占90%~93%，粒度≤0.5mm应在45%~50%之间。对难于粉碎的煤料需要在配煤前进行预粉碎。

（3）捣固煤料最佳的水分为8%~11%，最好控制在9%~10%。

3.2.1.2 捣固炼焦技术优势

（1）提高焦炭的冷态强度。在同样的配煤比下，捣固焦炭与常规顶装焦炭相比，其抗碎强度M_{40}提高1~5百分点，耐磨指标M_{10}改善1~3分点。捣固炼焦对焦炭冷态强度的改善程度取决于配煤质量。配煤黏结性较差时，焦炭冷态强度改善明显；配煤质量好，即主焦煤和肥煤配入量多，配煤黏结性好时，捣固工艺对焦炭冷态强度的改善不明显，尤其是M_{40}指标几乎没有变化。捣固炼焦生产的焦炭块度均匀，大块焦炭较少，粉焦(小于10mm)减少，耐磨指标M_{10}明显改善。

（2）提高焦炭热反应强度。焦炭的热性质，尤其是焦炭的反应性主要取决于焦炭的化学性质——焦炭光学显微结构，而后者又主要取决于煤的性质，因此，捣固炼焦工艺对焦炭的反应性影响不大;而焦炭的热反应强度不仅与焦炭的光学显微结构有关，还与焦炭的孔隙结构和焦炭的基质强度密切相关。捣固炼焦工艺不能改变焦炭的化学性质，但可以改善焦炭的孔隙结构，提高焦炭的基质强度。因为在捣固煤饼中煤颗粒间的间距比常规顶装煤粒子的间距缩小30%左右，而且，结焦过程中产生的干馏气体不易析出，增大煤料的膨胀压力，使煤料进一步受压挤紧，增加煤粒间的接触面积，焦炭孔壁厚度增大，气孔直径变小，气孔率降低。因此，捣固炼焦工艺对焦炭的反应性影响不大，但可以明显提高焦炭的热反应强度，一般可提高CSR值1%~4%。

（3）降低配煤和入炉煤成本。通常在入炉煤相同时，采用捣固炼焦生产的焦炭质量要好于顶装炼焦生产的焦炭；在焦炭质量要求相同时，采用捣固炼焦可以多用高挥发分的弱黏结性煤料，从而降低入炉煤成本，强黏结性煤与高挥发分或弱黏结性煤差价越大，入炉煤成本降低得就越多。

通过焦化行业协会对部分焦化企业调查：24个顶装炼焦和8个捣固炼焦的焦化厂，对比其入炉煤的配比，得出的结论是:捣固炼焦比顶装炼焦多用气煤和1/3焦煤共约8%，多用瘦煤和贫瘦煤共约7%，相应少用焦煤9%、肥煤5%。由此可以推断采用捣固炼焦比顶装炼焦可少用15%~20%的强黏结性煤。

3.2.1.3 捣固焦炉采用的新技术

（1）新型装煤烟尘治理方法。采用双U型管导烟车，配高压氨水装煤喷射，使装煤烟尘从三个炭化室流向集气管，烟尘治理效果好，生产操作简便、稳定。

（2）为减少装煤时机侧冒烟，在装煤推焦机上安装有活动的炉门密封框，在装煤过程中，依靠可变形的密封设备，使煤饼和炉门框之间充分密封，减少烟尘外泄。

（3）将上升管、集气管和吸煤气道设置在焦侧，方便装煤烟尘的引出。

（4）在机侧设置炉头吸烟尘装置，减少炉门打开时烟尘的外冒。机侧将炉门烟尘吸至推焦机上的烟尘处理装置。

（5）配置煤饼切割机、刮板运输机及胶带运输机。一旦出现煤饼倒塌现象，可以快速对余煤进行处理，减轻工人的劳动强度，尽可能减少由于一孔炭化室煤饼倒塌对整个炉组生产操作的影响。

（6）拦焦机改型。取消拦焦机第三轨，使拦焦机横跨在熄焦车上，彻底解决带集尘罩拦焦机的走行不平衡问题，并使焦侧操作台宽阔、安全。

（7）增加炭化室宽度，降低煤饼高宽比，增加煤饼的稳定性，减少煤饼倒塌的几率。

（8）选择适宜的炭化室中心距、炉顶厚度、炭化室墙厚度、立火道隔墙厚度等，增大炉体强度，提高炉墙极限侧负荷(SUGA值),使其能承受煤饼的膨胀压力，延长炉体寿命。

3.2.2 6.0m捣固焦炉的典型工程

四川威远钢铁公司博威新宇化工公司140万吨/年焦化总承包工程建设2×65孔6.0m捣固型复热式捣固焦炉（见图12），年产干全焦140.62万吨，日产焦炉煤气148.18万m^3。配套建设备煤系统、干熄焦系统、煤气净化系统及生产辅助设施。

图12 博威新宇化工有限公司焦化节能改造工程

表3 6.0m捣固焦炉炼焦工艺参数表

序号	项 目	单位	数值	备注
1	焦炉孔数	孔	2×65	
2	焦炉年工作日	d	365	
3	炼焦周转时间	h	25.3	
4	焦炉紧张操作系数		1.07	
5	焦炉操作串序		5-2	
6	炭化室有效容积	m^3	43.6	
7	每个炭化室装干煤量	t	40.06	
8	装炉煤水分	%	10	
9	结焦率	%	78	对干煤
10	焦炉煤气产率	m^3/t	300	对干煤
11	焦炉加热用焦炉煤气低发热值	kJ/m^3	17900	
12	焦炉加热用高炉煤气低发热值	kJ/m^3	3060	
13	炼焦干煤相当耗热量使用焦炉煤气时	kJ/kg	2593	装炉煤水分为10%时
14	炼焦干煤相当耗热量使用混合煤气时	kJ/kg	2943	装炉煤水分为10%时

3.2.2.1 工艺流程

2×65孔6.0m复热式捣固焦炉布置在一条中心线上，组成一个炉组，在炉组机侧设一个双曲线斗槽的煤塔，煤塔储量约为3200t干煤，可满足两座焦炉14h的用煤量。

两座焦炉之间设煤塔间台和炉间台，焦炉端部设炉端台，焦炉两侧设机焦侧操作走台。机侧操作走台下设有余煤胶带运输机。

在焦炉炉组中部焦侧，2座焦炉设置一座高150m的烟囱。

煤塔间台下主要布置配电室、值班室、交换机室、主控室和加热煤气管道。炉间台二间层设托煤板试验与更换站。

炉端台二层设推焦杆试验与更换站、炉门修理站，下层设仓库、工具间及泥浆搅拌机室。2号炉端台二层设有捣固试验站。两个炉端台外侧分别设有余煤转运胶带运输机。

机侧头尾焦由推焦机收集在尾焦斗内，然后卸到尾焦箱内。焦侧头尾焦由拦焦机收集在尾焦斗内，卸到熄焦车内。

集气系统布置在焦炉的焦侧，装煤除尘干管布置在焦炉的机侧，推焦除尘水封槽和抽烟干管布置在焦侧炉外。

3.2.2.2 6.0m捣固焦炉炉体结构及特点

复热式6.0m捣固焦炉为双联火道、废气循环、焦炉煤气下喷、高炉煤气侧入的复热式焦炉（见图13）。它是在总结国内6.0m顶装焦炉多年生产经验的基础上，根据捣固炼焦的特点，由武汉科技大学设计研究院与首钢国际工程公司共同研发的新型焦炉。该焦炉具有如下特点：

（1）蓄热室主墙是用带有三条沟舌的异型砖相互咬合砌筑的，而且蓄热室主墙砖煤气道管砖与蓄热室无直通缝，保证了砖煤气道的严密。蓄热室单墙为单沟舌结构，用异型砖相互咬合砌筑，保证了隔墙的整体性和严密性。

（2）蓄热室内装有12孔薄壁格子砖，比厚壁格子砖增加1/3的蓄热面，可使废气离开蓄热室的温度降低30~40℃。

（3）内封墙采用硅砖，由于热膨胀与蓄热室墙相同，密封效果显著增加；蓄热室外封墙取消了效果不佳的隔热罩，改用近年已在焦炉上广泛采用、隔热和密封效果都很好的新型保温材料抹面，再加一层20mm硅酸钙隔热板，大大减少了封墙漏气，改进了炉头加热，减少了热损失，使操作环境得到改善。

（4）由于装煤和出焦时炉头炭化室墙面温度下降快、易剥蚀，这种情况对于捣固焦炉机侧尤为严重。因此燃烧室机侧炉头采用双层结构，外层为高铝砖，抗热震性好；内层为硅砖，使炉头第一火道形成一个气密性好的箱体结构，有效地改善了炉头炭化室墙面的抗热震性。

（5）保证炭化室高向加热均匀，设计采用了加大废气循环量和设置焦炉煤气高灯头等措施。此外，由于采用废气循环，可以降低废气中的氮氧化物含量，减少了对大气的污染。

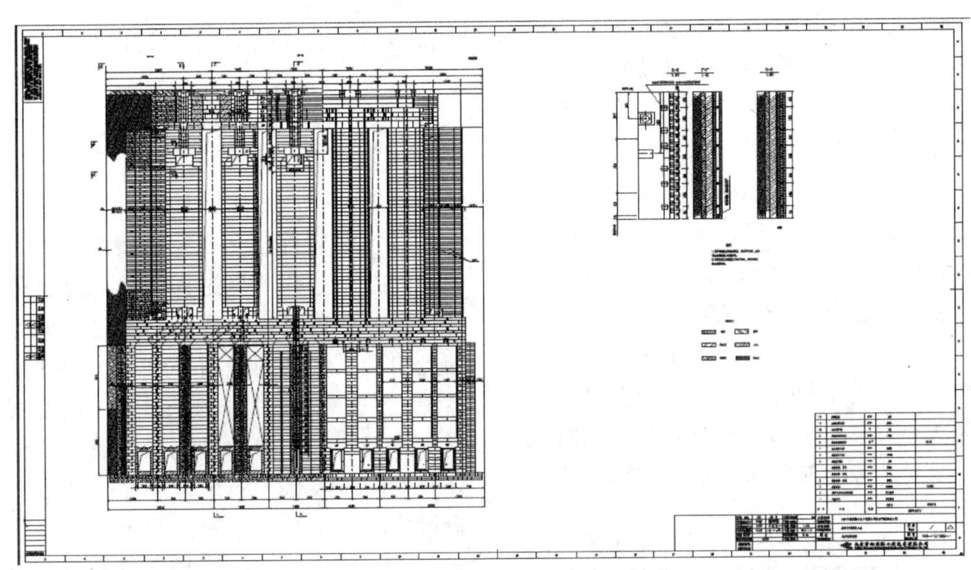

图13　6.0m捣固焦炉纵断面图

表4　6.0m捣固焦炉炉体主要尺寸

序号	名　称	单位	数量
1	炭化室全长	mm	15980
2	两炉门衬砖之间的距离	mm	15140
3	炭化室全高	mm	6000
4	炭化室有效高	mm	5800
5	炭化室平均宽	mm	500
	炭化室机侧宽度	mm	485
	炭化室焦侧宽度	mm	515
6	炭化室锥度	mm	30
7	炭化室中心距	mm	1400
8	炭化室有效容积	m^3	43.60
9	燃烧室立火道中心距	mm	480
10	燃烧室立火道个数	个	32
11	加热水平高度	mm	805
12	炭化室底部标高（热态）	mm	6940

（6）炭化室墙采用“宝塔”砖结构，它消除了炭化室与燃烧室之间的直通缝，增强了炉体的严密性，使荒煤气不易窜漏，并便于炉墙维修。燃烧室立火道隔墙上增加沟舌，大大增加了燃烧室的结构强度和炉体的严密性。

（7）为了适应捣固炼焦的特点，加热水平高度为805mm，提高了炭化室高向加热的均匀性。

（8）炉顶设2个抽烟孔，在焦侧设上升管孔。抽烟孔和上升管孔砌体用带有沟舌的异型大块砖砌筑，并在抽烟孔及上升管孔座砖上加铁箍，保证了它的整体性，使炉顶更为严密，减少了荒煤气的窜漏，防止炉顶横拉条的烧损。

（9）6.0m捣固焦炉仅在焦侧设单集气管，所以特将焦侧第一抽烟孔至上升管之间的炉顶空间加大，并加大上升管孔底部面积，使流经此区域的荒煤气流速降低，有利于荒煤气中夹带的煤焦粉尘沉降，避免大量煤焦粉尘带进集气管。

（10）炉顶面焦炉中心至机、焦侧正面，设有50mm的坡度，以利炉顶排水。

（11）炭化室的锥度设计为30mm，减小推焦阻力，减少推焦对焦炉炉墙的损坏。

（12）焦炉炉墙的极限侧负荷可达到 10 kPa，延长了焦炉的使用寿命。

（13）增加焦炉炭化室下部炉墙砖的厚度，提高了炉墙的强度。

（14）炉端墙与炉顶内层采用漂珠砖；隔热采用高强度的隔热砖；炉门衬砖采用堇青石材质等。增强了隔热效果和结构强度。

3.2.2.3　6.0m捣固焦炉机械的主要性能及特点

焦炉机械中的关键设备——捣固机采取国内制造，是在总结国内5.5m捣固机以及6.25m捣固机设计经验的基础上进一步完善和提高。其他焦炉机械从提高机械效率、降低劳动强度和改善操作环境为出发点，结合我国6.0m焦炉机械的技术优势并吸收7.0m和7.63m焦炉机械的部分优点，以先进、安全、实用、可靠为原则进行设计和制造。焦炉机械的各个单元既可手动操作，又可单元程序控制；并采用了炉号识别，实现了各车辆的安全联锁。焦炉机械还具有炉门、炉框、炉台的清扫和头尾焦以及余煤收集处理功能，司机室和配电室内壁和顶棚镶有保温板，具有防热、防寒的作用，同时司机室、配电室设有工业空调，显著改善了司机室的操作环境。

表5　2×65孔6.0m捣固焦炉机械设备配置表

序号	机械名称	数量			备注
		单位	数量	其中备用	
1	捣固机	锤	64	4	
2	捣固装煤车	台	2	0	左右型各1台
3	推焦车	台	2	0	
4	导烟车	台	1	0	
5	拦焦车	台	2	1	
6	湿熄焦车	台	1	0	
7	干湿两用电机车	台	2	1	
8	液压交换机	套	2	0	
9	摇动给料机	台	20	0	

3.2.2.4　焦炉除尘设施

对焦炉生产过程中阵发性排放烟尘和连续性排放烟尘治理采取以下措施：考虑捣固焦炉装煤除尘的特殊性，将6.0m捣固焦炉的炉顶空间通道高度增加，并且导烟孔和上升管孔孔径扩大，使荒煤气的逸出压力减小，以达到减少荒煤气外冒的目的。

表6　6.0m捣固焦炉主要生产操作指标表

序号	项　目	单位	指　标
			用焦炉煤气加热时
1	标准火道温度机侧	℃	1300
2	标准火道温度焦侧	℃	1300
3	过剩空气系数 α		1.2~1.3
4	焦饼上下温差	℃	< 150
5	焦饼中心温度	℃	1000±50
6	炉头火道温度	℃	≥1100
7	下降气流看火孔压力	Pa	0~5
8	炭化室底部压力	Pa	≥5
9	集气管内荒煤气温度	℃	~ 85
10	高压氨水管总管压力	MPa	2.2~3.0
11	地下室煤气主管压力	Pa	1200
12	地下室煤气横管压力	Pa	700~800
13	炉柱上部弹簧负荷（总）	kN	140
14	炉柱下部弹簧负荷（总）	kN	90

阵发性排放烟尘治理

（1）装煤除尘。在捣固装煤车上安装有活动的炉门密封框，在装煤过程中，依靠这些可变形的密封设备，保证将煤饼和炉门框之间充分密封。装煤烟尘治理系统采用炉内导烟、炉外抽烟的联合消烟系统。炉内导烟采用 n+2 和 n–1 的方式进行相邻炭化室导烟。炉外抽烟系统采用武汉科技大设计研究院开发的装煤烟尘吸附过滤净化技术。装煤除尘吸附过滤净化系统，净化效率大于98%。

（2）熄焦除尘。在熄焦塔顶部折流式木结构百叶窗式的捕集装置，捕集熄焦时产生的大量焦粉和水滴。

（3）推焦除尘。在拦焦机上带有大型集尘罩，该集尘罩与地面站除尘设备之间用一条设置于焦侧外的水平干管连接，通过干管将抽吸的烟气送到除尘设备处理净化后排放。

（4）自动放散电点火装置。在集气管上设自动放散电点火装置，可将集气管放散的荒煤气焚烧掉。

连续性无组织排放烟尘治理：导烟孔盖采用球面结构，大大地增加了导烟孔盖的严密性。炉门采用弹性刀边，炉门刀边密封靠弹簧顶压，使刀边受力均匀，密封效果好。炉顶上升管盖及桥管与阀体承插均采用水封结构，可以杜绝上升管盖和桥管承插处的冒烟现象。上升管根部采用铸铁座，杜绝了上升管根部的冒烟冒火现象。

四川威远钢铁公司博威新宇化工公司140万吨/

年焦化总承包工程于 2012 年 10 月 2 日顺利产出第一炉红焦，标志着首钢国际工程公司在大型捣固焦炉建设的道路上又迈出了可喜的一步。

4 发展与展望

以打造节能、环保、低碳、绿色焦化为目标，大力推进科技进步和技术创新，加大淘汰落后工艺，加快推行清洁生产和发展循环经济，提升绿色焦化水平，构建资源节约型、环境友好型的新型焦化企业是焦化行业的发展方向。

认真执行工信部和国务院颁发的《焦化行业准入条件》、《焦化行业清洁生产标准》的相关要求，结合首钢国际转型发展的要求，不断提高炼焦专业的技术水平，向市场输送焦化行业先进适用的新技术，促进焦化行业节能降耗增效，使焦炉的各项经济技术指标得到更大改善和提高，为焦化行业发展做出我们的努力和贡献；进一步提升首钢国际工程公司的竞争实力，实现平稳协调可持续发展。

图 14　四川威远钢铁公司博威新宇化工公司 140 万吨/年焦化总承包工程

（1）焦炉炉型的开发。依据国内、外市场发展需求，研发薄炭化室炉墙的焦炉和炭化室高 7m 以上顶装焦炉及配套的技术装备。

开发研究大型捣固焦炉系列化工作，在现有 6.0m 管道焦炉的基础上开发研究不同宽度炭化室的新炉型及配套的技术装备；对炭化室高 6.3m 捣固焦炉系列化开发研究。争取在“十二五”期间形成首钢国际自有的大型捣固焦炉系列化产品，满足不同用户的需求。

（2）余热余能利用方面的技术开发。开发烟道废气余热回收技术，荒煤气显热回收技术，余热用于煤调湿、生产中（低）压蒸汽、余热发电等技术。

研究开发利用烟道废气余热蒸氨工艺及配套的技术装备，合理利用炼焦过程产生的余热降低工序能耗。

（3）焦炉煤气高效脱硫技术的开发。结合当前焦炉煤气脱硫技术的现状，研究负压脱硫工艺技术及与之配套的脱硫废液处理工艺技术及配套的工艺技术装备，满足煤气用户的不同需求。

（4）积极争取技术输出和技术服务项目。扩大专业技术服务范围，开展焦化工程组织管理、焦炉烘炉开工、干熄焦烘炉开工、专业技术咨询等技术服务等业务。

专业技术发展目标：

通过对焦化工艺技术及配套的技术装备的不断研究开发使首钢国际工程公司焦化技术满足工信部颁布的最新《焦化行业准入条件》、《焦化行业清洁生产标准》的相关要求，能够满足不同用户需求。不断提高炼焦专业的技术水平，向市场输送焦化行业先进适用的新技术，促进焦化行业节能降耗增效，使焦炉的各项经济技术指标得到更大改善和提高，为焦化行业发展做出我们的努力和贡献；进一步提升首钢国际工程公司的竞争实力，实现平稳协调可持续发展。

➤ 焦化工程专项技术

SG60 型焦炉炉墙减薄理论研究

秦　瑾

(北京首钢国际工程技术有限公司，北京 100043)

摘　要：减薄炭化室炉墙是提高焦炉产量，节约能源，减少投资的重要途径之一，本文重点研究了 SG60 型焦炉炉墙减薄对传热、蓄热量、炉温变化、炉墙结构强度以及焦炭产量的影响。研究结果表明：使用薄炉墙焦炉可大大提高传热量，并且，装煤初期炭化室墙面温度的下降反而会减少，避免了因激冷激热而损坏炉墙硅砖。此外，薄炉墙焦炉的炉墙结构强度完全合理。炉墙减薄后焦炉的结焦时间缩短了约 1.6h，干全焦年产量增加 10%，具有可观的经济和社会效益。

关键词：焦炉；薄炉墙；炉墙温度；结构强度；结焦时间

Theoretical Study on SG60 Coke Oven with Thin Oven Chamber Wall

Qin Jin

(Beijing Shougang International Engineering Technology Co., Ltd., Beijing 100043)

Abstract: To thin oven chamber wall is one of the important channels of raising coke oven output, conserving energy and reducing investment. This paper is focused on the study of influence of thin oven chamber wall on heat transfer, heat storage capacity, oven temperature change, structural strength of oven chamber wall and coke production. The results indicate that: capacity of heat transmission of thin oven chamber wall is greatly improved, simultaneously, temperature drop of the wall will slow down at the beginning of loading coal, then, the damage of silica wall because of temperature shock can be avoided. Furthermore, the structural strength of thin oven chamber wall is entirely reasonable. Coking time is shorten about 1.6h after the wall was thinned, annual output of dry whole coke is increased by 10%, which has considerable economic and social benefits.

Key words: coke oven; thin oven chamber wall; oven chamber wall temperature; structural strength; coking time

1　引言

焦化工业是钢铁产业链中重要的一环，经历了一百多年发展的今天，现代焦化工业正承受着优质炼焦煤日益紧缺和环保法规日益严格的双重压力，这种压力就是当前国内外焦化工业技术发展的基本动力。为了应对挑战，新一代焦化厂在焦炉大型化、改进焦炉炉墙材关于减薄炭化室炉墙问题的研究日益受到重视，结焦周期不变，立火道温度允许降低 50~60℃，能耗则降低 7%[1]，当火道温度较低时，可使焦炉耗热显著降低，燃烧所需煤气量减少，燃烧废气带走的显然也相应减少，从而达到节约能源的目的。最后，当设计产量一定时，采用薄炉墙焦炉所需炭化室孔数少于炉墙未减薄的焦炉；单孔炭化室的用砖吨位也随着炉墙厚度减薄而降低，这些因素都有利于减少焦炉的基建投资[2]。

本文主要运用不稳定传热的有限差量法，研究 SG60 型焦炉炉墙减薄前、后传热量与蓄热量的变化，估算炉墙减薄后炭化室墙面温度的变化，并对薄炉墙焦炉的炉体结构强度进行核算，通过以上研究，从理论上论证炉墙减薄的可行性和由此带来的经济效益。

2 炭化室炉墙的作用

焦炉的炭化室炉墙是焦炉炉顶静载荷与动载荷的支撑体，所以要求炉墙有足够的厚度和砌体强度，以保证炉体力学结构的稳定性。另一方面，焦炉的炭化室炉墙是燃烧室向炭化室传热的中间介质，所以要求炉墙应尽可能薄，以提高炉墙的传热效率，而炉墙厚度既关系到蓄热量的大小，又影响传热量的高低。

减薄炭化室炉墙关键是在保证炉体强度的条件下，使其具有最大的传热速率，并且炭化室墙面的温度在装煤初期不会过分降低，以避免因激冷激热而损坏炉墙硅砖。显然，若薄炉墙焦炉既能满足以上要求，又可以节能减排、增收创益，这无疑将是今后焦炉绿色改造的主要途径之一。

3 炉墙减薄前后温度、传热量及蓄热量的变化

本研究以 SG60 型焦炉为对象，炉墙厚度由 100mm 减薄至 80mm，其他结构尺寸不变。焦炉燃烧室侧墙面的平均温度约为 1300℃，由于在整个结焦时间内温度变化较小，可视为常数。炭化室侧墙面在装煤前约为 1100℃，装煤后 2h 左右降低至约 730℃。炉墙热扩散率 $\alpha = 20\times10^{-4}m^2/h$，热导率 $\lambda = 6.2kJ/(m\cdot h\cdot℃)$。本部分将炉墙均分为若干层，讨论各层结焦初期温度、传热量、蓄热量以及温降的变化。

3.1 炉墙各层温度的变化

由于周期装煤、出焦，炭化室炉墙温度随着结焦的进行而改变，所以属于不稳定传热过程，若忽略结焦过程煤料热解产生的气、液相的对流传热，炭化室墙和煤料的传热均可近似地看成不稳定导热过程[3]。有限差量法把不稳定导热过程看作有限个连续进行的稳定导热过程。根据平壁不稳定传热机理，可得出火道温度(t)与结焦时间(τ)及炉墙与炭化室宽度(x)三者间不稳定导热的微分方程式，用有限差量法处理该方程式的结果为[4]：

$$\frac{\Delta t}{\Delta \tau} = \alpha \frac{\Delta^2 t}{\Delta x^2} \tag{1}$$

将炉墙分成若干层，任意层用 i 表示，每层厚度为Δx，结焦时间分为若干$\Delta\tau$，从结焦开始到某一时刻的 τ 值用 k 表示，炉墙中某一层（i）在某一结焦时间 k 时的温度为 $t_{i,k}$。当 $\Delta\tau = \frac{\Delta x^2}{2\alpha}$ 时，可推出公式(2)[4]：

$$t_{i,k+1}=(t_{i+1,k}+t_{i-1,k})/2 \tag{2}$$

具体地：

（1）刚装煤 $\tau=0$ 时：将炉墙均分 4 层，$\Delta x=0.08/4=0.02m$，各层温度按线性变化，故 $k=0$ 时，各层温度 $t_{i,0}$ 见表 1 中第一行；

（2） 设炭化室侧墙面为 $i=0$，时间间隔为：$\Delta\tau=\Delta x^2/2\alpha=0.02^2/(2\times20\times10^{-4})=0.1h$；

（3）在装煤前炭化室侧墙面温度为 1100℃，装煤后降至最低点 730℃，2h 内温度共降 370℃，则在时间间隔 0.1h 中，炭化室侧墙面温度下降 18.5℃。当 $i=0$，$k=1$ 时，各段时间温度 $t_{0,k}$ 见表 1 中第一列。

各层、各段时间温度用式（2）计算，计算结果见表 1。如当 $i=1$，$k=1$ 时，$t_{1,2}=(t_{2,1}+t_{0,1})/2$，$t_{0,1}=1081.5$℃，$t_{2,1}=1200$℃，则 $t_{1,2}=(1081.5+1200)/2=1140.8$℃。

3.2 炉墙传热量的变化

各段时间出入炉墙热量见表 1。以 80mm 焦炉炉墙传热量为计算示例。

表 1 80mm 焦炉结焦 2h 内各层各时间的温度(℃)、传热量($kJ/(m^2\cdot h)$)和蓄热量变化($kJ/(m^2\cdot h)$)

时间/h	序号 k	炉墙厚 i /mm					$\lambda=6.2kJ/(m\cdot h\cdot℃)$		ΔH
		80	60	40	20	0	$q_{入}$	$q_{出}$	
0	0	1100.0	1150.0	1200.0	1250.0	1300	15500.0	15500.0	
0.1	1	1081.5	1150.0	1200.0	1250.0	1300	15500.0	21235.0	5652.1
0.2	2	1063.0	1140.8	1200.0	1250.0	1300	15500.0	24102.5	8478.2
0.3	3	1044.5	1131.5	1195.4	1250.0	1300	15500.0	26970.0	9891.2
0.4	4	1026.0	1119.9	1190.8	1247.7	1300	16216.9	29120.6	11304.2
0.5	5	1007.5	1108.4	1183.8	1245.4	1300	16933.8	31271.3	12010.8
…	…	…	…	…	…	…	…	…	…
1.6	16	804.0	960.3	1088.9	1199.0	1300	31304.9	48442.6	14086.1
1.7	17	785.5	946.4	1079.6	1194.4	1300	32727.4	49887.6	14097.2
1.8	18	767.0	932.6	1070.4	1189.8	1300	34155.6	51326.9	14108.2
1.9	19	748.5	918.7	1061.2	1185.2	1300	35583.7	52766.3	14113.7
2.0	20	730.0	904.8	1052.0	1180.6	1300	37014.7	54202.8	14119.3

燃烧室传入炉墙热量：$q_{入}=\lambda(t_{4,1}-t_{3,1})/\Delta x=6.2\times(1300-1250)/0.02=15500$ kJ/(m²·h)

炉墙传给煤料热量：$q_{出}=\lambda(t_{1,1}-t_{0,1})/\Delta x=6.2\times(1150-1081.5)/0.02=21235$ kJ/(m²·h)

从图 1 可清晰看出，结焦初期由于燃烧室传给炭化室墙面的热量$q_{入}$小于炭化室墙面传给煤料的热量$q_{出}$，所以，炭化室墙面温度会下降。但炭化室墙减薄后，上述热量均增大，即 $q_{入80}>q_{入100}$，$q_{出80}>q_{出100}$，但当炉墙减为 80mm 时，$q_{入}$增大的幅度大于$q_{出}$增大的幅度，说明炉墙减薄后的传热量大于减薄之前的传热量，致使炭化室墙面温度的下降反而减少。因此减薄炉墙厚度，可以减缓装煤后炉墙的剧冷程度，有利于炉体保护。

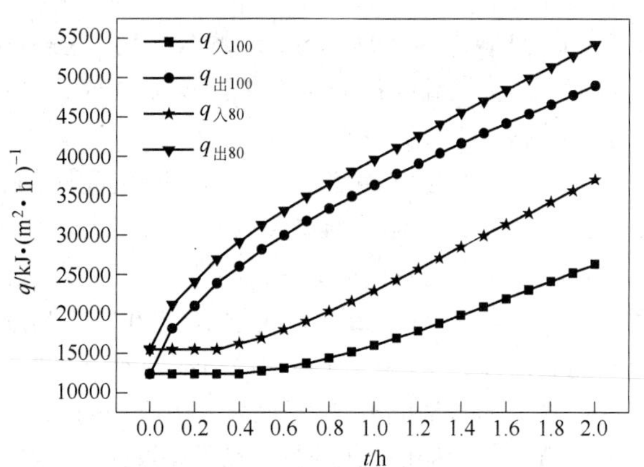

图 1　炉墙减薄前后传热量比较图

$q_{入100}$—炉墙厚 100mm 时，燃烧室传给炭化室墙面的热量；
$q_{入80}$—炉墙厚 80mm 时，燃烧室传给炭化室墙面的热量；
$q_{出100}$—炉墙厚 100mm 时，墙面传给煤料的热量；
$q_{出80}$—炉墙厚 80mm 时，墙面传给煤料的热量

3.3　炉墙蓄热量的变化

每 1m² 炉墙蓄热量见表 1 中最后一列，如 $\tau=0.1$ 时炉墙的蓄热量计算如下：

当 $\tau=0$ 时，平均温度为(1100+1150+1200+ 1250+1300)/5=1200

当 $\tau=0.1$ 时，平均温度为(1081.5+1150+ 1200+1250+1300)/5=1196.3

$\Delta H=F\times r\times\delta\times\Delta t=1\times1900\times0.08\times1.005\times(1200-1196.3)/0.1=5652.1$ kJ/(m²·h)

式中　1900——硅砖密度，kg/m³；

0.08——炉墙厚度，m；

1.005——硅砖比热，kJ/(kg·℃)；

0.1——单位时间间隔，h。

炉墙减薄前后蓄热量的变化见图 2。从图中可清晰看出，炉墙减薄后蓄热量减小。

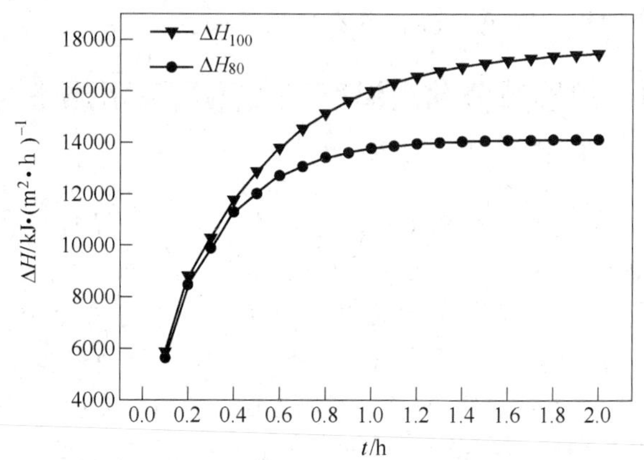

图 2　炉墙减薄前后蓄热量变化图

3.4　炭化室炉墙温降的变化

炉墙减薄后，由于炉墙传热量和蓄热量均发生了变化，所以，炭化室侧墙温度降是变化的，炉墙厚为 80mm 时，装煤初期炭化室墙面温降变化见表 2；同理计算可知炉墙厚 100mm 时的温降值（计算略）。炉墙减薄前后炉墙温降变化比较见图 3。

表 2　80mm 焦炉装煤初期各层各时间的炭化室墙面温降变化　(kJ/(m²·h))

时间/h	序号 k	$\Delta q_{入}$	$\Delta q_{出}$	$\Delta q'$	$\Delta H'$	Δq	Δt	墙面温度/℃
0	0	3100.0	3100.0	0		0	0	1100.00
0.1	1	3100.0	3100.0	0	235.5	–235.5	–0.15	1081.35
0.2	2	3100.0	3100.0	0	353.3	353.3	–0.23	1062.61
0.3	3	3100.0	3100.0	0	412.1	–412.1	–0.27	1043.84
0.4	4	3816.9	3100.0	716.9	471.0	245.9	0.16	1025.51
0.5	5	4175.3	3100.0	1075.3	868.4	206.9	0.14	1007.14
…	…	…	…	…	…	…	…	…
1.6	16	9367.1	4296.6	5070.5	3112.4	1958.0	1.28	814.03
1.7	17	9705.1	4517.3	5187.8	3190.1	1997.7	1.31	796.84
1.8	18	10048.8	4759.1	5289.7	3250.8	2038.9	1.33	779.68
1.9	19	10370.8	5000.9	5369.9	3303.3	2066.6	1.35	762.53
2.0	20	10695.7	5257.3	5438.3	3344.7	2093.6	1.37	745.40

注：$\Delta q_{入}$，$\Delta q_{出}$—分别为炉墙厚度 80mm 与 100mm 输入与输出热量的差值；$\Delta q'=\Delta q_{入}-\Delta q_{出}$—炉墙减薄前后传热变化量；$\Delta H'=\Delta H_{100}-\Delta H_{80}$—炉墙减薄后蓄热量的减少值；$\Delta q=\Delta q_{入}-\Delta q_{出}-\Delta H'$—炉墙减薄后传热量与蓄热量总的变化值；$\Delta t$—温差，$\Delta q=F\times r\times\delta\times\Delta t=1\times1900\times0.08\times1.005/0.1\times\Delta t=1527.6\Delta t$，所以，$\Delta t=\Delta q/1527.6$。

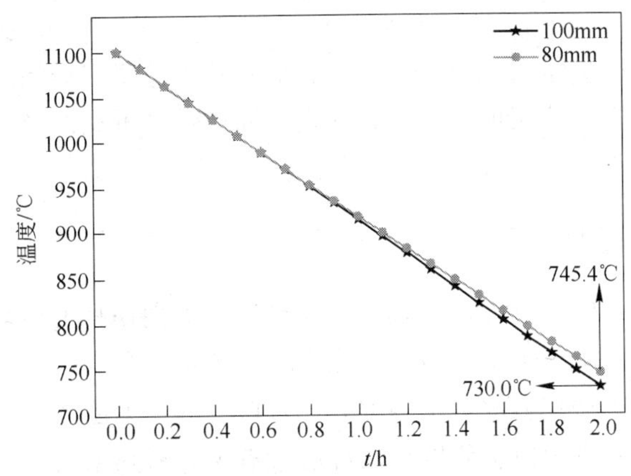

图 3 装煤初期炭化室墙面温降变化

在炭化室装煤初期，由于煤料与炭化室墙面之间存在着很大的温差，因此炭化室墙面在单位时间内传给煤料的热量很大。从以上分析可知，此时，炉墙的放热远大于吸热，使炭化室墙面的温度急剧下降，一般从 1100℃下降至 730℃左右。以后随着炭化过程的进行，炉墙的吸热逐渐增大，温度不断升高，到结焦末期，其温度又逐渐恢复到 1100℃。从图 3 可知，炉墙减薄至 80mm 时，炭化室侧墙面温度为 745.4℃，比减薄前反而升高了 15.4℃。说明，炉墙减薄后虽然蓄热量减少，但传热速率增加，传热量增加，致使炭化室墙面温度的下降反而减少，故不存在装煤初期墙面温度降低至晶型转化点以下的危险。

4 炉体结构强度核算

炉墙厚度减薄必然会对炉体强度有影响，为了确保炉墙的稳定性，进行炉墙稳定性核算是必要的。1970 年新日铁钢铁公司的须贺及下川在 Ahlers1959 年发表的焦炉炉墙稳定性的计算规则的基础上，提出了简化公式[5]即炉墙极限侧负荷计算见式(3)：

$$W=\frac{2\left(\sqrt{MT}+\sqrt{MB}\right)^2}{EL^2} \tag{3}$$

式中 W——炉墙的负荷极限，kg/cm^2；

MT——炭化室顶部每 $2E$ 长度的抗弯矩，kg·cm，$MT=2E\times A\times B\times D/2\times SD$；

MB——炭化室底部每 $2E$ 长度的抗弯矩，kg·cm，$MB=\{2E\times A\times B\times SD+2E\times C\times D\times SL+2G(L-C)\times 2E\times SL+2(D-2G)\times F\times(L-H-C)\times SL\}\times D/2$；

SL——炉墙体积重量，约 $1.8\times10^{-3}kg/cm^3$；

SD——炉顶体积重量，约 $1.4\times10^{-3}kg/cm^3$。

当焦炉炉墙厚度减至 80mm 时，炉墙的极限负荷计算所需数据见表 3，炉墙主要结构尺寸如图 4 所示。

表 3 6m 顶装焦炉炉体主要尺寸

参 数	数据	参 数	数据	参 数	数据
燃烧室温度 t_c/℃	1300	加热水平高度 C/cm	90	炭化室炉顶厚度 B/cm	125
焦饼中心温度 t_k/℃	1050	立火道中心距 E/cm	48	跨越孔高度 H/cm	33
装炉煤温度 t_0/℃	20	炭化室平均半宽度 δ/ m	0.225	燃烧室平均宽 D/cm	85
炉墙厚度 δ_c/mm	80	全焦率 η	0.75	炭化室单孔装煤量 g/t	28.5
炭化室孔数 N/孔	60	装煤推焦的操作时间/min	10	焦炉周转时间	t
炭化室中心距 A/cm	130	立火道隔墙厚度 F/cm	15.1		

经过计算得：MT=92820 kg· cm；MB=284967.5 kg· cm；W=0.0813 kg/cm^2。

据《焦化工艺设计规范》GB50432—2007 中有关焦炉炉体强度规定，炭化室高度小于 7m 的顶装焦炉，炉墙极限侧负荷不应小于 8.0 即 0.08 kg/cm^2。由计算可知，本研究薄炉墙焦炉炉墙极限侧负荷为 8.13 kPa，符合设计规范的规定。但侧负荷的计算值比较接近极限值，必须经过实践检验才能实施，如果使用高密度硅砖，炉墙的侧负荷值会有所提高。

在 70 年代中期，德国就已经建造了世界上第一座炭化室高 4m，炉墙厚 80mm 的焦炉 39 孔，80 年代初，又建造了炭化室高 6m，炉墙厚 80mm 焦炉，使用的是高密度硅砖。所以作者认为，焦炉炉墙厚度从 100mm 减薄到 80mm，在炉墙砖材质得到保证的情况下是可行的。

焦炉是一个结构复杂的大型工业炉，炉墙厚度的改变，会带来焦炉加热制度的改变，对煤质的均匀度及焦炉加热操控精度等都会有更高要求，对焦炉高向加热方面也会有较大的影响。故本研究的结论还应经过工业试验阶段，使其炉墙材质及炉体结构的合理性得到检验，并摸索和积累焦炉操控经验后，才能正式投入使用。要实现这样的设想，有很长的路要走，不但需有人力物力上的保证，还需要有愿意合作的焦化厂和有能力的耐火材料供货商，这也是目前国内还没有走出这一步的众多原因之一吧。

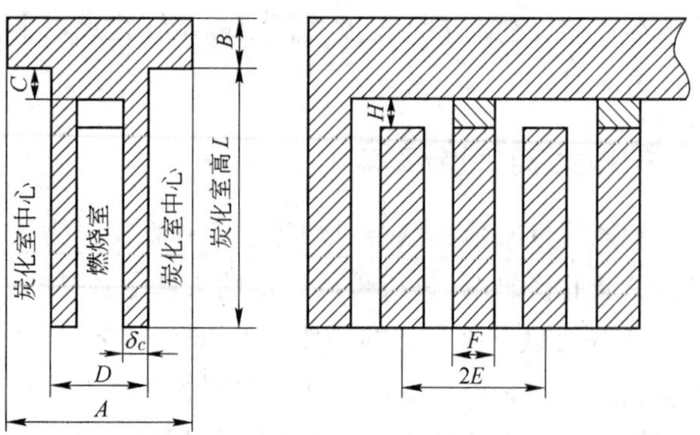

图 4　炉墙主要结构尺寸图

5　经济效益分析

本文用郭树才法计算结焦时间，所用公式如下（参数含义见表 3）：

硅砖热导率：

$$\lambda_c=2.93+2.51\times\frac{t_c}{1000},\ \mathrm{kJ/(m\cdot h\cdot ℃)}$$

煤料热导率：

$$\lambda=0.81+0.75\times\frac{t_k-800}{1000},\ \mathrm{kJ/(m\cdot h\cdot ℃)}$$

煤料热扩散率：

$$\alpha=\left(14+20.3\times\frac{t_k-600}{1000}\right)\times10^{-4},\mathrm{m^2/h},$$

结焦时间计算：

$$\tau=3.84\left(\frac{\delta^2}{\alpha}\right)\left(\frac{\lambda_c\delta}{\lambda\delta_c}\right)^{-0.43}\left(\frac{t_k-t_0}{t_c-t_0}\right)^2,\mathrm{h}$$

干全焦年产量：

$$G=gN\eta/t\times365\times24,\ \mathrm{t}$$

根据表 3 中数据计算得：炉墙厚 100mm 焦炉结焦时间为 17.5h，一座焦炉干全焦年产量为 63.6 万吨/年；同理可得出炉墙厚 80mm 焦炉结焦时间为 15.9h，一座焦炉干全焦年产量为 69.9 万吨/年，显而易见，炉墙减薄后，焦炉干全焦年产量增加 10%。按市场焦炭价格 1800 元/吨，则每年每座焦炉可节约 11.34 亿元。另一方面，在实际生产中，若不改变结焦时间，则薄炉墙焦炉的标准火道温度会相应下降，从而可以节约煤气量，同样带来可观的经济效益。

6　结语

（1） SG60 型焦炉炉墙减薄后大大提高了传热量，由于燃烧室传给炭化室墙面的热量和炭化室墙面传给煤料的热量均增大，且前者的增大值大于后者的增大值，所以炉墙温度没有因为蓄热量的下降而下降，反而有所增加，经计算：炉墙厚度从 100mm 减至 80mm，炭化室侧墙面温度从 730℃增加到 745.40℃，增加了 15.4℃，更有利于炉体保护。

（2） 薄炉墙焦炉干全焦年产量增加 10%，按市场焦炭价格 1800 元/吨，则每年每座焦炉可节约 11.34 亿元。另一方面，在实际生产中，若不改变结焦时间，则薄炉墙焦炉的标准火道温度会相应下降，从而可以节约煤气量，同样带来可观的经济效益。

（3） 薄炉墙的极限侧负荷理论上符合焦炉炉体强度规定，使用高密度硅砖可使炉墙的强度得到更可靠的保证。作者认为炉墙减薄为 80mm 的设想是可行的，但对不同炉型和国内的材质来说，最好经过工业实验后得出最终结论。

参考文献

[1] 王维兴．钢铁生产技术节能[N]．世界金属导报，2012-02-07.

[2] 何选明，李哲浩．我国最薄炉墙焦炉的设计、施工与生产[J]．武汉钢铁学院学报, 1991, 14(2): 179.

[3] 姚昭章，郑明东．炼焦学[M]．北京：冶金工业出版社, 2005: 259.

[4] 严文福，王晓婷．薄炉墙焦炉传热理论研究[J].山东冶金, 2005, 27（增刊）: 102.

[5] 于振东，郑文华．现代焦化生产技术手册[M]．北京：冶金工业出版社, 2010: 129.

焦炉炭化室传热过程的CFD模拟研究

田宝龙

(北京首钢国际工程技术有限公司，北京 100043)

摘　要：利用CFD（计算流体力学）软件，以首钢焦化厂实际生产数据为依据，建立焦炉炭化室传热数学模型，分别对不同炉墙厚度、不同标准火道温度的炭化室进行模拟研究，探究炉墙减薄对结焦时间、加热温度以及传热量的影响。研究结果表明，相同标准火道温度下，炉墙减薄10mm，结焦时间缩短0.9h；相同结焦时间下，炉墙减薄10mm，标准火道温度降低25~27℃，从而降低能耗；炉墙减薄不会降低墙体的热稳定性。

关键词：炭化室；传热；CFD；炉墙减薄

CFD Simulation and Investigation on the Heat Transfer of Coke Oven Chamber

Tian Baolong

(Beijing Shougang International Engineering Technology Co., Ltd., Beijing 100043)

Abstract: On the utilization of CFD (computational fluid dynamics) software and in terms of the industry data of the Beijing coking plant, the mathematical model of heat transfer in the coke oven chamber was established. And simulation goes on the different heating wall width and standard flue temperature, respectively, in order to investigate the effect of the thinner heating wall to coking time, heating temperature and heat flux. The results suggest that when 10mm shortened of the heating wall the coking time reduces by 0.9 hour on the condition of the same standard flue temperature, while the standard flue temperature reduces by 25-27℃ of the same coking time. It is unable to thin the thermal stability of the thinner heating wall.

Key words: coke oven chamber; heat transfer; CFD; thinner heating wall

1　引言

焦炉是炼焦过程的主体设备，现在国内使用最为普遍的，同时也是最为成熟的炼焦炉是蓄热式炼焦炉，其主要组成部分包括炭化室、燃烧室和蓄热室。其中炭化室是煤进行干馏的地方，即煤炭转变为焦炭的场所，因此炭化室设计的好坏直接决定了焦炭的产量和质量。

由于焦炉结构复杂、焦化过程是一个复杂的物理化学过程，传统的通过测量实际焦炉或者试验焦炉来获取数据的研究方法，需要耗费大量人力、物力，而且还不能全面准确描述煤炭结焦过程。而随着计算机技术的发展，通过建立数学模型、计算机求解，这不仅能大大节约研究成本，还使人们对炭化室传热过程有进一步的理解。计算流体力学(CFD)作为一种新型的化工分析模拟工具，在面对这种传统实验方法和传统化工计算方法都无计可施的时候，可以提供一种新的分析方法。

CFD技术本身融合了流体力学以及化学反应的模拟，因此被广泛应用于诸多领域。随着计算机软硬件技术的发展和数值计算方法的日趋成熟，CFD技术发展的脚步也越来越快，CFD商业软件的应用也愈加广泛，操作更为灵活，界面更为人性化，大大拓宽了其应用领域。

利用CFD技术模拟焦炉炭化室中煤料的结焦过程，可以获得很多传统计算方法无法获得的数据，例如炭化室内部的温度场情况、各组分的分布情况以及流场情况，并且 CFD 技术可以模拟非稳态过程，这是传统计算方法很难实现的，但却是焦炉炭化室模拟研究中所必不可少的。

2 物理模型

本文选取 6m 顶装焦炉作为研究对象，图 1 为焦炉结构示意图，我们可以看出，炭化室与燃烧室相互间隔，炭化室由两侧的燃烧室为其提供热源。

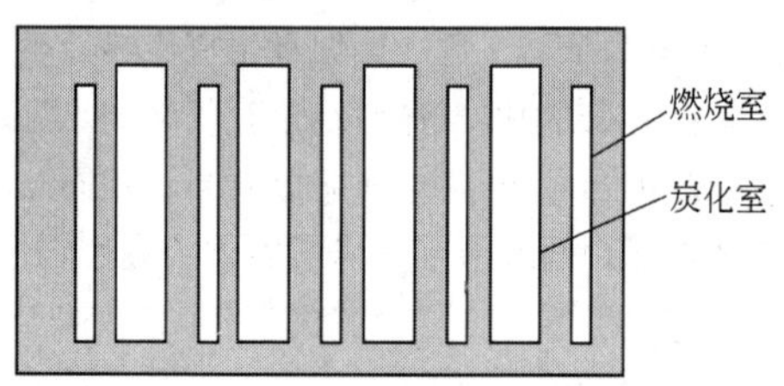

图 1 炭化室、燃烧室结构示意图

本文仅就其中的一个炭化室进行模拟，由于炭化室长度方向上除炉头部分温度差异较大外，其余都较小，相对于高向和宽向上的温度变化可忽略不计，所以本文不考虑长度方向的传热影响，建立如图 2 所示的二维模型。

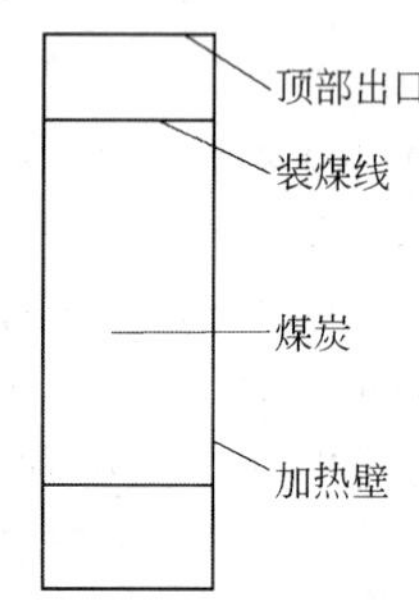

图 2 2D 炭化室模型示意图

依照炭化室模型建立计算域几何模型，并对计算域进行网格划分，计算域的物理尺寸和网格尺寸见表 1。

表 1 模型物理尺寸

项 目	尺 寸
模型高度/m	6
煤炭装填高度/m	5.4
宽度/m	0.45
单元网格尺寸/m	0.01×0.01
网格数量	27000

3 数学模型

本模型基于固体热传导过程建模，并将固体的导热系数与其辐射传热系数，以及气相对流导热和辐射传热系数拟合在一起，作为统一的有效导热系数来计算。模型中固体无相对移动，且内部按无热源考虑，能量方程如下：

$$\frac{\partial(\rho h)}{\partial t} = \nabla\cdot(\kappa_{\text{eff}}\nabla T) \tag{1}$$

$$h = \int_{T_{\text{ref}}}^{T} c_p \mathrm{d}T \tag{2}$$

式中 κ_{eff}——有效导热系数，W/(m·K)；

h——焓，J/kg；

ρ——密度，kg/m^3；

c_p——比热容，J/(kg·K)；

T——温度，K。

4 参数设置

4.1 堆密度、真密度、气孔率

选取首钢焦化厂所用装炉煤数据，见表 2。

表 2 装炉煤数据

水分/%	细度/%	灰分/%	挥发分/%	硫分/%
10.5	74.20	9.70	24.86	0.77

国内大多数厂的装炉煤水分大致为 10%~11%，一般条件下，顶装焦炉用配合煤的细度为 72%~80%，在此范围内，煤料堆密度与水分的关系如图 3 所示。

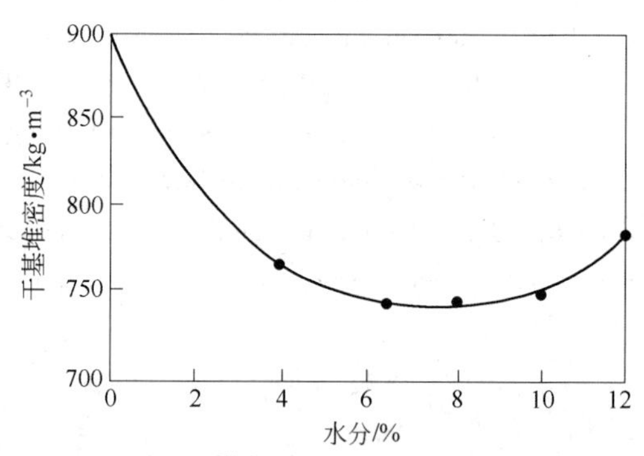

图 3 煤料堆密度与水分关系

由图 3 可知，堆密度可取 750kg/m^3。

为预测煤及其结焦过程热解残留物的真密度，可以根据煤及其碳化物有机质的工业分析和元素分析所得 C、H、O、N、S 的可燃基质量分率 $x_{\text{daf},i}$ 及各元素相应的比容 v_i，按以下加和原则计算真密度 d_{daf}：

$$\frac{1}{d_{\text{daf}}} = \sum_{i=1}^{5} v_i x_{\text{daf},i} \tag{3}$$

v_i 根据有关文献，可按下列数据取值：

v_{C}=0.0004417 m^3/ kg；

v_H=0.00577 m³/ kg；

v_O=0.0002163 m³/ kg；

v_N=0.00478 m³/ kg；

v_S=0.0012 m³/ kg。

各元素可燃基质量分率见表 3。

表 3　配合煤热解试验各元素质量分率　（%）

C_{daf}	H_{daf}	O_{daf}	N_{daf}	S_{daf}
85.4	4.70	8.87	0.10	0.98

考虑到灰分和水分对真密度的影响，含水含灰的真密度按下式确定：

$$\frac{1}{D}=\frac{W_{daf}}{d_{daf}}+\frac{W_A}{3000}+\frac{W_{H_2O}}{1000} \quad (4)$$

式中　W_{daf}，W_A，W_{H_2O}——分别为含湿含灰基煤及其碳化物中可燃有机质、灰分和水分的质量分率，%；

d_{daf}，3000，1000——分别为可燃有机质、灰分和水分的真密度，kg/m³。

按照式（3）、式（4）计算可得煤料的真密度为 1463.8kg/m³。

根据堆密度 ρ 和真密度 D 的定义，炭化室内炉料的总气孔率 ε 可按下式确定：

$$\varepsilon=1-\frac{\rho}{D} \quad (5)$$

经计算可得总气孔率为 49%。

4.2　比热容

比热容的设定依据为《炼焦学》中提到的实验测量数据[1]，并做插值处理，得到当前挥发分下比热容的数值，见表 4。

表 4　室式炼焦条件下配合煤结焦过程的比热容　(kJ/(kg·℃))

挥发分 V_d/%	温度/℃									
	100	200	300	400	500	600	700	800	900	1000
22.3	1.306	1.595	1.859	1.980	2.026	2.039	2.052	2.060	2.064	2.064
25.0	1.336	1.629	1.884	1.997	2.031	2.047	2.056	2.064	2.064	2.068
27.7	1.356	1.658	1.913	2.006	2.039	2.052	2.062	2.064	2.064	2.068

4.3　导热系数

模型中的导热系数对于煤炭的热传递过程有着最为直接的影响，其中包括两类导热系数。第一类是流体的导热系数，包括空气、液态水、水蒸气以及挥发分。第二类是固体煤炭的导热系数。

对于煤炭的导热系数，Brain Atkinson 和 David Merrick[2]在总结了大量的煤炭固体热传导数据后，总结出导热系数仅仅是温度和组成的函数，其中煤炭组成可以通过煤炭密度来体现。因此在这些实验数据基础上，他们提出了固体导热系数与温度和密度的关联式。

$$\kappa_0=\left(\frac{D}{4511.0}\right)^{3.5} T_c^{0.5} \quad (6)$$

对于流体的导热系数，可以根据 Brain Atkinson[2]的实验数据，拟合出气相的导热系数随温度变化的函数。值得注意的是，这样的实验数据拟合，使得导热系数中包含了辐射的影响，结焦不同阶段煤炭的物理化学性质有比较大的变化，这对于气相的热传导有着重要的影响。因此将结焦过程以重固化(resolidification)温度为界限分为两个部分，通常情况下重固化温度设定为 550℃。

在重固化温度前，气相的热传导公式：

$$\kappa_1=7.45\times10^{-5}T_c+2.28\times10^{-10}T_c^3 \quad (7)$$

在重固化温度以后，气相的热传导公式：

$$\kappa_2=4.96\times10^{-4}T_c+1.14\times10^{-9}T_c^3 \quad (8)$$

本文根据 Guo Zhancheng 和 Tang Huiqing[3]的研究，将煤炭的导热系数和气相的导热系数结合在一起，并考虑了水分对其的影响，得出有效导热系数的计算方法。

重固化前有效导热系数为：

$$\kappa_c=W_{H_2O}\kappa_3+\frac{1-W_{H_2O}}{\dfrac{e'}{\kappa_1}+\dfrac{1-e'}{\kappa_0}} \quad (9)$$

式中，$e'=1-(1-\varepsilon)^{\frac{1}{3}}$；$\kappa_3=0.6$。

重固化后有效导热系数为：

$$\kappa_c=(1-\varepsilon)\kappa_0+\varepsilon\kappa_2 \quad (10)$$

有效导热系数通过 UDF 设置导入模型，程序如下：

```
# include <udf.h>
# include <math.h>
# Include "unsteady.h"
```

```
/* 煤炭的导热系数*/
DEFINE_PROPERTY(coal_thermal_conductivity,c,t)
{
 real heat_c;
 real temp=C_T(c,t);
real true_den=1463.8;            /*输入真密度*/
real wm=0.105;                   /*输入水分*/
real k1=7.45e-5*temp+2.28e-10*pow(temp,3);
real k0=pow((true_den/4511),3.5)*pow(temp,0.5);
real k2=4.96e-4*temp+1.14e-9*pow(temp,3);
real s=0.49;                     /*输入气孔率*/
real e=1-pow(1-s,1/3);
if(temp<=823.15)                 /*温度低于重固化温度时*/
 {
  heat_c=wm*0.6+(1-wm)/(e/k1+(1-e)/k0);
 }
if(temp>823.15)                  /*温度高于重固化温度时*/
 {
 heat_c=(1-s)*k0+s*k2;
}
return heat_c;
}
```

4.4 炉墙参数

炉墙由硅砖砌筑而成，其主要物性设置见表 5。

表 5 硅砖物性表

密度/kg·m^{-3}	比热容/J·(kg·℃)$^{-1}$	导热系数/W·(m·℃)$^{-1}$
1900	1005	1.78

4.5 边界条件

标准火道温度取实际生产中测量的机侧和焦侧的平均值，设为 1288℃，其余墙壁按绝热壁面处理。

5 结果与讨论

5.1 温度分布

首先考察结焦过程中的炭化室温度场分布情况。在炼焦过程中，因为结焦过程中的结焦终点以及煤炭的结焦质量等主要以温度作为标准，所以温度场是炼焦中最为重要的考察数据。

图 4 中 x 表示距炭化室中心的距离，单位为 mm，表示在宽度方向上各层煤料温度随结焦时刻的变化曲线。

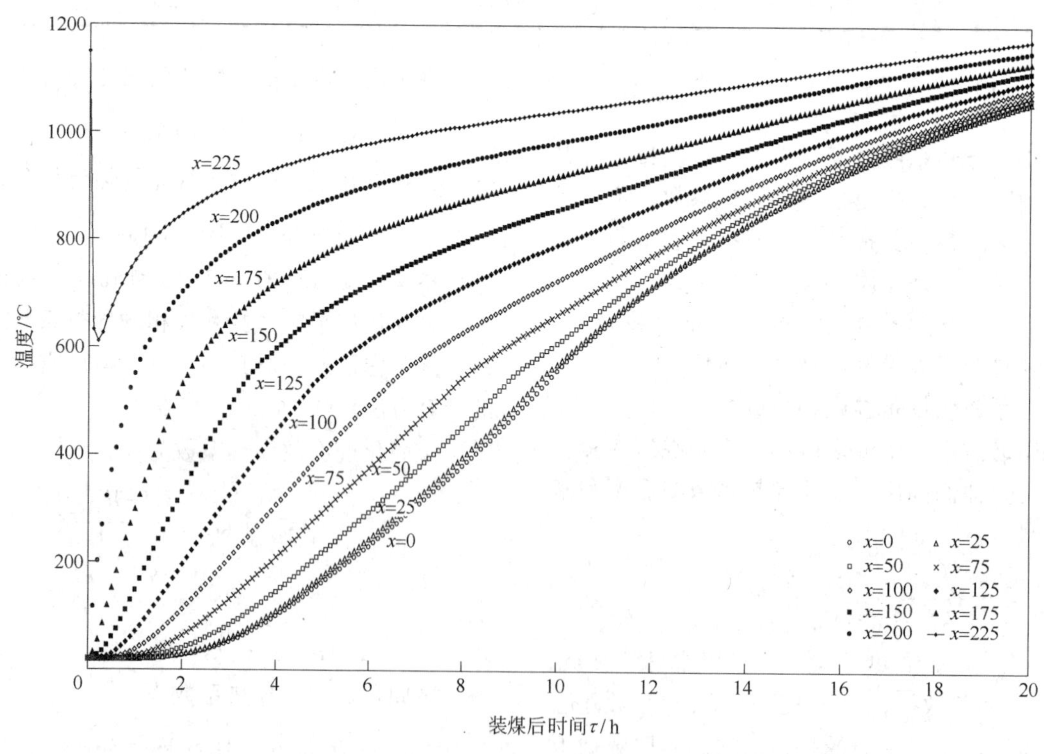

图 4 炭化室不同位置处温度随时间变化曲线

由图 4 可知，随着结焦过程的进行，靠近炭化室壁面处温度快速降低后升高，而煤饼中心温度变化缓慢，结焦时刻到 6h 时中心温度达到 200℃，而壁面温度已高达近 1000℃。图 4 表明整个结焦过程是分层进行的，靠近炭化室炉墙处首先形成焦炭，而后逐渐向炭化室中心推移。当炭化室中心面上最终成焦并达到相应温度时，炭化室结焦才终了，因此结焦终了时炭化室中心温度可作为整个炭化室焦炭成熟的标志，该温度称炼焦最终温度。一般生产中取终温为 950~1050℃。

以炭化室中心温度达到 1000℃为炼焦最终条件时，由图 4 可知，此时的结焦时间为 18.2h，实际生产中的结焦时间为 19~19.5h，计算结果误差范围为 4.2%~6.7%。

通过与生产实际数据比较，由该模型计算的结果可信，可应用该模型做进一步计算。

5.2 炉墙减薄影响

5.2.1 结焦时间

本文对不同炉墙厚度的炉型做进一步的比较研究，分别考虑了炉墙厚度为 100mm、90mm、80mm 和 70mm 等几种型式。

在标准火道温度不变的情况下，结焦时间随炉墙厚度的变化曲线如图 5 所示。

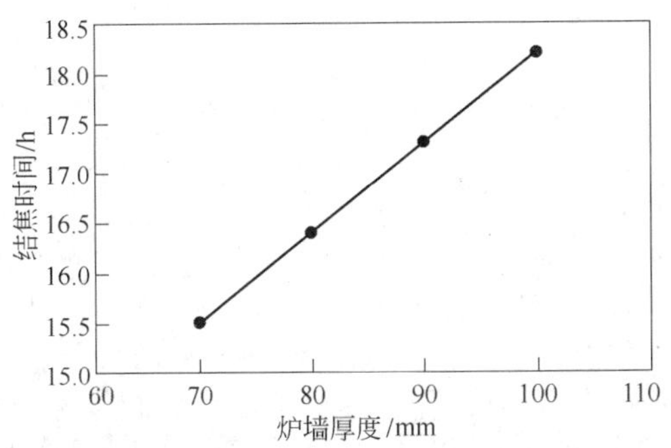

图 5 结焦时间与炉墙厚度关系图

由图 5 可知，炉墙厚度每减薄 10mm，结焦时间可缩短 0.9h，而焦炭年产量与结焦时间成反比，经计算可知焦炭年产量可增长 5.2%。

5.2.2 标准火道温度

实际生产中，结焦时间的设定不仅与炭化室中心温度是否达到规定温度有关，而且还与焦炉机械的操作周期有关，一般情况下，结焦时间不会轻易改变。所以本文又考虑了不同标准火道温度下，炉墙厚度不同的炉型其结焦时间的变化规律，见图 6。

由图 6 可知，如结焦时间设定为 18.2h，那么可以得出不同炉墙厚度下，其对应的标准火道温度，结果见表 6。

由表 6 可知，在保持结焦时间为 18.2h 不变的情况下，炉墙减薄 10mm 后，标准火道温度可降低 25~27℃。标准火道温度降低，燃烧所需的煤气量也相应减小，从而达到节能效果。

5.2.3 炭化室墙面温度

煤料初始温度较低，装煤后会引起炭化室炉墙壁面的温度急剧下降，从而导致砌筑用硅砖的变形、损坏。在 600℃以上，硅砖的体积变化非常小，其耐激冷激热性较好，所以在生产中要防止炭化室墙面温度降至 600℃以下，以免硅砖剥蚀。

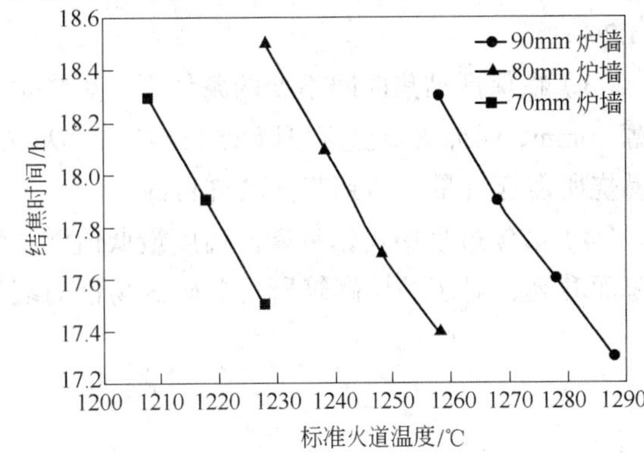

图 6 不同炉墙厚度的标准火道温度与结焦时间关系

表 6 结焦时间为 18.2h 下炉墙厚度与标准火道温度对应关系

炉墙厚度/mm	70	80	90	100
标准火道温度 T_w/℃	1211	1236	1261	1288

本文研究了在标准火道温度为 1288℃下，不同炉墙厚度的炭化室墙面温度的变化规律，见图 7。

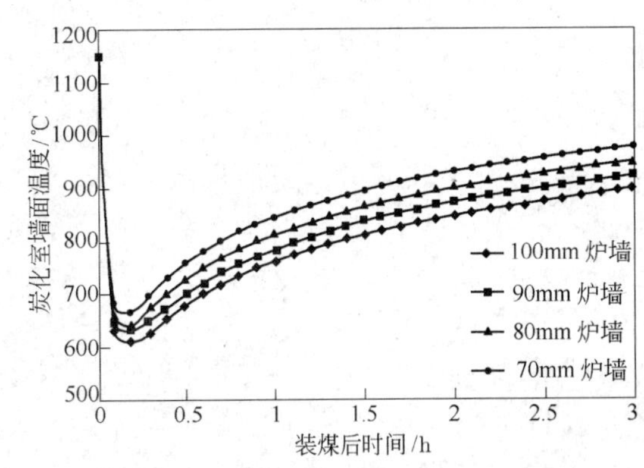

图 7 不同炉墙厚度的炭化室墙面温度随时间变化曲线

由图 7 我们可以看出，炭化室墙面温度在装煤后 0.2h 时降至最低值，随后逐步升高。不同炉墙厚度的炭化室墙面温度最低值不同，炉墙越薄，最低值越高，当炉墙为 100mm 时，墙面最低温度为 610℃，而炉墙为 70mm 时，其温度为 667℃。所以，炉墙减薄后，炭化室墙面温度不仅不降低，反而升高，从而保证炉墙本体的热稳定性。

由此可见，该模拟方法还可用来研究不同硅砖物性参数、对墙体热稳定性的影响。

6 结语

（1）本文应用 CFD 技术模拟研究了焦炉炭化室

传热过程，建立了数学模型，为设计焦炉数据和制定控制参数提供了一条方便快捷的途径；

（2）在保证标准火道温度不变的条件下，焦炉炉墙减薄 10mm，结焦时间可缩短 0.9h，年产量增加 5.2%；

（3）在保证结焦时间不变的条件下，焦炉炉墙减薄 10mm，标准火道温度可降低 25~27℃，从而减少燃烧所需煤气量，达到节能减排目的；

（4）结焦过程中炭化室墙面温度最低值随炉墙减薄而升高，对于炉墙砌筑所用硅砖的物性对墙体稳定性的影响，可做进一步的研究。

参考文献

[1] 姚昭章，郑明东. 炼焦学第三版[M]. 北京：冶金工业出版社, 2008.

[2] Brian Atkinson, David Merrick. Mathematical Models of the Thermal Decomposition of Coal: 4. Heat Transfer and Temperature Profiles in a Coke-Oven Charge[J]. Fuel, 1983, (62): 553~561.

[3] Guo Zhancheng, Tang Huiqing. Numerical Simulation for a Process Analysis of a Coke Oven[J]. China Particuology, 2005, 3(6): 373~378.

发展薄炉墙焦炉的研讨

叶小虎　鲁　彦　秦　瑾

(北京首钢国际工程技术有限公司，北京 100043)

摘　要：薄炉墙焦炉是实现焦炉高效、节能的发展方向，本文重点研究了 SG60 型焦炉炉墙减薄对焦炉炉体强度、结焦时间、焦炭产量以及炼焦能耗的影响。经详细计算及采用适当的调节措施，选用薄炉墙焦炉不但能够保持焦炭产量，而且还可以减少煤气耗量、减少环境污染等。

关键词：薄炉墙；焦炭产量；炼焦能耗

Study on Development of Coke Oven with Thin Oven Chamber Wall

Ye Xiaohu　Lu Yan　Qin Jin

(Beijing Shougang International Engineering Technology Co., Ltd., Beijing 100043)

Abstract: Coke oven with the thin chamber wall is the development orientation of high efficiency and energy-saving. This paper was focused on the study of influence of the strength of furnace body、coking time、coke production and consumption of energy with thin oven chamber wall. Through detailed calculation and adopt adequacy of regulate measure, coke oven with thin chamber wall not only don't reduce coke production, but also can reduce consumption of energy and reduce environmental pollution, etc.

Key words: thin oven chamber wall; coke production; energy consumption of coking

1　引言

焦化行业是耗能及污染大户，今后随着我国各项节能减排政策的陆续出台，能源费用及环保投资将不断上涨，焦炭单位产品综合能耗和成本的高低将关系到企业的生存。因此，必须将节能、降耗、减排的工作当作焦化企业的头等大事。

将焦炉炉墙减薄，可适当缩短结焦时间，或在结焦时间相同的情况下，可减少加热煤气的消耗量。前者可提高焦炭产量，后者可降低炼焦工序能耗，两者均可达到节能减排的目的。

2　焦炉实现高效节能的途径

由传热理论 $Q = \lambda/\delta \cdot F\ (t_1 - t_2)$ 可知提高炉墙的热导率（λ）和减薄炉墙厚度（δ）都可以增大传热量，从而缩短结焦时间，提高焦炉的生产能力，降低焦炭生产能耗，这也是目前焦炉高效化的两个主要途径。

炭化室炉墙由硅砖砌筑而成，因为硅砖具有较高的热导率，并且硅砖的热导率随体积密度增加、气孔率降低而提高，所以要提高硅砖的热导率即需要提高硅砖的致密度。目前国内的致密硅砖热导率可达到 9.70kJ/(m·h·℃)。

本文仅从炉墙减薄对炉体强度、周转时间、立火道火焰高度以及炼焦能耗的影响作分析。针对 SG60 型焦炉减薄炉墙有两种方法，一是从炭化室侧减薄炉墙，另一种是从燃烧室侧减薄炉墙。具体分析过程见表 1。

3　减薄炉墙对炉体强度的影响

炉墙厚度 100mm、炭化室侧减薄炉墙 90mm、燃烧室侧减薄炉墙 90mm 的焦炉炉体强度计算见表 2。

通过表 2 数据可知，炉墙减薄后，焦炉砌体所受的应力均有所增加；增加较大的是减炭化室侧时砌体的拉应力，增加了14.2%。目前砌体压应力 σ_y、拉应力 σ_h 及剪应力 σ_τ 的允许极限值尚无定论，故对焦炉砌体承受各种载荷的能力的影响程度也无从评估。炉体所能承受的极限侧负荷由减薄前的8.87 kPa分别下降至8.76kPa和8.30kPa，但仍符合设计规范要求。其中从燃烧室侧减薄炉墙对炉体强度的影响最小。

《炼焦工艺设计规范》GB 50432—2007中规定"炭化室高度小于7m的顶装焦炉其炉墙极限侧负荷不应小于8.0kPa"，炉墙减薄后极限侧负荷为8.3 kPa（>8.0kPa），符合设计规范要求。

表1　SG60型焦炉及其减薄后的工艺参数

项 目 名 称	100mm炉墙焦炉	炭化室侧炉墙减薄	燃烧室侧炉墙减薄
炭化室中心距 A/cm	130	相同	相同
炉顶厚度 B/cm	120	相同	相同
炉顶空间高度 C/cm	90	相同	相同
炉墙厚度 G/cm	10	9	9
燃烧室净平均宽度 D_1/cm	85	83	85
燃烧室平均宽度 D_2/cm	65	65	67
立火道中心距 S/cm	48	相同	相同
立火道隔墙厚度 k/cm	15.1	相同	相同
立火道两隔墙间净宽 R/cm	32.9	相同	相同
炭化室高度 L_1/cm	600	相同	相同
装煤高度 L_2/cm	510	相同	相同
看火孔段面积 F_1/cm^2	133	相同	相同
跨越孔高度 H/cm	33	相同	相同
立火道数 N/个	32	相同	相同
单孔装煤量（干煤）	28.5	29.8	28.5

表2　焦炉炉墙减薄后的炉体强度

序号	强度 / kg·cm^{-2}	炉墙厚度 100mm	炭化室侧减薄炉墙	燃烧室侧减薄炉墙
1	抗压强度	7.057	7.489	7.320
2	抗拉强度	–2.110	–2.410	–2.235
3	抗剪强度	1.018	1.042	1.018
4	极限侧负荷	0.0887	0.0830	0.0876

4　炉墙减薄对焦炉周转时间的影响

由于焦炉是一个庞大的内部结构复杂的工业炉，其性能受到诸多内外部因素的影响。在此本文选用通过实际生产数据回归后得出的考虑影响因素较全面的经验计算公式，由于回归公式所用数据不一定具有普遍代表性，故计算结果不一定完全准确，但用来进行在同等条件下的技术性能比较，不会失真，计算回归方程见式（1）[1]：

$$t_f=782.81+888.9w+421.23s+426.79M_t+227.76\rho_m+0.43t_k+16.15x-26.21\tau \quad (1)$$

式中　t_f——目标火道平均温度，℃；

w——炭化室平均宽，0.4~0.5 m；

s——炉墙厚度，0.08~0.10 m；

M_t——配煤水分，1%~10%；

ρ_m——煤堆密度，0.7 ~0.9 t/m^3；

t_k——目标焦饼中心温度，980~1100℃；

x——煤的挥发分，10%~20%；

τ——结焦时间（周转时间），h。

已知　s_0 =0.1m；s =0.09m；M_t =10%；ρ_m=0.75t/m^3；t_k =1000℃；x =24%。

炭化室一侧减薄时，炭化室平均宽 w_t =0.47m；

燃烧室一侧减薄时，炭化室平均宽 w_0=w_r=0.45m；

设标准火道温度与炉墙未减薄前相同 t_f=1350℃。

因回归方程与其所用的试验数据密切相关，在使用其他数据计算时，会有一定误差，炉墙减薄前后的结焦时间 τ 计算结果如下：减薄前 τ_0=19.9h；炭化室一侧减薄后的结焦时间 τ_t= 20.4h；燃烧室一侧减薄后的结焦时间 τ_r = 19.8h。根据以上周转时间，按2×50孔焦炉（周转时间为19h时，设计规模为100万吨/年）计算减薄前、后的焦炭产量如下：

（1）减薄前产量：τ = 19.9 h，Q_t =95.3475万吨/年；

（2）炭化室一侧减薄后产量：τ= 20.4 h，Q_t =97.2532万吨/年，与减薄前相比产量增加1.906万吨/年；

（3）燃烧室一侧减薄后产量：τ=19.8h，Q_t=95.8291万吨/年，与减薄前相比产量增加0.482万吨/年。

从以上计算可看出：

（1）炉墙减薄前的结焦时间19.9h，与我们设计中所采用的19h有一定的差异，这可能与该回归方程在建立数学模型时对影响因素的取舍和所使用的参数存在一定差异有关。因为各方案在同等误差下比较，故不影响结论。

（2）在燃烧室温度相同的情况下，减炭化室一侧时，炭化室加宽，周转时间为20.4h，比减薄前加长较多，但单孔装煤量增加，所以产量有所增加；减燃烧室一侧时，炭化室宽度不变，周转时间为19.8h，比减薄前稍有缩短，产量也稍有增加。

（3）从减薄后的周转时间变化情况可以看出，炉墙减薄程度对结焦时间的影响远小于炭化室加宽的影响。这说明煤料的传热和升温速率比炉墙的传热速率低得多，这也是炭化室加宽后，因结焦时间大幅增加，抵消了部分因炭化室加宽增加的生产能力，焦炉产能无法大幅增加或不增反降的主要原因。

5 炉墙减薄对焦炉燃烧系统影响的评估

焦炉炭化室高向加热的均匀性主要是受火焰长短的影响。相关研究表明，焦炉内火道温度是很高的，燃烧反应过程很快，反应速度不是决定火焰长短的因素，而主要决定于煤气和空气的混合及流动情况。流动的气态可燃物其火焰长度关系见式（2）[2]。

$$H=W/U \tag{2}$$

式中 H——火焰长度；

W——可燃混合气流流动速度；

U——火焰扩散速度。

从上式可以看出，向火道中引入惰性气体时，W将增大，U减小，火焰长度H比增高。废气循环拉长火焰便是采用这个原理。炉墙减薄对焦炉燃烧系统影响分析见表3。

由表3可知，废气循环的效果是很显著的，火焰长度拉长2.876m。主要原因是空–煤扩散系数从0.10降低到0.086，而气流速度由0.947升至1.40。从计算结果对比可以看出，由于立火道截面积增加，虽然气流速度降低，但燃烧时间增长，最终火焰高度略有加长。这可能会使炉顶空间温度有所增高，但不会对加热产生本质上的影响。通过该计算也证实7m焦炉不采用分段加热也可满足高向加热的需求，焦耐院的7m焦炉炉型之一就是不采用分段加热形式的。

表3 炉墙减薄后对燃烧系统的影响

项目名称	减薄前	减薄后
进入立火道的空气量/$m^3·s^{-1}$	0.024	0.024
进入立火道的煤气量/$m^3·s^{-1}$	0.004	0.004
立火道生存的废气量/$m^3·s^{-1}$	0.027	0.027
无废气循环时：		
焦炉煤气的扩散系数	0.288	0.288
空气和焦炉煤气之间的扩散系数	0.10	0.10
煤气占有火道截面积/m^2	0.033	0.034
煤气层厚度/m	0.100	0.104
煤气流的水力直径/m	0.154	0.157
燃烧时间/s	4.4	4.6
火道上升气流速度/$m·s^{-1}$	0.134(0.947)	0.130(0.916)
火焰高度 H/m	4.124	4.176
有废气循环时：		
废气扩散系数	0.06	0.06
煤气、空气、废气扩散系数	0.086	0.086
废气循环量	0.5	0.5
燃烧时间/s	5.0	5.2
气流速度/$m·s^{-1}$	1.40	1.35
火焰高度 H/m	7.0	7.07

6 炉墙减薄的节能降耗效果

炼焦耗热量是一个综合指标，其包含的因素较多，除将煤炼成焦炭所需的热量（炼焦热）之外，还包含焦炉各项热损失，如红焦和荒煤气带走的热量、跑冒损失的热量、焦炉和各设备的表面散热、炉体内部串漏等造成的煤气损失等。很难用理论计算得出数据，一般都是通过实际测定，通过对炉体的各项评估和热量及物料平衡测定的实际数据，用经验公式计算出来的，对于炉体表面散热和内部串漏等造成的热损失的评估，也基本是通过经验数据得出的。

根据有限元分析得出的炉墙减薄10mm，标准火道温度降低27℃的结论，和《炼焦学》[3]中炼焦耗热量的影响因素分析，一般情况下，标准火道温度每变化6~8℃，相当干煤耗热量增减53kJ/kg左右。也就是说，标准火道温度每变化1℃，相当干煤耗热量增减约7.5kJ/kg。表4详细列出了焦炉炉墙减薄后对能耗的影响。

表4 焦炉炉墙减薄后对能耗的影响

标准温度每降低/℃	1
炼焦耗热量约降低/ $kJ·(kg·℃)^{-1}$	7.5
炉墙减薄标准温度降低/℃	27

续表 4

炉墙减薄炼焦耗热量降低/ $kJ\cdot kg^{-1}$	203
焦炉孔数/孔	2×50
焦炉周转时间（按生产实际时）/ h	19
2×50 孔焦炉小时装干煤量/ $t\cdot h^{-1}$	150
焦炉煤气低发热值/ $kJ\cdot m^{-3}$	16750
每座焦炉焦炉煤气节省量/ $m^3\cdot h^{-1}$	2080
每座焦炉每年焦炉煤气节省量/万 $m^3\cdot a^{-1}$	1589
折合标准煤/ $t\cdot a^{-1}$	9079

7 结论

（1）燃烧室炉墙减薄比炭化室侧炉墙减薄对炉体强度的削弱更小。减薄前炉墙极限侧负荷为 0.0887kg/cm²，炭化室侧炉墙减薄后的极限侧负荷为 0.0830 kg/cm²，燃烧室侧炉墙减薄后的极限侧负荷为 0.0876 kg/cm²。以上数值均符合《炼焦工艺设计规范》中的规定。

（2）燃烧室侧炉墙减薄使立火道截面积增大，会使火焰高度增高约 96mm，该变化可能会使炉顶空间温度有所增高，但可以通过调整加热水平高度来改善炉顶空间温度。

（3）在周转时间相同的条件下，炉墙减薄的炉型可在较低的燃烧室温度下，达到相同的焦炭成熟度，从而减少煤气耗量，达到节能降耗的目的。以一座 55 孔焦炉为例，当焦炉周转时间为设计常用时间 19h 时，使用炭化室炉墙厚 90mm 的焦炉，燃烧室温度可降低 27℃，每年可节省煤气量 1589 万 m³，折合标煤 9079t。

综上所述，SG60 型焦炉炉墙从燃烧室侧由 100mm 减薄至 90mm，对炉体强度、火焰高度等的影响较小，具有可行性。并且减薄炉墙后，传热效率提高，有较为显著的节能效果。

参考文献

[1] 王鹏，贝昆仑，张国杰，等. 焦炉传热数值模拟发展趋势的探讨[J]. 2006, (26).

[2] 郭树才. 焦炉废气循环理论与计算[J]. 本溪钢铁，(82): 26~30.

[3] 姚昭章，主编. 炼焦学[M]. 北京：冶金工业出版社，2004: 326.

大型捣固炼焦烟尘治理技术的进步与发展

彭镇委　田淑霞

(北京首钢国际工程技术有限公司，北京 100043)

摘　要：本文对捣固焦炉烟尘产生的特点，机理、来源作了详细的阐述，并针对捣固焦炉的生产特点介绍了不同的除尘方式，通过综合对比，提出技术发展的方向。

关键词：捣固炼焦；装煤除尘；进步发展；导烟车

Large Tamping Coking Dust Treatment Technology Progress and Development

Peng Zhenwei　Tian Shuxia

(Beijing Shougang International Engineering Technology Co., Ltd., Beijing 100043)

Abstract: This article on the tamping coke oven smoke generation characteristics, mechanism, source in detail, and the tamping coke oven production features introduced different dust removal way, through comprehensive contrast, put forward the direction of technical development.

Key words: tamping coking; charging dedusting; progress; fume guide car

1　引言

炼焦生产过程排放的烟气粉尘是焦化企业最大的污染源，这些烟气粉尘主要来自装煤、出焦和熄焦三个操作过程，对此三个过程进行有效控制，是治理焦炉污染的关键。炼焦生产过程污染物的排放主要有连续性排放和阵发性排放两种形式，其中，连续性排放的污染物占 20%，阵发性排放的污染物占 80%，在阵发性排放的污染物中，装煤过程占50%。针对捣固焦炉装煤时间长，烟尘外逸多的特点，装煤过程烟尘的控制以及对焦炉炉顶、机侧炉门处烟尘的收集、处理是解决装炉污染的重要环节，对结焦完成后出焦过程产生的烟尘及熄焦过程产生的烟尘的收集和处理与顶装焦炉的形式基本一致，本文不再详细介绍，重点介绍近十年来捣固炼焦在装煤过程中烟尘治理的技术进步与发展。

2　捣固焦炉装煤烟尘的特点与来源

2.1　捣固焦炉装煤烟尘的特点

捣固焦炉装煤烟尘的排放具有间歇性和周期性的特点。装煤过程中不仅产生大量烟尘，造成严重的空气污染，而且在装煤过程中还会产生苯可溶物、苯并芘等有害物质，尤其是苯并芘早在 1987 年就被国家列为致癌物质。捣固焦炉装煤过程中喷出的烟尘有以下特点[1]：

（1）烟气温度高，正常操作时一般在 500~600℃范围内。

（2）瞬间散发量大，污染物多。

（3）烟气成分复杂，危害性大，气体中含有煤尘及多种化学物质，其主要有害气体组成硫化物、氰化物、一氧化碳及苯可溶物，微细的煤尘具有吸附苯可溶物的性能，从而增大了这类废气的危害性。据资料报道，在无污染控制手段状况下，每生产 1t 焦炭由装煤时所排放的总悬浮微粒为 0.5~1kg，苯并[a]芘量为 1~2g。

（4）烟气具有可燃性和爆炸的可能，由于烟气中含有氢气、一氧化碳等可燃成分，当混入空气后，在一定的条件下，可能产生燃烧或爆炸。

2.2　捣固焦炉装煤烟尘发生的机理与来源

捣固焦炉装煤烟尘发生的机理：捣固焦炉装煤

过程中，当煤饼从机侧炉门口进入炭化室时受到高温炉墙的热辐射，煤饼在推进过程中突遇高温受热面积瞬间增大，大量的烟尘与荒煤气快速产生，此时炭化室内压力突增，喷出大量的烟尘，传统的生产工艺技术难以将其快速纳入煤气系统进行处理，造成的大量的烟尘逸散到周边大气污染环境。

捣固焦炉炭化室装煤时烟尘主要来源于以下几个方面：

（1）进入炭化室的煤饼置换出大量空气，且装煤开始时空气中的氧气和入炉的煤饼燃烧生成炭黑而形成黑烟。

（2）湿煤饼进入高温炭化室升温，产生大量水汽和荒煤气。

（3）上述水蒸气和荒煤气同时扬起的细煤粉。

2.3 装煤过程烟尘的泄漏点

（1）机侧炉门炭化室墙与煤饼之间的间隙；

（2）炉顶导烟孔（炉顶空间通道不畅时逸出的荒煤气）；

（3）焦炉炉体耐火砌砖体密封不严产生的烟尘。

装煤过程产生烟尘的多少，与装煤速度、入炉煤饼的湿度和硬度、入炉煤饼中挥发性煤所占比例、炉顶导烟孔密封情况、上升管根部压力等因素有关。因此，在设计捣固焦炉装煤除尘形式时，选用合适的、合理的除尘工艺，采取必要的密封措施是确保捣固炼焦除尘效果的关键。

3 大型捣固炼焦装煤烟尘治理主要技术

3.1 捣固炼焦装煤烟尘治理的难点

捣固焦炉装煤期间污染物的排放是由机侧炉门装入煤饼，常温的煤饼受到高温后产生大量的水汽和荒煤气夹带着煤尘经过炭化室墙与煤饼之间的间隙从机侧炉门冒出，对环境的污染比顶装焦炉更为严重和恶劣，并且没有有效的收集措施，这也是捣固焦炉研究初期阻碍其发展的一个重要因素，同时也是捣固炼焦装煤烟尘治理的难点之一。装煤烟尘治理的另一个难点是烟尘多为不完全燃烧而产生炭黑飞灰并含有一定的焦油，黏结除尘器滤袋，使除尘效率降低。

3.2 国外捣固炼焦装煤烟尘治理技术[6]

捣固炼焦最早起源于盛产高挥发分和弱黏结性煤的德国南部萨尔地区，20 世纪 70 年代，德国在捣固焦炉工艺上取得了重大突破，主要是采用薄层连续给煤并加以多锤连续捣固技术，提高捣固机械效率,并有效地控制了煤饼装煤时的烟尘，同时迅速向大型化（炭化室高度 6.25m）自动化捣固焦炉发展，装煤除尘先进技术有：

（1）捣固、装煤、推焦三位一体车（简称 SCP 机），提高捣固、装煤、推焦的作业效率。捣固装煤推焦三位一体车，它是在捣固装煤推焦车上设储煤斗和捣固机,在煤塔取煤后,一面捣固,一面进行其他作业，特别是采用薄层连续给煤并加以多锤连续捣固技术，使煤饼捣固时间大大缩短（捣固一个 6m 高的煤饼只需 4min），装煤–推焦的操作周期达到了顶装焦炉的水平，从而推动了捣固焦炉向大型化、自动化的方向发展。在 1984 年德国萨尔地区迪林根中央炼焦厂，首次在炭化室高 6m 的大容积焦炉上采用捣固炼焦技术，生产稳定可靠。图 1 为德国捣固装煤推焦三位一体车。它采取的装煤措施是在煤槽前端设有活动的炉门密封框。

图 1 捣固装煤推焦三位一体车

德国也有采用捣固装煤推焦分体车（图 2），它最大的特点也是在装煤槽前端安装有活动的炉门密封框，（同 SCP 机一样）密封框正面四周装有耐高温密封件，在装煤过程中，密封框由液压缸驱动随着煤槽前移靠近炉门与炉门框贴紧密封，密封框内口周围有可变形的密封材料，保证煤饼顺利送入炭化室，同时防止了大量空气吸入，也减少装煤时荒煤气和烟尘的外逸。由于正面有密封材料与炉门框

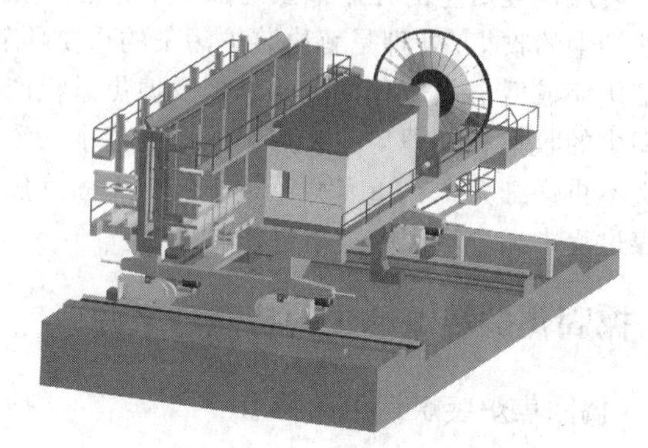

图 2 捣固装煤分体车

接触，可将烟尘封堵在炭化室内避免外逸并最终由上升管导入集气管回收。

（2） 炉顶导烟小车。早在 20 世纪 70 年代国外炉顶除尘技术也是采用车上燃烧荒煤气然后外排,但除尘效果不好，就研发了这种导烟小车的结构型式,小车可沿焦炉纵向行驶,小车上有一个 U 型管,U 型管上部设有打盖装置，可同时打开两个导烟孔盖,利用高压氨水喷射造成的负压，靠炭化室的吸力将装煤时的烟尘导入相邻炭化室内,消除了装煤冒烟冒火现象,操作条件明显改善。

（3）带密封框的捣固装煤车+炉顶导烟小车+炉顶高压氨水系统,有效地控制了煤饼装炉时的烟尘。德国的装煤烟气净化装置其工作原理是：在装煤期间导烟小车 U 型管两个接口,一个对准正在装煤的炭化室导烟孔,另一个对准间隔一个炭化室的导烟孔，同时打开导烟孔盖，此时，焦侧集气管正在装煤的炭化室桥管内和被导入荒煤气的炭化室桥管内同时喷射高压氨水,使正在装煤的炭化室和导入荒煤气的炭化室顶部处于负压状态,由于导烟孔设在机侧靠近机侧炉门,炉口处的烟尘通过导烟小车上的 U 型管将装煤时的荒煤气导入相邻炭化室,又因为装煤车煤槽前端有密封框与正在装煤的炭化室的炉门框密封,密封框内口周围有可变形的密封材料,装煤时产生的烟气不能经过炭化室墙与煤饼之间的间隙从机侧炉门冒出，所以装煤炭化室的大量荒煤气导入结焦末期的炭化室内,最终进入集气管到煤气净化车间。此种导烟除尘技术因为没有地面除尘风机的大吸力抽吸,不可能有大量冷空气从机侧炉门处进入炭化室,既回收了能源又保护了环境还节省焦炉的能耗。导烟除尘工作原理见图 3；图 4 为德国一家焦化厂炉顶导烟小车的工作状态，基本没有烟尘外逸。图 5 为导烟小车内部结构。

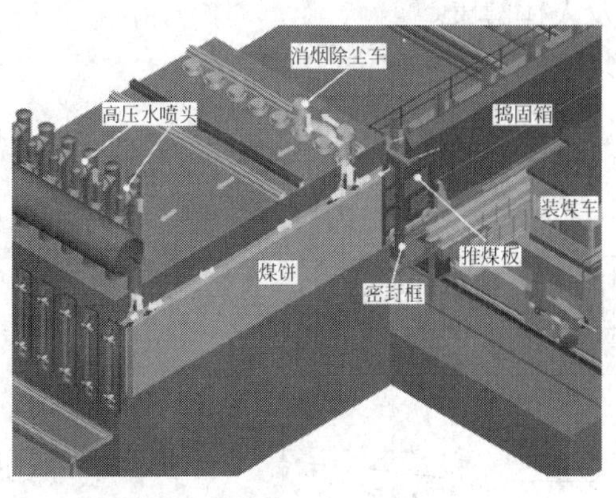

图 3　导烟除尘工作原理图

图 4　炉顶导烟小车的工作状态

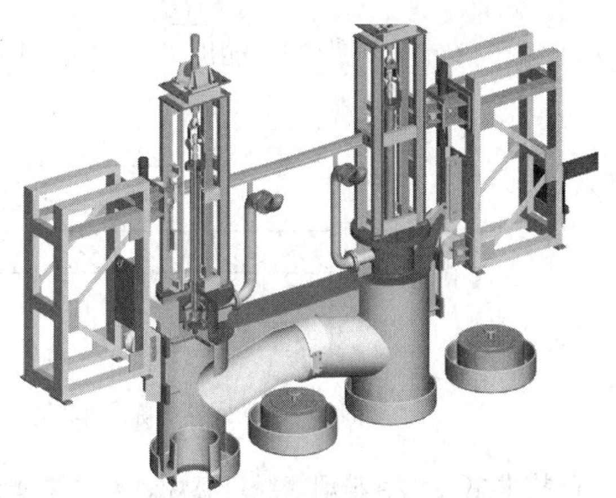

图 5　导烟小车内部结构

3.3　国内大型捣固炼焦装煤烟尘治理技术

我国从 20 世纪 80 年代末，炼焦煤资源的匮乏，捣固焦炉的迅速发展,但是大部分捣固焦炉的机械设备装备水平并不高,烟尘治理和污染控制的技术水平远远落后于发达国家,而且绝大部分的捣固焦炉都没有配备环保设施，造成严重的环境污染。

随着捣固焦炉的大型化，国外技术的引进，我国捣固焦炉装煤除尘技术也在改进和提高，捣固装煤烟尘治理从最早的车上除尘装置发展到现在地面除尘装置，从湿法除尘发展到干法除尘，从燃烧法演变成为非燃烧法，经历了不同的组合与尝试，不断地改进与创新，并通过实践生产的检验，现最常用的方法主要有以下几种。

3.3.1　导烟除尘车+地面除尘站相结合的装煤除尘技术

3.3.1.1　采用燃烧法（把烟气中的可燃成分燃烧掉）治理装煤时大量荒煤气外逸的环保设施（见图 6）

组成：焦炉装煤除尘系统由两大部分组成：炉顶部分是带烟尘捕集装置的导烟除尘车，它由电磁打盖机构和密封装置的导套机构、烟罩、导烟管、烟气调节阀、空气调节阀、安全阀、伸缩连接器等组成。另一部分是烟气净化地面站，由带吸风翻板的固定管道阀门及接至地面站的烟气管道、离线脉冲袋式除尘器、变频排烟机组、滤袋预喷涂装置，除尘器回收焦粉输灰装置等组成。

工艺配置：集气管布置在焦炉机侧并配有高压氨水系统。

工作原理：装煤时风机高速运转，抽吸装煤过程中从炉顶导烟孔逸出的烟尘，进入燃烧室燃烧、冷却后排放至大气中。导烟除尘车上仅设有燃烧室和烟气导管，无洗涤器和风机，炉顶焦侧设置与地面除尘站连通的烟气抽吸总管。对应每个炭化室中心线都布置一个带盖的抽吸孔，每个孔与固定管道相连，而固定管道与地面除尘站接通。在装煤饼前，导烟车上伸缩管便与待装煤的炭化室抽吸口接通，同时高压氨水开启，这样，装煤饼时产生的烟尘与荒煤气便借助地面除尘站风机的吸力从炉顶导烟孔抽出，在燃烧室完全燃烧后通过炉顶抽吸总管进入地面除尘站，经袋式除尘器除尘后，经过风机由烟囱高空排放。

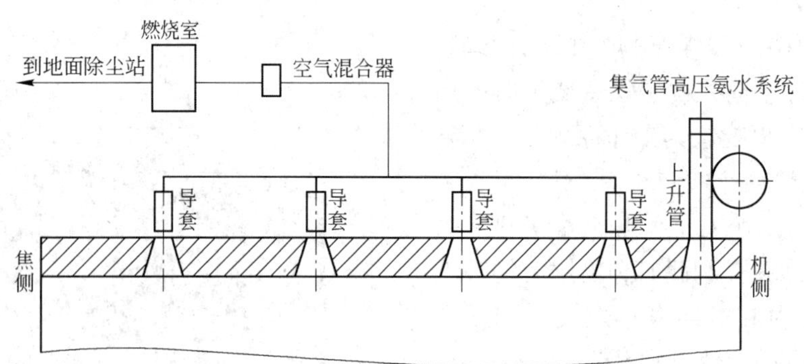

图 6　燃烧式导烟除尘车+地面除尘站+高压氨水喷射系统装煤除尘方案

此技术主要优点是烟气经过燃烧，有害物质得以去除，除尘效果良好，由于采用干式除尘，燃烧后的烟气未经喷水降温，在地面站必须采取安全措施，确保滤袋不被烧毁。为确保顺利点火，点火装置必须可靠耐用。

3.3.1.2　采用非燃烧法（提高烟气的惰性程度，使可燃气体的比例降到极限以下）治理装煤时大量荒煤气外逸的环保设施（见图 7）

组成：同 3.3.1.1。

工作原理：在装煤饼前，导烟车上伸缩管与待装煤的炭化室抽吸口接通，同时高压氨水开启，这样，装煤饼时产生的烟尘与荒煤气便借助地面除尘站风机的吸力从炉顶导烟孔抽出，在导烟管兑对入大量的冷空气后通过炉顶抽吸总管进入地面除尘站，经袋式除尘器除尘后，经过风机由烟囱高空排放。

这种除尘方法的特点由揭盖机揭开炉顶导烟孔盖；导套装置由固定导套，内外活动导套等构成。内外活动导套落下后，外导套下边距炉顶面大约 100mm，以便在装煤过程中吸入大量空气，以稀释导入到导套内的装煤烟气，并降低其温度，然后通过集尘管道再混入空气降温，并且经过安全装置、压力检测装置、连接器等送入地面除尘站进行处理，使其达到排放标准后排放。

这套装置是由顶装焦炉使用的带烟尘捕集装置的螺旋装煤车改造而成，去掉了装煤斗以及下煤装置。顶装焦炉改捣固焦炉时这种方式使用得比较多。但是原除尘系统地面站的风量和除尘器的面积需要进行改造才能达到除尘的效果和目的。由于排放物未经燃烧，苯可溶物、苯并芘等有害物质被排放到大气中稀释了，但这些物质游离于空气中，仍有可能危及人体健康。

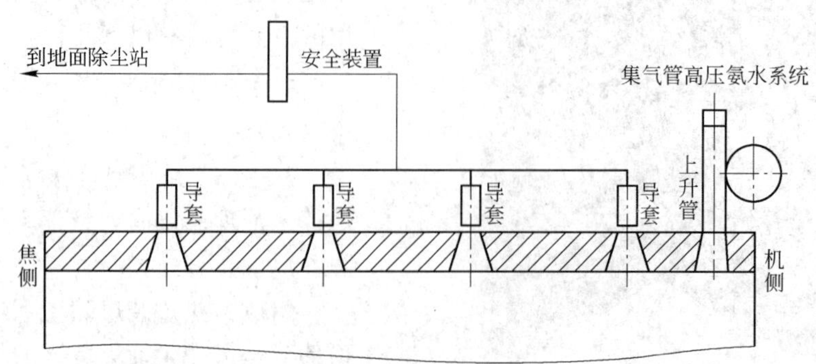

图 7　非燃烧式导烟车+地面除尘站+高压氨水喷射系统相结合的装煤除尘方案

导烟除尘车+地面除尘站相结合的装煤除尘技术，不论是燃烧法还是非燃烧法，设计思想都是通过伸缩连接器开启焦侧集尘干管上的接口翻板阀，将装煤烟尘从炉顶导烟孔吸入导烟管经集尘干管送到除尘地面站净化处理，达标排放。

此技术存在两个缺点，风量小烟尘抽不走，风量大大量冷空气由炉门口进入炭化室，影响焦炉的正常生产，炉门口炉头砖很容易损坏，影响炉体的寿命。同时都要增加炉顶抽吸总管和地面除尘站，(同时，还要采取预喷涂措施，防止焦油黏结滤袋。）需要增大投资和占地面积，生产运行成本也会随之增加，所以国内仅有个别焦化厂（尤其是顶装焦炉改捣固焦炉）捣固焦炉上使用此技术。

3.3.2　双 U 型管导烟车+机侧装煤密封门框相结合的装煤除尘技术[3]（见图 8）

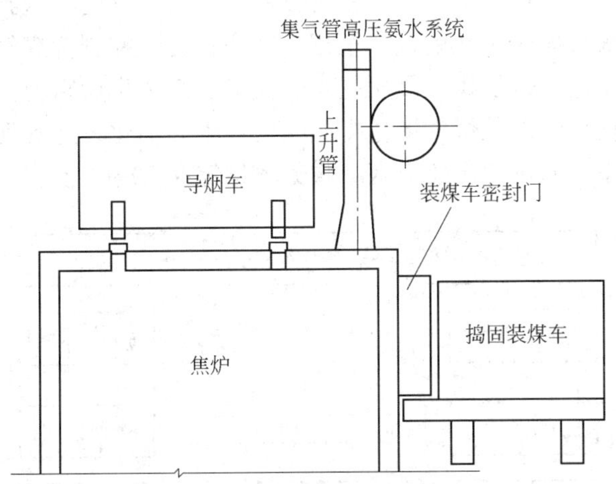

图 8　双 U 型管导烟车+机侧装煤密封门框相结合的装煤除尘方案图

此技术是在德国技术的基础上有所改进，德国导烟车为单 U 型管导烟车，我国设计改进为双 U 型管导烟车，目前我国在唐山佳华 6.25m 捣固焦炉上采用了此技术（见图 9）。

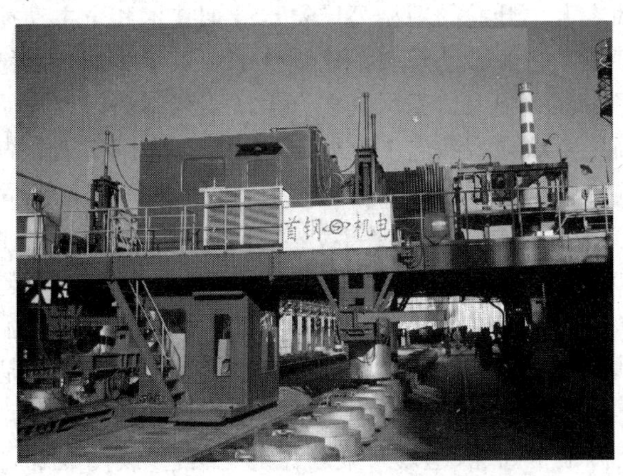

图 9　双 U 型导烟除尘车

组成：焦炉装煤除尘系统由两大部分组成：炉顶部分是双 U 型管导烟车，第二部分焦炉机侧装煤车在装煤槽前端安装有活动的炉门密封框。

工艺配置：集气管布置在焦炉机侧并配有高压氨水系统和炉顶导烟孔处的密封水封座，确保装煤时炉顶烟尘不外逸。

工作原理：装煤前双 U 型管导烟车将导烟管插入炉顶导烟孔处的密封水封座内，同时打开 n 孔与（n+2、n–1）孔（结焦末期炭化室荒煤气的生成量很少）的导烟孔盖，使 n 孔与（n+2、n–1）孔炭化室相导通，同时装煤车密封框由液压缸驱动随着煤槽前移靠近炉门与炉门框贴紧密封，高压氨水开启，装煤过程中的产生的烟尘在高压氨水喷射产生的吸力作用下，将正在装煤的炭化室 n 孔产生的烟尘利用炉顶导烟除尘车上的双 U 型导烟管导入（n+2、n–1）孔炭化室内，正常装煤时三部分同时作业，使 3 个炭化室内产生负压，抽吸装煤过程中从机侧炉门处冒出的烟尘，将装煤过程中的烟尘顺利导入集气管内，送到煤气净化车间处理。

该装煤除尘技术能最大限度地减低装煤时炭化室机侧炉门烟尘和荒煤气的外逸现象，并能将装煤时的有害气体导入相邻炭化室，使炉顶达到良好的除尘效果。

此技术系统简单、实用，除尘效果明显，从根本上解决了捣固焦炉烟尘污染严重的问题，同时也提高了荒煤气收集率。没有炉顶抽吸总管和地面除尘站，具有经济适用投资少，技术可靠污染小，保护炉体寿命高等优点。此技术 2012 年获得焦化创新技术成果二等奖。

为保证达到最佳的除尘效果，本系统必须有如下技术做保证：其一，双 U 型管导烟车与炉顶导烟孔的密封技术；其二，炭化室机侧炉门的密封技术；其三，确保高压氨水装置和集气管压力自动调节系统的正常使用，有一个环节出现故障，除尘效果将会受到很大影响。

采用此装煤烟尘治理技术时，要考虑边炭化室导烟的特殊性，由于 U 型导烟除尘车采用的是双 U 型导套（n–1、n+2），在进行边炉装煤过程中，只能有一个导套发挥作用，相对双导套同时除尘导烟，整体能力有所下降。

3.3.3　双 U 型管导烟车+机侧装煤密封门框+炉头除尘系统+地面除尘站相结合的装煤除尘技术[2]（见图 10）

组成：焦炉装煤除尘系统由四大部分组成：炉顶部分是双 U 型管导烟车，导烟车增加伸缩管机构，作用是开启炉头除尘干管的翻板阀。第二部分焦炉机侧装煤车在装煤槽前端安装有活动的炉门密封框。第三部分是机侧炉头除尘系统，由炉头除尘干管、烟尘捕集罩、翻板阀等组成。第四部分是烟气净化地面除尘站（并配有烟尘净化吸附冷却装置）。

工艺配置：集气管布置在焦炉焦侧并配有高压氨水系统和炉顶导烟孔处的密封水封座，确保装煤时炉顶烟尘不外逸。

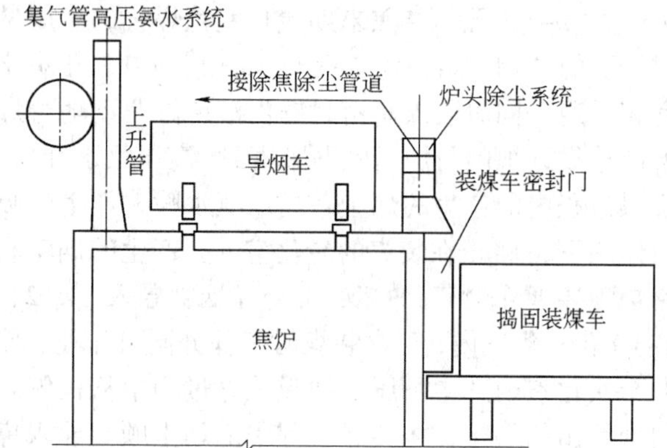

图 10 双 U 型管导烟车+机侧装煤密封门框+炉头除尘系统+地面除尘站相结合的装煤除尘方案图

工作原理：炉顶导烟原理同 3.3.2，当导烟车上的双 U 型导烟管插入炉顶导烟孔密封座的同时导烟车的伸缩管也将机侧炉头除尘干管上的翻板阀打开，使其正在装煤的炭化室的炉门顶部的吸尘管与总管接通，装煤时机侧炉门通过机侧装煤活动密封门框密封，将烟尘封堵在炭化室内，少量的烟尘外逸由烟尘捕集罩收集到炉头除尘干管，最终导入装煤地面站系统净化处理，从而形成完整的、多渠道的装煤烟尘综合治理技术，最大限度地控制烟尘的外逸。

随着捣固焦炉的发展，捣固焦炉装煤除尘系统出现了运行不稳定的现象，由于捣固焦炉装煤时间较长，外逸烟尘较大，其中荒煤气占有很大比例，故吸入集尘管内的焦油雾较多（约 30g/m^3），黏结、堵塞布袋的现象严重。因此烟尘在进入地面站之前需做预处理。近年来，地面除尘站又新增加了烟尘净化吸附冷却装置，在烟尘进入除尘器前先进入烟尘净化吸附冷却装置，它的作用原理是：利用颗粒过滤层使烟气中的粉尘和焦油等与气体分离，焦块作为吸附滤料，吸附材料需要定期更换，保证布袋的使用寿命。此方法除尘效果好，但投资高，运行成本也高，不经济。

3.3.4 双 U 型导烟车+高压氨水系统+全主动控制技术相结合的装煤除尘技术[4]（见图 11）

组成：焦炉装煤除尘系统由两大部分组成：炉顶部分是双 U 型管导烟车，第二部分焦炉集气管压力无级模糊控制技术。

工艺配置：集气管布置在焦炉机侧并配有高压氨水系统和炉顶导烟孔处的密封水封座，确保装煤时炉顶烟尘不外逸。同时采用焦炉集气管压力无级模糊控制技术。

工作原理：炉顶导烟原理同 3.3.2，装煤时当三个炭化室高压氨水喷射时，必将造成集气管煤气压力波动，造成上升管压力升高，炉门冒烟，污染环境，为了尽快消除集气管煤气压力波动，采用流体整体控制技术、工艺提前控制技术、主动解耦控制技术，使煤气流速和压力顺应生产工艺的变化，集气管压力处于最优最快控制状态，装煤时间的压力在 20 秒以内快速稳定，减少烟尘的外逸。最终装煤过程中的产生的烟尘在高压氨水喷射产生的吸力作用下，通过上升管、桥管顺利导入集气管内，送到煤气净化车间处理。根据生产变化无级控制荒煤气流速，使加煤、高压氨水、换向、鼓风机后阻力变化导致的荒煤气增量得到主动导引和消化，达到动态平衡输送。装煤烟尘收集率稳定在 90%以上。

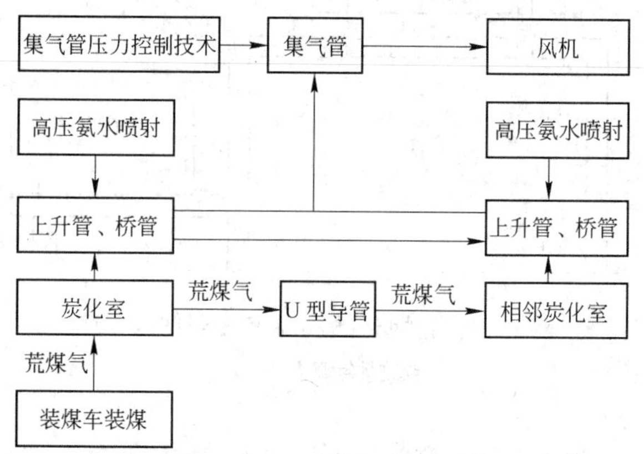

图 11 双 U 型导烟车+高压氨水系统+全主动控制技术相结合的装煤除尘方案图

此技术是在集气管压力模糊控制的研究成果基础之上，开发的新型高压氨水导烟技术和全主动控制技术，突破性解决了捣固焦炉装煤炉头烟难以稳定治理的顽疾，克服了多方生产工艺制约因素，使高压氨水导烟除尘工艺稳定发挥作用，同步解决煤气含氧量超标和粉尘堵塞难题。该技术在 5.5m 捣固焦炉上已稳定运行半年，装煤烟尘收集率稳定在 90%以上，煤气含氧量稳定在 0.4%~0.7%，很少超 1%，煤气粉尘没有造成初冷器堵塞。该技术实现了真正意义的节能减排增效，突破了焦炉生产尤其是捣固焦炉装煤炉头烟尘治理耗能高、隐性排放高，资源浪费高、除尘效果难以稳定的难题。该技术 2012 年获得焦化创新技术成果二等奖，2005 年获得国家科技部80万元创新基金奖励。

3.3.5 单个炭化室压力自动调节集气管负压技术的装煤除尘技术[5]

组成：焦炉装煤除尘系统由两大部分组成：炉顶部分是装煤车（双U型管导烟车），第二部分焦炉单个炭化室压力自动调节集气管负压技术（简称单调技术）。

工艺配置：集气管布置在焦炉机侧，同时采用单个炭化室压力自动调节集气管负压技术。

工作原理：炭化室单调技术通过补偿式测压法测量桥管压力及执行机构控制水封阀翻板开度，来控制桥管在不同结焦时期的桥管压力，实现炭化室底部压力在整个结焦过程中始终保持微正压，从而避免了炭化室压力过大而导致冒烟，窜漏和炭化室负压吸入空气损坏炉体，影响焦炉寿命。装煤过程炭化室顶部与集气管系统连通，压力为-300Pa，左右，不仅可以省去高压氨水的喷射，还可以将装煤产生的烟尘通过桥管全部通入集气管，炉顶冒烟冒火的现象基本消除，炉顶各种有害气体和有害颗粒物大大减少，环境明显改善，同时增加了化产品的收率，促进了焦炉生产的清洁化和无害化。

单个炭化室压力自动调节集气管负压技术，是一项负压装煤除尘技术，为国内首次在顶装焦炉上试验应用，无烟装煤效果显著，不仅可以实现无烟装煤，清洁生产，还可以把装煤产生的荒煤气全部回收，具有可观的经济效益、环境效益和广阔的推广应用价值。

4 结论

以上五种装煤除尘技术前三种的除尘技术各有优缺点，但均能达到一定的除尘效果，后两种方法为新开发的技术，都是采取控制集气管压力的快速稳定，将装煤产生的烟尘回收处理，并已用于生产实践，装煤烟尘捕集率分别达到95%以上。第五种方法，虽然仅在顶装焦炉上使用，但是它同样适用捣固焦炉，同时也是捣固焦炉装煤除尘技术的一个发展方向。

随着国家对环境保护的要求，企业对员工和社会的负责，创建文明、清洁的生产环境对于一个企业发展尤为重要，通过焦化行业科技工作者的技术创新，我国捣固焦炉生产会通过采取高效治理装煤烟尘污染的措施，大幅度改善装煤操作环境，提高环保和节能水平，使我国捣固焦炉机械装备整体水平上一个新台阶，达到国际先进水平。

参考文献

[1] 现代钢铁流程钢铁工艺节能减排新技术（焦化）[M]. 北京：中国科学技术出版社, 2009: 277~293.

[2] 捣固焦炉装煤烟尘治理技术的新发展[J].燃料与化工, 2009(5): 18~20.

[3] 张准.捣固焦炉装煤烟尘的综合治理[C]. 中国炼焦行业协会2012年论文集, 2012: 585~588.

[4] 焦炉集气管压力无级模糊控制技术与捣固焦炉装煤除尘全主动除尘技术[C]. 中国炼焦行业协会 2012 科技大会资料, 2012: 124.

[5] 单个炭化室压力自动调节集气管负压技术[C].中国炼焦行业协会2012年科技大会资料, 2012: 107~109.

[6] 德国维康捣固技术介绍(内部资料).

6m 捣固焦炉护炉铁件结构研究与应力计算

苏经广　陈　镇　田淑霞

（北京首钢国际工程技术有限公司，北京 100043）

摘　要：本文阐述了 6m 捣固焦炉护炉铁件与焦炉炉体的安装关系，分析了护炉铁件的结构、受力情况及力的传递方式，对护炉铁件的安全性、可靠性进行强度校核，并提出护炉铁件的设计要点。

关键词：6m 捣固焦炉；护炉铁件

The Structure Study and Stress Calculator of Armor in 6m Stamp–charging Coke Oven

Su Jingguang　Chen Zhen　Tian Shuxia

(Beijing Shougang International Engineering Technology Co., Ltd., Beijing 100043)

Abstract: This article elaborates the installing relationship between oven armor and 6m stamp charging coke oven, analysis the structure, stress condition and the press transfer of the oven armor, and makes the strength check about the armor's security and reliability, at last support some design points of the oven armor.

Key words: 6m stamp-charging coke oven; oven armor

1　引言

焦炉大型化是炼焦技术的发展方向。随着炭化室加宽加高,焦炉装煤堆密度得到提高，结焦过程中煤料的膨胀压力也随之增大，会对炉墙产生更大的弯曲应力。为保证炉墙在热态工作条件下的稳定性，需从外部施加足够的预应力来抵消弯曲变形。对于垂直方向，需要增加炉顶厚度；而对于水平方向，则需护炉铁件提供足够的预应力。我们通过分析铁件与炉体的安装关系，来校核铁件的刚度和强度，从而确保焦炉的正常生产。

2　护炉铁件与炉体的安装、受力关系[1]

2.1　护炉铁件组成及作用

护炉铁件包括：炉柱、纵横拉条、螺旋弹簧、保护板、炉门框等。

焦炉炉体由耐火砖砌成，且横向不设膨胀缝，烘炉过程中，随炉温升高砌体横向逐渐伸长。投产后的两三年内，由于残存石英继续向鳞石英转化，炉体也会继续伸长。护炉铁件利用大小可调的弹簧力，向砌体施加数量足够、分布合理的保护性压力，增加其结构强度，使砌体在自身膨胀同时仍能保持完整和严密，从而确保焦炉的正常生产并延长焦炉的使用寿命。

2.2　护炉铁件与炉体的安装关系

焦炉砌体沿炉组长向方向设纵向拉条，并配弹簧组，固定在两端抵抗墙上，通过调节弹簧的负荷来稳定对炉体的压力并控制炉体的纵向变形，以保持砌体纵向的完整和严密。

焦炉砌体沿燃烧室长向方向的机、焦侧均设有保护板、炉柱，炉柱上、下部设有横拉条，上、下横拉条端部装有弹簧（上部横拉条的焦侧受焦饼推出时烧烤，故不设弹簧）。上拉条固定在炉柱上，下拉条固定在基础顶板上，保护板镶扣在燃烧室炉头部，炉柱对称贴靠在保护板上，上、下横拉条将机、焦两侧的炉柱拉紧，通过调节弹簧的负荷来稳定炉柱曲度和炉柱对炉体的压力，以保持砌体横向的完整和严密。

炉门框为各炭化室独立配置，炉门框用钩头螺栓固定在保护板上，形成一个强固的密封框。6m复热式捣固焦炉的蓄热室单墙上设有小炉柱，通过横梁小弹簧压紧小炉柱，以减少单墙的裂缝，从而减少高炉煤气与空气的窜漏。炉柱还有支撑机、焦侧操作台、集气管、吸气管桥架和装煤车、拦焦机的滑触线等作用。护炉铁件与炉体的安装关系见图1~图6。图1~图6中序号分别表示：1—下部横拉条弹簧；2—下部横拉条；3—蓄热室保护板压紧弹簧；4—蓄热室保护板；5—炉柱；6—保护板压紧弹簧；7—保护板；8—横拉条支撑架；9—上部横拉条；10—上部横拉条弹簧；11—炉门框；12—纵拉条弹簧；13—纵拉条；14—固定小炉柱用横梁；15—横梁小弹簧；16—小炉柱。

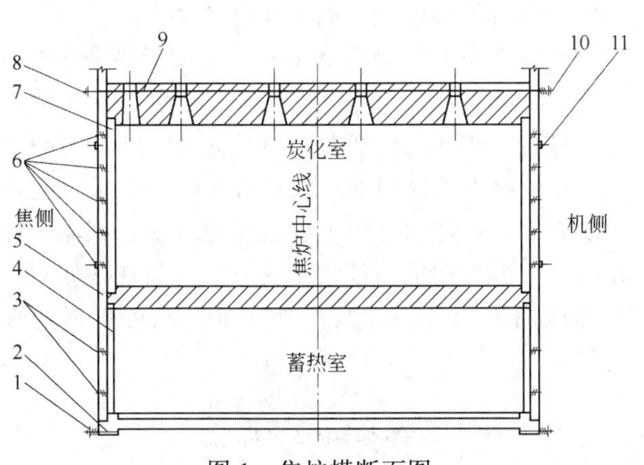

图1　焦炉横断面图

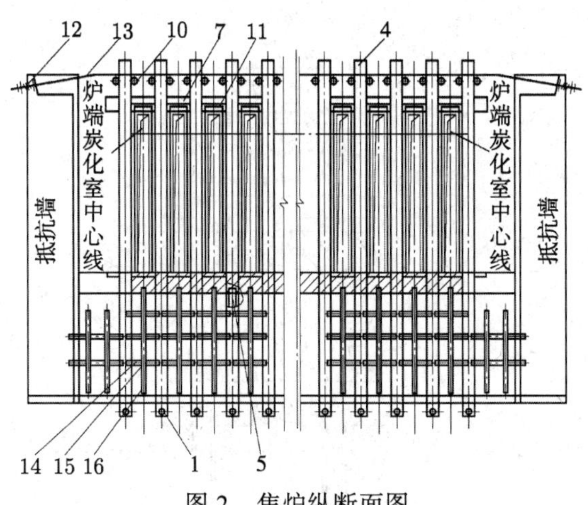

图2　焦炉纵断面图

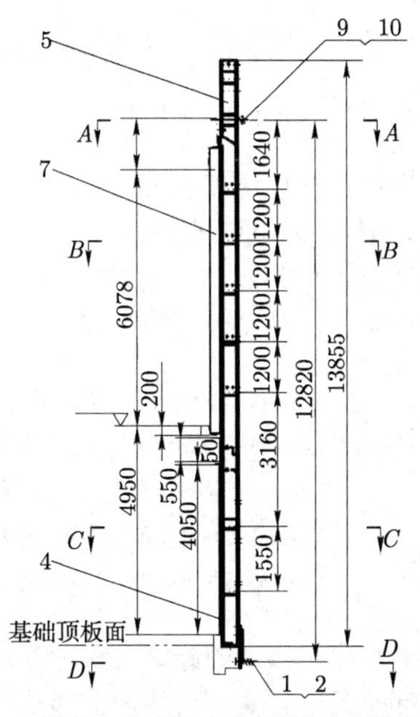

图3　炉柱与各部位压紧弹簧的安装关系

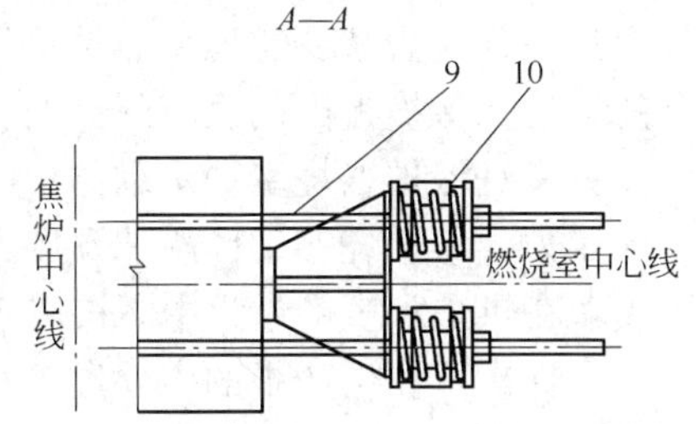

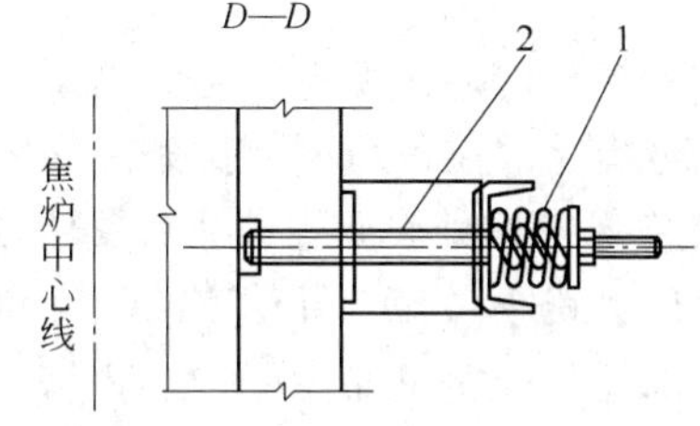

图4　炉柱与上部拉条、弹簧及下部拉条、弹簧的关系

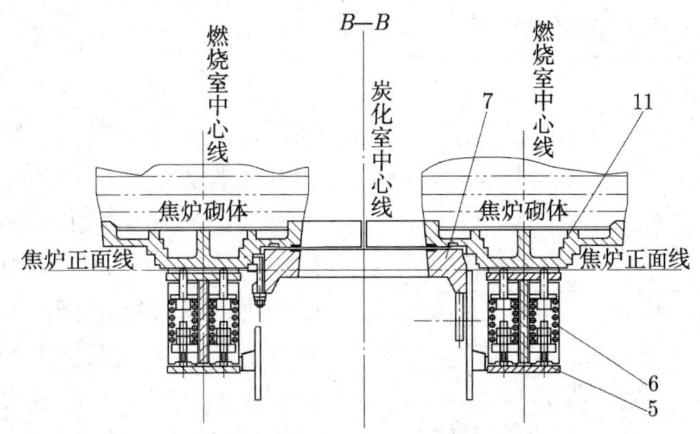

图5　炉柱与燃烧室保护板压紧弹簧的关系

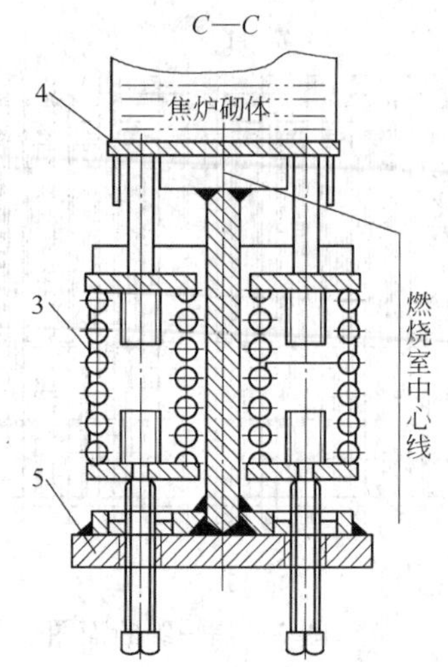

图 6　炉柱与蓄热室保护板压紧弹簧的关系

2.3　护炉铁件与炉体的受力关系

铁件护炉力的传递主要是通过拉条弹簧力作用在炉柱上，炉柱再通过燃烧室保护板、蓄热室保护板、蓄热室小炉柱等最终传递到焦炉砌体上，从而达到保护炉体的目的。铁件护炉力的传递方式如下：

上拉条弹簧力→ 炉柱 → (1) 贴靠炉顶小炉头的刚性力
→ (2) 贴靠燃烧室保护板的刚性力
→ (3) 燃烧室保护板上的小弹簧弹性力
→ (4) 蓄热室主墙保护板上的小弹簧弹性力
下拉条弹簧力→ → (5) 蓄热室单墙小炉柱上小弹簧弹性力

根据焦炉生产实践的测定，在没有小炉柱的情况下，下部拉条的弹簧负荷约为上部拉条弹簧负荷的 70%；在有小炉柱的情况下，上、下部拉条弹簧负荷相近较为合理。

6m 捣固焦炉炉柱为焊接 H 型钢，有效高度为 12.82m（有效高度是指上部拉条与下部拉条之间的距离），炉柱在燃烧室保护板处设有 5 线小弹簧，在蓄热室保护板处设有 2 线小弹簧，具体安装尺寸见图 2、图 3。上、下部拉条弹簧及保护板各部弹簧负荷见表 1。

表 1　上、下部拉条弹簧及保护板各部弹簧负荷

参数 位置	数量/个	规 格	载荷（个）/kN
上部横拉条弹簧	2	d=45mm, H=225mm	88.2
下部横拉条弹簧	1	d = 45mm, H=225mm	88.2
	1	d=25mm, H=220mm	29.4
上部纵拉条弹簧	3	d=45mm, H=225mm	88.2
	3	d = 25mm, H=220mm	29.4
燃烧室保护板小弹簧	10	d=22mm, H=180mm	19.6
蓄热室主墙保护板小弹簧	4	d=22mm, H=180mm	19.6
蓄热室单墙小炉柱小弹簧	3	d=22mm, H=180mm	19.6

3　护炉铁件的工况及结构特点

3.1　炉柱的工况及结构特点

炉柱在焦炉生产中的内外温差在 50℃左右，温差较小，故因温度引起的弯曲可忽略不计。

炉柱属于两端弹性支承的多种负荷并受弯曲的构件，护炉压力决定了炉柱的结构尺寸。6m 捣固焦炉炉柱选用焊接 H 型钢，型号为 H422×315×315×32/32。沿炉柱高向设七线小弹簧，按照强度与弯曲度要求，炉柱的材质一般选择 Q235A，根据炉柱在中、上部弯曲应力较大的特点，一般在该处的正面和侧面进行补强，装小弹簧处开孔处也需局部补强。

3.2　保护板的工况及结构特点

保护板安装在燃烧室机、焦外侧，镶扣在燃烧室炉头部，为减少燃烧室热量损失和降低保护板的热辐射，保护板内侧设有耐火泥。保护板的主要作用：一是保护燃烧室炉头砌体；二是传递来自炉柱的压力，给燃烧室砌体施加预压力，以保证燃烧室炉墙在烘炉和生产过程中不被破坏。

保护板在生产中的内外温差在 200℃左右，因靠近炉墙，保护板两侧受高温和还原性腐蚀介质（荒煤气）侵蚀，而且在启闭炉门时，急冷急热的温差变化程度远大于炉门框。

保护板是最终受力件，炉门框和炉门的重量最终都作用在它身上，为防止保护板横向断裂和铸铁因高温脱碳而造成剥蚀现象，保护板采用空冷式工字型大保护板，它的结构特点是在普通保护板全高向设有两点 30mm 等高凸台，即在保护板与炉柱接触面之间有 30mm 间隙，可利用空气作为自然通风冷却介质，减少保护板的热应力变形，从而减小炉门框变形，因为炉门框安装在保护板上，这样可以增强炉门框与炉门刀边的密封效果，降低炉门的泄漏率，保护环境。

3.3 炉门框的工况及结构特点

炉门框用钩头螺栓安装固定在机、焦侧保护板上，在炉门框与保护板之间采用石棉绳填塞；炉门安装在炉门框上，炉门的弹性刀边压在炉门框上，起到炭化室与外界空气隔绝密封作用。炉门框工作环境恶劣，内外温差大，忍受着高温和还原性腐蚀介质（荒煤气）侵蚀，间歇经受启闭炉门的机械力冲击。

炉门框结构简单，其上、下部两侧有炉门挂钩，靠近上部挂钩处设有悬挂炉门辊轮的导轨，为降低炉门框在工作中发生上下挠曲和侧向弯曲变形，影响炉门刀边密封的问题，炉门框断面采用加厚箱形断面，箱型断面的炉门框能经受得住启闭炉门的机械冲击力，同时断面内的温差应力小。该构件近似于多固定支点，在炉门挂钩处弯矩最大。

3.4 保护板、炉门框选材要求

保护板作为护炉衬板，要求刚性大，热稳定性好，不易弯曲变形，能将炉体的热膨胀力均匀地传递给炉柱。炉门框作为炉门的固定件和密封件，同样要求刚性大，热稳定性好，抗弯曲变形能力大。根据保护板、炉门框的工作环境和特殊性，保护板、炉门框材料选用耐高温易铸造的蠕墨铸铁 RuT340，蠕墨铸铁不仅具有较好的力学性能和良好的导热性，而且有很好的耐热交变负荷和在极限热疲劳强度下不裂纹的特点。它的抗拉强度、屈服强度伸长率都大大高于灰铸铁，它可在 100~800℃交变热负荷下工作，而且变形很小。

4 炉柱、保护板、炉门框受力分析与强度计算

4.1 炉柱受力分析与强度计算

4.1.1 炉柱受力分析

炉柱理论计算有两种方法：

（1）按弹簧受力点，考虑炉柱受集中载荷；

（2）按《焦化设计参考资料》[1]考虑炉柱受 1.5t/m 的均布载荷计算。

分析两种情况，由于在生产期间，集中载荷作用位置及大小比较复杂，且计算出的正应力和弯曲度比实际情况小，而按 1.5t/m 的均布载荷计算结果更接近实际，因此这里选用第二种计算方法。将炉柱模型简化为受均布载荷力作用一端简支，另一端固定的梁模型，见图 7。

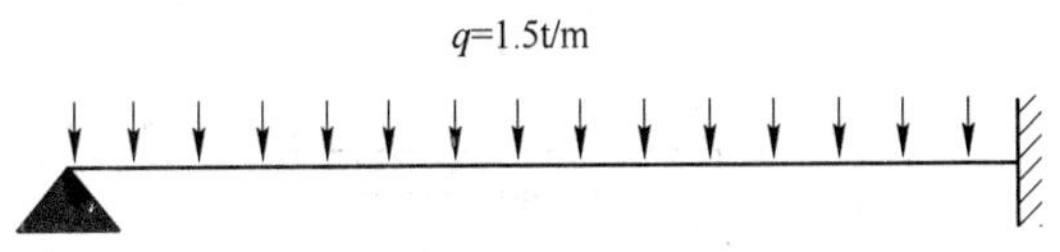

图 7 炉柱简化受力模型

4.1.2 炉柱强度计算

为达到安全生产目的，我们需要计算炉柱最大弯曲度和最大弯曲应力，强度校核公式如下：

$$\sigma_{\max} = 10^5 \frac{M}{W} < [\sigma] \qquad (1)$$

式中 $\sigma_{\max}$——炉柱最大弯曲应力，kg/cm^2；

W——炉柱抗弯截面系数，cm^3；

M——炉柱最大弯曲力矩，t·m；

$[\sigma]$——炉柱材料许用弯曲应力。

炉柱最大弯曲力矩计算公式：

$$M = \frac{ql^2}{8} \qquad (2)$$

式中 q——炉柱水平均布载荷，q=1.5t/m；

l——炉柱上下拉条距离，l=12.820m。

查机械设计手册，材质 Q235A，板厚 16~40mm 的材料屈服强度σ_s=225 MPa，则：

$$[\sigma]=\sigma_s/s$$

（3）式中 s——塑性材料的安全系数，s 取 2。

所以，$[\sigma]$=225/2=112.5 MPa。

$$W = \frac{\sum J_x}{y_c} \qquad (4)$$

式中 $\sum J_x$——炉柱截面对 x-x 轴的惯性矩，cm^4；

y_c——炉柱截面的形心坐标，cm。

最大弯曲度校核公式：

$$A = 10^9 \frac{5Ml^2}{48E\sum J_x} < [A] \qquad (5)$$

式中 A——炉柱中部的最大弯曲度，cm；

$[A]$——炉柱允许最大弯曲度；6m 焦炉$[A]$=30mm[8]；

E——弹性模量，kg/cm^2(钢材 $E = 2 \times 10^6$kg/cm^2)。

炉柱截面示意图见图 8。

炉柱截面形心：y_c = 21.1cm

F_1=100.8cm^2，F_2=114.56 cm^2

$$J_1=J_{F1}+a^2F_1=\frac{1}{12}\times31.5\times3.2^3+19.5^2\times100.8=38415\text{cm}^4$$

$$J_2 = J_{F2}=\frac{1}{12}\times 3.2 \times 35.8^3 = 12235\text{cm}^4$$

$$\sum J_x = 2J_1 + J_2 = 2\times38415+12235 = 89065\text{cm}^4$$

根据式（4），炉柱截面惯性矩：

$$W = \frac{\sum J_x}{y_c} = \frac{89065}{21.1} = 4221\ \text{cm}^3$$

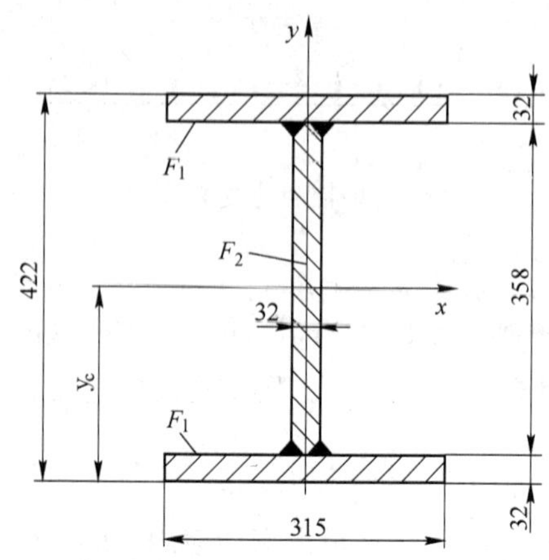

图 8　炉柱截面示意图

根据式（2）

$$M=\frac{ql^2}{8}=\frac{1.5\times12.820^2}{8}=30.82\ \text{t}\cdot\text{m}$$

根据式（1）：

$$\sigma_{\max}=10^5\frac{M}{W}=10^5\times\frac{30.82}{4221}=730\text{kg/cm}^2=71.5\text{MPa}<[\sigma]$$

根据式（5）：

$$A=10^9\frac{5Ml^2}{48E\sum J_x}$$

$$=10^9\times\frac{5\times30.82\times12.820^2}{48\times2\times10^6\times89065}=2.96\ \text{cm}<[A]$$

因此这种结构与材质的炉柱符合 6m 捣固焦炉设计要求。

4.2　保护板受力分析与强度计算

4.2.1　保护板受力分析

根据保护板与炉体和炉柱的安装关系，保护板的受力分为：

（1）受炉体的均匀膨胀力；

（2）炉柱对保护板两端凸台的反作用力；

（3）炉柱上小弹簧的集中力；

（4）炉门框、炉门的重力。

考虑到保护板受力复杂，且从设计安全角度考虑，假设炉柱小弹簧全部失效，保护板可简化为受均布载荷的简支梁。

4.2.2　保护板强度计算

保护板采用计算机三维建模，得出保护板的形心及惯性矩。由于保护板受热应力影响很小，这里忽略热应力对其的影响。

根据三维建模得：

$y_{c压}$=11.5cm

$y_{c拉}$=20–11.5=8.5cm

J = 19432 cm^4

$$W_{压}=\frac{1}{y_{c压}}=\frac{19432}{11.5}=1690\text{cm}^3$$

$$W_{拉}=\frac{1}{y_{c拉}}=\frac{19432}{8.5}=2286\text{cm}^3$$

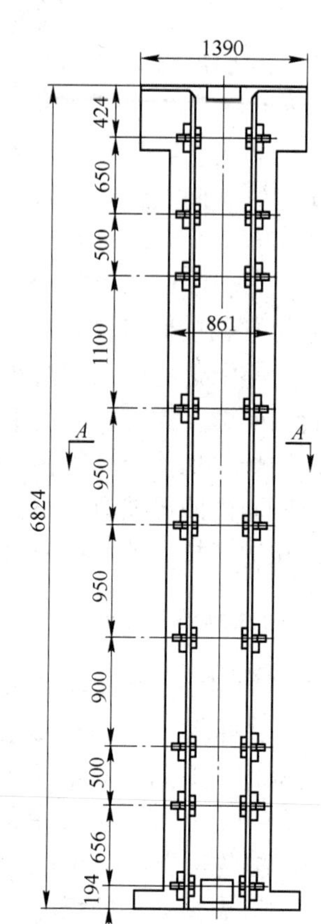

图 9　保护板外形图

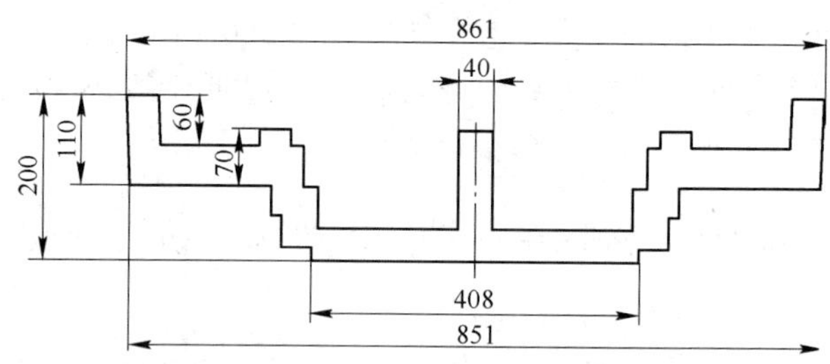

图 10　保护板 A—A 断面图

保护板最大弯矩：

$$M_{\max}=\frac{qL^2}{8}\tag{6}$$

式中　q——炉体作用于保护板的均匀载荷，1.5t/m；

L——保护板长，682.4cm。

得出　$M_{\max}=\frac{qL^2}{8}=\frac{15\times682.4^2}{8}$=873131 kg·cm

保护板校核公式：

$$\sigma_{拉压}=M/W_{拉压}<[\sigma]\tag{7}$$

式中　$[\sigma]$——保护板材料许用弯曲应力。

保护板材质为蠕墨铸铁 RuT340，查手册得：屈服强度 $\sigma_{0.2}$=270MPa，抗拉强度 σ_b=340MPa，抗压强度 σ_{bc}=600MPa。

$$[\sigma_{拉}]=\sigma_b/s;\ [\sigma_{压}]=\sigma_{bc}/s \quad (8)$$

式中　s——脆性材料的安全系数，s 取 3。

$[\sigma_{拉}]$=340/3=113 MPa

$[\sigma_{压}]$= 600/3=200 MPa

根据式（7）得，

$\sigma_{拉}=M/W_{压}$=873131/1690kg/cm^2

=51.7MPa<200MPa

$\sigma_{压}=M/W_{拉}$=873131/2286kg/cm^2

=38.2MPa<113MPa

所以，保护板强度满足设计要求。

4.3　炉门框受力分析与强度计算

4.3.1　受力分析

根据炉门框与炉门的安装关系，炉门框的受力分为：

（1）炉门框内外温差所产生的热应力；

（2）关闭炉门时炉门栓产生的机械应力。

由于温差产生的热应力对炉门框的影响很大，计算热应力能较准确地计算炉门框强度。炉门框在热态下的变形见图 11。

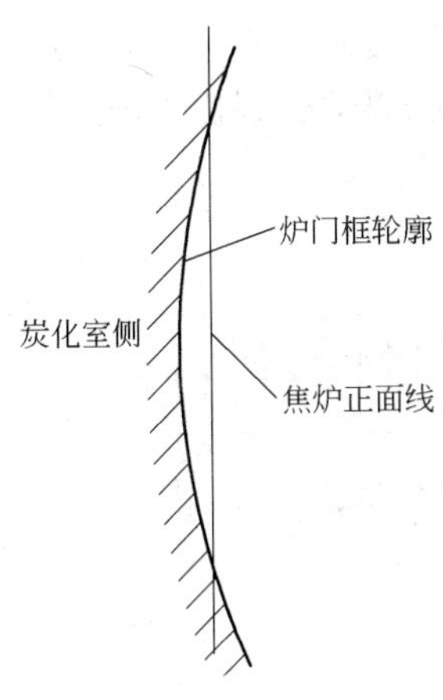

图 11　炉门框在热态下的变形

4.3.2　炉门框强度计算[2]

4.3.2.1　热应力计算

炉门框因温差产生挠曲变形，为使炉门框约束不变形，引用《热应力对焦炉炉门框强度的影响》[2]中的公式：

$$\sigma_{热}=E\frac{y_c}{a}\beta\Delta t \quad (9)$$

式中　$\sigma_{热}$——炉门框最大热应力，N/ cm^2；

E——炉门框材料的弹性模量，取 13.7~16.7MN/ cm^2；

y_c——炉门框中性轴到冷面的距离，mm；

a——炉门框厚度，取 195mm；

β——炉门框材料的热膨胀系数，取 13.5×10^{-6}℃$^{-1}$；

Δt——炉门框冷热面温差，℃。

再引用《热应力对焦炉炉门框强度的影响》[2]中的公式：

$$\Delta t=(t_0-t_\infty)\left[1-\frac{1}{\mathrm{ch}(mh)+\dfrac{\alpha_1}{\lambda m}\mathrm{sh}(mh)}\right] \quad (10)$$

式中　t_0——炉门框热面温度，取 427℃；

t_∞——大气环境温度，取 20℃；

h——炉门框侧翼板高度，h=75mm（h = 炉门框总厚度－炉门框密封高度 =195－120=75mm）。

$$m=\sqrt{\frac{2\alpha}{\lambda b}} \quad (11)$$

式中　b——炉门框侧翼板宽度，b = 50mm。

又根据热平衡关系，参考《焦炉的物料平衡与热平衡》[2]分别计算出炉门框顶面和侧面地总传热系数为：

α——侧翼板侧面的总传热系数, 14 W/(m^2·K);

α_1——侧翼板顶面的总传热系数，103W/(m^2·K);

λ——炉门框材料的导热系数，45W/（m·K）。

因此，$m=\sqrt{\dfrac{2\alpha}{\lambda b}}=\sqrt{\dfrac{2\times14}{45\times0.05}}=3.5$

$$\frac{\alpha_1}{\lambda m}=\frac{103}{45\times3.5}=0.65$$

mh=3.5×0.075=0.26

$$\Delta t=(t_0-t_\infty)\left[1-\frac{1}{\mathrm{ch}(mh)+\dfrac{\alpha_1}{\lambda m}\mathrm{sh}(mh)}\right]$$

$$=(472-20)\times\left[1-\frac{1}{\mathrm{ch}(0.26)+0.65\mathrm{sh}(0.26)}\right]=77℃$$

根据炉门框横断面图（图 13），计算出炉门框的形心和截面惯性矩和抗弯截面模数：

F_1=7.5×5=37.5cm^2

F_2=15.85×12=190.2cm^2

F_3=0.85×12÷2=5.1 cm^2

得出，y_c=119.7mm

根据式（9）得，温度影响产生的压应力和拉应力如下：

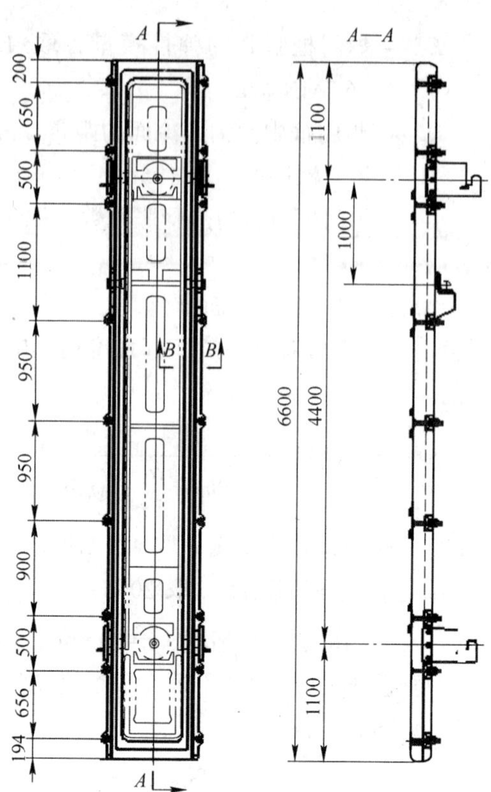

图 12　炉门框外形图

$$\sigma_{热}=E\frac{y_c}{a}\beta\Delta t=16.7\times\frac{119.7}{195}\times13.5\times77$$
$$=10656\text{N/cm}^2=106.56\text{MPa}(压应力)$$

$$\sigma_{拉}=E\frac{y_c}{a}\beta\Delta t=16.7\times\frac{75.3}{195}\times13.5\times77$$
$$=6703\text{N/cm}^2=67\text{MPa}(压应力)$$

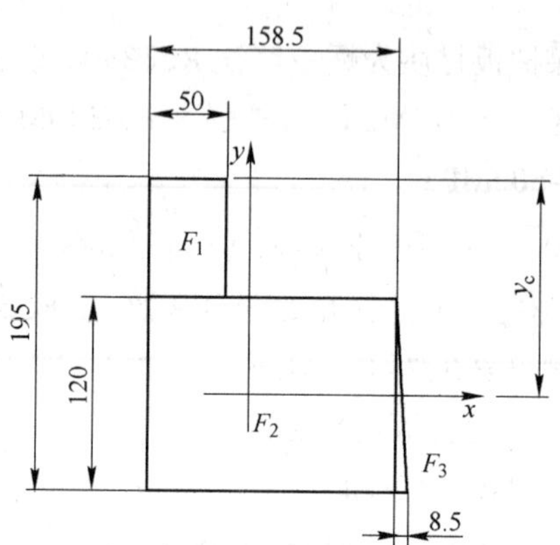

图 13　炉门框横断面图

4.3.2.2　机械应力计算[2]

在关闭炉门操作时炉门框受到的机械力有：

P——炉门横栓作用在炉门框挂钩处的拉力；P=20t；

Q——炉门刀边作用在炉门框密封面的均布载荷；

q_1——保护板作用于炉门框的均布载荷；

P_1——挂钩处相邻的钩头螺栓对炉门框的作用力；

l——挂钩处相邻的钩头螺栓的间距，l=50 cm；

L——炉门框的长度，L=660 cm。

受力简图见图 14。

考虑到保护板对炉门框的约束，挂钩相邻的钩头螺栓外的炉门框无变形，即 $q_1=q$，因此，可以简化炉门框为以相邻钩头螺栓为固定端的双固定端力

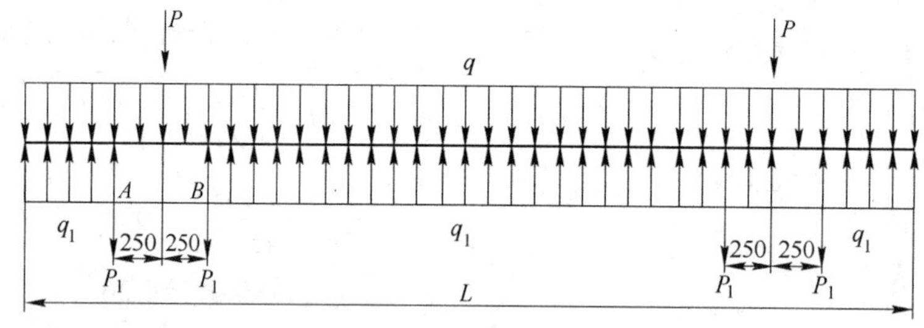

图 14　炉门框受力简图

学模型。另外，因为 $2P=qL$，且 $l \ll L$ 所以 $ql \ll qL=2P$，即 q 与 P 相比可以忽略不计。

因此，炉门框挂钩固定端的力学模型可以简化为两端固定梁，见图 15。

查机械设计手册：

$$M_{\max}=P_1/8 \quad (12)$$

在求热应力时已知：

F_1=37.5cm^2；F_2=190.2cm^2；F_3=5.1 cm^2；y_c=12cm

截面惯性矩：

$J_1=5\times7.5^3/12+(12-7.5\div2)^2\times37.5=2728\text{ cm}^4$

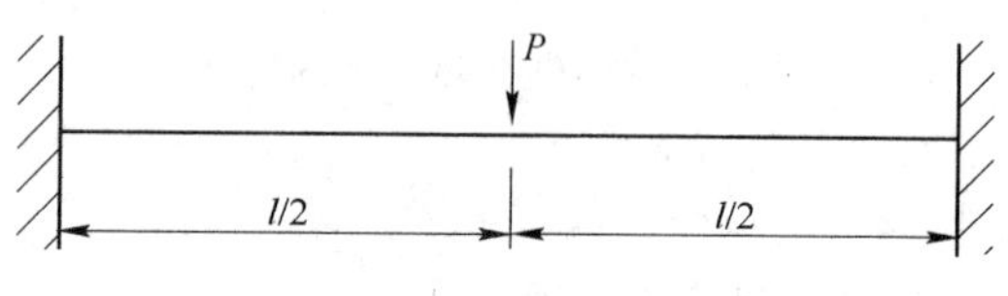

图 15　炉门框力学模型

$J_2=15.85\times12^3/12+1.5^2\times190.2=2710\text{ cm}^4$

$J_3=0.85\times12^3/36+3.5^2\times5.1=103\text{ cm}^4$

$J=2(J_1+J_2+J_3)=11082\text{ cm}^4$　（考虑断面对称）

抗弯截面模数：

$$W_{压}=\frac{J}{y_c}=\frac{11082}{12}=923.5\ \text{cm}^3$$

$$W_{拉}=\frac{J}{y_{c1}}=\frac{11082}{7.5}=1477.6\ \text{cm}^3$$

机械强度校核公式：

$$\sigma_{拉压}=M/W_{拉压}<[\sigma_{拉压}]$$

式中 $[\sigma]$——炉门框材料许用弯曲应力。

炉门框材质同保护板，屈服强度 $\sigma_{0.2}$=270MPa，抗拉强度 σ_b = 340MPa。抗压强度 σ_{bc} = 600MPa；s 为脆性材料的安全系数，s = 3。

$[\sigma_{拉}]=\sigma_b/s=340/3=113\text{MPa}$

$[\sigma_{压}]=\sigma_{bc}/s=600/3=200\text{MPa}$

因此，$\sigma_{机压}=P_l/8w=20\times10^4\times50/(8\times923.5)=1354\ \text{N/cm}^2$

$=13.5\text{MPa}$

$\sigma_{机拉}=P_l/8w=20\times10^4\times50/(8\times1477.6)=846\text{N/cm}^2$

$=8.5\text{MPa}$

$\sigma_{压\,max}=\sigma_{热压}+\sigma_{机压}=106.56+13.5=120\text{MPa}<200\ \text{MPa}$

$\sigma_{拉\,max}=\sigma_{热拉}+\sigma_{机拉}=67+8.5=75.5\text{MPa}<113\text{MPa}$

因此，这种型式的炉门框满足强度设计要求。

5 设计要点

（1）炉柱属于两端弹性支承的多种负荷并受弯曲的构件，护炉压力决定了炉柱的结构尺寸，设计时应综合考虑炉柱上的受力情况及补强措施。

（2）保护板采用空冷式工字型大保护板，可利用空气作为自然通风冷却介质，降低保护板的热应力变形，从而提高炉门及炉门框的密封效果。

（3）采用箱型断面的炉门框。热应力对炉门框的影响很大，因此我们采用箱型断面的炉门框，而不用传统 L 形断面。

（4）采用较大厚度的炉门框。因为热应力的大小跟炉门框厚度成反比，因此我们采用较大厚度的炉门框来减小热应力对炉门框的影响，从而减小炉门框的变形量，提高炉门与炉门框的密封性，达到环境保护要求。

参考文献

[1] 焦化设计参考资料[M]. 鞍山焦化耐火材料设计研究院, 1980: 320~336.

[2] 张晓光. 热应力对焦炉炉门框强度的影响[J]. 燃料与化工, 1991, 22(1): 7~10.

[3] 郑国周, 等. 焦炉的物料平衡与热平衡[M]. 北京:冶金工业出版社, 1988.

[4] 鞍山焦化耐火材料设计研究院炼焦科设备组. 炼焦设备计算[M]. 1964: 4~34.

[5] 蔡承祐. 超大容积焦炉设计的若干技术思想[J].燃料与化工, 2003, 34(5): 231.

[6] 姚昭章, 郑明东, 等. 炼焦学(第三版)[M]. 北京:冶金工业出版社, 2005: 150.

[7] 于振东, 郑文华, 等. 现代焦化生产技术手册[M].北京:冶金工业出版社, 2010.

[8] 炼焦协会编. 炭化室高 6 米焦炉护炉铁件技术管理规程[R]. 1999: 1.

[9] 刘鸿文, 等. 材料力学(Ⅰ)(第四版)[M]. 北京: 高等教育出版社, 2004.

富油负压脱苯工艺综合效益分析

朱灿朋

(北京首钢国际工程技术有限公司，北京 100043)

摘　要：本文对富油常压脱苯及负压脱苯的工艺进行了比较，富油常压脱苯工艺是利用水蒸气和其中的苯、甲苯等物质能够形成最低共沸物的原理，将苯类物质在较低的温度下蒸汽吹脱，使洗油得以再生。由于吹入蒸汽在塔顶冷凝变为冷凝水时不可避免溶解部分芳烃物质，无法工艺回用和直接排放，须送入焦化酚氰污水处理系统。采用富油负压脱苯的工艺原理是依靠减压操作条件，降低富油沸点并提高苯类物质的相对挥发度，在低于常压操作温度的条件下将苯类物质从富油中蒸脱，使富油得到再生。由于此工艺过程中未采用水蒸气，因此，负压脱苯工艺具有明显地节能减排作用，可以取得良好的节能效益、环境效益和经济效益。

关键词：常压脱苯；负压脱苯；综合效益；焦炉煤气

Discussion on Process of Benzene Removal from Rich Oil

Zhu Canpeng

(Beijing Shougang International Engineering Technology Co., Ltd., Beijing 100043)

Abstract: The article compared the process of atmospheric benzene removal and negative pressure benzene removal, the principle of atmospheric benzene removal process is forming a minimum azeotrope by using water, the benzene is blown off at the lower temperature, the wash oil can be recycled. The incoming steam condenses into a liquid which dissolving a part of aromatic substances, the condensate cannot be reused or discharged directly, which should be fed into the coking phenol cyanogen waste water treatment system. The technology principle of negative pressure benzene removal is relying on the conditions of decompression operation, which lowers the boiling point of rich oil and improves the relative volatility, the benzene can be removed from the rich oil at the lower operating temperature, the rich oil can be recycled. Because this process does not use steam, therefore, the negative pressure of benzene removal process has obvious energy-saving effect, and can achieve good economic and environmental benefits.

Key words: atmospheric benzene removal; vacuum benzene removal; comprehensive benefit; coke oven gas

1　引言

富油脱苯是焦炉煤气净化工艺中的一个必要环节。目前国内焦化企业普遍采用管式炉加热富油的常压脱苯工艺，该工艺采用常压蒸馏原理，流程简单，操作稳定。但该工艺存在消耗蒸汽，产生废水，同时贫油含苯较高等问题。负压脱苯工艺采用负压蒸馏原理，生产过程不消耗蒸汽，废水量少，贫油含苯低，有效地克服了常压蒸馏产生的问题。

富油脱苯采用精馏原理，由挥发度不同组分的混合液在精馏塔内多次地进行部分气化率和部分冷凝，使其分离为纯态的组分的过程，在精馏过程中，当加热互不相容的液体混合物时，如果塔内的总压力等于各混合组分的饱和蒸气分压之和时，液体开始沸腾，但从富油中蒸出粗苯，必将富油加热到250~300℃，这实际上是不可行的。粗苯蒸馏技术有蒸汽法和减压蒸馏法，国内外企业一般采用蒸汽法[1]。

常压脱苯工艺中为了降低蒸馏温度采用水蒸气法蒸馏。这样，在脱苯过程中通入大量的直接水蒸气，当塔内总压力一定时，若气相中水蒸气所占的分压愈高，则粗苯和洗油的蒸汽分压就愈低，这样就可以在较低的温度下将粗苯完全地从洗油中蒸馏出来。

蒸汽法常压脱苯工艺主要存在两个问题：一是生产过程中使用大量蒸汽，一般每生产 1t 180℃前粗苯消耗 1~1.5t 蒸汽[2]，蒸汽冷凝后形成焦化粗苯分离废水，目前焦化废水处理费用较高，处理难度也大，如何从源头上减少废水的产生量是各焦化企业追求的目标要求；二是贫油含苯量高，通常为 0.4%~0.6%，因而影响了苯的回收率，浪费了优质的粗苯原料。

为消除脱苯塔供热蒸汽而产生的焦化粗苯分离废水和提高苯的回收率，负压脱苯技术采用循环热贫油代替蒸汽提供给脱苯塔热量，并依据精馏原理中一定温度下相对挥发度与压力的关系，降低压力有利于提高粗苯相对挥发度，便于粗苯的分离。鉴于上述优点，采用负压粗苯蒸馏可以取得良好的环境效益和经济效益。

2　富油常压脱苯工艺

富油常压脱苯工艺采用常压蒸馏原理进行脱苯，该工艺经历了两个发展阶段：（1）预热器加热富油脱苯法；（2）管式炉加热富油脱苯法。预热器加热富油脱苯法是采用列管式换热器通过蒸汽间接加热富油，使其温度达到 135~145℃后进入脱苯塔脱苯的工艺方法。管式炉加热富油的脱苯法是采用管式炉通过煤气间接加热富油，使其温度达到 180~190℃后进入脱苯塔脱苯的工艺方法。

管式炉加热富油脱苯法与预热器加热富油脱苯法相比，具有脱苯程度高，蒸汽消耗低等优点。20 世纪 80 年代后，管式炉加热富油脱苯法在国内得到了广泛采用。管式炉加热富油脱苯工艺流程图见图 1。

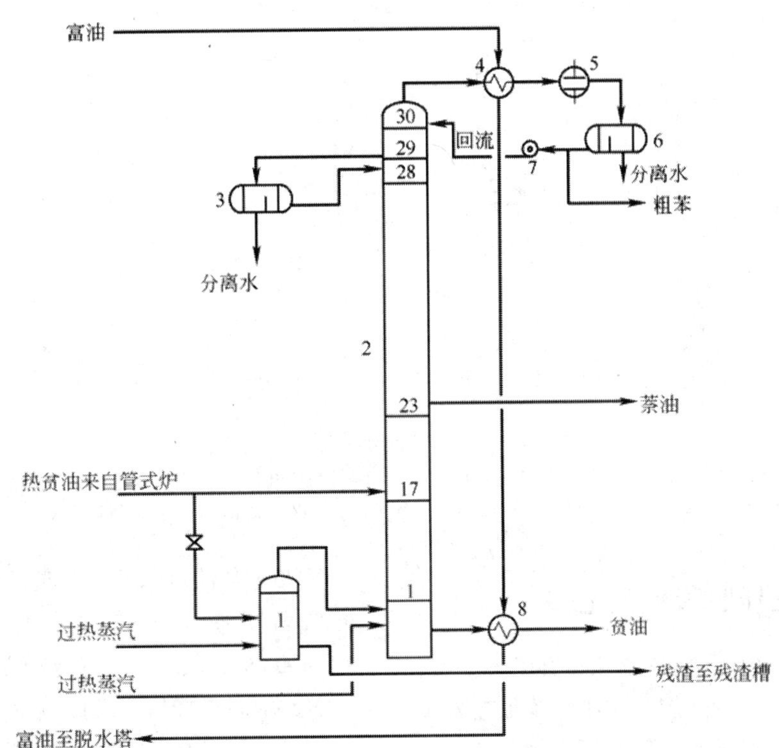

图 1　管式炉法富油常压脱苯工艺流程图

1—再生器；2—脱苯塔；3—油水分离器；4—油汽换热器；5—粗苯冷却器；6—粗苯油水分离器；7—粗苯回流泵；8—贫富油换热器

3　富油负压脱苯工艺

随着节能减排在焦化企业的深入开展，近几年来，富油负压脱苯工艺蓬勃兴起。富油负压脱苯工艺采用负压蒸馏原理进行脱苯，其工艺流程如下：

来自洗苯塔的富油与脱苯塔底部的热贫油换热后，温度升高至 180℃后进入脱苯塔的脱苯段。脱苯段塔顶温度控制在 50~60℃左右，压力控制在 30~35kPa（A），塔顶得到的粗苯汽经过冷凝，油水分离后，一部分通过泵送至塔顶回流，一部分送入粗苯储槽，不凝汽经粗苯捕集器回收不凝汽中的粗苯，最后的不凝汽接真空泵，以此来保证脱苯塔的负压操作。脱苯段的精馏段在特定位置用侧线采出的方式采出萘油，经过冷却后送往萘油储罐。

脱苯塔塔釜温度控制在210~220℃，压力控制在55~60kPa（A），塔釜热贫油送入储槽段（常压）。储槽段设脱苯段循环泵和热贫油泵，一部分贫油与原料富油换热后再经过降温作为洗苯塔的洗油循环使用，另一部分贫油通过循环管式炉加热后分为两股，一股作为热源返回脱苯段，另一股（约为贫油量总量的1%~1.5%）送再生段进行再生。

再生段塔顶温度控制在240~250℃、压力控制在65~70kPa（A）；塔釜温度控制在290~300℃，压力控制在70~75kPa（A），塔釜采用再生管式炉加热。大部分洗油再生后从再生段塔顶以气相形式返回脱苯段，作为脱苯段的热源，再生段塔釜的渣油送去焦油大罐，并入焦油加工过程。其工艺流程图见图2。

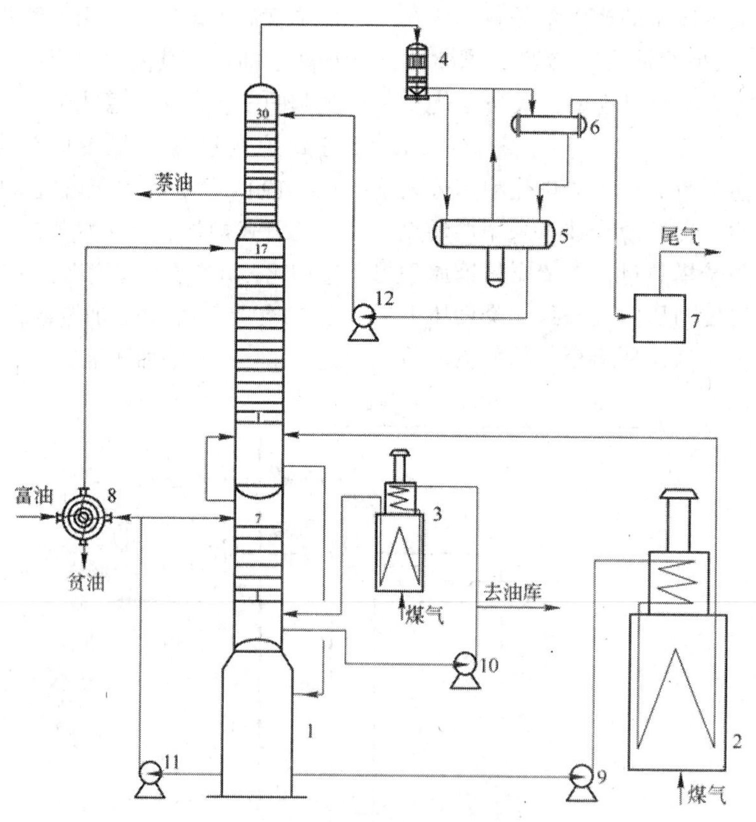

图2　管式炉法富油负压脱苯工艺流程图

1—脱苯再生塔；2—循环管式炉；3—再生管式炉；4—冷凝冷却器；5—粗苯回流槽；6—苯捕集器；
7—真空泵机组；8—贫富油换热器；9—脱苯段循环泵；10—再生段循环泵；11—热贫油泵；12—回流泵

4　负压脱苯与常压脱苯工艺比较

与常压脱苯工艺相比，负压脱苯具有以下特点：

（1）不消耗蒸汽。管式炉法常压脱苯工艺采用蒸汽作为蒸馏脱苯热源，每生产1t粗苯消耗1~1.5t蒸汽。负压脱苯工艺依靠减压操作条件，降低富油沸点并提高苯类物质的相对挥发度，在低于常压操作温度的条件下将苯类物质从富油中蒸脱，使富油得到再生，因此不需消耗蒸汽。

（2）粗苯分离水量少。管式炉法常压脱苯工艺脱苯塔顶粗苯蒸气冷凝后形成粗苯分离废水，每生产1t粗苯将产生1~1.5t废水。负压脱苯工艺粗苯分离水为富油带入脱苯系统的水，水量很少。目前焦化废水处理费用较高，处理难度也大，因此负压脱苯工艺从源头上减少了废水的产生量。

（3）贫油含苯低。与负压脱苯工艺相比，管式炉法常压脱苯工艺贫油含苯量较高，通常为0.4%~0.6%，负压脱苯工艺贫油含苯量低于0.3%。贫油含苯高将降低粗苯回收率，影响企业经济效益。

（4）管式炉后热贫油温度稳定。常压脱苯工艺仅设置了一套管式炉加热系统，负压脱苯工艺设置两套管式炉加热系统，保证了供热的稳定性和均匀性。

5　负压脱苯效益分析

5.1　能源消耗与废水等排放数据（见表1）

5.2　效益计算

5.2.1　节能效益

煤气按照0.5元/m^3，蒸汽按照200元/t，循环水按照0.5元/t，低温水按照1.0元/t，电价按0.45

元/kW·h 计。

表 1 能源消耗与废水等排放数据

项　　目	负压脱苯工艺	蒸汽汽提工艺
煤气处理量/$m^3·h^{-1}$	71610	
洗油循环量/$m^3·h^{-1}$	130	
塔后煤气含苯/$g·m^{-3}$	1	4
煤气消耗/m^3	2600	2052
蒸汽消耗/kg	0	2860
电力消耗/kW	282.5	174
循环水消耗/$t·h^{-1}$	360	410
低温水消耗/$t·h^{-1}$	240	220
废水排放/kg	1300	4160
洗油消耗/kg	390	217

节能效益=(2600×0.5+282.5×0.45+360×0.5+ 240×1.0−2052×0.5−2.86×200−174×0.45−410×0.5−220×1.0)×24×365
=−222.7 万元

5.2.2　增产效益

粗苯按 5 元/kg 计。负压脱苯可将煤气中苯含量降至 1g/m^3 以下，与蒸汽汽提工艺相比（煤气中苯含量约 4g/m^3）。

增产效益=（4−1）×71610÷1000×5×24×365=941 万元

5.2.3　环保效益

（废水处理按 19.5 元/t 计，未考虑有害气体排放收费）

减排效益=（4160−1300）÷1000×19.5×24×365
= 48.9 万元

5.2.4　洗油消耗费用

洗油单价按 4.5 元/kg，负压脱苯再生系统采用连续排渣，洗油消耗量较常压脱苯工艺的消耗量大，因此该部分的费用增加。需要说明的是该部分洗油送到焦油槽，最终作为粗焦油产品外卖，因此计算中要用洗油及焦油的差价进行计算。粗焦油单价按 2 元/kg。

洗油消耗费用=（390−217）×24×365×（4.5−2）
=378.9 万元

负压脱苯总效益=222.7+941+48.9−378.9
=833.7 万元

6　结论

（1）脱苯系统设有真空泵来保证系统的负压要求。负压环境有利于降低了苯的沸点，提高苯在洗油组分中的相对挥发度和降低塔顶苯蒸气的温度，可使操作回流比减小，便于粗苯的分离和冷凝，节能效果明显。

（2）国内焦化厂常压工艺采用过热蒸汽蒸馏脱苯，产生大量的粗苯分离废水，负压脱苯过程仅利用脱苯塔釜的高温热贫油作为热源，不使用直接蒸汽。这样既保证能源的高效利用，避免了能源浪费，同时又减少了因蒸汽产生的废水，具有明显地减排作用，有利于环保。

（3）常压脱苯工艺仅设置了一套管式炉加热系统，负压脱苯工艺设置两套管式炉加热系统，保证了供热的稳定性和均匀性。

（4）常压脱苯工艺设置了多个油水分离器，由于粗苯分离水较常压工艺低得多,负压脱苯工艺仅设置一个轻苯回流罐，就满足了粗苯分离水的静止分离要求。

（5）负压脱苯工艺较常压脱苯工艺而言，提高了粗苯回收率，增产效益明显。

参考文献

[1] 袁秋华，焦亦戈，崔世龙. 减压蒸馏在粗苯生产中的应用[J]. 煤化工, 2010, 147(2): 47.

[2] 杨建华，王永林，沈立嵩. 焦炉煤气净化[M]. 北京：化学工业出版社, 2006: 294.

节能环保型 6m 顶装焦炉技术在首钢迁钢焦化工程中的设计与应用

田淑霞

（北京首钢国际工程技术有限公司，北京 100043）

摘　要：本文详细介绍了 6m 顶装焦炉在工程设计中应用的节能减排新技术的特点和创新点。

关键词：6m 顶装焦炉；节能；环保

The Design and Application of Energy Efficient and Environmental 6m Top Loading Coke Oven in Qiangang of Shougang Group Coking Project

Tian Shuxia

(Beijing Shougang International Engineering Technology Co., Ltd., Beijing 100043)

Abstract: This paper introduces in detail about the new technology and innovation points of energy saving and emission reduction of 6m top loading coke oven which is used in engineering design.

Key words: 6m top loading coke oven; energy efficient; environmental

1　引言

首钢国际工程公司（原北京首钢设计院）多年来始终坚持创新、节能、环保的理念，在焦化工程设计中大胆采用新工艺和新技术，不断提高各项技术经济指标、降低能耗、改善环境，不断提高设计水平和设计实力，在各个历史时期的设计中均有不同的特点，为我国焦化事业做出了较大贡献。

2　节能、环保型 6m 顶装焦炉炼焦技术应用背景

21 世纪初，首钢迁钢基地要建设成年产 800 万吨的一个具有国际先进水平的大型钢铁联合企业，为满足 2650m^3、4000 m^3 高炉炼铁焦炭的需要，迁安中化煤化工有限责任公司(首钢总公司和开滦集团合资公司)焦化厂与首钢国际工程公司对建设方案进行了充分的讨论和对比。当时国内炼焦行业主推炉型为 6m 顶装焦炉，各大钢铁联合企业的焦化厂在宝钢之后也相继建设投产多座 6m 顶装焦炉，6m 顶装焦炉属大型焦炉，焦炉大型化有如下优点：

（1）建设投资省。大型化后，对于同样的焦炭产量而言，焦炉炭化室的孔数减少，使用的焦炉筑炉材料、护炉铁件、加热煤气、废气非标设备也相应减少，这样可大大降低基建费用。例如同样产量的炭化室高 6m 的焦炉投资比炭化室高 4.3m 的焦炉投资约低 21%~25%。

（2）劳动生产率和设备利用率高。由于每班每人处理的煤量和焦炭产量增大，因而劳动生产率高，生产成本低，更具有竞争力。炭化室高 6m 的焦炉比炭化室高 4.3m 的焦炉劳动生产率约高 30%。

（3）减少环境的污染。由于密封面长度减少，泄漏点减少，例如同样产量的炭化室高 6m 的焦炉出炉次数比炭化室高 4.3m 的焦炉少 36%，因而大大减少了推焦、装煤和熄焦时污染物的散发。同时，可节约环保设施的操作费用。

（4）有利于改善焦炭质量和扩大炼焦煤源。焦炉大型化后，炼焦煤的堆密度增大，有利于提高焦

炭质量；在保证焦炭质量不变的情况下多配弱黏煤。

（5）热损失小，热效率高。由于吨煤的散热面减少，热损失降低，热效率提高，节约能源。

（6）占地面积小。大型化后，炉组数减少，占地面积相应减少。

（7）维修费用低。

鉴于以上分析对比和当时的技术水平，首钢迁钢基地最终采用了技术先进、节能、环保型的 6m 顶装炼焦工艺技术。

3 节能、环保型 6m 顶装焦炉炼焦技术特点

迁安 330 万吨/年焦化厂共分三期工程建设，地点在河北省迁安市首钢矿业公司烧结厂和球团厂西南侧的粗破站至杏山铁路两侧，建设规模为年产干全焦 330 万吨，建设 6×55 孔 6m 顶装焦炉及配套设施。工程总体规划，二次设计，分一、二、三期施工建成。

一期工程年产干全焦 110 万吨，新建 2×55 孔 6m 顶装焦炉、湿熄焦系统、装煤除尘、焦侧除尘、地面站及配套的备煤车间、筛焦系统、煤气净化车间。筛焦系统、煤气净化车间按 220 万吨/年规模设计，部分二期设备预留。生产辅助设施与 4×55 孔焦炉配套。一期工程投产后相应配套建设 1×140t/h 干熄焦及配套的生产辅助设施，湿熄焦作为备用。二期工程再建同规模的 2×55 孔焦炉、1×140t/h 干熄焦及配套设施。

三期工程年产干全焦 110 万吨，新建 2×55 孔 6m 顶装焦炉、湿熄焦系统、装煤除尘、焦侧除尘、地面站及配套的备煤车间、筛焦系统、煤气净化车间。三期工程投产后再相应建设 140t/h 干熄焦及配套的生产辅助设施，湿熄焦作为备用。全景图见图 1。

图 1　迁安中化煤化工有限责任公司焦化厂

焦炉基本工艺参数见表 1。

表 1　焦炉基本工艺参数

序 号	名 称	数 值
1	炭化室全高/mm	6000
2	炭化室有效高/mm	5650
3	炭化室全长/mm	15980
4	炭化室有效长/mm	15140
5	炭化室平均宽/mm	450
6	炭化室中心距/mm	1300
7	炭化室锥度/mm	60
8	炭化室有效容积/ m^3	38.5
9	每孔炭化室装煤量(干)/t	28.5
10	燃烧室立火道中心距/mm	480
11	加热水平高度/mm	900
12	装煤孔个数/个	4
13	立火道个数/个	32

技术特点主要有：

（1）炉体。焦炉炉体结构为双联火道、废气循环、焦炉煤气下喷、高炉煤气侧入的复热式上调焦炉。焦炉炉体主要部位采用硅砖砌筑，次要部位采用黏土砖砌筑。焦炉顶板上部三层红砖及炉顶、炉端墙红砖，均改为隔热性能较好、强度与之相当的漂珠砖。蓄热室封墙设有隔热层，以减少炉体热损失。具有结构严密、合理、加热均匀、热工效率高、投资省、寿命长等优点。

（2）护炉铁件。护炉铁件包括炉柱、纵横拉条、保护板、炉门框和炉门等。护炉铁件采用 T 型大保护板，箱形断面加厚的炉门框，悬挂式空冷弹簧炉门，炉门对位时位置的重复性好，弹性刀边对炉门框始终保持一定压力，防止炉门冒烟冒火。炉柱为 H 型钢，沿其高向设 5 线小弹簧。在纵横拉条端部设有弹簧组，能均匀地对焦炉施加一定的保护压力，从而保证焦炉整体的完整和严密。

（3）加热交换系统。加热系统设有焦炉煤气、高炉煤气及混合煤气管道系统，高炉煤气和焦炉煤气管道由炉间台架空引入，布置在焦炉地下室。在三种煤气的引入管上分别设有流量自动调节装置，采用热值仪实现定热值加热，通过煤气流量及炉温信号由计算机自动调控加热煤气流量，以实现炉温控制。焦炉加热用煤气、空气和燃烧后的废气在加热系统内的流向由液压交换机驱动交换传动装置来控制，定时按工艺程序换向。

为保证加热系统稳定性与安全，设有煤气压力检测点及报警系统。

（4）集气系统。在焦炉机侧设 U 形单集气管，吸煤气管上设手动和自动调节蝶阀，用以调节集气管内煤气压力，使集气管内保持规定的压力，以保

证炭化室不出现负压现象。集气管压力自动调节由PLC控制。集气管上设有带水封阀的放散管，其顶部设手动电点火装置，事故状态时可放散并点火燃烧以满足环保要求。

上升管顶部设有水封盖，桥管与阀体的连接采用水封承插结构，避免荒煤气外逸。桥管上设有低压氨水喷洒装置，用来冷却荒煤气，还设有高压氨水喷射装置，在装煤操作时开启球阀进行高压氨水喷射，增强装煤除尘效果。

（5）湿熄焦系统。以干熄为主，当干熄焦装置年修或出现故障时，采用湿熄焦(低水分熄焦)系统。熄焦塔高36m，内衬缸砖，其下部设有熄焦水喷洒管，顶部设有折流式木格捕尘器，可捕集熄焦时产生的大约60%的焦粉和水雾，减少环境污染。熄焦时间控制在90s左右，熄焦后的焦炭水分可控制在2%~4%，且水分稳定粒度均匀，可大大改善高炉内的炉料透气性。

（6）焦炉机车。焦炉机车充分吸取国内外各种大型焦炉所使用的焦炉机车的先进技术，以提高操作效率、降低劳动强度和改善操作环境为出发点，以先进、安全、实用为原则，在提高焦炉环保控制、机械化、自动化、可靠性等方面均达到国内先进水平。

（7）机车控制。全套焦炉机车按5-2推焦串序进行操作，采用单元程序控制，并带有手控装置。机车内部操作设有完善的连锁控制，且各车设有故障报警系统。

焦炉配置作业管理及炉号识别系统，根据作业管理及炉号识别系统传送的作业计划和地址信号，各机车可实现车辆的自动走行和自动对位。各焦炉机车之间，机车与焦炉控制室、干熄焦控制室、装煤除尘站、推焦除尘站间，设置可靠的通讯联系及数据和信息的传输。信号联系除可通过作业管理及炉号识别系统外，还可通过滑触线进行。

（8）装煤除尘技术。焦炉装煤采用带集尘装置的可控式螺旋给料装煤车结合干式除尘地面站、高压氨水喷射，实现无烟装煤。

烟尘捕集率95%以上，可有效控制烟尘外逸。除尘效率>99%。经除尘后外排废气的含尘浓度<30mg/m^3，通过高25m的烟囱排放。外排烟气的粉尘浓度满足《大气污染物综合排放标准》中的要求。

（9）出焦除尘技术。焦炉出焦除尘系统采用自主研发的带集尘罩的拦焦机+皮带提升小车+集尘固定干管+地面站除尘技术（见图2），烟尘收集率可达95%以上，除尘效率>99%，经除尘后排放气体的含尘浓度<30mg/m^3，净化后的废气通过烟囱排放，外排烟气中的粉尘浓度满足《大气污染物综合排放标准》中的要求。

图2　迁安中化煤化工有限责任公司焦化厂出焦除尘

（10）熄焦烟尘处理技术。当采用湿法熄焦时，熄焦塔出口前设置木格栅除尘器，可捕集熄焦时产生的大量焦粉和水滴，除尘效率60%左右，有效地控制了熄焦粉尘的排放。

（11）干熄焦技术。本工程共配有3套140t/h干熄焦装置，可以吸收利用红焦83%的显热，每干熄1t焦炭回收热量约为1.35GJ；热量回收产生的蒸汽用于发电，大大降低了炼焦能耗；同时降低了湿熄焦系统有害物质的排放，保护环境。干熄焦的延伸效益显著，干熄焦的焦炭质量高，可使高炉炼铁的入炉焦比下降2.5%，同时高炉的生产能力可提高1%。

4　首钢迁安焦化工程创新点

首钢迁安焦化工程除焦炉采用节能、环保型6m顶装焦炉炼焦技术外，在三期炼焦煤场与焦化站铁路联络线之间的预留用地位置还建设了首钢废塑料型煤示范(试验)工程，在国内焦化业属首创。

该技术首先是日本新日铁公司利用过去从事废塑料油化的经验，于2000年开发成功在炼焦煤中掺入1%废塑料炼焦的技术，通过焦炉中的干馏，废塑料变为焦炭的占20%，变为焦炉煤气和化工副产品的各占40%，总的能量利用率达94%，远高于油化的65%和高炉喷吹的75%，近年为应对国际市场焦煤价格暴涨，该公司又成功开发将废塑料掺入量扩大到2%的技术，不仅消除了“白色污染”同时也缓解煤炭资源紧张的矛盾。

该创新点根据新日铁的经验，采用首钢环保产业事业部设计技术中心科研成果和专利技术，首钢国际工程公司完成工程设计，利用城市垃圾废塑料、焦油渣和迁安中化煤化工有限责任公司焦化厂现有炼焦用煤，年生产炼焦用废塑料型煤5万吨和焦油渣型煤3万吨。该项目采用自主开发的利用焦化工艺处理废塑料技术，实现处理废塑料、拓展炼焦煤资源、改善焦炭质量等多重目标，技术先进，工艺可靠，环境友好，具有显著的社会效益与环境效益。一方面，利用焦炉处理废塑料，治理“白色污染”，可大大提高首钢的社会形象，并可为钢铁企业实现“城市化功能”树立典范；另一方面，新工艺集成了三种提高焦炭质量技术，拓展了炼焦煤资源，实现改善焦炭质量、降低炼焦成本的目的，开创焦化行业新局面。

5 首钢国际工程公司焦化技术研发团队

首钢国际工程公司焦化专业人员技术精湛、经验丰富，能为用户提供技术领先、服务一流、装备先进、自动化控制水平高的焦化工程设计，为客户提供有针对性的专业化技术和服务。近年来，焦化专业得到了长足发展，积累了丰厚的工程咨询、设计及总承包的经验，通过精心设计、深入研究、不断创新，拥有多项专有技术和专利技术，不仅能够承担 6m 顶装焦炉的设计，4.3m、5.5m 捣固焦炉的设计，还具备 6m 捣固焦炉的设计能力(与武汉科技大学合作)，在焦化行业大型捣固焦炉领域有新突破。

（原文发表于《世界金属导报》2011-04-19）

现代技术在 SG4350D 型捣固焦炉设计中的应用

吴英军　智联瑞

(北京首钢国际工程技术有限公司，北京 100043)

摘　要：本文概要地介绍了在印度焦化工程捣固炼焦部分设计中,欲以示范工程设计，站稳印度焦化市场的设计理念及设计实践。设计结合印方要求及其场地和资金的具体条件，针对焦炉炉龄长、大修期长等特点，尽可能地运用现代技术提升装备水平，坚持技术进步，预留发展空间，使之紧跟当代世界焦化行业技术发展的步伐。

关键词：捣固炼焦；新技术应用；方案选择

Application of Modern Technology in Design of SG4350D Type Coke Oven

Wu Yingjun　Zhi Lianrui

(Beijing Shougang International Engineering Technology Co., Ltd., Beijing 100043)

Abstract: The article introduced the engineering design of stamp charging coke oven in India coking project, then, the design concept and practice of the project were advanced, within the design of India coking project, the concept of model engineering design and steady India Coking market were actively promoted. Ultimately, the project had accomplished successfully, combining the requests of India and the specific conditions of location and fund, considering the situation of the long age of coke oven, the long time of coke oven overhaul and other characteristics, using modern technologies to raise the level of equipments as far as possible, insisting on the progressive technology, reserving the development room, and making it follow closely on the pace of coking technology development of contemporary world.

Key words: stamp charging coking; application of new techniques; scheme selection

1　引言

首钢设计院为开发印度焦化市场，2004 年底承接了印度一家公司 85 万吨/年焦化项目，2×64 孔炭化室高 4.3 m、宽 500 mm 捣固焦炉的设计工作。该项目设计内容包括：备煤车间、炼焦车间、煤气净化车间、公用及辅助设施等。工程分两期建设，除炼焦车间的捣固焦炉每期各建 1 座 64 孔焦炉外，其余部分均在一期工程中全部建成。笔者只对炼焦车间的工程设计范围作论述。通过技术交流，印方在合同的技术附件中有关炼焦车间的主要规定如下：

（1）焦炉采用弹簧炉门；

（2）焦炉机车操作实现 PLC 自动控制、炉门、炉门框清扫、头尾焦处理、“一点对位”；

（3）煤塔要求储存时间 19 h；

（4）采取焦炉烟尘治理措施，保护环境，达到印度的环保标准。

印方的上述要求，在我国目前捣固焦炉的工艺技术装备条件下，尚无现成的模式可循，需要借鉴顶装焦炉，特别是 6m 焦炉已被国内焦化界公认为较为成熟可靠而先进的现代技术。结合印方要求，因地制宜地予以运用。

2　我国捣固炼焦的现状

近几年由于炼焦煤源的紧缺，国内捣固焦炉迅猛发展，随着捣固设备的改进，捣固焦炉炉型正在向大型化发展。2000 年以前我国有炭化室高 3.2 m、3.8 m 的捣固焦炉仅十几家，2000 年后炭化室高 4.3

m、宽 500 mm 的捣固焦炉正在山西等地像雨后春笋一样，有几十个厂家陆续建成投产，效果很好，成为我国捣固焦炉的主体炉型。但是，焦炉的技术装备水平不高，焦炉炉门采用的是普通刚性炉门敲打刀边，尚无厂家采用弹簧炉门；焦炉机车都是手动操作；绝大多数捣固焦炉焦化厂的推焦除尘装置只将烟尘汇集到炉顶装煤消烟除尘车上，采用燃烧法在车上燃烧、经旋风除尘器、低阻文丘里除尘器后，再经风机通过烟囱排入大气，外排烟气远未达标，现场看环保效果并不理想。尽管除尘地面站经生产实践证明可以收到较好的除尘效果，但受业主资金和场地的限制，采用地面站除尘的厂家仍屈指可数。

3　设计思路

按合同附件满足印方提出的要求；在焦炉设计方案经济合理的前提下，尽可能采用先进技术、以实现焦炉优质、高效、低耗、长寿的目标；从焦炉的长远发展出发，在可能条件下为企业技术进步预留有发展余地（如留有建设干熄焦的位置、机车自动走行对位、焦炉自动调温的可能）；搞出示范工程设计，站稳印度市场。

4　工艺设计方案选定

4.1　备煤工艺及炉型的选择

备煤工艺采用带预粉碎的分组粉碎工艺流程并配备瘦化剂（焦粉或无烟煤）制备系统，可确保在最大限度多配气煤 20%~25%的前提下多配 10%~15%的瘦化剂，节省炼焦煤，通过捣固炼焦工艺仍可炼制出合格的冶金焦炭，在配煤质量不变的条件下，捣固炼焦的冶金焦质量指标 M_{40} 可提高 1%~6%，M_{10} 降低 2%~4%，CSR 提高 1%~6%，降低生产成本约 3%。这项工艺对一个在煤源尚未落实的新建厂来说，具有灵活性和适应性。最终确保备煤工艺能为捣固炼焦工艺提供合格细度和水分的煤料。

因受国产捣固机捣固功的限制，煤饼的强度、稳定性、坚固性还不理想，煤饼的高／宽比一直维持在 9:1 左右，此为当前国内最佳水平，所以炉型就选定国内比较成熟、可靠而稳产的炭化室高度 4.3 m、宽 500 mm、煤饼高 4.1 m、宽 450mn、长 13050/13250 mm 的 SG4350D 型单热式捣固焦炉。

4.2　焦炉护炉铁件的选型

4.2.1　空冷悬挂式弹簧门栓炉门

弹簧炉门的显著特点是，密封面和刀边能自动适应炉门框的不断变形来实行炉门密封；而普通炉门则不能。这是两者的显著区别。目前国内捣固焦炉上用的都是普通刚性炉门敲打刀边。

目前国内的弹簧炉门概括为三种：第一种是空冷悬挂式弹簧门栓炉门；第二种是悬挂式弹簧门栓炉门；第三种是在普通炉门的基础上刀边改用弹簧顶压座的形式，门栓仍用丝杠式的弹簧炉门。以上三种弹簧炉门以第一种功能较全，配套的焦炉机车摘门机可实现 PLC 控制，“一点对位”，炉门密封效果最好，为自调式，环保、节能效果明显，炉门维护量小，使用寿命长。第二种炉门是只有门栓为弹簧式，刀边为敲打式。但配套的机车可实现 PLC 控制、“一点对位”，只是刀边密封度不能自调。第三种炉门是只有压刀边是弹簧座式，而门栓为丝杠式机构，炉门的密封性能虽比普通炉门强，但远不及第一种空冷悬挂式弹簧炉门优点突出，与其配套的摘门机无论是机械或液压传动的都只能手动操作，“多点对位”。从上述三种炉门建设的时间来看，第一种是在新建的焦炉上；第二种是在原地大修的焦炉而受相邻炉组牵制的条件下，创造条件上；第三种是在正生产着的焦炉上想方设法上。可见，如果在新建的焦炉上不一次建成理想的弹簧炉门，一旦新焦炉投产后想再上则相当困难。

印方为新建厂，其焦炉的建设场地和资金条件兼备，所以设计采用了空冷悬挂式弹簧门栓炉门，可以满足印方的要求。

空冷悬挂式弹簧炉门能适应焦炉炉体热膨胀变形的情况，确保摘门机能实现 PLC 自动控制摘关炉门，平稳操作，准确到位。而普通炉门上下门栓是拧螺丝机构，炉门上的门栓卡在炉门框的挂钩内，上炉门时拧紧门栓上的螺丝机构，摘炉门时拧松螺丝机构，使门栓脱离挂钩，由于焦炉生产过程中各炉门刀边结挂的焦油量不同，黏结力不同，又因各炉长度方向上的膨胀量也不同，故各炉门门栓的拧螺丝机构的拧紧力矩不同，一般拧松力矩大于拧紧力矩 20%。不仅拧松力矩与拧紧力矩不同，而各炉的力矩值也有差异，因而无法提取拧紧或拧松的控制信号，故摘门机无法采用 PLC 自动控制。也就是说，如果采用普通炉门就不可能实现印方要求的焦炉机车的自动化。

鉴于目前国内无论顶装还是捣固焦炉，炭化室高 4.3 m、宽 500 mm 炉型尚无采用空冷悬挂弹簧门栓炉门的先例，首钢设计院决定消化移植 6m 焦炉弹簧炉门的设计，开发新型弹簧炉门，并从工艺设计为新炉门的实施创造各种必要条件，同时也为焦炉机车的自动化奠定必要的基础。因为海外工程必须有十分把握，为稳妥起见，决定先试制两套新设计的弹簧炉门，经过试制与炉框组装合格后，再与焦炉机车摘门机进行摘关炉门 1:1 实地试验，现已经顺利、成功地完成冷态试验任务，并经印度方面确认，目前已批量生产，将运往印度接受生产实践检验。

4.2.2　空冷式保护板选型

目前炭化室高 4.3 m 的焦炉，无论顶装、捣固焦炉的大保护板与炉柱的接触面都是平面相贴，以炉柱小弹簧顶丝顶紧保护板。二者之间几乎无缝隙，大气不能流通。该工程设计吸取 6m 焦炉大保护板的优点，在普通保护板全高向设有四点 30 mm 等高凸台，即在大保护板与炉柱接触面之间有 30 mm 间隙，可利用空气作为自然通风冷却介质，减少保护板的热应力变形，从而减小炉门框变形，可增强炉门框与炉门刀边的密封效果。

4.3　焦炉机械选型

（1）因受建厂地区土建地坪标高条件限制，熄焦车只能移动接焦，推焦机从捣固炼焦工艺上考虑没有“一点对位”的必要性，而对装煤车、拦焦机、导烟车采用“一点对位”，基本满足印方要求；

（2）五大机车走行传动电机全部采用变频调速，推焦机、捣固装煤车的四个独立驱动走行轮组，采用“对角驱动”，使运行平稳；

（3）推焦机、拦焦机采用炉门、炉门框清扫及头尾焦处理装置，以机械代替人工操作，改善劳动条件，消除笨重体力劳动；

（4）为控制工程一次投资，对拦焦机、推焦机、熄焦车、捣固装煤车、导烟车设计先采用了炉号识别系统，防止对错炉号，确保人身和设备的安全并为将来实现自动走行、对位创造条件，可大幅提升焦炉的整体装备水平。

4.4　焦炉加热系统

受工程一次投资的限制，焦炉加热系统设计预留了自动调温的基础设施，焦炉将实现总供热量恒定，使加热煤气燃烧完全，既节约煤气，又可减少废气中的 NO_x 外排，有利于节能、环保。该工程在自动化设计中采用了热值指数仪、氧化锆废气分析仪，并在机、焦侧蓄热室顶部各安装 12 支热电偶测温装置，为自动调温创造条件。

4.5　焦炉烟尘治理措施

4.5.1　装煤除尘

装煤除尘采用非燃烧法的导烟车与除尘地面站组成的装煤除尘系统，依靠地面站的风机抽吸可调的 3 个导烟孔冒出的烟尘，大量掺混冷空气后，将烟气中可燃气体的浓度降到爆炸下限以下，同时采用加大流速的办法，造成气体不可点燃的条件，烟气经炉顶固定集尘干管送到地面站除尘设备进行净化处理。

4.5.2　焦侧除尘

焦侧除尘采用在拦焦机上带有大型集尘罩+皮带密封提升小车+焦侧除尘固定干管与除尘地面站组成的焦侧除尘系统，将烟气抽吸到地面站净化处理后排放到大气。

以上两项除尘效果，烟尘捕集率可达 95%以上，净化后烟气含尘浓度≤50 mg/m^3。

4.5.3　熄焦除尘

在熄焦塔顶部设有折流式木结构的捕集装置，捕集熄焦时产生的大量焦粉和水滴，捕集率约 60%。并预留了干熄焦的位置。

4.6　对土建设计的要求

4.6.1　煤塔结构的确定

关于煤塔的储量，印方明确要求储存时间 19h，需将煤塔加高，这样将超过我国同类型厂的煤塔高度，根据我国《高层建筑混凝土结构技术规程》JGJ3—2002 规定，框架结构体系的钢筋混凝土高层建筑适用的最大高、宽比不得超过 4（7 度抗震设防时），故将煤塔跨度加大；由于为了满足机车实现自动操作等多项新技术，拦焦机第一条轨道与焦炉正面线距离加大，从而推焦杆行程加大，最终造成推焦杆加长，为保持推焦杆尾端与煤塔柱边之间的安全距离，迫使煤塔柱距大幅增大。但按国内常规设计的煤塔由于柱距限制而使推焦机无法穿过，不能达到机车互为备用功能。为满足印方的要求，该工程设计对煤塔的高度、柱距、跨度进行了大量的设计创新，同时也改变了国内捣固焦炉在采用现代技术的情况下推焦机无法穿过煤塔的现状。

4.6.2　印方要求

应印方要求，预留的第二座焦炉炉间台土建设计，为改用复热式焦炉，在结构上考虑了铺设高炉煤气管道的条件。

4.6.3　焦侧操作台宽度、标高的确定

由于焦炉机车自动化的前提条件是带弹簧门栓的弹簧炉门，空冷式弹簧炉门的门栓顶端与焦炉正面线距离比普通炉门长约 120 mm，炉门底部标高比普通炉门低约 25 mm，所以弹簧炉门的采用必须以工艺设计条件为前提（见图 1）。关键尺寸 *A*：焦炉正面线与拦焦机内轨之间距；B：炭化室底与拦焦机轨顶标高差；A与B的工艺条件决定着选用弹簧炉门的种类、能否采用炉门框清扫、头尾焦处理机构、能否实现拦焦机“一点对位”的可能性等。我国各种型号焦炉工艺布置A、B尺寸见表1。

由表1可见，第一种弹簧炉门适用于新建的6m及4.3 m SG4350D型捣固焦炉，需要A、B尺寸范围较大。综上所述，除了国内6m焦炉采用现代技术装备外，4.3 m焦炉无论顶装还是捣固焦炉，设计中综合采用现代技术的据我们了解目前国内SG4350D型捣固焦炉还是第一家。

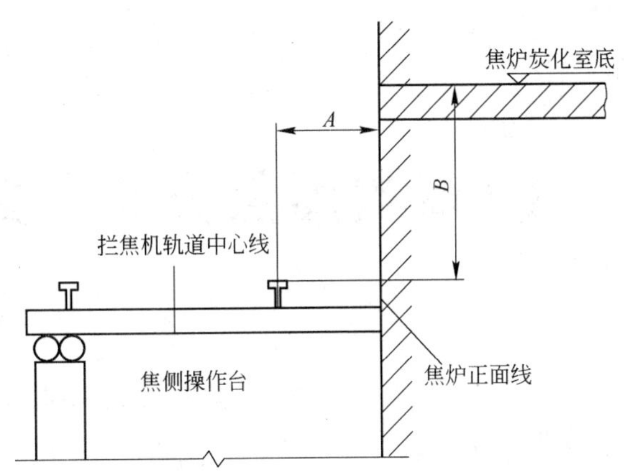

图1 焦炉焦侧工艺设计条件示意图

表1 我国各种型号焦炉工艺布置A、B尺寸 (mm)

炉型	6m焦炉	5.5m焦炉	4.3m顶装焦炉			4.3m捣固焦炉	
			58型	80型	80-III型	4350型	SG4350D
A	1350	750	650	700	700	700	1200
B	1340	420	330	400	1100	520	1250

5 结语

早在20世纪90年代，首钢设计院就期望综合运用国内6m焦炉的现代工艺技术装备设计4.3m焦炉，但所承接的设计项目都因业主的场地和资金条件不兼备，总处于二缺一的状况，故未能如愿。2004年底与印方洽谈本项目时所提各项要求恰与我们的设想不谋而合，它抓住了焦炉设计的关键，针对性强，明确要求焦炉污染控制、环保、节能、焦炉机车的机械化和自动化、改善工人的劳动条件和劳动环境、消除笨重体力劳动、降低劳动强度、注重安全和工业卫生等，为我们设计比较理想的4.3 m焦炉提供了机遇。

在该工程炼焦车间工艺设计中，以满足印方要求为中心，以移植6m焦炉空冷弹簧炉门为重点，解决焦炉机械化、自动化为目标，最大限度地提升焦炉的整体技术装备水平，紧跟当代世界焦化行业前进的步伐。

（原文发表于《设计通讯》2006年第2期）

4.3 m 捣固焦炉机械设备与烟尘治理的设计改进

田淑霞

(北京首钢国际工程技术有限公司，北京 100043)

摘　要：分析了国内 4.3m 捣固焦炉机械设备与烟尘治理的现状；设计适应国内外环保要求、使污染源减至最小的焦炉烟尘治理的机械设备；建议我国尽快开发出捣固焦炉机侧装煤除尘技术，以适应我国环境保护的要求和捣固焦炉的发展。

关键词：机械设备；烟尘治理；设计改进

Improvement on Mechanical Equipment and Dust Clear Design in 4.3m Stamp-charging Coke Oven

Tian Shuxia

(Beijing Shougang International Engineering Technology Co., Ltd., Beijing 100043)

Abstract: This article analysis the present status of mechanical equipment and dust clear in 4.3m stamp-charging coke oven in our country. This design is use for the equipment that adapt the environment protect request in the world, and reduce the pollutant source to the least in dust clear technique. It's suggest that we should develop a dust clear technique in stamp-charging oven pusher side coaling, for adapt the environment protect request and the stamp charging development in our country.

Key words: mechanical equipment; dust clear; design improvement

1　引言

用捣固法装煤炼焦的侧装焦炉生产技术，自1882年由德国首创，迄今已有一百多年的历史。我国是从20世纪80年代以后才开始研制新型捣固机——凸轮摩擦传动双锤捣固机，使我国捣固炼焦技术提高到了一个新的高度，但是与国外相比我们做的工作还远远不够。到20世纪末国内仅有十几家企业建了捣固焦炉，而且一般是炭化室高度小于4.3m的捣固焦炉。国内之所以发展缓慢，其一是捣固设备不过关，煤饼的坚固性、稳定性还不够，容易倒塌，捣固机械作业效率低、生产能力上不去；其二是装煤时炉门冒烟冒火，污染严重，难以解决。随着炼焦煤的异常短缺，炼焦生产的继续发展和环保要求的提高，焦炉烟尘治理和污染控制已成为我国焦化行业刻不容缓急需解决的重大课题。

2　目前国内 4.3m 捣固焦炉机械设备的装备水平与烟尘治理的现状

焦炉是钢铁企业中造成严重大气污染的设备之一，是一个开放型的污染源。

污染特点是间歇性排放、烟尘温度高、产生点沿焦炉纵向频繁移动等。由于这种阵发性、无组织排放的烟尘性质有差别，给对它的数量控制带来很多困难，对周围环境造成了巨大污染，严重威胁着岗位操作工人的身体健康。尤其是近几年，由于炼焦煤源的紧缺，国内捣固焦炉迅猛发展，随着捣固设备的改进，捣固焦炉炉型正在向大型化发展。但是，捣固焦炉的机械设备装备水平并不高，烟尘治理和污染控制的技术水平远远落后于发达国家，造成的环境污染更为严重。

2.1 焦炉烟尘的来源

炼焦生产过程中，在装煤、推焦及熄焦时，要向大气排放大量烟尘、焦尘及有毒有害气体（统称烟尘）。吨焦烟尘量达 1kg 之多。

2.1.1 捣固焦炉装煤过程中的烟尘

据国外有关资料报道，焦炉装煤（包括炼焦过程在内）、推焦和湿法熄焦时，所排放的污染物数量比例为 60:30:10。不论是捣固焦炉还是顶装焦炉，炭化室的装煤时间都是短暂的，但它们的特点是烟尘外逸强烈。污染物排放的持续时间仅为整个炼焦周期时间的 0.8%左右，但排放的污染物占炼焦车间总量的 35%左右，灰尘量占炼焦车间总量的 90%左右。

捣固焦炉装煤过程中，煤饼从机侧炉门装入炭化室，煤饼突遇高温产生大量荒煤气和烟气，炭化室内压力突增，喷出大量烟尘，主要来自以下几个方面：

（1）进入炭化室的煤饼置换出大量空气，且装煤开始时空气中的氧气和入炉的煤饼燃烧成炭黑而形成黑烟；

（2）湿煤饼和高温炉墙接触升温，产生大量水汽和荒煤气；

（3）上述水汽和荒煤气同时扬起的细煤粉。

2.1.2 炼焦过程中产生的烟尘

在炼焦过程中，排放到大气中的灰尘、焦油类物质的数量不大，而焦炉荒煤气则是大量的。这些烟气主要是从炉门和焦炉耐火砖砌体不严密处冒出来的，形成在现有技术条件下不可避免的工艺污染。国外对捣固装煤焦炉认可的焦炉煤气放散量为全部煤气发生量的百分之一到百分之几。

炼焦过程中产生的烟尘来自以下几个方面：

（1）焦炉炉门密封不严产生的烟尘；

（2）焦炉炉盖密封不严产生的烟尘；

（3）焦炉上升管盖密封不严产生的烟尘；

（4）焦炉炉体耐火砖砌体密封不严产生的烟尘；

（5）焦炉炉墙窜漏导致烟囱排放黑烟；

（6）焦炉加热制度缺陷导致烟囱排放黑烟。

2.1.3 焦炉出焦过程中产生的烟尘

推焦期间污染物的排放是由炉门打开，焦炭在拦焦机导焦栅内的移动和破碎，落入与撞击熄焦车车厢造成的。排放污染物的化学组成取决于焦炭的成熟程度。在焦炭已成熟的情况下，污染物含有焦尘和二氧化硫；而在焦炭成熟不够的情况下，除焦尘外还有一些荒煤气成分，这些荒煤气成分部分燃烧而产生浓烟。

焦炉出焦过程中产生的烟尘主要来自以下几个方面：

（1）炭化室炉门打开后散发出的残余煤气，及由于空气进入使部分焦炭和可燃气体燃烧产生的废气；

（2）推焦时炉门处散发的粉尘；

（3）推焦时导焦栅处散发的粉尘；

（4）焦炭从导焦栅落到熄焦车中散发的粉尘；

（5）载有焦炭的熄焦车运行过程中散发的粉尘。

2.2 目前国内捣固焦炉机械设备的装备水平和烟尘治理状况

2.2.1 捣固焦炉装煤过程中的烟尘治理状况

众所周知，装煤期间污染物的排放是由机侧炉门装入煤饼，常温的煤饼受到高温后产生大量的水气和荒煤气夹带着煤尘经过炭化室墙与煤饼之间的间隙从机侧炉门冒出，对环境的污染比顶装焦炉更为严重和恶劣。这也是捣固焦炉研究初期阻碍其发展的一个重要因素。我国捣固焦炉装煤时机侧没有成熟的除尘技术和有效的措施，目前采用的方法有两种，一种是在炉顶配有消烟除尘车，它是采用燃烧法治理装煤时大量荒煤气外逸的环保设备，它的功能是装煤时抽吸装煤过程中从炉顶导烟孔逸出的烟尘，进入燃烧室燃烧、洗涤、冷却后排放至大气中。国内现有的消烟除尘车有两种，一种是单吸口、单燃烧室，另一种是双吸口、双燃烧室，其结构有一定的区别，但系统工作原理基本相同。在煤饼推送过程中，消烟除尘车在炉顶通过活动导套（打炉盖为人工）与焦炉炭化室顶部导烟孔接通，吸起装煤时产生的烟尘和荒煤气。烟尘和荒煤气进入消烟除尘车的具有自动点火器的燃烧室，与从燃烧室空气口进入的空气混合燃烧，温度达 1300℃左右。燃烧后的高温废气被吸入旋流板洗涤塔内，被水洗涤后温度降到 80~90℃，含尘量降到 150mg/m^3，然后废气被风机抽走，通过烟囱排入大气。但是消烟除尘车除尘效果并不好，排放标准难以达到国家要求的排放标准。在整个装煤过程中，特别是当煤饼被推进炭化室约一半以后，炉门和导烟孔均有大量的黄烟冒出，除尘效果极差，外排烟气中常要冒黑烟达 1~2min，原因主要是点火器不能及时点燃荒煤气，另外一个原因是燃烧不完全，此种方法既浪费能源又污染环境，不易继续使用。

另一种方法是消烟除尘车与地面除尘站相结合的消烟除尘系统。消烟除尘车上仅有燃烧室和烟气导管，无洗涤器和风机，而在焦侧炉顶设置与地面除尘站连通的烟气抽吸总管。对应每个炭化室中心线都布置一个带盖的抽吸孔，每个孔与固定管道相连，而固定管道与地面除尘站接通。在装煤饼前，先打开炉顶抽烟孔盖，消烟除尘车的导套下降，对准炉顶导烟孔，同时消烟除尘车上的液压推杆打开炉顶抽吸总管上相应的抽吸孔盖，消烟除尘车上伸缩管便与抽吸口接通，这样，装煤饼时产生的烟尘与荒煤气便借助地面除尘站风机的抽吸力从炉顶抽烟孔抽出，在燃烧室完全燃烧后通过炉顶抽吸总管进入地面除尘站，经袋式除尘器除尘后，经过风机由烟囱高空排放。由于采用固定吸尘管道与地面除尘站相连，起到了一定的除尘效果。但此方法有两个不足之处，一是风机的能力设计要适中，吸力小烟尘吸不走，除尘效果不好。吸力大，大量的冷空气由机侧炉门进入炭化室对炉头砖的寿命有影响；二是因增加炉顶抽吸总管和地面除尘站，需要增大投资和占地面积，生产运行成本也会随之增加，所以国内捣固焦炉大部分都没有上此设施。

2.2.2 捣固炼焦过程中烟尘的治理状况

炉门安装在焦炉的机焦两侧炭化室炉门框上，起着与外界空气隔绝的密封作用（它与机车有着密切的配合关系并决定机车的装备水平）。炼焦过程中烟尘的产生主要来源于炉门的密封不严。但是，国内捣固焦炉炉门全部采用的是普通刚性炉门敲打刀边，没有一家采用弹簧刀边弹簧门栓炉门。普通刚性炉门门栓为横栓紧丝杠门栓，刀边为敲打刀边，因结构限制，密封面和刀边不能自动适应炉门框的不断变形来实现炉门密封。另外与普通刚性炉门配套的推焦机、拦焦机为“多点对位”，没有清门、清框机构 。由于焦炉炉门门栓为丝杆式的，焦炉生产过程中各炉门刀边结挂的焦油量不同，黏结力不同，又因各炉长度方向上的膨胀量也不同，故各炉门门栓的拧螺丝机构的拧紧力矩不同，因而无法提取拧紧或拧松的控制信号，故摘门机无法采用 PLC 自动控制。与其配套的摘门机无论是电动或液动的都只能手动操作，机车操作水平的高低，准确控制炉门摘挂的位置，炉门、炉门框干净与否，都可以直接影响炉门的密封性能。所以在炼焦过程中仍有大量的荒煤气外逸，污染环境。

2.2.3 捣固焦炉推焦过程烟尘的治理状况

焦炉推焦烟尘是焦炉主要的污染源之一。推焦时赤热的焦炭与空气接触面积大，遇氧燃烧，因此，在焦侧产生大量烟尘，污染环境，危害人体健康。尽管国内在 6m 焦炉上已有成熟的焦侧除尘技术，并经生产实践证明可以收到较好的除尘效果，但是业主受资金、场地的限制和运行成本的增加，国内捣固焦炉采用带地面站除尘的厂家仍屈指可数，有的焦化厂即使上焦侧除尘装置也是为应付环保的检查，很少使用。

2.2.4 捣固焦炉熄焦过程烟尘的治理状况

目前国内捣固焦炉普遍采用的是传统的湿熄焦技术。该系统由带喷淋水装置的熄焦塔、熄焦泵房、熄焦水沉淀池等组成。熄焦产生的水蒸气夹带粉尘直接排放到大气中，既浪费能源又污染环境。这种污染状况相当于国外 20 世纪 70 年代的水平。

总之，国内捣固焦炉整体装备水平不高，机车走行不能变频调速、自动对位，其机械化、自动化水平低；尤其是推焦装煤除尘环保设施不全。随着国家对焦炉环保要求的不断提高，开发设计以环境保护、机械自动化为中心的技术，特别是开发装煤机侧除尘技术，控制烟尘污染尤为迫切。

3 印度金斗工程焦炉机械设备与烟尘治理的设计改进

现代焦炉机械是完成多项操作的复杂设备的集合体，随着这些机械结构的不断完善，焦炉机械的功能也同时扩大。焦炉机械的技术水平可以由直接投入焦炉操作的设备多少和设备的一个工作循环持续时间来说明。所以，在印度金斗工程中学习国内 6m 焦炉的先进技术，在提高焦炉机械设备的机械化和自动化水平的同时，提高焦炉在装煤、推焦和生产过程中烟尘外逸的防护措施，对现用的主要设备进行了设计改进，减轻了环境污染。下面分别介绍。

3.1 捣固炼焦过程中机械设备与烟尘治理的改进

焦炉炼焦过程中炉体烟气主要是无组织外排。为减少炉门烟气外逸，对炉门、炉门框、保护板进行了改进，使炉门泄漏量减少 90%~95%。

3.1.1 炉门

首次采用了空冷悬挂式弹簧门栓炉门，空冷式保护板，填补了我国炭化室高 4.3m 捣固焦炉无空冷悬挂式弹簧门栓炉门的空白。弹簧炉门因采用空冷悬挂式、弹簧门栓、弹簧刀边的结构，保证了密封面和刀边能自动适应炉门框的不断变形来实行炉门密封。弹簧炉门为自调式，密封效果好，环保节能效果明显，炉门维护量小，使用寿命长。

3.1.2 炉门框

炉门框为周边带筋的铸铁框，炉门框两侧设有悬挂炉门的支架，门钩开口全部朝上，炉门框挂钩内口和外端面均为加工面，保证炉门对位的准确。

3.1.3 保护板

保护板为空冷式大型保护板。它的结构特点是在普通保护板全高向设有四点 30mm 等高凸台，即在保护板与炉柱接触面之间有 30mm 间隙，可利用空气作为自然通风冷却介质，减少保护板的热应力变形，从而减小炉门框变形，增强炉门框与炉门刀边的密封效果。

炉门、炉门框、保护板三大件的主体材质都选用蠕墨铸铁。蠕墨铸铁不仅具有较好的力学性能和良好的导热性，而且有很好的耐热交变负荷以及在极限热疲劳强度下不裂纹的特点。它的抗拉强度、屈服强度伸长率都大大高于灰铸铁，它可在 100~800℃交变热负荷下工作，而且变形很小。设计将空冷悬挂式弹簧门栓炉门、带有悬挂炉门支架及门钩开口全部朝上的炉门框、空冷式保护板合理组合，使用在捣固焦炉上。它具有受力均匀，抗变形能力强、使用寿命长，密封效果好，环形刀边更换和弹簧门栓启闭方便、快捷，维修操作方便等优点，便于实现自动化操作，改善了捣固焦炉生产操作环境，降低了生产过程中烟尘的外逸和大气污染。

3.2 捣固焦炉推焦过程中机械设备与烟尘治理的改进

金斗焦化工程在焦炉推焦过程烟尘治理上采用的是在拦焦机上带有大型集尘罩+密封皮带小车+焦侧除尘固定干管与除尘地面站组成的焦侧除尘系统，使推焦时产生的大量烟尘得到治理，具体实施有以下特点：

（1）拦焦机走行电机采用变频调速。

（2）拦焦机操作为“一点对位”，减少多点对位烟尘的外逸和操作时间，同时可保持炉门刀边与炉门框之间的缝隙不变，提高炉门的密封性。

（3）拦焦机的摘门机构与弹簧炉门配套为液压摘门机构，摘门过程为压拔过程，适应了炉体的各种变形，使摘门机能实现 PLC 自动控制，摘挂炉门平稳准确，动作快捷，消除了误操作的因素。

（4）拦焦机设炉门、炉门框机械清扫及头尾焦处理装置，以机械代替人工操作，同时炉门、炉门框设机械清扫是为保证弹簧炉门刀边和炉门框的清洁，使炉门持续保持良好的密封性能，减少炉门的修理，提高了机车的装备水平。

（5）焦侧除尘采用在拦焦机上带有大型集尘罩+密封皮带小车+焦侧除尘固定干管与除尘地面站组成的焦侧除尘系统，将推焦过程产生的烟气抽吸到地面站净化处理后排放到大气。

焦侧除尘固定干管用皮带密封,焦侧除尘地面站中设有除尘风机和布袋除尘器，除尘风机通过除尘固定干管、密封皮带小车、集尘罩抽吸出焦时的烟尘,烟尘收集率可达 95%以上,除尘效率可达 99%以上，除尘后的废气达标排放。为节约能耗，装煤及推焦除尘共用 1 个地面除尘系统。

3.3 捣固焦炉装煤过程中机械设备与烟尘治理的设计改进

焦炉装煤过程中烟尘等有害物的散发量最大，因此，对装煤过程中散发烟尘的治理是解决捣固焦炉烟尘危害的关键环节。为解决装煤时烟尘外冒的污染问题，将炉顶消烟除尘车设计成导烟车与地面除尘站相结合的装煤除尘系统，降低装煤时的空气污染。具体实施有以下设计特点。

（1）导烟车走行电机采用变频调速“一点对位”；

（2）装煤除尘采用非燃烧式的导烟车与除尘地面站组成的装煤除尘系统，依靠地面站的除尘风机抽吸导烟孔冒出的烟尘，大量掺混冷空气后将烟气中可燃气体的浓度降到爆炸极限下限以下，同时采用加大流速的办法，造成气体不可点燃的条件，烟气经炉顶固定集尘干管送到地面站除尘设备进行净化处理。经布袋除尘器除尘后达标排放，排放气体浓度≤$50mg/m^3$。以上两点是与国内捣固焦炉消烟除尘车的不同点，而大大地改善了装煤烟尘污染的问题。

3.4 捣固焦炉熄焦过程中烟尘治理的设计改进

采用湿法熄焦，熄焦塔出口前设置木格栅除尘器，可捕集熄焦时产生的大量焦粉和水滴，除尘效率 60%左右，有效地控制了熄焦粉尘的排放。废气从高 40m 的熄焦塔排气口排放，气体含尘浓度及排放速率低于国家标准。捣固焦炉炼焦车间工艺流程见图 1。

4 目前国外捣固焦炉机械设备装备水平和烟尘治理的先进技术

捣固炼焦最早起源于盛产高挥发分和弱黏结性煤的德国南部萨尔地区，20 世纪 70 年代，德国在捣固焦炉工艺上取得了重大突破，主要是采用薄层连续给煤并加以多锤连续捣固技术，提高捣固机械效率,并有效地控制了煤饼装煤时的烟尘。同时迅速向大型化捣固焦炉发展，德国迪林根中央炼焦厂于 1984 年建设了 2×45 孔、炭化室高为 6.25m 的世界最大的捣固焦炉；印度已有 2 座炭化室高 4.5m 的捣固焦炉；乌克兰也有炭化室高 5m 的捣固焦炉。这些捣固焦炉机械设备的机械化、自动化水平及烟尘治理技术都是世界一流的。

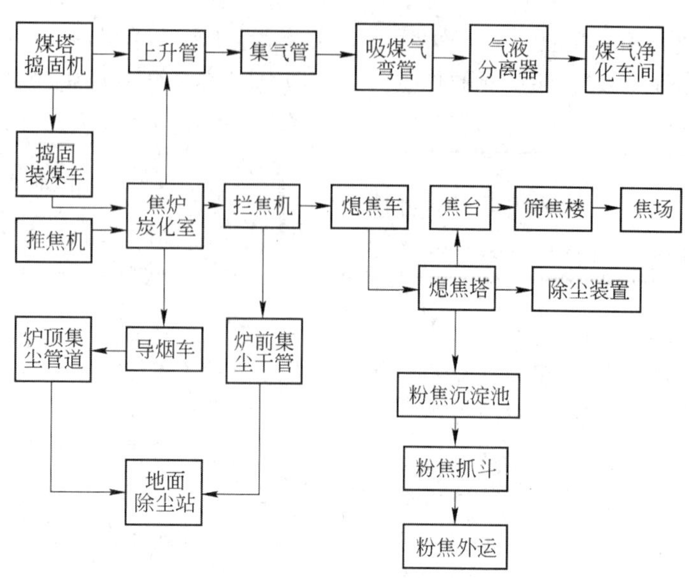

图 1　捣固焦炉炼焦车间工艺流程

4.1　捣固装煤推焦三位一体车，提高捣固、装煤、推焦的作业效率

德国技术有捣固装煤推焦三位一体车。它是在捣固装煤推焦车上设储煤斗和捣固机,在煤塔取煤后,一面捣固,一面进行其他作业，每装 4 个炭化室的煤饼后到煤塔取一次煤。捣固装煤推焦一体车结构复杂、车体庞大，一台车重约 1350t，但整个设备的效率却大为提高。特别是 20 世纪 80 年代以来，采用薄层连续给煤并加以多锤连续捣固技术，使煤饼捣固时间大大缩短（捣固一个 6m 高的煤饼只需 4min），装煤—推焦的操作周期达到了顶装焦炉的水平，从而推动了捣固焦炉向大型化的方向发展。在 1984 年迪林根中央炼焦厂，首次在炭化室高 6m 的大容积焦炉上采用捣固技术，生产稳定可靠。

国外也有采用捣固装煤推焦分体车的。它最大的特点是在装煤槽前端安装有活动的密封框，密封框外周围装有密封件。在装煤过程中，密封框随着煤槽前移靠近炉门与炉门框贴紧密封，密封框内口周围有可变形的密封材料，保证煤饼顺利送入炭化室，防止了大量空气吸入，也减少装煤时荒煤气和烟尘的外逸。这也是我国目前的缺项。

4.2　炉顶导烟小车

早在 20 世纪 70 年代国外炉顶除尘技术也是采用车上燃烧荒煤气然后外排,但除尘效果不好。后研发了这种导烟小车的结构型式，小车可沿焦炉纵向行驶，小车上有一个 U 型管，U 型管上部设有打盖装置，可同时打开两个导烟孔盖,靠炭化室的吸力将装煤时的烟尘导入另一个炭化室内,消除了装煤冒烟冒火现象,操作条件明显改善。

4.3　带密封框的捣固装煤车+炉顶导烟小车+炉顶高压氨水系统有效地控制了煤饼装炉时的烟尘

德国的装煤烟气净化装置其工作原理是，在装煤期间导烟小车 U 型管两个接口，一个对准正在装煤的炭化室导烟孔，另一个对准间隔一个炭化室的导烟孔，同时打开导烟孔盖。此时，焦侧集气管正在装煤的炭化室桥管内和被导入荒煤气的炭化室桥管内同时喷射高压氨水，使正在装煤的炭化室和导入荒煤气的炭化室顶部处于负压状态，由于导烟孔设在机侧靠近机侧炉门，炉口处的烟尘通过导烟小车上的 U 型管将装煤时的荒煤气导入相邻炭化室，又因为装煤车煤槽前端有密封框与正在装煤的炭化室的炉门框密封，密封框内口周围有可变形的密封材料，装煤时产生的烟气不能经过炭化室墙与煤饼之间的间隙从机侧炉门冒出，所以装煤炭化室的大量荒煤气导入结焦末期的炭化室内，最终进入集气管到煤气净化车间。此种导烟除尘技术因为没有地面除尘风机的大吸力抽吸，不可能有大量冷空气从机侧炉门处进入炭化室，既回收了能源又保护了环境还节省焦炉的能耗。

5　结语

我国现在有 250 多座捣固焦炉在生产运行，

每天有大量烟尘排入大气污染环境。鉴于国内捣固焦炉机械设备装备水平的不足及落后的环保除尘技术，建议加大对国产捣固焦炉机械设备的研究与开发的力度。尤其是在环保除尘技术上，要学习引进国外的先进技术，改变现在的污染状况。笔者认为德国的带密封框的捣固装煤车+炉顶导烟车+炉顶高压氨水系统除尘技术有很大的借鉴，可以学习他们的设计思想，改造国内的机械设备使其发挥应有的作用，有效地控制煤饼装炉时的烟尘污染。

（原文发表于《冶金环境保护》2007年第4期）

空冷悬挂式弹簧炉门在捣固焦炉的应用

贾　勃　智联瑞

（北京首钢国际工程技术有限公司，北京 100043）

摘　要：介绍了空冷悬挂式弹簧炉门的作用、特点及在捣固焦炉上的应用情况，详述了弹簧炉门的工艺设计和普通刚性炉门的区别。对焦炉采用 PLC 控制一点对位的机车，可保持炉门刀边与炉门框之间的缝隙不变，炉门密封性能好，节能环保效益好。

关键词：捣固焦炉；弹簧炉门；工艺设计；密封性能

Application of Air-cooled Suspended Spring-loaded Oven Door on Stamp Coke Oven

Jia Bo　Zhi Lianrui

(Beijing Shougang International Engineering Technology Co., Ltd., Beijing 100043)

Abstract: The function and feature of air-cooled suspengded spring-loaded oven door and application condition on stamp coke oven are described, the process design of spring-loaded oven door and its difference with common rigid oven door are detailed. One spot positioning coke oven machine which are controlled by PLC are adopted on coke oven, the gap between oven door knife edge and doorframe can keep unchanged, with good sealing performance of oven door and better energy-saving and environmental protection effect.

Key words: stamp coke oven; spring-loaded oven door; process design; sealing performance

1　引言

2004 年底，印度某公司委托我院进行 4.3m 捣固焦炉设计，根据工艺要求，焦炉采用弹簧炉门，机车采用 PLC 控制一点对位等一系列机械化、自动化措施。我们于 2006 年设计、委托制造厂试制及试验了两套炉门（包括炉门框和保护板）。经对推焦机、拦焦机进行 1:1 的液压摘门机摘、关炉门的实际操作演示，成功地完成冷态试验任务，目前已投入批量生产。

2　弹簧炉门的特点及与普通炉门的区别

2.1　弹簧炉门的种类

弹簧炉门由弹簧门栓和压刀边的小弹簧顶压座组成，其显著特点是，密封面和刀边能自动适应炉门框的不断变形来实行炉门密封；而普通炉门则不能，捣固焦炉使用的基本是敲打刀边式的普通炉门。

当前我国弹簧炉门概括有 3 种：

（1）空冷悬挂式弹簧门栓炉门。普遍用于新建的 6m 大容积顶装焦炉，它是 20 世纪 80 年代初由宝钢引进，后经中冶焦耐公司改进后用于国内 6m 焦炉[1]，炉门修理站是新式的，与普通炉门修理站不同。

（2）悬挂式弹簧门栓炉门。它是在第 1 种弹簧炉门的基础上移植于大修改造的 4.3m 顶装焦炉。它虽在停产状态下原地大修施工，但相邻的炉组还在生产。受条件限制，它不具备采用空冷弹簧炉门的条件，只能采用悬挂式、弹簧门栓、敲打刀边（或“T”型钢刀边）。

（3）将普通炉门的刀边改用弹簧顶压座的形式，门栓仍用丝杠式的弹簧炉门，它分空冷与非空冷两种形式，此种炉门多应用于4.3m老焦炉上。

以上3种弹簧炉门以第1种炉门密封效果最好，为自调式环保、节能型，炉门维护量小，使用寿命长。第2种炉门是只有门栓为弹簧式，压刀边为非弹簧座式。第3种炉门只有压刀边是弹簧座式，而门栓为丝杠式机构，炉门的密封性能远不及第1种形式，但比普通炉门强。

2.2 空冷悬挂式弹簧炉门的特点

（1）空冷式炉门。利用空气作为自然通风冷却介质，在炉门铁槽与砖槽之间行程35~40mm空冷通道，使空气对流，减少炉门铁槽与砖槽的温差，使之由原来的50℃减至20℃，从而减小炉门的高向弯曲度，由原10~20mm减至约3mm，增强了密封性，防止炉门冒烟。

（2）悬挂式炉门。炉门上下方向设定位托辊，左右方向设导向装置，以防止炉门歪斜。设计时在炉门底部与磨板之间留有25mm的间隙，在炉门的2/3处，两侧装有ϕ100mm的辊轮，上门时悬挂在炉门框两侧的支架上，它支撑炉门的全部重量。

（3）弹簧门栓炉门。弹簧炉门组合的弹簧门栓结构使每个门栓的弹簧力为：上门栓105kN，下门栓145kN，刀边顶压座小弹簧受压变形为5 mm，保证弹簧刀边对炉门框镜面的足够压力来密封炉门。

（4）炉门刀边采用顶压弹簧座。通过炉门下列结构的改进：1）刀边的连接腹板只有1.5mm厚[2]，弹性极好，为抗裂损和腐蚀可采用不锈钢制作。2）刀边的顶丝配置小弹簧，沿刀边走向间隔约250~270 mm设1个，以使刀边受力均匀。刀边一周共设42个顶压座，每个受力0.225t。3）对炉门四角刀边的拐向部位增大顶压弹簧力，使每个为0.45t，因而可以加强对四角的调节力[2]。4）刀边自身采用不锈钢制作，具有可塑性。

（5）能适应焦炉炉体热膨胀变形，确保摘门机能实现PLC自动控制摘关炉门。焦炉炉体在生产状态下每年都沿焦炉的长度和高度方向膨胀，管理好的企业每年伸长约1~3mm，一般企业约伸长10mm。老龄焦炉的机焦侧方向由于炉体上下膨胀量不同，上部向外倾斜。为适应于各种变形，焦炉炉门及摘门机都必须采取特殊结构，使两者紧密配合。当摘门及关门时，保证炉门与炉门框的各部位相对位置不变，结构尺寸相互吻合；摘门机的每个动作行程必须与炉门结构尺寸一致，消除炉体变形影响因素，保证焦炉机车实现PLC控制。为满足上述条件，炉门及提门机的结构特点可综合为以下几点：

1）弹簧门栓的顶端与门杠距离a、b为定值，见图1[3]，以确保焦炉炉体沿长向变形时对压拔油缸行程无影响。

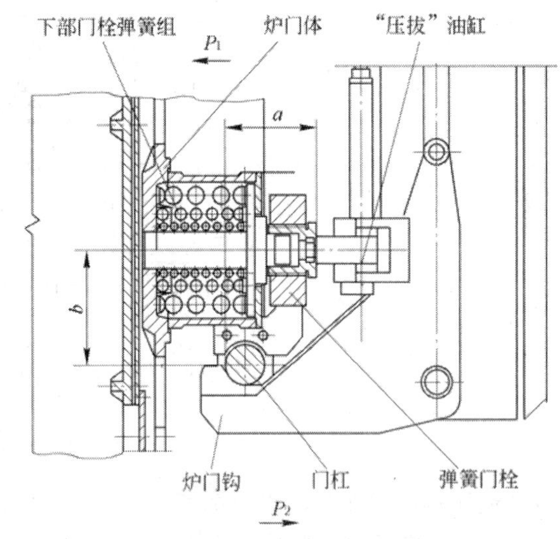

图1 弹簧门栓

P_1—压力；P_2—拉力

2）炉门框挂钩内口和外端面均为加工面，炉门门栓与炉门框挂钩相对位置为一定值（图2）[3]，摘门机设前极限，在摘门机向前行进中，前极限与炉门框挂钩外端面接触后立即自动停止，不需人工联系，行程不受炉孔之间因膨胀量的差异影响。

3）随着焦炉炉龄的增长，机焦侧炉体上下部位热膨胀量不同，上部向外倾斜，摘门机头底部设置倾斜调整油缸，使摘门机沿焦炉炉门高向相应倾斜（图3），确保摘门机头的炉门钩准确到位摘出炉门。

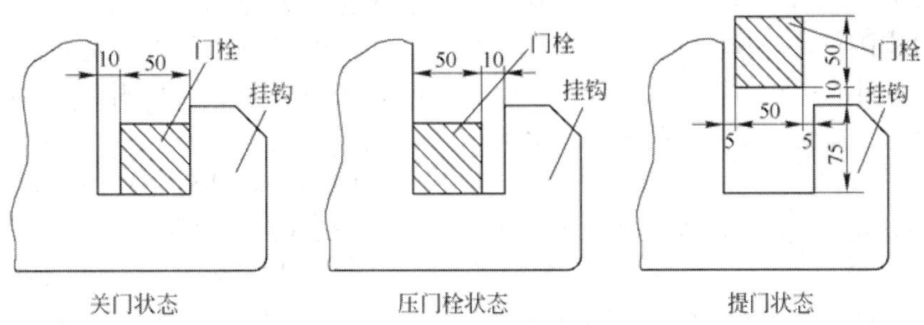

图2 炉门框挂钩与门栓配置关系

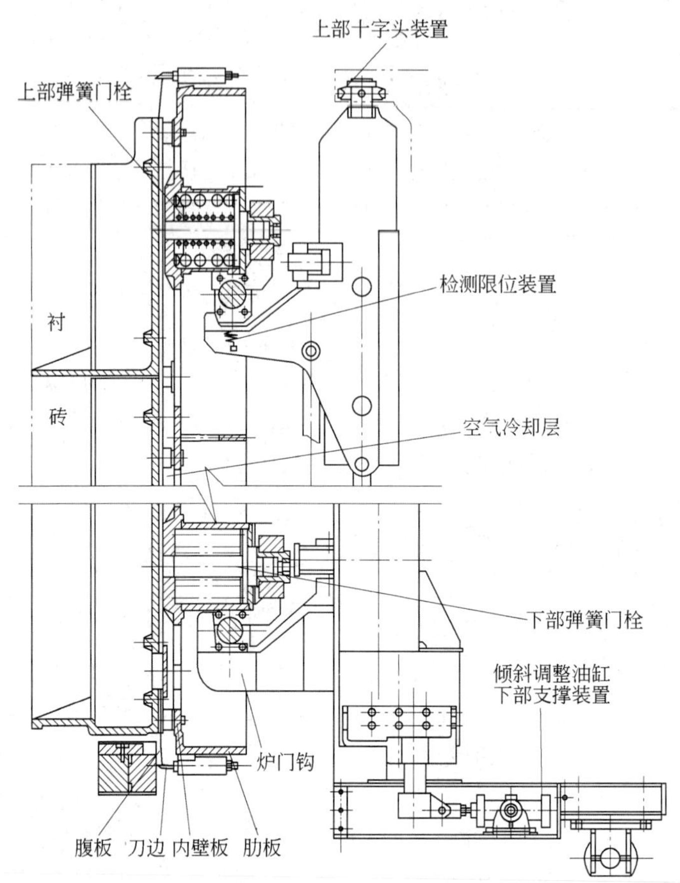

图 3　炉门与摘门机关系

4）液压摘门机车移动设有两速，当摘门时快速前进，取门头接近炉门框减速，机头回转 90°，当前极限接触挂钩后，摘门机立刻自动停止。

5）由于炭化室高向尺寸的差异，故炉门钩靠上门杠的距离也有差异,将空行程 a 设计值定为变值约 120mm，由于上部炉门钩面上有检测限位的认定装置，当行程结束后，通过限位开关停止炉门钩上移，并给“压拔”油缸信号，压拔操作开始[3]。

6）门栓松开，刀边离开炉门框 5mm 方能提门，保证刀边不受损伤，炉体也不受冲击。

7）压拔门栓工作开始，摘门机的进退油缸就处于“浮动”状态，使机车钢结构和车轮均不承受该反推力，避免了机车振动。

8）液压摘门机的适应性很强，下钩超前约 35mm,沿十字头前后摆动,可以在焦炉正面倾斜时，确保上下炉门钩均可进入正常钩住门杠的位置。可防止焦炉基础下沉，铁件变形在一定范围时会影响摘门机正常操作。

9）摘门机头下部设有支辊，可避免液压摘门机承受过大的提门力。

10）整个摘门过程是单元程序 PLC 自动控制的，动作快捷，省时间且安全，消除了误操作的因素。

3　采用空冷悬挂式弹簧炉门的焦炉工艺设计条件

（1）采用空冷悬挂式弹簧炉门，门栓与刀边均以弹簧压缩，摘门机才得以 PLC 控制“压拔”操作，摘下或关上炉门，而弹簧炉门的采用必须以工艺设计条件为前提，见表 1 及图 4。关键尺寸：A 为焦炉正面线与拦焦机内轨之间距；B 为炭化室底与拦焦机轨顶标高差；

（2）A 与 B 的工艺条件决定着选用弹簧炉门的种类，能否采用炉门、炉门框清扫、头尾焦处理机构及实现拦焦机“一点对位”的可能性。空冷式弹簧炉门的门栓顶端与焦炉正面线距离比普通炉门长约 120mm，炉门底部标高比普通炉门低约 25 mm。

由表 1 可见，第 1 种弹簧炉门适用于新建的 6m 及 4.3m SG4350D 型捣固焦炉，需要 A、B 尺寸范围较大。

第 2 种弹簧炉门，适用于 80-Ⅲ型焦炉，炉门只能为悬挂式弹簧门栓，敲打刀边（或“T”型刀边）。

第 3 种弹簧炉门，适用于正在生产的 4.3m 或 5.5m 大容积焦炉炉门改造，只能采用弹簧顶压刀边座，炉门门栓仍为拧螺丝机构。

表 1 我国各型焦炉工艺布置 *A*、*B* 尺寸 (mm)

炉型	6m 焦炉	5.5m 焦炉	4.3m 顶装焦炉		4.3m 捣固焦炉		
			58 型	80 型	80-III型	4350 型	SG4350D 型
A	1350	750	650	700	700	700	1200
B	1340	420	330	400	1100	520	1250

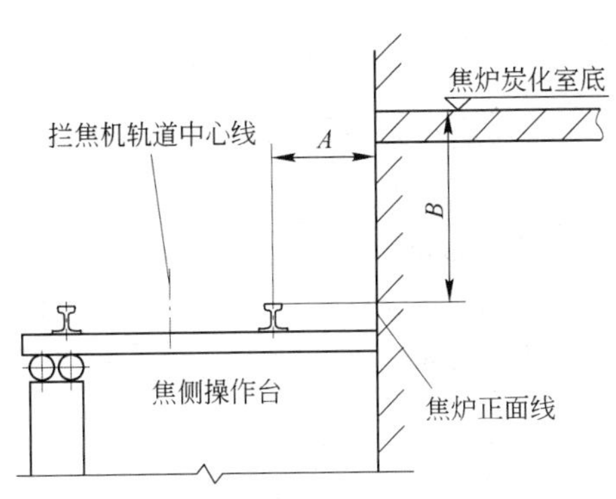

图 4 焦炉焦侧工艺设计条件示意图

综上所述，焦炉机车自动化的前提条件是带弹簧门栓的弹簧炉门，而采用弹簧炉门的前提是工艺设计条件。如果没有焦炉机车摘门机的自动化，弹簧门栓的炉门也不会准确无误、快捷地被摘开或关上。

4 炉门修理站与炉门炉框清扫

空冷悬挂式弹簧炉门修理站有着与普通刚性炉门修理站不同的结构型式，二者所需要的工艺设备对土建专业要求的结构和标高尺寸截然不同，在工艺布置时不容忽视，应统筹考虑，否则对设计方案会造成颠覆性的后果。

炉门和炉门框清扫装置对空冷悬挂式弹簧炉门必不可少，目前国内焦炉机车所设置的机械清扫炉门、炉门框装置普遍反映效果不好，究其原因还是各厂家重视不够，认为它可有可无，相反，它是保证弹簧炉门保持密封性能良好所需要。近年来，我国有不少厂家已采用高压水清扫炉门刀边的措施，效果很好，对保护刀边有利，但不应放弃改进机械清扫装置的方式。

5 发展前景

空冷悬挂式弹簧炉门日益受到国内焦化同仁的欢迎，人们对它环保节能的优越性越来越加深了认识。由 80 年代初的 1 种形式的弹簧炉门，已发展到 3 种之多，且各具特点。目前各厂争先改造普通炉门，工艺争创条件，加快弹簧炉门实施，为焦炉机车的自动化及提高焦炉的整体装备水平创造条件。弹簧炉门不仅在顶装焦炉广泛应用，而且在捣固焦炉上的发展也前景广阔，随着焦炉大型化，捣固焦炉将由目前的 4.3m、5.5m 甚至发展到 6.25m 以上。为了适应于焦炉大型化发展，需进一步研究焦炉高、宽尺寸增大时，空冷悬挂式弹簧炉门受热应力而产生的弯曲变形与炉框间的相互位置关系，研究设计更先进的炉门，以适应炼焦事业的发展。

参考文献

[1] 马凯译. 炼焦化学, 1981(1): 41~44.
[2] 李肇中. 燃料与化工, 1986(2):16~20.
[3] 刘家歧. 燃料与化工, 1989(4): 18~20.

（原文发表于《燃料与化工》2007 年第 2 期）

首钢焦化厂采用煤调湿技术的可行性探讨

滕　崑　巫　蕊
(北京首钢国际工程技术有限公司，北京 100043)

摘　要：煤调湿即 CMC(coal moisture control)是炼焦煤预处理新技术。本论文介绍了 CMC 的技术特点、主要设备及采用该技术可能带来的生产问题。并给出了日方为首钢焦化厂设计的两个方案，做了方案比较和可行性分析，得出了在首钢焦化厂上 CMC 项目是可行的，选用蒸汽为加热介质的 CMC 工艺更为经济合理的结论。

关键词：煤调湿(CMC)；热媒油；蒸汽；可行性

Feasible Discussion of Coal Moisture Control Technology which is Adopted by Shougang Coking Plant

Teng Kun　Wu Rui
(Beijing Shougang International Engineering Technology Co., Ltd., Beijing 100043)

Abstract: Coal Moisture Control (CMC) technology is the new technology of the coking coal pretreatment. The paper introduced its technical special characteristics, the major equipments and production issues that this technology possibly brings. synchronously, two kinds of plans designed for Shougang Coking Plant by Japan were discussed in the text, and the scheme compare and feasibility analysis were made carefully. In conclusion, it is feasible to use Coal Moisture Control technology in Shougang Coking Plant, at the same time, when the steam is selected as the heating medium, the CMC technology is proved more economical and reasonable.

Key words: coal moisture control (CMC); heat carrier oil; steam; feasibility

1 引言

煤调湿即 CMC(coal moisture control)是炼焦煤预处理的一项新技术。该技术是采用不同的热载体（热媒油——烷基联苯、蒸汽、烟道废气等）对装炉煤水分进行稳定的、有控制的降低，以获得提高焦炭产量，改善焦炭质量等一系列效益，而又避免了传统的煤干燥工艺因装炉煤水分过低而引起的焦炉和回收系统的操作困难。

日本是率先开发应用煤调湿 CMC 技术的国家之一，从 1983 年开始在生产上应用。采用的热源有烟道废气，上升管荒煤气显热、干熄焦回收蒸汽和工艺蒸汽；换热方式有烷基联苯（热媒油）与湿煤间接换热，蒸汽与湿煤间接换热；烟道气与湿煤间接换热；余热空气与湿煤间接换热等，都取得了理想效果。

1995 年 3 月，日本政府以绿色援华项目的方式将 CMC 技术用于我国重钢焦化厂，并希望在中国进一步推广。首钢焦化厂的焦炭生产能力远不能满足炼铁生产的需要，且由于种种原因不能再新建焦炉，因此通过 CMC 技术来提高焦炭产量就很有意义。为此，首钢设计院于 1998 年 3 月和 6 月与日本新日铁进行了两次技术交流。日本专家实地考察了首钢焦化厂，并分别以热媒油和蒸汽为热载体提出两个 CMC 方案。本文在分析 CMC 技术特点的同时，结合生产实际，对首钢焦化厂采用 CMC 技术的可行性进行探讨。

2 CMC 技术特点

2.1 CMC 技术效果

根据日方提供的新日铁大分厂和君津厂的操作实绩，装炉煤水分从 9%降到 5%左右，由此带来降低炼焦单位耗热量，提高装炉煤堆密度、提高焦炭质量以及延长焦炉寿命等一系列效益。

2.1.1 提高焦炉生产能力

由于装炉煤水分降低后，煤的堆比重增大，使装煤量增加，根据日本大分厂和君津厂的实测数据，煤的堆密度增加 3%~7%，装煤量相应增加 7.2%~7.4%。另外，如果维持火道温度不变，则结焦时间可缩短 4%左右。两项相加，采用 CMC 技术后，可使焦炉生产能力提高 10%左右。

2.1.2 提高焦炭质量

如前所述，采用 CMC 技术，可使入炉煤堆密度提高，且由于水分低，炭化初期升温速度加快，使得焦炭质量提高。大分厂的焦炭强度 DI 从 83.5%提高到 85%，粉焦率降低了 12%。

由于焦炭质量的提高，可以降低炼铁焦比和去炼铁的运输损耗，实际上也相当于提高了焦炭产量。

2.1.3 其他

采用 CMC 技术后，装炉煤不受气候和其他条件的影响，焦炉操作稳定，起到了保护炉体，延长焦炉寿命的作用。

入炉煤水分降低大约 4%，可降低炼焦单位耗热量，大分厂的实绩是降低 301MJ/t 煤（按我国的设计参数为 234MJ/t 煤）。

2.2 CMC 主要设备

CMC 的主要设备有：烟道换热器、上升管换热器、干燥机等。对于不同的工艺方案，干燥机的结构形式不同。采用热媒油做载体的 CMC 工艺，干燥机外型像一个回转窑，湿煤用螺旋输送机送入干燥机壳程，同干燥机一起回转。热媒油通过与干燥机平行的多层同心圆排列的热媒油分配管(分配管管径为：DN65、DN90、DN100、DN125)与湿煤进行间接换热，脱除水分。

采用蒸汽做载体的 CMC 工艺，干燥机的结构见图 1。

湿煤通过溜槽和多层倾斜板均匀分配给干燥机内的管束，即湿煤走管程，每根干爆管犹如围绕着干燥机筒体轴做四周运动的小回转窑，蒸汽走壳程。管内的湿煤和管外的蒸汽间接换热，脱除水分。

干燥机是 CMC 技术的关键设备，国内尚不具备设计制作能力，需引进。

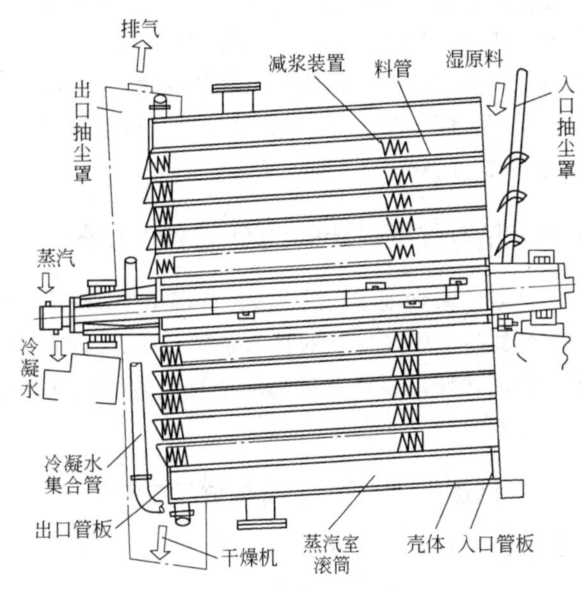

图 1 干燥机结构图

采用热媒油做载体的 CMC 工艺，上升管换热器也是关键设备之一，其结构形式见图 2。

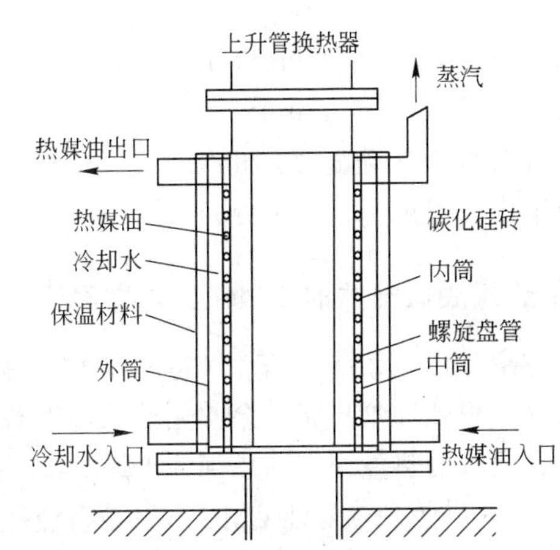

图 2 上升管换热器结构图

重钢在与新日铁合作 CMC 工程时，利用日本技术自己制造上升管换热器。上升管换热器机构复杂，多层套管式结构，内层是与荒煤气接触的碳化硅砖，第二层是热媒油盘管层，第三层是冷却水层，最外层是保温层。

2.3 采用 CMC 技术带来的问题

（1）装煤烟尘污染加重。由于装炉煤水分降低，装煤时会产生更大的烟尘，因此必须在实施 CMC 的同时，对装煤车和相关设施进行无烟装煤方面的改造，上升管和炭化室顶部挂结石墨现象会加重，使清除石墨的工作更繁重。

（2）给回收系统带来的问题。由于装炉煤水分降低，装煤时高压氨水喷射会使大量煤尘进入回收系统，使焦油渣量增加，煤气净化系统管道易堵塞。重钢在建设 CMC 的同时，在回收系统安装了一套焦油三相分离器，以强化焦油渣的脱除。另外，要完善无烟装煤的其他环节，合理使用高压氨水压力，以缓解这一问题。

3　日方为首钢设计的两个 CMC 方案

日方专家到现场勘踏，认为首钢焦化厂 4 号、5 号焦炉具备采用 CMC 的技术条件，并提出两个方案，即用热媒油做载体的和用蒸汽做载体的 CMC 工艺方案。

3.1　首钢焦化厂 4 号、5 号焦炉工艺条件

焦炉孔数	65 孔×2
炭化室尺寸	14080mm×450mm×4300mm
装煤量	17.9t/孔
湿煤堆密度	约 750kg/m^3
湿煤水分	年平均 11%
周转时间	18h
煤气发生量	320m^3/t 干煤
上升管数量	130 个
上升管荒煤气温度	约 700℃
烟道废气温度	约 220℃

3.2　用热媒油做载体的 CMC 工艺方案

该方案（以下简称“热媒油 CMC 方案”）是将上升管荒煤气里热和烟道废气余热用热媒油做载体加以回收，回收的热量用于炼焦煤的干燥。

4 号、5 号焦炉热媒油 CMC 方案设备流程，见图 3。

工艺流程：由上煤系统和热媒油循环系统两部分组成。

上煤系统：将含水 10%~12%的湿煤用胶带运输机送到湿煤储槽。槽下出口由圆盘给料机定量向干燥机供煤。湿煤在干燥机内与热媒油进行间接热交换，煤的水分降到 6%~7%，用螺旋输送机、胶带输送机送到焦炉煤塔，供焦炉使用。

热媒油循环系统：热媒油循环系统由储油槽、热媒油循环泵、加热炉、热媒油冷却器、烟道换热器、上升管换热器、干燥机、输油管路组成。

干燥机正常运转时，热媒油经烟道换热器和上升管换热器两次换热后，进入干燥机与湿煤进行热交换。换热后热媒油回到烟道换热器循环使用。

雨季或冬季，环境气温偏低或装炉煤水分偏高时，热媒油经烟道换热器，上升管换热器换热后，再进加热炉加热，以保证热媒油温度。

干燥机故障或检修时，热媒油的循环路径是烟道换热器，上升管换热器，再到热媒油冷却器，冷却后的热媒油回到烟道换热器继续循环。

3.3　用蒸汽做载体的 CMC 方案

该方案（以下简称“蒸汽 CMC”方案）是用管网或 CDQ 装置产生的蒸汽经减温减压后做热源，干燥炼焦煤。4 号、5 号焦炉蒸汽 CMC 方案设备流程见图 4。

工艺流程：由上煤系统和蒸汽供给系统两部分组成。

上煤系统：将含水 10%~12%的湿煤用胶带输送机送到湿煤储槽。槽下出口由给料设备定量向干燥机供煤干燥后的煤料含水 7%左右。经螺旋输送机、胶带输送机送至焦炉煤塔，供焦炉使用。

蒸汽供给系统：从管网送来的蒸汽，经减温减压后，压力变为 0.5~1MPa，温度 180℃，送干燥机壳程，与管内湿煤进行间接热交换。冷凝液进回收系统。

3.4　方案比较

（1）能源消耗。热媒油 CMC 方案回收了上升管荒煤气显热和烟道废气余热，是一项节能降耗技术。而蒸汽 CMC 方案则需消耗能源，根据君津厂实绩，装炉煤水分降低约 4%，蒸汽消耗 73kg/t 煤，蒸汽参数 180℃，0.5~1MPa。

（2）装机容量。热媒油 CMC 方案装机容量约 5000m^3，蒸汽 CMC 方案装机容量约 200kW。

（3）工程占地。热媒油 CMC 方案工程占地约 5000m^2，蒸汽 CMC 方案工程占地约 1000m^2。

（4） 工程投资。热媒油 CMC 方案工程投资 1.79 亿人民币（新日铁报价），蒸汽 CMC 方案工程投资约 0.9~1.2 亿人民币(新日铁报价)。

4　可行性分析及意见

综上所述，如果 4 号、5 号焦炉采用 CMC 技术，入炉煤堆密度提高 7%，每年可多生产焦炭 54800t，结焦时间缩短 4%，每年可多生产焦炭 35800t，两项合计每年可提高焦炭产量 90600t，相当于提高焦炉生产能力 10.5%。考虑到自产焦炭的价差和质量差异，CMC 技术在首钢焦化厂采用是可行的。对于两种方案的取舍，分析如下：

（1）采用 CMC 技术，关键设备进口。采用热

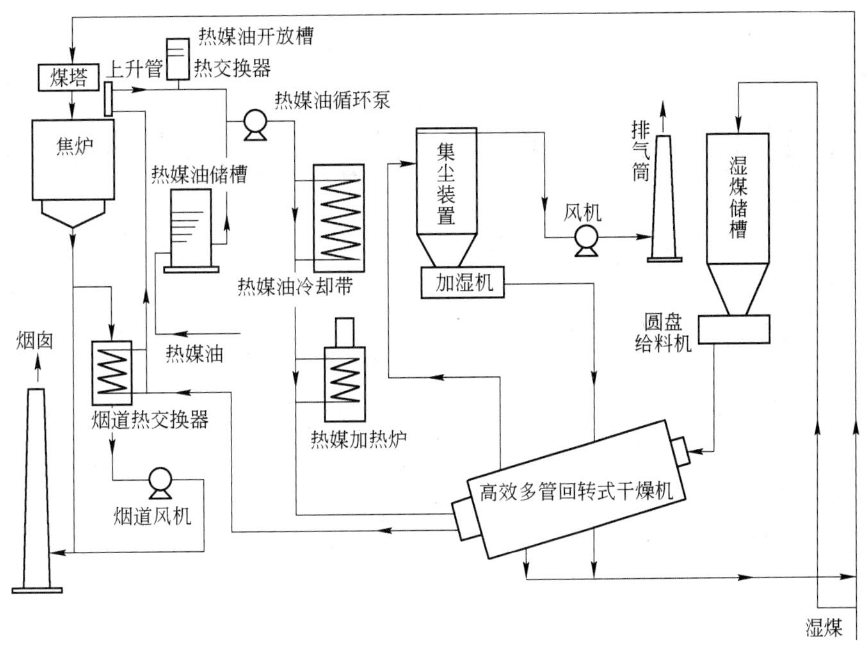

图 3　4 号、5 号焦炉热媒油 CMC 方案设备流程示意图

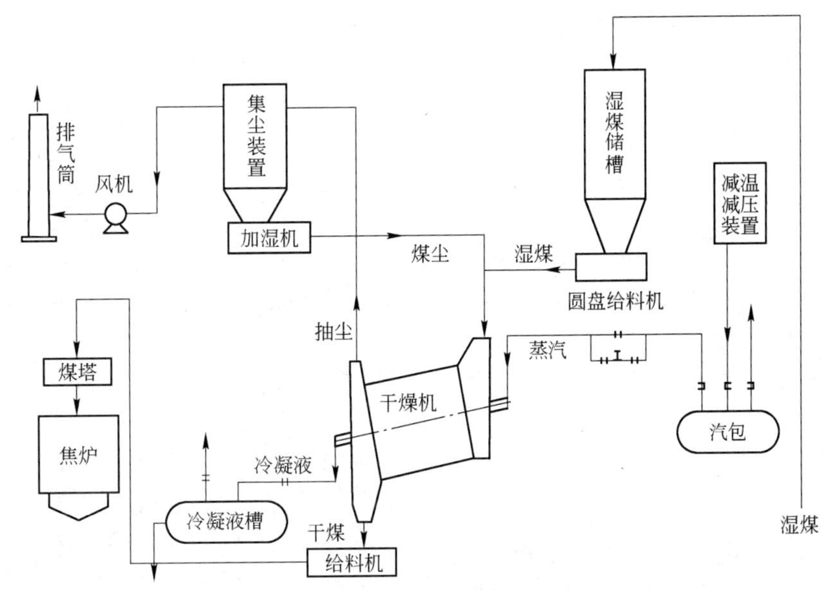

图 4　4 号、5 号焦炉煤气 CMC 方案设备流程示意图

媒油 CMC 方案需进口的设备有：干燥机、热媒油加热炉、烟道换热器等。国内配套设备有：热媒油加热炉、热媒油冷却器、上升管换热器等。采用蒸汽 CMC 方案除干燥机外，其他设备均可国内配套。

（2）采用热媒油 CMC 方案施工难度大，4 号、5 号焦炉共有 130 台上升管换热器，2 台烟道换热器，要在焦炉不停产的情况下施工，需采取必要的保产措施。

（3）上升管换热器本身结构比较复杂，加上数量众多的热媒油管，冷却水管等置于高温高尘环境的炉顶，给生产操作和维护带来很多困难。

（4）首钢焦化厂在 1 号焦炉拟建设一套 CDQ 装置（小时生产蒸汽 30.4t）。可为蒸汽 CMC 方案的实施提供足够的热源，4 号、5 号焦炉 CMC 工程小时耗蒸汽约 15t。另外，将来 CDQ 热电联产后，可将发电机组的背压蒸汽直接用于 CMC，以避免蒸汽减温减压的无效能耗。

基于首钢焦化厂的实际情况，综合工程投资、占地、生产管理等因素，在首钢焦化厂上 CMC 项目，选用蒸汽为加热介质的 CMC 工艺更经济合理。

（原文发表于《设计通讯》1998 年第 2 期）

AS 工艺在首钢超负荷运行中的问题分析

闫 华 田京生 王 奇

(北京首钢国际工程技术有限公司，北京 100043)

摘 要：针对首钢焦化厂煤气脱硫 AS 工艺系统超负荷运行引起的一些问题以及对该工艺缺乏深入理解所带来的操作问题的分析，特别是对于关键设备脱酸塔和克劳斯炉的操作参数的调整和生产实践，使我们对于 AS 工艺的设计理念和机理有了更深的认识。

关键词：焦炉煤气；净化工艺；AS 法；超负荷问题

Problem Analysis of AS Process with Overload Operation in Shougang

Yan Hua Tian Jingsheng Wang Qi

(Beijing Shougang International Engineering Technology Co., Ltd., Beijing 100043)

Abstract: Several problems that overload operation of coal gas desulfurization AS process brings were analyzed, and several operation problems in Shougang coking plant caused by lack of deep understanding were also proposed, besides, operating parameters adjustment and production practice of the key equipments, such as acid stripping tower and Claus furnace, made us had a deeper understanding regarding the design concept and mechanism of AS process.

Key words: coke oven gas; purification process; AS method; overload problem

1 引言

由德国伍德公司（原德国蒂森克虏伯恩库克 TKEC 公司）和北京首钢设计院共同设计的首钢焦化厂煤气脱硫工程自 2003 年 9 月投产以来，一直以 60000m^3/h 的煤气量超负荷生产，煤气量超过设计值 30%(原设计值为 46300m^3/h)。

在投产后的半年中，工厂的运行以及各项指标基本上在设计范围之内，但从 2004 年 5 月以后，操作运行中逐渐出现一些问题。这些问题既有其本身的特殊性，又与整个系统各操作单元的工艺参数密不可分。任何一个问题的处理都涉及其他环节参数的调整和指标的控制。在 2004 年 7 月和 2005 年 4 月，针对这些问题我们邀请了德国伍德公司的专家两次来首钢焦化厂一起进行了分析和讨论，通过专家的分析并结合生产实践，我们在不断摸索和寻求有效解决问题途径的过程中，对 AS 脱硫工艺的设计理念以及操作特点有了更深一步的认识和了解，同时，对于在目前超负荷运行的工况下如何操作也找出了相对比较合适的参数和控制指标。

以下对该系统运行两年以来出现的问题及产生的原因进行阐述和分析。

2 煤气量超负荷给该工艺带来的主要问题

当煤气处理量超过设计值运行时，对于整个 AS 系统会带来什么样的问题呢？首先给洗涤工段带来的问题是煤气的阻力降增大，但此因素不会对该工段造成太大影响，由于煤气风机的出口压力能够满足后续工段的压力要求。其次是洗涤塔中的洗涤效果，由于考虑到超负荷因素，在该工程调试期间，德方技术人员已按 60000m^3/h 煤气量在工艺操作尽可能的情况下适当的调整了洗涤时间、温度、循环液流量和脱酸贫液的含 NH_3 浓度等工艺操作参数。在投产后半年多的时间里证明这些参数的调整能够达到设计的煤气净化指标，脱酸蒸氨工段同样也未受到大的影响。

超负荷所产生的最主要问题出现在克劳斯工段，由于脱酸塔产生的酸气量增多，在克劳斯炉里所发生的 H_2S 转化成元素 S 的量也增加，以至于废热锅炉的产汽量相应增加。这个问题会给整个系统带来一系列的影响，且在后面所提到的问题中都有所体现。

3 克劳斯炉频繁停车问题

克劳斯炉在运行了大约 9 个月之后，逐渐出现烧嘴的火焰不稳、点不着火或点火后燃烧很短时间又熄灭并导致系统停车的现象。

由于克劳斯炉的运行是与废热锅炉汽包的安全液位联锁，在汽包低低液位（LL）和高高液位（HH）时均能导致克劳斯炉的停车。在开工后的一段时间内经常发生低低液位报警停车。

我们分析其原因一：汽包和废热锅炉之间的连接管设置有问题。在这个问题的讨论中，德国伍德公司的专家认为该问题的关键是废热锅炉汽包的进汽口在汽包上部，这样所产生的问题是在产汽量超负荷的情况下，会使气相中的汽泡在管内增大，进入汽包后其压力对于液面的冲击加大，容易造成瞬间的低低液位报警的现象，导致克劳斯炉的停车。这一分析是符合实际生产情况的，事实上，当汽包液位出现低低报警时，实际的液位是在安全范围内。

对于汽包的进口管的结构形式，在国内也是普遍使用从上部进入，而且是有成功的使用经验，但其前提是锅炉的产汽量在设计范围内。而首钢焦化厂的问题还是因为汽包的产汽量太大，超过设计负荷所致。针对首钢焦化厂目前的工况，计划把此进汽口由汽包上部改为下部。据了解德国伍德公司近几年的设计中已逐步把汽包进气口由上面进入改为从汽包下部进入。

原因二：由于克劳斯炉的火焰监视器监测不到火焰而造成自动停车。因此在生产操作中火焰监测有以下几点应注意：

（1）当煤气燃烧时，火焰监视器比较容易监测到火焰。

（2）当燃烧酸气时，火焰是弥漫的，同时还有水蒸气的干扰，因此监测煤气燃烧时的最佳位置并不是监测酸气的最佳位置。在克劳斯炉顶部的火焰监测器可调范围有 2°~3°，在只有煤气燃烧和煤气、酸气混合燃烧的情况下应分别调整；此外，有专人在现场的控制板上调整信号放大灵敏度（在 1~0 的范围内）。这个调整需要由两个人在不同的位置结合控制板上的信号以及火焰灵敏度缓慢调整。以达到能够有效的监测到火焰。

（3）为了便于火焰监测，在启动烧嘴处设长明火是绝对不行的，因为酸气燃烧是严格按照化学配比进行的。煤气和酸气（酸气的设计值 2500m^3/h）的比值在炉温 1000℃时是 0.25，这个比值应该增大到 0.3……0.33，以达到至少 1100℃的炉温；此外，烧嘴的结构形式是按照此设计流量设计的，因此不允许引入额外的气量。

4 克劳斯炉烧嘴腐蚀损坏的情况和原因分析

首钢焦化厂克劳斯炉烧嘴的材质是由哈氏合金和耐高温不锈钢两种材质组成，上部为哈氏合金，下部为不锈钢。烧嘴在使用 5 个月以后出现第一次腐蚀，损坏的部位主要是哈氏合金和不锈钢的焊缝及以下部分。修复后的烧嘴在使用中被腐蚀的情况仍然发生。

烧嘴腐蚀的原因：其一是克劳斯炉的频繁开停车，酸气冷凝液对烧嘴的腐蚀；其二是烧嘴在热备操作中，没有使用冷却用的蒸汽，这一点很重要。在低载荷（化学匹配）没有冷却蒸汽的情况下，烧嘴内部温度几乎提高到 2000℃，火焰直接在烧嘴里燃烧，而哈氏合金是不耐高温的。蒸汽不仅能够冷却烧嘴而且在增加煤气流量和相匹配的空气流量的情况下，使燃烧的火焰能够离开烧嘴，拉长火焰。

拉长火焰有两种方法：一是加大空气调节量，火焰温度由 2000℃降到 1500℃；但是容易造成氧气过量；二是手动加蒸汽降温，在蒸汽降温的同时加大煤气量和空气量，使火焰拉长，并达到使火焰在烧嘴的附近温度降下来的目的（加蒸汽仅能用于热备状态）。

在酸气燃烧时不能采用加蒸汽拉长火焰的方法，因为加蒸汽后，炉膛的温度下降，需要增加空气量维持炉膛温度，这样就导致产生过多的 SO_2。

调整火焰的长度时必须注意从克劳斯炉的侧面和顶上设置的观察孔同时观察，而且注意调整时要避免回火和离焰两种情况发生。如果火焰太长接触到催化剂，会造成催化剂中的 Ni 分解流失，降低活性，过程气将把 Ni 带到废热锅炉入口处将造成堵塞。

5 克劳斯炉后续设备和管道的堵塞及腐蚀问题的原因和分析

克劳斯炉后续设备和尾气管的堵塞、腐蚀问题比较严重，堵塞问题直接影响到克劳斯炉的正常操作并导致进入到克劳斯炉的酸气量减少，在 Claus+COG 的操作模式下，煤气量达不到设计值。

与投产初期的酸汽处理量 2500m^3/h 相比，现在只能处理 1800m^3/h。

以下对不同的部位进行分析。

（1）尾气管道的腐蚀和堵塞问题。当管道使用初期，管道的内表面形成一层 FeS 的保护层，但是当温度在小于 135℃时，尾气中 HCN 与 FeS 反应破坏了保护层，SO_2 对金属表面产生腐蚀。

过程气中的 H_2S 在低于 135℃时发生：$Fe+H_2S═FeS+H_2$ 的反应，冷凝液中的 HCN 与 FeS 反应生成 $Fe(CN)_2$ 和 H_2S 造成腐蚀。

（2）如果克劳斯炉暂时停车（例如温度在 800℃时）并重新加热至操作温度时，要特别注意后续的废热锅炉、硫冷凝器、硫分离器之间的温差。如果克劳斯炉操作的模式是在加大 COG 和 Air 流量的状态下，要特别注意的是：COG+Air 时露点 70℃，COG+Air+蒸汽时露点为 80~90℃。所以在加蒸汽之前，一定要预先把后续设备加热到 90℃以上，避开露点后，再向克劳斯炉烧嘴处加蒸汽，并点火启动烧嘴。

综上所述，在克劳斯炉升温阶段容易发生 H_2SO_3、H_2SO_4 的腐蚀，在克劳斯炉正常操作期间，只有 SO_2，容易发生 H_2SO_3 腐蚀，如果过剩空气进入，还会发生 H_2SO_4 腐蚀。

从实际腐蚀现象上分析，还是以 H_2SO_3 腐蚀为主。

因此在克劳斯工段要特别注意的是：

（1）要保持克劳斯炉后续的设备、管道有很好的蒸汽伴热，维持在露点温度以上。

（2）为避免尾气系统的腐蚀和堵塞，一定要在克劳斯炉的后续设备和管道预热到需要的温度后再进行克劳斯操作。

（3）应随时关注和控制尾气管道中的 SO_2 含量，SO_2 含量控制在小于 0.1（体积百分比）是在克劳斯工段中所有的参数中最重要的。

6 脱酸塔顶温度的控制与克劳斯的关系

首钢焦化厂 AS 系统的脱酸塔顶温度设计值是 84℃，而目前国内采用 AS 工艺的焦化厂也有采用在塔顶温度 75℃下操作的。

在克劳斯系统中的阻力很大、酸气无法按照设计量加入到克劳斯炉内的情况下，我们曾尝试为了减少到炉内的酸气量，调整脱酸塔顶的温度从 84℃到 75℃。但随之而来的问题是烧嘴燃烧不稳定、尾气系统的 SO_2 超标，达到体积百分比为 0.3%（设计值为 0.1%）。

以上问题我们通过与德国专家进行专题讨论和分析后，认识到克劳斯系统操作与脱酸塔顶温度的设定有很大的关系。

关于脱酸塔顶的温度设定有以下几点考虑：

（1）塔顶温度的设定除了要尽可能的提高脱酸效率外，还应具有调节脱酸水中 NH_3 的含量约为 20g/L，以满足洗涤液中的挥发氨的摩尔数与煤气中洗涤前后的 H_2S 差的摩尔数比值大约为 4 这个工艺设定值。

（2）脱酸塔的塔顶温度高有利于酸气的蒸馏汽提。如果在塔顶出现 NH_3 和萘富集时，可以用高于 85℃的温度短时间地缓解塔顶 NH_3 和萘的浓度。但在长期操作中还是以 80~85℃的温度区域较合理，因为在此温度范围内，可以较好地降低从脱酸塔顶逸出酸气中水的含量。如太多的水分被带到克劳斯炉里，将需要加额外的煤气以保持克劳斯的稳定操作，酸气中太多的水分还有碍于克劳斯炉的火焰监视器，且克劳斯反应的效率也很差。

（3）脱酸塔顶的温度设定还要考虑到克劳斯炉所能引入的酸气量来进行适当调整。

（4）脱酸塔的塔顶温度在 75~77℃对克劳斯操作的影响。当克劳斯烧嘴燃烧酸气时，在火焰处和一次燃烧室有一个同时发生的平衡，精确的结果只能用计算机模拟。然而有一个趋势是很清楚的，就是 NH_3 燃烧比 H_2S 快，酸气中的 NH_3 浓度对克劳斯的反应影响很大，只要酸气中 NH_3 浓度没有变化，克劳斯运行就是可行的。稳定的 NH_3 的燃烧能够提供炉内所需的热量。当我们把脱酸塔的塔顶温度从 84℃降到 75℃时，酸气中 NH_3 减少，NH_3 在烧嘴处燃烧放出的热相应减少，如果想保持一次燃烧室里的温度达到一个固定值(例如 1130℃)，就需要更多的 H_2S 燃烧以维持这一控制温度（因为 H_2S 反应为放热反应），但带来的问题是尾气中将有远远大于设计值的 SO_2 产生，事实上我们在塔顶温度 75~77℃的工况下运行时，尾气中确实有过多的 SO_2 存在。

我们还必须随时关注 H_2S/SO_2 的比率，即：SO_2 在尾气中的体积百分比含量小于 0.1，如果不能很好的控制 SO_2 的含量，就必须降低一次燃烧室的温度，同时还要经常检查二次空气的流量。否则，如果尾气中 SO_2 含量过高，同时尾气管道蒸汽伴热效果不好的条件下，SO_2 将发生前面所描述的 H_2SO_3 腐蚀。

（5）从脱酸塔出来的酸气和脱酸水中各项的成分见表 1（根据德方提供的基本设计文件）。

（6）酸气中的 H_2S 浓度对克劳斯运行的影响。克劳斯炉的一次空气流量的预调节是由酸气流量控制器实现的，同时该流量值也将由温度控制器再次校正。克劳斯运行模式设定值是 1100℃，但允许偏差范围可扩大至 1050~1200℃。

表 1　酸气和脱酸水中的成分

<table>
<tr><th>成分</th><th>NH_3</th><th>H_2S</th><th>CO_2</th><th>HCN</th><th>C_9H_8</th><th>BTX</th><th>Tar</th><th>备 注</th></tr>
<tr><td>酸气/%</td><td>9~30</td><td>5~20</td><td>15~25</td><td>1~3</td><td>0~0.03</td><td>0.1~0.3</td><td rowspan="4">≤0.3</td><td>脱酸塔塔顶温度 84~85℃时</td></tr>
<tr><td rowspan="3">脱酸水/g·L^{-1}</td><td>9~16</td><td>0.8~2</td><td>1~5</td><td></td><td></td><td></td><td>脱酸塔塔顶温度 84~85℃时</td></tr>
<tr><td>40~50</td><td>3~4</td><td>30</td><td></td><td></td><td></td><td>脱酸塔塔顶温度 77~78℃时</td></tr>
<tr><td>20~30</td><td>2~3</td><td>10~25</td><td></td><td></td><td></td><td>脱酸塔塔顶温度 85~88℃时</td></tr>
</table>

当酸气中 H_2S 浓度过高时，二次空气量过大，位于废热锅炉的入口处的温度相应提高。这时可将一次燃烧室的炉温设定值提高到 1200℃，二次空气相应减少。

当酸气中 H_2S 浓度过低时，二次空气接近于零，H_2S/SO_2 比例不能控制，这时一次燃烧室的温度是错误的（太高），这种情况下，炉温必须被降低，为温度控制器选择一个较低的设定值 1075℃，直到二次空气的控制器恢复控制能力，即：能够调节尾气中 H_2S 的含量。

（7）脱酸塔的塔顶温度在 75~77℃对洗涤工段的影响。脱酸塔顶温度在 77~78℃和 85~88℃时脱酸水中的各项主要成分见表 1。

当脱酸塔在塔顶较低温度下运行一段时间后，AS 系统的吸收，解析将达到一个新的平衡，结果是净化后的煤气中 H_2S 和 NH_3 的含量都将高于设计值。

相对于塔顶温度 84~86℃，75℃时脱酸水中的含 NH_3 高达 40~50g/L。这样，到洗涤塔中将增加 CO_2 的吸收，进而酸气中 CO_2 的含量也会提高、H_2O 的含量降低，同时还会带来一个问题，就是酸气的比重将增加，致使原设计孔板流量计的显示数字是错误的。

以上问题的分析表明：脱酸塔塔顶温度的设定和调整对于克劳斯炉的操作和洗涤工段的洗涤效率都是一个至关重要的参数。我们不仅要关注酸汽中的 H_2S、NH_3 含量的稳定与否对于炉温的控制以及 H_2S 转化率也是同样重要。

7　结语

AS 煤气脱硫技术在我国焦化行业虽然已经在许多焦化厂使用多年，由于该工艺在运行中都不同程度的存在一些问题，使得许多人对该工艺的先进性产生怀疑和误解。我们认为这主要是因为国内 AS 工艺运行的问题除了普遍存在超负荷运行的情况以外，更重要的是对于 AS 工艺设计的理念欠缺深入了解，尤其是在高度自动化连锁控制下的生产操作的特点。因此，对于生产中出现的各种问题没有很有效的手段调整和解决。本文想通过对于首钢焦化厂 AS 系统运行一年多以来的问题的分析和解决，尤其是对于超负荷问题的分析和交流，能够使我们对 AS 技术有更清楚的认识。

（原文发表于《设计通讯》2005 年第 2 期）

硫铵生产工艺的探讨

朱灿朋

(北京首钢国际工程技术有限公司，北京 100043)

摘　要：对喷淋式饱和器工艺和泡沸伞式饱和器工艺进行技术和造价比较，总结了喷淋式饱和器工艺的优势，提出了增大结晶槽容积的建设。

关键词：硫铵生产工艺；喷淋式饱和器；泡沸伞式饱和器

The Improvement of Ammonnium Sulfate Process

Zhu Canpeng

(Beijing Shougang International Engineering Technology Co., Ltd., Beijing 100043)

Abstract: The comparison of ammonnium sulfate process, it shows that the process of spray-type saturator is better, and the improvement of adding acid process is described. Finaly the processing methed of tail-gas producted by ammonnium sulfate drying is pointed out.

Key words: spray-type saturator; ammonium sulfate; process improvement

1　工艺原理

目前，我国焦化厂主要通过生产硫酸铵来回收煤炼焦时生成的氨。硫铵工艺的原理是用硫酸吸收煤气中的氨得到硫铵[1]，其化学反应式为：

$$2NH_3 + H_2SO_4 \longrightarrow (NH_4)_2SO_4 \tag{1}$$

氨和硫酸的反应为放热过程，当用硫酸吸收焦炉煤气中的氨时，实际热效应与硫铵母液的酸度和温度有关。用适量硫酸与氨反应，可生成中式盐。如果硫酸过量，则生成酸式盐，其化学反应式为：

$$NH_3 + H_2SO_4 \xrightarrow{\text{酸过量}} NH_4HSO_4 \tag{2}$$

随着溶液中氨饱和程度的提高，酸式盐又转变为中式盐，其化学反应式为：

$$NH_4HSO_4 + NH_3 \longrightarrow (NH_4)_2SO_4 \tag{3}$$

溶液中酸式盐和中式盐的比例取决于溶液中游离酸的浓度。当酸度仅为1%~2%时，主要生成中式盐；当酸度提高时，酸式盐的含量也相应提高。由于酸式盐易溶于水和稀硫酸中，故在酸度不大时，从饱和溶液中析出的只有硫酸铵晶体。

2　两种饱和器工艺的比较

饱和器作为硫铵生产的主体设备，有泡沸伞式和喷淋式两种工艺[2,3]，下面进行技术经济比较。

2.1　两种工艺的技术比较

泡沸伞式饱和器的工艺流程（见图 1）：煤气经预热器加热至约 70℃后从中央管进入饱和器。在饱和器内煤气经泡沸伞穿过母液层鼓泡而出，煤气中的氨被硫酸溶液吸收。煤气出饱和器后进入除酸器，分离夹带的酸雾后进入下一工序。

喷淋式饱和器的工艺流程（见图 2）：煤气经预热至 60℃后进入饱和器上部喷淋吸收区，煤气被分成两股，并沿饱和器内壁与器内除酸器外壁构成的空间流动。母液泵抽出饱和器底部结晶分级槽中的酸性硫铵母液，向内外筒体间的环形空间喷洒，煤气与酸性母液直接接触，将煤气中的氨转变为硫酸铵。煤气通过喷淋区进入中心区内的除酸器，除去夹带的酸雾后，从中央气体出口管逸出，进入下一工序。

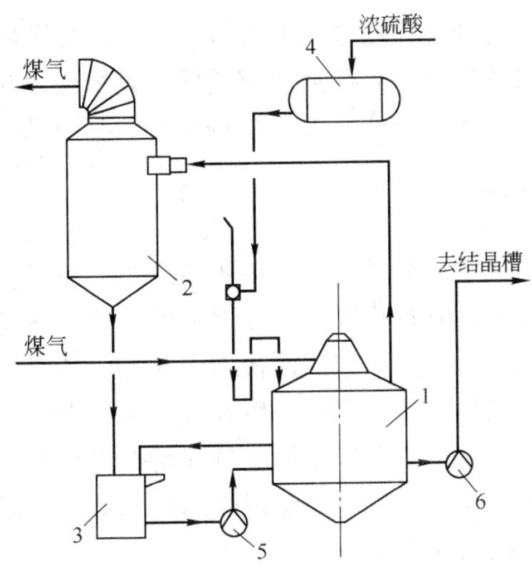

图 1　泡沸伞式饱和器工艺流程图

Fig.1　Bubble-umbrella-type saturator process

1—饱和器；2—除酸器；3—满流槽；4—硫酸高置槽；5—母液循环泵；6—结晶泵

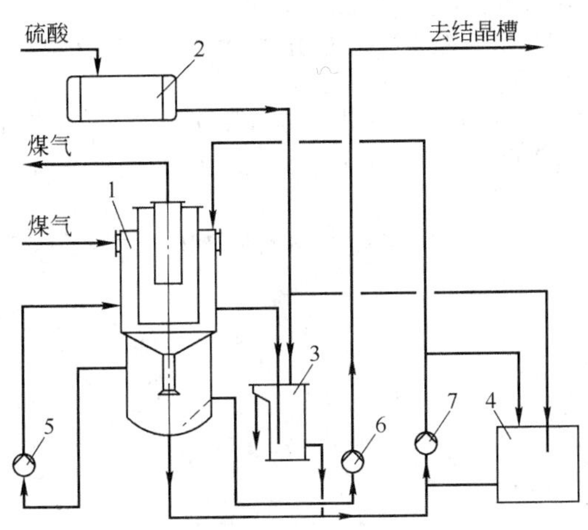

图 2　喷淋式饱和器工艺流程图

Fig.2　Spray-type saturator process

1—饱和器；2—硫酸高置槽；3—满流槽；4—母液槽；5—母液循环泵；6—结晶泵；7—母液泵

喷淋式饱和器相对于泡沸伞式饱和器而言，其煤气系统阻力大幅度下降，可以有效降低鼓风机的耗电量。喷淋式饱和器的阻力为 1.5~2.0 kPa[4]，而泡沸伞式饱和器的阻力为 5.0 ~6.0 kPa。喷淋式饱和器在结构上将泡沸伞式饱和器工艺流程中的除酸器与饱和器合二为一，提高了硫铵质量，粒度大且颜色白。因此，喷淋式饱和器的工艺比泡沸伞式更合理。

2.2　造价的比较

从设备角度分析，喷淋式饱和器不用单独设除酸器，减少了这部分的设备投资。但由于喷淋式饱和器的喷淋量比泡沸伞式大，所以母液泵、母液循环泵也要大一些。现结合实例，将泡沸伞式饱和器工艺与喷淋式饱和器工艺的主要设备造价进行比较。

假设煤气处理量为 42000 m^3/h。泡沸伞式饱和器的规格为 DN 5500 mm，喷淋式饱和器的规格为 DN 4200 mm。对泡沸伞式饱和器工艺，泡沸伞式饱和器造价 112.8 万元，除酸器造价 49.6 万元，2 台母液循环泵的造价为 25.4 万元，主要设备造价合计为 187.8 万元。对喷淋式饱和器工艺，喷淋式饱和器造价 134.4 万元，2 台母液循环泵的造价为 57.6 万元，主要设备造价合计为 192.0 万元。

通过对两种饱和器工艺的技术经济比较，采用喷淋式饱和器工艺是比较经济合理的。

3　相关技术的讨论

3.1　加酸工艺的改进[2]

母液酸度对硫铵结晶有一定的影响，随着母液酸度的提高，结晶的平均粒度下降，晶体形状也从长宽比小的多面颗粒转变为有胶结趋势的细长六棱柱形，甚至是针状。这是由于当其他条件不变时，母液的介稳区随着酸度增加而减小，不能保持所必需的过饱和程度。同时，随着酸度的提高，母液黏度增大，增加了硫铵分子的扩散阻力，阻碍了晶体的正常成长。但是，母液的酸度也不宜过低，否则除使氨的吸收率下降外，还易造成饱和器堵塞。特别是当母液搅拌不充分或酸度波动时，可能在母液中出现局部中性区甚至碱性区，从而导致母液中的铁、铝离子形成氢氧化铁及氢氧化铝等沉淀，进而生成亚铁氰化物，使晶体着色并阻碍晶体成长。另外，当酸度低于 3. 5%时，因母液密度下降易产生泡沫，使饱和器操作恶化。

在正常生产中，为保持母液酸度在 4%~6%的范围内，只需连续向饱和器内加入硫酸中和煤气中的氨。但每隔 1~2d，需加入酸使母液酸度为 12%~14%，并用热水冲洗，以消除装置内沉积的结晶。每周还需加入酸使母液酸度为 20%~25%，此时硫酸铵大量转变为硫酸氢铵，用热水冲洗，可彻底地溶解沉积的结晶。加酸的位置不同，对饱和器本体的影响也不同。

对泡沸伞饱和器工艺，浓硫酸从高位槽自流加入饱和器中，存在以下问题。

（1）加酸管易堵塞。当浓硫酸流经 U 型管液封时，由于酸泥等杂质的沉积，使浓硫酸在管道内流通不畅，严重时酸泥堵塞 U 型管液封而不能加酸。

（2）饱和器中央管和泡沸伞易产生腐蚀。

（3）饱和器运转周期短。浓硫酸直接进入饱和器易产生腐蚀，因此被迫停产检修，造成运转周期短。

对喷淋式饱和器工艺，来自硫酸高位槽的浓硫酸直接送入满流槽。由于取消了U型管液封，不存在酸泥堵塞管道的隐患，使加酸管道畅通，操作方便，从而可取消吹扫用压缩空气管道系统，延长了饱和器的运转周期。

3.2 增大结晶槽的容积

在饱和器内硫铵从母液中形成晶体需经历两个阶段，即晶核的形成和晶核的长大。若晶核形成速率大于晶体的成长速率，则产品粒度小；反之则可得到大颗粒结晶。可见控制这两种速率，即可控制产品的粒度。沉积于饱和器底部的硫铵结晶，用结晶泵将其连同部分母液一起抽出，送往结晶槽，再从结晶槽底部进入离心机，离心分离出的母液与结晶槽满流的母液一起自流入饱和器。硫铵结晶则由螺旋输送机送至硫铵干燥器。硫铵的结晶成长过程在饱和器及结晶槽中，当含硫铵结晶的母液流过结晶槽时，大颗粒的硫铵结晶便沉降下来，在结晶槽中继续长大。目前的设计中离心机及干燥设备并非连续操作，一般按每班工作5h考虑。如果结晶槽的容积小了，则大颗粒的硫铵结晶也会被母液带回饱和器，这样容易堵塞母液管道，同时也会增加开启离心机的次数。因此加大结晶槽的容积是必要的，既有利于硫铵晶体长大，也有利于稳定离心机操作。

4 结语

硫铵工段腐蚀性强，采用喷淋式饱和器生产硫铵有利于改善操作环境。改进加酸工艺、增大结晶槽容积都有利于硫铵生产操作。此外，硫铵生产的过程中最后产生的尾气一般经过旋风除尘器后，直接排入大气。在实际生产中尾气仍夹带有很多硫铵粉尘，污染周围环境。建议采用湿式除尘工艺除去尾气中的硫铵粉尘[3,4]。

参考文献

[1] 库咸熙. 化产工艺学[M]. 北京: 冶金工业出版社, 1985.
[2] 杨明平, 彭荣华, 胡忠于. 硫铵饱和器加酸工艺的改进[J]. 燃料与化工, 2002, (1) : 39.
[3] 宁艾维. 硫铵干燥废气的湿式除尘工艺[J]. 燃料与化工, 1999, (6): 290~291.
[4] 薛惠敏, 赵勇勇. 喷淋式饱和器的应用情况[J].燃料与化工, 2000, (4): 190~191.

（原文发表于《煤气与热力》2005年第4期）

首钢焦化厂新建 AS 工程总结及技术改进浅析

闫 华

(北京首钢国际工程技术有限公司，北京 100043)

摘 要：本文总结和分析了 AS 技术在首钢焦化厂新建的煤气脱硫工程中的成功应用和技术改进。AS 技术的改进提高了煤气的空塔气速，缩短了洗涤液与气体的接触时间，提高了脱硫反应的选择性，使反应需要的氨硫比及控制更加合理，降低了设备尺寸和工程投资；脱硫富液再生后产生的含氨酸气采用复合式克劳斯炉处理，节省了脱酸蒸汽耗量，简化了工艺。AS 技术在首钢的应用将对国内的焦化行业起到借鉴和推动该技术发展的作用。

关键词：AS 技术；焦化；煤气净化；技术改进

Summary and Analysis of the Technical Improvements of Newly-built AS Project in Shougang Coking Plant

Yan Hua

(Beijing Shougang International Engineering Technology Co., Ltd., Beijing 100043)

Abstract: Successful application and technical improvements of AS technology applied in Shougang Coking Plant were summarized and analyzed in the paper. Improvement of AS technology improved gas velocity of void tower, shorten the contact time between washing liquid and gas, and improved the selectivity of desulfurization reaction, making ratio and control of ammonia sulfur that the response needs were more reasonable, besides, it reduced the equipment size and project investment; Moreover, when compound Claus furnace was adopted, steam consumption of desulphurization was saved and the process was simplified. The application of AS technology in Shougang will promote the development of this technology, and will play an important role in domestic coking industry.

Key words: AS technology; coking; coal gas purification; technology improvements

1 引言

首钢焦化厂为治理污染，保护环境，决定采用技术先进、成熟、可靠的工艺对焦化厂进行煤气脱硫技术改造和焦化污水处理，在处理过程中不产生二次污染，保证净化后的煤气和处理后的污水达到北京市对环保的要求。

新建煤气净化工程经我公司和首钢设计院多年论证，决定采用 AS 脱硫工艺、氨气分解回收低热值煤气、硫化氢还原生产高纯硫的工艺，并于 2001 年 9 月进行国际招投标，最终由德国蒂森克虏伯恩库克（简称 TKEC）公司中标。工程从 2002 年 2 月动工，并于 2003 年 9 月试运行，11 月完成性能试验。

该工程引进了德国蒂森克虏伯恩库克公司的 TKEC CYCLASULFR 和 COMBICLAUSR 的先进工艺技术。该技术代表了焦炉煤气脱硫脱氨技术领域中的 20 世纪 90 年代先进水平，在我国焦化行业为首次应用。

2 联合设计情况

从 2001 年 9 月~11 月由首钢设计院派出焦化专业工艺、设备专业的设计人员在德国进行 3 个月的联合设计工作。在联合设计期间，首钢设计院设计人员在对该工艺和德方基本设计深入了解、消化的基础上理解了德方基本设计思想及工艺特点。德方专家也充分了解了我国的有关标准、规范和同类工程的一些成熟经验以及中国的国情。经过技术交流和讨论，双方确定了详细设计方案，并结合中国的设计、制造标准、材料特点以及国内焦化厂的一些实际应用的成功经验，对德方原基本设计进行了许多修改。例如：在洗涤和硫回收工段设备所用垫片由柔性石墨改为石棉橡胶垫片；所有用于容器的钢板由 20g、16MnR 改为一般的碳素钢；把可拆式的螺旋板换热器改为制造成本很低的不可拆式的螺旋板换热器；脱酸塔和蒸氨塔原基本设计的钛材材质 TA0 改为 TA1 在能满足工艺和使用要求的前提下，尽量减少工程投资，使得非标设备的预算比基本设计降低了 10%以上。

从 2001 年 8 月~2002 年 1 月由首钢设计院进行全部工程的施工图设计。在 2002 年的 3 月和 6 月德方专家两次来首钢设计院进行详细设计图纸的审查、签认。

3 新建 AS 工厂工艺参数及控制系统

3.1 工艺指标

煤气处理量：

焦炉煤气：43600Nm^3/h

尾气：2700 Nm^3/h

总设计规模：46300 Nm^3/h

净化后的焦炉煤气各组分含量：

H_2S：≤200mg/Nm^3

NH_3：≤30mg/Nm^3

HCN：≤900mg/Nm^3

废水中各组分含量：

全氨含量：≤200mg/L

固定铵含量：≤100mg/L

H_2S：≤20mg/L

挥发 HCN 含量：≤11mg/L

液硫的纯度：≥99.8%

3.2 克劳斯燃烧器 HIMA 控制系统

HIMA-PLC 将用于监视器并控制燃烧器连锁系统，所有必需的信号和数据将在 PLC 中进行处理，同时，也将提供用于数据交换的 DCS 界面。

烧嘴的连锁系统功能由该控制系统独立的完全实现。工厂控制系统的操作界面将提供所有的关于烧嘴连锁的状态的必要信息。

3.3 仪表和过程控制系统 DCS

由于该系统设计为高度自动化操作模式，整个系统自动控制阀 120 个，测量点 400 个；控制点近 1000 个。

该系统所有必要的工艺参数和条件都集中在中央控制室的 DCS 远程控制、指示和记录。此系统还包括报警装置。所有这些都与微处理器控制系统相连接。

所有工艺参数通过工艺输入、输出模块被提供该 DCS 控制系统。

操作和监控系统所含软件包能实现下列功能：

（1）总体显示测量点；

（2）组态显示；

（3）回路细节显示；

（4）回路趋势显示；

（5）在单个和组信号区的报警和文件信号显示；

（6）打印出带有平均和累计值班次表、日报表、10 日报表。

4 工艺流程、主要设备，能耗指标

4.1 工艺流程

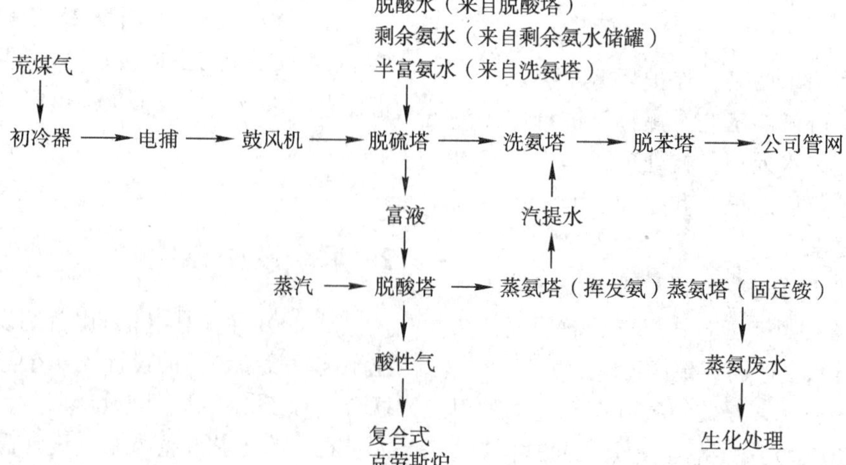

来自初冷器、电捕焦油器的焦炉煤气通过 21 单元洗涤工段，经过 H_2S 洗涤塔和 NH_3 洗涤塔，煤气中的 H_2S 含量被降低到 0.2g/Nm^3、NH_3 含量被降低到 0.03g/Nm^3。清洗后的煤气被送到洗苯塔，利用洗油回收煤气中含苯类物质。脱苯后的煤气进公司管网。

用于 H_2S 洗涤塔的洗涤液分别为来自洗氨塔的半富氨水、来自脱酸塔的脱酸水、来自剩余氨水储罐的剩余氨水，由于在 H_2S 洗涤塔内发生的化学反应均为放热反应，而且洗涤液吸收煤气中的 H_2S 的温度应控制在较低的温度（25℃），因此设有螺旋板换热器用于冷却洗涤塔每一段排出的洗涤液。

来自剩余氨水罐的剩余氨水、脱酸塔来的脱酸水以及从洗氨塔来的半富氨水作为 H_2S 洗涤塔的洗涤液。

来自挥发氨蒸氨塔的汽提水用于 NH_3 洗涤塔的洗涤液。此外，来自碱液罐的碱液用于 NH_3 中部的碱洗段，碱洗段由三层泡罩塔盘组成。

吸收了煤气中被脱除的成分的富氨水被送到 22 单元富液罐，并从 22 单元被送到脱酸蒸氨系统 23 单元，在脱酸塔内用蒸汽汽提出酸气去往克劳斯工段；并产出脱酸水分别去蒸氨塔和 H_2S 洗涤塔。

挥发氨蒸氨塔产生的汽提水（汽提水中含 H_2S：0.024g/L，CO_2：0.12g/L，挥发氨：0.025g/L）和固定铵蒸氨塔产生的废水（废液中含 H_2S：0.041g/L，HCN：0.008g/L, CO_2：0.16g/L，挥发氨：0.049g/L，全氨：0.066g/L，固定氨：0.009g/L）分别去 NH_3 洗涤塔和生化处理站。

从脱酸塔出来的酸气在复合式克劳斯系统被处理酸气中所含的 H_2S，经克劳斯反应生产液态硫，所含的 NH_3、HCN 被分解为 N_2、H_2。

复合式克劳斯系统包括 2 个带有废热锅炉的克劳斯炉，克劳斯反应器、预热器、2 个硫冷凝器、硫分离器、硫储罐。2 个空气风机、2 个煤气风机。

复合式克劳斯炉具有 3 个烧嘴：

点火烧嘴（煤气+燃烧空气）

启动烧嘴（煤气+燃烧空气）

主烧嘴（酸气、酸气+煤气、燃烧空气、冷却用蒸汽、冷却用空气）

控制有 5 种操作模式：

模式 1：干燥/加热。由空气风机给入空气干燥克劳斯炉，按加热曲线加热克劳斯炉到操作温度。

模式 2：加热/热备。克劳斯炉被加热到 1100℃，保持该温度作为热备。

模式 3：复合式克劳斯处理工艺。从脱酸塔来的酸气在克劳斯炉里 H_2S/SO_2 按照计算比例燃烧，尾气往下流动经过克劳斯炉的催化剂层到尾气管线。

模式 4：煤气加到酸气的复合式克劳斯系统。如酸气中的 H_2S 含量偏低不能与设计条件相匹配，炉内温度下降时把煤气加入到酸气中达到克劳斯反应所需的温度。

模式 5：氨分解模式。在克劳斯反应器的催化剂更换或故障时，酸气将以氨分解的模式来处理。加入的量要保证温度范围在 1000~1100℃。在氨分解模式中没有 H_2S 转化成 SO_2，因此也没有硫生成。

4.2　主要设备结构形式

表 1　设备尺寸、结构供货表

序号	设备名称	数量	材　质	主要尺寸	供货情况	结构特点及工艺作用
1	H_2S 洗涤塔	1	塔壳：碳钢 填料：不锈钢	D_i = 2700mm	塔内液体分布器、捕雾器、泡罩塔盘均由德方供货，其余中方供货	内装 5 层波纹孔板填料，材质为不锈钢。5 层液体分布器和 2 个收集盘。最下一层填料用于煤气的二次冷却
2	NH_3 洗涤塔	1	塔壳：碳钢 填料：不锈钢	D_i=3000mm	塔内液体分布器、捕雾器、泡罩塔盘均由德方供货，其余中方供货	内装 3 层波纹孔板填料，材质为不锈钢。3 层液体分布器和 2 个收集盘。该塔还装有 3 层条型泡罩塔盘用于碱洗段
3	剩余氨水储罐	2	碳钢	D_i=7000mm	中方供货	原始氨水沉降分离
4	富液罐	1	碳钢	D_i =7000mm	中方供货	富液储存
5	碱液罐	1	碳钢	D_i=6000mm	中方供货	内设有六个加热管，一个静态混合器
6	脱酸塔	2	塔壳：钛材， 填料：PPH	D_i=2100mm	除填料和浮阀塔盘以及液体分布盘由德方供货以外，其余均由中方供货	塔内装有波纹孔板填料（PPH）和液体分布盘，塔顶部装有 3 层浮阀塔盘
7	蒸氨塔（挥发氨塔 1 个，固定铵塔 2 个）	3	塔壳：钛材/不锈钢，碳钢， 填料：PPH	D_i=1600mm	塔内的填料和液体分布盘由德方供货，塔体由国内供货	塔内设有两层填料层、一个液体分布器和一个液体再分布器；下部设有闪蒸室，内设有三层筛板塔盘。塔内填料为鲍尔环
8	复合式克劳斯炉	2	不锈钢/碳钢，耐火材料，催化剂：Ni	D_i=2700mm	除烧嘴、测温元件和催化剂为德方供货外，其余均为中方供货	内装有点火烧嘴/启动烧嘴，主烧嘴，催化剂
9	废热锅炉（含汽包）	2	不锈钢，碳钢/耐火材料	D_i=1400mm	国内供货	卧式，列管式不均匀布管换热器，产汽量为 3150kg/h

4.3 能耗指标

电力（kW·h）：240

蒸汽消耗总量（kg/h）

低压蒸汽：7400（包括管网输入蒸汽：4100）

中压蒸汽：4300（包括管网输入蒸汽：4300）

复合式克劳斯炉产汽量：3300

软化水(kg/h)：3700

制冷水(kg/h)：350

冷却水(kg/h)：630

NaOH 溶液(40%) (kg/h)：560

98%的氮气（m^3/h）：

正常值：90；

短期值：450

用于热备的 COG(m^3/h)：90

仪表气量(m^3/h)：120

5 主要设备的特点和用途

该工程为具有典型化工特点的工厂，主要设备分别为塔类、换热器类、储罐类、反应加热炉类等化工设备。

5.1 塔类

5.1.1 H_2S、NH_3 洗涤塔

结构形式为填料塔，内装波纹孔板填料及收集盘和分配盘。最下一层填料用于入塔煤气的二次冷却。

在 H_2S 洗涤塔里煤气和洗涤液逆向接触，从塔底往上各洗涤段的洗涤液分别为来自脱酸塔的脱酸水、来自剩余氨水储罐的剩余氨水和来自 NH_3 洗涤塔下部的半富氨水。在 H_2S 洗涤塔内除了 H_2S 还有 CO_2、HCN、NH_3 被吸收，脱硫率应达到 92%（设计值）。

NH_3 洗涤塔：主要发生吸收 NH_3 的反应。来自蒸氨塔下部的汽提水作为洗涤液，该塔还装有 3 层条型泡罩塔盘用于碱洗段。在碱洗段内将剩余的煤气中的 H_2S 脱除到保证值。

5.1.2 脱酸塔、蒸氨塔

塔内分别装有波纹孔板填料和鲍尔环填料以及槽式液体分布器，富液从塔顶进入脱酸塔内，被从塔下部进入的蒸汽提出含 H_2S、CO_2、HCN 的酸气，并进入克劳斯炉燃烧。从脱酸塔下部出来的脱酸水被用于 H_2S 洗涤塔；从蒸氨塔出来的汽提水用于 NH_3 洗涤塔；从蒸氨塔出来的废水被排到生化处理站。

5.2 换热器

螺旋板换热器：用于洗涤塔中洗涤液冷却。

板式换热器：

结构形式：多流道的板式换热器。

作用：用于脱酸蒸氨工段中富液加热、脱酸水冷却、废水冷却。

列管式换热器：用于克劳斯工段硫冷凝冷却和过程气预热。

5.3 拱顶储罐

用于储存剩余氨水、汽提水、富液、碱液。

5.4 反应加热炉

用于氨分解和硫化氢转化成硫的加热炉。

5.5 废热锅炉

结构形式：不均匀布管，中心设有一个大管用于调节过程气的出口温度，整个管板在上、下的两个弓形部分不布管。尾部设有调节过程气出口温度的锥形阀和过滤器。

作用：用于过程气的冷却、硫的冷凝和副产蒸汽。

6 该工艺与国内同行业比较的先进性和有关技术改进

6.1 技术先进性

采用新型高效的塔填料，提高了洗涤、脱酸和蒸氨塔的传质、传热效率。

根据 TKEC 公司最新的氨水脱硫机理，选择最优反应时间，改善了选择性吸收 H_2S 的最佳接触时间。

调整了洗涤液中氨含量，合理地确定每个洗涤塔各段的氨硫比，以达到最佳洗涤效率。脱硫温度允许由原来的 22℃提高到 26℃，提高了高温下的洗涤效率。

采用了较宽参数范围内的计算机辅助计算模型，优化控制工厂的操作。

6.2 技术改进

6.2.1 高效的波纹孔板填料的应用

洗涤塔和脱酸塔中采用了高效的波纹孔板填料，其比表面积为 250m^2/m^3，相比国内采用的钢板网填料有了飞跃性的进步。这体现在相同体积的填料比表面积比国内 AS 工艺广泛采用的钢板网填料传质面积增加了 5 ~ 6 倍，气液两项接触状况比用钢板网填料有了很大的改善，从而提高了洗涤、脱酸的传质传热。

由于波纹孔板填料允许高的气体流速，空塔气速提高了，缩短了煤气在塔内的停留时间，有效地抑制了脱硫副反应（CO_2 的吸收）的进行。改进了选择性的吸收 H_2S 的最佳接触时间，即在最短的时间内能够完成 H_2S 的脱除反应，最大程度降低了 CO_2 的吸收。在缩短了气液接触的时间的前提下，确保脱硫塔后煤气含 H_2S 低于 0.5 g/m^3 这个重要工艺指标。

在相同煤气处理量情况下降低设备尺寸：洗涤塔、脱酸塔的塔径和高度比用钢板网填料塔减少了10%~20%（钢板网填料洗涤塔与改进后波纹孔板填料洗涤塔的有关工艺参数和结构尺寸对照见表 2、表 3）。

表 2 H_2S 洗涤塔改进前、后有关参数及尺寸对照表

项 目	塔径/mm	塔高/mm	空塔气速/$m \cdot s^{-1}$	填料高/mm	停留时间/s	比表面积/$m^2 \cdot m^{-3}$
钢板网填料塔	3000	32000	1.965	12000	6.1	41.7
波纹孔板调料塔	2700	28000	2.25	7981	3.6	250

表 3 NH_3 洗涤塔改进前、后有关参数及尺寸对照表

项 目	塔径/mm	塔高/mm	空塔气速/$m \cdot s^{-1}$	填料高/mm	停留时间/s	比表面积/$m^2 \cdot m^{-3}$
钢板网填料塔	3800	33500	1.225	12000	9.8	41.7
波纹孔板调料塔	3000	28700	1.965	7980	4.4	250

6.2.2 塔内液体分布装置的改进

在洗涤塔和脱酸塔以及蒸氨塔内的液体分布装置均采用槽式分布器。与国内广泛使用的喷头型式相比，具有结构形式简单，制造成本低，喷洒均匀，最重要的是不易堵塞，并有较好的操作弹性。

国内 AS 工艺中用于洗涤液分布的装置长期以来一直使用传统的收集盘和三线螺旋喷头或溅盘分布装置，其中喷头型式极易堵塞，需要在 1 个月左右甚至是更短的时间之内就要停塔清理喷头，虽然近几年有一些厂开始逐渐使用改型的喷头，堵塞的现象有所改善，但以上两种结构复杂且费用是槽式分布器的 3~5 倍。相比之下，首钢所用的槽式分布器从 2003 年 9 月投产到现在从没有停塔清理过，使用情况较好。

6.2.3 氨水的净化装置的改进

以往国内其他焦化厂通常采用砂石过滤器，但过滤效果不好，效率很低，有些厂不得不采用一些附加措施以改善氨水过滤效果。而首钢这次采用的是剩余氨水通过在剩余氨水罐的分离沉降达到净化。2 个直径 7m 的氨水储罐，剩余氨水在罐内停留约 20 小时，氨水与焦油和轻质油类进行充分的沉降和分离，使剩余氨水中含油量在罐后能达到 20~30mg/L。

这一重要的改进不仅有效地解决了氨水净化的问题，而且更重要的是确保了洗涤塔中的波纹孔板填料以及后续的脱酸塔的波纹孔板填料能够较好地避免堵塞现象。这也是洗涤工段使用该填料的重要前提。

6.2.4 脱酸工段用的板式换热器采用了多流向通道

以往国内同样的系统用的板式换热器基本都是单向通道，这种通道的问题是流体的阻力降小，流速小，传热效率低，同时介质中含有的焦油容易在换热板上滞留、沉积、结垢，通常会造成使用很短的时间就要拆开检修。在本次设计中以脱酸水冷却器为例，设计要求在脱酸水侧的阻力降应接近 0.6 bar（表压），尽量用足所允许的阻力降，以确保介质尽可能高的流速。但板式换热器供货商在采用单通道时，算出阻力降仅为 0.09 bar（表压），与要求的值相距很大。在改为多流向通道以后，阻力降接近设计值，运行实践证明此种结构的板式换热器在这种工况下能够防止板表面膜厚度的增加导致降低传热效率的现象，同时也避免了换热器堵塞。

6.2.5 治理污染措施

用于液体储罐安全保护的氮封系统。

由于在富液罐、汽提水罐、剩余氨水罐、硫储罐、废液罐等罐内介质中含有 NH_3、H_2S、HCN 和碳氢化合物，为避免有害介质的挥发至大气造成污染，所有储罐（除碱液罐以外）均与氮气密封系统连接，并通过压力平衡系统进入鼓风机前负压煤气管道。被硫蒸气和 H_2S 污染的氮气不再进入密封系统，排入尾气系统。

所有的泵采用氮气加压的软水热虹吸进行密封，以防介质泄漏造成污染，同时具备泵机械密封的冷却作用。

以上治理污染措施是从化工系统移植并取得了较好的实践经验。使整个工厂非常有效的避免了有害液体、气体的跑、冒、滴、漏现象。

6.2.6 克劳斯炉的改进

克劳斯炉在催化剂上、下炉膛分别装有测温装置及温度控制连锁系统，能够较好的控制炉内的温度，以避免温度过高，造成催化剂中的 Ni 汽化。因为温度超过 1250℃，将造成催化剂中 Ni 分解损失，降低活性，而且堵塞废热锅炉的进口处。

克劳斯炉的下部为椭圆形封头和裙座支撑，炉体与地面不直接接触，以避免如热烟气泄漏将无法发现且热烟气将传到地下造成热损失和基础裂缝的现象发生。

6.2.7 脱酸塔安全保护装置

为保证脱酸塔的安全分别设置了正压安全阀和负压安全阀。

正压安全阀，设定压力为 0.8 bar（表压），装在低压蒸汽的进口处，材质为碳钢；负压安全阀，设定压力为–0.04 bar（表压），此阀装在填料塔的下层，由钛材制造。这种分别设置正压和负压超压泄放装置与以往一个呼吸阀装在塔顶相比较可以有效地避免长期操作介质黏结在阀内，造成阀无法正常动作，导致设备在超压时损坏。

6.2.8 碱液罐里的加热介质

以往在碱液罐里的用于加热碱液的介质一般为蒸汽。加热器的材料为 Ni，而这次我们把加热介质由蒸汽改为热废水，因此这种改进可使加热管的材质由原来的 Ni 材料改为不锈钢材料。降低了碱液加热器的成本。

6.2.9 酸塔和蒸氨塔的密封垫片

用于脱酸塔和蒸氨塔的密封垫片采用柔性石墨（内插金属）代替聚四氟乙烯（这是 TKEC 公司把柔性石墨垫片第一次用于这种介质和工况）。

7 设计及现场应注意的问题

7.1 联合设计中应注意的问题

7.1.1 结合中国国情可做适当修改和调整

这次与德国 TKEC 联合设计中，体会到有些过高的设计要求是由于德国和中国的国情不同、设计中存在着不同的理念所造成。

例如对于脱酸蒸氨工段中的挥发氨蒸氨塔和固定氨蒸氨塔的结构尺寸的确定。根据工艺的要求挥发氨蒸氨塔和固定氨蒸氨塔的处理量分别为 30 m^3/h 和 40m^3/h，挥发氨塔的尺寸应比固定氨塔的小。但在德国，从制造成本综合考虑，同样尺寸设备的内件的制造成本低于不同尺寸的设备。这两种蒸氨塔的内件均由德方供货，因此挥发氨蒸氨塔和固定氨蒸氨塔的结构尺寸被设计成完全相同。

直径小于 50mm 的法兰，德国设计均为整体高颈法兰，这是因为在通常情况下，设备上小直径的法兰的接管由于细长需要在现场焊接支撑板，以抵抗管道的应力，在德国人工现场焊接的费用高于法兰的制造费，因此，采用高颈法兰。而根据我国的情况应尽可能采用平焊法兰。

以上事例也说明了国外在工程的基本设计阶段中就考虑尽可能地结合制造、安装各阶段的成本综合考虑设计方案优化的问题，这种设计理念是值得我们借鉴的，但要结合本国国情，根据具体情况而定。

7.1.2 设计接口公差

对于国内外分别供货的设备要特别注意接口部位的公差。例如 AS 工程中的洗涤塔塔体是由国内制造，而内部的塔盘由国外供货。这就要求塔体内塔盘支撑圈的平面度和塔体的椭圆度公差与国外的塔盘的制造公差一致。保证塔盘等内件能够顺利安装。

7.1.3 超出国内规范的一些技术指标应做细致工作

例如克劳斯炉中用的耐火材料，由于炉壁内表面的温度要控制在 150~300℃，因此对莫来石、耐热、保温砖以及浇注料都有导热系数的限制。而国内的规范中对于耐火材料的导热系数没有统一规定，耐火度的测试标准也达不到国外基本设计中对该材料耐火度的要求。对此应该结合国外的规范和国内能够达到的条件给出具体的指标和要求。

7.2 类似工程设计中应注意的问题

7.2.1 波纹孔板填料的安装

由于对此种填料的安装间隙有严格的要求，填料为分块组装时由于边缘部分不整齐（对于不锈钢），很难达到要求的间隙。对此洗涤塔内和脱酸塔内波纹孔板填料的安装，应有特殊的安装方法。

7.2.2 塔设备的吊装

由于钛材和超低碳不锈钢制造的塔设备壁厚较薄，对于这类设备吊装时，设计应明确给出要求：禁止塔体直接受到钢丝绳夹持的压力，应采取特殊的吊装方式，以免塔体变形。

7.2.3 国外和国内材料牌号的对应性

对于国外进口的一些非金属材料应详细对照材料牌号的含义是否和国内一样，对应材料牌号的作用和功能。应从根本上搞清楚其化学成分和性能指标，甚至是化验方法、验收标准。这些在设计中应详细了解并核对，以确定该材料使用的正确性。

7.3 设计人员的现场指导能力

设计人员应能够有较好的指导施工、安装、试压的能力。随着首钢设计院越来越多的承担外部设计项目和进行项目工程总承包，要求我们的设计产品在实施时能够以优质的现场服务和较强的工程制造、施工、试验、验收的全过程的控制能力确保优质设计和优质工程，设计人员结合现场的实际条件如何正确灵活的运用标准，应该是设计人员引起足够重视的问题。这需要设计人员要不断地完善、充实和扩展与现场有关的知识，提高对设计标准、制造标准、施工标准的认识和理解，在实际中合理利用和适当调整。

8　用于该工程的先进技术在今后设计中的借鉴和参考作用

（1）在焦炉煤气净化洗涤塔的设计中可推广使用高效波纹孔板填料，提高洗涤效率，同时降低塔的成本。

（2）用于氨水除油的氨水储罐采用锥体隔开的上、下两层的结构，下部分锥体内氨水对上部分的氨水具有保温作用，且具有流道长、氨水可充分地通过沉降分离净化的功能，解决了长期以来焦化行业中的氨水除油效率低的问题。这项技术在进一步的研究完善后在国内的焦化老厂改造氨水除油的项目中具有推广使用的价值。

（3）对板式换热器这种设备在选型订货时，不能简单地按定型设备去考虑，一定要注意工艺介质的特点以及合理使用阻力降这一重要参数，特别是对于焦化厂里含焦油、氨水这样的工艺介质，应控制阻力降这个关键参数不能小于 0.5bar（表压），使液体有足够高的流速和自冲刷作用，这样才能够保证这种换热器高效率传热的效果。如阻力降太低时，应考虑采用多通道的结构。

（4）随着焦化行业环保要求的日益提高，采用热虹吸水罐密封的泵具有在焦化工程中进一步推广的前景。尤其是用于有毒、有害介质的泵应逐步使用这种技术确保良好的密封性能。通过这项技术在首钢焦化厂的成功应用，我们也体会到移植在石油、化工行业已使用的成熟技术对焦化行业的技术进步是十分有益和必要的。

（5）用于焦化行业的 AS 工艺的脱酸、蒸氨塔的密封垫片可用柔性石墨（内插金属）代替聚四氟乙烯的垫片，费用可降低 30%以上。

用于大直径的洗涤塔中塔盘与支持圈之间的密封材料采用膨胀聚四氟乙烯。此类垫片有很好的压缩性，可较好地补偿和解决了由于大直径塔盘和塔盘支撑的不平度引起的密封困难。

9　结语

该工程自投产以来一直是在超设计负荷下运行。原设计煤气处理量为 46300m^3/h，由于首钢焦化厂的 2 号焦炉未按原计划停炉，目前仍在运行，因此煤气处理量一直是 60000m^3/h 到目前为止，在煤气处理量超设计负荷条件下，系统的各项工艺指标及运行参数均稳定在设计值之内。该系统的稳定和高效都远远超过德方专家的预计和想象。这一实践的成功，也为我们进一步探索 AS 工艺操作弹性的范围提供了良好的运行数据和基础。我们也希望通过该工程的技术介绍、分析研究和与同行业的交流，能够起到推动AS技术在焦化行业里不断进步的作用。

（原文发表于《设计通讯》2004 年第 1 期）

顶装式焦炉装煤车装煤工艺及设备的研究与应用

颉建新

(北京首钢国际工程技术有限公司，北京 100043)

摘　要：分析了焦炉装煤操作的基本要求和顶装式焦炉装煤车装煤方式及其特点，提出了一种新型螺旋给料方式，经用户使用取得了良好的效果，具有广泛的推广应用价值。

关键词：装煤；设备；工艺；研究；应用

Research & Development of Coal Charging Techniques and Equipment of Tamping Type Coke-oven Coal Charging Cars

Xie Jianxin

(Beijing Shougang International Engineering Technology Co., Ltd., Beijing 100043)

Abstract: The basic requirement of coke-oven coal charging operation and the coal charging way and characteristics of tamping type coke-oven coal charging cars have been analyzed in the paper. A new screw carrying material way has been put forward. The favorable effect has been acquired when users used it, it has broad application value.

Key words: coal charging; equipment; techniques; research; development

1　引言

焦炭生产是将配制的原料煤装入焦炉内，隔绝空气加热干馏而生成焦炭的过程。根据装煤方式的不同，焦炉可分为顶装式和捣固式两大类。

顶装式焦炉工艺流程：原料煤经煤处理（粉碎、配煤）送入煤塔→通过装煤车从炉顶装入焦炉炭化室→干馏成焦炭→由推焦机将焦炭从焦炉炭化室推出→焦炭经拦焦机的导焦栅导入熄焦车内→电机车将熄焦车牵引至熄焦塔下熄焦（或采用干法熄焦）→焦炭通过皮带输送机运至筛焦站筛分→焦炭运往高炉（或者作为商品焦运出）。其中原料煤通过装煤车煤斗从炉顶装入焦炉炭化室是顶装式焦炉工艺流程的重要环节。本文分析了焦炉装煤操作的基本要求和顶装式焦炉装煤车装煤方式及其特点，提出了一种新型不等距螺旋给料方式，经用户使用取得了良好的效果，具有广泛的推广应用价值。

2　焦炉装煤操作的基本要求

焦炉装煤包括从煤塔取煤和由装煤车往炉内装煤，其操作要求是：装满、装实、装平和装匀。

装煤不满将减少产量，且使炉顶空间温度升高，加速粗煤气的裂解和沉积炭的形成，易造成推焦困难和堵塞上升管；但装煤也不宜过满，以防堵塞装煤孔，使粗煤气导出困难而大量冒烟冒火；装煤过满还会使上部供热不足而产生生焦。

装煤应实，这不但可增加装煤量，还有利于改善焦炭质量，因此，煤塔和煤车放煤速度要快，既有利于装实，还可减少装煤时间并减轻装煤冒烟。

放煤后应平好煤，以利于粗煤气畅流，为缩短平煤时间及减少平煤带出煤量，煤车各斗取煤量应适当，放煤顺序应合理，平煤杆不过早伸入炉内。

各炭化室装煤量应均衡，与规定值偏差不超过150kg，以保证焦炭产量和炉温稳定。

因此，为了保证焦炭质量，在所选择装煤方式时，应尽量满足装煤的工艺要求。

3　顶装式焦炉装煤车装煤方式及其特点

目前，顶装式焦炉装煤车装煤方式主要有：重力给料、转盘给料、螺旋给料，各有其特点。

3.1　重力给料方式

如图 1 所示，重力给料方式的工作原理：利用煤自身重力落入炭化室。其特点：（1）给料均匀性较差，由于受煤的水分、煤斗及导套的表面状态影响，落煤有突发性；（2）由于给料不均匀，煤料进入炭化室突发性大，烟尘量难以控制；（3）给料突发性大，若落煤下口设计过小易堵煤，故一般下口直径大，余煤多；（4）给料无动力，只设煤斗和闸板，设备简单，投资少。

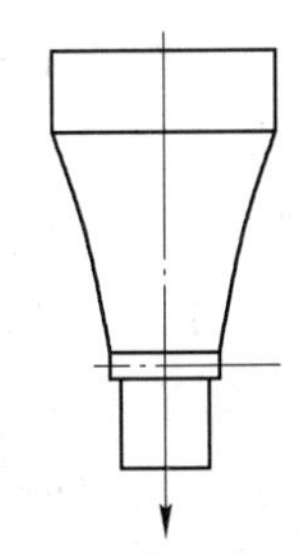

图 1　重力给料方式

3.2　转盘给料方式

如图 2 所示，转盘给料方式的工作原理：转盘使物料转动，利用物料离心力，将煤甩出转盘，并通过小斗装入炭化室。其特点：（1）给料较均匀，由于煤的水分、粒度等因素影响，有粒度偏析现象；（2）能做到较均匀地将排出炉外的烟尘收集处理；（3）给料连续均匀，落煤下口直径小，且插入装煤孔座内，无余煤或者极少；（4）动力消耗较大，设备复杂，投资大。

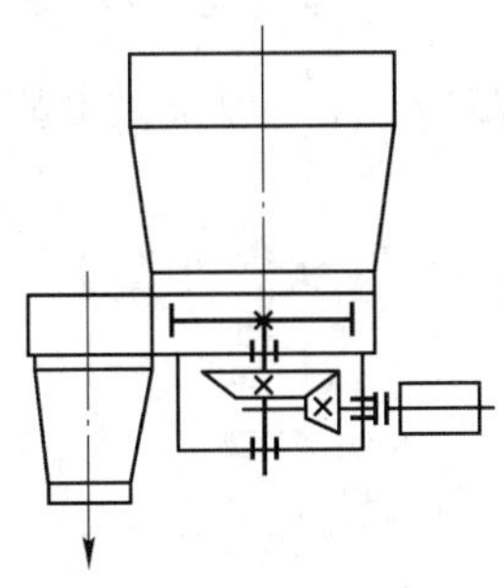

图 2　转盘给料方式

3.3　螺旋给料方式

如图 3 所示，螺旋给料方式的工作原理：利用螺旋直接推动煤料，通过小斗装入炭化室。其特点：（1）给料能达到均匀给料和定量给料；（2）能做到较均匀地将排出炉外的烟尘收集处理；（3）给料连续均匀，落煤口直径小，且插入装煤孔座内，无余煤或者余煤极少；（4）其结构较简单，横向尺寸紧凑，便于维护，可封闭输送，对环境污染小，装卸料点位置可灵活变动；（5）动力消耗较大，设备复杂，投资较大。

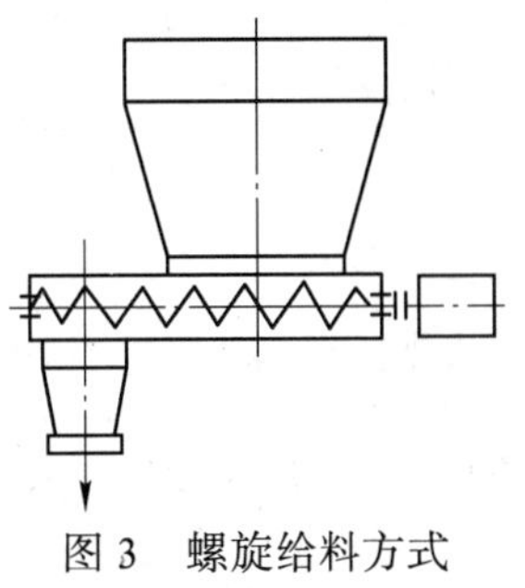

图 3　螺旋给料方式

3.4　三种给料方式比较

为提高工作效率，减轻劳动强度，改善操作环境，装煤的进一步机械化，是出炉操作的重要方向。按照装煤操作要求，必须装满、装实、装平和装匀，因此，重力给料方式逐渐被淘汰。比较转盘给料方式和螺旋给料方式，螺旋给料方式给料更均匀，且定量更好，投资相对较小，所以螺旋给料方式是今后技术的发展方向。

20 世纪 70 年代，国内某专业生产厂曾为国内某焦化厂设计制造了等螺距螺旋给料式装煤车，应用于 4.3m 焦炉，由于对该给料方式缺乏深入研究，下料时常发生堵塞，而作为了备用车。

90 年代，我公司焦化厂 3 号焦炉移地大修改造工程，引进了德国奥托公司 6m 焦炉四大机车技术，其中装煤车采用了不等距螺旋给料方式，驱动为液压马达，首次实现了螺旋给料方式下煤，取得了良好效果。之后，我院对不等距螺旋给料方式进行消化吸收，先后多次在国内 6m 焦炉、4.3m 焦炉上设计制造了驱动为电机减速机的不等距螺旋给料方式装煤车，取得了良好效果，推动了我国焦炉设备技术的发展，产生较大的经济效益和社会效益。

4　新型不等距螺旋给料方式的组成

如图 4 所示，不等距螺旋给料装置由电机、联轴器、减速机、联轴器、轴承座、箱体、不等距螺旋杆、轴承座等组成。不等距螺旋给料装置进口为长方形，长度方向尺寸为1830mm，约为3.5个螺距，并与煤斗通过螺栓连接。出口与装煤导套相连接，使煤料导入焦炉炭化室。整个不等距螺旋给料装置倒挂连接在装煤车煤斗下。工作时，电机启动，通过联轴器带动减速机，减速机输出轴通过联轴器与不等距螺旋杆连接，从而使不等距螺旋给料装置运动，输送煤料从进料口到出料口，实现装煤车装煤。

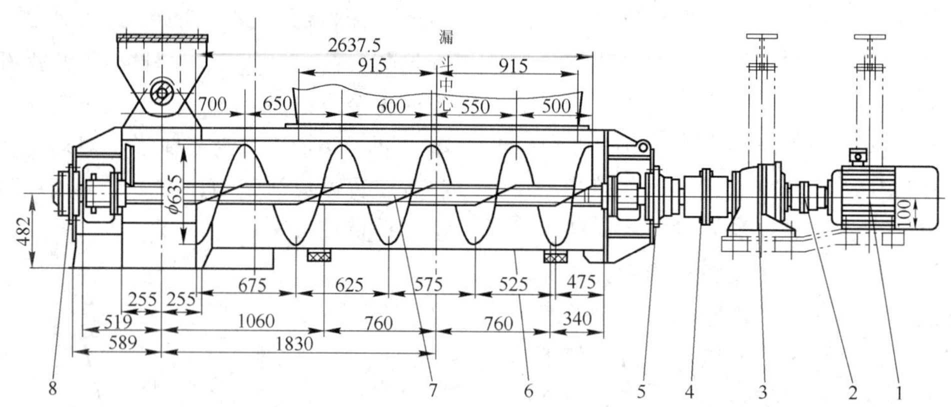

图4　不等距螺旋给料装置

1—电机；2—联轴器；3—减速机；4—联轴器；5—轴承座；6—箱体；7—不等距螺旋杆；8—轴承座

5　新型不等距螺旋给料装置的特点

新型不等距螺旋给料装置除具备螺旋给料方式的特点外，还具有：

（1）采用不等距螺旋杆，使原料煤在输送过程中，其速度越来越快，越来越松散，因而不会发生堵塞现象，提高了机器的使用率及使用寿命。

（2）不等距螺旋杆和箱体材料采用不锈钢，克服了原煤的腐蚀作用，延长了设备的使用寿命。

（3）螺旋轴上的叶片为实体面型，螺线方向为左旋。

（4）为了增加原料煤的充填系数，加料口长度为 3.5 个螺距，一般螺旋输送机进料口长度只有 1个螺距，对于原煤充填系数仅为0.35~0.40。

（5）在头节的螺旋轴上装有止推轴承，以承受推移物料而产生的轴向力；在尾节的螺旋轴上装能作轴向浮动的圆柱滚子向心轴承，以便补偿制造误差和螺旋轴的热变形。

（6）为了防止物料过多时来不及从出料口卸出而侵入第一节止推轴承内，在螺旋轴端部设置一段旋向相反的叶片，起清扫作用。

（7）螺旋叶片与料槽间的间隙为 12mm，叶片厚度为 8mm。

（8）电机采用变频控制可实现螺旋给料装置的软启动，并可根据工艺要求调整输入转数、转速和工作时间，实现螺旋给料装置的顺序控制。

（9）减速机采用摆线针轮减速机，结构紧凑简单，传动效率高。

（10）螺旋给料装置减速机高速端（输入端）和低速端（输出端）装有接近开关（计数器），有以为控制电机转速和计数提供控制信号。

（11）螺旋给料装置外壳上设有检查孔，壳是用可拆螺栓连接，可随时打开清理螺旋。

（12）螺旋给料装置放煤口设有闸板，通过液压缸的伸缩，以开闭闸板。液压缸上配有两个行程开关，以控制液压缸的行程，从而控制闸板的开口大小。

6　新型螺旋给料装置主要参数的确定

6.1　装煤车对不等距螺旋给料装置的工艺要求

（1）输送物料：煤粉；

（2）煤粉堆密度：0.7t/m^3；

（3）煤斗体积：9.2m^3；

（4）煤粉水分：10%；

（5）装煤时间：≤120s；

（6）控制方式：变频控制；

（7）炭化室一次装煤量：17.9t。

6.2　不等距螺旋给料装置的主要参数确定

（1）螺旋面型：采用实体面型螺旋，螺旋方向左旋。

（2）螺旋直径 D：实体面型螺旋直径 D(m)由下式计算：

$$D \geqslant k_z \sqrt[2.5]{\frac{Q}{k_d k_\beta \rho_0}} \tag{1}$$

式中　k_z——物料综合特性系数，取 k_z=0.0415；

Q——输送能力，t/h，Q=17.9÷3÷2×60=179t/h；

k_d——充填系数；普通螺旋输送机进料口长度只有 1 个螺距，对于原煤充填系数仅为 0.35~0.40，为了增加原料煤的充填系数，加料口长度为 3.5 个螺距，因此选取 k_d=0.40；

k_β——倾角系数，取 k_β=1；

ρ_0——输送物料的堆积密度，t/m^3，取 ρ_0=0.7t/m^3。

因此，计算 D≥550mm。

考虑普通螺旋输送机输送能力一般小于 100 t/h；且式（1）为普通螺旋输送机计算公式，在此为近似计算。因此选取 D=635mm。

（3）螺旋节距 P=0.8D。P=0.8×635=508mm；选取不等距螺旋节距 P_1=500mm；P_2=550mm；P_3=600mm；P_4=650mm；P_5=700mm。

（4）螺旋转速 n。为避免出现物料被螺旋叶片抛起而无法输送的现象，螺旋转速应小于极限转速 n_j(r/min)：

$$n_j = k_1 / \sqrt{D} \tag{2}$$

式中 k_1——物料特性系数，取 k_1=75。

$$n_j=75\div\sqrt{0.635}=94\text{r/min}$$

电机额定转速 1470r/min；减速机速比 i=25；

则 n=1475÷25=58.8r/min<n_j=94r/min；满足螺旋转速应小于极限转速 n_j 的要求。

（5）电机：型号 YP$_2$200L-4（变频调速）；功率 30kW；额定转速 1470r/min。

（6）减速机（采用摆线针轮减速机）：型号 XW-8190-25；速比 i=25。

（7）联轴器：CL5 齿轮联轴器和 CL7 齿轮联轴器。

（8）螺旋给料装置下料口尺寸：920mm×1830mm。

（9）螺旋给料装置出料口尺寸：510mm×645mm。

6.3 不等距螺旋给料装置的装煤工艺方式

采用不等距螺旋给料装置装煤实现了顺序装煤，可利用上升管喷射造成炉顶空间负压的同时，配合顺序装煤可减轻烟尘的逸散，有效防止环境污染。以 6m 焦炉装煤车为例，其方法是煤放入炭化室 2/3 左右时，采用 1、4、2、3 号煤斗顺序装煤（4 个装煤孔）或 1、3、2 号煤斗顺序装煤（3 个装煤孔），按此顺序，每投空一个煤斗即盖上炉盖，然后下一个煤斗投煤，这样，可以避免炉顶空间堵塞，缩短平煤时间，因而取得较好效果。

7 经济效益分析

20 世纪 90 年代，首钢总公司焦化厂 3 号焦炉移地大修改造工程，引进了德国奥托公司 6m 焦炉四大机车技术，其中装煤车采用了不等距螺旋给料方式，驱动为液压马达，首次实现了螺旋给料方式下煤，取得了良好效果。之后，通过对不等距螺旋给料方式进行消化吸收，不断改进，先后多次在国内 6m 焦炉、4.3m 焦炉上设计制造了驱动为电机减速机的不等距螺旋给料方式装煤车，取得了良好效果，受到了用户好评，推动了我国焦炉设备技术的发展，创产值上千万元，产生了较大的经济效益和社会效益。

8 结论

（1）为提高工作效率，减轻劳动强度，改善操作环境，装煤的进一步机械化，是出炉操作的重要方向。按照装煤操作要求，必须装满、装实、装平和装匀，因此，重力给料方式逐渐被淘汰。比较转盘给料方式和螺旋给料方式，螺旋给料方式给料更均匀，且定量更好，投资相对较小，所以螺旋给料方式是今后技术的发展方向。

（2）采用不等距螺旋杆，使原料煤在输送过程中，其速度越来越快，越来越松散，因而不会发生堵塞现象，提高了机器的使用率及使用寿命。

（3）驱动为电机减速机的不等距螺旋给料方式装煤车在国内 6m 焦炉、4.3m 焦炉上应用，取得了良好效果，推动了我国焦炉设备技术的发展，产生了较大的经济效益和社会效益。

参考文献

[1] 机械工程手册电机工程手册编辑委员会. 机械工程手册（第二版）[M]. 北京：机械工业出版社, 1997.

[2] 成大先. 机械设计手册（第五版）[M]. 北京：化学工业出版社, 2008.

[3] 姚昭章, 郑明东. 炼焦学（第三版）[M]. 北京：冶金工业出版社, 2008.

（原文发表于《中国冶金》2004 年增刊）

首钢干法熄焦设计报告

滕　崑

（北京首钢国际工程技术有限公司，北京 100043）

摘　要：日本对中国绿色援助项目的干熄焦“示范”装置，能力为 65t/h。本文介绍了干熄焦（简称 CDQ）的基本原理及工艺流程及这套干熄焦装置的技术特点、基本技术参数、工艺布置情况，并做了综合经济效益分析。静态效益计算得出的结论为：如果综合考虑 CDQ 技术带来的效益，它的投资回收期并不是很长。随着国内高炉大型化，能源价格逐渐上涨及环保法规的日益严格，CDQ 技术在我国会有很好的发展前景。

关键词：干法熄焦；节能；环保；经济效益

Design Report of Coke Dry Quenching in Shougang

Teng Kun

(Beijing Shougang International Engineering Technology Co., Ltd., Beijing 100043)

Abstract: “The demonstration” device of the Coke Dry Quenching was China’s Green aid project from Japan, the ability of the CDQ device was 65t/h. The principles and process of Coke Dry Quenching (CDQ for short) were described in the paper, besides, technical special characteristics, basic technical parameter and processing set-up basic principle of this set of CDQ device were all introduced, and the composite economic benefit analysis was also made. The conclusions of the static benefit calculation were as follows: If the benefits that the CDQ technology brings were considered synthetically, the payback period of CDQ was not very long. With the development of large scale blast furnace in our country, energy price would rise rapidly and environment laws and regulation would strict gradually. CDQ technology will have good development prospects in our country.

Key words: coke dry quenching; energy conservation; environmental protection; economic benefit

1　引言

干法熄焦作为焦炭熄灭工艺的一种，由于其节能、环保、提高焦炭质量方面的突出特点，越来越受到世界各国炼焦界的重视。我国政府六部委曾联合下发文件，把干法熄焦技术列为炼焦行业推广的重点节能技术之一。

由于我国前些年在干法熄焦工艺、设备的研发方面投入较少；国内能源价格不尽合理；干法熄焦焦炭的延伸效益不被认同等多方面的原因，使得这一技术在我国推广有相当的困难。随着国家节能、环保方面的政策导向及配套法规的出台，采用干法熄焦已成为焦化行业可持续发展的重要举措之一，因此最近几年越来越多的焦化厂决定采用干法熄焦工艺。

首钢焦化厂 1 号焦炉干熄焦工程是日本政府对中国的绿色援助项目之一，由日本政府无偿向首钢提供一套 65t/h 干熄焦的设备，兼作为“示范”工程。项目由日方新日铁株式会社和首钢共同实施。该项目于 1997 年 12 月正式签约，1999 年 6 月破土动工，经 1 年零 7 个月，于 2002 年 1 月 19 日正式投产。

该项目的顺利投产，确实起到了“示范”作用，由于新日铁在该项目中采用了多项最新的干熄焦研究成果，因此，在节能效果、经济效益及环境效益多方面优于国内已投产的干熄焦设施。另外，尽管它是在已有焦炉的基础上增建的，工艺布置受到诸方面的制约，仍然取得了令人满意的效果，因此该工程的投产及投产后较高的作业率，确实对国内的干熄焦推广起到了推动作用。

2 项目技术简介及我国应用情况简介

2.1 干法熄焦工艺技术简述

2.1.1 基本原理

干法熄焦简称“CDQ”（coke dry quenching），是相对传统的湿法熄焦工艺而言，湿法熄焦是指用大量的水熄灭炽热的焦炭。CDQ 基本原理是利用冷的惰性气体（氮气或燃烧废气）在干熄炉内与炽热的红焦换热从而冷却焦炭，吸收了红焦热量的惰性气体和 CDQ 的余热锅炉进行热交换并产生中压或高压蒸汽，蒸汽可用于发电也可作为动力源进入动力管网。被冷却的惰性气体再由循环风机鼓入干熄炉内循环冷却焦炭。

2.1.2 工艺流程

CDQ 工艺流程见图 1。

从焦炉炭化室中推出的 950~1050℃的红焦经过拦焦机上的导焦栅落入运焦台车的焦罐内，运焦台车由电机车牵引至 CDQ 装置提升机井架底部，由提升机将焦罐提升至井架顶部，再平移至干熄炉炉顶，通过炉顶装入装置将焦炭装入干熄炉。在干熄炉中，焦炭与惰性气体直接进行热交换，冷却至 200℃以下。冷却后的焦炭经排焦装置卸至胶带运输机上，再经炉前焦库送筛焦系统。

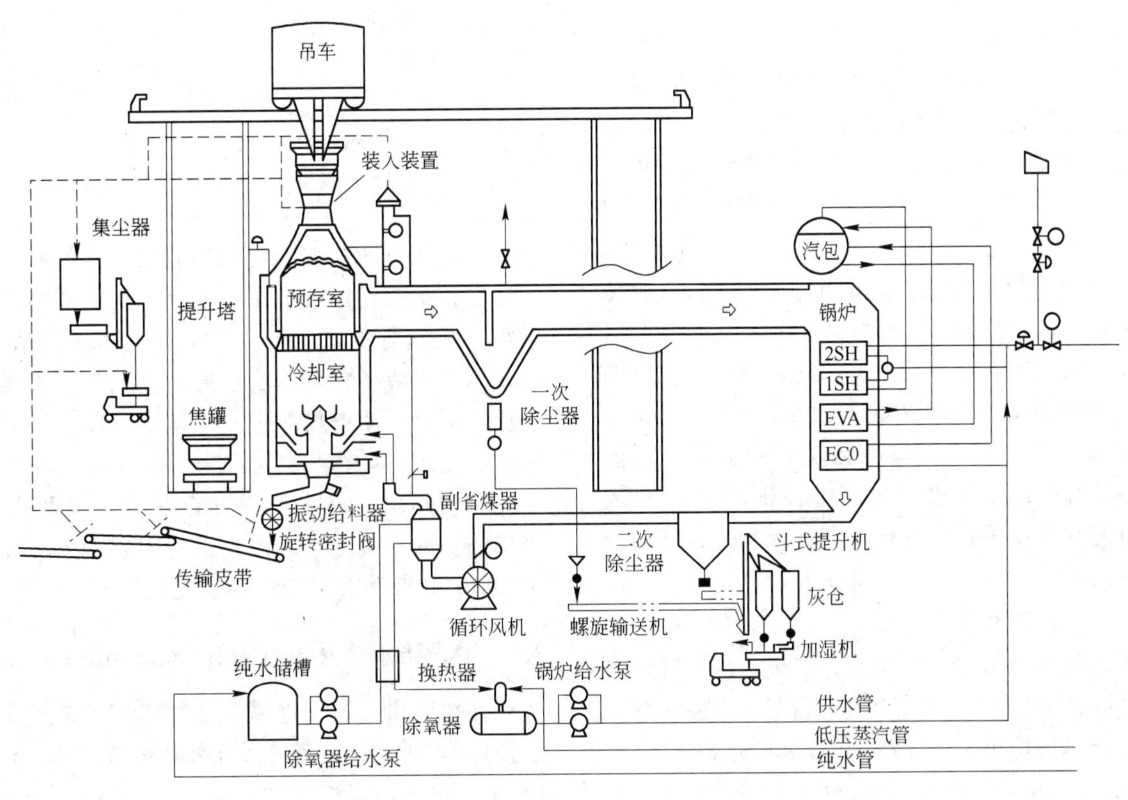

图 1 干法熄焦工艺流程

180℃的循环气体由循环风机经副省煤器（Sub-economizer），将温度降至约 130℃，进入干熄炉底部的鼓风装置鼓入炉内，与红焦炭进行热交换，出干熄炉的惰性气体温度约 850℃。热惰性气体夹带大量的焦粉经一次除尘器（IDC）进行沉降，气体含尘量由 12g/m^3 降至 6g/m^3 以下，进入余热锅炉换热，在这里惰性气体温度降至约 180℃。冷惰性气体由锅炉出来，经二次除尘器（2DC）含尘量降到 1g/m^3 以下后由循环风机送入干熄炉循环使用。锅炉产生的蒸汽并网或用于发电。

CDQ 装置主要设备包括：电机车、焦罐及运焦台车、提升机、装入装置、排焦装置、干熄炉、鼓风装置、循环风机、余热锅炉、一次除尘器、二次除尘器等。

2.1.3 我国 CDQ 技术的应用情况

1985 年上海宝山钢铁公司从日本新日铁引进了 4×75t/h CDQ 装置，1991 年和 1997 年宝钢二期、三期的两组 4×75t/h CDQ 装置又相继建成；1994 年上海浦东煤气厂从前苏联引进了 2×70t/h 的 CDQ 装置；1999 年济南钢厂建成 2×70t/h CDQ 装置；2001 年 1 月首钢焦化厂建成 1×65t/h CDQ 装置，到目前为止我国共建成 CDQ 装置 17 套。在今后的两三年中将有武汉钢铁厂 1×140t/h 及马钢 1×125t/h 的 CDQ 装置建成。应该说明的是，上述 17 套 CDQ 装置除首钢这一套外，其余 16 套都应属于 CDQ 技术的第一代，与前苏联的 CDQ 技术近似，干熄槽瘦长，气料比大，中压强制循环余热锅炉等。

2.2 与湿熄焦相比 CDQ 的特点

2.2.1 回收红焦显热

出炉红焦的显热约占焦炉能耗的 35%~40%，这部分能量相当于炼焦煤能量的 5%。如果将该部分能量回收并充分利用，可以大大降低冶金焦成本，起到节能降耗的作用。采用 CDQ 可回收 80%~83% 的红焦显热，平均熄 1t 焦炭可回收 3.9MPa，450℃ 蒸汽 0.5t 以上，首钢为 0.56t。

2.2.2 减少环境污染

湿熄焦每熄 1t 红焦约产生 0.58t 含有大量酚、氰化物、硫化物及粉尘的蒸汽散发到空气中，严重污染大气及周围环境。这部分污染物占炼焦对环境污染的 20%。CDQ 则是利用惰性气体在密闭系统中将红焦熄灭，并配置除尘设施，基本上不污染环境。再者，CDQ 能够产生蒸汽，并可用于发电，可避免生产相同数量蒸汽（6~7t 蒸汽需要 1t 动力煤）的锅炉对大气的污染，尤其减少了 SO_2、CO_2 向大气的排放。对于 100 万吨/年焦化厂而言，采用 CDQ 每年可减少 8~10 万吨动力煤燃烧对大气的污染。根据联合国环境框架公约的 CDM 计划，减少 CO_2 排放将有可能从发达国家得到技术和资金支持，有助于 CDQ 在中国的推广。

2.2.3 改善焦炭质量

干熄焦炭与湿熄焦炭相比，焦炭 M_{40}（抗碎强度）可提高 3%~8%，M_{10}（耐磨强度）改善 0.3%~0.8%（首钢湿熄焦炭 M_{40} 为 80%，M_{10} 为 7%；干熄焦炭 M_{40} 为 86.6%~88%，M_{10} 为 4.7%~6.4%），这对降低炼铁成本，提高生铁产量极为有利，尤其对采用喷煤粉技术的大型高炉效果更为明显，国外文献一般认为采用 CDQ 可使焦比降低 2%，高炉生产能力提高 1%。日本的实际是采用干熄焦炭焦比降低约 20kg/t 铁。

2.2.4 投资和运行费用

CDQ 与湿熄焦相比，存在着投资及本身运行费用较高的问题，这也是制约我国 CDQ 技术发展的因素之一。

3 首钢干熄焦的技术特点

如前所述，CDQ 技术主要是一项节能技术，它的完善和发展是如何更多地回收红焦显热；如何更有效地转化成电力能源；如何使该技术本身消耗最低；并且在达到上述效果的同时，尽量不增加投资。

3.1 装入装置增设料钟

在装入装置下部增设料钟，使焦炭在干熄槽内分布均匀，消除焦炭在干熄槽内的偏析现象，有利于焦炭在干熄槽冷却段得到均匀冷却，见图 2。

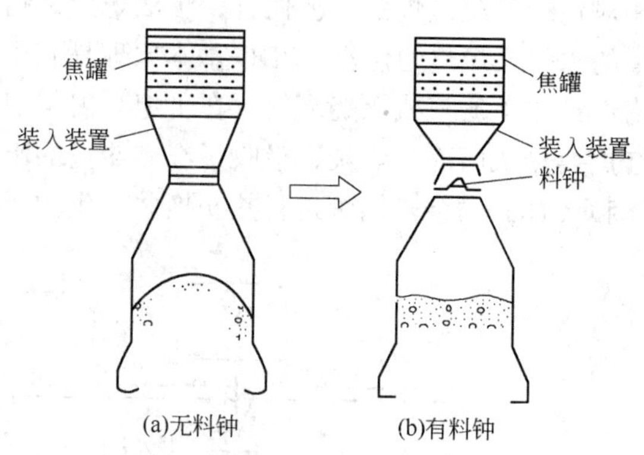

图 2 焦炭在干熄槽内分布状况

从焦炭分布状况图可明确看出，有料钟时，除了焦炭在干熄槽内没有中心凸起，更重要的是，焦炭沿干熄槽外壁的大粒度偏析现象得到了基本消除，因此消除了焦炭排出速度不一致和冷却气体的“短路”情况，使得焦炭进入冷却段末段时温度基本一致。见图 3、图 4。

首钢焦化厂 1 号焦炉 CDQ 装置运行两年多了，排出焦炭的温度基本一致，没有因排出焦炭温度高于 200℃而自动喷水冷却的情况发生。

3.2 增设给水预热器（Sub-economizer）

在风机出口和干熄槽循环气体入口之间设置给水预热器，见图 5。可将循环气体温度从 180℃降到 130℃，可相应降低循环风量，使气料比随之降低，减小风机的电机功率。另外，锅炉除氧器给水经此预热器后，温度可达 80℃，可减少蒸汽耗量 0.1kg/kg 给水。

由于增加了料钟和给水预热器，循环气体风量减少 30%，而且排焦温度从 220℃下降到约 170℃，见图 6。

3.3 焦炭排出装置从间断排出→半连续排出→连续排出

前苏联的 CDQ 排出装置是间断排出，日本在引进初期也采用此方法；后改良成半连续排出。这两种方式均不能做到连续运转，焦炭排出温度不均匀，循环气体不可避免地泄漏，且由于物料排出的工艺要求，排出装置占的空间很大。

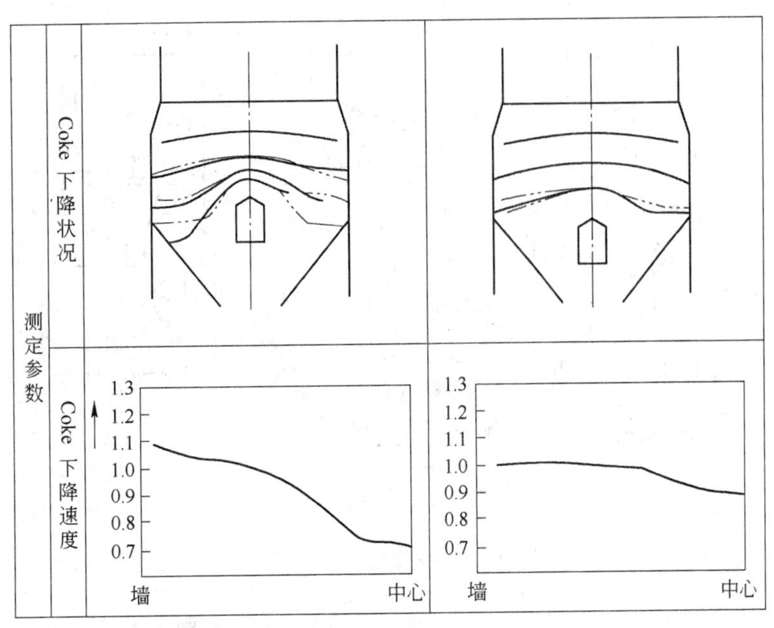

图 3　1/10 模型焦炭下降速度测试结果

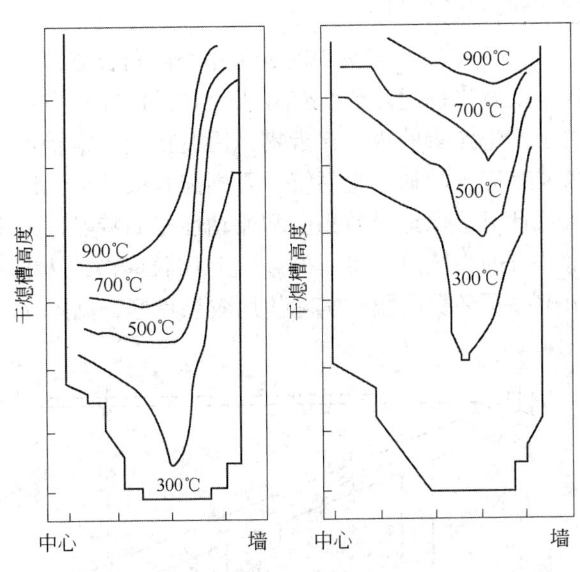

图 4　干熄焦槽内温度等高线分布

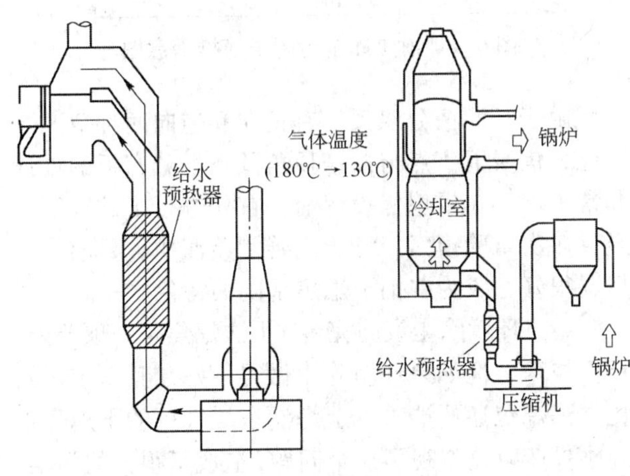

图 5　给水预热器配置

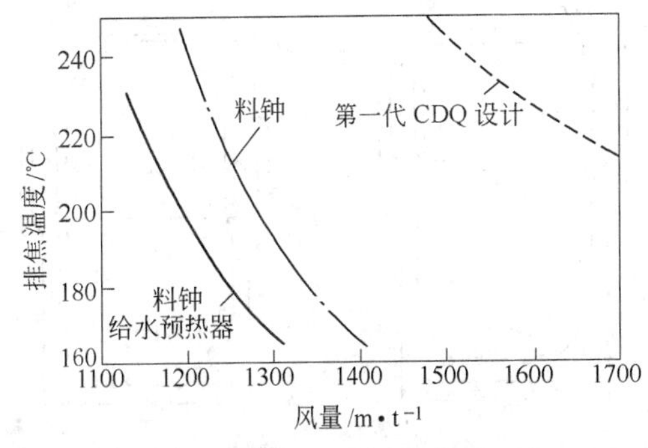

图 6　循环气体分量变化图

20 世纪 90 年代，日本新日铁等公司开发出振动给料机加旋转密封阀的连续排出装置，使得 CDQ 实现了真正意义上的连续运转，且由于连续排出装置结构紧凑，高度比间断排出装置降低了约 4m，相应降低了基建费用。见图 7。

3.4　其他特点

（1）干熄槽高径比为 0.85~0.9（图 8）。这是在采取装入装置增加料钟、改进后的鼓风装置使循环气体在干熄槽内分布更加均匀等措施的前提下实现的。

（2）气料比可以做到 1200m^3/t 焦。这是在高径比<0.9 且增加余热锅炉之外的副省煤器（给水预热器）等措施后实现的。

（3）在焦末的实际价值低于蒸汽的情况下，有控制地燃烧焦末（二次燃烧技术），在焦炭烧损率（即冶金焦烧损率）不提高的情况下，增加蒸汽产量，每吨红焦可生产蒸汽0.56~0.62t。所谓有控制地燃烧焦末，是指由于焦末的比表面积比块焦大得多，因此有控制地引入空气，可以达到只燃烧焦末而块焦基本不损失。

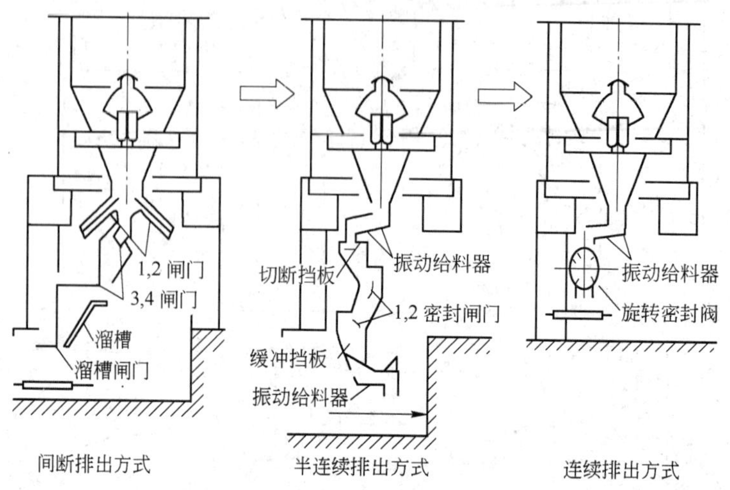

图7　CDQ排出装置的演变

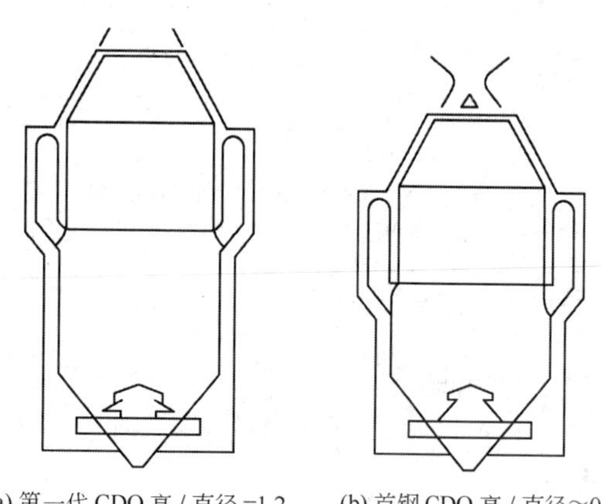

图8　干熄槽高径比示意图

3.5　结合首钢现状，合理的工艺布置

首钢焦化厂1号焦炉原来采用湿法熄焦，且由于场地限制和当时的技术条件并没有对干法熄焦进行充分预留。因此在现有场地及不拆除已有建构筑物的情况下进行干熄焦的布置是非常困难的，为此，中方的技术人员结合日方的干熄焦主体设计做了大量艰苦细致的工作，终于成功地布置了2座65t/h（预留1座）的干熄站。

其特点如下：

（1）对原有的建构筑物基本没有拆除。例如，在焦通廊穿过已有烧结矿皮带运输转运站时，工艺和土建专业相互配合，将原转运站先卸载，然后用地下焦通廊充当其基础，使新老建筑物完美结合，既保证建设，又保证原有设施的生产。

（2）结合干熄焦炭室排出温度约为150℃的特点，通廊全部采用敞开式，为防止扬尘，在皮带机上增加了密封罩，既改善了巡检、维修条件，又保证了环保效果。

（3）焦炭入焦炭中间仓采用小倾角长溜槽，从根本上解决扬尘。传统焦炭入仓均采用配仓皮带，由于干熄焦炭的水分接近零，因此扬尘非常严重，需要有完善的抽吸尘系统，否则配仓层几乎无法进入。针对干熄焦炭易扬尘和流动性好的特点，采用衬铸石的小倾角（18°~20°）全封闭长溜槽，从根本上解决了环保问题，实际使用效果良好，见图9。

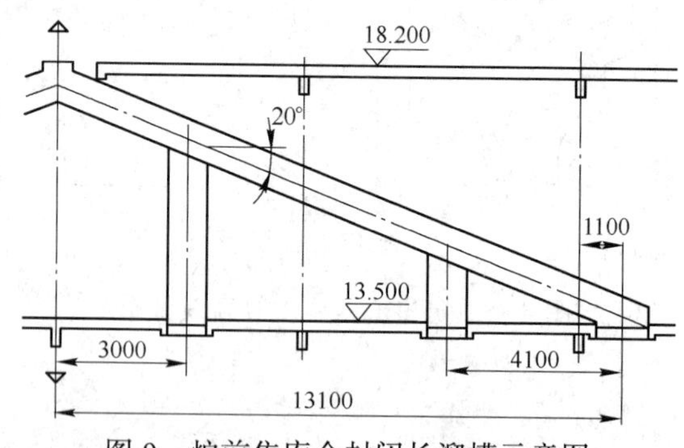

图9　炉前焦库全封闭长溜槽示意图

由于长溜槽分双叉，有正向和逆向两种情况，因此，焦炭下落点与溜槽顶角及下料分布板的设计非常关键。在干熄焦投产前，首先进行了试运行，经过多次试验摸索，终于完善了该溜槽，目前使用情况很好，成为首钢干熄焦系统的特色之一。

（4）环境除尘设施完善。干法熄焦是一项节能、环保技术，但如果环境除尘做得不好，其粉尘污染比湿法熄焦还要严重。上海浦东煤气厂的干熄焦设施刚投产时就忽视了这个问题，造成了很大的污染。在首钢干熄焦建设时，从开始便把此问题摆到了很重要的位置，除了考虑干熄站本身的除尘要求，还对其焦炭运输环节采取了有效的除尘措施，使其真正体现环保功能。

4 CDQ的效益分析

我国虽然是焦炭生产大国，但不是强国，对于CDQ的研究与日本、德国、乌克兰等国相比差距极大，这中间也包括对CDQ效益的研究。因此，国内大多数焦化厂都认为CDQ技术是一个节能环保的好项目，但投资高，效益一般，回收期长。这也是CDQ推广很多年，至今成效不大的原因之一；国内能源价格不合理，造成余热回收的收益不显著是原因之二；干熄焦炭在焦化厂的收益主要体现在蒸汽（或发电）；而其在炼铁的延伸效益由于钢铁公司各分厂的独立核算体制，往往得不到炼铁方面的认同，这是原因之三。国内最早采用CDQ的宝钢，由于其是全干熄，无法进行干、湿熄焦炭对高炉生产的比较；济钢、首钢的干熄焦由于不能保证一座高炉稳定地全部用干熄焦炭作原料，因此也难以得出结论性意见。

下面就干熄焦的经济效益结合新日铁的有关文章进行分析，以恢复干熄焦在效益方面的本来面貌。为方便比较，以年产焦炭100万吨，采用第三代干熄焦技术，蒸汽全部用来发电为例来进行分析。

4.1 基本参数

4.1.1 对象焦炉基本参数（见表1）

表1 对象焦炉基本参数

项 目	1号焦炉	2号焦炉
焦炉孔数	50	50
炭化室尺寸/mm（平均宽×全高×全长）	450×6000×15980	450×6000×15980
炭化室有效容积/m^3	38.5	38.5
每孔装煤量/t	28.5	28.5
每孔出焦量/t	21.6	21.5
炭化时间/h	18	18
生产能力/万吨·年$^{-1}$	52.5	52.5

4.1.2 与CDQ设计有关的参数

（1）焦炉组成：2×50孔，6m焦炉；

（2）焦炭产量：105万吨/年；2877t/d；120t/h；

（3）焦炭粒度（参考首钢实际，见表2）；

表2 焦炭粒度 （mm）

<25	25~40	40~60	60~80	>80	合计
4.21%	12.88%	41.6%	30.49%	10.82%	100%

（4）焦炭温度：平均1020℃，最高1050℃；

（5）焦炭堆密度：500kg/m^3；

（6）焦炭残余挥发分：发生量约10Nm^3/t焦；成分H_2：90%；CO：10%；

（7）CDQ操作周期：8.5min；

（8）焦炭排出温度：≤200℃。

4.1.3 CDQ的设备能力

(100孔÷18)×21.6t/孔= 120t/h，选择CDQ装置1套，处理能力为125t/h，湿熄焦备用。

4.1.4 效益计算所需要的各种介质价格（以首钢的价格做参考）

高炉煤气：	0.03元/Nm^3
焦炉煤气：	0.26元/Nm^3
转炉煤气：	0.075元/Nm^3
压缩空气：	0.0515元/Nm^3
氮气：	0.03元/Nm^3
蒸汽：	65元/t
除盐水：	1.8元/m^3
工业水：	0.3元/m^3
循环水：	0.1元/m^3
电：	0.375元/kW·h
高炉喷吹煤：	227元/（t·W·h）
冶金焦：	491元/t
焦粉：	110元/t
生铁外销价：	1200元/t
生铁成本价：	900元/t

4.2 经济效益计算

4.2.1 回收蒸汽发电的效益

第三代CDQ蒸汽回收率为0.56~0.62t，按照新日铁实际操作业绩，计算回收蒸汽量按0.598t/t焦计。

回收蒸汽量：120×0.598=71.76t（按正常产量120t/h）。蒸汽发电条件见表3。

表3 蒸汽发电条件

项 目	第三代CDQ全量发电
蒸汽量	71.76t/h
TB入口蒸气压力	8.82MPa
TB入口蒸汽温度	535℃
TB出口蒸气压力	—
TB出口蒸汽温度	—
TB形式	纯凝式
TB机械损失	310kW
发电机效率	97.77%
发电量	21350kW

发电效益计算：

21350kW×24h×365d×0.375 元/kW·h×0.94（作业率）= 6592.7 万元/年 （1）

4.2.2 炼铁延伸效益的计算

4.2.2.1 降低高炉焦比效果

（1）通过降低高炉装入物水分来降低高炉焦比。湿法熄焦因用大量的水冷却红焦，故熄焦后的焦炭残留水分，将其装入高炉，其中的水分变成蒸汽，会降低高炉炉温。如果使用水分几乎为零的干熄焦炭，其用焦量（生产 1t 生铁所需的焦炭量（kg），要比使用湿法熄焦焦炭低，经在普通焦炉中实测，湿熄焦炭所含水分约为 5%。

若装入焦比为 400 kg 焦/t 铁，则含水分 400 kg 焦/t 铁×0.05=20kg 水/t 铁。

在日本，高炉的炉内压力（3.51kg/cm^2, abs）高，由于焦炭的灰分少，故焦炭的发热量为 7200kcal/kg。

设焦炭中水分温度为 20℃，当高炉炉内加热至 100℃，则水分蒸发成蒸汽。高炉炉内的焦炭水分若在炉顶压力 3.51kg/cm^2, abs+1/3×（送风压力 6.01kg/cm^2, abs−炉顶压 3.51kg/cm^2, abs）=4.34kg/cm^2, abs（0.426MPa）的条件下，形成温度 250℃（高炉炉顶温度+100℃）的过热蒸气，则热焓为 707.8kcal/kg。

水分减少效果=20kg 水/t 铁×（（100℃−20℃）×1.0kcal/(kg·℃)+539kcal/kg+ 707.8kcal/kg）÷7200kcal/kg = 26536kcal/t 铁÷7200kcal/kg= 3.686kg 焦/t 铁

表 4 为高炉的热平衡计算例（钢铁制造法，日本钢铁协会编，411 页），将装入物水分蒸发热设为 57400kcal/t 铁，其中包括烧结矿、球团矿等原料水分蒸发热。计算装入高炉中的湿熄焦炭水分使焦比增加只有 3.686kg 焦/t 铁，但实际上为 5~10kg 焦/t 铁。

（2）通过提高焦炭强度降低焦比。湿式熄焦因用水冷却红焦使其骤冷，所以焦炭表面由水性气体反应导致多孔现象以及由骤冷而产生龟裂，造成焦炭强度低的问题。而经 CDQ 设备处理的干熄焦炭不会产生如上问题。JIS（日本工业标准）规定干熄焦炭的冷态强度（DI）约增加 2%，热强度（CSR）约增加 2%。在日本，CDQ 设备年检时，一般通过增加昂贵的优质炼焦煤来保证冷焦强度。而通过使用干熄焦技术改善了焦炭质量，可以在焦炭原料配合煤中增加廉价弱黏结煤（约 7%）来替代高价的优质炼焦煤，以降低成本。在我国的焦化厂，由于配合煤的自由度较小，所以可通过提高焦炭强度来降低高炉燃料比。

表 4 高炉热平衡计算

收入热			支出热		
项 目	kcal/ t 铁	%	项 目	kcal/ t 铁	%
焦炭发热量	3974.9×10^3	89.2	炉顶气体显热	97.7×10^3	2.2
热风显热（含水蒸气）	444.9×10^3	10.0	炉顶气体潜热	1421.5×10^3	31.9
炉渣生成热	37.2×10^3	0.8	炉渣显热	135.5×10^3	3.0
			铁水显热	305.5×10^3	6.9
			氧化铁还原热	1232.5×10^3	27.7
			石灰石分解热	114.5×10^3	2.6
			Si,Mn,P 还原热	58.6×10^3	1.3
			热风中 H_2O 分解热	139.1×10^3	3.1
			装入物水分蒸发热	57.4×10^3	1.3
			铁水中碳潜热	358.0×10^3	8.0
			热损失（炉体、冷却水）	536.7×10^3	12.0
合 计	4457.0×10^3	100.0	合 计	4457.0×10^3	100.0

图 10 所示为焦炭冷态强度对燃料比的影响，转鼓强度 DI 提高 2%，则燃料比降低 17.4kg 焦/t 铁。根据前述（1）、（2）两点理论高炉燃料比降低效果为：3.686+17.4kg 焦/t 铁=21.09kg 焦/t 铁。

为稳妥起见，不采用计算值。假设一座高炉全部使用干熄焦炭，高炉燃料比降低效果为 10kg 焦/t 铁，即按理论计算的 50%考虑（日本是按减少 10~15kg 焦炭来计算）。

（1）焦炭年产量：1050000t 焦/a（总产量），考虑冶金焦率 94%，炼铁筛下 6%，实际用于高炉的冶金焦量为 927780t 焦/a。

（2）焦比：假设现在为 400kg/t 铁，安装 COQ 设备后为（400−10）kg/t 铁=390kg/t 铁。

（3）对象高炉生铁生产量：927780t 焦/a÷（390kg/t

铁×10−3）×0.94=2236188t 铁/a。

焦比改善效果=10kg 焦/t 铁×10^{-3}×2236188t 铁/a×491 元/t 焦= 1098 万元/a（2）

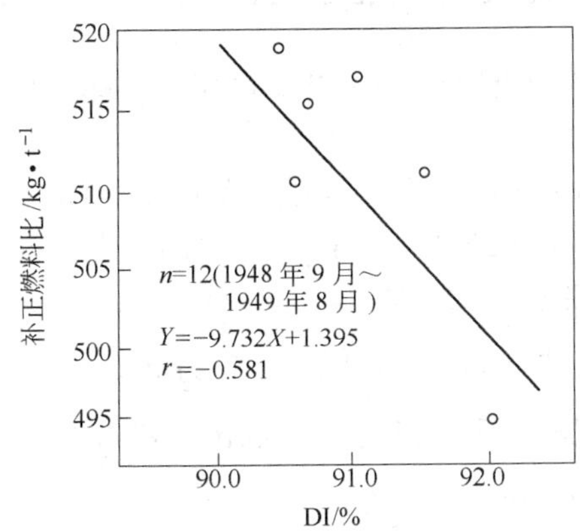

图 10 焦炭冷态强度对焦比的影响

（日本钢铁协会钢铁便览Ⅱ，59 页）

4.2.2.2 高炉生产能力提高

引进新日铁 CDQ 设备后，通过首钢技术研究院的实测

M_{40}：提高 3%~5%

M_{10}：下降 0.3%~0.5%

挥发分：下降 0.12%

反应性 CRI：下降 3.2%

反应后强度 CSR：提高 4.1%

由此可知干熄焦炭的冷、热品质指标均比湿法熄焦有较大改善。现在的高炉作业通过使用干熄焦炭，可以降低焦比 2%，提高高炉生产能力 1%（国外文献公认的效果）。通过上述比较结果，若全部使用干熄焦炭，假定可提高高炉生产能力 1%。若生铁销售价格为 1200 元/t 铁，生铁成本为 900 元/t 铁，则：

增产效益=2236188t 铁/a×0.01×（1200 元/t 铁−900 元/t 铁）=670.86 万元/a（3）

4.2.2.3 湿法熄焦设备停产效益

湿法熄焦设备的范围：熄焦设备（熄焦塔、泵、熄焦水管）、除尘装置（本格栅、泵）、输送装置（卸焦焦台）、熄焦车。

（1）减少湿法熄焦用水的效益：

焦炭生产量：1050000t 焦/a

湿法熄焦用水量：0.58m^3/t 焦（设计数据）

1050000t 焦/a×0.58m^3/t 焦×0.1 元/m^3×0.94= 57246 元/a（4）

（2）减少湿法熄焦用电的效益：

按湿法熄焦每孔喷水 2min，水泵电机功率 90kW。

每天用电 90kW×133 孔×2/60=399kW·h

399kW·h/d×365d×0.94×0.375 元/kW·h=51336 元/a（5）

（3）湿法熄焦设备维修费用降低：

首钢的湿法熄焦设备的维修费用为 20 万元/a。

（4）+（5）+（6）= 308582 元/a（6）

4.2.2.4 焦炭增产效益

因装入 CDQ 干熄槽后的焦炭继续干馏，故可以缩短在焦炉中的干馏时间。若按 CDQ 的预存室容量 1.5h，可缩短干馏时间 30min 来计算，则焦炭增产约 3 万吨/a，按焦炭外购价格比焦炭成本高 50 元计，则焦炭增产可增加效益 3 万吨/a×50 元/吨=150 万元/a。

焦炭增产效益=150 万元/a（7）

4.2.2.5 粉焦回收效益

（1）CDQ 除尘装置带来的粉焦回收效益。根据首钢数据，1 台 65t/h 焦处理量的 CDQ 设备的焦粉（1DC 粉、2DC 粉、环境集尘粉）回收量为 9490t/a。

9490t/a×120/65t/h×110 元/t=17520t/a×110 元/t=1927200 元/a（8）

（2）湿法熄焦塔的水性气化率反应中损耗焦炭的回收增益。因为在湿法熄焦塔中给红焦喷水，生成水性气化率反应，焦炭中的碳与氢气反应生成 CO 气体，并与水蒸气共同飞散。根据日本的实测值，水性气化率反应约损耗焦炭的 0.11%。

$$C+H_2O \longrightarrow CO+H_2$$

日本的实测值：CO 2.056Nm^3/t 焦

2.056×（12/22.4）=1.10lkg/t 焦

1050000t 焦/a×0.0011×0.94×110 元/t=119427 元/a（9）

粉焦回收效益=（8）+（9）= 2046627 元/a

4.2.2.6 废除切焦设备效益

采用 CDQ 设备冷却红焦工艺与湿法熄焦工艺相比，粒径分布的偏差小。特别大的焦块在装入 CDQ 的干熄槽内的冷却过程中被破碎。而粉焦则在干熄槽中有的被燃烧，有的则伴随着循环气体，被 1DC 和 2DC 回收。表 5 为首钢的实测对比数值。

从表 5 和图 11 可以看出，CDQ 设备本身具有整粒效果。由于大焦块的减少，日本的炼铁厂便废除了切焦机。废除切焦机，可以减少运转费用和维修费用。

4.2.2.7 CDQ 运行成本

（1）CDQ 运行公用介质成本：

电力：13.5kW·h/t 焦×1050000t 焦/a×0.375 元/kW·h= 531.56 万元/a

表 5　焦炭粒径分布

粒径/mm	<10	10~20	20~40	40~60	60~80	>80	合计
湿法熄焦	1.4	0.5	6.8	41.4	28.9	21.0	100.0
CDQ	0.6	0.2	5.5	51.0	25.1	17.6	100.0

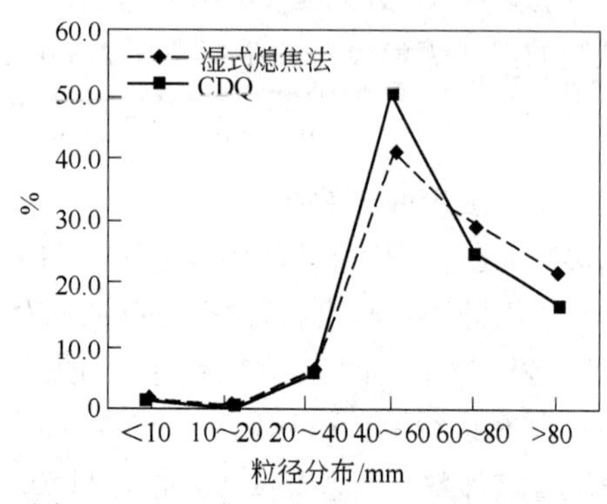

图 11　CDQ 与湿式熄焦法的粒径分布

氮气：0.3m/t 焦×1050000t 焦/a×0.03 元/Nm^3= 9450 元/a

压缩空气：0.3m^3/t 焦×1050000t 焦/a×0.0515 元/Nm^3= 16223 元/a

锅炉用除盐水：0.6m/t 焦×1050000t 焦/a×1.8 元/Nm^3= 113.4 万元/a

工业用水：0.15m^3/t 焦×1050000t 焦/a×0.3 元/Nm^3=47250 元/a

低压蒸汽：26.5kg/t 焦×1050000t 焦/a×65 元/t × 10−3=180.86 万元/a

总计：833.11 万元/a×0.94=783.13 万元/a　（10）

（2）CDQ 的维修费用。首钢的目标为 100 万元/a，按比例增加：

100×120/65=185 万元/a　（11）

（3）烧损。约 1%的微粉焦在 CDQ 中燃烧（与块焦相比微粉焦表面积大，所以有选择地燃烧）：

1050000t 焦/a×0.01×110 元/t×0.94=108.57 万元/a　（12）

（4）人员工资及其他。首钢采用 CDQ 设备后从业人员为 20 人（在日本一套 CDQ，运转工 2 名×4 班+维修 2 名= 10 名）：

20 人×30000 元/人=60 万元/a　（13）

综上计算，安装 CDQ 设备经济效益为

（1）+（2）+（3）+（4）+（5）+（6）+（7）+（8）+（9）−（10）−（11）−（12）−（13）=7610.38 万元/a

当然上述计算是一种静态的效益计算，未考虑设备折旧、各种税赋等因素。但仍然可以从综合经济效益 7610 万元/a 得出一种结论，即如果综合考虑 CDQ 技术带来的效益，它的投资回收期并不是很长。在日本建焦化厂时，有两项技术可以不经过论证即可以采用，那就是 CDQ 和 CMC（煤调湿）。随着国内高炉大型化，能源价格逐渐合理及环保法规的日益严格，CDQ 技术在我国会有很好的发展前景。

5　结语

首钢焦化厂 1 号焦炉干熄焦设施已经生产两年多了，由于其良好的经济、环保、节能等方面的效益，目前正在建设第二套 65t/h 的干熄焦设施。该设施在国内确实发挥出“示范”作用，一是由于其技术的先进、可靠；二是由于其与原焦炉有机结合，为国内焦化厂老厂改造上干熄焦提供了一个很好的经验。

（原文发表于《设计通讯》2003 年第 2 期）

首钢焦化厂 1 号焦炉干熄站最终规模的确定

滕 崑 张松文

(北京首钢国际工程技术有限公司，北京 100043)

摘 要：首钢焦化厂 1 号焦炉干熄站目前只设计了 1 套干熄炉，在 2 号焦炉移地大修后，干熄站干熄炉的最终配置有两个方案，通过技术及经济方面的分析，应为两套干熄炉，原有湿熄焦系统备用，即方案 2 更符合首钢实际。

关键词：干熄焦；最终规模确定

Ultimate Scale Determination of Coke Dry Quenching Station for No.1 Coke Oven in Shougang Coking Plant

Teng Kun Zhang Songwen

(Beijing Shougang International Engineering Technology Co., Ltd., Beijing 100043)

Abstract: At present, coke dry quenching station for No.1 coke oven was only designed one set of dry quenching furnace in Shougang Coking Plant, after No.2 coke oven overhaul was finished, there were two kinds of scheme of ultimate collocation about dry quenching furnace in the station, through technical and economic analysis, two sets of dry quenching furnace were adopted, and original coke wet quenching system was for standby, that is to say, scheme 2 accorded with the reality of Shougang.

Key words: coke dry quenching; ultimate scale determination

1 引言

首钢焦化厂 1 号焦炉干熄焦示范工程是中日两国政府关于能源、环保方面的合作项目之一，即日本政府以绿色援助计划的方式，向中方无偿提供干熄焦的关键设备和设计，并指导安装及试运转，中方提供配套工程的设备、设计和全部工程的施工建设、安装，调试以及投产后的总结推广工作等。

1 号焦炉为 50 孔、6m 大容积焦炉，小时产焦量 54.2t，干熄焦设备的设计能力与之相配套。

干熄炉最大处理量		65t/h
干熄炉预存室有效容积		200m^3
干熄炉冷却室有效容积		227m^3
循环风机	风量	约90000m^3/h
	风压	约 7500Pa
循环气体温度	进干熄炉	130℃
	出干熄炉	800~950℃
干熄焦炭气料比		1300m^3/t 焦
蒸汽发生量（焦炭产量为 54.2t/h）		约 30.4t/h
蒸汽参数	压力	3.9MPa
	温度	450℃
干熄炉年工作天数		345d

日方提供的这套干熄焦设备，在湿熄焦系统备用的条件下，可以满足 1 号焦炉的生产。但 1 号焦炉目前尚未形成炉组，在其煤塔的北侧还留有再上 1 座 50 孔、6m 焦炉的位置，作为 2 号焦炉移地大修的场地。由于 2 号焦炉已生产 34 年，炉体严重老化，移地大修已提到议事日程。因此，1 号焦炉干熄站的设计就需为此做出预留。如何预留，即如何确定干熄站的最终规模，则是本文重点论述的问题。

2 方案 1“全干熄”方案

本方案是最终建 3 座干熄炉，两用一热备。主要的指导思想是两座 50 孔、6m 焦炉的焦炭“全干熄”，将原湿熄焦塔改作为 4.3m 焦炉服务。即干熄站最终规模为 3 座干熄炉，一期预留两座干熄炉的位置，在建设第 2 座 50 孔、6m 焦炉时，同时再建设两套干熄焦装置。正常生产时，3 座干熄炉处理两座焦炉的焦炭，两台吊车 1 用 1 备，当 1 座干熄炉年修或故障时，两座干熄炉处理两座焦炉的焦炭。由于干熄炉从冷态到热态正常操作需经过干燥，烘炉作业，约需一周时间。因此干熄炉如果冷备用，不能应付突然事故的发生，将影响焦炉生产。提出这一方案，主要借鉴了前苏联和宝钢的经验。前苏联是世界上采用干熄焦技术历史最久，干熄焦装置数量最多，使用经验最丰富的国家（截止到 1987 年已有 97 套干熄焦装置），宝钢是我国最早从日本引进干熄焦技术的企业，他们建干熄站的设计思想、规模确定、设备配置等对我们影响很深。

前苏联在设计规范中已明确规定，凡新建和改建的焦化厂均应采用干熄焦工艺。在技术改造中，逐步把湿熄焦淘汰，达到全部采用干熄焦。新建厂则只建干熄焦，不建湿熄焦。为了确保干熄焦安全稳定运行，干熄站一般由 4 ~ 7 组干熄炉、余热锅炉组成，炉组数量的确定，既要考虑热备用（事故备用），又要考虑冷备用（检修备用），提升机（吊车）考虑备用，供水管道和蒸汽母管均设双路。

宝钢焦化厂 4×50 孔、6m 焦炉，设置 4 套处理能力为 75t/h 的干熄焦装置，3 套运行，1 套备用（热），提升机设置两台，同时使用，互为备用，给水管和蒸汽母管均为单路，它与前苏联相比，虽投资省，但安全运行可靠性降低。一期干熄焦自 1985 年投产以来，运行正常，达到了设计指标，但在提升机及干熄槽年修时再发生临时事故，都曾不同程度地影响焦炉、高炉生产和全厂蒸汽与煤气平衡。

以上“全干熄”的主要优点是：总图布置，生产操作管理、设备维护相对简单，厂容、厂貌、环境保护较好，高炉用焦质量稳定。

“全干熄”的主要缺点是：一次投资高，干熄焦设备利用率低，能耗高，经济性较差。

在方案确定前期，我们对“全干熄”的优点比较看重，对其缺点却认识不足。首钢“全干熄”的方案就是在吸取前苏联经验，克服宝钢干熄焦吊车等无备用，不安全而提出的，形成 2×50 孔、6m 焦炉，配 3 座干熄炉（两用 1 备），两台吊车（1 用 1 备）较完整的方案。

通过与新日铁专家多次深入的技术交流，了解到日本的干熄焦建设方式有两种：

（1）“全干熄”方式。如日本钢管扇岛厂只建干熄焦装置，为保证安全稳定运行，设备配置按前苏联模式，既考虑事故备用，也考虑检修备用。4×31 孔 7.53m 焦炉配 5 套 70t/h 干熄焦装置，两台吊车。

（2）“干湿并存”方式。如新日铁在老厂改造中，增建干熄焦的同时保留湿熄焦，新建厂在建干熄焦装置的同时，也新建湿熄焦做备用。如 1976 年新日铁八幡厂老厂增建干熄焦时，保留了湿熄焦，后在 1986 年迁建新厂建干熄焦时，也建湿熄焦做备用。特别是在 90 年代，日本和德国分别为韩国浦项厂设计的 100t/h 干熄焦装置，有湿熄焦做备用，1993 年新日铁为德国凯泽斯图尔厂新建一套 250t/h 干熄焦装置时，同时建了一套湿熄焦备用，目前我国武钢为两座 55 孔 6m 焦炉设计的 140t/h 干熄焦装置，也以湿熄焦做备用。从上述项目的时间顺序看，“干湿并存”方式是发展趋势。同样，从项目的经济性分析，“干湿并存”也是合理的。

宝钢“全干熄”的经济性分析，4 座干熄炉同时处理焦炭，设备额定处理能力 300t/h，4 座焦炉的生产能力为 204t/h，干熄焦装置的操作负荷为 68%。当一座干熄炉年修时，3 座干熄炉处理能力 225t/h，干熄焦装置的操作负荷为 90.7%。干熄焦装置每年年修一次，每次用时约 26 天，每 2~3 年大修一次，每次用时约 1.6~2 个月，也就是说，每年的大部分时间里干熄站都以低负荷率运行，使动力消耗和运营成本增加。一期工程投产时，循环风机不能调速，只能用挡板来减少循环风量，电耗很高，二、三期循环风机增加了液力耦合器调速，以适应这种负荷率的变化，降低了电耗，因此被认为是有效的节能措施。其实还不如说是一项补救措施。实际上如果建 3 套干熄焦装置，并同时建一套湿熄焦系统作为备用，其投资只相当于一套干熄焦装置的 1/10，单位能耗将比目前有较大的降低，且由于干熄炉的负荷率提高，投资效益也更好。

再来分析首钢焦化厂采用“全干熄”方案将会带来的问题。

从图 1 中可以看出，1 号干熄站位于 1 号焦炉焦台与筛焦楼之间，几乎占满全部空地，原焦台和运焦通廊因建第二套横移装置需拆除，带来如下问题：

（1）为保证 3 座干熄炉的正常生产，需再建一套横移装置及焦罐提升机，破坏了湿熄焦系统的焦

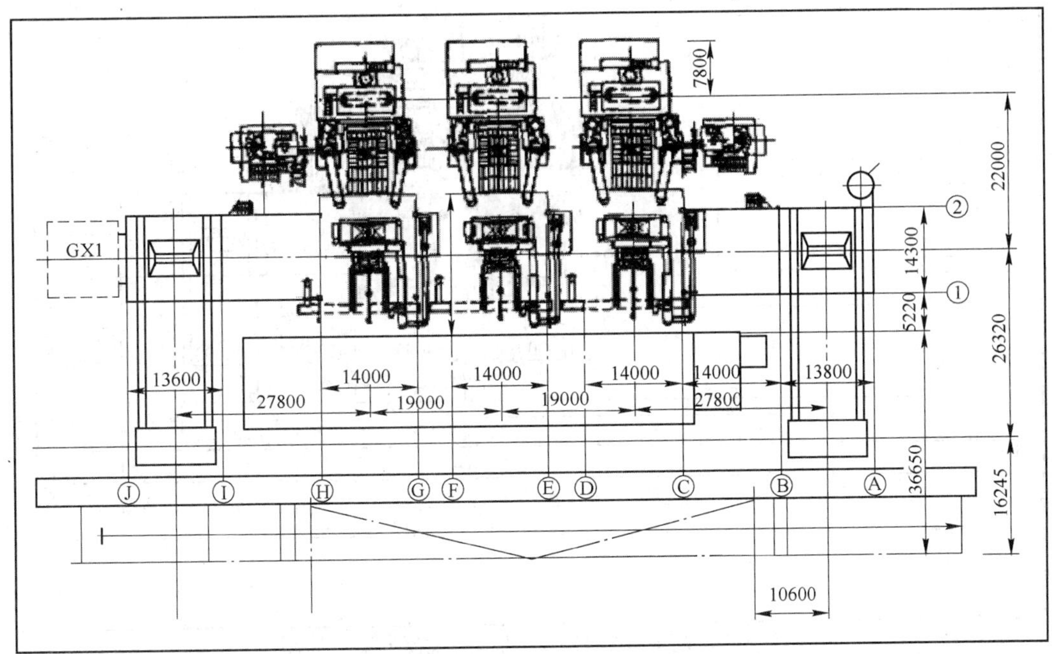

图 1　首钢 1 号焦炉干熄焦站最终规模方案 1 简图

台和运焦通廊，又增加投资约 1 亿元（第 3 套干熄焦装置，横移装置及焦罐提升机）。

（2）3 套干熄焦装置不同步建设，因此每两座干熄炉间需设施工、检修间隔及更换除氧水给水预热器通道。日本专家提出该间隔为 5 m，3 套装置共需留 10m 间隔，给本来就很紧张的场地，带来布置上的困难。

（3）3 套干熄焦装置并列布置，位于中间的一套干熄焦装置无检修吊车的作业位置，给日常维修带来一定困难。宝钢的干熄站虽然并列布置了 4 套干熄焦装置，但其锅炉后面是厂区道路，给吊车作业提供了场地，位于中间的两套装置的检修吊装可以进行。而首钢的干熄站后面是筛焦楼，吊车无法作业。

（4）3 座干熄炉小时处理能力为 195t，两座焦炉小时生产能力为 108.4t，负荷率仅为 56%。日本专家认为干熄炉的操作应是稳定的，频繁改变干熄炉的处理量，会造成干熄炉内衬过早损坏。因此只提供电动挡板调节循环风量，不同意采用风机调速。即使建第 2、3 套干熄焦装置时，考虑风机调速，但由于整个系统都是按 65t/h 设计的，长期在负荷率仅为 56%的状态下运行，其动力消耗显然偏高。

在可行性研究审查时，国内专家认为首钢 1 号焦炉已有一套湿熄焦系统，完全可以采用“湿熄备用”的方案。最终建设两座干熄炉、一套横移装置和提升吊车更符合首钢实际，不仅经济合理，同时也克服了总图布置拥挤，无检修通道和消防通道的弊端。

日本专家则主要从经济和节能角度对此方案提出异议，认为干熄焦是一项节能技术，上 3 套干熄焦装置，既增大了投资，又使设备长期低负荷运转，单位能耗大，降低了该项目的节能效果，失去了采用该技术的意义。

基于上述原因，我们提出第二方案。

3　方案 2“干湿并存”方案

方案 2 的指导思想是两座 50 孔 6 m 焦炉的焦炭在正常情况下干熄，在 1 座干熄炉年修或故障时，部分焦炭湿熄。即干熄站最终规模为两套干熄焦装置，一期预留 1 座干熄炉的位置，原有湿熄焦系统备用。

从图 2 可以看出：

（1）最终规模建两套干熄焦装置、一台横移装置、一台焦罐提升机，且纯水制备站、锅炉辅机室、除尘系统均与两套干熄焦装置配套，投资和占地比方案 1 有大幅度降低。

（2）工艺布置更合理，主控室距干熄站较近，生产管理方便，留有必要的检修位置和消防通道。

（3）两座干熄炉小时处理能力 130t，焦炉生产能力 108.4t/h，干熄焦装置的作业率 83%，考虑到焦炉生产的正常波动，这样的负荷是合适的。

（4）湿熄焦保留，在干熄焦装置年修和故障时，仍可采用湿熄焦，生产安全、可靠。

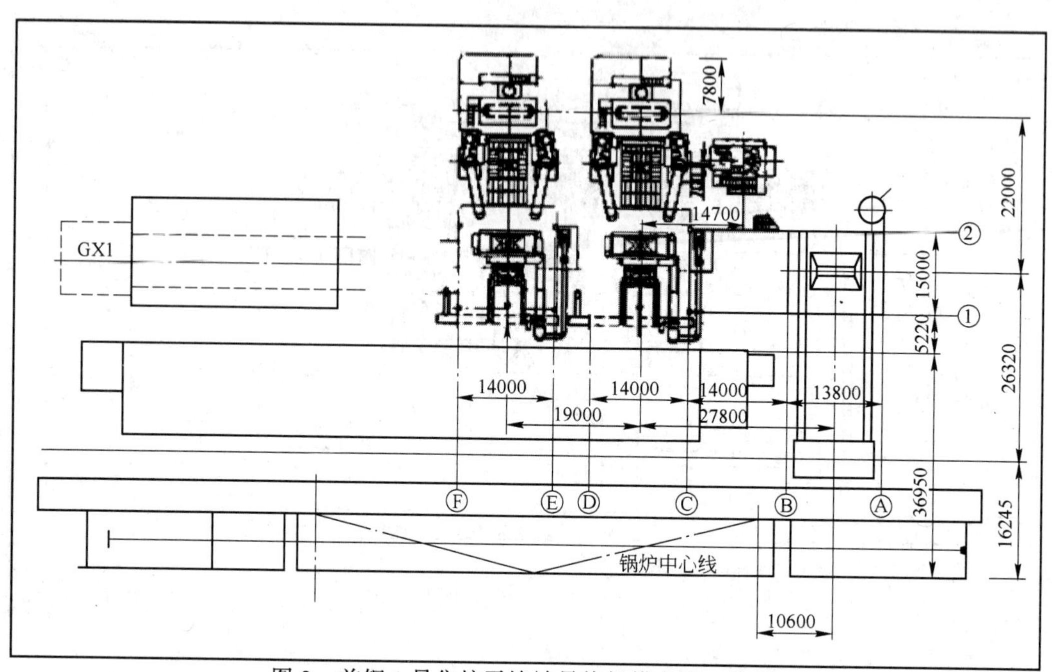

图 2　首钢 1 号焦炉干熄站最终规模方案 2 简图

4　结论

综上所述，首钢焦化厂 1 号干熄站的最终规模确定为两座 65t/h 干熄炉，原有湿熄焦系统备用。这样既可以使最终规模投资减少约 1 亿元左右，又可使两座干熄炉高负荷率运行，降低了单位能耗，提高了投资效益，并增强了生产操作的安全可靠性。

（原文发表于《设计通讯》1998 年第 2 期）

首钢 4 号焦炉 58–Ⅱ型废气瓣的安装与 5 号焦炉废气瓣的选型

智联瑞

(北京首钢国际工程技术有限公司，北京 100043)

摘　要：本文对我国焦炉普遍采用的加热交换设备——废气瓣（又称交换开闭器）的两种结构形式，及与其相配套的加热及交换设备，分别进行了详细描述。本文对首钢 4 号焦炉（58-Ⅱ型）采用 58 型（Otto 式）废气瓣，与本厂 2 号焦炉(侧入式)及兄弟厂（如鞍钢）采用的杠杆式废气瓣进行了对比，并总结了两者的设计、安装经验及问题，认为杠杆式的优于 58 型，决定在新建的 5 号焦炉选用杠杆式废气瓣。

关键词：焦炉废气瓣（交换开闭器）；58 型；杠杆式

58–Ⅱ Exhaust Flap's Installation of No.4 Coke Oven and Exhaust Flap's Selection of No.5 Coke Oven in Shougang

Zhi Lianrui

(Beijing Shougang International Engineering Technology Co., Ltd., Beijing 100043)

Abstract: The text described two kinds of structure type of heat-exchange equipments—coke oven exhaust flaps (also known as the exchange on-and-off device), this equipments are generally used in our country, the text also analyzed its matching heating and exchange equipments. Exhaust flaps of 58-Ⅱ type (Otto type) were used in Shougang No.4 coke oven, in addition, exhaust flaps of leverage type were used in Shougang No.2 coke oven and other brothers factory (such as Anshan Steel Corporation), then, the contrast between the different types of exchange on-and-off devices mentioned above were made, and both experience and issue of design and installation were summarized. The author believed that exchange on-and-off device of leveraged type is better than its 58-type, therefore, exchange on-and-off device of leveraged type was used in No.5 coke oven which was newly-built.

Key words: coke oven exhaust flap (exchange on-and-off device); 58-type; leveraged type

1　引言

废气瓣（交换开闭器）是控制进入蓄热室的空气、煤气及排出废气量的装置，是焦炉加热的关键设备之一。目前，国内各种形式的废气瓣，归纳起来有两种类型。一种是以 58 型废气瓣为代表的双盘式，大多用于带地下室的煤气下喷式焦炉，如 58 型、大容积和奥托焦炉等，也有个别用于煤气侧入式焦炉，如我公司的 3 号焦炉。另一种是杠杆式的，大多用于不带地下室的煤气侧入式焦炉，如Ⅱ.B.P 型焦炉及我公司的 2 号焦炉；也有个别用于带地下室的，如武钢和鞍钢近年投产的煤气下喷式焦炉。

现在 58 型废气瓣已作为 58 型焦炉和大容积焦炉的通用设计，纳入定型设备系列。杠杆式废气瓣未予推广的主要理由是认为它以煤气砣代替高炉煤气交换旋塞，煤气容易漏入烟道而增加焦炉耗热量，以及设备重，投资大，影响焦炉地下室通风等。我公司 4 号焦炉设计中即采用 58 型废气瓣的通用设计。通过该项设备的制作、安装和生产实践，对它的一些主要缺陷逐步加深了认识。对比 2 号焦炉的杠杆式废气瓣，认识到它有独特的优点。

在 5 号焦炉的设计中，我们联系我公司三座大型焦炉两种形式的废气瓣多年生产实践，学习了鞍钢的经验，并从国外资料看到废气瓣结构的发展方向，经过设计、生产、施工三结合，决定选择杠杆式废气瓣，同时结合具体情况改进了设计。还选用了液压交换机代替机械式的。这种交换机 1966 年经大连工矿车辆厂和鞍山焦耐院设计完毕，全国第一台是在我公司 3 号焦炉试验、安装、使用成功的。它具有结构简单，制造简便，设备重量轻，节省钢材和造价低；在使用过程中启动和运行平稳，无冲击与振动噪声，容易调整，检修方便，行程准确，传动系统磨损少，停电时手动操作方便省力，设备占地面积小等优点。对于其存在的漏油和“退缸”等主要问题，我们作了改进设计，在 4 号焦炉上使用良好，彻底解决了问题。

本文就两种废气瓣的比较和选择以及液压交换机存在主要问题的克服，提出一些粗浅看法，论述了在 58 型焦炉上选用杠杆式废气瓣和液压交换机配套使用的优越性。

2　两种废气瓣的结构特点

2.1　58 型废气瓣

58 型废气瓣（见图 1 和图 2）是以废气拉条通过链条直接提起废气砣的。废气瓣筒体分上下两部分。上部分分为两层，上层通过两叉部的煤气叉送入高炉煤气，下层通过两叉部的空气叉送入空气。每层都设有可以上下起落的砣盘，上升气流时上下砣盘全落下，将上下两层隔开。下降气流时上下砣盘全提起，下盘行程两倍于上盘，使废气通入烟道。筒体下部分为调节翻板，用于调节焦炉蓄热室的吸力。高炉煤气及空气蓄热室共配置一个废气瓣。两叉部上部空气盖的起落与废气砣盘杆以链条相连，依靠砣盘自重平衡。

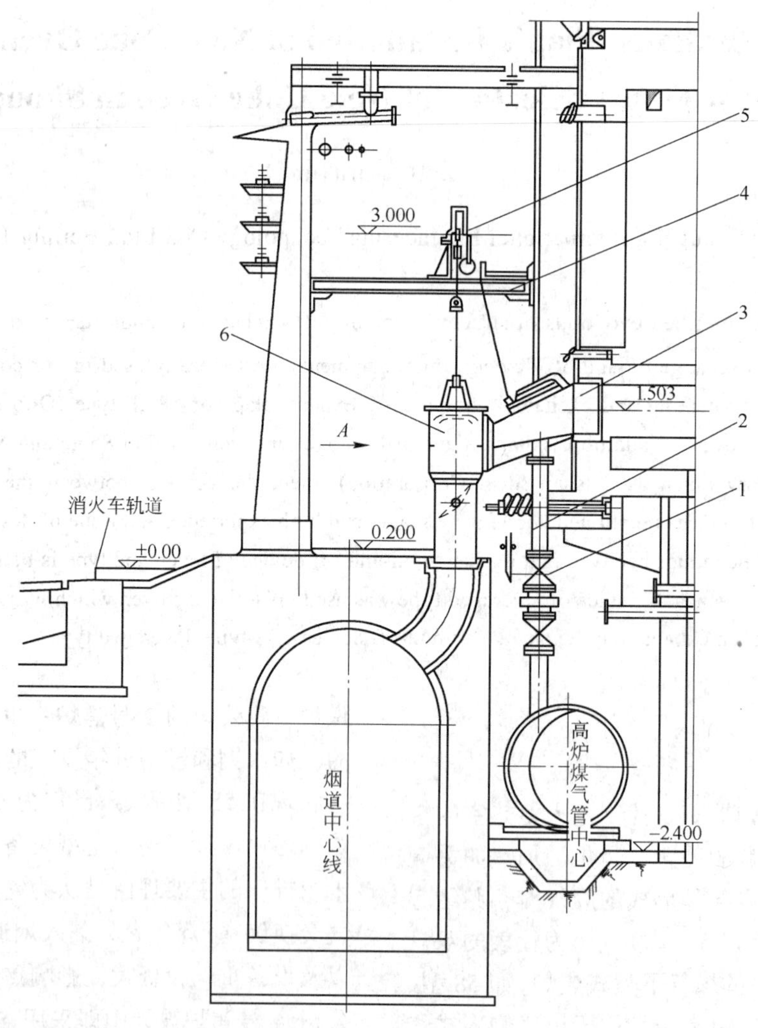

图 1　58 型废气瓣与交换系统（一）

1—高炉煤气焦化旋塞；2—1 米管；3—两叉部；4—废气拉条托座；5—废气拉条；6—58 型废气瓣

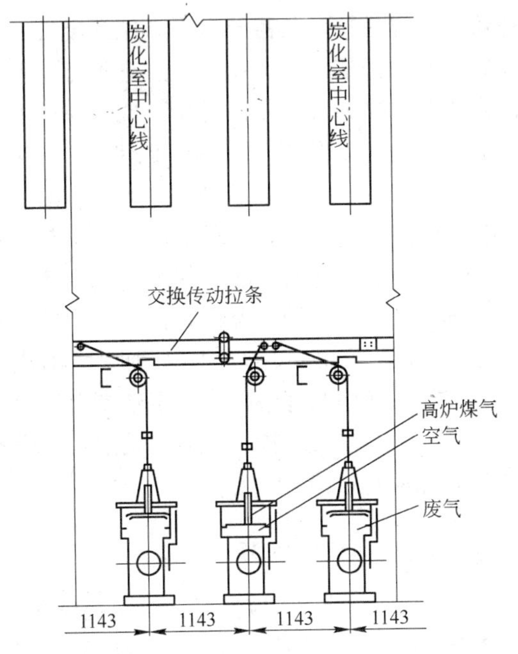

图 2　58 型废气瓣与交换系统（二）

上升气流：高炉煤气、空气→蓄热室；下降气流：废气→烟道

2.2　杠杆式废气瓣

杠杆式废气瓣（见图 3 和图 4）以废气拉杆通过杠杆、轴卡、扇形轮等直接起落废气砣及煤气砣和空气盖。以煤气砣代替 Dg150 高炉煤气交换旋塞，因为省掉一套高炉煤气交换传动系统。高炉煤气和空气蓄热室各配置一个废气瓣，由于上升气流和下降气流时废气砣盘位置相反，而其交换传动扳手的方向相同，以保持与拉杆动作方向一致。所以每种废气瓣（“煤气、空气、废气”废气瓣及“空气、废气”废气瓣）又分为左右两种形式，共计四种为一组。由于每格蓄热室各配置一个废气瓣，所以蓄热室的吸力可以单独调节，互不影响。废气瓣与小烟道的连接，以单叉代替两叉部，与交换传动系统无关。

3　58 型废气瓣的安装

3.1　交换传动系统的安装顺序

焦炉的交换传动部分按工艺分为三个系统，即

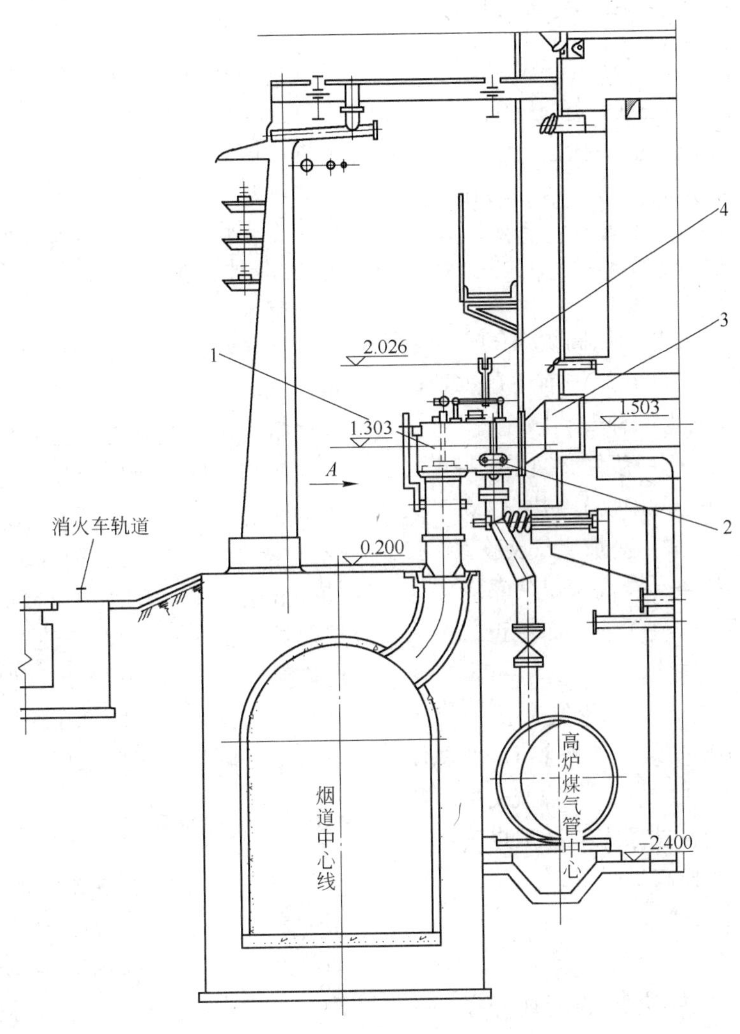

图 3　杠杆式废气瓣与交换系统（一）

1—杠杆式废气瓣；2—高炉煤气砣；3—单叉部；4—废气拉条

废气、高炉煤气及焦炉煤气交换系统。当使用焦炉煤气加热时，高炉煤气交换系统停止使用，反之当使用高炉煤气加热时，焦炉煤气交换传动系统停止使用。本文只述及与废气瓣形式有关的高炉煤气交换系统及废气交换系统。

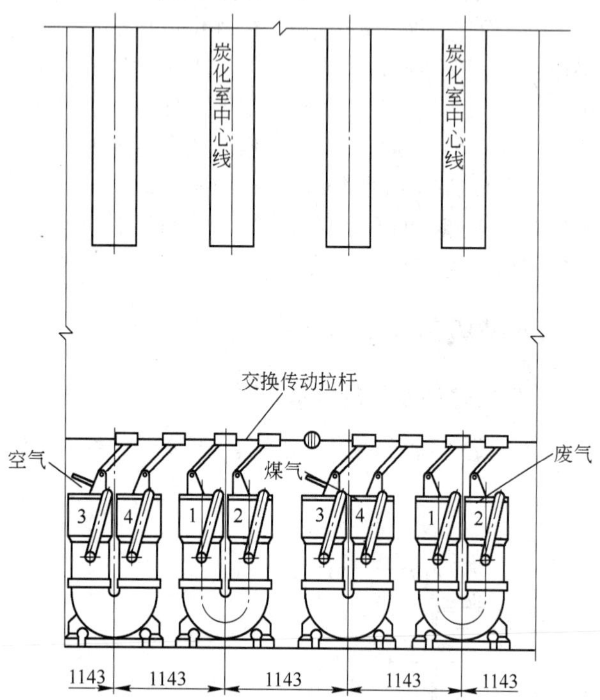

图 4　杠杆式废气瓣与交换系统（二）A 向视图
上升气流：煤气、空气→蓄热室；下降气流：废气→烟道
1，3—“煤气、空气、废气”废气瓣；2，4—“空气、废气”废气瓣

国内交换传动系统的安装，以高炉煤气交换系统交换旋塞安装整体试压时间在烘炉前还是烘炉达 600℃后为界限，可以归纳为两种安装顺序。

第一种：废气瓣→两叉部→废气交换系统→煤气交换旋塞安装、总体试压（生产验收）→烘炉（650℃）→1 米管（见图 1）安装、试漏→高炉煤气交换系（安装旋塞扳把、连接交换拉条）→高炉煤气系统整体试压（包括水封、阀门、管件）假生产→正式倒换高炉煤气。

第二种：废气瓣→两叉部→废气交换→烘炉（650℃）→煤气交换旋塞安装→1 米管→旋塞总体试压→1 米管试漏（生产验收）→高炉煤气交换系统（安装旋塞扳把、连接交换拉条）→高炉煤气系统整体试压假生产→正式倒换高炉煤气。

3.2　废气瓣的安装

由于 58 型废气瓣为双层砣盘，升降砣杆穿在一起，故对砣杆的垂直度和砣盘的水平度要求较高，否则正常交换期间不能保持自由下落，就会出现砣杆别劲，很容易拉弯，甚至发生卡砣和废气瓣摆动等现象。而砣杆依靠废气拉条通过链条滑轮系统带动，因此对支撑废气拉条的滑轮应位于一条中心线和同一标高上，以保证拉条的正常运行。同时对滑轮与砣杆的安装中心也要求较高，务必对准；否则既影响砣杆的自由下落，还可能增加链条与滑轮间的摩擦阻力，使交换机的负荷加大，甚至有时由于别劲崩断链条。这两种情况都直接影响到砣盘和空气盖的正常位置而破坏焦炉的正常加热，有出现高温事故或发生爆炸的危险性。为了达到上述要求，安装单位往往要按实际情况安装调整这些链条和滑轮，是相当麻烦的。

3.3　废气交换系统的安装

与 58 型废气瓣相适应的废气拉条托座的安装，也是要求很严格的，因为它是固定滑轮系统维持砣盘水平和砣杆垂直的重要因素。而该托座是固定（以滑动形式）于一端与焦炉钢柱活动连接，另一端与蓄热室通廊支柱固定连接的横梁上。废气瓣与其传动系统均在冷态（即烘炉前）安装。烘炉期间，随着炉柱的膨胀，影响到横梁的位移，同时也牵涉到废气拉条托座的移动。因此在焦炉转入正常加热后到投产前，还要对该系统进行一次认真仔细的调整，才能满足废气瓣砣杆上下运动灵活自如的要求。这项调整工作，安装工人需在艰苦的高温环境中，趁每 20 分钟交换的空隙时间，争分夺秒快速调整，是比较困难的。

焦炉投产后，尤其在地耐力较差的地区，由于焦炉基础与烟道基础的沉降量不一，往往焦炉基础沉降量大于烟道基础，因此焦炉钢柱与蓄热室通廊支柱的相对标高产生变化，直接影响到支撑废气拉条托座的横梁的水平度。有的厂，如北京焦化厂变形异常明显，靠焦炉钢柱端比通廊支柱端约低约 100mm 左右，影响到废气瓣的正常交换。因该厂系单热炉，虽为 58 型焦炉使用 58 型废气瓣，因是单层砣盘，故矛盾并不突出，但是在生产状态下，58 型废气交换传动系统，在使用高炉煤气加热的条件下，维修调整工作量也是相当可观的。

3.4　煤气交换旋塞及 1 米管的安装

与 58 型废气瓣相配套的 Dg150 交换旋塞的严密性是关系到焦炉正常加热和直接影响到人身安全的关键设备。故在制造厂必须严格达到设计试压条件。在安装前，安装单位为验收设备，确保总体试压合格，尚须逐个再试压一遍，并要求作出记录，打好开关位置的刻印后，才允许安装。不合格者必须重新研磨，重新试压。由于从设备制作到安装总要相隔一段时间，不可避免地会发生变形，实践证明，这道工序是必不可少的。这是一项极其繁重的劳动，各厂往往需运用人海战术突击，才能满足工期的需要。

目前，ϕ150 旋塞试压条件是先在旋塞表面涂以 50 号机油（黏度<60 厘沲）或黏度相当的透平油。接 0.03m^3 的风包，以压力为 1000mmH_2O 的压缩空气试压，30 分钟压降量不超过换算为同一温度条件下 30mmH_2O 为合格；比原规定（试压 2000mmH_2O，30min 压降量不大于 50mmH_2O 为合格）有所放宽。根据近年来高炉普遍采用高压炉顶，高炉煤气压力提高，特别当焦炉换向期间，炉内瞬间切断煤气，压力突然升高，尽管管网有稳压措施，但仍有滞后现象，换向时的瞬时压力各地不一，一般在 500~1200mmH_2O 之间，差距很大。我公司在 900mmH_2O 以下，极个别情况超过 1000mmH_2O，故试压条件尚待修订。这对旋塞的气密性要求又提高了，难度也更大了。

前已述及，废气瓣两叉部的高炉煤气连接管与交换旋塞之间的连接管长 1m 左右，俗称“1 米管”。一般施工中对 1 米管有两种装法：一种是在安装旋塞的同时与两叉部连接管一起装完；另一种是在旋塞安装试压之后，最后安装。前者在两叉部连接管与 1 米管法兰间卡盲板，用压缩空气对 1 米管试漏；试漏合格后抽掉盲板，试压试漏告终。比较接近生产状态。后者在 1 米管与交换旋塞法兰间卡盲板，用水对 1 米管试漏。

实践证明，无论 1 米管先装还是后装，当 1 米管与交换旋塞法兰连接时，一把紧螺栓，立即影响到旋塞壳体的变形。我们在 4 号焦炉安装中发现，本来单体试压合格的旋塞，与 1 米管连接后，用肥皂水检漏则塞芯上下端漏气，也有两侧漏气的（见图 5）。说明 1 米管长度稍不适合，影响很大。当松开法兰螺栓，卸下旋塞，再进行单体试压，旋塞仍很严密，达到试压标准。说明 1 米管起了作用。

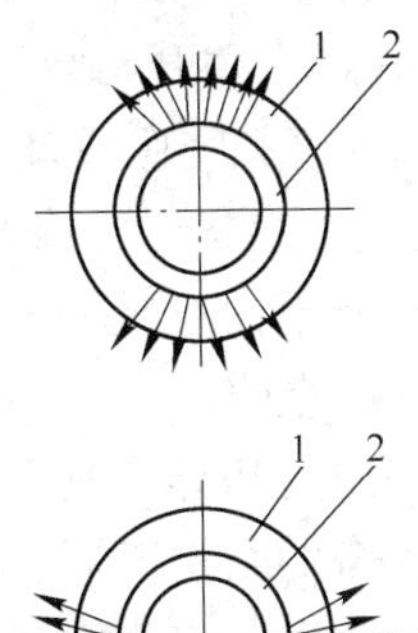

图 5　漏气部位示意图

1—旋塞壳体；2—塞芯

第二种安装顺序，即 1 米管安装于旋塞总体试压之后，虽然当时试压易于达到要求；但待 1 米管安装完后，旋塞的严密性则已不反映实际。因此，采用第一种安装顺序较好。根据本钢焦化厂 1 号及 3 号焦炉 1 米管分别采用以上两种方法的比较结果，第二种比第一种漏气率高 8%，证明了上述看法。

各厂实践证明，无论采用哪一种安装顺序，旋塞总体试压都难以达到要求。即使是第二种方法，旋塞在 1 米管安装前试压，按两种状态试验：调节旋塞关，交换旋塞开；调节旋塞开，交换旋塞关。旋塞总体试压条件，国内现行（1967 年后）标准是旋塞涂 50 号机油（黏度<60 厘沲），以 1000mmH_2O 压缩空气试压，30min 压力降不超过换算为同一温度条件的余压 10% 为合格。比原（1967 年前）订标准 2000mmH_2O 已经放宽。为消除 1 米管的影响，“9424”焦化厂将 1 米管中间割开 20mm 左右，焊上伸缩节（见图 6），中间用浸油石棉绳密封，使 1 米管与旋塞间成柔性连接，消除了旋塞壳体的应力，避免了变形。

但是，它只解决了安装时试压合格的问题，却造成了生产条件下渗漏煤气的薄弱环节，增加了日常设备维护的工作量。因其每日交换时接头晃动频繁（72 次），日久即易松动漏气。尽管如此，“9424”焦化厂动员了很多人力，用了 48 天时间，还放宽了旋塞试压涂油的条件，增加了黏度。旋塞单体试压用的 24 号汽缸油和 508 机油，总体试压时，交换旋塞涂黄干油，调节旋塞涂 248 汽缸油，而 1 米管和伸缩节未作试漏，即勉强算合格，通入煤气以后，用火把检漏处理。

攀钢安装 1 米管后，旋塞总体试不住压，是用不拆卸旋塞，在已经变形的壳体上与塞芯就地对号入座研磨的办法，达到合格。这样，虽然暂时过关，但以后更换旋塞备品就成问题。

我们认为，以上两种措施均有缺陷。因而采用第一种安装顺序，将 1 米管对号入座现场制作安装完毕后，在与两叉部短管法兰间装一盲板（δ=0.5），将两端法兰螺栓把紧把匀，然后再将 1 米管中间割开，使旋塞不受外力而松开，再用钢板焊以加固带，这样使旋塞外壳避免了把螺栓而增加的应力。没有采用伸缩节的办法，主要为了严密，不留后患。如果一方面千方百计提高旋塞的严密度，一方面又遗留另一个漏气的洞口，同样不是彻底的办法。

然而，这种割 1 米管焊加固带的措施，也是一项繁重而费时的劳动。当焊工完工后，钳工、起重工还得将 134 个旋塞芯（每个单重 26kg），清洗拆卸加油，避免掉入焊渣损伤研磨面。1 米管接好后，再按规定以两种状态三次试压旋塞：调节旋塞全关，交换旋塞全开；调节旋塞全开，交换旋塞全关；调节旋塞全开，交换旋塞全开。前两种方法是分别试验调节与交换旋塞的严密性，后一种方法是对 1 米管试漏（不试压）。当旋塞试压的漏气率及 1 米管试漏合格后，将盲板抽掉，更换新的橡胶石棉板，试压即告终。生产验收后，将旋塞再次清洗涂黄油进行假生产；待整体试压合格后，才能更换高炉煤气。

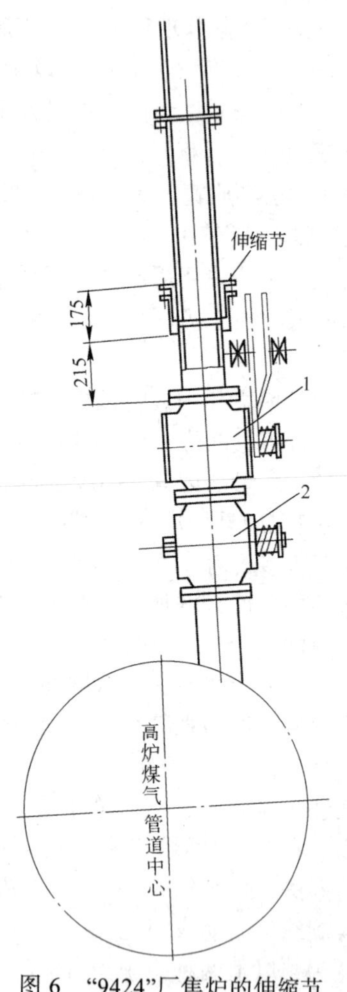

图 6 "9424"厂焦炉的伸缩节
1—交换旋塞；2—调节旋塞

3.5 高炉煤气交换系统的安装

主要是将旋塞扳把与交换拉条连接。交换旋塞扳把的安装看来很简单，但其调整工作量却很大。由于调火操作要求旋塞全开时公差±1mm，全关时±2mm，精确度较高；因此要求交换拉条中心标高和距离及交换旋塞的中心标高及对炉中心的距离，必须符合设计尺寸。由于旋塞制作两法兰盘间的距离公差，煤气支管法兰标高公差和孔板更换器的高度公差等累计起来，集中在交换旋塞上；当出现负公差时，可用橡胶石棉垫找平，如出现正公差时，扳把则需逐个改造。如旋塞与扳把连接的方柄不正或尺寸不一致时，扳把尚须逐个割头重焊或改滑槽，逐个制宜，直到达到标准为止。这也是很繁琐的一项工作。

4 两种废气瓣的比较

4.1 58 型废气瓣

58 型废气瓣的优点及存在的主要问题如下：

（1）设备结构简单，品种单一，数量少，制造方便，投资少。

（2）设备布置间隙较大，有利于焦炉地下室的通风和采光。

（3）底部拉条调整方便。

（4）如上节所述，施工安装和试压工序繁杂，浪费工时，往往延误工期。

（5）废气与高炉煤气交换系统要求严格按工艺要求和顺序动作，否则容易发生爆炸事故。

58 型废气瓣与交换旋塞配合使用存在顺序混乱的可能。在国内液压交换机各油缸的动作顺序完全由电磁阀控制，并互相连锁，各油缸拉杆行程用行程开关控制。目前经常由于行程开关等电气设备失灵，油缸动作混乱而误操作。攀钢、本钢焦化厂曾发生多次爆炸事故。可见，只依靠电气连锁，可靠性不够，尚待完善。

在交换过程中，无论使用哪种煤气加热，每一交换过程都经历三个阶段：关煤气—空气与废气互相交换—开煤气（见图 7、图 8）。必须达到三点：

1）空气与废气相交换过程中，煤气必须关闭，防止空气和煤气同时进出，发生爆炸。尤其是用高炉煤气时，如果煤气与空气在蓄热室混合相遇，更容易爆炸。

2）煤气关闭后，不能立即进行空气与废气的交换，其间断时间不得小于 0.8s。甚至某些焦炉要求关掉煤气后，经 10s 以上才开始废气与空气的交换动作，目的是使煤气旋塞关闭后残余煤气能完全燃烧。

3）空气与废气交换之后，停留 0.8s 以上才打开煤气旋塞，让燃烧室内有足够的空气以后再进入煤气，有利于煤气的燃烧。

尽管各种焦炉炉型相异，其煤气阀门（或旋塞或煤气砣）、废气瓣的结构不同，以及开关阀门和废气瓣的拉条行程不同，但是它的交换过程都要经历以上三个阶段。各种焦炉的交换周期和交换过程中各阀门的开关时间，以及各拉条的行程和拉力大小，都应保证达到加热制度的要求。当采用 58 型废

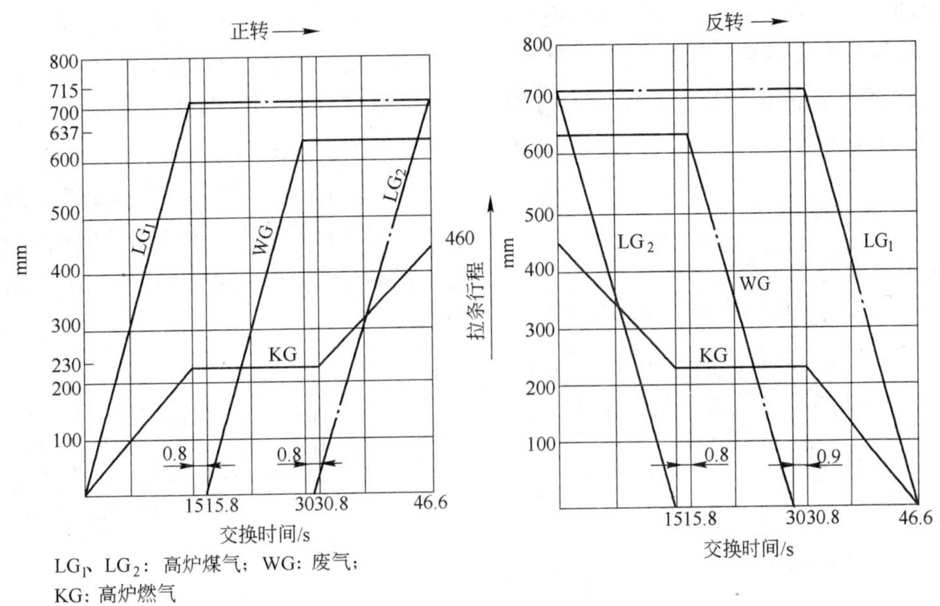

图 7　交换时间与拉条行程图

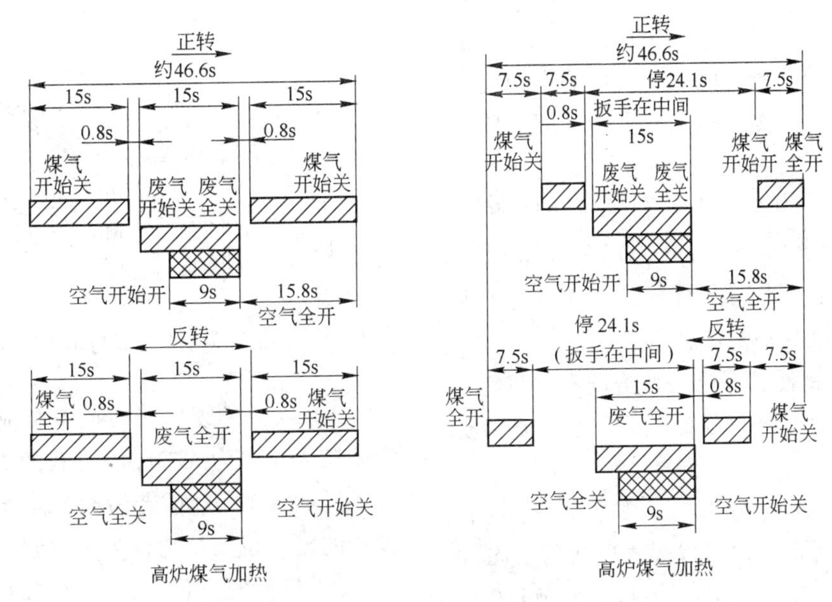

图 8　交换工作时间内气流改变情况示意图

气瓣时，特别对长年使用高炉煤气的焦炉，目前在安全上可靠性不大。

（6）生产操作和维修麻烦，增加工人劳动，难以实现无人操作。废气瓣平时需精心检查，加油润滑，根据气候调整行程。采用 58 型废气瓣时：

1）废气交换系统零件太多，事故点多，每次换向之后，工人必须环绕蓄热室通廊烟道顶一圈，约 200m 的路程，每 20min 一次，称之为“蹓烟道”。检查上下废气砣盘是否卡住，上升气流废气砣盘是否落严，下降气流废气砣盘是否按规定高度提起。看链条与小滑轮是否卡住，链条是否崩断；应关的空气口是否关严，应开的空气口是否完全打开；以免影响燃烧系统的空气量和吸力。“蹓烟道”不仅繁琐费事，还不能实现无人操作。

2）高炉煤气交换旋塞清洗加油，每月至少一次，即使采用集中润滑每年也需清洗 2~3 次。每次 134 个旋塞，每个塞芯重 51 斤，每次拆卸清洗加油安装都要耗费工人很大气力。在正常情况下，还要经常检查旋塞的刻印。

3）维修费用贵。采用集中润滑时，每周加油一次，每次约 80kg，每年消耗近 4t 油（钙基脂 70%，504 机油 30%），约合 1 万元。

（7）制造困难，生产状态容易变形。就整座65孔焦炉讲，58型废气瓣的设备总重量比杠杆式的轻，但两者单重接近：58型的为492kg，杠杆式的为446~530kg。58型的废气砣盘直径ϕ434（下）及ϕ490（上）杠杆式的为ϕ320（内）及ϕ346（外）。前者直径大，难研磨。

58型废气砣盘直径大而厚度小，在生产状态下，每日以空气（20~30℃）和废气（300~350℃）交换72次。由于温度交变频繁，日久容易变形，影响严密性和正常加热。另外，两叉部造型复杂，单重较高。

4.2　杠杆式废气瓣

杠杆式废气瓣尽管有一些缺点，但也有其独特的优点，正好改进了58型废气瓣的前述缺点。杠杆式废气瓣的优缺点如下：

（1）设备一次投资贵。由于废气瓣数量比58型的多一倍，故每座焦炉比58型的重65t。

（2）废气瓣布置紧密，间距小，影响焦炉地下室的通风。这个缺点对焦炉地下室及两侧烟道顶面标高较高的焦炉比较突出。

（3）如高炉煤气中含尘量高或换向期间高炉煤气总管内压力过高时（>1500mmH_2O），易将煤气砣支起或顶起；或者年长日久煤气砣烧变形后，煤气易漏入烟道，增加焦炉的热耗量。

（4）松紧焦炉钢柱底部拉条弹簧较不方便。

（5）废气瓣单体设备容易制造和研磨，施工安装和试压工序简单。

由于废气瓣每孔炉一分为二，故砣盘直径小，如前所述，易于研磨。又由于以煤气砣代替了ϕ150高炉煤气交换旋塞，煤气砣盘直径也较小（ϕ150），研磨时也易于达到要求。1958年和1963年我公司机械厂先后制造过3号焦炉和2号焦炉用的类似的废气瓣。工人同志一致反映小盘比大盘容易研磨得多。

（6）两叉部以单叉取代，结构简单，便于制造。两叉部为互不连通的裤衩形，形状复杂，单重296kg。而单叉即一根方形筒，单重仅93kg，见图9。

（7）简化了交换传动系统，减轻了设备制作和安装工作量，可以大大缩短工期。

1）由于废气瓣以煤气砣代替了交换旋塞，废气砣与煤气砣的起落机柄合而为一，可以省去：ϕ150交换旋塞；58型废气交换拉条托架系统、传动滑轮和链条系统，高炉煤气旋塞两套交换拉条、旋塞扳把、拉条托轮及托轮架、两个液压油缸、两条油路系统以及液压交换机上的两套电液换向阀及节流阀，见图10、图11；两套ϕ508四角链条、链轮架及单排套筒滚子链，两套液压缸交换行程标志钢绳、滑轮系统，见图11，虽然杠杆式废气瓣比58型的设备总重重65t，但是交换传动系统却比58型的少25t。可以减少设备制作和安装工作量，缩短工期；同时每年节省交换旋塞润滑油4t和液压缸油60%以上。

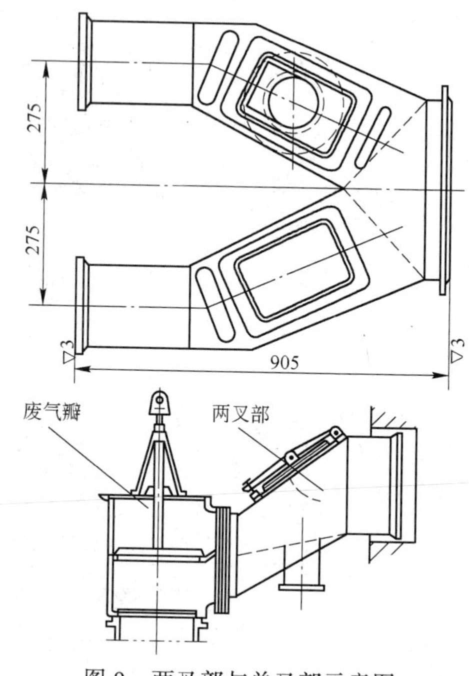

图9　两叉部与单叉部示意图

2）减轻了废气交换拉条负荷。根据计算，58型的拉条拉力为6.73t，杠杆式的为3.98t。依据近年来各厂的实测值，前者为5t，后者为2.4~2.5t。即杠杆式的废气拉条拉力仅为58型的80%。

3）操作安全可靠，维修简单，减轻工人劳动，为无人操作创造条件。杠杆式废气瓣的废气砣和煤气砣的升降配合动作，以杠杆进行机械连锁，比较稳妥可靠，在每次换向之后，工人不必再"蹓烟道"。而且，它比58型的检查目标单一，事故点少，为今后使用电子计算机实行无人操作提供了有利条件。

4）减少慢性中毒的可能性。58型废气瓣采用交换旋塞以及1米管采用伸缩节时，都有渗漏高炉煤气的可能。由于长期缺氧，一般容易引起慢性中毒，患神经衰弱和克山病等职业病。而使用杠杆式废气瓣时，则只用煤气砣；它位于废气瓣内，即使不严，一般炉内为负压，CO不会外逸，很容易被吸入蓄热室或烟道内，有利于保护工人健康。

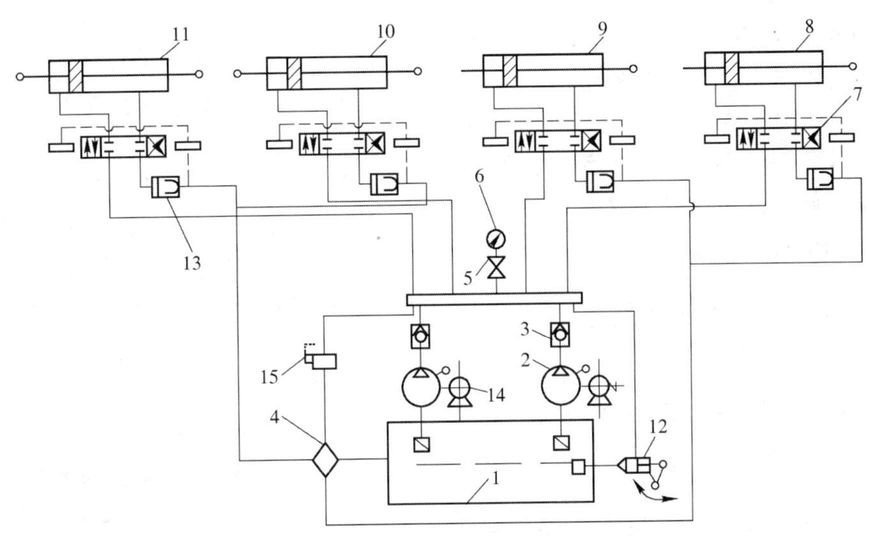

图 10　JM-4 型液压交换机原理系统图（58 型废气瓣）

1—油箱；2—单级叶片泵；3—单向阀；4—进油口过滤器；5—截门；6—压力表；7—电液换向阀；8—焦炉煤气缸；9—高炉煤气缸；10—高炉煤气缸；11—废气缸；12—手动换向；13—流量控制阀；14—电动机；15—安全阀

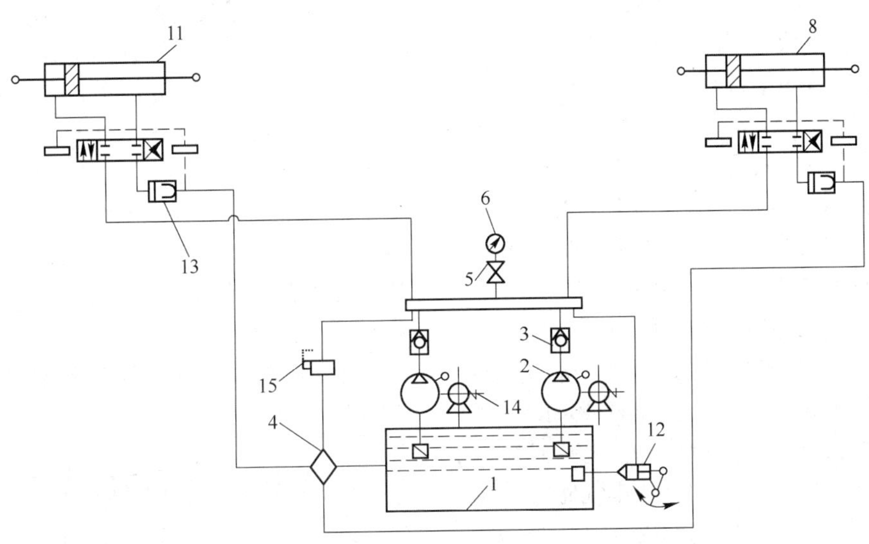

图 11　JM-4 型液压交换机原理系统图（杠杆式废气阀）

（8）蓄热室的吸力容易调节。由于空气和煤气蓄热室各配置一个废气瓣，故个别调节蓄热室的吸力，非常方便。

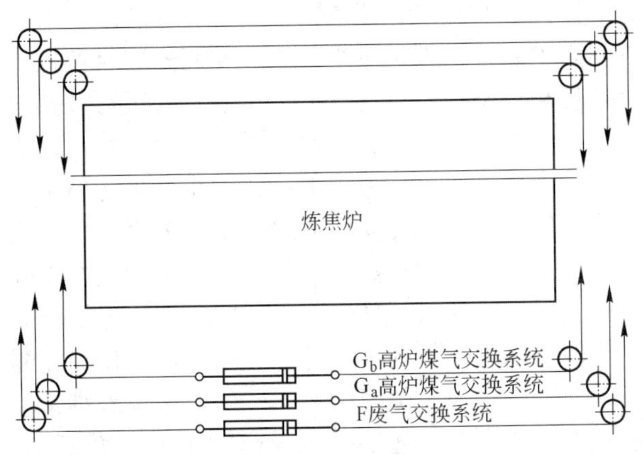

图 12　58 型废气阀废气与高炉煤气交换传动系统示意

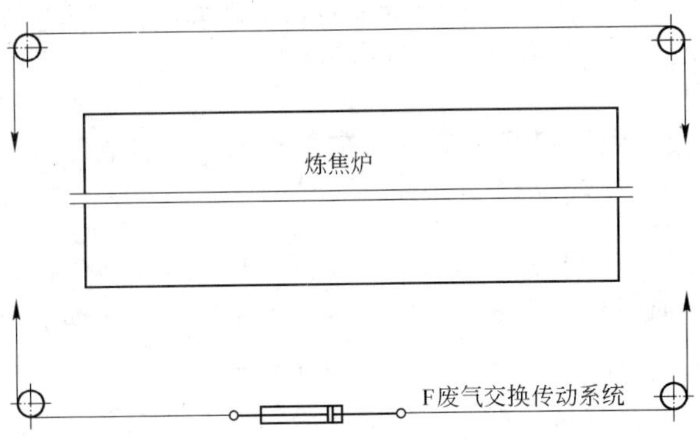

图 13　杠杆式废气瓣废气、高炉煤气交换传动系统示意

5　焦炉废气瓣的选择

前已述及，根据我公司 4 号焦炉使用 58 型废气

瓣的体验，联系 2 号、3 号焦炉的生产实践以及兄弟厂的经验，结合 5 号焦炉的具体条件，我们认为：58 型废气瓣虽有其不可否认的优点，但也有其突出的缺点；而杠杆式废气瓣虽存在一些缺点，但其优点则切合当前实际，缺点又可以设法克服或随着条件的变化而改善。以下就几个问题作进一步讨论。

5.1 煤气砣会增加焦炉热耗量的问题

这是杠杆式废气瓣以前得不到推广的主要原因。据了解，一般认为使用煤气砣会使焦炉的热耗量增加 5%~6%，至少也要提高 2%。其原因是高炉灰的堆积和换向期间瞬间压力过高会顶起煤气砣。但是，从我公司的生产实践来看，1978 年 10 月采用杠杆式废气瓣的 2 号焦炉的热耗量为 619kcal/kg 干煤，比设计规范规定的生产消耗定额 694kcal/kg（干煤煤料水分 11%时）为低。同期，采用 58 型废气瓣的 4 号焦炉使用高炉煤气的热耗量为 646kcal/kg 干煤。两者相比杠杆式的并不比 58 型的高。这是由于我公司高炉煤气含尘量较低，最高仅 1~2mg/Nm^3，最低仅 0.1mg/Nm^3，远比规定的标准（<15mg/Nm^3）为低。从 2 号焦炉 14 年生产情况来看，煤气砣座上并无积灰。同时也由于我公司高炉煤气管网压力自动调节在 900mmH$_2$O 范围内，当焦炉换向期间，全炉切断煤气时，瞬时压力仍小于 900mmH$_2$O。例如，2 号焦炉仅 700~800mmH$_2$O，4 号焦炉仅 800~900mmH$_2$O。今后，随着高炉的增多和焦炉用户的增加，高炉煤气管网压力会更趋稳定。

在 5 号焦炉的设计中，我们已将煤气砣的重量由 12.3kg 改为 15kg，足以承受 1570mmH$_2$O 的压力。

为克服煤气砣长期温度变换引起的变形，设计中已将材质改为 RTSi-5.5 耐热高硅铸铁，耐热温度最高可达 850℃。

5.2 由于杠杆式废气瓣布置密集，影响地下室通风的问题

在 4 号焦炉设计中，我们已将消火车轨道标高比通用设计降低 1.17m，蓄热室通廊内两侧烟道边标高下降 700mm，地下室地坪标高下降 500mm，使地下室及蓄热室通廊内的通风条件大为改善。蓄热室通廊窗户面积也远比通用设计为大。这样做，杠杆式废气瓣布置后将不会影响通风面积。此外，采用此种废气瓣时，由于不用交换旋塞，废气交换设备都集中在蓄热室通廊内，因此，工人不用经常到地下室去检查。只有当使用焦炉煤气时，工人有时才去地下室操作，而焦炉煤气毒性较差，我公司焦炉加热主要用高炉煤气。

5.3 调节炉柱底部拉条弹簧不便的问题

我公司 2 号焦炉炭化室中心距为 1050mm，实践表明并不影响弹簧的调节。4 号焦炉为 1143mm，就更不会有问题了。以后松放弹簧逐步使用机械，而废气瓣的根部直径与 58 型的尺寸完全相同，系用异径三通管上部两叉与废气瓣连接，下部的一叉与 5 号焦炉已经施工完的烟道废气孔相连，见图 4。

5.4 投资问题

综上所述，杠杆式废气瓣的问题经过我们的实践大都可以解决，只有设备重量较 58 型的略大以致一次投资高的唯一缺点。它连同相应的交换传动设备，比 58 型的设备重量净增 40t，合 18 万元。

我公司 58 型高炉煤气系统的试压和研磨，不包括安装前的旋塞单体打压，仅安装后到交工，共用 4860 个工，折合 12538 元；消耗材料费 11000 元。交付生产后，在使用高炉煤气前，生产厂又花费 280 个工，合 722 元；材料费 8669 元。总计生产与基建共花费 32930 元。因此，净增投资为 18 – 3.2 = 14.8 万元。如果焦炉寿命以 30 年计，则平均每年多花投资约 5000 元。但每年可以节约旋塞润滑油费用 10000 元。结果每年反而可以节约近 5000 元。如果考虑因减少“蹓烟道”及清洗加油维护旋塞而节约的人力，则更为经济。

鉴于杠杆式废气瓣具有上述优点，故决定用它取代 58 型废气瓣。

6 对改进交换设备的设计与施工的几点体会

在 4 号焦炉的施工中，我们对交换设备的设计与施工还有下列几点体会，在 5 号焦炉设计中准备吸取。

6.1 焦炉交换传动系统应实行冷态安装和重负荷调整试车及热态精调，然后交工

在焦炉基建中，正常情况是冷态安装废气瓣，达到烘炉条件，即可烘炉。烘炉期间安装交换机及交换传动设备。烘炉达 600℃以后转入正常加热之前 3~4 天内，进行交换传动的试运调整工作。待正常加热至投产前 7 天左右时间内假生产进行精调。这是检验设计和施工安装质量优劣的关键时刻，也是直接关系到一代焦炉质量优劣的关头。在这期间往往出现一些难以预见的问题，诸如设计考虑不周，设备的缺陷和安装的不当等等，结果造成返工而延误工期。由于当时炉温已达 800℃，保温困难，往往被迫降低要求，勉强投产，给焦炉留下严重后患，甚至造成不可挽回的损失。

我公司 3 号焦炉投产时就有这样的经验教训。在 4 号焦炉施工中，领导下了决心，采纳我们建议，将交换设备全部在烘炉前调试正常，然后再点火烘炉。在调试中果然发现许多难以发现的问题，及时作了处理，使焦炉顺利投产。虽然烘炉后延几天，但这些问题如不提前处理，投产后工人就得冒着高温，趁交换期间的空隙对 300℃的废气瓣进行抢修，而且几个月也修不彻底。实践证明，这种做法是完全必要的。

6.2 液压交换机及油路系统设计时，增加带凸台的管接头是减少漏油的有效措施

这是 3 号焦炉生产实践中工人的创造，在 4 号焦炉中采用，效果显著，克服了漏油现象。修改前原设计工作压力 80kg/cm^2（见图 14、图 15），而实际当油压达 20kg/cm^2 时，则四处冒油，不可收拾，主要原因是卡套崩开，与管接头脱离。

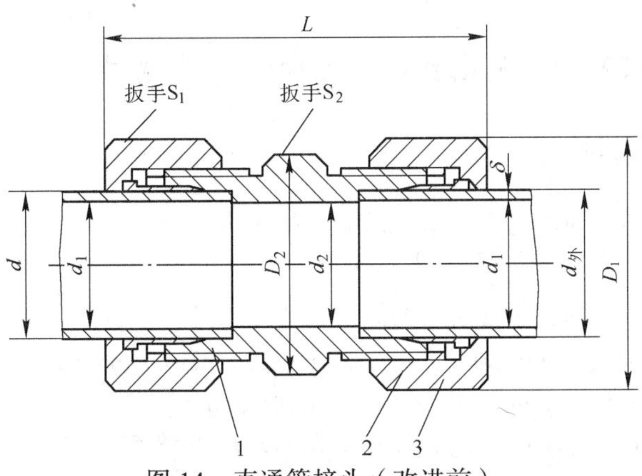

图 14 直通管接头（改进前）

1—接头体；2—螺母；3—卡套

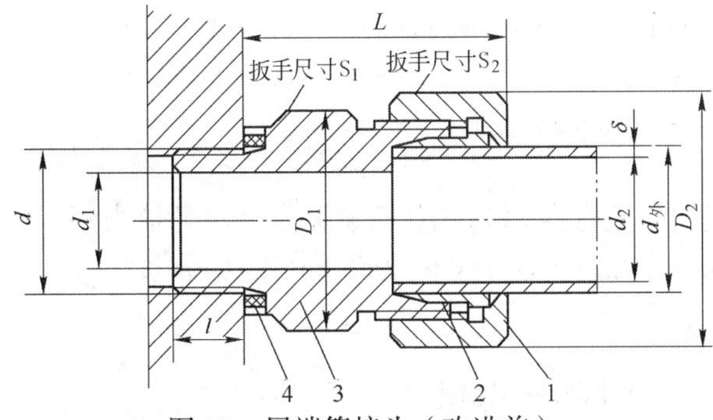

图 15 尾端管接头（改进前）

1—螺母；2—卡套；3—外端接头体；4—密封面圈

经修改后，压力达 70kg/cm^2 以上，丝毫未漏油，有效地克服了液压系统中存在的主要问题之一（见图 16、图 17）。

液压交换机传动系统中存在的另一主要问题是油缸“退缸”。原 3 号焦炉和通用设计都用钢丝绳配四角绳轮。当交换终止时，惯性消失，钢绳有收缩力而后缩，致使碰点脱离行程开关；待下次交换时，线路断开而误操作。通常都发生在严寒季节。在 4 号焦炉设计中，增加了行程开关，并将四角钢绳改为套筒滚子链，配以链轮，同时以拉杆代替所有的钢绳。效果较好。在 5 号焦炉设计中，也拟同样采用。

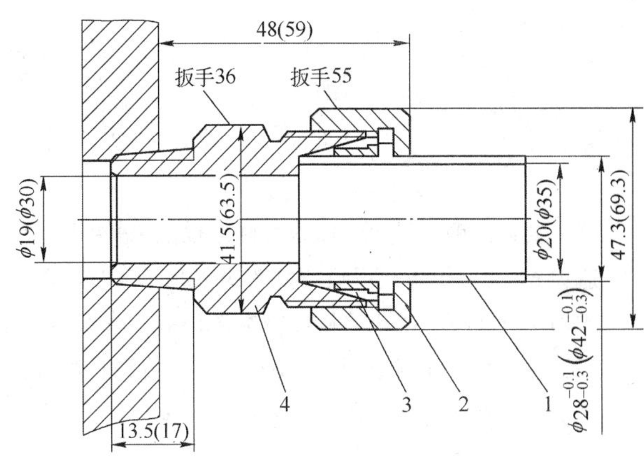

图 16 管接头装配图（改进后）

1—螺母；2—卡套；3—尾端接头体；4—密封垫圈

工作压力：80kg/cm^2

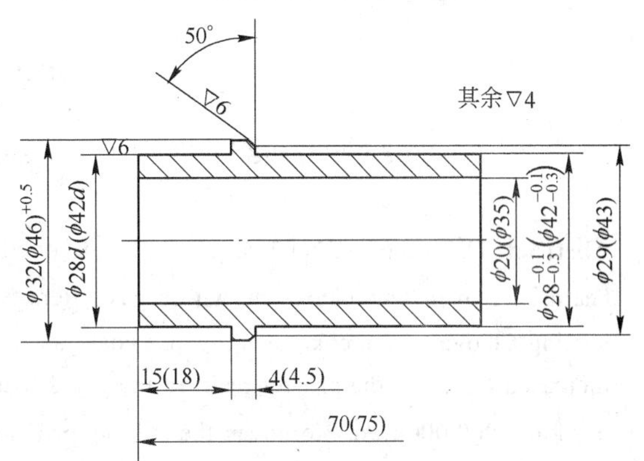

图 17 带凸台管接头图（改进后）

（材质：A3；单重：0.17（0.24）kg）

这样，JM-4 型液压交换机由于采用了杠杆式废气瓣，而简化了两套油缸系统；采用带凸台的管接头有效地防止了漏油现象；采用链轮链条传动使交换行程准确，克服“退缸”缺陷，从而结构更加完善，操作更加可靠。

7 结语

58 型和杠杆式废气瓣各有利弊，今后应研制更理想的新型废气瓣。在当前情况下，结合首钢具体条件，对 5 号焦炉应采用杠杆式废气瓣，并与液压交换机配套使用。杠杆式废气瓣具有大量节省安装工作量、操作和维修简单可靠、拉条负荷小、便于调节蓄热室吸力和减少煤气渗漏、改善劳动环境等优点。

实践是检验真理的唯一标准。我们将在五号焦炉的实践中验证及总结，并希望大家多提意见。

（原文发表于《设计通讯》1997 年第 2 期）

首钢 3 号焦炉大修工程设计简介

董双良

（北京首钢国际工程技术有限公司，北京 100043）

摘　要：首钢 3 号焦炉原地大修工程于 1994 年 4 月 30 日竣工投产，将原 71 孔煤气侧入、单热式 4m 焦炉改造为 61 孔焦炉煤气下喷的复热式 4.3m 焦炉，增产焦炭 6%，并实现了为北京市供应民用煤气量由 55 万 m^3/d，增加至 100 万 m^3/d 的目标。本文介绍了该工程设计的指导思想、设计内容及各系统特点，并介绍了设计中采用的焦侧矮上升管+导烟小车、红外传感式炉号自动识别系统、皮带密封式焦侧除尘装置等新技术。

关键词：焦炉设计；大修改造；新技术

Design Introduction of No.3 Coke Oven Overhaul in Shougang

Dong Shuangliang

(Beijing Shougang International Engineering Technology Co., Ltd., Beijing 100043)

Abstract: The project of No.3 coke oven in-situ overhaul in Shougang put into production on April 30, 1994. Single heating 71-oven 4m coke oven, whose gas enters from one side of the coke oven, was changed into compound heating 61-oven 4.3m coke oven, whose coal gas sprays from the bottom of the coke oven, then, coke production increased 6%, and the project realized the goals that civil gas supply for Beijing increased greatly, from 550,000 m^3/d to 1,000,000m^3/d. Moreover, the guiding principles, design contents and system characters of this engineering design were introduced in the article, several new technologies were adopted in the process of design, such as low ascension pipe of coke side + gas catching car + automatic oven number identification system of infrared sensing type, coke side dedusting device of leather belt sealed type, and so on.

Key words: coke oven design; overhaul and reconstruction; new technology

1　引言

首钢焦化厂 3 号焦炉原为 71 孔煤气侧入式炉型，炭化室高 4m，年产冶金焦 36 万吨，采用焦炉煤气加热。于 1959 年 5 月投产，到 1992 年已服役 33 年。根据首钢总公司决定，在 1993 年度对其进行原地大修，并于 1992 年 12 月 25 日正式停炉，开始大修施工建设，到 1994 年 4 月 28 日装煤，30 日顺利出焦投产。

新 3 号焦炉系 61 孔，炭化室高 4.3m，58-Ⅱ炉型，可用高炉，焦炉及混合煤气加热，是双联火道、焦炉煤气下喷。废气循环、复热式焦炉。占地 4800m^2 配套设施有备煤系统（暂由新一备煤系统引来新建皮带通廊及转运站）、除尘、变配电等公用设施。此外，还包括城市煤气脱硫系统。设计能力年产冶金焦 38.2 万吨，煤气 19600m^3/h，总投资 11572 万元。

2　设计指导思想

3 号焦炉大修工程本着重点搞好焦炉烟尘治理，减轻工人劳动强度，改善操作环境，搞好绿化美化，并要求投资少，见效快，操作简单，实用的原则进行设计，尽可能地采用一些国内外新技术，特别要结合新 1 号 6m 焦炉的实战经验，重点在装煤消烟，出焦除尘方面下功夫，并采用先进的计算机强化焦炉加热系统，提高焦炭质量，提高经济效益。装备水平在国内同类炉型中居领先地位。

根据首钢发展的需求，到 1995 年，北京厂区钢产量将达到1000万吨，生铁产量达到880万吨的规模，需要冶金焦炭400万吨以上，焦化厂目前的焦炭产量远远达不到此要求。结合厂区场地现状，多建焦炉已不现实，只能利用现有焦炉大修改造的机会尽可能地扩大产量，多出优质焦炭，才更符合首钢的发展需要。原3号焦炉已服役33年，早已超过一般焦炉寿命，炉体损坏严重。2号焦炉的状况比3号焦炉稍好些，于1964年12月投产，已运行30年，也到大修年限。为了尽量减少影响公司焦炭和煤气的供应，决定先修3号焦炉，2号焦炉仍维持生产，待3号焦炉建成投产后再对2号焦炉进行大修改造。这样，虽然给设计、施工带来一定的难度，但仍能保证2号焦炉16万吨/年的冶金焦炭和外供的8000m^3/h的煤气，缓解公司当前焦炭和煤气紧张的局面。在炉型选择上，由于场地所限，只能建58-Ⅱ型4.3m焦炉。这种炉型的优点是：投资省、技术成熟、有实践操作经验，便于生产操作管理，如再配套焦侧除尘设施，焦炉采用计算机加热管理系统，在国内仍处于技术领先地位。

3 设计内容及特点

3.1 设计内容

3号焦炉大修工程设计是在原址上拆旧建新，并结合2号焦炉生产现状，对其公用设施进行改造。备煤部分新建8个转运站和8条皮带通廊，且保证与旧有系统的连锁。焦炉部分建61孔58-Ⅱ型焦炉一座。煤气净化回收系统暂缓大修改造，仅新建50m^3/h脱酚工段，为下步回收系统改造创造条件。其他部分仍利用原有设施净化处理。公用系统新上35kV变电站、6 kV变电所、循环水泵房各一座。此外，还有城市煤气干法脱硫，脱萘系统。厂容方面主要有焦化路拓宽，建构筑物拆除赔建等内容。

3.2 主要特点

（1）备煤系统结合首钢现状，采用"先配后粉"的工艺流程。所采用的焦煤煤种及配比见表1。配煤质量指标见表2。

表1 煤种与配比

煤　种	配比/%	矿　点
1/3焦煤	16	辛置
肥　煤	25	孙庄或王凤
焦　煤	34	古交、井陉
瘦　煤	9	山西
弱黏煤	16	大同

表2 配煤质量指标　　　（%）

水　分	灰　分	硫　分	细　度	挥发分
11.5	10	0.85	77.5	25

（2）焦炉本体系统：

1）采用58-Ⅱ型焦炉，为双联火道，废气循环，焦炉煤气下喷蓄热式，复热式炉型。

焦炉冷态主要技术尺寸如下：

炭化室

全长 14080mm	有效长度 13280mm
全高 4300mm	有效高 4000mm
平均宽 450mm	锥度 50mm
中心距 1143mm	有效容积 23.9m^3
一次装煤量（干基）17.9t	燃烧室立火道 28个
立火道中心距 480mm	加热水平 800mm
装煤孔数 3个	周转时间 18h

一座61孔焦炉耐火砖用置：硅砖6989t，黏土砖3183t，缸砖100t。

2）焦炉机车配置及特点，见表3。

表3 机车配置

机车名称	数量/台	
	一期（1×61孔）	二期（1×65孔）
推焦机	1	1
装煤车	1（重力下煤）	1（螺旋给料）
拦焦机（带除尘罩）	2（1用1备）	1
熄焦车	2（1用1备）	—
电机车（矮型）	2（1用1备）	—

焦炉四大机车全部由首钢自行设计制造。其装备水平与现有58型焦炉机车基本相同。但考虑到环保措施，拦焦机采用导焦槽密封并增加了除尘罩及第三条轨道，熄焦车电机车为矮型、司机室为外跨型式。

3）加热交换系统本焦炉设有焦炉煤气，高炉煤气和混合煤气三套加热系统。计算机选用ComPAQ 486 33P型对加热燃烧，废气、集气系统进行调节控制。交换机采用JM-90型液压交换机。

（3）焦侧除尘系统设地面除尘站一座，处理烟气量22万m^3/h，服务于2号、3号焦炉。这套除尘技术是当前焦炉推焦除尘中最有效的办法之一。在拦焦机上安装集尘罩，同时解决导焦栅以及推焦时炉门上方产生的烟尘。收集的烟尘通过皮带提升小车装置进入地面除尘系统，烟尘收集率可达97%左右，净化后的烟气含尘浓度<50mg／m^3，净化效率99.6%（图1）。

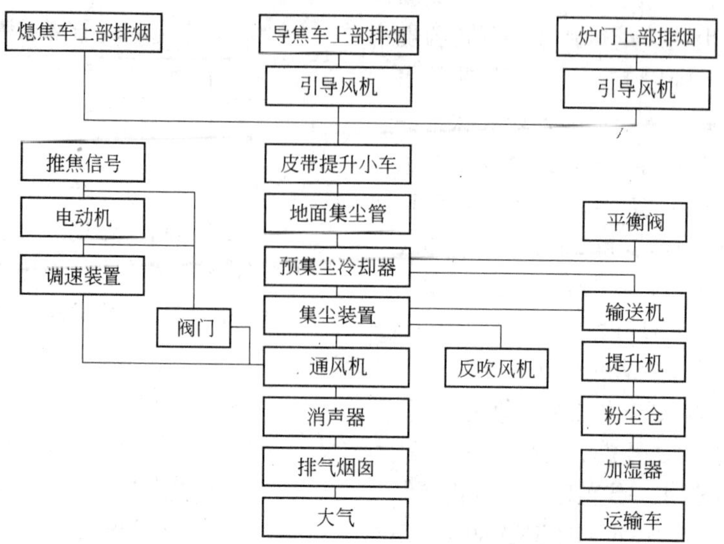

图 1　3 号焦炉除尘系统流程框图

为了节能，风机采用液力耦合器调速。粉尘收集后经加湿再用汽车运至用户。

（4）公用设施：

1）供排水系统。生活用水主要供给生产辅助设施及生活福利设施，考虑到本工程系大修工程，人员变化不大，故生活水量基本维持现状。生产用水主要供焦侧除尘设备冷却用水和焦炉上升管水封盖用水。净环水供除尘及其他设备间接冷却用水，浊环水主要供备煤系统及炉体水封系统。该系统对水质，水温无特殊要求，故将上升管水封盖用水回水经浊环供水泵加压后供其使用，当不冲地坪时可供水封盖水封循环使用口，为此设循环水泵站一座。排水经排水管收集后，排入厂区现有排水管网。酚氰污水本工程净增水量 2.0m^3/h，排入现有生化处理池，经处理达标后排放。

2）供配电系统。新建 35kV 变电站一座。根据焦化厂区用电负荷情况，站内设 35kV、10kV 电压等级，二层户内布置。上层为 30kV 配电室，下层为 10kV 配电室，两台主变为户外型。35kV 变电站分两期建设，一期主要承担 1～3 号焦炉的供电，二期承担对焦化厂的供电。配电设 6kV 变配电所一座，内设 6.10kV 高压配电室及低压 380V 配电室，高压配电系统采用集中操作及显示监护。炉前设低压配电室一座，内设 2×1000kV·A 变压器，为焦炉四大机车、加压泵站及煤塔控制站供电。

电气控制采用有触点常规控制，电气操作采用集中、机旁及点动控制。

3）暖风系统按照《焦化安全规程》规定，在炉顶、热修调火等工人休息室及四大机车司机室、电气室、计算机室等处设置空调降温。蓄热室通廊，热仪室、总配电室、35kV 变电站等要害部门设置轴流风机强制通风口对各扬尘点均设除尘装置，采用湿法除尘，选用 CCJ/A 型冲击式除尘器，各除尘点风量为 8000m^3/h。

4）总图运输系统。焦炉中心线，熄焦车轨道中心线与 4 号、5 号焦炉一致顺延布置。3 号焦炉从旧煤塔南端 4m 处起向南布置，占地 4800m^2，竖向标高以熄焦车轨面为本系统的±0.00，相当于绝对标高 83.00m，与 4 号、5 号焦炉一致。烟囱布置在焦炉机侧四回收车间北端。本工程拆迁建构筑物 6671m^2，焦化路由原来的 9m 宽拓宽到 12m，南接厂区主干路，北连一焦炉焦侧公路，路旁建筑物拆除量约 3000m^2，新铺沥青路面 9600m^2，人行道 2400m^2。

4　设计中采用的新技术

本工程本着前已述及的设计指导思想力所能及地采用了一些新技术，经投产以来的实践证明，均达到了预期效果。

（1）采用单集气管及焦侧矮上升管加电动导烟管小车，取代国内 4.3m 焦炉通用的双集气管，改善了炉顶操作环境，减轻了工人清扫上升管挂料的劳动强度，稳定炭化室内压力，防止炭化室内荒煤气“倒流”而损坏炉体，节省基建投资，减少设备日常维护费用，同时还为二期工程即 2 号焦炉大修采用螺旋给料装煤车，水封导套配合操作，实现无烟装煤做了预留。

（2）用红外线测温仪测量蓄热室温度并进行自动调节，与焦炉加热管理计算机联网，实现炉温自动控制，可使炉温稳定，提高焦炭质量，降低能耗。比用光学高温计测温要准确、方便、及时。

（3）采用焦侧除尘装置与首钢自行设计、制造的焦炉四大机车。焦侧除尘装置采用国外技术，应用 Minister-Stein 系统，拦焦机设除尘罩并加第三条轨道，直接驱动皮带提升小车，以皮带密封的除尘干管与地面除尘站构成的焦侧除尘系统，收尘率达到 97%左右，烟气净化后外排烟尘浓度<50mg/m^3，控制了污染。为国内焦炉在湿法熄焦条件下实现无尘出焦的首例。此装置无论采用“一点对位”还是“多点对位”，拦焦机对除尘效果皆有利，为配合焦侧除尘，采用了首钢自行设计，制造的带除尘罩的拦焦机、矮型熄焦车、司机室外跨的电机车，使用效果很好。

（4）采用红外传感无线数字传输，有炉号自动识别定位传输功能的单炉号连锁装置，确保推焦机、拦焦机对炉号准确无误。如机、焦侧炉号未对准，则无法推焦。可防止人身和设备事故的发生。

（5）在使用常规刚性炉门的情况下，采用带炉门烘炉的新技术，可不砌烘炉小灶和封墙，节省黏土砖、减少热态拆烘炉小灶和封墙的工序，从而减轻了工人的劳动强度，且节省投资。

（6）采用海泡石新型保温节能材料，对焦炉蓄热室封墙和废气进行保温，可取代金属隔热罩，延长废气瓣保温层的使用寿命，增强了焦炉的隔热保温效果。

（7）采用微机控制的液压交换机。

（8)采用首钢自制的 HGCS-120 型煤塔电子秤。

5 结语

首钢 3 号焦炉原地大修工程于 1994 年 4 月 30 日竣工投产。将原 71 孔煤气侧入式 4m 焦炉改造为 61 孔焦炉煤气下喷式 4.3m 焦炉，增产焦炭 6%且结束了 33 年来只能使用焦炉煤气加热的历史。新 3 号焦炉投产后不久，很快使用高炉煤气加热，产量稳定，出焦除尘效果好。所采用的新技术均发挥实效，达到设计要求，实现了为北京市民用煤气日供应量由 55 万 m^3 增加到 100 万 m^3 的目标，为首钢实现 1000 万吨钢规模奠定了基础。

（原文发表于《设计通讯》1995 年第 1 期）

焦侧除尘装置在首钢焦炉上的应用

智联瑞

(北京首钢国际工程技术有限公司，北京 100043)

摘　要：上海宝钢焦化一期工程引进日本翻板阀式焦侧除尘干管+地面站的焦侧除尘技术及装备，除尘效果达标，但其基建投资高、占地大、日常运行费高。国内有不带地面站的焦侧除尘方式，虽然投资等均省，但除尘效果不达标。90 年代初，首钢购买德国图纸，自行设计制造焦炉机车和焦侧除尘装置，采用皮带提升小车式焦侧除尘干管+地面站的方式，先后应用在首钢 6m 及 4.3m 焦炉上，环保效果明显，备受同行欢迎。

关键词：焦炉；焦侧除尘；翻板阀式；皮带提升小车式

Application of Coke Side Dedusting Device on Shougang Coke Oven

Zhi Lianrui

(Beijing Shougang International Engineering Technology Co., Ltd., Beijing 100043)

Abstract: Shanghai Baogang Coking Plant's project Ⅰ introduced the technology of coke side dedusting and its matching equipment from Japan, which form was coke side dust collecting main + ground station, the dedusting effect accorded with the standard, but it had highly investment in infrastructure, it needed to cover a large area of land, and it had highly daily running costs. Oppositely, the domestic method of coke side dedusting was the system without ground station, although it had low investments, the dedusting effect did not attain the designated standard. In the early 1990s, Shougang Corporation purchased the German blueprints, then, the coke oven locomotives and coke side dedusting devices were designed and made by ourselves, our system adopted the belt lifting car + coke side dust collecting main + coke side dedusting facilities on the ground station. This technique applied on Shougang 6m and 4.3m coke ovens successively, as a result, the environmental protection effect was obvious, and this technology was welcomed by the colleagues.

Key words: coke oven; coke side dedusting; flap valve type; belt lifting car

1　引言

焦化厂是钢铁企业中的主要污染源之一，而焦炉又是焦化厂的主要污染源，其中出焦烟尘量约占焦炉烟尘量的 10%。据国外资料报道，焦炉推焦时，每吨焦炭散发的烟尘量约 0.4%，如首钢焦化厂年产焦炭 200 万吨，向大气中散发的烟尘量达 800t/a，危害人民健康，污染首都环境。

2　国内焦炉出焦烟尘污染与治理现状

2.1　焦炉烟尘污染概况

目前（至 1994 年初）国内除宝钢和首钢焦化厂外，尚无任何厂家正式投运焦侧除尘装置，均未采取控制烟尘的措施，仅有少数厂家还处于酝酿，设计、筹建阶段。随着国民经济的高速发展，企业实力的提高，环保政策不断严格和完善，人们的法制、环保意识日益增强，国际间的技术交流越来越频繁，焦炉烟尘治理直接关系着企业的生存和发展而被提到重要的议事日程。

2.2　出焦烟尘的产生及治理方针

焦炉出焦时，拦焦机与熄焦车产生大量的阵发性烟尘，因产尘面积大难以全部密封，故在排烟的同时要吸入大量的周围空气。红焦在空气中燃烧，形成强烈的对流浓烟。产生烟气的高峰期虽不足

1min，但对环境的污染却严重，如欲控制、治理，则需排烟风机的排气量为 22~32.4 万 m^3/h（110℃，指炭化室为 4.3m 和 6m 的焦炉焦侧除尘排烟风机的风量），设备庞大，技术复杂，投资高，是当前焦炉除尘技术中的一大问题。因此，在考虑治理烟尘的同时，还必须从防止烟尘的产生入手，积极贯彻“防”、“治”并举的方针。二者相辅相成，不可偏废。

防止或减少烟尘的产生应设法保证焦炭在炭化室内均匀成熟。焦炭成熟不均匀或有生焦，是推焦过程中产生大量烟尘的根源。据 1976 年美国人在炭化室 3.6m 的焦炉上测定，焦炉推生焦时烟尘排放率平均为 407g/s，是推正常焦时 147g/s 的 2.8 倍，推生焦时烟气量为 151m^3/s（54.5 万 m^3/h），是推正常焦时平均烟气量 124m^3/s 的 1.13 倍，在过滤器上捕集的粒子物中的有机物含量，推正常焦时要比推生焦时高 50%（前者有机成分含量平均为 18%，后者平均为 12%）。因此，焦炭成熟不均或出生焦的情况下，在推焦过程中烟尘、火焰、气体的发生量特别大，往往比推正常焦时多 1 倍以上。可见，提高焦炭的成熟度是解决问题的关键。必须确定合理的结焦时间、制定合理的加热制度，加强日常的调火、热修等维护管理工作，采取一些（如“焖炉”1 ~ 2h 等）有效措施，才能收到预期效果。

3 方案选择

20 世纪 70 年代以来，世界各国焦炉焦侧除尘装置不断问世，种类繁多，效果各有短长。如焦侧集烟大棚、移动除尘车、热浮力罩除尘系统，以带地面站的集尘系统形式较多，一是以日本新日铁为代表的，如宝钢引进的形式，一是以德国为代表的 Minister-Steln 系统，目前世界上有二十多家工厂采用。本文只侧重介绍 80 年代以来在国内曾使用或试验过，并且曾给我们选择方案以极大启示的三种除尘装置。它们在生产实践中的正、反两方面的经验，为开拓既经济、合理又有实际效果，且操作简单、可靠的出焦烟尘治理的道路起了极有益的作用。

3.1 宝钢焦化厂方案[1]

宝钢一期工程由日本引进的与 M 型 6 m 焦炉干熄焦配套使用的焦侧除尘装置于 1985 年 4 月正式投产使用（图 1）。

拦焦机集尘罩（下口尺寸 3.6m×5.6m，重 18t）与干熄焦焦罐配套，“一点对位”、“定点接焦”，集尘罩为悬臂、固定式，其底面与焦罐顶面保持 250mm 的缝隙，为吸入周围空气，降低烟气温度、保证布袋除尘器使用寿命（130℃），熄焦罐车司机室为外跨式。集尘罩通过地面除尘干管侧面接口翻板阀（由拦焦机司机操纵液压推杆、打开或切断）与地面除尘站连通，除尘排烟风机风量 32.4 万 m^3/h（110℃）、风压 5500Pa、双速（1000/500r/min）电机功率 1100kW；采用空气预冷却器、预除尘器，除掉烟气中的着火焦尘，采用布袋除尘器干法除尘，烟尘收集率及除尘效率都很高，推焦时基本不冒烟。净化后的烟尘排放浓度 <50mg/m^3（实测值为 11.7mg/m^3）。

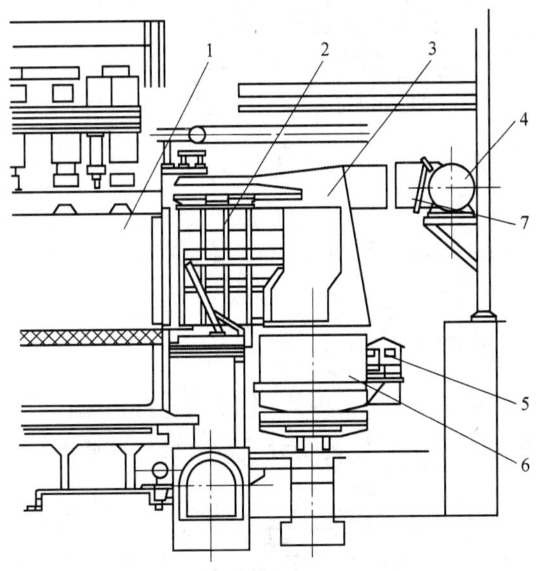

图 1 宝钢焦侧除尘示意图

1—焦炉；2—拦焦机；3—除尘罩；4—固定干管；5—电机车司机室；6—焦罐车；7—接口翻板阀

3.2 北京焦化厂方案

北京焦化厂从前西德哈通库恩公司引进的且与该厂 6m 焦炉压力焦熄（属湿法熄焦）配套使用的焦侧除尘装置，于 1987 年 4 月正式投入使用(图 2)。其特点是：拦焦机集尘罩（下口尺寸 5m×4.6m）与压力熄焦焦罐配套，“多点对位”、“定点接焦”；集尘罩为悬臂、固定式，熄焦罐为液压升降式，出焦时焦罐上升，使其与集尘罩底面严密接触，不留缝隙，出焦完毕，焦罐通行前位置降低，留出 80mm 的间隙。熄焦与出焦除尘设备均设在同一台熄焦车上，不另设除尘地面站；推焦时产生的烟尘被集尘罩收集并通过导管进入熄焦车上的洗涤器进行洗涤除尘，除尘后的气体经排烟风机放空。洗涤污水循环使用。除尘风机风量 4.9 万 m^3/h（65℃）。电机功率 90kW。除尘效果甚微，焦炉推焦时烟尘弥漫，依然如故。

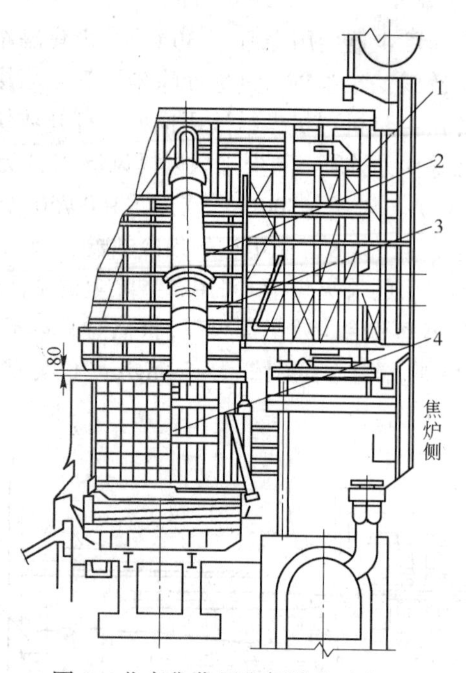

图 2　北京焦化厂焦侧除尘示意图
1—拦焦机；2—连接管；3—除尘罩；4—焦罐车

3.3　首钢焦化厂方案

1983 年 4 月至 1984 年 11 月，首钢焦化厂，首钢设计院与大连重型机器厂合作，设计制造出导焦除尘车，安装在首钢 5 号焦炉（4.3m）进行试验，与湿法熄焦车配套使用（图 3）。其特点是：拦焦机集尘罩(下口尺寸 3.3 m×5 m)与 JX-9 型熄焦车配合，“多点对位”、“移动接焦”，集尘罩仅覆盖熄焦车长度的 1/3。集尘罩为悬臂，可升降、活动式，电机车司机室为通用型、不外跨，高于熄焦车车身 1760mm。集尘罩前后设活动帘，不利于集尘罩的密封，存在要求集烟效果好与司机视野好之间的矛盾。除尘风机风量 3.3~6.1 万 m^3/h，风压 1450~2050Pa，电机功率 75~100kW。采用水浴式湿式除尘器，所有除尘设备，包括水箱、循环水泵均安装在拦焦机上，净化后的烟气排放含尘浓度达 $200mg/m^3$，由拦焦机顶部排放大气。出焦时烟尘收集率很低，黑烟翻滚，无甚改观。

3.4　方案比较

从以上三例的实践看：宝钢除尘装置的烟尘收集率及烟尘净化效率最佳，比较理想，但该装置基建投资大，能耗高、占地多。而北京焦化厂与首钢 5 号焦炉的除尘装置则恰好相反，尽管其具有投资省、能耗低、不另占地的优点，但因除尘效果太差，都未成功，故不可取。而宝钢的装置至今运行良好。从中得到以下启示。

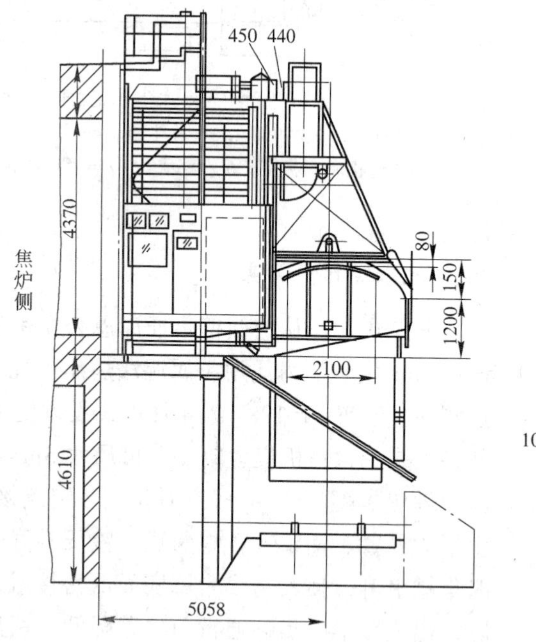

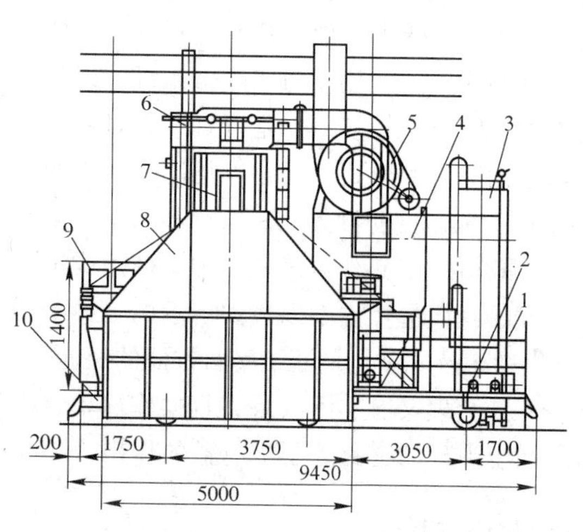

图 3　首钢 5 号焦炉导焦除尘车示意图
1—上水泵；2—溢流泵；3—水箱；4—除尘器；5—风机；6—开门机构；7—导焦栅；8—烟罩；9—试验用司机室；10—挡烟活门

（1）为确保除尘效果，必须选用大风量风机并建地面除尘站。与同容积的焦炉相比，宝钢的除焦装置之所以获得成功，主要是排烟风机风量大，为北焦厂风机风量的 6~7 倍，为 4.3m 焦炉除尘试验车风机风量的 10 倍，同时设有地面站，欲将选用的大风机等除尘设备都安装在拦焦机或熄焦车上是既不可能又不现实。既想除尘效果好，又想节能，省投资，二者不能兼得。

（2）拦焦机集尘罩必须采用固定式的。宝钢与北焦拦焦机集尘罩采用固定式的有明显优点，一是机构简单，设备重量轻；二是不占用机车的操作时间；三是电机车通过安全，可防止因升降机构出现故障或误操作而发生撞车事故。

（3）在焦炉采用湿熄焦，熄焦车“移动接焦”的条件下，必须加长集尘罩（至少覆盖熄焦车长度2/3）并设支撑罩体的轨道或采用独立的集尘罩车。

宝钢与北焦的拦焦机集尘罩均为悬臂式，焦罐车均为“定点接焦”。集尘罩与焦罐的断面都比较小，重量轻，首钢4.3m焦炉为湿熄焦车、“移动接焦”，导焦除尘车集尘罩虽然也为悬臂式断面也小，但其长度仅为熄焦车身长度的1/3，覆盖面积太小，加之除尘机风量偏小，严重影响除尘效果，如加长集尘罩，重量骤增，不增设支撑罩体的轨道是行不通的。

（4）干法除尘效率高。宝钢采用“三状态”反吹风布袋除尘的实践证明，烟尘净化效率高，外排烟尘浓度达<50mg/m^3，比用湿法洗涤除尘效果好。同时也减少定期向水箱加清水，排污水操作的麻烦，且消除水的二次污染。

3.5 抓住机遇，选定方案

在80年代，首钢3号焦炉大修炉型设计及熄焦方法方案虽反复多次，无论选用4.3m还是6m焦炉，采用干法还是湿法熄焦方案，焦侧除尘方案在初步设计中均确定采用宝钢的形式。

当时虽知德国Minister-Steln除尘系统即皮带密封提升小车式的方案具有基建投资省、除尘效果好、密封性好、漏风率低、日常维护量小等突出优点，与宝钢的形式相比，更适合于湿法熄焦，但因对前西德生产厂家实际使用情况不详，也无任何设计参考资料可借鉴，故无法考虑，可望而不可及。

90年代初，首钢决定上6m焦炉，湿法熄焦，并要自行设计，制造焦炉四大机车，在购买德国斯蒂尔·奥托公司6.7m焦炉的机车图纸谈判中，通过技术交流，该公司恰好向我方推荐Minister-Steln除尘系统，情况和我们了解的一致，于是当机立断，决定购买其关键图纸，结合首钢实际，因地制宜，自行消化，移植设计。

奥托公司推荐的是采用除尘大罩子车。其优点是：（1）除尘罩覆盖熄焦车口的全部；（2）每组焦炉只配备一台大除尘罩和一个皮带提升小车；（3）除尘大罩子车为独立车，单独驱动，与拦焦机为两体，只在出焦时以快速接头与拦焦机相连，故拦焦机无偏载问题。其缺点是：（1）当罩子车检修或出现故障时，焦炉要停止出焦或暂不除尘；（2）设备庞大，占用空间较大。

因本工程系老厂改造，焦炉区建构筑物很多，除尘大罩车无法通行，每组焦炉配备一台除尘车不能满足首钢要求“一不丢炉（减产），二不冒烟”的目标，焦炉用湿法熄焦，“移动接焦”，如除尘大罩覆盖整个熄焦车，重量太大，焦侧操作台难以承受，如在地面另设轨道也无余地。故应结合首钢实际，不能整套搬用和购买德国图纸。只能因地制宜，有选择地买其单体设备图，如皮带提升小车、集尘罩，集尘固定干管、冷却器等图纸，然后在消化的基础上进行移植、改进设计，与拦焦机、地面除尘站形成整体系统。

4 首钢焦侧除尘装置

4.1 主要技术内容

首钢焦侧除尘装置共分三大部分：

（1）拦焦机集尘罩及皮带提升小车　集尘罩位于熄焦车顶部，与两个系统沟通：炉头抽烟风机管道系统，导焦栅顶部排烟罩小风机抽吸管道系统。集尘罩将含尘烟气集中，通过皮带提升小车的弯管与除尘固定干管、地面除尘站连接（图4）。

（2）地面固定干管及蓄热式冷却器。

（3）与冷却器相连的地面除尘站（包括布袋除尘器、风机，液力耦合器及电动机、消音器，钢烟囱以及为其服务的轴承润滑、冷却的辅助设施、电控、计控系统、焦粉输送、储灰仓、加湿、装汽车外运设施）。

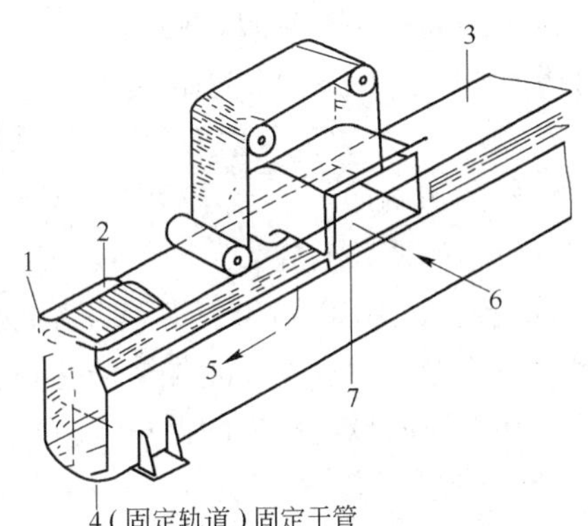

图4　皮带提升小车和固定干管

1—小车轨道；2—箅子；3—去除尘站烟气；4—固定干管；5—皮带；6—含尘烟气；7—进气口

在上述三部分中，第（1）、（2）部分是在消化吸收德国图纸的基础上结合实际而设计的，是本文介绍的重点，也是除尘装置的技术关键部分。第（3）部分均为国内技术，国产设备，在此不作详细介绍。

4.2 技术关键

运用国外技术，结合首钢实际，重点解决了以下问题：

（1）集尘罩、皮带提升小车与拦焦机联成一体并由其牵引，增加第三条轨道，通过四套走行机构，四角驱动，采用变频调速，解决了二者同步运行的问题。

由于每台拦焦机均配备一套集尘罩及皮带提升小车，既解决了除尘罩车的检修备用问题，实现出焦、除尘两不误，又在集尘罩与皮带提升小车弯管的连接处装设控制阀门，可解决备用拦焦机集尘罩系统与固定干管吸力系统切断的问题。

由于湿熄焦车是“移动接焦”，区别于德国的“定点接焦”，集尘罩不采用整个覆盖熄焦车全长，而是至少覆盖其三分之二。即使15m长(熄焦车长22m)、总重52t，集尘罩无法悬臂，故其一端与拦焦机固定，另一端需设第三条轨道支撑，以确保拦焦机、集尘罩，皮带提升小车整体、平稳，可靠地运行。

（2）集尘罩与拦焦机采用特殊连接形式，解决静不定结构的难题。

（3）集尘罩与固定干管活动连接密封采用金属膨胀节形式，克服热烟气温度变化引起的应力。

（4）皮带提升小车的结构形式能够适应其运行时，既依靠其与拦焦机刚性连接拖动，又能使其与固定干管活动密封的部分和小车车体脱开，使干管不受大的载荷，可减少运行中产生的振动，同时保证小车运行时始终保持其走行与轨道不偏离，并与拦焦机的第三条轨道平行往复行驶。

（5）集尘罩在第三条轨道上的走行传动轮的结构形式，轮宽尺寸，考虑了能适应焦炉炉体逐年伸长引起拦焦机随焦侧操作平台外移而不牵动皮带提升小车相应位移的调整措施。

（6）固定干管顶部敞口上，沿炉组方向全长铺设的密封耐热皮带，设有防止跑偏，防止积灰、积水以及防止起大风时掀起皮带的保护措施。

（7）集尘罩顶部安装控制蝶阀、放散管，以备当突然停电时或地面除尘站排烟风机等设备或熄焦车、电机车出现故障时放散烟尘，以防高温烟气烧毁密封耐热橡胶皮带、集尘罩等设备。

（8）除尘固定干管中的烟气流速应选用合理，如过高增加风机阻力，过低则易造成尘粒沉降于管内，以<30m/s为宜，以此确定管径。

（9）固定干管及拦焦机第三条轨道架设在焦台上空，其钢桁架的结构形式及支腿合理的最大跨距的确定，关系到防止或克服设备运行中产生的振动以及焦台上正常的放焦操作。

（10）焦炉炉头部分的密封以及抽烟系统风机的风量的选择是保证整个焦侧除尘系统烟尘收集率的关键（宝钢无炉头抽烟风机系统，只有管道连通集尘罩）。需要工艺与通风除尘专业配合解决。一是相邻两钢柱之间、炉门框顶部、焦炉炉头部分形成的空间，二是沿炉门框全高与导焦栅接触的缝隙以及导焦栅的尾栅与集尘罩接触的全高方向的缝隙分别以钢板、耐火陶瓷纤维布等采用适当的形式密封好。

无论是“一点定位”还是“多点定位”的拦焦机，在导焦栅顶部与炉门框顶部，焦炉钢柱外侧之间设有抽烟罩、管道系统与集尘罩相通，其抽风机风量6 m焦炉应大于4万m^3/h，4.3m焦炉应大于3万m^3/h，以提高烟尘收集率。

（11）蓄热式空气冷却器具有双功能，一可冷却烟气，二可分离和熄灭着火焦粉，保护布袋除尘器。

（12）摸索、总结出一套焦炉焦侧除尘装置的施工、安装、验收规范，此系保证整个装置顺利施工，生产运行的关键。因此项技术在国内尚无先例，也未掌握国外的有关资料，现已在新焦炉两套装置的施工、生产实践中初步制定出来，今后尚需不断积累充实和完善。

4.3 流程简述

当焦炉某一炭化室要出焦时，拦焦机先对好位，使车上的集尘罩及皮带提升小车与地面除尘固定干管上的通风道连通。由焦炉炉门框顶部散发出的烟尘和推焦过程中，由于导焦栅内的红焦饼向熄焦车内塌落点产生的大量烟尘以及熄焦车内焦炭与四周环境空气燃烧形成的浓烟，这三股烟尘汇合被大型集尘罩吸入除尘系统，经皮带提升小车的弯管进入固定干管烟气温度大约在 200~220℃左右，由除尘排烟风机抽吸，先经空气冷却器，一是通过其中的金属百叶式隔板除去大颗粒或着火的焦粉，二是利用自然风冷蓄热式冷却器把烟气温度降至80℃以下（实际<50℃），然后烟气从“三状态”、反吹风布袋式除尘器的下部进入箱体，通过滤袋净化，从除尘器顶部翻板排出。净化后的气体经排烟风机进入消音器通过烟囱排至大气。

净化后的烟气排放浓度<50mg/m^3（实测值为7.98mg/m^3）。

袋式除尘器、空气冷却器收集下来的焦粉经过双层翻板阀、螺旋运输机，翻斗提升机运送到粉灰仓储存，经加湿机加水后用汽车定期运至用户。

6 m 焦炉除尘排烟风机选用风量 32.4 万 m^3/h（110℃），风压 5500Pa，电机功率 1000kW、电压 6kV。

4.3m 焦炉除尘排烟风机选用风量 22 万 m^3/h（110℃）、风压 5800Pa、电机功率 560kW、电压 6kV，除尘排烟风机均采用液力耦合器控制高低转速，工作时间内电机高速转动，在焦炉循环检修时间内，电动机低速运行，此时电机功率仅为高速运行时的 30%左右，有利节电。

4.4 两套除尘装置的运行实践

首钢 3 号焦炉移地大修（或称新 1 号焦炉）工程，新建 50 孔、6m 大容积焦炉 1 座，与之配套设计的焦侧除尘装置于 1992 年 7 月建成，由于施工的原因未与焦炉同步投产，后于 1993 年 11 月开始重新恢复，1994 年 1 月 13 日顺利投入运行。迄今已连续生产运行了近一年（图 5），首钢 3 号焦炉原地大修（或称新 3 号焦炉）工程，新建 61 孔、4.3m 焦炉一座，与之配套设计的焦侧除尘装置，与主体工程同步建成，于 1994 年 4 月 30 日随新 3 号焦炉一起一次顺利投产成功（图 6）。实现了“三同时”。均取得了突破性进展，收到了良好的除尘效果，烟尘收集率达 97%左右，烟气净化后外排烟尘浓度小于 50mg/m^3。

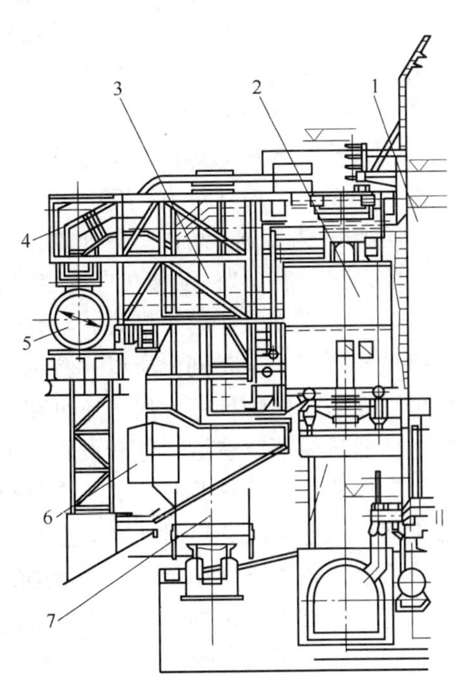

图 5 首钢新 1 号焦炉焦侧除尘装置

1—焦炉；2—拦焦机；3—除尘罩；4—皮带提升小车；5—除尘管；6—电机车司机室；7—熄焦车

首钢两套规模不同的除尘装置相继建成、投产，大大改变了焦炉烟尘污染的面貌，详见图 7~图 9。它标志着国内焦炉烟尘治理技术又迈上一个新台阶，并且增加了新的内容，还创立了区别于宝钢焦侧除尘形式的又一新模式。这是首钢为全国焦化事业做出的又一贡献。

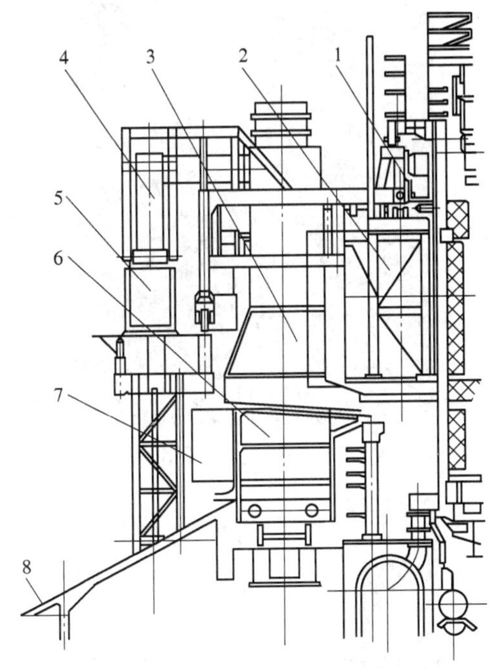

图 6 首钢新 1 号焦炉焦侧除尘装置

1—焦炉；2—拦焦机；3—除尘罩；4—皮带提升小车；5—固定干管；6—熄焦车；7—电机车司机室；8—焦台

图 7 首钢 4 号焦炉出焦（无控制烟尘）

首钢两种（大、中型）焦炉的炉型、容积不同，但焦侧除尘装置的技术内容、结构形式、系统工作流程基本相同，也有着共同的技术特点。

4.5 技术特点

与宝钢的相比，首钢焦侧除尘装置有以下特点：

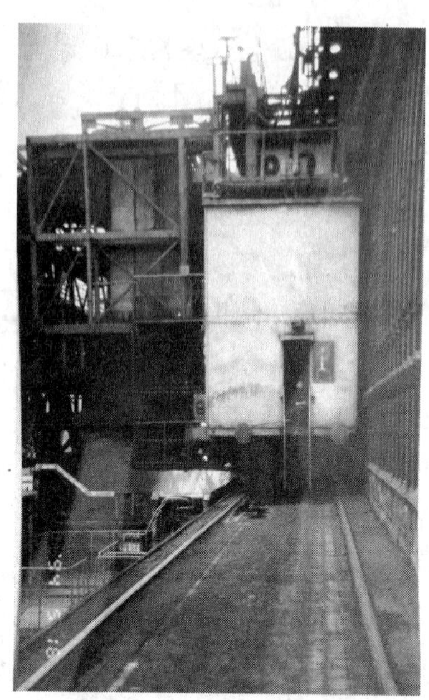
图 8　首钢 1 号焦炉出焦

图 9　首钢新 3 号焦炉出焦

（1）结构简单、运行可靠、对位容易而准确。首钢采用皮带提升小车随拦焦机移动，操作简便，只靠其牵引，不增加拦焦机的负担，拦焦机上不为此系统专门设置任何设备或传动机构，且集尘罩与除尘干管连接部分的对位比宝钢式的简单、容易。而且采用皮带提升小车的方法不仅适用于“一点对位”的拦焦机，同时对“多点对位”的拦焦机除尘效果也很好。

（2）设备重量轻、基建投资省、日常维护量少，运行费用低且密封效果好、漏风率低。首钢采用皮带提升小车连通皮带密封除尘干管比宝钢采用翻板阀设备重量轻，两台皮带提升小车总重不过 16t，而翻板阀 52 套则需 109t。翻板阀在烟气温度频繁变化的情况下容易变形而导致漏风，特别是翻板与阀体之间的硅橡胶日久天长会老化，将促使其密封性能减退，而每次更换则需增加维修费用，首钢除尘干管其顶部通常敞口，全部铺铁箅子，皮带覆盖其上，被管内负压吸附，使其紧紧贴在铁箅上，将管道密封、不漏风，日久天长也不会产生变形而造成漏风的可能。

（3）占地少。首钢的一台蓄热式冷却器可取代宝钢的两台设备，且地面除尘站采用叠层布置，布袋除尘器架设在风机房顶，而宝钢的除尘器、风机、钢烟囱是“一字”排列布置，占地面积比首钢的大。

（4）易于推广。首钢的焦侧除尘装置，不仅对新建厂尤其对老厂改造比宝钢式的易于推广，在拦焦机上无需增加过多的设备，且设备改造量少，整个系统占地小，投资省，两套装置基建投资约各占其一座焦炉本体（熄焦、筛焦系统除外）投资的 7%~8%（不含带集尘罩的拦焦机）。

5　推广应用前景

首钢两套规模不同的焦侧除尘装置，分别适用于大型（炭化室高 6 m）和中型（炭化室高 4.3m）焦炉，工艺成熟、运行可靠。生产实践证明：其烟尘收集率均达 97% 左右，烟气净化后，外排烟尘浓度低于 50mg/m^3（6 m 焦炉实测值为 7.98mg/m^3，除尘效率达 99.6%）。首钢焦化厂是首次采用皮带提升小车式的焦侧除尘装置的厂家，技术上在国内领先，环境和社会效益都很显著。

目前，国内广泛采用的焦炉炉型与首钢的基本相同。全国大中型焦炉约 154 座 7091 孔，其中以 4.3m 的中型焦炉最为普遍，约占总数 80%。大多采用分体式、“多点对位”、“移动接焦”的拦焦机和熄焦车。拦焦机高、宽比大，易于倾翻，与首钢改造前的拦焦机结构形式基本相同。所以，首钢的这一技术不仅可以在新建焦炉推广应用，还可在老焦炉的拦焦机上，通过局部改造增加这套设施。不过在老焦炉上增加焦侧除尘装置要改造的工作量较大，有一定的难度，改造期间会短时间影响生产。拦焦机集尘罩采用第三条轨道支撑后，还可增强其运行的安全、稳定性。首钢的焦侧除尘技术符合国情，效益显著，有推广应用的广阔前景。

参考文献

[1] 贺儒良. 烟尘治理技术. 炼焦与煤气精制[M]. 北京：冶金工业出版社, 1985: 93.

（原文发表于《设计通讯》1995 年第 1 期）

焦炉矮上升管电动导烟管小车

田淑霞

（北京首钢国际工程技术有限公司，北京 100043）

摘　要：本文论述了焦炉矮上升管电动导烟管小车的机构及功能，提出该小车的工艺优点。

关键词：矮上升管；电动导烟管；小车

Electric Smoke Guiding Pipe Car of Low Riser Coke Oven

Tian Shuxia

(Beijing Shougang International Engineering Technology Co., Ltd., Beijing 100043)

Abstract: This article elaborates the structure and function of the electric smoke guiding pipe car which use in the low riser coke oven, and present some process merits of this car.

Key words: low riser; electric smoke guiding pipe; car

1　引言

首钢新 1 号焦炉是一座 6m 的大容积焦炉。为防止环境污染，减轻工人劳动强度，改善操作环境，炉顶集气系统设计采用机侧为单集气管，焦侧为矮上升管加电动导烟管小车的新工艺。

2　电动导烟管小车的由来与功能

新 1 号焦炉工程原设计炉顶集气系统为双集气管，后因拦焦机的结构尺寸迫使焦侧集气管、上升管抬高 500mm，这就增加了炉顶操作人员清扫上升管的困难。为解决工人劳动强度大和操作环境恶劣的问题，提出了采用机侧单集气管、焦侧矮上升管的新工艺。机侧仍为高约 5m 的上升管与集气管，用以排除炭化室内的荒煤气至回收车间。焦侧则以矮上升管取代高上升管，但上升管之间不设连通的集气管，而设一个可移动的导烟管。在装煤车向炭化室装煤的同时，准备装煤的炭化室焦侧上升管与相邻炭化室的上升管以“H”型导烟管连接，利用两炭化室内的压差，同时在各自的桥管处都喷洒高压氨水，产生负压使荒煤气排至相邻的焦炭已经半成熟，煤气压力较低的炭化室内，顺其机侧上升管集气管排至回收车间（图 1）。

如何保证“H”型导烟管与两个相邻的上升管准确对位，上升管盖同时打开或关闭，准确无误地操作，故要求“H”型导烟管是可移动的才能满足工艺要求。德国技术是把“H”型导烟管设在装煤车上，由装煤车带动走行对位，即装煤车对准装煤孔的同时“H”型导烟管也就对好了矮上升管。但我国焦炉尺寸与德国的焦炉不同，由于炉顶布局已定，煤塔门洞净宽尺寸限制不能设在装煤车上，故须因地制宜单独设计一台电动导烟管小车（以下简称小车），安设在焦侧矮上升管上方的轨道上。它的任务是：当装煤车装煤时，小车带动“H”型导烟管准确对位，对好位后，由机械夹钳打开上升管盖，烟气由装煤炉号的上升管孔顺其导烟管排至相邻炭化室的机侧上升管、集气管，完成装煤时焦侧荒煤气外排的任务，减少了污染。工艺对它的要求是结构紧凑、轻便、动作灵活，操作方便、维修量小。

此项工艺的改进可使一座 50 孔 6m 大容积焦炉减少非标准设备重量约 95t，金属结构 110t，黏土砖 50t，节约投资约 280 万元。

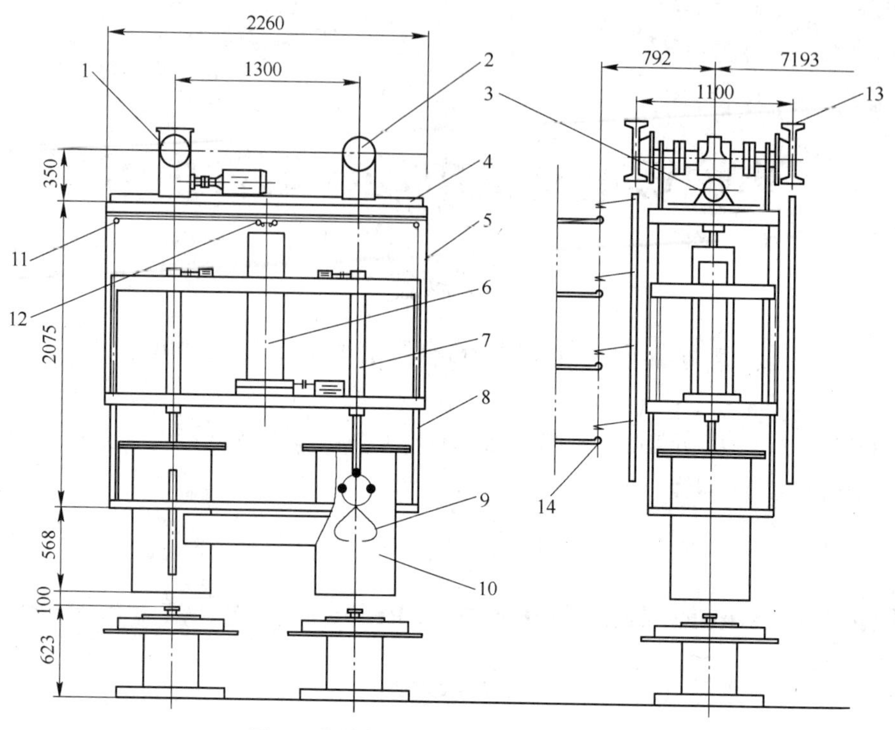

图 1　焦炉矮上升管电动导烟管小车

1—主动走行轮；2—被动走行轮；3—驱动系统；4—驱动系统支承架；5—固定支架；6—导烟升降机构；7—夹钳升降机构；8—滑动架；9—夹钳；10—H 型导烟管；11—链子；12—导向轮；13—轨道；14—集电器

3　小车的技术参数及规格

3.1　技术参数

轨型：双轨（30 号 I 字钢）；

轨距：1100mm；

轴距：1300mm；

走行速度：0.49m/s；

车轮直径：ϕ230mm；

减速机　型号：WHX-12-40-VF；

速比：i=40；

走行电动机　型号：Y112M-4；

功率：N=4kW；

转速：n=1500r/min。

3.2　导烟管升降机构

电动丝杠伸缩器电动机　型号：Y100L1-4；

转速：n=1430r/min；

功率：N=2.2kW；

蜗轮丝杠减速机　速比 i=14；

丝杠为梯形螺纹双线；

伸缩器　直径：ϕ152mm；

工作行程：$S_{工}$=340mm；

设计行程：$S_{设}$=400mm。

3.3　夹钳升降机构

电动丝杠伸缩器电动机　型号：Y820-4；

转速：n=1390r/min；

功率：N=0.75kW；

蜗轮丝杠减速机　速比 i=14；

丝杠为梯形螺纹双线；

伸缩器　直径：ϕ140mm；

工作行程：$S_{工}$=660mm；

设计行程：$S_{设}$=700mm；

设备最大外形尺寸：2260mm×1302mm×3143mm。

4　小车的机构与功能

4.1　机构

电动导烟管小车由以下 5 部分组成：

（1）走行机构；

（2）固定架和滑动架；

（3）“H”型导烟管升降机构；

（4）夹钳升降机构；

（5）集电器及电控设备。

4.2　功能

小车的走行机构带动固定架滑动架及“H”型导烟管沿炉顶固定轨道朝炉组方向往复移动走行对位。对好位后。滑架由导烟管升降机构带动下降，将“H”型烟管插在上升管盖的水封槽内，与上升管座落实密封。在“H”型导烟管中，有两个机械夹钳由夹钳升降机构带动下落，同时送到矮上升管盖顶，将上升管盖钢髫夹住上移，提起上升盖，此时两个上升管与“H”型导烟管连通，装煤车开始装煤，装煤完了，升降机构下移，将上升管盖盖在上升管座上，滑动架由导烟管升降机构提升到固定位置，小车由人工操作带动固定架及“H”型导烟管停在下次规定的装煤炉号，工作循环再次开始。

4.2.1 走行机构

走行机构由电机、减速器、联轴器、传动轴、车轮及驱动装置支承架组成。

为使小车运行平稳，采用双轨道。为使小车能在窄小的空间通行无阻，减速器采用双出轴的集中传动方式，在保证零件强度的前提下，尽量减小外型尺寸，保证小车的结构紧凑。由于小车是露天作业，电动机外壳选用防护式的，减速器选用高速比且结构紧凑的圆弧齿圆柱蜗杆减速器。驱动装置支承架用钢板焊接而成；在支承架上焊有连接轴承用的架板，安放电机的垫板。为简化车架的加工，底板及架板的加工面尽量布置在同一水平面和同一垂直面上。

4.2.2 固定架及滑动架

固定架与滑动架是由型钢焊接的两个钢结构框架，固定架内侧有滑轨、链轮和导向轮；滑动架可由导烟管升降机构带动在滑轨上上下移动。固定架与走行机构的驱动装置之间用螺栓连接固定，便于检修和更换。

4.2.3 H型导烟管升降机构

导烟管由两根ϕ630mm×9mm 的无缝钢管中间以矩形钢筒（用钢板焊成）连通而形成“H”型。为便于检修更换，用螺栓与滑动架连接固定为一体。为使烟气能顺利地由装煤炭化室排至相邻的炭化室，设计将横向连接管的面积大于导烟管的面积。两根导烟管的顶部以盲板法兰固定，其盲板中心各有一个圆形压兰填料密封孔，供夹钳升降的蜗轮丝杠减速机的丝杠穿行用，导烟管的底端在装煤期间插入矮上升管底座圆环槽形水封内，起密封作用。“H”型导烟管升降机构安装在固定架上，由人工操作电动蜗轮丝杠减速器带动滑动架与导烟管在固定架内侧滑轨上上下移动。

4.2.4 夹钳升降机构

此机构由夹钳和电动蜗轮丝杠减速器组成。蜗轮丝杠减速器固定在滑动架上，当导烟管对好位后，由人工操作蜗轮丝杠减速器将机械夹钳同时送到矮上升管盖顶，将上升管盖钢髫夹住，然后提起。此时H型导烟管连通，烟气进入相邻的炭化室。机械夹钳为四连杆机构。

4.2.5 集电器及电控设备

小车的集电器通过与外供电源的摩电道接触而通电，以控制小车的走行、导烟管及夹钳升降机构动作的电气设备，操作台安装在司机室内。

本小车选用的是钢轨导电刚性硬滑线。这种滑线坚固耐用，寿命长。集电器设有上下可调节的导电板和与小车连接处的绝缘子。集电器由集电器支架与小车固定架焊接固定。

5 结语

采用单集气管、矮上升管加小车的工艺具有以下优点：

（1）其无烟装煤的效果介于单、双集气管之间，保留了双集气管在炭化室顶部双通道排烟的优点，有利于无烟装煤。

（2）克服了双集气管在炭化末期煤气“倒流”而损坏炉体，焦侧上升管易挂料，清扫维护量大和炉顶操作环境较差之弊。

（3）单集气管操作压力稳定易于控制，有利于炉体严密和稳定焦炭质量。

（4）单集气管有利于推广使用“横移框架”式拦焦机，且高度不受限制。

（5）与双集气管相比，基建工程量小，节约建设资金。

（6）电动导烟管小车，可单独操作，故能在国内各类大型焦炉上推广使用，特别是对老厂改造，在单集气管的条件下采用此装置可使装煤时抽吸烟尘的量由40%提高到60%~70%，而不需额外增加能源。不多占地，可节省投资。所以，有推广意义。

小车还需不断改进完善，以进一步适应我国国情。通过设计与生产的结合，将会设计制造出满足生产工艺要求的更好的结构形式，为焦炉生产服务。

（原文发表于《设计通讯》1995年第1期）

焦炉装煤烟尘治理方法评介

滕　崑

（北京首钢国际工程技术有限公司，北京 100043）

摘　要：评介国内外几种焦炉无烟装煤方式，据以提出焦化厂无烟装煤的设计思路。

关键词：焦炉；无烟装煤；烟尘治理；设计

Review of the Control Method of Coal Charging Dust from Coke Oven

Teng Kun

(Beijing Shougang International Engineering Technology Co., Ltd., Beijing 100043)

Abstract: Several ways of smokeless coal charging from inside China and around the world were discussed and reviewed in the text, then, the design ideas of smokeless coal charging in the coking plant were advanced ultimately.

Key words: coke oven; smokeless coal charging; dust control; design

1　引言

焦炉的烟尘污染以装煤过程最严重，烟气量大（约占焦化厂全部烟尘总量的 60%），且含有多种致癌物质。因此，实现无烟装煤是各国焦炉工作者一直追求的目标。装煤时利用上升管喷射高压氨水或蒸汽抽引荒煤气，配合各煤斗按顺序下煤是目前国内焦炉实现无烟装煤普遍采用的方法。经测定，如果使用传统的下煤套筒，当焦炉为单集气系统时，抽引量占装煤时煤气发生量的 40%左右，双集气系统时，抽引量也相应增加至 80%左右。所以，这种方法不能从根本上解决装煤过程的烟尘污染。随着炉容的增大这个问题显得更严重。

现就目前国内外用于大生产的几种典型无烟装煤方法和为齐鲁钢铁公司 6m 焦炉所作的无烟装煤设计做一简述，供参考。

2　车上燃烧法无烟装煤技术

车上燃烧法无烟装煤技术有湿式和干式的两种。

2.1　车上燃烧法湿式无烟装煤技术

宝钢引进日本技术、设备在国内率先在焦炉上实现这种湿式无烟装煤（图 1）。该法的主要特点有如下几方面[1]：

（1）装煤车各煤斗单独设置抽烟筒，排烟互不干扰。5 个煤斗可同时下煤，最后 5 个抽烟套筒一起提升。操作一致，动作简单。

（2）采用圆盘机械定速给煤，保证了抽烟效果。

（3）机侧上升管设置高压氨水喷射装置。

（4）抽烟筒的下沿装有相对的两个火花塞。在抽烟筒放下后即开始产生火花，到装煤结束才停止。炉内荒煤气由装煤孔上吸和由外套筒与炉顶之间隙吸入的空气混合，经电火花点着，在外套筒与内套筒之间燃烧，再流经ϕ500 的水平管和ϕ 1000 的燃烧筒，燃烧完全。

（5）燃烧废气经车载百叶窗式喷水筛板初洗器降温和除尘，使温度降至 45~70℃，含尘由 10g/m^{3}降至 2~3g/m^3，再进离心式水雾分离器脱去水滴。

（6）地面精洗站采用二次文氏管，经二次精洗后的排放气含尘量为 15mg/Nm^3。

根据宝钢的实践，焦炉采用此法能够做到无烟装煤。机侧上升管喷射高压氨水仅作为保证平煤时不窜火的辅助措施。在 5 个煤斗同时下煤的条件下，能同样不冒烟。车载除尘装置操作简单可靠，设备维护量也不大。经测定，炉顶区域的烟尘污染程度较国内任何单集气系统的焦炉都低，苯并（a）芘为0.74mg/m^3，苯可溶物0.158mg/m^3，分别相当于国内可比焦炉的2.6%~23%及6.6%~49%。

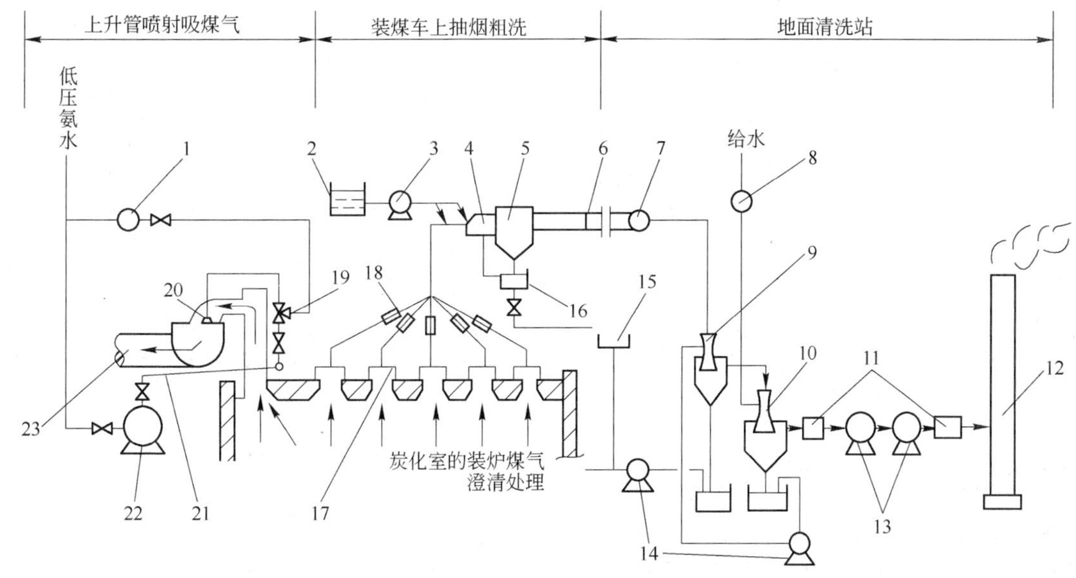

图1　宝钢焦炉装煤车除尘示意图

1—低压氨水管；2—接水箱；3—泵；4—初洗器；5—脱水器；6—连接器；7—固定管道；8—泵；9—一段文氏管；10—二段文氏管；11—消声器；12—排气筒；13—抽风机；14—泵；15—污水池；16—排水箱；17—抽烟筒；18—燃烧筒；19—三通阀；20—氨水喷头；21—高压氨水管；22—升压泵；23—集气主管

荒煤气抽引口先点火是为了防止系统内可燃成分太高而引起爆炸，防止荒煤气所含的焦油和粉尘凝集而堵塞管道和风机；同时煤气内所含的酚、氰化物及BaP等物质都会在燃烧时分解，不再污染大气。采用火花塞连续点火，设备简单，性能稳定，较之有些国家采用的天然气、焦炉煤气供气源的引火嘴有根本上的改进。

通过几年实践，该法也暴露出一些问题，最突出的是能耗高。这是由于抽气量选得较大和二次文氏管洗涤。日本广畑厂的装煤车地面除尘站风机能力为858m^3/min，仍能保证无烟装煤。而宝钢风机能力1260m^3/min，安全系数取得较大。二次文氏管洗涤造成精洗系统阻力太大。当烟气先经一次文氏管洗涤阻力为1961Pa，再经二次文氏管精洗阻力高达23536Pa，占全系统阻力30.4kPa的77%，风机功率1410kW，电耗极大。实际上日本不少焦化厂也只装一次文氏管。因此针对我国国情，完全可以取消二文，排放气含尘量仍可达到≤150mg/m^3，这样电耗可节省一大半。

另外，由于采用湿法，炉顶固定管道因烟气含水腐蚀严重。经测定使用6年后管道壁厚由6mm减至最薄2mm。在分段更换时，由于其所处位置被摩电线等包围，组织施工非常困难。

2.2　车上燃烧法干式无烟装煤技术

干式无烟装煤法吸收了湿法的优点，克服其存在的缺点，从抽烟筒到燃烧室的结构特点基本一致。这种方法在国外发展很快，国内有些厂家在新建项目和技术改造中也准备采用，如马钢（图2）[2]。

采用干法技术后取消了车载湿式洗尘降温设备，改为兑冷风降温，烟气进入地面站用布袋除尘器除尘。较之湿法有如下优点：

（1）因取消车载洗尘降温设备后车重减小，使焦炉土建结构简化，也相应地取消了设置在煤塔的给排水设施。

（2）焦侧除尘是干式，且处理风量较装煤除尘所需处理的风量大。因此，该地面站可兼顾焦炉装煤的烟气处理。节省投资、占地及定员。但有的厂家认为，装煤和推焦操作有可能出现同步，另外，装煤和焦侧除尘的风量、风压均不相同，一个地面站会使调节难度很大。因此，设计两个地面站单独建设，把握性大。

（3）无需建设水处理设施，不产生水的二次污染。

（4）烟气含水蒸气组分低，对管道的腐蚀程度降低。

（5）除了自动电点火装置需引进外，其他设备均可立足国内制造。

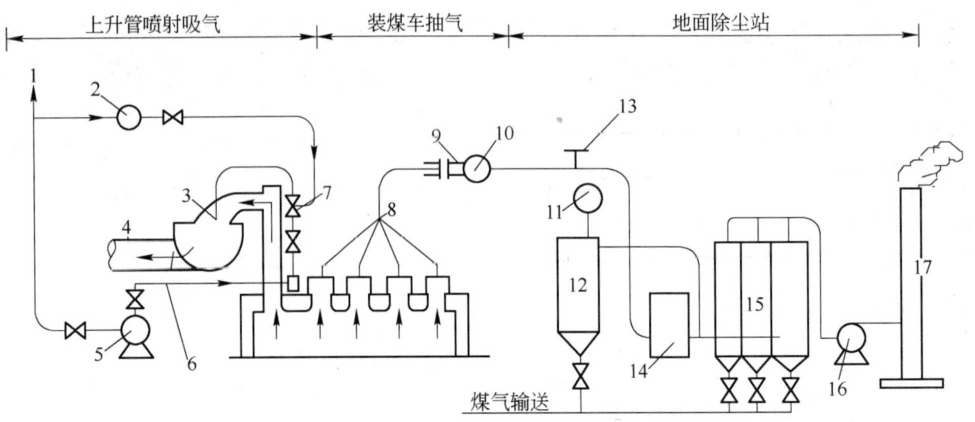

图 2　马钢焦炉装煤车除尘示意图

1—低压氨水；2—低压氯水主管；3—氨水喷头；4—集气主管；5—升压泵；6—高压氨水管；7—三通阀；8—排烟罩；9—连接管；10—固定管道；11—焦侧固定管道；12—冷却器；13—除尘总管；14—冷却器；15—布袋除尘器；16—风机；17—烟囱

3　齐鲁 6 m 焦炉干法无烟装煤设计

干法无烟装煤在国内尚无投运厂家，因此，设计参数的确定和某些关键部件的设计仍处于摸索阶段。下面是笔者在参与齐鲁工程无烟装煤设计中的一些体会。

3.1　装煤流程

齐鲁钢铁公司 6m 焦炉无烟装煤工艺流程如图 3 所示。装煤车装煤前，伸缩套前伸，顶开翻板阀，与除尘干管连通。抽烟筒按顺序落在装煤孔上，装煤对产生的荒煤气从装煤管与装煤孔之间的环缝中冒出与空气混合，经火花塞点火燃烧，废气兑入冷风使之降温到 200~250℃，经翻板阀进入炉顶固定管道并进入地面除尘站，先经过两组颗粒层装置除去残余的焦油，再进入布袋除尘器滤尘，净化后烟气经烟囱排入大气。

3.2　抽气量及烟气温度

国内未见对大型焦炉装煤过程煤气发生量和烟气温度测定的报告。只能查阅国外有关文献。齐鲁 6m 大容积焦炉，炭化室高 6m，平均宽度 450mm，有效容积 38.5m^3，装煤量 28.5t/孔（干）。经计算该焦炉的抽气量为 425m^3/min。按装煤车螺旋给煤的速度折为近 17m^3/t 煤。炉顶固定管道直径为 ϕ1400mm。燃烧后废气温度约 700℃，经兑空气冷却进入炉顶固定管道废气温度为 200~250℃。

3.3　抽烟筒设计

干法无烟装煤是利用地面站的风机通过装煤车上的抽烟筒和系统管道抽引烟尘的，因此，抽烟筒的设计是无烟装煤成败的关键。通过对宝钢焦炉装煤车抽烟筒的考察，参考有关文献资料，结合齐鲁工程实际，抽烟筒设计要点如下：

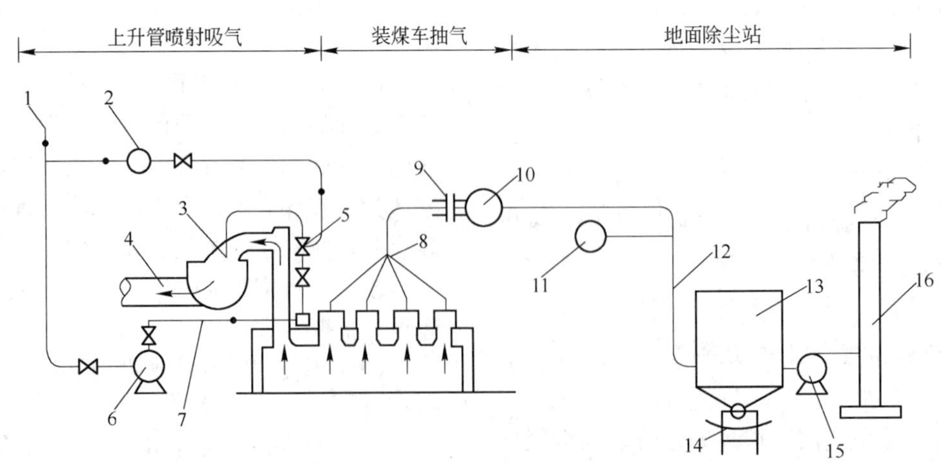

图 3　齐鲁焦炉装煤车除尘示意图

1—低压氨水；2—低压氨水主管；3—氨水喷头；4—集气主管；5—三通阀；6—升压泵；7—高压氨水管；8—排烟罩；9—连接管；10—固定管道；11—焦侧固定管道；12—冷却器；13—布袋除尘器；14—颗粒层；15—风机；16—烟囱

（1）装煤管在装煤时须留出荒煤气的外流通道；

（2）烧用空气刚进入抽烟筒时与荒煤气分流且不燃烧，以保证火花塞不被烧毁；

（3）抽烟筒的结构应能使空气煤气充分混合，以保证完全燃烧。最终设计的抽烟筒如图 4 所示。

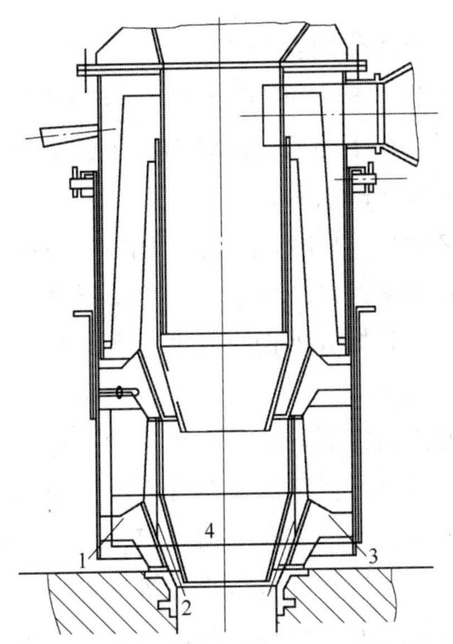

图 4　齐鲁 6m 焦炉下煤抽烟套筒

1，3—空气；2—荒煤气；4—煤

装煤车到位准备装煤，抽烟筒外套先落下，开炉盖装置打开炉盖；中间套筒和活动装煤管同时落下，套筒环坐落在装煤孔的承台上；此时装煤开始。由此产生的荒煤气从装煤孔与装煤管之间的环缝中冒出，经分流筒的内侧向上抽引。支撑分流筒的内肋呈顺时针倾角安装，使荒煤气呈顺时针旋流，燃烧所需空气经外套缝隙吸入，沿分流筒外侧向上抽吸，支撑中间套筒的外肋呈逆时针倾角安装，使空气逆时针旋流，由于两种气体呈逆向旋流，因此混合比较充分，经火花塞点燃后在抽烟筒上半部开始燃烧，并进入燃烧室最终燃烧完全。由此预计抽烟筒的设计可满足前述的三个要点，为无烟装煤奠定了基础。

3.4　防焦油和防爆措施

（1）装煤产生的荒煤气充分燃烧完全是解决残余焦油粘布袋和废气中可燃组分高引起爆炸的关键。因此除设计合理的抽烟筒外，还在每个抽烟筒后面设计了燃烧室（日本住友技术无此燃烧室）。烟气在此减速、膨胀、产生紊流，再一次保证燃烧完全。

（2）废气在进入布袋除尘器之前先进入两组颗粒层装置，吸附介质采用焦炭，将废气中的残存焦油吸附掉，以确保布袋除尘器不因粘焦油而影响除尘效率。

（3）在操作中要保证推焦与装煤交替进行。即先进行焦侧除尘，使布袋上粘上一层焦粉。然后再装煤，即使废气中仍有少量的焦油也不会粘在布袋上。这也是日本住友干法无烟装煤技术的主要诀窍之一，德国某公司的技术是增设一套喷粉装置，将使系统复杂化。

（4）焦侧除尘与装煤除尘的废气管道不汇合，杜绝了焦侧除尘废气可能携带火种与装煤除尘废气中残存的可燃组分相遇而爆炸的危险。

（5）系统内设计必要的防爆阀，确保安全。

4　Schalke 控制装煤法

德国 Schalke（夏尔克）装煤法的设计思路完全不同于前述的无烟装煤形式。它是利用高新技术对焦炉装煤进行全过程的有效控制，让装煤产生的所有烟气进入单集气系统。

该法的主要特点有如下几方面：

（1）保持炭化室内煤峰高度一致，以保证装煤过程中有足够的排烟通道（图 5）。

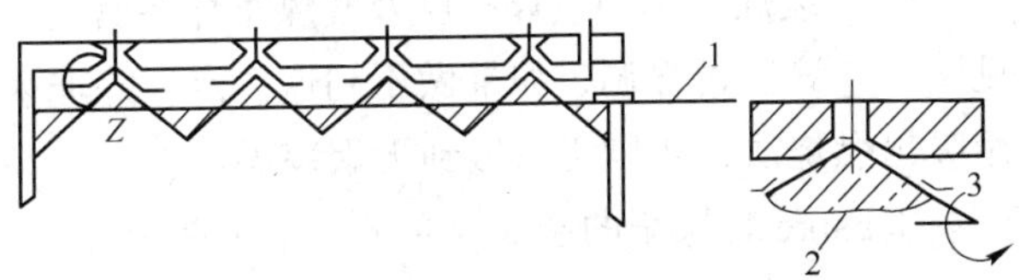

图 5　理想的煤峰状态与烟尘通道

1—平煤线；2—煤；3—煤气流

为做到装煤时煤峰高度一致，装煤螺旋给料器需全过程调速。螺旋给料器采用交流电机传动，配合变频器进行调速。可以做到装煤量偏差不大于±250L，从煤峰上反映出来，即煤峰高度偏差不大于±50mm。从澳大利亚 BHP 厂（5m 焦炉）实际的螺旋给料器装煤曲线可以看出，最大偏差仅±30L。在每个煤斗上都安装有计量装置，装煤过程中装煤信息连续进入 PLC，螺旋给料器上有转数计数器，其信息也连续进入 PLC。

全过程调速螺旋给料器在装煤时有两种方式：一种是双煤斗下煤（对于 4 个装煤孔的炉子），装煤时间约 85s。另一种是 Schalke 推荐的快速装煤方式，即所有装煤孔同时下煤，一般只用 55s。快速装煤的优点主要有：

1）下煤速度快，向下冲力大，使煤料密度增加，可多装 1.5% 的煤，6m 焦炉可多装 425kg 煤；

2）煤的安息角小，烟尘通道大；

3）快速大量的煤使炭化室内温度明显降低，产生的烟气量小且温度低，使得有些焦化厂已实现在装煤前期（0~45s）不开高压氨水抽吸系统，只在装煤最后 10s 才打开它。

（2）设计合理的装煤孔形状及平煤杆上端面至炉顶的距离，以保证装煤后期的烟气通道（图 6）。

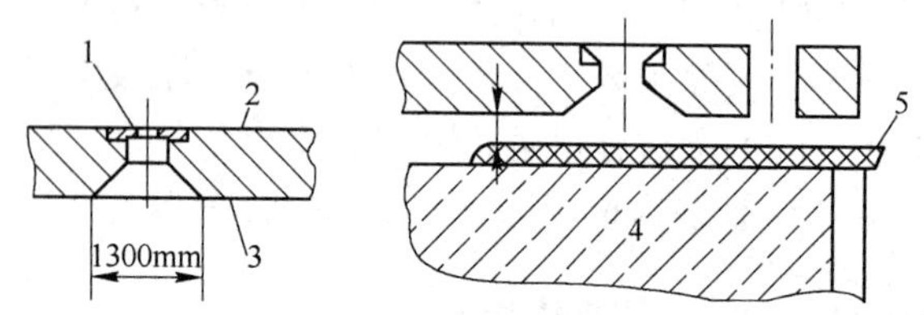

图 6　理想的装煤孔形状和平煤杆与炉顶的距离

1—装煤孔；2—炉台；3—炉顶；4—煤；5—平煤杆

如果炉体装煤孔设计及平煤杆位置能够如图 6 所示，可以做到装煤过程不平煤，只在装完煤以后平一次煤。如果原有焦炉装煤孔下口的喇叭口不够大，则需在装煤后期平煤，因煤峰高度基本一致，使平煤次数大大减少。

（3）装煤导套与装煤孔座及装煤车煤斗密封，见图 7。该公司强调，如果做不到这一点，除非采用吸出燃烧法，否则无法做到无烟装煤。

Schalke 装煤车的装煤导套分为上下两个。

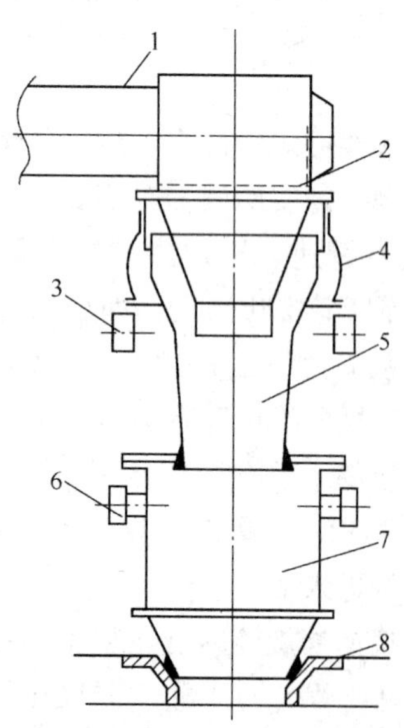

图 7　装煤车密封装煤导套示意图

1—螺旋给料器；2—给料器扇形闸门；3—上导套支撑装置；4—挠性石棉布；5—上活动导套；6—下导套升降装置；7—下活动导套；8—装煤孔座

上导套的作用：

1）通过挠性石棉布将装煤车计量系统与装煤导套分开；

2）可补偿焦炉炉体在垂直方向的变形，补偿量为 60~90mm；

3）靠支撑装置向上的作用力使上下活动导套密封。

下导套的作用：

1）通过导套下部的球面密封环与装煤孔座的锥面密封环，在下导套升降装置向下的力作用下达到导套与装煤孔的密封；

2）补偿装煤孔水平方向的偏差，补偿量 30mm 左右。上述密封措施可形成 200Pa 的密封能力，既可避免装煤时烟气外逸，又能避免空气在装煤过程中进入炭化室。

过去认为，提高高压氨水压力可减少装煤烟气逸出。实际上，如不能做到导套与装煤孔座密封，提高氨水压力会使问题变得更严重。这是因为较大的抽吸力使大量空气从装煤孔进入炭化室内，与装煤产生的烟气发生燃烧后的废气体积加大，量也极高，相当于正常烟气量的 700%。一般回收风机的设计能力根本无法应付如此大的烟气量而促使烟气逸出。另外，上升管的直径不变，烟气量增加，流速增大，带走大量煤尘，使焦油不合格，堵塞回收系统的管道或储槽。

氨水压力一般在 30bar 为宜。打开远离上升管的装煤孔盖，火焰冒出高度小于 250mm，可以认为氨水压力合适。根据 Schalke 的经验，实现螺旋给料器全过程调速和装煤导套密封后，很多厂无需改变高压氨水系统。如加拿大和澳大利亚的某些厂，实现了前述两个条件，不改变抽吸系统，每炉装煤过程冒烟时间只在 10s 以下，加拿大有一个厂做到 3~5s。

5　结语

综上所述，Schalke 控制装煤法是前述几种无烟装煤技术中高科技含量最高，节省能源，投资费用较低，在老焦炉改造中最易实现。车上燃烧法不管是干式还是湿式，都需在车上设一套燃烧和除尘系统，在地面还要设一个大功率除尘站。车载燃烧和除尘系统使装煤车荷载增加，老焦炉土建构筑物已形成，很难采用。如首钢 6m 焦炉，若采用车上燃烧法，则需对煤塔和端、间台进行加固处理。如果使用 Schalke 控制装煤法，便可分步实现。本院研制的水封式装煤导套（已获国家专利），已在首钢6m 焦炉装煤车上使用成功。其性能与 Schalke 的装煤套筒异曲同工，但结构却简单得多，实际使用效果很好，操作简便。现已将该车的水平螺旋下煤装置从液压驱动改成电机驱动，正准备加变频调速，待变频调速使用取得一定经验后，再配合 PLC 全过程控制，即分步实现自动控制无烟装煤法，为焦炉除尘再创一条新路。

参考文献

[1] 李肇中. 燃料与化工, 1986(6): 11~17.

[2] 马鞍山钢铁公司设计研究院. 马鞍山钢铁公司焦化厂 3 号焦炉除尘工程可行性研究报告[R]. 1992(内部文件).

（原文发表于《设计通讯》1995 年第 1 期）

首钢新 1 号焦炉保护板断裂分析

刘永言　贾　勃　胡晓祥

（北京首钢国际工程技术有限公司，北京 100043）

摘　要：本文重点分析了焦炉保护板断裂的原因，并提出了改进措施。

关键词：保护板；断裂；改进

Protective Plate Fracture Analysis on Shougang New No.1 Coke Oven

Liu Yongyan　Jia Bo　Hu Xiaoxiang

(Beijing Shougang International Engineering Technology Co., Ltd., Beijing 100043)

Abstract: The causes of protective plate fracture on coke oven are emphatically analysised in this article, and put forward improving methods.

Key words: protective plate; fracture; improvement

1　引言

首钢焦化厂新 1 号焦炉大修后于 1992 年 7 月 22 日投产。1993 年 1 月灌浆时发现有保护板断裂，到 1994 年 8 月机侧有 10 块，焦侧有 21 块，总共 31 块保护板断裂。据了解，这种大保护板断裂现象兄弟厂也曾发生过。

现根据首钢焦化厂提供的有关保护板断裂的记录数据（见表 1），对断裂部位、断裂时间，材质，形状、受力情况、铁件等方面进行分析，从中找出断裂的原因，提出防范和改进措施。

2　断裂部位分析

从表 1 可知，断裂部位主要集中在上横铁下部和下横铁上部灌浆眼处，而且焦侧多于机侧，上部多于下部。分析其原因在于：

（1）焦侧出焦时直接受红焦和尾焦的烧灼，温度影响大。

（2）该焦炉采用高炉煤气加热，火焰较长，因此上部温度较高，膨胀量也较大。

（3）炉体及炉柱呈上悬状态，工作时中上部弯曲应力较大，为控制炉体势必增加上部横拉条弹簧顶紧力，因此对保护板上部的压力也较大。

（4）上下横铁处是摘装炉门的受力部位，而且主要是上部，难免受机械冲撞。

3　断裂时间推测

保护板断裂大都在灌浆时发现，虽然断裂时本应有响声，但是由于现场环境较差，未能引起注意和及时发现。

新 1 号焦炉自安装投产后，横拉条的弹簧一直未换过，从弹簧的吨位变化情况看，因炉体逐渐膨胀，吨位逐渐增加是符合正常规律的，但其间吨位出现突然下降则是反常的。保护板的断裂破坏了其整体刚性，产生的位移使压紧面变更，以致弹簧吨位突然下降，随着时间的推移，因炉体膨胀使保护板与炉墙和炉柱的接触面间的压紧力逐渐增加，从弹簧的吨位变化图中（图 1）可见，弹簧吨位突然下降之点正是保护板断裂之时。

从具体的时间看，断裂大多在开车半年后的元月寒冷天气，这就需要引起足够的注意。

如图 1 所示，曲线突然下降后呈逐渐上升趋势且超出原突变点，这是因为保护板断裂后自成一体相对刚度增加之故，再则没有及时恢复弹簧吨位，砖缝中游离碳聚集使炉砌体增厚所致，且断裂后的保护板呈半自由状态，以致在温度变化和外力作用下呈不规则的起伏状态。

表 1　1993 年 3 月~1994 年 4 月实测的各参数最大、最小值及保护板断裂部位

序号	炉号	炉柱曲度/mm				炉柱与保护板间隙/mm				断裂部位
		原始	1993 年		1994 年	原始	1993 年		1994 年	
			最大/月	最小/月	最大/月		最大/月	最小/月	最大/月	
1	6	6.6	8.4/12	4.8/6	9.2/3	7	9/1	6/2	8/1	底部 2m 处断
2	18	11	11.8/3	10/12	10.8/3	6	8/7	3/6	7/1	二线小弹簧处断
3	19	11.4	16.4/6	11.4/9	11.2/3	13	16/10	13/3	15/1	底部 2m 处断
4	20	7.2	9.2/9	6/3	10/3	11	11/1	7/2	8/1	下横铁上部断
5	21	12.2	15/3	12.6/9	15.9/3	6	7/1	5/2	7/1	2m 处断
6	30	14.4	15.2/3	13/9	16/3	9	11/8	8/12	8/1	2m 处断
7	30	9.2	10.6/9	9.6/3	13.4/3	9	11/4	8/2	10/1	二线小弹簧处断
8	30	8.8	11/9	9/3	14.4/3	6	9/9	6/2	9/1	二线小弹簧上部 600m 处
9	44	11	9/3	7.8/6	11.4/3	6	9/9	6/2	9/1	二线小弹簧上下各断一处
10	47	11.8	19.4/12	7.8/6	11.4/3	7	8/5	8/12	12/2	下横铁上部 300m 处断
11	J4	7.8	15.0/12	8.6/3	14/3	8	10/2	9/1	10/2	上横铁下部灌浆眼处断
12	J6	12.6	15.4/12	13/6	17.2/3	8	9/2	7/11	8/1	上横铁下部灌浆眼处断
13	J7	6.8	10/9	9/6	14.2/3	2	3/7	1/2	2/1	上横铁下部灌浆眼处断
14	J8	12.4	16.4/3	12.2/12	17.4/3	8	8/1	6/3	9/1	下横铁下部灌浆眼处断
15	J9	10	13.3/3	13.0/12	18.2/3	6	6/10	3/7	6/1	下横铁上部上横铁下部断
16	J11	11.6	15.4/9	14.2/3	19.4/3	6	7/6	6/1	6/1	上横铁下部灌浆眼处断
17	J12	12.2	15.6/9	12.6/3	12.2/3	7	10/9	6/1	11/2	上横铁下部下横铁上部断
18	J16	8.4	13.2/9	11.6/3	12.2/3	1	11/1	2/9	1/1	上横铁下部灌浆眼处断
19	J22	11.6	16.8/9	14.8/3	17.8/3	2	3/1	2/9	1/1	下横铁上部灌浆眼处断
20	J23	9.6	16.4/9	13.2/3	15.8/3	3	4/7	2/4	3/1	上横铁下部灌浆眼处断
21	J24	13	18.4/3	16.6/6	20/3	9	9/2	7/6	8/1	上横铁下部灌浆眼处断
22	J25	8	14/6	12.6/12	12.2/3	3	4/7	2/3	2/2	上横铁下部灌浆眼处断
23	J29	12.4	17.2/3	14.4/12	21.6/3	2	3/1	2/2	4/2	上横铁下部下横铁上部断
24	J32	12.6	15/3	13.6/6	16.4/3	2	3/7	1/2	2/1	下横铁上部灌浆眼处断
25	J37	12	16.6/9	14.0/12	18.8/3	2	2/6	1/1	2/1	上横铁下部下横铁上部断
26	J38	14	18.4/9	16.2/6	18.8/3	9	10/4	8/12	10/2	下横铁上部灌浆眼处断
27	J39	12.6	15.8/12	12.6/3	16.8/3	4	5/2	3/5	4/1	下横铁上部灌浆眼处断
28	J40	19	24/9	20.4/3	27.6/3	3	3/3	2/1	4/1	下横铁上部灌浆眼处断
29	J41	15	18/6	17.8/3	20.4/3	4	6/7	3/4	5/2	下横铁上部灌浆眼处断
30	J42	8.8	14.0/12	12/3	15.4/3	10	11/1	9/5	12/2	三线小弹簧上部 500mm 处
31	J48	14.4	18.2/9	13.2/6	16.6/3	0	7/2	0/1	0/1	上横铁下部灌浆眼处断

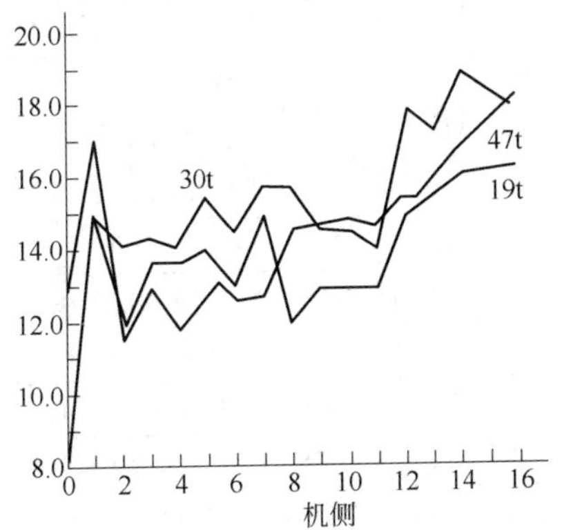

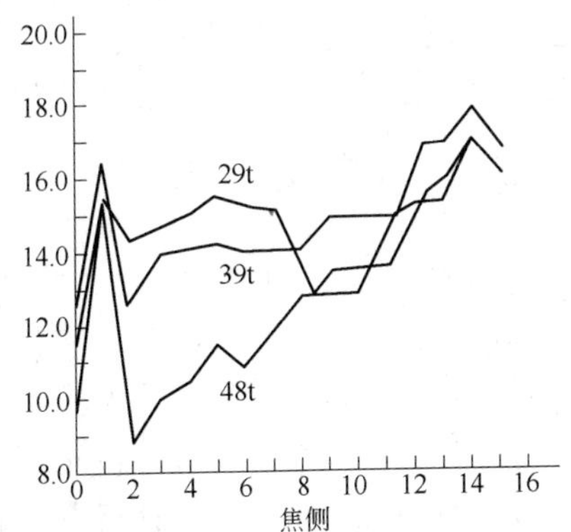

图 1　弹簧吨位变化图

4 受力情况分析

该焦炉采用的保护板为大保护板，它作为对炉体施加一定压力，保护焦炉砌体的护炉铁件之一，其受力状况比较复杂。

保护板一面以井字格与炉体砖墙相贴，另一面以 14 个方形凸台与炉柱相贴。而在校核炉柱的弯曲应力及弯曲度时，通常把炉体对炉柱的压力设为均布的水平载荷。而这个载荷是通过保护板施加给炉柱的，因此，可以认为保护板也受到同样大小的均布水平载荷。当炉柱发生挠曲变形时，保护板与炉柱的变形不会协调一致，中间产生间隙，保护板与炉柱之间贴合的点减少，也就是说，保护板的支撑点减少。考虑到最坏的情况，保护板为两端简支梁情况。下面就焦侧 7 号炉保护板断裂情况进行分析。

从表 2 中知，焦侧炉柱上受到的平均均布水平载荷 q 为 2.075t/m，受力状况如图 2 所示。

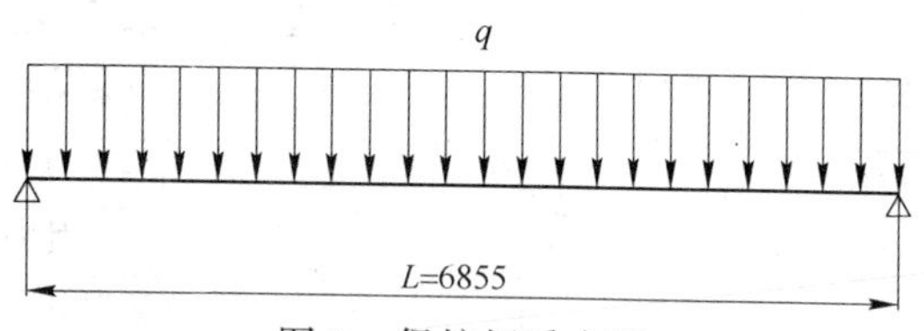

图 2　保护板受力图

其最大弯矩：

$$M_{max}=qL^2/8=121.883\text{kN·m} \quad (1)$$

最大弯曲应力：

$$\sigma_{max}=10^5\times M_{max}/W_N \quad (2)$$

经计算焦侧保护板的截面抗弯模量 W_N=835.92cm^2，代入上式计算，得：

$$\sigma_{max}=145.87\text{MPa} \quad (3)$$

保护板材料为：耐热铸铁 RTCr-0.8 按图纸上的要求，其抗弯强度 σ_b=407MPa。考虑到制造、加工等因素的影响，保护板在操作情况下有一许用应力值，也就是说要给出一个安全系数 n。我们选取 n=3.3，则保护板的许用弯曲应力为[σ_b] =142.2MPa。显然该保护板的应力值超出了许用值。

保护板发生断裂的瞬时 q 值较断前实测值大，由于没有记录下断裂时的弹簧吨位，这里就平均 q 值进行计算，另外保护板还受许多其他因素的影响，所以上面计算所得的，应力值是比较粗糙的。如果把其他因素的影响用综合影响系数 K 值来代替，则判断保护板断裂的强度条件为：

$$\sigma=K\sigma_{max}\leqslant\sigma_b/n \quad (4)$$

综合影响系数 K 不是一常数，受许多因素的影响，炉柱上有三组小弹簧顶在保护板上，实际上，保护板的断裂发生在多个弹性支点支承的情况下。这样，保护板除受炉体的水平作用力外，还受小弹簧的压力。保护板温度不均匀引起的热应力，炉门框的作用力；装、拆炉门时的冲击载荷等，要确定 K 值比较困难。在实际工程当中，只能从以上影响因素考虑，减少有害因素，增大有益因素。

表 2　1993 年 1 月至 1994 年 3 月弹簧吨位的最大值、最小值及平均均布水平载荷

序号	炉号	上部弹簧吨位/t				下部弹簧吨位/t								机侧炉柱	焦侧炉柱
		原始	1993 年		1994 年	原始	1993 年 机侧		1994 年 机侧	原始	1993 年 焦侧		1994 年 焦侧	平均均布水平载荷 /t·m^{-1}	平均均布水平载荷 /t·m^{-1}
			最大/月	最小/月	最大/月		最大/月	最小/月	最大/月		最大/月	最小/月	最大/月		
1	6	11.58	15.52/1	14.44/2	17.98/2	11.88	12.98/5	11.14/1	12.98/3	10.88	12.38/2	10.88/6	12.00/1	2.0264	1.9888
2	18	11.50	17.36/8	13.28/8	15.52/2	12.62	12.24/4	11.14/9	12.62/2	10.62	12.38/7	10.14/1	11.59/2	1.9493	1.981
3	19	12.41	15.78/1	12.14/2	15.22/2	13.32	13.32/5	11.88/1	13.32/1	12.00	13.16/2	12.76/2	13.55/3	1.9144	1.931
4	20	11.92	17.04/12	15.36/2	19.44/2	12.08	12.52/3	11.14/9	12.62/1	12.00	13.55/11	12.00/2	13.16/1	2.0331	2.0945
5	21	10.43	16.78/12	14.12/4	18.58/3	11.68	12.98/5	11.52/1	12.98/1	11.50	12.76/2	12.38/1	13.55/3	2.0331	2.0399
6	30	9.35	17.98/12	13.68/11	18.85/2	12.24	12.82/2	11.88/1	13.32/2	11.50	12.76/2	12.00/1	13.55/3	2.0380	2.0098
7	38	11.08	17.36/1	15.92/2	18.86/2	11.52	12.52/4	10.75/1	12.24/3	11.24	12.76/6	11.59/1	12.38/3	2.0224	1.980
8	39	12.44	15.52/12	12.13/2	17.36/2	11.52	12.62/2	11.88/1	12.62/3	12.38	12.76/2	12.00/11	12.38/3	2.0818	1.8121
9	44	11.32	14.18/12	11.32/1	18.20/2	11.88	12.24/2	11.14/1	13.32/1	11.27	12.76/7	12.24/3	12.78/2	1.9570	1.9980
10	47	8.62	15.22/12	12.46/2	18.56/2	12.24	12.98/8	11.52/1	12.82/1	12.00	13.55/11	12.00/1	13.55/1	1.8	2.0272
11	J4	12.68	16.48/1	13.24/2	17.88/2	11.88	12.98/7	11.52/1	12.98/2	11.58	13.16/11	12.00/1	12.98/1	1.9802	1.9888
12	J6	11.58	15.52/1	14.44/6	17.98/2	11.88	12.98/4	11.14/1	12.98/3	10.88	12.38/2	11.40/7	12.00/1	2.0137	2.0750
13	J7	11.92	17.68/12	13.88/2	18.84/3	11.52	12.24/4	11.14/1	12.24/1	12.00	12.75/10	11.59	12.78/1	3.0284	1.9888
14	J8	10.43	15.80/12	13.00/2	18.88/2	11.88	12.62/4	11.14/1	12.62/1	11.50	12.76/4	12.00/1	12.76/1	2.0482	2.0750

续表 2

序号	炉号	上部弹簧吨位/t				下部弹簧吨位/t								机侧炉柱平均均布水平载荷/t·m^{-1}	焦侧炉柱平均均布水平载荷/t·m^{-1}
		原始	1993 年		1994 年	原始	1993 年机侧		1994 年机侧	原始	1993 年焦侧		1994 年焦侧		
15	J9	11.59	17.36/12	14.76/2	18.28/2	11.88	12.62/4	11.88/1	12.24/2	12.38	12.76/4	12.00/1	13.55/3	2.0258	2.0438
16	J11	12.18	17.38/12	14.76/6	18.55/2	12.24	12.98/3	11.52/1	12.82/2	12.00	13.55/6	12.00/1	13.16/2	2.0480	2.0574
17	J12	10.99	17.38/12	13.84/4	18.58/2	12.62	12.62/3	11.88/2	12.98/2	11.50	12.76/3	11.59/1	13.16/3	1.9884	2.0054
18	J16	11.58	18.22/12	14.15/11	17.40/2	12.24	12.98/6	11.14/1	17.62/2	12.00	12.76/2	12.38/1	13.16/3	2.0091	2.0132
19	J22	11.57	18.52/12	13.48/6	17.98/2	12.24	13.32/7	11.88/1	12.98/1	11.24	11.59/7	10.88/1	12.00/2	2.0227	1.9107
20	J23	11.32	18.52/12	13.56/2	17.68/2	12.52	12.82/2	11.88/1	12.82/3	12.00	12.76/6	11.24/9	12.38/3	1.9680	1.9500
21	J24	10.18	17.68/12	13.88/3	18.28/2	11.52	12.24/8	11.14/1	11.88/1	11.50	12.76/5	11.59/1	12.78/3	1.9825	2.0003
22	J25	11.52	15.52/12	12.18/2	18.28/2	11.88	12.62/10	10.75/1	12.24/1	11.24	12.76/7	12.00/1	13.55/3	1.8990	1.9279
23	J29	10.02	15.84/1	12.18/2	17.10/2	12.24	12.98/2	11.88/1	12.24/1	11.24	12.38/3	11.24/1	12.00/3	1.9580	1.8930
24	J32	1.26	17.04/1	14.44/8	18.88/2	11.88	12.24/11	11.14/1	11.88/1	11.24	12.78/7	10.88/1	12.38/3	1.9740	2.00
25	J37	12.41	16.88/12	15.33/2	19.14/1	10.38	11.52/9	10.00/1	11.41/1	12.00	12.76/4	11.59/1	12.73/3	2.0227	2.1108
26	J38	10.06	17.38/12	15.92/2	18.88/2	11.52	12.52/4	10.75/1	12.24/3	11.24	12.76/2	11.59/1	12.38/3	2.0818	2.0982
27	J39	12.44	17.38/1	12.13/2	17.36/2	11.52	12.82/3	11.88/1	12.82/3	12.38	12.78/2	12.00/12	12.38/3	1.9570	1.960
28	J40	10.72	17.10/6	15.34/2	17.98/2	11.52	12.24/3	11.52/1	12.82/1	10.88	12.00/7	10.88/2	12.24/1	2.0330	1.9782
29	J41	11.30	17.10/12	17.98/2	17.98/2	11.88	12.24/2	11.52/1	11.88/1	11.59	13.19/9	12.00/1	13.18/1	2.0639	2.1218
30	J42	10.15	15.90/3	17.40/3	17.40/3	11.14	12.62/8	11.14/1	12.76/1	12.00	13.56/11	12.00/1	12.78/1	1.9493	1.9810
31	J48	9.14	15.84/1	17.10/2	17.10/2	11.52	12.24/4	11.14/1	12.24/1	12.00	13.55/5	12.00/1	13.55/3	1.8	1.885
未断裂保护板		11.18	18.48/12	17.85/2	17.85/2	11.94	12.40/11	11.47/1	12.47/1	11.77	12.59/10	11.92/1	12.53/2	1.9914	2.0085

由表 2 可以看出，发生断裂的保护板所受的平均均布水平载荷都比较大，过大的水平载荷是引起保护板断裂的主要原因之一。发生断裂的保护板最低 q 值为 1.8t/m，没有发生断裂的 q 值也比较大，机侧为 1.9914t/m，焦侧为 2.0065t/m。因此，可以认为没有发生断裂的保护板受 K 值的影响较小，取 K= 1，按上述方法计算其最大弯曲应力为 141MPa，由式（4）知 n≤3.3，取 n=3.3。前面的 K 值也就是这样选取的。

可见，为了防止保护板的断裂，保护焦炉砌体，定期检查弹簧吨位是必要的，尤其在开车初期温度骤变（如下暴雨、大雪、出焦故障等）情况下。使炉柱所受的均布水平载荷保持在 1.5~1.8t/m 范围内较为合理，超过此范围应予调整。弹簧的总吨位保持在 21~25t 范围内较为合适。

为了使保护板受力均匀，减小挠曲变形，可以增加小弹簧的组数并且定期调整。

5 保护板材质选择与结构分析

5.1 保护板材质选择

保护板作为护炉衬板，要求刚性大，热稳定性好，不易弯曲变形，能将炉体的热膨胀力均匀地传递给炉柱。

原日本采用耐热孕育铸铁 FCH_2A，其抗拉强度≥200MPa，抗弯强度≥470MPa，鞍山焦耐院设计推荐选用国产 RTCr-0.8 耐热铸铁，化学成分见表 3，抗拉强度≥200MPa，耐热温度 550℃。可见是普通耐热铸铁，而非耐热球墨铸铁，其抗拉强度比 FCH_2A 小 1/5。

表 3　RTCr-0.8 耐热铸铁化学成分　（%）

C	Si	Mn	P	S	Cr
3.0~3.7	1.5~2.5	0.4~0.8	≥0.25	0.12	0.5~1.6

按对应的抗拉强度，选用国产 $RQTA1_4Si_4$ 铝硅系列耐热球墨铸铁较为合适。其化学成分见表 4，抗拉强度≥250MPa，耐热温度 900℃，由于含 P、S 低，其耐冷热的稳定性较好，不易脆裂。

表 4　$RQTAl_4Si_4$ 铝硅系列耐热铸铁化学成分　（%）

C	Si	Mn	P	S	Al
2.5~3.0	3.5~4.5	<0.5	< 0.1	< 0.02	4.0~5.0

5.2 保护板结构

保护板为 T 形平板，筋板呈井字形分布，如图 3 所示。因无斜对角拉筋，其稳定性较差，筋条十字交会处应力集中严重。如采用筋条菱形网格布置结构（图 4），筋条交会处采用圆环接头，使应力分散，保护板整体强度会加强。

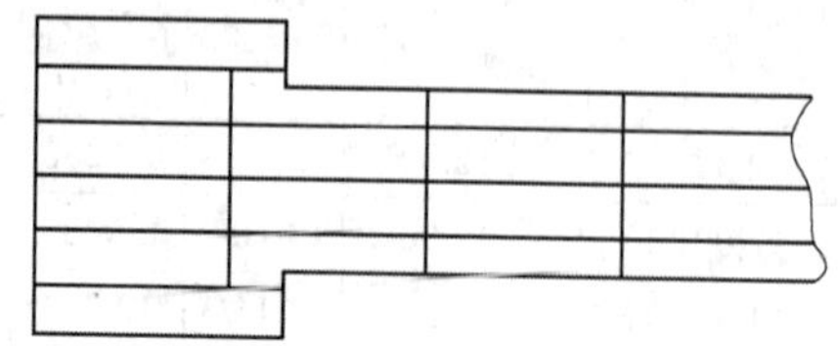

图 3　井形网格筋条保护板

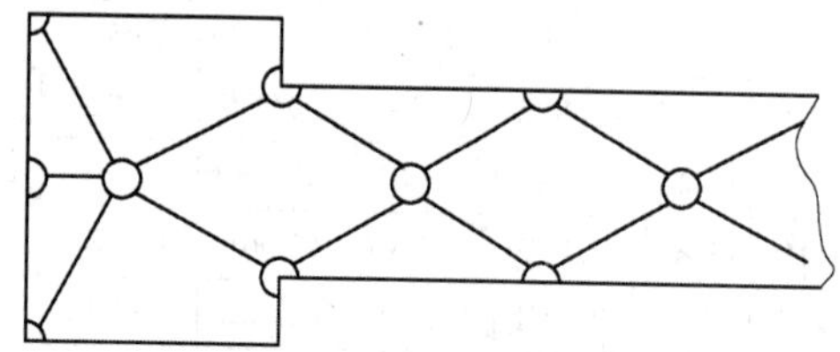

图 4　菱形网格筋条保护板

6　护炉铁件对保护板的影响

6.1　炉柱

炉柱作为炉体的镶护件，由前分析可知，其在承受均载的情况下工作，对自身和保护板最为有利。从表 1 中可以看出，安装初期，炉柱就有外弯和内部间隙，这对炉柱的受力是不利的，如采用反弧受预应力安装，将会减小横拉条弹簧压缩吨位，增强炉柱的刚度，即不易弯曲变形，对耐压不耐弯的保护板也将起到较好的支撑效果。一旦炉柱与保护板之间出现间隙，应调整小弹簧或用垫板垫平，以减小保护板的弯曲变形。另外，炉柱在出焦侧的护簧筋板改平板为斜板，以免出焦时尾焦集积烧灼。

6.2　弹簧的维护管理

炉柱上的大小弹簧不仅起到保护炉体应力的作用，也是测量炉体应力的标尺。

弹簧的维护管理对上述作用至关重要，如弹簧严重锈蚀，被火烧灼，弹簧间隙被焦渣、杂物填死，将会失去以上作用，并给测量弹簧吨位造成误导假象，即难以掌握炉体应力情况，不能及时采取措施，以致出现炉柱弯曲，保护板断裂的现象。

7　保护板的制造安装与处理措施

7.1　制造及安装质量

除上述因素外，保护板的制造质量和安装质量也是不容忽视的。如保护板自身弯曲度过大（图纸上规定。对角挠弯公差不大于 1.5mm，单侧挠弯公差不大于 2mm），铸件有气孔、夹渣、潜伏的裂纹等铸造缺陷、热处理不好，加工后仍有变形等，这些都会大大削弱其自身强度，增加了保护板断裂的可能性。

7.2　处理措施

通过以上的分析，新 1 号焦炉保护板发生断裂的原因是多方面的，其中，及时调整弹簧的预紧力使其控制在一定的范围内，在操作管理上控制炉体的膨胀量，是防止炉体护铁件发生破坏，延长炉龄的关键。

针对上述影响因素，特提出如下处理措施：

（1）对所有弹簧进行清理和检查，发现有严重损伤和失效的弹簧，应采取措施予以更换。

（2）全面准确地对炉柱弯曲度和弹簧吨位进行测量，控制炉柱所受的水平载荷在 1.5~1. 8t/m 范围内，即弹簧的总吨位在 21~25t 范围内。

（3）在保护板断裂处增设垫板，以保持断口不致错位，对有裂纹而未断开的保护板，可能的情况下，在裂缝末端钻孔，以免裂纹继续扩展。

（4）针对现场具体情况，制定行之有效的铁件管理、控制炉体膨胀的措施和制度。

（5）对以后新设计的保护板，应在材质，结构型式上作相应的改进。

8　结论

随着焦炉的大型化及炭化室的增高对护炉铁件的要求愈高，保护板发生断裂的倾向就愈大。因此，要在强化焦炉管理的同时，设计者还应从材料、结构、焦炉的加热情况等方面考虑，选用热稳定性好的、综合力学性能高的材料，优先选用刚度大、应力集中系数小的结构，改进加热工艺，尽量使焦炉高度方向的温度分布均匀，提高制造和安装质量等。只有这样才能减少保护板断裂，延长焦炉的寿命。

（原文发表于《设计通讯》1995 年第 2 期）

6m 焦炉液压交换机选型及废气拉条拉力验算

田淑霞

（北京首钢国际工程技术有限公司，北京 100043）

摘　要：本文论述了焦炉液压交换机的作用与工作原理，并对废气拉条的拉力进行了详细的计算，最终确定液压交换机的型号。

关键词：液压交换机；拉条拉力；型号

Hydraulic Exchanger's Model Selection and Waste-gas Stick's Tensile Force Checking Calculation of 6m Coke Oven

Tian Shuxia

(Beijing Shougang International Engineering Technology Co., Ltd., Beijing 100043)

Abstract: This article elaborates the function and operating principle of hydraulic exchanger, and also make a detail calculate for waste-gas stick's tensile force, at last determine the model of hydraulic exchanger.

Key words: hydraulic-exchanger; stick tensile; model

1　引言

首钢新一焦炉为 50 孔 6m 大容积焦炉。焦炉交换系统是由液压交换机通过交换传动装置带动交换开闭器的废气拉条及焦炉煤气拉条进行的，以此控制进入焦炉蓄热室的空气和高炉煤气，排出废气，达到改变焦炉加热系统内煤气，空气及废气的流动方向，完成加热任务。因此，交换机成为该系统的关键设备，交换机的性能是设备选型的主要因素，现就该焦炉的液压交换机选型做一介绍。

2　液压交换机的作用与工作原理

交换机的作用是驱动煤气，废气油缸拉条作往复运动以完成煤气、空气、废气的定时换向。

交换机按其传动方式可分为机械传动和液压传动两种。根据国内的使用经验，采用液压交换机是发展趋势。因该机结构简单、制造容易、运行平稳、占地少、检修方便，故选用液压交换机。它由一个液压控制站、两个双向油缸组成。其工作原理：由液压站供给油缸高压油，通过油缸活塞杆双向运动，带动传动装置，牵动开闭器主动扳杆和煤气交换旋塞的扳杆，按一定的程序和时间进行换向，各油缸的动作程序完全由电磁换向阀控制并相互联锁。工作时交换工作由两个油缸完成，即煤气缸和废气缸，根据开闭器的结构和煤气交换旋塞的结构确定。煤气缸的工作行程为 420mm，废气缸的工作行程为 610mm。根据工艺要求交换时间控制在 46s，交换间隔 20min，一正向一反向为一个工作循环。交换程序是：

第一种情况：用焦炉煤气加热，控制煤气拉条的油缸先动作，时间 7s 停止，此时煤气交换旋塞扳杆在 90°位置，行程为 210mm。中间停顿 1s，废气油缸开始动作，交换换向时间为 30s，此时开闭器的主动扳杆转过 90°，行程为 610mm。中间间隔 1s，控制煤气拉条的油缸再开始动作，时间为 7s，此时煤气交换旋塞扳杆在 45°位置上，行程为 210mm。这是一个正向全过程，煤气油缸走完全行程。反向道理同正向，见图 1。

第二种情况：用高炉煤气加热，焦炉煤气油缸停止工作，只废气油缸工作。

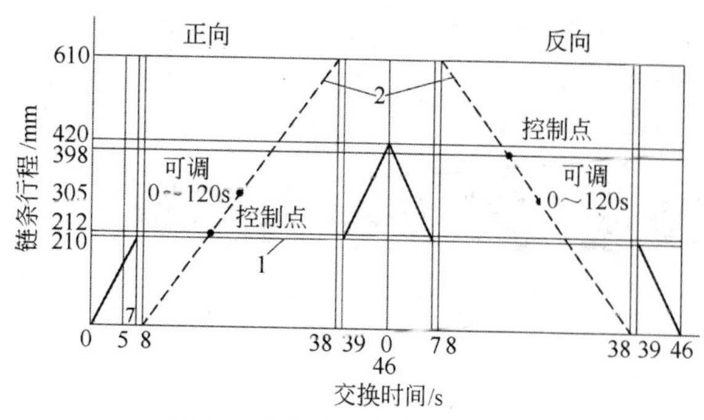

图 1　交换时间与行程的关系

1—焦炉煤气系统；2—废气系统

从图 1 上可以看到 212mm 为控制点，其意义是：在交换完成后或在交换过程中废气缸行程到达控制点以前，如果发生管网煤气低压时，煤气缸将自动行至中间位置，废气缸自动行至控制点，能自动关闭煤气阀与空气阀，煤气压力恢复后，自动完成剩下的交换过程，煤气及废气系统均可根据工艺要求在中间位置调整停顿时间。

3　交换机型号的选定及废气系统拉力验算

液压交换机型号性能的选定，首先要知道交换传动废气拉条拉力及煤气拉条拉力。废气拉条拉力与交换开闭器的结构型式、数量、废气砣、煤气砣的重量有关；煤气拉条拉力与交换旋塞的结构型式、数量、安装、润滑情况及煤气质量有关，只有先计算废气拉条拉力，煤气拉条的拉力，才能选定交换机的型号。

3.1　废气系统拉条拉力

废气系统最大拉力是在焦炉蓄热室上升气流变为下降气流时产生的。由开闭器废气砣、煤气砣、空气门动作程序分析可知。此时主动扳杆转过 64°，Ⅰ型开闭器废气砣提起，Ⅱ型开闭器空气门提起一半行程，煤气砣开始提起，这时废气拉条拉力应为：提起废气砣，煤气砣、空气门的总拉力和拉条托轮的总摩擦阻力与导向轮的总摩擦阻力之和，即：

（1）提起废气砣时废气拉条拉力 $F_{废1}$(Ⅰ型开闭器)；

（2）提起煤气砣，空气门时废气拉条拉力 $F_{废2}$（Ⅱ型开闭器）；

（3）托轮的总摩擦阻力 $F_{托}$；

（4）导向轮的总摩擦阻力 $F_{导}$；

（5）废气交换拉条总拉力 F。

6m 焦炉废气交换开闭器选用杠杆传动式煤气、废气交换开闭器，交换拉条拉力为废气交换拉条和焦炉煤气交换拉条两个系统。

3.1.1　废气交换拉条拉力 $F_{废1}$（Ⅰ型开闭器）

由开闭器废气砣、煤气砣、空气门的动作程序可知，废气拉条拉力最大时，应是主动扳杆转过 64°，此时开闭器各个砣及风门的关系如下：Ⅰ型废气砣提起一半行程，Ⅱ型空气门提起一半行程，煤气砣开始提起。为简化计算，两型开闭器都选在极限位置，即全开状态。

受力分析简图如图 2 所示。Ⅰ型开闭器主动扳杆转 90°，废气砣全部提起(见图 2 中实线)。

计算废气砣全部提起时主动扳杆所受的力 $F_{废}$：

一个废气砣及扇形轮自重 $P_{废}$，$P_{废}$=471N；

对 O 点取矩（不考虑摩擦阻力）：

$$P_{废}\times 174=F_1\cos 27.5°\times 78 \quad (1)$$

式中　F_1——连杆 AB 上的拉力，N。

算得：F_1=1185N。

考虑轴承处摩擦阻力矩 M_{f1}：

$$M_{f1}=P'_{废}\times f_1\times R \quad (2)$$

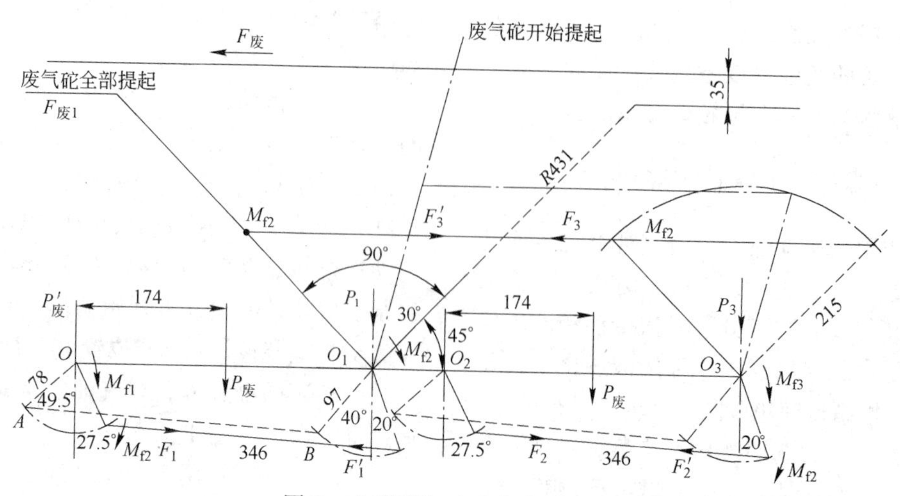

图 2　Ⅰ型废气砣受力分析简图

式中　$P'_{废}$——作用在轴承上的力（废气砣用拉杆和废气砣用扇形轮、轴的重量）：

$$P'_{废}=(48.03+1.28+2.4)\times9.8=507\text{N}$$

R——轴承半径，$R=0.02$m；

f_1——滑动摩擦系数，$f_1=0.05\sim0.1$。

算得：$M_{f1}=1.014$N·m。

铰点的摩擦阻力矩 M_{f2}：

$$M_{f2}=F_1\times f_2\times R_2 \qquad (3)$$

式中　f_2——铰点处的摩擦系数，$f_2=0.15$；

R_2——铰点半径，$R_2=0.01$m。

经计算，得：

$$M_{f2}=1.778\text{N·m}$$

考虑摩擦阻力矩时：

$$P_{废}\times0.174+M_{f1}+M_{f2}=F_1\cos27.5°\times0.078$$

算得：$F_1=1225$N。

连接杆 AB 为二力杆

$$F_1'=F_1=1225\text{N}$$

对 O_2 点取矩，考虑摩擦阻力矩，求 F_2。

因为几何尺寸，废气砣结构完全相同，用上述方法算得：$F_2'=F_2=1225$N。

按同样的方法对 O_3 取矩，求 F_3。

$$F_2'\cos20°\times97+M_{f2}+M_{f3}+M_{f2}=F_3\cos45°\times215$$

为简化计算，把铰点的摩擦阻力取成一致。

M_{f3} 为轴承处摩擦阻力矩，其中作用在 O_3 轴承上的力为从动扳杆连接板、大风门、轴等重量 $P_3=424$N。

经计算，得：$F_3=763$N。

按同样的方法对 O_1 点取矩，求 $F_{废1}$：

$$\sum M_{01}=0$$

$$F_{废1}\times340=F_3'\times152+M_{f1}+2M_{f2}+F_1\cos20°\times97$$

M_{f1} 轴承处摩擦阻力矩，其中作用在 O_1 轴轴承的力为废气砣拉杆主动扳杆、小风门等重量 $P_1=378.3$N。

经计算，得：

$$F_{废1}=682\text{N}$$

3.1.2　提起煤气砣，空气门时废气拉条拉力 $F_{废2}$（Ⅱ型开闭器）

受力分析简图如图 3 所示。Ⅱ型开闭器主动扳杆转 90°，煤气砣全部提起，空气门全部提起(见图 3 中实线)。

计算煤气砣，大空气门全部提起时主动扳杆上受力 $F_{废2}$，分析方法同Ⅰ型开闭器。

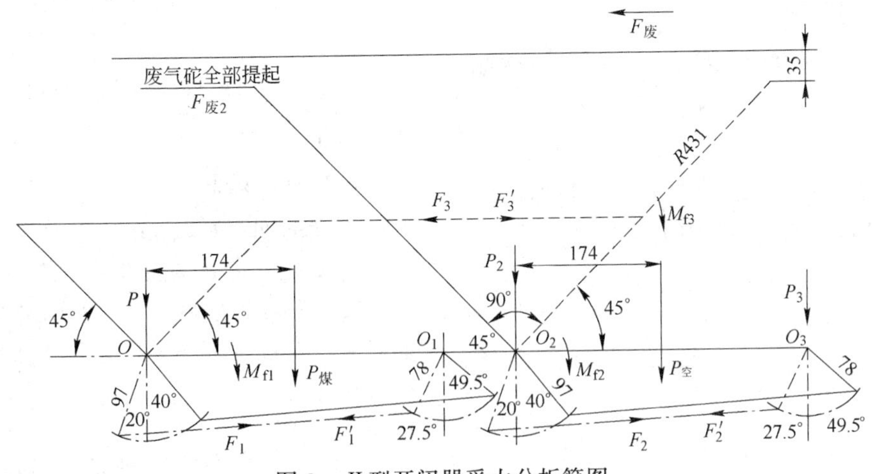

图 3　Ⅱ型开闭器受力分析简图

煤气砣重量 $P_{煤}=422$N

大空气门重量 $P_{空}=245$N

根据机构可知。主动扳杆动作时下连杆不受力，故不考虑铰点的摩擦阻力矩。

对 O 点取矩，求 F_3：

$$F_3\times\cos45°\times215=P_{煤}\times174$$

算得：

$$F_3=483\text{N},\ F_3=F_3'$$

考虑轴承处摩擦阻力矩

$$M_{f1}=P\times f_1\times R_1 \qquad (4)$$

式中　P——作用在轴承上的力（煤气砣用杠杆、扇形轮、轴重量），$P=555$N。

由前述知：$f_1=0.1$，$R_1=0.02$，则 $M_{f1}=555\times0.1\times0.02=1.1$N·m。

算得：F_3=490N。

按同样的方法对 O_2 点取矩，考虑摩擦阻力矩求得煤气砣、空气门全开时的 $F_{废2}$。

经计算，得：$F_{废2}$ =348.8N。

交换机在交换过程中有 26 个开闭器提废气砣，有 26 个开闭器提煤气砣，机、焦两侧共 52 个。所以废气拉条拉力为：

$$F_{废}=(F_{废1}+F_{废2})\times 52=53600\text{N}$$

3.1.3 托轮的总摩擦阻力 $F_{托}$

（1）机、焦两侧拉杆作用在托轮滑动轴上的摩擦阻力 $F_{托1}$：

$$F_{托1}=2\times(P_{拉1}\times\mu\times d/2)/D_c \quad (5)$$

式中 $P_{拉1}$——作用在托轮上的拉条重量，$P_{拉1}$=17362N；

μ——滑动轴承摩擦阻力系数，μ=0.1；

d——滑动轴承的直径，d=0.3m_F；

D_c——托轮外径，D_c=0. 125m。

算得：$F_{托1}$ = 417N

（2）机、焦两侧拉杆作用于托轮表面的滑动摩擦阻力 $F_{托2}$：

$$F_{托2}=P_{拉1}\mu_2 \quad (6)$$

式中 μ_2——拉杆与托轮之间的滑动摩擦系数，μ_2=0.18。

算得：$F_{托2}$ =3125N。

（3）按照（1）的方法，计算焦炉抵抗墙两侧拉条作用于滑动轴承上的摩擦阻力 $F_{托3}$，得：$F_{托3}$ = 27.5N。

（4）按照（2）的方法，计算焦炉抵抗墙两侧拉条作用于托轮表面的滑动摩擦阻力 $F_{托4}$，得：$F_{托4}$ = 206N。

托轮的总摩擦阻力：

$$F_{托}=F_{托1}+F_{托2}+F_{托3}+F_{托4}$$

算得：$F_{托}$=3776N。

3.1.4 导向轮的总摩擦阻力 $F_{导}$

$$F_{导}=(F_{废}+F_{托})/\eta_{总} \quad (7)$$

式中 $\eta_{总}$——总传动效率。

共 4 个导向轮，$\eta_{总}=\eta^4$，导向轮为链轮，为简化计算，链轮传动按机械传动效率考虑，η=0. 96，则 $\eta_{总}$=0.85。

算得：$F_{导}$=67501N。

3.1.5 废气交换拉条总拉力

$$F=F_{导}\beta$$

β= 1.25（动载系数）

算得：F= 84376N= 84.4kN。

由设备选型，废气油缸额定拉力（F）=90kN，则满足要求。

3.2 煤气系统拉条拉力

焦炉煤气一根拉条带动 104 个交换旋塞，拉条拉力应为带动旋塞的总拉力与导向轮和托轮的摩擦阻力之和（计算方法从略）。

4 结论

由上述计算确定液压交换机的型号为 JM-6-3。主要技术参数如下：

废气油缸杆头额定拉力和行程：$F_{废}$ =90kN，$S_{行}$ = 700mm。

焦炉煤气油缸杆头额定拉力和行程：$F_{煤}$ =50kN，$S_{行}$ =460mm。

交换操作时间：t=46s。

交换周期：T=20min。

主要技术参数均能满足工艺要求。通过焦化厂两年多来的生产实践证明，JM-6-3 型液压交换机性能可靠，可以保证 6m（50 孔）大容积焦炉的正常交换作业。

（原文发表于《设计通讯》1995 年第 2 期）

高效填料洗苯塔的工艺选型计算

耿　泉

（北京首钢国际工程技术有限公司，北京 100043）

摘　要：本文针对首钢焦化厂洗苯塔木格子、钢板网填料存在的问题，提出网孔波纹、矩鞍环、花环三种新型的填料，通过对洗苯塔的物料平衡、塔径、传质面积、填料高度、压降工艺选型计算，选出适合 2 号焦炉回收车间洗苯塔的填料。

关键词：洗苯塔；填料；工艺选型；计算

Process Selection and Calculation of Efficient Packed Benzene Washing Tower

Geng Quan

(Beijing Shougang International Engineering Technology Co., Ltd., Beijing 100043)

Abstract: According to the existent problems of wood grids of benzene washing tower and packing of steel plate lattice-work padding in Shougang Coking Plant, three kinds of new packings of mesh ripple, intalox saddle and rosette were proposed in the paper. Through selection and calculation of packed benzene washing tower, such as material balance, the tower diameter, the mass transfer area, the packing altitude and pressure drop process, the appropriate packing was selected ultimately, which was adapted to the recovery workshop of No.2 coke oven.

Key words: benzene washing tower; packing; process selection; calculation

1　引言

洗苯塔是回收焦炉煤气中苯族烃的重要气-液传质设备。目前国内大型焦化厂洗苯塔主要采用木格子、钢板网填料。木格子填料因气速低、传质系数小、能耗高，生产能力低等缺点而逐渐被钢板网填料所取代。钢板网填料虽性能较好，如每 1Nm^3/h 煤气对木格填料所需吸收面积一般为 1.0~1.1m^2，对于钢板网填料则只需 0.8~0.7m^2，但加工制作难度大，且技术性能仍有待提高。

近年来，随着科学技术的发展，新型高效填料塔相继问世。综合国外有关资料，结合国内石油化工领域的应用实践表明：网孔波纹、矩鞍环，花环填料塔的技术性能是好的，或较好的。尤其是网孔波纹具有固定通道的高效规整填料，与散堆填料相比，具有通量大、分离效率高、压降小、抗污性能强、能耗低等特点，现已引起国内外的重视。

首钢焦化厂洗苯塔原系木格的，已届大修改造。现将采用网孔波纹、矩鞍环、花环填料进行工艺设计比较，供决策参考。

2　全塔物料平衡计算

2.1　原始数据

煤气的处理量（V_0）	7000DNm^3/h
入塔煤气温度（t_1）	25℃
出塔煤气温度（t_2）	20℃
入塔煤气压力（P_1）	0.110151MPa
出塔煤气压力（P_2）	0.108191MPa
塔前煤气含苯量（a_1）	35g/Nm^3
塔后煤气含苯量（a_2）	28g/Nm^3
粗苯分子量（M_b）	83
洗油分子量（M_b）	160

28℃时煤气重度（γ_g）　0.48kg/m³

28℃时洗油重度（γ_l）　1050kg/m³

2.2　煤气流率

（1）煤气摩尔流率：

$$G_0=\frac{V_0}{22.4}=\frac{70000}{22.4}=3125\text{kmol/h}$$

（2）操作状态下煤气流率（V_{cp}），大气压力 P_0 为 0.101325MPa，则：

$$V_{cp}=V\left[\frac{\left(273+\dfrac{t_1+t_2}{2}\right)P_0}{273\times\left(\dfrac{P_1+P_2}{2}\right)}\right]=71516\text{m}^3/\text{h}$$

2.3　洗苯塔的物料平衡和全塔气-液相中粗苯摩尔分率

（1）洗苯塔物料平衡，如图 1 所示。

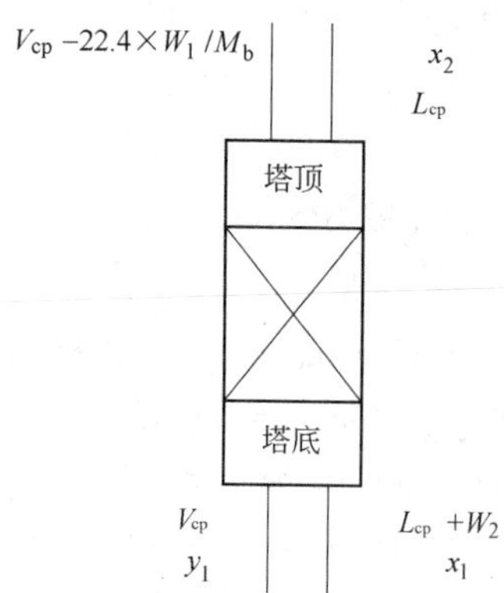

图 1　全塔物料平衡

x_1，x_2—塔底、塔顶液相粗苯摩尔分率；y_1，y_2—塔底、塔顶气相粗苯摩尔分率；V_{cp}—操作状态下煤气流率；L_{cp}—洗油循环量；W_2—贫油吸收粗苯量

（2）全塔气-液相中粗苯摩尔分率

1）塔顶气相中，通常苯族烃在煤气中的浓度以 g/Nm³ 表示。因已知苯族烃在塔后煤气中含苯量为 a_2=2g/Nm³，则换算成体积浓度，其摩尔分率为

$$y_2=\frac{22.4a_2}{1000M_b}=0.0005397\qquad y_1=\frac{y_2}{1-y_b}=0.00054$$

2）塔顶液相中粗苯摩尔分率。焦炉煤气中粗苯的分压为：

$$P_1=P_y$$

式中　P——该处煤气单总压力。

对焦油，液面上粗苯平衡蒸气压为：

$$P_L=1.25P_bx$$

式中　P_b——在 28℃下苯族烃的饱和蒸气压，0.013199MPa。

当吸收过程达到平衡时，$P_b=P_L$，即：

$$P_y=1.25P_bx$$

$$y=\frac{22.4a}{1000M_b}\qquad x=\frac{C/M_b}{C/M_b+\dfrac{100-C}{M_m}}$$

式中　C——洗油中苯族烃含量，以质量分数表示。

对于塔顶：

$$P_2\left(\frac{22.4a_2}{1000M_b}\right)=1.25P_b\frac{C_2/M_b}{C_2/M_b+\dfrac{100-C_2}{100/M_m}}$$

由于洗油中苯族烃浓度很小，可简化为：

$$0.0224\times\frac{a_2P_2}{M_b}=1.25\times\frac{\dfrac{C_a}{M_b}\times P_b}{100/M_m}$$

将上式化简即得贫油中粗苯质量分数：

$$C_2=1.79\times\frac{a_2P_2}{M_mP_b}=1.79\times\frac{2\times0.108191}{160\times0.013199}=0.2\%$$

故液相中粗苯摩尔分率为：

$$x_2=\frac{C_2/M_b}{C_2/M_b+\dfrac{100-C_2}{M_m}}=0.00347$$

$$x_1=\frac{x_2}{1-x_2}=0.00348$$

3）塔底气相中，粗苯摩尔分率：

$$y_1=\frac{22.4a_1}{1000M_b}=0.00945\qquad y_2=y_1(1-y_1)=0.0095$$

4）塔底液相中粗苯摩尔分率，按上述方法算得：

x_1=0.04249　　x_2=0.04438

2.4　气-液平衡关系式

（1）塔顶

亨利系数　$H_2=\dfrac{P_{L2}}{x_2}=\dfrac{C_2M_mP_b}{100M_bx_2}=0.0145\text{MPa}$

平衡常数　$H_2=\dfrac{H_2}{P_2}=\dfrac{0.0145}{0.108191}=0.134$

（2）塔底

亨利系数　$H_1=\dfrac{P_{L1}}{x_1}=\dfrac{C_1M_mP_b}{100M_bx_1}=0.0128\text{MPa}$

平衡常数　$H_1=\dfrac{H_1}{P_1}=\dfrac{0.0128}{0.111051}=0.116$

（3）全塔

$$H=\frac{H_1+H_2}{2}=\frac{0.0128+0.0145}{2}=0.01365\text{MPa}$$

$$m = \frac{m_1 + m_2}{2} = \frac{0.116 + 0.134}{2} = 0.125$$

（4）平衡关系式

$$y^* = \frac{mx}{1+(1-m)x} = \frac{0.125x}{1+0.875x}$$

由平衡关系式算得的数值见表 1。

表 1　由平衡关系式算得的 x、y*值

x	0.01	0.02	0.03	0.04	0.05	0.06	0.07	0.08	0.09
y*	0.00124	0.00245	0.00365	0.00483	0.00599	0.00713	0.00824	0.00935	0.01043

根据表 1 的 x、y 值绘制粗苯在洗油中的平衡曲线 OA（图 2）。

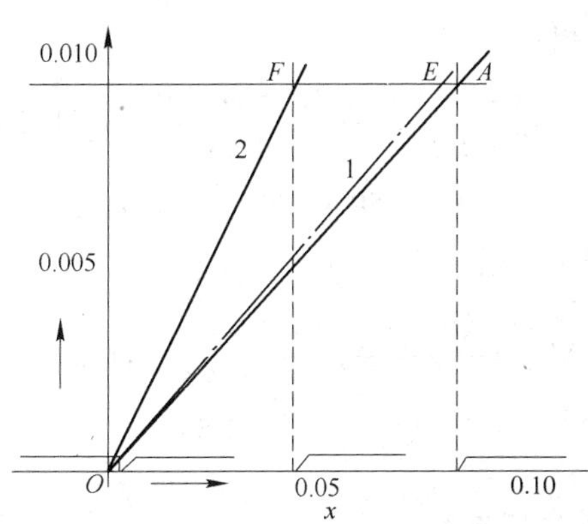

图 2　平衡曲线

1—洗油循环量的最小操作线；2—洗油循环量的实际操作线

2.5　洗油循环量及其粗苯量

（1）洗油循环量

从图 2 中查得：x_1^*=0.0813

1）最小液-气比

$$\left(\frac{L}{G}\right)_{\min} = \frac{y_1 + y_2}{x_1^* - x_2} = \frac{0.00954 - 0.00054}{0.0813 - 0.00348} = 0.1157$$

$$L_{\min} = 0.1157V = 0.1157 \times 3125 \times 160 = 57840\text{kg/h}$$

2）操作液-气比

$$\left(\frac{L}{G}\right)_{cp} = \frac{y_1 - y_2}{x_1 - x_2} = \frac{0.00954 - 0.00054}{0.04438 - 0.00348} = 0.22$$

$$L_{cp} = 0.22V = 0.22 \times 3125 \times 160 = 110000\text{kg/h}$$

（2）洗油中粗苯量

1）贫油

贫油中粗苯量：

$$W_1 = L_{cp}C_g = 110000 \times 0.2\% = 220 \text{ kg/h}$$

贫油洗粗苯量：

$$W_2 = V_0 \frac{a_1 - a_2}{1000} = 7000 \times \frac{35-2}{1000} = 2310\text{kg/h}$$

2）富油

富油中粗苯量：

$$W = W_1 + W_2 = 220 + 2310 = 2530 \text{ kg/h}$$

富油中粗苯的百分浓度：

$$C_1 = \frac{W}{L_{cp} + W_2} \times 100\% = \frac{2530}{110000 + 2310} \times 100\% = 2.25\%$$

表 2　全塔物料平衡汇总

项　目	代号	单位	指标
煤气处理量	V_{cp}	m^3/h	71518
洗油循环量	L_{cp}	kg/h	440000
粗苯回收量	W_2	kg/h	2310
气相	y_1	kmol/kmol	0.00954
粗苯摩尔分率	y_2	—	0.00034
液相	x_1	—	0.04438
粗苯摩尔分率	x_2	kmol/kmol	0.00348

3　塔径计算

3.1　矩鞍环、花环填料塔径

（1）物理特性参数

ϕ 50 金属矩鞍环：

比表面积 $a = 111.7\text{m}^2/\text{m}^3$

孔隙率 $\varepsilon = 0.945$

ϕ 50 塑料花环：

比表面积 $a = 100\text{m}^2/\text{m}^3$

孔隙率 $\varepsilon = 0.93$

28℃时洗油动力黏度 $\mu_L = 16.5\text{CP}$

吸收常数 $A = -0.073$

（2）泛点速度

将上述物理特性参数代入泛点气速公式：

$$\log\left(\frac{W_F}{g} \times \frac{d}{\varepsilon^3} \times \frac{\gamma_g}{\gamma_1} \times \mu_1^{0.2}\right) = A - 1.75\left(\frac{L}{G}\right)^{0.25} \times \left(\frac{\gamma_g}{\gamma_1}\right)^{0.125}$$

矩鞍环：$W_F = 3.142\text{m/s}$；花环：$W_F = 3.240\text{m/s}$

（3）操作速度

矩鞍环：$W_{cp} = KW_F = 0.75 \times 3.142 = 2.357\text{m/s}$

花环：$W_{cp} = KW_F = 0.75 \times 3.240 = 2.430\text{m/s}$

（4）塔径

矩鞍环：

$$D_T=\sqrt{\frac{4V_{cp}}{3600W_{cp}\pi}}=\sqrt{\frac{4\times71516}{3600\times2.357\pi}}=3.276\text{m}$$

花环：

$$D_T=\sqrt{\frac{4V_{cp}}{3600W_{cp}\pi}}=\sqrt{\frac{4\times71516}{3600\times2.430\pi}}=3.226\text{m}$$

统一取塔径 $D=3.400\text{m}$。

（5）实际速度

$$W=\frac{4V}{3600D^2\pi}=\frac{4\times71516}{3600\times(3.4)^2\pi}=2.188\text{m/s}$$

（6）自由截面速度

矩鞍环：$v=\frac{W}{\varepsilon}=\frac{2.188}{0.945}=2.315\text{m/s}$

花环：$v=\frac{W}{\varepsilon}=\frac{2.188}{0.93}=2.353\text{m/s}$

3.2 网孔波纹填料塔径

（1）1号网孔特性参数

比表面积：$a=111.7\text{m}^2/\text{m}^3$

孔隙率：$\varepsilon=0.945$

泛点系数：A=0.155，B=1.47

（2）泛点速度

为上述物理特性参数代入泛点气速公式：

$$\log\left(\frac{W_F{}^2}{g}\times\frac{a}{\varepsilon^3}\times\frac{\gamma_g}{\gamma_1}\times\mu^{0.2}\right)=A-B\times\left(\frac{L}{G}\right)^{0.25}\times\left(\frac{\gamma_g}{\gamma_1}\right)^{0.125}$$

网孔填料：$W_F=2.315\text{m/s}$

（3）操作速度

$$W_{cp}=KW_F=0.75\times2.315=1.736\text{m/s}$$

（4）塔径

$$D_T=\sqrt{\frac{4V}{3600W_{cp}\pi}}=\sqrt{\frac{4\times71516}{3600\times1.736\pi}}=3.817\text{m}$$

取 $D=4m$

（5）实际速度

$$W=\frac{4V}{3600D^2\pi}=\frac{4\times71516}{3600\times4^2\pi}=1.581\text{m/s}$$

（6）自由截面速度

$$v=\frac{W}{\varepsilon}=\frac{1.581}{0.973}=1.625\text{m/s}$$

4 塔的传质面积

4.1 传质推动力

（1）塔底

气相：

$$P_{g1}=0.0224\times\frac{a_1P_1}{M_b}=0.0224\times\frac{35\times110151}{83}=1040.5\text{Pa}$$

液相：

$$P_{l1}=\frac{C_1M_mP_b}{100M_b}=\frac{2.25\times160\times13199}{100\times83}=564.9\text{Pa}$$

$$\Delta P_1=1040.5-564.9=475.6\text{Pa}$$

（2）塔径

气相：

$$P_{g2}=0.0224\times\frac{a_2P_2}{M_b}=0.0224\times\frac{2\times108191}{83}=58.4\text{Pa}$$

液相：

$$P_{l2}=\frac{C_2M_mP_b}{100M_b}=\frac{0.2\times160\times13199}{100\times83}=50.9\text{Pa}$$

$$\Delta P_2=58.4-50.9=7.5\text{Pa}$$

（3）全塔

$$\Delta P_m=\frac{\Delta P_1-\Delta P_2}{\ln\left(\frac{\Delta P_1}{\Delta P_2}\right)}=\frac{475.6-7.5}{\ln\left(\frac{475.6}{7.5}\right)}=112.8\text{Pa}$$

4.2 总传质系数

（1）气相传质系数

1）气相扩散系数

标态时：

$$D_0=\frac{4.5\times10^{-4}}{\sqrt{M_1M_{Og}}}=\frac{4.5\times10^{-4}}{\sqrt{10.78\times83}}=1.55\times10^{-5}\text{m}^2/\text{s}$$

式中 M_{Og}——焦炉煤气的分子量，22.4γ_g。

28℃时：

$$D_g=D_0\left(\frac{T}{273}\right)^2\left(\frac{760}{P_{均}}\right)=1.55\times10^{-5}\times\left(\frac{301}{273}\right)^2\times\left(\frac{760}{818.8}\right)=17.5\times10^{-6}\text{m}^2/\text{s}$$

式中 $P_{均}$——mmHg 平均值, 109171/133.32 = 818.8。

2）28℃时煤气运动黏度

$$\nu_g=\frac{\mu_g}{1000\gamma_g}=\frac{0.0127}{1000\times0.481}=26.5\times10^{-6}\text{m}^2/\text{s}$$

3）特性参数

ϕ50 矩鞍环：当量直径，$d_e=0.034\text{m}$，单元高度，$h_O=0.044\text{m}$；

ϕ50 花环：当量直径，$d_e=0.037\text{m}$，单元高度，$h_O=0.050\text{m}$；

1 号网孔波纹：当量直径，$d_e=0.007\text{m}$，单元高度，$h_O=0.055\text{m}$。

4）气相传质系数

将上述物理特性参数代入气相传质公式：

$$K_g = 0.0455 \times D_g / d_e \times R_{cg}^{0.752} \times P_{rg}^{0.828} \times \frac{d_e}{h_O}$$

换算为：$K_g = k_g \dfrac{M_b \times 3600}{22.4 \times 760}$ kg/m²·h·mmHg

简化为：$K_g = 0.0094 \times \dfrac{D_g^{0.87} v^{0.780} M_b}{d_e^{0.18} v_g^{0.124} h_O^{0.808}}$

代入，得：

ϕ50 矩鞍环：$K_g = 0.209$

ϕ50 花环：$K_g = 0.207$

1 号网孔波纹：$K_g = 0.216$

（2）液相传质系数

1）物理参数

28℃时粗苯重度：$\gamma_b = 875 \text{kg/m}^3$

28℃时洗油运动黏度：$v_1 = 0.0566 \text{m}^2/\text{h}$

2）全塔亨利系数

$$H = \frac{R_1}{C\gamma_1} = \frac{CM_m P_b}{M_b C\gamma_1} = \frac{160 \times 99}{83 \times 1050} = 0.182 \text{mmHg} \cdot \text{m}^3/\text{kg}$$

式中 P_b——28℃时粗苯的饱和蒸气压，0.013199MPa/133.322Pa = 99mmHg。

3）润湿率

ϕ50 矩鞍环、花环填料

喷淋密度：

$$q_w^1 = \frac{L_{CF}\gamma_1}{0.785D^2} = \frac{110000/1050}{0.785 \times 3.4^2} = 11.545 \text{m}^3/\text{m}^2 \cdot \text{h}$$

润湿率：

ϕ50 矩鞍环：

$$q_w = \frac{q_w^1}{a} = \frac{11.545}{111.7} = 0.10336 \text{m}^3/\text{m}^2 \cdot \text{h}$$

ϕ50 花环：$q_w = \dfrac{q_w^1}{a} = \dfrac{11.545}{100} = 0.11545 \text{m}^3/\text{m}^2 \cdot \text{h}$

1 号网孔波纹填料

喷淋密度：

$$q_w^1 = \frac{L_{CP}\gamma_1}{0.785D^2} = \frac{110000/1050}{0.785 \times 4^2} = 8.341 \text{m}^3/\text{m}^2 \cdot \text{h}$$

润湿率：

$$q_w = \frac{q_w^1}{a} = \frac{8.341}{534} = 0.01562 \text{m}^3/\text{m}^2 \cdot \text{h}$$

4）液相扩散系数

$$D_1 = 0.0124 \times 10^{-8} \times \frac{T}{\gamma_1 v_1} \sqrt[3]{\gamma_b / M_b}$$

$$= 0.0124 \times 10^{-8} \times \frac{273+28}{1050 \times 0.0566} \sqrt[3]{875/83}$$

$$= 0.138 \times 10^{-8} \text{m/s}$$

5）液相传质系数

以上述物理特性参数代入液相传质公式，

$$K_1 = 471 \times \frac{q_w^{0.324} D_1^{0.808}}{v_1^{0.159} d_c^{0.487} h_O^{0.518} H}$$

ϕ50 矩鞍环：$K_1 = 0.090 \text{kg/m}^2 \cdot \text{h} \cdot \text{mmHg}$

ϕ50 花环：$K_1 = 0.084 \text{kg/m}^2 \cdot \text{h} \cdot \text{mmHg}$

1 号网孔波纹：$K_1 = 0.100 \text{kg/m}^2 \cdot \text{h} \cdot \text{mmHg}$

（3）总传质系数

ϕ50 矩鞍环：

$$K = \frac{K_g K_1}{K_g + K_1} = \frac{0.209 \times 0.090}{0.209 + 0.090} = 0.063 \text{kg/m}^2 \cdot \text{h} \cdot \text{mmHg}$$

ϕ50 花环：

$$K = \frac{K_g K_1}{K_g + K_1} = \frac{0.207 \times 0.084}{0.207 + 0.084} = 0.060 \text{kg/m}^2 \cdot \text{h} \cdot \text{mmHg}$$

1 号网孔波纹：

$$K = \frac{K_g K_1}{K_g + K_1} = \frac{0.216 \times 0.100}{0.216 + 0.100} = 0.068 \text{kg/m}^2 \cdot \text{h} \cdot \text{mmHg}$$

4.3 传质面积

ϕ50 矩鞍环：

$$F = \frac{W_2}{K\Delta P_m} = \frac{2310}{0.063 \times \dfrac{112.8}{133.322}} = 43341 \text{m}^2$$

ϕ50 花环：

$$F = \frac{W_2}{K\Delta P_m} = \frac{2310}{0.060 \times \dfrac{112.8}{133.322}} = 45508 \text{m}^2$$

1 号网孔波纹：

$$F = \frac{W_2}{K\Delta P_m} = \frac{2310}{0.068 \times \dfrac{112.8}{133.322}} = 40151 \text{m}^2$$

5 塔的填料高度

5.1 塔的截面积

（1）矩鞍环、花环填料 $A = 0.785D^2 = 0.785 \times 3.4^2 = 9.075 \text{m}^2$；

（2）1 号网孔波纹填料 $A = 0.785D^2 = 0.785 \times 4^2 = 12.56 \text{m}^2$。

5.2 填料容积

ϕ50 矩鞍环：$V = \dfrac{F}{a} = \dfrac{43341}{111.7} = 388 \text{m}^3$

ϕ50 花环：$V = \dfrac{F}{a} = \dfrac{45508}{100} = 455 \text{m}^3$

1 号网孔波纹：$V=\dfrac{F}{a}=\dfrac{40151}{534}=75.2\text{m}^3$

5.3 填料高度

ϕ50 矩鞍环：$Z_\text{T}=V/A=\dfrac{388}{9.075}\approx 43\text{m}$

ϕ50 花环：$Z_\text{T}=V/A=\dfrac{455}{9.075}\approx 50\text{m}$

1 号网孔波纹：$Z_\text{T}=V/A=\dfrac{75.2}{12.56}\approx 8\text{m}$

5.4 洗苯塔台数

根据填料高度（Z_T），确定洗苯塔的台数

ϕ50 矩鞍环：洗苯塔台数，n=2 台，

单塔填料高，$Z_\text{O}=21.5\text{m}$。

ϕ50 花环：洗苯塔台数，n=2 台，

单塔填料高，$Z_\text{O}=25\text{m}$。

1 号网孔波纹：洗苯塔台数，n=1 台，

单塔填料高，$Z_\text{O}=8\text{m}$。

6 塔的压降

6.1 每米填料压降

（1）矩鞍环、花环填料

1）液相校正系数

$$\varPsi=\frac{\gamma_{\text{H}_2\text{O}}}{\gamma_1}=\frac{995}{1050}=0.9476$$

2）$\dfrac{L_\text{CF}}{G_\text{CP}}\times\sqrt{\gamma_\text{g}/\gamma_1}=\dfrac{110000/2}{3125\times 11.00}\times\sqrt{0.48/1050}=0.034$

将上述有关数据代入 $\dfrac{v^2}{g}\left(\dfrac{a}{e^3}\right)\varPsi\times\dfrac{\gamma_\text{g}}{\gamma_1}\times M^{0.2}$ 式中，得：

ϕ50 矩鞍环填料为 0.050，

ϕ50 花环填料为 0.051。

以 0.034 与 0.050、0.051 查填料压降关联式，得：

ϕ50 矩鞍环每米压降：$\Delta P_\text{O}=310\text{Pa/m}$

ϕ50 花环每米压降：$\Delta P_\text{O}=330\text{Pa/m}$

（2）1 号网孔波纹填料

1）洗油质量流速

$$L_\text{m}=\frac{L_\text{cp}}{A}=\frac{110000}{12.56}=8980\text{kg/m}^2\cdot\text{h}$$

2）1 号网孔自由速度：$v=1.625\text{m/s}$

3）系数 a b c

载点以上：6 0.024 3.5

载点以下：16 0.0135 2.2

以上述数据代入关联式，$\Delta P_\text{O}=a(10)^{bL_m}v\sqrt{r_g}$ 得：

1 号网孔波纹填料：

载点以上，$\Delta P_\text{O1}=143.2\text{Pa/m}$

载点以下，$\Delta P_\text{O1}=265.9\text{Pa/m}$

$$\Delta_{Po}=\frac{143.2+265.9}{2}=204.6\text{Pa/m}$$

6.2 单塔压降

ϕ50 矩鞍环填料：

$\Delta P=\Delta P_\text{O}Z_\text{O}=310\times 21.5=6665\text{Pa}$

ϕ50 花环填料：$\Delta P=\Delta P_\text{O}Z_\text{O}=330\times 25=8250\text{Pa}$

1 号网孔波纹填料：

$\Delta P=\Delta P_\text{O}Z_\text{O}=204.6\times 8=1636.4\text{Pa}$

表 3　塔结构与性能汇总

项　目	单位	指　标			
		矩鞍环	花环	1 号网孔	木格
塔径 D	m	3.400	3.400	4.000	4.77
泛点速度 WF	m/s	3.142	3.240	2.315	—
实际速度 W	m/s	2.188	2.188	1.581	—
自由截面 V	m/s	2.315	2.353	1.826	1.52
传质面积 F	m²	43341	45608	40151	83486
传质系数 K	kg/m²·h·mmHg	0.063	0.080	0.088	0.038
传质推力ΔP_m	Pa	112.8	112.8	112.8	127.8
填料高度 Z_T	m	43	50	8	103
单塔压降ΔP	Pa	8635	8250	1838.4	3020
每 Nm³/h 煤气所需吸收面积	m²	0.810	0.65	0.574	0.91
每米填料高阻力	Pa	155	185	20.5	30
比表面积	m²/m³	111.7	100	534	54
孔隙率 ε		0.945	0.93	0.973	0.04

7 结论

（1）网孔波纹填料，是一种新型高效规整填料。具有固定通径、气液通量大、压降小、能耗低、抗污性强、空隙率高，气液接触充分、传质效率高等优点。因此被公认为现代塔器的发展方向。

（2）矩鞍环、花环填料与木格子填料相比，自由截面速度高、传质系数大、分离效率好。生产能力大，是木格子填料塔的两倍以上。因此两台矩鞍环（或花环）填料塔可代替三台木格子填料塔。

尤其是矩鞍环填料与散性填料相比，其填料层结构均匀、气液相接触充分、再分布性能好、通过能力大、压降小、能耗低等优点。与网孔波纹填料相比，工艺、技术更成熟可靠，造价低，只相当网孔填料的五分之三。

综上所述，笔者力荐乘 2 号焦炉回收改造之机，将原有的木格子填料洗苯塔改建成矩鞍环填料洗苯塔，并建议有条件做网孔波纹填料的调研与试验，以期能一次将此项新型填料用于焦化。

参考文献

[1] 刘乃鸿. 石油化工设备, 1991 (2): 44.

[2] 余国琮. 化学工程, 1992 (2): 20.

[3] 潘图昌. 化学工程, 1993 (3): 9.

（原文发表于《设计通讯》1995 年第 1 期）

全密封可逆移动配仓胶带运输机简介

田淑霞

（北京首钢国际工程技术有限公司，北京 100043）

摘　要：本文主要介绍了一种在成品仓上使用的全密封可逆移动式配仓胶带运输机的密封结构与特点，并提出密封胶带机走行机构的设计要点。

关键词：密封皮带；除尘

The Abstract of Full Sealed Reversible Mobile Belt Conveyor with Bunker

Tian Shuxia

(Beijing Shougang International Engineering Technology Co., Ltd., Beijing 100043)

Abstract: The paper focus on the sealing structure and characteristic of full sealed reversible mobile belt conveyor with bunker which is used in finished store and bring forward the design points of sealed belt conveyor walking mechanism.

Key words: seal bet; dust extraction

1　引言

本文介绍一种全密封可逆移动式配仓胶带运输机在首钢的使用情况，因它的密封性能较好，故而对防止环境污染有显著效果。

钢铁厂常用的配仓皮带机一般为多点下料，下料时粉尘飞扬，到目前为止，国内还没有较好的除尘措施，以致操作环境极为恶劣。鉴于这种情况，我们在消化宝钢焦仓配仓皮带机的基础上，设计了一条带密封装置的可逆移动胶带输送机，用于矿山球团新工艺试验厂成品仓上。这条运输皮带机的主要特点是上、下部带有密封装置，走行小车在仓上运行，密封胶带覆盖仓口，达到密封除尘的目的，使操作环境大为改善，且节省除尘设备的投资。现简要介绍一下此配仓胶带运输机的设备概况及结构特点。

整机由运料皮带机和密封装置两个部分组成：运料皮带机为一般的配仓皮带机；密封装置包括密封胶带、拉紧装置及上、下密封装置三部分(图 1)。

2　密封胶带及拉紧装置

密封胶带的作用有两个：

（1）在运料皮带机的上方与上密封装置压紧，防止运料皮带上物料粉尘飞扬。

（2）在没有运料皮带的地方覆盖在料仓口上，防止仓内粉尘向外飞扬，料仓的两端头安装有固定密封压辊（图 1Ⅱ—Ⅱ），可把密封胶带压紧，并带有密封胶带拉紧装置。密封胶带通过拉紧架钢丝绳与配重相接（图 1*A* 视图），把密封胶带拉紧。为限制密封胶带的垂度，使密封胶带在运行阻力最小的情况下正常运行。在机架上装有密封托辊，密封托辊选用标准的平行托辊。

密封胶带要求下垂度小，胶带强度要合适。这是因为垂度大，会造成密封胶带与上密封装置摩擦，运行阻力增大，张力小，胶带磨损快，寿命短，易发生皮带撕裂现象（尤其是拉紧架处），设计选用应注意。

3　上密封装置

上密封装置由密封机架和密封帘组成。密封机

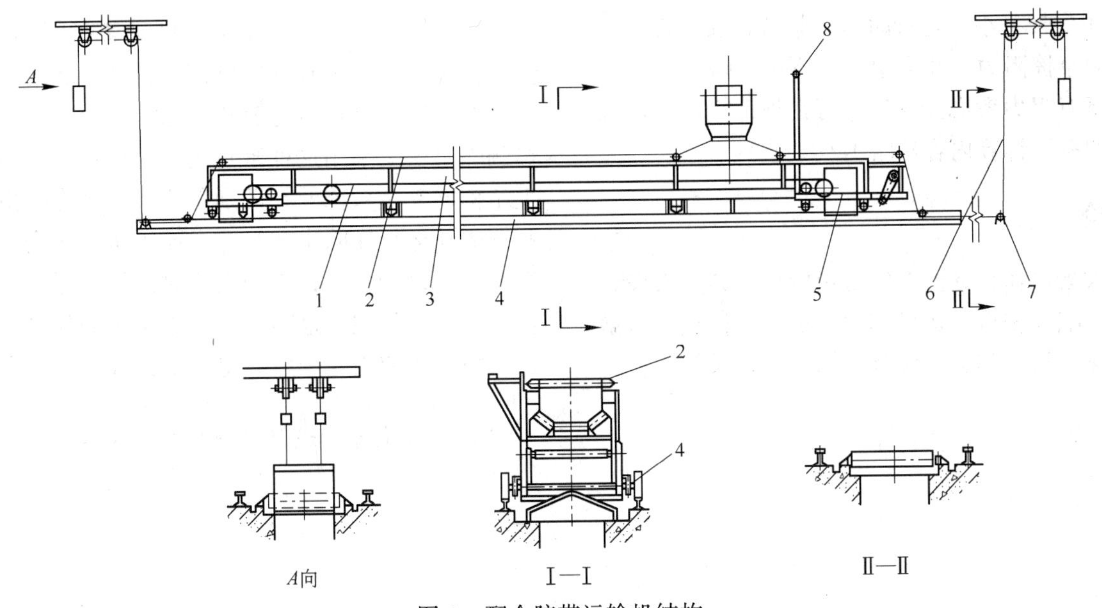

图 1　配仓胶带运输机结构

1—运料胶带；2—密封胶带；3—上密封装置；4—下密封装置；5—走行机构；6—拉紧装置；7—固定密封压辊；8—滑线

架为钢结构，固定在皮带机架上。密封帘材质为橡胶（也可为石棉毛毡），用螺栓固定在密封机架上，这样，就可把皮带上的物料全部密封起来。密封帘的长短，可根据实际情况及磨损情况进行调整和更换（图 2）。

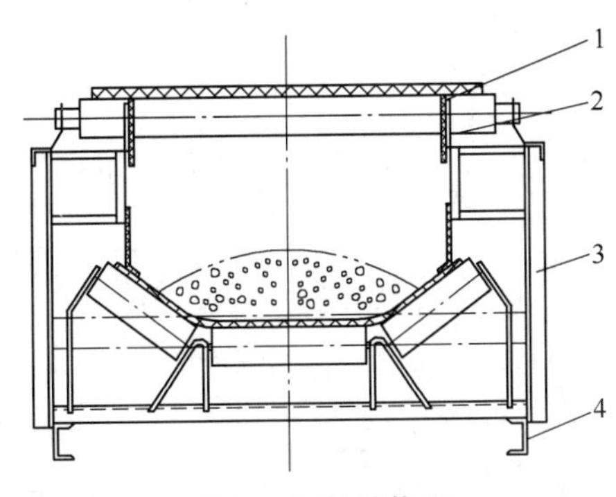

图 2　上密封装置

1—薄钢板；2—密封帘；3—密封机架；4—皮带机机架

密封帘材质的选择对密封架的连接很关键，因为橡胶本身刚性差，密封帘如果没有很好的骨架支撑，很难成为一个理想的密封装置。所以对它进行了改进处理，在密封帘与机架之间加一块 1.5~2 mm 薄钢板，增大橡胶本身的刚性，提高密封效果。

4　下密封装置

下密封装置是由密封罩及橡胶板组成。密封罩为薄钢板焊接而成，为便于安装和检修，做成 1.2~3 m 一节，节与节之间采用搭接。这样可避免节与节连接处的间隙影响密封效果，密封罩顶部焊有连接架，与皮带机机架连接。密封罩与下料口接触，考虑到土建施工表面质量较粗，所以密封罩不直接与混凝土面接触，留有 60 mm 的间隙，安装软胶皮，胶皮的长短在安装时可根据地面的表面情况来调整最小间隙，且不与地面摩擦（图 3）。

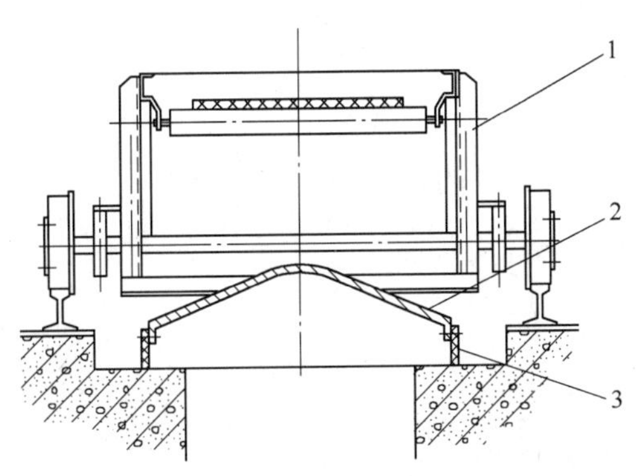

图 3　下密封装置

1—连接角钢；2—密封罩；3—软胶皮

每节密封罩的尾部焊接一条扁钢，下一节密封罩安装时插入，与上一节密封罩靠紧，这样就避免节与节之间的安装间隙（图 4）。因此，结构简单、运行可靠，安装检修也方便，密封效果较好。

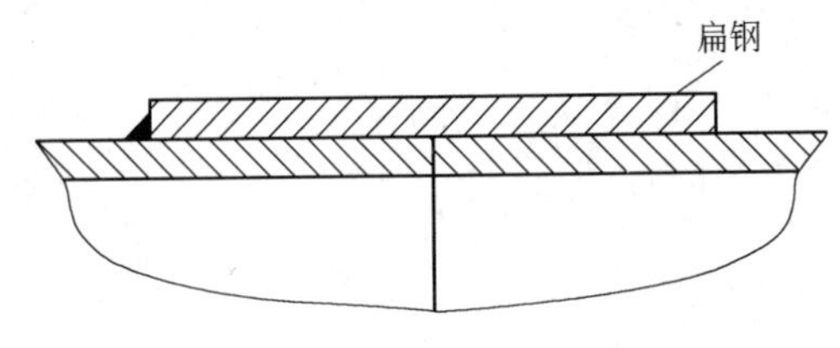

图 4　每节密封罩的连接

密封皮带机走行机构的计算及功率的确定需要从以下两个方面考虑：

（1）按运输机械设计手册中规定的项目进行常规计算；

（2）皮带机小车走行时需克服密封胶带与上密封装置的摩擦阻力。此力很大，不可忽略。

把所有阻力考虑全面后进行常规计算，最后确定电机功率（计算内容从略）。

5 结论

全密封可逆移动配仓胶带运输机是第一次设计使用，与配仓胶带输送机相比，最大的优点是可解决仓上环境污染问题，而且结构简单，投资小，使用维护方便。根据宝钢焦化厂和首钢新工艺试验厂使用情况来看，很有推广价值，特别是运送粉状物料时更能显示出它的优越性。首钢新一焦炉工程中，焦侧除尘也是采用这种密封皮带与固定干管地面除尘站构成除尘系统的。区别是这条密封皮带由电动小车驱动运行在除尘干管上，而不是在料仓上，走行小车上设有阀门，控制出焦时的烟气污染，起到保护环境的作用。这项焦侧除尘系统的先进技术，在国内首次使用，今后一定会得到进一步推广。

（原文发表于《设计通讯》1994 年第 1 期）

焦炉大修　百年大计

智联瑞　鲁　彦

(北京首钢国际工程技术有限公司，北京 100043)

摘　要：本文是按焦化学术委员会的要求，针对我国炉龄已长的焦炉面临大修的现实，急需制定一套具体的方针政策，发表了意见，主要概括为：随着我国炼焦工业的发展，对过去焦炉设计方面的政策和规定进行重新总结、研究、修订是必要的，对焦炉大修的具体方针政策提出了意见，并着重对国内大批 4.3m 焦炉炉型和机车的装备形式提出了改进建议。

关键词：焦炉大修改造；方针政策；设计规定；改进意见及建议

Coke Oven Overhaul: Long-term Goal

Zhi Lianrui　Lu Yan

(Beijing Shougang International Engineering Technology Co., Ltd., Beijing 100043)

Abstract: According to the requests of Coking Academic Committee of Chinese Society of Metals, the author has given several advices, in view of the old coke ovens in our country face with the reality of overhaul, it is urgent to formulate a set of concrete guidelines and specific policies. The main summaries are as follows: with the development of coking industry in our country, it is necessary to re-summary, research, repair the policies and regulations of design of the foregone coke ovens, the author also has comments on specific policy of coke oven overhaul, moreover, improvements and suggestions are made, which are focused on a large number of domestic 4.3m coke oven and the type of locomotive equipments.

Key words: coke oven overhaul; principles and policies; design requirements; improvements and suggestions

1　引言

焦炉是一种构造复杂，外形庞大的特殊工业炉。其炉龄一般要求 20~25 年，如果管理维护得当，则可达 30 年以上，甚至超过 40 年。据统计我国正在生产的 93 座大型焦炉中，炉龄在 20 年以上的占 23.66%，其中 20~25 年的占 16.13%，26~35 年的占 7.53%。据国外资料报道，美国有 50%的焦炉已生产了 25 年，并有 15%的焦炉超过 45 年而仍在继续生产。焦炉炉龄既如此之长，故对其大修改造须以百年大计待之，以当代最新技术装备之。

国内焦炉炭化室高 4 m 以上的 93 座大型焦炉中，近年来已大修改造了 22 座，到 20 世纪末还要大修的达 28 座之多；中小型焦炉也有一大批。可见焦炉大修改造所面临的任务还相当繁重。为使之少走弯路，取得成效，利用有限资金，获得最大经济效益，亟待定出一套行之有效的具体方针，政策。

本文就我公司三焦炉大修改造的设计情况，谈几点粗浅的看法和意见，以与兄弟单位互相交流，共同探讨。

2　关于炉龄政策

我国焦炉炉龄，从 20 世纪 50 年代起，冶金部就规定为 20 年以上，一般按 20~25 年要求。30 多年来，炼焦工作者已积累了有关焦炉设计、施工、生产管理等方面相当丰富的经验；近年来又派大批专家出国考察，开展国际性的学术交流，完全能客观地估价我们的工作；在 80 年代，应以更高标准对焦炉炉龄进行总结、研究，重新规定；并作为一项国策对各厂进行考核，以引起普遍重视。这对促进和指导焦炉大修改造，对提高我国焦炉的管理水平很有必要。

根据国内外生产实践情况，结合理论上的分析，我们认为，焦炉炉龄定为30年以上并不脱离实际，且完全可能，理由如下。

2.1 目前生产的焦炉炉龄可达30年

目前正生产的炉龄在25年以上的焦炉，各厂正在积极进行大修前期的准备工作，预计还能维持5年左右，炉龄达到30年已成定局。而这代焦炉生产的时间达到如此之长，来之不易，也是相当被动的。这是因为都经历过多灾多难的历史时期的考验。那时只顾强化生产，不适当地缩短周转时间，致使焦炉早衰。

2.2 加强生产管理是延长炉龄的可靠保证

党的十一届三中全会后，恢复和建立健全了各项规章制度，生产步入正轨。焦炉热修、调火、铁件管理普遍加强。全国焦炉基本结束了跑烟冒火的混乱状况；新建焦炉的质量普遍较好。“文革”期间被损坏的焦炉也程度不同地得到治理，对延长其寿命起到“返老还童”的作用。以首钢2号焦炉为例，经大修改造投产迄今20年，炉体仍很严密，虽然也经历过灾难时期，但能坚持维护管理，故炉体未受损害。预测再用十年毫无问题。

2.3 实行新炉龄政策会促进焦炉长寿

国家对各型焦炉实行新炉龄政策后，控制了大修周期，严格遵照各型焦炉技术装备水平的差异，有区别地提出不同的炉龄要求，按实际情况制定明确的奖惩制度，并进行考核。如对大型焦炉的炉龄总的要求30~35年，对装备水平一般的4.3~5m高的焦炉要求30年以上。国外，如德国焦炉寿命至今仍认为是25~30年。但我国新设计的6m大容积焦炉则应要求30~35年，因其工艺装备全部是仿宝钢的，有刚度较强的护炉铁件。烘炉毕，如果硅砖的残余膨胀极小，炉体基本不会过多伸长，在正常生产情况下，即使生产过程中受到机械和温度剧烈变化的冲击和化学侵蚀等诸因素的影响，焦炉的损坏主要取决于推焦次数。推焦次数决定于周转时间，而周转时间又直接影响到焦炉的生产能力。

国内外的生产实践和有关数据表明，一座焦炉在其工作的全过程中，在满负荷强化生产一段时间后，其产量将逐年下降（见图1）。主要原因是由于热工指标下降，周转时间过短所致。而下降的幅度与速度除周转时间因素而外，还与生产操作、维护管理有直接关系。

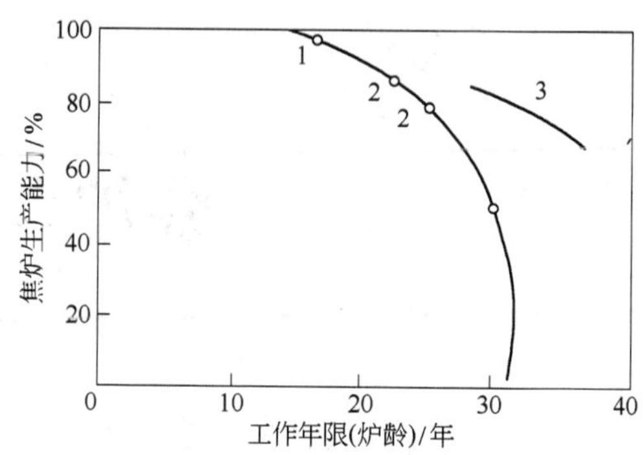

图1　焦炉损坏进程示意图

1—评价考察开始；2—考察；3—检修后的曲线

因焦炉炉龄与周转时间相辅相成，周转时间应随炉龄增长而延长，故炉龄的长短以周转时间规定合理与否为重要条件。6m焦炉炉体设计比一般焦炉的严密性、整体性强，护炉铁件结构好，一次对位的机车操作时间短，加之选择合理时间，其炉龄高于一般焦炉是必然的。6m焦炉技术装备水平高，投资大，故技术管理水平也应从严要求。

实行新的炉龄政策，既可取得经济效益，延长炉龄，延缓企业大修费开支，又可缓和我国硅砖供应的紧张局面，进行促进各级人员在延长炉龄上动脑筋想办法，提高焦炉管理水平。

3 关于焦炉周转时间的规定

通过多年生产实践的体验，“炼焦化学工厂设计规定”（简称“规定”）中，关于焦炉的周转时间确有调整的必要。在考虑企业总体规划时，新建或大修焦炉的设计能力面临着如何计算的问题（见表1）。周转时间的确定需全面考虑、慎重选择。它直接关系到焦炉孔数的确定，机车的配置和投资的大小；关系到焦炉寿命、焦炭质量、环保条件等，也是影响企业长远利益、综合经济效益和生产主动权的关键因素。设计部门选择的指标应经济合理，同时留有一定的余地，不仅要考虑到焦炉的青年期，还要照顾到它的老年期，否则会带来后患。

表1　炼焦车间生产能力的指标规定

指标名称		标准	备注
年工作日		365	
计算大、中型焦炉设计年产量的系数/%		95	
焦炉周转时间（原料水分小于10%）/h	炭化室平均宽度 450mm	17	
	炭化室平均宽度 407mm	15	捣固焦炉
	炭化室平均宽度 420mm	16	
	炭化室平均宽度 460mm	19	
	炭化室平均宽度 350mm	12	
焦炉紧张操作系数		1.07	

从统计资料《我国炼焦炉概况》看出，目前国内大型焦炉的周转时间均比“规定”的时间长：炭化室平均宽度450mm的周转时间平均为19.82h（最长29h，最短17.87h）；平均宽度407mm的周转时间平均为18.85h（最长30.83h，最短16.25h）；平均宽度460mm的捣固焦炉的周转时间平均为23.44h；而最短的周转时间也超过“规定”的范围。原因故然有种种，但除特殊情况（如个别厂因缺煤被迫延长周转时间）外，主要是因炉龄的增长而延长了周转时间的结果。故建议：大型焦炉的设计周转时间，应比“规定”延长1h，如原料煤水分超过10%时可因地制宜适当延长。这样调整的优点是：

（1）有利于环境保护。符合“防”、“治”并重的方针，减少烟尘污染。

（2）有利于稳定生产。给企业组织生产以灵活性和主动权。

（3）有利于延长焦炉炉龄。因推焦次数减少，焦炉受到机械冲击及炉温急冷急热变化的影响相应减少，同时有进行热修和中、小修的条件。

（4）有利于新机车的操作和维修。

（5）有利于改善焦炭质量。

总之，延长周转时间是有利的，必需的；尽管它会带来一次投资增加的问题，但从一代炉组生产的全过程来综合考虑，还是经济、合理的。

4 关于大修的方式及应遵循的方针

4.1 大型焦炉

从国内几个厂安排焦炉大修的情况来看，方案多种，但根据其出发点和具体条件可归纳为两类：

（1）原地大修。

1）原样大修。以尽快恢复生产为目的，尽量压缩施工周期，减少投资，很少考虑技术改造，焦炉设备不更新。以上海焦化厂为代表，大修周期约9个月。此乃权宜之计。

2）有限的技术改造。如焦炭生产能力有余，允许停炉，可结合大修进行技术改造。但因受条件限制，改造范围有限，仅能小改小革，生产虽有改进，但无显著的经济效益。如首钢2号焦炉、武钢1~4号焦炉、本钢1~2号焦炉大修属此类型。

3）扩容改造。焦炭生产能力不足，企业发展规划又需大量增加焦炭和煤气，因受总图位置限制，无法移地大修；近期焦炭确有余，允许停炉大修，可趁大修之机扩大炉容，增加产量，同时进行力所能及的技术改造。这种大修方式存在工期长、投资多、改造项目繁杂、拆建最大、与生产干扰多、施工条件困难等问题。如鞍钢五炼焦1~4号焦炉大修，属于此种类型。以上三种类型的大修中，在经济效益、焦炉机械、环保、节能条件等方面都以第三种为佳。

（2）移地大修。客观情况不允许减少焦炭和煤气而停炉大修，企业的长远规划以及所处的地理环境要求扩大能力，有较高的技术装备水平和环保措施；趁大修之机进行更新换代，总图位置允许，资金落实，可结合国内外先进技术进行较彻底的大修，新建焦炉系统。其技术装备及环保设施相当于宝钢6m焦炉的水平。北京焦化厂和首钢、马钢的焦炉大修设计属此类型。

4.2 中小型焦炉

移地大修改造相当于新建，在设计中可以全面采用新技术，能取得最大的经济效益；而原地大修改造，采用新技术要受条件限制，且须停产，降低经济效益。大修方式的选择不能一概而论，应从实际出发，因地、因事制宜，坚持多方案比较，应遵循两条方针：

（1）焦炉大修改造必须紧密结合本企业的总体改造规划进行。在设计计算焦炉生产能力时，需选用合理的周转时间，留有余地；在总图布置上尽可能留有今后轮换大修的位置（至少一座），创造下代焦炉移地大修的条件，保证在大修期间不停产，不间断焦炭和煤气的供应。这对新建焦化厂尤为重要。

（2）焦炉大修是百年大计，设计考虑一代炉龄在30~35年以上，各种必要条件应按40年左右准备。

趁焦炉大修之机对备煤、回收部分一并技术改造，使煤、焦、化技术装备水平相适应。尽量采用80年代国内外先进可靠的新技术，提高焦炉工艺设备、机械化、自动化和环保水平，改善操作环境和劳保条件，采取节能、降低消耗的措施，综合利用以提高经济效益。

根据上述方针，首钢3号焦炉大修方案学习了北京焦化厂的经验，按原地、移地大修进行了多方案的比较，最终确定了移地大修6m大容积焦炉的最佳方案。

5 焦炉大修改造应采取的具体技术政策

5.1 提高焦炉土建质量和建筑标准

为适应现代化大型焦炉工艺的要求，土建设计应保证坚固耐久、经济实用、美观大方且具有时代特点。应克服过去那种因陋就简、能省则省、片面节约投资、忽视质量的错误方针。

5.2 尽力提高焦炉工艺装备水平

（1）焦炉向大型化发展：

1）积极推广 6m 大容积焦炉，有条件的厂应优先采用。

2）抓紧鞍钢单孔试验炉的工作，为研制我国 7~8m 以上的大容积焦炉提供数据。

3）在有条件的厂通过大修将 4.3m 焦炉扩容改造为 5m 以上，逐步扩大大容积焦炉的比例。

4）应严格限制再建中小型焦炉，并应对现有正生产的中小型焦炉加以限制，已达大修期的不再原样大修，而应逐步淘汰；总之，机械化程度低、环保差的中小型焦炉，不应延续到 90 年代，更不应跨入 2000 年。

5）应加紧发展我国的捣固焦炉，向大型化、机械化、环保水平高的方向发展。

6）适应焦炉的大型化，应逐步提高耐火材料（主要是硅砖）的制作标准。国外如德国、日本等均于 1970 年修订了耐火材料标准。对耐火砖应严格要求其外形尺寸公差，以保证焦炉的砌筑质量。

（2）焦炉机械向自动化方向发展。当代国外焦炉机车效率高，大多是一点对位，一机一人，各单元自动程序控制。一套焦炉机车每昼夜操作 100 炉左右，少数的 150 炉，个别的达 180 炉。日本扇岛焦炉的机车已全部用电子计算机操纵。

我国大连重型机器厂消化移植宝钢焦炉时机车，可每昼夜操作 120~130 炉，水平与宝钢相当。这是我国第一套现代化的机车，应在 6m 焦炉操作实践的基础上再加以消化总结，然后再改进，创造出我国自己的新型机车。与此同时还应着手创造我国 4.3m 及 5m 焦炉的同类型机车，发挥我国自己的特长。

5.3 积极采取环保措施，有效治理焦炉烟尘

5.3.1 顶装煤除尘

这是治理焦炉烟尘的重点。已经历经多年，采用多种控制方案，才使烟尘基本得到治理，如：顺序装煤、集烟洗涤装煤车、带固定干管的串级落地洗涤系统等。

装煤车上带集烟洗涤系统普遍用于德国，但投资多，维修量大，效果不理想；日本普遍采用的是带固定干管的串级落地洗涤系统，宝钢焦炉也已采用。主要问题是投资大、能耗高、操作费用多。宝钢两座 50 孔焦炉消烟除尘系统耗电量约为 880 万 kW·h/a。增加操作费用约 60 万元，烟尘控制设备投资达 140 万美元（电机功率 1410kW）。日本扇岛采用此套装置效果很好，消烟除尘较彻底。

焦耐院为北京焦化厂、首钢 6m 焦炉设计采用双集气管、高压氨水喷射，配以装煤车圆盘给料、顺序装煤，实现消烟除尘。此方案具有投资省、电耗低、日常操作费用少、占有总图面积小等优点，可以解决烟尘问题，但预料效果可能不及上述方案好，尚有待生产实践检验。建议在新建厂时，应留有装煤车再串接落地时文氏管洗涤系统的位置。

5.3.2 焦侧除尘

推焦烟尘控制方法有：带固定干管的移动烟罩、集烟大棚、封闭式接焦车、移动式集烟洗涤烟罩、集烟洗涤导焦车等。日本使用带固定干管的移动烟罩系统相当普遍，且有 20 多年历史，法、美、德等国也有采用。操作可靠，效果很好；但投资大些。宝钢引进的焦炉即采用此装置，设备费近 400 万美元，电机容量 1100kW。风机排出口烟气含尘量可达 $50mg/Nm^3$ 以下。

首钢决定把 3 号焦炉移地大修工程环保治理搞好，已委托焦耐院消化移植宝钢引进的焦侧出焦除尘技术，拦焦机一次对位带集尘烟罩。但这套装置目前尚不宜普遍推广，应在生产实践的基础上加以改进（如准备采用液力耦合器等节能措施）总结，研制出我国更理想的焦侧除尘系统。建议新建厂时预留出该装置的位置，尤其是建 6m 焦炉的厂家。

5.3.3 熄焦除尘

除宝钢外，目前国内所有焦化厂均采用湿法熄焦，预计今后相当长的时期内也如此，故应以湿熄焦除尘为重点。为减少焦尘排放，熄焦塔顶部安装百叶除雾板，可捕集 60% 以上的液雾和焦尘。

首钢 3 号焦炉已准备上干熄焦装置，建议新建大型焦炉时应尽力采用，特别是钢铁企业，如果暂不具备条件，也要留有以后上马的余地。

北京焦化厂和攀钢焦化厂准备引进压力熄焦装置，用于 6m 焦炉上。据了解此装置仅能对环保起点作用，而对节能与焦炭质量的改善无甚效果，根本无法与干熄焦相比。

5.3.4 炉门、炉顶泄漏及烟囱废气的防治

（1）我国 6m 焦炉移植宝钢的空冷式弹簧炉门，对消除炉门及小炉门的荒煤气泄漏是一项有效措施，应立即着手研制 4.3m 及 5m 焦炉的空冷式炉门。

（2）炉顶采用水封盖上升管，隔热炉盖应大力推广。

（3）新建焦炉应推广使用煤气热值仪、废气含氧量分析仪和烟道吸力自动调节措施，保证焦炉总供热量不变，使煤气能完全燃烧。

5.4 充分利用余热、显热以降低能耗

（1）应逐步改进、完善和推广上升管气化率冷却装置。它在我国于70年代突起，是一个正在逐步完善且有明显的环保、节能效果的新技术。焦炉余热利用方向对头。首钢已委托焦耐院在6m焦炉上作此项设计。一座43孔焦炉每小时可产生5kg/cm^{2}的饱和蒸汽，平均为4.5t。每年净收益35万元，可节约标准煤约4300t。约在1.5年内即可收回投资。至于尚存在的缺点已在设计中采取了相应的措施，有待实践考验。我国4.3m焦炉（单、双集气管两种形式）已有该装置的生产经验，对6m焦炉待首钢投产实践一段时间后，进行研究总结，权衡利弊之后，再决定取舍，不应急于推广。

（2）回收红焦显热。在新建和大修焦炉条件较好的厂，应采用干熄焦装置。

（3）应尽量采用高炉煤气或其他低热值的煤气加热。

（4）应进一步研究开展焦炉烟道废气余热和CO_2的回收利用。

5.5 加速提高焦炉自动化水平、逐步应用电子计算机技术

应有计划、有步骤、有重点地在新建或大修焦炉时，大胆地采用现代电子计算机技术。在有条件的厂应采用国际上较先进的、成熟的、应用于焦炉生产过程控制的电子计算机技术。可以局部引进设备或以合作设计的方式加速这门技术在焦炉上推广应用。

为适应首钢电子计算机三级管理的要求，在新的3号焦炉设计中，焦耐院和首钢自动化所合作设计采用了网络-90集散控制系统：包括焦炉加热调节系统、上升管汽化冷却系统、干熄焦系统。此外还有备煤、筛焦、运煤系统，并配有工业电视监控。老厂应按上海焦化厂的经验，创造条件快上。

6 适应焦炉大修改造，促进炉型改革

6.1 对6m大容积焦炉炉体设计的改进意见

焦耐院设计的JN60-82型焦炉炉体构造与宝钢引进的新日铁M型焦炉相比，砖型简单、种类少，大废气循环量，焦炉煤气下喷，采用高低灯头，高向加热均匀，但也有不足之处。鉴于此，建议吸取奥托焦炉的优点作局部改进：

（1）蓄热室沿机焦侧分小格，改为下调式。

（2）应在第二代6m或7~8m焦炉上采用单向小烟道，使其中气流分布更均匀，且降低地下室环境温度。

6.2 对4.3~5m高炭化室的焦炉炉型及其机械装备水平的改进意见

（1）尽快着手在宝钢投产后重新设计一种焦炉，以JN43-80及鞍钢五炼焦的炭化室尺寸为基础，局部参照6m焦炉，将炭化室底面至操作台的高差加大，焦侧操作台展宽，加大拦焦机内轨与焦炉正面线的距离，以满足头尾焦处理装置安装的要求，进而满足机车机械化的需要。

（2）与上述新炉型相配套的机车要求一次对位，项目与6m焦炉的要求相当；头尾焦处理装置一定要放在机车上。

（3）焦炉采用空冷式弹簧炉门，同时焦炉机车有相应的自动摘上炉门的机械。

（4）焦炉的护炉铁件也都要与6m焦炉看齐。总之，应为焦炉炉龄达到30~35年创造有利的和必要的条件。

6.3 成立专门机构，加强组织领导

建议冶金部成立专门机构，制订必要的政策，采取有效措施，调动企业的积极性，保证这项工作的进行。

（原文发表于《炼焦化学论文选集》第四卷（1984~1985））

附　　录

附录 1　北京首钢国际工程技术有限公司发展历程

第一阶段：整合创建期（1952 年~1972 年）

从石景山钢铁厂设计组到设计处，几经演变和创业积累，首钢设计院已现雏形。

1952 年 12 月，石景山钢铁厂总机械师室设计组成立；

1956 年 4 月，设计组改称为设计科；

1958 年 12 月，设计科改为基建设计处。

第二阶段：发展壮大期（1973 年~1995 年）

在首钢规模向 1 千万吨年产能迈进的扩大再生产进程中，承担全部工程设计任务的首钢设计院，人员规模、技术能力进一步发展壮大。

1973 年 2 月，首都钢铁公司设计处与北京冶金设计公司合并，成立首钢公司设计院；

1981 年 10 月，更名为首都钢铁公司设计研究院；

1984 年 6 月，更名为首钢公司设计院；

1992 年 7 月，更名为首钢设计总院；

1995 年 7 月，更名为北京首钢设计院。

第三阶段：调整提升期（1996 年~2007 年）

北京首钢设计院成为具有独立法人资格的首钢全资子公司，开始进入社会市场，并在全国勘察设计行业率先开展工程总承包业务，服务领域逐步实现从首钢拓展到国内，并延伸到国际市场。

1996 年 5 月，北京首钢设计院注册成立，正式分立为具有独立法人资格的首钢全资子公司；

2003 年 9 月，与日本新日铁公司合资组建北京中日联节能环保工程技术有限公司；

2003 年 11 月，与比利时 CMI 公司合资组建北京考克利尔冶金工程技术有限公司；

2007 年 1 月，整体辅业改制工作全面启动。

第四阶段：改制转型期（2008 年至今）

改制后，首钢国际工程公司全面面向市场，投资方式从国有全资公司转变为国有控股的多元投资企业，经营方式从设计为主转变为以工程总承包为主的工程公司，服务范围从以首钢为主的企业院转变为面向全球客户。

2008 年 2 月，北京首钢设计院完成辅业改制，注册成立北京首钢国际工程技术有限公司，注册资本 1.5 亿元，其中：首钢总公司控股 49%，经营者团队及技术骨干占 51%；

2009 年 12 月，重组贵州水钢设计院，成立贵州首钢国际工程技术有限公司，其中：首钢国际工程公司控股 51%；

2010 年 11 月，重组山西长钢设计院，成立山西首钢国际工程技术有限公司，其中：首钢国际工程公司控股 51%；

2011 年 3 月 25 日，经中华人民共和国住房和城乡建设部批准获工程设计综合资质甲级；

2011 年 11 月 21 日，经中华人民共和国科技部批准，认定为国家高新技术企业。

附录2　北京首钢国际工程技术有限公司简介

【性质规模】北京首钢国际工程技术有限公司（中文简称首钢国际工程公司，英文简称 BSIET）始创于1973年，是由原北京首钢设计院改制成立、首钢集团相对控股的国际型工程公司，注册资本15000万元，员工1200余人。提供冶金、市政、建筑、节能环保等行业的规划咨询、工程设计、设备成套、项目管理、工程总承包等技术服务。

首钢国际工程公司拥有山西首钢国际工程技术有限公司、贵州首钢国际工程技术有限公司、北京麦斯塔工程有限公司、北京首设冶金科技有限公司等 9 家投资公司，并与新日铁公司合资成立中日联节能环保工程技术有限公司，与比利时CMI公司合资成立北京考克利尔冶金工程技术有限公司。

【资质能力】首钢国际工程公司获得国家住房与城乡建设部颁发的工程设计综合甲级资质，是国家科技部批准的高新技术企业，通过ISO9001质量管理体系、GB/T 24001—2004环境管理体系和GB/T 28001—2001职业健康安全管理体系认证。

作为全国知名的钢铁制造全流程工程技术服务商，首钢国际工程公司能够提供从百万吨级到千万吨级钢铁联合企业及其配套项目的工程技术服务。在钢铁厂总体设计，原料场、焦化、烧结、球团、炼铁、炼钢、轧钢、工业炉、节能环保单项设计，冶金设备成套等方面具有独到的技术优势和丰富的实践经验。

【技术优势】首钢国际工程公司注重技术研发和自主创新，拥有 300 余项专利和大批具有竞争优势的专有技术。是国家“十一五”科技支撑计划——“新一代可循环钢铁制造流程”课题的承担单位，主编或参编了《高炉煤气干法袋式除尘设计规范》、《高炉炼铁工艺设计规范》、《高炉喷吹煤粉设计规范》、《钢铁行业低温多效蒸馏海水淡化技术规范》等多项国家和行业标准。借助高炉炉顶、热风炉、球团、自动化等多个专业实验室推进冶金新工艺、新技术、新设备的研发和应用；借助模拟仿真、有限元技术、三维设计等多种先进手段不断提升设计质量与效率。

【工程业绩】首钢国际工程公司完成项目6500余项，其中大型总承包项目百余项，在全国勘察设计企业营业收入排名一直位居前列。工程业绩覆盖武钢、太钢、包钢、济钢、唐钢、重钢、新钢、宣钢、承钢、湘钢等60余家钢铁企业及巴西、秘鲁、印度、马来西亚、越南、孟加拉、菲律宾、韩国、沙特、阿曼、津巴布韦、安哥拉等 20 多个国家。承担了国家“十一五”重点项目、代表中国钢铁工业 21 世纪发展水平的首钢京唐钢铁厂的总体设计。

【荣誉奖项】近年来，首钢国际工程公司获得国家科学技术奖和全国优秀设计奖等50余项，获得冶金行业和北京市优秀设计及科技进步奖 300 余项，有多个项目创造中国企业新纪录。先后获得全国建筑业企业工程总承包先进企业、全国冶金建设优秀企业、全国优秀勘察设计院、中国企业新纪录优秀创造单位、全国企业文化优秀单位、全国建筑业信息化应用示范单位等殊荣，并连续多年荣获北京市“守信企业”称号。

【企业文化与社会责任】首钢国际工程公司以“提升钢铁企业品质、推进冶金技术进步”为使命，奉行“开放、创新、求实、自强”的企业精神和“以人为本、以诚取信”的经营理念，践行“敢于承诺、兑现承诺，为用户提供增值服务”的服务理念。积极参与社会公益事业，践行企业公民的责任与义务；实现企业与员工共荣、与客户共赢、与社会和谐共存，引领绿色钢铁未来。

附录3 北京首钢国际工程技术有限公司科技成果一览表

序号	获奖年度	项 目 名 称	获奖类别及等级
1	1978	75吨吊车电子称系统	全国科技大会奖
2	1978	首钢高炉水渣池余热利用设计	北京市优秀设计
3	1978	首钢新二号高炉大型顶燃式热风炉设计	北京市优秀设计
4	1978	首钢新二号高炉喷吹无烟煤粉技术设计	北京市优秀设计
5	1978	首钢新二号高炉无料钟炉顶装置设计	北京市优秀设计
6	1978	首钢高炉煤气洗涤水的循环利用	北京市优秀设计
7	1979	首钢高炉水渣池余热利用	北京市科技成果三等奖
8	1979	DJ300球环补偿器	北京市科技成果三等奖
9	1979	首钢新二号高炉喷吹煤粉技术设计	国家发明二等奖
10	1980	转炉污水处理	北京市科技成果二等奖
11	1981	首钢高炉煤气洗涤水的循环利用	冶金科技成果二等奖
12	1981	首钢二号高炉无料钟炉顶装料装置	冶金科技成果二等奖
13	1981	首钢二号高炉自动控制系统	冶金科技成果三等奖
14	1982	首钢二号高炉煤气取样机	科技研究三等奖
15	1982	矮式液压泥炮	冶金科技成果四等奖
16	1982	水冷渣口内套和冷却渣沟	冶金科技成果四等奖
17	1982	铁水摆动溜槽	冶金科技成果四等奖
18	1982	惯性共振式概率筛的研制	冶金科技成果三等奖
19	1982	冶金建筑抗震加固技术研究	冶金科技成果二等奖
20	1982	首钢二高炉炉前设备	冶金科技成果四等奖
21	1983	螺栓连接的边距和端距的试验研究	冶金科技成果四等奖
22	1983	YOIC-800液力偶合器	北京市科技成果二等奖
23	1983	首钢二高炉出铁场除尘系统	冶金科技成果三等奖
24	1984	首钢烧结厂一烧车间大修改造环保治理工程	国家优秀设计金质奖
25	1984	首钢四高炉改建性大修工程	国家优秀设计金质奖
26	1984	引进消化压差发电设备	北京市科技成果一等奖
27	1984	首钢烧结新技术	北京市科技成果一等奖
28	1985	首钢四号高炉改造大修工程新技术设计	北京市科技进步三等奖
29	1985	管式胶带输送机	北京市优秀技术开发项目三等奖
30	1985	管式胶带输送机	北京市科技进步三等奖
31	1985	新型大跨度加热炉炉顶的研究和应用	冶金科技成果二等奖
32	1985	LZS2575冷矿振动筛的研制	国家科技进步三等奖
33	1985	首钢新二高炉先进技术	国家科技进步一等奖
34	1985	惯性共振式概率筛的研制	国家科技进步三等奖
35	1985	惯性共振式概率筛的研制	先进科协成果奖

序号	获奖年度	项 目 名 称	获奖类别及等级
36	1985	北京市日供煤气工程	先进科协成果奖
37	1985	ϕ150 毫米管式胶带运输机	先进科协成果奖
38	1985	新型大跨度加热炉炉顶	先进科协成果奖
39	1985	双线立体交叉活套控制装置项目	先进科协成果奖
40	1985	MODICON PC-584 应用于酒钢无料钟自动上料系统	先进科协成果奖
41	1985	一烧结网络 90 编程及应用	国家优秀技术开发项目奖
42	1985	桥式起重机称量传感装置	先进科协成果奖
43	1985	90 平方米烧结机	冶金科技成果二等奖
44	1985	高炉喷煤粉新工艺	国家发明二等奖
45	1986	二、三、四高炉 PC-584 编程及应用	国家优秀技术开发项目奖
46	1986	首钢九总降 35kV 双母线手车式配电装置	北京市第二次优秀设计三等奖
47	1986	首钢烧结厂一烧结车间大修改造环保治理工程	北京市第二次优秀设计一等奖
48	1986	首钢四高炉大修改造工程	北京市第二次优秀设计一等奖
49	1986	首钢焦化厂精苯搬迁工程	北京市第二次优秀设计二等奖
50	1986	首钢初轧厂增产小方坯ϕ650 技术改造工程	北京市第二次优秀设计二等奖
51	1986	小型切分主交导槽等技术开发	冶金科技成果二等奖
52	1986	小型切分主交导槽等技术开发	北京市科技进步一等奖
53	1986	磁团聚重选新工艺	全国第二届发明展览会金奖
54	1986	新型大跨度加热炉炉顶的研究与应用	国家科技进步三等奖
55	1986	四高炉改造性大修工程新技术设计	北京市科技进步三等奖
56	1987	首钢第二线材厂工程设计	北京市第三次优秀设计三等奖
57	1987	酒泉钢铁公司一高炉设计（无料钟炉顶）	北京市第三次优秀设计一等奖
58	1987	首钢带钢厂冷轧带钢车间搬迁工程设计	北京市第三次优秀设计三等奖
59	1987	首钢 850 初轧厂技术改造	国家优秀设计银质奖
60	1988	首钢自备电站 130 平方米电收尘器	冶金科技进步四等奖
61	1988	综述《光阳的启示》	北京市科技情报三等奖
62	1988	样本情报服务促进了设计质量的提高	北京市科技情报三等奖
63	1989	首钢自备电站工程设计	北京市第四次优秀设计一等奖
64	1990	JOSG 土建工程概算系统软件	第一次全国工程造价管理优秀应用软件一等奖
65	1990	首钢设计院计算机室被评为 VAX 机协会北京地区优秀用户	中国计算机用户 VAX 机协会优秀奖
66	1990	首钢三万立方米/时制氧工程技术的消化与创新	北京市科技进步一等奖
67	1991	首钢三万立方米/时制氧工程设计	北京市第五次优秀设计一等奖
68	1991	JOSG 建筑工程概算系统软件	中国人民解放军总后勤部一等奖
69	1991	首钢三万立方米/时制氧工程国内部分设计	国家优秀设计铜质奖
70	1991	首钢二线材后部工序改造措施	北京市第五次优秀设计二等奖
71	1991	首钢一炼钢小板坯连铸工程设计	北京市第五次优秀设计三等奖
72	1991	二炼钢八流方坯连铸机工程设计	北京市第五次优秀设计表扬奖
73	1991	电气专业 CAD 综合软件	北京市优秀技术开发项目三等奖

序号	获奖年度	项 目 名 称	获奖类别及等级
74	1991	装配整体式钢筋混凝土框架 CAD 程序	北京市优秀技术开发项目二等奖
75	1991	长柱明牛腿混凝土绘图软件包	北京市科技成果二等奖
76	1991	动力设计 CAD 应用软件包设计	市勘察设计行业第二届工程设计软件二等奖
77	1991	TD-75 型胶带输送机总装配图 CAD 程序	市勘察设计行业第二届工程设计软件三等奖
78	1992	水厂铁矿露天矿边坡工程研究	冶金部科技进步二等奖
79	1992	袋装石墨自动拆包脉冲输送定位称量生产线	劳动部科技进步三等奖
80	1993	首钢二号高炉大修改造工程	国家优秀设计奖
81	1993	首钢二号高炉大修改造工程	北京市第六届优秀设计一等奖
82	1993	首钢一钢厂煤气回收改造	北京市第六届优秀设计二等奖
83	1993	印尼马士达棒材车间	北京市第六届优秀设计二等奖
84	1993	首钢三号焦炉移地大修改造	北京市第六届优秀设计一等奖
85	1993	首钢高炉无料钟炉顶多环布料工艺	北京市优秀技术开发项目二等奖
86	1993	首钢二号高炉 30/5 吨环形桥式起重机	冶金部科技进步四等奖
87	1993	管式通廊	冶金部科技进步四等奖
88	1993	水厂铁矿露天矿边坡工程研究	国家科技进步三等奖
89	1994	国产脱水设备在首钢转炉洗气水污泥处理中的应用	北京市优秀技术开发项目二等奖
90	1994	首钢四高炉无料钟炉顶多环布料及多位往复布料研究	北京市科技进步一等奖
91	1995	首钢新三号高炉移地大修工程设计	冶金部第七届优秀设计一等奖
92	1995	首钢第三线材厂四线轧机技术改造	冶金部第七届优秀设计二等奖
93	1995	首钢新三号高炉移地大修工程设计	北京市第七届优秀设计一等奖
94	1995	首钢第三线材厂四线轧机技术改造	北京市第七届优秀设计二等奖
95	1995	秦皇岛首钢板材有限公司项目	北京市第七届优秀设计三等奖
96	1995	顶燃式热风炉大功率短焰燃烧器	冶金部科技进步三等奖
97	1995	首钢炼铁系统自动化控制	冶金部科技进步二等奖
98	1995	首钢 7000 立方米/分高炉鼓风机用 36.14MW 同步电动机驱动及其变频启动	冶金部科技进步四等奖
99	1995	无中继站高炉上料系统新工艺	冶金部科技进步三等奖
100	1995	顶燃式热风炉大功率短焰燃烧器	北京市科技进步二等奖
101	1995	SGK-1 遥控全液压开铁口机	北京市科技进步三等奖
102	1996	首钢新三号高炉移地大修工程	全国优秀设计银质奖
103	1996	首钢焦化厂焦炉焦侧除尘新技术	北京市科技进步二等奖
104	1997	首钢密云铁矿竖炉车间恢复一期工程设计	冶金部第八届优秀设计三等奖
105	1997	首钢水厂选矿厂挖潜改造工程设计	冶金部第八届优秀设计二等奖
106	1997	首钢三焦炉原地大修工程设计	冶金部第八届优秀设计二等奖
107	1997	首钢一号高炉移地大修工程设计	冶金部第八届优秀设计一等奖
108	1998	首钢机冷烧结机废气余热利用	北京市科技进步二等奖
109	1998	北京市房改售房管理信息系统	北京市科技进步三等奖
110	1999	邯钢 4 号高炉扩容大修热风炉改造	冶金行业第九次部级优秀设计一等奖
111	1999	首钢转炉溅渣护炉工程	冶金行业第九次部级优秀设计二等奖

序号	获奖年度	项 目 名 称	获奖类别及等级
112	1999	首钢张仪村车站二期改造工程	冶金行业第九次部级优秀设计三等奖
113	1999	露天矿半连续排岩系统机电设备设计研究	国家机械工业局科技进步二等奖
114	2000	首钢1号高炉热压炭砖—陶瓷杯组合炉缸内衬技术设计与应用	北京市科技进步二等奖
115	2000	首钢总公司转炉溅渣护炉研究与应用	北京市科技进步一等奖
116	2000	首钢综合利用厂钢渣加工技术改造工程	北京市第八次优秀设计二等奖
117	2000	首钢烧结厂机冷烧结机废气余热利用	北京市第八次优秀设计二等奖
118	2001	邢台钢铁公司轧钢技改高线工程	冶金行业第十次部级优秀设计一等奖
119	2001	首钢第三线材厂斯太尔摩控冷线工程	冶金行业第十次部级优秀设计二等奖
120	2001	首钢矿业公司球团厂截窑改造工程	冶金行业首次优秀工程咨询三等奖
121	2001	烧结机机冷余热回收装置	中国专利优秀奖
122	2001	SGBD/800-Ⅰ型棒材打捆机	北京市科技进步三等奖
123	2001	SGBD/800-Ⅰ型棒材打捆机	冶金行业技术进步三等奖
124	2001	SGBD/800-Ⅰ型棒材打捆机	第六批中国企业新纪录
125	2001	机冷烧结机余热回收装置	第六批中国企业新纪录
126	2001	钢渣综合利用生产线	第六批中国企业新纪录
127	2002	百里长街延长线整治提高工程（古城—首钢东门）	第八届首都规划建筑设计汇报展城市设计方案奖
128	2002	首钢三炼钢厂VD真空精炼炉工程	北京市第十届优秀工程设计三等奖
129	2002	首钢炼铁厂四制粉车间改造工程可行性研究报告	北京市优秀工程咨询成果一等奖
130	2002	包钢淘汰平炉建转炉工程可行性研究报告	北京市优秀工程咨询成果二等奖
131	2002	转炉自产汽供真空精炼炉使用技术	北京市科技进步二等奖
132	2002	转炉自产汽供真空精炼炉使用技术	冶金科学技术三等奖
133	2002	包钢二炼钢优秀工程总承包	全国优秀工程总承包奖
134	2003	首钢炼铁厂2号高炉技术改造工程设计	冶金行业第十一次部级优秀设计一等奖
135	2003	首钢矿业公司球团厂截窑改造工程设计	冶金行业第十一次部级优秀设计二等奖
136	2003	宣化钢铁集团有限公司开坯技改高速线材工程设计	冶金行业第十一次部级优秀设计二等奖
137	2003	首钢炼铁厂煤制粉及喷煤系统技术改造工程设计	冶金行业第十一次部级优秀设计二等奖
138	2003	首钢第二耐火材料厂 $500m^3$ 活性石灰套筒窑工程设计	冶金行业第十一次部级优秀设计三等奖
139	2003	首钢篮球中心工程设计	冶金行业第十一次部级优秀设计一等奖
140	2003	首钢炼铁厂2号高炉技术改造工程可研报告	北京市优秀工程咨询成果二等奖
141	2003	链箅机—回转窑—环冷机法生产球团矿新工艺	冶金科学技术一等奖
142	2003	链箅机—回转窑—环冷机法生产球团矿新工艺	北京市科学技术进步二等奖
143	2003	首钢中厚板圆盘剪机组剪切厚度及宽度	第八批中国企业新纪录（10月）
144	2003	链箅机—回转窑—环冷机系统生产球团矿新工艺	第八批中国企业新纪录（10月）
145	2003	一种棒材捆扎机	中国专利优秀奖
146	2004	承德新新钒钛股份有限公司烧结厂改造	冶金行业2004年度优秀工程总承包奖
147	2004	首钢3500mm中厚板轧机核心轧制技术和关键设备研制	冶金科学技术一等奖
148	2004	大型高炉紧凑型长距离制粉喷煤技术工艺开发与设计研究	冶金科学技术二等奖
149	2004	首钢第二炼钢厂铁水脱硫扒渣工程可研报告	北京市优秀工程咨询一等奖

序号	获奖年度	项 目 名 称	获奖类别及等级
150	2004	首钢中厚板厂技术改造工程可研报告	北京市优秀工程咨询二等奖
151	2004	承德钢铁股份公司烧结厂扩建项目可研报告	北京市优秀工程咨询三等奖
152	2004	首钢一、三高炉煤气余压发电工程可研报告	北京市优秀工程咨询三等奖
153	2004	首钢炼铁厂2号高炉技术改造工程设计	全国优秀设计铜奖
154	2004	首钢炼铁厂煤制粉及喷煤	第九批中国企业行业新纪录（10月）
155	2004	十字型异型钢的热轧方法	第九批中国企业行业新纪录（10月）
156	2004	承德新新钒钛股份有限公司烧结厂改造	全国工程总承包铜钥匙奖
157	2005	首钢1号、3号高炉干湿两用TRT压差发电技术	冶金科学技术三等奖
158	2005	首钢1号、3号高炉干湿两用TRT压差发电技术	北京市科技进步三等奖
159	2005	首秦金属材料有限公司联合钢厂工程设计	冶金行业第十二次部级优秀设计一等奖
160	2005	湘钢炼铁厂4号高炉工程设计	冶金行业第十二次部级优秀设计一等奖
161	2005	首钢中厚板厂技术改造工程设计	冶金行业第十二次部级优秀设计二等奖
162	2005	首钢污水处理厂工程设计	冶金行业第十二次部级优秀设计二等奖
163	2005	首钢焦化厂焦炉煤气脱硫改造工程设计	冶金行业第十二次部级优秀设计二等奖
164	2005	昆钢80万吨全连轧棒材建设工程设计	冶金行业第十二次部级优秀设计二等奖
165	2005	霍州中冶焦化有限责任公司60万t/a焦化工程设计	冶金行业第十二次部级优秀设计三等奖
166	2005	首钢一、三高炉压差发电（TRT）工程设计	冶金行业第十二次部级优秀设计三等奖
167	2005	首钢厂区110kV电网改造工程设计	冶金行业第十二次部级优秀设计三等奖
168	2005	首钢第二炼钢厂铁水脱硫扒渣工程设计	冶金行业第十二次部级优秀设计三等奖
169	2005	承德新新钒钛股份公司4号烧结机工程设计	冶金行业第十二次部级优秀设计三等奖
170	2005	首钢中厚板轧钢厂2号加热炉蓄热式燃烧改造工程设计	冶金行业第十二次部级优秀设计三等奖
171	2005	首钢3500mm中厚板轧机核心轧制技术和关键设备研制	国家科技进步二等奖
172	2005	铜冷却壁制造与应用	冶金科技进步一等奖
173	2005	铜冷却壁制造与应用	北京市科技进步一等奖
174	2006	铜冷却壁制造与应用	国家科技进步二等奖
175	2006	首钢3500mm中厚板轧机核心轧制技术和关键设备研制	北京市科技进步二等奖
176	2006	首秦现代化钢铁厂新技术集成与自主创新	冶金科技进步二等奖
177	2006	武汉钢铁（集团）公司1号、2号焦炉干熄焦总承包工程	冶金行业优秀工程总承包奖
178	2006	济南钢铁有限公司3号1750m^{3}高炉煤气干法除尘工程	冶金行业优秀工程总承包奖
179	2006	首钢迁钢400万t/a钢铁厂炼铁及炼钢一期工程设计	冶金行业部级优秀工程设计一等奖
180	2006	首钢迁钢自备电站（2×25MW）工程设计	冶金行业部级优秀工程设计一等奖
181	2006	辉煌时代大厦钢结构工程设计	冶金行业部级优秀工程设计一等奖
182	2006	北京首钢设计院综合管理信息系统V3.0	冶金行业部级优秀工程设计一等奖
183	2006	首钢迁钢23000m^3/h制氧机工程设计	冶金行业部级优秀工程设计二等奖
184	2006	承钢高速线材工程设计	冶金行业部级优秀工程设计二等奖
185	2006	首钢富路仕彩涂板工程设计	冶金行业部级优秀工程设计二等奖
186	2006	首钢第二炼钢厂1800mm板坯连铸机工程设计	冶金行业部级优秀工程设计二等奖
187	2006	首钢中厚板轧钢厂1号加热炉蓄热式燃烧改造工程设计	冶金行业部级优秀工程设计二等奖
188	2006	大型LF精炼炉动态无功补偿工程设计	冶金行业部级优秀工程设计三等奖

序号	获奖年度	项 目 名 称	获奖类别及等级
189	2006	首钢高线厂浊环系统水质改造工程设计	冶金行业部级优秀工程设计三等奖
190	2006	首钢金顶街一期集资建房工程设计	冶金行业部级优秀工程设计三等奖
191	2006	首钢一、三高炉压差发电技术	第十一批中国企业新纪录（10 月）
192	2006	首秦金属材料有限公司炼铁 1 号高炉煤气脉冲布袋除尘技术	第十一批中国企业新纪录（10 月）
193	2006	首秦现代化钢铁厂新技术集成与自主创新	北京市科技进步二等奖
194	2006	首钢 2 号高炉高温预热工艺及装置开发与研究	北京市科技进步三等奖
195	2007	首秦金属材料有限公司联合钢厂工程设计	全国优秀设计铜奖
196	2007	首钢迁钢 400 万 t/a 钢铁厂炼铁及炼钢一期工程设计	全国优秀设计铜奖
197	2007	首钢迁钢新建板材工程工艺技术装备自主集成创新	冶金科技进步二等奖
198	2007	首钢迁钢新建板材工程工艺技术装备自主集成创新	北京市科技进步一等奖
199	2007	首秦金属材料有限公司联合钢厂工程（二期）设计	冶金行业部级优秀工程设计一等奖
200	2007	首秦 4300mm 宽厚板轧机工程设计	冶金行业部级优秀工程设计一等奖
201	2007	承德信通首承矿业有限责任公司球团工程设计	冶金行业部级优秀工程设计一等奖
202	2007	首钢 35000Nm^3/h 制氧机工程设计	冶金行业部级优秀工程设计一等奖
203	2007	北京首钢板材有限责任公司冷轧板材深加工工程设计	冶金行业部级优秀工程设计二等奖
204	2007	首钢第二炼钢厂 2 号 LF 钢包精炼炉设计	冶金行业部级优秀工程设计二等奖
205	2007	首钢厂区外排水回收利用工程设计	冶金行业部级优秀工程设计二等奖
206	2007	首钢第一线材厂二车间技术改造工程设计	冶金行业部级优秀工程设计三等奖
207	2007	首钢高强度机械制造用钢生产线工程设计	冶金行业部级优秀工程设计三等奖
208	2007	首钢迁钢 110kV 变电站工程设计	冶金行业部级优秀工程设计三等奖
209	2007	迁钢 2650 m^3 高炉煤气全干法布袋除尘项目	第十二批中国企业新纪录（10 月）
210	2007	迁钢 2160mm 热轧工程箱型设备基础设计	第十二批中国企业新纪录（10 月）
211	2008	红钢 80 万吨棒材工程	冶金行业优秀工程总承包奖
212	2008	济南信赢煤焦化有限公司 150t/h 干熄焦工程	冶金行业优秀工程总承包奖
213	2008	迁钢 2 号高炉煤气干法除尘工程	冶金行业优秀工程总承包奖
214	2008	秦皇岛首秦金属材料有限公司可行性研究报告	北京市优秀工程咨询成果一等奖
215	2008	首钢迁钢 210t 转炉炼钢自动化成套技术	冶金科技进步一等奖
216	2008	高速线材轧机关键设备国产化集成与创新	冶金科技进步二等奖
217	2008	首钢迁钢公司给排水系统工艺研究与创新	冶金科技进步三等奖
218	2008	新型顶燃式热风炉燃烧技术研究	冶金科技进步三等奖
219	2008	首钢迁钢 400 万 t/a 钢铁厂炼铁及炼钢二期工程设计	冶金行业部级优秀工程设计一等奖
220	2008	首钢迁钢 2160mm 热连轧生产线工程设计	冶金行业部级优秀工程设计一等奖
221	2008	北京昌平燕平体育馆工程设计	冶金行业部级优秀工程设计一等奖
222	2008	首钢迁钢 2 号 35000m^3/h 制氧机工程设计	冶金行业部级优秀工程设计二等奖
223	2008	太钢 1800 m^3 高炉工程设计	冶金行业部级优秀工程设计二等奖
224	2008	济南信赢煤焦化有限公司 150t/h 干熄焦工程设计	冶金行业部级优秀工程设计二等奖
225	2008	秦皇岛首秦金属材料有限公司可行性研究报告	全国优秀工程咨询成果三等奖
226	2008	新型顶燃式热风炉燃烧技术研究	北京市科技进步三等奖
227	2009	首钢迁钢 400 万 t/a 钢铁厂炼铁及炼钢二期工程设计	全国优秀设计银奖

序号	获奖年度	项　目　名　称	获奖类别及等级
228	2009	首秦 4300mm 宽厚板轧机工程设计	全国优秀设计银奖
229	2009	首钢Ⅲ型无料钟炉顶装备技术	冶金科技进步三等奖
230	2009	首钢Ⅲ型无料钟炉顶装备技术	北京市科技进步三等奖
231	2009	首钢热镀锌生产线工程设计（1 号、2 号合并）	冶金行业全国优秀工程设计一等奖
232	2009	首钢京唐钢铁厂全厂供电系统设计	冶金行业全国优秀工程设计一等奖
233	2009	红钢 80 万吨棒材工程设计	冶金行业全国优秀工程设计一等奖
234	2009	首钢技术研究院科研基地科研综合楼工程设计	冶金行业全国优秀工程设计一等奖
235	2009	邢钢精品钢工程设计	冶金行业全国优秀工程设计二等奖
236	2009	首钢工学院、首钢高级技工学校综合教学楼工程设计	冶金行业全国优秀工程设计二等奖
237	2009	昆钢 120 万吨球团工程设计	冶金行业全国优秀工程设计三等奖
238	2009	山西中阳钢厂二高线工程设计	冶金行业全国优秀工程设计三等奖
239	2009	首钢京唐 2250mm 热轧主传动电机冷却风机采用变频风机	第十四批中国企业新纪录（9 月）
240	2009	首钢京唐异型大容量包车运输铁水一包到底	第十四批中国企业新纪录（9 月）
241	2009	首钢京唐 5500 $m^3$2 座高炉共用一座联合料仓	第十四批中国企业新纪录（9 月）
242	2009	首钢京唐 5500 m^3 高炉应用 BSK 顶燃式热风炉	第十四批中国企业新纪录（9 月）
243	2009	首钢京唐地下混凝土工程创冶金单项工程规模最大	第十四批中国企业新纪录（9 月）
244	2009	首钢京唐 5500 m^3 高炉国内最大容积炉壳结构设计	第十四批中国企业新纪录（9 月）
245	2009	首钢京唐 5500 m^3 高炉煤气全干法布袋除尘	第十四批中国企业新纪录（9 月）
246	2009	首钢京唐 5500 m^3 高炉国内设计及投产最大高炉炉容	第十四批中国企业新纪录（9 月）
247	2009	首钢京唐 2250mm 热轧供配电、功率因数、高次谐波治理	第十四批中国企业新纪录（9 月）
248	2009	首钢京唐 2250mm 热轧全线辅传动变频调速系统结线方式	第十四批中国企业新纪录（9 月）
249	2009	首钢京唐 500m^2 烧结机配套大型化	第十四批中国企业新纪录（9 月）
250	2009	首钢京唐软土地基处理系统工程	第十四批中国企业新纪录（9 月）
251	2010	首钢京唐 1 号 5500m^3 高炉工程设计	冶金行业全国优秀工程设计一等奖
252	2010	首钢京唐 2250mm 热轧工程设计	冶金行业全国优秀工程设计一等奖
253	2010	首钢京唐 1 号 500m^2 烧结机工程设计	冶金行业全国优秀工程设计一等奖
254	2010	首钢京唐 260t 干熄焦工程设计	冶金行业全国优秀工程设计一等奖
255	2010	首钢京唐软土地基工程设计	冶金行业全国优秀工程设计一等奖
256	2010	首钢京唐总图运输系统工程设计	冶金行业全国优秀工程设计一等奖
257	2010	首钢京唐 1 号 75000 m^3/h 制氧机工程设计	冶金行业全国优秀工程设计一等奖
258	2010	首钢京唐低温多效海水淡化工程设计	冶金行业全国优秀工程设计一等奖
259	2010	首钢迁钢生活小区一期工程设计	冶金行业全国优秀工程设计二等奖
260	2010	吉林天池矿业有限公司 120 万 t/a 球团工程设计	冶金行业全国优秀工程设计三等奖
261	2010	首钢京唐信息化系统工程设计	冶金行业全国优秀软件二等奖
262	2010	首秦龙汇矿业有限公司 200 万 t/a 氧化球团工程	冶金行业全国优秀工程总承包一等奖
263	2010	首钢京唐 1×260t/h 干熄焦本体工程	冶金行业全国优秀工程总承包二等奖
264	2010	宣钢 10 号高炉煤气干法除尘&TRT 工程	冶金行业全国优秀工程总承包三等奖
265	2010	首钢京唐 1 号高炉煤气干法除尘工程	冶金行业全国优秀工程总承包三等奖

序号	获奖年度	项 目 名 称	获奖类别及等级
266	2011	2×500m^{2}烧结厂工艺及设备创新设计与应用	冶金科技进步一等奖
267	2011	首钢高炉高风温技术研究	冶金科技进步一等奖
268	2011	首钢京唐 5500m^{3}高炉煤气全干法脉冲布袋除尘技术	冶金科技进步二等奖
269	2011	首钢京唐钢铁公司能源管控系统	冶金科技进步二等奖
270	2011	首钢京唐钢铁厂项目可行性研究报告	北京市优秀咨询一等奖
271	2011	首钢高炉煤气全干法脉冲布袋除尘技术	石景山科技进步一等奖
272	2011	首钢京唐钢铁厂工程技术创新	北京市科技进步一等奖
273	2011	2×500m^{2}烧结厂工艺及设备创新设计与应用	北京市科技进步二等奖
274	2011	首钢京唐 5500m^{3}高炉煤气全干法脉冲布袋除尘技术	北京市科技进步二等奖
275	2011	首钢高炉高风温技术研究	北京市科技进步三等奖
276	2011	首钢迁钢 3 号 4000 m^{3}高炉工程设计	冶金行业全国优秀工程设计一等奖
277	2011	首钢迁钢第二炼钢厂工程设计	冶金行业全国优秀工程设计一等奖
278	2011	首钢迁钢 1580mm 热轧工程设计	冶金行业全国优秀工程设计一等奖
279	2011	唐钢青龙 200 万 t/a 氧化球团工程设计	冶金行业全国优秀工程设计一等奖
280	2011	首钢迁钢配套完善综合水处理中心工程设计	冶金行业全国优秀工程设计一等奖
281	2011	首钢京唐燃气系统工程设计	冶金行业全国优秀工程设计一等奖
282	2011	首钢迁钢 360m^{2}烧结机工程设计	冶金行业全国优秀工程设计二等奖
283	2011	首钢迁钢 600 t/d 活性石灰套筒窑工程设计	冶金行业全国优秀工程设计二等奖
284	2011	新余钢铁集团中厚板厂 3000mm 中板工程设计	冶金行业全国优秀工程设计二等奖
285	2011	首钢京唐能源管理中心工程设计	冶金行业全国优秀工程设计二等奖
286	2011	首钢京唐生产指挥中心办公楼及文体活动中心工程设计	冶金行业全国优秀工程设计三等奖
287	2011	首钢京唐钢铁厂 1 号 5500m^3 高炉工程设计	全国优秀设计金奖
288	2011	首钢京唐钢铁联合有限责任公司一期原料及冶炼(烧结、焦化、炼铁、炼钢）工程	国家优质工程金质奖
289	2011	唐钢青龙 200 万 t/a 氧化球团工程	国家优质工程银质奖
290	2012	水钢棒（线）材生产线工程	冶金行业全国优秀工程总承包一等奖
291	2012	四川德胜 240 m^{2}烧结工程	冶金行业全国优秀工程总承包一等奖
292	2012	首钢迁钢 4000 m^{3}高炉煤气干法除尘系统	冶金行业全国优秀工程总承包一等奖
293	2012	宣钢 8 号 2000m^{3}高炉工程	冶金行业全国优秀工程总承包二等奖
294	2012	宣钢 360m^{2}烧结机工程	冶金行业全国优秀工程总承包二等奖
295	2012	昆钢 120 万 t/a 氧化球团工程	冶金行业全国优秀工程总承包二等奖
296	2012	承钢 2、3 号 360m^{2}烧结机工程	冶金行业全国优秀工程总承包二等奖
297	2012	宣钢公司 100 万吨球团工程	冶金行业全国优秀工程总承包三等奖
298	2012	昆钢 300 m^{2}烧结机工程	冶金行业全国优秀工程总承包三等奖
299	2012	首钢京唐 2 号 5500 m^{3}高炉工程设计	冶金行业全国优秀工程设计一等奖
300	2012	首钢京唐 1580mm 热轧工程设计	冶金行业全国优秀工程设计一等奖
301	2012	首钢迁安 1450mm 冷轧电工钢工程设计	冶金行业全国优秀工程设计一等奖
302	2012	首钢京唐 400 万吨带式焙烧机球团工程设计	冶金行业全国优秀工程设计一等奖
303	2012	首钢京唐 2 号 500m^{2}烧结机工程设计	冶金行业全国优秀工程设计一等奖
304	2012	宣钢 8 号高炉 2000 m^{3}高炉工程设计	冶金行业全国优秀工程设计二等奖

序号	获奖年度	项 目 名 称	获奖类别及等级
305	2012	水钢精品棒线材工程设计	冶金行业全国优秀工程设计二等奖
306	2012	宣钢 2 号 360 m^2烧结机工程设计	冶金行业全国优秀工程设计二等奖
307	2012	首钢京唐 4×500 m^3套筒窑工程设计	冶金行业全国优秀工程设计二等奖
308	2012	首钢长治 100 万 t/a 棒材工程设计	冶金行业全国优秀工程设计三等奖
309	2012	首钢京唐公司水资源优化利用技术研究	冶金科技进步二等奖
310	2012	特大型超高风温热风炉关键技术研究与应用	北京市科技进步一等奖
311	2012	特大型无料钟炉顶设备开发研制与产业化应用	北京市科技进步二等奖
312	2012	300t 转炉煤气干法除尘关键技术研究与应用	北京市科技进步二等奖
313	2012	首钢京唐公司水资源优化利用技术研究	北京市科技进步二等奖
314	2012	首钢京唐钢铁厂项目可行性研究报告	全国优秀咨询奖

后　记

《冶金工程设计研究与创新》一书是对北京首钢国际工程技术有限公司四十年冶金工程设计的系统回顾与总结，是首钢国际工程公司四十年技术实践与理想追求的真实写照，她折射出首钢国际工程公司全体员工“开放、创新、求实、自强”不倦追求的精神，体现了首钢国际工程公司全体员工为中国冶金工程设计事业挥洒汗水、倾注心血、无私奉献的高尚品格。

《冶金工程设计研究与创新》正文采用倒叙法，论文排序按发表时间从现在向前排序；论文选自首钢国际工程公司技术人员在《中国冶金》、《钢铁》等国内专业期刊以及《设计通讯》、《工程与技术》和各种专业学术会议上发表及纪念公司成立四十周年新撰写的论文，重点选取了近十年发表的论文，反映了首钢国际工程公司专业技术的历史、现状及发展，优先选取在国内公开期刊发表的、并能反映一定时期有技术代表性的论文。全书分冶金与材料工程和能源环境、建筑结构等综合工程两册。其中，冶金与材料工程分册包括：炼铁工程技术、炼钢工程技术、轧钢工程技术、烧结球团工程技术、焦化工程技术，主要反映了这几方面工艺及设备关键技术的研究成果。能源环境、建筑结构等综合工程分册包括：工业炉工程技术、电气与自动化工程技术、动力工程技术、土建与建筑工程技术、总图与运输工程技术，主要反映了这几方面关键技术的研究成果；三维动态模拟仿真设计技术主要反映了运用现代设计方法的研究成果；科技管理理论与应用主要反映了技术开发战略的总体谋划以及对科技开发课题研究的宏观指导。本书是公司全体工作人员共同创作、集体智慧的结晶。

感谢首钢总公司、各相关协作单位及领导四十年来给予首钢国际工程公司的大力支持！感谢老一代冶金工程技术人员对首钢国际工程公司冶金工程事业的无私奉献！感谢所有编写人员、论文作者的辛勤劳动！感谢冶金工业出版社谭学余社长和工作人员为本书出版付出的心血和努力！感谢各界朋友对首钢国际工程公司的支持与帮助！

由于全书内容涉及面广、时间跨度大、技术性强、参与部门多、时间紧迫，如有疏漏，敬请广大读者谅解、批评指正。

《冶金工程设计研究与创新》编委会

2013年2月